[참!쉬움]
합격이 참 쉽다!

매일 3시간, 합격Point로 30일 완성!

전기기사

과목별 초 핵심이론 + 최근 기출문제 해설

문영철, 오우진 지음

 (주)도서출판 성안당

■ 도서 A/S 안내

성안당에서 발행하는 모든 도서는 저자와 출판사, 그리고 독자가 함께 만들어 나갑니다.

좋은 책을 펴내기 위해 많은 노력을 기울이고 있습니다. 혹시라도 내용상의 오류나 오탈자 등이 발견되면 "좋은 책은 나라의 보배"로서 우리 모두가 함께 만들어 간다는 마음으로 연락주시기 바랍니다. 수정 보완하여 더 나은 책이 되도록 최선을 다하겠습니다.

성안당은 늘 독자 여러분들의 소중한 의견을 기다리고 있습니다. 좋은 의견을 보내주시는 분께는 성안당 쇼핑몰의 포인트(3,000포인트)를 적립해 드립니다.

잘못 만들어진 책이나 부록 등이 파손된 경우에는 교환해 드립니다.

저자 문의 : woojin4001@naver.com

본서 기획자 e-mail : coh@cyber.co.kr(최옥현)

홈페이지 : http://www.cyber.co.kr   전화 : 031) 950-6300

학습맞춤 플래너

🗓 플래너 **활용팁**

☑ 이 플래너는 성안당에서 빅데이터에 근거한 전기기사 합격을 위한 30일 완성 학습 프로그램입니다.

☑ 플래너를 그대로 따라 하셔도 되고 나만의 학습 스타일에 맞춰 변형해서 사용하셔도 됩니다.

☑ 부록으로 제공되는 과년도 출제문제를 매일 일정량을 배분해 플래너에 포함시켜 활용하면 학습에 효과적입니다.

Sun	Mon	Tue	Wed	Thu	Fri	Sat
시험 접수 시작하자마자 한 달 안에 공부 끝내기! 파이팅!!!				**D-30** 전기자기학 DAY-①일차	**D-29** 전기자기학 DAY-②일차	**D-28** 전기자기학 DAY-③일차
D-27 전기자기학 DAY-④일차	**D-26** 전기자기학 DAY-⑤일차	**D-25** 회로이론 DAY-⑥일차	**D-24** 회로이론 DAY-⑦일차	**D-23** 회로이론 DAY-⑧일차	**D-22** 회로이론 DAY-⑨일차	**D-21** 회로이론 DAY-⑩일차
D-20 제어공학 DAY-⑪일차	**D-19** 제어공학 DAY-⑫일차	**D-18** 제어공학 DAY-⑬일차	**D-17** 부록 기출문제 중 전기자기학, 회로이론 및 제어공학 과목 풀어보기	**D-16** 전기기기 DAY-⑭일차	**D-15** 전기기기 DAY-⑮일차	**D-14** 전기기기 DAY-⑯일차
D-13 전기기기 DAY-⑰일차	**D-12** 전기기기 DAY-⑱일차	**D-11** 전력공학 DAY-⑲일차	**D-10** 전력공학 DAY-⑳일차	**D-9** 전력공학 DAY-㉑일차	**D-8** 전력공학 DAY-㉒일차	**D-7** 전력공학 DAY-㉓일차
D-6 전기설비기술기준 DAY-㉔일차	**D-5** 전기설비기술기준 DAY-㉕일차	**D-4** 전기설비기술기준 DAY-㉖일차	**D-3** 전기설비기술기준 DAY-㉗일차	**D-2** 전기설비기술기준 DAY-㉘일차	**D-1** 부록 기출문제 중 전기기기, 전력공학, 전기설비기술기준 과목 풀어보기	**D-day** **D-day시험** 시험 당일 아침 '학습 체크리스트' 보며 정리하기

참! 쉬움
합격이 참 쉽다

나만의 스스로 학습 체크리스트

날짜	과목명	학습주제	계속 틀리는 문제 및 암기할 내용(키워드 위주로 간략 정리)	출처
예	전기자기학	인덕턴스 및 전자계	표피효과에서 침투두께 공식 기억할 것	p. 77 122번 문제
Day-30				
Day-29				
Day-28				
Day-27				
Day-26				
Day-25				
Day-24				
Day-23				
Day-22				
Day-21				
Day-20				
Day-19				
Day-18				
Day-17				
Day-16				
Day-15				
Day-14				
Day-13				
Day-12				
Day-11				
Day-10				
Day-9				
Day-8				
Day-7				
Day-6				
Day-5				
Day-4				
Day-3				
Day-2				
Day-1				

더 이상의 **전기기사** 책은 없다!

우리나라는 현대사회에 들어오면서 빠르게 산업화가 진행되고 눈부신 발전을 이룩하였는데 그러한 원동력이 되어준 어떠한 힘, 에너지가 있다면 그것이 바로 전기라 생각합니다. 이러한 전기는 우리의 생활을 좀 더 편리하고 윤택하게 만들어주지만 관리를 잘못하면 무서운 재앙으로 변할 수 있기 때문에 전기를 안전하게 사용하기 위해서는 이에 관련된 지식을 습득해야 합니다. 그 지식을 습득할 수 있는 방법이 바로 전기기사 및 전기산업기사 자격시험(이하 자격증)이라고 볼 수 있습니다. 또한 전기에 관련된 사업체에 입사하기 위해서는 자격증은 필수가 되고 전기설비를 관리하는 업무를 수행하기 위해서는 한국전기기술인협회에 회원등록을 해야 하는데 이때에도 반드시 자격증이 있어야 가능하며 전기사업법 등 여러 법령에서도 전기안전관리자 선임자격에 자격증을 소지한 자라고 되어 있습니다. 이처럼 자격증은 전기인들에게는 필수지만 아직까지 자격증 취득에 애를 먹어 전기인의 길을 포기하시는 분들을 많이 봤습니다.

이에 최단시간 내에 효과적으로 자격증을 취득할 수 있도록 본서를 발간하게 되었고, 이 책이 전기를 입문하는 분들에게 조금이나 도움이 되었으면 합니다.

이 책의 특징은 다음과 같습니다.

01 본서를 완독하면 충분히 합격할 수 있도록 핵심이론과 기출문제를 효과적으로 구성하였습니다.

02 저자직강 동영상강의 및 핵심이론과 기출문제에 쌤!코멘트를 수록하여 저자의 학습 노하우를 습득할 수 있도록 하였습니다.

03 문제마다 출제연도와 난이도를 표시하여 출제경향 및 각 문제의 중요도와 출제빈도를 쉽게 파악할 수 있도록 하였습니다.

04 단원별로 유사한 기출문제들끼리 묶어 문제응용력을 높였습니다.

05 기출문제를 가급적 원문대로 기재하여 실전력을 높였습니다.

본서를 통해 합격의 영광이 함께하길 바라며 또한 여러분의 앞날을 밝혀 줄 수 있는 밑거름이 되기를 바랍니다. 본서를 만들기 위해 많은 시간을 함께 수고해주신 여러 선생님들과 성안당 이종춘 회장님, 편집부 직원 여러분들의 노고에 감사드립니다.

앞으로도 더 좋은 도서를 만들기 위해 항상 연구하고 노력하겠습니다.

저자 씀

합격시켜 주는 「참!쉬움」의 강점

1 10년간 기출문제 분석에 따른 일차별 출제분석 및 학습방향 제시

☑ 10년간 기출문제 분석에 따라 각 과목별 출제분석 및 경향을 실어 과목별 학습전략을 세울 수 있도록 했다.

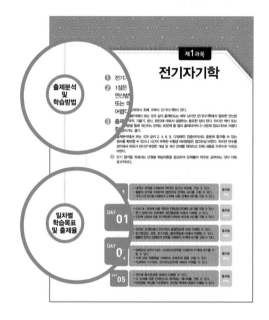

☑ 일차별로 학습할 내용 및 출제율을 수록하여 일차별 학습방향을 제시했다.

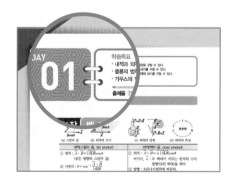

2. 자주 출제되는 핵심이론과 기출문제의 탁월한 배치

☑ 10년간 기출문제 분석에 따라 자주 출제되는 핵심이론은 왼쪽 페이지에, 자주 출제되는 기출문제는 오른쪽 페이지에 배치하여 핵심이론을 보고 기출문제를 바로 풀어 볼 수 있도록 펼친 면으로 구성했다.

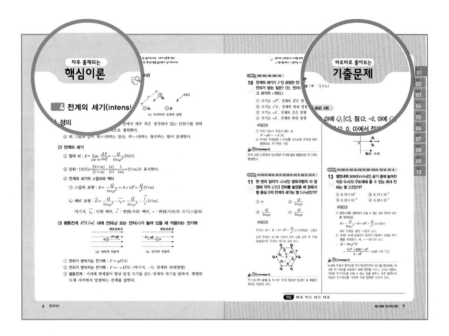

3. 전기기사 문제풀이에 필요한 기초적인 전기수학 구성

☑ 전기기사 시험 특성상 공식과 관련된 수학문제 풀이가 많은 관계로 간단하게 기초 전기수학 단원을 익히고 학습에 들어갈 수 있도록 구성했다.

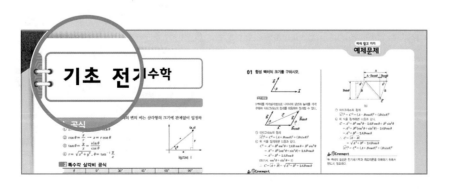

4 핵심이론은 자주 출제되는 내용만 알기 쉽게 정리

☑ '자주 출제되는 핵심이론'은 간략하게 그림과 표로 중요내용을 알기 쉽게 정리했다.

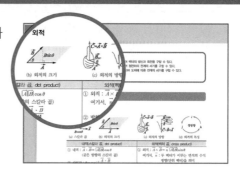

5 단원별 기출문제마다 중요도와 출제이력, ☑ 표시 제시

☑ '바로바로 풀어보는 기출문제'는 문제마다 중요도와 출제이력을 제시하여 집중적으로 풀어야 하는 문제를 파악할 수 있도록 했다.

☑ 기출문제마다 체크box에 ☑표시를 해서 이해가 되지 않은 문제는 체크를 해서 다시 풀어 볼 수 있도록 구성했다.

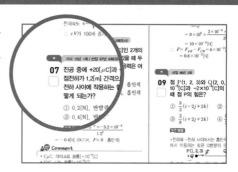

6 기출문제의 상세한 해설 및 저자의 노하우를 쌤!코멘트로 제시

☑ 기출문제마다 상세한 해설을 하였고 쌤코멘트를 두어 문제에 대한 저자의 합격노하우를 제시했다.

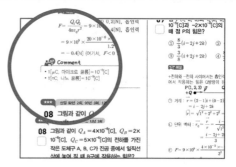

「참!쉬움」을 효과적으로 활용하기 위한
제대로 학습법

01 매일 3시간 학습시간을 정해 놓고 하루 분량의 학습량을 꼭 지킬 수 있도록 「학습 맞춤 플래너」를 작성한다.

02 학습 시작 전 과목마다 출제분석 및 경향을 파악하고 일차별 학습목표를 확인해 학습방향을 정한다.

03 이 책은 왼쪽 페이지는 핵심이론, 오른쪽 페이지는 핵심이론과 관련된 기출문제로 구성하였으므로 단원별로 핵심이론을 학습하고 관련된 기출문제를 바로바로 풀어 확실하게 그 단원을 익힌다.

04 전기기사 시험 특성상 공식과 관련된 수학문제 풀이가 많은 관계로 간단하게 기초 전기수학 단원을 익히고 학습에 들어가면 더 효율적이다.

05 기출문제를 풀고 이해가 되지 않은 부분은 다시 핵심이론을 보고 확실하게 익힌다. 기출문제에서 헷갈렸던 문제나 틀린 문제는 문제 번호 아래 체크box에 표시(☑)를 해 둔 다음 나중에 다시 풀어본다.

06 이론과 문제에 있는 「쌤!코멘트」를 적극 활용하여 그에 따라 학습한다.

07 하루 공부가 끝나면 「나만의 스스로 학습 체크리스트」를 작성한다.

08 그 다음날 공부 시작 전에 어제 공부한 내용을 복습해본다. 복습은 30분 정도로 「나만의 스스로 학습 체크리스트」를 가지고 어제 틀렸던 문제나 헷갈렸던 부분 위주로 체크해본다.

09 부록에 있는 과년도 출제문제는 학습 중간에 풀어 보거나 시험 직전 모의고사 보듯이 최근 기출문제부터 풀어본다.

10 책을 다 끝낸 다음 「나만의 스스로 학습 체크리스트」를 활용해 나의 취약부분을 한 번 더 체크하고 실전시험에 대비한다.

10년간 기출문제 과목별 출제비중

제1과목 전기자기학

출제율(%)

제1장 벡터	0.67
제2장 진공 중의 정전계	14.67
제3장 정전용량	5.49
제4장 유전체	13.00
제5장 전기 영상법	4.17
제6장 전류	6.17
제7장 진공 중의 정자계	2.17
제8장 전류의 자기현상	12.17
제9장 자성체와 자기회로	14.00
제10장 전자유도법칙	6.83
제11장 인덕턴스	8.33
제12장 전자계	12.33
합 계	100%

제2과목 전력공학

출제율(%)

제1장 전력계통	3.15
제2장 전선로	5.37
제3장 선로정수 및 코로나현상	5.74
제4장 송전 특성 및 조상설비	10.00
제5장 고장 계산 및 안정도	7.96
제6장 중성점 접지방식	5.93
제7장 이상전압 및 유도장해	11.30
제8장 송전선로 보호방식	17.04
제9장 배전방식	6.85
제10장 배전선로 계산	13.70
제11장 발전	12.96
합 계	100%

제3과목 전기기기

출제율(%)

제1장 직류기	18.33
제2장 동기기	20.56
제3장 변압기	22.59
제4장 유도기	22.96
제5장 정류기	8.89
제6장 특수기기	6.67
합 계	100%

제4과목 회로이론 및 제어공학

회로이론	출제율(%)
제1장 직류회로의 이해	2.64
제2장 단상 교류회로의 이해	10.79
제3장 다상 교류회로의 이해	5.39
제4장 비정현파 교류회로의 이해	3.16
제5장 대칭좌표법	2.50
제6장 회로망 해석	3.16
제7장 4단자망 회로해석	5.92
제8장 분포정수회로	4.47
제9장 과도현상	4.47
제10장 라플라스 변환	5.92
합 계	48.42%

제어공학	출제율(%)
제1장 자동제어의 개요	4.35
제2장 전달함수	11.98
제3장 시간영역해석법	6.97
제4장 주파수영역해석법	4.61
제5장 안정도 판별법	8.15
제6장 근궤적법	3.94
제7장 상태방정식	6.97
제8장 시퀀스회로의 이해	4.61
합 계	51.58%

제5과목 전기설비기술기준

	출제율(%)
제1장 공통사항	16.70
제2장 저압설비 및 고압·특고압설비	21.60
제3장 전선로	33.30
제4장 발전소, 변전소, 개폐소 및 기계기구 시설보호	15.00
제5장 전기철도	8.40
제6장 분산형전원설비	5.00
합 계	100%

전기기사 **시험안내**

01 시행처

한국산업인력공단

02 시험과목

구분	전기기사	전기산업기사	전기공사기사	전기공사산업기사
필기	1. 전기자기학 2. 전력공학 3. 전기기기 4. 회로이론 및 　제어공학 5. 전기설비기술기준	1. 전기자기학 2. 전력공학 3. 전기기기 4. 회로이론 5. 전기설비기술기준	1. 전기응용 및 　공사재료 2. 전력공학 3. 전기기기 4. 회로이론 및 　제어공학 5. 전기설비기술기준	1. 전기응용 2. 전력공학 3. 전기기기 4. 회로이론 5. 전기설비기술기준
실기	전기설비 설계 및 관리	전기설비 설계 및 관리	전기설비 견적 및 시공	전기설비 견적 및 시공

03 검정방법

[기사]
- **필기** : 객관식 4지 택일형, 과목당 20문항(과목당 30분)
- **실기** : 필답형(2시간 30분)

[산업기사]
- **필기** : 객관식 4지 택일형, 과목당 20문항(과목당 30분)
- **실기** : 필답형(2시간)

04 합격기준

- **필기** : 100점을 만점으로 하여 과목당 40점 이상, 전과목 평균 60점 이상
- **실기** : 100점을 만점으로 하여 60점 이상

필기과목명	문제수	주요항목	세부항목
전기자기학	20	1. 진공 중의 정전계	① 정전기 및 정전유도 ② 전계 ③ 전기력선 ④ 전하 ⑤ 전위 ⑥ 가우스의 정리 ⑦ 전기쌍극자
		2. 진공 중의 도체계	① 도체계의 전하 및 전위분포 ② 전위계수, 용량계수 및 유도계수 ③ 도체계의 정전에너지 ④ 정전용량 ⑤ 도체 간에 작용하는 정전력 ⑥ 정전차폐
		3. 유전체	① 분극도와 전계 ② 전속밀도 ③ 유전체 내의 전계 ④ 경계조건 ⑤ 정전용량 ⑥ 전계의 에너지 ⑦ 유전체 사이의 힘 ⑧ 유전체의 특수현상
		4. 전계의 특수해법 및 전류	① 전기영상법 ② 정전계의 2차원 문제 ③ 전류에 관련된 제현상 ④ 저항률 및 도전율
		5. 자계	① 자석 및 자기유도 ② 자계 및 자위 ③ 자기쌍극자 ④ 자계와 전류 사이의 힘 ⑤ 분포전류에 의한 자계
		6. 자성체와 자기회로	① 자화의 세기 ② 자속밀도 및 자속 ③ 투자율과 자화율 ④ 경계면의 조건 ⑤ 감자력과 자기차폐 ⑥ 자계의 에너지 ⑦ 강자성체의 자화 ⑧ 자기회로 ⑨ 영구자석
		7. 전자유도 및 인덕턴스	① 전자유도 현상 ② 자기 및 상호유도작용 ③ 자계에너지와 전자유도 ④ 도체의 운동에 의한 기전력

필기과목명	문제수	주요항목	세부항목
전기자기학	20		⑤ 전류에 작용하는 힘 ⑥ 전자유도에 의한 전계 ⑦ 도체 내의 전류 분포 ⑧ 전류에 의한 자계에너지 ⑨ 인덕턴스
		8. 전자계	① 변위전류 ② 맥스웰의 방정식 ③ 전자파 및 평면파 ④ 경계조건 ⑤ 선자계에서의 선압 ⑥ 전자와 하전입자의 운동 ⑦ 방전현상
전력공학	20	1. 발·변전 일반	① 수력발전 ② 화력발전 ③ 원자력발전 ④ 신재생에너지발전 ⑤ 변전방식 및 변전설비 ⑥ 소내전원설비 및 보호계전방식
		2. 송·배전선로의 전기적 특성	① 선로정수 ② 전력원선도 ③ 코로나 현상 ④ 단거리 송전선로의 특성 ⑤ 중거리 송전선로의 특성 ⑥ 장거리 송전선로의 특성 ⑦ 분포정전용량의 영향 ⑧ 가공전선로 및 지중전선로
		3. 송·배전방식과 그 설비 및 운용	① 송전방식 ② 배전방식 ③ 중성점접지방식 ④ 전력계통의 구성 및 운용 ⑤ 고장계산과 대책
		4. 계통보호방식 및 설비	① 이상전압과 그 방호 ② 전력계통의 운용과 보호 ③ 전력계통의 안정도 ④ 차단보호방식
		5. 옥내배선	① 저압 옥내배선 ② 고압 옥내배선 ③ 수전설비 ④ 동력설비
		6. 배전반 및 제어기기의 종류와 특성	① 배전반의 종류와 배전반 운용 ② 전력제어와 그 특성 ③ 보호계전기 및 보호계전방식 ④ 조상설비 ⑤ 전압조정 ⑥ 원격조작 및 원격제어

필기과목명	문제수	주요항목	세부항목
전력공학	20	7. 개폐기류의 종류와 특성	① 개폐기 ② 차단기 ③ 퓨즈 ④ 기타 개폐장치
전기기기	20	1. 직류기	① 직류발전기의 구조 및 원리 ② 전기자 권선법 ③ 정류 ④ 직류발전기의 종류와 그 특성 및 운전 ⑤ 직류발전기의 병렬운전 ⑥ 직류전동기의 구조 및 원리 ⑦ 직류전동기의 종류와 특성 ⑧ 직류전동기의 기동, 제동 및 속도제어 ⑨ 직류기의 손실, 효율, 온도상승 및 정격 ⑩ 직류기의 시험
		2. 동기기	① 동기발전기의 구조 및 원리 ② 전기자 권선법 ③ 동기발전기의 특성 ④ 단락현상 ⑤ 여자장치와 전압조정 ⑥ 동기발전기의 병렬운전 ⑦ 동기전동기 특성 및 용도 ⑧ 동기조상기 ⑨ 동기기의 손실, 효율, 온도상승 및 정격 ⑩ 특수 동기기
		3. 전력변환기	① 정류용 반도체 소자 ② 정류회로의 특성 ③ 제어정류기
		4. 변압기	① 변압기의 구조 및 원리 ② 변압기의 등가회로 ③ 전압강하 및 전압변동률 ④ 변압기의 3상 결선 ⑤ 상수의 변환 ⑥ 변압기의 병렬운전 ⑦ 변압기의 종류 및 그 특성 ⑧ 변압기의 손실, 효율, 온도상승 및 정격 ⑨ 변압기의 시험 및 보수 ⑩ 계기용변성기 ⑪ 특수변압기
		5. 유도전동기	① 유도전동기의 구조 및 원리 ② 유도전동기의 등가회로 및 특성 ③ 유도전동기의 기동 및 제동 ④ 유도전동기제어 ⑤ 특수 농형유도전동기 ⑥ 특수유도기 ⑦ 단상유도전동기 ⑧ 유도전동기의 시험 ⑨ 원선도

필기과목명	문제수	주요항목	세부항목
전기기기	20	6. 교류정류자기	① 교류정류자기의 종류, 구조 및 원리 ② 단상직권 정류자 전동기 ③ 단상반발 전동기 ④ 단상분권 전동기 ⑤ 3상 직권 정류자 전동기 ⑥ 3상 분권 정류자 전동기 ⑦ 정류자형 주파수 변환기
		7. 제어용 기기 및 보호기기	① 제어기기의 종류 ② 제어기기의 구조 및 원리 ③ 제어기기의 특성 및 시험 ④ 보호기기의 종류 ⑤ 보호기기의 구조 및 원리 ⑥ 보호기기의 특성 및 시험 ⑦ 제어장치 및 보호장치
회로이론 및 제어공학	20	1. 회로이론	① 전기회로의 기초 ② 직류회로 ③ 교류회로 ④ 비정현파교류 ⑤ 다상교류 ⑥ 대칭좌표법 ⑦ 4단자 및 2단자 ⑧ 분포정수회로 ⑨ 라플라스변환 ⑩ 회로의 전달함수 ⑪ 과도현상
		2. 제어공학	① 자동제어계의 요소 및 구성 ② 블록선도와 신호흐름선도 ③ 상태공간해석 ④ 정상오차와 주파수응답 ⑤ 안정도판별법 ⑥ 근궤적과 자동제어의 보상 ⑦ 샘플값제어 ⑧ 시퀀스제어
전기설비 기술기준 – 전기설비 기술기준 및 한국전기설비 규정	20	1. 총칙	① 기술기준 총칙 및 KEC 총칙에 관한 사항 ② 일반사항 ③ 전선 ④ 전로의 절연 ⑤ 접지시스템 ⑥ 피뢰시스템
		2. 저압전기설비	① 통칙 ② 안전을 위한 보호 ③ 전선로 ④ 배선 및 조명설비 ⑤ 특수설비

필기과목명	문제수	주요항목	세부항목
전기설비 기술기준 및 판단기준 - 전기설비 기술기준 및 한국전기설비 규정	20	3. 고압, 특고압 전기설비	① 통칙 ② 안전을 위한 보호 ③ 접지설비 ④ 전선로 ⑤ 기계, 기구 시설 및 옥내배선 ⑥ 발전소, 변전소, 개폐소 등의 전기설비 ⑦ 전력보안통신설비
		4. 전기철도설비	① 통칙 ② 전기철도의 전기방식 ③ 전기철도의 변전방식 ④ 전기철도의 전차선로 ⑤ 전기철도의 전기철도차량설비 ⑥ 전기철도의 설비를 위한 보호 ⑦ 전기철도의 안전을 위한 보호
		5. 분산형 전원설비	① 통칙 ② 전기저장장치 ③ 태양광발전설비 ④ 풍력발전설비 ⑤ 연료전지설비

DAY
03

DAY
08

DAY
09

제3편 제어공학

DAY
11

제1장 자동제어의 개요

제4편 전기기기

제6장 특수기기

DAY
19

제5편 전력공학

제1장 전력계통

제2장 전선로

제3장 선로정수 및 코로나현상

제6편 전기설비기술기준

DAY 25

DAY 26

제2장 저압설비 및 고압 · 특고압설비

DAY 27

제3장 전선로

제4장 발전소, 변전소, 개폐소 및 기계기구 시설보호

제5장 전기철도

제6장 분산형전원설비

기초 전기수학

일러두기

본 교재의 기초 전기수학의 문제를 살펴보면 다소 복잡하고 어렵게 느껴집니다. 하지만 전기자기학과 회로이론의 공식을 풀어나가는 과정이나 기출문제를 해석하기 위해서 반드시 필요한 부분만을 정리해 놓았기 때문에 수학적 지식이 부족한 수험생이라면 반드시 학습하시는 것이 합격에 지름길이 될 것입니다. 또한 기초 전기수학의 예제문제들은 전기자기학, 회로이론, 제어공학에서 출제된 문제를 토대로 정리해 놓았으니 시간이 걸리더라도 한 번씩 꼭 풀어보시기 바랍니다.

구 성

기초 전기수학

01 삼각함수 공식

1 삼각함수 정의

직각삼각형에서 각(θ)이 결정되면 임의의 변의 비는 삼각형의 크기에 관계없이 일정하다. 이를 그 각의 삼각비라 한다.

① $\sin\theta = \dfrac{y}{r} \rightarrow y = r\sin\theta$ ② $\cos\theta = \dfrac{x}{r} \rightarrow x = r\cos\theta$

③ $\tan\theta = \dfrac{y}{x} = \dfrac{\sin\theta}{\cos\theta}$ ④ $r = \sqrt{x^2 + y^2}$, $\theta = \tan^{-1}\dfrac{y}{x}$

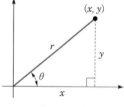

‖ 삼각비 ‖

2 특수각 삼각비 공식

θ	$0°$	$30°$	$45°$	$60°$	$90°$
$\sin\theta$	0	$\dfrac{1}{2}$	$\dfrac{\sqrt{2}}{2}$	$\dfrac{\sqrt{3}}{2}$	1
$\cos\theta$	1	$\dfrac{\sqrt{3}}{2}$	$\dfrac{\sqrt{2}}{2}$	$\dfrac{1}{2}$	0
$\tan\theta$	0	$\dfrac{1}{\sqrt{3}}$	1	$\sqrt{3}$	$-$

3 삼각비의 상호관계

예각의 삼각비	보각의 삼각비	같은 각의 삼각비
① $\sin(90°-\theta) = \cos\theta$	① $\sin(180°-\theta) = \sin\theta$	① $\sin^2\theta + \cos^2\theta = 1$
② $\cos(90°-\theta) = \sin\theta$	② $\cos(180°-\theta) = -\cos\theta$	② $\tan\theta = \dfrac{\sin\theta}{\cos\theta}$
③ $\tan(90°-\theta) = \dfrac{1}{\tan\theta}$	③ $\tan(180°-\theta) = -\tan\theta$	③ $1 + \tan^2\theta = \dfrac{1}{\cos^2\theta}$

4 삼각함수의 가법정리와 반각 공식

(1) 가법정리

① $\sin(\theta_1 \pm \theta_2) = \sin\theta_1\cos\theta_2 \pm \cos\theta_1\sin\theta_2$ (사코 코사)

② $\cos(\theta_1 \pm \theta_2) = \cos\theta_1\cos\theta_2 \mp \sin\theta_1\sin\theta_2$ (코코 사사)

(2) 반각 공식(③, ④식)

① $\cos(\theta - \theta) = \cos\theta\cos\theta + \sin\theta\sin\theta = \cos^2\theta + \sin^2\theta$

② $\cos(\theta + \theta) = \cos\theta\cos\theta - \sin\theta\sin\theta = \cos^2\theta - \sin^2\theta$

③ ①+② : $1 + \cos 2\theta = 2\cos^2\theta$ ∴ $\cos^2\theta = \dfrac{1 + \cos 2\theta}{2}$

④ ①-② : $1 - \cos 2\theta = 2\sin^2\theta$ ∴ $\sin^2\theta = \dfrac{1 - \cos 2\theta}{2}$

01 합성 벡터의 크기를 구하시오.

해설

B벡터를 직각삼각형으로 나타내어 밑변과 높이를 각각 구하여 피타고라스의 정리를 이용하여 정리할 수 있다.

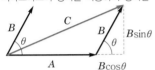

㉠ 피타고라스의 정리
$$|\vec{C}|^2 = C^2 = (A + B\cos\theta)^2 + (B\sin\theta)^2$$
㉡ 위 식을 정리하면 다음과 같다.
$$C^2 = A^2 + B^2\cos^2\theta + 2AB\cos\theta + B^2\sin^2\theta$$
$$= A^2 + B^2(\cos^2\theta + \sin^2\theta) + 2AB\cos\theta$$
$$= A^2 + B^2 + 2AB\cos\theta$$
(여기서, $\cos^2\theta + \sin^2\theta = 1$)
$$\therefore\ C = |\vec{A} + \vec{B}| = \sqrt{A^2 + B^2 + 2AB\cos\theta}$$

Comment

벡터란, 힘과 속도와 같이 크기와 방향 등으로 2개 이상의 양으로 표시되는 물리량을 말하며, 벡터에 부(−)의 값이 있다면 그것은 방향이 반대를 의미한다.
표기법은 $\vec{A}$, $\dot{A}$, $\boldsymbol{A}$(볼드체 문자)와 같다.

02 두 벡터의 차를 구하시오.

해설

두 벡터의 차라는 것은 한 개의 벡터성분을 반대로 돌려 새롭게 만들어진 벡터성분을 다른 벡터성분과 더해서 구할 수 있다.
즉, $\vec{C} = \vec{A} - \vec{B} = \vec{A} + (-\vec{B})$와 같이 연산한다.

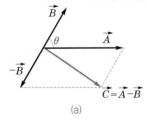

(a)

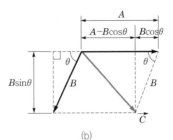

(b)

㉠ 피타고라스의 정리
$$|\vec{C}|^2 = C^2 = (A - B\cos\theta)^2 + (B\sin\theta)^2$$
㉡ 위 식을 정리하면 다음과 같다.
$$C^2 = A^2 + B^2\cos^2\theta - 2AB\cos\theta + B^2\sin^2\theta$$
$$= A^2 + B^2(\cos^2\theta + \sin^2\theta) - 2AB\cos\theta$$
$$= A^2 + B^2 - 2AB\cos\theta$$
$$\therefore\ C = |\vec{A} - \vec{B}|$$
$$= \sqrt{A^2 + B^2 - 2AB\cos\theta}$$

Comment

두 벡터의 합성은 전기자기학과 회로이론을 이해하기 위해서 반드시 필요하다.

03 $\dfrac{\varepsilon_1}{\varepsilon_2} = \dfrac{\tan\theta_1}{\tan\theta_2}$의 조건에서 $\varepsilon_1 = 1$, $\varepsilon_2 = \sqrt{3}$, $\theta_1 = 45°$일 때 θ_2를 구하시오.

해설

$$\tan\theta_2 = \tan\theta_1 \frac{\varepsilon_2}{\varepsilon_1}$$
$$\therefore\ \theta_2 = \tan^{-1}\left(\tan\theta_1 \frac{\varepsilon_2}{\varepsilon_1}\right)$$
$$= \tan^{-1}\left(\tan 45° \times \frac{\sqrt{3}}{1}\right)$$
$$= \tan^{-1}\sqrt{3} = 60°$$

04 $i(\omega t) = I_m \sin\omega t$일 때 $i^2(\omega t)$를 구하시오.

해설

$$i^2(\omega t) = I_m^2 \sin^2\omega t$$
$$= \frac{I_m^2}{2}(1 - \cos 2\omega t)$$

기초 전기수학

02 기초 수학 공식

1 곱셈 공식 및 인수분해 공식

정의	곱셈 공식은 항들의 곱을 전개하는 것을 말하며, 인수분해는 곱셈 공식을 거꾸로 적용하여 다항식을 다항식들의 곱의 형태로 나타내는 것을 말한다.
공식	① $(a+b)^2 = a^2 + 2ab + b^2$ ② $(a-b)^2 = a^2 - 2ab + b^2$ ③ $(a+b)(a-b) = a^2 - b^2$ ④ $(x+a)(x+b) = x^2 + (a+b)x + ab$ ⑤ $(a+b)^3 = a^3 + 3a^2b + 3ab^2 + b^3$ ⑥ $(a-b)^3 = a^3 - 3a^2b + 3ab^2 - b^3$ ⑦ $(x+a)(x+b)(x+c) = x^3 + (a+b+c)x^2 + (ab+bc+ca)x + abc$ ⑧ $(x-a)(x-b)(x-c) = x^3 - (a+b+c)x^2 + (ab+bc+ca)x - abc$

2 제곱근(square root)

정의	제곱하여 a가 되는 수를 a의 제곱근이라고 한다. 즉, 어떤 수 a에 대하여 $x^2 = a$가 되는 x를 a의 제곱근이라고 하며 표기법으로 $\sqrt{}$ (루트)를 사용한다.
공식	① $\sqrt{a^2} = a$(여기서, $a > 0$) ② $\sqrt{a^2} = -a$(여기서, $a < 0$) ③ $\sqrt{a}\sqrt{b} = \sqrt{ab}$ ④ $a\sqrt{b} = \sqrt{a^2 b}$ ⑤ $\dfrac{\sqrt{b}}{\sqrt{a}} = \sqrt{\dfrac{b}{a}}$ ⑥ $\dfrac{\sqrt{b}}{\sqrt{a}} = \dfrac{\sqrt{b}}{\sqrt{a}} \times \dfrac{\sqrt{a}}{\sqrt{a}} = \dfrac{\sqrt{ab}}{a}$ ⑦ $\dfrac{1}{\sqrt{a}+\sqrt{b}} = \dfrac{1}{\sqrt{a}+\sqrt{b}} \times \dfrac{\sqrt{a}-\sqrt{b}}{\sqrt{a}-\sqrt{b}} = \dfrac{\sqrt{a}-\sqrt{b}}{a-b}$

3 지수법칙(exponential law)

정의	같은 문자 또는 수의 거듭제곱의 곱셉·나눗셈을 지수의 덧셈·뺄셈으로 계산할 수 있는 법칙이다.
공식	① $a^0 = 1$ ② $a^m \times a^n = a^{m+n}$ ③ $a^m \div a^n = \dfrac{a^m}{a^n} = a^{m-n}$ ④ $a^{-n} = a^{0-n} = \dfrac{a^0}{a^n} = \dfrac{1}{a^n}$ ⑤ $(a^m)^n = a^{mn}$ ⑥ $(ab)^m = a^m b^m$ ⑦ $\left(\sqrt{a+b}\right)^m = \left[(a+b)^{\frac{1}{2}}\right]^m = (a+b)^{\frac{m}{2}}$

4 분수식(fractional expression)

약분	가감법	곱셈	번분수
$\dfrac{bc}{ac} = \dfrac{b}{a}$	$\dfrac{b}{a} \pm \dfrac{d}{c} = \dfrac{bc \pm ad}{ac}$	$\dfrac{b}{a} \times \dfrac{d}{c} = \dfrac{bd}{ac}$	$\dfrac{\dfrac{b}{a}}{\dfrac{d}{c}} = \dfrac{b}{a} \div \dfrac{d}{c} = \dfrac{b}{a} \times \dfrac{c}{d} = \dfrac{bc}{ad}$

05 다음 식을 다항식으로 표현하시오.

① $(s+6)(s+1)$

② $(s-1)(s-2)$

③ $(s+1)(s+2)(s+3)$

해설

① $s^2+(6+1)s+(6\times1)=s^2+7s+6$

② $s^2+(-1-2)s+(-1\times-2)=s^2-3s+2$

③ $s^3+(1+2+3)s^2+(1\times2+2\times3+3\times1)s$
$\quad+(1\times2\times3)=s^3+6s^2+11s+6$

06 다음 식을 인수분해 하시오.

① s^2+3s+2

② $(s+6)(s+1)-14$

③ $(s-1)(s-2)-6$

해설

① $(s+1)(s+2)$

② $s^2+7s-8=(s+8)(s-1)$

③ $s^2-3s-4=(s-4)(s+1)$

Comment

위 문제 5, 6번만 연습하면 자격증시험에서 제시되는 곱셈 공식과 인수분해를 이용한 문제를 모두 해결할 수 있다.

07 다음 식에서 x를 구하시오.

① $9\times10^9\times\dfrac{x^2}{(3\times10^3)^2}=10$

② $\dfrac{2Q}{4\pi\varepsilon_0(x+1)^2}=\dfrac{Q}{4\pi\varepsilon_0(x-1)^2}$

해설

① $x^2=\dfrac{10\times9\times10^6}{9\times10^9}$

$\therefore\ x=\sqrt{10^{-2}}=10^{-1}=0.1$

② $2Q(x-1)^2=Q(x+1)^2$

$\sqrt{2}\,(x-1)=(x+1)$

$x\sqrt{2}-\sqrt{2}=x+1$

$x(\sqrt{2}-1)=\sqrt{2}+1$

$\therefore\ x=\dfrac{\sqrt{2}+1}{\sqrt{2}-1}=\dfrac{\sqrt{2}+1}{\sqrt{2}-1}\times\dfrac{\sqrt{2}+1}{\sqrt{2}+1}$

$\quad=\dfrac{(\sqrt{2}+1)^2}{2-1}=2+2\sqrt{2}+1$

$\quad=3+2\times1.414=5.828$

Comment

제곱근 계산은 공학용 계산기를 이용하므로 너무 신경 쓰지 않아도 된다.

08 다음 식을 정리하시오.

① $\dfrac{1}{\dfrac{1}{R_1}+\dfrac{1}{R_2}}$

② $\dfrac{1}{\dfrac{1}{R_1}+\dfrac{1}{R_2}+\dfrac{1}{R_3}}$

③ $\dfrac{1}{\dfrac{1}{R}+\dfrac{1}{R}+\dfrac{1}{R}+\dfrac{1}{R}+\dfrac{1}{R}+\dfrac{1}{R}}$

④ $\dfrac{\dfrac{24}{12}-\dfrac{6}{3}+\dfrac{10}{5}}{\dfrac{1}{12}+\dfrac{1}{3}+\dfrac{1}{5}}$

해설

① $\dfrac{1}{\dfrac{R_2}{R_1R_2}+\dfrac{R_1}{R_1R_2}}=\dfrac{1}{\dfrac{R_1+R_2}{R_1R_2}}=\dfrac{R_1R_2}{R_1+R_2}$

② $\dfrac{1}{\dfrac{R_2R_3}{R_1R_2R_3}+\dfrac{R_1R_3}{R_1R_2R_3}+\dfrac{R_1R_2}{R_1R_2R_3}}$

$\quad=\dfrac{1}{\dfrac{R_1R_2+R_2R_3+R_1R_3}{R_1R_2R_3}}$

$\quad=\dfrac{R_1R_2R_3}{R_1R_2+R_2R_3+R_1R_3}$

③ $\dfrac{1}{\dfrac{1}{R}+\dfrac{1}{R}+\dfrac{1}{R}+\dfrac{1}{R}+\dfrac{1}{R}+\dfrac{1}{R}}=\dfrac{1}{\dfrac{6}{R}}=\dfrac{R}{6}$

④ $\dfrac{\dfrac{120-120+120}{60}}{\dfrac{5+20+12}{60}}=\dfrac{\dfrac{120}{60}}{\dfrac{37}{60}}=\dfrac{120}{37}$

Comment

①, ②, ③은 회로이론에서 병렬의 합성저항을 구할 때 활용된다.

03 복소수(complex number)

1 정의

① 복소수는 두 개의 요소로 이루어진 수라는 뜻으로 $a+jb$꼴의 수를 말하며, 여기서 a는 실수부(real part), b는 허수부(imaginary part)라 한다.

② 허수단위 j는 제곱해서 -1이 되는 수를 말한다. 즉, $j=\sqrt{-1}$이 된다.

2 복소수(complex number)의 연산

(1) 복소수의 가감승제

① $\vec{A}+\vec{B}=(a+jb)+(c+jd)=(a+c)+j(b+d)$

② $\vec{A}-\vec{B}=(a+jb)-(c+jd)=(a-c)+j(b-d)$

③ $\vec{A}\times\vec{B}=(a+jb)\times(c+jd)=ac+j(ad+bc)+j^2bd=(ac-bd)+j(ad+bc)$

④ $\dfrac{\vec{A}}{\vec{B}}=\dfrac{a+jb}{c+jd}=\dfrac{(a+jb)\times(c-jd)}{(c+jd)\times(c-jd)}=\dfrac{ac+j(bc-ad)-j^2bd}{c^2+d^2}$

$\qquad =\dfrac{ac+bd}{c^2+d^2}+j\dfrac{bc-ad}{c^2+d^2}$

(2) 공액 복소수(conjugate complex number)

① 복소평면(complex plane)에서 실수축에 대해 대칭관계에 있는 두 복소수, 즉 $a+jb$와 $a-jb$상의 관계를 공액이라 하며, $\vec{A}$의 공액 복소수는 $\vec{A}^*$로 표시한다.

② $\vec{A}+\vec{A}^*=(a+jb)+(a-jb)=2a$

③ $\vec{A}-\vec{A}^*=(a+jb)-(a-jb)=j2b$

④ $\vec{A}\times\vec{A}^*=(a+jb)\times(a-jb)=a^2+b^2$

3 오일러의 급수

(1) 지수함수(exponential function)

① 지수함수 e를 사용하면 삼각함수 연산을 보다 손쉽게 구할 수 있다.

② 지수함수 : $e=\lim\limits_{x\to\infty}\left(1+\dfrac{1}{x}\right)^2\simeq2.71828\cdots$

(2) 오일러의 정리

① $e^{j\theta}=\cos\theta+j\sin\theta$

② $A\underline{/\pm\theta}=A(\cos\theta\pm j\sin\theta)=A\,e^{\pm j\theta}$

③ $A\underline{/\theta_1}\times B\underline{/\theta_2}=A(\cos\theta_1+j\sin\theta)\times B(\cos\theta+j\sin\theta)$

$\qquad =A\,e^{j\theta_1}\times B\,e^{j\theta_2}=AB\,e^{j(\theta_1+\theta_2)}$

$\qquad =AB\underline{/\theta_1+\theta_2}$

④ $\dfrac{A\underline{/\theta_1}}{B\underline{/\theta_2}}=\dfrac{A\,e^{j\theta_1}}{B\,e^{j\theta_2}}=\dfrac{A}{B}\,e^{j\theta_1-\theta_2}=\dfrac{A}{B}\underline{/\theta_1-\theta_2}$

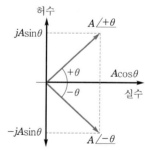

┃ 복소수와 극형식의 관계 ┃

09 $\vec{A} = 220\underline{/0°}$, $\vec{B} = 220\underline{/-120°}$, $\vec{C} = 220\underline{/-240°}$일 때 다음 물음에 답하시오.

① 극형식을 복소수로 변환하시오.
② $\vec{A} + \vec{B} + \vec{C}$
③ $\vec{A} - \vec{B}$
④ $\vec{A} + \vec{B} - \vec{C}$

해설

① $\vec{A}$, $\vec{B}$, $\vec{C}$를 복소평면에 나타내면 다음과 같다.

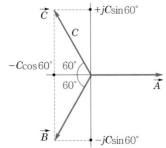

- $\vec{A} = 220\underline{/0°} = 220$
- $\vec{B} = 220\underline{/-120°} = 220\underline{/240°}$
  $= -220\cos 60° - j220\sin 60°$
  $= -110 - j110\sqrt{3}$
- $\vec{C} = 220\underline{/-240°} = 220\underline{/120°}$
  $= -220\cos 60° + j220\sin 60°$
  $= -110 + j110\sqrt{3}$

② $\vec{A} + \vec{B} + \vec{C}$
$= 220 + (-110 - j110\sqrt{3}) + (-110 + j110\sqrt{3})$
$= 0$

또는 다음 그림과 같이 $\vec{A}$와 $\vec{B}$를 더하면 $\vec{C}$와 크기는 같고 방향이 반대방향이므로 $\vec{A} + \vec{B} + \vec{C}$의 값은 0이 된다.

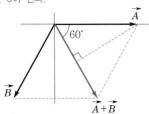

③ $\vec{A} - \vec{B} = 220 - (-110 - j110\sqrt{3})$
$= 330 + j110\sqrt{3}$
$= \sqrt{330^2 + (110\sqrt{3})^2}\underline{/\tan^{-1}\dfrac{110\sqrt{3}}{330}}$
$= 381\underline{/30°}$

또는 다음 그림과 같이 삼각함수를 이용해서도 구할 수 있다.

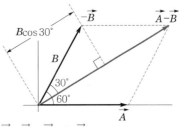

$\vec{A} - \vec{B} = \vec{A} + (-\vec{B})$
$= B \times \cos 30° \times 2\underline{/30°}$
$= 220 \times \dfrac{\sqrt{3}}{2} \times 2\underline{/30°} = 381\underline{/30°}$

④ $\vec{A} + \vec{B} - \vec{C}$
$= 220 + (-110 - j110\sqrt{3}) - (-110 + j110\sqrt{3})$
$= 220 - j220\sqrt{3} = 440\underline{/-60°}$
$= -2\vec{C}$

Comment

삼각함수와 복소수를 이용하여 벡터의 합과 차를 구하는 것은 전기해석에 가장 중요한 부분이라고 볼 수 있다. 본 문제를 완벽히 이해하길 바란다.

10 다음 복소수 문제를 풀어 보시오.

① $Z_{ab} = 25 + \dfrac{-j25 \times j100}{-j25 + j100}$

② $Z = \dfrac{14 + j38}{6 + j2}$

③ $I = \dfrac{100\underline{/10°}}{50\underline{/-20°}}$

해설

① $Z_{ab} = 25 + \dfrac{-j25 \times j100}{-j25 + j100}$ (여기서, $j^2 = -1$)
$= 25 + \dfrac{2500}{j75} = 25 - j\dfrac{100}{3}$

② $Z = \dfrac{14 + j38}{6 + j2}$
$= \dfrac{14 + j38}{6 + j2} \times \dfrac{6 - j2}{6 - j2}$
$= \dfrac{160 + j200}{6^2 + 2^2} = 4 + j5$

③ $I = \dfrac{100\underline{/10°}}{50\underline{/-20°}} = 2\underline{/30°}$
$= 2(\cos 30° + j\sin 30°)$
$= 2\left(\dfrac{\sqrt{3}}{2} + j\dfrac{1}{2}\right)$
$= \sqrt{3} + j$

04 로그함수(logarithmic function)

Comment

자격증시험에서는 로그에 관련된 결과 공식만 나오지 로그 공식을 이용해서 계산하는 문제는 많지 않다. 따라서 예제문제는 생략하고 로그의 개념만 정리하도록 한다.

1 개요

① 로그함수 $y = \log_a x$는 지수함수 $y = a^x$의 역함수이므로 지수함수를 연관지어 학습한다.
② 지수함수에서 a를 밑수, x를 지수라 하며, 로그함수에서 a를 밑수, x를 진수라 한다. 또한 로그함수의 a의 조건은 $a > 0$, $a \neq 1$여야 한다.

2 지수함수와 로그함수의 그래프

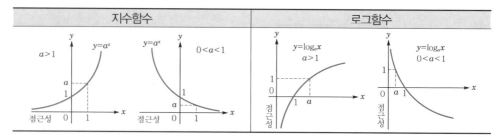

3 로그의 기본 공식

$a > 0$, $a \neq 1$, $b > 0$, $b \neq 1$, $M > 0$, $N > 0$

① $\log_a 1 = 0$

② $\log_a a = 1$

③ $\log_a MN = \log_a M + \log_a N$

④ $\log_a \dfrac{M}{N} = \log_a M - \log_a N$

⑤ $\log_a M^k = k \log_a M$

⑥ $\log_a M = \dfrac{\log_b M}{\log_b a}$

4 상용로그 또는 브리그스로그

① 밑수 a가 10인 로그를 말하며, 진수가 x일 때 밑수를 생략해 $\log x$로 표현할 수 있다.
② 헨리 브리그스(Henry Briggs)는 10진법을 사용하는 인간에게 밑수가 10인 로그가 편리하다는 결론을 내린 후 상용로그(common logarithm)값을 수록한 로그표를 만들어 사용하게 된다.
③ $\log_{10} 10 = 1$, $\log_{10} 10^n = n$이므로 $\log 8420 = \log 8.42 \times 10^3 = \log 8.42 + \log 10^3$ $= 3 + 0.9253$으로 '정수+소수'로 표현할 수 있어 수치 계산에 편리하다.

5 자연로그 또는 네이피어로그

(1) 정의

밑수가 자연상수 e인 로그를 말하며, 진수가 x일 때 밑수를 생략해 $\ln x$로 표현할 수 있다.

$$e = \lim_{x \to 0} (1 + x)^{\frac{1}{x}} = \lim_{x \to \infty} \left(1 + \frac{1}{x}\right)^x = 1 + \frac{1}{1!} + \frac{1}{2!} + \frac{1}{3!} + \cdots \fallingdotseq 2.718281828 \cdots$$

(2) 자연로그(natural logarithm)의 성질

$$\ln e = \log_e e = 1, \ \ln e^a = a \ln e = a, \ \ln \frac{1}{e} = \ln e^{-1} = -1$$

(3) 자연상수 e의 이해

① 10의 제곱근, 10의 제곱근의 제곱근, 10의 제곱근의 제곱근의 제곱근의 패턴분석

$10^x = 10^{1/2} = 3.162277660168379331\cdots$

$10^x = 10^{1/4} = 1.778279410038922801\cdots$

$10^x = 10^{1/8} = 1.333521432163324025\cdots$

$10^x = 10^{1/16} = 1.154781984689458179\cdots$

$10^x = 10^{1/32} = 1.074607828321317497\cdots$

$10^x = 10^{1/64} = 1.036632928437697997\cdots$

$10^x = 10^{1/128} = 1.018151721718181841\cdots$

$10^x = 10^{1/256} = 1.009035044841447437\cdots$

$10^x = 10^{1/512} = 1.004507364254462515\cdots$

$10^x = 10^{1/1024} = 1.002251148292912915\cdots$

$10^x = 10^{1/2048} = 1.001124941399879875\cdots$

$10^x = 10^{1/4096} = 1.000562312602208636\cdots$

$10^x = 10^{1/8192} = 1.000281116787780132\cdots$

$10^x = 10^{1/16384} = 1.000140548516947258\cdots$

$10^x = 10^{1/32768} = 1.000070271789411435\cdots$

㉠ 위 패턴을 분석해 보면 지수를 반으로 나누어 갈수록 소수점 이하의 숫자가 거의 반으로 줄어드는 것을 알 수 있다.

㉡ x가 0 또는 $\frac{1}{x}$이 무한대로 접근했을 때의 $\frac{1}{x}$과 소수점 이하의 수를 곱하면 다음과 같은 약 $2.302\cdots$의 수를 만들 수 있다.

$2048 \times 0.001124941399879875\cdots = 2.3038799869539\cdots$

$4096 \times 0.000562312602208636\cdots = 2.3032324186465\cdots$

$8192 \times 0.000281116787780132\cdots = 2.3029087254948\cdots$

$16384 \times 0.000140548516947258\cdots = 2.3027469016638\cdots$

$32768 \times 0.000070271789411435\cdots = 2.3026659954339\cdots$

② 자연상수의 개념 : $\lim\limits_{\frac{x}{x \to 0}}$ 또는 $\lim\limits_{\frac{1}{x} \to \infty}$의 경우 $10^x \approx 1 + 2.302\cdots \times x$가 되며 $x \to \frac{x}{2.302\cdots}$를 대입하면 $10^{\frac{x}{2.302\cdots}} \approx 1 + x$가 되고 $10^{\frac{1}{2.302\cdots}} = e$로 두고 정리하면 $e^x \approx 1 + x$로 정리된다. 여기서, e를 자연상수라 하며 $e = \lim\limits_{x \to 0} (1+x)^{\frac{1}{x}} \fallingdotseq 2.718281828\cdots$로 정리하고 있다.

05 연립방정식과 행렬

1 행렬(matrix, 매트릭스)의 정의

① 수나 식을 직사각형 모양으로 배열한 것으로 가로를 행, 세로를 열이라 한다.
② 행렬을 이용하면 연립방정식을 손쉽게 풀이할 수 있으며, 연립방정식을 풀이할 때 사용되는 것을 행렬식(determinant, 디터미넌트)이라 한다.

2 행렬과 행렬식

연립방정식	행렬	행렬식
$a_1 x + b_1 y = d_1$ $a_2 x + b_2 y = d_2$	$\begin{bmatrix} a_1 & b_1 \\ a_2 & b_2 \end{bmatrix} \begin{bmatrix} x \\ y \end{bmatrix} = \begin{bmatrix} d_1 \\ d_2 \end{bmatrix}$	$\Delta = \begin{bmatrix} a_1 & b_1 \\ a_2 & b_2 \end{bmatrix} = a_1 b_2 - a_2 b_1$

① x, y를 미지수라 하고 a_1, a_2, b_1, b_2, d_1, d_2를 기지수라 한다.
② a_1, a_2를 x항, b_1, b_2를 y항, d_1, d_2를 상수항이라 한다.
③ Δ(델타)는 행렬식의 기호로 'D' 또는 'det'로도 나타내는 경우도 있다.

3 행렬에 따른 2원 연립방정식의 풀이방법

미지수 x	미지수 y
$x = \dfrac{\Delta x}{\Delta} = \dfrac{\begin{bmatrix} d_1 & b_1 \\ d_2 & b_2 \end{bmatrix}}{\begin{bmatrix} a_1 & b_1 \\ a_2 & b_2 \end{bmatrix}} = \dfrac{d_1 b_2 - d_2 b_1}{a_1 b_2 - a_2 b_1}$	$y = \dfrac{\Delta y}{\Delta} = \dfrac{\begin{bmatrix} a_1 & d_1 \\ a_2 & d_2 \end{bmatrix}}{\begin{bmatrix} a_1 & b_1 \\ a_2 & b_2 \end{bmatrix}} = \dfrac{a_1 d_2 - a_2 d_1}{a_1 b_2 - a_2 b_1}$

① Δx를 구할 때는 'x항 1열'에 '상수항'을 삽입한다.
② Δy를 구할 때는 'y항 2열'에 '상수항'을 삽입한다.

4 행렬에 따른 3원 연립방정식의 풀이방법

연립방정식	행렬	행렬식
$a_1 x + b_1 y + c_1 z = d_1$ $a_2 x + b_2 y + c_2 z = d_2$ $a_3 x + b_3 y + c_3 z = d_3$	$\begin{bmatrix} a_1 & b_1 & c_1 \\ a_2 & b_2 & c_2 \\ a_3 & b_3 & c_3 \end{bmatrix} \begin{bmatrix} x \\ y \\ z \end{bmatrix} = \begin{bmatrix} d_1 \\ d_2 \\ d_3 \end{bmatrix}$	$\Delta = \begin{bmatrix} a_1 & b_1 & c_1 \\ a_2 & b_2 & c_2 \\ a_3 & b_3 & c_3 \end{bmatrix}$

① 행렬식 : $\Delta = \begin{bmatrix} a_1 & b_1 & c_1 \\ a_2 & b_2 & c_2 \\ a_3 & b_3 & c_3 \end{bmatrix} = a_1 \begin{bmatrix} b_2 & c_2 \\ b_3 & c_3 \end{bmatrix} - b_1 \begin{bmatrix} a_2 & c_2 \\ a_3 & c_3 \end{bmatrix} + c_1 \begin{bmatrix} a_2 & b_2 \\ a_3 & b_3 \end{bmatrix}$

$\qquad\qquad = a_1(b_2 c_3 - b_3 c_2) - b_1(a_2 c_3 - a_3 c_2) + c_1(a_2 b_3 - a_3 b_2)$

② $\Delta x = \begin{bmatrix} d_1 & b_1 & c_1 \\ d_2 & b_2 & c_2 \\ d_3 & b_3 & c_3 \end{bmatrix}$, $\Delta y = \begin{bmatrix} a_1 & d_1 & c_1 \\ a_2 & d_2 & c_2 \\ a_3 & d_3 & c_3 \end{bmatrix}$, $\Delta z = \begin{bmatrix} a_1 & b_1 & d_1 \\ a_2 & b_2 & d_2 \\ a_3 & b_3 & d_3 \end{bmatrix}$

③ $x = \dfrac{\Delta x}{\Delta}$, $y = \dfrac{\Delta y}{\Delta}$, $z = \dfrac{\Delta z}{\Delta}$

11 다음 행렬식을 계산하시오.

① $\begin{bmatrix} s-1 & -3 \\ -1 & s+2 \end{bmatrix}$

② $\begin{bmatrix} s & -1 \\ 2 & s+3 \end{bmatrix}$

③ $\begin{bmatrix} s & -1 & 0 \\ 0 & s & -1 \\ 12 & 19 & s+8 \end{bmatrix}$

해설

① $\begin{bmatrix} s-1 & -3 \\ -1 & s+2 \end{bmatrix}$
$= (s-1) \times (s+2) - (-3) \times (-1)$
$= s^2 + s - 2 - 3 = s^2 + s - 5$

② $\begin{bmatrix} s & -1 \\ 2 & s+3 \end{bmatrix} = s(s+3) + 2$
$= s^2 + 3s + 2 = (s+1)(s+2)$

③ $\begin{bmatrix} s & -1 & 0 \\ 0 & s & -1 \\ 12 & 19 & s+8 \end{bmatrix}$
$= s(s^2 + 8s + 19) + 12$
$= s^3 + 8s^2 + 19s + 12$

12 다음 식을 2원 1차 연립방정식으로 미지수 x, y를 각각 구해보아라.

① $3x + y = 5$

② $-x + 2y = -4$

해설

㉠ 미지수 x를 구하기 위해서는 y항을 제거해야 하므로 ①식에 2를 곱하고, ②식에 1을 곱하고 빼서 구할 수 있다.
$[3 \times 2 - (-1) \times 1] x = 5 \times 2 - (-4) \times 1$
$\therefore x = \dfrac{10 - (-4)}{6 - (-1)} = \dfrac{14}{7} = 2$

㉡ 미지수 y를 구하기 위해서는 x항을 제거해야 하므로 ①식에 1을 곱하고, ②식에 3을 곱하고 더해서 구할 수 있다.
$(1 \times 1 + 2 \times 3) y = 5 \times 1 + (-4) \times 3$
$\therefore y = \dfrac{5 - 12}{1 + 6} = \dfrac{-7}{7} = -1$

13 다음 식을 행렬을 이용하여 미지수 x, y를 각각 구해보아라.

① $3x + y = 5$

② $-x + 2y = -4$

해설

㉠ $\begin{bmatrix} 3 & 1 \\ -1 & 2 \end{bmatrix} \begin{bmatrix} x \\ y \end{bmatrix} = \begin{bmatrix} 5 \\ -4 \end{bmatrix}$

㉡ $\Delta = \begin{bmatrix} 3 & 1 \\ -1 & 2 \end{bmatrix}$
$= 3 \times 2 - (-1) \times 1 = 7$

㉢ $\Delta x = \begin{bmatrix} 5 & 1 \\ -4 & 2 \end{bmatrix}$
$= 5 \times 2 - (-4) \times 1 = 14$

㉣ $\Delta y = \begin{bmatrix} 3 & 5 \\ -1 & -4 \end{bmatrix}$
$= 3 \times (-4) - (-1) \times 5 = -7$

$\therefore x = \dfrac{\Delta x}{\Delta} = \dfrac{14}{7} = 2$

$y = \dfrac{\Delta y}{\Delta} = \dfrac{-7}{7} = -1$

14 다음 식을 행렬을 이용하여 미지수 x, y, z를 각각 구해보아라.

① $2x - y + 2z = 2$

② $x + 10y - 3z = 5$

③ $-x + y + z = -3$

해설

㉠ $\begin{bmatrix} 2 & -1 & 2 \\ 1 & 10 & -3 \\ -1 & 1 & 1 \end{bmatrix} \begin{bmatrix} x \\ y \\ z \end{bmatrix} = \begin{bmatrix} 2 \\ 5 \\ -3 \end{bmatrix}$

㉡ $\Delta = \begin{bmatrix} 2 & -1 & 2 \\ 1 & 10 & -3 \\ -1 & 1 & 1 \end{bmatrix} = 46$

㉢ $\Delta x = \begin{bmatrix} 2 & -1 & 2 \\ 5 & 10 & -3 \\ -3 & 1 & 1 \end{bmatrix} = 92$

㉣ $\Delta y = \begin{bmatrix} 2 & 2 & 2 \\ 1 & 5 & -3 \\ -1 & -3 & 1 \end{bmatrix} = 0$

㉤ $\Delta z = \begin{bmatrix} 2 & -1 & 2 \\ 1 & 10 & 5 \\ 2 & 1 & -3 \end{bmatrix} = -46$

$\therefore x = \dfrac{\Delta x}{\Delta} = \dfrac{92}{46} = 2$

$y = \dfrac{\Delta y}{\Delta} = \dfrac{0}{46} = 0$

$z = \dfrac{\Delta z}{\Delta} = \dfrac{-46}{46} = -1$

Comment

문제 13번과 14번을 보면 행렬의 사용목적을 정확히 이해할 수 있다.

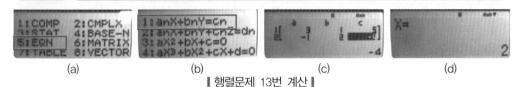

(a)   (b)   (c)   (d)

▌행렬문제 13번 계산▐

① (a)와 같이 [MODE]에서 연립방정식 기능 [5:EQN]을 선택한다.
② (b)와 같이 변수가 2개(X, Y)인 [1:anX+bnY=cn]을 선택한다.
③ (c)와 같이 행렬정보 입력 후 [=]을 누르면 (d)와 같이 미지수 X, Y를 구할 수 있다.
④ 14번 문제와 같이 변수가 3개(X, Y, Z)이면 (b)에서 2번을 선택한다.
⑤ 연립방정식 모드에서 나가려면 [MODE]에서 [2:CMPLX]를 선택한다.

07 행렬의 계산방법

① $\begin{bmatrix} a_1 & a_2 \\ a_3 & a_4 \end{bmatrix} \pm \begin{bmatrix} b_1 & b_2 \\ b_3 & b_4 \end{bmatrix} = \begin{bmatrix} a_1 \pm b_1 & a_2 \pm b_2 \\ a_3 \pm b_3 & a_4 \pm b_4 \end{bmatrix}$
② $\begin{bmatrix} a_1 & a_2 \\ a_3 & a_4 \end{bmatrix}\begin{bmatrix} b_1 & b_2 \\ b_3 & b_4 \end{bmatrix} = \begin{bmatrix} a_1b_1 + a_2b_3 & a_1b_2 + a_2b_4 \\ a_3b_1 + a_4b_3 & a_3b_2 + a_4b_4 \end{bmatrix}$

③ $A\begin{bmatrix} a & b \\ c & d \end{bmatrix} = \begin{bmatrix} Aa & Ab \\ Ac & Ad \end{bmatrix}$
④ $\dfrac{1}{A}\begin{bmatrix} a & b \\ c & d \end{bmatrix} = \begin{bmatrix} \dfrac{a}{A} & \dfrac{b}{A} \\ \dfrac{c}{A} & \dfrac{d}{A} \end{bmatrix}$

⑤ $\begin{bmatrix} a & b & c \\ d & e & f \\ g & h & i \end{bmatrix}\begin{bmatrix} A \\ B \\ C \end{bmatrix} = \begin{bmatrix} a \times A & b \times B & c \times C \\ d \times A & e \times B & f \times C \\ g \times A & h \times B & i \times C \end{bmatrix}$

08 역행렬

(1) $A = \begin{bmatrix} a & b \\ c & d \end{bmatrix}$의 역행렬

$$A^{-1} = \frac{1}{\Delta}\begin{bmatrix} d & -b \\ -c & a \end{bmatrix} = \frac{1}{\det A}\begin{bmatrix} d & -b \\ -c & a \end{bmatrix} = \frac{1}{ad-bc}\begin{bmatrix} d & -b \\ -c & a \end{bmatrix}$$

(2) $A = \begin{bmatrix} a & b & c \\ d & e & f \\ g & h & i \end{bmatrix}$의 역행렬

$$A^{-1} = \frac{1}{\det A}\begin{bmatrix} \begin{bmatrix} e & f \\ h & i \end{bmatrix} & -\begin{bmatrix} b & c \\ h & i \end{bmatrix} & \begin{bmatrix} b & c \\ e & f \end{bmatrix} \\ -\begin{bmatrix} d & f \\ g & i \end{bmatrix} & \begin{bmatrix} a & c \\ g & i \end{bmatrix} & -\begin{bmatrix} a & c \\ d & f \end{bmatrix} \\ \begin{bmatrix} d & e \\ g & h \end{bmatrix} & -\begin{bmatrix} a & b \\ g & h \end{bmatrix} & \begin{bmatrix} a & b \\ d & e \end{bmatrix} \end{bmatrix}$$

$$= \frac{1}{a_1\begin{bmatrix} b_2 & c_2 \\ b_3 & c_3 \end{bmatrix} - b_1\begin{bmatrix} a_2 & c_2 \\ a_3 & c_3 \end{bmatrix} + c_1\begin{bmatrix} a_2 & b_2 \\ a_3 & b_3 \end{bmatrix}}\begin{bmatrix} \begin{bmatrix} e & f \\ h & i \end{bmatrix} & -\begin{bmatrix} b & c \\ h & i \end{bmatrix} & \begin{bmatrix} b & c \\ e & f \end{bmatrix} \\ -\begin{bmatrix} d & f \\ g & i \end{bmatrix} & \begin{bmatrix} a & c \\ g & i \end{bmatrix} & -\begin{bmatrix} a & c \\ d & f \end{bmatrix} \\ \begin{bmatrix} d & e \\ g & h \end{bmatrix} & -\begin{bmatrix} a & b \\ g & h \end{bmatrix} & \begin{bmatrix} a & b \\ d & e \end{bmatrix} \end{bmatrix}$$

Comment

3×3 행렬의 역행렬은 시험에 출제되지 않는다.

15 다음 행렬을 풀어 보시오.

① $\begin{bmatrix} 1 & 2 \\ 3 & 4 \end{bmatrix} + \begin{bmatrix} 1 & 2 \\ 3 & 4 \end{bmatrix}$

② $\begin{bmatrix} s & 0 & 0 \\ 0 & s & 0 \\ 0 & 0 & s \end{bmatrix} - \begin{bmatrix} 0 & 1 & 0 \\ 0 & 0 & 1 \\ -12 & -7 & -6 \end{bmatrix}$

해설

① $\begin{bmatrix} 1+1 & 2+2 \\ 3+3 & 4+4 \end{bmatrix} = \begin{bmatrix} 2 & 4 \\ 6 & 8 \end{bmatrix}$

② $\begin{bmatrix} s-0 & 0-1 & 0-0 \\ 0-0 & s-0 & 0-1 \\ 0-(-12) & 0-(-7) & s-(-6) \end{bmatrix}$

$= \begin{bmatrix} s & -1 & 0 \\ 0 & s & -1 \\ 12 & 7 & s+6 \end{bmatrix}$

16 다음 행렬을 풀어 보시오.

① $\begin{bmatrix} 1 & Z_1 \\ 0 & 1 \end{bmatrix} \begin{bmatrix} 1 & 0 \\ \frac{1}{Z_2} & 1 \end{bmatrix}$

② $\begin{bmatrix} 1 & Z_1 \\ 0 & 1 \end{bmatrix} \begin{bmatrix} 1 & 0 \\ \frac{1}{Z_3} & 1 \end{bmatrix} \begin{bmatrix} 1 & Z_2 \\ 0 & 1 \end{bmatrix}$

③ $\begin{bmatrix} 1 & 0 \\ \frac{1}{Z_C} & 1 \end{bmatrix} \begin{bmatrix} 1 & Z_A \\ 0 & 1 \end{bmatrix} \begin{bmatrix} 1 & 0 \\ \frac{1}{Z_B} & 1 \end{bmatrix}$

④ $\begin{bmatrix} 1 & j\omega L \\ 0 & 1 \end{bmatrix} \begin{bmatrix} 1 & 0 \\ j\omega C & 1 \end{bmatrix} \begin{bmatrix} 1 & j\omega L \\ 0 & 1 \end{bmatrix}$

해설

① $\begin{bmatrix} 1 & Z_1 \\ 0 & 1 \end{bmatrix} \begin{bmatrix} 1 & 0 \\ \frac{1}{Z_2} & 1 \end{bmatrix} = \begin{bmatrix} 1+\frac{Z_1}{Z_2} & Z_1 \\ \frac{1}{Z_2} & 1 \end{bmatrix}$

② $\begin{bmatrix} 1 & Z_1 \\ 0 & 1 \end{bmatrix} \begin{bmatrix} 1 & 0 \\ \frac{1}{Z_3} & 1 \end{bmatrix} \begin{bmatrix} 1 & Z_2 \\ 0 & 1 \end{bmatrix}$

$= \begin{bmatrix} 1+\frac{Z_1}{Z_3} & Z_1 \\ \frac{1}{Z_3} & 1 \end{bmatrix} \begin{bmatrix} 1 & Z_2 \\ 0 & 1 \end{bmatrix}$

$= \begin{bmatrix} 1+\frac{Z_1}{Z_3} & Z_1+Z_2+\frac{Z_1Z_2}{Z_3} \\ \frac{1}{Z_3} & 1+\frac{Z_2}{Z_3} \end{bmatrix}$

③ $\begin{bmatrix} 1 & 0 \\ \frac{1}{Z_C} & 1 \end{bmatrix} \begin{bmatrix} 1 & Z_A \\ 0 & 1 \end{bmatrix} \begin{bmatrix} 1 & 0 \\ \frac{1}{Z_B} & 1 \end{bmatrix}$

$= \begin{bmatrix} 1 & Z_A \\ \frac{1}{Z_C} & 1+\frac{Z_A}{Z_C} \end{bmatrix} \begin{bmatrix} 1 & 0 \\ \frac{1}{Z_B} & 1 \end{bmatrix}$

$= \begin{bmatrix} 1+\frac{Z_A}{Z_B} & Z_A \\ \frac{1}{Z_C}+\frac{1}{Z_B}+\frac{Z_A}{Z_BZ_C} & 1+\frac{Z_A}{Z_C} \end{bmatrix}$

④ $\begin{bmatrix} 1 & j\omega L \\ 0 & 1 \end{bmatrix} \begin{bmatrix} 1 & 0 \\ j\omega C & 1 \end{bmatrix} \begin{bmatrix} 1 & j\omega L \\ 0 & 1 \end{bmatrix}$

$= \begin{bmatrix} 1-\omega^2 LC & j\omega L \\ j\omega C & 1 \end{bmatrix} \begin{bmatrix} 1 & j\omega L \\ 0 & 1 \end{bmatrix}$

$= \begin{bmatrix} 1-\omega^2 LC & j\omega L(2-\omega^2 LC) \\ j\omega C & 1-\omega^2 LC \end{bmatrix}$

Comment

행렬은 회로이론의 4단자망과 제어공학의 상태방정식에서 사용된다.

17 다음 역행렬을 풀어 보시오.

① $\begin{bmatrix} s & 0 \\ 1 & s+2 \end{bmatrix}^{-1}$

② $\left[\begin{bmatrix} s & 0 \\ 0 & s \end{bmatrix} - \begin{bmatrix} 0 & 1 \\ -1 & -2 \end{bmatrix} \right]^{-1}$

해설

① $\begin{bmatrix} s & 0 \\ 1 & s+2 \end{bmatrix}^{-1}$

$= \frac{1}{s(s+2)} \begin{bmatrix} s+2 & 0 \\ -1 & s \end{bmatrix}$

$= \begin{bmatrix} \frac{s+2}{s(s+2)} & 0 \\ -\frac{1}{s(s+2)} & \frac{s}{s(s+2)} \end{bmatrix}$

② $\left[\begin{bmatrix} s & 0 \\ 0 & s \end{bmatrix} - \begin{bmatrix} 0 & 1 \\ -1 & -2 \end{bmatrix} \right]^{-1}$

$= \begin{bmatrix} s & -1 \\ 1 & s+2 \end{bmatrix}^{-1}$

$= \frac{1}{(s+1)^2} \begin{bmatrix} s+2 & 1 \\ -1 & s \end{bmatrix}$

$= \begin{bmatrix} \frac{s+2}{(s+1)^2} & \frac{1}{(s+2)^2} \\ -\frac{1}{(s+1)^2} & \frac{s}{(s+1)^2} \end{bmatrix}$

09 함수의 미분법

1 평균변화율(P와 Q점의 기울기)

① 평균변화율이란 x의 값의 변화량에 대한 y의 값의 변화량의 비율을 의미한다.

② 함수 $y = f(x)$에 대하여 $x = a$에서 $x = b = a + \Delta x$ 사이에서의 평균변화율은 다음과 같다.

$$\frac{\Delta y}{\Delta x} = \frac{dy}{dx} = \frac{f(b) - f(a)}{b - a} = \frac{f(a + \Delta x) - f(a)}{\Delta x}$$

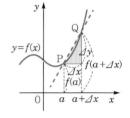

‖ 평균변화율 ‖

2 순간변화율(미분계수)

① 미분(微分, differential)이란 '잘게 나눈다.'라는 뜻으로 구간을 아주 작게 나누었을 때 어느 한 점(P점)에서의 기울기, 즉 순간변화율을 미분계수라 한다.

② 함수 $y = f(x)$에 대하여 $x = a$에서의 순간변화율은 다음과 같다.

$$f'(a) = \lim_{b \to a} \frac{f(b) - f(a)}{b - a} = \lim_{\Delta x \to 0} \frac{f(a + \Delta x) - f(a)}{\Delta x}$$

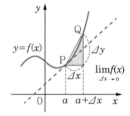

‖ 순간변화율 ‖

3 도함수

(1) 도함수의 의미

① x값에 주어진 함수의 미분계수를 대응시키는 새로운 함수를 말한다. 즉, '함수를 미분한다.'라는 의미를 갖는다.

② $y = f(x)$가 주어졌을 때, 이 함수의 도함수는 다음과 같이 정의된다.

$$y' = f'(x) = \frac{d}{dx} f(x) = \lim_{\Delta x \to 0} \frac{f(x + \Delta x) - f(x)}{\Delta x}$$

(2) $y = x^n$(단, n은 자연수)의 도함수

$$y' = \frac{d}{dx} x^n = \lim_{\Delta x \to 0} \frac{(x + \Delta x)^n - x^n}{\Delta x}$$

$$= \lim_{\Delta x \to 0} \frac{(x + \Delta x - x)\{(x + \Delta x)^{n-1} + (x + \Delta x)^{n-2}x + \cdots + (x + \Delta x)x^{n-2} + x^{n-1}\}}{\Delta x}$$

$$= \lim_{\Delta x \to 0} \{(x + \Delta x)^{n-1} + (x + \Delta x)^{n-2}x + \cdots + (x + \Delta x)x^{n-2} + x^{n-1}\}$$

$$= x^{n-1} + x^{n-1} + \cdots + x^{n-1} = n x^{n-1}$$

[여기서, $a^n - b^n = (a - b)(a^{n-1} + a^{n-2}b + \cdots + ab^{n-2} + b^{n-1})$]

(3) 도함수 공식

① $\dfrac{d}{dx}C = 0$(여기서, C : 상수) ② $\dfrac{d}{dx}Cf(x) = C\dfrac{d}{dx}f(x)$

③ $\dfrac{d}{dx}[f(x) \pm g(x)] = f'(x) \pm g'(x)$

④ $\dfrac{d}{dx}[f(x)g(x)] = f'(x)g(x) + f(x)g'(x)$

⑤ $\dfrac{d}{dx}\dfrac{f(x)}{g(x)} = \dfrac{f'(x)g(x) - f(x)g'(x)}{g^2(x)}$ ⑥ $\dfrac{d}{dx}\dfrac{1}{g(x)} = \dfrac{g'(x)}{g^2(x)}$

⑦ $y = x^n, \ y' = nx^{n-1}$ ⑧ $\dfrac{d}{dx}f(g(x)) = f'(g(x))g'(x)$

⑨ $\dfrac{d}{dx}\sin x = \cos x$ ⑩ $\dfrac{d}{dx}\cos x = -\sin x$

⑪ $\dfrac{d}{dx}\sin ax = a\cos ax$ ⑫ $\dfrac{d}{dx}\cos ax = -a\sin ax$

⑬ $\dfrac{d}{dx}\tan x = \dfrac{1}{\cos^2 x} = \sec^2 x$ ⑭ $y = e^x, \ y' = e^x (y = e^{ax}, \ y' = ae^{ax})$

10 부정적분과 정적분

1 부정적분

① 미분되기 전의 함수를 찾는 과정을 적분(積分, integration)이라 한다.

② 미분에서 $\dfrac{d}{dx}f(x)$는 x를 변수로 보고 미분하라는 뜻이며, $\displaystyle\int f(x)dx$는 $f(x)$에서 x를 변수로 보고 적분하라는 의미이다.

③ $\displaystyle\int$은 합을 의미하는 Summation의 첫 글자 S를 변형한 기호로 적분 또는 인티그럴 (integral)이라 읽는다.

④ 미분과 적분의 관계

$(x^m)' = mx^{m-1}$에서 양변을 m으로 나누면 $\left(\dfrac{1}{m}x^m\right)' = x^{m-1}$

$$x^m \xrightleftharpoons[\text{적분}]{\text{미분}} mx^{m-1}$$

여기서, $m = n+1$을 대입하면 $\left(\dfrac{1}{n+1}x^{n+1}\right)' = x^n$

$\therefore \displaystyle\int x^n dx = \dfrac{1}{n+1}x^{n+1} + C$

기초 전기수학

⑤ 상수를 미분하면 0이 되므로 미분된 식만 봐서는 원래 식의 상수항을 알 수 없다.
이를 적분상수 C로 놓고 문제조건을 이용하여 C를 결정할 수 있다.

⑥ 부정적분 공식

$$\text{㉠ } \int x^n\,dx = \frac{1}{n+1}x^{n+1} + C \qquad\qquad \text{㉡ } \int dx = x + C$$

$$\text{㉢ } \int Kf(x)\,dx = K\int f(x)\,dx(\text{단, } K:\text{상수})$$

$$\text{㉣ } \int \{f(x) \pm g(x)\}\,dx = \int f(x)\,dx \pm \int g(x)\,dx$$

$$\text{㉤ } \int \frac{1}{x}\,dx = \ln x + C = \log_e x + C \qquad \text{㉥ } \int e^{ax}\,dx = \frac{1}{a}e^{ax} + C$$

$$\text{㉦ } \int \sin x\,dx = -\cos x + C \qquad\qquad \text{㉧ } \int \cos x\,dx = \sin x + C$$

$$\text{㉨ } \int \sin ax\,dx = -\frac{1}{a}\cos ax + C \qquad \text{㉩ } \int \cos ax\,dx = \frac{1}{a}\sin ax + C$$

2 정적분

① 정적분은 잘게 나누어 덧셈을 하는 방법으로 도형의 면적, 부피와 이동거리 등을 구할 때 사용하는 것으로 다소 복잡한 구분구적법을 아주 간결하게 만든 방법이다.

② 정적분 $\int_a^b f(x)dx$는 함수 $f(x)$를 a에서 b까지 적분하라는 의미이고, a, b를 적분구간이라 한다.

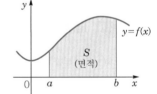

③ 정적분 공식

$$\text{㉠ } \int_a^b f(x)dx = [F(x)]_a^b = F(b) - F(a)$$

여기서, $f(x) = x^n$의 경우 $F(x) = \dfrac{1}{n+1}x^{n+1}$이 되며, 적분상수 C는 정적분을 구하면 항상 0이 된다.

$$\text{㉡ } \int_a^b f(x)dx = F(b) - F(a) = -[F(a) - F(b)] = -\int_b^a f(x)\,dx$$

$$\text{㉢ } \int_a^b Kf(x)dx = K\int_a^b f(x)dx$$

$$\text{㉣ } \int_a^b \{f(x) \pm g(x)\}\,dx = \int_a^b f(x)dx \pm \int_a^b g(x)dx$$

$$\text{㉤ } \int_a^b f(x)dx = \int_a^c f(x)dx + \int_c^b f(x)dx$$

18 $f(x) = x^2 + x$의 도함수를 구하여 $x = -1, 1, 2$에서의 미분계수를 구하시오.

해설

㉠ 도함수

$$f'(x) = \lim_{\Delta x \to 0} \frac{f(x + \Delta x) - f(x)}{\Delta x}$$

$$= \lim_{\Delta x \to 0} \frac{\{(x + \Delta x)^2 + (x + \Delta x)\} - (x^2 + x)}{\Delta x}$$

$$= \lim_{\Delta x \to 0} \frac{2x\Delta x + \Delta x^2 + \Delta x}{\Delta x} = 2x + 1$$

㉡ 미분계수

$$f'(-1) = -1, \ f'(1) = 3, \ f'(2) = 5$$

19 다음 함수의 도함수를 구하여라.

① $y = 3$

② $y = 3x^2$

③ $y = x^{10} + 2x^3 + 3x + 1$

④ $y = (2x + 1)(x^2 - 3x)$

⑤ $y = (2x + 2)^2$

⑥ $y = e^{-5x}$

⑦ $y = \dfrac{3x^2}{2x}$

⑧ $f(2) = x^2 + 3x + 2$

해설

① 상수의 미분은 0이다.

② $y' = (3x^2)' = 6x$

③ $y' = (x^{10})' + 2(x^3)' + 3(x)' + (1)'$
$= 10x^9 + 6x^2 + 3$

④ $y' = (2x + 1)'(x^2 - 3x) + (2x + 1)(x^2 - 3x)'$
$= 2(x^2 - 3x) + (2x + 1)(2x - 3)$
$= 6x^2 - 10x - 3$

⑤ $y' = 2(2x + 2) \cdot (2x + 2)' = 2(2x + 2) \cdot 2$
$= 4(2x + 2) = 8x + 8$

⑥ $y' = (e^{-5x})' = -5\,e^{-5x}$

⑦ $y' = \left(\dfrac{3x^2}{2x}\right)' = \dfrac{(3x^2)' \cdot 2x - 3x^2 (2x)'}{(2x)^2}$

$= \dfrac{12x^2 - 6x^2}{4x^2} = \dfrac{6x^2}{4x^2} = \dfrac{3}{2}$

⑧ $f'(2) = \dfrac{d}{dx}(x^2 + 3x + 2)$

$$= \frac{d}{dx}x^2 + \frac{d}{dx}3x + \frac{d}{dx}2 = 2x + 3$$

여기서, $x = 2$ $\therefore$ $f'(2) = 7$

20 다음 부분적분과 정적분을 구하시오.

① $\displaystyle \int 1 \ dx$ ② $\displaystyle \int 3x^2 \, dx$

③ $\displaystyle \int 20x^2 + 3xy \, dx$ ④ $\displaystyle \int_2^4 5x^3 \, dx$

⑤ $\displaystyle \int \frac{1}{r} \, dr$ ⑥ $\displaystyle \int_{r_1}^{r_2} \frac{1}{r} \, dr$

⑦ $\displaystyle \int_\infty^r \frac{1}{r^2} \, dr$ ⑧ $\displaystyle \int_0^\theta \sin\theta d\theta$

⑨ $\displaystyle \int_0^\infty e^{-st} dt$

해설

① $\displaystyle \int 1 \, dx = \int x^0 \, dx = \frac{1}{0 + 1} x^{0 + 1} = x + C$

② $\displaystyle \int 3x^2 \, dx = 3 \int x^2 \, dx = 3 \times \frac{1}{3} x^3 + C$
$$= x^3 + C$$

③ $\displaystyle \int 20x^2 + 3xy \, dx = \int 20x^2 \, dx + \int 3xy \, dx$
$$= \frac{20}{3} x^3 + \frac{3}{2} x^2 y + C$$

④ $\displaystyle \int_2^4 5x^3 \, dx = \left[\frac{5}{4} x^4 \right]_2^4 = \frac{5}{4} \times 4^4 - \frac{5}{4} \times 2^4$

⑤ $\displaystyle \int \frac{1}{r} \, dr = \ln r$

⑥ $\displaystyle \int_{r_1}^{r_2} \frac{1}{r} \, dr = [\ln r]_{r_1}^{r_2} = \ln r_2 - \ln r_1 = \ln \frac{r_2}{r_1}$

⑦ $\displaystyle \int_\infty^r \frac{1}{r^2} \, dr = \int_\infty^r r^{-2} \, dr = \left[-\frac{1}{r} \right]_\infty^r$

$$= -\left(\frac{1}{r} + \frac{1}{\infty} \right) = -\frac{1}{r}$$

⑧ $\displaystyle \int_0^\theta \sin\theta d\theta = -[\cos\theta]_0^\theta = -(\cos\theta - \cos 0°)$

$$= \cos 0° - \cos\theta = 1 - \cos\theta$$

⑨ $\displaystyle \int_0^\infty e^{-st} dt = \left[\frac{1}{-s} e^{-st} \right]_0^\infty$

$$= \left[\frac{1}{-s} e^\infty - \frac{1}{-s} e^0 \right] = \frac{1}{s}$$

제1편

전기자기학

출제분석 및 학습방법

❶ 전기기사 시험에서 첫째 과목이 전기자기학이다.

❷ 1장은 앞의 출제분석표에서 보는 것과 같이 출제빈도는 매우 낮지만 전기자기학에서 필요한 연산방법(내적, 외적, 기울기, 발산, 회전)에 대해서 설명하는 중요한 장이 된다. 그러나 벡터 또는 미분, 적분을 통해 계산하는 문제는 20문제 중 많이 출제되어야 2~3문제 정도이므로 어렵다면 넘어가도 좋다.

❸ 출제분석표에서 보는 것과 같이 2, 4, 8, 9, 12장에만 집중하더라도 충분히 합격할 수 있는 점수를 확보할 수 있으니 시간이 부족한 수험생 여러분들은 참고하길 바란다. 하지만 변수를 생각해서 여유가 된다면 복잡한 개념 및 계산 문제를 제외하고 전체 내용을 두루두루 익히길 바란다.

❹ 단기 합격을 위해서는 단원별 핵심이론을 익혀서 문제풀이 위주로 공부하는 것이 가장 효과적이다.

일차별 학습목표 및 출제율

DAY 01	• 내적과 외적을 이해하여 벡터의 발산과 회전을 구할 수 있다. • 쿨롱의 법칙을 이해하여 점전하의 전계의 세기를 구할 수 있다. • 가우스의 법칙을 이해하여 도체에 따른 전계의 세기를 구할 수 있다.	출제율 3%
DAY 02	• 도체 내·외부에 따른 전위와 전위경도(전계의 세기)를 구할 수 있다. • 전기 쌍극자와 도체계의 정전용량에 대해서 이해할 수 있다. • 유전체 삽입에 따른 전기특성의 변화와 분극의 세기를 구할 수 있다.	출제율 24%
DAY 03	• 유전체 경계면에서 전기력선 굴절현상에 대해 이해할 수 있다. • 전기영상법, 전류, 전기저항, 절연저항에 대해서 이해할 수 있다. • 쿨롱의 법칙과 앙페르의 법칙을 이해하여 자계의 세기를 구할 수 있다.	출제율 18%
DAY 04	• 앙페르의 법칙과 비오–사바르의 법칙을 이해하여 자계의 세기를 구할 수 있다. • 자계 내의 작용력을 이해하여 로렌츠의 힘을 구할 수 있다. • 자성체와 자기회로, 전자유도법칙에 대해서 이해할 수 있다.	출제율 30%
DAY 05	• 전자계 특수현상에 대해서 이해할 수 있다. • 각 도체에 따른 인덕턴스와 축적되는 에너지를 구할 수 있다. • 변위전류, 맥스웰 기초방정식, 포인팅 벡터에 대해서 이해할 수 있다.	출제율 25%

학습목표
• 내적과 외적을 이해하여 벡터의 발산과 회전을 구할 수 있다.
• 쿨롱의 법칙을 이해하여 점전하의 전계의 세기를 구할 수 있다.
• 가우스의 법칙을 이해하여 도체에 따른 전계의 세기를 구할 수 있다.

■■■■■■■■
출제율 3%

제1장 | 벡 터

1 벡터의 내적과 외적

(a) 스칼라 곱

(b) 외적의 크기

(c) 외적의 방향

(d) 외적의 특징

내적(스칼라 곱, dot product)	외적(벡터 곱, cross product)
① 내적 : $\vec{A} \cdot \vec{B} = \lvert\vec{A}\rvert\lvert\vec{B}\rvert \cos\theta$ 　　(같은 방향의 스칼라 곱) ② 사잇각 : $\theta = \cos^{-1}\dfrac{\vec{A}\cdot\vec{B}}{\lvert A\rvert\lvert B\rvert}$ ③ 내적의 특징 　㉠ $i\cdot i = j\cdot j = k\cdot k = 1$ 　㉡ $i\cdot j = j\cdot k = k\cdot i = 0$ 　㉢ 즉, 수직인 두 벡터의 내적은 0	① 외적 : $\vec{A}\times\vec{B} = \vec{n}\,\lvert\vec{A}\rvert\lvert\vec{B}\rvert\sin\theta$ 　여기서, $\vec{n}$: 두 벡터가 이루는 면적의 수직 　　　　　 방향(단위 벡터)을 의미 ② 방향 : 오른나사법칙에 따른다. ③ 외적의 특징 　㉠ $i\times i = 0,\ i\times j = k,\ i\times k = -j$ 　㉡ $j\times i = -k,\ j\times j = 0,\ j\times k = i$ 　㉢ $k\times i = j,\ k\times j = -i,\ k\times k = 0$

2 미분 연산자

① 편미분 연산자(nabla) : $\nabla = \dfrac{\partial}{\partial x}i + \dfrac{\partial}{\partial y}j + \dfrac{\partial}{\partial z}k$ (여기서, ∂ : 라운드라 읽음)

② $\text{grad}\,A = \nabla A = \left(\dfrac{\partial}{\partial x}i + \dfrac{\partial}{\partial y}j + \dfrac{\partial}{\partial z}k\right)A = \dfrac{\partial A}{\partial x}i + \dfrac{\partial A}{\partial y}j + \dfrac{\partial A}{\partial z}k$

3 벡터의 발산(divergence)과 회전(rotation, curl)

① 벡터의 발산 : $\text{div}\,\vec{A} = \nabla\cdot\vec{A} = \left(\dfrac{\partial}{\partial x}i + \dfrac{\partial}{\partial y}j + \dfrac{\partial}{\partial z}k\right)\cdot(A_x i + A_y j + A_z k)$

$$= \dfrac{\partial A_x}{\partial x} + \dfrac{\partial A_y}{\partial y} + \dfrac{\partial A_z}{\partial z}$$

② $\text{rot}\,\vec{A} = \nabla\times\vec{A} = \left(\dfrac{\partial}{\partial x}i + \dfrac{\partial}{\partial y}j + \dfrac{\partial}{\partial z}k\right)\times(A_x i + A_y j + A_z k) = \begin{vmatrix} i & j & k \\ \dfrac{\partial}{\partial x} & \dfrac{\partial}{\partial y} & \dfrac{\partial}{\partial z} \\ A_x & A_y & A_z \end{vmatrix}$

$$= i\left(\dfrac{\partial A_z}{\partial y} - \dfrac{\partial A_y}{\partial z}\right) - j\left(\dfrac{\partial A_z}{\partial x} - \dfrac{\partial A_x}{\partial z}\right) + k\left(\dfrac{\partial A_y}{\partial x} - \dfrac{\partial A_x}{\partial y}\right)$$

✓ 문제의 네모칸에 체크를 해보세요. 그 문제가 이해되지 않았다면
✓ 표시를 해서 그 문제는 나중에 다시 풀어 완전하게 숙지하세요(★ : 중요도).

★★★★ 산업 04년 1회

01 벡터에 대한 계산식이 옳지 않은 것은?

① $i \cdot i = j \cdot j = k \cdot k = 0$

② $i \cdot j = j \cdot k = k \cdot i = 0$

③ $\vec{A} \cdot \vec{B} = |\vec{A}||\vec{B}| \cos \theta$

④ $i \times i = j \times j = k \times k = 0$

해설

동일 방향의 두 벡터의 내적은 1이고, 수직방향의 내적은 0이 된다.
㉠ $i \cdot i = j \cdot j = k \cdot k = 1$
㉡ $i \cdot j = j \cdot k = k \cdot i = 0$

★★ 기사 94년 6회, 01년 3회, 05년 2회, 09년 1회

02 $A = -i7 - j$, $B = -i3 - j4$의 두 벡터가 이루는 각은 몇 도인가?

① $30°$ ② $45°$

③ $60°$ ④ $90°$

해설

두 벡터가 이루는 사잇각은 내적에 의해서 구할 수 있다.
㉠ 내적 $\vec{A} \cdot \vec{B} = AB\cos\theta$에서 두 벡터의 사잇각은
$\theta = \cos^{-1} \dfrac{\vec{A} \cdot \vec{B}}{A \cdot B}$ 이 된다.
㉡ $\vec{A} \cdot \vec{B} = (-i7 - j) \cdot (-i3 - j4) = 21 + 4 = 25$
㉢ $A = \sqrt{7^2 + 1^2} = \sqrt{50} = 5\sqrt{2}$
㉣ $B = \sqrt{3^2 + 4^2} = 5$
∴ $\theta = \cos^{-1} \dfrac{25}{25\sqrt{2}} = 45°$

Comment

시험에서 두 벡터의 사잇각은 45도 근방을 찍으면 정답이 될 확률이 높다.

★ 기사 90년 6회

03 벡터 $\vec{A} = i - j + 3k$, $\vec{B} = i + ak$일 때 벡터 $\vec{A}$와 벡터 $\vec{B}$가 수직이 되기 위한 a의 값은? (단, i, j, k는 x, y, z 방향의 기본 벡터이다.)

① -2 ② $-\dfrac{1}{3}$

③ 0 ④ $\dfrac{1}{2}$

해설

수직인 두 벡터($\vec{A} \perp \vec{B}$)에 내적을 취하면 0이 되므로
$\vec{A} \cdot \vec{B} = (i - j + 3k) \cdot (i + ak) = 1 + 3a = 0$에서
$3a = -1$이므로
∴ $a = -\dfrac{1}{3}$

★ 산업 90년 2회

04 점 (1, 0, 3)에서 $F = xyz^2$의 기울기를 구하면 다음의 어느 것이 되는가?

① $3k$ ② $j \times 3k$

③ $9j$ ④ $6k$

해설

$\operatorname{grad} F = \nabla F = \left(\dfrac{\partial}{\partial x} i + \dfrac{\partial}{\partial y} j + \dfrac{\partial}{\partial z} k \right) xyz^2$

$= \dfrac{\partial}{\partial x} xyz^2 i + \dfrac{\partial}{\partial y} xyz^2 j + \dfrac{\partial}{\partial z} xyz^2 k$

$= yz^2 i + xz^2 j + 2xyz k \begin{vmatrix} x = 1 \\ y = 0 \\ z = 3 \end{vmatrix} = 9j$

★★★ 산업 01년 2 · 3회, 02년 3회, 05년 3회

05 전계 $E = i3x^2 + j2xy^2 + kx^2yz$일 때 $\operatorname{div} E$는 얼마인가?

① $-i6x + jxy + kx^2y$

② $i6x + j6xy + kx^2y$

③ $-6x - 6xy - x^2y$

④ $6x + 4xy + x^2y$

해설

$\operatorname{div} E = \nabla \cdot E$

$= \left(\dfrac{\partial}{\partial x} i + \dfrac{\partial}{\partial y} j + \dfrac{\partial}{\partial z} k \right) \cdot$
$\qquad (3x^2 i + 2xy^2 j + x^2yz k)$

$= \dfrac{\partial}{\partial x} 3x^2 + \dfrac{\partial}{\partial y} 2xy^2 + \dfrac{\partial}{\partial z} x^2yz$

$= 6x + 4xy + x^2y$

Comment

$\vec{E} = iE_x + jE_y + kE_z$에서 $\operatorname{div} E$ 연산은 E_x는 x, E_y는 y, E_z는 z에 대해서 미분하면 된다.

정답 01 ① 02 ② 03 ② 04 ③ 05 ④

자주 출제되는
핵심이론

핵심이론은 처음에는 그냥 한 번 읽어주세요.
옆의 기출문제를 풀어본 후 다시 한 번 핵심이론을 읽으면서 암기하세요.

제2장 | 진공 중의 정전계

1 전자의 운동속도

① 전자 1개가 가지는 전하량 : $e = -1.602 \times 10^{-19}$[C]

② 전자가 이동해서 한 일 : $W = eV$[eV]$= 1.602 \times 10^{-19} \times V$[J]

③ 전자의 운동에너지 : $W = \frac{1}{2}mv^2$[J, 줄] ([J] : 에너지의 단위)

　여기서, m[kg] : 전자의 질량, v[m/s] : 전자의 이동속도

④ 에너지 보존법칙상 위 ②식과 ③식은 같다. 즉, $W = eV = \frac{1}{2}mv^2$이므로

　$\therefore$ 전자의 운동속도 : $v = \sqrt{\dfrac{2eV}{m}} \propto \sqrt{eV}$[m/s] (여기서, V[V] : 전위차)

2 유전율(permittivity, 誘電率)

① 부도체의 전기적인 특성을 나타내는 특성값이다. 쉽게 말해서 전계 내에 물체를 놓았을 때 얼마나 잘 전하가 유기되는가 즉, 양측으로 (+)와 (−)전하가 어느 정도 분리되어(분극현상) 잘 반응되는지의 정도이다.

② 유전율 $\varepsilon = \varepsilon_0 \times \varepsilon_s$[F/m] (여기서, ε_0 : 진공 중의 유전율, ε_s 또는 ε_r : 비유전율)

　㉠ $\varepsilon_0 = 8.855 \times 10^{-12}$[F/m, 패럿 퍼 미터]

　㉡ 진공의 비유전율은 1이며, 유전체의 종류에 따라 비유전율 값은 다르다.

3 쿨롱의 법칙(Coulomb's law)

(a) 반발력　　　　　　　　　(b) 흡인력

① 대전된 두 도체 사이의 작용하는 힘은 두 점전하 곱에 비례하고 거리 2승에 반비례하며 그 힘의 방향은 두 점전하를 연결하는 직선의 방향이다. 이것을 쿨롱의 법칙이라 하며, 전기력(電氣力, electric force)이라고 한다.

② 전기력의 스칼라 : $F = k \cdot \dfrac{Q_1 Q_2}{r^2} = \dfrac{1}{4\pi\varepsilon_0} \cdot \dfrac{Q_1 Q_2}{r^2} = 9 \times 10^9 \cdot \dfrac{Q_1 Q_2}{r^2}$[N, 뉴턴]

　$F > 0$: 반발력(척력), $F < 0$: 흡인력(인력)

　여기서, k : 쿨롱 상수, Q_1, Q_2 : 점전하, r : 두 전하 사이의 거리

③ 전기력의 벡터 : $\vec{F} = F \cdot \vec{r_0} = \dfrac{Q_1 Q_2}{4\pi\varepsilon_0 r^2} \cdot \dfrac{\vec{r}}{r} = \dfrac{(Q_1 Q_2)\vec{r}}{4\pi\varepsilon_0 r^3}$[N]

　여기서, $\vec{r_0}$: 단위 벡터, $\vec{r}$: 변위(거리) 벡터, r : 변위(거리)의 크기(스칼라)

☑ 문제의 네모칸에 체크를 해보세요. 그 문제가 이해되지 않았다면
✓ 표시를 해서 그 문제는 나중에 다시 풀어 완전하게 숙지하세요(★ : 중요도).

DAY 01
DAY 02
DAY 03
DAY 04
DAY 05
DAY 06
DAY 07
DAY 08
DAY 09
DAY 10

★ 기사 11년 3회 / 산업 95년 2회, 98년 2회, 00년 2회, 06년 1회(유사)

06 10^4[eV]의 전자속도는 10^2[eV]의 전자속도의 몇 배인가?

① 10 　　② 100
③ 1000 　　④ 10000

📝 해설

전자속도 $v = \sqrt{\dfrac{2eV}{m}} \propto \sqrt{eV}$ 이므로

∴ eV가 100배 증가하면 v는 10배 증가

★ 기사 15년 1회 / 산업 97년 6회(유사), 13년 2회(유사)

07 진공 중에 $+20[\mu C]$과 $-3.2[\mu C]$인 2개의 점전하가 1.2[m] 간격으로 놓여 있을 때 두 전하 사이에 작용하는 힘[N]과 작용력은 어떻게 되는가?

① 0.2[N], 반발력 　② 0.2[N], 흡인력
③ 0.4[N], 반발력 　④ 0.4[N], 흡인력

📝 해설

$$F = \frac{Q_1 Q_2}{4\pi\varepsilon_0 r^2} = 9\times 10^9 \times \frac{Q_1 Q_2}{r^2}$$
$$= 9\times 10^9 \times \frac{20\times 10^{-6} \times -3.2\times 10^{-6}}{1.2^2}$$
$$= -0.4[N] \text{ (여기서, } F < 0 : \text{흡인력)}$$

👨‍🏫 Comment
- 1[μC, 마이크로 쿨롬]$=10^{-6}$[C]
- 1[nC, 나노 쿨롬]$=10^{-9}$[C]

★★★ 산업 92년 2회, 93년 3회, 12년 3회

08 그림과 같이 $Q_A = 4\times 10^{-6}$[C], $Q_B = 2\times 10^{-6}$[C], $Q_C = 5\times 10^{-6}$[C]의 전하를 가진 작은 도체구 A, B, C가 진공 중에서 일직선 상에 놓여 질 때 B구에 작용하는 힘은?

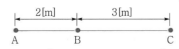

① 1.8×10^{-2}[N] 　② 1.0×10^{-2}[N]
③ 0.8×10^{-2}[N] 　④ 2.8×10^{-2}[N]

📝 해설

B점에 작용한 힘은 A, B 사이에 작용하는 힘 F_{AB}과 B, C 사이에 작용하는 힘 F_{CB} 중 큰 힘에서 작은 힘을 빼면 된다.

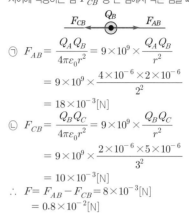

㉠ $F_{AB} = \dfrac{Q_A Q_B}{4\pi\varepsilon_0 r^2} = 9\times 10^9 \times \dfrac{Q_A Q_B}{r^2}$
$= 9\times 10^9 \times \dfrac{4\times 10^{-6} \times 2\times 10^{-6}}{2^2}$
$= 18\times 10^{-3}$[N]

㉡ $F_{CB} = \dfrac{Q_B Q_C}{4\pi\varepsilon_0 r^2} = 9\times 10^9 \times \dfrac{Q_B Q_C}{r^2}$
$= 9\times 10^9 \times \dfrac{2\times 10^{-6} \times 5\times 10^{-6}}{3^2}$
$= 10\times 10^{-3}$[N]

∴ $F = F_{AB} - F_{CB} = 8\times 10^{-3}$[N]
$= 0.8\times 10^{-2}$[N]

★ 산업 96년 2회

09 점 P(1, 2, 3)와 Q(2, 0, 5)에 각각 4×10^{-5}[C]과 -2×10^{-4}[C]의 점전하가 있을 때 점 P의 힘은?

① $\dfrac{8}{3}(i - 2j + 2k)$ 　② $\dfrac{3}{8}(2i + j - 2k)$
③ $\dfrac{3}{8}(i + 2j + 2k)$ 　④ $\dfrac{8}{3}(-i - 2j + 2k)$

📝 해설

+전하와 −전하 사이에서는 흡인력이 작용하므로 P점에서 작용하는 힘은 Q방향이 된다.

P(1, 2, 3) $\vec{F}$ 　　Q(2, 0, 5)
$+Q$ ●───→　　　　● $-Q$

㉠ 거리 : $\vec{r} = (2-1)i + (0-2)j + (5-3)k$
$= i - 2j + 2k$
$|r| = \sqrt{1^2 + 2^2 + 2^2} = 3$[m]

㉡ 단위 벡터 : $\vec{r_0} = \dfrac{\vec{r}}{r} = \dfrac{i - 2j + 2k}{\sqrt{1^2 + 2^2 + 2^2}}$
$= \dfrac{i - 2j + 2k}{3}$

㉢ $F = 9\times 10^9 \times \dfrac{4\times 10^{-5} \times -2\times 10^{-4}}{3^2} = 8$[N]

∴ $\vec{F} = F \vec{r_0} = \dfrac{8}{3}(i - 2j + 2k)$

👨‍🏫 Comment
- 거리(변위)를 구할 때에는 종착점에서 시작점을 빼면 된다. 즉 x방향 성분은 2−1이 된다.
- 문제 9번과 같이 전기력의 벡터 문제는 출제빈도가 매우 낮으므로 참고만 하길 바란다.

정답 　06 ① 　07 ④ 　08 ③ 　09 ①

자주 출제되는

핵심이론

핵심이론은 처음에는 그냥 한 번 읽어주세요.
옆의 기출문제를 풀어본 후 다시 한 번 핵심이론을 읽으면서 암기하세요.

4 전계의 세기(intensity of electric field)

(1) 정의

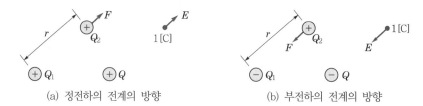

(a) 정전하의 전계의 방향   (b) 부전하의 전계의 방향

① 전계의 세기 E란, 전계가 있는 곳에서 매우 작은 정지되어 있는 단위시험 전하 (+1[C])에 작용하는 전기력으로 정의한다.

② 위 그림과 같이 정(+)전하는 발산, 부(-)전하는 흡인하는 힘이 발생한다.

(2) 전계의 세기

① 정의 식 : $E = \lim\limits_{\Delta Q \to 0} \dfrac{\Delta F}{\Delta Q} = \dfrac{Q}{4\pi\varepsilon_0 r^2}$ [N/C]

② 단위 : $[\text{N/C}] = \dfrac{[\text{N} \times \text{m}]}{[\text{C} \times \text{m}]} = \dfrac{[\text{J}]}{[\text{C}]} = \dfrac{1}{[\text{m}]} = [\text{V/m}]$로 표시한다.

③ 전계의 세기의 스칼라와 벡터

　㉠ 스칼라 표현 : $E = \dfrac{Q}{4\pi\varepsilon_0 r^2} = 9 \times 10^9 \times \dfrac{Q}{r^2}$ [V/m]

　㉡ 벡터 표현 : $\vec{E} = \dfrac{Q}{4\pi\varepsilon_0 r^2} \cdot \vec{r_0} = \dfrac{Q}{4\pi\varepsilon_0 r^2} \cdot \dfrac{\vec{r}}{r}$ [V/m]

　여기서, $\vec{r_0}$: 단위 벡터, $\vec{r}$: 변위(거리) 벡터, r : 변위(거리)의 크기(스칼라)

(3) 평등전계 E[V/m] 내에 전하(q) 또는 전자(e)가 놓여 있을 때 작용하는 전기력

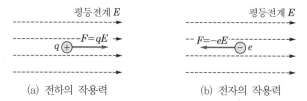

(a) 전하의 작용력   (b) 전자의 작용력

① 전하가 받아지는 전기력 : $F = qE$[N]

② 전자가 받아지는 전기력 : $F = -eE$[N] (여기서, -는 전계와 반대방향)

③ 평등전계 : 거리에 관계없이 항상 일정 크기를 갖는 전계의 세기를 말하며, 평행판 도체 사이에서 발생하는 전계를 말한다.

☑ 문제의 네모칸에 체크를 해보세요. 그 문제가 이해되지 않았다면
✔ 표시를 해서 그 문제는 나중에 다시 풀어 완전하게 숙지하세요(★ : 중요도).

DAY
01
DAY
02
DAY
03
DAY
04
DAY
05
DAY
06
DAY
07
DAY
08
DAY
09
DAY
10

★★ 산업 93년 5회, 06년 2회

10 전계의 세기가 E인 균일한 전계 내에 있는 전자가 받는 힘은? (단, 전자의 전하량은 그 크기가 e 이다.)

① 크기는 eE^2, 전계와 같은 방향
② 크기는 e^2E, 전계와 반대 방향
③ 크기는 eE, 전계와 같은 방향
④ 크기는 eE, 전계와 반대 방향

해설

㉠ 전계 내에서 전하가 받는 힘
$F = qE = -eE\,[\text{N}]$
㉡ 전자의 전하량은 (−)부호를 가지므로 전계와 반대 방향으로 전기력이 작용

Comment

전계 내에 (+)전하가 입사하면 전계와 동일 방향으로 전기력이 발생한다.

★★★★ 기사 91년 6회, 98년 6회, 14년 2회 / 산업 94년 4회, 97년 2회, 06년 2회, 11년 2회

11 한 변의 길이가 a[m]인 정육각형의 각 정점에 각각 Q[C] 전하를 놓았을 때 정육각형 중심 O의 전계의 세기는 몇 [V/m]인가?

① 0
② $\dfrac{Q}{2\pi\varepsilon_0 a}$
③ $\dfrac{Q}{4\pi\varepsilon_0 a}$
④ $\dfrac{Q}{8\pi\varepsilon_0 a}$

해설

전계의 세기 $E = 9\times10^9 \times \dfrac{Q}{r^2}$[V/m]이므로 그림과 같이 전하의 크기와 거리가 모두 같을 경우 두 전하 중심에서의 전계의 세기는 0이 된다.

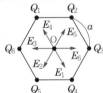

Comment

전기자기학 문제 중 보기에 '0'이 있으면 정답이 될 확률이 80[%] 이상이 된다.

★★★ 기사 96년 4회

12 점 (2, 2, 0)에 Q_1[C], 점 (2, −2, 0)에 Q_2[C]이 있을 때 점 (2, 0, 0)에서 전계의 세기가 y성분이 0이 되는 조건은?

① $Q_1 = Q_2$
② $Q_1 = -Q_2$
③ $Q_1 = 2Q_2$
④ $Q_1 = -2Q_2$

해설

전계의 세기가 0이 되려면 그림과 같이 Q_1과 Q_2의 크기와 거리가 같아야 한다.

★★★★★ 기사 90년 6회, 96년 2회, 07년 3회, 08년 1회(유사), 12년 3회, 14년 1회

13 절연내력 3000[kV/m]인 공기 중에 놓여진 직경 1[m]의 구도체에 줄 수 있는 최대 전하는 몇 [C]인가?

① 6.75×10^4
② 6.75×10^{-6}
③ 8.33×10^{-5}
④ 8.33×10^{-6}

해설

㉠ 절연내력은 절연체가 견딜 수 있는 최대 전계의 세기를 말하므로
$E = \dfrac{Q}{4\pi\varepsilon_0 r^2} = 9\times10^9 \times \dfrac{Q}{r^2}$[V/m]에서
최대 전하량 Q는 다음과 같다.
㉡ 거리는 도체 중심에서 임의의 P점까지가 되므로 반지름을 의미한다. 즉, $r = 0.5$[m]가 된다.
$\therefore\ Q = 4\pi\varepsilon_0 r^2 E$
$= \dfrac{0.5^2 \times 3000\times10^3}{9\times10^9} = 8.33\times10^{-5}$[C]

Comment

도체에 전하가 충전되면 전기력선(전계의 세기)을 발산하며, 이러한 전기력선을 차폐하기 위해 절연을 시킨다. 따라서 절연내력이란 전기력선을 견딜 수 있는 힘을 말한다. 또한 절연내력 이상의 전기력선을 가하게 되면 절연은 파괴가 된다.

정답 10 ④ 11 ① 12 ① 13 ③

자주 출제되는
핵심이론

🔍 핵심이론은 처음에는 그냥 한 번 읽어주세요.
옆의 기출문제를 풀어본 후 다시 한 번 핵심이론을 읽으면서 암기하세요.

5 전계가 0이 되기 위한 조건

(1) 두 전하의 부호가 동일(+)한 경우

① $Q_1 > Q_2$의 경우 각 지점에서의 전계의 세기는 다음과 같다.

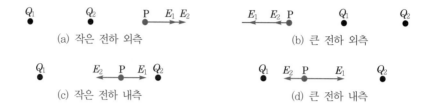

(a) 작은 전하 외측　　　　　　　　　　　　　　　(b) 큰 전하 외측

(c) 작은 전하 내측　　　　　　　　　　　　　　　(d) 큰 전하 내측

㉠ 전계의 세기는 $E = 9 \times 10^9 \times \dfrac{Q}{r}$ 이므로 E는 Q와 r에 관계된다.

㉡ 그림 (a) : Q_1, Q_2 모두 전계의 세기가 발산하므로 $E = 0$이 될 수 없다.

㉢ 그림 (b) : Q_1, Q_2 모두 전계의 세기가 발산하므로 $E = 0$이 될 수 없다.

㉣ 그림 (c) : $Q_1 > Q_2$에서 $r_1 < r_2$가 되므로 $E_1 = E_2$이 되는 지점이 발생한다.

㉤ 그림 (d) : $Q_1 > Q_2$에서 $r_1 > r_2$가 되므로 무조건 $E_1 > E_2$이 되어 $E = 0$이 될 수 없다.

② 즉, 두 전하의 부호가 같을 경우 전계의 세기가 0이 되는 지점은 두 전하의 일직선 상에서 발생되며, 또한 두 도체 사이 중 작은 전하에 근접해서 발생된다.

(2) 두 전하의 부호가 서로 다른 경우

① $+Q_1$, $-Q_2$에서 $|Q_1| > |Q_2|$의 관계가 있을 때 각 지점의 전계의 세기는 다음과 같다.

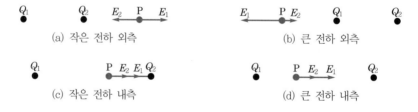

(a) 작은 전하 외측　　　　　　　　　　　　　　　(b) 큰 전하 외측

(c) 작은 전하 내측　　　　　　　　　　　　　　　(d) 큰 전하 내측

② 전계의 세기는 정(+) 전하일 때 전하로부터 발산하고, 부(-) 전하일 때 전하의 방향으로 들어오게 된다.

③ 따라서, 위 그림에서 보는 것과 같이 두 도체 사이에서는 $E = 0$점이 발생할 수 없고, 절대값의 크기가 작은 전하량 외측에서 발생하는 것을 알 수 있다.

문제의 네모칸에 체크를 해보세요. 그 문제가 이해되지 않았다면
✓ 표시를 해서 그 문제는 나중에 다시 풀어 완전하게 숙지하세요(★ : 중요도).

★★★ 기사 16년 3회 / 산업 93년 2회, 06년 3회, 08년 1회

14 점전하 $+2Q$[C]이 $X=0$, $Y=1$의 점에 놓여 있고, $-Q$[C]의 전하가 $X=0$, $Y=-1$의 점에 위치할 때 전계의 세기가 0이 되는 점은?

① $-Q$ 쪽으로 5.83[$X=0$, $Y=-5.83$]
② $+2Q$ 쪽으로 5.83[$X=0$, $Y=-5.83$]
③ $-Q$ 쪽으로 0.17[$X=0$, $Y=-0.17$]
④ $+2Q$ 쪽으로 0.17[$X=0$, $Y=0.17$]

해설

㉠ 전계의 세기 0점은 그림과 같이 작은 전하($-Q$) 내측에 존재한다.

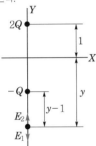

㉡ 따라서, $2Q$로부터 $y+1$만큼 떨어진 점에서 $E_1 = E_2$이 되어, $E=0$이 된다. 이를 정리하여 y의 거리를 구하면

$$\frac{2Q}{4\pi\varepsilon_0 (y+1)^2} = \frac{Q}{4\pi\varepsilon_0 (y-1)^2}$$
$$2Q(y-1)^2 = Q(y+1)^2$$
$$\sqrt{2}\,(y-1) = (y+1)$$
$$y\sqrt{2} - \sqrt{2} = y+1$$
$$y(\sqrt{2}-1) = \sqrt{2}+1$$
$$\therefore\ y = \frac{\sqrt{2}+1}{\sqrt{2}-1} = 5.83$$

즉, [$X=0$, $Y=-5.83$]

Comment

두 전하의 부호가 서로 다를 경우 절대값이 작은 전하량 외측에서 발생한다. 따라서 $X=0$, $Y<-1$을 만족하는 것은 ①밖에 없다.

★★★ 기사 07년 2회, 10년 2회 / 산업 93년 2회, 06년 3회, 08년 1회

15 그림과 같이 $q_1 = 6 \times 10^{-8}$[C], $q_2 = -12 \times 10^{-8}$[C]의 두 전하가 서로 100[cm] 떨어져 있을 때 전계의 세기가 0이 되는 점은?

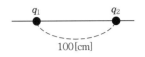

① q_1과 q_2의 연장선상 q_1으로부터 왼쪽으로 약 24.1[m] 지점이다.
② q_1과 q_2의 연장선상 q_1으로부터 오른쪽으로 약 14.1[m] 지점이다.
③ q_1과 q_2의 연장선상 q_1으로부터 왼쪽으로 약 2.41[m] 지점이다.
④ q_1과 q_2의 연장선상 q_1으로부터 오른쪽으로 약 1.41[m] 지점이다.

해설

㉠ 전계의 세기 0점은 그림과 같이 작은 전하(q_1) 외측에 존재한다.

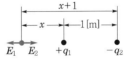

㉡ q_1으로 x[m] 떨어진 점에서 전계의 세기가 0이 되려면 $E_1 = E_2$이므로

$$\frac{6\times 10^{-8}}{4\pi\varepsilon_0 x^2} = \frac{12\times 10^{-8}}{4\pi\varepsilon_0 (x+1)^2}$$
$$(x+1)^2 = 2x^2$$
$$x+1 = x\sqrt{2}$$
$$x(\sqrt{2}-1) = 1$$
$$\therefore\ x = \frac{1}{\sqrt{2}-1}$$
$$= 2.41[\text{m}]$$

즉, q_1의 왼쪽으로 2.41[m] 지점이 된다.

정답 14 ① 15 ③

6 전속과 전속밀도

(1) 전속(電屬)

① 전하 Q[C]로부터 발산되어 나가는 전기력선의 총 수는 $\dfrac{Q}{\varepsilon}$[개]가 된다. 이와 같이 전계의 세기(또는 전기력선)는 유전율(매질)의 종류에 따라 그 크기가 달라진다.

② 이때 유전율(매질)의 크기와 관계없이 전하의 크기와 동일한 전기력선이 진출한다고 가정한 것을 전속(dielectric flux : ϕ) 또는 유전속이라 한다.

③ 전속(ϕ)과 전하(Q)의 크기는 같다. 단, 전속은 벡터, 전하는 스칼라가 된다.

(2) 전속밀도(dielectric flux density : D)

① 단위면적을 지나는 전속을 전속밀도라 하고, 기호로 D[C/m^2]로 사용한다.

② 도체 구(점전하)에서의 전속밀도 : $D = \dfrac{\phi}{S_구} = \dfrac{Q}{4\pi r^2} = \varepsilon_0 E$[C/m^2]

(3) 전하밀도(charge density)

① 전하밀도의 종류

구 분	전하밀도	총 전하량
체적전하밀도 ρ(로)	$\rho = \rho_v = \dfrac{Q}{v}$[C/m^3]	$Q = \rho v = \displaystyle\int_v \rho \, dv$
면전하밀도 σ(시그마)	$\sigma = \rho_s = \dfrac{Q}{s}$[C/m^2]	$Q = \sigma s = \displaystyle\int_s \sigma \, ds$
선전하밀도 λ(람다)	$\lambda = \rho_l = \dfrac{Q}{l}$[C/m]	$Q = \lambda l = \displaystyle\int_l \lambda \, dl$

② 전하의 특징

㉠ 전하는 도체표면에만 분포한다. 따라서 도체 내부에는 전계가 존재하지 않는다.

㉡ 전하는 곡률이 큰 곳(뾰족한 곳 또는 곡률반경이 작은 곳)으로 모이려는 특성을 지니고 있다.

(4) 전계의 세기, 쿨롱의 법칙, 전속밀도 공식 정리

① 전계의 세기 : $E = \dfrac{Q}{4\pi\varepsilon_0 r^2} = 9 \times 10^9 \times \dfrac{Q}{r^2}$[V/m]

② 쿨롱의 법칙 : $F = \dfrac{Q_1 Q_2}{4\pi\varepsilon_0 r^2} = QE$[N]

③ 전속밀도 : $D = \dfrac{\phi}{S_구} = \dfrac{Q}{4\pi r^2} = \varepsilon_0 E$[C/m^2]

④ 전속 : $\phi = DS = \displaystyle\int D \, ds = Q$[C]

문제의 네모칸에 체크를 해보세요. 그 문제가 이해되지 않았다면
✓ 표시를 해서 그 문제는 나중에 다시 풀어 완전하게 숙지하세요(★ : 중요도).

DAY 01 DAY 02 DAY 03 DAY 04 DAY 05 DAY 06 DAY 07 DAY 08 DAY 09 DAY 10

★★★ 산업 96년 4회, 01년 2·3회(유사), 03년 2회, 05년 1회(유사)

16 중공도체의 중공부에 전하를 놓지 않으면 외부에서 준 전하는 외부표면에만 분포한다. 이때 도체 내의 전계는 몇 [V/m]가 되는가?

① 0
② 4π
③ $\dfrac{1}{4\pi\varepsilon_0}$
④ ∞

해설

전하는 도체표면에만 분포하므로 도체 내부에는 전하가 존재하지 않는다.
따라서 도체 내부 전계는 0이 된다.

★★★★ 기사 03년 2회, 05년 3회, 08년 3회, 10년 2회, 14년 3회

17 대전된 도체의 표면전하밀도는 도체 표면의 모양에 따라 어떻게 되는가?

① 곡률 반지름이 크면 커진다.
② 곡률 반지름이 크면 작아진다.
③ 표면 모양에 관계없다.
④ 평면일 때 가장 크다.

해설 도체 모양과 전하밀도의 관계

구분		
곡 률	작다.	크다.
곡률반경 r	크다.	작다.
전하밀도 ρ	작다.	크다.
전계의 세기	작다.	크다.

★★★ 산업 99년 3회, 03년 2회, 09년 2회

18 표면전하밀도 $\rho_s > 0$인 도체 표면상의 한 점의 전속밀도 $D = 4a_x - 5a_y + 2a_z$[C/m²]일 때 ρ_s는 몇 [C/m²]인가?

① $2\sqrt{3}$
② $2\sqrt{5}$
③ $3\sqrt{3}$
④ $3\sqrt{5}$

해설

전속밀도와 전하밀도의 크기는 같으므로(단, 전속은 벡터, 전하는 스칼라)
$$\therefore \ \rho_s = |D| = \sqrt{4^2 + (-5)^2 + 2^2}$$
$$= \sqrt{45} = \sqrt{3^2 \times 5} = 3\sqrt{5} \ [\text{C/m}^2]$$

★★★ 기사 90년 6회, 05년 1회, 12년 1회

19 자유공간 중에서 점 P(5, −2, 4)가 도체면상에 있으며 이 점에서 전계 $\vec{E} = 6\vec{a_x} - 2\vec{a_y} + 3\vec{a_z}$[V/m]이다. 점 P에서 면전하밀도 ρ_s [C/m²]는?

① $-2\varepsilon_0$
② $3\varepsilon_0$
③ $6\varepsilon_0$
④ $7\varepsilon_0$

해설

전속밀도와 전하밀도의 크기는 같으므로
$$\therefore \ \rho_s = |D| = \varepsilon_0 |\vec{E}|$$
$$= \varepsilon_0 \times \sqrt{6^2 + (-2)^2 + 3^2} = 7\varepsilon_0 [\text{C/m}^2]$$

Comment

• 전기자기학에서 $-4\varepsilon_0$, $7\varepsilon_0$, $\dfrac{4}{3}\varepsilon_0$, $\dfrac{1}{6}\varepsilon_0$, $20\varepsilon_0$이 나오면 정답이 될 확률이 높다.
• 단, $20\varepsilon_0$과 다른 정답(예 $\dfrac{4}{3}\varepsilon_0$)이 같이 나온다면 $20\varepsilon_0$은 정답이 아닐 경우가 높다.

★ 기사 10년 3회 / 산업 90년 6회, 13년 3회

20 지구의 표면에 있어서 대지로 향하여 $E = 300$[V/m]의 전계가 있다고 가정하면 지표면의 전하밀도는 몇 [C/m²]인가?

① 1.65×10^{-12}
② 1.65×10^{-9}
③ 2.65×10^{-12}
④ -2.65×10^{-9}

해설

㉠ 전하밀도 : $\rho_s = |D| = \varepsilon_0 |\vec{E}|$
$$= 8.855 \times 10^{-12} \times 300$$
$$= 2.65 \times 10^{-9} [\text{C/m}^2]$$
㉡ 전계가 지구표면으로 들어가므로 지구표면의 전하밀도는 부(−)전하가 된다.
$$\therefore \ \rho_s = -2.65 \times 10^{-9} [\text{C/m}^2]$$

정답 16 ① 17 ② 18 ④ 19 ④ 20 ④

자주 출제되는
핵심이론

핵심이론은 처음에는 그냥 한 번 읽어주세요.
옆의 기출문제를 풀어본 후 다시 한 번 핵심이론을 읽으면서 암기하세요.

7 가우스의 법칙과 전기력선

(1) 가우스의 법칙(Gauss's law)

① 정의 : 임의의 폐곡면을 관통하여 밖으로 나가는 전력선의 총 수는 폐곡면 내부에 있는 전하의 $\frac{1}{\varepsilon_0}$배와 같다. 이를 가우스의 정리라고 한다.

② 정의 식 : $N = Es = \dfrac{Q}{\varepsilon_0}$

③ 전력선의 총 수 : $N = \dfrac{Q}{\varepsilon_0}$[개]

④ 전속선의 총 수 : $N = Q$[개]

⑤ 가우스의 법칙의 적분형 : $\oint_s E \vec{n} ds = \dfrac{Q}{\varepsilon_0}$

⑥ 가우스의 법칙의 미분형 : $\mathrm{div}\,\vec{D} = \rho$

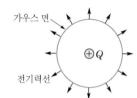

가우스 면
전기력선
$\oplus Q$

‖ 가우스의 법칙 ‖

(2) 가우스의 법칙의 미분형

$\oint_s E \vec{n} ds = \dfrac{Q}{\varepsilon_0} = \int_v \dfrac{\rho}{\varepsilon_0} dv$에서 좌항에 발산의 정리를 사용하여 정리하면

$\int_v \mathrm{div}\,\vec{E}\, dv = \int_v \dfrac{\rho}{\varepsilon_0} dv$에서 $\therefore \mathrm{div}\,\vec{E} = \dfrac{\rho}{\varepsilon_0}$ 또는 $\mathrm{div}\,\vec{D} = \rho$

(3) 전기력선(electric field lines)의 특징

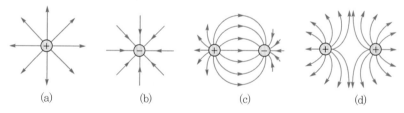

(a)   (b)   (c)   (d)

① 전기력선의 방향은 그 점의 전계의 방향과 같으며 전기력선의 밀도는 그 점에서 전계의 세기와 같다.
② 전기력선은 정전하(+)에서 시작하여 부전하(−)에서 끝난다.
③ 전하가 없는 곳에서는 전기력선의 발생, 소멸이 없다. 즉, 연속적이다.
④ 단위 전하(1[C])에서는 $\dfrac{1}{\varepsilon_0}$[개]의 전기력선이 출입한다.
⑤ 전기력선은 전위가 낮아지는 방향으로 향한다.
⑥ 전기력선은 그 자신만으로 폐곡선을 만들지 않는다.
⑦ 전계가 0이 아닌 곳에서는 전기력선은 교차하지 않는다.
⑧ 전기력선은 등전위면과 직교한다.
⑨ 도체 내부에는 전기력선이 존재하지 않는다.

바로바로 풀어보는
기출문제

✓ 문제의 네모칸에 체크를 해보세요. 그 문제가 이해되지 않았다면
✓ 표시를 해서 그 문제는 나중에 다시 풀어 완전하게 숙지하세요(★ : 중요도).

DAY 01 DAY 02 DAY 03 DAY 04 DAY 05 DAY 06 DAY 07 DAY 08 DAY 09 DAY 10

★★★★ 산업 04년 3회, 08년 2회, 12년 2회

21 전기력선의 밀도를 이용하여 주로 대칭 정전계의 세기를 구하기 위해 이용되는 법칙은?

① 패러데이의 법칙 ② 가우스의 법칙
③ 쿨롱의 법칙 ④ 톰슨의 법칙

★★★ 기사 90년 2회, 99년 3회, 05년 1회

22 폐곡면을 통하는 전속과 폐곡면 내부의 전하와의 상관관계를 나타내는 법칙은?

① 가우스의 법칙 ② 쿨롱의 법칙
③ 푸아송의 법칙 ④ 라플라스의 법칙

Comment

폐곡면, 대칭 정전계의 세기라는 말이 나오면 가우스의 법칙이 답이 된다.

★ 기사 91년 6회

23 점 $(0, 0)$, $(3, 0)$, $(0, 4)$[m]에 각각 5×10^{-8}[C], 4×10^{-8}[C], -6×10^{-8}[C]의 점전하가 있을 때 점 $(0, 0)$을 중심으로 한 반지름 5[m]의 구면을 통과하는 전기력선 수는?

① 540π　　　② 1080π
③ 2160π　　　④ 5400π

해설

㉠ 폐곡면 내부에 있는 총 전하량
$Q = (5+4-6) \times 10^{-8} = 3 \times 10^{-8}$[C]

㉡ $\varepsilon_0 = 8.855 \times 10^{-12} = \dfrac{1}{36\pi \times 10^9}$[F/m]

∴ 전기력선의 총 수
$N = \dfrac{Q}{\varepsilon_0} = \dfrac{3 \times 10^{-8}}{\dfrac{1}{36\pi \times 10^9}} = 1080\pi$

★★ 기사 03년 3회

24 $\mathrm{div}\, E = \dfrac{\rho}{\varepsilon_0}$와 의미가 같은 식은?

① $\displaystyle\oint_s E\, ds = \dfrac{Q}{\varepsilon_0}$

② $E = -\,\mathrm{grad}\, V$

③ $\mathrm{div} \cdot \mathrm{grad}\, V = -\dfrac{\rho}{\varepsilon_0}$

④ $\mathrm{div} \cdot \mathrm{grad}\, V = 0$

해설

㉠ 가우스의 정리 미분형 : $\mathrm{div}\, D = \rho$

㉡ 가우스의 정리 적분형 : $\displaystyle\oint_s E\, ds = \dfrac{Q}{\varepsilon_0}$

★★★★★ 기사 08년 1회, 11년 3회 / 산업 95년 4회, 01년 1회, 04년 1회

25 다음 사항 중 옳지 않은 것은?

① 전계가 0이 아닌 곳에서는 전력선과 등전위면은 직교한다.
② 정전계는 정전에너지가 최소인 분포이다.
③ 정전 대전상태에서는 전하는 도체 표면에만 분포한다.
④ 정전계 중에서 전계의 선적분은 적분 경로에 따라 다르다.

★ 기사 93년 2회, 94년 4회, 96년 2회, 01년 2회

26 $D = e^{-t}\sin x\, a_x - e^{-t}y\cos x\, a_y + 5z a_z$의 전속밀도에서 미소 체적 $\Delta v = 10^{-12}$[m³]일 때 Δv 내에 존재하는 전하량의 근사값은 약 몇 [pC]인가?

① $2\cos x$　　　② $2\sin x$
③ 5　　　④ $2 e^{-t}\sin x$

해설

㉠ 가우스의 법칙 $\mathrm{div}\, D = \rho$에 의해 체적전하밀도 ρ[C/m³]를 구할 수 있다.

㉡ $\rho = \mathrm{div}\, D = \nabla \cdot D$
$= \dfrac{\partial}{\partial x} e^{-t}\sin x - \dfrac{\partial}{\partial y} e^{-t}y\cos x + \dfrac{\partial}{\partial z} 5z$
$= e^{-t}\cos x - e^{-t}\cos x + 5 = 5$

∴ 미소 체적 내의 전하량은
$\Delta Q = \rho\, \Delta v = 5 \times 10^{-12}$[C] $= 5$[pC]

정답 21 ②　22 ①　23 ②　24 ①　25 ④　26 ③

자주 출제되는
핵심이론

🔍 핵심이론은 처음에는 그냥 한 번 읽어주세요.
옆의 기출문제를 풀어본 후 다시 한 번 핵심이론을 읽으면서 암기하세요.

8 각 도체에 따른 전계의 세기

구 분		전계의 세기
구도체		① 전계의 세기 : $E = \dfrac{Q}{4\pi\varepsilon_0 r^2}$ [V/m] ② 도체 표면에서의 전계의 세기 $E = \dfrac{Q}{4\pi\varepsilon_0 r^2} = \dfrac{\sigma s}{s\varepsilon_0} = \dfrac{\sigma}{\varepsilon_0}$ [V/m]
무한장 원주형 직선 도체		① 전계의 세기 : $E = \dfrac{\lambda}{2\pi\varepsilon_0 r} \propto \dfrac{1}{r}$ [V/m] ② $\dfrac{1}{2\pi\varepsilon_0} = 18 \times 10^9$
평행 왕복 도체		① $+\lambda$에 의한 E_1은 발산하고, $-\lambda$에 의한 E_2는 도체 측으로 들어가게 된다. ② $E = E_1 + E_2 = \dfrac{\lambda}{2\pi\varepsilon_0 r} + \dfrac{\lambda}{2\pi\varepsilon_0 (d-r)}$ $= \dfrac{\lambda}{2\pi\varepsilon_0}\left(\dfrac{1}{r} + \dfrac{1}{d-r}\right)$ [V/m]
면도체		① 유한 면도체 $E = \dfrac{\sigma}{2\varepsilon_0}(1-\cos\theta) = \dfrac{\sigma}{2\varepsilon_0}\left(1 - \dfrac{r}{\sqrt{r^2+a^2}}\right)$ ② 무한 면도체 : $\displaystyle\lim_{a\to\infty} E = \dfrac{\sigma}{2\varepsilon_0}$ [V/m] ㉠ 거리에 관계없이 일정한 전계를 갖는다. ㉡ 이러한 전계를 평등전계라 한다.
평행판 도체		① 무한 면도체 2개를 대치한 것으로 해석한다. ② 무한 면도체의 전계는 거리에 관계없이 항 상 일정한 크기$\left(E_1 = E_2 = \dfrac{\sigma}{2\varepsilon_0}\right)$를 갖는다. ③ 외부 전계 : $E = E_1 - E_2 = 0$ ④ 내부 전계 : $E = E_1 + E_2 = \dfrac{\sigma}{\varepsilon_0}$ [V/m]
환원 도체		$E = \dfrac{\lambda z a}{2\varepsilon_0 (a^2+z^2)^{3/2}} = \dfrac{Qz}{4\pi\varepsilon_0 (a^2+z^2)^{3/2}}$ [V/m] 여기서, $Q = \lambda l = \lambda \times 2\pi a$ [C]

DAY 01
DAY 02
DAY 03
DAY 04
DAY 05
DAY 06
DAY 07
DAY 08
DAY 09
DAY 10

★★★★★ 기사 03년 2회, 11년 1회, 13년 3회, 15년 1회 / 산업 11년 1 · 3회, 12년 2회, 15년 2회

27 무한장 직선도체에 선밀도 λ[C/m]의 전하가 분포되어 있는 경우 이 직선도체를 축으로 하는 반경 r[m]의 원통면상의 전계는 몇 [V/m]인가?

① $\dfrac{1}{2\pi\varepsilon_0} \cdot \dfrac{\lambda}{r^2}$ ② $\dfrac{1}{2\pi\varepsilon_0} \cdot \dfrac{\lambda}{r}$

③ $\dfrac{1}{4\pi\varepsilon_0} \cdot \dfrac{\lambda}{r}$ ④ $\dfrac{1}{\pi\varepsilon_0} \cdot \dfrac{\lambda}{r}$

👤 **Comment**

구도체와 선도체는 공식 찾기와 계산문제 모두 나오지만 나머지 도체에 대해서는 공식을 찾는 문제만 나온다.

★★★★ 기사 01년 1회, 13년 1회

28 진공 중에 선전하밀도 $+\lambda$[C/m]의 무한장 직선전하 A와 $-\lambda$[C/m]의 무한장 직선전하 B가 d[m]의 거리에 평행으로 놓여 있을 때 A에서 거리 $\dfrac{d}{3}$[m]되는 점의 전계의 크기는 몇 [V/m]인가?

① $\dfrac{3\lambda}{4\pi\varepsilon_0 d}$ ② $\dfrac{9\lambda}{4\pi\varepsilon_0 d}$

③ $\dfrac{3\lambda}{8\pi\varepsilon_0 d}$ ④ $\dfrac{9\lambda}{8\pi\varepsilon_0 d}$

📝 **해설**

선도체에 따른 전계는 $E = \dfrac{\lambda}{2\pi\varepsilon_0 r}$ 이 되고 문제를 그림으로 나타내면 다음과 같다.

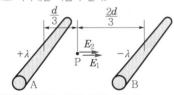

P점에서의 전계는 $E_1 + E_2$가 되므로

$$E = \frac{\lambda}{2\pi\varepsilon_0 \dfrac{d}{3}} + \frac{\lambda}{2\pi\varepsilon_0 \dfrac{2d}{3}} = \frac{3\lambda}{2\pi\varepsilon_0 d} + \frac{3\lambda}{4\pi\varepsilon_0 d}$$

$$= \frac{6\lambda}{4\pi\varepsilon_0 d} + \frac{3\lambda}{4\pi\varepsilon_0 d} = \frac{9\lambda}{4\pi\varepsilon_0 d}[\text{V/m}]$$

★★★ 기사 03년 3회, 13년 2회 / 산업 95년 4회, 03년 2회

29 무한히 넓은 도체 평행판에 면밀도 σ[C/m²]의 전하가 분포되어 있는 경우 전력선은 면(面)에 수직으로 나와 평행하게 발산된다. 이 평면의 전계의 세기는 몇 [V/m]인가?

① $\dfrac{\sigma}{\varepsilon_0}$ ② $\dfrac{\sigma}{2\varepsilon_0}$

③ $\dfrac{\sigma}{2\pi\varepsilon_0}$ ④ $\dfrac{\sigma}{4\pi\varepsilon_0}$

👤 **Comment**

평행판에서의 전계의 세기는 $E = \dfrac{\sigma}{\varepsilon_0}$ 이 된다. 따라서 정답이 ①이 아니냐라는 말이 나온다. 하지만 이번 문제를 자세히 읽어보면 평행판 중 한쪽 면에서 발산하게 되는 전계의 세기를 물어보고 있다. 따라서 무한 면도체의 전계의 세기가 된다.

★★ 기사 92년 2회, 95년 6회, 05년 2회, 09년 3회, 11년 1회

30 공기 중에 그림과 같이 가느다란 전선으로 반경 a인 원형 코일을 만들고, 이것에 전하 Q가 균일하게 분포하고 있을 때 원형 코일의 중심축상에서 중심으로부터 거리 x만큼 떨어진 P점의 전계의 세기는 몇 [V/m]인가?

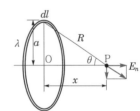

① $\dfrac{Q \cdot x}{2\pi\varepsilon_0 (a^2 + x^2)^{\frac{3}{2}}}$

② $\dfrac{Q \cdot x}{4\pi\varepsilon_0 (a^2 + x^2)^{\frac{3}{2}}}$

③ $\dfrac{Q \cdot x}{2\pi\varepsilon_0 (a^2 + x^2)}$

④ $\dfrac{Q \cdot x}{4\pi\varepsilon_0 (a^2 + x^2)^{\frac{1}{2}}}$

정답 **27** ② **28** ② **29** ② **30** ②

DAY 02

학습목표
- 도체 내·외부에 따른 전위와 전위경도(전계의 세기)를 구할 수 있다.
- 전기 쌍극자와 도체계의 정전용량에 대해서 이해할 수 있다.
- 유전체 삽입에 따른 전기특성의 변화와 분극의 세기를 구할 수 있다.

출제율 24%

9 전위와 전위경도

(1) 전위(전기적인 위치에너지)

① 전위란 정전계에서 단위 전하(1[C])를 전계와 반대 방향으로 무한원점에서 P점까지 운반하는 데 필요한 일 또는 소비되는 에너지를 말한다.

② 전위와 전위차 정의 식

(여기서, −는 전계의 세기와 반대 반항을 의미함)

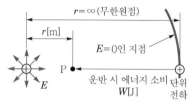

▮ 전위의 정의 ▮

구 분	전 위	전위차
일반 식	$V = -\int_{\infty}^{P} E\,dr\,[\text{V}]$	$V = -\int_{a}^{b} E\,dr\,[\text{V}]$
평등전계의 경우	−	$V = E\,d\,[\text{V}]$

③ 전하가 운반될 때 소비되는 에너지 : $W = QV\,[\text{J}]$

(2) 전위경도(gradient)

① 전위와 전계의 세기 관계를 미분형으로 나타낸 것을 말한다.

② 전위경도 : $E = -\operatorname{grad} V = -\nabla V = -\left(i\dfrac{\partial}{\partial x} + j\dfrac{\partial}{\partial y} + k\dfrac{\partial}{\partial z}\right)V\,[\text{V/m}]$

(3) 각 도체에 따른 전위와 전위차

① 구도체의 전위와 전위차

㉠ 전위 : $V = -\int_{\infty}^{P} E\,dr = -\int_{\infty}^{r} \dfrac{Q}{4\pi\varepsilon_0 r^2}\,dr = \dfrac{Q}{4\pi\varepsilon_0 r}\,[\text{V}]$

㉡ 전위차 : $V_{ab} = -\int_{b}^{a} E\,dr$

$= -\int_{b}^{a} \dfrac{Q}{4\pi\varepsilon_0 r^2}\,dr = \dfrac{Q}{4\pi\varepsilon_0}\left(\dfrac{1}{a} - \dfrac{1}{b}\right)[\text{V}]$

② 동심 도체구의 전위 : $V = \dfrac{Q}{4\pi\varepsilon_0}\left(\dfrac{1}{a} - \dfrac{1}{b} + \dfrac{1}{c}\right)[\text{V}]$

▮ 동심 도체구 ▮

③ 무한장 원주형 대전체의 전위와 전위차

㉠ 전위 : $V = -\int_{\infty}^{r} E\,dr = -\int_{\infty}^{r} \dfrac{\lambda}{2\pi\varepsilon_0 r}\,dr = \infty$

㉡ 전위차 : $V_{12} = -\int_{r_2}^{r_1} \dfrac{\lambda}{2\pi\varepsilon_0 r}\,dr = \dfrac{\lambda}{2\pi\varepsilon_0}\ln\dfrac{r_2}{r_1}\,[\text{V}]$

(단, $r_1 < r_2$ 인 경우)

▮ 무한장 직선 도체 ▮

34 전기기사

☑ 문제의 네모칸에 체크를 해보세요. 그 문제가 이해되지 않았다면
✓ 표시를 해서 그 문제는 나중에 다시 풀어 완전하게 숙지하세요 (★ : 중요도).

DAY 01
DAY 02
DAY 03
DAY 04
DAY 05
DAY 06
DAY 07
DAY 08
DAY 09
DAY 10

★ 기사 09년 2회

31 평등전계 내에서 5[C]의 전하를 30[cm] 이동시키는 120[J]의 일이 소요되었다. 전계의 세기는 몇 [V/m]인가?

① 24　　　　② 36
③ 80　　　　④ 160

해설

전하가 운반될 때 소비되는 에너지는 $W = QV$ [J]이므로

전위차 : $V = \dfrac{W}{Q} = \dfrac{120}{5} = 24[V]$

$\therefore\ E = \dfrac{V}{d} = \dfrac{24}{0.3} = 80[V/m]$

★★★★ 기사 01년 2회, 12년 1회 / 산업 99년 6회, 04년 1회, 08년 3회

32 50[V/m]의 평등전계 중의 80[V] 되는 A점에서 전계 방향으로 80[cm] 떨어진 B점의 전위는 몇 [V]인가?

① 20　　　　② 40
③ 60　　　　④ 80

해설

㉠ A, B 사이의 전위차
　$V_{AB} = E \cdot d = 50 \times 0.8 = 40[V]$
㉡ 전계는 전위가 높은 점에서 낮은 점으로 향하므로 V_A에서 A, B 사이의 전위차를 뺀 전위가 V_B가 된다. 즉,
$\therefore\ V_B = V_A - V_{AB} = 80 - 40 = 40[V]$

★★ 산업 94년 2회, 08년 1회, 16년 3회

33 공기의 절연내력은 30[kV/cm]이다. 공기 중에 고립되어 있는 직경 40[cm]인 도체구에 걸어줄 수 있는 전위의 최대치는 몇 [kV]인가?

① 6　　　　② 15
③ 600　　　④ 1200

해설

공기의 절연내력이란 공기가 견딜 수 있는 최대 전계강도를 말한다. 따라서 전위의 최대치는
$\therefore\ V = dE = 20[cm] \times 30[kV/cm]$
　　$= 600[kV]$ (여기서, 거리 d는 반경)

★★★ 기사 91년 6회, 97년 2회, 09년 3회

34 그림과 같은 동심구 도체에서 도체 1의 전하가 $Q_1 = 4\pi\varepsilon_0[C]$, 도체 2의 전하가 $Q_2 = 0[C]$일 때 도체 1의 전위는 몇 [V]인가? (단, $a = 10[cm]$, $b = 15[cm]$, $c = 20[cm]$라 한다.)

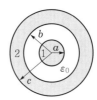

① $\dfrac{1}{12}$　　　　② $\dfrac{13}{60}$
③ $\dfrac{25}{3}$　　　　④ $\dfrac{65}{3}$

해설

$V = \dfrac{Q}{4\pi\varepsilon_0}\left(\dfrac{1}{a} - \dfrac{1}{b} + \dfrac{1}{c}\right)$

$= \dfrac{4\pi\varepsilon_0}{4\pi\varepsilon_0}\left(\dfrac{1}{0.1} - \dfrac{1}{0.15} + \dfrac{1}{0.2}\right)$

$= \left(\dfrac{30}{3} - \dfrac{20}{3} + \dfrac{15}{3}\right) = \dfrac{25}{3}[V]$

★★★ 기사 04년 3회, 19년 1회

35 진공 중에서 무한장 직선도체에 선전하밀도 $\rho_L = 2\pi \times 10^{-3}[C/m]$가 균일하게 분포된 경우 직선도체에서 2[m]와 4[m] 떨어진 두 점 사이의 전위차는?

① $\dfrac{10^{-3}}{\pi\varepsilon_0}\ln 2$　　② $\dfrac{10^{-3}}{\varepsilon_0}\ln 2$
③ $\dfrac{1}{\pi\varepsilon_0}\ln 2$　　④ $\dfrac{1}{\varepsilon_0}\ln 2$

해설

무한 직선전하의 전위차

$V_{12} = \dfrac{\rho_L}{2\pi\varepsilon_0}\ln\dfrac{r_2}{r_1} = \dfrac{2\pi \times 10^{-3}}{2\pi\varepsilon_0}\ln\dfrac{4}{2}$

$= \dfrac{10^{-3}}{\varepsilon_0}\ln 2[V]$

정답 31 ③　32 ②　33 ③　34 ③　35 ②

자주 출제되는

핵심이론

핵심이론은 처음에는 그냥 한 번 읽어주세요.
옆의 기출문제를 풀어본 후 다시 한 번 핵심이론을 읽으면서 암기하세요.

10 도체 내·외부 전계의 세기 및 전위

(1) 전하가 도체 표면에만 분포된 경우
① 전계의 세기(여기서, d : 도체 외부거리[m], a : 도체 반경[m])

구 분	도체 외부	도체 표면	도체 내부
구도체	$E_e = \dfrac{Q}{4\pi\varepsilon_0 d^2}$	$E_s = \dfrac{Q}{4\pi\varepsilon_0 a^2}$	$E_i = 0$
원통형 직선 도체	$E_e = \dfrac{\lambda}{2\pi\varepsilon_0 d}$	$E_s = \dfrac{\lambda}{2\pi\varepsilon_0 a}$	$E_i = 0$

② 전위는 $V = -\displaystyle\int_{\infty}^{P} E dr$ 로서 도체 내부에 $E_i = 0$ 이므로 도체 내부에서 전위의 변화는 없다. 즉, 도체 내부 전위는 표면 전위와 같다.

(2) 전하가 도체 내부에 균일하게 분포된 경우
① 전계의 세기

구 분	도체 외부	도체 표면	도체 내부
구도체	$E_e = \dfrac{Q}{4\pi\varepsilon_0 d^2}$	$E_s = \dfrac{Q}{4\pi\varepsilon_0 a^2}$	$E_i = \dfrac{rQ}{4\pi\varepsilon_0 a^3}$
원통형 직선 도체	$E_e = \dfrac{\lambda}{2\pi\varepsilon_0 d}$	$E_s = \dfrac{\lambda}{2\pi\varepsilon_0 a}$	$E_i = \dfrac{r\lambda}{2\pi\varepsilon_0 a^2}$

② 도체 내부에도 전계가 존재하므로 도체 중심으로 들어갈수록 전위는 증가한다.

11 전기 쌍극자(electric dipole)

① 전기 쌍극자의 모멘트 : $M = Q\delta$ [C·m]

② 전기 쌍극자의 전위 : $V = \dfrac{M\cos\theta}{4\pi\varepsilon_0 r^2}$ [V]

③ 전계의 세기

 ㉠ $\vec{E} = \dfrac{M}{4\pi\varepsilon_0 r^3}(\vec{a_r}\,2\cos\theta + \vec{a_\theta}\sin\theta)$ [V/m]

 ㉡ $|\vec{E}| = \dfrac{M}{4\pi\varepsilon_0 r^3}\sqrt{1 + 3\cos^2\theta}$ [V/m]

 ㉢ $\theta = 0$ 일 때 최대, $\theta = 90°$ 일 때 최소

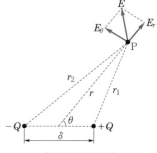

┃ 전기 쌍극자 ┃

12 정전계 관련 공식

① 푸아송의 방정식 : $\nabla^2 V = -\dfrac{\rho}{\varepsilon_0}$

② 라플라스의 방정식 : $\nabla^2 V = 0$

③ 스토크스의 정리 : $\displaystyle\oint_c \vec{A}\,dl = \int_s \mathrm{rot}\,\vec{A}\,ds$

④ 발산의 정리 : $\displaystyle\oint_s \vec{A}\,\vec{n}\,ds = \int_v \mathrm{div}\,\vec{A}\,dv$

DAY 01
DAY 02
DAY 03
DAY 04
DAY 05
DAY 06
DAY 07
DAY 08
DAY 09
DAY 10

☑ 문제의 네모칸에 체크를 해보세요. 그 문제가 이해되지 않았다면
✓ 표시를 해서 그 문제는 나중에 다시 풀어 완전하게 숙지하세요(★ : 중요도).

★★★ 기사 11년 2회 / 산업 01년 2회, 11년 1회, 12년 3회

36 대전 도체 내부의 전위에 대한 설명으로 옳은 것은?

① 내부에는 전기력선이 없으므로 전위는 무한대의 값을 갖는다.
② 내부의 전위와 표면전위는 같다. 즉 도체는 등전위이다.
③ 내부의 전위는 항상 대지전위와 같다.
④ 내부에는 전계가 없으므로 0 전위이다.

해설

도체 표면은 등전위면이고 도체 내부 전위는 표면전위와 같다.

★★★ 기사 94년 4회

37 진공 중에 선전하밀도(線電荷密渡) λ[C/m], 반경이 a[m]인 아주 긴 직선 원통 전하가 있다. 원통 중심축으로부터 $\frac{a}{2}$[m]인 거리에 있는 점의 전계의 세기는?

① $\dfrac{\lambda}{4\pi\varepsilon_0 a}$
② $\dfrac{\lambda}{2\pi\varepsilon_0 a}$
③ $\dfrac{\lambda}{\pi\varepsilon_0 a^2}$
④ $\dfrac{\lambda}{8\pi\varepsilon_0 a}$

해설

도체 내부의 전계는 0이 되나, 전하가 도체 내부에 균일하게 분포되었다면 내부 전계는 존재한다. 따라서 내부 전계는

$\therefore E_i = \dfrac{\lambda\,\rho}{2\pi\varepsilon_0\,a^2}\bigg|_{r=\frac{a}{2}} = \dfrac{\lambda}{4\pi\varepsilon_0 a}$ [V/m]

★★★★ 기사 90년 2회, 11년 1회, 14년 1회, 16년 1회(유사)

38 다음 (   ) 안에 들어갈 내용으로 옳은 것은?

전기 쌍극자에 의해 발생하는 전위의 크기는 전기 쌍극자 중심으로부터 거리의 (   )에 반비례하고, 전기 쌍극자에 의해 발생하는 전계의 크기는 전기 쌍극자 중심으로부터 거리의 (   )에 반비례한다.

① 제곱, 제곱
② 제곱, 세제곱
③ 세제곱, 제곱
④ 세제곱, 세제곱

Comment

전기 쌍극자에 관련된 문제는 출제빈도가 매우 높다. 핵심이론에 정리된 공식에서만 출제되고 있으니 반드시 암기하길 바란다.

★★★ 기사 94년 4회, 94년 6회, 13년 1회

39 Poisson이나 Laplace의 방정식을 유도하는 데 관련이 없는 식은?

① $E = -\operatorname{grad} V$
② $\operatorname{rot} E = -\dfrac{\partial B}{\partial t}$
③ $\operatorname{div} D = \rho$
④ $D = \varepsilon E$

해설

㉠ 가우스의 법칙 $\operatorname{div} D = \rho$에서 $D = \varepsilon E$이므로 $\operatorname{div} E = \dfrac{\rho}{\varepsilon}$이 된다.
㉡ $\operatorname{div} E = \operatorname{div}(-\operatorname{grad} V)$
$\quad = -\nabla \cdot (\nabla V) = -\nabla^2 V$이므로
$\therefore$ 푸아송의 방정식 : $\nabla^2 V = -\dfrac{\rho}{\varepsilon}$

★★★ 기사 95년 2회, 05년 2회, 08년 1회 / 산업 16년 1 · 2회

40 진공 내에서 전위함수가 $V = x^2 + y^2$과 같이 주어질 때 점 (2, 2, 0)[m]에서 체적 전하밀도 ρ[C/m³]를 구하면?

① $-4\varepsilon_0$
② $-\dfrac{4}{\varepsilon_0}$
③ $-2\varepsilon_0$
④ $-\dfrac{2}{\varepsilon_0}$

해설

㉠ 체적 전하밀도는 푸아송의 방정식 $\left(\nabla^2 V = -\dfrac{\rho}{\varepsilon_0}\right)$을 이용하여 구할 수 있다.
㉡ 좌항을 정리하면
$\nabla^2 V = \left(\dfrac{\partial^2}{\partial x^2} + \dfrac{\partial^2}{\partial y^2} + \dfrac{\partial^2}{\partial z^2}\right)(x^2 + y^2)$
$\quad = 2 + 2 + 0 = 4$
$\nabla^2 V = 4 = -\dfrac{\rho}{\varepsilon_0}$이 되므로
$\therefore \rho = -4\varepsilon_0$[C/m³]

Comment

문제 19번의 코멘트를 참고하자.

정답 36 ② 37 ① 38 ② 39 ② 40 ①

자주 출제되는

핵심이론

핵심이론은 처음에는 그냥 한 번 읽어주세요.
옆의 기출문제를 풀어본 후 다시 한 번 핵심이론을 읽으면서 암기하세요.

제3장 | 정전용량

1 정전용량

① 도체에 전위차 V를 주었을 때 축적되는 전하량 Q의 관계를 표시한 것으로 전위차
와 전하량의 비례상수이다.

② 정전용량 : $C= \dfrac{Q}{V} = \dfrac{전하량}{전위차}$ [F : 패럿] $\left(\dfrac{1}{C} = P : 엘라스턴스 \right)$

2 도체에 따른 정전용량

구 분		전위차	정전용량
구도체		$V= -\displaystyle\int_{\infty}^{a} E dr$ $= \dfrac{Q}{4\pi\varepsilon_0 a}$ [V]	$C= \dfrac{Q}{V} = \dfrac{Q}{\dfrac{Q}{4\pi\varepsilon_0 a}}$ $= 4\pi\varepsilon_0 a = \dfrac{a}{9\times 10^9}$ [F]
동심 도체구		$V= -\displaystyle\int_{b}^{a} E dr$ $= \dfrac{Q}{4\pi\varepsilon_0}\left(\dfrac{1}{a} - \dfrac{1}{b} \right)$ $= \dfrac{Q(b-a)}{4\pi\varepsilon_0 ab}$ [V]	$C= \dfrac{Q}{V} = \dfrac{4\pi\varepsilon_0 ab}{b-a}$ $= \dfrac{ab}{9\times 10^9 (b-a)}$ [F]
동축 케이블		$V= -\displaystyle\int_{b}^{a} E dr$ $= -\displaystyle\int_{b}^{a} \dfrac{\lambda}{2\pi\varepsilon_0 r}\, dr$ $= \dfrac{\lambda}{2\pi\varepsilon_0} \ln \dfrac{b}{a}$ [V]	$C= \dfrac{Q}{V} = \dfrac{\lambda l}{\dfrac{\lambda}{2\pi\varepsilon_0} \ln \dfrac{b}{a}}$ $= \dfrac{2\pi\varepsilon_0 l}{\ln \dfrac{b}{a}}$ [F] $= \dfrac{2\pi\varepsilon_0}{\ln \dfrac{b}{a}}$ [F/m]
평행 왕복 도체	(단, $d \gg a$)	$V= -\displaystyle\int_{b}^{a} E dr$ $= -\displaystyle\int_{d-a}^{a} \dfrac{\lambda}{\pi\varepsilon_0 r}\, dr$ $= \dfrac{\lambda}{\pi\varepsilon_0} \ln \dfrac{d-a}{a}$ $\fallingdotseq \dfrac{\lambda}{\pi\varepsilon_0} \ln \dfrac{d}{a}$ [V]	$C= \dfrac{Q}{V} = \dfrac{\lambda l}{\dfrac{\lambda}{\pi\varepsilon_0} \ln \dfrac{d}{a}}$ $= \dfrac{\pi\varepsilon_0 l}{\ln \dfrac{d}{a}}$ [F] $= \dfrac{\pi\varepsilon_0}{\ln \dfrac{d}{a}}$ [F/m]
평행판 도체		$V= d E = \dfrac{\sigma d}{\varepsilon_0}$ [V]	$C= \dfrac{Q}{V} = \dfrac{\sigma S}{\dfrac{d\sigma}{\varepsilon_0}} = \dfrac{\varepsilon_0 S}{d}$ [F]

문제의 네모칸에 체크를 해보세요. 그 문제가 이해되지 않는다면
✓ 표시를 해서 그 문제는 나중에 다시 풀어 완전하게 숙지하세요(★ : 중요도).

DAY
01
DAY
02
DAY
03
DAY
04
DAY
05
DAY
06
DAY
07
DAY
08
DAY
09
DAY
10

★★★ 기사 92년 6회, 02년 3회, 05년 3회, 15년 1회

41 공기 중에 있는 지름 6[cm]의 단일 도체구의 정전용량은 몇 [pF]인가?

① 0.33 ② 3.3
③ 0.67 ④ 6.7

해설

도체구의 정전용량

$C = 4\pi\varepsilon_0 r = \dfrac{3 \times 10^{-2}}{9 \times 10^9} = 3.33 \times 10^{-12}$[F]

$= 3.33$[pF] (반지름 $r = 3 \times 10^{-2}$[m])

★★★★ 기사 90년 2회, 01년 1회, 14년 1회, 15년 2회 / 산업 08년 1회

42 내구의 반지름이 a, 외구의 내반경이 b인 동심구형 콘덴서의 내구의 반지름과 외구의 내반경을 각각 $2a$, $2b$로 증가시키면 이 동심구형 콘덴서의 정전용량은 몇 배로 되는가?

① 4 ② 3
③ 2 ④ 1

해설

동심도체구의 정전용량 $C = \dfrac{4\pi\varepsilon_0 ab}{b-a}$에서 a, b를 각각

2배 증가시키면

$C_0 = \dfrac{4\pi\varepsilon_0(2a \times 2b)}{2b - 2a} = \dfrac{2^2(4\pi\varepsilon_0 ab)}{2(b-a)} = 2C$

∴ 초기 용량에 2배가 된다.

Comment

동심도체구의 a, b를 각각 n배 증가시키면 정전용량도 n배로 증가한다.

★★ 기사 91년 2회, 09년 1회

43 반지름이 10[cm]와 20[cm]인 동심원통의 길이가 50[cm]일 때 이것의 정전용량은 약 몇 [pF]인가? (단, 내원통에 $+\lambda$[C/m], 외원통에 $-\lambda$[C/m]인 전하를 준다고 한다.)

① 0.56[pF] ② 34[pF]
③ 40[pF] ④ 141[pF]

해설

동심원통의 정전용량

$C = \dfrac{2\pi\varepsilon_0 l}{\ln\dfrac{b}{a}} = 18 \times 10^9 \times \dfrac{l}{\ln\dfrac{b}{a}}$[F]에서

$\therefore C = \dfrac{1}{18 \times 10^9} \times \dfrac{0.5}{\ln\dfrac{0.2}{0.1}}$

$= 40 \times 10^{-12} = 40$[pF]

Comment

도체에 따른 정전용량 공식은 전기자기학이 끝날 때까지 계속 활용되므로 반드시 암기하길 바란다.

★ 기사 94년 2회

44 정전용량 C인 평행판 콘덴서를 전압 V로 충전하고 전원을 제거한 후 전극간격을 $\dfrac{1}{2}$로 접근시키면 전압은?

① $\dfrac{1}{4}V$ ② $\dfrac{1}{2}V$
③ V ④ $2V$

해설

㉠ 콘덴서에 전압을 가하면 양극판에는 $Q = CV$만큼의 전하가 축적된다.

㉡ 이때 전원을 제거하고 극판의 간격을 반으로 줄이면 정전용량$\left(\uparrow C = \dfrac{\varepsilon_0 S}{d \downarrow}\right)$은 2배 상승하지만

㉢ 콘덴서에 축적된 전하량의 크기는 변하지 않으므로 C가 상승한 만큼 전압의 크기가 줄어들게 된다. ($Q = C\uparrow V\downarrow$)

∴ 극판 사이의 전압이 반으로 줄어든다.

★★★ 기사 96년 6회 / 산업 93년 2회, 02년 2회

45 공기 중에 1변 40[cm]의 정방형 전극을 가진 평행판 콘덴서가 있다. 극판의 간격을 4[mm]로 하고 극판 간에 100[V]의 전위차를 주면 축적되는 전하는 몇 [C]이 되는가?

① 3.54×10^{-9} ② 3.54×10^{-8}
③ 6.56×10^{-9} ④ 6.56×10^{-8}

해설

콘덴서에 축적되는 총 전하량

$Q = CV = \dfrac{\varepsilon_0 S}{d} V$

$= \dfrac{8.855 \times 10^{-12} \times 0.4^2}{4 \times 10^{-3}} \times 100$

$= 35.42 \times 10^{-9} = 3.54 \times 10^{-8}$[C]

(평행판 콘덴서 : $C = \dfrac{\varepsilon_0 S}{d}$[F])

정답 41 ② 42 ③ 43 ③ 44 ② 45 ②

자주 출제되는

핵심이론

핵심이론은 처음에는 그냥 한 번 읽어주세요.
옆의 기출문제를 풀어본 후 다시 한 번 핵심이론을 읽으면서 암기하세요.

3 콘덴서의 접속

구 분	직렬회로	병렬회로
회로		
특징	① 전하가 일정($Q = Q_1 = Q_2$) ② 전압은 분배($V = V_1 + V_2$)	① 전압이 일정($V = V_1 = V_2$) ② 전하가 분배($Q = Q_1 + Q_2$)
합성 용량	① 정전용량이 2개인 경우 $$C_0 = \frac{1}{\dfrac{1}{C_1} + \dfrac{1}{C_2}} = \frac{C_1 \times C_2}{C_1 + C_2}[\text{F}]$$ ② 정전용량이 n개인 경우 ㉠ $C_0 = \dfrac{1}{\dfrac{1}{C_1} + \dfrac{1}{C_2} + \cdots + \dfrac{1}{C_n}}[\text{F}]$ ㉡ $C_1 = C_2 = \cdots = C_n = C$인 경우 : $C_0 = \dfrac{C}{n}[\text{F}]$	① 정전용량이 2개인 경우 $C_0 = C_1 + C_2[\text{F}]$ ② 정전용량이 n개인 경우 ㉠ $C_0 = C_1 + C_2 + \cdots + C_n[\text{F}]$ ㉡ $C_1 = C_2 = \cdots = C_n = C$인 경우 : $C_0 = nC[\text{F}]$
분배 법칙	① $V_1 = \dfrac{C_2}{C_1 + C_2} \times V$ ② $V_2 = \dfrac{C_1}{C_1 + C_2} \times V$	① $Q_1 = \dfrac{C_1}{C_1 + C_2} \times Q$ ② $Q_2 = \dfrac{C_2}{C_1 + C_2} \times Q$

여기서, V_1 : C_1의 단자전압, V_2 : C_2의 단자전압

4 정전용량 관련 식

① 전하가 운반될 때 소비되는 에너지 : $W = QV[\text{J}]$

② 콘덴서에 축전된 총 전기량(전하량) : $Q = CV[\text{C}]$

③ 콘덴서에 저장된 전기에너지 : $W_C = \dfrac{1}{2}CV^2 = \dfrac{1}{2}QV = \dfrac{Q^2}{2C}[\text{J}]$

④ 자유공간 중의 정전에너지 : $w_e = \dfrac{1}{2}\varepsilon_0 E^2 = \dfrac{1}{2}ED = \dfrac{D^2}{2\varepsilon_0}[\text{J/m}^3]$

⑤ 단위면적당 받아지는 작용력 : $f = \dfrac{1}{2}\varepsilon_0 E^2 = \dfrac{1}{2}ED = \dfrac{D^2}{2\varepsilon_0}[\text{N/m}^2]$

여기서, f를 '맥스웰의 변형력(정전응력)' 또는 '극판을 떼어내는 데 필요한 힘'으로 표현한다.

참고 공식

$D = \varepsilon_0 E[\text{C/m}^2], \quad V = dE[\text{V}], \quad W = Fd[\text{N} \cdot \text{m} = \text{J}]$

DAY
01
DAY
02
DAY
03
DAY
04
DAY
05
DAY
06
DAY
07
DAY
08
DAY
09
DAY
10

✓ 문제의 네모칸에 체크를 해보세요. 그 문제가 이해되지 않았다면
✓ 표시를 해서 그 문제는 나중에 다시 풀어 완전하게 숙지하세요(★ : 중요도).

★★★★ 기사 09년 2회, 12년 1회 / 산업 95년 4회, 16년 3회

46 콘덴서의 내압(耐壓) 및 정전용량이 각각 1000[V]-2[μF], 700[V]-3[μF], 600[V]-4[μF], 300[V]-8[μF]이다. 이 콘덴서를 직렬로 연결할 때 양단에 인가되는 전압을 상승시키면 제일 먼저 절연이 파괴되는 콘덴서는?

① 2[μF]   ② 3[μF]
③ 4[μF]   ④ 8[μF]

해설

최대 전하＝내압×정전용량의 결과 최대 전하값이 작은 것이 먼저 파괴된다.
㉠ $1000 \times 2 = 2000[\mu C]$
㉡ $700 \times 3 = 2100[\mu C]$
㉢ $600 \times 4 = 2400[\mu C]$
㉣ $300 \times 8 = 2400[\mu C]$
∴ 2[μF]가 먼저 파괴된다.

★★★★ 기사 94년 2회

47 그림과 같이 $C_1 = 3[\mu F]$, $C_2 = 4[\mu F]$, $C_3 = 5[\mu F]$, $C_4 = 4[\mu F]$의 콘덴서가 연결되어 있을 때 C_1에 $Q_1 = 120[\mu C]$의 전하가 충전되어 있다면 a, c 간의 전위차는 몇 [V]인가?

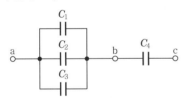

① 72   ② 96
③ 102   ④ 160

해설

㉠ a, b간 전위차는 C_1에 걸린 전압과 같으므로
$$V_{ab} = \frac{Q_1}{C_1} = \frac{120}{3} = 40[V]$$가 된다.
㉡ V_{ab}에 걸린 전압을 전압분배법칙에 의해 전개를 하면
$$V_{ab} = \frac{C_4}{C + C_4} \times V_{ac}$$
(여기서, $C = C_1 + C_2 + C_3 = 12[\mu F]$)
$$\therefore V_{ac} = \frac{V_{ab}(C + C_4)}{C_4} = \frac{40(12 + 4)}{4} = 160[V]$$

★★★★ 기사 93년 1회, 12년 2회 / 산업 16년 3회

48 무한히 넓은 두 장의 도체판을 d[m]의 간격으로 평행하게 놓은 후, 두 판 사이에 V[V]의 전압을 가한 경우 도체판의 단위면적당 작용하는 힘은 몇 [N/m^2]인가?

① $f = \varepsilon_0 \dfrac{V^2}{d}[N/m^2]$

② $f = \dfrac{1}{2}\varepsilon_0 d V^2[N/m^2]$

③ $f = \dfrac{1}{2}\varepsilon_0 \left(\dfrac{V}{d}\right)^2[N/m^2]$

④ $f = \dfrac{1}{2} \cdot \dfrac{1}{\varepsilon_0} \left(\dfrac{V}{d}\right)^2[N/m^2]$

해설

단위면적당 작용하는 힘(정전응력)
$$f = \frac{1}{2}\varepsilon_0 E^2 = \frac{1}{2}ED = \frac{D^2}{2\varepsilon_0} = \frac{\sigma^2}{2\varepsilon_0}[N/m^2]$$
에서 전위는 $V = dE$이므로
$$\therefore f = \frac{1}{2}\varepsilon_0 E^2 = \frac{1}{2}\varepsilon_0\left(\frac{V}{d}\right)^2[N/m^2]$$

★★★ 기사 10년 2회

49 무한히 넓은 평행판을 2[cm]의 간격으로 놓은 후 평행판 간에 일정한 전계를 인가하였더니 도체 표면에 2[μC/m^2]의 전하밀도가 생겼다. 이때 평행판 표면의 단위면적당 받는 정전응력[N/m^2]은?

① 1.13×10^{-1} ② 2.26×10^{-1}
③ 1.13 ④ 2.26

해설

정전응력
$$f = \frac{D^2}{2\varepsilon_0} = \frac{\sigma^2}{2\varepsilon_0} = \frac{(2 \times 10^{-6})^2}{2 \times 8.855 \times 10^{-12}}$$
$$= 0.226 = 2.26 \times 10^{-1}[N/m^2]$$

Comment

전하밀도와 전속밀도는 같다. 단, 전하밀도는 스칼라, 전속밀도는 벡터가 된다.

정답 46 ①   47 ④   48 ③   49 ②

자주 출제되는

핵심이론

핵심이론은 처음에는 그냥 한 번 읽어주세요.
옆의 기출문제를 풀어본 후 다시 한 번 핵심이론을 읽으면서 암기하세요.

제4장 유전체

1 개 요

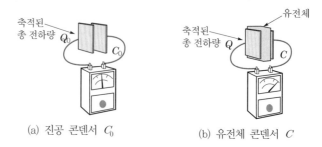

(a) 진공 콘덴서 C_0 (b) 유전체 콘덴서 C

① 그림과 같이 극판 간격, 단면적, 구조가 모두 동일한 두 콘덴서에 한쪽에는 진공을, 다른 한쪽에는 유전체(종이, 기름, 운모 등)를 채워 동일한 전위차 V를 인가했을 경우를 비교하면, 유전체를 채운 콘덴서에 더 많은 전하량이 축적된다.

② 진공 콘덴서 C_0와 유전체 콘덴서 C의 축적된 전하량의 크기를 비교한 것을 비유전율이라고 하며, 비유전율 ε_s는 항상 1보다 큰 상수가 되며, 유전체의 종류에 따라 비유전율의 크기는 달라진다.

③ 비유전율 : $\dfrac{Q}{Q_0} = \dfrac{CV}{C_0 V} = \dfrac{C}{C_0} = \varepsilon_s \, (\varepsilon_s > 1)$

2 유전체 삽입 시 변화(유전율 : $\varepsilon = \varepsilon_0 \varepsilon_s [\mathrm{F/m}]$)

① 두 전하 사이의 전기력 : $F = \dfrac{F_0}{\varepsilon_s} = \dfrac{Q_1 Q_2}{4\pi\varepsilon_0\varepsilon_s r^2}[\mathrm{N}]$ (여기서, F_0 : 진공에서의 전기력)

② 전계의 세기 : $E = \dfrac{E_0}{\varepsilon_s} = \dfrac{Q}{4\pi\varepsilon_0\varepsilon_s r^2}[\mathrm{V/m}]$ (여기서, E_0 : 진공에서의 전계의 세기)

③ 전기력선의 총 수 : $N = \dfrac{N_0}{\varepsilon_s} = \dfrac{Q}{\varepsilon_0\varepsilon_s}$ (여기서, N_0 : 진공에서의 전기력선의 총 수)

④ 전속선의 총 수 : $N = N_0 = Q$ (여기서, N_0 : 진공에서의 전속선의 총 수)

⑤ 정전용량 : $C = \varepsilon_s C_0 [\mathrm{F}]$ (여기서, C_0 : 진공 콘덴서의 정전용량)

C_0는 도체 모델링에 따라 값이 달라진다. 예 평행판 : $C_0 = \dfrac{\varepsilon_0 S}{d}$

⑥ 정전에너지 : $w_e = \dfrac{1}{2}\varepsilon_0\varepsilon_s E^2 = \dfrac{1}{2}ED = \dfrac{D^2}{2\varepsilon_0\varepsilon_s}[\mathrm{J/m^3}]$

⑦ 정전응력 : $f = \dfrac{1}{2}\varepsilon_0\varepsilon_s E^2 = \dfrac{1}{2}ED = \dfrac{D^2}{2\varepsilon_0\varepsilon_s}[\mathrm{N/m^2}]$

바로바로 풀어보는
기출문제

문제의 네모칸에 체크를 해보세요. 그 문제가 이해되지 않았다면
✓ 표시를 해서 그 문제는 나중에 다시 풀어 완전하게 숙지하세요(★ : 중요도).

DAY 01
DAY 02
DAY 03
DAY 04
DAY 05
DAY 06
DAY 07
DAY 08
DAY 09
DAY 10

★★★ 기사 93년 3회, 05년 1회 / 산업 93년 1회, 02년 1회, 16년 2회

50 비유전율 ε_s 에 대한 설명으로 옳은 것은?

① 진공의 비유전율은 0이고, 공기의 비유전율은 1이다.
② ε_s 는 항상 1보다 작은 값이다.
③ ε_s 는 절연물의 종류에 따라 다르다.
④ ε_s 의 단위는 [C/m]이다.

해설

① 진공의 비유전율은 1이고, 공기의 비유전율은 1.000587로 약 1이다.
② 비유전율은 1보다 크고, 유전체 종류에 따라 크기가 다르다.
④ ε_s 는 비율값이므로 단위가 없다(단, 유전율 ε 의 단위는 [F/m]이다).

★★ 기사 99년 3회

51 $\varepsilon_s = 10$ 인 유리 콘덴서와 동일 크기의 $\varepsilon_s = 1$ 인 공기 콘덴서가 있다. 유리 콘덴서에 200[V]의 전압을 가할 때 동일한 전하를 축적하기 위하여 공기 콘덴서에 필요한 전압[V]은?

① 20
② 200
③ 400
④ 2000

해설

공기 콘덴서에 유리 유전체를 삽입하면 비유전율 ε_s 배만큼 용량이 증가하여 전하량도 ε_s 배 만큼 증가한다. 따라서 공기 콘덴서가 유리 콘덴서와 동일한 전하를 축적하기 위해서는 ε_s 배 만큼 전압을 가해야 하므로 2000 [V]가 필요하다($Q = CV = \varepsilon_s C_0 V$).

★★★★ 기사 95년 6회, 02년 3회

52 비유전율이 5인 유전체 중의 전하 Q [C]에서 발산하는 전기력선 및 전속선의 수는 공기 중인 경우의 각각 몇 배로 되는가?

① 전기력선 $\frac{1}{5}$ 배, 전속선 $\frac{1}{5}$ 배
② 전기력선 5배, 전속선 5배
③ 전기력선 $\frac{1}{5}$ 배, 전속선 1배
④ 전기력선 5배, 전속선 1배

해설

비유전체를 삽입하면 전기력선은 비유전율 크기만큼 작아지나 전속선은 변화없다.

★★ 기사 99년 4회, 01년 2회, 10년 3회

53 극판의 면적이 4[cm²], 정전용량이 10[pF]인 종이 콘덴서를 만들려고 한다. 비유전율 2.5, 두께 0.01[mm]의 종이를 사용하면 종이는 몇 장을 겹쳐야 되겠는가?

① 89장
② 100장
③ 885장
④ 8550장

해설

㉠ 종이 콘덴서의 용량 : $C = \dfrac{\varepsilon S}{d} = \dfrac{\varepsilon_0 \varepsilon_s S}{d}$

㉡ 콘덴서 극판의 간격
$d = \dfrac{\varepsilon_0 \varepsilon_s S}{C} = \dfrac{8.855 \times 10^{-12} \times 2.5 \times 4 \times 10^{-4}}{10 \times 10^{-12}}$
$= 8.855 \times 10^{-4}$[m]이다.

㉢ 극판 사이에 들어가는 종이의 수
$\therefore N = \dfrac{\text{극판 간격}}{\text{종이 두께}} = \dfrac{8.855 \times 10^{-4}}{10^{-5}} \fallingdotseq 89$장

★★★★ 기사 94년 6회, 04년 2회, 11년 2회, 15년 2회 / 산업 13년 1회

54 비유전율이 2.4인 유전체 내의 전계의 세기 100[m/Vm]이다. 유전체에 저축되는 단위 체적당 정전에너지는 몇 [J/m³]인가?

① 1.06×10^{-13}
② 1.77×10^{-13}
③ 2.32×10^{-13}
④ 2.32×10^{-11}

해설

정전에너지
$w_e = \dfrac{1}{2} \varepsilon E^2 = \dfrac{1}{2} \varepsilon_0 \varepsilon_s E^2$
$= \dfrac{1}{2} \times 8.855 \times 10^{-12} \times 2.4 \times (100 \times 10^{-3})^2$
$= 1.06 \times 10^{-13}$[J/m³]

Comment

단위가 [J/m³] 또는 [N/m²]이 나오면 다음 공식을 바로 적용하자.
$W = F = \dfrac{1}{2} \varepsilon E^2 = \dfrac{1}{2} ED = \dfrac{D^2}{2\varepsilon}$

(여기서, W : 정전에너지, F : 정전응력)

정답 50 ③ 51 ④ 52 ③ 53 ① 54 ①

자주 출제되는
핵심이론

핵심이론은 처음에는 그냥 한 번 읽어주세요.
옆의 기출문제를 풀어본 후 다시 한 번 핵심이론을 읽으면서 암기하세요.

3 부분적으로 유전체가 채워진 콘덴서의 정전용량

구 분	극판 간격을 나누어 삽입	극판 면적을 나누어 삽입
콘덴서		
초기 정전용량	① 진공 콘덴서 : $C_0 = \dfrac{\varepsilon_0 S}{d}$ ② 정전용량은 극판 간격에 반비례한다.	① 진공 콘덴서 : $C_0 = \dfrac{\varepsilon_0 S}{d}$ ② 정전용량은 극판 면적에 비례한다.
변화된 정전용량	① 공기층 정전용량 : $C_1 = 2\,C_0$ ② 유전체층 정전용량 : $C_2 = 2\varepsilon_s\,C_0$ $\therefore C = \dfrac{1}{\dfrac{1}{C_1}+\dfrac{1}{C_2}} = \dfrac{C_1 \times C_2}{C_1 + C_2}$ $= \dfrac{4\varepsilon_s C_0^{\,2}}{(1+\varepsilon_s)2C_0} = \dfrac{2\varepsilon_s}{1+\varepsilon_s}\,C_0$	① 공기층 정전용량 : $C_1 = \dfrac{1}{3}\,C_0$ ② 유전체층 정전용량 : $C_2 = \dfrac{2}{3}\varepsilon_s\,C_0$ $\therefore C = C_1 + C_2 = \dfrac{C_0}{3} + \dfrac{2\varepsilon_s C_0}{3}$ $= \dfrac{1+2\varepsilon_s}{3}\,C_0$

극판 간격을 나누어 삽입 : S(극판 면적), ε_0 C_1, ε_s C_2, $\dfrac{d}{2}$, $\dfrac{d}{2}$, C_1과 C_2 직렬접속

극판 면적을 나누어 삽입 : $\dfrac{1}{3}S$ $\dfrac{2}{3}S$, ε_0 ε_s, C_1과 C_2 병렬접속

4 전기분극(電氣分極 : electric polarization)

(1) 전기분극의 정의

중성상태	분극상태	분극의 세기의 정의
		① 유전체에 전계를 가하면 중성이었던 극성이 분리가 되어 전기 쌍극자 모멘트가 발생하는데 이를 전기분극현상이라 한다. ② 분극의 세기는 단위면적당 발생된 분극 전하량 또는 단위체적당 전기 쌍극자 모멘트로 정의한다. ③ 정의 식 : $\vec{P} = \dfrac{Q}{S} = \dfrac{M}{V}[\text{C/m}^2]$ (쌍극자 모멘트 : $M = Q\delta[\text{C} \cdot \text{m}]$)

중성상태 : $\vec{E}=0$, $\vec{D}=0$, $\vec{P}=0$

분극상태 : $\vec{E}$, $\vec{D}=\varepsilon E$, $\vec{P}=(\varepsilon-\varepsilon_0)\vec{E}$

(2) 전기분극의 종류 : 전자분극, 이온분극, 배향분극
① 전자분극 : 단결정 매질에서 전자운과 핵의 상대적인 변위에 의해 발생한다.
② 이온분극 : 유전분극의 일종으로, 절연물 중의 이온이 전계에 의해 이동하기 때문에 생기므로 가청 주파영역 이하의 주파수에서 볼 수 있다.
③ 배향분극 : 유전체 내 영구 쌍극자 모멘트를 갖고 있는 분자가 외부 전계에 의하여 배열함으로써 일어나는 분극현상으로 온도의 영향을 받는다.

(3) 전계와 분극의 세기의 관계 : $P = \chi E = \varepsilon_0(\varepsilon_s - 1)E = D - \varepsilon_0 E = D\left(1 - \dfrac{1}{\varepsilon_s}\right)[\text{C/m}^2]$
① 분극률 : $\chi = \varepsilon_0(\varepsilon_s - 1)[\text{F/m}]$
② 비분극률(전기감수율) : $\chi_{er} = \dfrac{\chi}{\varepsilon_0} = \varepsilon_s - 1$ $\left(\text{비유전율} : \varepsilon_s = \dfrac{\chi}{\varepsilon_0} + 1\right)$

바로바로 풀어보는
기출문제

✓ 문제의 네모칸에 체크를 해보세요. 그 문제가 이해되지 않았다면
✓ 표시를 해서 그 문제는 나중에 다시 풀어 완전하게 숙지하세요(★ : 중요도).

DAY 01
DAY 02
DAY 03
DAY 04
DAY 05
DAY 06
DAY 07
DAY 08
DAY 09
DAY 10

★★★ 기사 01년 1회, 12년 2회, 13년 1회

55 정전용량이 C_0[F]인 평행판 공기 콘덴서에 전극 간격의 $\frac{1}{2}$ 두께의 유리판을 전극에 평행하게 넣으면 이때의 정전용량[F]은? (단, 유리판의 비유전율은 ε_s라 한다.)

① $\dfrac{(1+\varepsilon_s)C_0}{2\varepsilon_s}$ ② $\dfrac{C_0\varepsilon_s}{1+\varepsilon_s}$

③ $\dfrac{2\varepsilon_s C_0}{1+\varepsilon_s}$ ④ $\dfrac{3C_0}{1+\dfrac{1}{\varepsilon_s}}$

해설

㉠ 전극 간격을 나누어 유전체를 넣으면 공기층과 유전체층의 정전용량이 직렬로 접속된 것과 같다.

㉡ 공기층 : $C_1 = \dfrac{\varepsilon_0 S}{\dfrac{d}{2}} = 2\dfrac{\varepsilon_0 S}{d} = 2C_0$

㉢ 유전체층 : $C_2 = \dfrac{\varepsilon_s \varepsilon_0 S}{\dfrac{d}{2}} = 2\varepsilon_s C_0$

$\therefore C = \dfrac{C_1 \times C_2}{C_1 + C_2} = \dfrac{4\varepsilon_s C_0^2}{(1+\varepsilon_s)2C_0} = \dfrac{2\varepsilon_s C_0}{1+\varepsilon_s}$

★★★★ 기사 94년 2회, 98년 4회, 09년 1회, 12년 2회 / 산업 91년 6회, 03년 3회, 14년 2회

56 면적 S[m²], 간격 d[m]인 평행판 Condenser에 그림과 같이 두께 d_1, d_2[m]이며 유전율 ε_1, ε_2[F/m]인 두 유전체를 극판 간에 평행으로 채웠을 때 정전용량은 얼마인가?

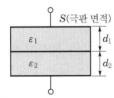

S(극판 면적)
ε_1 — d_1
ε_2 — d_2

① $\dfrac{S}{\dfrac{d_1}{\varepsilon_1} + \dfrac{d_2}{\varepsilon_2}}$ ② $\dfrac{S}{\dfrac{d_1}{\varepsilon_2} + \dfrac{d_2}{\varepsilon_1}}$

③ $\dfrac{\varepsilon_1 S}{d_1} + \dfrac{\varepsilon_2 S}{d_2}$ ④ $\dfrac{\varepsilon_1 \varepsilon_2 S}{d}$

해설

㉠ 유전율 ε_1의 정전용량 : $C_1 = \dfrac{\varepsilon_1 S}{d_1}$

㉡ 유전율 ε_2의 정전용량 : $C_2 = \dfrac{\varepsilon_2 S}{d_2}$

$\therefore C = \dfrac{1}{\dfrac{1}{C_1} + \dfrac{1}{C_2}} = \dfrac{1}{\dfrac{d_1}{\varepsilon_1 S} + \dfrac{d_2}{\varepsilon_2 S}}$

$= \dfrac{1}{\dfrac{1}{S}\left(\dfrac{d_1}{\varepsilon_1} + \dfrac{d_2}{\varepsilon_2}\right)} = \dfrac{S}{\dfrac{d_1}{\varepsilon_1} + \dfrac{d_2}{\varepsilon_2}}$

★★ 기사 97년 2회

57 다음 중 옳지 않은 것은?

① 유전체의 전속밀도는 도체에 준 진전하밀도와 같다.
② 유전체의 전속밀도는 유전체의 분극전하밀도와 같다.
③ 유전체의 분극선의 방향은 −분극전하에서 +분극전하로 향하는 방향이다.
④ 유전체의 분극도는 분극전하밀도와 같다.

해설

분극도=분극전하밀도=분극의 세기

★★★★ 기사 97년 6회, 05년 2회

58 비유전율 $\varepsilon_s = 5$인 등방 유전체의 한 점에서 전계의 세기가 $E = 10^4$[V/m]일 때 이 점의 분극의 세기는 몇 [C/cm²]인가?

① $\dfrac{10^{-9}}{9\pi}$ ② $\dfrac{10^{-5}}{9\pi}$

③ $\dfrac{5}{36\pi} \times 10^{-9}$ ④ $\dfrac{5}{36\pi} \times 10^{-5}$

해설

분극의 세기

$P = \varepsilon_0 (\varepsilon_s - 1)E = \dfrac{10^{-9}}{36\pi} \times (5-1) \times 10^4$

$= \dfrac{10^{-5}}{9\pi}$[C/m²] $= \dfrac{10^{-9}}{9\pi}$[C/cm²]

Comment

• 진공 중의 유전율

$\varepsilon_0 = \dfrac{1}{36\pi \times 10^9} = \dfrac{10^{-9}}{36\pi} \fallingdotseq 8.855 \times 10^{-12}$[F/m]

• 1[cm²]$=10^{-4}$[m²]이므로 1[m²]$=10^4$[cm²]이 된다.

정답 55 ③ 56 ① 57 ② 58 ①

학습목표
• 유전체 경계면에서 전기력선 굴절현상에 대해 이해할 수 있다.
• 전기영상법, 전류, 전기저항, 절연저항에 대해서 이해할 수 있다.
• 쿨롱의 법칙과 암페어의 법칙을 이해하여 자계의 세기를 구할 수 있다.

출제율 18%

5 경계조건

(1) 개요(θ_1 : 입사각, θ_2 : 굴절각)

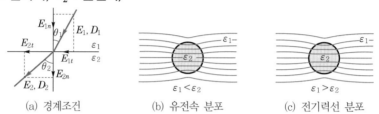

(a) 경계조건 (b) 유전속 분포 (c) 전기력선 분포

① 서로 다른 유전체 경계면에서 전기력선(E)과 유전속(D)은 반드시 굴절한다.
② 단, 수직으로 입사하면 굴절하지 않는다.
여기서, $\vec{t}$: 접선벡터(경계면과 수평방향), $\vec{n}$: 법선벡터(경계면과 수직방향)

(2) 경계조건

① 전기력선의 접선(수평)성분 E_t는 경계면 양쪽에서 같다(연속적).
∴ $E_{1t} = E_{2t}(E_1 \sin\theta_1 = E_2 \sin\theta_2)$
② 유전속의 법선(수직)성분 D_n는 경계면 양쪽에서 같다(연속적).
∴ $D_{1n} = D_{2n}(D_1 \cos\theta_1 = D_2 \cos\theta_2)$

(3) 전기장의 굴절(refraction)

① $\dfrac{E_1 \sin\theta_1}{D_1 \cos\theta_1} = \dfrac{E_2 \sin\theta_2}{D_2 \cos\theta_2}$, $\dfrac{E_1 \sin\theta_1}{\varepsilon_1 E_1 \cos\theta_1} = \dfrac{E_2 \sin\theta_2}{\varepsilon_2 E_2 \cos\theta_2}$ ∴ $\dfrac{\tan\theta_2}{\tan\theta_1} = \dfrac{\varepsilon_2}{\varepsilon_1}$

② 만약, $\varepsilon_1 < \varepsilon_2$이라면 $\theta_1 < \theta_2$, $D_1 < D_2$, $E_1 > E_2$이 된다.
㉠ $\theta_1 < \theta_2$: 유전율이 큰 쪽으로 더 크게 굴절한다.
㉡ $D_1 < D_2$: 유전속은 유전율이 큰 곳으로 모이려는 특성이 있다.
㉢ $E_1 > E_2$: 전기력선은 유전율이 작은 곳으로 모이려는 특성이 있다.

6 패러데이관

(1) 유전체 중에 있는 대전도체 표면의 미소면적의 둘레에서 발산하는 전속으로 이루어지는 관을 전기력관(tube of electric force)이라 한다. 이 역관(力管) 중 특히 미소면적상의 전하가 단위의 값(1[C])인 것을 패러데이관이라 한다.

(2) 패러데이관의 특징

① 패러데이관 내의 전속 수는 일정하다(패러데이관 수= 전속 수= 전하량).
② 패러데이관 양단에 정·부의 단위전하($\pm$1[C])가 있다.
③ 진전하가 없는 점에서는 패러데이관은 연속이다.
④ 패러데이관의 밀도는 전속밀도와 같다.
⑤ 단위 전위차당 패러데이관의 보유 에너지는 $\dfrac{1}{2}$[J]이다.

바로바로 풀어보는
기출문제

문제의 네모칸에 체크를 해보세요. 그 문제가 이해되지 않았다면
✓ 표시를 해서 그 문제는 나중에 다시 풀어 완전하게 숙지하세요(★ : 중요도).

DAY 01
DAY 02
DAY 03
DAY 04
DAY 05
DAY 06
DAY 07
DAY 08
DAY 09
DAY 10

★★★★★ 기사 91년 2회, 93년 1회, 95년 2회, 00년 6회, 04년 3회, 09년 1회, 10년 1회, 19년 1회

59 이종의 유전체 사이에 경계면에 전하분포가 없을 때 경계면 양쪽에 있어서 맞는 설명은 다음 중 어느 것인가?

① 전계의 법선성분 및 전속밀도의 접선성분은 서로 같다.
② 전계의 법선성분 및 전속밀도의 법선성분은 서로 같다.
③ 전계의 접선성분 및 전속밀도의 접선성분은 서로 같다.
④ 전계의 접선성분 및 전속밀도의 법선성분은 서로 같다.

해설

㉠ 전계의 세기는 경계면과 접선성분에 대해서 서로 같다($E_1 \sin\theta_1 = E_2 \sin\theta_2$).
㉡ 전속밀도는 경계면과 법선성분에 대해서 서로 같다($D_1 \cos\theta_1 = D_2 \cos\theta_2$).

★★ 기사 99년 3회 / 산업 01년 2회

60 공기 중의 전계 E_1이 10[kV/cm]이고 입사각이 $\theta_1 = 30°$(법선과 이룬 각)로 변압기유의 경계면에 닿을 때 굴절각 θ_2는 몇 도이며, 변압기유의 전계 E_2는 몇 [V/m]인가? (단, 변압기유의 비유전율은 3이다.)

① $60°$, $\dfrac{10^6}{\sqrt{3}}$　　② $60°$, $\dfrac{10^3}{\sqrt{3}}$

③ $45°$, $\dfrac{10^6}{\sqrt{3}}$　　④ $45°$, $\dfrac{10^4}{\sqrt{3}}$

해설

㉠ 전기장의 굴절 $\dfrac{\varepsilon_2}{\varepsilon_1} = \dfrac{\tan\theta_2}{\tan\theta_1}$에서

$\tan\theta_2 = \tan\theta_1 \dfrac{\varepsilon_2}{\varepsilon_1} = \tan\theta_1 \dfrac{\varepsilon_{s2}}{\varepsilon_{s1}}$이다.

$\therefore \theta_2 = \tan^{-1}\left(\tan\theta_1 \dfrac{\varepsilon_{s2}}{\varepsilon_{s1}}\right)$

$= \tan^{-1}(\tan 30° \times 3)$

$= \tan^{-1}\sqrt{3} = 60°$

㉡ 정전계의 경계조건 $E_1 \sin\theta_1 = E_2 \sin\theta_2$에서

(단, $E_1 = 10[kV/cm] = 10 \times \dfrac{10^3}{10^{-2}} = 10^6[V/m]$)

$\therefore E_2 = E_1 \dfrac{\sin\theta_1}{\sin\theta_2} = 10^6 \times \dfrac{\sin 30°}{\sin 60°}$

$= 10^6 \times \dfrac{\dfrac{1}{2}}{\dfrac{\sqrt{3}}{2}} = \dfrac{10^6}{\sqrt{3}}[V/m]$

★★ 기사 93년 5회, 03년 3회, 14년 1회, 18년 1회, 18년, 2회, 19년 1회

61 $X > 0$인 영역에 $\varepsilon_{R1} = 3$인 유전체, $X < 0$인 영역에 $\varepsilon_{R2} = 5$인 유전체가 있다. 유전율 $\varepsilon_2 = \varepsilon_0 \varepsilon_{R2}$인 영역에서 전계 $\overrightarrow{E_2} = 20\overrightarrow{a_x} + 30\overrightarrow{a_y} - 40\overrightarrow{a_z}$[V/m]일 때 유전율 ε_1인 영역에서 전계 $\overrightarrow{E_1}$는 몇 [V/m]인가?

① $\dfrac{100}{3}\overrightarrow{a_x} + 30\overrightarrow{a_y} - 40\overrightarrow{a_z}$

② $20\overrightarrow{a_x} + 90\overrightarrow{a_y} - 40\overrightarrow{a_z}$

③ $100\overrightarrow{a_x} + 10\overrightarrow{a_y} - 40\overrightarrow{a_z}$

④ $60\overrightarrow{a_x} + 30\overrightarrow{a_y} - 40\overrightarrow{a_z}$

해설

㉠ 경계조건에 의해 $D_{1x} = D_{2x}$, $E_{1y} = E_{2y}$, $E_{1z} = E_{2z}$이다.

㉡ $D_{1x} = D_{2x}$에서 $\varepsilon_1 E_{1x} = \varepsilon_2 E_{2x}$이므로

$E_{1x} = \dfrac{\varepsilon_2}{\varepsilon_1} E_{2x} = \dfrac{5\varepsilon_0}{3\varepsilon_0} \times 20 = \dfrac{100}{3}$이 되며

㉢ $E_{1y} = E_{2y} = 30$, $E_{1z} = E_{2z} = -40$이 된다.

$\therefore \overrightarrow{E_1} = \dfrac{100}{3}\overrightarrow{a_x} + 30\overrightarrow{a_y} - 40\overrightarrow{a_z}$

★★★★★ 산업 91년 2회, 96년 6회, 00년 2회

62 다음 Faraday관에서 전속선 수가 $5Q$개이면 Faraday관 수는?

① $\dfrac{Q}{\varepsilon}$　　② $\dfrac{Q}{5}$

③ $\dfrac{5}{Q}$　　④ $5Q$

해설

Faraday관 수=전속선 수=전하량 크기

정답 59 ④　60 ①　61 ①　62 ④

자주 출제되는
핵심이론

핵심이론은 처음에는 그냥 한 번 읽어주세요.
옆의 기출문제를 풀어본 후 다시 한 번 핵심이론을 읽으면서 암기하세요.

7 유전체 경계면에 작용하는 힘(정전응력, 맥스웰의 변형력)

(1) 정전응력 : $f = \dfrac{1}{2}\varepsilon E^2 = \dfrac{1}{2}ED = \dfrac{D^2}{2\varepsilon}[\text{N/m}^2]$

(2) 경계면에 작용하는 힘

구 분	전계가 경계면에 대해 수직으로 입사하는 경우($\varepsilon_1 > \varepsilon_2$의 경우)	전계가 경계면에 대해 수평으로 진행하는 경우($\varepsilon_1 > \varepsilon_2$의 경우)
그림		
특징	수직방향에 대해서는 유전속(전속밀도)가 일정하다($D_1 = D_2 = D$).	수평방향에 대해서는 전기력선이 일정하다($E_1 = E_2 = E$).
정전응력	$f = f_1 - f_2 = \dfrac{1}{2}\left(\dfrac{1}{\varepsilon_2} - \dfrac{1}{\varepsilon_1}\right)D^2[\text{N/m}^2]$	$f = f_1 - f_2 = \dfrac{1}{2}(\varepsilon_1 - \varepsilon_2)E^2[\text{N/m}^2]$
힘의 방향	유전율이 큰 곳에서 작은 곳으로 진행된다($\varepsilon_1 \to \varepsilon_2$).	유전율이 큰 곳에서 작은 곳으로 진행된다($\varepsilon_1 \to \varepsilon_2$).

8 유전체의 특수현상

(1) 초전효과 또는 Pyro전기

① 전기석이나 티탄산바륨의 결정을 가열 또는 냉각하면 결정의 한쪽 면에 정전하, 다른 쪽 면에는 부전하가 발생한다. 이 전하의 극성은 가열할 때와 냉각할 때는 서로 정반대이다.

② 이런 현상을 초전효과(pyroelectric effect)라 하며 이때 발생한 전하를 초전기(pyroelectricity)라 한다.

(2) 압전효과(피에조효과)

① 유전체에 압력이나 인장력을 가하면 전기분극이 발생하는 현상
  ㉠ 종효과 : 압력이나 인장력이 분극과 같은 방향으로 진행
  ㉡ 횡효과 : 압력이나 인장력이 분극과 수직 방향으로 진행

② 압전효과 발생 시 단면에 나타나는 분극전하를 압전기(piezoelectricity)라 하고 수정, 전기석, 로셸염, 티탄산바륨($BaTiO_3$) 등은 압전효과를 발생시키는 물질이다. 특히 로셸염의 압전효과는 수정의 1000배 정도로 가장 많이 이용된다.

③ 압전효과는 마이크, 압력측정, 수정발진기, 초음파 발생기, 일정 주파수 발진에 사용되는 크리스탈 픽업 등 여러 방면에 응용된다.

DAY 01
DAY 02
DAY 03
DAY 04
DAY 05
DAY 06
DAY 07
DAY 08
DAY 09
DAY 10

★★ 기사 92년 6회, 15년 1회, 16년 3회 / 산업 94년 4회, 14년 1·3회, 15년 2회, 16년 1회

63 $\varepsilon_1 > \varepsilon_2$의 유전체 경계면에 전계가 수직으로 입사할 때 경계면에 작용하는 힘과 방향에 대한 설명이 옳은 것은?

① $f = \dfrac{1}{2}\left(\dfrac{1}{\varepsilon_2} - \dfrac{1}{\varepsilon_1}\right)D^2$의 힘이 ε_1에서 ε_2로 작용

② $f = \dfrac{1}{2}\left(\dfrac{1}{\varepsilon_1} - \dfrac{1}{\varepsilon_2}\right)E^2$의 힘이 ε_2에서 ε_1로 작용

③ $f = \dfrac{1}{2}(\varepsilon_2 - \varepsilon_1)E^2$의 힘이 ε_1에서 ε_2로 작용

④ $f = \dfrac{1}{2}(\varepsilon_1 - \varepsilon_2)D^2$의 힘이 ε_2에서 ε_1로 작용

해설

㉠ 단위면적당 작용하는 힘에서
$f = \dfrac{1}{2}\varepsilon E^2 = \dfrac{1}{2}DE = \dfrac{D^2}{2\varepsilon}$ [N/m²]이다.

㉡ 전계가 수직 입사하므로 전속밀도의 법선성분이 연속 ($D_1 = D_2 = D$)임을 이용하여 힘을 구할 수 있다.

㉢ $f_1 = \dfrac{D}{2\varepsilon_1}$, $f_2 = \dfrac{D}{2\varepsilon_2}$에서 $\varepsilon_1 > \varepsilon_2$에서 $f_1 < f_2$인 것을 알 수 있다.

∴ 경계면에서 작용하는 힘
$f = f_2 - f_1 = \dfrac{1}{2}\left(\dfrac{1}{\varepsilon_2} - \dfrac{1}{\varepsilon_1}\right)D^2$ [N/m²]
(방향은 ε_1에서 ε_2로 작용)

Comment

경계면에 작용하는 힘은 유전율이 큰 곳에서 작은 곳으로 진행되며, 전계의 방향에 따라 다음의 형식과 같은 공식을 찾으면 된다.

전계가 수직 입사	전계가 수평 진행
$f = \dfrac{D^2}{2\varepsilon}$	$f = \dfrac{1}{2}\varepsilon E^2$

★★ 기사 08년 3회

64 두 유전체의 경계면에 대한 설명 중 옳은 것은?

① 두 유전체의 경계면에 전계가 수직으로 입사하면 두 유전체 내의 전계의 세기는 같다.

② 유전율이 작은 쪽에 전계가 입사할 때 입사각은 굴절각보다 크다.

③ 경계면에서 정전력은 전계가 경계면에 수직으로 입사할 때 유전율이 큰 쪽에서 작은 쪽으로 작용한다.

④ 유전율이 큰 쪽에서 작은 쪽으로 전계가 경계면에 수직으로 입사할 때 유전율이 작은 쪽의 전계의 세기가 작아진다.

해설

경계면에 작용하는 힘의 방향은 유전율이 큰 쪽에서 작은 쪽으로 작용한다.

Comment

$\varepsilon_2 < \varepsilon_1$의 경우 두 유전체 사이에 작용하는 힘은 ④ 방향이 된다.

★★★ 기사 09년 1회, 13년 2회

65 압전기현상에서 분극이 응력과 같은 방향으로 발생하는 현상을 무슨 효과라 하는가?

① 종효과   ② 횡효과
③ 역효과   ④ 근접효과

해설 압전기현상

유전체에 압력이나 인장력을 가하면 전기분극이 발생하는 현상

종효과	압력이나 인장력이 분극과 같은 방향으로 진행
횡효과	압력이나 인장력이 분극과 수직 방향으로 진행

★ 기사 97년 6회, 02년 3회, 16년 2회

66 압전효과를 이용하지 않는 것은?

① 수정발진기   ② 마이크로 폰
③ 초음파 발생기   ④ 자속계

해설

압전효과는 마이크(마이크로 폰), 압력측정, 수정발진기, 초음파 발생기, 일정 주파수 발진에 사용되는 크리스탈 픽업 등 여러 방면에 응용된다.

정답 63 ①   64 ③   65 ①   66 ④

자주 출제되는
핵심이론

핵심이론은 처음에는 그냥 한 번 읽어주세요.
옆의 기출문제를 풀어본 후 다시 한 번 핵심이론을 읽으면서 암기하세요.

제5장 | 전기 영상법

🧑‍🏫 Comment

도체 표면이 등전위면이라는 사실을 이용하여 영상점과 영상전하를 이용하면 모든 정전기장 문제에 적용하지는 못하지만, 약간 복잡한 문제를 간단히 해석할 수 있다.

1 무한 평면 도체와 점전하

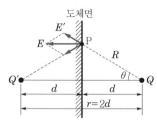

▮ 무한 평면 도체와 점전하 ▮

① 영상전하 : $Q' = -Q[\text{C}]$

② 영상력 : $F = \dfrac{QQ'}{4\pi\varepsilon_0 r^2} = \dfrac{-Q^2}{4\pi\varepsilon_0 (2d)^2} = \dfrac{-Q^2}{16\pi\varepsilon_0 d^2} = \dfrac{9\times 10^9}{4}\times\dfrac{-Q^2}{d^2}[\text{N}]$

③ 전하가 무한 원점까지 운반될 때 필요한 일 : $W = \displaystyle\int_d^\infty F dl = \dfrac{Q^2}{16\pi\varepsilon_0 d}[\text{J}]$

④ P점에서의 전계의 세기 : $E = E'\cos\theta \times 2 = \dfrac{Q}{2\pi\varepsilon_0 R^2}\cos\theta$

⑤ 최대 전계의 세기

  ㉠ 전계의 세기는 $\cos\theta$에 비례하므로 $\theta = 0°$에서 최대가 된다. 그리고 $0°$에서의 거리는 $d[\text{m}]$가 된다.

  ㉡ 최대 전계의 세기 : $E_m = \dfrac{Q}{2\pi\varepsilon_0 R^2}\cos\theta = \dfrac{Q}{2\pi\varepsilon_0 d^2}[\text{V/m}]$

⑥ 최대 전하밀도 : $D_m = \sigma_m = \varepsilon_0 E_m = \dfrac{Q}{2\pi d^2}[\text{C/m}^2]$

2 접지된 도체구와 점전하

① 영상전하 : $Q' = -\dfrac{a}{d}Q[\text{C}]$

② 구도체 내의 영상점 : $x = \dfrac{a^2}{d}[\text{m}]$

③ 점전하와 영상전하의 거리 : $r = d - x = \dfrac{d^2 - a^2}{d}[\text{m}]$

④ 두 전하 사이의 영상력 : $F = \dfrac{QQ'}{4\pi\varepsilon_0 r^2} = \dfrac{QQ'}{4\pi\varepsilon_0\left(\dfrac{d^2 - a^2}{d}\right)^2}[\text{N}]$

▮ 접지된 도체구와 점전하 ▮

☑ 문제의 네모칸에 체크를 해보세요. 그 문제가 이해되지 않았다면
✓ 표시를 해서 그 문제는 나중에 다시 풀어 완전하게 숙지하세요(★ : 중요도).

DAY 01
DAY 02
DAY 03
DAY 04
DAY 05
DAY 06
DAY 07
DAY 08
DAY 09
DAY 10

★★ 기사 94년 2회, 05년 3회

67 그림과 같은 무한 평면 도체로부터 d[m] 떨어진 점에 $+Q$[C]의 점전하가 있을 때 $\dfrac{d}{2}$[m]인 P점에 있어서의 전계의 세기는 몇 [V/m]인가?

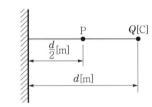

① $\dfrac{Q}{3\pi\varepsilon_0 d}$ ② $\dfrac{8Q}{9\pi\varepsilon_0 d^2}$

③ $\dfrac{10Q}{9\pi\varepsilon_0 d^2}$ ④ $\dfrac{Q}{\pi\varepsilon_0 d^2}$

해설 무한 평면 도체와 점전하

무한 평면 도체와 점전하 해석은 영상점에 영상전하 $Q'=-Q$ 대치하여 해석할 수 있다. 즉, P점의 전계의 세기는 Q에 의한 전계 E_1과 Q'에 의한 E_2의 합 벡터로 구한다.

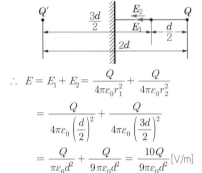

$$\therefore E = E_1 + E_2 = \frac{Q}{4\pi\varepsilon_0 r_1^2} + \frac{Q}{4\pi\varepsilon_0 r_2^2}$$

$$= \frac{Q}{4\pi\varepsilon_0 \left(\dfrac{d}{2}\right)^2} + \frac{Q}{4\pi\varepsilon_0 \left(\dfrac{3d}{2}\right)^2}$$

$$= \frac{Q}{\pi\varepsilon_0 d^2} + \frac{Q}{9\pi\varepsilon_0 d^2} = \frac{10Q}{9\pi\varepsilon_0 d^2} [\text{V/m}]$$

Comment

영상법 시험문제는 대부분 공식 찾기가 출제되고 있으니 핵심 이론을 중점적으로 암기하자.

★★★★ 기사 02년 1회, 14년 1회, 15년 2회 / 산업 03년 2회, 10년 2회, 11년 1회, 13년 3회

68 평면 도체의 표면에서 a[m]인 거리에 점전하 Q[C]이 있다. 이 전하를 무한 원점까지 운반하는 데 요하는 일은 몇 [J]인가?

① $\dfrac{Q^2}{4\pi\varepsilon_0 a^2}$ ② $\dfrac{Q^2}{8\pi\varepsilon_0 a}$

③ $\dfrac{Q^2}{16\pi\varepsilon_0 a}$ ④ $\dfrac{Q^2}{16\pi\varepsilon_0 a^2}$

해설 무한 평면 도체와 점전하

도체 표면과 점전하 사이에 $F=\dfrac{Q^2}{16\pi\varepsilon_0 a^2}$[N]의 힘이 작용하기 때문에 무한 원점까지 점전하를 운반할 때 필요한 에너지는

$$\therefore W = \int_a^\infty \frac{Q^2}{16\pi\varepsilon_0 a^2} da = \frac{Q^2}{16\pi\varepsilon_0}\left(-\frac{1}{a}\right)_a^\infty$$

$$= \frac{Q^2}{16\pi\varepsilon_0 a}[\text{J}]$$

★★★★ 기사 97년 6회

69 반지름 a[m]인 접지 구형 도체와 점전하가 유전율 ε인 공간에서 각각 원점과 $(d, 0, 0)$인 점에 있다. 구형 도체를 제외한 공간의 전계를 구할 수 있도록 구형 도체를 영상전하로 대치할 때의 영상 점전하의 위치는?

① $\left(-\dfrac{a^2}{d}, 0, 0\right)$ ② $\left(+\dfrac{a^2}{d}, 0, 0\right)$

③ $\left(0, +\dfrac{a^2}{d}, 0\right)$ ④ $\left(+\dfrac{d^2}{4a}, 0, 0\right)$

해설 접지된 도체구와 점전하

영상전하는 점전하와 도체 중심축을 이은 직선상에 존재한다.

★★★★ 기사 97년 2회, 14년 2회 / 산업 06년 2회

70 반경이 0.01[m]인 구도체를 접지시키고 중심으로부터 0.1[m]의 거리에 10[μC]의 점전하를 놓았다. 구도체에 유도된 총 전하량은 몇 [μC]인가?

① 0 ② -1

③ -10 ④ $+10$

해설 접지된 도체구와 점전하

$$Q' = -\frac{a}{d}Q = -\frac{0.01}{0.1} \times 10 \times 10^{-6}$$

$$= -10^{-6}[\text{C}] = -1[\mu\text{C}]$$

정답 67 ③ 68 ③ 69 ② 70 ②

자주 출제되는
핵심이론

핵심이론은 처음에는 그냥 한 번 읽어주세요.
옆의 기출문제를 풀어본 후 다시 한 번 핵심이론을 읽으면서 암기하세요.

3 접지된 도체 평면과 선전하

① 영상전하 : $\lambda' = -\lambda$

② 선전하가 지표면으로부터 받는 힘(영상력, 쿨롱의 힘)

$$F = QE = \lambda l \times \frac{\lambda}{2\pi\varepsilon_0 r} = \frac{\lambda^2 l}{2\pi\varepsilon_0(2h)}[\text{N}]$$

$$= \frac{\lambda^2}{2\pi\varepsilon_0(2h)}[\text{N/m}]$$

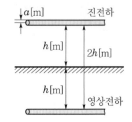

③ 임의의 $x[\text{m}]$ 점에서의 전계의 세기

$$E = \frac{\lambda}{2\pi\varepsilon_0 x} + \frac{\lambda}{2\pi\varepsilon_0(2h-x)}[\text{V/m}]$$

‖ 접지된 도체 평면과 선전하 ‖

④ 도체 표면에서의 전위

$$V = -\int_h^a E dx = -\frac{\lambda}{2\pi\varepsilon_0}\int_h^a \frac{1}{x} + \frac{1}{2h-x}\,dx = \frac{\lambda}{2\pi\varepsilon_0}\ln\frac{2h-a}{a}[\text{V}]$$

⑤ 도선과 대지 간의 정전용량

$$C = \frac{Q}{V} = \frac{\lambda l}{V} = \frac{2\pi\varepsilon_0 l}{\ln\dfrac{2h-a}{a}} \fallingdotseq \frac{2\pi\varepsilon_0 l}{\ln\dfrac{2h}{a}}[\text{F}] = \frac{2\pi\varepsilon_0}{\ln\dfrac{2h}{a}}[\text{F/m}]$$

4 유전체와 점전하 및 선전하

(1) 유전체와 점전하

① 영상전하 : $Q' = \dfrac{\varepsilon_1 - \varepsilon_2}{\varepsilon_1 + \varepsilon_2}Q[\text{C}]$

② 영상력 : $F = \dfrac{Q Q'}{4\pi\varepsilon_0(2d)^2} = -\dfrac{Q^2}{16\pi\varepsilon_0 d^2} \times \dfrac{\varepsilon_2 - \varepsilon_1}{\varepsilon_2 + \varepsilon_1}$

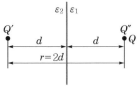

‖ 유전체와 점전하 ‖

$$= -\frac{Q^2}{16\pi\varepsilon_0 d^2} \times \frac{\varepsilon_r - 1}{\varepsilon_r + 1} = -\frac{9\times10^9}{4} \times \frac{Q^2(\varepsilon_r - 1)}{d^2(\varepsilon_r + 1)}$$

$$= -2.25\times10^9 \times \frac{Q^2(\varepsilon_r - 1)}{d^2(\varepsilon_r + 1)}[\text{N}]$$

여기서, $\varepsilon_1 = \varepsilon_0$, $\varepsilon_2 = \varepsilon_0 \cdot \varepsilon_r$

(2) 유전체와 선전하

① 영상선전하 : $\lambda' = \dfrac{\varepsilon_1 - \varepsilon_2}{\varepsilon_1 + \varepsilon_2}\lambda[\text{C/m}]$

② 영상력 : $F = \lambda E = \dfrac{\lambda \lambda'}{2\pi\varepsilon_1 2d} = \dfrac{\lambda^2}{4\pi\varepsilon_1 r} \cdot \dfrac{\varepsilon_1 - \varepsilon_2}{\varepsilon_1 + \varepsilon_2}[\text{N/m}]$

바로바로 풀어보는
기출문제

☑ 문제의 네모칸에 체크를 해보세요. 그 문제가 이해되지 않았다면
　✓ 표시를 해서 그 문제는 나중에 다시 풀어 완전하게 숙지하세요(★ : 중요도).

DAY 01
DAY 02
DAY 03
DAY 04
DAY 05
DAY 06
DAY 07
DAY 08
DAY 09
DAY 10

★★★ 기사 96년 6회, 99년 3회, 07년 3회, 14년 1회, 16년 1회 / 산업 14년 3회

71 대지면에 높이 h[m]로 평행하게 가설된 매우 긴 선전하가 지표면으로부터 받는 힘 F[N/m]는 h[m]와 어떤 관계에 있는가? (단, 선전하밀도는 λ[C/m]라 한다.)

① h^2에 비례한다.　② h^2에 반비례한다.
③ h에 비례한다.　　④ h에 반비례한다.

해설 접지된 도체 평면과 선전하

선전하가 지표면으로부터 받는 힘

$F = QE = \lambda l \times \dfrac{\lambda}{2\pi\varepsilon_0 r} = \dfrac{\lambda^2 l}{2\pi\varepsilon_0 (2h)}$[N]

$= \dfrac{\lambda^2}{4\pi\varepsilon_0 h}$[N/m]

★★★ 기사 95년 2회, 00년 2회, 12년 3회, 13년 3회, 14년 2회

72 지면에 평행으로 높이 h[m]에 가설된 반지름 a[m]인 직선도체가 있다. 대지정전용량은 몇 [F/m]인가? (단, $h \gg a$이다.)

① $\dfrac{4\pi\varepsilon_0}{\ln\dfrac{2h}{a}}$　② $\dfrac{2\pi\varepsilon_0}{\ln\dfrac{2h}{a}}$

③ $\dfrac{4\pi\varepsilon_0}{\ln\dfrac{a}{2h}}$　④ $\dfrac{2\pi\varepsilon_0}{\ln\dfrac{a}{2h}}$

해설 쉽게 암기하는 방법

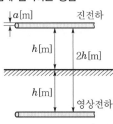

㉠ 선전하의 전계의 세기 $E = \dfrac{\lambda}{2\pi\varepsilon_0 r}$[V/m]이 된다.

㉡ 대지면과 선전하 사이에는 대지를 중심으로 대칭점에 영상선전하가 나타난다. 따라서 선전하와 영상선전하 사이의 전위차는 다음과 같다.

㉢ $V = -\displaystyle\int_{2h}^{a} E \, dr = -\int_{2h}^{a} \dfrac{\lambda}{2\pi\varepsilon_0 r} \, dr$

여기서, $\displaystyle\int \dfrac{1}{r} dr = \ln r$이 되고 전기자기학에서

자연로그가 나오면 $\ln\dfrac{\text{큰 거리}}{\text{작은 거리}}$로 적용하면 된다.

$\therefore \ V = -\dfrac{\lambda}{2\pi\varepsilon_0}\displaystyle\int_{2h}^{a} \dfrac{1}{r} dr$

$= \dfrac{\lambda}{2\pi\varepsilon_0}\ln\dfrac{2h}{a}$[V]

즉 전위차를 구할 때에는 전계의 세기 공식에서 $\dfrac{1}{r}$만 $\ln\dfrac{2h}{a}$로만 변경하면 된다.

㉣ 선전하와 영상선전하 사이의 정전용량(대지정전용량)

$C = \dfrac{\lambda}{V} = \dfrac{2\pi\varepsilon_0}{\ln\dfrac{2h}{a}}$[F/m]

★ 기사 08년 1회

73 유전율 ε_1, ε_2[F/m]인 두 유전체가 나란히 접하고 있고, 이 경계면에 나란히 유전체 ε_1 내에 거리 r[m]인 위치에 선전하밀도 λ[C/m]인 선상 전하가 있을 때, 이 선전하와 유전체 ε_2 간의 단위길이당 작용력은 몇 [N/m]인가?

① $\dfrac{\lambda^2}{16\pi\varepsilon_1 r} \cdot \dfrac{\varepsilon_1 - \varepsilon_2}{\varepsilon_1 + \varepsilon_2}$

② $\dfrac{\lambda^2}{16\pi\varepsilon_2 r} \cdot \dfrac{\varepsilon_1 - \varepsilon_2}{\varepsilon_1 + \varepsilon_2}$

③ $\dfrac{\lambda^2}{4\pi\varepsilon_1 r} \cdot \dfrac{\varepsilon_1 - \varepsilon_2}{\varepsilon_1 + \varepsilon_2}$

④ $\dfrac{\lambda^2}{4\pi\varepsilon_2 r} \cdot \dfrac{\varepsilon_1 - \varepsilon_2}{\varepsilon_1 + \varepsilon_2}$

해설 유전체와 선전하

㉠ 영상선전하 : $\lambda' = \dfrac{\varepsilon_1 - \varepsilon_2}{\varepsilon_1 + \varepsilon_2}\lambda$

㉡ 영상력 : $f = \lambda \cdot E = \dfrac{\lambda\lambda'}{2\pi\varepsilon_1 2d}$

$= \dfrac{\lambda^2}{4\pi\varepsilon_1 r} \cdot \dfrac{\varepsilon_1 - \varepsilon_2}{\varepsilon_1 + \varepsilon_2}$[N/m]

Comment

유전체와 점전하 및 선전하는 출제빈도가 낮으므로 참고만 하길 바란다.

정답 71 ④　72 ②　73 ③

제6장 | 전 류

1 전류와 전기저항

① 전류의 정의 : $I = \dfrac{dq}{dt} = \rho \dfrac{dV}{dt} = \rho \dfrac{dx}{dt} S = \rho v S = n e v S[\text{A}]$

여기서, q : 전하, ρ : 체적전하밀도, V : 체적, S : 단면적, v : 전하의 운동속도,
n : 단위체적당 전자의 개수[개]
$e = -1.602 \times 10^{-19}$: 전자 1개의 전하량[C] $\rightarrow \rho = ne[\text{C/m}^3]$

② 전기저항 : $R = \rho \dfrac{l}{S} = \dfrac{l}{kS} = \dfrac{l}{\sigma S}[\Omega]$

여기서, ρ : 고유저항, $k = \sigma$: 도전율, l : 도체의 길이, S : 도체의 단면적

③ 옴의 법칙 : $I = \dfrac{V}{R} = \dfrac{lE}{\dfrac{l}{kS}} = kES[\text{V/}\Omega = \text{A}]$

여기서, E : 전계의 세기

④ 옴의 법칙의 미분형(전류밀도) : $J = i = \dfrac{dI}{dS} = kE[\text{A/m}^2]$

⑤ 전류의 연속성 : $\nabla \cdot J = 0$(도체 내에 정상전류가 흐르는 경우에 전류의 새로운 발생
이나 소멸이 없는 연속이라는 것을 의미함)

2 저항과 정전용량($RC = \rho \varepsilon$의 관계를 갖음)

구 분		정전용량	접지 또는 절연저항
반구 도체	대지 전극 $a[\text{m}]$ ρ E	$C = 2\pi \varepsilon a[\text{F}]$	접지저항 : $R = \dfrac{\varepsilon \rho}{C} = \dfrac{\rho}{2\pi a}[\Omega]$
동심 도체구	b c a R C	$C = \dfrac{4\pi \varepsilon ab}{b-a}[\text{F}]$	절연저항 : $R = \dfrac{\varepsilon \rho}{C} = \dfrac{\rho(b-a)}{4\pi ab}$ $= \dfrac{b-a}{4\pi k\, ab}[\Omega]$
동축 케이블	b a R C	$C = \dfrac{2\pi \varepsilon}{\ln \dfrac{b}{a}}[\text{F/m}]$ $= \dfrac{2\pi \varepsilon l}{\ln \dfrac{b}{a}}[\text{F}]$	절연저항 : $R = \dfrac{\varepsilon \rho}{C} = \dfrac{\rho}{2\pi} \ln \dfrac{b}{a}$ $= \dfrac{1}{2\pi k} \ln \dfrac{b}{a}[\Omega/\text{m}]$ $= \dfrac{1}{2\pi kl} \ln \dfrac{b}{a}[\Omega]$
평행 왕복 도체	R I I_g d V	$C = \dfrac{\varepsilon S}{d}[\text{F}]$	① 절연저항 : $R = \dfrac{\varepsilon \rho}{C} = \rho \dfrac{d}{S}[\Omega]$ ② 누설전류 : $I_g = \dfrac{V}{R} = \dfrac{CV}{\varepsilon \rho}[\text{A}]$ ③ 발열량 : $H = 0.24 I_g^2 Rt[\text{cal}]$

✓ 문제의 네모칸에 체크를 해보세요. 그 문제가 이해되지 않았다면
✓ 표시를 해서 그 문제는 나중에 다시 풀어 완전하게 숙지하세요(★ : 중요도).

DAY 01
DAY 02
DAY 03
DAY 04
DAY 05
DAY 06
DAY 07
DAY 08
DAY 09
DAY 10

★★ 기사 08년 2회

74 길이가 1[cm], 지름이 5[mm]인 동선에 1[A]의 전류를 흘렸을 때 전자가 동선을 흐르는 데 걸린 평균시간은 대략 얼마인가? (단, 동선에서의 전자의 밀도는 1×10^{28}[개/m³]라고 한다.)

① 3초
② 31초
③ 314초
④ 3147초

해설

㉠ 도체의 체적

$$v = Sl = \pi r^2 l = \pi \left(\frac{D}{2}\right)^2 l = \frac{\pi D^2 l}{4}$$

$$= \frac{\pi \times (5 \times 10^{-3})^2 \times 10^{-2}}{4}$$

$$= 19.6 \times 10^{-8} [\text{m}^3]$$

㉡ 총 전하량 : $Q = nev[\text{C}]$

여기서, $e = -1.602 \times 10^{-19}[\text{C}]$

㉢ 전류 $I = \dfrac{Q}{t}$[A]에서 동선을 흐르는 데 걸린 평균시간

$t = \dfrac{Q}{I}$[s]이므로

$$\therefore \ t = \frac{Q}{I} = \frac{nev}{I}$$

$$= \frac{10^{28} \times 1.602 \times 10^{-19} \times 19.6 \times 10^{-8}}{1}$$

$$\fallingdotseq 314[\text{s}]$$

★★★ 기사 94년 6회, 99년 3회, 01년 3회, 08년 1회

75 k는 도전도, ρ는 고유저항, E는 전계의 세기 i는 전류밀도일 때 옴의 법칙은?

① $i = kE$
② $i = \dfrac{E}{k}$
③ $i = \rho E$
④ $i = \rho k E$

해설

㉠ 옴의 법칙 : $I = \dfrac{V}{R} = \dfrac{lE}{\dfrac{l}{kS}} = kES[\text{A}]$

㉡ 옴의 법칙의 미분형(전류밀도)

$$i = \frac{dI}{dS} = kE[\text{A/m}^2]$$

Comment

$I = kES$[A]를 전도전류라 한다.

★★ 기사 02년 1회

76 대지의 고유저항이 $\pi[\Omega \cdot \text{m}]$일 때 반지름 2[m]인 반구형 접지극의 접지저항은 몇 [Ω]인가?

① 0.25
② 0.5
③ 0.75
④ 0.95

해설

반구형 접지극의 접지저항

$$R = \frac{\rho \varepsilon}{C} = \frac{\rho}{2\pi a} = \frac{\pi}{2\pi \times 2} = 0.25[\Omega]$$

★★★ 기사 11년 2회

77 내반경 a[m], 외반경 b[m]인 동축 케이블에서 극 간 매질의 도전율이 σ[S/m]일 때 단위길이당 이 동축 케이블의 컨덕턴스 [S/m]는?

① $\dfrac{4\pi\sigma}{\ln\dfrac{b}{a}}$
② $\dfrac{2\pi\sigma}{\ln\dfrac{b}{a}}$
③ $\dfrac{\pi\sigma}{\ln\dfrac{b}{a}}$
④ $\dfrac{6\pi\sigma}{\ln\dfrac{b}{a}}$

해설

동축 케이블의 컨덕턴스

$$G = \frac{1}{R} = \frac{2\pi\sigma}{\ln\dfrac{b}{a}} [\mho/\text{m} = \text{S/m}]$$

★★★ 기사 91년 2회, 99년 3회, 03년 3회, 04년 1회, 12년 1 · 2회 / 산업 99년 6회

78 비유전율 $\varepsilon_s = 2.2$, 고유저항 $\rho = 10^{11}[\Omega \cdot \text{m}]$인 유전체를 넣은 콘덴서의 용량이 20[$\mu$F]이었다. 여기에 500[kV]의 전압을 가하였을 때 누설전류는 몇 [A]인가?

① 4.2
② 5.1
③ 54.5
④ 61.0

해설

$$I_g = \frac{V}{R} = \frac{CV}{\rho\varepsilon}$$

$$= \frac{20 \times 10^{-6} \times 500 \times 10^3}{10^{11} \times 2.2 \times 8.855 \times 10^{-12}} \fallingdotseq 5.13[\text{A}]$$

정답 74 ③ 75 ① 76 ① 77 ② 78 ②

자주 출제되는
핵심이론

핵심이론은 처음에는 그냥 한 번 읽어주세요.
옆의 기출문제를 풀어본 후 다시 한 번 핵심이론을 읽으면서 암기하세요.

제7장 | 진공 중의 정자계

1 점자하 관련 식(제2장과 동일한 개념)

(a) 흡인력 발생   (b) 반발력 발생

① 자하(magnetic charge) : 자극의 강도로서 자기량, 자극, 자극의 세기라 부르며, 기호는 m을 사용하고, 단위는 웨버[Wb]를 사용한다.

② 두 자하 사이의 작용력 : $F = \dfrac{m_1 m_2}{4\pi\mu_0 r^2} = 6.33 \times 10^4 \times \dfrac{m_1 m_2}{r^2}$ [N]

  ㉠ 투자율 : $\mu = \mu_0 \times \mu_s$ [H/m]
  ㉡ 진공의 비투자율 : $\mu_s = 1$
  ㉢ 진공 중의 투자율 : $\mu_0 = 4\pi \times 10^{-7}$ [H/m, 헨리 퍼 미터]

③ 점자하의 자계의 세기 : $H = \dfrac{m}{4\pi\mu_0 r^2} = 6.33 \times 10^4 \times \dfrac{m}{r^2}$ [AT/m]

④ 점자하의 자위 : $U = \dfrac{m}{4\pi\mu_0 r} = 6.33 \times 10^4 \times \dfrac{m}{r}$ [A, AT, 암페어턴]

⑤ 자속밀도 : $B = \dfrac{\phi}{S} = \dfrac{m}{S} = \dfrac{m}{4\pi r^2}$ [Wb/m², 웨버 퍼 미터자승]

⑥ 자계와의 관계 식 : $F = mH$[N], $B = \mu_0 H$, $U = rH$

⑦ 자위와 자위경도 : $U = -\displaystyle\int_{\infty}^{P} H \cdot dl$, $H = -\operatorname{grad} U = -\nabla U$

2 가우스의 법칙(제2장과 동일한 개념)

① 자기력선의 총 수 : $N = \dfrac{m}{\mu_0}$ [개]

② 자속선의 총 수 : $N = m$ [개]

3 자계의 발산(div$B = 0$)

자극은 N과 S극이 함께 존재하므로 자속밀도는 발산하지 않고 회전한다.

Comment

전기학에서 가우스 법칙을 발산의 정리로 적용하여 div$D = \rho$를 만들었으나 자기학에서는 발산의 정리를 적용할 수 없다(자계를 발산시키면 무조건 0이 됨).

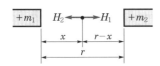

바로바로 풀어보는
기출문제

문제의 네모칸에 체크를 해보세요. 그 문제가 이해되지 않았다면
✓ 표시를 해서 그 문제는 나중에 다시 풀어 완전하게 숙지하세요(★ : 중요도).

★★ 기사 92년 2회, 99년 6회, 01년 1·3회

79 거리 r[m]를 두고 m_1, m_2[Wb]인 같은 부호의 자극이 놓여 있다. 두 자극을 잇는 선상의 어느 일점에서 자계의 세기가 0인 점은 m_1[Wb]에서 몇 [m] 떨어져 있는가?

① $\dfrac{m_1 r}{m_1 + m_2}$ ② $\dfrac{r\sqrt{m_1}}{\sqrt{m_1 + m_2}}$

③ $\dfrac{r\sqrt{m_1}}{\sqrt{m_1} + \sqrt{m_2}}$ ④ $\dfrac{r\sqrt{m_2}}{\sqrt{m_1} + \sqrt{m_2}}$

해설

㉠ 다음 그림과 같이 $H_1 = H_2$인 점에서 $H = 0$이 된다.

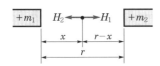

㉡ $H_1 = H_2 \rightarrow \dfrac{m_1}{4\pi\mu_0 x^2} = \dfrac{m_2}{4\pi\mu_0 (r-x)^2}$ 에서 양변을 제곱근을 취해 정리하면

㉢ $\dfrac{\sqrt{m_1}}{\sqrt{x^2}} = \dfrac{\sqrt{m_2}}{\sqrt{(r-x)^2}}$ 에서 $\dfrac{\sqrt{m_1}}{x} = \dfrac{\sqrt{m_2}}{r-x}$ 이 되므로

∴ $x = \dfrac{r\sqrt{m_1}}{\sqrt{m_1} + \sqrt{m_2}}$ [m]

Comment

제2장과 제7장의 공식은 대부분 비슷한 형태를 지니고 있다. 차이가 있다면 전하 Q대신 자하 m을, 그리고 유전율 ε_0대신 투자율 μ_0로 바뀌는 정도로 정리할 수 있다.

★★★ 산업 94년 2회

80 자계의 세기를 표시하는 단위와 관계 없는 것은?

① [A/m] ② [N/Wb]

③ [Wb/H] ④ [Wb/H·m]

해설

㉠ $F = mH \rightarrow H = \dfrac{F}{m}$ [N/Wb]

㉡ $U = rH \rightarrow H = \dfrac{U}{r}$ [A/m] 또는 [AT/m]

㉢ $B = \mu_0 H \rightarrow H = \dfrac{B}{\mu_0}$ $\left[\dfrac{\frac{\text{Wb}}{\text{m}^2}}{\frac{\text{H}}{\text{m}}} = \text{Wb/H·m} \right]$

Comment

$F = mH$, $B = \mu_0 H$는 자기학이 끝날 때까지 사용되니 반드시 암기하길 바란다.

★★★★★ 기사 90년 6회, 96년 4회, 06년 1회 / 산업 95년 2회

81 자속의 연속성을 나타낸 식은?

① $\text{div } B = \rho$ ② $\text{div } B = 0$

③ $B = \mu H$ ④ $\text{div } B = \mu H$

해설 자계의 비발산성

자극은 항상 N, S극이 쌍으로 존재하여 자력선이 N극에서 나와서 S극으로 들어간다. 즉, 자계는 발산하지 않고 회전한다. ∴ $\text{div } B = 0$ $(\nabla \cdot B = 0)$

Comment

$\text{div } B = 0$과 제2장에서 $\text{div } D = \rho$는 제12장 맥스웰 방정식에서 다시 사용한다.

★★ 기사 12년 1회

82 등자위면의 설명으로 잘못된 것은?

① 등자위면은 자력선과 직교한다.

② 자계 중에서 같은 자위의 점으로 이루어진 면이다.

③ 자계 중에 있는 물체의 표면은 항상 등자위면이다.

④ 서로 다른 등자위면은 교차하지 않는다.

해설 등자위면의 특징

㉠ 자력선은 양자하에서 방사되어 음자하로 흡수된다.
㉡ 자력선상의 어느 점에서 접선방향은 그 점의 자계 방향을 나타낸다.
㉢ 자력선은 서로 반발한다.
㉣ 자하 m[Wb]은 $\dfrac{m}{\mu_0}$ 개의 자력선을 진공 속에서 발산한다.
㉤ 자력선은 등자위면과 직교한다.

정답 79 ③ 80 ③ 81 ② 82 ③

DAY 01 / DAY 02 / DAY 03 / DAY 04 / DAY 05 / DAY 06 / DAY 07 / DAY 08 / DAY 09 / DAY 10

핵심이론은 처음에는 그냥 한 번 읽어주세요.
옆의 기출문제를 풀어본 후 다시 한 번 핵심이론을 읽으면서 암기하세요.

◢ 자기 쌍극자(= 막대자석)

① 자기 쌍극자 모멘트= 막대자석의 세기 : $M= m \cdot l\,[\text{Wb} \cdot \text{m}]$

② 자기 쌍극자의 자위 : $U= \dfrac{M\cos \theta}{4\pi\mu_0 r^2}$

$$= 6.33 \times 10^4 \times \frac{M\cos \theta}{r^2}\,[\text{A}]$$

③ 자기 쌍극자의 자계의 세기

㉠ $\vec{H}= \dfrac{M}{4\pi\mu_0 r^3}\,(\vec{a}_r\, 2\cos \theta + \vec{a}_\theta \sin \theta)$

㉡ $|\vec{H}|= \dfrac{M}{4\pi\mu_0 r^3}\,\sqrt{1+3\cos^2 \theta}\,[\text{V/m}]$

㉢ $\theta =0$일 때 최대, $\theta =90°$일 때 최소

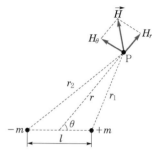

┃ 자기 쌍극자 ┃

⑤ 자기 이중층 = 판자석 = 원형 코일(선전류)

① 이중층 모멘트= 판자석의 세기 : $P= \sigma \cdot l = \mu_0\, I$

② 자기 이중층의 자위 : $U= \dfrac{P\omega}{4\pi\mu_0}$

$$= \frac{\omega I}{4\pi}$$

$$= \frac{I}{2}\,(1-\cos \theta)$$

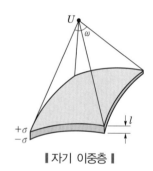

┃ 자기 이중층 ┃

⑥ 자계에 의한 회전력(막대자석의 회전력)

① 막대자석의 회전력
$$\vec{T} = \vec{M} \times \vec{H} = MH\sin \theta = mlH\sin \theta\,[\text{N} \cdot \text{m}]$$

② 회전시키는 데 필요한 에너지

$$W= \int Td\theta = \int_0^\theta MH\sin \theta\, d\theta = -\,MH\,|\cos \theta|_0^\theta$$

$$= -\,MH\,(\cos\theta - 1)= MH\,(1-\cos \theta)\,[\text{J}]$$

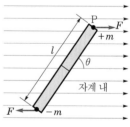

┃ 막대자석의 회전력 ┃

참고 외적 공식

$$\vec{A}\times \vec{B}= |\vec{A}\,||\vec{B}\,|\sin\theta = AB\sin\theta$$

문제의 네모칸에 체크를 해보세요. 그 문제가 이해되지 않았다면
✓ 표시를 해서 그 문제는 나중에 다시 풀어 완전하게 숙지하세요(★ : 중요도).

DAY 01
DAY 02
DAY 03
DAY 04
DAY 05
DAY 06
DAY 07
DAY 08
DAY 09
DAY 10

★★★★ 기사 09년 1회 / 산업 06년 2회

83 자기 쌍극자의 자위에 관한 설명 중 맞는 것은?

① 쌍극자의 자기 모멘트에 반비례한다.
② 거리제곱에 반비례한다.
③ 자기 쌍극자의 축과 이루는 각도 θ의 $\sin\theta$에 비례한다.
④ 자위의 단위는 [Wb/J]이다.

📝 해설

자기 쌍극자의 자위 $U = \dfrac{M\cos\theta}{4\pi\mu_0 r^2} \propto \dfrac{1}{r^2}$[A]

∴ 자기 모멘트 M과 $\cos\theta$에 비례한다.

★★★★ 기사 08년 2회, 15년 2회 / 산업 00년 2회, 03년 2회, 04년 2회, 05년 3회, 07년 1회

84 자극의 세기가 8×10^{-6}[Wb], 길이가 3[cm]인 막대자석을 120[A/m]의 평등 자계 내에 자력선과 30°의 각도로 놓으면 이 막대자석이 받는 회전력은 몇 [N·m]인가?

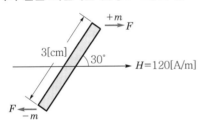

① 1.44×10^{-4}
② 1.44×10^{-5}
③ 3.02×10^{-4}
④ 3.02×10^{-5}

📝 해설

막대자석이 받는 회전력

$T = 8\times10^{-6}\times0.03\times120\times\sin30°$
$= 1.44\times10^{-5}$[N·m]

👨‍🏫 Comment

제7장에서 가장 출제빈도가 높은 문제가 막대자석의 회전력이다. 핵심이론에 있는 회전력과 회전 시 필요한 에너지 공식을 반드시 기억하자.

★★★★ 기사 94년 2회, 95년 6회, 00년 2회, 06년 1회, 08년 1회, 12년 3회, 16년 2회

85 자기 모멘트 9.8×10^{-5}[Wb·m]의 막대자석을 지구 자계의 수평분력 12.5[AT/m]의 곳에서 지자기 자오면으로부터 90° 회전시키는 데 필요한 일은 몇 [J]인가?

① 9.3×10^{-3}
② 9.3×10^{-5}
③ 1.03×10^{-4}
④ 1.23×10^{-3}

📝 해설

회전시키는 데 필요한 에너지

$W = MH(1-\cos\theta)$
$= 9.8\times10^{-5}\times12.5(1-\cos90°)$
$≒ 1.23\times10^{-3}$[J]

👨‍🏫 Comment

기존 기출문제를 보면 회전 시 필요한 에너지 문제에서 회전각은 전부 90°만 출제되었다. 이 조건의 경우에는 다음과 같이 공식을 적용할 수 있다.

$W = MH(1-\cos90°) = MH$[J]

📒 참고 **외적 계산**

(1) 다음 두 벡터의 외적을 구하여라.

$\vec{A} = a_1 i + a_2 j + a_3 k, \ \vec{B} = b_1 i + b_2 j + b_3 k$

[풀이]

$\vec{A}\times\vec{B} = \begin{vmatrix} i & j & k \\ a_1 & a_2 & a_3 \\ b_1 & b_2 & b_3 \end{vmatrix}$

$= i\begin{vmatrix} a_2 & a_3 \\ b_2 & b_3 \end{vmatrix} - j\begin{vmatrix} a_1 & a_3 \\ b_1 & b_3 \end{vmatrix} + k\begin{vmatrix} a_1 & a_2 \\ b_1 & b_2 \end{vmatrix}$

$= i(a_2 b_3 - a_3 b_2) - j(a_1 b_3 - a_3 b_1) + k(a_1 b_2 - a_2 b_1)$

(2) 다음 벡터의 회전을 구하여라.

$\vec{A} = a_1 i + a_2 j + a_3 k$

[풀이]

$\text{rot} \ \vec{A} = \text{curl} \ \vec{A} = \nabla\times\vec{A}$

$= \left(\dfrac{\partial}{\partial x}i + \dfrac{\partial}{\partial y}j + \dfrac{\partial}{\partial z}k\right)\times(a_x i + a_y j + a_z k)$

$= \begin{vmatrix} i & j & k \\ \dfrac{\partial}{\partial x} & \dfrac{\partial}{\partial y} & \dfrac{\partial}{\partial z} \\ a_x & a_y & a_z \end{vmatrix}$

$= i\left(\dfrac{\partial a_z}{\partial y} - \dfrac{\partial a_y}{\partial z}\right) - j\left(\dfrac{\partial a_z}{\partial x} - \dfrac{\partial a_x}{\partial z}\right)$
$+ k\left(\dfrac{\partial a_y}{\partial x} - \dfrac{\partial a_x}{\partial y}\right)$

정답 **83** ② **84** ② **85** ④

자주 출제되는
핵심이론

핵심이론은 처음에는 그냥 한 번 읽어주세요.
옆의 기출문제를 풀어본 후 다시 한 번 핵심이론을 읽으면서 암기하세요.

제8장 | 전류의 자기현상

1 앙페르의 법칙

(1) 오른나사법칙

① 전류와 자기장의 관계에서 자기장의 방향은 나사의 진행방향과 일치한다.
② 나사가 들어가고 나오는 모양을 이용하여 전류 및 자기장이 들어가는 방향인 경우에는 $\otimes$ 심벌을 사용하고, 나오는 방향은 $\odot$ 심벌을 사용한다.

(2) 앙페르의 주회적분법칙

① 한 폐곡선에 대한 H (자계의 세기)의 선적분이 이 폐곡선으로 둘러싸이는 전류와 같음을 정의한 것을 앙페르의 주회적분이라 한다.

② 주회적분 : $\oint_c Hdl = NI \rightarrow \therefore$ 자계의 세기 : $H = \dfrac{NI}{l}$ [AT/m]

여기서, N : 권선 수, I : 전류, l : 자계의 경로길이, $i = J$: 전류밀도[A/m^2]

③ 앙페르의 주회적분의 미분형

$\oint_c Hdl = I = \displaystyle\int_s ids$ 에서 좌항에 스토크스의 정리를 사용하여 정리하면

$\displaystyle\int_s \text{rot} Hds = \int_s ids$ 에서 $\therefore \text{rot} H = i \ (\nabla \times H = i)$

(3) 무한장 직선 도체

① 외부자계의 세기 : $H_e = \dfrac{NI}{l} = \dfrac{I}{2\pi x}$ [AT/m] $\begin{pmatrix} N=1 \\ l = 2\pi x \end{pmatrix}$

② 표면자계의 세기 : $H_s = \dfrac{I}{2\pi a}$ [AT/m]

③ 도체 내부에서의 자계의 세기 H_i

㉠ 전류가 도체 표면으로만 흐를 경우(표피효과) : $H_i = 0$

㉡ 전류가 도체 내부에 균일하게 흐를 경우 : $H_i = \dfrac{rI}{2\pi a^2}$ [AT/m]

여기서, r : 도체 내부 임의의 거리, I : 전류, a : 도체의 반경

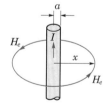

▌무한장 직선 도체▐

바로바로 풀어보는
기출문제

문제의 네모칸에 체크를 해보세요. 그 문제가 이해되지 않았다면
✓표시를 해서 그 문제는 나중에 다시 풀어 완전하게 숙지하세요(★ : 중요도).

DAY 01 / DAY 02 / DAY 03 / DAY 04 / DAY 05 / DAY 06 / DAY 07 / DAY 08 / DAY 09 / DAY 10

★★★★★ 기사 92년 6회, 00년 6회, 02년 1회, 05년 1회, 14년 1회 / 산업 96년 6회, 04년 3회

86 무한히 긴 직선 도체에 전류 I[A]를 흘릴 때 이 전류로부터 d[m] 되는 점의 자속밀도는 몇 [Wb/m²]인가?

① $\dfrac{\mu_0 I}{4\pi d}$ ② $\dfrac{\mu_0 I}{2\pi d}$

③ $\dfrac{I}{2\pi d}$ ④ $\dfrac{I}{2\pi \mu_0 d}$

해설

무한장 직선 전류에 의한 자계의 세기는

$H = \dfrac{I}{2\pi d}$[AT/m]이므로

∴ 자속밀도 $B = \mu_0 H = \dfrac{\mu_0 I}{2\pi d}$[Wb/m²]

Comment

$\mu_0 = 4\pi \times 10^{-7}$[H/m]이므로 $B = \dfrac{\mu_0 I}{2\pi d} = \dfrac{2I}{d} \times 10^{-7}$[Wb/m²]

★ 기사 98년 2회, 12년 1회

87 자유공간 중에서 $x = -2$, $y = 4$를 통과하고 z축과 평행인 무한장 직선 도체에 $+z$축 방향으로 직류 전류 I가 흐를 때 P (2, 4, 0)에서의 자계 H[AT/m]는 어떻게 표현되는가?

① $\dfrac{I}{4\pi} a_y$ ② $-\dfrac{I}{4\pi} a_y$

③ $-\dfrac{I}{8\pi} a_y$ ④ $\dfrac{I}{8\pi} a_y$

해설

㉠ 그림과 같이 P점에서 받아지는 자계의 세기는 y 축 방향이 된다.

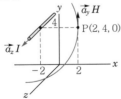

㉡ 도체 중심에서 P점까지의 거리가 $r = 4$[m]가 되므로

∴ 자계의 세기 : $H = \dfrac{I}{2\pi r} = \dfrac{I}{8\pi}$[A/m]

★★★ 기사 14년 3회 / 산업 06년 3회

88 반지름이 a인 무한히 긴 원통상의 도체에 전류 I가 균일하게 흐를 때 도체 내외에 발생하는 자계의 모양은? (단, 전류는 도체의 중심축에 대하여 대칭이고, 그 전류밀도는 중심에서의 거리 r의 함수로 주어진다고 한다.)

해설

㉠ 내부 자계는 $H_i = \dfrac{rI}{2\pi a^2}$이므로 거리 r이 커질수록 H_i는 증가한다.

㉡ 외부 자계는 $H_e = \dfrac{I}{2\pi r}$이므로 거리 r이 커질수록 H_e는 감소하게 된다.

Comment

전류가 도체 표면으로만 흐르게 되면 도체 내부 자계의 세기 $H_i = 0$이 되므로 이때에는 ①이 정답이 된다.

★ 기사 94년 4회, 01년 3회, 04년 1회, 15년 1회

89 자계의 세기 $H = xy a_y - xz a_z$[A/m]일 때 점 (2, 3, 5)에서 전류밀도 J[A/m²]는?

① $5a_x + 3a_y$ ② $3a_x + 5a_y$

③ $5a_y + 2a_z$ ④ $5a_y + 3a_z$

해설

$J = \mathrm{rot}\, H = \nabla \times H = \begin{vmatrix} a_x & a_y & a_z \\ \dfrac{\partial}{\partial x} & \dfrac{\partial}{\partial y} & \dfrac{\partial}{\partial z} \\ 0 & xy & -xz \end{vmatrix}$

$= z\, a_y + y\, a_z$[A/m²]

여기서, $x = 2$, $y = 3$, $z = 5$를 대입하면

∴ $J = 5\, a_y + 3\, a_z$[A/m²]

정답 86 ② 87 ④ 88 ③ 89 ④

학습목표
• 앙페르의 법칙과 비오–사바르의 법칙을 이해하여 자계의 세기를 구할 수 있다.
• 자계 내의 작용력을 이해하여 로렌츠의 힘을 구할 수 있다.
• 자성체와 자기회로, 전자유도법칙에 대해서 이해할 수 있다.

출제율 30%

(4) 솔레노이드(solenoid) 내부(코일 중심) 자계의 세기

유한장 솔레노이드	무한장 솔레노이드	환상 솔레노이드
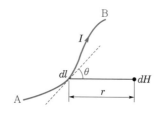	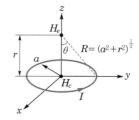	
$H_i = \dfrac{NI}{l}$ [AT/m]	$H_i = \dfrac{NI}{l} = n_0 I$ [AT/m]	$H_i = \dfrac{NI}{l} = \dfrac{NI}{2\pi r}$ [AT/m]

① 무한장 솔레노이드란 외부 자계(H_e)가 0이 되어 솔레노이드 내부 자계(H_i)가 평등 자계를 이룰 때의 솔레노이드를 말한다.

② 무한장 솔레노이드는 권선수와 길이가 모두 ∞이므로 단위길이당 권선수(n_0)의 개념을 사용한다. 기본적으로는 유한장 솔레노이드 공식과 같다.

③ 평등 자계를 얻는 조건 : 단면적에 비하여 길이(l)를 충분히 길게 한다.

④ 환상 솔레노이드를 무단(無斷) 솔레노이드 또는 트로이드라고도 하며, 환상 솔레노이드의 외부 공간에도 자계는 존재하지 않는다(자계의 경로길이 : $l = 2\pi r$).

2 비오–사바르(Biot–Savart)의 법칙

(1) 실험 식

(a) 비오–사바르의 법칙   (b) 원형 코일

① 앙페르의 주회적분은 대칭적 도체에 적용되고, 비대칭 구조에는 적용이 되지 않는다. 따라서 비대칭 구조를 해석하기 위해서는 비오–사바르의 법칙을 이용한다.

② 비오–사바르의 실험 식 : $dH = \dfrac{I\,dl\sin\theta}{4\pi r^2}$ [AT/m]

(2) 원형 선전류(원형 코일)

① 원형 코일 외부 자계의 세기 : $H_e = \dfrac{a^2 I}{2R^3} = \dfrac{a^2 I}{2\left(a^2 + r^2\right)^{\frac{3}{2}}}$ [AT/m]

② 원형 코일 중심($r = 0$) 자계의 세기 : $H_c = \lim_{r \to 0} H_e = \dfrac{I}{2a}$ [AT/m]

문제의 네모칸에 체크를 해보세요. 그 문제가 이해되지 않았다면
✓ 표시를 해서 그 문제는 나중에 다시 풀어 완전하게 숙지하세요(★ : 중요도).

DAY 01
DAY 02
DAY 03
DAY 04
DAY 05
DAY 06
DAY 07
DAY 08
DAY 09
DAY 10

★★★★★ 기사 94년 6회, 95년 4회, 04년 1회, 08년 2회, 09년 3회, 12년 3회, 14년 2회

90 다음 중 무한 솔레노이드에 전류가 흐를 때에 대한 설명으로 가장 알맞은 것은?

① 내부 자계는 위치에 상관없이 일정하다.
② 내부 자계와 외부 자계는 그 값이 같다.
③ 외부 자계는 솔레노이드 근처에서 멀어질수록 그 값이 작아진다.
④ 내부 자계의 크기는 0이다.

해설 솔레노이드의 특징

㉠ 솔레노이드 내부 자계는 없다.
㉡ 솔레노이드의 외부 자계는 평등 자계이다.

★★★★ 기사 11년 1·2회 / 산업 09년 1회

91 철심을 넣은 환상 솔레노이드의 평균 반지름은 20[cm]이다. 코일에 10[A]의 전류를 흘려 내부 자계의 세기를 2000[AT/m]로 하기 위한 코일의 권수는 약 몇 회인가?

① 200　　　　② 250
③ 300　　　　④ 350

해설

㉠ 환상 솔레노이드 : $H = \dfrac{NI}{2\pi r}$[AT/m]

㉡ $N = \dfrac{2\pi r H}{I} = \dfrac{2\pi \times 0.2 \times 2000}{10} = 251.3$[T]

∴ 권선수는 약 250회이다.

★★★★ 기사 98년 2회, 11년 3회 / 산업 96년 1회, 01년 3회, 04년 1회, 05년 2회, 08년 2회

92 반지름이 2[m], 권수가 100회인 원형 코일의 중심에 30[AT/m]의 자계를 발생시키려면 몇 [A]의 전류를 흘려야 하는가?

① 1.2[A]　　　② 1.5[A]
③ $\dfrac{150}{\pi}$[A]　　　④ 150[A]

해설

원형 코일 중심의 자계 $H = \dfrac{NI}{2a}$에서

∴ $I = \dfrac{2aH}{N} = \dfrac{2 \times 2 \times 30}{100} = 1.2$[A]

★★ 기사 90년 2회, 96년 4회, 13년 3회

93 반지름 a[m]인 반원형 전류 I[A]에 의한 중심에서의 자계의 세기는 몇 [AT/m]인가?

① $\dfrac{I}{4a}$　　　　② $\dfrac{I}{a}$
③ $\dfrac{I}{2a}$　　　　④ $\dfrac{2I}{a}$

해설

원형 코일 중심의 자계 $H = \dfrac{I}{2a}$에서

∴ 반원형인 경우 $H = \dfrac{I}{2a} \times \dfrac{1}{2}$

$= \dfrac{I}{4a}$[AT/m]

★★ 기사 95년 4회, 10년 3회

94 반경이 a[m]이고, $\pm z$에 원형 선로 루프들이 놓여 있다. 그림과 같은 방향으로 전류 I[A]가 흐를 때 원점의 자계의 세기 H[A/m]를 구하면? (단, $\overrightarrow{a_z}$, $\overrightarrow{a_\phi}$는 단위 벡터이다.)

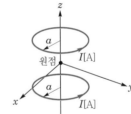

① $\dfrac{I a^2\, \overrightarrow{a_z}}{2\left(a^2 + Z^2\right)^{\frac{3}{2}}}$　② $\dfrac{I a^2\, \overrightarrow{a_\phi}}{2\left(a^2 + Z^2\right)^{\frac{3}{2}}}$

③ $\dfrac{I a^2\, \overrightarrow{a_z}}{\left(a^2 + Z^2\right)^{\frac{3}{2}}}$　④ $\dfrac{I a^2\, \overrightarrow{a_\phi}}{\left(a^2 + Z^2\right)^{\frac{3}{2}}}$

해설

원점에서 두 원형 선전류에 의한 자계는 모두 z축으로 향한다. 따라서 원형 선전류에 의한 자계의 2배가 된다.

∴ $H = \dfrac{a^2 I}{\left(a^2 + z^2\right)^{\frac{3}{2}}}\, \overrightarrow{a_z}$[A/m]

정답 90 ①　91 ②　92 ①　93 ①　94 ③

(3) 한변의 길이가 l[m]인 정 n각형 코일 중심에서의 자계의 세기

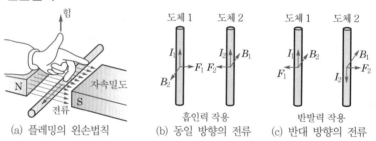

유한장 직선 도체	삼각형 중심 자계	사각형 중심 자계	육각형 중심 자계
$H = \dfrac{I}{4\pi r}(\sin\theta_1 + \sin\theta_2)$ $= \dfrac{I}{4\pi r}(\cos\alpha_1 + \cos\alpha_2)$	$H = \dfrac{I}{4\pi r} \times \sin\theta \times 2 \times 3$ $= \dfrac{9I}{2\pi l}$ [A/m]	$H = \dfrac{I}{4\pi r} \times \sin\theta \times 2 \times 4$ $= \dfrac{2\sqrt{2}\,I}{\pi l}$ [A/m]	$H = \dfrac{I}{4\pi r} \times \sin\theta \times 2 \times 6$ $= \dfrac{\sqrt{3}\,I}{\pi l}$ [A/m]

3 자계 중의 전류에 의한 작용력(전자력)

(1) 플레밍의 왼손법칙

(a) 플레밍의 왼손법칙 (b) 동일 방향의 전류 (흡인력 작용) (c) 반대 방향의 전류 (반발력 작용)

① 자계 내에 있는 도체에 전류를 흘리면 도체에는 전자력이 발생한다.

② 전자력의 크기 : $F = IBl\sin\theta = (\vec{I} \times \vec{B})l = \oint_c \vec{I}\, dl \times \vec{B}$ [N]

(2) 평행 도체 전류 사이에 작용력

① 그림 (b)와 같이 전류가 동일 방향으로 흐르면 두 도체 사이에는 흡인력이 작용한다.

② 그림 (c)와 같이 전류가 반대 방향으로 흐르면 두 도체 사이에는 반발력이 작용한다.

③ 전자력(흡인력 또는 반발력)의 크기

    ㉠ 도체 2를 통과하는 자속밀도(도체 1에 흐르는 전류에 의해 발생)

$$B_1 = \mu_0 H_1 = \frac{\mu_0 I_1}{2\pi d}\,[\text{Wb/m}^2]\ (\text{여기서, } d : \text{두 도체 사이의 거리[m]})$$

    ㉡ 도체 2에서 받아지는 단위길이당 전자력

$$F_2 = B_1 I_2 l\sin\theta = \frac{\mu_0 I_1 I_2 l}{2\pi d}\,[\text{N}] = \frac{\mu_0 I_1 I_2}{2\pi d} = \frac{2I_1 I_2}{d} \times 10^{-7}\,[\text{N/m}]$$

    ㉢ 왕복도선의 경우에는 $I_1 = I_2$가 되고 두 도체에는 항상 반발력이 작용한다.

DAY 01
DAY 02
DAY 03
DAY 04
DAY 05
DAY 06
DAY 07
DAY 08
DAY 09
DAY 10

★★★★ 기사 04년 2회, 10년 2회 / 산업 99년 3회, 03년 2회, 12년 1회

95 8[m] 길이의 도선으로 만들어진 정방향 코일에 π[A]가 흐를 때 정방향의 중심점에서의 자계의 세기는 몇 [A/m]인가?

① $\dfrac{\sqrt{2}}{2}$ 　　② $\sqrt{2}$

③ $2\sqrt{2}$ 　　④ $4\sqrt{2}$

해설

8[m]의 도선으로 정사각형 도체를 만들었으므로 도체 한 변의 길이 $l = 2$[m]가 된다.
이때의 정사각형 도체 중심의 자계

$$H = \frac{2\sqrt{2}\,I}{\pi l} = \frac{2\sqrt{2} \times \pi}{\pi \times 2} = \sqrt{2}\,[\text{A/m}]$$

★ 기사 05년 2회, 13년 2회, 19년 1회

96 그림과 같이 전류가 흐르는 반원형 도선이 평면 $Z = 0$상에 놓여 있다. 이 도선이 자속밀도 $B = 0.8a_x - 0.7a_y + a_z$[Wb/m²]인 균일 자계 내에 놓여 있을 때 도선의 직선부분에 작용하는 힘은 몇 [N]인가?

① $4a_x + 3.2a_z$

② $4a_x - 3.2a_z$

③ $5a_x - 3.5a_z$

④ $-5a_x + 3.5a_z$

해설

㉠ 플레밍의 왼손법칙 : 자기장 속에 있는 도선에 전류가 흐르면 도선에는 전자력이 발생된다.

㉡ 이때 도선의 직선부분에서 전류는 y축 방향으로 흐르므로 $I = 50\,a_y$가 된다.

$\therefore F = IBl\sin\theta = (\vec{I} \times \vec{B})l$
$= [50a_y \times (0.8a_x - 0.7a_y + a_z)] \cdot 0.08$
$= (-40\,a_z + 50\,a_x) \cdot 0.08$
$= 4\,a_x - 3.2\,a_z$[N]

★★★ 기사 91년 2회, 96년 6회, 00년 6회 / 산업 03년 3회

97 자계 안에 놓여 있는 전류회로에 작용하는 힘 F에 대한 식으로 옳은 것은?

① $F = \oint I_c\,dl \times B$ 　② $F = \oint I_c \cdot B \times dl$

③ $F = \oint I_c B \cdot dl$ 　④ $F = \oint I_c^{\,2} H \cdot dl$

해설

플레밍의 왼손법칙(전자력)
$$F = I_c Bl\sin\theta = (\vec{I_c} \times \vec{B})l = \oint I_c\,dl \times B\,[\text{N}]$$

★★★ 기사 10년 2회, 12년 2회

98 두 개의 길고 직선인 도체가 평행으로 그림과 같이 위치하고 있다. 각 도체에는 10[A]의 전류가 같은 방향으로 흐르고 있으며, 이격거리는 0.2[m]일 때 오른쪽 도체의 단위길이당 힘은? (단, a_x, a_z는 단위 벡터이다.)

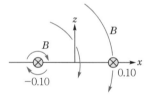

① $10^{-2}(-a_x)$[N/m]

② $10^{-4}(-a_x)$[N/m]

③ $10^{-2}(-a_z)$[N/m]

④ $10^{-4}(-a_z)$[N/m]

해설

㉠ 전자력은 다음과 같다.
$$F = \frac{2I_1 I_2}{r} \times 10^{-7} = \frac{2 \times 10^2 \times 10^{-7}}{0.2} = 10^{-4}$$

㉡ 전류가 동일 방향으로 흐르면 두 평행 도체 사이에는 흡인력이 발생하므로 오른쪽 도체에서 작용하는 힘의 방향은 $-a_x$이 된다.

$\therefore$ 전자력 $F = 10^{-4}(-\vec{a_x})$[N/m]

Comment

평행 도체 전류 사이에 작용력은 결과식만 외우지 말고 핵심이론과 같이 증명과정을 모두 기억하길 바란다.

정답　95 ②　96 ②　97 ①　98 ②

핵심이론은 처음에는 그냥 한 번 읽어주세요.
옆의 기출문제를 풀어본 후 다시 한 번 핵심이론을 읽으면서 암기하세요.

(3) 로렌츠의 힘(Lorentz's force)

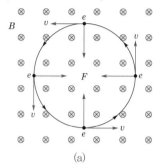

(a)

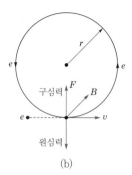

(b)

① 전하 q[C]이 평등 자계 내에 입사하면 다음과 같은 운동을 한다.
  ㉠ 평등 자계와 수직으로 입사 : 등속 원운동
  ㉡ 평등 자계와 수평으로 입사 : 등속 직선운동
  ㉢ 평등 자계에 대하여 비스듬히 입사 : 등속 나선운동

② 평등 자계 내에서 작용하는 전자력의 크기

  ㉠ $F = IBl\sin\theta = \dfrac{dq}{dt}Bl\sin\theta = \dfrac{dl}{dt}Bq\sin\theta = vBq\sin\theta$ [N]

    여기서, l : 전하의 이동거리[m], $q = e$: 전하[C], v : 운동속도[m/s],
       I : 전류[A], B : 자속밀도[Wb/m²]

  ㉡ 벡터 표현 : $F_m = vBq\sin\theta = (\vec{v} \times \vec{B})q$ [N]

③ 운동 전하에 전계와 자계가 동시에 작용하고 있을 경우

  ㉠ 전기력 : $F_e = q\vec{E}$ [N]

  ㉡ 전자력 : $F_m = vBq\sin\theta = (\vec{v} \times \vec{B})q$ [N]

  ㉢ 전자기력 : $\vec{F} = \vec{F_e} + \vec{F_m} = q\vec{E} + (\vec{v} \times \vec{B})q$ [N]

④ 전하의 원운동 조건 : 전자력 = 구심력(= 원심력)

  ㉠ 전자력 : $F_1 = vBq$ [N]

  ㉡ 구심력 : $F_2 = \dfrac{mv^2}{r}$ [N]

    여기서, m : 전하의 질량[kg], v : 전하의 운동속도[m/s], r : 원운동의 반경[m]

⑤ 원운동 조건 $\dfrac{mv^2}{r} = vBq$에서 다음과 같이 정리할 수 있다.

  ㉠ 원운동하는 반경 : $r = \dfrac{mv}{qB}$ [m]

  ㉡ 각속도 : $\omega = \dfrac{v}{r} = \dfrac{qB}{m}$ [rad/s]

    여기서, 호길이 : $l = r \cdot \theta$, 각속도 : $\omega = \dfrac{\theta}{t} = \dfrac{l}{t \cdot r} = \dfrac{v}{r}$

  ㉢ 주기 : $T = \dfrac{2\pi}{\omega} = \dfrac{2\pi m}{qB}$ [s]

    여기서, 한 주기 T 동안 회전각 $\theta = 2\pi$이므로, $\omega = \dfrac{\theta}{t} = \dfrac{2\pi}{T}$

  ㉣ 원 한 바퀴 돌 때의 등가전류 : $I = \dfrac{Q}{T} = \dfrac{\omega Q}{2\pi} = \dfrac{BqQ}{2\pi m}$ [A]

DAY 01
DAY 02
DAY 03
DAY 04
DAY 05
DAY 06
DAY 07
DAY 08
DAY 09
DAY 10

★★ 기사 12년 1회

99 평등 자계와 직각방향으로 일정한 속도로 발사된 전자의 원운동에 관한 설명 중 옳은 것은?

① 플레밍의 오른손법칙에 의한 로렌츠의 힘과 원심력의 평형 원운동이다.

② 원의 반지름은 전자의 발사속도와 전계의 세기의 곱에 반비례한다.

③ 전자의 원운동 주기는 전자의 발사속도와 관계되지 않는다.

④ 전자의 원운동 주파수는 전자의 질량에 비례한다.

해설

① 플레밍의 오른손법칙이 아니라 왼손법칙에 의한 로렌츠의 힘으로 원운동하게 된다.

② 원의 반지름은 $\dfrac{mv}{Bq} = \dfrac{mv}{\mu_0 Hq}$[m]이 되어 자계의 세기에 반비례한다.

③ 원운동 주기는 $T = \dfrac{2\pi m}{Bq}$[sec]이 되어 속도와는 관계되지 않는다.

④ 각속도 $\omega = 2\pi f = \dfrac{Bq}{m}$에서 주파수 $f = \dfrac{Bq}{2\pi m}$[Hz]이 되어 질량과 반비례한다.

★★ 기사 95년 4회, 99년 3회, 15년 1·3회

100 2[C]의 점전하가 전계 $E = 2a_x + a_y - 4a_z$[V/m] 및 자계 $B = -2a_x + 2a_y - a_z$[Wb/m²] 내에서 속도 $v = 4a_x - a_y - 2a_z$[m/s]로 운동하고 있을 때 점전하에 작용하는 힘 F는 몇 [N]인가?

① $10a_x + 18a_y + 4a_z$

② $14a_x - 18a_y - 4a_z$

③ $-14a_x + 18a_y + 4a_z$

④ $14a_x + 18a_y + 4a_z$

해설

㉠ 전기력

$$F_e = qE = 2(2a_x + a_y - 4a_z)$$
$$= 4a_x + 2a_y - 8a_z[\text{N}]$$

㉡ 전자력

$$F_m = q(v \times B) = q \begin{bmatrix} a_x & a_y & a_z \\ 4 & -1 & -2 \\ -2 & 2 & -1 \end{bmatrix}$$
$$= 2[(1+4)a_x - (4-4)a_y + (8-2)a_z]$$
$$= 10a_x + 16a_y + 12a_z$$

∴ 전계 내에서 운동전하가 받는 힘

$$F = F_e + F_m = 14a_x + 18a_y + 4a_z[\text{N}]$$

참고

(1) 구심력의 정의 : 원운동을 하려면 원운동의 중심으로 향하는 힘이 있어야 하며 이러한 힘이 물체에 가해지면서 구심 가속이 발생하게 된다. 이때 중심으로 발생하는 힘을 구심력이라 하며, 이 힘은 물체의 속도의 크기는 변화시키지 않지만 방향 변화를 발생시킨다.

(2) 구심 가속도

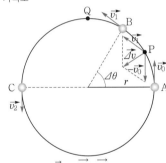

① 가속도 $a = \dfrac{\overrightarrow{\Delta v}}{\Delta t} = \dfrac{\overrightarrow{v_1} - \overrightarrow{v_0}}{dt}$

② 가속도의 방향은 $\overrightarrow{v_1} - \overrightarrow{v_0} = \overrightarrow{\Delta v}$ 이 되어 그림과 같이 항상 원의 중심으로 향하므로 구심 가속도라고 한다.

③ $a = \dfrac{\overrightarrow{\Delta v}}{\Delta t} = \dfrac{v^2}{r}$[m/s]

④ 구심력 $F = ma = \dfrac{mv^2}{r}$[N]

(3) 원심력은 관성력으로 구심력과 방향은 반대이며 구심력과 같은 힘을 작용한다.

자주 출제되는
핵심이론

핵심이론은 처음에는 그냥 한 번 읽어주세요.
옆의 기출문제를 풀어본 후 다시 한 번 핵심이론을 읽으면서 암기하세요.

제9장 자성체와 자기회로

1 히스테리시스 곡선(자기이력곡선, $B-H$ 곡선)

(1) 특징

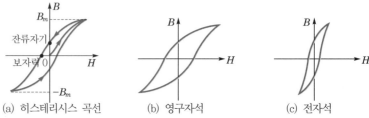

(a) 히스테리시스 곡선   (b) 영구자석   (c) 전자석

① $B-H$ 곡선이 이루는 면적의 의미 : 단위체적당 열 에너지(손실)$[\text{W/m}^3]$
② 히스테리시스 손(열 손실) : $P_h = f\,W_h = a_h f B_m^{1.6}[\text{W/m}^3] \propto B^{1.6}$
③ 종축과 만나는 점 : 잔류자기
④ 횡축과 만나는 점 : 보자력

(2) 히스테리시스 곡선의 종류
① 영구자석 : 잔류자기, 보자력이 크므로 큰 경철(hard iron)에 적합하다.
② 전자석 : 잔류자기, 보자력이 작아 전자석 재료인 연철, 규소강판 등에 적합하다.

(3) 소자법
① 직류법 : 처음에 준 자계와 같은 정도의 직류자계를 반대방향으로 가한다.
② 교류법 : 인가되어 있는 교류자계가 0이 될 때까지 점차로 감소시켜 간다.
③ 가열법 : 온도 690~890$[\text{℃}]$에서 급격히 강자성을 잃어버리는 현상이 발생하는 자성 변화의 온도를 임계온도 또는 퀴리온도라 한다.

2 자화의 세기

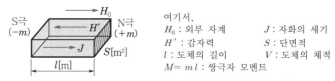

여기서,
H_0 : 외부 자계 J : 자화의 세기
H' : 감자력 S : 단면적
l : 도체의 길이 V : 도체의 체적
$M = m\,l$: 쌍극자 모멘트

(1) 정의
① 자성체의 양단면의 단위면적에 발생된 자기량으로 자성체의 자화 정도이다.
② 정의 식 : $J = \dfrac{m}{S} = \dfrac{m}{S} \times \dfrac{l}{l} = \dfrac{M}{V}[\text{Wb/m}^2]$ (여기서, J : 자화의 세기)

(2) 감자작용(demagnetizing effect)
① 상자성체 내부 자계 : $H = H_0 - H'$ (여기서, H_0 : 자성체에 가한 자계)
② 자기 감자력 : $H' = \dfrac{N}{\mu_0} J\,[\text{AT/m}]$ (여기서, N : 감자율)

☑ 문제의 네모칸에 체크를 해보세요. 그 문제가 이해되지 않았다면
✓ 표시를 해서 그 문제는 나중에 다시 풀어 완전하게 숙지하세요(★ : 중요도).

DAY 01
DAY 02
DAY 03
DAY 04
DAY 05
DAY 06
DAY 07
DAY 08
DAY 09
DAY 10

★ 기사 10년 3회, 11년 3회

101 $B-H$ 곡선을 자세히 관찰하면 매끈한 곡선이 아니라 B가 계단적으로 증가 또는 감소함을 알 수 있다. 이러한 현상을 무엇이라 하는가?

① 퀴리점
② 자기여자효과
③ 자왜현상
④ 바크하우젠 효과

해설

강자성체에 자계를 가하면 자화가 일어나는데 자화는 자구(磁區)를 형성하고 있는 경계면, 즉 자벽(磁壁)이 단속적으로 이동함으로써 발생한다. 이때 자계의 변화에 대한 자속의 변화는 미시적으로는 불연속으로 이루어지는데, 이것을 바크하우젠 효과라고 한다.

참고

(1) 히스테리시스 곡선의 기울기 : 히스테리시스 곡선의 횡축은 H, 종축은 B이므로 곡선의 기울기는 다음과 같다.
$\dfrac{B}{H} = \mu$ (여기서, 자속밀도 $B = \mu H$)

(2) 히스테리시스 곡선의 구성
① 종축과 횡축

종축	B : 자속밀도
횡축	H : 자화력(자계의 세기)

② 종축, 횡축과 만나는 점

종축	잔류자기
횡축	보자력

★★★★ 기사 90년 2회, 96년 4회, 01년 3회, 10년 1회, 15년 2회

102 영구자석에 관한 설명으로 틀린 것은?

① 히스테리시스 현상을 가진 재료만이 영구자석이 될 수 있다.
② 보자력이 클수록 자계가 강한 영구자석이 된다.
③ 잔류자기가 클수록 자계가 강한 영구자석이 된다.
④ 자석재료로 폐회로를 만들면 강한 영구자석이 된다.

해설 히스테리시스 곡선의 종류

구 성	잔류자기	보자력	면 적
영구자석	크다.	크다.	크다.
보자력	작다.	작다.	작다.

★★★★★ 기사 90년 2회, 96년 4·6회, 00년 4회, 02년 3회, 05년 2회

103 자화된 철의 온도를 높일 때 자화가 서서히 감소하다가 급격히 강자성이 상자성으로 변하면서 강자성을 잃어버리는 온도는?

① 켈빈온도
② 연화온도
③ 전이온도
④ 퀴리온도

해설

철의 온도를 순차적으로 올리면 일반적으로 자화가 서서히 감소하는데 690~890[℃](순철에서는 790[℃])에서 급히 강자성을 잃어버리는 현상이 발생한다. 이 급격한 자성변화의 온도를 임계온도 또는 퀴리온도라 한다.

★★★ 기사 93년 3회, 97년 2회, 97년 4회, 01년 1회, 06년 1회, 15년 2회

104 길이 l[m], 단면적의 지름 d[m]인 원통이 길이방향으로 균일하게 자화되어 자화의 세기가 J[Wb/m²]인 경우 원통 양단에서의 전자극의 세기 m[Wb]는?

① $\pi d^2 J$
② $\pi d J$
③ $\pi \dfrac{d^2}{4} J$
④ $\dfrac{4J}{\pi} d^2$

해설

자화의 세기 $J = \dfrac{m}{S} = \dfrac{M}{V}$[Wb/m²]에서

$\therefore\ m = J \times S = J \times \pi r^2 = J \times \dfrac{\pi d^2}{4}$[Wb]

★★★★★ 기사 94년 6회, 98년 6회, 00년 4회, 01년 1회, 05년 3회, 11년 2회

105 자기 감자력은?

① 자계에 반비례한다.
② 자극의 세기에 반비례한다.
③ 자화의 세기에 비례한다.
④ 자속에 반비례한다.

해설

감자력 $H' = \dfrac{N}{\mu_0} J$ [A/m]

Comment

자기 감자력이 0인 철심 : 환상철심(철심이 무단이므로 N, S와 같은 극이 발생하지 않아 감자력이 없음)

정답 101 ④ 102 ④ 103 ④ 104 ③ 105 ③

자주 출제되는
핵심이론

📖 핵심이론은 처음에는 그냥 한 번 읽어주세요.
옆의 기출문제를 풀어본 후 다시 한 번 핵심이론을 읽으면서 암기하세요.

(3) 자화의 세기와 자계의 세기의 관계

자화의 세기는 유전체의 분극의 세기와 동일한 개념을 갖는다.

분극의 세기	자화의 세기
① 정의 : $P = \dfrac{Q}{S} = \dfrac{M}{V}[\text{C/m}^2]$ (여기서, M : 쌍극자 모멘트, V : 체적)	① 정의 : $J = \dfrac{m}{S} = \dfrac{M}{V}[\text{Wb/m}^2]$ (여기서, M : 쌍극자 모멘트, V : 체적, m : 자하, S : 면적)
② 분극의 세기(분극도) $P = \varepsilon_0(\varepsilon_s - 1)E = D - \varepsilon_0 E = D\left(1 - \dfrac{1}{\varepsilon_s}\right)$	② 자화의 세기(자화도) $J = \mu_0(\mu_s - 1)H = B - \mu_0 H = B\left(1 - \dfrac{1}{\mu_s}\right)$
③ 분극률 : $\chi = \varepsilon_0(\varepsilon_s - 1)$	③ 자화율 : $\chi = \mu_0(\mu_s - 1)$
④ 비분극률(전기감수율) : $\chi_{er} = \dfrac{\chi}{\varepsilon_0} = \varepsilon_s - 1$	④ 비자화율 : $\chi_{er} = \dfrac{\chi}{\mu_0} = \mu_s - 1$
⑤ 유전체에서의 전계의 세기 : $E = \dfrac{\sigma - \sigma'}{\varepsilon_0}$ (여기서, σ : 전하밀도, σ' : 분극전하밀도)	⑤ 자화의 세기와 자속밀도의 크기를 비교하면 자속밀도가 자화의 세기보다 조금 크다.
⑥ 분극의 종류 ㉠ 전자분극 : 단결정, 전자운 ㉡ 이온분극 : 이온 결합 ㉢ 배향분극 : 배열, 주변온도에 영향 받음	⑥ 자성체 ㉠ 강자성체 $\mu_s \gg 1$, $\chi > 0$ (철, 니켈, 코발트) ㉡ 상자성체 $\mu_s > 1$, $\chi > 0$ (공기, 망간, Al) ㉢ 반자성체 $\mu_s < 1$, $\chi < 0$ (동, 은, 납, 창연)

3 자성체-자성체 경계면(경계조건)

자화의 세기는 유전체의 분극의 세기와 동일한 개념을 갖는다.

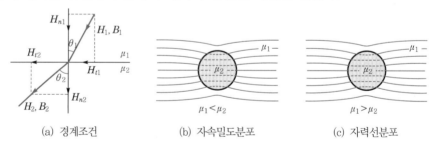

| (a) 경계조건 | (b) 자속밀도분포 | (c) 자력선분포 |

전기장의 굴절	자기장의 굴절
① $E_{t1} = E_{t2}\,(E_1 \sin\theta_1 = E_2 \sin\theta_2)$ 경계면에 대해서 전계의 수평(접선)성분은 연속	① $H_{t1} = H_{t2}\,(H_1 \sin\theta_1 = H_2 \sin\theta_2)$ 경계면에 대해서 자계의 수평(접선)성분은 연속
② $E_{n1} \neq E_{n2}\,(E_1 \cos\theta_1 \neq E_2 \cos\theta_2)$ 경계면에 대해서 전계의 수직(법선)성분은 불연속	② $H_{n1} \neq H_{n2}\,(H_1 \cos\theta_1 \neq H_2 \cos\theta_2)$ 경계면에 대해서 자계의 수직(법선)성분은 불연속
③ $D_{n1} = D_{n2}\,(D_1 \cos\theta_1 = D_2 \cos\theta_2)$ 경계면에 대해서 전속밀도의 수직성분은 연속	③ $B_{n1} = B_{n2}\,(B_1 \cos\theta_1 = B_2 \cos\theta_2)$ 계면에 대해서 자속밀도의 수직성분은 연속
④ $D_{t1} \neq D_{t2}\,(D_1 \sin\theta_1 \neq D_2 \sin\theta_2)$ 경계면에 대해서 전속밀도의 수평성분은 불연속	④ $B_{t1} \neq B_{t2}\,(B_1 \sin\theta_1 \neq B_2 \sin\theta_2)$ 경계면에 대해서 자속밀도의 수평성분은 불연속
⑤ 굴절의 법칙 : $\dfrac{\varepsilon_1}{\varepsilon_2} = \dfrac{\tan\theta_1}{\tan\theta_2}$ $\varepsilon_1 < \varepsilon_2$, $\theta_1 < \theta_2$, $D_1 < D_2$, $E_1 > E_2$	⑤ 굴절의 법칙 : $\dfrac{\mu_1}{\mu_2} = \dfrac{\tan\theta_1}{\tan\theta_2}$ $\mu_1 < \mu_2$, $\theta_1 < \theta_2$, $B_1 < B_2$, $H_1 > H_2$

✓ 문제의 네모칸에 체크를 해보세요. 그 문제가 이해되지 않았다면
✓ 표시를 해서 그 문제는 나중에 다시 풀어 완전하게 숙지하세요(★ : 중요도).

DAY 01
DAY 02
DAY 03
DAY 04
DAY 05
DAY 06
DAY 07
DAY 08
DAY 09
DAY 10

★★★ 기사 91년 6회, 97년 6회 / 산업 93년 5회, 08년 2회

106 다음 그림들은 전자의 자기 모멘트의 크기와 배열상태를 그 차이에 따라서 배열한 것이다. 강자성체에 속하는 것은?

①
②
③
④

해설 자기 모멘트의 크기와 배열상태

상자성체	강자성체
강반자성체	페리자성체

★★★★ 기사 05년 1회, 10년 2회, 13년 2회

107 자화율(magnetic susceptibility) χ는 상자성체에서 일반적으로 어떤 값을 갖는가?

① $\chi=0$ ② $\chi>0$
③ $\chi<0$ ④ $\chi=1$

해설 자성체의 종류

종 류	자화율	비자화율	비투자율
비자성체	$\chi=0$	$\chi_{er}=0$	$\mu_s=1$
강자성체	$\chi\gg0$	$\chi_{er}\gg0$	$\mu_s\gg1$
상자성체	$\chi>0$	$\chi_{er}>0$	$\mu_s>1$
반자성체	$\chi<0$	$\chi_{er}<0$	$\mu_s<1$

Comment

자화의 세기 $J=\mu_0(\mu_s-1)H$에서 자화율 $\chi=\mu_0(\mu_s-1)$이 되고, 비자성체는 자화율이 0이 되어야 하므로 $\mu_s=1$이 된다.

★ 기사 09년 2회, 13년 2회

108 다음 설명 중 잘못된 것은?

① 초전도체는 임계온도 이하에서 완전 반자성을 나타낸다.
② 자화의 세기는 단위면적당의 자기 모멘트이다.
③ 상자성체에 자극 N극을 접근시키면 S극이 유도된다.
④ 니켈(Ni), 코발트(Co) 등은 강자성체에 속한다.

해설

자화의 세기 $J=\dfrac{m}{S}=\dfrac{M}{V}[\text{Wb/m}^2]$으로 단위면적당 자극의 세기를 말한다.
여기서, m : 자극의 세기, S : 단면적
V : 체적, M : 쌍극자 모멘트

★★ 기사 04년 1회

109 비투자율이 500인 철심을 이용한 환상 솔레노이드에서 철심 속의 자계의 세기가 200[A/m]일 때 철심 속의 자속밀도 B[T]와 자화율[H/m]는?

① $B=\pi\times10^{-2}$, $\chi=3.2\times10^{-4}$
② $B=\pi\times10^{-2}$, $\chi=6.3\times10^{-4}$
③ $B=4\pi\times10^{-2}$, $\chi=6.3\times10^{-4}$
④ $B=4\pi\times10^{-2}$, $\chi=12.6\times10^{-4}$

해설

㉠ $B=\mu_0\mu_s H=4\pi\times10^{-7}\times500\times200$
$=4\pi\times10^{-2}[\text{Wb/m}^2,\ \text{T}]$
㉡ $\chi=\mu_0(\mu_s-1)=4\pi\times10^{-7}(500-1)$
$=6.3\times10^{-4}[\text{H/m}]$

★★ 산업 01년 2회, 08년 2회

110 두 자성체의 경계면에서 정자계가 만족하는 것은?

① 양측 경계면상의 두 점 간의 자위차가 같다.
② 자속은 투자율이 적은 자성체에 모인다.
③ 자계의 법선성분은 서로 같다.
④ 자속밀도의 접선성분이 같다.

해설

② 자속밀도는 투자율이 큰 자성체에 모인다.
③ 자계의 접선성분은 서로 같다.
④ 자속밀도의 법선성분은 서로 같다.

정답 106 ③ 107 ② 108 ② 109 ③ 110 ①

자주 출제되는

핵심이론

🔍 핵심이론은 처음에는 그냥 한 번 읽어주세요.
옆의 기출문제를 풀어본 후 다시 한 번 핵심이론을 읽으면서 암기하세요.

4 자화에 필요한 에너지

정전계 에너지와 정자계 에너지 또한 동일한 개념을 갖는다.

정전계	정자계
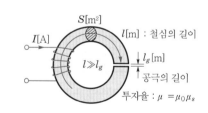	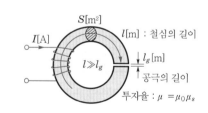
① 전하가 운반될 때 소요되는 에너지 $W = QV[\text{J}]$	① 자속이 운반될 때 소요되는 에너지 $W = \Phi I = N\phi I[\text{J}]$ (여기서, Φ : 쇄교자속, ϕ : 자속, I : 전류, N : 권선수)
② 유전체 내의 전계에너지(정전에너지) $W_e = \frac{1}{2}\varepsilon E^2 = \frac{1}{2}ED = \frac{D^2}{2\varepsilon}[\text{J/m}^3]$	② 자성체 내의 자계에너지 $W_m = \frac{1}{2}\mu H^2 = \frac{1}{2}HB = \frac{B^2}{2\mu}[\text{J/m}^3]$
③ 단위면적당 작용하는 힘(정전응력) $f = \frac{1}{2}\varepsilon E^2 = \frac{1}{2}ED = \frac{D^2}{2\varepsilon}[\text{N/m}^2]$	③ 단위면적당 작용하는 힘(철편의 흡인력) $f = \frac{1}{2}\mu H^2 = \frac{1}{2}HB = \frac{B^2}{2\mu}[\text{N/m}^2]$

5 전기회로와 자기회로

전기회로(electrical network)		자기회로(magnetic circuit)	
	기전력 $V[\text{V}]$		기자력 $F = IN[\text{AT}]$
	전류 $I[\text{A}]$		자속 $\phi[\text{Wb}]$
	도전율 $k = \sigma[\text{℧/m}]$		투자율 $\mu = \mu_s \mu_0[\text{H/m}]$
	저항 $R = \frac{l}{kS}[\Omega]$		자기저항 $R_m = \frac{l}{\mu S}[\Omega]$
옴의 공식(전류) : $I = \frac{V}{R} = \frac{lE}{\frac{l}{kS}} = kSE[\text{A}]$		옴의 공식(자속) : $\phi = \frac{F}{R_m} = \frac{IN}{\frac{l}{\mu S}} = \frac{\mu SNI}{l}[\text{Wb}]$	

6 철심에 미소 공극 발생 시 자기저항의 증가율

① 공극이 없는 경우의 자기저항

$$R_m = \frac{l}{\mu S}[\text{AT/Wb}]$$

② 공극이 있는 경우의 자기저항

$$\frac{l-l_g}{\mu S} + \frac{l_g}{\mu_0 S} \fallingdotseq \frac{l}{\mu S} + \frac{l_g}{\mu_0 S} = R_m + R_g$$

여기서, R_m : 철심 부분의 자기저항, R_g : 공극 부분의 자기저항

$\therefore$ 자기저항 증가율 : $\alpha = \frac{R_m + R_g}{R_m} = 1 + \frac{R_g}{R_m} = 1 + \frac{\mu l_g}{\mu_0 l} = 1 + \frac{\mu_s l_g}{l}$

$S[\text{m}^2]$
$l[\text{m}]$: 철심의 길이
$l_g[\text{m}]$
공극의 길이
$l \gg l_g$
투자율 : $\mu = \mu_0 \mu_s$

바로바로 풀어보는
기출문제

문제의 네모칸에 체크를 해보세요. 그 문제가 이해되지 않았다면
✓ 표시를 해서 그 문제는 나중에 다시 풀어 완전하게 숙지하세요(★ : 중요도).

DAY 01
DAY 02
DAY 03
DAY 04
DAY 05
DAY 06
DAY 07
DAY 08
DAY 09
DAY 10

★★ 기사 92년 2회, 99년 6회, 01년 6회 / 산업 95년 4회

111 그림과 같이 갭의 면적 100[cm²]의 전자석에 자속밀도 5000[Gauss]의 자속이 발생될 때 철편을 흡인하는 힘은 약 얼마인가?

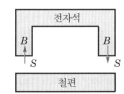

① 1000[N]　　　② 1500[N]
③ 2000[N]　　　④ 2500[N]

해설

철편의 흡인력 $F = f \cdot S = \dfrac{B^2}{2\mu_0} \times S$[N]에서 철편을 흡인하는 면적이 2개이므로

$\therefore F = f \times 2S = \dfrac{B^2}{2\mu_0} \times 2S$

$= \dfrac{0.5^2}{2 \times 4\pi \times 10^{-7}} \times 2 \times 100 \times 10^{-4}$

$= 1989 \fallingdotseq 2000$[N]

Comment

1[Wb/m²] $= 10^4$[Gauss]이므로
자속밀도 $B = 5000$[Gauss] $= 0.5$[Wb/m²]

★★★ 기사 92년 6회, 95년 6회, 09년 1회

112 다음 비투자율이 2500인 철심의 자속밀도가 5[Wb/m²]이고 철심의 부피가 4×10^{-6}[m³]일 때, 이 철심에 저장된 자기에너지는 몇 [J]인가?

① $\dfrac{1}{\pi} \times 10^{-2}$　　　② $\dfrac{3}{\pi} \times 10^{-2}$
③ $\dfrac{4}{\pi} \times 10^{-2}$　　　④ $\dfrac{5}{\pi} \times 10^{-2}$

해설

철심에 축적되는 자기에너지

$W = \dfrac{B^2}{2\mu_0 \mu_s} \times V = \dfrac{5^2 \times 4 \times 10^{-6}}{2 \times 4\pi \times 10^{-7} \times 2500}$

$= \dfrac{5}{\pi} \times 10^{-2}$[J]

★★★ 기사 03년 3회, 05년 1회, 13년 2회, 14년 1회, 16년 1회 / 산업 07년 1회, 08년 2회

113 그림과 같이 비투자율 μ_s이 800, 원형 단면적 S가 10[cm²], 평균자로의 길이 l이 30[cm]인 환상 철심에 코일을 600회 감아 1[A]의 전류를 흘릴 때 철심 내 자속은 약 몇 [Wb]인가?

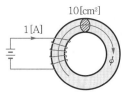

① 1.51×10^{-1}　　　② 2.01×10^{-1}
③ 1.51×10^{-3}　　　④ 2.01×10^{-3}

해설

자속 $\phi = \dfrac{F}{R_m} = \dfrac{IN}{\dfrac{l}{\mu S}} = \dfrac{\mu S N I}{l}$이므로

$\therefore \phi = \dfrac{4\pi \times 10^{-7} \times 800 \times 10 \times 10^{-4} \times 600 \times 1}{30 \times 10^{-2}}$

$= 2.01 \times 10^{-3}$[Wb]

Comment

• $\phi = \displaystyle\int B ds = BS = \mu H S = \dfrac{\mu S N I}{l}$

• 앙페르의 법칙 : $H = \dfrac{NI}{l}$[AT/m]

★ 기사 91년 6회, 97년 2회, 97년 4회, 98년 6회, 05년 1회 / 산업 99년 4회

114 길이 1[m]의 철심($\mu_r = 1000$)의 자기 회로에 1[mm]의 공극이 생겼다면 전체의 자기저항은 약 몇 배로 증가되는가? (단, 각 부의 단면적은 일정하다.)

① 1.5　　　② 2
③ 2.5　　　④ 3

해설

자기저항 증가율

$\alpha = 1 + \dfrac{\mu_r l_g}{l} = 1 + \dfrac{1000 \times 10^{-3}}{1} = 2$배

Comment

자기저항 증가율은 대부분 2배가 정답이 된다.

정답 111 ③　112 ④　113 ④　114 ②

자주 출제되는
핵심이론

핵심이론은 처음에는 그냥 한 번 읽어주세요.
옆의 기출문제를 풀어본 후 다시 한 번 핵심이론을 읽으면서 암기하세요.

제10장 전자유도법칙

1 전자유도법칙

① 회로에 쇄교하는 자속이 시간적으로 변화하면 회로에 기전력이 발생하는 현상을 전자유도현상이라 한다.
② 전자유도현상은 패러데이, 방향은 렌츠, 크기는 노이만이 정리했다.

2 유도기전력

① 패러데이, 노이만, 렌츠의 실험식 : $e = - N \dfrac{d\phi}{dt}$ [V]

② 최대 유도기전력 : $e_m = \omega N \phi_m = 2\pi f N \phi_m$ [V]

③ 유도기전력의 위상 : 자속 ϕ보다 $\dfrac{\pi}{2}$ [rad]만큼 위상이 느리다.

3 플레밍의 오른손법칙

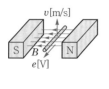

도체의 운동방향
자속밀도의 방향
유도기전력의 방향

(a)　　　　　(b)

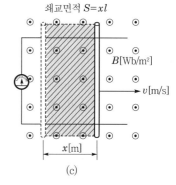

쇄교면적 $S = xl$

B[Wb/m²]

v[m/s]

x[m]

(c)

① 자계 내에 있는 도체가 v [m/s]의 속도로 운동하면 도체는 기전력이 유도된다.
② 유도기전력 : $e = vBl\sin\theta = (\overrightarrow{v} \times \overrightarrow{B})l$[V]
　　여기서, $\sin\theta$는 v와 B가 수직이 되기 위한 상수를 말한다.

참고 그림 (c)의 유도기전력

$$e = N\frac{d\phi}{dt} = \frac{d}{dt}BS = \frac{d}{dt}Bxl = \frac{dx}{dt}Bl = vBl \,[\text{V}]$$

여기서, $-$부호는 유도기전력의 방향을 나타내므로 수식 전개에서는 생략했음

4 패러데이의 단극 발전기

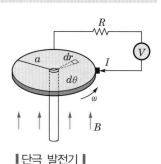

① dr 부분의 유도기전력 : $de = vBdr = B\omega r \, dr$[V]
　　여기서, 주변속도 : $v = \omega r$[m/s]

② 유도기전력 : $e = \displaystyle\int de = \int_0^a B\omega r \, dr = \dfrac{\omega Ba^2}{2}$ [V]

③ 전류 : $I = \dfrac{e}{R} = \dfrac{\omega Ba^2}{2R}$ [A]

┃단극 발전기┃

문제의 네모칸에 체크를 해보세요. 그 문제가 이해되지 않았다면
✓ 표시를 해서 그 문제는 나중에 다시 풀어 완전하게 숙지하세요(★ : 중요도).

DAY 01
DAY 02
DAY 03
DAY 04
DAY 05
DAY 06
DAY 07
DAY 08
DAY 09
DAY 10

★★★ 기사 96년 6회, 97년 2회, 99년 6회, 00년 6회, 08년 2회

115 전자유도법칙과 관계없는 것은?

① 노이만(Neumann)의 법칙
② 렌츠(Lentz)의 법칙
③ 비오-사바르(Biot-Savart)의 법칙
④ 가우스(Gauss)의 법칙

해설

가우스의 법칙은 전기력선 밀도를 적용해 대칭 정전계의 세기를 구하기 위하여 이용되는 법칙이다.

★★★ 기사 96년 4회, 00년 6회 / 산업 01년 2회, 02년 2회

116 자속 ϕ[Wb]가 주파수 f[Hz]로 $\phi = \phi_m \sin 2\pi ft$[Wb]일 때 이 자속과 쇄교하는 권수 N회인 코일에 발생하는 기전력은 몇 [V]인가?

① $-2\pi fN\phi_m \cos 2\pi ft$
② $-2\pi fN\phi_m \sin 2\pi ft$
③ $2\pi fN\phi_m \tan 2\pi ft$
④ $2\pi fN\phi_m \sin 2\pi ft$

해설

$$e = -N\frac{d\phi}{dt} = -N\frac{d}{dt}\phi_m \sin 2\pi ft$$
$$= -N\phi_m \frac{d}{dt}\sin 2\pi ft$$
$$= -2\pi fN\phi_m \cos 2\pi ft[\text{V}]$$

Comment

유도기전력을 구하기 위해서는 미분을 취해야 하므로 sin을 미분하면 cos이 된다. 유도기전력 공식에서 −부호가 있으므로 −cos이 들어가 있는 항을 찾으면 정답이 된다. 따라서 ①번이 정답이다.

★★★ 기사 94년 2회, 99년 6회, 02년 2회, 03년 2회

117 N회의 권선에 최대값 1[V], 주파수 f[Hz]인 기전력을 유기시키기 위한 쇄교 자속의 최대값[Wb]은?

① $\dfrac{f}{2\pi N}$
② $\dfrac{2N}{\pi}f$
③ $\dfrac{1}{2\pi fN}$
④ $\dfrac{N}{2\pi f}$

해설

최대 유도기전력
$e_m = \omega N\phi_m = 2\pi fN\phi_m = 1$[V]에서
$$\therefore \phi_m = \frac{e_m}{2\pi fN} = \frac{1}{2\pi fN}[\text{Wb}]$$

★★★★ 기사 91년 6회, 96년 4회, 01년 2회 / 산업 91년 2회

118 한 변의 길이가 각각 a[m], b[m]인 그림과 같은 구형 도체가 X축 방향으로 v[m/s]의 속도로 움직이고 있다. 이때 자속밀도는 $X-Y$평면에 수직이고 어느 곳에서든지 크기가 일정한 B[Wb/m²]이다. 이 도체의 저항을 R[Ω]이라고 할 때 흐르는 전류는 몇 [A]이겠는가?

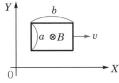

① 0
② $\dfrac{Babv}{R}$
③ $\dfrac{Bv}{R}$
④ $\dfrac{2Bav}{R}$

해설 자계 내 도체에 발생되는 유도기전력

㉠ 직선 도체 : $e = Blv\sin\theta$[V]
㉡ 구형 도체 : $e = 0$

★★★ 기사 90년 6회, 92년 2회, 13년 3회 / 산업 94년 6회

119 철도의 서로 절연되고 있는 레일간격이 1.5[m]로서 열차가 72[km/h]의 속도로 달리고 있을 때 차축이 지구자계의 수직분력 $B = 0.2 \times 10^{-4}$[Wb/m²]를 절단하는 경우 레일 간에 발생하는 기전력은 몇 [V]인가?

① 2126
② 3160
③ 6×10^{-4}
④ 6×10^{-5}

해설

열차의 차축(도체)이 지구자계를 끊을 때 유도기전력 e가 발생된다.
$$\therefore e = Blv\sin\theta$$
$$= 0.2 \times 10^{-4} \times 1.5 \times \frac{72 \times 10^3}{3600} = 6 \times 10^{-4}[\text{V}]$$

정답 115 ④ 116 ① 117 ③ 118 ① 119 ③

학습목표
- 전자계 특수현상에 대해서 이해할 수 있다.
- 각 도체에 따른 인덕턴스와 축적되는 에너지를 구할 수 있다.
- 변위전류, 맥스웰 기초방정식, 포인팅 벡터에 대해서 이해할 수 있다.

출제율 25%

5 전자계 특수현상

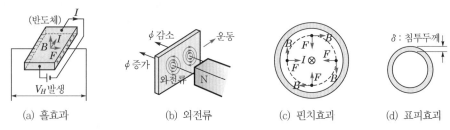

(a) 홀효과   (b) 와전류   (c) 핀치효과   (d) 표피효과

① **스트레치효과(stretch effect)** : 정사각형의 가요성 전선에 대전류를 흘리면, 각 변에는 반발력(전자력)이 작용하여 도선은 원형의 모양이 되는 현상을 말한다.

② **홀효과(hall effect)** : 반도체에 전류 I를 흘려 이것과 직각방향으로 자속밀도 B를 가하면 플레밍 왼손법칙에 의해 그 양면의 직각방향으로 기전력이 발생하는 현상을 말한다.

③ **와전류(eddy current)** : 자성체 중에서 자속이 변화하면 기전력이 발생하고, 이 기전력에 의해 자성체 중에 그림 (b)와 같이 소용돌이 모양의 전류가 흐르는 현상을 말한다.

④ **핀치효과(pinch effect)** : 액체상태의 원통상 도선에 직류전압을 인가하면 도체 내부에 자장이 생겨 로렌츠의 힘(구심력)으로 전류가 원통 중심방향으로 수축하여 전류의 단면은 점차 작아져 전류가 흐르지 않게 되는 현상을 말한다.

⑤ **표피효과(skin effect)**
   ㉠ 도체에 고주파 전류를 흘리면 전류가 도체의 표면 부근에만 흐르는 현상을 말한다.
   ㉡ 침투두께 : $\delta = \sqrt{\dfrac{2\rho}{\omega\mu}} = \sqrt{\dfrac{1}{\pi f\mu\sigma}}$ [m]
     여기서, ρ : 고유저항, σ : 도전율, $\omega = 2\pi f$: 각주파수, f : 주파수

6 열전현상

① **제베크효과(Seebeck effect, 열기전력)** : 두 종류의 금속을 루프상으로 이어서(열전대) 두 접속점을 다른 온도로 유지하면, 이 회로에 전류(열전류)가 흐르는 현상을 말한다.

② **펠티에효과(Peltier effect)** : 두 종류의 금속의 접속점을 통하여 전류가 흐를 때 접속점에 줄열 이외의 발열 또는 흡열이 일어나는 현상을 말한다.

③ **톰슨효과(Thomson effect)** : 동일 금속이라도 부분적으로 온도가 다른 금속선에 전류를 흘리면 온도 구배가 있는 부분에 줄열 이외의 발열 또는 흡열이 일어나는 현상을 말한다.

DAY 01
DAY 02
DAY 03
DAY 04
DAY 05
DAY 06
DAY 07
DAY 08
DAY 09
DAY 10

문제의 네모칸에 체크를 해보세요. 그 문제가 이해되지 않았다면
✓ 표시를 해서 그 문제는 나중에 다시 풀어 완전하게 숙지하세요(★ : 중요도).

★ 기사 93년 3회, 02년 1회, 09년 2회, 16년 1회 / 산업 90년 6회

120 전류가 흐르고 있는 도체의 직각방향으로 자계를 가하면, 도체 측면에 정(+)의 전하가 생기는 것을 무슨 효과라 하는가?

① Thomson 효과 ② Peltier 효과
③ Seebeck 효과   ④ Hall 효과

★★★ 기사 99년 4회, 00년 2회, 09년 1회, 12년 1회, 13년 1회, 16년 2·3회 / 산업 94년 2회

121 표면 부근에 집중해서 전류가 흐르는 현상을 표피효과라 하는데 표피효과에 대한 설명으로 잘못된 것은?

① 도체에 교류가 흐르면 표면에서부터 중심으로 들어갈수록 전류밀도가 작아진다.
② 표피효과는 고주파일수록 심하다.
③ 표피효과는 도체의 전도도가 클수록 심하다.
④ 표피효과는 도체의 투자율이 작을수록 심하다.

📝 해설

침투두께(표피두께) $\delta = \dfrac{1}{\sqrt{\pi f \mu \sigma}}$[m]에서 f, μ, σ 가 클수록 침투두께는 작아지고, 침투두께가 작아질수록 표피효과는 심해진다.

👨‍🏫 Comment

표피효과 억제대책 : 연선, 복도체, 다도체 사용

★★★ 기사 93년 3회, 10년 1회

122 도전도 $k = 6 \times 10^{17}$[℧/m], 투자율 $\mu = \dfrac{6}{\pi} \times 10^{-7}$[H/m]인 평면 도체 표면에 10[kHz]의 전류가 흐를 때, 침투되는 깊이 δ[m]는?

① $\dfrac{1}{6} \times 10^{-7}$ ② $\dfrac{1}{8.5} \times 10^{-7}$
③ $\dfrac{36}{\pi} \times 10^{-10}$ ④ $\dfrac{36}{\pi} \times 10^{-6}$

📝 해설

$$\delta = \sqrt{\frac{2\rho}{\omega\mu}} = \frac{1}{\sqrt{\pi f \mu k}}$$

$$= \frac{1}{\sqrt{\pi \times (10 \times 10^3) \times \dfrac{6}{\pi} \times 10^{-7} \times 6 \times 10^{17}}}$$

$$= \frac{1}{\sqrt{6^2 \times 10^{14}}} = \frac{1}{6 \times 10^7} = \frac{1}{6} \times 10^{-7}[\text{m}]$$

★★★ 기사 94년 4회, 01년 2회, 08년 2회, 11년 2·3회, 14년 2회

123 내부장치 또는 공간을 물질로 포위시켜 외부 자계의 영향을 차폐시키는 방식을 자기차폐라 한다. 자기차폐에 좋은 물질은?

① 강자성체 중에서 비투자율이 큰 물질
② 강자성체 중에서 비투자율이 작은 물질
③ 비투자율이 1보다 작은 역자성체
④ 비투자율에 관계없이 물질의 두께에만 관계되므로 되도록 두꺼운 물질

📝 해설

자기차폐란 강자성체로 둘러싸인 공간 내에 있는 물체나 장치에는 외부자기장의 영향이 미치지 않는 현상을 말한다.

👨‍🏫 Comment

자기차폐의 특징
• 정전차폐는 완전차폐가 가능하나 자기차폐는 비교적 불완전하다.
• 투자율이 큰 자성체일수록 자기차폐가 더욱 효과적으로 일어난다.

★★★★★ 기사 98년 2회, 08년 3회 / 산업 94년 4회, 00년 6회, 03년 3회, 05년 2회, 09년 1회

124 두 종류의 금속으로 하나의 폐회로를 만들고 여기에 전류를 흘리면 접속점에 열의 흡수나 발생이 일어나는 효과를 무엇이라 하는가?

① Pinch 효과
② Peltier 효과
③ Thomson 효과
④ Seebeck 효과

정답 120 ④ 121 ④ 122 ① 123 ① 124 ②

제11장 인덕턴스

1 개요

① 변압기에 교류전원을 인가하면 권선을 통과하는 자속은 전류와 동일하게 시간에 따라 주기적으로 변하므로 이로부터 변압기 권선에는 유도기전력이 발생된다.

② 이때 전류의 변화량 $\dfrac{di(t)}{dt}$ 와 유도기전력 e 의 관계를 나타내는 비례상수를 인덕턴스 (L, inductance)라 부르며 단위는 [H, 헨리]를 사용한다.

2 인덕턴스와 쇄교자속

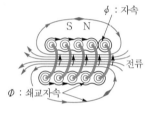

(a) 자속과 쇄교자속

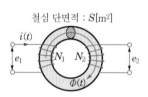

(b) 1·2차 유도기전력

① 유도기전력 : $e = -N\dfrac{d\phi(t)}{dt} = -L\dfrac{di(t)}{dt}$ [V]

② 쇄교자속 : $\varPhi = N\phi = LI$ [Wb]

③ 인덕턴스 : $L = \dfrac{\varPhi}{I} = \dfrac{N}{I} \times \phi = \dfrac{N}{I} \times \dfrac{F}{R_m} = \dfrac{N^2}{R_m} = \dfrac{\mu S N^2}{l}$ [H]

여기서, 자속 : $\phi = \dfrac{F}{R_m}$, 기자력 : $F = IN$, 자기저항 : $R_m = \dfrac{\mu S}{l}$ [AT/Wb]

④ 인덕턴스에 축적되는 에너지(전류에 의한 자계에너지)

$$W_L = \frac{1}{2}LI^2 = \frac{1}{2}\varPhi I = \frac{\varPhi^2}{2L} = \frac{1}{2}N\phi I = \frac{1}{2}F\phi \text{[J]}$$

⑤ 자계에너지 밀도 : $w_m = \dfrac{1}{2}\mu H^2 = \dfrac{1}{2}HB = \dfrac{B^2}{2\mu}$ [J/m³]

3 변압기 1·2차측 전압

① 1차측 전압 : $e_1 = -N_1\dfrac{d\phi(t)}{dt} = -L\dfrac{di(t)}{dt}$ [V] (여기서, L : 자기인덕턴스)

② 2차측 전압 : $e_2 = -N_2\dfrac{d\phi(t)}{dt} = -M\dfrac{di(t)}{dt}$ [V] (여기서, M : 상호인덕턴스)

③ 자기전류에 의해 발생된 유도기전력(e_1)의 비례상수를 L이라 하며, 상대방 전류의 상호작용에 의해 발생된 유도기전력(e_2)의 비례상수를 M이라 한다.

DAY 01
DAY 02
DAY 03
DAY 04
DAY 05
DAY 06
DAY 07
DAY 08
DAY 09
DAY 10

☑ 문제의 네모칸에 체크를 해보세요. 그 문제가 이해되지 않았다면
✓ 표시를 해서 그 문제는 나중에 다시 풀어 완전하게 숙지하세요(★ : 중요도).

★★★★★ 기사 94년 2회, 98년 6회, 02년 3회, 04년 1회, 12년 3회, 15년 1회 / 산업 93년 2회

125 인덕턴스의 단위와 같지 않은 것은?

① $[\text{Wb/A}]$ ② $\left[\dfrac{\text{V}}{\text{A}} \cdot \text{S}\right]$

③ $\left[\dfrac{1}{\text{A}} \cdot \dfrac{1}{\text{S}}\right]$ ④ $[\text{J/A}^2]$

해설

① 쇄교자속 $\Phi = N\phi = LI$ 에서

∴ 인덕턴스 $L = \dfrac{\Phi}{I}[\text{Wb/A}]$

② 유도기전력 $e = -L\dfrac{di}{dt}$ 에서

∴ $L = -\dfrac{e \cdot dt}{di}\left[\dfrac{\text{V} \cdot \text{sec}}{\text{A}} = \Omega \cdot \text{sec}\right]$

④ 코일에 축적된 에너지 $W = \dfrac{1}{2}LI^2$ 에서

∴ $L = \dfrac{2W}{I^2}[\text{J/A}^2]$

Comment

$\dfrac{L}{R}$ 의 단위차원은 [sec]가 된다. 따라서 $\tau = \dfrac{L}{R}$ 을 시정수 또는
시상수라 한다.

★★ 기사 91년 2회, 96년 6회 / 산업 08년 1회

126 철심에 25회의 권선을 감고 1[A]의 전류를 통
했을 때 0.01[Wb]의 자속이 발생하였다. 같
은 철심을 사용하여 자기인덕턴스를 0.25[H]
로 하려면 도선의 권수[T]는?

① 25 ② 50

③ 75 ④ 100

해설

㉠ 1차 자기인덕턴스($\Phi = N\phi = LI$)

$L_1 = \dfrac{N_1}{I} \times \phi = \dfrac{25}{1} \times 0.01 = 0.25[\text{H}]$

㉡ 자기인덕턴스 $L = \dfrac{\mu S N^2}{l} \propto N^2$ 이므로

$L_1 : L_2 = N_1^2 : N_2^2$ 이 관계를 갖는다.

∴ 따라서 2차 권선수는

$N_2 = \sqrt{\dfrac{L_2 N_1^2}{L_1}} = \sqrt{\dfrac{1 \times 25^2}{0.25}} = 25[\text{T}]$

Comment

$L_2 = \dfrac{N_2^2}{N_1^2} \times L_1$ 에서 $N_2 = \sqrt{\dfrac{L_2 N_1^2}{N_1^2}}$

★★★ 기사 91년 2회, 92년 6회, 96년 6회, 98년 2회, 03년 1회, 12년 2회

127 비투자율 1000, 단면적 10[cm²], 자로의
길이 100[cm], 권수 1000회인 철심 환상
솔레노이드에 10[A]의 전류가 흐를 때 저축
되는 자기에너지는 몇 [J]인가?

① 62.8 ② 6.28

③ 31.4 ④ 3.14

해설

자기인덕턴스

$L = \dfrac{\mu S N^2}{l} = \dfrac{\mu_0 \mu_s S N^2}{l}$

$= \dfrac{4\pi \times 10^{-7} \times 10^3 \times (10 \times 10^{-4}) \times 1000^2}{100 \times 10^{-2}}$

$= 4\pi \times 10^{-1}[\text{H}]$

∴ 코일에 저장되는 자기에너지

$W_L = \dfrac{1}{2}LI^2 = \dfrac{1}{2} \times 4\pi \times 10^{-1} \times 10^2 = 62.8[\text{J}]$

Comment

공심 환상 솔레노이드의 경우 $\mu_s = 1$이 된다(공심은 철심 없이
코일만 감은 상태).

★★★★★ 산업 05년 2회, 16년 2회

128 환상 철심에 권수 N_A 인 A코일과 권수 N_B
인 B코일이 있을 때, A코일에 전류 I가
120[A/s]로 변화할 때, 코일 A에 90[V], 코
일 B에 40[V]의 기전력이 유도된 경우, 상
호인덕턴스 M의 값은 얼마인가?

① $M = 0.33[\text{H}]$ ② $M = 0.7[\text{H}]$

③ $M = 0.9[\text{H}]$ ④ $M = 1.1[\text{H}]$

해설

$\dfrac{di(t)}{dt} = 120[\text{A/s}]$이고, $e_B = 40[\text{V}]$이므로

B코일의 유도기전력 $e_B = -M\dfrac{di(t)}{dt}$ 에서

∴ $M = e_B \times \dfrac{dt}{di(t)} = \dfrac{40}{120} = 0.33[\text{H}]$

Comment

A코일의 유도기전력 $e_A = -L\dfrac{di(t)}{dt}$ 에서

∴ $L = e_A \times \dfrac{dt}{di(t)} = \dfrac{90}{120} = 0.75[\text{H}]$

정답 125 ③ 126 ① 127 ① 128 ①

자주 출제되는
핵심이론

핵심이론은 처음에는 그냥 한 번 읽어주세요.
옆의 기출문제를 풀어본 후 다시 한 번 핵심이론을 읽으면서 암기하세요.

4 자기 또는 상호 인덕턴스와 결합계수

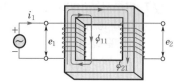

(a) 1차 회로에 전류가 흐를 경우

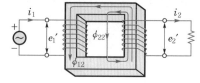

(b) 2차 회로에 전류가 흐를 경우

① 1차측 자기인덕턴스 : $L_1 = \dfrac{N_1 \phi_1}{i_1} = \dfrac{N_1}{i_1} \times \dfrac{F_1}{R_m} = \dfrac{\mu S N_1^2}{l}$ [H] $\left(\dfrac{\mu S}{l} = \dfrac{L_1}{N_1^2} \right)$

② 2차측 자기인덕턴스 : $L_2 = \dfrac{N_2 \phi_2}{i_2} = \dfrac{N_2}{i_2} \times \dfrac{F_2}{R_m} = \dfrac{\mu S N_2^2}{l} = \left(\dfrac{N_2}{N_1} \right)^2 \times L_1$ [H]

③ 상호인덕턴스 $(M_{21} = M_{12} = M)$

　㉠ $M_{21} = \dfrac{N_2 \phi_{21}}{i_1} = \dfrac{N_2}{i_1} \times \dfrac{F_1}{R_m} = \dfrac{\mu S N_1 N_2}{l} = \dfrac{N_2}{N_1} \times L_1$ [H]

　㉡ $M_{12} = \dfrac{N_1 \phi_{21}}{i_2} = \dfrac{N_1}{i_2} \times \dfrac{F_2}{R_m} = \dfrac{\mu S N_1 N_2}{l} = \dfrac{N_2}{N_1} \times L_1$ [H]

④ 결합계수

　㉠ 결합계수 : $k = \sqrt{\dfrac{\phi_{21}}{\phi_1} \times \dfrac{\phi_{12}}{\phi_2}} = \sqrt{\dfrac{M_{21}}{L_1} \times \dfrac{M_{12}}{L_2}} = \dfrac{M}{\sqrt{L_1 L_2}}$

　㉡ $k = 1$인 상태를 자기적인 완전결합, $k = 0$인 상태를 자기적인 비결합이라 한다.

5 각 도체에 따른 자기인덕턴스 ($LC = \mu \varepsilon$의 관계)

구 분	인덕턴스
무한장 솔레노이드	① 단위길이당 권선수 $n_0 = \dfrac{N}{l}$ 에서 $N = n_0 l$가 된다. ② 인덕턴스 : $L = \dfrac{\mu S N^2}{l} = \mu S n_0^2 l$ [H] $= \mu S n_0^2$ [H/m]
환상 솔레노이드	① 솔레노이드의 평균길이 $l = 2\pi r$ [m]이므로 ② 인덕턴스 : $L = \dfrac{\mu S N^2}{l} = \dfrac{\mu S N^2}{2\pi r}$ [H]
원통 도체 또는 동축 케이블	① 내부 인덕턴스 : $L_i = \dfrac{\phi_i}{I} = \dfrac{\mu_0}{8\pi}$ [H/m] ② 외부 인덕턴스 : $L_e = \dfrac{\phi_e}{I} = \dfrac{\mu_0}{2\pi} \ln \dfrac{b}{a}$ [H/m] ③ 전체 인덕턴스 : $L = L_i + L_e = \dfrac{\mu_0}{8\pi} + \dfrac{\mu_0}{2\pi} \ln \dfrac{b}{a}$ [H/m]
평행왕복도선	① 동축 케이블 2가닥이 포설된 것이므로 L도 2배가 된다. ② 전체 인덕턴스 : $L = L_i + L_e = \dfrac{\mu_0}{4\pi} + \dfrac{\mu_0}{\pi} \ln \dfrac{d}{a}$ [H/m]

DAY 01
DAY 02
DAY 03
DAY 04
DAY 05
DAY 06
DAY 07
DAY 08
DAY 09
DAY 10

★★★★★ 기사 02년 3회, 03년 1회, 12년 2회, 13년 3회, 16년 2회 / 산업 01년 3회, 16년 3회

129 철심이 들어 있는 환상 코일에서 1차 코일의 권수가 100회일 때 자기인덕턴스는 0.01[H]이었다. 이 철심에 2차 코일을 200회 감았을 때 상호인덕턴스는 몇 [H]인가?

① 0.01
② 0.02
③ 0.03
④ 0.04

해설

상호인덕턴스

$$M = \frac{N_2}{N_1} \times L_1 = \frac{200}{100} \times 0.01 = 0.02[\text{H}]$$

Comment

2차측 자기인덕턴스

$$L_2 = \left(\frac{N_2}{N_1}\right)^2 \times L_1 = \left(\frac{200}{100}\right)^2 \times 0.01 = 0.04[\text{H}]$$

★★★★★ 산업 98년 2회

130 자기유도계수가 각각 L_1, L_2인 A, B 2개의 코일이 있다. 상호유도계수 $M = \sqrt{L_1 L_2}$라고 할 때 다음 중 틀린 것은?

① A코일에서 만든 자속은 전부 B코일과 쇄교되어진다.
② 두 코일이 만드는 자속은 항상 같은 방향이다.
③ A코일에 1초 동안에 1[A]의 전류변화를 주면 B코일에는 1[V]가 유기된다.
④ L_1, L_2는 부(−)의 값을 가질 수 없다.

해설

㉠ 상호인덕턴스 $M = k\sqrt{L_1 L_2}$ 에서 $k = 1$은 자기적인 완전결합을 의미한다. 즉, A코일에서 만든 자속은 전부 B코일과 쇄교된다($\phi_1 = \phi_{21}$, $\phi_{11} = 0$).
㉡ A코일에 시간에 따라 변화하는 전류를 인가하면 B코일에는 $e = -M\dfrac{di_A}{dt}$의 기전력이 유도된다.

따라서 $\dfrac{di_A}{dt} = 1$을 인가하면 B코일에는 $M[\text{V}]$의 기전력이 유도된다.

★★★★ 기사 93년 1회, 97년 6회, 06년 1회

131 그림과 같은 1[m]당 권선수 n, 반지름 a[m]의 무한장 솔레노이드에서 자기인덕턴스는 n과 a 사이에 어떤 관계가 있는가?

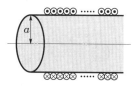

① a와는 상관없고 n^2에 비례한다.
② a와 n의 곱에 비례한다.
③ a^2과 n^2의 곱에 비례한다.
④ a^2에 반비례하고 n^2에 비례한다.

해설

단위길이(1[m])당 권선수 $n = \dfrac{N}{l}$에서

권선수 $N = nl$이므로 $N^2 = n^2 l^2$

$$\therefore L = \frac{\mu S N^2}{l} = \frac{\mu S n^2 l^2}{l} = \mu S n^2 l[\text{H}]$$
$$= \mu S n^2[\text{H/m}] \text{ (여기서, } S = \pi a^2)$$

★★★★ 기사 93년 1회, 13년 2회 / 산업 93년 2회, 98년 4회, 04년 3회

132 균일하게 원형 단면을 흐르는 전류 I[A]에 의한 반지름 a[m], 길이 l[m], 비투자율 μ_s인 원통 도체의 내부 인덕턴스는 몇 [H]인가?

① $\dfrac{1}{2} \times 10^{-7} \mu_s l$
② $10^{-7} \mu_s l$
③ $2 \times 10^{-7} \mu_s l$
④ $\dfrac{1}{2a} \times 10^{-7} \mu_s l$

해설

동축 케이블의 내부 인덕턴스

$$L_i = \frac{\mu l}{8\pi} = \frac{\mu_0 \mu_s l}{8\pi} = \frac{4\pi \times 10^{-7} \times \mu_s \times l}{8\pi}$$
$$= \frac{1}{2} \times 10^{-7} \times \mu_s[\text{H}]$$

Comment

구리 또는 알루미늄 도체의 경우 $\mu_s \doteqdot 1$

정답 **129** ② **130** ③ **131** ③ **132** ①

자주 출제되는

핵심이론

핵심이론은 처음에는 그냥 한 번 읽어주세요.
옆의 기출문제를 풀어본 후 다시 한 번 핵심이론을 읽으면서 암기하세요.

제12장 전자계

1 변위전류(displacement current)

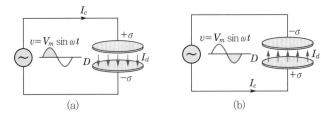
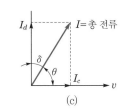

(a)　　　　(b)　　　　(c)

① 전도전류밀도 : $i_c = \dfrac{I_c}{S} = kE[\text{A/m}^2]$ (여기서, E : 전계의 세기[V/m])

② 변위전류밀도 : $i_d = \dfrac{I_d}{S} = \dfrac{\partial D}{\partial t} = \varepsilon\dfrac{\partial E}{\partial t} = j\omega\varepsilon E[\text{A/m}^2]$ (여기서, $\omega = 2\pi f$)

③ 임계주파수

　　㉠ 전도전류와 변위전류의 크기가 같아질 때($I_c = I_d$)의 주파수를 의미한다.

　　㉡ 전도전류 : $I_c = \dfrac{V}{R} = kES[\text{A}]$, 변위전류 : $I_d = \omega\varepsilon SE = \omega CV[\text{A/m}^2]$

　　∴ 임계주파수 : $f_c = \dfrac{k}{2\pi\varepsilon} = \dfrac{\sigma}{2\pi\varepsilon} = \dfrac{1}{2\pi CR}[\text{Hz}]$ (여기서, $k = \sigma$: 도전율)

④ 유전체 손실각(유전체 역률) : $\tan\delta = \dfrac{I_R}{I_C} = \dfrac{I_c}{I_d} = \dfrac{k}{\omega\varepsilon} = \dfrac{k}{2\pi f\varepsilon} = \dfrac{f_c}{f}$

2 맥스웰 전자 기초방정식

구 분	미분형	적분형
앙페르의 주회적분법칙	$\operatorname{rot} H = \nabla \times H = i = i_c + \dfrac{\partial D}{\partial t}$	$\oint_C H\,dl = i = i_c + \displaystyle\int_S \dfrac{\partial D}{\partial t}\,ds$
패러데이의 전자유도법칙	$\operatorname{rot} E = \nabla \times E = -\dfrac{\partial B}{\partial t}$	$\oint_C E\,dl = -\displaystyle\int_S \dfrac{\partial B}{\partial t}\,ds$
전계 가우스 발산정리	$\operatorname{div} D = \nabla \cdot D = \rho$	$\oint_S D\,ds = \displaystyle\int_V \rho\,dv = Q$
자계 가우스 발산정리	$\operatorname{div} B = \nabla \cdot B = 0$	$\oint_S B\,ds = 0$

① 전계의 시간적 변화에는 회전하는 자계를 발생시킨다.

② 자계가 시간에 따라 변화하면 회전하는 전계가 발생한다.

③ 전하가 존재하면 전속선이 발생한다.

④ 고립된 자극은 없고 N극, S극은 함께 공존한다.

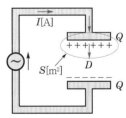

바로바로 풀어보는
기출문제

✓ 문제의 네모칸에 체크를 해보세요. 그 문제가 이해되지 않았다면
  ✓ 표시를 해서 그 문제는 나중에 다시 풀어 완전하게 숙지하세요(★ : 중요도).

DAY 01
DAY 02
DAY 03
DAY 04
DAY 05
DAY 06
DAY 07
DAY 08
DAY 09
DAY 10

★★★ 기사 05년 3회, 12년 2회

133 유전체 내에서 변위전류를 발생시키는 것은?

① 분극전하밀도의 시간적 변화
② 전속밀도의 시간적 변화
③ 자속밀도의 시간적 변화
④ 분극전하밀도의 공간적 변화

해설

변위전류밀도 : $i_d = \dfrac{\partial D}{\partial t}$

∴ 전속밀도의 시간적 변화

★★★★ 기사 99년 4회, 01년 3회, 08년 1회, 12년 1회

134 변위전류에 의하여 전자파가 발생되었을 때 전자파의 위상은?

① 90° 빠르다.   ② 90° 늦다.
③ 30° 빠르다.   ④ 30° 늦다.

★ 기사 01년 2회, 04년 1회

135 전력용 유입 커패시터가 있다. 유(기름)의 비유전율 $\varepsilon_s = 2$이고 인가된 전계 $E = 200\sin\omega t$ [V/m]일 때 커패시터 내부에서의 변위전류밀도는 몇 [A/m²]인가?

① $400\varepsilon_0\omega\cos\omega t$ ② $400\varepsilon_0\sin\omega t$
③ $200\varepsilon_0\omega\cos\omega t$ ④ $400\varepsilon_0\omega\sin\omega t$

해설

$i_d = \dfrac{\partial D}{\partial t} = \varepsilon\dfrac{\partial E}{\partial t} = \varepsilon_0\varepsilon_s\dfrac{\partial}{\partial t}200\sin\omega t$

$= 200\,\varepsilon_0\varepsilon_s\,\omega\cos\omega t = 400\,\varepsilon_0\,\omega\cos\omega t$

Comment

• $\dfrac{d}{dt}\sin\omega t = \omega\cos\omega t$

• $\dfrac{d}{dt}\cos\omega t = -\,\omega\sin\omega t$

★ 기사 00년 4회, 05년 3회

136 유전체에 전도전류 i_c와 변위전류 i_d가 흘러 양 전류의 크기가 같게 되는 임계주파수를 f_c라 할 때 임의의 주파수 f에 있어서의 유전체 역률 $\tan\delta$는?

① $\dfrac{f}{f_c}$ ② $\dfrac{f_c}{f}$
③ $f \cdot f_c$ ④ $\dfrac{f^2}{f_c}$

★★★ 기사 14년 2회 / 산업 00년 2회, 04년 3회

137 전자계에 대한 맥스웰의 기본이론이 아닌 것은?

① 자계의 시간적 변화에 따라 전계의 회전이 생긴다.
② 전도전류는 자계를 발생시키나, 변위전류는 자계를 발생시키지 않는다.
③ 자극은 N-S극이 항상 공존한다.
④ 전하에서는 전속선이 발산된다.

해설

전도전류와 변위전류는 모두 주위에 자계를 만든다.

★ 기사 92년 6회, 08년 2회, 12년 2회

138 그림과 같은 평행판 콘덴서에 교류전원을 접속할 때 전류의 연속성에 대해서 성립하는 식은? (단, E : 전계, D : 자속밀도, ρ : 체적전하밀도, i_c : 전도전류밀도, B : 자속밀도, t : 시간)

① $\nabla \cdot D = \rho$

② $\nabla \times E = -\dfrac{\partial B}{\partial t}$

③ $\nabla \cdot \left(i_c + \dfrac{\partial D}{\partial t}\right) = 0$

④ $\nabla \cdot B = 0$ 자속선이 발산된다.

해설

전류밀도 $i = i_c + i_d = kE + \dfrac{\partial D}{\partial t}$ 이므로

전류의 연속성 공식 $\text{div}\,i = 0$에서

∴ $\text{div}\,i = \nabla \cdot i = \nabla \cdot \left(i_c + \dfrac{\partial D}{\partial t}\right) = 0$

정답 133 ② 134 ② 135 ① 136 ② 137 ② 138 ③

3 평면 전자파(plane polarized electromagnetic wave)의 개요

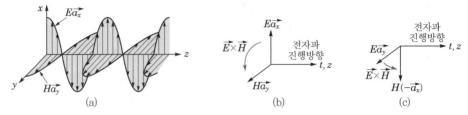

(a)   (b)   (c)

① 전계와 자계의 진동면이 각각 하나의 평면 내에 국한되어 있는 전자파를 평면 전자파라 하고, 이때의 파면은 z 축에 수직인 평면으로 진행하기 때문에 평면파라 한다.

② 그림에서 보는 것과 같이 전계와 자계의 위상은 서로 같다(동위상).

③ 전자파의 진행방향 $\vec{S} = \vec{E} \times \vec{H}$의 관계를 가지므로 시간에 따라 z 방향으로 진행하는 전자파의 전계와 자계의 관계는 다음과 같다.

   ㉠ 그림 (b) : 전계가 $\vec{a_x}$ 성분으로 작용하면 자계는 $\vec{a_y}$ 성분으로 발생한다.

   ㉡ 그림 (c) : 전계가 $\vec{a_y}$ 성분으로 작용하면 자계는 $-\vec{a_x}$ 성분으로 발생한다.

④ 전자계 파동방정식(wave equation)

   ㉠ 전계식 : $\nabla^2 E = \varepsilon \mu \dfrac{\partial^2 E}{\partial t^2}$

   ㉡ 자계식 : $\nabla^2 H = \varepsilon \mu \dfrac{\partial^2 H}{\partial t^2}$

4 평면파와 전자계의 성질

① 전자파의 전파속도 : $v = \dfrac{1}{\sqrt{\varepsilon \mu}} = \dfrac{1}{\sqrt{\varepsilon_0 \varepsilon_s \mu_0 \mu_s}} = \dfrac{3 \times 10^8}{\sqrt{\varepsilon_s \mu_s}}$ [m/s]

   (여기서, $\dfrac{1}{\sqrt{\varepsilon_0 \mu_0}} = 3 \times 10^8$ [m/s], $LC = \mu \varepsilon$, 위상정수 : $\beta = \omega \sqrt{LC}$)

② 전파속도의 변형 : $v = \dfrac{1}{\sqrt{\varepsilon \mu}} = \dfrac{1}{\sqrt{LC}} = \dfrac{\omega}{\beta}$ [m/s]

③ 전자파 파장의 길이 : $\lambda = \dfrac{v}{f} = \dfrac{\omega}{f \beta} = \dfrac{2\pi}{\beta}$ [m] (여기서, $\omega = 2\pi f$)

④ 공진주파수 f_r에서의 파장의 길이 : $\lambda = \dfrac{v}{f_r}$ [m] (여기서, $f_r = \dfrac{1}{2\pi \sqrt{LC}}$ [Hz])

⑤ 파동임피던스(wave impedance)

   ㉠ 전계와 자계의 비를 파동임피던스 또는 고유임피던스라 한다.

   ㉡ 진공 중 : $Z_0 = \dfrac{E}{H} = \sqrt{\dfrac{\mu_0}{\varepsilon_0}} = 120\pi \fallingdotseq 377$ [Ω]

   ㉢ 매질 중 : $Z = \dfrac{E}{H} = \sqrt{\dfrac{\mu}{\varepsilon}} = \sqrt{\dfrac{\mu_0}{\varepsilon_0}} \sqrt{\dfrac{\mu_s}{\varepsilon_s}} = 120\pi \sqrt{\dfrac{\mu_s}{\varepsilon_s}}$ [Ω]

DAY 01
DAY 02
DAY 03
DAY 04
DAY 05
DAY 06
DAY 07
DAY 08
DAY 09
DAY 10

문제의 네모칸에 체크를 해보세요. 그 문제가 이해되지 않았다면
✔ 표시를 해서 그 문제는 나중에 다시 풀어 완전하게 숙지하세요(★ : 중요도).

★★★ 기사 93년 5회, 00년 2회, 01년 1회, 03년 3회, 10년 3회

139 z방향으로 진행하는 평면파로 맞지 않는 것은?

① z성분이 0이다.
② x의 미분계수(도함수)가 0이다.
③ y의 미분계수가 0이다.
④ z의 미분계수가 0이다.

해설

㉠ z방향으로 진행하는 평면 전자파는 z성분이 존재하지 않는다($E_z = H_z = 0$).
㉡ x와 y에 관한 도함수는
$$\frac{\partial E}{\partial x} = \frac{\partial H}{\partial x} = \frac{\partial E}{\partial y} = \frac{\partial H}{\partial y} = 0$$ 이 되어
∴ E_x, E_y, H_x, H_y 및 $\frac{\partial E}{\partial z}$, $\frac{\partial H}{\partial z}$ 값이 존재한다.

★★★★ 기사 93년 2회, 94년 2회, 00년 2회, 08년 2회, 12년 1회

140 매질이 완전 절연체인 경우의 전자 파동방정식을 표시하는 것은?

① $\nabla^2 E = \varepsilon\mu\dfrac{\partial E}{\partial t}$, $\nabla^2 H = k\mu\dfrac{\partial H}{\partial t}$

② $\nabla^2 E = \varepsilon\mu\dfrac{\partial^2 E}{\partial t}$, $\nabla^2 H = k\mu\dfrac{\partial^2 E}{\partial t^2}$

③ $\nabla^2 E = \varepsilon\mu\dfrac{\partial^2 E}{\partial t^2}$, $\nabla^2 H = \varepsilon\mu\dfrac{\partial^2 H}{\partial t^2}$

④ $\nabla^2 E = \varepsilon\mu\dfrac{\partial E}{\partial t}$, $\nabla^2 H = \varepsilon\mu\dfrac{\partial H}{\partial t}$

해설

완전 절연체는 도전율 $k = 0$이다.

★★★★ 기사 91년 6회, 98년 2회, 02년 2회, 08년 1회

141 합성수지($\varepsilon_s = 4$) 내에서의 전자파 속도 [m/s]는? (단, $\mu_s = 1$이다.)

① 3×10^8
② 1.5×10^8
③ 7.5×10^7
④ 1.5×10^7

해설

전자파의 속도
$$v = \frac{1}{\sqrt{\varepsilon\mu}} = \frac{3 \times 10^8}{\sqrt{\mu_s \varepsilon_s}} = \frac{3 \times 10^8}{\sqrt{1 \times 4}} = 1.5 \times 10^8 [\text{m/s}]$$

Comment

전자파가 빛의 속도와 일치하기 위한 조건
$\varepsilon_s = \mu_s = 1$(진공 또는 공기 중의 경우)

★★★ 산업 95년 4회, 07년 1회

142 안테나에서 파장 40[cm]의 평면파가 자유공간에 방사될 때 발신 주파수는 몇 [MHz]인가?

① 650
② 700
③ 750
④ 800

해설

파장의 길이 $\lambda = \dfrac{v}{f}$[m]에서
$$\therefore f = \frac{v}{\lambda}[\text{Hz}] = \frac{v}{\lambda} \times 10^{-6}[\text{MHz}]$$
$$= \frac{3 \times 10^8}{0.4} \times 10^{-6} = 750[\text{MHz}]$$

Comment

자유공간 중에서의 전자파의 속도는 빛의 속도 $c = 3 \times 10^8$[m/s]와 같다.

★★★★★ 기사 01년 3회, 09년 2회, 10년 2회 / 산업 98년 4회, 03년 1회, 08년 3회, 12년 2회

143 콘크리트($\varepsilon_r = 4$, $\mu_r = 1$) 중에서 전자파의 고유임피던스는 약 몇 [Ω]인가?

① 35.4[Ω]
② 70.8[Ω]
③ 124.3[Ω]
④ 188.5[Ω]

해설

특성임피던스
$$Z = \sqrt{\frac{\mu}{\varepsilon}} = \sqrt{\frac{\mu_0 \mu_r}{\varepsilon_0 \varepsilon_r}} = 120\pi\sqrt{\frac{\mu_r}{\varepsilon_r}} = 120\pi\sqrt{\frac{1}{4}}$$
$$= 377 \times \frac{1}{2} = 188.5[\Omega]$$

Comment

• $\dfrac{1}{4\pi\varepsilon_0} = 9 \times 10^9$에서 $\varepsilon_0 = \dfrac{1}{36\pi \times 10^9}$

• $Z_0 = \sqrt{\dfrac{\mu_0}{\varepsilon_0}} = \sqrt{\dfrac{4\pi \times 10^{-7}}{\dfrac{1}{36\pi \times 10^9}}} = \sqrt{144\pi^2 \times 10^2}$
$$= \sqrt{(120\pi)^2} = 120\pi = 377[\Omega]$$

정답 139 ④ 140 ③ 141 ② 142 ③ 143 ④

자주 출제되는

핵심이론

핵심이론은 처음에는 그냥 한 번 읽어주세요.
옆의 기출문제를 풀어본 후 다시 한 번 핵심이론을 읽으면서 암기하세요.

⑥ 선계에너지 밀도와 자계에너지 밀도

    ㉠ 전계에너지 밀도 : $w_e = \dfrac{1}{2}\varepsilon E^2\,[\mathrm{J/m^3}]$

    ㉡ 자계에너지 밀도 : $w_m = \dfrac{1}{2}\mu H^2\,[\mathrm{J/m^3}]$

⑦ 전계와 자계의 관계 : 손실이 없다고 하면 $w_e = w_m$ 의 관계를 갖는다. 따라서 이를 정하면 다음과 같다.

    ㉠ 전계와 자계의 관계 : $\sqrt{\varepsilon}\,E = \sqrt{\mu}\,H$

    ㉡ 전계 : $E = \sqrt{\dfrac{\mu}{\varepsilon}}\,H = 120\pi\sqrt{\dfrac{\mu_s}{\varepsilon_s}} = 377\sqrt{\dfrac{\mu_s}{\varepsilon_s}}\,[\mathrm{V/m}]$

    ㉢ 자계 : $H = \sqrt{\dfrac{\varepsilon}{\mu}}\,E = \dfrac{1}{120\pi}\sqrt{\dfrac{\varepsilon_s}{\mu_s}} = 2.65\times10^{-3}\sqrt{\dfrac{\varepsilon_s}{\mu_s}}\,[\mathrm{A/m}]$

    ㉣ 전계 E 와 자계 H 는 서로 수직성분이며, 위상차는 없다.

    ㉤ 전자파의 진행방향은 $\vec{E}\times\vec{H}$ 의 관계를 갖는다('**3** 평면 전자파' 내용 참고).

5 포인팅의 정리

① 전자계 에너지 밀도 : $w = w_e + w_m = \dfrac{1}{2}\left(\varepsilon E^2 + \mu H^2\right)$

$$= \dfrac{1}{2}\left(\varepsilon\sqrt{\dfrac{\mu}{\varepsilon}}\,EH + \mu\sqrt{\dfrac{\varepsilon}{\mu}}\,EH\right) = \sqrt{\varepsilon\mu}\,EH\,[\mathrm{J/m^3}]$$

② 포인팅 벡터(poynting vector)

    ㉠ 평면 전자파는 앞에서 설명한 바와 같이 전계와 자계의 진동방향에 대하여 수직인 방향으로 $v = \dfrac{1}{\sqrt{\varepsilon\mu}}\,[\mathrm{m/s}]$ 로 전파하기 때문에, 파면의 진행방향에 수직인 단위면적을 단위시간에 통과하는 에너지의 흐름은 다음과 같다.

    $\therefore\ P = Wv = \sqrt{\varepsilon\mu}\,EH\,[\mathrm{J/m^3}]\times\dfrac{1}{\sqrt{\varepsilon\mu}}\,[\mathrm{m/s}] = EH\,[\mathrm{W/m^2}]$

    ㉡ E 와 H 는 수직이므로 이를 벡터로 표시하면 $\vec{P} = \vec{E}\times\vec{H}\,[\mathrm{W/m^2}]$ 이 되고, 이때 $\vec{P}$ 를 포인팅 벡터라 하며, 전자계 내의 한 점을 통과하는 에너지 흐름의 단위면적당 전력 또는 전력밀도를 표시하는 벡터를 의미한다.

③ 방사전력 : $P_s = \displaystyle\int_S P\,ds = \int_S EH\,ds = EHS = \dfrac{E^2}{120\pi}S = 120\pi H^2 S\,[\mathrm{W}]$

6 벡터 퍼텐셜(vector potential) A

① 임의의 벡터 A 에 회전을 취하면 자기장의 벡터 B 로 되는 벡터함수를 가정했을 때 벡터 A 를 벡터 퍼텐셜이라 정의한다.

    $\therefore\ \nabla\times A = \mathrm{rot}\,A = B$

② 벡터 퍼텐셜은 단지 수학적으로 정의한 것으로 물리적 의미는 없다.

DAY 01
DAY 02
DAY 03
DAY 04
DAY 05
DAY 06
DAY 07
DAY 08
DAY 09
DAY 10

★★★★★ 산업 96년 2회, 08년 2회

144 전자파의 진행방향은?

① 전계방향
② 자계방향
③ $E \times H$ 방향
④ $\nabla \times E$ 방향

★★★ 기사 91년 6회, 99년 4회

145 공기 중에서 전계의 진행파 전력이 10[mV/m]일 때 자계의 진행파 전력은 몇 [AT/m]인가?

① 26.5×10^{-4}
② 26.5×10^{-3}
③ 26.5×10^{-5}
④ 26.5×10^{-6}

▧ 해설

$H = \sqrt{\dfrac{\varepsilon_0}{\mu_0}} \, E = 2.65 \times 10^{-3} \times 10 \times 10^{-3}$
$= 26.5 \times 10^{-6}[\text{AT/m}]$

★ 기사 93년 1회, 10년 1회, 15년 3회

146 자유공간에서 전파 $E(z, t) = 10^3 \sin (\omega t - \beta z) a_y$[V/m]일 때 자파 $H(z, t)$ [A/m]는?

① $\dfrac{10^3}{120\pi} \sin (\omega t - \beta z) a_z$

② $\dfrac{10^3}{120\pi} \sin (\omega t - \beta z) a_x$

③ $-\dfrac{10^3}{120\pi} \sin (\omega t - \beta z) a_z$

④ $-\dfrac{10^3}{120\pi} \sin (\omega t - \beta z) a_x$

▧ 해설

㉠ 자계의 최대값 : $H_m = \sqrt{\dfrac{\varepsilon_0}{\mu_0}} \, E_m = \dfrac{E_m}{120\pi}$

㉡ 전계가 $\vec{a_y}$성분이면 자계는 $-\vec{a_x}$성분으로 발생하며, 전계와 자계는 동위상이다.

∴ $H(z, t) = \dfrac{10^3}{120\pi} \sin (\omega t - \beta z) (-a_x)[\text{A/m}]$

★★★★ 기사 05년 1회, 09년 3회, 11년 2회, 13년 3회 / 산업 03년 1회, 07년 2회, 12년 2회

147 전계 E[V/m] 및 자계 H[AT/m]의 에너지가 자유공간 중을 v[m/s]의 속도로 전파될 때 단위시간에 단위면적을 지나가는 에너지는 몇 [W/m²]인가?

① $\sqrt{\varepsilon\mu} \, EH$
② EH
③ $\dfrac{EH}{\sqrt{\varepsilon\mu}}$
④ $\dfrac{1}{2}(\varepsilon E^2 + \mu H^2)$

▧ 해설

포인팅 벡터 : $\vec{P} = \vec{E} \times \vec{H} = EH[\text{W/m}^2]$

👤 Comment

$\vec{E} \times \vec{H} = EH \sin\theta$에서 E와 H는 수직이므로 $\sin\theta = 1$이 된다.

★★ 기사 93년 1회, 94년 6회, 01년 1·3회 / 산업 02년 2회, 03년 3회, 08년 1회

148 100[kW]의 전력이 안테나에서 사방으로 균일하게 방사될 때 안테나에서 1[km]거리에 있는 점의 전계의 실효값은?

① 1.73[V/m]
② 2.45[V/m]
③ 3.73[V/m]
④ 6[V/m]

▧ 해설

방사전력

$P_s = \displaystyle\int_S P ds = PS = EHS = \dfrac{E^2 S}{120\pi}[\text{W}]$에서

∴ $E = \sqrt{\dfrac{120\pi P_s}{S}} = \sqrt{\dfrac{120\pi P_s}{4\pi r^2}} = \sqrt{\dfrac{30 P_s}{r^2}}$

$= \sqrt{\dfrac{30 \times 100 \times 10^3}{1000^2}} = \sqrt{3} \fallingdotseq 1.73[\text{V/m}]$

★★ 기사 92년 6회

149 벡터 마그네틱 퍼텐셜 A는?

① $\nabla \times A = 0$
② $\nabla \cdot A = 0$
③ $H = \nabla \times A$
④ $B = \nabla \times A$

★★★ 기사 93년 5회, 95년 2회, 08년 3회, 13년 2·3회, 15년 1회 / 산업 94년 4회

150 자계의 벡터 퍼텐셜을 A라 할 때 자계의 변화에 의하여 생기는 전계의 세기 E[V/m]는?

① $E = \text{rot}\,A$
② $\text{rot}\,E = -\dfrac{\partial A}{\partial t}$
③ $E = -\dfrac{\partial A}{\partial t}$
④ $\text{rot}\,E = A$

▧ 해설

$\text{rot}\,E = -\dfrac{\partial B}{\partial t}$에서 $B = \text{rot}\,A$이므로

∴ $E = -\dfrac{\partial A}{\partial t}[\text{V/m}]$

정답 144 ③ 145 ④ 146 ④ 147 ② 148 ① 149 ④ 150 ③

제2편

회로이론

출제분석 및 학습방법

❶ 전기기사 시험에서 4과목이 회로이론 및 제어공학이 된다.

❷ 4과목에서 61~70번까지 제어공학, 71~80번까지 회로이론이 출제된다. 즉, 20문항 중 회로이론과 제어공학이 각각 10문항씩 출제되며, 아래 출제율은 회로이론과 제어공학을 합쳐 계산하였다.

❸ 회로이론과 제어공학은 총 18개 단원으로 구성되어 일반적으로 각 단원에서 한 문제씩 출제되고 있으나, 출제분석표에서 보는 것과 같이 회로이론 제2장(단상 교류회로의 이해)과 제어공학 제2장(전달함수)의 출제빈도가 가장 높은 것으로 나타나고 있다.

❹ 단기 합격을 위해서는 단원별 핵심이론을 익혀서 문제풀이 위주로 공부하는 것이 가장 효과적이다.

일차별 학습목표 및 출제율

DAY 06
- 전압, 전류, 전력 등을 이해하여 직류회로를 해석할 수 있다.
- 단상 교류의 표현법과 임피던스, 역률, 공진 등을 이해할 수 있다.
- 최대전력 전달조건과 인덕턴스 접속법에 대해서 이해할 수 있다.

출제율 13%

DAY 07
- 3상 교류결선법(Y, △, V)의 특징에 대해서 이해할 수 있다.
- 3상 전력측정법(2전력계법)에 대해서 이해할 수 있다.
- 비정현파 교류의 실효값, 전력, 왜형률(THD) 등을 구할 수 있다.

출제율 9%

DAY 08
- 고장계산에 필요한 대칭좌표법과 발전기 기본식을 이해할 수 있다.
- 전압원과 전류원의 등가변환, 중첩의 정리에 대해서 이해할 수 있다.
- 테브난의 정리와 밀만의 정리에 대해서 이해할 수 있다.

출제율 5%

DAY 09
- 영점과 극점 그리고 정저항회로에 대해서 이해할 수 있다.
- 4단자망 회로의 4단자 정수를 이해할 수 있다.
- 분포정수회로에서 특성임피던스, 전파정수, 전파속도를 구할 수 있다.

출제율 11%

DAY 10
- 회로의 과도특성(과도전류, 시정수 등)에 대해서 이해할 수 있다.
- 라플라스 변환과 시간추이의 정리에 대해서 이해할 수 있다.
- 라플라스 역변환을 이해하여 회로의 과도전류를 구할 수 있다.

출제율 10%

학습목표
• 전압, 전류, 전력 등을 이해하여 직류회로를 해석할 수 있다.
• 단상 교류의 표현법과 임피던스, 역률, 공진 등을 이해할 수 있다.
• 최대전력 전달조건과 인덕턴스 접속법에 대해서 이해할 수 있다.

■■■ **출제율** 13%

제1장 | 직류회로의 이해

1 전류(電流, current) I [A, 암페어]

① 일정한 비율로 전하가 이동하는 경우 : $I = \dfrac{Q}{t}$ [C/s = A]

② 이동하는 전하량이 시간적으로 변하는 경우 : $i(t) = \dfrac{dq(t)}{dt}$ [A]

2 전력(電力, power) P [W, 와트]

① 소비전력 : $P = \dfrac{W}{t} = VI = I^2 R = \dfrac{V^2}{R}$ [W] (여기서, $W = QV = VIt$ [J], $V = IR$ [V])

② 발열량 : $H = 0.24Pt = 0.24I^2Rt$ [cal] (여기서, 1[J] = 0.24[cal], 1[kWh] = 860[kcal])

3 저항의 접속법

구분	직렬접속	병렬접속
회로	$\xrightarrow{V_1}\ \xrightarrow{V_2}$ $\underset{I_1}{R_1}\ \underset{I_2}{R_2}$ I ─┤⊢─ V	$I\ \underset{I_1}{R_1}$ $\underset{I_2}{R_2}$ ─┤⊢─ V
특징	① 전류는 일정($I = I_1 = I_2$) ② 전압은 분배($V = V_1 + V_2$)	① 전압은 일정($V = V_1 = V_2$) ② 전류는 분배($I = I_1 + I_2$)
합성 저항	① 저항이 2개인 경우 : $\quad R_0 = R_1 + R_2$ [Ω] ② 저항이 n개인 경우 $\quad$㉠ $R_0 = R_1 + R_2 + \cdots + R_n$ [Ω] $\quad$㉡ $R_1 = R_2 = \cdots = R_n = R$인 $\qquad$ 경우 : $R_0 = nR$ [Ω]	① 저항이 2개인 경우 : $R_0 = \dfrac{1}{\dfrac{1}{R_1} + \dfrac{1}{R_2}} = \dfrac{R_1 \times R_2}{R_1 + R_2}$ [Ω] ② 저항이 n개인 경우 $\quad$㉠ $R_0 = \dfrac{1}{\dfrac{1}{R_1} + \dfrac{1}{R_2} + \cdots + \dfrac{1}{R_n}}$ [Ω] $\quad$㉡ $R_1 = R_2 = \cdots = R_n = R$인 경우 : $R_0 = \dfrac{R}{n}$ [Ω]
분배 법칙	① $V_1 = \dfrac{R_1}{R_1 + R_2} \times V$ ② $V_2 = \dfrac{R_2}{R_1 + R_2} \times V$	① $I_1 = \dfrac{R_2}{R_1 + R_2} \times I$ ② $I_2 = \dfrac{R_1}{R_1 + R_2} \times I$

☑ 문제의 네모칸에 체크를 해보세요. 그 문제가 이해되지 않았다면
✓ 표시를 해서 그 문제는 나중에 다시 풀어 완전하게 숙지하세요(★ : 중요도).

DAY 01
DAY 02
DAY 03
DAY 04
DAY 05
DAY 06
DAY 07
DAY 08
DAY 09
DAY 10

★ 기사 95년 7회 / 산업 98년 4회, 02년 3회, 11년 1회

01 $i(t) = 2t^2 + 8t$[A]로 표시되는 전류가 도선에 3[sec] 동안 흘렀을 때 통과한 전 전기량은 몇 [C]인가?

① 18 ② 48
③ 54 ④ 61

해설

전기량
$$Q = \int i(t)\, dt = \int_0^3 2t^2 + 8t\, dt$$
$$= \left[\frac{2}{3} t^3 + 4t^2\right]_0^3 = \frac{2}{3} \times 3^3 + 4 \times 3^2 = 54[C]$$

★★★ 기사 90년 7회, 94년 6회, 99년 7회, 10년 1회, 16년 1회 / 산업 92년 5회, 93년 5회

02 정격전압에서 1[kW] 전력을 소비하는 저항에 정격의 70[%]의 전압을 가할 때의 전력 [W]은 얼마인가?

① 490 ② 580
③ 640 ④ 860

해설

소비전력 $P = \dfrac{V^2}{R} = 1$[kW]에서 정격전압의 70[%]만 인가했을 때의 소비전력은
$$\therefore P_x = \frac{V_x^2}{R} = \frac{(0.7V)^2}{R} = 0.49 \frac{V^2}{R}$$
$$= 0.49 \times 1000 = 490[W]$$

★★ 산업 91년 2회, 92년 7회, 00년 1회, 12년 2회

03 다음과 같은 회로에서 a, b의 단자전압 V_{ab}를 구하면?

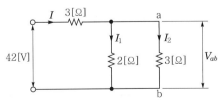

① 3[V] ② 6[V]
③ 12[V] ④ 24[V]

해설

㉠ 합성저항 : $R = 3 + \dfrac{2 \times 3}{2+3} = 4.2[\Omega]$

㉡ 전전류 : $I = \dfrac{V}{R} = \dfrac{42}{4.2} = 10$[A]

㉢ $I_2 = \dfrac{R_1}{R_1 + R_2} \times I = \dfrac{2}{2+3} \times 10 = 4$[A]

∴ $V_{ab} = 3I_2 = 3 \times 4 = 12$[V]

Comment

초기 3[Ω]에서 발생된 전압강하 $e = 3I = 3 \times 10 = 30$[V]이므로 V_{ab} 전압은 $42 - 30 = 12$[V]가 된다.

★★★★ 기사 12년 1회 / 산업 93년 5회, 12년 3회

04 그림과 같은 회로에서 r_1, r_2에 흐르는 전류의 크기가 1 : 2의 비율이라면 r_1, r_2의 저항은 각각 몇 [Ω]인가?

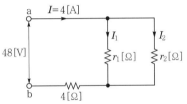

① $r_1 = 16$, $r_2 = 8$
② $r_1 = 24$, $r_2 = 12$
③ $r_1 = 6$, $r_2 = 3$
④ $r_1 = 8$, $r_2 = 4$

해설

㉠ 전류는 저항에 반비례$\left(I \propto \dfrac{1}{R}\right)$하므로 저항이 작은 곳으로 더 많은 전류가 흐른다.
따라서 r_2측의 전류가 2배가 흘렀다는 것은 $r_1 = 2r_2$가 되는 것을 의미한다.

㉡ 합성저항 $R = \dfrac{V}{I} = \dfrac{48}{4} = 12[\Omega]$이고
$$R = 4 + \frac{r_1 \times r_2}{r_1 + r_2} = 4 + \frac{2r_2^2}{3r_2} = 4 + \frac{2}{3} r_2$$에서
$$R = 12 = 4 + \frac{2}{3} r_2$$이므로
$$\therefore r_2 = 8 \times \frac{3}{2} = 12[\Omega]$$
$$r_1 = 2r_2 = 2 \times 12 = 24[\Omega]$$

정답 01 ③ 02 ① 03 ③ 04 ②

자주 출제되는
핵심이론

핵심이론은 처음에는 그냥 한 번 읽어주세요.
옆의 기출문제를 풀어본 후 다시 한 번 핵심이론을 읽으면서 암기하세요.

4 휘트스톤 브리지 평형회로

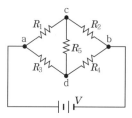 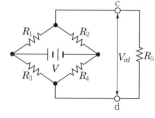 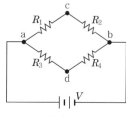

(a) 휘트스톤 브리지 회로   (b) 등가변환   (c) 평형 시 회로

① c, d의 단자전압 : $V_{cd} = V_c - V_d = \dfrac{R_2 R_3 - R_1 R_4}{(R_1 + R_2)(R_3 + R_4)} \times V$

$\left(\text{여기서, } V_c = \dfrac{R_2}{R_1 + R_2} \times V, \ V_d = \dfrac{R_4}{R_3 + R_4} \times V \right)$

② $R_1 R_4 = R_2 R_3$을 만족하면 $V_{cd} = 0$이 되어 R_5측으로 전류가 흐르지 않는다. 이를 휘트스톤 브리지 회로가 평형되었다고 한다.

③ 따라서 평형 시 그림 (c)처럼 개방상태와 같이 등가변환시킬 수 있다.

5 △-Y결선의 등가변환

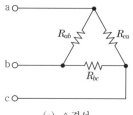 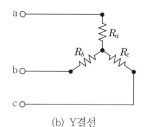

(a) △결선   (b) Y결선

△결선 → Y결선	Y결선 → △결선
① $R_a = \dfrac{R_{ab} \cdot R_{ca}}{R_{ab} + R_{bc} + R_{ca}}[\Omega]$	① $R_{ab} = \dfrac{R_a \cdot R_b + R_b \cdot R_c + R_c \cdot R_a}{R_c}[\Omega]$
② $R_b = \dfrac{R_{ab} \cdot R_{bc}}{R_{ab} + R_{bc} + R_{ca}}[\Omega]$	② $R_{bc} = \dfrac{R_a \cdot R_b + R_b \cdot R_c + R_c \cdot R_a}{R_a}[\Omega]$
③ $R_c = \dfrac{R_{bc} \cdot R_{ca}}{R_{ab} + R_{bc} + R_{ca}}$	③ $R_{ca} = \dfrac{R_a \cdot R_b + R_b \cdot R_c + R_c \cdot R_a}{R_b}[\Omega]$
④ $R_{ab} = R_{bc} = R_{ca} = R$인 경우 : $R_a = R_b = R_c = \dfrac{R}{3}[\Omega]$	④ $R_a = R_b = R_c = R$인 경우 : $R_{ab} = R_{bc} = R_{ca} = 3R[\Omega]$

문제의 네모칸에 체크를 해보세요. 그 문제가 이해되지 않았다면
✓ 표시를 해서 그 문제는 나중에 다시 풀어 완전하게 숙지하세요(★ : 중요도).

DAY
01
DAY
02
DAY
03
DAY
04
DAY
05
DAY
06
DAY
07
DAY
08
DAY
09
DAY
10

★ 기사 09년 3회

05 다음 회로에서 전류 I[A]는?

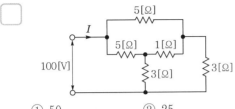

① 50
② 25
③ 12.5
④ 10

해설

㉠ 문제의 그림은 변형하면 다음과 같다.

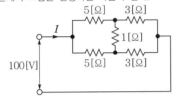

㉡ 휘트스톤 브리지 평형회로이므로 1[Ω]의 저항을 개방시킬 수 있다.

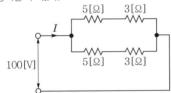

㉢ 합성저항 : $R_0 = \dfrac{8 \times 8}{8+8} = 4[\Omega]$

∴ 회로전류 : $I = \dfrac{V}{R_0} = \dfrac{100}{4} = 25[A]$

★ 기사 09년 1회 / 산업 04년 2회, 07년 1회

06 6[Ω]의 저항 3개를 그림과 같이 연결하였을 때 a, b 사이의 합성저항은 몇 [Ω]인가?

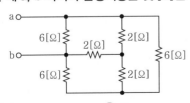

① 1
② 2
③ 3
④ 4

해설

㉠ 회로를 등가변환하면 다음과 같다.

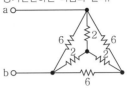

㉡ △로 접속된 부하를 Y로 등가변환하면 저항은 $\dfrac{1}{3}$ 배가 되면서 기존 Y와 병렬로 접속된다.

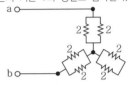

㉢ 개방된 회로에는 전류가 흐르지 않으므로 다음과 같이 다시 등가시킬 수 있다.

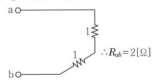

$\therefore R_{ab} = 2[\Omega]$

★ 기사 04년 2회, 16년 4회

07 회로에 흐르는 전류가 I[A]라면 R은 몇 [Ω]인가?

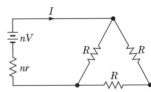

① $\dfrac{3n}{2}\left(\dfrac{V}{I}+r\right)$
② $\dfrac{2n}{3}\left(\dfrac{V}{I}+r\right)$
③ $\dfrac{3n}{2}\left(\dfrac{V}{I}-r\right)$
④ $\dfrac{2n}{3}\left(\dfrac{V}{I}-r\right)$

해설

$nV = I\left(nr + \dfrac{2}{3}R\right)$에서 $\dfrac{nV}{I} = nr + \dfrac{2}{3}R$이 되고,

정리하면 $\dfrac{2}{3}R = n\left(\dfrac{V}{I}-r\right)$이 된다.

$\therefore R = \dfrac{3n}{2}\left(\dfrac{V}{I}-r\right)[\Omega]$

정답 05 ② 06 ② 07 ③

자주 출제되는
핵심이론

핵심이론은 처음에는 그냥 한 번 읽어주세요.
옆의 기출문제를 풀어본 후 다시 한 번 핵심이론을 읽으면서 암기하세요.

제2장 단상 교류회로의 이해

1 순시값(instantaneous value)

① 시간적 변화에 따라 순간순간 나타나는 정현파의 값을 의미한다.

② 일반적으로 기호는 $i(t)$, $v(t)$, i, v와 같이 소문자로 표시한다.

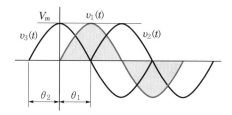

ㄱ $v_1(t) = V_m \sin \omega t$

ㄴ $v_2(t) = V_m \sin(\omega t - \theta_1)$: 지상

ㄷ $v_3(t) = V_m \sin(\omega t + \theta_2)$: 진상

ㄹ 각주파수 $\omega = \dfrac{\theta}{t} = \dfrac{2\pi}{T} = 2\pi f [\text{rad/s}]$

(여기서, $T[\text{s}]$: 주기, $f[\text{Hz}]$: 주파수)

• $f=60[\text{Hz}]$에서 $\omega = 120\pi = 377$

• $f=50[\text{Hz}]$에서 $\omega = 100\pi = 314$

2 평균값(average value 또는 mean value)

① 한 주기를 평균을 내면 수학적으로 0이 되므로 반주기로 평균값을 구한다.

② 평균값 : $I_{av} = \dfrac{1}{T} \displaystyle\int_0^T i(t)\, dt = \dfrac{I_m}{\pi} \times 2 = 0.637 I_m = 0.9 I$ (여기서, I : 실효값)

3 실효값(effective value 또는 root mean square value)

① 부하에서 소비되는 열량을 기준으로 교류를 직류로 환산한 값이다.

② $I = \sqrt{\dfrac{1}{T} \displaystyle\int_0^T i(t)^2\, dt} = \dfrac{I_m}{\sqrt{2}} = 0.707 I_m$

4 여러 파형에 따른 표현법

종별	파형	실효값		평균값		파형률	파고율
		전파	반파	전파	반파	전파	전파
구형파		V_m	$\dfrac{V_m}{\sqrt{2}}$	V_m	$\dfrac{V_m}{2}$	1	1
정현파		$\dfrac{V_m}{\sqrt{2}}$	$\dfrac{V_m}{2}$	$\dfrac{V_m}{\pi} \times 2$	$\dfrac{V_m}{\pi}$	1.11	$\sqrt{2}$
삼각파		$\dfrac{V_m}{\sqrt{3}}$	$\dfrac{V_m}{\sqrt{6}}$	$\dfrac{V_m}{2}$	$\dfrac{V_m}{4}$	1.155	$\sqrt{3}$
제형파		$\dfrac{\sqrt{5}}{3} V_m$	$\dfrac{\sqrt{5}}{3\sqrt{2}} V_m$	$\dfrac{2}{3} V_m$	$\dfrac{1}{3} V_m$	1.118	1.34

① 파고율 = $\dfrac{\text{최대값}}{\text{실효값}}$

② 파형률 = $\dfrac{\text{실효값}}{\text{평균값}}$

바로바로 풀어보는
기출문제

☑️ 문제의 네모칸에 체크를 해보세요. 그 문제가 이해되지 않았다면
✓ 표시를 해서 그 문제는 나중에 다시 풀어 완전하게 숙지하세요(★ : 중요도).

DAY
01

DAY
02

DAY
03

DAY
04

DAY
05

DAY
06

DAY
07

DAY
08

DAY
09

DAY
10

★ 산업 96년 2회

08 최대치 100[V], 주파수 60[Hz]인 정현파 전압이 있다. $t = 0$에서 순시값이 50[V]이고 이 순간에 전압이 감소하고 있을 경우의 정현파의 순시값은?

① $v = 100\sin(120\pi t + 45°)$
② $v = 100\sin(120\pi t + 135°)$
③ $v = 100\sin(120\pi t + 150°)$
④ $v = 100\sin(120\pi t + 30°)$

🔍 해설

㉠ 최대값 100[V]에서 순시값이 50[V]가 되려면
$v(t) = 100\sin\omega t = 100\sin\theta$에서 $\theta = 30°$가 되어야 한다($\sin 30° = 0.5$).
㉡ 즉, 순시값이 50[V]가 되는 지점은 다음과 같다.

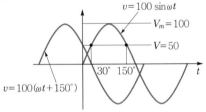

㉢ $t = 0$에서 순시값이 50[V]가 되면서 전압이 감소하려면 $v(t)$의 파형의 위상이 150° 앞서야 한다.
∴ $v(t) = 100\sin(\omega t + 150°)$
$= 100\sin(120\pi t + 150°)[V]$

★★★ 기사 15년 2회 / 산업 97년 2회, 98년 4회

09 정현파 교류의 실효값은 평균값의 몇 배가 되는가?

① $\dfrac{\pi}{2\sqrt{2}}$ ② $\dfrac{2}{\sqrt{3}}$

③ $\dfrac{\sqrt{3}}{2}$ ④ $\dfrac{2\sqrt{2}}{\pi}$

🔍 해설

㉠ 평균값 $I_a = \dfrac{2I_m}{\pi}$에서 $I_m = \dfrac{\pi}{2}I_a$
㉡ 실효값 $I = \dfrac{I_m}{\sqrt{2}} = \dfrac{\pi}{2\sqrt{2}} \times I_a$
∴ $\dfrac{\pi}{2\sqrt{2}}$ 배

★★★ 산업 90년 2회, 97년 6회, 00년 4회, 01년 1회, 02년 1회, 13년 2회

10 그림과 같은 파형의 실효치는?

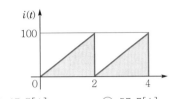

① 47.7[A] ② 57.7[A]
③ 67.7[A] ④ 77.5[A]

🔍 해설

삼각파(톱니파)의 실효값
$I = \dfrac{I_m}{\sqrt{3}} = \dfrac{100}{\sqrt{3}} = 57.7[A]$

👨‍🏫 Comment

삼각파와 톱니파는 면적이 같으므로 평균값, 실효값, 파고율, 파형률 등 모두 같다.

★★★ 기사 93년 2회, 98년 6회, 00년 4회, 01년 2회 / 산업 94년 4회, 01년 1회

11 그림과 같이 $e = 100\sin\omega t$[V]의 정현파 교류전압의 반파 정류파에 있어서 사선부분의 평균치는?

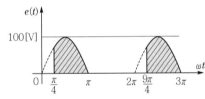

① 27.17[V] ② $\dfrac{200}{\pi}$[V]
③ 70.7[V] ④ 4.7[V]

🔍 해설

평균값
$E_a = \dfrac{1}{T}\int_0^T i(t)\,dt = \dfrac{1}{2\pi}\int_{\frac{\pi}{4}}^{\pi} 100\sin\omega t\,d\omega t$
$= \dfrac{100}{2\pi}\int_{\frac{\pi}{4}}^{\pi}\sin\omega t\,d\omega t = \dfrac{100}{2\pi}\left[-\cos\omega t\right]_{\frac{\pi}{4}}^{\pi}$
$= \dfrac{100}{2\pi}\left(\cos\dfrac{\pi}{4} - \cos\pi\right) = 27.17[V]$

정답 08 ③ 09 ① 10 ② 11 ①

핵심이론은 처음에는 그냥 한 번 읽어주세요.
옆의 기출문제를 풀어본 후 다시 한 번 핵심이론을 읽으면서 암기하세요.

5 정현파의 페이저 표시

① 정현파 순시값 : $i(t) = I_m \sin(\omega t + \theta) = I\sqrt{2}\sin(\omega t + \theta)[\text{A}]$

② 페이저 표현 : $\dot{I} = I\angle\theta = I(\cos\theta + j\sin\theta) = Ie^{j\theta}[\text{A}]$

③ 오일러 정리 : $A\angle\theta_1 \times B\angle\theta_2 = AB\angle\theta_1 + \theta_2$, $\dfrac{A\angle\theta_1}{B\angle\theta_2} = \dfrac{A}{B}\angle\theta_1 - \theta_2$

(여기서, I_m : 전류의 최대값, I : 전류의 실효값)

6 R, L, C 회로 특성 (X_L : 유도성 리액턴스, X_C : 용량성 리액턴스)

구분	R만의 회로	L만의 회로	C만의 회로
페이저도			
정지 벡터도			
특징	① $I_R = \dfrac{V}{R}[\text{A}]$ ② 전류는 전압과 동위상	① $I_L = \dfrac{V}{X_L} = \dfrac{V}{\omega L}[\text{A}]$ ② 전류는 전압보다 위상이 $90°$ 늦다(lag).	① $I_C = \dfrac{V}{X_C} = \omega CV[\text{A}]$ ② 전류는 전압보다 위상이 $90°$ 빠르다(lead).

7 $R-X$ 직렬회로

구분	회로가 유도성인 경우	회로가 용량성인 경우
합성 임피던스	$Z = R + jX_L = \sqrt{R^2 + X_L^2}$ $\quad = \sqrt{R^2 + (\omega L)^2}[\Omega]$	$Z = R - jX_C = \sqrt{R^2 + X_C^2}$ $\quad = \sqrt{R^2 + \left(\dfrac{1}{\omega C}\right)^2}[\Omega]$
상차각 (부하각)	$\theta = \tan^{-1}\dfrac{X_L}{R} = \tan^{-1}\dfrac{\omega L}{R}$	$\theta = -\tan^{-1}\dfrac{X_C}{R} = -\tan^{-1}\dfrac{1}{\omega CR}$

8 $R-X$ 병렬회로

구분	회로가 유도성인 경우	회로가 용량성인 경우
합성 임피던스	$Z = \dfrac{1}{\dfrac{1}{R} + \dfrac{1}{jX_L}} = \dfrac{jRX_L}{R + jX_L}$ $\quad = \dfrac{RX_L}{\sqrt{R^2 + X_L^2}} = \dfrac{\omega RL}{\sqrt{R^2 + (\omega L)^2}}[\Omega]$	$Z = \dfrac{1}{\dfrac{1}{R} + \dfrac{1}{-jX_C}} = \dfrac{-jRX_C}{R - jX_C}$ $\quad = \dfrac{RX_C}{\sqrt{R^2 + X_C^2}}[\Omega]$

바로바로 풀어보는

기출문제

문제의 네모칸에 체크를 해보세요. 그 문제가 이해되지 않았다면
✓ 표시를 해서 그 문제는 나중에 다시 풀어 완전하게 숙지하세요(★ : 중요도).

DAY 01
DAY 02
DAY 03
DAY 04
DAY 05
DAY 06
DAY 07
DAY 08
DAY 09
DAY 10

★ 기사 99년 6회

12 0.1[μF]의 정전용량을 갖는 콘덴서에 실효값 1414[V], 1[kHz], 위상각 0°인 전압을 가했을 때 순시값 전류는 약 얼마인가?

① $0.89\sin(\omega t + 90°)$[A]

② $0.89\sin(\omega t - 90°)$[A]

③ $1.26\sin(\omega t + 90°)$[A]

④ $1.26\sin(\omega t - 90°)$[A]

해설

전압의 순시값 $v = 1414\sqrt{2}\,\sin\omega t$에서
콘덴서에 흐르는 전류는

$i_C = C\dfrac{dv}{dt} = C\dfrac{d}{dt}\,V_m\sin\omega t$

$\quad = \omega C V_m\cos\omega t = \omega C V_m\sin(\omega t + 90°)$

$\quad = 2\pi f C V_m\sin(\omega t + 90°)$

$\quad = 2\pi\times0.1\times10^3\times10^{-6}\times1414\sqrt{2}\sin(\omega t + 90°)$

$\quad = 1.26\sin(\omega t + 90°)$[A]

Comment

콘덴서 전류의 최대값은

$I_C = \dfrac{V_m}{X_C} = \omega C V_m = 2\pi f C V\sqrt{2} = 1.26$[A]가 되고,

콘덴서에 흐르는 전류는 전압보다 90° 앞서므로 정답이 ③이 된다.

★★★ 산업 95년 6회, 00년 3회, 13년 4회

13 $i_1 = \sqrt{72}\sin(\omega t - \phi)$[A]와 $i_2 = \sqrt{32}$ $\sin(\omega t - \phi - 180°)$[A]와의 차에 상당하는 전류는?

① 2[A]   ② 6[A]

③ 10[A]   ④ 12[A]

해설

㉠ $\dot{I_1} = \sqrt{36}\,\angle -\phi = 6\,\angle -\phi$

$\dot{I_2} = \sqrt{16}\,\angle -\phi - 180° = 4\,\angle -\phi - 180°$

㉡ 정지 벡터로 나타내면 다음과 같다.

∴ $I = \dot{I_1} - \dot{I_2} = \dot{I_1} + (-\dot{I_2}) = 10\,\angle -\phi$

Comment

두 벡터의 차는 한쪽 벡터의 방향을 반대로 돌린 다음 두 벡터를 더하여 계산한다.

★★★ 기사 12년 1회 / 산업 02년 3회, 03년 1회, 06년 1회, 16년 4회

14 저항과 리액턴스의 직렬회로에 $E = 14 + j38$[V]인 교류전압을 가하니 $i = 6 + j2$[A]의 전류가 흐른다. 이 회로의 저항과 리액턴스는 얼마인가?

① $R=4$[Ω], $X_L=5$[Ω]

② $R=5$[Ω], $X_L=4$[Ω]

③ $R=6$[Ω], $X_L=3$[Ω]

④ $R=7$[Ω], $X_L=2$[Ω]

해설

임피던스

$Z = \dfrac{E}{I} = \dfrac{14+j38}{6+j2}$

$\quad = \dfrac{14+j38}{6+j2}\times\dfrac{6-j2}{6-j2} = \dfrac{160+j200}{6^2+2^2}$

$\quad = 4+j5 = R+jX_L$[Ω]

Comment

임피던스 $Z = R\pm jX$

• $+jX$: 유도성 리액턴스

• $-jX$: 용량성 리액턴스

★★★ 기사 02년 4회, 12년 1회

15 저항 20[Ω], 인덕턴스 56[mH]의 직렬회로에 141.4[V], 60[Hz]의 전압을 가할 때 이 회로전류의 순시값은?

① 약 $i = 4.86\sin(377t + 46°)$[A]

② 약 $i = 4.86\sin(377t - 54°)$[A]

③ 약 $i = 6.9\sin(377t - 46°)$[A]

④ 약 $i = 6.9\sin(377t - 54°)$[A]

해설

㉠ $X_L = \omega L = 2\pi f L$

$\quad = 2\pi\times60\times56\times10^{-3} = 21.1$[Ω]

㉡ $Z = R + jX_L = 20 + j21.1$

$\quad = \sqrt{20^2+21.2^2}\Big/\tan^{-1}\dfrac{21.2}{20} = 29\,\angle46.53°$[Ω]

∴ $i = \dfrac{V}{Z} = \dfrac{141.4}{29\,\angle46.53} = 4.875\,\angle -46.53°$

$\quad = 4.875\sqrt{2}\,\sin(\omega t - 46.53)°$[A]

$\quad \fallingdotseq 6.9\sin(377t - 46°)$[A]

정답   12 ③   13 ③   14 ①   15 ③

자주 출제되는
핵심이론

핵심이론은 처음에는 그냥 한 번 읽어주세요.
옆의 기출문제를 풀어본 후 다시 한 번 핵심이론을 읽으면서 암기하세요.

9 단상 전력 공식

① 유효전력(active power) : $P = VI\cos\theta = I^2 R = \dfrac{V^2}{R}$ [W]

(여기서, V, I : 전압과 전류의 실효값, θ : 전압과 전류의 위상차)

② 무효전력(reactive power) : $P_r = Q = VI\sin\theta = I^2 X = \dfrac{V^2}{X}$ [Var]

③ 피상전력(apparent power) : $P_a = P + jP_r = \sqrt{P^2 + P_r^2} = VI\sqrt{\cos^2\theta + \sin^2\theta}$

$$= VI = I^2 Z = \dfrac{V^2}{Z} \text{[VA]}$$

④ 복소전력(complex power) : 전압과 전류가 복소수로 주어질 때 사용

㉠ $P_a = S = \overline{V}I = P \pm jP_r$ [VA] (여기서, $+jP_r$: 용량성, $-jP_r$: 유도성)

㉡ $V = a + jb$일 때 전압의 공액복소수 $\overline{V} = a - jb$이 된다.

⑤ 전압과 전류를 최대값으로 표현할 경우

㉠ 유효전력 : $P = VI\cos\theta = \dfrac{V_m}{\sqrt{2}} \times \dfrac{I_m}{\sqrt{2}} \times \cos\theta = \dfrac{1}{2} V_m I_m \cos\theta$ [W]

㉡ 무효전력 : $P_r = VI\sin\theta = \dfrac{V_m}{\sqrt{2}} \times \dfrac{I_m}{\sqrt{2}} \times \sin\theta = \dfrac{1}{2} V_m I_m \sin\theta$ [Var]

참고 공학용 계산기 사용법(CASIO fx-570ES PLUS)

(1) 복소수 모드(complex mode) 설정 : CMPLX 모드([MODE] [2])로 지정
(2) 결과 표시방법
① 결과 표시된 상태에서 형식변환이 가능하다.
② [SHIFT] [2] (CMPLX) [4] (▶ $a+bi$)
③ [SHIFT] [2] (CMPLX) [3] (▶ $r\angle\theta$)
(3) 결과 표시방법 순서
① 수치 입력 : [√■] [2] [▶] [SHIFT] [(-)] (∠) [4] [5] [=]

> CMPLX □ Math▲
> $\sqrt{2}\angle45$
>   1+i

② 결과 표시방법 변경 : [SHIFT] [2] (CMPLX) [3] (▶ $r\angle\theta$)

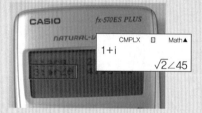

> CMPLX □ Math▲
> 1+i
> $\sqrt{2}\angle45$

문제의 네모칸에 체크를 해보세요. 그 문제가 이해되지 않았다면
✓ 표시를 해서 그 문제는 나중에 다시 풀어 완전하게 숙지하세요(★ : 중요도).

DAY
01
DAY
02
DAY
03
DAY
04
DAY
05
DAY
06
DAY
07
DAY
08
DAY
09
DAY
10

★ 산업 92년 6회, 14년 3회

16 그림과 같은 회로에서 전류 i 의 순시값을 표시하는 식은? (단, $Z_1 = 3 + j10$, $Z_2 = 3 - j2$, $v = 100\sqrt{2}\sin120\pi t$[V]이다.)

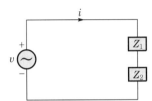

① $i = 10\sqrt{2}\sin\left(377t + \tan^{-1}\dfrac{4}{3}\right)$[A]

② $i = 14.1\sin\left(377t + \tan^{-1}\dfrac{3}{4}\right)$[A]

③ $i = 141\sin\left(120\pi t - \tan^{-1}\dfrac{3}{4}\right)$[A]

④ $i = 10\sqrt{2}\sin\left(120\pi t - \tan^{-1}\dfrac{4}{3}\right)$[A]

해설

합성 임피던스
$Z = Z_1 + Z_2 = (3+j10) + (3-j2) = 6 + j8$
$= \sqrt{6^2 + 8^2} \angle \tan^{-1}\dfrac{8}{6} = 10 \angle \tan^{-1}\dfrac{4}{3}$[Ω]

이므로 전류의 순시값은
$i = \dfrac{V}{Z} = \dfrac{100}{10 \angle \tan^{-1}\dfrac{4}{3}} = 10 \angle -\tan^{-1}\dfrac{4}{3}$
$= 10\sqrt{2}\sin\left(\omega t - \tan^{-1}\dfrac{4}{3}\right)$[A]

★ 기사 90년 6회, 01년 5회, 11년 3회 / 산업 02년 1회, 14년 1회, 15년 3회, 16년 4회

17 어느 회로에 있어서 전압과 전류가 각각 $e = 50\sin(\omega t + \theta)$[V], $i = 4\sin(\omega t + \theta - 30°)$[A]일 때 무효전력[Var]은 얼마인가?

① 100   ② 86.6
③ 70.7   ④ 50

해설

$P_r = \dfrac{1}{2}V_m I_m \sin\theta = \dfrac{1}{2} \times 50 \times 4 \times \sin30°$
$= \dfrac{1}{2} \times 50 \times 4 \times \sin30° = 50$[Var]

★ 기사 93년 5회 / 산업 93년 3회, 03년 3회

18 $R - L$ 병렬회로에서 각 계기들의 지시값은 다음과 같다. ⓥ는 240[V], Ⓐ는 5[A], ⓦ는 720[W]이다. 이때의 인덕턴스 L[H]은 얼마인가?

① $\dfrac{1}{2\pi}$ ② 2π

③ $\dfrac{1}{3\pi}$ ④ 3π

해설

㉠ 피상전력
$P_a = VI = 240 \times 5 = 1200$[VA]
㉡ 무효전력
$P_r = \sqrt{P_a^2 - P^2} = \sqrt{1200^2 - 720^2} = 960$[Var]
㉢ 유도 리액턴스
$X_L = 2\pi fL = \dfrac{V^2}{P_r} = \dfrac{240^2}{960} = 60$[Ω]

∴ 인덕턴스 $L = \dfrac{X_L}{2\pi f} = \dfrac{60}{2\pi \times 60} = \dfrac{1}{2\pi}$[H]

Comment

전력계(W)는 유효전력을 측정한다.

★★ 기사 94년 5회, 96년 7회, 03년 3회, 13년 3회, 14년 3회

19 어떤 부하에 $V = 80 + j60$[V]의 전압을 가하여 $I = 4 + j2$의 전류가 흘렀을 경우, 이 부하의 역률과 무효율은?

① 0.8, 0.6   ② 0.894, 0.448
③ 0.916, 0.401   ④ 0.984, 0.179

해설

㉠ 복소전력
$S = \overline{V}I = (80 - j60)(4 + j2) = 440 - j80$
$= \sqrt{440^2 + 80^2} \Big/ \tan^{-1}\dfrac{-80}{440}$
$= 447.2 \angle -10.3$[VA]
㉡ 유효전력 $P = 440$[W], 무효전력 $Q = 80$[Var], 피상전력 $S = 447.2$[VA], 부하각 $\theta = -10.3$이므로

∴ 역률 : $\cos\theta = \dfrac{P}{S} = \dfrac{440}{447.2} = 0.984$

무효율 : $\sin\theta = \dfrac{Q}{S} = \dfrac{80}{447.2} = 0.179$

정답 16 ④   17 ④   18 ①   19 ④

자주 출제되는
핵심이론

🔖 핵심이론은 처음에는 그냥 한 번 읽어주세요.
옆의 기출문제를 풀어본 후 다시 한 번 핵심이론을 읽으면서 암기하세요.

10 합성 임피던스와 어드미턴스

구성	직렬회로	병렬회로
회로도		
합성 임피던스	$Z = R + j(X_L - X_C)$ $= R + j\left(\omega L - \dfrac{1}{\omega C}\right) = R + jX$	$Z = \dfrac{1}{\dfrac{1}{R} + \dfrac{1}{jX_L} + \dfrac{1}{-jX_C}} = \dfrac{1}{\dfrac{1}{R} - j\dfrac{1}{X_L} + j\dfrac{1}{X_C}}$
합성 어드미턴스	$Y = \dfrac{1}{Z} = \dfrac{1}{R + j(X_L - X_C)}$	$Y = \dfrac{1}{R} - j\left(\dfrac{1}{X_L} - \dfrac{1}{X_C}\right) = G + j(B_C - B_L)$

11 역률, 공진, 선택도

여기서, 역률를 구할 때 임피던스 Z는 p.96의 **7**, **8**을 참고한다.

구분	직렬회로(전류가 일정)	병렬회로(전압이 일정)
역률	$\cos\theta = \dfrac{P}{P_a} = \dfrac{I^2 R}{I^2 Z} = \dfrac{R}{\sqrt{R^2 + X^2}}$ $\therefore\ \cos\theta = \dfrac{V_R}{V} = \dfrac{R}{\sqrt{R^2 + X^2}}$	$\cos\theta = \dfrac{P}{P_a} = \dfrac{\dfrac{V^2}{R}}{\dfrac{V^2}{Z}} = \dfrac{Z}{R} = \dfrac{X}{\sqrt{R^2 + X^2}}$ $\therefore\ \cos\theta = \dfrac{I_R}{I} = \dfrac{X}{\sqrt{R^2 + X^2}}$
공진의 특징	① 공진 조건 : $X_L = X_C$ ② 공진 주파수 : $f_r = \dfrac{1}{2\pi\sqrt{LC}}$ ③ 임피던스 최소 ④ 전류는 최대	① 공진 조건 : $B_L = B_C$ ② 공진 주파수 : $f_r = \dfrac{1}{2\pi\sqrt{LC}}$ ③ 어드미턴스 최소 ④ 전류는 최소
선택도 Q	① $Q = \dfrac{P_r}{P} = \dfrac{V_X}{V} = \dfrac{X}{R} = \dfrac{\omega L}{R} = \dfrac{2\pi f L}{R}$ ② 공진 시 선택도 : $Q = \dfrac{1}{R}\sqrt{\dfrac{L}{C}}$	① $Q = \dfrac{P_r}{P} = \dfrac{I_X}{I} = \dfrac{R}{X}$ ② 공진 시 선택도 : $Q = R\sqrt{\dfrac{C}{L}}$

① 역률(power factor) : 피상전력과 유효전력의 비를 말한다.

② 공진(resonance) : 임피던스 또는 어드미턴스의 허수가 0이 되는 조건이다.

③ 선택도(quality factor) : 첨예도, 전압확대율이라고도 한다.

바로바로 풀어보는
기출문제

☑ 문제의 네모칸에 체크를 해보세요. 그 문제가 이해되지 않았다면
✓ 표시를 해서 그 문제는 나중에 다시 풀어 완전하게 숙지하세요(★ : 중요도).

DAY 01
DAY 02
DAY 03
DAY 04
DAY 05
DAY 06
DAY 07
DAY 08
DAY 09
DAY 10

★★★ 산업 07년 4회

20 $R=15[\Omega]$, $X_L=12[\Omega]$, $X_C=30[\Omega]$이 병렬로 접속된 회로에 120[V]의 교류전압을 가하면 전원에 흐르는 전류와 역률은 각각 얼마인가?

① 22[A], 85[%]   ② 22[A], 80[%]
③ 22[A], 60[%]   ④ 10[A], 80[%]

해설

R, L, C 병렬회로와 전류 벡터도는 다음과 같다.

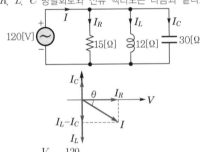

㉠ $I_R = \dfrac{V}{R} = \dfrac{120}{15} = 8[A]$

㉡ $I_L = \dfrac{V}{jX_L} = -j\dfrac{V}{X_L} = -j\dfrac{120}{12} = -j10[A]$

㉢ $I_C = \dfrac{V}{-jX_C} = j\dfrac{V}{X_C} = j\dfrac{120}{30} = j4[A]$

∴ $I = I_R - j(I_L - I_C) = 8 - j6 = \sqrt{8^2+6^2}$
  $= 10[A]$

병렬회로 시 역률 : $\cos\theta = \dfrac{I_R}{I} = \dfrac{8}{10} = 0.8$

★ 산업 92년 6회

21 600[kVA] 역률 0.6(지상) 부하와 800[kVA] 역률 0.8(진상)의 부하가 접속되어 있을 때 종합 피상전력[kVA]는?

① 1400   ② 1000
③ 960   ④ 0

해설

㉠ 부하 1
$S_1 = 600 \times 0.6 - j600 \times 0.8 = 360 - j480[kVA]$

㉡ 부하 2
$S_2 = 800 \times 0.8 + j800 \times 0.6 = 640 + j480[kVA]$

∴ 합성부하
$S = S_1 + S_2 = (360+640) + j(-480+480)$
  $= 1000[kVA]$

★★★ 기사 91년 7회, 96년 2회 / 산업 98년 4회, 04년 2회

22 어떤 $R-L-C$ 병렬회로가 병렬공진이 되었을 때 합성전류는?

① 최대   ② 최소
③ 0   ④ ∞

해설

㉠ 직렬공진 시 전류는 최대가 된다.
㉡ 병렬공진 시 전류는 최소가 된다.

★★★★ 기사 92년 2·3회, 96년 5회, 03년 2회, 05년 3회, 06년 1회 / 산업 06년 1회, 12년 2회

23 $R=10[\Omega]$, $L=10[mH]$, $C=1[\mu F]$인 직렬회로에 100[V]전압을 가했을 때 공진의 첨예도(선택도) Q는 얼마인가?

① 1   ② 10
③ 100   ④ 1000

해설

직렬공진 시 선택도

$Q = \dfrac{1}{R}\sqrt{\dfrac{L}{C}} = \dfrac{1}{10} \times \sqrt{\dfrac{10 \times 10^{-3}}{1 \times 10^{-6}}} = 10$

★ 산업 91년 5회, 98년 2회, 00년 1회, 05년 2회, 07년 4회

24 R, L, C 병렬공진회로에 관한 설명 중 옳지 않은 것은?

① 공진 시 입력 어드미턴스는 매우 작아진다.
② 공진 주파수 이하에서의 입력전류는 전압보다 위상이 뒤진다.
③ R이 작을수록 Q가 높다.
④ 공진 시 L 또는 C를 흐르는 전류는 입력전류 크기의 Q배가 된다.

해설

병렬공진 시 선택도 $Q = R\sqrt{\dfrac{C}{L}}$ 이므로
∴ R이 작아지면 Q도 작아진다.

정답 20 ④ 21 ② 22 ② 23 ② 24 ③

핵심이론

12 최대전력 전달조건

직류회로	교류회로
① 조건 : $R_L = R_g$	① 조건 : $Z_L = \overline{Z_g} = R_g - jX_g$
② 부하전류 : $I_L = \dfrac{E}{R_g + R_L} = \dfrac{E}{2R_L}$	② 부하전류 : $I_L = \dfrac{E}{R_g + R_L} = \dfrac{E}{2R_g} = \dfrac{E}{2R_L}$
③ 최대전력 : $P_m = I_L^2 R_L = \dfrac{E^2}{4R_L}$	③ 최대전력 : $P_m = I_L^2 R_L = \dfrac{E^2}{4R_L} = \dfrac{E_m^2}{8R_L}$
(여기서, 구형파는 실효값과 최대값의 크기가 같다)	(여기서, E : 실효값, E_m : 최대값)

13 인덕턴스 접속법

구분	가동결합(가극성)	차동결합(감극성)
직렬회로	$\therefore \ L_+ = L_1 + L_2 + 2M[\text{H}]$	$\therefore \ L_- = L_1 + L_2 - 2M[\text{H}]$
병렬회로	$\therefore \ L_+ = \dfrac{L_1 L_2 - M^2}{L_1 + L_2 - 2M}[\text{H}]$	$\therefore \ L_- = \dfrac{L_1 L_2 - M^2}{L_1 + L_2 + 2M}[\text{H}]$

Comment

인덕턴스에 표시된 점 쪽으로 전류가 모두 들어가면 가동결합. 둘 중 한 쪽만 점 쪽으로 들어가면 차동결합이 된다.

① 결합계수 : $K = \dfrac{M}{\sqrt{L_1 L_2}}$ ($K=0$: 비결합, $K=1$: 완전결합)

② 인덕턴스 : $L = \dfrac{\Phi}{I} = \dfrac{N\phi}{I}[\text{H}]$ (여기서, Φ : 쇄교자속, ϕ : 자속, N : 권선수)

☑ 문제의 네모칸에 체크를 해보세요. 그 문제가 이해되지 않았다면
√ 표시를 해서 그 문제는 나중에 다시 풀어 완전하게 숙지하세요(★ : 중요도).

DAY 01
DAY 02
DAY 03
DAY 04
DAY 05
DAY 06
DAY 07
DAY 08
DAY 09
DAY 10

★★ 기사 93년 4회, 05년 3회

25 최대값 E_m, 내부 임피던스 $Z = R + jX$ $(R > 0)$[Ω]인 전원에서 공급할 수 있는 최대전력은?

① $\dfrac{E_m^2}{8R}$ ② $\dfrac{E_m^2}{4R}$

③ $\dfrac{E_m^2}{2R}$ ④ $\dfrac{E_m^2}{\sqrt{2}\,R+0}$

해설

㉠ 최대전력 전달조건 : $Z_L = \overline{Z} = R - jX$

㉡ 부하전류 : $I_L = \dfrac{E}{Z + Z_L} = \dfrac{E}{2R}$

∴ 최대전력

$$P_m = I_L^2 R = \frac{E^2 R}{(2R)^2} = \frac{E^2}{4R} = \frac{\left(\frac{E_m}{\sqrt{2}}\right)^2}{4R}$$

$$= \frac{E_m^2}{8R}\,[\text{W}]$$

★ 산업 91년 2회, 99년 3회, 03년 4회

26 그림과 같은 회로에서 부하 임피던스 $\dot{Z}_L$을 얼마로 할 때 최대전력이 공급되는가?

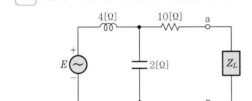

① $10 + j1.3$ ② $10 - j1.3$

③ $10 + j4$ ④ $10 - j4$

해설

전원 측 등가 임피던스

$$Z_{ab} = 10 + \frac{j4 \times (-j2)}{j4 + (-j2)} = 10 - j4\,[\Omega]$$이므로

최대전력 전달조건은

∴ $Z_L = \overline{Z_{ab}} = 10 + j4\,[\Omega]$

Comment

전원 측 등가 임피던스에서 전압원은 단락전류원을 개방시킨 후 a, b 단자에서 본 합성 임피던스를 구하면 된다.

★ 산업 07년 1회

27 두 개의 코일 a, b가 있다. 두 개를 직렬로 접속하였더니 합성 인덕턴스가 119[mH], 극성을 반대로 접속하였더니 합성 인덕턴스가 11[mH]이다. 코일 a의 자기 인덕턴스가 20[mH]라면 결합계수 k는 얼마인가?

① 0.6 ② 0.7

③ 0.8 ④ 0.9

해설

㉠ 가동결합 : $L_a = L_1 + L_2 + 2M = 119$

㉡ 차동결합 : $L_b = L_1 + L_2 - 2M = 11$

㉢ $L_a - L_b = 4M$이므로 상호 인덕턴스

$$M = \frac{L_a - L_b}{4} = \frac{119 - 11}{4} = 27[\text{mH}]$$

㉣ $L_a = L_1 + L_2 + 2M = 119$에서

$L_2 = 119 - 2M - L_1$

$= 119 - 2 \times 27 - 20 = 45[\text{mH}]$

∴ 결합계수 $k = \dfrac{M}{\sqrt{L_1 L_2}} = \dfrac{27}{\sqrt{20 \times 45}} = 0.9$

★ 기사 97년 7회, 00년 3회, 02년 2회 / 산업 03년 4회

28 5[mH]의 두 자기 인덕턴스가 있다. 결합계수를 0.2로부터 0.8까지 변화시킬 수 있다면 이것을 접속시켜 얻을 수 있는 합성 인덕턴스의 최대값, 최소값은?

① 18[mH], 2[mH]

② 18[mH], 8[mH]

③ 20[mH], 2[mH]

④ 18[mH], 8[mH]

해설

㉠ 결합계수 $k = \dfrac{M}{\sqrt{L_1 L_2}} = \dfrac{M}{5} = 0.2 \sim 0.8$에서

상호 인덕턴스 $M = 1 \sim 4[\text{mH}]$의 범위를 갖는다.

㉡ 따라서 가동결합과 차동결합 공식에서 $M = 4[\text{mH}]$를 대입해야 최대값과 최소값을 각각 구할 수 있다.

㉢ 최대값(가동결합)

$L_a = L_1 + L_2 + 2M = 5 + 5 + 2 \times 4 = 18[\text{mH}]$

㉣ 최소값(차동결합)

$L_b = L_1 + L_2 - 2M = 5 + 5 - 2 \times 4 = 2[\text{mH}]$

정답 25 ① 26 ③ 27 ④ 28 ①

DAY
07

학습목표
• 3상 교류결선법(Y, △, V)의 특징에 대해서 이해할 수 있다.
• 3상 전력측정법(2전력계법)에 대해서 이해할 수 있다.
• 비정현파 교류의 실효값, 전력, 왜형률(THD) 등을 구할 수 있다.

출제율 9%

제3장 다상 교류회로의 이해

1 대칭 3상 교류

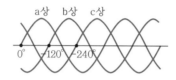

(a) 대칭 3상 교류

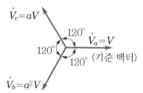

(b) 정지 벡터도

① 벡터 오퍼레이터 a(vector operator)

㉠ $a = 1\angle 120° = 1\angle -240° = -\dfrac{1}{2} + j\dfrac{\sqrt{3}}{2}$

㉡ $a^2 = 1\angle 240° = 1\angle -120° = -\dfrac{1}{2} - j\dfrac{\sqrt{3}}{2}$

㉢ $a^3 = 1\angle 360° = 1\angle 0° = a^0$, $a^4 = 1\angle 480° = 1\angle 120° = a$

㉣ $1 + a + a^2 = 0$ $(a + a^2 = -1)$

② 대칭 3상 교류(symmetrical thee-phase AC)

㉠ $v_a = \sqrt{2}\,V\sin\omega t = V\angle 0° = V$

㉡ $v_b = \sqrt{2}\,V\sin(\omega t - 120°) = V\angle -120° = V\angle 240° = a^2 V$

㉢ $v_c = \sqrt{2}\,V\sin(\omega t - 240°) = V\angle -240° = V\angle 120° = aV$

∴ $v_a + v_b + v_c = V + a^2 V + aV = V(1 + a^2 + a) = 0$

2 3상 교류의 결선법

Y결선	△결선	V결선
① $I_l = I_p\angle 0°$	① $V_l = V_p\angle 0°$	① 출력 : $P_V = \sqrt{3}\,P_1$
② $V_l = \sqrt{3}\,V_p\angle 30°$	② $I_l = \sqrt{3}\,I_p\angle -30°$	② 이용률 : 86.6[%]
		③ 출력비 : 57.7[%]

여기서, V_l : 선간전압, V_p : 상전압, I_l : 선전류, I_p : 상전류, P_1 : 변압기 1개의 용량

바로바로 풀어보는
기출문제

문제의 네모칸에 체크를 해보세요. 그 문제가 이해되지 않았다면
✓ 표시를 해서 그 문제는 나중에 다시 풀어 완전하게 숙지하세요(★ : 중요도).

★★★ 산업 91년 7회, 93년 2회, 14년 4회

29 $a+a^2$의 값은? (단, $a=e^{j120}$임)

① 0   ② −1
③ 1   ④ a^3

해설

$$a+a^2=\left(-\frac{1}{2}+j\frac{\sqrt{3}}{2}\right)+\left(-\frac{1}{2}-j\frac{\sqrt{3}}{2}\right)=-1$$

★★★ 기사 13년 1회 / 산업 98년 4회, 98년 5회, 00년 4회, 14년 3회

30 3상 3선식 회로에 $R=8[\Omega]$, $X_L=6[\Omega]$의 부하를 성형 접속했을 때 부하전류[A]는 얼마인가?

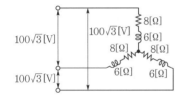

① 5   ② 10
③ 15   ④ 20

해설

㉠ 각 상의 임피던스의 크기
$$Z=R+jX=\sqrt{R^2+X^2}=\sqrt{8^2+6^2}=10[\Omega]$$

㉡ 상전압 $V_p=\dfrac{V_l}{\sqrt{3}}=100[V]$

㉢ Y결선 시 상전류와 선전류(부하전류)가 같다.

$$\therefore\ I_l=I_p=\frac{V_p}{Z}=\frac{100}{10}=10[A]$$

★★★ 기사 03년 2회, 12년 1회 / 산업 04년 2회, 05년 1회, 07년 2회, 13년 4회, 14년 1회, 15년 3·4회

31 전원과 부하가 다같이 △결선(환상결선)된 3상 평형회로가 있다. 전원전압이 200[V], 부하 임피던스가 $Z=6+j8[\Omega]$인 경우 부하전류는?

① 20   ② $\dfrac{20}{\sqrt{3}}$
③ $20\sqrt{3}$ ④ $10\sqrt{3}$

해설

㉠ 조건을 회로로 표현하면 다음과 같다.

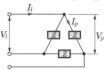

㉡ 각 상의 임피던스의 크기
$$Z=\sqrt{6^2+8^2}=10[\Omega]$$

㉢ 전원전압은 선간전압을 의미하고, △결선 시 $V_l=V_p$이 된다.

㉣ 상전류 $I_p=\dfrac{V_p}{Z}=\dfrac{200}{10}=20[A]$

$\therefore$ 선전류(부하전류) $I_l=\sqrt{3}\,I_p=20\sqrt{3}[A]$

☀ Comment

전기를 공부할 때에는 항상 그림 또는 회로를 그려 해석하는 노력을 하자.

★ 기사 90년 2회, 99년 7회 / 산업 98년 2회

32 3상 3선식에서 선간전압이 100[V]인 송전선에 $5\angle 45°[\Omega]$의 부하를 △접속할 때의 선전류[A]는?

① $20\angle -75°$ ② $20\angle -15°$
③ $34.6\angle -75°$ ④ $34.6\angle -15°$

해설

상전류 $I_p=\dfrac{V_p}{Z}=\dfrac{100\angle 0°}{5\angle 45°}=20\angle -45°[A]$

이므로 선전류(부하전류)는

$\therefore\ I_l=\sqrt{3}\,I_p\angle -30°=20\sqrt{3}\angle -75°$
$\qquad =34.6\angle -75°[A]$

★★★ 기사 90년 6회, 98년 4회 / 산업 90년 2회, 96년 7회, 07년 3회, 14년 2회

33 3대의 변압기를 △결선으로 운전하던 중 변압기 1대가 고장으로 제거하여 V결선으로 한 경우 공급할 수 있는 전력과 고장 전 전력과의 비율[%]은 얼마인가?

① 86.6   ② 75.0
③ 66.7   ④ 57.7

해설

㉠ 이용률 $\dfrac{P_V}{2p_1}=\dfrac{\sqrt{3}\,p_1}{2p_1}=0.866=86.6[\%]$

㉡ 출력비 $\dfrac{P_V}{P_\triangle}=\dfrac{\sqrt{3}\,p}{3p}=0.577=57.7[\%]$

정답 29 ②   30 ②   31 ③   32 ③   33 ④

DAY 01 02 03 04 05 06 07 08 09 10

자주 출제되는

핵심이론

핵심이론은 처음에는 그냥 한 번 읽어주세요.
옆의 기출문제를 풀어본 후 다시 한 번 핵심이론을 읽으면서 암기하세요.

3 3상 변압기 결선

Comment

실기시험에서 변압기 결선을 그리는 문제가 나옴

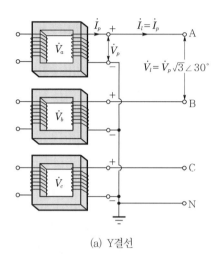 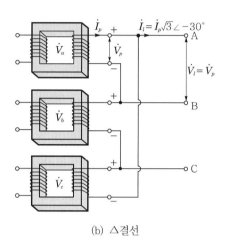

(a) Y결선   (b) △결선

4 선로 임피던스가 존재하는 △결선 부하 회로 해석

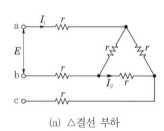 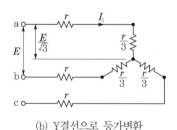

(a) △결선 부하   (b) Y결선으로 등가변환

① △결선 부하를 Y결선으로 등가변환하면 저항의 크기는 $\dfrac{1}{3}$로 줄어든다.

② 등가변환이란 동일한 단자전압을 인가했을 때 회로에 흐르는 전류(선전류)가 동일하다는 것을 의미하므로 (b)에서 구한 선전류와 (a)에서의 선전류는 같다.

③ (b)회로의 선전류(I_1)를 구하면 다음과 같다.

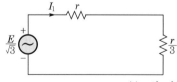

$$I_1 = \frac{\dfrac{E}{\sqrt{3}}}{\dfrac{4r}{3}} = \frac{3E}{4r\sqrt{3}} = \frac{\sqrt{3}\,E}{4r}\,[\text{A}]$$

(c) a상 기준 단상회로

④ △결선 내의 환상전류(상전류) : $I_2 = \dfrac{I_1}{\sqrt{3}} = \dfrac{E}{4r}\,[\text{A}]$

DAY 01
DAY 02
DAY 03
DAY 04
DAY 05
DAY 06
DAY 07
DAY 08
DAY 09
DAY 10

★★★ 기사 01년 2회, 04년 3회, 08년 2회 / 산업 94년 6회, 00년 5회, 07년 4회, 15년 2회

34 그림과 같은 회로의 단자 a, b, c에 대칭 3상 전압을 가하여 각 선전류를 같게 하려면 R의 값은?

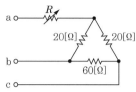

① 2[Ω] ② 8[Ω]
③ 16[Ω] ④ 24[Ω]

◤ 해설

△결선을 Y로 등가변환하면 다음과 같다.

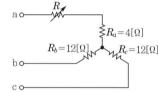

㉠ $R_a = \dfrac{R_{ab} \times R_{ca}}{R_{ab} + R_{bc} + R_{ca}} = \dfrac{20 \times 20}{20 + 60 + 20} = 4$

㉡ $R_b = \dfrac{R_{ab} \times R_{bc}}{R_{ab} + R_{bc} + R_{ca}} = \dfrac{20 \times 60}{20 + 60 + 20} = 12$

㉢ $R_c = \dfrac{R_{bc} \times R_{ca}}{R_{ab} + R_{bc} + R_{ca}} = \dfrac{60 \times 20}{20 + 60 + 20} = 12$

∴ 각 선전류가 같으려면 각 상의 임피던스가 평형이 되어야 하므로 $R = 8[Ω]$이 된다.

★★★★ 기사 96년 6회, 98년 3회, 03년 4회 / 산업 99년 4회, 02년 1회, 05년 3회, 14년 4회, 16년 3회

35 같은 저항 $r[Ω]$을 그림과 같이 결선하고 대칭 3상 전압 $E[V]$를 가했을 때 전류 I_1, $I_2[A]$는?

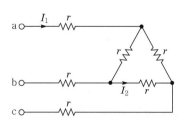

① $I_1 = \dfrac{\sqrt{3}}{4E}$, $I_2 = \dfrac{rE}{4}$

② $I_1 = \dfrac{4E}{\sqrt{3}}$, $I_2 = \dfrac{4r}{E}$

③ $I_1 = \dfrac{\sqrt{3}\,E}{4}$, $I_2 = \dfrac{E}{4r}$

④ $I_1 = \dfrac{\sqrt{3}\,E}{4r}$, $I_2 = \dfrac{E}{4r}$

◤ 해설

㉠ △결선을 Y결선으로 등가변환했을 때의 각 상의 임피던스 $Z = r + \dfrac{r}{3} = \dfrac{4r}{3}[Ω]$

㉡ 선전류(부하전류)

$I_1 = \dfrac{V_p}{Z} = \dfrac{\dfrac{E}{\sqrt{3}}}{\dfrac{4r}{3}} = \dfrac{3E}{4r\sqrt{3}} = \dfrac{\sqrt{3}\,E}{4r}[A]$

㉢ 상전류 $I_2 = \dfrac{I_1}{\sqrt{3}} = \dfrac{E}{4r}[A]$

Comment

왼쪽 핵심이론 **4** 내용을 참고한다.

★★ 기사 05년 4회, 09년 2회

36 a, c 양단에 100[V] 전압을 인가 시 전류 I가 1[A] 흘렀다면 R의 저항은 몇 [Ω]인가?

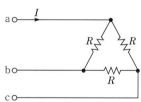

① 100 ② 150
③ 220 ④ 330

◤ 해설

㉠ 등가회로를 그리면 다음과 같다.

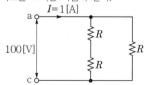

㉡ 합성저항 $R_0 = \dfrac{V}{I} = \dfrac{R \times 2R}{R + 2R} = \dfrac{2}{3}R$에서

저항 R은

∴ $R = \dfrac{3V}{2I} = \dfrac{3 \times 100}{2 \times 1} = 150[Ω]$

자주 출제되는

핵심이론

핵심이론은 처음에는 그냥 한 번 읽어주세요.
옆의 기출문제를 풀어본 후 다시 한 번 핵심이론을 읽으면서 암기하세요.

5 3상 교류전력

① 피상전력 : $P_a = S = \sqrt{3}\, V_l I_l = 3\, I_Z^2 Z = 3\, \dfrac{V_Z^2}{Z}$ [VA]

② 유효전력 : $P = \sqrt{3}\, V_l I_l \cos\theta = 3\, I_R^2 R = 3\, \dfrac{V_R^2}{R}$ [W] (여기서, I_R : R을 통과하는 전류)

③ 무효전력 : $P_r = Q = \sqrt{3}\, V_l I_l \sin\theta = 3\, I_X^2 X = 3\, \dfrac{V_X^2}{X}$ [Var] (여기서, V_X : X 양단에 걸린 전압)

6 동일한 부하를 Y결선했을 때와 △결선했을 때 비교

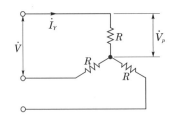

(a) Y결선 회로

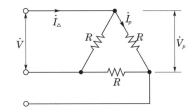

(b) △결선 회로

① $I_Y = \dfrac{V_p}{R} = \dfrac{V}{R\sqrt{3}}$ [A], $\quad I_\triangle = \sqrt{3}\, I_p = \sqrt{3}\, \dfrac{V_p}{R} = \dfrac{\sqrt{3}\, V}{R}$ [A]

$\therefore \dfrac{I_Y}{I_\triangle} = \dfrac{1}{3}$ 또는 $I_Y = \dfrac{1}{3}\, I_\triangle$

② $P_Y = 3\, \dfrac{V_R^2}{R} = \dfrac{3\, V_p^2}{R} = \dfrac{3\left(\dfrac{V}{\sqrt{3}}\right)^2}{R} = \dfrac{V}{R}$ [W], $\quad P_\triangle = 3\, \dfrac{V_R^2}{R} = \dfrac{3\, V_p^2}{R} = \dfrac{3\, V}{R}$ [W]

$\therefore \dfrac{P_Y}{P_\triangle} = \dfrac{1}{3}$ 또는 $P_Y = \dfrac{1}{3}\, P_\triangle$

참고 지상전류와 진상전류의 개념

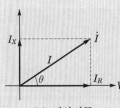

(a) 진상전류

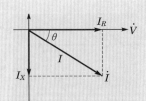

(b) 지상전류

(1) 진상전류 : $\dot{I} = I_m \sin(\omega t + \theta) = I\angle\theta = I(\cos\theta + j\sin\theta) = I_R + j\,I_X$ [A]

(2) 지상전류 : $\dot{I} = I_m \sin(\omega t - \theta) = I\angle -\theta = I(\cos\theta - j\sin\theta) = I_R - j\,I_X$ [A]

(3) 계통이 유도성이면 지상전류가, 용량성이면 진상전류가 흐르게 된다.

DAY 01
DAY 02
DAY 03
DAY 04
DAY 05
DAY 06
DAY 07
DAY 08
DAY 09
DAY 10

★★ 기사 90년 2회, 03년 1회, 05년 2회, 13년 2회, 15년 2회 / 산업 03년 2회, 14년 1회

37 저항 $R[\Omega]$ 3개를 Y로 접속한 회로에 전압 200[V]의 3상 교류전원을 인가 시 선전류가 10[A]라면 이 3개의 저항을 △로 접속하고 동일전원을 인가 시 선전류는 몇 [A]인가?

① 10
② $10\sqrt{3}$
③ 30
④ $30\sqrt{3}$

해설

$I_\triangle = 3 I_Y = 3 \times 10 = 30[A]$

★★★ 기사 98년 6회 / 산업 93년 4회, 95년 5회, 97년 4회, 04년 4회, 12년 3회, 14년 2회

38 3상 유도전동기의 출력이 3마력, 전압이 200[V], 효율 80[%], 역률 90[%]일 때 전동기에 유입하는 선전류의 값은 약 몇 [A]인가?

① 7.18
② 9.18
③ 6.85
④ 8.97

해설

유효전력(입력) $P = \sqrt{3} \, VI\cos\theta [W]$에서 효율 $\eta = \dfrac{출력}{입력}$

이므로 유도전동기 출력 $P = \sqrt{3} \, VI\cos\theta\eta [W]$가 된다.

$\therefore I = \dfrac{P}{\sqrt{3} \, V\cos\theta\,\eta} = \dfrac{3 \times 746}{\sqrt{3} \times 200 \times 0.9 \times 0.8}$
$= 8.97[A]$

Comment

1[HP, 마력]은 746[W]이다.

★★★★ 기사 94년 4회, 96년 5회, 01년 1회, 02년 3회 / 산업 94년 4회, 98년 5회, 00년 4회

39 부하 단자전압이 220[V]인 15[kW]의 3상 대칭 부하에 3상 전력을 공급하는 선로 임피던스가 $3 + j2[\Omega]$일 때, 부하가 뒤진 역률 60[%]이면 선전류[A]는?

① $26.2 - j19.7$
② $39.36 - j52.48$
③ $39.4 - j29.5$
④ $19.7 - j26.4$

해설

선전류

$I = \dfrac{P}{\sqrt{3} \, V\cos\theta}$

$= \dfrac{15 \times 10^3}{\sqrt{3} \times 220 \times 0.6} = 65.61[A]$에서

뒤진 역률 60[%]일 때 선전류는

$\therefore \dot{I} = I(\cos\theta - j\sin\theta) = 65.61(0.6 - j0.8)$
$= 39.36 - j52.48[A]$

★★★ 산업 93년 6회, 96년 6회, 97년 2회, 98년 3회, 99년 6회, 01년 2·3회, 04년 3회

40 한 상의 임피던스가 $Z = 20 + j10[\Omega]$인 Y결선 부하에 대칭 3상 선간전압 200[V]를 가할 때 전 소비전력은 얼마인가?

① 800[W]
② 1200[W]
③ 1600[W]
④ 2400[W]

해설

$I_p = \dfrac{V_p}{Z} = \dfrac{\dfrac{200}{\sqrt{3}}}{\sqrt{20^2 + 10^2}} = 5.164[A]$이므로

$\therefore P = 3 I_p^2 R = 3 \times 5.164^2 \times 20 = 1600[W]$

★★★ 기사 96년 2회 / 산업 94년 6회, 94년 7회, 12년 1회, 14년 4회, 16년 4회

41 3상 평형 부하가 있다. 이것의 선간전압은 200[V], 선전류는 10[A]이고, 부하의 소비전력은 4[kW]이다. 이 부하의 등가 Y회로의 각 상의 저항[Ω]은 얼마인가?

① 8
② 13.3
③ 15.6
④ 18.3

해설

소비전력 $P = 3 I^2 R[W]$에서

$\therefore R = \dfrac{P}{3I^2} = \dfrac{4000}{3 \times 10^2} = 13.3[\Omega]$

★★★ 기사 97년 4회, 03년 2회, 09년 2회, 12년 1회

42 각 상의 임피던스가 각각 $Z = 6 + j8[\Omega]$인 평행 △부하에 선간전압이 220[V]인 대칭 3상 전압을 인가할 때의 부하전류는?

① 27.2[A]
② 38.1[A]
③ 22[A]
④ 12.7[A]

해설

상전류

$I_p = \dfrac{V_p}{Z} = \dfrac{V_p}{\sqrt{R^2 + X^2}} = \dfrac{220}{\sqrt{6^2 + 8^2}} = 22[A]$이므로

$\therefore I_l = \sqrt{3} \, I_p = 22\sqrt{3} = 38.1[A]$

정답 37 ③ 38 ④ 39 ② 40 ③ 41 ② 42 ②

핵심이론

핵심이론은 처음에는 그냥 한 번 읽어주세요.
옆의 기출문제를 풀어본 후 다시 한 번 핵심이론을 읽으면서 암기하세요.

7 다상 교류결선의 특징(성형결선)

구분	성형결선(star 결선)	환상결선(delta 결선)
선전류	$\dot{I_l}= I_p \angle 0°$	$\dot{I_l}= 2\sin\dfrac{\pi}{n}\, I_p \angle -\left(\dfrac{\pi}{2}-\dfrac{\pi}{n}\right)[\mathrm{A}]$
선간전압	$\dot{V_l}= 2\sin\dfrac{\pi}{n}\, V_p \angle \left(\dfrac{\pi}{2}-\dfrac{\pi}{n}\right)[\mathrm{V}]$	$\dot{V_l}= V_p \angle 0°$

Comment

시험에서 환상결선의 위상차는 $\dfrac{\pi}{2}-\dfrac{\pi}{n}=\dfrac{\pi}{2}\left(1-\dfrac{2}{n}\right)$로 지상$\left(-\left(\dfrac{\pi}{2}-\dfrac{\pi}{n}\right)$에서 $-$부호$\right)$에 대한 개념을 적용시
키고 있지 않다. 주의!!

다상 전원을 성형결선했을 때의 선간전압(여기서, n : 교류의 상수)

① $n=3$상 : $\dot{V_l}= \sqrt{3}\, V_p \angle 30°$ ② $n=4$상 : $\dot{V_l}= \sqrt{2}\, V_p \angle 45°$

③ $n=5$상 : $\dot{V_l}= 1.17 V_p \angle 54°$ ④ $n=6$상 : $\dot{V_l}= V_p \angle 60°$

8 2전력계법

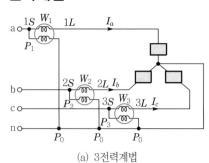

(a) 3전력계법   (b) 2전력계법

(1) 3전력계법의 유효전력 : $P= W_1 + W_2 + W_3[\mathrm{W}]$

(2) 2전력계법에 의한 전력 측정

① 유효전력 : $P= W_1 + W_2 = \sqrt{3}\, VI\cos\theta[\mathrm{W}]$

② 무효전력 : $P_r= \sqrt{3}\,(W_2 - W_1)= \sqrt{3}\, VI\sin\theta[\mathrm{Var}]$

③ 피상전력 : $P_a= 2\sqrt{W_1^2 + W_2^2 - W_1 W_2}= \sqrt{3}\, VI[\mathrm{VA}]$

④ 역률 : $\cos\theta= \dfrac{P}{P_a}= \dfrac{W_1 + W_2}{2\sqrt{W_1^2 + W_2^2 - W_1 W_2}}= \dfrac{W_1 + W_2}{\sqrt{3}\, VI}$

㉠ 측정 전력이 동일($W_1 = W_2$)한 경우 : $\cos\theta= 1\,(R$만의 부하의 경우)

㉡ 측정 전력이 2배($W_1 = 2W_2$)가 차이나는 경우 : $\cos\theta= 0.866$

㉢ 측정 전력이 3배($W_1 = 3W_2$)가 차이나는 경우 : $\cos\theta= 0.76$

㉣ 측정 전력이 4배($W_1 = 4W_2$)가 차이나는 경우 : $\cos\theta= 0.69$

㉤ 측정 전력이 둘 중 하나가 0인 경우 : $\cos\theta= 0.5$

바로바로 풀어보는
기출문제

문제의 네모칸에 체크를 해보세요. 그 문제가 이해되지 않았다면
✓ 표시를 해서 그 문제는 나중에 다시 풀어 완전하게 숙지하세요(★ : 중요도).

DAY
01
DAY
02
DAY
03
DAY
04
DAY
05
DAY
06
DAY
07
DAY
08
DAY
09
DAY
10

★★ 기사 95년 7회, 08년 3회 / 산업 90년 7회, 95년 6회, 13년 1·4회

43 그림과 같은 선간전압 200[V]의 3상 전원에 대칭 부하를 접속할 때 부하 역률은?
(단, $R=9[\Omega]$, $\dfrac{1}{\omega C}=4[\Omega]$이다.)

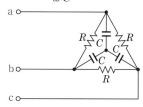

① 0.6
② 0.7
③ 0.8
④ 0.9

해설

㉠ △결선 저항을 Y결선으로 바꾸면 저항은 $\dfrac{1}{3}$이 되어 3[Ω]이 된다.

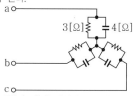

㉡ 3[Ω] 저항과 4[Ω] 리액턴스는 병렬회로가 된다.
따라서 역률은

$\therefore \cos\theta = \dfrac{X}{\sqrt{R^2+X^2}} = \dfrac{4}{\sqrt{3^2+4^2}} = 0.8$

★★ 기사 95년 4회, 96년 6회

44 대칭 6상 성형(star)결선에서 선간전압과 상전압과의 관계가 바르게 나타낸 것은?
(단, E_L : 선간전압, E_P : 상전압)

① $E_L = \sqrt{3}\,E_P$
② $E_L = \dfrac{1}{\sqrt{3}}\,E_P$
③ $E_L = \dfrac{2}{\sqrt{3}}\,E_P$
④ $E_L = E_P$

해설

성형결선 시 선간전압

$E_L = 2\sin\dfrac{\pi}{n}E_P = 2\sin\dfrac{\pi}{6}E_P = E_P$

Comment

6상 결선은 상전압과 선간전압이 같다.

★★★★★ 기사 93년 6회, 03년 1회 / 산업 97년 6회, 13년 1회, 16년 3회

45 대칭 3상 전압을 공급한 3상 유도전동기에서 각 계기의 지시는 다음과 같다. 유도전동기의 역률은? (단, $W_1=2.36[\text{kW}]$, $W_2=5.97[\text{kW}]$, $V=200[\text{V}]$, $I=30[\text{A}]$)

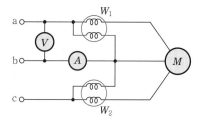

① 0.60
② 0.80
③ 0.65
④ 0.86

해설

역률

$\cos\theta = \dfrac{P}{P_a} = \dfrac{W_1+W_2}{2\sqrt{W_1^2+W_2^2-W_1 W_2}}$

$= \dfrac{W_1+W_2}{\sqrt{3}\;VI}$

$= \dfrac{2360+5970}{\sqrt{3}\times200\times30} = 0.8$

★★★★ 기사 89년 7회, 92년 7회 / 산업 91년 5회, 92년 6회, 03년 4회, 07년 3회, 14년 3회

46 단상전력계 2개로 3상 전력을 측정하고자 한다. 전력계의 지시가 각각 200[W], 100[W]를 가리켰다고 한다. 부하의 역률은 몇 [%]인가?

① 94.8
② 86.6
③ 50.0
④ 31.6

해설

2전력계에서 측정전력이 2배($W_1 = 2W_2$)가 차이나는 경우
∴ 역률 $\cos\theta = 0.866$

Comment

역률 $\cos\theta = \dfrac{W_1+W_2}{2\sqrt{W_1^2+W_2^2-W_1 W_2}}$ 공식에서
$W_1 = 1$, $W_2 = 2$를 각각 대입해서 풀어도 좋다.

정답 **43** ③ **44** ④ **45** ② **46** ②

자주 출제되는
핵심이론

핵심이론은 처음에는 그냥 한 번 읽어주세요.
옆의 기출문제를 풀어본 후 다시 한 번 핵심이론을 읽으면서 암기하세요.

제4장 │ 비정현파 교류회로의 이해

1 개요

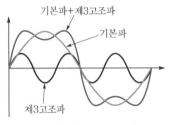

(a) 기본파 +제 3고조파

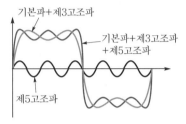

(b) 기본파 + 제3고조파 + 제5고조파

① 주기를 갖는 왜형파(비정현파)는 그림과 같이 여러 개의 정현파(sin)와 여현파(cos)의 합성으로 나타낼 수 있고 주파수가 60[Hz]인 파형을 기본파, 이에 정수배의 주파수를 갖는 파를 고조파(harmonics)라 한다.

② 이와 같이 왜형파를 주기적인 여러 정현파로 분해하여 해석하는 것을 푸리에 급수라 한다.

③ 왜형파 중 비주기인 파형은 노이즈(noise)라 한다.

2 고조파의 크기와 위상관계

① 제n고조파는 기본파 한 주기(T) 동안 파형이 n번 발생되며 그 크기는 $\frac{1}{n}$배, 위상과 주파수는 n배가 된다.

② 제n고조파 : $i_n = \dfrac{I_m}{n} \sin n(\omega t \pm \theta)[A]$

3 푸리에 급수(Fourier series) 일반식

$$f(t) = a_0 + a_1 \cos \omega t + a_2 \cos 2\omega t + a_3 \cos 3\omega t + \cdots + a_n \cos n\omega t$$
$$+ b_1 \sin \omega t + b_2 \sin 2\omega t + b_3 \sin 3\omega t + \cdots + b_n \sin n\omega t$$

$$\therefore f(t) = a_0 + \sum_{n=1}^{\infty} a_n \cos n\omega t + \sum_{n=1}^{\infty} b_n \sin n\omega t$$

여기서, 홀수 고조파를 기수 고조파라 하고, 짝수 고조파를 우수 고조파라 한다.

4 비정현파의 실효값(r.m.s)

① 각 파의 실효값의 제곱의 합의 제곱근을 취한 값

② 전압의 실효값 : $|E| = \sqrt{|E_0|^2 + |E_1|^2 + |E_2|^2 + \cdots + |E_n|^2}$

여기서, E_0 : 직류분, E_1 : 기본파의 실효값, E_n : n고조파의 실효값

문제의 네모칸에 체크를 해보세요. 그 문제가 이해되지 않았다면
✓ 표시를 해서 그 문제는 나중에 다시 풀어 완전하게 숙지하세요(★ : 중요도).

DAY 01
DAY 02
DAY 03
DAY 04
DAY 05
DAY 06
DAY 07
DAY 08
DAY 09
DAY 10

★★★★ 기사 92년 7회, 03년 2회, 06년 1회, 12년 4회 / 산업 90년 2회, 96년 6회, 12년 2회

47 다음은 비정현파의 성분을 표시한 것이다. 가장 맞는 것은?

① 교류분＋고조파＋기본파
② 직류분＋기본파＋고조파
③ 기본파＋고조파－직류분
④ 직류분＋고조파－기본파

★★★★ 기사 12년 3회 / 산업 02년 3회, 14년 3회

48 어떤 함수 $f(t)$를 비정현파의 푸리에 급수에 의한 전개로 옳은 것은?

① $\sum\limits_{n=1}^{\infty} a_n \sin n\omega t + \sum\limits_{n=1}^{\infty} b_n \sin n\omega t$

② $\sum\limits_{n=1}^{\infty} b_n \sin n\omega t + \sum\limits_{n=1}^{\infty} a_n \cos n\omega t$

③ $a_0 + \sum\limits_{n=1}^{\infty} a_n \cos n\omega t + \sum\limits_{n=1}^{\infty} b_n \cos n\omega t$

④ $a_0 + \sum\limits_{n=1}^{\infty} b_n \sin n\omega t + \sum\limits_{n=1}^{\infty} a_n \cos n\omega t$

★★★★ 산업 96년 5회, 05년 4회

49 $i = 2 + 5\sin(100t + 30°) + 10\sin(200t - 10°) - 5\cos(400t + 10°)$[A]와 파형이 동일하나 기본파의 위상이 20° 늦은 비정현 전류파의 순시치를 나타내는 식은?

① $2 + 5\sin(100t + 10°) + 10\sin(200t - 30°) - 5\cos(400t - 10°)$
② $2 + 5\sin(100t + 10°) + 10\sin(200t - 50°) - 5\cos(400t - 10°)$
③ $2 + 5\sin(100t + 10°) + 10\sin(200t - 30°) - 5\cos(400t - 70°)$
④ $2 + 5\sin(100t + 10°) + 10\sin(200t - 50°) - 5\cos(400t - 70°)$

해설

기본파의 위상이 20° 늦어지면 제2고조파의 위상은 20×2°, 제4고조파는 20×4°, 제5고조파는 20×5° 만큼 늦어지게 된다.

$\therefore i = 2 + 5\sin(100t + 10°) + 10\sin(200t - 50°) - 5\cos(400t - 70°)$[A]

★★ 기사 96년 5회, 98년 5회 / 산업 94년 7회, 98년 7회, 13년 4회

50 ωt가 0에서 π까지 $i=10$[A], π에서 2π까지는 $i=0$[A]인 파형을 푸리에 급수로 전개하면 a_0는?

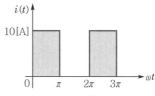

① 14.14
② 10
③ 7.07
④ 5

해설

직류분

$a_0 = \dfrac{1}{T}\int_0^T f(t)\,dt$

$= \dfrac{1}{2\pi}\int_0^{\pi} 10\,d\omega t = \dfrac{10}{2\pi}[\omega t]_0^{\pi} = \dfrac{10}{2} = 5$[A]

Comment

직류분은 평균값을 의미한다.

따라서 구형반파의 평균값은 $I_{av} = \dfrac{I_m}{2} = 5$[A]가 된다.

★★★★★ 기사 97년 4회, 05년 4회 / 산업 91년 5회, 94년 5회, 99년 4회, 01년 3회, 13년 1회

51 어떤 회로에 흐르는 전류가 다음과 같은 경우 실효값[A]은?

$$i(t) = 5 + 10\sqrt{2}\sin\omega t + 5\sqrt{2}\sin\left(3\omega t + \dfrac{\pi}{3}\right)[A]$$

① 12.2
② 13.6
③ 14.6
④ 16.6

해설

$|I| = \sqrt{I_0^2 + |I_1|^2 + |I_3|^2} = \sqrt{5^2 + 10^2 + 5^2}$
$= 12.24$[A]

자주 출제되는
핵심이론

핵심이론은 처음에는 그냥 한 번 읽어주세요.
옆의 기출문제를 풀어본 후 다시 한 번 핵심이론을 읽으면서 암기하세요.

5 비정현파의 전력(power)과 역률(power factor)

① 피상전력 : $P_a = |V||I|[\text{VA}]$ (여기서, $|V|$, $|I|$: 전압과 전류의 실효값)

② 유효전력 : $P = V_0 I_0 + \sum_{n=1}^{m} V_n I_n \cos\theta_n[\text{W}]$ (여기서, V_0, I_0 : 직류성분)

③ 무효전력 : $P_r = \sum_{n=1}^{m} V_n I_n \sin\theta_n[\text{Var}]$

참고　**고조파 전력계산**

(1) 직류분은 유효전력만 존재하므로 무효전력 공식에서 직류분(E_0, I_0)은 포함시키지 않는다.
(2) 유효전력과 무효전력은 주파수가 동일한 성분끼리 전력을 각각 구하여 모두 더해 구할 수 있다.
(3) 만약 전압과 전류의 주파수가 서로 다르다면 전력은 0이 된다.

④ 역률 : $\cos\theta = \dfrac{P}{P_a} = \dfrac{V_0 I_0 + \sum_{n=1}^{m} V_n I_n \cos\theta_n}{|V||I|}$

참고　**고조파 발생원**

(1) 고조파 전류 발생원은 대부분 전력전자소자(power electronic : Diode, SCR 등)를 사용하는 기기, 전기로 등 비선형 부하기기 및 변압기 등 철심의 자기포화 특성 기기에서 발생된다.
(2) **고조파 발생원**
① 사이리스터를 사용한 전력변환장치(인버터, 컨버터, UPS, VVVF 등)
② 전기로, 아크로, 용접기 등 비선형 부하의 기기
③ 변압기, 회전기 등 철심의 자기포화특성 기기
④ 이상전압 등의 과도현상에 의한 것
(3) **고조파의 크기와 위상관계**

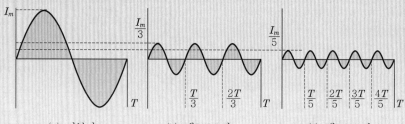

(a) 기본파　　　　　(b) 제3고조파　　　　　(c) 제5고조파

① 기본파 : $i = I_m \sin(\omega t \pm \theta)[\text{A}]$

② 제3고조파 : $i_3 = \dfrac{I_m}{3} \sin 3(\omega t \pm \theta)[\text{A}]$

③ 제5고조파 : $i_5 = \dfrac{I_m}{5} \sin 5(\omega t \pm \theta)[\text{A}]$

★★ 산업 97년 7회

52 전압 $v(t) = 100\sin\left(\omega t + \dfrac{\pi}{18}\right) + 50\sin$
$\left(3\omega t + \dfrac{\pi}{3}\right) + 25\sin\left(5\omega t + \dfrac{7\pi}{18}\right)$[V]의 실
효값은 몇 [V]인가?

① 71　　　　　② 81
③ 91　　　　　④ 101

해설

$$|V| = \sqrt{|V_1|^2 + |V_3|^2 + |V_5|^2}$$
$$= \sqrt{\left(\dfrac{100}{\sqrt{2}}\right)^2 + \left(\dfrac{50}{\sqrt{2}}\right)^2 + \left(\dfrac{25}{\sqrt{2}}\right)^2}$$
$$= \sqrt{\dfrac{1}{2}(100^2 + 50^2 + 25^2)} = 81[V]$$

Comment

V_1 : 기본파 전압의 실효값, V_3, V_5 : 제3, 5고조파 전압의 실효값

★★★ 산업 14년 3회

53 그림과 같은 비정현파의 실효값은?

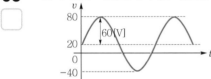

① 46.9[V]　　　② 51.6[V]
③ 56.6[V]　　　④ 63.3[V]

해설

전압은 $v = 20 + 60\sin\omega t$[V]이므로
$$\therefore |V| = \sqrt{20^2 + \left(\dfrac{60}{\sqrt{2}}\right)^2} = 46.9[V]$$

Comment

교류와 직류가 합성되면 교류의 기준(0[V])이 직류전원 크기만큼 올라간다.

★ 산업 96년 2회

54 전압 $e = 100\sqrt{2}\sin\left(\omega_1 t + \dfrac{\pi}{3}\right)$[V]이고,
전류 $i = 100\sqrt{2}\sin(\omega_2 t + \theta)$[A]일 때,
평균전력은 몇 [W]인가? (단, $\omega_1 \neq \omega_2$)

① 0　　　　　② 10000
③ 5000　　　　④ $5000\sqrt{3}$

해설

전압과 전류의 주파수(ω_1, ω_2)가 다르므로 평균전력은 0이 된다.

★ 기사 98년 7회, 00년 4회, 02년 4회 / 산업 98년 3회

55 전압 $v = V(\sin\omega t - \sin 3\omega t)$[V], 전류
$i = I\sin\omega t$[A]의 교류의 평균전력은 몇
[W]인가?

① $\displaystyle\int_0^{2\pi} VI\,dt$　　② $\dfrac{1}{2}VI$

③ $\dfrac{1}{2}VI\sin\omega t$　　④ $\dfrac{2}{\sqrt{3}}VI$

해설

제3고조파 전류성분이 없으므로 기본파 전압, 전류에 의해서만 전력이 발생된다.
$$\therefore P = \dfrac{V}{\sqrt{2}} \times \dfrac{I}{\sqrt{2}} \times \cos 0° = \dfrac{1}{2}VI[W]$$

Comment

평균전력은 유효전력(소비전력)을 말한다.

★★★★ 기사 92년 5회, 99년 6회, 00년 5회, 14년 3회 / 산업 02년 2·4회, 03년 2회, 05년 3회

56 다음과 같은 왜형파 전압 및 전류에 의한
전력[W]은?

$$v(t) = 80\sin(\omega t + 30°) - 50\sin(3\omega t + 60°) + 25\sin 5\omega t\,[V]$$
$$i(t) = 16\sin(\omega t - 30°) + 15\sin(3\omega t + 30°) + 10\cos(5\omega t - 60°)\,[A]$$

① 67　　　　　② 103.5
③ 536.5　　　　④ 753

해설

$$P = V_0 I_0 + \sum_{i=1}^{n} V_i I_i \cos\theta_i$$
$$= \dfrac{1}{2} \times 80 \times 16 \times \cos 60° + \dfrac{1}{2} \times (-50)$$
$$\times 15 \times \cos 30° + \dfrac{1}{2} \times 25 \times 10 \times \cos 30°$$
$$= 103.5[W]$$

Comment

기본파는 기본파끼리, 고조파는 고조파끼리의 전력을 구한 다음 모두 더하면 된다.

DAY 01
DAY 02
DAY 03
DAY 04
DAY 05
DAY 06
DAY 07
DAY 08
DAY 09
DAY 10

자주 출제되는

핵심이론

핵심이론은 처음에는 그냥 한 번 읽어주세요.
옆의 기출문제를 풀어본 후 다시 한 번 핵심이론을 읽으면서 암기하세요.

6 고조파 유입에 따른 임피던스의 변화

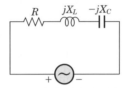 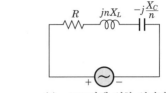

(a) 기본파에 의한 임피던스 (b) n고조파에 의한 임피던스

① 고조파가 유입되면 주파수가 n배 상승하기 때문에 유도 리액턴스는 n배 상승하고, 용량 리액턴스는 $\frac{1}{n}$배로 감소한다.

② 그림 (a)에서 n고조파에 따른 임피던스

$$Z_n = R + j\left(n\omega L - \frac{1}{n\omega C}\right) = R + j\left(n X_L - \frac{X_C}{n}\right)[\Omega]$$

7 고조파를 포함한 전류계산

① 그림 (b) 전류의 실효값 : $I = \sqrt{\sum_{n=0}^{m}\left(\frac{V_n}{\sqrt{R^2 + (n\omega L)^2}}\right)^2}$ [A]

② 그림 (c) 전류의 실효값 : $I = \sqrt{\sum_{n=0}^{m}\left(\frac{V_n}{\sqrt{R^2 + \left(\frac{1}{n\omega C}\right)^2}}\right)^2}$ [A]

여기서, $n = 0$은 직류분, $n = 1$은 기본파, $n = m$은 제m고조파를 의미한다.

8 고조파 공진

① 그림 (a)에서 공진조건 : $n\omega L = \frac{1}{n\omega C}$ 또는 $n X_L = \frac{X_C}{n}$

② n고조파의 공진주파수 : $f_n = \frac{1}{2\pi n\sqrt{LC}}$[Hz]

③ 직렬공진을 일으키면 임피던스가 최소가 되는 특성을 이용하여 특정 주파수(차수)의 고조파 전류를 흡수할 수 있는 수동필터를 설계할 수 있다.

9 종합고조파 왜형률(THD ; Total Harmonics Distortion)

① 기본파의 실효값과 고조파만의 실효값의 비율값

② 왜형률 : $THD = \dfrac{\text{고조파만의 실효값}}{\text{기본파의 실효값}} = \dfrac{\sqrt{I_2^2 + I_3^2 + I_4^2 + \cdots + I_n^2}}{I_1}$

③ 왜형률을 구할 때 직류분은 고려하지 않는다.

바로바로 풀어보는
기출문제

☑ 문제의 네모칸에 체크를 해보세요. 그 문제가 이해되지 않았다면
✓ 표시를 해서 그 문제는 나중에 다시 풀어 완전하게 숙지하세요(★ : 중요도).

DAY 01
DAY 02
DAY 03
DAY 04
DAY 05
DAY 06
07
DAY 08
DAY 09
DAY 10

★★ 기사 93년 4회 / 산업 93년 1회, 07년 3회

57 100[Ω]의 저항에 흐르는 전류가 $i = 5 + 14.14\sin t + 7.07\sin 2t$[A]일 때 저항에서 소비하는 평균전력은?

① 20000[W]   ② 15000[W]
③ 10000[W]   ④ 7500[W]

📝 해설

전류의 실효값
$$I = \sqrt{I_0^2 + I_1^2 + I_2^2} = \sqrt{5^2 + \left(\frac{14.14}{\sqrt{2}}\right)^2 + \left(\frac{7.07}{\sqrt{2}}\right)^2}$$
$$= 12.24\text{[A]이므로}$$
평균전력은
$$\therefore P = I^2 R = 12.24^2 \times 100 = 15000\text{[W]}$$

★★★★ 기사 91년 7회, 99년 3회, 12년 2회, 13년 3회, 16년 4회 / 산업 12년 2회, 16년 1회

58 $E = 100\sqrt{2}\sin\omega t + 75\sqrt{2}\sin 3\omega t + 20\sqrt{2}\sin 5\omega t$[V]인 전압을 $R-L$직렬회로에 가할 때 제3고조파 전류의 실효치는? (단, $R = 4$[Ω], $\omega L = 1$[Ω]이다.)

① $\dfrac{75}{\sqrt{17}}$ ② 15
③ 17   ④ 20

📝 해설

제3고조파 임피던스
$$Z_{h3} = \sqrt{R^2 + (3\omega L)^2} = \sqrt{4^2 \times 3^2} = 5\text{[Ω]이 되므로}$$
$$\therefore I_{h3} = \frac{E_{h3}}{Z_{h3}} = \frac{75}{5} = 15\text{[A]}$$

★★ 기사 94년 3회

59 $R = 3$[Ω], $\omega L = 4$[Ω]의 직렬회로에 $e = 50 + 100\sqrt{2}\sin\left(\omega t - \dfrac{\pi}{6}\right)$[V]를 가할 때 전류의 실효값은?

① 24.2[A]   ② 26.03[A]
③ 28.3[A]   ④ 30.2[A]

📝 해설

$$I_0 = \frac{E_d}{R} = \frac{50}{3}, \quad I_1 = \frac{E_1}{Z} = \frac{100}{\sqrt{3^2 + 4^2}} = 20$$
$$\therefore I = \sqrt{\left(\frac{50}{3}\right)^2 + 20^2} = 26.03\text{[A]}$$

👨‍🏫 Comment

직류전원($f=0$)에서는 $X_L = 2\pi f L = 0$이 된다.

★★★★ 기사 90년 2회, 94년 3회, 95년 2 · 4 · 6회 / 산업 95년 4회, 14년 3회

60 $R = 4$[Ω], $\omega L = 3$[Ω]의 직렬회로에 $e = 100\sqrt{2}\sin\omega t + 50\sqrt{2}\sin 3\omega t$를 가할 때 이 회로의 소비전력은?

① 1414[W]   ② 1500[W]
③ 1703[W]   ④ 2000[W]

📝 해설

㉠ 기본파 전류의 실효값
$$I_1 = \frac{E_1}{Z_1} = \frac{E_1}{\sqrt{R^2 + (\omega L)^2}} = \frac{100}{\sqrt{4^2 + 3^2}}$$
$$= 20\text{[A]}$$
㉡ 제3고조파 전류의 실효값
$$I_{h3} = \frac{E_{h3}}{Z_{h3}} = \frac{E_3}{\sqrt{R^2 + (3\omega L)^2}} = \frac{100}{\sqrt{4^2 + 9^2}}$$
$$= 5.08\text{[A]}$$
㉢ 전류의 실효값
$$I = \sqrt{I_1^2 + I_{h3}^2} = \sqrt{20^2 + 5.08^2} = 20.64\text{[A]}$$
$$\therefore P = I^2 R = 20.64^2 \times 4 = 1703\text{[W]}$$

★ 기사 01년 3회, 14년 1회

61 $R-L-C$ 직렬공진회로에서 제3고조파의 공진주파수 f[Hz]는?

① $\dfrac{1}{2\pi\sqrt{LC}}$ ② $\dfrac{1}{3\pi\sqrt{LC}}$
③ $\dfrac{1}{6\pi\sqrt{LC}}$ ④ $\dfrac{1}{9\pi\sqrt{LC}}$

📝 해설

$$f_3 = \frac{1}{2\pi n\sqrt{LC}}\Bigg|_{n=3} = \frac{1}{6\pi\sqrt{LC}}\text{[Hz]}$$

★★★★★ 기사 00년 3 · 5회, 02년 2회 / 산업 03년 4회, 05년 1 · 2회, 07년 3회, 12년 3회, 16년 3회

62 기본파의 40[%]인 제3고조파와 30[%]인 제5고조파를 포함한 전압파 왜형률(歪形律)은 얼마인가?

① 30[%]   ② 50[%]
③ 70[%]   ④ 90[%]

📝 해설

$$V_{THD} = \frac{\text{고조파만의 실효값}}{\text{기본파의 실효값}}$$
$$= \frac{\sqrt{(0.4E)^2 + (0.3E)^2}}{E} = \sqrt{0.4^2 + 0.3^2}$$
$$= 0.5 = 50[\%]$$

정답 57 ② 58 ② 59 ② 60 ③ 61 ③ 62 ②

학습목표
• 고장계산에 필요한 대칭좌표법과 발전기 기본식을 이해할 수 있다.
• 전압원과 전류원의 등가변환, 중첩의 정리에 대해서 이해할 수 있다.
• 테브난의 정리와 밀만의 정리에 대해서 이해할 수 있다.

■■■■■■■■■■■■
출제율 5%

제5장 | 대칭좌표법

1 고조파 차수의 특성

구분	고조파 차수	특징
영상분 I_0	$3n$: 3, 6, 9, 12, …	① a, b, c상의 크기와 위상이 모두 같다. ② 비접지 계통에서는 존재하지 않는다. ③ 중성선에 $3I_0$로 흐르게 된다.
정상분 I_1	$3n+1$: 4, 7, 10, 13, …	① 기본파와 상회전 방향이 같다. ② 회전기의 속도와 토크를 상승시킨다.
역상분 I_2	$3n-1$: 2, 5, 8, 11, …	① 기본파와 상회전 방향과 반대이다. ② 회전기의 속도와 토크를 감소시킨다.

2 3상 대칭 분해

선전류	대칭분 전류
① a상 선전류 : $I_a = I_0 + I_1 + I_2$ ② b상 선전류 : $I_b = I_0 + a^2 I_1 + a I_2$ ③ c상 선전류 : $I_c = I_0 + a I_1 + a^2 I_2$ ∴ 각 상의 공통 성분 : 영상분	① 영상분 : $I_0 = \dfrac{1}{3}(I_a + I_b + I_c)$ ② 정상분 : $I_1 = \dfrac{1}{3}(I_a + a I_b + a^2 I_c)$ ③ 역상분 : $I_2 = \dfrac{1}{3}(I_a + a^2 I_b + a I_c)$

3 대칭(평형) 3상인 경우의 대칭 성분

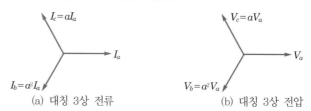

(a) 대칭 3상 전류 (b) 대칭 3상 전압

(1) **대칭 조건** : I_a, $I_b = a^2 I_a$, $I_c = a I_a$이므로 $I_a + I_b + I_c = 0$이 성립하는 경우

(2) **대칭 성분**($a^3 = 1\angle 360° = 1$, $a^4 = 1\angle 480° = 1\angle 120° = a$)

① 영상분 : $I_0 = \dfrac{1}{3}(I_a + I_b + I_c) = \dfrac{1}{3}(I_a + a^2 I_a + a I_a) = \dfrac{1}{3} I_a (1 + a^2 + a) = 0$

② 정상분 : $I_1 = \dfrac{1}{3}(I_a + a I_b + a^2 I_c) = \dfrac{1}{3}(I_a + a^3 I_a + a^3 I_a) = \dfrac{1}{3}(I_a + I_a + I_a) = I_a$

③ 역상분 : $I_2 = \dfrac{1}{3}(I_a + a^2 I_b + a I_c) = \dfrac{1}{3}(I_a + a^4 I_a + a^2 I_a) = \dfrac{1}{3} I_a (1 + a + a^2) = 0$

바로바로 풀어보는
기출문제

문제의 네모칸에 체크를 해보세요. 그 문제가 이해되지 않았다면
✓ 표시를 해서 그 문제는 나중에 다시 풀어 완전하게 숙지하세요(★ : 중요도).

DAY 01
DAY 02
DAY 03
DAY 04
DAY 05
DAY 06
DAY 07
DAY 08
DAY 09
DAY 10

★★★ 산업 94년 3회, 97년 4회, 99년 7회, 01년 1회, 02년 1회, 04년 3회, 14년 2회, 15년 4회

63 3상 대칭분을 I_0, I_1, I_2라 하고 선전류 I_a, I_b, I_c라 할 때 I_b는?

① $I_0 + a^2 I_1 + a I_2$ 　② $\frac{1}{3}(I_0 + I_1 + I_2)$

③ $I_0 + I_1 + I_2$ 　④ $I_0 + a I_1 + a^2 I_2$

Comment

대칭좌표법에서 3상 대칭분해(선전류와 대칭분 전류) 공식 찾기 문제의 출제빈도가 높으므로 공식은 반드시 외워두길 바란다.

★★★ 기사 90년 2회, 03년 4회, 05년 1회, 14년 2회

64 대칭좌표법에 대칭분을 각 상전압으로 표시한 것 중 틀린 것은?

① $V_0 = \frac{1}{3}(V_a + V_b + V_c)$

② $V_1 = \frac{1}{3}(V_a + a V_b + a^2 V_c)$

③ $V_1 = \frac{1}{3}(V_a + a^2 V_b + a^2 V_c)$

④ $V_2 = \frac{1}{3}(V_a + a^2 V_b + a V_c)$

★★★ 기사 04년 3회, 08년 2회, 13년 4회, 14년 4회 / 산업 01년 3회, 12년 4회, 16년 1회

65 대칭 3상 전압 V_a, $V_b = a^2 V_a$, $V_c = a V_a$일 때 a상 기준으로 한 각 대칭분 V_0, V_1, V_2은?

① 0, V_a, 0 　② $a^2 V_a$, V_a, 0

③ $-V_a$, V_a, 0 　④ 0, $a^2 V_a$, $a V_a$

해설

대칭 3상의 경우(사고가 안 난 계통) 영상분과 역상분은 0이고 정상분만 존재한다.

★★★ 기사 90년 7회, 95년 4회, 00년 3회

66 3상 3선식에서는 회로의 평형, 불평형 또는 부하의 △, Y에 불구하고, 세 선전류의 합은 0이므로 선전류의 (　　)은 0이다. (　　) 안에 들어갈 말은?

① 영상분 　② 정상분
③ 역상분 　④ 상전압

해설

중성선이 없는 3상 3선식(비접지) 회로에서는 $I_a + I_b + I_c = 0$이므로 영상분 $I_0 = 0$이 된다.
즉 영상분이 존재하지 않는다.

★★★ 기사 93년 1회, 99년 3회, 16년 4회 / 산업 95년 6회, 98년 2회, 02년 2회, 05년 2회

67 각 상의 전류가 $i_a = 30\sin \omega t$[A], $i_b = 30\sin(\omega t - 90°)$[A], $i_c = 30\sin(\omega t + 90°)$[A]일 때 영상 대칭분 전류[A]는?

① $10\sin \omega t$

② $30\sin \omega t$

③ $\frac{30}{\sqrt{3}}\sin \omega t$

④ $\frac{10}{3}\sin \omega t$

해설

$I_0 = \frac{1}{3}(I_a + I_b + I_c)$

$= \frac{1}{3}(30 + 30\angle -90° + 30\angle 90°)$

$= 10\angle 0° = 10\sin \omega t$[A]

★★★ 기사 00년 4회, 01년 1회, 12년 1회 / 산업 07년 2회, 13년 3회, 15년 4회

68 불평형 3상 전류가 $I_a = 16 + j2$[A], $I_b = -20 - j9$[A], $I_c = -2 + j10$[A]일 때 영상분 전류[A]는?

① $-2 + j$ 　② $-6 + j3$
③ $-9 + j6$ 　④ $-18 + j9$

해설

$I_0 = \frac{1}{3}(I_a + I_b + I_c)$

$= \frac{1}{3}(-6 + j3) = -2 + j$[A]

Comment

정상분 또는 역상분 계산문제의 출제율은 낮지만 영상분과 a상 전압 또는 전류를 구하는 문제는 출제율이 높다.

정답 63 ① 64 ③ 65 ① 66 ① 67 ① 68 ①

자주 출제되는
핵심이론

🔍 핵심이론은 처음에는 그냥 한 번 읽어주세요.
옆의 기출문제를 풀어본 후 다시 한 번 핵심이론을 읽으면서 암기하세요.

4 불평형률

① 계통에 불평형이 발생하면 이를 정상분, 영상분, 역상분으로 대칭분해할 수 있으며, 그 중 정상분과 역상분의 비를 불평형률(unbalanced factor)이라 한다.

$$\therefore \ \text{불평형률} = \frac{\text{역상분}}{\text{정상분}} = \frac{I_2}{I_1} = \frac{V_2}{V_1}$$

② 불평형 대책 : 중성점 접지

③ 중성선 제거 조건 : 불평형이 발생하지 않는 경우 즉, $I_a + I_b + I_c = 0$인 경우

5 발전기 기본식

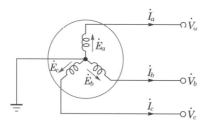

(a) 3상 교류발전기

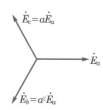

(b) 대칭 3상 기전력

영상분	정상분	역상분
$\dot{V}_0 = -\dot{Z}_0\dot{I}_0$	$\dot{V}_1 = \dot{E}_a - \dot{Z}_1\dot{I}_1$	$\dot{V}_2 = -\dot{Z}_2\dot{I}_2$

6 무부하발전기의 a상 지락 시 지락전류

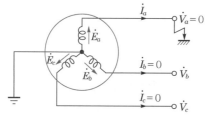

(a) 완전 지락사고

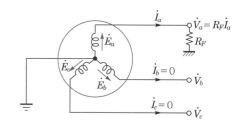

(b) R_F를 통한 지락사고

완전 지락사고	R_F를 통한 지락사고
① $I_0 = \dfrac{E_a}{Z_0 + Z_1 + Z_2}$[A]	① $I_0 = \dfrac{E_a}{Z_0 + Z_1 + Z_2 + 3R_F}$[A]
② $I_g = 3I_0 = \dfrac{3E_a}{Z_0 + Z_1 + Z_2}$[A]	② $I_g = 3I_0 = \dfrac{3E_a}{Z_0 + Z_1 + Z_2 + 3R_F}$[A]

여기서, I_0 : 영상전류, I_g : 지락전류

바로바로 풀어보는
기출문제

☑ 문제의 네모칸에 체크를 해보세요. 그 문제가 이해되지 않았다면
✓ 표시를 해서 그 문제는 나중에 다시 풀어 완전하게 숙지하세요(★ : 중요도).

DAY 01
DAY 02
DAY 03
DAY 04
DAY 05
DAY 06
DAY 07
DAY 08
DAY 09
DAY 10

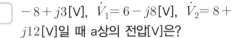 **★★★** 산업 95년 2회, 99년 3회, 02년 2회, 03년 2회, 04년 2회, 05년 4회, 14년 4회

69 3상 회로에 있어서 대칭분 전압이 $\dot{V_0}=$ $-8+j3$[V], $\dot{V_1}=6-j8$[V], $\dot{V_2}=8+$ $j12$[V]일 때 a상의 전압[V]은?

① $6+j7$
② $-32.3+j2.73$
③ $2.3+j0.73$
④ $2.3+j0.73$

◤◢ 해설

$\dot{V_a} = \dot{V_0} + \dot{V_1} + \dot{V_2}$
$= (-8+j3) + (6-j8) + (8+j12)$
$= 6+j7$[V]

★★★★★ 기사 00년 5회, 03년 2회, 12년 4회, 14년 4회, 16년 2회 / 산업 06년 1회, 13년 1회, 14년 2회

70 3상 불평형 전압에서 역상전압이 25[V]이고, 정상전압이 100[V], 영상전압이 10[V]라 할 때 전압의 불평형률은?

① 0.25
② 0.4
③ 4
④ 10

◤◢ 해설

불평형률 $= \dfrac{역상분}{정상분} = \dfrac{25}{100} = 0.25$

★★ 산업 00년 2회, 16년 4회

71 대칭 3상 교류발전기의 기본식 중 알맞게 표현된 것은?

① $V_1 = Z_1 I_1$
② $V_0 = E_0 - Z_0 I_0$
③ $V_2 = Z_2 I_2$
④ $V_1 = E_a - Z_1 I_1$

★ 기사 96년 4회 / 산업 90년 2회, 96년 2·7회, 07년 4회, 16년 2회

72 3상 회로의 선간전압이 각각 80, 50, 50[V]일 때의 전압의 불평형률[%]은 약 얼마인가?

① 22.7
② 39.6
③ 45.3
④ 57.3

◤◢ 해설

㉠ 3상 회로의 상의 전압은 다음과 같다.
• $V_a = 80$[V]

• $V_b = -40 - j30$[V]
• $V_c = -40 + j30$[V]

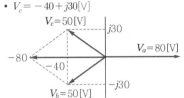

㉡ 정상분
$V_1 = \dfrac{1}{3}(V_a + aV_b + a^2 V_c)$
$= \dfrac{1}{3}\left[80 + \left(-\dfrac{1}{2} + j\dfrac{\sqrt{3}}{2}\right)(-40 - j30)\right.$
$\left. + \left(-\dfrac{1}{2} - j\dfrac{\sqrt{3}}{2}\right)(-40 + j30)\right] = 57.3$

㉢ 역상분
$V_2 = \dfrac{1}{3}(V_a + a^2 V_b + a V_c)$
$= \dfrac{1}{3}\left[80 + \left(-\dfrac{1}{2} - j\dfrac{\sqrt{3}}{2}\right)(-40 - j30)\right.$
$\left. + \left(-\dfrac{1}{2} + j\dfrac{\sqrt{3}}{2}\right)(-40 + j30)\right] = 22.7$

∴ 불평형률 $= \dfrac{22.7}{57.3} \times 100 = 39.6$[%]

★ 산업 95년 6회, 16년 4회

73 그림과 같이 대칭 3상 교류발전기의 a상이 임피던스 Z를 통하여 지락되었을 때 흐르는 지락전류 I_g는 얼마인가?

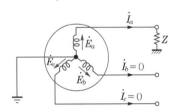

① $I_g = \dfrac{3 E_a}{Z_0 + Z_1 + Z_2 + Z}$
② $I_g = \dfrac{E_a}{Z_0 + Z_1 + Z_2 + Z}$
③ $I_g = \dfrac{3 E_a}{Z_0 + Z_1 + Z_2 + 3Z}$
④ $I_g = \dfrac{E_a}{Z_0 + Z_1 + Z_2 + 3Z}$

정답 69 ① 70 ① 71 ④ 72 ② 73 ③

자주 출제되는
핵심이론

핵심이론은 처음에는 그냥 한 번 읽어주세요.
옆의 기출문제를 풀어본 후 다시 한 번 핵심이론을 읽으면서 암기하세요.

제6장 | 회로망 해석

1 전압원과 전류원의 등가변환

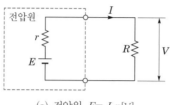
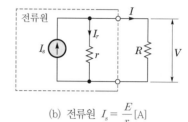

(a) 전압원 $E = I_s r$[V] (b) 전류원 $I_s = \dfrac{E}{r}$[A]

① 그림과 같이 직렬로 접속된 전압원과 저항은 병렬로 접속된 전류원과 저항으로 변환이 가능하다.

② 이때 저항의 크기는 변화가 없으며, 등가전류의 크기는 $I_s = \dfrac{E}{r}$가 된다.

③ 이상적인 전압원 : $r = 0$(회로적 의미 : 단락상태)

④ 이상적인 전류원 : $r = \infty$(회로적 의미 : 개방상태)

2 중첩의 정리

① 다수의 전원을 포함하는 회로망에서 회로 내의 임의의 두 점 사이의 전류 또는 전위차는 각각의 전원이 단독으로 있을 때의 전류 또는 전압의 합과 같다.

② 중첩의 정리는 반드시 선형 소자에서만 적용이 가능하다.

③ 중첩의 정리를 적용할 때에는 기준이 되는 소스를 제외하고는 전압원은 단락, 전류원을 개방시킨 상태에서 해석해야 한다.

④ 중첩의 정리 개념

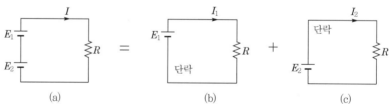

(a) (b) (c)

㉠ $I = \dfrac{E_1 + E_2}{R} = \dfrac{E_1}{R} + \dfrac{E_2}{R} = I_1 + I_2$[A]

㉡ E_1로 I_1을 해석할 때에는 E_2는 단락시킨다.

㉢ E_2로 I_2를 해석할 때에는 E_1은 단락시킨다.

㉣ 그림과 같이 R이 선형 소자가 아닌 비선형 소자였다면 전압의 크기에 따라 전류의 크기가 변하기 때문에 중첩의 정리를 적용할 수 없다.

문제의 네모칸에 체크를 해보세요. 그 문제가 이해되지 않았다면
✔ 표시를 해서 그 문제는 나중에 다시 풀어 완전하게 숙지하세요(★ : 중요도).

★ 기사 95년 5회, 96년 4회, 01년 3회 / 산업 93년 6회, 98년 6회, 03년 2회

74 이상적 전압·전류원에 관하여 옳은 것은?

① 전압원의 내부저항은 ∞이고 전류원의 내부저항은 0이다.
② 전압원의 내부저항은 0이고 전류원의 내부저항은 ∞이다.
③ 전압원 전류원의 내부저항은 흐르는 전류에 따라 변한다.
④ 전압원의 내부저항은 일정하고 전류원의 내부저항은 일정하지 않다.

★★ 기사 94년 7회, 96년 5회 / 산업 93년 4회

75 그림의 회로 (a), (b)가 등가가 되기 위한 I_g, R의 값은?

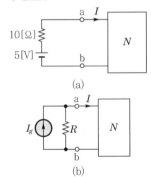

(a)

(b)

① 0.5[A], 10[Ω] ② 0.5[A], $\frac{1}{10}$[Ω]

③ 5[A], 10[Ω] ④ 10[A], 10[Ω]

해설

㉠ 등가전류 $I_g = \frac{V}{R} = \frac{5}{10} = 0.5$[A]
㉡ 저항의 크기는 변하지 않는다. 즉, $R=10$[Ω]

★★★ 기사 91년 2회, 93년 4회, 95년 5회 / 산업 92년 3회, 99년 5회, 97년 6회, 16년 2회

76 회로에서 중첩의 원리를 이용하여 I를 구하면 몇 [A]인가?

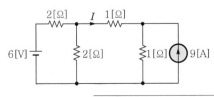

① 2[A] ② −2[A]
③ −1[A] ④ 4[A]

해설

㉠ 전압원을 전류원으로 등가시키면

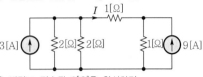

㉡ 병렬로 접속된 2[Ω]을 합성하면

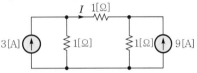

㉢ 전류원을 전압원으로 등가하면

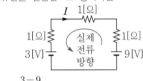

∴ $I = \frac{3-9}{1+1+1} = -2$[A]

★ 산업 01년 3회, 14년 3회

77 그림과 같은 회로에서 $V-I$ 관계는?

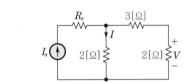

① $V = 0.8I$
② $V = I_s R_s - 2I$
③ $V = 3 + 0.2I$
④ $V = 2I$

해설

V측으로 흐르는 전류를 I_x라 하면

$I : I_x = 5 : 2$의 관계에 의해 $I_x = \frac{2}{5}I$가 된다.

∴ $V = 2I_x = \frac{4}{5}I = 0.8I$

Comment

$I = \frac{5}{2+5} \times I_s \propto 5$, $I_x = \frac{2}{2+5} \times I_s \propto 2$

정답 74 ② 75 ① 76 ② 77 ①

★★★ 기사 90년 7회, 12년 3회

78 그림과 같은 회로의 a, b단자 간의 전압[V]은?

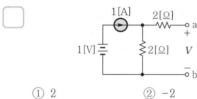

① 2 ② −2

③ −4 ④ 4

🔧 해설

그림 (a)에서 2[Ω]을 통과하는 전류 I는 중첩의 정리에 의해 그림 (b)와 (c)와 같이 $I_1 + I_2$로 I를 구할 수 있다.

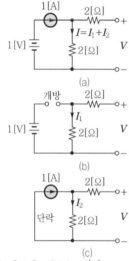

(a)

(b)

(c)

㉠ $I = I_1 + I_2 = 0 + 1 = 1[A]$

㉡ 개방전압 V는 2[Ω] 양단에 걸린 전압이므로
∴ $V = 2 \times I = 2[V]$

👨‍🏫 Comment

그림 (c)에서 개방회로에는 전류가 흐르지 않으므로 전류원 1[A]가 그대로 I_2가 된다.

★ 기사 04년 4회

79 회로에서 7[Ω]의 저항 양단의 전압은 몇 [V]인가?

① 7[V] ② −7[V]

③ 4[V] ④ −4[V]

🔧 해설

중첩의 정리에 의해서 구할 수 있다.

㉠ 4[V]만의 회로해석 : $I_1 = 0[A]$
(전류원은 개방이 되므로 전류는 흐르지 않는다)

㉡ 1[A]만의 회로해석 : $I_2 = 1[A]$
(전압원은 단락이 되므로 회로에는 1[A]가 흐른다)

㉢ 따라서 7[Ω]을 통과하는 전류는 $I = I_1 + I_2 = 1[A]$
가 되고, 수동소자는 (+)극으로 전류가 들어가 (−)로 나가므로
∴ $V = 7I = 7 \times (-1) = -7[V]$

👨‍🏫 Comment

수동부호의 규약

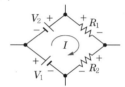

• 능동소자(전압원, 전류원) : 전류는 (+)로 출발해 (−)로 끝난다.
• 수동소자(R, L, C소자) : 전류는 (−)로 출발해 (+)로 끝난다.

★★★ 기사 94년 5회, 97년 4회, 99년 7회, 03년 3회 / 산업 96년 4회, 06년 1회, 07년 1회, 15년 4회

80 그림과 같은 회로에서 2[Ω]의 단자전압[V] 은?

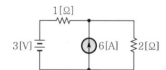

① 3

② 4

③ 6

④ 8

🔧 해설

중첩의 정리에 그림 (a)를 (b)와 (c)로 각각 나누어 해석할 수 있다.

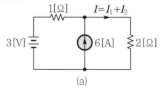

(a)

🔵 정답 **78** ① **79** ② **80** ③

DAY 01
DAY 02
DAY 03
DAY 04
DAY 05
DAY 06
DAY 07
DAY 08
DAY 09
DAY 10

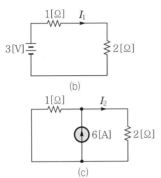
(b)

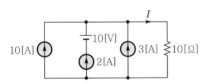
(c)

㉠ 그림 (b) : $I_1 = \dfrac{3}{1+2} = 1[\text{A}]$

㉡ 그림 (c) : $I_2 = \dfrac{1}{1+2} \times 6 = 2[\text{A}]$

㉢ $I = I_1 + I_2 = 3[\text{A}]$

∴ 2[Ω]의 단자전압 : $V = 2I = 6[\text{V}]$

★★★ 기사 02년 2회, 05년 2회 / 산업 94년 3회, 02년 1회, 13년 3회, 14년 4회, 16년 3회

81 그림에서 10[Ω]의 저항에 흐르는 전류는 몇 [A]인가?

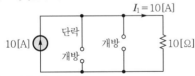

① 16
② 15
③ 14
④ 13

해설

㉠ 10[A]만의 회로해석

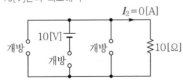

㉡ 10[V]만의 회로해석

㉢ 2[A]만의 회로해석

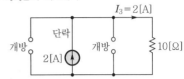

㉣ 3[A]만의 회로해석

∴ 10[Ω]에 흐르는 전류

$I = I_1 + I_2 + I_3 + I_4$
$= 10 + 0 + 2 + 3 = 15[\text{A}]$

★★★ 기사 96년 2회 / 산업 90년 2회, 93년 1회, 99년 3회, 13년 2회

82 그림과 같은 회로의 컨덕턴스 G_2에 흐르는 전류[A]는?

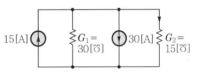

① 5
② 10
③ −3
④ −5

해설

㉠ 15[A]만의 회로해석

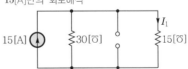

㉡ 30[A]만의 회로해석

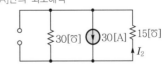

∴ $I = I_1 - I_2$
$= \dfrac{15}{30+15} \times 15 - \dfrac{15}{30+15} \times 30$
$= -5[\text{A}]$

정답 81 ② 82 ④

자주 출제되는
핵심이론

🔍 핵심이론은 처음에는 그냥 한 번 읽어주세요.
옆의 기출문제를 풀어본 후 다시 한 번 핵심이론을 읽으면서 암기하세요.

3 테브난(Thevenin)의 등가회로

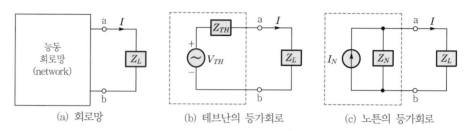

(a) 회로망   (b) 테브난의 등가회로   (c) 노튼의 등가회로

① 회로의 임의의 두 점 사이의 전류 또는 전위차를 구하는 방법으로 테브난과 노튼의 정리가 있다.

② 테브난의 정리는 그림 (b)와 같이 두 점 a, b에서 전원 측의 능동회로망을 하나의 전압원으로 대치하고, 노튼의 정리는 전류원으로 대치하여 회로를 해석한다.

③ 테브난의 등가변환방법
  ㉠ 부하 Z_L를 두 단자 a, b에서 개방시킨다.
  ㉡ V_{TH} : 두 단자 a, b의 개방전압
  ㉢ Z_{TH} : 두 단자 a, b에서 회로망을 바라봤을 때의 합성 임피던스
      단, 회로망 내의 전압원은 단락, 전류원은 개방한 상태에서 Z_{TH}를 구한다.

④ 테브난의 등가회로에서 전류원으로 등가변환하면 노튼의 등가회로가 된다.

4 밀만(Millman)의 정리

① 서로 다른 크기의 전압원이 병렬로 접속되어 있을 경우 회로의 단자전압을 구할 때 사용된다.

② 밀만의 정리 공식

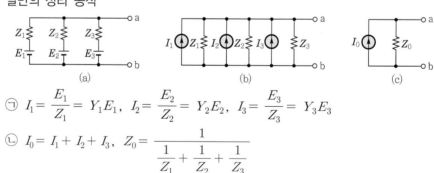

(a)   (b)   (c)

㉠ $I_1 = \dfrac{E_1}{Z_1} = Y_1 E_1$, $I_2 = \dfrac{E_2}{Z_2} = Y_2 E_2$, $I_3 = \dfrac{E_3}{Z_3} = Y_3 E_3$

㉡ $I_0 = I_1 + I_2 + I_3$, $Z_0 = \dfrac{1}{\dfrac{1}{Z_1} + \dfrac{1}{Z_2} + \dfrac{1}{Z_3}}$

$\therefore \ V_{ab} = I_0 Z_0 = \dfrac{\dfrac{E_1}{Z_1} + \dfrac{E_2}{Z_2} + \dfrac{E_3}{Z_3}}{\dfrac{1}{Z_1} + \dfrac{1}{Z_2} + \dfrac{1}{Z_3}} = \dfrac{Y_1 E_1 + Y_2 E_2 + Y_3 E_3}{Y_1 + Y_2 + Y_3}$

여기서, $Y = \dfrac{1}{Z}$: 어드미턴스[℧, mho(모우)]

문제의 네모칸에 체크를 해보세요. 그 문제가 이해되지 않았다면
✓ 표시를 해서 그 문제는 나중에 다시 풀어 완전하게 숙지하세요(★ : 중요도).

DAY
01
DAY
02
DAY
03
DAY
04
DAY
05
DAY
06
DAY
07
DAY
08
DAY
09
DAY
10

★★ 기사 13년 1회

83 회로망 출력단자 a, b에서 바라본 등가 임피던스는? (단, $V_1 = 6$[V], $V_2 = 3$[V], $I_1 = 10$[A], $R_1 = 15$[Ω], $R_2 = 10$[Ω], $L = 2$[H], $j\omega = s$ 이다.)

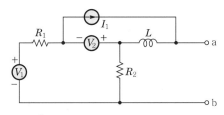

① $\dfrac{1}{s+3}$

② $s+15$

③ $\dfrac{3}{s+2}$

④ $2s+6$

🔧 해설

등가 임피던스를 구할 때 전압은 단락, 전류원은 개방하여 구한다.

$$\therefore Z_{ab} = Ls + \frac{R_1 R_2}{R_1 + R_2} = 2s + \frac{15 \times 10}{15 + 10} = 2s + 6$$

★★ 기사 08년 1회, 10년 1회

84 회로를 테브난(Thevenin)의 등가회로로 변화하려고 한다. 이때 테브난의 등가저항 R_{TH}[Ω]와 등가전압 V_{TH}[V]는?

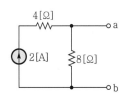

① $R_{TH} = \dfrac{8}{3}$, $V_{TH} = 8$

② $R_{TH} = 6$, $V_{TH} = 12$

③ $R_{TH} = 8$, $V_{TH} = 16$

④ $R_{TH} = \dfrac{8}{3}$, $V_{TH} = 16$

🔧 해설

㉠ 테브난의 등가전압 V_{TH}

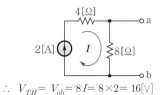

$$\therefore V_{TH} = V_{ab} = 8I = 8 \times 2 = 16[V]$$

㉡ 테브난의 등가저항 R_{TH}

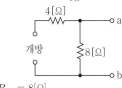

개방

$$\therefore R_{TH} = 8[\Omega]$$

㉢ 테브난의 등가회로

🗣 **Comment**

등가저항을 구할 때 전류원은 개방시킨 후 a, b단자에서 본 저항을 구하면 된다.

★★★ 산업 93년 3회, 99년 3회, 99년 7회, 00년 6회

85 그림에서 a, b단자의 전압이 50[V], a, b 단자에서 본 능동회로망의 임피던스가 $Z = 6 + j8$[Ω]일 때 a, b단자에 임피던스 $Z_L = 2 - j2$[Ω]을 접속하면 이 임피던스에 흐르는 전류[A]는 얼마인가?

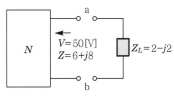

① $4 - j3$

② $4 + j3$

③ $3 - j4$

④ $3 + j4$

🔧 해설

테브난의 정리에 의해

$$I = \frac{V}{Z + Z_L} = \frac{50}{(6+j8)(2-j2)}$$
$$= \frac{50}{8+j6} = \frac{50(8-j6)}{8^2 + 6^2} = 4 - j3[A]$$

정답 83 ④ 84 ③ 85 ①

★★★★★ 기사 90년 7회, 12년 1회 / 산업 00년 3회, 03년 4회, 05년 2회, 06년 1회, 15년 1회

86 그림과 같은 (a)의 회로를 그림 (b)와 같은 등가회로로 구성하고자 한다. 이때 V 및 R의 값은?

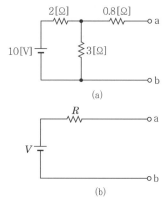

(a)

(b)

① 2[V], 3[Ω]

② 3[V], 2[Ω]

③ 6[V], 2[Ω]

④ 2[V], 6[Ω]

🔍 해설

테브난의 등가회로로 정리하면

㉠ 등가저항 : $R = 0.8 + \dfrac{2 \times 3}{2+3} = 2[\Omega]$

㉡ 등가전압 : $V = 3I = 3 \times \dfrac{10}{2+3} = 6[V]$

👨‍🏫 Comment

등가저항을 구하려면 전압원은 단락시킨 상태에서 a, b단자에서 회로를 바라보았을 때의 합성저항을 구하면 된다.

★★★★★ 기사 95년 6회 / 산업 13년 1회, 16년 4회

87 회로 A를 회로 B로 하여 테브난의 정리를 이용하면 임피던스 Z_{TH}의 값과 전압 V_{TH}의 값은 얼마인가?

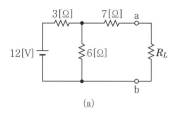

(a)

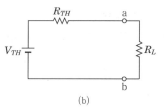

(b)

① 4[V], 13[Ω]

② 8[V], 2[Ω]

③ 8[V], 9[Ω]

④ 4[V], 9[Ω]

🔍 해설

테브난의 등가회로로 정리하면(부하 R_L을 개방시킨 상태에서 등가변환을 시킨다)

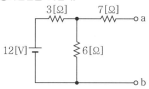

㉠ 등가저항 : $R_{TH} = 7 + \dfrac{3 \times 6}{3+6} = 9[\Omega]$

㉡ 등가전압 : $V_{TH} = 6I = 6 \times \dfrac{12}{3+6} = 8[V]$

★★★★ 기사 90년 2회, 94년 4회, 10년 2회, 12년 2회, 13년 4회

88 그림과 같은 회로에서 a, b에 나타나는 전압은 몇 [V]인가?

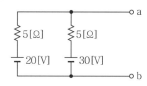

① 20

② 23

③ 25

④ 26

🔍 해설

밀만의 정리에 의해 개방전압은

$$\therefore \ V_{ab} = \frac{\Sigma I}{\Sigma Y} = \frac{\dfrac{20}{5} + \dfrac{30}{5}}{\dfrac{1}{5} + \dfrac{1}{5}} = \frac{50}{2} = 25[V]$$

정답 86 ③ 87 ③ 88 ③

☑ 문제의 네모칸에 체크를 해보세요. 그 문제가 이해되지 않았다면
✓ 표시를 해서 그 문제는 나중에 다시 풀어 완전하게 숙지하세요(★ : 중요도).

DAY 01
DAY 02
DAY 03
DAY 04
DAY 05
DAY 06
DAY 07
DAY 08
DAY 09
DAY 10

★★ 기사 90년 6회

89 그림과 같은 회로에서 5[Ω]에 흐르는 전류는 몇 [A]인가?

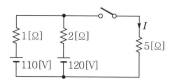

① 30
② 40
③ 20
④ 33.3

🔧 해설

밀만의 정리에 의해 개방전압은

$$V_{ab} = \frac{\sum I}{\sum Y} = \frac{\dfrac{110}{1} + \dfrac{120}{2}}{\dfrac{1}{1} + \dfrac{1}{2} + \dfrac{1}{5}} = 100[V] \text{가 된다.}$$

따라서 5[Ω]으로 통과하는 전류는

$$\therefore I = \frac{100}{5} = 20[A]$$

★★★★ 기사 98년 7회, 02년 4회

90 그림과 같은 회로에서 a, b에 나타나는 전압은 몇 [V]인가?

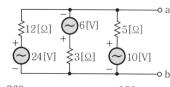

① $\dfrac{360}{37}$ ② $\dfrac{120}{37}$

③ 28 ④ 40

🔧 해설

밀만의 정리에 의해 개방전압은

$$\therefore V_{ab} = \frac{\sum I}{\sum Y} = \frac{\dfrac{24}{12} - \dfrac{6}{3} + \dfrac{10}{5}}{\dfrac{1}{12} + \dfrac{1}{3} + \dfrac{1}{5}}$$

$$= \frac{2 - 2 + 2}{\dfrac{10 + 40 + 24}{120}} = \frac{240}{74} = \frac{120}{37}[V]$$

★★ 기사 14년 1회 / 산업 94년 5회, 96년 2회, 99년 3회, 02년 4회, 04년 1회, 16년 2회

91 그림과 같은 회로에서 0.2[Ω]의 저항에 흐르는 전류는 몇 [A]인가?

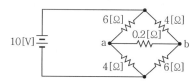

① 0.1
② 0.2
③ 0.3
④ 0.4

🔧 해설

㉠ 회로를 등가변환하면 다음과 같다.

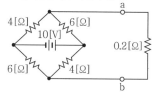

㉡ 등가전압 V_{TH}

$$V_{TH} = V_b - V_a$$
$$= \left(\frac{6}{6+4} \times 10\right) - \left(\frac{4}{6+4} \times 10\right) = 2[V]$$

㉢ 등가저항 R_{TH}

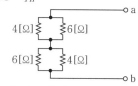

$$R_{TH} = \frac{6 \times 4}{6+4} + \frac{6 \times 4}{6+4} = 4.8[\Omega]$$

㉣ 테브난의 등가변환

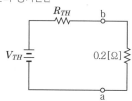

∴ 0.2[Ω]에 흐르는 전류

$$I = \frac{V_{TH}}{R_{TH} + 0.2} = \frac{2}{4.8 + 0.2} = 0.4[A]$$

정답 89 ③ 90 ② 91 ④

DAY
09

학습목표
• 영점과 극점 그리고 정저항회로에 대해서 이해할 수 있다.
• 4단자망 회로의 4단자 정수를 이해할 수 있다.
• 분포정수회로에서 특성임피던스, 전파정수, 전파속도를 구할 수 있다.

■■■■■■■■■■■
출제율 11%

제7장 4단자망 회로해석

1 구동점 임피던스 $Z(s)$

구분	직렬접속	병렬접속
수동 회로망	a○—R—$j\omega L = Ls$—$\frac{1}{j\omega C}=\frac{1}{Cs}$—○b 수동 회로망	a○ R ‖ Ls ‖ $\frac{1}{Cs}$ ○b 수동 회로망
구동점 임피던스	$Z(s) = R + Ls + \dfrac{1}{Cs}\,[\Omega]$	$Z(s) = \dfrac{1}{\dfrac{1}{R} + \dfrac{1}{Ls} + Cs}\,[\Omega]$
특징	분자가 더해지는 형태	분자가 1이면서 분모가 더해지는 형태

구동점 임피던스는 두 단자 a, b에서 수동회로망을 보았을 때의 합성 임피던스를 의미하며, 계산의 편의를 위해 $j\omega$ 대신 s로 대치한다.

쌤의 Comment
임피던스(예 $Z = 3 + 4s$)를 주고 회로망을 찾는 문제가 출제된다.

참고

$\dfrac{\frac{a}{b}}{\frac{c}{d}} = \dfrac{ad}{bc}$ 가 되므로 $\dfrac{a}{b} = \dfrac{1}{\frac{b}{a}} = \dfrac{1}{\frac{1}{a} \times b}$ 로 표현이 가능하다. 즉, $Z(s) = 3 + \dfrac{9}{4s} = 3 + \dfrac{1}{\frac{4}{9}s}$

이 되므로 $R = 3\,[\Omega]$, $C = \dfrac{4}{9}\,[\text{F}]$이 직렬로 접속된 회로망이 된다.

2 영점과 극점

영점(zero)	극점(pole)
① 구동점 임피던스 $Z(s) = 0$이 되기 위한 s의 해. 즉, $Z(s)$의 분자가 0이 되기 위한 s의 해를 말한다. ② 회로적 의미 : 단락(short)상태 ③ s평면에 (○)로 표기	① 구동점 임피던스 $Z(s) = \infty$이 되기 위한 s의 해. 즉, $Z(s)$의 분모가 0이 되기 위한 s의 해를 말한다. ② 회로적 의미 : 개방(open)상태 ③ s평면에 (×)로 표기

참고

$Z(s) = \dfrac{s(s+1)}{(s+2)(s+3)}$ (1) 영점 : $Z_1 = 0$, $Z_2 = -1$ (2) 극점 : $P_1 = -2$, $P_2 = -3$

문제의 네모칸에 체크를 해보세요. 그 문제가 이해되지 않았다면
✓ 표시를 해서 그 문제는 나중에 다시 풀어 완전하게 숙지하세요(★ : 중요도).

DAY 01
DAY 02
DAY 03
DAY 04
DAY 05
DAY 06
DAY 07
DAY 08
DAY 09
DAY 10

★★ 기사 91년 7회, 99년 5회

92 회로의 구동점 임피던스[Ω]는?

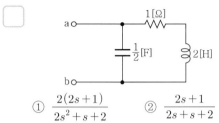

① $\dfrac{2(2s+1)}{2s^2+s+2}$ ② $\dfrac{2s+1}{2s+s+2}$

③ $\dfrac{2(2s-1)}{2s^2+s+2}$ ④ $\dfrac{2s^2+s+2}{2(2s+1)}$

해설

$R=1[\Omega]$, $L=2[\text{H}]$, $C=\dfrac{1}{2}[\text{F}]$에서

$$Z(s)=\frac{\dfrac{1}{Cs}\times(Ls+R)}{\dfrac{1}{Cs}+(Ls+R)}=\frac{Ls+R}{LCs^2+RCs+1}$$

$$=\frac{2s+1}{s^2+\dfrac{1}{2}s+1}=\frac{4s+2}{2s^2+s+2}$$

$$=\frac{2(2s+1)}{2s^2+s+2}$$

★★★ 기사 97년 6회, 00년 5회

93 리액턴스 함수가 $Z(s)=\dfrac{4s}{s^2+9}$ 로 표시되는 리액턴스 2단자망은?

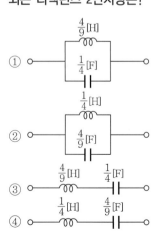

해설

$$Z(s)=\frac{4s}{s^2+9}=\frac{1}{\dfrac{s}{4}+\dfrac{9}{4s}}=\frac{1}{\dfrac{1}{4}s+\dfrac{1}{\dfrac{4}{9}s}}$$

이 되므로

∴ $C=\dfrac{1}{4}[\text{F}]$, $L=\dfrac{4}{9}[\text{H}]$가 병렬로 접속된 회로로 나타낼 수 있다.

★ 기사 92년 6회, 97년 5회, 14년 3회, 16년 3회

94 구동점 임피던스 함수에 있어서 극점은 어떤 회로상태를 의미하는가?

① 단락회로
② 개방회로
③ 관계없다.
④ 파괴된 상태

해설

극점은 개방, 영점은 단락상태를 의미한다.

★ 기사 98년 6회, 00년 4회

95 그림과 같이 유한영역에서 극, 영점분포를 가진 2단자 회로망의 구동점 임피던스는? (단, 환산계수는 H라 한다.)

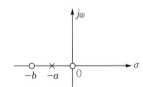

① $\dfrac{Hs(s+b)}{s+a}$ ② $\dfrac{H(s+a)}{s(s+b)}$

③ $\dfrac{s(s+b)}{H(s+a)}$ ④ $\dfrac{s+a}{Hs(s+b)}$

해설

영점은 $Z_1=0$, $Z_2=-b$이고,
극점은 $P_1=-a$이므로

∴ $Z(s)=H\dfrac{(s-Z_1)(s-Z_2)\cdots(s-Z_n)}{(s-P_1)(s-P_2)\cdots(s-P_n)}$

$$=\frac{Hs(s+b)}{s+a}$$

정답 92 ① 93 ① 94 ② 95 ①

핵심이론은 처음에는 그냥 한 번 읽어주세요.
옆의 기출문제를 풀어본 후 다시 한 번 핵심이론을 읽으면서 암기하세요.

3 정저항회로

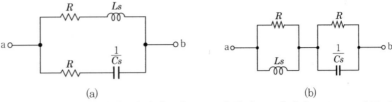

(a)　　　　　　　　(b)

① 주파수에 관계없이 항상 일정한 회로로 리액턴스 성분을 0으로 만들면 된다.

② 조건 : $R^2 = Z_1 Z_2 \Rightarrow R = \sqrt{Z_1 Z_2} = \sqrt{\dfrac{L}{C}}$ $\left(\text{여기서},\ Z_1 = Ls,\ Z_2 = \dfrac{1}{Cs}\right)$

4 임피던스 파라미터 ($V_1 = Z_{11} I_1 + Z_{12} I_2,\ \ V_2 = Z_{21} I_1 + Z_{22} I_2$)

T형 등가회로	변압기 등가회로(가극성)
① $Z_{11} = Z_1 + Z_3$	① $Z_{11} = j\omega(L_1 - M + M) = j\omega L_1 = s L_1$
② $Z_{12} = Z_{21} = Z_3$	② $Z_{12} = Z_{21} = j\omega M = sM$
③ $Z_{22} = Z_2 + Z_3$	③ $Z_{22} = j\omega(L_2 - M + M) = j\omega L_2 = s L_2$

5 어드미턴스 파라미터 ($I_1 = Y_{11} V_1 + Y_{12} V_2,\ I_2 = Y_{21} V_1 + Y_{22} V_2$)

T형 등가회로	π형 등가회로
① $Y_{11} = \dfrac{Z_2 + Z_3}{k}$	① $Y_{11} = Y_1 + Y_2$
② $Y_{12} = Y_{21} = -\dfrac{Z_3}{k}$	② $Y_{12} = Y_{21} = -Y_2$
③ $Y_{22} = \dfrac{Z_1 + Z_3}{k}$	③ $Y_{22} = Y_2 + Y_3$ (여기서, $k = Z_1 Z_2 + Z_2 Z_3 + Z_3 Z_1$)

DAY
01

DAY
02

DAY
03

DAY
04

DAY
05

DAY
06

DAY
07

DAY
08

DAY
09

DAY
10

문제의 네모칸에 체크를 해보세요. 그 문제가 이해되지 않는다면
✓ 표시를 해서 그 문제는 나중에 다시 풀어 완전하게 숙지하세요(★ : 중요도).

★★★ 산업 95년 5회, 12년 3회, 16년 2회

96 그림과 같은 회로가 정저항회로로 되려면 R은 몇 [Ω]이어야 하는가? (단, $L=$ 4[mH], $C=0.1[\mu F]$)

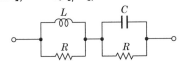

① 100[Ω]
② 200[Ω]
③ $2\times10^{-5}[\Omega]$
④ $2\times10^{-2}[\Omega]$

🖎 해설

정저항조건은 $R=\sqrt{\dfrac{L}{C}}$ 이므로

$\therefore R=\sqrt{\dfrac{4\times10^{-3}}{0.1\times10^{-6}}}=\sqrt{4\times10^4}=200[\Omega]$

★★★ 산업 97년 6회, 00년 1회, 03년 3회

97 다음 회로의 임피던스가 R이 되기 위한 조건은?

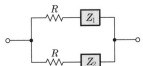

① $Z_1Z_2=R$
② $\dfrac{Z_1}{Z_2}=R^2$
③ $Z_1Z_2=R^2$
④ $\dfrac{Z_2}{Z_1}=R^2$

🖎 해설

정저항조건 $R^2=Z_1Z_2=\dfrac{L}{C}$

★★★ 기사 91년 5회, 12년 1회 / 산업 16년 1회

98 다음과 같은 T형 회로의 임피던스 파라미터 Z_{22}의 값은?

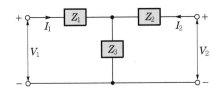

① Z_1+Z_2
② Z_2+Z_3
③ Z_1+Z_3
④ $-Z_2$

🖎 해설

㉠ $Z_{11}=Z_1+Z_3$
㉡ $Z_{12}=Z_{21}=Z_3$
㉢ $Z_{22}=Z_2+Z_3$

★★ 산업 14년 3회

99 그림과 같은 4단자 회로의 어드미턴스 파라미터 중 $Y_{11}[\mho]$는?

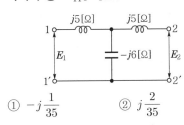

① $-j\dfrac{1}{35}$
② $j\dfrac{2}{35}$
③ $-j\dfrac{1}{33}$
④ $j\dfrac{2}{33}$

🖎 해설

$Y_{11}=\dfrac{Z_2+Z_3}{Z_1Z_2+Z_2Z_3+Z_3Z_1}$

$=\dfrac{j5+(-j6)}{(j5\times j5)+(j5\times-j6)+(-j6\times j5)}$

$=\dfrac{-j}{-25+30+30}=-j\dfrac{1}{35}[\mho]$

★★ 기사 14년 2회 / 산업 91년 5회, 97년 5회, 04년 3회

100 다음과 같은 π형 4단자 회로망의 어드미턴스 파라미터 Y_{22}의 값은?

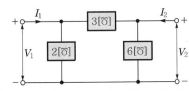

① $Y_{22}=5[\mho]$
② $Y_{22}=6[\mho]$
③ $Y_{22}=9[\mho]$
④ $Y_{22}=11[\mho]$

🖎 해설

$Y_{22}=Y_2+Y_3=3+6=9[\mho]$

정답 96 ② 97 ③ 98 ② 99 ① 100 ③

자주 출제되는
핵심이론

핵심이론은 처음에는 그냥 한 번 읽어주세요.
옆의 기출문제를 풀어본 후 다시 한 번 핵심이론을 읽으면서 암기하세요.

6 4단자 기본식 및 행렬식 표현

구분	4단자 기본식	행렬식 표현
임피던스 파라미터	$V_1 = Z_{11} I_1 + Z_{12} I_2$ $V_2 = Z_{21} I_1 + Z_{22} I_2$	$\begin{bmatrix} V_1 \\ V_2 \end{bmatrix} = \begin{bmatrix} Z_{11} & Z_{12} \\ Z_{21} & Z_{22} \end{bmatrix} \begin{bmatrix} I_1 \\ I_2 \end{bmatrix}$
어드미턴스 파라미터	$I_1 = Y_{11} V_1 + Y_{12} V_2$ $I_2 = Y_{21} V_1 + Y_{22} V_2$	$\begin{bmatrix} I_1 \\ I_2 \end{bmatrix} = \begin{bmatrix} Y_{11} & Y_{12} \\ Y_{21} & Y_{22} \end{bmatrix} \begin{bmatrix} V_1 \\ V_2 \end{bmatrix}$
$ABCD$ 파라미터	$V_1 = A V_2 + B I_2$ $I_1 = C V_2 + D I_2$	$\begin{bmatrix} V_1 \\ I_1 \end{bmatrix} = \begin{bmatrix} A & B \\ C & D \end{bmatrix} \begin{bmatrix} V_2 \\ I_2 \end{bmatrix}$

7 $ABCD$ 파라미터(4단자 정수)

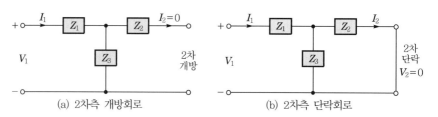

(a) 2차측 개방회로 · (b) 2차측 단락회로

2차측 개방상태에서 구하기	2차측 단락상태에서 구하기
① $A = \dfrac{V_1}{V_2}\Big|_{I_2=0}$: 전압이득 차원	① $B = \dfrac{V_1}{I_2}\Big|_{V_2=0}$: 임피던스 차원
② $C = \dfrac{I_1}{V_2}\Big|_{I_2=0}$: 어드미턴스 차원	② $D = \dfrac{I_1}{I_2}\Big|_{V_2=0}$: 전류이득 차원

참고 $ABCD$ 파라미터의 시험유형(I)

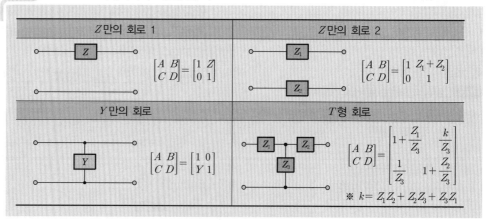

Z만의 회로 1	Z만의 회로 2
$\begin{bmatrix} A & B \\ C & D \end{bmatrix} = \begin{bmatrix} 1 & Z \\ 0 & 1 \end{bmatrix}$	$\begin{bmatrix} A & B \\ C & D \end{bmatrix} = \begin{bmatrix} 1 & Z_1 + Z_2 \\ 0 & 1 \end{bmatrix}$
Y만의 회로	T형 회로
$\begin{bmatrix} A & B \\ C & D \end{bmatrix} = \begin{bmatrix} 1 & 0 \\ Y & 1 \end{bmatrix}$	$\begin{bmatrix} A & B \\ C & D \end{bmatrix} = \begin{bmatrix} 1 + \dfrac{Z_1}{Z_3} & \dfrac{k}{Z_3} \\ \dfrac{1}{Z_3} & 1 + \dfrac{Z_2}{Z_3} \end{bmatrix}$ ※ $k = Z_1 Z_2 + Z_2 Z_3 + Z_3 Z_1$

DAY
01
DAY
02
DAY
03
DAY
04
DAY
05
DAY
06
DAY
07
DAY
08
DAY
09
DAY
10

문제의 네모칸에 체크를 해보세요. 그 문제가 이해되지 않았다면
✔ 표시를 해서 그 문제는 나중에 다시 풀어 완전하게 숙지하세요(★ : 중요도).

★★★ 기사 96년 6 · 7회, 97년 3회, 09년 3회 / 산업 94년 3회

101 4단자 정수 A, B, C, D 중에서 임피던스의 차원을 가진 정수는?

① A　　　　　　② B
③ C　　　　　　④ D

★ 기사 12년 2회 / 산업 98년 6회

102 그림과 같은 4단자망에서 정수는?

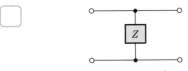

① $\begin{bmatrix} 1 & Z \\ 0 & 1 \end{bmatrix}$　　　② $\begin{bmatrix} 1 & 0 \\ \dfrac{1}{Z} & 1 \end{bmatrix}$

③ $\begin{bmatrix} 1 & Z \\ \dfrac{1}{Z} & 0 \end{bmatrix}$　　④ $\begin{bmatrix} Z & 1 \\ 1 & 0 \end{bmatrix}$

해설

Y만의 회로에서 $C = Y = \dfrac{1}{Z}$이 된다.

★★★★ 기사 90년 6회, 92년 7회, 99년 6회 / 산업 93년 4회, 98년 5회, 00년 4회, 05년 1회, 12년 2회

103 그림과 같은 L형 회로의 4단자 정수는 어떻게 되는가?

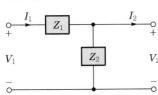

① $A = Z_1$, $B = 1 + \dfrac{Z_1}{Z_2}$, $C = \dfrac{1}{Z_2}$, $D = 1$

② $A = 1$, $B = \dfrac{1}{Z_2}$, $C = 1 + \dfrac{1}{Z_2}$, $D = Z_1$

③ $A = 1 + \dfrac{Z_1}{Z_2}$, $B = Z_1$, $C = \dfrac{1}{Z_2}$, $D = 1$

④ $A = \dfrac{1}{Z_2}$, $B = 1$, $C = Z_1$, $D = 1 + \dfrac{Z_1}{Z_2}$

해설

4단자 회로를 Z만의 회로와 Y만의 회로로 나누어 풀이할 수 있다.

$$\begin{bmatrix} 1 & Z_1 \\ 0 & 1 \end{bmatrix} \begin{bmatrix} 1 & 0 \\ \dfrac{1}{Z_2} & 1 \end{bmatrix} = \begin{bmatrix} 1 + \dfrac{Z_1}{Z_2} & Z_1 \\ \dfrac{1}{Z_2} & 1 \end{bmatrix}$$

Comment

T형 회로에서 $Z_2 = 0$으로 하여 4단자 정수를 풀이하면 된다.

$A = 1 + \dfrac{Z_1}{Z_3}$, $B = \dfrac{Z_1 Z_3}{Z_3} = Z_1$, $C = \dfrac{1}{Z_3}$, $D = 1 + \dfrac{0}{Z_3} = 1$

※ 핵심이론에서 T형 회로 그림 참고

★★ 기사 89년 7회, 90년 7회, 00년 2회

104 그림과 같은 H형 회로의 4단자 정수 중 A의 값은?

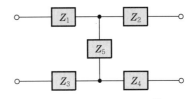

① Z_5　　　　　② $\dfrac{Z_5}{Z_2 + Z_4 + Z_5}$

③ $\dfrac{1}{Z_5}$　　　　④ $\dfrac{Z_1 + Z_3 + Z_5}{Z_5}$

해설

$A = \dfrac{V_1}{V_2}\bigg|_{I_2 = 0} = \dfrac{(Z_1 + Z_5 + Z_3)I_1}{Z_5 I_1}$

$= \dfrac{Z_1 + Z_3 + Z_5}{Z_5}$

Comment

다음과 같이 등가변환하여 구하면 된다.

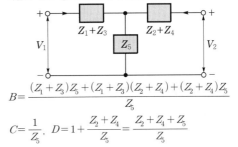

$B = \dfrac{(Z_1 + Z_3)Z_5 + (Z_1 + Z_3)(Z_2 + Z_4) + (Z_2 + Z_4)Z_5}{Z_5}$

$C = \dfrac{1}{Z_5}$, $D = 1 + \dfrac{Z_2 + Z_4}{Z_5} = \dfrac{Z_2 + Z_4 + Z_5}{Z_5}$

정답　101 ②　102 ②　103 ③　104 ④

자주 출제되는
핵심이론

핵심이론은 처음에는 그냥 한 번 읽어주세요.
옆의 기출문제를 풀어본 후 다시 한 번 핵심이론을 읽으면서 암기하세요.

참고 *ABCD* 파라미터의 시험유형(Ⅱ)

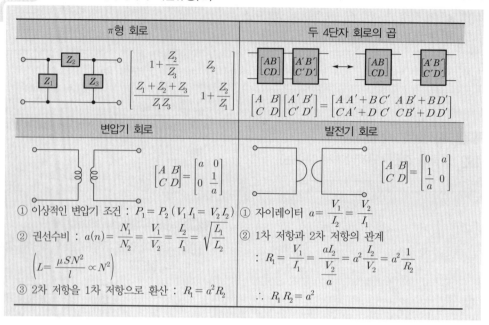

π형 회로	두 4단자 회로의 곱

$$\begin{bmatrix} 1+\dfrac{Z_2}{Z_3} & Z_2 \\ \dfrac{Z_1+Z_2+Z_3}{Z_1Z_3} & 1+\dfrac{Z_2}{Z_1} \end{bmatrix}$$

$$\begin{bmatrix} A & B \\ C & D \end{bmatrix}\begin{bmatrix} A' & B' \\ C' & D' \end{bmatrix}=\begin{bmatrix} AA'+BC' & AB'+BD' \\ CA'+DC' & CB'+DD' \end{bmatrix}$$

변압기 회로	발전기 회로

$$\begin{bmatrix} A & B \\ C & D \end{bmatrix}=\begin{bmatrix} a & 0 \\ 0 & \dfrac{1}{a} \end{bmatrix}$$

$$\begin{bmatrix} A & B \\ C & D \end{bmatrix}=\begin{bmatrix} 0 & a \\ \dfrac{1}{a} & 0 \end{bmatrix}$$

① 이상적인 변압기 조건 : $P_1=P_2\,(V_1I_1=V_2I_2)$

② 권선수비 : $a(n)=\dfrac{N_1}{N_2}=\dfrac{V_1}{V_2}=\dfrac{I_2}{I_1}=\sqrt{\dfrac{L_1}{L_2}}$

$$\left(L=\dfrac{\mu SN^2}{l}\propto N^2\right)$$

③ 2차 저항을 1차 저항으로 환산 : $R_1=a^2R_2$

① 자이레이터 $a=\dfrac{V_1}{I_2}=\dfrac{V_2}{I_1}$

② 1차 저항과 2차 저항의 관계

$: R_1=\dfrac{V_1}{I_1}=\dfrac{aI_2}{\dfrac{V_2}{a}}=a^2\dfrac{I_2}{V_2}=a^2\dfrac{1}{R_2}$

$\therefore\ R_1R_2=a^2$

8 영상 파라미터

(1) 영상 임피던스

① $Z_{01}=\sqrt{\dfrac{AB}{CD}}$　　② $Z_{02}=\sqrt{\dfrac{BD}{AC}}$

③ $Z_{01}Z_{02}=\dfrac{B}{C}$　　④ $\dfrac{Z_{01}}{Z_{02}}=\dfrac{A}{D}$

⑤ 대칭회로($A=D$)의 영상 임피던스

$\therefore\ Z_{01}=Z_{02}=\sqrt{\dfrac{B}{C}}$

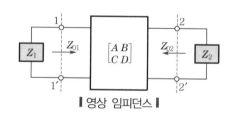

▮영상 임피던스▮

(2) 영상 전달정수

① 영상 전달정수 : $\theta=\log_e\left(\sqrt{AD}+\sqrt{BC}\right)=\ln\left(\sqrt{AD}+\sqrt{BC}\right)$

② $\sqrt{AD}=\cosh\theta$에서 영상 전달정수 : $\theta=\cosh^{-1}\sqrt{AD}$

③ $\sqrt{BC}=\sinh\theta$에서 영상 전달정수 : $\theta=\sinh^{-1}\sqrt{BC}$

(3) 영상 파라미터에 의해 4단자 정수

① $A=\sqrt{\dfrac{Z_{01}}{Z_{02}}}\cosh\theta$　　　　② $B=\sqrt{Z_{01}Z_{02}}\sinh\theta$

③ $C=\dfrac{1}{\sqrt{Z_{01}Z_{02}}}\sinh\theta$　　　④ $D=\sqrt{\dfrac{Z_{02}}{Z_{01}}}\cosh\theta$

문제의 네모칸에 체크를 해보세요. 그 문제가 이해되지 않았다면
✓ 표시를 해서 그 문제는 나중에 다시 풀어 완전하게 숙지하세요(★ : 중요도).

DAY 01
DAY 02
DAY 03
DAY 04
DAY 05
DAY 06
DAY 07
DAY 08
DAY 09
DAY 10

★ 산업 98년 7회

105 그림과 같이 π형 회로에서 Z_3를 4단자 정수로 표시한 것은?

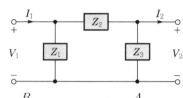

① $\dfrac{B}{1-A}$ ② $\dfrac{A}{1-B}$

③ $\dfrac{B}{A-1}$ ④ $\dfrac{A}{B-1}$

해설

㉠ $\begin{bmatrix} A & B \\ C & D \end{bmatrix} = \begin{bmatrix} 1+\dfrac{Z_2}{Z_3} & Z_2 \\ \dfrac{Z_1+Z_2+Z_3}{Z_1 Z_3} & 1+\dfrac{Z_2}{Z_1} \end{bmatrix}$ 에서

㉡ $A-1 = \dfrac{Z_2}{Z_3} = \dfrac{B}{Z_3}$ 이므로

∴ $Z_3 = \dfrac{B}{A-1}$

Comment

105번과 같은 문제보다는 단순히 T형 또는 π형 회로의 4단자 정수(A, B, C, D)를 찾는 문제가 많다.

★★ 기사 96년 2회, 16년 4회 / 산업 03년 4회

106 어떤 회로망의 4단자 정수 $A=8$, $B=j2$, $D=3+j2$이면 이 회로망의 C는?

① $24+j14$

② $3-j4$

③ $8-j11.5$

④ $4+j6$

해설

$AD-BC=1$에서

∴ $C = \dfrac{AD-1}{B} = \dfrac{8(3+j2)-1}{j2} = 8-j11.5$

Comment

4단자망 회로의 특징
• $AD-BC=1$
• 회로가 대칭인 경우 : $A=D$

★★★ 기사 92년 2회, 95년 6회 / 산업 96년 5회

107 그림과 같이 10[Ω]의 저항에 감은 비가 10 : 1의 결합회로를 연결했을 때 4단자 정수 $ABCD$는?

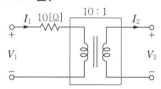

① $10, 1, 0, \dfrac{1}{10}$ ② $1, 10, 0, 10$

③ $10, 1, 0, 10$ ④ $10, 0, 1, \dfrac{1}{10}$

해설

$\begin{bmatrix} A & B \\ C & D \end{bmatrix} = \begin{bmatrix} 1 & Z \\ 0 & 1 \end{bmatrix} \begin{bmatrix} a & 0 \\ 0 & \dfrac{1}{a} \end{bmatrix}$ (권수비 $a = \dfrac{N_1}{N_2} = 10$)

$= \begin{bmatrix} 1 & 10 \\ 0 & 1 \end{bmatrix} \begin{bmatrix} 10 & 0 \\ 0 & \dfrac{1}{10} \end{bmatrix} = \begin{bmatrix} 10 & 1 \\ 0 & \dfrac{1}{10} \end{bmatrix}$

★ 기사 15년 2회 / 산업 98년 3회

108 그림과 같은 전원측 저항 100[Ω], 부하저항 1[Ω]일 때 이것에 변압비 $n:1$의 이상변압기를 써서 정합을 취하려고 한다. 이때 n의 값은 얼마인가?

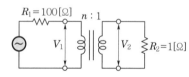

① 100 ② 10

③ $\dfrac{1}{10}$ ④ $\dfrac{1}{100}$

해설

$Z_1 = a^2 Z_2$의 관계에서

∴ $a = \sqrt{\dfrac{Z_1}{Z_2}} = \sqrt{\dfrac{R_1}{R_2}} = \sqrt{\dfrac{100}{1}} = 10$

Comment

$Z_1 = \dfrac{V_1}{I_1} = \dfrac{aV_2}{\dfrac{1}{a}I_2} = a^2 \dfrac{V_2}{I_2} = a^2 Z_2$

정답 105 ③ 106 ③ 107 ① 108 ②

★★ 기사 92년 3회, 02년 2회, 05년 4회 / 산업 92년 6회, 99년 5회, 03년 2회, 07년 4회

109 다음과 같은 회로의 영상 임피던스 Z_{01}, Z_{02}는 어떻게 되는가?

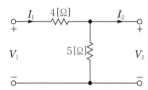

① $Z_{01} = 9[\Omega]$, $Z_{02} = 5[\Omega]$

② $Z_{01} = 4[\Omega]$, $Z_{02} = 5[\Omega]$

③ $Z_{01} = 6[\Omega]$, $Z_{02} = \dfrac{10}{3}[\Omega]$

④ $Z_{01} = 5[\Omega]$, $Z_{02} = \dfrac{11}{3}[\Omega]$

해설

4단자 정수

$A = 1 + \dfrac{4}{5} = \dfrac{9}{5}$, $B = \dfrac{4 \times 5}{5} = 4$, $C = \dfrac{1}{5}$,

$D = 1$이므로
영상 임피던스는

$$\therefore Z_{01} = \sqrt{\dfrac{AB}{CD}} = \sqrt{\dfrac{\frac{9}{5} \times 4}{\frac{1}{5} \times 1}} = 6[\Omega]$$

$$Z_{02} = \sqrt{\dfrac{BD}{AC}} = \sqrt{\dfrac{1 \times 4}{\frac{9}{5} \times \frac{1}{5}}} = \dfrac{10}{3}[\Omega]$$

★★★ 기사 96년 5회, 08년 1회, 12년 3회 / 산업 91년 3회, 94년 2회, 95년 7회, 14년 3회

110 L형 4단자 회로망에서 4단자 상수가 $A = \dfrac{15}{4}$, $D = 1$이고, 영상 임피던스 $Z_{02} = \dfrac{12}{5}[\Omega]$일 때 영상 임피던스 Z_{01}은 몇 [Ω]인가?

① 8

② 9

③ 10

④ 11

해설

$$\dfrac{Z_{01}}{Z_{02}} = \dfrac{\sqrt{\dfrac{AB}{CD}}}{\sqrt{\dfrac{BD}{AC}}} = \dfrac{A}{D}$$이므로

$$\therefore Z_{01} = \dfrac{A}{D} \times Z_{02} = \dfrac{15}{4} \times \dfrac{12}{5} = 9[\Omega]$$

★★★ 산업 91년 7회, 99년 4회, 16년 3회

111 다음과 같은 4단자망에서 영상 임피던스는 몇 [Ω]인가?

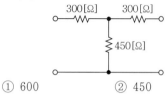

① 600

② 450

③ 300

④ 200

해설

4단자 정수

$$B = \dfrac{Z_1 Z_2 + Z_2 Z_3 + Z_3 Z_1}{Z_3}, \quad C = \dfrac{1}{Z_3}$$이므로

대칭 영상 임피던스는

$$\therefore Z_{01} = Z_{02} = \sqrt{\dfrac{B}{C}} = \sqrt{Z_1 Z_2 + Z_2 Z_3 + Z_3 Z_1}$$
$$= \sqrt{300 \times 300 + 300 \times 450 + 450 \times 300}$$
$$= 600[\Omega]$$

★★★ 기사 96년 4회, 04년 1회, 09년 1회

112 4단자 정수가 각각 4단자 정수 $A = \dfrac{5}{3}$, $B = 800[\Omega]$, $C = \dfrac{1}{450}[\mho]$, $D = \dfrac{5}{3}$일 때, 영상 전달정수 θ는 얼마인가?

① $\log 2$

② $\log 3$

③ $\log 4$

④ $\log 5$

해설

$$\theta = \log_e (\sqrt{AD} + \sqrt{BC})$$
$$= \log_e \left(\sqrt{\dfrac{5}{3} \times \dfrac{5}{3}} + \sqrt{800 \times \dfrac{1}{450}} \right) = \log_e 3$$

참고

① $e^\theta = \sqrt{AD} + \sqrt{BD}$

② $e^{-\theta} = \sqrt{AD} - \sqrt{BC}$

③ $e^\theta + e^{-\theta} = 2\sqrt{AD}$, $e^\theta - e^{-\theta} = 2\sqrt{BC}$

④ $\sqrt{AD} = \dfrac{1}{2}(e^\theta + e^{-\theta}) = \cosh\theta$

⑤ $\sqrt{BD} = \dfrac{1}{2}(e^\theta - e^{-\theta}) = \sinh\theta$

⑥ $A = \sqrt{\dfrac{A}{D}} \times \sqrt{AD} = \sqrt{\dfrac{Z_{01}}{Z_{02}}} \cosh\theta$

정답 109 ③ 110 ② 111 ① 112 ②

DAY 01
DAY 02
DAY 03
DAY 04
DAY 05
DAY 06
DAY 07
DAY 08
DAY 09
DAY 10

☑ 문제의 네모칸에 체크를 해보세요. 그 문제가 이해되지 않았다면
　✓ 표시를 해서 그 문제는 나중에 다시 풀어 완전하게 숙지하세요(★ : 중요도).

참고　T형 회로망의 $ABCD$ 파라미터

(1) 회로를 개방 또는 단락시켜 구할 수 있다.

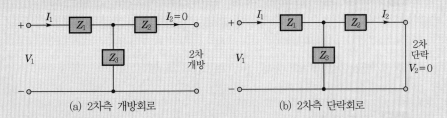

(a) 2차측 개방회로　　　　　　(b) 2차측 단락회로

① 2차측을 개방시켜 A와 C를 구할 수 있다.

- $A = \dfrac{V_1}{V_2}\bigg|_{I_2=0} = \dfrac{I_1(Z_1+Z_3)}{I_1 Z_3} = \dfrac{Z_1+Z_3}{Z_3} = 1 + \dfrac{Z_1}{Z_3}$

- $C = \dfrac{I_1}{V_2}\bigg|_{I_2=0} = \dfrac{I_1}{I_1 Z_3} = \dfrac{1}{Z_3}$

② 2차측을 단락시켜 B와 D를 구할 수 있다.

- $B = \dfrac{V_1}{I_2}\bigg|_{V_2=0} = \dfrac{I_1\left(Z_1 + \dfrac{Z_2 \times Z_3}{Z_2+Z_3}\right)}{I_1 \times \dfrac{Z_3}{Z_2+Z_3}} = \dfrac{\dfrac{Z_1 Z_2 + Z_2 Z_3 + Z_3 Z_1}{Z_2+Z_3}}{\dfrac{Z_3}{Z_2+Z_3}}$

$= \dfrac{Z_1 Z_2 + Z_2 Z_3 + Z_3 Z_1}{Z_3} = \dfrac{k}{Z_3}$

- $D = \dfrac{I_1}{I_2}\bigg|_{V_2=0} = \dfrac{I_1}{I_1 \times \dfrac{Z_3}{Z_2+Z_3}} = \dfrac{Z_2+Z_3}{Z_3} = 1 + \dfrac{Z_2}{Z_3}$

(2) 회로를 Z만의 회로와 Y만의 회로로 나누어 구할 수 있다.

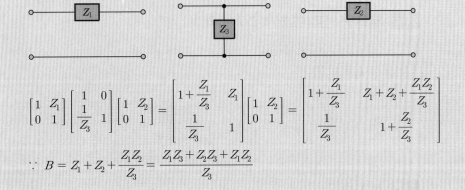

$$\begin{bmatrix} 1 & Z_1 \\ 0 & 1 \end{bmatrix}\begin{bmatrix} 1 & 0 \\ \dfrac{1}{Z_3} & 1 \end{bmatrix}\begin{bmatrix} 1 & Z_2 \\ 0 & 1 \end{bmatrix} = \begin{bmatrix} 1+\dfrac{Z_1}{Z_3} & Z_1 \\ \dfrac{1}{Z_3} & 1 \end{bmatrix}\begin{bmatrix} 1 & Z_2 \\ 0 & 1 \end{bmatrix} = \begin{bmatrix} 1+\dfrac{Z_1}{Z_3} & Z_1+Z_2+\dfrac{Z_1 Z_2}{Z_3} \\ \dfrac{1}{Z_3} & 1+\dfrac{Z_2}{Z_3} \end{bmatrix}$$

$\therefore\ B = Z_1 + Z_2 + \dfrac{Z_1 Z_2}{Z_3} = \dfrac{Z_1 Z_3 + Z_2 Z_3 + Z_1 Z_2}{Z_3}$

자주 출제되는

핵심이론

🔍 핵심이론은 처음에는 그냥 한 번 읽어주세요.
옆의 기출문제를 풀어본 후 다시 한 번 핵심이론을 읽으면서 암기하세요.

제8장 | 분포정수회로

1 특성 임피던스(= 파동 임피던스 = 고유 임피던스)

① 정의 : 선로를 이동하는 진행파에 대한 전압과 전류의 비로서 그 선로의 고유한 값을 말한다.

② 특성 임피던스 : $Z_0 = \sqrt{\dfrac{Z}{Y}} = \sqrt{\dfrac{R + j\omega L}{G + j\omega C}}\,[\Omega]$

2 전파정수

① 정의 : 전압, 전류가 선로의 끝 송전단에서부터 멀어져 감에 따라 그 진폭이라든가 위상이 변해가는 특성과 관계된 상수를 말한다.

② 전파정수 : $\gamma = \sqrt{ZY} = \sqrt{RG} + j\omega\sqrt{LC} = \alpha + j\beta$

$$\gamma = \sqrt{ZY} = \sqrt{(R + j\omega L)(G + j\omega C)} = \sqrt{(R + j\omega L)\left(\frac{C}{L} \cdot R + j\omega L \cdot \frac{C}{L}\right)}$$

$$= \sqrt{(R + j\omega L) \cdot \frac{C}{L}(R + j\omega L)} = (R + j\omega L)\sqrt{\frac{C}{L}}$$

$$= R\sqrt{\frac{C}{L}} + j\omega L\sqrt{\frac{C}{L}} = R\sqrt{\dfrac{\dfrac{LG}{R}}{L}} + j\omega\sqrt{LC}$$

$$= \sqrt{RG} + j\omega\sqrt{LC} = \alpha + j\beta \quad (\text{여기서, } \alpha : \text{감쇠정수, } \beta : \text{위상정수})$$

3 무손실선로(조건 : $R = G = 0$)

① 특성 임피던스 : $Z_0 = \sqrt{\dfrac{L}{C}}$ ② 전파정수 : $\gamma = j\omega\sqrt{LC}$

4 무왜형선로(조건 : $LG = RC$)

① 정의 : 송전단에서 보낸 정현파 입력이 수전단에 전혀 일그러짐이 없이 도달되는 회로를 말한다.

② 특성 임피던스

$$Z_0 = \sqrt{\frac{Z}{Y}} = \sqrt{\frac{R + j\omega L}{G + j\omega C}} = \sqrt{\frac{R + j\omega L}{\dfrac{RC}{L} + j\omega C}} = \sqrt{\frac{R + j\omega L}{\dfrac{C}{L}(R + j\omega L)}} = \sqrt{\frac{L}{C}}\,[\Omega]$$

5 전파속도

① 전파속도 : $v = \dfrac{1}{\sqrt{LC}} = \dfrac{\omega}{\beta}\,[\text{m/s}]$ ② 파장길이 : $\lambda = \dfrac{v}{f} = \dfrac{\omega}{f\beta} = \dfrac{2\pi}{\beta}\,[\text{m}]$

DAY
01
DAY
02
DAY
03
DAY
04
DAY
05
DAY
06
DAY
07
DAY
08
DAY
09
DAY
10

★★★ 기사 90년 2회, 99년 4회, 02년 1회, 13년 2회

113 선로의 단위길이당 분포 인덕턴스, 저항, 정전용량, 누설 컨덕턴스를 각각 L, R, G, C라 하면 전파정수는 어떻게 되는가?

① $\dfrac{\sqrt{R+j\omega L}}{G+j\omega C}$

② $\sqrt{(R+j\omega L)(G+j\omega C)}$

③ $\dfrac{R+j\omega L}{G+j\omega C}$

④ $\sqrt{\dfrac{G+j\omega C}{R+j\omega L}}$

★★★★★ 기사 91년 2회, 93년 3회, 96년 7회, 98년 6회, 99년 5회, 01년 2회, 04년 2회

114 무손실선로가 되기 위한 조건 중 틀린 것은?

① $\dfrac{R}{L}=\dfrac{G}{C}$인 선로를 무왜형(無歪形)회로라 한다.

② $R=G=0$인 선로를 무손실회로라 한다.

③ 무손실선로, 무왜선로의 감쇠정수는 $\sqrt{RG}$이다.

④ 무손실선로, 무왜회로에서의 위상속도는 $\dfrac{1}{\sqrt{CL}}$이다.

해설

전파정수
$\gamma=\sqrt{ZY}=\sqrt{RG}+j\omega\sqrt{LC}$
$\quad=\alpha+j\beta$에서
무손실선로의 경우 $R=G=0$이므로
감쇠정수 $\alpha=0$이 된다.

★ 기사 01년 3회, 03년 3회

115 무한장 무한손실 전송선로상의 어떤 점에서 전압이 100[V]였다. 이 선로의 인덕턴스가 7.5[μH/km]이고 커패시턴스가 0.003[μF/km]일 때 이 점에서 전류[A]는?

① 2   ② 4
③ 6   ④ 8

해설

특성 임피던스
$Z_0=\sqrt{\dfrac{L}{C}}=\sqrt{\dfrac{7.5\times10^{-6}}{0.003\times10^{-6}}}=50[\Omega]$이므로
전류는
$\therefore\ I=\dfrac{V}{Z_0}=\dfrac{100}{50}=2[A]$

★★ 기사 09년 1회, 10년 2회, 14년 4회

116 분포정수회로에서 저항 0.5[Ω/km], 인덕턴스 1[μH/km], 정전용량 6[μF/km], 길이 250[km]의 송전선로가 있다. 무왜형선로가 되기 위해서는 컨덕턴스[℧/km]는 얼마가 되어야 하는가?

① 1   ② 2
③ 3   ④ 4

해설

무왜조건 $\dfrac{R}{L}=\dfrac{G}{C}$에서
$\therefore\ G=\dfrac{RC}{L}=\dfrac{0.5\times6\times10^{-6}}{10^{-6}}=3[℧/km]$

★ 기사 96년 5회, 97년 6회, 00년 5회, 14년 3회, 15년 4회

117 무한장이라고 생각할 수 있는 평행 2회선 선로에 주파수 200[MHz]의 전압을 가하면 전압의 위상은 1[m]에 대해서 얼마나 되는가? (단, 여기서 위상속도는 3×10^8[m/s]로 한다.)

① $\dfrac{4}{3}\pi$ ② $\dfrac{2}{3}\pi$

③ $\dfrac{\pi}{3}$ ④ π

해설

$\beta=\dfrac{\omega}{v}=\dfrac{2\pi f}{v}=\dfrac{2\pi\times200\times10^6}{3\times10^8}=\dfrac{4}{3}\pi$

정답 113 ② 114 ③ 115 ① 116 ③ 117 ①

제9장 | 과도현상

1 $R-L$, $R-C$ 직렬회로

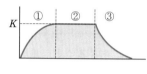

(a) 함수형태

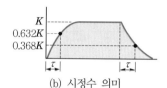

(b) 시정수 의미

(1) 파형에 따른 함수형태

파형에 따른 함수형태	문제 조건에 따른 상수값
① 과도상승 : $f(t) = K(1 - e^{pt})$ ② 정상상태 : $f(t) = K$ ③ 과도감쇠 : $f(t) = K e^{pt}$	① 전류를 구할 때 : $K = \dfrac{E}{R}$ ② 전압을 구할 때 : $K = E$ ③ 전하량을 구할 때 : $K = CE$

(2) 특성근과 시정수

구분	특성근	시정수
$R-L$ 회로	$p = -\dfrac{R}{L}$	$\tau = \dfrac{L}{R}[\text{s}]$
$R-C$ 회로	$p = -\dfrac{1}{RC}$	$\tau = RC[\text{s}]$

① 시정수는 특성근의 절대값의 역수관계가 된다. 즉, $\tau = \left|\dfrac{1}{p}\right|$

② $f(t) = K(1 - e^{pt})$에서 시정수 시간은 K에 63.2[%]에 도달하는 시간을 말한다.

③ $f(t) = K e^{pt}$에서 시정수 시간은 K의 36.8[%]까지 감소하는 시간을 말한다.

2 $R-L$ 직렬회로

$t = 0$ 에서 스위치를 닫을 때	$t = 0$ 에서 스위치를 개방할 때
① 과도전류 : $i(t) = \dfrac{E}{R}\left(1 - e^{-\frac{R}{L}t}\right)$ ② $t = 0$ 에서의 전류 : $i(0) = 0$ ③ $i(\tau) = \dfrac{E}{R}(1 - e^{-1}) = 0.632\dfrac{E}{R}$ ④ L 의 전압강하 : $V_L = E e^{-\frac{R}{L}t}$	① 과도 전류 : $i(t) = \dfrac{E}{R} e^{-\frac{R}{L}t}$ ② $t = 0$ 에서의 전류 : $i(0) = \dfrac{E}{R}$ ③ $i(\tau) = \dfrac{E}{R} e^{-1} = 0.368\dfrac{E}{R}$

여기서, 시정수 전류 $i(\tau)$: 시정수 시간 $\tau = \dfrac{L}{R}[\text{s}]$에서의 전류의 크기

바로바로 풀어보는
기출문제

문제의 네모칸에 체크를 해보세요. 그 문제가 이해되지 않았다면
✓ 표시를 해서 그 문제는 나중에 다시 풀어 완전하게 숙지하세요(★ : 중요도).

DAY 01
DAY 02
DAY 03
DAY 04
DAY 05
DAY 06
DAY 07
DAY 08
DAY 09
DAY 10

★★★★ 기사 97년 5회, 00년 2회, 15년 3회 / 산업 04년 2회, 05년 4회, 06년 1회, 14년 3회

118 다음 회로에서 회로의 시정수[s] 및 회로의 정상전류는 몇 [A]인가?

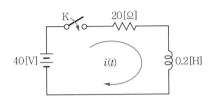

① $\tau=0.01[s]$, $i_s=2[A]$

② $\tau=0.01[s]$, $i_s=1[A]$

③ $\tau=0.02[s]$, $i_s=1[A]$

④ $\tau=1[s]$, $i_s=3[A]$

해설

㉠ 시정수 : $\tau = \dfrac{L}{R} = \dfrac{0.2}{20} = 0.01[s]$

㉡ 정상전류 : $i_s = \dfrac{E}{R} = \dfrac{40}{20} = 2[A]$

★★★ 기사 96년 6회, 02년 2회, 05년 4회, 06년 1회 / 산업 95년 5회, 97년 6회, 16년 3회

119 코일의 권회수(捲回數) $N=1000$, 저항 $R=20[\Omega]$으로 전류 $I=10[A]$를 흘릴 때 자속 $\phi=3\times10^{-2}[Wb]$이다. 이 회로의 시정수는?

① $\tau=0.15[s]$ ② $\tau=3[s]$

③ $\tau=0.4[s]$ ④ $\tau=4[s]$

해설

$L = \dfrac{\Phi}{I} = \dfrac{N\phi}{I} = \dfrac{1000\times3\times10^{-2}}{10} = 3[H]$

(여기서, Φ : 쇄교자속, ϕ : 자속)

∴ 시정수 $\tau = \dfrac{L}{R} = \dfrac{3}{20} = 0.15[s]$

★★★ 기사 93년 5회, 95년 6회, 03년 4회, 08년 2회 / 산업 16년 3회

120 $R=5[\Omega]$, $L=1[H]$의 직렬회로에 직류 10[V]를 가할 때 순간의 전류식은?

① $5(1-e^{-5t})$ ② $2e^{-5t}$

③ $5e^{-5t}$ ④ $2(1-e^{-5t})$

해설

과도전류

$i(t) = \dfrac{E}{R}\left(1-e^{-\frac{R}{L}t}\right) = \dfrac{10}{5}\left(1-e^{-\frac{5}{1}t}\right)$

$= 2(1-e^{-5t})[A]$

★★★ 기사 09년 2회, 10년 1회 / 산업 93년 3회

121 $R=100[\Omega]$, $L=1[H]$의 직렬회로에 직류 전압 $E=100[V]$를 가했을 때, $t=0.01[s]$ 후의 전류 $i_t[A]$는 약 얼마인가?

① 0.362 ② 0.632

③ 3.62 ④ 6.32

해설

과도전류

$i(t) = \dfrac{E}{R}\left(1-e^{-\frac{R}{L}t}\right)$

$= \dfrac{100}{100}\left(1-e^{-\frac{100}{1}\times0.01}\right)$

$= 1(1-e^{-1}) = 0.632[A]$

★ 기사 96년 2회, 05년 2회, 09년 3회 / 산업 97년 2회, 15년 4회

122 그림과 같은 회로에 있어서 스위치 S를 닫 았을 때 L 양단에 걸리는 전압 $V_L[V]$는?

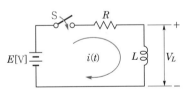

① $V_L = \dfrac{E}{R}e^{-\frac{R}{L}t}$ ② $V_L = \dfrac{E}{R}e^{\frac{L}{R}t}$

③ $V_L = Ee^{-\frac{R}{L}t}$ ④ $V_L = Ee^{\frac{L}{R}t}$

해설

인덕턴스 단자전압

∴ $V_L = L\dfrac{di(t)}{dt} = Ee^{-\frac{R}{L}t}[V]$

정답 118 ① 119 ① 120 ④ 121 ② 122 ③

자주 출제되는
핵심이론

🔍 핵심이론은 처음에는 그냥 한 번 읽어주세요.
옆의 기출문제를 풀어본 후 다시 한 번 핵심이론을 읽으면서 암기하세요.

3 $R-C$ 직렬회로

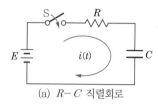

(a) $R-C$ 직렬회로

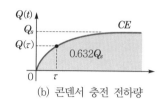

(b) 콘덴서 충전 전하량

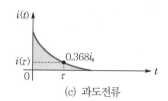

(c) 과도전류

$t=0$ 에서 스위치를 닫을 때	$t=0$ 에서 스위치를 개방할 때
① 충전 전하량 : $Q(t)=CE\left(1-e^{-\frac{1}{RC}t}\right)$ ② C의 단자전압 : $V_C=E\left(1-e^{-\frac{1}{RC}t}\right)$ ③ 과도전류 : $i(t)=\dfrac{E}{R}\,e^{-\frac{1}{RC}t}$ ④ $i(\tau)=\dfrac{E}{R}\,e^{-1}=0.368\dfrac{E}{R}$	① 방전전류 : $i(t)=-\dfrac{E}{R}\,e^{-\frac{1}{RC}t}$ ($-$는 충전전류와 반대반향을 의미) ② $i(\tau)=\dfrac{E}{R}\,e^{-1}=0.368\dfrac{E}{R}$

여기서, 시정수전류 $i(\tau)$: 시정수 시간($\tau=RC\,[\mathrm{s}]$)에서의 전류의 크기

4 시정수와 과도시간과의 관계

① 위 그림과 같이 시정수시간은 정상의 $63.2[\%]$ 상승할 때까지 걸리는 시간 또는 $36.8[\%]$ 감소할 때까지 걸리는 시간을 의미한다.

② 따라서 시정수시간이 길어지게 되면 과도시간도 길어진다는 것을 의미한다.

5 $R-L-C$ 직렬회로

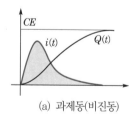

(a) 과제동(비진동)

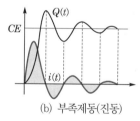

(b) 부족제동(진동)

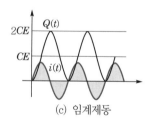

(c) 임계제동

① $\left(\dfrac{R}{2L}\right)^2-\dfrac{1}{LC}<0$ 또는 $R^2<4\dfrac{L}{C}$ 일 경우 : 부족제동(진동적)

② $\left(\dfrac{R}{2L}\right)^2-\dfrac{1}{LC}=0$ 또는 $R^2=4\dfrac{L}{C}$ 일 경우 : 임계제동(임계적)

③ $\left(\dfrac{R}{2L}\right)^2-\dfrac{1}{LC}>0$ 또는 $R^2>4\dfrac{L}{C}$ 일 경우 : 과제동(비진동적)

★★★ 산업 93년 4회

123 $R-L$ 직렬회로에서 그 양단에 직류전압 E[V]를 연결한 후 스위치 S를 개방하면 $\frac{L}{R}$[s] 후의 전류값은 몇 [A]인가?

① $\frac{E}{R}$
② $0.368\frac{E}{R}$
③ $0.5\frac{E}{R}$
④ $0.632\frac{E}{R}$

해설

$R-L$ 직렬회로에서 스위치 개방 시 과도전류는
$i(t)=\frac{E}{R}e^{-\frac{R}{L}t}$ 이므로 시정수시간에서의 전류는
$\therefore\ i(\tau)=\frac{E}{R}e^{-\frac{R}{L}t}=\frac{E}{R}e^{-\frac{R}{L}\times\frac{L}{R}}$
$=\frac{E}{R}e^{-1}=0.368\frac{E}{R}$[A]

★★★ 기사 94년 6회 / 산업 93년 2·5회, 98년 4회, 07년 2회

124 직류 $R-C$ 직렬회로에서 회로의 시정수 값은?

① $\frac{R}{C}$
② $\frac{E}{R}$
③ $\frac{1}{RC}$
④ RC

해설

㉠ $R-L$ 회로의 시정수 : $\tau=\frac{L}{R}$[s]
㉡ $R-C$ 회로의 시정수 : $\tau=RC$[s]

★★ 산업 95년 4회, 12년 4회, 15년 3회

125 $R-C$ 직렬회로의 과도현상에 대하여 옳게 설명된 것은 어느 것인가?

① RC값이 클수록 과도전류값은 천천히 사라진다.
② RC값이 클수록 과도전류값은 빨리 사라진다.
③ 과도전류는 RC값에 관계가 있다.
④ $\frac{1}{RC}$의 값이 클수록 과도전류값은 천천히 사라진다.

해설

시정수가 클수록 과도시간은 길어지므로 충전전류는 천천히 사라진다.

★★★ 산업 96년 5회, 16년 2회

126 저항 $R=5000$[Ω], 정전용량 $C=20$[μF]가 직렬로 접속된 회로에 일정전압 $E=100$[V]를 가하고 $t=0$에서 스위치를 넣을 때 콘덴서 단자전압[V]을 구하면? (단, 처음에 콘덴서에는 충전되지 않았다.)

① $100\left(1-e^{10t}\right)$
② $100\,e^{-10t}$
③ $100\,e^{10t}$
④ $100\left(1-e^{-10t}\right)$

해설

$V_c=E\left(1-e^{-\frac{1}{RC}t}\right)=100\left(1-e^{\frac{-1}{5000\times20\times10^{-6}}t}\right)$
$=100\left(1-e^{-10t}\right)$[V]

★★★ 기사 04년 1회, 12년 2회 / 산업 94년 3회, 95년 2회, 02년 2회

127 $R-L-C$ 직렬회로에서 직류전압 인가 시 $R^2=\frac{4L}{C}$ 일 때의 상태는?

① 진동상태
② 비진동상태
③ 임계상태
④ 정상상태

★★★ 산업 04년 4회

128 $R-L-C$ 직렬회로에서 $L=8\times10^{-3}$[H], $C=2\times10^{-7}$[F]이다. 임계진동이 되기 위한 R값은?

① 0.01[Ω]
② 100[Ω]
③ 200[Ω]
④ 400[Ω]

해설

임계진동 조건은 $R^2=4\frac{L}{C}$이므로
$\therefore R=\sqrt{\frac{4L}{C}}=\sqrt{\frac{4\times8\times10^{-3}}{2\times10^{-7}}}=400$[Ω]

정답 **123** ② **124** ④ **125** ① **126** ④ **127** ③ **128** ④

제10장 라플라스 변환

1 라플라스의 개요

① $s = \sigma + j\omega$를 파라미터(정수)로 하여 $F(s) = \int_0^\infty f(t)\,e^{-st}\,dt$로 주어지는 함수 $F(s)$를 $f(t)$의 라플라스 변환이라 한다.

② 라플라스 변환에 의하여 선형 미분방정식은 s에 관한 대수방정식으로 변환되어 풀기 쉬운 형식을 부여한다. 즉, 선형 미분방정식을 손쉽게 풀이하기 위한 해법이 라플라스 변환이라고 보면 된다.

2 기초 라플라스 변환(laplace transformation)

구분	라플라스 변환 $f(t) \xrightarrow{\mathcal{L}} F(s)$	라플라스 변환 예제
상수	$A \xrightarrow{\mathcal{L}} \dfrac{A}{s}$	$10 \xrightarrow{\mathcal{L}} \dfrac{10}{s}$
복소추이 정리	$A\,e^{\pm at} \xrightarrow{\mathcal{L}} \left.\dfrac{A}{s}\right|_{s=s \mp a} = \dfrac{A}{s \mp a}$	$10\,e^{-3t} \xrightarrow{\mathcal{L}} \left.\dfrac{10}{s}\right|_{s=s+3} = \dfrac{10}{s+3}$
시간 함수	$t^n \xrightarrow{\mathcal{L}} \dfrac{n\,!}{s^{n+1}}$ (! : 팩토리얼)	① $t \xrightarrow{\mathcal{L}} \dfrac{1}{s^2}$ ② $t^2 \xrightarrow{\mathcal{L}} \dfrac{2 \times 1}{s^3}$ ③ $t^3 \xrightarrow{\mathcal{L}} \dfrac{3 \times 2 \times 1}{s^4}$
삼각 함수	$\sin \omega t \xrightarrow{\mathcal{L}} \dfrac{\omega}{s^2 + \omega^2}$ $\cos \omega t \xrightarrow{\mathcal{L}} \dfrac{s}{s^2 + \omega^2}$	① $\sin 10t \xrightarrow{\mathcal{L}} \dfrac{10}{s^2 + 10^2}$ ② $e^{-at} \cos \omega t \xrightarrow{\mathcal{L}} \dfrac{s+a}{(s+a)^2 + \omega^2}$
쌍곡선 함수	$\sinh \omega t \xrightarrow{\mathcal{L}} \dfrac{\omega}{s^2 - \omega^2}$ $\cosh \omega t \xrightarrow{\mathcal{L}} \dfrac{s}{s^2 - \omega^2}$	－
미분 정리	$\dfrac{d}{dt} f(t) \xrightarrow{\mathcal{L}} sF(s) - f(0)$	초기값이 0인 경우($f(0) = 0$) $\dfrac{d^n}{dt^n} f(t) \xrightarrow{\mathcal{L}} s^n F(s)$
적분 정리	$\int f(t)\,dt \xrightarrow{\mathcal{L}} \dfrac{1}{s} F(s)$	－

문제의 네모칸에 체크를 해보세요. 그 문제가 이해되지 않았다면
✓ 표시를 해서 그 문제는 나중에 다시 풀어 완전하게 숙지하세요(★ : 중요도).

DAY 01
DAY 02
DAY 03
DAY 04
DAY 05
DAY 06
DAY 07
DAY 08
DAY 09
DAY 10

★ 기사 99년 3회, 16년 4회

129 $\int_0^t f(t)\,dt$를 라플라스 변환하면?

① $s^2 F(s)$ ② $s F(s)$

③ $\dfrac{1}{s} F(s)$ ④ $\dfrac{1}{s^2} F(s)$

★★ 기사 96년 6회, 01년 1회, 08년 2 · 3회

130 $f(t) = 1 - e^{-at}$의 라플라스 변환은?

① $\dfrac{1}{s^2(s+a)}$ ② $\dfrac{a}{s(s-a)}$

③ $\dfrac{1}{s(s+a)}$ ④ $\dfrac{a}{s(s+a)}$

🔑 해설

$$\mathcal{L}\,[1 - e^{-at}] = \frac{1}{s} - \frac{1}{s}\Big|_{s=s+a}$$
$$= \frac{1}{s} - \frac{1}{s+a} = \frac{s+a-s}{s(s+a)} = \frac{a}{s(s+a)}$$

★★★ 기사 05년 2회 / 산업 93년 2회, 02년 2회

131 $f(t) = t^2 e^{-3t}$의 라플라스 변환은?

① $\dfrac{2}{(s-3)^2}$ ② $\dfrac{2}{(s+3)^3}$

③ $\dfrac{1}{(s+3)^3}$ ④ $\dfrac{1}{(s-3)^3}$

🔑 해설

$$\mathcal{L}\,[t^2 e^{-3t}] = \frac{2}{s^3}\Big|_{s=s+3} = \frac{2}{(s+3)^3}$$

★★★ 기사 90년 2회, 91년 5 · 7회 / 산업 90년 7회, 98년 5회, 00년 4회, 02년 2회

132 함수 $f(t) = \sin t + 2\cos t$의 라플라스 변환 $F(s)$은?

① $\dfrac{2s}{(s+1)^2}$ ② $\dfrac{2s+1}{s^2+1}$

③ $\dfrac{2s+1}{(s+1)^2}$ ④ $\dfrac{2s}{(s^2+1)^2}$

🔑 해설

$$\mathcal{L}\,[\sin t + 2\cos t] = \frac{1}{s^2+1} + \frac{2s}{s^2+1} = \frac{2s+1}{s^2+1}$$

★★ 기사 02년 3회 / 산업 12년 4회

133 함수 $f(t) = \sin(\omega t + \theta)$의 라플라스 변환 $F(s)$은?

① $\dfrac{\cos\theta + \sin\theta}{s^2+\omega^2}$ ② $\dfrac{\omega\sin\theta}{s^2+\omega^2}$

③ $\dfrac{\omega\cos\theta}{s^2+\omega^2}$ ④ $\dfrac{\omega\cos\theta + s\sin\theta}{s^2+\omega^2}$

🔑 해설

$f(t) = \sin(\omega t + \theta) = \sin\omega t\cos\theta + \cos\omega t\sin\theta$
$\therefore \mathcal{L}\,[\sin\omega t\cos\theta + \cos\omega t\sin\theta]$
$$= \frac{\omega\cos\theta}{s^2+\omega^2} + \frac{s\sin\theta}{s^2+\omega^2} = \frac{\omega\cos\theta + s\sin\theta}{s^2+\omega^2}$$

★★ 기사 15년 1회 / 산업 95년 6회, 96년 7회, 12년 3회, 14년 2회

134 $f(t) = \sin t\cos t$의 라플라스 변환은?

① $\dfrac{1}{s^2+4}$ ② $\dfrac{1}{s^2+2}$

③ $\dfrac{1}{(s+2)^2}$ ④ $\dfrac{1}{(s+4)^2}$

🔑 해설

㉠ $\sin(t+t) = \sin t\cos t + \cos t\sin t$
㉡ $\sin(t-t) = \sin t\cos t - \cos t\sin t$
㉢ ㉠+㉡ $= \sin 2t = 2\sin t\cos t$가 된다.
$\therefore \mathcal{L}\,[\sin t\cos t] = \mathcal{L}\,\left[\dfrac{1}{2}\sin 2t\right]$
$$= \frac{1}{2} \times \frac{2}{s^2+2^2} = \frac{1}{s^2+4}$$

★★ 기사 15년 1회 / 산업 95년 6회, 96년 7회, 12년 3회, 14년 2회

135 함수 $f(t) = e^{-2t}\cos 3t$의 라플라스 변환 $F(s)$은?

① $\dfrac{s+2}{(s+2)^2+3^2}$ ② $\dfrac{s-2}{(s-2)^2+3^2}$

③ $\dfrac{s}{(s+2)^2+3^2}$ ④ $\dfrac{s}{(s-2)^2+3^2}$

🔑 해설

$$\mathcal{L}\,[e^{-2t}\cos 3t] = \frac{s}{s^2+3^2}\Big|_{s=s+2} = \frac{s+2}{(s+2)^2+3^2}$$

정답 129 ③ 130 ④ 131 ② 132 ② 133 ④ 134 ① 135 ①

자주 출제되는
핵심이론

핵심이론은 처음에는 그냥 한 번 읽어주세요.
옆의 기출문제를 풀어본 후 다시 한 번 핵심이론을 읽으면서 암기하세요.

3 복소미분의 정리

① 일반식 : $\mathcal{L}\left[t^n f(t)\right] = (-1)^n \dfrac{d^n}{ds^n} F(s)$

② $\mathcal{L}\left[t \sin \omega t\right] = -\dfrac{d}{ds}\dfrac{\omega}{s^2 + \omega^2} = -\dfrac{0 \times (s^2 + \omega^2) - 2s \times \omega}{(s^2 + \omega^2)^2} = \dfrac{2\omega s}{(s^2 + \omega^2)^2}$

③ $\mathcal{L}\left[t \cos \omega t\right] = -\dfrac{d}{ds}\dfrac{s}{s^2 + \omega^2} = -\dfrac{1 \times (s^2 + \omega^2) - 2s \times s}{(s^2 + \omega^2)^2} = \dfrac{s^2 - \omega^2}{(s^2 + \omega^2)^2}$

참고

$\dfrac{d}{dx} x^n = n x^{n-1}, \ \dfrac{d}{ds} \omega = 0, \ \dfrac{d}{ds}(s^2 + \omega^2) = 2s$

$\dfrac{d}{dx}\dfrac{f(x)}{g(x)} = \dfrac{f'(x)g(x) - f(x)g'(x)}{g(x)^2}$

4 실미분의 정리

① 일반식 : $\mathcal{L}\left[\dfrac{d^n}{dt^n} f(t)\right] = s^n F(s) - s^{n-1} f(0_+) - s^{n-2} f'(0_+) - \cdots$

$\qquad\qquad\qquad = s^n F(s) - \displaystyle\sum_{k=1}^{n} s^{n-k} f^{k-1}(0_+)$

② $\mathcal{L}\left[\dfrac{d}{dt} \sin \omega t\right] = s \times \dfrac{\omega}{s^2 + \omega^2} = \dfrac{\omega s}{s^2 + \omega^2}$ (여기서, $\sin 0° = 0, \ f(0_+) = 0$)

③ $\mathcal{L}\left[\dfrac{d}{dt} \cos \omega t\right] = s \times \dfrac{s}{s^2 + \omega^2} - 1 = \dfrac{-\omega^2}{s^2 + \omega^2}$ (여기서, $\cos 0° = 1, \ f(0_+) = 1$)

5 단위 임펄스 함수(unit impulse function)

① 폭 a, 높이 $\dfrac{1}{a}$, 면적이 1인 파형에 대해서 $a \to 0$으로 한 극한
  파형을 단위 임펄스 함수라 하고, $\delta(t)$로 표시한다.

② 임펄스 함수는 충격함수 또는 중량함수라 한다.

③ 임펄스 함수 : $\delta(t) = \dfrac{d}{dt} u(t) \xrightarrow{\mathcal{L}} 1$

▌임펄스 함수▐

6 초기값과 최종값의 정리

구분	$f(t)$	$F(s)$
초기값의 정리	$\displaystyle\lim_{t \to 0} f(t)$	$\displaystyle\lim_{s \to \infty} s F(s)$
최종값의 정리	$\displaystyle\lim_{t \to \infty} f(t)$	$\displaystyle\lim_{s \to 0} s F(s)$

DAY 01
DAY 02
DAY 03
DAY 04
DAY 05
DAY 06
DAY 07
DAY 08
DAY 09
DAY 10

★ 산업 90년 6회, 96년 7회, 05년 4회, 16년 3회

136 함수 $f(t) = \dfrac{d}{dt}\cos\omega t$의 라플라스 변환 $F(s)$은?

① $\dfrac{\omega^2}{s^2+\omega^2}$ ② $\dfrac{-s^2}{s^2+\omega^2}$

③ $\dfrac{s}{s^2+\omega^2}$ ④ $\dfrac{-\omega^2}{s^2+\omega^2}$

★ 산업 90년 7회, 91년 6회, 96년 4회, 99년 4회, 00년 3·6회, 07년 1회, 13년 1회

137 함수 $f(t) = t\sin\omega t$의 라플라스 변환 $F(s)$은?

① $\dfrac{\omega}{(s^2+\omega^2)^2}$ ② $\dfrac{\omega s}{(s^2+\omega^2)^2}$

③ $\dfrac{\omega^2}{(s^2+\omega^2)^2}$ ④ $\dfrac{2\omega s}{(s^2+\omega^2)^2}$

★★★ 기사 96년 2회, 97년 6회, 98년 4회, 08년 3회

138 자동제어계에서 중량함수(weight function) 라고 불려지는 것은?

① 인디셜 ② 임펄스
③ 전달함수 ④ 램프함수

해설

임펄스(impulse)함수＝충격함수＝중량함수
＝하중(weight)함수

★★★ 산업 96년 4회, 00년 1회

139 $f(t) = \delta(t) - b\,e^{-bt}$의 라플라스 변환 은? (단, $\delta(t)$는 임펄스 함수이다.)

① $\dfrac{b}{s+b}$ ② $\dfrac{s(1-b)+5}{s(s+b)}$

③ $\dfrac{1}{s(s+b)}$ ④ $\dfrac{s}{s+b}$

해설

$$\mathcal{L}\left[\delta(t) - b\,e^{-bt}\right] = 1 - \left.\dfrac{b}{s}\right|_{s=s+b}$$

$$= 1 - \dfrac{b}{s+b} = \dfrac{s+b}{s+b} - \dfrac{b}{s+b} = \dfrac{s}{s+b}$$

★★★ 기사 92년 2회, 93년 2회, 02년 3회 / 산업 92년 3회, 96년 5회, 99년 6회

140 어떤 제어계의 출력 $C(s) = \dfrac{3s+2}{s(s^2+s+3)}$ 일 때 출력의 시간함수 $c(t)$의 정상치는?

① 2 ② 3
③ $\dfrac{3}{2}$ ④ $\dfrac{2}{3}$

해설

최종값(정상값＝목표값)

$$\lim_{t\to\infty} c(t) = \lim_{s\to 0} s\,C(s) = \lim_{s\to 0}\dfrac{3s+2}{s^2+s+3} = \dfrac{2}{3}$$

★★★ 기사 93년 2회, 98년 4회

141 어떤 회로에서 가지전류 $i(t)$의 라플라스 변 환을 구하였더니, $I(s) = \dfrac{2s+5}{(s+1)(s+2)}$ 로 주어졌다. $t = \infty$에서의 전류 $i(\infty)$를 구하면?

① 2.5 ② 0
③ 5 ④ ∞

해설

최종값(정상값＝목표값)

$$\lim_{s\to 0} s\,I(s) = \lim_{s\to 0} s \times \dfrac{2s+5}{(s+1)(s+2)} = 0$$

★★★ 기사 97년 6회, 99년 4회, 02년 1회 / 산업 90년 2회, 01년 3회, 03년 1회, 07년 4회

142 $I(s) = \dfrac{2(s+1)}{s^2+2s+5}$ 일 때 $I(s)$의 초기값 $i(0^+)$가 바르게 구해진 것은?

① $\dfrac{2}{5}$ ② $\dfrac{1}{5}$

③ 2 ④ -2

해설

초기값

$$\lim_{t\to 0} i(t) = \lim_{s\to\infty} s\,I(s)$$

$$= \lim_{s\to\infty}\dfrac{2s^2+2s}{s^2+2s+5} = \lim_{s\to\infty}\dfrac{2+\dfrac{2}{s}}{1+\dfrac{2}{s}+\dfrac{5}{s^2}} = 2$$

Comment

$\dfrac{\infty}{\infty}$꼴은 함수 $i(t)$의 최고차항(s^2)을 분모, 분자에 나누어 풀 이할 수 있다.

정답 136 ④ 137 ④ 138 ② 139 ④ 140 ④ 141 ② 142 ③

핵심이론

7 시간추이의 정리

파형의 형태	함수
$f(t)$ $\begin{cases} t<0,\ f(t)=0 \\ t\geq 0,\ f(t)=K \end{cases}$ K 0 t	① $f(t) = K\,u(t)$ ② $F(s) = \dfrac{K}{s}$
$f(t)$ $\begin{cases} t<L,\ f(t)=0 \\ t\geq L,\ f(t)=K \end{cases}$ K 0 L t	① $f(t) = K\,u(t-L)$ ② $F(s) = \dfrac{K}{s}\,e^{-Ls}$
$f(t)$ $\begin{cases} t<a \quad : f(t)=0 \\ a\leq t\leq b : f(t)=K \\ t\geq b \quad : f(t)=0 \end{cases}$ K 0 a b t	① $f(t) = K\,u(t-a) - K\,u(t-b)$ ② $F(s) = \dfrac{K}{s}\left(e^{-as} - e^{-bs}\right)$
$f(t)$ $\begin{cases} t<0,\ f(t)=0 \\ t\geq 0,\ f(t)=Kt \end{cases}$ 기울기 K 0 t	① $f(t) = Kt\,u(t)$ ② $F(s) = \dfrac{K}{s^2}$
$f(t)$ $\begin{cases} t<L,\ f(t)=0 \\ t\geq L,\ f(t)=Kt \end{cases}$ 기울기 K 0 L t	① $f(t) = K(t-L)\,u(t-L)$ ② $F(s) = \dfrac{K}{s^2}\,e^{-Ls}$
$f(t)$ E 0 T t	① $f(t) = \dfrac{E}{T}t\,u(t) - \dfrac{E}{T}(t-T)\,u(t-T)$ $\quad - E\,u(t-T)$ ② $F(s) = \dfrac{E}{Ts^2} - \dfrac{E}{Ts^2}\,e^{-Ts} - \dfrac{E}{s}\,e^{-Ts}$ $\quad = \dfrac{E}{Ts^2}\left(1 - e^{-Ts} - Ts\,e^{-Ts}\right)$
$f(t)$ E 0 T $2T$ t	① $f(t) = \dfrac{E}{T}t\,u(t) - \dfrac{2E}{T}(t-T)\,u(t-T)$ $\quad + \dfrac{E}{T}(t-2T)\,u(t-2T)$ ② $F(s) = \dfrac{E}{Ts^2}\left(1 - 2e^{-Ts} + e^{-2Ts}\right)$

바로바로 풀어보는
기출문제

문제의 네모칸에 체크를 해보세요. 그 문제가 이해되지 않았다면
✓ 표시를 해서 그 문제는 나중에 다시 풀어 완전하게 숙지하세요(★ : 중요도).

DAY 01
DAY 02
DAY 03
DAY 04
DAY 05
DAY 06
DAY 07
DAY 08
DAY 09
DAY 10

★★★ 기사 01년 3회, 03년 1회 / 산업 03년 3회, 04년 1회, 05년 4회, 07년 3회, 14년 2회

143 그림과 같이 표시된 단위 계단함수는?

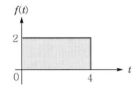

① $\dfrac{2}{s}(1-e^{4s})$ ② $\dfrac{4}{s}(1-e^{2s})$

③ $\dfrac{2}{s}(1-e^{-4s})$ ④ $\dfrac{4}{s}(1-e^{-2s})$

해설

함수 $f(t)=2u(t)-2u(t-4)$에서

$\therefore F(s)=\dfrac{2}{s}-\dfrac{2}{s}e^{-4s}=\dfrac{2}{s}(1-e^{-4s})$

Comment

- $F(s)=\dfrac{K}{s}$의 형태의 파형은 계단함수를 말하며, K는 파형의 높이를 의미한다.
- $F(s)=e^{-Ls}$는 파형이 L초 만큼 지연되는 것을 의미한다.

★★★★ 산업 90년 6회, 96년 2회, 98년 6회, 01년 3회, 16년 2회

144 그림과 같은 높이가 1인 펄스의 Laplace 변환은 어느 것인가?

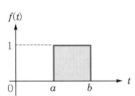

① $\dfrac{1}{s}(e^{-as}+e^{-bs})$ ② $\dfrac{1}{s}(e^{-as}-e^{-bs})$

③ $\dfrac{1}{s^2}(e^{-as}+e^{-bs})$ ④ $\dfrac{1}{s^2}(e^{-as}-e^{-bs})$

해설

함수 $f(t)=u(t-a)-u(t-b)$에서

$\therefore F(s)=\dfrac{1}{s}e^{-as}-\dfrac{1}{s}e^{-bs}$

$=\dfrac{1}{s}(e^{-as}-e^{-bs})$

★★★ 산업 94년 4회, 99년 4회, 14년 4회

145 시간함수 $i(t)=3u(t)+2e^{-t}$일 때 라플라스 변환한 함수 $I(s)$는?

① $\dfrac{s+3}{s(s+1)}$ ② $\dfrac{5s+3}{s(s+1)}$

③ $\dfrac{3s}{s^2+1}$ ④ $\dfrac{5s+1}{s^2(s+1)}$

해설

$\mathcal{L}\left[3u(t)+2e^{-t}\right]=\dfrac{3}{s}+\dfrac{2}{s}\bigg|_{s=s+1}$

$=\dfrac{3}{s}+\dfrac{2}{s+1}=\dfrac{5s+3}{s(s+1)}$

★★★★ 기사 92년 3회, 05년 3회, 13년 1회, 15년 2회 / 산업 92년 5회

146 다음 파형의 라플라스 변환은?

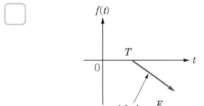

① $\dfrac{E}{Ts}e^{-Ts}$ ② $-\dfrac{E}{Ts}e^{-Ts}$

③ $-\dfrac{E}{Ts^2}e^{-Ts}$ ④ $\dfrac{E}{Ts^2}e^{-Ts}$

해설

함수 $f(t)=-\dfrac{E}{T}(t-T)u(t-T)$에서

$\therefore F(s)=-\dfrac{E}{Ts^2}e^{-Ts}$

Comment

- $F(s)=\dfrac{K}{s^2}$의 형태의 파형은 경사함수를 말하며, 여기서 K는 파형의 기울기를 말한다.
- 즉, 기울기가 $-\dfrac{E}{T}$에 T초 만큼 지연되고 있으므로

$F(s)=-\dfrac{E}{Ts^2}e^{-Ts}$이 되는 것을 알 수 있다.

정답 143 ③ 144 ② 145 ② 146 ③

8 라플라스 역변환

(1) 기초 라플라스 변환

① $A \xrightarrow{\mathcal{L}} \dfrac{A}{s}$

② $A e^{\pm at} \xrightarrow{\mathcal{L}} \dfrac{A}{s \mp a}$

③ $t^n \xrightarrow{\mathcal{L}} \dfrac{n!}{s^{n+1}}$

④ $A t e^{\pm at} \xrightarrow{\mathcal{L}} \dfrac{A}{(s \mp a)^2}$

⑤ $A \cos \omega t \xrightarrow{\mathcal{L}} A \cdot \dfrac{s}{s^2 + \omega^2}$

⑥ $A e^{\pm at} \cos \omega t \xrightarrow{\mathcal{L}} A \cdot \dfrac{s \mp a}{(s \mp a)^2 + \omega^2}$

(2) 기초 라플라스 역변환

① $\dfrac{A}{s} \xrightarrow{\mathcal{L}^{-1}} A$

② $\dfrac{A}{s \mp a} \xrightarrow{\mathcal{L}^{-1}} A e^{\pm at}$

③ $\dfrac{8}{s^3} \xrightarrow{\mathcal{L}^{-1}} 4 t^2$

④ $\dfrac{A}{(s \mp a)^2} \xrightarrow{\mathcal{L}^{-1}} A t e^{\pm at}$

⑤ $\dfrac{A(s \mp a)}{(s \mp a)^2 + \omega^2} = \left[A \cdot \dfrac{s}{s^2 + \omega^2} \right]_{s = s \mp a} \xrightarrow{\mathcal{L}^{-1}} A e^{\pm at} \cos \omega t$

⑥ $\dfrac{s}{s + a} = 1 - \dfrac{a}{s + a} \xrightarrow{\mathcal{L}^{-1}} \delta(t) - a e^{-at}$

⑦ $\dfrac{1}{s^2 + 6s + 10} = \dfrac{1}{(s + 3)^2 + 1} = \left[\dfrac{1}{s^2 + 1^2} \right]_{s = s + 3} \xrightarrow{\mathcal{L}^{-1}} e^{-3t} \sin t$

⑧ $\dfrac{1}{s^2 + \omega^2} = \dfrac{1}{\omega} \cdot \dfrac{\omega}{s^2 + \omega^2} \xrightarrow{\mathcal{L}^{-1}} \dfrac{1}{\omega} \sin \omega t$

⑨ $\dfrac{s}{(s + 1)^2 + 1} = \dfrac{s + 1}{(s + 1)^2 + 1^2} - \dfrac{1}{(s + 1)^2 + 1^2} \xrightarrow{\mathcal{L}^{-1}} e^{-t} \cos t - e^{-t} \sin t$

(3) 부분분수 전개방식　예 $F(s) = \dfrac{1}{(s + 1)(s + 3)}$

① $F(s) = \dfrac{1}{(s + 1)(s + 3)} = \dfrac{A}{s + 1} + \dfrac{B}{s + 3} \xrightarrow{\mathcal{L}^{-1}} A e^{-t} + B e^{-3t}$

② $A = \lim_{s \to -1} (s + 1) F(s) = \lim_{s \to -1} \dfrac{1}{s + 3} = \dfrac{1}{2}$

③ $B = \lim_{s \to -3} (s + 3) F(s) = \lim_{s \to -3} \dfrac{1}{s + 1} = -\dfrac{1}{2}$

$\therefore f(t) = \dfrac{1}{2} e^{-t} - \dfrac{1}{2} e^{-3t} = \dfrac{1}{2} (e^{-t} - e^{-3t})$

문제의 네모칸에 체크를 해보세요. 그 문제가 이해되지 않았다면
✓ 표시를 해서 그 문제는 나중에 다시 풀어 완전하게 숙지하세요(★ : 중요도).

DAY 01
DAY 02
DAY 03
DAY 04
DAY 05
DAY 06
DAY 07
DAY 08
DAY 09
DAY 10

★★ 　기사 03년 3회

147 라플라스 변환함수 $F(s) = \dfrac{s+2}{s^2+4s+13}$ 에 대한 역변환함수 $f(t)$는?

① $e^{-2t}\cos 3t$　　② $e^{-3t}\sin 2t$

③ $e^{3t}\cos 2t$　　④ $e^{2t}\sin 3t$

해설

$$\mathcal{L}^{-1}\left[\frac{s+2}{s^2+4s+13}\right] = \mathcal{L}^{-1}\left[\frac{s+2}{(s+2)^2+3^2}\right]$$
$$= \mathcal{L}^{-1}\left[\frac{s}{s^2+3^2}\bigg|_{s=s+2}\right]$$
$$= e^{-2t}\cos 3t$$

Comment

$F(s)$의 분모의 1차항($4s$)이 짝수이면 4를 반으로 나눈 수를 완전제곱 $(s+2)^2$의 형태로 바꾸어 문제를 풀이하면 된다.

★★★★★ 　기사 94년 3회, 97년 5회, 12년 3회, 15년 3회 / 산업 96년 6회, 13년 1회, 14년 1회

148 $F(s) = \dfrac{2s+3}{s^2+3s+2}$ 의 라플라스 역변환을 구하면?

① $e^{-t}+e^{-2t}$

② $e^{-t}-e^{-2t}$

③ $e^{t}-2e^{-2t}$

④ $e^{-t}+2e^{-2t}$

해설

부분분수 전개법으로 풀이하면
$$F(s) = \frac{2s+3}{s^2+3s+2} = \frac{2s+3}{(s+1)(s+2)}$$
$$= \frac{A}{s+1} + \frac{B}{s+2}$$ 에서

㉠ $A = \lim_{s\to -1}(s+1)F(s)$
$$= \lim_{s\to -1}\frac{2s+3}{s+2} = \frac{-2+3}{-1+2} = 1$$

㉡ $B = \lim_{s\to -2}(s+2)F(s)$
$$= \lim_{s\to -2}\frac{2s+3}{s+1} = \frac{-4+3}{-2+1} = 1$$

∴ $f(t) = Ae^{-t}+Be^{-2t} = e^{-t}+e^{-2t}$

★ 　산업 94년 6회, 00년 5회

149 $F(s) = \dfrac{6s+2}{s(6s+1)}$ 를 역 라플라스 변환하면?

① $4-e^{-\frac{1}{6}t}$　　② $2-e^{-\frac{1}{6}t}$

③ $4-e^{-\frac{1}{3}t}$　　④ $2-e^{-\frac{1}{3}t}$

해설

$$F(s) = \frac{s+\frac{1}{3}}{s\left(s+\frac{1}{6}\right)} = \frac{A}{s} + \frac{B}{s+\frac{1}{6}}$$ 에서

㉠ $A = \lim_{s\to 0}sF(s) = \lim_{s\to 0}\dfrac{s+\frac{1}{3}}{s+\frac{1}{6}} = 2$

㉡ $B = \lim_{s\to -\frac{1}{6}}\left(s+\frac{1}{6}\right)F(s) = \lim_{s\to -\frac{1}{6}}\dfrac{s+\frac{1}{3}}{s}$
$$= -1$$

∴ $f(t) = A + Be^{-\frac{1}{6}t} = 2 - e^{-\frac{1}{6}t}$

★★★ 　기사 98년 7회, 13년 1회 / 산업 92년 3회

150 미분방정식이 $\dfrac{di(t)}{dt} + 2i(t) = 1$일 때 $i(t)$는? (단, $t=0$에서 $i(0)=0$이다.)

① $\dfrac{1}{2}(1+e^{-2t})$　　② $\dfrac{1}{2}(1-e^{-2t})$

③ $\dfrac{1}{2}(1+e^{-t})$　　④ $\dfrac{1}{2}(1-e^{-t})$

해설

$f(t) = \dfrac{di(t)}{dt} + 2i(t) = 1$을 라플라스 변환하면

$F(s) = sI(s) + 2I(s) = I(s)(s+2) = \dfrac{1}{s}$이 되고,

이를 전류식으로 정리하면

$I(s) = \dfrac{1}{s(s+2)} = \dfrac{A}{s} + \dfrac{B}{s+2}$가 된다.

㉠ $A = \lim_{s\to 0}sF(s) = \lim_{s\to 0}\dfrac{1}{s+2} = \dfrac{1}{2}$

㉡ $B = \lim_{s\to -2}(s+2)F(s) = \lim_{s\to -2}\dfrac{1}{s} = -\dfrac{1}{2}$

∴ $i(t) = A + Be^{-2t} = \dfrac{1}{2}(1-e^{-2t})$ [A]

정답 147 ①　148 ①　149 ②　150 ②

제3편

제어공학

출제분석 및 학습방법

❶ 전기기사 시험에서 4과목이 회로이론 및 제어공학이 된다.

❷ 4과목에서 61~70번까지 제어공학, 71~80번까지 회로이론이 출제된다. 즉, 20문항 중 회로이론과 제어공학이 각각 10문항씩 출제되며, 아래 출제율은 회로이론과 제어공학을 합쳐 계산하였다.

❸ 회로이론과 제어공학은 총 18개 단원으로 구성되어 일반적으로 각 단원에서 한 문제씩 출제되고 있으나, 출제분석표에서 보는 것과 같이 회로이론 제2장(단상 교류회로의 이해)과 제어공학 제2장(전달함수)의 출제빈도가 가장 높은 것으로 나타나고 있다.

❹ 단기 합격을 위해서는 단원별 핵심이론을 익혀서 문제풀이 위주로 공부하는 것이 가장 효과적이다.

일차별 학습목표 및 출제율

DAY 11	• 제어계 분류에 따른 특징에 대해서 이해할 수 있다. • 제어요소에 따른 전달함수를 구할 수 있다. • 블록선도와 신호흐름선도의 전달함수를 구할 수 있다.	출제율 16%
DAY 12	• 특성근 위치에 따른 인디셜 응답과 과도편차를 구할 수 있다. • 주파수 전달함수의 벡터궤적과 보드선도를 그릴 수 있다. • 루쓰, 나이퀴스트, 보드선도를 통해 안정도 판별을 할 수 있다.	출제율 19%
DAY 13	• 근궤적의 특징을 이해하여 근궤적을 그릴 수 있다. • 상태방정식과 z변환에 대해서 이해할 수 있다. • 논리회로의 특징을 이해하여 회로를 간소화시킬 수 있다.	출제율 17%

학습목표
• 제어계 분류에 따른 특징에 대해서 이해할 수 있다.
• 제어요소에 따른 전달함수를 구할 수 있다.
• 블록선도와 신호흐름선도의 전달함수를 구할 수 있다.

출제율 16%

제1장 자동제어의 개요

1 Feedback 제어계의 기본 구성

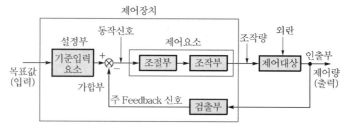

① 기준입력요소(설정부) : 목표값을 제어할 수 있는 신호를 변환하는 장치
② 동작신호 : 제어계를 동작시키는 기준으로서 직접 제어계에 가해지는 신호
③ 제어요소 : 동작신호를 조작량으로 변환하는 장치로 조절부와 조작부로 구성
④ 검출부 : 입력과 출력을 비교하는 장치
⑤ 조작량 : 제어장치가 제어대상에 가해지는 신호로 제어장치의 출력인 동시에 제어대상의 입력신호

2 제어계의 분류

(1) 제어량에 의한 분류
① 서보기구 : 위치, 방위, 자세, 거리, 각도 등의 기계적 변위를 제어
② 프로세서기구 : 온도, 유량, 압력, 농도, 습도, 비중 등 공업공정의 상태량을 제어
③ 자동조정기구 : 전압, 주파수, 회전력, 토크 등 기계적 또는 전기적인 양을 제어

(2) 목표값에 의한 분류
① 정치제어 : 시간에 관계없이 일정한 제어(대표되는 제어 : 연속식 압연기)
② 추치제어 : 시간에 따라 변화하는 제어
 ㉠ 추종제어 : 임의로 변화(어군탐지기, 대공포, 추적 레이더 등)
 ㉡ 프로그램제어 : 미리 정해진 신호에 따라 동작(무인열차, 엘리베이터 등)
 ㉢ 비율제어 : 2개 이상의 양 사이에 어떤 비율을 유지하도록 제어하는 것

3 조절부 동작에 의한 분류

① 비례제어(P제어) : 난조 제거, 잔류편차(off set) 발생
② 비례적분제어(PI제어) : 잔류편차 제거(정상특성을 개선), 속응성이 길어짐
③ 비례미분제어(PD제어) : 과도응답의 속응성을 개선
④ 비례미·적분 제어(PID제어) : 속응성 향상, 잔류편차 제거 등 최적의 제어

문제의 네모칸에 체크를 해보세요. 그 문제가 이해되지 않았다면
✓ 표시를 해서 그 문제는 나중에 다시 풀어 완전하게 숙지하세요(★ : 중요도).

DAY 11
DAY 12
DAY 13
DAY 14
DAY 15
DAY 16
DAY 17
DAY 18
DAY 19
DAY 20

★★ 기사 95년 7회, 08년 1회

01 다음 중 피드백제어계의 일반적인 특징이 아닌 것은?

① 비선형 왜곡이 감소한다.
② 구조가 간단하고 설치비가 저렴하다.
③ 대역폭이 증가한다.
④ 계의 특성 변환에 대한 입력 대 출력비의 감도가 감소한다.

해설 피드백 제어계의 특징

㉠ 비선형 왜곡이 감소한다.
㉡ 구조가 복잡하고 설치비가 고가이다.
㉢ 대역폭이 증가한다.
㉣ 제어계의 특성 변환에 대한 입력 대 출력비의 감도가 감소한다.

★★★ 기사 92년 3회, 00년 3회, 01년 1회, 04년 4회, 12년 1회, 15년 1회

02 궤환제어계에서 제어요소에 관한 설명 중 가장 알맞은 것은?

① 검출부와 조작부로 구성
② 오차신호를 제어장치에서 제어대상에 가해지는 신호로 변환시키는 요소
③ 목표값에 비례하는 신호를 발생시키는 요소
④ 입력과 출력을 비교하는 요소

해설

제어요소는 동작신호(오차신호)를 제어대상의 제어신호인 조작량으로 변환시키는 요소이고, 조절부와 조작부로 구성되어 있다.

★★★★ 기사 93년 2회, 96년 2회, 05년 1회, 10년 3회, 12년 2회

03 물체의 위치, 각도, 자세, 방향 등을 제어량으로 하고 목표값의 임의의 변화에 추종하는 것과 같이 구성된 제어장치를 무엇이라 하는가?

① 프로세서제어
② 프로그램제어
③ 자동조정제어
④ 서보제어

해설

서보기구제어는 물체의 기계적 변위를 제어하는 것으로 추종제어에 속한다.

★ 기사 96년 7회, 03년 3회

04 주파수를 제어하고자 하는 경우 이는 어느 제어에 속하는가?

① 비율제어
② 추종제어
③ 비례제어
④ 정치제어

해설

전압, 주파수, 역률, 회전력, 속도, 토크 등 기계적 또는 전기적인 양을 제어하는 제어계를 자동조정이라 하며, 자동조정은 목표값이 일정한 정치제어이다.

★★★ 기사 98년 5회, 00년 5회

05 PI제어동작은 공정제어계의 무엇을 개선하기 위해 쓰이고 있는가?

① 속응성
② 정상특성
③ 이득
④ 안정도

해설 PI제어

잔류편차 제거(정상특성을 개선), 속응성이 길어진다.

★★ 기사 93년 6회, 96년 7회, 03년 1회, 15년 3회

06 다음 중 온도를 전압으로 변환시키는 요소는?

① 차동변압기
② 열전대
③ 측온저항
④ 광전지

해설 변환요소의 종류

변환량	변환요소
압력 → 변위	벨로즈, 다이어프램, 스프링
변위 → 압력	노즐 플래퍼, 유압 분사관, 스프링
변위 → 전압	포텐셔미터, 차동변압기, 전위차계
전압 → 변위	전자석, 전자코일
온도 → 전압	열전대

정답 01 ② 02 ② 03 ④ 04 ④ 05 ② 06 ②

핵심이론

제2장 | 전달함수

1 전달함수의 정의

① 선형 미분방정식의 초기값을 0으로 했을 때 입력신호의 라플라스 변환과 출력신호의 라플라스 변환의 비를 말한다.

② 즉, 입력신호를 $r(t)$, 출력신호를 $c(t)$라 하면 전달함수는 다음과 같다.

$$\therefore \ G(s) = \frac{\mathcal{L}\,[c(t)]}{\mathcal{L}\,[r(t)]} = \frac{C(s)}{R(s)}$$

③ 입력신호에는 $r(t)$, $x(t)$, $E_i(t)$ 등을, 출력신호에는 $C(t)$, $y(t)$, $E_o(t)$ 등을 사용한다.

2 전기회로의 전달함수

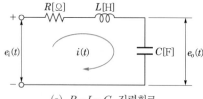

(a) $R-L-C$ 직렬회로

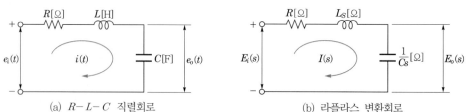

(b) 라플라스 변환회로

① $G(s) = \dfrac{E_o(s)}{E_i(s)} = \dfrac{\dfrac{1}{Cs}I(s)}{\left(Ls + R + \dfrac{1}{Cs}\right)I(s)} = \dfrac{\dfrac{1}{Cs}}{Ls + R + \dfrac{1}{Cs}} = \dfrac{Z_o(s)}{Z_i(s)}$

$\qquad = \dfrac{1}{LCs^2 + RCs + 1} = \dfrac{\dfrac{1}{LC}}{s^2 + \dfrac{R}{L}s + \dfrac{1}{LC}}$

여기서, Z_o : 출력 측에서 바라본 임피던스

$\qquad\quad Z_i$: 입력 측에서 바라본 임피던스

② $G(s) = \dfrac{I(s)}{E_i(s)} = \dfrac{I(s)}{\left(Ls + R + \dfrac{1}{Cs}\right)I(s)} = \dfrac{1}{Ls + R + \dfrac{1}{Cs}} = \dfrac{1}{Z_i(s)}$

$\qquad = \dfrac{Cs}{LCs^2 + RCs + 1} = \dfrac{Cs \cdot \dfrac{1}{LC}}{s^2 + \dfrac{R}{L}s + \dfrac{1}{LC}}$

③ $G(s) = \dfrac{E_o(s)}{I(s)} = \dfrac{\dfrac{1}{Cs}I(s)}{I(s)} = \dfrac{1}{Cs} = Z_o(s)$

바로바로 풀어보는
기출문제

문제의 네모칸에 체크를 해보세요. 그 문제가 이해되지 않았다면
✓ 표시를 해서 그 문제는 나중에 다시 풀어 완전하게 숙지하세요(★ : 중요도).

07 ★★★ 기사 92년 5회, 99년 4회, 03년 1회 / 산업 99년 4회, 03년 4회, 14년 1회

그림과 같은 회로의 전달함수는? (단, $\dfrac{L}{R}$ = T는 시정수이다.)

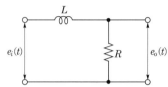

① $Ts^2 + 1$ ② $Ts + 1$

③ $\dfrac{1}{Ts+1}$ ④ $\dfrac{1}{Ts^2+1}$

📝 **해설**

$$G(s) = \frac{E_o(s)}{E_i(s)} = \frac{I(s)R}{I(s)(Ls+R)}$$
$$= \frac{R}{Ls+R} = \frac{1}{\dfrac{L}{R}s+1} = \frac{1}{Ts+1}$$

👨‍🏫 **Comment**

전압비 전달함수는 해설과 같이 입력 측에서 바라본 임피던스와 출력 측에서 바라본 임피던스의 비로 구할 수 있다.

즉, $G(s) = \dfrac{Z_o(s)}{Z_i(s)} = \dfrac{R}{Ls+R}$

08 ★ 기사 94년 4회, 02년 3회

다음 회로에서 $V_1(s)$를 입력, $V_2(s)$를 출력이라 할 때 전달함수가 $\dfrac{1}{s+1}$이 되려면 $C[\text{F}]$의 값은?

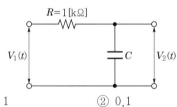

① 1 ② 0.1
③ 0.01 ④ 0.001

📝 **해설**

$$G(s) = \frac{V_2(s)}{V_1(s)} = \frac{\dfrac{1}{Cs}}{R+\dfrac{1}{Cs}} = \frac{1}{RCs+1} \text{에서}$$

$RC = 1$이 되려면

$$\therefore \ C = \frac{1}{R} = \frac{1}{10^3} = 10^{-3} = 0.001[\text{F}]$$

09 ★ 산업 94년 6회, 97년 6회

그림과 같은 LC 브리지 회로의 전달함수 $G(s)$는?

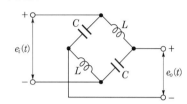

① $\dfrac{1}{1+LCs^2}$ ② $\dfrac{Ls}{1+LCs^2}$

③ $\dfrac{LCs}{1+LCs^2}$ ④ $\dfrac{1-LCs^2}{1+LCs^2}$

📝 **해설**

$$G(s) = \frac{E_o(s)}{E_i(s)} = \frac{\dfrac{1}{Cs}-Ls}{\dfrac{1}{Cs}+Ls} = \frac{1-LCs^2}{1+LCs^2}$$

👨‍🏫 **Comment**

휘트스톤 브리지와 비슷한 회로의 전달함수는 분자에 (−)가 있으면 정답이 된다.

10 ★★★ 산업 95년 4회, 99년 7회, 03년 4회

그림과 같은 회로에서 전달함수 $\dfrac{E_o(s)}{I(s)}$는 얼마인가? (단, 초기조건은 모두 0으로 한다.)

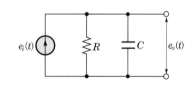

① $\dfrac{1}{RCs+1}$ ② $\dfrac{R}{RCs+1}$

③ $\dfrac{C}{RCs+1}$ ④ $\dfrac{RCs}{RCs+1}$

📝 **해설**

$$G(s)\ \frac{E_o(s)}{I(s)} = \frac{I(s)Z_o(s)}{I(s)} = Z_o(s)$$
$$= \frac{R\times\dfrac{1}{Cs}}{R+\dfrac{1}{Cs}} = \frac{R}{RCs+1}$$

자주 출제되는

핵심이론

핵심이론은 처음에는 그냥 한 번 읽어주세요.
옆의 기출문제를 풀어본 후 다시 한 번 핵심이론을 읽으면서 암기하세요.

3 제어요소

① 비례요소 : $G(s) = K$

② 미분요소 : $G(s) = Ks$

③ 적분요소 : $G(s) = \dfrac{K}{s}$

④ 1차 지연요소 : $G(s) = \dfrac{K}{1 + Ts}$

⑤ 2차 지연요소 : $G(s) = \dfrac{K\omega_n^2}{s^2 + 2\zeta\omega_n s + \omega_n^2}$

⑥ 부동작요소 : $G(s) = Ke^{-Ls}$

4 보상기

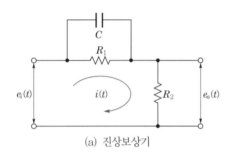

(a) 진상보상기

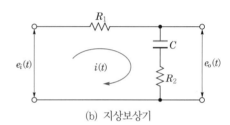

(b) 지상보상기

(1) 진상보상기(phase lead compensator)

① 출력신호의 위상이 입력신호 위상보다 앞서도록 보상하여 안정도와 속응성 개선을 목적으로 한다.

② 전달함수 : $G(s) = \dfrac{E_o(s)}{E_i(s)} = \dfrac{R_2 + R_1 R_2 Cs}{R_1 + R_2 + R_1 R_2 Cs} = \dfrac{s + \dfrac{R_2}{R_1 R_2 C}}{s + \dfrac{R_1 + R_2}{R_1 R_2 C}} = \dfrac{s + b}{s + a}$

③ $a > b$인 경우 진상보상기, 반대로 $a < b$인 경우에는 지상보상기가 된다.

④ 속응성 개선을 위한 목적은 미분기와 동일한 특성을 갖는다.

(2) 지상보상기(phase lag compensator)

① 출력신호의 위상이 입력신호 위상보다 늦도록 보상하여 정상편차를 개선하는 것을 목적으로 한다.

② 전달함수 : $G(s) = \dfrac{E_o(s)}{E_i(s)} = \dfrac{1 + R_2 Cs}{1 + (R_1 + R_2)Cs} = \dfrac{1 + R_2 Cs}{1 + \dfrac{R_2 Cs}{\dfrac{R_2}{R_1 + R_2}}} = \dfrac{1 + \alpha Ts}{1 + Ts}$

여기서, $\alpha T = R_2 C$, $\alpha = \dfrac{R_2}{R_1 + R_2}$

③ $\alpha < 1$을 만족할 때 지상보상기가 된다.

④ 정상편차 개선을 위한 목적은 적분기와 동일한 특성을 갖는다.

바로바로 풀어보는
기출문제

DAY 11
DAY 12
DAY 13
DAY 14
DAY 15
DAY 16
DAY 17
DAY 18
DAY 19
DAY 20

✓ 문제의 네모칸에 체크를 해보세요. 그 문제가 이해되지 않았다면
✓ 표시를 해서 그 문제는 나중에 다시 풀어 완전하게 숙지하세요(★ : 중요도).

★★★★★ 기사 92년 5회, 03년 2회, 05년 2회 / 산업 12년 2회

11 어떤 계를 표시하는 미분방정식이 아래와 같은 때, $x(t)$를 입력, $y(t)$를 출력이라고 한다면 이 계의 전달함수는 어떻게 표시되는가?

$$\frac{d^2 y(t)}{dt^2} + 3\frac{dy(t)}{dt} + 2y(t) = \frac{dx(t)}{dt} + x(t)$$

① $G(s) = \dfrac{s^2 + 3s + 2}{s + 1}$

② $G(s) = \dfrac{2s^2 + 3s + 2}{s^2 + 1}$

③ $G(s) = \dfrac{s + 1}{s^2 + 3s + 2}$

④ $G(s) = \dfrac{s^2 + s + 1}{2s + 1}$

해설

양변을 라플라스 변환하면
$s^2 Y(s) + 3s Y(s) + 2 Y(s) = s X(s) + X(s)$
이 되고, 이를 정리하면
$Y(s)(s^2 + 3s + 2) = X(s)(s + 1)$이므로
$$\therefore G(s) = \frac{Y(s)}{X(s)} = \frac{s + 1}{s^2 + 3s + 2}$$

★★ 산업 91년 5회, 95년 7회, 00년 1회, 02년 1회

12 그림과 같은 액면계에서 $q(t)$를 입력, $h(t)$를 출력으로 본 전달함수는?

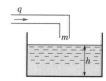

① $\dfrac{K}{s}$

② Ks

③ $1 + Ks$

④ $\dfrac{K}{1 + s}$

해설

$h(t) = \dfrac{1}{A}\displaystyle\int q(t)\,dt$에서 이를 라플라스 변환하면

$H(s) = \dfrac{1}{As} Q(s) = \dfrac{K}{s} Q(s)$이므로

$\therefore$ 전달함수 $G(s) = \dfrac{H(s)}{Q(s)} = \dfrac{K}{s}$

쌤 Comment

물이 쌓이는 관계이므로 적분요소가 된다.

★★★★ 기사 16년 3회 / 산업 90년 2회, 93년 1회, 96년 2회, 05년 1·2회, 07년 1·3회

13 다음 사항을 옳게 표현한 것은?

① 비례요소의 전달함수는 $\dfrac{1}{Ts}$이다.

② 미분요소의 전달함수는 K이다.

③ 적분요소의 전달함수는 Ts이다.

④ 1차 지연요소의 전달함수는 $\dfrac{K}{Ts + 1}$이다.

해설

① 적분요소, ② 비례요소, ③ 미분요소

★★★ 산업 94년 4회, 99년 7회, 00년 6회, 02년 3회

14 그림과 같은 회로에서 출력전압의 위상은 입력전압보다 어떠한가?

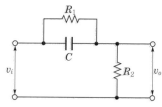

① 뒤진다.　　　　② 앞선다.

③ 관계없다.　　　④ 같다.

해설

진상보상기는 출력신호의 위상이 입력신호 위상보다 앞서도록 보상하여 안정도와 속응성 개선을 목적으로 한다.

★★★ 기사 96년 5회, 99년 5회, 03년 2회

15 $G(s) = \dfrac{s + b}{s + a}$ 전달함수를 갖는 회로가 진상보상회로의 특성을 가지려면 그 조건은 어떠한가?

① $a > b$　　　　② $a < b$

③ $a > 1$　　　　④ $b > 1$

해설

전달함수 $G(s) = \dfrac{s + b}{s + a}$의 관계에서

㉠ $a > b$: 진상보상기
㉡ $a < b$: 지상보상기

정답 11 ③　12 ①　13 ④　14 ②　15 ①

자주 출제되는
핵심이론

핵심이론은 처음에는 그냥 한 번 읽어주세요.
옆의 기출문제를 풀어본 후 다시 한 번 핵심이론을 읽으면서 암기하세요.

5 물리계통의 전기적 유추

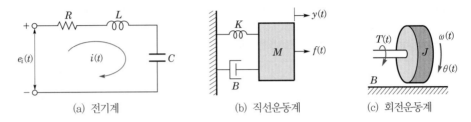

(a) 전기계   (b) 직선운동계   (c) 회전운동계

(1) 전기계

회로방정식 : $e(t) = L\dfrac{d^2 q(t)}{dt^2} + R\dfrac{dq(t)}{dt} + \dfrac{1}{C}q(t)$

$E(s) = Ls^2 Q(s) + Rs\,Q(s) + \dfrac{1}{C}Q(s) = Q(s)\left(Ls^2 + Rs + \dfrac{1}{C}\right)$

$\therefore\ G(s) = \dfrac{Q(s)}{E(s)} = \dfrac{1}{Ls^2 + Rs + \dfrac{1}{C}}$

(2) 직선운동계

뉴턴의 운동 제2법칙 : $f(t) = M\dfrac{d^2 y(t)}{dt^2} + B\dfrac{dy(t)}{dt} + Ky(t)$

$F(s) = Ms^2 Y(s) + Bs\,Y(s) + K\,Y(s) = Y(s)(Ms^2 + Bs + K)$

$\therefore\ G(s) = \dfrac{Y(s)}{F(s)} = \dfrac{1}{Ms^2 + Bs + K}$

(3) 회전운동계

전기적인 시스템 방정식 : $T(t) = J\dfrac{d^2 \theta(t)}{dt^2} + B\dfrac{d\theta}{dt} + K\theta(t)$

$T(s) = Js^2 \theta(s) + Bs\,\theta(s) + K\theta(s) = \theta(s)(Js^2 + Bs + K)$

$\therefore\ G(s) = \dfrac{\theta(s)}{T(s)} = \dfrac{1}{Js^2 + Bs + K}$

(4) 전기계와 물리계의 대응관계

전기계	물리계		열계
	직선운동계	회전운동계	
전압 E	힘 F	토크 T	온도차 θ
전하 Q	변위 y	각변위 θ	열량 Q
전류 I	속도 v	각속도 ω	열유량 q
저항 R	점성마찰 B	회전마찰 B	열저항 R
인덕턴스 L	질량 M	관성모멘트 J	–
정전용량 C	스프링상수 K	비틀림정수 K	열용량 C

바로바로 풀어보는
기출문제

문제의 네모칸에 체크를 해보세요. 그 문제가 이해되지 않는다면
✓ 표시를 해서 그 문제는 나중에 다시 풀어 완전하게 숙지하세요(★ : 중요도).

DAY 11
DAY 12
DAY 13
DAY 14
DAY 15
DAY 16
DAY 17
DAY 18
DAY 19
DAY 20

★ 기사 94년 5회

16 $R-L-C$ 회로와 역학계의 등가회로에서 그림과 같이 스프링이 달린 질량 M의 물체가 바닥에 닿아 있을 때 힘 F를 가하는 경우로 L은 M에, $\frac{1}{C}$은 K에, R은 B에 해당한다. 이 역학계에 대한 운동방정식은?

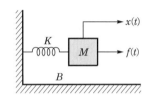

① $F=Mx(t)+B\dfrac{dx(t)}{dt}+K\dfrac{d^2x(t)}{dt^2}$

② $F=M\dfrac{dx(t)}{dt}+Bx(t)+K$

③ $F=M\dfrac{d^2x(t)}{dt^2}+B\dfrac{dx(t)}{dt}+Kx(t)$

④ $F=M\dfrac{dx(t)}{dt}+B\dfrac{d^2x(t)}{dt^2}+K$

🔧 해설 뉴턴의 운동 제2법칙

$$f(t)=M\frac{d^2x(t)}{dt^2}+B\frac{dx(t)}{dt}+Kx(t)$$

👨‍🏫 Comment

물리계통의 전기적 유추에 관련된 문제에서는 L, M, J가 최고 차항이 된다.

★★ 기사 90년 7회 / 산업 93년 5회, 95년 5회, 96년 6회, 97년 4회, 00년 1·3회, 03년 3회

17 일정한 질량 M을 가진 이동하는 물체의 위치 y는 이 물체에 가해지는 외력 f일 때 이 운동계는 마찰 등의 반저항력을 무시하면 $f=M\dfrac{d^2y}{dt^2}$의 미분방정식으로 표시된다. 위치에 관계되는 전달함수는?

① Ms ② Ms^2

③ $\dfrac{1}{Ms}$ ④ $\dfrac{1}{Ms^2}$

🔧 해설

$f=Ma=M\dfrac{dv}{dt}=M\dfrac{d^2y}{dt^2}$이므로

이를 라플라스 변환하면

$F(s)=Ms^2Y(s)$가 되므로

∴ $G(s)=\dfrac{Y(s)}{F(s)}=\dfrac{1}{Ms^2}$

★★ 산업 91년 2회, 96년 7회

18 그림과 같은 기계적인 회전운동계에서 토크 $T(t)$를 입력으로, 변위 $\theta(t)$를 출력으로 하였을 때의 전달함수는?

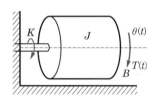

① $\dfrac{1}{Js^2+Bs+K}$

② Js^2+Bs+K

③ $\dfrac{s}{Js^2+Bs+K}$

④ $\dfrac{Js^2+Bs+K}{s}$

🔧 해설

회전운동계의 전달함수

∴ $G(s)=\dfrac{\theta(s)}{T(s)}=\dfrac{1}{Js^2+Bs+K}$

★★ 기사 03년 4회

19 회전운동계의 관성모멘트와 직선운동계의 질량을 전기적 요소로 변환한 것은?

① 인덕턴스 ② 전류
③ 전압 ④ 커패시턴스

🔧 해설 전기적 유추관계

전기계	직선운동계	회전운동계
인덕턴스 L	질량 M	관성모멘트 J

정답 16 ③ 17 ④ 18 ① 19 ①

자주 출제되는
핵심이론

📖 핵심이론은 처음에는 그냥 한 번 읽어주세요.
옆의 기출문제를 풀어본 후 다시 한 번 핵심이론을 읽으면서 암기하세요.

6 블록선도와 신호흐름선도

(1) 블록선도의 구성

신호		화살표 방향으로 신호가 전달된다.
전달요소	$R(s)$ —— $G(s)$ —— $C(s)$	$C(s) = G(s)\,R(s)$
가합점 (summing point)	$R(s)$ —(+)— $C(s)$ $\pm\ B(s)$	$C(s) = R(s) \pm B(s)$
인출점 (branch point)	$R(s)$ ——●—— $Y(s)$ —— $Z(s)$	$R(s) = Y(s) = Z(s)$

(2) 블록선도의 종합전달함수

① 편차 : $E(s) = R(s) \pm B(s)$
$\qquad\quad = R(s) \pm C(s)H(s)$

② 출력 : $C(s) = E(s) \cdot G(s)$
$\qquad\quad = [\,R(s) \pm C(s)H(s)\,]\,G(s)$
$\qquad\quad = R(s)G(s) \pm C(s)G(s)H(s)$
$\quad C(s) \mp C(s)G(s)H(s) = R(s)G(s)$
$\quad C(s)\,[1 \mp G(s)H(s)] = R(s)G(s)$

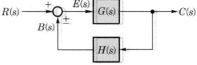

③ 종합전달함수 : $G(s) = M(s) = \dfrac{C(s)}{R(s)} = \dfrac{G(s)}{1 \mp G(s)H(s)} = \dfrac{\sum 전향경로이득}{1 - \sum 폐루프이득}$

(3) 블록선도 및 신호흐름선도의 종합전달함수

종합전달함수	블록선도	신호흐름선도 등가변환
$M(s) = G_1 G_2$	$R(s)$ —— G_1 —— G_2 —— $C(s)$	$R\circ\xrightarrow{G_1}\circ\xrightarrow{G_2}\circ C$
$M(s) = G_1 \pm G_2$	$R(s)$ —●— G_1 —(+)— $C(s)$ —— G_2 —(±)—	$R\circ\xrightarrow{1}\circ\xrightarrow{G_1}\circ\xrightarrow{1}\circ C$ $\pm G_2$
$M(s) = \dfrac{G}{1 \mp GH}$	$R(s)$ —(+)(±)— G —●— $C(s)$ —— H ——	$R\circ\xrightarrow{1}\circ\xrightarrow{G}\circ\xrightarrow{1}\circ C$ $\pm H$

바로바로 풀어보는
기출문제

문제의 네모칸에 체크를 해보세요. 그 문제가 이해되지 않았다면
✓ 표시를 해서 그 문제는 나중에 다시 풀어 완전하게 숙지하세요(★ : 중요도).

DAY 11
DAY 12
DAY 13
DAY 14
DAY 15
DAY 16
DAY 17
DAY 18
DAY 19
DAY 20

★★ 기사 95년 2회, 96년 2회, 99년 6회, 14년 3회

20 다음과 같은 블록선도의 등가 합성전달함수는?

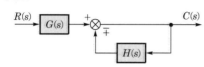

① $\dfrac{1}{1 \pm G(s)H(s)}$ ② $\dfrac{G(s)}{1 \pm G(s)H(s)}$

③ $\dfrac{G(s)}{1 \pm H(s)}$ ④ $\dfrac{1}{1 \pm H(s)}$

해설 메이슨 간이화 식

$$M(s) = \frac{C(s)}{R(s)} = \frac{\sum 전향경로이득}{1 - \sum 폐루프이득}$$

$$= \frac{G(s)}{1 - [\mp H(s)]} = \frac{G(s)}{1 \pm H(s)}$$

Comment

블록선도와 신호흐름선도의 전달함수 문제는 대부분 메이슨 간이화 식에 의해서 풀이된다.

★★★ 기사 91년 2회, 94년 3회, 96년 6회, 98년 6회, 99년 4회

21 그림과 같은 블록선도에서 $\dfrac{C}{R}$ 는?

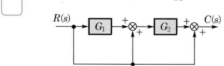

① $1 + G_1 + G_1 G_2$ ② $1 + G_2 + G_1 G_2$

③ $\dfrac{G_1 + G_2}{1 - G_2 - G_1 G_2}$ ④ $\dfrac{(1+G_1)G_2}{1 - G_2}$

해설

$$M(s) = \frac{G_1 G_2 + G_2 + 1}{1 - 0} = 1 + G_2 + G_1 G_2$$

★★ 기사 95년 6회, 97년 4회, 02년 3회

22 그림과 같은 피드백 회로의 종합전달함수는?

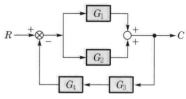

① $\dfrac{G_1 G_2}{1 + G_1 G_2 + G_3 G_4}$

② $\dfrac{G_1 + G_2}{1 + G_1 G_3 G_4 + G_2 G_3 G_4}$

③ $\dfrac{G_1 + G_2}{1 + G_1 G_2 G_3 G_4 + G_2 G_3 G_4}$

④ $\dfrac{G_1 G_2}{1 + G_4 G_2 + G_3 G_4}$

해설

$$M(s) = \frac{G_1 + G_2}{1 - [-(G_1 + G_2)G_3 G_4]}$$

$$= \frac{G_1 + G_2}{1 + (G_1 + G_2)G_3 G_4}$$

$$= \frac{G_1 + G_2}{1 + G_1 G_3 G_4 + G_2 G_3 G_4}$$

★★ 기사 98년 3회, 99년 7회, 02년 4회

23 블록선도에서 $r(t) = 25$, $c(t) = 50$, $G_1 = 1$, $H_2 = 5$일 때 H_1은?

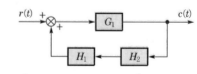

① $\dfrac{1}{4}$ ② $\dfrac{1}{10}$

③ $\dfrac{2}{5}$ ④ $\dfrac{2}{3}$

해설

$$M(s) = \frac{C(s)}{R(s)} = \frac{\dfrac{50}{s}}{\dfrac{25}{s}} = 2$$

$$= \frac{G_1}{1 - G_1 H_1 H_2} = \frac{1}{1 - 5H_1} \text{ 이므로}$$

$2(1 - 5H_1) = 1$에서 $2 - 10H_1 = 1$이 된다.

$$\therefore H_1 = \frac{1}{10}$$

정답 20 ③ 21 ② 22 ② 23 ②

★★　기사 01년 1회, 02년 3회

24 다음 블록선도를 옳게 등가변환한 것은?

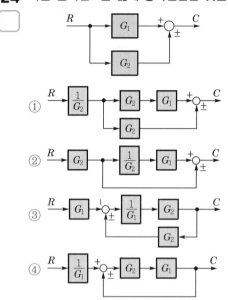

해설

종합전달함수는

$$M(s) = \frac{G_1 + G_2}{1 - (0)} = G_1 + G_2$$ 에서 동일한 전달함수를

갖는 것은 ②이다.

★　기사 94년 3회

25 다음의 두 블록선도가 등가인 경우 A 요소의 전달함수는?

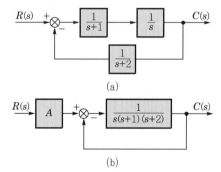

(a)

(b)

① $s + 2$　　　　　② $(s+1)(s+2)$

③ s　　　　　　④ $s(s+1)(s+2)$

해설

㉠ 그림 (a)의 종합전달함수

$$M(s) = \frac{\dfrac{1}{s(s+1)}}{1 + \dfrac{1}{s(s+1)(s+2)}}$$

$$= \frac{s+2}{s(s+1)(s+2)+1}$$

㉡ 그림 (b)의 종합전달함수

$$M(s) = \frac{\dfrac{A}{s(s+1)(s+2)}}{1 + \dfrac{1}{s(s+1)(s+2)}}$$

$$= \frac{A}{s(s+1)(s+2)+1}$$

∴ $A = s+2$

★★★★★　기사 00년 3회, 08년 1회

26 개루프 전달함수가 $G(s) = \dfrac{s+2}{s(s+1)}$ 일 때, 폐루프 전달함수는?

① $\dfrac{s+2}{s^2 + s}$　　　　② $\dfrac{s+2}{s^2 + 2s + 2}$

③ $\dfrac{s+2}{s^2 + s + 2}$　　　④ $\dfrac{s+2}{s^2 + 2s + 4}$

해설

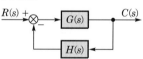

개루프 전달함수 $G(s)H(s)$에서 $H(s) = 1$일 때 단위(부)궤환 시스템이라 한다.

∴ 단위 부궤환 시스템의 종합전달함수

$$M(s) = \frac{G(s)}{1 + G(s)} = \frac{\dfrac{s+2}{s(s+1)}}{1 + \dfrac{s+2}{s(s+1)}}$$

$$= \frac{s+2}{s(s+1)+(s+2)} = \frac{s+2}{s^2 + 2s + 2}$$

Comment

• 단위 부궤환 시스템에서 개루프 전달함수

$G(s) = \dfrac{a}{b}$ 인 경우 $M(s) = \dfrac{a}{a+b}$ 가 된다.

• 단위 정궤환 시스템에서 개루프 전달함수

$G(s) = \dfrac{a}{b}$ 인 경우 $M(s) = \dfrac{a}{a-b}$ 가 된다.

정답　24 ②　25 ①　26 ②

바로바로 풀어보는
기출문제

DAY 11
DAY 12
DAY 13
DAY 14
DAY 15
DAY 16
DAY 17
DAY 18
DAY 19
DAY 20

☑ 문제의 네모칸에 체크를 해보세요. 그 문제가 이해되지 않았다면
✓ 표시를 해서 그 문제는 나중에 다시 풀어 완전하게 숙지하세요(★ : 중요도).

★★★ 기사 96년 2회, 08년 3회

27 블록선도에서 입력 R과 외란 D가 가해질 때 출력 C는?

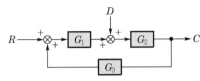

① $\dfrac{G_1G_2R+G_2D}{1+G_1G_2G_3}$

② $\dfrac{G_1G_2R-G_2D}{1+G_1G_2G_3}$

③ $\dfrac{G_1G_2R+G_2D}{1-G_1G_2G_3}$

④ $\dfrac{G_1G_2R-G_3D}{1-G_1G_2G_3}$

해설

출력 $C = \left[(R+CG_3)G_1 + D\right]G_2$
$= (RG_1 + CG_1G_3 + D)G_2$
$= RG_1G_2 + CG_1G_2G_3 + DG_2$

정리하면 $C - CG_1G_2G_3 = RG_1G_2 + DG_2$
$C(1 - G_1G_2G_3) = RG_1G_2 + DG_2$

∴ $C = \dfrac{RG_1G_2 + DG_2}{1 - G_1G_2G_3}$
$= \dfrac{G_1G_2}{1 - G_1G_2G_3}R + \dfrac{G_2}{1 - G_1G_2G_3}D$

Comment

다음과 같이 풀이하면 쉽다.

• $M_1(s) = \dfrac{C_1}{R} = \dfrac{G_1G_2}{1 - G_1G_2G_3}$

• $M_2(s) = \dfrac{C_2}{D} = \dfrac{G_2}{1 - G_1G_2G_3}$

• 종합전달함수

∴ $M(s) = M_1(s) + M_2(s) = \dfrac{G_1G_2 + G_2}{1 - G_1G_2G_3}$

• 전체 출력

∴ $C = C_1 + C_2 = \dfrac{RG_1G_2 + DG_2}{1 - G_1G_2G_3}$

만약 외관 D의 가합부의 부호가 (−)인 경우

• $M(s) = M_1(s) - M_2(s)$

• $C = C_1 - C_2$

★★★ 기사 91년 6회, 03년 1회

28 그림과 같은 신호흐름선도에서 $\dfrac{C}{R}$를 구하면?

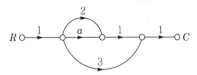

① $a+2$ ② $a+3$

③ $a+5$ ④ $a+6$

해설

$M(s) = \dfrac{C(s)}{R(s)} = \dfrac{\sum \text{전향경로이득}}{1 - \sum \text{폐루프이득}}$
$= \dfrac{a+2+3}{1-0} = a+5$

★★★ 기사 94년 4회, 97년 2·4회, 10년 1회

29 그림과 같은 신호흐름선도에서 전달함수 $\dfrac{C(s)}{R(s)}$는?

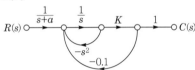

① $\dfrac{C(s)}{R(s)} = \dfrac{K}{(s+a)(s^2+s+0.1K)}$

② $\dfrac{C(s)}{R(s)} = \dfrac{K(s+a)}{(s+a)(s^2+s+0.1K)}$

③ $\dfrac{C(s)}{R(s)} = \dfrac{K}{(s+a)(s^2+s-0.1K)}$

④ $\dfrac{C(s)}{R(s)} = \dfrac{K(s+a)}{(s+a)(-s^2-s+0.1K)}$

해설

$M(s) = \dfrac{C(s)}{R(s)} = \dfrac{\sum \text{경로}}{1 - \sum \text{폐루프}} = \dfrac{\dfrac{K}{s(s+a)}}{1+s+\dfrac{0.1K}{s}}$

$= \dfrac{K}{s(s+a)\left(s+1+\dfrac{0.1K}{s}\right)}$

$= \dfrac{K}{(s+a)(s^2+s+0.1K)}$

정답 27 ③ 28 ③ 29 ①

핵심이론은 처음에는 그냥 한 번 읽어주세요.
옆의 기출문제를 풀어본 후 다시 한 번 핵심이론을 읽으면서 암기하세요.

7 신호흐름선도의 종합전달함수

신호흐름선도에서 출력과 입력과의 비, 즉 계통의 이득 또는 전달함수는 다음의 메이슨(Mason)의 정리에 의하여 구할 수 있다.

① 메이슨 공식의 정식 : $M = \dfrac{C}{R} = \displaystyle\sum_{K=1}^{N} \dfrac{G_K \Delta_K}{\Delta}$

여기서, G_K : K번 째의 전향경로의 이득

Δ_K : K번 째의 전향경로에 접하지 않은 부분의 Δ값

$\Delta = 1 - \sum l_1 + \sum l_2 - \sum l_3 + \sum l_4 - \cdots + (-1)^n \sum l_n$

$\sum l_1$: 서로 다른 루프 이득의 합

$\sum l_2$: 서로 접촉하지 않은 두 개의 루프 이득의 곱의 합

$\sum l_3$: 서로 접촉하지 않은 세 개의 루프 이득의 곱의 합

$\sum l_n$: 서로 접촉하지 않은 n개의 루프 이득의 곱의 합

② 메이슨 공식의 활용

신호흐름선도	종합전달함수
	$\Delta = 1 - \sum l_1 = 1 - d$ $G_1 = ab,\ \Delta_1 = 1$ $G_2 = c,\ \Delta_2 = \Delta = 1 - d$ $\therefore\ M(s) = \dfrac{\sum G_K \Delta_K}{\Delta}$ $= \dfrac{G_1 \Delta_1 + G_2 \Delta_2}{\Delta} = \dfrac{ab + c(1-d)}{1-d}$
	$\Delta = 1 - \sum l_1 + \sum l_2$ $= 1 - (-G_2 H_1 - G_4 H_2 - G_1 G_2 G_3 G_4 H_3) + (G_2 G_4 H_1 H_2)$ $= 1 + G_2 H_1 + G_4 H_2 + G_1 G_2 G_3 G_4 H_3 + G_2 G_4 H_1 H_2$ $G_1 = G_1 G_2 G_3 G_4,\ \Delta_1 = 1$ $G_2 = G_4 G_5,\ \Delta_2 = 1 - (-G_2 H_1) = 1 + G_2 H_1$ $\therefore\ M(s) = \dfrac{\sum G_K \Delta_K}{\Delta} = \dfrac{G_1 \Delta_1 + G_2 \Delta_2}{\Delta}$ $= \dfrac{G_1 G_2 G_3 G_4 + G_4 G_5 (1 + G_2 H_1)}{1 + G_2 H_1 + G_4 H_2 + G_1 G_2 G_3 G_4 H_3 + G_2 G_4 H_1 H_2}$ $= \dfrac{G_1 G_2 G_3 G_4 + G_4 G_5 + G_2 G_4 G_5 H_1}{1 + G_2 H_1 + G_4 H_2 + G_1 G_2 G_3 G_4 H_3 + G_2 G_4 H_1 H_2}$

문제의 네모칸에 체크를 해보세요. 그 문제가 이해되지 않았다면
✓ 표시를 해서 그 문제는 나중에 다시 풀어 완전하게 숙지하세요(★ : 중요도).

DAY 11
DAY 12
DAY 13
DAY 14
DAY 15
DAY 16
DAY 17
DAY 18
DAY 19
DAY 20

★★★ 기사 12년 3회

30 그림과 같은 신호흐름선도에서 전달함수 $\dfrac{C(s)}{R(s)}$ 는?

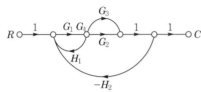

① $\dfrac{G_1 G_4 (G_2 + G_3)}{1 + G_1 G_4 H_1 + G_1 G_4 (G_3 + G_2) H_2}$

② $\dfrac{G_1 G_4 (G_2 + G_3)}{1 - G_1 G_4 H_1 + G_1 G_4 (G_3 + G_2) H_2}$

③ $\dfrac{G_1 G_2 - G_3 G_4}{1 + G_1 G_3 G_4 H_2 + G_1 G_2 H_1}$

④ $\dfrac{G_1 G_2 - G_3 G_4}{1 - G_1 G_2 H_1 + G_1 G_3 G_4 H_2}$

해설

$M(s) = \dfrac{C(s)}{R(s)} = \dfrac{\sum \text{전향경로이득}}{1 - \sum \text{폐루프이득}}$

$\qquad = \dfrac{G_1 G_4 (G_2 + G_3)}{1 - G_1 G_4 H_1 + G_1 G_4 (G_3 + G_2) H_2}$

★★★ 기사 96년 4회, 16년 2회

31 다음 신호흐름선도에서 $\dfrac{Y_2}{Y_1}$ 를 구하면?

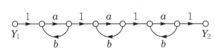

① $\dfrac{a^3}{(1 - ab)^3}$

② $\dfrac{a^3}{(1 - 3ab + a^2 b^2)}$

③ $\dfrac{a^3}{(1 - 3ab)}$

④ $\dfrac{a^3}{(1 - 3ab + 2a^2 b^2)}$

해설

㉠ $\sum l_1 = ab + ab + ab = 3ab$

㉡ $\sum l_2 = a^2 b^2 + a^2 b^2 + a^2 b^2 = 3a^2 b^2$

㉢ $\sum l_3 = a^3 b^3$

㉣ $\Delta = 1 - \sum l_1 + \sum l_2 - \sum l_3$

$\qquad = 1 - 3ab + 3a^2 b^2 - a^3 b^3 = (1 - ab)^3$

㉤ $G_1 = a^3, \ \Delta_1 = 1$

∴ $M(s) = \dfrac{\sum G_K \Delta_K}{\Delta} = \dfrac{G_1 \Delta_1}{\Delta} = \dfrac{a^3}{(1 - ab)^3}$

Comment

본 문제는 $\dfrac{a}{1 - ab}$ 의 회로가 3번 반복되므로

$\left(\dfrac{a}{1 - ab} \right)^3 = \dfrac{a^3}{(1 - ab)^3}$ 이 된다.

★★★ 기사 05년 3회

32 다음 신호흐름선도에서 $\dfrac{Y(s)}{D(s)}$ 를 구하면?

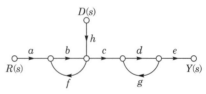

① $\dfrac{cdeh}{1 - bf - dg + bfdg}$

② $\dfrac{abcde + hcde}{1 - bf - dg + bfdg}$

③ $\dfrac{cdeh}{1 - dg}$

④ $\dfrac{abcde + hcde}{1 - dg}$

해설

㉠ $\Delta = 1 - \sum l_1 + \sum l_2$

$\qquad = 1 - (bf + dg) + (bdfg)$

㉡ $G_1 = hcde, \ \Delta_1 = 1$

∴ $M(s) = \dfrac{\sum G_K \Delta_K}{\Delta} = \dfrac{G_1 \Delta_1}{\Delta}$

$\qquad = \dfrac{cdeh}{1 - bf - dg + bdfg}$

정답 30 ② 31 ① 32 ①

DAY

12

학습목표
• 특성근 위치에 따른 인디셜 응답과 과도편차를 구할 수 있다.
• 주파수 전달함수의 벡터궤적과 보드선도를 그릴 수 있다.
• 루쓰, 나이퀴스트, 보드선도를 통해 안정도 판별을 할 수 있다.

출제율 19%

제3장 | 시간영역해석법

1 시험용 신호의 응답

응답 : $c(t) = \mathcal{L}^{-1}[C(s)] = \mathcal{L}^{-1}[R(s)G(s)]$

종류	$r(t)$	$R(s)$	응답 $c(t)$
임펄스응답	$\delta(t)$	1	$c(t) = \mathcal{L}^{-1}[G(s)]$
인디셜응답	$u(t)$	$\dfrac{1}{s}$	$c(t) = \mathcal{L}^{-1}\left[\dfrac{1}{s}G(s)\right]$
경사응답	$t\,u(t)$	$\dfrac{1}{s^2}$	$c(t) = \mathcal{L}^{-1}\left[\dfrac{1}{s^2}G(s)\right]$
포물선응답	$\dfrac{1}{2}t^2\,u(t)$	$\dfrac{1}{s^3}$	$c(t) = \mathcal{L}^{-1}\left[\dfrac{1}{s^3}G(s)\right]$

2 시험용 신호에 따른 정상편차

구분	입력 $r(t)$	정상편차	정상편차 상수	제어계의 형별
정상위치편차	$u(t)$	$e_{sp} = \dfrac{1}{1+K_p}$	$K_p = \lim\limits_{s\to 0} s^0 G$	0형
정상속도편차	t	$e_{sv} = \dfrac{1}{K_v}$	$K_p = \lim\limits_{s\to 0} s^1 G$	1형
정상가속도편차	$\dfrac{1}{2}t^2$	$e_{sa} = \dfrac{1}{K_a}$	$K_p = \lim\limits_{s\to 0} s^2 G$	2형

여기서, $u(t)$: 단위계단함수, t : 단위램프함수(속도함수), t^2 : 가속도함수

3 제어계의 형별

① 정상위치편차 e_{sp} 가 유한한 값이 나오면 0형 제어계라 한다.

② 정상속도편차 e_{sv} 가 유한한 값이 나오면 1형 제어계라 한다.

③ 정상가속도편차 e_{sa} 가 유한한 값이 나오면 2형 제어계라 한다.

④ 위 조건을 정리하면 다음과 같이 표현할 수 있다.

개루프 전달함수 : $G = G(s)H(s) = \dfrac{Ks^a(s-Z_1)(s-Z_2)\cdots(s-Z_n)}{s^b(s-P_1)(s-P_2)\cdots(s-P_n)}$

여기서, $b \geq a$인 경우 제어계의 형별은 $l = b - a$가 된다. 즉,

㉠ $l = 0$: 0형 제어계, ㉡ $l = 1$: 1형 제어계, ㉢ $l = 2$: 2형 제어계

바로바로 풀어보는
기출문제

문제의 네모칸에 체크를 해보세요. 그 문제가 이해되지 않았다면
✓ 표시를 해서 그 문제는 나중에 다시 풀어 완전하게 숙지하세요(★ : 중요도).

DAY
11
DAY
12
DAY
13
DAY
14
DAY
15
DAY
16
DAY
17
DAY
18
DAY
19
DAY
20

★★ 기사 96년 5회, 04년 2회

33 어떤 제어계에 입력신호를 가하고 난 후 출력신호가 정상상태에 도달할 때까지의 응답을 무엇이라고 하는가?

① 시간응답 ② 선형응답
③ 정상응답 ④ 과도응답

해설

과도응답이란 입력을 가한 후 정상상태에 도달할 때까지의 출력을 의미한다.

★★★ 기사 93년 6회

34 다음 회로의 임펄스응답은? (단, $t=0$에서 스위치 K를 닫으며 v_o를 출력으로 본다.)

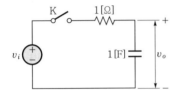

① e^t ② e^{-t}
③ $\dfrac{1}{2}\,e^{-t}$ ④ $2\,e^{-t}$

해설

㉠ 종합전달함수

$$M(s) = \frac{V_o(s)}{V_i(s)} = \frac{\dfrac{1}{Cs}}{R + \dfrac{1}{Cs}}$$

$$= \frac{1}{RCs+1} = \frac{\dfrac{1}{RC}}{s + \dfrac{1}{RC}}$$

㉡ 임펄스응답

$$v_o(t) = \mathcal{L}^{-1}[M(s)] = \mathcal{L}^{-1}\left[\frac{\dfrac{1}{RC}}{s + \dfrac{1}{RC}}\right]$$

$$= \frac{1}{RC}\,e^{-\frac{1}{RC}t} = e^{-t}$$

 Comment

임펄스응답은 전달함수의 라플라스 역변환하여 구할 수 있다.

★ 기사 90년 1회

35 단위램프 입력에 대하여 속도편차 상수가 유한값을 갖는 제어계의 형은?

① 0형 제어계 ② 1형 제어계
③ 2형 제어계 ④ 3형 제어계

★★ 기사 92년 6회, 10년 1회

36 그림과 같은 블록선도로 표시되는 계는 무슨 형인가?

① 0형 ② 1형
③ 2형 ④ 3형

해설

개루프 전달함수

$$G= G(s)H(s) = \frac{s(s+1)}{s^2(s+3)(s+2)} = \frac{s^a(s+1)}{s^b(s+3)(s+2)}$$

에서 $l=b-a=2-1=1$이 되어 1형이 된다.

★★★ 기사 92년 7회, 04년 2회, 10년 3회

37 그림과 같은 제어계에서 단위계단 외란 D가 인가되었을 때의 정상편차는?

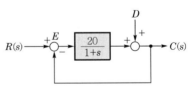

① 20 ② 21
③ $\dfrac{1}{10}$ ④ $\dfrac{1}{21}$

해설

정상위치편차 상수

$$K_p = \lim_{s \to 0} G(s)H(s) = \lim_{s \to 0} \frac{20}{1+s} = 20에서$$

∴ 정상위치편차 : $e_{sp} = \dfrac{1}{1+K_p} = \dfrac{1}{21}$

정답 **33** ④ **34** ② **35** ② **36** ② **37** ④

자주 출제되는
핵심이론

핵심이론은 처음에는 그냥 한 번 읽어주세요.
옆의 기출문제를 풀어본 후 다시 한 번 핵심이론을 읽으면서 암기하세요.

4 2차 지연요소의 과도응답 해석

(1) 특성방정식과 특성근

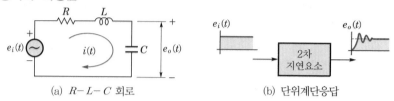

(a) $R-L-C$ 회로   (b) 단위계단응답

① 전달함수 : $M(s) = \dfrac{E_o(s)}{E_i(s)} = \dfrac{\omega_n^2}{s^2 + 2\zeta\omega_n s + \omega_n^2}$

② 특성방정식 : $F(s) = s^2 + 2\zeta\omega_n s + \omega_n^2 = 0$

여기서, $\zeta = \delta$: 제동계수, ω_n : 고유각주파수

③ 특성근 : $s = -\zeta\omega_n \pm j\omega_n\sqrt{1-\zeta^2} = -\alpha \pm j\beta$

(2) 특성근 위치에 따른 인디셜응답

구분	특성근의 범위	s-plane	인디셜응답
과제동 (비진동)	$\zeta > 1$ $s = -\alpha_1, -\alpha_2$		
임계제동 (임계상태)	$\zeta = 1$ $s = -\alpha$		
부족제동 (감쇠진동)	$0 < \zeta < 1$ $s = -\alpha \pm j\beta$		
무제동 (무한진동 또는 완전진동)	$\zeta = 0$ $s = \pm j\beta$		
부의제동 (발산)	$-1 < \zeta < 0$ $s = \alpha \pm j\beta$		발산
부의제동 (발산)	$\zeta < -1$ $s = \alpha_1, \alpha_2$		

특성근이 복소평면 좌반부에 위치하면 응답이 목표값에 도달하여 안정한 제어계가 되지만 우반부에 위치하면 목표값이 도달하지 않으므로 불안정한 제어계가 된다.

바로바로 풀어보는
기출문제

문제의 네모칸에 체크를 해보세요. 그 문제가 이해되지 않았다면
✓ 표시를 해서 그 문제는 나중에 다시 풀어 완전하게 숙지하세요(★ : 중요도).

DAY 11
DAY 12
DAY 13
DAY 14
DAY 15
DAY 16
DAY 17
DAY 18
DAY 19
DAY 20

★★★★ 기사 92년 3회, 99년 3회, 00년 4회, 04년 1회, 09년 1회

38 과도응답이 소멸되는 정도를 나타내는 감쇠비(decay ratio)는?

① 최대오버슈트/제2오버슈트
② 제2오버슈트/제2오버슈트
③ 제2오버슈트/최대오버슈트
④ 제2오버슈트/제3오버슈트

해설 과도응답평가 상수

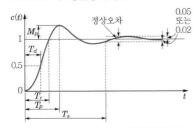

㉠ 백분율(상대) 오버슈트 = $\dfrac{\text{최대오버슈트}}{\text{최종 목표값}}$

㉡ 지연시간(T_d) : 목표값의 50[%]에 도달하는 데 걸리는 시간

㉢ 상승시간(T_r) : 목표값의 10[%]에서 90[%]까지 도달하는 데 걸리는 시간

㉣ 진폭감쇠비 : 과도응답의 소멸되는 정도를 나타내는 양

$\left(\text{진폭감쇠비} = \dfrac{\text{제2오버슈트}}{\text{최대오버슈트}} \right)$

★★★★ 기사 91년 6회, 04년 1회

39 특성방정식 $s^2 + 2\delta\omega_n s + \omega_n^2 = 0$이 부족제동을 하기 위한 δ값은?

① $\delta = 1$ ② $\delta < 1$
③ $\delta > 1$ ④ $\delta = 0$

★★★★ 기사 97년 4회, 08년 3회, 15년 4회

40 전달함수 $\dfrac{C(s)}{R(s)} = \dfrac{1}{4s^2 + 3s + 1}$ 인 제어계는 어느 경우인가?

① 과제동 ② 부족제동
③ 임계제동 ④ 무제동

해설

㉠ 전달함수

$$M(s) = \frac{1}{4s^2 + 3s + 1} = \frac{\frac{1}{4}}{s^2 + \frac{3}{4}s + \frac{1}{4}}$$

㉡ 2차 제어계의 특성방정식

$$F(s) = s^2 + 2\zeta\omega_n s + \omega_n^2 = s^2 + \frac{3}{4}s + \frac{1}{4} = 0$$

㉢ 상수항에서 $\omega_n^2 = \dfrac{1}{4}$이므로

고유각주파수 $\omega_n = \dfrac{1}{2}$이 되고

1차항에서 $2\zeta\omega_n s = \dfrac{3}{4}s$이므로

제동비 $\zeta = \dfrac{3}{4} \times \dfrac{1}{2\omega_n} = \dfrac{3}{4}$이 된다.

∴ $0 < \zeta < 1$이 되어 부족제동이 된다.

★★ 기사 92년 2회

41 그림은 어떤 2차계에 대한 복소평면에서의 특성방정식 근의 위치를 나타낸다. 고유진동수 ω_n과 감쇠율 ζ는 얼마인가?

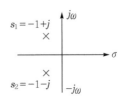

① $\omega_n = \sqrt{2}$, $\zeta = \sqrt{2}$
② $\omega_n = 2$, $\zeta = \sqrt{2}$
③ $\omega_n = \sqrt{2}$, $\zeta = \dfrac{1}{\sqrt{2}}$
④ $\omega_n = \dfrac{1}{\sqrt{2}}$, $\zeta = \sqrt{2}$

해설

㉠ 특성근 : $s_1 = -1 + j$, $s_2 = -1 - j$

㉡ 특성방정식

$$F(s) = s^2 + 2\zeta\omega_n s + \omega_n^2 = (s - s_1)(s - s_2)$$
$$= (s + 1 - j)(s + 1 + j) = (s + 1)^2 - j^2$$
$$= (s + 1)^2 + 1 = s^2 + 2s + 2 = 0$$

∴ 고유각주파수 : $\omega_n = \sqrt{2}$

제동비 : $\zeta = \dfrac{2}{2\omega_n} = \dfrac{1}{\sqrt{2}}$

정답 38 ③ 39 ② 40 ② 41 ③

핵심이론은 처음에는 그냥 한 번 읽어주세요.
옆의 기출문제를 풀어본 후 다시 한 번 핵심이론을 읽으면서 암기하세요.

제4장 │ 주파수영역해석법

1 벡터궤적

① 주파수 응답을 도시하는 방법에는 벡터궤적, 보드선도, 이득선도, 위상선도 등이 있으며 이를 통해 제어계의 안정도를 판별할 수 있다.

② 벡터궤적이란 복소평면(s평면)에서 입력주파수를 0에서 무한대까지 변화를 시켰을 때 주파수 이득 $|G(j\omega)|$과 위상 $\angle G(j\omega)$의 궤적을 나타낸 것으로 나이퀴스트 선도라고도 한다.

2 제어요소에 따른 벡터궤적

① 비례요소	② 미분요소	③ 적분요소
$G(s) = K$	$G(s) = s$	$G(s) = \dfrac{1}{s}$
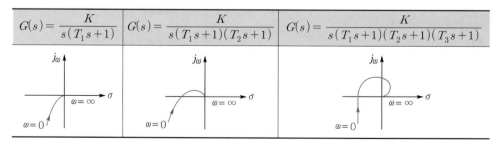		
④ 1차 지연요소	⑤ 2차 지연요소	⑥ 부동작 시간요소
$G(s) = \dfrac{K}{T_1 s + 1}$	$G(s) = \dfrac{K}{(T_1 s + 1)(T_2 s + 1)}$	$G(s) = K e^{-Ls}$

3 기타 시험 유형

$G(s) = \dfrac{K}{s(T_1 s + 1)}$	$G(s) = \dfrac{K}{s(T_1 s + 1)(T_2 s + 1)}$	$G(s) = \dfrac{K}{s(T_1 s + 1)(T_2 s + 1)(T_3 s + 1)}$

DAY 11
DAY 12
DAY 13
DAY 14
DAY 15
DAY 16
DAY 17
DAY 18
DAY 19
DAY 20

문제의 네모칸에 체크를 해보세요. 그 문제가 이해되지 않았다면
✓ 표시를 해서 그 문제는 나중에 다시 풀어 완전하게 숙지하세요(★ : 중요도).

★★★★ 기사 94년 6회, 98년 7회, 00년 5회, 12년 2 · 3회, 15년 1회

42 $G(j\omega) = \dfrac{K}{j\omega(j\omega + 1)}$ 의 나이퀴스트 선도는? (단, $K > 0$ 이다.)

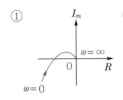

①

②

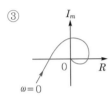

③

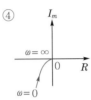

④

🖱 해설 핵심이론 참조

★ 기사 03년 3회

43 그림과 같은 극좌표 선도를 갖는 계통의 전달함수는?

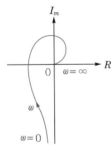

① $G(s) = \dfrac{K_0}{1 + sT}$

② $G(s) = \dfrac{K_0}{s(1 + sT)}$

③ $G(s) = \dfrac{K_0}{s(1 + sT_1)(1 + sT_2)}$

④ $G(s) = \dfrac{K_0}{s(1 + sT_1)(1 + sT_2)(1 + sT_3)}$

🗨 Comment

전달함수 $G(s) = \dfrac{K}{s(\ \ )}$ 와 같이 분모가 s 로 묶여 있는 벡터 궤적 문제에서는 핵심이론 **3** 과 같이 분모의 ( ) 수에 따라 벡터 궤적 모양을 기억하면 된다.

★★★★ 기사 03년 4회, 16년 1회

44 벡터 궤적이 다음과 같이 표시되는 요소는?

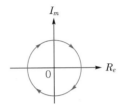

① 비례요소
② 1차 지연요소
③ 부동작 시간요소
④ 2차 지연요소

🖱 해설

부동작 시간요소의 전달함수 $G(s) = Ke^{-Ls}$ 에서 주파수 전달함수 $G(j\omega) = Ke^{-j\omega L} = K\angle -\omega L°$ 되므로 $\omega = 0 \sim \infty$ 까지 변화를 주면 $G(j\omega)$ 의 크기는 K 이면서 시계방향으로 벡터 궤적이 그려진다.

★★★★ 기사 95년 6회

45 그림과 같은 궤적(주파수응답)을 나타내는 계의 전달함수는?

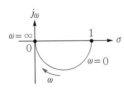

① s

② $\dfrac{1}{s}$

③ $\dfrac{1}{1 + Ts}$

④ $\dfrac{1}{s(1 + Ts)}$

🖱 해설

반원 궤적의 주파수 응답곡선으로 그려지는 전달함수의 요소는 1차 지연요소이다.

정답 42 ④ 43 ④ 44 ③ 45 ③

자주 출제되는
핵심이론

핵심이론은 처음에는 그냥 한 번 읽어주세요.
옆의 기출문제를 풀어본 후 다시 한 번 핵심이론을 읽으면서 암기하세요.

4 보드선도

① 보드선도란 횡축에 주파수 ω의 대수눈금으로 주어지며, 종축에 이득 g[dB]을 취하여 그래프상에 나타난 이득곡선과 위상곡선을 구하는 선도를 말한다.

② 보드선도를 통해 이득여유와 위상여유를 구하여 안정도를 판별할 수 있다.

③ 이득 : $g = 20 \log_{10} |G(j\omega)|$[dB] (여기서, $|G(j\omega)|$: 종합전달함수의 절대값)

5 미분요소($G(s) = s$)의 보드선도

(1) **주파수 전달함수** : $G(j\omega) = j\omega = \omega \angle 90°$

(2) **이득** : $g = 20 \log |G(j\omega)| = 20 \log \omega$[dB]

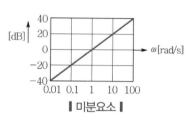

┃미분요소┃

① $\lim_{s \to 10^{-2}} g = 20 \log 10^{-2} = -40$[dB]

② $\lim_{s \to 10^{-1}} g = 20 \log 10^{-1} = -20$[dB]

③ $\lim_{s \to 1} g = 20 \log 1 = 0$[dB]

④ $\lim_{s \to 10} g = 20 \log 10 = 20$[dB]

⑤ $\lim_{s \to 10^2} g = 20 \log 10^2 = 40$[dB]

⑥ $\lim_{s \to 10^3} g = 20 \log 10^3 = 60$[dB]

(3) 주파수 ω의 대수눈금으로 이득곡선을 그리면 위의 그림과 같이 그려진다.
즉, 이득곡선은 1[decade, 디케이드]당 20[dB]의 기울기를 갖는다(20[dB/dec]).

6 절점 각주파수 또는 절점 주파수

① 보드선도의 굴곡점을 절점이라 한다.

② "실수부 = 허수부"를 만족할 때 절점이 발생하며 이때의 각주파수를 절점 각주파수라 한다.

③ $G(j\omega) = 1 + j10\omega$를 보드선도의 이득곡선을 그리면 그림과 같이 그려진다.
이때 절점 각주파수가 $\omega = 0.1$이 되는 것을 알 수 있다.

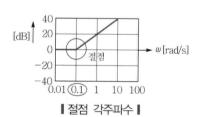

┃절점 각주파수┃

참고 **로그 공식**

(1) 로그의 정의 : $y = a^x \Leftrightarrow \log_a y = x$

(2) 로그의 공식

① $\log_{10} 1 = 0$

② $\log_{10} 10 = 1$

③ $\log_{10} a + \log_{10} b = \log_{10} ab$

④ $\log_{10} a - \log_{10} b = \log_{10} \dfrac{a}{b}$

⑤ $\log_{10} a^b = b \log_{10} a$

바로바로 풀어보는
기출문제

문제의 네모칸에 체크를 해보세요. 그 문제가 이해되지 않았다면
✓ 표시를 해서 그 문제는 나중에 다시 풀어 완전하게 숙지하세요(★ : 중요도).

DAY 11
DAY 12
DAY 13
DAY 14
DAY 15
DAY 16
DAY 17
DAY 18
DAY 19
DAY 20

★★ 기사 98년 3회, 08년 2회

46 전달함수 $G(s) = \dfrac{10}{s^2 + 3s + 2}$ 으로 표시되는 제어계통에서 직류 이득은 얼마인가?

① 1   ② 2
③ 3   ④ 5

해설

직류 이득인 경우에는 주파수와 무관한($\omega = 0$) 전달함수 크기를 의미하므로
주파수 전달함수는

$$\therefore \ G(j\omega) = \left. \dfrac{10}{(j\omega)^2 + j3\omega + 2} \right|_{\omega = 0}$$
$$= \dfrac{10}{2} = 5$$

★★ 기사 03년 4회

47 1[mV]의 입력을 인가 0.1[V]의 출력이 나오는 4단자회로의 이득은 몇 [dB]인가?

① 10   ② 20
③ 30   ④ 40

해설

$$G(j\omega) = \dfrac{V_o(j\omega)}{V_i(j\omega)} = \dfrac{0.1}{10^{-3}} = 10^2$$
$$\therefore \ g = 20 \log |G(j\omega)|$$
$$= 20 \log 10^2 = 40 \log 10 = 40[dB]$$

★★★★ 기사 94년 4회, 98년 4회, 04년 4회, 06년 1회, 08년 1회

48 $G(j\omega) = j0.1\omega$ 에서 $\omega = 0.01$[rad/s]일 때 계의 이득은?

① -100[dB]   ② -80[dB]
③ -60[dB]   ④ -40[dB]

해설

$$G(j\omega) = j0.1\omega|_{\omega = 0.01} = j0.001$$
$$= j10^{-3} = 10^{-3} \angle 90°$$
$$\therefore \ g = 20 \log |G(j\omega)| = 20 \log 10^{-3}$$
$$= -60 \log 10 = -60[dB]$$

★★ 기사 93년 2·5회, 16년 4회

49 $G(s) = e^{-Ls}$ 에서 $\omega = 100$일 때 이득 g[dB]은 얼마인가?

① 0   ② 20
③ 30   ④ 40

해설

$G(j\omega) = e^{-j\omega L} = 1 \angle -\omega L°$ 이므로
$$\therefore \ g = 20 \log |G(j\omega)| = 20 \log 1 = 0[dB]$$

Comment

보기에 0[dB] 또는 −3[dB]이 있으면 정답이 될 확률이 매우 높다.

★★★ 기사 95년 2회, 96년 4회, 05년 2회, 13년 1회

50 전달함수 $G(s) = \dfrac{1}{s(s+10)}$ 에 $\omega = 0.1$ 인 정현파 입력을 주었을 때 보드선도의 이득은?

① -40[dB]   ② -20[dB]
③ 0[dB]   ④ 20[dB]

해설

$$G(j\omega) = \left. \dfrac{1}{j\omega(j\omega + 10)} \right|_{\omega = 0.1} = \dfrac{1}{j0.1(j0.1 + 10)}$$
$$\fallingdotseq 1 \angle -90°$$
$$\therefore \ g = 20 \log |G(j\omega)| = 20 \log 1 = 0[dB]$$

★★★★ 기사 96년 5회, 97년 2회, 00년 3회, 01년 3회, 09년 3회

51 $G(j\omega) = K(j\omega)^3$ 의 보드선도는?

① 20[dB/dec]의 경사를 가지며 위상각은 90°
② 40[dB/dec]의 경사를 가지며 위상각은 −90°
③ 60[dB/dec]의 경사를 가지며 위상각은 −90°
④ 60[dB/dec]의 경사를 가지며 위상각은 270°

해설

㉠ 주파수 전달함수
$$G(j\omega) = K(j\omega)^3 = j^3 K\omega^3 = K\omega^3 \angle 270°$$
㉡ $g = 20 \log |G(j\omega)| = 20 \log K\omega^3$
$$= 20 \log K + 20 \log \omega^3$$
$$= K' + 60 \log \omega[dB]$$
$\therefore$ 보드선도의 기울기(경사) 60[dB/dec]이 되고, 위상각은 $\theta = 270°$가 된다.

정답   46 ④   47 ④   48 ③   49 ①   50 ③   51 ④

자주 출제되는

핵심이론

핵심이론은 처음에는 그냥 한 번 읽어주세요.
옆의 기출문제를 풀어본 후 다시 한 번 핵심이론을 읽으면서 암기하세요.

제5장 안정도 판별법

1 루쓰(Routh)표에 의한 안정도 판별법

(1) 안정조건

특성방정식의 모든 차수가 존재하면서 모든 차수의 계수의 부호가 동일(+)할 것

(2) 루쓰표 작성법

① 특성방정식 : $F(s) = a_0 s^5 + a_1 s^4 + a_2 s^3 + a_3 s^2 + a_4 s^1 + a_5 = 0$

② 루쓰표 또는 루쓰배열

여기서, a_6, a_7과 같이 특성방정식에서 계수가 없으면 0으로 작성한다.

제1열

$$
\begin{array}{c|cccc}
s^5 & a_0 & a_2 & a_4 & a_6 & \cdots \\
s^4 & a_1 & a_3 & a_5 & a_7 & \cdots \\
\hline
s^3 & b_1 & b_2 & b_3 & b_4 & \cdots \\
s^2 & c_1 & c_2 & c_3 & c_4 & \cdots \\
s^1 & d_1 & d_2 & d_3 & d_4 & \cdots \\
s^0 & e_1 & e_2 & e_3 & e_4 & \cdots
\end{array}
\qquad
\begin{array}{c|cccc}
s^5 & + & a_2 & a_4 & a_6 & \cdots \\
s^4 & + & a_3 & a_5 & a_7 & \cdots \\
\hline
s^3 & - & b_2 & b_3 & b_4 & \cdots \\
s^2 & - & c_2 & c_3 & c_4 & \cdots \\
s^1 & + & d_2 & d_3 & d_4 & \cdots \\
s^0 & + & e_2 & e_3 & e_4 & \cdots
\end{array}
$$

(a) 루쓰표　　　　　　　　　　　(b) 불안정조건

ㄱ $b_1 = \dfrac{\begin{bmatrix} a_0 & a_2 \\ a_1 & a_3 \end{bmatrix}}{-a_1}$, $b_2 = \dfrac{\begin{bmatrix} a_0 & a_4 \\ a_1 & a_5 \end{bmatrix}}{-a_1}$, $b_3 = \dfrac{\begin{bmatrix} a_0 & a_6 \\ a_1 & a_7 \end{bmatrix}}{-a_1}$

ㄴ $c_1 = \dfrac{\begin{bmatrix} a_1 & a_3 \\ b_1 & b_2 \end{bmatrix}}{-b_1}$, $c_2 = \dfrac{\begin{bmatrix} a_1 & a_5 \\ b_1 & b_3 \end{bmatrix}}{-b_1}$, $c_3 = \dfrac{\begin{bmatrix} a_1 & a_7 \\ b_1 & b_4 \end{bmatrix}}{-b_1}$

ㄷ $d_1 = \dfrac{\begin{bmatrix} b_1 & b_2 \\ c_1 & c_2 \end{bmatrix}}{-c_1}$, $d_2 = \dfrac{\begin{bmatrix} b_1 & b_3 \\ c_1 & c_3 \end{bmatrix}}{-c_1}$, $d_3 = \dfrac{\begin{bmatrix} b_1 & b_4 \\ c_1 & c_4 \end{bmatrix}}{-c_1}$

ㄹ $e_1 = \dfrac{\begin{bmatrix} c_1 & c_2 \\ d_1 & d_2 \end{bmatrix}}{-d_1}$, $e_2 = \dfrac{\begin{bmatrix} c_1 & c_3 \\ d_1 & d_3 \end{bmatrix}}{-d_1}$, $e_3 = \dfrac{\begin{bmatrix} c_1 & c_4 \\ d_1 & d_4 \end{bmatrix}}{-d_1}$

③ 루쓰표의 제1열(a_0, a_1, b_1, c_1, d_1, e_1)의 모든 값의 부호가 변하지 않으면 안정이다.

④ 제1열의 부호가 변하는 회수만큼 특성방정식의 근이 복소평면 우반평면에 존재하는 근(불안정한 근)의 수가 된다.

즉, 그림 (b)와 같이 제1열의 결과값의 부호가 위와 같은 경우 부호변환이 2번 발생했으므로 우반평면에 존재하는 근의 수는 2개가 된다.

바로바로 풀어보는
기출문제

DAY 11
DAY 12
DAY 13
DAY 14
DAY 15
DAY 16
DAY 17
DAY 18
DAY 19
DAY 20

☑ 문제의 네모칸에 체크를 해보세요. 그 문제가 이해되지 않았다면
✓ 표시를 해서 그 문제는 나중에 다시 풀어 완전하게 숙지하세요(★ : 중요도).

★★★ 기사 95년 6회, 01년 2회

52 Routh-Hurwitz 표를 작성할 때 제1열 요소의 부호변환은 무엇을 의미하는가?

① s 평면의 좌반면에 존재하는 근의 수
② s 평면의 우반면에 존재하는 근의 수
③ s 평면의 허수축에 존재하는 근의 수
④ s 평면의 원점에 존재하는 근의 수

🔧 해설

제1열(기준열) 요소의 부호변환은 불안정근의 수를 나타내므로 s 평면에서 우반평면에 존재하는 근의 수를 의미한다.

★ 기사 89년 6회

53 특성방정식 $F(s) = s^3 + s^2 + s = 0$일 때 이 계통은?

① 안정
② 불안정
③ 임계상태
④ 조건부 안정

🔧 해설

특성방정식 s^0차항(상수)이 0이면 임계안정이 된다. 단, 부호는 동일부호이어야 하며, s^0차항을 제외한 모든 항이 존재하여야 한다.

★★★ 기사 92년 3회

54 그림과 같은 제어계가 안정하기 위한 K의 범위는?

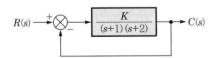

① $K > 0$
② $K < -2$
③ $K > -2$
④ $K < 1$

🔧 해설

㉠ 종합전달함수 : $M(s) = \dfrac{\text{전향 경로이득}}{1 - \text{폐루프이득}}$

$$= \dfrac{\dfrac{K}{(s+1)(s+2)}}{1 + \dfrac{K}{(s+1)(s+2)}}$$

$$= \dfrac{K}{(s+1)(s+2) + K}$$

㉡ 특성방정식 : $F(s) = (s+1)(s+2) + K$
$$= s^2 + 3s + 2 + K = 0$$

㉢ 루쓰표로 표현하면 다음과 같다.

s^2	a_0	a_2		s^2	1	$2+K$
s^1	a_1	a_3	⟹	s^1	3	0
s^0	b_1	b_2		s^0	b_1	0

$$b_1 = \dfrac{\begin{bmatrix} a_0 & a_2 \\ a_1 & a_3 \end{bmatrix}}{-a_1} = \dfrac{\begin{bmatrix} 1 & 2+K \\ 3 & 0 \end{bmatrix}}{-3}$$

$$= \dfrac{-3 \times (2+K)}{-3} = 2+K$$

㉣ 루쓰선도에서 제1열(a_0, a_1, b_1)의 부호가 모두 같으면 (+)안정이 되므로 $2 + K > 0$의 조건을 만족해야 한다.

∴ 안정될 K의 범위 : $K > -2$

👤 **Comment**

특성방정식이 2차 방정식인 경우의 별해
$F(s) = as^2 + bs + c = 0$에서 a, b, $c > 0$을 만족하면 안정이 된다.

★★★ 기사 94년 5회, 16년 3회

55 $F(s) = s^3 + 3s^2 + 3s + 1 + K = 0$의 특성방정식에서 계가 안정되기 위한 K의 값은?

① $-1 < K < 0$ ② $0 < K < 8$
③ $-1 < K < 8$ ④ $1 < K < \dfrac{8}{3}$

🔧 해설

특성방정식 $F(s)$를 루쓰표로 표현하면 다음과 같다.

s^3	a_0	a_2		s^3	1	3
s^2	a_1	a_3	⟹	s^2	3	$1+K$
s^1	b_1	b_2		s^1	b_1	0
s^0	c_1	c_2		s^0	c_1	0

정답 52 ② 53 ③ 54 ③ 55 ③

$\bigcirc$ $b_1 = \dfrac{\begin{bmatrix} a_0 & a_2 \\ a_1 & a_3 \end{bmatrix}}{-a_1} = \dfrac{\begin{bmatrix} 1 & 3 \\ 3 & 1+K \end{bmatrix}}{-3}$

$= \dfrac{(1+K)-9}{-3} = \dfrac{8-K}{3}$

$\bigcirc$ $c_1 = \dfrac{\begin{bmatrix} a_1 & a_3 \\ b_1 & b_2 \end{bmatrix}}{-b_1} = \dfrac{a_1 b_2 - b_1 a_3}{-b_1}\bigg|_{b_2=0} = a_3 = 1+k$

$\bigcirc$ 루쓰선도에서 제1열(a_0, a_1, b_1, c_1)의 부호가 (+)로 모두 같으면 안정이 되므로

• $b_1 = \dfrac{8-K}{3} > 0$에서 $K < 8$

• $c_1 = 1+K > 0$에서 $K > -1$

∴ 안정하기 위한 K값 : $-1 < K < 8$

🧑‍🏫 Comment

특성방정식이 3차 방정식인 경우의 별해
$F(s) = as^3 + bs^2 + cs + d = 0$에서
아래 두 조건을 만족하면 안정이 된다.
• 조건 1 : a, b, c, $d > 0$
• 조건 2 : $bc > ad$

★★★★ 기사 12년 3회

56 $s^3 + 34.5s^2 + 7500s + 7500K = 0$으로 표시되는 특성방정식에서 계통이 안정되려면 K의 범위는?

① $0 < K < 34.5$
② $K < 0$
③ $K > 34.5$
④ $0 < K < 69$

🔎 해설

$F(s) = s^3 + 34.5s^2 + 7500s + 7500K = 0$을 루쓰표로 표현하면 다음과 같다.

s^3	a_0	a_2		s^3	1	7500
s^2	a_1	a_3	⇒	s^2	34.5	$7500K$
s^1	b_1	b_2		s^1	b_1	0
s^0	c_1	c_2		s^0	c_1	0

$\bigcirc$ $b_1 = \dfrac{\begin{bmatrix} a_0 & a_2 \\ a_1 & a_3 \end{bmatrix}}{-a_1} = \dfrac{a_0 a_3 - a_1 a_2}{-a_1}$

$= \dfrac{7500K - 34.5 \times 7500}{-34.5}$

$\bigcirc$ $c_1 = \dfrac{\begin{bmatrix} a_1 & a_3 \\ b_1 & b_2 \end{bmatrix}}{-b_1} = \dfrac{a_1 b_2 - b_1 a_3}{-b_1}\bigg|_{b_2=0} = a_3 = 7500K$

$\bigcirc$ 루쓰선도에서 제1열(a_0, a_1, b_1, c_1)의 부호가 모두 같으면 (+)안정이 되므로

• $b_1 = \dfrac{34.5 \times 7500 - 7500K}{34.5} > 0$에서
$K < 34.5$

• $c_1 = 7500K > 0$에서 $K > 0$

∴ 안정하기 위한 K값 : $0 < K < 34.5$

🧑‍🏫 Comment

3차 방정식이므로 아래 두 조건을 만족하면 안정이 된다.
• a, b, c, $d > 0$을 만족해야 하므로 $K > 0$이 된다.
• $bc > ad$을 만족해야 하므로 $34.5 \times 7500 > 7500K$에서
$K < 34.5$

∴ 안정하기 위한 K값 : $0 < K < 34.5$

★★★ 기사 90년 2회, 99년 3회, 12년 2회, 13년 1회

57 $F(s) = s^3 + 11s^2 + 2s + 40 = 0$의 특성방정식인 경우, 양의 실수부를 갖는 근은 몇 개인가?

① 0
② 1
③ 2
④ 3

🔎 해설

특성방정식 $F(s) = s^3 + 11s^2 + 2s + 40 = 0$을 루쓰표로 표현하면 다음과 같다.

s^3	a_0	a_2		s^3	1	2
s^2	a_1	a_3	⇒	s^2	11	40
s^1	b_1	b_2		s^1	b_1	0
s^0	c_1	c_2		s^0	c_1	0

$\bigcirc$ $b_1 = \dfrac{a_0 a_3 - a_1 a_2}{-a_1} = \dfrac{40-22}{-11} = -\dfrac{18}{11}$

$\bigcirc$ $c_1 = \dfrac{\begin{bmatrix} a_1 & a_3 \\ b_1 & b_2 \end{bmatrix}}{-b_1} = \dfrac{a_1 b_2 - b_1 a_3}{-b_1}\bigg|_{b_2=0} = a_3$

$\bigcirc$ 루쓰선도에서 제1열(a_0, a_1, b_1, c_1)의 부호가 변하면 불안정한 제어계가 되며 변화된 개수가 제어계의 불안정 근의 개수가 된다.

$\bigcirc$ 따라서

s^3	1	2
s^2	11	40
s^1	$-\dfrac{18}{11}$	0
s^0	40	0

∴ 루쓰선도에서 제1열의 부호가 2번 변했으므로 불안정한 근이 2개가 된다.

🧑‍🏫 Comment

제어계가 불안정한 경우 복소평면 우반면에 존재하는 근은 대부분 2개가 된다.

정답 56 ① 57 ③

문제의 네모칸에 체크를 해보세요. 그 문제가 이해되지 않는다면
✓ 표시를 해서 그 문제는 나중에 다시 풀어 완전하게 숙지하세요(★ : 중요도).

DAY 11
DAY 12
DAY 13
DAY 14
DAY 15
DAY 16
DAY 17
DAY 18
DAY 19
DAY 20

★★★★ 기사 95년 2회, 03년 4회, 10년 2회, 12년 3회

58 불안정한 제어계의 특성방정식은 다음 중 어느 것인가?

① $s^3 + 7s^2 + 14s + 8 = 0$

② $s^3 + 2s^2 + 3s + 6 = 0$

③ $s^3 + 5s^2 + 11s + 15 = 0$

④ $s^3 + 2s^2 + 2s + 2 = 0$

해설

특성방정식 $F(s) = as^3 + bs^2 + cs + d = 0$에서
$a,\ b,\ c,\ d > 0$와 $bc > ad$를 만족해야 안정된 제어계가 된다.
따라서 이를 만족하지 않는 것은 ②번이 된다.

★★★ 기사 93년 5회, 98년 5회, 01년 2회, 16년 4회

59 주어진 계통의 특성방정식이 $s^4 + 6s^3 + 11s^2 + 6s + K = 0$이다. 안정하기 위한 K의 범위는?

① $K < 0,\ K > 20$ ② $0 < K < 20$

③ $0 < K < 10$ ④ $K < 20$

해설

$F(s) = s^4 + 6s^3 + 11s^2 + 6s + K = 0$을 루쓰표로 표현하면 다음과 같다.

$$
\begin{array}{c|ccc}
s^4 & a_0 & a_2 & a_4 \\
s^3 & a_1 & a_3 & a_5 \\
\hline
s^2 & b_1 & b_2 & b_3 \\
s^1 & c_1 & c_2 & c_3 \\
s^0 & d_1 & d_2 & d_3
\end{array}
\Rightarrow
\begin{array}{c|ccc}
s^4 & 1 & 11 & K \\
s^3 & 6 & 6 & 0 \\
\hline
s^2 & 10 & K & 0 \\
s^1 & 6-0.6K & 0 & 0 \\
s^0 & K & 0 & 0
\end{array}
$$

㉠ $b_1 = \dfrac{\begin{bmatrix} a_0 & a_2 \\ a_1 & a_3 \end{bmatrix}}{-a_1} = \dfrac{a_0 a_3 - a_1 a_2}{-a_1} = \dfrac{6-66}{-6} = 10$

㉡ $b_2 = \dfrac{\begin{bmatrix} a_0 & a_4 \\ a_1 & a_5 \end{bmatrix}}{-a_1} = \dfrac{a_0 a_5 - a_1 a_4}{-a_1}\bigg|_{a_5=0} = a_4 = K$

㉢ $c_1 = \dfrac{\begin{bmatrix} a_1 & a_3 \\ b_1 & b_2 \end{bmatrix}}{-b_1} = \dfrac{a_1 b_2 - b_1 a_3}{-b_1} = \dfrac{6K-60}{-10}$
$= 6 - 0.6K$

㉣ $c_2 = \dfrac{\begin{bmatrix} a_1 & a_5 \\ b_1 & b_3 \end{bmatrix}}{-b_1} = \dfrac{a_1 b_3 - b_1 a_5}{-b_1} = 0$

㉤ $d_1 = \dfrac{\begin{bmatrix} b_1 & b_2 \\ c_1 & c_2 \end{bmatrix}}{-b_1} = \dfrac{b_1 c_2 - c_1 b_2}{-c_1}\bigg|_{c_2=0} = b_2 = K$

㉥ 제1열($a_0,\ a_1,\ b_1,\ c_1,\ d_1$)의 부호가 모두 같으면 (+)안정이 되므로

- $c_1 = 6 - 0.6K > 0$에서 $K < \dfrac{6}{0.6} = 10$

- $d_1 = K > 0$

∴ 안정하기 위한 K값 : $0 < K < 10$

★★ 기사 97년 5회, 02년 4회, 05년 1회

60 특성방정식이 $F(s) = s^4 + 2s^3 + s^2 + 4s + 2 = 0$일 때, 이 계의 후르비츠 방법으로 안정도를 판별하면?

① 불안정   ② 안정

③ 임계안정   ④ 조건부안정

해설

㉠ $F(s) = s^4 + 2s^3 + s^2 + 4s + 2$
$= as^4 + bs^3 + cs^2 + ds + e = 0$

㉡ 후르비츠 행렬식
- $H_{11} = |a| = |1| = 1$

- $H_{22} = \begin{vmatrix} b & d \\ a & c \end{vmatrix} = \begin{vmatrix} 2 & 4 \\ 1 & 1 \end{vmatrix} = 2 - 4 = -2$

- $H_{33} = \begin{vmatrix} b & d & 0 \\ a & c & e \\ 0 & b & d \end{vmatrix} = \begin{vmatrix} 2 & 4 & 0 \\ 1 & 1 & 2 \\ 0 & 2 & 4 \end{vmatrix}$
$= 8 - 8 - 16 = -16$

㉢ H_{11}, H_{22}, H_{33} 모두가 양의 정수일 때 안정이므로 본 계통은 불안정이 된다.

Comment

후르비츠에 의한 안정도 문제가 나오면 루쓰선도에 의해서 안정도를 판별하자.

$$
\begin{array}{c|ccc}
s^4 & 1 & 1 & 2 \\
s^3 & 2 & 4 & 0 \\
\hline
s^2 & ㉠ & 2 & 0 \\
s^1 & ㉡ & 0 & 0 \\
s^0 & 2 & 0 & 0
\end{array}
$$

㉠ $\dfrac{(1 \times 4) - (1 \times 2)}{-2} = -1$

㉡ $\dfrac{(2 \times 2) - [4 \times (-1)]}{1} = 8$

∴ 제1열의 부호변환이 있었으므로 불안정상태가 된다.

자주 출제되는
핵심이론

🔍 핵심이론은 처음에는 그냥 한 번 읽어주세요.
옆의 기출문제를 풀어본 후 다시 한 번 핵심이론을 읽으면서 암기하세요.

2 나이퀴스트(Nyquist) 판별법

① 앞서 정리한 루쓰-후르비츠 안정도 판별법은 절대안정도로서 안정과 불안정만을 판단하지만 나이퀴스트 판별법은 상대안정도로 제어계의 안정에 미치는 영향 등을 판단할 수 있다.

② 나이퀴스트 판별법은 벡터 궤적을 그려 특성방정식의 근이 복소평면 우반평면에 존재하는지에 대한 여부를 판단할 수 있다.

③ 나이퀴스트 판별법은 안정도 평가의 척도는 될 수 있으나 오차 판별은 어려운 단점이 있다.

3 보드선도 판별법

(1) 개루프 전달함수 $G(s)H(s)$가 s평면의 우반평면에 특성방정식의 근을 갖지 않는 경우, 벡터 궤적이 그림 (a)와 같이 그려진다면 이득여유와 위상여유값에 의하여 안정도를 판단할 수 있다.

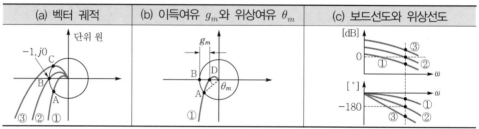

(a) 벡터 궤적	(b) 이득여유 g_m와 위상여유 θ_m	(c) 보드선도와 위상선도

여기서, ① 안정, ② 임계안정(안정한계), ③ 불안정

(2) **보드선도에 의한 안정도 판별**

① 안정 : $g_m > 0$, $\theta_m > 0$

② 임계안정(안정한계) : $g_m = 0$, $\theta_m = 0$

③ 불안정 : $g_m < 0$, $\theta_m < 0$

④ 이득여유 g_m와 위상여유 θ_m가 크면 안정도는 좋지만 제어계의 속응성이 저하되므로 위상여유는 40~60°, 이득여유는 10~20[dB]이 적절하다.

(3) **이득여유(gain margin)**

① $g_m = B$점의 이득 $- D$점의 이득 $= 20\log 1 - 20\log|G(j\omega)H(j\omega)|$

$$= 20\log\frac{1}{|G(j\omega)H(j\omega)|}\,[\text{dB}]$$

② 이득여유는 $G(j\omega)H(j\omega)$의 허수가 0인 점에서 구해야 한다.

(4) **이득선도와 위상선도에 의한 안정도 판별**

① 이득 0[dB]축과 위상 $-180°$축을 일치시킬 때 위상곡선이 위에 있으면 안정한 제어계가 된다.

② 이득 0[dB]축과 위상 $-180°$축을 일치시킬 때 위상곡선이 아래에 있으면 불안정한 제어계가 된다.

DAY 11
DAY 12
DAY 13
DAY 14
DAY 15
DAY 16
DAY 17
DAY 18
DAY 19
DAY 20

문제의 네모칸에 체크를 해보세요. 그 문제가 이해되지 않았다면
✓표시를 해서 그 문제는 나중에 다시 풀어 완전하게 숙지하세요(★ : 중요도).

★★★ 기사 97년 4회, 16년 2회

61 Nyquist 판정법의 설명으로 틀린 것은?

① Nyquist 선도는 제어계의 오차 응답에 관한 정보를 준다.
② 계의 안정을 개선하는 방법에 대한 정보를 제시해 준다.
③ 안정성을 판정하는 동시에 안정도를 지시해 준다.
④ Routh-Hurwitz 판정법과 같이 계의 안정여부를 직접 판정해 준다.

해설

나이퀴스트 판정법은 안정도 판별에 관한 정보를 지시해 주지만 오차를 구할 수는 없다.

★★★ 기사 02년 2회, 16년 4회

62 보드선도에서 이득곡선이 0[dB]인 선을 지날 때의 주파수에서 양의 위상여유가 생기고 위상곡선이 −180°를 지날 때 양의 이득여유가 생긴다면 이 폐루프 시스템의 안정도는 어떻게 되겠는가?

① 항상 안정
② 항상 불안정
③ 조건부 안정
④ 알 수 없다.

해설

위상여유 $g_m > 0$이므로 안정이 된다.

★★★ 기사 93년 3회, 94년 3회, 99년 3회, 06년 1회

63 보드선도의 안정 판정에 대한 설명 중 옳은 것은?

① 위상곡선이 −180° 점에서 이득값이 양이다.
② 이득(0[dB])축과 위상(−180°)축을 일치시킬 때 위상곡선이 위에 있다.
③ 이득곡선의 0[dB] 점에서 위상차가 −180° 보다 크다.
④ 이득여유는 음의 값, 위상여유는 양의 값이다.

Comment

해설은 핵심이론을 참고하고, 보드선도의 안정도 판별에서 −180°가 있으면 대부분 정답이 된다.

★★★★ 기사 90년 6회, 98년 3·4회

64 $G(s)H(s) = \dfrac{K}{(s+1)(s-2)}$ 인 계의 이득여유가 40[dB]이면 이때 K의 값은?

① −50
② $\dfrac{1}{50}$
③ −20
④ $\dfrac{1}{40}$

해설

㉠ 이득여유 g_m은 개루프 전달함수 $G = G(j\omega)H(j\omega)$의 허수를 0으로 하여 구해야 한다.

㉡ $G = \dfrac{K}{(j\omega+1)(j\omega-2)}\bigg|_{\omega=0} = -\dfrac{K}{2}$

㉢ $g_m = 20\log\dfrac{1}{|G|} = 20\log\dfrac{2}{K}$[dB]에서

$g_m = 40$[dB]이 되려면 $\dfrac{2}{K} = 10^2$이 되어야 한다.

∴ $K = \dfrac{2}{10^2} = \dfrac{2}{100} = \dfrac{1}{50}$

★★★ 기사 94년 7회

65 $G(j\omega)H(j\omega) = \dfrac{10}{(j\omega+1)(j\omega+T)}$ 에서

이득여유를 20[dB]보다 크게 하기 위한 T의 범위는?

① $T > 0$
② $T > 10$
③ $T < 0$
④ $T > 100$

해설

㉠ 개루프 전달함수

$G = \dfrac{10}{(j\omega+1)(j\omega+T)}\bigg|_{\omega=0} = \dfrac{10}{T}$

㉡ 이득여유 $g_m = 20\log\dfrac{1}{|G|} = 20\log\dfrac{T}{10}$에서

$g_m = 20$[dB]보다 크게 하려면 $\dfrac{T}{10} > 10$이 되어야 한다.

∴ $T > 100$

정답 61 ① 62 ① 63 ② 64 ② 65 ④

DAY
13

학습목표
• 근궤적의 특징을 이해하여 근궤적을 그릴 수 있다.
• 상태방정식과 z변환에 대해서 이해할 수 있다.
• 논리회로의 특징을 이해하여 회로를 간소화시킬 수 있다.

출제율 17%

제6장 근궤적법

1 근궤적의 성질

① 근궤적은 실수축에 대하여 대칭이다.
② 근궤적은 항상 극점에서 출발하여 영점에서 끝난다.
③ 근궤적의 수는 극점과 영점의 수 중 큰 것 또는 특성방정식의 차수와 같다.

2 점근선의 교차점

① 점근선의 교차점 : $\sigma = \dfrac{\sum P - \sum Z}{P - Z}$

　여기서, $\sum P$: 극점의 총합, $\sum Z$: 영점의 총합

② 점근선의 각도 : $\alpha_K = \dfrac{(2K+1)\pi}{P-Z}$ (여기서, $K = 1, 2, 3, 4\cdots$)

　㉠ $P - N = 3$의 경우 : 60°, 180°, 300°
　㉡ $P - N = 4$의 경우 : 45°, 135°, 225°, 315°

3 실수축상의 근궤적 결정

① 특정 경계구간에서 실영점까지 실수축상에 놓여 있는 영점과 극점의 수를 헤아려 갈 때 그 총수가 홀수이면 근궤적이 존재하고, 짝수이면 존재하지 않는다.

② $G(s)H(s) = \dfrac{K}{s(s+1)(s+2)}$ 에서 실수축상의 근궤적 구간은 다음과 같다.

(a) 실수축상의 근궤적 판단

(b) 실수축상의 근궤적 작도

4 근궤적의 이탈점(실수축을 벗어난 점)

① 기울기가 0인 점이므로 $\dfrac{dK}{ds} = 0$을 만족하는 s값으로 구하면 된다.

② 특성방정식 $F(s) = s(s+1)(s+2) + K = s^3 + 3s^2 + 2s + K = 0$에서

　$K = -(s^3 + 3s^2 + 2s)$이 되므로 $\dfrac{dK}{ds} = 0$을 만족하는 s값을 구한다.

DAY 11
DAY 12
DAY 13
DAY 14
DAY 15
DAY 16
DAY 17
DAY 18
DAY 19
DAY 20

문제의 네모칸에 체크를 해보세요. 그 문제가 이해되지 않았다면
✓ 표시를 해서 그 문제는 나중에 다시 풀어 완전하게 숙지하세요(★ : 중요도).

★★ 기사 10년 1회

66 다음 중 어떤 계통의 파라미터가 변할 때 생기는 특성방정식의 근의 움직임으로 시스템의 안정도를 판별하는 방법은?

① 보드선도법
② 나이퀴스트 판별법
③ 근궤적법
④ 루쓰-후르비츠 판별법

★★★★★ 기사 05년 4회

67 다음은 근궤적을 그리기 위한 규칙을 나열한 것이다. 잘못된 것은?

① 근궤적은 $K=0$일 때 극에서 출발하고 $K=\infty$일 때 영점에 도착한다.
② 실수축 위의 극과 영점을 더한 수가 홀수 개가 되는 극 또는 영점에서 왼쪽의 실수축 위에 근궤적이 존재한다.
③ 극의 수가 영점보다 많을 경우, K가 무한에 접근하면 근궤적은 점근선을 따라 무한원점으로 간다.
④ 근궤적은 허수축에 대칭이다.

해설

근궤적은 실수축에 대칭이다.

★★★ 기사 93년 6회, 99년 6회, 01년 2회, 09년 3회

68 $G(s)H(s) = \dfrac{K(s+3)}{s^2(s+2)(s+4)(s+5)}$ 일 때, 근궤적의 수는?

① 1　　② 3
③ 5　　④ 7

해설

영점의 수가 1개, 극점의 수가 5개가 되므로 근궤적의 수는 5개가 된다.

Comment

근궤적의 수는 특성방정식의 차수 또는 영점과 극점의 수 중 큰 것에 의해 결정된다.

★★★★ 기사 96년 5회, 01년 3회

69 $G(s)H(s) = \dfrac{K(s-1)}{s(s+1)(s-4)}$ 에서 점근선의 교차점을 구하면?

① -1
② 1
③ -2
④ 2

해설

㉠ 극점 $s_1 = 0$, $s_2 = -1$, $s_3 = 4$에서 극점의 수 $P=3$개가 되고, 극점의 총합 $\sum P = 3$이 된다.
㉡ 영점 $s_1 = 1$에서 영점의 수 $Z=1$개가 되고, 영점의 총합 $\sum Z = 1$이 된다.
∴ 점근선의 교차점
$$\sigma = \frac{\sum P - \sum Z}{P - Z} = \frac{3-1}{3-1} = 1$$

★★★★ 기사 98년 6회, 99년 7회, 00년 4회, 05년 1회

70 다음 중에서 개루프 전달함수 $G(s)H(s) = \dfrac{K(s-5)}{s(s-1)^2(s+2)^2}$ 일 때 주어지는 계에서 점근선의 교차점은?

① $-\dfrac{3}{2}$　　② $-\dfrac{7}{4}$
③ $\dfrac{5}{3}$　　④ $-\dfrac{1}{5}$

해설

㉠ 극점 $s_1 = 0$, $s_2 = 1$(중근), $s_3 = -2$(중근)에서 극점의 수 $P=5$개가 되고, 극점의 총합 $\sum P = 1+1-2-2 = -2$가 된다.
㉡ 영점 $s_1 = 5$에서 영점의 수 $Z=1$개가 되고, 영점의 총합 $\sum Z = 5$가 된다.
∴ 점근선의 교차점
$$\sigma = \frac{\sum P - \sum Z}{P - Z}$$
$$= \frac{-2-5}{5-1} = -\frac{7}{4}$$

Comment

점근선의 교차점은 근궤적의 대표문제이다.

정답 66 ③ 67 ④ 68 ③ 69 ② 70 ②

자주 출제되는
핵심이론

핵심이론은 처음에는 그냥 한 번 읽어주세요.
옆의 기출문제를 풀어본 후 다시 한 번 핵심이론을 읽으면서 암기하세요.

제7장 상태방정식

1 상태방정식의 개념

① 계의 특성을 일련의 1차 미분방정식으로 표현한 식

$$\frac{d}{dt}x(t) = Ax(t) + Bu(t)$$

② 특성방정식 : $F(s) = \det|sI - A| = 0$

여기서, 2×2 행렬에서의 단위행렬 : $I = \begin{bmatrix} 1 & 0 \\ 0 & 1 \end{bmatrix}$, $sI = \begin{bmatrix} s & 0 \\ 0 & s \end{bmatrix}$

3×3 행렬에서의 단위행렬 : $I = \begin{bmatrix} 1 & 0 & 0 \\ 0 & 1 & 0 \\ 0 & 0 & 1 \end{bmatrix}$, $sI = \begin{bmatrix} s & 0 & 0 \\ 0 & s & 0 \\ 0 & 0 & s \end{bmatrix}$

A : 상태방정식의 계수행렬

③ 행렬식 참고 $\left(A = \begin{bmatrix} a & b \\ c & d \end{bmatrix},\ A' = \begin{bmatrix} a' & b' \\ c' & d' \end{bmatrix} \right)$

㉠ $A \pm A' = \begin{bmatrix} a & b \\ c & d \end{bmatrix} \pm \begin{bmatrix} a' & b' \\ c' & d' \end{bmatrix} = \begin{bmatrix} a \pm a' & b \pm b' \\ c \pm c' & d \pm d' \end{bmatrix}$

㉡ $A \times B = \begin{bmatrix} a & b \\ c & d \end{bmatrix} \times \begin{bmatrix} a' & b' \\ c' & d' \end{bmatrix} = \begin{bmatrix} aa' + bc' & ab' + bd' \\ ca' + dc' & cb' + dd' \end{bmatrix}$

㉢ $A^{-1} = \frac{1}{ad - bc} \begin{bmatrix} d & -b \\ -c & a \end{bmatrix}$

㉣ $\det A = \det \begin{bmatrix} a & b \\ c & d \end{bmatrix} = ad - bc$

여기서, det는 디터미넌트(determinant)의 약어로 행렬의 판별식을 말한다.
$\det A = 0$이 된다면 역행렬이 존재하지 않는 것을 의미하며, 역행렬이 존재하지
않으면 연립방정식의 해가 없거나 무수히 많은 경우를 말한다.

2 미분방정식을 상태방정식으로 변환

① $\dfrac{d^2 c(t)}{dt^2} + K_1 \dfrac{dc(t)}{dt} + K_2\, c(t) = K_3\, u(t)$

$\rightarrow \begin{bmatrix} \dot{x_1} \\ \dot{x_2} \end{bmatrix} = \begin{bmatrix} 0 & 1 \\ -K_2 & -K_1 \end{bmatrix} \begin{bmatrix} x_1(t) \\ x_2(t) \end{bmatrix} + \begin{bmatrix} 0 \\ K_3 \end{bmatrix} u(t)$

② $\dfrac{d^3 c(t)}{dt^3} + K_1 \dfrac{d^2 c(t)}{dt^2} + K_2 \dfrac{dc(t)}{dt} + K_3\, c(t) = K_4\, u(t)$

$\rightarrow \begin{bmatrix} \dot{x_1} \\ \dot{x_2} \\ \dot{x_3} \end{bmatrix} = \begin{bmatrix} 0 & 1 & 0 \\ 0 & 0 & 1 \\ -K_3 & -K_2 & -K_1 \end{bmatrix} \begin{bmatrix} x_1(t) \\ x_2(t) \\ x_3(t) \end{bmatrix} + \begin{bmatrix} 0 \\ 0 \\ K_4 \end{bmatrix} u(t)$

바로바로 풀어보는
기출문제

DAY 11
DAY 12
DAY 13
DAY 14
DAY 15
DAY 16
DAY 17
DAY 18
DAY 19
DAY 20

문제의 네모칸에 체크를 해보세요. 그 문제가 이해되지 않았다면
✓ 표시를 해서 그 문제는 나중에 다시 풀어 완전하게 숙지하세요(★ : 중요도).

★★ 기사 10년 1회, 15년 4회

71 $\ddot{x}(t) + 2\dot{x}(t) + 5x(t) = r(t)$로 표시되는 미분방정식에서 상태방정식을 $\dot{x} = AX + BU$라 하면 계수행렬 A, B는? (단, $x_1 = x$, $x_2 = \dot{x}_1$ 이다.)

① $\begin{bmatrix} 0 & 1 \\ -5 & -2 \end{bmatrix}$, $\begin{bmatrix} 0 \\ 1 \end{bmatrix}$ ② $\begin{bmatrix} 1 & 0 \\ -5 & -2 \end{bmatrix}$, $\begin{bmatrix} 1 \\ 0 \end{bmatrix}$

③ $\begin{bmatrix} 0 & 1 \\ -2 & -5 \end{bmatrix}$, $\begin{bmatrix} 0 \\ 1 \end{bmatrix}$ ④ $\begin{bmatrix} 1 & 0 \\ -2 & -5 \end{bmatrix}$, $\begin{bmatrix} 1 \\ 0 \end{bmatrix}$

해설

㉠ $x(t) = x_1(t)$

㉡ $\dfrac{d}{dt}x(t) = \dfrac{d}{dt}x_1(t) = \dot{x}_1(t) = x_2(t)$

㉢ $\dfrac{d^2}{dt^2}x(t) = \dfrac{d}{dt}x_2(t) = \dot{x}_2(t)$
$\qquad\qquad = -5x_1(t) - 2\dot{x}_2(t) + u(t)$

∴ $\begin{bmatrix} \dot{x}_1 \\ \dot{x}_2 \end{bmatrix} = \begin{bmatrix} 0 & 1 \\ -5 & -2 \end{bmatrix}\begin{bmatrix} x_1(t) \\ x_2(t) \end{bmatrix} + \begin{bmatrix} 0 \\ 1 \end{bmatrix}u(t)$

★★ 기사 97년 7회, 03년 1회, 12년 2회

72 상태방정식 $\dfrac{d}{dt}x(t) = Ax(t) + Bu(t)$에서 $A = \begin{bmatrix} -6 & 7 \\ 2 & -1 \end{bmatrix}$이라면 A의 고유값은?

① 1, −8   ② 1, −5

③ 2, −8   ④ 2, −5

해설

특성방정식 $F(s) = |sI - A| = 0$에서

$F(s) = \begin{bmatrix} s & 0 \\ 0 & s \end{bmatrix} - \begin{bmatrix} -6 & 7 \\ 2 & -1 \end{bmatrix} = \begin{bmatrix} s+6 & -7 \\ -2 & s+1 \end{bmatrix}$

$\qquad = (s+6)\times(s+1) - 14$

$\qquad = s^2 + 7s - 8 = (s+8)(s-1) = 0$

∴ 고유값(특성근) : $s_1 = 1$, $s_2 = -8$

★★ 기사 12년 1회

73 상태방정식 $\dot{x} = Ax(t) + Bu(t)$에서 $A = \begin{bmatrix} 0 & 1 \\ -2 & -3 \end{bmatrix}$인 시스템의 안정도는 어떠한가?

① 안정   ② 불안정

③ 임계안정   ④ 판정 불능

해설

특성방정식

$F(s) = |sI - A| = \begin{bmatrix} s & 0 \\ 0 & s \end{bmatrix} - \begin{bmatrix} 0 & 1 \\ -2 & -3 \end{bmatrix}$

$\qquad = \begin{bmatrix} s & -1 \\ 2 & s+3 \end{bmatrix} = s(s+3) + 2$

$\qquad = s^2 + 3s + 2 = 0$

∴ 2차 방정식에서는 모든 차수의 계수가 존재하고 동일 부호(+)가 되면 안정이다.

★★★ 기사 05년 4회, 16년 4회

74 $\dfrac{d^3}{dt^3}c(t) + 8\dfrac{d^2}{dt^2}c(t) + 19\dfrac{d}{dt}c(t) + 12c(t) = 6u(t)$의 미분방정식을 $\dfrac{dx(t)}{dt} = Ax(t) + Bu(t)$의 상태방정식으로 표현할 때 옳은 것은?

① $A = \begin{bmatrix} 0 & 1 & 0 \\ 0 & 0 & 1 \\ -12 & -19 & -8 \end{bmatrix}$, $B = \begin{bmatrix} 0 \\ 0 \\ 6 \end{bmatrix}$

② $A = \begin{bmatrix} 0 & 1 & 0 \\ 0 & 0 & 1 \\ -8 & -19 & -12 \end{bmatrix}$, $B = \begin{bmatrix} 0 \\ 0 \\ 6 \end{bmatrix}$

③ $A = \begin{bmatrix} 0 & 1 & 0 \\ 0 & 0 & 1 \\ -12 & -19 & -8 \end{bmatrix}$, $B = \begin{bmatrix} 6 \\ 0 \\ 0 \end{bmatrix}$

④ $A = \begin{bmatrix} 0 & 1 & 0 \\ 0 & 0 & 1 \\ -12 & -19 & -8 \end{bmatrix}$, $B = \begin{bmatrix} 6 \\ 0 \\ 1 \end{bmatrix}$

해설

㉠ $c(t) = x_1(t)$

㉡ $\dfrac{d}{dt}c(t) = \dfrac{d}{dt}x_1(t) = \dot{x}_1(t) = x_2(t)$

㉢ $\dfrac{d^2}{dt^2}c(t) = \dfrac{d}{dt}x_2(t) = \dot{x}_2(t) = x_3(t)$

㉣ $\dfrac{d^3}{dt^3}c(t) = \dfrac{d}{dt}x_3(t) = \dot{x}_3(t)$
$\qquad = -12x_1(t) - 19x_2(t) - 8x_3(t) + 6u(t)$

∴ $\begin{bmatrix} \dot{x}_1 \\ \dot{x}_2 \\ \dot{x}_3 \end{bmatrix} = \begin{bmatrix} 0 & 1 & 0 \\ 0 & 0 & 1 \\ -12 & -19 & -8 \end{bmatrix}\begin{bmatrix} x_1(t) \\ x_2(t) \\ x_3(t) \end{bmatrix} + \begin{bmatrix} 0 \\ 0 \\ 6 \end{bmatrix}u(t)$

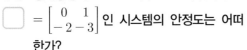

정답 71 ①   72 ①   73 ①   74 ①

3 z 변환

(1) 개요

① 연속적인 함수를 다룰 때에는 라플라스 변환을 사용하고, 불연속인 함수를 다룰 때에는 z 변환을 사용한다.

② z 변환 : $F(z) = \displaystyle\sum_{n=0}^{\infty} f(t)\, e^{-sT} = \sum_{n=0}^{\infty} f(nT)\, z^{-n}$

③ z 변환과 s 변환의 관계 : $z = e^{Ts}$ 에서 양변에 자연로그 $\ln$ 을 취해서 정리하면 $s = \dfrac{1}{T} \ln z$ 의 관계를 갖는다(여기서, T : 샘플러의 주기).

(2) s 변환과 z 변환의 정리

순번	구분	$f(t)$	$F(s)$	$F(z)$
1	단위 임펄스함수	$\delta(t)$	1	1
2	단위 계단함수	$u(t)$	$\dfrac{1}{s}$	$\dfrac{z}{z-1}$
3	지수함수	e^{-at}	$\dfrac{1}{s+a}$	$\dfrac{z}{z-e^{-aT}}$
4	단위 램프함수	$t\,u(t)$	$\dfrac{1}{s^2}$	$\dfrac{Tz}{(z-1)^2}$
5	초기값의 정리	$\displaystyle\lim_{t\to\infty} f(t)$	$\displaystyle\lim_{s\to\infty} s\,F(s)$	$\displaystyle\lim_{Z\to\infty} F(z)$
6	최종값의 정리	$\displaystyle\lim_{t\to 0} f(t)$	$\displaystyle\lim_{s\to 0} s\,F(s)$	$\displaystyle\lim_{Z\to 1}\left(1-\dfrac{1}{z}\right) F(z)$

(3) s-Plane과 z-Plane의 관계

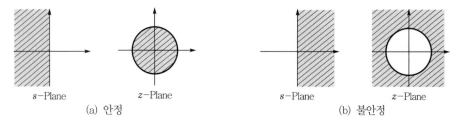

(a) 안정   (b) 불안정

구분	안정	불안정	임계안정
s 평면	좌반평면	우반평면	허수축
z 평면	단위원 내부	단위원 외부	단위원 원주상

DAY 11
DAY 12
DAY 13
DAY 14
DAY 15
DAY 16
DAY 17
DAY 18
DAY 19
DAY 20

☑ 문제의 네모칸에 체크를 해보세요. 그 문제가 이해되지 않았다면
✓ 표시를 해서 그 문제는 나중에 다시 풀어 완전하게 숙지하세요(★ : 중요도).

★★★★ 기사 91년 2회, 93년 1회, 95년 2회, 98년 6회, 00년 4회, 08년 3회

75 z 변환함수 $\dfrac{z}{(z-e^{-aT})}$ 에 대응되는 라플라스 변환과 이에 대응되는 시간함수는?

① $\dfrac{1}{(s+a)^2}$, $t\,e^{-at}$

② $\dfrac{1}{(1-e^{-Ts})}$, $\displaystyle\sum_{n=0}^{\infty}\delta(T-nT)$

③ $\dfrac{a}{s(s+a)}$, $1-e^{-at}$

④ $\dfrac{1}{(s+a)}$, e^{-at}

🔍 해설

$$\dfrac{z}{z-e^{-aT}} \xrightarrow{z^{-1}} e^{-at} \xrightarrow{\mathcal{L}} \dfrac{1}{s+a}$$

🧑‍🏫 Comment

z변환의 출제빈도는 매우 높으며, 대부분 z변환표에서 출제가 되고 있다.

★★★ 기사 10년 2회

76 다음 중 z변환함수 $\dfrac{3z}{(z-e^{-3T})}$ 에 대응되는 라플라스 변환함수는?

① $\dfrac{1}{(s+3)}$ ② $\dfrac{3}{(s-3)}$

③ $\dfrac{1}{(s-3)}$ ④ $\dfrac{3}{(s+3)}$

🔍 해설

$$\dfrac{3z}{(z-e^{-3T})} \xrightarrow{z^{-1}} 3\,e^{-3t} \xrightarrow{\mathcal{L}} \dfrac{3}{s+3}$$

★ 기사 10년 3회

77 Laplace 변환된 함수 $X(s)=\dfrac{1}{s(s+1)}$ 에 대한 z변환은?

① $\dfrac{z(1-e^{-t})}{(z-1)(z-e^{-t})}$ ② $\dfrac{z(1-e^{-t})}{(z+1)(z+e^{-t})}$

③ $\dfrac{z(1-e^{-t})}{(z+1)(z-e^{-t})}$ ④ $\dfrac{z(1+e^{-t})}{(z+1)(z-e^{-t})}$

🔍 해설

$X(s) = \dfrac{1}{s(s+1)}$ 의 라플라스 역변환을 하면 헤비사이드 부분분수 전개식에 의해서

㉠ $X(s) = \dfrac{1}{s(s+1)} = \dfrac{A}{s} + \dfrac{B}{s+1}$

• $A = \displaystyle\lim_{s\to 0} s \times \dfrac{1}{s(s+1)} = 1$

• $B = \displaystyle\lim_{s\to -1} (s+1) \times \dfrac{1}{s(s+1)} = -1$

㉡ $X(s)$를 라플라스 역변환하면
$x(t) = A + Be^{-t} = 1 - e^{-t}$ 이 된다.

㉢ 이를 z변환하면

$$z[1-e^{-t}] = \dfrac{z}{z-1} - \dfrac{z}{z-e^{-t}}$$

$$= \dfrac{z(z-e^{-t}) - z(z-1)}{(z-1)(z-e^{-t})}$$

$$= \dfrac{z^2 - ze^{-t} - z^2 + z}{(z-1)(z-e^{-t})}$$

$$\therefore\ z[1-e^{-t}] = \dfrac{z(1-e^{-t})}{(z-1)(z-e^{-t})}$$

🧑‍🏫 Comment

77번과 같은 문제는 출제빈도가 매우 낮은 편이다. 어렵다면 그냥 넘어가도 된다.

★★★★★ 기사 95년 6회, 13년 1회, 15년 2회

78 샘플러의 주기를 T라 할 때 s평면상의 모든 점은 식 $z = e^{sT}$에 의하여 z평면상에 사상된다. s평면의 좌반 평면상의 모든 점은 z평면상 단위원의 어느 부분으로 사상되는가?

① 내점 ② 외점

③ 원주상의 점 ④ z평면 전체

★★★★★ 기사 93년 2·4회, 94년 7회, 98년 4·6회, 00년 6회

79 z평면상의 원점에 중심을 둔 단위원주상에 사상(寫像)되는 것은 s평면의 어느 성분인가?

① 양의 반평면 ② 음의 반평면

③ 실수축 ④ 허수축

정답 75 ④ 76 ④ 77 ① 78 ① 79 ④

자주 출제되는
핵심이론

🖐 핵심이론은 처음에는 그냥 한 번 읽어주세요.
옆의 기출문제를 풀어본 후 다시 한 번 핵심이론을 읽으면서 암기하세요.

제8장 | 시퀀스회로의 이해

1 AND 회로(직렬회로) : A 그리고 B가 1일 때 출력이 나간다.

유접점회로	무접점회로	논리회로	진리표
		 $C = A \cdot B$	입력 / 출력 A B C 0 0 0 0 1 0 1 0 0 1 1 1

진리표

입력		출력
A	B	C
0	0	0
0	1	0
1	0	0
1	1	1

2 OR 회로(병렬회로) : A 또는 B가 1일 때 출력이 나간다.

유접점회로	무접점회로	논리회로
		 $C = A + B$

진리표

입력		출력
A	B	C
0	0	0
0	1	1
1	0	1
1	1	1

3 NOT 회로(반전회로) : AND의 반전은 OR, 1의 반전은 0이 된다.

유접점회로	무접점회로	논리회로
		 $C = \overline{A}$

진리표

입력	출력
A	C
0	1
1	0

4 NAND 회로(AND의 반전회로) : A 또는 B가 0일 때 출력이 나간다.

유접점회로	무접점회로	논리회로
		 $\overline{C} = A \cdot B$ $\overline{\overline{C}} = \overline{A \cdot B}$ $C = \overline{A \cdot B} = \overline{A} + \overline{B}$

진리표

입력		출력
A	B	C
0	0	1
0	1	1
1	0	1
1	1	0

바로바로 풀어보는
기출문제

문제의 네모칸에 체크를 해보세요. 그 문제가 이해되지 않았다면
✓ 표시를 해서 그 문제는 나중에 다시 풀어 완전하게 숙지하세요(★ : 중요도).

DAY 11
DAY 12
DAY 13
DAY 14
DAY 15
DAY 16
DAY 17
DAY 18
DAY 19
DAY 20

★★ 기사 16년 4회

80 전자계전기를 사용할 때 장점이 아닌 것은?

① 온도 특성이 양호하다.
② 접점의 동작속도가 빠르다.
③ 과부하에 견디는 힘이 크다.
④ 동작상태의 확인이 용이하다.

해설 전자릴레이(계전기)의 장점과 단점

장점	㉠ 과부하 내량이 크다. ㉡ 개폐부하용량이 크다. ㉢ 전기적 노이즈에 대해 안정적이다. ㉣ 온도 특성이 양호하다. ㉤ 입력과 출력을 분리할 수 있다. ㉥ 동작상태의 확인이 용이하다. ㉦ 가격이 비교적 싸다.
단점	㉠ 동작속도가 늦다. 수 [ms]가 한계이다. ㉡ 소비전력이 비교적 크다. ㉢ 접점의 소모나 마모가 있기 때문에 수명에 한계가 있다. ㉣ 기계적 진동, 충격, 인화성 가스 등에 비교적 약하다. ㉤ 외형의 소형화에 한계가 있다.

★★★ 기사 12년 2회, 14년 3회, 17년 1회

81 다음 진리표의 논리소자는?

입력		출력
A	B	C
0	0	1
0	1	0
1	0	0
1	1	0

① NOR
② OR
③ AND
④ NAND

해설 NOR

OR회로(A, B 중 어느 하나라도 ON이 되면 출력은 ON이 됨)의 반전회로

★ 기사 93년 1회, 00년 3회

82 그림과 같은 계전기 접점회로의 논리식은 어느 것인가?

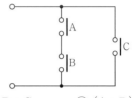

① $A+B+C$
② $(A+B)C$
③ $A \cdot B + C$
④ $A \cdot B \cdot C$

해설

직렬접속은 AND(·) 회로가 되고, 병렬접속은 OR(+) 회로가 된다.

★ 기사 92년 3회, 08년 3회

83 그림의 회로는 어느 게이트(gate)에 해당되는가?

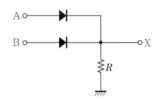

① OR 회로
② AND 회로
③ NOT 회로
④ NOR 회로

★ 기사 90년 2회, 95년 6회, 04년 1회, 08년 1회

84 다음 그림과 같은 회로는 어떤 논리회로인가?

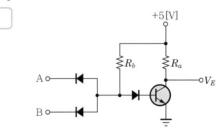

① AND 회로
② NAND 회로
③ OR 회로
④ NOR 회로

정답 80 ② 81 ① 82 ③ 83 ① 84 ②

자주 출제되는
핵심이론

핵심이론은 처음에는 그냥 한 번 읽어주세요.
옆의 기출문제를 풀어본 후 다시 한 번 핵심이론을 읽으면서 암기하세요.

5 NOR 회로(OR의 반전회로) : A 그리고 B가 0일 때 출력이 나간다.

유접점회로	무접점회로	논리회로	진리표		
		$\overline{C} = A + B$ $\overline{\overline{C}} = \overline{A + B}$ $C = \overline{A+B} = \overline{A} \cdot \overline{B}$	입력		출력
			A	B	C
			0	0	1
			0	1	0
			1	0	0
			1	1	0

6 Exclusive OR 회로(배타적 논리합, XOR) : A와 B가 서로 다를 때에만 출력이 나간다.

유접점회로	논리기호 및 논리식	간이화회로	진리표		
	$C = \overline{A}B + A\overline{B}$	$C = A \oplus B$	입력		출력
			A	B	C
			0	0	0
			0	1	1
			1	0	1
			1	1	0

7 드 모르간의 정리(De Morgan's theorem)

① 드 모르간의 정리는 회로 반전을 통해 복잡한 논리연산을 간략화하기 위해 사용된다.
② $\overline{A+B} = \overline{A} \cdot \overline{B}$ 또는 $\overline{A \cdot B} = \overline{A} + \overline{B}$ 가 된다.
   여기서, (·)는 회로의 직렬을, (+)는 회로의 병렬을 의미한다.
③ 접점의 경우 A는 개방된 접점을, $\overline{A}$ 는 닫혀진 접점을 의미한다.
④ 출력의 경우 A는 출력(1)을, $\overline{A}$ 는 출력이 없는(0) 것을 의미한다.

8 불대수의 논리식과 등가접점회로

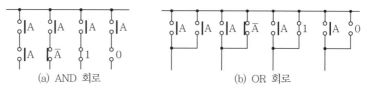

(a) AND 회로   (b) OR 회로

① $A \cdot A = A$ ② $A \cdot \overline{A} = 0$ ③ $A \cdot 1 = A$ ④ $A \cdot 0 = 0$
⑤ $A + A = A$ ⑥ $A + \overline{A} = 1$ ⑦ $A + 1 = 1$ ⑧ $A + 0 = A$

참고

A · $\overline{A}$ = 0을 해석하면 A · $\overline{A}$는 평상시에는 A가 개방되어 있어 출력이 안 나가고, A가 동작하면 $\overline{A}$가 개방되어 이 또한 출력이 안 나간다.

바로바로 풀어보는
기출문제

☑ 문제의 네모칸에 체크를 해보세요. 그 문제가 이해되지 않았다면
✓ 표시를 해서 그 문제는 나중에 다시 풀어 완전하게 숙지하세요(★ : 중요도).

DAY
11
DAY
12
DAY
13
DAY
14
DAY
15
DAY
16
DAY
17
DAY
18
DAY
19
DAY
20

★★ 기사 04년 4회

85 그림과 같은 계전기 접점회로의 논리식은?

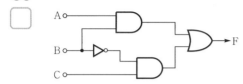

① A
② $\overline{A} \cdot B \cdot C$
③ $AB + \overline{B} C$
④ $(A+B)C$

★★ 기사 93년 4회

86 그림과 같은 논리회로에서 $A=1$, $B=1$인 입력에 대한 출력 X, Y는 각각 얼마인가?

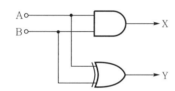

① $X=0$, $Y=0$
② $X=0$, $Y=1$
③ $X=1$, $Y=0$
④ $X=1$, $Y=1$

🔑 해설

X는 AND 회로, Y는 XOR 회로

AND 회로			XOR 회로		
입력		출력	입력		출력
A	B	C	A	B	C
0	0	0	0	0	0
0	1	0	0	1	1
1	0	0	1	0	1
1	1	1	1	1	0

★★★ 기사 96년 4회, 02년 1회

87 논리식 $\overline{A + \overline{B} \cdot C}$를 간단히 계산한 결과는?

① $\overline{A + BC}$
② $\overline{A} \cdot (B+C)$
③ $\overline{A \cdot B} + C$
④ $\overline{A} + B + C$

🔑 해설

드 모르간의 정리를 이용하여 정리하면

$\therefore \overline{A + (\overline{B} \cdot C)} = \overline{A} \cdot (B + C)$

★★★★★ 기사 94년 6회, 95년 7회, 96년 2회, 06년 1회

88 다음 논리식 중 다른 값을 나타내는 논리식은?

① $XY + X\overline{Y}$
② $(X+Y)(X+\overline{Y})$
③ $X(X+Y)$
④ $X(\overline{X}+Y)$

🔑 해설

① $XY + X\overline{Y} = X(Y+\overline{Y}) = X \cdot 1 = X$
② $(X+Y)(X+\overline{Y}) = XX + X\overline{Y} + XY + Y\overline{Y}$
$= X + X\overline{Y} + XY + 0 = X(1+\overline{Y}+Y)$
$= X \cdot 1 = X$
③ $X(X+Y) = XX + XY = X + XY$
$= X(1+Y) = X \cdot 1 = X$
④ $X(\overline{X}+Y) = X\overline{X} + XY = 0 + XY = XY$

★★★★ 기사 95년 4회, 99년 4회, 02년 3회, 15년 4회

89 $L = \overline{X} \cdot \overline{Y} + \overline{X} \cdot Y + X \cdot Y$를 간단히 한 것은?

① $X+Y$
② $\overline{X}+Y$
③ $X+\overline{Y}$
④ $\overline{X} \cdot \overline{Y}$

🔑 해설

$L = \overline{X} \cdot \overline{Y} + \overline{X} \cdot Y + X \cdot Y$
$= \overline{X} \cdot \overline{Y} + \overline{X} \cdot Y + \overline{X} \cdot Y + X \cdot Y$
$= \overline{X}(\overline{Y}+Y) + Y(\overline{X}+X) = \overline{X} + Y$

★★ 기사 03년 4회, 10년 1회, 16년 1회

90 다음의 논리회로를 간단히 하면?

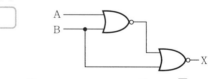

① $X = AB$
② $X = \overline{A}B$
③ $X = A\overline{B}$
④ $X = \overline{AB}$

🔑 해설

$X = \overline{\overline{(A+B)} + B} = (A+B) \cdot \overline{B}$
$= A\overline{B} + B\overline{B} = A\overline{B}$

정답 85 ③ 86 ③ 87 ② 88 ④ 89 ② 90 ③

MEMO

제4편

전기기기

① 발전기, 전동기, 변압기, 정류기에 대해 알아보는 과목으로 전기자기학 및 회로이론이 기본이 되어야 한다.

② 출제되는 비율은 분석표를 참고해 보면 각 장별로 비슷하게 출제되므로 특정 부분만을 학습해서는 원하는 점수를 받기 어려우므로 전체적으로 학습해야 한다. 그런데 준비할 시간이 짧거나 내용이 어렵다면 각 장의 앞부분을 고르게 접근하는 방법을 권하고 싶다.

③ 계산문제와 암기문제는 대략 5:15의 비율로 출제된다. 이때 많은 수험생이 계산문제를 포기하고 암기문제에만 치중하는 경향이 있는데 출제되는 문제를 보면 오히려 계산문제가 더 쉽게 풀 수 있다는 것을 기억하고 쉬운 계산문제는 꼭 풀려고 노력해야 한다.

④ 2차 실기시험에 영향을 미치는 과목이므로 각 기기의 특성과 운전방법을 자세히 학습한다면 실기시험 학습 시에 크게 도움을 받을 수 있고 현장 실무에 나가서도 업무에 용이하게 적용할 수 있다.

출제분석 및 학습방법

일차별 학습목표 및 출제율

DAY 14
- 직류기의 구조 및 역할, 기호 등을 숙지하여 다른 기기에 적용이 가능하여야 한다.
- 직류발전기의 기전력 발생, 정류 및 운전특성에 대해 이해한다.
- 직류전동기의 운전방법 및 토크, 속도의 특성에 대해 이해한다.

출제율 19%

DAY 15
- 동기발전기의 종류별 특성, 단락비, 병렬운전 시 주의사항 등에 대해 이해한다.
- 동기전동기의 용도 및 특성에 대해 이해한다.
- 동기조상기의 특성을 알고 무효전력 조정에 대해 이해한다.

출제율 20%

DAY 16
- 변압기의 구조와 동작특성에 대해 이해한다.
- 특성시험을 통해 등가회로를 구하고 전압강하 및 전압변동률, 손실, 효율 등을 알아본다.
- 변압기의 결선을 통해 상변환 및 병렬운전에 대해 이해한다.

출제율 22%

DAY 17
- 특수변압기의 종류 및 특성과 사용목적에 대해서 알아본다.
- 회전자계를 이해하여 유도전동기의 회전원리 및 슬립에 대해 알아본다.
- 등가회로를 통해 기전력, 전류, 전력, 토크에 대해 알아보고 비례추이를 이해한다.

출제율 23%

DAY 18
- 유도전동기의 기동법, 속도제어법을 꼭 이해하고 특수 유도전동기에 대해 알아본다.
- 다이오드의 종류 및 특성·정류회로에 대해 알아본다.
- 사이리스터의 종류별 특성을 알아본다.
- 특수기기의 특성을 이해하여 사용목적에 대해 알아본다.

출제율 16%

DAY

14

학습목표
• 직류기의 구조 및 역할, 기호 등을 숙지하여 다른 기기에 적용이 가능하여야 한다.
• 직류발전기의 기전력 발생, 정류 및 운전특성에 대해 이해한다.
• 직류전동기의 운전방법 및 토크, 속도의 특성에 대해 이해한다.

출제율 19%

제1장 직류기

1 직류발전기

(1) 직류발전기의 구성
① 계자 : 철심에 권선을 감아 직류전류를 흘려 자속을 발생시키는 부분
② 전기자 : 계자에서 발생한 자속을 절단하여 기전력(발전기) 및 회전력(전동기)을 발생시키는 부분
③ 정류자 : 교류를 직류로 변환시키는 부분

(2) 전기자권선법
① 중권과 파권의 비교

비교 항목	중권(병렬권)	파권(직렬권)
병렬회로수(a)	극수와 같다($a=p$).	극수와 관계없이 2이다($a=2$).
브러시수(b)	극수와 같다($b=p$).	2개
균압환	○	×
용도	저전압, 대전류용	고전압, 소전류용

② 코일수 $= \dfrac{\text{총 도체수}}{2} = \dfrac{\text{슬롯수} \times \text{슬롯 내부도체수}}{2} = 정류자편수$

(3) 유기기전력(E)
① 도체 1개당 기전력 $E = Blv$[V]

　　㉠ 자속밀도 $B = \dfrac{\text{총 자속}}{\text{전기자단면적}} = \dfrac{P_{극수}\,\phi_{극당}}{\pi D l}$ [Wb/m²]

　　㉡ 도체길이 l[m]

　　㉢ 주변속도 $v = \pi D N \dfrac{1}{60}$ [m/sec]

　　㉣ $E = \dfrac{PZ\phi}{a} \cdot \dfrac{N}{60}$[V](중권 : $a=P$, 파권 : $a=2$)

　　　여기서, P : 극수, Z : 총 도체수, ϕ : 극당 자속
　　　　　　　N : 분당 회전수[rpm], a : 병렬회로수

② $E \propto k\phi N$[V]$\left(\text{기계적 상수 } k = \dfrac{PZ}{a}\right)$

　　㉠ 유기기전력과 자속 및 회전수와 비례 → $E \propto \phi,\ E \propto n$

　　㉡ 유기기전력이 일정할 경우 자속과 회전수는 반비례 → $E=$일정, $\phi \propto \dfrac{1}{n}$

DAY 11
DAY 12
DAY 13
DAY 14
DAY 15
DAY 16
DAY 17
DAY 18
DAY 19
DAY 20

★★ 산업 03년 3회

01 직류기를 구성하고 있는 3요소는?

① 전기자, 계자, 슬립링
② 전기자, 계자, 정류자
③ 전기자, 정류자, 브러시
④ 전기자, 계자, 보상권선

해설

㉠ 직류기 3요소 : 전기자, 계자, 정류자
㉡ 교류기 3요소 : 전기자, 계자, 슬립링

★★★★★ 기사 95년 6회, 04년 2회

02 직류기의 권선을 단중파권으로 감으면?

① 내부 병렬회로수가 극수만큼 생긴다.
② 균압환을 연결해야 한다.
③ 저압 대전류용 권선이다.
④ 내부 병렬회로수가 극수와 관계없이 언제나 2이다.

해설 중권과 파권의 비교

비교 항목	중권(병렬권)	파권(직렬권)
병렬회로수	P(극수)	2
브러시수	b(브러시수)	2 또는 4개
균압환	○	×
용도	저전압, 대전류	고전압, 소전류

★★ 기사 13년 1회, 16년 3회 / 산업 03년 3회, 05년 1회(추가), 07년 2회, 15년 1회

03 6극 직류발전기의 정류자편수가 132, 단자전압이 220[V], 직렬도체수가 132개이고 중권이다. 정류자 편간전압[V]은?

① 10   ② 20
③ 30   ④ 40

해설

정류자 편간전압 $e = \dfrac{\text{단자전압}}{\dfrac{\text{정류자편수}}{\text{병렬회로수}}}$

$= \dfrac{220}{\dfrac{132}{6}} = 10[V]$

★★ 기사 15년 2회

04 60[kW], 4극, 전기자도체의 수 300개, 중권으로 결선된 직류발전기가 있다. 매극당 자속은 0.05[Wb]이고 회전속도는 1200[rpm]이다. 이 직류발전기가 전부하에 전력을 공급할 때 직렬로 연결된 전기자도체에 흐르는 전류[A]는?

① 32   ② 42
③ 50   ④ 57

해설

유기기전력

$E = \dfrac{PZ\phi}{a} \cdot \dfrac{N}{60}$

$= \dfrac{4 \times 300 \times 0.05}{4} \cdot \dfrac{1200}{60} = 300[V]$

직류발전기에서의 전기자전류

$I_a = \dfrac{P}{E} = \dfrac{6000[W]}{300[V]} = 200[A]$

∴ 각 병렬회로의 전기자도체에 흐르는 전류

$I = \dfrac{I_a(\text{전기자전류})}{a(\text{병렬회로수})} = \dfrac{200}{4} = 50[A]$

★★★★ 기사 13년 2회 / 산업 95년 2회, 96년 6회, 99년 3회, 05년 1·3회, 07년 4회

05 포화하고 있지 않은 직류발전기의 회전수가 1/2로 되었을 때 기전력을 전과 같은 값으로 하자면 여자전류를 전 것에 비해 얼마나 증가하는가?

① $\dfrac{1}{2}$ 배

② 1배

③ 2배

④ 4배

해설

㉠ 기전력이 일정할 경우 자속과 회전수는 반비례
→ E=일정, $\phi \propto \dfrac{1}{n}$

㉡ 회전수가 $\dfrac{1}{2}$일 경우 자속 $\phi \propto \dfrac{1}{n} = \dfrac{1}{\dfrac{1}{2}} = 2$배이므로 여자전류는 자속과 비례하므로 2배 증가한다.

정답 01 ② 02 ④ 03 ① 04 ③ 05 ③

자주 출제되는

핵심이론

핵심이론은 처음에는 그냥 한 번 읽어주세요.
옆의 기출문제를 풀어본 후 다시 한 번 핵심이론을 읽으면서 암기하세요.

(4) 전기자반작용

전기자권선에 흐르는 전기자전류로 인한 누설자속이 계자극에서 발생하는 주자속에게 영향을 주는 현상

전기자반작용으로 인한 문제점	전기자반작용 방지법
① 편자작용으로 전기적 중성축 이동 　㉠ 발전기 : 회전방향 　㉡ 전동기 : 회전반대방향 ② 감자작용으로 유기기전력 감소 ③ 정류불량 : 정류자와 브러시의 접촉면에서 불꽃 및 섬락 발생	① 보극 설치 : 감자현상으로 인한 전압강하 방지 ② 보상권선 설치 : 전기자에 흐르는 전류와 반대방향의 전류 ③ 중성축 이동 : 로커를 이용하여 브러시를 기기의 회전방향과 같은 방향으로 이동(전동기의 경우 회전반대방향)

$$감자기자력 \ AT_d = \frac{I_a Z}{2aP} \cdot \frac{2\alpha}{180} [\text{AT/극}], \ 교차기자력 \ AT_c = \frac{I_a Z}{2aP} \cdot \frac{\beta}{180} [\text{AT/극}]$$

(5) 정류

전기자권선에서 발생한 교류전력을 직류전력으로 변환

① 리액턴스전압 $e_L = L\dfrac{2\,i_c}{T_c} [\text{V}]$

　　여기서, L : 자기인덕턴스

　　　　　 i_c : 정류전류

　　　　　 T_c : 정류주기

② 양호한 정류를 얻는 방법

　㉠ 리액턴스전압이 작을 것

　㉡ 인덕턴스가 작을 것

　㉢ 정류주기가 클 것 → 회전속도가 적을 것

　㉣ 보극을 설치할 것 → 전압정류

　㉤ 브러시 접촉저항이 클 것 → 저항정류

　㉥ 리액턴스전압 < 브러시전압 강하

(6) 직류발전기의 종류 및 특성

① 타여자발전기

　㉠ 외부의 직류전원의 여자전류를 이용하여 계자의 자속을 발생시켜 발전

　㉡ 전기자전류(I_a) = 부하전류(I_n) ≠ 계자전류(I_f)

　㉢ $E_a = V_n + I_a \cdot r_a$

　㉣ 운전 시 전압변동이 작아 안정된 운전이 가능

　㉤ 화학공장의 전원 및 실험실전원에 사용

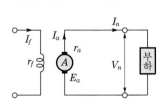

바로바로 풀어보는
기출문제

☑ 문제의 네모칸에 체크를 해보세요. 그 문제가 이해되지 않았다면
✓ 표시를 해서 그 문제는 나중에 다시 풀어 완전하게 숙지하세요(★ : 중요도).

DAY 11
DAY 12
DAY 13
DAY 14
DAY 15
DAY 16
DAY 17
DAY 18
DAY 19
DAY 20

★★★ 기사 16년 2회 / 산업 91년 2회, 01년 2·3회

06 전기자반작용이 직류발전기에 영향을 주는 것을 설명한 것 중 틀린 것은?

① 전기자 중성축을 이동시킨다.
② 자속을 감소시켜 부하 시 전압강하의 원인이 된다.
③ 정류자 편간전압이 불균일하게 되어 섬락의 원인이 된다.
④ 전류의 파형은 찌그러지나 출력에는 변화가 없다.

해설 전기자반작용으로 인한 문제점

㉠ 주자속 감소(감자작용)
㉡ 편자작용에 의한 중성축 이동
㉢ 정류자와 브러시 부근에서 불꽃 발생(정류불량의 원인)

Comment

전기자반작용은 직류기 및 동기기에서 언급하는데 기출문제를 분석해 보면 둘 중 하나는 무조건 출제가 되므로 반드시 외우자.

참고 브러시 이동(로커 이용)

(1) 직류발전기 : 회전방향으로 이동
(2) 직류전동기 : 회전반대방향으로 이동

★★★★ 산업 95년 5·7회, 04년 2회, 06년 3회, 08년 2회, 12년 1·3회(유사), 13년 2회

07 직류기의 양호한 정류를 얻는 조건이 아닌 것은?

① 정류주기를 크게 할 것
② 정류코일의 인덕턴스를 작게 할 것
③ 리액턴스전압을 작게 할 것
④ 브러시 접촉저항을 작게 할 것

해설 저항정류

탄소브러시를 이용한다. 탄소브러시는 접촉저항이 커서 정류 중 개방과 단락 시 브러시의 마모 및 파손을 방지하기 위해 사용한다.

Comment

• 양호한 정류조건은 직류기의 핵심부분이므로 문제가 다수 출제된다. 이를 효과적으로 암기하는 방법은 리액턴스전압식을 외울 때 기호의 의미를 파악하는 것이다.

리액턴스전압 $e_L = L \dfrac{2\,i_c}{T_c}[\text{V}]$

여기서, L : 자기인덕턴스, i_c : 정류전류, T_c : 정류주기

• 헷갈리기 쉬운 내용이므로 무조건 외우자.
– 전기자반작용 방지대책 : 보상권선, 보극
– 정류 개선방법 : 보극, 탄소브러시

★★★★ 93년 5회, 00년 2회, 02년 2회, 08년 1회

08 25[kW], 125[V], 1200[rpm]의 타여자발전기가 있다. 전기자저항(브러시 포함)은 0.04[Ω]이다. 정격상태에서 운전하고 있을 때 속도를 200[rpm]으로 늦추었을 경우 부하전류는 어떻게 변화하는가? (단, 전기자반작용을 무시하고 전기자회로 및 부하저항값은 변하지 않는다고 한다.)

① 33.3   ② 200
③ 1200   ④ 3125

해설

출력 $P_o = V_n I_n[\text{W}]$에서

부하전류 $I_{1200} = \dfrac{P_o}{V_n} = \dfrac{25 \times 10^3}{125} = 200[\text{A}]$

유기기전력 $E_{1200} = V_n + I_{1200} \cdot r_a$
$= 125 + 200 \times 0.04 = 133[\text{V}]$

유기기전력 $E_a = \dfrac{PZ\phi}{a} \dfrac{N}{60} \propto k\phi N$이므로

$E_{200} = \dfrac{N_2}{N_1} \times E_{1200} = \dfrac{200}{1200} \times 133 = 22[\text{V}]$

회전속도 200[rpm]일 경우

부하전류 $I_{200} = \dfrac{E_{200}}{E_{1200}} \times I_{1200}$
$= \dfrac{22}{133} \times 200$
$= 33.3[\text{A}]$

★★★ 기사 93년 5회, 98년 3회, 03년 1회, 04년 3회 / 산업 04년 4회

연관문제 직류발전기의 계자철심에 잔류자기가 없어도 발전을 할 수 있는 발전기는?

① 타여자발전기   ② 분권발전기
③ 직권발전기   ④ 복권발전기

해설

타여자발전기는 외부의 직류전원을 이용하여 계자에 전류를 흘려 여자시키므로 잔류자기가 없어도 발전이 가능하다.

답 ①

정답 06 ④ 07 ④ 08 ①

자주 출제되는
핵심이론

핵심이론은 처음에는 그냥 한 번 읽어주세요.
옆의 기출문제를 풀어본 후 다시 한 번 핵심이론을 읽으면서 암기하세요.

② 자여자발전기

종류	특성	회로도
직권발전기	① $I_a = I_n = I_f$(여기서, I_a : 전기자전류, I_n : 정격(부하)전류, I_f : 계자전류) ② $E_a = V_n + I_a(r_a + r_f)$(여기서, E_a : 유기기전력, V_n : 정격(부하)전압, r_a : 전기자저항, r_f : 계자저항) ③ 무부하운전 시 계자전류가 0이 되어 전압 확립이 안 됨	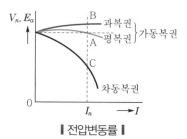
분권발전기	① $I_a = I_f + I$ ② $E_a = V_n + I_a \cdot r_a = I_f \cdot r_f + I_a \cdot r_a$, $V_n = I_f \cdot r_f$ ③ 잔류자기를 이용하여 전압을 확립 ④ 역회전을 할 경우 잔류자기가 소멸하여 발전이 안 됨	
복권발전기	① 가동복권발전기 → 직권발전기(분권계자권선 개방) ② 가동복권발전기 → 분권발전기(직권계자권선 단락) ③ 가동복권발전기 → 차동복권전동기 ④ 차동복권발전기 → 가동복권전동기	

③ 전압변동률

전압변동률 $\varepsilon = \dfrac{V_0 - V_n}{V_n} \times 100 [\%]$

여기서, V_0 : 무부하전압[V], V_n : 정격전압[V]

㉠ $\varepsilon(+)$: 타여자 · 분권 · 부족복권발전기

㉡ $\varepsilon(0)$: 평복권발전기

㉢ $\varepsilon(-)$: 직권 · 과복권발전기

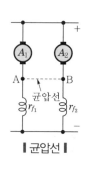

‖ 전압변동률 ‖

(7) 직류발전기의 병렬운전

① 직류발전기의 극성이 같을 것

② 정격(단자)전압이 같을 것

③ 외부특성곡선이 일치할 것(수하특성 : 용접기, 누설변압기, 차동복권기)

④ 직권 및 복권발전기의 경우 균압(모)선을 설치하여 안정된 운전이 가능할 것(직권의 특성을 나타내는 발전기의 경우 전압차가 상대적으로 크게 되면 발생된 전류가 부하로 흐르지 않고 발전기로 유입될 수 있으므로 전압을 맞춰주는 균압(모)선을 설치)

‖ 균압선 ‖

Comment

병렬운전은 직류기, 동기기, 변압기에서 언급하는데 전기기기 20문제에서 시험마다 꼭 출제되고 많을 때에는 3문제까지도 출제된다. 실기에서도 동기기와 변압기는 병렬운전조건을 서술하라고 출제되기도 한다. 엄청 중요하니 꼭 기억하자.

문제의 네모칸에 체크를 해보세요. 그 문제가 이해되지 않았다면
✓ 표시를 해서 그 문제는 나중에 다시 풀어 완전하게 숙지하세요(★ : 중요도).

DAY 11
DAY 12
DAY 13
DAY 14
DAY 15
DAY 16
DAY 17
DAY 18
DAY 19
DAY 20

★ 기사 90년 2회, 98년 7회, 00년 5회, 16년 2회

09 직류분권발전기에 대하여 적은 것 중 옳은 것은?

① 단자전압이 강하하면 계자전류가 증가한다.
② 타여자발전기의 경우보다 외부특성곡선이 상향으로 된다.
③ 분권권선의 접속방법에 관계없이 자기여자로 전압을 올릴 수가 있다.
④ 부하에 의한 전압의 변동이 타여자발전기에 비하여 크다.

해설

분권발전기의 경우 부하 변화 시 계자권선의 전압 및 전류도 변화되므로 전기자전류가 타여자발전기에 비해 크게 변화되므로 전압변동도 크다.

★★★ 산업 91년 6회, 94년 2회

10 직류분권발전기를 역회전하면?

① 발전되지 않는다.
② 정회전 때와 마찬가지이다.
③ 과대전압이 유기된다.
④ 섬락이 일어난다.

해설

자여자발전기의 경우 역회전 시 잔류자기가 소멸되어 발전되지 않는다.

★★ 기사 94년 2회, 15년 3회 / 산업 15년 1회

11 정격전압 100[V], 정격전류 50[A]인 분권발전기의 유기기전력은 몇 [V]인가? (전기자저항 0.2[Ω], 계자전류 및 전기자반작용은 무시)

① 110
② 120
③ 125
④ 127.5

해설

분권발전기 전류관계 $I_a = I_f + I_n$ 에서 계자전류가 0이므로 $I_a = I_n$이다.
유기기전력 $E_a = V_n + I_a r_a$
$\qquad = 100 + 50 \times 0.2 = 110[V]$

★ 산업 04년 2회, 07년 1회

12 가동복권발전기의 내부결선을 바꾸어 직권발전기로 사용하려면?

① 직권계자를 단락시킨다.
② 분권계자를 개방시킨다.
③ 직권계자를 개방시킨다.
④ 외분권 복권형으로 한다.

해설 가동복권

㉠ 분권계자 개방 : 직권발전기
㉡ 직권계자 단락 : 분권발전기

★★★★★ 기사 04년 4회(유사), 15년 1회, 16년 2회

13 200[kW], 200[V]의 직류분권발전기가 있다. 전기자권선의 저항이 0.025[Ω]일 때 전압변동률은 몇 [%]인가?

① 6.0
② 12.5
③ 20.5
④ 25.0

해설

부하전류 $I_n = \dfrac{P}{V_n} = \dfrac{200000}{200} = 1000[A]$
$E_a = V_0$이므로
$E_a = V_n + I_a r_a = 200 + 1000 \times 0.025 = 225[V]$
전압변동률 $\varepsilon = \dfrac{225 - 200}{200} \times 100 = 12.5[\%]$

★★★★ 기사 97년 6회

14 2대의 직류발전기를 병렬운전을 할 때 필요조건 중 틀린 것은?

① 전압의 크기가 같을 것
② 극성이 일치할 것
③ 주파수가 같을 것
④ 외부특성이 수하특성일 것

해설 직류발전기 병렬운전조건

㉠ 발전기의 극성이 같을 것
㉡ 정격(단자)전압이 같을 것
㉢ 외부특성곡선이 일치할 것(수하특성 : 용접기, 누설변압기, 차동복권기)
㉣ 직권·복권발전기의 경우 균압(모)선을 접속할 것

정답 09 ④ 10 ① 11 ① 12 ② 13 ② 14 ③

자주 출제되는
핵심이론

핵심이론은 처음에는 그냥 한 번 읽어주세요.
옆의 기출문제를 풀어본 후 다시 한 번 핵심이론을 읽으면서 암기하세요.

2 직류전동기

(1) 직류전동기의 이론

① 플레밍의 왼손법칙(전동기법칙) $F = BIl[\text{N}]$

　여기서, F : 힘, B : 자속밀도, I : 전류, l : 도체길이

② 역기전력 $E_c = \dfrac{PZ\phi}{a}\dfrac{N}{60} = k\phi N[\text{V}]\left(k = \dfrac{PZ}{a60}\right)$

　여기서, P : 극수, Z : 도체수, ϕ : 극당 자속, N : 분당회전수

　　　　a : 병렬회로수, k : 기계적 상수

　역기전력과 단자전압 $E_c = V_n - I_a \cdot r_a[\text{V}]$

③ 회전속도 $n = k\dfrac{E_c}{\phi} = k\dfrac{V_n - I_a \cdot r_a}{\phi}[\text{rps}]$

④ 토크(T) $9.8[\text{N} \cdot \text{m}] = 1[\text{kg} \cdot \text{m}]$

　㉠ $T = \dfrac{PZ\phi I_a}{2\pi a}[\text{N} \cdot \text{m}]$　　　　　　　㉡ $T = 0.975\dfrac{P_0}{N}[\text{kg} \cdot \text{m}]$

(2) 직류전동기의 특성

구분	타여자전동기	직권전동기	분권전동기
회로도			
전류특성	$I_n = I_a,\ I_f$	$I_a = I_f = I_n$	$I_a = I_n - I_f$
전압특성	$E_c = V_n - I_a \cdot r_a$	$E_c = V_n - I_a(r_a + r_f)$	$E_c = V_n - I_a \cdot r_a$
속도특성	$n = k\dfrac{V_n - I_a \cdot r_a}{\phi}$	$n = \dfrac{V_n - I_a(r_a + r_f)}{\phi}$	$n \propto k\dfrac{V_n - I_a \cdot r_a}{\phi}$
토크특성	$T \propto I_a \propto \dfrac{1}{n}$	$T \propto I_a^2 \propto \dfrac{1}{n^2}$	$T \propto I_a \propto \dfrac{1}{n}$
특성곡선			
전원극성변환	역방향으로 회전 (전기자전원만 변화)	회전방향 불변	회전방향 불변
위험상태	–	정격전압, 무부하	정격전압, 무여자

DAY 11
DAY 12
DAY 13
DAY 14
DAY 15
DAY 16
DAY 17
DAY 18
DAY 19
DAY 20

☑ 문제의 네모칸에 체크를 해보세요. 그 문제가 이해되지 않았다면
✓ 표시를 해서 그 문제는 나중에 다시 풀어 완전하게 숙지하세요(★ : 중요도).

★★ 산업 94년 2회, 95년 4회, 96년 6회, 00년 5회, 03년 4회

15 직류분권전동기가 있다. 도체수 100, 단중파권으로 자극수 4, 자속수 3.14[Wb]이다. 여기에 부하를 걸어 전기자에 5[A]의 전류가 흐르고 있다면 토크[N·m]는 약 얼마인가?

① 400 　　　 ② 450
③ 500 　　　 ④ 550

🔧 해설

파권이므로 $a = 2$

토크 $T = \dfrac{PZ\phi I_a}{2\pi a} = \dfrac{4 \times 100 \times 3.14 \times 5}{2 \times 3.14 \times 2}$
　　　 $= 500[\text{N} \cdot \text{m}]$

★ 기사 13년 3회 / 산업 90년 6회, 93년 5회, 96년 6회, 12년 2회(유사)

16 직류전동기가 부하전류 100[A]일 경우 1000[rpm]으로 12[kg·m]의 토크를 발생하고 있다. 부하를 감소시켜 60[A]로 되었을 때 토크[kg·m]는 얼마인가? (직류전동기는 직권이다.)

① 4.32 　　　 ② 7.2
③ 20.07 　　　 ④ 33.3

🔧 해설

직권전동기의 특성 $T \propto I_a^2 \propto \dfrac{1}{n^2}$

$12 : T = 100^2 : 60^2$

토크 $T = \left(\dfrac{60}{100}\right)^2 \times 12 = 4.32[\text{kg} \cdot \text{m}]$

★ 기사 91년 6회, 95년 5회, 99년 3회, 05년 2회

17 전기자저항 0.3[Ω], 직권계자권선의 저항 0.7[Ω]의 직권전동기에 110[V]를 가하였더니 부하전류가 10[A]이었다. 이때 전동기의 속도[rpm]는? (단, 기계정수는 2이다.)

① 1200 　　　 ② 1500
③ 1800 　　　 ④ 3600

🔧 해설

직권전동기($I_a = I_f = I_n$)는 $\phi \propto I_a$이기 때문에 회전속도를 구하면 다음과 같다.

$n = 2.0 \times \dfrac{110 - 10 \times (0.3 + 0.7)}{10} = 20[\text{rps}]$

회전속도 $N = 60n = 60 \times 20 = 1200[\text{rpm}]$

★★★ 산업 95년 2회, 00년 3회

18 직권전동기의 전원극성을 반대로 하면?

① 회전방향이 변한다.
② 회전방향은 변하지 않는다.
③ 속도가 증가한다.
④ 발전기로 된다.

🔧 해설

자여자전동기는 전원 극성을 반대로 접속해도 회전방향은 변하지 않는다(역회전 운전 : 전기자권선만의 접속을 교체).

★★★★ 기사 12년 1회

19 다음 (　　) 안에 알맞은 내용은?

> 직류전동기의 회전속도가 위험한 상태가 되지 않으려면 직권전동기는 (　㉠　) 상태로, 분권전동기는 (　㉡　)상태가 되지 않도록 하여야 한다.

① ㉠ 무부하, ㉡ 무여자
② ㉠ 무여자, ㉡ 무부하
③ ㉠ 무여자, ㉡ 경부하
④ ㉠ 무부하, ㉡ 경부하

🔧 해설 **전동기의 위험상태**

㉠ 직권전동기 : 정격전압, 무부하
㉡ 분권전동기 : 정격전압, 무여자

★★★ 산업 95년 6회, 00년 6회, 03년 4회, 05년 2회, 16년 1회

20 직류분권전동기의 계자저항을 운전 중에 증가하면?

① 전류는 일정 　　② 속도가 감소
③ 속도가 일정 　　④ 속도가 증가

🔧 해설

계자저항 증가 → 계자전류 감소 → 자속 감소 → 속도 증가

★★ 기사 90년 6회, 98년 6회, 99년 7회, 00년 6회, 02년 3회

21 120[V] 전기자전류 100[A], 전기자저항 0.2[Ω]인 분권전동기의 발생동력[kW]은?

① 10 　　　 ② 9
③ 8 　　　 ④ 7

🔧 해설

㉠ 역기전력
　$E_c = V_n - I_a \cdot r_a = 120 - 100 \times 0.2 = 100[\text{V}]$
㉡ 발생동력
　$P_0 = E_c \cdot I_a = 100 \times 100 = 10000[\text{W}] = 10[\text{kW}]$

정답 　**15** ③ **16** ① **17** ① **18** ② **19** ① **20** ④ **21** ①

자주 출제되는
핵심이론

🔍 핵심이론은 처음에는 그냥 한 번 읽어주세요.
옆의 기출문제를 풀어본 후 다시 한 번 핵심이론을 읽으면서 암기하세요.

(3) 속도제어법

회전속도 $n = k\dfrac{E_c}{\phi} = k\dfrac{V_n - I_a \cdot r_a}{\phi}$ [rps]

여기서,
R_a : 전기자측 가변저항
R_f : 계자측 가변저항

① 속도제어법의 구분

전압제어법	① 광범위한 속도제어가 용이하고 효율이 높은 것이 특징 ② 워드 레오나드방식 : 권상기, 압연기, 엘리베이터 등에 사용 ③ 일그너방식 : 플라이휠을 사용(부하변동이 심한 곳)
계자제어법	① 정출력제어 ② 계자전류가 적어 손실 적음
저항제어법	① 전기자회로에 삽입된 가변저항을 조정하여 속도를 제어 ② 제어가 용이하고 보수 및 점검이 쉽고 가격이 저렴함 ③ 전력손실이 크고, 전압강하가 커져서 속도변동률이 크게 나타남

② 속도변동률

㉠ 속도변동률 $\varepsilon_n = \dfrac{N_0 - N_n}{N_n} \times 100 [\%]$

여기서, N_0 : 무부하속도[V], N_n : 정격속도[V]

㉡ 속도변동률이 큰 순서 : 직권전동기 > 가(화)동복권전동기 > 분권전동기 > 차동복권전동기

(4) 직류전동기의 기동

① 기동전류 $I_{start} = \dfrac{V_n}{r_a + R}$ [A]

여기서, V_n : 단자전압[V], r_a : 전기자저항[Ω], R : 기동저항[Ω]

② 기동전류 작게 → 기동저항(R)을 최대

③ 기동토크 크게 → 계자측 가변저항(R_f)을 최소(또는 0)로 자속을 크게 발생

3 직류기의 손실 및 효율

손실	① 동손 : 부하전류의 제곱에 비례하여 변화 ② 철손 ㉠ 히스테리시스손 + 와류손 ㉡ 규소강판을 성층철심의 형태로 철심이 제작	
효율	① 실측효율 $\eta = \dfrac{출력}{입력} \times 100[\%]$ ② 규약효율 ㉠ 발전기 $\eta = \dfrac{출력}{출력 + 손실} \times 100[\%]$ ㉡ 전동기 $\eta = \dfrac{입력 - 손실}{입력} \times 100[\%]$	
최대효율조건	① 무부하손(고정손)=부하손(가변손) ② 철손(P_i)=동손(P_c)	

DAY 11
DAY 12
DAY 13
DAY 14
DAY 15
DAY 16
DAY 17
DAY 18
DAY 19
DAY 20

✅ 문제의 네모칸에 체크를 해보세요. 그 문제가 이해되지 않았다면
✓ 표시를 해서 그 문제는 나중에 다시 풀어 완전하게 숙지하세요(★ : 중요도).

★★★★★ 산업 05년 3회, 06년 2회

22 다음 중 직류전동기의 속도제어방법에 속하지 않는 것은?

① 저항제어법
② 전압제어법
③ 계자제어법
④ 2차 여자법

해설 직류전동기의 속도제어방법

회전속도 $n = k\dfrac{V_n - I_a \cdot r_a}{\phi}$

㉠ 전압제어법(V_n 조정)
㉡ 계자제어법(ϕ 조정)
㉢ 저항제어법(r_a 조정)

Comment

회전속도식을 꼭 외워야 한다. 식을 찾는 문제가 나올 수 있고 식을 외우면 속도제어방법에 관한 문제도 풀 수 있다.

참고

직권전동기는 직·병렬제어를 통한 속도제어도 가능하다.

★ 산업 04년 2회

23 직류전동기를 전부하전류 이하 동일 전류에서 운전할 경우 회전수가 큰 순서대로 나열한 것은?

① 직권, 화(가)동복권, 분권, 차동복권
② 직권, 차동복권, 분권, 분권화동(가동)복권
③ 차동복권, 분권, 화(가)동복권, 직권
④ 화(가)동복권, 분권, 차동복권, 직권

해설

전부하전류 이하에 전류가 흐를 경우 자속이 상대적으로 작아져 회전속도는 증가한다. 이때 자속에 크게 영향을 받는 전동기의 경우 회전속도가 크게 나타나는데 발생토크가 큰 전동기가 회전수가 더 크다.
차동복권 → 분권 → 가(화)동복권 → 직권

참고 속도변동률

(1) $\varepsilon = \dfrac{N_0 - N_n}{N_n} \times 100[\%]$

(2) 속도변동률이 큰 순서
① 직권전동기
② 가(화)동복권전동기
③ 분권전동기
④ 차동복권전동기
(3) 속도변동률이 큰 직권전동기는 부하변동이 심한 부하에 사용 (전동차, 기중기 등)

★★★★ 산업 96년 5회, 00년 2회, 01년 2회, 02년 2회, 04년 4회, 06년 3회

24 직류전동기에 대한 설명 중 바르게 설명한 것은?

① 전동차용 전동기는 차동복권전동기이다.
② 직권전동기가 운전 중 무부하로 되면 위험속도가 된다.
③ 부하변동에 대하여 속도변동이 가장 큰 직류전동기는 분권전동기이다.
④ 직류직권전동기는 속도조정이 어렵다.

해설 직권전동기

㉠ 전동차용 전동기는 작은 전류로 큰 토크를 발생시킬 수 있는 직권전동기로 사용한다.
㉡ 부하변동에 대해 속도변동이 가장 큰 전동기이다.
㉢ 위험상태 : 정격전압, 무부하
㉣ 회전속도 $n \propto k\dfrac{E_c}{\phi}$
㉤ 운전 중에 무부하 시 계자전류는 0이 되어 과속도로 된다.

참고 전동기 기동 시

계자저항 감소 → 계자전류 증가 → 자속 증가 → 토크 증가

★★★★★ 산업 91년 5회, 98년 2회, 03년 2회

25 직류기의 효율이 최대가 되는 경우는?

① 와류손=히스테리시스손
② 기계손=전기자동손
③ 전부하동손=철손
④ 고정손=부하손

해설

효율 $\eta = \dfrac{V_n I_n}{V_n I_n + P_i + P_c} \times 100[\%]$에서 최대효율은

$\dfrac{d\eta}{dI} = 0$이다. 최대효율조건은 다음과 같다.

무부하손(고정손)=부하손(가변손)

정답 22 ④ 23 ① 24 ② 25 ④

학습목표
• 동기발전기의 종류별 특성, 단락비, 병렬운전 시 주의사항 등에 대해 이해한다.
• 동기전동기의 용도 및 특성에 대해 이해한다.
• 동기조상기의 특성을 알고 무효전력 조정에 대해 이해한다.

출제율 20%

제2장 | 동기기

1 동기발전기

(1) 동기발전기의 구조 및 특징

① 회전자에 따른 분류

회전계자형	① 계자회로는 직류소요전력이 적음 ② 기계적 특성이 우수하여 장시간 사용 가능 ③ 대용량 부하에 적합하고 전기자권선의 결선 복잡
회전전기자형	① 대전력용으로 제작이 어려움 ② 저전압·소용량에 사용
유도자형	고주파발전기, 유도발전기로 사용

② 회전자형태에 따른 분류

구분	돌극형 발전기	비돌극형 발전기
회전자형태	▮돌극형▮	▮비돌극형▮
회전속도	저속도기	고속도기
극수	다극기	2극 또는 4극
냉각방식	공기냉각방식	수소냉각방식
적용	수차발전기	터빈발전기
최대출력 부하각	60°	90°

참고 수소냉각방식

(1) 전폐형으로 수소가스를 이용하여 냉각
(2) 공기에 비해 냉각효과가 크기 때문에 기기치수를 25[%] 작게 제작 가능
(3) 산화현상이 적어 절연능력이 장시간 유지
(4) 공기와 혼합 시 폭발의 우려가 있으므로 수소가스 순도를 85[%] 이상 유지

③ 동기속도

$$N_s = \frac{120f}{P}[\text{rpm}]\left(n_s = \frac{2f}{P}[\text{rps}]\right)$$

여기서, f : 주파수[Hz], P : 자극수, N_s : 동기속도(분당)[rpm], n_s : 동기속도(초당)[rps]

④ 전기자권선법

구분	분포권	단절권
특성	① 집중권에 비해 유기기전력은 감소 ② 기전력의 고조파가 감소하여 파형 개선 ③ 권선의 누설리액턴스가 감소 ④ 열방산효과가 양호	① 전절권에 비해 유기기전력은 감소 ② 고조파를 제거하여 기전력의 파형 개선 ③ 기기치수가 감소 및 구리사용량 감소
관련 식	① 분포권계수 $K_d = \dfrac{\sin\dfrac{\pi}{2m}}{q\sin\dfrac{\pi}{2mq}}$ ② 매극 매상당 슬롯수 $q = \dfrac{\text{총 슬롯수}}{\text{상수}\times\text{극수}}$	① 단절권계수 $K_p = \sin\dfrac{\beta\pi}{2}$ ② 단절계수 $\beta = \dfrac{\text{코일피치}}{\text{극피치}}$

✓ 문제의 네모칸에 체크를 해보세요. 그 문제가 이해되지 않았다면
✓ 표시를 해서 그 문제는 나중에 다시 풀어 완전하게 숙지하세요(★ : 중요도).

DAY 11
DAY 12
DAY 13
DAY 14
DAY 15
DAY 16
DAY 17
DAY 18
DAY 19
DAY 20

★★★★★ 산업 99년 3회, 04년 4회, 05년 1회(추가), 13년 2회(유사), 14년 2회, 16년 2·3회(유사)

26 보통 회전계자형으로 하는 전기기기는?

① 직류발전기　　② 회전변류기
③ 동기발전기　　④ 유도발전기

🔍 **해설**

㉠ 회전계자형 : 동기발전기(교류발전기)
㉡ 회전전기자형 : 직류발전기

★★★ 기사 14년 3회 / 산업 91년 6회, 00년 3회, 03년 1회

27 동기발전기에 회전계자형을 쓰는 경우가 많다. 그 이유에 적합하지 않은 것은?

① 전기자보다 계자극을 회전자로 하는 것이 기계적으로 튼튼하다.
② 기전력의 파형을 개선한다.
③ 전기자권선은 고전압으로 결선이 복잡하다.
④ 계자회로는 직류 저전압으로 소요전력이 적다.

🔍 **해설**

분포권, 단절권을 사용하여 기전력의 파형을 개선한다.

★★ 산업 90년 6회, 92년 1회, 98년 3회, 01년 1회, 13년 3회

28 3상 동기발전기의 전기자권선을 Y결선하는 이유로서 적당하지 않는 것은?

① 출력을 더욱 증대할 수 있다.
② 권선의 코로나현상이 적다.
③ 고조파 순환전류가 흐르지 않는다.
④ 권선의 보호 및 이상전압의 방지대책이 용이하다.

🔍 **해설** 전기자권선을 Y결선하는 이유

㉠ 중성점을 접지하여 선로에 제3고조파가 나타나지 않는다.
㉡ 선간전압에 비해 상전압이 $\frac{1}{\sqrt{3}}$ 배가 되어 권선의 절연이 용이하다.
㉢ 지락고장 시 지락전류 검출이 용이하여 보호계전기를 고속도로 동작시킬 수 있다.
㉣ 코로나 및 열화가 적어 수명이 길다.

★★★ 기사 13년 1회 / 산업 91년 3회, 98년 5회, 00년 5회

29 동기기의 전기자권선법 중 단절권, 분포권으로 하는 이유 중 가장 중요한 목적은?

① 높은 전압을 얻기 위해서
② 일정한 주파수를 얻기 위해서
③ 좋은 파형을 얻기 위해서
④ 효율을 좋게 하기 위해서

🔍 **해설**

분포권, 단절권을 사용하는 이유는 고조파를 제거하여 기전력의 파형을 개선하기 위함이다.

★★★★★ 기사 05년 3회, 13년 2·3회, 15년 2회 / 산업 01년 3회, 03년 3회, 06년 2회, 15년 1회

30 3상 동기발전기의 매극 매상의 슬롯수가 3이라고 하면 분포계수는?

① $\sin\frac{2\pi}{3}$ 　　② $\sin\frac{3\pi}{2}$

③ $6\sin\frac{\pi}{18}$ 　　④ $\frac{1}{6\sin\frac{\pi}{18}}$

🔍 **해설**

$$K_d = \frac{\sin\frac{\pi}{2m}}{q\sin\frac{\pi}{2mq}} = \frac{\sin\frac{\pi}{6}}{3\sin\frac{\pi}{2\times3\times3}} = \frac{1}{6\sin\frac{\pi}{18}}$$

★★★★ 기사 92년 5회, 05년 1회(추가) / 산업 98년 3회, 04년 4회, 08년 1회, 12년 1회

31 3상 6극 슬롯수 54의 동기발전기가 있다. 어떤 전기자코일의 두 변이 제1슬롯과 제8슬롯에 들어있다면 기본파에 대한 단절권계수는 얼마인가?

① 0.9983　　② 0.9948
③ 0.9749　　④ 0.9397

🔍 **해설**

㉠ 단절계수 $\beta = \dfrac{\text{코일피치}}{\text{극피치}} = \dfrac{8-1}{\frac{54}{6}} = \dfrac{7}{9}$

㉡ 단절권계수 $K_p = \sin\dfrac{\beta\pi}{2} = \sin\dfrac{\frac{7}{9}\pi}{2} = 0.9397$

정답　26 ③　27 ②　28 ①　29 ③　30 ④　31 ④

자주 출제되는

핵심이론

핵심이론은 처음에는 그냥 한 번 읽어주세요.
옆의 기출문제를 풀어본 후 다시 한 번 핵심이론을 읽으면서 암기하세요.

(2) 동기발전기의 특성

① 유기기전력 $E = Blv[\text{V}]$

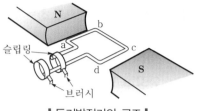

┃ 동기발전기의 구조 ┃

㉠ 자속밀도

$$B = \frac{\phi_{총자속}}{A} = \frac{P\phi}{\pi Dl}\,[\text{Wb/m}^2]$$

㉡ 도체길이 $l[\text{m}]$

㉢ 주변속도

$$v = \pi DN_s \frac{1}{60} = \pi D \frac{2f}{P}\,[\text{m/sec}]$$

㉣ 파형률 $= \dfrac{실효값}{평균값}$ → 실효값 = 파형률 × 평균값(정현파의 파형률 1.11 적용)

㉤ 1상의 유기기전력 $E = 4.44\,k_w\,f\,N\phi[\text{V}]$

㉥ 3상의 경우 단자전압 $V_n = \sqrt{3} \times 4.44\,k_w\,f\,N\phi[\text{V}]$

② 전기자반작용 : 전기자전류에 의한 자속 중에서 공극을 지나 계자에서 만들어지는
주자속에 영향을 미치는 현상

㉠ 전기자반작용의 구분

구 분		내 용	그 림
교차자화작용	I_a가 E_a와 동상일 때	① 횡축 반작용 : $I_n\cos\theta$ ② 자속량의 변화가 없음	증자 N 감자 S N 증자
감자작용	I_a가 E_a에 지상일 때	① 직축 반작용 : $I_n\sin\theta$ ② 자속 감소 → 기전력 감소	감자 감자 S 감자 N 감자 S
증자작용	I_a가 E_a에 진상일 때	① 직축 반작용 : $I_n\sin\theta$ ② 자속 증가 → 기전력 증가	증자 증자 N S

㉡ 기전력에 비해 일정한 위상차를 유지하는 전류가 흐를 경우

• 유효분 $I_n\cos\theta$에 의해 교차자화작용 발생

• 무효분 $I_n\sin\theta$에 의해 늦은 역률일 경우 감자작용, 앞선 역률일 경우 증자작용

• 전기자권선에 의해 만들어지는 동기리액턴스 x_s는 계자와 쇄교하는 부분인
전기자반작용 리액턴스 x_a와 전기자 자신에게만 쇄교하는 누설리액턴스 x_l로
구분한다. 즉, $x_s = x_a + x_l$로 이루어짐

문제의 네모칸에 체크를 해보세요. 그 문제가 이해되지 않았다면
✓ 표시를 해서 그 문제는 나중에 다시 풀어 완전하게 숙지하세요(★ : 중요도).

DAY 11
DAY 12
DAY 13
DAY 14
DAY 15
DAY 16
DAY 17
DAY 18
DAY 19
DAY 20

★★ 기사 90년 2회, 95년 5회 / 산업 03년 2회, 04년 3회, 07년 1회, 08년 3회, 12년 2회

32 60[Hz], 12극, 회전자 외경 2[m]의 동기발전기에 있어서 자극면의 주변속도[m/s]는 대략 얼마인가?

① 30   ② 40
③ 50   ④ 60

해설

주변속도 $v = \pi D N_s \dfrac{1}{60} = \pi D \dfrac{2f}{P}$ [m/sec]

여기서, D : 회전자 외경
　　　　P : 극수

$v = \pi D n_s = \pi D \times \dfrac{2f}{P}$

$= 3.14 \times 2 \times \dfrac{2 \times 60}{12}$

$= 62.8$ [m/s]

★★★★★ 기사 93년 1회, 94년 3회, 97년 2회 / 산업 95년 2회, 05년 1회(추가), 07년 3회

33 6극 성형 접속의 3상 교류발전기가 있다. 1극의 자속이 0.16[Wb], 회전수 1000[rpm], 1상의 권수 186, 권선계수 0.96이면 주파수와 단자전압은 얼마인가?

① 50[Hz], 6340[V]
② 60[Hz], 6340[V]
③ 50[Hz], 11000[V]
④ 80[Hz], 11000[V]

해설

동기속도 $N_s = \dfrac{120f}{P}$ [rpm]에서

주파수 $f = \dfrac{N_s \times P}{120} = \dfrac{1000 \times 6}{120} = 50$ [Hz]

1상의 유기기전력
$E = 4.44 k_w f N \phi$
$= 4.44 \times 0.96 \times 50 \times 186 \times 0.16$
$= 6342.4$ [V]

단자전압 $V_n = \sqrt{3} E$
$= 1.73 \times 6342.4$
$= 10985 ≒ 11000$ [V]

참고

동기속도 $N_s = \dfrac{120f}{P}$ [rpm]

극수에 따른 각 주파수별 동기속도(rpm)					
극수	2	4	6	8	10
50[Hz]	3000	1500	1000	750	600
60[Hz]	3600	1800	1200	900	720

★ 산업 99년 7회, 13년 3회

34 다음 중 동기기에서 동기임피던스값과 실용상 같은 것은? (단, 전기자저항은 무시한다.)

① 전기자 누설리액턴스
② 동기리액턴스
③ 유도리액턴스
④ 등가리액턴스

해설

동기임피던스 $\dot{Z}_s = \dot{r}_a + j(x_a + x_l)$ [Ω]에서

동기리액턴스 $x_s = x_a + x_l$

$\dot{Z}_s = \dot{r}_a + j\dot{x}_s$에서

$|Z_s| = \sqrt{r_a^2 + x_s^2}$ 이고 $r_a \ll x_s$이므로 $|Z_s| ≒ |x_s|$

★★★★ 산업 03년 1회, 15년 1회

35 3상 동기발전기에 3상 전류(평형)가 흐를 때 전기자반작용은 이 전류가 기전력에 대하여 A일 때 감자작용이 되고 B일 때 증자작용이 된다. A, B의 적당한 것은 어느 것인가?

① A : 90° 뒤질 때, B : 90° 앞설 때
② A : 90° 앞설 때, B : 90° 뒤질 때
③ A : 90° 뒤질 때, B : 90° 동상일 때
④ A : 90° 동상일 때, B : 90° 앞설 때

해설

㉠ 감자작용(직축 반작용) : 전기자전류 I_a가 기전력 E보다 위상이 90° 뒤진 경우
㉡ 증자작용(직축 반작용) : 전기자전류 I_a가 기전력 E보다 위상이 90° 앞선 경우

참고 동기발전기 여자방식

(1) 직류 여자방식
(2) 정류기 여자방식
(3) 브러시리스 여자방식

정답 32 ④ 33 ③ 34 ② 35 ①

자주 출제되는
핵심이론

핵심이론은 처음에는 그냥 한 번 읽어주세요.
옆의 기출문제를 풀어본 후 다시 한 번 핵심이론을 읽으면서 암기하세요.

③ 동기발전기의 1상당 등가회로 및 벡터도

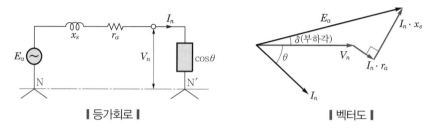

| 등가회로 | | 벡터도 |

㉠ 동기임피던스의 특성

- 동기리액턴스 : 전기자전류가 흘러서 만들어진 전기자반작용 리액턴스 $x_a[\Omega]$ 와 전기자 누설리액턴스 $x_l[\Omega]$의 합

  $\therefore \ x_s = x_a + x_l[\Omega]$

- 동기임피던스 : 동기리액턴스 x_s와 전기자권선의 저항 $r_a[\Omega]$의 합

  $\therefore \ Z_s = r_a + jx_s[\Omega]$

㉡ 전기자권선의 저항 r_a는 동기리액턴스에 비해 너무 작으므로 이를 무시하면 $Z_s \fallingdotseq x_s \, (r_a \ll x_s)$

유기기전력 $E_a = V_n + I_n \cdot x_s[\mathrm{V}]$

여기서, V_n : 정격전압, I_n : 지상전류

유기기전력 $E_a = V_n - I_n \cdot x_s[\mathrm{V}]$

여기서, V_n : 정격전압, I_n : 진상전류

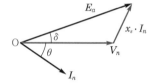

| 등가회로 간이벡터도 |

㉢ 동기발전기의 출력

- 동기발전기 1상당 출력 $P = V_n I_n \cos\theta[\mathrm{kW}]$

- 비돌극형 발전기

  − 출력 $P = \dfrac{E_a V_n}{x_s} \sin\delta[\mathrm{kW}]$

  − 최대출력 부하각 $\delta = 90°$

- 돌극형 발전기

  − 출력 $P = \dfrac{E_a V_n}{x_d} \sin\delta + \dfrac{(x_d - x_q)}{2 x_d x_q} V_n^2 \sin 2\delta[\mathrm{kW}]$

  − 최대출력 부하각 $\delta = 60°$

  − 돌극형의 경우 : $x_d \gg x_q$(여기서, x_d : 직축 리액턴스, x_q : 횡축 리액턴스)

 Comment

동기발전기의 출력에서 돌극형은 10년에 1번 나올까 말까 한다. 굳이 외울 필요는 없다. 하지만 비돌극형 출력은 자주 출제되고 전력공학에서는 기호만 약간 변화시켜 송전전력이나 안정도 등에서 사용되므로 반드시 외워야 한다.

DAY
11
DAY
12
DAY
13
DAY
14
DAY
15
DAY
16
DAY
17
DAY
18
DAY
19
DAY
20

★★ 　기사 97년 2회 / 산업 93년 3회, 06년 1회

36 3상 동기발전기의 1상의 유도기전력 120[V], 반작용리액턴스 0.2[Ω]이다. 90° 진상전류 20[A]일 때의 발전기 단자전압[V]은? (단, 기타는 무시한다.)

① 116　　　　② 120

③ 124　　　　④ 140

⛏ 해설 동기발전기의 전류위상에 따른 전압관계

부하전류가 지상전류일 경우 $E_a = V_n + I_n \cdot x_s$[V]
부하전류가 진상전류일 경우 $E_a = V_n - I_n \cdot x_s$[V]
90° 진상전류 20[A]일 때 발전기 단자전압

$$V_n = E_a + I_n \cdot x_s$$
$$= 120 + 20 \times 0.2 = 124[V]$$

★★★　산업 91년 7회, 95년 5회

37 비돌극형 동기발전기의 단자전압(1상)을 V, 유도기전력(1상)을 E, 동기리액턴스를 X_s, 부하각을 δ라 하면, 1상의 출력은 대략 얼마인가?

① $\dfrac{EV}{X_s}\cos\delta$

② $\dfrac{EV}{X_s}\sin\delta$

③ $\dfrac{E^2 V}{X_s}\sin\delta$

④ $\dfrac{EV^2}{X_s}\cos\delta$

⛏ 해설 동기발전기의 출력

㉠ 비돌극기의 출력

$$P = \dfrac{EV}{X_s}\sin\delta[W]$$

(최대출력이 부하각 $\delta = 90°$에서 발생)

㉡ 돌극기의 출력

$$P = \dfrac{EV}{X_d}\sin\delta + \dfrac{V^2(X_d - X_q)}{2X_d X_q}\sin2\delta[W]$$

(최대출력이 부하각 $\delta = 60°$에서 발생)

★★★★★　기사 91년 5회, 93년 6회, 13년 2회, 16년 3회(유사) / 산업 92년 6회

38 동기리액턴스 $x_s = 10[Ω]$, 전기자권선 저항 $r_a = 0.1[Ω]$, 유도기전력 $E = 6400[V]$, 단자전압 $V = 4000[V]$, 부하각 $\delta = 30°$이다. 3상 동기발전기의 출력[kW]은? (단, 1상값이다.)

① 1280　　　　② 3840

③ 5560　　　　④ 6650

⛏ 해설

동기임피던스
$$|Z_s| = \sqrt{r_a^2 + x_s^2} = \sqrt{0.1^2 + 10^2} = 10$$
동기발전기의 1상 출력
$$P_1 = \dfrac{EV}{|Z_s|}\sin\delta \times 10^{-3}[kW]$$
3상 출력은 1상 출력의 3배이므로
$$P = 3P_1$$
$$= 3 \times \dfrac{EV}{|Z_s|}\sin\delta \times 10^{-3}$$
$$= 3 \times \dfrac{6400 \times 4000}{10}\times\sin30° \times 10^{-3}$$
$$= 3840[kW]$$

★★★★★　기사 90년 2회, 91년 7회, 98년 7회, 00년 6회, 01년 3회, 16년 1회(유사)

39 다음 3상 69000[kVA], 13800[V], 2극, 3600[rpm]인 터빈발전기 정격전류[A]는 얼마인가?

① 5421

② 3260

③ 2887

④ 1967

⛏ 해설

정격용량 $P = \sqrt{3}\,V_n I_n$[kVA]
여기서, V_n : 정격전압[V]
　　　　I_n : 정격전류[A]

정격전류 $I_n = \dfrac{P}{\sqrt{3}\,V_n}$

$$= \dfrac{69000}{\sqrt{3}\times13.8}$$
$$= 2886.83 ≒ 2887[A]$$

정답 　36 ③　37 ②　38 ②　39 ③

자주 출제되는

핵심이론

핵심이론은 처음에는 그냥 한 번 읽어주세요.
옆의 기출문제를 풀어본 후 다시 한 번 핵심이론을 읽으면서 암기하세요.

(3) 단락비

① 무부하시험
  ㉠ 3상 동기발전기를 개방 또는 무부하상태에서 정격전압이 될 때까지 필요한 계자전류
  ㉡ 포화율 : 무부하 포화곡선과 공극선의 비율로 발전기의 포화 정도를 나타냄
② 단락시험 : 3상 동기발전기를 단락하고 정격전류가 될 때까지의 필요한 계자전류
  ㉠ 돌발단락전류는 처음엔 크나 시간이 지나면 점차 감소하여 일정
    → 돌발단락전류 억제 : 전기자 누설리액턴스
  ㉡ 지속단락전류 $I_s = \dfrac{E_a}{x_s}$ [A]
    → 지속단락전류의 크기가 변하지 않으면서 직선적인 것은 전기자반작용 때문
  ㉢ %동기임피던스 $\%Z_s = \dfrac{I_n \cdot Z_s}{E} \times 100 = \dfrac{P \cdot Z_s}{10 \cdot E^2}$ [%]

③ 단락비(K_s) : 정격속도에서 무부하 정격전압 V_n[V]를 발생시키는 데 필요한 계자전류 $I_f{}'$[A]와 정격전류 I_n[A]와 같은 지속단락전류가 흐르도록 하는 데 필요한 계자전류 $I_f{}''$[A]의 비

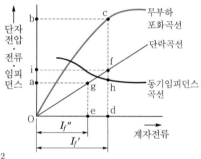

┃ 단락비 특성곡선 ┃

$$K_s = \dfrac{I_f{}'}{I_f{}''} = \dfrac{\mathrm{Od}}{\mathrm{Oe}}$$

  ㉠ $K_s = \dfrac{I_f{}'}{I_f{}''} = \dfrac{I_s}{I_n} = \dfrac{100}{\%Z_s} = \dfrac{1}{Z_s[\mathrm{p.u}]} = \dfrac{10^3 V^2}{P Z_s}$

  ㉡ 단락비가 큰 기계의 특징
    • 철기계, 수차발전기(1.2 정도), 터빈발전기(0.6~1.0)
    • 동기임피던스가 작다.
    • 전기자반작용이 작다.
    • 전압변동률이 작다.
    • 공극이 크다.
    • 안정도가 높다.
    • 철손이 크다.
    • 효율이 나쁘다.
    • 가격이 비싸다.
    • 선로에 충전용량이 크다.
    • 기계의 크기와 중량이 크다.

바로바로 풀어보는
기출문제

문제의 네모칸에 체크를 해보세요. 그 문제가 이해되지 않았다면
✓ 표시를 해서 그 문제는 나중에 다시 풀어 완전하게 숙지하세요(★ : 중요도).

DAY 11
DAY 12
DAY 13
DAY 14
DAY 15
DAY 16
DAY 17
DAY 18
DAY 19
DAY 20

★★★★ 기사 16년 2회 / 산업 98년 4회, 04년 1회, 07년 2회, 08년 1회, 13년 2회, 16년 3회

40 발전기의 단락비나 동기임피던스를 산출하는 데 필요한 시험은?

① 무부하 포화시험과 3상 단락시험
② 정상, 영상, 리액턴스의 측정시험
③ 돌발단락시험과 부하시험
④ 단상 단락시험과 3상 단락시험

해설 동기발전기의 특성시험

무부하 포화시험, 3상 단락시험

★★ 기사 02년 4회 / 산업 94년 2회, 14년 1회

41 그림은 3상 동기발전기의 무부하 포화곡선이다. 이 발전기의 포화율은 얼마인가?

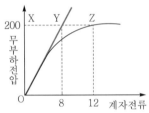

① 0.5
② 1.5
③ 0.8
④ 0.9

해설

$\overline{OY}$: 공극선, $\overarc{OZ}$: 무부하 포화곡선

포화율 $= \dfrac{\overline{YZ}}{\overline{XY}}$

$= \dfrac{12-8}{8} = 0.5$

★★★ 기사 94년 7회, 03년 3회 / 산업 91년 6회, 95년 6회, 04년 2회, 06년 2회, 09년 1회

42 발전기의 단자 부근에서 단락이 일어났다고 하면 단락전류는?

① 계속 증가한다.
② 발전기가 즉시 정지한다.
③ 일정한 큰 전류가 흐른다.
④ 처음은 큰 전류이나 점차로 감소한다.

해설

동기발전기의 단자 부근에서 단락이 일어나면 처음에는

큰 전류가 흐르나 전기자반작용의 누설리액턴스에 의해 점점 작아져 지속단락전류가 흐른다.

★ 기사 93년 4회

43 정격용량 12000[kVA], 정격전압 6600[V]의 3상 교류발전기가 있다. 무부하곡선에서의 정격전압에 대한 계자전류는 280[A], 3상 단락곡선에서의 계자전류 280[A]에서의 단락전류는 920[A]이다. 이 발전기의 단락비와 동기임피던스[Ω]는 얼마인가?

① 단락비=1.14, 동기임피던스=7.17[Ω]
② 단락비=0.876, 동기임피던스=7.17[Ω]
③ 단락비=1.14, 동기임피던스=4.14[Ω]
④ 단락비=0.876, 동기임피던스=4.14[Ω]

해설

정격전류 $I_n = \dfrac{P}{\sqrt{3}\,V_n}$

$\qquad = \dfrac{12000 \times 10^3}{\sqrt{3} \times 6600} = 1049.758[A]$

단락비 $K_s = \dfrac{I_s}{I_n}$

$\qquad = \dfrac{920}{1049.758} = 0.876$

동기임피던스 $Z_s = \dfrac{E}{I_s} = \dfrac{\dfrac{V_n}{\sqrt{3}}}{I_s}$

$\qquad = \dfrac{\dfrac{6600}{\sqrt{3}}}{920} = 4.141[Ω]$

★★★★★ 기사 94년 2회, 98년 5회, 99년 7회, 03년 1회, 15년 1회 / 산업 00년 6회, 09년 1회

44 전압변동률이 작은 동기발전기는?

① 동기리액턴스가 크다.
② 전기자반작용이 크다.
③ 단락비가 크다.
④ 값이 싸다.

해설 전압변동률

동기발전기의 여자전류와 정격속도를 일정하게 하고 정격부하에서 무부하로 하였을 때에 단자전압의 변동으로서 전압변동률이 작은 기기는 단락비가 크다.

정답 **40** ① **41** ① **42** ④ **43** ④ **44** ③

(4) 자기여자현상 및 안정도 증진 대책

① 자기여자현상의 정의 : 무부하 동기발전기를 장거리 송전선로에 접속한 경우 선로의 충전용량(진상전류)에 의해 발전기가 스스로 여자되어 단자전압이 상승하는 현상

② 자기여자현상의 방지대책
  ㉠ 수전단에 병렬로 리액턴스를 접속하여 진상전류를 보상
  ㉡ 변압기의 자화전류(지상전류)를 선로에 공급
  ㉢ 동기조상기를 부족여자로 운전하여 수전단에 지상전류 공급
  ㉣ 발전기를 2대 이상 모선에 접속하여 운전
  ㉤ 단락비(1.73 이상)가 큰 발전기를 사용

③ 안정도 증진 대책
  ㉠ 정상 과도리액턴스는 작게 하고 단락비를 높게 하여 운전
  ㉡ 자동전압조정기의 속응도를 향상시킴
  ㉢ 회전자의 관성력을 크게 운영
  ㉣ 영상·역상 임피던스를 크게 하여 운전
  ㉤ 관성을 크게 하거나 플라이휠효과를 크게 하여 운전

(5) 원동기의 운전

필요조건	다를 경우
각속도가 균일해야 함	기전력의 크기와 위상에 차이가 생기므로 고조파 횡류가 흐름
속도조정률이 적당해야 함	부하의 분담비율이 다르게 됨

(6) 난조

① 부하가 급변하는 경우 발전기의 회전수가 동기속도 부근에서 진동하는 현상
② 방지책 : 제동권선을 설치

(7) 동기발전기의 특성곡선

① 무부하포화곡선 : 무부하 시의 계자전류 I_f와 유기기전력 E(단자전압, V)와의 관계곡선

② 부하포화곡선 : 정격속도에서 부하전류 및 역률을 일정하게 하였을 때 계자전류(I_f)와 단자전압(V)과의 관계곡선

③ 단락곡선 : 발전기를 단락시킨 상태에서 정격속도로 운전할 때 계자전류(I_f)와 단락전류(I_s)와의 관계곡선

④ 동기임피던스곡선 : 단락전류(I_s)와 유기기전력(E)과의 비를 나타내는 곡선$\left(Z_s = \dfrac{E}{I_s}[\Omega] \right)$

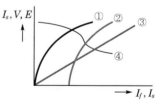

여기서, I_s : 단락전류 [A]
V : 단자전압 [V]
E : 유기기전력 [V]
I_f : 계자전류 [A]

참고

철심이 포화하면 기전력이 일정한 상태에서 단락곡선이 증가되면 동기임피던스는 감소한다.

바로바로 풀어보는
기출문제

문제의 네모칸에 체크를 해보세요. 그 문제가 이해되지 않았다면
✓ 표시를 해서 그 문제는 나중에 다시 풀어 완전하게 숙지하세요(★ : 중요도).

DAY 11
DAY 12
DAY 13
DAY 14
DAY 15
DAY 16
DAY 17
DAY 18
DAY 19
DAY 20

★★★ 기사 91년 2·5회, 05년 4회 / 산업 13년 3회

45 동기발전기의 자기여자현상의 방지법이 아닌 것은?

① 수전단에 리액턴스를 병렬로 접속한다.
② 발전기 2대 또는 3대를 병렬로 모선에 접속한다.
③ 송전선로의 수전단에 변압기를 접속한다.
④ 단락비가 작은 발전기로 충전한다.

해설 자기여자현상의 방지대책

㉠ 수전단에 병렬로 리액터를 설치한다.
㉡ 수전단 부근에 변압기를 설치하여 자화전류를 흘린다.
㉢ 수전단에 부족여자로 운전하는 동기조상기를 설치하여 지상전류를 흘린다.
㉣ 발전기를 2대 이상 병렬로 설치한다.
㉤ 단락비가 큰 기계를 사용한다.

Comment

자기여자현상의 방지대책을 모두 외우기 어렵거나 공부시간이 부족하다면 보기 ④번을 꼭 외우자. 자기여자현상에서 출제된 문제의 다수가 ④번이 답이다.

★★★ 산업 91년 2회, 96년 7회, 14년 1회

46 동기발전기의 안정도를 증진시키기 위하여 설계상 고려할 점으로 틀린 것은?

① 자동전압조정기의 속도를 크게 한다.
② 정상 과도리액턴스 및 단락비를 작게 한다.
③ 회전자의 관성력을 크게 한다.
④ 영상·역상 임피던스를 크게 한다.

해설 안정도를 증진시키는 방법

㉠ 정상 과도리액턴스는 작게 하고 단락비를 크게 한다.
㉡ 자동전압조정기의 속응도를 크게 한다.
㉢ 회전자의 관성력을 크게 한다.
㉣ 영상·역상 임피던스를 크게 한다.
㉤ 관성을 크게 하거나 플라이휠효과를 크게 한다.
㉥ 동기임피던스(동기리액턴스)를 크게 한다.

Comment

안정도를 증진시키는 방법이 많이 있는데 기출문제를 분석해 보면 전기기기에서 답은 다음 3가지만 외우면 된다.

• 단락비가 큰 기기 사용
• 동기임피던스(동기리액턴스)가 큰 기기 사용
• 플라이휠효과가 큰 기기 사용

★ 산업 92년 7회, 94년 6회, 01년 1회(수시), 04년 3회

47 발전기의 부하가 불평형이 되어 발전기의 회전자가 과열 소손되는 것을 방지하기 위하여 설치하는 계전기는?

① 과전압계전기
② 역상 과전류계전기
③ 계자상실계전기
④ 비율차동계전기

해설 역상 과전류계전기

부하의 불평형 시에 고조파가 발생하므로 역상분을 검출할 수 있고 기기 과열의 큰 원인인 과전류의 검출이 가능하다.

참고 (비율)차동계전기

발전기, 변압기, 모선 등의 단락사고로부터 보호

★★★★ 기사 93년 5회, 94년 3회, 02년 1회, 04년 1회, 05년 1회(추가), 14년 1회

48 동기전동기의 제동권선의 효과는 어느 것인가?

① 정지시간의 단축
② 토크의 증가
③ 기동토크의 발생
④ 과부하 내량의 증가

해설

제동권선은 기동토크를 발생시킬 수 있고 난조를 방지하여 안정도를 높일 수 있다.

참고 제동권선

동기기의 회전자 자극 표면에 슬롯을 만들고 단락권선, 즉 유도전동기의 농형 권선과 같은 구조로 불완전한 권선을 설치하여 자극에 슬립이 나타났을 때 전기자의 회전기자력에 의한 슬립주파수의 전류가 이 권선 중에 흘러 공진에 의한 진동을 제동하는 작용을 하는 단락권선이다.

정답 45 ④ 46 ② 47 ② 48 ③

자주 출제되는

핵심이론

핵심이론은 처음에는 그냥 한 번 읽어주세요.
옆의 기출문제를 풀어본 후 다시 한 번 핵심이론을 읽으면서 암기하세요.

(8) 동기발전기의 병렬운전

① 병렬운전의 정의 : 부하에 안정된 전력 공급과 신뢰성을 높이기 위해 2대 이상의 동기
발전기를 모선에 접속하여 부하에 전력을 공급하는 방식을 병렬운전이라고 한다.

② 병렬운전의 조건

 ㉠ 유도기전력의 크기가 같을 것

  • 크기가 다를 경우($E_1 > E_2$)

   – 무효순환전류가 흐름

   – 무효순환전류(무효횡류) $I_0 = \dfrac{E_1 - E_2}{2Z_s}$ [A]

   – G_1기 : I_0는 90° 지상전류 → 감자작용 → 역률 감소

   – G_2기 : I_0는 90° 진상전류 → 증자작용 → 역률 증가

  • 해결방법 : 무효순환전류를 없애기 위해서는 발전기의 여자전류를 조정하여
발생전압의 크기를 같게 운전

 ㉡ 유도기전력의 위상이 같을 것

  • 위상이 다를 경우

   – 유효순환전류(동기화전류)가 흐름

   – 수수전력(주고받는 전력) $P = \dfrac{E^2}{2x_s} \sin\delta$ [kW]

  • 해결방법 : 동기검정등을 이용하여 위상의 일치를 확인한 다음 동기발전기를
모선에 접속하여 운전

 ㉢ 유도기전력의 주파수가 같을 것

  • 주파수가 다를 경우 : 난조 발생

  • 해결방법 : 난조를 없애기 위해서는 원동기의 속도를 조정하여 운전

 ㉣ 유도기전력의 파형이 같을 것

  • 파형이 다를 경우 : 고주파 무효순환전류가 흐름

  • 해결방법 : 발전기에서 발생하는 기전력의 고조파를 제거하여 정현파를 발생
시켜 운전

 ㉤ 유도기전력의 상회전방향이 같을 것

  • 상회전방향이 다를 경우 : 기전력의 상회전방향이 같지 않으면 위상을 측정하
는 기기인 동기검정등으로 측정 시 모두 점등

> **참고** **원동기의 필요조건**
>
> 동기발전기의 병렬운전 시 회전력을 발생시키는 원동기가 가져야 할 조건은 다음과 같다.
> (1) **각속도가 균일해야 함** : 병렬운전하고 있는 동기발전기의 회전수가 서로 같더라도 1회전
> 중의 각속도가 일정하지 않으면 순간적 기전력의 크기와 위상에 차이가 생기므로 고조파
> 횡류가 흘러서 만족한 운전이 어렵다.
> (2) **속도조정률이 적당해야 함** : 부하의 변동에 대해서는 속도조정률이 작은 것이 바람직하나
> 부하의 분담을 원활히 하기 위해서는 적당한 속도조정률을 가져야 한다.

☑ 문제의 네모칸에 체크를 해보세요. 그 문제가 이해되지 않았다면
✓ 표시를 해서 그 문제는 나중에 다시 풀어 완전하게 숙지하세요(★ : 중요도).

★★★★★ 기사 14년 3회 / 산업 92년 7회, 94년 3회, 02년 1회, 06년 2회, 12년 2회, 14년 2회

49 동기발전기의 병렬운전에 필요한 조건이 아닌 것은?

① 유도기전력이 같을 것
② 위상이 같을 것
③ 주파수가 같을 것
④ 용량이 같을 것

해설

3상 동기발전기를 병렬운전을 하고자 하는 경우에는 다음 조건을 만족해야 한다.
㉠ 유기(유도)기전력의 크기가 같을 것
㉡ 위상이 같을 것
㉢ 주파수가 같을 것
㉣ 파형 및 상회전방향이 같을 것

★★★★ 기사 92년 2회, 12년 1(유사)·2회, 14년 2회(유사)

50 병렬운전 중의 A, B 두 발전기 중에서 A발전기의 여자를 B발전기보다 강하게 하면 A발전기는?

① 90° 진상전류가 흐른다.
② 90° 지상전류가 흐른다.
③ 동기화전류가 흐른다.
④ 부하전류가 증가한다.

해설 동기발전기의 병렬운전 중에 여자전류를 다르게 할 경우

㉠ 여자전류가 작은 발전기(기전력의 크기가 작은 발전기) : 90° 진상전류가 흐르고 역률이 높아진다.
㉡ 여자전류가 큰 발전기(기전력의 크기가 큰 발전기) : 90° 지상전류가 흐르고 역률이 낮아진다.

★★★ 산업 93년 6회, 02년 1회

51 병렬운전을 하고 있는 3상 동기발전기에 동기화전류가 흐르는 경우는 어느 때인가?

① 부하가 증가할 때
② 여자전류를 변화시킬 때
③ 부하가 감소할 때
④ 원동기의 출력이 변화할 때

해설

병렬운전 중인 동기발전기 A, B가 같은 부하로 분담하고 운전하고 있는 경우 어떤 원인으로 원동기의 출력이 변화하여 A기의 유기기전력의 위상이 B기보다 앞서는 경우 두 발전기 사이에 순환전류가 흘러 A기는 부하가 증가하여 속도가 감소하고, B기는 부하가 감소하여 속도가 올라가서 결국에는 두 발전기의 전압의 위상은 일치하게 된다. 이때 순환전류를 동기화전류라 한다.

★★★★ 기사 90년 2회, 95년 4회, 97년 6회, 15년 1·3회 / 산업 14년 3회

52 극수 6, 회전수 1200[rpm]의 교류발전기와 병렬운전하는 극수 8의 교류발전기의 회전수[rpm]는?

① 400　　② 500
③ 800　　④ 900

해설

동기발전기의 병렬운전조건에 의해 주파수가 같아야 한다.
동기발전기의 회전속도 $N_s = \frac{120f}{P}$[rpm]

6극 발전기 $1200 = \frac{120f}{6}$ 이므로 주파수 $f = 60$[Hz]
8극 발전기도 $f = 60$[Hz]를 발생시켜야 하므로
$N_s = \frac{120f}{P} = \frac{120 \times 60}{8} = 900$[rpm]

★★★★ 산업 92년 7회, 06년 3회

53 병렬운전 중인 두 대의 기전력의 상차가 30°이고 기전력(선간)이 3300[V], 동기리액턴스 5[Ω]일 때 각 발전기가 주고받는 전력[kW]은?

① 181.5　　② 225.4
③ 326.3　　④ 425.5

해설

1상의 유기기전력
$E = \frac{V_n}{\sqrt{3}} = \frac{3300}{\sqrt{3}} = 1905$[V]
수수전력(주고받는 전력)
$P = \frac{E^2}{2x_s}\sin\delta = \frac{1905^2}{2 \times 5} \times \sin 30° \times 10^{-3}$
$= 181.45$[kW]

정답 49 ④　50 ②　51 ④　52 ④　53 ①

자주 출제되는
핵심이론

핵심이론은 처음에는 그냥 한 번 읽어주세요.
옆의 기출문제를 풀어본 후 다시 한 번 핵심이론을 읽으면서 암기하세요.

2 동기전동기

(1) 동기전동기의 장단점

장점	단점
① 역률 1로 운전이 가능	① 기동토크가 없어 기동장치가 필요
② 필요시 지상, 진상으로 변환 가능	② 구조가 복잡하고 가격이 높음
③ 정속도전동기로 속도가 불변	③ 속도 조정하기가 어려움
④ 타기기에 비해 효율이 양호	④ 난조가 일어나기 쉬움

참고 동기속도

동기속도 $N_s = \dfrac{120f}{P}$[rpm](여기서, f : 주파수, P : 극수)

(2) 동기전동기의 기동법

① 자기기동법 : 회전자의 제동권선을 이용하여 기동토크를 발생시켜 기동하는 방식
② 타전동기기동법 : 기동용 전동기로 유도전동기를 이용하여 기동하는 방법으로 동기
전동기에 비해 2극 적은 전동기를 선정

(3) 동기전동기의 전기자반작용

구 분	내 용
교차자화작용 (동상전류)	전기자전류 I_a가 유기기전력 E_a와 동상일 때 → 횡축 반작용, R 부하인 경우
감자작용 (진상전류)	전기자전류 I_a가 유기기전력 E_a보다 위상이 90° 앞설 때 → 직축 반작용, C 부하인 경우
증자작용 (지상전류)	전기자전류 I_a가 유기기전력 E_a보다 위상이 90° 뒤질 때 → 직축 반작용, L 부하인 경우

3 동기조상기

(1) 동기조상기의 기능

동기전동기를 무부하상태에서 회전시켜 무효전력의 크기를 조절하여 전압 조정 및 역률
을 개선하는 역할

(2) V곡선(위상특성곡선)의 특징

① 계자전류(여자전류) I_f와 전기자전류 I_a간의 관계곡선
② 전기자전류가 최소인 점이 역률 1.0
③ 과여자 시 : 콘덴서(S.C) 역할
④ 부족여자 시 : 분로리액터(Sh.R) 역할
⑤ 출력의 크기 순서 : ⓒ < ⓑ < ⓐ

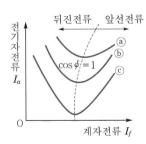

┃ V곡선(위상특성곡선) ┃

바로바로 풀어보는
기출문제

DAY 11
DAY 12
DAY 13
DAY 14
DAY 15
DAY 16
DAY 17
DAY 18
DAY 19
DAY 20

문제의 네모칸에 체크를 해보세요. 그 문제가 이해되지 않았다면
✓ 표시를 해서 그 문제는 나중에 다시 풀어 완전하게 숙지하세요(★ : 중요도).

★★ 기사 97년 7회, 01년 3회, 04년 4회, 15년 2회

54 동기전동기에 관한 설명 중 옳지 않은 것은?

① 기동토크가 작다.
② 유도전동기에 비해 효율이 양호하다.
③ 여자기가 필요하다.
④ 역률을 조정할 수 없으며, 속도는 불변이다.

🔧 해설

동기전동기는 여자전류를 가감하여 역률을 조정할 수 있다.

★ 기사 15년 3회 / 산업 95년 2회, 15년 3회

55 동기기에서 극수와 속도의 관계를 나타내는 곡선은?

① ⓐ
② ⓑ
③ ⓒ
④ ⓓ

🔧 해설

동기속도는 극수와 회전속도에 반비례한다 $\left(N_s = \dfrac{120f}{P}\right)$.

★ 기사 13년 2회, 15년 2회

56 유도전동기로 동기전동기를 기동하는 경우, 유도전동기의 극수는 동기전동기의 극수보다 2극 적은 것을 사용한다. 그 이유는? (단, s는 슬립, N_s는 동기속도이다.)

① 같은 극수일 경우 유도기는 동기속도보다 sN_s만큼 늦으므로
② 같은 극수일 경우 유도기는 동기속도보다 $(1-s)$만큼 늦으므로
③ 같은 극수일 경우 유도기는 동기속도보다 s만큼 빠르므로
④ 같은 극수일 경우 유도기는 동기속도보다 $(1-s)$만큼 빠르므로

🔧 해설

동기전동기 기동 시 유도전동기를 이용할 경우 유도전동기가 sN_s만큼 동기전동기보다 늦게 회전하므로 동기전동기보다 2극 적은 유도전동기를 사용하여 기동한다.

★★★★ 기사 98년 5회, 00년 5회, 04년 1·2회, 12년 1회(유사) / 산업 15년 2회

57 동기전동기의 진상전류는 어떤 작용을 하는가?

① 증자작용
② 감자작용
③ 교차자화작용
④ 아무 작용도 없다.

🔧 해설 **감자작용(직축 반작용)**

전기자전류 I_a가 기전력 E보다 위상이 90° 앞설 때 (진상전류)

★★ 산업 16년 3회

58 다음에서 동기전동기의 V곡선에 대한 설명 중 맞지 않는 것은?

① 횡축에 여자전류를 나타낸다.
② 종축에 전기자전류를 나타낸다.
③ 동일출력에 대해서 여자가 약한 경우가 뒤진 역률이다.
④ V곡선의 최저점에는 역률이 0이다.

🔧 해설

V곡선의 최저점이 전기자전류의 최소크기로 역률이 100[%]이다.

★ 산업 07년 3회, 15년 3회

59 송전선로에 접속된 동기조상기의 설명 중 가장 옳은 것은?

① 과여자로 해서 운전하면 앞선전류가 흐르므로 리액터 역할을 한다.
② 과여자로 해서 운전하면 뒤진전류가 흐르므로 콘덴서 역할을 한다.
③ 부족여자로 해서 운전하면 앞선전류가 흐르므로 리액터 역할을 한다.
④ 부족여자로 해서 운전하면 송전선로의 자기여자작용에 의한 전압상승을 방지한다.

🔧 해설

동기조상기를 부족여자로 운전하면 뒤진전류가 흘러 리액터로 작용하여 자기여자현상을 방지한다.

★ 기사 92년 6회, 95년 4회, 98년 6회, 03년 1·3회

60 동기전동기의 용도가 아닌 것은?

① 크레인
② 분쇄기
③ 압축기
④ 송풍기

🔧 해설

크레인에는 직권전동기를 사용한다.

정답 54 ④ 55 ④ 56 ① 57 ② 58 ④ 59 ④ 60 ①

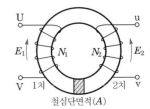

DAY 16

학습목표
- 변압기의 구조와 동작특성에 대해 이해한다.
- 특성시험을 통해 등가회로를 구하고 전압강하 및 전압변동률, 손실, 효율 등을 알아본다.
- 변압기의 결선을 통해 상변환 및 병렬운전에 대해 이해한다.

출제율 22%

제3장 변압기

1 변압기의 원리 및 구조

(1) 변압기의 원리
① 변압기는 2개 이상의 전기회로와 1개 이상의 자기회로로 구성
② 전자유도작용 : 변압기권선의 유도기전력은 권선에 쇄교하는 자속에 비례

(2) 변압기의 구조
변압기는 자기회로인 철심과 전기회로인 권선이 쇄교하여 만들어지는 것으로 철심과 권선의 조합하는 방법에 따라 구분
① 내철형 변압기 : 철심이 안쪽에 배치되어 권선이 철심을 둘러싸는 형태
② 외철형 변압기 : 권선이 안쪽에 있고 철심이 그 주위를 감싸는 형태
③ 철심
  ㉠ 방향성 규소강판 : 규소의 함유량이 약 4% 정도로 두께는 0.35mm를 표준으로 함
  ㉡ 권철심 : 폭이 일정한 방향성 규소강판를 직사각형 또는 원형으로 감은 것으로 자속은 항상 압연강판방향으로 진행하기 때문에 자기특성이 우수
④ 권선
  ㉠ 소형 변압기 : 철심을 절연하고 그 위에 직접 저압권선과 고압권선을 감는 직권방식
  ㉡ 대형 변압기 : 절연통의 위에 코일 감고 절연처리를 한 후에 조립하는 형권방식
⑤ 외함 : 용량이 커지면 냉각면적을 넓히기 위해서 판형의 철판을 사용하거나 방열기를 설치
⑥ 부싱 : 권선의 인출선을 외함에서 끌어내는 절연단자

2 유도기전력 및 권수비

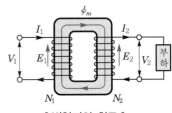

① 1차 유도기전력 $E_1 = 4.44 f N_1 \phi_m [\text{V}]$
② 2차 유도기전력 $E_2 = 4.44 f N_2 \phi_m [\text{V}]$
③ 1·2차의 권수비 및 전압비

$$a = \frac{E_1}{E_2} = \frac{4.44 f N_1 \phi_m}{4.44 f N_2 \phi_m} = \frac{N_1}{N_2}$$

▎변압기의 회로 ▎

④ 권수비 $a = \dfrac{E_1}{E_2} = \dfrac{N_1}{N_2} = \dfrac{I_2}{I_1}$ (1·2차 전류는 전압의 크기와 반비례)

저항의 등가변환 $r_1 = a^2 \cdot r_2$

✓ 문제의 네모칸에 체크를 해보세요. 그 문제가 이해되지 않았다면
✓ 표시를 해서 그 문제는 나중에 다시 풀어 완전하게 숙지하세요(★ : 중요도).

DAY 11
DAY 12
DAY 13
DAY 14
DAY 15
DAY 16
DAY 17
DAY 18
DAY 19
DAY 20

★★ 산업 06년 1회, 09년 1회

61 변압기의 원리는?

① 전자유도작용을 이용
② 정전유도작용을 이용
③ 자기유도작용을 이용
④ 플레밍의 오른손법칙을 이용

해설 전자유도작용(패러데이법칙)

서로 독립된 권선에 교번자속이 쇄교하면서 전압을 유도하는 원리

참고

변압기의 여자전류에는 제3고조파가 다수 포함되어 있다.

★★★★ 기사 14년 1회 / 산업 15년 2회

62 어느 변압기의 1차 권수가 1500인 변압기의 2차측에 접속한 20[Ω]의 저항은 1차측으로 환산했을 때 8[kΩ]으로 되었다고 한다. 이 변압기의 2차 권수는?

① 400
② 250
③ 150
④ 75

해설

권수비 $a = \dfrac{N_1}{N_2} = \dfrac{E_1}{E_2} = \dfrac{I_2}{I_1}$, $r_1 = a^2 r_2$

$8000 = a^2 \times 20$에서 $a = \sqrt{\dfrac{8000}{20}} = 20$

2차 권수 $N_2 = \dfrac{N_1}{a} = \dfrac{1500}{20} = 75$

★★★ 산업 91년 2회, 95년 6회, 96년 6회, 01년 1회, 02년 4회, 05년 1회(추가)

63 단상변압기의 2차측(105[V] 단자)에 1[Ω]의 저항을 접속하고 1차측에 1[A]의 전류를 흘렸을 때 1차 단자전압이 900[V]이었다. 1차측 탭전압과 2차 전류는 얼마인가? (단, 변압기는 이상변압기, V_1은 1차 탭전압, I_2는 2차 전류를 표시함)

① $V_1 = 3150[V]$, $I_2 = 30[A]$
② $V_1 = 900[V]$, $I_2 = 30[A]$
③ $V_1 = 900[V]$, $I_2 = 1[A]$
④ $V_1 = 3150[V]$, $I_2 = 1[A]$

해설

1차 전류 1[A]가 흐를 경우 1차측에서 900[V]의 전압이 발생하므로

1차 저항 $r_1 = \dfrac{V}{I} = \dfrac{900}{1} = 900[Ω]$이고 $r_1 = a^2 r_2$에서

권수비 $a = \sqrt{\dfrac{r_1}{r_2}} = \sqrt{\dfrac{900}{1}} = 30$

1차 전압 $V_1 = a V_2 = 30 \times 105 = 3150[V]$

2차 전류 $I_2 = a I_1 = 30 \times 1 = 30[A]$

★★ 산업 12년 2회(유사), 15년 1회

64 정격 6600/220[V]인 변압기의 1차측에 6600[V]를 가하고 2차측에 순저항부하를 접속하였더니 1차에 2[A]의 전류가 흘렀다. 2차 출력[kVA]은?

① 19.8
② 15.4
③ 13.2
④ 9.7

해설

변압기의 권수비 $a = \dfrac{E_1}{E_2} = \dfrac{N_1}{N_2} = \dfrac{I_2}{I_1}$를 이용하여

$a = \dfrac{6600}{220} = 30$

2차 전류 $I_2 = a I_1 = 30 \times 2 = 60[A]$

2차 출력 $P_2 = V_2 I_2 = 220 \times 60 \times 10^{-3} = 13.2 \, [kVA]$

★★★ 기사 92년 6회

65 변압기의 자속에 대하여 옳은 것은?

① 주파수와 전압의 반비례한다.
② 전압에 반비례한다.
③ 권수에만 비례한다.
④ 전압에 비례, 주파수와 권수에 반비례한다.

해설

변압기 유도기전력 $E = 4.44 f N \phi_m$ [V]에서

자속 $\phi_m = \dfrac{E}{4.44 f N}$[Wb]

정답 61 ① 62 ④ 63 ① 64 ③ 65 ④

자주 출제되는
핵심이론

핵심이론은 처음에는 그냥 한 번 읽어주세요.
옆의 기출문제를 풀어본 후 다시 한 번 핵심이론을 읽으면서 암기하세요.

3 변압기의 특성시험

(1) 무부하시험

① 무부하전류(여자전류) $I_0 = YV_1[\mathrm{A}]$, $\dot{I}_0 = \dot{I}_m + \dot{I}_i$

여기서, $\dot{I}_0$: 무부하전류, $\dot{I}_m$: 자화전류, $\dot{I}_i$: 철손전류

② 철손 : 전력계의 지시값 $P_i = gV_1^2[\mathrm{W}]$

③ 여자어드미턴스 $Y = \sqrt{g^2 + b^2} = \dfrac{I_0}{V_1}[\Omega]$

㉠ 여자컨덕턴스 $g = \dfrac{P_i}{V_1^2}[\mho]$

ㄴ 여자서셉턴스 $b = \sqrt{Y^2 - g^2}[\mho]$

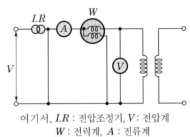

여기서, $I.R$: 전압조정기, V : 전압계
W : 전력계, A : 전류계

‖ 무부하시험 ‖

(2) 단락시험

① 임피던스전압(V_z) : 변압기 내에 정격전류가 흐를 때의 내부 전압강하

$$V_z = ZI_1 \rightarrow \text{임피던스 } Z = \dfrac{V_z}{I_1}[\Omega]$$

ㄱ 퍼센트임피던스(%Z) : 정격전압에 대한 임피던스전압의 비율

ㄴ %$Z = \dfrac{I_n Z}{V_n} \times 100 = \dfrac{PZ}{10 V_n^2}$

여기서, $I.R$: 전압조정기, V : 전압계
W : 전력계, A : 전류계

‖ 단락시험 ‖

② 임피던스와트 : 임피던스전압을 측정 시 전력계의 지시값으로 동손의 크기와 같음

③ 동손

④ 전압변동률

(3) 저항측정

저항계를 가지고 1차 권선의 저항을 측정

4 변압기의 등가회로

(1) 등가회로

두 개의 독립된 회로를 하나의 전기회로로 변환시킨 것을 등가회로

(2) 2차 회로를 1차 회로로 환산한 값

① 저항의 등가변환 $r_1 = a^2 r_2$

② 리액턴스의 등가변환 $x_1 = a^2 x_2$

③ 임피던스의 등가변환 $Z_1 = a^2 Z_L$

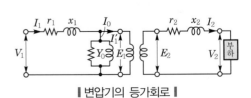

‖ 변압기의 등가회로 ‖

문제의 네모칸에 체크를 해보세요. 그 문제가 이해되지 않았다면
✓ 표시를 해서 그 문제는 나중에 다시 풀어 완전하게 숙지하세요(★ : 중요도).

DAY 11
DAY 12
DAY 13
DAY 14
DAY 15
DAY 16
DAY 17
DAY 18
DAY 19
DAY 20

★★★★ 기사 90년 6회, 95년 5회, 03년 2회, 12년 1회, 12년 3회 / 산업 98년 5회, 05년 2회

66 전압 2200[V], 무부하전류 0.088[A]인 변압기의 철손이 110[W]이다. 이때 자화전류 [A]는 얼마인가?

① 0.0724
② 0.1012
③ 0.195
④ 0.3715

해설

자화전류 $I_m = \sqrt{I_0^2 - I_i^2}$ [A]

여기서, I_0 : 무부하전류[A]

I_i : 철손전류[A]

철손전류 $I_i = \dfrac{P_i}{V_1}$

$= \dfrac{110}{2200}$

$= 0.05$[A]

무부하전류 $I_0 = 0.088$[A]이므로

자화전류 $I_m = \sqrt{I_0^2 - I_i^2}$

$= \sqrt{0.088^2 - 0.05^2}$

$= 0.0724$[A]

참고

무부하시험 시 변압기 2차측을 개방하고 1차측에 정격전압 V_1을 인가할 경우 전력계에 나타나는 값은 철손이고, 전류계의 값은 무부하전류 I_0가 된다. 여기서, 무부하전류(I_0)는 철손전류(I_i)와 자화전류(I_m)의 합으로 자화전류는 자속만을 만드는 전류이다.

★★★★★ 산업 94년 5회, 95년 5회, 98년 2회, 00년 7회, 06년 3회, 07년 3회, 13년 3회

67 변압기의 등가회로를 그리기 위하여 다음과 같은 시험을 하였다고 한다. 필요 없는 시험은?

① 무부하시험
② 권선의 저항측정
③ 반환부하시험
④ 단락시험

해설 변압기의 등가회로 작성 시 특성시험

㉠ 무부하시험 : 무부하전류(여자전류), 철손, 여자어드미턴스
㉡ 단락시험 : 임피던스전압, 임피던스와트, 동손, 전압변동률
㉢ 저항측정

★★★★★ 기사 95년 2회, 04년 4회, 15년 3회 / 산업 00년 2회, 02년 2회, 08년 4회, 15년 2회(유사)

68 변압기의 임피던스전압이란?

① 정격전류가 흐를 때의 변압기 내의 전압강하
② 여자전류가 흐를 때의 2차측의 단자전압
③ 정격전류가 흐를 때의 2차측의 단자전압
④ 2차 단락전류가 흐를 때의 변압기 내의 전압강하

해설 임피던스전압

변압기 2차측을 단락한 상태에서 1차측의 인가전압을 서서히 증가시켜 정격전류가 1·2차 권선에 흐르게 되었을 때 변압기 내의 전압강하를 표시하는 전압계의 지시값

★ 기사 94년 7회, 01년 3회

69 변압기에서 등가회로를 이용하여 단락전류를 구하는 식은?

① $\dot{I}_{1s} = \dfrac{\dot{V}_1}{(\dot{Z}_1 + a^2 \dot{Z}_2)}$

② $\dot{I}_{1s} = \dfrac{\dot{V}_1}{(\dot{Z}_1 \times a^2 \dot{Z}_2)}$

③ $\dot{I}_{1s} = \dfrac{\dot{V}_1}{(\dot{Z}_1^2 + a^2 \dot{Z}_2)}$

④ $\dot{I}_{1s} = \dfrac{\dot{V}_1}{(\dot{Z}_1^2 \times a^2 \dot{Z}_2)}$

해설 등가회로를 이용한 단락전류

㉠ $\dot{I}_{1s} = \dfrac{\dot{V}_1}{(\dot{Z}_1 + a^2 \dot{Z}_2)}$

㉡ $I_{1s} = \dfrac{E_1}{\sqrt{(r_1 + a^2 r_2)^2 + (x_1 + a^2 x_2)^2}}$

(E_1은 $\dot{V}_1$으로 가정)

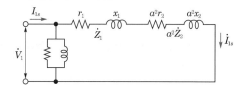

핵심이론

5 전압변동률

변압기에 부하를 접속하면 단자전압이 변화하는데 이것은 일정 변압기에서 부하역률에 따라 다르며 일정 역률에서의 전압변동률은 다음과 같이 나타냄

(1) 전압변동률과 구성

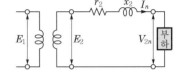

$$\varepsilon = \frac{2\text{차 무부하전압} - 2\text{차 정격전압}}{2\text{차 정격전압}}$$

$$= \frac{V_{20} - V_{2n}}{V_{2n}} \times 100 \, (V_{20} = E_2)$$

$$= p\cos\theta + q\sin\theta \, (\text{단, } \theta : \text{정격부하 시의 역률각})$$

① %저항강하 $p = \dfrac{I_n r_2}{V_{2n}} \times 100 \, [\%]$

② %리액턴스강하 $q = \dfrac{I_n x_2}{V_{2n}} \times 100 \, [\%]$

③ %임피던스강하 $Z = \dfrac{I_n Z_2}{V_{2n}} \times 100 = \dfrac{P Z_2}{10 \cdot V_{2n}^2} = \sqrt{p^2 + q^2} \, [\%]$

④ 역률 $\cos\theta = \dfrac{r}{Z} = \dfrac{\%p}{\%Z} = \dfrac{p}{\sqrt{p^2 + q^2}}$

⑤ 최대전압변동률 $\dfrac{d\varepsilon}{d\theta} = -p\sin\theta + q\cos\theta = 0 \rightarrow \varepsilon_m = \sqrt{p^2 + q^2} = \%Z$

(2) 역률에 따른 전압변동률

① 전류가 전압보다 위상이 θ_2 늦은 경우 : $\varepsilon = p\cos\theta + q\sin\theta$

② 전류가 전압보다 위상이 θ_2 앞선 경우 : $\varepsilon = p\cos\theta - q\sin\theta$

③ 부하역률 $\cos\theta = 1$인 경우 : $\varepsilon \fallingdotseq p \, [\%]$

6 단락전류

변압기의 2차측에 단락사고가 발생하면 큰 단락전류가 흐르게 되는데 이 전류의 크기는 고장점의 %임피던스에 의해 결정

① $I_s = \dfrac{E}{Z}$ 에서 $Z = \dfrac{E}{I_s}$

② 단상 변압기의 단락전류 $I_s = \dfrac{100}{\%Z} \times I_n = \dfrac{100}{\%Z} \times \dfrac{P}{E} \, [\text{A}]$

③ 3상 변압기의 단락전류 $I_s = \dfrac{100}{\%Z} \times I_n = \dfrac{100}{\%Z} \times \dfrac{P}{\sqrt{3} \, V_n} \, [\text{A}]$

문제의 네모칸에 체크를 해보세요. 그 문제가 이해되지 않았다면
✓ 표시를 해서 그 문제는 나중에 다시 풀어 완전하게 숙지하세요(★ : 중요도).

DAY 11
DAY 12
DAY 13
DAY 14
DAY 15
DAY 16
DAY 17
DAY 18
DAY 19
DAY 20

★★★★★ 기사 12년 2회, 13년 1회, 15년 1회(유사) / 산업 00년 2회, 02년 2회, 04년 2회, 07년 2회

70 단상 변압기가 있다. 전부하에서 2차 전압은 115[V]이고 전압변동률은 2[%]이다. 1차 단자전압은? (단, 1차, 2차 권수비는 20 : 1이다.)

① 2346[V] ② 2326[V]
③ 2356[V] ④ 2336[V]

해설

전압변동률
$$\varepsilon = \frac{V_{20} - V_{2n}}{V_{2n}} \times 100 = \frac{V_{20} - 115}{115} \times 100 = 2[\%]$$
여기서, V_{20} : 무부하 단자전압[V]
$\quad\quad\, V_{2n}$: 전부하 단자전압[V]
$$V_{20} = 115 \times \left(1 + \frac{2}{100}\right) = 117.3[V]$$
1차 단자전압 $V_1 = a \times V_{20} = 20 \times V_{20}$
$$= 20 \times 117.3 = 2346[V]$$

★★★★ 기사 90년 7회, 91년 7회 / 산업 90년 2회, 94년 6회, 98년 4회, 03년 1회, 06년 3회

71 어떤 변압기의 백분율 저항강하가 2[%], 백분율 리액턴스강하가 3[%]라 한다. 이 변압기로 역률이 80[%]인 부하에 전력을 공급하고 있다. 이 변압기의 전압변동률[%]은?

① 3.8 ② 3.4
③ 2.4 ④ 1.2

해설

전압변동률
$$\varepsilon = p\cos\theta + q\sin\theta = 2 \times 0.8 + 3 \times 0.6 = 3.4[\%]$$
여기서, p : 백분율 저항강하, q : 백분율 리액턴스강하

★★★ 산업 91년 3회, 03년 4회

72 3상 변압기의 임피던스가 $Z[\Omega]$이고, 선간전압이 $V[kV]$, 정격용량이 $P[kVA]$일 때 %Z(%임피던스)는?

① $\dfrac{PZ}{V}$ ② $\dfrac{10PZ}{V}$
③ $\dfrac{PZ}{10V^2}$ ④ $\dfrac{PZ}{100V^2}$

해설

㉠ 정격전류 $I_n = \dfrac{P}{\sqrt{3}\,V}$ [A]
여기서, P : 정격용량[kVA], V : 선간전압[kV]
㉡ %임피던스 $\%Z = \dfrac{I_n Z}{V} \times 100$
$$= \frac{I_n \times Z \times 100}{V} \times \frac{V}{V}$$
$$= \frac{P[kVA] \times Z \times 10^3 \times 10^2}{V^2[kV] \times 10^6}$$
$$= \frac{PZ}{10V^2}[\%]$$

★★ 산업 90년 7회, 91년 3회, 96년 2회, 00년 3회

73 단상 100[kVA], 13200/200[V] 변압기의 저압측 선전류의 유효분[A]는? (단, 역률 0.8 지상이다.)

① 300 ② 400
③ 500 ④ 700

해설 변압기의 저압측 선전류

$$I_2 = \frac{P}{E_2} = \frac{100}{0.2} = 500[A]$$
$$I_2 = |I_2|(\cos\theta + \sin\theta) = 500 \times (0.8 + j\,0.6)$$
$$= 400 + j\,300[A]$$
∴ 유효분전류는 400[A]가 흐른다.

★★★ 기사 97년 7회, 01년 2회, 14년 3회 / 산업 14년 3회, 16년 2회(유사)

74 30[kVA], 3300/200[V], 60[Hz]의 3상 변압기 2차측에 3상 단락이 생겼을 경우 단락전류는 약 몇 [A]인가? (단, %임피던스전압은 3[%]라 한다.)

① 2250 ② 2620
③ 2730 ④ 2886

해설

㉠ 변압기 2차 정격전류
$$I_n = \frac{P}{\sqrt{3}\,V_2} = \frac{30}{\sqrt{3} \times 0.2} = 50\sqrt{3} = 86.6[A]$$
㉡ 2차측 3상 단락전류
$$I_s = \frac{100}{\%Z} \times I_n = \frac{100}{3} \times 86.6 = 2886[A]$$

정답 70 ① 71 ② 72 ③ 73 ② 74 ④

핵심이론은 처음에는 그냥 한 번 읽어주세요.
옆의 기출문제를 풀어본 후 다시 한 번 핵심이론을 읽으면서 암기하세요.

7 변압기의 손실 및 효율

(1) 변압기의 손실

변압기에서 나타나는 손실은 회전기기인 발전기나 전동기에 비해 기계손이 없고 무부하손과 부하손만이 있으므로 회전기에 비해 효율이 좋다.

무부하손	① 철손(P_i)=히스테리시스손(P_h) + 와류손(P_e) → $P_i \propto \dfrac{V_1^2}{f}$
	② 히스테리시스손 $P_h = k_h \cdot f \cdot B_m^{2.0}$[W] → $P_h \propto \dfrac{1}{f}$
	③ 와류손 $P_e = k_h k_e (t \cdot f \cdot B_m)^2$[W] → $P_e \propto V_1^2 \propto t^2$
부하손	① 동손 $P_c = I_n^2 \cdot r$[W] → 동손은 부하전류 2승에 비례
	② 표유부하손 : 부하전류가 흐를 때 권선 이외의 철심, 외함 등에서 누설자속에 의한 와류손

(2) 변압기의 효율

① 실측효율 $= \dfrac{출력}{입력} \times 100$[%]

② 규약효율 $= \dfrac{출력}{입력} \times 100$[%] $= \dfrac{출력}{출력 + 손실} \times 100$[%]

㉠ 전부하효율 $\eta = \dfrac{P_o}{P_o + P_i + P_c} \times 100$[%]

㉡ 부하율이 $\dfrac{1}{m}$ 일 때의 효율 $\eta = \dfrac{\dfrac{1}{m}P_o}{\dfrac{1}{m}P_o + P_i + \left(\dfrac{1}{m}\right)^2 P_c} \times 100$[%]

㉢ 전일 효율(사용시간 h 일 경우) $\eta = \dfrac{h\dfrac{1}{m}P_o}{h\dfrac{1}{m}P_o + 24P_i + h\left(\dfrac{1}{m}\right)^2 P_c} \times 100$[%]

(3) 최대효율조건

① 전부하 시 최대효율 : 무부하손(P_i)=부하손(P_c)

② $\dfrac{1}{m}$ 부하 시 최대효율 : $P_i = \left(\dfrac{1}{m}\right)^2 P_c$

③ 전일 효율 시 최대효율 : $24P_i = h\left(\dfrac{1}{m}\right)^2 P_c$

④ 최대효율 시 부하율 : $\dfrac{1}{m} = \sqrt{\dfrac{P_i}{P_c}}$

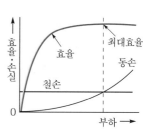

‖효율과 손실‖

DAY
11

DAY
12

DAY
13

DAY
14

DAY
15

DAY
16

DAY
17

DAY
18

DAY
19

DAY
20

문제의 네모칸에 체크를 해보세요. 그 문제가 이해되지 않았다면
✓ 표시를 해서 그 문제는 나중에 다시 풀어 완전하게 숙지하세요.(★ : 중요도)

★★★★★ 기사 16년 1회(유사) / 산업 02년 3회, 06년 1회, 08년 2회, 12년 3회, 16년 1회(유사)

75 전부하에서 동손 100[W], 철손 50[W]인 변압기에 최대효율을 나타내는 부하는?

① 70　　　　　② 114

③ 149　　　　　④ 186

해설

최대효율 시 부하율 $\dfrac{1}{m} = \sqrt{\dfrac{P_i}{P_c}}$

$\dfrac{1}{m} = \sqrt{\dfrac{P_i}{P_c}} = \sqrt{\dfrac{50}{100}} = 0.707 = 70.7[\%]$

★★★★ 기사 92년 3회 / 산업 97년 6회, 05년 2회, 14년 2회

76 정격 150[kVA], 철손 1[kW], 전부하동손이 4[kW]인 단상 변압기의 최대효율[%]과 최대효율 시의 부하[kVA]를 구하면?

① 96.8[%], 125[kVA]

② 97.4[%], 75[kVA]

③ 97[%], 50[kVA]

④ 97.2[%], 100[kVA]

해설

최대효율 시 부하율 $\dfrac{1}{m} = \sqrt{\dfrac{1}{4}} = 0.5$

최대효율부하 $P = 150 \times 0.5 = 75[kVA]$

최대효율

$\eta = \dfrac{\dfrac{1}{2} \times 150}{\dfrac{1}{2} \times 150 + 0.5^2 \times 4 + 1} \times 100 = 97.4[\%]$

여기서, $\cos\theta = 1.0$으로 한다.

★★★★★ 기사 92년 6회, 93년 3회 / 산업 90년 2회, 93년 2회, 94년 7회, 03년 1회

77 일정 전압 및 일정 파형에서 주파수가 상승하면 변압기 철손은 어떻게 변하는가?

① 불변이다.

② 감소한다.

③ 증가한다.

④ 일정 기간 증가한다.

해설

변압기의 철손 $P_i \propto \dfrac{V_1^2}{f}$ 이므로 주파수가 상승하면 철손은 감소한다.

★★★★ 기사 03년 1회, 04년 4회, 15년 2회(유사) / 산업 96년 7회, 01년 2회, 13년 2회(유사)

78 3300[V], 60[Hz]용 변압기의 와류손이 720[W]이다. 이 변압기를 2750[V], 50[Hz]의 주파수에서 사용할 때 와류손은?

① 250[W]　　　　② 350[W]

③ 425[W]　　　　④ 500[W]

해설

와류손 $P_e \propto V_1^2 \propto t^2$, 주파수는 관계가 없다.

$3300^2 : 2750^2 = 720 : P_e$

$P_e = \left(\dfrac{2750}{3300}\right)^2 \times 720 = 500[W]$

★ 산업 93년 6회

79 정격주파수가 50[Hz]의 변압기를 일정 기간 60[Hz]의 전원에 접속하여 사용했을 때 여자전류 철손 및 리액턴스강하는?

① 여자전류와 철손 $\dfrac{5}{6}$ 감소, 리액턴스강하 $\dfrac{6}{5}$ 증가

② 여자전류와 철손 $\dfrac{5}{6}$ 감소, 리액턴스강하 $\dfrac{5}{6}$ 감소

③ 여자전류와 철손 $\dfrac{6}{5}$ 증가, 리액턴스강하 $\dfrac{6}{5}$ 증가

④ 여자전류와 철손 $\dfrac{6}{5}$ 증가, 리액턴스강하 $\dfrac{5}{6}$ 감소

해설

여자전류 $I_0 = \dfrac{V_1}{\omega L} = \dfrac{V_1}{2\pi f L}[A]$, 철손 $P_i \propto \dfrac{V_1^2}{f}$,

리액턴스 $X_L = \omega L = 2\pi f L$

$I_0 \propto \dfrac{1}{f}$, $P_i \propto \dfrac{1}{f}$ 이므로 주파수가 50[Hz]에서 60[Hz]로 증가하면 $\dfrac{5}{6}$ 로 감소한다.

$X_L \propto f$ 이므로 주파수가 50[Hz]에서 60[Hz]로 증가하면 $\dfrac{6}{5}$ 으로 증가한다.

정답 75 ①　76 ②　77 ②　78 ④　79 ①

자주 출제되는
핵심이론

핵심이론은 처음에는 그냥 한 번 읽어주세요.
옆의 기출문제를 풀어본 후 다시 한 번 핵심이론을 읽으면서 암기하세요.

8 변압기 보호방식

(1) 변압기의 건조법

변압기의 권선과 철심을 건조함으로써 습기를 없애고 절연을 향상시킬 수 있고 건조방법은 열풍법, 단락법, 진공법 등이 있다.

(2) 냉각방식

종류	냉각방법
건식 자냉식(AN)	공기의 자연대류에 의하여 방열하는 방식
건식 풍냉식(AF)	특수통풍기에 강제로 전동송풍기를 사용하여 송풍함으로써 열을 방산하는 방식
유입자냉식(ONAN)	절연유가 채워진 외함 속에 변압기 본체를 넣고 기름의 대류작용으로 열이 방열기에 전달되어 냉각하는 방식
유입풍냉식(ONAF)	방열기에 송풍기를 달고 강제 냉각하는 방식
송유풍냉식(OFAF)	절연유를 펌프를 사용하여 다른 냉각기로 가져가 송풍기로 강제 냉각시키고 다시 외함 속에 송유, 순환시키는 방식

(3) 절연의 종류와 최고허용온도

절연 종별 구분	Y	A	E	B	F	H	C
최고허용온도[℃]	90	105	120	130	155	180	180 초과

(4) 변압기유와 열화 방지

① 변압기유(절연유)의 사용목적 : 절연 및 냉각
② 변압기유의 조건
　㉠ 절연내력이 클 것
　㉡ 점도가 낮고 냉각작용이 양호할 것
　㉢ 인화점이 높고 응고점이 낮을 것
　㉣ 화학적으로 안정되고 변질되지 말 것

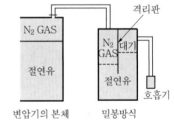

┃변압기 구조 및 보호방식┃

③ 밀봉방식 : 절연유가 공기와 접촉되지 않도록 질소가스 및 절연유로 밀봉하여 열화 방지
④ 콘서베이터방식 : 내부 절연유의 팽창 및 수축에 따라 고무막 유동으로 절연유의 열화 방지

(5) 온도상승시험

유입변압기의 경우 변압기유와 권선의 온도 상승이 규정치 이하인지를 확인할 필요가 있으며, 반환부하법, 실부하법, 등가부하법 등이 있다.

(6) 절연내력시험

변압기의 외함과 대지 간 또는 대지와 권선 간, 충전부분 상호간 등의 절연강도를 보안하기 위한 시험으로 유도시험, 충격전압시험, 가압시험 등이 있다.

(7) 보호계전기

비율차동계전기, 차동계전기, 부흐홀츠계전기

문제의 네모칸에 체크를 해보세요. 그 문제가 이해되지 않았다면
✓표시를 해서 그 문제는 나중에 다시 풀어 완전하게 숙지하세요(★ : 중요도).

DAY 11
DAY 12
DAY 13
DAY 14
DAY 15
DAY 16
DAY 17
DAY 18
DAY 19
DAY 20

★★★ 기사 91년 2회, 99년 3회 / 산업 97년 2·7회, 00년 2회, 02년 2회, 06년 2회

80 변압기의 누설리액턴스를 줄이는 가장 효과적인 방법은?

① 철심의 단면적을 크게 한다.
② 코일의 단면적을 크게 한다.
③ 권선을 분할하여 조립한다.
④ 권선을 동심 배치한다.

⚙️해설

변압기권선의 누설리액턴스를 줄이는 가장 효과적인 방법은 권선을 분할 조립하는 방법으로 저압권선을 내측에 감고 고압권선을 외측에 감아서 절연이 용이해지고 경제적으로 제작할 수 있다.

★★ 기사 90년 2회, 96년 2회

81 전기기기에 사용되는 절연물의 종류 중 H종 절연물에 해당되는 최고허용온도는?

① 105[℃]   ② 120[℃]
③ 155[℃]   ④ 180[℃]

⚙️해설 절연물의 절연에 따른 최고허용온도

Y종(90[℃]), A종(105[℃]), E종(120[℃]), B종(130[℃]), F종(150[℃]), H종(180[℃]), C종(180[℃] 초과)

★★★ 기사 90년 6회, 98년 6회, 00년 2·4회, 03년 3회, 15년 3회

82 변압기에 콘서베이터의 용도는?

① 통풍장치
② 변압기유의 열화 방지
③ 강제순환
④ 코로나 방지

⚙️해설

콘서베이터는 변압기에 설치하여 변압기유의 열화 및 산화를 방지하는 데 사용한다.

★ 산업 06년 2회, 12년 3회

83 변압기의 냉각방식 중 유입자냉식의 표시기호는?

① ANAN   ② ONAN
③ ONAF   ④ OFAF

⚙️해설 유입자냉식(ONAN)

절연유가 채워진 외함 속에 변압기 본체를 넣고 기름의 대류작용으로 열이 방열기에 전달되고 방열기에서 방사, 대류, 전도에 의하여 냉각하는 방식으로 가장 널리 사용한다.

★★★★★ 산업 90년 2회, 95년 7회, 99년 5회, 14년 3회

84 발전기, 주변압기의 내부 고장 보호용으로 가장 널리 쓰이는 계전기는?

① 거리계전기
② 비율차동계전기
③ 과전류계전기
④ 방향단락계전기

⚙️해설

발전기, 변압기, 모선 보호에는 비율차동계전기를 사용한다.

★★ 기사 05년 1·3회, 14년 3회 / 산업 98년 4회, 01년 3회, 03년 3회, 13년 1회, 16년 3회

85 변압기 온도시험을 하는 데 가장 좋은 방법은 어느 것인가?

① 실부하법   ② 내전압법
③ 단락시험법   ④ 반환부하법

⚙️해설 반환부하법

2대 이상의 변압기가 있는 경우에 사용하고 전원으로부터 변압기의 손실분을 공급받는 방법으로 실제의 부하를 걸지 않고도 부하시험이 가능하여 가장 널리 이용되고 있다.

★★ 산업 91년 5회, 92년 6회, 00년 3회, 09년 3회, 12년 2회

86 내철형 3상 변압기를 단상 변압기로 사용할 수 없는 이유는?

① 1차, 2차 간의 각변위가 있기 때문에
② 각 권선마다의 독립된 자기회로가 있기 때문에
③ 각 권선마다의 독립된 자기회로가 없기 때문에
④ 각 권선이 만든 자속이 $\frac{3\pi}{2}$ 위상차가 있기 때문에

⚙️해설 내철형 변압기

철심이 안쪽에 배치되어 권선이 철심을 둘러싸는 형태로 독립된 자기회로가 없기 때문이다.

🗨️ Comment

내용이 복잡하지만 답은 변하지 않는다. 그러므로 답을 무조건 외워야 한다.

정답 80 ③ 81 ④ 82 ② 83 ② 84 ② 85 ④ 86 ③

자주 출제되는
핵심이론

핵심이론은 처음에는 그냥 한 번 읽어주세요.
옆의 기출문제를 풀어본 후 다시 한 번 핵심이론을 읽으면서 암기하세요.

9 변압기의 결선

(1) 변압기의 극성(우리나라는 감극성을 표준)

극성시험	감극성	가극성
① 감극성 　$\textcircled{V} = V_1 - V_2$ ② 가극성 　$\textcircled{V} = V_1 + V_2$	① 단자 A와 a, B와 b는 동일 방향 ② 1차와 2차 권선 간의 전압은 경감 ‖감극성‖	① 단자 A와 a, B와 b는 반대 방향 ② 1차와 2차 권선 간의 전압은 증대 ‖가극성‖

(2) 3상 결선방식

구분	장점	단점
△-△	① 제3고조파가 나타나지 않아 파형의 왜곡이 없음 ② 대전류부하에 적합$\left(상전류 = 선전류 \times \dfrac{1}{\sqrt{3}}\right)$ ③ 1대 고장 시 V결선 가능	① 중성점접지가 되지 않음 ② 지락사고 검출이 곤란 ③ 지락사고 시 대지전압 상승 및 이상전압이 발생
Y-Y	① 중성점접지가 가능(단절연) ② 순환전류가 없고 지락전류 검출 용이 ③ 고전압결선에 적합$\left(상전압 = 선간전압 \times \dfrac{1}{\sqrt{3}}\right)$	① 제3고조파로 인해 통신선에 유도장해 발생 ② 1대 고장 시 3상 전력 공급 불가능
△-Y 또는 Y-△	① △결선으로 제3고조파가 나타나지 않음 ② Y결선 시 중성점접지가 가능하여 이상전압 억제 ③ 지락사고 시 검출이 용이	① 1차와 2차 간에 30°의 위상차가 발생 ② 1대가 고장 나면 송전이 불가능
V-V	① △결선 1상 고장 시 V결선 사용 가능 ② V결선으로 3상 전력 공급 가능	① 이용률$= \dfrac{\sqrt{3}}{2} = 86.6[\%]$ ② 출력비$= \dfrac{\sqrt{3}}{3} = 57.7[\%]$

> **참고** Y-△결선 시 전압 및 전류의 변화(권수비 1:1로 가정)
>
> (1) Y결선 선간전압 V_n → Y결선 상전압 $\dfrac{V_n}{\sqrt{3}}$ → △결선 상전압 $\dfrac{V_n}{\sqrt{3}}$ → △결선 선간전압 $\dfrac{V_n}{\sqrt{3}}$
>
> (2) Y결선 선전류 I_n → Y결선 상전류 I_n → △결선 상전류 I_n → △결선 선전류 $\sqrt{3}\,I_n$

(3) V결선의 특성

① 단상 변압기 1대 용량 $P = VI\,[\text{kVA}]$　　② △결선의 용량 $P_\triangle = 3\,VI\,[\text{kVA}]$

③ V결선의 용량 $P_V = \sqrt{3}\,VI\,[\text{kVA}]$　　④ 이용률$= \dfrac{\sqrt{3}\,VI}{2\,VI} = 0.866$

⑤ 출력비$= \dfrac{P_V}{P_\triangle} = \dfrac{\sqrt{3}\,VI}{3\,VI} = 0.577$

문제의 네모칸에 체크를 해보세요. 그 문제가 이해되지 않았다면
✓ 표시를 해서 그 문제는 나중에 다시 풀어 완전하게 숙지하세요(★ : 중요도).

DAY 11
DAY 12
DAY 13
DAY 14
DAY 15
DAY 16
DAY 17
DAY 18
DAY 19
DAY 20

★ 기사 93년 1회, 05년 1회(추가), 13년 1회(유사)

87 210/105[V]의 변압기를 그림과 같이 결선하고 고압측에 200[V]의 전압을 가하면 전압계의 지시는 얼마인가?

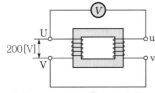

① 100[V] 　　② 200[V]
③ 300[V] 　　④ 400[V]

🖋️해설

변압기 권수비 $a = \dfrac{E_1}{E_2} = \dfrac{210}{105} = 2$

고압측에 200[V] 인가 시 2차 전압

$V_2 = \dfrac{V_1}{a} = \dfrac{200}{2} = 100[V]$

전압계 지시값은 감극성이므로

$\widehat{V} = V_1 - V_2 = 200 - 100 = 100[V]$

★ 산업 04년 4회

88 단상 변압기의 3상 Y–Y결선에서 잘못된 것은?

① 제3고조파 전류가 흐르며 유도장해를 일으킨다.
② 역 V결선이 가능하다.
③ 권선전압이 선간전압의 3배이므로 절연이 용이하다.
④ 중성점접지가 된다.

🖋️해설 Y–Y결선의 특성

㉠ 중성점을 접지가 가능하여 단절연이 가능
㉡ 이상전압의 발생을 억제할 수 있고 지락사고의 검출이 용이
㉢ 상전압(권선전압)이 선간전압의 $\dfrac{1}{\sqrt{3}}$ 배이므로 고전압결선에 적합
㉣ 중성점접지 시 변압기에 제3고조파가 나타나지 않음

★★★★ 기사 93년 2회, 06년 1회

89 3상 배전선에 접속된 V결선의 변압기가 있어 전부하 시의 출력을 P[kVA]라 하면, 같은 변압기 한 대를 증설하여 △결선을 하였을 때의 정격출력[kVA]은?

① $(3/2)P$ 　　② $(2/\sqrt{3})P$
③ $\sqrt{3}\,P$ 　　④ $2P$

🖋️해설

㉠ V결선의 용량 : $P_V = \sqrt{3}\,P_1$[kVA]
㉡ V결선에 변압기 1대 추가 시 △결선으로 운전
$P_\triangle = \sqrt{3} \times P_V$

★★★★★ 기사 90년 7회, 95년 2회, 96년 6회, 12년 3회

90 2대의 변압기를 V결선하여 3상 변압하는 경우 변압기 이용률[%]은?

① 57.8 　　② 86.6
③ 66.6 　　④ 100

🖋️해설

이용률 $= \dfrac{\sqrt{3}\,VI}{2\,VI} = 0.866 = 86.6[\%]$

★★ 기사 91년 6·7회, 99년 3회, 00년 6회, 15년 2회

91 권수비 $a : 1$인 3대의 단상 변압기를 △–Y로 결선하고 1차 단자전압 V_1, 1차 전류 I_1이라 하면 2차 단자전압 V_2 및 2차 전류 I_2값은? (단, 저항과 리액턴스 및 여자전류는 무시한다.)

① $V_2 = \dfrac{\sqrt{3}\,V_1}{a}$, $I_1 = I_2$

② $V_2 = V_1$, $I_2 = \dfrac{aI_1}{\sqrt{3}}$

③ $V_2 = \dfrac{\sqrt{3}\,V_1}{a}$, $I_2 = \dfrac{aI_1}{\sqrt{3}}$

④ $V_2 = \dfrac{\sqrt{3}\,V_1}{a}$, $I_2 = \sqrt{3}\,aI_1$

🖋️해설

변압기 권수비 $a = \dfrac{E_1}{E_2} = \dfrac{N_1}{N_2} = \dfrac{I_2}{I_1}$

㉠ 1차측 △상 전압이 V_1이며 2차 상전압은 권수비에 의해 $\dfrac{V_1}{a}$이고 Y결선 시 단자전압 $V_2 = \dfrac{\sqrt{3}\,V_1}{a}$

㉡ 1차측 △상 전류가 $\dfrac{I_1}{\sqrt{3}}$이며 2차 상전류는 권수비에 의해 $\dfrac{aI_1}{\sqrt{3}}$이고 Y결선 시 선전류와 같다.

정답 87 ① 88 ③ 89 ③ 90 ② 91 ③

자주 출제되는
핵심이론

🔍 핵심이론은 처음에는 그냥 한 번 읽어주세요.
옆의 기출문제를 풀어본 후 다시 한 번 핵심이론을 읽으면서 암기하세요.

(4) 상수의 변환

3상에서 2상 변환	3상에서 6상 변환
① 단상 변압기 2대를 사용하여 3상 전력을 2상으로 변환	① 파형 개선 및 정류기 전원용으로 사용
② 스콧결선(T결선) : T좌 변압기 권수비 $a_T = a \times 0.866$	② 2차 2중 Y결선, 2차 2중 △결선, 대각결선, 포크결선
③ 메이어결선, 우드브리지결선	

10 변압기의 병렬운전

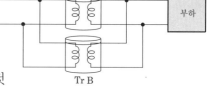

┃변압기 병렬운전┃

(1) 단상 변압기의 병렬운전조건
① 변압기의 극성이 일치할 것
② 권수비가 같고 1·2차의 정격전압이 같을 것
③ 퍼센트임피던스의 크기가 같을 것
④ 퍼센트 저항강하 및 퍼센트 리액턴스강하의 비가 같을 것

참고 **3상 변압기의 경우 병렬운전조건(극성 조건 제외)**

> 위의 ②, ③, ④ 조건과 동일하고 상회전방향 및 1·2차 권선 간 유도기전력의 위상차(각변위)가 같을 것

(2) 병렬운전 시 변압기의 부하분담
병렬운전 시 변압기의 정격용량에 따라 부하분담은 비례하지만 %Z의 크기가 다르면 부하분담의 크기가 달라진다.

① P[kVA]의 부하를 %Z_A인 A변압기와 %Z_B인 B변압기에 걸었을 때 용량비 $m = \dfrac{P_A}{P_B}$

여기서, %Z_A : A변압기 퍼센트임피던스, %Z_B : B변압기 퍼센트임피던스

ⓐ A변압기 분담용량 $P_A = \dfrac{m\%Z_B}{\%Z_A + m\%Z_B} \times P$[kVA]

ⓑ B변압기 분담용량 $P_B = \dfrac{\%Z_A}{\%Z_A + m\%Z_B} \times P$[kVA]

② 병렬운전 시 변압기의 합성용량(계산값 중 작은 값을 선정)

ⓐ A변압기 용량 기준의 합성용량 $P_0 = \dfrac{\%Z_A + m\%Z_B}{m\%Z_B} \times P_A$[kVA]

ⓑ B변압기 용량 기준의 합성용량 $P_0 = \dfrac{\%Z_A + m\%Z_B}{\%Z_A} \times P_B$[kVA]

(3) 3상 변압기의 병렬운전

병렬운전이 가능한 조합		병렬운전이 불가능한 조합	
A변압기	B변압기	A변압기	B변압기
△−△	△−△	△−△	△−Y
Y−Y	Y−Y	Y−Y	Y−△
△−△	Y−Y		
△−Y	△−Y		
△−Y	Y−△		
Y−△	Y−△		

DAY 11
DAY 12
DAY 13
DAY 14
DAY 15
DAY 16
DAY 17
DAY 18
DAY 19
DAY 20

문제의 네모칸에 체크를 해보세요. 그 문제가 이해되지 않았다면
✓ 표시를 해서 그 문제는 나중에 다시 풀어 완전하게 숙지하세요(★ : 중요도).

★★★★★ 산업 00년 4회, 92년 6회, 05년 3회, 07년 2회

92 3상 전원에서 2상 전압을 얻고자 할 때 결선 중 틀린 것은?

① Meyer결선
② Scott결선
③ 우드브리지결선
④ Fork결선

해설

단상 변압기 2대를 사용하여 3상 전력을 2상으로 변환시킬 수 있는 결선방법으로 스콧결선, 메이어결선, 우드브리지결선 등이 있다.

★★ 기사 91년 5회, 15년 2회

93 Scott결선에 의하여 3300[V]의 3상으로부터 200[V], 40[kVA]의 전력을 얻는 경우 T좌 변압기의 권수비는?

① 약 16.5
② 약 14.3
③ 약 11.7
④ 약 10.2

해설

㉠ 주좌 변압기 권수비
$$a = \frac{V_1}{V_2}$$
$$= \frac{3300}{200} = 16.5$$
㉡ T좌 변압기 권수비
$$a_T = 16.5 \times \frac{\sqrt{3}}{2}$$
$$= 14.289 ≒ 14.3$$

★★★★ 기사 91년 6회, 98년 3회, 00년 2회, 15년 3회 / 산업 97년 5회, 01년 1회, 13년 1회(유사)

94 다음 중 변압기의 병렬운전 시 필요하지 않은 것은?

① 각 변압기의 극성이 같을 것
② 각 변압기의 권수비가 같고 1차 및 2차의 정격전압이 같을 것

③ 정격출력이 같을 것
④ 각 변압기의 임피던스가 정격용량에 반비례할 것

해설 변압기의 병렬운전조건

㉠ 변압기의 극성이 일치할 것
㉡ 권수비가 같고 1차 및 2차의 정격전압이 같을 것
㉢ 퍼센트임피던스의 크기가 같을 것
㉣ 퍼센트 저항강하 및 퍼센트 리액턴스강하의 비가 같을 것
㉤ 3상 변압기는 상회전방향 및 각변위가 같을 것

참고

(1) 변압기의 임피던스의 경우 정격용량에 비례해서 나타난다.
(2) 변압기 병렬운전 시 용량, 출력, 부하전류, 임피던스는 같게 운전하는 게 양호하고 부득이하게 다를 경우 3:1의 비율을 넘지 않아야 한다.

Comment

변압기 관련 문제에 다음 내용이 문제로 제시되면 보기의 답은 다음과 같다. 꼭 외우자.

문제	보기의 답
누설리액턴스 감소	권선을 분할하여 조립
변압기 소음 감소	철심을 단단히 조임
누설변압기(용접기)	수하특성
변압기 보호계전기	부흐홀츠계전기, 차동계전기

★★★ 기사 12년 1회(유사) / 산업 94년 4회, 03년 1회, 15년 3회

95 다음 중 2차로 환산한 임피던스가 각각 $0.03 + j0.02[Ω]$, $0.02 + j0.03[Ω]$인 단상 변압기 2대를 병렬로 운전시킬 때, 분담전류는?

① 크기는 같으나 위상이 다르다.
② 크기와 위상이 같다.
③ 크기는 다르나 위상이 같다.
④ 크기와 위상이 다르다.

해설

변압기 2대의 임피던스 크기
$$\sqrt{0.03^2 + 0.02^2} = \sqrt{0.02^2 + 0.03^2}$$
변압기 2대의 임피던스 크기가 같으므로 분담전류의 크기가 같지만 저항 및 리액턴스의 비가 다르므로 분담전류의 위상이 다르다.

정답 92 ④ 93 ② 94 ④ 95 ①

DAY

17

학습목표
• 특수변압기의 종류 및 특성과 사용목적에 대해서 알아본다.
• 회전자세를 이해하여 유도전동기의 회전원리 및 슬립에 대해 알아본다.
• 등가회로를 통해 기전력, 전류, 전력, 토크에 대해 알아보고 비례추이를 이해한다.

출제율 23%

11 특수변압기

(1) 3권선변압기

△결선으로 제3고조파를 제거, 조상설비를 접속하여
무효전력의 조정, 발전소나 변전소 내에 전력을 공급

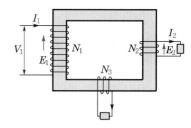

(2) 단권변압기

장점	단점
① 소형화, 경량화 가능	① 저압측을 고압측과 동일한 크기로 절연
② 손실이 적어 효율이 높음	② 누설자속이 거의 없어 %임피던스가 작기 때
③ 자기용량에 비하여 부하용량이 큼	문에 사고 시 큰 단락전류가 흐름
④ 누설자속이 거의 없어 전압변동률이 작음	

① $\dfrac{\text{자기용량}}{\text{부하용량}} = \dfrac{V_2 - V_1}{V_2}$

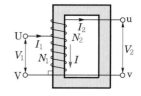

   ㉠ 승압전압 $e_2 = V_2 - V_1$

   ㉡ 고압측 전압 $V_2 = V_1\left(1 + \dfrac{1}{a}\right)$

② V결선 : $\dfrac{\text{자기용량}}{\text{부하용량}} = \dfrac{1}{0.866}\left(\dfrac{V_2 - V_1}{V_2}\right)$ ③ △결선 : $\dfrac{\text{자기용량}}{\text{부하용량}} = \dfrac{1}{\sqrt{3}}\dfrac{V_2^2 - V_1^2}{V_2 V_1}$

(3) 계기용 변성기

고전압의 교류회로 전압, 전류를 측정하고자 할 때 사용

① 변류기(CT) : 2차 전류는 표준이 5[A]

   ㉠ 1차 권선을 고압회로와 직렬로 접속

   ㉡ $I_1 = \dfrac{n_2}{n_1}I_2 = \dfrac{1}{a}I_2$[A](여기서, a : CT비)

   ㉢ 2차측 개방 금지 → 절연파괴 방지

② 계기용 변압기(PT) : 2차 전압 표준은 110[V]

   ㉠ 1차 권선을 고압회로와 병렬로 접속

   ㉡ $V_1 = \dfrac{n_1}{n_2}V_2 = aV_2$[V](여기서, a : PT비)

   ㉢ 1차 및 2차측에 단락 방지를 위해 퓨즈를 설치

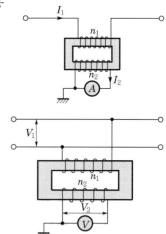

(4) 주상변압기의 Tap 절환장치

배전선로의 전압강하로 인해 수전단의 전압이 변화가 필요할 때 사용하는 것으로 고압
측의 5Tap을 이용하여 권수비를 바꾸어 수전단의 전압을 조정

바로바로 풀어보는
기출문제

문제의 네모칸에 체크를 해보세요. 그 문제가 이해되지 않았다면
✓표시를 해서 그 문제는 나중에 다시 풀어 완전하게 숙지하세요(★ : 중요도).

DAY 11
DAY 12
DAY 13
DAY 14
DAY 15
DAY 16
DAY 17
DAY 18
DAY 19
DAY 20

★ 기사 01년 1회

96 다음은 단권변압기를 설명한 것이다. 틀린 것은?

① 소형에 적합하다.
② 누설자속이 적다.
③ 손실이 적고 효율이 좋다.
④ 재료가 절약되어 경제적이다.

📝 해설 **단권변압기의 장단점**

㉠ 장점
- 단권변압기는 소·대형에 모두 사용된다.
- 소형화, 경량화가 가능하다.
- 철손 및 동손이 적어 효율이 높다.
- 자기용량에 비하여 부하용량이 커지므로 경제적이다.
- 누설자속이 거의 없으므로 전압변동률이 작고 안정도가 높다

㉡ 단점
- 고압측과 저압측이 직접 접촉되어 있으므로 저압측의 절연강도를 고압측과 동일한 크기의 절연이 필요하다.
- 누설자속이 거의 없어 %임피던스가 작기 때문에 사고 시 단락전류가 크다.

★★★ 산업 99년 6회, 12년 3회, 13년 3회

97 6000/200[V], 5[kVA]의 단상 변압기를 승압기로 연결하여 1차측에 6000[V]를 가할 때 2차측에 걸을 수 있는 최대부하용량 [kVA]은?

① 165
② 160
③ 155
④ 150

📝 해설

2차측(고압측) 전압

$$V_h = V_l\left(1 + \frac{1}{a}\right) = 6000\left(1 + \frac{1}{6000/200}\right)$$
$$= 6200[\text{V}]$$

단권변압기 2차측에 최대부하용량은 다음과 같다.

$$부하용량 = \frac{6200}{6200-6000} \times 5 = 155[\text{kVA}]$$

★ 산업 00년 3회

98 변압기를 설명하는 것 중 틀린 것은?

① 사용주파수가 증가하면 전압변동률은 감소한다.

② 전압변동률은 부하의 역률에 따라 변한다.
③ △-Y결선에 고조파전류가 흘러서 통신선에 대한 유도장애는 없다.
④ 효율은 부하역률에 따라 다르다.

📝 해설

%리액턴스강하 $q = \frac{I_n x_2}{V_{2n}} \times 100[\%]$에서 $x_2 = 2\pi f L$

이므로 주파수가 증가하면 q가 증가하여 전압변동률 $\varepsilon = p\cos\theta + q\sin\theta$가 증가한다.

★★★★ 기사 94년 2회, 98년 4회, 99년 7회, 02년 2·4회 / 산업 05년 2회, 16년 2회

99 변류기 개방 시 2차측을 단락하는 이유는?

① 2차측 절연 보호
② 2차측 과전류 보호
③ 측정오차 방지
④ 1차측 과전류 방지

📝 해설

변류기 2차가 개방되면 1차측의 큰 전류가 모두 여자전류로 되어 자속이 급속히 증가하여 모두 2차측 기전력을 증가시켜 절연을 파괴할 우려가 있다.

★ 기사 14년 1회 / 산업 90년 6회, 94년 7회, 97년 6회

100 평형 3상 전류를 측정하려고 변류비 60/5[A]의 변류기 두 대를 그림과 같이 접속했더니 전류계에 2.5[A]가 흘렀다. 1차 전류는 몇 [A]인가?

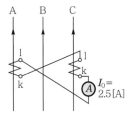

① 약 12.0
② 약 17.3
③ 약 30.0
④ 약 51.9

📝 해설

변류기가 교차접속되고 2차 전류가 $\sqrt{3}$ 배 크게 계측되므로 1차 전류는 다음과 같다.

$$I_1 \times \frac{5}{60} \times \sqrt{3} = 2.5[\text{A}]$$

1차 전류 $I_1 = 2.5 \times \frac{1}{\sqrt{3}} \times \frac{60}{5} = 17.3[\text{A}]$

정답 96 ① 97 ③ 98 ① 99 ① 100 ②

자주 출제되는
핵심이론

핵심이론은 처음에는 그냥 한 번 읽어주세요.
옆의 기출문제를 풀어본 후 다시 한 번 핵심이론을 읽으면서 암기하세요.

제4장 유도기

1 유도전동기의 원리 및 특성

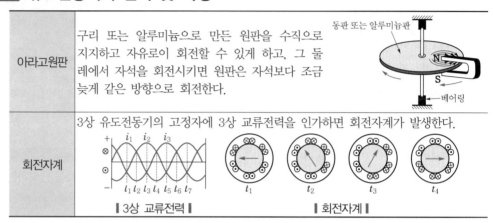

아라고원판	구리 또는 알루미늄으로 만든 원판을 수직으로 지지하고 자유로이 회전할 수 있게 하고, 그 둘레에서 자석을 회전시키면 원판은 자석보다 조금 늦게 같은 방향으로 회전한다.
회전자계	3상 유도전동기의 고정자에 3상 교류전력을 인가하면 회전자계가 발생한다. ▌3상 교류전력▌ ▌회전자계▌

참고 유도전동기의 운전 시 고조파의 영향

(1) 교류전력에 고조파가 있을 경우 유도전동기의 회전속도가 감소하거나 역토크가 발생할 수 있다.
(2) 영상분은 $3n$, 정상분은 $3n+1$, 역상분은 $3n-1$이다.

2 유도전동기의 구분

회전자의 구조에 따라 농형과 권선형으로 나누어진다.

농형 유도전동기	권선형 유도전동기
① 구조는 대단히 견고하고 취급이 용이 ② 가격이 저렴하고 기동토크가 작음 ③ 슬립링이 없기 때문에 불꽃이 없음 ④ 속도제어가 어려움	① 슬립링을 이용하여 외부저항을 접속하여 기동 및 속도특성을 개선 ② 속도제어가 용이 ③ 가격이 높고 슬립링에서 불꽃 발생 우려

참고 유도전동기 보호방식

유도전동기 보호방식에는 전폐형, 방폭형, 방진형, 방수형 등이 있다.

3 슬립(slip)

3상 유도전동기에서는 동기속도 N_s와 회전자속도 N 사이에 차이이다.

슬립 $s = \dfrac{N_s - N}{N_s} \times 100\,[\%]$

여기서, N_s : 동기속도[rpm], N : 회전자속도[rpm]

참고 슬립 측정방법

직류밀리볼트계법, 수화기법, 스트로보스코프법

슬립의 범위	회전자속도 $N = (1-s)N_s$[rpm]
① 유도전동기의 경우 : $0 < s < 1$ ② 유도발전기의 경우 : $-1 < s < 0$	① 회전자가 정지 : $s = 1$ ② 동기속도로 회전 시 : $s = 0$

✓ 문제의 네모칸에 체크를 해보세요. 그 문제가 이해되지 않았다면
✓ 표시를 해서 그 문제는 나중에 다시 풀어 완전하게 숙지하세요(★ : 중요도).

DAY 11
DAY 12
DAY 13
DAY 14
DAY 15
DAY 16
DAY 17
DAY 18
DAY 19
DAY 20

★★ 산업 91년 5회, 92년 7회, 97년 5회, 98년 5회, 99년 3회, 02년 1회

101 유도전동기의 보호방식에 따른 종류가 아닌 것은?

① 방폭형　　② 방진형
③ 방수형　　④ 전개형

🔧해설 **유도전동기의 사용환경에 대한 보호방식**

전동기의 보호형식은 기기를 사용환경에 대하여 잘못 적용하면 고장 및 수명단축의 원인이 되므로 사용장소에 적합하게 전폐형, 분진방폭형, 방진형, 방수형 등의 적용보호방식을 선정한다.

★★★★★ 기사 92년 3회, 04년 1회 / 산업 05년 1회(추가), 08년 1회, 16년 1회

102 유도전동기의 슬립 s의 범위는?

① $1 > s > 0$
② $0 > s > -1$
③ $0 > s > 1$
④ $-1 < s < 1$

🔧해설 **슬립**

㉠ $s = \dfrac{N_s - N}{N_s} \times 100[\%]$

여기서, N_s : 동기속도[rpm], N : 회전자속도[rpm]

㉡ 슬립의 범위
　• 유도전동기의 경우 : $0 < s < 1$
　• 유도발전기의 경우 : $-1 < s < 0$

★★★★ 기사 98년 4회 / 산업 16년 1회(유사)

103 50[Hz], 4극의 유도전동기의 슬립이 4[%]인 때의 매분 회전수[rpm]는?

① 1410[rpm]
② 1440[rpm]
③ 1470[rpm]
④ 1500[rpm]

🔧해설

동기속도 $N_s = \dfrac{120 \times 50}{4} = 1500[\text{rpm}]$

회전속도
$N = (1-s)N_s = (1-0.04) \times 1500 = 1440[\text{rpm}]$

★ 기사 92년 3회, 05년 2회, 16년 1회(유사)

104 4극, 고정자 홈수 48인 3상 유도전동기의 홈간격을 전기각으로 표시하면?

① 3.75°　　② 7.5°
③ 15°　　　④ 30°

🔧해설 극수 P의 경우 전기각과 기하학적 각에 대한 관계

전기적 각도 $\alpha = \dfrac{P}{2} \times$ 기하학적 각도

$= \dfrac{4}{2} \times \dfrac{2\pi}{48} = 15°$

★★ 기사 16년 1회

105 대칭 3상 권선에 평형 3상 교류가 흐르는 경우 회전자계의 설명으로 틀린 것은?

① 발생 회전자계 방향 변경 가능
② 발생 회전자계는 전류와 같은 주기
③ 발생 회전자계 속도는 동기속도보다 늦음
④ 발생 회전자계 세기는 각 코일 최대자계의 1.5배

🔧해설

3상 유도전동기에 3상 교류전력을 공급하면 고정자에서 회전자에 회전자계 속도가 동기속도로 나타난다.
유도전동기의 회전자속도 $N = (1-s)N_s[\text{rpm}]$
여기서, N : 회전자속도(출력), s : 슬립
　　　　N_s : 회전자계(2차 입력)

★★★ 산업 91년 6회, 95년 5회, 14년 1회

106 제13차 고조파에 의한 기자력의 회전자계의 회전방향 및 속도와 기본파 회전자계의 관계는?

① 기본파와 반대방향 1/13배의 속도
② 기본파와 동방향 1/13배의 속도
③ 기본파와 동방향 13배의 속도
④ 기본파와 반대방향 13배의 속도

🔧해설 정상분 $3n+1(4, 7, 10, 13\cdots)$

$+120°$의 위상차가 발생하는 고조파로 기본파와 같은 방향으로 작용하는 회전자계를 발생하고 회전속도는 $\dfrac{1}{13}$배의 속도로 된다.

정답 101 ④　102 ①　103 ②　104 ③　105 ③　106 ②

4 유도전동기의 등가회로

(1) 전동기가 정지하고 있는 경우

① 1차 유도기전력 $E_1 = 4.44 k_{w_1} f N_1 \phi_m [\mathrm{V}]$

② 2차 유도기전력 $E_2 = 4.44 k_{w_2} f N_2 \phi_m [\mathrm{V}]$

③ 권수비 $a = \dfrac{E_1}{E_2} = \dfrac{k_{w_1} N_1}{k_{w_2} N_2}$

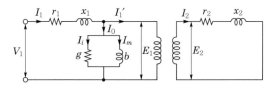

┃유도전동기 등가회로(정지 시)┃

(2) 전동기가 회전하고 있는 경우

① 1차 유도기전력 $E_1 = 4.44 k_{w_1} f N_1 \phi_m [\mathrm{V}]$

② 2차 유도기전력 $s E_2 = 4.44 k_{w_2} s f N_2 \phi_m [\mathrm{V}]$

③ 회전 시 권수비 $a = \dfrac{E_1}{s E_2} = \dfrac{k_{w_1} N_1}{s k_{w_2} N_2}$

④ 회전 시 주파수 $f_2 = s f_1$

⑤ 회전 시 기전력 $E_{2s} = s E_2$

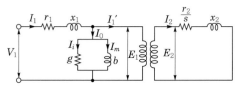

┃유도전동기 등가회로(회전 시)┃

(3) 유도전동기의 전류

① 1차 전류 $I_1 = \dfrac{m_2 k_{w_2} N_2}{m_1 k_{w_1} N_1} \cdot I_2 = \dfrac{1}{\alpha \beta} \cdot I_2 [\mathrm{A}]$, 상수비 : $\beta = \dfrac{m_1}{m_2}$

② 2차 전류 $I_2 = \dfrac{s E_2}{\sqrt{r_2^2 + (s x_2)^2}} = \dfrac{E_2}{\sqrt{\left(\dfrac{r_2}{s}\right)^2 + (x_2)^2}} [\mathrm{A}]$

③ 등가 부하저항 $R = \left(\dfrac{1}{s} - 1\right) r_2 [\Omega]$

여기서, r_2 : 회전자저항[Ω], s : 슬립

☑ 문제의 네모칸에 체크를 해보세요. 그 문제가 이해되지 않았다면
✓ 표시를 해서 그 문제는 나중에 다시 풀어 완전하게 숙지하세요(★ : 중요도).

DAY 11
DAY 12
DAY 13
DAY 14
DAY 15
DAY 16
DAY 17
DAY 18
DAY 19
DAY 20

★ **산업 94년 5회, 02년 3회, 12년 1회**

107 1차 권선수 N_1, 2차 권선수 N_2, 1차 권선계수 k_{w_1}, 2차 권선계수 k_{w_2}인 유도전동기가 슬립 s로 운전하는 경우 전압비는 어느 것인가?

① $\dfrac{k_{w_1} N_1}{k_{w_2} N_2}$

② $\dfrac{k_{w_2} N_2}{k_{w_1} N_1}$

③ $\dfrac{k_{w_1} N_1}{s k_{w_2} N_2}$

④ $\dfrac{s k_{w_2} N_2}{k_{w_1} N_1}$

해설

회전 시 권수비(전압비)

$a = \dfrac{E_1}{sE_2} = \dfrac{4.44 k_{w_1} f N_1 \phi_m}{4.44 k_{w_2} s f N_2 \phi_m}$

$= \dfrac{k_{w_1} N_1}{s k_{w_2} N_2}$

참고

전압비(권수비)를 적용하여 2차 전류를 1차 전류로 환산한 전류이다.

1차 전류 $I_1 = \dfrac{m_2 k_{w_2} N_2}{m_1 k_{w_1} N_1} \cdot I_2 = \dfrac{1}{\alpha \beta} \cdot I_2 [A]$

★★★★ **기사 01년 1회, 05년 3회, 14년 3회 / 산업 15년 1회**

108 50[Hz], 6극, 200[V], 10[kW]의 3상 유도전동기가 960[rpm]으로 회전하고 있을 때의 2차 주파수[Hz]는?

① 2

② 4

③ 6

④ 8

해설

동기속도 $N_s = \dfrac{120f}{P} = \dfrac{120 \times 50}{6} = 1000[\text{rpm}]$

960[rpm]으로 회전 시 슬립

$s = \dfrac{N_s - N}{N_s}$

$= \dfrac{1000 - 960}{1000} = 0.04$

회전 시 2차 주파수

$f_2 = sf_1 = 0.04 \times 50 = 2[\text{Hz}]$

★★ **산업 93년 4회, 04년 4회, 06년 3회**

109 10극, 3상 유도전동기가 있다. 회전자도 3상이고, 정지 시의 2차 1상의 전압이 150[V]이다. 이 회전자를 회전자계와 반대방향으로 400[rpm] 회전시키면 2차 전압[V]은 약 얼마인가? (단, 1차 전원주파수는 50[Hz]이다.)

① 150

② 200

③ 250

④ 300

해설

동기속도 $N_s = \dfrac{120f}{P} = \dfrac{120 \times 50}{10} = 600[\text{rpm}]$

회전자계와 반대방향으로 400[rpm] 회전 시 슬립

$s = \dfrac{N_s - N}{N_s}$

$= \dfrac{600 - (-400)}{600} = 1.667$

회전 시 2차 전압

$E_2' = sE_2$

$= 1.667 \times 150 = 250[\text{V}]$

Comment

아래 그림만 외우자.

‖ 회전자의 회전속도 ‖

속도 상승 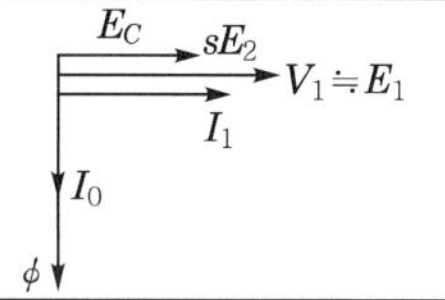	속도 강하 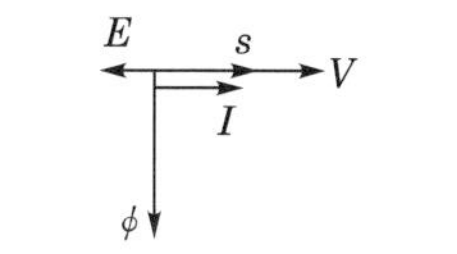

★★★★★ **기사 91년 5회, 99년 5회 / 산업 94년 2회, 99년 4회, 06년 4회**

110 슬립 5[%]인 유도전동기의 등가 부하저항은 2차 저항의 몇 배인가?

① 19

② 20

③ 29

④ 40

해설

등가 부하저항 $R = \left(\dfrac{1}{s} - 1 \right) r_2$

$= \left(\dfrac{1}{0.05} - 1 \right) r_2$

$= 19 r_2$

정답 107 ③ 108 ① 109 ③ 110 ①

자주 출제되는

핵심이론

핵심이론은 처음에는 그냥 한 번 읽어주세요.
옆의 기출문제를 풀어본 후 다시 한 번 핵심이론을 읽으면서 암기하세요.

(4) 전력의 변환

2차 입력, 2차 손실(2차 동손), 기계적 출력과 슬립의 관계

① 2차 입력 $P_2 = P_o + P_{c2} = I_2^2 \dfrac{r_2}{s}$ [W]

② 2차 동손 $P_{c2} = I_2^2 r_2$ [W]

③ 2차 출력 $P_o = \left(\dfrac{1}{s} - 1\right) r_2 I_2^2$

$$= I_2^2 \dfrac{r_2}{s} - I_2^2 r_2$$

$$= P_2 - P_{c2} \text{[W]}$$

④ $P_2 : P_{c2} : P_o = 1 : s : 1-s$

5 회전력(torque)

(1) 토크와 출력

유도전동기의 기계적 출력 P_o는 토크 T와 각속도 ω의 곱으로 나타낼 수 있다.

① $P_o = \omega T = 2\pi \dfrac{N}{60} \cdot T = 4\pi f \cdot (1-s) \dfrac{1}{P} T$ [W]

② $T = 0.975 \dfrac{P_o}{N} = 0.975 \dfrac{P_2}{N_s}$ [kg·m]

(2) 동기와트

2차 입력과 토크는 비례하게 되고 토크를 표현할 때 2차 입력의 값을 가지고도 나타낼 수 있고 이 2차 입력을 동기와트라 한다.

$P_2 = 1.026 \cdot T \cdot N_s \times 10^{-3}$ [kW]

(3) 토크와 1차 전압, 주파수와의 관계

① $T = \dfrac{P}{4\pi f} \cdot V_1^2 \cdot \dfrac{\dfrac{r_2}{s}}{\left(r_1 + \dfrac{r_2}{s}\right)^2 + (x_1 + x_2)^2}$ [N·m]

토크는 극수에 비례하고 주파수에 반비례하며 1차측 정격전압의 제곱에 비례하고 $\dfrac{r_2}{s}$에 비례

② $T \propto P_{극수} \propto \dfrac{1}{f} \propto V_1^2 \propto \dfrac{r_2}{s}$

문제의 네모칸에 체크를 해보세요. 그 문제가 이해되지 않는다면
✓ 표시를 해서 그 문제는 나중에 다시 풀어 완전하게 숙지하세요(★ : 중요도).

DAY
11
DAY
12
DAY
13
DAY
14
DAY
15
DAY
16
DAY
17
DAY
18
DAY
19
DAY
20

★★★★★ 산업 90년 2회, 91년 7회, 96년 6회, 97년 4회, 99년 3회, 12년 2회, 15년 2회

111 유도전동기의 2차 동손을 P_c, 2차 입력을 P_2, 슬립을 s 라 할 때 이들 사이의 관계는?

① $s = P_c / P_2$　　② $s = P_2 / P_c$
③ $s = P_2 P_c$　　④ $s = s \cdot P_2 P_c$

해설

$P_2 : P_c : P_o = 1 : s : 1-s$

$P_2 : P_c = 1 : s$ 에서 슬립 $s = \dfrac{P_c}{P_2}$

★★★ 기사 91년 6회, 05년 3회

112 정격출력 50[kW]의 정격전압 220[V], 주파수 60[Hz], 극수 4의 3상 유도전동기가 있다. 이 전동기가 전부하에서 슬립 s 가 0.04, 효율 90[%]로 운전 시 다음과 같은 값을 갖는다. 이 중 틀린 것은?

① 1차 입력=55.56[kW]
② 2차 효율=96[%]
③ 회전자입력=47.9[kW]
④ 회전자동손=2.08[kW]

해설

$P_2 : P_c : P_o = 1 : s : 1-s$

㉠ 1차 입력 $P_1 = \dfrac{출력}{효율} = \dfrac{50}{0.9} = 55.56[kW]$

㉡ 2차 효율 $\eta_2 = 1 - s = 1 - 0.04 = 0.96 = 96[\%]$

㉢ 회전자입력
$P_2 = \dfrac{1}{1-s} P_o = \dfrac{1}{1-0.04} \times 50 = 52.08[kW]$

㉣ 회전자동손
$P_c = \dfrac{s}{1-s} P_o = \dfrac{0.04}{1-0.04} \times 50 = 2.08[kW]$

★★ 기사 12년 2회 / 산업 95년 7회, 98년 4회, 99년 7회, 03년 3회, 06년 3회, 08년 4회

113 15[kW]의 3상 유도전동기의 기계손이 350[W], 전부하슬립이 3[%]인 3상 유도전동기의 전부하 시의 2차 동손은?

① 약 475[W]　　② 약 460.5[W]
③ 약 453[W]　　④ 약 439.5[W]

해설

㉠ 2차 출력
$P_o = P + P_m = 15000 + 350 = 15350[W]$
여기서, P : 부하에 전달된 출력, P_m : 기계손

㉡ 2차 동손
$P_c = \dfrac{s}{1-s} P_o = \dfrac{0.03}{1-0.03} \times 15350$
$= 474.74[W]$

★ 기사 98년 6회, 02년 3회, 12년 2회, 16년 1회(유사)

114 20극, 11.4[kW], 60[Hz], 3상 유도전동기의 슬립 5[%]일 때 2차 동손이 0.6[kW]이다. 전부하토크[N·m]는?

① 523　　② 318
③ 276　　④ 189

해설

동기속도 $N_s = \dfrac{120 \times 60}{20} = 360[rpm]$

2차 입력 $P_2 = \dfrac{1}{s} P_c = \dfrac{1}{0.05} \times 0.6 = 12[kW]$

$T = 0.975 \dfrac{P_2}{N_s} = 0.975 \times \dfrac{12 \times 10^3}{360} = 32.5[kg \cdot m]$

$T = 32.5 \times 9.8 = 318.5[N \cdot m]$

★★★★ 기사 04년 2회, 14년 1회 / 산업 92년 3회

115 유도전동기의 토크(회전력)는?

① 단자전압에 무관
② 단자전압에 비례
③ 단자전압의 2승에 비례
④ 단자전압의 3승에 비례

해설

토크 $T \propto P_{극수} \propto \dfrac{1}{f} \propto V_1{}^2 \propto \dfrac{r_2}{s}$

★★★ 기사 16년 1회

116 유도전동기를 정격상태로 사용 중 전압이 10% 상승하면 다음과 같은 특성의 변화가 있다. 틀린 것은? (단, 부하는 일정 토크라고 가정한다.)

① 슬립이 작아진다.
② 효율이 떨어진다.
③ 속도가 감소한다.
④ 히스테리시스손과 와류손이 증가한다.

해설

$V_1{}^2 \propto \dfrac{1}{s}$에서 전압이 상승하면 슬립은 감소하고 회전속도는 증가

정답 111 ①　112 ③　113 ①　114 ②　115 ③　116 ③

자주 출제되는
핵심이론

핵심이론은 처음에는 그냥 한 번 읽어주세요.
옆의 기출문제를 풀어본 후 다시 한 번 핵심이론을 읽으면서 암기하세요.

6 비례추이

유도전동기의 토크 $T = \dfrac{P}{4\pi f} \cdot V_1{}^2 \cdot \dfrac{\dfrac{r_2}{s}}{\left(r_1 + \dfrac{r_2}{s}\right)^2 + (x_1 + x_2)^2}$ [N·m]

(1) 슬립과 토크와의 관계

최대토크 발생 시 슬립 $\dfrac{dP_2}{ds} = 0$ → 최대토크 슬립 $s_t = \dfrac{r_2}{\sqrt{r_1{}^2 + (x_1 + x_2)^2}} \fallingdotseq \dfrac{r_2}{x_2}$

① 슬립-토크 관계곡선 : 일정 전압 V_1 이 가해진 경우 저항 및 리액턴스는 정수이기 때문에 슬립 s 를 변화시켜 T 를 종축, s 를 횡축으로 나타낸다.

② 비례추이 : 최대토크 T_m 의 크기는 $s_t \fallingdotseq \dfrac{r_2}{x_2}$ 에 관계로 인해 2차 저항을 m 배 증가하면 s_t 도 m 배 증가하므로 크기가 변하지 않고 일정하다.

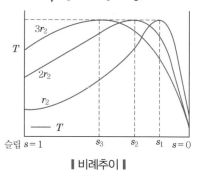

┃비례추이┃

　㉠ $T_m \propto \dfrac{r_2}{s_t} = \dfrac{2r_2}{2s} = \dfrac{mr_2}{ms}$

　㉡ 비례추이 가능 : 토크, 1차 전류, 2차 전류, 역률, 동기와트

　㉢ 비례추이 불가능 : 출력, 2차 동손, 효율

(2) 원선도

유도전동기의 특성을 알기 위해 원선도를 그린다. 원선도를 그리기 위해서는 무부하시험, 구속시험, 저항측정을 한다.

무부하시험	유도전동기를 무부하로 정격전압 V_n , 정격주파수 f_1 로 운전하여 그때의 무부하전류 I_0 과 무부하입력 P_0 을 측정한다.
구속시험	유도전동기의 회전자를 적당한 방법으로 회전하지 못하도록 구속하고 권선형 회전자에서는 2차 권선을 슬립링에서 단락하여 1차측에 정격주파수의 전압을 가하여 정격 1차 전류에 가까운 구속전류 I_s 를 흘려서 그때의 전압과 1차 입력을 측정한다.
저항측정	임의의 주위온도에서 1차 권선 각 단자 간에 직류로 측정한 저항의 평균치를 R_1 이라 하고 이 값에서 다음 식에 의해 75[℃]에서의 1차 권선의 1상분의 저항 r_1 을 산출한다. $r_1 = \dfrac{R_1}{2} \cdot \dfrac{234.5 + 75}{234.5 + t}$ [Ω](여기서, R_1 : 1차 저항 측정값, t : 주위온도)

7 유도전동기의 효율

① $\eta = \dfrac{출력}{입력} \times 100[\%] = \dfrac{입력 - 손실}{입력} \times 100[\%]$

② **2차 효율** : 2차 입력 P_2 와 출력 P_o 의 비

2차 효율 $\eta_2 = \dfrac{P_o}{P_2} \times 100[\%] = (1-s) \times 100[\%] = \dfrac{N}{N_s} \times 100[\%]$

바로바로 풀어보는
기출문제

DAY 11
DAY 12
DAY 13
DAY 14
DAY 15
DAY 16
DAY 17
DAY 18
DAY 19
DAY 20

☑ 문제의 네모칸에 체크를 해보세요. 그 문제가 이해되지 않았다면
✓ 표시를 해서 그 문제는 나중에 다시 풀어 완전하게 숙지하세요(★ : 중요도).

★★★★★ 산업 93년 4회, 97년 2회, 07년 4회

117 3상 권선형 유도전동기의 2차 회로에 저항을 삽입하는 목적이 아닌 것은?

① 속도를 줄이지만 최대토크를 크게 하기 위해
② 속도제어를 하기 위하여
③ 기동토크를 크게 하기 위하여
④ 기동전류를 줄이기 위하여

해설

3상 권선형 유도전동기의 2차 저항의 크기 변화를 통해 기동전류 감소와 기동토크 증대 및 속도제어를 할 수 있는데 최대토크는 변하지 않는다.

★★★★ 기사 12년 3회(유사) / 산업 99년 5회, 03년 2회, 05년 1회, 07년 1·3회, 14년 2회

118 3상 유도전동기의 특성 중 비례추이할 수 없는 것은?

① 1차 전류   ② 2차 전류
③ 출력   ④ 토크

해설 비례추이

㉠ 비례추이 가능 : 토크, 1차 전류, 2차 전류, 역률, 동기와트
㉡ 비례추이 불가능 : 출력, 2차 동손, 효율

★★ 기사 92년 5회, 03년 4회, 04년 2회, 13년 2회

119 3상 권선형 유도전동기의 전부하슬립이 5[%], 2차 1상의 저항 1[Ω]이다. 이 전동기의 기동토크를 전부하토크와 같게 하려면 외부에서 2차에 삽입할 저항은 몇 [Ω]인가?

① 20   ② 19
③ 18   ④ 17

해설

기동토크와 전부하토크(최대토크로 해석)가 같을 경우의 슬립 $s = 1$이므로

최대토크 $T_m \propto \dfrac{r_2}{s_t} = \dfrac{mr_2}{ms_t}$에서 $\dfrac{1}{0.05} = \dfrac{1+R}{1}$에서

외부에서 2차 삽입하는 저항 $R = 19[\Omega]$

★★★★★ 기사 05년 1회(추가) / 산업 08년 2·4회, 12년 2회, 13년 1·3회, 14년 1회, 15년 1·3회

120 3상 유도전동기의 원선도를 그리는 데 옳지 않은 시험은?

① 저항측정   ② 무부하시험
③ 구속시험   ④ 슬립측정

해설

유도전동기의 특성을 구하기 위하여 원선도를 작성한다. 원선도 작성 시 필요시험은 무부하시험, 구속시험, 저항측정이다.

★★★★ 기사 90년 2회, 98년 7회, 00년 6회

121 200[V], 60[Hz], 4극, 20[kW]의 3상 유도전동기가 있다. 전부하일 때의 회전수가 1728[rpm]이라 하면 2차 효율[%]은?

① 45   ② 56
③ 96   ④ 100

해설

동기속도 $N_s = \dfrac{120 \times 60}{4} = 1800[\text{rpm}]$

슬립 $s = \dfrac{1800 - 1728}{1800} = 0.04$

2차 효율 $\eta_2 = (1 - 0.04) \times 100 = 96[\%]$

★★★★★ 기사 91년 7회 / 산업 94년 2회, 96년 4회, 97년 7회, 98년 7회, 13년 3회, 16년 2회

122 유도전동기에서 인가전압이 일정하고 주파수가 정격값에서 수[%] 감소함에 따른 현상 중 해당되지 않는 것은?

① 동기속도가 감소한다.
② 누설리액턴스가 증가한다.
③ 철손이 증가한다.
④ 효율이 나빠진다.

해설 유도전동기에서 전압은 일정하고 주파수가 감소할 경우

㉠ 동기속도 $N_s = \dfrac{120f}{P}[\text{rpm}] \rightarrow$ 감소
㉡ 누설리액턴스 $X_l = 2\pi f L[\Omega] \rightarrow$ 감소
㉢ 철손 $P_i \propto \dfrac{V_1^2}{f} \rightarrow$ 증가
㉣ 효율은 주파수 감소 시 철손이 증가 → 감소

정답 117 ① 118 ③ 119 ② 120 ④ 121 ③ 122 ②

학습목표
• 유도전동기의 기동법, 속도제어법을 꼭 이해하고 특수 유도전동기에 대해 알아본다.
• 다이오드의 종류 및 특성·정류회로에 대해 알아본다.
• 사이리스터의 종류별 특성을 알아본다.
• 특수기기의 특성을 이해하여 사용목적에 대해 알아본다.

출제율 16%

8 유도전동기의 기동법

농형 유도 전동기	농형 유도전동기의 기동법에는 전전압기동법, Y-△기동법, 기동보상기법, 리액터기동법, 콘드로퍼기동법이 있다.	
	전전압기동법 (직입기동)	① 5[kW] 이하의 소용량 농형 유도전동기에 적용
		② 직접 전동기에 정격전압을 가하여 기동
		③ 기동 시의 기동전류는 정격전류의 약 4~6배 정도 흐름
		④ 기동시간이 오래 걸리거나 기동횟수가 빈번한 경우에 부적합
	Y-△기동법	① 약 5~15[kW] 정도의 농형 유도전동기에 적용
		② 기동 시에는 Y결선으로, 운전 시에는 △결선으로 운전하는 방법
		③ 기동전류 및 기동토크가 전전압기동 시의 1/3로 감소
	기동보상기법 (단권Tr의 기동)	① 15[kW] 이상의 대용량의 농형 유도전동기에 적용
		② 단권변압기를 이용하여 기동
권선형 유도 전동기	권선형 유도전동기의 기동법에는 2차 저항기동법(기동저항기법)과 게르게스기동법이 있다.	
	2차 저항기동법	① 비례추이 특성을 이용하여 기동
		② 외부저항을 삽입하여 기동전류는 감소시키고 기동토크는 증가

9 유도전동기의 속도제어법

(1) 농형 유도전동기

극수변환법	코일의 접속을 바꾸어 극수를 변화시켜 속도를 제어
1차 전압제어	SCR의 위상각을 조정하여 1차 전압을 변화시켜 속도를 제어
주파수변환법	① 선박 전기추진용 모터, 방직공장, 인견공장의 포트모터에 적용
	② 공급주파수를 변경하여 속도를 제어

(2) 권선형 유도전동기

2차 저항제어	회전자에 연결되어 있는 슬립링을 통해 외부의 저항을 가감하는 2차 회로의 저항변화에 의한 토크-속도특성의 비례추이를 이용하여 속도를 제어
2차 여자법	슬립주파수의 2차 여자전압을 제어하여 속도제어를 하는 방법
종속법	① 직렬종속 $N = \dfrac{120f}{P_1 + P_2}$[rpm]
	② 차동종속 $N = \dfrac{120f}{P_1 - P_2}$[rpm]
	③ 병렬종속 $N = \dfrac{2 \times 120f}{P_1 + P_2}$[rpm]

DAY 11
DAY 12
DAY 13
DAY 14
DAY 15
DAY 16
DAY 17
DAY 18
DAY 19
DAY 20

★★★★ 기사 93년 6회, 01년 1회, 02년 1회, 04년 4회, 15년 3회

123 농형 유도전동기 기동법이 아닌 것은?

① 2차 저항기동　　② Y-△기동
③ 전전압기동　　　④ 기동보상기

해설

㉠ 농형 유도전동기 기동법 : 전전압기동, Y-△기동, 기동보상기법(단권변압기 기동), 리액터기동, 콘드 로퍼기동
㉡ 권선형 유도전동기 기동법 : 2차 저항기동(기동저항 기법), 게르게스기동

★★★ 기사 16년 3회 / 산업 01년 2회, 03년 4회, 07년 2회

124 권선형 유도전동기의 기동 시 2차측에 저항을 넣는 이유는?

① 기동전류 감소
② 회전수 감소
③ 기동토크 감소
④ 기동전류 감소와 토크 증대

해설

2차 저항기동은 회전자의 외부에 저항을 접속하여 기동 전류 감소 및 기동토크를 증가시킬 수 있다.

★ 산업 91년 7회, 96년 6회, 05년 3회, 13년 2회

125 어느 3상 유도전동기의 전전압 기동토크는 전부하 시의 1.8배이다. 전전압의 2/3로 기동할 때 기동토크는 전부하 시의 몇 배인가?

① 0.8　　　　　　② 0.7
③ 0.6　　　　　　④ 0.4

해설

유도전동기의 토크 $T \propto V_1^2$이므로
전부하토크 T, 전압 V_1이라 할 때
전전압(V_1) 기동토크 $T' = 1.8T$, $\dfrac{2}{3}V_1$의 전압으로
기동 시 토크 xT
$1.8T : xT = V_1^2 : \left(\dfrac{2}{3}V_1\right)^2$ 에서
$xT = 1.8T \times \dfrac{4}{9}V_1^2 \times \dfrac{1}{V_1^2} = 0.8T$

★★★★★ 산업 92년 7회, 99년 4회, 02년 3회, 07년 1회, 12년 1회, 14년 1회

126 유도전동기 속도제어법이 아닌 것은?

① 2차 저항법　　② 2차 여자법
③ 1차 여자법　　④ 주파수제어법

해설 속도제어법

㉠ 농형 유도전동기 : 극수변환법, 주파수제어법(주파 수변환법), 1차 전압제어법
㉡ 권선형 유도전동기 : 2차 저항제어법, 2차 여자법, 종속법

★★ 산업 91년 3회, 98년 3회, 09년 1회

127 3상 권선형 유도전동기의 속도제어를 위해서 2차 여자법을 사용하고자 할 때 그 방법은?

① 1차 권선에 가해주는 전압과 동일한 전압을 회전자에 가한다.
② 직류전압을 3상 일괄해서 회전자에 가한다.
③ 회전자기전력과 같은 주파수의 전압을 회전자에 가한다.
④ 회전자에 저항을 넣어 그 값을 변화시킨다.

해설

2차 여자법은 유도전동기의 2차 회로에 2차 주파수와 같은 주파수로 적당한 크기와 위상의 전압을 외부에서 가하여 속도를 제어하는 방법이다.

★★★★ 산업 93년 1회, 98년 6회, 01년 2회, 02년 4회

128 8극과 4극 2대의 유도전동기를 종속법에 의한 직렬종속법으로 속도제어를 할 때, 전원주파수가 60[Hz]인 경우 무부하속도 [rpm]는?

① 600　　　　　② 900
③ 1200　　　　④ 1800

해설 직렬종속법

$$N = \frac{120f}{P_1 + P_2} = \frac{120 \times 60}{8+4} = 600[\text{rpm}]$$

정답 123 ①　124 ④　125 ①　126 ③　127 ③　128 ①

핵심이론

핵심이론은 처음에는 그냥 한 번 읽어주세요.
옆의 기출문제를 풀어본 후 다시 한 번 핵심이론을 읽으면서 암기하세요.

10 유도전동기의 이상현상

크로우링현상	① 농형 유도전동기 계자에 고조파가 유기되거나 공극이 일정하지 않을 때 전동기 회전자가 정격속도에 이르지 못하고 저속도로 운전되는 현상 ② 슬롯을 사구의 형태로 하여 방지
게르게스현상	권선형 유도전동기가 무부하 또는 경부하로 운전 중 회전자 한 상이 결상되어도 전동기가 소손되지 않고 정격속도의 50[%]의 속도에서 운전되는 현상으로 슬립이 대략 0.5 정도 나타남

11 유도전동기의 제동법

발전제동	유도전동기를 발전기로 작용시켜 그 출력을 저항에서 소비시킴으로써 제동력을 발생시키는 방법
역상제동	3상 유도전동기가 운전하고 있을 때 3단자 중 임의의 2단자 접속을 바꾸면 회전자계의 방향이 반대로 되어 역상제동이 이루어져서 급제동하는 방법
회생제동	유도전동기는 외력에 의해 동기속도 이상의 속도로 회전시키면 유도발전기가 되어 제동력을 발생한다. 이 경우에 발생한 전력을 전원에 반환하는 방법

12 특수농형 3상 유도전동기

(1) 2중 농형 유도전동기

① 회전자의 슬롯은 회전자도체를 2중으로 하여 도체저항이 큰 외측 슬롯과 도체저항이 작은 내측 슬롯을 병렬 연결

② 2차측 주파수는 운전 시 낮고, 기동 시는 높기 때문에 슬롯 내측은 누설자속에 의해 누설리액턴스가 증가하여 기동 시 대부분의 회전자전류는 고저항인 외측으로 흐르고, 정격회전속도에 이르면 회전자전류는 저항이 작은 내측 도체로 흐름

③ 기동 시는 권선형 회전자에 기동저항을 연결한 상태가 되고, 정격 회전속도에는 농형 회전자의 상태가 되어 고효율, 고역률로 운전

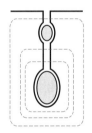

┃2중 슬롯┃

(2) 심구형(디프슬롯) 농형 유도전동기

① 회전자에 삽입되는 하나의 길쭉한 도체는 저항은 같지만 하층부로 갈수록 누설자속이 많아져서 리액턴스가 커짐

② 기동 시 리액턴스성분의 영향력이 커져서 하층부 임피던스는 증가되어 전류는 상층부에만 집중해서 흐르게 되고 정상운전 시에는 슬립이 작아져 리액턴스성분이 무시되고 전류는 상층부에 고르게 흐르게 됨

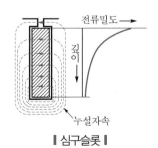

┃심구슬롯┃

바로바로 풀어보는
기출문제

문제의 네모칸에 체크를 해보세요. 그 문제가 이해되지 않았다면
✓표시를 해서 그 문제는 나중에 다시 풀어 완전하게 숙지하세요(★ : 중요도).

DAY 11
DAY 12
DAY 13
DAY 14
DAY 15
DAY 16
DAY 17
DAY 18
DAY 19
DAY 20

★★★ 기사 03년 3회, 14년 2회

129 유도전동기에 게르게스(gorges)현상이 생기는 슬립은 대략 얼마인가?

① 0.25
② 0.50
③ 0.70
④ 0.80

해설

게르게스현상은 슬립이 0.5인 상태에서 더 이상 가속되지 않는 현상이다.

★ 기사 91년 5회, 94년 4회 / 산업 94년 3회, 98년 7회, 00년 4회, 08년 3회

130 무부하전동기는 역률이 낮지만 부하가 늘면 역률이 커지는 이유는?

① 전류 증가
② 효율 증가
③ 전압 감소
④ 2차 저항 증가

해설

유도전동기의 경우 무부하 및 경부하 운전을 할 경우 부하전류에 비해 무부하전류가 상대적으로 커서 역률이 너무 낮으므로 중부하 및 전부하 운전을 하여 전류가 증대되면 역률이 증가하게 된다.

★★ 산업 91년 5회, 00년 3회

131 2중 농형 전동기가 보통 농형 전동기에 비해서 다른 점은 무엇인가?

① 기동전류가 크고, 기동토크도 크다.
② 기동전류가 적고, 기동토크도 적다.
③ 기동전류는 적고, 기동토크는 크다.
④ 기동전류는 크고, 기동토크는 적다.

해설

2중 농형 전동기는 보통 농형 전동기의 기동특성을 개선하기 위해 회전자도체를 2중으로 하여 기동전류를 적게 하고 기동토크를 크게 발생한다.

★★★ 기사 97년 5회 / 산업 95년 7회, 99년 5회, 15년 2회(유사)

132 유도전동기의 제동방법 중 슬립의 범위를 1~2 사이로 하여 3선 중 2선의 접속을 바꾸어 제동하는 방법은?

① 역상제동
② 직류제동
③ 단상제동
④ 회생제동

해설 역상제동

운전 중의 유도전동기에 회전방향과 반대의 회전자계를 부여함에 따라 정지시키는 방법이다. 교류전원의 3선 중 2선을 바꾸면 회전방향과 반대가 되기 때문에 회전자는 강한 제동력을 받아 급속하게 정지한다.

★ 기사 15년 2회

133 유도전동기에서 크로우링(crawling)현상으로 맞는 것은?

① 기동 시 회전자의 슬롯수 및 권선법이 적당하지 않은 경우 정격속도보다 낮은 속도에서 안정운전이 되는 현상
② 기동 시 회전자의 슬롯수 및 권선법이 적당하지 않은 경우 정격속도보다 높은 속도에서 안정운전이 되는 현상
③ 회전자 3상 중 1상이 단선된 경우 정격속도의 50% 속도에서 안정운전이 되는 현상
④ 회전자 3상 중 1상이 단락된 경우 정격속도보다 높은 속도에서 안정운전이 되는 현상

해설 크로우링현상

㉠ 유도전동기에서 회전자의 슬롯수, 권선법이 적당하지 않을 경우에 발생하는 현상으로서 유도전동기가 정격속도에 이르지 못하고 정격속도 이전의 낮은 속도에서 안정되어 버리는 현상(소음발생)
㉡ 방지대책 : 사구(skewed slot) 채용

정답 129 ② 130 ① 131 ③ 132 ① 133 ①

13 단상 유도전동기

(1) 단상 유도전동기의 특성
① 회전자구조는 3상 농형 유도전동기의 회전자와 같이 농형
② 단상 전원은 교번자계가 발생(2회전자계설)
③ 기동토크가 없음
④ 3상 유도전동기가 운전하고 있을 때 3개의 퓨즈 중 1개가 끊어져도 전동기는 계속 회전하는 원리를 응용

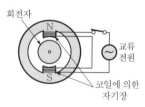

┃ 단상 유도전동기 ┃

(2) 단상 유도전동기의 기동방법에 의한 분류
① 반발기동형
ㄱ 고정자는 계자권선(F)과 보상권선(C)이 직각으로 설치
ㄴ 고정자가 여자되면 회전자에 전압이 유기되어 흐르는 전류로 인한 자속과 고정자의 자속과의 반발력으로 회전
ㄷ 기동토크=(4~5)×전부하토크 ← 브러시 위치 조정

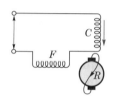

② 분상기동형
ㄱ 주권선과 기동권선으로 구성되어 있는데 기동권선은 전동기의 기동 시에만 접속이 되고 기동완료가 되면 분리
ㄴ 운전권선 $R\downarrow$, X(리액턴스)$\uparrow$, 기동권선 $R\uparrow$, X(리액턴스)$\downarrow$
ㄷ 운전 중 회전방향 변경 필요시 기동권선의 극성 교체
ㄹ 기동토크가 작은 편으로 팬, 송풍기 등 소형에만 적용

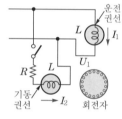

③ 콘덴서기동형
ㄱ 기동권선에 직렬로 콘덴서를 접속하여 운전권선의 지상전류와 기동권선의 진상전류로 인해 두 전류 사이의 상차각이 커져서 큰 기동토크 발생
ㄴ 효율, 역률이 좋고 진동과 소음도 작아 운전상태 양호

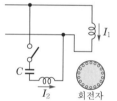

④ 세이딩코일형
ㄱ 세이딩코일의 방향으로 회전하므로 역회전이 안 됨
ㄴ 구조가 간단하나 기동토크가 작고 효율 및 역률이 낮음
ㄷ 레코드플레이어, 계량기 등에 적용

(3) 단상 유도전동기의 기동토크 크기 비교
반발기동형 > 반발유도형 > 콘덴서기동형 > 분상기동형 > 세이딩코일형 > 모노사이클릭형

14 유도전압조정기

단상 유도전압조정기	3상 유도전압조정기
① 1상 용량 $P=E_2I_2$ [VA]	① 3상 용량 $P=\sqrt{3}\,E_2I_2$ [VA]
② 교번자계 이용	② 회전자계 이용
③ 단락권선(전압강하 방지)이 있음	③ 단락권선이 없음
④ 1, 2차 전압 사이 위상차가 없음	④ 1, 2차 전압 사이에 위상차가 있음

☑️ 문제의 네모칸에 체크를 해보세요. 그 문제가 이해되지 않았다면
✓ 표시를 해서 그 문제는 나중에 다시 풀어 완전하게 숙지하세요(★ : 중요도).

DAY 11
DAY 12
DAY 13
DAY 14
DAY 15
DAY 16
DAY 17
DAY 18
DAY 19
DAY 20

★★★ 산업 91년 6회, 98년 2회, 07년 1회

134 유도전동기의 소음 중 전기적인 소음이 아닌 것은?

① 고조파자속에 의한 진동음
② 슬립비트음
③ 기본파자속에 의한 진동음
④ 팬음

🔧 **해설**

유도전동기 회전 시 발생하는 팬음은 선풍기 회전 시 소음과 같은 것으로 기계적 소음에 속한다.

★★ 기사 92년 7회, 12년 2회 / 산업 97년 6회

135 3상 유도전동기가 경부하운전 중 1선의 퓨즈단선 시 어떻게 되는가?

① 속도가 증가하여 다른 퓨즈도 녹아 떨어진다.
② 속도가 낮아지고 다른 퓨즈도 녹아 떨어진다.
③ 전류가 감소한 상태에서 회전이 계속된다.
④ 전류가 증가한 상태에서 회전이 계속된다.

🔧 **해설**

3선 중 1선이 단선되어도 회전자계가 아닌 교번자계가 발생하여 다른 2선에 전류가 증가된 상태로 회전한다.

★★★★★ 산업 97년 4회, 12년 2회, 16년 2회(유사)

136 단상 유도전동기를 기동토크가 큰 순서대로 배열한 것은?

① ㉠ 반발유도형 ㉡ 반발기동형
   ㉢ 콘덴서기동형 ㉣ 분산기동형
② ㉠ 반발기동형 ㉡ 반발유도형
   ㉢ 콘덴서기동형 ㉣ 셰이딩코일형
③ ㉠ 반발기동형 ㉡ 콘덴서기동형
   ㉢ 셰이딩코일형 ㉣ 분상기동형
④ ㉠ 반발유도형 ㉡ 모노사이클릭형
   ㉢ 콘덴서기동형 ㉣ 분상기동형

★ 산업 94년 7회, 03년 3회, 15년 3회

137 반발전동기의 특성으로 가장 옳은 것은?

① 기동토크가 특히 큰 전동기

② 전부하토크가 큰 전동기
③ 여자권선 없이 동기속도가 회전하는 전동기
④ 속도제어가 용이한 전동기

🔧 **해설**

반발전동기에서 기동토크는 브러시의 위치이동을 통해 크게 얻을 수 있다.

★★★ 산업 90년 7회, 92년 7회, 97년 6회, 14년 3회

138 유도전압조정기의 설명 중 옳은 것은?

① 단락권선은 단상 및 3상 유도전압조정기 모두 필요하다.
② 3상 유도전압조정기에는 단락권선이 필요 없다.
③ 3상 유도전압조정기의 1차와 2차 전압은 동상이다.
④ 단상 유도전압조정기의 기전력은 회전자계에 의해서 유도된다.

🔧 **해설**

단락권선은 단상 유도전압조정기에서 전압강하를 방지하기 위해 사용한다.

★★★★ 기사 92년 3회, 94년 4·6회, 97년 7회, 98년 3회, 04년 2회

139 단상 유도전압조정기의 단락권선의 역할은?

① 철손 경감   ② 전압강하 경감
③ 절연 보호   ④ 전압조정 용이

🔧 **해설**

제어각 $\alpha = 90°$ 위치에서 직렬권선의 리액턴스에 의한 전압강하를 방지한다.

★ 기사 90년 2회, 96년 2회, 02년 1회, 13년 2회

140 단상 유도전압조정기에서 1차 전원전압을 V_1이라 하고 2차의 유도전압을 E_2라고 할 때 부하 단자전압을 연속적으로 가변할 수 있는 조정범위는?

① $0 \sim V_1$까지
② $V_1 + E_2$까지
③ $V_1 - E_2$까지
④ $V_1 + E_2$에서 $V_1 - E_2$까지

🔧 **해설**

유도전압조정기의 2차 유도전압의 조정범위는 다음과 같다.
$V_2 = V_1 \pm E_2$

정답 134 ④ 135 ④ 136 ② 137 ① 138 ② 139 ② 140 ④

자주 출제되는
핵심이론

핵심이론은 처음에는 그냥 한 번 읽어주세요.
옆의 기출문제를 풀어본 후 다시 한 번 핵심이론을 읽으면서 암기하세요.

제5장 정류기

1 다이오드의 종류 및 특성

종류	특성
P-N접합 다이오드(정류용)	교류를 직류로 변환할 때 사용
제너다이오드	정전압특성을 이용하여 전압의 안정화에 사용
발광다이오드(LED)	전기에너지를 빛에너지로 바꾸는 발광특성을 이용
환류다이오드	온-오프 동작에 따라 부하에 방전전류가 전원으로 역류하지 못하도록 환류시키는 역할

2 다이오드의 정류회로

구분	단상 반파	단상 전파
회로도	▮단상 반파▮ 여기서, I_a : 교류전류 I_d : 직류전류 E_a : 교류전압 E_d : 직류전압	▮단상 전파▮
직류전압	$E_d = \dfrac{\sqrt{2}}{\pi}E_a = 0.45E_a[\text{V}]$	$E_d = \dfrac{2\sqrt{2}}{\pi}E_a = 0.9E_a[\text{V}]$
직류전류	$I_d = \dfrac{\sqrt{2}}{\pi}I_a = 0.45I_a[\text{A}]$	$I_d = \dfrac{2\sqrt{2}}{\pi}I_a = 0.9I_a[\text{A}]$
최대역전압 (PIV)	$PIV = E_m = \sqrt{2}E_a[\text{V}]$	소자 2개 시 → $PIV = 2\sqrt{2}E_a[\text{V}]$ 소자 4개 시 → $PIV = \sqrt{2}E_a[\text{V}]$
정류효율	40.6[%]	81.2[%]
맥동률	$\dfrac{출력전압의\ 교류분}{출력전압의\ 직류분} \times 100[\%]$	

참고 3상 반파 · 전파

3상 반파 : $E_d = 1.17E_a[\text{V}]$, 3상 전파 : $E_d = 1.35E_a[\text{V}]$

3 사이리스터

(1) 사이리스터의 동작특성
사이리스터는 애노드에 (+), 캐소드에 (-)의 전압을 인가하여 주고 게이트에 펄스전류를 충분히 흘려주면 ON 상태로 된다.
① 래칭전류 : SCR을 turn on시키기 위하여 흘러야 할 최소전류
② 유지전류 : SCR을 ON상태로 유지에 필요한 최소한의 전류

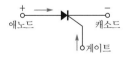

▮사이리스터▮

(2) 사이리스터의 종류
① 단방향 3단자 : SCR, LASCR, GTO
② 단방향 4단자 : SCS
③ 양방향 2단자 : SSS, 역도통 사이리스터
④ 양방향 3단자 : TRIAC

문제의 네모칸에 체크를 해보세요. 그 문제가 이해되지 않았다면
✓ 표시를 해서 그 문제는 나중에 다시 풀어 완전하게 숙지하세요(★ : 중요도).

DAY
11
DAY
12
DAY
13
DAY
14
DAY
15
DAY
16
DAY
17
DAY
18
DAY
19
DAY
20

★★★★★ 기사 13년 3회(유사) / 산업 97년 4회, 01년 3회, 03년 3회, 13년 3회, 16년 1회

141 단상 반파정류 직류전압 150[V]를 얻으려고 한다. 최대역전압(Peak Inverse Voltage : PIV)을 구하려면 몇 볼트 이상의 다이오드를 사용하여야 하는가? (단, 정류회로 및 변압기의 전압강하는 무시한다.)

① 약 150[V]

② 약 166[V]

③ 약 333[V]

④ 약 470[V]

해설

단상 반파정류 : $E_d = \dfrac{\sqrt{2}}{\pi} E_a = 0.45 E_a$

최대역전압 $PIV = \sqrt{2} E_a$

여기서, E_a : 교류전압 실효치[V], E_d : 직류전압[V]

$E_a = \dfrac{E_d}{0.45} = \dfrac{150}{0.45} = 333.33[V]$

$PIV = \sqrt{2} E_a = \sqrt{2} \times 333.33 = 471.39[V]$

★★★★ 기사 05년 4회

142 단상 반파의 정류효율은?

① $\dfrac{4}{\pi^2} \times 100[\%]$ ② $\dfrac{\pi^2}{4} \times 100[\%]$

③ $\dfrac{8}{\pi^2} \times 100[\%]$ ④ $\dfrac{\pi^2}{8} \times 100[\%]$

해설 정류효율

㉠ 단상 반파정류 $= \dfrac{4}{\pi^2} \times 100 = 40.6[\%]$

㉡ 단상 전파정류 $= \dfrac{8}{\pi^2} \times 100 = 81.2[\%]$

★★★★★ 기사 91년 5회 / 산업 95년 4회, 98년 4회, 12년 1회, 15년 3회

143 사이리스터 단상 전파 정류파형에서 저항부하 시의 맥동률은 몇 [%]인가?

① 83 ② 52

③ 48 ④ 17

해설

맥동률 $= \dfrac{교류분}{직류분} \times 100 = 0.48 \times 100 = 48[\%]$

★★★★ 산업 93년 3회, 01년 1회, 05년 3회, 15년 2회

144 SCR의 특징이 아닌 것은?

① 아크가 생기지 않으므로 열의 발생이 적다.

② 과전압에 약하다.

③ 게이트에 신호를 인가할 때부터 도통할 때까지의 시간이 짧다.

④ 전류가 흐르고 있을 때의 양극 전압강하가 크다.

해설 SCR의 특징

㉠ 과전압에 약하다.

㉡ 아크가 생기지 않으므로 열의 발생이 적다.

㉢ 게이트에 신호를 인가할 때부터 도통할 때까지의 시간이 짧다.

㉣ 전류가 흐르고 있을 때의 전압강하가 작다.

★★★★ 기사 93년 6회, 15년 1회

145 게이트조작에 의해 부하전류 이상으로 유지전류를 높일 수 있어 게이트의 턴온, 턴오프가 가능한 사이리스터는?

① SCR

② GTO

③ LASCR

④ TRIAC

해설 사이리스터의 특성

㉠ SCR : 다이오드에 래치기능이 있는 스위치(게이트)를 내장한 3단자 단일 방향성 소자

㉡ GTO : 게이트신호로 턴온, 턴오프 할 수 있는 3단자 단일 방향성 사이리스터

㉢ LASCR : 광신호를 이용하여 트리거시킬 수 있는 사이리스터

㉣ TRIAC : 교류에서도 사용할 수 있는 사이리스터 3단자 쌍방향성 사이리스터

정답 141 ④ 142 ① 143 ③ 144 ④ 145 ②

자주 출제되는
핵심이론

핵심이론은 처음에는 그냥 한 번 읽어주세요.
옆의 기출문제를 풀어본 후 다시 한 번 핵심이론을 읽으면서 암기하세요.

제6장 특수기기

1 정류자전동기

구분	단상 직권 정류자전동기	3상 직권 정류자전동기
원리 및 구조	① 계자권선과 전기자권선이 직렬로 접속 ② 교류, 직류 양용으로 사용	고정자는 3상 유도전동기의 고정자와 같고, 회전자는 직류기의 전기자와 같음
종류 및 특성	① 직권형, 보상직권형, 유도보상직권형 ② 리액턴스전압 감소, 정류 개선을 위해 전기자에 직렬로 보상권선 설치	중간변압기를 고정자권선과 회전자권선이 직렬로 접속
용도	믹서기, 재봉틀, 휴대용 드릴, 영사기	① 기동토크 및 속도제어 범위가 큰 곳 ② 송풍기, 펌프, 공작기계

2 서보모터

구분	AC 서보모터	DC 서보모터
장점	① 브러시가 없어 보수 용이 ② 정류 우수, 고속과 큰 토크 운전 ③ 고정자에 코일이 있어 방열 우수	① 기동토크가 크고 응답성이 우수 ② 회전 시 광범위한 속도제어 가능
단점	제어가 어렵고 가격이 높음	브러시 마모에 의한 손실이 크고 발열현상과 보수가 어려움

3 리니어모터

장점	① 구조가 간단하여 신뢰성이 높고 보수가 용이 ② 기어·벨트 등 동력변환기구가 필요 없음 ③ 원심력에 의한 가속제한이 없고 고속운전 가능
단점	① 리니어 유도전동기의 경우 회전형에 비해 역률, 효율이 낮음 ② 저속도운전 및 관성제어가 어려움 ③ 1·2차의 갭을 일정하게 유지하는 기술이 필요하며 구조적으로 복잡
용도	① 수송밀도가 높은 컨베이어, 큰 공장의 공작기계, 밸브장치 ② 감속기계나 연결기구를 사용하지 않고 직접 동력을 전달하는 턴테이블, 릴 등

4 스테핑모터

① 총 회전각도는 입력 펄스신호의 수에 비례하고 회전속도는 펄스주파수에 비례
② 모터의 제어가 간단하고 디지털제어회로와 조합이 용이
③ 기동, 정지, 정회전, 역회전이 용이하고 신호에 대한 응답성이 양호
④ 브러시 등의 접촉부분이 없어 수명이 길고 신뢰성이 높음
⑤ 제어가 간단하고 정밀한 동기운전이 가능

바로바로 풀어보는
기출문제

☑ 문제의 네모칸에 체크를 해보세요. 그 문제가 이해되지 않았다면
✓ 표시를 해서 그 문제는 나중에 다시 풀어 완전하게 숙지하세요(★ : 중요도).

DAY 11
DAY 12
DAY 13
DAY 14
DAY 15
DAY 16
DAY 17
DAY 18
DAY 19
DAY 20

★ 산업 15년 3회

146 단상 직권 정류자전동기에 전기자권선의 권수를 계자권수에 비해 많게 하는 이유가 아닌 것은?

① 주자속을 작게 하고 토크를 증가하기 위하여
② 속도기전력을 크게 하기 위하여
③ 변압기기전력을 크게 하기 위하여
④ 역률 저하를 방지하기 위하여

📝 해설

단상 직권 정류자전동기는 직류 직권전동기를 교류용에 사용하므로 역률과 효율이 낮고 토크가 작아 정류가 불량하다.

★★★★ 산업 95년 7회, 03년 3회, 05년 2회, 06년 3 · 4회, 08년 4회

147 3상 직권 정류자전동기에 중간변압기가 쓰이고 있는 이유가 아닌 것은?

① 정류자전압의 조정
② 회전자상수의 감소
③ 경부하 때 속도의 이상 상승 방지
④ 실효권수비 산정 조정

📝 해설 중간변압기의 사용이유

㉠ 회전자전압을 정류작용에 맞는 크기로 선정
㉡ 중간변압기 권수비를 바꾸어서 전동기 특성 조정
㉢ 경부하에서 속도 상승을 억제

★★★★ 기사 16년 1회

148 스테핑모터의 일반적인 특징으로 틀린 것은?

① 기동 · 정지 특성은 나쁘다.
② 회전각은 입력 펄스수에 비례한다.
③ 회전속도는 입력 펄스 주파수에 비례한다.
④ 고속응답이 좋고, 고출력의 운전이 가능하다.

📝 해설 스테핑모터의 특징

㉠ 회전각도는 입력 펄스신호의 수에 비례하고 회전속도는 펄스 주파수에 비례
㉡ 모터의 제어가 간단하고 디지털제어회로와 조합이 용이
㉢ 기동, 정지, 정회전, 역회전이 용이하고 신호에 대한 응답성이 좋음
㉣ 브러시 등의 접촉부분이 없어 수명이 길고 신뢰성이 높음

★ 기사 15년 1회

149 자동제어장치에 쓰는 서보모터의 특성을 나타내는 것 중 틀린 것은?

① 빈번한 시동, 정지, 역전 등의 가혹한 상태에 견디도록 견고하고 큰 돌입전류에 견딜 것
② 시동토크는 크나, 회전부의 관성모멘트가 작고 전기적 시정수가 짧을 것
③ 발생토크는 입력신호(入力信號)에 비례하고 그 비가 클 것
④ 직류 서보모터에 비하여 교류 서보모터의 시동토크가 매우 클 것

📝 해설 서보모터의 특징

㉠ 큰 회전력을 가질 것
㉡ 회전자의 관성 모멘트가 작을 것
㉢ 빠른 응답특성(급가속, 급제동에 대해 대응)과 광범위한 속도제어가 가능
㉣ 시동, 정지, 역전 등의 동작이 반복적으로 일어나므로 동작변화가 빠르고 방열효과를 높일 수 있도록 제작
㉤ 발생토크는 입력신호에 비례하고 그 비가 클 것

★★ 산업 01년 3회, 05년 1회(추가)

150 교류전동기에서 브러시 이동으로 속도변화가 편리한 것은?

① 시라게전동기
② 농형 전동기
③ 동기전동기
④ 2중 농형 전동기

📝 해설 시라게전동기(슈라게전동기, Schrage Motor)

권선형 유도전동기의 브러시 간격을 조정(이동)하여 속도제어를 원활하게 한 전동기

정답 146 ③ 147 ② 148 ① 149 ④ 150 ①

제5편

전력공학

출제분석 및 학습방법

① 전기기사 시험과목 중 가장 넓은 범위의 과목으로 학습해야 할 범위는 넓지만 출제문제 특성상 답이 의외로 간단하게 반복 출제되므로 고득점을 얻기 용이한 과목이다.

② 전 범위가 2차 실기시험과 연계되므로 필기시험에 주안점을 맞춰 단순암기로 공부하기보다는 계획을 세워 요점 정리를 해가며 학습을 한다면 2차 시험에 큰 도움이 될 수 있다.

③ 계산문제와 암기문제가 5:15 정도로 출제되는데 계산문제의 경우 난이도 차가 크게 발생하므로 내용정리 및 해설 등을 참고하여 난이도가 너무 높은 문제는 제외하고 정리하는 감각이 필요하다.

④ 과거에는 생략했던 발전부분이 최근 출제비율이 높아지고 있으므로 까다롭지만 내용정리 및 기출문제 풀이를 꼭 해야 한다.

일차별 학습목표 및 출제율

DAY 19
- 전력계통을 통해 전력의 흐름과 공칭전압, 직류와 교류 송전방식의 특성에 대해 알아본다.
- 가공전선로 및 지중전선로의 특성을 구분하고 전선, 지지물, 금구류에 대해 알아본다.
- 전력공급 시 영향을 주는 인덕턴스, 정전용량에 대해 이해하고 코로나 현상과 방지대책에 대해 알아본다.

출제율 14%

DAY 20
- 선로정수를 반영하여 전압 및 송전거리에 따른 선로 구분을 이해한다.
- 단거리, 중거리, 장거리 송전방식의 전압강하, 전력손실 등에 대해 이해한다.
- 송전전력의 증대방법을 알아보고 조상설비의 특성을 이해한다.

출제율 10%

DAY 21
- 송전계통의 고장 및 사고 시 고장의 크기를 계산하고 안정도를 향상시키는 방법을 이해한다.
- 중성점 접지방식의 목적을 알아보고 접지방식별 특성을 이해한다.
- 이상전압의 종류 및 특성을 이해하고 방호대책을 알아본다.

출제율 26%

DAY 22
- 송전선로 고장 시 보호계전기의 동작 특성 및 보호방식에 대해 알아본다.
- 계기용 변성기의 종류 및 용도를 이해하고 적합한 보호장치를 선정할 수 있도록 알아본다.
- 배전선로의 배전방식 및 수용률, 부하율, 부등률에 대해 알아본다.

출제율 23%

DAY 23
- 배전선로의 전압강하 및 전력손실에 대해 이해하고 방지대책을 알아본다.
- 배전방식에 따른 비용 및 전력의 크기를 비교하고 역률 개선에 대해 알아본다.
- 각각의 발전방식에 대해 알아보고 운전특성을 이해한다.

출제율 27%

DAY 19

학습목표
- 전력계통을 통해 전력의 흐름과 공칭전압, 직류와 교류 송전방식의 특성에 대해 알아본다.
- 가공전선로 및 지중전선로의 특성을 구분하고 전선, 지지물, 금구류에 대해 알아본다.
- 전력공급 시 영향을 주는 인덕턴스, 정전용량에 대해 이해하고 코로나현상과 방지대책에 대해 알아본다.

출제율 14%

제1장 전력계통

1 송배전선로의 구성

송전선로	대전력의 장거리 송전 시 154[kV], 345[kV], 765[kV]의 초고압 송전전압으로 승압하여 수용가 부근의 변전소(1차)에 공급하는 선로
배전선로	배전용 변전소(3차)에서 배전전압(22.9[kV])으로 낮추어진 전력을 배전용 변압기까지 공급하는 선로

2 공칭전압(표준전압)

승압하여 송전할 경우 고려사항	① 전선굵기가 얇아져 전선비용 절감 ② 애자 및 기기 등의 절연내력이 높아짐 ③ 지면 및 전선 상호간 간격이 높아져 지지물의 비용상승
운용 시 유지비용	송전 시 전력손실이 송전전압의 제곱에 반비례하여 감소한다.
스틸의 식 (alfred still)	경제적인 송전전압 $E = 5.5\sqrt{0.6l + \dfrac{P}{100}}$ [kV] 여기서, l : 송전거리[km], P : 송전전력[kW]
공칭전압	전선로를 대표하는 선간전압을 말하며 일반적으로 수전단의 전압
최고전압	전선로에 발생하는 최고의 선간전압
배전전압	110, 220, 380, 440, 3300, 6600, 13200, 22900[V]
송전전압	22000, 66000, 154000, 345000[V]

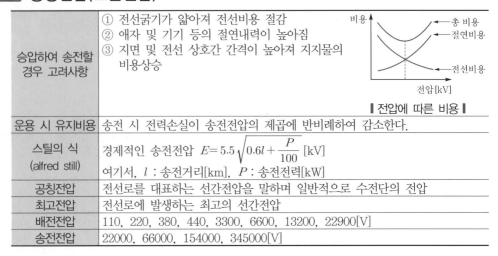

‖ 전압에 따른 비용 ‖

3 직류 송전방식과 교류 송전방식의 특성

교류 송전방식	직류 송전방식
① 전압의 승압, 강압이 용이 ② 3상 회전자계를 얻을 수 있음 ③ 교류방식으로 합리적이 운용이 가능 ④ 단상 교류에 비해 3상 교류의 특성 　㉠ 전선 한 가닥당 송전전력이 큼 　㉡ 회전자계를 쉽게 얻을 수 있어서 회전기기의 사용 용이	① 절연계급을 낮추어서 비용절감 ② 송전 시 효율이 높음, 비동기연계가 가능 ③ 리액턴스가 없어 안정도가 증대 ④ 표피효과가 없어 최대전력을 공급 ⑤ 사고 시·교류 시 차단용량에 비해 감소 ⑥ 순변환, 역변환장치가 필요하므로 설비의 가격이 높음

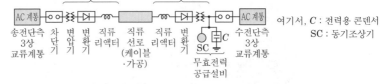

‖ 직류 송전계통의 구성 ‖

바로바로 풀어보는
기출문제

문제의 네모칸에 체크를 해보세요. 그 문제가 이해되지 않았다면
✓ 표시를 해서 그 문제는 나중에 다시 풀어 완전하게 숙지하세요(★ : 중요도).

DAY 11
DAY 12
DAY 13
DAY 14
DAY 15
DAY 16
DAY 17
DAY 18
19
DAY 20

★★★★ 산업 94년 2회, 00년 1·5회

01 다음 식은 무엇을 결정할 때 사용되는 식인가? (단, l은 송전거리[km]이고, P는 송전전력[kW]이다.)

$$E = 5.5\sqrt{0.6l + \frac{P}{100}}$$

① 송전전압
② 송전선의 굵기
③ 역률개선 시 콘덴서의 용량
④ 발전소의 발전전압

해설

선로길이(송전거리)와 송전전력을 고려하여 경제적인 송전선로의 전압을 선정할 때 사용한다(스틸의 식).

송전전압 $E = 5.5\sqrt{0.6l + \dfrac{P}{100}}$ [kV]

참고 송전선로의 건설비와 전압의 관계

송전전압을 승압할 경우를 살펴보면 다음과 같다.
(1) 전선의 굵기가 얇아져 전선비용을 절감
(2) 절연내력을 높여야 하므로 애자비용이 증가
(3) 전선 상호간 거리의 증대로 지지물비용이 증가

★★ 산업 01년 1회(수시)

02 3상 송전선로의 공칭전압이란?

① 전선로를 대표하는 최고전압
② 전선로를 대표하는 평균전압
③ 전선로를 대표하는 선간전압
④ 전선로를 대표하는 상전압

해설

공칭전압이란 KSC 0501에 의해 송전선로의 전압은 선간전압으로 표기한다.

★★★★★ 기사 96년 6회, 98년 4회, 99년 3·7회, 01년 2회 / 산업 94년 5회, 00년 3회

03 교류 송전방식에 비하여 직류 송전방식의 장점에 해당되지 않는 것은?

① 기기 및 선로의 절연의 요하는 비용이 절감됨
② 안정도의 한계가 없으므로 송전용량을 전류용량의 한도까지 높일 수 있음
③ 1선 지락 고장 시 인접통신선의 전자유도장해가 적음
④ 고전압, 대전류의 차단이 용이함

해설 직류 송전방식

㉠ 직류 송전방식(HVDC)의 장점
 • 비동기 연계가 가능하다.
 • 리액턴스 강하가 없다. 따라서 안정도의 문제가 없다.
 • 절연비가 저감하고 코로나에 유리하다.
 • 유전체손이나 연피손이 없다.
 • 고장전류가 적어 계통 확충이 가능하다.
㉡ 직류 송전방식(HVDC)의 단점 : 직류의 경우 전류가 0[A]인 지점이 없어 차단기 동작 시 아크가 크게 발생하므로 전로 차단이 어려워 상용화가 되어 있지 않다.

★ 기사 94년 6회, 05년 3회 / 산업 03년 1회

04 전력계통의 전압을 조정하는 가장 보편적인 방법은?

① 발전기의 유효전력 조정
② 부하의 유효전력 조정
③ 계통의 주파수 조정
④ 계통의 무효전력 조정

해설

조상설비를 이용하여 무효전력을 조정하여 전압을 조정한다.
㉠ 동기조상기 : 진상·지상 무효전력을 조정하여 역률을 개선하여 전압강하를 감소시키거나 경부하 및 무부하 운전 시 페란티현상을 방지한다.
㉡ 전력용 콘덴서 및 분로리액터 : 무효전력을 조정하는 정지기로 전력용 콘덴서는 역률을 개선하고, 선로의 충전용량 및 부하변동에 의한 수전단측의 전압 조정을 한다.
㉢ 직렬콘덴서 : 선로에 직렬로 접속하여 전달임피던스를 감소시켜 전압강하를 방지한다.

자주 출제되는

핵심이론

핵심이론은 처음에는 그냥 한 번 읽어주세요.
옆의 기출문제를 풀어본 후 다시 한 번 핵심이론을 읽으면서 암기하세요.

제2장 전선로

1 전선

전선의 구비조건	① 도전율이 높고 저항률이 낮을 것 ② 기계적인 강도가 클 것 ③ 신장률(팽창률)이 클 것 ④ 내구성이 클 것 ⑤ 가선작업이 용이할 것 ⑥ 가요성이 클 것 ⑦ 비중이 작을 것(중량이 가벼울 것)
연선	① 얇은 소선 여러 개를 규칙적인 배열 ② 표피효과가 적고 가요성이 우수 ③ 연선의 소선 총수 $N = 3n(n+1) + 1$(여기서, n : 소선 층수) ④ 연선의 바깥지름(외경) $D = (2n+1)d$[mm] ⑤ 연선의 총 단면적 $A = Na$[mm^2]
경동선	저항률 $\rho = \dfrac{1}{55}$[Ω·mm^2/m] → 풍압에 대한 영향을 고려할 곳
연동선	저항률 $\rho = \dfrac{1}{58}$[Ω·mm^2/m] → 옥내배선 및 접지선
알루미늄선	저항률 $\rho = \dfrac{1}{35}$[Ω·mm^2/m] → 장거리 송전선로
강심 알루미늄연선 (ACSR)	① 동일전력 공급 시 바깥지름이 커짐 ② 코로나현상 방지에 유리 ③ 장경 간 선로에 적합하고 온천지역에 적용

┃ 연선의 구조 ┃

┃ ACSR 단면도 ┃

2 전선의 굵기 선정

(1) 고려사항
허용전류, 전압강하, 기계적 강도

(2) 켈빈의 법칙
가장 경제적인 전선의 굵기의 선정

3 전선의 이도

① 이도의 대소는 지지물의 높이를 결정
② 이도가 크면 전선이 다른 상의 전선 또는 식물에 접촉 위험
③ 이도가 작으면 전선의 장력이 증가하여 단선사고 발생 가능

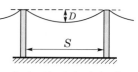

┃ 이도와 경간 단면도 ┃

④ 이도 $D = \dfrac{WS^2}{8T}$[m](여기서, W : 전선하중, S : 경간, T : 수평장력)

⑤ 전선의 실제 길이 $L = S + \dfrac{8D^2}{3S}$[m]

⑥ 전선에 가한 하중 $W = \sqrt{W_1^2 + W_2^2}$ (여기서, W_1 : 수직하중, W_2 : 수평하중)

⑦ 전선의 부하계수 $q = \dfrac{\text{합성하중}}{\text{전선하중}} = \dfrac{\sqrt{(W_c + W_i)^2 + W_w^2}}{W_c}$

여기서, W_c : 전선하중, W_i : 빙설하중, W_w : 풍압하중

☑ 문제의 네모칸에 체크를 해보세요. 그 문제가 이해되지 않았다면
✓ 표시를 해서 그 문제는 나중에 다시 풀어 완전하게 숙지하세요(★ : 중요도).

DAY 11
DAY 12
DAY 13
DAY 14
DAY 15
DAY 16
DAY 17
DAY 18
DAY 19
DAY 20

★ 기사 94년 4회, 98년 6회, 03년 3회

05 옥내배선에 사용하는 전선의 굵기를 결정하는 데 고려하지 않아도 되는 것은?

① 기계적 강도　　② 전압강하
③ 허용전류　　　④ 절연저항

해설

㉠ 전선굵기의 결정 시 고려사항 : 허용전류, 전압강하, 기계적 강도
㉡ 가장 경제적인 전선의 굵기 선정 : 켈빈의 법칙

★★★★ 기사 96년 5회, 99년 7회 / 산업 93년 5회, 03년 1회

06 ACSR은 동일한 길이에서 동일한 전기저항을 갖는 경동연선에 비하여 어떠한가?

① 바깥지름과 중량이 모두 크다.
② 바깥지름은 크고 중량은 작다.
③ 바깥지름은 작고 중량은 크다.
④ 바깥지름과 중량이 모두 작다.

해설

경동선에 비해 저항률이 높아서 동일 전력을 공급하기 위해서는 바깥지름이 더 크고 중량이 가벼워서 장경 간 선로에 적합하다.

★★★★★ 기사 04년 1회 / 산업 91년 7회, 97년 5회, 06년 2회

07 가공송전선로를 가선할 때에는 하중조건과 온도조건을 고려하여 적당한 이도(dip)를 주도록 하여야 한다. 다음 중 이도에 대한 설명으로 옳은 것은?

① 이도가 작으면 전선이 좌우로 크게 흔들려서 다른 상의 전선에 접촉하여 위험하게 된다.
② 전선을 가선할 때 전선을 팽팽하게 가선하는 것을 이도를 크게 준다고 한다.
③ 이도를 작게 하면 이에 비례하여 전선의 장력이 증가되며 심할 때는 전선 상호간이 꼬이게 된다.
④ 이도의 대소는 지지물의 높이를 좌우한다.

해설 이도가 선로에 미치는 영향

㉠ 이도의 대소는 지지물의 높이를 결정한다.
㉡ 이도가 크면 전선은 좌우로 크게 진동해서 다른 상의 전선 또는 식물에 접촉해서 위험을 준다.
㉢ 이도가 너무 작으면 전선의 장력이 증가하여 단선사고가 발생할 수 있다.

★★ 기사 91년 5회

08 전선에 가해지는 하중으로 전선의 자중을 W_c, 풍압을 W_w, 빙설하중을 W_i라 할 때 고온계 하중 시의 전선의 부하계수는?

① $\dfrac{\sqrt{W_c^2 + W_w^2}}{W_c}$　　② $\dfrac{W_c}{\sqrt{W_c^2 + W_w^2}}$

③ $\dfrac{\sqrt{W_c^2 + W_w^2}}{W_i}$　　④ $\dfrac{W_i}{\sqrt{W_c^2 + W_w^2}}$

해설

전선에 걸리는 하중은 전선의 자중, 풍압 및 빙설의 중량이 있으며 이들의 합성하중과 전선의 자중과의 비를 다음과 같이 나타내는 것을 전선의 부하계수라 한다.

$$\frac{\sqrt{W_c^2 + W_w^2}}{W_c}$$

★★★ 산업 90년 6회, 95년 7회, 97년 7회, 00년 4회

09 단면적 330[mm²]의 강심알루미늄을 경간이 300[m]이고 지지점의 높이가 같은 철탑 사이에 가설하였다. 전선의 이도가 7.4[m]이면 전선의 실제 길이는 몇 [m]인가? (단, 풍압, 온도 등의 영향은 무시한다.)

① 300.282
② 300.487
③ 300.685
④ 300.875

해설

전선의 실제 길이

$$L = S + \frac{8D^2}{3S} = 300 + \frac{8 \times 7.4^2}{3 \times 300} = 300.487[\text{m}]$$

정답 05 ④　06 ②　07 ④　08 ①　09 ②

자주 출제되는
핵심이론

🔍 핵심이론은 처음에는 그냥 한 번 읽어주세요.
옆의 기출문제를 풀어본 후 다시 한 번 핵심이론을 읽으면서 암기하세요.

4 전선의 진동과 도약

진동 방지대책	① 전선의 지지점 가까운 곳에 1개소 또는 2개소에 댐퍼 설치 ② 복도체 및 다도체의 경우 스페이서댐퍼 설치
단선 방지	아머로드(armor rod)
상하 선로 단락 방지	① 철탑의 암(arm)의 길이에 차등을 두는 오프셋(off-set)을 실시 ② 착빙설 탈락에 의한 전선의 도약 시 접촉사고를 방지

5 애자

구비조건	① 이상전압에 대해 충분한 절연내력 및 절연저항을 갖을 것 ② 누설전류가 적고 기계적 강도가 클 것 ③ 온도변화에 대해 전기적, 기계적 특성을 유지할 것
종류	① 핀애자 : 66[kV] 이하의 전선로에 사용(실제 30[kV] 이하에 적용) ② 현수애자(254[mm] 적용) : 클레비스형과 볼소켓형으로 구분
전압분담	① 전압분담 가장 큰 애자 : 전선에서 가장 가까운 애자 ② 전압분담 가장 작은 애자 : 전선에서 지지물쪽 약 3/4지점 애자
보호대책	초호각, 초호환(뇌격으로 인한 섬락사고 시 애자련 보호)
연효율(연능률)	$\eta = \dfrac{\text{애자련의 섬락전압}(V_n)}{\text{1연의 애자개수}(n) \times \text{애자 1개의 섬락전압}(V_1)} \times 100[\%]$

참고 전압별 애자개수

전압	22[kV]	66[kV]	154[kV]	345[kV]
애자개수	2~3	4~6	9~11	19~23

6 지선

지선의 시설목적	① 지지물의 강도를 보강 및 안정성 증대 ② 불평형 하중에 대한 평형	
지선의 시방세목	① 지선의 안전율 : 2.5 이상 ② 지선의 허용인장하중 : 4.31[kN] 이상 ③ 소선의 굵기 및 인장강도 : 직경 2.6[mm] 이상, 3조 이상	
지선의 장력	$T_0 = \dfrac{T}{\cos\theta}$ 여기서, T_0 : 지선의 장력 T : 전선에 가해지는 수평장력	‖ 지선의 장력 ‖

7 지중전선로

시공방법	직접매설식, 관로식, 암거식
고장점 검출방법	① 머레이루프법 ② 펄스레이더법 ③ 수색코일법 ④ 정전용량법
인덕턴스 및 정전용량	① 지중전선로는 가공전선로에 비해 선간거리가 감소 ② 가공전선로에 비하여 인덕턴스↓, 정전용량↑
충전전류	$I_C = \omega C E l = 2\pi f C \dfrac{V}{\sqrt{3}} l [A]$

문제의 네모칸에 체크를 해보세요. 그 문제가 이해되지 않았다면
✓ 표시를 해서 그 문제는 나중에 다시 풀어 완전하게 숙지하세요(★ : 중요도).

DAY 11
DAY 12
DAY 13
DAY 14
DAY 15
DAY 16
DAY 17
DAY 18
DAY 19
DAY 20

★★★★★ 산업 94년 2회, 97년 5회, 99년 6회, 01년 2회, 05년 1회

10 전선로에 댐퍼(damper)를 사용하는 목적은?

① 전선의 진동 방지
② 전력손실 경감
③ 낙뢰의 내습 방지
④ 많은 전력을 보내기 위하여

해설

댐퍼는 진동이 발생하기 쉬운 개소에 설치하여 전선의 진동을 방지한다.

★★ 산업 95년 4회, 00년 6회, 01년 2회, 05년 1회

11 애자가 갖추어야 할 구비조건으로 옳은 것은?

① 온도의 급변에 잘 견디고 습기도 잘 흡수하여야 한다.
② 지지물에 전선을 지지할 수 있는 충분한 기계적 강도를 갖추어야 한다.
③ 비, 눈, 안개 등에 대해서도 충분한 절연저항을 가지며, 누설전류가 많아야 한다.
④ 선로전압에는 충분한 절연내력을 가지며, 이상전압에는 절연내력이 매우 적어야 한다.

해설

이상전압에 대해 절연내력이 크고 누설전류가 적고 절연저항이 커야 하며 온도변화에도 잘 견디어야 한다.

★ 산업 90년 6회

12 4개를 한 줄로 이어 단 표준 현수애자를 사용하는 송전선전압에 해당되는 것은? (단, 애자는 250[mm] 현수애자이다.)

① 22[kV]　　② 66[kV]
③ 154[kV]　　④ 345[kV]

해설 송전전압에 따른 1연의 애자개수

㉠ 22[kV] : 2~3개
㉡ 66[kV] : 4~6개
㉢ 154[kV] : 9~11개
㉣ 345[kV] : 19~23개

★★★ 기사 05년 1회(유사) / 산업 92년 2회, 99년 3회

13 154[kV] 송전선로에 10개의 현수애자가 연결되어 있다. 다음 중 전압분담이 가장 적은 것은?

① 철탑에 가장 가까운 것
② 철탑에서 3번째

③ 전선에서 가장 가까운 것
④ 전선에서 3번째

해설

전압분담이 가장 작은 애자는 철탑으로부터 3번째 애자이다.

★★★ 기사 05년 3회 / 산업 91년 7회, 93년 2회, 96년 2회, 04년 1회

14 250[mm] 현수애자 10개를 직렬로 접속한 애자연의 건조섬락전압이 590[kV]이고, 연효율이 0.74이다. 현수애자 한 개의 건조섬락전압은 약 몇 [kV]인가?

① 80　　② 90
③ 100　　④ 120

해설

연효율 $\eta = \dfrac{590}{10 \times V_1} = 0.74$

건조섬락전압 $V_1 = \dfrac{590}{10 \times 0.74} = 80[kV]$

★ 산업 94년 3회, 98년 2회, 01년 3회

15 전선의 장력이 1000[kg]일 때 지선이 걸리는 장력은 몇 [kg]인가?

① 2000
② 2500
③ 3000
④ 3500

해설

지선에 걸리는 장력

$T_0 = \dfrac{T}{\cos \theta} = \dfrac{1000}{\cos 60°} = 2000[kg]$

★★★★ 기사 97년 2회, 05년 3회 / 산업 95년 4회, 99년 2회, 03년 1회, 05년 1회, 06년 3회

16 지중케이블에 있어서 고장점을 찾는 방법이 아닌 것은?

① 머레이루프 시험에 의한 방법
② 메거(Megger)에 의한 측정 방법
③ 수색코일에 의한 방법
④ 펄스에 의한 측정

해설 지중케이블의 고장점을 찾는 방법

머레이루프법, 펄스레이더법, 수색코일법, 정전용량법 등이 있고 메거(Megger)는 절연저항 측정 시 사용한다.

정답 10 ① 11 ② 12 ② 13 ② 14 ① 15 ① 16 ②

자주 출제되는
핵심이론

핵심이론은 처음에는 그냥 한 번 읽어주세요.
옆의 기출문제를 풀어본 후 다시 한 번 핵심이론을 읽으면서 암기하세요.

제3장 선로정수(R, L, C, g) 및 코로나현상

1 인덕턴스

단상 2선식	작용인덕턴스 $L = 0.05 + 0.4605 \log_{10} \dfrac{D}{r}$ [mH/km]
3상 3선식	① 작용인덕턴스 $L = 0.05 + 0.4605 \log_{10} \dfrac{\sqrt[3]{D_1 \cdot D_2 \cdot D_3}}{r}$ [mH/km] ② 단도체 : $L = 0.05 + 0.4605 \log_{10} \dfrac{D}{r}$ [mH/km] ③ n도체 : $L = \dfrac{0.05}{n} + 0.4605 \log_{10} \dfrac{D}{r_e}$ [mH/km]

2 정전용량

단상 2선식	1선당 작용정전용량 $C = C_s + 2C_m = \dfrac{0.02413}{\log_{10} \dfrac{D}{r}}$ [μF/km]
3상 3선식	1선당 작용정전용량 $C = C_s + 3C_m = \dfrac{0.02413}{\log_{10} \dfrac{D}{r}}$ [μF/km]

3 기하학적 등가선간거리 및 등가반경

기하학적 평균거리	$D = \sqrt[3]{D_1 \times D_2 \times D_3}$
등가선간거리	① 수평 배치일 경우 $D = \sqrt[3]{2}\, D$ [m] ② 정삼각 배치인 경우 $D = \sqrt[3]{D \times D \times D} = D$ [m] ③ 정사각 배치인 경우 $D = \sqrt[6]{2}\, D$ [m]
등가반경	등가반지름 $r_e = r^{\frac{1}{n}} s^{\frac{n-1}{n}} = \sqrt[n]{r s^{n-1}}$ 여기서, r : 소도체의 반지름, n : 소도체의 수, s : 소도체의 간격

4 연가

선로정수의 불평형을 방지하기 위해 선로위치를 변경	전체 선로를 3등분하여 연가용 철탑으로 전선의 배치를 변경 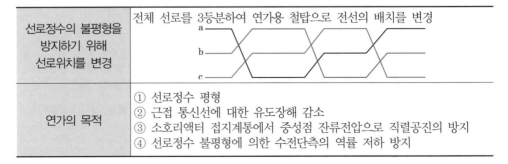
연가의 목적	① 선로정수 평형 ② 근접 통신선에 대한 유도장해 감소 ③ 소호리액터 접지계통에서 중성점 잔류전압으로 직렬공진의 방지 ④ 선로정수 불평형에 의한 수전단측의 역률 저하 방지

바로바로 풀어보는
기출문제

문제의 네모칸에 체크를 해보세요. 그 문제가 이해되지 않았다면
✓ 표시를 해서 그 문제는 나중에 다시 풀어 완전하게 숙지하세요(★ : 중요도).

DAY 11
DAY 12
DAY 13
DAY 14
DAY 15
DAY 16
DAY 17
DAY 18
DAY 19
DAY 20

★★★ 기사 04년 4회

17 다음 중 선로정수에 영향을 가장 많이 주는 것은?

① 전선의 배치
② 송전전압
③ 송전전류
④ 역률

해설

선로정수는 전선의 종류, 굵기 및 배치에 따라 크기가 정해지고 전압, 전류, 역률의 영향은 받지 않는다.

★★★ 산업 91년 2회, 95년 7회, 99년 4회

18 3상 3선식 송전선로의 선간거리가 D_1, D_2, D_3[m]이고, 전선의 지름이 d[m]로서 연가된 경우라면 전선 1[km]의 인덕턴스는 몇 [mH]인가?

① $0.05 + 0.4605\log_{10}\dfrac{\sqrt[3]{D_1 D_2 D_3}}{d}$

② $0.05 + 0.4605\log_{10}\dfrac{2\sqrt[3]{D_1 D_2 D_3}}{d}$

③ $0.05 + 0.4605\log_{10}\dfrac{d\sqrt[3]{D_1 D_2 D_3}}{2}$

④ $0.05 + 0.4605\log_{10}\dfrac{d}{\sqrt[3]{D_1 D_2 D_3}}$

해설

㉠ 3상 3선식 등가선간거리
$$D = \sqrt[3]{D_1 \cdot D_2 \cdot D_3}\,[\text{m}]$$
㉡ 작용인덕턴스
$$L = 0.05 + 0.4605\log_{10}\dfrac{\sqrt[3]{D_1 \cdot D_2 \cdot D_3}}{r}\,[\text{mH/km}]$$

Comment

$$L = 0.05 + 0.4605\log_{10}\dfrac{\sqrt[3]{D_1 \cdot D_2 \cdot D_3}}{r}\,[\text{mH/km}]$$

작용인덕턴스(L)의 r은 반지름이므로 문제에서 언급한 지름 d와 다르므로 수식에 적용할 때 주의해야 한다 $\left(r = \dfrac{d}{2}\text{로 하여}\right.$ 적용).

★★★★ 기사 91년 7회 / 산업 93년 5회, 96년 6회, 98년 6회, 04년 4회

19 3상 3선식 선로에 있어서 각 선의 대지정전 용량이 C_s [F], 선간정전용량이 C_m [F]일 때 1선의 작용정전용량[F]은?

① $2C_s + C_m$
② $C_s + 2C_m$
③ $3C_s + C_m$
④ $C_s + 3C_m$

해설

㉠ 3상 3선식의 1선당 작용정전용량
$$C = C_s + 3C_m = \dfrac{0.02413}{\log_{10}\dfrac{D}{r}}\,[\mu\text{F/km}]$$

㉡ 등가선간거리
$$D = \sqrt[3]{D_1 \times D_2 \times D_3}$$

★★★★★ 기사 95년 4회, 03년 4회 / 산업 94년 2회, 98년 6회, 05년 2회, 06년 3회, 07년 1회

20 송전선로를 연가하는 목적은?

① 페란티효과 방지
② 직격뢰 방지
③ 선로정수의 평형
④ 유도뢰의 방지

해설 연가의 목적

㉠ 선로정수 평형 및 근접 통신선에 대한 유도장해 감소
㉡ 소호리액터 접지계통에서 중성점의 잔류전압으로 인한 직렬공진의 방지

★ 기사 94년 4회 / 산업 97년 6회, 03년 2회, 06년 3회

21 소도체의 반지름이 r[m] 소도체 간의 선간 거리가 d[m]인 2개의 소도체를 사용한 345[kV] 송전선로가 있다. 복도체의 등가 반경은?

① $\sqrt{rd}$
② $\sqrt{rd^2}$
③ $\sqrt{r^2 d}$
④ rd

해설

복도체의 등가반경
$$r_e = r^{\frac{1}{2}} d^{\frac{2-1}{2}} = \sqrt{rd}$$

정답 **17** ① **18** ② **19** ④ **20** ③ **21** ①

자주 출제되는
핵심이론

🔖 핵심이론은 처음에는 그냥 한 번 읽어주세요.
옆의 기출문제를 풀어본 후 다시 한 번 핵심이론을 읽으면서 암기하세요.

5 코로나현상(공기 절연 파괴)

초고압 송전선로에서 발생하는 코로나현상은 송전선로 주위 공기의 절연강도를 초과하여 국부적으로 절연이 파괴되어 불꽃 및 잡음이 발생하는 현상

파열 극한 전위경도	직류 : 30[kV/cm], 교류 : 21.1[kV/cm]
코로나 임계전압 (E_0)	$E_0 = 24.3 m_0 m_1 \delta d \log_{10} \dfrac{D}{r}$[kV] 여기서, m_0 : 전선 표면계수[단선(1.0), 연선(0.8)] m_1 : 날씨에 관한 계수[맑은 날(1.0), 우천 시(0.8)] δ : 상대공기밀도, d : 전선의 지름 D : 선간거리[m], r : 전선의 반지름[cm]$\left(= \dfrac{d}{2}\right)$
코로나손실 (Peek식, P_c)	$P_c = \dfrac{241}{\delta}(f+25)\sqrt{\dfrac{d}{2D}}(E-E_0)^2 \times 10^{-5}$[kW/km/선] 여기서, f : 주파수, E : 전선의 대지전압, E_0 : 코로나 임계전압
문제점	① 전력손실이 발생 ② 소호리액터 접지방식에서 1선 지락 시 소호능력 저하 ③ 코로나 잡음 및 근접 통신선에 대해서 유도장해 발생 ④ 전력반송장치에 장해 ⑤ 오존(O_3)에 의해 초산이 발생하여 전선이 부식 ⑥ 코로나현상으로 인해 발생된 고조파 중 제3고조파에 의해 직접접지방식에서 유도장해가 발생
방지대책	① 굵은 전선(ACSR)을 사용하여 코로나 임계전압 증대 ② 등가반경이 큰 복도체 및 다도체 방식을 적용 ③ 가선 금구류를 개량

6 복도체 및 다도체(표피효과 이용)

사용목적	송전전력의 증대 및 코로나현상 방지
장점	① 단도체에 비해 등가반경이 커져서 코로나 임계전압이 높아짐에 따라 코로나 발생이 억제 ② 단도체에 비해 정전용량↑, 인덕턴스↓ : 송전용량 증대 ③ 특성 임피던스 $Z_0 = \sqrt{\dfrac{L}{C}}$ 가 감소하여 전압강하 감소, 안정도 증가
단점	① 단도체에 비해 정전용량이 커져 경부하 시 페란티현상 발생 우려 ② 갤러핑현상 등으로 인해 전선에 진동 ③ 소도체 사이에서 발생하는 흡인력으로 인해 도체 간 충돌 및 단락으로 전선 표면의 손상 우려(방지책 : 스페이서 설치)
전압에 따른 도체수	154[kV] : 2도체, 345[kV] : 4도체, 765[kV] : 6도체

바로바로 풀어보는
기출문제

DAY
11
DAY
12
DAY
13
DAY
14
DAY
15
DAY
16
DAY
17
DAY
18
DAY
19
DAY
20

✔ 문제의 네모칸에 체크를 해보세요. 그 문제가 이해되지 않았다면
✔ 표시를 해서 그 문제는 나중에 다시 풀어 완전하게 숙지하세요(★ : 중요도).

★ 산업 93년 1회, 05년 4회

22 공기의 파열 극한 전위경도는 정현파교류의 실효치로 약 몇 [kV/cm]인가?

① 21   ② 25

③ 30   ④ 33

해설 공기의 파열 극한 전위경도

㉠ 1[cm] 간격의 두 평면 전극 사이의 공기 절연이 파괴되어 전극 간 아크가 발생되는 전압

㉡ 직류 : 30[kV/cm], 교류 : 21.1[kV/cm]

★★ 산업 96년 4회, 07년 2회

23 송전선로의 코로나손실을 나타내는 Peek 식에서 E_0에 해당하는 것은?

① 코로나 임계전압

② 전선에 감하는 대지전압

③ 송전단전압

④ 기준 충격 절연강도전압

해설 송전선로의 코로나손실을 나타내는 피크(peek)식

$$P_c = \frac{241}{\delta}(f+25)\sqrt{\frac{d}{2D}}(E-E_0)^2 \times 10^{-5}$$
[kW/km/선]

여기서, P_c : 코로나손실

    δ : 상대공기밀도

    f : 주파수

    d : 전선의 지름

    D : 선간거리

    E : 전선의 대지전압

    E_0 : 코로나 임계전압

★★ 기사 93년 6회 / 산업 91년 7회, 96년 2회

24 송전선로에서 코로나가 발생하면 전선이 부식된다. 다음의 무엇에 의하여 부식되는 것인가?

① 산소   ② 질소

③ 수소   ④ 오존

해설

송전선로에서 코로나가 일어나면 공기 절연이 파괴되면서 O_3(오존)이 발생하며 주위의 빗물과 화학적 반응에 의해 초산이 형성되므로 전선이 부식된다.

★★★★★ 기사 92년 7회(유사) / 산업 92년 5·7회, 93년 5회, 99년 4회

25 다음 송전선로의 코로나 발생 방지대책으로 가장 효과적인 방법은?

① 전선의 선간거리를 증가시킨다.

② 선로의 대지 절연을 강화한다.

③ 철탑의 접지저항을 낮게 한다.

④ 전선을 굵게 하거나 복도체를 사용한다.

해설 코로나 임계전압

코로나 임계전압이 전선의 지름(d)에 비례하므로 굵은 전선을 사용하거나 단도체 대신 복도체를 사용하는 경우 임계전압이 증가하여 코로나 발생을 억제할 수 있다.

$$E_0 = 24.3 m_0 m_1 \delta d \log_{10} \frac{D}{r}[kV]$$

★★★★ 산업 93년 4회, 01년 3회, 05년 1회, 05년 1회(추가)

26 복도체에 대한 설명으로 옳지 않은 것은 어느 것인가?

① 같은 단면적의 단도체에 비하여 인덕턴스는 감소하고 정전용량은 증가한다.

② 코로나 개시전압이 높고 코로나손실이 적다.

③ 단락 시 등의 대전류가 흐를 때 소도체 간에 반발력이 생긴다.

④ 같은 전류용량에 대하여 단도체보다 단면적을 적게 할 수 있다.

해설

복도체방식에서 도체에 흐르는 전류가 같은 방향이므로 도체 사이에 흡인력이 발생한다.

참고 두 전선에 흐르는 전류로 전선(도체) 간의 미치는 영향

(1) 같은 방향 : 흡인력

(2) 반대 방향 : 반발력

정답 22 ①   23 ①   24 ④   25 ④   26 ③

학습목표
- 선로정수를 반영하여 전압 및 송전거리에 따른 선로 구분을 이해한다.
- 단거리, 중거리, 장거리 송전방식의 전압강하, 전력손실 등에 대해 이해한다.
- 송전전력의 증대방법을 알아보고 조상설비의 특성을 이해한다.

출제율 10%

제4장 송전 특성 및 조상설비

1 단거리 송전선로(집중정수회로)

선로정수(R, L, C, g) 중에 정전용량 C와 애자의 누설컨덕턴스 g는 작으므로 무시하고 R, L 직렬회로로 해석

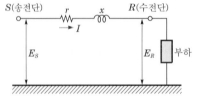

■ 송전선로 등가회로(1상) ■

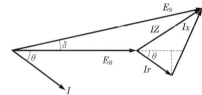

■ 등가회로 벡터도(1상) ■

전압강하	1상의 경우	① $e = E_S - E_R = I_n(r\cos\theta + x\sin\theta)[\mathrm{V}]$	② $e = \dfrac{P}{E_R}(r + x\tan\theta)[\mathrm{V}]$
	3상의 경우	① $e = V_S - V_R = \sqrt{3}\,I_n(r\cos\theta + x\sin\theta)[\mathrm{V}]$	② $e = \dfrac{P}{V_R}(r + x\tan\theta)[\mathrm{V}]$
전압강하율	$\%e = \dfrac{E_S - E_R}{E_R} \times 100[\%] = \dfrac{I_n(r\cos\theta + x\sin\theta)}{E_R} \times 100[\%]$		
전압변동률	$\varepsilon = \dfrac{E_{R0} - E_R}{E_R} \times 100[\%]$ (여기서, E_{R0} : 무부하 시 수전단전압, E_R : 수전단전압)		
송전단전력	수전단전력 $P_R = \sqrt{3}\,V_R I_n\cos\theta[\mathrm{W}]$, 선로손실 $P_l = 3I_n^2 r[\mathrm{W}]$		
	송전단전력 $P_S = \sqrt{3}\,V_S I_n\cos\theta_s = P_R + 3I_n^2 r[\mathrm{W}]$ (송전단역률 $=\cos\theta_s$)		

2 페란티현상

수전단전압(E_R)이 송전단전압(E_S)보다 더 높아지는 현상

발생원인	① 경부하 및 무부하 시 선로의 충전용량으로 진상전류가 흘러 전압 보상으로 인해 발생 ② 충전용량이 클수록, 선로길이가 길어질수록 증대
방지대책	수전단에 분로리액터를 설치

Comment

전력공학에서 내용정리 및 문제풀이 시에 'ㅇㅇ현상'이라고 언급되는 부분은 무조건 암기하고 시험장에 가야한다. 'ㅇㅇ현상'을 다루는 이유는 설비 운영 시에 문제가 발생하여 설비의 고장이나 사용자의 안전을 위협하기 때문이다(예 코로나현상, 페란티현상 등).

3 충전용량 및 충전전류

무부하 송전용량(충전용량)	$Q_c = 2\pi f C V_n^2 l \times 10^{-9}[\text{kVA}]$
충전전류	$I_c = \omega C E l \times 10^{-6}[\text{A}]$
송전선로의 충전전류	$I_c = 2\pi f C \dfrac{V_n}{\sqrt{3}} l \times 10^{-6}[\text{A}]$

4 중거리 송전선로

50[km]를 넘고 대략 100[km] 정도까지의 송전선로로 선로정수 R, L, C를 고려하여, $R-L$의 직렬요소와 C의 병렬요소의 집중정수로 취급

T형 회로	$E_S = \left(1 + \dfrac{ZY}{2}\right)E_R + Z\left(1 + \dfrac{ZY}{4}\right)I_R$ $I_S = YE_R + \left(1 + \dfrac{ZY}{2}\right)I_R$	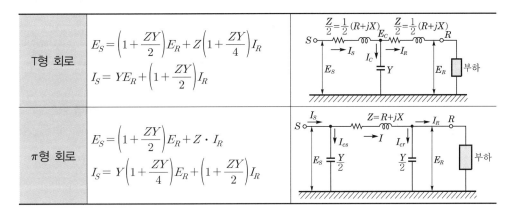
π형 회로	$E_S = \left(1 + \dfrac{ZY}{2}\right)E_R + Z \cdot I_R$ $I_S = Y\left(1 + \dfrac{ZY}{4}\right)E_R + \left(1 + \dfrac{ZY}{2}\right)I_R$	

(1) 4단자 정수

$$\begin{bmatrix} E_S \\ I_S \end{bmatrix} = \begin{bmatrix} A & B \\ C & D \end{bmatrix}\begin{bmatrix} E_R \\ I_R \end{bmatrix} = \begin{bmatrix} AE_R + BI_R \\ CE_R + DI_R \end{bmatrix}$$

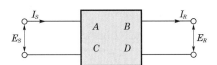

(2) 4단자 기본방정식(T형 회로)

$$E_S = \left(1 + \dfrac{ZY}{2}\right)E_R + Z\left(1 + \dfrac{ZY}{4}\right)I_R \rightarrow E_S = AE_R + BI_R$$

$$I_S = YE_R + \left(1 + \dfrac{ZY}{2}\right)I_R \rightarrow I_S = CE_R + DI_R$$

① 직렬회로 $\begin{bmatrix} A & B \\ C & D \end{bmatrix} = \begin{bmatrix} 1 & Z \\ 0 & 1 \end{bmatrix}$　　　　② 병렬회로 $\begin{bmatrix} A & B \\ C & D \end{bmatrix} = \begin{bmatrix} 1 & 0 \\ Y & 1 \end{bmatrix}$

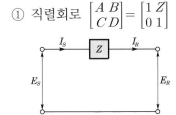　　　　　　　　　　　　　　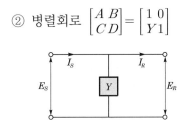

DAY 11
DAY 12
DAY 13
DAY 14
DAY 15
DAY 16
DAY 17
DAY 18
DAY 19
DAY 20

자주 출제되는

핵심이론

핵심이론은 처음에는 그냥 한 번 읽어주세요.
기출문제를 풀어본 후 다시 한 번 핵심이론을 읽으면서 암기하세요.

(3) 4단자 정수를 구하는 방법

① $A = \dfrac{E_S}{E_R}\Big|_{I_R=0}$: 2차 개방 시 전압(전달)비

② $B = \dfrac{E_S}{I_R}\Big|_{E_R=0}$: 2차 단락 시 (전달)임피던스

③ $C = \dfrac{I_S}{E_R}\Big|_{I_R=0}$: 2차 개방 시 (전달)어드미턴스

④ $D = \dfrac{I_S}{I_R}\Big|_{E_R=0}$: 2차 단락 시 전류(전달)비

⑤ $AD - BC = 1$

5 장거리 송전선로(분포정수회로)

송전선로의 길이가 100[km] 이상이 되면 집중정수회로로 취급할 경우 오차가 크게 되므로, 선로정수가 전선로에 따라 균일하게 분포되어 있는 분포정수회로로 취급

① 단위 길이당 직렬임피던스 : $\dot{z} = r + jx\,[\Omega/\text{km}]$

② 단위 길이당 병렬어드미턴스 : $\dot{y} = g + jb\,[\mho/\text{km}]$

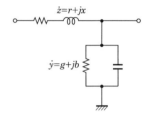

┃장거리 송전선로 등가회로┃

(1) 전파방정식

① $\dot{E}_S = \cosh\alpha l\,\dot{E}_R + Z_0\sinh\alpha l\,\dot{I}_R$

② $\dot{I}_S = \dfrac{1}{Z_0}\sinh\alpha l\,\dot{E}_R + \cosh\alpha l\,\dot{I}_R$

(2) 특성(파동) 임피던스

송전선로를 진행하는 전압과 전류의 비를 나타내는데 그 송전선 특유의 것으로서 보통 선로의 인덕턴스 $L[\text{mH/km}]$과 정전용량 $C[\mu\text{F/km}]$의 비이며, 선로의 길이에 무관하다.

$$Z_0 = \sqrt{\dfrac{Z}{Y}} = \sqrt{\dfrac{R+j\omega L}{g+j\omega C}} \fallingdotseq \sqrt{\dfrac{L}{C}}\,[\Omega]$$

(3) 전파정수

전압 및 전류가 송전단에서 멀어질수록 그 진폭과 위상이 변화하는 특성을 가진다.

$$\gamma = \sqrt{ZY} = \sqrt{(R+j\omega L)(g+j\omega C)} = j\omega\sqrt{LC}$$

(4) 전파속도(위상속도)

송전선로에서 전압, 전류의 진행속도는 L, C에 의해 정해지는데 일반적으로 가공 송전선로에서 단도체의 경우 $L \fallingdotseq 1.3[\text{mH/km}]$, $C \fallingdotseq 0.009[\mu\text{F/km}]$ 정도이므로 다음과 같다.

$$V = \dfrac{1}{\sqrt{LC}} \fallingdotseq \dfrac{1}{\sqrt{1.3\times10^{-3}\times0.009\times10^{-6}}} = 3\times10^5[\text{km/s}] = 3\times10^8[\text{m/s}]$$

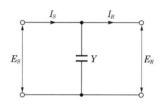

송전단전압 $E_S = \left(1+\dfrac{ZY}{2}\right)E_R + Z\left(1+\dfrac{ZY}{4}\right)I_R$

송전단전류 $I_S = YE_R + \left(1+\dfrac{ZY}{2}\right)I_R$

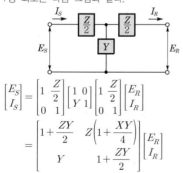

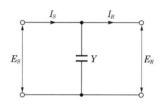

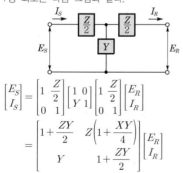

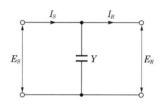

바로바로 풀어보는
기출문제

DAY
11

DAY
12

DAY
13

DAY
14

DAY
15

DAY
16

DAY
17

DAY
18

DAY
19

DAY
20

문제의 네모칸에 체크를 해보세요. 그 문제가 이해되지 않았다면
✓ 표시를 해서 그 문제는 나중에 다시 풀어 완전하게 숙지하세요(★ : 중요도).

★ **기사** 98년 3회(유사) / **산업** 96년 4회, 98년 7회, 02년 2 · 3회

27 수전단전압 60000[V], 전류 200[A], 선로 저항 $R=7.61[\Omega]$, 리액턴스 $X=11.85[\Omega]$ 일 때 전압강하율은 몇 [%]인가? (단, 수전 단역률은 0.8이다.)

① 6.51　　　　② 7.62
③ 8.42　　　　④ 9.43

해설

전압강하율

$\%e = \dfrac{\sqrt{3}\,I_n\,(r\cos\theta + x\sin\theta)}{V_R}\times100[\%]$

$= \dfrac{\sqrt{3}\times200\times(7.61\times0.8+11.85\times0.6)}{60000}\times100[\%]$

$= 7.62[\%]$

★★★★ **산업** 94년 5회, 98년 5회, 00년 2회, 03년 3회, 07년 3회

28 중거리 송전선로의 T형 회로에서 송전단전 류 I_S 는? (단, Z, Y 는 선로의 직렬임피 던스와 병렬어드미턴스이고, E_R 은 수전 단전압, I_R 은 수전단전류이다.)

① $I_R\left(1+\dfrac{ZY}{2}\right) + YE_R$

② $E_R\left(1+\dfrac{ZY}{2}\right) + ZI_R\left(1+\dfrac{ZY}{4}\right)$

③ $E_R\left(1+\dfrac{ZY}{2}\right) + ZI_R$

④ $I_R\left(\dfrac{1+ZY}{2}\right) + E_R Y\left(1+\dfrac{ZY}{4}\right)$

해설

T형 회로는 다음 그림과 같다.

$\begin{bmatrix} E_S \\ I_S \end{bmatrix} = \begin{bmatrix} 1 & \dfrac{Z}{2} \\ 0 & 1 \end{bmatrix}\begin{bmatrix} 1 & 0 \\ Y & 1 \end{bmatrix}\begin{bmatrix} 1 & \dfrac{Z}{2} \\ 0 & 1 \end{bmatrix}\begin{bmatrix} E_R \\ I_R \end{bmatrix}$

$= \begin{bmatrix} 1+\dfrac{ZY}{2} & Z\left(1+\dfrac{XY}{4}\right) \\ Y & 1+\dfrac{ZY}{2} \end{bmatrix}\begin{bmatrix} E_R \\ I_R \end{bmatrix}$

★★★ **기사** 92년 5회, 04년 1회

29 다음 그림에서 4단자 정수 A, B, C, D, 는? (단, E_S, I_S는 송전단전압 · 전류, E_R, I_R은 수전단전압 · 전류이고 Y 는 병렬어 드미턴스이다.)

① $1,\ 0,\ Y,\ 1$
② $1,\ 0,\ -Y,\ 1$
③ $1,\ Y,\ 0,\ 1$
④ $1,\ 0,\ 0,\ 1$

해설

어드미턴스이므로 송전단전압 $E_S = E_R$이고 송전단전 류 $I_S = I_R + YE_R$이다.

4단자 정수는 $A=1$, $B=0$, $C=Y$, $D=1$이다.

★★ **기사** 93년 3회, 99년 5회 / **산업** 96년 5회, 06년 2회

연관 문제 송전선의 4단자 정수가 $A=D=0.92$, $B=j80[\Omega]$일 때 C의 값은 몇 [℧]인가?

① $j1.92\times10^{-4}$
② $j2.47\times10^{-4}$
③ $j1.92\times10^{-3}$
④ $j2.47\times10^{-3}$

해설

$AD-BC=1$에서

$C = \dfrac{AD-1}{B}$

$= \dfrac{0.92^2-1}{j80} = j1.92\times10^{-3}$

답 ③

★★ 기사 90년 7회, 01년 2회, 04년 4회

30 일반회로정수가 $ABCD$인 선로에 임피던스가 $\dfrac{1}{Z_r}$인 변압기가 수전단에 접속된 계통의 일반회로정수 중 D_0는?

① $D_0 = \dfrac{C + DZ_r}{Z_r}$ ② $D_0 = \dfrac{C + AZ_r}{Z_r}$

③ $D_0 = \dfrac{D + CZ_r}{Z_r}$ ④ $D_0 = \dfrac{B + AZ_r}{Z_r}$

해설

선로에 임피던스가 $\dfrac{1}{Z_r}$인 변압기가 수전단에 직렬로 접속 시 선로정수는 다음과 같다.

$$\begin{bmatrix} A_0 & B_0 \\ C_0 & D_0 \end{bmatrix} = \begin{bmatrix} A & B \\ C & D \end{bmatrix}\begin{bmatrix} 1 & \dfrac{1}{Z_r} \\ 0 & 1 \end{bmatrix} = \begin{bmatrix} A & \dfrac{A}{Z_r} + B \\ C & \dfrac{C}{Z_r} + D \end{bmatrix}$$

★ 기사 90년 2회, 00년 5회, 03년 4회

연관 문제 일반회로정수가 같은 평행 2회선에서 A, B, C, D는 1회선인 경우의 몇 배로 되는가?

① $A : 2$, $B : 2$, $C : \dfrac{1}{2}$, $D : 1$

② $A : 1$, $B : 2$, $C : \dfrac{1}{2}$, $D : 1$

③ $A : 1$, $B : \dfrac{1}{2}$, $C : 2$, $D : 1$

④ $A : 1$, $B : \dfrac{1}{2}$, $C : 2$, $D : 2$

해설

평행 2회선(1번 선로, 2번 선로)의 경우 2회선 합성 4단자 정수 A_0, B_0, C_0, D_0는 다음과 같다.

$$A_0 = A, \ B_0 = \dfrac{1}{2}B, \ C_0 = 2C, \ D_0 = D$$

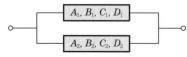

여기서, A_1, B_1, C_1, D_1 : 1번 선로
A_2, B_2, C_2, D_2 : 2번 선로

답 ③

★★★★★ 산업 95년 2·6회, 05년 1회

31 장거리 송전선로의 특성은 무슨 회로로 나누는 것이 가장 좋은가?

① 특성 임피던스회로
② 집중정수회로
③ 분포정수회로
④ 분산회로

해설

㉠ 송전선로의 100[km] 이상이 되면 선로정수가 전선로에 균일하게 분포되어 있는 분포정수회로로 해석해야 한다.
㉡ 집중정수회로 : 단거리 송전선로, 중거리 송전선로

★★★★★ 산업 90년 2회, 97년 7회

32 단위 길이의 임피던스를 Z, 어드미턴스를 Y라 할 때 선로의 특성 임피던스는?

① $\sqrt{\dfrac{Y}{Z}}$ ② $\sqrt{\dfrac{Z}{Y}}$

③ $\sqrt{ZY}$ ④ Y

해설

특성 임피던스
$$Z_0 = \sqrt{\dfrac{Z}{Y}} = \sqrt{\dfrac{R + j\omega L}{g + j\omega C}} \fallingdotseq \sqrt{\dfrac{L}{C}}\,[\Omega]$$

쌤 Comment

예전에 왕이 죽어 땅에 묻히는 곳을 '릉$\left(= 능 = \dfrac{L}{C}\right)$'이라 한다.

특성 임피던스 $\sqrt{\dfrac{L}{C}}$을 외울 때 '루트 능'이라고 하면 좀 더 쉽게 외울 수 있다.

★★ 기사 96년 7회

33 선로의 단위 길이당의 분포인덕턴스, 저항, 정전용량 및 누설컨덕턴스를 각각 L, R, C 및 g라 할 때 전파정수는?

① $\sqrt{g + j\dfrac{\omega C}{R}} + j\omega L$

② $\sqrt{R + \dfrac{j\omega L}{g}} + j\omega C$

③ $\sqrt{(R + j\omega L)(g + j\omega C)}$

④ $(R + j\omega L)(g + j\omega C)$

정답 30 ① 31 ③ 32 ② 33 ③

문제의 네모칸에 체크를 해보세요. 그 문제가 이해되지 않았다면
✓ 표시를 해서 그 문제는 나중에 다시 풀어 완전하게 숙지하세요(★ : 중요도).

DAY 11
DAY 12
DAY 13
DAY 14
DAY 15
DAY 16
DAY 17
DAY 18
DAY 19
DAY 20

★★★★ 기사 98년 4회 / 산업 94년 7회, 04년 3회

34 선로의 특성 임피던스는?

① 선로의 길이가 길어질수록 값이 커진다.
② 선로의 길이가 길어질수록 값이 적어진다.
③ 선로의 길이보다는 부하전력에 따라 값이 변한다.
④ 선로의 길이에 관계없이 일정하다.

해설

㉠ 특성 임피던스

$$Z_0 = \sqrt{\frac{Z}{Y}} = \sqrt{\frac{R+j\omega L}{g+j\omega C}} \fallingdotseq \sqrt{\frac{L}{C}}\,[\Omega]$$

㉡ 인덕턴스 $L[\text{mH/km}]$과 정전용량 $C[\mu\text{F/km}]$의 크기는 선로길이와 비례하므로 선로길이에 무관하다.

★★★ 기사 95년 6회, 00년 3·5회, 02년 2회

35 송전선로의 특성 임피던스와 전파정수를 구할 수 있는 시험은 무엇인가?

① 무부하시험과 단락시험
② 부하시험과 단락시험
③ 부하시험과 충전시험
④ 충전시험과 단락시험

해설

특성 임피던스와 전파정수는 무부하시험과 단락시험에서 구할 수 있다.

Comment

전기기기 및 전력공학에서 시험법에 관한 문제가 나올 때 2가지를 고르는 경우 거의 대부분이 무부하시험과 단락시험이 정답이다.

★★ 기사 96년 4회 / 산업 94년 3·6회, 07년 1회

36 송전선로의 수전단을 단락한 경우 송전단에서 본 임피던스는 300[Ω]이고, 수전단을 개방한 경우에는 1200[Ω]일 때 이 선로의 특성 임피던스는 몇 [Ω]인가?

① 600
② 50
③ 1000
④ 1200

해설

특성 임피던스

$$Z_0 = \sqrt{\frac{Z}{Y}} = \sqrt{\frac{Z_{SS}}{Y_{S0}}} = \sqrt{300 \times 1200} = 600[\Omega]$$

★ 기사 97년 5회

37 다음 파동임피던스가 500[Ω]인 가공송전선 10[km]당의 인덕턴스 $L[\text{mH/km}]$과 정전용량 $C[\mu\text{F/km}]$는 얼마인가?

① $L=1.67$, $C=0.0067$
② $L=2.12$, $C=0.0067$
③ $L=1.67$, $C=0.167$
④ $L=2.12$, $C=0.167$

해설

㉠ 파동임피던스 $Z_0 = \sqrt{\dfrac{L}{C}}\,[\Omega]$

㉡ 전파속도 $V = \dfrac{1}{\sqrt{LC}} = 3 \times 10^8 [\text{m/s}]$

㉢ 인덕턴스 $L = \dfrac{Z_0}{V} = \dfrac{500}{3 \times 10^8}$
$= 1.67 \times 10^{-3}[\text{H/m}] = 1.67[\text{mH/km}]$

㉣ 정전용량 $C = \dfrac{1}{Z_0 V} = \dfrac{1}{500 \times 3 \times 10^8}$
$= 0.00667 \times 10^{-9}[\text{F/m}]$
$= 0.0067[\mu\text{F/km}]$

참고

위 해설의 수식을 정리하면 다음과 같다.

(1) 파동임피던스 $Z_0 = \sqrt{\dfrac{L}{C}}$에서 양변을 제곱하면

$Z_0^2 = \dfrac{L}{C}$ 으로 되고 $L = C \cdot Z_0^2$

(2) 전파속도 $V = \dfrac{1}{\sqrt{LC}}$에서 양변을 제곱하면

$V^2 = \dfrac{1}{LC}$으로 되고 $C = \dfrac{1}{L \cdot V^2}$

(3) 인덕턴스 $L = \dfrac{1}{L \cdot V^2} Z_0^2 \rightarrow L^2 = \dfrac{Z_0^2}{V^2}$

$\rightarrow L = \dfrac{Z_0}{V}[\text{mH/km}]$

(4) 정전용량 $C = \dfrac{1}{L \cdot V^2}[\mu\text{F/km}] \rightarrow C = \dfrac{1}{C \cdot Z_0^2 \cdot V^2}$

$\rightarrow C^2 = \dfrac{1}{Z_0^2 \cdot V^2} \rightarrow C = \dfrac{1}{Z_0 \cdot V}$

정답 34 ④　35 ①　36 ①　37 ①

자주 출제되는

핵심이론

핵심이론은 처음에는 그냥 한 번 읽어주세요.
기출문제를 풀어본 후 다시 한 번 핵심이론을 읽으면서 암기하세요.

6 전력원선도

송·수전단 전력	① 송전선로에서 $X \gg R$ ② 송·수전단 전력 $P = \dfrac{E_S E_R}{X} \sin\delta [\text{MW}]$ ③ 최대전력 $P_{\max} = \dfrac{E_S E_R}{X} [\text{MW}]$(여기서, $\sin\delta = 1$)

전력
원선도
	① 전력원선도에서 알 수 있는 요소
	    ㉠ 송·수전단 전력
	    ㉡ 개선된 수전단역률
	    ㉢ 송전효율 및 선로손실
	    ㉣ 송전단역률
	    ㉤ 조상설비의 종류 및 조상용량
	② 전력원선도에서 구할 수 없는 것
	    ㉠ 과도 극한전력
	    ㉡ 코로나손실
	③ 전력원선도 반지름 $r = \dfrac{V_S V_R}{B}$
	
	여기서, V_S : 송전단전압, V_R : 수전단전압, B : 4단자 정수

송전용량 계수법	① 수전단전압과 선로길이를 고려한 수전전력을 구하는 방법 ② 송전용량 $P = k \dfrac{V_R^{\,2}}{l} [\text{kW}]$ 여기서, k : 송전거리를 고려한 송전용량계수, l : 송전거리, V_R : 수전단전압 ③ 송전용량계수 k는 송·수전단 전압비, 선로정수 등에 의해서 정해지는 것으로서 $\dfrac{R}{X}$의 비에 따라서 변화됨
고유부하법	① 고유송전용량 $P = \dfrac{V_R^{\,2}}{Z_0} = \dfrac{V_R^{\,2}}{\sqrt{\dfrac{L}{C}}}$ 수전단을 선로의 특성 임피던스와 같은 임피던스로 단락한 상태에서의 수전전력 ② 특성 임피던스 $Z_0 = \sqrt{\dfrac{L}{C}} [\Omega]$

전력원선도 그림 (송전원, 수전원, Q, S, θ, O, F, C, P, G, B, R)

▮ 전력원선도 ▮

7 조상설비

(1) 전력용 콘덴서

① 콘덴서를 선로에 병렬로 접속하여 무효전력을 보상하여 역률을 개선
② 역률 개선 시 필요한 전력용 콘덴서용량

$$Q_c = P(\tan\theta_1 - \tan\theta_2)[\text{kVA}]$$

$$= V_n I_n \cos\theta_1 \left(\frac{\sqrt{1 - \cos^2\theta_1}}{\cos\theta_1} - \frac{\sqrt{1 - \cos^2\theta_2}}{\cos\theta_2} \right)[\text{kVA}]$$

DAY 11
DAY 12
DAY 13
DAY 14
DAY 15
DAY 16
DAY 17
DAY 18
DAY 19
DAY 20

③ 전력용 콘덴서 설치 시 효과

　　㉠ 역률이 개선되어 정격전류가 감소

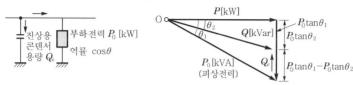

　　㉡ 전압강하 감소 : $e(3상) = \sqrt{3}\,I_n(r\cos\theta + x\sin\theta)[\text{V}]$(여기서, I_n : 부하전류)

　　㉢ 전력손실 감소 : $P_l = I_n^2 R = \left(\dfrac{P_r}{E_r\cos\theta}\right)^2 R = \dfrac{P_r^2 R}{E_r^2\cos^2\theta}$

　　㉣ 설비 이용률 증대(공급여력 증가) → 선로전류 감소

　　㉤ 전기세 감소 → 역률 90[%] 이상으로 개선 시

④ 전력용 콘덴서의 충전용량

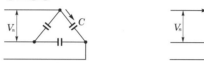

▐ 3상 △결선 시 충전용량 ▐　　　▐ 3상 Y결선 시 충전용량 ▐

　　㉠ 3상 △결선 시 충전용량 $Q_\triangle = 3Q_1 = 3\omega C V_n^2 \times 10^{-9}[\text{kVA}]$

　　　　여기서, C : 콘덴서, V_n : 정격전압, Q_1 : 콘덴서 1대 용량

　　㉡ 3상 Y결선 시 충전용량 $Q_{\mathrm{Y}} = 3Q_1 = 3\omega C\left(\dfrac{V_n}{\sqrt{3}}\right)^2 \times 10^{-9} = \omega C V_n^2 \times 10^{-9}[\text{kVA}]$

　　㉢ 전력용 콘덴서를 △결선으로 하면 Y결선 시에 비해 3배의 충전용량

⑤ 전력용 콘덴서의 용량이 부하의 지상 무효전력보다 클 경우 진상 무효전력으로 인해 전압보상이 발생하여 수전단전압이 송전단전압보다 크게 되는 페란티현상이 발생할 수 있다.

(2) 전력용 콘덴서설비의 부속기기(직렬리액터, 방전코일)

직렬리액터 사용목적	① 콘덴서에 의해 발생하는 고조파에 의한 전압파형의 왜곡 방지 ② 콘덴서 투입 시 돌입전류 억제 ③ 콘덴서 개방 시 모선의 과전압 억제 ④ 고조파전류의 유입 억제와 계전기의 오동작을 방지
직렬리액터의 용량	① 콘덴서에서 발생하는 고조파 중에서 제3고조파는 △결선에서 제거 ② 제5고조파를 제거하기 위해 사용되는 직렬리액터의 용량은 유도성 및 용량성 리액턴스의 공진조건에 의해 $5\omega L = \dfrac{1}{5\omega C}$, $\omega L = \dfrac{1}{25}\cdot\dfrac{1}{\omega C} = 0.04\dfrac{1}{\omega C}$ ③ 전력용 콘덴서에 직렬로 삽입되는 직렬리액터의 용량은 콘덴서용량에 이론상 4[%], 실제상 5~6[%]를 사용하고 있다.
방전코일	① 콘덴서를 회로로부터 분리 시에 콘덴서 내부의 잔류전하를 방전시켜 인체에 대한 감전사고를 미연에 방지하기 위해 설치 ② 방전코일의 용량은 콘덴서 뱅크(bank)용량의 0.1[%] 정도를 적용

자주 출제되는
핵심이론

핵심이론은 처음에는 그냥 한 번 읽어주세요.
옆의 기출문제를 풀어본 후 다시 한 번 핵심이론을 읽으면서 암기하세요.

(3) 분로리액터(페란티현상 방지)

장거리 송전선의 경우 경부하 또는 무부하 시에 충전전류의 영향으로 수전단의 전압이 상승할 우려가 있으므로 지상전류를 얻고 전압 상승을 억제

(4) 동기조상기

동기전동기를 무부하상태로 운전하며 계자전류를 조정하여 지상 및 진상 무효전력을 제어하여 전압 및 역률을 조정하는 설비

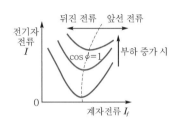

▌위상특성곡선(V곡선) ▌

① 동기조상기의 장점

    ㉠ 계자전류의 조정을 통해 지상 및 진상 무효전력의 제어가 가능

    ㉡ 회전기로시 연속적인 제이가 가능하여 안정도 향상

    ㉢ 부하 급변 시 속응여자방식으로 선로의 전압을 일정하게 유지

    ㉣ 계통의 안정도를 증진시켜서 송전전력 증대

    ㉤ 송전선로에 시충전(시송전)이 가능하여 안정도가 증대

② 동기조상기의 단점

    ㉠ 대용량 기기로서 가격이 비쌈

    ㉡ 회전기이므로 손실이 크고 유지 및 보수 비용이 큼

③ 전력용 콘덴서와 동기조상기 비교

전력용 콘덴서	동기조상기
① 진상전류만 공급이 가능	① 진상·지상 전류 모두 공급이 가능
② 전류 조정이 계단적(단계적)	② 전류 조정이 연속적
③ 소형, 경량으로 값이 싸고 손실 적음	③ 대형, 중량이므로 값이 비싸고 손실이 크게 나타남
④ 용량 변경이 용이	④ 선로의 시충전운전이 가능

(5) 직렬콘덴서

콘덴서를 선로에 직렬로 설치하여 운전하는 것으로 전압강하 보상, 전압변동 경감, 송전전력 증대 및 안정도 증가, 전력조류제어에 이용

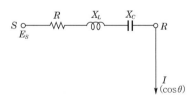

▌선로에 직렬콘덴서의 설치 ▌

① 장거리선로의 인덕턴스를 보상하여서 전압강하 감소

② 전압변동률 감소

③ 전달임피던스가 감소하여 안정도가 증가하여 최대송전전력이 증대

④ 부하의 역률이 나쁜 선로일수록 효과 양호

DAY 11
DAY 12
DAY 13
DAY 14
DAY 15
DAY 16
DAY 17
DAY 18
DAY 19
DAY 20

문제의 네모칸에 체크를 해보세요. 그 문제가 이해되지 않았다면
✓ 표시를 해서 그 문제는 나중에 다시 풀어 완전하게 숙지하세요.(★ : 중요도).

★★★★ 기사 94년 4 · 6회, 98년 6회, 02년 3회 / 산업 90년 7회, 96년 4회, 97년 2회

38 $E_S = AE_R + BI_R$, $I_S = CE_R + DI_R$ 의 전파방정식을 만족하는 전력원선도의 반경의 크기는 다음 중 어느 것인가?

① $\dfrac{E_S E_R}{D}$ ② $\dfrac{E_S E_R}{C}$

③ $\dfrac{E_S E_R}{B}$ ④ $\dfrac{E_S E_R}{A}$

해설

전력원선도의 반지름

$$R = \frac{E_S E_R}{Z} = \frac{E_S E_R}{B}$$

★★ 기사 94년 5회, 99년 4회, 00년 6회, 01년 1회, 04년 2회

39 전력원선도에서 알 수 없는 것은?

① 전력
② 손실
③ 역률
④ 코로나손실

해설 전력원선도에서 알 수 있는 사항

㉠ 송 · 수전단 전력
㉡ 조상설비의 종류 및 조상용량
㉢ 개선된 수전단역률
㉣ 송전효율 및 선로손실
㉤ 송전단역률

★★ 기사 94년 7회, 04년 1회

연관
문제 정전압 송전방식에서 전력원선도를 그리려면 무엇이 주어져야 하는가?

① 송 · 수전단 전압, 선로의 일반회로정수
② 송 · 수전단 전류, 선로의 일반회로정수
③ 조상기용량, 수전단전압
④ 송전단전압, 수전단전류

해설 전력원선도 작성 시 필요요소

송 · 수전단 전압의 크기 및 위상각, 선로정수

답 ①

★★★★★ 기사 94년 7회, 00년 2회

40 송전전압이 161[kV], 수전단전압이 154[kV], 상차각이 60°, 리액턴스가 45[Ω]일 때 선로손실을 무시하면 전송전력[MW]은 얼마인가?

① 397 ② 477
③ 563 ④ 621

해설

전송(송전)전력 $P = \dfrac{V_S V_R}{X} \sin\delta [MW]$

$$P = \frac{161 \times 154}{45} \sin 60° = 477.16 [MW]$$

★★★ 기사 97년 2회, 04년 2회

41 345[kV] 2회선 선로의 길이가 220[km]이다. 송전용량계수법에 의하면 송전용량은 약 몇 [MW]인가? (단, 345[kV]의 송전용량계수는 1200이다.)

① 525 ② 650
③ 1050 ④ 1300

해설 송전용량계수법

$$P = k \frac{V_r^{\,2}}{l} [kW]$$

여기서, P : 송전용량[kW]
  k : 송전용량계수
  V_r : 수전단 선간전압[kV]
  l : 송전거리[km]

송전용량 $P = 1200 \times \dfrac{345^2}{220} = 649227 [kW]$

  $= 649.2 [MW]$

2회선이므로

송전용량 $P = 649.2 \times 2$

  $= 1298.4 \doteqdot 1300 [MW]$

★★★★ 산업 93년 4회, 96년 5회, 00년 5회, 01년 1회, 04년 4회, 07년 1회

42 조상설비라고 할 수 없는 것은?

① 분로리액터 ② 동기조상기
③ 비동기조상기 ④ 상순표시기

정답 38 ③ 39 ④ 40 ② 41 ④ 42 ④

🔍 해설

상순표시기는 다상 회로에서 각 상의 최대값에 이르는 순서를 표시하는 장치로 상회전방향을 확인할 때 사용하는 장치이다.

★★★ 기사 95년 2회, 00년 3회

43 다음 중 동기조상기에 대한 설명으로 옳은 것은?

① 정지기의 일종이다.
② 연속적인 전압 조정이 불가능하다.
③ 계통의 안정도를 증진시키기가 어렵다.
④ 송전선의 시송전에 이용할 수 있다.

🔍 해설 **동기조상기의 특성**

㉠ 진상전류 및 지상전류를 이용할 수 있어 광범위로 연속적인 전압 조정을 할 수 있다.
㉡ 시동전동기를 갖는 경우에는 조상기를 발전기로 동작시켜 선로에 충전전류를 흘리고 시송전(시충전)에 이용할 수 있다.
㉢ 계통의 안정도를 증진시켜 송전전력을 증가시킬 수 있다.

★★ 기사 98년 3회, 00년 4회

44 송배전선로의 도중에 직렬로 삽입하여 선로의 유도성 리액턴스를 보상함으로써 선로정수 그 자체를 변화시켜서 선로의 전압강하를 감소시키는 직렬콘덴서 방식의 득실에 대한 설명으로 옳은 것은 어느 것인가?

① 최대송전전력이 감소하고 정태안정도가 감소된다.
② 부하의 변동에 따른 수전단의 전압변동률은 증대된다.
③ 선로의 유도리액턴스를 보상하고 전압강하를 감소한다.
④ 송수 양단의 전달임피던스가 증가하고 안정 극한전력이 감소한다.

🔍 해설

전압강하 $e = V_S - V_R$
$\qquad\qquad = \sqrt{3}\, I_n\,[R\cos\theta + (X_L - X_C)\sin\theta]$

전압강하가 되어 감소된다. 직렬콘덴서는 송전선로와 직렬로 설치하는 전력용 콘덴서로 설치하게 되면 안정도를 증가시키고 리액턴스를 감소시킨다.

★★★ 기사 94년 6회, 99년 3회

45 전력계통의 전압 조정설비의 특징으로 옳지 않은 것은?

① 병렬콘덴서는 진상능력만을 가지며 병렬리액터는 진상능력이 없다.
② 동기조상기는 무효전력의 공급과 흡수가 모두 가능하며 진상 및 지상 용량을 갖는다.
③ 동기조상기는 조정의 단계가 불연속적이나 직렬콘덴서 및 병렬리액터는 연속적이다.
④ 병렬리액터는 장거리 초고압 송전선 또는 지중선계통의 충전용량 보상용으로 주요 발·변전소에 설치된다.

🔍 해설

동기조상기는 무부하상태로 회전하는 동기전동기로 무효전력을 가감하여 전압을 조정하게 되므로 전압 조정이 연속적이다.

★ 산업 92년 3회, 95년 6회, 98년 5회, 06년 3회

46 조상설비가 있는 1차 변전소에서 주변압기로 주로 사용되는 변압기는?

① 강압용 변압기
② 3권선변압기
③ 단권변압기
④ 단상변압기

🔍 해설

1차 변전소의 주변압기로 3권선변압기가 사용되는데 조상설비는 3권선변압기의 3차 권선에 접속된다.

정답 **43** ④ **44** ③ **45** ③ **46** ②

☑️ 문제의 네모칸에 체크를 해보세요. 그 문제가 이해되지 않았다면
✓ 표시를 해서 그 문제는 나중에 다시 풀어 완전하게 숙지하세요(★ : 중요도).

DAY 11
DAY 12
DAY 13
DAY 14
DAY 15
DAY 16
DAY 17
DAY 18
DAY 19
DAY 20

★★★★★ 기사 96년 2회, 02년 3회 / 산업 91년 6회, 99년 6회, 05년 1회(추가), 07년 2회

47 전력용 콘덴서에 직렬로 콘덴서용량의 5[%] 정도의 유도리액턴스를 삽입하는 목적은?

① 제3고조파 전류의 억제
② 제5고조파 전류의 억제
③ 이상전압 발생 방지
④ 정전용량의 조절

해설

직렬리액터는 제5고조파 전류를 제거하기 위해 사용한다. 직렬리액터의 용량 $X_L = 0.04 X_C$(실제로는 5~6[%]를 적용)

★★★★ 기사 02년 4회 / 산업 91년 5회, 97년 4회, 01년 2회, 06년 3회

48 전력용 콘덴서 회로에 방전코일을 설치하는 주목적은?

① 합성 역률의 개선
② 전원 개방 시 잔류전하를 방전시켜 인체의 위험 방지
③ 콘덴서의 등가용량 증대
④ 전압의 개선

해설

방전코일은 콘덴서를 전원으로부터 개방시킬 때 콘덴서 내부에 남아 있는 잔류전하를 방전시킨다.

참고

전력용 콘덴서의 경우 △결선 시 Y결선에 비해 3배의 용량이득을 얻을 수 있다.

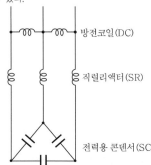

- 방전코일(DC)
- 직렬리액터(SR)
- 전력용 콘덴서(SC)

Comment

위의 그림은 필기시험에도 중요하지만 실기시험까지 나오므로 확실하게 외우고 숙지해야 한다.

★ 기사 94년 5회, 98년 7회

49 정전용량 0.01[μF/km], 길이 173.2[km], 선간전압 60000[V], 주파수 60[Hz]인 송전선로의 충전전류[A]는 얼마인가?

① 6.3
② 12.5
③ 22.6
④ 37.2

해설

송전선로의 충전전류

$$I_c = 2\pi f C \frac{V_n}{\sqrt{3}} l \times 10^{-6}[A]$$

$$= 2\pi f(C_s + 3C_m) \frac{V_n}{\sqrt{3}} l \times 10^{-6}$$

$$= 2\pi \times 60 \times 0.01 \times \frac{60000}{\sqrt{3}} \times 173.2 \times 10^{-6}$$

$$= 22.6[A]$$

참고

충전전류 $I_c = \dfrac{E}{X_c} = 2\pi f C E[A]$

(1) E는 대지전압으로 설정한다.

(2) 3상, 정격전압 V_n일 경우 $\dfrac{V_n}{\sqrt{3}}$=대지전압으로 계산하여 적용한다.

Comment

문제에서 1상과 3상의 구분이 없는 경우 접근방법
- 일반적으로 송전선로의 경우 3상 3선식으로 해석한다.
- 풀이를 할 경우 1상과 3상 2가지 방법 모두 적용하여 보기에서 답을 찾으면 된다.

★★★★★ 기사 93년 6회, 99년 3회

50 수전단전압이 송전단전압보다 높아지는 현상을 무슨 효과라 하는가?

① 페란티효과
② 표피효과
③ 근접효과
④ 도플러효과

해설

① 페란티효과(현상) : 선로에 충전전류가 흐르면 수전단전압이 송전단전압보다 높아지는 현상
② 표피효과 : 교류전류의 경우에는 도체 중심보다 도체 표면에 전류가 많이 흐르는 현상
③ 근접효과 : 같은 방향의 전류는 바깥쪽으로, 다른 방향의 전류는 안쪽으로 모이는 현상

정답 47 ② 48 ② 49 ③ 50 ①

학습목표
• 송전계통의 고장 및 사고 시 고장의 크기를 계산하고 안정도를 향상시키는 방법을 이해한다.
• 중성점 접지방식의 목적을 알아보고 접지방식별 특성을 이해한다.
• 이상전압의 종류 및 특성을 이해하고 방호대책을 알아본다.

출제율 26%

제5장 고장 계산 및 안정도

1 평형 대칭 3상

① 각 상의 크기는 같고 각각 120°의 위상차가 발생되는 3상 교류로 계통에 사고 및 장해가 없는 상태
② a상 기준으로 b상은 a상보다 120° 뒤지고, c상은 a상보다 240° 뒤지는 파형
③ a상 전압 : $V_a = V_m \sin \omega t = V$
④ b상 전압 : $V_b = V_m \sin(\omega t - 120°) = a^2 V$
⑤ c상 전압 : $V_c = V_m \sin(\omega t - 240°) = a V$
⑥ 중성점 전위 : $V_n = V_a + V_b + V_c = V(1 + a^2 + a) = 0$

┃평형 대칭 3상┃

2 불평형 비대칭 3상

① 불평형, 계통의 지락 및 단락 사고, 선로의 유도장해, 서지의 침입, 고조파 발생 등에 의해 각 상의 크기와 위상이 함께 달라진 3상 교류의 형태
② 불평형이 발생되면 정상분 외에 각 상에 영상분 및 역상분이 나타남
③ 대칭좌표법 : 각 상에 흐르는 전류를 영상분, 정상분, 역상분을 분해 해석

불평형 3상 전류	① a상에 흐르는 전류 : $I_a = I_0 + I_1 + I_2$
	② b상에 흐르는 전류 : $I_b = I_0 + a^2 I_1 + a I_2$
	③ c상에 흐르는 전류 : $I_c = I_0 + a I_1 + a^2 I_2$

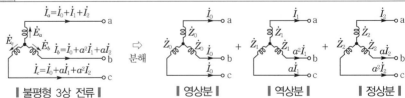

┃불평형 3상 전류┃ ┃영상분┃ ┃역상분┃ ┃정상분┃

영상전류	고조파 $3n$	$I_0 = \dfrac{1}{3}(I_a + I_b + I_c)$ → 계전기의 동작전류, 통신선에 대한 전자유도 장해 발생
정상전류	고조파 $3n+1$	$I_1 = \dfrac{1}{3}(I_a + a I_b + a^2 I_c)$ → 전동기 운전 시 회전력 발생
역상전류	고조파 $3n-1$	$I_2 = \dfrac{1}{3}(I_a + a^2 I_b + a I_c)$ → 전동기 운전 시 제동력 발생

DAY
21

DAY
22

DAY
23

DAY
24

DAY
25

DAY
26

DAY
27

DAY
28

DAY
29

DAY
30

핵심이론은 처음에는 그냥 한 번 읽어주세요.
기출문제를 풀어본 후 다시 한 번 핵심이론을 읽으면서 암기하세요.

3 고장 계산

(1) 대칭 3상 교류발전기의 기본식
① 영상전압 $V_0 = -I_0 Z_0$ (여기서, I_0 : 영상전류)
② 정상전압 $V_1 = E_a - I_1 Z_1$ (여기서, I_1 : 정상전류)
③ 역상전압 $V_2 = -I_2 Z_2$ (여기서, I_2 : 역상전류)

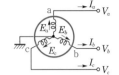

(2) 1선 지락사고
a상에 지락사고가 발생, b와 c상이 개방하므로
$V_a = 0$, $I_b = 0$, $I_c = 0$
$V_a = 0 \rightarrow V_0 + V_1 + V_2 = 0$, $(-Z_a I_a) + (E_a - I_1 Z_1) + (-I_2 Z_2) = 0$

$E_a = I_0(Z_0 + Z_1 + Z_2)$ $\therefore I_0 = I_1 = I_2 = \dfrac{E_a}{Z_0 + Z_1 + Z_2}$

$I_0 = \dfrac{1}{3}(I_a + I_b + I_c) = \dfrac{1}{3} I_a$, $I_a = 3I_0$

$\therefore I_g = 3I_0 = \dfrac{3E_a}{Z_0 + Z_1 + Z_2}$

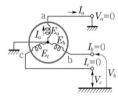

(3) 선간 단락사고
b와 c상에 단락사고가 발생하면 $V_0 = 0$, $V_1 = V_2$ 이므로

$I_0 = 0$, $I_1 = -I_2 = \dfrac{E_a}{Z_1 + Z_2}$

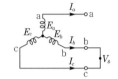

(4) 3상 단락사고
3상 단락사고가 발생하면 $V_a = V_b = V_c = 0$ 이므로

$V_0 = V_1 = V_2 = 0$, $I_0 = I_2 = 0$, $I_1 = \dfrac{E_a}{Z_1}$

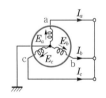

4 고장전류 계산

(1) 고장전류 계산목적
① 차단기 차단용량 결정 및 보호계전기의 설정
② 전력기기의 기계적 강도 및 정격 설정
③ 근접 통신선에 유도장해 및 계통 구성에 적용

(2) 3상 단락전류 계산
① 옴법 : 전력계통의 선로 및 기기의 전압, 전류, 전력, 임피던스 등의 단위로 나타내어 실제의 크기로 계산하는 방법

단락전류 $I_s = \dfrac{E}{|Z|} = \dfrac{\dfrac{V_n}{\sqrt{3}}}{|Z|}$ [A]

여기서, E : 대지전압, V_n : 선간전압, Z : 선로·기기 임피던스

② 퍼센트 임피던스법(%Z) : 전력계통의 선로 및 기기의 전압, 전류, 전력에 백분율[%]을 적용하여 계산하는 방법

㉠ %임피던스 $\%Z = \dfrac{I_n \cdot |Z|}{E} \times 100$ [%]

㉡ 단상 $\%Z = \dfrac{I_n |Z|}{E} \times 100 = \dfrac{P_n[\text{kVA}] \cdot |Z|}{10 \cdot E^2[\text{kV}]}$ [%], 정격용량 $P_n = E I_n$ [kVA]

여기서, I_n : 정격전류[A], E : 대지전압[kV]

자주 출제되는
핵심이론

핵심이론은 처음에는 그냥 한 번 읽어주세요.
옆의 기출문제를 풀어본 후 다시 한 번 핵심이론을 읽으면서 암기하세요.

ⓒ 3상 $\%Z = \dfrac{I_n|Z|}{V_n} \times 100 = \dfrac{P_n[\text{kVA}] \cdot |Z|}{10 \cdot V_n^2[\text{kV}]}$ [%], 정격용량 $P_n = \sqrt{3}\,V_n I_n[\text{kVA}]$

여기서, I_n : 정격전류[A], V_n : 선간전압[kV]

ⓔ 단상 단락전류 $I_s = \dfrac{E}{|Z|} = \dfrac{E}{\dfrac{\%ZE}{100I_n}} = \dfrac{100}{\%Z} \times I_n[\text{A}]$ (여기서, E : 대지전압[V])

ⓜ 3상 단락전류 $I_s = \dfrac{100}{\%Z} \times I_n = \dfrac{100}{\%Z} \times \dfrac{P_n}{\sqrt{3}\,V_n}[\text{A}]$ (여기서, V_n : 선간전압[V])

(3) 단락용량(차단기 차단용량의 결정 시에 사용)

① 단상 $P_s = EI_s = E \times \dfrac{100}{\%Z} \times I_n = \dfrac{100}{\%Z} \times P_n[\text{kVA}]$ (여기서, E : 대지전압[V])

② 3상 $P_s = \sqrt{3}\,V_n I_s = \sqrt{3}\,V_n \times \dfrac{100}{\%Z} \times I_n = \dfrac{100}{\%Z} \times P_n[\text{kVA}]$

여기서, V_n : 선간전압[V]

③ 한류리액터 : 사고 시 단락전류를 억제하여 차단기의 용량을 경감

5 안정도

정태 안정도	부하가 서서히 증가한 경우 계속해서 송전할 수 있는 능력으로 이때의 전력을 정태 안정 극한전력
과도 안정도	계통에 갑자기 부하가 증가하여 급격한 교란상태가 발생하더라도 정전을 일으키지 않고 송전을 계속하기 위한 전력의 최대치
동태 안정도	차단기 또는 조상설비 등을 설치하여 안정도를 높이는 것을 말함

(1) 안정도 계산

E_s와 E_r의 상차각 δ에 대해서 송전전력 $P = \dfrac{E_s E_r}{X} \sin\delta[\text{MW}]$

(2) 안정도 증진대책

① 직렬리액턴스를 작게 한다.

    ㉠ 발전기나 변압기 리액턴스를 작게 한다.   ㉡ 선로에 직렬콘덴서를 설치한다.

    ㉢ 선로에 복도체를 사용 및 병행 회선수를 증대한다.

② 전압변동을 적게 한다.

    ㉠ 단락비를 크게 선정한다.   ㉡ 속응여자방식을 채용한다.

③ 계통을 연계 및 중간 조상방식을 채용한다.

④ 고장구간을 신속히 차단시키고 재폐로방식을 채택한다.

⑤ 소호리액터 접지방식을 채용한다.

⑥ 고장 시에 발전기 입출력의 불평형을 작게 설정한다.

바로바로 풀어보는
기출문제

✔️ 문제의 네모칸에 체크를 해보세요. 그 문제가 이해되지 않았다면
✓ 표시를 해서 그 문제는 나중에 다시 풀어 완전하게 숙지하세요(★ : 중요도).

DAY 21
DAY 22
DAY 23
DAY 24
DAY 25
DAY 26
DAY 27
DAY 28
DAY 29
DAY 30

★★★★ 기사 91년 7회, 03년 3회

51 A, B 및 C상 전류를 각각 $\dot{I_a}$, $\dot{I_b}$ 및 $\dot{I_c}$라 할 때 $I_x = \frac{1}{3}(I_a + a^2 I_b + a I_c)$, $a = -\frac{1}{2} + j\frac{\sqrt{3}}{2}$ 으로서 표시되는 I_x는 어떤 전류인가?

① 정상전류
② 역상전류
③ 영상전류
④ 역상전류와 영상전류의 합계

해설 불평형에 의한 고조파전류

㉠ 영상전류 : $I_0 = \frac{1}{3}(I_a + I_b + I_c)$

㉡ 정상전류 : $I_1 = \frac{1}{3}(I_a + aI_b + a^2 I_c)$

㉢ 역상전류 : $I_2 = \frac{1}{3}(I_a + a^2 I_b + aI_c)$

★★★ 기사 04년 1회

연관문제 3본의 송전선에 동상의 전류가 흘러올 경우 이 전류를 무슨 전류라 하는가?

① 영상전류 ② 평형 전류
③ 단락전류 ④ 대칭전류

해설 영상전류

㉠ 같은 크기와 동일한 위상각의 차를 가진 불평형 전류로 통신선에 대한 전자유도장해를 발생시킨다.

㉡ 영상전류 $I_0 = \frac{1}{3}(I_a + I_b + I_c)$

답 ①

★★★ 산업 92년 5회, 99년 5회

52 송전선로에서 다음 중 옳은 것은?

① 정상임피던스는 역상임피던스의 반이다.
② 정상임피던스는 역상임피던스의 2배이다.
③ 정상임피던스는 역상임피던스의 3배이다.
④ 정상임피던스는 역상임피던스와 같다.

해설 송전선로의 임피던스 비교

$Z_1 = Z_2 < Z_0$

여기서, Z_0 : 영상임피던스
Z_1 : 정상임피던스
Z_2 : 역상임피던스

★★★★★ 기사 91년 5회, 05년 2회

53 선간 단락 고장을 대칭좌표법으로 해석할 경우 필요한 것은?

① 정상임피던스, 역상임피던스
② 정상임피던스, 영상임피던스
③ 역상임피던스, 영상임피던스
④ 영상임피던스

해설 선로의 고장 시 대칭좌표법으로 해석할 경우 필요한 사항

㉠ 1선 지락 : 영상임피던스, 정상임피던스, 역상임피던스
㉡ 선간 단락 : 정상임피던스, 역상임피던스
㉢ 3선 단락 : 정상임피던스

★★★★★ 기사 92년 3회, 94년 5회, 96년 4회, 00년 2·4회, 04년 3·4회, 07년 1회

54 그림과 같은 3상 발전기가 있다. a상이 지락한 경우 지락전류는 얼마인가? (단, Z_0, Z_1, Z_2는 영상, 정상, 역상 임피던스이다.)

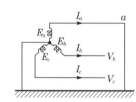

① $\dfrac{E_a}{Z_0 + Z_1 + Z_2}$ ② $\dfrac{2E_a}{Z_0 + Z_1 + Z_2}$

③ $\dfrac{3E_a}{Z_0 + Z_1 + Z_2}$ ④ $\dfrac{2Z_2 E_a}{Z_1 + Z_2}$

해설 1선 지락사고 시 전류

$I_0 = I_1 = I_2$, $I_g = 3I_0 = \dfrac{3E_a}{Z_0 + Z_1 + Z_2}$[A]

정답 51 ② 52 ④ 53 ① 54 ③

★ 산업 93년 4회, 03년 3회

55 고장점에서 구한 전 임피던스를 Z, 고장점의 성형 전압을 E라 하면 단락전류는?

① $\dfrac{E}{Z}$ ② $\dfrac{E}{\sqrt{3}\,Z}$

③ $\dfrac{\sqrt{3}\,E}{Z}$ ④ $\dfrac{3E}{Z}$

해설

단락전류 $I_s = \dfrac{E}{Z}$[A]

여기서, E : 성형 전압(대지전압)[V]

★★ 기사 96년 4회, 99년 4회 / 산업 95년 6회, 98년 3회

56 단락전류를 제한하기 위한 것은?

① 동기조상기
② 분로리액터
③ 전력용 콘덴서
④ 한류리액터

해설 한류리액터

선로에 직렬로 설치한 리액터로 단락사고 시 발전기가 전기자 반작용이 일어나기 전 커다란 돌발단락전류가 흐르므로 이를 제한하기 위해 설치하는 리액터이다.

Comment

실기시험 끝날 때까지 리액터의 종류는 반드시 외우고 있어야 한다. 당연히 필기시험에도 자주 출제된다.
• 분로리액터 : 페런티현상 방지
• 직렬리액터 : 제5고조파 제거
• 한류리액터 : 단락전류를 제한하여 차단기의 용량을 경감
• 소호리액터 : 지락사고 시 지락전류를 억제

★★★ 기사 96년 7회

57 정격전압 66[kV]인 3상 3선식 송전선로에서 1선의 리액턴스가 17[Ω]일 때 이를 100[MVA] 기준으로 환산한 %리액턴스는 얼마인가?

① 35 ② 39
③ 45 ④ 49

해설

퍼센트 리액턴스 $\%X = \dfrac{P_n X}{10 V_n^2}$

$$\%X = \dfrac{P_n X}{10 V_n^2}$$
$$= \dfrac{100000 \times 17}{10 \times 66^2}$$
$$= 39.02[\%]$$

★★★★ 기사 91년 2회, 96년 2회, 04년 4회

58 선로의 3상 단락전류는 대개 다음과 같은 식으로 구할 수 있다. 여기에서 I_N은 무엇인가?

$$I_S = \dfrac{100}{\%Z_T + \%Z_L} \cdot I_N$$

① 그 선로의 평균전류
② 그 선로의 최대전류
③ 전원변압기의 선로측 정격전류(단락측)
④ 전원변압기의 전원측 정격전류

해설

3상 단락전류 $I_S = \dfrac{100}{\%Z_T + \%Z_L} \cdot I_N$

여기서, I_S : 3상 단락전류[A]
　　　　$\%Z_T$: 변압기의 %임피던스[%]
　　　　$\%Z_L$: 선로의 %임피던스[%]
　　　　I_N : 정격전류(단락측)[A]

★★ 산업 93년 3회

59 22.9/3.3[kV]인 자가용 수용가의 주변압기로 단상 500[kVA] 3대를 △－△결선하여 사용할 때 고압측에 설치하는 차단기의 차단용량은 몇 [MVA]인가? (단, 변압기의 임피던스는 3[%]이다.)

① 30 ② 50
③ 80 ④ 100

정답 55 ① 56 ④ 57 ② 58 ③ 59 ②

바로바로 풀어보는
기출문제

DAY
21
DAY
22
DAY
23
DAY
24
DAY
25
DAY
26
DAY
27
DAY
28
DAY
29
DAY
30

문제의 네모칸에 체크를 해보세요. 그 문제가 이해되지 않았다면
✓ 표시를 해서 그 문제는 나중에 다시 풀어 완전하게 숙지하세요(★ : 중요도).

☑해설

㉠ 1상 변압기×3＝3상 변압기

$$P_n = 500 \times 3 = 1500[kVA]$$

㉡ 차단기의 차단(단락)용량

$$P_s = \frac{100}{\%Z} \times P_n = \frac{100}{3} \times 1500 \times 10^{-3} = 50[MVA]$$

★ 기사 92년 3회

60 그림과 같이 전압 11[kV], 용량 15[MVA]의 3상 교류발전기 2대와 용량 33[MVA]의 변압기 1대로 된 계통이 있다. 발전기 1대 및 변압기 %리액턴스가 20[%], 10[%]일 때 차단기 ②의 차단용량[MVA]은?

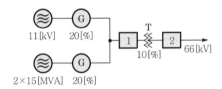

① 80 ② 95
③ 103 ④ 125

☑해설

변압기용량 33[MVA]를 기준용량으로 발전기 및 변압기의 %리액턴스를 환산하여 합산하면 다음과 같다.

$$\%X = 10 + \frac{20}{2} \times \frac{33}{15} = 32[\%]$$

차단기 ②의 차단용량

$$P_s = \frac{100}{\%X} \times P_n = \frac{100}{32} \times 33 = 103[MVA]$$

🧑‍🏫 Comment

고장 계산문제는 필기 및 실기 시험뿐만 아니라 실무적인 부분에서도 아주 중요하다.

📖참고 전선로 단락용량의 예제

그림과 같은 전선로의 단락용량은 약 몇 [MVA]인가? (단, 그림의 수치는 10000[kVA]를 기준으로 한 %리액턴스를 나타낸다.)

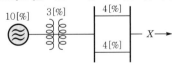

고장 계산 시 고장점을 기준으로 전원측으로 고려하여 영향을 주는 성분을 찾아서 합성한다. 이때 병렬로 고려되는 부분을 주의하자.

합성 퍼센트 리액턴스

$$\%X = \frac{4 \times 4}{4+4} + 3 + 10$$

$$= 15[\%]$$

단락용량 $P_s = \frac{100}{\%X} \times P_n$

$$= \frac{100}{15} \times 10000 \times 10^{-3}$$

$$= 66.67[MVA]$$

★★★★★ 산업 91년 5회, 97년 5회, 00년 3회, 04년 1회, 07년 1회

61 전력계통의 안정도 향상 대책으로 옳은 것은?

① 송전계통의 전달리액턴스를 증가시킨다.
② 재폐로방식을 채택한다.
③ 전원측 원동기용 조속기의 부동시간을 크게 한다.
④ 고장을 줄이기 위하여 각 계통을 분리시킨다.

☑해설 전력계통(송전계통)의 안정도 향상 대책

㉠ 계통을 연계하여 전원용량을 증대한다.
㉡ 고속도 재폐로방식을 채택한다.
㉢ 직렬(전달)리액턴스를 줄인다.
㉣ 전압변동을 적게 한다.
㉤ 고장전류를 줄이고 고장구간을 조속히 차단한다.
㉥ 중간조상방식을 채용한다.

★★★ 기사 94년 5회, 03년 2회

62 과도 안정 극한전력이란?

① 부하가 서서히 감소할 때의 극한전력
② 부하가 서서히 증가할 때의 극한전력
③ 부하가 갑자기 사고가 났을 때의 극한전력
④ 부하가 변하지 않을 때의 극한전력

☑해설 과도 안정도

계통에 갑자기 부하가 증가하여 급격한 교란상태가 발생하더라도 정전을 일으키지 않고 송전을 계속하기 위한 전력의 최대치를 말한다.

정답 60 ③ 61 ② 62 ③

자주 출제되는
핵심이론

핵심이론은 처음에는 그냥 한 번 읽어주세요.
옆의 기출문제를 풀어본 후 다시 한 번 핵심이론을 읽으면서 암기하세요.

제6장 │ 중성점 접지방식

1 중성점 접지의 목적

① 지락 고장 시 건전상의 대지 전위 상승을 억제하여 전선로 및 기기의 절연레벨을 경감
② 뇌, 아크지락에 의한 이상전압 경감 및 발생을 방지
③ 지락 고장 시 접지계전기의 동작
④ 소호리액터 접지방식에서는 1선 지락 시의 아크지락을 소멸하여 지속적인 송전 가능

2 중성점 접지방식의 종류별 특성

(1) 비접지방식(20~30[kV] 정도의 저전압 단거리선로에 적용)

장점	① 1선 지락 고장 시 지락전류가 적음 ② 근접 통신선에 유도장해가 적음 ③ △결선으로 제3고조파를 제거할 수 있음 ④ 변압기 1대 고장 시 V결선 사용 가능
단점	① 1선 지락 시 건전상 대지전압이 $\sqrt{3}$ 배 상승 ② 1선 지락 시 선로에 이상전압(4~6배)이 발생 ③ 계통의 기기 절연레벨 상승 필요
비접지식 선로에서 1선 지락 사고 시 지락전류	$I_g = 2\pi f (3C_s) \dfrac{V}{\sqrt{3}} l \times 10^{-6} [\text{A}]$ 여기서, C_s : 대지정전용량, V : 선간전압, l : 송전거리

(2) 직접접지방식(저감 절연이 가능하여 절연비가 높은 고압 송전선로에 적용)

장점	① 1선 지락 시 대지전압 억제 및 이상전압이 낮게 발생 ② 계통 및 설비의 절연레벨(저감 절연)을 낮출 수 있음 ③ 변압기의 단절연 가능(중량 및 가격 저하) ④ 보호계전기의 동작이 확실
단점	① 계통 안정도 저하(지락전류가 크고 저역률로 과도 안정도가 낮음) ② 유도장해(1선 지락 사고 시 전자유도장해가 크게 발생) ③ 기기의 충격(지락전류의 기기에 대한 기계적 충격)
유효 접지	① 1선 지락 고장 시 건전상 전압이 상규 대지전압의 1.3배를 넘지 않는 범위에 들어가도록 중성점 임피던스를 조절해서 접지하는 방식 ② $\dfrac{X_0}{X_1} \leq 3$, $\dfrac{R_0}{X_1} \leq 1$ 이라는 유효접지 조건을 만족하면 1선 지락 시 건전상의 대지 간 전압은 고장 전보다 1.3배 또는 선간전압의 0.8배 이하

(3) 저항접지방식

중성점을 저항으로 접지하는 방식
① 저저항 접지 : 30[Ω] 정도
② 고저항 접지 : 100~1000[Ω] 정도
③ 중성점에 저항을 삽입하는 이유
    ㉠ 1선 지락 시 고장전류를 제한
    ㉡ 통신선에 유도장해를 경감
    ㉢ 저역률 개선 및 과도 안정도 향상

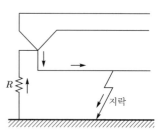

❚ 저항접지방식의 지락사고 ❚

DAY 21
DAY 22
DAY 23
DAY 24
DAY 25
DAY 26
DAY 27
DAY 28
DAY 29
DAY 30

★★★ 산업 90년 2회, 04년 3회

63 평형 3상 송전선에서 보통의 운전상태인 경우 중성점의 전위는 항상 얼마인가?

① 0   ② 1
③ 송전전압과 같다.   ④ 무한대

해설

중성점의 전위는 3상 대칭 평형 상태의 경우 항상 0[V]이다.

★★★★★ 기사 00년 3회, 03년 3회 / 산업 98년 3회, 99년 5회, 02년 4회, 03년 1회, 07년 3회

64 송전선로의 중성점 접지의 주된 목적은?

① 단락전류 제한
② 송전용량의 극대화
③ 전압강하의 극소화
④ 이상전압의 방지

해설

중심점 접지 시 이상전압 발생 방지 및 대지전압 상승을 억제할 수 있다.

★ 산업 91년 2회, 97년 5회

65 저전압 단거리 송전선에 적당한 접지방식은?

① 직접접지방식
② 저항접지방식
③ 비접지방식
④ 소호리액터 접지방식

해설

비접지방식은 선로의 길이가 짧거나 전압이 낮은 계통(20~30[kV] 정도)에 적용한다.

★ 기사 03년 3회 / 산업 94년 7회

66 6.6[kV], 60[Hz], 3상 3선식 비접지식에서 선로의 길이가 10[km]이고 1선의 대지정전용량이 0.005[μF/km]일 때 1선 지락 시의 고장전류 I_g[A]의 범위로 옳은 것은?

① $I_g < 1$ ② $1 \le I_g < 2$
③ $2 \le I_g < 3$ ④ $3 \le I_g < 4$

해설

비접지식 선로에서 1선 지락사고 시

지락전류 $I_g = 2\pi f(3C_s)\dfrac{V}{\sqrt{3}}l \times 10^{-6}$[A]

$I_g = 2\pi \times 60 \times 3 \times 0.005 \times \dfrac{6600}{\sqrt{3}} \times 10^{-6}$

$= 0.215$[A]

★★★★ 산업 92년 5회

67 중성점 직접접지 송전방식의 장점에 해당되지 않는 것은?

① 사용기기의 절연레벨을 경감시킬 수 있다.
② 1선 지락 고장 시 건전상의 전위 상승이 적다.
③ 1선 지락 고장 시 접지계전기의 동작이 확실하다.
④ 1선 지락 고장 시 인접 통신선의 전자유도장해가 적다.

해설

직접접지방식에서 1선 지락 고장 시 대지로 흐르는 고장전류는 영상전류이므로 인접 통신선에 전자유도장해를 주게 된다.

★★ 기사 03년 2회 / 산업 95년 6회, 04년 3회

68 송전계통의 중성점 접지방식에서 유효접지라 하는 것은?

① 소호리액터 접지방식
② 1선 접지 시에 건전상의 전압이 상규 대지전압의 1.3배 이하로 중성점 임피던스를 억제시키는 중성점 접지
③ 중성점에 고저항을 접지시켜 1선 지락 시에 이상전압의 상승을 억제시키는 중성점 접지
④ 송전선로에 사용되는 변압기의 중성점을 저리액턴스로 접지시키는 방식

해설

1선 지락 고장 시(1선 접지 시) 건전상 전압이 상규 대지전압의 1.3배를 넘지 않는 범위에 들어가도록 중성점 임피던스를 조절해서 접지하는 방식을 유효접지라고 한다.

정답 63 ① 64 ④ 65 ③ 66 ① 67 ④ 68 ②

자주 출제되는
핵심이론

핵심이론은 처음에는 그냥 한 번 읽어주세요.
옆의 기출문제를 풀어본 후 다시 한 번 핵심이론을 읽으면서 암기하세요.

(4) 소호리액터 접지방식(66[kV] 선로에 사용)

선로의 대지정전용량과 병렬공진하는 리액터를 통하여 중성점을 접지하는 방식

① 소호리액터 접지방식의 특징
  ㉠ 1선 지락 시 적은 전류가 흐르고 지락아크가 자연 소멸
  ㉡ 피터슨코일(PC코일) 또는 소호리액터

② 소호리액터 접지방식의 장단점

장점	단점
① 1선 지락 시 소호하여 고장 회복이 가능 ② 지락 시 다중 고장이 아닌 경우 송전 가능 ③ 1선 지락 시 고장전류가 매우 적어 유도장해가 경감되고 과도 안정도가 높음	① 소호리액터 접지장치의 가격이 높음 ② 지락사고 시 지락전류 검출이 어려워 보호계전기의 동작이 확실하지 않음 ③ 사고 중 단선사고 시 직렬공진으로 이상전압이 발생

③ 합조도(P) : 소호리액터의 탭이 공진점을 벗어나고 있는 정도

$$합조도\ P = \frac{I_L - I_C}{I_C} \times 100[\%]\ (여기서,\ I_L : 사용탭전류[A],\ I_C : 대지충전전류[A])$$

  ㉠ $P = 0$인 경우 $\omega L = \dfrac{1}{3\omega C_s}$ → 완전보상

  ㉡ $P = +$인 경우 $\omega L < \dfrac{1}{3\omega C_s}$ → 과보상(이상전압 방지)

  ㉢ $P = -$인 경우 $\omega L > \dfrac{1}{3\omega C_s}$ → 부족보상

④ 소호리액터의 공진리액턴스 : $\omega L = \dfrac{1}{3\omega C} - \dfrac{x_t}{3}$

⑤ 공진탭 사용 시 소호리액터 용량(Q_L)
  ㉠ 1상의 경우 $Q_L = 6\pi f C E^2 \times 10^{-3}[kVA]$
    여기서, C : 콘덴서[μF], E : 상전압(대지전압)[V], f : 주파수[Hz]
  ㉡ 3상의 경우 $Q_L = 2\pi f C V_n^2 \times 10^{-3}[kVA]$
    여기서, C : 콘덴서[μF], V_n : 선간전압[V], f : 주파수[Hz]

(5) 접지방식별 특성 비교

구분＼종류	비접지	직접접지	저항접지	소호리액터
지락 시 건전상의 전압 상승	$\sqrt{3}$ 배 상승	평상시와 같음	비접지보다 작음	–
변압기의 절연	최고	최저, 단절연 가능	비접지보다 약간 작음	비접지보다 작음
지락전류의 크기	작다.	최대	중간 정도	최소
1선 지락 시의 전자유도장해	작다.	최대	중간 정도	거의 없음
지락계전기 적용	지락계전기의 적용이 곤란	고장구간 선택·차단이 용이	소세력계전기에 의해 선택·차단 가능	접지계전기 설치가 어려움

☑️ 문제의 네모칸에 체크를 해보세요. 그 문제가 이해되지 않았다면
✓ 표시를 해서 그 문제는 나중에 다시 풀어 완전하게 숙지하세요(★ : 중요도).

DAY 21
DAY 22
DAY 23
DAY 24
DAY 25
DAY 26
DAY 27
DAY 28
DAY 29
DAY 30

★★★★★ 기사 99년 3회 / 산업 93년 3·4회, 98년 2회, 99년 6회

69 소호리액터 접지에 대하여 틀린 것은?

① 선택지락계전기의 동작이 용이하다.
② 지락전류가 적다.
③ 지락 중에도 송전이 계속 가능하다.
④ 전자유도장해가 경감한다.

🔧 **해설**

지락사고 시 지락전류가 적어 검출이 어려워 선택지락계전기의 동작이 확실하지 않다.

★★ 산업 95년 7회, 99년 3회

 여러 회선인 비접지 3상 3선식 배전선로에 방향지락계전기를 사용하여 선택지락 보호를 하려고 한다. 이때 필요한 것은?

① CT와 OCR
② CT와 PT
③ 접지변압기와 ZCT
④ 접지변압기와 ZPT

🔧 **해설**

접지변압기(GPT)와 영상변류기(ZCT)의 조합으로 방향지락계전기를 이용하여 지락사고를 검출한다.

답 ③

★★★★ 기사 02년 3회, 05년 2회

70 소호리액터 접지계통에서 리액터의 탭을 완전 공진상태에서 약간 벗어나도록 하는 이유는?

① 전력손실을 줄이기 위하여
② 선로의 리액턴스분을 감소시키기 위하여
③ 접지계전기의 동작을 확실하게 하기 위하여
④ 직렬공진에 의한 이상전압의 발생을 방지하기 위하여

🔧 **해설**

소호리액터 접지방식에서 1선 지락사고 시 건전상의 전선이 단선이 될 경우 직렬공진으로 인해 이상전압이 발생할 우려가 있으므로 리액터를 과보상으로 하여 설치한다.

$\bigcirc$ $\omega L < \dfrac{1}{3\omega C_s}$ → 과보상(이상전압 방지)

$\bigcirc$ $\omega L = \dfrac{1}{3\omega C} - \dfrac{x_t}{3}$

★★★ 산업 95년 5회

71 선로의 길이가 60[km]인 3상 3선식 66[kV] 1회선 송전에 적당한 소호리액터 용량은 몇 [kVA]인가? (단, 대지정전용량은 1선당 0.0053[μF/km]이다.)

① 322   ② 522
③ 1044   ④ 1566

🔧 **해설**

소호리액터 용량
$Q_L = 2\pi f C V^2 l \times 10^{-9}$[kVA]
$\quad = 2\pi \times 60 \times 0.0053 \times 66000^2 \times 60 \times 10^{-9}$
$\quad = 522.2$[kVA]

★★ 산업 94년 7회, 98년 6회

72 송전선로의 접지에 대하여 기술하였다. 다음 중 옳은 것은?

① 소호리액터 접지방식은 선로의 정전용량과 직렬공진을 이용한 것으로 지락전류가 타방식에 비해 좀 큰 편이다.
② 고저항 접지방식은 이중고장을 발생시킬 확률이 거의 없으며 비접지식보다는 많은 편이다.
③ 직접접지방식을 채용하는 경우 이상전압이 낮기 때문에 변압기 선정 시 단절연이 가능하다.
④ 비접지방식을 택하는 경우 지락전류차단이 용이하고 장거리 송전을 할 경우 이중고장의 발생을 예방하기 좋다.

🔧 **해설**

직접접지방식은 지락사고 시 건전상의 전압이 거의 변화가 없고 이상전압이 낮기 때문에 절연레벨을 낮게 하고 단절연방식을 채택할 수 있다.

👷 **Comment**

중성점 접지방식은 전력계통을 설계함에 있어 기본이 되는 것으로 각 접지방식의 특성을 종합적으로 이해하고 적용할 수 있어야 한다.

정답 69 ① 70 ④ 71 ② 72 ③

제7장 이상전압 및 유도장해

1 이상전압의 종류 및 특성

(1) 이상전압의 발생 원인에 따른 종류

외부적인 원인	① 직격뢰 : 전선로에 직격되는 뢰
	② 유도뢰 : 대지로 방전 시 인접해 있는 전선로에 유도되는 뢰
내부적인 원인	① 개폐서지 : 전위 상승(6배)
	② 1선 지락 시 전위 상승, 무부하 시 전위 상승

(2) 이상전압의 특성

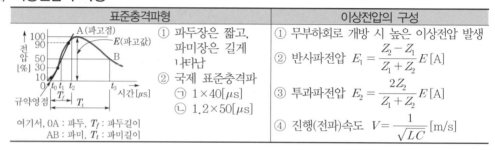

표준충격파형	이상전압의 구성
① 파두장은 짧고, 파미장은 길게 나타남 ② 국제 표준충격파 ㉠ $1 \times 40[\mu s]$ ㉡ $1.2 \times 50[\mu s]$	① 무부하회로 개방 시 높은 이상전압 발생 ② 반사파전압 $E_1 = \dfrac{Z_2 - Z_1}{Z_1 + Z_2} E\,[A]$ ③ 투과파전압 $E_2 = \dfrac{2Z_2}{Z_1 + Z_2} E\,[A]$ ④ 진행(전파)속도 $V = \dfrac{1}{\sqrt{LC}}\,[m/s]$

여기서, OA : 파두, T_f : 파두길이
AB : 파미, T_t : 파미길이

2 절연 협조

발·변전소의 기기나 송배전선로 등의 전력계통 전체의 절연설계를 보호장치와 관련시켜서 합리화를 도모하고 안전성과 경제성을 유지하는 것

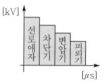

▮ 절연강도(BIL)의 비교 ▮

3 이상전압의 방호대책

(1) 피뢰기

낙뢰 또는 개폐서지 등의 이상전압을 일정치 이하로 저감 및 속류차단

갭형 피뢰기	갭리스형 피뢰기
특성 요소 주갭 소호코일 분로저항 측로갭	특성 요소

① 피뢰기 중요 용어
  ㉠ 상용주파 허용단자전압 : 계통 상용주파수의 지속성 이상전압에 의한 방전개시 전압의 실효치
  ㉡ 충격방전 개시전압 : 피뢰기 단자 간에 충격파를 인가할 때 방전을 개시하는 전 압(파고치)
  ㉢ 피뢰기 제한전압 : 방전 중 피뢰기 단자의 충격전압 파고치

$$e_3 = \frac{2Z_2}{Z_1 + Z_2} e_1 - \frac{Z_1 Z_2}{Z_1 + Z_2} i_g$$

  ㉣ 피뢰기 정격전압 : 속류를 차단하는 최고의 교류전압

핵심이론은 처음에는 그냥 한 번 읽어주세요.

기출문제를 풀어본 후 다시 한 번 핵심이론을 읽으면서 암기하세요.

DAY 21
DAY 22
DAY 23
DAY 24
DAY 25
DAY 26
DAY 27
DAY 28
DAY 29
DAY 30

② 피뢰기 설치장소 및 구비조건

설치장소	구비조건
① 발·변전소나 개폐소의 인입구 및 인출구 ② 가공전선에 접속되는 배전용 변압기의 고압측 및 특고압측 ③ 특고압 및 고압 가공선으로부터 공급받는 수용가의 인입구 ④ 가공선과 지중케이블의 접속점	① 충격방전 개시전압이 낮고, 상용주파 방전 개시전압은 높을 것 ② 방전내량은 크면서 제한전압은 낮을 것 ③ 속류차단능력이 충분할 것 ④ 반복동작이 가능할 것 ⑤ 구조가 견고하고 특성이 변화하지 않을 것

(2) 가공지선

① 지지물 상부에 시설한 지선으로 직격뢰로부터 선로 및 기기 차폐

② 차폐각 : 30°~45° 정도(차폐각은 작을수록 보호효율이 크고 시설비가 높음)

③ 유도뢰에 의한 정전차폐효과

④ 통신선의 전자유도장해를 경감시킬 수 있는 전자차폐효과

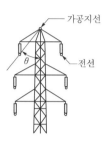

∥ 가공지선 ∥

(3) 매설지선

① 대지의 접지저항이 300[Ω]을 초과하면 매설지선을 설치

② 철탑의 저항값(탑각 접지저항)을 감소 → 역섬락 방지

③ 매설길이 : 20~80[m] 정도로 방사상으로 포설

④ 접지저항 10[Ω] 이하, 매설깊이 30~50[cm] 이상

4 유도장해

(1) 유도장해의 종류 및 특성

정전유도장해	① 전력선과 통신선의 상호 정전용량에 의해 발생 ② 선로의 병행길이에 무관하며 평상시에 통신선에 장해가 발생
전자유도장해	① 1선 지락사고 시 영상전류에 의한 자속이 통신선과 쇄교하여 나타나는 상호인덕턴스에 의해 발생 ② 전력선과 통신선 간의 병행길이에 비례
고조파유도장해	불평형 시 중성선의 영상분전류에 의해 전자유도장해 발생

(2) 정전유도장해

① 전력선과 통신선과의 상호정전용량에 의해 발생

② 단상 2선식의 경우 : $E_0 = \dfrac{C_m}{C_0 + C_m} E_1$ [V]

여기서, C_m : 상호정전용량, C_0 : 대지정전용량

③ 3상 3선식의 경우

$$V_n = \frac{\sqrt{C_a(C_a - C_b) + C_b(C_b - C_c) + C_c(C_c - C_a)}}{C_a + C_b + C_c + C_s} \times \frac{V}{\sqrt{3}} \, [\text{V}]$$

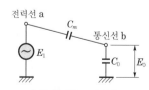

∥ 정전유도장해 ∥

자주 출제되는
핵심이론

핵심이론은 처음에는 그냥 한 번 읽어주세요.
옆의 기출문제를 풀어본 후 다시 한 번 핵심이론을 읽으면서 암기하세요.

(3) 전자유도장해

① 전력선과 통신선 사이의 상호인덕턴스에 의하여 발생

② $E_n = 2\pi f M l (I_a + I_b + I_c) \times 10^{-3} [\text{kV}]$

$\quad = 2\pi f M l \times 3 I_0 \times 10^{-3} [\text{kV}]$

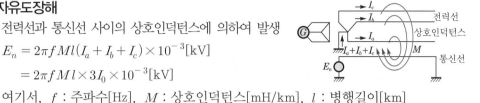

여기서, f : 주파수[Hz], M : 상호인덕턴스[mH/km], l : 병행길이[km]

$\quad I_a + I_b + I_c = 3 I_0 [\text{A}]$, I_0 : 영상전류

③ 전력선에 지락사고 발생 시 $3 I_0$의 지락전류가 흘러 상호인덕턴스 M, 병행길이 l 및 주파수에 비례하여 통신선에 유도전압 발생

참고 카슨-폴라젝 방정식(Carson Pollaczek)

자기 및 상호 인덕턴스를 구하는 식

$$M = 0.2 \log \frac{2}{\gamma d \sqrt{4\pi\omega\sigma}} + 0.1 - j\frac{\pi}{20} [\text{mH/km}]$$

여기서, γ : 1.7811[베셀(Bessel)의 정수], d : 전력선과 통신선의 이격거리[cm], σ : 대지의 도전율

5 유도장해 경감대책

(1) 정전유도 경감대책

① 전력선 및 통신선의 완전히 연가

② 전력선과 통신선의 이격거리를 증가(C의 경감)

③ 전력선 및 통신선을 케이블화해서 차폐효과를 증대

④ 통신선을 접지

⑤ 차폐선이나 차폐울타리를 설치

(2) 전자유도 경감대책

① 전력선측 대책

    ㉠ 전력선을 될 수 있는 한 통신선에서 멀리 이격(M의 저감)

    ㉡ 지락전류가 적은 접지방식을 채택(소호리액터 접지)

    ㉢ 직접접지방식의 경우 지락사고 시 고속도 차단으로 빠른 시간에 고장을 제거

    ㉣ 전력선과 통신선 간에 차폐선을 설치(M의 저감)

    ㉤ 양 선로가 교차할 경우에는 가능한 한 직각으로 교차(M의 저감)

    ㉥ 전력선의 연가를 충분히 시행

② 통신선측 대책

    ㉠ 연피케이블을 사용(M의 저감)

    ㉡ 통신선로의 도중에 중계코일(절연변압기)을 설치하여 병행구간 감소

    ㉢ 통신선에 통신선용 피뢰기를 설치

    ㉣ 통신선을 배류코일 등으로 접지하여 저주파성 유도전류를 대지로 방류

    ㉤ 통신선에 필터를 설치

문제의 네모칸에 체크를 해보세요. 그 문제가 이해되지 않았다면
✓ 표시를 해서 그 문제는 나중에 다시 풀어 완전하게 숙지하세요(★ : 중요도).

DAY 21
DAY 22
DAY 23
DAY 24
DAY 25
DAY 26
DAY 27
DAY 28
DAY 29
DAY 30

★ 산업 93년 6회, 03년 1회

73 뇌서지와 개폐서지의 파두장과 파미장에 대한 설명으로 옳은 것은?

① 파두장은 같고, 파미장이 다르다.
② 파두장은 다르고, 파미장은 같다.
③ 파두장과 파미장이 모두 다르다.
④ 파두장과 파미장이 모두 같다.

해설 표준충격파

㉠ 뇌서지의 크기
 • $1.2 \times 50[\mu s]$
 • 뇌서지는 파두장($1.2[\mu s]$)과 파미장($50[\mu s]$)으로 구분된다.
㉡ 개폐서지의 크기 : $250 \times 2500[\mu s]$

Comment

문제를 풀려면 왼쪽의 표준 파형을 이해해야 하는데 어렵게 이상전압의 표준파형을 자세하게 알아보느니 시험문제에서는 언급하지 않으므로 답을 무조건 외운다.

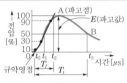

여기서, OA : 파두, T_f : 파두길이
AB : 파미, T_t : 파미길이

참고 서지(surge, 충격파)의 구분

(1) 개폐서지 : 선로의 개폐 시 과도현상에 의해 발생하는 이상전압
(2) 투입서지 : 정상적인 선로에 차단기를 폐로(투입) 시 발생하는 이상전압
(3) 개방서지 : 전류가 흐르고 있는 선로의 차단기를 개로 시에 발생하는 이상전압

★★★★ 산업 90년 2회, 94년 6회, 00년 1회, 04년 4회

74 송전선로의 개폐 조작 시 발생하는 이상전압에 관한 상황에서 옳은 것은?

① 개폐 이상전압은 회로를 개방할 때보다 폐로할 때 더 크다.
② 개폐 이상전압은 무부하 시보다 전부하일 때 더 크다.
③ 가장 높은 이상전압은 무부하 송전선의 충전전류를 차단할 때이다.
④ 개폐 이상전압은 상규 대지전압의 6배, 시간은 2~3초이다.

해설

이상전압이 가장 큰 경우는 무부하 송전선로의 충전전류를 차단할 경우에 발생한다.

참고 이상전압의 크기 비교

(1) 회로 투입 시 < 회로 차단 시
(2) 선로에 부하가 있는 경우 > 선로에 부하가 없는 경우

★ 기사 98년 5회, 02년 4회 / 산업 93년 2회, 00년 5회

75 파동임피던스가 300[Ω]인 가공송전선 1[km] 당의 인덕턴스는 몇 [mH/km]인가?

① 0.5　　② 1
③ 1.5　　④ 2

해설

㉠ 파동임피던스 $Z_0 = \sqrt{\dfrac{L}{C}}[\Omega]$
 (파동임피던스=특성 임피던스)
㉡ 전파속도 $V = \dfrac{1}{\sqrt{LC}}$[m/s]에서 양 식을 서로 나누면 L을 구할 수 있다.
㉢ 1[km]당의 인덕턴스

$$L = \frac{Z_0}{V} = \frac{300}{3 \times 10^8} = 1 \times 10^{-6}[\text{H/m}]$$
$$= 1[\text{mH/km}]$$

★★ 기사 93년 6회, 99년 3회, 01년 3회

76 파동임피던스 $Z_1 = 500[\Omega]$, $Z_2 = 300[\Omega]$ 인 두 무손실선로 사이에 그림과 같이 저항 R을 접속하였다. 제1선로에서 구형파가 진행해 왔을 때 무반사로 하기 위한 R의 값은 몇 [Ω]인가?

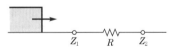

① 100　　② 200
③ 300　　④ 500

해설

㉠ Z_1점에서 입사파가 진행되었을 때

반사파전압 $E_\lambda = \dfrac{(Z_2 + R) - Z_1}{Z_1 + (Z_2 + R)} \times E$

정답 73 ③　74 ③　75 ②　76 ②

ⓒ 무반사조건은 $E = 0$ 이므로 $(Z_2 + R) - Z_1 = 0$

∴ $R = Z_1 - Z_2 = 500 - 300 = 200[\Omega]$

★★★★★ 기사 93년 2·3회, 01년 3회, 05년 1회

77 이상전압에 대한 방호장치가 아닌 것은?

① 병렬콘덴서 ② 가공지선
③ 피뢰기 ④ 서지흡수기

🔧 **해설**

이상전압에 대한 방호장치에는 피뢰기, 서지흡수기, 가공지선, 매설지선, 아킹혼, 아킹링 등이 있다.

★★ 산업 07년 2회

78 계통의 기기 절연을 표준화하고 통일된 절연체계를 구성하는 목적으로 절연 계급을 설정하고 있다. 이 절연 계급에 해당하는 내용을 무엇이라 부르는가?

① 제한전압
② 기준충격 절연강도
③ 상용주파 내전압
④ 보호계전

🔧 **해설**

ⓐ 절연 계급 : 계통의 선로 및 기기의 절연강도 계급
ⓑ 기준충격 절연강도(BIL) : 각 절연 계급에 대응해서 절연강도를 지정할 때 기준

★★ 기사 91년 2회

79 154[kV] 송전계통의 뇌에 대한 보호에서 절연강도의 순서가 가장 경제적이고 합리적인 것은?

① 피뢰기 – 변압기코일 – 기기 – 결합콘덴서 – 선로애자
② 변압기코일 – 결합콘덴서 – 피뢰기 – 선로애자 – 기기
③ 결합콘덴서 – 기기 – 선로애자 – 변압기코일 – 피뢰기
④ 기기 – 결합콘덴서 – 변압기코일 – 피뢰기 – 선로애자

🔧 **해설** 송전계통의 절연레벨(BIL)

송전계통에서 절연강도가 낮을수록 경제적이고 합리적인 설계가 되는데 그중에서 피뢰기의 절연강도가 가장 낮게 된다.

공칭전압	현수애자	단로기	변압기	피뢰기
154[kV]	860[kV]	750[kV]	650[kV]	460[kV]
345[kV]	1370[kV]	1175[kV]	1050[kV]	735[kV]

★★★ 기사 96년 7회, 04년 3회

80 전력용 피뢰기에서 직렬 갭(gap)의 주된 사용목적은?

① 방전내량을 크게 하고 장시간 사용하여도 열화를 적게 하기 위함
② 충격방전 개시전압을 높게 하기 위함
③ 상시는 누설전류를 방지하고 충격파 방전종료 후에는 속류를 즉시 차단하기 위함
④ 충격파가 침입할 때 대지에 흐르는 방전전류를 크게 하여 제한전압을 낮게 하기 위함

🔧 **해설**

직렬 갭은 특성 요소를 선로에서 절연시켜 상용주파 방전전류의 통과를 방지하고 이상전압이 내습하면 즉시 방전하여 뇌전류를 대지에 방류하고 방전종료 후 속류를 차단시키게 된다.

★★★ 기사 96년 6회

81 피뢰기의 제한전압이란?

① 상용주파전압에 대한 피뢰기의 충격방전 개시전압
② 충격파 침입 시 피뢰기의 충격방전 개시전압
③ 피뢰기가 충격파 방전종료 후 언제나 속류를 확실히 차단할 수 있는 상용주파 허용단자전압
④ 충격파전류가 흐르고 있을 때의 피뢰기의 단자전압

정답 77 ① 78 ② 79 ① 80 ③ 81 ④

바로바로 풀어보는
기출문제

문제의 네모칸에 체크를 해보세요. 그 문제가 이해되지 않았다면
✓ 표시를 해서 그 문제는 나중에 다시 풀어 완전하게 숙지하세요(★ : 중요도).

DAY 21
DAY 22
DAY 23
DAY 24
DAY 25
DAY 26
DAY 27
DAY 28
DAY 29
DAY 30

해설 피뢰기 제한전압

㉠ 방전으로 저하되어서 피뢰기 단자 간에 남게 되는
충격전압의 파고치
㉡ 방전 중에 피뢰기 단자 간에 걸리는 전압의 최대치

[★★★★★] 산업 90년 2회, 91년 2회, 97년 2회, 03년 3회

82 뇌해 방지와 관계가 없는 것은?

① 댐퍼
② 소호각
③ 가공지선
④ 매설지선

해설

㉠ 뇌해 방지를 위한 시설물
• 소호각, 소호환 : 애자련 보호
• 가공지선 : 직격뢰로부터 선로 및 기기보호
• 매설지선 : 탑각 접지저항으로 인한 역섬락 방지
㉡ 댐퍼 : 전선의 진동을 방지하여 단선 및 단락사고를
방지하는 금구류이다.

[★★★★★] 기사 03년 4회

83 전력선과 통신선 간의 상호정전용량 및 상
호인덕턴스에 의해 발생되는 유도장해로
옳은 것은?

① 정전유도장해 및 전자유도장해
② 전력유도장해 및 정전유도장해
③ 정전유도장해 및 고조파유도장해
④ 전자유도장해 및 고조파유도장해

해설 전력선과 통신선 간의 유도장해

㉠ 정전유도장해 : 전력선과 통신선과의 상호정전용량
에 의해 발생
㉡ 전자유도장해 : 전력선과 통신선과의 상호인덕턴스
에 의해 발생

Comment

유도현상에 관해서 다음 내용을 꼭 외우고 시험장에 간다.
• 정전유도 → 영상전압 → 선로길이와 관계없음
• 전자유도 → 영상전류 → 선로길이와 비례

[★★★] 기사 98년 3회, 99년 7회

84 그림에서 전선 m 에 유도되는 전압은?

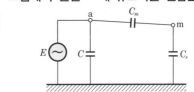

① $\dfrac{C \cdot C_s \cdot C_m}{C + C_s + C_m}E$ ② $\dfrac{E}{C_s + C_m}$

③ $\dfrac{C_m}{C_s + C_m}E$ ④ $\dfrac{C_0}{C + C_m}E$

해설 통신선 m에 유도되는 정전유도전압

$$E_s = \dfrac{E}{\dfrac{1}{\omega C} + \dfrac{1}{\omega C_m}} \times \dfrac{1}{\omega C_m} = \dfrac{C_m}{C_s + C_m}E$$

Comment

유도전압을 어렵게 접근하지 말자. 단순히 전압분배법칙일 뿐
이다.

[★★★★] 기사 00년 2회

85 송전선의 통신선에 대한 유도장해 방지대
책이 아닌 것은?

① 전력선과 통신선과의 상호인덕턴스를
크게 한다.
② 전력선의 연가를 충분히 한다.
③ 고장 발생 시의 지락전류를 억제하고,
고장구간을 빨리 차단한다.
④ 차폐선을 설치한다.

해설

㉠ 통신선의 전자유도장해는 영상전류로 인해 발생하
므로 연가를 통해 선로의 불평형을 감소시키고 지락
사고 시 지락전류를 억제하고 빨리 차단해야 한다.
또한 전력선과 통신선 사이에 차폐선을 설치하여 상
호인덕턴스를 저감한다.
㉡ 전자유도전압($E_n = 2\pi f M l \times 3I_0 \times 10^{-3}$[V])은 상
호인덕턴스를 크게 할 경우 유도장해가 증대된다.

Comment

유도장해 방지대책을 꼭 외우자. 특히 내용정리에 기재된 내용을
잘 정리하여 실기시험에 출제되었을 때 또 한 번 써먹어 보자.

정답 82 ① 83 ① 84 ③ 85 ①

DAY
22

학습목표
• 송전선로 고장 시 보호계전기의 동작 특성 및 보호방식에 대해 알아본다.
• 계기용 변성기의 종류 및 용도를 이해하고 적합한 보호장치를 선정할 수 있도록 알아본다.
• 배전선로의 배전방식 및 수용률, 부하율, 부등률에 대해 알아본다.

출제율 23%

제8장 송전선로 보호방식

1 보호계전기

(1) 한시(限時) 특성에 따른 구분
① 순한시계전기 : 최소동작전류 이상의 전류가 흐르면 즉시 동작
② 반한시계전기 : 동작전류가 커질수록 동작시간이 짧게 동작
③ 정한시계전기 : 동작전류의 크기에 관계없이 일정 시간에 동작
④ 정한시성 반한시계전기 : 동작전류가 적은 동안에는 반한시 특성으로 되고 그 이상에서는 정한시 특성이 되는 것
⑤ 계단식 계전기 : 한시치가 다른 계전기와 조합하여 계단적인 한시 특성을 가진 것

(2) 보호계전기의 기능별 분류

전류계전기	① 과전류계전기, ② 지락과전류계전기, ③ 부족전류계전기
전압계전기	① 과전압계전기, ② 지락과전압계전기, ③ 부족전압계전기
비율차동계전기	발전기 보호, 변압기 보호, 모선(bus) 보호
방향계전기	방향단락계전기, 방향지락계전기
거리계전기	옴(ohm)계전기, 모(mho)계전기, 임피던스계전기

(3) 보호계전기의 동작기능별 분류
① 과전류계전기(OCR)
  ㉠ 전류의 크기가 일정치 이상으로 되었을 때 동작하는 계전기
  ㉡ 지락과전류계전기(OCGR) : 지락사고 시 지락전류의 크기에 따라 동작하는 계전기
② 과전압계전기(OVR)
  ㉠ 전압의 크기가 일정치 이상으로 되었을 때 동작하는 계전기
  ㉡ 지락과전압계전기(OVGR) : 지락사고 시 영상전압의 크기에 따라 동작하는 계전기

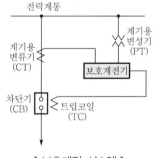

∥보호계전 시스템∥

③ 부족전압계전기(UVR) : 전압의 크기가 일정치 이하로 되었을 때 동작하는 계전기
④ 방향과전류계전기(DOCR) : 선간전압을 기준으로 전류의 방향이 일정 범위 안에 있을 때 응동하는 것으로 루프(loof)계통의 단락사고 보호용으로 사용
⑤ 차동계전기(DCR)
  ㉠ 피보호설비(또는 구간)에 유입하는 어떤 입력의 크기와 유출되는 출력의 크기 간의 차이가 일정치 이상이 되면 동작하는 계전기
  ㉡ 전류차동계전기, 비율차동계전기, 전압차동계전기
⑥ 비율차동계전기(RDR) : 총 입력전류와 총 출력전류 간의 차이가 총 입력전류에 대하여 일정 비율 이상으로 되었을 때 동작하는 계전기

DAY 21
DAY 22
DAY 23
DAY 24
DAY 25
DAY 26
DAY 27
DAY 28
DAY 29
DAY 30

⑦ 전압차동계전기(DVR) : 여러 전압들 간의 차전압(전압차)이 일정치 이상으로 되었을 때 동작하는 계전기

⑧ 거리계전기(DR)
  ㉠ 전압과 전류의 비가 일정치 이하인 경우에 동작하는 계전기
  ㉡ 전압과 전류의 비는 전기적인 거리, 즉 임피던스를 나타내므로 거리계전기라는 명칭을 사용하며 송전선의 경우는 선로의 길이가 전기적인 길이에 비례
  ㉢ 거리계전기에는 동작 특성에 따라 임피던스형, 모(mho)형, 리액턴스형, 옴(ohm)형

⑨ 방향지락계전기(DGR) : 방향성을 갖는 과전류지락계전기

⑩ 선택지락계전기(SGR) : 병행 2회선 송전선로에서 지락사고 시 고장회선만을 선택·차단할 수 있게 하는 계전기

⑪ 역상계전기 : 역상분 전압 또는 전류의 크기에 따라 동작하는 계전기로 불평형 운전을 방지하기 위한 계전기

2 송전선로 보호계전방식

(1) 과전류계전방식(overcurrent relaying system)
① 선로의 고장을 부하전류와 고장전류와의 차이를 이용하여 검출하는 방식
② 보호장치가 간단하고 가격이 저렴하지만 고장점의 차단에 시간이 길어짐
③ 발전소 및 변전소의 소내 회로의 주보호장치로 이용

(2) 거리계전방식(distance relaying system)
① 고장 시의 전압, 전류값을 이용하여 고장점까지의 선로임피던스를 측정하여 측정값이 미리 정정한 값 이하가 되면 동작하는 방식
② 고장 검출을 송전선로의 임피던스에 의존하므로 전원단으로 갈수록 동작시간이 짧아져 고속 차단이 가능

(3) 파일럿계전방식(pilot relaying system)
① 선로의 구간 내 고장을 고속도로 완전 제거하는 보호방식
② 파일럿(pilot) : 선로 고장 및 계전기의 동작상태를 연락하여 고장상태를 연락하는 통신수단
③ 가장 성능이 좋은 보호방식으로 고속도 자동 재폐로방식과의 병용이 가능

┃ 표시선계전방식과 반송계전방식의 비교 ┃

| 표시선 계전방식 (pilot wire relaying) | ① 송·수전단의 통신수단으로 표시선을 사용
 ② 표시선으로 유도현상의 방지를 위해 제어용 케이블 또는 연피케이블을 사용
 ③ 15~20[km] 정도의 단거리 송전선로에 사용하는 방식
 ④ 전류순환식, 전압반향식
 ⑤ 선로의 길이에 관계없이 고속으로 양단을 동시에 차단이 가능 | 반송계전 방식 (carrier relaying) | ① 교류, 직류 또는 펄스 신호를 고주파의 반송파로 변조시켜서 전송하는 방식
 ② 선로의 길이에 관계없이 고속으로 양단을 동시에 차단이 가능
 ③ 중·장거리 선로의 기본 보호계전방식으로써 널리 적용
 ④ 방향비교방식, 위상비교방식, 전송차단방식 |

자주 출제되는
핵심이론

📖 핵심이론은 처음에는 그냥 한 번 읽어주세요.
옆의 기출문제를 풀어본 후 다시 한 번 핵심이론을 읽으면서 암기하세요.

(4) 방향계전방식

① 방향단락 계전방식 : 선로에 전원이 일단에 있는 경우
② 방향거리 계전방식 : 선로에 전원이 두 군데 이상 있는 경우

3 모선 보호계전방식

전류차동방식	① 각 회선변류기 2차 회로의 차동전류에 의해 동작하므로 내부 고장 시 동작 ② 과전류차동방식, 비율차동방식
전압차동방식	전 회선의 변류기를 병렬접속하고 그 차동회로에 전압차동계전기를 접속하여 외부 고장이나 내부 고장 시 모선을 보호하는 방식
위상비교방식	① 외부 고장 시 각 회선의 위상이 다른 점을 이용하여 모선을 보호하는 방식 ② 위상비교방식, 방향비교방식

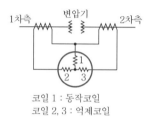

코일 1 : 동작코일
코일 2, 3 : 억제코일

┃ 비율차동계전기 ┃

4 모선

여러 발전기에서 발생된 전력을 모아 여러 개의 송전선로로 송전 또는 수전을 하도록 설치된 설비이고 모선 구성 방식에 따라 전력계통의 효율적인 운용과 신뢰성이 달라진다. 모선의 종류에는 단모선, 이중모선 등이 있다.

단모선방식	① 모선 하나로 구성되는데 송전선로가 적고 중요하지 않은 계통에 채용된다. ② 건설비가 최소이고, 운용 융통성이 없어 신뢰도가 낮다.
이중모선방식	① 모선 고장으로 송·수전이 불가능하게 될 경우를 대비하여 예비 모선을 하나 더 설치하여 구성한다. ② 2개의 모선을 효율적으로 운용하기 위하여 여러 개의 모선 연락용 차단기가 필요하다. ③ 2개의 모선 사이에 설치된 차단기 수에 따라 1차단기 방식, 1.5차단기 방식, 2차단기 방식이 있다. 　㉠ 1차단기 방식(표준 2중 모선방식) 　　• 2중 모선방식 중 차단기를 가장 적게 소요하는 방식으로 기기 점검 및 계통 운용상 유리하다. 　　• 단모선방식에 비하여 건설비가 많이 소요된다. 　㉡ 1.5차단기 방식 　　• 모선 연락용 차단기 수가 1차단기 방식의 1.5배가 필요하다. 　　• 1차단 방식보다 신뢰성이 높고 2차단 방식보다 건설비가 저렴하다. 　㉢ 2차단기 방식 　　• 2중 모선방식 중 차단기를 가장 많이 소요하고 높은 신뢰도가 요구되는 경우에 사용한다. 　　• 차단기 및 단로기 설치 대수가 1차단 방식에 비해 2배가 필요하고 모선 운용 및 모선 보호용 제어회로가 복잡하다.

DAY
21
DAY
22
DAY
23
DAY
24
DAY
25
DAY
26
DAY
27
DAY
28
DAY
29
DAY
30

★ 기사 90년 2회, 95년 5회

86 보호계전기의 필요한 특성으로 옳지 않은 것은?

① 소비전력이 적고 내구성이 있을 것
② 고장구간의 선택 차단을 정확히 행할 것
③ 적당한 후비보호능력을 가질 것
④ 동작은 느리지만 강도가 확실할 것

해설 보호계전기가 갖추어야 할 조건

㉠ 동작이 정확하고 감도가 예민할 것
㉡ 고장상태를 신속하게 선택할 것
㉢ 소비전력이 적을 것
㉣ 내구성이 있고 오차가 작을 것

★★★★★ 기사 94년 7회, 96년 2회, 99년 7회 / 산업 02년 1·4회, 03년 4회, 04년 1회

87 그림과 같은 특성을 갖는 계전기의 동작시간 특성은?

① 반한시 특성
② 정한시 특성
③ 비례한시 특성
④ 정한시성 반한시 특성

해설 계전기의 한시 특성에 의한 분류

㉠ 순한시계전기 : 최소동작전류 이상의 전류가 흐르면 즉시 동작하는 것
㉡ 반한시계전기 : 동작전류가 커질수록 동작시간이 짧게 되는 특성을 가진 것
㉢ 정한시계전기 : 동작전류의 크기에 관계없이 일정한 시간에서 동작하는 것
㉣ 정한시성 반한시계전기 : 동작전류가 적은 동안에는 반한시 특성으로 되고 그 이상에서는 정한시 특성이 되는 것
㉤ 계단식 계전기 : 한시치가 다른 계전기와 조합하여 계단적인 한시 특성을 가진 것

Comment

계전기 한시 특성이 다음의 곡선을 이용하여 출제될 수 있다. 위의 해설을 참고하면 계전기의 이해 및 문제 풀이에 큰 도움이 될 수 있다.

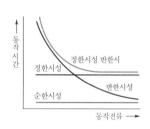

★★★★ 기사 93년 5회, 97년 5회, 99년 7회, 00년 5회

88 전압이 정정치 이하로 되었을 때 동작하는 것으로서 단락 고장 검출 등에 사용되는 계전기는?

① 부족전압계전기   ② 비율차동계전기
③ 재폐로계전기   ④ 선택계전기

해설 보호계전기의 동작기능별 분류

㉠ 부족전압계전기 : 전압의 크기가 일정치 이하로 되었을 때 동작하는 계전기
㉡ 비율차동계전기 : 총 입력전류와 총 출력전류 간의 차이가 총 입력전류에 대하여 일정 비율 이상으로 되었을 때 동작하는 계전기
㉢ 재폐로계전기 : 차단기에 동작책무를 부여하기 위해 차단기를 재폐로시키기 위한 계전기
㉣ 선택계전기 : 고장회선을 선택 차단할 수 있게 하는 계전기

★★ 산업 95년 2회, 98년 6회, 03년 1회

89 그림과 같이 200/5(CT) 1차측에 150[A]의 3상 평형 전류가 흐를 때 전류계 A_3에 흐르는 전류는 몇 [A]인가?

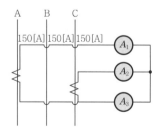

① 3.75   ② 5.25
③ 6.25   ④ 7.25

해설

A_3 에 흐르는 전류는 3상 평형일 경우 벡터합에 의해 A_1, A_2 에 흐르는 전류와 같으므로 전류계 A_3 에 흐르는 전류는 다음과 같다.

$$A_3 = A_1 = A_2 = 150 \times \frac{5}{200} = 3.75[\text{A}]$$

★★★★ 기사 92년 7회, 93년 2회, 98년 4회, 04년 1회, 05년 2회

90 변전소에서 비접지선로의 접지 보호용으로 사용되는 계전기에 영상전류를 공급하는 것은?

① CT ② GPT

③ ZCT ④ PT

해설

GPT는 영상전압을 공급, ZCT는 영상전류를 공급, CT는 대전류를 소전류로 변성, PT는 고전압을 저전압으로 변성한다.

★★★★★ 기사 92년 2회, 95년 6회, 98년 7회, 05년 1회(추가)

91 보호계전기 중 발전기, 변압기, 모선 등에 사용되는 것은?

① 비율차동계전기(RDFR)

② 과전류계전기(OCR)

③ 과전압계전기(OVR)

④ 유도형 계전기

해설 비율차동계전기

㉠ 발전기, 변압기, 모선 보호 등에 사용한다.
㉡ 보호구간(기기 및 모선)에 유입되는 전류와 유출되는 전류의 벡터차 또는 입력전류와 출력전류의 비율(크기)차로 작동하는 계전기이다.

★ 기사 97년 4회, 98년 6회, 01년 1회

92 3ϕ 결선 변압기의 단상 운전에 의한 소손 방지 목적으로 설치하는 계전기는?

① 차동계전기

② 역상계전기

③ 과전류계전기

④ 단락계전기

해설 역상계전기

㉠ 역상분 전압 또는 전류의 크기에 따라 동작하는 계전기이다.
㉡ 전력설비의 불평형 운전 또는 결상 운전 방지를 위해 설치한다.

참고

부하 중에 유도전동기가 경부하 3상 운전 중 1상의 결상 시 정지되지 않고 결상 전에 비해 전류가 증가된 상태에서 운전이 지속된다. 이때 전선 및 변압기, 전동기 등이 과열소손이 발생할 우려가 있으므로 보호장치(역상계전기)를 설치하여 차단하여야 한다.

★ 산업 91년 5회, 96년 2회

93 다음은 어떤 계전기의 동작 특성을 나타낸 것인가?

> 전압 및 전류를 입력량으로 하여, 전압과 전류와 비의 함수가 예정치 이하로 되었을 때 동작한다.

① 변화폭계전기

② 거리계전기

③ 차동계전기

④ 방향계전기

해설

전압과 전류의 입력량이므로 $Z = \dfrac{V}{I}$, 즉 임피던스가 예정치 이하로 되면 동작되는 것이 거리계전기의 동작 원리이다.

★★ 기사 97년 6회, 99년 7회

94 전원이 두 군데 이상 있는 환상선로의 보호 방식은?

① 과전류계전방식

② 선택계전방식

③ 방향단락 계전방식

④ 방향거리 계전방식

정답 90 ③ 91 ① 92 ② 93 ② 94 ④

✓ 문제의 네모칸에 체크를 해보세요. 그 문제가 이해되지 않았다면
✓ 표시를 해서 그 문제는 나중에 다시 풀어 완전하게 숙지하세요(★ : 중요도).

DAY 21
DAY 22
DAY 23
DAY 24
DAY 25
DAY 26
DAY 27
DAY 28
DAY 29
DAY 30

[해설]

㉠ 방향단락 계전방식 : 선로에 전원이 일단에 있는 경우
㉡ 방향거리 계전방식 : 선로에 전원이 두 군데 이상 있는 경우

Comment

자주 나오는 문제입니다. 반면에 결론을 만들어가는 과정이 어렵습니다. 무조건 외웁시다.

★★ 산업 01년 3회, 04년 2회, 07년 3회

95 전원이 양단에 있는 방사상 송전선로의 단락 보호에 사용되는 계전기는?

① 방향거리계전기(DZ) – 과전압계전기(OVR)의 조합
② 방향단락계전기(DS) – 과전류계전기(OCR)의 조합
③ 선택접지계전기(DZ) – 과전류계전기(OCR)의 조합
④ 부족전류계전기(UCR) – 과전압계전기(OVR)의 조합

[해설] 방사상 송전선로의 단락 보호방식

㉠ 전원이 일단에 있는 경우 고장지점의 가까운 차단기가 동작하되 차단에 실패할 경우 그 후단에 있는 차단기가 동작하여 보호하는 후비보호방식이다.
㉡ 전원이 양단에 있는 경우 과전류계전기로는 고장구간의 선택 차단이 불가능하므로 방향 단락계전기와 과전류계전기를 조합하여 사용한다.

★★★★★ 기사 91년 2회 / 산업 93년 5회, 96년 7회, 98년 4회, 00년 2회, 03년 4회

96 파일럿 와이어(pilot wire) 계전방식에 해당되지 않는 것은?

① 고장점 위치에 관계없이 양단을 동시에 고속 차단할 수 있다.
② 송전선에 평행하도록 양단을 연락한다.
③ 고장 시 장해를 받지 않게 하기 위하여 연피케이블을 사용한다.
④ 고장점 위치에 관계없이 부하측 고장을 고속 차단한다.

[해설]

파일럿 와이어 계전방식은 거리계전기의 맹점을 보완하기 위해 시한차를 두지 않는 고속도계전기로 고장 시 고장점의 선로 양단을 동시에 차단한다.

★★★★ 산업 94년 5회, 00년 3회, 02년 2회, 03년 2회

97 전력선 반송 보호계전방식의 장점이 아닌 것은?

① 장치가 간단하고 고장이 없으며 계전기의 성능 저하가 없다.
② 고장의 선택성이 우수하다.
③ 동작이 예민하다.
④ 고장점이나 계통의 여하에 불구하고 선택 차단개소를 동시에 고속도 차단할 수 있다.

[해설]

전력선 반송 보호계전기는 파일럿 계전방식의 일종으로 전력선에 15~25[kHz]의 반송파를 전력선으로 보내 고장이 발생하면 양단을 고속도로 차단하는 송전선로 보호계전기이다.

★★ 기사 90년 7회, 95년 5회, 00년 5회

연관문제 전력선 반송 보호계전방식에서 고장의 선택방법이 아닌 것은?

① 방향비교방식
② 순환전류방식
③ 위상비교방식
④ 고속도 거리계전기와 조합하는 방식

[해설]

반송 보호계전방식은 전력선에 반송파를 사용하거나 별도의 통신수단을 이용한 것이다. 원리상으로 방향비교방식, 위상비교방식, 전송차단방식의 3종류로 구분된다. 순환전류방식은 표시선계전방식에 속한다.

[참고]

보호대상	보호계전기
발전기의 상간 층간 단락 보호	차동계전기
변압기의 내부 고장	부흐홀츠계전기
송전선로의 단락 보호	선택지락계전기 (지락회선 선택계전기)
고압전동기	과전류계전기

답 ②

자주 출제되는

핵심이론

핵심이론은 처음에는 그냥 한 번 읽어주세요.
기출문제를 풀어본 후 다시 한 번 핵심이론을 읽으면서 암기하세요.

5 주보호와 후비 보호

주보호	보호대상의 이상상태를 제거함에 있어 고장부분 제거가 최소한으로 되며 우선적으로 동작
후비 보호	주보호가 오동작하였을 경우 백업(back-up)동작

6 차단기

(1) 차단기의 용어정리

① 정격전압 : 차단기의 정격전압은 차단기에 인가될 수 있는 계통의 최고전압

공칭전압[kV]	6.6	22	22.9	66	154	345
정격전압[kV]	7.2	24	25.8	72.5	170	362

② 정격차단전류 : 차단기의 정격전압에 해당되는 회복전압 및 정격 재기전압을 갖는 회로조건에서 규정된 동작책무를 수행할 수 있는 차단전류의 최대한도로 교류분 실효치

③ 정격차단용량 : 차단기의 차단용량 $P_s = \sqrt{3} \times$ 정격전압 $\times$ 정격차단전류 [MVA]

④ 차단기의 정격차단시간(트립코일여자부터 아크소호까지의 시간)

   ⊙ 개극시간 : 폐로상태에서 차단기의 트립제어장치(트립코일)가 개리할 때까지의 시간

   ⓛ 아크시간 : 아크접촉자의 개리 순간부터 접촉자 간의 아크가 소호되는 순간까지의 시간

   ⓒ 차단시간 : 개극시간과 아크시간의 합

정격전압[kV]	7.2	25.8	72.5	170	362
정격차단시간(cycle) 이내	5~8	5	5	3	3

(2) 차단기의 표준동작책무

정격전압에서 1~2회 이상의 투입, 차단 또는 투입 차단을 정해진 시간간격으로 행하는 일련의 동작

항목	등급	동작책무
특고압 이상	A	O-1분-CO-3분-CO
7.2[kV] 고압콘덴서 및 분로리액터	B	CO-15초-CO
고속도 재투입용	R	O-t-CO-1분-CO

여기서, O : 차단기 개방, CO : 차단기 투입 후 즉시 개방, t : 0.3초

(3) 차단기의 종류 및 특성

① 기중차단기(ACB) : 저압용 차단기로 교류용은 1000[V] 미만, 직류용은 3000[V] 이하의 전로에 사용

DAY 21
DAY 22
DAY 23
DAY 24
DAY 25
DAY 26
DAY 27
DAY 28
DAY 29
DAY 30

핵심이론은 처음에는 그냥 한 번 읽어주세요.
기출문제를 풀어본 후 다시 한 번 핵심이론을 읽으면서 암기하세요.

② **유입차단기(OCB)** : 절연유를 아크소호 매질로 하는 것으로 개폐장치 절연유 속에서 전로의 개극 시에 발생하는 수소가스가 냉각작용을 하여 아크를 소호

장점	단점
① 기계적으로 견고하고 충격에 강함 ② 구조상 뇌섬락에 대한 신뢰성이 높음 ③ 차단 시에 폭발음이 없어 방음설비가 필요	① 절연유가 열화되기 쉬워 화재의 위험이 크고 유지·보수가 필요 ② 기계적, 전기적 원인에 의해 차단기 폭발 ③ 기준충격 절연강도(BIL)가 커서 건식 또는 몰드변압기에 서지흡수기를 설치하지 않음

③ **진공차단기(VCB)** : 고진공으로 유지된 밀폐용기 내에서 접점을 개리시켜 발생하는 아크를 확산 소호

장점	단점
① 소형·경량으로 콤팩트화가 가능하고 유지·보수 점검이 필요 없음 ② 밀폐구조로 동작 시 소음이 작음 ③ 화재나 폭발의 염려가 없어 안전함 ④ 차단기 동작 시 신뢰성과 안전성이 높음 ⑤ 소호 특성이 우수하고, 고속개폐가 가능	① 고진공을 만들고, 고진공을 유지하기가 어려움 ② 높은 개폐서지 발생이 우려됨 ③ 누설, 방출가스 및 가스의 투과에 의해 진공도가 저하

④ **공기차단기(ABB)** : 압축공기를 이용한 단열팽창에 의한 냉각작용를 이용하여 아크소호

장점	단점
① 고전압, 대용량에 적합 ② 높은 절연내력과 절연 회복속도가 빠름 ③ 압축공기를 아크소호 매질로 이용	① 재기전압에 의한 차단성능에 영향을 주의 ② 차단 시 소음이 크고 염진해를 받기 쉬움 ③ 고전압용에는 내진강도의 약화

⑤ **가스차단기(GCB)** : 아크소호 특성과 절연 특성이 뛰어난 SF_6 가스를 이용하여 절연 유지 및 아크소호를 시키는 원리를 이용하고 고전압, 대용량으로 사용

장점	단점
① 차단성능이 뛰어나고 개폐서지가 낮음 ② 완전 밀폐형으로 조작 시 가스를 대기 중에 방출하지 않아 조작소음이 적음 ③ 보수점검주기가 길어짐	① 가스 기밀구조가 필요 ② 전계가 불균형일 경우 절연내력의 급격한 저하로 불순물, 수분의 철저한 관리가 필요

참고

(1) SF_6가스 성질
① 보통상태에서 불활성, 불연성, 무색, 무취, 무독 기체 ② 열전도율이 공기의 1.6배
③ 아크소호능력이 공기에 비해 100~200배   ④ 절연내력이 공기에 비해 2~3배 이상
(2) **가스절연 개폐장치(GIS)** : 철제용기 내에 모선 및 개폐장치, 기타장치를 내장시키고 절연 특성이 우수한 SF_6가스로 충진, 밀폐하여 절연을 유지시키는 종합개폐장치이다.

⑥ **자기차단기(MCB)** : 소호실에 흡수코일을 갖추고 차단전류를 코일에 흘려주므로 만들어지는 자계를 이용해서 아크소호
㉠ 기름을 쓰지 않아 화재의 위험이 없고 보수점검 수의 감소
㉡ 전류 절단에 의한 와전압이 발생하는 일이 없음

7 단로기(DS)

① 설비의 점검 및 수리 시에 전원에서 분리하여 작업자의 안전을 확보
② 송전단 및 수전단 계통의 절체 및 회로를 구분
③ 변압기의 여자전류와 선로의 무부하 충전전류의 개폐가 가능
④ 전원 차단(정전) : CB off → DS_2(부하측) off → DS_1(전원측) off
⑤ 전원 투입(급전) : DS_2(부하측) on → DS_1(전원측) on → CB on

8 전력용 퓨즈

(1) 전력용 퓨즈의 역할과 기능

① 퓨즈는 부하전류를 안전하게 통전, 즉 과도전류나 일시적인 과부하전류로는 용단되지 않음
② 일정치 이상의 과전류가 흐르면 차단하여 전로와 기기를 보호
③ 퓨즈는 단락전류를 차단하는 목적으로 사용

(2) 전력용 퓨즈의 종류

구분	한류형	비한류형
외형	동작표시기 / 퓨즈엘리먼트 / Z / 동작표시선 규사 / 절연자기관	

(3) 전력용 퓨즈의 특성

① 소형·경량이며 경제적이고 재투입 불가
② 소전류에서 동작이 함께 이루어지지 않아 결상되기 쉬움
③ 변압기 여자전류나 전동기 기동전류 등의 과도전류로 인해 용단되기 쉽고 결상의 우려가 높음

9 재폐로방식

송전선로의 사고는 대부분 뇌에 의한 아크사고로서 영구적인 사고로의 확대는 전체 사고의 10[%] 미만으로 나타나므로 사고 제거 후에 아크의 자연적인 소멸 후 다시 송전하는 방식

① 계통의 과도 안정도를 향상시킬 수 있어서 송전용량이 증대
② 기기나 선로의 과부하를 감소
③ 자동복구로 운전원의 조작에 의한 복구보다 신속하고 정확한 운전
④ 후비 보호계전기의 동작에 의한 차단 시에는 재폐로를 하지 않으며, 전 구간이 고속으로 차단되는 파일럿(pilot) 계전방식에서만 적용

DAY
21
DAY
22
DAY
23
DAY
24
DAY
25
DAY
26
DAY
27
DAY
28
DAY
29
DAY
30

★ 산업 06년 1회

98 다음 중 후비 보호계전방식의 설명으로 틀린 것은?

① 주보호계전기가 보호할 수 없을 경우 동작하며, 주보호계전기와 정정값은 동일하다.
② 주보호계전기가 그 어떤 이유로 정지해 있는 구간의 사고를 보호한다.
③ 주보호계전기에 결함이 있어 정상 동작할 수 없는 상태에 있는 구간사고를 보호한다.
④ 송전선로에서 거리계전기의 후비 보호계전기로 고장 선택계전기를 많이 사용한다.

해설 후비 보호

주보호가 차단에 실패하였을 경우 후비 보호가 그 사고를 검출하여 차단기를 개방하여 사고의 확대를 방지한다. 이때 주보호와 후비 보호의 정정(설정)값이 같으면 주보호의 동작 실패 시 후비 보호도 동작하지 못한다.

★★★★★ 기사 93년 1회, 00년 2회, 02년 3회, 03년 4회

99 차단기의 정격차단시간은?

① 가동접촉자의 동작시간부터 소호까지의 시간
② 고장 발생부터 소호까지의 시간
③ 가동접촉자의 개극부터 소호까지의 시간
④ 트립코일여자부터 소호까지의 시간

★★★ 기사 00년 4회, 04년 2회 / 산업 00년 4 · 6회, 02년 1회, 03년 1회, 06년 1회

100 3상 교류에서 차단기의 정격차단용량을 계산하는 식은?

① 정격전압 × 정격전압 × 정격전류
② $\sqrt{3}$ × 정격전압 × 정격전류
③ 3 × 정격전압 × 정격차단전류
④ $\sqrt{3}$ × 정격전압 × 정격차단전류

★★★★ 산업 91년 5회, 97년 5회, 04년 3회

101 차단기에서 O－1분－CO－3분－CO 부호인 것의 의미는? (단, O : 차단동작, C : 투입동작, CO : 투입동작에 뒤따라서 곧 차단동작)

① 일반차단기의 표준동작책무
② 자동 재폐로용
③ 정격차단용량 50[mA] 미만의 것
④ 무전압시간

해설 차단기의 표준동작책무

정격전압에서 1~2회 이상의 투입, 차단 또는 투입 차단을 정해진 시간간격으로 행하는 일련의 동작을 나타낸다.

★★★ 기사 94년 6회(유사) / 산업 90년 2회, 95년 5회, 04년 1회, 06년 3회

102 유입차단기에 대한 설명으로 옳지 않은 것은?

① 기름이 분해하여 발생되는 가스의 주성분은 수소가스이다.
② 부싱변류기를 사용할 수 없다.
③ 기름이 분해하여 발생된 가스는 냉각작용을 한다.
④ 보통상태의 공기 중보다 소호능력이 크다.

해설

유입차단기는 부싱형 변류기를 사용할 수 있어 경제적이다.

★★★★ 기사 92년 6회, 95년 6회, 98년 4회

103 진공차단기의 특징에 속하지 않는 것은?

① 화재위험이 거의 없다.
② 소형 경량이고 조작기구가 간편하다.
③ 동작 시 소음은 크지만 소호실의 보수가 거의 필요치 않다.
④ 차단시간이 짧고 차단성능이 회로주파수의 영향을 받지 않는다.

정답 **98** ① **99** ④ **100** ④ **101** ① **102** ② **103** ③

해설 진공차단기의 특성

㉠ 소형·경량으로 콤팩트화가 가능하다.
㉡ 밀폐구조로 아크나 가스의 외부 방출이 없어 동작 시 소음이 작다.
㉢ 화재나 폭발의 염려가 없어 안전하다.
㉣ 차단기 동작 시 신뢰성과 안전성이 높고 유지·보수 점검이 거의 필요 없다.
㉤ 차단 시 소호 특성이 우수하고, 고속개폐가 가능하다.

★★ 기사 97년 2회, 04년 1회 / 산업 95년 5회, 03년 4회, 07년 4회

104 초고압용 차단기에서 개폐저항을 사용하는 이유는?

① 차단용량 감소
② 이상전압 억제
③ 차단속도 증진
④ 차단전류의 역률 개선

해설

초고압용 차단기는 개폐 시 전류절단현상이 발생하므로 개폐 시 이상전압을 억제하기 위해 개폐저항기를 사용한다.

★★★★★ 기사 98년 5회 / 산업 03년 2회, 04년 3회, 05년 1회(추가) · 2 · 4회, 06년 4회

105 SF_6차단기에 관한 설명으로 옳지 않은 것은?

① SF_6가스는 절연내력이 공기의 2~3배 정도이고 소호능력이 공기의 100~200배 정도이다.
② 밀폐구조이므로 소음이 없다.
③ 근거리 고장 등 가혹한 재기전압에 대해서도 우수하다.
④ 아크에 의하여 SF_6가스는 분해되어 유독가스를 발생시킨다.

해설

SF_6차단기는 소호성능이 우수하고 안정도가 높은 SF_6 불활성 기체를 이용한 차단기이다.

★★★ 기사 92년 2회, 95년 4회, 97년 2회, 98년 6회, 03년 2회

106 가스절연 개폐장치(GIS)의 특징이 아닌 것은?

① 감전사고 위험 감소
② 밀폐형이므로 배기 및 소음이 없음
③ 신뢰도가 높음
④ 변성기와 변류기는 따로 설치

해설

GIS는 SF_6가스를 충만시킨 밀폐형 가스절연 개폐장치이고 전력용 변압기와 피뢰기 등의 모든 전력기기를 내장시킨 장치로 충전부가 노출되어 있지 않아 신뢰도가 높다.

★★★ 산업 93년 6회, 98년 2회

107 그림과 같은 배전선이 있다. 부하에 급전 및 정전할 때 조작방법 중 옳은 것은?

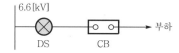

① 급전 및 정전할 때는 항상 DS, CB 순으로 한다.
② 급전 및 정전할 때는 항상 CB, DS 순으로 한다.
③ 급전 시는 DS, CB 순이고 정전 시는 CB, DS 순이다.
④ 급전 시는 CB, DS 순이고 정전 시는 DS, CB 순이다.

해설

단로기는 차단기와 연계하여 동작한다.
㉠ 전원 투입(급전) : DS on → CB on
㉡ 전원 차단(정전) : CB off → DS off

참고 차단 가능전류

(1) 단로기 : 무부하 충전전류, 변압기 여자전류
(2) 차단기 : 과부하전류 및 단락전류

Comment

차단기와 단로기 관계는 반드시 외우고 있어야 한다. 우리가 자격증 취득 후 현장에서 오작동하여 크게 다칠 수도 있고 전력, 법규, 실기시험에서도 자주 다루어지므로 특성을 꼭 기억해야 한다(단로기는 차단기가 열린 상태에서만 조작한다).

정답 104 ② 105 ④ 106 ④ 107 ③

DAY
21
DAY
22
DAY
23
DAY
24
DAY
25
DAY
26
DAY
27
DAY
28
DAY
29
DAY
30

★★ 산업 06년 1회

108 전력용 퓨즈의 장점으로 틀린 것은?

① 소형으로 큰 차단용량을 갖는다.
② 밀폐형 퓨즈는 차단 시에 소음이 없다.
③ 가격이 싸고 유지·보수가 간단하다.
④ 과도전류에 의해 쉽게 용단되지 않는다.

해설 전력용 퓨즈의 특성

㉠ 소형·경량이며 경제적이다.
㉡ 재투입되지 않는다.
㉢ 소전류에서 동작이 함께 이루어지지 않아 결상되기 쉽다.
㉣ 변압기 여자전류나 전동기 기동전류 등의 과도전류로 인해 용단되기 쉽다.

참고 한류형 퓨즈와 비한류형 퓨즈의 특성

(1) 한류형 퓨즈 : 높은 아크저항을 발생시켜 고장전류를 강제로 차단하는 것으로 큰 고장전류는 처음 반파에서 차단하므로 기기 보호에 이상적이기는 하나 과전류영역에서는 퓨즈가 용단되어도 차단하지 못하는 영역이 있기 때문에 과부하 보호보다는 후비 보호(back up용)로 사용된다.
(2) 비한류형 퓨즈 : 소호가스를 뿜어내어 전류 0점 부근에서 퓨즈구간의 절연내력을 재기전압 이상으로 높여서 전류를 차단하는 것으로 한류형에 비해 차단시간은 길지만 퓨즈 엘리먼트가 녹으면 반드시 차단되므로 용량을 적절하게 선정하면 과부하 보호용으로도 사용될 수 있다.

★ 기사 91년 5회(유사) / 산업 90년 2회, 95년 6회, 99년 7회, 02년 1회, 04년 2회, 06년 2회

109 재폐로차단기에 대한 설명 중 옳은 것은 어느 것인가?

① 배전선로용 고장구간을 고속 차단하여 제거한 후 다시 수동조작에 의해 배전이 되도록 설계된 것이다.
② 재폐로계전기와 같이 설치하여 계전기가 고장을 검출하여 이를 차단기에 통보 차단하도록 설계된 것이다.
③ 송전선로의 고장구간을 고속 차단하고 재송전하는 조작을 자동적으로 시행하는 재폐로차단기를 장비한 자동차단기이다.
④ 3상 재폐로차단기는 1상의 차단이 가능하고 무전압시간을 약 20~30초로 정하여 재폐로하도록 되어 있다.

해설 재폐로방식

재폐로방식은 고장전류를 차단하고 차단기를 일정 시간 후 자동적으로 재투입하는 방식이다.
㉠ 송전계통의 안정도를 향상시키고 송전용량을 증가시킬 수 있다.
㉡ 계통사고의 자동복구를 할 수 있다.

★★★ 산업 93년 4회

110 우리나라의 대표적인 배전방식으로 다중접지방식인 22.9[kV] 계통으로 되어 있고 이 배전선에 사고가 생기면 그 배전선 전체가 정전이 되지 않도록 선로 도중이나 분지선에 다음의 보호장치를 설치하여 상호 협조를 기함으로서 사고구간을 국한하여 제거시킬 수 있다. 설치순서가 옳은 것은 어느 것인가?

① 변전소차단기 – 섹셔널라이저 – 리클로저 – 라인퓨즈
② 변전소차단기 – 리클로저 – 섹셔널라이저 – 라인퓨즈
③ 변전소차단기 – 섹셔널라이저 – 라인퓨즈 – 리클로저
④ 변전소차단기 – 리클로저 – 라인퓨즈 – 섹셔널라이저

해설

리클로저(recloser) → 섹셔널라이저(sectionalizer) → 라인퓨즈(line fuse)는 방사상의 배전선로의 보호계전방식에 적용되는 기기로서 국내의 22.9[kV] 배전선로에서 적용되고 있는 고속도 재폐로방식에서 이용되고 있다.
㉠ 리클로저 : 선로 차단과 보호계전 기능이 있고 재폐로가 가능하다.
㉡ 섹셔널라이저 : 고장 시 보호장치(리클로저)의 동작 횟수를 기억하고 정정된 횟수(3회)가 되면 무전압상태에서 선로를 완전히 개방(고장전류 차단기능이 없음)한다.
㉢ 라인퓨즈 : 단상 분기점에만 설치하며 다른 보호장치와 협조가 가능해야 한다.

Comment

이 문제는 알파벳 순서 r-s로 외우면 된다. 물론 보기의 순서가 바뀔 수 있다는 것에 주의하자.

정답 108 ④ 109 ③ 110 ②

자주 출제되는
핵심이론

핵심이론은 처음에는 그냥 한 번 읽어주세요.
기출문제를 풀어본 후 다시 한 번 핵심이론을 읽으면서 암기하세요.

제9장 배전방식

1 배전방식의 종류 및 특성

수지식 (가지식, 방사상식)	① 부하 증가 시 선로의 증설 및 연장이 용이하고 시설비가 낮음 ② 사고 시 정전범위가 넓고 신뢰도가 낮음 ③ 전압강하 및 전력손실 증대 → 플리커현상 발생	
환상식 (루프식)	① 선로의 고장 또는 보수 시에 다른 회선을 통하여 계속 공급이 가능하므로 공급신뢰도가 높음 ② 전력손실 및 전압강하가 작음 ③ 선로의 보호방식이 복잡해지고 설비비용 증가	
네트워크식 (망상식)	① 무정전 공급이 가능히므로 공급의 신뢰도가 향상 ② 2곳 이상에서 전원 공급이 되므로 부하 증가에 대한 대응이 용이 ③ 전력손실 및 전압강하 감소, 설비 이용률 향상 ④ 설비 및 운전 보수비용 증가	
저압뱅킹 방식	① 부하 변동에 대해 병렬로 접속된 변압기를 이용하여 효과적으로 전력의 공급이 가능 ② 충분한 전원용량을 확보할 수 있고 전압강하가 작아 플리커현상이 감소	

참고 캐스케이딩 현상

저압선로 일부 구간에서 고장이 일어나면 이 고장으로 인하여 건전한 구간까지 고장이 확대되는 현상

2 고압 배전계통의 구성

(1) 급전선

배전 변전소 또는 발전소로부터 배전간선에 이르기까지의 도중에 부하가 일체 접속되지 않은 선로

(2) 간선

급전선에 접속된 수용지역에서의 배전선로 가운데에서 부하의 분포상태에 따라서 배전하거나 또는 분기선을 내어서 배전하는 부분을 말함(발·변전소의 모선에 상당)

(3) 궤전점

급전선과 배전간선과의 접속점

(4) 분기선

간선으로부터 분기해서 변압기에 이르기까지의 부분 또는 다양한 말단 부하설비에 전력을 전송하는 역할

3 저압 배전방식

(1) 단상 2선식 배전방식
① 전압강하나 전력손실이 크므로 소용량의 부하 공급에 사용된다.
② 옥내배선의 전등회로에 가장 널리 사용되고 있다.
③ 표준전압은 220[V]이나 일부 지역에서 110[V]가 사용되기도 했지만 1999년 이후 모두 220[V]로 승압되었다.

(2) 단상 3선식 배전방식
① 변압기 2차측 중성선에 제2종 접지공사를 한다.
② 중성선에 과전류차단기를 설치하지 않는다.
③ 동시동작형 개폐기를 설치한다.
④ 장점

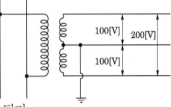

    ㉠ 2종의 전압을 얻을 수 있다.
    ㉡ 단상 2선식에 비해 전력손실, 전압강하가 경감된다.
    ㉢ 단상 2선식에 비해 1선당 공급전력이 크다(1.33배).
    ㉣ 단상 2선식과 동일 전력공급 시 전선의 소요량이 적다(37.5[%]).
⑤ 단점
    ㉠ 부하 불평형 시 전압 불평형이 발생하고 전력손실이 증가한다.
    ㉡ 중성선 단선 시 전압의 불평형으로 인해 부하가 소손될 수 있다(경부하측의 전위 상승).
⑥ 불평형 방지대책 : 저압 밸런서(권수비가 1:1인 단권변압기) 설치 → 중성선 단선 시 전압의 불평형 방지

(3) 3상 3선식 200[V] 배전방식
① V결선 배전방식 : 단상변압기 2대를 V결선을 하여 3상 전력을 공급하는 방식으로 이용률은 86.6[%]이다.
② △결선 배전방식
    ㉠ 3상 변압기 1대 또는 단상 변압기 3대에 의해 3상 200[V] 배전하는 방식이다.
    ㉡ 공장이나 빌딩 등의 구내 일반배전용에 널리 사용되고 있다.

(4) 3상 4선식 220/380[V] 배전방식
① 현재 우리나라의 대표적인 배전방식이다.
② 배전선로에서 가장 널리 쓰이고 있는 배전방식으로 전압선과 중성선 사이에 단상부하를 사용하고 전압선 상호간에는 동력부하를 사용한다.
③ 배전전압이 높아 수백[kW]의 부하까지 사용할 수 있고 부하의 크기에 대해 탄력성 있는 배전을 할 수 있다.
④ 전압강하가 경감되고 배전거리를 증대시킬 수 있다.

DAY 21
DAY 22
DAY 23
DAY 24
DAY 25
DAY 26
DAY 27
DAY 28
DAY 29
DAY 30

자주 출제되는
핵심이론

핵심이론은 처음에는 그냥 한 번 읽어주세요.
옆의 기출문제를 풀어본 후 다시 한 번 핵심이론을 읽으면서 암기하세요.

‖ 저압 배전방식 ‖

전기방식	결선도	공급전력	전력손실	1선당 공급전력	소요전선량 비교
단상 2선식		$VI\cos\theta$	$2I^2R$	$\dfrac{VI\cos\theta}{2}$	100[%]
단상 3선식		$2VI\cos\theta$	$2I^2R$	$\dfrac{2VI\cos\theta}{3}$	37.5[%]
3상 3선식		$\sqrt{3}\,VI\cos\theta$	$3I^2R$	$\dfrac{\sqrt{3}\,VI\cos\theta}{3}$	75[%]
3상 4선식		$3VI\cos\theta$	$3I^2R$	$\dfrac{3VI\cos\theta}{4}$	33.3[%]

(5) 전기방식별 1선당 공급전력 비교

① 단상 2선식

　㉠ $P = VI\cos\theta\,[\mathrm{W}]$

　㉡ 1선당 공급전력 $P = \dfrac{VI\cos\theta}{2} = \dfrac{1}{2}VI = 0.5\,VI$

② 단상 3선식

　㉠ $P = 2VI\cos\theta\,[\mathrm{W}]$

　㉡ 1선당 공급전력 $P = \dfrac{2VI\cos\theta}{3} = \dfrac{2}{3}VI$

　㉢ 단상 2선식과 단상 3선식 비교 : $\dfrac{\text{단상 3선식}}{\text{단상 2선식}} = \dfrac{\dfrac{2}{3}VI}{\dfrac{1}{2}VI} = 1.33\,배$

③ 3상 3선식

　㉠ $P = \sqrt{3}\,VI\cos\theta\,[\mathrm{W}]$

　㉡ 1선당 공급전력 $P = \dfrac{\sqrt{3}\,VI\cos\theta}{3} = \dfrac{\sqrt{3}}{3}VI$

　㉢ 단상 2선식과 3상 3선식 비교 : $\dfrac{\text{3상 3선식}}{\text{단상 2선식}} = \dfrac{\dfrac{\sqrt{3}}{3}VI}{\dfrac{1}{2}VI} = 1.15\,배$

④ 3상 4선식

　㉠ $P = 3VI\cos\theta\,[\mathrm{W}]$

　㉡ 1선당 공급전력 $P = \dfrac{3VI\cos\theta}{4} = \dfrac{3}{4}VI$

　㉢ 단상 2선식과 3상 4선식 비교 : $\dfrac{\text{3상 4선식}}{\text{단상 2선식}} = \dfrac{\dfrac{3}{4}VI}{\dfrac{1}{2}VI} = 1.5\,배$

DAY 21
DAY 22
DAY 23
DAY 24
DAY 25
DAY 26
DAY 27
DAY 28
DAY 29
DAY 30

문제의 네모칸에 체크를 해보세요. 그 문제가 이해되지 않았다면
✓ 표시를 해서 그 문제는 나중에 다시 풀어 완전하게 숙지하세요(★ : 중요도).

★★★★ 기사 90년 6회, 94년 7회, 98년 3회 / 산업 91년 7회, 96년 7회, 00년 4회

111 네트워크 배전방식의 장점이 아닌 것은?

① 사고 시 정전범위를 축소시킬 수 있다.
② 전압변동이 적다.
③ 인축의 접지사고가 적어진다.
④ 부하의 증가에 대한 적용성이 크다.

해설

네트워크 배전방식의 경우 도심지에 설치되며 설비의 수가 증가되어 사고 발생 우려가 증가한다.

★★★★★ 기사 92년 6회, 99년 6회, 02년 2회 / 산업 92년 6회, 99년 6회, 02년 2회

112 저압 뱅킹(banking) 배전방식에서 캐스케이딩(cascading) 현상이란?

① 전압 동요가 적은 현상
② 변압기의 부하배분이 불균일한 현상
③ 저압선이나 변압기에 고장이 생기면 자동적으로 고장이 제거되는 현상
④ 저압선의 고장에 의하여 건전한 변압기의 일부 또는 전부가 차단되는 현상

해설

캐스케이딩 현상이란 뱅킹(banking) 배전방식으로 운전 중 건전한 변압기 일부에 고장이 발생하면 부하가 다른 건전한 변압기에 걸려서 고장이 확대되는 현상을 말한다.

★★ 기사 04년 2회

113 저압 배전선로의 플리커전압의 억제대책으로 볼 수 없는 것은?

① 내부 임피던스가 작은 대용량의 변압기를 선정한다.
② 배전선은 굵은 선으로 한다.
③ 저압뱅킹방식 또는 네트워크방식으로 한다.
④ 배전선로에 누전차단기를 설치한다.

해설

누전차단기는 간접접촉에 의한 감전사고를 방지하기 위하여 설치한다.

★★★★ 산업 93년 6회, 98년 2회, 05년 1회

114 단상 3선식 110/220[V]에 대한 설명으로 옳은 것은?

① 전압 불평형이 우려되므로 콘덴서를 설치한다.
② 중성선과 외선 사이에만 부하를 사용하여야 한다.
③ 중성선에는 반드시 퓨즈를 끼워야 한다.
④ 2종의 전압을 얻을 수 있고 전선량이 절약되는 이점이 있다.

해설

단상 3선식은 단상 2선식에 비해 동일 전력 공급 시 필요 전선량이 적고(37.5[%]) 2종의 전압을 얻을 수 있다. 반면에 불평형이 발생할 우려가 높고 중성선의 단선 시 경부하측의 전압이 상승하여 부하가 소손될 우려가 높다.

★ 산업 94년 3회, 99년 3회

115 그림과 같은 단상 3선식 회로의 중성선 P점에서 단선되었다면 백열등 A 100[W]와 B 400[W]에 걸리는 단자전압은 각각 몇 [V]인가?

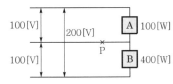

① $V_A = 160$, $V_B = 40$
② $V_A = 120$, $V_B = 80$
③ $V_A = 40$, $V_B = 160$
④ $V_A = 80$, $V_B = 120$

해설

㉠ 저항
• 100[W] 백열전구 저항
$$R_A = \frac{V^2}{P} = \frac{100^2}{100} = 100[\Omega]$$
• 400[W] 백열전구 저항
$$R_B = \frac{V^2}{P} = \frac{100^2}{400} = 25[\Omega]$$
㉡ 중성선 단선 시 각 부하에 걸리는 전압
• A부하전압
$$V_A = I \times R_A = \frac{200}{100+25} \times 100 = 160[V]$$
• B부하전압
$$V_B = I \times R_B = \frac{200}{100+25} \times 25 = 40[V]$$

정답 111 ③　112 ④　113 ④　114 ④　115 ①

자주 출제되는
핵심이론

🔍 핵심이론은 처음에는 그냥 한 번 읽어주세요.
옆의 기출문제를 풀어본 후 다시 한 번 핵심이론을 읽으면서 암기하세요.

4 전력 수요와 공급

(1) 수용률

임의 기간 중 수용가의 최대수용전력과 사용 전기설비의 정격용량의 합계와의 비

① 수용률 $= \dfrac{\text{최대수용전력[kW]}}{\text{수용설비용량[kW]}} \times 100[\%]$

② 변압기용량 $= \dfrac{\text{최대수용전력[kW]}}{\text{역률} \times \text{효율}} = \dfrac{\text{수용률} \times \text{수용설비용량[kW]}}{\text{역률} \times \text{효율}} [\text{kVA}]$

③ 수용률이 높다는 것은 공급설비 이용률이 크고 변압기용량이 크다는 의미

(2) 부하율

전력의 사용은 시각 또는 계절에 따라서 상당히 변화한다. 수용가 또는 변전소 등에서 어느 기간 중의 평균수용전력과 최대수용전력과의 비를 백분율로 나타냄

① 부하율 $= \dfrac{\text{평균수용전력}}{\text{최대수용전력}} \times 100[\%] = \dfrac{\text{평균전력}}{\text{설비용량}} \times \dfrac{\text{부등률}}{\text{수용률}}$

② 부하율이 크다는 것은 공급설비에 대한 설비 이용률이 크고 부하변동이 작다는 의미

(3) 부등률

최대전력 발생시각 또는 시기의 분산을 나타내는 지표가 부등률이며 일반적으로 이 값은 1보다 크게 나타남

① 부등률 $= \dfrac{\text{각각의 최대수용전력의 합}}{\text{합성 최대수용전력}}$

② 변압기용량 $= \dfrac{\text{합성 최대수용전력[kW]}}{\text{역률} \times \text{효율}} = \dfrac{\sum[\text{수용률} \times \text{부하설비용량}]}{\text{부등률} \times \text{역률} \times \text{효율}} [\text{kVA}]$

③ 부등률이 높다는 것은 공급설비 이용률이 낮고 변압기용량이 감소한다는 의미

5 손실계수와 분산손실계수

(1) 손실계수(H)

손실계수는 말단 집중부하에 대해서 어느 기간 중의 평균손실과 최대손실 간의 비

① 손실계수 $H = \dfrac{\text{어느 기간 중의 평균손실}}{\text{같은 기간 중의 최대손실}}$

② 손실계수와 부하율 사이에는 다음과 같은 관계가 성립

$1 \geq F \geq H \geq F^2 \geq 0$

㉠ 부하율이 높을 때 : 손실계수는 부하율에 가까운 값($H ≒ F$)

㉡ 부하율이 낮을 때 : 손실계수는 부하율의 제곱에 가까운 값($H ≒ F^2$)

③ 손실계수를 구하는 식 : $H = \alpha F + (1 - \alpha)F^2$(여기서, $\alpha = 0.1 \sim 0.4$)

(2) 분산손실계수

$h = \dfrac{\text{분산부하에 의한 선로손실}}{\text{말단 집중부하의 선로손실}}$

바로바로 풀어보는
기출문제

문제의 네모칸에 체크를 해보세요. 그 문제가 이해되지 않았다면
✓표시를 해서 그 문제는 나중에 다시 풀어 완전하게 숙지하세요(★ : 중요도).

DAY
21
DAY
22
DAY
23
DAY
24
DAY
25
DAY
26
DAY
27
DAY
28
DAY
29
DAY
30

★★★ 산업 93년 1회, 96년 6회, 98년 2회, 00년 3회, 06년 1회

116 불평형 부하에서 역률은?

① $\dfrac{유효전력}{각 \ 상의 \ 피상전력의 \ 산술합}$

② $\dfrac{유효전력}{각 \ 상의 \ 피상전력의 \ 벡터합}$

③ $\dfrac{무효전력}{각 \ 상의 \ 피상전력의 \ 산술합}$

④ $\dfrac{무효전력}{각 \ 상의 \ 피상전력의 \ 벡터합}$

해설

불평형 부하 시 역률
$$\cos\theta = \frac{P}{S} = \frac{P}{\sqrt{P^2+Q^2+H^2}}$$
여기서, S : 피상전력[kVA]
P : 유효전력[kW]
Q : 무효전력[kVar]
H : 고조파전력[kVAh]

★★★★★ 기사 94년 3회, 96년 7회, 98년 7회, 01년 1회 / 산업 94년 7회, 00년 5회, 02년 3회

117 수용률이란?

① 수용률 = $\dfrac{평균전력[kW]}{최대수용전력[kW]}$

② 수용률 = $\dfrac{개개 \ 최대수용전력의 \ 합[kW]}{합성 \ 최대수용전력[kW]}$

③ 수용률 = $\dfrac{최대수용전력[kW]}{수용설비용량[kW]}$

④ 수용률 = $\dfrac{설비전력[kW]}{합성 \ 최대수용전력[kW]}$

해설

임의 기간 중 수용가의 최대수용전력과 사용 전기설비의 정격용량의 합계와의 비를 수용률이라 한다.

★★ 기사 95년 7회, 00년 4회, 02년 2회, 03년 2회

118 정격 10[kVA]의 주상변압기가 있다. 이것의 2차측 일부하곡선이 다음 그림과 같을 때 1일의 부하율은 몇 [%]인가?

① 52.3

② 54.3

③ 56.3

④ 58.3

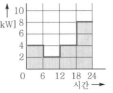

해설

㉠ 1시간당 평균전력
$$P = \frac{4\times6+2\times6+4\times6+8\times6}{24} = 4.5[kW]$$
㉡ 1일의 부하율
$$F = \frac{P}{P_m}\times100 = \frac{4.5}{8}\times100 = 56.25[\%]$$

★★★ 산업 07년 3회

119 총 설비부하가 120[kW], 수용률이 65[%], 부하역률이 80[%]인 수용가에 공급하기 위한 변압기의 최소용량은 약 몇 [kVA]인가?

① 40

② 60

③ 80

④ 100

해설

변압기용량 = $\dfrac{수용률 \times 수용설비용량[kW]}{역률 \times 효율}$[kVA]

변압기의 최소용량
$$P_T = \frac{120\times0.65}{0.8} = 97.5 ≒ 100[kVA]$$

★★★ 기사 94년 2회, 99년 6회 / 산업 97년 6·7회, 00년 6회, 01년 1회

120 배전선의 손실계수 H와 부하율 F와의 관계는?

① $0 \le F^2 \le H \le F \le 1$

② $0 \le H^2 \le F \le H \le 1$

③ $0 \le H \le F^2 \le F \le 1$

④ $0 \le F \le H^2 \le H \le 1$

Comment

• 결과를 얻기 위해서는 적분을 해야 한다. 적분을 하면 시험시간이 부족하므로 이 문제는 그냥 답을 외우는 게 가장 좋다.
• 부하율(F)은 1보다 작을 것이므로 부하율^2 < 부하율의 관계를 갖는다. 이를 착안해 문제를 풀어보자.
예 부하율 0.9일 경우 $0.9^2 (=0.81) < 0.9$

정답 116 ② 117 ③ 118 ③ 119 ④ 120 ①

DAY
23

학습목표
• 배전선로의 전압강하 및 전력손실에 대해 이해하고 방지대책을 알아본다.
• 배전방식에 따른 비용 및 전력의 크기를 비교하고 역률 개선에 대해 알아본다.
• 각각의 발전방식에 대해 알아보고 운전특성을 이해한다.

출제율 27%

제10장 | 배전선로 계산

1 전압강하 계산

(1) 직류식 배전선로의 전압강하

부하가 말단에 집중된 경우	① 전압강하 $e = 2Ir[\text{V}]$ ② A점의 전압 $V_A = V_S - 2Ir$

■ 말단에 부하가 있는 경우 ■

(2) 교류식 배전선로의 전압강하

① 단상 2선식 : $E_S = E_R + 2I_n(r\cos\theta + x\sin\theta)[\text{V}]$
② 단상 3선식 및 3상 4선식 : $E_S = E_R + I_n(r\cos\theta + x\sin\theta)[\text{V}]$
③ 3상 3선식 : $V_S = V_R + \sqrt{3}\,I_n(r\cos\theta + x\sin\theta)[\text{V}]$

④ 전압강하 근사식 : $e = \sqrt{3}\,I(R\cos\theta + X\sin\theta) = \dfrac{P}{E}(R + X\tan\theta)$

여기서, 부하전류 $I = \dfrac{P}{\sqrt{3}\,E\cos\theta}[\text{A}]$

2 전압강하율, 전압변동률, 전력손실

전압 강하율	① 송전단과 수전단 간의 전압의 차이, 즉 선로 전압강하(e)를 수전단전압으로 나누어 [%]로 나타낸 것 ② %전압강하율 $= \dfrac{\text{송전단전압}(E_S) - \text{수전단전압}(E_R)}{\text{수전단전압}(E_R)} \times 100 = \dfrac{e}{E_R} \times 100[\%]$
전압 변동률	① 무부하 단자전압과 전부하 단자전압에 대한 전압변동의 비 ② %전압변동률 $= \dfrac{\text{무부하 단자전압}(V_0) - \text{전부하 단자전압}(V_n)}{\text{전부하 단자전압}(V_n)} \times 100[\%]$
전력 손실	① $P_c = I^2 \cdot r = \dfrac{P^2}{V_n^2\cos^2\theta} \cdot r[\text{W}]$ ② 단상 2선식 $P_c = 2I_n^2 \cdot r = \dfrac{P^2}{E^2\cos^2\theta} \cdot r[\text{W}]$(여기서, E : 상전압, P : 수전전력) ③ 3상 3선식 $P_c = 3I_n^2 \cdot r = \dfrac{P^2}{V_n^2\cos^2\theta} \cdot r[\text{W}]$ 　여기서, V : 선간전압=정격전압, P : 수전전력 ④ 전력손실률 %$P_l = \dfrac{\text{전력손실}(P_c)}{\text{수전단전력}(P_R)} \times 100[\%]$

3 전력손실 방지대책

승압, 역률 개선, 전선 교체, 배전선로 단축, 불평형 부하 개선, 단위기기 용량 감소

체크를 표시를 해보세요. 그 문제가 이해되지 않는다면
✓ 표시를 해서 그 문제는 나중에 다시 풀어 완전하게 숙지하세요(★ : 중요도).

DAY
21
DAY
22
DAY
23
DAY
24
DAY
25
DAY
26
DAY
27
DAY
28
DAY
29
DAY
30

★ 기사 98년 5회, 03년 4회

121 3상 3선식 선로에서 수전단전압 6.6[kV], 역률 80[%](지상), 600[kVA]의 3상 평형 부하가 연결되어 있다. 선로임피던스 $R = 3[\Omega]$, $X = 4[\Omega]$인 경우 송전단전압은 약 몇 [V]인가?

① 6957　　　　② 7037
③ 6852　　　　④ 7547

해설

부하전류 $I = \dfrac{600}{\sqrt{3} \times 6.6} = 52.49[A]$

$V_S = V_R + \sqrt{3}\,I(R\cos\theta + X\sin\theta)$
$= 6600 + \sqrt{3} \times 52.49 \times (3 \times 0.8 + 4 \times 0.6)$
$= 7037[V]$

★★★★★ 기사 96년 4회, 05년 1회(추가) / 산업 90년 6·7회, 95년 5회, 00년 2회

122 지상부하를 갖는 단거리 송전선로의 전압강하 근사식은?

① $\dfrac{P}{\sqrt{3}\,E}(R\cos\theta + X\sin\theta)$

② $\dfrac{P}{E}(R + X\tan\theta)$

③ $\dfrac{P}{\sqrt{3}\,E}(R + X\tan\theta)$

④ $\dfrac{\sqrt{3}\,P}{E}(R + \tan\theta)$

해설

부하전류 $I = \dfrac{P}{\sqrt{3}\,E\cos\theta}[A]$

전압강하 $e = \sqrt{3}\,I(R\cos\theta + X\sin\theta)$
$= \dfrac{P}{E}(R + X\tan\theta)$

★★★★ 기사 93년 5회

123 수전단 3상 부하 P_r[W], 부하역률 $\cos\theta_r$ (소수), 수전단 선간전압 V_r[V], 선로저항 R[Ω/선]이라 할 때 송전단 3상 전력 P_s [W]는?

① $P_s = P_r\left(1 + \dfrac{P_r R}{V_r^2 \cos^2\theta_r}\right)$

② $P_s = P_r\left(1 + \dfrac{P_r R}{V_r\,\cos\theta_r}\right)$

③ $P_s = P_r(1 + P_r R\cos\theta_r)$

④ $P_s = P_r\left(1 + \dfrac{P_r R\cos^2\theta_r}{V_r^2}\right)$

해설

부하전류 $I = \dfrac{P_r}{\sqrt{3}\,V_r\cos\theta_r}$

송전단 3상 전력 $P_s = P_r + 3I^2 R$

$P_s = P_r + 3\left(\dfrac{P_r}{\sqrt{3}\,V_r\cos\theta_r}\right)^2 R = P_r\left(1 + \dfrac{P_r R}{V_r^2\cos^2\theta_r}\right)[W]$

★★ 산업 92년 7회, 95년 4회

124 다음 (　) 안에 알맞은 것은?

> 동일 배전선로에서 전압만을 3.3[kV]에서 22.9[kV](= 3.3 × $\sqrt{3}$ × 4)로 승압할 경우 공급전력을 동일하게 하면 선로의 전력손실(률)은 승압 전의 (　㉠　)배로 되고 선로의 전력손실률을 동일하게 하면 공급전력은 승압 전의 (　㉡　)배로 된다.

① ㉠ 약 $\dfrac{1}{7}$, ㉡ 약 7

② ㉠ 약 48, ㉡ 약 $\dfrac{1}{48}$

③ ㉠ 약 $\dfrac{1}{48}$, ㉡ 약 48

④ ㉠ 약 $\dfrac{1}{48}$, ㉡ 약 7

해설

㉠ 전력손실 $P_c \propto \dfrac{1}{V^2} = \dfrac{1}{\left(\dfrac{22.9}{3.3}\right)^2} = \dfrac{1}{48}$

㉡ 공급전력 $P \propto V^2 = \left(\dfrac{22.9}{3.3}\right)^2 = 48$

★★★★ 기사 94년 5회, 99년 4회, 05년 1회

125 다음 중 배전선로의 손실 경감과 관계없는 것은?

① 승압
② 다중접지방식 채용
③ 부하의 불평형 방지
④ 역률 개선

해설 전력손실 경감대책

㉠ 승압　　　　㉡ 역률 개선
㉢ 전선 교체　　㉣ 배전선로 단축
㉤ 불평형 부하 개선　㉥ 단위기기 용량 감소

참고

배전선로의 전력손실

$P_c = 3I^2 r = \dfrac{\rho P^2 L}{A V^2 \cos^2\theta}[W]$

여기서, ρ : 고유저항, P : 부하전력, L : 배전거리
　　　　A : 전선의 단면적, V : 수전전압, $\cos\theta$: 부하역률

정답 121 ② 122 ② 123 ① 124 ③ 125 ②

자주 출제되는
핵심이론

🔊 핵심이론은 처음에는 그냥 한 번 읽어주세요.
옆의 기출문제를 풀어본 후 다시 한 번 핵심이론을 읽으면서 암기하세요.

4 선로전압의 조정

변전소	무부하 시 탭변환장치(NLTC), 부하 시 탭절환장치(OLTC)
송전선로	분로리액터, 동기조상기
배전선로	주상변압기 탭조정장치, 승압기 설치, 직렬콘덴서, 유도전압조정기

참고 **승압기 설치**

(1) 승압된 전압 $E_2 = E_1 + \dfrac{e_2}{e_1}E_1[\text{V}]$

(2) 자기용량(단권Tr용량) $w = e_2 I_2 \times 10^{-3} = \dfrac{e_2}{E_2}W_0[\text{kVA}]$

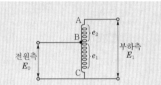

5 전기방식별 소요전선량의 비교

단상 2선식	① 전력 $P = VI_1[\text{W}]$　　　② 2선 전선중량 $W = 2W_1$(여기서, W_1 : 1선 중량) ③ 2선의 선로손실 $P_l = 2I_1^2 R_1$ ④ 전선의 중량과 저항과의 관계 : 저항 $R = \rho\dfrac{l}{A}$ → 전선의 중량 $W \propto \dfrac{1}{R}$
단상 3선식	① 전력 $P = 2VI_2[\text{W}]$　　　② 3선당 전선중량 $W = 3W_2$ ③ 2선 선로손실 $P_l = 2I_2^2 R_2$(중성선전류 : 0[A]) ④ 단상 2선식과 단상 3선식의 비교 　㉠ 부하전력이 동일한 조건에서 $VI_1 = 2VI_2$ → $I_1 = 2I_2$ 　㉡ 배전거리, 선로손실이 동일한 조건에서 $2I_1^2 R_1 = 2I_2^2 R_2$ → $\dfrac{R_1}{R_2} = \dfrac{I_2^2}{I_1^2} = \dfrac{I_2^2}{(2I_2)^2} = \dfrac{1}{4}$ 　㉢ 단상 3선식 중성선의 굵기가 전압선의 굵기와 같은 경우 　　$\dfrac{\text{단상 3선식 전선중량}}{\text{단상 2선식 전선중량}} = \dfrac{3W_2}{2W_1} = \dfrac{3}{2} \times \dfrac{R_1}{R_2} = \dfrac{3}{2} \times \dfrac{1}{4} = \dfrac{3}{8} = 0.375$
3상 3선식	① 전력 $P_3 = \sqrt{3}\,VI_3[\text{W}]$　　　② 3선당 전선중량 $W = 3W_3$ ③ 3선의 선로손실 $P_l = 3I_3^2 R_3$ ④ 단상 2선식과 3상 3선식의 비교 　㉠ 부하전력이 동일한 조건에서 $VI_1 = \sqrt{3}\,VI_3$ → $I_1 = \sqrt{3}\,I_3$ 　㉡ 배전거리, 선로손실이 동일한 조건에서 　　$2I_1^2 R_1 = 3I_3^2 R_3$ → $\dfrac{R_1}{R_3} = \dfrac{3I_3^2}{2I_1^2} = \dfrac{3}{2}\dfrac{I_3^2}{(\sqrt{3}\,I_3)^2} = \dfrac{1}{2}$ 　　$\dfrac{\text{3상 3선식 전선중량}}{\text{단상 2선식 전선중량}} = \dfrac{3W_3}{2W_1} = \dfrac{3}{2} \times \dfrac{R_1}{R_3} = \dfrac{3}{2} \times \dfrac{1}{2} = \dfrac{3}{4} = 0.75$
3상 4선식	① 전력 $P_4 = 3VI_4[\text{W}]$　　　② 3선당 전선중량 $W = 4W_4$ ③ 3선의 선로손실 $P_l = 3I_4^2 R_4$ ④ 단상 2선식과 3상 4선식의 비교 　㉠ 부하전력이 동일한 조건에서 $VI_1 = 3VI_4$ → $I_1 = 3I_4$ 　㉡ 배전거리, 선로손실이 동일한 조건에서 　　$2I_1^2 R_1 = 3I_4^2 R_4$ → $\dfrac{R_1}{R_4} = \dfrac{3I_4^2}{2I_1^2} = \dfrac{3}{2}\dfrac{I_4^2}{(3I_4)^2} = \dfrac{1}{6}$ 　　$\dfrac{\text{3상 4선식 전선중량}}{\text{단상 2선식 전선중량}} = \dfrac{4W_4}{2W_1} = \dfrac{4}{2} \times \dfrac{R_1}{R_4} = \dfrac{4}{2} \times \dfrac{1}{6} = \dfrac{1}{3} = 0.33$

문제의 네모칸에 체크를 해보세요. 그 문제가 이해되지 않았다면
✓ 표시를 해서 그 문제는 나중에 다시 풀어 완전하게 숙지하세요(★ : 중요도).

★★★★★ 기사 96년 7회, 99년 3회, 00년 3회 / 산업 93년 1회, 98년 7회, 02년 2회, 06년 1회

126 다음 중 배전선의 전압 조정방법이 아닌 것은?

① 승압기 사용
② 유도전압조정기 사용
③ 주상변압기 탭전환
④ 병렬콘덴서 사용

해설 배전선로 전압 조정방법
㉠ 주상변압기 탭(tap)조정장치(수전점의 전압 조정)
㉡ 승압기(단권변압기) 설치
㉢ 직렬콘덴서
㉣ 유도전압조정기(부하변동이 심한 선로에 설치하여 전압 조정)

참고
병렬콘덴서는 부하와 병렬로 접속하여 역률을 개선한다.

★ 기사 99년 5회

127 단상 교류회로에서 3300/110[V]의 승압기를 그림과 같이 접속하여 30[kW], 역률 0.85가 부하에 공급할 때 최소 몇 [kVA]의 승압기를 사용해야 하는가? (단, AB간의 전압은 3000[V]라 한다.)

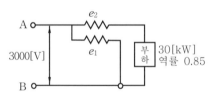

① 1 ② 2
③ 3 ④ 5

해설
승압기 2차 단자전압
$$V_2 = V_1\left(1 + \frac{e_2}{e_1}\right)$$
$$= 3000\left(1 + \frac{110}{3300}\right) = 3100[V]$$
∴ 승압기용량(자기용량)
$$w = \frac{e_2}{V_2}W_0$$
$$= \frac{110}{3100} \times \frac{30}{0.85} = 1.25 ≒ 2[kVA]$$

★★★ 산업 91년 3회

128 단상 2선식 배전선의 소요전선 총량을 100[%]라 할 때 3상 3선식과 단상 3선식(중선선의 굵기는 외선과 같다.)과의 소요전선의 총량은 각각 몇 [%]인가?

① 75[%], 37.5[%] ② 50[%], 75[%]
③ 100[%], 37.5[%] ④ 37.5[%], 75[%]

해설
송전전력, 송전전압, 송전거리, 송전손실이 같을 때 소요전선량은 다음과 같다.

전기방식	단상 2선식	단상 3선식	3상 3선식	3상 4선식
소요전선량	100[%]	37.5[%]	75[%]	33.3[%]

★ 산업 92년 2회, 05년 4회

129 동일 전력을 동일 선간전압, 동일 역률로 동일 거리에 보낼 때 사용하는 전선의 총중량이 같으면 3상 3선식일 때와 단상 2선식일 때의 전력손실의 비는? (단, 3상 3선식/단상 2선식)

① 1 ② $\frac{3}{4}$
③ $\frac{1}{3}$ ④ $\frac{1}{2}$

해설
㉠ 전선의 총량
$$V_0 = 2A_1 L = 3A_3 L$$
$$\therefore \frac{A_3}{A_1} = \frac{2}{3}$$
㉡ 전선의 저항 $R = \rho\frac{L}{A}$ 이므로 전선의 단면적에 반비례하여 $\frac{A_3}{A_1} = \frac{R_1}{R_3} = \frac{2}{3}$ 가 된다.
㉢ 동일 전력, 동일 선간전압이면 다음과 같다.
$$P = V_1 I_1 = \sqrt{3}\,VI_3 \text{에서 } \frac{I_1}{I_3} = \sqrt{3}$$
㉣ 전력손실 $\frac{P_{C3}}{P_{C2}} = \frac{3I_3^2 R_3}{2I_1^2 R_1}$
$$= \frac{3}{2} \times \left(\frac{1}{\sqrt{3}}\right)^2 \times \frac{3}{2} = \frac{3}{4}$$

정답 126 ④ 127 ② 128 ① 129 ②

자주 출제되는
핵심이론

핵심이론은 처음에는 그냥 한 번 읽어주세요.
옆의 기출문제를 풀어본 후 다시 한 번 핵심이론을 읽으면서 암기하세요.

6 역률 개선

(1) 역률 개선 원리

① 변전소 또는 수용가에서 콘덴서를 계통에 병렬로 접속하여 진상전류에 의해서 선로의 지상분전류를 보상함으로써 전류의 합성치를 감소시키는 원리

② 역률 개선 목적
- ㉠ 변압기 및 배전선로 손실 경감
- ㉡ 전압강하 경감
- ㉢ 설비 이용률 증대
- ㉣ 전기요금 절감

(2) 전력용 콘덴서용량 계산

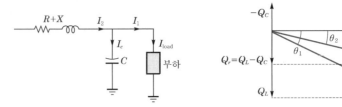 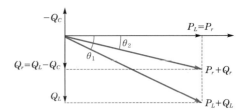

① 개선 전 무효전력 : $Q_L = P_L \tan\theta_1 = P_L \times \dfrac{\sin\theta_1}{\cos\theta_1} = P_L \times \dfrac{\sqrt{1-\cos^2\theta_1}}{\cos\theta_1}$

여기서, P_L : 개선 전 유효전력, Q_L : 개선 전 무효전력

② 개선 후 무효전력 : $Q_r = P_r \tan\theta_2 = P_r \times \dfrac{\sin\theta_2}{\cos\theta_2} = P_r \times \dfrac{\sqrt{1-\cos^2\theta_2}}{\cos\theta_2}$

여기서, P_r : 개선 후 유효전력, Q_r : 개선 전 무효전력

③ 필요한 콘덴서용량

$$Q_C = Q_L - Q_r = P_L(\tan\theta_1 - \tan\theta_2) = P_L\left(\frac{\sqrt{1-\cos^2\theta_1}}{\cos\theta_1} - \frac{\sqrt{1-\cos^2\theta_2}}{\cos\theta_2}\right)[\text{kVA}]$$

$$= P_L\left(\sqrt{\frac{1}{\cos^2\theta_1}-1} - \sqrt{\frac{1}{\cos^2\theta_2}-1}\right)[\text{kVA}]$$

7 부하형태(분포)에 따른 비교

부하의 형태		전압강하	전력손실	부하율	분산손실계수
말단에 집중된 경우		1.0	1.0	1.0	1.0
평등 부하분포		$\dfrac{1}{2}$	$\dfrac{1}{3}$	$\dfrac{1}{2}$	$\dfrac{1}{3}$
중앙일수록 큰 부하분포		$\dfrac{1}{2}$	0.38	$\dfrac{1}{2}$	0.38
말단일수록 큰 부하분포		$\dfrac{2}{3}$	0.58	$\dfrac{2}{3}$	0.58
송전단일수록 큰 부하분포		$\dfrac{1}{3}$	$\dfrac{1}{5}$	$\dfrac{1}{3}$	$\dfrac{1}{5}$

바로바로 풀어보는
기출문제

DAY 21
DAY 22
DAY 23
DAY 24
DAY 25
DAY 26
DAY 27
DAY 28
DAY 29
DAY 30

☑ 문제의 네모칸에 체크를 해보세요. 그 문제가 이해되지 않았다면
✔ 표시를 해서 그 문제는 나중에 다시 풀어 완전하게 숙지하세요(★ : 중요도).

★ 기사 98년 7회

130 배전계통에서 전력용 콘덴서를 설치하는 목적으로 다음 중 가장 타당한 것은?

① 전력손실 감소
② 개폐기의 차단능력 증대
③ 고장 시 영상전류 감소
④ 변압기손실 감소

해설 전력용 콘덴서를 설치하여 지상 무효전력을 감소시켜 역률을 개선하는 이유

㉠ 배전선로(전력) 손실 경감
㉡ 전압강하 경감
㉢ 설비 이용률 증대
㉣ 전기요금 절감

★★ 기사 92년 6회 / 산업 96년 4회, 99년 3회

131 일반적으로 부하의 역률을 저하시키는 원인이 되는 것은?

① 전등의 과부하
② 선로의 충전전류
③ 유도전동기의 경부하운전
④ 동기조상기의 중부하운전

해설

설비 운용 시 경부하 또는 무부하 운전 시에 역률이 저하된다.

★★★ 기사 96년 7회, 01년 2회, 04년 3회

132 1대의 주상변압기에 역률(늦음) $\cos\theta_1$, 유효전력 P_1[kW]의 부하와 역률(늦음) $\cos\theta_2$, 유효전력 P_2[kW]의 부하가 병렬로 접속되어 있을 경우 주상변압기에 걸리는 피상전력은 몇 [kVA]인가?

① $\dfrac{P_1}{\cos\theta_1} + \dfrac{P_2}{\cos\theta_2}$

② $\sqrt{\left(\dfrac{P_1}{\cos\theta_1}\right)^2 + \left(\dfrac{P_2}{\cos\theta_2}\right)^2}$

③ $\sqrt{(P_1+P_2)^2 + (P_1\tan\theta_1 + P_2\tan\theta_2)^2}$

④ $\sqrt{\left(\dfrac{P_1}{\cos\theta_1}\right)^2 + \left(\dfrac{P_2}{\cos\theta_2}\right)^2}$

해설 병렬부하 계산

㉠ 합성 유효전력 $P = P_1 + P_2$
㉡ 합성 무효전력 $P_r = P_1\tan\theta_1 + P_2\tan\theta_2$
㉢ 합성 피상전력
$$P_a = \sqrt{P^2 + P_r^2}$$
$$= \sqrt{(P_1+P_2)^2 + (P_1\tan\theta_1 + P_2\tan\theta_2)^2}$$

★★★★ 기사 92년 6회, 산업 90년 7회, 04년 2회

133 뒤진 역률이 80[%], 1000[kW]의 3상 부하가 있다. 이것에 콘덴서를 설치하여 역률을 95[%]로 개선하는 데 필요한 콘덴서의 용량은 몇 [kVA]가 되겠는가?

① 376
② 398
③ 422
④ 464

해설

콘덴서용량
$$Q_C = P_L(\tan\theta_1 - \tan\theta_2)$$
$$= 1000\left(\frac{0.6}{0.8} - \frac{\sqrt{1-0.95^2}}{0.95}\right) = 422[\text{kVA}]$$

★★★★★ 기사 96년 5회, 05년 3회 / 산업 94년 4회, 96년 7회, 98년 5회, 01년 2회, 03년 2회

134 3상의 전원에 접속된 △결선의 콘덴서를 Y결선으로 바꾸면 진상용량은 몇 배가 되는가?

① $\sqrt{3}$
② 3
③ $\dfrac{1}{\sqrt{3}}$
④ $\dfrac{1}{3}$

해설

$$\frac{Q_Y}{Q_\triangle} = \frac{2\pi fCV^2 \times 10^{-9}}{6\pi fCV^2 \times 10^{-9}} = \frac{1}{3}$$

★★★ 기사 98년 3회 / 산업 99년 4회, 07년 4회

135 송전단에서 전류가 동일하고 배전선에 리액턴스를 무시하면 배전선 말단에 단일부하가 있을 때의 전력손실은 배전선에 따라 균등한 부하가 분포되어 있는 경우의 전력손실에 비하여 몇 배나 되는가?

① $\dfrac{1}{2}$
② 2
③ $\dfrac{1}{3}$
④ 3

해설 부하모양에 따른 전압강하계수

부하의 형태	전압 강하	전력 손실	부하율	분산 손실계수
말단에 집중	1.0	1.0	1.0	1.0
평등부하	$\dfrac{1}{2}$	$\dfrac{1}{3}$	$\dfrac{1}{2}$	$\dfrac{1}{3}$

정답 130 ① 131 ③ 132 ③ 133 ③ 134 ④ 135 ③

자주 출제되는
핵심이론

핵심이론은 처음에는 그냥 한 번 읽어주세요.
옆의 기출문제를 풀어본 후 다시 한 번 핵심이론을 읽으면서 암기하세요.

제11장 | 발전

1 수력발전

(1) 수력발전소의 출력

$$P = 9.8\,QH\eta_t\eta_g = 9.8\,QH\eta\,[\text{kW}]$$

여기서, H : 유효낙차[m], Q : 유량[m³/sec], η_t : 수차의 효율, η_g : 발전기의 효율

(2) 수력학

수두	① 위치수두 : 물의 위치에너지를 수두로 표시한 값 → H_1[m]
	② 속도수두 : 물의 속도에너지를 수두로 나타낸 값 → $H_v = \dfrac{v^2}{2g}$[m]
	물의 분출속도 $v = \sqrt{2gH_v}$ [m/sec](여기서, g : 중력가속도(=9.8), H_v : 낙차)
	③ 압력수두 : 물의 압력에너지를 수두로 나타낸 값 → $H_P = \dfrac{P}{w} = \dfrac{P}{1000}$[m]
베르누이의 정리	① 비압축성, 정상상태의 유체가 관 내의 한 유선을 따라서 연속적으로 흐를 때 (에너지 보존법칙), 물이 흘러가는 임의의 한 점에서 위치수두, 속도수두, 압력수두의 합은 일정
	② $H_1 + \dfrac{v_1^2}{2g} + \dfrac{P_1}{w} = H_2 + \dfrac{v_2^2}{2g} + \dfrac{P_2}{w}$
연속의 정리	① 단면적 A[m²]인 관로나 수로를 흐르는 유속 v[m/s] ② 단위 시간당 물의 양 $Q = A \cdot v$[m³/sec], $A_1v_1 = A_2v_2 = Q$[m³/sec] 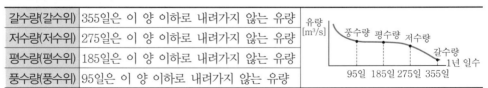 ‖ 연속의 원리 ‖

(3) 하천유량

① 유량도 : 가로축에 1년 365일을 날짜 순으로 하고 세로축에 매일의 하천유량의 크기를 나타낸다.

② 유황곡선

갈수량(갈수위)	355일은 이 양 이하로 내려가지 않는 유량
저수량(저수위)	275일은 이 양 이하로 내려가지 않는 유량
평수량(평수위)	185일은 이 양 이하로 내려가지 않는 유량
풍수량(풍수위)	95일은 이 양 이하로 내려가지 않는 유량

③ 적산유량곡선

㉠ 가로축은 날짜 순으로 하고, 세로축에는 매일매일의 유량의 적산곡선 및 사용수량을 적산한 곡선을 함께 나타낸 것

㉡ 댐과 저수지 건설계획 또는 기존 저수지의 저수계획을 수립하는 자료로 사용

☑ 문제의 네모칸에 체크를 해보세요. 그 문제가 이해되지 않았다면
　✓ 표시를 해서 그 문제는 나중에 다시 풀어 완전하게 숙지하세요(★ : 중요도).

DAY 21
DAY 22
DAY 23
DAY 24
DAY 25
DAY 26
DAY 27
DAY 28
DAY 29
DAY 30

★★★★★ 기사 90년 2회, 92년 6회, 99년 5회, 02년 3회, 05년 1회

136 전력계통의 경부하 시나 다른 발전소의 발전전력에 여유가 있을 때 이 잉여전력을 이용해서 물을 상부의 저수지에 옮겨 저장하였다가 필요에 따라 이 물을 이용해서 발전하는 발전소는?

① 조력발전소
② 양수식 발전소
③ 유역변경식 발전소
④ 수로식 발전소

📖 해설

양수발전은 경부하 시 잉여전력을 이용하여 상부 저수지에 물을 저장하였다가 첨두부하 시 발전하는 방식을 말한다.

★ 산업 93년 4회, 03년 3회

137 유효낙차 400[m]의 수력발전소가 있다. 펠톤수차의 노즐에서 분출하는 물의 속도를 이온값의 0.95배로 한다면 물의 분출속도는 몇 [m/s]인가?

① 42
② 59.5
③ 62.6
④ 84.1

📖 해설

물의 분출속도 $v = K\sqrt{2gH}$[m/s]

$v = 0.95\sqrt{2 \times 9.8 \times 400} = 84.11$[m/s]

📌 참고 수력발전 중요용어

(1) 제수문 : 취수량을 조절하기 위해 설치된 수문
(2) 스크린 : 수로에 유입하는 불순물을 제거
(3) 유속측정법 : 유속계법, 부자법, 염수속도법, 깁슨법, 피토관법

★★★★★ 기사 92년 6회, 96년 5회, 03년 1회, 04년 4회 / 산업 06년 1회, 07년 2회

138 수력발전소의 댐을 설계하거나 저수지의 용량 등을 결정하는 데 가장 적당한 것은?

① 유량도
② 적산유량곡선
③ 유황곡선
④ 수위유량곡선

📖 해설

적산유량곡선은 횡축에 역일을, 종축에 유량을 기입하고 이들의 유량을 매일 적산하여 작성한 곡선으로 저수지용량 등을 결정하는 데 이용할 수 있다.

★★★ 기사 93년 5회

연관문제 1년 365일 중 185일은 이 양 이하로 내려가지 않는 유량은?

① 저수량
② 고수량
③ 평수량
④ 풍수량

📖 해설

하천의 유량은 계절에 따라 변하므로 유량과 수위는 다음과 같이 구분한다.
㉠ 갈수량 : 1년 365일 중 355일은 이 양 이하로 내려가지 않는 유량
㉡ 저수량 : 1년 365일 중 275일은 이 양 이하로 내려가지 않는 유량
㉢ 평수량 : 1년 365일 중 185일은 이 양 이하로 내려가지 않는 유량
㉣ 풍수량 : 1년 365일 중 95일은 이 양 이하로 내려가지 않는 유량

답 ③

★★ 기사 96년 7회 / 산업 96년 5회

139 수압철관의 안지름이 4[m]인 곳에서의 유속이 4[m/s]이었다. 안지름이 3.5[m]인 곳에서의 유속은 약 몇 [m/s]인가?

① 4.2
② 5.2
③ 6.2
④ 7.2

📖 해설

㉠ 연속의 정리 $Q = A_1 V_1 = A_2 V_2$

㉡ 유량 $Q = \dfrac{\pi \times 4^2}{4} \times 4 = \dfrac{\pi \times 3.5^2}{4} \times V_2$

∴ 유속 $V_2 = \dfrac{4^2}{3.5^2} \times 4 = 5.22$[m/s]

정답 136 ② 137 ④ 138 ② 139 ②

자주 출제되는

핵심이론

핵심이론은 처음에는 그냥 한 번 읽어주세요.
옆의 기출문제를 풀어본 후 다시 한 번 핵심이론을 읽으면서 암기하세요.

④ 연평균유량 $Q = \dfrac{\dfrac{a}{1000} \times b \times 10^6 \times k}{365 \times 24 \times 3600}$ [m³/sec]

여기서, a : 강수량[mm], b : 유역면적[km²], k : 유량계수$\left(= \dfrac{\text{유출량}}{\text{강수량}}\right)$

(4) 수력발전소 계통

① 수로 : 취수구로부터 수조 또는 발전기의 수차까지 물을 흐르게 하는 통로

② 조압수조(surge tank)의 목적

ㄱ 부하의 급격한 변동으로 사용수량이 급변할 때 압력수로와 수압관 내를 큰 압력으로부터 보호

ㄴ 압력수로와 수압관 사이에 설치

ㄷ 부하 급변 시에 생기는 수격작용을 방지하고 서징작용을 흡수

‖ 수로식 계통도 ‖

③ 조압수조의 종류 및 특성

ㄱ 단동 서지탱크   ㄴ 차동 서지탱크(부하 급변 시 및 주파수 조정용에 사용)

ㄷ 제수공 서지탱크   ㄹ 수실 서지탱크(저수지 수심이 깊은 곳에 사용)

(5) 수차의 구분

충동수차	고낙차	펠톤수차	압력수두 → 속도수두
반동수차	중낙차	프란시스수차	압력수두를 그대로 러너에 작용시켜 그 반동력을 이용
	저낙차	프로펠러수차	러너날개가 고정날개형이므로 구조가 간단하고 가격이 저렴
		카플란수차	러너의 각도 조절이 가능하고 프로펠러수차와 유사
		사류수차	─
		튜블러수차	조력발전에서 10[m] 이하의 저낙차용으로 사용

‖ 반동수차 ‖

발전기축(주축)
수압관으로부터 / 유수
케이싱
러너
흡출관 / 유수
안내날개 (guide vanc)

(6) 특유속도

일정 낙차의 위치에서 운전시켜 출력 1[kW]를 발생시키기 위한 1분당 필요한 회전수

특유속도 $N_s = N \dfrac{P^{\frac{1}{2}}}{H^{\frac{5}{4}}} = N \dfrac{\sqrt{P}}{H\sqrt{\sqrt{H}}}$ [rpm]

여기서, N : 수차 회전속도, H : 유효낙차, P : 정격출력

(7) 조속기

① 유량을 자동적으로 조절하여 수차의 회전속도를 일정하게 유지

② 평속기 → 배압밸브 → 서보모터 → 복원기구

Comment

수력발전에서 여러 기기적인 용어가 있는데 구조를 확실하게 설정하기 어려우므로 다음 용어를 반드시 외우자.

• 흡출관 : 낙차를 늘리기 위해 적용(충동수차에는 사용 안 함)

• 조속기 : 수차의 회전수를 일정하게 유지하기 위해 수차의 유량을 자동적으로 조정하는 장치

바로바로 풀어보는
기출문제

문제의 네모칸에 체크를 해보세요. 그 문제가 이해되지 않았다면
✓ 표시를 해서 그 문제는 나중에 다시 풀어 완전하게 숙지하세요(★ : 중요도).

DAY 21
DAY 22
DAY 23
DAY 24
DAY 25
DAY 26
DAY 27
DAY 28
DAY 29
DAY 30

★ | 산업 96년 7회, 00년 5회

140 유역면적 800[km²], 유효낙차 30[m], 연간 강우량 1500[mm]의 수력발전소에서 그 강우량의 70[%]만 이용하면 연간 발전전력량은 몇 [kWh]가 되는가? (단, 효율은 80[%]이다.)

① 1.49×10^5 ② 1.49×10^6
③ 5.49×10^5 ④ 5.49×10^6

해설

㉠ 사용유량

$$Q = \frac{\frac{1500}{1000} \times 800 \times 10^6 \times 0.7}{365 \times 24 \times 3600} = 26.636[\text{m}^3/\text{s}]$$

㉡ 연간 발전량 $P = 9.8HQ\eta_t \times 365 \times 24$

$P = 9.8 \times 30 \times 26.636 \times 0.8 \times 365 \times 24$
$= 5.49 \times 10^6[\text{kWh}]$

참고

수력발전 기본식 $P = 9.8HQ\eta_t[\text{kW}]$은 1시간 기준으로 나타낸 것이므로 연간 발전전력량은 1일 24시간, 1년 365일을 고려하여 계산한다.

★★★★ | 기사 94년 7회, 01년 1회 / 산업 06년 2회

141 다음 중 수력발전소에서 조압수조를 설치하는 목적은?

① 부유물의 제거
② 수격작용의 완화
③ 유량의 조절
④ 토사의 제거

해설

조압수조는 부하 급변 시에 생기는 수격작용을 방지하고 수차의 사용유량 변동에 따른 서징작용을 흡수한다.

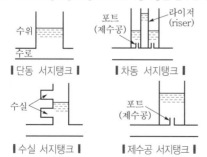

★★ | 기사 90년 2회, 98년 7회, 00년 5회

142 수력발전소에서 특유속도가 가장 높은 수차는?

① Pelton수차   ② Propeller수차
③ Francis수차   ④ 사류수차

해설

종류	N_s의 한계치	
펠톤	$12 \leq N_s \leq 23$	
프란시스	$N_s \leq \dfrac{20000}{H+20} + 30$	$65 \leq N_s \leq 350$
사류	$N_s \leq \dfrac{20000}{H+20} + 40$	$150 \leq N_s \leq 250$
카플란, 프로펠러	$N_s \leq \dfrac{20000}{H+20} + 50$	$350 \leq N_s \leq 800$

★★ | 기사 91년 5회, 00년 4회 / 산업 93년 2회

연관문제 유효낙차 81[m], 출력 10000[kW], 특유속도 164[rpm]인 수차의 회전속도[rpm]는?

① 약 185   ② 약 215
③ 약 350   ④ 약 400

해설

특유속도 $N_s = \dfrac{NP^{\frac{1}{2}}}{H^{\frac{5}{4}}} = \dfrac{N \times 10000^{\frac{1}{2}}}{81^{\frac{5}{4}}} = 164[\text{rpm}]$

회전속도 $N = \dfrac{N_s \cdot H^{\frac{5}{4}}}{P^{\frac{1}{2}}} = \dfrac{164 \times 81^{\frac{5}{4}}}{10000^{\frac{1}{2}}} = 398[\text{rpm}]$

답 ④

★★★ | 기사 93년 6회, 01년 1회

143 수차의 종류를 적용 낙차가 높은 것에서 낮은 순서로 나열한 것은?

① 프란시스 – 펠톤 – 프로펠러
② 펠톤 – 프란시스 – 프로펠러
③ 프란시스 – 프로펠러 – 펠톤
④ 프로펠러 – 펠톤 – 프란시스

해설

㉠ 펠톤수차 : 500[m] 이상의 고낙차
㉡ 프란시스수차 : 50~500[m] 정도의 중낙차
㉢ 프로펠러수차 : 50[m] 이하의 저낙차

자주 출제되는
핵심이론

핵심이론은 처음에는 그냥 한 번 읽어주세요.
옆의 기출문제를 풀어본 후 다시 한 번 핵심이론을 읽으면서 암기하세요.

2 화력발전

(1) 열사이클의 종류

① 카르노사이클
  ㉠ 가장 이상적인 열사이클로서 2개의 등온변화와 2개의 단열변화로 이루어짐
  ㉡ 등온팽창(보일러) → 단열팽창(터빈) → 등온압축(복수기) → 단열압축(급수펌프)

‖ 카르노사이클 ‖

② 랭킨사이클
  ㉠ 절탄기 : 보일러 급수 예열
  ㉡ 보일러 : 화석연료로 급수를 가열
  ㉢ 과열기 : 습증기 → 과열증기
  ㉣ 터빈 : 증기를 이용하여 터빈을 회전
  ㉤ 복수기 : 증기를 급수로 변화(손실이 큼)
  ㉥ 급수펌프 : 보일러로 다시 순환

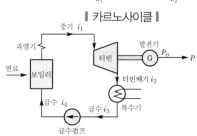

‖ 랭킨사이클 ‖

  ㉦ 랭킨사이클의 열효율 $\eta_R = \dfrac{i_3 - i_2}{i_3 - i_1}$

  여기서, i_1 : 보일러 급수 엔탈피, i_2 : 터빈배기 엔탈피, i_3 : 과열증기 엔탈피

③ 재열사이클 : 터빈에서 증기를 추출하여 보일러로 보내서 재열기로 재가열
④ 재생사이클 : 터빈증기를 추기하여 가지고 있는 열에너지로 보일러 급수 예열
⑤ 재생재열사이클 : 재열사이클과 재생사이클을 같이 사용하여 열효율을 향상

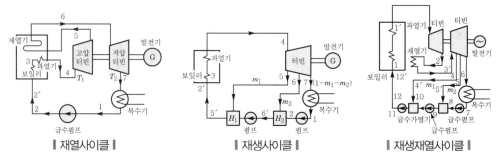

‖ 재열사이클 ‖ ‖ 재생사이클 ‖ ‖ 재생재열사이클 ‖

(2) 발전소 열효율

① 발전소의 열효율 $\eta = \dfrac{860 \cdot P}{W \cdot C} \times 100 [\%]$

  여기서, P : 전력량[W], W : 연료소비량[kg], C : 열량[kcal/kg]

② 1[kWh]=860[kcal], 1[J]=0.24[cal], 1[cal]=4.18[J]

참고 **화력발전 중요 용어**

(1) 엔탈피 : 단위 무게의 물이나 증기가 보유하고 있는 전체 열량
(2) 탈기기(부식 방지) : 급수 중에 산소 등을 제거하는 설비
(3) 공기예열기 : 연소가스를 이용하여 연소용 공기를 예열

DAY 21
DAY 22
DAY 23
DAY 24
DAY 25
DAY 26
DAY 27
DAY 28
DAY 29
DAY 30

★★★★★ 기사 91년 7회, 95년 7회

144 다음 그림은 어떤 열사이클을 $T-s$ 선도로 나타낸 것인가?

① 랭킨사이클
② 재열사이클
③ 재생사이클
④ 카르노사이클

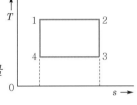

📋 해설

카르노사이클은 이상적인 사이클로서 열동작은 다음과 같다.
㉠ 1-2 : 등온팽창과정, 보일러
㉡ 2-3 : 단열팽창과정, 터빈
㉢ 3-4 : 등온압축과정, 복수기
㉣ 4-1 : 단열압축과정, 급수펌프

📋 참고

카르노사이클을 다음과 같이 나타낼 수도 있다.
등압가열(1-2) → 단열팽창(2-3) → 등압냉각(3-4) → 단열압축(4-1)

★★★★ 기사 00년 5회

145 기력발전소의 열사이클 과정 중에서 ㉠ 단열팽창과정이 행하여지는 기기와 ㉡ 이때의 급수 또는 증기의 변화상태로 옳은 것은 어느 것인가?

① ㉠ 보일러, ㉡ 압축액 → 포화증기
② ㉠ 터빈, ㉡ 과열증기 → 습증기
③ ㉠ 복수기, ㉡ 습증기 → 포화액
④ ㉠ 급수펌프, ㉡ 포화액 → 압축액

📋 해설

단열팽창은 터빈에서 이루워지는 과정이므로 터빈에 들어간 과열증기가 습증기로 된다.

★★★ 산업 92년 7회, 02년 3회, 03년 1회, 07년 4회

146 발열량 5500[kcal/kg]의 석탄 10[t]을 사용하여 24000[kWh]의 전력을 발생하는 화력발전소의 열효율은 몇 [%]인가?

① 37.5
② 32.5
③ 34.4
④ 29.4

📋 해설

열효율 $\eta = \dfrac{860P}{WC} \times 100[\%]$

$= \dfrac{860 \times 24000}{10 \times 10^3 \times 5500} \times 100 = 37.5[\%]$

여기서, P : 전력량[W], W : 연료소비량[kg]
C : 열량[kcal/kg]

💬 Comment

이 문제 풀이 반드시 기억해야 한다. 필기, 실기 모두 중요하게 언급되므로 나중에 후회하지 말고 꼭 외우자.

★★ 기사 92년 6회

147 다음 중 ( )에 알맞는 말은?

기력발전소에서 열손실이 가장 많은 곳은 (㉠)이며 그 손실량은 전공급열량의 약 (㉡)[%]이다.

① ㉠ 과열기, ㉡ 40[%]
② ㉠ 복수기, ㉡ 50[%]
③ ㉠ 보일러, ㉡ 30[%]
④ ㉠ 터빈, ㉡ 20[%]

📋 참고 기력발전소

보일러에서 물을 끓여 발생하는 증기를 이용하여 전력을 발생시키는 발전소이다.

★★ 산업 00년 5회, 04년 4회

연관 문제 급수의 엔탈피 130[kcal/kg], 보일러 출구 과열증기 엔탈피 830[kcal/kg], 터빈배기 엔탈피 550[kcal/kg]인 랭킨사이클의 열사이클 효율은?

① 0.2
② 0.4
③ 0.6
④ 0.8

📋 해설

랭킨사이클의 열효율
$\eta_R = \dfrac{i_3 - i_2}{i_3 - i_1} = \dfrac{830 - 550}{830 - 130} = 0.4$

여기서, i_1 : 보일러급수 엔탈피, i_2 : 터빈배기 엔탈피
i_3 : 과열증기 엔탈피

답 ②

정답 **144** ④ **145** ② **146** ① **147** ②

핵심이론

3 원자력발전

(1) 원자로의 구성

① 핵연료 : 우라늄 및 플루토늄 등의 물질을 이용하여 핵분열을 일으키는 물질

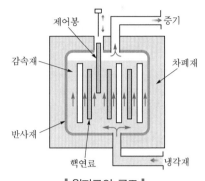

┃ 원자로의 구조 ┃

  ㉠ 원자로의 연료($_{92}U^{235}$, $_{92}U^{233}$, $_{92}U^{239}$)

  ㉡ 핵연료는 고온에 견디고 열전도도가 높고 밀도가 높을 것

② 감속재 : 고속중성자를 열중성자로 감속되도록 하는 물질

  ㉠ 경수(H_2O), 중수(D_2O), 베릴륨, 흑연

  ㉡ 중성자 흡수능력이 적을 것(흡수단면적이 작을 것)

  ㉢ 중량이 가볍고 밀도가 큰 원소일 것

③ 제어봉 : 중성자를 흡수하여 중성자의 수를 조절함으로써 핵분열 연쇄반응을 제어하는 물질

  ㉠ 카드뮴(Cd), 붕소(B), 은(Ag), 하프늄(Hf), 인듐(In)

  ㉡ 중성자 흡수능력이 좋을 것

  ㉢ 냉각재, 방사선 등에 대해 안정할 것

④ 냉각재 : 원자로 내에서 발생한 열에너지를 외부로 끄집어내기 위한 물질

  ㉠ 경수(H_2O), 중수(D_2O), 이산화탄소(CO_2), 헬륨(He), 나트륨(Na)

  ㉡ 열용량이 크고 열전달 특성이 좋을 것

  ㉢ 중성자의 흡수가 적을 것

⑤ 반사재 : 원자로에서 핵분열 시 중성자가 원자로 밖으로 빠져나가지 않도록 원자로 내부로 되돌려 보내는 역할을 하는 물질

  ㉠ 경수(H_2O), 중수(D_2O), 흑연(C), 산화베릴륨(BeO)

  ㉡ 구비조건은 감속재와 같음

⑥ 차폐재 : 원자로 내부의 방사선이 외부로 누출되는 것을 방지하는 역할

  ㉠ 콘크리트, 물(H_2O), 납(Pb)

  ㉡ 밀도가 대단히 높고, 열전도도가 클 것

(2) 원자력발전소의 종류

① 비등수형(BWR) 원자로 : 원자로 내에서 핵분열로 발생한 열로 물을 가열하여 증기를 발생시켜 터빈에 공급하는 방식으로 열교환기가 없고 감속재, 냉각재로 경수를 사용

② 가압수형(PWR) 원자로 : 원자로 내에서의 압력을 매우 높여 물의 비등을 억제함으로써 2차측에 설치한 증기발생기를 통하여 증기를 발생시켜 터빈에 공급하는 방식

  ㉠ 가압 경수로형(PWR) : 감속재, 냉각재를 경수 사용

  ㉡ 가압 중수로형 : 감속재, 냉각재를 중수 사용

바로바로 풀어보는
기출문제

문제의 네모칸에 체크를 해보세요. 그 문제가 이해되지 않았다면
✓ 표시를 해서 그 문제는 나중에 다시 풀어 완전하게 숙지하세요(★ : 중요도).

DAY
21
DAY
22
DAY
23
DAY
24
DAY
25
DAY
26
DAY
27
DAY
28
DAY
29
DAY
30

★★★ 산업 98년 6회

148 원자력발전소에서 감속재에 관한 설명으로 틀린 것은?

① 중성자 흡수단면적이 클 것
② 감속비가 클 것
③ 감속능력이 클 것
④ 경수, 중수, 흑연 등이 사용됨

해설 감속재

핵분열에 의해 생긴 고속중성자를 열중성자로 감속하기 위하여 사용하는 것
㉠ 원자핵의 질량수가 적을 것
㉡ 중성자의 산란이 크고 흡수가 적을 것

★★★ 산업 00년 3회

연관문제 원자력발전에서 제어용 재료로 사용되는 것은?

① 하프늄
② 스테인리스강
③ 나트륨
④ 경수

해설

중성자의 수를 감소시켜 핵분열 연쇄반응을 제어하는 것으로 중성자 흡수가 큰 것이 요구되므로 카드뮴(cd), 붕소(B), 하프늄(Hf) 등이 이용되고 있다.

답 ①

★★★★ 기사 94년 2회, 99년 6회, 03년 3회

149 원자로의 냉각재가 갖추어야 할 조건으로 틀린 것은?

① 열용량이 작을 것
② 중성자의 흡수단면적이 작을 것
③ 냉각재와 접촉하는 재료를 부식하지 않을 것
④ 중성자의 흡수단면적이 큰 불순물을 포함하지 않을 것

해설 냉각재

㉠ 원자로 내의 온도를 적당한 값으로 유지시키기 위하여 사용하는 물질
㉡ 냉각재의 구비조건
• 중성자 흡수가 적을 것
• 열전달 및 열운반 특성이 양호할 것(열용량이 클 것)
• 방사능이 적을 것
• 냉각재로는 경수, 중수, 탄산가스, 헬륨가스

★ 기사 97년 4회, 02년 2회, 03년 2회 / 산업 96년 2회, 01년 2회

150 다음 중 가압수형 원자력발전소(PWR)에 사용하는 연료, 감속재 및 냉각재로 적당한 것은?

① 연료 : 천연우라늄, 감속재 : 흑연 감속, 냉각재 : 이산화탄소 냉각
② 연료 : 농축우라늄, 감속재 : 중수 감속, 냉각재 : 경수 냉각
③ 연료 : 저농축우라늄, 감속재 : 경수 감속, 냉각재 : 경수 냉각
④ 연료 : 저농축우라늄, 감속재 : 흑연 감속, 냉각재 : 경수 냉각

해설

우리나라의 원자로는 대부분 미국 웨스팅하우스(westing house)사의 가압 경수로(고리원자력, 영광원자력, 울진원자력)로서 핵연료로는 저농축우라늄, 감속재와 냉각재로는 경수(H_2O)를 사용하고 있다.

원자로의 종류		연료	감속재	냉각재
가스냉각로 (GCR)		천연우라늄	흑연	탄산가스
경수로	비등수형 (BWR)	농축우라늄	경수	경수
	가압수형 (PWR)			
중수로 (CANDU)		천연우라늄, 농축우라늄	중수	중수
고속중식로 (FBR)		농축우라늄, 플루토늄	–	나트륨, 나트륨·칼륨합금

 Comment

원자로 종류가 많다. 다 외우기에는 현실적으로 어려우니 최소한 우리나라에서 사용하는 경수로 부분은 반드시 외우자.

정답 148 ① 149 ① 150 ③

제6편

전기설비기술기준

출제분석 및 학습방법

① 합격생들이 가장 많은 점수를 얻는 과목으로 계산문제가 거의 출제되지 않으므로 다른 과목에 비해 공부하기가 용이하다.

② 이격거리 사항이 많이 출제되기 때문에 너무 자세하게 정리하는 것보다 시험문제에 자주 출제되는 문제를 선별·숙지하는 게 고득점을 안정적으로 받을 수 있다.

③ 전선로부분이 가장 많이 출제되고 있는데 학습해야 할 양도 가장 많으므로 내용을 유사부분으로 정리하여 반복 숙지하는 것이 중요하다.

④ 2차 실기시험까지 영향을 주는 과목이므로 필기시험 준비를 열심히 하면 실기시험에도 큰 도움을 받을 수 있다.

⑤ 법령이 개정된 부분에 대해서는 내용을 정리하여야 새로 출제되는 문제에 대처할 수 있다.

일차별 학습목표 및 출제율

DAY 24	• 법령에 나오는 여러 가지 용어의 정의에 대해 알아본다. • 선로 및 기기의 절연상태를 확인하고 사고 시에 대비하여 시행하는 접지공사의 특징에 대해 알아본다. • 피뢰시스템의 목적을 이해하고 장소에 따른 보호체계에 대해 알아본다.	출제율 17%
DAY 25	• 저압설비에 적용하는 계통접지 방식에 대해 알아본다. • 감전에 대해 정의하고 보호방식에 대해 알아본다. • 과전류를 구분하고 보호장치의 특성 및 사용방법에 대해 알아본다.	출제율 11%
DAY 26	• 저압 옥내설비의 종류와 시설 시 주의사항에 대해 알아본다. • 고압 및 특고압 옥내배선의 종류와 특성에 대해 알아본다. • 특수설비의 종류와 시설 시 주의사항에 대해 알아본다.	출제율 12%
DAY 27	• 전선로와 다른 시설물과의 안전상 필요한 이격거리와 시가지에서의 시설방법을 알아본다. • 철탑의 종류 및 특성을 알아본다. • 25[kV] 이하 특고압 가공전선로와 지중전선로, 터널 내 전선로에 대해 알아본다.	출제율 41%
DAY 28	• 발·변전소 및 개폐소 등에 사용하는 기계기구 시설의 보호방법에 대해 알아본다. • 개폐기 및 과전류차단기의 종류 및 동작기준에 대해 알아본다. • 피뢰기 및 기기의 보호장치의 특성을 이해하고 계측장치의 필요성을 알아본다. • 전기철도의 전기방식 및 시설방법에 대해 알아본다. • 분산형전원설비의 종류와 시설 및 보호방식에 대해 알아본다.	출제율 19%

알아두기

전기설비기술기준 주요 내용

(1) 안전 원칙(제2조)
① 전기설비는 감전, 화재 그 밖에 사람에게 위해를 주거나 물건에 손상을 줄 우려가 없도록 시설하여야 한다.
② 전기설비는 사용목적에 적절하고 안전하게 작동하여야 하며, 그 손상으로 인하여 전기 공급에 지장을 주지 않도록 시설하여야 한다.
③ 전기설비는 다른 전기설비, 그 밖의 물건의 기능에 전기적 또는 자기적인 장해를 주지 않도록 시설하여야 한다.

(2) 정의(제3조)
용어의 정의는 다음과 같다.
① 발전소 : 발전기·원동기·연료전지·태양전지·해양에너지발전설비·전기저장장치 그 밖의 기계기구를 시설하여 전기를 생산하는 곳을 말한다.
② 변전소 : 변전소의 밖으로부터 전송받은 전기를 변전소 안에 시설한 변압기·전동발전기·회전변류기·정류기 그 밖의 기계기구에 의하여 변성하는 곳으로서 변성한 전기를 다시 변전소 밖으로 전송하는 곳을 말한다.
③ 개폐소 : 개폐소 안에 시설한 개폐기 및 기타 장치에 의하여 전로를 개폐하는 곳으로서 발전소·변전소 및 수용장소 이외의 곳을 말한다.
④ 급전소 : 전력계통의 운용에 관한 지시 및 급전조작을 하는 곳을 말한다.
⑤ 연접 인입선 : 한 수용장소의 인입선에서 분기하여 지지물을 거치지 아니하고 다른 수용장소의 인입구에 이르는 부분의 전선을 말한다.
⑥ 가공인입선 : 가공전선로의 지지물로부터 다른 지지물을 거치지 아니하고 수용장소의 붙임점에 이르는 가공전선을 말한다.
⑦ 지지물 : 목주·철주·철근콘크리트주 및 철탑과 이와 유사한 시설물로서 전선·약전류전선 또는 광섬유케이블을 지지하는 것을 주된 목적으로 하는 것을 말한다.
⑧ 조상설비 : 무효전력을 조정하는 전기기계기구를 말한다.

(3) 특고압을 직접 저압으로 변성하는 변압기의 시설(제11조)
특고압을 직접 저압으로 변성하는 변압기는 다음의 장소에 시설할 수 있다.
① 발전소 등 공중(公衆)이 출입하지 않는 장소에 시설하는 경우
② 혼촉 방지 조치가 되어 있는 등 위험의 우려가 없는 경우
③ 특고압측의 권선과 저압측의 권선이 혼촉하였을 경우 자동적으로 전로가 차단되는 장치의 시설 그 밖의 적절한 안전조치가 되어 있는 경우

(4) 유도장해 방지(제17조)
① 교류 특고압 가공전선로에서 발생하는 극저주파 전자계는 지표상 1[m]에서 전계가 3.5 [kV/m] 이하, 자계가 83.3[μT] 이하가 되도록 시설하고, 직류 특고압 가공전선로에서 발생하는 직류전계는 지표면에서 25[kV/m] 이하, 직류자계는 지표상 1[m]에서 400,000[μT] 이하가 되도록 시설하는 등 상시 정전유도(靜電誘導) 및 전자유도(電磁誘導) 작용에 의하여 사람에게 위험을 줄 우려가 없도록 시설하여야 한다. 다만, 논밭, 산림 그 밖에 사람의 왕래가 적은 곳에서 사람에게 위험을 줄 우려가 없도록 시설하는 경우에는 그러하지 아니하다.
② 특고압의 가공전선로는 전자유도작용이 약전류전선로를 통하여 사람에게 위험을 줄 우려가 없도록 시설하여야 한다.
③ 전력보안통신설비는 가공전선로로부터의 정전유도작용 또는 전자유도작용에 의하여 사람에게 위험을 줄 우려가 없도록 시설하여야 한다.

(5) 절연유(제20조)
① 사용전압이 100[kV] 이상의 중성점 직접접지식 전로에 접속하는 변압기를 설치하는 곳에는 절연유의 구외 유출 및 지하 침투를 방지하기 위한 설비를 갖추어야 한다.
② 폴리염화비페닐을 함유한 절연유를 사용한 전기기계기구는 전로에 시설하여서는 아니 된다.

(6) 발전기 등의 기계적 강도(제23조)
발전기·변압기·조상기·계기용변성기·모선 및 이를 지지하는 애자는 단락전류에 의하여 생기는 기계적 충격에 견디는 것이어야 한다.

(7) 전선로의 전선 및 절연성능(제27조)
① 저압 가공전선 또는 고압 가공전선은 감전의 우려가 없도록 사용전압에 따른 절연성능을 갖는 절연전선 또는 케이블을 사용하여야 한다.
② 지중전선로는 감전의 우려가 없도록 사용전압에 따른 절연성능을 갖는 케이블을 사용하여야 한다.
③ 저압전선로 중 절연 부분의 전선과 대지 사이 및 전선의 심선 상호 간의 절연저항은 사용전압에 대한 누설전류가 최대 공급전류의 1/2000을 넘지 않도록 하여야 한다.

(8) 고압 및 특고압 전로의 피뢰기 시설(제34조)
① 발전소 · 변전소 또는 이에 준하는 장소의 가공전선 인입구 및 인출구
② 가공전선로에 접속하는 배전용 변압기의 고압측 및 특고압측
③ 고압 또는 특고압의 가공전선로로부터 공급을 받는 수용장소의 인입구
④ 가공전선로와 지중전선로가 접속되는 곳

(9) 특고압 가공전선과 건조물 등의 접근 또는 교차(제36조)
① 사용전압이 400[kV] 이상의 특고압 가공전선과 건조물 사이의 수평거리는 그 건조물의 화재로 인한 그 전선의 손상 등에 의하여 전기사업에 관련된 전기의 원활한 공급에 지장을 줄 우려가 없도록 3[m] 이상 이격하여야 한다. 다만, 다음의 조건을 모두 충족하는 경우에는 예외로 한다.
  ㉠ 가공전선과 건조물 상부와의 수직거리가 28[m] 이상일 것
  ㉡ 사람이 거주하는 주택 및 다중이용시설이 아닌 건조물로서 내화구조이고, 그 지붕 재질은 불연재료일 것
  ㉢ 폭연성 분진, 가연성 가스, 인화성 물질, 석유류, 화약류 등 위험물질을 다루는 건조물이 아닐 것
② 사용전압이 170[kV] 초과의 특고압 가공전선이 건조물, 도로, 보도교, 그 밖의 시설물의 아래쪽에 시설될 때의 상호 간의 수평 이격거리는 3[m] 이상 이격하여야 한다.

(10) 전차선로의 시설(제46조)
① 직류 전차선로의 사용전압은 저압 또는 고압으로 하여야 한다.
② 교류 전차선로의 공칭전압은 25[kV] 이하로 하여야 한다.
③ 전차선로는 전기철도의 전용부지 안에 시설하여야 한다.

(11) 저압전로의 절연성능(제52조)
전기사용장소의 사용전압이 저압인 전로의 전선 상호 간 및 전로와 대지 사이의 절연저항은 개폐기 또는 과전류차단기로 구분할 수 있는 전로마다 다음 표에서 정한 값 이상이어야 한다. 다만, 전선 상호 간의 절연저항은 기계기구를 쉽게 분리가 곤란한 분기회로의 경우 기기 접속 전에 측정할 수 있다.
또한, 측정 시 영향을 주거나 손상을 받을 수 있는 SPD 또는 기타 기기 등은 측정 전에 분리시켜야 하고, 부득이하게 분리가 어려운 경우에는 시험전압을 250[V] DC로 낮추어 측정할 수 있지만 절연저항값은 1[MΩ] 이상이어야 한다.

전로의 사용전압[V]	DC시험전압[V]	절연저항[MΩ]
SELV 및 PELV	250	0.5
FELV, 500[V] 이하	500	1.0
500[V] 초과	1000	1.0

[주] 특별저압(extra low voltage : 2차 전압이 AC 50[V], DC 120[V] 이하)으로 SELV(비접지회로 구성) 및 PELV(접지회로 구성)은 1차와 2차가 전기적으로 절연된 회로, FELV는 1차와 2차가 전기적으로 절연되지 않은 회로

학습목표
· 법령에 나오는 여러 가지 용어의 정의에 대해 알아본다.
· 선로 및 기기의 절연상태를 확인하고 사고 시에 대비하여 시행하는 접지공사의 종류 및 특징에 대해 알아본다.
· 피뢰시스템의 목적을 이해하고 장소에 따른 보호체계에 대해 알아본다.

출제율 17%

제1장 공통사항

1 적용범위

이 규정은 인축의 감전에 대한 보호와 전기설비 계통, 시설물, 발전용 수력설비, 발전용 화력설비, 발전설비 용접 등의 안전에 필요한 성능과 기술적인 요구사항에 대하여 적용한다.

2 용어 정의

① 가공인입선 : 가공전선로의 지지물로부터 다른 지지물을 거치지 아니하고 수용장소의 붙임점에 이르는 가공전선

② 계통연계 : 둘 이상의 전력계통 사이를 전력이 상호 융통될 수 있도록 선로를 통하여 연결하는 것으로 전력계통 상호간을 송전선, 변압기 또는 직류-교류변환설비 등에 연결하는 것

③ 계통외도전부 : 전기설비의 일부는 아니지만 지면에 전위 등을 전해줄 위험이 있는 도전성 부분

④ 계통접지 : 전력계통에서 돌발적으로 발생하는 이상현상에 대비하여 대지와 계통을 연결하는 것으로, 중성점을 대지에 접속하는 것

⑤ 고장보호(간접접촉에 대한 보호) : 고장 시 기기의 노출도전부에 간접 접촉함으로써 발생할 수 있는 위험으로부터 인축을 보호하는 것

⑥ 관등회로 : 방전등용 안정기 또는 방전등용 변압기로부터 방전관까지의 전로

⑦ 기본보호(직접접촉에 대한 보호) : 정상운전 시 기기의 충전부에 직접 접촉함으로써 발생할 수 있는 위험으로부터 인축을 보호

⑧ 내부 피뢰시스템 : 등전위본딩 및/또는 외부피뢰시스템의 전기적 절연으로 구성된 피뢰시스템의 일부

⑨ 노출도전부 : 충전부는 아니지만 고장 시에 충전될 위험이 있고, 사람이 쉽게 접촉할 수 있는 기기의 도전성 부분

⑩ 뇌전자기임펄스(LEMP) : 서지 및 방사상 전자계를 발생시키는 저항성, 유도성 및 용량성 결합을 통한 뇌전류에 의한 모든 전자기 영향을 나타냄

⑪ 단독운전 : 전력계통의 일부가 전력계통의 전원과 전기적으로 분리된 상태에서 분산형전원에 의해서만 가압되는 상태

DAY
21

DAY
22

DAY
23

DAY
24

DAY
25

DAY
26

DAY
27

DAY
28

DAY
29

DAY
30

⑫ 단순 병렬운전 : 자가용 발전설비 또는 저압 소용량 일반용 발전설비를 배전계통에 연계하여 운전하되, 생산한 전력의 전부를 자체적으로 소비하기 위한 것으로서 생산한 전력이 연계계통으로 송전되지 않는 병렬 형태

⑬ 등전위본딩 : 등전위를 형성하기 위해 도전부 상호 간을 전기적으로 연결하는 것

⑭ 등전위본딩망 : 구조물의 모든 도전부와 충전도체를 제외한 내부설비를 접지극에 상호 접속하는 망

⑮ 리플프리직류 : 교류를 직류로 변환할 때 리플성분의 실효값이 10[%] 이하로 포함된 직류

⑯ 보호등전위본딩 : 감전에 대한 보호 등과 같은 안전을 목적으로 하는 등전위본딩

⑰ 보호본딩도체 : 보호등전위본딩을 제공하는 보호도체

⑱ 보호접지 : 고장 시 감전에 대한 보호를 목적으로 기기의 한 점 또는 여러 점을 접지하는 것

⑲ 분산형전원 : 중앙급전 전원과 구분되는 것으로서 전력소비지역 부근에 분산하여 배치 가능한 전원

⑳ 서지보호장치(SPD) : 과도 과전압을 제한하고 서지전류를 분류시키기 위한 장치

㉑ 수뢰부 시스템 : 낙뢰를 포착할 목적으로 돌침, 수평도체, 메시도체 등과 같은 금속물체를 이용한 외부 피뢰시스템의 일부

㉒ 스트레스전압 : 지락고장 중에 접지부분 또는 기기나 장치의 외함과 기기나 장치의 다른 부분 사이에 나타나는 전압

㉓ 외부피뢰시스템 : 수뢰부시스템, 인하도선시스템, 접지극시스템으로 구성된 피뢰시스템의 일종

㉔ 인하도선시스템 : 뇌전류를 수뢰부시스템에서 접지극으로 흘리기 위한 외부피뢰시스템의 일부

㉕ 임펄스내전압 : 지정된 조건하에서 절연파괴를 일으키지 않는 규정된 파형 및 극성의 임펄스전압의 최대 파고 값 또는 충격내전압

㉖ 접속설비 : 공용 전력계통으로부터 특정 분산형전원 전기설비에 이르기까지의 전선로와 이에 부속하는 개폐장치, 모선 및 기타 관련 설비

㉗ 접지시스템 : 기기나 계통을 개별적 또는 공통으로 접지하기 위하여 필요한 접속 및 장치로 구성된 설비

㉘ 접지전위 상승(EPR) : 접지계통과 기준 대지 사이의 전위차

㉙ 접촉범위(Arm's Reach) : 사람이 통상적으로 서있거나 움직일 수 있는 바닥면상의 어떤 점에서라도 보조장치의 도움 없이 손을 뻗어서 접촉이 가능한 접근구역

㉚ 제1차 접근상태 : 가공전선이 다른 시설물과 접근하는 경우에 가공전선이 다른 시설물의 위쪽 또는 옆쪽에서 수평거리로 가공전선로의 지지물의 지표상의 높이에 상당하는 거리 안에 시설됨으로써 가공전선로의 전선의 절단, 지지물의 도괴 등의 경우에 그 전선이 다른 시설물에 접촉할 우려가 있는 상태

자주 출제되는
핵심이론

핵심이론은 처음에는 그냥 한 번 읽어주세요.
옆의 기출문제를 풀어본 후 다시 한 번 핵심이론을 읽으면서 암기하세요.

③ 제2차 접근상태 : 가공전선이 다른 시설물과 접근하는 경우에 그 가공전선이 다른 시설물의 위쪽 또는 옆쪽에서 수평거리로 3[m] 미만인 곳에 시설되는 상태

③ 지락고장전류 : 충전부에서 대지 또는 고장점(지락점)의 접지된 부분으로 흐르는 전류

③ 지중 관로 : 지중전선로·지중 약전류전선로·지중 광섬유케이블선로·지중에 시설하는 수관 및 가스관과 이와 유사한 것 및 이들에 부속하는 지중함 등을 나타냄

③ 충전부 : 통상적인 운전 상태에서 전압이 걸리도록 되어 있는 도체 또는 도전부(중성선을 포함하나 PEN 도체, PEM 도체, PEL 도체는 포함하지 않음)

③ 특별저압(ELV) : 인체에 위험을 초래하지 않을 정도의 저압

　ㄱ SELV(Safety Extra Low Voltage) : 비접지회로

　ㄴ PELV(Protective Extra Low Voltage) : 접지회로

③ 피뢰등전위본딩 : 뇌전류에 의한 전위차를 줄이기 위해 직접적인 도전접속 또는 서지보호장치를 통해 분리된 금속부를 피뢰시스템에 본딩하는 것

③ 피뢰레벨(LPL) : 자연적으로 발생하는 뇌방전을 초과하지 않는 최대 그리고 최소 설계 값에 대한 확률과 관련된 일련의 뇌격전류 매개변수(파라미터)로 정해지는 레벨

③ 피뢰시스템(LPS) : 구조물 뇌격으로 인한 물리적 손상을 줄이기 위해 사용되는 전체 시스템(외부피뢰시스템과 내부피뢰시스템으로 구성)

③ PEN 도체 : 중성선 겸용 보호도체

④ PEM 도체 : 직류회로에서 중간선 겸용 보호도체

④ PEL 도체 : 직류회로에서 선도체 겸용 보호도체

3 전압의 구분

구분	전압
저압	교류는 1[kV] 이하, 직류는 1.5[kV] 이하인 것
고압	교류는 1[kV]를, 직류는 1.5[kV]를 초과하고, 7[kV] 이하인 것
특고압	7[kV]를 초과하는 것

4 안전을 위한 보호(감전에 대한 보호)

구분	기본보호	고장보호
정의	전기설비의 충전부에 인축이 직접 접촉하여 일어날 수 있는 위험으로부터 보호	기본절연의 고장에 의한 간접접촉을 방지하는 것으로 노출도전부에 인축이 접촉하여 일어날 수 있는 위험으로부터 보호
보호방법	① 인축의 몸을 통해 전류가 흐르는 것을 방지 ② 인축의 몸에 흐르는 전류를 위험하지 않는 값 이하로 제한	① 인축을 통해 고장전류가 흐르는 것을 방지 ② 인축에 흐르는 고장전류의 크기 및 지속시간을 위험하지 않은 상태로 제한

DAY
21

DAY
22

DAY
23

DAY
24

DAY
25

DAY
26

DAY
27

DAY
28

DAY
29

DAY
30

5 전선

(1) 전선의 식별

상(문자)	색상
L1	갈색
L2	흑색
L3	회색
N	청색
보호도체	녹색-노란색

(2) 전선의 종류

① 절연전선

저압 절연전선	① 450/750[V] 비닐절연전선 ② 450/750[V] 저독성 난연 폴리올레핀절연전선 ③ 450/750[V] 저독성 난연 가교폴리올레핀절연전선 ④ 450/750[V] 고무절연전선
고압·특고압 절연전선	KS에 적합한 또는 동등 이상의 전선을 사용

② 케이블의 종류 및 특성

전압	종류 및 특성
저압케이블	① 0.6/1[kV] 연피케이블　　　② 클로로프렌외장(外裝)케이블 ③ 비닐외장케이블　　　④ 폴리에틸렌외장케이블 ⑤ 무기물 절연케이블　　　⑥ 금속외장케이블 ⑦ 저독성 난연 폴리올레핀외장케이블 ⑧ 300/500[V] 연질 비닐시스케이블 ⑨ 유선텔레비전용 급전겸용 동축케이블
고압케이블	① 연피케이블　　　② 알루미늄피케이블 ③ 클로로프렌외장케이블　　　④ 비닐외장케이블 ⑤ 폴리에틸렌외장케이블　　　⑥ 콤바인덕트케이블 ⑦ 저독성 난연 폴리올레핀외장케이블
특고압케이블	① 절연체가 에틸렌 프로필렌고무혼합물 또는 가교폴리에틸렌 혼합물 　인 케이블로서 선심 위에 금속제의 전기적 차폐층을 설치한 것 ② 파이프형 압력케이블 ③ 연피케이블 ④ 알루미늄피케이블
특고압전로의 다중 접지 지중 배전계통에 사용하는 동심중성선 전력케이블	① 최대사용전압은 25.8[kV] 이하일 것 ② 도체는 연동선 또는 알루미늄선을 소선으로 구성한 원형 압축연선 　으로 할 것(수밀형일 것) ③ 절연체는 동심원상으로 동시압출(3중 동시압출)한 내부 반도전층, 절연 　층 및 외부 반도전층으로 구성하여야 하며, 건식 방식으로 가교할 것

자주 출제되는
핵심이론

핵심이론은 처음에는 그냥 한 번 읽어주세요.
옆의 기출문제를 풀어본 후 다시 한 번 핵심이론을 읽으면서 암기하세요.

(3) 전선의 접속

전선을 접속하는 경우에는 다음에 따라 시설할 것
① 전선의 전기저항을 증가되지 않도록 접속할 것
② 전선의 세기를 20[%] 이상 감소시키지 아니할 것
③ 접속부분은 접속관 기타의 기구를 사용할 것
④ 전기화학적 성질이 다른 도체를 접속하는 경우 접속부분에 전기적 부식이 생기지 않을 것
⑤ 두 개 이상의 전선을 병렬로 사용하는 경우에는 다음에 의하여 시설할 것
   ㉠ 병렬로 사용하는 각 전선의 굵기는 동선 50[mm²] 이상 또는 알루미늄 70[mm²] 이상으로 하고, 전선은 같은 도체, 같은 재료, 같은 길이 및 같은 굵기의 것을 사용할 것
   ㉡ 같은 극의 각 전선은 동일한 터미널러그에 완전히 접속할 것
   ㉢ 같은 극인 각 전선의 터미널러그는 동일한 도체에 2개 이상의 리벳 또는 2개 이상의 나사로 접속할 것
   ㉣ 병렬로 사용하는 전선에는 각각에 퓨즈를 설치하지 말 것
   ㉤ 교류회로에서 병렬로 사용하는 전선은 금속관 안에 전자적 불평형이 생기지 않도록 시설할 것

6 전로의 절연

(1) 전로의 절연 원칙

전로는 다음 이외에는 대지로부터 절연하여야 한다.
① 수용장소의 인입구의 접지, 고압 또는 특고압과 저압의 혼촉에 의한 위험방지시설, 피뢰기의 접지, 특고압 가공전선로의 지지물에 시설하는 저압 기계기구 등의 시설, 옥내에 시설하는 저압 접촉전선 공사 또는 아크 용접장치의 시설에 따라 저압전로에 접지공사를 하는 경우의 접지점
② 고압 또는 특고압과 저압의 혼촉에 의한 위험방지 시설, 전로의 중성점의 접지 또는 옥내의 네온 방전등 공사에 따라 전로의 중성점에 접지공사를 하는 경우의 접지점
③ 계기용 변성기의 2차측 전로에 접지공사를 하는 경우의 접지점
④ 특고압 가공전선과 저고압 가공전선이 동일 지지물에 시설되는 부분에 접지공사를 하는 경우의 접지점
⑤ 중성점이 접지된 특고압 가공선로의 중성선에 25[kV] 이하인 특고압 가공전선로의 시설에 따라 다중 접지를 하는 경우의 접지점
⑥ 파이프라인 등의 전열장치의 시설에 따라 시설하는 소구경관(박스를 포함)에 접지공사를 하는 경우의 접지점

⑦ 저압전로와 사용전압이 300[V] 이하의 저압전로를 결합하는 변압기의 2차측 전로에 접지공사를 하는 경우의 접지점

⑧ 절연할 수 없는 부분

㉠ 시험용 변압기, 전력선 반송용 결합 리액터, 전기울타리용 전원장치, 엑스선발생 장치, 전기부식방지용 양극, 단선식 전기철도의 귀선 등 전로의 일부를 대지로부터 절연하지 아니하고 전기를 사용하는 것이 부득이한 것

㉡ 전기욕기ㆍ전기로ㆍ전기보일러ㆍ전해조 등 대지로부터 절연하는 것이 기술상 곤란한 것

⑨ 저압 옥내직류 전기설비의 접지에 의하여 직류계통에 접지공사를 하는 경우의 접지점

(2) 절연저항 및 절연내력

① 사용전압이 저압인 전로의 절연성능은 기술기준 제52조를 충족하여야 한다.

② 저압전로에서 정전이 어려운 경우 등 절연저항 측정이 곤란한 경우 저항성분의 누설 전류가 1[mA] 이하이면 절연성능이 적합한 것으로 판단한다.

③ 고압 및 특고압의 전로는 시험전압을 전로와 대지 사이(다심케이블은 심선 상호 간 및 심선과 대지 사이)에 연속하여 10분간 가하여 절연내력을 시험하였을 때 이에 견디어야 한다.

전로의 최대사용전압	시험전압	최저시험전압
7[kV] 이하인 전로	1.5배	500[V]
7[kV] ~ 60[kV] 이하인 전로	1.25배	10,500[V]
60[kV] 넘는 중성점 접지식 전로	1.1배	75,000[V]
60[kV] 넘는 중성점 비접지식 전로	1.25배	
60[kV] 넘는 중성점 직접접지식 전로	0.72배	
170[kV] 넘는 중성점 직접접지식 전로	0.64배	
7[kV] ~ 25[kV] 이하인 중성점 다중 접지 전로	0.92배	
60[kV]를 초과하는 정류기에 접속되는 전로	교류전압의 1.1배의 직류전압	

(3) 연료전지 및 태양전지 모듈의 절연내력

최대사용전압의 1.5배의 직류전압 또는 1배의 교류전압(최저 500[V])을 충전부분과 대지사이에 연속하여 10분간 가하여 견디어야 한다.

7 접지시스템

(1) 접지시스템의 구분 및 종류

접지시스템의 구분	① 계통접지	② 보호접지	③ 피뢰시스템 접지
접지시스템 시설 종류	① 단독접지	② 공통접지	③ 통합접지

자주 출제되는
핵심이론

핵심이론은 처음에는 그냥 한 번 읽어주세요.
옆의 기출문제를 풀어본 후 다시 한 번 핵심이론을 읽으면서 암기하세요.

(2) 접지시스템의 시설

① 접지시스템의 구성요소 및 요구사항

접지시스템 구성요소	① 접지시스템 : 접지극, 접지도체, 보호도체 및 기타 설비로 구성 ② 접지극 : 접지도체를 사용하여 주접지단자에 연결하여 시설
접지시스템 요구사항	① 지락전류와 보호도체 전류를 대지에 전달할 것 ② 접지저항값은 인체감전보호를 위한 값과 전기설비의 기계적 요구에 의한 값에 맞을 것

② 접지극의 시설 및 접지저항

ㄱ 접지극은 다음의 방법 중 하나 또는 복합하여 시설하여야 한다.
- 콘크리트에 매입된 기초 접지극
- 토양에 매설된 기초 접지극
- 토양에 수직 또는 수평으로 직접 매설된 금속진극(봉, 진선, 테이프, 배관, 판 등)
- 케이블의 금속외장 및 그 밖에 금속피복
- 지중 금속구조물(배관 등)
- 대지에 매설된 철근콘크리트의 용접된 금속 보강재

ㄴ 접지극의 매설은 다음에 의한다.
- 접지극은 지하 0.75[m] 이상으로 하되 동결 깊이를 감안하여 매설할 것
- 접지극을 철주의 밑면으로부터 0.3[m] 이상의 깊이에 매설하는 경우 이외에는 그 금속체로부터 1[m] 이상 떼어 매설할 것

ㄷ 수도관 등을 접지극으로 사용하는 경우는 다음에 의한다.
- 지중에 매설되어 있고 대지와의 전기저항값이 3[Ω] 이하의 값을 유지하고 있는 금속제 수도관로가 다음에 따르는 경우 접지극으로 사용이 가능
  - 접지도체와 금속제 수도관로의 접속은 안지름 75[mm] 이상인 부분 또는 여기에서 분기한 안지름 75[mm] 미만인 분기점으로부터 5[m] 이내의 부분에서 할 것(전기저항값이 2[Ω] 이하인 경우에는 분기점으로부터의 거리는 5[m] 넘는 곳에서 접지가능)
  - 접지도체와 금속제 수도관로의 접속부를 수도계량기로부터 수도 수용가 측에 설치하는 경우에는 수도계량기를 사이에 두고 양측 수도관로를 등전위본딩 할 것
- 대지와의 사이에 전기저항값이 2[Ω] 이하인 값을 유지하는 경우 건축물·구조물의 철골 기타의 금속제는 이를 비접지식 고압전로에 시설하는 기계기구의 철대 또는 금속제 외함에 실시하는 접지공사의 접지극으로 사용이 가능함

ㄹ 가연성 액체나 가스를 운반하는 금속제 배관은 접지설비의 접지극으로 사용할 수 없다(보호등전위본딩은 예외).

③ 접지도체·보호도체

　㉠ 접지도체

　　• 접지도체의 선정

　　　- 접지도체의 단면적은 다음 표에 따른다.

상도체의 단면적 S ([mm²], 구리)	접지도체의 최소 단면적([mm²], 구리)	
	보호도체의 재질	
	상도체와 같은 경우	상도체와 다른 경우
$S \le 16$	S	$\left(\dfrac{k_1}{k_2}\right) \times S$
$16 < S \le 35$	$16(a)$	$\left(\dfrac{k_1}{k_2}\right) \times 16$
$S > 35$	$\dfrac{S(a)}{2}$	$\left(\dfrac{k_1}{k_2}\right) \times \left(\dfrac{S}{2}\right)$

- k_1, k_2 : 도체 및 절연의 재질, 사용온도 등을 고려한 값
- a : PEN 도체의 최소단면적은 중성선과 동일하게 적용

　　　- 큰 고장전류가 접지도체를 통하여 흐르지 않을 경우 접지도체의 최소 단면적은 구리는 6[mm²] 이상 또는 철제는 50[mm²] 이상으로 한다.
　　　- 접지도체에 피뢰시스템이 접속되는 경우 접지도체의 단면적은 구리 16[mm²] 또는 철 50[mm²] 이상으로 한다.

　　• 접지도체는 지하 0.75[m]부터 지표상 2[m]까지 부분은 합성수지관(두께 2[mm] 이상) 또는 몰드로 덮어야 한다.

　　• 특고압·고압 전기설비 및 변압기 중성점 접지시스템의 경우 접지도체가 사람이 접촉할 우려가 있는 곳에 시설되는 고정설비인 경우에는 절연전선(옥외용 비닐절연전선은 제외) 또는 케이블(통신용 케이블은 제외)을 사용할 것

　　• 접지도체의 굵기는 고장 시 흐르는 전류를 안전하게 통할 수 있는 것으로서 다음에 의한다.

구분	접지도체 단면적
특고압·고압 전기설비용	6[mm²] 이상
중성점 접지용	16[mm²] 이상
7[kV] 이하 전로의 중성점 접지용	6[mm²] 이상
사용전압이 25[kV] 이하인 특고압 가공전선로 (중성선 다중 접지식으로 전로에 지락이 생겼을 때 2초 이내에 차단)	

　　• 이동하여 사용하는 전기기계기구의 금속제 외함 등의 접지시스템의 경우는 다음의 것을 사용하여야 한다.

자주 출제되는
핵심이론

핵심이론은 처음에는 그냥 한 번 읽어주세요.
옆의 기출문제를 풀어본 후 다시 한 번 핵심이론을 읽으면서 암기하세요.

시설장소	접지도체 종류	접지도체의 단면적
특고압·고압 전기설비용 접지도체 및 중성점 접지용	① 클로로프렌캡타이어케이블(3종 및 4종) ② 클로로설포네이트폴리에틸렌캡타이어케이블(3종 및 4종) 의 1개 도체 ③ 다심 캡타이어케이블의 차폐	$10[mm^2]$ 이상
저압 전기설비용	다심 코드 또는 다심 캡타이어케이블의 1개 도체	$0.75[mm^2]$ 이상
	유연성이 있는 연동연선 1개 도체	$1.5[mm^2]$ 이상

ⓛ 보호도체
- 보호도체의 최소 단면적은 다음에 의한다.
  - 보호도체의 최소 단면적은 표 아래에 따라 계산하거나 다음 표에 따라 선정할 수 있다.

상도체의 단면적 S ([mm²], 구리)	접지도체의 최소 단면적([mm²], 구리)	
	보호도체의 재질	
	선도체와 같은 경우	선도체와 다른 경우
$S \leq 16$	S	$\left(\dfrac{k_1}{k_2}\right) \times S$
$16 < S \leq 35$	$16(a)$	$\left(\dfrac{k_1}{k_2}\right) \times 16$
$S > 35$	$\dfrac{S(a)}{2}$	$\left(\dfrac{k_1}{k_2}\right) \times \left(\dfrac{S}{2}\right)$

· k_1, k_2 : 도체 및 절연의 재질, 사용온도 등을 고려한 값
· a : PEN 도체의 최소단면적은 중성선과 동일하게 적용

  - 차단시간이 5초 이하인 경우에만 다음 계산식을 적용한다(보호도체의 단면적은 다음의 계산 값 이상이어야 한다).

$$S = \frac{\sqrt{I^2 t}}{k}$$

여기서, S : 단면적[mm²]
I : 보호장치를 통해 흐를 수 있는 예상 고장전류 실효값[A]
t : 자동차단을 위한 보호장치의 동작시간[s]
k : 보호도체, 절연, 기타 부위의 재질 및 초기온도와 최종온도에 따라 정해지는 계수

  - 보호도체가 케이블의 일부가 아니거나 선도체와 동일 외함에 설치되지 않으면 단면적은 다음의 굵기 이상으로 하여야 한다.

구분	보호도체의 단면적
기계적 손상에 대해 보호가 되는 경우	구리 $2.5[mm^2]$ 이상 알루미늄 $16[mm^2]$ 이상

구분	보호도체의 단면적
기계적 손상에 대해 보호가 되지 않는 경우	구리 4[mm²] 이상 알루미늄 16[mm²] 이상

• 보호도체의 종류는 다음에 의한다.

구분	종류
보호도체로 사용할 수 있는 것	① 다심케이블의 도체 ② 충전도체와 같은 트렁킹에 수납된 절연도체 또는 나도체 ③ 고정된 절연도체 또는 나도체 ④ 금속케이블 외장, 케이블 차폐, 케이블 외장, 전선묶음(편조전선), 동심 도체, 금속관
보호도체 또는 보호본딩도체로 사용할 수 없는 것	① 금속 수도관 ② 가스·액체·분말과 같은 인화성 물질을 포함하는 금속관 ③ 상시 기계적 응력을 받는 지지 구조물 일부 ④ 가요성 금속배관.(예외 : 보호도체로 설계된 경우) ⑤ 가요성 금속전선관 ⑥ 지지선, 케이블트레이 및 이와 비슷한 것

• 보호도체에는 어떠한 개폐장치를 연결해서는 안 된다.
• 접지에 대한 전기적 감시를 위한 전용장치(동작센서, 코일, 변류기 등)를 설치하는 경우, 보호도체 경로에 직렬로 접속하면 안 된다.

ⓒ 보호도체의 단면적 보강

• 보호도체는 정상 운전상태에서 전류의 전도성 경로(전기자기간섭 보호용 필터의 접속 등으로 인한)로 사용되지 않아야 한다.
• 전기설비의 정상 운전상태에서 보호도체에 10[mA]를 초과하는 전류가 흐르는 경우, 다음에 의해 보호도체를 증강하여 사용하여야 한다.

구분	보호도체의 단면적
보호도체가 하나인 경우	구리 10[mm²] 이상 알루미늄 16[mm²] 이상
추가로 보호도체를 위한 별도의 단자가 구비된 경우	구리 10[mm²] 이상 알루미늄 16[mm²] 이상

ⓓ 보호도체와 계통도체 겸용

• 보호도체와 계통도체를 겸용하는 겸용도체(중성선과 겸용, 선도체와 겸용, 중간도체와 겸용 등)는 해당하는 계통의 기능에 적합해야 한다.
• 겸용도체는 고정된 전기설비에서만 사용할 수 있으며 다음에 의한다.
  – 구리 10[mm²]또는 알루미늄 16[mm²] 이상일 것
  – 중성선과 보호도체의 겸용도체는 전기설비의 부하측에 시설할 수 없음
  – 폭발성 분위기 장소는 보호도체를 전용으로 시설할 것

- 겸용도체의 성능은 다음에 의한다.
  - 공칭전압과 같거나 높은 절연성능을 갖을 것
  - 배선설비의 금속 외함은 겸용도체로 사용하지 않을 것
- 겸용도체는 다음 사항을 준수하여야 한다.
  - 전기설비의 일부에서 중성선·중간도체·선도체 및 보호도체가 별도로 배선되는 경우, 중성선·중간도체·선도체를 전기설비의 다른 접지된 부분에 접속하지 않을 것

    예외 겸용도체에서 각각의 중성선·중간도체·선도체와 보호도체를 구성하는 것은 허용
  - 겸용도체는 보호도체용 단자 또는 바에 접속할 것
  - 계통외도전부는 겸용도체로 사용해서는 안 됨

ⓜ 주접지단자
- 접지시스템은 주접지단자를 설치하고, 다음의 도체들을 접속하여야 한다.
  - 등전위본딩도체
  - 접지도체
  - 보호도체
  - 기능성 접지도체
- 여러 개의 접지단자가 있는 장소는 접지단자를 상호 접속하여야 한다.
- 주접지단자에 접속하는 각 접지도체는 개별적으로 분리할 수 있어야 하며, 접지저항을 편리하게 측정할 수 있어야 한다.

④ 전기수용가 접지
ㄱ 저압수용가 인입구 접지
- 다음의 것을 접지극으로 사용하여 변압기 중성점 접지를 한 저압전선로의 중성선 또는 접지측 전선에 추가로 접지공사를 할 수 있다.
  - 지중에 매설되어 있고 대지와의 전기저항값이 3[Ω] 이하의 값을 유지하고 있는 금속제 수도관로
  - 대지 사이의 전기저항값이 3[Ω] 이하인 값을 유지하는 건물의 철골
- 접지도체는 공칭단면적 6[mm^2] 이상의 연동선 또는 쉽게 부식하지 않는 금속선으로서 고장 시 흐르는 전류를 안전하게 통할 수 있는 것이어야 한다.

ㄴ 주택 등 저압수용장소 접지
- 저압수용장소에서 계통접지가 TN-C-S 방식인 경우에 보호도체는 다음에 따라 시설하여야 한다.
  - 보호도체의 최소 단면적은 계산한 값 이상으로 할 것
  - 중성선 겸용 보호도체(PEN)는 고정 전기설비에만 사용할 수 있고, 그 도체는 구리는 10[mm^2] 이상, 알루미늄은 16[mm^2] 이상이어야 하며, 그 계통의 최고전압에 대하여 절연되어야 할 것
- 계통접지가 TN-C-S 방식은 감전보호용 등전위본딩을 하여야 한다.

DAY 21
DAY 22
DAY 23
DAY 24
DAY 25
DAY 26
DAY 27
DAY 28
DAY 29
DAY 30

핵심이론은 처음에는 그냥 한 번 읽어주세요.
옆의 기출문제를 풀어본 후 다시 한 번 핵심이론을 읽으면서 암기하세요.

⑤ 변압기 중성점 접지

㉠ 변압기의 중성점접지 저항값(R)은 다음에 의한다.

- $R = \dfrac{\text{대지전압 } 150[\text{V}]}{1\text{선 지락전류 } I_g}[\Omega]$ 이하

- 변압기의 고압측 또는 사용전압이 35[kV] 이하의 특고압측 전로가 저압측 전로와 혼촉하여 저압측 전로의 대지전압이 150[V]를 초과하는 경우

　－ 1초 초과 2초 이내 차단 시 $R = \dfrac{300}{I_g}[\Omega]$

　－ 1초 이내 차단 시 $R = \dfrac{600}{I_g}[\Omega]$

㉡ 전로의 1선 지락전류는 실측값에 의한다.

⑥ 공통접지 및 통합접지

㉠ 고압 및 특고압과 저압 전기설비의 접지극이 서로 근접하여 시설되어 있는 경우 공통접지시스템으로 할 수 있다.

- 저압 전기설비의 접지극이 고압 및 특고압 접지극의 접지저항 형성영역에 완전히 포함되어 있다면 위험전압이 발생하지 않도록 이들 접지극을 상호 접속할 것

- 접지시스템에서 고압 및 특고압 계통의 지락사고 시 저압계통에 가해지는 상용주파 과전압은 다음 표에서 정한 값을 초과하지 않을 것

고압계통에서 지락고장시간[초]	저압설비 허용 상용주파 과전압[V]
>5	$U_0 + 250$
≤5	$U_0 + 1,200$

U_0 : 중성선 도체가 없는 계통에서 선간전압

㉡ 전기설비의 접지설비, 건축물의 피뢰설비·전자통신설비 등의 접지극을 공용하는 통합접지시스템으로 하는 경우 다음과 같이 하여야 한다.

- 통합접지시스템은 "㉠"에 의할 것

- 낙뢰에 의한 과전압 등으로부터 전기전자기기 등을 보호하기 위해서 서지보호장치를 설치할 것

⑦ 기계기구의 철대 및 외함의 접지

㉠ 전로에 시설하는 기계기구의 철대 및 금속제 외함(외함이 없는 변압기 또는 계기용변성기는 철심)에는 접지공사를 하여야 한다.

㉡ 다음의 어느 하나에 해당하는 경우에는 접지공사를 생략할 수 있다.

- 사용전압이 직류 300[V] 또는 교류 대지전압이 150[V] 이하인 기계기구를 건조한 곳에 시설하는 경우

- 저압용의 기계기구를 건조한 목재의 마루 기타 이와 유사한 절연성 물건 위에서 취급하도록 시설하는 경우

자주 출제되는
핵심이론

핵심이론은 처음에는 그냥 한 번 읽어주세요.
옆의 기출문제를 풀어본 후 다시 한 번 핵심이론을 읽으면서 암기하세요.

- 철대 또는 외함의 주위에 적당한 절연대를 설치하는 경우
- 외함이 없는 계기용 변성기가 고무·합성수지 기타의 절연물로 피복한 것일 경우
- 「전기용품 및 생활용품 안전관리법」의 적용을 받는 이중절연구조로 되어 있는 기계기구를 시설하는 경우
- 저압용 기계기구에 전기를 공급하는 전로의 전원측에 절연변압기(2차 전압이 300[V] 이하이며, 정격용량이 3[kVA] 이하인 것에 한한다)를 시설하고 또한 그 절연변압기의 부하측 전로를 접지하지 않은 경우
- 물기 있는 장소 이외의 장소에 시설하는 저압용의 개별 기계기구에 전기를 공급하는 전로에 「전기용품 및 생활용품 안전관리법」의 적용을 받는 인체감전 보호용 누전차단기(정격감도전류가 30[mA] 이하, 동작시간이 0.03초 이하의 전류동작형에 한한다)를 시설하는 경우
- 외함을 충전하여 사용하는 기계기구에 사람이 접촉할 우려가 없도록 시설하거나 절연대를 시설하는 경우

(3) 감전보호용 등전위본딩

① 등전위본딩의 적용

㉠ 건축물·구조물에서 접지도체, 주접지단자와 다음의 도전성 부분은 등전위본딩 하여야 한다.
- 수도관·가스관 등 외부에서 내부로 인입되는 금속배관
- 건축물·구조물의 철근, 철골 등 금속보강재
- 일상생활에서 접촉이 가능한 금속제 난방배관 및 공조설비 등 계통외도전부

㉡ 주접지단자에 보호등전위본딩 도체, 접지도체, 보호도체, 기능성 접지도체를 접속하여야 한다.

② 등전위본딩 시설

㉠ 보호등전위본딩
- 건축물·구조물의 외부에서 내부로 들어오는 각종 금속제 배관은 다음과 같이 하여야 한다.
  - 1개소에 집중하여 인입하고, 인입구 부근에서 서로 접속하여 등전위본딩 바에 접속할 것
  - 대형건축물 등으로 1개소에 집중하여 인입하기 어려운 경우에는 본딩도체를 1개의 본딩 바에 연결할 것
- 수도관·가스관의 경우 내부로 인입된 최초의 밸브 후단에서 등전위본딩을 하여야 한다.
- 건축물·구조물의 철근, 철골 등 금속보강재는 등전위본딩을 하여야 한다.

핵심이론은 처음에는 그냥 한 번 읽어주세요.
옆의 기출문제를 풀어본 후 다시 한 번 핵심이론을 읽으면서 암기하세요.

DAY 21
DAY 22
DAY 23
DAY 24
DAY 25
DAY 26
DAY 27
DAY 28
DAY 29
DAY 30

ⓛ 보조 보호등전위본딩
- 보조 보호등전위본딩의 대상은 전원자동차단에 의한 감전보호방식에서 고장 시 자동차단시간이 요구하는 계통별 최대차단시간을 초과하는 경우이다.
- 고장시 자동차단시간을 초과하고 2.5[m] 이내에 설치된 고정기기의 노출도전부 와 계통외도전부는 보조 보호등전위본딩을 하여야 한다. 다만, 보조 보호등전위 본딩의 유효성에 관해 의문이 생길 경우 동시에 접근 가능한 노출도전부와 계통 외도전부 사이의 저항값(R)이 다음의 조건을 충족하는지 확인하여야 한다.
  - 교류 계통 : $R \leq \dfrac{50\,V}{I_a}[\Omega]$
  - 직류 계통 : $R \leq \dfrac{120\,V}{I_a}[\Omega]$

    여기서, I_a : 보호장치의 동작전류[A]

    [누전차단기의 경우 $I_{\triangle n}$(정격감도전류), 과전류보호장치의 경우 5 초 이내 동작전류]

ⓒ 비접지 국부등전위본딩
- 절연성 바닥으로 된 비접지 장소에서 다음의 경우 국부등전위본딩을 하여야 한다.
  - 전기설비 상호 간이 2.5[m] 이내인 경우
  - 전기설비와 이를 지지하는 금속체 사이
- 전기설비 또는 계통외도전부를 통해 대지에 접촉하지 않아야 한다.

③ 등전위본딩 도체
ⓖ 보호등전위본딩 도체
- 주접지단자에 접속하기 위한 등전위본딩 도체는 설비 내에 있는 가장 큰 보호접 지도체 단면적의 $\dfrac{1}{2}$ 이상의 단면적을 가져야 하고 다음의 단면적 이상이어야 한다.
  - 구리도체 6[mm^2]
  - 알루미늄 도체 16[mm^2]
  - 강철 도체 50[mm^2]
- 주접지단자에 접속하기 위한 보호본딩도체의 단면적은 구리도체 25[mm^2] 또 는 다른 재질의 동등한 단면적을 초과할 필요는 없다.
ⓛ 보조 보호등전위본딩 도체
- 두 개의 노출도전부를 접속하는 경우 도전성은 노출도전부에 접속된 더 작은 보호도체의 도전성보다 커야 한다.

자주 출제되는

핵심이론

핵심이론은 처음에는 그냥 한 번 읽어주세요.
옆의 기출문제를 풀어본 후 다시 한 번 핵심이론을 읽으면서 암기하세요.

- 노출도전부를 계통외도전부에 접속하는 경우 도전성은 같은 단면적을 갖는 보호도체의 $\frac{1}{2}$ 이상이어야 한다.
- 케이블의 일부가 아닌 경우 또는 선로도체와 함께 수납되지 않은 본딩도체는 다음 값 이상이어야 한다.

구분	도체 단면적
기계적 보호가 된 것	구리도체 2.5[mm^2] 이상 알루미늄 도체 16[mm^2] 이상
기계적 보호가 없는 것	구리도체 4[mm^2] 이상 알루미늄 도체 16[mm^2] 이상

8 피뢰시스템

(1) 피뢰시스템의 적용범위 및 구성

적용범위	① 건축물·구조물로서 지상으로부터 높이가 20[m] 이상인 것 ② 전기설비 및 전자설비 중 낙뢰로부터 보호가 필요한 설비
피뢰시스템 구성	① 외부피뢰시스템 : 직격뢰로부터 대상물을 보호 ② 내부피뢰시스템 : 간접뢰 및 유도뢰로부터 대상물을 보호
피뢰시스템 등급선정	① 피뢰시스템 등급에 따라 필요한 곳에는 피뢰시스템을 시설 ② 피뢰시스템 등급은 대상물의 특성에 피뢰레벨을 선정 (위험물 제조소·저장소 및 처리장의 피뢰시스템은 Ⅱ 등급 이상)

(2) 외부피뢰시스템

① 수뢰부시스템

㉠ 수뢰부시스템의 선정 및 배치는 다음에 의한다.

선정 방법	① 돌침, 수평도체, 메시도체 ② 자연적 구성부재가 적합하면 수뢰부시스템으로 사용
배치 방법	① 보호각법, 회전구체법, 메시법 ② 건축물·구조물의 뾰족한 부분, 모서리 등에 우선하여 배치

㉡ 지상으로부터 높이 60[m]를 초과하는 건축물·구조물에 측뢰 보호가 필요한 경우에는 수뢰부시스템을 다음과 같이 시설한다.
- 전체 높이 60[m]를 초과하는 건축물·구조물의 최상부로부터 20[%] 부분에 시설할 것
- 자연적 구성부재가 적합하면, 측뢰 보호용 수뢰부로 사용할 것

㉢ 건축물·구조물과 분리되지 않은 수뢰부시스템의 시설은 다음에 따른다.
- 지붕 마감재가 불연성 재료인 경우 지붕표면에 시설할 것
- 지붕 마감재가 가연성 재료인 경우 지붕재료와 이격하여 시설할 것

DAY
21

DAY
22

DAY
23

DAY
24

DAY
25

DAY
26

DAY
27

DAY
28

DAY
29

DAY
30

핵심이론은 처음에는 그냥 한 번 읽어주세요.
옆의 기출문제를 풀어본 후 다시 한 번 핵심이론을 읽으면서 암기하세요.

지붕 마감재의 종류	이격거리
초가지붕 또는 이와 유사한 경우	0.15[m] 이상
다른 재료의 가연성 재료인 경우	0.1[m] 이상

② 인하도선시스템

  ⊙ 수뢰부시스템과 접지시스템을 전기적으로 연결하는 것으로 다음에 의한다.

    • 복수의 인하도선을 병렬로 구성할 것

    예외 건축물·구조물과 분리된 피뢰시스템인 경우

    • 도선경로의 길이가 최소가 되도록 할 것

  ⓒ 배치 방법은 다음에 의한다.

건축물·구조물과 분리된 피뢰시스템인 경우	건축물·구조물과 분리되지 않은 피뢰시스템인 경우

① 뇌전류의 경로가 보호대상물에 접촉하지 않도록 시설
② 별개의 지주에 설치되어 있는 경우 각 지주 마다 1가닥 이상의 인하도선을 시설
③ 수평도체 또는 메시도체인 경우 지지 구조물 마다 1가닥 이상의 인하도선을 시설
	① 벽이 불연성 재료로 된 경우에는 벽의 표면 또는 내부에 시설(벽이 가연성인 경우 0.1[m] 이상 이격, 이격이 불가능한 경우에는 도체의 단면적 $100[mm^2]$ 이상)
	② 인하도선의 수는 2가닥 이상
	③ 보호대상 건축물·구조물의 투영에 따른 둘레에 가능한 한 균등한 간격으로 배치
	④ 병렬 인하도선의 최대 간격
	  - Ⅰ·Ⅱ 등급은 10[m]
	  - Ⅲ 등급은 15[m]
	  - Ⅳ 등급은 20[m]

  ⓒ 수뢰부시스템과 접지극시스템 사이에 전기적 연속성이 형성되도록 다음에 따라 시설하여야 한다.

    • 경로는 가능한 한 루프 형성이 되지 않도록 하고, 최단거리로 곧게 수직으로 시설할 것

    • 철근콘크리트 구조물의 철근을 자연적 구성부재의 인하도선으로 사용할 경우 해당 철근 전체 길이의 전기저항값은 0.2[Ω] 이하가 될 것

    • 시험용 접속점을 접지극시스템과 가까운 인하도선과 접지극시스템의 연결부분에 시설하고, 이 접속점은 항상 폐로 되어야 하며 측정 시에 공구 등으로만 개방할 수 있을 것

  ② 인하도선으로 사용하는 자연적 구성부재는 다음에 따른다.

    • 각 부분의 전기적 연속성과 내구성이 확실해야 함

    • 전기적 연속성이 있는 구조물 등의 금속제 구조체(철골, 철근 등)

    • 구조물 등의 상호 접속된 강제 구조체

    • 건축물 외벽 등을 구성하는 금속 구조재의 크기가 인하도선에 대한 요구사항에 부합하고 또한 두께가 0.5[mm] 이상인 금속판 또는 금속관

자주 출제되는

핵심이론

🔍 핵심이론은 처음에는 그냥 한 번 읽어주세요.
옆의 기출문제를 풀어본 후 다시 한 번 핵심이론을 읽으면서 암기하세요.

- 인하도선을 구조물 등의 상호 접속된 철근·철골 등과 본딩하거나, 철근· 철골 등을 인하도선으로 사용하는 경우 수평 환상도체는 설치하지 않아도 됨

③ 접지극시스템

  ㉠ 뇌전류를 대지로 방류시키기 위한 접지극시스템은 A형 접지극(수평 또는 수직접지극) 또는 B형 접지극(환상도체 또는 기초접지극) 중 하나 또는 조합하여 시설할 수 있다.

  ㉡ 접지극시스템 배치는 다음에 의한다.
  - A형 접지극은 최소 2개 이상을 균등한 간격으로 배치할 것
  - B형 접지극은 접지극 면적을 환산한 길이로 하고, 추가할 경우 최소 2개 이상으로 할 것
  - 접지극시스템의 접지저항이 10[Ω] 이하인 경우 접지극 면적을 환산한 길이의 최소 이하로 할 것

  ㉢ 접지극은 다음에 따라 시설한다.
  - 지표면에서 0.75[m] 이상 깊이로 매설할 것
  - 대지가 암반지역으로 대지저항이 높거나 건축물·구조물이 전자통신시스템을 많이 사용하는 시설의 경우에는 환상도체접지극 또는 기초접지극으로 할 것
  - 접지극 재료는 대지에 환경오염 및 부식의 문제가 없을 것
  - 철근콘크리트 기초 내부의 상호 접속된 철근 또는 금속제 지하구조물 등 자연적 구성부재는 접지극으로 사용할 것

④ 옥외에 시설된 전기설비의 피뢰시스템

  ㉠ 외부에 낙뢰차폐선이 있는 경우 이것을 접지하여야 한다.

  ㉡ 자연적 구성부재의 조건에 적합한 강철제 구조체 등을 자연적 구성부재 인하도선으로 사용할 수 있다.

(3) 내부피뢰시스템

① 전기전자설비 보호

  ㉠ 일반사항 : 전기전자설비의 뇌서지에 대한 보호는 다음에 따른다.
  - 피뢰구역 경계부분에서는 접지 또는 본딩을 하여야 한다.
  - 직접 본딩이 불가능한 경우에는 서지보호장치를 설치한다.
  - 서로 분리된 구조물 사이가 전력선 또는 신호선으로 연결된 경우 각각의 피뢰구역은 서로 접속한다.

  ㉡ 전기적 절연 : 건축물·구조물이 금속제 또는 전기적 연속성을 가진 철근콘크리트 구조물 등의 경우에는 전기적 절연을 고려하지 않아도 된다.

  ㉢ 접지와 본딩
  - 전기전자설비를 보호하기 위한 접지와 피뢰등전위본딩은 다음에 따른다.

핵심이론은 처음에는 그냥 한 번 읽어주세요.
옆의 기출문제를 풀어본 후 다시 한 번 핵심이론을 읽으면서 암기하세요.

DAY
21
DAY
22
DAY
23
DAY
24
DAY
25
DAY
26
DAY
27
DAY
28
DAY
29
DAY
30

- 뇌서지 전류를 대지로 방류시키기 위한 접지를 시설하여야 한다.
- 전위차를 해소하고 자계를 감소시키기 위한 본딩을 구성하여야 한다.
- 접지극은 다음에 적합하여야 한다.
  - 전자·통신설비의 접지는 환상도체접지극 또는 기초접지극으로 한다.
  - 개별 접지시스템으로 된 복수의 건축물·구조물 등을 연결하는 콘크리트덕트·금속제 배관의 내부에 케이블이 있는 경우 각각의 접지 상호 간은 병행 설치된 도체로 연결하여야 한다(차폐케이블인 경우는 차폐선을 양끝에서 각각의 접지시스템에 등전위본딩 하는 것으로 한다).
- 전자·통신설비(또는 이와 유사한 것)에서 위험한 전위차를 해소하고 자계를 감소시킬 필요가 있는 경우 다음에 의한 등전위본딩망을 시설하여야 한다.
  - 등전위본딩망은 건축물·구조물의 도전성 부분 또는 내부설비 일부분을 통합하여 시설한다.
  - 등전위본딩망은 메시 폭이 5[m] 이내가 되도록 하여 시설하고 구조물과 구조물 내부의 금속부분은 다중으로 접속한다(금속 부분이나 도전성 설비가 피뢰구역의 경계를 지나가는 경우에는 직접 또는 서지보호장치를 통하여 본딩한다).
  - 도전성 부분의 등전위본딩은 방사형, 메시형 또는 이들의 조합형으로 한다.
  ㄹ) 서지보호장치 시설
- 전기전자설비 등에 연결된 전선로를 통하여 서지가 유입되는 경우, 해당 선로에는 서지보호장치를 설치하여야 한다.
- 지중 저압수전의 경우, 내부에 설치하는 전기전자기기의 과전압범주별 임펄스 내전압이 규정 값에 충족하는 경우는 서지보호장치를 생략할 수 있다.
② 피뢰등전위본딩
  ㄱ) 일반사항
- 피뢰시스템의 등전위화는 다음과 같은 설비들을 서로 접속함으로써 이루어진다.
  - 금속제 설비
  - 구조물에 접속된 외부 도전성 부분
  - 내부시스템
- 등전위본딩의 상호 접속은 다음에 의한다.
  - 자연적 구성부재로 인한 본딩으로 전기적 연속성을 확보할 수 없는 장소는 본딩도체로 연결한다.
  - 본딩도체로 직접 접속할 수 없는 장소의 경우에는 서지보호장치를 이용한다.
  - 본딩도체로 직접 접속이 허용되지 않는 장소의 경우에는 절연방전갭(ISG)을 이용한다.

자주 출제되는
핵심이론

핵심이론은 처음에는 그냥 한 번 읽어주세요.
옆의 기출문제를 풀어본 후 다시 한 번 핵심이론을 읽으면서 암기하세요.

   ⓒ 금속제 설비의 등전위본딩
- 건축물·구조물과 분리된 외부피뢰시스템의 경우, 등전위본딩은 지표면 부근에서 시행하여야 한다.
- 건축물·구조물과 접속된 외부피뢰시스템의 경우, 피뢰등전위본딩은 다음에 따른다.
  - 기초부분 또는 지표면 부근 위치에서 하여야 하며, 등전위본딩도체는 등전위본딩 바에 접속하고, 등전위본딩 바는 접지시스템에 접속하여야 한다. 또한 쉽게 점검할 수 있도록 하여야 한다.
  - 전기적 절연 요구조건에 따른 안전이격거리를 확보할 수 없는 경우에는 피뢰시스템과 건축물·구조물 또는 내부설비의 도전성 부분은 등전위본딩하여야 하며, 직접 접속하거나 충전부인 경우는 서지보호장치를 경유하여 접속하여야 한다. 다만, 서지보호장치를 사용하는 경우 보호레벨은 보호구간 기기의 임펄스내전압보다 작아야 한다.
- 건축물·구조물에는 지하 0.5[m]와 높이 20[m]마다 환상도체를 설치한다. 다만 철근콘크리트, 철골구조물의 구조체에 인하도선을 등전위본딩하는 경우 환상도체는 설치하지 않아도 된다.

   ⓒ 인입설비의 등전위본딩
- 건축물·구조물의 외부에서 내부로 인입되는 설비의 도전부에 대한 등전위본딩은 다음에 의한다.
  - 인입구 부근에서 등전위본딩한다.
  - 전원선은 서지보호장치를 사용하여 등전위본딩한다.
  - 통신 및 제어선은 내부와의 위험한 전위차 발생을 방지하기 위해 직접 또는 서지보호장치를 통해 등전위본딩한다.
- 가스관 또는 수도관의 연결부가 절연체인 경우, 해당설비 공급사업자의 동의를 받아 적절한 공법(절연방전갭 등 사용)으로 등전위본딩하여야 한다.

   ⓔ 등전위본딩 바
- 설치위치는 짧은 도전성 경로로 접지시스템에 접속할 수 있는 위치이어야 한다.
- 접지시스템(환상접지전극, 기초접지전극, 구조물의 접지보강재 등)에 짧은 경로로 접속하여야 한다.
- 외부 도전성 부분, 전원선과 통신선의 인입점이 다른 경우 여러 개의 등전위본딩 바를 설치할 수 있다.

바로바로 풀어보는
기출문제

문제의 네모칸에 체크를 해보세요. 그 문제가 이해되지 않았다면
✓ 표시를 해서 그 문제는 나중에 다시 풀어 완전하게 숙지하세요(★ : 중요도).

DAY 21
DAY 22
DAY 23
DAY 24
DAY 25
DAY 26
DAY 27
DAY 28
DAY 29
DAY 30

★★★★ 기사 00년 6회, 03년 3회, 07년 1회 / 산업 05년 1·2회, 08년 1회, 18년 3회

01 다음 중 전력계통의 운용에 관한 지시를 하는 곳은?

① 변전소　　② 개폐소
③ 급전소　　④ 배전소

해설 **정의(기술기준 제3조)**

"급전소"란 전력계통의 운용에 관한 지시 및 급전조작을 하는 곳

★★★★★ 기사 94년 7회, 99년 5회 / 산업 05년 1·3회, 06년 1회, 08년 3회, 15년 2회

02 한 수용장소의 인입구에서 분기하여 지지물을 거치지 않고 다른 수용장소의 인입구에 이르는 부분을 무엇이라 하는가?

① 가공인입선　　② 인입선
③ 연접인입선　　④ 옥측배선

해설 **정의(기술기준 제3조)**

㉠ 가공인입선이란 가공전선로의 지지물로부터 다른 지지물을 거치지 아니하고 수용장소의 붙임점에 이르는 가공전선
㉡ 인입선이란 가공인입선 및 수용장소의 조영물의 옆면 등에 시설하는 전선으로서, 그 수용장소의 인입구에 이르는 부분의 전선
㉢ 연접인입선이란 한 수용장소의 인입선에서 분기하여 지지물을 거치지 아니하고 다른 수용장소의 인입구에 이르는 부분의 전선
㉣ 옥측배선이란 옥외의 전기사용장소에서 그 전기사용장소에서의 전기사용을 목적으로 조영물에 고정시켜 시설하는 전선

★★★★ 산업 07년 1회, 08년 2회, 18년 2회

03 조상설비에 대한 용어의 정의로 옳은 것은?

① 전압을 조정하는 설비를 말한다.
② 전류를 조정하는 설비를 말한다.
③ 유효전력을 조정하는 전기기계기구를 말한다.
④ 무효전력을 조정하는 전기기계기구를 말한다.

해설 **정의(기술기준 제3조)**

조상설비란 무효전력을 조정하는 전기기계기구를 말한다.

★★★★★ 기사 03년 1회, 17년 3회, 18년 2회 / 산업 09년 2회, 16년 3회(유사), 18년 2회

04 사용전압 100[kV] 이상의 중성점 직접 접지식 전로에 접속하는 변압기를 설치하는 곳에 반드시 하여야 할 설비는?

① 절연유 유출방지설비
② 소음방지설비
③ 주파수조정설비
④ 절연저항 측정설비

해설 **절연유(기술기준 제20조)**

사용전압이 100[kV] 이상의 중성점 직접접지식 전로에 접속하는 변압기를 설치하는 곳에는 절연유의 구외 유출 및 지하 침투를 방지하기 위한 설비를 갖추어야 한다.

★★★★★ 기사 02년 3·4회, 06년 3회, 14년 2회 / 산업 11년 1회, 15년 2회, 16년 3회

05 발전기, 변압기, 조상기, 모선 또는 이를 지지하는 애자는 어느 전류에 의하여 생기는 기계적 충격에 견디는 강도를 가져야 하는가?

① 정격전류　　② 최대 사용전류
③ 과부하전류　　④ 단락전류

해설 **발전기 등의 기계적 강도(기술기준 제23조)**

발전기·변압기·조상기·계기용 변성기·모선 및 이를 지지하는 애자는 단락전류에 의하여 생기는 기계적 충격에 견디는 것이어야 한다.

★★★ 기사 02년 4회, 03년 4회, 05년 1회, 06년 1회, 20년 4회

06 저압의 전선로 중 절연부분의 전선과 대지 간의 절연저항은 사용전압에 대한 누설전류가 최대 공급전류의 얼마를 넘지 않도록 유지하여야 하는가?

① $\frac{1}{2000}$　　② $\frac{1}{1000}$
③ $\frac{1}{200}$　　④ $\frac{1}{100}$

정답 01 ③ 02 ③ 03 ④ 04 ① 05 ④ 06 ①

해설 전선로의 전선 및 절연성능(기술기준 제27조)

저압전선로 중 절연 부분의 전선과 대지 사이 및 전선의 심선 상호 간의 절연저항은 사용전압에 대한 누설전류가 최대 공급전류의 $\frac{1}{2000}$ 을 넘지 않도록 하여야 한다.

★★★★★ 개정 신규문제

07 저압전로의 절연성능에서 SELV, PELV의 전로에서 절연저항은 얼마 이상인가?

① 0.1[MΩ]

② 0.3[MΩ]

③ 0.5[MΩ]

④ 1.0[MΩ]

해설 저압전로의 절연성능(기술기준 제52조)

전로의 사용전압[V]	DC시험전압[V]	절연저항[MΩ]
SELV 및 PELV	250	0.5
FELV, 500[V] 이하	500	1.0
500[V] 초과	1000	1.0

★★★★★ 개정 신규문제

08 교류에서 저압은 몇 [V] 이하인가?

① 380

② 600

③ 1000

④ 1500

해설 적용범위(KEC 111.1)

전압의 구분은 다음과 같다.

	교류(AC)	직류(DC)
저압	1[kV] 이하	1.5[kV] 이하
고압	저압을 초과하고 7[kV] 이하인 것	
특고압	7[kV]를 초과하는 것	

★★★ 산업 13년 3회

09 한국전기설비규정에서 사용되는 용어의 정의에 대한 설명으로 옳지 않은 것은?

① 접속설비란 공용 전력계통으로부터 특정 분산형전원전기설비에 이르기까지의 전선로와 이에 부속하는 개폐장치, 모선 및 기타 관련 설비를 말한다.

② 제1차 접근상태란 가공전선이 다른 시설물과 접근하는 경우에 다른 시설물의 위쪽 또는 옆쪽에서 수평거리로 3[m] 미만인 곳에 시설되는 상태를 말한다.

③ 계통연계란 둘 이상의 전력계통 사이를 전력이 상호 융통될 수 있도록 선로를 통하여 연결하는 것을 말한다..

④ 단독운전이란 전력계통의 일부가 전력계통의 전원과 전기적으로 분리된 상태에서 분산형전원에 의해서만 가압되는 상태를 말한다.

해설 용어 정의(KEC 112)

㉠ 제1차 접근상태 : 가공전선이 다른 시설물과 접근하는 경우에 가공전선이 다른 시설물의 위쪽 또는 옆쪽에서 수평거리로 가공전선로의 지지물의 지표상의 높이에 상당하는 거리 안에 시설(수평거리로 3[m] 미만인 곳에 시설되는 것을 제외한다)됨으로써 가공전선로의 전선의 절단, 지지물의 도괴 등의 경우에 그 전선이 다른 시설물에 접촉할 우려가 있는 상태를 말한다.

㉡ 제2차 접근상태 : 가공전선이 다른 시설물과 접근하는 경우에 그 가공전선이 다른 시설물의 위쪽 또는 옆쪽에서 수평거리로 3[m] 미만인 곳에 시설되는 상태를 말한다.

정답 **07** ③ **08** ③ **09** ②

문제의 네모칸에 체크를 해보세요. 그 문제가 이해되지 않았다면
✓ 표시를 해서 그 문제는 나중에 다시 풀어 완전하게 숙지하세요(★ : 중요도).

DAY 21
DAY 22
DAY 23
DAY 24
DAY 25
DAY 26
DAY 27
DAY 28
DAY 29
DAY 30

★ 개정 신규문제

10 계통외도전부(Extraneous Conductive Part)에 대한 용어의 정의로 옳은 것은?

① 전력계통에서 돌발적으로 발생하는 이상현상에 대비하여 대지와 계통을 연결하는 것으로, 중성점을 대지에 접속하는 것을 말한다.

② 전기설비의 일부는 아니지만 지면에 전위 등을 전해줄 위험이 있는 도전성 부분을 말한다.

③ 충전부는 아니지만 고장 시에 충전될 위험이 있고, 사람이 쉽게 접촉할 수 있는 기기의 도전성 부분을 말한다.

④ 통상적인 운전 상태에서 전압이 걸리도록 되어 있는 도체 또는 도전부를 말한다. 중성선을 포함하나 PEN 도체, PEM 도체 및 PEL 도체는 포함하지 않는다.

해설 용어 정의(KEC 112)

㉠ 계통접지 : 전력계통에서 돌발적으로 발생하는 이상현상에 대비하여 대지와 계통을 연결하는 것으로, 중성점을 대지에 접속하는 것을 말한다.

㉡ 노출도전부 : 충전부는 아니지만 고장 시에 충전될 위험이 있고, 사람이 쉽게 접촉할 수 있는 기기의 도전성 부분을 말한다.

㉢ 충전부 : 통상적인 운전 상태에서 전압이 걸리도록 되어 있는 도체 또는 도전부를 말한다. 중성선을 포함하나 PEN 도체, PEM 도체 및 PEL 도체는 포함하지 않는다.

★★★★★ 개정 신규문제

11 외부피뢰시스템(External Lightning Protection System)의 구성이 아닌 것은?

① 수뢰부시스템
② 인하도선시스템
③ 접지극시스템
④ 피뢰등전위본딩시스템

해설 용어 정의(KEC 112)

외부피뢰시스템이란 수뢰부시스템, 인하도선시스템, 접지극시스템으로 구성된 피뢰시스템의 일종을 말한다.

★★★ 개정 신규문제

12 3상 4선식 Y접속 시 전등과 동력을 공급하는 옥배배선의 경우 상별 부하전류가 평형으로 유지되도록 상별로 결선하기 위하여 전압측 색별 배선을 하거나 색 테이프를 감는 등의 방법으로 표시하여야 한다. 이때 L2상의 식별표시는?

① 적색
② 흑색
③ 청색
④ 회색

해설 전선의 식별(KEC 121.2)

상(문자)	색상
L1	갈색
L2	흑색
L3	회색
N	청색
보호도체	녹색 – 노란색

★★ 개정 신규문제

13 부하의 설비용량이 커서 두 개 이상의 전선을 병렬로 사용하여 시설하는 경우에 대한 설명으로 잘못된 것은?

① 병렬로 사용하는 전선에는 각각에 퓨즈를 설치하여야 한다.

② 병렬로 사용하는 각 전선의 굵기는 동선 $50[mm^2]$ 이상 또는 알루미늄 $70[mm^2]$ 이상으로 하고, 전선은 같은 도체, 같은 재료, 같은 길이 및 같은 굵기의 것을 사용하여야 한다.

③ 같은 극의 각 전선은 동일한 터미널러그에 완전히 접속하여야 한다.

④ 교류회로에서 병렬로 사용하는 전선은 금속관 안에 전자적 불평형이 생기지 않도록 시설하여야 한다.

해설 전선의 접속(KEC 123)

두 개 이상의 전선을 병렬로 사용하는 경우에는 다음에 의하여 시설할 것

정답 10 ② 11 ④ 12 ② 13 ①

㉠ 병렬로 사용하는 각 전선의 굵기는 동선 50[mm²] 이상 또는 알루미늄 70[mm²] 이상으로 하고, 전선은 같은 도체, 같은 재료, 같은 길이 및 같은 굵기의 것을 사용할 것

㉡ 같은 극의 각 전선은 동일한 터미널러그에 완전히 접속할 것

㉢ 같은 극인 각 전선의 터미널러그는 동일한 도체에 2개 이상의 리벳 또는 2개 이상의 나사로 접속할 것

㉣ 병렬로 사용하는 전선에는 각각에 퓨즈를 설치하지 말 것

㉤ 교류회로에서 병렬로 사용하는 전선은 금속관 안에 전자적 불평형이 생기지 않도록 시설할 것

㉢ 중성점이 접지된 특고압 가공선로의 중성선에 다중 접지를 하는 경우의 접지점

㉤ 저압전로와 사용전압이 300[V] 이하의 저압전로를 결합하는 변압기의 2차측 전로에 접지공사를 하는 경우의 접지점

㉥ 다음과 같이 절연할 수 없는 부분
• 시험용 변압기. 전력선 반송용 결합 리액터, 전기울타리용 전원장치, X선 발생장치, 전기부식방지용 양극, 단선식 전기철도의 귀선 등 전로의 일부를 대지로부터 절연하지 않고 전기를 사용하는 것이 부득이한 것
• 전기욕기・전기로・전기보일러・전해조 등 대지로부터 절연이 기술상 곤란한 것

㉦ 저압 옥내직류 전기설비의 접지에 의하여 직류계통에 접지공사를 하는 경우의 접지점

★★ 기사 21년 1회 / 산업 09년 2회, 10년 3회

14 저압전로에서 정전이 어려운 경우 등 절연저항 측정이 곤란한 경우 저항성분의 누설전류가 몇 [mA] 이하이면 그 전로의 절연성능은 적합한 것으로 보는가?

① 1 　　　　　　② 2
③ 3 　　　　　　④ 4

▣ 해설 전로의 절연저항 및 절연내력(KEC 132)

사용전압이 저압인 전로에서 정전이 어려운 경우 등 절연저항 측정이 곤란한 경우에는 누설전류를 1[mA] 이하로 유지하여야 한다.

★★★★ 기사 03년 3회, 06년 1회, 16년 2회 / 산업 96년 2회, 00년 3회, 15년 2회

15 전로를 대지로부터 반드시 절연하여야 하는 것은?

① 전로의 중성점에 접지공사를 하는 경우의 접지점

② 계기용 변성기 2차측 전로에 접지공사를 하는 경우의 접지점

③ 시험용 변압기

④ 저압 가공전선로 접지측 전선

▣ 해설 전로의 절연 원칙(KEC 131)

다음 각 부분 이외에는 대지로부터 절연하여야 한다.
㉠ 전로의 중성점에 접지공사를 하는 경우의 접지점
㉡ 계기용 변성기의 2차측 전로에 접지공사를 하는 경우의 접지점
㉢ 저압 가공전선의 특고압 가공전선과 동일 지지물에 시설되는 부분에 접지공사를 하는 경우의 접지점

★★★★★ 기사 07년 1회, 11년 1회, 18년 1회, 19년 1회 / 산업 13년 1회, 16년 1회, 18년 2회, 20년 3회

16 3상 4선식 22.9[kV] 중성점 다중 접지식 가공전선로의 전로 대지 간의 절연내력 시험전압은?

① 28625[V] 　　　② 22900[V]
③ 21068[V] 　　　④ 16488[V]

▣ 해설 전로의 절연저항 및 절연내력(KEC 132)

최대사용전압이 25000[V] 이하, 중성점 다중 접지식일 때 시험전압은 최대사용전압의 0.92배를 가해야 한다.
시험전압 $E = 22900 \times 0.92 = 21068[V]$

★★★ 기사 10년 2회, 20년 1・2회 / 산업 10년 3회

17 연료전지 및 태양전지 모듈의 절연내력시험을 하는 경우 충전부분과 대지 사이에 어느 정도의 시험전압을 인가하여야 하는가? (단, 연속하여 10분간 가해 견디는 것이어야 한다)

① 최대사용전압의 1.5배의 직류전압 또는 1.25배의 교류전압

② 최대사용전압의 1.25배의 직류전압 또는 1.25배의 교류전압

③ 최대사용전압의 1.5배의 직류전압 또는 1배의 교류전압

④ 최대사용전압의 1.25배의 직류전압 또는 1.25배의 교류전압

정답 14 ① 15 ④ 16 ③ 17 ③

해설 연료전지 및 태양전지 모듈의 절연내력
(KEC 134)

연료전지 및 태양전지 모듈은 최대사용전압의 1.5배의 직류전압 또는 1배의 교류전압(500[V] 미만으로 되는 경우에는 500[V])을 충전부분과 대지 사이에 연속하여 10분간 가하여 절연내력을 시험하였을 때 이에 견디는 것이어야 한다.

★★★★ 개정 신규문제

18 다음 중 접지시스템의 시설 종류에 해당되지 않는 것은?

① 보호접지
② 단독접지
③ 공통접지
④ 통합접지

해설 접지시스템의 구분 및 종류(KEC 141)

접지시스템의 시설 종류에는 단독접지, 공통접지, 통합접지가 있다.

★★★ 기사 94년 2회, 95년 5회, 02년 2회, 06년 2회

19 접지극을 시설하는 경우 접지선을 사람이 접촉할 우려가 있는 곳에 시설하는 기준으로 틀린 것은?

① 접지극은 지하 75[cm] 이상으로 하되 동결 깊이를 감안하여 매설한다.
② 접지선은 절연전선(옥외용 비닐절연전선 제외), 캡타이어케이블 또는 케이블(통신용 케이블 제외)을 사용한다.
③ 접지선의 지하 60[cm]로부터 지표상 2[m]까지의 부분은 합성수지관 등으로 덮어야 한다.
④ 접지선을 시설한 지지물에는 피뢰침용 지선을 시설하지 않아야 한다.

해설 접지극의 시설(KEC 142.2)

㉠ 동결 깊이를 감안하여 시설
㉡ 매설깊이는 지표면으로부터 지하 0.75[m] 이상

㉢ 접지도체를 철주 기타의 금속체를 따라서 시설하는 경우에는 접지극을 철주의 밑면으로부터 0.3[m] 이상의 깊이에 매설하는 경우 이외에는 접지극을 지중에서 그 금속체로부터 1[m] 이상 떼어 매설

★★★ 개정 신규문제

20 접지도체 중 중성점 접지용으로 사용하는 전선의 단면적은 얼마 이상인가?

① 6[mm^2] 이상
② 10[mm^2] 이상
③ 16[mm^2] 이상
④ 50[mm^2] 이상

해설 접지도체(KEC 142.3.1)

접지도체의 굵기
㉠ 특고압·고압 전기설비용은 6[mm^2] 이상의 연동선
㉡ 중성점 접지용은 16[mm^2] 이상의 연동선
㉢ 7[kV] 이하의 전로 또는 25[kV] 이하인 특고압 가공전선로로 중성점 다중 접지 방식(지락시 2초 이내 전로차단)인 경우 6[mm^2] 이상의 연동선

★★★ 개정 신규문제

21 상도체의 단면적이 25[mm^2]의 경우 보호도체의 최소 단면적은 몇 [mm^2]인가? (단, 보호도체의 재질은 상도체와 같은 경우이다.)

① 10
② 16
③ 25
④ 35

해설 보호도체의 최소 단면적(KEC 142.3.2)

상도체의 단면적 S ([mm^2], 구리)	보호도체의 최소 단면적([mm^2], 구리)	
	보호도체의 재질	
	상도체와 같은 경우	상도체와 다른 경우
$S \leq 16$	S	$\left(\dfrac{k_1}{k_2}\right) \times S$
$16 < S \leq 35$	16	$\left(\dfrac{k_1}{k_2}\right) \times 16$
$S > 35$	$\dfrac{S}{2}$	$\left(\dfrac{k_1}{k_2}\right) \times \dfrac{S}{2}$

단, 보호도체의 단면적은 $S = \dfrac{\sqrt{I^2 t}}{k}$[mm^2]의 계산값 이상으로 선정하여야 한다.

정답 18 ① 19 ③ 20 ③ 21 ②

★★★ 기사 15년 2회

22 변압기 중성점 접지공사의 접지저항값을 $\dfrac{150}{I}$ 으로 정하고 있는데, 이때 I에 해당되는 것은?

① 변압기의 고압측 또는 특고압측 전로의 1선 지락전류의 암페어수
② 변압기의 고압측 또는 특고압측 전로의 단락사고 시 고장전류의 암페어수
③ 변압기의 1차측과 2차측의 혼촉에 의한 단락전류의 암페어수
④ 변압기의 1차와 2차에 해당되는 전류의 합

해설 변압기 중성점 접지(KEC 142.5)

㉠ 변압기의 중성점접지 저항값은 다음에 의한다.
- 일반적으로 변압기의 고압·특고압측 전로 1선 지락전류로 150을 나눈 값과 같은 저항값 이하
- 변압기의 고압·특고압측 전로 또는 사용전압이 35[kV] 이하의 특고압전로가 저압측 전로와 혼촉하고 저압전로의 대지전압이 150[V]를 초과하는 경우는 저항값은 다음에 의한다.
  - 1초 초과 2초 이내에 고압·특고압전로를 자동으로 차단하는 장치를 설치할 때는 300을 나눈 값 이하
  - 1초 이내에 고압·특고압전로를 자동으로 차단하는 장치를 설치할 때는 600을 나눈 값 이하
㉡ 전로의 1선 지락전류는 실측값에 의한다. 다만, 실측이 곤란한 경우에는 선로정수 등으로 계산한 값에 의한다.

★★★★★ 개정 신규문제

23 통합접지시스템으로 낙뢰에 의한 과전압으로부터 전기전자기기를 보호하기 위해 설치하는 기기는?

① 서지보호장치   ② 피뢰기
③ 배선차단기   ④ 퓨즈

해설 공통접지 및 통합접지(KEC 142.6)

전기설비의 접지설비, 건축물의 피뢰설비·전자통신설비 등의 접지극을 공용하는 통합접지시스템으로 하는 경우 낙뢰에 의한 과전압 등으로부터 전기전자기기 등을 보호하기 위해 서지보호장치를 설치하여야 한다.

★★★★ 개정 신규문제

24 접지시스템에서 주접지단자에 접속하여서는 안되는 것은?

① 등전위본딩도체
② 접지도체
③ 보호도체
④ 보조보호등전위본딩도체

해설 주접지단자(KEC 142.3.7)

접지시스템에서 주접지단자에는 다음의 도체들을 접속하여야 한다.
㉠ 등전위본딩도체
㉡ 접지도체
㉢ 보호도체
㉣ 기능성 접지도체

★★★★ 개정 신규문제

25 주접지단자에 접속하기 위한 등전위본딩도체의 최소 단면적[mm²]은? (단, 보호도체의 재질은 구리이다.)

① 4   ② 6
③ 10   ④ 16

해설 보호등전위본딩도체(KEC 143.3.1)

㉠ 주접지단자에 접속하기 위한 등전위본딩도체는 설비 내에 있는 가장 큰 보호접지 도체 단면적의 $\dfrac{1}{2}$ 이상의 단면적을 가져야 하고 다음의 단면적 이상이어야 한다.
- 구리 : 6[mm²]
- 알루미늄 : 16[mm²]
- 강철 : 50[mm²]
㉡ 주접지단자에 접속하기 위한 보호본딩도체의 단면적은 구리도체 25[mm²] 또는 다른 재질의 동등한 단면적을 초과할 필요는 없다.

★★★★★ 개정 신규문제

26 건축물 및 구조물을 낙뢰로부터 보호하기 위해 피뢰시스템을 지상으로부터 몇 [m] 이상인 곳에 적용해야 하는가?

① 10[m] 이상   ② 20[m] 이상
③ 30[m] 이상   ④ 40[m] 이상

정답 22 ① 23 ① 24 ④ 25 ② 26 ②

문제의 네모칸에 체크를 해보세요. 그 문제가 이해되지 않았다면
✓ 표시를 해서 그 문제는 나중에 다시 풀어 완전하게 숙지하세요(★ : 중요도).

DAY
21
DAY
22
DAY
23
DAY
24
DAY
25
DAY
26
DAY
27
DAY
28
DAY
29
DAY
30

🔑해설 피뢰시스템의 적용범위 및 구성(KEC 151)

피뢰시스템이 적용되는 시설
㉠ 전기전자설비가 설치된 건축물·구조물로서 낙뢰로부터 보호가 필요한 것 또는 지상으로부터 높이가 20[m] 이상인 것
㉡ 전기설비 및 전자설비 중 낙뢰로부터 보호가 필요한 설비

★★★★ 기사 21년 2회

27 돌침, 수평도체, 메시도체의 요소 중에 한 가지 또는 이를 조합한 형식으로 시설해야 하는 것은?

① 접지극시스템   ② 수뢰부시스템
③ 내부피뢰시스템   ④ 인하도선시스템

🔑해설 수뢰부시스템(KEC 152.1)

수뢰부시스템은 돌침, 수평도체, 메시도체의 요소 중에 한 가지 또는 이를 조합한 형식으로 시설하여야 한다.

★★★★ 개정 신규문제

28 수뢰부시스템을 배치하는 과정에서 사용되지 않는 방법은?

① 수평도체법   ② 보호각법
③ 메시법   ④ 회전구체법

🔑해설 수뢰부시스템(KEC 152.1)

수뢰부시스템의 배치방법에는 보호각법, 회전구체법, 메시법이 있다.

★★ 산업 10년 1회

29 다음은 금속제 수도관로를 접지공사의 접지극으로 사용하는 경우에 대한 사항이다. (㉠), (㉡), (㉢)에 들어갈 수치로 알맞은 것은?

> 접지도체와 금속제 수도관로의 접속은 안지름 (㉠)[mm] 이상인 금속제 수도관의 부분 또는 이로부터 분기한 안지름 (㉡) [mm] 미만의 금속제 수도관의 그 분기점으로부터 5[m] 이내의 부분에서 할 것. 단, 금속제 수도관로와 대지 간의 전기저항값이 (㉢)[Ω] 이하인 경우에는 분기점으로부터의 거리는 5[m]를 넘을 수 있다.

① ㉠ 75, ㉡ 75, ㉢ 2
② ㉠ 75, ㉡ 50, ㉢ 2
③ ㉠ 50, ㉡ 75, ㉢ 4
④ ㉠ 50, ㉡ 50, ㉢ 4

🔑해설 접지극의 시설 및 접지저항(KEC 142.2)

접지도체와 금속제 수도관로의 접속은 안지름 75[mm] 이상인 부분 또는 여기에서 분기한 안지름 75[mm] 미만인 분기점으로부터 5[m] 이내의 부분에서 하여야 한다. 다만, 금속제 수도관로와 대지 사이의 전기저항값이 2[Ω] 이하인 경우에는 분기점으로부터의 거리는 5[m]을 넘을 수 있다.

★★★★ 기사 97년 6회, 04년 1회

30 저압용 기계기구에 인체에 대한 감전보호용 누전차단기를 시설하면 외함의 접지를 생략할 수 있다. 이 경우 누전차단기의 정격에 대한 기술기준으로 적합한 것은?

① 정격감도전류 30[mA] 이하, 동작시간 0.03[sec] 이하의 전류동작형
② 정격감도전류 30[mA] 이하, 동작시간 0.1[sec] 이하의 전류동작형
③ 정격감도전류 60[mA] 이하, 동작시간 0.03[sec] 이하의 전류동작형
④ 정격감도전류 60[mA] 이하, 동작시간 0.1[sec] 이하의 전류동작형

🔑해설 기계기구의 철대 및 외함의 접지(KEC 142.7)

저압용의 개별 기계기구에 전기를 공급하는 전로에 시설하는 인체 감전보호용 누전차단기는 정격감도전류가 30[mA] 이하, 동작시간이 0.03[sec] 이하의 전류동작형의 것을 말한다.

정답 27 ② 28 ① 29 ① 30 ①

DAY
25

학습목표
• 저압설비에 적용하는 계통접지 방식에 대해 알아본다.
• 감전에 대해 정의하고 보호방식에 대해 알아본다.
• 과전류를 구분하고 보호장치의 특성 및 사용방법에 대해 알아본다.

출제율 11%

제2장 저압설비 및 고압 · 특고압설비

1 계통접지의 방식

(1) 계통접지 구성

① 저압전로의 보호도체 및 중성선의 접속 방식에 따른 접지계통 분류
  ㉠ TN 계통
  ㉡ TT 계통
  ㉢ IT 계통

② 계통접지에서 사용되는 문자
  ㉠ 제1문자 – 전원계통과 대지의 관계
    • T : 한 점을 대지에 직접 접속
    • I : 모든 충전부를 대지와 절연시키거나 높은 임피던스를 통하여 한 점을 대지에 직접 접속
  ㉡ 제2문자 – 전기설비의 노출도전부와 대지의 관계
    • T : 노출도전부를 대지로 직접 접속. 전원계통의 접지와는 무관
    • N : 노출도전부를 전원계통의 접지점(교류 계통에서는 통상적으로 중성점, 중성점이 없을 경우는 선도체)에 직접 접속
  ㉢ 그 다음 문자(문자가 있을 경우) – 중성선과 보호도체의 배치
    • S : 중성선 또는 접지된 선도체 외에 별도의 도체에 의해 제공되는 보호 기능
    • C : 중성선과 보호 기능을 한 개의 도체로 겸용(PEN 도체)

③ 각 계통에서 나타내는 그림의 기호

기호 설명	
![중성선 기호]	중성선(N), 중간도체(M)
![보호도체 기호]	보호도체(PE)
![PEN 기호]	중성선과 보호도체겸용(PEN)

(2) TN 계통

전원측의 한 점을 직접접지하고 설비의 노출도전부를 보호도체로 접속시키는 방식으로 중성선 및 보호도체(PE 도체)의 배치 및 접속방식에 따라 다음과 같이 분류한다

DAY
21

DAY
22

DAY
23

DAY
24

DAY
25

DAY
26

DAY
27

DAY
28

DAY
29

DAY
30

핵심이론은 처음에는 그냥 한 번 읽어주세요.
옆의 기출문제를 풀어본 후 다시 한 번 핵심이론을 읽으면서 암기하세요.

① TN-S 계통은 계통 전체에 대해 별도의 중성선 또는 PE 도체를 사용한다. 배전계통에서 PE 도체를 추가로 접지할 수 있다.

구분	계통 구성도
계통 내에서 별도의 중성선과 보호도체가 있는 TN-S 계통	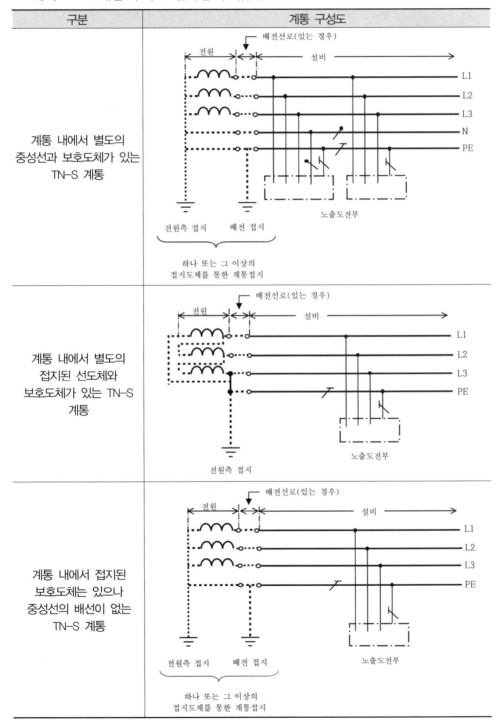
계통 내에서 별도의 접지된 선도체와 보호도체가 있는 TN-S 계통	
계통 내에서 접지된 보호도체는 있으나 중성선의 배선이 없는 TN-S 계통	

자주 출제되는

핵심이론

핵심이론은 처음에는 그냥 한 번 읽어주세요.
옆의 기출문제를 풀어본 후 다시 한 번 핵심이론을 읽으면서 암기하세요.

② TN-C 계통은 그 계통 전체에 대해 중성선과 보호도체의 기능을 동일도체로 겸용한 PEN 도체를 사용한다. 배전계통에서 PEN 도체를 추가로 접지할 수 있다.

구분	계통 구성도
TN-C 계통	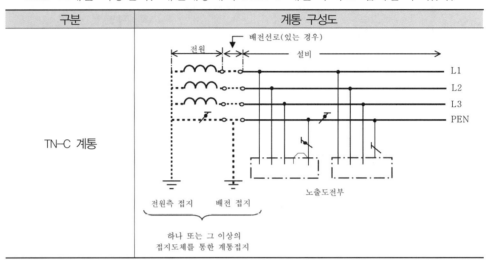

③ TN-C-S계통은 계통의 일부분에서 PEN 도체를 사용하거나, 중성선과 별도의 PE 도체를 사용하는 방식이 있다. 배전계통에서 PEN 도체와 PE 도체를 추가로 접지할 수 있다.

구분	계통 구성도
설비의 어느 곳에서 PEN이 PE와 N으로 분리된 3상 4선식 TN-C-S 계통	(계통 구성도)

핵심이론은 처음에는 그냥 한 번 읽어주세요.
옆의 기출문제를 풀어본 후 다시 한 번 핵심이론을 읽으면서 암기하세요.

(3) TT 계통

전원의 한 점을 직접 접지하고 설비의 노출도전부는 전원의 접지전극과 전기적으로 독립적인 접지극에 접속시킨다. 배전계통에서 PE 도체를 추가로 접지할 수 있다.

구분	계통 구성도
설비 전체에서 별도의 중성선과 보호도체가 있는 TT 계통	
설비 전체에서 접지된 보호도체가 있으나 배전용 중성선이 없는 TT 계통	

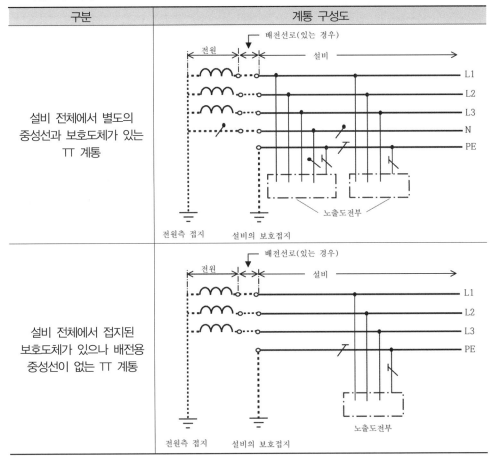

(4) IT 계통

① 충전부 전체를 대지로부터 절연시키거나, 한 점을 임피던스를 통해 대지에 접속시킨다. 전기설비의 노출도전부를 단독 또는 일괄적으로 계통의 PE 도체에 접속시킨다. 배전계통에서 추가접지가 가능하다.

② 계통은 충분히 높은 임피던스를 통하여 접지할 수 있다. 이 접속은 중성점, 인위적 중성점, 선도체 등에서 할 수 있다. 중성선은 배선할 수도 있고, 배선하지 않을 수도 있다.

자주 출제되는
핵심이론

🔍 핵심이론은 처음에는 그냥 한 번 읽어주세요.
옆의 기출문제를 풀어본 후 다시 한 번 핵심이론을 읽으면서 암기하세요.

구분	계통 구성도
계통 내의 모든 노출도전부가 보호도체에 의해 접속되어 일괄 접지된 IT 계통	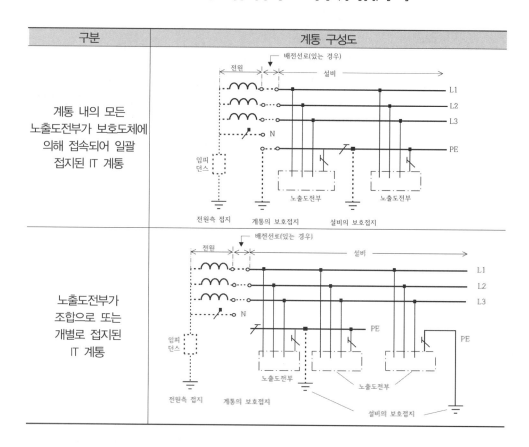
노출도전부가 조합으로 또는 개별로 접지된 IT 계통	

2 감전에 대한 보호

(1) 보호대책 일반 요구사항

안전을 위한 보호의 전압규정	① 교류전압은 실효값으로 함
	② 직류전압은 리플프리로 함
설비의 각 부분에서 보호대책	① 전원의 자동차단
	② 이중절연 또는 강화절연
	③ 한 개의 전기사용기기에 전기를 공급하기 위한 전기적 분리
	④ SELV와 PELV에 의한 특별저압
숙련자와 기능자의 통제 또는 감독이 있는 설비에 적용 가능한 보호대책	① 비도전성 장소
	② 비접지 국부등전위본딩
	③ 두 개 이상의 전기사용기기에 공급하기 위한 전기적 분리

(2) 전원의 자동차단에 의한 보호대책

① 보호대책 일반 요구사항

㉠ 전원의 자동차단에 의한 보호대책

• 기본보호는 충전부의 기본절연 또는 격벽이나 외함에 의한다.

• 고장보호는 보호등전위본딩 및 자동차단에 의한다.

DAY
21
DAY
22
DAY
23
DAY
24
DAY
25
DAY
26
DAY
27
DAY
28
DAY
29
DAY
30

   ⓛ 누설전류감시장치는 보호장치는 아니지만 전기설비의 누설전류를 감시하는데 사용된다. 다만, 누설전류감시장치는 누설전류의 설정 값을 초과하는 경우 음향 또는 음향과 시각적인 신호를 발생시켜야 한다.

② 고장보호의 요구사항

   ㉠ 보호접지

     • 노출도전부는 계통접지별로 보호도체에 접속하여야 한다.

     • 동시에 접근 가능한 노출도전부는 개별적 또는 집합적으로 같은 접지계통에 접속하여야 한다.

   ㉡ 보호등전위본딩

     • 도전성 부분은 보호등전위본딩으로 접속하여야 한다.

     • 건축물 외부로부터 인입된 도전부는 건축물 안쪽의 가까운 지점에서 본딩하여야 한다.

   ㉢ 고장시의 자동차단

     • 보호장치는 회로의 선도체와 노출도전부 또는 선도체와 기기의 보호도체 사이의 임피던스가 무시할 정도로 되는 고장의 경우 규정된 차단시간 내에서 회로의 선도체 또는 설비의 전원을 자동으로 차단하여야 한다.

     • 다음 표에 최대차단시간은 32[A] 이하 분기회로에 적용한다.

계통	$50[V] < U_0 \leq 120[V]$		$120[V] < U_0 \leq 230[V]$		$230[V] < U_0 \leq 400[V]$		$U_0 > 400[V]$	
	교류	직류	교류	직류	교류	직류	교류	직류
TN	0.8	–	0.4	5	0.2	0.4	0.1	0.1
TT	0.3	–	0.2	0.4	0.07	0.2	0.04	0.1

* TT 계통에서 차단은 과전류보호장치에 의해 이루어지고 보호등전위본딩은 설비 안의 모든 계통외도전부와 접속되는 경우 TN 계통에 적용 가능한 최대차단시간이 사용될 수 있다.
U_0는 대지에서 공칭교류전압 또는 직류 선간전압이다.

     • 위의 표 이외에는 최대차단시간을 다음과 같이 적용

       – TN 계통에서 5초 이하

       – TT 계통에서 1초 이하

   ㉣ 추가적인 보호(누전차단기 이용)

     • 일반인이 사용하는 정격전류 20[A] 이하 콘센트

     • 옥외에서 사용되는 정격전류 32[A] 이하 이동용 전기기기

③ 누전차단기의 시설

   ㉠ 전원의 자동차단에 의한 저압전로의 보호대책으로 누전차단기를 시설해야 할 대상은 다음과 같다.

     • 금속제 외함을 가지는 사용전압이 50[V]를 초과하는 저압의 기계기구로서 사람이 쉽게 접촉할 우려가 있는 곳에 시설하는 것에 전기를 공급하는 전로. 다만, 다음의 어느 하나에 해당하는 경우에는 적용하지 않는다.

자주 출제되는
핵심이론

핵심이론은 처음에는 그냥 한 번 읽어주세요.
옆의 기출문제를 풀어본 후 다시 한 번 핵심이론을 읽으면서 암기하세요.

- 기계기구를 발전소·변전소·개폐소 또는 이에 준하는 곳에 시설하는 경우
- 기계기구를 건조한 곳에 시설하는 경우
- 대지전압이 150[V] 이하인 기계기구를 물기가 있는 곳 이외의 곳에 시설하는 경우
- 이중절연구조의 기계기구를 시설하는 경우
- 그 전로의 전원측에 절연변압기(2차 전압이 300[V] 이하인 경우)를 시설하고 또한 그 절연변압기의 부하측의 전로에 접지하지 아니하는 경우
- 기계기구가 고무·합성수지 기타 절연물로 피복된 경우
- 기계기구가 유도전동기의 2차측 전로에 접속되는 것일 경우
- 주택의 인입구 등 누전차단기 설치를 요구하는 전로
- 특고압전로, 고압전로 또는 저압전로와 변압기에 의하여 결합되는 사용전압 400[V] 초과의 저압전로 또는 발전기에서 공급하는 사용전압 400[V] 초과의 저압전로(발전소 및 변전소와 이에 준하는 곳에 있는 부분의 전로를 제외)
- 다음의 전로에는 자동복구 기능을 갖는 누전차단기를 시설할 수 있다.
  - 독립된 무인 통신중계소·기지국
  - 관련 법령에 의해 일반인의 출입을 금지 또는 제한하는 곳
  - 옥외의 장소에 무인으로 운전하는 통신중계기 또는 단위기기 전용회로. 단, 일반인이 특정한 목적을 위해 지체하는(머물러 있는) 장소로서 버스정류장, 횡단보도 등에는 시설할 수 없다.
  - ㉡ 일반인이 접촉할 우려가 있는 장소(세대 내 분전반 및 이와 유사한 장소)에는 주택용 누전차단기를 시설하여야 한다.
④ TN 계통
  - ㉠ 전원 공급계통의 중성점이나 중간점은 접지하여야 한다. 중성점이나 중간점을 접지할 수 없는 경우에는 선도체 중 하나를 접지하여야 한다. 설비의 노출도전부는 보호도체로 전원공급계통의 접지점에 접속하여야 한다.
  - ㉡ 고정설비에서 보호도체와 중성선을 겸하여(PEN 도체) 사용될 수 있다. 이러한 경우에는 PEN 도체에는 어떠한 개폐장치나 단로장치가 삽입되지 않아야 한다.
  - ㉢ TN 계통에서 과전류보호장치 및 누전차단기는 고장보호에 사용할 수 있다. 누전차단기를 사용하는 경우 과전류보호 겸용의 것을 사용해야 한다.
  - ㉣ TN-C 계통에는 누전차단기를 사용해서는 아니 된다. TN-C-S 계통에 누전차단기를 설치하는 경우에는 누전차단기의 부하측에는 PEN 도체를 사용할 수 없다. 이러한 경우 PE도체는 누전차단기의 전원측에서 PEN 도체에 접속하여야 한다.

DAY
21
DAY
22
DAY
23
DAY
24
DAY
25
DAY
26
DAY
27
DAY
28
DAY
29
DAY
30

⑤ TT 계통

　㉠ 전원계통의 중성점이나 중간점은 접지하여야 한다. 중성점이나 중간점을 이용할 수 없는 경우, 선도체 중 하나를 접지하여야 한다.

　㉡ TT 계통은 누전차단기를 사용하여 고장보호를 하여야 한다. 다만, 고장루프임피던스가 충분히 낮을 때는 과전류보호장치에 의하여 고장보호를 할 수 있다.

⑥ IT 계통 : IT 계통은 다음과 같은 감시장치와 보호장치를 사용할 수 있으며, 1차 고장이 지속되는 동안 작동되어야 한다. 절연감시장치는 음향 및 시각신호를 갖추어야 한다.

　㉠ 절연감시장치

　㉡ 누설전류감시장치

　㉢ 절연고장점검출장치

　㉣ 과전류보호장치

　㉤ 누전차단기

⑦ 기능적 특별저압(FELV)

　㉠ 기본보호는 다음 중 어느 하나에 따른다.

　　• 전원의 1차 회로의 공칭전압에 대응하는 기본절연

　　• 격벽 또는 외함

　㉡ 고장보호는 1차 회로가 전원의 자동차단에 의한 보호가 될 경우 FELV 회로 기기의 노출도전부는 전원의 1차 회로의 보호도체에 접속하여야 한다.

　㉢ FELV 계통의 전원은 최소한 단순 분리형 변압기에 의한다.

　㉣ FELV 계통용 플러그와 콘센트는 다음의 모든 요구사항에 부합하여야 한다.

　　• 플러그를 다른 전압 계통의 콘센트에 꽂을 수 없어야 한다.

　　• 콘센트는 다른 전압 계통의 플러그를 수용할 수 없어야 한다.

　　• 콘센트는 보호도체에 접속하여야 한다.

(3) 이중절연 또는 강화절연에 의한 보호

① 이중 또는 강화절연은 기본절연의 고장으로 인해 전기기기의 접근 가능한 부분에 위험전압이 발생하는 것을 방지하기 위한 보호대책으로 다음에 따른다.

　㉠ 기본보호는 기본절연에 의하며, 고장보호는 보조절연에 의한다.

　㉡ 기본 및 고장보호는 충전부의 접근 가능한 부분의 강화절연에 의한다.

② 이중 또는 강화절연에 의한 보호대책은 모든 상황에 적용할 수 있다.

자주 출제되는

핵심이론

핵심이론은 처음에는 그냥 한 번 읽어주세요.
옆의 기출문제를 풀어본 후 다시 한 번 핵심이론을 읽으면서 암기하세요.

(4) 전기적 분리에 의한 보호

① 보호대책

- ㉠ 기본보호는 충전부의 기본절연에 따른 격벽과 외함에 의한다.
- ㉡ 고장보호는 분리된 다른 회로와 대지로부터 단순한 분리에 의한다.

② 전기적 분리에 의한 고장보호

- ㉠ 분리된 회로는 최소한 단순 분리된 전원을 통하여 공급되어야 하며, 분리된 회로의 전압은 500[V] 이하이어야 한다.
- ㉡ 전기적 분리를 보장하기 위해 회로 간에 기본절연을 하여야 한다.

(5) SELV와 PELV를 적용한 특별저압에 의한 보호

특별저압 계통에 의한 보호대책	① SELV(Safety Extra-Low Voltage) ② PELV(Protective Extra-Low Voltage)
보호대책의 요구사항	① 특별저압 계통의 전압한계는 교류 50[V] 이하, 직류 120[V] 이하이어야 한다. ② 모든 회로로부터 특별저압 계통을 보호 분리하고, 특별저압 계통과 다른 특별저압 계통 간에는 기본절연을 하여야 한다. ③ SELV 계통과 대지 간의 기본절연을 하여야 한다.

① SELV와 PELV용 전원 : 특별저압 계통에는 다음의 전원을 사용해야 한다.

- ㉠ 안전절연변압기 전원 및 이와 동등한 절연의 전원
- ㉡ 축전지 및 디젤발전기 등과 같은 독립전원
- ㉢ 내부고장이 발생한 경우에도 출력단자의 전압이 교류 50[V] 및 직류 120[V]를 초과하지 않도록 적절한 표준에 따른 전자장치
- ㉣ 안전절연변압기, 전동발전기 등 저압으로 공급되는 이중 또는 강화절연된 이동용 전원

② SELV와 PELV 회로에 대한 요구사항

SELV 및 PELV 회로의 포함내용	① 충전부와 다른 SELV와 PELV 회로 사이의 기본절연 ② 이중절연 또는 강화절연 또는 최고전압에 대한 기본절연 및 보호차폐에 의한 SELV 또는 PELV 이외의 회로들의 충전부로부터 보호 분리 ③ SELV 회로는 충전부와 대지 사이에 기본절연 ④ PELV 회로 및 PELV 회로에 의해 공급되는 기기의 노출도전부는 접지
교류 25[V] 또는 직류 60[V]를 초과하거나 기기가 물에 잠겨 있는 경우	기본보호는 절연 또는 격벽과 외함으로 함
건조한 상태에서 다음의 경우는 기본보호를 하지 않음	① SELV 회로에서 교류 25[V] 또는 직류 60[V]를 초과하지 않는 경우 ② PELV 회로에서 교류 25[V] 또는 직류 60[V]를 초과하지 않고 노출도전부 및 충전부가 보호도체에 의해서 주접지단자에 접속된 경우

(6) 장애물 및 접촉범위에서 보호

장애물 및 접촉범위 밖에 배치	장애물을 두거나 접촉범위 밖에 배치하는 보호대책은 기본보호만 해당
장애물	장애물은 충전부에 무의식적인 접촉을 방지하기 위해 시설
접촉범위 밖에 배치	서로 다른 전위로 동시에 접근 가능한 부분이 접촉범위 안에 있으면 안 됨(2.5[m] 이내 시설금지)

(7) 비접지 국부 등전위본딩에 의한 보호

비접지 국부 등전위본딩은 위험한 접촉전압이 나타나는 것을 방지하기 위한 것으로 다음과 같이 한다.

① 등전위본딩용 도체는 동시에 접근이 가능한 모든 노출도전부 및 계통외도전부와 상호 접속하여야 한다.

② 국부 등전위본딩계통은 노출도전부 또는 계통외도전부를 통해 대지와 직접 전기적으로 접촉되지 않아야 한다.

3 과전류에 대한 보호

과전류로 인하여 회로의 도체, 절연체, 접속부, 단자부 또는 도체를 감싸는 물체 등에 유해한 열적 및 기계적인 위험이 발생되지 않도록, 그 회로의 과전류를 차단하는 보호장치를 설치해야 한다.

(1) 회로의 특성에 따른 요구사항

① 선도체의 보호

과전류 검출기의 설치	모든 선도체에 대하여 과전류 검출기를 설치하여 과전류가 발생할 때 전원을 안전하게 차단
	3상 전동기 등과 같이 단상 차단이 위험이 있을 경우에 대비

② 중성선의 보호

구분	TT 계통 또는 TN 계통	IT 계통
과전류 검출기 또는 차단장치 설치하는 경우	중성선의 단면적이 선도체의 단면적보다 작은 경우(과전류 검출 시 선도체는 차단, 중성선은 차단할 필요는 없음)	중성선을 배선하는 경우 중성선에 과전류 검출기를 설치해야 하며, 과전류가 검출되면 중성선을 포함한 해당 회로의 모든 충전도체를 차단해야 함
과전류 검출기 또는 차단장치 설치 않는 경우	중성선의 단면적이 선도체의 단면적과 동등 이상의 크기이고, 그 중성선의 전류가 선도체의 전류보다 크지 않을 경우	① 설비의 전력 공급점과 같은 전원측에 설치된 보호장치에 의해 그 중성선이 과전류에 대해 효과적으로 보호되는 경우 ② 정격감도전류가 해당 중성선 허용전류의 0.2배 이하인 누전차단기로 그 회로를 보호하는 경우

자주 출제되는
핵심이론

핵심이론은 처음에는 그냥 한 번 읽어주세요.
옆의 기출문제를 풀어본 후 다시 한 번 핵심이론을 읽으면서 암기하세요.

③ 중성선의 차단 및 재폐로 : 중성선을 차단 및 새폐로하는 개폐기 및 차단기의 동작은 다음에 따라야 한다.

    ㉠ 차단 시에는 중성선이 선도체보다 늦게 차단되어야 한다.

    ㉡ 재폐로 시에는 선도체와 동시 또는 그 이전에 재폐로 되어야 한다.

(2) 보호장치의 종류 및 특성

① 보호장치의 종류

과부하전류 및 단락전류 겸용 보호장치	보호장치 설치점에서 예상되는 단락전류를 포함한 모든 과전류를 차단 및 투입할 수 있어야 함
과부하전류 전용 보호장치	① 과부하전류에 대한 보호능력이 있어야 함 ② 차단용량은 설치점의 예상 단락전류값 미만으로 할 수 있음
단락전류 전용 보호장치	① 과부하전류보호장치를 별도로 설치했을 경우에 설치할 수 있음 ② 과부하 보호장치의 생략이 허용되는 경우에 설치할 수 있음 ③ 예상 단락전류를 차단할 수 있어야 함 ④ 차단기인 경우에는 이 단락전류를 투입할 수 있어야 함

② 보호장치의 특성

    ㉠ 과전류보호장치는 표준(배선차단기, 누전차단기, 퓨즈 등의 표준)의 동작특성에 적합하여야 한다.

    ㉡ 과전류차단기로 저압전로에 사용하는 범용의 퓨즈는 다음 표에 적합한 것이어야 한다.

▌퓨즈(gG)의 용단특성▐

정격전류의 구분	시간	정격전류의 배수	
		불용단전류	용단전류
4[A] 이하	60분	1.5배	2.1배
4[A] 초과 16[A] 미만	60분	1.5배	1.9배
16[A] 이상 63[A] 이하	60분	1.25배	1.6배
63[A] 초과 160[A] 이하	120분	1.25배	1.6배
160[A] 초과 400[A] 이하	180분	1.25배	1.6배
400[A] 초과	240분	1.25배	1.6배

    ㉢ 과전류차단기로 저압전로에 사용하는 산업용 배선차단기는 다음 표에 적합한 것이어야 한다.

▌과전류트립 동작시간 및 특성(산업용 배선차단기)▐

정격전류의 구분	시간	정격전류의 배수(모든 극에 통전)	
		부동작전류	동작전류
63[A] 이하	60분	1.05배	1.3배
63[A] 초과	120분	1.05배	1.3배

㉣ 과전류차단기로 저압전로에 사용하는 주택용 배선차단기는 다음 표에 적합한 것이어야 한다. 다만, 일반인이 접촉할 우려가 있는 장소에는 주택용 배선차단기를 시설하여야 한다.

순시트립에 따른 구분 (주택용 배선차단기)

형	순시트립범위
B	$3I_n$ 초과 ~ $5I_n$ 이하
C	$5I_n$ 초과 ~ $10I_n$ 이하
D	$10I_n$ 초과 ~ $20I_n$ 이하

[비고] 1. B, C, D : 순시트립전류에 따른 차단기 분류
2. I_n : 차단기 정격전류

과전류트립 동작시간 및 특성 (주택용 배선차단기)

정격전류의 구분	시간	정격전류의 배수 (모든 극에 통전)	
		부동작전류	동작전류
63[A] 이하	60분	1.13배	1.45배
63[A] 초과	120분	1.13배	1.45배

(3) 과부하전류에 대한 보호

① 도체와 과부하 보호장치 사이의 협조 : 과부하에 대해 케이블(전선)을 보호하는 장치의 동작특성은 다음의 조건을 충족해야 한다.

$$I_B \le I_n \le I_Z$$
$$I_2 \le 1.45 \times I_Z$$

여기서, I_B : 회로의 설계전류
I_Z : 케이블의 허용전류
I_n : 보호장치의 정격전류
I_2 : 보호장치가 규약시간 이내에 유효하게 동작하는 것을 보장하는 전류

㉠ 위의 식 $I_2 \le 1.45 \times I_Z$에 따른 보호는 조건에 따라서는 보호가 불확실한 경우가 발생할 수 있다. 이러한 경우에는 식 $I_2 \le 1.45 \times I_Z$에 따라 선정된 케이블 보다 단면적이 큰 케이블을 선정하여야 한다.

㉡ I_B는 선도체를 흐르는 설계전류이거나, 함유율이 높은 영상분 고조파(특히 제3고조파)가 지속적으로 흐르는 경우 중성선에 흐르는 전류이다.

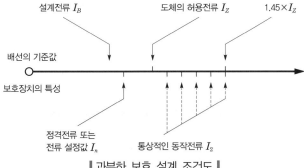

과부하 보호 설계 조건도

자주 출제되는
핵심이론

🔍 핵심이론은 처음에는 그냥 한 번 읽어주세요.
옆의 기출문제를 풀어본 후 다시 한 번 핵심이론을 읽으면서 암기하세요.

② 단락 및 과부하 보호장치의 설치 위치

ㄱ. 설치위치 : 과부하 보호장치는 전로 중 도체의 단면적, 특성, 설치방법, 구성의 변경으로 도체의 허용전류값이 줄어드는 곳(이하 분기점이라 함)에 설치해야 한다.

ㄴ. 설치위치의 예외 : 과부하 보호장치는 분기점(O)에 설치해야 하나, 분기점(O) 점과 분기회로의 과부하 보호장치의 설치점 사이의 배선 부분에 다른 분기회로나 콘센트 회로가 접속되어 있지 않고, 다음 중 하나를 충족하는 경우에는 변경이 있는 배선에 설치할 수 있다.

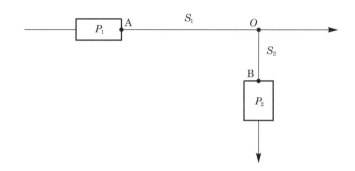

ㄷ. 보호장치(P_2)의 설치위치

설치위치	설치조건
분기점(O)으로부터 3[m] 이내	전원측 보호장치(P_1)에 의해 보호되지 않는 경우
분기점(O)으로부터 거리제한 없이	전원측 보호장치(P_1)에 의해 보호되는 경우

③ 과부하 보호장치의 생략 : 다음과 같은 경우에는 과부하 보호장치를 생략할 수 있다.

ㄱ. 일반사항

• 분기회로의 전원측에 설치된 보호장치에 의하여 분기회로에서 발생하는 과부하에 대해 유효하게 보호되고 있는 분기회로

• 단락보호가 되고 있으며, 분기점 이후의 분기회로에 다른 분기회로 및 콘센트가 접속되지 않는 분기회로 중, 부하에 설치된 과부하 보호장치가 유효하게 동작하여 과부하전류가 분기회로에 전달되지 않도록 조치를 하는 경우

• 통신회로용, 제어회로용, 신호회로용 및 이와 유사한 설비

ㄴ. IT 계통에서 과부하 보호장치 설치위치 변경 또는 생략

• 과부하 보호가 되지 않은 회로가 다음에 의해 보호될 경우

– 이중절연 또는 강화절연에 의한 보호수단 적용

– 2차 고장이 발생할 때 즉시 작동하는 누전차단기로 각 회로를 보호

– 지속적으로 감시되는 시스템의 경우 다음 중 어느 하나의 기능을 구비한 절연 감시 장치의 사용

- 최초 고장이 발생한 경우 회로를 차단하는 기능
- 고장을 나타내는 신호를 제공하는 기능
- 중성선이 없는 IT 계통에서 각 회로에 누전차단기가 설치된 경우에는 선도체 중의 어느 1개에는 과부하 보호장치를 생략 가능

ⓒ 안전을 위해 과부하 보호장치를 생략할 수 있는 경우
- 회전기의 여자회로
- 전자석 크레인의 전원회로
- 전류변성기의 2차 회로
- 소방설비의 전원회로
- 안전설비(주거침입경보, 가스누출경보 등)의 전원회로

④ 병렬 도체의 과부하 보호 : 하나의 보호장치가 여러 개의 병렬도체를 보호할 경우, 병렬도체는 분기회로, 분리, 개폐장치를 사용할 수 없다.

(4) 단락전류에 대한 보호

① 예상 단락전류의 결정 : 설비의 모든 관련 지점에서의 예상 단락전류를 결정해야 한다.

② 단락보호장치의 특성

ⓐ 차단용량 : 정격차단용량은 단락전류보호장치 설치점에서 예상되는 최대 크기의 단락전류보다 커야 한다.

ⓑ 케이블 등의 단락전류 : 회로의 임의의 지점에서 발생한 모든 단락전류는 케이블 및 절연도체의 허용온도를 초과하지 않는 시간 내에 차단되도록 해야 한다. 단락 지속시간이 5초 이하인 경우, 통상 사용조건에서의 단락전류에 의해 절연체의 허용온도에 도달하기까지의 시간 t는 다음 식과 같이 계산할 수 있다.

$$t = \left(\frac{kS}{I}\right)^2$$

여기서, t : 단락전류 지속시간[초]

S : 도체의 단면적[mm^2]

I : 유효 단락전류[A, rms]

k : 도체 재료의 저항률, 온도계수, 열용량, 해당 초기온도와 최종온도를 고려한 계수

(5) 저압전로 중의 개폐기 및 과전류차단장치의 시설

① 저압전로 중의 개폐기의 시설

ⓐ 저압전로 중에 개폐기를 시설하는 경우에는 그 곳의 각 극에 설치하여야 한다.

ⓑ 사용전압이 다른 개폐기는 상호 식별이 용이하도록 시설하여야 한다.

DAY 21
DAY 22
DAY 23
DAY 24
DAY 25
DAY 26
DAY 27
DAY 28
DAY 29
DAY 30

자주 출제되는

핵심이론

핵심이론은 처음에는 그냥 한 번 읽어주세요.
옆의 기출문제를 풀어본 후 다시 한 번 핵심이론을 읽으면서 암기하세요.

② 저압 옥내전로 인입구에서의 개폐기의 시설

　㉠ 저압 옥내전로에는 인입구에 가까운 곳으로서 쉽게 개폐할 수 있는 곳에 개폐기를 각 극에 시설하여야 한다.

　㉡ 사용전압이 400[V] 이하인 옥내전로로서 다른 옥내전로(정격전류가 16[A] 이하인 과전류차단기 또는 정격전류가 16[A]를 초과하고 20[A] 이하인 배선차단기로 보호되고 있는 것)에 접속하는 길이 15[m] 이하의 전로에서 전기의 공급을 받는 것은 "㉠"의 규정에 의하지 아니할 수 있다.

　㉢ 저압 옥내전로에 접속하는 전원측 전로의 그 저압 옥내전로의 인입구에 가까운 곳에 전용의 개폐기를 쉽게 개폐할 수 있는 곳의 각 극에 시설하는 경우에는 "㉠"의 규정에 의하지 아니할 수 있다.

③ 저압전로 중의 전동기 보호용 과전류보호장치의 시설

　㉠ 과전류차단기로 저압전로에 시설하는 과부하 보호장치와 단락보호전용 차단기 또는 과부하 보호장치와 단락보호전용 퓨즈를 조합한 장치는 전동기에만 연결하는 저압전로에 사용하고 다음 각각에 적합한 것이어야 한다.

　　• 과부하 보호장치, 단락보호전용 차단기 및 단락보호전용 퓨즈는 다음에 따라 시설할 것

　　　－ 과부하 보호장치로 전자접촉기를 사용할 경우에는 반드시 과부하계전기가 부착되어 있을 것

　　　－ 단락보호전용 차단기의 단락동작설정 전류값은 전동기의 기동방식에 따른 기동돌입전류를 고려할 것

　　　－ 단락보호전용 퓨즈는 다음 표의 용단 특성에 적합한 것일 것

❙ 단락보호전용 퓨즈(aM)의 용단특성 ❙

정격전류의 배수	불용단시간	용단시간
4배	60초 이내	–
6.3배	–	60초 이내
8배	0.5초 이내	–
10배	0.2초 이내	–
12.5배	–	0.5초 이내
19배	–	0.1초 이내

　　• 과부하 보호장치와 단락보호전용 차단기 또는 단락보호전용 퓨즈를 하나의 전용함 속에 넣어 시설한 것일 것

　　• 과부하 보호장치가 단락전류에 의하여 손상되기 전에 그 단락전류를 차단하는 능력을 가진 단락보호전용 차단기 또는 단락보호전용 퓨즈를 시설한 것일 것

　　• 과부하 보호장치와 단락보호전용 퓨즈를 조합한 장치는 단락보호전용 퓨즈의 정격전류가 과부하 보호장치의 설정전류(setting current)값 이하가 되도록 시설한 것일 것

ⓛ 저압 옥내 시설하는 보호장치의 정격전류 또는 전류 설정값은 전동기 등이 접속
되는 경우에는 그 전동기의 기동방식에 따른 기동전류와 다른 전기사용기계기구
의 정격전류를 고려하여 선정하여야 한다.

ⓒ 옥내에 시설하는 전동기(정격출력이 0.2[kW] 이하인 것을 제외)에는 전동기가
손상될 우려가 있는 과전류가 생겼을 때에 자동적으로 이를 저지하거나 이를
경보하는 장치를 하여야 한다. 다만, 다음의 어느 하나에 해당하는 경우에는
그러하지 아니하다.

• 전동기를 운전 중 상시 취급자가 감시할 수 있는 위치에 시설하는 경우
• 전동기의 구조나 부하의 성질로 보아 전동기가 손상될 수 있는 과전류가 생길
  우려가 없는 경우
• 단상전동기로써 그 전원측 전로에 시설하는 과전류차단기의 정격전류가
  16[A](배선차단기는 20[A]) 이하인 경우

DAY 21
DAY 22
DAY 23
DAY 24
DAY 25
DAY 26
DAY 27
DAY 28
DAY 29
DAY 30

문제의 네모칸에 체크를 해보세요. 그 문제가 이해되지 않았다면
✓ 표시를 해서 그 문제는 나중에 다시 풀어 완전하게 숙지하세요(★ : 중요도).

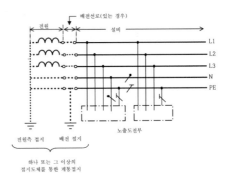

전원측 접지　배전 접지

하나 또는 그 이상의
접지도체를 통한 계통접지

★★★★★ 기사 21년 1회

31 저압전로의 보호도체 및 중성선의 접속방식에 따른 접지계통의 분류가 아닌 것은?

① IT 계통
② TN 계통
③ TT 계통
④ TC 계통

▶해설 계통접지 구성(KEC 203.1)

저압전로의 보호도체 및 중성선의 접속 방식에 따른 접지계통 구분
㉠ TN 계통
㉡ TT 계통
㉢ IT 계통

★★ 개정 신규문제

32 다음 계통접지 방식 중 TN-S 계통을 설명하는 것은?

① 계통 전체에 대해 중성선과 보호도체의 기능을 동일도체로 겸용한 PEN 도체를 사용한다. 배전계통에서 PEN 도체를 추가로 접지할 수 있다.
② 전원의 한 점을 직접 접지하고 설비의 노출도전부는 전원의 접지전극과 전기적으로 독립적인 접지극에 접속시킨다. 배전계통에서 PE 도체를 추가로 접지할 수 있다.
③ 충전부 전체를 대지로부터 절연시키거나, 한 점을 임피던스를 통해 대지에 접속시킨다. 전기설비의 노출도전부를 단독 또는 일괄적으로 계통의 PE 도체에 접속시킨다. 배전계통에서 추가접지가 가능하다.
④ 계통 전체에 대해 별도의 중성선 또는 PE 도체를 사용한다. 배전계통에서 PE 도체를 추가로 접지할 수 있다.

▶해설 TN 계통(KEC 203.2)

TN-S : 중성선(N)과 보호도체(PE)를 별도로 사용한 접지계통

★★ 개정 신규문제

33 누전차단기 설치를 생략할 수 있는 경우가 아닌 것은?

① 전로의 전원측에 절연변압기(2차 전압이 300[V] 이하인 경우에 한한다)를 시설하고 또한 그 절연변압기의 부하측에 전로에 접지하지 아니하는 경우
② 대지전압이 300[V] 이하인 기계기구를 물기가 있는 곳 이외의 곳에 시설하는 경우
③ 전기용품 및 생활용품 안전관리법의 적용을 받은 이중절연구조의 기계기구를 시설하는 경우
④ 기계기구가 유도전동기의 2차측 전로에 접속되는 것일 경우

▶해설 누전차단기의 시설(KEC 211.2.4)

대지전압이 150[V] 이하인 기계기구를 물기가 있는 곳 이외의 곳에 시설하는 경우 누전차단기의 설치를 생략할 수 있다.

정답 31 ④ 32 ④ 33 ②

문제의 네모칸에 체크를 해보세요. 그 문제가 이해되지 않았다면
✓ 표시를 해서 그 문제는 나중에 다시 풀어 완전하게 숙지하세요(★ : 중요도).

DAY 21
DAY 22
DAY 23
DAY 24
DAY 25
DAY 26
DAY 27
DAY 28
DAY 29
DAY 30

★★★ 개정 신규문제

34 다음 TN 계통의 보호장치 설명 중 잘못된 것은?

① TN-C, TN-S, TN-C-S 계통에서 과전류보호장치 및 누전차단기는 고장보호에 사용할 수 있다.

② 누전차단기를 설치하는 경우에는 과전류보호 겸용의 것을 사용해야 한다.

③ TN-C-S 계통에 누전차단기를 설치하는 경우에는 누전차단기의 부하측에는 PEN 도체를 사용할 수 없다.

④ TN-C-S 계통에 누전차단기를 설치하는 경우 PE 도체는 누전차단기의 전원측에서 PEN 도체에 접속하여야 한다.

해설 TN 계통(KEC 211.2.5)

TN-C 계통에는 누전차단기를 사용해서는 아니 된다. TN-C-S 계통에 누전차단기를 설치하는 경우에는 누전차단기의 부하측에는 PEN 도체를 사용할 수 없다. 이러한 경우 PE 도체는 누전차단기의 전원측에서 PEN 도체에 접속하여야 한다.

★★ 개정 신규문제

35 IT 계통에서 지락사고와 같은 1차 고장에 대해서 이를 감시하고 차단할 수 있는 보호장치를 설치하여야 한다. 이때 감시 및 보호장치로 잘못된 것은?

① 절연감시장치

② 누전차단기

③ 과전류보호장치

④ 퓨즈

해설 IT 계통(KEC 211.2.7)

감시장치와 보호정치의 종류
㉠ 절연감시장치(음향 및 시각신호를 갖추어야 할 것)
㉡ 누설전류감시장치
㉢ 절연고장점검출장치
㉣ 과전류보호장치
㉤ 누전차단기

★ 개정 신규문제

36 이중 또는 강화절연은 기본절연의 고장으로 인해 전기기기의 접근 가능한 부분에 위험전압이 발생하는 것을 방지하기 위한 보호대책이다. 이때 외함에 대한 사항으로 잘못된 것은?

① 전위가 나타날 우려가 있는 도전부가 절연 외함을 통과하지 않아야 한다.

② 절연 외함으로 둘러싸인 도전부를 보호도체에 접속해서는 안 된다.

③ 모든 도전부가 기본절연만으로 충전부로부터 분리되어 작동하도록 되어 있는 전기기기는 최소한 보호등급 IPXXB 또는 IP2X 이상의 절연 외함 안에 수용해야 한다.

④ 덮개나 문을 공구 또는 열쇠를 사용하지 않고도 열 수 있다면, 덮개나 문이 열렸을 때 접근 가능한 전체 도전부는 사람이 무심코 접촉되는 것을 방지하기 위해 절연 격벽(IPXXB 또는 IP2X 이상 제공)의 앞부분에 배치하여야 한다.

해설 이중절연 또는 강화절연에 의한 보호 (KEC 211.3)

절연 외함의 덮개나 문을 공구 또는 열쇠를 사용하지 않고도 열 수 있다면, 덮개나 문이 열렸을 때 접근 가능한 전체 도전부는 사람이 무심코 접촉되는 것을 방지하기 위해 절연 격벽(IPXXB 또는 IP2X 이상 제공)의 뒷부분에 배치하여야 한다.

★★★★ 개정 신규문제

37 비도전성 장소에서 노출도전부, 상호 간 계통외도전부와 노출도전부 사이의 상대적 간격은 몇 [m] 이상으로 하여야 하는가?

① 1

② 1.5

③ 2

④ 2.5

해설 비도전성 장소의 보호대책(KEC 211.9.1)

노출도전부 상호 간, 계통외도전부와 노출도전부 사이의 상대적 간격은 두 부분 사이의 거리가 2.5[m] 이상으로 한다

정답 34 ① 35 ④ 36 ④ 37 ④

★★ 개정 신규문제

38 SELV와 PELV를 적용한 특별저압에 의한 보호에서 SELV와 PELV용 전원으로 사용할 수 없는 것은?

① 안전절연변압기 전원
② 안전절연변압기와 같은 절연강도를 나타내는 전원
③ 축전지 및 디젤발전기 등과 같은 독립전원
④ 내부고장이 발생한 경우에도 출력단자의 전압이 교류 60[V] 및 직류 100[V] 초과하지 않도록 적절한 표준에 따른 전자장치

해설 SELV와 PELV용 전원(KEC 211.5.3)

특별저압 계통에는 다음의 전원을 사용해야 한다.
㉠ 안전절연변압기 전원
㉡ 안전절연변압기 및 이와 동등한 절연의 전원
㉢ 축전지 및 디젤발전기 등과 같은 독립전원
㉣ 내부고장이 발생한 경우에도 출력단자의 전압이 교류 50[V] 및 직류 120[V]를 초과하지 않도록 적절한 표준에 따른 전자장치
㉤ 안전절연변압기, 전동발전기 등 저압으로 공급되는 이중 또는 강화절연된 이동용 전원

★★★ 개정 신규문제

39 과전류차단기로 저압전로에 사용하는 산업용 배선차단기의 부동작전류와 동작전류로 적합한 것은?

① 1.0배, 1.2배
② 1.05배, 1.3배
③ 1.25배, 1.6배
④ 1.3배, 1.8배

해설 보호장치의 특성(KEC 212.3.4)

과전류트립 동작시간 및 특성(산업용 배선차단기)

정격전류의 구분	시간	정격전류의 배수 (모든 극에 통전)	
		부동작전류	동작전류
63[A] 이하	60분	1.05배	1.3배
63[A] 초과	120분	1.05배	1.3배

★★★ 개정 신규문제

40 과부하에 대해 케이블 및 전선을 보호하는 장치의 동작전류 I_2 (보호장치가 규약시간 이내에 유효하게 동작하는 것을 보장하는 전류)는 케이블의 허용전류 몇 배 이내에 동작하여야 하는가?

① 1.1
② 1.13
③ 1.45
④ 1.6

해설 과부하전류에 대한 보호(KEC 212.4)

과부하에 대해 케이블(전선)을 보호하는 장치의 동작특성
㉠ $I_B \leq I_n \leq I_Z$
㉡ $I_2 \leq 1.45 \times I_Z$
여기서, I_B : 회로의 설계전류
I_Z : 케이블의 허용전류
I_n : 보호장치의 정격전류
I_2 : 보호장치가 규약시간 이내에 유효하게 동작하는 것을 보장하는 전류

★★★★ 기사 12년 2회, 17년 2회, 18년 1회 / 산업 03년 1회, 05년 3회, 11년 3회

41 저압 옥내 간선에서 분기하여 전기사용 기계기구에 이르는 저압 옥내전로에서 저압 옥내 간선과의 분기점에서 전선의 길이가 몇 [m] 이하인 곳에 개폐기 및 과전류차단기를 설치하여야 하는가?

① 2
② 3
③ 5
④ 6

해설 과부하 보호장치의 설치 위치(KEC 212.4.2)

분기회로의 보호장치는 분기회로의 분기점으로부터 3[m]까지 이동하여 설치할 수 있다.

정답 38 ④ 39 ② 40 ③ 41 ②

문제의 네모칸에 체크를 해보세요. 그 문제가 이해되지 않았다면
✓ 표시를 해서 그 문제는 나중에 다시 풀어 완전하게 숙지하세요(★ : 중요도).

DAY
21
DAY
22
DAY
23
DAY
24
DAY
25
DAY
26
DAY
27
DAY
28
DAY
29
DAY
30

★★★★★ 기사 02년 3회, 06년 1회, 15년 3회 / 산업 06년 4회, 14년 3회, 17년 2회

42 옥내에 시설하는 전동기에 과부하보호장치의 시설을 생략할 수 없는 경우는?

① 전동기가 단상의 것으로, 전원측 전로에 시설하는 과전류차단기의 정격전류가 16[A] 이하인 경우

② 전동기가 단상의 것으로, 전원측 전로에 시설하는 배선용 차단기의 정격전류가 20[A] 이하인 경우

③ 타인이 출입할 수 없고 전동기운전 중 취급자가 상시 감시할 수 있는 위치에 시설하는 경우

④ 전동기의 정격출력이 0.75[kW]인 전동기

해설 저압전로 중의 전동기 보호용 과전류보호장치의 시설(KEC 212.6.3)

㉠ 옥내에 시설하는 전동기(정격출력이 0.2[kW] 이하인 것을 제외)에는 전동기가 손상될 우려가 있는 과전류가 생겼을 때에 자동적으로 이를 저지하거나 이를 경보하는 장치를 하여야 한다.

㉡ 다음의 어느 하나에 해당하는 경우에는 과전류보호장치의 시설 생략 가능

• 전동기를 운전 중 상시 취급자가 감시할 수 있는 위치에 시설하는 경우

• 전동기의 구조나 부하의 성질로 보아 전동기가 손상될 수 있는 과전류가 생길 우려가 없는 경우

• 단상전동기로써 그 전원측 전로에 시설하는 과전류차단기의 정격전류가 16[A](배선차단기는 20[A]) 이하인 경우

• 전동기의 정격출력이 0.2[kW] 이하인 경우

정답 42 ④

DAY

26

학습목표
• 저압 옥내설비의 종류와 시설 시 주의사항에 대해 알아본다.
• 고압 및 특고압 옥내배선의 종류와 특성에 대해 알아본다.
• 특수설비의 종류와 시설 시 주의사항에 대해 알아본다.

출제율 12%

4 배선 및 조명설비

(1) 일반사항

① 저압 옥내배선의 사용전선

㉠ 2.5[mm^2] 이상의 연동선일 것

㉡ 사용전압이 400[V] 이하인 경우로 다음에 해당하는 경우에는 예외

• 전광표시장치, 출퇴표시등(出退表示燈), 제어회로 등의 배선

– 합성수지관공사, 금속관공사, 금속몰드공사, 금속덕트공사, 플로어덕트공사, 셀룰러덕트공사 등에 의해서 시설하는 경우 1.5[mm^2] 이상의 연동선을 사용

– 과전류가 생겼을 때에 자동적으로 전로에서 차단하는 장치를 시설할 경우 0.75[mm^2] 이상인 다심케이블 또는 다심 캡타이어케이블을 사용

• 진열장 등에서는 0.75 [mm^2] 이상인 코드 또는 캡타이어케이블을 사용

• 리프트 케이블을 사용하는 경우

② 중성선의 단면적

중선선의 단면적 ≥ 선도체의 단면적	중성선의 단면적 < 선도체의 단면적 (다상 회로로 구리선 16[mm^2] 또는 알루미늄선 25[mm^2]를 초과 시로 아래 사항 모두 충족 시)
① 2선식 단상회로 ② 선도체 굵기가 구리선 16[mm^2], 알루미늄선 25[mm^2] 이하인 다상 회로 ③ 제3고조파 전류가 흐를 수 있고 종합고조파왜형률이 15 ~ 33[%]인 3상회로	① 상(phase)과 제3고조파 전류 간에 회로 부하가 균형 ② 제3고조파 홀수배수 전류가 선도체 전류의 15[%] 이하 ③ 중성선 굵기가 구리선 16[mm^2], 알루미늄선 25[mm^2] 이상

③ 나전선의 사용제한 : 옥내에 시설하는 저압전선에는 다음 사항 외에는 나전선을 사용할 수 없음

㉠ 애자사용배선에 의하여 전개된 곳에 다음의 전선을 시설하는 경우

• 전기로용 전선

• 전선의 피복절연물이 부식하는 장소에 시설하는 전선

• 취급자 이외의 자가 출입할 수 없도록 설비한 장소에 시설하는 전선

㉡ 버스덕트공사에 의하여 시설하는 경우

㉢ 라이팅덕트공사에 의하여 시설하는 경우

㉣ 저압 접촉전선 및 유희용 전차

핵심이론은 처음에는 그냥 한 번 읽어주세요.
기출문제를 풀어본 후 다시 한 번 핵심이론을 읽으면서 암기하세요.

DAY
21
DAY
22
DAY
23
DAY
24
DAY
25
DAY
26
DAY
27
DAY
28
DAY
29
DAY
30

④ 옥내전로의 대지전압의 제한

　㉠ 백열전등 또는 방전등에 전기를 공급하는 전로의 대지전압은 300[V] 이하

　㉡ 주택의 옥내전로의 대지전압은 300[V] 이하이고 다음에 따를 것(대지전압 150[V] 이하는 예외)

- 사용전압은 400[V] 이하
- 주택의 전로 인입구에는 감전보호용 누전차단기를 시설할 것
- 3[kW] 이상의 전기기계기구에 전기를 공급하는 경우 전용의 개폐기, 과전류차단기, 전용콘센트를 시설할 것
- 사람의 접촉 우려가 없은 은폐된 장소는 합성수지관공사, 금속관공사, 케이블공사에 의하여 시설할 것

(2) 배선설비

① 사용하는 전선 또는 케이블의 종류에 따른 배선설비의 설치방법

전선 및 케이블	공사방법							
	케이블공사			전선관 시스템	케이블 트렁킹시스템	케이블 덕팅시스템	케이블 트레이시스템	애자 공사
	비고정	직접 고정	지지선					
나전선	−	−	−	−	−	−	−	+
절연전선[b]	−	−	−	+	+[a]	+	−	+
케이블 다심	+	+	+	+	+	+	+	0
케이블 단심	0	+	+	+	+	+	+	0

+ : 사용가능, − : 사용할 수 없다.
0 : 적용할 수 없거나 실용상 일반적으로 사용할 수 없다.
- a : 케이블트렁킹시스템이 IP4X 또는 IPXXD급 이상의 보호조건을 제공하고, 도구 등을 사용하여 강제적으로 덮개를 제거할 수 있는 경우에 한하여 절연전선을 사용할 수 있다.
- b : 보호도체 또는 보호본딩도체로 사용되는 절연전선은 적절하다면 어떠한 절연 방법이든 사용할 수 있고 전선관시스템, 트렁킹시스템 또는 덕팅시스템에 배치하지 않아도 된다.

② 사용하는 전선 또는 케이블의 배선방법에 따른 설치방법의 구분

종류	공사방법
전선관시스템	합성수지관공사, 금속관공사, 가요전선관공사
케이블트렁킹시스템	합성수지몰드공사, 금속몰드공사, 금속트렁킹공사[a]
케이블덕팅시스템	플로어덕트공사, 셀룰러덕트공사, 금속덕트공사[b]
애자공사	애자공사
케이블트레이시스템	케이블트레이공사
케이블공사	고정하지 않는 방법, 직접 고정하는 방법, 지지선 방법

- a : 금속본체와 커버가 별도로 되어 커버를 개폐할 수 있는 금속덕트공사
- b : 본체와 커버 구분 없이 하나로 구성된 금속덕트공사

자주 출제되는
핵심이론

핵심이론은 처음에는 그냥 한 번 읽어주세요.
기출문제를 풀어본 후 다시 한 번 핵심이론을 읽으면서 암기하세요.

③ 수용가 설비에시의 전압강하

　㉠ 수용가 설비의 인입구로부터 기기까지의 전압강하는 다음 표의 값 이하로 할 것

설비의 유형	조명[%]	기타[%]
A – 저압으로 수전하는 경우	3	5
B – 고압 이상으로 수전하는 경우	6	8

* 사용자의 배선설비가 100[m]를 넘는 부분의 전압강하는 미터당 0.005[%] 증가할 수 있으나 이러한 증가분은 0.5[%]를 넘지 않을 것

　㉡ 다음의 경우에는 위의 표보다 더 큰 전압강하를 허용할 수 있다.
- 기동 시간 중의 전동기
- 돌입전류가 큰 기타 기기

④ 절연물의 종류에 대한 최고허용온도

절연물의 종류	최고허용온도[℃]
열가소성 물질[폴리염화비닐(PVC)]	70(도체)
열경화성 물질[가교폴리에틸렌 또는 에틸렌프로필렌고무]	90(도체)
무기물(사람이 접촉할 우려가 있는 것)	70(시스)
무기물(사람이 접촉할 우려가 없는 나도체)	105(시스)

⑤ 합성수지관공사

　㉠ 전선은 절연전선(옥외용 비닐절연전선을 제외)일 것

　㉡ 전선은 연선일 것(단선 사용 가능 : 연동선 10[mm²] 이하, 알루미늄선 단면적 16[mm²] 이하)

　㉢ 전선은 합성수지관 안에서 접속점이 없도록 할 것

　㉣ 관의 두께는 2[mm] 이상일 것

　㉤ 관 상호 간 및 박스와는 관을 삽입하는 깊이를 관의 바깥지름의 1.2배(접착제를 사용하는 경우에는 0.8배) 이상

　㉥ 관의 지지점 간의 거리는 1.5[m] 이하

⑥ 금속관공사

　㉠ 전선은 절연전선(옥외용 비닐절연전선을 제외)일 것

　㉡ 전선은 연선일 것(단선 사용 가능 : 연동선 10[mm²] 이하, 알루미늄선 단면적 16[mm²] 이하)

　㉢ 전선은 금속관 안에서 접속점이 없도록 할 것

　㉣ 콘크리트에 매입하는 것은 1.2[mm] 이상, 콘크리트에 매입하지 않는 경우에는 1[mm] 이상(이음매가 없는 길이 4[m] 이하인 것을 건조하고 전개된 곳에 시설 시 0.5[mm] 이하)

　㉤ 관의 끝부분 및 안쪽 면은 전선의 피복을 손상하지 아니하도록 매끈한 것일 것

　㉥ 금속관에는 접지공사를 할 것

DAY
21

DAY
22

DAY
23

DAY
24

DAY
25

DAY
26

DAY
27

DAY
28

DAY
29

DAY
30

   ⓧ 사용전압이 400[V] 이하로서 다음의 경우 생략 가능

- 직류 300[V] 또는 교류 대지전압 150[V] 이하로서 관의 길이가 8[m] 이하로 사람 접촉의 우려가 없도록 시설하는 경우 또는 건조한 장소에 시설하는 경우
- 몰드의 길이가 4[m] 이하인 것을 시설하는 경우

⑦ 금속제 가요전선관공사

   ㉠ 전선은 절연전선(옥외용 비닐절연전선을 제외)일 것

   ㉡ 전선은 연선일 것(단선 사용 가능 : 연동선 10[mm^2] 이하, 알루미늄선 단면적 16[mm^2] 이하)

   ㉢ 가요전선관 안에는 전선에 접속점이 없도록 할 것

   ㉣ 가요전선관은 2종 금속제 가요전선관일 것

   ㉤ 전개된 장소 또는 점검할 수 있는 은폐된 장소로 400[V] 초과인 경우 전동기에 접속하는 부분에는 1종 가요전선관을 사용

   ㉥ 습기 또는 물기가 많은 장소에는 비닐 피복 1종 가요전선관 사용

   ㉦ 2종 금속제 가요전선관을 사용하는 경우에 습기 많은 장소 또는 물기가 있는 장소에 시설하는 때에는 비닐 피복 2종 가요전선관일 것

   ㉧ 접지공사를 할 것

⑧ 합성수지몰드공사

   ㉠ 전선은 절연전선(옥외용 비닐절연전선을 제외)일 것

   ㉡ 합성수지몰드 안에는 전선에 접속점이 없도록 할 것

   ㉢ 합성수지몰드는 홈의 폭 및 깊이가 35[mm] 이하의 것일 것(사람의 접촉 우려가 없을 경우 폭 50[mm] 이하 사용)

⑨ 금속몰드공사

   ㉠ 전선은 절연전선(옥외용 비닐절연전선을 제외)일 것

   ㉡ 금속몰드 안에는 전선에 접속점이 없도록 할 것

   ㉢ 사용전압이 400[V] 이하로 옥내의 건조한 장소로 전개된 장소 또는 점검할 수 있는 은폐장소에 시설할 것

   ㉣ 몰드는 폭이 50[mm] 이하, 두께 0.5[mm] 이상일 것

   ㉤ 몰드 상호 간 및 몰드 박스 기타 부속품과는 견고하고 또한 전기적으로 완전하게 접속할 것

   ㉥ 접지공사를 할 것

   예외 • 직류 300[V] 또는 교류 대지전압 150[V] 이하로서 관의 길이가 8[m] 이하로 사람 접촉의 우려가 없도록 시설하는 경우 또는 건조한 장소에 시설하는 경우

      • 몰드의 길이가 4[m] 이하인 것을 시설하는 경우

자주 출제되는
핵심이론

핵심이론은 처음에는 그냥 한 번 읽어주세요.
기출문제를 풀어본 후 다시 한 번 핵심이론을 읽으면서 암기하세요.

⑩ 금속덕트공사

　㉠ 전선은 절연전선(옥외용 비닐절연전선을 제외)일 것

　㉡ 전선의 덕트 내부 단면적의 20[%] 이하일 것(전광표시장치 기타 이와 유사한 장치 또는 제어회로의 배선만 넣는 경우 50[%])

　㉢ 금속덕트 안에는 전선에 접속점이 없도록 할 것

　㉣ 폭이 40[mm] 이상, 두께가 1.2[mm] 이상인 철판 또는 금속제의 것으로 견고하게 제작한 것일 것

　㉤ 덕트의 지지점 간의 거리 3[m] 이하(수직으로 설치 시 6[m])

　㉥ 덕트의 끝부분은 막을 것

　㉦ 접지공사를 할 것

⑪ 플로어덕트공사

　㉠ 전선은 절연전선(옥외용 비닐절연전선을 제외)일 것

　㉡ 전선은 연선일 것(단선 사용 가능 : 연동선 10[mm²] 이하, 알루미늄선 단면적 16[mm²] 이하)

　㉢ 플로어덕트 안에는 전선에 접속점이 없도록 할 것

　㉣ 접지공사를 할 것

⑫ 셀룰러덕트공사

　㉠ 전선은 절연전선(옥외용 비닐절연전선을 제외)일 것

　㉡ 전선은 연선일 것(단선 사용 가능 : 연동선 10[mm²] 이하, 알루미늄선 단면적 16[mm²] 이하)

　㉢ 셀룰러덕트 안에는 전선에 접속점을 만들지 아니할 것

　㉣ 덕트의 끝부분은 막을 것

　㉤ 접지공사를 할 것

⑬ 케이블트레이공사

　㉠ 공사방법에는 사다리형, 펀칭형, 메시형, 바닥밀폐형이 있음

　㉡ 전선은 연피케이블, 알루미늄피케이블 등 난연성 케이블, 기타 케이블 또는 금속관 혹은 합성수지관 등에 넣은 절연전선을 사용

　㉢ 케이블트레이의 안전율은 1.5 이상

　㉣ 접지공사를 할 것

⑭ 케이블공사

　㉠ 전선은 케이블 및 캡타이어케이블일 것

　㉡ 중량물의 압력 또는 기계적 충격을 받을 우려가 있는 곳에 시설하는 케이블에는 적당한 방호장치를 할 것

　㉢ 전선의 지지점 간의 거리를 아랫면 또는 옆면은 케이블 2[m] 이하(수직으로 설치 시 6[m]), 캡타이어케이블은 1[m] 이하

DAY
21

DAY
22

DAY
23

DAY
24

DAY
25

DAY
26

DAY
27

DAY
28

DAY
29

DAY
30

  ② 접지공사를 할 것

   예외 • 직류 300[V] 또는 교류 대지전압 150[V] 이하로서 관의 길이가 8[m] 이하로 사람 접촉의 우려가 없도록 시설하는 경우 또는 건조한 장소에 시설하는 경우

    • 몰드의 길이가 4[m] 이하인 것을 시설하는 경우

⑮ 애자공사

  ㉠ 전선은 절연전선(옥외용 및 인입용 비닐절연전선을 제외)일 것

  ㉡ 전선 상호 간의 간격은 0.06[m] 이상일 것

  ㉢ 전선과 조영재 사이의 이격거리

   • 사용전압이 400[V] 이하인 경우에는 25[mm] 이상

   • 400[V] 초과인 경우에는 45[mm] 이상일 것(건조한 장소에 시설하는 경우에는 25[mm])

  ㉣ 전선의 지지점 간의 거리

   • 조영재의 윗면 또는 옆면에 따라 붙일 경우에는 2[m] 이하일 것

   • 사용전압이 400[V] 초과 시 조영재의 아랫면에 따라 붙일 경우 6[m] 이하일 것

⑯ 버스덕트공사

  ㉠ 덕트의 지지점 간의 거리 3[m] 이하(수직으로 설치 시 6[m])

  ㉡ 덕트의 끝부분은 막을 것

  ㉢ 덕트의 내부에 먼지가 침입하지 아니하도록 할 것

  ㉣ 접지공사를 할 것

⑰ 라이팅덕트공사

  ㉠ 덕트 상호 간 및 전선 상호 간은 견고하게 또한 전기적으로 완전히 접속할 것

  ㉡ 덕트의 지지점 간의 거리는 2[m] 이하로 할 것

  ㉢ 덕트의 끝부분은 막을 것

  ㉣ 접지공사를 할 것

   예외 대지전압이 150[V] 이하이고 또한 덕트의 길이가 4[m] 이하

⑱ 옥내에 시설하는 저압 접촉전선 배선

  ㉠ 이동기중기 · 자동청소기 그 밖에 이동하며 사용하는 저압의 전기기계기구에 전기를 공급하기 위하여 사용하는 저압 접촉전선을 옥내에 시설하는 경우

   • 전개된 장소 또는 점검할 수 있는 은폐된 장소에 애자공사

   • 버스덕트공사, 절연트롤리공사

  ㉡ 저압 접촉전선을 애자공사에 의하여 옥내의 전개된 장소에 시설하는 경우

   • 전선의 바닥에서의 높이는 3.5[m] 이상일 것

   예외 최대사용전압이 60[V] 이하이고 또는 건조한 장소에 사람의 접촉 우려가 없을 경우

자주 출제되는
핵심이론

핵심이론은 처음에는 그냥 한 번 읽어주세요.
기출문제를 풀어본 후 다시 한 번 핵심이론을 읽으면서 암기하세요.

- 선선과 선소물과의 이격거리는 위쪽 2.3[m] 이상, 옆쪽 1.2[m] 이상
- 사용전선
  - 전선은 인장강도 11.2[kN] 이상 또는 지름 6[mm]의 경동선으로 단면적이 28[mm^2] 이상인 것일 것
  - 사용전압이 400[V] 이하인 경우에는 인장강도 3.44[kN] 이상의 것 또는 지름 3.2[mm] 이상의 경동선으로 단면적이 8[mm^2] 이상인 것을 사용
- 전선의 지저점간의 거리는 6[m] 이하일 것
- 전선 상호 간의 간격
  - 수평으로 배열하는 경우 0.14[m] 이상
  - 기타의 경우 0.2[m] 이상
- 전선과 조영재 사이의 이격거리
  - 습기 및 물기가 있는 경우 45[mm] 이상
  - 기타의 경우 25[mm] 이상
- 애자는 절연성, 난연성 및 내수성이 있는 것일 것
ⓒ 저압 접촉전선을 애자공사에 의하여 옥내의 점검할 수 있는 은폐된 장소에 시설하는 경우
- 전선 상호 간의 간격은 0.12[m] 이상일 것
- 전선과 조영재 사이의 이격거리는 45[mm] 이상일 것

(3) 조명설비

① 코드의 사용

ⓐ 사용 가능 여부의 구분
- 사용 가능 : 조명용 전원코드 및 이동전선
- 사용 불가능 : 고정배선

  예외 건조한 곳 또는 진열장 등의 내부에 배선할 경우

ⓑ 코드는 사용전압 400[V] 이하의 전로에 사용

② 코드(전구선) 및 이동전선

ⓐ 조명용 전원코드 또는 이동전선은 단면적 0.75[mm^2] 이상의 코드 또는 캡타이어 케이블을 사용할 것

ⓑ 옥측에 시설하는 경우의 조명용 전원코드(건조한 장소) : 단면적이 0.75[mm^2] 이상인 450/750[V] 내열성 에틸렌아세테이트 고무절연전선을 사용할 것

ⓒ 옥내에 시설하는 조명용 전원코드 또는 이동전선(습기가 많은 장소)
- 고무코드(사용전압이 400[V] 이하)
- 단면적이 0.75[mm^2] 이상인 0.6/1[kV] EP 고무절연 클로로프렌 캡타이어케이블을 사용할 것

DAY
21
DAY
22
DAY
23
DAY
24
DAY
25
DAY
26
DAY
27
DAY
28
DAY
29
DAY
30

③ 콘센트의 시설

ㄱ 노출형 콘센트는 기둥과 같은 내구성이 있는 조영재에 견고하게 부착할 것

ㄴ 욕조나 샤워시설이 있는 욕실 또는 화장실 등 인체가 물에 젖어있는 상태에서 전기를 사용하는 장소에 콘센트를 시설하는 경우

- 인체감전보호용 누전차단기(정격감도전류 15[mA] 이하, 동작시간 0.03초 이하의 전류동작형)

- 절연변압기(정격용량 3[kVA] 이하)로 보호된 전로에 접속

- 인체감전보호용 누전차단기가 부착된 콘센트를 시설

- 콘센트는 접지극이 있는 방적형 콘센트를 사용하고 접지를 할 것

ㄷ 습기 및 수분이 있는 장소에 시설하는 콘센트는 접지용 단자가 있는 것을 사용하여 접지하고 방습장치를 시설할 것

ㄹ 주택의 옥내전로에는 접지극이 있는 콘센트를 사용하여 접지할 것

④ 점멸기의 시설

ㄱ 점멸기는 전로의 비접지측에 시설할 것

ㄴ 공장·사무실·학교·상점 및 기타 이와 유사한 장소의 옥내에 시설하는 전체 조명용 전등은 부분조명이 가능하도록 시설할 것

ㄷ 관광숙박업 또는 숙박업에 이용되는 객실의 입구등은 1분 이내에 소등

ㄹ 일반주택 및 아파트 각 호실의 현관등은 3분 이내에 소등

ㅁ 욕실 내는 점멸기를 시설하지 말 것

⑤ 진열장 또는 이와 유사한 것의 내부 배선

ㄱ 건조한 장소에 시설할 것

ㄴ 진열장 내부에 사용전압이 400[V] 이하의 경우 0.75[mm²] 이상의 코드 또는 캡타이어케이블로 배선할 것

ㄷ 전선의 붙임점 간의 거리는 1[m] 이하(진열장 또는 내부관등회로의 경우)

⑥ 옥외등

ㄱ 옥외등에 전기를 공급하는 전로의 사용전압은 대지전압을 300[V] 이하

ㄴ 옥외등과 옥내등을 병용하는 분기회로는 20[A] 과전류차단기 분기회로로 할 것

ㄷ 옥외등의 인하선

- 애자공사(지표상 2[m] 이상의 높이에서 노출된 장소)

- 금속관공사

- 합성수지관공사

- 케이블공사

ㄹ 개폐기, 과전류차단기는 옥내에 시설할 것

자주 출제되는

핵심이론

핵심이론은 처음에는 그냥 한 번 읽어주세요.
기출문제를 풀어본 후 다시 한 번 핵심이론을 읽으면서 암기하세요.

⑦ 1[kV] 이하 방전등

　㉠ 방전등에 전기를 공급하는 전로의 대지전압은 300[V] 이하로 할 것

　㉡ 방전등용 안정기는 조명기구에 내장할 것

참고 **방전등용 안정기를 조명기구 외부에 시설할 수 있는 경우**

(1) 안정기를 견고한 내화성의 외함 속에 넣을 때
(2) 노출장소에 시설할 경우는 외함을 가연성의 조영재에서 0.01[m] 이상 이격하여 견고하게 부착할 것
(3) 간접조명을 위한 벽안 및 진열장 안의 은폐장소에는 외함을 가연성의 조영재에서 10[mm] 이상 이격하여 견고하게 부착하고 쉽게 점검할 수 있도록 시설할 것

　㉢ 방전등용 변압기

　　• 관등회로의 사용전압이 400[V] 초과인 경우는 방전등용 변압기를 사용할 것

　　• 방전등용 변압기는 절연변압기를 사용할 것

　㉣ 관등회로의 배선

　　• 사용전압이 400[V] 이하인 배선은 전선에 형광등 전선 또는 공칭단면적 2.5[mm²] 이상의 연동선과 이와 동등 이상의 세기 및 굵기의 절연전선, 캡타이어케이블 또는 케이블을 사용하여 시설하여야 할 것

　　• 사용전압이 400[V] 초과이고, 1[kV] 이하인 배선은 그 시설장소에 따라 합성수지관공사·금속관공사·가요전선관공사나 케이블공사 또는 다음의 표에 따라 시설할 것

시설장소의 구분		공사방법
전개된 장소	건조한 장소	애자공사·합성수지몰드공사 또는 금속몰드공사
	기타의 장소	애자공사
점검할 수 있는 은폐된 장소	건조한 장소	금속몰드공사

⑧ 네온방전등

　㉠ 전로의 대지전압은 300[V] 이하로 시설할 것

　㉡ 관등회로의 배선은 애자공사로 다음에 따라서 시설할 것

　　• 애자공사로 시설할 것

　　• 전선은 네온관용 전선을 사용할 것

　　• 배선은 외상을 받을 우려가 없고 사람이 접촉될 우려가 없는 노출장소에 시설할 것

　　• 전선은 조영재의 옆면 또는 아랫면에 붙일 것

　　• 전선의 지지점 간의 거리는 1[m] 이하일 것

　　• 전선 상호 간의 이격거리는 60[mm] 이상일 것

핵심이론은 처음에는 그냥 한 번 읽어주세요.
기출문제를 풀어본 후 다시 한 번 핵심이론을 읽으면서 암기하세요.

DAY 21
DAY 22
DAY 23
DAY 24
DAY 25
26
DAY 27
DAY 28
DAY 29
DAY 30

⑨ 수중조명등

㉠ 절연변압기는 교류 5[kV]의 시험전압으로 하나의 권선과 다른 권선, 철심 및 외함 사이에 계속적으로 1분간 가하여 절연내력을 시험할 경우 견디어야 할 것

㉡ 1차측 사용전압 400[V] 미만, 2차측 사용전압 150[V] 이하인 절연변압기를 사용

㉢ 절연변압기의 2차측 전로는 접지하지 아니할 것

㉣ 절연변압기는 2차측 전로의 사용전압이 30[V] 이하인 경우 1차 권선과 2차 권선 사이에 금속제의 혼촉방지판을 설치하여야 하며 접지공사를 할 것

㉤ 절연변압기의 2차측 전로에는 개폐기 및 과전류차단기를 각 극에 시설할 것

㉥ 절연변압기의 2차측 전로의 사용전압이 30[V]를 초과하는 경우 그 전로에 지락사고 시 자동적으로 전로를 차단하는 정격감도전류 30[mA] 이하의 누전차단기를 시설할 것

⑩ 교통신호등

㉠ 사용전압은 300[V] 이하

㉡ 인하선의 지표상 높이는 2.5[m] 이상

㉢ 사용전압이 150[V]를 초과하는 경우 지락 시 자동 차단하는 누전차단기를 설치할 것

㉣ 제어장치의 금속제 외함에는 접지공사를 할 것

㉤ 교통신호등 회로의 배선과 기타 시설물과의 이격거리는 0.6[m] 이상일 것(배선이 케이블인 경우에는 0.3[m] 이상)

(4) 특수설비 – 특수시설

① 전기울타리의 시설

㉠ 전선은 인장강도 1.38[kN] 이상 또는 지름 2[mm] 이상의 경동선일 것

㉡ 전선과 기둥 사이의 이격거리는 25[mm] 이상일 것

㉢ 전선과 다른 시설물 또는 수목 사이의 이격거리는 0.3[m] 이상일 것

㉣ 전기를 공급하는 전로에는 쉽게 개폐할 수 있는 곳에 전용 개폐기를 시설할 것

㉤ 사용전압은 250[V] 이하일 것

㉥ 전기울타리의 접지전극과 다른 접지 계통의 접지전극의 거리는 2[m] 이상일 것

㉦ 가공전선로의 아래를 통과하는 전기울타리의 금속부분은 교차지점의 양쪽으로부터 5[m] 이상의 간격을 두고 접지를 할 것

② 전기욕기 : 전기욕기용 전원장치(내장되어 있는 전원 변압기의 2차측 전로의 사용전압이 10[V] 이하)는 안전기준에 적합할 것

㉠ 전원장치의 금속제 외함 및 전선을 넣는 금속관에는 접지공사를 할 것

㉡ 욕기 내의 전극 간의 거리는 1[m] 이상일 것

자주 출제되는
핵심이론

핵심이론은 처음에는 그냥 한 번 읽어주세요.
기출문제를 풀어본 후 다시 한 번 핵심이론을 읽으면서 암기하세요.

ⓒ 전기욕기용 전원장치로부터 욕기 안의 전극까지의 배선
- $2.5[mm^2]$ 이상의 연동선 또는 절연전선(옥외용 비닐절연전선 제외) 또는 케이블을 사용할 것
- $1.5[mm^2]$ 이상의 캡타이어케이블을 사용할 것
- 합성수지관공사, 금속관공사 또는 케이블공사에 의하여 시설

ⓓ $1.5[mm^2]$ 이상의 캡타이어 코드를 합성수지관 또는 금속관에 넣고 조영재에 붙일 것

ⓔ 전기욕기용 전원장치로부터 욕기 안의 전극까지의 절연저항값은 $0.1[MΩ]$ 이상일 것

③ 전극식 온천온수기
ⓐ 사용전압은 400[V] 이하일 것
ⓑ 사용전압 400[V] 이하인 절연변압기를 사용할 것(교류 2[kV] 시험전압에 1분간 견딜 것)
ⓒ 절연변압기의 1차측 전로에는 개폐기 및 과전류차단기를 각 극에 시설할 것
ⓓ 절연변압기의 철심 및 금속제 외함에는 접지공사를 할 것
ⓔ 온천수 유입구 및 유출구에는 차폐장치를 설치할 것

④ 전기온상 등
ⓐ 전로의 대지전압은 300[V] 이하일 것
ⓑ 발열선 및 발열선에 직접 접속하는 전선은 전기온상선일 것
ⓒ 발열선은 그 온도가 80[℃]를 넘지 아니하도록 시설할 것
ⓓ 발열선이나 발열선에 직접 접속하는 전선의 피복에 사용하는 금속체 또는 방호장치의 금속제 부분에는 접지공사를 할 것
ⓔ 발열선 상호 간의 간격은 0.03[m](함 내에 시설하는 경우에는 0.02[m]) 이상일 것
ⓕ 발열선과 조영재 사이의 이격거리는 2.5[cm] 이상일 것
ⓖ 발열선의 지지점 간의 거리는 1[m] 이하일 것(발열선 상호 간의 간격이 0.06[m] 이상인 경우에는 2[m] 이하)

⑤ 전격살충기
ⓐ 전격격자가 지표상 3.5[m] 이상의 높이(자동차단장치 설치 시 지표상 1.8[m])
ⓑ 전격격자와 다른 시설물 또는 식물 사이의 이격거리는 0.3[m] 이상일 것

⑥ 유희용 전차
ⓐ 전원장치의 2차측 단자의 최대사용전압은 직류 60[V] 이하, 교류 40[V] 이하일 것
ⓑ 전차에 전기를 공급하기 위한 접촉전선은 제3레일 방식에 의하여 시설할 것
ⓒ 유희용 전차에 전기를 공급하는 변압기의 1차 전압은 400[V] 이하(승압용인 경우 2차 전압 150[V] 이하)인 절연변압기일 것
ⓓ 접촉전선과 대지 사이의 절연저항은 사용전압에 대한 누설전류가 레일의 연장 1[km]마다 100[mA]를 넘지 않도록 유지할 것

핵심이론은 처음에는 그냥 한 번 읽어주세요.
기출문제를 풀어본 후 다시 한 번 핵심이론을 읽으면서 암기하세요.

DAY 21
DAY 22
DAY 23
DAY 24
DAY 25
DAY 26
DAY 27
DAY 28
DAY 29
DAY 30

    ⓜ 유희용 전차 안의 전로와 대지 사이의 절연저항은 사용전압에 대한 누설전류가 규정 전류의 5000분의 1을 넘지 않을 것

⑦ 아크 용접기

    ㉠ 절연변압기를 사용하고 1차측의 대지전압은 300[V] 이하일 것

    ㉡ 피용접재, 받침대, 정반 등의 금속체에는 접지공사를 할 것

    ㉢ 용접변압기의 1차측 전로에는 용접변압기에 가까운 곳에 쉽게 개폐할 수 있는 개폐기를 시설할 것

⑧ 도로 등의 전열장치의 시설

    ㉠ 전로의 대지전압은 300[V] 이하일 것

    ㉡ 발열선은 그 온도가 80[℃]를 넘지 않을 것(도로, 옥외주차장에 금속피복을 한 발열선을 시설할 경우 120[℃] 이하)

    ㉢ 발열선 또는 발열선에 접속하는 전선의 피복에 사용하는 금속체에는 접지공사를 할 것

    ㉣ 발열선 상호 간의 간격은 0.05[m] 이상

⑨ 소세력 회로

    ㉠ 전자개폐기의 조작회로 또는 초인벨·경보벨 등에 접속하는 전로로서 최대사용전압이 60[V] 이하일 것

    ㉡ 절연변압기를 사용하고 전선은 케이블 이외에는 1[mm^2] 이상일 것

    ㉢ 절연변압기의 사용전압은 대지전압 300[V] 이하로 할 것

⑩ 전기부식방지 시설

    ㉠ 사용전압은 직류 60[V] 이하일 것

    ㉡ 지중에 매설하는 양극의 매설깊이는 0.75[m] 이상일 것

    ㉢ 수중에 시설하는 양극과 그 주위 1[m] 이내의 거리에 있는 임의점과의 사이의 전위차는 10[V]를 넘지 아니할 것

    ㉣ 지표 또는 수중에서 1[m] 간격의 임의의 2점간의 전위차가 5[V]를 넘지 아니할 것

    ⓜ 전선은 케이블인 경우 이외에는 지름 2[mm]의 경동선 또는 옥외용 비닐절연전선 이상의 절연효력이 있는 것일 것

    ⓗ 전기부식방지 회로의 전선과 저압 가공전선 사이의 이격거리는 0.3[m] 이상일 것

    ⓢ 전기부식방지 회로의 전선은 4.0[mm^2]의 연동선일 것(양극에 부속하는 전선은 2.5[mm^2] 이상의 연동선)

⑪ 전기자동차 전원설비

    ㉠ 전원공급설비에 사용하는 전압은 저압으로 할 것

      • 전용의 개폐기 및 과전류차단기를 각 극(과전류차단기는 다선식 전로의 중성극을 제외)에 시설할 것

      • 전로에 지락이 생겼을 때 자동적으로 그 전로를 차단하는 장치를 시설할 것

자주 출제되는

핵심이론

핵심이론은 처음에는 그냥 한 번 읽어주세요.
기출문제를 풀어본 후 다시 한 번 핵심이론을 읽으면서 암기하세요.

   ⓛ 옥내에 시설하는 저압용 배선기구의 시설은 다음에 따라 시설할 것
- 옥내에 시설하는 저압용의 배선기구는 그 충전 부분이 노출되지 아니하도록 시설
- 옥내에 시설하는 저압용의 비포장퓨즈는 불연성의 것일 것
- 전기자동차의 충전장치는 쉽게 열 수 없는 구조이고 위험표시를 할 것
- 충전장치의 충전 케이블 인출부는 옥내용의 경우 지면으로부터 0.45[m] 이상 1.2[m] 이내에, 옥외용의 경우 지면으로부터 0.6[m] 이상에 위치할 것
- 전기자동차의 충전장치는 부착된 충전 케이블을 거치할 수 있는 거치대 또는 충분한 수납공간(옥내 0.45[m] 이상, 옥외 0.6[m] 이상)을 갖는 구조이며, 충전 케이블은 반드시 거치할 것

⑫ 분진 위험장소
   ㉠ 폭연성 분진 또는 화약류의 분말 있는 장소
- 금속관공사, 케이블공사
- 0.6/1[kV] EP 고무절연 클로로프렌 캡타이어케이블
- 전기기계기구는 분진 방폭형 특수 방진구조로 되어 있을 것

   ㉡ 가연성 분진이 있는 장소
- 합성수지관공사, 금속관공사, 케이블공사
- 0.6/1[kV] EP 고무절연 클로로프렌 캡타이어케이블, 0.6/1[kV] 비닐절연 비닐 캡타이어케이블
- 전기기계기구는 분진 방폭형 보통 방진구조로 되어 있을 것

⑬ 전시회, 쇼 및 공연장의 전기설비
   ㉠ 이동전선
- 이동전선은 0.6/1[kV] EP 고무절연 클로로프렌 캡타이어케이블 또는 0.6/1[kV] 비닐절연 비닐 캡타이어케이블
- 보더라이트에 부속된 이동전선은 0.6/1[kV] EP 고무절연 클로로프렌 캡타이어케이블

   ㉡ 무대·무대마루 밑·오케스트라 박스 및 영사실의 전로에는 전용 개폐기 및 과전류차단기를 시설할 것

   ㉢ 비상조명을 제외한 조명용 분기회로 및 정격 32[A] 이하의 콘센트용 분기회로는 정격감도전류 30[mA] 이하의 누전차단기로 보호할 것

⑭ 터널, 갱도 기타 이와 유사한 장소 : 사람이 상시 통행하는 터널 안의 배선의 시설은 다음과 같을 것
   ㉠ 사용전압은 저압일 것
   ㉡ 2.5[mm²]의 연동선 및 절연전선을 사용(옥외용 비닐절연전선 및 인입용 비닐절연전선을 제외)

ⓒ 합성수지관공사·금속관공사·금속제 가요전선관공사·케이블공사, 애자사용공사

ⓔ 노면상 2.5[m] 이상의 높이로 할 것

ⓜ 전로에는 터널의 입구에 가까운 곳에 전용 개폐기를 시설할 것

⑮ 이동식 숙박차량 정박지, 야영지 및 이와 유사한 장소

ⓖ TN 계통에서는 PEN 도체가 포함되지 않을 것

ⓛ 표준전압은 220/380[V]를 초과하지 않을 것

ⓒ 지중케이블 및 가공케이블 또는 가공절연전선을 사용할 것

ⓔ 가공전선은 차량이 이동하는 지역에서 지표상 6[m] 이상(기타의 경우 4[m] 이상)

ⓜ 콘센트 및 최종분기회로는 정격감도전류가 30[mA] 이하인 누전차단기(중성선을 포함한 모든 극이 차단되는 것)에 의하여 개별적으로 보호될 것

ⓗ 하나의 외함 내에는 4개 이하의 콘센트를 조합 배치할 것

ⓢ 정격전압 200~250[V], 정격전류 16[A]의 단상 콘센트가 제공될 것

ⓞ 콘센트는 지면으로부터 0.5~1.5[m] 높이에 설치할 것

⑯ 마리나 및 이와 유사한 장소

ⓖ 마리나에서 TN 계통의 사용 시 TN-S 계통만을 사용할 것

ⓛ 표준전압은 220/380[V]를 초과하지 않을 것

ⓒ 마리나 내의 배선
- 지중케이블
- 가공케이블 또는 가공절연전선(수송매체 고려시 지표상 6[m] 이상, 기타의 경우 4[m] 이상)
- PVC 보호피복의 무기질 절연케이블
- 열가소성 또는 탄성재료 피복의 외장케이블

ⓔ 고장보호를 위한 누전차단기는 다음에 따라 시설할 것
- 정격전류가 63[A] 이하인 모든 콘센트는 정격감도전류가 30[mA] 이하인 누전차단기에 의해 개별적으로 보호될 것
- 정격전류가 63[A]를 초과하는 콘센트는 정격감도전류 300[mA] 이하이고, 중성극을 포함한 모든 극을 차단하는 누전차단기에 의해 개별적으로 보호될 것
- 주거용 선박에 전원을 공급하는 접속장치는 30[mA]를 초과하지 않는 개별 누전차단기로 보호되어야 하며, 선택된 누전차단기는 중성극을 포함한 모든 극을 차단할 것

ⓜ 정격전압 200~250[V], 정격전류 16[A] 단상 콘센트가 제공될 것

⑰ 의료장소

ⓖ 의료장소는 의료용 전기기기의 장착부(의료용 전기기기의 일부로서 환자의 신체와 필연적으로 접촉되는 부분)의 사용방법에 따라 구분할 것

DAY 21
DAY 22
DAY 23
DAY 24
DAY 25
DAY 26
DAY 27
DAY 28
DAY 29
DAY 30

자주 출제되는

핵심이론

핵심이론은 처음에는 그냥 한 번 읽어주세요.
기출문제를 풀어본 후 다시 한 번 핵심이론을 읽으면서 암기하세요.

- 그룹 0 : 일반병실, 진찰실, 검사실, 처치실, 재활치료실 등 장착부를 사용하지 않는 의료장소
- 그룹 1 : 분만실, MRI실, X선 검사실, 회복실, 구급처치실, 인공투석실, 내시경실 등 장착부를 환자의 신체 외부 또는 심장 부위를 제외한 환자의 신체 내부에 삽입시켜 사용하는 의료장소
- 그룹 2 : 관상동맥질환 처치실(심장카테터실), 심혈관조영실, 중환자실(집중치료실), 마취실, 수술실, 회복실 등 장착부를 환자의 심장 부위에 삽입 또는 접촉시켜 사용하는 의료장소

ⓒ 의료장소별 계통접지
  - 그룹 0 : TT 계통 또는 TN 계통
  - 그룹 1 : TT 계통 또는 TN 계통(전원자동차단을 사용하기 어려울 경우 IT 계통을 적용)
  - 그룹 2 : 의료 IT 계통(이동식 X-레이 장치, 정격출력이 5[kVA] 이상인 대형 기기용 회로, 생명유지장치가 아닌 일반 의료용 전기기기에 전력을 공급하는 회로 등에는 TT 계통 또는 TN 계통을 적용)
  - 의료장소에 TN 계통을 적용할 때에는 주배전반 이후의 부하 계통에서는 TN-C 계통으로 시설하지 말 것

ⓒ 그룹 1 및 그룹 2의 의료 IT 계통은 안전을 위해 다음과 같이 시설할 것
  - 전원측에 이중 또는 강화절연을 한 비단락보증 절연변압기를 설치하고 그 2차측 전로는 접지하지 말 것
  - 비단락보증 절연변압기의 2차측 정격전압은 교류 250[V] 이하로 하며 공급방식은 단상 2선식, 정격출력은 10[kVA] 이하로 할 것
  - 3상 부하에 대한 전력공급이 요구되는 경우 비단락보증 3상 절연변압기를 사용할 것

ⓔ 그룹 1과 그룹 2의 의료장소에 무영등 등을 위한 특별저압(SELV 또는 PELV)회로를 시설하는 경우에는 사용전압은 교류실효값 25[V] 또는 리플프리(ripple-free) 직류 60[V] 이하로 할 것

ⓜ 의료장소의 전로에는 정격감도전류 30[mA] 이하, 동작시간 0.03초 이내의 누전차단기를 설치할 것
  예외 의료 IT 계통, TT 계통 또는 TN 계통에서 누전경보기 시설 시, 2.5[m] 초과의 높이에 조명기구 설치 시의 회로

ⓗ 의료장소 내의 접지설비는 다음과 같이 시설할 것
  - 의료장소마다 등전위본딩 바를 설치할 것(50[m^2] 이하의 장소인 경우 등전위본딩 바를 공용할 수 있음)
  - 의료용 전기설비 및 전기기기의 노출도전부는 보호도체에 의하여 등전위본딩 바에 각각 접속되도록 할 것

DAY 21
DAY 22
DAY 23
DAY 24
DAY 25
DAY 26
DAY 27
DAY 28
DAY 29
DAY 30

- 그룹 2의 의료장소에서 환자환경(환자로부터 수평방향 1.5[m], 바닥으로부터 2.5[m] 높이) 내에 있는 계통외도전부와 전기설비 및 의료용 전기기기의 노출도전부, 전자기장해(EMI) 차폐선, 도전성 바닥 등은 등전위본딩을 시행할 것
- 접지도체의 공칭연면적은 등전위본딩 바에 접속된 보호도체 중 가장 큰 것 이상으로 할 것
- 보호도체, 등전위본딩도체 및 접지도체의 종류는 450/750[V] 일반용 단심 비닐 절연전선으로서 절연체의 색이 녹/황의 줄무늬이거나 녹색인 것을 사용할 것

ⓐ 의료장소 내의 비상전원

절환시간	비상전원을 공급받는 장치 또는 기기
0.5초 이내	① 0.5초 이내에 전력공급이 필요한 생명유지장치 ② 그룹 1 또는 그룹 2의 의료장소의 수술등, 내시경, 수술실 테이블, 기타 필수 조명
15초 이내	① 15초 이내에 전력공급이 필요한 생명유지장치 ② 그룹 2의 의료장소에 최소 50[%]의 조명, 그룹 1의 의료장소에 최소 1개의 조명
15초 초과	① 병원기능을 유지하기 위한 기본 작업에 필요한 조명 ② 그 밖의 병원 기능을 유지하기 위하여 중요한 기기 또는 설비

⑱ 엘리베이터·덤웨이터 등의 승강로 안의 저압 옥내배선 등의 시설 : 사용전압 400[V] 이하인 저압 옥내배선, 저압의 이동전선 및 이에 직접 접속하는 리프트 케이블은 비닐 리프트 케이블 또는 고무 리프트 케이블을 사용할 것

⑲ 저압 옥내 직류전기설비

ⓐ 저압 직류과전류차단장치 및 지락차단장치를 시설하는 경우 "직류용" 표시를 할 것

ⓑ 30[V]를 초과하는 축전지는 비접지측 도체에 개폐기를 시설할 것

ⓒ 저압 옥내 직류전기설비의 접지

- 저압 옥내 직류전기설비는 전로 보호장치의 확실한 동작의 확보, 이상전압 및 대지전압의 억제를 위하여 직류 2선식의 임의의 한 점 또는 변환장치의 직류측 중간점, 태양전지의 중간점 등을 접지할 것
- 직류접지계통은 교류접지계통과 같은 방법으로 금속제 외함, 교류접지도체 등과 본딩하여야 하며, 교류접지가 피뢰설비·통신접지 등과 통합접지되어 있는 경우는 함께 통합접지공사를 할 수 있다. 이 경우 낙뢰 등에 의한 과전압으로부터 전기설비 등을 보호하기 위해 서지보호장치(SPD)를 설치할 것

⑳ 비상용 예비전원설비

ⓐ 비상용 예비전원설비의 전원 공급방법은 다음과 같이 분류할 것

- 수동 전원공급
- 자동 전원공급

자주 출제되는
핵심이론

핵심이론은 처음에는 그냥 한 번 읽어주세요.
기출문제를 풀어본 후 다시 한 번 핵심이론을 읽으면서 암기하세요.

ⓛ 자동 전원공급은 절환시간에 따라 다음과 같이 분류할 것
- 무순단 : 과도시간 내에 전압 또는 주파수 변동 등 정해진 조건에서 연속적인 전원공급이 가능한 것
- 순단 : 0.15초 이내 자동 전원공급이 가능한 것
- 단시간 차단 : 0.5초 이내 자동 전원공급이 가능한 것
- 보통 차단 : 5초 이내 자동 전원공급이 가능한 것
- 중간 차단 : 15초 이내 자동 전원공급이 가능한 것
- 장시간 차단 : 자동 전원공급이 15초 이후에 가능한 것
ⓒ 상용 전원의 정전으로 비상용 전원이 대체되는 경우에는 상용 전원과 병렬운전이 되지 않도록 할 것
ⓔ 비상용 예비전원설비의 배선
- 무기물절연(MI)케이블
- 내화 케이블
- 화재 및 기계적 보호를 위한 배선설비

5 고압 및 특고압 옥내배선 등의 시설

(1) 고압 옥내배선
① 고압 옥내배선 시설방법
ⓐ 애자사용배선(건조한 장소로서 전개된 장소)
ⓑ 케이블배선
ⓒ 케이블트레이배선
② 애자사용배선에 의한 고압 옥내배선
ⓐ 전선은 6[mm^2] 이상의 연동선 또는 절연전선
ⓑ 지지점 간의 거리는 6[m] 이하일 것(조영재의 면에 설치 시 2[m] 이하)
ⓒ 전선 상호 간격은 0.08[m] 이상, 전선과 조영재 이격거리는 0.05[m] 이상일 것
③ 케이블트레이배선에 의한 고압 옥내배선은 다음에 의하여 시설할 것
ⓐ 연피케이블, 알루미늄피케이블 등 난연성 케이블, 기타 케이블을 사용
ⓑ 금속제 트레이에는 접지공사를 할 것
④ 수관·가스관과의 이격거리는 0.15[m] 이상(나전선의 경우 0.3[m] 이상)

(2) 옥내 고압용 이동전선의 시설
전선은 고압용의 캡타이어케이블일 것

(3) 특고압 옥내 전기설비의 시설
① 사용전압은 100[kV] 이하일 것(케이블트레이공사배선 시 35[kV] 이하)
② 전선은 케이블일 것
③ 저압 옥내전선·관등회로의 배선 또는 고압 옥내전선과의 이격거리는 0.6[m] 이상일 것

바로바로 풀어보는
기출문제

DAY 21
DAY 22
DAY 23
DAY 24
DAY 25
DAY 26
DAY 27
DAY 28
DAY 29
DAY 30

문제의 네모칸에 체크를 해보세요. 그 문제가 이해되지 않았다면
✓ 표시를 해서 그 문제는 나중에 다시 풀어 완전하게 숙지하세요(★ : 중요도).

★ 개정 신규문제

43 저압 옥내배선에서 중성선의 단면적은 선도체의 단면적이 얼마 이하인 경우 선도체의 단면적보다 굵게 하여야 하는가?

① 구리선 16[mm²], 알루미늄선 25[mm²] 이하인 다상 회로
② 구리선 25[mm²], 알루미늄선 25[mm²] 이하인 다상 회로
③ 구리선 25[mm²], 알루미늄선 50[mm²] 이하인 다상 회로
④ 구리선 50[mm²], 알루미늄선 50[mm²] 이하인 다상 회로

해설 저압 옥내배선의 사용전선 및 중성선의 굵기 (KEC 231.3)

다음의 경우는 중성선의 단면적은 최소한 선도체의 단면적 이상으로 할 것
㉠ 2선식 단상회로
㉡ 선도체의 단면적이 구리선 16[mm²], 알루미늄선 25[mm²] 이하인 다상 회로
㉢ 제3고조파 및 제3고조파의 홀수배수의 고조파 전류가 흐를 가능성이 높고 전류 종합고조파왜형률이 15~33[%]인 3상 회로

★★ 산업 18년 2회

44 다음 중 저압 옥내배선의 사용전선으로 틀린 것은?

① 단면적 2.5[mm²] 이상의 연동선
② 전광표시장치 또는 제어회로 등에 사용하는 배선에 단면적 1.5[mm²] 이상의 연동선
③ 전광표시장치배선 시 단면적 0.75[mm²] 이상의 다심 케이블
④ 전광표시장치배선 시 단면적 0.5[mm²] 이상의 다심 케이블

해설 저압 옥내배선의 사용전선(KEC 231.3.1)

㉠ 연동선 : 2.5[mm²] 이상을 사용할 것
㉡ 전광표시장치, 기타 이와 유사한 장치 또는 제어회로 등에 사용하는 배선에 단면적 1.5[mm²] 이상의 연동선을 사용하고 이를 합성수지관공사·금속관공

사·금속몰드공사·금속덕트공사·플로어덕트공사 또는 셀룰러덕트공사에 의하여 시설할 것
㉢ 전광표시장치, 기타 이와 유사한 장치 또는 제어회로 등의 배선에 단면적 0.75[mm²] 이상인 다심 케이블 또는 다심 캡타이어케이블을 사용하고 또한 과전류가 생겼을 때에 자동적으로 전로에서 차단하는 장치를 시설할 것

★★★★★ 기사 13년 1회, 14년 3회(유사), 17년 1회 / 산업 10년 1회, 12년 3회, 15년 3회

45 옥내에 시설하는 저압전선으로 나전선을 사용해서는 안 되는 경우는?

① 금속덕트공사에 의한 전선
② 버스덕트공사에 의한 전선
③ 이동기중기에 사용되는 접촉전선
④ 전개된 곳의 애자사용공사에 의한 전기로용 전선

해설 나전선의 사용 제한(KEC 231.4)

다음 내용에서만 나전선을 사용할 수 있다.
㉠ 애자공사에 의하여 전개된 곳에 다음의 전선을 시설하는 경우
· 전기로용 전선
· 전선의 피복절연물이 부식하는 장소에 시설하는 전선
· 취급자 이외의 사람이 출입할 수 없도록 설비한 장소에 시설하는 전선
㉡ 버스덕트공사에 의하여 시설하는 경우
㉢ 라이팅덕트공사에 의하여 시설하는 경우
㉣ 저압 접촉전선 및 유희용 전차를 시설하는 경우

★★★★★ 기사 14년 1회, 15년 1회, 17년 3회, 19년 3회, 20년 1·2회 / 산업 11년 2회, 17년 3회, 18년 2회, 19년 3회

46 백열전등 또는 방전등에 전기를 공급하는 옥내전로의 대지전압은 몇 [V] 이하이어야 하는가?

① 100　　② 150
③ 200　　④ 300

해설 옥내전로의 대지전압의 제한(KEC 231.6)

백열전등 또는 방전등에 공급하는 옥내의 전로의 대지전압은 300[V] 이하이어야 하며 다음에 의하여 시설할 것(150[V] 이하의 전로인 경우는 예외로 함)
㉠ 백열전등 또는 방전등 및 이에 부속하는 전선은 사람이 접촉할 우려가 없도록 시설할 것

정답 43 ① 44 ④ 45 ① 46 ④

ⓛ 백열전능 또는 방전능용 안전기는 저압 옥내배선과 직접 접속하여 시설할 것

ⓒ 전구 소켓은 키나 그 밖의 점멸기구가 없도록 시설할 것

★★★ 개정 신규문제

47 다음 중 케이블트렁킹시스템에 속하지 않는 것은?

① 합성수지몰드공사
② 금속몰드공사
③ 금속트렁킹공사
④ 금속덕트공사

🔍해설 배선설비공사의 종류(KEC 232.2)

케이블트렁킹 시스템	① 합성수지몰드공사 ② 금속몰드공사 ③ 금속트렁킹공사
케이블덕팅 시스템	① 플로어덕트공사 ② 셀룰러덕트공사 ③ 금속덕트공사

★★★ 개정 신규문제

48 수용가 설비에서 저압으로 수전하는 조명설비의 전압강하는 몇 [%] 이하여야 하는가?

① 1   ② 3
③ 6   ④ 8

🔍해설 수용가 설비에서의 전압강하(KEC 232.3.9)

설비의 유형	조명(%)	기타(%)
저압으로 수전	3	5
고압 이상으로 수전	6	8

★★★ 기사 11년 2회

49 합성수지관공사에 의한 저압 옥내배선 시설방법에 대한 설명 중 틀린 것은?

① 관의 지지점 간의 거리는 1.2[m] 이하로 할 것

---

② 박스, 기타의 부속품을 습기가 많은 장소에 시설하는 경우에는 방습장치로 할 것

③ 사용전선은 절연전선일 것

④ 합성수지관 안에는 전선의 접속점이 없도록 할 것

🔍해설 합성수지관공사(KEC 232.11)

ⓐ 전선은 절연전선을 사용(옥외용 비닐절연전선은 사용불가)

ⓑ 전선은 연선일 것. 다만, 다음의 것은 적용하지 않음
 • 짧고 가는 합성수지관에 넣은 것
 • 단면적 10[mm²](알루미늄선은 단면적 16[mm²]) 이하의 것

ⓒ 전선은 합성수지관 안에서 접속점이 없도록 할 것

ⓓ 합성수지관의 지지점 간의 거리는 1.5[m] 이하일 것

ⓔ 관 상호간 및 박스와는 관을 삽입하는 깊이를 관의 바깥지름의 1.2배(접착제를 사용 : 0.8배) 이상으로 함

ⓕ 습기가 많은 장소 또는 물기가 있는 장소에 시설하는 경우에는 방습장치를 할 것

★★★★ 기사 13년 3회(유사), 14년 1회 / 산업 11년 1회(유사), 15년 2회, 16년 1·3회

50 옥내배선의 사용전압이 220[V]인 경우에 이를 금속관공사에 의하여 시설하려고 한다. 다음 중 옥내배선의 시설로서 옳은 것은?

① 전선으로는 단면적 6[mm²]의 연선이어야 한다.

② 전선은 옥외용 비닐절연전선을 사용하였다.

③ 콘크리트에 매설하는 전선관의 두께는 1.0[mm]를 사용하였다.

④ 금속관에는 제3종 접지공사를 하였다.

🔍해설 금속관공사(KEC 232.12)

ⓐ 전선은 절연전선을 사용(옥외용 비닐절연전선은 사용불가)

ⓑ 전선은 연선일 것. 다만, 다음의 것은 적용하지 않음
 • 짧고 가는 금속관에 넣은 것
 • 단면적 10[mm²](알루미늄선은 단면적 16[mm²]) 이하의 것

ⓒ 전선은 금속관 안에서 접속점이 없도록 할 것

ⓓ 관 두께는 콘크리트에 매입하는 것은 1.2[mm] 이상, 기타 경우 1[mm] 이상으로 할 것

정답   47 ④   48 ②   49 ①   50 ④

문제의 네모칸에 체크를 해보세요. 그 문제가 이해되지 않았다면
✓ 표시를 해서 그 문제는 나중에 다시 풀어 완전하게 숙지하세요(★ : 중요도).

★★★★★ 기사 10년 1회, 11년 3회, 16년 3회(유사) / 산업 00년 2회, 12년 2회(유사), 18년 2회

51 가요전선관공사에 의한 저압 옥내배선시설과 맞지 않는 것은?

① 옥외용 비닐전선을 제외한 절연전선을 사용한다.
② 전개된 장소 또는 점검할 수 있는 은폐된 장소에는 1종 금속제 가요전선관을 사용한다.
③ 습기 또는 물기가 있는 장소에는 비닐피복 1종 가요전선관을 사용한다.
④ 전선은 연선을 사용하나 단면적 10[mm²] 이상인 경우에는 단선을 사용한다.

해설 금속제 가요전선관공사(KEC 232.13)

㉠ 전선은 절연전선일 것(옥외용 비닐절연전선은 제외)
㉡ 전선은 연선일 것. 단, 단면적 10[mm²](알루미늄선은 단면적 16[mm²]) 이하인 것은 단선을 사용할 것
㉢ 가요전선관 안에는 전선에 접속점이 없도록 할 것
㉣ 가요전선관은 2종 금속제 가요전선관일 것
[예외]
• 전개된 장소 또는 점검할 수 있는 은폐된 장소에는 1종 가요전선관을 사용
• 습기가 많은 장소 또는 물기가 있는 장소에는 비닐피복 1종 가요전선관을 사용

★★★ 기사 14년 2회

52 합성수지몰드공사에 의한 저압 옥내배선의 시설방법으로 옳지 않은 것은?

① 합성수지몰드는 홈의 폭 및 깊이가 3.5[cm] 이하의 것이어야 한다.
② 합성수지몰드 안에는 전선에 접속점이 없도록 한다.
③ 합성수지몰드 상호간 및 합성수지 몰드와 박스, 기타의 부속품과는 전선이 노출되지 않도록 접속한다.
④ 합성수지몰드 안에는 접속점을 1개소까지 허용한다.

해설 합성수지몰드공사(KEC 232.21)

㉠ 전선은 절연전선 사용(옥외용 비닐전연전선 사용불가)
㉡ 합성수지몰드 안에는 전선에 접속점이 없을 것
㉢ 합성수지몰드는 홈의 폭 및 깊이가 3.5[cm] 이하일 것. 단, 사람이 쉽게 접촉할 우려가 없도록 시설하는 경우에는 폭이 5[cm] 이하로 할 것
㉣ 합성수지몰드 상호 간 및 합성수지몰드와 박스, 기타의 부속품과는 전선이 노출되지 않도록 접속할 것

★★★ 기사 10년 1회, 12년 2회, 18년 1·3회(유사) / 산업 90년 2회, 03년 1회, 11년 2회

53 금속덕트공사에 의한 저압 옥내배선공사 중 시설기준으로 적합하지 않은 것은?

① 금속덕트에 넣은 전선의 단면적의 합계가 내부 단면적의 20[%] 이하가 되게 한다.
② 덕트 상호 및 덕트와 금속관과는 전기적으로 완전하게 접속한다.
③ 덕트를 조영재에 붙이는 경우 덕트의 지지점 간의 거리를 4[m] 이하로 견고하게 붙인다.
④ 저압 옥내배선의 사용전압이 400[V] 미만인 경우에 덕트에는 제3종 접지공사를 한다.

해설 금속덕트공사(KEC 232.31)

㉠ 전선은 절연전선일 것(옥외용 비닐절연전선은 제외)
㉡ 금속덕트에 넣은 전선의 단면적(절연피복의 단면적을 포함)의 합계는 덕트의 내부 단면적의 20[%](전광표시장치, 기타 이와 유사한 장치 또는 제어회로 등의 배선만을 넣는 경우에는 50[%]) 이하일 것
㉢ 금속덕트 안에는 전선에 접속점이 없도록 할 것
㉣ 폭이 40[mm] 이상, 두께가 1.2[mm] 이상인 철판 또는 동등 이상의 기계적 강도를 가지는 금속제의 것으로 견고하게 제작한 것일 것
㉤ 안쪽 면은 전선의 피복을 손상시키는 돌기가 없는 것일 것
㉥ 덕트의 지지점 간의 거리는 3[m](취급자 이외의 자가 출입할 수 없도록 설비한 곳에서 수직으로 붙이는 경우에는 6[m]) 이하로 할 것

★★★ 기사 00년 5회 / 산업 95년 7회, 07년 1회

54 플로어덕트공사에 의한 저압 옥내배선에서 절연전선으로 단선을 사용하지 않아도 되는 것은 전선의 굵기가 몇 [mm²] 이하의 경우인가?

① 2.5
② 4
③ 6
④ 10

해설 플로어덕트공사(KEC 232.32)

㉠ 전선은 절연전선일 것(옥외용 비닐절연전선은 제외)
㉡ 전선은 연선일 것. 단, 단면적 10[mm²](알루미늄선은 단면적 16[mm²]) 이하인 것은 단선을 사용할 것
㉢ 플로어덕트 안에는 전선에 접속점이 없도록 할 것
㉣ 덕트의 끝부분은 막을 것

★★★★ 기사 05년 4회 / 산업 15년 1회, 18년 1회

55 케이블트레이공사에 사용되는 케이블트레이는 수용된 모든 전선을 지지할 수 있는 적합한 강도의 것으로서, 이 경우 케이블트레이의 안전율은 얼마 이상으로 하여야 하는가?

① 1.1
② 1.2
③ 1.3
④ 1.5

해설 케이블트레이공사(KEC 232.41)

수용된 모든 전선을 지지할 수 있는 적합한 강도의 것이어야 한다. 이 경우 케이블트레이의 안전율은 1.5 이상으로 하여야 한다.

★★★ 산업 18년 1회

56 케이블공사에 의한 저압 옥내배선의 시설방법에 대한 설명으로 틀린 것은?

① 전선은 케이블 및 캡타이어케이블로 한다.

② 콘크리트 안에는 전선에 접속점을 만들지 않는다.
③ 400[V] 이하인 경우 전선을 넣는 방호장치의 금속제부분에는 접지공사를 한다.
④ 전선을 조영재의 옆면에 따라 붙이는 경우 전선의 지지점 간의 거리를 케이블은 3[m] 이하로 한다.

해설 케이블공사(KEC 232.51)

㉠ 전선은 케이블 및 캡타이어케이블일 것
㉡ 전선의 지지점 간의 거리를 아랫면 또는 옆면은 케이블 2[m] 이하, 캡타이어케이블은 1[m](수직으로 설치 시 6[m]) 이하로 할 것
㉢ 콘크리트 안에는 전선에 접속점을 만들지 아니할 것
㉣ 관, 기타의 전선을 넣는 방호장치의 금속제 부분·금속제의 전선 접속함 및 전선의 피복에 사용하는 금속체에는 접지공사를 할 것

★★ 기사 18년 2회

57 애자사용공사에 의한 저압 옥내배선 시설방법에 대한 설명 중 틀린 것은?

① 전선은 인입용 비닐절연전선일 것
② 전선 상호 간의 간격은 6[cm] 이상일 것
③ 전선의 지지점 간의 거리는 전선을 조영재의 윗면에 따라 붙일 경우에는 2[m] 이하일 것
④ 전선과 조영재 사이의 이격거리는 사용전압이 400[V] 미만인 경우에는 2.5[cm] 이상일 것

해설 애자공사(KEC 232.56)

㉠ 전선은 절연전선 사용(옥외용·인입용 비닐절연전선 사용불가)
㉡ 전선 상호 간격 : 0.06[m] 이상
㉢ 전선과 조영재와 이격거리
  • 400[V] 이하 : 25[mm] 이상
  • 400[V] 초과 : 45[mm](건조한 장소에 시설하는 경우에는 25[mm]) 이상
㉣ 전선의 지지점 간의 거리는 전선을 조영재의 윗면 또는 옆면에 따라 붙일 경우에는 2[m] 이하일 것
㉤ 사용전압이 400[V] 초과인 것의 지지점 간의 거리는 6[m] 이하일 것

정답 54 ④ 55 ④ 56 ④ 57 ①

바로바로 풀어보는
기출문제

DAY 21
DAY 22
DAY 23
DAY 24
DAY 25
DAY 26
DAY 27
DAY 28
DAY 29
DAY 30

문제의 네모칸에 체크를 해보세요. 그 문제가 이해되지 않았다면
✓ 표시를 해서 그 문제는 나중에 다시 풀어 완전하게 숙지하세요(★ : 중요도).

★★ 기사 19년 1회 / 산업 90년 7회

58 라이팅덕트공사에 의한 저압 옥내배선 시 설방법에 대한 설명으로 옳지 않은 것은?

① 덕트는 조영재에 견고하게 붙일 것
② 덕트의 지지점 간의 거리는 3[m] 이상 일 것
③ 덕트의 종단부는 폐쇄할 것
④ 덕트는 조영재를 관통하여 시설하지 아니할 것

해설 라이팅덕트공사(KEC 232.71)

㉠ 덕트 상호 간 및 전선 상호 간은 견고하게 또한 전기적으로 완전히 접속할 것
㉡ 덕트는 조영재에 견고하게 붙일 것
㉢ 덕트의 지지점 간의 거리는 2[m] 이하로 할 것
㉣ 덕트의 끝부분은 막을 것
㉤ 덕트는 조영재를 관통하여 시설하지 아니할 것
㉥ 덕트를 사람이 용이하게 접촉할 우려가 있는 장소에 시설하는 경우에는 전로에 지락이 생겼을 때에 자동적으로 전로를 차단하는 장치를 시설할 것

★★ 기사 20년 3회 / 산업 07년 1회, 10년 2회

59 다음 중 사용전압이 440[V]인 이동기중기용 접촉전선을 애자사용공사에 의하여 옥내의 전개된 장소에 시설하는 경우 사용하는 전선으로 옳은 것은?

① 인장강도가 3.44[kN] 이상인 것 또는 지름 2.6[mm]의 경동선으로, 단면적이 8[mm²] 이상인 것
② 인장강도가 3.44[kN] 이상인 것 또는 지름 3.2[mm]의 경동선으로, 단면적이 18[mm²] 이상인 것
③ 인장강도가 11.2[kN] 이상인 것 또는 지름 6[mm]의 경동선으로, 단면적이 28[mm²] 이상인 것
④ 인장강도가 11.2[kN] 이상인 것 또는 지름 8[mm]의 경동선으로, 단면적이 18[mm²] 이상인 것

해설 옥내에 시설하는 저압 접촉전선 배선(KEC 232.81)

전선은 인장강도 11.2[kN] 이상의 것 또는 지름 6[mm]의 경동선으로 단면적이 28[mm²] 이상인 것일 것. 다만, 사용전압이 400[V] 이하인 경우에는 인장강도 3.44[kN] 이상의 것 또는 지름 3.2[mm] 이상의 경동선으로 단면적이 8[mm²] 이상인 것을 사용할 수 있다.

★★★★ 기사 92년 7회, 02년 1회, 05년 1·3회 / 산업 00년 4회, 03년 1회

60 옥내에 시설하는 조명용 전원코드로 캡타이어케이블을 사용할 경우 단면적이 몇 [mm²] 이상인 것을 사용하여야 하는가?

① 0.75
② 2
③ 3.5
④ 5.5

해설 코드 및 이동전선(KEC 234.3)

㉠ 조명용 전원코드 또는 이동전선은 단면적 0.75[mm²] 이상의 코드 또는 캡타이어케이블을 사용할 것
㉡ 옥측에 시설하는 경우의 조명용 전원코드(건조한 장소는 단면적이 0.75[mm²] 이상인 450/750[V] 내열성 에틸렌아세테이트 고무절연전선을 사용할 것

★★ 산업 11년 1회, 13년 1회

61 아파트 세대 욕실에 비데용 콘센트를 시설하고자 한다. 다음의 시설방법 중 적합하지 않은 것은?

① 콘센트를 시설하는 경우에는 인체감전 보호용 누전차단기로 보호된 전로에 접속할 것
② 습기가 많은 곳에 시설하는 배선기구는 방습장치를 시설할 것
③ 저압용 콘센트는 접지극이 없는 것을 사용할 것
④ 충전부분이 노출되지 않을 것

정답 58 ② 59 ③ 60 ① 61 ③

[해설] 콘센트의 시설(KEC 234.5)

욕조나 샤워시설이 있는 욕실 또는 화장실 등 인체가 물에 젖어있는 상태에서 전기를 사용하는 장소에 콘센트를 시설하는 경우에는 다음에 따라 시설하여야 한다.
㉠ 「전기용품 및 생활용품 안전관리법」의 적용을 받는 인체감전보호용 누전차단기(정격감도전류 15[mA] 이하, 동작시간 0.03초 이하의 전류동작형의 것에 한한다) 또는 절연변압기(정격용량 3[kVA] 이하인 것에 한한다)로 보호된 전로에 접속하거나, 인체감전보호용 누전차단기가 부착된 콘센트를 시설하여야 한다.
㉡ 콘센트는 접지극이 있는 방적형 콘센트를 사용하여 접지하여야 한다.
㉢ 습기가 많은 장소 또는 수분이 있는 장소에 시설하는 콘센트 및 기계기구용 콘센트는 접지용 단자가 있는 것을 사용하여 접지하고 방습장치를 하여야 한다.

★★★★★ 기사 02년 3회, 03년 4회, 16년 2회, 19년 3회 / 산업 09년 2회, 10년 2회, 14년 3회

62 일반주택 및 아파트 각 호실의 현관등으로 백열전등을 설치할 때에는 타임스위치를 설치하여 몇 분 이내에 소등되는 것이어야 하는가?

① 1
② 3
③ 5
④ 7

[해설] 점멸기의 시설(KEC 234.6)

다음의 경우에는 센서등(타임스위치 포함)을 시설하여야 한다.
㉠ 「관광진흥법」과 「공중위생관리법」에 의한 관광숙박업 또는 숙박업(여인숙업을 제외한다)에 이용되는 객실의 입구등은 1분 이내에 소등되는 것
㉡ 일반주택 및 아파트 각 호실의 현관등은 3분 이내에 소등되는 것

★★ 기사 00년 2회, 02년 4회 / 산업 98년 4회, 06년 2회, 20년 3회

63 풀장용 수중조명등에 전기를 공급하기 위하여 사용되는 절연변압기에 대한 설명으로 옳지 않은 것은?

① 절연변압기 2차측 전로의 사용전압은 150[V] 이하이어야 한다.

② 절연변압기 2차측 전로의 사용전압이 30[V] 이하인 경우에는 1차와 2차 권선 사이에 금속제의 혼촉방지판이 있어야 한다.
③ 절연변압기의 2차측 전로에는 반드시 제3종 접지를 하며 그 저항값은 5[Ω] 이하가 되도록 하여야 한다.
④ 절연변압기의 2차측 전로의 사용전압이 30[V]를 넘는 경우에는 그 전로에 지기가 생긴 경우 자동적으로 전로를 차단하는 차단장치가 있어야 한다.

[해설] 수중조명등(KEC 234.14)

㉠ 수중조명등에 전기를 공급하기 위하여는 1차측 전로의 사용전압 및 2차측 전로의 사용전압이 각각 400[V] 이하 및 150[V] 이하인 절연변압기를 사용할 것
㉡ 절연변압기는 다음에 의하여 시설한다.
 • 절연변압기 2차측 전로의 접지하지 아니할 것
 • 절연변압기 2차측 전로의 사용전압이 30[V] 이하인 경우에는 1차 권선과 2차 권선 사이에 금속제의 혼촉방지판을 설치하고 접지공사를 할 것
 • 절연변압기는 교류 5[kV]의 시험전압으로 하나의 권선과 다른 권선, 철심 및 외함 사이에 계속적으로 1분간 가하여 절연내력을 시험할 경우, 이에 견디는 것일 것
㉢ 수중조명등의 절연변압기의 2차측 전로의 사용전압이 30[V]를 초과하는 경우에는 그 전로에 지락이 생겼을 때에 자동적으로 전로를 차단하는 정격감도전류 30[mA] 이하의 누전차단기를 시설할 것
㉣ 수중조명등의 절연변압기의 2차측 전로에는 개폐기 및 과전류차단기를 각 극에 시설할 것
㉤ 절연변압기의 2차측 배선은 금속관공사에 의할 것

★★★★★ 기사 94년 4회, 02년 2회, 06년 3회 / 산업 00년 1회, 04년 1회, 06년 3회

64 교통신호등 회로의 사용전압은 몇 [V] 이하이어야 하는가?

① 100 　　② 200
③ 300 　　④ 400

[해설] 교통신호등(KEC 234.15)

교통신호등 제어장치의 2차측 배선의 최대사용전압은 300[V] 이하로 할 것

정답 62 ② 63 ③ 64 ③

★★★★★ 기사 10년 2회 / 산업 05년 1회, 06년 2회, 09년 3회, 15년 3회, 19년 1회, 19년 3회

65 전기부식방지 시설을 할 때 전기부식방지용 전원장치로부터 양극 및 피방식체까지의 전로에 사용되는 전압은 직류 몇 [V] 이하이어야 하는가?

① 20 ② 40
③ 60 ④ 80

해설 전기부식방지 시설(KEC 241.16)

전기부식방지 시설은 지중 또는 수중에 시설하는 금속체의 부식을 방지하기 위해 지중 또는 수중에 시설하는 양극과 피방식체간에 방식전류를 통하는 시설이다.
㉠ 전기부식방지 회로의 사용전압은 직류 60[V] 이하일 것
㉡ 양극은 지중에 매설하거나 수중에서 쉽게 접촉할 우려가 없는 곳에 시설한다.
㉢ 지중에 매설하는 양극의 매설깊이는 0.75[m] 이상일 것
㉣ 수중에 시설하는 양극과 그 주위 1[m] 이내의 거리에 있는 임의점과의 사이의 전위차는 10[V]를 넘지 아니할 것
㉤ 지표 또는 수중에서 1[m] 간격의 임의의 2점간의 전위차가 5[V]를 넘지 아니할 것

★★★★★ 기사 11년 2회, 16년 3회 / 산업 08년 4회, 10년 2회(유사), 12년 2회, 15년 1회

66 전기울타리의 시설에 관한 다음 사항 중 틀린 것은?

① 전원장치에 전기를 공급하는 전로의 사용전압은 600[V] 이하일 것
② 사람이 쉽게 출입하지 아니하는 곳에 시설할 것
③ 전선은 인장강도 1.38[kN] 이상의 것 또는 지름 2[mm] 이상의 경동선일 것
④ 전선과 수목 사이의 이격거리는 30[cm] 이상일 것

해설 전기울타리(KEC 241.1)

㉠ 전기울타리는 사람이 쉽게 출입하지 아니하는 곳에 시설할 것
㉡ 전선은 인장강도 1.38[kN] 이상의 것 또는 지름 2[mm] 이상의 경동선일 것
㉢ 전선과 이를 지지하는 기둥 사이의 이격거리는 25[mm] 이상일 것
㉣ 전선과 다른 시설물(가공전선은 제외) 또는 수목과의 이격거리는 0.3[m] 이상일 것

㉤ 전기울타리를 시설한 곳에는 사람이 보기 쉽도록 적당한 간격으로 위험표시를 할 것
㉥ 전기울타리에 전기를 공급하는 전로에는 쉽게 개폐할 수 있는 곳에 전용 개폐기를 시설할 것
㉦ 전기울타리용 전원장치에 전기를 공급하는 전로의 사용전압은 250[V] 이하일 것

★★★★★ 기사 00년 4회, 05년 3회, 06년 1회 / 산업 99년 6회, 00년 6회, 04년 2회

67 전기욕기에 전기를 공급하기 위한 장치로서 내장되어 있는 전원변압기의 2차측 전로의 사용전압은 몇 [V] 이하인 것으로 하여야 하는가?

① 10 ② 20
③ 30 ④ 60

해설 전기욕기(KEC 241.2)

전기욕기용 전원장치(내장되는 전원변압기의 2차측 사용전압이 10[V] 이하인 것에 한함)를 사용할 것

★★★★ 기사 96년 2회, 99년 4·7회, 20년 3회 / 산업 93년 5회, 00년 6회, 07년 1·4회, 08년 1회

68 전기온상의 발열선의 온도는 몇 [℃]를 넘지 아니하도록 시설하여야 하는가?

① 70 ② 80
③ 90 ④ 100

해설 전기온상 등(KEC 241.5)

전기온상의 발열선은 그 온도가 80[℃]를 넘지 아니하도록 시설할 것

★★ 기사 18년 3회

69 전격살충기의 시설방법으로 틀린 것은?

① 전기용품안전관리법의 적용을 받은 것을 설치한다.
② 전용 개폐기를 가까운 곳에 쉽게 개폐할 수 있게 시설한다.
③ 전격격자가 지표상 3.5[m] 이상의 높이가 되도록 시설한다.
④ 전격격자와 다른 시설물 사이의 이격거리는 50[cm] 이상으로 한다.

정답 65 ③ 66 ① 67 ① 68 ② 69 ④

해설 전격살충기(KEC 241.7)

㉠ 전격살충기는 전용 개폐기를 전격살충기에서 가까운 곳에 쉽게 개폐할 수 있도록 시설한다.
㉡ 전격격자가 지표상 또는 마루 위 3.5[m] 이상의 높이가 되도록 시설할 것. 단, 2차측 개방전압이 7000[V] 이하인 절연변압기를 사용하고 사람의 접촉 우려가 없도록 할 때 지표상 또는 마루 위 1.8[m] 높이까지로 감할 수 있음
㉢ 전격살충기의 전격격자와 다른 시설물(가공전선은 제외) 또는 식물과의 이격거리는 0.3[m] 이상일 것
㉣ 전격살충기를 시설한 곳에는 위험표시를 할 것

★ 산업 91년 5회

70 유희용 전차 안의 전로 및 여기에 전기를 공급하기 위하여 사용하는 전기공작물의 시설방법에 대한 설명으로 옳지 않은 것은?

① 유희용 전차에 전기를 공급하는 전로에는 개폐기를 시설할 것
② 유희용 전차에 전기를 공급하기 위하여 사용하는 접촉전선은 제3레일 방식에 의하여 시설할 것
③ 유희용 전차에 전기를 공급하는 전로의 사용전압은 직류에 있어서는 80[V] 이하, 교류에 있어서는 60[V] 이하일 것
④ 유희용 전차에 전기를 공급하는 전로의 사용전압에 전기를 변성하기 위하여 사용하는 변압기의 1차 전압은 400[V] 미만일 것

해설 유희용 전차(KEC 241.8)

㉠ 유희용 전차에 전기를 공급하는 전로의 사용전압은 직류의 경우 60[V] 이하, 교류의 경우는 40[V] 이하일 것
㉡ 유희용 전차에 전기를 공급하기 위하여 사용하는 접촉전선은 제3레일 방식에 의하여 시설할 것
㉢ 변압기・정류기 등과 레일 및 접촉전선을 접속하는 전선 및 접촉전선 상호 간을 접속하는 전선은 케이블공사에 의하여 시설하는 경우 이외에는 사람이 쉽게 접촉할 우려가 없도록 시설할 것
㉣ 유희용 전차에 전기를 공급하는 전로의 사용전압으로 전기를 변성하기 위하여 사용하는 변압기의 1차 전압은 400[V] 이하일 것
㉤ 유희용 전차 안에 승압용 변압기를 시설하는 경우

변압기는 절연변압기를 사용하고 2차 전압은 150[V] 이하로 할 것
㉥ 유희용 전차에 전기를 공급하는 전로에는 전용 개폐기를 시설한다.
㉦ 접촉전선과 대지 사이의 절연저항은 사용전압에 대한 누설전류가 연장 1[km]마다 100[mA]를 넘지 않도록 유지할 것
㉧ 유희용 전차 안의 전로와 대지 사이의 절연저항은 사용전압에 대한 누설전류가 규정전류의 5000분의 1을 넘지 않도록 유지할 것

★★★ 기사 14년 3회 / 산업 92년 3회, 07년 3회, 12년 3회

71 아크 용접장치의 시설에 대한 설명으로 잘못된 것은?

① 용접변압기의 1차측 전로의 대지전압은 400[V] 이상
② 용접변압기는 절연변압기일 것
③ 용접변압기의 1차측 전로에는 용접변압기에 가까운 곳에 쉽게 개폐할 수 있는 개폐기를 시설할 것
④ 피용접재 또는 이와 전기적으로 접속되는 기구, 정반 등의 금속체는 접지공사를 할 것.

해설 아크 용접기(KEC 241.10)

㉠ 용접변압기는 절연변압기일 것
㉡ 용접변압기의 1차측 전로의 대지전압은 300[V] 이하일 것
㉢ 용접변압기의 1차측 전로에는 용접변압기에 가까운 곳에 쉽게 개폐할 수 있는 개폐기를 시설할 것
㉣ 전선은 용접용 케이블을 사용할 것
㉤ 용접기 외함 및 피용접재 또는 이와 전기적으로 접속되는 받침대・정반 등의 금속체는 접지공사를 할 것

★★ 기사 98년 6회 / 산업 92년 6회

72 전자 개폐기의 조작회로 또는 초인벨, 경보벨에 접속하는 전로로서, 최대사용전압이 몇 [V] 이하인 것을 소세력 회로라 하는가?

① 60
② 80
③ 100
④ 150

정답 70 ③ 71 ① 72 ①

바로바로 풀어보는
기출문제

문제의 네모칸에 체크를 해보세요. 그 문제가 이해되지 않았다면
✓ 표시를 해서 그 문제는 나중에 다시 풀어 완전하게 숙지하세요(★ : 중요도).

DAY 21 22 23 24 25 26 27 28 29 30

해설 소세력 회로(KEC 241.14)

전자 개폐기의 조작회로 또는 초인벨·경보벨 등에 접속하는 전로로서 최대사용전압이 60[V] 이하이다.

★★★ 기사 14년 1회(유사) / 산업 10년 3회

73 다음 중 가연성 분진에 전기설비가 발화원이 되어 폭발할 우려가 있는 곳에 시공할 수 있는 저압 옥내배선공사는?

① 버스덕트공사
② 라이팅덕트공사
③ 가요전선관공사
④ 금속관공사

해설 분진 위험장소(KEC 242.2)

㉠ 폭연성 분진(마그네슘·알루미늄·티탄 등)이 발화원이 되어 폭발할 우려가 있는 곳에 시설하는 저압 옥내 전기설비 → 금속관공사, 케이블공사(캡타이어 케이블은 제외)
㉡ 가연성 분진(소맥분·전분·유황 등)이 발화원이 되어 폭발할 우려가 있는 곳에 시설하는 저압 옥내 전기설비 → 금속관공사, 케이블공사, 합성수지관공사(두께 2[mm] 미만은 제외)

★★★★★ 기사 02년 3회, 19년 1회 / 산업 94년 2회, 99년 6회, 00년 2·6회, 04년 4회, 10년 1회

74 석유류를 저장하는 장소의 저압 전등배선에서 사용할 수 없는 공사방법은?

① 합성수지관공사
② 케이블공사
③ 금속관공사
④ 애자사용공사

해설 위험물 등이 존재하는 장소(KEC 242.4)

셀룰로이드·성냥·석유류 기타 타기 쉬운 위험한 물질을 제조하거나 저장하는 곳에 시설하는 저압 옥내 전기설비는 금속관공사, 케이블공사, 합성수지관공사로 시설할 것

★★★★ 기사 06년 1회, 13년 2회, 18년 1회 / 산업 02년 1회, 05년 2회, 17년 1회

75 공연장의 저압 전기설비공사로 무대, 무대마루 밑, 오케스트라 박스, 영사실, 기타 사람이나 무대도구가 접촉할 우려가 있는 곳에 시설하는 저압 옥내배선, 전구선 또는 이동전선은 사용전압이 몇 [V] 이하이어야 하는가?

① 100
② 200
③ 300
④ 400

해설 전시회, 쇼 및 공연장의 전기설비(KEC 242.6)

무대·무대마루 밑·오케스트라 박스·영사실 기타 사람이나 무대도구가 접촉할 우려가 있는 곳에 시설하는 저압 옥내배선, 전구선 또는 이동전선은 사용전압이 400[V] 이하이어야 한다.

★★★ 산업 17년 3회

76 의료장소 중 수술실에서의 전기설비시설에 대한 설명으로 틀린 것은?

① 의료용 절연변압기의 정격출력은 10[kVA] 이하로 한다.
② 의료용 절연변압기의 2차측 정격전압은 교류 250[V] 이하로 한다.
③ 절연감시장치를 설치하는 경우 절연저항이 50[kΩ]까지 감소하면 표시설비 및 음향설비로 경보를 발하도록 한다.
④ 전원측에 강화절연을 한 의료용 절연변압기를 설치하고 그 2차측 전로는 접지한다.

해설 의료장소(KEC 242.10)

의료장소의 안전을 위한 보호설비는 다음과 같이 시설한다.
㉠ 전원측에 이중 또는 강화절연을 한 비단락보증 절연변압기를 설치하고 그 2차측 전로는 접지하지 말 것
㉡ 비단락보증 절연변압기는 함 속에 설치하여 충전부가 노출되지 않도록 하고 의료장소의 내부 또는 가까운 외부에 설치할 것
㉢ 비단락보증 절연변압기의 2차측 정격전압은 교류 250[V] 이하로 하며 공급방식은 단상 2선식, 정격출력은 10[kVA] 이하로 할 것
㉣ 절연감시장치를 설치하고 절연저항이 50[kΩ]까지 감소하면 표시설비 및 음향설비로 경보를 발하도록 할 것

정답 73 ④ 74 ④ 75 ④ 76 ④

★★★ 개정 신규문제

77 의료장소별 계통접지에서 그룹 2에 해당하는 장소에 적용하는 접지방식은? (단, 이동식 X-레이, 5[kVA] 이상의 대형기기, 일반 의료용 전기기기는 제외)

① TN

② TT

③ IT

④ TC

📝해설 **의료장소별 계통접지(KEC 242.10.2)**

의료장소별로 다음과 같이 계통접지를 적용한다.
㉠ 그룹 0 : TT 계통 또는 TN 계통
㉡ 그룹 1 : TT 계통 또는 TN 계통
㉢ 그룹 2 : 의료 IT 계통(이동식 X-레이 장치, 5[kVA] 이상의 대형기기용 회로, 일반 의료용 전기기기에 전력을 공급하는 회로에는 TT 계통 또는 TN 계통 적용)

★ 산업 10년 3회

78 애자사용공사에 의한 고압 옥내배선을 시설하고자 한다. 다음 중 잘못된 내용은?

① 저압 옥내배선과 쉽게 식별되도록 시설한다.

② 전선은 공칭단면적 6[mm²] 이상의 연동선을 사용한다.

③ 전선 상호 간의 간격은 8[cm] 이상이어야 한다.

④ 전선과 조영재 사이의 이격거리는 4[cm] 이상이어야 한다.

📝해설 **고압 옥내배선 등의 시설(KEC 342.1)**

㉠ 고압 옥내배선은 다음에 의하여 시설한다.
　• 애자사용배선(건조한 장소로서 전개된 장소에 한한다)
　• 케이블배선
　• 케이블트레이배선
㉡ 애자사용배선에 의한 고압 옥내배선은 다음에 의한다.
　• 전선은 공칭단면적 6[mm²] 이상의 연동선 또는 이와 동등 이상의 세기 및 굵기의 고압 절연전선이나 특고압 절연전선 또는 인하용 고압 절연전선일 것
　• 전선의 지지점 간의 거리는 6[m] 이하일 것. 다만, 전선을 조영재의 면을 따라 붙이는 경우에는 2[m] 이하이어야 한다.
　• 전선 상호 간의 간격은 0.08[m] 이상, 전선과 조영재 사이의 이격거리는 0.05[m] 이상일 것

★★★★ 기사 11년 3회, 18년 3회 / 산업 03년 3회, 06년 1회, 08년 4회, 09년 2회

79 다음 중 옥내에 시설하는 고압용 이동전선의 종류로 옳은 것은?

① 150[mm²] 연동선

② 비닐 캡타이어케이블

③ 고압용 캡타이어케이블

④ 강심 알루미늄 연선

📝해설 **옥내 고압용 이동전선의 시설(KEC 342.2)**

옥내에 시설하는 고압의 이동전선은 다음에 따라 시설하여야 한다.
㉠ 전선은 고압용의 캡타이어케이블일 것
㉡ 이동전선과 전기사용기계기구와는 볼트 조임 기타의 방법에 의하여 견고하게 접속할 것
㉢ 이동전선에 전기를 공급하는 전로(유도 전동기의 2차측 전로를 제외)에는 전용 개폐기 및 과전류 차단기를 각극(과전류차단기는 다선식 전로의 중성극을 제외)에 시설하고, 또한 전로에 지락이 생겼을 때에 자동적으로 전로를 차단하는 장치를 시설할 것

★ 산업 90년 7회

80 다음 중 특고압 옥내 전기공작물시설에서 잘못된 것은?

① 사용전압은 100[kV] 이하일 것

② 전선은 절연전선일 것

③ 전선은 철제 또는 철근콘크리트제의 관, 덕트, 기타의 견고한 방호장치에 넣어 사용할 것

④ 관, 기타의 케이블을 넣는 방호장치의 금속제의 전선 접속함 및 케이블의 피복의 금속체에는 접지공사를 할 것

📝해설 **특고압 옥내 전기설비의 시설(KEC 342.4)**

㉠ 사용전압은 100[kV] 이하일 것(다만, 케이블트레이배선에 의하여 시설하는 경우에는 35[kV] 이하일 것)
㉡ 전선은 케이블일 것
㉢ 케이블은 철재 또는 철근콘크리트제의 관·덕트 기타의 견고한 방호장치에 넣어 시설할 것

정답 77 ③ 78 ④ 79 ③ 80 ②

DAY
21

DAY
22

DAY
23

DAY
24

DAY
25

DAY
26

DAY
27

DAY
28

DAY
29

DAY
30

✓ 문제의 네모칸에 체크를 해보세요. 그 문제가 이해되지 않았다면
✓ 표시를 해서 그 문제는 나중에 다시 풀어 완전하게 숙지하세요(★ : 중요도).

★★★ 기사 11년 1회, 14년 2회, 17년 2회 / 산업 05년 1회, 13년 1회(유사), 19년 1·3회

81 건조한 장소로서 전개된 장소에 고압 옥내 배선을 할 수 있는 것은?

① 애자사용공사
② 합성수지관공사
③ 금속관공사
④ 가요전선관공사

해설 고압 옥내배선 등의 시설(KEC 342.1)

고압 옥내배선은 다음에 의하여 시설한다.
㉠ 애자사용배선(건조한 장소로서 전개된 장소에 한함)
㉡ 케이블배선
㉢ 케이블트레이배선

정답 81 ①

DAY

27

학습목표
• 전선로와 다른 시설물과의 안전상 필요한 이격거리와 시가지에서의 시설방법을 알아본다.
• 철탑의 종류 및 특성을 알아본다.
• 25[kV] 이하 특고압 가공전선로와 지중전선로, 터널 내 전선로에 대해 알아본다.

출제율 41%

제3장 | 전선로

1 전선로

(1) 전선로의 종류
① 가공전선로
② 옥측전선로
③ 옥상전선로
④ 지중전선로
⑤ 터널내 전선로
⑥ 수상전선로
⑦ 수저전선로(=물밑전선로)

(2) 지지물의 승탑 및 승주 방지
발판 볼트는 지표상 1.8[m] 이상에 시설

(3) 지지물의 종류
목주, 철주, 철근콘크리트주, 철탑

(4) 전파 및 유도장해 방지
① 전파장해의 방지 : 1[kV] 초과의 가공전선로에서 발생하는 전파의 허용한도는 531[kHz]에서 1,602[kHz]까지의 주파수대에서 신호대잡음비(SNR)가 24[dB] 이상 되도록 가공전선로를 설치해야 하며 전파장해를 평가할 수 있도록 신호강도(S)는 저잡음지역의 방송전계강도인 71[dBμV/m](전계강도)로 함
② 유도장해 방지
  ㉠ 저·고압 가공전선로와 가공 약전류전선로가 병행하는 경우 전선과 기설 약전류 전선의 이격거리는 2[m] 이상
    예외 저·고압 가공전선이 케이블인 경우
  ㉡ 특고압 가공전선로는 기설 가공 전화선로에 대하여 상시정전유도작용에 의한 통신상의 장해가 없도록 시설

사용전압	유도전류
60[kV] 이하	전화선로 길이 12[km]마다 유도전류가 2[μA] 이하
60[kV] 초과	전화선로 길이 40[km]마다 유도전류가 3[μA] 이하

DAY 21
DAY 22
DAY 23
DAY 24
DAY 25
DAY 26
DAY 27
DAY 28
DAY 29
DAY 30

2 가공전선로에 가해지는 하중

(1) 갑종 풍압하중

풍압을 받는 구분		구성재의 수직 투영면적 1[m²]에 대한 풍압
지지물	목주	588[Pa]
	철주	① 원형 : 588[Pa] ② 삼각형·마름모형 : 1412[Pa] ③ 강관으로 4각형 : 1117[Pa]
	철근콘크리트주	① 원형 : 588[Pa] ② 기타 : 882[Pa]
	철탑	① 강관 : 1255[Pa] ② 기타 : 2157[Pa]
전선, 가섭선		① 단도체 : 745[Pa] ② 다도체 : 666[Pa]
애자장치		1039[Pa]
완금류		① 단일재 : 1196[Pa] ② 기타 : 1627[Pa]

(2) 을종 풍압하중

① 전선 기타의 가섭선 주위에 두께 6[mm], 비중 0.9의 빙설이 부착된 상태에서 수직 투영면적 372[Pa](다도체를 구성하는 전선은 333[Pa])

② 그 이외의 것은 갑종 풍압하중의 2분의 1을 기초로 하여 계산한 것

(3) 병종 풍압하중

① 갑종 풍압하중의 2분의 1을 기초로 하여 계산한 것

② 인가가 많이 연접되어 있는 장소에 시설하는 가공전선로

ㄱ 저압 또는 고압 가공전선로의 지지물 또는 가섭선

ㄴ 35[kV] 이하 특고압 절연전선 또는 케이블을 사용하는 가공전선로의 지지물, 가섭선 및 애자장치 및 완금류

(4) 풍압하중의 적용

① 빙설이 많지 않은 지방 : 고온계절에는 갑종 풍압하중, 저온계절에는 병종 풍압하중

② 빙설이 많은 지방 : 고온계절에는 갑종 풍압하중, 저온계절에는 을종 풍압하중

3 기초의 안전율

(1) 가공전선로 지지물의 기초 안전율

① 지지물의 기초 안전율은 2 이상

② 이상 시 상정하중에 대한 철탑의 기초의 안전률 1.33 이상

자주 출제되는
핵심이론

핵심이론은 처음에는 그냥 한 번 읽어주세요.
기출문제를 풀어본 후 다시 한 번 핵심이론을 읽으면서 암기하세요.

(2) 목주의 안전율

① 저압 가공전선로 : 1.2 이상

② 고압 가공전선로 : 1.3 이상

③ 특고압 가공전선로 : 1.5 이상

4 지지물의 근입

(1) 철주 또는 철근콘크리트주로서 길이가 16[m] 이하, 설계하중이 6.8[kN] 이하

① 전체 길이 15[m] 이하 : 근입깊이를 전체 길이의 6분의 1 이상으로 할 것

② 전체 길이 15[m] 초과 : 근입깊이를 2.5[m] 이상으로 할 것

(2) 철근콘크리트주로서 전장 16[m] 초과 20[m] 이하, 설계하중이 6.8[kN] 이하 : 근입
깊이 2.8[m] 이상

**(3) 철근콘크리트주로서 전장 14[m] 이상 20[m] 이하, 설계하중이 6.8[kN] 초과 9.8
[kN] 이하의 경우** 위의 (1)기준보다 30[cm]를 가산할 것

**(4) 철근콘크리트주로서 전장 14[m] 이상 20[m] 이하, 설계하중이 9.81[kN] 초과 14.72
[kN] 이하 경우**

① 전장 15[m] 이하인 경우에는 근입깊이를 위의 (1)기준보다 50[cm]를 더한 값 이상

② 전장 15[m] 초과 18[m] 이하인 경우 근입깊이를 3[m] 이상

③ 전장 18[m]을 초과하는 경우 근입깊이를 3.2[m] 이상

> **참고**
>
> A종 지지물 전체 길이 16[m] 이하, 설계하중 6.8[kN] 이하

5 지선의 시설

(1) 철탑은 지선을 사용하여 그 강도를 분담시키지 않을 것

(2) 지선의 시설방법

① 지선의 안전율은 2.5 이상일 것(허용인장하중의 최저는 4.31[kN])

② 지선에 연선을 사용할 경우에는 다음에 의할 것

ㄱ 소선 3가닥 이상의 연선일 것

ㄴ 소선의 지름이 2.6[mm] 이상의 금속선을 사용한 것일 것

예외 소선의 지름이 2[mm] 이상 아연도강연선으로 인장강도가 0.68[kN/mm^2] 이상인 경우

③ 지중부분 및 지표상 30[cm]까지의 부분에는 아연도금을 한 철봉을 사용

④ 도로 횡단높이는 지표상 5[m] 이상에 시설할 것

예외 교통 지장의 우려가 없는 경우 - 4.5[m] 이상, 보도 - 2.5[m] 이상

⑤ 지선애자를 설치하여 지선의 상부와 하부의 절연을 유지할 것

DAY
21

DAY
22

DAY
23

DAY
24

DAY
25

DAY
26

DAY
27

DAY
28

DAY
29

DAY
30

핵심이론은 처음에는 그냥 한 번 읽어주세요.
기출문제를 풀어본 후 다시 한 번 핵심이론을 읽으면서 암기하세요.

6 인입선

(1) 저압 및 고압 가공인입선의 시설

구분	저압 가공인입선	고압 가공인입선
전선의 종류 및 굵기	① 절연전선, 케이블을 사용할 것 ② 인입용 비닐절연전선 2.6[mm] 이상 　(인장강도 2.30[kN])(경간 15[m] 이 　하인 경우 2[mm] 이상)	지름 5[mm]인 경동선 또는 고압 및 특고압 절연전선 또는 인하용 절연전선
전선의 지표상 높이	① 도로 횡단 : 노면상 5[m] 이상 ② 철도, 궤도 횡단 : 6.5[m] 이상 ③ 횡단보도교의 위 : 노면상 3[m] 이상 ④ 기타 : 지표상 4[m] 이상	① 도로 횡단 : 지표상 6[m] 이상 ② 철도, 궤도 횡단 : 6.5[m] 이상 ③ 횡단보도교의 위 : 노면상 3.5[m] 이상 ④ 위험표시를 할 경우 : 지표상 3.5[m] 　이상

(2) 특고압 가공인입선

① 변전소 또는 개폐소 이외의 경우 사용전압은 100[kV] 이하로 시설

② 사용전압이 35[kV] 이하이고 또한 전선에 케이블을 사용하는 경우에 특고압 가공
인입선의 높이는 지표상 4[m] 이상으로 시설

③ 특고압 인입선의 옥측 및 옥상부분은 사용전압이 100[kV] 이하

(3) 저압 연접인입선

① 인입선에서 분기하는 점으로부터 100[m]을 초과하는 지역에 미치지 아니할 것

② 폭 5[m]을 초과하는 도로를 횡단하지 아니할 것

③ 옥내를 통과하지 아니할 것

④ 고압 및 특고압 연접인입선은 시설할 수 없음

7 저압 옥측전선로

(1) 공사방법

① 애자공사(전개된 장소에 한함)

② 합성수지관공사

③ 금속관공사(목조에는 시설금지)

④ 버스덕트공사(목조 및 점검할 수 없는 은폐된 장소는 제외)

⑤ 케이블공사(연피케이블·알루미늄피케이블 또는 무기물절연(MI)케이블을 사용하
는 경우에는 목조에 시설금지)

자주 출제되는
핵심이론

핵심이론은 처음에는 그냥 한 번 읽어주세요.
기출문제를 풀어본 후 다시 한 번 핵심이론을 읽으면서 암기하세요.

(2) 이격거리

시설장소	전선 상호 간의 간격		전선과 조영재 사이의 이격거리	
	사용전압이 400[V] 이하인 경우	사용전압이 400[V] 초과인 경우	사용전압이 400[V] 이하인 경우	사용전압이 400[V] 초과인 경우
건조한 장소	0.06[m]	0.06[m]	0.025[m]	0.025[m]
기타 장소	0.06[m]	0.12[m]	0.025[m]	0.045[m]

8 가공케이블의 시설

① 케이블은 조가용선에 행거로 시설할 것
② 고압인 경우 행거의 간격을 50[cm] 이하로 시설할 것
③ 인장강도 5.93[kN] 이상 단면적 22[mm^2] 이상 아연도강연선일 것
④ 조가용선 및 케이블의 피복에 사용하는 금속체에는 접지공사를 할 것
⑤ 조가용선의 케이블에 접촉시켜 그 위에 쉽게 부식하지 않는 금속 테이프를 20[cm] 이하 간격으로 감을 것

9 전선의 굵기 및 종류

(1) 전압에 따른 전선의 종류

① 저압 가공전선 : 나전선(중성선, 접지측 전선), 절연전선, 다심형 전선, 케이블
② 고압 가공전선 : 고압 절연전선, 특고압 절연전선, 케이블
③ 특고압 가공전선 : 경동연선, 알루미늄전선, 절연전선

(2) 사용전압에 따른 전선의 세기 및 굵기

① 저압
  ㉠ 400[V] 이하 : 인장강도 3.43[kN] 이상, 지름 3.2[mm] 이상
    (절연전선 : 인장강도 2.3[kN] 이상, 지름 2.6[mm] 이상)
  ㉡ 400[V] 초과
    • 시가지 : 인장강도 8.01[kN] 이상, 지름 5[mm] 이상의 경동선
    • 시가지 외 : 인장강도 5.26[kN] 이상, 지름 4[mm] 이상의 경동선
② 고압 : 인장강도 8.01[kN] 이상의 것 또는 지름 5[mm] 이상
③ 특고압 : 인장강도 8.71[kN] 이상, 단면적이 22[mm^2] 이상의 경동연선

(3) 가공전선의 안전율

① 경동선 또는 내열 동합금선은 2.2 이상이 되는 이도로 시설
② ACSR, AL선은 2.5 이상이 되는 이도로 시설

(4) 가공지선

① 고압 가공지선 : 4[mm] 이상의 나경동선 사용
② 특고압 가공지선 : 5[mm] 이상의 나경동선 사용

10 가공전선의 높이

(1) 가공전선의 지표상 높이

① 고·저압 가공전선 : 5[m] 이상(교통에 지장이 없을 경우 4[m] 이상)
② 특고압 가공전선

전압	지표상 높이
35[kV] 이하	5[m] 이상
35[kV] 초과 160[kV] 이하	6[m] 이상
160[kV] 초과	6[m] 160[kV]를 초과하는 10[kV] 또는 그 단수마다 0.12[m]씩 가산

* 단, 사람의 접촉우려가 없으면 5[m] 이상

(2) 가공전선의 횡단 높이

전압 \ 구분	저압	고압	특고압 35[kV] 이하	특고압 35[kV] 초과 160[kV] 이하	특고압 160[kV] 초과
도로횡단	6	6	6	–	–
횡단보도교 전선높이	3.5 (절연전선, 케이블 : 3)	3.5	절연전선, 케이블 : 4[m]	케이블 : 4[m]	–
철도, 궤도 횡단높이	6.5	6.5	6.5	6.5	$6.5 + 0.12 \times N$[m]

* N : 160[kV] 넘는 것으로 10[kV] 단수마다 12[cm] 가산할 것

(3) 가공전선로의 병행설치

① 저압 가공전선과 고압 가공전선을 동일 지지물에 시설하는 경우
   ㉠ 저압을 고압의 아래로 하고 별개의 완금류에 시설할 것
   ㉡ 저압 가공전선과 고압 가공전선 사이의 이격거리는 50[cm] 이상일 것
   ㉢ 고압 가공전선에 케이블을 사용하면 저압 가공전선과 이격거리는 30[cm] 이상일 것
② 특고압 가공전선과 저고압 가공전선 등의 병행설치

사용전압의 구분	이격거리	특고압 가공전선이 케이블인 경우의 이격거리
35[kV] 이하	1.2[m] 이상	0.5[m] 이상
35[kV] 초과 60[kV] 이하	2[m] 이상	1[m] 이상
60[kV] 초과	$2[m] + 0.12 \times N$	$1[m] + 0.12 \times N$

* 2[m]에 60[kV]를 초과하는 10[kV] 또는 그 단수마다 0.12[m]를 더한 값

자주 출제되는
핵심이론

핵심이론은 처음에는 그냥 한 번 읽어주세요.
기출문제를 풀어본 후 다시 한 번 핵심이론을 읽으면서 암기하세요.

11 경간의 제한

(1) 고압, 특고압 가공전선로의 경간

지지물의 구분	표준 경간	경간 늘릴 경우
목주, A종 철주, A종 철근콘크리트주	150[m] 이하	300[m] 이하
B종 철주, B종 철근콘크리트주	250[m] 이하	500[m] 이하
철탑	600[m] 이하	−

(2) 경간을 늘릴 수 있는 경우

① 고압 가공전선은 전선 22[mm^2] 이상

② 특고압 가공전선은 50[mm^2] 이상

③ 목주, A종은 경간을 300[m], B종인 것은 500[m] 이하

12 보안공사

(1) 저·고압 보안공사

구분		저압 보안공사	고압 보안공사
전선의 굵기		① 사용전압 400[V] 이하 − 4[mm] 이상(인장강도 5.26[kN]) ② 사용전압 400[V] 초과 저·고압 − 5[mm] 이상(인장강도 8.01[kN])	
목주	안전율	1.5 이상	
	말구 지름	0.12[m] 이상	
경간	목주, A종	100[m] 이하	
	B종	150[m] 이하	
	철탑	400[m] 이하	
경간 늘릴 경우		22[mm^2](인장강도 8.71[kN]) 이상의 경동연선	38[mm^2](인장강도 14.51[kN]) 이상의 경동연선 사용 시 B종 지지물과 철탑 가능
		표준 경간 적용	

(2) 특고압 보안공사

① 제1종 특고압 보안공사 : 사용전압이 35[kV]를 초과하는 가공전선과 건조물이 제2차 접근상태인 경우

㉠ 사용전선

100[kV] 미만	55[mm^2] 이상 (인장강도 21.67[kN])의 경동연선, 알루미늄선, 절연전선
100[kV] 이상 300[kV] 미만	150[mm^2] 이상 (인장강도 58.84[kN])의 경동연선, 알루미늄선, 절연전선
300[kV] 이상	200[mm^2] 이상 (인장강도 77.47[kN])의 경동연선, 알루미늄선, 절연전선

DAY 21
DAY 22
DAY 23
DAY 24
DAY 25
DAY 26
DAY 27
DAY 28
DAY 29
DAY 30

핵심이론은 처음에는 그냥 한 번 읽어주세요.
기출문제를 풀어본 후 다시 한 번 핵심이론을 읽으면서 암기하세요.

ⓛ 경간

목주, A종 지지물	사용불가	150[mm²] (인장강도 58.84[kN]) 이상의 경동연선인 경우 좌측의 경간을 따르지 아니할 수 있음
B종 지지물	150[m] 이하	
철탑	400[m] 이하 (단주인 경우 300[m])	

ⓒ 지기 및 단락 시 100[kV] 미만 3초, 100[kV] 이상 2초 이내에 자동으로 전로를 차단할 것

ⓔ 아크혼을 붙인 2련 이상의 현수애자·장간애자 또는 라인포스트애자를 사용할 것

② 제2종 특고압 보안공사 : 사용전압 35[kV] 이하의 가공전선이 건조물과 제2차 접근상태인 경우

ⓐ 목주의 풍압하중에 대한 안전율 → 2 이상

ⓑ 경간

목주, A종 지지물	100[m] 이하	95[mm²](인장강도 38.05[kN]) 이상의 경동연선인 경우 B종 지지물 및 철탑은 좌측의 경간을 따르지 아니할 수 있음
B종 지지물	200[m] 이하	
철탑	400[m] 이하 (단주인 경우 300[m])	

ⓒ 아크혼을 붙인 2련 이상의 현수애자·장간애자 또는 라인포스트애자를 사용할 것

③ 제3종 특고압 보안공사 : 특고압 가공전선이 건조물 등과 제1차 접근상태인 경우

목주, A종 지지물	100[m] 이하(38[mm²] 이상인 경동연선인 경우 150[m])
B종 지지물	200[m] 이하(55[mm²] 이상인 경동연선인 경우 250[m])
철탑	400[m] 이하(55[mm²] 이상인 경동연선인 경우 600[m])

13 가공전선과 가공약전류전선과의 공용설치(공가)

(1) 저고압 가공전선의 공가
① 저압에 있어서는 0.75[m] 이상(절연전선 또는 케이블 사용 : 0.3[m])
② 고압에 있어서는 1.5[m] 이상(절연전선 또는 케이블 사용 : 0.5[m])

(2) 특고압 가공전선의 공가
① 35[kV] 넘는 특고압 가공전선과 가공약전류전선과는 동일 지지물에 시설 금지
② 35[kV] 이하의 특고압 가공전선과의 공용설치(공가)
ⓐ 제2종 특고압 보안공사에 의해 시설할 것
ⓑ 가공전선은 케이블을 제외하고 50[mm²](인장강도 21.67[kN]) 이상의 경동연선 사용
ⓒ 이격거리는 2[m] 이상(특고압 가공전선을 케이블로 사용 시 0.5[m] 이상)

자주 출제되는
핵심이론

핵심이론은 처음에는 그냥 한 번 읽어주세요.
기출문제를 풀어본 후 다시 한 번 핵심이론을 읽으면서 암기하세요.

14 이격거리

(1) 특고압 가공전선과 건조물 또는 도로 등과 접근 교차

구분 접근 · 교차		가공전선		절연전선(케이블)
		35[kV] 이하	35[kV] 초과	35[kV] 이하
건조물	위쪽	3[m] 이상	$3 + 0.15 \cdot N$[m] 이상	2.5[m] 이상 (1.2[m])
	옆, 아래쪽			1.5[m] 이상 (0.5[m])

* N : 35[kV] 초과시 10[kV] 단수마다 15[cm] 가산할 것

(2) 특고압 가공전선과 식물, 삭도, 고 · 저압선, 약전류전선과의 이격거리

사용전압의 구분	이격거리
35[kV] 이하	2[m] 이상(절연전선 1[m], 케이블 0.5[m])
35[kV] 초과 60[kV] 이하	2[m] 이상
60[kV] 초과	$2 + 0.12 \cdot N$[m] 이상

15 특고압 가공전선로의 철주 · 철근콘크리트주 또는 철탑의 종류

① 직선형 : 전선로의 직선부분(3도 이하)에 사용하는 것
② 각도형 : 전선로 중 3도를 초과하는 수평각도를 이루는 곳에 사용하는 것
③ 인류형 : 전가섭선을 인류하는 곳에 사용하는 것
④ 내장형 : 전선로의 지지물 양쪽의 경간의 차가 큰 곳에 사용하는 것
⑤ 보강형 : 전선로의 직선부분에 그 보강을 위하여 사용하는 것

16 시가지 등에서 특고압 가공전선로의 시설

(1) 특고압 가공전선로의 경간

지지물의 종류	경간
A종 지지물(목주사용 못함)	75[m] 이하
B종 지지물	150[m] 이하
철탑	400[m] 이하 (전선이 수평으로 2 이상으로 전선 4[m] 미만인 경우 250[m])

(2) 전선의 굵기

사용전압의 구분	전선의 단면적
100[kV] 미만	인장강도 21.67[kN] 이상, 55[mm^2] 이상 경동연선
100[kV] 이상	인장강도 58.84[kN] 이상, 150[mm^2] 이상 경동연선

DAY 21
DAY 22
DAY 23
DAY 24
DAY 25
DAY 26
DAY 27
DAY 28
DAY 29
DAY 30

(3) 전선의 지표상 높이

사용전압의 구분	지표상의 높이
35[kV] 이하	10[m](특고압 절연전선 8[m])
35[kV] 초과	$10 + 0.12 \cdot N$ (N : 35[kV]를 초과시 10[kV] 또는 그 단수마다 12[cm]를 가산)

(4) 사용전압이 100[kV]을 초과하는 특고압 가공전선에 지락 및 단락 시 1초 이내 자동으로 전로차단장치 시설

17 25[kV] 이하인 특고압 가공전선로의 시설

(1) 다중 접지식으로 지락시 2초 이내 전로 차단할 것

(2) 접지선은 6[mm²] 이상의 연동선

(3) 15[kV] 이하 특고압 가공전선로

① 접지한 곳 상호 간의 거리는 전선로에 따라 300[m] 이하일 것

각 접지점의 대지 전기저항값	합성 전기저항값
300[Ω] 이하	30[Ω] 이하

② 특고압 가공전선과 저·고압 가공전선은 별개의 완금류에 시설하고 이격거리는 0.75[m] 이상일 것

(4) 15[kV]를 초과하고 25[kV] 이하 특고압 가공전선로

① 특고압 가공전선과 가공약전류 전선 등 사이의 수평거리는 2.0[m] 이상
② 목주의 풍압하중에 대한 안전율은 2.0 이상일 것
③ 특고압 가공전선이 다른 특고압 가공전선과 접근교차 시 이격거리

사용전선의 종류	이격거리
어느 한쪽 또는 양쪽이 나전선인 경우	1.5[m] 이상
양쪽이 특고압 절연전선인 경우	1.0[m] 이상
한쪽이 케이블이고 다른 한쪽이 케이블이거나 특고압 절연전선인 경우	0.5[m] 이상

④ 특고압 가공전선과 식물 사이의 이격거리는 1.5[m] 이상일 것
⑤ 특고압 가공전선로의 중성선의 다중 접지 : 접지한 곳 상호 간의 거리는 전선로에 따라 150[m] 이하일 것

각 접지점의 대지 전기저항값	합성 전기저항값
300[Ω] 이하	15[Ω] 이하

⑥ 특고압 가공전선과 저·고압의 가공전선 사이의 이격거리는 1[m] 이상(특고압 가공전선이 케이블이고 저·고압 가공전선이 절연전선 또는 케이블 → 0.5[m] 이격)

자주 출제되는

핵심이론

핵심이론은 처음에는 그냥 한 번 읽어주세요.
기출문제를 풀어본 후 다시 한 번 핵심이론을 읽으면서 암기하세요.

18 특고압 가공전선의 교류전차선과 접근 교차

① 특고압 가공전선은 38[mm²] 이상의 경동연선일 것(케이블인 경우 38[mm²] 이상의 강연선인 것으로 조가할 것)

② 가공전선로의 경간

지지물의 종류	경간
목주 및 A종 지지물	60[m] 이하
B종 지지물	120[m] 이하

19 보호망 시설

① 특고압 가공전선이 도로 등의 위에 시설되는 때에 사용

② 접지공사를 한 금속제의 망상장치로 지지할 것

③ 금속선은 가공전선 직하에 시설 시 인장강도 8.01[kN] 이상, 지름 5[mm] 이상의 경동선을 사용

> 예외 인장강도 5.26[kN] 이상, 지름 4[mm] 이상의 경동선

④ 금속선 상호 간격은 가로, 세로 각 1.5[m] 이하일 것

⑤ 저·고압 가공전선 등과의 수직 이격거리는 0.6[m] 이상일 것

20 지중전선로

(1) 사용전선은 케이블을 사용하고 또한 관로식, 암거식, 직접 매설식에 의하여 시설

(2) 지중전선로의 시설

① 매설깊이(관로식 및 직접 매설식) : 기타 중량물의 압력을 받을 우려가 있는 장소에는 1.0[m] 이상, 기타 장소에는 0.6[m] 이상으로 하고 트라프에 넣어 시설

> 예외 직접 매설식의 경우 파이프형 압력케이블을 사용하거나 최대사용전압이 60[kV]를 초과하는 연피케이블, 알루미늄피케이블을 사용하고 판 또는 몰드 처리 시 트라프 생략 가능

② 암거식의 경우 견고하고 차량 기타 중량물의 압력에 견디는 것을 사용

(3) 지중함의 시설

① 차량, 기타 중량물의 압력에 견디고 고인 물을 제거할 수 있을 것

② 지중함으로가 1[m³] 이상

③ 뚜껑은 시설자 이외의 자가 쉽게 열 수 없도록 시설할 것

(4) 지중전선의 피복금속체 접지

관·암거, 기타 지중전선을 넣은 방호장치의 금속제부분 및 지중전선의 피복으로 사용하는 금속체에는 접지공사를 할 것

> 예외 방식조치를 한 경우

DAY
21

DAY
22

DAY
23

DAY
24

DAY
25

DAY
26

DAY
27

DAY
28

DAY
29

DAY
30

(5) 지중전선과 지중약전류전선 등 또는 관과의 접근 또는 교차

지중전선이 지중약전류전선 등과 접근하거나 교차하는 경우에 상호 간의 이격거리

① 저·고압 지중전선 : 0.3[m] 이하

② 특고압 지중전선 : 0.6[m] 이하

③ 특고압 지중전선이 가연성이나 유독성의 유체를 내포하는 관과 접근 교차 시 상호 간의 이격거리 1[m] 이하(단, 사용전압이 25[kV] 이하인 다중 접지방식 지중전선로인 경우에는 0.5[m] 이하)

④ 특고압 지중전선이 유독성 유체를 내포하는 관과 이격거리가 0.3[m] 이하인 경우 내화성 격벽을 시설할 것

(6) 지중전선과 상호 간의 접근 및 교차

① 저압 지중전선과 고압 지중전선 : 0.15[m] 이상

② 저·고압의 지중전선과 특고압 지중전선 : 0.3[m] 이상

21 터널 안 전선로의 시설

구분	전선의 굵기	노면상 높이	약전선·수관·가스관과의 이격거리	사용공사의 종류
저압	2.6[mm] 이상 (인장강도 2.30[kN])	2.5[m] 이상	0.1[m] (전선이 나전선인 경우에 0.3[m]) 이상	합성수지관·금속관·금속제 가요전선관·케이블
고압	4.0[mm] 이상 (인장강도 5.26[kN])	3[m] 이상	0.15[m] 이상	애자사용배선, 케이블

22 수상전선로의 시설

① 수상전선로의 경우 사용전압은 저압 또는 고압에 적용

② 전선은 저압은 클로로프렌 캡타이어케이블, 고압은 캡타이어케이블일 것

③ 수상전선로의 전선을 가공전선로의 전선과 접속하는 경우

　㉠ 접속점이 육상에 있는 경우에는 지표상 5[m] 이상

　　　예외 저압인 경우에 도로상 이외의 곳에는 지표상 4[m]

　㉡ 접속점이 수면상에 저압인 경우에는 수면상 4[m] 이상, 고압인 경우 수면상 5[m] 이상

★★★ 기사 13년 1회 / 산업 17년 3회

82 저압 가공인입선의 시설에 대한 설명으로 틀린 것은?

① 전선은 절연전선 또는 케이블일 것
② 전선은 지름 1.6[mm]의 경동선 또는 이와 동등 이상의 세기 및 굵기일 것
③ 전선의 높이는 철도 및 궤도를 횡단하는 경우에는 레일면상 6.5[m] 이상일 것
④ 전선의 높이는 횡단보도교의 위에 시설하는 경우에는 노면상 3[m] 이상일 것

해설 저압 인입선의 시설(KEC 221.1.1)

㉠ 전선은 절연전선 또는 케이블일 것
㉡ 전선이 케이블인 경우 이외에는 인장강도 2.30[kN] 이상의 것 또는 지름 2.6[mm] 이상의 인입용 비닐절연전선일 것. 다만, 경간이 15[m] 이하인 경우는 인장강도 1.25[kN] 이상의 것 또는 지름 2[mm] 이상의 인입용 비닐절연전선일 것
㉢ 전선이 옥외용 비닐절연전선인 경우에는 사람이 접촉할 우려가 없도록 시설하고, 옥외용 비닐절연전선 이외의 절연전선인 경우에는 사람이 쉽게 접촉할 우려가 없도록 시설할 것
㉣ 전선의 높이는 다음에 의할 것
  • 도로를 횡단하는 경우에는 노면상 5[m] 이상(교통에 지장이 없을 때에는 3[m])
  • 철도 또는 궤도를 횡단하는 경우에는 레일면상 6.5[m] 이상
  • 횡단보도교의 위에 시설하는 경우에는 노면상 3[m] 이상

★★★ 기사 05년 1회, 12년 3회 / 산업 00년 1회, 02년 2회, 03년 1회, 09년 1회

83 저압 연접인입선은 인입선에서 분기하는 점으로부터 몇 [m]를 초과하는 지역에 미치지 않도록 시설하여야 하는가?

① 60 　　② 80
③ 100 　　④ 120

해설 연접 인입선의 시설(KEC 221.1.2)

저압 연접(이웃 연결) 인입선은 다음에 따라 시설하여야 한다.
㉠ 인입선에서 분기하는 점으로부터 100[m]를 초과하는 지역에 미치지 아니할 것
㉡ 폭 5[m]를 초과하는 도로를 횡단하지 아니할 것
㉢ 옥내를 통과하지 아니할 것

★★★★ 기사 91년 2회, 20년 3회 / 산업 99년 7회, 09년 2회

84 사용전압이 400[V] 이하인 저압 가공전선은 케이블이나 절연전선인 경우를 제외하고 인장강도가 3.43[kN] 이상인 것 또는 지름 몇 [mm] 이상의 경동선이어야 하는가?

① 1.2
② 2.6
③ 3.2
④ 4.0

해설 저압 가공전선의 굵기 및 종류(KEC 222.5)

㉠ 저압 가공전선은 나전선(중성선 또는 다중 접지된 접지측 전선으로 사용하는 전선), 절연전선, 다심형 전선 또는 케이블을 사용할 것
㉡ 사용전압이 400[V] 이하인 저압 가공전선
  • 지름 3.2[mm] 이상(인장강도 3.43[kN] 이상)
  • 절연전선인 경우는 지름 2.6[mm] 이상(인장강도 2.3[kN] 이상)
㉢ 사용전압이 400[V] 초과인 저압 가공전선
  • 시가지 : 지름 5[mm] 이상(인장강도 8.01[kN] 이상)
  • 시가지 외 : 지름 4[mm] 이상(인장강도 5.26[kN] 이상)
㉣ 사용전압이 400[V] 초과인 저압 가공전선에는 인입용 비닐절연전선을 사용하지 않을 것

★★★★★ 기사 01년 1회, 02년 3회, 10년 2회, 13년 1(유사)·2회 / 산업 05년 1회, 09년 1회

85 저압 가공전선 또는 고압 가공전선이 도로를 횡단할 때 지표상의 높이는 몇 [m] 이상으로 하여야 하는가? (단, 농로, 기타 교통이 번잡하지 않은 도로 및 횡단보도교는 제외한다.)

① 4 　　　② 5
③ 6 　　　④ 7

해설 저압 가공전선의 높이(KEC 222.7), 고압 가공전선의 높이(KEC 332.5)

㉠ 도로를 횡단하는 경우 지표상 6[m] 이상
㉡ 철도 또는 궤도를 횡단하는 경우에는 레일면상 6.5[m] 이상
㉢ 횡단보도교의 위인 경우에는 저·고압 가공전선은 노면상 3.5[m] 이상(절연전선 및 케이블인 경우에는 3[m] 이상)
㉣ 기타(도로를 따라 시설)의 경우 지표상 5[m] 이상

정답 82 ② 83 ③ 84 ③ 85 ③

문제의 네모칸에 체크를 해보세요. 그 문제가 이해되지 않았다면
✓ 표시를 해서 그 문제는 나중에 다시 풀어 완전하게 숙지하세요(★ : 중요도).

★★★★ 기사 03년 2회, 15년 2회 / 산업 05년 1회, 07년 4회, 08년 4회, 12년 3회

86 사용전압이 400[V] 이하인 경우의 저압 보안공사에 전선으로 경동선을 사용할 경우 몇 [mm]의 것을 사용하여야 하는가?

① 1.2   ② 2.6
③ 3.5   ④ 4

해설 저압 보안공사(KEC 222.10)

전선은 인장강도 8.01[kN] 이상의 것 또는 지름 5[mm] 이상의 경동선일 것(사용전압이 400[V] 이하인 경우에는 인장강도 5.26[kN] 이상의 것 또는 지름 4[mm] 이상의 경동선)

★★★ 기사 19년 1회(유사) / 산업 12년 1·3회(유사), 18년 3회

87 농사용 저압 가공전선로의 시설에 대한 설명으로 틀린 것은?

① 전선로의 경간은 30[m] 이하일 것
② 목주 굵기는 말구 지름이 9[cm] 이상일 것
③ 저압 가공전선의 지표상 높이는 5[m] 이상일 것
④ 저압 가공전선은 지름 2[mm] 이상의 경동선일 것

해설 농사용 저압 가공전선로의 시설(KEC 222.22)

㉠ 사용전압이 저압일 것
㉡ 전선의 굵기는 인장강도 1.38[kN] 이상의 것 또는 지름 2[mm] 이상의 경동선일 것
㉢ 지표상 3.5[m] 이상일 것(사람이 쉽게 출입하지 않으면 3[m])
㉣ 목주의 굵기는 말구 지름이 0.09[m] 이상일 것
㉤ 경간은 30[m] 이하
㉥ 전용 개폐기 및 과전류차단기를 각 극(과전류차단기는 중성극을 제외)에 시설할 것

★★★★ 기사 12년 3회 / 산업 89년 2회

88 특고압과 저압을 결합한 변압기의 특고압측 1선 지락전류가 6[A]라 한다. 접지공사의 저항값은 몇 [Ω] 이하로 해야 하는가?

① 10   ② 20
③ 25   ④ 30

해설 고압 또는 특고압과 저압의 혼촉에 의한 위험방지 시설(KEC 322.1)

$$R = \frac{150}{1선\ 지락전류} = \frac{150}{6} = 25[Ω]$$
→ 10[Ω](10[Ω]을 넘으면 10[Ω]으로 한다)

★★★ 기사 92년 2회, 06년 1회, 17년 3회 / 산업 94년 5회, 11년 1회

89 고·저압의 혼촉에 의한 위험을 방지하기 위하여 저압측의 중성점에 접지공사를 시설할 때는 변압기의 시설장소마다 시행하여야 한다. 그러나 토지의 상황에 따라 규정의 접지저항값을 얻기 어려운 경우에는 몇 [m]까지 떼어놓을 수 있는가?

① 75   ② 100
③ 200   ④ 300

해설 고압 또는 특고압과 저압의 혼촉에 의한 위험방지 시설(KEC 322.1)

변압기의 중성점 접지는 변압기의 시설장소마다 시행하여야 한다. 다만, 토지의 상황에 의하여 변압기의 시설장소에서 의한 접지저항값을 얻기 어려운 경우, 인장강도 5.26[kN] 이상 또는 지름 4[mm] 이상의 가공 접지도체를 변압기의 시설장소로부터 200[m]까지 떼어놓을 수 있다.

★★★★★ 기사 95년 4회, 99년 4회, 00년 5·6회 / 산업 03년 2회, 13년 2회

90 고압전로와 비접지식의 저압전로를 결합하는 변압기로, 그 고압 권선과 저압 권선 간에 금속제의 혼촉방지판이 있고 그 혼촉방지판에 접지공사를 한 것에 접속하는 저압전선을 옥외에 시설하는 경우로 옳지 않은 것은?

① 저압 옥상전선로의 전선은 케이블이어야 한다.
② 저압 가공전선과 고압 가공전선은 동일 지지물에 시설하지 않아야 한다.
③ 저압 전선은 2구 내에만 시설한다.
④ 저압 가공전선로의 전선은 케이블이어야 한다.

정답 86 ④ 87 ③ 88 ① 89 ③ 90 ③

[해설] 혼촉방지판이 있는 변압기에 접속하는 저압 옥외전선의 시설 등(KEC 322.2)

㉠ 저압전선은 1구내에만 시설할 것
㉡ 저압 가공전선로 및 옥상전선로의 전선은 케이블일 것
㉢ 저압 가공전선과 고압 또는 특고압의 가공전선을 동일 지지물에 시설하지 아니할 것
[예외] 고압 및 특고압 가공전선이 케이블인 경우

기사 00년 3회, 05년 1회 / 산업 97년 7회, 00년 5회, 01년 1회, 15년 2회 ★★★

91 변압기에 의하여 특고압전로에 결합되는 고압전로에는 혼촉 등에 의한 위험방지시설로 어떤 것을 그 변압기의 단자에 가까운 1극에 설치하는가?

① 댐퍼
② 절연애자
③ 퓨즈
④ 방전장치

[해설] 특고압과 고압의 혼촉 등에 의한 위험방지 시설(KEC 322.3)

변압기에 의하여 특고압전로에 결합되는 고압전로에는 사용전압의 3배 이하인 전압이 가하여진 경우에 방전하는 장치를 그 변압기의 단자에 가까운 1극에 설치하여야 한다.

기사 98년 6회, 00년 6회, 02년 4회 / 산업 08년 2회, 11년 3회, 14년 1회 ★★★★

92 전로의 중성점을 접지하는 목적에 해당되지 않는 것은?

① 보호장치의 확실한 동작확보
② 이상전압의 억제
③ 대지전압의 저하
④ 부하전류의 일부를 대지로 흐르게 함으로써 전선절약

[해설] 전로의 중성점의 접지(KEC 322.5)

㉠ 전로의 중성점을 접지하는 목적은 전로의 보호장치의 확실한 동작확보, 이상전압의 억제 및 대지전압의 저하이다.
㉡ 접지도체는 공칭단면적 16[mm²] 이상의 연동선 또는 이와 동등 이상의 세기 및 굵기의 쉽게 부식하지 아니하는 금속선(저압전로의 중성점에 시설하는 것은 공칭단면적 6[mm²] 이상의 연동선 또는 이와 동등 이상의 세기 및 굵기의 쉽게 부식하지 않는 금속선)으로서, 고장 시 흐르는 전류가 안전하게 통할 수

있는 것을 사용하고 또한 손상을 받을 우려가 없도록 시설한다.

기사 13년 2회, 17년 2회, 18년 1회, 19년 2회 / 산업 16년 2회, 17년 1회, 18년 3회, 20년 1 · 2회 ★★★★★

93 가공전선로의 지지물에 취급자가 오르고 내리는 데 사용하는 발판못 등은 지표상 몇 [m] 미만에 시설해서는 안 되는가?

① 1.2
② 1.8
③ 2.2
④ 2.5

[해설] 가공전선로 지지물의 철탑오름 및 전주오름 방지(KEC 331.4)

가공전선로의 지지물에 취급자가 오르고 내리는데 사용하는 발판 볼트 등을 지표상 1.8[m] 미만에 시설하여서는 아니 된다.

기사 19년 2회 / 산업 10년 1회 ★★

94 빙설의 정도에 따라 풍압하중을 적용하도록 규정하고 있는 내용 중 옳은 것은?

① 빙설이 많은 지방에서는 고온계절에는 갑종 풍압하중, 저온계절에는 을종 풍압하중을 적용한다.
② 빙설이 많은 지방에서는 고온계절에는 을종 풍압하중, 저온계절에는 갑종 풍압하중을 적용한다.
③ 빙설이 적은 지방에서는 고온계절에는 갑종 풍압하중, 저온계절에는 을종 풍압하중을 적용한다.
④ 빙설이 적은 지방에서는 고온계절에는 을종 풍압하중, 저온계절에는 갑종 풍압하중을 적용한다.

[해설] 풍압하중의 종별과 적용(KEC 331.6)

㉠ 빙설이 많은 지방
 • 고온계절 : 갑종 풍압하중
 • 저온계절 : 을종 풍압하중
㉡ 빙설이 적은 지방
 • 고온계절 : 갑종 풍압하중
 • 저온계절 : 병종 풍압하중
㉢ 인가가 많이 연접된 장소 : 병종 풍압하중

정답 91 ④ 92 ④ 93 ② 94 ①

바로바로 풀어보는
기출문제

DAY 21
DAY 22
DAY 23
DAY 24
DAY 25
DAY 26
DAY 27
DAY 28
DAY 29
DAY 30

문제의 네모칸에 체크를 해보세요. 그 문제가 이해되지 않았다면
✓ 표시를 해서 그 문제는 나중에 다시 풀어 완전하게 숙지하세요.(★ : 중요도).

★★★★★ 기사 16년 3회, 17년 3회, 18년 3회 / 산업 11년 3회, 13년 1회, 14년 3회

95 가공전선로에 사용하는 지지물의 강도계산에 적용하는 갑종 풍압하중을 계산할 때 구성재의 수직투영면적 1[m²]에 대한 풍압값의 기준이 잘못된 것은?

① 목주 : 588[pa]
② 원형 철주 : 588[pa]
③ 원형 철근콘크리트주 : 882[pa]
④ 강관으로 구성된 철탑 : 1,255[pa]

🖘 해설 풍압하중의 종별과 적용(KEC 331.6)

갑종 풍압하중의 종류와 그 크기는 다음과 같다.

풍압을 받는 구분		구성재의 수직투영면적 1[m²]에 대한 풍압
지지물	목주	588[Pa]
	철주	① 원형 : 588[Pa] ② 삼각형 또는 능형 : 1412[Pa] ③ 강관으로 4각형 : 1117[Pa] ④ 기타 : 1784[Pa](목재가 전·후면에 겹치는 경우 : 1627[Pa])
	철근 콘크리트주	① 원형 : 588[Pa] ② 기타 : 882[Pa]
	철탑	① 강관 : 1255[Pa] ② 기타 : 2157[Pa]
전선, 기타 가섭선		① 단도체 : 745[Pa] ② 다도체 : 666[Pa]
애자장치 (특고압전선용)		1039[Pa]
완금류		① 단일재 : 1196[Pa] ② 기타 : 1627[Pa]

★★★★★ 기사 06년 2회, 12년 3회, 14년 2회, 15년 1회, 17년 3회, 19년 3회, 20년 4회 / 산업 11년 3회

96 가공전선로의 지지물에 하중이 가해지는 경우 그 하중을 받는 지지물의 기초 안전율은 얼마 이상이어야 하는가? (단, 이상 시 상정하중은 무관)

① 1
② 2
③ 2.5
④ 3

🖘 해설 가공전선로 지지물의 기초의 안전율
(KEC 331.7)

가공전선로의 지지물에 하중이 가해지는 경우 그 하중을 받는 지지물의 기초 안전율은 2 이상이어야 한다.(이상 시 상정하중에 대한 철탑의 기초에 대하여는 1.33 이상)

★★★★ 기사 00년 3·4회, 13년 2회, 16년 3회, 18년 2회 / 산업 10년 1회

97 철탑의 강도계산에 사용하는 이상 시 상정하중에 대한 철탑의 기초에 대한 안전율은 얼마 이상이어야 하는가?

① 0.9   ② 1.33
③ 1.83   ④ 2.25

🖘 해설 가공전선로 지지물의 기초의 안전율
(KEC 331.7)

가공전선로의 지지물에 하중이 가하여지는 경우에는 그 하중을 받는 지지물의 기초 안전율은 2로 한다. 단, 철탑에 이상 시 상정하중이 가하여 지는 경우에는 1.33으로 한다.

★★★★ 기사 05년 3회, 11년 3회, 13년 3회, 16년 2회 / 산업 15년 3회(유사), 17년 3회

98 길이 16[m], 설계하중 9.8[kN]의 철근콘크리트주를 지반이 튼튼한 곳에 시설하는 경우 지지물 기초의 안전율과 무관하려면 땅에 묻는 깊이를 몇 [m] 이상으로 하여야 하는가?

① 2.0   ② 2.4
③ 2.8   ④ 3.2

🖘 해설 가공전선로 지지물의 기초의 안전율
(KEC 331.7)

전주의 근입을 살펴보면 다음과 같다.
㉠ A종 철주(강관주, 강관조립주) 및 A종 철근콘크리트주로, 전장이 16[m] 이하 하중이 6.8[kN]인 것

  • 전장 15[m] 이하 : 전장 $\frac{1}{6}$ 이상

  • 전장 15[m]를 넘는 것 : 2.5[m] 이상
㉡ 전장 16[m] 넘고 20[m] 이하(설계하중이 6.8[kN] 이하인 경우) : 2.8[m] 이상
㉢ 전장 14[m] 이상 20[m] 이하(설계하중이 6.8[kN] 초과하고 9.8[kN] 이하) : 표준근입(㉠의 값)+30[cm]

정답 95 ③ 96 ② 97 ② 98 ③

99 가공전선로의 지지물에 지선을 시설할 때 옳은 방법은?

① 지선의 안전율을 2.0으로 하였다.
② 소선은 최소 2가닥 이상의 연선을 사용하였다.
③ 지중의 부분 및 지표상 20[cm]까지의 부분은 아연도금철봉 등 내부식성 재료를 사용하였다.
④ 도로를 횡단하는 곳의 지선의 높이는 지표상 5[m]로 하였다.

🖊해설 지선의 시설(KEC 331.11)

㉠ 지선의 안전율 : 2.5 이상
㉡ 허용인장하중 : 4.31[kN] 이상
㉢ 소선(素線) 3가닥 이상의 연선일 것
㉣ 소선은 지름 2.6[mm] 이상의 금속선을 사용한 것일 것 또는 소선의 지름이 2[mm] 이상인 아연도강연선으로서, 소선의 인장강도가 0.68[kN/mm²] 이상인 것
㉤ 지중부분 및 지표상 30[cm]까지의 부분에는 내식성이 있는 아연도금철봉을 사용
㉥ 도로를 횡단 시 지선의 높이는 지표상 5[m] 이상
㉦ 지선애자를 사용하여 감전사고방지
㉧ 철탑은 지선을 사용하여 강도의 일부를 분담금지

100 특고압 가공전선로의 전선으로 케이블을 사용하는 경우의 시설로 옳지 않은 방법은?

① 케이블은 조가용선에 행거에 의하여 시설한다.
② 케이블은 조가용선에 접촉시키고 비닐 테이프 등을 30[cm] 이상의 간격으로 감아 붙인다.
③ 조가용선은 단면적 22[mm²]의 아연도 강연선 또는 동등 이상의 세기 및 굵기의 연선을 사용한다.
④ 조가용선 및 케이블의 피복에 사용한 금속제에는 제3종 접지공사를 한다.

🖊해설 가공케이블의 시설(KEC 332.2)

㉠ 케이블은 조가용선에 행거로 시설할 것
  • 조가용선에 0.5[m] 이하마다 행거에 의해 시설할 것
  • 조가용선에 접촉시키고 금속 테이프 등을 0.2[m] 이하 간격으로 나선형으로 감아 붙일 것
  • 단면적 22[mm²] 이상의 아연도강연선일 것
㉡ 조가용선 및 케이블 피복에는 접지공사를 할 것

101 고압 가공전선로에 사용하는 가공지선에는 지름 몇 [mm] 이상의 나경동선이나 이와 동등 이상의 세기 및 굵기의 것을 사용하여야 하는가?

① 2.5
② 3.0
③ 3.5
④ 4.0

🖊해설 고압 가공전선로의 가공지선(KEC 332.6)

고압 가공전선로의 가공지선 → 4[mm](인장강도 5.26[kN]) 이상의 나경동선

102 고압 가공전선으로 경동선 또는 내열 동합금선을 사용할 때 그 안전율은 최소 얼마 이상이 되는 이도로 시설하여야 하는가?

① 2.0
② 2.2
③ 2.5
④ 3.0

🖊해설 고압 가공전선의 안전율(KEC 332.4)

㉠ 경동선 또는 내열 동합금선 : 2.2 이상이 되는 이도로 시설
㉡ 그 밖의 전선(강심 알루미늄연선, 알루미늄선) : 2.5 이상이 되는 이도로 시설

정답 **99** ④ **100** ② **101** ④ **102** ②

바로바로 풀어보는
기출문제

문제의 네모칸에 체크를 해보세요. 그 문제가 이해되지 않았다면
✓ 표시를 해서 그 문제는 나중에 다시 풀어 완전하게 숙지하세요(★ : 중요도).

DAY 21
DAY 22
DAY 23
DAY 24
DAY 25
DAY 26
DAY 27
DAY 28
DAY 29
DAY 30

★★★ 기사 18년 2회

103 저압 및 고압 가공전선의 높이는 도로를 횡단하는 경우와 철도를 횡단하는 경우에 각각 몇 [m] 이상이어야 하는가?

① 도로 : 지표상 5, 철도 : 레일면상 6
② 도로 : 지표상 5, 철도 : 레일면상 6.5
③ 도로 : 지표상 6, 철도 : 레일면상 6
④ 도로 : 지표상 6, 철도 : 레일면상 6.5

해설 저압 및 고압 가공전선의 높이(KEC 222.7, 332.5)

㉠ 도로를 횡단하는 경우에는 지표상 6[m] 이상
㉡ 철도 또는 궤도를 횡단하는 경우에는 레일면상 6.5[m] 이상

★★★★★ 기사 01년 3회, 04년 2회, 15년 3회 / 산업 07년 4회, 11년 1회, 14년 1회, 19년 2회

104 동일 지지물에 저압 가공전선(다중 접지된 중성선은 제외)과 고압 가공전선을 시설하는 경우 저압 가공전선은?

① 고압 가공전선의 위로 하고 동일 완금류에 시설
② 고압 가공전선과 나란하게 하고 동일 완금류에 시설
③ 고압 가공전선의 아래로 하고 별개의 완금류에 시설
④ 고압 가공전선과 나란하게 하고 별개의 완금류에 시설

해설 고압 가공전선 등의 병행설치(KEC 332.8)

저압 가공전선(다중 접지된 중성선은 제외)과 고압 가공전선을 동일 지지물에 시설하는 경우
㉠ 저압 가공전선을 고압 가공전선의 아래로 하고 별개의 완금류에 시설할 것
㉡ 저압 가공전선과 고압 가공전선 사이의 이격거리는 0.5[m] 이상일 것(단, 고압측이 케이블일 경우 0.3[m] 이상)

★★★★★ 기사 19년 3회 / 산업 90년 6회, 94년 4회, 11년 2회, 16년 3회

105 고압 가공전선로의 지지물로 철탑을 사용한 경우 최대 경간은 몇 [m]인가?

① 600   ② 400
③ 500   ④ 250

해설 고압 가공전선로 경간의 제한(KEC 332.9)

지지물의 종류	표준경간
목주·A종 철주 또는 A종 철근콘크리트주	150[m] 이하
B종 철주 또는 B종 철근콘크리트주	250[m] 이하
철탑	600[m] 이하

★★★ 기사 03년 4회 / 산업 92년 6회, 05년 2회, 11년 1회

106 고압 가공전선로의 지지물로 A종 철근콘크리트주를 시설하고 전선으로는 단면적 22[mm²](인장강도 8.71[kN])의 경동연선을 사용하였을 경우 경간은 몇 [m]까지로 할 수 있는가?

① 150   ② 250
③ 300   ④ 500

해설 고압 가공전선로 경간의 제한(KEC 332.9)

고압 가공전선의 단면적이 22[mm²](인장강도 8.71[kN])인 경동연선의 경우의 경간
㉠ 목주·A종 철주 또는 A종 철근콘크리트주를 사용하는 경우 300[m] 이하
㉡ B종 철주 또는 B종 철근콘크리트주를 사용하는 경우 500[m] 이하

참고

단면적 22[mm²] 이상이어야만 늘릴 수 있으므로 B종의 표준경간을 적용한다.

★★★★★ 기사 94년 6회, 18년 1회 / 산업 10년 3회, 12년 2회, 13년 3회, 18년 3회

107 고압 보안공사 시 지지물로 A종 철근콘크리트주를 사용할 경우 경간은 몇 [m] 이하이어야 하는가?

① 100   ② 200
③ 250   ④ 400

해설 고압 보안공사(KEC 332.10)

㉠ 전선은 케이블인 경우 이외에는 지름 5[mm] 이상의 경동선일 것
㉡ 풍압하중에 대한 안전율은 1.5 이상일 것
㉢ 경간은 다음에서 정한 값 이하일 것

정답 103 ④ 104 ③ 105 ① 106 ③ 107 ①

지지물의 종류	경간
목주·A종 철주 또는 A종 철근콘크리트주	100[m]
B종 철주 또는 B종 철근콘크리트주	150[m]
철탑	400[m]

ⓔ 단면적 38[mm²] 이상의 경동연선을 사용하는 경우에는 표준경간을 적용

★★ 기사 04년 2회, 15년 3회, 19년 1회 / 산업 99년 5회, 07년 1회

108 저·고압 가공전선과 가공약전류전선 등을 동일 지지물에 시설하는 경우로서 옳지 않은 방법은?

① 가공전선을 가공약전류전선 등의 위로 하여 별개의 완금류에 시설할 것
② 가공전선과 가공약전류전선 등 사이의 이격거리는 저압과 고압이 모두 75[cm] 이상일 것
③ 전선로의 지지물로 사용하는 목주의 풍압하중에 대한 안전율은 1.5 이상일 것
④ 가공전선이 가공약전류전선에 대하여 유도작용에 의한 통신상의 장해를 줄우려가 있는 경우에는 가공전선을 적당한 거리에서 연가할 것

해설 고압 가공전선과 가공약전류전선 등의 공용 설치(KEC 332.21)

저압 가공전선 또는 고압 가공전선과 가공약전류전선 등을 동일 지지물에 시설하는 경우
㉠ 전선로의 지지물로서 사용하는 목주의 풍압하중에 대한 안전율은 1.5 이상일 것
㉡ 가공전선을 가공약전류전선 등의 위로 하고 별개의 완금류에 시설할 것
㉢ 가공전선과 가공약전류전선 사이의 이격거리
 • 저압 : 0.75[m] 이상(단, 저압 가공전선이 고압·특고압 절연전선 또는 케이블인 경우 0.3[m] 이상)
 • 고압 : 1.5[m] 이상(단, 고압 가공전선이 케이블인 경우 0.5[m] 이상)
㉣ 가공전선로의 접지도체에 절연전선 또는 케이블을 사용하고 또한 가공전선로의 접지도체 및 접지극과 가공약전류전선로 등의 접지도체 및 접지극과는 각각 별개로 시설할 것

★★★★ 기사 05년 1회 / 산업 93년 3회, 00년 1회, 01년 3회

109 중성점 접지식 22.9[kV] 특고압 가공전선을 A종 철근콘크리트주를 사용하여 시가지에 시설하는 경우 반드시 지키지 않아도 되는 것은?

① 전선로의 경간은 75[m] 이하로 할 것
② 전선의 단면적은 55[mm²] 경동연선 또는 이와 동등 이상의 세기 및 굵기의 것일 것
③ 전선이 특고압 절연전선인 경우 지표상의 높이는 8[m] 이상일 것
④ 전로에 지기가 생긴 경우 또는 단락한 경우에 1초 안에 자동차단하는 장치를 시설할 것

해설 시가지 등에서 특고압 가공전선로의 시설 (KEC 333.1)

㉠ 전선굵기
 • 100[kV] 미만 : 55[mm²] 이상
 • 100[kV] 이상 : 150[mm²] 이상
㉡ 경간
 • A종 : 75[m] 이하(목주 제외)
 • B종 : 150[m] 이하
 • 철탑 : 400[m] 이하(단, 전선이 수평배치이고 간격이 4[m] 미만이면 250[m] 이하)
㉢ 사용전압 100[kV]를 초과하는 선로에 지락 및 단락 시 1초 이내에 차단
㉣ 전선지표상 높이
 • 35[kV] 이하 시 : 10[m] 이상(절연전선 사용 시 8[m] 이상)
 • 35[kV] 초과 시 : 10[m] + 0.12 × N 이상

★★★★★ 기사 01년 3회, 03년 3회, 10년 3회, 14년 1회, 15년 2회, 16년 1회 / 산업 93년 6회, 94년 7회, 11년 3회, 15년 1회, 16년 3회

110 사용전압이 25000[V] 이하의 특고압 가공전선로에서는 전화선로의 길이 12[km]마다 유도전류가 몇 [μA]를 넘지 아니하도록 하여야 하는가?

① 1.5   ② 2
③ 2.5   ④ 3

정답 108 ②   109 ④   110 ②

DAY 21
DAY 22
DAY 23
DAY 24
DAY 25
DAY 26
DAY 27
DAY 28
DAY 29
DAY 30

해설 유도장해의 방지(KEC 333.2)

㉠ 사용전압이 60000[V] 이하인 경우에는 전화선로의 길이 12[km]마다 유도전류가 2[μA]를 넘지 않도록 할 것

㉡ 사용전압이 60000[V]를 넘는 경우에는 전화선로의 길이 40[km]마다 유도전류가 3[μA]를 넘지 않도록 할 것

★★★★★ 기사 11년 1회, 13년 1회 / 산업 96년 2회, 09년 3회, 16년 3회, 18년 3회

111 최대사용전압 22.9[kV]인 가공전선과 지지물과의 이격거리는 일반적으로 몇 [m] 이상이어야 하는가?

① 0.05   ② 0.1

③ 0.15   ④ 0.2

해설 특고압 가공전선과 지지물 등의 이격거리 (KEC 333.5)

특고압 가공전선과 그 지지물·완금류·지주 또는 지선 사이의 이격거리는 다음 표에서 정한 값 이상이어야 한다. 단, 기술상 부득이한 경우 위험의 우려가 없도록 시설한 때에는 표에서 정한 값의 0.8배까지 감할 수 있다.

사용전압	이격거리[m]
15[kV] 미만	0.15
15[kV] 이상 25[kV] 미만	0.2
25[kV] 이상 35[kV] 미만	0.25
35[kV] 이상 50[kV] 미만	0.3
50[kV] 이상 60[kV] 미만	0.35
60[kV] 이상 70[kV] 미만	0.4
70[kV] 이상 80[kV] 미만	0.45
80[kV] 이상 130[kV] 미만	0.65
130[kV] 이상 160[kV] 미만	0.9
160[kV] 이상 200[kV] 미만	1.1
200[kV] 이상 230[kV] 미만	1.3
230[kV] 이상	1.6

★★★ 기사 94년 5회 / 산업 99년 3회, 08년 4회, 12년 1회, 18년 3회

112 154[kV]의 특고압 가공전선을 사람이 쉽게 들어갈 수 없는 산지(山地) 등에 시설하는 경우 지표상 높이는 몇 [m] 이상으로 하여야 하는가?

① 4   ② 5

③ 6   ④ 8

해설 특고압 가공전선의 높이(KEC 333.7)

특고압 가공전선의 지표상(철도 또는 궤도를 횡단하는 경우에는 레일면상, 횡단보도교를 횡단하는 경우에는 그 노면상)의 높이는 다음에서 정한 값 이상일 것

사용전압의 구분	지표상의 높이
35[kV] 이하	5[m] (철도 또는 궤도를 횡단하는 경우에는 6.5[m], 도로를 횡단하는 경우에는 6[m], 횡단보도교의 위에 시설하는 경우로서 전선이 특고압 절연전선 또는 케이블인 경우에는 4[m])
35[kV] 초과 160[kV] 이하	6[m] (철도 또는 궤도를 횡단하는 경우에는 6.5[m], 산지(山地) 등에서 사람이 쉽게 들어갈 수 없는 장소에 시설하는 경우에는 5[m], 횡단보도교의 위에 시설하는 경우 전선이 케이블인 때는 5[m])
160[kV] 초과	6[m] (철도 또는 궤도를 횡단하는 경우에는 6.5[m], 산지 등에서 사람이 쉽게 들어갈 수 없는 장소를 시설하는 경우에는 5[m])에 160[kV]를 초과하는 10[kV] 또는 그 단수마다 0.12[m]를 더한 값

★★★★ 기사 95년 5회, 06년 3회 / 산업 92년 7회, 98년 6회, 00년 4회, 08년 2회, 19년 3회

113 특고압 가공전선로에 사용하는 가공지선에는 지름 몇 [mm]의 나경동선 또는 이와 동등 이상의 세기 및 굵기의 나선을 사용하여야 하는가?

① 2.6   ② 3.5

③ 4   ④ 5

해설 특고압 가공전선로의 가공지선(KEC 333.8)

㉠ 지름 5[mm](인장강도 8.01[kN]) 이상의 나경동선

㉡ 아연도강연선 22[mm²] 또는 OPGW(광섬유 복합 가공지선) 전선을 사용

★★★★★ 기사 11년 2회, 12년 3회, 14년 1·2회 / 산업 16년 2회, 17년 2회, 18년 2회, 19년 2회

114 특고압 가공전선로의 지지물 양측의 경간의 차가 큰 곳에 사용되는 철탑은?

① 내장형 철탑   ② 인류형 철탑

③ 각도형 철탑   ④ 보강형 철탑

정답 111 ④   112 ②   113 ④   114 ①

해설 특고압 가공전선로의 철수·철근콘크리트주 또는 철탑의 종류(KEC 333.11)

특고압 가공전선로의 지지물로 사용하는 B종 철근·B종 콘크리트주 또는 철탑의 종류는 다음과 같다.
㉠ 직선형 : 전선로의 직선부분(수평각도 3° 이하)에 사용하는 것(내장형 및 보강형 제외)
㉡ 각도형 : 전선로 중 3°를 초과하는 수평각도를 이루는 곳에 사용하는 것
㉢ 인류형 : 전가섭선을 인류하는 곳에 사용하는 것
㉣ 내장형 : 전선로의 지지물 양쪽의 경간의 차가 큰 곳에 사용하는 것
㉤ 보강형 : 전선로의 직선부분에 그 보강을 위하여 사용하는 것

★★★★★ 기사 92년 2회, 94년 7회, 95년 2회, 96년 5회, 05년 1회, 12년 1회, 14년 2회, 17년 2회, 20년 4회 / 산업 90년 2회, 00년 4회, 09년 3회, 10년 1회

115 사용전압이 35[kV] 이하인 특고압 가공전선과 가공약전류전선 등을 동일 지지물에 시설하는 경우, 특고압 가공전선로는 어떤 종류의 보안공사를 하여야 하는가?

① 제1종 특고압 보안공사
② 제2종 특고압 보안공사
③ 제3종 특고압 보안공사
④ 고압 보안공사

해설 특고압 가공전선과 가공약전류전선 등의 공용설치(KEC 333.19)

㉠ 특고압 가공전선로는 제2종 특고압 보안공사에 의할 것
㉡ 특고압 가공전선은 가공약전류전선 등의 위로 하고 별개의 완금류에 시설할 것
㉢ 특고압 가공전선은 케이블인 경우 이외에는 인장강도 21.67[kN] 이상의 연선 또는 단면적이 50[mm²] 이상인 경동연선일 것
㉣ 특고압 가공전선과 가공약전류전선 등 사이의 이격거리는 2[m] 이상으로 할 것. 다만, 특고압 가공전선이 케이블인 경우에는 0.5[m]까지로 감할 수 있다.

★★★★★ 기사 92년 3회, 94년 6회, 99년 3회, 00년 3회, 05년 4회 / 산업 15년 3회, 16년 3회, 18년 2회

116 다음 중에서 목주, A종 철주 또는 A종 철근콘크리트주를 전선로의 지지물로 사용할 수 없는 보안공사는?

① 고압 보안공사
② 제1종 특고압 보안공사
③ 제2종 특고압 보안공사
④ 제3종 특고압 보안공사

해설 특고압 보안공사(KEC 333.22)

제1종 특고압 보안공사는 다음에 따라 시설할 것
㉠ 35[kV] 넘는 특고압 가공전선로가 건조물 등과 제2차 접근상태로 시설되는 경우에 적용
㉡ 전선의 굵기
• 100[kV] 미만 : 인장강도 21.67[kN] 이상, 55[mm²] 이상의 경동연선
• 100[kV] 이상 300[kV] 미만 : 인장강도 58.84[kN] 이상, 150[mm²] 이상의 경동연선
• 300[kV] 이상 : 인장강도 77.47[kN] 이상, 200[mm²] 이상의 경동연선
㉢ 경간
• A종 지지물, 목주 : 사용하지 않음
• B종 지지물 : 150[m] 이하
• 철탑 : 400[m] 이하

★★ 산업 91년 7회, 17년 3회

117 제2종 특고압 보안공사에 있어서 B종 철주를 지지물로 사용하는 경우 경간은 몇 [m] 이하인가?

① 100
② 150
③ 200
④ 400

해설 특고압 보안공사(KEC 333.22)

제2종 특고압 보안공사는 다음에 따라야 한다.
㉠ 특고압 가공전선은 연선일 것
㉡ 지지물로 사용하는 목주의 풍압하중에 대한 안전율은 2 이상일 것
㉢ 경간은 다음 표에서 정한 값 이하일 것

지지물의 종류	경간
목주·A종 철주 또는 A종 철근콘크리트주	100[m]
B종 철주 또는 B종 철근콘크리트주	200[m]
철탑	400[m]

[예외] 전선에 인장강도 38.05[kN] 이상의 연선 또는 단면적이 95[mm²] 이상인 경동연선을 사용하고 지지물에 B종 철주·B종 철근콘크리트주 또는 철탑을 사용하는 경우에는 표준경간을 적용

정답 115 ② 116 ② 117 ③

DAY 21
DAY 22
DAY 23
DAY 24
DAY 25
DAY 26
DAY 27
DAY 28
DAY 29
DAY 30

☑ 문제의 네모칸에 체크를 해보세요. 그 문제가 이해되지 않았다면

✓ 표시를 해서 그 문제는 나중에 다시 풀어 완전하게 숙지하세요(★ : 중요도).

★★ 기사 91년 6회 / 산업 97년 4회, 13년 1회

118 특고압 가공전선로를 제3종 특고압 보안공사에 의하여 시설하는 경우는?

① 건조물과 제1차 접근상태에 시설하는 경우

② 건조물과 제2차 접근상태에 시설하는 경우

③ 도로 위에 교차하여 시설하는 경우

④ 가공약전류전선과 공가하여 시설하는 경우

해설 **특고압 가공전선과 건조물의 접근**
(KEC 333.23)

특고압 보안공사를 구분하면 다음과 같다.
㉠ 제1종 특고압 보안공사 : 35[kV] 넘고, 2차 접근상태인 경우
㉡ 제2종 특고압 보안공사 : 35[kV] 이하이고, 2차 접근상태인 경우
㉢ 제3종 특고압 보안공사 : 특고압 가공전선이 건조물과 제1차 접근상태로 시설되는 경우

★★★ 기사 16년 2회

119 154[kV] 가공전선과 가공약전류전선이 교차하는 경우에 시설하는 보호망을 구성하는 금속선 중 가공전선의 바로 아래에 시설되는 것 이외의 다른 부분에 시설되는 금속선은 지름 몇 [mm] 이상의 아연도금철선이어야 하는가?

① 2.6
② 3.2
③ 4.0
④ 5.0

해설 **특고압 가공전선과 도로 등의 접근 또는 교차**
(KEC 333.24)

보호망시설을 살펴보면 다음과 같다.
㉠ 보호망은 제1종 접지공사를 한 금속제의 망상장치로 하고 견고하게 지지할 것
㉡ 보호망을 구성하는 금속선은 그 외주 및 특고압 가공전선의 직하에 시설하는 금속선에는 인장강도 8.01[kN] 이상의 것 또는 지름 5[mm] 이상의 경동선을 사용하고 그 밖의 부분에 시설하는 금속선에는 인장강도 5.26[kN] 이상의 것 또는 지름 4[mm] 이상의 경동선을 사용할 것

㉢ 보호망을 구성하는 금속선 상호의 간격은 가로, 세로 각 1.5[m] 이하일 것

㉣ 보호망이 특고압 가공전선의 외부에 뻗은 폭은 특고압 가공전선과 보호망과의 수직거리의 2분의 1 이상일 것. 단, 6[m]를 넘지 아니하여도 된다.

★★★★ 기사 03년 3회, 14년 2회, 17년 3회 / 산업 01년 1회, 05년 1회, 06년 4회

120 345[kV] 가공전선이 154[kV] 가공전선과 교차하는 경우 이들 양 전선 상호간의 이격거리는 몇 [m] 이상인가?

① 4.48
② 4.96
③ 5.48
④ 5.82

해설 **특고압 가공전선 상호 간의 접근 또는 교차**
(KEC 333.27)

사용전압의 구분	이격거리
60[kV] 이하	2[m]
60[kV] 초과	2[m]에 사용전압이 60[kV]를 초과하는 10[kV] 또는 그 단수마다 0.12[m]을 더한 값

60[kV]를 넘는 경우 10[kV] 단수는 (345 − 60)÷10＝28.5로 절상하여 단수는 29이므로 345[kV]와 154[kV] 가공전선 사이의 이격거리는 다음과 같다.
전선간의 이격거리＝2 + (29×0.12)＝5.48[m]

★★★★ 기사 97년 7회, 02년 2회 / 산업 00년 5 · 6회, 05년 2회, 06년 2회, 13년 2회, 19년 1회

121 중성선 다중 접지식의 것으로, 전로에 지락이 생긴 경우에 2[sec] 안에 자동적으로 이를 차단하는 장치를 가지는 22.9[kV] 특고압 가공전선로에서는 각 접지점의 대지 전기저항값이 300[Ω] 이하이고, 1[km]마다의 중성선과 대지 간의 합성 전기저항값이 몇 [Ω] 이하이어야 하는가?

① 10
② 15
③ 20
④ 30

해설 **25[kV] 이하인 특고압 가공전선로의 시설**
(KEC 333.32)

㉠ 사용전압이 15[kV] 이하인 특고압 가공전선로의 중성선의 다중 접지 및 중성선의 시설(접지공사를 하고 접지한 곳 상호 간의 거리는 전선로에 따라 300[m] 이하일 것)

정답 118 ① 119 ③ 120 ③ 121 ②

각 접지점의 대지 전기저항값	1[km]마다의 합성 전기저항값
300[Ω] 이하	30[Ω] 이하

ⓛ 사용전압이 15[kV]를 초과하고 25[kV] 이하인 특고압 가공전선로 중성선 다중 접지식으로 지락 시 2[sec] 이내에 전로 차단장치가 되어 있는 경우(각각 접지한 곳 상호 간의 거리는 전선로에 따라 150[m] 이하일 것)

각 접지점의 대지 전기저항값	1[km]마다의 합성 전기저항값
300[Ω] 이하	15[Ω] 이하

★★ 산업 03년 4회

122 지중전선로의 시설에 관한 사항으로 옳은 것은?

① 전선은 케이블을 사용하고 관로식, 암거식 또는 직접 매설식에 의하여 시설한다.
② 전선은 절연전선을 사용하고 관로식, 암거식 또는 직접 매설식에 의하여 시설한다.
③ 전선은 케이블을 사용하고 내화성능이 있는 비닐관에 인입하여 시설한다.
④ 전선은 절연전선을 사용하고 내화성능이 있는 비닐관에 인입하여 시설한다.

해설 지중전선로의 시설(KEC 334.1)

지중전선로는 전선에 케이블을 사용하고 또한 관로식 · 암거식(暗渠式) 또는 직접 매설식에 의하여 시설

★★★★★ 기사 03년 2회, 06년 1 · 2회, 12년 2회, 19년 2회 / 산업 9년 6회, 94년 2회, 96년 6회, 97년 2회, 00년 3회, 01년 1회, 06년 1 · 3회, 16년 3회

123 차량, 기타 중량물의 압력을 받을 우려가 없는 장소에 지중전선을 직접 매설식에 의하여 매설하는 경우 최소 매설깊이는 몇 [m]인가?

① 0.3 　　② 0.6
③ 1.0 　　④ 1.5

해설 지중전선로의 시설(KEC 334.1)

차량 등 중량을 받을 우려가 있는 장소에서는 1.0[m] 이상, 기타의 장소에는 0.6[m] 이상으로 한다.

★★★★★ 기사 01년 2회, 11년 1회, 19년 1회, 20년 4회 / 산업 06년 3회, 08년 2회, 15년 3회, 18년 1회

124 지중전선로에 사용하는 지중함의 시설기준이 아닌 것은?

① 견고하고 차량, 기타 중량물의 압력에 견딜 수 있을 것
② 그 안의 고인 물을 제거할 수 있는 구조일 것
③ 뚜껑은 시설자 이외의 자가 쉽게 열 수 없도록 할 것
④ 조명 및 세척이 가능한 장치를 하도록 할 것

해설 지중함의 시설(KEC 334.2)

㉠ 지중함은 견고하고 차량, 기타 중량물의 압력에 견디는 구조일 것
㉡ 상지중함은 그 안의 고인 물을 제거할 수 있는 구조로 되어 있을 것
㉢ 폭발성 또는 연소성의 가스가 침입할 우려가 있는 것에 시설하는 지중함으로서 그 크기가 1[m³] 이상인 것에는 통풍장치 기타 가스를 방산시키기 위한 적당한 장치를 시설할 것
㉣ 지중함의 뚜껑은 시설자 이외의 자가 쉽게 열 수 없도록 시설할 것

★★★★ 기사 01년 1회, 16년 2회, 19년 3회, 21년 1회 / 산업 03년 3회, 12년 2회, 17년 1회

125 지중전선로는 기설 지중약전류전선로에 대하여 (㉠) 또는 (㉡)에 대하여 통신상의 장해를 주지 않도록 기설 약전류전선로로부터 충분히 이격시키거나 적당한 방법으로 시설하여야 한다. ㉠, ㉡에 알맞은 말은?

① ㉠ 정전용량, ㉡ 표피작용
② ㉠ 정전용량, ㉡ 유도작용
③ ㉠ 누설전류, ㉡ 표피작용
④ ㉠ 누설전류, ㉡ 유도작용

해설 지중약전류전선의 유도장해 방지(KEC 334.5)

지중전선로는 기설 지중약전류전선로에 대하여 누설전류 또는 유도작용에 의하여 통신상의 장해를 주지 않도록 기설 약전류전선로로부터 충분히 이격시키거나 기타 적당한 방법으로 시설하여야 한다.

★★★★ 기사 13년 3회, 15년 2회 / 산업 12년 1회, 17년 2회

126 사람이 상시 통행하는 터널 안의 배선을 애자사용공사에 의하여 시설하는 경우 설치 높이는 노면상 몇 [m] 이상인가?

① 1.5 ② 2
③ 2.5 ④ 3

해설 터널 안 전선로의 시설(KEC 335.1)

㉠ 사람이 상시 통행하는 터널 안의 전선로 사용전압은 저압 또는 고압으로 시설
㉡ 저압전선
- 인장강도 2.30[kN] 이상의 절연전선 또는 지름 2.6[mm] 이상의 경동선의 절연전선을 사용하여 애자사용배선에 의해 시설하고 노면상 2.5[m] 이상의 높이를 유지할 것
- 합성수지관 · 금속관 · 금속제 가요전선관 · 케이블의 규정에 준하는 케이블배선에 의해 시설할 것
㉢ 고압전선
- 전선은 케이블일 것
- 케이블은 견고한 관 또는 트라프에 넣거나 사람이 접촉할 우려가 없도록 시설할 것

DAY 21
DAY 22
DAY 23
DAY 24
DAY 25
DAY 26
DAY 27
DAY 28
DAY 29
DAY 30

정답 126 ③

DAY

28

학습목표
• 발·변전소 및 개폐소 등에 사용하는 기계기구 시설의 보호방법에 대해 알아본다.
• 개폐기 및 과전류차단기의 종류 및 동작기준에 대해 알아본다.
• 피뢰기 및 기기의 보호장치의 특성을 이해하고 계측장치의 필요성을 알아본다.
• 전기철도의 전기방식 및 시설방법에 대해 알아본다.
• 분산형전원설비의 종류와 시설 및 보호방식에 대해 알아본다.

출제율 19%

제4장 발전소, 변전소, 개폐소 및 기계기구 시설보호

1 특고압 배전용 변압기의 시설

① 특고압전선에 특고압 절연전선 또는 케이블을 사용할 것
② 변압기의 1차 전압은 35[kV] 이하, 2차 전압은 저압 또는 고압일 것
③ 변압기의 특고압측에 개폐기 및 과전류차단기를 시설할 것

> **예외** 2 이상의 변압기를 각각 다른 회선의 특고압전선에 접속할 경우

④ 변압기의 2차 전압이 고압인 경우에는 고압측에 개폐기를 시설할 것

2 특고압을 직접 저압으로 변성하는 변압기의 시설

① 전기로 등 전류가 큰 전기를 소비하기 위한 변압기
② 발전소·변전소·개폐소 또는 이에 준하는 곳의 소내용 변압기
③ 25[kV] 이하인 특고압 가공전선로에 접속하는 변압기
④ 사용전압이 35[kV] 이하인 변압기로서 그 특고압측 권선과 저압측 권선이 혼촉한 경우에 자동적으로 변압기를 전로로부터 차단하기 위한 장치를 설치한 것
⑤ 사용전압이 100[kV] 이하인 변압기로서 그 특고압측 권선과 저압측 권선 사이에 접지공사(접지저항값이 10[Ω] 이하)한 금속제의 혼촉방지판이 있는 것
⑥ 교류식 전기철도용 신호회로에 전기를 공급하기 위한 변압기

3 특고압용 기계기구의 시설

① 기계기구의 주위에 울타리·담 등을 시설할 것
② 기계기구를 지표상 5[m] 이상의 높이에 시설할 것(발전소의 경우 하단 사이의 간격은 0.15[m] 이하)
③ 충전부분의 지표상의 높이는 다음에서 정한 값 이상으로 할 것

사용전압의 구분	울타리의 높이와 울타리로부터 충전부분까지의 거리의 합계 또는 지표상의 높이
35[kV] 이하	5[m]
35[kV] 초과 160[kV] 이하	6[m]
160[kV] 초과	6[m]에 160[kV]를 초과하는 10[kV] 또는 그 단수마다 0.12[m]를 더한 값

DAY 21
DAY 22
DAY 23
DAY 24
DAY 25
DAY 26
DAY 27
DAY 28
DAY 29
DAY 30

④ 발전소 등에 시설되는 금속제의 울타리·담 등에는 교차점과 좌, 우로 45[m] 이내의 개소에 접지공사(100[Ω] 이하)를 할 것

4 고주파 이용 설비의 장해방지

고주파 이용 설비에서 다른 고주파 이용 설비에 누설되는 고주파 전류의 허용한도는 측정장치 또는 이에 준하는 측정장치로 2회 이상 연속하여 10분간 측정하였을 때에 각각 측정값의 최대값에 대한 평균값이 -30[dB](1[mW]를 0[dB]로 한다)일 것

5 아크를 발생하는 기구의 시설

고압용 또는 특고압용의 개폐기·차단기·피뢰기 등 동작 시에 아크가 생기는 것은 목재의 벽 또는 천장 기타의 가연성 물체로부터 일정 값 이상 이격시켜야 함

기구 등의 구분	이격거리
고압용	1[m] 이상
특고압용	2[m] 이상 (35[kV] 이하에서 화재 발생 우려가 없을 경우 1[m] 이상)

6 고압용 기계기구의 시설

① 기계기구 주위에 울타리·담 등을 시설할 것(높이 2[m] 이상, 하단 사이의 간격 0.15[m] 이상)
② 기계기구를 지표상 4.5[m](시가지 외에는 4[m]) 이상의 높이에 시설

7 개폐기 시설

① 전로 중에 개폐기를 시설하는 경우에는 각 극에 설치
② 고압용 또는 특고압용의 개폐기는 개폐상태를 표시
③ 개폐기가 중력 등에 의하여 자연히 작동할 우려가 있는 것은 자물쇠장치를 시설
④ 고압용 또는 특고압용의 개폐기로서 부하전류를 차단하기 위한 것이 아닌 개폐기는 부하전류가 통하고 있을 경우에는 개로할 수 없도록 시설..단, 다음의 경우는 예외
  ㉠ 개폐기를 조작하는 곳의 보기 쉬운 위치에 부하전류의 유무를 표시
  ㉡ 전화기 기타의 지령 장치를 시설
  ㉢ 터블렛 등을 사용함으로서 부하전류가 통하고 있을 때에 개로조작을 방지

8 고압 및 특고압전로 중의 과전류차단기의 시설

① 포장퓨즈 : 정격전류의 1.3배의 전류에 견디고 또한 2배의 전류로 120분 안에 용단될 것
② 비포장퓨즈 : 정격전류의 1.25배의 전류에 견디고 또한 2배의 전류로 2분 안에 용단될 것

자주 출제되는
핵심이론

🔍 핵심이론은 처음에는 그냥 한 번 읽어주세요.
기출문제를 풀어본 후 다시 한 번 핵심이론을 읽으면서 암기하세요.

③ 고압 또는 특고압의 전로에 단락이 생긴 경우에 동작하는 과전류차단기는 이것을 시설하는 곳을 통과하는 단락전류를 차단하는 능력을 가질 것

④ 고압 또는 특고압의 과전류차단기는 그 동작에 따라 그 개폐상태를 표시하는 장치가 되어있을 것

9 과전류차단기의 시설 제한

과전류차단기를 시설하여서는 안 되는 장소는 다음과 같다.

① 접지공사의 접지도체

② 다선식 전로의 중성선

③ 전로의 일부에 접지공사를 한 저압 가공전선로의 접지측 전선

10 지락차단장치 등의 시설

다음의 경우 지락이 생겼을 경우 자동적으로 전로를 차단하는 장치를 시설하여야 한다.

① 특고압전로 또는 고압전로에 변압기에 의하여 결합되는 사용전압 400[V] 초과의 저압전로

② 발전기에서 공급하는 사용전압 400[V] 초과의 저압전로

③ 발전소·변전소 또는 이에 준하는 곳의 인출구

④ 다른 전기사업자로부터 공급받는 수전점

⑤ 배전용 변압기의 시설장소

11 피뢰기의 시설

① 고압 및 특고압의 전로 중 다음의 곳에는 피뢰기를 시설하여야 한다.

　㉠ 발전소·변전소 또는 이에 준하는 장소의 가공전선 인입구 및 인출구

　㉡ 특고압 가공전선로에 접속하는 배전용 변압기의 고압측 및 특고압측

　㉢ 고압 및 특고압 가공전선로로부터 공급을 받는 수용장소의 인입구

　㉣ 가공전선로와 지중전선로가 접속되는 곳

　　예외 • 직접 접속하는 전선이 짧은 경우

　　　　• 피보호기기가 보호범위 내에 위치하는 경우

② 피뢰기의 접지 : 고압 및 특고압의 전로에 시설하는 피뢰기 접지저항값은 10[Ω] 이하로 할 것

　　예외 피뢰기의 접지도체가 그 접지공사 전용의 것인 경우에 그 접지공사의 접지저항값은 30[Ω] 이하로 할 수 있음

핵심이론은 처음에는 그냥 한 번 읽어주세요.
기출문제를 풀어본 후 다시 한 번 핵심이론을 읽으면서 암기하세요.

DAY
21
DAY
22
DAY
23
DAY
24
DAY
25
DAY
26
DAY
27
DAY
28
DAY
29
DAY
30

12 압축공기계통

① 최고사용압력의 1.5배의 수압(1.25배의 기압)을 연속하여 10분간 가한 시험에 견딜 것
② 투입 및 차단을 연속하여 1회 이상 할 수 있을 것
③ 사용압력의 1.5배 이상 3배 이하의 최고 눈금이 있는 압력계를 시설할 것
④ 압력이 저하한 경우에 자동적으로 압력을 회복하는 장치를 시설할 것

13 특고압전로의 상 및 접속상태의 표시

① 발전소·변전소 또는 특별고압전로에는 보기 쉬운 곳에 상별 표시
② 발전소·변전소 또는 이에 준하는 곳의 특별고압전로에 대하여는 그 접속상태를 모의모선에 의하여 표시

예외 특고압전선로의 회선수가 2 이하 또한 특별고압의 모선이 단일모선인 경우 생략 가능

14 기기의 보호장치

① 발전기 등의 보호장치 : 다음의 경우에 자동적으로 발전기를 전로로부터 차단하는 장치를 시설하여야 한다.
  ㉠ 발전기에 과전류나 과전압이 생긴 경우
  ㉡ 500[kVA] 이상의 발전기를 구동하는 수차의 압유장치의 유압이 현저하게 저하한 경우
  ㉢ 100[kVA] 이상의 발전기를 구동하는 풍차의 압유장치의 유압, 압축공기장치의 공기압이 현저히 저하한 경우
  ㉣ 2000[kVA] 이상인 수차 발전기의 스러스트 베어링의 온도가 현저히 상승한 경우
  ㉤ 10000[kVA] 이상인 발전기의 내부에 고장이 생긴 경우
  ㉥ 정격출력이 10000[kW]를 초과하는 증기터빈은 스러스트 베어링이 현저하게 마모되거나 온도가 현저히 상승한 경우
② 연료전지 보호장치 : 다음에 경우 자동적으로 전로에서 차단하는 장치를 시설하여야 한다.
  ㉠ 과전류가 생길 때
  ㉡ 발전소의 발전전압에 이상이 생겼을 경우 또는 연료가스 출구에서의 산소농도 또는 공기 출구에서 연료가스농도가 현저히 상승한 경우
  ㉢ 연료전지 온도가 현저히 상승한 경우
  ㉣ 상용 전원으로 쓰이는 축전지에는 이에 과전류가 생겼을 경우 자동적으로 이를 차단하는 장치 시설

자주 출제되는
핵심이론

핵심이론은 처음에는 그냥 한 번 읽어주세요.
기출문제를 풀어본 후 다시 한 번 핵심이론을 읽으면서 암기하세요.

③ 특고압용 변압기의 보호장치

뱅크용량의 구분	동작조건	장치의 종류
5000[kVA] 이상 10000[kVA] 미만	변압기 내부고장	자동차단장치 또는 경보장치
10000[kVA] 이상	변압기 내부고장	자동차단장치
타냉식 변압기 (냉각시키기 위하여 봉입한 냉매를 강제 순환시키는 냉각 방식)	냉각장치에 고장 또는 변압기의 온도가 현저히 상승한 경우	경보장치

④ 무효전력 보상장치의 보호장치

설비종별	뱅크용량의 구분	자동적으로 전로로부터 차단하는 장치
전력용 커패시터 및 분로리액터	500[kVA] 초과 15000[kVA] 미만	내부고장, 과전류
	15000[kVA] 이상	내부고장, 과전류, 과전압
조상기	15000[kVA] 이상	내부고장

15 계측장치

적용장소 및 기기	계측요소 및 장비
발전소	① 발전기·연료전지·태양전지 모듈의 전압 및 전류, 전력 ② 발전기의 베어링 및 고정자의 온도 ③ 정격출력이 10000[kW]를 넘는 증기터빈에 접속하는 발전기 진동의 진폭 ④ 주요 변압기의 전압 및 전류, 전력 ⑤ 특고압용 변압기의 온도
동기발전기	동기검정장치
변전소	① 주요 변압기의 전압 및 전류, 전력 ② 특고압용 변압기의 온도
동기조상기	① 동기검정장치를 시설 ② 동기조상기의 전압 및 전류, 전력 ③ 동기조상기의 베어링 및 고정자의 온도

16 주요 설비

(1) 수소냉각식 발전기 등의 시설

① 기밀구조의 것이고 또한 수소가 대기압에서 폭발하는 경우 생기는 압력에 견디는 강도를 가지는 것일 것
② 수소의 순도가 85[%] 이하로 저하한 경우에 이를 경보하는 장치를 시설할 것
③ 수소의 온도 및 압력을 계측하고 현저히 변동하는 경우 경보장치를 할 것

(2) 태양전지 모듈 등의 시설

① 충전부분은 노출되지 아니하도록 시설할 것

핵심이론은 처음에는 그냥 한 번 읽어주세요.
기출문제를 풀어본 후 다시 한 번 핵심이론을 읽으면서 암기하세요.

DAY
21
DAY
22
DAY
23
DAY
24
DAY
25
DAY
26
DAY
27
DAY
28
DAY
29
DAY
30

② 태양전지 모듈에 접속하는 부하측의 전로에는 개폐기 등의 부하전류를 개폐할 수 있는 설비를 시설할 것

③ 태양전지 모듈을 병렬로 접속하는 전로에 단락이 생긴 경우에 전로를 보호하는 과전류차단기 등을 시설할 것

④ 전선은 다음에 의하여 시설할 것
    ㉠ 전선은 공칭단면적 $2.5[\text{mm}^2]$ 이상의 연동선
    ㉡ 옥내 시설 – 합성수지관공사, 금속관공사, 가요전선관공사, 케이블공사
    ㉢ 옥측·옥외 시설 – 합성수지관공사, 금속관공사, 가요전선관공사, 케이블공사

⑤ 태양전지 모듈의 지지물은 자중, 적재하중, 적설 또는 풍압 및 지진, 기타의 진동과 충격에 대하여 안전한 구조의 것이어야 한다.

(3) 전선 이상온도 검지장치

전선의 이상온도를 조기에 검지하고 경보하는 장치를 시설해야 한다.
① 사용전압은 직류 30[V] 이하일 것
② 금속제 부분은 접지공사를 할 것

17 상주 감시를 하지 아니하는 변전소의 시설

① 사용전압이 170[kV] 이하의 변압기를 시설하는 변전소로서 기술원이 수시로 순회하거나 그 변전소를 원격감시 제어하는 제어소에서 상시 감시하는 경우
② 사용전압이 170[kV]를 초과하는 변압기를 시설하는 변전소로서 변전제어소에서 상시 감시하는 경우

18 전력보안통신설비

(1) 전력보안통신설비의 시설(발전소, 변전소 및 변환소에 시설)
① 원격감시제어가 되지 아니하는 발전소·원격감시제어가 되지 아니하는 변전소·개폐소, 전선로 및 이를 운용하는 급전소 및 급전분소 간
② 2개 이상의 급전소(분소) 상호 간과 이들을 통합 운용하는 급전소(분소) 간
③ 수력설비 중 필요한 곳, 수력설비의 안전상 필요한 양수소 및 강수량 관측소와 수력발전소 간
④ 동일 수계에 속하고 안전상 긴급 연락의 필요가 있는 수력발전소 상호 간
⑤ 동일 전력계통에 속하고 또한 안전상 긴급연락의 필요가 있는 발전소·변전소 및 개폐소 상호 간

⑥ 발전소·변전소 및 개폐소와 기술원 주재소 간. 다만, 다음 어느 항목에 적합하고 또한 휴대용이거나 이동형 전력보안통신설비에 의하여 연락이 확보된 경우에는 그러하지 아니하다.
  ㉠ 발전소로서 전기의 공급에 지장을 미치지 않는 곳
  ㉡ 상주감시를 하지 않는 변전소(사용전압이 35[kV] 이하의 것에 한한다)로서 그 변전소에 접속되는 전선로가 동일 기술원 주재소에 의하여 운용되는 곳
⑦ 발전소·변전소·개폐소·급전소 및 기술원 주재소와 전기설비의 안전상 긴급연락의 필요가 있는 기상대·측후소·소방서 및 방사선 감시계측 시설물 등의 사이

(2) 전력보안통신선의 시설 높이와 이격거리

① 전력보안가공통신선(가공통신선)의 높이
  ㉠ 도로(차도와 인도의 구별이 있는 도로는 차도) 위에 시설하는 경우에는 지표상 5[m] 이상. 다만, 교통에 지장을 줄 우려가 없는 경우에는 지표상 4.5[m]까지로 감할 수 있다.
  ㉡ 철도 또는 궤도를 횡단하는 경우에는 레일면상 6.5[m] 이상
  ㉢ 횡단보도교 위에 시설하는 경우에는 그 노면상 3[m] 이상
  ㉣ 기타의 경우에는 지표상 3.5[m] 이상

② 가공전선로의 지지물에 시설하는 통신선 또는 이에 직접 접속하는 가공통신선의 높이
  ㉠ 도로를 횡단하는 경우에는 지표상 6[m] 이상(교통에 지장을 줄 우려가 없을 때에는 지표상 5[m] 이상)
  ㉡ 철도 또는 궤도를 횡단하는 경우에는 레일면상 6.5[m] 이상
  ㉢ 횡단보도교의 위에 시설하는 경우에는 그 노면상 5[m] 이상
    예외 횡단보도교 위에 시설 시 예외 규범
      • 저압 또는 고압의 가공전선로의 경우 노면상 3.5[m] 이상(통신선이 절연전선인 경우 3[m] 이상)
      • 특고압 전선로의 경우 노면상 4[m] 이상
  ㉣ 기타의 경우에는 지표상 5[m] 이상

(3) 조가선 시설기준

① 조가선은 단면적 38[mm²] 이상의 아연도강연선을 사용할 것
② 접지는 전력용 접지와 별도의 독립접지 시공을 원칙으로 할 것
③ 접지극은 지표면에서 0.75[m] 이상의 깊이에 타 접지극과 1[m] 이상 이격하여 시설할 것

DAY
21
DAY
22
DAY
23
DAY
24
DAY
25
DAY
26
DAY
27
DAY
28
DAY
29
DAY
30

(4) 특고압 가공전선로 첨가설치 통신선의 시가지 인입 제한

① 특고압 가공전선로의 지지물에 첨가설치하는 통신선 또는 이에 직접 접속하는 통신선은 시가지의 통신선에 접속하여서는 아니 된다.

> **예외** 다음에 경우 시가지의 통신선에 접속이 가능
> • 특고압용 제1종 보안장치, 특고압용 제2종 보안장치를 시설하는 경우
> • 중계선륜 또는 배류 중계선륜의 2차측에 시가지의 통신선을 접속하는 하는 경우

② 시가지에 시설하는 통신선은 특고압 가공전선로의 지지물에 시설하여서는 아니 된다.

> **예외** 다음의 전선을 사용할 경우 시설이 가능
> • 통신선이 절연전선으로 인장강도 5.26[kN] 이상의 것
> • 광섬유케이블 또는 절연전선으로 단면적 16[mm²](지름 4[mm]) 이상의 것

③ 특고압 가공전선로의 지지물에 시설하는 통신선 또는 이것에 직접 접속하는 통신선인 경우에는 다음의 보안장치일 것

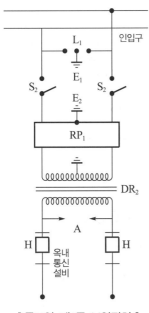

┃특고압 제1종 보안장치┃

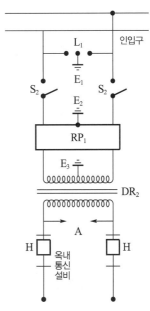

┃특고압 제2종 보안장치┃

- S_2 : 인입용 고압개폐기
- A : 교류 300[V] 이하에서 동작하는 방전갭
- RP_1 : 교류 300[V] 이하에서 동작하고, 최소감도전류가 3[A] 이하로서 최소감도전류 때의 응동시간이 1 사이클 이하이고 또한 전류용량이 50[A], 20초 이상인 자복성(自復性)이 있는 릴레이 보안기
- DR_2 : 특고압용 배류중계코일(선로측 코일과 옥내측 코일 사이 및 선로측 코일과 대지 사이의 절연내력은 교류 6[kV]의 시험전압으로 시험하였을 때 연속하여 1분간 이에 견디는 것일 것)
- L_1 : 교류 1[kV] 이하에서 동작하는 피뢰기
- E_1, E_2, E_3 : 접지
- H : 250[mA] 이하에서 동작하는 열코일

자주 출제되는

핵심이론

핵심이론은 처음에는 그냥 한 번 읽어주세요.
기출문제를 풀어본 후 다시 한 번 핵심이론을 읽으면서 암기하세요.

(5) 전력보안통신설비의 보안장치

특고압 가공전선로의 지지물에 시설하는 통신선 또는 이에 직접 접속하는 통신선에 접속하는 휴대전화기를 접속하는 곳 및 옥외전화기를 시설하는 곳에는 특고압용 제1종 보안장치 또는 특고압용 제2종 보안장치를 시설하여야 한다.

(6) 전력선 반송통신용 결합장치의 보안장치

전력선 반송통신용 결합 커패시터에 접속하는 회로에는 다음 그림의 보안장치 또는 이에 준하는 보안장치를 시설하여야 한다.

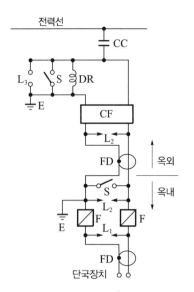

- FD : 동축케이블
- F : 정격전류 10[A] 이하의 포장퓨즈
- DR : 전류용량 2[A] 이상의 배류선륜
- L_1 : 교류 300[V] 이하에서 동작하는 피뢰기
- L_2 : 동작전압이 교류 1.3[kV]를 초과하고 1.6[kV] 이하로 조정된 방전갭
- L_3 : 동작전압이 교류 2[kV]를 초과하고 3[kV] 이하로 조정된 구상 방전갭
- S : 접지용 개폐기
- CF : 결합 필터
- CC : 결합 커패시터(결합 안테나를 포함한다.)
- E : 접지

┃ 전력선 반송통신용 결합장치의 보안장치 ┃

(7) 무선용 안테나 등을 지지하는 철탑 등의 시설

전력보안통신설비인 무선통신용 안테나를 지지하는 목주·철주·철근콘크리트주 또는 철탑의 기초 안전율은 1.5 이상이어야 한다.

DAY
21
DAY
22
DAY
23
DAY
24
DAY
25
DAY
26
DAY
27
DAY
28
DAY
29
DAY
30

제5장 │ 전기철도

1 용어 정의

① **전기철도** : 전기를 공급받아 열차를 운행하여 여객(승객)이나 화물을 운송하는 철도를 말한다.

② **전기철도설비** : 전기철도설비는 전철 변전설비, 급전설비, 부하설비(전기철도차량 설비 등)로 구성된다.

③ **전기철도차량** : 전기적 에너지를 기계적 에너지로 바꾸어 열차를 견인하는 차량으로 전기방식에 따라 직류, 교류, 직·교류 겸용, 성능에 따라 전동차, 전기기관차로 분류한다.

④ **궤도** : 레일·침목 및 도상과 이들의 부속품으로 구성된 시설을 말한다.

⑤ **차량** : 전동기가 있거나 또는 없는 모든 철도의 차량(객차, 화차 등)을 말한다.

⑥ **열차** : 동력차에 객차, 화차 등을 연결하고 본선을 운전할 목적으로 조성된 차량을 말한다.

⑦ **레일** : 철도에 있어서 차륜을 직접 지지하고 안내해서 차량을 안전하게 주행시키는 설비를 말한다.

⑧ **전차선** : 전기철도차량의 집전장치와 접촉하여 전력을 공급하기 위한 전선을 말한다.

⑨ **전차선로** : 전기철도차량에 전력를 공급하기 위하여 선로를 따라 설치한 시설물로서 전차선, 급전선, 귀선과 그 지지물 및 설비를 총괄한 것을 말한다.

참고 2023. 12. 14. 개정 시 급전선 및 급전선로 삭제

(1) **급전선** : 전기철도차량에 사용할 전기를 변전소로부터 전차선에 공급하는 전선을 말한다.
(2) **급전선로** : 급전선 및 이를 지지하거나 수용하는 설비를 총괄한 것을 말한다.

⑩ **급전방식** : 변전소에서 전기철도차량에 전력을 공급하는 방식을 말하며, 급전방식에 따라 직류식, 교류식으로 분류한다.

⑪ **합성전차선** : 전기철도차량에 전력을 공급하기 위하여 설치하는 전차선, 조가선(강체 포함), 행어이어, 드로퍼 등으로 구성된 가공전선을 말한다.

⑫ **조가선** : 전차선이 레일면상 일정한 높이를 유지하도록 행어이어, 드로퍼 등을 이용하여 전차선 상부에서 조가하여 주는 전선을 말한다.

⑬ **가선방식** : 전기철도차량에 전력을 공급하는 전차선의 가선방식으로 가공방식, 강체방식, 제3레일방식으로 분류한다.

⑭ **전차선 기울기** : 연접하는 2개의 지지점에서, 레일면에서 측정한 전차선 높이의 차와 경간 길이와의 비율을 말한다.

⑮ **전차선 높이** : 지지점에서 레일면과 전차선 간의 수직거리를 말한다.

자주 출제되는
핵심이론

핵심이론은 처음에는 그냥 한 번 읽어주세요.
기출문제를 풀어본 후 다시 한 번 핵심이론을 읽으면서 암기하세요.

⑯ **전차선 편위** : 팬터그래프 집전판의 편마모를 방지하기 위하여 전차선을 레일면 중심 수직선으로부터 한쪽으로 치우친 정도의 치수를 말한다.

⑰ **귀선회로** : 전기철도차량에 공급된 전력을 변전소로 되돌리기 위한 귀로를 말한다.

⑱ **누설전류** : 전기철도에 있어서 레일 등에서 대지로 흐르는 전류를 말한다.

⑲ **수전선로** : 전기사업자에서 전철변전소 또는 수전설비 간의 전선로와 이에 부속되는 설비를 말한다.

⑳ **전철변전소** : 외부로부터 공급된 전력을 구내에 시설한 변압기, 정류기 등 기타의 기계 기구를 통해 변성하여 전기철도차량 및 전기철도설비에 공급하는 장소를 말한다.

㉑ **지속성 최저전압** : 무한정 지속될 것으로 예상되는 전압의 최저값을 말한다.

㉒ **지속성 최고전압** : 무한정 지속될 것으로 예상되는 전압의 최고값을 말한다.

㉓ **장기 과전압** : 지속시간이 20[ms] 이상인 과전압을 말한다.

2 전기철도의 전기방식

(1) 전력수급조건

① 수전선로의 전력수급조건은 부하의 크기 및 특성, 전압강하, 운용의 합리성, 장래의 수송수요 등을 고려하여 공칭전압(수전전압)으로 선정하여야 한다.

공칭전압(수전전압)[kV]	교류 3상 22.9, 154, 345

② 수전선로의 계통구성에는 3상 단락전류, 3상 단락용량, 전압강하, 전압불평형 및 전압왜형율, 플리커 등을 고려하여 시설하여야 한다.

③ 수전선로는 지형적 여건 등 시설조건에 따라 가공 또는 지중 방식으로 시설하며, 비상시를 대비하여 예비선로를 확보하여야 한다.

(2) 전차선로의 전압

① **직류방식** : 비지속성 최고전압은 지속시간이 5분 이하로 할 것

② **교류방식**

ㄱ 비지속성 최저전압은 지속시간이 2분 이하로 할 것

ㄴ 급전선과 전차선 간의 공칭전압은 단상교류 50[kV](급전선과 레일 및 전차선과 레일 사이의 전압은 25[kV])를 표준으로 할 것

(3) 전기철도의 변전소 설비

① 급전용 변압기는 급전계통에 적합하게 선정할 것

ㄱ 직류 전기철도 : 3상 정류기용 변압기

ㄴ 교류 전기철도 : 3상 스코트결선 변압기

② 제어용 교류전원은 상용과 예비의 2계통으로 구성할 것

③ 제어반의 경우 디지털계전기방식을 원칙으로 할 것

핵심이론은 처음에는 그냥 한 번 읽어주세요.
기출문제를 풀어본 후 다시 한 번 핵심이론을 읽으면서 암기하세요.

DAY 21
DAY 22
DAY 23
DAY 24
DAY 25
DAY 26
DAY 27
DAY 28
DAY 29
DAY 30

3 전차선 가선방식

전차선의 가선방식은 열차의 속도 및 노반의 형태, 부하전류 특성에 따라 적합한 방식을 채택하여야 하며, 가공방식, 강체방식, 제3레일방식을 표준으로 한다.

(1) 급전선로

① 급전선은 나전선을 적용하여 가공식으로 가설을 할 것(전기적 이격거리, 지락 및 섬락 등을 고려할 경우 급전선을 케이블로 시공할 것)

② 가공식은 전차선의 높이 이상으로 전차선로 지지물에 병가하며, 나전선의 접속은 직선접속으로 할 것

③ 신설 터널 내 급전선을 가공으로 설계할 경우 지지물의 취부는 C찬넬 또는 매입전을 이용하여 고정할 것

(2) 귀선로

① 귀선로는 비절연보호도체, 매설접지도체, 레일 등으로 구성하여 단권변압기 중성점과 공통접지에 접속한다.

② 귀선로는 사고 및 지락 시에도 충분한 허용전류용량을 갖도록 하여야 한다.

(3) 전차선 등과 식물 사이의 이격거리

교류 전차선 등 충전부와 식물 사이의 이격거리는 5[m] 이상이어야 한다.

4 전기철도차량의 역률

① 전기철도차량이 전차선로와 접촉한 상태에서 견인력을 끄고 보조전력을 가동한 상태로 정지해 있는 경우, 가공 전차선로의 유효전력이 200[kW] 이상일 경우 총 역률은 0.8 이상일 것

② 역행 모드에서 전압을 제한 범위 내로 유지하기 위하여 용량성 역률이 허용될 것

5 회생제동

전기철도차량은 다음과 같은 경우에 회생제동의 사용을 중단해야 한다.
① 전차선로 지락이 발생한 경우
② 전차선로에서 전력을 받을 수 없는 경우
③ 규정된 선로전압이 장기 과전압보다 높은 경우

6 전기철도에서 피뢰기 설치장소

① 다음의 장소에 피뢰기를 설치하여야 한다.

자주 출제되는

핵심이론

🖑 핵심이론은 처음에는 그냥 한 번 읽어주세요.
기출문제를 풀어본 후 다시 한 번 핵심이론을 읽으면서 암기하세요.

㉠ 변전소 인입측 및 급진신 인출측

㉡ 가공전선과 직접 접속하는 지중케이블에서 낙뢰에 의해 절연파괴의 우려가 있는 케이블 단말

② 피뢰기는 가능한 한 보호하는 기기와 가깝게 시설하되 누설전류 측정이 용이하도록 지지대와 절연하여 설치할 것

제6장 │ 분산형전원설비

1 용어 정의

① 건물일체형 태양광발전시스템(BIPV, Building Integrated Photo Voltaic) : 태양광 모듈을 건축물에 설치하여 건축 부자재의 역할 및 기능과 전력생산을 동시에 할 수 있는 시스템으로 창호, 스팬드럴, 커튼월, 이중파사드, 외벽, 지붕재 등 건축물을 완전히 둘러싸는 벽・창・지붕 형태로 한정한다.

② 풍력터빈 : 바람의 운동에너지를 기계적 에너지로 변환하는 장치(가동부 베어링, 나셀, 블레이드 등의 부속물을 포함)를 말한다.

③ 풍력터빈을 지지하는 구조물 : 타워와 기초로 구성된 풍력터빈의 일부분을 말한다.

④ 풍력발전소 : 단일 또는 복수의 풍력터빈(풍력터빈을 지지하는 구조물을 포함)을 원동기로 하는 발전기와 그 밖의 기계기구를 시설하여 전기를 발생시키는 곳을 말한다.

⑤ 자동정지 : 풍력터빈의 설비보호를 위한 보호장치의 작동으로 인하여 자동적으로 풍력터빈을 정지시키는 것을 말한다.

⑥ MPPT : 태양광발전이나 풍력발전 등이 현재 조건에서 가능한 최대의 전력을 생산할 수 있도록 인버터 제어를 이용하여 해당 발전원의 전압이나 회전속도를 조정하는 최대출력추종(MPPT, Maximum Power Point Tracking) 기능을 말한다.

2 분산형전원 계통연계설비의 시설

(1) 계통연계의 범위

① 분산형전원설비 등을 전력계통에 연계하는 경우에 적용

② 전력계통이라 함은 전력판매사업자의 계통, 구내계통 및 독립전원계통 모두를 말함

(2) 시설기준

① 전기 공급방식 등

㉠ 분산형전원설비의 전기 공급방식은 전력계통과 연계되는 전기 공급방식과 동일할 것

DAY
21
DAY
22
DAY
23
DAY
24
DAY
25
DAY
26
DAY
27
DAY
28
DAY
29
DAY
30

ⓛ 분산형전원설비 사업자의 한 사업장의 설비용량 합계가 250[kVA] 이상일 경우에는 송·배전계통과 연계지점의 연결 상태를 감시 또는 유효전력, 무효전력 및 전압을 측정할 수 있는 장치를 시설할 것

② 저압 계통연계 시 직류유출방지 변압기의 시설 : 분산형전원설비를 인버터를 이용하여 전력판매사업자의 저압 전력계통에 연계하는 경우 인버터로부터 직류가 계통으로 유출되는 것을 방지하기 위하여 접속점(접속설비와 분산형전원설비 설치자측 전기설비의 접속점을 말한다)과 인버터 사이에 상용주파수 변압기(단권변압기를 제외)를 시설할 것

> **예외**
> • 인버터의 직류측 회로가 비접지인 경우 또는 고주파 변압기를 사용하는 경우
> • 인버터의 교류출력측에 직류 검출기를 구비하고, 직류 검출 시에 교류출력을 정지하는 기능을 갖춘 경우

③ 단락전류 제한장치의 시설 : 분산형전원을 계통연계하는 경우 전력계통의 단락용량이 다른 자의 차단기의 차단용량 또는 전선의 순시허용전류 등을 상회할 우려가 있을 때에는 그 분산형전원 설치자가 전류제한리액터 등 단락전류를 제한하는 장치를 시설할 것

④ 계통연계용 보호장치의 시설
  ㉠ 계통연계하는 분산형전원설비를 설치하는 경우 다음에 해당하는 이상 또는 고장 발생 시 자동적으로 분산형전원설비를 전력계통으로부터 분리하기 위한 장치 시설 및 해당 계통과의 보호협조를 실시할 것
    • 분산형전원설비의 이상 또는 고장
    • 연계한 전력계통의 이상 또는 고장
    • 단독운전 상태
  ㉡ 단순 병렬운전 분산형전원설비의 경우에는 역전력 계전기를 설치할 것

3 전기저장장치

(1) 옥내전로의 대지전압 제한

주택의 전기저장장치의 축전지에 접속하는 부하측 옥내배선을 다음에 따라 시설하는 경우에 주택의 옥내전로의 대지전압은 직류 600[V] 이하로 할 것
① 전로에 지락이 생겼을 때 자동적으로 전로를 차단하는 장치를 시설할 것
② 사람이 접촉할 우려가 없는 은폐된 장소에 합성수지관배선, 금속관배선 및 케이블배선에 의하여 시설할 것
③ 사람이 접촉할 우려가 없도록 케이블배선에 의하여 시설하고 전선에 적당한 방호장치를 시설할 것

자주 출제되는
핵심이론

핵심이론은 처음에는 그냥 한 번 읽어주세요.
기출문제를 풀어본 후 다시 한 번 핵심이론을 읽으면서 암기하세요.

(2) 전기저장장치의 시설

전기배선은 다음에 의하여 시설하여야 한다.

① 전선은 공칭단면적 2.5[mm^2] 이상의 연동선을 사용할 것

② 배선설비공사는 옥내에 시설할 경우에는 합성수지관공사, 금속관공사, 금속제 가요 전선관공사, 케이블공사로 시설할 것

③ 옥측 또는 옥외에 시설할 경우에는 합성수지관공사, 금속관공사, 금속제 가요전선 관공사, 케이블공사로 시설할 것

(3) 충전 및 방전기능

① 충전기능

　㉠ 전기저장장치는 배터리의 SOC특성(충전상태 : State of Charge)에 따라 제조자 가 제시한 정격으로 충전할 수 있을 것

　㉡ 충전할 때에는 전기저장장치의 충전상태 또는 배터리 상태를 시각화하여 정보를 제공해야 할 것

② 방전기능

　㉠ 전기저장장치는 배터리의 SOC특성에 따라 제조자가 제시한 정격으로 방전할 수 있을 것

　㉡ 방전할 때에는 전기저장장치의 방전상태 또는 배터리 상태를 시각화하여 정보를 제공해야 할 것

(4) 제어 및 보호장치

① 전기저장장치의 접속점에는 쉽게 개폐할 수 있는 곳에 개방상태를 육안으로 확인할 수 있는 전용의 개폐기를 시설할 것

② 전기저장장치의 이차전지는 다음에 따라 자동으로 전로로부터 차단하는 장치를 시설 할 것

　㉠ 과전압 또는 과전류가 발생한 경우

　㉡ 제어장치에 이상이 발생한 경우

　㉢ 이차전지 모듈의 내부 온도가 급격히 상승할 경우

③ 직류 전로에 과전류차단기를 설치하는 경우 직류 단락전류를 차단하는 능력을 가지 는 것이어야 하고 "직류용" 표시를 할 것

④ 직류 전로에 지락이 생겼을 때에 자동적으로 전로를 차단하는 장치를 시설할 것

⑤ 발전소 또는 변전소 혹은 이에 준하는 장소에 전기저장장치를 시설하는 경우 전로가 차단되었을 때에 경보하는 장치를 시설할 것

(5) 계측장치

전기저장장치를 시설하는 곳에는 다음의 사항을 계측하는 장치를 시설할 것

① 축전지 출력단자의 전압, 전류, 전력 및 충방전 상태
② 주요 변압기의 전압, 전류 및 전력

(6) 접지 등의 시설
금속제 외함 및 지지대 등은 접지공사를 할 것

4 태양광발전설비

(1) 옥내전로의 대지전압 제한
주택의 태양전지 모듈에 접속하는 부하측 옥내배선의 대지전압 제한은 직류 600[V] 이하일 것

(2) 태양광설비의 전기배선
전선은 다음에 의하여 시설하여야 한다.
① 모듈 및 기타 기구에 전선을 접속하는 경우는 나사로 조이고, 기타 이와 동등 이상의 효력이 있는 방법으로 기계적·전기적으로 안전하게 접속하고, 접속점에 장력이 가해지지 않도록 할 것
② 배선시스템은 바람, 결빙, 온도, 태양방사와 같이 예상되는 외부 영향을 견디도록 시설할 것
③ 모듈의 출력배선은 극성별로 확인할 수 있도록 표시할 것

(3) 태양전지 모듈의 시설
① 모듈은 자중, 적설, 풍압, 지진 및 기타의 진동과 충격에 대하여 탈락하지 아니하도록 지지물에 의하여 견고하게 설치할 것
② 모듈의 각 직렬군은 동일한 단락전류를 가진 모듈로 구성하여야 하며 1대의 인버터에 연결된 모듈 직렬군이 2병렬 이상일 경우에는 각 직렬군의 출력전압 및 출력전류가 동일하게 형성되도록 배열할 것

(4) 전력변환장치의 시설
① 인버터는 실내·실외용을 구분할 것
② 각 직렬군의 태양전지 개방전압은 인버터 입력전압 범위 이내일 것
③ 옥외에 시설하는 경우 방수등급은 IPX4 이상일 것

(5) 피뢰설비
태양광설비에는 외부피뢰시스템을 설치할 것

(6) 태양광설비의 계측장치
태양광설비에는 전압, 전류 및 전력을 계측하는 장치를 시설할 것

자주 출제되는
핵심이론

핵심이론은 처음에는 그냥 한 번 읽어주세요.
기출문제를 풀어본 후 다시 한 번 핵심이론을 읽으면서 암기하세요.

5 풍력발전설비

(1) 간선의 시설기준
출력배선에 쓰이는 전선은 CV선 또는 TFR-CV선을 사용할 것

(2) 주전원 개폐장치
풍력터빈은 작업자의 안전을 위하여 유지, 보수 및 점검 시 전원 차단을 위해 풍력터빈 타워의 기저부에 개폐장치를 시설할 것

(3) 접지설비
접지설비는 풍력발전설비 타워기초를 이용한 통합접지공사를 하여야 하며, 설비 사이의 전위차가 없도록 등전위본딩을 할 것

(4) 피뢰설비
① 피뢰설비는 별도의 언급이 없다면 피뢰레벨(LPL)은 I등급을 적용할 것
② 풍력터빈의 피뢰설비는 다음에 따라 시설할 것
　　㉠ 풍력터빈에 설치하는 인하도선은 쉽게 부식되지 않는 금속선으로서 뇌격전류를 안전하게 흘릴 수 있는 충분한 굵기여야 하며, 가능한 직선으로 시설할 것
　　㉡ 풍력터빈 내부의 계측 센서용 케이블은 금속관 또는 차폐케이블 등을 사용하여 뇌유도과전압으로부터 보호할 것
　　㉢ 풍력터빈에 설치한 피뢰설비(리셉터, 인하도선 등)의 기능저하로 인해 다른 기능에 영향을 미치지 않을 것
③ 풍향·풍속계가 보호범위에 들도록 나셀 상부에 피뢰침을 시설하고 피뢰도선은 나셀프레임에 접속할 것
④ 전력기기·제어기기 등의 피뢰설비는 다음에 따라 시설할 것
　　㉠ 전력기기는 금속시스케이블, 내뢰변압기 및 서지보호장치(SPD)를 적용할 것
　　㉡ 제어기기는 광케이블 및 포토커플러를 적용할 것

6 연료전지설비

(1) 전기배선
전기배선은 열적 영향이 적은 방법으로 시설할 것

(2) 연료전지설비의 보호장치
연료전지는 다음의 경우에 자동적으로 이를 전로에서 차단하고 연료전지에 연료가스 공급을 자동적으로 차단하며 연료전지 내의 연료가스를 자동적으로 배제하는 장치를 시설할 것

핵심이론은 처음에는 그냥 한 번 읽어주세요.
기출문제를 풀어본 후 다시 한 번 핵심이론을 읽으면서 암기하세요.

DAY
21

DAY
22

DAY
23

DAY
24

DAY
25

DAY
26

DAY
27

DAY
28

DAY
29

DAY
30

① 연료전지에 과전류가 생긴 경우

② 발전요소의 발전전압에 이상이 생겼을 경우 또는 연료가스 출구에서의 산소농도 또는 공기 출구에서의 연료가스 농도가 현저히 상승한 경우

③ 연료전지의 온도가 현저하게 상승한 경우

(3) 연료전지설비의 계측장치

전압, 전류 및 전력을 계측하는 장치를 시설할 것

(4) 접지설비

연료전지의 전로 또는 이것에 접속하는 직류 전로에 접지공사를 할 때에는 다음에 따라 시설할 것

① 접지극은 고장 시 그 근처의 대지 사이에 생기는 전위차에 의하여 사람이나 가축 또는 다른 시설물에 위험을 줄 우려가 없도록 시설할 것

② 접지도체는 16[mm²] 이상의 연동선을 사용할 것(저압전로의 중성점에 시설하는 것은 6[mm²] 이상의 연동선)

★ 산업 12년 2회

127 특고압전선로에 접속하는 배전용 변압기를 시설하는 경우에 대한 설명으로 틀린 것은?

① 변압기의 2차 전압이 고압인 경우에는 저압측에 개폐기를 시설한다.
② 특고압전선으로 특고압 절연전선 또는 케이블을 사용한다.
③ 변압기의 특고압측에 개폐기 및 과전류차단기를 시설한다.
④ 변압기의 1차 전압은 35[kV] 이하, 2차 전압은 저압 또는 고압이어야 한다.

해설 특고압 배전용 변압기의 시설(KEC 341.2)

㉠ 특고압전선에 특고압 절연전선 또는 케이블을 사용할 것
㉡ 1차 전압은 35000[V] 이하, 2차 전압은 저압 또는 고압일 것
㉢ 변압기의 특고압측에 개폐기 및 과전류차단기를 시설할 것
㉣ 변압기의 2차측이 고압인 경우에는 고압측에 개폐기를 시설하고 지상에서 쉽게 개폐할 수 있도록 시설할 것

★★★★ 기사 94년 2회, 06년 2회, 11년 1회(유사) / 산업 12년 1회, 13년 1회, 18년 1회(유사)

128 345[kV]의 옥외 변전소에 있어서 울타리의 높이와 울타리에서 기기의 충전부분까지 거리의 합계는 최소 몇 [m] 이상인가?

① 6.48
② 8.16
③ 8.28
④ 8.40

해설 특고압용 기계기구의 시설(KEC 341.4)

울타리까지 거리와 울타리 높이의 합계는 160[kV]까지는 6[m]이고, 160[kV] 넘는 경우 6[m]에 160[kV]를 초과하는 10[kV] 또는 그 단수마다 0.12[m]를 더해야 하므로 (345 – 160)÷10＝18.5이므로 19단수이다. 그러므로 울타리까지 거리와 높이의 합계는 다음과 같다.
6 + (19×0.12)＝8.28[m]

★★★★★ 개정 신규문제

129 고압용의 개폐기, 차단기, 피뢰기, 기타 이와 유사한 기구로서 동작 시에 아크가 생기는 것은 목재의 벽 또는 천장, 기타의 가연성 물체로부터 몇 [m] 이상 떼어놓아야 하는가?

① 1
② 0.8
③ 0.5
④ 0.3

해설 아크를 발생하는 기구의 시설(KEC 341.7)

고압용 또는 특고압용의 개폐기, 차단기, 피뢰기, 기타 이와 유사한 기구 동작 시에 아크가 생기는 것은 목재의 벽 또는 천장, 기타의 가연성 물체로부터 다음에서 정한 값 이상 이격하여 시설하여야 한다.
㉠ 고압 : 1[m] 이상
㉡ 특고압 : 2[m] 이상(화재의 위험이 없으면 1[m] 이상으로 한다)

★★★ 기사 94년 5회, 07년 1회, 20년 3회 / 산업 91년 2회, 96년 5회, 03년 2회, 05년 1회

130 고압용 기계기구를 시가지에 시설할 때 지표상의 최소 높이는 몇 [m]인가?

① 4
② 4.5
③ 5
④ 5.5

해설 고압용 기계기구의 시설(KEC 341.8)

고압용 기계기구를 지표상 4.5[m]의 높이에 시설할 것 (시가지 외에서는 4[m] 이상)

★★ 기사 95년 7회 / 산업 00년 1회, 04년 2회, 08년 3회

131 고압용 또는 특고압용 개폐기를 시설할 때 반드시 조치하지 않아도 되는 것은?

① 작동 시에 개폐상태가 쉽게 확인될 수 없는 경우에는 개폐상태를 표시하는 장치
② 중력 등에 의하여 자연히 작동할 우려가 있는 것은 자물쇠장치, 기타 이를 방지하는 장치
③ 고압용 또는 특고압용이라는 위험표시
④ 부하전류의 차단용이 아닌 것은 부하전류가 통하고 있을 경우 개로할 수 없도록 시설

정답 127 ① 128 ③ 129 ① 130 ② 131 ③

바로바로 풀어보는
기출문제

문제의 네모칸에 체크를 해보세요. 그 문제가 이해되지 않았다면
✓ 표시를 해서 그 문제는 나중에 다시 풀어 완전하게 숙지하세요.(★ : 중요도).

해설 개폐기의 시설(KEC 341.9)

㉠ 전로 중에 개폐기를 시설하는 경우 각 극에 시설하여야 한다.
㉡ 고압용 또는 특고압용은 개폐상태를 표시하여야 한다.
㉢ 중력 등에 자연히 작동할 우려가 있는 것은 자물쇠장치(쇄정장치)를 한다.
㉣ 부하전류를 차단하기 위한 것이 아닌 개폐기는 부하전류가 통하고 있을 경우 개로될 수 없도록 시설하거나 이를 방지하기 위한 조치를 하여야 한다.
• 보기 쉬운 위치에 부하전류의 유무를 표시한 장치
• 전화기 등 기타의 지령장치
• 터블렛 등 사용

★★★★★ 기사 18년 1회 / 산업 91년 3회, 95년 7회, 00년 1회, 12년 3회, 14년 2회

132 과전류차단기로 시설하는 퓨즈 중 고압전로에 사용하는 포장퓨즈는 정격전류의 몇 배의 전류에 견디어야 하는가?

① 1.1 ② 1.3
③ 1.5 ④ 2.0

해설 고압 및 특고압전로 중의 과전류차단기의 시설(KEC 341.10)

㉠ 포장퓨즈는 정격전류의 1.3배에 견디고, 또한 2배의 전로로 120분 안에 용단되어야 한다.
㉡ 비포장퓨즈는 정격전류의 1.25배에 견디고, 또한 2배의 전류로 2분 안에 용단되어야 한다.

★★★ 기사 04년 3회 / 산업 94년 5회, 99년 3회, 05년 1회, 15년 3회, 16년 2회(유사)

133 전로 중에 기계기구 및 전선을 보호하기 위하여 필요한 곳에는 과전류차단기를 시설하여야 한다. 다음 중 과전류차단기를 시설하여도 되는 곳은?

① 접지공사의 접지선
② 다선식 전로의 중선선
③ 방전장치를 시설한 고압전로의 전선
④ 전로의 일부에 접지공사를 한 저압 가공전선로의 접지측 전선

해설 과전류차단기의 시설 제한(KEC 341.11)

㉠ 시설할 곳 : 전선과 기계기구를 과전류로부터 보호
㉡ 과전류차단기의 시설제한
• 접지공사의 접지선

• 다선식 선로의 중성선
• 전로의 일부에 접지공사를 한 저압 가공전선로의 접지측 전선

★★★★★ 기사 94년 2회, 94년 4회, 96년 6회, 07년 1회 / 산업 90년 7회, 99년 6회, 13년 2회, 15년 3회

134 피뢰기를 반드시 시설하지 않아도 되는 곳은?

① 고압전선로에 접속되는 단권변압기의 고압측
② 가공전선로와 지중전선로가 접속되는 곳
③ 고압 가공전선로로부터 공급을 받는 수용장소의 인입구
④ 특고압 가공전선로로부터 공급을 받는 수용장소의 인입구

해설 피뢰기의 시설(KEC 341.13)

고압 및 특고압의 전로 중 피뢰기를 시설하여야 할 곳
㉠ 발전소·변전소 또는 이에 준하는 장소의 가공전선 인입구 및 인출구
㉡ 가공전선로에 접속하는 배전용 변압기의 고압측 및 특고압측
㉢ 고압 및 특고압 가공전선로로부터 공급을 받는 수용장소의 인입구
㉣ 가공전선로와 지중전선로가 접속되는 곳

★★★★★ 기사 10년 3회(유사) / 산업 91년 6회, 16년 1회

135 발전소나 변전소의 차단기에 사용하는 압축공기장치에 대한 설명 중 틀린 것은?

① 공기압축기를 통하는 관은 용접에 의한 잔류응력이 생기지 않도록 할 것
② 주 공기탱크에는 사용압력 1.5배 이상 3배 이하의 최고 눈금이 있는 압력계를 시설할 것
③ 공기압축기는 최고 사용압력의 1.5배 수압을 연속하여 10분간 가하여 시험하였을 때 이에 견디고 새지 아니할 것
④ 공기탱크는 사용압력에서 공기의 보급이 없는 상태로 차단기의 투입 및 차단을 연속하여 3회 이상 할 수 있는 용량을 가질 것

정답 132 ② 133 ③ 134 ① 135 ④

해설 압축공기계통(KEC 341.15)

㉠ 공기압축기는 최고 사용압력에 1.5배의 수압(1.25 배 기압)을 10분간 견디어야 한다.
㉡ 사용압력에서 공기의 보급이 없는 상태로 개폐기 또는 차단기의 투입 및 차단을 계속하여 1회 이상 할 수 있는 용량을 가지는 것이어야 한다.
㉢ 주 공기탱크에는 사용압력의 1.5배 이상 3배 이하의 최고 눈금이 있는 압력계를 시설해야 한다.

★★★★★ 산업 94년 5회, 99년 5회

136 발전소, 변전소 또는 이에 준하는 곳에 특고압전로의 접속상태는 모의모선(模擬母線)의 사용 또는 기타의 방법으로 표시하여야 하는데 다음 중 표시의 의무가 없는 것은?

① 전선로의 회선수가 3회선 이하로서 복모선
② 전선로의 회선수가 2회선 이하로서 복모선
③ 전선로의 회선수가 3회선 이하로서 단일모선
④ 전선로의 회선수가 2회선 이하로서 단일모선

해설 특고압전로의 상 및 접속 상태의 표시 (KEC 351.2)

㉠ 발전소・변전소 등의 특고압전로에는 그의 보기 쉬운 곳에 상별 표시
㉡ 발전소・변전소 등의 특고압전로에 대하여는 접속 상태를 모의모선에 의해 사용 표시
㉢ 특고압전선로의 회선수가 2 이하이고 또한 특고압의 모선이 단일모선인 경우 생략 가능

★★★ 개정 신규문제

137 다음 중 발전기를 전로로부터 자동적으로 차단하는 장치를 시설하여야 하는 경우에 해당되지 않는 것은?

① 발전기에 과전류가 생긴 경우
② 용량이 500[kVA] 이상의 발전기를 구동하는 수차의 압유장치의 유압이 현저히 저하한 경우

③ 용량이 100[kVA] 이상의 발전기를 구동하는 풍차의 압유장치의 유압, 압축공기장치의 공기압이 현저히 저하한 경우
④ 용량이 5,000[kVA] 이상인 발전기의 내부에 고장이 생긴 경우

해설 발전기 등의 보호장치(KEC 351.3)

다음의 경우 자동적으로 이를 전로로부터 차단하는 장치를 하여야 한다.
㉠ 발전기에 과전류나 과전압이 생기는 경우
㉡ 500[kVA] 이상 : 수차의 압유장치의 유압 또는 전동식 제어장치(가이드밴, 니들, 디플렉터 등)의 전원전압이 현저하게 저하한 경우
㉢ 100[kVA] 이상 : 발전기를 구동하는 풍차의 압유장치의 유압, 압축공기장치의 공기압 또는 전동식 블레이드 제어장치의 전원전압이 현저히 저하한 경우
㉣ 2000[kVA] 이상 : 수차발전기의 스러스트 베어링의 온도가 현저하게 상승하는 경우
㉤ 10000[kVA] 이상 : 발전기 내부고장이 생긴 경우
㉥ 출력 10000[kW] 넘는 증기터빈의 스러스트 베어링이 현저하게 마모되거나 온도가 현저히 상승하는 경우

★★★★ 기사 97년 4회, 98년 6회, 18년 3회 / 산업 03년 3회, 08년 2회, 16년 2회, 17년 1회

138 특고압용 타냉식 변압기의 냉각장치에 고장이 생긴 경우를 대비하여 어떤 보호장치를 하여야 하는가?

① 경보장치
② 속도조정장치
③ 온도시험장치
④ 냉매흐름장치

해설 특고압용 변압기의 보호장치(KEC 351.4)

뱅크용량의 구분	동작조건	장치의 종류
5,000[kVA] 이상 10000[kVA] 미만	변압기 내부고장	자동차단장치 또는 경보장치
10000[kVA] 이상	변압기 내부고장	자동차단장치
타냉식 변압기(변압기의 권선 및 철심을 직접 냉각시키기 위하여 봉입한 냉매를 강제 순환시키는 냉각 방식을 말한다)	냉각장치에 고장이 생긴 경우 또는 변압기의 온도가 현저히 상승한 경우	경보장치

☑ 문제의 네모칸에 체크를 해보세요. 그 문제가 이해되지 않았다면
✓ 표시를 해서 그 문제는 나중에 다시 풀어 완전하게 숙지하세요(★ : 중요도).

DAY 21
DAY 22
DAY 23
DAY 24
DAY 25
DAY 26
DAY 27
DAY 28
DAY 29
DAY 30

★★★★★ 기사 13년 2회, 19년 1회(유사) / 산업 94년 5회, 99년 5회, 00년 6회, 08년 3회, 15년 1회

139 일정 용량 이상의 특고압용 변압기에 내부 고장이 생겼을 경우 자동적으로 이를 전로로부터 차단하는 장치 또는 경보장치를 시설해야 하는 뱅크용량은?

① 1000[kVA] 이상, 5000[kVA] 미만
② 5000[kVA] 이상 10000[kVA] 미만
③ 10000[kVA] 이상 15000[kVA] 미만
④ 15000[kVA] 이상 20000[kVA] 미만

해설 특고압용 변압기의 보호장치(KEC 351.4)

뱅크용량의 구분	동작조건	장치의 종류
5000[kVA] 이상 10000[kVA] 미만	변압기 내부고장	자동차단장치 또는 경보장치
10000[kVA] 이상	변압기 내부고장	자동차단장치
타냉식 변압기(변압기의 권선 및 철심을 직접 냉각시키기 위하여 봉입한 냉매를 강제 순환시키는 냉각 방식을 말한다)	냉각장치에 고장이 생긴 경우 또는 변압기의 온도가 현저히 상승한 경우	경보장치

★★★★★ 기사 99년 5회, 14년 3회(유사) / 산업 06년 4회, 10년 2회(유사), 11년 2회, 16년 3회

140 전력용 콘덴서의 용량이 15000[kVA] 이상인 경우에 시설하는 차단장치에 대한 설명으로 옳지 않은 것은?

① 내부에 고장이 생긴 경우 동작하는 장치
② 절연유의 압력이 변화할 때 동작하는 장치
③ 과전류가 생긴 경우에 동작하는 장치
④ 과전압이 생긴 경우에 동작하는 장치

해설 조상설비의 보호장치(KEC 351.5)

조상설비에는 그 내부에 고장이 생긴 경우에 보호하는 장치를 시설하여야 한다.

설비종별	뱅크용량의 구분	자동적으로 전로로부터 차단하는 장치
전력용 커패시터 및 분로리액터	500[kVA] 초과 15000[kVA] 미만	내부고장 및 과전류 발생 시 보호장치
	15000[kVA] 이상	내부고장 및 과전류·과전압 발생 시 보호장치
조상기	15000[kVA] 이상	내부고장 시 보호장치

★★★★★ 기사 02년 2회, 10년 3회(유사), 12년 2·3회, 19년 3회, 20년 4회(유사) / 산업 12년 1·3회, 13년 3회

141 발전소에서 계측장치를 시설하지 않아도 되는 것은?

① 발전기의 전압, 전류 또는 전력
② 발전기의 베어링 및 고정자의 온도
③ 특고압 모선의 전압 및 전류 또는 전력
④ 특고압용 변압기의 온도

해설 계측장치(KEC 351.6)

㉠ 발전기, 연료전지 또는 태양전지 모듈의 전압, 전류, 전력
㉡ 발전기 베어링(수중 메탈은 제외) 및 고정자의 온도
㉢ 정격출력이 10000[kW]를 넘는 증기터빈에 접속된 발전기 진동의 진폭
㉣ 주요 변압기의 전압, 전류, 전력
㉤ 특고압용 변압기의 온도

★★★★ 기사 14년 1회, 16년 3회, 17년 1회, 21년 1회 / 산업 14년 2회, 17년 2회, 18년 3회

142 수소냉각식 발전기 및 이에 부속하는 수소 냉각장치에 대한 설명으로 틀린 것은?

① 발전기는 기밀구조의 것이고 또한 수소가 대기압에서 폭발하는 경우에 생기는 압력에 견디는 강도를 가지는 것일 것
② 발전기 안의 수소의 순도가 70[%] 이하로 저하한 경우 경보하는 장치를 시설할 것
③ 발전기 안의 수소의 온도를 계측하는 장치를 시설할 것
④ 수소의 압력계측장치 및 압력변동에 대한 경보장치를 시설할 것

해설 수소냉각식 발전기 등의 시설(KEC 351.10)

㉠ 기밀구조의 것이고 수소가 대기압에서 폭별하는 경우 생기는 압력에 견디는 강도를 가지는 것일 것
㉡ 수소의 순도가 85[%] 이하로 저하한 경우 경보하는 장치를 시설할 것
㉢ 수소의 압력 및 온도를 계측하고 현저히 변동하는 경우 경보장치를 할 것

정답 **139** ② **140** ② **141** ③ **142** ②

★★★★★ 산업 01년 1회, 05년 1회, 06년 1회, 10년 3회, 18년 1회

143 전력보안통신설비를 반드시 시설하지 않아도 되는 곳은?

① 원격감시제어가 되지 않는 발전소
② 원격감시제어가 되지 않는 변전소
③ 2 이상의 급전소 상호 간과 이들을 통합 운용하는 급전소 간
④ 발전소로서 전기공급에 지장을 미치지 않고, 휴대용 전력보안통신 전화설비에 의하여 연락이 확보된 경우

해설 전력보안통신설비의 시설 요구사항 (KEC 362.1)

다음에는 전력보안통신설비를 시설하여야 한다.
㉠ 원격감시제어가 되지 않는 발전소·원격감시제어가 되지 않는 변전소·개폐소, 전선로 및 이를 운용하는 급전소 및 급전분소 간
㉡ 2 이상의 급전소 상호 간과 이들을 통합 운용하는 급전소 간
㉢ 수력설비 중 필요한 곳, 수력설비의 보안상 필요한 양수소(量水所) 및 강수량 관측소와 수력발전소 간
㉣ 동일 수계에 속하고 안전상 긴급연락의 필요가 있는 수력발전소 상호 간
㉤ 동일 전력계통에 속하고 또한 안전상 긴급연락의 필요가 있는 발전소·변전소 및 개폐소 상호 간
㉥ 발전소·변전소 및 개폐소와 기술원 주재소 간
㉦ 발전소·변전소·개폐소·급전소 및 기술원 주재소와 전기설비의 안전상 긴급연락의 필요가 있는 기상대·측후소·소방서 및 방사선 감시계측 시설물 등의 사이

★★★★ 기사 11년 2회, 20년 3회 / 산업 07년 4회, 13년 3회, 18년 3회

144 전력보안가공통신선을 횡단보도교의 위에 시설하는 경우에는 그 노면상 몇 [m] 이상의 높이에 시설하여야 하는가?

① 3.0　　　② 3.5
③ 4.0　　　④ 5.0

해설 전력보안통신선의 시설 높이와 이격거리 (KEC 362.2)

전력보안통신선의 지표상 높이는 다음과 같다.
㉠ 도로 위에 시설하는 경우에는 지표상 5[m] 이상(교통에 지장이 없을 경우 4.5[m] 이상)
㉡ 철도 또는 궤도를 횡단하는 경우에는 레일면상 6.5[m] 이상
㉢ 횡단보도교 위에 시설하는 경우에는 그 노면상 3[m] 이상
㉣ 위의 사항에 해당하지 않는 일반적인 경우 3.5[m] 이상

★★ 기사 00년 6회, 20년 4회 / 산업 05년 1회

145 그림은 전력선 반송통신용 결합장치의 보안장치이다. 여기서, CC는 어떤 콘덴서인가?

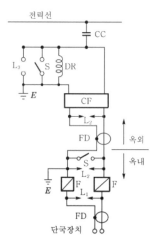

① 전력용 콘덴서　　　② 정류용 콘덴서
③ 결합용 콘덴서　　　④ 축전용 콘덴서

해설 전력선 반송통신용 결합장치의 보안장치 (KEC 362.11)

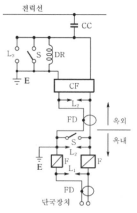

㉠ CC : 결합 커패시터(결합 안테나를 포함)
㉡ L_3 : 동작전압이 교류 2[kV]를 초과하고 3[kV] 이하로 조정된 구상방전갭

정답　143 ④　144 ①　145 ③

© S : 접지용 개폐기
② DR : 전류용량 2[A] 이상의 배류선륜
⑩ CF : 결합 필터
ⓗ L₂ : 동작전압이 교류 1.3[kV]를 초과하고 1.6[kV] 이
하로 조정된 방전갭
ⓢ FD : 동축케이블
◎ F : 정격전류 10[A] 이상의 포장퓨즈
ⓩ L₁ : 교류 300[V] 이하에서 동작하는 피뢰기
ⓩ E : 접지

★★★★★ 기사 19년 2회 / 산업 10년 2회, 16년 1회

146 무선용 안테나 등을 지지하는 철탑의 기초
안전율은 얼마 이상이어야 하는가?

① 1.0 ② 1.5
③ 2.0 ④ 2.5

해설 무선용 안테나 등을 지지하는 철탑 등의
시설(KEC 364.1)

목주, 철주, 철근콘크리트주, 철탑의 기초 안전율은 1.5
이상으로 한다.

★★★ 개정 신규문제

147 전차선로의 전압 중 직류방식에서 비지속
성 최고전압은 지속시간이 몇 분 이하로 예
상되는 전압의 최고값으로 해야 하는가?

① 1분 ② 2분
③ 5분 ④ 10분

해설 전차선로의 전압(KEC 411.2)

㉠ 직류방식에서 비지속성 최고전압은 지속시간이 5분
이하로 예상되는 전압의 최고값으로 할 것
㉡ 교류방식에서 비지속성 최저전압은 지속시간이 2분
이하로 예상되는 전압의 최저값으로 할 것

★★★★★ 기사 21년 1회

148 다음 중 전기철도의 전차선로 가선방식에
속하지 않는 것은?

① 가공방식 ② 강체방식
③ 지중조가선방식 ④ 제3레일방식

해설 전차선 가선방식(KEC 431.1)

전차선의 가선방식은 열차의 속도 및 노반의 형태, 부하
전류 특성에 따라 적합한 방식을 채택하여야 하며, 가공
방식, 강체방식, 제3레일방식을 표준으로 한다.

★★ 개정 신규문제

149 전차선로에서 귀선로를 구성하는 것이 아
닌 것은?

① 보호도체 ② 비절연보호도체
③ 매설접지도체 ④ 레일

해설 귀선로(KEC 431.5)

㉠ 귀선로는 비절연보호도체, 매설접지도체, 레일 등으
로 구성하여 단권변압기 중성점과 공통접지에 접속
한다.
㉡ 비절연보호도체의 위치는 통신유도장해 및 레일전
위의 상승의 경감을 고려하여 결정하여야 한다.
㉢ 귀선로는 사고 및 지락 시에도 충분한 허용전류용량
을 갖도록 하여야 한다.

★ 개정 신규문제

150 전기철도의 변전방식에서 변전소 설비에
대한 내용 중 옳지 않은 것은?

① 급전용 변압기에서 직류 전기철도는 3
상 정류기용 변압기로 해야 한다.
② 제어용 교류전원은 상용과 예비의 2계
통으로 구성한다.
③ 제어반의 경우 디지털계전기방식을 원
칙으로 한다.
④ 제어반의 경우 아날로그계전기방식을
원식으로 한다.

해설 전기철도의 변전소 설비(KEC 421.4)

㉠ 급전용 변압기는 직류 전기철도의 경우 3상 정류기
용 변압기, 교류 전기철도의 경우 3상 스코트결선
변압기의 적용을 원칙으로 하고, 급전계통에 적합하
게 선정하여야 한다.
㉡ 제어용 교류전원은 상용과 예비의 2계통으로 구성
하여야 한다.
㉢ 제어반의 경우 디지털계전기방식을 원칙으로 하여
야 한다.

정답 146 ② 147 ③ 148 ③ 149 ① 150 ④

★★ 기사 21년 1회

151 전기철도의 설비를 보호하기 위해 시설하는 피뢰기의 시설기준으로 틀린 것은?

① 피뢰기는 변전소 인입측 및 급전선 인출측에 설치하여야 한다.
② 피뢰기는 가능한 한 보호하는 기기와 가깝게 시설하되 누설전류 측정이 용이하도록 지지대와 절연하여 설치한다.
③ 피뢰기는 개방형을 사용하고 유효 보호거리를 증가시키기 위하여 방전개시전압 및 제한전압이 낮은 것을 사용한다.
④ 피뢰기는 가공전선과 직접 접속하는 지중케이블에서 낙뢰에 의해 절연파괴의 우려가 있는 케이블 단말에 설치하여야 한다.

해설 전기철도의 피뢰기 설치장소(KEC 451.3)

• 변전소 인입측 및 급전선 인출측
• 가공전선과 직접 접속하는 지중케이블에서 낙뢰에 의해 절연파괴의 우려가 있는 케이블 단말
• 피뢰기는 가능한 한 보호하는 기기와 가깝게 시설하되 누설전류 측정이 용이하도록 지지대와 절연하여 설치

★★★ 개정 신규문제

152 분산형전원 계통연계설비의 시설에서 전력계통에 해당하지 않는 것은?

① 전력판매사업자의 계통
② 구내계통
③ 구외계통
④ 독립전원계통

해설 계통연계의 범위(KEC 503.1)

분산형전원설비 등을 전력계통에 연계하는 경우에 적용하며, 여기서 전력계통이라 함은 전력판매사업자의 계통, 구내계통 및 독립전원계통 모두를 말한다.

★★★ 개정 신규문제

153 태양광설비의 계측장치로 측정할 수 없는 것은?

① 주파수
② 전류
③ 전력
④ 전압

해설 태양광설비의 계측장치(KEC 522.3.6)

태양광설비에는 전압, 전류 및 전력을 계측하는 장치를 시설하여야 한다.

★ 개정 신규문제

154 풍력발전설비에서 화재방호설비를 시설해야 하는 출력기준은 몇 [kW]인가?

① 200 ② 300
③ 400 ④ 500

해설 화재방호설비 시설(KEC 531.3)

500[kW] 이상의 풍력터빈은 나셀 내부의 화재 발생 시, 이를 자동으로 소화할 수 있는 화재방호설비를 시설하여야 한다.

★★ 개정 신규문제

155 분산형전원설비에서 사업장의 설비용량 합계가 몇 [kVA] 이상인 경우 송·배전계통과의 연결상태 감시 및 유효전력, 무효전력, 전압 등을 측정할 수 있는 장치를 시설하여야 하는가?

① 100 ② 150
③ 200 ④ 250

해설 전기공 급방식 등(KEC 503.2.1)

분산형전원설비 사업자의 한 사업장의 설비용량 합계가 250[kVA] 이상일 경우에는 송·배전계통과 연계지점의 연결상태를 감시 또는 유효전력, 무효전력 및 전압을 측정할 수 있는 장치를 시설하여야 한다.

정답 151 ③ 152 ③ 153 ① 154 ④ 155 ④

DAY 21
DAY 22
DAY 23
DAY 24
DAY 25
DAY 26
DAY 27
DAY 28
DAY 29
DAY 30

★★★★ 개정 신규문제

156 풍력발전설비의 경우 어떤 접지공사를 하여야 하는가?

① 단독접지　　② 공통접지
③ 통합접지　　④ 중성점접지

해설 접지설비(KEC 532.3.4)

접지설비는 풍력발전설비 타워기초를 이용한 통합접지공사를 하여야 하며, 설비 사이의 전위차가 없도록 등전위본딩을 하여야 한다.

정답 156 ③

과년도 출제문제

일러두기

과목별 핵심이론과 기출문제를 28일차까지 학습하고 나머지 2일차는 부록 과년도 출제문제를 풀어보면서 총정리하시기 바랍니다.

"학습맞춤 플래너"처럼 과목별 학습 중간에 과년도 출제문제를 풀면 더욱 효과적인 학습이 될 것입니다.

기출문제 중요도 표시기준

상

- 출제빈도가 매우 높은 문제
- 단원별 중요 내용과 공식을 다루는 문제
- 계산 공식만 암기하고 있다면 손쉽게 풀이할 수 있는 문제
- 2차 실기시험까지 연계되는 문제
- 최근 기출문제에서 자주 출제되고 있는 문제

중

- 단원별 중요 내용과 공식을 응용해서 다루는 문제
- 출제빈도가 높은 기존 기출문제를 응용하거나 변형한 문제
- 계산이 다소 복잡하지만 출제빈도가 높은 계산문제

하

- 출제빈도가 매우 낮은 문제
- 어느 정도 출제빈도는 있지만 계산이나 내용이 복잡하여 학습시간이 오래 걸리는 문제
- 일반적인 전공도서에서 자주 다루지 않는 내용을 가지고 출제한 문제

제1과목 전기자기학

중 제4장 유전체

01 평행 평판 공기콘덴서의 양 극판에 $+\sigma$ [C/m²], $-\sigma$[C/m²]의 전하가 분포되어 있다. 이 두 전극 사이에 유전율 ε[F/m]인 유전체를 삽입한 경우의 전계[V/m]는? (단, 유전체의 분극전하밀도를 $+\sigma'$[C/m²], $-\sigma'$[C/m²]이라 한다.)

① $\dfrac{\sigma}{\varepsilon_0}$　　　　② $\dfrac{\sigma+\sigma'}{\varepsilon_0}$

③ $\dfrac{\sigma}{\varepsilon_0}-\dfrac{\sigma'}{\varepsilon}$　　④ $\dfrac{\sigma-\sigma'}{\varepsilon_0}$

해설

분극전하밀도(분극의 세기)
$\sigma'=P=D-\varepsilon_0 E=\sigma-\varepsilon_0 E$
(전속밀도 $D=$전하밀도 σ)
$\varepsilon_0 E=\sigma-\sigma'$
$\therefore$ 전계의 세기 $E=\dfrac{\sigma-\sigma'}{\varepsilon_0}$[V/m]

$\left(\text{또는 } \sigma'=P=\varepsilon_0(\varepsilon_s-1)E \text{에서 전계의 세기}\right.$

$\left.E=\dfrac{\sigma'}{\varepsilon_0(\varepsilon_s-1)}\text{[V/m]가 된다.}\right)$

중 제10장 전자유도법칙

02 자계와 직각으로 놓인 도체에 I[A]의 전류를 흘릴 때 f[N]의 힘이 작용하였다. 이 도체를 v[m/s]의 속도로 자계와 직각으로 운동시킬 때의 기전력 e[V]는?

① $\dfrac{fv}{I^2}$　　　　② $\dfrac{fv}{I}$

③ $\dfrac{fv^2}{I}$　　　　④ $\dfrac{fv}{2I}$

해설

㉠ 플레밍의 왼손법칙
  • 자계 내에 있는 도체에 전류가 흐르면 도체에는

전자력이 발생한다.
  • 전자력 $f=IBl\sin\theta$[N]에서 $Bl\sin\theta=\dfrac{f}{I}$가 된다.
㉡ 플레밍의 오른손법칙
  • 자계 내에 있는 도체가 v[m/s]로 운동하면 도체에는 기전력이 유도된다.
  • 유도기전력 $e=vBl\sin\theta=\dfrac{fv}{I}$[V]

상 제10장 전자유도법칙

03 폐회로에 유도되는 유도기전력에 관한 설명으로 옳은 것은?

① 유도기전력은 권선수의 제곱에 비례한다.
② 렌츠의 법칙은 유도기전력의 크기를 결정하는 법칙이다.
③ 자계가 일정한 공간 내에서 폐회로가 운동하여도 유도기전력이 유도된다.
④ 전계가 일정한 공간 내에서 폐회로가 운동하여도 유도기전력이 유도된다.

해설 플레밍의 오른손법칙

자계 내에 도체가 v[m/s]로 운동하면 도체에는 기전력이 유도된다.
$\therefore$ 유도기전력 $e=vBl\sin\theta$[V]
　여기서, v : 도체의 운동속도[m/s]
　　　　　B : 자속밀도[Wb/m²]
　　　　　l : 도체의 길이[m]
　　　　　θ : B와 v의 상차각

상 제6장 전류

04 반지름 a, b인 두 개의 구형상 도체 전극이 도전율 k인 매질 속에 중심거리 r만큼 떨어져 있다. 양 전극 간의 저항은? (단, $r \gg a$, b이다.)

① $4\pi k\left(\dfrac{1}{a}+\dfrac{1}{b}\right)$　　② $4\pi k\left(\dfrac{1}{a}-\dfrac{1}{b}\right)$

③ $\dfrac{1}{4\pi k}\left(\dfrac{1}{a}+\dfrac{1}{b}\right)$　　④ $\dfrac{1}{4\pi k}\left(\dfrac{1}{a}-\dfrac{1}{b}\right)$

정답 01 ④ 02 ② 03 ③ 04 ③

해설

전위차 $V - \dfrac{Q}{4\pi\varepsilon}\left(\dfrac{1}{a}+\dfrac{1}{b}\right)$[V]에서

정전용량 $C = \dfrac{Q}{V} = \dfrac{4\pi\varepsilon}{\dfrac{1}{a}+\dfrac{1}{b}}$[F]

$\therefore$ 전기저항 $R = \dfrac{\varepsilon\rho}{C} = \dfrac{\varepsilon}{kC} = \dfrac{1}{4\pi k}\left(\dfrac{1}{a}+\dfrac{1}{b}\right)$[Ω]

상 제2장 진공 중의 정전계

05 다음 그림과 같이 반지름 a인 무한장 평행도체 A, B가 간격 d로 놓여 있고, 단위 길이당 각각 $+\lambda$, $-\lambda$의 전하가 균일하게 분포되어 있다. A, B 도체 간의 전위차[V]는? (단, $d \gg a$이다.)

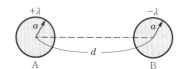

① $\dfrac{\lambda}{\pi\varepsilon_0}\ln\dfrac{d-a}{a}$ ② $\dfrac{\lambda}{2\pi\varepsilon_0}\ln\dfrac{d}{a}$

③ $\dfrac{\lambda}{\pi\varepsilon_0}\ln\dfrac{a}{d}$ ④ $\dfrac{\lambda}{2\pi\varepsilon_0}\ln\dfrac{a}{d}$

해설

㉠ 도체 A로부터 a[m] 떨어진 곳에서의 전계를 보면 그림과 같이 E_1과 E_2가 동일방향이므로 합력이 된다.

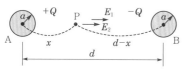

㉡ P점에서의 전계

$E = E_1 + E_2 = \dfrac{\lambda}{2\pi\varepsilon_0}\left(\dfrac{1}{x}+\dfrac{1}{d-x}\right)$

㉢ 도선 사이의 전위

$V = -\displaystyle\int_{d-a}^{a}\dfrac{\lambda}{2\pi\varepsilon_0}\left(\dfrac{1}{x}+\dfrac{1}{d-x}\right)dx$

$= \dfrac{\lambda}{\pi\varepsilon_0}\ln\dfrac{d-a}{a}$[V]

중 제4장 유전체

06 매질 1(ε_1)은 나일론(비유전율 $\varepsilon_s = 4$)이고 매질 2(ε_2)는 진공일 때 전속밀도 D가 경

계면에서 각각 θ_1, θ_2의 각을 이룰 때, $\theta_2 = 30°$라면 θ_1의 값은?

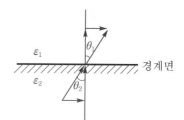

① $\tan^{-1}\dfrac{4}{\sqrt{3}}$ ② $\tan^{-1}\dfrac{\sqrt{3}}{4}$

③ $\tan^{-1}\dfrac{\sqrt{3}}{2}$ ④ $\tan^{-1}\dfrac{2}{\sqrt{3}}$

해설

유전체의 경계조건 $\dfrac{\varepsilon_1}{\varepsilon_2} = \dfrac{\tan\theta_1}{\tan\theta_2}$에서

$\tan\theta_2 = \tan\theta_1\dfrac{\varepsilon_2}{\varepsilon_1} = \tan\theta_1\dfrac{\varepsilon_{s2}}{\varepsilon_{s1}}$

$\therefore \theta_1 = \tan^{-1}\left(\tan\theta_2\dfrac{\varepsilon_{s1}}{\varepsilon_{s2}}\right)$

$= \tan^{-1}\left(\tan 30° \times \dfrac{4}{1}\right)$

$= \tan^{-1}\dfrac{4}{\sqrt{3}}$

상 제9장 자성체와 자기회로

07 자기회로에 관한 설명으로 옳은 것은?

① 자기회로의 자기저항은 자기회로의 단면적에 비례한다.

② 자기회로의 기자력은 자기저항과 자속의 곱과 같다.

③ 자기저항 R_{m1}과 R_{m2}를 직렬연결 시 합성 자기저항은 $\dfrac{1}{R_m} = \dfrac{1}{R_{m1}} + \dfrac{1}{R_{m2}}$이다.

④ 자기회로의 자기저항은 자기회로의 길이에 반비례한다.

해설

㉠ 자기저항 $R_m = \dfrac{l}{\mu S} = \dfrac{F}{\phi}$[AT/Wb]

㉡ 기자력 $F = IN = \phi R_m$[AT]

㉢ 직렬접속 $R_m = R_{m1} + R_{m2}$

㉣ 병렬접속 $\dfrac{1}{R_m} = \dfrac{1}{R_{m1}} + \dfrac{1}{R_{m2}}$

정답   05 ①   06 ①   07 ②

상 제3장 정전용량

08 두 개의 콘덴서를 직렬접속하고 직류전압을 인가 시 설명으로 옳지 않은 것은?

① 정전용량이 작은 콘덴서에 전압이 많이 걸린다.
② 합성 정전용량은 각 콘덴서의 정전용량의 합과 같다.
③ 합성 정전용량은 각 콘덴서의 정전용량보다 작아진다.
④ 각 콘덴서의 두 전극에 정전유도에 의하여 정·부의 동일한 전하가 나타나고 전하량은 일정하다.

해설 콘덴서의 직렬접속

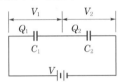

㉠ 전압분배법칙 $V_1 = \dfrac{C_1}{C_1 + C_2} \times V$에 의해 정전용량이 큰 곳에 전압이 많이 걸린다.

㉡ 합성 정전용량 $C = \dfrac{1}{\dfrac{1}{C_1} + \dfrac{1}{C_2}}$ [F]

㉢ 콘덴서를 병렬로 합성하면 정전용량은 커지고 직렬로 접속하면 정전용량은 작아진다.

㉣ 직렬접속 시 전하량은 일정하다.

하 제6장 전류

09 길이가 1[cm], 지름이 5[mm]인 동선에 1[A]의 전류를 흘렸을 때 전자가 동선을 흐르는 데 걸리는 평균시간은 약 몇 초인가? (단, 동선의 전자밀도는 1×10^{28}[개/m³]이다.)

① 3
② 31
③ 314
④ 3147

해설

㉠ 도체의 체적

$$V = Sl = \frac{\pi D^2}{4} \times l$$
$$= \frac{\pi \times (5 \times 10^{-3})^2}{4} \times 1 \times 10^{-2}$$
$$= 19.6 \times 10^{-8} [\text{m}^3]$$

㉡ 총 전하량 $Q = neV$(여기서, 전자 1개의 크기 $e = 1.602 \times 10^{-19}$[C])

㉢ 전류 $I = \dfrac{Q}{t}$[A]에서 동선을 흐르는 데 걸린 평균시간 $t = \dfrac{Q}{I}$[sec]이다.

$$\therefore \ t = \frac{Q}{I} = \frac{neV}{I}$$
$$= \frac{1 \times 10^{28} \times 1.602 \times 10^{-19} \times 19.6 \times 10^{-8}}{1}$$
$$= 314 [\text{sec}]$$

상 제12장 전자계

10 일반적인 전자계에서 성립되는 기본방정식이 아닌 것은? (단, i는 전류밀도, ρ는 공간전하밀도이다.)

① $\nabla \times H = i + \dfrac{\partial D}{\partial t}$

② $\nabla \times E = -\dfrac{\partial B}{\partial t}$

③ $\nabla \cdot D = \rho$

④ $\nabla \cdot B = \mu H$

해설 맥스웰의 전자계 기초방정식

㉠ $\text{rot} H = i + \dfrac{\partial D}{\partial t}$: 전계의 시간적 변화에는 회전하는 자계를 발생시킨다.

㉡ $\text{rot} E = -\dfrac{\partial B}{\partial t}$: 자계가 시간에 따라 변화하면 회전하는 전계가 발생한다.

㉢ $\text{div} D = \rho$: 전하가 존재하면 전속선이 발생한다.

㉣ $\text{div} B = 0$: 고립된 자극은 없고, N극과 S극은 함께 공존한다.

상 제12장 전자계

11 전계 E[V/m], 자계 H[AT/m]의 전자계가 평면파를 이루고, 자유공간으로 단위시간에 전파될 때 단위면적당 전력밀도[W/m²]의 크기는?

① EH^2
② EH
③ $\dfrac{1}{2} EH^2$
④ $\dfrac{1}{2} EH$

해설 포인팅 벡터(poynting vector)

전자파의 진행방향에 수직한 평면의 단위면적을 단위시간 내에 통과하는 에너지의 크기이다.

정답 08 ② 09 ③ 10 ④ 11 ②

$\therefore$ 포인팅 벡터

$$P = Wv = \frac{1}{2}(\varepsilon E^2 + \mu H^2) \times \frac{1}{\sqrt{\varepsilon\mu}}$$
$$= EH[\text{W/m}^2]$$

상 제6장 전류

12 옴의 법칙을 미분형태로 표시하면? (단, i는 전류밀도, ρ는 저항률, E는 전계이다.)

① $i = \frac{1}{\rho}E$ 　　② $i = \rho E$

③ $i = \text{div}\, E$ 　　④ $i = \nabla \times E$

해설

㉠ 옴의 법칙
$$I = \frac{V}{R} = \frac{lE}{\frac{l}{kS}} = kES[\text{A}]$$

여기서, I : 전류[A], V : 전위차[V]

　　　　R : 전기저항[Ω], l : 도체의 길이[m]

　　　　k : 도전율[℧/m], S : 도체의 단면적[m²]

㉡ 옴의 법칙의 미분형(전류밀도)
$$i = \frac{dI}{dS} = kE = \frac{E}{\rho}[\text{A/m}^2]$$

상 제4장 유전체

13 0.2[μF]인 평행판 공기콘덴서가 있다. 전극 간에 그 간격의 절반두께의 유리판을 넣었다면 콘덴서의 용량은 약 몇 [μF]인가? (단, 유리의 비유전율은 10이다.)

① 0.26 　　② 0.36

③ 0.46 　　④ 0.56

해설

㉠ 초기 공기콘덴서 용량
$$C_0 = \frac{\varepsilon_0 S}{d} = 0.2[\mu\text{F}]$$

㉡ 극판과 평행하게 유전체를 접속하게 되면 다음 그림과 같이 접속하게 된다.

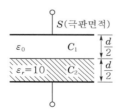

㉢ 공기부분의 정전용량
$$C_1 = \frac{\varepsilon_0 S}{\frac{d}{2}} = 2\frac{\varepsilon_0 S}{d} = 2C_0$$

㉣ 유전체 내의 정전용량
$$C_2 = \frac{\varepsilon_r \varepsilon_0 S}{\frac{d}{2}} = 2\varepsilon_r \frac{\varepsilon_0 S}{d} = 2\varepsilon_r C_0$$

㉤ C_1과 C_2는 직렬로 접속되어 있으므로
$$\therefore C = \frac{C_1 \times C_2}{C_1 + C_2} = \frac{4\varepsilon_r C_0^2}{(1+\varepsilon_r)2C_0} = \frac{2\varepsilon_r}{1+\varepsilon_r}C_0$$
$$= \frac{2\times 10}{1+10}\times 0.2 = 0.36[\mu\text{F}]$$

중 제2장 진공 중의 정전계

14 한 변의 길이가 $\sqrt{2}$[m]인 정사각형의 4개 꼭짓점에 $+10^{-9}$[C]의 점전하가 각각 있을 때 이 사각형의 중심에서의 전위[V]는?

① 0 　　② 18

③ 36 　　④ 72

해설

㉠ 점전하에서 정사각형 중심까지의 거리

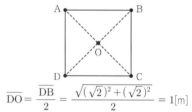

$$\overline{\text{DO}} = \frac{\overline{\text{DB}}}{2} = \frac{\sqrt{(\sqrt{2})^2 + (\sqrt{2})^2}}{2} = 1[\text{m}]$$

㉡ 점전하 1개에 의한 전위
$$V_1 = \frac{Q}{4\pi\varepsilon_0 r} = 9\times 10^9 \times 10^{-9} = 9[\text{V}]$$

㉢ 정사각형 중심의 전위
$$V = 4\times V_1 = 4\times 9 = 36[\text{V}]$$

상 제4장 유전체

15 기계적인 변형력을 가할 때, 결정체의 표면에 전위차가 발생되는 현상은?

① 볼타효과

② 전계효과

③ 압전효과

④ 파이로효과

정답 12 ①　13 ②　14 ③　15 ③

해설 압전현상(피에조효과)

유전체에 압력이나 인장력을 가하면 전기분극이 발생하여 유전체 표면에 전위차가 발생하는 현상이다.

종효과	압력이나 인장력이 분극과 같은 방향으로 진행한다.
횡효과	압력이나 인장력이 분극과 수직방향으로 진행한다.

상 제3장 정전용량

16 면적이 $S[\text{m}^2]$인 금속판 2매를 간격이 d [m]가 되게 공기 중에 나란하게 놓았을 때 두 도체 사이의 정전용량[F]은?

① $\dfrac{S}{d}\varepsilon_0$　　　　② $\dfrac{d}{S}\varepsilon_0$

③ $\dfrac{d}{S^2}\varepsilon_0$　　　　④ $\dfrac{S^2}{d}\varepsilon_0$

해설

평행판 콘덴서의 정전용량

$C = \dfrac{\varepsilon_0 S}{d}[\text{F}]$

상 제2장 진공 중의 정전계

17 면전하밀도가 $\rho_s[\text{C/m}^2]$인 무한히 넓은 도체판에서 $R[\text{m}]$만큼 떨어져 있는 점의 전계의 세기[V/m]는?

① $\dfrac{\rho_s}{\varepsilon_0}$　　　　② $\dfrac{\rho_s}{2\varepsilon_0}$

③ $\dfrac{\rho_s}{2R}$　　　　④ $\dfrac{\rho_s}{4\pi R^2}$

해설 면도체의 전계세기

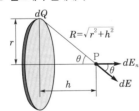

㉠ 유한 면도체 $E_n = \dfrac{\rho_s}{2\varepsilon_0}(1-\cos\theta)$

$\qquad = \dfrac{\rho_s}{2\varepsilon_0}\left(1 - \dfrac{h}{\sqrt{r^2+h^2}}\right)$

㉡ 무한 면도체$(r=\infty)$ $E_n = \dfrac{\rho_s}{2\varepsilon_0}$

상 제9장 자성체와 자기회로

18 300회 감은 코일에 3[A]의 전류가 흐를 때의 기자력[AT]은?

① 10　　　　　② 90

③ 100　　　　④ 900

해설

기자력 $F = NI = 300 \times 3 = 900[\text{AT}]$

하 제6장 전류

19 구리로 만든 지름 20[cm]의 반구에 물을 채우고 그중에 지름 10[cm]의 구를 띄운다. 이때에 두 개의 구가 동심구라면 두 구 사이의 저항은 약 몇 [Ω]인가? (단, 물의 도전율은 $10^{-3}[\text{℧/m}]$라 하고, 물이 충만되어 있다고 한다.)

① 1590

② 2590

③ 2800

④ 3180

해설

㉠ 동심 반구도체의 정전용량

$\quad C = \dfrac{2\pi\varepsilon ab}{b-a}[\text{F}]$

㉡ 동심 반구도체의 절연저항

$\quad R = \dfrac{\varepsilon\rho}{C} = \dfrac{\rho(b-a)}{2\pi ab} = \dfrac{b-a}{2\pi kab}$

$\quad\quad = \dfrac{0.1-0.05}{2\pi \times 10^{-3} \times 0.05 \times 0.1}$

$\quad\quad \fallingdotseq 1590[\Omega]$

중 제9장 자성체와 자기회로

20 자기회로에서 철심의 투자율을 μ라 하고 회로의 길이를 l이라 할 때 그 회로의 일부에 미소공극 l_g를 만들면 회로의 자기저항은 처음의 몇 배인가? (단, $l_g \ll l$, 즉 $l - l_g \fallingdotseq l$이다.)

① $1 + \dfrac{\mu l_g}{\mu_0 l}$　　　　② $1 + \dfrac{\mu l}{\mu_0 l_g}$

③ $1 + \dfrac{\mu_0 l_g}{\mu l}$　　　　④ $1 + \dfrac{\mu_0 l}{\mu l_g}$

정답　16 ①　17 ②　18 ④　19 ①　20 ①

해설 공극 발생 시 자기저항 증가율

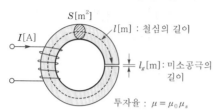

$S[\text{m}^2]$

$I[\text{A}]$

$l[\text{m}]$: 철심의 길이

$l_g[\text{m}]$: 미소공극의 길이

투자율 : $\mu = \mu_0 \mu_s$

㉠ 공극이 없는 경우의 자기저항

$$R_m = \frac{l}{\mu S}[\text{AT/Wb}]$$

㉡ 공극이 있는 경우의 자기저항

$$\frac{l-l_g}{\mu S} + \frac{l_g}{\mu_0 S} \fallingdotseq \frac{l}{\mu S} + \frac{l_g}{\mu_0 S} = R_m + R_g$$

㉢ 자기저항 증가율

$$\alpha = \frac{R_m + R_g}{R_m} = 1 + \frac{R_g}{R_m} = 1 + \frac{\mu l_g}{\mu_0 l}$$

제2과목 전력공학

중 제10장 배전선로 계산

21 초고압 송전계통에 단권변압기가 사용되는데 그 이유로 볼 수 없는 것은?

① 효율이 높다.
② 단락전류가 적다.
③ 전압변동률이 적다.
④ 자로가 단축되어 재료를 절약할 수 있다.

해설 단권변압기의 특성

㉠ 장점
- 소형 · 경량화가 가능하다.
- 철손, 동손이 작아 효율이 양호하다.
- 누설자속이 작아 전압변동률이 작다.
- 등가용량에 비해 부하용량이 크다.

㉡ 단점
- 누설리액턴스가 적어 단락사고 시 단락전류가 크다.
- 고압측에 이상전압 발생 시 저압측에 영향을 줄 수 있다.

상 제7장 이상전압 및 유도장해

22 피뢰기의 구비조건이 아닌 것은?

① 상용주파 방전개시전압이 낮을 것
② 충격방전 개시전압이 낮을 것
③ 속류차단능력이 클 것

④ 제한전압이 낮을 것

해설 피뢰기의 구비조건

㉠ 상용주파 허용단자전압(방전개시전압)이 높을 것
㉡ 충격방전 개시전압이 낮을 것
㉢ 방전내량은 크면서 제한전압은 낮을 것
㉣ 속류차단능력이 충분할 것

하 제11장 발전

23 어떤 화력발전소의 증기조건이 고온원 540[℃], 저온원 30[℃]일 때 이 온도 간에서 움직이는 카르노 사이클의 이론 열효율[%]은?

① 85.2
② 80.5
③ 75.3
④ 62.7

해설

카르노 사이클의 이론 열효율

$$\eta = \left(1 - \frac{T_2}{T_1}\right) \times 100[\%]$$

여기서, T_1 : 고온원[K]

T_2 : 저온원[K]

고온원 $T_1 = 540 + 273 = 813[\text{K}]$

저온원 $T_2 = 30 + 273 = 303[\text{K}]$

$$\therefore \eta = \left(1 - \frac{303}{813}\right) \times 100[\%] = 62.7[\%]$$

하 제5장 고장 계산 및 안정

24 그림과 같은 회로의 영상 · 정상 · 역상 임피던스 Z_0, Z_1, Z_2는?

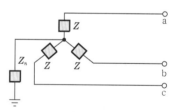

Z

Z_n

Z Z

a

b

c

① $Z_0 = Z + 3Z_n$, $Z_1 = Z_2 = Z$
② $Z_0 = 3Z_n$, $Z_1 = Z$, $Z_2 = 3Z$
③ $Z_0 = 3Z + Z_n$, $Z_1 = 3Z$, $Z_2 = Z$
④ $Z_0 = Z + Z_n$, $Z_1 = Z_2 = Z + 3Z_n$

해설

1선 지락 시 영상전류는 접지선을 통해 대지로 흐르므로 영상임피던스는 $Z_0 = Z + 3Z_n$으로 표현되고 정상임피던스와 역상임피던스는 $Z_1 = Z_2 = Z$로 표현된다.

정답 21 ② 22 ① 23 ④ 24 ①

중 | 제6장 중성점 접지방식

25 비접지식 송전선로에 있어서 1선 지락고장이 생겼을 경우 지락점에 흐르는 전류는?

① 직류전류
② 고장상의 영상전압과 동상의 전류
③ 고장상의 영상전압보다 90° 빠른 전류
④ 고장상의 영상전압보다 90° 늦은 전류

해설

1선 지락고장 시 지락점에 흐르는 전류는 건전상의 대지정전용량으로 흐르므로 고장상의 영상전압보다 90° 진상전류(빠른 전류)가 된다.

상 | 제2장 전선로

26 가공전선로에 사용하는 전선의 굵기를 결정할 때 고려할 사항이 아닌 것은?

① 절연저항
② 전압강하
③ 허용전류
④ 기계적 강도

해설

㉠ 전선굵기의 결정 시 고려사항
 • 허용전류
 • 전압강하
 • 기계적 강도
㉡ 가장 경제적인 전선의 굵기 선정 : 켈빈의 법칙

중 | 제4장 송전 특성 및 조상설비

27 조상설비가 아닌 것은?

① 정지형 무효전력 보상장치
② 자동고장 구분개폐기
③ 전력용 콘덴서
④ 분로리액터

해설

자동고장 구분개폐기는 수용가측에서 사고가 발생할 경우 사고전류를 검출하여 선로를 자동으로 분리해서 사고구간의 축소를 목적으로 사용한다.

상 | 제3장 선로정수(R, L, C, g) 및 코로나현상

28 코로나현상에 대한 설명이 아닌 것은?

① 전선을 부식시킨다.
② 코로나현상은 전력의 손실을 일으킨다.

③ 코로나 방전에 의하여 전파장해가 일어난다.
④ 코로나 손실은 전원주파수의 $\left(\dfrac{2}{3}\right)^2$에 비례한다.

해설

코로나가 발생하면 다음과 같은 현상이 일어난다.
㉠ $P_c = \dfrac{241}{\delta}(f+25)\sqrt{\dfrac{d}{2D}}(E-E_c)^2 \times 10^{-5}$[kW/km/선]에서 전력손실은 $(f+25)$에 비례한다.
㉡ 코로나 손실에 의해 발생된 고조파로 인해 소호리액터 접지계통에서 소호불능의 원인이 된다.
㉢ 전선이 부식되고 유도장해가 발생한다.

하 | 제11장 발전

29 다음 (㉠), (㉡), (㉢)에 들어갈 내용으로 옳은 것은?

> 원자력이란 일반적으로 무거운 원자핵이 핵분열하여 가벼운 핵으로 바뀌면서 발생하는 핵분열에너지를 이용하는 것이고, (㉠)발전은 가벼운 원자핵을(과) (㉡)하여 무거운 핵으로 바꾸면서 (㉢) 전후의 질량 결손에 해당하는 방출에너지를 이용하는 방식이다.

① ㉠ 원자핵융합, ㉡ 융합, ㉢ 결합
② ㉠ 핵결합, ㉡ 반응, ㉢ 융합
③ ㉠ 핵융합, ㉡ 융합, ㉢ 핵반응
④ ㉠ 핵반응, ㉡ 반응, ㉢ 결합

해설 핵융합발전

가벼운 원자핵이 결합(융합)해서 무거운 원자핵으로 되면 결합에너지가 큰 안정도가 높은 원자핵으로 되는 핵반응 시 방출되는 에너지를 이용한 발전방식이다.

상 | 제2장 전선로

30 경간 200[m], 장력 1000[kg], 하중 2[kg/m]인 가공전선의 이도(dip)는 몇 [m]인가?

① 10
② 11
③ 12
④ 13

정답 25 ③ 26 ① 27 ② 28 ④ 29 ③ 30 ①

해설

가공전선의 이도

$$D = \frac{WS^2}{8T} = \frac{2 \times 200^2}{8 \times 1000} = 10[\text{m}]$$

중 제8장 송전선로 보호방식

31 영상변류기를 사용하는 계전기는?

① 과전류계전기
② 과전압계전기
③ 부족전압계전기
④ 선택지락계전기

해설 선택지락계전기

㉠ 선로의 지락사고를 검출하여 사고선로만 선택차단하는 계전기이다.
㉡ 접지형 계기용 변압기(GPT)와 영상변류기(ZCT)를 조합하여 사용한다.

상 제5장 고장 계산 및 안정

32 전력계통의 안정도 향상방법이 아닌 것은?

① 선로 및 기기의 리액턴스를 낮게 한다.
② 고속도 재폐로차단기를 채용한다.
③ 중성점 직접접지방식을 채용한다.
④ 고속도 AVR을 채용한다.

해설

㉠ 송전전력을 증가시키기 위한 안정도 향상대책
• 직렬리액턴스를 작게 한다.
  – 발전기나 변압기 리액턴스를 작게 한다.
  – 선로에 복도체를 사용하거나 병행회선수를 늘린다.
  – 선로에 직렬콘덴서를 설치한다.
• 전압변동을 적게 한다.
  – 단락비를 크게 한다.
  – 속응여자방식을 채용한다.
• 계통을 연계시킨다.
• 중간조상방식을 채용한다.
• 고장구간을 신속히 차단시키고 재폐로방식을 채택한다.
• 소호리액터 접지방식을 채용한다.
• 고장 시에 발전기 입·출력의 불평형을 작게 한다.
㉡ 중성점 직접접지방식은 지락사고 시 지락전류가 매우 크게 흘러 안정도가 최소가 된다.

하 제11장 발전

33 증식비가 1보다 큰 원자로는?

① 경수로
② 흑연로
③ 중수로
④ 고속증식로

해설

전환비 $\left(R = \dfrac{\text{생산된 새로운 연료의 양}}{\text{소비된 연료의 양}} \right)$ 가 보다 커지는 것을 증식이라 하고, $R \leq 1$일 경우에는 전환로, $R > 1$인 것을 증식로라 한다. 경수로는 0.5 정도, 고온가스로에서는 0.6~0.8 정도, 고속증식로에서는 1.2~1.3 정도이다.

하 제7장 이상전압 및 유도장해

34 송전용량이 증가함에 따라 송전선의 단락 및 지락 전류도 증가하여 계통에 여러 가지 장해요인이 되고 있다. 이들의 경감대책으로 적합하지 않은 것은?

① 계통의 전압을 높인다.
② 고장 시 모선분리방식을 채용한다.
③ 발전기와 변압기의 임피던스를 작게 한다.
④ 송전선 또는 모선 간에 한류리액터를 삽입한다.

해설

발전기와 변압기의 임피던스를 작게 할 경우 지락전류 또는 단락전류가 커져 유도장해 및 사고범위가 확대된다.

중 제8장 송전선로 보호방식

35 송·배전선로에서 선택지락계전기(SGR)의 용도는?

① 다회선에서 접지 고장회선의 선택
② 단일 회선에서 접지전류의 대·소 선택
③ 단일 회선에서 접지전류의 방향 선택
④ 단일 회선에서 접지사고의 지속시간 선택

해설 선택지락계전기(SGR)

병행 2회선 송전선로에서 지락사고 시 고장회선만을 선택차단할 수 있게 하는 계전기이다.

정답 31 ④ 32 ③ 33 ④ 34 ③ 35 ①

상 제4장 송전 특성 및 조상설비

36 그림과 같은 회로의 일반회로정수가 아닌 것은?

$$E_S \quad Z \quad E_R$$

① $B = Z+1$ ② $A = 1$
③ $C = 0$ ④ $D = 1$

해설

직렬회로 요소	병렬회로 요소
$\begin{bmatrix} A & B \\ C & D \end{bmatrix} = \begin{bmatrix} 1 & Z \\ 0 & 1 \end{bmatrix}$	$\begin{bmatrix} A & B \\ C & D \end{bmatrix} = \begin{bmatrix} 1 & 0 \\ Y & 1 \end{bmatrix}$

상 제6장 중성점 접지방식

37 송전선로의 중성점을 접지하는 목적이 아닌 것은?

① 송전용량의 증가
② 과도안정도의 증진
③ 이상전압 발생의 억제
④ 보호계전기의 신속, 확실한 동작

해설 중심점 접지목적

㉠ 이상전압의 경감 및 발생 방지
㉡ 전선로 및 기기의 절연레벨 경감(단절연·저감절연)
㉢ 보호계전기의 신속·확실한 동작
㉣ 소호리액터 접지계통에서 1선 지락 시 아크 소멸 및 안정도 증진

중 제8장 송전선로 보호방식

38 부하전류가 흐르는 전로는 개폐할 수 없으나 기기의 점검이나 수리를 위하여 회로를 분리하거나, 계통의 접속을 바꾸는 데 사용하는 것은?

① 차단기 ② 단로기
③ 전력용 퓨즈 ④ 부하개폐

해설

단로기는 무부하상태에서 회로의 구분 및 분리를 목적으로 사용하는 개폐장치로 변압기의 여자전류와 선로의 무부하 충전전류의 개폐가 가능하다.

하 제8장 송전선로 보호방식

39 보호계전기와 그 사용목적이 잘못된 것은?

① 비율차동계전기 : 발전기 내부 단락검출용
② 전압평형 계전기 : 발전기 출력측 PT 퓨즈단선에 의한 오작동 방지
③ 역상 과전류계전기 : 발전기 부하 불평형 회전자 과열소손
④ 과전압계전기 : 과부하 단락사고

해설

과전압계전기(OVR)는 전압의 크기가 일정치 이상으로 되었을 때 동작하는 계전기이다.

중 제5장 고장 계산 및 안정

40 송전선로의 정상임피던스를 Z_1, 역상임피던스를 Z_2, 영상임피던스를 Z_0이라 할 때 옳은 것은?

① $Z_1 = Z_2 = Z_0$ ② $Z_1 = Z_2 < Z_0$
③ $Z_1 > Z_2 = Z_0$ ④ $Z_1 < Z_2 = Z_0$

해설

송전선로의 임피던스
$Z_1 = Z_2 < Z_0$

제3과목 전기기기

하 제5장 정류기

41 그림과 같은 회로에서 전원전압의 실효치 200[V], 점호각 30°일 때 출력전압은 약 몇 [V]인가? (단, 정상상태이다.)

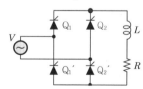

① 157.8 ② 168.0
③ 177.8 ④ 187.8

정답 36 ① 37 ① 38 ② 39 ④ 40 ② 41 ②

해설

단상 전파제어 시 출력전압

$$E_d = \frac{\sqrt{2}}{\pi} E_a (1 + \cos\theta)$$
$$= \frac{\sqrt{2}}{\pi} \times 200 \times (1 + \cos 30°)$$
$$= 168.08 = 168.0[\text{V}]$$

상 제1장 직류기

42 분권발전기의 회전방향을 반대로 하면 일어나는 현상은?

① 전압이 유기된다.
② 발전기가 소손된다.
③ 잔류자기가 소멸된다.
④ 높은 전압이 발생한다.

해설

자여자발전기(분권 및 직권 발전기)의 경우 역회전 시 잔류자기가 소멸되어 발전이 되지 않는다.

하 제4장 유도기

43 극수가 24일 때, 전기각 180°에 해당되는 기계각은?

① 7.5°
② 15°
③ 22.5°
④ 30°

해설

극수 P의 경우 전기각과 기하학적 각(기계각)에 대한 관계는 다음과 같다.

전기각$(\alpha) = \dfrac{P}{2} \times$기하학적 각도

기계각(기하학적 각도)=전기각$\times \dfrac{2}{P}$

$$= 180° \times \frac{2}{24} = 15°$$

상 제2장 동기기

44 단락비가 큰 동기기의 특징으로 옳은 것은?

① 안정도가 떨어진다.
② 전압변동률이 크다.
③ 선로 충전용량이 크다.

④ 단자단락 시 단락전류가 적게 흐른다.

해설 단락비가 큰 기기의 특징

㉠ 동기임피던스가 작아 단락 시 단락전류가 크다.
㉡ 전기자반작용이 작다.
㉢ 전압변동률이 작다.
㉣ 공극이 크다.
㉤ 안정도가 높다.
㉥ 철손이 크다.
㉦ 효율이 낮다.
㉧ 가격이 높다.
㉨ 송전선의 충전용량이 크다.

하 제6장 특수기기

45 단상 직권 정류자전동기에서 보상권선과 저항도선의 작용을 설명한 것 중 틀린 것은 어느 것인가?

① 보상권선은 역률을 좋게 한다.
② 보상권선은 변압기의 기전력을 크게 한다.
③ 보상권선은 전기자반작용을 제거해 준다.
④ 저항도선은 변압기 기전력에 의한 단락전류를 작게 한다.

해설

㉠ 보상권선 : 전기자반작용을 제거해 역률을 개선하고 기전력을 작게 한다.
㉡ 저항도선 : 변압기기전력에 의한 단락전류를 감소시킨다.

중 제3장 변압기

46 5[kVA], 3000/200[V]의 변압기의 단락시험에서 임피던스 전압 120[V], 동손 150[W]라 하면 %저항강하는 약 몇 [%]인가?

① 2
② 3
③ 4
④ 5

해설

%저항강하 $p = \dfrac{I_n \cdot r_2}{V_{2n}} \times 100[\%]$

$p = \dfrac{I_n \cdot r_2}{V_{2n}} \times 100 \times \dfrac{I_n}{I_n} = \dfrac{P_c[\text{W}]}{P[\text{VA}]} \times 100[\%]$

$= \dfrac{150}{5 \times 10^3} \times 100 = 3[\%]$

정답 42 ③ 43 ② 44 ③ 45 ② 46 ②

중 제3장 변압기

47 변압기의 규약효율 산출에 필요한 기본요건이 아닌 것은?

① 파형은 정현파를 기준으로 한다.
② 별도의 지정이 없는 경우 역률은 100[%] 기준이다.
③ 부하손은 40[℃]를 기준으로 보정한 값을 사용한다.
④ 손실은 각 권선에 대한 부하손의 합과 무부하손의 합이다.

해설

규약효율 $\eta = \dfrac{출력}{출력 + 손실} \times 100[\%]$로 부하손은 75[℃]를 기준으로 보정한 값을 사용한다.

중 제1장 직류기

48 직류기에 보극을 설치하는 목적은?

① 정류개선
② 토크의 증가
③ 회전수 일정
④ 기동토크의 증가

해설

보극을 설치 시 전기자반작용의 감자현상을 감소시켜 전압강하를 줄이고, 정류 시 리액턴스 전압에 의한 전압강하를 감소시키고 정류를 개선한다.

상 제2장 동기기

49 4극, 3상 동기기가 48개의 슬롯을 가진다. 전기자권선 분포계수 K_d를 구하면 약 얼마인가?

① 0.923
② 0.945
③ 0.957
④ 0.969

해설

3상이므로 상수 $m = 3$

매극 매상당 슬롯수 $q = \dfrac{48}{4 \times 3} = 4$

분포계수 $K_d = \dfrac{\sin \dfrac{n\pi}{2m}}{q \sin \dfrac{n\pi}{2mq}} = \dfrac{\sin \dfrac{\pi}{2 \times 3}}{4 \sin \dfrac{\pi}{2 \times 3 \times 4}}$

$= 0.957$

중 제4장 유도기

50 슬립 s_t에서 최대 토크를 발생하는 3상 유도전동기에 2차측 한 상의 저항을 r_2라 하면 최대 토크로 기동하기 위한 2차측 한 상에 외부로부터 가해주어야 할 저항[Ω]은?

① $\dfrac{1 - s_t}{s_t} r_2$
② $\dfrac{1 + s_t}{s_t} r_2$
③ $\dfrac{r_2}{1 - s_t}$
④ $\dfrac{r_2}{s_t}$

해설

최대 토크 $T_m \propto \dfrac{r_2}{s_t} = \dfrac{mr_2}{ms_t}$

기동토크와 전부하토크(최대 토크로 해석)가 같을 경우의 슬립 $s = 1$이므로 $\dfrac{r_2}{s_t} = \dfrac{r_2 + R}{1}$이다.

외부에서 가해야 할 저항 $R = \dfrac{1 - s_t}{s_t} r_2$

상 제3장 변압기

51 어떤 단상변압기의 2차 무부하전압이 240[V]이고, 정격부하 시의 2차 단자전압이 230[V]이다. 전압변동률은 약 몇 [%]인가?

① 4.35
② 5.15
③ 6.65
④ 7.35

해설

전압변동률 $\varepsilon = \dfrac{V_{20} - V_{2n}}{V_{2n}} \times 100[\%]$

여기서, V_{20} : 무부하 단자전압[V]
　　　　V_{2n} : 전부하 단자전압[V]

$\varepsilon = \dfrac{240 - 230}{230} \times 100[\%]$

$= 4.347[\%] \fallingdotseq 4.35[\%]$

상 제4장 유도기

52 일반적인 농형 유도전동기에 비하여 2중 농형 유도전동기의 특징으로 옳은 것은?

① 손실이 적다.
② 슬립이 크다.
③ 최대 토크가 크다.
④ 기동토크가 크다.

해설

2중 농형 유도전동기는 보통 농형 유도전동기의 기동 특성을 개선하기 위해 회전자도체를 2중으로 하여 기동 전류를 적게 하고 기동토크를 크게 발생한다.

하 제4장 유도기

53 유도전동기의 안정운전의 조건은? (단, T_m : 전동기 토크, T_L : 부하토크, n : 회전수)

① $\dfrac{dT_m}{dn} < \dfrac{dT_L}{dn}$

② $\dfrac{dT_m}{dn} = \dfrac{dT_L^2}{dn}$

③ $\dfrac{dT_m}{dn} > \dfrac{dT_L}{dn}$

④ $\dfrac{dT_m}{dn} \neq \dfrac{dT_L^2}{dn}$

해설

㉠ 유도전동기의 안정운전조건 $\dfrac{dT_m}{dn} < \dfrac{dT_L}{dn}$

㉡ 유도전동기의 불안정조건 $\dfrac{dT_m}{dn} > \dfrac{dT_L}{dn}$

중 제5장 정류기

54 사이리스터에서 게이트 전류가 증가하면?

① 순방향 저지전압이 증가한다.
② 순방향 저지전압이 감소한다.
③ 역방향 저지전압이 증가한다.
④ 역방향 저지전압이 감소한다.

해설

사이리스터가 순방향 저지상태(애상태)에서 게이트에 전류를 인가하면 순방향의 저지전압이 감소하여 애노드에서 캐소드 방향으로 전류가 흐르게 된다.

상 제4장 유도기

55 60[Hz]인 3상 8극 및 2극의 유도전동기를 차동종속으로 접속하여 운전할 때의 무부하속도[rpm]는?

① 720
② 900
③ 1000
④ 1200

해설

차동종속 시의 무부하속도

$$N = \frac{120f_1}{P_1 - P_2} = \frac{120 \times 60}{8 - 2}$$
$$= 1200[\text{rpm}]$$

상 제2장 동기기

56 원통형 회전자를 가진 동기발전기는 부하각 δ가 몇 도일 때 최대 출력을 낼 수 있는가?

① 0°
② 30°
③ 60°
④ 90°

해설

비철극형(원통형)은 최대 출력이 부하각 δ가 90°에서 발생한다.

최대 출력 $P_m = \dfrac{EV}{X_s}$[W]

여기서, $\sin\delta = 1.0$

상 제1장 직류기

57 직류발전기의 병렬운전에 있어서 균압선을 붙이는 발전기는?

① 타여자발전기
② 직권발전기와 분권발전기
③ 직권발전기와 복권발전기
④ 분권발전기와 복권발전기

해설

직권 및 복권 발전기의 경우 병렬운전 시 안정된 운전을 위해 균압(모)선을 설치한다.

중 제3장 변압기

58 변압기의 절연내력시험방법이 아닌 것은?

① 가압시험
② 유도시험
③ 무부하시험
④ 충격전압시험

해설 변압기의 절연내력시험

변압기의 외함과 대지 간 또는 대지와 권선 간, 충전부분 상호간 등의 절연강도를 확인하기 위한 시험으로 유도시험, 충격전압시험, 가압시험 등이 있다.

정답 53 ① 54 ② 55 ④ 56 ④ 57 ③ 58 ③

중 제1장 직류기

59 직류발전기의 유기기전력이 230[V], 극수가 4, 정류자편수가 162인 정류자편 간 평균전압은 약 몇 [V]인가? (단, 권선법은 중권이다.)

① 5.68 ② 6.28
③ 9.42 ④ 10.2

해설

정류자편 간 전압

$$e = \frac{\text{유기기전력[V]}}{\frac{\text{정류자편수}}{\text{병렬회로수}}} = \frac{E}{\frac{K}{a}} = \frac{230}{\frac{162}{4}} = 5.68[\text{V}]$$

(여기서, 병렬회로수 $a = P$)

상 제2장 동기기

60 동기발전기의 단자 부근에서 단락이 일어났다고 하면 단락전류는 어떻게 되는가?

① 전류가 계속 증가한다.
② 큰 전류가 증가와 감소를 반복한다.
③ 처음에는 큰 전류이나 점차 감소한다.
④ 일정한 큰 전류가 지속적으로 흐른다.

해설

동기발전기의 단자 부근에서 단락이 일어나면 처음에는 큰 전류가 흐르나 전기자반작용의 누설리액턴스에 의해 점점 작아져 지속단락전류가 흐른다.

제4과목 회로이론 및 제어공학

하 제어공학 제3장 시간영역해석법

61 다음과 같은 시스템에 단위계단 입력신호가 가해졌을 때 지연시간에 가장 가까운 값[sec]은?

$$\frac{C(s)}{R(s)} = \frac{1}{s+1}$$

① 0.5 ② 0.7
③ 0.9 ④ 1.2

해설

㉠ $C(s) = R(s) \times \frac{1}{s+1} = \frac{1}{s(s+1)}$

㉡ 인디셜응답 : $c(t) = 1 - e^{-t}$

㉢ 지연시간이란 목표값의 50[%]에 도달할 때까지의 시간이 되므로 $0.5 = 1 - e^{-t}$에 의해서 지연시간을 구할 수 있다.

∴ $t = -\ln 0.5 = 0.69 ≒ 0.7[\text{sec}]$

상 제어공학 제1장 자동제어의 개요

62 그림에서 ㉠에 알맞은 신호이름은?

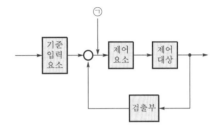

① 조작량
② 제어량
③ 기준입력
④ 동작신호

해설 피드백제어계의 구성

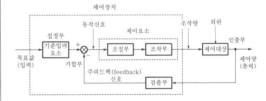

상 제어공학 제8장 시퀀스회로의 이해

63 드모르간의 정리를 나타낸 식은?

① $\overline{A+B} = \overline{A} \cdot \overline{B}$
② $\overline{A+B} = \overline{A} + \overline{B}$
③ $\overline{A \cdot B} = \overline{A} \cdot \overline{B}$
④ $\overline{A+B} = \overline{A} \cdot \overline{B}$

해설

㉠ $\overline{A+B} = \overline{A} \cdot \overline{B}$
㉡ $\overline{A \cdot B} = \overline{A} + \overline{B}$

상 제어공학 제2장 전달함수

64 다음 단위궤환제어계의 미분방정식은?

$$U(s) \xrightarrow{+} \bigotimes_{-} \boxed{\dfrac{2}{s(s+1)}} \longrightarrow C(s)$$

① $\dfrac{d^2c(t)}{dt^2} + \dfrac{dc(t)}{dt} + c(t) = 2u(t)$

② $\dfrac{d^2c(t)}{dt^2} + \dfrac{dc(t)}{dt} + 2c(t) = u(t)$

③ $\dfrac{d^2c(t)}{dt^2} + \dfrac{dc(t)}{dt} + 2c(t) = 5u(t)$

④ $\dfrac{d^2c(t)}{dt^2} + \dfrac{dc(t)}{dt} + 2c(t) = 2u(t)$

해설

㉠ $G(s) = \dfrac{C(s)}{U(s)} = \dfrac{\dfrac{2}{s(s+1)}}{1 + \dfrac{2}{s(s+1)}}$

$= \dfrac{2}{s(s+1)+2} = \dfrac{2}{s^2+s+2}$

㉡ $C(s)(s^2+s+2) = 2U(s)$에서 라플라스 역변환하면 다음과 같다.

∴ $\dfrac{d^2c(t)}{dt^2} + \dfrac{dc(t)}{dt} + 2c(t) = 2u(t)$

하 제어공학 제7장 상태방정식

65 특성방정식이 다음과 같다. 이를 z 변환하여 z 평면에 도시할 때 단위원 밖에 놓일 근은 몇 개인가?

$$(s+1)(s+2)(s-3) = 0$$

① 0

② 1

③ 2

④ 3

해설

㉠ 특성방정식

$F(s) = (s+1)(s+2)(s-3)$

$= s^3 - 7s - 6 = 0$

㉡ 특성방정식을 루쓰표로 나타내면 다음과 같다.

s^3	a_0	a_2
s^2	a_1	a_3
s^1	b_1	b_2
s^0	c_1	c_2

$\rightarrow$

s^3	1	-7
s^2	ε	-6
s^1	b_1	0
s^0	c_1	0

• $b_1 = \lim_{\varepsilon \to 0} \dfrac{7\varepsilon - 6}{\varepsilon} = \lim_{\varepsilon \to 0} \dfrac{7 - \dfrac{6}{\varepsilon}}{1} = -\infty$

• $c_1 = \dfrac{a_1 b_2 - b_1 a_3}{-b_1} = \dfrac{a_1 \times 0 - b_1 a_3}{-b_1} = a_3 = -6$

㉢ 루쓰선도에서 제1열의 부호가 1번 변했으므로 불안정한 근, 즉 z 평면에서 단위원 밖에 놓일 근의 수는 1개가 된다.

상 제어공학 제8장 시퀀스회로의 이해

66 다음 진리표의 논리소자는?

입 력		출 력
A	B	C
0	0	1
0	1	0
1	0	0
1	1	0

① OR

② NOR

③ NOT

④ NAND

해설 NOR

OR 회로(A, B 중 어느 하나라도 ON이 되면 출력은 ON이 됨)의 반전회로이다.

상 제어공학 제6장 근궤적법

67 근궤적이 s 평면의 $j\omega$ 과 교차할 때 폐루프의 제어계는?

① 안정하다.

② 알 수 없다.

③ 불안정하다.

④ 임계상태이다.

해설

s 평면 좌반부는 안정, 우반부는 불안정, 경계점인 허수축은 임계상태(안정한계)가 된다.

상 제어공학 제5장 안정도 판별법

68 특성방정식 $s^3 + 2s^2 + (k+3)s + 10 = 0$ 에서 Routh 안정도 판별법으로 판별 시 안정하기 위한 k의 범위는?

① $k > 2$ ② $k < 2$
③ $k > 1$ ④ $k < 1$

해설

3차 방정식[$F(s) = as^3 + bs^2 + cs + d = 0$]이므로 다음 두 조건을 만족하면 안정이 된다.
㉠ a, b, c, $d > 0$을 만족해야 하므로 $k < -3$가 된다.
㉡ $bc > ad$를 만족해야 하므로 $2(k+3) > 10$에서 $k > 2$가 된다.
∴ 안정하기 위한 k값은 $k > 2$이다.

하 제어공학 제2장 전달함수

69 그림과 같은 신호흐름선도에서 전달함수 $\dfrac{Y(s)}{X(s)}$ 는 무엇인가?

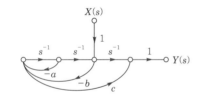

① $\dfrac{s+a}{s^2 + as - b^2}$ ② $\dfrac{-bcs^2 + s}{s^2 + as + b}$
③ $\dfrac{-bcs^2 + s + a}{s^2 + as}$ ④ $\dfrac{-bcs^2 + s + a}{s^2 + as + b}$

해설

㉠ $\Delta = 1 - \sum l_1 = 1 + as^{-1} + bs^{-2}$
㉡ $G_1 = s^{-1}$, $\Delta_1 = 1 + as^{-1}$
㉢ $G_2 = -bc$, $\Delta_2 = 1$
㉣ 메이슨공식에 의한 종합전달함수

$$M(s) = \frac{Y(s)}{X(s)} = \sum \frac{G_K \Delta_K}{\Delta} = \frac{G_1 \Delta_1 + G_2 \Delta_2}{1 - \sum l_1}$$
$$= \frac{s^{-1}(1 + as^{-1}) - bc}{1 + as^{-1} + bs^{-2}} = \frac{-bcs^2 + s + a}{s^2 + as + b}$$

상 제어공학 제5장 안정도 판별법

70 $G(s)H(s) = \dfrac{2}{(s+1)(s+2)}$ 의 이득여유[dB]는?

① 20 ② -20
③ 0 ④ ∞

해설

㉠ 이득여유는 개루프 전달함수 $G(j\omega)H(j\omega)$의 허수를 0으로 하여 구해야 한다.
㉡ 개루프 전달함수

$$G(j\omega)H(j\omega) = \frac{2}{(j\omega+1)(j\omega+2)}\bigg|_{\omega=0}$$
$$= \frac{2}{2} = 1$$

㉢ 이득여유 $g_m = 20 \log \dfrac{1}{|G(j\omega)H(j\omega)|}$
$$= 20 \log 1 = 0[\text{dB}]$$

상 회로이론 제9장 과도현상

71 $R_1 = R_2 = 100[\Omega]$이며 $L_1 = 5[\text{H}]$인 회로에서 시정수는 몇 [sec]인가?

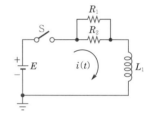

① 0.001 ② 0.01
③ 0.1 ④ 1

해설

병렬저항의 크기가 같으므로 합성저항
$$R_0 = \frac{R}{n} = \frac{100}{2} = 50[\Omega]$$
여기서, n : 병렬저항수
∴ 시정수 $\tau = \dfrac{L_1}{R_0} = \dfrac{5}{50} = 0.1[\text{sec}]$

하 회로이론 제2장 단상 교류회로의 이해

72 최대값이 10[V]인 정현파 전압이 있다. $t = 0$에서의 순시값이 5[V]이고 이 순간에 전압이 증가하고 있다. 주파수가 60[Hz]일 때, $t = 2[\text{m} \cdot \text{sec}]$에서 전압의 순시값[V]은?

① $10\sin 30°$
② $10\sin 43.2°$
③ $10\sin 73.2°$
④ $10\sin 103.2°$

해설

㉠ $v(t) = 10 \sin \omega t$[V]에서 순시값이 5[V]가 되려면 $\omega t = \theta = 30°$가 되어야 한다.

㉡ $t = 0$에서 순시값이 5[V]가 되는 파형은 $v(t) = 10 \sin(\omega t + 30°)$가 된다.

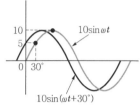

㉢ 60[Hz]에서 $t = 2$[ms]를 위상각으로 나타내면 다음과 같다.
$$\omega t = 2\pi f t = 360° \times 60 \times 2 \times 10^{-3} = 43.2°$$

㉣ $v(t) = 10 \sin(\omega t + 30°) = 10 \sin 73.2°$[V]

상 회로이론 제3장 다상 교류회로의 이해

73 비접지 3상 Y회로에서 전류 $I_a = 15 + j2$ [A], $I_b = -20 - j14$[A]일 경우 I_c[A]는?

① $5 + j12$
② $-5 + j12$
③ $5 - j12$
④ $-5 - j12$

해설

비접지계통에서는 $I_a + I_b + I_c = 0$이므로
$$\therefore \ I_c = -(I_a + I_b)$$
$$= -(15 + j2 - 20 - j14)$$
$$= 5 + j12[A]$$

중 회로이론 제6장 회로망 해석

74 그림과 같은 회로의 구동점 임피던스 Z_{ab}는?

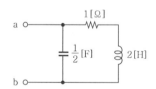

① $\dfrac{2(2s+1)}{2s^2+s+2}$
② $\dfrac{2s+1}{2s^2+s+2}$
③ $\dfrac{2(2s-1)}{2s^2+s+2}$
④ $\dfrac{2s^2+s+2}{2(2s+1)}$

해설

$$Z(s) = \frac{\dfrac{1}{Cs} \times (Ls + R)}{\dfrac{1}{Cs} + (Ls + R)} = \frac{Ls + R}{LCs^2 + RCs + 1}$$

$$= \frac{2s + 1}{s^2 + \dfrac{1}{2}s + 1} = \frac{4s + 2}{2s^2 + s + 2}$$

$$= \frac{2(2s + 1)}{2s^2 + s + 2}$$

중 회로이론 제4장 비정현파 교류회로의 이해

75 콘덴서 C[F]에 단위임펄스의 전류원을 접속하여 동작시키면 콘덴서의 전압 $V_c(t)$는? (단, $u(t)$는 단위계단함수이다.)

① $V_c(t) - C$
② $V_c(t) = Cu(t)$
③ $V_c(t) = \dfrac{1}{C}$
④ $V_c(t) = \dfrac{1}{C}u(t)$

해설

단위임펄스 전류 $i(t) = \dfrac{du(t)}{dt}$에서

$$\therefore \ V_c(t) = \frac{1}{C}\int i(t)\,dt = \frac{1}{C}u(t)$$

상 회로이론 제10장 라플라스 변환

76 그림과 같은 구형파의 라플라스 변환은?

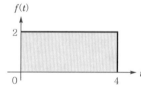

① $\dfrac{2}{s}\left(1 - e^{4s}\right)$
② $\dfrac{2}{s}\left(1 - e^{-4s}\right)$
③ $\dfrac{4}{s}\left(1 - e^{4s}\right)$
④ $\dfrac{4}{s}\left(1 - e^{-4s}\right)$

해설

함수 $f(t) = 2u(t) - 2u(t-4)$에서
$$\therefore \ F(s) = \frac{2}{s} - \frac{2}{s}e^{-4s} = \frac{2}{s}\left(1 - e^{-4s}\right)$$

정답 **73** ① **74** ① **75** ④ **76** ②

상 회로이론 제6장 회로망 해석

77 그림과 같은 회로의 컨덕턴스 G_2에 흐르는 전류 i는 몇 [A]인가?

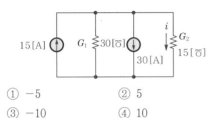

① -5
② 5
③ -10
④ 10

해설

중첩의 정리를 이용하면 다음과 같다.

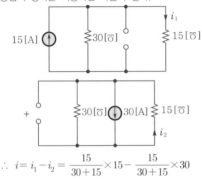

$$\therefore \ i = i_1 - i_2 = \frac{15}{30+15} \times 15 - \frac{15}{30+15} \times 30$$
$$= -5[A]$$

상 회로이론 제8장 분포정수회로

78 분포정수 전송회로에 대한 설명이 아닌 것은?

① $\dfrac{R}{L} = \dfrac{G}{C}$인 회로를 무왜형 회로라 한다.

② $R = G = 0$인 회로를 무손실회로라 한다.

③ 무손실회로와 무왜형 회로의 감쇠정수는 $\sqrt{RG}$이다.

④ 무손실회로와 무왜형 회로에서의 위상속도는 $\dfrac{1}{\sqrt{LC}}$이다.

해설

① 무왜형 회로 : 송전단에서 보낸 정현파입력이 수전단에 전혀 일그러짐이 없이 도달되는 회로로 선로정수가 R, L, C, G 사이에 $\dfrac{R}{L} = \dfrac{G}{C}$의 관계가 무왜조건이라 한다.

② 무손실선로 : 손실이 없는 선로($R = G = 0$)로 송전전압 및 전류의 크기가 항상 일정하다.

③ 전파정수 $\gamma = \sqrt{ZY} = \sqrt{RG} + j\omega\sqrt{LC} = \alpha + j\beta$에서 무손실선로의 경우 $R = G = 0$이므로 감쇠정수 $\alpha = 0$이 된다.

④ 위상속도(전파속도)
$$v = \frac{1}{\sqrt{\varepsilon\mu}} = \frac{1}{\sqrt{LC}} = \frac{\omega}{\beta}[\text{m/s}]$$

상 회로이론 제1장 직류회로의 이해

79 다음 회로에서 절점 a와 절점 b의 전압이 같은 조건은?

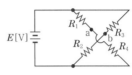

① $R_1 R_3 = R_2 R_4$
② $R_1 R_2 = R_3 R_4$
③ $R_1 + R_3 = R_2 + R_4$
④ $R_1 + R_2 = R_3 + R_4$

해설

㉠ 회로를 등가변환하면 다음 (a) 또는 (b)와 같이 나타낼 수 있다.

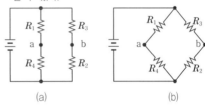

(a)　　　　　　　(b)

㉡ 그림 (b)는 휘트스톤브리지 회로로 평형 조건, 즉 $R_1 R_2 = R_3 R_4$를 만족하면 두 절점의 전압은 같아진다.

상 회로이론 제2장 단상 교류회로의 이해

80 그림과 같은 파형의 파고율은?

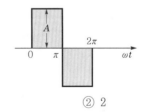

① 1
② 2
③ $\sqrt{2}$
④ $\sqrt{3}$

해설

구형파의 평균값과 실효값은 최대값이 된다.

$$\bigcirc \ 파고율 = \frac{최대값}{실효값} = \frac{최대값}{최대값} = 1$$

$$\bigcirc \ 파형률 = \frac{실효값}{평균값} = \frac{최대값}{최대값} = 1$$

제5과목 전기설비기술기준

※ 전기설비기술기준 과목 기출문제는 법규개정에 따라 문제를
수정·삭제하였으므로 이 점 착오없으시기 바랍니다.

하 제3장 전선로

81 가섭선에 의하여 시설하는 안테나가 있다. 이 안테나 주위에 경동연선을 사용한 고압 가공전선이 지나가고 있다면 수평이격거리는 몇 [cm] 이상이어야 하는가?

① 40 ② 60
③ 80 ④ 100

해설 고압 가공전선과 안테나의 접근 또는 교차 (KEC 332.14)

㉠ 고압 가공전선은 고압 보안공사에 의할 것
㉡ 가공전선과 안테나 사이의 수평이격거리
　• 저압 사용 시 0.6[m] 이상(절연전선, 케이블인 경우 : 0.3[m] 이상)
　• 고압 사용 시 0.8[m] 이상(케이블인 경우 : 0.4[m] 이상)

중 제1장 공통사항

82 지중에 매설되어 있는 금속제 수도관로를 각종 접지공사의 접지극으로 사용하려면 대지와의 전기저항값이 몇 [Ω] 이하의 값을 유지하여야 하는가?

① 1 ② 2
③ 3 ④ 5

해설 접지극의 시설 및 접지저항(KEC 142.2)

지중에 매설되어 있고 대지와의 전기저항값이 3[Ω] 이하의 값을 유지하고 있는 금속제 수도관로는 접지극으로 사용이 가능하다.

상 제3장 전선로

83 가공전선로의 지지물에 시설하는 지선으로 연선을 사용할 경우에는 소선이 최소 몇 가닥 이상이어야 하는가?

① 3
② 4
③ 5
④ 6

해설 지선의 시설(KEC 331.11)

가공전선로의 지지물에 시설하는 지선은 소선(素線) 3가닥 이상으로 할 것

상 제2장 저압설비 및 고압·특고압설비

84 옥내의 저압전선으로 나전선 사용이 허용되지 않는 경우는?

① 금속관공사에 의하여 시설하는 경우
② 버스덕트공사에 의하여 시설하는 경우
③ 라이딩덕트공사에 의하여 시설하는 경우
④ 애자사용공사에 의하여 전개된 곳에 전기로용 전선을 시설하는 경우

해설 나전선의 사용 제한(KEC 231.4)

다음 내용에서만 나전선을 사용할 수 있다.
㉠ 애자공사에 의하여 전개된 곳에 다음의 전선을 시설하는 경우
　• 전기로용 전선
　• 전선의 피복절연물이 부식하는 장소에 시설하는 전선
　• 취급자 이외의 사람이 출입할 수 없도록 설비한 장소
㉡ 버스덕트공사에 의하여 시설하는 경우
㉢ 라이팅덕트공사에 의하여 시설하는 경우
㉣ 저압 접촉전선 및 유희용 전차를 시설하는 경우

상 제3장 전선로

85 가공전선로의 지지물에 취급자가 오르고 내리는 데 사용하는 발판 볼트 등은 지표상 몇 [m] 미만에 시설하여서는 아니 되는가?

① 1.2
② 1.5
③ 1.8
④ 2.0

해설 가공전선로 지지물의 철탑오름 및 전주오름 방지(KEC 331.4)

가공전선로의 지지물에 취급자가 오르고 내리는데 사용하는 발판 볼트 등을 지표상 1.8[m] 미만에 시설하여서는 아니 된다.

정답 81 ③ 82 ③ 83 ① 84 ① 85 ③

ⓒ 수소의 압력 및 온도를 계측하고 현저히 변동하는 경우 경보장치를 할 것

하 제3장 전선로

86 철도, 궤도 또는 자동차도의 전용 터널 안의 전선로의 시설방법으로 틀린 것은?

① 고압전선은 케이블공사로 하였다.
② 저압전선은 가요전선관공사에 의하여 시설하였다.
③ 저압전선으로 지름 2.0[mm]의 경동선을 사용하였다.
④ 저압전선을 애자사용공사에 의하여 시설하고 이를 레일면상 또는 노면상 2.5[m] 이상의 높이로 유지하였다.

해설 터널 안 전선로의 시설(KEC 335.1)

구 분	전선의 굵기	레일면 또는 노면상 높이	사용공사의 종류
저압	2.6[mm] 이상 (인장강도 2.30[KN])	2.5[m] 이상	케이블·금속관· 합성수지관· 금속제 가요전선관 ·애자사용공사
고압	4.0[mm] 이상 (인장강도 5.26[KN])	3[m] 이상	케이블공사, 애자사용공사

중 제4장 발전소, 변전소, 개폐소 및 기계기구 시설보호

87 수소냉각식 발전기 등의 시설기준으로 틀린 것은?

① 발전기 안의 수소의 온도를 계측하는 장치를 시설할 것
② 수소를 통하는 관은 수소가 대기압에서 폭발하는 경우에 생기는 압력에 견디는 강도를 가질 것
③ 발전기 안의 수소의 순도가 95[%] 이하로 저하한 경우에 이를 경보하는 장치를 시설할 것
④ 발전기 안의 수소의 압력을 계측하는 장치 및 그 압력이 현저히 변동한 경우에 이를 경보하는 장치를 시설할 것

해설 수소냉각식 발전기 등의 시설(KEC 351.10)

ⓐ 기밀구조의 것이고 수소가 대기압에서 발생하는 경우 생기는 압력에 견디는 강도를 가지는 것일 것
ⓑ 수소의 순도가 85[%] 이하로 저하한 경우 경보하는 장치를 시설할 것

상 제4장 발전소, 변전소, 개폐소 및 기계기구 시설보호

88 조상기의 내부에 고장이 생긴 경우 자동적으로 전로로부터 차단하는 장치는 조상기의 뱅크용량이 몇 [kVA] 이상이어야 시설하는가?

① 5000
② 10000
③ 15000
④ 20000

해설 조상설비의 보호장치(KEC 351.5)

용량이 15000[kVA] 이상의 조상기에 내부고장이 발생한 경우 자동적으로 차단하는 장치를 이용하여 보호한다.

상 제2장 저압설비 및 고압·특고압설비

89 발열선을 도로, 주차장 또는 조영물의 조영재에 고정시켜 신설하는 경우 발열선에 전기를 공급하는 전로의 대지전압은 몇 [V] 이하이어야 하는가?

① 100   ② 150
③ 200   ④ 300

해설 도로 등의 전열장치(KEC 241.12)

ⓐ 발열선에 전기를 공급하는 전로의 대지전압은 300[V] 이하일 것
ⓑ 발열선은 그 온도가 80[℃]를 넘지 아니하도록 시설할 것. 다만, 도로 또는 옥외주차장에 금속피복을 한 발열선을 시설할 경우에는 발열선의 온도를 120[℃] 이하로 할 수 있다.

하 제3장 전선로

90 사람이 접촉할 우려가 있는 경우 고압 가공전선과 상부 조영재의 옆쪽에서의 이격거리는 몇 [m] 이상이어야 하는가? (단, 전선은 경동연선이라고 한다.)

① 0.6   ② 0.8
③ 1.0   ④ 1.2

정답 86 ③   87 ③   88 ③   89 ④   90 ④

해설 고압 가공전선과 건조물의 접근(KEC 332.11)

고압 가공전선과 건조물의 조영재 사이의 이격거리는 다음에서 정한 값 이상일 것

건조물 조영재의 구분	접근형태	이격거리
상부 조영재	위쪽	2[m](전선이 케이블인 경우에는 1[m]) 이상
	옆쪽 또는 아래쪽	1.2[m] (전선에 사람이 쉽게 접촉할 우려가 없도록 시설한 경우에는 0.8[m], 케이블인 경우에는 0.4[m]) 이상
기타의 조영재		1.2[m] (전선에 사람이 쉽게 접촉할 우려가 없도록 시설한 경우에는 0.8[m], 케이블인 경우에는 0.4[m]) 이상

상 제3장 전선로

91 특고압 가공전선로에서 사용전압이 60[kV]를 넘는 경우, 전화선로의 길이 몇 [km]마다 유도전류가 3[μA]를 넘지 않도록 하여야 하는가?

① 12
② 40
③ 80
④ 100

해설 유도장해의 방지(KEC 333.2)

㉠ 사용전압이 60000[V] 이하인 경우에는 전화선로의 길이 12[km]마다 유도전류가 2[μA]를 넘지 않도록 할 것
㉡ 사용전압이 60000[V]를 넘는 경우에는 전화선로의 길이 40[km]마다 유도전류가 3[μA]를 넘지 않도록 할 것

중 제3장 전선로

92 직선형의 철탑을 사용한 특고압 가공전선로가 연속하여 10기 이상 사용하는 부분에는 몇 기 이하마다 내장 애자장치가 되어 있는 철탑 1기를 시설하여야 하는가?

① 5
② 10
③ 15
④ 20

해설 특고압 가공전선로의 내장형 등의 지지물 시설(KEC 333.16)

특고압 가공전선로 중 지지물로서 직선형의 철탑을 연속하여 10기 이상 사용하는 부분에는 10기 이하마다 장력에 견디는 애자장치가 되어 있는 철탑 또는 이와 동등 이상의 강도를 가지는 철탑 1기를 시설

중 제3장 전선로

93 옥외용 비닐절연전선을 사용한 저압 가공전선이 횡단보도교 위에 시설되는 경우에 그 전선의 노면상 높이는 몇 [m] 이상으로 하여야 하는가?

① 2.5
② 3.0
③ 3.5
④ 4.0

해설 저압 가공전선의 높이(KEC 222.7),
고압 가공전선의 높이(KEC 332.5)

㉠ 도로를 횡단하는 경우 지표상 6[m] 이상
㉡ 철도 또는 궤도를 횡단하는 경우에는 레일면상 6.5[m] 이상
㉢ 횡단보도교의 위인 경우에는 저·고압 가공전선은 노면상 3.5[m] 이상(절연전선 및 케이블인 경우에는 3[m] 이상)
㉣ 기타(도로를 따라 시설)의 경우 지표상 5[m] 이상

중 제2장 저압설비 및 고압·특고압설비

94 애자사용공사를 습기가 많은 장소에 시설하는 경우 전선과 조영재 사이의 이격거리는 몇 [cm] 이상이어야 하는가? (단, 사용전압은 440[V]인 경우이다.)

① 2.0
② 2.5
③ 4.5
④ 6.0

해설 애자공사(KEC 232.56)

전선과 조영재 사이의 이격거리를 살펴보면 다음과 같다.
• 400[V] 이하 : 25[mm] 이상
• 400[V] 초과 : 45[mm] 이상(건조한 장소에 시설하는 경우에는 25[mm])

정답 91 ② 92 ② 93 ② 94 ③

95 터널 등에 시설하는 사용전압이 220[V]인 전구선이 0.6/1[kV] EP 고무절연 클로로프렌 캡타이어케이블일 경우 단면적은 최소 몇 [mm²] 이상이어야 하는가?

① 0.5   ② 0.75

③ 1.25   ④ 1.4

해설 터널 등의 전구선 또는 이동전선 등의 시설 (KEC 242.7.4)

터널 등에 시설하는 사용전압이 400[V] 이하인 저압의 전구선 또는 이동전선은 다음과 같이 시설하여야 한다.
㉠ 전구선은 단면적 0.75[mm²] 이상의 300/300[V] 편조고무코드 또는 0.6/1[kV] EP 고무절연 클로로프렌 캡타이어케이블일 것
㉡ 이동전선은 용접용 케이블을 사용하는 경우 이외에는 300/300[V] 편조고무코드, 비닐코드 또는 캡타이어케이블일 것

제1과목 전기자기학

하 제8장 전류와 자기현상

01 원통좌표계에서 전류밀도 $j = Kr^2 a_z$[A/m²] 일 때 앙페르의 법칙을 사용한 자계의 세기 H[AT/m]는? (단, K는 상수이다.)

① $H = \dfrac{K}{4} r^4 a_\phi$

② $H = \dfrac{K}{4} r^3 a_\phi$

③ $H = \dfrac{K}{4} r^4 a_z$

④ $H = \dfrac{K}{4} r^3 a_z$

해설

㉠ 원통도체의 미소면적 $ds = r\,dr\,d\theta$

㉡ 전전류 $I = \displaystyle\int j\,ds = \int_0^{2\pi}\int_0^r j r\,dr\,d\theta$

$= \displaystyle\int_0^{2\pi}\int_0^r Kr^3\,dr\,d\theta$

$= \displaystyle\int_0^{2\pi} \frac{1}{4} Kr^4\,d\theta = \frac{1}{2}K\pi r^4$

㉢ 원통좌표계에서 전류가 z방향으로 진행되면 앙페르의 오른나사법칙에 의해 자계는 ϕ방향으로 진행된다.

∴ 자계의 세기 $H = \dfrac{I}{2\pi r}\overrightarrow{a_\phi} = \dfrac{1}{4}Kr^3\,\overrightarrow{a_\phi}$

하 제3장 정전용량

02 최대 정전용량 C_0[F]인 그림과 같은 콘덴서의 정전용량이 각도에 비례하여 변화한다고 한다. 이 콘덴서를 전압 V[V]로 충전했을 때 회전자에 작용하는 토크는?

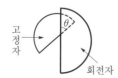

① $\dfrac{C_0 V^2}{2}$[N·m]

② $\dfrac{C_0^2 V}{2}$[N·m]

③ $\dfrac{C_0 V^2}{2\pi}$[N·m]

④ $\dfrac{C_0 V^2}{\pi}$[N·m]

해설

정전에너지 $W = \dfrac{1}{2} C_0 V^2 \times \dfrac{\theta}{\pi}$[J]

∴ 회전력 $T_\theta = \dfrac{\partial W}{\partial \theta} = \dfrac{C_0 V^2}{2\pi}$[N·m]

상 제11장 인덕턴스

03 내부도체 반지름이 10[mm], 외부도체의 내반지름이 20[mm]인 동축케이블에서 내부 도체표면에 전류 I가 흐르고, 얇은 외부 도체에 반대방향인 전류가 흐를 때 단위길이당 외부인덕턴스는 약 몇 [H/m]인가?

① 0.28×10^{-7}

② 1.39×10^{-7}

③ 2.03×10^{-7}

④ 2.78×10^{-7}

해설

동축케이블의 외부인덕턴스

$L = \dfrac{\mu_0}{2\pi}\ln\dfrac{b}{a} = \dfrac{4\pi \times 10^{-7}}{2\pi}\ln\dfrac{20}{10}$

$= 1.39 \times 10^{-7}$[H/m]

하 제8장 전류와 자기현상

04 무한 평면에 일정한 전류가 표면에 한 방향으로 흐르고 있다. 평면으로부터 r만큼 떨어진 점과 $2r$만큼 떨어진 점과의 자계의 비는 얼마인가?

① 1

② $\sqrt{2}$

③ 2

④ 4

해설

무한 평면 도체에 의한 자계의 세기는 거리에 관계없이 크기가 일정한 평등자계이다.

정답 01 ② 02 ③ 03 ② 04 ①

하 · 제2장 진공 중의 정전계

05 다음 중 어떤 공간의 비유전율은 2이고, 전위 $V(x,\ y)=\dfrac{1}{x}+2xy^2$ 이라고 할 때 점 $\left(\dfrac{1}{2},\ 2\right)$에서의 전하밀도 ρ는 약 몇 [pC/m³]인가?

① -20 ② -40

③ -160 ④ -320

해설 푸아송의 방정식

$\nabla^2 V=\dfrac{\partial^2 V}{\partial x^2}+\dfrac{\partial^2 V}{\partial y^2}+\dfrac{\partial^2 V}{\partial z^2}=-\dfrac{\rho}{\varepsilon_0}$ 이므로 전위를 2차 편미분하면 다음과 같다.

㉠ $\dfrac{\partial}{\partial x}V=\dfrac{\partial}{\partial x}(x^{-1}+2xy^2)=-x^{-2}+2y^2$,

　$\dfrac{\partial}{\partial x}(-x^{-2}+2y^2)=2x^{-3}=2\left(\dfrac{1}{2}\right)^{-3}$

　　　　　　　　　　　$=2\times2^3=16$

㉡ $\dfrac{\partial}{\partial y}V=\dfrac{\partial}{\partial y}(x^{-1}+2xy^2)=4xy$,

　$\dfrac{\partial}{\partial y}(4xy)=4x=4\left(\dfrac{1}{2}\right)=2$

㉢ $\rho=-\varepsilon_0\varepsilon_s\left(\dfrac{\partial^2 V}{\partial x^2}+\dfrac{\partial^2 V}{\partial y^2}+\dfrac{\partial^2 V}{\partial z^2}\right)$

　　$=-8.854\times10^{-12}\times2\times(16+2)$

　　$\fallingdotseq-320[\text{pC/m}^3]$

중 · 제9장 자성체와 자기회로

06 다음 그림과 같은 히스테리시스 루프를 가진 철심이 강한 평등자계에 의해 매초 60[Hz]로 자화할 경우 히스테리시스 손실은 몇 [W]인가? (단, 철심의 체적은 20[cm³], $B_r=5[\text{Wb/m}^2]$, $H_c=2[\text{AT/m}]$이다.)

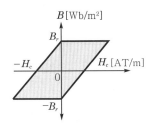

① 1.2×10^{-2} ② 2.4×10^{-2}

③ 3.6×10^{-2} ④ 4.8×10^{-2}

해설

㉠ 1회전 시 히스테리시스손

　$W_h=\oint HdB=4H_cB_r$

　　$=4\times2\times5=40[\text{J/m}^3]$

㉡ 히스테리시스손

　$P_h=fW_hV$

　　$=60\times40\times20\times10^{-6}$

　　$=4.8\times10^{-2}[\text{W}]$

하 · 제8장 전류와 자기현상

07 그림과 같이 직각코일이 $B=0.05\dfrac{a_x+a_y}{\sqrt{2}}$ [T]인 자계에 위치하고 있다. 코일에 5[A] 전류가 흐를 때 z축에서의 토크는 약 몇 [N·m]인가?

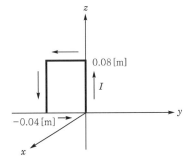

① $2.66\times10^{-4}a_x$

② $5.66\times10^{-4}a_x$

③ $2.66\times10^{-4}a_z$

④ $5.66\times10^{-4}a_z$

해설

㉠ z축 방향으로 힘이 작용하는 조건 $a_x\times a_y$, $-a_y\times a_x$에서 전류는 y, z축 상에 흐르기 때문에 전류가 $-a_y$방향으로 흐를 때 자속밀도 a_x방향성분에 의해서만 z축 방향으로 힘이 작용한다.

㉡ 자계 내 전류의 작용력

　$F=(\vec{I}\times\vec{B})l$

　　$=\left(-5a_y\times\dfrac{0.05}{\sqrt{2}}a_x\right)\times0.04$

　　$=0.00707a_z$

∴ z축에서의 토크

　$T=Fr=0.00707\times0.08$

　　$=5.66\times10^{-4}[\text{N·m}]$

하 | 제5장 전기영상법

08 그림과 같이 무한 평면 도체 앞 a[m] 거리에 점전하 Q[C]가 있다. 점 O 에서 x[m]인 P 점의 전하밀도 σ[C/m²]는?

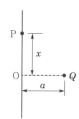

① $\dfrac{Q}{4\pi} \cdot \dfrac{a}{\left(a^2 + x^2\right)^{\frac{3}{2}}}$

② $\dfrac{Q}{2\pi} \cdot \dfrac{a}{\left(a^2 + x^2\right)^{\frac{3}{2}}}$

③ $\dfrac{Q}{4\pi} \cdot \dfrac{a}{\left(a^2 + x^2\right)^{\frac{2}{3}}}$

④ $\dfrac{Q}{2\pi} \cdot \dfrac{a}{\left(a^2 + x^2\right)^{\frac{2}{3}}}$

해설 도체평면과 점전하 해석(전기영상법)

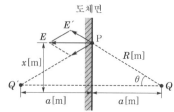

㉠ P 점에서의 전계의 세기

$$E = E' \times \cos\theta \times 2$$
$$= \frac{Q}{4\pi\varepsilon_0 R^2} \times \frac{a}{R} \times 2$$
$$= \frac{Qa}{2\pi\varepsilon_0 R^3}$$
$$= \frac{Qa}{2\pi\varepsilon_0 \left(a^2 + x^2\right)^{\frac{3}{2}}} \text{[V/m]}$$

㉡ 전하밀도

$$\sigma = \varepsilon_0 E = \frac{Qa}{2\pi\left(a^2 + x^2\right)^{\frac{3}{2}}} \text{[C/m}^2\text{]}$$

상 | 제12장 전자계

09 유전율 $\varepsilon_0 = 8.855 \times 10^{-12}$[F/m]인 진공 중을 전자파가 전파할 때 진공 중의 투자율 [H/m]은?

① 7.58×10^{-5}　　② 7.58×10^{-7}

③ 12.56×10^{-5}　　④ 12.56×10^{-7}

해설

전파속도 $v = \dfrac{1}{\sqrt{\varepsilon_0 \mu_0}}$[m/s]에서

$$\mu_0 = \frac{1}{\varepsilon_0 v^2} = \frac{1}{8.855 \times 10^{-12} \times (3 \times 10^8)^2}$$
$$= 12.56 \times 10^{-7} \text{[H/m]}$$
$$(\mu_0 = 4\pi \times 10^{-7} = 12.56 \times 10^{-7} \text{[H/m]})$$

상 | 제10장 전자유도법칙

10 막대자석 위쪽에 동축 도체 원판을 놓고 회로의 한 끝은 원판의 주변에 접촉시켜 회전하도록 해놓은 그림과 같은 패러데이 원판 실험을 할 때 검류계에 전류가 흐르지 않는 경우는?

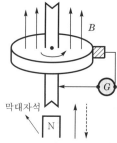

① 자석만을 일정한 방향으로 회전시킬 때
② 원판만을 일정한 방향으로 회전시킬 때
③ 자석을 축방향으로 전진시킨 후 후퇴시킬 때
④ 원판과 자석을 동시에 같은 방향, 같은 속도로 회전시킬 때

해설

원판과 자석을 동시에 같은 방향, 같은 속도로 회전시키면 도체를 통과하는 자속의 변화가 없으므로 유도기전력이 발생하지 않는다.

유도기전력 $e = -N\dfrac{d\phi}{dt}$[V]

정답　08 ② 09 ④ 10 ④

상 제2장 진공 중의 정전계

11 점전하에 의한 전계의 세기[V/m]를 나타내는 식은? (단, r은 거리, Q는 전하량, λ는 선전하밀도, σ는 표면전하밀도이다.)

① $\dfrac{1}{4\pi\varepsilon_0}\dfrac{Q}{r^2}$ ② $\dfrac{1}{4\pi\varepsilon_0}\dfrac{\sigma}{r^2}$

③ $\dfrac{1}{2\pi\varepsilon_0}\dfrac{Q}{r^2}$ ④ $\dfrac{1}{2\pi\varepsilon_0}\dfrac{\sigma}{r^2}$

해설

㉠ 점전하(구도체) $E=\dfrac{Q}{4\pi\varepsilon_0 r^2}$[V/m]

㉡ 무한장 직선 도체 $E=\dfrac{\lambda}{2\pi\varepsilon_0 r}$[V/m]

㉢ 무한 평면 도체 $E=\dfrac{\sigma}{2\varepsilon_0}$[V/m]

상 제12장 전자계

12 유전율 ε, 투자율 μ인 매질에서의 전파속도 v는?

① $\dfrac{1}{\sqrt{\varepsilon\mu}}$ ② $\sqrt{\varepsilon\mu}$

③ $\sqrt{\dfrac{\varepsilon}{\mu}}$ ④ $\sqrt{\dfrac{\mu}{\varepsilon}}$

해설

전자파의 전파속도

$v=\dfrac{1}{\sqrt{\varepsilon\mu}}=\dfrac{3\times10^8}{\sqrt{\varepsilon_s\mu_s}}$[m/s]

상 제4장 유전체

13 전계 E[V/m], 전속밀도 D'[C/m²], 유전율 $\varepsilon=\varepsilon_0\varepsilon_s$[F/m], 분극의 세기 P [C/m²] 사이의 관계는?

① $P=D+\varepsilon_0 E$ ② $P=D-\varepsilon_0 E$

③ $P=\dfrac{D+E}{\varepsilon_0}$ ④ $P=\dfrac{D-E}{\varepsilon_0}$

해설

분극의 세기(분극도)와 전계의 관계
$P=\chi E=\varepsilon_0(\varepsilon_s-1)E=D-\varepsilon_0 E$

$\quad=D\left(1-\dfrac{1}{\varepsilon_s}\right)$[C/m²]

여기서, χ : 분극률[F/m]

상 제11장 인덕턴스

14 서로 결합하고 있는 두 코일 C_1과 C_2의 자기인덕턴스가 각각 L_{C1}, L_{C2}라고 한다. 이 둘을 직렬로 연결하여 합성인덕턴스의 값을 얻은 후 두 코일 간 상호인덕턴스의 크기($|M|$)를 얻고자 한다. 직렬로 연결할 때, 두 코일 간 자속이 서로 가해져서 보강되는 방향의 합성인덕턴스의 값이 L_1, 서로 상쇄되는 방향의 합성인덕턴스의 값이 L_2일 때, 다음 중 알맞은 식은?

① $L_1<L_2$, $|M|=\dfrac{L_2+L_1}{4}$

② $L_1>L_2$, $|M|=\dfrac{L_1+L_2}{4}$

③ $L_1<L_2$, $|M|=\dfrac{L_2-L_1}{4}$

④ $L_1>L_2$, $|M|=\dfrac{L_1-L_2}{4}$

해설

㉠ 가동결합(코일을 서로 같은 방향으로 감은 경우)
$L_1=L_{C1}+L_{C2}+2M$

㉡ 차동결합(코일을 서로 반대방향으로 감은 경우)
$L_2=L_{C1}+L_{C2}-2M$

㉢ ㉠과 ㉡에서 $L_1>L_2$를 알 수 있고, ㉠에서 ㉡을 빼서 정리하여 상호인덕턴스를 구할 수 있다.

$\therefore$ 상호인덕턴스 $M=\dfrac{L_1-L_2}{4}$[H]

중 제4장 유전체

15 정전용량이 C_0[F]인 평행판 공기콘덴서가 있다. 이것의 극판에 평행으로 판간격 d [m]의 $\dfrac{1}{2}$ 두께인 유리판을 삽입하였을 때의 정전용량[F]은? (단, 유리판의 유전율은 ε[F/m]이라 한다.)

① $\dfrac{2C_0}{1+\dfrac{1}{\varepsilon}}$ ② $\dfrac{C_0}{1+\dfrac{1}{\varepsilon}}$

③ $\dfrac{2C_0}{1+\dfrac{\varepsilon_0}{\varepsilon}}$ ④ $\dfrac{C_0}{1+\dfrac{\varepsilon}{\varepsilon_0}}$

정답 11 ①   12 ①   13 ②   14 ④   15 ③

해설

㉠ 초기 공기콘덴서 용량 $C_0 = \dfrac{\varepsilon_0 S}{d}$[F]

㉡ 극판과 평행하게 유전체를 접속하게 되면 그림과 같이 접속하게 된다.

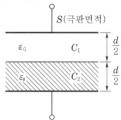

㉢ 공기부분의 정전용량

$$C_1 = \frac{\varepsilon_0 S}{\dfrac{d}{2}} = 2\frac{\varepsilon_0 S}{d} = 2C_0$$

㉣ 유전체 내의 정전용량

$$C_2 = \frac{\varepsilon S}{\dfrac{d}{2}} = 2\varepsilon_s \frac{\varepsilon_0 S}{d} = 2\varepsilon_s C_0$$

㉤ C_1과 C_2는 직렬로 접속되어 있으므로

$$C = \frac{1}{\dfrac{1}{C_1} + \dfrac{1}{C_2}} = \frac{1}{\dfrac{1}{2C_0} + \dfrac{1}{2\varepsilon_s C_0}}$$

$$= \frac{1}{\dfrac{1}{2C_0}\left(1 + \dfrac{1}{\varepsilon_s}\right)} = \frac{2C_0}{1 + \dfrac{\varepsilon_0}{\varepsilon}}$$

하 제12장 전자계

16 벡터 퍼텐셜 $A = 3x^2 y a_x + 2x a_y - z^3 a_z$ [Wb/m]일 때의 자계의 세기 H[A/m]는? (단, μ는 투자율이라 한다.)

① $\dfrac{1}{\mu}(2 - 3x^2)a_y$ ② $\dfrac{1}{\mu}(3 - 2x^2)a_y$

③ $\dfrac{1}{\mu}(2 - 3x^2)a_z$ ④ $\dfrac{1}{\mu}(3 - 2x^2)a_z$

해설

$\nabla \times A = B = \mu H$ 에서

$$\nabla \times A = \begin{vmatrix} a_x & a_y & a_z \\ \dfrac{\partial}{\partial x} & \dfrac{\partial}{\partial y} & \dfrac{\partial}{\partial z} \\ 3x^2 y & 2x & -z^3 \end{vmatrix}$$

$$= a_z \left(\frac{\partial}{\partial x} 2x - \frac{\partial}{\partial y} 3x^2 y \right)$$

$$= a_z (2 - 3x^2)$$

$$\therefore H = \frac{1}{\mu}(2 - 3x^2)a_z$$

상 제9장 자성체와 자기회로

17 다음 중 자기회로에서 자기저항의 관계로 옳은 것은?

① 자기회로의 길이에 비례
② 자기회로의 단면적에 비례
③ 자성체의 비투자율에 비례
④ 자성체의 비투자율의 제곱에 비례

해설

자기저항 $R_m = \dfrac{l}{\mu S} = \dfrac{F}{\phi}$[AT/Wb]

여기서, l : 길이[m]
μ : 투자율[H/m]
S : 단면적[m²]
F : 기자력[AT/m]
ϕ : 자속[Wb]

상 제4장 유전체

18 그림과 같은 길이가 1[m]인 동축원통 사이의 정전용량[F/m]은?

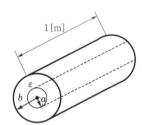

① $C = \dfrac{2\pi}{\varepsilon \ln \dfrac{b}{a}}$

② $C = \dfrac{\varepsilon}{2\pi \ln \dfrac{b}{a}}$

③ $C = \dfrac{2\pi\varepsilon}{\ln \dfrac{b}{a}}$

④ $C = \dfrac{2\pi\varepsilon}{\ln \dfrac{a}{b}}$

해설

동축(동심)원통의 정전용량

$$C = \frac{2\pi\varepsilon l}{\ln \dfrac{b}{a}}[\text{F}] = \frac{2\pi\varepsilon}{\ln \dfrac{b}{a}}[\text{F/m}]$$

정답 16 ③ 17 ① 18 ③

상 제9장 자성체와 자기회로

19 철심이 든 환상 솔레노이드의 권수는 500회, 평균반지름은 10[cm], 철심의 단면적은 10[cm²], 비투자율은 4000이다. 이 환상 솔레노이드에 2[A]의 전류를 흘릴 때 철심 내의 자속[Wb]은?

① 4×10^{-3} ② 4×10^{-4}

③ 8×10^{-3} ④ 8×10^{-4}

해설

자기회로의 옴의 법칙에 의한 자속

$$\phi = \frac{F}{R_m} = \frac{IN}{\frac{l}{\mu S}} = \frac{\mu SNI}{l} = \frac{\mu_0 \mu_s SNI}{2\pi r}$$

$$= \frac{4\pi \times 10^{-7} \times 4000 \times 10 \times 10^{-4} \times 500 \times 2}{2\pi \times 0.1}$$

$$= 8 \times 10^{-3} [\text{Wb}]$$

중 제2장 진공 중의 정전계

20 그림과 같은 정방형관 단면의 격자점 ⑥의 전위를 반복법으로 구하면 약 몇 [V]인가?

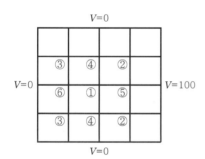

① 6.3 ② 9.4

③ 18.8 ④ 53.2

해설

라플라스 근사법에 의한 전위를 구하면 다음과 같다.

①점의 전위 $V_1 = \dfrac{100+0+0+0}{4} = 25$

③점의 전위 $V_3 = \dfrac{25+0+0+0}{4} = 6.25$

∴ ⑥점의 전위 $V_6 = \dfrac{25+6.25+6.25+0}{4}$

$$= 9.375$$

$$\fallingdotseq 9.4[\text{V}]$$

제2과목 **전력공학**

중 제4장 송전 특성 및 조상설비

21 (A) 동기조상기와 (B) 전력용 콘덴서를 비교한 것으로 옳은 것은?

① 시충전 : (A) 불가능, (B) 가능

② 전력손실 : (A) 작다, (B) 크다

③ 무효전력조정 : (A) 계단적, (B) 연속적

④ 무효전력 : (A) 진상·지상용, (B) 진상용

해설 전력용 콘덴서와 동기조상기의 특성

전력용 콘덴서	동기조상기
• 진상전류만 공급이 가능하다.	• 진상, 지상 전류 모두 공급이 가능하다.
• 전류조정이 계단적이다.	• 전류조정이 연속적이다.
• 소형, 경량으로 값이 싸고 손실이 적다.	• 대형, 중량이므로 값이 비싸고 손실이 크다.
• 용량 변경이 쉽다.	• 선로의 시송전(＝시충전) 운전이 가능하다.

상 제10장 배전선로 계산

22 어떤 공장의 소모전력이 100[kW]이며, 이 부하의 역률이 0.6일 때, 역률을 0.9로 개선하기 위한 전력용 콘덴서의 용량은 약 몇 [kVA]인가?

① 75 ② 80

③ 85 ④ 90

해설

전력용 콘덴서의 용량

$$Q_c = 100 \left(\frac{\sqrt{1-0.6^2}}{0.6} - \frac{\sqrt{1-0.9^2}}{0.9} \right)$$

$$= 84.9$$

$$\fallingdotseq 85[\text{kVA}]$$

하 제11장 발전

23 수력발전소에서 사용되는 수차 중 15[m] 이하의 저낙차에 적합하여 조력발전용으로 알맞은 수차는?

① 카플란 수차 ② 펠톤 수차

③ 프란시스 수차 ④ 튜블러 수차

해설 튜블러 수차

일반 반동수차에서 발생하는 유수에서의 손실을 줄이기 위해 수차와 발전기를 연결한 것으로 초저낙차(15[m] 이하 조력발전용)에 적용이 가능하다.

하 제11장 발전

24 어떤 화력발전소에서 과열기 출구의 증기압이 169[kg/cm²]이다. 이것은 약 몇 [atm]인가?

① 127.1
② 163.6
③ 1650
④ 12850

해설

표준대기압 1[atm]=760[mmHg]
→ 1.033[kg/cm²]=760[mmHg]
∴ $\dfrac{169}{1.033} = 163.6$[atm]

상 제2장 전선로

25 가공송전선로를 가선할 때에는 하중조건과 온도조건을 고려하여 적당한 이도(dip)를 주도록 하여야 한다. 이도에 대한 설명으로 옳은 것은?

① 이도의 대·소는 지지물의 높이를 좌우한다.
② 전선을 가선할 때 전선을 팽팽하게 하는 것을 이도가 크다고 한다.
③ 이도가 작으면 전선이 좌우로 크게 흔들려서 다른 상의 전선에 접촉하여 위험하게 된다.
④ 이도가 작으면 이에 비례하여 전선의 장력이 증가되며, 너무 작으면 전선 상호간이 꼬이게 된다.

해설 이도가 선로에 미치는 영향

㉠ 이도의 대·소는 지지물의 높이를 결정한다.
㉡ 이도가 크면 전선은 좌우로 크게 진동해서 다른 상의 전선 또는 식물에 접촉해서 위험을 준다.
㉢ 이도가 너무 작으면 전선의 장력이 증가하여 단선사고가 발생할 수 있다.

중 제10장 배전선로 계산

26 승압기에 의하여 전압 V_e에서 V_h로 승압할 때, 2차 정격전압 e, 자기용량 W인 단상 승압기가 공급할 수 있는 부하용량은?

① $\dfrac{V_h}{e} \times W$

② $\dfrac{V_c}{e} \times W$

③ $\dfrac{V_e}{V_h - V_e} \times W$

④ $\dfrac{V_h - V_e}{V_e} \times W$

해설

승압기 용량 $W = \dfrac{e}{V_h} \times W_0$이므로

승압기가 공급하는 전력 $W_0 = \dfrac{V_h}{e} W$[kVA]

중 제10장 배전선로 계산

27 일반적으로 부하의 역률을 저하시키는 원인은?

① 전등의 과부하
② 선로의 충전전류
③ 유도전동기의 경부하운전
④ 동기전동기의 중부하운전

해설 역률을 저하시키는 주요 원인

㉠ 유도전동기의 경부하운전
㉡ 가정용 전기기기(소형 유도전동기)와 방전등(기동장치의 코일 사용) 사용
㉢ 주상변압기의 여자전류의 영향

상 제5장 고장 계산 및 안정

28 송전단전압을 V_s, 수전단전압을 V_r, 선로의 리액턴스를 X라 할 때 정상 시의 최대 송전전력의 개략적인 값은?

① $\dfrac{V_s - V_r}{X}$

② $\dfrac{V_s^2 - V_r^2}{X}$

③ $\dfrac{V_s(V_s - V_r)}{X}$

④ $\dfrac{V_s \cdot V_r}{X}$

정답 24 ② 25 ① 26 ① 27 ③ 28 ④

1차측   2차측

해설

송전전력 $P = \dfrac{V_s V_r}{X} \sin\delta$[MW]에서 최대 송전전력은 부

하각 $\delta = 90°$에서 발생하므로 최대 송전전력 $P = \dfrac{V_s V_r}{X}$

로 된다.

상 | 제7장 이상전압 및 유도장해

29 가공지선의 설치목적이 아닌 것은?

① 전압강하의 방지
② 직격뢰에 대한 차폐
③ 유도뢰에 대한 정전차폐
④ 통신선에 대한 전자유도장해 경감

해설 가공지선의 설치효과

㉠ 직격뢰로부터 선로 및 기기 차폐
㉡ 유도뢰에 의한 정전차폐효과
㉢ 통신선의 전자유도장해를 경감시킬 수 있는 전자차
폐효과

상 | 제7장 이상전압 및 유도장해

30 피뢰기가 방전을 개시할 때의 단자전압의 순시값을 방전개시전압이라 한다. 방전 중의 단자전압의 파고값을 무엇이라 하는가?

① 속류
② 제한전압
③ 기준충격 절연강도
④ 상용주파 허용단자전압

해설

① 속류 : 방전이 끝난 후에도 계속하여 전력계통에서 공급되어 피뢰기에 흐르는 전류
② 피뢰기 제한전압 : 방전 중에 피뢰기 단자 간에 걸리는 전압의 최대치(파고값)
③ 기준충격 절연강도 : 전력계통에서 절연협조를 구성하기 위한 기준이 되는 절연강도
④ 상용주파 허용단자전압 : 계통의 상용주파수의 지속성 이상전압에 의한 방전개시전압의 실효치

하 | 제8장 송전선로 보호방식

31 송전계통의 한 부분이 그림과 같이 3상 변압기로 1차측은 △로, 2차측은 Y로 중성점이 접지되어 있을 경우, 1차측에 흐르는 영상전류는?

① 1차측 선로에서 ∞이다.
② 1차측 선로에서 반드시 0이다.
③ 1차측 변압기 내부에서는 반드시 0이다.
④ 1차측 변압기 내부와 1차측 선로에서 반드시 0이다.

해설

1차측의 변압기 접속이 △결선이므로 영상전류는 결선 내부에만 흐를 뿐 외부에는 나타나지 않는다.

중 | 제9장 배전방식

32 배전선로에 관한 설명으로 틀린 것은?

① 밸런서는 단상 2선식에 필요하다.
② 저압뱅킹방식은 전압변동을 경감할 수 있다.
③ 배전선로의 부하율이 F일 때 손실계수는 F와 F^2의 사이의 값이다.
④ 수용률이란 최대 수용전력을 설비용량으로 나눈 값을 퍼센트로 나타낸다.

해설

밸런스는 단상 3선식 선로의 말단에 전압 불평형을 방지하기 위하여 설치하는 권선비 1 : 1인 단권변압기이다.

중 | 제11장 발전

33 수차발전기에 제동권선을 설치하는 주된 목적은?

① 정지시간 단축
② 회전력의 증가
③ 과부하 내량의 증대
④ 발전기 안정도의 증진

해설

수차발전기에 제동권선을 설치하여 난조를 방지하여 안정도의 증진을 가져온다.

하 제10장 배전선로 계산

34
3상 3선식 가공송전선로에서 한 선의 저항은 15[Ω], 리액턴스는 20[Ω]이고, 수전단 선간전압은 30[kV], 부하역률은 0.8(뒤짐)이다. 전압강하율을 10[%]라 하면, 이 송전선로는 몇 [kW]까지 수전할 수 있는가?

① 2500   ② 3000
③ 3500   ④ 4000

해설

부하전류 $I = \dfrac{e}{\sqrt{3}\,(r\cos\theta + x\sin\theta)}$

$= \dfrac{30000 \times 0.1}{\sqrt{3}\,(15 \times 0.8 + 20 \times 0.6)}$

$= 72.17[\mathrm{A}]$

수전전력 $P = \sqrt{3}\,VI\cos\theta$

$= \sqrt{3} \times 30 \times 72.17 \times 0.8$

$= 3000[\mathrm{kW}]$

상 제10장 배전선로 계산

35
송전선로에서 사용하는 변압기 결선에 △결선이 포함되어 있는 이유는?

① 직류분의 제거
② 제3고조파의 제거
③ 제5고조파의 제거
④ 제7고조파의 제거

해설

변압기 결선에 △결선을 사용하면 제3고조파(영상분)를 제거하여 근접 통신선에 대한 유도장해를 억제할 수 있다.

상 제1장 전력계통

36
교류송전방식과 비교하여 직류송전방식의 설명이 아닌 것은?

① 전압변동률이 양호하고 무효전력에 기인하는 전력손실이 생기지 않는다.
② 안정도의 한계가 없으므로 송전용량을 높일 수 있다.
③ 전력변환기에서 고조파가 발생한다.
④ 고전압, 대전류의 차단이 용이하다.

해설 직류송전방식(HVDC)의 장점

㉠ 비동기연계가 가능하다.
㉡ 리액턴스 강하가 없다. 따라서 안정도의 문제가 없다.
㉢ 절연비가 저감하고, 코로나에 유리하다.
㉣ 유전체손이나 연피손이 없다.
㉤ 고장전류가 적어 계통 확충이 가능하다.

하 제4장 송전 특성 및 조상설비

37
전압 66000[V], 주파수 60[Hz], 길이 15[km], 심선 1선당 작용정전용량 0.3587[μF/km]인 한 선당 지중전선로의 3상 무부하 충전전류는 약 몇 [A]인가? (단, 정전용량 이외의 선로정수는 무시한다.)

① 62.5   ② 68.2
③ 73.6   ④ 77.3

해설

지중전선로의 3상 무부하 충전전류

$I_c = 2\pi f C \dfrac{V_n}{\sqrt{3}} l \times 10^{-6}[\mathrm{A}]$

$= 2\pi \times 60 \times 0.3587 \times \dfrac{66000}{\sqrt{3}} \times 15 \times 10^{-6}$

$= 77.25 \fallingdotseq 77.3[\mathrm{A}]$

상 제8장 송전선로 보호방식

38
전력계통에서 사용되고 있는 GCB(Gas Circuit Breaker)용 가스는?

① N_2가스   ② SF_6가스
③ 아르곤가스   ④ 네온가스

해설 가스차단기(GCB)

아크소호특성과 절연특성이 뛰어난 SF_6가스로 절연유지 및 아크소호를 시키는 원리를 이용하는 차단기로 고전압, 대용량으로 사용되고 있다.

중 제8장 송전선로 보호방식

39
차단기와 아크소호원리가 바르지 않은 것은?

① OCB : 절연유에 분해가스 흡부력 이용
② VCB : 공기 중 냉각에 의한 아크소호
③ ABB : 압축공기를 아크에 불어 넣어서 차단
④ MBB : 전자력을 이용하여 아크를 소호하고 실내로 유도하여 냉각

정답   34 ②   35 ②   36 ④   37 ④   38 ②   39 ②

해설

진공차단기(VCB)는 고진공으로 유지된 밀폐용기 내에서 접점을 분리하여 발생하는 아크를 소호하는 차단기이다.

하 제9장 배전방식

40 네트워크 배전방식의 설명으로 옳지 않은 것은?

① 전압변동이 적다.
② 배전 신뢰도가 높다.
③ 전력손실이 감소한다.
④ 인축의 접촉사고가 적어진다.

해설 네트워크 배전방식의 특성

㉠ 무정전공급이 가능하고 공급의 신뢰도가 우수하다.
㉡ 부하 증가에 대해 융통성이 높다.
㉢ 전력손실이나 전압강하가 적고 기기의 이용률이 향상된다.

제3과목 전기기기

하 제5장 정류기

41 정류회로에 사용되는 환류다이오드(free wheeling diode)에 대한 설명으로 틀린 것은?

① 순저항부하의 경우 불필요하게 된다.
② 유도성 부하의 경우 불필요하게 된다.
③ 환류 다이오드 동작 시 부하 출력전압은 0[V]가 된다.
④ 유도성 부하의 경우 부하전류의 평활화에 유용하다.

해설 환류다이오드

유도성 부하와 병렬로 접속된 다이오드로 인덕터의 충전전류로 인한 기기의 손상 및 스파크나 노이즈의 발생을 방지할 수 있다.

상 제3장 변압기

42 3상 변압기를 병렬운전하는 경우 불가능한 조합은?

① △-Y와 Y-△
② △-△와 Y-Y

③ △-Y와 △-Y
④ △-Y와 △-△

해설

3상 변압기의 병렬운전 시 △-△와 △-Y, △-Y와 Y-Y의 결선은 위상차가 30° 발생하여 순환전류가 흐르기 때문에 병렬운전이 불가능하다.

하 제6장 특수기기

43 3상 직권 정류자전동기에 중간(직렬)변압기가 쓰이고 있는 이유가 아닌 것은?

① 정류자전압의 조정
② 회전자상수의 감소
③ 실효권수비 선정 조정
④ 경부하 때 속도의 이상상승 방지

해설 중간(직렬)변압기를 사용하는 이유

㉠ 전원에 관계없이 회전자의 전압을 정류작용으로 선정할 수 있다.
㉡ 중간변압기의 실효권수비를 조정하여 전동기의 특성을 조정할 수 있다.
㉢ 경부하 시에 속도의 급상승을 중간변압기를 이용하여 억제할 수 있다.

중 제1장 직류기

44 직류분권전동기를 무부하로 운전 중 계자회로에 단선이 생긴 경우 발생하는 현상으로 옳은 것은?

① 역전한다.
② 즉시 정지한다.
③ 과속도로 되어 위험하다.
④ 무부하이므로 서서히 정지한다.

해설

분권전동기의 운전 중 계자회로가 단선이 되면 계자전류가 0이 되고 무여자($\phi = 0$)상태가 되어 회전수 N이 위험속도가 된다.

상 제3장 변압기

45 변압기에 있어서 부하와는 관계없이 자속만을 발생시키는 전류는?

① 1차 전류   ② 자화전류
③ 여자전류   ④ 철손전류

정답 40 ④ 41 ② 42 ④ 43 ② 44 ③ 45 ②

해설

무부하시험 시 변압기 2차측을 개방하고 1차측에 정격전압 V_1을 인가할 경우 전력계에 나타나는 값은 철손이고, 전류계의 값은 무부하전류 I_0가 된다. 여기서, 무부하전류(I_0)는 철손전류(I_i)와 자화전류(I_m)의 합으로 자화전류는 자속만을 만드는 전류이다.

중 제1장 직류기

46 직류전동기의 규약효율을 나타낸 식으로 옳은 것은?

① $\dfrac{출력}{입력} \times 100[\%]$

② $\dfrac{입력}{입력+손실} \times 100[\%]$

③ $\dfrac{출력}{출력+손실} \times 100[\%]$

④ $\dfrac{입력-손실}{입력} \times 100[\%]$

해설 규약효율

㉠ 전동기

$$\eta_M = \frac{입력-손실}{입력} \times 100[\%]$$

㉡ 발전기

$$\eta_G = \frac{출력}{출력+손실} \times 100[\%]$$

중 제1장 직류기

47 직류전동기에서 정속도(constant speed) 전동기라고 볼 수 있는 전동기는?

① 직권전동기   ② 타여자전동기
③ 화동복권전동기   ④ 차동복권전동기

해설

㉠ 타여자 및 분권 전동기(정속도전동기)

$$T \propto I_a \propto \frac{1}{N}$$

㉡ 직권전동기

$$T \propto I_a^2 \propto \frac{1}{N^2}$$

상 제4장 유도기

48 단상 유도전동기의 기동방법 중 기동토크가 가장 큰 것은?

① 반발기동형
② 분상기동형
③ 셰이딩코일형
④ 콘덴서 분상기동형

해설 단상 유도전동기의 기동토크 크기에 따른 순서

반발기동형 > 반발유도형 > 콘덴서기동형 > 분상기동형 > 셰이딩코일형 > 모노사이클형

하 제3장 변압기

49 부흐홀츠계전기에 대한 설명으로 틀린 것은?

① 오동작의 가능성이 많다.
② 전기적 신호로 동작한다.
③ 변압기의 보호에 사용된다.
④ 변압기의 주탱크와 콘서베이터를 연결하는 관 중에 설치한다.

해설

부흐홀츠계전기는 콘서베이터와 변압기 본체 사이를 연결하는 관에 설치하는 계전기로 변압기 내부에서 발생되는 가스와 유속의 변화에 의해 작동되는 보호장치로서 내부고장으로 인한 사고의 확대를 방지한다.

상 제1장 직류기

50 직류기에서 정류코일의 자기인덕턴스를 L이라 할 때 정류코일의 전류가 정류주기 T_c 사이에 I_c에서 $-I_c$로 변한다면 정류코일의 리액턴스 전압[V]의 평균값은?

① $L\dfrac{T_c}{2I_c}$ ② $L\dfrac{I_c}{2T_c}$

③ $L\dfrac{2I_c}{T_c}$ ④ $L\dfrac{I_c}{T_c}$

해설

리액턴스 전압

$$e_L = L\frac{2I_c}{T_c}[\text{V}]$$

여기서, L : 인덕턴스
　　　　I_c : 정류전류
　　　　T_c : 정류주기

정답 46 ④ 47 ② 48 ① 49 ② 50 ③

하 제6장 특수기기

51 일반적인 전동기에 비하여 리니어전동기 (linear motor)의 장점이 아닌 것은?

① 구조가 간단하여 신뢰성이 높다.
② 마찰을 거치지 않고 추진력이 얻어진다.
③ 원심력에 의한 가속제한이 없고 고속을 쉽게 얻을 수 있다.
④ 기어, 벨트 등 동력변환기구가 필요 없고 직접원운동이 얻어진다.

해설 리니어전동기의 장단점

장 점	단 점
⑦ 보수가 용이하고 구조가 간단하여 신뢰성이 높다.	⑦ 리니어 유도전동기의 경우 회전형에 비해 역률, 효율이 낮다.
⑥ 기어, 벨트 등 동력변환기구가 필요 없고 직접직선운동이 얻어진다.	⑥ 저속도로 운전하기 어렵다.
⑥ 마찰 없이 추진력이 얻어진다.	⑥ 1차, 2차의 틈새 갭을 일정하게 유지하는 기술이 필요하며 구조적으로 비교적 까다롭다.
⑥ 운전 시 원심력에 의한 가속의 제한이 없고 고속운전이 용이하다.	⑥ 부하의 관성의 영향이 크게 나타난다.
⑥ 같은 1차측을 여러 가지의 2차측과 조합할 수 있다	⑥ 1차측이 고정되어 있고 긴 경우에는 코일 이용률이 나쁘다.

상 제5장 정류기

52 직류를 다른 전압의 직류로 변환하는 전력 변환기기는?

① 초퍼   ② 인버터
③ 사이클로 컨버터   ④ 브리지형 인버터

해설 정류기에 따른 전력변환

⑦ 인버터 : 직류 → 교류로 변환
⑥ 컨버터 : 교류 → 직류로 변환
⑥ 초퍼 : 직류 → 직류로 변환
⑥ 사이클로 컨버터 : 교류 → 교류로 변환

하 제3장 변압기

53 와전류손실을 패러데이의 법칙으로 설명한 과정 중 틀린 것은?

① 와전류가 철심으로 흘러 발열
② 유기전압 발생으로 철심에 와전류가 흐름
③ 시변자속으로 강자성체 철심에 유기전압 발생
④ 와전류에너지 손실량은 전류경로 크기에 반비례

해설

변압기의 철심에는 사인파모양으로 변하는 교류자기장 (시변자속)으로 유기전압이 발생하여 와전류가 철심에 흘러 와전류손실이 발생한다.
와전류손실
$P_e = k_h k_e (t \cdot f \cdot B_m)^2 [\text{W}] \rightarrow P_e \propto V^2 \propto t^2$
여기서, k_h, k_e : 재료에 따른 상수
      t : 철심의 두께
      B_m : 최대 자속밀도

중 제3장 변압기

54 주파수가 정격보다 3[%] 감소하고 동시에 전압이 정격보다 3[%] 상승된 전원에서 운전되는 변압기가 있다. 철손이 $f B_m^2$에 비례한다면 이 변압기 철손은 정격상태에 비하여 어떻게 달라지는가? (단, f : 주파수, B_m : 자속밀도 최대치이다.)

① 약 8.7[%] 증가
② 약 8.7[%] 감소
③ 약 9.4[%] 증가
④ 약 9.4[%] 감소

해설

주파수의 3[%] 감소 시 1 → 0.97
전압의 3[%] 증가 시 1 → 1.03
철손 $P_i \propto \dfrac{V^2}{f} = \dfrac{1.03^2}{0.97} = 1.0937 ≒ 1.094$
철손의 변화 $= (1.094 - 1) \times 100 = 9.4[\%]$

하 제6장 특수기기

55 교류정류자기에서 갭의 자속분포가 정현파로 $\phi_m = 0.14[\text{Wb}]$, $P = 2$, $a = 1$, $Z = 200$, $N = 1200[\text{rpm}]$인 경우 브러시축이 자극축과 30°라면 속도기전력의 실효값 E_s는 약 몇 [V]인가?

① 160   ② 400
③ 560   ④ 800

정답 51 ④ 52 ① 53 ④ 54 ③ 55 ②

해설

속도기전력의 실효값

$$E_s = \frac{1}{\sqrt{2}} \frac{P}{a} Z \frac{N}{60} \phi_m \sin\theta[\text{V}]$$

$$= \frac{1}{\sqrt{2}} \times \frac{2}{1} \times 200 \times \frac{1200}{60} \times 0.14 \times \sin 30°$$

$$= 395.98 \fallingdotseq 400[\text{V}]$$

하 | 제2장 동기기

56 역률 0.85의 부하 350[kW]에 50[kW]를 소비하는 동기전동기를 병렬로 접속하여 합성부하의 역률을 0.95로 개선하려면 전동기의 진상무효전력은 약 몇 [kVar]인가?

① 68　　　　② 72
③ 80　　　　④ 85

해설

무부하 동기전동기를 과여자시키면 콘덴서 작용을 한다.
㉠ 역률 0.85 부하의 지상무효전력

$$P_r = \frac{350}{0.85} \sqrt{1-0.85^2} = 216.91[\text{kVar}]$$

㉡ 무부하 동기전동기의 접속 시 지상무효전력

$$P_r' = \frac{350+50}{0.95} \sqrt{1-0.95^2}$$

$$= \frac{400}{0.95} \times 0.312 = 131.47[\text{kVar}]$$

㉢ 동기전동기의 진상무효전력

$$Q_c = 216.91 - 131.47 = 85.44 \fallingdotseq 85[\text{kVar}]$$

상 | 제3장 변압기

57 변압기의 무부하시험, 단락시험에서 구할 수 없는 것은?

① 철손
② 동손
③ 절연내력
④ 전압변동률

해설 변압기의 등가회로 작성 시 특성시험

㉠ 무부하시험 : 무부하전류(여자전류), 철손, 여자어드미턴스
㉡ 단락시험 : 임피던스 전압, 임피던스 와트, 동손, 전압변동률
㉢ 저항 측정

중 | 제2장 동기기

58 3상 동기발전기의 단락곡선이 직선으로 되는 이유는?

① 전기자반작용으로
② 무부하상태이므로
③ 자기포화가 있으므로
④ 누설리액턴스가 크므로

해설

동기발전기의 단락 시 돌발단락전류가 발생하고 전기자반작용에 의한 누설리액턴스로 인해 수사이클 이후에 지속단락전류로 변화된다. 이를 계자전류와 단락전류의 곡선으로 표현할 경우 직선으로 나타난다.

중 | 제2장 동기기

59 정격출력 5000[kVA], 정격전압 3.3[kV], 동기임피던스가 매상 1.8[Ω]인 3상 동기발전기의 단락비는 약 얼마인가?

① 1.1　　　　② 1.2
③ 1.3　　　　④ 1.4

해설

㉠ 정격전류

$$I_n = \frac{P}{\sqrt{3}\,V_n} = \frac{5000}{\sqrt{3} \times 3.3} = 874.77 \fallingdotseq 874.8[\text{A}]$$

㉡ 단락전류

$$I_s = \frac{E}{Z_s} = \frac{\dfrac{3300}{\sqrt{3}}}{1.8} = 1058.48[\text{A}]$$

㉢ 단락비

$$K_s = \frac{I_s}{I_n} = \frac{1058.48}{874.8} = 1.2$$

상 | 제2장 동기기

60 동기기의 회전자에 의한 분류가 아닌 것은?

① 원통형
② 유도자형
③ 회전계자형
④ 회전전기자형

해설 동기기의 회전자에 의한 분류

회전계자형, 회전전기자형, 유도자형

정답　56 ④　57 ③　58 ①　59 ②　60 ①

제4과목 회로이론 및 제어공학

상 제어공학 제1장 자동제어의 개요

61 기준입력과 주궤환량과의 차로서, 제어계의 동작을 일으키는 원인이 되는 신호는?

① 조작신호 ② 동작신호
③ 주궤환신호 ④ 기준입력신호

해설 피드백제어계의 구성

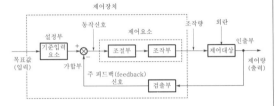

상 제어공학 제3장 시간영역해석법

62 폐루프 전달함수 $\dfrac{C(s)}{R(s)}$ 가 다음과 같은 2차 제어계에 대한 설명 중 틀린 것은?

$$\frac{C(s)}{R(s)} = \frac{\omega_n^2}{s^2 + 2\delta\omega_n s + \omega_n^2}$$

① 최대 오버슈트는 $e^{-\pi\delta\sqrt{1-\delta^2}}$ 이다.
② 이 폐루프계의 특성방정식은 $s^2 + 2\delta\omega_n s + \omega_n^2 = 0$ 이다.
③ 이 계는 $\delta = 0.1$ 일 때 부족제동된 상태에 있게 된다.
④ δ값을 작게 할수록 제동은 많이 걸리게 되니 비교 안정도는 향상된다.

해설

제동계수 δ가 클수록 제동은 많이 걸리게 된다.

중 제어공학 제7장 상태방정식

63 3차인 이산치시스템의 특성방정식의 근이 -0.3, -0.2, $+0.5$로 주어져 있다. 이 시스템의 안정도는?

① 이 시스템은 안정한 시스템이다.

② 이 시스템은 불안정한 시스템이다.
③ 이 시스템은 임계안정한 시스템이다.
④ 위 정보로서는 이 시스템의 안정도를 알 수 없다.

해설 s평면과 z평면의 관계(극점의 위치에 따른 안정도 판별)

구 분	안 정	불안정	임계안정 (안정한계)
s평면	좌반부	우반부	$j\omega$축
z평면	단위원 내부에 사상	단위원 외부에 사상	단위원주상으로 사상

∴ z평면에서 특성근이 -0.3, -0.2, $+0.5$는 모두 단위원 내부에 존재하므로 이 시스템은 안정한 시스템이다.

하 제어공학 제5장 안정도 판별법

64 다음의 특성방정식을 Routh-Hurwitz 방법으로 안정도를 판별하고자 한다. 이때 안정도를 판별하기 위하여 가장 잘 해석한 것은 어느 것인가?

$$q(s) = s^5 + 2s^4 + 2s^3 + 4s^2 + 11s + 10$$

① s평면의 우반면에 근은 없으나 불안정하다.
② s평면의 우반면에 근이 1개 존재하여 불안정하다.
③ s평면의 우반면에 근이 2개 존재하여 불안정하다.
④ s평면의 우반면에 근이 3개 존재하여 불안정하다.

해설

루쓰표로 표현하면 다음과 같다.

s^5	a_0	a_2	a_4	a_6
s^4	a_1	a_3	a_5	a_7
s^3	b_1	b_2	b_3	b_4
s^2	c_1	c_2	c_3	c_4
s^1	d_1	d_2	d_3	d_4
s^0	e_1	e_2	e_3	e_4

$\rightarrow$

s^5	1	2	11	0
s^4	2	4	10	0
s^3	ε	6	0	0
s^2	$-\infty$	10	0	0
s^1	6	0	0	0
s^0	10	0	0	0

㉠ $b_1 = \dfrac{a_0 a_3 - a_2 a_1}{-a_1} = \dfrac{1\times4 - 2\times2}{-2} = 0 = \varepsilon$

㉡ $b_2 = \dfrac{a_0 a_5 - a_4 a_1}{-a_1} = \dfrac{1\times10 - 11\times2}{-2} = 6$

정답 61 ② 62 ④ 63 ① 64 ③

© $c_1 = \lim_{\varepsilon \to 0} \dfrac{4\varepsilon - 12}{\varepsilon} = \lim_{\varepsilon \to 0} \dfrac{4 - \dfrac{12}{\varepsilon}}{1} = -\infty$

② $c_2 = \dfrac{a_1 b_3 - a_5 b_1}{-b_1} = \dfrac{a_1 \times 0 - a_5 b_1}{-b_1} = a_5 = 10$

© $d_1 = \dfrac{b_1 c_2 - b_2 c_1}{-c_1} = \dfrac{\varepsilon \times 10 - 6 \times (-\infty)}{\infty} = 6$

⊎ $e_1 = \dfrac{c_1 d_2 - c_2 d_1}{-d_1} = \dfrac{c_1 \times 0 - c_2 d_1}{-d_1} = c_2 = 10$

∴ 수열 제1열의 부호가 2번 있었으므로 양의 실수를 갖는 불안정한 근은 2개가 된다.

상 제어공학 제6장 근궤적법

65 전달함수 $G(s)H(s) = \dfrac{K(s+1)}{s(s+1)(s+2)}$ 일 때 근궤적의 수는?

① 1   ② 2

③ 3   ④ 4

해설

⊙ 근궤적의 수는 극점과 영점의 수 중 큰 것에 의해 결정된다. 또는 특성방정식의 차수에 의해 결정된다.

© 영점의 수 : 1개, 극점의 수 : 3개
∴ 근궤적의 수는 3개가 된다.

하 제어공학 제2장 전달함수

66 다음의 미분방정식을 신호흐름선도에 옳게 나타낸 것은? $\left(\text{단, } c(t) = X_1(t), \ X_2(t) = \dfrac{d}{dt}X_1(t)\text{로 표시한다.}\right)$

$$2\dfrac{dc(t)}{dt} + 5c(t) = r(t)$$

①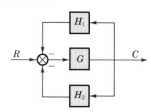

②

---

③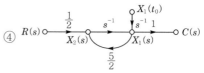

④

해설

신호흐름선도의 각 마디에서 방정식을 정리하면 다음과 같다.

⊙ $C(s) = X_1(s)$

© $X_2(s) = s X_1(s)$이므로
　$X_1(s) = s^{-1} X_2(s)$

© $2s C(s) + 5 C(s) = R(s)$
　$2s X_1(s) + 5 X_1(s) = R(s)$
　$2 X_2(s) + 5 X_1(s) = R(s)$
　$X_2(s) = \dfrac{1}{2}R(s) - \dfrac{5}{2}X_1(s)$

∴ 위 방정식을 만족하는 것은 ①이 된다.

상 제어공학 제2장 전달함수

67 다음 블록선도의 전체 전달함수가 1이 되기 위한 조건은?

① $G = \dfrac{1}{1 - H_1 - H_2}$

② $G = \dfrac{1}{1 + H_1 + H_2}$

③ $G = \dfrac{-1}{1 - H_1 - H_2}$

④ $G = \dfrac{-1}{1 + H_1 + H_2}$

해설

⊙ 종합전달함수
$$M(s) = \dfrac{\sum \text{전향경로이득}}{1 - \sum \text{폐루프이득}}$$

정답   65 ③   66 ①   67 ①

$$= \frac{G}{1+H_1 G + H_2 G} = 1$$

ⓛ $G = 1 + H_1 G + H_2 G$

$G(1 - H_1 - H_2) = 1$

∴ $G = \frac{1}{1 - H_1 - H_2}$

상 제어공학 제5장 안정도 판별법

68 특성방정식의 모든 근이 s 복소평면의 좌반면에 있으면 이 계는 어떠한가?

① 안정　　　　② 준안정
③ 불안정　　　④ 조건부 안정

해설 특성근 위치에 따른 안정도 판별

㉠ s 평면 좌반부 : 안정
ⓛ s 평면 우반부 : 불안정
ⓒ s 평면 허수축 : 임계안정(안정한계)

상 제어공학 제8장 시퀀스회로의 이해

69 그림의 회로는 어느 게이트(gate)에 해당되는가?

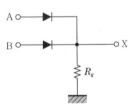

① OR　　　　② AND
③ NOT　　　④ NOR

해설 무접점회로

㉠ OR gate

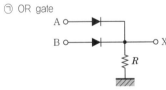

ⓛ AND gate

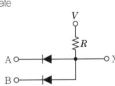

ⓒ NOT gate

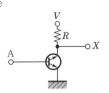

하 제어공학 제3장 시간영역해석법

70 전달함수 $G(s) = \dfrac{Y(s)}{X(s)} = \dfrac{1}{s^2(s+1)}$ 로 주어진 시스템의 단위 임펄스응답은?

① $y(t) = 1 - t + e^{-t}$
② $y(t) = 1 + t + e^{-t}$
③ $y(t) = t - 1 + e^{-t}$
④ $y(t) = t - 1 - e^{-t}$

해설

응답 $c(t) = \mathcal{L}^{-1}[R(s)\,G(s)]$ 에서 임펄스함수의 $R(s)$ $= 1$ 이므로 전달함수 $G(s) = \dfrac{1}{s^2(s+1)}$ 을 라플라스 역변환하여 구할 수 있다.

$\dfrac{1}{s^2(s+1)} = \dfrac{A}{s^2} + \dfrac{B}{s} + \dfrac{C}{s+1}$ 에서

㉠ $A = \lim\limits_{s \to 0} s^2 G(s) = \lim\limits_{s \to 0} \dfrac{1}{s+1} = 1$

ⓛ $B = \lim\limits_{s \to 0} \dfrac{d}{ds} s^2 G(s) = -1$

ⓒ $C = \lim\limits_{s \to -1} (s+1)G(s) = \lim\limits_{s \to -1} \dfrac{1}{s^2} = 1$

㉣ $c(t) = At + B + Ce^{-t} = t - 1 + e^{-t}$

중 회로이론 제7장 4단자망 회로해석

71 다음과 같은 회로망에서 영상파라미터 (영상전달정수) θ 는?

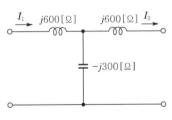

① 10　　　　② 2
③ 1　　　　④ 0

해설

4단자 정수는 다음과 같다.

㉠ $A = 1 + \dfrac{j600}{-j300} = -1$

㉡ $B = \dfrac{(j600 \times -j300) + (j600 \times j600) + (-j300 \times j600)}{-j300} = 0$

㉢ $C = \dfrac{1}{-j300} = j\dfrac{1}{300}$

㉣ $D = 1 + \dfrac{j600}{-j300} = -1$

㉤ 영상전달정수

$\theta = \log_e \left(\sqrt{AD} + \sqrt{BC} \right) = \log_e 1 = 0$

중　회로이론 제3장 다상 교류회로의 이해

72 △결선된 대칭 3상 부하가 있다. 역률이 0.8(지상)이고 소비전력이 1800[W]이다. 선로의 저항 0.5[Ω]에서 발생하는 선로손실이 50[W]이면 부하 단자전압[V]은?

① 627　　　　② 525

③ 326　　　　④ 225

해설

선로손실 $P_l = 3I^2R$에서

$I = \sqrt{\dfrac{P_l}{3R}} = \sqrt{\dfrac{50}{3 \times 0.5}} = \dfrac{10}{\sqrt{3}}$[A]

∴ 부하 단자전압

$V = \dfrac{P}{\sqrt{3}\,I\cos\theta} = \dfrac{1800}{\sqrt{3} \times \dfrac{10}{\sqrt{3}} \times 0.8}$

$= \dfrac{180}{0.8} = 225$[V]

상　회로이론 제2장 단상 교류회로의 이해

73 $E = 40 + j30$[V]의 전압을 가하면 $I = 30 + j10$[A]의 전류가 흐르는 회로의 역률은?

① 0.949　　　② 0.831

③ 0.764　　　④ 0.651

해설

복소전력

$P_a = \overline{V}I = (40 - j30)(30 + j10)$

$\quad = 1500 - j500$[VA] $= 1581.14 \underline{/-18.4°}$[VA]

∴ 역률 $\cos\theta = \dfrac{P}{P_a} = \dfrac{1500}{1581.14} = 0.948$

여기서, P_a : 피상전력, P : 유효전력

하　회로이론 제9장 과도현상

74 그림과 같은 회로에서 스위치 S를 닫았을 때, 과도분을 포함하지 않기 위한 R[Ω]은?

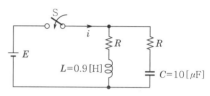

① 100

② 200

③ 300

④ 400

해설

과도분을 포함하지 않기 위한 회로조건은 정저항회로가 되어야 하므로

∴ $R = \sqrt{\dfrac{L}{C}} = \sqrt{\dfrac{0.9}{10 \times 10^{-6}}} = 300$[Ω]

상　회로이론 제8장 분포정수회로

75 분포정수회로에서 직렬임피던스를 Z, 병렬어드미턴스를 Y라 할 때, 선로의 특성임피던스 Z_0는?

① ZY　　　　② $\sqrt{ZY}$

③ $\sqrt{\dfrac{Y}{Z}}$　　　④ $\sqrt{\dfrac{Z}{Y}}$

해설

특성임피던스란, 선로를 이동하는 진행파에 대한 전압과 전류의 비로서 그 선로의 고유한 값으로 크기는 다음과 같다.

∴ $Z_0 = \sqrt{\dfrac{Z}{Y}} = \sqrt{\dfrac{R + j\omega L}{G + j\omega C}}$[Ω]

하　회로이론 제2장 단상 교류회로의 이해

76 다음과 같은 회로의 공진 시 어드미턴스는?

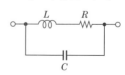

① $\dfrac{RL}{C}$　　　　② $\dfrac{RC}{L}$

③ $\dfrac{L}{RC}$　　　　④ $\dfrac{R}{LC}$

정답　72 ④　73 ①　74 ③　75 ④　76 ②

해설

㉠ 합성어드미턴스

$$Y = \frac{1}{R+j\omega L} + j\omega C$$

$$= \frac{R}{R^2+(\omega L)^2} + j\left(\omega C - \frac{\omega L}{R^2+(\omega L)^2}\right)[\eth]$$

㉡ 공진 시에는 허수부가 0이므로

$$\omega C = \frac{\omega L}{R^2+(\omega L)^2} \text{ 에서 } \frac{1}{R^2+(\omega L)^2} = \frac{C}{L}$$

㉢ 공진 시 어드미턴스

$$Y = \frac{R}{R^2+(\omega L)^2} = \frac{RC}{L}$$

상 회로이론 제2장 단상 교류회로의 이해

77 그림과 같은 회로에서 전류 $I[A]$는?

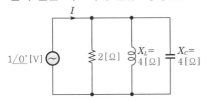

① 0.2   ② 0.5

③ 0.7   ④ 0.9

해설

$$I = I_R + j(I_C - I_L) = \frac{V}{R} + j\left(\frac{V}{X_C} - \frac{V}{X_L}\right)$$

$$= \frac{1}{2} + j\left(\frac{1}{4} - \frac{1}{4}\right) = \frac{1}{2} = 0.5[A]$$

상 회로이론 제10장 라플라스 변환

78 $F(s) = \dfrac{s+1}{s^2+2s}$ 로 주어졌을 때 $F(s)$의 역변환은?

① $\dfrac{1}{2}(1+e^t)$ ② $\dfrac{1}{2}(1+e^{-2t})$

③ $\dfrac{1}{2}(1-e^{-t})$ ④ $\dfrac{1}{2}(1-e^{-2t})$

해설

㉠ $F(s) = \dfrac{s+1}{s^2+2s} = \dfrac{s+1}{s(s+2)} = \dfrac{A}{s} + \dfrac{B}{s+2}$

㉡ $A = \lim\limits_{s\to 0} sF(s) = \lim\limits_{s\to 0} \dfrac{s+1}{s+2} = \dfrac{1}{2}$

㉢ $B = \lim\limits_{s\to -2}(s+2)F(s) = \lim\limits_{s\to -2} \dfrac{s+1}{s} = \dfrac{1}{2}$

㉣ $f(t) = A + Be^{-2t} = \dfrac{1}{2}(1+e^{-2t})$

상 회로이론 제4장 비정현파 교류회로의 이해

79 $e(t) = 100\sqrt{2}\sin\omega t + 150\sqrt{2}\sin 3\omega t + 260\sqrt{2}\sin 5\omega t[V]$인 전압을 $R-L$ 직렬회로에 가할 때에 제5고조파 전류의 실효값은 약 몇 [A]인가? (단, $R=12[\Omega]$, $\omega L = 1[\Omega]$이다.)

① 10   ② 15

③ 20   ④ 25

해설

제5고조파 임피던스

$$Z_{h5} = \sqrt{R^2+(5\omega L)^2} = \sqrt{12^2 \times 5^2} = 13[\Omega]$$

∴ 제5고조파 전류의 실효값

$$I_{h5} = \frac{E_{h5}}{Z_{h5}} = \frac{260}{13} = 20[A]$$

상 회로이론 제2장 단상 교류회로의 이해

80 그림과 같은 파형의 전압 순시값은?

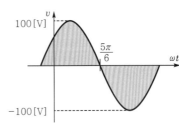

① $100\sin\left(\omega t + \dfrac{\pi}{6}\right)$

② $100\sqrt{2}\sin\left(\omega t + \dfrac{\pi}{6}\right)$

③ $100\sin\left(\omega t - \dfrac{\pi}{6}\right)$

④ $100\sqrt{2}\sin\left(\omega t - \dfrac{\pi}{6}\right)$

해설

순시값 = 최대값$\sin(\omega t \pm$위상차$)$

$\quad = \sqrt{2}$ 실효값 $\sin(\omega t \pm$위상차$)$

$\quad = $ 실효값 $/\pm$위상차

∴ $v = 100\sin\left(\omega t + \dfrac{\pi}{6}\right)[V]$

제5과목 전기설비기술기준

※ 전기설비기술기준 과목 기출문제는 법규개정에 따라 문제를 수정·삭제하였으므로 이 점 착오없으시기 바랍니다.

상 제3장 전선로

81 가공전선로의 지지물에 시설하는 지선에 관한 사항으로 옳은 것은?

① 소선은 지름 2.0[mm] 이상인 금속선을 사용한다.
② 도로를 횡단하여 시설하는 지선의 높이는 지표상 6.0[m] 이상이다.
③ 지선의 안전율은 1.2 이상이고 허용인장하중의 최저는 4.31[kN]으로 한다.
④ 지선에 연선을 사용할 경우에는 소선은 3가닥 이상의 연선을 사용한다.

해설 지선의 시설(KEC 331.11)

가공전선로의 지지물에 시설하는 지선은 다음에 따라야 한다.
㉠ 지선의 안전율 : 2.5 이상(목주·A종 철주, A종 철근콘크리트주 등 1.5 이상)
㉡ 허용인장하중 : 4.31[kN] 이상
㉢ 소선(素線) 3가닥 이상의 연선일 것
㉣ 소선은 지름 2.6[mm] 이상의 금속선을 사용한 것일 것 또는 소선의 지름이 2[mm] 이상인 아연도강연선으로서, 소선의 인장강도가 0.68[kN/mm^2] 이상인 것
㉤ 지중부분 및 지표상 0.3[m]까지의 부분에는 내식성이 있는 아연도금철봉 사용

중 제2장 저압설비 및 고압·특고압설비

82 옥내배선의 사용전압이 400[V] 미만일 때 전광표시장치·출퇴표시등, 기타 이와 유사한 장치 또는 제어회로 등의 배선에 다심케이블을 시설하는 경우 배선의 단면적은 몇 [mm^2] 이상인가?

① 0.75
② 1.5
③ 1
④ 2.5

해설 저압 옥내배선의 사용전선(KEC 231.3.1)

㉠ 연동선 : 2.5[mm^2] 이상
㉡ 전광표시장치 기타 이와 유사한 장치 또는 제어회로 등에 사용하는 배선에 단면적 1.5[mm^2] 이상의 연동선을 사용하고 이를 합성수지관공사·금속관공사·금속몰드공사·금속덕트공사·플로어덕트공사 또는 셀룰러덕트공사에 의하여 시설

㉢ 전광표시장치 기타 이와 유사한 장치 또는 제어회로 등의 배선에 단면적 0.75[mm^2] 이상인 다심케이블 또는 나심 캡타이어케이블을 사용하고 또한 과전류가 생겼을 때에 자동적으로 전로에서 차단하는 장치를 시설

중 제3장 전선로

83 154[kV] 가공송전선로를 제1종 특고압 보안공사로 할 때 사용되는 경동연선의 굵기는 몇 [mm^2] 이상이어야 하는가?

① 100
② 150
③ 200
④ 250

해설 특고압 보안공사(KEC 333.22)

제1종 특고압 보안공사는 다음에 따라 시설함
㉠ 100[kV] 미만 : 인장강도 21.67[kN] 이상, 55[mm^2] 이상의 경동연선
㉡ 100[kV] 이상 300[kV] 미만 : 인장강도 58.84[kN] 이상, 150[mm^2] 이상의 경동연선
㉢ 300[kV] 이상 : 인장강도 77.47[kN] 이상, 200[mm^2] 이상의 경동연선

상 제2장 저압설비 및 고압·특고압설비

84 일반적으로 저압 옥내간선에서 분기하여 전기사용 기계기구에 이르는 저압 옥내전로는 저압 옥내간선과의 분기점에서 전선의 길이가 몇 [m] 이하인 곳에 개폐기 및 과전류차단기를 시설하여야 하는가?

① 0.5
② 1.0
③ 2.0
④ 3.0

해설 과부하 보호장치의 설치 위치(KEC 212.4.2)

분기회로의 보호장치는 분기회로의 분기점으로부터 3[m]까지 이동하여 설치할 수 있다.

중 제2장 저압설비 및 고압·특고압설비

85 전동기의 과부하보호장치의 시설에서 전원측 전로에 시설한 배선용 차단기의 정격전류가 몇 [A] 이하의 것이면 이 전로에 접속하는 단상 전동기에는 과부하보호장치를 생략할 수 있는가?

① 15
② 20
③ 30
④ 50

정답 81 ④ 82 ① 83 ② 84 ④ 85 ②

해설 저압전로 중의 전동기 보호용 과전류보호장치의 시설(KEC 212.6.3)

㉠ 옥내에 시설하는 전동기(정격출력이 0.2[kW] 이하인 것을 제외)에는 전동기가 손상될 우려가 있는 과전류가 생겼을 때에 자동적으로 이를 저지하거나 이를 경보하는 장치를 하여야 한다.

㉡ 다음의 어느 하나에 해당하는 경우에는 과전류보호장치의 시설 생략가능
  • 전동기를 운전 중 상시 취급자가 감시할 수 있는 위치에 시설하는 경우
  • 전동기의 구조나 부하의 성질로 보아 전동기가 손상될 수 있는 과전류가 생길 우려가 없는 경우
  • 단상전동기로써 그 전원측 전로에 시설하는 과전류차단기의 정격전류가 16[A](배선차단기는 20[A]) 이하인 경우
  • 전동기의 정격출력이 0.2[kW] 이하인 경우

중 제3장 전선로

86 사용전압이 35[kV] 이하인 특고압 가공전선과 가공 약전류전선 등을 동일 지지물에 시설하는 경우, 특고압 가공전선로는 어떤 종류의 보안공사로 하여야 하는가?

① 고압 보안공사
② 제1종 특고압 보안공사
③ 제2종 특고압 보안공사
④ 제3종 특고압 보안공사

해설 특고압 가공전선과 가공 약전류전선 등의 공용설치(KEC 333.19)

㉠ 특고압 가공전선로는 제2종 특고압 보안공사에 의할 것
㉡ 특고압 가공전선은 가공 약전류전선 등의 위로 하고 별개의 완금류에 시설할 것
㉢ 특고압 가공전선은 케이블인 경우 이외에는 인장강도 21.67[kN] 이상의 연선 또는 단면적이 50[mm²] 이상인 경동연선일 것
㉣ 특고압 가공전선과 가공 약전류전선 등 사이의 이격거리는 2[m] 이상으로 할 것. 다만, 특고압 가공전선이 케이블인 경우에는 0.5[m]까지로 감할 수 있다.

상 제1장 공통사항

87 사용전압이 고압인 전로의 전선으로 사용할 수 없는 케이블은?

① MI케이블
② 연피케이블
③ 비닐외장케이블
④ 폴리에틸렌 외장케이블

해설 고압 및 특고압 케이블(KEC 122.5)

사용전압이 고압인 전로(전기기계기구 안의 전로를 제외)의 전선으로 사용하는 케이블
㉠ 연피케이블
㉡ 알루미늄피케이블
㉢ 클로로프렌외장케이블
㉣ 비닐외장케이블
㉤ 폴리에틸렌 외장케이블
㉥ 저독성 난연 폴리올레핀외장케이블
㉦ 콤바인덕트케이블

하 제2장 저압설비 및 고압·특고압설비

88 금속관공사에서 절연부싱을 사용하는 가장 주된 목적은?

① 관의 끝이 터지는 것을 방지
② 관 내 해충 및 이물질 출입 방지
③ 관의 단구에서 조영재의 접촉 방지
④ 관의 단구에서 전선피복의 손상 방지

해설 금속관공사(KEC 232.12)

관의 끝부분에는 전선의 피복을 손상하지 아니하도록 적당한 구조의 부싱을 사용한다. 단, 금속관공사로부터 애자사용공사로 옮기는 경우에는 그 부분의 관의 끝부분에는 절연부싱 또는 이와 유사한 것을 사용하여야 한다.

상 제1장 공통사항

89 최대사용전압이 3.3[kV]인 차단기 전로의 절연내력 시험전압은 몇 [V]인가?

① 3036   ② 4125
③ 4950   ④ 6600

해설 전로의 절연저항 및 절연내력(KEC 132)

7000[V] 이하에서는 최대사용전압의 1.5배의 시험전압을 가한다.
절연내력 시험전압＝3300×1.5＝4950[V]

상 제2장 저압설비 및 고압·특고압설비

90 가반형(이동형)의 용접전극을 사용하는 아크용접장치를 시설할 때 용접변압기의 1차측 전로의 대지전압은 몇 [V] 이하이어야 하는가?

① 200   ② 250
③ 300   ④ 600

해설 아크 용접기(KEC 241.10)

㉠ 용접변압기는 절연변압기일 것
㉡ 용접변압기의 1차측 전로의 대지전압은 300[V] 이하일 것
㉢ 용접변압기의 1차측 전로에는 용접변압기에 가까운 곳에 쉽게 개폐할 수 있는 개폐기를 시설할 것
㉣ 전선은 용접용 케이블을 사용할 것
㉤ 용접기 외함 및 피용접재 또는 이와 전기적으로 접속되는 받침대·정반 등의 금속체는 접지공사를 할 것

상 제3장 전선로

91 지중전선로를 직접 매설식에 의하여 차량, 기타 중량물의 압력을 받을 우려가 있는 장소에 시설할 경우에는 그 매설깊이를 최소 몇 [m] 이상으로 하여야 하는가?

① 1　　　　　② 1.0
③ 1.5　　　　④ 1.8

해설 지중전선로의 시설(KEC 334.1)

㉠ 관로식의 경우 케이블 매설깊이
 • 차량, 기타 중량물에 의한 압력을 받을 우려가 있는 장소 : 1.0[m] 이상
 • 기타 장소 : 0.6[m] 이상
㉡ 직접 매설식의 경우 케이블 매설깊이
 • 차량, 기타 중량물에 의한 압력을 받을 우려가 있는 장소 : 1.0[m] 이상
 • 기타 장소 : 0.6[m] 이상

하 제3장 전선로

92 사용전압이 22.9[kV]인 특고압 가공전선과 그 지지물·완금류·지주 또는 지선 사이의 이격거리는 몇 [cm] 이상이어야 하는가?

① 15
② 20
③ 25
④ 30

해설 특고압 가공전선과 지지물 등의 이격거리 (KEC 333.5)

특고압 가공전선과 그 지지물·완금류·지주 또는 지선 사이의 이격거리는 다음 표에서 정한 값 이상이어야 한다. 단, 기술상 부득이한 경우 위험의 우려가 없도록 시설한 때에는 표에서 정한 값의 0.8배까지 감할 수 있다.

사용전압	이격거리[m]
15[kV] 미만	0.15
15[kV] 이상 25[kV] 미만	0.2
25[kV] 이상 35[kV] 미만	0.25
35[kV] 이상 50[kV] 미만	0.3
50[kV] 이상 60[kV] 미만	0.35
60[kV] 이상 70[kV] 미만	0.4
70[kV] 이상 80[kV] 미만	0.45
80[kV] 이상 130[kV] 미만	0.65
130[kV] 이상 160[kV] 미만	0.9
160[kV] 이상 200[kV] 미만	1.1
200[kV] 이상 230[kV] 미만	1.3
230[kV] 이상	1.6

상 제2장 저압설비 및 고압·특고압설비

93 건조한 장소로서 전개된 장소에 고압 옥내배선을 시설할 수 있는 공사방법은?

① 덕트공사　　　② 금속관공사
③ 애자사용공사　④ 합성수지관공사

해설 고압 옥내배선 등의 시설(KEC 342.1)

고압 옥내배선은 다음에 의하여 시설한다.
㉠ 애자사용배선(건조한 장소로서 전개된 장소에 한한다)
㉡ 케이블배선
㉢ 케이블트레이배선

중 제3장 전선로

94 고압 가공전선에 케이블을 사용하는 경우 케이블을 조가용선에 행거로 시설하고자 할 때 행거의 간격은 몇 [cm] 이하로 하여야 하는가?

① 30　　　　　② 50
③ 80　　　　　④ 100

해설 가공케이블의 시설(KEC 332.2)

㉠ 케이블은 조가용선에 행거로 시설할 것
 • 조가용선에 0.5[m] 이하마다 행거에 의해 시설할 것
 • 조가용선에 접촉시키고 금속 테이프 등을 0.2[m] 이하 간격으로 나선형으로 감아 붙일 것
 • 단면적 22[mm²] 이상의 아연도강연선일 것
㉡ 조가용선 및 케이블 피복에는 접지공사를 할 것

정답 91 ② 92 ② 93 ③ 94 ②

95 고압 가공전선로의 지지물에 시설하는 통신선의 높이는 도로를 횡단하는 경우 교통에 지장을 줄 우려가 없다면 지표상 몇 [m]까지로 감할 수 있는가?

① 4   ② 4.5

③ 5   ④ 6

해설 전력보안통신선의 시설 높이와 이격거리 (KEC 362.2)

가공전선로의 지지물에 시설하는 통신선 또는 이에 직접 접속하는 가공통신선의 높이

㉠ 도로를 횡단하는 경우에는 지표상 6[m] 이상으로 한다. 단, 저압이나 고압의 가공전선로의 지지물에 시설하는 통신선 또는 이에 직접 접속하는 가공통신선을 시설하는 경우에 교통에 지장을 줄 우려가 없을 때에는 지표상 5[m]까지로 감할 수 있다.

㉡ 철도 또는 궤도를 횡단하는 경우에는 레일면상 6.5[m] 이상으로 한다.

㉢ 횡단보도교의 위에 시설하는 경우에는 그 노면상 5[m] 이상으로 한다(단, 다음 중 1에 해당하는 경우에는 제외).

• 저압 또는 고압의 가공전선로의 지지물에 시설하는 통신선 또는 이에 직접 접속하는 가공통신선을 노면상 3.5[m](통신선이 절연전선과 동등 이상의 절연효력이 있는 것인 경우에는 3[m]) 이상으로 하는 경우

• 특고압 전선로의 지지물에 시설하는 통신선 또는 이에 직접 접속하는 가공통신선으로서 광섬유 케이블을 사용하는 것을 그 노면상 4[m] 이상으로 하는 경우

제1과목 | 전기자기학

하 제2장 진공 중의 정전계

01 점전하에 의한 전위함수가 $V = \dfrac{1}{x^2 + y^2}$ [V]일 때 grad V는?

① $-\dfrac{ix + jy}{(x^2 + y^2)^2}$

② $-\dfrac{i2x + j2y}{(x^2 + y^2)^2}$

③ $-\dfrac{i2x}{(x^2 + y^2)^2}$

④ $-\dfrac{j2y}{(x^2 + y^2)^2}$

해설

전위경도

$$\operatorname{grad} V = \nabla V = i\frac{\partial V}{\partial x} + j\frac{\partial V}{\partial y} + k\frac{\partial V}{\partial z}$$

$$= i\frac{\partial}{\partial x}(x^2 + y^2)^{-1} + j\frac{\partial}{\partial y}(x^2 + y^2)^{-1}$$

$$= -\frac{i2x + j2y}{(x^2 + y^2)^2}$$

상 제4장 유전체

02 면적 $S\,[\text{m}^2]$, 간격 $d\,[\text{m}]$인 평행판 콘덴서에 전하 $Q[\text{C}]$를 충전하였을 때 정전에너지 $W[\text{J}]$는?

① $W = \dfrac{dQ^2}{\varepsilon S}$

② $W = \dfrac{dQ^2}{2\varepsilon S}$

③ $W = \dfrac{dQ^2}{4\varepsilon S}$

④ $W = \dfrac{dQ^2}{8\varepsilon S}$

해설

평행판 콘덴서의 정전용량 $C = \dfrac{\varepsilon S}{d}$에서

∴ 콘덴서에 축적된 정전에너지

$$W = \frac{Q^2}{2C} = \frac{dQ^2}{2\varepsilon S}\,[\text{J}]$$

상 제2장 진공 중의 정전계

03 Poisson 및 Laplace 방정식을 유도하는 데 관련이 없는 식은?

① $\operatorname{rot} E = -\dfrac{\partial B}{\partial t}$

② $E = -\operatorname{grad} V$

③ $\operatorname{div} D = \rho_v$

④ $D = \varepsilon E$

해설

푸아송의 방정식은 가우스법칙에서 유도한 것이고, 이 식은 전하밀도가 0이 아닌 곳에서 전위를 구하고자 할 때 사용한다(선하밀도가 0일 때는 라플라스 방정식을 이용하여 전위를 구함).

가우스법칙 $\operatorname{div} D = \rho_v$에서

전속밀도 $D = \varepsilon E$를 대입하면

$\operatorname{div} E = \dfrac{\rho}{\varepsilon}$가 되며

$\operatorname{div} E = \operatorname{div}(-\operatorname{grad} V)$

$\qquad = -\nabla \cdot (\nabla V) = -\nabla^2 V$

∴ 푸아송의 방정식 $\nabla^2 V = -\dfrac{\rho}{\varepsilon}$

중 제8장 전류와 자기현상

04 반지름 1[cm]인 원형 코일에 전류 10[A]가 흐를 때, 코일의 중심에서 코일면에 수직으로 $\sqrt{3}$ [cm] 떨어진 점의 자계에 세기는 몇 [AT/m]인가?

① $\dfrac{1}{16} \times 10^3$

② $\dfrac{3}{16} \times 10^3$

③ $\dfrac{5}{16} \times 10^3$

④ $\dfrac{7}{16} \times 10^3$

해설

원형 선전류에 의한 자계

$$H = \frac{a^2 I}{2(a^2 + x^2)^{\frac{3}{2}}}$$

$$= \frac{(10^{-2})^2 \times 10}{2\left[(10^{-2})^2 + (\sqrt{3} \times 10^{-2})^2\right]^{\frac{3}{2}}}$$

$$= \frac{1}{16} \times 10^3\,[\text{AT/m}]$$

정답 01 ② 02 ② 03 ① 04 ①

중 제8장 전류와 자기현상

05 평등자계 내에 전자가 수직으로 입사하였을 때 전자의 운동을 바르게 나타낸 것은?

① 구심력은 전자속도에 반비례한다.
② 원심력은 자계의 세기에 반비례한다.
③ 원운동을 하고 반지름은 자계의 세기에 비례한다.
④ 원운동을 하고 반지름은 전자의 회전속도에 비례한다.

🔧 해설

운동전하가 평등자계에 대하여 수직입사하면 등속원운동하며, 원운동조건은 원심력 또는 구심력 $\left(\dfrac{mv^2}{r}\right)$과 전자력($vBq$)이 같아야 한다.

㉠ 원운동조건 $\dfrac{mv^2}{r} = vBq$

　여기서, m : 질량[kg]
　　　　　v : 전자의 회전속도[m/s]
　　　　　r : 원운동 반경[m]
　　　　　B : 자속밀도[Wb/m^2]
　　　　　q : 전하[C]

㉡ 전자의 궤도(원운동반경)

$r = \dfrac{mv}{Bq} = \dfrac{mv}{\mu Hq}$[m] $\propto v$

상 제6장 전류

06 액체 유전체를 포함한 콘덴서용량이 C [F]인 것에 V[V]의 전압을 가했을 경우에 흐르는 누설전류[A]는? (단, 유전체의 유전율은 ε[F/m], 고유저항은 ρ[Ω·m]이다.)

① $\dfrac{\rho \varepsilon}{CV}$

② $\dfrac{C}{\rho \varepsilon V}$

③ $\dfrac{CV}{\rho \varepsilon}$

④ $\dfrac{\rho \varepsilon V}{C}$

🔧 해설

절연저항과 정전용량의 관계는 $RC = \rho \varepsilon$에서

∴ 누설전류 $I_g = \dfrac{V}{R} = \dfrac{CV}{\rho \varepsilon}$[A]

상 제4장 유전체

07 다이아몬드와 같은 단결정물체에 전장을 가할 때 유도되는 분극은?

① 전자분극
② 이온분극과 배향분극
③ 전자분극과 이온분극
④ 전자분극, 이온분극, 배향분극

🔧 해설

전자분극은 단결정매질(단결정물체)에서 전자운과 핵의 상대적인 변위에 의한다.

상 제8장 전류와 자기현상

08 다음 설명 중 옳은 것은?

① 무한 직선도선에 흐르는 전류에 의한 도선 내부에서 자계의 크기는 도선의 반경에 비례한다.
② 무한 직선도선에 흐르는 전류에 의한 도선 외부에서 자계의 크기는 도선의 중심과의 거리에 무관하다.
③ 무한장 솔레노이드 내부자계의 크기는 코일에 흐르는 전류의 크기에 비례한다.
④ 무한장 솔레노이드 내부자계의 크기는 단위길이당 권수의 제곱에 비례한다.

🔧 해설

㉠ 무한장 직선도선에 흐르는 전류가 균일할 때 도선 내부의 자계의 세기

$H_i = \dfrac{r I}{2\pi a^2}$[AT/m]

　여기서, a : 도체 반경[m]
　　　　　r : 도체 내부거리[m]
　　　　　I : 전류[A]

㉡ 무한 직선도선의 외부자계의 세기

$H_e = \dfrac{I}{2\pi r}$[AT/m]

　여기서, I : 전류[A]
　　　　　r : 도체 외부거리[m]

㉢ 무한장 솔레노이드의 내부자계의 세기

$H_i = \dfrac{NI}{l} = n_0 I$[AT/m]

　여기서, N : 권선수[T]
　　　　　I : 코일에 흐르는 전류[A]
　　　　　l : 솔레노이드 길이[m]
　　　　　n_0 : 단위길이당 권선수[T/m]

정답　05 ④　06 ③　07 ①　08 ③

상 제4장 유전체

09 그림과 같은 유전속 분포가 이루어질 때 ε_1 과 ε_2의 크기 관계는?

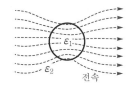

① $\varepsilon_1 > \varepsilon_2$

② $\varepsilon_1 < \varepsilon_2$

③ $\varepsilon_1 = \varepsilon_2$

④ $\varepsilon_1 > 0,\ \varepsilon_2 > 0$

해설

유전속(전속선)은 유전율이 큰 곳으로 모이므로 $\varepsilon_1 > \varepsilon_2$가 된다.

상 제11장 인덕턴스

10 인덕턴스의 단위[H]와 같지 않은 것은?

① $[\text{J/A} \cdot \text{s}]$ ② $[\Omega \cdot \text{s}]$

③ $[\text{Wb/A}]$ ④ $[\text{J/A}^2]$

해설

㉠ 쇄교자속 $\Phi = N\phi = LI$에서

$$L = \frac{\Phi}{I}[\text{Wb/A}]$$

㉡ 유도기전력 $e = -L\dfrac{di}{dt}$에서

$$L = -\frac{e \cdot dt}{di}\left[\frac{\text{V} \cdot \sec}{\text{A}} = \Omega \cdot \sec\right]$$

㉢ 코일에 축적된 에너지 $W = \dfrac{1}{2}LI^2$에서

$$L = \frac{2W}{I^2}[\text{J/A}^2]$$

상 제12장 전자계

11 전계 및 자계의 세기가 각각 E, H일 때, 포인팅 벡터 P의 표시로 옳은 것은?

① $P = \dfrac{1}{2}E \times H$

② $P = E \operatorname{rot} H$

③ $P = E \times H$

④ $P = H \operatorname{rot} E$

해설 포인팅 벡터(poynting vector)

전자파의 진행방향에 수직한 평면의 단위면적을 단위시간 내에 통과하는 에너지의 크기이다.

∴ 포인팅 벡터

$$P = Wv = \frac{1}{2}(\varepsilon E^2 + \mu H^2) \times \frac{1}{\sqrt{\varepsilon\mu}}$$

$$= EH = \dot{E} \times \dot{H}\ [\text{W/m}^2]$$

상 제9장 자성체와 자기회로

12 규소강판과 같은 자심재료의 히스테리시스 곡선의 특징은?

① 보자력이 큰 것이 좋다.

② 보자력과 잔류자기가 모두 큰 것이 좋다.

③ 히스테리시스 곡선의 면적이 큰 것이 좋다.

④ 히스테리시스 곡선의 면적이 작은 것이 좋다.

해설

㉠ 영구자석 : 보자력이 크고 히스테리시스 곡선의 면적이 큰 것

㉡ 전자석(규소강판) : 보자력과 히스테리시스 곡선의 면적이 모두 작은 것

상 제4장 유전체

13 커패시터를 제조하는데 A, B, C, D와 같은 4가지의 유전재료가 있다. 커패시터 내의 전계를 일정하게 하였을 때, 단위체적당 가장 큰 에너지밀도를 나타내는 재료부터 순서대로 나열한 것은? (단, 유전재료 A, B, C, D의 비유전율은 각각 $\varepsilon_{rA} = 8$, $\varepsilon_{rB} = 10$, $\varepsilon_{rC} = 2$, $\varepsilon_{rD} = 4$이다.)

① $C > D > A > B$

② $B > A > D > C$

③ $D > A > C > B$

④ $A > B > D > C$

해설

정전에너지 $W = \dfrac{1}{2}\varepsilon E^2 = \dfrac{1}{2}\varepsilon_r \varepsilon_0 E^2[\text{J/m}^3]$

이므로 비유전율에 비례한다.

∴ $\varepsilon_{rB} > \varepsilon_{rA} > \varepsilon_{rD} > \varepsilon_{rC}$이므로 $B > A > D > C$

정답 **09** ① **10** ① **11** ③ **12** ④ **13** ②

상 제9장 자성체와 자기회로

14 투자율 μ[H/m], 자계의 세기 H[AT/m], 자속밀도 B[Wb/m²]인 곳의 자계의 에너지밀도[J/m³]는?

① $\dfrac{B^2}{2\mu}$

② $\dfrac{H^2}{2\mu}$

③ $\dfrac{1}{2}\mu H$

④ BH

해설

자계의 에너지밀도

$$W_m = \frac{1}{2}\mu H^2 = \frac{1}{2}BH = \frac{B^2}{2\mu}[\text{J/m}^3]$$

하 제2장 진공 중의 정전계

15 정전계 해석에 관한 설명으로 틀린 것은?

① 푸아송방정식은 가우스정리의 미분형으로 구할 수 있다.

② 도체표면에서의 전계의 세기는 표면에 대해 법선방향을 갖는다.

③ 라플라스 방정식은 전극이나 도체의 형태에 관계없이 체적전하밀도가 0인 모든 점에서 $\nabla^2 V = 0$을 만족한다.

④ 라플라스 방정식은 비선형 방정식이다.

상 제9장 자성체와 자기회로

16 자화의 세기 단위로 옳은 것은?

① [AT/Wb] ② [AT/m²]

③ [Wb·m] ④ [Wb/m²]

해설

자화의 세기

$$J = \frac{m}{S} = \frac{M}{V}[\text{Wb/m}^2]$$

여기서, m : 자극의 세기[Wb]

$\quad\quad\quad M$: 쌍극자모멘트[Wb·m]

$\quad\quad\quad S$: 단면적[m²]

$\quad\quad\quad V$: 체적[m³]

상 제2장 진공 중의 정전계

17 중심은 원점에 있고 반지름 a[m]인 원형 선도체가 $z = 0$인 평면에 있다. 도체에 선전하밀도 ρ_L[C/m]가 분포되어 있을 때 $z = b$[m]인 점에서 전계 E[V/m]는? (단, a_r, a_z는 원통좌표계에서 r 및 z방향의 단위벡터이다.)

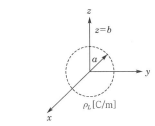

① $\dfrac{ab\rho_L}{2\pi\varepsilon_0(a^2+b^2)}a_r$ ② $\dfrac{ab\rho_L}{4\pi\varepsilon_0(a^2+b^2)}a_z$

③ $\dfrac{ab\rho_L}{2\varepsilon_0(a^2+b^2)^{\frac{3}{2}}}a_z$ ④ $\dfrac{ab\rho_L}{4\varepsilon_0(a^2+b^2)^{\frac{3}{2}}}a_z$

해설

환원전하의 전계세기

$$E = \frac{\rho_L\, za}{2\varepsilon_0\,(a^2+z^2)^{\frac{3}{2}}}$$

$$= \frac{ab\rho_L}{2\varepsilon_0\,(a^2+b^2)^{\frac{3}{2}}}$$

중 제2장 진공 중의 정전계

18 $V = x^2$[V]로 주어지는 전위분포일 때 $x = 20$[cm]인 점의 전계는?

① $+x$방향으로 40[V/m]

② $-x$방향으로 40[V/m]

③ $+x$방향으로 0.4[V/m]

④ $-x$방향으로 0.4[V/m]

해설

전계의 세기(전위경도)

$$E = -\operatorname{grad} V = -\nabla V$$

$$= -\left(\frac{\partial V}{\partial x}a_x + \frac{\partial V}{\partial y}a_y + \frac{\partial V}{\partial z}a_z\right)$$

$$= -a_x\, 2x = -a_x\, 0.4[\text{V/m}]$$

정답 14 ① 15 ④ 16 ④ 17 ③ 18 ④

상 제12장 전자계

19 공간도체 내의 한 점에 있어서 지속이 시간적으로 변화하는 경우에 성립하는 식은?

① $\nabla \times E = \dfrac{\partial H}{\partial t}$ ② $\nabla \times E = -\dfrac{\partial H}{\partial t}$

③ $\nabla \times E = \dfrac{\partial B}{\partial t}$ ④ $\nabla \times E = -\dfrac{\partial B}{\partial t}$

해설 맥스웰 전자방정식의 미분형

㉠ 앙페르의 주회적분법칙
$$\operatorname{rot} H = \nabla \times H = i = i_c + \dfrac{\partial D}{\partial t}$$
㉡ 패러데이의 전자유도법칙
$$\operatorname{rot} E = \nabla \times E = -\dfrac{\partial B}{\partial t}$$
㉢ 가우스 발산의 정리(전계관련 식)
$$\operatorname{div} D = \nabla \cdot D = \rho$$
㉣ 가우스 발산의 정리(자계관련 식)
$$\operatorname{div} B = \nabla \cdot B = 0$$

상 제12장 전자계

20 변위전류와 가장 관계가 깊은 것은?

① 반도체 ② 유전체
③ 자성체 ④ 도체

해설

변위전류는 유전체 내의 유극분자(구속전자)의 변위에 의해서 발생되며, 교류전원에서만 발생된다.

제2과목 **전력공학**

상 제4장 송전 특성 및 조상설비

21 전력용 콘덴서에 의하여 얻을 수 있는 전류는?

① 지상전류
② 진상전류
③ 동상전류
④ 영상전류

해설

전력용 콘덴서를 선로에 병렬로 접속하여 진상무효전력을 공급하여 선로의 지상무효전력을 보상하여 역률을 개선한다.

중 제10장 배전선로 계산

22 부하역률이 현저히 낮은 경우 발생하는 현상이 아닌 것은?

① 전기요금의 증가
② 유효전력의 증가
③ 전력손실의 증가
④ 선로의 전압강하 증가

해설

㉠ 부하역률이 낮은 경우 유효전력의 크기가 감소하여 부하설비에 공급하는 전원설비의 크기가 증가되어 설비비용도 증가하게 되므로 역률을 90[%] 이상으로 유지해야 한다.
㉡ 역률개선 이유
  • 전압강하 감소
  • 전력손실 감소
  • 설비이용률의 증대
  • 전기세 절감

하 제10장 배전선로 계산

23 배전용 변전소의 주변압기로 주로 사용되는 것은?

① 강압변압기
② 체승변압기
③ 단권변압기
④ 3권선변압기

해설

배전용 변전소의 주변압기는 송전선로에 적용되는 송전전압 345[kV], 154[kV]를 배전전압 22.9[kV]로 강압시켜 배전선로에 공급한다.

상 제2장 전선로

24 초호각(arcing horn)의 역할은?

① 풍압을 조절한다.
② 송전효율을 높인다.
③ 애자의 파손을 방지한다.
④ 고주파수의 섬락전압을 높인다.

해설

이상전압으로 인한 섬락사고 시에 애자련을 보호하기 위해 초호각(아킹혼), 초호환(아킹링)을 설치한다.

정답 19 ④ 20 ② 21 ② 22 ② 23 ① 24 ③

상 제10장 배전선로 계산

25 △-△ 결선된 3상 변압기를 사용한 비접지방식의 선로가 있다. 이때 1선 지락고장이 발생하면 다른 건전한 2선의 대지전압은 지락 전의 몇 배까지 상승하는가?

① $\dfrac{\sqrt{3}}{2}$ ② $\sqrt{3}$

③ $\sqrt{2}$ ④ 1

해설

비접지방식에서 1선 지락사고 시 건전상의 대지전압이 $\sqrt{3}$ 배 상승하고 이상전압(4~6배)이 간헐적으로 발생한다.

하 제4장 송전 특성 및 조상설비

26 22[kV], 60[Hz] 1회선의 3상 송전선에서 무부하 충전전류는 약 몇 [A]인가? (단, 송전선의 길이는 20[km]이고, 1선 1[km]당 정전용량은 0.5[μF]이다.)

① 12   ② 24

③ 36   ④ 48

해설

무부하 충전전류

$$I_c = 2\pi f(C_s + 3C_m)\frac{V_n}{\sqrt{3}}l \times 10^{-6}[\text{A}]$$
$$= 2\pi \times 60 \times 0.5 \times \frac{22000}{\sqrt{3}} \times 20 \times 10^{-6}$$
$$= 47.86 \fallingdotseq 48[\text{A}]$$

중 제8장 송전선로 보호방식

27 개폐서지의 이상전압을 감쇄할 목적으로 설치하는 것은?

① 단로기
② 차단기
③ 리액터
④ 개폐저항기

해설 개폐저항기

개폐서지 이상전압을 억제하기 위해 개폐 시 저항을 삽입하는 방식을 사용한다.

하 제8장 송전선로 보호방식

28 모선보호용 계전기로 사용하면 가장 유리한 것은?

① 거리방향계전기   ② 역상계전기

③ 재폐로계전기   ④ 과전류계전기

해설

모선보호에 후비보호 계전방식으로서 거리방향계전기를 설치해서 신뢰도를 향상시킨다.

중 제2장 전선로

29 현수애자에 대한 설명으로 틀린 것은?

① 애자를 연결하는 방법에 따라 클레비스형과 볼소켓형이 있다.
② 큰 하중에 대하여는 2연 또는 3연으로 하여 사용할 수 있다.
③ 애자의 연결개수를 가감함으로써 임의의 송전전압에 사용할 수 있다.
④ 2~4층의 갓모양의 자기편을 시멘트로 접착하고 그 자기를 주철제 베이스로 지지한다.

해설 현수애자의 특성

㉠ 애자의 연결개수를 가감함으로써 임의의 송전전압에 사용할 수 있다.
㉡ 큰 하중에 대해서는 2연 또는 3연으로 하여 사용할 수 있다.
㉢ 현수애자를 접속하는 방법에 따라 클레비스형과 볼소켓형으로 나눌 수 있다.

상 제5장 고장 계산 및 안정

30 송전선로의 고장전류 계산에 영상임피던스가 필요한 경우는?

① 1선 지락   ② 3상 단락

③ 3선 단선   ④ 선간단락

해설 선로의 고장 시 대칭좌표법으로 해석할 경우 필요한 사항

㉠ 1선 지락 : 영상임피던스, 정상임피던스, 역상임피던스
㉡ 선간단락 : 정상임피던스, 역상임피던스
㉢ 3선 단락 : 정상임피던스

정답   25 ②   26 ④   27 ④   28 ①   29 ④   30 ①

① 3430 ② 3530
③ 3730 ④ 3830

중 제5장 고장 계산 및 안정

31 그림과 같은 3상 송전계통에서 송전단전압은 3300[V]이다. 점 P에서 3상 단락사고가 발생했다면 발전기에 흐르는 단락전류는 약 몇 [A]인가?

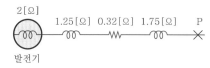

발전기

① 320 ② 330
③ 380 ④ 410

해설

㉠ 선로 및 기기의 합성임피던스
$$Z = \sqrt{0.32^2 + (2 + 1.25 + 1.75)^2} = 5.01[\Omega]$$
㉡ 단락전류
$$I_s = \frac{E}{Z} = \frac{\frac{3300}{\sqrt{3}}}{5.01} = 380.29 = 380[A]$$

하 제11장 발전

32 조속기의 폐쇄시간이 짧을수록 옳은 것은?

① 수격작용은 작아진다.
② 발전기의 전압상승률은 커진다.
③ 수차의 속도변동률은 작아진다.
④ 수압관 내의 수압상승률은 작아진다.

해설 조속기의 폐쇄시간

㉠ 서보모터의 피스톤이 움직이기 시작한 후부터 안내날개 등이 완전히 닫힐 때까지의 시간이다.
㉡ 짧을수록 속도변동률이 작아지지만 수격압이 커지므로 보통 2~3[sec]이다.

하 제10장 배전선로 계산

33 그림과 같은 수전단전압 3.3[kV], 역률 0.85(뒤짐)인 부하 300[kW]에 공급하는 선로가 있다. 이때 송전단전압은 약 몇 [V]인가?

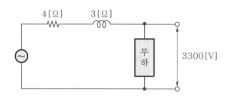

① 3430 ② 3530
③ 3730 ④ 3830

해설

문제에서 3상 표현이 없으므로 단상으로 계산한다.
송전단전압 $E_S = E_R + I_n(r\cos\theta + x\sin\theta)[V]$
부하전류 $I_n = \dfrac{P}{E_R\cos\theta} = \dfrac{300 \times 10^3}{3300 \times 0.85} = 106.95[A]$
송전단전압 $E_S = 3300 + 106.95$
$$\times (4 \times 0.85 + 3 \times \sqrt{1 - 0.85^2})$$
$$= 3832.64 = 3830[V]$$

하 제11장 발전

34 증기의 엔탈피란?

① 증기 1[kg]의 잠열
② 증기 1[kg]의 현열
③ 증기 1[kg]의 보유열량
④ 증기 1[kg]의 증발열을 그 온도로 나눈 것

해설

엔탈피는 1[kg]의 물 또는 증기의 보유열량[kcal/kg]이다.

상 제4장 송전 특성 및 조상설비

35 장거리 송전선로는 일반적으로 어떤 회로로 취급하여 회로를 해석하는가?

① 분포정수회로
② 분산부하회로
③ 집중정수회로
④ 특성임피던스 회로

해설

㉠ 송전선로의 100[km] 이상이 되면 선로정수가 전선로에 균일하게 분포되어 있는 분포정수회로로 해석해야 한다.
㉡ 집중정수회로 : 단거리 송전선로, 중거리 송전선로

중 제4장 송전 특성 및 조상설비

36 4단자 정수 $A = D = 0.8$, $B = j\,1.0$인 3상 송전선로에 송전단전압 160[kV]를 인가할 때 무부하 시 수전단전압은 몇 [kV]인가?

① 154 ② 164
③ 180 ④ 200

정답 31 ③ 32 ③ 33 ④ 34 ③ 35 ① 36 ④

해설

무부하 시 수전단전류 $I_R = 0$이므로

송전단전압 $E_S = AE_R + BI$에서

$E_S = AE_R + B \times 0 = AE_R$

수전단전압 $E_R = \dfrac{E_S}{A} = \dfrac{160}{0.8} = 200[kV]$

상 제7장 이상전압 및 유도장해

37 유도장해를 방지하기 위한 전력선측의 대책으로 틀린 것은?

① 차폐선을 설치한다.
② 고속도차단기를 사용한다.
③ 중성점 전압을 가능한 높게 한다.
④ 중성점 접지에 고저항을 넣어서 지락전류를 줄인다.

해설 유도장해의 방지대책

㉠ 전력선측 대책
 • 중성점 접지에 고저항을 넣어 지락전류를 줄인다.
 • 연가를 시설한다.
 • 소호리액터를 설치한다.
 • 고장구간의 고속도차단기를 사용한다.
 • 차폐선을 설치한다.
 • 지중케이블(cable)화 한다.

㉡ 통신선측 대책
 • 통신선로를 교차 실시한다.
 • 단선식을 복선식으로 바꾼다.
 • 나선을 연피케이블화 한다.
 • 배류코일을 채택한다.
 • 통신선용 피뢰기를 설치한다.
 • 차폐선을 설치한다.

중 제11장 발전

38 원자로의 감속재에 대한 설명으로 틀린 것은?

① 감속능력이 클 것
② 원자질량이 클 것
③ 사용재료로 경수를 사용
④ 고속중성자를 열중성자로 바꾸는 작용

해설

감속재는 핵분열에 의해 생긴 고속중성자를 열중성자로 감속하기 위하여 사용하는 것으로 원자핵의 질량수가 적을 것, 중성자의 산란이 크고 흡수가 적을 것이 요구됨으로 경수, 중수, 흑연, 베릴륨 등이 이용되고 있다.

상 제7장 이상전압 및 유도장해

39 송전선로에 매설지선을 설치하는 주된 목적은?

① 철탑 기초의 강도를 보강하기 위하여
② 직격뢰로부터 송전선을 차폐보호하기 위하여
③ 현수애자 1연의 전압분담을 균일화하기 위하여
④ 철탑으로부터 송전선로의 역섬락을 방지하기 위하여

해설

매설지선은 철탑의 탑각접지저항을 작게 하기 위한 지선으로 역섬락을 방지하기 위해 사용한다.

중 제10장 배전선로 계산

40 송전전력, 부하역률, 송전거리, 전력손실, 선간전압이 동일할 때 3상 3선식에 의한 소요전선량은 단상 2선식의 몇 [%]인가?

① 50 　　② 67
③ 75 　　④ 87

해설

전선의 소요전선량은 단상 2선식을 100[%]로 하였을 때 다음과 같다.
㉠ 단상 3선식 : 37.5[%], ㉡ 3상 3선식 : 75[%]
㉢ 3상 4선식 : 33.3[%]

제3과목 　전기기기

중 제4장 유도기

41 3상 유도기에서 출력의 변환식으로 옳은 것은?

① $P_o = P_2 + P_{2c} = \dfrac{N}{N_s} P_2 = (2-s)P_2$

② $(1-s)P_2 = \dfrac{N}{N_s} P_2 = P_o - P_{2c} = P_o - sP_2$

③ $P_o = P_2 - P_{2c} = P_2 - sP_2 = \dfrac{N}{N_s} P_2$
$\qquad = (1-s)P_2$

④ $P_o = P_2 + P_{2c} = P_2 + sP_2 = \dfrac{N}{N_s} P_2$
$\qquad = (1+s)P_2$

정답 37 ③　38 ②　39 ④　40 ③　41 ③

해설

출력=2차 입력-2차 동손 → $P_o = P_2 - P_{2c}$

$P_2 : P_{2c} = 1 : s$ 에서

$P_{2c} = sP_2 \rightarrow P_o = P_2 - sP_2$

$P_2 : P_o = 1 : 1-s \rightarrow P_o = (1-s)P_2$

$N = (1-s)N_s$ 에서

$$\frac{N}{N_s} = (1-s) \rightarrow P_o = \frac{N}{N_s}P_2$$

상 제3장 변압기

42 변압기의 보호방식 중 비율차동계전기를 사용하는 경우는?

① 고조파 발생을 억제하기 위하여
② 과여자전류를 억제하기 위하여
③ 과전압 발생을 억제하기 위하여
④ 변압기 상간 단락보호를 위하여

해설 비율차동계전기

변압기, 발전기, 모선 등의 내부고장 및 단락사고의 보호 용으로 사용된다.

중 제5장 정류기

43 다이오드 2개를 이용하여 전파정류를 하고, 순저항부하에 전력을 공급하는 회로가 있다. 저항에 걸리는 직류분전압이 90[V]라면 다이오드에 걸리는 최대 역전압[V]의 크기는?

① 90
② 242.8
③ 254.5
④ 282.8

해설

전파정류 $E_d = \dfrac{2\sqrt{2}}{\pi}E = 0.9E[\text{V}]$ 이므로

교류전압 $E = \dfrac{1}{0.9}E_d = \dfrac{1}{0.9} \times 90 = 100[\text{V}]$

최대 역전압 $PIV = 2\sqrt{2}E$
$\qquad\qquad\quad = 2\sqrt{2} \times 100$
$\qquad\qquad\quad = 282.8[\text{V}]$

㉠ 정류소자 2개 : $PIV = 2\sqrt{2}E[\text{V}]$
㉡ 정류소자 1개, 4개 : $PIV = \sqrt{2}E[\text{V}]$

상 제2장 동기기

44 동기전동기에 대한 설명으로 옳은 것은?

① 기동토크가 크다.
② 역률조정을 할 수 있다.
③ 가변속전동기로서 다양하게 응용된다.
④ 공극이 매우 작아 설치 및 보수가 어렵다.

해설

동기전동기는 역률 1.0으로 운전이 가능하여 타기기에 비해 효율이 높고 필요 시 여자전류를 변화하여 역률을 조정할 수 있다.

상 제4장 유도기

45 농형 유도전동기에 주로 사용되는 속도제어법은?

① 극수제어법
② 종속제어법
③ 2차 여자제어법
④ 2차 저항제어법

해설 속도제어법

㉠ 농형 유도전동기 : 극수변환법(극수제어법), 주파수 제어법, 1차 전압제어법
㉡ 권선형 유도전동기 : 2차 저항제어법, 2차 여자법, 종속법

상 제4장 유도기

46 3상 권선형 유도전동기에서 2차측 저항을 2배로 하면 그 최대 토크는 어떻게 되는가?

① 불변이다.
② 2배 증가한다.
③ $\dfrac{1}{2}$ 로 감소한다.
④ $\sqrt{2}$ 배 증가한다.

해설

최대 토크발생 시 슬립 $s_t = \dfrac{r_2}{x_2}$, 최대 토크 $T_m \propto \dfrac{r_2}{s_t}$

$= \dfrac{mr_2}{ms_t}$ 에서 2차측 저항의 증감에 따라 최대 토크의 발생 슬립이 비례하여 변화되므로 최대 토크는 변하지 않는다.

정답 42 ④ 43 ④ 44 ② 45 ① 46 ①

a : 병렬회로수

P : 극수

$$감자기자력 = \frac{152 \times 100}{2 \times 2 \times 4} \times \frac{2 \times 10°}{180}$$
$$= 105.56 ≒ 105.6[AT/극]$$

중 제1장 직류기

47 직류전동기의 전기자전류가 10[A]일 때 5[kg · m]의 토크가 발생하였다. 이 전동기의 계자속이 80[%]로 감소되고, 전기자전류가 12[A]로 되면 토크는 약 몇 [kg · m]인가?

① 5.2 ② 4.8

③ 4.3 ④ 3.9

해설

토크 $T = \dfrac{PZ\phi I_a}{2\pi a}[N \cdot m] \rightarrow T \propto k \cdot \phi \cdot I_a$

$5 : T = 100 \times 10 : 80 \times 12$

$\therefore T = 4.8[kg \cdot m]$

하 제3장 변압기

48 일반적인 변압기의 무부하손 중 효율에 가장 큰 영향을 미치는 것은?

① 와전류손

② 유전체손

③ 히스테리시스손

④ 여자전류 저항손

해설

변압기에서 효율에 수치적으로 영향을 줄 수 있는 손실은 철손과 동손이다. 이때 철손은 히스테리시스손과 와류손의 합으로 나타난다. 여기서 히스테리시스손은 와류손에 비해 크게 발생한다.

하 제1장 직류기

49 전기자 총 도체수는 152, 4극, 파권인 직류발전기가 전기자전류를 100[A]로 할 때 매극당 감자기전력[AT/극]은 얼마인가? (단, 브러시의 이동각은 10°이다.)

① 33.6 ② 52.8

③ 105.6 ④ 211.2

해설

$$감자기자력 = \frac{ZI_a}{2aP} \cdot \frac{2\alpha}{180}$$

여기서, Z : 도체수

$\qquad I_a$: 전기자전류

$\qquad \alpha$: 브러시의 이동각

상 제3장 변압기

50 정격전압, 정격주파수가 6600/220[V], 60[Hz], 와류손이 720[W]인 단상 변압기가 있다. 이 변압기를 3300[V], 50[Hz]의 전원에 사용하는 경우 와류손은 약 몇 [W]인가?

① 120 ② 150

③ 180 ④ 200

해설

와류손 $P_e \propto V_1^2 \propto t^2$이고 주파수와는 관계가 없으므로

$6600^2 : 3300^2 = 720 : P_e$

$$P_e = \left(\frac{3300}{6600}\right)^2 \times 720 = 180[W]$$

중 제1장 직류기

51 보극이 없는 직류발전기에서 부하의 증가에 따라 브러시의 위치를 어떻게 하여야 하는가?

① 그대로 둔다.

② 계자극의 중간에 놓는다.

③ 발전기의 회전방향으로 이동시킨다.

④ 발전기의 회전방향과 반대로 이동시킨다.

해설 브러시의 이동방향

㉠ 직류발전기 : 회전방향으로 이동한다.

㉡ 직류전동기 : 회전 반대방향으로 이동한다.

중 제4장 유도기

52 반발기동형 단상 유도전동기의 회전방향을 변경하려면?

① 전원의 2선을 바꾼다.

② 주권선의 2선을 바꾼다.

③ 브러시의 접속선을 바꾼다.

④ 브러시의 위치를 조정한다.

정답 47 ② 48 ③ 49 ③ 50 ③ 51 ③ 52 ④

해설

반발전동기는 브러시의 위치를 변경하여 토크, 회전속도 및 방향을 제어할 수 있다.

상 제1장 직류기

53 직류전동기의 속도제어방법이 아닌 것은?

① 계자제어법　② 전압제어법
③ 주파수제어법　④ 직렬저항제어법

해설 직류전동기의 속도제어방법

회전속도 $n = k\dfrac{V_n - I_a \cdot r_a}{\phi}$

㉠ 전압제어법
㉡ 계자제어법
㉢ 저항제어법

중 제2장 동기기

54 동기발전기의 단락비가 1.2이면 이 발전기의 %동기임피던스[p.u]는?

① 0.12　② 0.25
③ 0.52　④ 0.83

해설

단락비 $K_s = \dfrac{I_s}{I_n} = \dfrac{100}{\%Z} = \dfrac{1}{Z[\mathrm{p.u}]} = \dfrac{10^3 V_n^2}{P Z_s}$

%동기임피던스[p.u] $= \dfrac{1}{K_s} = \dfrac{1}{1.2} = 0.83$

상 제5장 정류기

55 다음 (　) 안에 옳은 내용을 순서대로 나열한 것은?

> SCR에서는 게이트 전류가 흐르면 순방향의 저지상태에서 (　)상태로 된다. 게이트 전류를 가하여 도통완료까지의 시간을 (　)시간이라 하고 이 시간이 길면 (　) 시의 (　)이 많고 소자가 파괴된다.

① 온(on), 턴온(turn on), 스위칭, 전력손실
② 온(on), 턴온(turn on), 전력손실, 스위칭
③ 스위칭, 온(on), 턴온(turn on), 전력손실
④ 턴온(turn on), 스위칭, 온(on), 전력손실

해설

SCR(사이리스터)을 동작시킬 경우에 애노드에 (+), 캐소드에 (-)의 전압을 인가하고(순방향) 게이트 전류를 흘려주면 OFF상태에서 ON상태로 되는데 이 시간을 턴온(turn on)시간이라 한다. 이때 게이트 전류를 제거하여도 ON상태는 그대로 유지된다. 그리고 턴온(turn on) 시간이 길어지면 스위칭 시 전력손실(열)이 커져 소자가 파괴될 수도 있다.

상 제2장 동기기

56 동기발전기의 안정도를 증진시키기 위한 대책이 아닌 것은?

① 속응여자방식을 사용한다.
② 정상임피던스를 작게 한다.
③ 역상·영상 임피던스를 작게 한다.
④ 회전자의 플라이휠 효과를 크게 한다.

해설

안정도를 증진시키려면 다음과 같다.
㉠ 정상과도 리액턴스는 작게 하고 단락비를 크게 한다.
㉡ 자동전압조정기의 속응도를 크게 한다.
㉢ 회전자의 관성력을 크게 한다.
㉣ 영상 및 역상 임피던스를 크게 한다.
㉤ 관성을 크게 하거나 플라이휠 효과를 크게 한다.

상 제2장 동기기

57 비돌극형 동기발전기 한 상의 단자전압을 V, 유기기전력을 E, 동기리액턴스를 X_s, 부하각이 δ이고 전기자저항을 무시할 때 한 상의 최대 출력[W]은?

① $\dfrac{EV}{X_s}$

② $\dfrac{3EV}{X_s}$

③ $\dfrac{E^2 V}{X_s}\sin\delta$

④ $\dfrac{EV^2}{X_s}\sin\delta$

해설

비돌극형(원통형)은 최대 출력이 부하각 δ가 90°에서 발생한다.

최대 출력 $P_m = \dfrac{EV}{X_s}$[W](여기서, $\sin\delta = 1.0$)

정답 53 ③　54 ④　55 ①　56 ③　57 ①

중 제4장 유도기

58 60[Hz]의 3상 유도전동기를 동일 전압으로 50[Hz]에 사용할 때 ㉠ 무부하전류, ㉡ 온도상승, ㉢ 속도는 어떻게 변하겠는가?

① ㉠ $\dfrac{60}{50}$으로 증가, ㉡ $\dfrac{60}{50}$으로 증가,

   ㉢ $\dfrac{50}{60}$으로 감소

② ㉠ $\dfrac{60}{50}$으로 증가, ㉡ $\dfrac{50}{60}$으로 감소,

   ㉢ $\dfrac{50}{60}$으로 감소

③ ㉠ $\dfrac{50}{60}$으로 감소, ㉡ $\dfrac{60}{50}$으로 증가,

   ㉢ $\dfrac{50}{60}$으로 감소

④ ㉠ $\dfrac{50}{60}$으로 감소, ㉡ $\dfrac{60}{50}$으로 증가,

   ㉢ $\dfrac{60}{50}$으로 증가

해설

㉠ 무부하전류 $I_o = \dfrac{V_1}{\omega L} = \dfrac{V_1}{2\pi f L}$ 에서

$I_{o60} : I_{o50} = \dfrac{1}{60} : \dfrac{1}{50}$ 이므로

$I_{o50} = \dfrac{60}{50} I_{o60}$으로 증가된다.

㉡ 온도상승은 철손과 비례적으로 나타난다.

철손$\left(P_i \propto \dfrac{V_1{}^2}{f}\right)$이 주파수에 반비례하므로

$\dfrac{60}{50}$으로 증가된다.

㉢ 회전속도 $N = (1-s)\dfrac{120f}{P}$ 에서 $N \propto f$이므로

주파수가 감소하면 속도는 $\dfrac{50}{60}$으로 감소한다.

중 제3장 변압기

59 3000/200[V] 변압기의 1차 임피던스가 225[Ω]이면 2차 환산임피던스는 약 몇 [Ω]인가?

① 1.0
② 1.5
③ 2.1
④ 2.8

해설

권수비 $a = \dfrac{N_1}{N_2} = \dfrac{E_1}{E_2} = \dfrac{I_2}{I_1}$

임피던스 등가변환 $Z_1 = a^2 Z_2$

권수비 $a = \dfrac{E_1}{E_2} = \dfrac{3000}{200} = 15$

2차 임피던스 $Z_2 = \dfrac{Z_1}{a^2} = \dfrac{225}{15^2} = 1.0[\Omega]$

하 제3장 변압기

60 60[Hz], 1328/230[V]의 단상 변압기가 있다. 무부하전류 $I = 3\sin\omega t + 1.1\sin(3\omega t + \alpha_3)$[A]이다. 지금 위와 똑같은 변압기 3대로 Y-△ 결선하여 1차에 2300[V]의 평형 전압을 걸고 2차를 무부하로 하면 △회로를 순환하는 전류(실효치)는 약 몇 [A]인가?

① 0.77
② 1.10
③ 4.48
④ 6.35

해설

변압기의 2차측 △회로를 순환하는 전류는 제3고조파이므로

제3고조파 전류 $I_3 = a \times \dfrac{I_{m3}}{\sqrt{2}}$

여기서, I_{m3} : 제3고조파 전류의 최대값
   a : 권수비

$I_3 = \dfrac{1328}{230} \times \dfrac{1.1}{\sqrt{2}} = 4.48[A]$

제4과목 회로이론 및 제어공학

하 제어공학 제4장 주파수영역해석법

61 주파수 특성의 정수 중 대역폭이 좁으면 좁을수록 이때의 응답속도는 어떻게 되는가?

① 빨라진다.
② 늦어진다.
③ 빨라졌다가 늦어진다.
④ 늦어졌다가 빨라진다.

해설

대역폭이 넓으면 응답속도는 빨라지고 대역폭이 좁으면 응답속도는 느려진다.

정답 58 ① 59 ① 60 ③ 61 ②

상　제어공학 제2장 전달함수

62 다음 블록선도의 전달함수는?

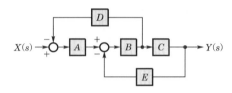

① $\dfrac{Y(s)}{X(s)} = \dfrac{ABC}{1+BCD+ABE}$

② $\dfrac{Y(s)}{X(s)} = \dfrac{ABC}{1+BCD+ABD}$

③ $\dfrac{Y(s)}{X(s)} = \dfrac{ABC}{1+BCE+ABD}$

④ $\dfrac{Y(s)}{X(s)} = \dfrac{ABC}{1+BCE+ABE}$

해설

종합전달함수

$M(s) = \dfrac{Y(s)}{X(s)}$

$= \dfrac{\sum 전향경로이득}{1-\sum 폐루프이득}$

$= \dfrac{ABC}{1-(-ABD-BCE)}$

$= \dfrac{ABC}{1+ABD+BCE}$

상　제어공학 제8장 시퀀스회로의 이해

63 다음 논리회로가 나타내는 식은?

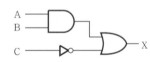

① $X = (A \cdot B) + \overline{C}$

② $X = (\overline{A \cdot B}) + C$

③ $X = (\overline{A+B}) \cdot C$

④ $X = (A+B) \cdot \overline{C}$

해설

출력　$X = (A \cdot B) + \overline{C}$

상　제어공학 제2장 전달함수

64 그림과 같은 요소는 제어계의 어떤 요소인가?

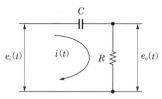

① 적분요소　　② 미분요소

③ 1차 지연요소　　④ 1차 지연미분요소

해설

㉠ 제어계요소
- 비례요소　$G(s) = K$
- 미분요소　$G(s) = Ks$
- 적분요소　$G(s) = \dfrac{K}{s}$
- 1차 지연요소　$G(s) = \dfrac{K}{Ts+1}$
- 2차 지연요소　$G(s) = \dfrac{K\omega_n{}^2}{s^2 + 2\zeta\omega_n s + \omega_n{}^2}$
- 부동작 시간요소　$G(s) = Ke^{-Ls}$

㉡ 본 회로의 전달함수

$G(s) = \dfrac{E_o(s)}{E_i(s)} = \dfrac{R}{\dfrac{1}{Cs}+R}$

$= \dfrac{RCs}{1+RCs} = \dfrac{Ts}{Ts+1}$

∴ 1차 지연요소를 포함한 미분요소가 된다.

하　제어공학 제7장 상태방정식

65 상태방정식으로 표시되는 제어계의 천이행렬 $\phi(t)$는?

$$\dot{X} = \begin{bmatrix} 0 & 1 \\ 0 & 0 \end{bmatrix} X + \begin{bmatrix} 0 \\ 1 \end{bmatrix} U$$

① $\begin{bmatrix} 0 & t \\ 1 & 1 \end{bmatrix}$　　② $\begin{bmatrix} 1 & 1 \\ 0 & t \end{bmatrix}$

③ $\begin{bmatrix} 1 & t \\ 0 & 1 \end{bmatrix}$　　④ $\begin{bmatrix} 0 & t \\ 1 & 0 \end{bmatrix}$

해설

상태행렬

$\Phi(s) = [sI-A]^{-1} = \left[\begin{bmatrix} s & 0 \\ 0 & s \end{bmatrix} - \begin{bmatrix} 0 & 1 \\ 0 & 0 \end{bmatrix} \right]^{-1}$

정답　**62** ③　**63** ①　**64** ④　**65** ③

$$= \begin{bmatrix} s & -1 \\ 0 & s \end{bmatrix}^{-1} = \frac{1}{s^2} \begin{bmatrix} s & 1 \\ 0 & s \end{bmatrix} = \begin{bmatrix} \dfrac{1}{s} & \dfrac{1}{s^2} \\ 0 & \dfrac{1}{s} \end{bmatrix}$$

$\therefore$ 천이행렬 $\phi(t) = \mathcal{L}^{-1} \Phi(s) = \begin{bmatrix} 1 & t \\ 0 & 1 \end{bmatrix}$

상 제어공학 제1장 자동제어의 개요

66 제어장치가 제어대상에 가하는 제어신호로 제어장치의 출력인 동시에 제어대상의 입력인 신호는?

① 목표값
② 조작량
③ 제어량
④ 동작신호

해설 피드백제어계의 구성

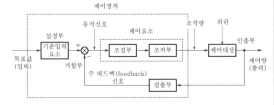

중 제어공학 제1장 자동제어의 개요

67 제어기에서 적분제어의 영향으로 가장 적합한 것은?

① 대역폭이 증가한다.
② 응답 속응성을 개선시킨다.
③ 작동오차의 변화율에 반응하여 동작한다.
④ 정상상태의 오차를 줄이는 효과를 갖는다.

해설

㉠ 비례제어(P제어) : 난조제거, 잔류편차(offset)가 발생한다.
㉡ 비례적분제어(PI제어) : 잔류편차 제거(정상특성을 개선), 속응성이 길어진다.
㉢ 비례미분제어(PD제어) : 과도응답의 속응성을 개선시킨다.
㉣ 비례 미·적분제어(PID제어) : 속응성 향상, 잔류편차를 제거한다.

중 제어공학 제4장 주파수영역해석법

68 $G(j\omega) = \dfrac{1}{j\omega T + 1}$ 의 크기와 위상각은?

① $G(j\omega) = \sqrt{\omega^2 T^2 + 1} \left/\underline{\tan^{-1} \omega T} \right.$

② $G(j\omega) = \sqrt{\omega^2 T^2 + 1} \left/\underline{-\tan^{-1} \omega T} \right.$

③ $G(j\omega) = \dfrac{1}{\sqrt{\omega^2 T^2 + 1}} \left/\underline{\tan^{-1} \omega T} \right.$

④ $G(j\omega) = \dfrac{1}{\sqrt{\omega^2 T^2 + 1}} \left/\underline{-\tan^{-1} \omega T} \right.$

해설

주파수 전달함수

$G(j\omega) = \dfrac{1}{1 + j\omega T}$

$= \dfrac{1 \left/\underline{0°} \right.}{\sqrt{1^2 + (\omega T)^2} \left/\underline{\tan^{-1}(\omega T)} \right.}$

$= \dfrac{1}{\sqrt{1^2 + (\omega T)^2}} \left/\underline{-\tan^{-1}(\omega T)} \right.$

$\therefore |G(j\omega)| = \dfrac{1}{\sqrt{1 + (\omega T)}}$

$\underline{/G(j\omega)} = -\tan^{-1}(\omega T)$

상 제어공학 제5장 안정도 판별법

69 Routh 안정 판별표에서 수열의 제1열이 다음과 같을 때 이 계통의 특성방정식에 양의 실수부를 갖는 근이 몇 개인가?

① 전혀 없다.
② 1개 있다.
③ 2개 있다.
④ 3개 있다.

해설

수열의 제1열 요소의 부호변환의 수는 불안정근의 수를 말하며, s평면에서 우반평면에 존재하는 근의 수를 의미하게 된다.

∴ 위의 표의 부호가 2번 변했으므로 양의 실수부를 갖는 근의 수는 2개가 된다.

하 제어공학 제5장 안정도 판별법

70 특성방정식 $s^5 + 2s^4 + 2s^3 + 3s^2 + 4s + 1$을 Routh–Hurwitz 판별법으로 분석한 결과로 옳은 것은?

① s평면의 우반면에 근이 존재하지 않기 때문에 안정한 시스템이다.

② s평면의 우반면에 근이 1개 존재하기 때문에 불안정한 시스템이다.

③ s평면의 우반면에 근이 2개 존재하기 때문에 불안정한 시스템이다.

④ s평면의 우반면에 근이 3개 존재하기 때문에 불안정한 시스템이다.

해설

루쓰표로 표현하면 다음과 같다.

s^5	a_0	a_2	a_4	a_6		s^5	1	2	4	0
s^4	a_1	a_3	a_5	a_7		s^4	2	3	1	0
s^3	b_1	b_2	b_3	b_4	$\rightarrow$	s^3	0.5	3.5	0	0
s^2	c_1	c_2	c_3	c_4		s^2	-11	1	0	0
s^1	d_1	d_2	d_3	d_4		s^1	3.54	0	0	0
s^0	e_1	e_2	e_3	e_4		s^0	1	0	0	0

㉠ $b_1 = \dfrac{a_0 a_3 - a_2 a_1}{-a_1} = \dfrac{1 \times 3 - 2 \times 2}{-2} = 0.5$

㉡ $b_2 = \dfrac{a_0 a_5 - a_4 a_1}{-a_1} = \dfrac{1 \times 1 - 4 \times 2}{-2} = 3.5$

㉢ $c_1 = \dfrac{a_1 b_2 - a_3 b_1}{-b_1} = \dfrac{2 \times 3.5 - 3 \times 0.5}{-0.5} = -11$

㉣ $c_2 = \dfrac{a_1 b_3 - a_5 b_1}{-b_1} = \dfrac{a_1 \times 0 - a_5 b_1}{-b_1} = a_5 = 1$

㉤ $d_1 = \dfrac{b_1 c_2 - b_2 c_1}{-c_1} = \dfrac{0.5 \times 1 - 3.5 \times (-11)}{11} = 3.54$

㉥ $e_1 = \dfrac{c_1 d_2 - c_2 d_1}{-d_1} = \dfrac{c_1 \times 0 - c_2 d_1}{-d_1} = c_2 = 1$

∴ 수열 제1열의 부호가 2번 있었으므로 양의 실수를 갖는 불안정한 근은 2개가 된다.

상 제어공학 제2장 전달함수

71 입력신호 $x(t)$와 출력신호 $y(t)$의 관계가 다음과 같을 때 전달함수는?

$$\frac{d^2}{dt^2} y(t) + 5\frac{d}{dt} y(t) + 6y(t) = x(t)$$

① $\dfrac{1}{(s+2)(s+3)}$ ② $\dfrac{s+1}{(s+2)(s+3)}$

③ $\dfrac{s+4}{(s+2)(s+3)}$ ④ $\dfrac{s}{(s+2)(s+3)}$

해설

양변을 라플라스 변환하면 다음과 같다.

$s^2 Y(s) + 5s Y(s) + 6Y(s) = X(s)$

$Y(s)(s^2 + 5s + 6) = X(s)$

∴ 전달함수

$G(s) = \dfrac{Y(s)}{X(s)} = \dfrac{1}{s^2 + 5s + 6}$

$ = \dfrac{1}{(s+2)(s+3)}$

상 회로이론 제6장 회로망 해석

72 회로에서의 전류방향을 옳게 나타낸 것은?

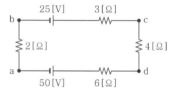

① 알 수 없다.

② 시계방향이다.

③ 흐르지 않는다.

④ 반시계방향이다.

해설

전류의 방향은 전위가 높은 쪽에서 낮은 쪽으로 흐르게 되며 그림에서 전위는 50[V]가 25[V]보다 높기 때문에 50[V]에서 25[V]쪽으로 향해 반시계방향으로 흐른다.

하 회로이론 제9장 과도현상

73 회로에서 10[mH]의 인덕턴스에 흐르는 전류는 일반적으로 $i(t) = A + Be^{-at}$로 표시된다. a의 값은?

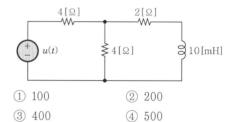

① 100 ② 200

③ 400 ④ 500

정답 70 ③ 71 ① 72 ④ 73 ③

해설

회로를 등가변환하면 다음과 같다.

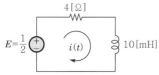

여기서, E는 개방전압

과도전류 $= \dfrac{E}{R}\left(1 - e^{-\frac{R}{L}t}\right) = \dfrac{1}{8}\left(1 - e^{-\frac{4}{10 \times 10^{-3}}t}\right)$

$\therefore a = \dfrac{4}{10 \times 10^{-3}} = 400$

상 회로이론 제2장 단상 교류회로의 이해

74 $R - L$ 직렬회로에 $e = 100\sin(120\pi t)$ [V]의 전압을 인가하여 $I = 2\sin(120\pi t - 45°)$ [A]의 전류가 흐르도록 하려면 저항은 몇 [Ω]인가?

① 25.0　　　② 35.4
③ 50.0　　　④ 70.7

해설

임피던스 $Z = \dfrac{e}{I} = \dfrac{100\underline{/0°}}{2\underline{/-45°}} = 50\underline{/45°}$
$\qquad = 50(\cos 45° + j\sin 45°)$
$\qquad = 25\sqrt{2} + j25\sqrt{2}$
$Z = R + jX_L[\Omega]$
$\therefore$ 저항 $R = 25\sqrt{2} = 35.4[\Omega]$

상 회로이론 제5장 대칭좌표법

75 3상 △부하에서 각 선전류를 I_a, I_b, I_c라 하면 전류의 영상분[A]은? (단, 회로는 평형 상태이다.)

① ∞　　　② 1
③ $\dfrac{1}{3}$　　　④ 0

해설

평형(대칭) 3상 조건은 다음과 같다.
$\dot{I}_a = I,\ \dot{I}_b = a^2 I,\ \dot{I}_c = a I$
$\therefore$ 영상분전류 $I_0 = \dfrac{1}{3}(\dot{I}_a + \dot{I}_b + \dot{I}_c)$
$\qquad\qquad = \dfrac{I}{3}(1 + a^2 + a) = 0$

$\left(\text{여기서, } a = -\dfrac{1}{2} + j\dfrac{\sqrt{3}}{2},\ a^2 = -\dfrac{1}{2} - j\dfrac{\sqrt{3}}{2}\right)$

중 회로이론 제2장 단상 교류회로의 이해

76 정현파 교류전원 $e = E_m \sin(\omega t + \theta)$[V] 가 인가된 $R - L - C$ 직렬회로에 있어서 $\omega L > \dfrac{1}{\omega C}$일 경우, 이 회로에 흐르는 전류 I[A]의 위상은 인가전압 e[V]의 위상보다 어떻게 되는가?

① $\tan^{-1} \dfrac{\omega L - \dfrac{1}{\omega C}}{R}$ 앞선다.

② $\tan^{-1} \dfrac{\omega L - \dfrac{1}{\omega C}}{R}$ 뒤진다.

③ $\tan^{-1} R\left(\dfrac{1}{\omega L} - \omega C\right)$ 앞선다.

④ $\tan^{-1} R\left(\dfrac{1}{\omega L} - \omega C\right)$ 뒤진다.

해설

㉠ 임피던스
$Z = R + j(X_L - X_C)$
$\quad = R + j\left(\omega L - \dfrac{1}{\omega C}\right)$
$\quad = \sqrt{R^2 + \left(\omega L - \dfrac{1}{\omega C}\right)^2} \underline{\bigg/ \tan^{-1} \dfrac{\omega L - \dfrac{1}{\omega C}}{R}}$

㉡ 전류
$I = \dfrac{E}{Z}$
$\quad = \dfrac{E\underline{/\theta}}{\sqrt{R^2 + \left(\omega L - \dfrac{1}{\omega C}\right)^2} \underline{\bigg/ \tan^{-1} \dfrac{\omega L - \dfrac{1}{\omega C}}{R}}}$
$\quad = \dfrac{E}{\sqrt{R^2 + \left(\omega L - \dfrac{1}{\omega C}\right)^2}} \underline{\bigg/ \theta - \tan^{-1} \dfrac{\omega L - \dfrac{1}{\omega C}}{R}}$[A]

$\therefore$ 전류는 전압보다 $\tan^{-1} \dfrac{\omega L - \dfrac{1}{\omega C}}{R}$ 위상이 뒤지게 된다.

정답　74 ②　75 ④　76 ②

하 회로이론 제2장 단상 교류회로의 이해

77 그림과 같은 $R-C$ 병렬회로에서 전원전압이 $e(t) = 3e^{-5t}$인 경우 이 회로의 임피던스는?

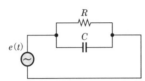

① $\dfrac{j\omega RC}{1+j\omega RC}$ ② $\dfrac{R}{1-5RC}$

③ $\dfrac{R}{1+RCs}$ ④ $\dfrac{1+j\omega RC}{R}$

📕 해설

㉠ C에 흐르는 전류

$$i(t) = C\frac{de(t)}{dt} = C\frac{d}{dt}3e^{-5t}$$
$$= -5C \times 3e^{-5t} = -5C \times e(t)$$

㉡ 용량리액턴스

$$X_C = \frac{e(t)}{i(t)} = -\frac{1}{5C}$$

㉢ 합성임피던스

$$Z = \frac{R \times \left(-\dfrac{1}{5C}\right)}{R + \left(-\dfrac{1}{5C}\right)} = \frac{R}{1-5RC}$$

상 회로이론 제8장 분포정수회로

78 분포정수선로에서 위상정수를 $\beta[\text{rad/m}]$라 할 때 파장은?

① $2\pi\beta$

② $\dfrac{2\pi}{\beta}$

③ $4\pi\beta$

④ $\dfrac{4\pi}{\beta}$

📕 해설

파장길이

$$\lambda = \frac{v}{f} = \frac{\omega}{f\beta} = \frac{2\pi}{\beta}[\text{m}]$$

㉠ 각주파수 $\omega = 2\pi f$

㉡ 위상정수 $\beta = \omega\sqrt{LC}$

상 회로이론 제3장 다상 교류회로의 이해

79 성형(Y) 결선의 부하가 있다. 선간전압 300[V]의 3상 교류를 가했을 때 선전류가 40[A]이고, 역률이 0.8이라면 리액턴스는 약 몇 [Ω]인가?

① 1.66   ② 2.60

③ 3.56   ④ 4.33

📕 해설

㉠ 무효율 $\sin\theta = \sqrt{1-\cos^2\theta}$
$$= \sqrt{1-0.8^2} = 0.6$$

㉡ 무효전력 $P_r = \sqrt{3}\, VI\sin\theta = 3I^2X$에서 리액턴스는 다음과 같다.

$$\therefore X = \frac{\sqrt{3}\, V\sin\theta}{3I}$$
$$= \frac{\sqrt{3} \times 300 \times 0.6}{3 \times 40}$$
$$= 2.59 \fallingdotseq 2.60[\Omega]$$

상 회로이론 제2장 단상 교류회로의 이해

80 그림의 회로에서 합성인덕턴스는?

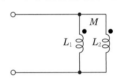

① $\dfrac{L_1 L_2 - M^2}{L_1 + L_2 - 2M}$

② $\dfrac{L_1 L_2 + M^2}{L_1 + L_2 - 2M}$

③ $\dfrac{L_1 L_2 - M^2}{L_1 + L_2 + 2M}$

④ $\dfrac{L_1 L_2 + M^2}{L_1 + L_2 + 2M}$

📕 해설

본 문제는 가동결합상태가 된다.

㉠ 가동결합 $L_{ab} = \dfrac{L_1 L_2 - M^2}{L_1 + L_2 - 2M}$

㉡ 차동결합 $L_{ab} = \dfrac{L_1 L_2 - M^2}{L_1 + L_2 + 2M}$

제5과목 | 전기설비기술기준

※ 전기설비기술기준 과목 기출문제는 법규개정에 따라 문제를 수정·삭제하였으므로 이 점 착오없으시기 바랍니다.

상 제3장 전선로

81 가공전선로에 사용하는 지지물의 강도계산 시 구성재의 수직투영면적 1[m²]에 대한 풍압을 기초로 적용하는 갑종 풍압하중값의 기준으로 틀린 것은?

① 목주 : 588[Pa]
② 원형 철주 : 588[Pa]
③ 철근콘크리트주 : 1117[Pa]
④ 강관으로 구성된 철탑(단주는 제외)
  : 1255[Pa]

해설 풍압하중의 종별과 적용(KEC 331.6)

갑종 풍압하중의 종류와 그 크기는 다음과 같다.

풍압을 받는 구분		구성재의 수직투영면적 1[m²]에 대한 풍압
지지물	목주	588[Pa]
	철주	• 원형 : 588[Pa] • 삼각형 또는 능형 : 1412[Pa] • 강관으로 4각형 : 1117[Pa] • 기타 : 1784[Pa](목재가 전·후면에 겹치는 경우 : 1627[Pa])
	철근 콘크리트주	• 원형 : 588[Pa] • 기타 : 882[Pa]
	철탑	• 강관 : 1255[Pa] • 기타 : 2157[Pa]
전선 기타 가섭선		• 단도체 : 745[Pa] • 다도체 : 666[Pa]
애자장치 (특고압 전선용)		1039[Pa]
완금류		• 단일재 : 1196[Pa] • 기타 : 1627[Pa]

상 제1장 공통사항

82 최대사용전압 7[kV] 이하 전로의 절연내력을 시험할 때 시험전압을 연속하여 몇 분간 가하였을 때 이에 견디어야 하는가?

① 5분 ② 10분
③ 15분 ④ 30분

해설 전로의 절연저항 및 절연내력(KEC 132)

고압 및 특고압전로의 시험전압은 전로와 대지 간(다심케이블은 심선 상호간 및 심선과 대지 간)에 연속하여 10분간 가하여 절연내력을 시험하였을 때 이에 견디어야 한다.

중 제3장 전선로

83 고압 인입선 시설에 대한 설명으로 틀린 것은?

① 15[m] 떨어진 다른 수용가에 고압 연접인입선을 시설하였다.
② 전선은 5[mm] 경동선과 동등한 세기의 고압 절연전선을 사용하였다.
③ 고압 가공인입선 아래에 위험표시를 하고 지표상 3.5[m]의 높이에 설치하였다.
④ 횡단보도교 위에 시설하는 경우 케이블을 사용하여 노면상에서 3.5[m]의 높이에 시설하였다.

해설 고압 가공인입선의 시설(KEC 331.12.1)

㉠ 고압 가공인입선은 인장강도 8.01[kN] 이상의 고압 절연전선, 특고압 절연전선 또는 지름 5[mm] 이상의 경동선의 고압 절연전선, 특고압 절연전선에서 규정하는 인하용 절연전선을 애자사용공사에 의하여 시설하거나 케이블을 규정에 준하여 시설
㉡ 고압 가공인입선의 높이는 지표상 3.5[m]까지로 감할 수 있다. 이 경우에 그 고압 가공인입선이 케이블 이외의 것인 때에는 그 전선의 아래쪽에 위험표시를 하여야 함
㉢ 고압 연접인입선은 시설할 수 없음

하 제1장 공통사항

84 공통접지공사 적용 시 상도체의 단면적이 16[mm²]인 경우 보호도체(PE)에 적합한 단면적은? (단, 보호도체의 재질이 상도체와 같은 경우)

① 4 ② 6
③ 10 ④ 16

해설 보호도체(KEC 142.3.2)

상도체의 단면적 S ([mm²], 구리)	보호도체의 최소 단면적([mm²], 구리)	
	보호도체의 재질	
	상도체와 같은 경우	상도체와 다른 경우
$S \leq 16$	S	$\left(\dfrac{k_1}{k_2}\right) \times S$
$16 < S \leq 35$	16	$\left(\dfrac{k_1}{k_2}\right) \times 16$
$S > 35$	$\dfrac{S}{2}$	$\left(\dfrac{k_1}{k_2}\right) \times \dfrac{S}{2}$

하 전기설비기술기준

85 절연유의 구외 유출 방지설비를 하여야 하는 변압기의 사용전압은 몇 [kV] 이상인가?

① 10

② 50

③ 100

④ 150

해설 절연유(기술기준 제20조)

사용전압이 100[kV] 이상의 중성점 직접접지식 전로에 접속하는 변압기를 설치하는 곳에는 절연유의 구외 유출 및 지하침투를 방지하기 위한 설비를 갖추어야 한다.

상 제4장 발전소, 변전소, 개폐소 및 기계기구 시설보호

86 일반 변전소 또는 이에 준하는 곳의 주요 변압기에 반드시 시설하여야 하는 계측장치가 아닌 것은?

① 주파수

② 전압

③ 전류

④ 전력

해설 계측장치(KEC 351.6)

변전소에 설치하는 계측하는 장치
㉠ 주요 변압기의 전압 및 전류 또는 전력
㉡ 특고압용 변압기의 온도

중 제3장 전선로

87 345[kV] 가공전선이 154[kV] 가공전선과 교차하는 경우 이들 양 전선 상호간의 이격거리는 몇 [m] 이상이어야 하는가?

① 4.48

② 4.96

③ 5.48

④ 5.82

해설 특고압 가공전선 상호 간의 접근 또는 교차 (KEC 333.27)

특고압 가공전선과 다른 특고압 가공전선 사이의 이격거리는 다음의 규정에 준할 것

사용전압의 구분	이격거리
60[kV] 이하	2[m]
60[kV] 초과	2[m]에 사용전압이 60[kV]를 초과하는 10[kV] 또는 그 단수마다 0.12[m]을 더한 값

60[kV]를 넘는 경우 10[kV] 단수는 (345−60)÷10＝28.5로 절상하여 단수는 29이므로 345[kV]와 154[kV] 가공전선 사이의 이격거리는 다음과 같다.
전선간의 이격거리＝2 + (29×0.12)＝5.48[m]

중 제2장 저압설비 및 고압·특고압설비

88 애자사용공사에 의한 저압 옥내배선을 시설할 때 전선의 지지점 간의 거리는 전선을 조영재의 윗면 또는 옆면에 따라 붙일 경우 몇 [m] 이하인가?

① 1.5

② 2

③ 2.5

④ 3

해설 애자공사(KEC 232.56)

㉠ 전선은 절연전선 사용(옥외용·인입용 비닐절연전선 사용불가)
㉡ 전선 상호간격 : 0.06[m] 이상
㉢ 전선과 조영재와 이격거리
  • 400[V] 이하 : 25[mm] 이상
  • 400[V] 초과 : 45[mm] 이상(건조한 장소에 시설하는 경우에는 25[mm])
㉣ 전선의 지지점 간의 거리는 전선을 소영새의 윗면 또는 옆면에 따라 붙일 경우에는 2[m] 이하일 것
㉤ 사용전압이 400[V] 초과인 것의 지지점 간의 거리는 6[m] 이하일 것

중 제3장 전선로

89 가공접지선을 사용하여 접지공사를 하는 경우 변압기의 시설장소로부터 몇 [m]까지 떼어 놓을 수 있는가?

① 50

② 100

③ 150

④ 200

해설 고압 또는 특고압과 저압의 혼촉에 의한 위험방지 시설(KEC 322.1)

변압기의 중성점 접지는 변압기의 시설장소마다 시행하여야 한다. 다만, 토지의 상황에 의하여 변압기의 시설장소에서 의한 접지저항값을 얻기 어려운 경우, 인장강도 5.26[kN] 이상 또는 지름 4[mm] 이상의 가공 접지도체를 변압기의 시설장소로부터 200[m]까지 떼어 놓을 수 있다.

상 제3장 전선로

90 고압 가공전선으로 경동선을 사용하는 경우 안전율은 얼마 이상이 되는 이도(弛度)로 시설하여야 하는가?

① 2.0

② 2.2

③ 2.5

④ 4.0

정답 85 ③ 86 ① 87 ③ 88 ② 89 ④ 90 ②

해설 고압 가공전선의 안전율(KEC 332.4)

㉠ 경동선 또는 내열 동합금선 : 2.2 이상이 되는 이도 로 시설

㉡ 그 밖의 전선(예 강심 알루미늄연선, 알루미늄선) : 2.5 이상이 되는 이도로 시설

상 제2장 저압설비 및 고압·특고압설비

91 백열전등 또는 방전등에 전기를 공급하는 옥내전로의 대지전압은 몇 [V] 이하인가?

① 120 　　② 150

③ 200 　　④ 300

해설 옥내전로의 대지전압의 제한(KEC 231.6)

백열전등 또는 방전등에 공급하는 옥내의 전로의 대지 전압은 300[V] 이하이어야 하며 다음에 의하여 시설할 것(150[V] 이하의 전로인 경우는 예외로 함)

㉠ 백열전등 또는 방전등 및 이에 부속하는 전선은 사람 이 접촉할 우려가 없도록 시설할 것

㉡ 백열전등 또는 방전등용 안전기는 저압 옥내배선과 직접 접속하여 시설할 것

㉢ 전구 소켓은 키나 그 밖의 점멸기구가 없도록 시설할 것

하 제3장 전선로

92 특수장소에 시설하는 전선로의 기준으로 틀린 것은?

① 교량의 윗면에 시설하는 저압전선로는 교량 노면상 5[m] 이상으로 할 것

② 교량에 시설하는 고압전선로에서 전선 과 조영재 사이의 이격거리는 20[cm] 이상일 것

③ 저압전선로와 고압전선로를 같은 벼랑 에 시설하는 경우 고압전선과 저압전선 사이의 이격거리는 50[cm] 이상일 것

④ 벼랑과 같은 수직부분에 시설하는 전 선로는 부득이한 경우에 시설하며, 이 때 전선의 지지점 간의 거리는 15[m] 이하로 할 것

해설 교량에 시설하는 전선로(KEC 335.6)

㉠ 교량의 윗면에 시설하는 저·고압전선로의 전선의 높 이를 교량의 노면상 5[m] 이상으로 하여 시설할 것

㉡ 교량에 시설하는 고압전선로의 시설

• 전선은 케이블일 것. 다만, 철도 또는 궤도 전용의 교량에는 인장강도 5.26[kN] 이상의 것 또는 지름 4[mm] 이상의 경동선을 사용

• 전선이 케이블인 경우에는 전선과 조영재 사이의 이격거리는 0.3[m] 이상일 것

• 전선이 케이블 이외의 경우에는 이를 조영재에 견 고하게 붙인 완금류에 절연성·난연성 및 내수성 의 애자로 지지하고 전선과 조영재 사이의 이격거 리는 0.6[m] 이상일 것

상 제2장 저압설비 및 고압·특고압설비

93 고압 옥내배선의 시설공사로 할 수 없는 것은?

① 케이블공사

② 가요전선관공사

③ 케이블트레이공사

④ 애자사용공사(건조한 장소로서 전개된 장소)

해설 고압 옥내배선 등의 시설(KEC 342.1)

고압 옥내배선은 다음에 의하여 시설한다.

• 애자사용배선(건조한 장소로서 전개된 장소에 한한다)

• 케이블배선

• 케이블트레이배선

중 제3장 전선로

94 사용전압 154[kV]의 특고압 가공전선로를 시가지에 시설하는 경우 지표상 몇 [m] 이 상에 시설하여야 하는가?

① 7

② 8

③ 9.44

④ 11.44

해설 시가지 등에서 특고압 가공전선로의 시설 (KEC 333.1)

전선의 지표상의 높이는 다음에서 정한 값 이상일 것

사용전압의 구분	지표상의 높이
35[kV] 이하	10[m] 이상 (전선이 특고압 절연전선인 경우에는 8[m])
35[kV] 초과	10[m]에 35[kV]를 초과하는 10[kV] 또는 그 단수마다 0.12[m] 를 더한 값

35[kV]를 넘는 10[kV] 단수는 다음과 같다.
(154－35)÷10＝11.9에서 절상하여 단수는 12로 한다.
12단수이므로 154[kV] 가공전선의 지표상 높이는 다 음과 같다.
10＋12×0.12＝11.44[m]

정답 91 ④ 92 ② 93 ② 94 ④

상 제3장 전선로

95 가공전선로 지지물 기초의 안전율은 일반적으로 얼마 이상인가?

① 1.5
② 2
③ 2.2
④ 2.5

해설 가공전선로 지지물의 기초의 안전율
(KEC 331.7)

가공전선로의 지지물에 하중이 가해지는 경우 그 하중을 받는 지지물의 기초안전율은 2 이상이어야 한다(이상 시 상정하중에 대한 철탑의 기초에 대하여는 1.33 이상).

중 제1장 공통사항

96 "지중관로"에 대한 정의로 가장 옳은 것은?

① 지중전선로·지중 약전류전선로와 지중매설지선 등을 말한다.
② 지중전선로·지중 약전류전선로와 복합 케이블 선로·기타 이와 유사한 것 및 이들에 부속되는 지중함을 말한다.
③ 지중전선로·지중 약전류전선로·지중에 시설하는 수관 및 가스관과 지중매설지선을 말한다.
④ 지중전선로·지중 약전류전선로·지중 광섬유케이블 선로·지중에 시설하는 수관 및 가스관과 기타 이와 유사한 것 및 이들에 부속하는 지중함 등을 말한다.

해설 용어 정의(KEC 112)

지중관로는 지중전선로·지중 약전류전선로·지중 광섬유케이블 선로·지중에 시설하는 수관 및 가스관과 이와 유사한 것 및 이들에 부속하는 지중함 등을 말한다.

상 제3장 전선로

97 가공전선로의 지지물에 시설하는 지선의 시설기준으로 옳은 것은?

① 지선의 안전율은 1.2 이상일 것
② 소선은 최소 5가닥 이상의 연선일 것
③ 도로를 횡단하여 시설하는 지선의 높이는 일반적으로 지표상 5[m] 이상으로 할 것
④ 지중부분 및 지표상 60[cm]까지의 부분은 아연도금을 한 철봉 등 부식하기 어려운 재료를 사용할 것

해설 지선의 시설(KEC 331.11)

㉠ 지선의 안전율 : 2.5 이상
㉡ 허용인장하중 : 4.31[kN] 이상
㉢ 소선(素線) 3가닥 이상의 연선일 것
㉣ 소선은 지름 2.6[mm] 이상의 금속선을 사용한 것일 것 또는 소선의 지름이 2[mm] 이상인 아연도강연선으로서, 소선의 인장강도가 0.68[kN/mm²] 이상인 것
㉤ 지중부분 및 지표상 30[cm]까지의 부분에는 내식성이 있는 아연도금철봉을 사용
㉥ 도로를 횡단 시 지선의 높이는 지표상 5[m] 이상
㉦ 지선애자를 사용하여 감전사고방지
㉧ 철탑은 지선을 사용하여 강도의 일부를 분담금지

상 제3장 전선로

98 지중전선로의 시설에서 관로식에 의하여 시설하는 경우 매설깊이는 몇 [m] 이상으로 하여야 하는가?

① 0.6
② 1.0
③ 1.2
④ 1.5

해설 지중전선로의 시설(KEC 334.1)

㉠ 관로식의 경우 케이블 매설깊이
• 차량, 기타 중량물에 의한 압력을 받을 우려가 있는 장소 : 1.0[m] 이상
• 기타 장소 : 0.6[m] 이상
㉡ 직접 매설식의 경우 케이블 매설깊이
• 차량, 기타 중량물에 의한 압력을 받을 우려가 있는 장소 : 1.0[m] 이상
• 기타 장소 : 0.6[m] 이상

정답 95 ② 96 ④ 97 ③ 98 ②

제1과목 전기자기학

상 제5장 전기영상법

01 평면 도체표면에서 r[m]의 거리에 점전하 Q[C]이 있을 때 이 전하를 무한원까지 운반하는 데 필요한 일은 몇 [J]인가?

① $\dfrac{Q^2}{4\pi\varepsilon_0 r}$

② $\dfrac{Q^2}{8\pi\varepsilon_0 r}$

③ $\dfrac{Q^2}{16\pi\varepsilon_0 r}$

④ $\dfrac{Q^2}{32\pi\varepsilon_0 r}$

해설

도체표면에서 r에서 무한원점($r = \infty$)까지 운반하는 데 요하는 일

$$\therefore W = \int_r^\infty \frac{Q^2}{16\pi\varepsilon_0 r^2}\,dr = \frac{Q^2}{16\pi\varepsilon_0}\left(-\frac{1}{r}\right)_r^\infty$$

$$= \frac{Q^2}{16\pi\varepsilon_0 r}\,[\text{J}]$$

상 제9장 자성체와 자기회로

02 역자성체에서 비투자율(μ_s)은 어느 값을 갖는가?

① $\mu_s = 1$

② $\mu_s < 1$

③ $\mu_s > 1$

④ $\mu_s = 0$

해설

자화의 세기 $J = \mu_0(\mu_s - 1)H$에서
자화율 $\chi = \mu_0(\mu_s - 1)$, 비자화율 $\chi_{er} = \mu_s - 1$

자성체 종류	자화율	비자화율	비투자율
비자성체	$\chi = 0$	$\chi_{er} = 0$	$\mu_s = 1$
강자성체	$\chi \gg 0$	$\chi_{er} \gg 0$	$\mu_s \gg 1$
상자성체	$\chi > 0$	$\chi_{er} > 0$	$\mu_s > 1$
역자성체	$\chi < 0$	$\chi_{er} < 0$	$\mu_s < 1$

하 제5장 전기영상법

03 비유전율 ε_{r1}, ε_{r2}인 두 유전체가 나란히 무한 평면으로 접하고 있고, 이 경계면에 평행으로 유전체의 비유전율 ε_{r1} 내에 경계면으로부터 d[m]인 위치에 선전하밀도 ρ [C/m]인 선상 전하가 있을 때, 이 선전하와 유전체 ε_{r2} 간의 단위길이당의 작용력은 몇 [N/m]인가?

① $9 \times 10^9 \times \dfrac{\rho^2}{\varepsilon_{r2}d} \times \dfrac{\varepsilon_{r1} + \varepsilon_{r2}}{\varepsilon_{r1} - \varepsilon_{r2}}$

② $2.25 \times 10^9 \times \dfrac{\rho^2}{\varepsilon_{r2}d} \times \dfrac{\varepsilon_{r1} - \varepsilon_{r2}}{\varepsilon_{r1} + \varepsilon_{r2}}$

③ $9 \times 10^9 \times \dfrac{\rho^2}{\varepsilon_{r1}d} \times \dfrac{\varepsilon_{r1} - \varepsilon_{r2}}{\varepsilon_{r1} + \varepsilon_{r2}}$

④ $2.25 \times 10^9 \times \dfrac{\rho^2}{\varepsilon_{r1}d} \times \dfrac{\varepsilon_{r1} - \varepsilon_{r2}}{\varepsilon_{r1} + \varepsilon_{r2}}$

해설

유전체 속의 영상 선전하 $\rho' = \dfrac{\varepsilon_1 - \varepsilon_2}{\varepsilon_1 + \varepsilon_2}\rho$이므로

$$\therefore f = \rho \cdot E = \frac{\rho\rho'}{2\pi\varepsilon_1 2d} = \frac{\rho^2}{4\pi\varepsilon_1 d} \cdot \frac{\varepsilon_1 - \varepsilon_2}{\varepsilon_1 + \varepsilon_2}$$

$$= \frac{\rho^2}{4\pi\varepsilon_0\varepsilon_{r1}d} \cdot \frac{\varepsilon_0(\varepsilon_{r1} - \varepsilon_{r2})}{\varepsilon_0(\varepsilon_{r1} + \varepsilon_{r2})}$$

$$= 9 \times 10^9 \times \frac{\rho^2}{\varepsilon_{r1}d} \cdot \frac{\varepsilon_{r1} - \varepsilon_{r2}}{\varepsilon_{r1} + \varepsilon_{r2}}\,[\text{N/m}]$$

상 제2장 진공 중의 정전계

04 점전하에 의한 전계는 쿨롱의 법칙을 사용하면 되지만 분포되어 있는 전하에 의한 전계를 구할 때는 무엇을 이용하는가?

① 렌츠의 법칙
② 가우스의 정리
③ 라플라스 방정식
④ 스토크스의 정리

해설

가우스의 정리를 이용하면 분포되어 있는 전하(선전하, 면전하 등)의 전계의 세기를 간편하게 구할 수 있다.

상 제4장 유전체

05 패러데이관(Faraday tube)의 성질에 대한 설명으로 틀린 것은?

① 패러데이관 중에 있는 전속수는 그 관 속에 진전하가 없으면 일정하며 연속적이다.

② 패러데이관의 양단에는 양 또는 음의 단위진전하가 존재하고 있다.

③ 패러데이관 한 개의 단위전위차당 보유 에너지는 $\frac{1}{2}$[J]이다.

④ 패러데이관의 밀도는 전속밀도와 같지 않다.

해설 패러데이관의 성질

㉠ 패러데이관 내의 전속수는 일정하다.
㉡ 패러데이관의 양단에는 정, 부의 단위진전하가 있다.
㉢ 진전하가 없는 면에서는 패러데이관은 연속이다.
㉣ 패러데이관의 밀도는 전속밀도와 같다.

상 제3장 정전용량

06 공기 중에 있는 지름 6[cm]인 단일 도체구의 정전용량은 약 몇 [pF]인가?

① 0.33   ② 0.67
③ 3.33   ④ 6.71

해설

도체구의 정전용량
$C = 4\pi\varepsilon_0 r$

$= \dfrac{3\times10^{-2}}{9\times10^9}$

$= 3.33\times10^{-12}[\text{F}] = 3.3[\text{pF}]$

여기서, 반지름 $r = 3\times10^{-2}[\text{m}]$

중 제4장 유전체

07 유전율이 ε_1, ε_2[F/m]인 유전체 경계면에 단위면적당 작용하는 힘은 몇 [N/m²]인가?

(단, 전계가 경계면에 수직인 경우이며, 두 유전체의 전속밀도 $D_1 = D_2 = D$이다.)

① $2\left(\dfrac{1}{\varepsilon_1} - \dfrac{1}{\varepsilon_2}\right)D^2$ ② $2\left(\dfrac{1}{\varepsilon_1} + \dfrac{1}{\varepsilon_2}\right)D^2$

③ $\dfrac{1}{2}\left(\dfrac{1}{\varepsilon_1} + \dfrac{1}{\varepsilon_2}\right)D^2$ ④ $\dfrac{1}{2}\left(\dfrac{1}{\varepsilon_2} - \dfrac{1}{\varepsilon_1}\right)D^2$

해설

㉠ 단위면적당 작용하는 힘

$f = \dfrac{1}{2}\varepsilon E^2 = \dfrac{1}{2}DE = \dfrac{D^2}{2\varepsilon}[\text{N/m}^2]$

㉡ 전계가 수직입사한다는 조건에 의해 전속밀도의 법선성분이 연속임을 이용할 수 있다. 이때, $\varepsilon_1 > \varepsilon_2$이면 $\dfrac{D^2}{2\varepsilon_1} < \dfrac{D^2}{2\varepsilon_2}$이므로 f_2가 f_1보다 크다.

㉢ 힘의 크기는 $f = f_2 - f_1 = \dfrac{1}{2}\left(\dfrac{1}{\varepsilon_2} - \dfrac{1}{\varepsilon_1}\right)D^2$이고, 힘의 방향은 유전율이 큰 쪽에서 작은 쪽으로 작용한다.

상 제9장 자성체와 자기회로

08 진공 중에 균일하게 대전된 반지름 a[m]인 선전하밀도 λ_l[C/m]의 원환이 있을 때, 그 중심으로부터 중심축상 x[m]의 거리에 있는 점의 전계세기는 몇 [V/m]인가?

① $\dfrac{a\lambda_l x}{2\varepsilon_0\left(a^2 + x^2\right)^{\frac{3}{2}}}$

② $\dfrac{a\lambda_l x}{\varepsilon_0\left(a^2 + x^2\right)^{\frac{3}{2}}}$

③ $\dfrac{\lambda_l x}{2\varepsilon_0\left(a^2 + x^2\right)}$

④ $\dfrac{\lambda_l x}{\varepsilon_0\left(a^2 + x^2\right)}$

해설

환원(원환)전하의 전계세기
$E = \dfrac{Qx}{4\pi\varepsilon_0\left(a^2 + x^2\right)^{\frac{3}{2}}}$

$= \dfrac{a\lambda_l x}{2\varepsilon_0\left(a^2 + x^2\right)^{\frac{3}{2}}}[\text{V/m}]$

여기서, $Q = \lambda_l l = \lambda_l 2\pi a[\text{C}]$

정답   05 ④   06 ③   07 ④   08 ①

상 제3장 정전용량

09 내압 1000[V], 정전용량 1[μF], 내압 750[V], 정전용량 2[μF], 내압 500[V], 정전용량 5[μF]인 콘덴서 3개를 직렬로 접속하고 인가전압을 서서히 높이면 최초로 파괴되는 콘덴서는?

① 1[μF]

② 2[μF]

③ 5[μF]

④ 동시에 파괴된다.

해설

최대 전하＝내압×정전용량의 결과 중 최대 전하값이 작은 것이 먼저 파괴된다.
㉠ $1000 \times 1 = 1000[\mu C]$
㉡ $750 \times 2 = 1500[\mu C]$
㉢ $500 \times 5 = 2500[\mu C]$
∴ 1[μF]이 먼저 파괴된다.

상 제10장 전자유도법칙

10 내부장치 또는 공간을 물질로 포위시켜 외부자계의 영향을 차폐시키는 방식을 자기차폐라 한다. 다음 중 자기차폐에 가장 좋은 것은?

① 비투자율이 1보다 작은 역자성체

② 강자성체 중에서 비투자율이 큰 물질

③ 강자성체 중에서 비투자율이 작은 물질

④ 비투자율에 관계없이 물질의 두께에만 관계되므로 되도록 두꺼운 물질

해설

근접해 있는 도체로부터 발생되는 자속 ϕ 에 의해 유도 장해$\left(e = -N\dfrac{d\phi}{dt} \right)$가 발생되므로 이를 차폐하기 위해서는 비투자율이 큰 물질로 포위시켜야 한다.

상 제2장 진공 중의 정전계

11 40[V/m]인 전계 내의 50[V]가 되는 점에서 1[C]의 전하가 전계방향으로 80[cm] 이동하였을 때, 그 점의 전위는 몇 [V]인가?

① 18

② 22

③ 35

④ 65

해설

㉠ A, B 사이의 전위차
$V_{AB} = E \cdot d = 40 \times 0.8 = 32[V]$
㉡ 전계는 전위가 높은 점에서 낮은 점으로 향하므로 V_A에서 A, B 사이의 전위차를 뺀 전위가 V_B가 된다.
∴ $V_B = V_A - V_{AB} = 50 - 32 = 18[V]$

하 제8장 전류와 자기현상

12 그림과 같이 반지름 a[m]의 한 번 감긴 원형 코일이 균일한 자속밀도 B[Wb/m^2]인 자계에 놓여 있다. 지금 코일면을 자계와 나란하게 전류 I[A]를 흘리면 원형 코일이 자계로부터 받는 회전모멘트는 몇 [N·m/rad]인가?

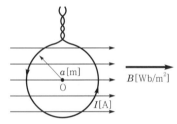

① $\pi a B I$

② $2\pi a B I$

③ $\pi a^2 B I$

④ $2\pi a^2 B I$

해설

코일이 자장 안에서 받는 토크 $T = BIS\cos\theta$[N·m/rad]에서 원의 반지름이 a[m]이므로 면적 $S = \pi a^2$[m^2]이다.
∴ $T = BIS\cos\theta$
$= \pi a^2 BI\cos\theta$[N·m/rad]

하 제9장 자성체와 자기회로

13 다음 조건들 중 초전도체에 부합되는 것은? (단, μ_r은 비투자율, χ_m은 비자화율, B는 자속밀도이며 작동온도는 임계온도 이하라 한다.)

① $\chi_m = -1$, $\mu_r = 0$, $B = 0$

② $\chi_m = 0$, $\mu_r = 0$, $B = 0$

③ $\chi_m = 1$, $\mu_r = 0$, $B = 0$

④ $\chi_m = -1$, $\mu_r = 1$, $B = 0$

정답 09 ① 10 ② 11 ① 12 ③ 13 ①

📘해설 초전도체의 특징

㉠ 전기저항이 없다.
㉡ 마이너스효과 : 초전도체 내부로 자기장이 침투하지 못하게 되는 완전반자성 상태($\chi_m = -1$)가 만들어지는 현상이다. 여기서, 내부자기장이 침투하지 못하게 된다는 것은 비투자율 μ_r과 자속밀도 B 가 0이 된다는 것을 의미한다.

하 제4장 유전체

14 $x = 0$인 무한 평면을 경계면으로 하여 $x < 0$인 영역에는 비유전율 $\varepsilon_{r1} = 2$, $x > 0$인 영역에는 $\varepsilon_{r2} = 4$인 유전체가 있다. ε_{r1}인 유전체 내에서 전계 $E_1 = 20a_x - 10a_y + 5a_z$[V/m]일 때 $x > 0$인 영역에 있는 ε_{r2}인 유전체 내에서 전속밀도 D_2[C/m²]는? (단, 경계면상에는 자유전하가 없다고 한다.)

① $D_2 = \varepsilon_0 (20a_x - 40a_y + 5a_z)$
② $D_2 = \varepsilon_0 (40a_x - 40a_y + 20a_z)$
③ $D_2 = \varepsilon_0 (80a_x - 20a_y + 10a_z)$
④ $D_2 = \varepsilon_0 (40a_x - 20a_y + 20a_z)$

📘해설

㉠ 경계조건에 의해
$D_{1x} = D_{2x}$, $E_{1y} = E_{2y}$, $E_{1z} = E_{2z}$이 된다.
㉡ $D_{1x} = D_{2x}$에서 $\varepsilon_1 E_{1x} = \varepsilon_2 E_{2x}$이므로
$E_{2x} = \dfrac{\varepsilon_1}{\varepsilon_2} E_{1x} = \dfrac{2\varepsilon_0}{4\varepsilon_0} \times 20 = 10$이 된다.
㉢ $E_{1y} = E_{2y} = -10$, $E_{1z} = E_{2z} = 5$
㉣ $\overrightarrow{E_2} = 10\overrightarrow{a_x} - 10\overrightarrow{a_y} + 5\overrightarrow{a_z}$[V/m]
$\therefore \overrightarrow{D_2} = \varepsilon_2 \overrightarrow{E_2} = \varepsilon_0 \varepsilon_{r2} \overrightarrow{E_2}$
$= \varepsilon_0 \left(40\overrightarrow{a_x} - 40\overrightarrow{a_y} + 20\overrightarrow{a_z} \right)$[C/m²]

하 제12장 전자계

15 평면파 전파가 $E = 30\cos(10^9 t + 20z)j$ [V/m]로 주어졌다면 이 전자파의 위상속도는 몇 [m/s]인가?

① 5×10^7
② $\dfrac{1}{3} \times 10^8$
③ 10^9
④ $\dfrac{2}{3}$

📘해설

파동방정식 $E_x'(z, t) = E_m' \cos\omega\left(t - \dfrac{z}{v}\right)$에서 $\dfrac{\omega z}{v}$ $= 20z$이므로 z방향으로 진행하는 전자파의 위상속도(전파속도) v는 다음과 같다.

$\therefore v = \dfrac{\omega z}{20z} = \dfrac{10^9}{20} = 5 \times 10^7$[m/s]

상 제10장 전자유도법칙

16 자속밀도 10[Wb/m²] 자계 중에 10[cm] 도체를 자계와 30°의 각도로 30[m/s]로 움직일 때, 도체에 유기되는 기전력은 몇 [V]인가?

① 15
② $15\sqrt{3}$
③ 1500
④ $1500\sqrt{3}$

📘해설

유도기전력
$e = Blv\sin\theta$
$= 10 \times 0.1 \times 30 \times \sin 30° = 15$[V]

상 제11장 인덕턴스

17 그림과 같이 단면적 $S = 10$[cm²], 자로의 길이 $l = 20\pi$[cm], 비투자율 $\mu_s = 1000$인 철심에 $N_1 = N_2 = 100$인 두 코일을 감았다. 두 코일 사이의 상호인덕턴스는 몇 [mH]인가?

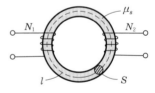

① 0.1
② 1
③ 2
④ 20

📘해설

상호인덕턴스
$M = \dfrac{\mu S N_1 N_2}{l} = \dfrac{\mu_0 \mu_s S N_1 N_2}{l}$

$= \dfrac{4\pi \times 10^{-7} \times 1000 \times 10 \times 10^{-4} \times 100^2}{20\pi \times 10^{-2}}$

$= 2 \times 10^{-2}$[H] $= 20$[mH]

정답 14 ② 15 ① 16 ① 17 ④

중 제6장 전류

18 1[μA]의 전류가 흐르고 있을 때, 1초 동안 통과하는 전자수는 약 몇 개인가? (단, 전자 1개의 전하는 1.602×10^{-19}[C]이다.)

① 6.24×10^{10}

② 6.24×10^{11}

③ 6.24×10^{12}

④ 6.24×10^{13}

해설

전자수

$N = \dfrac{Q}{e} = \dfrac{It}{e}$

$= \dfrac{10^{-6} \times 1}{1.602 \times 10^{-19}} = 6.242 \times 10^{12}$개

(여기서, 단위시간=1초)

상 제11장 인덕턴스

19 균일하게 원형 단면을 흐르는 전류 I[A]에 의한 반지름 a[m], 길이 l[m], 비투자율 μ_s 인 원통도체의 내부인덕턴스는 몇 [H]인가?

① $10^{-7} \mu_s l$

② $3 \times 10^{-7} \mu_s l$

③ $\dfrac{1}{4a} \times 10^{-7} \mu_s l$

④ $\dfrac{1}{2} \times 10^{-7} \mu_s l$

해설 동축케이블의 인덕턴스

㉠ 내부인덕턴스 $L_i = \dfrac{\mu}{8\pi}$[H/m]$= \dfrac{\mu l}{8\pi}$[H]

㉡ 외부인덕턴스 $L_e = \dfrac{\mu}{2\pi} \ln \dfrac{b}{a}$[H/m]

㉢ $L_i = \dfrac{\mu l}{8\pi} = \dfrac{\mu_0 \mu_s l}{8\pi}$

$= \dfrac{4\pi \times 10^{-7} \times \mu_s \times l}{8\pi}$

$= \dfrac{1}{2} \times 10^{-7} \times \mu_s l$[H]

상 제8장 전류와 자기현상

20 한 변의 길이가 10[cm]인 정사각형 회로에 직류전류 10[A]가 흐를 때, 정사각형의 중심에서의 자계의 세기는 몇 [A/m]인가?

① $\dfrac{100\sqrt{2}}{\pi}$

② $\dfrac{200\sqrt{2}}{\pi}$

③ $\dfrac{300\sqrt{2}}{\pi}$

④ $\dfrac{400\sqrt{2}}{\pi}$

해설

정사각형 도체 중심의 자계

$H = \dfrac{2\sqrt{2}\,I}{\pi l}$

$= \dfrac{2\sqrt{2} \times 10}{\pi \times 0.1} = \dfrac{200\sqrt{2}}{\pi}$[A/m]

제2과목 전력공학

중 제8장 송전선로 보호방식

21 송전선에서 재폐로방식을 사용하는 목적은 무엇인가?

① 역률개선

② 안정도 증진

③ 유도장해의 경감

④ 코로나 발생방지

해설 재폐로방식

㉠ 고장전류를 차단하고 차단기를 일정 시간 후 자동적으로 재투입하는 방식이다.

㉡ 송전계통의 안정도를 향상시키고 송전용량을 증가시킨다.

㉢ 계통사고의 자동복구가 된다.

중 제9장 배전방식

22 설비용량이 360[kW], 수용률이 0.8, 부등률이 1.2일 때 최대 수용전력은 몇 [kW]인가?

① 120

② 240

③ 360

④ 480

해설

합성 최대 수용전력

$P_T = \dfrac{설비용량 \times 수용률}{부등률}$

$= \dfrac{360 \times 0.8}{1.2} = 240$[kW]

정답 18 ③ 19 ④ 20 ② 21 ② 22 ②

상 제8장 송전선로 보호방식

23 배전계통에서 사용하는 고압용 차단기의 종류가 아닌 것은?

① 기중차단기(ACB)
② 공기차단기(ABB)
③ 진공차단기(VCB)
④ 유입차단기(OCB)

해설 기중차단기(ACB)

저압용 차단기로 교류용은 1000[V] 미만, 직류용은 3000[V] 이하의 전로에 사용한다.

상 제8장 송전선로 보호방식

24 SF₆가스차단기에 대한 설명으로 틀린 것은?

① SF₆가스 자체는 불활성 기체이다.
② SF₆가스는 공기에 비하여 소호능력이 약 100배 정도이다.
③ 절연거리를 적게 할 수 있어 차단기 전체를 소형, 경량화할 수 있다.
④ SF₆가스를 이용한 것으로서 독성이 있으므로 취급에 유의하여야 한다.

해설

SF₆가스차단기는 소호성능이 우수하고 안정도가 높은 SF₆ 불활성 기체를 이용한 차단기로서 특징은 다음과 같다.
㉠ SF₆가스는 사용상태에서 불활성, 불연, 무미, 무취, 무독성이다.
㉡ 비열은 0.7, 비중은 공기의 약 5배 정도 무겁다.
㉢ 소호능력은 공기의 100~200배 정도이다.

하 제4장 송전 특성 및 조상설비

25 송전선로의 일반회로정수가 $A = 0.7$, $B = j190$, $D = 0.9$일 때 C의 값은?

① $-j1.95 \times 10^{-3}$ ② $j1.95 \times 10^{-3}$
③ $-j1.95 \times 10^{-4}$ ④ $j1.95 \times 10^{-4}$

해설

$AD - BC = 1$에서
$$C = \frac{AD - 1}{B}$$
$$= \frac{0.7 \times 0.9 - 1}{j190} = j1.95 \times 10^{-3}$$

상 제10장 배전선로 계산

26 부하역률이 0.8인 선로의 저항손실은 0.9인 선로의 저항손실에 비해서 약 몇 배 정도 되는가?

① 0.97   ② 1.1
③ 1.27   ④ 1.5

해설

전력손실과 역률의 관계
$$P_c \propto \frac{1}{\cos^2\theta}$$
$$P_{c0.8} : P_{c0.9} = \frac{1}{0.8^2} : \frac{1}{0.9^2} \text{이므로}$$
$$P_{c0.8} = \frac{1}{0.8^2} \times P_{c0.9} \times 0.9^2 = 1.27 P_{c0.9}$$
$$\therefore 1.27\text{배}$$

하 제10장 배전선로 계산

27 단상 변압기 3대에 의한 △ 결선에서 1대를 제거하고 동일 전력을 V결선으로 보낸다면 동손은 약 몇 배가 되는가?

① 0.67
② 2.0
③ 2.7
④ 3.0

해설

동손 $P_c = I_p^2 \cdot r$
㉠ △결선 시 동손
상전류 $I_p = \frac{1}{\sqrt{3}} I_n$
$$= \frac{1}{\sqrt{3}} \frac{P}{\sqrt{3} V_n} = \frac{P}{3 V_n}$$
변압기 3대 $P_c = 3 \left(\frac{P}{3 V_n} \right)^2 \cdot r$
㉡ V결선 시 동손
상전류＝선전류이므로 $I_p = \frac{P}{\sqrt{3} V_n}$
변압기 2대 $P_c = 2 \left(\frac{P}{\sqrt{3} V_n} \right)^2 \cdot r$
㉢ $\dfrac{\text{V결선}}{\triangle\text{결선}} = \dfrac{\dfrac{2P^2}{3 V_n^2}}{\dfrac{3P^2}{9 V_n^2}} = 2$

정답 23 ①   24 ④   25 ②   26 ③   27 ②

중 제7장 이상전압 및 유도장해

28 피뢰기의 충격방전 개시전압은 무엇으로 표시하는가?

① 직류전압의 크기
② 충격파의 평균치
③ 충격파의 최대치
④ 충격파의 실효치

해설

충격방전 개시전압이란 파형과 극성의 충격파를 피뢰기의 선로단자와 접지단자 간에 인가했을 때 방전전류가 흐르기 이전에 도달할 수 있는 최고 전압(최대치)을 말한다.

제5장 고장 계산 및 안정

29 단상 2선식 배전선로의 선로임피던스가 $2+j5[\Omega]$이고 무유도성 부하전류가 10[A]일 때 송전단의 역률은? (단, 수전단전압의 크기는 100[V]이고, 위상각은 0°이다.)

① $\dfrac{5}{12}$ ② $\dfrac{5}{13}$

③ $\dfrac{11}{12}$ ④ $\dfrac{12}{13}$

해설

㉠ 부하임피던스는 무유도성으로 순저항부하이므로
$$R=\frac{V}{I}=\frac{100}{10}=10[\Omega]$$
㉡ 선로 및 부하 임피던스의 합
$$Z=(2+j5)+10=12+j5[\Omega]$$
㉢ 역률 $\cos\theta=\dfrac{R}{Z}=\dfrac{12}{\sqrt{12^2+5^2}}=\dfrac{12}{13}$

제7장 이상전압 및 유도장해

30 그림과 같이 전력선과 통신선 사이에 차폐선을 설치하였다. 이 경우에 통신선의 차폐계수(K)를 구하는 관계식은? (단, 차폐선을 통신선에 근접하여 설치한다.)

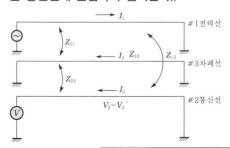

① $K=1+\dfrac{Z_{31}}{Z_{12}}$

② $K=1-\dfrac{Z_{31}}{Z_{33}}$

③ $K=1-\dfrac{Z_{23}}{Z_{33}}$

④ $K=1+\dfrac{Z_{23}}{Z_{33}}$

해설

차폐선의 차폐계수 $K=\left|1-\dfrac{Z_{31}\cdot Z_{23}}{Z_{33}\cdot Z_{12}}\right|$

㉠ 차폐선을 전력선에 접근 시($Z_{12}\fallingdotseq Z_{2s}$)
$$K=\left|1-\frac{Z_{31}}{Z_{33}}\right|$$
㉡ 차폐선을 통신선에 접근 시($Z_{1s}\fallingdotseq Z_{12}$)
$$K=\left|1-\frac{Z_{23}}{Z_{33}}\right|$$

제8장 송전선로 보호방식

31 모선보호에 사용되는 계전방식이 아닌 것은?

① 위상비교방식
② 선택접지 계전방식
③ 방향거리 계전방식
④ 전류차동 보호방식

해설 선택접지(지락)계전기(SGR)

병행 2회선 송전선로에서 지락사고 시 고장회선만을 선택차단할 수 있게 하는 계전기이다.

제5장 고장 계산 및 안정

32 %임피던스와 관련된 설명으로 틀린 것은?

① 정격전류가 증가하면 %임피던스는 감소한다.
② 직렬리액터가 감소하면 %임피던스도 감소한다.
③ 전기기계의 %임피던스가 크면 차단기의 용량은 작아진다.
④ 송전계통에서는 임피던스의 크기를 Ω값 대신에 %값으로 나타내는 경우가 많다.

정답 28 ③ 29 ④ 30 ③ 31 ② 32 ①

해설 퍼센트 임피던스

㉠ 전압강하분 $I_n Z$[V]가 회로의 정격전압 E[V]에 대한 비율이다.

㉡ $\%Z = \dfrac{I_n[\text{A}] \cdot Z[\Omega]}{E[\text{V}]} \times 100[\%]$이므로 정격전류가 증가하면 퍼센트 임피던스($\%Z$)도 증가한다.

상 제5장 고장 계산 및 안정

33 A, B 및 C 상전류를 각각 I_a, I_b 및 I_c라 할 때 $I_x = \dfrac{1}{3}(I_a + a^2 I_b + a I_c)$, $a = -\dfrac{1}{2} + j\dfrac{\sqrt{3}}{2}$으로 표시되는 I_x는 어떤 전류인가?

① 정상전류
② 역상전류
③ 영상전류
④ 역상전류와 영상전류의 합

해설 불평형에 의한 고조파전류

㉠ 영상전류 $I_0 = \dfrac{1}{3}(I_a + I_b + I_c)$

㉡ 정상전류 $I_1 = \dfrac{1}{3}(I_a + a I_b + a^2 I_c)$

㉢ 역상전류 $I_2 = \dfrac{1}{3}(I_a + a^2 I_b + a I_c)$

중 제11장 발전

34 그림과 같이 "수류가 고체에 둘러싸여 있고 A로부터 유입되는 수량과 B로부터 유출되는 수량이 같다."고 하는 이론은?

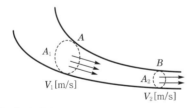

① 수두이론
② 연속의 원리
③ 베르누이의 정리
④ 토리첼리의 정리

해설 연속의 정리(연속의 원리)

유속과 단면적은 서로 반비례관계가 성립한다. 따라서 단면적이 좁은 곳에서는 유속이 커지고 반대로 단면적이 넓은 곳에서는 유속이 작아진다.

$A_1 v_1 = A_2 v_2 = Q[\text{m}^3/\text{sec}]$

하 제4장 송전 특성 및 조상설비

35 4단자 정수가 A, B, C, D인 선로에 임피던스가 $\dfrac{1}{Z_T}$인 변압기가 수전단에 접속된 경우 계통의 4단자 정수 중 D_0는?

① $D_0 = \dfrac{C + D Z_T}{Z_T}$

② $D_0 = \dfrac{C + A Z_T}{Z_T}$

③ $D_0 = \dfrac{D + C Z_T}{Z_T}$

④ $D_0 = \dfrac{B + A Z_T}{Z_T}$

해설

선로에 임피던스가 $\dfrac{1}{Z_T}$인 변압기가 수전단에 직렬로 접속 시 선로정수는 다음과 같다.

$\begin{bmatrix} A_0 & B_0 \\ C_0 & D_0 \end{bmatrix} = \begin{bmatrix} A & B \\ C & D \end{bmatrix} \begin{bmatrix} 1 & \dfrac{1}{Z_T} \\ 0 & 1 \end{bmatrix} = \begin{bmatrix} A & \dfrac{A}{Z_T} + B \\ C & \dfrac{C}{Z_T} + D \end{bmatrix}$ 이므로

$D_0 = \dfrac{C}{Z_T} + D = \dfrac{C + D Z_T}{Z_T}$가 된다.

중 제10장 배전선로 계산

36 대용량 고전압의 안정권선(△ 권선)이 있다. 이 권선의 설치목적과 관계가 먼 것은?

① 고장전류 저감
② 제3고조파 제거
③ 조상설비 설치
④ 소내용 전원공급

해설

안정권선 △결선(권선)은 3권선변압기의 3차 권선으로 변전소 내 전원공급, 조상설비의 설치 및 제3고조파 제거용으로 사용한다.

정답 33 ② 34 ② 35 ① 36 ①

상 제8장 송전선로 보호방식

37 한류리액터를 사용하는 가장 큰 목적은?

① 충전전류의 제한
② 접지전류의 제한
③ 누설전류의 제한
④ 단락전류의 제한

해설 한류리액터

선로에 직렬로 설치하여 사고 시 단락전류를 제한하여 차단기의 용량을 경감시키고 선로 및 기기에 가해지는 단락전류로 인한 충격을 완화시켜 준다.

상 제8장 송전선로 보호방식

38 변압기 등 전력설비 내부고장 시 변류기에 유입하는 전류와 유출하는 전류의 차로 동작하는 보호계전기는?

① 차동계전기
② 지락계전기
③ 과전류계전기
④ 역상전류계전기

해설 차동계전기(DCR)

피보호설비(또는 구간)에 유입하는 어떤 전류의 크기와 유출되는 전류의 크기 간의 차이가 일정치 이상이 되면 동작하는 계전기이다.

중 제8장 송전선로 보호방식

39 3상 결선변압기의 단상운전에 의한 소손 방지 목적으로 설치하는 계전기는?

① 차동계전기
② 역상계전기
③ 단락계전기
④ 과전류계전기

해설 역상계전기

㉠ 역상분전압 또는 전류의 크기에 따라 동작하는 계전기이다.
㉡ 전력설비의 불평형 운전 또는 결상운전 방지를 위해 설치한다.

중 제3장 선로정수(R, L, C, g) 및 코로나현상

40 송전선로의 정전용량은 등가선간거리 D 가 증가하면 어떻게 되는가?

$$D = (D_1, D_2, D_3)$$

① 증가한다.
② 감소한다.
③ 변하지 않는다.
④ D^2에 반비례하여 감소한다.

해설

작용정전용량

$$C = \frac{0.02413}{\log_{10}\dfrac{D}{r}}[\mu F/km]$$

제3과목　전기기기

하 제6장 특수기기

41 단상 직권 정류자전동기의 전기자권선과 계자권선에 대한 설명으로 틀린 것은?

① 계자권선의 권수를 적게 한다.
② 전기자권선의 권수를 크게 한다.
③ 변압기 기전력을 적게 하여 역률 저하를 방지한다.
④ 브러시로 단락되는 코일 중의 단락전류를 많게 한다.

해설 단상 직권 정류자전동기의 특성

㉠ 전기자, 계자 모두 성층철심을 사용한다.
㉡ 역률 및 토크 감소를 해결하기 위해 계자권선의 권수를 감소하고 전기자권선수를 증가한다.
㉢ 보상권선을 설치하여 전기자반작용을 감소시킨다.
㉣ 브러시와 정류자 사이에서 단락전류가 커져 정류작용이 어려워지므로 고저항의 도선을 전기자코일과 정류자편 사이에 접속하여 단락전류를 억제한다.

정답 37 ④　38 ①　39 ②　40 ②　41 ④

① 2178   ② 3251

③ 4253   ④ 5532

하 제6장 특수기기

42 단상 직권전동기의 종류가 아닌 것은?

① 직권형   ② 아트킨손형

③ 보상직권형   ④ 유도보상직권형

해설

단상 직권전동기의 종류에는 직권형, 보상직권형, 유도보상직권형이 있다. 아트킨손형은 단상 반발전동기에 종류이다.

중 제2장 동기기

43 동기조상기의 여자전류를 줄이면?

① 콘덴서로 작용   ② 리액터로 작용

③ 진상전류로 됨   ④ 저항손의 보상

해설

무부하 동기전동기(동기조상기)를 역률 1.0으로 운전 중에 여자전류가 증가하면 앞선 무효전류의 전기자전류가 증가(콘덴서 역할)하고, 여자전류를 감소시키면 뒤진 무효전류의 전기자전류가 증가(리액터 역할)한다.

상 제4장 유도기

44 권선형 유도전동기에서 비례추이에 대한 설명으로 틀린 것은? (단, s_t는 최대 토크 시 슬립이다.)

① r_2를 크게 하면 s_t는 커진다.

② r_2를 삽입하면 최대 토크가 변한다.

③ r_2를 크게 하면 기동토크도 커진다.

④ r_2를 크게 하면 기동전류는 감소한다.

해설

최대 토크 $T_m \propto \dfrac{r_2}{s_t} = \dfrac{mr_2}{ms_t}$에서 2차측 저항의 증감에 따라 최대 토크의 발생 슬립이 비례하여 변화되므로 2차 저항 r_2를 삽입하여도 최대 토크는 변하지 않는다.

중 제2장 동기기

45 전기자저항 $r_a = 0.2[\Omega]$, 동기리액턴스 $x_s = 20[\Omega]$인 Y결선의 3상 동기발전기가 있다. 3상 중 1상의 단자전압 $V = 4400$ [V], 유도기전력 $E = 6600[V]$이다. 부하각 $\delta = 30°$라고 하면 발전기의 출력은 약 몇 [kW]인가?

해설

㉠ 동기임피던스

$$|Z_s| = \sqrt{r_a{}^2 + x_s{}^2} = \sqrt{0.2^2 + 20^2} = 20$$

㉡ 동기발전기의 1상 출력

$$P_1 = \frac{EV}{|Z_s|} \sin\delta \times 10^{-3}[\text{kW}]$$

㉢ 3상 출력은 1상 출력의 3배이므로

$$
\begin{aligned}
P &= 3P_1 \\
&= 3 \times \frac{EV}{|Z_s|} \sin\delta \times 10^{-3} \\
&= 3 \times \frac{6600 \times 4400}{20} \times \sin 30° \times 10^{-3} \\
&= 2178[\text{kW}]
\end{aligned}
$$

중 제5장 정류기

46 반도체정류기에 적용된 소자 중 첨두 역방향 내전압이 가장 큰 것은?

① 셀렌정류기   ② 실리콘정류기

③ 게르마늄정류기   ④ 아산화동정류기

해설

① 셀렌정류기의 경우 역방향 내전압이 수십 [V] 이하이다.

② 실리콘정류기는 대전류용으로 사용가능하며 역방향의 내전압(1000[V] 이상)이 크다.

③ 게르마늄정류기는 다른 정류기에 비해 내열성, 내전압성이 낮다.

④ 아산화동(구리)정류기는 계기용 등의 소규모로 사용한다.

상 제2장 동기기

47 동기전동기에서 전기자반작용을 설명한 것 중 옳은 것은?

① 공급전압보다 앞선 전류는 감자작용을 한다.

② 공급전압보다 뒤진 전류는 감자작용을 한다.

③ 공급전압보다 앞선 전류는 교차자화작용을 한다.

④ 공급전압보다 뒤진 전류는 교차자화작용을 한다.

정답   42 ②   43 ②   44 ②   45 ①   46 ②   47 ①

해설 동기전동기의 전기자반작용

㉠ 교차자화작용 : 전기자전류 I_a가 공급전압과 동상일 때(횡축반작용)

㉡ 감자작용 : 전기자전류 I_a가 공급전압보다 위상이 $90°$ 앞설 때(직축반작용)

㉢ 증자작용 : 전기자전류 I_a가 공급전압보다 위상이 $90°$ 늦을 때(직축반작용)

중 제3장 변압기

48 변압기 결선방식 중 3상에서 6상으로 변환할 수 없는 것은?

① 2중 성형   ② 환상결선

③ 대각결선   ④ 2중 6각 결선

해설 3상에서 6상으로 변환하는 변압기 결선방식

㉠ 환상결선
㉡ 대각결선
㉢ 포크결선
㉣ 2중 3각 결선
㉤ 2중 성형 결선

중 제5장 정류기

49 실리콘제어정류기(SCR)의 설명 중 틀린 것은?

① P－N－P－N 구조로 되어 있다.
② 인버터회로에 이용될 수 있다.
③ 고속도의 스위치작용을 할 수 있다.
④ 게이트에 (+)와 (−)의 특성을 갖는 펄스를 인가하여 제어한다.

해설 실리콘제어정류기의 특성

㉠ P형 반도체와 N형 반도체를 PNPN 4중 구조로 한다.
㉡ 단방향성 3단자 소자이다.
㉢ 게이트 신호 인가 시 도통완료까지 시간이 짧아 인버터회로에 적용한다.
㉣ 열발생이 적고 과전압에 약하다.

상 제1장 직류기

50 직류발전기가 90[%] 부하에서 최대 효율이 된다면 이 발전기의 전부하에 있어서 고정손과 부하손의 비는?

① 1.1   ② 1.0
③ 0.9   ④ 0.81

해설

최대 효율이 되는 부하율 $\dfrac{1}{m} = \sqrt{\dfrac{P_i}{P_c}} = 0.9$에서

$\dfrac{P_i}{P_c} = 0.81$(여기서, P_i : 고정손, P_c : 부하손)이므로

$P_i = 0.81 P_c$

중 제3장 변압기

51 150[kVA]의 변압기의 철손이 1[kW], 전부하동손이 2.5[kW]이다. 역률 80[%]에 있어서의 최대 효율은 약 몇 [%]인가?

① 95   ② 96
③ 97.4   ④ 98.5

해설

최대 효율 시 부하율

$\dfrac{1}{m} = \sqrt{\dfrac{P_i}{P_c}}$

$= \sqrt{\dfrac{1}{2.5}} = 0.632$

최대 효율

$\eta = \dfrac{0.632 \times 150 \times 0.8}{0.632 \times 150 \times 0.8 + 1 + 0.632^2 \times 2.5} \times 100$

$= 97.4[\%]$

하 제3장 변압기

52 정격부하에서 역률 0.8(뒤짐)로 운전될 때, 전압변동률이 12[%]인 변압기가 있다. 이 변압기에 역률 100[%]의 정격부하를 걸고 운전할 때의 전압변동률은 약 몇 [%]인가?

$\left(\text{단, \%저항강하는 \%리액턴스 강하의 } \dfrac{1}{12}\text{이라고 한다.}\right)$

① 0.909   ② 1.5
③ 6.85   ④ 16.18

해설

%저항강하와 %리액턴스 강하의 비율이 $\dfrac{1}{12}$이므로

%저항강하 $= p$, %리액턴스 강하 $= 12p$, 전압변동률 $\varepsilon = p\cos\theta + q\sin\theta$이다.

$12 = p \times 0.8 + 12p \times 0.6$

$\therefore p = 1.5$

$\cos\theta = 1.0 \rightarrow \varepsilon = 1.5 \times 1.0 + q \times 0 = 1.5$

중 제4장 유도기

53 권선형 유도전동기 저항제어법의 단점 중 틀린 것은?

① 운전효율이 낮다.
② 부하에 대한 속도변동이 작다.
③ 제어용 저항기는 가격이 비싸다.
④ 부하가 적을 때는 광범위한 속도조정 이 곤란하다.

해설 권선형 유도전동기의 속도제어(저항제어) 특성

㉠ 회전자저항의 변화를 통해 연속적인 속도제어가 가능하다.
㉡ 조작이 간단하고 동기속도 이하에서 광범위하게 제어가 가능하다.
㉢ 저항에 의한 손실발생으로 효율이 낮다.
㉣ 저속에서 속도제어 시 토크변화에 대해 속도변화가 커 안정도가 감소한다.

중 제2장 동기기

54 부하급변 시 부하각과 부하속도가 진동하는 난조현상을 일으키는 원인이 아닌 것은?

① 전기자회로의 저항이 너무 큰 경우
② 원동기의 토크에 고조파가 포함된 경우
③ 원동기의 조속기 감도가 너무 예민한 경우
④ 자속의 분포가 기울어져 자속의 크기가 감소한 경우

해설

난조현상이란 동기발전기의 회전자가 진동하는 현상으로 그 원인은 다음과 같다.
㉠ 원동기의 조속기 감도가 너무 예민한 경우
㉡ 원동기 회전력에 고조파분이 포함된 경우
㉢ 전기자저항이 큰 경우

하 제3장 변압기

55 단상변압기 3대를 이용하여 3상 △－Y결선을 했을 때 1차와 2차 전압의 각변위(위상차)는?

① 0°
② 60°
③ 150°
④ 180°

해설

㉠ 무부하상태에서 변압기 1차측에 $v_1 = \sqrt{2}\,V_1 \sin \omega t$[V]를 가하면 여자전류 i_0의 위상은 전압 v_1보다 90°만큼 뒤지게 되므로 변압기 철심 내의 자속 또한 90°만큼 뒤지게 된다. 즉, $\phi = \phi_m \sin(\omega t - 90°)$ $= -\phi_m \cos \omega t$[Wb]가 된다.
㉡ 자속 ϕ의 변화에 의해 2차 권선에서 발생되는 유기기전력은 $e_2 = -N_2 \dfrac{d\phi}{dt} = -N_2 \omega \phi_m \sin \omega t = \sqrt{2}\,V_2 \sin \omega t$[V]가 되어 이를 나타내면 다음과 같다.

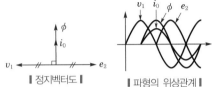

| 정지벡터도 | | 파형의 위상관계 |

즉, 변압기 2차측 단자전압은 변압기 1차측 입력전압보다 180°만큼 위상이 뒤지게 된다.
㉢ 변압기를 Y결선 시 선간전압 $V_l = \sqrt{3}\,V_p \underline{/30°}$의 관계를 가지므로 변압기 1차측과 2차측 선간전압의 위상차는 다음과 같다.
∴ $\theta = -180° + 30° = -150°$

상 제4장 유도기

56 권선형 유도전동기의 전부하운전 시 슬립이 4[%]이고 2차 정격전압이 150[V]이면 2차 유도기전력은 몇 [V]인가?

① 9
② 8
③ 7
④ 6

해설

회전 시 2차 유도기전력 $E_2' = sE_2$[V]
여기서, E_2' : 회전 시 2차 유도기전력[V]
　　　　　E_2 : 정지 시 2차 유도기전력[V]
슬립이 4[%]일 때
2차 유도기전력 $sE_2 = 0.04 \times 150 = 6$[V]

상 제4장 유도기

57 3상 유도전동기의 슬립이 s일 때 2차 효율 [%]은?

① $(1-s) \times 100$
② $(2-s) \times 100$
③ $(3-s) \times 100$
④ $(4-s) \times 100$

해설

2차 효율

$$\eta_2 = \frac{2\text{차 출력}}{2\text{차 입력}} \times 100[\%]$$

$$= \left(\frac{1-s}{1}\right) \times 100[\%]$$

$$= (1-s) \times 100[\%]$$

$$= \frac{N}{N_s} \times 100[\%]$$

상 　제1장 직류기

58 직류전동기의 회전수를 $\frac{1}{2}$ 로 하자면 계자 자속을 어떻게 해야 하는가?

① $\frac{1}{4}$ 로 감소시킨다.

② $\frac{1}{2}$ 로 감소시킨다.

③ 2배로 증가시킨다.

④ 4배로 증가시킨다.

해설

직류전동기의 회전수 $n \propto k\dfrac{E_c}{\phi}$ 에서 회전수와 자속은 반비례하므로 회전수를 $\frac{1}{2}$ 로 하면 자속은 2배로 증가해야 한다.

상 　제5장 정류기

59 사이리스터 2개를 사용한 단상 전파정류회로에서 직류전압 100[V]를 얻으려면 PIV 가 약 몇 [V]인 다이오드를 사용하면 되는가?

① 111　　　　　② 141

③ 222　　　　　④ 314

해설

㉠ 단상 전파직류전압

$$E_d = \frac{2\sqrt{2}}{\pi}E = 0.9E[\text{V}]$$

㉡ 1차측 교류전압

$$E = \frac{1}{0.9}E_d = \frac{1}{0.9} \times 100 = 111[\text{V}]$$

㉢ 정류소자 2개 → $PIV = 2\sqrt{2}\,E[\text{V}]$

정류소자 1개, 4개 → $PIV = \sqrt{2}\,E[\text{V}]$

$$\therefore \text{최대 역전압} \ PIV = 2\sqrt{2}\,E$$
$$= 2\sqrt{2} \times 111$$
$$= 314[\text{V}]$$

중 　제2장 동기기

60 교류발전기의 고조파 발생을 방지하는 방법으로 틀린 것은?

① 전기자반작용을 크게 한다.

② 전기자권선을 단절권으로 감는다.

③ 전기자슬롯을 스큐슬롯으로 한다.

④ 전기자권선의 결선을 성형으로 한다.

해설

전기자반작용의 발생 시 전기자권선에서 발생하는 누설자속이 계자기자력에 영향을 주어 파형의 왜곡을 만들어 고조파가 증대되므로 공극의 증대, 분포권, 단절권, 슬롯의 사구(스큐) 등으로 전기자반작용을 억제한다.

제4과목　회로이론 및 제어공학

상 　제어공학 제3장 시간영역해석법

61 개루프 전달함수 $G(s)$ 가 다음과 같이 주어지는 단위부궤환계가 있다. 단위계단입력이 주어졌을 때, 정상상태 편차가 0.05가 되기 위해서는 K 의 값은 얼마인가?

$$G(s) = \frac{6K(s+1)}{(s+2)(s+3)}$$

① 19　　　　　② 20

③ 0.95　　　　④ 0.05

해설

㉠ 개루프 전달함수

$$G = G(s)H(s) = \frac{6K(s+1)}{(s+2)(s+3)}$$

(단위부궤환계인 경우 $H(s) = 1$)

㉡ 정상위치 편차상수

$$K_p = \lim_{s \to 0} s^0 G$$

$$= \lim_{s \to 0} \frac{6K(s+1)}{(s+2)(s+3)}$$

$$= \frac{6K}{6} = K$$

정답　58 ③　59 ④　60 ①　61 ①

ⓒ 정상위치 편차

$$e_{sp} = \frac{1}{1+K_p} = \frac{1}{1+K} = 0.05$$

$$\therefore K = \frac{1}{0.05} - 1 = 19$$

상 제어공학 제1장 자동제어의 개요

62 제어량의 종류에 따른 분류가 아닌 것은?

① 자동조정
② 서보기구
③ 적응제어
④ 프로세스제어

해설 제어량에 의한 분류

㉠ 서보기구 : 위치, 방위, 자세, 거리, 각도 등의 기계적 변위를 제어한다.
㉡ 프로세서기구 : 온도, 유량, 압력, 액위, 농도, 습도, 비중 등 공업공정의 상태량을 제어한다.
㉢ 자동조정기구 : 전압, 주파수, 역률, 회전력, 속도, 토크 등 기계적 또는 전기적인 양을 제어한다.

상 제어공학 제6장 근궤적법

63 다음 중 개루프 전달함수 $G(s)H(s) = \frac{K(s-5)}{s(s-1)^2(s+2)^2}$ 일 때 주어지는 계에서 점근선의 교차점은?

① $-\dfrac{3}{2}$ ② $-\dfrac{7}{4}$

③ $\dfrac{5}{3}$ ④ $-\dfrac{1}{5}$

해설

㉠ 극점 $s_1 = 0$, $s_2 = 1$(중근), $s_3 = -2$(중근)에서 극점의 수 $P = 5$개가 되고, 극점의 총합 $\sum P = 1 + 1 - 2 - 2 = -2$가 된다.
㉡ 영점 $s_1 = 5$에서 영점의 수 $Z = 1$개가 되고, 영점의 총합 $\sum Z = 5$가 된다.
㉢ 점근선의 교차점

$$\sigma = \frac{\sum P - \sum Z}{P - Z} = \frac{-2 - 5}{5 - 1} = -\frac{7}{4}$$

상 제어공학 제7장 상태방정식

64 단위계단함수의 라플라스 변환과 z변환함수는?

① $\dfrac{1}{s}$, $\dfrac{z}{z-1}$ ② s , $\dfrac{z}{z-1}$

③ $\dfrac{1}{s}$, $\dfrac{z-1}{z}$ ④ s , $\dfrac{z-1}{z}$

해설 s변환($\mathcal{L}$ 변환)과 z변환의 관계

시간의 함수 $f(t)$	s변환 ($\mathcal{L}$ 변환)	z변환
단위계단함수 $u(t) = 1$	$F(s) = \dfrac{1}{s}$	$F(z) = \dfrac{1}{1 - z^{-1}}$ $= \dfrac{z}{z-1}$
임펄스함수 $\dfrac{du(t)}{dt}$	$F(s) = 1$	$F(z) = 1$
지수함수 e^{-at}	$F(s) = \dfrac{1}{s+a}$	$F(z) = \dfrac{1}{1 - z^{-1} e^{-aT}}$ $= \dfrac{z}{z - e^{-aT}}$
램프함수 t	$F(s) = \dfrac{1}{s^2}$	$F(z) = \dfrac{Tz}{(z-1)^2}$

상 제어공학 제7장 상태방정식

65 다음 방정식으로 표시되는 제어계가 있다. 이 계를 상태방정식 $\dot{x}(t) = Ax(t) + Bu(t)$로 나타내면 계수행렬 A는?

$$\frac{d^3c(t)}{dt^3} + 5\frac{d^2c(t)}{dt^2} + \frac{dc(t)}{dt} + 2c(t) = r(t)$$

① $\begin{bmatrix} 0 & 1 & 0 \\ 0 & 0 & 1 \\ -2 & -1 & -5 \end{bmatrix}$ ② $\begin{bmatrix} 0 & 1 & 0 \\ 1 & 0 & 0 \\ 5 & 1 & 2 \end{bmatrix}$

③ $\begin{bmatrix} 0 & 0 & 1 \\ 1 & 0 & 0 \\ 0 & 5 & 2 \end{bmatrix}$ ④ $\begin{bmatrix} 0 & 1 & 0 \\ 0 & 0 & 1 \\ -2 & -1 & 0 \end{bmatrix}$

해설

㉠ $c(t) = x_1(t)$
㉡ $\dfrac{d}{dt}c(t) = \dfrac{d}{dt}x_1(t) = \dot{x}_1(t) = x_2(t)$
㉢ $\dfrac{d^2}{dt^2}c(t) = \dfrac{d}{dt}x_2(t) = \dot{x}_2(t) = x_3(t)$
㉣ $\dfrac{d^3}{dt^3}c(t) = \dfrac{d}{dt}x_3(t) = \dot{x}_3(t) = -2x_1(t) - x_2(t) - 5x_3(t) + r(t)$

정답 62 ③ 63 ② 64 ① 65 ①

$$\therefore \begin{bmatrix} \dot{x}_1 \\ \dot{x}_2 \\ \dot{x}_3 \end{bmatrix} = \begin{bmatrix} 0 & 1 & 0 \\ 0 & 0 & 1 \\ -2 & -1 & -5 \end{bmatrix} \begin{bmatrix} x_1(t) \\ x_2(t) \\ x_3(t) \end{bmatrix} + \begin{bmatrix} 0 \\ 0 \\ 1 \end{bmatrix} r(t)$$

하 　제어공학 제5장 안정도 판별법

66 안정한 제어계에 임펄스응답을 가했을 때 제어계의 정상상태 출력은?

① 0

② +∞ 또는 −∞

③ +의 일정한 값

④ −의 일정한 값

상 　제어공학 제2장 전달함수

67 그림과 같은 블록선도에서 $\dfrac{C(s)}{R(s)}$의 값은?

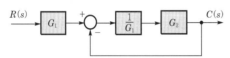

① $\dfrac{G_1}{G_1 - G_2}$ 　② $\dfrac{G_2}{G_1 - G_2}$

③ $\dfrac{G_2}{G_1 + G_2}$ 　④ $\dfrac{G_1 G_2}{G_1 + G_2}$

해설

종합전달함수

$$M(s) = \frac{C(s)}{R(s)}$$

$$= \frac{\sum \text{전향경로이득}}{1 - \sum \text{폐루프이득}}$$

$$= \frac{G_2}{1 + \dfrac{G_2}{G_1}} = \frac{G_1 G_2}{G_1 + G_2}$$

상 　제어공학 제2장 전달함수

68 신호흐름선도에서 전달함수 $\dfrac{C}{R}$를 구하면?

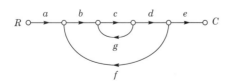

① $\dfrac{abcdg}{1 - abcde}$

② $\dfrac{abcde}{1 - cg - bcdf}$

③ $\dfrac{abcde}{1 - cg - cgf}$

④ $\dfrac{abcde}{c + cg + cgf}$

해설

종합전달함수

$$M(s) = \frac{C(s)}{R(s)}$$

$$= \frac{\sum \text{전향경로이득}}{1 - \sum \text{폐루프이득}}$$

$$= \frac{abcde}{1 - (cg + bcdf)} = \frac{abcde}{1 - cg - bcdf}$$

상 　제어공학 제5장 안정도 판별법

69 특성방정식이 $s^3 + 2s^2 + Ks + 5 = 0$가 안정하기 위한 K의 값은?

① $K > 0$ 　　② $K < 0$

③ $K > \dfrac{5}{2}$ 　④ $K < \dfrac{5}{2}$

해설

특성방정식 $F(s) = s^3 + 2s^2 + Ks + 5 = 0$을 루쓰표로 표현하면 다음과 같다.

s^3	a_0	a_2		s^3	1	K
s^2	a_1	a_3	$\rightarrow$	s^2	2	5
s^1	b_1	b_2		s^1	b_1	0
s^0	c_1	c_2		s^0	c_1	0

㉠ $b_1 = \dfrac{a_0 a_3 - a_1 a_2}{-a_1} = \dfrac{5 - 2K}{-2} = \dfrac{2K - 5}{2}$

㉡ $c_1 = \dfrac{a_1 b_2 - b_1 a_3}{-b_1} = \dfrac{a_1 \times 0 - b_1 a_3}{-b_1} = a_3 = 5$

㉢ 루쓰선도에서 제1열(a_0, a_1, b_1, c_1)의 부호가 모두 같으면(+) 안정이 된다.

$b_1 = \dfrac{2K - 5}{2} > 0$에서 $2K > 5$이므로 안정하기 위한 K값은 다음과 같다.

$\therefore K > \dfrac{5}{2}$

정답 66 ① 67 ④ 68 ② 69 ③

상   제어공학 제8장 시퀀스회로의 이해

70 다음과 같은 진리표를 갖는 회로의 종류는?

입력		출력
A	B	
0	0	0
0	1	1
1	0	1
1	1	0

① AND   ② NOR

③ NAND   ④ EX-OR

해설 EX-OR

A, B 두 개의 입력 중 어느 하나만 ON되면 출력이 ON상 태가 나오는 회로를 Exclusive OR(배타적 논리합)회로 라 한다.

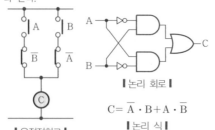

▌유접점회로 ▌

▌논리 회로 ▌

$C = \overline{A} \cdot B + A \cdot \overline{B}$

▌논리 식 ▌

▌간략화 회로 ▌

$C = A \oplus B$

▌간략화 식 ▌

▌진리표 ▌

입력		출력
A	B	C
0	0	0
0	1	1
1	0	1
1	1	0

상   회로이론 제5장 대칭좌표법

71 대칭좌표법에서 대칭분을 각 상전압으로 표시한 것 중 틀린 것은?

① $E_0 = \dfrac{1}{3}(E_a + E_b + E_c)$

② $E_1 = \dfrac{1}{3}(E_a + aE_b + a^2 E_c)$

③ $E_2 = \dfrac{1}{3}(E_a + a^2 E_b + aE_c)$

④ $E_3 = \dfrac{1}{3}(E_a^{\ 2} + E_b^{\ 2} + E_c^{\ 2})$

해설 대칭분전압

㉠ 영상분 : $E_0 = \dfrac{1}{3}(E_a + E_b + E_c)$

㉡ 정상분 : $E_1 = \dfrac{1}{3}(E_a + aE_b + a^2 E_c)$

㉢ 역상분 : $E_2 = \dfrac{1}{3}(E_a + a^2 E_b + aE_c)$

여기서, $a = 1\underline{/120°} = 1\underline{/-240°}$
$a^2 = 1\underline{/240°} = 1\underline{/-120°}$

상   회로이론 제9장 과도현상

72 $R-L$ 직렬회로에서 스위치 S가 1번 위치에 오랫동안 있다가 $t = 0^+$에서 위치 2번으로 옮겨진 후, $\dfrac{L}{R}$[sec] 후에 L에 흐르는 전류[A]는?

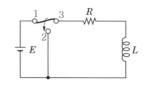

① $\dfrac{E}{R}$

② $0.5\dfrac{E}{R}$

③ $0.368\dfrac{E}{R}$

④ $0.632\dfrac{E}{R}$

해설

스위치를 2번으로 돌렸을 때의 과도전류는
$i(t) = \dfrac{E}{R} e^{-\frac{R}{L}t}$ 이므로

$\therefore i(\tau) = \dfrac{E}{R} e^{-\frac{R}{L}t}$

$= \dfrac{E}{R} e^{-\frac{R}{L} \times \frac{L}{R}}$

$= \dfrac{E}{R} e^{-1}$

$= 0.368 \dfrac{E}{R}$[A]

여기서, $i(\tau)$는 시정수 $\left(\tau = \dfrac{L}{R}\right)$ 시간에서의 전류값을 의미한다.

상 회로이론 제8장 분포정수회로

73 분포정수회로에서 선로정수가 R, L, C, G이고 무왜형 조건이 $RC= GL$과 같은 관계가 성립될 때 선로의 특성임피던스 Z_0는? (단, 선로의 단위길이당 저항을 R, 인덕턴스를 L, 정전용량을 C, 누설컨덕턴스를 G라 한다.)

① $Z_0 = \dfrac{1}{\sqrt{CL}}$　　② $Z_0 = \sqrt{\dfrac{L}{C}}$

③ $Z_0 = \sqrt{CL}$　　④ $Z_0 = \sqrt{RG}$

해설

$$Z_0 = \sqrt{\frac{Z}{Y}} = \sqrt{\frac{R+j\omega L}{G+j\omega C}} = \sqrt{\frac{R+j\omega L}{\frac{RC}{L}+j\omega C}}$$

$$= \sqrt{\frac{R+j\omega L}{\frac{C}{L}(R+j\omega L)}}$$

$$= \sqrt{\frac{L}{C}}\,[\Omega]$$

하 회로이론 제7장 4단자망 회로해석

74 그림과 같은 4단자 회로망에서 하이브리드 파라미터 H_{11}은?

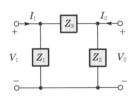

① $\dfrac{Z_1}{Z_1+Z_3}$

② $\dfrac{Z_1}{Z_1+Z_2}$

③ $\dfrac{Z_1 Z_3}{Z_1+Z_3}$

④ $\dfrac{Z_1 Z_2}{Z_1+Z_2}$

해설

단락 입력임피던스 H_{11}을 구하기 위해서는 2차측을 단락시킨 상태에서 합성임피던스를 구하면 된다.

$$\therefore H_{11} = \left.\frac{V_1}{I_1}\right|_{V_2 = 0} = \frac{I_1 Z_0}{I_1} = Z_0 = \frac{Z_1 \times Z_3}{Z_1+Z_3}$$

중 회로이론 제1장 직류회로의 이해

75 내부저항 0.1[Ω]인 건전지 10개를 직렬로 접속하고 이것을 한 조로 하여 5조 병렬로 접속하면 합성 내부저항은 몇 [Ω]인가?

① 5　　② 1

③ 0.5　　④ 0.2

해설

한 조의 합성저항 $r = 0.1 \times 10 = 1[\Omega]$이고, 이를 다시 5조 병렬로 접속하면 다음과 같다.

$$\therefore r_0 = \frac{r}{5} = \frac{1}{5} = 0.2[\Omega]$$

상 회로이론 제10장 라플라스 변환

76 함수 $f(t)$의 라플라스 변환은 어떤 식으로 정의되는가?

① $\displaystyle \int_0^\infty f(t)e^{st}dt$

② $\displaystyle \int_0^\infty f(t)e^{-st}dt$

③ $\displaystyle \int_0^\infty f(-t)e^{st}dt$

④ $\displaystyle \int_{-\infty}^\infty f(-t)e^{-st}dt$

해설

㉠ 라플라스 변환 공식

$$\mathcal{L}[f(t)] = F(s) = \int_0^\infty f(t)e^{-st}\,dt$$

㉡ 라플라스 역변환 공식

$$\mathcal{L}^{-1}[F(s)] = f(t) = \frac{1}{2\pi j}\int_C F(s)e^{st}\,ds$$

(라플라스 역변환 공식 문제는 출제된 적이 없음)

상 회로이론 제5장 대칭좌표법

77 대칭좌표법에서 불평형률을 나타내는 것은?

① $\dfrac{영상분}{정상분} \times 100$　　② $\dfrac{정상분}{역상분} \times 100$

③ $\dfrac{정상분}{영상분} \times 100$　　④ $\dfrac{역상분}{정상분} \times 100$

해설

NEMA 또는 IEEE에서 불평형률은

$$= \frac{3상 \ 중 \ 최대값-3상의 \ 최소값}{3상의 \ 평균값} \times 100[\%]로 \ 사용$$

정답　**73** ②　**74** ③　**75** ④　**76** ②　**77** ④

하나 다음과 같은 근사식도 이용하고 있다.

$$\therefore \ 불평형률 = \frac{역상분}{정상분} \times 100[\%]$$

하 회로이론 제4장 비정현파 교류회로의 이해

78 그림의 왜형파를 푸리에의 급수로 전개할 때, 옳은 것은?

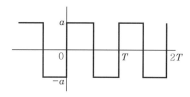

① 우수파만 포함한다.
② 기수파만 포함한다.
③ 우수파·기수파 모두 포함한다.
④ 푸리에 급수로 전개할 수 없다.

해설

반파대칭 및 정현대칭의 경우 기함수(기수파, 홀수항만 존재)이며, sin항만 나타난다.

상 회로이론 제2장 단상 교류회로의 이해

79 최대값이 E_m인 반파정류정현파의 실효값은 몇 [V]인가?

① $\dfrac{2E_m}{\pi}$ ② $\sqrt{2}\,E_m$

③ $\dfrac{E_m}{\sqrt{2}}$ ④ $\dfrac{E_m}{2}$

해설

㉠ 반파정류정현파의 평균값 $E_a = \dfrac{E_m}{\pi}$

㉡ 반파정류정현파의 실효값 $E = \dfrac{E_m}{2}$

하 회로이론 제3장 다상 교류회로의 이해

80 그림과 같이 $R[\Omega]$의 저항을 Y결선으로 하여 단자의 a, b 및 c에 비대칭 3상 전압을 가할 때, a단자의 중성점 N에 대한 전압은 약 몇 [V]인가? (단, $V_{ab} = 210[V]$, $V_{bc} = -90 - j180[V]$, $V_{ca} = -120 + j180[V]$)

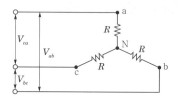

① 100 ② 116
③ 121 ④ 125

해설

$V_a + V_b + V_c = 0$에서 $V_b + V_c = -V_a$가 되므로
$V_{ab} - V_{ca} = V_a - V_b - (V_c - V_a)$
$\qquad = 2V_a - (V_b + V_c) = 3V_a$

$\therefore V_a = \dfrac{V_{ab} - V_{ca}}{3}$
$\qquad = \dfrac{210 - (-120 + j180)}{3}$
$\qquad = 125.3\angle -28.6°[V]$

제5과목 전기설비기술기준

※ 전기설비기술기준 과목 기출문제는 법규개정에 따라 문제를 수정·삭제하였으므로 이 점 착오없으시기 바랍니다.

중 제6장 분산형전원설비

81 태양전지 모듈의 시설에 대한 설명으로 옳은 것은?

① 충전부분은 노출하여 시설할 것
② 출력배선은 극성별로 확인 가능하도록 표시할 것
③ 전선은 공칭단면적 $1.5[mm^2]$ 이상의 연동선을 사용할 것
④ 전선을 옥내에 시설할 경우에는 애자 사용공사에 준하여 시설할 것

해설 태양광발전설비(KEC 520)

㉠ 태양전지 모듈, 전선, 개폐기 및 기타 기구는 충전부분이 노출되지 않도록 시설할 것
㉡ 모듈의 출력배선은 극성별로 확인할 수 있도록 표시할 것
㉢ 전선은 공칭단면적 $2.5[mm^2]$ 이상의 연동선 또는 이와 동등 이상의 세기 및 굵기의 것일 것
㉣ 배선설비공사는 옥내에 시설할 경우에는 합성수지관공사, 금속관공사, 금속제 가요전선관공사, 케이블공사에 준하여 시설할 것

정답 78 ② 79 ④ 80 ④ 81 ②

하 제3장 전선로

82 저압 옥상전선로를 전개된 장소에 시설하는 내용으로 틀린 것은?

① 전선은 절연전선일 것

② 전선은 지름 2.5[mm²] 이상의 경동선의 것

③ 전선과 그 저압 옥상전선로를 시설하는 조영재와의 이격거리는 2[m] 이상일 것

④ 전선은 조영재에 내수성이 있는 애자를 사용하여 지지하고 그 지지점 간의 거리는 15[m] 이하일 것

해설 옥상전선로(KEC 221.3)

㉠ 전선은 인장강도 2.30[kN] 이상의 것 또는 지름 2.6[mm] 이상의 경동선의 것

㉡ 전선은 절연전선일 것(OW전선을 포함)

㉢ 전선은 조영재에 견고하게 붙인 지지주 또는 지지대에 절연성・난연성 및 내수성이 있는 애자를 사용하여 지지하고 그 지지점 간의 거리는 15[m] 이하일 것

㉣ 조영재와의 이격거리는 2[m](고압 및 특고압 절연전선 또는 케이블인 경우에는 1[m]) 이상일 것

상 제2장 저압설비 및 고압・특고압설비

83 무대, 무대마루 밑, 오케스트라 박스, 영사실, 기타 사람이나 무대도구가 접촉할 우려가 있는 곳에 시설하는 저압 옥내배선・전구선 또는 이동전선은 사용전압이 몇 [V] 이하이어야 하는가?

① 60

② 110

③ 220

④ 400

해설 전시회, 쇼 및 공연장의 전기설비(KEC 242.6)

무대・무대마루 밑・오케스트라 박스・영사실 기타 사람이나 무대도구가 접촉할 우려가 있는 곳에 시설하는 저압 옥내배선, 전구선 또는 이동전선은 사용전압이 400[V] 이하이어야 한다.

상 제4장 발전소, 변전소, 개폐소 및 기계기구 시설보호

84 과전류차단기로 시설하는 퓨즈 중 고압전로에 사용하는 포장퓨즈는 정격전류의 몇 배의 전류에 견디어야 하는가?

① 1.1

② 1.25

③ 1.3

④ 1.6

해설 고압 및 특고압전로 중의 과전류차단기의 시설(KEC 341.10)

㉠ 포장퓨즈는 정격전류의 1.3배에 견디고, 또한 2배의 전로로 120분 안에 용단되어야 한다.

㉡ 비포장퓨즈는 정격전류의 1.25배에 견디고, 또한 2배의 전류로 2분 안에 용단되어야 한다.

중 제3장 전선로

85 터널 안 전선로의 시설방법으로 옳은 것은?

① 저압전선은 지름 2.6[mm]의 경동선의 절연전선을 사용하였다.

② 고압전선은 절연전선을 사용하여 합성수지관공사로 하였다.

③ 저압전선을 애자사용공사에 의하여 시설하고 이를 레일면상 또는 노면상 2.2[m]의 높이로 시설하였다.

④ 고압전선을 금속관공사에 의하여 시설하고 이를 레일면상 또는 노면상 2.4[m]의 높이로 시설하였다.

해설 터널 안 전선로의 시설(KEC 335.1)

구 분	전선의 굵기	레일면 또는 노면상 높이	사용공사의 종류
저압	2.6[mm] 이상 (인장강도 2.30[kN])	2.5[m] 이상	케이블・금속관・합성수지관・금속제 가요전선관・애자사용공사
고압	4.0[mm] 이상 (인장강도 5.26[kN])	3[m] 이상	케이블공사, 애자사용공사

하 제3장 전선로

86 저압 옥측 전선로에서 목조의 조영물에 시설할 수 있는 공사방법은?

① 금속관공사

② 버스덕트공사

③ 합성수지관공사

④ 연피 또는 알루미늄 케이블공사

정답 82 ② 83 ④ 84 ③ 85 ① 86 ③

해설 옥측전선로(KEC 221.2)

저압 옥측전선로는 다음에 따라 시설하여야 한다.
㉠ 애자사용공사(전개된 장소에 한한다)
㉡ 합성수지관공사
㉢ 금속관공사(목조 이외의 조영물에 시설하는 경우에 한한다)
㉣ 버스덕트공사[목조 이외의 조영물(점검할 수 없는 은폐된 장소를 제외한다)에 시설하는 경우에 한한다]
㉤ 케이블공사(연피케이블, 알루미늄피케이블 또는 무기물절연(MI)케이블을 사용하는 경우에는 목조 이외의 조영물에 시설하는 경우에 한한다)

하 제4장 발전소, 변전소, 개폐소 및 기계기구 시설보호

87 특고압을 직접 저압으로 변성하는 변압기를 시설하여서는 아니 되는 변압기는?

① 광산에서 물을 양수하기 위한 양수기용 변압기
② 전기로 등 전류가 큰 전기를 소비하기 위한 변압기
③ 교류식 전기철도용 신호회로에 전기를 공급하기 위한 변압기
④ 발전소 · 변전소 · 개폐소 또는 이에 준하는 곳의 소내용 변압기

해설 특고압을 직접 저압으로 변성하는 변압기의 시설(KEC 341.3)

㉠ 전기로 등 전류가 큰 전기를 소비하기 위한 변압기
㉡ 발전소 · 변전소 · 개폐소 또는 이에 준하는 곳의 소내용 변압기
㉢ 교류식 전기철도용 신호회로에 전기를 공급하기 위한 변압기
㉣ 사용전압이 35[kV] 이하인 변압기로서, 그 특고압측 권선과 저압측 권선이 혼촉한 경우에 자동적으로 변압기를 전로로부터 차단하기 위한 장치를 설치한 것

중 제2장 저압설비 및 고압 · 특고압설비

88 케이블트레이공사에 사용하는 케이블트레이의 시설기준으로 틀린 것은?

① 케이블트레이 안전율은 1.3 이상이어야 한다.
② 비금속제 케이블트레이는 난연성 재료의 것이어야 한다.
③ 전선의 피복 등을 손상시킬 돌기 등이 없이 매끈해야 한다.

④ 저압 옥내배선의 사용전압이 400[V] 미만인 경우에는 금속제 트레이에 제3종 접지공사를 하여야 한다.

해설 케이블트레이공사(KEC 232.41)

수용된 모든 전선을 지지할 수 있는 적합한 강도의 것이어야 한다. 이 경우 케이블트레이의 안전율은 1.5 이상으로 하여야 한다.

중 전기설비기술기준

89 전로에 대한 설명 중 옳은 것은?

① 통상의 사용상태에서 전기를 절연한 곳
② 통상의 사용상태에서 전기를 접지한 곳
③ 통상의 사용상태에서 전기가 통하고 있는 곳
④ 통상의 사용상태에서 전기가 통하고 있지 않은 곳

해설 정의(기술기준 제3조)

"전로"란 통상의 사용상태에서 전기가 통하고 있는 곳을 말한다.

상 제1장 공통사항

90 최대사용전압 23[kV]의 권선으로 중성점 접지식 전로(중성선을 가지는 것으로 그 중성선에 다중접지를 하는 전로)에 접속되는 변압기는 몇 [V]의 절연내력 시험전압에 견디어야 하는가?

① 21160   ② 25300
③ 38750   ④ 34500

해설 전로의 절연저항 및 절연내력(KEC 132)

최대사용전압이 25000[V] 이하, 중성점 다중접지식일 때 시험전압은 최대사용전압의 0.92배를 가해야 한다.
절연내력 시험전압 $E = 23000 \times 0.92 = 21160$[V]

상 제3장 전선로

91 고압 가공전선으로 경동선 또는 내열동합금선을 사용할 때 그 안전율은 최소 얼마 이상이 되는 이도로 시설하여야 하는가?

① 2.0   ② 2.2
③ 2.5   ④ 3.3

정답 87 ① 88 ① 89 ③ 90 ① 91 ②

해설 고압 가공전선의 안전율(KEC 332.4)

㉠ 경동선 또는 내열 동합금선 : 2.2 이상이 되는 이도로 시설

㉡ 그 밖의 전선(예 강심 알루미늄연선, 알루미늄선) : 2.5 이상이 되는 이도로 시설

중 **제3장 전선로**

92 고압 보안공사에서 지지물이 A종 철주인 경우 경간은 몇 [m] 이하인가?

① 100   ② 150
③ 250   ④ 400

해설 고압 보안공사(KEC 332.10)

• 전선은 케이블인 경우 이외에는 지름 5[mm] 이상의 경동선일 것
• 풍압하중에 대한 안전율은 1.5 이상일 것
• 경간은 다음에서 정한값 이하일 것

지지물의 종류	경 간
목주·A종 철주 또는 A종 철근콘크리트주	100[m]
B종 철주 또는 B종 철근콘크리트주	150[m]
철탑	400[m]

• 단면적 38[mm²] 이상의 경동연선을 사용하는 경우에는 표준경간을 적용

상 **제3장 전선로**

93 가공전선로 지지물의 승탑 및 승주 방지를 위한 발판 볼트는 지표상 몇 [m] 미만에 시설하여서는 아니 되는가?

① 1.2   ② 1.5
③ 1.8   ④ 2.0

해설 가공전선로 지지물의 철탑오름 및 전주오름 방지(KEC 331.4)

가공전선로의 지지물에 취급자가 오르고 내리는데 사용하는 발판 볼트 등을 지표상 1.8[m] 미만에 시설하여서는 아니 된다.

중 **제2장 저압설비 및 고압·특고압설비**

94 저압 옥내간선에서 분기하여 전기사용 기계기구에 이르는 저압 옥내전로는 분기점에서 전선의 길이가 몇 [m] 이하인 곳에 개폐기 및 과전류차단기를 시설하여야 하는가?

① 2   ② 3
③ 4   ④ 5

해설 과부하 보호장치의 설치 위치(KEC 212.4.2)

분기회로의 보호장치는 분기회로의 분기점으로부터 3[m]까지 이동하여 설치할 수 있다.

상 **제3장 전선로**

95 사용전압이 60[kV] 이하인 경우 전화선로의 길이 12[km]마다 유도전류는 몇 [μA]를 넘지 않도록 하여야 하는가?

① 1

② 2

③ 3

④ 5

해설 유도장해의 방지(KEC 333.2)

㉠ 사용전압이 60000[V] 이하인 경우에는 전화선로의 길이 12[km]마다 유도전류가 2[μA]를 넘지 않도록 할 것

㉡ 사용전압이 60000[V]를 넘는 경우에는 전화선로의 길이 40[km]마다 유도전류가 3[μA]를 넘지 않도록 할 것

상 **제4장 발전소, 변전소, 개폐소 및 기계기구 시설보호**

96 발전소·변전소·개폐소 또는 이에 준하는 곳에서 개폐기 또는 차단기에 사용하는 압축공기장치의 공기압축기는 최고사용압력의 1.5배의 수압을 연속하여 몇 분간 가하여 시험을 하였을 때에 이에 견디고 또한 새지 아니하여야 하는가?

① 5

② 10

③ 15

④ 20

해설 압축공기계통(KEC 341.15)

㉠ 공기압축기는 최고사용압력에 1.5배의 수압(1.25배기압)을 10분간 견디어야 한다.

㉡ 사용압력에서 공기의 보급이 없는 상태로 개폐기 또는 차단기의 투입 및 차단을 계속하여 1회 이상 할 수 있는 용량을 가지는 것이어야 한다.

㉢ 주공기 탱크는 사용압력의 1.5배 이상 3배 이하의 최고 눈금이 있는 압력계를 시설해야 한다.

정답 92 ① 93 ③ 94 ② 95 ② 96 ②

97 금속덕트공사에 의한 저압 옥내배선공사 시설에 대한 설명으로 틀린 것은?

① 금속덕트에 접지공사를 한다.
② 금속덕트는 두께 1.0[mm] 이상인 철판으로 제작하고 덕트 상호간에 완전하게 접속한다.
③ 덕트를 조영재에 붙이는 경우 덕트 지지점 간의 거리를 3[m] 이하로 견고하게 붙인다.
④ 금속덕트에 넣은 전선의 단면적의 합계가 덕트의 내부 단면적의 20[%] 이하가 되도록 한다.

해설 금속덕트공사(KEC 232.31)

㉠ 전선은 절연전선일 것(옥외용 비닐절연전선은 제외)
㉡ 금속덕트에 넣은 전선의 단면적(절연피복의 단면적을 포함)의 합계는 덕트의 내부 단면적의 20[%](전광표시장치 기타 이와 유사한 장치 또는 제어회로 등의 배선만을 넣는 경우에는 50[%]) 이하일 것
㉢ 금속덕트 안에는 전선에 접속점이 없도록 할 것
㉣ 폭이 40[mm] 이상, 두께가 1.2[mm] 이상인 철판 또는 동등 이상의 기계적 강도를 가지는 금속제의 것으로 견고하게 제작한 것일 것
㉤ 안쪽 면은 전선의 피복을 손상시키는 돌기가 없는 것일 것
㉥ 덕트의 지지점 간의 거리는 3[m](취급자 이외의 자가 출입할 수 없도록 설비한 곳에서 수직으로 붙이는 경우에는 6[m]) 이하로 할 것

98 그림은 전력선 반송통신용 결합장치의 보안장치를 나타낸 것이다. S의 명칭으로 옳은 것은?

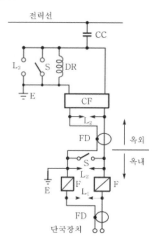

① 동축케이블　② 결합콘덴서
③ 접지용 개폐기　④ 구상용 방전갭

해설 전력선 반송통신용 결합장치의 보안장치 (KEC 362.11)

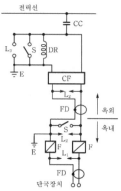

㉠ CC : 결합 커패시터(결합 안테나를 포함)
㉡ L₃ : 동작전압이 교류 2[kV]를 초과하고 3[kV] 이하로 조정된 구상방전갭
㉢ S : 접지용 개폐기
㉣ DR : 전류용량 2[A] 이상의 배류선륜
㉤ CF : 결합 필터
㉥ L2 : 동작전압이 교류 1300[V]를 초과하고 1600[V] 이하로 조정된 방전갭
㉦ FD : 동축케이블
㉧ F : 정격전류 10[A] 이상의 포장퓨즈
㉨ L₁ : 교류 300[V] 이하에서 동작하는 피뢰기
㉩ E : 접지

정답 97 ② 98 ③

제1과목 전기자기학

상 제9장 자성체와 자기회로

01 매질 1의 $\mu_{s1} = 500$, 매질 2의 $\mu_{s2} = 1000$ 이다. 매질 2에서 경계면에 대하여 $45°$의 각도로 자계가 입사한 경우 매질 1에서 경계면과 자계의 각도에 가장 가까운 것은?

① $20°$ ② $30°$

③ $60°$ ④ $80°$

해설

자성체의 경계조건 $\dfrac{\mu_1}{\mu_2} = \dfrac{\tan\theta_1}{\tan\theta_2}$에서

$\tan\theta_2 = \tan\theta_1 \dfrac{\varepsilon_2}{\mu_1} = \tan\theta_1 \dfrac{\mu_{s2}}{\varepsilon_{s1}}$ 이다.

$\therefore \theta_2 = \tan^{-1}\left(\tan\theta_1 \dfrac{\mu_2}{\mu_1}\right)$
$= \tan^{-1}\left(\tan 45° \times \dfrac{1000}{500}\right)$
$= \tan^{-1} 2 = 63.43°$

상 제6장 전류

02 대지의 고유저항이 $\rho[\Omega \cdot m]$일 때 반지름 $a[m]$인 그림과 같은 반구접지극의 접지저항[Ω]은?

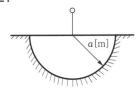

① $\dfrac{\rho}{4\pi a}$ ② $\dfrac{\rho}{2\pi a}$

③ $\dfrac{2\pi\rho}{a}$ ④ $2\pi\rho a$

해설

반구도체의 정전용량 $C = 4\pi\varepsilon a \times \dfrac{1}{2} = 2\pi\varepsilon a$에서

$RC = \rho\varepsilon$의 관계에서 접지저항은

$\therefore R = \dfrac{\rho\varepsilon}{C} = \dfrac{\rho\varepsilon}{2\pi\varepsilon a} = \dfrac{\rho}{2\pi a}[\Omega]$

상 제9장 자성체와 자기회로

03 히스테리시스 곡선에서 히스테리시스 손실에 해당하는 것은?

① 보자력의 크기

② 잔류자기의 크기

③ 보자력과 잔류자기의 곱

④ 히스테리시스 곡선의 면적

해설

강자성체의 히스테리시스 곡선의 면적이 의미하는 것은 단위체적당 필요한 에너지(손실)가 된다.

상 제10장 전자유도법칙

04 다음 (가), (나)에 대한 법칙으로 알맞은 것은?

> 전자유도에 의하여 회로에 발생되는 기전력은 쇄교자속수의 시간에 대한 감소비율에 비례한다는 (㉠)에 따르고 특히, 유도된 기전력의 방향은 (㉡)에 따른다.

① ㉠ 패러데이의 법칙
  ㉡ 렌츠의 법칙

② ㉠ 렌츠의 법칙
  ㉡ 패러데이의 법칙

③ ㉠ 플레밍의 왼손법칙
  ㉡ 패러데이의 법칙

④ ㉠ 패러데이의 법칙
  ㉡ 플레밍의 왼손법칙

해설

패러데이는 자속이 시간적으로 변화하면 기전력이 발생한다는 성질을, 렌츠는 기전력의 방향은 자속의 증감을 방해하는 방향으로 발생한다는 것을 설명하였다.

상 제11장 인덕턴스

05 N회 감긴 환상코일의 단면적이 $S\,[\text{m}^2]$이고 평균길이가 $l[\text{m}]$이다. 이 코일의 권수를 2배로 늘이고 인덕턴스를 일정하게 하려고 할 때, 다음 중 옳은 것은?

① 길이를 2배로 한다.

② 단면적을 $\dfrac{1}{4}$로 한다.

③ 비투자율을 $\dfrac{1}{2}$배로 한다.

④ 전류의 세기를 4배로 한다.

해설

자기인덕턴스 $L = \dfrac{\mu S N^2}{l}[\text{H}]$에서, N을 $\dfrac{1}{2}$하면 인덕턴스는 $\dfrac{1}{4}$배가 된다. 따라서 자기인덕턴스를 일정하게 유지하려면 다음과 같다.

∴ 길이를 $\dfrac{1}{4}$또는 단면적을 4배로 하면 된다.

상 제9장 자성체와 자기회로

06 무한장 솔레노이드에 전류가 흐를 때 발생되는 자장에 관한 설명으로 옳은 것은?

① 내부자장은 평등자장이다.
② 외부자장은 평등자장이다.
③ 내부자장의 세기는 0이다.
④ 외부와 내부의 자장의 세기는 같다.

해설 무한장 솔레노이드의 특징

솔레노이드의 내부자장(자계)은 평등자장이고, 외부자장은 0이다.

하 제9장 자성체와 자기회로

07 자기회로에서 키르히호프의 법칙으로 알맞은 것은? (단, R : 자기저항, ϕ : 자속, N : 코일 권수, I : 전류이다.)

① $\displaystyle\sum_{i=1}^{n} \phi_i = \infty$

② $\displaystyle\sum_{i=1}^{n} N_i \phi_i = 0$

③ $\displaystyle\sum_{i=1}^{n} R_i \phi_i = \sum_{i=1}^{n} N_i I_i$

④ $\displaystyle\sum_{i=1}^{n} R_i \phi_i = \sum_{i=1}^{n} N_i L_i$

해설

㉠ 자기회로에 인가되는 기자력 $F = NI$

㉡ 자기회로에 흐르는 자속 $\phi = \dfrac{F}{R}$

㉢ 키르히호프 제1법칙에서 유입·유출되는 자속의 크기는 같으므로 $F = NI = \phi R$이 된다. 따라서 복수의 회로에서는 다음과 같이 표현할 수 있다.

$$\therefore \sum_{i=1}^{n} R_i \phi_i = \sum_{i=1}^{n} N_i I_i$$

상 제2장 진공 중의 정전계

08 전하밀도 $\rho_s\,[\text{C/m}^2]$인 무한판상 전하분포에 의한 임의 점의 전장에 대하여 틀린 것은?

① 전장의 세기는 매질에 따라 변한다.
② 전장의 세기는 거리 r에 반비례한다.
③ 전장은 판에 수직방향으로만 존재한다.
④ 전장의 세기는 전하밀도 ρ_s에 비례한다.

해설

무한 평판의 전계의 세기는 $E = \dfrac{\rho_s}{\varepsilon_0}[\text{V/m}]$이므로 거리와 무관하다.

상 제8장 전류와 자기현상

09 한 변의 길이가 $l[\text{m}]$인 정사각형 도체회로에 전류 $I[\text{A}]$를 흘릴 때 회로의 중심점에서 자계의 세기는 몇 $[\text{AT/m}]$인가?

① $\dfrac{2I}{\pi l}$

② $\dfrac{I}{\sqrt{2}\,\pi l}$

③ $\dfrac{\sqrt{2}\,I}{\pi l}$

④ $\dfrac{2\sqrt{2}\,I}{\pi l}$

해설 한 변의 길이가 $l[\text{m}]$인 도체(코일)에 전류를 흘렸을 경우 도체 중심에서의 자계의 세기

도체의 종류	도체 중심에서의 자계의 세기
정사각형 도체	$H = \dfrac{2\sqrt{2}\,I}{\pi l}[\text{A/m}]$
정삼각형 도체	$H = \dfrac{9I}{2\pi l}[\text{A/m}]$
정육각형 도체	$H = \dfrac{\sqrt{3}\,I}{\pi l}[\text{A/m}]$
정n각형 도체	$H = \dfrac{nI}{2\pi R}\tan\dfrac{\pi}{n}[\text{A/m}]$

정답 05 ② 06 ① 07 ③ 08 ② 09 ④

제12장 전자계

10 반지름 a[m]의 원형 단면을 가진 도선에 전도전류 $i_c = I_c \sin 2\pi ft$[A]가 흐를 때 변위전류밀도의 최대값 J_d는 몇 [A/m^2]가 되는가? (단, 도전율은 σ[S/m]이고, 비유전율은 ε_r이다.)

① $\dfrac{f\varepsilon_r I_c}{4\pi \times 10^9 \sigma a^2}$

② $\dfrac{\varepsilon_r I_c}{4\pi f \times 10^9 \sigma a^2}$

③ $\dfrac{f\varepsilon_r I_c}{9\pi \times 10^9 \sigma a^2}$

④ $\dfrac{f\varepsilon_r I_c}{18\pi \times 10^9 \sigma a^2}$

해설

㉠ 전도전류 $i_c = \sigma E S$[A]에서 전계의 세기

$E = \dfrac{i_c}{\sigma S}$[V/m](여기서, $S = \pi a^2$)

㉡ 변위전류밀도

$i_d = \dfrac{\partial D}{\partial t} = \varepsilon \dfrac{\partial E}{\partial t} = \dfrac{\varepsilon}{\sigma S} \dfrac{\partial i_c}{\partial t}$

$= \dfrac{\varepsilon_0 \varepsilon_r}{\sigma \pi a^2} \dfrac{\partial}{\partial t} I_c \sin 2\pi ft$

$= \dfrac{\varepsilon_r I_c \times 2\pi f}{36\pi \times 10^9 \times \sigma \pi a^2} \cos 2\pi ft$

$= \dfrac{f\varepsilon_r I_c}{18\pi \times 10^9 \times \sigma a^2} \cos 2\pi ft$

∴ 변위전류밀도의 최대값

$J_d = \dfrac{f\varepsilon_r I_c}{18\pi \times 10^9 \times \sigma a^2}$[A/m^2]

제2장 진공 중의 정전계

11 대전도체 표면전하밀도는 도체표면의 모양에 따라 어떻게 분포하는가?

① 표면전하밀도는 뾰족할수록 커진다.
② 표면전하밀도는 평면일 때 가장 크다.
③ 표면전하밀도는 곡률이 크면 작아진다.
④ 표면전하밀도는 표면의 모양과 무관하다.

해설 도체모양과 전하밀도의 관계

구분		
곡률	작다.	크다.
곡률반경 r	크다.	작다.
전하밀도 ρ	작다.	크다.
전계의 세기	작다.	크다.

제6장 전류

12 일정 전압의 직류전원에 저항을 접속하여 전류를 흘릴 때, 저항값을 20[%] 감소시키면 흐르는 전류는 처음 저항에 흐르는 전류의 몇 배가 되는가?

① 1.0배 ② 1.1배
③ 1.25배 ④ 1.5배

해설

옴의 법칙 $I = \dfrac{V}{R}$에서 저항 $R = \dfrac{V}{I}$가 된다.

여기서, 전류값을 20[%] 감소($0.8I$)시키기 위한 저항값은 다음과 같다.

∴ $R_x = \dfrac{V}{0.8I} = 1.25 \dfrac{V}{I} = 1.25 R$[Ω]

제4장 유전체

13 유전율이 ε인 유전체 내에 있는 점전하 Q에서 발산되는 전기력선의 수는 총 몇 개인가?

① Q

② $\dfrac{Q}{\varepsilon_0 \varepsilon_s}$

③ $\dfrac{Q}{\varepsilon_s}$

④ $\dfrac{Q}{\varepsilon_0}$

해설

가우스의 법칙은 임의의 폐곡면을 관통하여 밖으로 나가는 전력선의 총수는 폐곡면 내부에 있는 총 전하량(Q)의 $\dfrac{1}{\varepsilon}$배와 같다.

∴ 전기력선의 총수 $N = \dfrac{Q}{\varepsilon} = \dfrac{Q}{\varepsilon_0 \varepsilon_s}$

정답 10 ④ 11 ① 12 ③ 13 ②

상 제11장 인덕턴스

14 내부도체의 반지름이 a[m]이고, 외부도체의 내반지름이 b[m], 외반지름이 c[m]인 동축케이블의 단위길이당 자기인덕턴스는 몇 [H/m]인가?

① $\dfrac{\mu_0}{2\pi}\ln\dfrac{b}{a}$

② $\dfrac{\mu_0}{\pi}\ln\dfrac{b}{a}$

③ $\dfrac{2\pi}{\mu_0}\ln\dfrac{b}{a}$

④ $\dfrac{\pi}{\mu_0}\ln\dfrac{b}{a}$

해설 동축케이블의 인덕턴스

㉠ 내부인덕턴스 $L_i=\dfrac{\mu_0}{8\pi}$[H/m]

㉡ 외부인덕턴스 $L_e=\dfrac{\mu_0}{2\pi}\ln\dfrac{b}{a}$[H/m]

상 제8장 전류와 자기현상

15 공기 중에서 1[m] 간격을 가진 두 개의 평행도체 전류의 단위길이에 작용하는 힘은 몇 [N]인가? (단, 전류는 1[A]라고 한다.)

① 2×10^{-7} ② 4×10^{-7}

③ $2\pi\times10^{-7}$ ④ $4\pi\times10^{-7}$

해설

평행도선 사이에 작용하는 힘

$$F=\frac{2I_1I_2}{d}\times10^{-7}=\frac{2I^2}{d}\times10^{-7}$$
$$=\frac{2\times1^2}{1}\times10^{-7}=2\times10^{-7}[\text{N/m}]$$

여기서, 왕복도체의 경우 $I_1=I_2$

중 제3장 정전용량

16 공기 중에서 코로나방전이 3.5[kV/mm] 전계에서 발생한다고 하면, 이때 도체의 표면에 작용하는 힘은 약 몇 [N/m²]인가?

① 27 ② 54

③ 81 ④ 108

해설

단위면적당 작용하는 힘(정전응력)

$$f=\frac{1}{2}\varepsilon_0E^2$$
$$=\frac{1}{2}\times8.855\times10^{-12}\times\left(3.5\times\frac{10^3}{10^{-3}}\right)^2$$
$$=54.24[\text{N/m}^2]$$

상 제8장 전류와 자기현상

17 무한장 직선전류에 의한 자계의 세기[AT/m]는?

① 거리 r에 비례한다.

② 거리 r^2에 비례한다.

③ 거리 r에 반비례한다.

④ 거리 r^2에 반비례한다.

해설

무한장 직선 도체의 자장의 세기는

$H=\dfrac{I}{2\pi r}$[A/m]이므로 r에 반비례한다.

상 제12장 전자계

18 전계 $E=\sqrt{2}\,E_e\sin\omega\left(t-\dfrac{x}{c}\right)$[V/m]의 평면 전자파가 있다. 진공 중에서 자계의 실효값은 몇 [A/m]인가?

① $0.707\times10^{-3}E_e$

② $1.44\times10^{-3}E_e$

③ $2.65\times10^{-3}E_e$

④ $5.37\times10^{-3}E_e$

해설

고유(파동)임피던스 $Z=\dfrac{E}{H}=\sqrt{\dfrac{\mu_0}{\varepsilon_0}}$ 에서

자계의 세기의 실효값은 다음과 같다.

$\therefore\ H=\sqrt{\dfrac{\varepsilon_0}{\mu_0}}\,E=\dfrac{E}{120\pi}=2.65\times10^{-3}E$
$=2.65\times10^{-3}E_e[\text{A/m}]$

여기서, 전계의 최대값 $E_m=\sqrt{2}\,E_e$

전계의 실효값 $E=\dfrac{E_m}{\sqrt{2}}=E_e$

하 제8장 전류와 자기현상

19 Biot–Savart의 법칙에 의하면, 전류소에 의해서 임의의 한 점(P)에 생기는 자계의 세기를 구할 수 있다. 다음 중 설명으로 틀린 것은?

① 자계의 세기는 전류의 크기에 비례한다.
② MKS 단위계를 사용할 경우 비례상수는 $\frac{1}{4\pi}$ 이다.
③ 자계의 세기는 전류소와 점 P와의 거리에 반비례한다.
④ 자계의 방향은 전류소 및 이 전류소와 점 P를 연결하는 직선을 포함하는 면에 법선방향이다.

해설

비오–사바르의 실험식(자계의 세기)

$dH = \frac{Idl\sin\theta}{4\pi r^2}$ [AT/m] $\propto I$ (전류에 비례)

하 제4장 유전체

20 $x > 0$인 영역에 $\varepsilon_1 = 3$인 유전체, $x < 0$인 영역에 $\varepsilon_2 = 5$인 유전체가 있다. 유전율 ε_2인 영역에서 전계가 $E_2 = 20a_x + 30a_y - 40a_z$[V/m]일 때, 유전율 ε_1인 영역에서의 전계 E_1[V/m]은?

① $\frac{100}{3}a_x + 30a_y - 40a_z$
② $20a_x + 90a_y - 40a_z$
③ $100a_x + 10a_y - 40a_z$
④ $60a_x + 30a_y - 40a_z$

해설

㉠ 경계조건 : $D_{1x} = D_{2x}$, $E_{1y} = E_{2y}$, $E_{1z} = E_{2z}$
㉡ $D_{1x} = D_{2x}$에서 $\varepsilon_1 E_{1x} = \varepsilon_2 E_{2x}$ 이므로

$E_{1x} = \frac{\varepsilon_2}{\varepsilon_1} E_{2x} = \frac{5}{3} \times 20 = \frac{100}{3}$

㉢ $E_{1y} = E_{2y} = 30$, $E_{1z} = E_{2z} = -40$

$\therefore \overrightarrow{E_1} = \frac{100}{3}\overrightarrow{a_x} + 30\overrightarrow{a_y} - 40\overrightarrow{a_z}$[V/m]

제2과목 전력공학

중 제11장 발전

21 1[kWh]를 열량으로 환산하면 약 몇 [kcal]인가?

① 80
② 256
③ 539
④ 860

해설

1초에 1[W]의 출력을 발생시키기 위해 0.24[cal]의 열량이 필요하다.
(1[kW]의 출력 → 0.24[kcal]의 열량)
1시간 출력 1[kWh] 출력량을 발생시키기 위해서는
0.24[kcal] × 3600 = 864 ≒ 860[kcal]

상 제8장 송전선로 보호방식

22 22.9[kV], Y결선된 자가용 수전설비의 계기용 변압기의 2차측 정격전압은 몇 [V]인가?

① 110
② 220
③ $110\sqrt{3}$
④ $220\sqrt{3}$

해설

계기용 변압기는 고압 및 특고압을 110[V]의 저압으로 변압하여 계기나 계전기에 공급한다.

중 제10장 배전선로 계산

23 순저항부하의 부하전력 P[kW], 전압 E[V], 선로의 길이 l[m], 고유저항 ρ[Ω·mm²/m]인 단상 2선식 선로에서 선로손실을 q[W]라 하면, 전선의 단면적[mm²]은 어떻게 표현되는가?

① $\frac{\rho l P^2}{qE^2} \times 10^6$
② $\frac{2\rho l P^2}{qE^2} \times 10^6$
③ $\frac{\rho l P^2}{2qE^2} \times 10^6$
④ $\frac{2\rho l P^2}{q^2 E} \times 10^6$

해설

전력손실 $q = \frac{P^2}{E^2 \cos^2\theta} \rho \frac{l}{A}$[W]

여기서, A : 전선의 단면적
l : 전선의 길이

정답 19 ③ 20 ① 21 ④ 22 ① 23 ②

단상 2선식의 전력손실 $q = 2 \times 1$선당 선로손실

$$= 2 \times \frac{P^2}{E^2} \rho \frac{l}{A} [\text{W}]$$

문제에서 역률조건이 없으므로 $\cos\theta = 1.0$

전선의 단면적 $A = \dfrac{2\rho l P^2}{qE^2} \times 10^6 [\text{mm}^2]$

여기서, 10^6은 부하전력 $P[\text{kW}]$의 2승을 고려한다.

상 제8장 송전선로 보호방식

24 동작전류의 크기가 커질수록 동작시간이 짧게 되는 특성을 가진 계전기는?

① 순한시계전기
② 정한시계전기
③ 반한시계전기
④ 반한시성 정한시계전기

🔎 **해설** 계전기의 한시특성에 의한 분류

㉠ 순한시계전기 : 최소 동작전류 이상의 전류가 흐르면 즉시 동작하는 것
㉡ 반한시계전기 : 동작전류가 커질수록 동작시간이 짧게 되는 특성을 가진 것
㉢ 정한시계전기 : 동작전류의 크기에 관계없이 일정한 시간에서 동작하는 것
㉣ 반한시성 정한시계전기 : 동작전류가 적은 동안에는 반한시 특성으로 되고 그 이상에서는 정한시 특성이 되는 것

중 제6장 중성점 접지방식

25 소호리액터를 송전계통에 사용하면 리액터의 인덕턴스와 선로의 정전용량이 어떤 상태로 되어 지락전류를 소멸시키는가?

① 병렬공진
② 직렬공진
③ 고임피던스
④ 저임피던스

🔎 **해설**

소호리액터 접지방식은 리액터 용량과 대지정전용량의 병렬공진을 이용하여 지락전류를 소멸시킨다.

중 제4장 송전 특성 및 조상설비

26 동기조상기에 대한 설명으로 틀린 것은?

① 시충전이 불가능하다.
② 전압조정이 연속적이다.
③ 중부하 시에는 과여자로 운전하여 앞선 전류를 취한다.
④ 경부하 시에는 부족여자로 운전하여 뒤진 전류를 취한다.

🔎 **해설**

동기조상기는 시송전(시충전) 시 발전기로 운전하여 충전전류를 공급하여 안정도를 증진시키고 송전전력을 증가시킬 수 있다.

중 제11장 발전

27 화력발전소에서 가장 큰 손실은?

① 소내용 동력
② 송풍기 손실
③ 복수기에서의 손실
④ 연도배출가스 손실

🔎 **해설**

복수기는 진공상태를 만들어 증기터빈에서 일을 한 증기를 배기단에서 냉각응축시킴과 동시에 복수로서 회수하는 장치로 열손실이 가장 크게 나타난다.

중 제4장 송전 특성 및 조상설비

28 정전용량 0.01[μF/km], 길이 173.2[km], 선간전압 60[kV], 주파수 60[Hz]인 3상 송전선로의 충전전류는 약 몇 [A]인가?

① 6.3
② 12.5
③ 22.6
④ 37.2

🔎 **해설**

송전선로의 충전전류 $I_c = 2\pi f C \dfrac{V_n}{\sqrt{3}} l \times 10^{-6} [\text{A}]$

$$I_c = 2\pi f C \frac{V_n}{\sqrt{3}} l \times 10^{-6}$$

$$= 2\pi \times 60 \times 0.01 \times \frac{60000}{\sqrt{3}} \times 173.2 \times 10^{-6}$$

$$= 22.6 [\text{A}]$$

정답 24 ③ 25 ① 26 ① 27 ③ 28 ③

상 제11장 발전

29 발전용량 9800[kW]의 수력발전소 최대 사용수량이 10[m³/s]일 때, 유효낙차는 몇 [m]인가?

① 100　　　　　② 125
③ 150　　　　　④ 175

해설

수력발전소 출력 $P = 9.8HQ\eta$[kW]
여기서, H : 유효낙차[m]
　　　　Q : 유량[m³/s]
　　　　η : 효율
유효낙차 $H = \dfrac{P}{9.8Q\eta} = \dfrac{9800}{9.8 \times 10} = 100$[m]
여기서, $\eta = 1.0$

중 제8장 송전선로 보호방식

30 차단기의 정격차단시간은?

① 고장발생부터 소호까지의 시간
② 트립코일 여자부터 소호까지의 시간
③ 가동접촉자의 개극부터 소호까지의 시간
④ 가동접촉자의 동작시간부터 소호까지의 시간

해설 차단기의 정격차단시간

정격전압하에서 규정된 표준 동작책무 및 동작상태에 따라 차단할 때의 차단시간한도로서 트립코일 여자로부터 아크소호까지의 시간(개극시간+아크시간)

정격전압[kV]	7.2	25.8	72.5	170	362
정격차단시간 (cycle)	5~8	5	5	3	3

하 제8장 송전선로 보호방식

31 부하전류의 차단능력이 없는 것은?

① DS
② NFB
③ OCB
④ VCB

해설 단로기(DS)의 특징

㉠ 부하전류를 개폐할 수 없음
㉡ 무부하 시 회로의 개폐 가능
㉢ 무부하 충전전류 및 변압기 여자전류 차단 가능

중 제10장 배전선로 계산

32 전선의 굵기가 균일하고 부하가 송전단에서 말단까지 균일하게 분포되어 있을 때 배전선 말단에서 전압강하는? (단, 배전선 전체 저항 R, 송전단의 부하전류는 I 이다.)

① $\dfrac{1}{2}RI$　　　　② $\dfrac{1}{\sqrt{2}}RI$
③ $\dfrac{1}{\sqrt{3}}RI$　　　　④ $\dfrac{1}{3}RI$

해설 부하위치에 따른 전압강하 및 전력손실 비교

부하의 형태	전압강하	전력손실
말단에 집중된 경우	1.0	1.0
평등부하분포	$\dfrac{1}{2}$	$\dfrac{1}{3}$
중앙일수록 큰 부하분포	$\dfrac{1}{2}$	0.38
말단일수록 큰 부하분포	$\dfrac{2}{3}$	0.58
송전단일수록 큰 부하분포	$\dfrac{1}{3}$	$\dfrac{1}{5}$

하 제10장 배전선로 계산

33 역률개선용 콘덴서를 부하와 병렬로 연결하고자 한다. △결선방식과 Y결선방식을 비교하면 콘덴서의 정전용량[μF]의 크기는 어떠한가?

① △결선방식과 Y결선방식은 동일하다.
② Y결선방식이 △결선방식의 $\dfrac{1}{2}$이다.
③ △결선방식이 Y결선방식의 $\dfrac{1}{3}$이다.
④ Y결선방식이 △결선방식의 $\dfrac{1}{\sqrt{3}}$이다.

해설

㉠ △결선 시 콘덴서 용량 $Q_\triangle = 6\pi fCV^2 \times 10^{-9}$[kVA]
㉡ Y결선 시 콘덴서 용량 $Q_Y = 2\pi fCV^2 \times 10^{-9}$[kVA]

$\dfrac{C_\triangle}{C_Y} = \dfrac{\dfrac{Q}{6\pi fV^2 \times 10^{-9}}}{\dfrac{Q}{2\pi fV^2 \times 10^{-9}}} = \dfrac{1}{3}$에서 $C_\triangle = \dfrac{1}{3}C_Y$

정답 29 ①　30 ②　31 ①　32 ①　33 ③

중 | 제10장 배전선로 계산

34 송전선로에서 고조파 제거방법이 아닌 것은?

① 변압기를 △결선한다.
② 능동형 필터를 설치한다.
③ 유도전압 조정장치를 설치한다.
④ 무효전력 보상장치를 설치한다.

해설 고조파 제거방법(=감소대책)

유도전압조정기는 배전선로의 변동이 클 경우 전압을 조정하는 기기이다.
㉠ 변압기의 △결선 : 제3고조파 제거
㉡ 능동형 필터, 수동형 필터의 사용
㉢ 무효전력 조정장치 : 사이리스터를 이용하여 병렬콘덴서와 리액터를 신속하게 제어하여 고조파 제거

중 | 제2장 전선로

35 송전선로에 댐퍼(damper)를 설치하는 주된 이유는?

① 전선의 진동방지
② 전선의 이탈방지
③ 코로나현상의 방지
④ 현수애자의 경사방지

해설

댐퍼는 진동이 발생하기 쉬운 개소에 설치하여 전선의 진동을 방지시켜 단선사고는 방지한다. 댐퍼는 350[m] 이내는 1개, 650[m] 구간에는 2개 그 이상은 3개 이상을 설치한다.

상 | 제10장 배전선로 계산

36 400[kVA] 단상변압기 3대를 △-△ 결선으로 사용하다가 1대의 고장으로 V-V 결선을 하여 사용하면 약 몇 [kVA] 부하까지 걸 수 있겠는가?

① 400
② 566
③ 693
④ 800

해설

㉠ 변압기 V결선 $P_V = \sqrt{3} P_1$[kVA]
㉡ 변압기 △결선 $P_\triangle = 3P_1 = \sqrt{3} P_V$[kVA]
㉢ 변압기 V결선 $P_V = \sqrt{3} P_1 = \sqrt{3} \times 400$
　　　　　　　　 $= 692.82 \coloneqq 693$[kVA]

상 | 제7장 이상전압 및 유도장해

37 직격뢰에 대한 방호설비로 가장 적당한 것은?

① 복도체
② 가공지선
③ 서지흡수기
④ 정전방전기

해설

가공지선은 직격뢰로부터 전선로 및 기기를 보호하기 위한 차폐선으로 지지물의 상부에 시설한다.

중 | 제7장 이상전압 및 유도장해

38 선로정수를 평형되게 하고, 근접통신선에 대한 유도장해를 줄일 수 있는 방법은?

① 연가를 시행한다.
② 전선으로 복도체를 사용한다.
③ 전선로의 이도를 충분하게 한다.
④ 소호리액터 접지를 하여 중성점 전위를 줄여준다.

해설 연가의 목적

㉠ 선로정수평형
㉡ 근접통신선에 대한 유도장해 감소
㉢ 소호리액터 접지계통에서 중성점의 잔류전압으로 인한 직렬공진의 방지

상 | 제1장 전력계통

39 직류송전방식에 대한 설명으로 틀린 것은?

① 선로의 절연이 교류방식보다 용이하다.
② 리액턴스 또는 위상각에 대해서 고려할 필요가 없다.
③ 케이블 송전일 경우 유전손이 없기 때문에 교류방식보다 유리하다.
④ 비동기연계가 불가능하므로 주파수가 다른 계통 간의 연계가 불가능하다.

해설 직류송전방식(HVDC)의 장점

㉠ 비동기연계가 가능하다.
㉡ 리액턴스 강하가 없으므로 안정도가 높다.
㉢ 절연비가 저감되고, 코로나에 유리하다.
㉣ 유전체손이나 연피손이 없다.
㉤ 고장전류가 적어 계통 확충이 가능하다.

정답 34 ③ 35 ① 36 ③ 37 ② 38 ① 39 ④

상 제9장 배전방식

40 저압배전계통을 구성하는 방식 중, 캐스케이딩(cascading)을 일으킬 우려가 있는 방식은?

① 방사상방식
② 저압뱅킹방식
③ 저압 네트워크방식
④ 스포트 네트워크방식

해설

캐스케이딩현상이란 저압뱅킹 배전방식으로 운전 중 건전한 변압기 일부가 고장이 발생하면 부하가 다른 건전한 변압기에 걸려서 고장이 확대되는 현상이다.

제3과목 **전기기기**

상 제2장 동기기

41 동기발전기의 전기자권선을 분포권으로 하면 어떻게 되는가?

① 난조를 방지한다.
② 기전력의 파형이 좋아진다.
③ 권선의 리액턴스가 커진다.
④ 집중권에 비하여 합성유기기전력이 증가한다.

해설

전기자권선을 분포권으로 하면 집중권에 비해 유기기전력의 파형을 개선하고 권선의 누설리액턴스가 감소하고 전기자동손에 의한 열이 골고루 분포되어 과열을 방지시키는 이점이 있다.

상 제3장 변압기

42 부하전류가 2배로 증가하면 변압기의 2차측 동손은 어떻게 되는가?

① $\frac{1}{4}$로 감소한다.
② $\frac{1}{2}$로 감소한다.
③ 2배로 증가한다.
④ 4배로 증가한다.

해설

동손 $P_c = I_n^2 \cdot r$이므로 부하전류가 2배가 되면 2차측 동손은 4배가 된다

중 제2장 동기기

43 동기전동기에서 출력이 100[%]일 때 역률이 1이 되도록 계자전류를 조정한 다음에 공급전압 V 및 계자전류 I_f를 일정하게 하고, 전부하 이하에서 운전하면 동기전동기의 역률은?

① 뒤진 역률이 되고, 부하가 감소할수록 역률은 낮아진다.
② 뒤진 역률이 되고, 부하가 감소할수록 역률은 좋아진다.
③ 앞선 역률이 되고, 부하가 감소할수록 역률은 낮아진다.
④ 앞선 역률이 되고, 부하가 감소할수록 역률은 좋아진다.

해설

동기조상기는 무부하상태에서 운전하는 동기전동기로 무효전력을 조정하는 설비로서 전부하 이하에서 운전할 경우 앞선 역률이 되고 부하가 감소할수록 역률은 낮아진다.

하 제2장 동기기

44 유도기전력의 크기가 서로 같은 A, B 2대의 동기발전기를 병렬운전할 때, A발전기의 유기기전력 위상이 B보다 앞설 때 발생하는 현상이 아닌 것은?

① 동기화력이 발생한다.
② 고조파 무효순환전류가 발생된다.
③ 유효전류인 동기화전류가 발생된다.
④ 전기자동손을 증가시키며 과열의 원인이 된다.

해설

고조파 무효순환전류는 두 발전기의 병렬운전 중 기전력의 파형이 다를 경우 발생한다.

중 제1장 직류기

45 직류기의 철손에 관한 설명으로 틀린 것은?

① 성층철심을 사용하면 와전류손이 감소한다.

② 철손에는 풍손과 와전류손 및 저항손이 있다.

③ 철에 규소를 넣게 되면 히스테리시스손이 감소한다.

④ 전기자철심에는 철손을 작게 하기 위해 규소강판을 사용한다.

해설

풍손은 회전기의 회전자에서 발생하는 공기와의 마찰에 의해 발생하는데 기계적 손실에 속한다.

㉠ 철손=히스테리시스손 + 와류손

㉡ 히스테리시스손 경감 → 규소를 함유한 규소강판 사용

㉢ 와류손 경감 → 얇은 두께의 철심을 성층하여 사용

중 제1장 직류기

46 직류분권발전기의 극수 4, 전기자 총 도체수 600으로 매분 600회전할 때 유기기전력이 220[V]라 한다. 전기자권선이 파권일 때 매극당 자속은 약 몇 [Wb]인가?

① 0.0154

② 0.0183

③ 0.0192

④ 0.0199

해설

유기기전력

$E = \dfrac{PZ\phi}{a}\dfrac{N}{60}$[V]

파권의 경우 병렬회로수 $a = 2$

여기서, P : 극수

Z : 총 도체수

ϕ : 극당 자속

N : 분당 회전수[rpm]

매극당 자속

$\phi = \dfrac{a60E}{PZN} = \dfrac{2 \times 60 \times 220}{4 \times 600 \times 600} = 0.0183$[Wb]

상 제5장 정류기

47 어떤 정류회로의 부하전압이 50[V]이고 맥동률 3[%]이면 직류출력전압에 포함된 교류분은 몇 [V]인가?

① 1.2

② 1.5

③ 1.8

④ 2.1

해설

맥동률 $= \dfrac{\text{출력전압에 포함된 교류분}}{\text{출력전압의 직류분}}$

교류분 전압 $V = $ 맥동률 × 출력전압의 직류분

$= 0.03 \times 50 = 1.5$[V]

하 제5장 정류기

48 3상 수은정류기의 직류 평균부하전류가 50[A]가 되는 1상 양극 전류실효값은 약 몇 [A]인가?

① 9.6

② 17

③ 29

④ 87

해설

수은정류기의 전류실효값

$I_{실효값} = \sqrt{\dfrac{I_n^2 \times \dfrac{2\pi}{3}}{2\pi}} = \sqrt{\dfrac{50^2 \times \dfrac{2\pi}{3}}{2\pi}}$

$= 28.87 ≒ 29$[A]

하 제2장 동기기

49 그림은 동기발전기의 구동개념도이다. 그림에서 2를 발전기라 할 때 3의 명칭으로 적합한 것은?

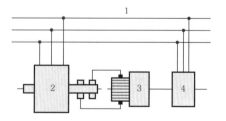

① 전동기

② 여자기

③ 원동기

④ 제동기

해설

1 : 전원선, 2 : 동기발전기, 3 : 여자기, 4 : 전동기

정답 45 ② 46 ② 47 ② 48 ③ 49 ②

중 제4장 유도기

50 유도전동기의 2차 회로에 2차 주파수와 같은 주파수로 적당한 크기와 적당한 위상의 전압을 외부에서 가해주는 속도제어법은?

① 1차 전압제어 ② 2차 저항제어
③ 2차 여자제어 ④ 극수변환제어

해설

2차 여자법은 권선형 유도전동기의 2차 회로에 2차 주파수와 같은 주파수로 적당한 크기와 위상의 전압을 외부에서 가하여 속도를 제어하는 방법이다. 회전자기전력과 동상, 또는 반대의 위상을 갖는 외부전압을 2차 회로에 가해 주면 유도전동기의 속도를 동기속도보다 높게 또는 낮게 조정할 수 있고 역률개선의 효과도 있다.

상 제3장 변압기

51 변압기의 1차측을 Y결선, 2차측을 △결선으로 한 경우 1차와 2차 간의 전압의 위상차는?

① 0°
② 30°
③ 45°
④ 60°

해설

Y-△ 결선은 1차, 2차 결선상의 차로 인해 30°의 위상차가 발생한다.

하 제3장 변압기

52 이상적인 변압기의 무부하에서 위상관계로 옳은 것은?

① 자속과 여자전류는 동위상이다.
② 자속은 인가전압보다 90° 앞선다.
③ 인가전압은 1차 유기기전력보다 90° 앞선다.
④ 1차 유기기전력과 2차 유기기전력의 위상은 반대이다.

해설

변압기에서 발생하는 자속은 여자전류로 인해 발생하므로 위상은 동상으로 나타난다.

중 제4장 유도기

53 정격출력 50[kW], 4극 220[V], 60[Hz]인 3상 유도전동기가 전부하슬립 0.04, 효율 90[%]로 운전되고 있을 때 다음 중 틀린 것은?

① 2차 효율=96[%]
② 1차 입력=55.56[kW]
③ 회전자입력=47.9[kW]
④ 회전자동손=2.08[kW]

해설

$P_2 : P_c : P_o = 1 : s : 1-s$

㉠ 2차 효율 $\eta_2 = 1-s = 1-0.04 = 0.96 = 96[\%]$

㉡ 1차 입력 $P_1 = \dfrac{출력}{효율} = \dfrac{50}{0.9} = 55.56[kW]$

㉢ 회전자입력

$P_2 = \dfrac{1}{1-s}P_o = \dfrac{1}{1-0.04} \times 50 = 52.08[kW]$

㉣ 회전자동손

$P_c = \dfrac{s}{1-s}P_o = \dfrac{0.04}{1-0.04} \times 50 = 2.08[kW]$

상 제5장 정류기

54 저항부하를 갖는 정류회로에서 직류분전압이 200[V]일 때 다이오드에 가해지는 첨두역전압(PIV)의 크기는 약 몇 [V]인가?

① 346
② 628
③ 692
④ 1038

해설

단상 반파 및 단상 전파로 계산한다.

단상 반파정류 $E_d = \dfrac{\sqrt{2}}{\pi} E_a = 0.45 E_a$

최대 역전압 $PIV = \sqrt{2} E_a$

여기서, E_a : 교류전압 실효치
E_d : 직류전압

$E_a = \dfrac{E_d}{0.45} = \dfrac{200}{0.45} = 444.44[V]$

$PIV = \sqrt{2} E_a$
$\quad = \sqrt{2} \times 444.44 = 628.54 ≒ 628[V]$

하 제3장 변압기

55 3상 변압기를 1차 Y, 2차 △로 결선하고 1차에 선간전압 3300[V]를 가했을 때의 무부하 2차 선간전압은 몇 [V]인가? (단, 전압비는 30 : 1이다.)

① 63.5
② 110
③ 173
④ 190.5

해설

변압기 권수비 $a = \dfrac{E_1}{E_2} = \dfrac{N_1}{N_2} = \dfrac{I_2}{I_1} = 30$

Y결선 선간전압 3300[V]를 상전압으로 변경 시

$\dfrac{3300}{\sqrt{3}} = 1905.26[\text{V}]$

1차에서 2차로 변경 시 △결선 상전압은

$E_2 = \dfrac{E_1}{a} = \dfrac{1905.25}{30} = 63.5[\text{V}]$

2차 △결선의 상전압과 선간전압이 같으므로 63.5[V]로 나타난다.

상 제1장 직류기

56 직류발전기를 유기기전력과 반비례하는 것은?

① 자속
② 회전수
③ 전체 도체수
④ 병렬회로수

해설

유기기전력 $E = \dfrac{PZ\phi}{a} \dfrac{N}{60}[\text{V}]$에서 병렬회로수와 반비례한다.

중 제4장 유도기

57 일반적인 3상 유도전동기에 대한 설명 중 틀린 것은?

① 불평형 전압으로 운전하는 경우 전류는 증가하나 토크는 감소한다.
② 원선도 작성을 위해서는 무부하시험, 구속시험, 1차 권선저항 측정을 하여야 한다.
③ 농형은 권선형에 비해 구조가 견고하며 권선형에 비해 대형 전동기로 널리 사용된다.

④ 권선형 회전자의 3선 중 1선이 단선되면 동기속도의 50[%]에서 더 이상 가속되지 못하는 현상을 게르게스현상이라 한다.

해설

권선형 유도전동기는 농형 유도전동기에 비해 대형 전동기로 큰 출력이 필요한 경우에 사용한다.

중 제3장 변압기

58 변압기 보호장치의 주된 목적이 아닌 것은?

① 전압 불평형 개선
② 절연내력 저하 방지
③ 변압기 자체 사고의 최소화
④ 다른 부분으로의 사고 확산 방지

해설

변압기에는 비율차동계전기 및 브흐홀츠계전기를 설치하여 변압기의 절연내력 저하로 인한 사고 및 사고의 확대를 방지하고 예방하는 목적으로 사용된다.

하 제1장 직류기

59 직류기에서 기계각의 극수가 P인 경우 전기각과의 관계는 어떻게 되는가?

① 전기각 $\times 2P$
② 전기각 $\times 3P$
③ 전기각 $\times \dfrac{2}{P}$
④ 전기각 $\times \dfrac{3}{P}$

해설

극수 P의 경우 전기각과 기계각의 관계

전기각 $= \dfrac{P}{2} \times$ 기계각 $\to$ 기계각 $=$ 전기각 $\times \dfrac{2}{P}$

중 제4장 유도기

60 3상 권선형 유도전동기의 전부하슬립 5[%], 2차 1상의 저항 0.5[Ω]이다. 이 전동기의 기동토크를 전부하토크와 같도록 하려면 외부에서 2차에 삽입할 저항[Ω]은?

① 8.5
② 9
③ 9.5
④ 10

정답 55 ① 56 ④ 57 ③ 58 ① 59 ③ 60 ③

해설 비례추이 특성을 이용

최대 토크를 발생하는 슬립 $s_t = \dfrac{r_2}{x_2}$

최대 토크 $T_m \propto \dfrac{r_2}{s_t}$

기동토크와 전부하토크(최대 토크로 해석)가 같을 경우의 슬립 $s = 1$이므로

최대 토크 $T_m \propto \dfrac{r_2}{s_t} = \dfrac{mr_2}{ms_t}$ 에서 $\dfrac{0.5}{0.05} = \dfrac{0.5+R}{1}$

에서 외부에서 2차에 삽입하는 저항 $R = 9.5[\Omega]$

제4과목　회로이론 및 제어공학

상　제어공학 제4장 주파수영역해석법

61 $G(s) = \dfrac{1}{0.005\,s\,(0.1\,s+1)^2}$ 에서 $\omega = 10[\text{rad/s}]$일 때의 이득 및 위상각은?

① $20[\text{dB}]$, $-90°$　② $20[\text{dB}]$, $-180°$
③ $40[\text{dB}]$, $-90°$　④ $40[\text{dB}]$, $-180°$

해설

주파수 전달함수

$$G(j\omega) = \dfrac{1}{j0.005\omega(j0.1\omega+1)^2}\bigg|_{\omega=10}$$

$$= \dfrac{1}{j0.05(j1+1)^2} = \dfrac{1}{j0.05(1+j2-1)}$$

$$= \dfrac{1}{j0.05 \times j2} = \dfrac{1}{j^2\,0.1} = \dfrac{1}{10^{-1}\underline{/180°}}$$

$$= 10\underline{/180°}$$

㉠ 이득 : $g = 20\log|G(j\omega)|$
$\qquad = 20\log 10 = 20[\text{dB}]$
㉡ 위상각 : $\theta = -180°$

상　제어공학 제8장 시퀀스회로의 이해

62 그림과 같은 논리회로는?

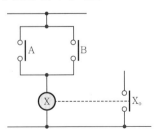

① OR 회로　　② AND 회로
③ NOT 회로　④ NOR 회로

해설

입력접점(A, B)이 직렬로 접속되어 있으면 AND 회로,
병렬로 접속되어 있으면 OR 회로가 된다.

하　제어공학 제6장 근궤적법

63 그림은 제어계와 그 제어계의 근궤적을 작도한 것이다. 이것으로부터 결정된 이득여유값은?

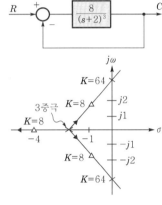

① 2　　　　　② 4
③ 8　　　　　④ 64

하　제어공학 제2장 전달함수

64 그림과 같은 스프링시스템을 전기적 시스템으로 변환했을 때 이에 대응하는 회로는?

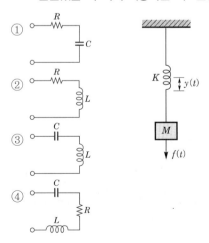

정답　61 ②　62 ①　63 ③　64 ③

해설 전기계와 물리계의 대응관계

전기계	물리계	
	직선운동계	회전운동계
전압 E	힘 F	토크 T
전하 Q	변위 y	각변위 θ
전류 I	속도 v	각속도 ω
저항 R	점성마찰 B	회전마찰 B
인덕턴스 L	질량 M	관성모멘트 J
정전용량 C	스프링 상수 K	비틀림 정수 K

상 제어공학 제7장 상태방정식

65 $\dfrac{d^2}{dt^2}c(t) + 5\dfrac{d}{dt}c(t) + 4c(t) = r(t)$와 같

은 함수를 상태함수로 변환하였다. 벡터 A, B의 값으로 적당한 것은?

$$\frac{d}{dt}X(t) = AX(t) + Br(t)$$

① $A = \begin{bmatrix} 0 & 1 \\ -5 & -4 \end{bmatrix},\ B = \begin{bmatrix} 0 \\ 1 \end{bmatrix}$

② $A = \begin{bmatrix} 0 & 1 \\ 5 & 4 \end{bmatrix},\ B = \begin{bmatrix} 0 \\ 1 \end{bmatrix}$

③ $A = \begin{bmatrix} 0 & 1 \\ -4 & -5 \end{bmatrix},\ B = \begin{bmatrix} 0 \\ 1 \end{bmatrix}$

④ $A = \begin{bmatrix} 0 & 1 \\ 4 & 5 \end{bmatrix},\ B = \begin{bmatrix} 0 \\ 1 \end{bmatrix}$

해설

㉠ $c(t) = x_1(t)$

㉡ $\dfrac{d}{dt}c(t) = \dfrac{d}{dt}x_1(t) = \dot{x}_1(t) = x_2(t)$

㉢ $\dfrac{d^2}{dt^2}c(t) = \dfrac{d}{dt}x_2(t) = \dot{x}_2(t)$
$= -4x_1(t) - 5x_2(t) + r(t)$

㉣ $\begin{bmatrix} \dot{x}_1 \\ \dot{x}_2 \end{bmatrix} = \begin{bmatrix} 0 & 1 \\ -4 & -5 \end{bmatrix}\begin{bmatrix} x_1(t) \\ x_2(t) \end{bmatrix} + \begin{bmatrix} 0 \\ 1 \end{bmatrix}r(t)$

∴ $A = \begin{bmatrix} 0 & 1 \\ -4 & -5 \end{bmatrix},\ B = \begin{bmatrix} 0 \\ 1 \end{bmatrix}$

중 제어공학 제3장 시간영역해석법

66 전달함수 $G(s) = \dfrac{1}{s+a}$일 때, 이 계의

임펄스응답 $c(t)$를 나타내는 것은? (단, a는 상수이다.)

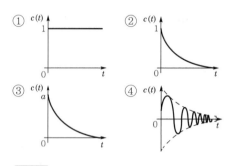

해설

임펄스응답

$$c(t) = \mathcal{L}^{-1}[G(s)] = \mathcal{L}^{-1}\left[\frac{1}{s+a}\right] = e^{-at}$$

∴ $c(t)$는 $t = 0$일 때 1을 통과하는 지수감쇠적인 그래프를 그릴 수 있다.

상 제어공학 제1장 자동제어의 개요

67 궤환(feedback)제어계의 특징이 아닌 것은?

① 정확성이 증가한다.

② 대역폭이 증가한다.

③ 구조가 간단하고 설치비가 저렴하다.

④ 계(系)의 특성변화에 대한 입력 대 출력비의 감도가 감소한다.

해설 피드백제어계의 특징

㉠ 비선형 왜곡이 감소한다.

㉡ 구조가 복잡하고 설치비가 고가이다.

㉢ 대역폭이 증가한다.

㉣ 계의 특성변화에 대한 입력 대 출력비의 감도가 감소한다.

상 제어공학 제7장 상태방정식

68 이산시스템(discrete data system)에서의 안정도 해석에 대한 설명 중 옳은 것은?

① 특성방정식의 모든 근이 z평면의 음의 반평면에 있으면 안정하다.

② 특성방정식의 모든 근이 z평면의 양의 반평면에 있으면 안정하다.

③ 특성방정식의 모든 근이 z평면의 단위 원 내부에 있으면 안정하다.

④ 특성방정식의 모든 근이 z평면의 단위 원 외부에 있으면 안정하다.

정답 65 ③ 66 ② 67 ③ 68 ③

해설 s평면과 z평면의 관계

구 분	안 정	불안정	임계안정 (안정한계)
s평면	좌반부	우반부	$j\omega$축
z평면	단위원 내부에 사상	단위원 외부에 사상	단위원주상으로 사상

상 제어공학 제1장 자동제어의 개요

69 노내 온도를 제어하는 프로세스제어계에서 검출부에 해당하는 것은?

① 노
② 밸브
③ 증폭기
④ 열전대

해설

열전대(thermo couple)는 제베크효과를 이용하여 넓은 범위의 온도를 측정하기 위해 두 종류의 금속으로 만든 장치(센서)를 말한다.

상 제어공학 제5장 안정도 판별법

70 단위 부궤환제어시스템의 루프전달함수 $G(s)H(s)$가 다음과 같이 주어져 있다. 이득여유가 20[dB]이면 이때의 K의 값은?

$$G(s)H(s) = \frac{K}{(s+1)(s+3)}$$

① $\dfrac{3}{10}$
② $\dfrac{3}{20}$
③ $\dfrac{1}{20}$
④ $\dfrac{1}{40}$

해설

㉠ 이득여유는 개루프 전달함수 $G(j\omega)H(j\omega)$의 허수를 0으로 하여 구해야 한다.

㉡ 개루프 전달함수

$$G(j\omega)H(j\omega) = \frac{K}{(j\omega+1)(j\omega+3)}\bigg|_{\omega=0}$$
$$= \frac{K}{3}$$

㉢ 이득여유

$$g_m = 20\log\frac{1}{|G(j\omega)H(j\omega)|} = 20\log\frac{3}{K} \text{ 에서}$$

$g_m = 20$[dB]이 되려면 $\dfrac{3}{K} = 10$이 되어야 한다.

$$\therefore K = \frac{3}{10}$$

상 회로이론 제2장 단상 교류회로의 이해

71 $R = 100[\Omega]$, $Xc = 100[\Omega]$이고 L만을 가변할 수 있는 RLC 직렬회로가 있다. 이때 $f = 500$[Hz], $E = 100$[V]를 인가하여 L을 변화시킬 때 L의 단자전압 E_L의 최대값은 몇 [V]인가? (단, 공진회로이다.)

① 50
② 100
③ 150
④ 200

해설

㉠ 공진조건은 $X_L = X_C$이므로
유도성 리액턴스 $X_L = 100[\Omega]$

㉡ 합성임피던스
$Z = R + j(X_L - X_C) = R = 100[\Omega]$

㉢ 회로에 흐르는 전류 $I = \dfrac{E}{Z} = \dfrac{100}{100} = 1$[A]

$\therefore$ L의 단자전압
$E_L = IX_L = 1 \times 100 = 100$[V]

상 회로이론 제2장 단상 교류회로의 이해

72 어떤 회로에 전압을 115[V] 인가하였더니 유효전력이 230[W], 무효전력이 345[Var]를 지시한다면 회로에 흐르는 전류는 약 몇 [A]인가?

① 2.5
② 5.6
③ 3.6
④ 4.5

해설

피상전력 $P_a = VI = \sqrt{P^2 + P_r^2}$
$= \sqrt{230^2 + 345^2} = 414.64$[VA]

$\therefore$ 전류 $I = \dfrac{P_a}{V} = \dfrac{414.64}{115} = 3.6$[A]

상 회로이론 제9장 과도현상

73 시정수의 의미를 설명한 것 중 틀린 것은?

① 시정수가 작으면 과도현상이 짧다.
② 시정수가 크면 정상상태에 늦게 도달한다.
③ 시정수는 τ로 표기하며 단위는 초[sec]이다.
④ 시정수는 과도기간 중 변화해야 할 양의 0.632[%]가 변화하는 데 소요된 시간이다.

정답 69 ④ 70 ① 71 ② 72 ③ 73 ④

㉠ 과도현상이 소멸되는 시간은 시정수와 비례관계를 갖는다. 따라서 시정수가 작으면 과도현상이 짧아진다.

㉡ 시정수가 크면 과도현상이 길어져 정상상태에 늦게 도달한다.

㉢ RL 회로의 시정수 $\tau = \dfrac{L}{R}$[sec]

RC 회로의 시정수 $\tau = RC$[sec]

㉣ RL 회로전류 $i(t) = \dfrac{E}{R}(1-e^{-\frac{R}{L}t})$에서 시정수

시간에서의 전류 $i(\tau) = \dfrac{E}{R}(1-e^{-1}) = 0.632\dfrac{E}{R}$

이 된다. 따라서 시정수란, 정상전류 $\left(i_s = \dfrac{E}{R}\right)$의
63.2[%]가 변화하는 데 소요되는 시간을 말한다.

상 회로이론 제8장 분포정수회로

74 무손실선로에 있어서 감쇠정수 α, 위상정수를 β라 하면 α와 β의 값은? (단, R, G, L, C는 선로 단위길이당의 저항, 컨덕턴스, 인덕턴스, 커패시턴스이다.)

① $\alpha = \sqrt{RG}$, $\beta = 0$

② $\alpha = 0$, $\beta = \dfrac{1}{\sqrt{LC}}$

③ $\alpha = 0$, $\beta = \omega\sqrt{LC}$

④ $\alpha = \sqrt{RG}$, $\beta = \omega\sqrt{LC}$

㉠ 전파정수란, 전압, 전류가 선로의 끝 송전단에서부터 멀어져감에 따라 그 진폭이라든가 위상이 변해가는 특성과 관계된 상수를 말한다.

∴ 전파정수

$\gamma = \sqrt{ZY} = \sqrt{(R+j\omega L)(G+j\omega C)}$

$= \sqrt{(R+j\omega L)\left(\dfrac{C}{L}\cdot R + j\omega L\cdot\dfrac{C}{L}\right)}$

$= \sqrt{(R+j\omega L)\cdot\dfrac{C}{L}(R+j\omega L)}$

$= (R+j\omega L)\sqrt{\dfrac{C}{L}} = R\sqrt{\dfrac{C}{L}} + j\omega L\sqrt{\dfrac{C}{L}}$

$= R\sqrt{\dfrac{\frac{LG}{R}}{L}} + j\omega\sqrt{LC}$

$= \sqrt{RG} + j\omega\sqrt{LC} = \alpha + j\beta$

여기서, α : 감쇠정수, β : 위상정수

㉡ 무손실선로의 경우 $R = G = 0$이므로

∴ $\alpha = 0$, $\beta = \omega\sqrt{LC}$

상 회로이론 제2장 단상 교류회로의 이해

75 어떤 소자에 걸리는 전압과 전류가 아래와 같을 때 이 소자에서 소비되는 전력[W]은 얼마인가?

$$v(t) = 100\sqrt{2}\cos\left(314t - \frac{\pi}{6}\right)[\text{V}]$$

$$i(t) = 3\sqrt{2}\cos\left(314t + \frac{\pi}{6}\right)[\text{A}]$$

① 100

② 150

③ 250

④ 300

전압과 전류의 위상차

$\theta = \left|-\dfrac{\pi}{6} - \dfrac{\pi}{6}\right| = \dfrac{\pi}{3} = 60°$이므로

∴ 소비전력 $P = VI\cos\theta$

$= 100\times 3\times\cos 60° = 150[\text{W}]$

여기서, V : 전압과 실효값

I : 전류의 실효값

하 회로이론 제7장 4단자망 회로해석

76 그림 (a)와 그림 (b)가 역회로 관계에 있으려면 L의 값은 몇 [mH]인가?

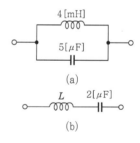

(a)

(b)

① 1

② 2

③ 5

④ 10

역회로가 성립하려면 병렬회로는 직렬회로가 되고 $L_1 C_1 = L_2 C_2$ 관계가 된다.

∴ $L_2 = \dfrac{C_1}{C_2}\times L_1 = \dfrac{5}{2}\times 4 = 10[\text{mH}]$

회로이론 제3장 다상 교류회로의 이해

77 2개의 전력계로 평형 3상 부하의 전력을 측정하였더니 한쪽의 지시가 다른 쪽 전력계 지시의 3배였다면 부하의 역률은 약 얼마인가?

① 0.46
② 0.55
③ 0.65
④ 0.76

해설

2전력계법에 의한 역률계산

$$\cos\theta = \frac{P}{P_a} = \frac{W_1 + W_2}{2\sqrt{W_1^2 + W_2^2 - W_1 W_2}}$$

$$= \frac{W_1 + 3W_1}{2\sqrt{W_1^2 + (3W_1)^2 - W_1 \times 3W_1}}$$

$$= \frac{4W_1}{2\sqrt{10W_1^2 - 3W_1^2}} = \frac{2}{\sqrt{7}} = 0.756$$

회로이론 제10장 라플라스 변환

78 $F(s) = \dfrac{1}{s(s+a)}$ 의 라플라스 역변환은?

① e^{-at}
② $1 - e^{-at}$
③ $a(1 - e^{-at})$
④ $\dfrac{1}{a}(1 - e^{-at})$

해설

㉠ $F(s) = \dfrac{1}{s(s+a)} = \dfrac{A}{s} + \dfrac{B}{s+a}$

$\xrightarrow{\mathcal{L}^{-1}} A + Be^{-at}$

에서 미지수 A, B는 다음과 같다.

㉡ $A = \lim\limits_{s \to 0} s F(s) = \lim\limits_{s \to 0} \dfrac{1}{s+a} = \dfrac{1}{a}$

㉢ $B = \lim\limits_{s \to -a} (s+a) F(s) = \lim\limits_{s \to -a} \dfrac{1}{s} = -\dfrac{1}{a}$

∴ 함수 $f(t) = A + Be^{-at} = \dfrac{1}{a}(1 - e^{-at})$

회로이론 제3장 다상 교류회로의 이해

79 선간전압이 200[V]인 대칭 3상 전원에 평형 3상 부하가 접속되어 있다. 부하 1상의 저항은 10[Ω], 유도리액턴스 15[Ω], 용량리액턴스 5[Ω]가 직렬로 접속된 것이다. 부하가 △결선일 경우, 선로전류[A]와 3상 전력[W]은 약 얼마인가?

① $I_l = 10\sqrt{6}$, $P_3 = 6000$
② $I_l = 10\sqrt{6}$, $P_3 = 8000$
③ $I_l = 10\sqrt{3}$, $P_3 = 6000$
④ $I_l = 10\sqrt{3}$, $P_3 = 8000$

해설

㉠ 합성임피던스
$Z = R + j(X_L - X_C)$
  $= 10 + j(15 - 5) = 10 + j10$
  $= \sqrt{10^2 + 10^2} = 10\sqrt{2}\,[\Omega]$

㉡ 상전류 $I_p = \dfrac{E}{Z} = \dfrac{200}{10\sqrt{2}} = \dfrac{20}{\sqrt{2}}[\text{A}]$

㉢ 선전류 $I_l = \sqrt{3}\,I_p = \dfrac{20\sqrt{3}}{\sqrt{2}} = 10\sqrt{6}\,[\text{A}]$

㉣ 3상 전력 $P = 3I_R^2 R = 3 \times \left(\dfrac{20}{\sqrt{2}}\right)^2 \times 10$
  $= 6000[\text{W}]$

회로이론 제3장 다상 교류회로의 이해

80 공간적으로 서로 $\dfrac{2\pi}{n}$[rad]의 각도를 두고 배치한 n개의 코일에 대칭 n상 교류를 흘리면 그 중심에 생기는 회전자계의 모양은?

① 원형 회전자계
② 타원형 회전자계
③ 원통형 회전자계
④ 원추형 회전자계

해설

㉠ 대칭 n상이 만드는 회전자계 : 원형 회전자계
㉡ 비대칭 n상이 만드는 회전자계 : 타원형 회전자계

제5과목 **전기설비기술기준**

※ 전기설비기술기준 과목 기출문제는 법규개정에 따라 문제를
수정·삭제하였으므로 이 점 착오없으시기 바랍니다.

중 | 제2장 저압설비 및 고압·특고압설비

81 애자사용공사에 의한 저압 옥내배선시설
중 틀린 것은?

① 전선은 인입용 비닐절연전선일 것
② 전선 상호간의 간격은 6[cm] 이상일 것
③ 전선의 지지점 간의 거리는 전선을 조
영재의 윗면에 따라 붙일 경우에는
2[m] 이하일 것
④ 전선과 조영재 사이의 이격거리는 사용
전압이 400[V] 미만인 경우에는 2.5[cm]
이상일 것

해설 애자공사(KEC 232.56)
㉠ 전선은 절연전선 사용(옥외용·인입용 비닐절연전
선 사용불가)
㉡ 전선 상호간격 : 0.06[m] 이상
㉢ 전선과 조영재와 이격거리
 • 400[V] 이하 : 25[mm] 이상
 • 400[V] 초과 : 45[mm] 이상(건조한 장소에 시설
  하는 경우에는 25[mm])
㉣ 전선의 지지점 간의 거리는 전선을 조영재의 윗면
 또는 옆면에 따라 붙일 경우에는 2[m] 이하일 것
㉤ 사용압이 400[V] 초과인 것의 지지점 간의 거리는
 6[m] 이하일 것

상 | 제3장 전선로

82 저압 및 고압 가공전선의 높이는 도로를 횡
단하는 경우와 철도를 횡단하는 경우에 각
각 몇 [m] 이상이어야 하는가?

① 도로 : 지표상 5, 철도 : 레일면상 6
② 도로 : 지표상 5, 철도 : 레일면상 6.5
③ 도로 : 지표상 6, 철도 : 레일면상 6
④ 도로 : 지표상 6, 철도 : 레일면상 6.5

해설 저압 및 고압 가공전선의 높이
  (KEC 222.7, 332.5)
㉠ 도로를 횡단하는 경우에는 지표상 6[m] 이상
㉡ 철도 또는 궤도를 횡단하는 경우에는 레일면상 6.5[m]
 이상

중 | 전기설비기술기준

83 사용전압이 몇 [V] 이상의 중성점 직접접지
식 전로에 접속하는 변압기를 설치하는 곳
에는 절연유의 구외유출 및 지하침투를 방
지하기 위하여 절연유 유출방지설비를 하
여야 하는가?

① 25000 ② 50000
③ 75000 ④ 100000

해설 절연유(기술기준 제20조)
사용전압이 100[kV] 이상의 중성점 직접접지식 전로에
접속하는 변압기를 설치하는 곳에는 절연유의 구외 유
출 및 지하침투를 방지하기 위한 설비를 갖추어야 한다.

중 | 제1장 공통사항

84 접지공사의 접지극을 시설할 때 동결깊이
를 감안하여 지하 몇 [cm] 이상의 깊이로
매설하여야 하는가?

① 60 ② 75
③ 90 ④ 100

해설 접지극의 시설 및 접지저항(KEC 142.2)
접지극의 시설
㉠ 동결깊이를 감안하여 시설
㉡ 매설깊이는 지표면으로부터 지하 0.75[m] 이상
㉢ 접지도체를 철주 기타의 금속체를 따라서 시설하는
 경우에는 접지극을 철주의 밑면으로부터 0.3[m] 이
 상의 깊이에 매설하는 경우 이외에는 접지극을 지중
 에서 그 금속체로부터 1[m] 이상 떼어 매설

하 | 전기설비기술기준

85 발전용 수력설비에서 필댐의 축제재료로
필댐의 본체에 사용하는 토질재료로 적합
하지 않은 것은?

① 묽은 진흙으로 되지 않을 것
② 댐의 안정에 필요한 강도 및 수밀성이
 있을 것
③ 유기물을 포함하고 있으며 광물성분은
 불용성일 것
④ 댐의 안정에 지장을 줄 수 있는 팽창성
 또는 수축성이 없을 것

정답 81 ① 82 ④ 83 ④ 84 ② 85 ③

해설 필댐 축제재료(기술기준 제145조)

㉠ 댐의 안정에 필요한 강도 및 수밀성이 있을 것
㉡ 댐의 안정에 지장을 줄 수 있는 팽창성 또는 수축성이 없을 것
㉢ 묽은 진흙으로 되지 않을 것
㉣ 유기물을 포함하지 않으며 광물성분은 불용성일 것

상 제2장 저압설비 및 고압·특고압설비

86 전기울타리용 전원장치에 전기를 공급하는 전로의 사용전압은 몇 [V] 이하이어야 하는가?

① 150
② 200
③ 250
④ 300

해설 전기울타리(KEC 241.1)

전기울타리용 전원장치에 전기를 공급하는 전로의 사용전압의 250[V] 이하일 것

하 제3장 전선로

87 사용전압이 22.9[kV]인 특고압 가공전선로 (중성선 다중접지식의 것으로서 전로에 지락이 생겼을 때에 2초 이내에 자동적으로 이를 전로로부터 차단하는 장치가 되어 있는 것에 한한다.)가 상호간 접근 또는 교차하는 경우 사용전선이 양쪽 모두 케이블인 경우 이격거리는 몇 [m] 이상인가?

① 0.25
② 0.5
③ 0.75
④ 1.0

해설 25[kV] 이하인 특고압 가공전선로의 시설 (KEC 333.32)

특고압 가공전선로가 상호 간 접근 또는 교차하는 경우에는 다음에 의할 것
㉠ 특고압 가공전선이 다른 특고압 가공전선과 접근 또는 교차하는 경우의 이격거리

사용전선의 종류	이격거리
어느 한쪽 또는 양쪽이 나전선인 경우	1.5[m]
양쪽이 특고압 절연전선인 경우	1.0[m]
한쪽이 케이블이고 다른 한쪽이 케이블이거나 특고압 절연전선인 경우	0.5[m]

㉡ 특고압 가공전선과 다른 특고압 가공전선로를 동일 지지물에 시설시의 이격거리는 1[m](사용전선이 케이블인 경우에는 0.6[m]) 이상일 것

하 제1장 공통사항

88 전력계통의 일부가 전력계통의 전원과 전기적으로 분리된 상태에서 분산형전원에 의해서만 가압되는 상태를 무엇이라 하는가?

① 계통연계
② 접속설비
③ 단독운전
④ 단순 병렬운전

해설 용어 정의(KEC 112)

㉠ 단독운전 : 전력계통의 일부가 전력계통의 전원과 전기적으로 분리된 상태에서 분산형전원에 의해서만 운전되는 상태
㉡ 계통연계 : 둘 이상의 전력계통 사이를 전력이 상호 융통될 수 있도록 선로를 통하여 연결하는 것
㉢ 접속설비 : 공용 전력계통으로부터 특정 분산형전원 전기설비에 이르기까지의 전선로와 이에 부속하는 개폐장치, 모선 및 기타 관련 설비
㉣ 단순 병렬운전 : 자가용 발전설비 또는 저압 소용량 일반용 발전설비를 배전계통에 연계하여 운전하되, 생산한 전력의 전부를 자체적으로 소비하기 위한 것으로서 생산한 전력이 연계계통으로 송전되지 않는 병렬 형태

상 제3장 전선로

89 고압 가공인입선이 케이블 이외의 것으로서 그 전선의 아래쪽에 위험표시를 하였다면 전선의 지표상 높이는 몇 [m]까지로 감할 수 있는가?

① 2.5
② 3.5
③ 4.5
④ 5.5

해설 고압 가공인입선의 시설(KEC 331.12.1)

㉠ 고압 가공인입선의 높이는 지표상 5[m] 이상
㉡ 고압 가공인입선이 케이블일 때와 전선의 아래쪽에 위험표시를 하면 지표상 3.5[m] 이상

상 제4장 발전소, 변전소, 개폐소 및 기계기구 시설보호

90 특고압의 기계기구·모선 등을 옥외에 시설하는 변전소의 구내에 취급자 이외의 자가 들어가지 못하도록 시설하는 울타리·담 등의 높이는 몇 [m] 이상으로 하여야 하는가?

① 2
② 2.2
③ 2.5
④ 3

정답 86 ③ 87 ② 88 ③ 89 ② 90 ①

해설 발전소 등의 울타리·담 등의 시설 (KEC 351.1)

울타리·담 등의 높이는 2[m] 이상으로 하고 지표면과 울타리·담 등의 하단 사이의 간격은 15[cm] 이하로 한다.

상 제2장 저압설비 및 고압·특고압설비

91 가반형의 용접전극을 사용하는 아크용접장치의 용접변압기의 1차측 전로의 대지전압은 몇 [V] 이하이어야 하는가?

① 60 ② 150
③ 300 ④ 400

해설 아크 용접기(KEC 241.10)

㉠ 용접변압기는 절연변압기일 것
㉡ 용접변압기의 1차측 진로의 대지전입은 300[V] 이하일 것
㉢ 용접변압기의 1차측 전로에는 용접변압기에 가까운 곳에 쉽게 개폐할 수 있는 개폐기를 시설할 것
㉣ 전선은 용접용 케이블을 사용할 것
㉤ 용접기 외함 및 피용접재 또는 이와 전기적으로 접속되는 받침대·정반 등의 금속체는 접지공사를 할 것

상 제3장 전선로

92 지중전선로를 직접 매설식에 의하여 시설하는 경우에 차량 기타 중량물의 압력을 받을 우려가 없는 장소의 매설깊이는 몇 [cm] 이상이어야 하는가?

① 60 ② 100
③ 120 ④ 150

해설 지중전선로의 시설(KEC 334.1)

㉠ 관로식의 경우 케이블 매설깊이
• 차량, 기타 중량물에 의한 압력을 받을 우려가 있는 장소 : 1.0[m] 이상
• 기타 장소 : 0.6[m] 이상
㉡ 직접 매설식의 경우 케이블 매설깊이
• 차량, 기타 중량물에 의한 압력을 받을 우려가 있는 장소 : 1.0[m] 이상
• 기타 장소 : 0.6[m] 이상

상 제4장 발전소, 변전소, 개폐소 및 기계기구 시설보호

93 특고압을 옥내에 시설하는 경우 그 사용전압의 최대 한도는 몇 [kV] 이하인가? (단, 케이블트레이공사는 제외)

① 25 ② 80
③ 100 ④ 160

해설 특고압 옥내 전기설비의 시설(KEC 342.4)

사용전압은 100[kV] 이하일 것(다만, 케이블트레이배선에 의하여 시설하는 경우에는 35[kV] 이하일 것)

중 제2장 저압설비 및 고압·특고압설비

94 샤워시설이 있는 욕실 등 인체가 물에 젖어 있는 상태에서 전기를 사용하는 장소에 콘센트를 시설할 경우 인체감전보호용 누전차단기의 정격감도전류는 몇 [mA] 이하인가?

① 5 ② 10
③ 15 ④ 30

해설 콘센트의 시설(KEC 234.5)

욕조나 샤워시설이 있는 욕실 또는 화장실 등 인체가 물에 젖어있는 상태에서 전기를 사용하는 장소에 콘센트를 시설하는 경우에는 다음에 따라 시설하여야 한다.
㉠ 「전기용품 및 생활용품 안전관리법」의 적용을 받는 인체감전보호용 누전차단기(정격감도전류 15[mA] 이하, 동작시간 0.03초 이하의 전류동작형의 것에 한한다) 또는 절연변압기(정격용량 3[kVA] 이하인 것에 한한다)로 보호된 전로에 접속하거나, 인체감전보호용 누전차단기가 부착된 콘센트를 시설하여야 한다.
㉡ 콘센트는 접지극이 있는 방적형 콘센트를 사용하여 접지하여야 한다.

하 제2장 저압설비 및 고압·특고압설비

95 ( ) 안에 들어갈 내용으로 옳은 것은?

> 유희용 전차에 전기를 공급하는 전로의 사용전압은 직류의 경우는 (㉠)[V] 이하, 교류의 경우는 (㉡)[V] 이하이어야 한다.

① ㉠ 60, ㉡ 40
② ㉠ 40, ㉡ 60
③ ㉠ 30, ㉡ 60
④ ㉠ 60, ㉡ 30

해설 유희용 전차(KEC 241.8)

유희용 전차에 전기를 공급하는 전로의 사용전압은 직류의 경우 60[V] 이하, 교류의 경우는 40[V] 이하일 것

정답 91 ③ 92 ① 93 ③ 94 ③ 95 ①

상 제3장 전선로

96 철탑의 강도계산을 할 때 이상 시 상정하중이 가하여지는 경우 철탑의 기초에 대한 안전율은 얼마 이상이어야 하는가?

① 1.33
② 1.83
③ 2.25
④ 2.75

해설 가공전선로 지지물의 기초의 안전율(KEC 331.7)

가공전선로의 지지물에 하중이 가해지는 경우 그 하중을 받는 지지물의 기초안전율은 2 이상이어야 한다(이상 시 상정하중에 대한 철탑의 기초에 대하여는 1.33 이상).

중 제4장 발전소, 변전소, 개폐소 및 기계기구 시설보호

97 발전기를 자동적으로 전로로부터 차단하는 장치를 반드시 시설하지 않아도 되는 경우는?

① 발전기에 과전류나 과전압이 생긴 경우
② 용량 5,000[kVA] 이상인 발전기의 내부에 고장이 생긴 경우
③ 용량 500[kVA] 이상의 발전기를 구동하는 수차의 압유장치의 유압이 현저히 저하한 경우
④ 용량 2,000[kVA] 이상인 수차발전기의 스러스트베어링의 온도가 현저히 상승하는 경우

해설 발전기 등의 보호장치(KEC 351.3)

다음의 경우 자동적으로 이를 전로로부터 자동차단하는 장치를 하여야 한다.
㉠ 발전기에 과전류나 과전압이 생기는 경우
㉡ 500[kVA] 이상 : 수차의 압유장치의 유압 또는 전동식 제어장치(가이드밴, 니들, 디플렉터 등)의 전원전압이 현저하게 저하한 경우
㉢ 100[kVA] 이상 : 발전기를 구동하는 풍차의 압유장치의 유압, 압축공기장치의 공기압 또는 전동식 블레이드 제어장치의 전원전압이 현저히 저하한 경우
㉣ 2000[kVA] 이상 : 수차발전기의 스러스트베어링의 온도가 현저하게 상승하는 경우
㉤ 10000[kVA] 이상 : 발전기 내부고장이 생긴 경우
㉥ 출력 10000[kW] 넘는 증기 터빈의 스러스트베어링이 현저하게 마모되거나 온도가 현저히 상승하는 경우

정답 96 ① 97 ②

제1과목 전기자기학

상 제1장 벡터

01 전계 E의 x, y, z성분을 E_x, E_y, E_z라 할 때 $\text{div } E$는?

① $\dfrac{\partial E_x}{\partial x} + \dfrac{\partial E_y}{\partial y} + \dfrac{\partial E_z}{\partial z}$

② $i\dfrac{\partial E_x}{\partial x} + j\dfrac{\partial E_y}{\partial y} + k\dfrac{\partial E_z}{\partial z}$

③ $\dfrac{\partial^2 E_x}{\partial x^2} + \dfrac{\partial^2 E_y}{\partial y^2} + \dfrac{\partial^2 E_z}{\partial z^2}$

④ $i\dfrac{\partial^2 E_x}{\partial x^2} + j\dfrac{\partial^2 E_y}{\partial y^2} + k\dfrac{\partial^2 E_z}{\partial z^2}$

해설 벡터의 발산(divergence)

$$\text{div } E = \nabla \cdot E$$
$$= \left(i\dfrac{\partial}{\partial x} + j\dfrac{\partial}{\partial y} + k\dfrac{\partial}{\partial z} \right) \cdot (iE_x + jE_y + kE_z)$$
$$= \dfrac{\partial E_x}{\partial x} + \dfrac{\partial E_y}{\partial y} + \dfrac{\partial E_z}{\partial z}$$

상 제3장 정전용량

02 동심 구형 콘덴서의 내외 반지름을 각각 5배로 증가시키면 정전용량은 몇 배로 증가하는가?

① 5 　　　　② 10

③ 15 　　　　④ 20

해설

동심 도체구의 정전용량 $C = \dfrac{4\pi\varepsilon_0 ab}{b-a}$ 에서 a, b가 각각 n배로 증가하면 새로운 정전용량은 다음과 같다.

$$C_0 = \dfrac{4\pi\varepsilon_0(na \times nb)}{nb-na} = \dfrac{n^2(4\pi\varepsilon_0 ab)}{n(b-a)} = nC$$

∴ a, b를 각각 5배 증가시키면 정전용량도 5배 증가한다.

상 제9장 자성체와 자기회로

03 자성체 경계면에 전류가 없을 때의 경계조건으로 틀린 것은?

① 자계 H의 접선성분 $H_{1T} = H_{2T}$

② 자속밀도 B의 법선성분 $B_{1N} = B_{2N}$

③ 경계면에서의 자력선의 굴절

$$\dfrac{\tan\theta_1}{\tan\theta_2} = \dfrac{\mu_1}{\mu_2}$$

④ 전속밀도 D의 법선성분

$$D_{1N} = D_{2N} = \dfrac{\mu_2}{\mu_1}$$

해설 자성체 경계면의 조건

㉠ 경계면에서 자계의 접선성분이 같다.
　$H_{1t} = H_{2t}$ ($H_1 \sin\theta_1 = H_2 \sin\theta_2$)
㉡ 경계면에서 자속선은 법선성분이 같다.
　$B_{1n} = B_{2n}$ ($B_1 \cos\theta_1 = B_2 \cos\theta_2$)
㉢ 경계면에서의 자력선의 굴절
　$\dfrac{\mu_1}{\mu_2} = \dfrac{\tan\theta_1}{\tan\theta_2}$ ($\mu_1 > \mu_2$이면 $\theta_1 > \theta_2$)

상 제10장 전자유도법칙

04 도체나 반도체에 전류를 흘리고 이것과 직각방향으로 자계를 가하면 이 두 방향과 직각방향으로 기전력이 생기는 현상을 무엇이라 하는가?

① 홀효과 　　② 핀치효과

③ 볼타효과 　④ 압전효과

해설

① 홀효과(Hall effect) : 반도체에 전류 I를 흘려 이것과 직각방향으로 자속밀도 B를 가하면 플레밍의 왼손법칙에 의해 그 양면의 직각방향으로 기전력이 발생하는 현상을 말한다.
② 핀치효과(pinch effect) : 액체상태의 원통상 도선에 직류전압을 인가하면 도체 내부에 자장이 생겨 로렌츠의 힘(구심력)으로 전류가 원통 중심방향으로 수축하여 전류의 단면은 점차 작아져 전류가 흐르지 않게 되는 현상을 말한다.

정답 01 ① 02 ① 03 ④ 04 ①

③ 볼타의 법칙 : 각각 다른 도체 간의 전위차에 대한 법칙이다. 두 도체를 접촉시키면 도체 사이에 전위차가 발생하는데, 3개의 도체를 나란히 접촉시켰을 경우, 양 끝에 있는 도체 사이의 전위차는 가운데 있는 도체와 양 옆에 위치한 도체 사이의 전위차의 합과 같다.

④ 압전효과(피에조효과) : 유전체에 압력이나 인장력을 가하면 전기분극이 발생하는 현상이다.

하 제7장 진공 중의 정자계

05 판자석의 세기가 0.01[Wb/m], 반지름이 5[cm]인 원형 자석판이 있다. 자석의 중심에서 축상 10[cm]인 점에서의 자위의 세기는 몇 [AT]인가?

① 100   ② 175

③ 370   ④ 420

해설

판자석(자기 이중층)의 자위

$$U = \frac{P\omega}{4\pi\mu_0} = \frac{P}{4\pi\mu_0} \times 2\pi(1 - \cos\theta)$$

$$= \frac{P}{2\mu_0}(1 - \cos\theta)$$

$$= \frac{0.01}{2 \times 4\pi \times 10^{-7}} \left(1 - \frac{10}{\sqrt{5^2 + 10^2}}\right) = 420[\text{AT}]$$

(여기서, 원뿔의 입체각 $\omega = 2\pi(1 - \cos\theta)$)

상 제5장 전기영상법

06 평면 도체 표면에서 d[m] 거리에 점전하 Q[C]이 있을 때 이 전하를 무한원점까지 운반하는데 필요한 일[J]은?

① $\dfrac{Q^2}{4\pi\varepsilon_0 d}$ ② $\dfrac{Q^2}{8\pi\varepsilon_0 d}$

③ $\dfrac{Q^2}{16\pi\varepsilon_0 d}$ ④ $\dfrac{Q^2}{32\pi\varepsilon_0 d}$

해설 접지된 도체 평면과 점전하(영상법)

㉠ 영상전압 $Q' = -Q$[C]

㉡ 점전하와 평면 도체 간의 작용력(영상력)

$$F = \frac{-Q^2}{16\pi\varepsilon_0 d^2} = \frac{9 \times 10^9}{9} \times \frac{-Q^2}{d^2}[\text{N}]$$

㉢ 무한원점까지 운반될 때 필요한 일

$$W = \int F dl = Fd = \frac{Q^2}{16\pi\varepsilon_0 d}[\text{J}]$$

상 제4장 유전체

07 유전율 ε, 전계의 세기 E인 유전체의 단위 체적에 축적되는 에너지는?

① $\dfrac{E}{2\varepsilon}$ ② $\dfrac{\varepsilon E}{2}$

③ $\dfrac{\varepsilon E^2}{2}$ ④ $\dfrac{\varepsilon^2 E^2}{2}$

해설

정전에너지(단위체적당 정전에너지)

$$W = \frac{1}{2}\varepsilon E^2 = \frac{1}{2}ED = \frac{D^2}{2\varepsilon}[\text{J/m}^3]$$

중 제9장 자성체와 자기회로

08 길이 l[m], 지름 d[m]인 원통이 길이방향으로 균일하게 자화되어 자화의 세기가 J [Wb/m²]인 경우 원통 양단에서의 전자극의 세기[Wb]는?

① $\pi d^2 J$ ② $\pi d J$

③ $\dfrac{4J}{\pi d^2}$ ④ $\dfrac{\pi d^2 J}{4}$

해설

자화의 세기 $J = \dfrac{m}{S} = \dfrac{M}{V}$[Wb/m²]에서

전자극의 세기(자하)

$$\therefore \ m = J \times S = J \times \pi r^2 = J \times \frac{\pi d^2}{4}[\text{Wb}]$$

상 제11장 인덕턴스

09 자기인덕턴스 L_1, L_2와 상호인덕턴스 M 사이의 결합계수는? (단, 단위는 [H]이다.)

① $\dfrac{M}{L_1 L_2}$ ② $\dfrac{L_1 L_2}{M}$

③ $\dfrac{M}{\sqrt{L_1 L_2}}$ ④ $\dfrac{\sqrt{L_1 L_2}}{M}$

해설

결합계수 $k = \dfrac{M}{\sqrt{L_1 L_2}}$

㉠ $k = 0$: 자기적인 비결합상태

㉡ $k = 1$: 자기적인 완전결합상태

정답   05 ④   06 ③   07 ③   08 ④   09 ③

상 제2장 진공 중의 정전계

10 진공 중에서 선전하밀도 $\rho_l = 6 \times 10^{-8}$[C/m] 인 무한히 긴 직선상 선전하가 x축과 나란하고 $z = 2$[m] 점을 지나고 있다. 이 선전하에 의하여 반지름 5[m]인 원점에 중심을 둔 구표면 S_0를 통과하는 전기력선수는 약 몇 [V/m]인가?

① 3.1×10^4 ② 4.8×10^4
③ 5.5×10^4 ④ 6.2×10^4

해설

㉠ 반지름 5[m]인 구면을 통과하는 도체의 길이

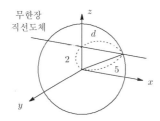

$l = 2d = 2 \times \sqrt{5^2 - 2^2} = 2\sqrt{21}$ [m]

㉡ 반지름 5[m]인 구면 내의 총 전하량
$Q = \rho_l \times l = 6 \times 10^{-8} \times 2\sqrt{21}$
$\quad = 5.49 \times 10^{-7}$[C]

∴ 구 표면을 통과하는 전기력선의 총수
$N = \dfrac{Q}{\varepsilon_0} = \dfrac{5.49 \times 10^{-7}}{8.855 \times 10^{-12}} = 6.2 \times 10^4$

상 제2장 진공 중의 정전계

11 대지면에 높이 h[m]로 평행하게 가설된 매우 긴 선전하가 지면으로부터 받는 힘은?

① h에 비례
② h에 반비례
③ h^2에 비례
④ h^2에 반비례

해설

선전하가 지표면으로부터 받는 힘
$F = QE = \lambda l \times \dfrac{\lambda}{2\pi\varepsilon_0 r}$
$\quad = \dfrac{\lambda^2 l}{2\pi\varepsilon_0 (2h)}$[N] $= \dfrac{\lambda^2}{4\pi\varepsilon_0 h}$[N/m]

∴ 힘은 h에 반비례한다.

상 제6장 전류

12 정전에너지, 전속밀도 및 유전상수 ε_r의 관계에 대한 설명 중 틀린 것은?

① 굴절각이 큰 유전체는 ε_r이 크다.
② 동일 전속밀도에서는 ε_r이 클수록 정전에너지는 작아진다.
③ 동일 정전에너지에서는 ε_r이 클수록 전속밀도가 커진다.
④ 전속은 매질에 축적되는 에너지가 최대가 되도록 분포된다.

해설

① 경계조건식 $\dfrac{\varepsilon_1}{\varepsilon_2} = \dfrac{\tan\theta_1}{\tan\theta_2}$에서 $\varepsilon_2 > \varepsilon_1$이면 $\theta_2 > \theta_1$
   이 된다.
   여기서, θ_2 : 굴절각, θ_1 : 입사각
② 정전에너지 $W = \dfrac{D^2}{2\varepsilon} = \dfrac{D^2}{2\varepsilon_0 \varepsilon_r}$[J/m³]에서 ε_r이 클수록 정전에너지는 작아진다.
③ 전속밀도 $D^2 = 2\varepsilon_0 \varepsilon_r W$[C/m²]에서 ε_r이 클수록 전속밀도가 커진다.
④ 전속은 매질에 축적되는 에너지가 최소가 되도록 분포한다.

하 제12장 전자계

13 $\sigma = 1$[℧/m], $\varepsilon_s = 6$, $\mu = \mu_0$인 유전체에 교류전압을 가할 때 변위전류와 전도전류의 크기가 같아지는 주파수는 약 몇 [Hz]인가?

① 3.0×10^9 ② 4.2×10^9
③ 4.7×10^9 ④ 5.1×10^9

해설

임계주파수 f_c는 전도전류($I_c = kES$[A])와 변위전류($I_d = \omega\varepsilon ES = 2\pi f\varepsilon ES$[A])의 크기가 같아질 때의 주파수를 의미하므로

∴ $f_c = \dfrac{k}{2\pi\varepsilon} = \dfrac{\sigma}{2\pi\varepsilon} = \dfrac{\sigma}{2\pi\varepsilon_0 \varepsilon_s}$
$\quad = \dfrac{1}{2\pi \times \dfrac{1}{36\pi \times 10^9} \times 6}$
$\quad = 3 \times 10^9$[Hz]

$\left(\text{여기서, } \dfrac{1}{4\pi\varepsilon_0} = 9 \times 10^9 \text{에서 } \varepsilon_0 = \dfrac{1}{36\pi \times 10^9}\right)$

정답 10 ④ 11 ② 12 ④ 13 ①

중 제8장 전류와 자기현상

14 그 양이 증가함에 따라 무한장 솔레노이드의 자기인덕턴스 값이 증가하지 않는 것은 무엇인가?

① 철심의 반경
② 철심의 길이
③ 코일의 권수
④ 철심의 투자율

해설

무한장 솔레노이드의 자기인덕턴스

$L = \mu S n_0^2$[H/m]이므로

∴ 자기인덕턴스는 철심의 투자율, 단면적(반경과 관련됨), 코일의 권수에 의해 증가한다.

상 제8장 전류와 자기현상

15 단면적 S[m²], 단위길이당 권수가 n_0[회/m]인 무한히 긴 솔레노이드의 자기인덕턴스 [H/m]는?

① $\mu S n_0$
② $\mu S n_0^2$
③ $\mu S^2 n_0$
④ $\mu S^2 n_0^2$

해설

무한장 솔레노이드의 자기인덕턴스

$$L = \frac{\mu S N^2}{l} = \frac{\mu S (n_0 l)^2}{l} = \mu S n_0^2 l \text{[H]}$$
$$= \mu S n_0^2 \text{[H/m]}$$

중 제9장 자성체와 자기회로

16 비투자율 1000인 철심이 든 환상솔레노이드의 권수가 600회, 평균지름 20[cm], 철심의 단면적 10[cm²]이다. 이 솔레노이드에 2[A]의 전류가 흐를 때 철심 내의 자속은 약 몇 [Wb]인가?

① 1.2×10^{-3}
② 1.2×10^{-4}
③ 2.4×10^{-3}
④ 2.4×10^{-4}

해설

자기회로의 옴의 법칙

$$\phi = \frac{F}{R_m} = \frac{IN}{\dfrac{l}{\mu S}} = \frac{\mu S N I}{l} \text{[Wb]이므로}$$

$$\therefore \ \phi = \frac{\mu S N I}{l} = \frac{\mu_0 \mu_s S N I}{2\pi r}$$

$$= \frac{4\pi \times 10^{-7} \times 1000 \times 10 \times 10^{-4} \times 600 \times 2}{2\pi \times 0.1}$$
$$= 2.4 \times 10^{-3} \text{[Wb]}$$

여기서, l : 철심의 길이[m]

r : 평균반지름[m]

중 제2장 진공 중의 정전계

17 3개의 점전하 $Q_1 = 3$[C], $Q_2 = 1$[C], $Q_3 = -3$[C]을 점 P_1(1, 0, 0), P_2(2, 0, 0), P_3(3, 0, 0)에 어떻게 놓으면 원점에서의 전계의 크기가 최대가 되는가?

① P_1에 Q_1, P_2에 Q_2, P_3에 Q_3
② P_1에 Q_2, P_2에 Q_3, P_3에 Q_1
③ P_1에 Q_3, P_2에 Q_1, P_3에 Q_2
④ P_1에 Q_3, P_2에 Q_2, P_3에 Q_1

해설

정(+)전하는 나가는 방향으로, 부(-)전하는 들어오는 방향으로 전계가 진행되고, 전계는 거리제곱에 반비례하므로, 정전하 중 가장 큰 전하 Q_1이 원점에서 가장 가깝게, 부전하 Q_3를 원점에서 가장 멀리 위치해야 원점에서의 전계의 크기가 최대가 된다.

상 제12장 전자계

18 맥스웰의 전자방정식에 대한 의미를 설명한 것으로 틀린 것은?

① 자계의 회전은 전류밀도와 같다.
② 자계는 발산하며, 자극은 단독으로 존재한다.
③ 전계의 회전은 자속밀도의 시간적 감소율과 같다.
④ 단위체적당 발산 전속수는 단위체적당 공간전하밀도와 같다.

해설 맥스웰의 전자방정식

㉠ $\text{rot} H = i_c + \dfrac{\partial D}{\partial t}$: 전계의 시간적 변화에는 회전하는 자계를 발생시킨다.

㉡ $\text{rot} E = -\dfrac{\partial B}{\partial t}$: 자계가 시간에 따라 변화하면 회전하는 전계가 발생한다.

정답 14 ② 15 ② 16 ③ 17 ① 18 ②

ⓒ $\text{div} D = \rho$: 전하가 존재하면 전속선이 발생한다.
ⓔ $\text{div}\, B = 0$: 고립된 자극은 없고, N극·S극은 함께 공존한다.

중 제2장 진공 중의 정전계

19 전기력선의 설명 중 틀린 것은?

① 전기력선은 부전하에서 시작하여 정전하에서 끝난다.
② 단위전하에서는 $\dfrac{1}{\varepsilon_0}$개의 전기력선이 출입한다.
③ 전기력선은 전위가 높은 점에서 낮은 점으로 향한다.
④ 전기력선의 방향은 그 점의 전계의 방향과 일치하며, 밀도는 그 점에서의 전계의 크기와 같다.

🖉 해설

전기력선은 정(+)전하에서 시작하여 부(−)전하에서 끝난다.

하 제12장 전자계

20 유전율이 $\varepsilon = 4\varepsilon_0$이고, 투자율이 μ_0인 비도전성 유전체에서 전자파의 전계의 세기가 $E(z,\,t) = a_y 377 \cos{(10^9 t - \beta Z)}$[V/m]일 때의 자계의 세기[H]는 몇 [A/m]인가?

① $-a_z 2\cos{(10^9 t - \beta Z)}$
② $-a_x 2\cos{(10^9 t - \beta Z)}$
③ $-a_z 7.1 \times 10^4 \cos{(10^9 t - \beta Z)}$
④ $-a_x 7.1 \times 10^4 \cos{(10^9 t - \beta Z)}$

🖉 해설

ⓐ 전계와 자계의 관계 $\sqrt{\varepsilon}\,E = \sqrt{\mu}\,H$에서
$$H = \sqrt{\frac{\varepsilon}{\mu}}\,E = \sqrt{\frac{\varepsilon_0 \varepsilon_s}{\mu_0 \mu_s}}\,E = \sqrt{\frac{4\varepsilon_0}{\mu_0}} \times 377$$
$$= \frac{377}{120\pi} \times \sqrt{4} = 2[\text{AT/m}]$$

ⓑ 전파는 y성분이면서 전자파가 시간에 따라 z방향으로 진행하기 위해서는 자파가 $-x$성분이 되어야 된다(전자파의 진행방향은 $\vec{E} \times \vec{H}$이므로 $\vec{a_y} \times (-\vec{a_x}) = \vec{a_z}$가 된다).

∴ $H(z,\,t) = -2\cos{(10^9 t - \beta Z)}\,a_x[\text{A/m}]$

제2과목 **전력공학**

상 제8장 송전선로 보호방식

21 다음 중 변류기 수리 시 2차측을 단락시키는 이유는?

① 1차측 과전류 방지
② 2차측 과전류 방지
③ 1차측 과전압 방지
④ 2차측 과전압 방지

🖉 해설

변류기 수리 시에 2차측을 개방하면 1차 부하전류가 모두 여자전류로 변화하여 2차 코일에 과전압이 발생하여 절연이 파괴되고, 권선이 소손될 위험이 있다.

상 제11장 발전

22 1년 365일 중 185일은 이 양 이하로 내려가지 않는 유량은?

① 평수량
② 풍수량
③ 고수량
④ 저수량

🖉 해설

하천의 유량은 계절에 따라 변하므로 유량과 수위는 다음과 같이 구분한다.
ⓐ 갈수량 : 1년 365일 중 355일은 이 양 이하로 내려가지 않는 유량
ⓑ 저수량 : 1년 365일 중 275일은 이 양 이하로 내려가지 않는 유량
ⓒ 평수량 : 1년 365일 중 185일은 이 양 이하로 내려가지 않는 유량
ⓔ 풍수량 : 1년 365일 중 95일은 이 양 이하로 내려가지 않는 유량

중 제10장 배전선로 계산

23 배전선의 전압조정장치가 아닌 것은?

① 승압기
② 리클로저
③ 유도전압조정기
④ 주상변압기 탭절환장치

정답 **19** ① **20** ② **21** ④ **22** ① **23** ②

해설 배전선로 전압의 조정장치

㉠ 주상변압기 탭조절장치
㉡ 승압기 설치(단권변압기)
㉢ 유도전압조정기(부하급변 시에 사용)
㉣ 직렬콘덴서

리클로저는 선로 차단과 보호계전 기능이 있고 재폐로가 가능하다.

상 제8장 송전선로 보호방식

24 발전기 또는 주변압기의 내부고장 보호용으로 가장 널리 쓰이는 것은?

① 거리계전기
② 과전류계전기
③ 비율차동계전기
④ 방향단락계전기

해설

비율차동계전기는 발전기, 변압기 등 기기의 내부고장 보호에 사용된다.

㉠ 거리계전기 : 전압과 전류의 비가 일정치 이하인 경우에 동작하는 계전기로서 송전선로 단락 및 지락 사고 보호에 이용한다.
㉡ 과전류계전기 : 전류의 크기가 일정치 이상으로 되었을 때 동작하는 계전기이다.
㉢ 방향단락계전기 : 환상선로의 보호방식으로 선로에 전원이 일단에 있는 경우에 사용한다.

중 제3장 선로정수(R, L, C, g) 및 코로나현상

25 그림과 같은 선로의 등가선간거리는 몇 [m]인가?

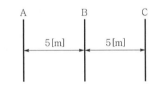

① 5
② $5\sqrt{2}$
③ $5\sqrt[3]{2}$
④ $10\sqrt[3]{2}$

해설

등가선간거리 $D = \sqrt[3]{D_1 \cdot D_2 \cdot D_3}\,[\text{m}]$

$D = \sqrt[3]{D_1 \times D_2 \times D_3}$
$\quad = \sqrt[3]{5 \times 5 \times (5 \times 2)}$
$\quad = \sqrt[3]{2} \times 5 = 5\sqrt[3]{2}\,[\text{m}]$

하 제7장 이상전압 및 유도장해

26 서지파(진행파)가 서지임피던스 Z_1의 선로측에서 서지임피던스 Z_2의 선로측으로 입사할 때 투과계수(투과파 전압÷입사파 전압) b를 나타내는 식은?

① $b = \dfrac{Z_2 - Z_1}{Z_1 + Z_2}$
② $b = \dfrac{2Z_2}{Z_1 + Z_2}$
③ $b = \dfrac{Z_1 - Z_2}{Z_1 + Z_2}$
④ $b = \dfrac{2Z_1}{Z_1 + Z_2}$

해설

반사계수 $\lambda = \dfrac{Z_2 - Z_1}{Z_1 + Z_2}$, 투과계수 $\nu = \dfrac{2Z_2}{Z_1 + Z_2}$

중 제5장 고장 계산 및 안정

27 3상 송전선로에서 선간단락이 발생하였을 때 다음 중 옳은 것은?

① 역상전류만 흐른다.
② 정상전류와 역상전류가 흐른다.
③ 역상전류와 영상전류가 흐른다.
④ 정상전류와 영상전류가 흐른다.

해설

선간단락 고장 시 $I_0 = 0$, $I_1 = -I_2$, $V_1 = V_2$이므로 영상전류는 흐르지 않는다.

여기서, I_0 : 영상전류, I_1 : 정상전류
$\qquad\quad I_2$: 역상전류, V_1 : 정상전압
$\qquad\quad V_2$: 역상전압

상 제5장 고장 계산 및 안정

28 송전계통의 안정도 향상대책이 아닌 것은?

① 전압변동을 적게 한다.
② 고속도 재폐로방식을 채용한다.
③ 고장시간, 고장전류를 적게 한다.
④ 계통의 직렬리액턴스를 증가시킨다.

해설 송전전력을 증가시키기 위한 안정도 향상 대책

㉠ 직렬리액턴스를 작게 한다.
　• 발전기나 변압기 리액턴스를 작게 한다.
　• 선로에 복도체를 사용하거나 병행회선수를 늘린다.
　• 선로에 직렬콘덴서를 설치한다.

ⓒ 전압변동을 적게 한다.
- 단락비를 크게 한다.
- 속응여자방식을 채용한다.

ⓒ 계통을 연계시킨다.

ⓔ 중간 조상방식을 채용한다.

ⓜ 고장구간을 신속히 차단시키고 재폐로방식을 채택한다.

ⓗ 소호리액터 접지방식을 채용한다.

ⓢ 고장 시에 발전기 입출력의 불평형을 작게 한다.

중 제8장 송전선로 보호방식

29 배전선로에서 사고범위의 확대를 방지하기 위한 대책으로 적당하지 않은 것은?

① 선택접지계전방식 채택
② 자동고장검출장치 설치
③ 진상콘덴서를 설치하여 전압보상
④ 특고압의 경우 자동구분개폐기 설치

해설

㉠ 선택접지계전방식 : 병행 2회선 송전선로에서 지락사고 시 고장회선만을 선택 차단
㉡ 자동고장검출장치 : 고장을 자동검출하여 고장구간만 양측에서 자동분리하고, 건전구간은 신속하게 정상적으로 공급
㉢ 자동구분개폐기(자동고장구분개폐기) : 특고압 수용가의 고장 또는 과부하 시 자동차단하여 배전선로로 고장이 파급되는 것을 방지
㉣ 진상콘덴서 : 역률을 개선하여 전압강하 및 전력손실을 감소

상 제11장 발전

30 화력발전소에서 재열기의 사용목적은?

① 증기를 가열한다.
② 공기를 가열한다.
③ 급수를 가열한다.
④ 석탄을 건조한다.

해설

고압터빈 내에서 팽창되어 과열증기가 습증기로 되었을 때 추기하여 재가열하는 설비를 재열기라 한다.

㉠ 절탄기 : 배기가스의 여열을 이용하여 보일러 급수를 예열하기 위한 설비
㉡ 공기예열기 : 연도가스의 여열을 이용하여 연소할 석탄 및 공기를 예열하는 설비

상 제10장 배전선로 계산

31 송전전력, 송전거리, 전선의 비중 및 전력손실률이 일정하다고 하면 전선의 단면적 $A\,[\text{mm}^2]$와 송전전압 $V[\text{kV}]$와의 관계로 옳은 것은?

① $A \propto V$ ② $A \propto V^2$

③ $A \propto \dfrac{1}{\sqrt{V}}$ ④ $A \propto \dfrac{1}{V^2}$

해설

㉠ 송전전력 $P = VI_n\cos\theta[\text{W}]$

㉡ 부하전류 $I_n = \dfrac{P}{V\cos\theta}[\text{A}]$

㉢ 전력손실 $P_l = I_n^2 R = \left(\dfrac{P}{V\cos\theta}\right)^2 \times R$

$= \dfrac{P^2}{V^2\cos^2\theta}\,\rho\,\dfrac{l}{A}[\text{W}]$

여기서, P : 송전전력
V : 송전전압
R : 선로저항
I_n : 부하전류
P_l : 전력손실
$\cos\theta$: 역률
A : 전선굵기(단면적)
ρ : 저항률
l : 선로길이
송전전력, 송전거리, 전선의 비중 및 전력손실률이 일정하다고 하면 전선의 단면적과 전압 관계는 $A \propto \dfrac{1}{V^2}$ 이다.

중 제10장 배전선로 계산

32 선로에 따라 균일하게 부하가 분포된 선로의 전력손실은 이들 부하가 선로의 말단에 집중적으로 접속되어 있을 때보다 어떻게 되는가?

① $\dfrac{1}{2}$로 된다. ② $\dfrac{1}{3}$로 된다.

③ 2배로 된다. ④ 3배로 된다.

해설

㉠ 부하가 말단에 집중된 경우 전력손실 $P_l = I_n^2 r[\text{W}]$
㉡ 부하가 균등하게 분산 분포된 경우 전력손실

$P_l = \dfrac{1}{3}I_n^2 r[\text{W}]$

정답 29 ③ 30 ① 31 ④ 32 ②

중 제3장 선로정수(R, L, C, g) 및 코로나현상

33 반지름 r[m]이고 소도체 간격 S인 4복도체 송전선로에서 전선 A, B, C가 수평으로 배열되어 있다. 등가선간거리가 D[m]로 배치되고 완전 연가된 경우 송전선로의 인덕턴스는 몇 [mH/km]인가?

① $0.4605\log_{10}\dfrac{D}{\sqrt{rS^2}}+0.0125$

② $0.4605\log_{10}\dfrac{D}{\sqrt[2]{rS}}+0.025$

③ $0.4605\log_{10}\dfrac{D}{\sqrt[3]{rS^2}}+0.0167$

④ $0.4605\log_{10}\dfrac{D}{\sqrt[4]{rS^3}}+0.0125$

해설

n도체의 경우 작용인덕턴스

$L=\dfrac{0.05}{n}+0.4605\log_{10}\dfrac{D}{r_e}$[mH/km]

여기서, n : 소도체수

D : 등가선간거리

r_e : 등가반경

등가반경 $r_e=r^{\frac{1}{n}}S^{\frac{n-1}{n}}$ 이므로

4도체의 경우 $r_e=r^{\frac{1}{4}}S^{\frac{4-1}{4}}$

$=\sqrt[4]{r}\sqrt[4]{S^3}=\sqrt[4]{rS^3}$

4도체의 경우 작용인덕턴스

$L=0.0125+0.4605\log_{10}\dfrac{D}{\sqrt[4]{rS^3}}$[mH/km]

상 제8장 송전선로 보호방식

34 최소 동작전류 이상의 전류가 흐르면 한도를 넘는 양(量)과는 상관없이 즉시 동작하는 계전기는?

① 순한시계전기

② 반한시계전기

③ 정한시계전기

④ 반한시정한시계전기

해설 계전기의 한시특성에 의한 분류

㉠ 순한시계전기 : 최소 동작전류 이상의 전류가 흐르면 즉시 동작하는 것

㉡ 반한시계전기 : 동작전류가 커질수록 동작시간이 짧게 되는 특성을 가진 것

㉢ 정한시계전기 : 동작전류의 크기에 관계없이 일정한 시간에서 동작하는 것

㉣ 반한시성 정한시계전기 : 동작전류가 적은 동안에는 반한시 특성으로 되고 그 이상에서는 정한시 특성이 되는 것

하 제8장 송전선로 보호방식

35 최근에 우리나라에서 많이 채용되고 있는 가스절연개폐설비(GIS)의 특징으로 틀린 것은?

① 대기절연을 이용한 것에 비해 현저하게 소형화할 수 있으나 비교적 고가이다.

② 소음이 적고 충전부가 완전한 밀폐형으로 되어 있기 때문에 안정성이 높다.

③ 가스 압력에 대한 엄중 감시가 필요하며 내부 점검 및 부품 교환이 번거롭다.

④ 한랭지, 산악지방에서도 액화 방지 및 산화방지 대책이 필요 없다.

해설 가스절연개폐설비의 특징

㉠ 대기절연방식에 비해 설치공간의 축소가 가능

㉡ 밀폐형 구조로 동작 시 소음이 적고 안정성이 높음

㉢ SF_6가스를 사용하므로 불연성이고 충전부가 노출되지 않아 염해, 오손에 영향이 없음

상 제3장 선로정수(R, L, C, g) 및 코로나현상

36 다음 중 송전선로에 복도체를 사용하는 주된 목적은?

① 인덕턴스를 증가시키기 위하여

② 정전용량을 감소시키기 위하여

③ 코로나 발생을 감소시키기 위하여

④ 전선표면의 전위경도를 증가시키기 위하여

해설 복도체나 다도체를 사용할 때 특성

㉠ 인덕턴스는 감소하고, 정전용량은 증가한다.

㉡ 같은 단면적의 단도체에 비해 전류용량이 증대된다.

㉢ 안정도가 증가하여 송전용량이 증가한다.

㉣ 등가반경이 커져 코로나 임계전압의 상승으로 코로나현상이 방지된다.

정답 **33** ④ **34** ① **35** ④ **36** ③

상 제2장 전선로

37 송배전선로의 전선 굵기를 결정하는 주요 요소가 아닌 것은?

① 전압강하
② 허용전류
③ 기계적 강도
④ 부하의 종류

해설 전선의 굵기를 결정하는 3요소

㉠ 허용전류
㉡ 전압강하
㉢ 기계적 강도

중 제5장 고장 계산 및 안정

38 기준 선간전압 23[kV], 기준 3상 용량 5000[kVA], 1선의 유도리액턴스가 15[Ω]일 때 %리액턴스는?

① 28.36[%]
② 14.18[%]
③ 7.09[%]
④ 3.55[%]

해설

퍼센트리액턴스 $\%X = \dfrac{P_n X}{10 V_n^2}$

여기서, V_n : 정격전압[kV]
　　　　P_n : 정격용량[kVA]

$\%X = \dfrac{P_n X}{10 V_n^2} = \dfrac{5000 \times 15}{10 \times 23^2} = 14.18[\%]$

하 제9장 배전방식

39 망상(network)배전방식에 대한 설명으로 옳은 것은?

① 전압변동이 대체로 크다.
② 부하 증가에 대한 융통성이 적다.
③ 방사상 방식보다 무정전공급의 신뢰도가 더 높다.
④ 인축에 대한 감전사고가 적어서 농촌에 적합하다.

해설 망상(network)식의 특징 → 방사상(수지식) 방식과 비교

㉠ 공급 신뢰도가 높다.
㉡ 무정전 수전이 가능하다.
㉢ 가장 우수한 배전방식이다.
㉣ 인축 접지사고가 많다.

상 제8장 송전선로 보호방식

40 3상용 차단기의 정격전압은 170[kV]이고 정격차단전류가 50[kA]일 때 차단기의 정격차단용량은 약 몇 [MVA]인가?

① 5000
② 10000
③ 15000
④ 20000

해설

차단기 차단용량
$P_s = \sqrt{3} \times$ 정격전압 $\times$ 정격차단전류[MVA]
　　$= \sqrt{3} \times 170 \times 50 = 14722 \fallingdotseq 15000[MVA]$

제3과목 **전기기기**

하 제6장 특수기기

41 3상 직권 정류자전동기에 중간 변압기를 사용하는 이유로 적당하지 않은 것은?

① 중간 변압기를 이용하여 속도 상승을 억제할 수 있다.
② 회전자전압을 정류작용에 맞는 값으로 선정할 수 있다.
③ 중간 변압기를 사용하여 누설리액턴스를 감소할 수 있다.
④ 중간 변압기의 권수비를 바꾸어 전동기 특성을 조정할 수 있다.

해설 중간 변압기 사용이유

㉠ 전원전압의 크기에 관계없이 회전자전압을 정류작용에 맞는 값으로 선정
㉡ 중간 변압기의 권수비를 바꾸어서 전동기 특성의 조정가능
㉢ 경부하에서는 속도가 현저하게 상승하나 중간 변압기를 사용하여 철심을 포화시켜 속도 상승을 억제

정답 37 ④ 38 ② 39 ③ 40 ③ 41 ③

중 제3장 변압기

42 변압기의 권수를 N이라고 할 때 누설리액턴스는?

① N에 비례한다.
② N^2에 비례한다.
③ N에 반비례한다.
④ N^2에 반비례한다.

해설

인덕턴스 $L=\dfrac{\mu N^2 A}{l}$[H]

누설리액턴스 $X_l=\omega L=2\pi f\dfrac{\mu N^2 A}{l}$ 이므로 누설리액턴스는 권수의 제곱에 비례한다.

중 제1장 직류기

43 직류기의 온도 상승 시험방법 중 반환부하법의 종류가 아닌 것은?

① 카프법
② 홉킨슨법
③ 스코트법
④ 블론델법

해설

스코트법은 단상 변압기 2대를 이용하여 3상 교류를 2상으로 변압할 경우의 결선법이다.
㉠ 반환부하법 : 발전기와 전동기를 직결하고 발전기의 발생 전력을 전동기에 공급하고 전동기의 회전력을 발전기에 공급하여 두 기기의 손실을 외부에서 공급하는 것
㉡ 카프법 : 발전기와 전동기의 전체 손실을 전기적으로 공급
㉢ 홉킨슨법 : 다른 전동기를 이용하여 손실을 기계적으로 공급
㉣ 블론델법 : 발전기 및 전동기에 보조전동기로 무부하손을 공급하고 승압기로 동손을 공급

하 제6장 특수기기

44 단상 직권 정류자전동기에서 보상권선과 저항도선의 작용을 설명한 것으로 틀린 것은?

① 역률을 좋게 한다.
② 변압기 기전력을 크게 한다.
③ 전기자반작용을 감소시킨다.
④ 저항도선은 변압기 기전력에 의한 단락전류를 적게 한다.

해설

㉠ 보상권선 : 전기자반작용을 제거해 역률을 개선하고 기전력을 작게 한다.
㉡ 저항도선 : 변압기 기전력에 의한 단락전류를 감소시킨다.

중 제3장 변압기

45 일반적인 변압기의 손실 중에서 온도상승에 관계가 가장 적은 요소는?

① 철손
② 동손
③ 와류손
④ 유전체손

해설

유전체손은 전압이 높을 때 절연물의 유전체로 인해서 발생하는 손실로 케이블에서 주로 발생하고, 변압기에서는 발생량이 적어 온도상승과는 관계가 적다.

상 제1장 직류기

46 직류발전기의 병렬운전에서 부하분담의 방법은?

① 계자전류와 무관하다.
② 계자전류를 증가하면 부하분담은 감소한다.
③ 계자전류를 증가하면 부하분담은 증가한다.
④ 계자전류를 감소하면 부하분담은 증가한다.

해설 직류발전기의 병렬운전 중에 계자전류의 변화 시

㉠ 계자전류 증가 시 기전력이 증가 → 부하분담 증가
㉡ 계자전류 감소 시 기전력이 감소 → 부하분담 감소

중 제3장 변압기

47 1차 전압 6600[V], 2차 전압 220[V], 주파수 60[Hz], 1차 권수 1000회의 변압기가 있다. 최대 자속은 약 몇 [Wb]인가?

① 0.020
② 0.025
③ 0.030
④ 0.032

정답 42 ② 43 ③ 44 ② 45 ④ 46 ③ 47 ②

해설

1차 전압 $E_1 = 4.44 f N_1 \phi_m [V]$

여기서, E_1 : 1차 전압

f : 주파수

N_1 : 1차 권선수

ϕ_m : 최대 자속

최대 자속 $\phi_m = \dfrac{E_1}{4.44 f N_1} = \dfrac{6600}{4.44 \times 60 \times 1000}$

$= 0.0248 \fallingdotseq 0.025 [Wb]$

상 제3장 변압기

48 역률 100[%]일 때의 전압변동률 ε은 어떻게 표시되는가?

① %저항강하

② %리액턴스 강하

③ %서셉턴스 강하

④ %임피던스 강하

해설

변압기를 정격상태에서 운전 중 무부하상태가 되면 변압기 2차 단자전압이 변화하는데 이를 전압변동률이라 한다.

전압변동률 $\varepsilon = \dfrac{V_{20} - V_{2n}}{V_{2n}} \times 100$

$= p\cos\theta + q\sin\theta [\%]$

㉠ 뒤진 역률 : $\varepsilon = p\cos\theta + q\sin\theta$

㉡ 앞선 역률 : $\varepsilon = p\cos\theta - q\sin\theta$

㉢ 부하역률 $\cos\theta = 1$인 경우 : $\varepsilon \fallingdotseq p [\%]$

상 제4장 유도기

49 3상 농형 유도전동기의 기동방법으로 틀린 것은?

① Y-△ 기동

② 전전압 기동

③ 리액터 기동

④ 2차 저항에 의한 기동

해설 3상 유도전동기의 기동법

㉠ 농형 유도전동기 기동법 : 전전압기동, Y-△ 기동, 기동보상기법(단권변압기 기동), 리액터 기동, 콘드로퍼 기동

㉡ 권선형 유도전동기 기동법 : 2차 저항기동(기동저항기법), 게르게스 기동

상 제1장 직류기

50 직류복권발전기의 병렬운전에 있어 균압선을 붙이는 목적은 무엇인가?

① 손실을 경감한다.

② 운전을 안정하게 한다.

③ 고조파의 발생을 방지한다.

④ 직권계자 간의 전류 증가를 방지한다.

해설

직권 및 복권 발전기의 경우 안정된 운전을 위해 균압(모)선을 설치한다.

상 제5장 정류기

51 2방향성 3단자 사이리스터는 어느 것인가?

① SCR

② SSS

③ SCS

④ TRIAC

해설

① SCR(사이리스터) : 단방향 3단자

② SSS : 2방향 2단자

③ SCS : 단방향 4단자

④ TRIAC(트라이액) : 교류회로의 위상제어에 사용할 수 있는 2방향성 3단자 사이리스터

하 제3장 변압기

52 15[kVA], 3000/200[V] 변압기의 1차측 환산 등가임피던스가 $5.4 + j6[\Omega]$일 때, %저항강하 p와 %리액턴스강하 q는 각각 약 몇 [%]인가?

① $p = 0.9$, $q = 1$

② $p = 0.7$, $q = 1.2$

③ $p = 1.2$, $q = 1$

④ $p = 1.3$, $q = 0.9$

해설

㉠ 변압기의 1차 정격전류 $I_1 = \dfrac{P}{V_1} = \dfrac{15 \times 10^3}{3000} = 5[A]$

㉡ 퍼센트 저항강하 $\%r = \dfrac{I_1 \cdot r}{V_1} \times 100$

$= \dfrac{5 \times 5.4}{3000} \times 100 = 0.9[\%]$

㉢ 퍼센트 리액턴스 강하 $\%x = \dfrac{I_1 \cdot x}{V_1} \times 100$

$= \dfrac{5 \times 6}{3000} \times 100 = 1[\%]$

정답 48 ① 49 ④ 50 ② 51 ④ 52 ①

하 | 제4장 유도기

53 유도전동기의 2차 여자제어법에 대한 설명으로 틀린 것은?

① 역률을 개선할 수 있다.
② 권선형 전동기에 한하여 이용된다.
③ 동기속도 이하로 광범위하게 제어할 수 있다.
④ 2차 저항손이 매우 커지며 효율이 저하된다.

해설

2차 여자법은 권선형 유도전동기의 2차 회로에 2차 주파수와 같은 주파수로 적당한 크기와 위상의 전압을 외부에서 가하여 속도를 제어하는 방법으로, 회전자기전력과 동상 또는 반대의 위상을 갖는 외부전압을 2차 회로에 가해주면 유도전동기의 속도를 동기속도보다 높게 또는 낮게 조정할 수 있고 역률개선의 효과도 있다.

하 | 제1장 직류기

54 직류발전기를 3상 유도전동기에서 구동하고 있다. 이 발전기에 55[kW]의 부하를 걸 때 전동기의 전류는 약 몇 [A]인가? (단, 발전기의 효율은 88[%], 전동기의 단자전압은 400[V], 전동기의 효율은 88[%], 전동기의 역률은 82[%]로 한다.)

① 125
② 225
③ 325
④ 425

해설

유도전동기를 이용하여 직류발전기를 회전시켜 부하에 전력을 공급하고 있으므로 유도전동기의 전류를 구하기 위해서는 직류발전기의 출력에서 효율을 고려하여 직류발전기의 입력을 구한다.

직류발전기의 입력 $P = \dfrac{출력}{효율} = \dfrac{55 \times 10^3}{0.88}$
$= 62500[W]$

직류발전기의 입력은 유도전동기의 출력과 같으므로 유도전동기의 효율과 역률을 고려하여 입력을 구한 후 유도전동기의 전류를 구한다.
3상 유도전동기의 전류
$I_n = \dfrac{62500}{\sqrt{3} \times 400 \times 0.88 \times 0.82} = 125[A]$

중 | 제2장 동기기

55 동기기의 기전력의 파형 개선책이 아닌 것은?

① 단절권
② 집중권
③ 공극 조정
④ 자극 모양

해설

동기발전기는 분포권 및 단절권을 사용하여 고조파를 제거하여 파형을 개선한다. 집중권, 전절권은 현재 사용되지 않는다.

중 | 제2장 동기기

56 유도자형 동기발전기의 설명으로 옳은 것은?

① 전기자만 고정되어 있다.
② 계자극만 고정되어 있다.
③ 회전자가 없는 특수 발전기이다.
④ 계자극과 전기자가 고정되어 있다.

해설

유도자형 발전기는 계자 및 전기자 모두 고정된 상태로 발전이 되는데 실험실 전원 등으로 사용된다.

중 | 제1장 직류기

57 200[V], 10[kW]의 직류분권전동기가 있다. 전기자저항은 0.2[Ω], 계자저항은 40[Ω]이고 정격전압에서 전류가 15[A]인 경우 5[kg·m]의 토크를 발생한다. 부하가 증가하여 전류가 25[A]로 되는 경우 발생토크[kg·m]는?

① 2.5
② 5
③ 7.5
④ 10

해설

분권전동기의 토크 $T \propto I_a \propto \dfrac{1}{N}$

전기자전류 $I_a = I_n - I_f$

계자전류 $I_f = \dfrac{V_n}{r_f} = \dfrac{200}{40} = 5[A]$

단자 유입전류 15[A]일 때 $I_a = 15 - 5 = 10[A]$
단자 유입전류 25[A]일 때 $I_a = 25 - 5 = 20[A]$
$5 : T = 10 : 20$

유입전류 25[A]의 토크 $T = 20 \times 5 \times \dfrac{1}{10}$
$= 10[kg \cdot m]$

정답 53 ④ 54 ① 55 ② 56 ④ 57 ④

하 제1장 직류기

58 50[Ω]의 계자저항을 갖는 직류분권발전기가 있다. 이 발전기의 출력이 5.4[kW]일 때 단자전압은 100[V], 유기기전력은 115[V]이다. 이 발전기의 출력이 2[kW]일 때 단자전압이 125[V]라면 유기기전력은 약 몇 [V]인가?

① 130   ② 145

③ 152   ④ 159

해설

㉠ 출력 5.4[kW], 단자전압 100[V]에서 다음과 같다.

- 정격전류 $I_n = \dfrac{P}{V_n} = \dfrac{5.4 \times 10^3}{100} = 54[A]$

- 계자전류 $I_f = \dfrac{V_n}{r_f} = \dfrac{100}{50} = 2[A]$

- 전기자전류 $I_a = I_n + I_f = 54 + 2 = 56[A]$

- 유기기전력 $E_a = V_n + I_a \cdot r_a$ 에서 전기자저항을 구하면 $r_a = \dfrac{E_a - V_n}{I_a} = \dfrac{115 - 100}{56} = 0.267[\Omega]$

㉡ 출력 2[kW], 단자전압 125[V]에서 유기기전력은 다음과 같다. 단, 동일한 직류발전기이므로 전기자저항의 크기는 같다.

- 정격전류 $I_n = \dfrac{P}{V_n} = \dfrac{2 \times 10^3}{125} = 16[A]$

- 계자전류 $I_f = \dfrac{V_n}{r_f} = \dfrac{125}{50} = 2.5[A]$

- 전기자전류 $I_a = I_n + I_f = 16 + 2.5 = 18.5[A]$

- 유기기전력 $E_a = V_n + I_a \cdot r_a$
  $= 125 + 18.5 \times 0.267$
  $= 129.93 ≒ 130[V]$

중 제2장 동기기

59 돌극형 동기발전기에서 직축 동기리액턴스를 Xd, 횡축 동기리액턴스를 Xq라 할 때의 관계는?

① $Xd < Xq$ ② $Xd > Xq$

③ $Xd = Xq$ ④ $Xd \ll Xq$

해설

돌극형 동기발전기의 경우 구조적 특징에 따라 직축이 횡축보다 공극이 작아 리액턴스가 크게 나타나므로 직축 동기리액턴스가 횡축 동기리액턴스 보다 크게 나타난다.

상 제4장 유도기

60 10극 50[Hz] 3상 유도전동기가 있다. 회전자도 3상이고 회전자가 정지할 때 2차 1상 간의 전압이 150[V]이다. 이것을 회전자계와 같은 방향으로 400[rpm]으로 회전시킬 때 2차 전압은 몇 [V]인가?

① 50   ② 75

③ 100   ④ 150

해설

동기속도 $N_s = \dfrac{120f}{P} = \dfrac{120 \times 50}{10} = 600[rpm]$

회전자계와 같은 방향으로 400[rpm] 회전 시 슬립

$s = \dfrac{N_s - N}{N_s} = \dfrac{600 - 400}{600} = 0.333$

회전 시 2차 전압

$E_2' = sE_2 = 0.333 \times 150 = 49.95 ≒ 50[V]$

제4과목   **회로이론 및 제어공학**

상 제어공학 제2장 전달함수

61 다음의 회로를 블록선도로 그린 것 중 옳은 것은?

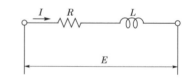

①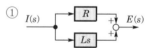

②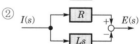

③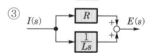

④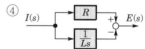

해설

블록선도의 전달함수 $G(s) = \dfrac{\pounds\ \text{출력}}{\pounds\ \text{입력}} = \dfrac{E(s)}{I(s)}$ 이므로 $G(s) = Z(s)$ 가 되어 합성임피던스를 의미한다. 문제에서 $Z(s) = R + Ls$ 가 되므로 이를 만족하는 것은 ①이 된다.

상 | 제어공학 제3장 시간영역해석법

62 특성방정식 $s^2 + 2\zeta\omega_n s + \omega_n^2 = 0$ 에서 감쇠진동을 하는 제동비 ζ의 값은?

① $\zeta > 1$　　　② $\zeta = 1$
③ $\zeta = 0$　　　④ $0 < \zeta < 1$

해설 2차 지연요소의 인디셜응답의 구분

㉠ $0 < \zeta < 1$: 부족제동(감쇠진동)
㉡ $\zeta = 1$: 임계제동(임계상태)
㉢ $\zeta > 1$: 과제동(비진동)
㉣ $\zeta = 0$: 무제동(무한진동, 완전진동)
㉤ $\zeta < 0$: 발산(부의제동)

하 | 제어공학 제7장 상태방정식

63 다음 그림의 전달함수 $\dfrac{Y(z)}{R(z)}$ 는 다음 중 어느 것인가?

[이상적 표본기]

① $G(z)z$　　　② $G(z)z^{-1}$
③ $G(z)Tz^{-1}$　　　④ $G(z)Tz$

상 | 제어공학 제1장 자동제어의 개요

64 일정 입력에 대해 잔류편차가 있는 제어계는 무엇인가?

① 비례제어계
② 적분제어계
③ 비례적분제어계
④ 비례적분미분제어계

해설 조절부 동작에 의한 분류

㉠ 비례제어(P제어) : 난조 제거, 잔류편차(off-set) 발생
㉡ 비례적분제어(PI제어) : 잔류편차제거(정상특성을 개선시킨다), 속응성이 길어진다.

㉢ 비례미분제어(PD제어) : 과도응답의 속응성을 개선시킨다.
㉣ 비례적분미분제어(PID제어) : 속응성 향상, 잔류편차 제거

중 | 제어공학 제5장 안정도 판별법

65 일반적인 제어시스템에서 안정의 조건은?

① 입력이 있는 경우 초기값에 관계없이 출력이 0으로 간다.
② 입력이 없는 경우 초기값에 관계없이 출력이 무한대로 간다.
③ 시스템이 유한한 입력에 대해서 무한한 출력을 얻는 경우
④ 시스템이 유한한 입력에 대해서 유한한 출력을 얻는 경우

상 | 제어공학 제6장 근궤적법

66 개루프 전달함수 $G(s)H(s)$ 가 다음과 같이 주어지는 부궤환계에서 근궤적 점근선의 실수축과의 교차점은?

$$G(s)H(s) = \dfrac{K}{s(s+4)(s+5)}$$

① 0　　　② -1
③ -2　　　④ -3

해설

㉠ 극점 $s_1 = 0$, $s_2 = -4$, $s_3 = -5$ 에서 극점의 수 $P = 3$개가 된다.
㉡ 극점의 총합 $\sum P = 0 + (-4) + (-5) = -9$
㉢ 영점 $s = 0$ 에서 영점의 수 $Z = 0$개가 된다.
㉣ 영점의 총합 $\sum Z = 0$
∴ 점근선의 교차점
$\sigma = \dfrac{\sum P - \sum Z}{P - Z} = \dfrac{-9 - 0}{3 - 0} = -3$

상 | 제어공학 제5장 안정도 판별법

67 $s^3 + 11s^2 + 2s + 40 = 0$ 에는 양의 실수부를 갖는 근은 몇 개 있는가?

① 1　　　② 2
③ 3　　　④ 없다.

정답　62 ④　63 ②　64 ①　65 ④　66 ④　67 ②

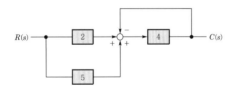

전기기사

📝 해설

특성방정식 $F(s) = s^3 + 11s^2 + 2s + 40 = 0$을 루쓰표로 표현하면 다음과 같다.

$$
\begin{array}{c|cc}
s^3 & a_0 & a_2 \\
s^2 & a_1 & a_3 \\
s^1 & b_1 & b_2 \\
s^0 & c_1 & c_2
\end{array}
\rightarrow
\begin{array}{c|cc}
s^3 & 1 & 2 \\
s^2 & 11 & 40 \\
s^1 & b_1 & 0 \\
s^0 & c_1 & 0
\end{array}
$$

㉠ $b_1 = \dfrac{a_0 a_3 - a_1 a_2}{-a_1} = \dfrac{40 - 22}{-11} = -\dfrac{18}{11}$

㉡ $c_1 = \dfrac{a_1 b_2 - b_1 a_3}{-b_1} = \dfrac{a_1 \times 0 - b_1 a_3}{-b_1} = a_3 = 40$

㉢ 루쓰선도에서 제1열(a_0, a_1, b_1, c_1)의 부호가 변하면 불안정한 제어계가 되며 변화된 개수가 제어계의 불안정 근의 개수가 된다.

∴ 루쓰선도에서 제1열의 부호가 2번 변했으므로 불안정한 근이 2개가 된다.

상 제어공학 제8장 시퀀스회로의 이해

68 논리식 $L = \overline{x} \cdot \overline{y} + \overline{x} \cdot y + x \cdot y$를 간략화한 것은?

① $x + y$　　　② $\overline{x} + y$

③ $x + \overline{y}$　　　④ $\overline{x} + \overline{y}$

📝 해설

$$
\begin{aligned}
L &= \overline{x} \cdot \overline{y} + \overline{x} \cdot y + x \cdot y \\
&= \overline{x} \cdot \overline{y} + \overline{x} \cdot y + \overline{x} \cdot y + x \cdot y \\
&= \overline{x}(\overline{y} + y) + y(\overline{x} + x) = \overline{x} + y
\end{aligned}
$$

상 제어공학 제2장 전달함수

69 다음 그림과 같은 블록선도에서 전달함수 $\dfrac{C(s)}{R(s)}$를 구하면?

① $\dfrac{1}{8}$　　　② $\dfrac{5}{28}$

③ $\dfrac{28}{5}$　　　④ 8

📝 해설

종합전달함수

$$
\begin{aligned}
M(s) &= \frac{\sum 전향경로이득}{1 - \sum 폐루프이득} \\
&= \frac{2 \times 4 + 5 \times 4}{1 - (-4)} = \frac{28}{5}
\end{aligned}
$$

상 제어공학 제4장 주파수영역해석법

70 $G(j\omega) = \dfrac{K}{j\omega(j\omega + 1)}$ 에 있어서 진폭 A 및 위상각 θ는?

$$
\lim_{\omega \to \infty} G(j\omega) = A\underline{/\theta}
$$

① $A = 0$, $\theta = -90°$

② $A = 0$, $\theta = -180°$

③ $A = \infty$, $\theta = -90°$

④ $A = \infty$, $\theta = -180°$

📝 해설

주파수 전달함수

㉠ $G(j\omega) = \dfrac{K}{j\omega(1 + j\omega T)}\bigg|_{\omega \to \infty} \fallingdotseq \dfrac{K}{j\omega \times j\omega}$

$\qquad = \dfrac{K}{j^2 \omega^2} = \dfrac{K}{\omega^2}\underline{/-180°}$

㉡ $\displaystyle\lim_{\omega \to \infty} G(j\omega) = \lim_{\omega \to \infty} \dfrac{K}{\omega^2}\underline{/-180°}$

$\qquad = 0\underline{/-180°}$

∴ 진폭 $A = 0$, 위상각 $\theta = -180°$

상 회로이론 제2장 단상 교류회로의 이해

71 $R = 100[\Omega]$, $C = 30[\mu\text{F}]$의 직렬회로에 $f = 60[\text{Hz}]$, $V = 100[\text{V}]$의 교류전압을 인가할 때 전류는 약 몇 [A]인가?

① 0.42　　　② 0.64

③ 0.75　　　④ 0.87

📝 해설

㉠ 용량리액턴스

$$
\begin{aligned}
X_C &= \frac{1}{\omega C} = \frac{1}{2\pi f C} = \frac{1}{2\pi \times 60 \times 30 \times 10^{-6}} \\
&= 88.42[\Omega]
\end{aligned}
$$

ⓛ 임피던스

$$Z = R - jX_C = 100 - j88.42$$

$$= \sqrt{100^2 + 88.42^2} \bigg/ -\tan^{-1}\frac{88.42}{100}$$

$$= 133.48 \bigg/ -41.48$$

$$\therefore I = \frac{V}{Z} = \frac{100}{133.4 \bigg/ -41.48}$$

$$= 0.75 \bigg/ 41.48 \, [\text{A}]$$

상 회로이론 제8장 분포정수회로

72 무손실선로의 정상상태에 대한 설명으로 틀린 것은?

① 전파정수 γ는 $j\omega\sqrt{LC}$이다.

② 특성임피던스 $Z_0 = \sqrt{\dfrac{C}{L}}$이다.

③ 진행파의 전파속도 $v = \dfrac{1}{\sqrt{LC}}$이다.

④ 감쇠정수 $\alpha = 0$, 위상정수 $\beta = \omega\sqrt{LC}$이다.

해설

① 전파정수

$\gamma = \sqrt{ZY} = \sqrt{RG} + j\omega\sqrt{LC} = \alpha + j\beta$ 에서 무손실선로의 경우 $R = G = 0$이므로 $\gamma = j\beta = j\omega\sqrt{LC}$이 된다.

여기서, α : 감쇠정수, β : 위상정수

② 특성임피던스 $Z_0 = \sqrt{\dfrac{Z}{Y}} = \sqrt{\dfrac{R + j\omega L}{G + j\omega C}}$ 에서 무손실의 경우 $Z_0 = \sqrt{\dfrac{L}{C}}$ 가 된다.

③ 위상속도(전파속도)

$v = \dfrac{1}{\sqrt{\varepsilon\mu}} = \dfrac{1}{\sqrt{LC}} = \dfrac{\omega}{\beta}\,[\text{m/s}]$

하 회로이론 제10장 라플라스 변환

73 그림과 같은 파형의 Laplace 변환은?

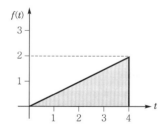

① $\dfrac{1}{2s^2}(1 - e^{-4s} - se^{-4s})$

② $\dfrac{1}{2s^2}(1 - e^{-4s} - 4e^{-4s})$

③ $\dfrac{1}{2s^2}(1 - se^{-4s} - 4e^{-4s})$

④ $\dfrac{1}{2s^2}(1 - e^{-4s} - 4se^{-4s})$

해설

ⓐ $f(t) = \dfrac{1}{2}\,t\,u(t) - \dfrac{1}{2}(t-4)u(t-4) - 2u(t-4)$

ⓑ $F(s) = \dfrac{1}{2s^2} - \dfrac{1}{2s^2}e^{-4s} - \dfrac{2}{s}e^{-4s}$

$= \dfrac{1}{2s^2}(1 - e^{-4s} - 4se^{-4s})$

상 회로이론 제3장 다상 교류회로의 이해

74 2전력계법으로 평형 3상 전력을 측정하였더니 한 쪽의 지시가 700[W], 다른 쪽의 지시가 1400[W]이었다. 피상전력은 약 몇 [VA]인가?

① 2425   ② 2771

③ 2873   ④ 2974

해설

$P_a = S = 2\sqrt{W_1^2 + W_2^2 - W_1 W_2}$

$= 2\sqrt{700^2 + 1400^2 - 700 \times 1400}$

$= 2424.87 \fallingdotseq 2425\,[\text{VA}]$

상 회로이론 제2장 단상 교류회로의 이해

75 최대값이 I_m인 정현파 교류의 반파정류파형의 실효값은?

① $\dfrac{I_m}{2}$ ② $\dfrac{I_m}{\sqrt{2}}$

③ $\dfrac{2I_m}{\pi}$ ④ $\dfrac{\pi I_m}{2}$

해설

ⓐ 반파 정현파의 평균값 : $I_a = \dfrac{I_m}{\pi}$

ⓑ 반파 정현파의 실효값 : $I = \dfrac{I_m}{2}$

정답   **72** ②   **73** ④   **74** ①   **75** ①

상 회로이론 제2장 단상 교류회로의 이해

76 그림과 같은 파형의 파고율은?

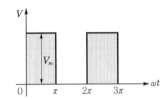

① 1

② $\dfrac{1}{\sqrt{2}}$

③ $\sqrt{2}$

④ $\sqrt{3}$

해설

구형 반파의 실효값은 $\dfrac{V_m}{\sqrt{2}}$ 이므로

$\therefore$ 파고율 $= \dfrac{최대값}{실효값} = \dfrac{V_m}{\dfrac{V_m}{\sqrt{2}}} = \sqrt{2}$

상 회로이론 제7장 4단자망 회로해석

77 다음 그림과 같이 10[Ω]의 저항에 권수비가 10 : 1의 결합회로를 연결했을 때 4단자 정수 A, B, C, D는?

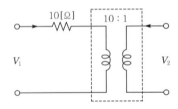

① $A=1$, $B=10$, $C=0$, $D=10$

② $A=10$, $B=1$, $C=0$, $D=10$

③ $A=10$, $B=0$, $C=1$, $D=\dfrac{1}{10}$

④ $A=10$, $B=1$, $C=0$, $D=\dfrac{1}{10}$

해설

$\begin{bmatrix} A & B \\ C & D \end{bmatrix} = \begin{bmatrix} 1 & Z \\ 0 & 1 \end{bmatrix} \begin{bmatrix} a & 0 \\ 0 & \dfrac{1}{a} \end{bmatrix}$

$= \begin{bmatrix} 1 & 10 \\ 0 & 1 \end{bmatrix} \begin{bmatrix} 10 & 0 \\ 0 & \dfrac{1}{10} \end{bmatrix} = \begin{bmatrix} 10 & 1 \\ 0 & \dfrac{1}{10} \end{bmatrix}$

여기서, 권수비 $a = \dfrac{N_1}{N_2} = 10$

상 회로이론 제9장 과도현상

78 그림과 같은 RC 회로에서 스위치를 넣는 순간 전류는? (단, 초기 조건은 0이다.)

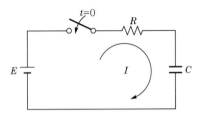

① 불변전류이다.

② 진동전류이다.

③ 증가함수로 나타난다.

④ 감쇠함수로 나타난다.

해설 RC 직렬회로

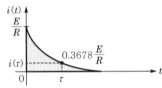

과도전류 $i(t) = \dfrac{E}{R} e^{-\frac{1}{RC}t}$[A]이 되므로

$\therefore$ 감쇠함수로 나타난다.

상 회로이론 제6장 회로망 해석

79 회로에서 저항 R에 흐르는 전류 I[A]는?

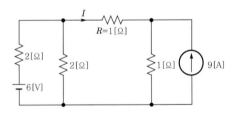

① -1

② -2

③ 2

④ 4

해설

전류원과 전압원의 등가변환을 이용하여 소자가 직렬로 접속된 회로로 변환할 수 있다.

정답 76 ③ 77 ④ 78 ④ 79 ②

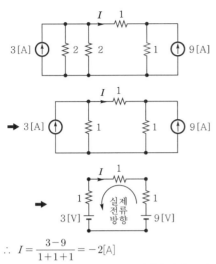

$$\therefore\ I = \frac{3-9}{1+1+1} = -2[\text{A}]$$

여기서, −는 문제에 제시된 전류의 방향과 실제 흐르는
전류의 방향이 반대가 됨을 의미한다.

상 회로이론 제5장 대칭좌표법

80 전류의 대칭분을 I_0, I_1, I_2, 유기기전력을 E_a, E_b, E_c, 단자전압의 대칭분을 V_0, V_1, V_2 라 할 때 3상 교류발전기의 기본식 중 정상분 V_1 값은? (단, Z_0, Z_1, Z_2 는 영상, 정상, 역상 임피던스이다.)

① $-Z_0 I_0$ ② $-Z_2 I_2$
③ $E_a - Z_1 I_1$ ④ $E_b - Z_2 I_2$

해설 3상 교류발전기 기본식

㉠ 영상분 $V_0 = -Z_0 I_0$
㉡ 정상분 $V_1 = E_a - Z_1 I_1$
㉢ 역상분 $V_2 = -Z_2 I_2$

제5과목 전기설비기술기준

※ 전기설비기술기준 과목 기출문제는 법규개정에 따라 문제를
수정·삭제하였으므로 이 점 착오없으시기 바랍니다.

상 제1장 공통사항

81 최대사용전압이 220[V]인 전동기의 절연내력 시험을 하고자 할 때 시험전압은 몇 [V]인가?

① 300 ② 330
③ 450 ④ 500

해설 전로의 절연저항 및 절연내력(KEC 132)

전로의 종류	시험전압
1. 최대사용전압 7[kV] 이하인 전로	최대사용전압의 1.5배의 전압
2. 최대사용전압 7[kV] 초과 25[kV] 이하인 중성점 접지식 전로(중성선을 가지는 것으로서 그 중성선을 다중접지 하는 것에 한한다)	최대사용전압의 0.92배의 전압
3. 최대사용전압 7[kV] 초과 60[kV] 이하인 전로(2란의 것을 제외한다)	최대사용전압의 1.25배의 전압(10.5[kV] 미만으로 되는 경우는 10.5[kV])
4. 최대사용전압 60[kV] 초과 중성점 비접지식 전로(전위 변성기를 사용하여 접지하는 것을 포함한다)	최대사용전압의 1.25배의 전압
5. 최대사용전압 60[kV] 초과 중성점 접지식 전로(전위 변성기를 사용하여 접지하는 것 및 6란과 7란의 것을 제외한다)	최대사용전압의 1.1배의 전압(75[kV] 미만으로 되는 경우에는 75[kV])
6. 최대사용전압이 60[kV] 초과 중성점 직접접지식 전로(7란의 것을 제외한다)	최대사용전압의 0.72배의 전압
7. 최대사용전압이 170[kV] 초과 중성점 직접접지식 전로로서 그 중성점이 직접접지되어 있는 발전소 또는 변전소 혹은 이에 준하는 장소에 시설하는 것.	최대사용전압의 0.64배의 전압
8. 최대사용전압이 60[kV]를 초과하는 정류기에 접속되고 있는 전로	교류측 및 직류 고전압측에 접속되고 있는 전로는 교류측의 최대사용전압의 1.1배의 직류전압

시험전압=220×1.5=330[V]이나, 최저 시험전압이
500[V] 이상이므로 500[V]로 한다.

중 제3장 전선로

82 66[kV] 가공전선과 6[kV] 가공전선을 동일 지지물에 병가하는 경우에 특고압 가공전선은 케이블인 경우를 제외하고는 단면적이 몇 [mm²] 이상인 경동연선을 사용하여야 하는가?

① 22 ② 38
③ 50 ④ 100

해설 특고압 가공전선과 저고압 가공전선 등의 병행설치(KEC 333.17)

사용전압이 35[kV]을 초과하고 100[kV] 미만인 특고압 가공전선과 저압 또는 고압 가공전선을 동일 지지물에 시설하는 경우
㉠ 특고압 가공전선로는 제2종 특고압 보안공사에 의할 것

정답 80 ③ 81 ④ 82 ③

ⓛ 특고압 가공전선과 저압 또는 고압 가공전선 사이의 이격거리는 2[m] 이상일 것. 다만, 특고압 가공전선이 케이블인 경우에 저압 가공전선이 절연전선 혹은 케이블인 때 또는 고압 가공전선이 절연전선 혹은 케이블인 때에는 1[m]까지 감할 수 있다.

ⓒ 특고압 가공전선은 케이블인 경우를 제외하고는 인장강도 21.67[kN] 이상의 연선 또는 단면적이 50[mm²] 이상인 경동연선일 것

ⓔ 특고압 가공전선로의 지지물은 철주·철근 콘크리트주 또는 철탑일 것

중 제4장 발전소, 변전소, 개폐소 및 기계기구 시설보호

83 발전소의 개폐기 또는 차단기에 사용하는 압축공기장치의 주공기탱크에 시설하는 압력계의 최고눈금의 범위로 옳은 것은?

① 사용압력의 1배 이상 2배 이하
② 사용압력의 1.15배 이상 2배 이하
③ 사용압력의 1.5배 이상 3배 이하
④ 사용압력의 2배 이상 3배 이하

해설 압축공기계통(KEC 341.15)

ⓐ 공기압축기는 최고사용압력에 1.5배의 수압(1.25배 기압)을 10분간 견디어야 한다.

ⓑ 사용압력에서 공기의 보급이 없는 상태로 개폐기 또는 차단기의 투입 및 차단을 계속하여 1회 이상 할 수 있는 용량을 가지는 것이어야 한다.

ⓒ 주공기탱크는 사용압력의 1.5배 이상 3배 이하의 최고눈금이 있는 압력계를 시설해야 한다.

중 제3장 전선로

84 고압 가공전선로의 지지물로서 사용하는 목주의 풍압하중에 대한 안전율은 얼마 이상이어야 하는가?

① 1.2
② 1.3
③ 2.2
④ 2.5

해설 고압 가공전선로의 지지물의 강도 (KEC 332.7)

• 풍압하중에 대한 안전율은 1.3 이상일 것
• 굵기는 말구(末口) 지름 0.12[m] 이상일 것

참고

• 저압 가공전선로 : 1.2 이상
• 특고압 가공전선로 : 1.5 이상

하 제4장 발전소, 변전소, 개폐소 및 기계기구 시설보호

85 다음 그림에서 L_1은 어떤 크기로 동작하는 기기의 명칭인가?

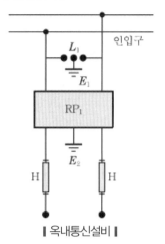

┃옥내통신설비┃

① 교류 1000[V] 이하에서 동작하는 단로기
② 교류 1000[V] 이하에서 동작하는 피뢰기
③ 교류 1500[V] 이하에서 동작하는 단로기
④ 교류 1500[V] 이하에서 동작하는 피뢰기

해설 특고압 가공전선로 첨가설치 통신선의 시가지 인입 제한(KEC 362.5)

저압 가공전선로의 지지물에 시설하는 통신선 또는 이것에 직접 접속하는 통신선인 경우에는 다음의 저압용 보안장치일 것

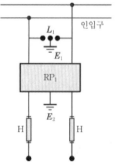

┃옥내통신설비┃

여기서, H : 250[mA] 이하에서 동작하는 열 코일
RP₁ : 교류 300[V] 이하에서 동작하고, 최소 감도전류가 3[A] 이하로서 최소 감도전류 때의 응동시간이 1사이클 이하이고 또한 전류용량이 50[A], 20초 이상인 자복성(自復性)이 있는 릴레이 보안기
L_1 : 교류 1[kV] 이하에서 동작하는 피뢰기
E_1 및 E_2 : 접지

정답 83 ③ 84 ② 85 ②

2018년 제3회 기출문제

상 제3장 전선로

86 지중전선로에 있어서 폭발성 가스가 침입할 우려가 있는 장소에 시설하는 지중함은 크기가 몇 [m³] 이상일 때 가스를 방산시키기 위한 장치를 시설하여야 하는가?

① 0.25
② 0.5
③ 0.75
④ 1.0

해설 지중함의 시설(KEC 334.2)
㉠ 지중함은 견고하고 차량 기타 중량물의 압력에 견디는 구조일 것
㉡ 지중함은 그 안의 고인 물을 제거할 수 있는 구조로 되어 있을 것
㉢ 폭발성 또는 연소성의 가스가 침입할 우려가 있는 것에 시설하는 지중함으로서 그 크기가 1[m³] 이상인 것에는 통풍장치 기타 가스를 방산시키기 위한 적당한 장치를 시설할 것
㉣ 지중함의 뚜껑은 시설자 이외의 자가 쉽게 열 수 없도록 시설할 것

상 제1장 공통사항

87 최대사용전압 22.9[kV]인 3상 4선식 다중 접지방식의 지중전선로의 절연내력시험을 직류로 할 경우 시험전압은 몇 [V]인가?

① 16448
② 21068
③ 32796
④ 42136

해설 전로의 절연저항 및 절연내력(KEC 132)
고압·특고압전로의 직류전원으로 절연내력시험은 교류시험전압의 2배 전압으로 10분간 시행한다.
직류시험전압＝22900×0.92×2＝42136[V]

중 제4장 발전소, 변전소, 개폐소 및 기계기구 시설보호

88 특고압용 타냉식 변압기의 냉각장치에 고장이 생긴 경우를 대비하여 어떤 보호장치를 하여야 하는가?

① 경보장치
② 속도조정장치
③ 온도시험장치
④ 냉매흐름장치

해설 특고압용 변압기의 보호장치(KEC 351.4)

뱅크용량의 구분	동작조건	장치의 종류
5000[kVA] 이상 10000[kVA] 미만	변압기 내부고장	자동차단장치 또는 경보장치
10000[kVA] 이상	변압기 내부고장	자동차단장치
타냉식 변압기(변압기의 권선 및 철심을 직접 냉각시키기 위하여 봉입한 냉매를 강제 순환시키는 냉각 방식을 말한다)	냉각장치에 고장이 생긴 경우 또는 변압기의 온도가 현저히 상승한 경우	경보장치

중 제2장 저압설비 및 고압·특고압설비

89 금속덕트공사에 적당하지 않은 것은?

① 전선은 절연전선을 사용한다.
② 덕트의 끝부분은 항시 개방시킨다.
③ 덕트 안에는 전선에 접속점이 없도록 한다.
④ 덕트의 안쪽면 밑 바깥면에는 산화방지를 위하여 아연도금을 한다.

해설 금속덕트공사(KEC 232.31)
㉠ 전선은 절연전선일 것(옥외용 비닐절연전선은 제외)
㉡ 금속덕트에 넣은 전선의 단면적(절연피복의 단면적을 포함)의 합계는 덕트의 내부 단면적의 20[%](전광표시장치 기타 이와 유사한 장치 또는 제어회로 등의 배선만을 넣는 경우에는 50[%]) 이하일 것
㉢ 금속덕트 안에는 전선에 접속점이 없도록 할 것
㉣ 폭이 40[mm] 이상, 두께가 1.2[mm] 이상인 철판 또는 동등 이상의 기계적 강도를 가지는 금속제의 것으로 견고하게 제작한 것일 것
㉤ 안쪽 면은 전선의 피복을 손상시키는 돌기가 없는 것일 것
㉥ 안쪽면 및 바깥면에는 산화방지를 위하여 아연도금 또는 이와 동등 이상의 효과를 가지는 도장을 한 것일 것
㉦ 덕트의 지지점 간의 거리는 3[m](취급자 이외의 자가 출입할 수 없도록 설비한 곳에서 수직으로 붙이는 경우에는 6[m]) 이하로 할 것
㉧ 덕트의 끝부분은 막을 것

정답 86 ④ 87 ④ 88 ① 89 ②

18-63

중 제4장 발전소, 변전소, 개폐소 및 기계기구 시설보호

90 특고압 옥외배전용 변압기가 1대일 경우 특고압측에 일반적으로 시설하여야 하는 것은?

① 방전기
② 계기용 변류기
③ 계기용 변압기
④ 개폐기 및 과전류차단기

해설 특고압 배전용 변압기의 시설(KEC 341.2)

㉠ 1차 전압은 35000[V] 이하, 2차 전압은 저압 또는 고압일 것
㉡ 변압기의 특고압측에 개폐기 및 과전류차단기를 시설할 것
㉢ 변압기의 2차측이 고압인 경우에는 개폐기를 시설하고 지상에서 쉽게 개폐할 수 있도록 시설할 것
㉣ 특고압측과 고압측에는 피뢰기를 시설할 것

상 제3장 전선로

91 가공전선로에 사용하는 지지물의 강도 계산에 적용하는 갑종 풍압하중을 계산할 때 구성재의 수직투영면적 1[m²]에 대한 풍압의 기준으로 틀린 것은?

① 목주 : 588[Pa]
② 원형 철주 : 588[Pa]
③ 원형 철근콘크리트주 : 882[Pa]
④ 강관으로 구성(단주는 제외)된 철탑 : 1,255[Pa]

해설 풍압하중의 종별과 적용(KEC 331.6)

갑종 풍압하중의 종류와 그 크기는 다음과 같다.

풍압을 받는 구분		구성재의 수직투영면적 1[m²]에 대한 풍압
	목주	588[Pa]
지지물	철주	• 원형 : 588[Pa] • 삼각형 또는 능형 : 1412[Pa] • 강관으로 4각형 : 1117[Pa] • 기타 : 1784[Pa](목재가 전·후면에 겹치는 경우 : 1627[Pa])
	철근 콘크리트주	• 원형 : 588[Pa] • 기타 : 882[Pa]
	철탑	• 강관 : 1255[Pa] • 기타 : 2157[Pa]

풍압을 받는 구분	구성재의 수직투영면적 1[m²]에 대한 풍압
전선, 기타 가섭선	• 단도체 : 745[Pa] • 다도체 : 666[Pa]
애자장치 (특고압 전선용)	1039[Pa]
완금류	• 단일재 : 1196[Pa] • 기타 : 1627[Pa]

하 제4장 발전소, 변전소, 개폐소 및 기계기구 시설보호

92 3상 4선식 22.9[kV], 중성선 다중접지방식의 특고압 가공전선 아래에 통신선을 첨가하고자 한다. 특고압 가공전선과 통신선과의 이격거리는 몇 [cm] 이상인가?

① 60
② 75
③ 100
④ 120

해설 전력보안통신선의 시설 높이와 이격거리 (KEC 362.2)

사용전압이 15[kV]를 초과하고 25[kV] 이하인 특고압 가공전선로(중성선 다중접지식의 것으로서 전로에 지락이 생겼을 때에 2초 이내에 자동적으로 차단)와 통신선과의 이격거리는 75[cm] 이상일 것

중 제2장 저압설비 및 고압·특고압설비

93 옥내에 시설하는 고압용 이동전선으로 옳은 것은?

① 6[mm] 연동선
② 비닐외장케이블
③ 옥외용 비닐절연전선
④ 고압용의 캡타이어 케이블

해설 옥내 고압용 이동전선의 시설(KEC 342.2)

옥내에 시설하는 고압의 이동전선은 다음에 따라 시설하여야 한다.
㉠ 전선은 고압용의 캡타이어 케이블일 것
㉡ 이동전선과 전기사용 기계기구와는 볼트조임 기타의 방법에 의하여 견고하게 접속할 것
㉢ 이동전선에 전기를 공급하는 전로(유도전동기의 2차측 전로를 제외)에는 전용 개폐기 및 과전류차단기를 각 극(과전류차단기는 다선식 전로의 중성극을 제외)에 시설하고, 또한 전로에 지락이 생겼을 때에 자동적으로 전로를 차단하는 장치를 시설할 것

정답 90 ④ 91 ③ 92 ② 93 ④

중 | 제3장 전선로

94 특고압 가공전선이 도로 등과 교차하는 경우에 특고압 가공전선이 도로 등의 위에 시설되는 때에 설치하는 보호망에 대한 설명으로 옳은 것은?

① 보호망은 접지공사를 하지 않는다.
② 보호망을 구성하는 금속선의 인장강도는 6[kN] 이상으로 한다.
③ 보호망을 구성하는 금속선은 지름 1.0[mm] 이상의 경동선을 사용한다.
④ 보호망을 구성하는 금속선 상호의 간격은 가로, 세로 각 1.5[m] 이하로 한다.

해설 특고압 가공전선과 도로 등의 접근 또는 교차(KEC 333.24)

㉠ 보호망은 접지공사를 한 금속제의 망상장치로 하고 견고하게 지지할 것
㉡ 보호망을 구성하는 금속선은 그 외주 및 특고압 가공전선의 직하에 시설하는 금속선에는 인장강도 8.01[kN] 이상의 것 또는 지름 5[mm] 이상의 경동선을 사용하고 그 밖의 부분에 시설하는 금속선에는 인장강도 5.26[kN] 이상의 것 또는 지름 4[mm] 이상의 경동선을 사용할 것
㉢ 보호망을 구성하는 금속선 상호 간격은 가로, 세로 각 1.5[m] 이하일 것
㉣ 보호망이 특고압 가공전선의 외부에 뻗은 폭은 특고압 가공전선과 보호망과의 수직거리의 2분의 1 이상이어야 한다.

상 | 제3장 전선로

95 교통이 번잡한 도로를 횡단하여 저압 가공전선을 시설하는 경우 지표상 높이는 몇 [m] 이상으로 하여야 하는가?

① 4.0　　② 5.0
③ 6.0　　④ 6.5

해설 저압 가공전선의 높이(KEC 222.7), 고압 가공전선의 높이(KEC 332.5)

㉠ 도로를 횡단하는 경우 지표상 6[m] 이상
㉡ 철도 또는 궤도를 횡단하는 경우에는 레일면상 6.5[m] 이상
㉢ 횡단보도교의 위인 경우에는 저·고압 가공전선은 노면상 3.5[m] 이상(절연전선 및 케이블인 경우에는 3[m] 이상)
㉣ 기타(도로를 따라 시설)의 경우 지표상 5[m] 이상

상 | 제2장 저압설비 및 고압·특고압설비

96 방전등용 안정기를 저압의 옥내배선과 직접 접속하여 시설할 경우 옥내전로의 대지전압은 최대 몇 [V]인가?

① 100　　② 150
③ 300　　④ 450

해설 옥내전로의 대지전압의 제한(KEC 231.6)

백열전등 또는 방전등에 공급하는 옥내의 전로의 대지전압은 300[V] 이하이어야 하며 다음에 의하여 시설할 것(150[V] 이하의 전로인 경우는 예외로 함)
㉠ 백열전등 또는 방전등 및 이에 부속하는 전선은 사람이 접촉할 우려가 없도록 시설할 것
㉡ 백열전등 또는 방전등용 안정기는 저압 옥내배선과 직접 접속하여 시설할 것
㉢ 전구소켓은 키나 그 밖의 점멸기구가 없도록 시설할 것

상 | 제3장 전선로

97 사용전압이 22.9[kV]인 특고압 가공전선이 도로를 횡단하는 경우, 지표상 높이는 최소 몇 [m] 이상인가?

① 4.5　　② 5
③ 5.5　　④ 6

해설 특고압 가공전선의 높이(KEC 333.7)

특고압 가공전선의 지표상(철도 또는 궤도를 횡단하는 경우에는 레일면상, 횡단보도교를 횡단하는 경우에는 그 노면상)의 높이는 다음에서 정한 값 이상일 것

사용전압의 구분	지표상의 높이
35[kV] 이하	5[m] (철도 또는 궤도를 횡단하는 경우에는 6.5[m], 도로를 횡단하는 경우에는 6[m], 횡단보도교의 위에 시설하는 경우로서 전선이 특고압 절연전선 또는 케이블인 경우에는 4[m])
35[kV] 초과 160[kV] 이하	6[m] (철도 또는 궤도를 횡단하는 경우에는 6.5[m], 산지(山地) 등에서 사람이 쉽게 들어갈 수 없는 장소에 시설하는 경우에는 5[m], 횡단보도교의 위에 시설하는 경우 전선이 케이블인 때는 5[m])
160[kV] 초과	6[m] (철도 또는 궤도를 횡단하는 경우에는 6.5[m], 산지 등에서 사람이 쉽게 들어갈 수 없는 장소를 시설하는 경우에는 5[m])에 160[kV]를 초과하는 10[kV] 또는 그 단수마다 0.12[m]를 더한 값

정답 94 ④ 95 ③ 96 ③ 97 ④

98 관광숙박업 또는 숙박업을 하는 객실의 입구 등에 조명용 전등을 설치할 때는 몇 분 이내에 소등되는 타임스위치를 시설하여야 하는가?

① 1 ② 3

③ 5 ④ 10

해설 점멸기의 시설(KEC 234.6)

다음의 경우에는 센서등(타임스위치 포함)을 시설하여야 한다.

㉠ 「관광진흥법」과 「공중위생관리법」에 의한 관광숙박업 또는 숙박업(여인숙업을 제외한다)에 이용되는 객실의 입구등은 1분 이내에 소등되는 것

㉡ 일반주택 및 아파트 각 호실의 현관등은 3분 이내에 소등되는 것

제1과목 전기자기학

상 제4장 유전체

01 평행판 콘덴서에 어떤 유전체를 넣었을 때 전속밀도가 2.4×10^{-7}[C/m²]이고, 단위체적 중의 에너지가 5.3×10^{-3}[J/m³]이었다. 이 유전체의 유전율은 약 몇 [F/m]인가?

① 2.17×10^{-11} ② 5.43×10^{-11}

③ 5.17×10^{-12} ④ 5.43×10^{-12}

해설

정전에너지밀도 $W = \dfrac{D^2}{2\varepsilon}$[J/m³]에서

유전율 $\varepsilon = \dfrac{D^2}{2W} = \dfrac{(2.4 \times 10^{-7})^2}{2 \times 5.3 \times 10^{-3}}$
$= 0.543 \times 10^{-11}$[F/m]
$= 5.43 \times 10^{-12}$[F/m]

상 제4장 유전체

02 서로 다른 두 유전체 사이의 경계면에 전하 분포가 없다면 경계면 양쪽에서의 전계 및 전속밀도는?

① 전계 및 전속밀도의 접선성분은 서로 같다.
② 전계 및 전속밀도의 법선성분은 서로 같다.
③ 전계의 법선성분이 서로 같고, 전속밀도의 접선성분이 서로 같다.
④ 전계의 접선성분이 서로 같고, 전속밀도의 법선성분이 서로 같다.

해설

전계와 전속밀도는 유전율이 다른 경계면에서 굴절하고, 경계면에서 전계와 전속밀도의 관계는 다음과 같다.
㉠ $E_{1t} = E_{2t}$ ($E_1 \sin\theta_1 = E_2 \sin\theta_2$) : 경계면에서 전계는 접선성분이 같다(연속적).
㉡ $D_{1n} = D_{2n}$ ($D_1 \cos\theta_1 = D_2 \cos\theta_2$) : 경계면에서 전속선은 법선성분이 같다(연속적).

하 제10장 전자유도법칙

03 와류손에 대한 설명으로 틀린 것은? (단, f : 주파수, B_m : 최대자속밀도, t : 두께, ρ : 저항률이다.)

① t^2에 비례한다.
② f^2에 비례한다.
③ ρ^2에 비례한다.
④ $B_m{}^2$에 비례한다.

해설

와류손 $P_2 \propto t^2 f^2 B_m{}^2$이므로 저항률 ρ와는 관계없다.

중 제4장 유전체

04 $x > 0$인 영역에 비유전율 $\varepsilon_{r1} = 3$인 유전체, $x < 0$인 영역에 비유전율 $\varepsilon_{r2} = 5$인 유전체가 있다. $x < 0$인 영역에서 전계 $E_2 = 20a_x + 30a_y - 40a_z$[V/m]일 때 $x > 0$인 영역에서의 전속밀도는 몇 [C/m²]인가?

① $10(10a_x + 9a_y - 12a_z)\varepsilon_0$
② $20(5a_x - 10a_y + 6a_z)\varepsilon_0$
③ $50(2a_x + 3a_y - 4a_z)\varepsilon_0$
④ $50(2a_x - 3a_y + 4a_z)\varepsilon_0$

해설

㉠ 경계조건에 의해 $D_{1x} = D_{2x}$, $E_{1y} = E_{2y}$, $E_{1z} = E_{2z}$이므로
㉡ $D_{1x} = D_{2x}$에서 $\varepsilon_1 E_{1x} = \varepsilon_2 E_{2x}$이므로
$E_{1x} = \dfrac{\varepsilon_2}{\varepsilon_1} E_{2x} = \dfrac{5\varepsilon_0}{3\varepsilon_0} \times 20 = \dfrac{100}{3}$,
$E_{1y} = E_{2y} = 30$, $E_{1z} = E_{2z} = -40$이다.
㉢ $E_1 = \dfrac{100}{3} a_x + 30 a_y - 40 a_z$[V/m]이므로
∴ $D_1 = \varepsilon_1 E_1 = 3\varepsilon_0 \left(\dfrac{100}{3} a_x + 30 a_y - 40 a_z \right)$
$= 10(10 a_x + 9 a_y - 12 a_z)\varepsilon_0$[C/m²]

정답 01 ④ 02 ④ 03 ③ 04 ①

하 | 제8장 전류의 자기현상

05 q[C]의 전하가 진공 중에서 v[m/s]의 속도로 운동하고 있을 때, 이 운동방향과 θ의 각으로 r[m] 떨어진 점의 자계의 세기 [AT/m]는?

① $\dfrac{q\sin\theta}{4\pi r^2 v}$　　② $\dfrac{v\sin\theta}{4\pi r^2 q}$

③ $\dfrac{qv\sin\theta}{4\pi r^2}$　　④ $\dfrac{v\sin\theta}{4\pi r^2 q^2}$

해설

자계 내 전류가 흐르면(전하 또는 전자가 이동) 플레밍 왼손법칙에 의해서 전자력이 발생된다.

$$F = IBl\sin\theta = \frac{dq}{dt}Bl\sin\theta = \frac{dl}{dt}Bq\sin\theta$$

$$= vBq\sin\theta = v \times \frac{m}{4\pi r^2} \times q\sin\theta = mH[\text{N}]\text{에서}$$

∴ 자계의 세기 $H = \dfrac{qv\sin\theta}{4\pi r^2}$[AT/m]

하 | 제8장 전류의 자기현상

06 원형 선전류 I[A]의 중심축상 점 P의 자위 [A]를 나타내는 식은? (단, θ는 점 P에서 원형 전류를 바라보는 평면각이다.)

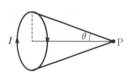

① $\dfrac{I}{2}(1-\cos\theta)$

② $\dfrac{I}{4}(1-\cos\theta)$

③ $\dfrac{I}{2}(1-\sin\theta)$

④ $\dfrac{I}{4}(1-\sin\theta)$

해설 원형 선전류에 의한 자위

$$U = \frac{P\omega}{4\pi\mu_0} = \frac{I\omega}{4\pi} = \frac{I}{2}(1-\cos\theta)[\text{A}]$$

여기서, 전기이중층 모멘트 : $P = \mu_0 I$

원뿔의 입체각 : $\omega = 2\pi(1-\cos\theta)$

중 | 제2장 진공 중의 정전계

07 진공 중에서 무한장 직선도체에 선전하밀도 $\rho_L = 2\pi \times 10^{-3}$[C/m]가 균일하게 분포된 경우 직선도체에서 2[m]와 4[m] 떨어진 두 점 사이의 전위차는 몇 [V]인가?

① $\dfrac{10^{-3}}{\pi\varepsilon_0}\ln 2$　　② $\dfrac{10^{-3}}{\varepsilon_0}\ln 2$

③ $\dfrac{1}{\pi\varepsilon_0}\ln 2$　　④ $\dfrac{1}{\varepsilon_0}\ln 2$

해설

무한 직선전하의 전위차 $V_{12} = \dfrac{\rho_L}{2\pi\varepsilon_0}\ln\dfrac{r_2}{r_1}$

$$= \frac{2\pi \times 10^{-3}}{2\pi\varepsilon_0}\ln\frac{4}{2}$$

$$= \frac{10^{-3}}{\varepsilon_0}\ln 2[\text{V}]$$

상 | 제8장 전류의 자기현상

08 균일한 자장 내에 놓여 있는 직선도선에 전류 및 길이를 각각 2배로 하면 이 도선에 작용하는 힘은 몇 배가 되는가?

① 1　　　　② 2

③ 4　　　　④ 8

해설 플레밍의 왼손법칙

자기장 속에 있는 도선에 전류가 흐르면 도선에는 전자력이 발생된다.

∴ 전자력 $F = BIl\sin\theta$[N]이므로 전류 I와 도체의 길이 l을 각각 2배하면 전자력 4배가 된다.

상 | 제11장 인덕턴스

09 환상철심에 권수 3000회 A코일과 권수 200회 B코일이 감겨져 있다. A코일의 자기인덕턴스가 360[mH]일 때 A, B 두 코일의 상호인덕턴스는 몇 [mH]인가? (단, 결합계수는 1이다.)

① 16　　　② 24

③ 36　　　④ 72

정답 　05 ③　06 ①　07 ②　08 ③　09 ②

해설

B코일의 자기인덕턴스 $L_B = \dfrac{\mu S N_B^2}{l}$

$\qquad = \left(\dfrac{N_B}{N_A}\right)^2 L_A$

$\qquad = \left(\dfrac{200}{3000}\right)^2 \times 360$

$\qquad = 1.6 \text{[mH]}$

$\therefore$ 상호인덕턴스 $M = k\sqrt{L_A L_B}$

$\qquad = 1 \times \sqrt{360 \times 1.6}$

$\qquad = 24 \text{[mH]}$

상 제12장 전자계

10 맥스웰 방정식 중 틀린 것은?

① $\displaystyle\oint_s B \cdot dS = \rho_s$

② $\displaystyle\oint_s D \cdot dS = \int_v \rho dv$

③ $\displaystyle\oint_c E \cdot dl = -\int_s \frac{\partial B}{\partial t} \cdot dS$

④ $\displaystyle\oint_c H \cdot dl = I + \int_s \frac{\partial D}{\partial t} \cdot dS$

해설 맥스웰 전자방정식

구 분	미분형	적분형
앙페르의 주회적분 법칙	$\mathrm{rot}\, H = \nabla \times H$ $= i = i_c + \dfrac{\partial D}{\partial t}$	$\displaystyle\oint_c H \cdot dl = i$ $\displaystyle = i_c + \int_s \frac{\partial D}{\partial t} \cdot ds$
패러데이 전자유도 법칙	$\mathrm{rot}\, E = \nabla \times E$ $= -\dfrac{\partial B}{\partial t}$	$\displaystyle\oint_c E \cdot dl = -\int_s \frac{\partial B}{\partial t} \cdot ds$
전계 가우스 발산정리	$\mathrm{div}\, D = \nabla \cdot D$ $= \rho$	$\displaystyle\oint_s D \cdot ds = \int_v \rho dv = Q$
자계 가우스 발산정리	$\mathrm{div}\, B = \nabla \cdot B$ $= 0$	$\displaystyle\oint_s B \cdot ds = 0$

상 제9장 자성체와 자기회로

11 자기회로의 자기저항에 대한 설명으로 옳은 것은?

① 투자율에 반비례한다.

② 자기회로의 단면적에 비례한다.

③ 자기회로의 길이에 반비례한다.

④ 단면적에 반비례하고, 길이의 제곱에 비례한다.

해설

철심의 자기저항 $R_m = \dfrac{l}{\mu S} = \dfrac{l}{\mu_0 \mu_s S}$[AT/Wb]이므로 투자율에 반비례한다.

상 제5장 전기영상법

12 접지된 구도체와 점전하 간에 작용하는 힘은?

① 항상 흡인력이다.

② 항상 반발력이다.

③ 조건적 흡인력이다.

④ 조건적 반발력이다.

해설

접지된 도체구 내에 유도되는 영상전하는 $Q' = -\dfrac{a}{d} Q$[C]이므로 항상 흡인력이 작용한다.

하 제8장 전류의 자기현상

13 그림과 같이 전류가 흐르는 반원형 도선이 평면 $Z = 0$ 상에 놓여 있다. 이 도선이 자속밀도 $B = 0.6a_x - 0.5a_y + a_z$[Wb/m²]인 균일 자계 내에 놓여 있을 때 도선의 직선 부분에 작용하는 힘[N]은?

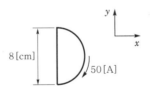

① $4a_x + 2.4a_z$ ② $4a_x - 2.4a_z$

③ $5a_x - 3.5a_z$ ④ $-5a_x + 3.5a_z$

해설 플레밍의 왼손법칙

자기장 속에 있는 도선에 전류가 흐르면 도선에는 전자력이 발생된다. 이때 도선의 직선부분에서의 전류는 y축 방향으로 흐르므로 전류 $I = 50\, a_y$가 된다.

$\therefore\ F = (I \times B)\, l$

$\quad = [50a_y \times (0.6a_x - 0.5a_y + a_z)]\, 0.08$

$\quad = (-30\, a_z + 50\, a_x)\, 0.08 = 4\, a_x - 2.4\, a_z \text{[N]}$

정답 10 ① 11 ① 12 ① 13 ②

상 제8장 전류의 자기현상

14 평행한 두 도선 간의 전자력은? (단, 두 도선 간의 거리는 r[m]라 한다.)

① r에 비례 ② r^2에 비례

③ r에 반비례 ④ r^2에 반비례

해설

㉠ 평행도선 사이에 작용하는 힘(전자력)

  ┌ 전류가 동일방향으로 흐를 경우 : 흡인력
  └ 전류가 반대방향으로 흐를 경우 : 반발력

㉡ 두 도체 사이의 전자력 : $F = \dfrac{2 I_1 I_2}{r} \times 10^{-7}$[N/m]

상 제9장 자성체와 자기회로

15 다음의 관계식 중 성립할 수 없는 것은? (단, μ는 투자율, χ는 자화율, μ_0는 진공의 투자율, J는 자화의 세기이다.)

① $J = \chi B$

② $B = \mu H$

③ $\mu = \mu_0 + \chi$

④ $\mu_s = 1 + \dfrac{\chi}{\mu_0}$

해설

① 자화의 세기 $J = \mu_0 (\mu_s - 1) H = \chi H$ [Wb/m²]

② 자속밀도 $B = \mu H = \mu_0 \mu_s H$ [Wb/m²]

③ 자화율 $\chi = \mu_0 (\mu_s - 1) = \mu - \mu_0$ 에서 $\mu = \mu_0 + \chi$

④ 비자화율 $\chi_m = \dfrac{\chi}{\mu_0} = \mu_s - 1$ 에서 $\mu_s = 1 + \dfrac{\chi}{\mu_0}$

상 제6장 전류

16 평행판 콘덴서의 극판 사이에 유전율 ε, 저항률 ρ인 유전체를 삽입하였을 때, 두 전극 간의 저항 R과 정전용량 C의 관계는?

① $R = \rho \varepsilon C$

② $RC = \dfrac{\varepsilon}{\rho}$

③ $RC = \rho \varepsilon$

④ $RC \rho \varepsilon = 1$

해설

㉠ 저항과 정전용량의 관계 : $RC = \rho \varepsilon$
㉡ 인덕턴스와 정전용량의 관계 : $LC = \mu \varepsilon$

상 제12장 전자계

17 비투자율 $\mu_s = 1$, 비유전율 $\varepsilon_s = 90$인 매질 내의 고유임피던스는 약 몇 [Ω]인가?

① 32.5 ② 39.7

③ 42.3 ④ 45.6

해설 고유임피던스

전계와 자계의 비를 매질상수로 나타낸 값

$\therefore \eta = \dfrac{E}{H} = \sqrt{\dfrac{\mu}{\varepsilon}} = \sqrt{\dfrac{\mu_0 \mu_s}{\varepsilon_0 \varepsilon_s}}$

$= 377 \sqrt{\dfrac{\mu_s}{\varepsilon_s}}$

$= 377 \sqrt{\dfrac{1}{90}} = 39.7$[Ω]

하 제6장 전류

18 사이클로트론에서 양자가 매초 3×10^{15}개의 비율로 가속되어 나오고 있다. 양자가 15[MeV]의 에너지를 가지고 있다고 할 때, 이 사이클로트론은 가속용 고주파 전계를 만들기 위해서 150[kW]의 전력을 필요로 한다면 에너지 효율[%]은?

① 2.8 ② 3.8

③ 4.8 ④ 5.8

해설

1[eV] $= 1.602 \times 10^{-19}$[J, W·s]이므로 단위시간당 사이클로트론에서 발생되는 양자의 에너지는 다음과 같다.

$3 \times 10^{15} \times 15 \times 10^6 \times 1.602 \times 10^{-19} = 7209$[W]

$\qquad\qquad\qquad\qquad\qquad \fallingdotseq 7.2$[kW]

$\therefore$ 에너지 효율 $\eta = \dfrac{P_o}{P_i} \times 100$

$\qquad\qquad = \dfrac{7.2}{150} \times 100 = 4.8$[%]

상 제9장 자성체와 자기회로

19 단면적 4[cm²]의 철심에 6×10^{-4}[Wb]의 자속을 통하게 하려면 2800[AT/m]의 자계가 필요하다. 이 철심의 비투자율은 약 얼마인가?

① 346 ② 375

③ 407 ④ 426

정답 14 ③ 15 ① 16 ③ 17 ② 18 ③ 19 ④

해설

자속 $\phi = BS = \mu_0 \mu_s HS$ [Wb]에서

∴ 비투자율 $\mu_s = \dfrac{\phi}{\mu_0 HS}$

$= \dfrac{6 \times 10^{-4}}{4\pi \times 10^{-7} \times 2800 \times 4 \times 10^{-4}}$

$= 426.31$

여기서, 진공 중의 유전율 $\mu_0 = 4\pi \times 10^{-7}$[H/m]

상 제2장 진공 중의 정전계

20 대전된 도체의 특징으로 틀린 것은?

① 가우스정리에 의해 내부에는 전하가 존재한다.

② 전계는 도체 표면에 수직인 방향으로 진행된다.

③ 도체에 인가된 전하는 도체 표면에만 분포한다.

④ 도체 표면에서의 전하밀도는 곡률이 클수록 높다.

해설 도체의 성질

㉠ 전하는 도체 표면에만 존재한다.

㉡ 도체 내부에는 전기력선이 존재하지 않는다.

㉢ 도체 내부 및 표면은 등전위이다.

㉣ 전기력선은 도체 표면에서 수직으로 출입한다.

㉤ 곡률이 클수록(곡률 반지름이 작을수록) 전하밀도가 높다.

㉥ 도체 표면에서는 전하밀도 $\sigma = D = \varepsilon_0 E$ 이므로

$E = \dfrac{\sigma}{\varepsilon_0}$ 이다.

제2과목 **전력공학**

중 제3장 선로정수 및 코로나현상

21 송배전선로에서 도체의 굵기는 같게 하고 도체 간의 간격을 크게 하면 도체의 인덕턴스는?

① 커진다.

② 작아진다.

③ 변함이 없다.

④ 도체의 굵기 및 도체 간의 간격과는 무관하다.

해설

작용인덕턴스 $L = 0.05 + 0.4605\log_{10}\dfrac{D}{r}$[mH/km]이다. 작용인덕턴스 $L \propto \log_{10}\dfrac{D}{r}$에 비례하므로 도체 간의 간격 D를 크게 하면 도체의 인덕턴스는 증가한다.

하 제10장 배전선로 계산

22 동일 전력을 동일 선간전압, 동일 역률로 동일 거리에 보낼 때 사용하는 전선의 총 중량이 같으면 3상 3선식인 때와 단상 2선식일 때는 전력손실비는?

① 1

② $\dfrac{3}{4}$

③ $\dfrac{2}{3}$

④ $\dfrac{1}{\sqrt{3}}$

해설

전선의 총량 $V_0 = 2A_1 L = 3A_3 L$

∴ $\dfrac{A_3}{A_1} = \dfrac{2}{3}$

전선의 저항 $R = \rho\dfrac{L}{A}$ 이므로 전선의 단면적에 반비례하여 $\dfrac{A_3}{A_1} = \dfrac{R_1}{R_3} = \dfrac{2}{3}$

또한 동일 전력, 동일 선간전압이면

$P = V_1 I_1 = \sqrt{3}\, VI_3$에서 $\dfrac{I_1}{I_3} = \sqrt{3}$

전력손실 $\dfrac{P_{C3}}{P_{C2}} = \dfrac{3I_3^{\,2}R_3}{2I_1^{\,2}R_1} = \dfrac{3}{2} \times \left(\dfrac{1}{\sqrt{3}}\right)^2 \times \dfrac{3}{2} = \dfrac{3}{4}$

상 제8장 송전선로 보호방식

23 배전반에 접속되어 운전 중인 계기용 변압기(PT) 및 변류기(CT)의 2차측 회로를 점검할 때 조치사항으로 옳은 것은?

① CT만 단락시킨다.

② PT만 단락시킨다.

③ CT와 PT 모두를 단락시킨다.

④ CT와 PT 모두를 개방시킨다.

해설 계기용 변성기 사용 중 유의사항

㉠ 변류기(CT)의 경우 개방방지 → 퓨즈 설치금지

㉡ 계기용 변압기(PT)의 경우 단락방지 → PT 1차 및 2차측에 퓨즈 설치

정답 20 ① 21 ① 22 ② 23 ①

상 제10장 배전선로 계산

24 배전선로의 역률 개선에 따른 효과로 적합하지 않은 것은?

① 선로의 전력손실 경감
② 선로의 전압강하의 감소
③ 전원측 설비의 이용률 향상
④ 선로 절연의 비용 절감

해설 역률 개선의 효과

㉠ 변압기 및 배전선의 손실 경감
㉡ 배전선로의 전압강하 감소
㉢ 설비의 이용률 향상
㉣ 전력요금 경감

중 제11장 발전

25 총 낙차 300[m], 사용수량 20[m³/s]인 수력발전소의 발전기출력은 약 몇 [kW]인가? (단, 수차 및 발전기효율은 각각 90[%], 98[%]라 하고, 손실낙차는 총 낙차의 6[%] 라고 한다.)

① 48750
② 51860
③ 54170
④ 54970

해설

수력발전소 발전기출력

$P = 9.8HQ\eta_{수차}\eta_{발전기} \times (1-손실낙차율)[kW]$

여기서, H : 유효낙차[m]
Q : 유량[m³/s]
η : 효율

$P = 9.8HQ\eta_{수차}\eta_{발전기} \times (1-손실낙차율)$
$= 9.8 \times 300 \times 20 \times 0.9 \times 0.98 \times (1-0.06)$
$= 48750[kW]$

중 제4장 송전 특성 및 조상설비

26 수전단을 단락한 경우 송전단에서 본 임피던스가 330[Ω]이고, 수전단을 개방한 경우 송전단에서 본 어드미턴스가 1.875×10^{-3}[℧]일 때 송전단의 특성임피던스는 약 몇 [Ω]인가?

① 120
② 220
③ 320
④ 420

해설

특성임피던스 $Z_0 = \sqrt{\dfrac{Z}{Y}} = \sqrt{\dfrac{330}{1.875 \times 10^{-3}}}$
$= 420[Ω]$

중 제8장 송전선로 보호방식

27 다중접지계통에 사용되는 재폐로 기능을 갖는 일종의 차단기로서 과부하 또는 고장전류가 흐르면 순시동작하고, 일정 시간 후에는 자동적으로 재폐로 하는 보호기기는?

① 라인퓨즈
② 리클로저
③ 섹셔널라이저
④ 고장구간 자동개폐기

해설

① 라인퓨즈 : 단상 분기점에만 설치하며 다른 보호장치와 협조가 가능해야 한다.
② 리클로저 : 보호계전기와 차단기의 기능을 갖고 사고검출 및 자동차단과 재폐로가 가능한 차단기이다.
③ 섹셔널라이저 : 다중접지 특고압 배전선로용 보호장치의 일종으로 사고전류를 직접 차단할 수 없으므로 후비에 반드시 차단기나 리클로저를 설치해야 보호장치 기능이 가능하다.
④ 고장구간 자동개폐기 : 다중접지 배전선로에서 수용가의 책임분계점 또는 분기선로상에 설치하여 과부하 및 고장전류 발생 시 선로상의 타보호기와 협조하여 무전압상태에서 고장구간만을 신속하게 구분하기 위하여 사용한다.

하 제4장 송전 특성 및 조상설비

28 송전선 중간에 전원이 없을 경우에 송전단의 전압 $E_S = AE_R + BI_R$이 된다. 수전단의 전압 E_R의 식으로 옳은 것은? (단, I_S, I_R은 송전단 및 수전단의 전류이다.)

① $E_R = AE_S + CI_S$
② $E_R = BE_S + AI_S$
③ $E_R = DE_S - BI_S$
④ $E_R = CE_S - DI_S$

정답 24 ④ 25 ① 26 ④ 27 ② 28 ③

해설

$\begin{bmatrix} E_S \\ I_S \end{bmatrix} = \begin{bmatrix} A & B \\ C & D \end{bmatrix} \begin{bmatrix} E_R \\ I_R \end{bmatrix}$에서 $\begin{bmatrix} A & B \\ C & D \end{bmatrix}$의 역행렬을 양

변에 곱하여 식을 정리하면

$\begin{bmatrix} E_R \\ I_R \end{bmatrix} = \begin{bmatrix} A & B \\ C & D \end{bmatrix}^{-1} \begin{bmatrix} E_S \\ I_S \end{bmatrix}$

$= \dfrac{1}{AD-BC} \begin{bmatrix} D & -B \\ -C & A \end{bmatrix} \begin{bmatrix} E_S \\ I_S \end{bmatrix}$

(여기서, $AD-BC=1$)

수전단 전압 $E_R = DE_S - BI_S$

수전단 전류 $I_R = -CE_S + AI_S$

중 제6장 중성점 접지방식

29 비접지식 3상 송배전계통에서 1선 지락고장 시 고장전류를 계산하는 데 사용되는 정전용량은?

① 작용정전용량　　② 대지정전용량
③ 합성정전용량　　④ 선간정전용량

해설

1선 지락고장 시 지락점에 흐르는 지락전류는 대지정전용량으로 흐른다.

비접지식 선로에서 1선 지락사고 시

지락전류 $I_g = 2\pi f(3C_s)\dfrac{V}{\sqrt{3}}l \times 10^{-6}[A]$

상 제8장 송전선로 보호방식

30 비접지계통의 지락사고 시 계전기에 영상전류를 공급하기 위하여 설치하는 기기는?

① PT　　　　　　② CT
③ ZCT　　　　　④ GPT

해설

① PT는 고전압을 저전압으로 변성
② CT는 대전류를 소전류로 변성
③ ZCT는 영상전류를 공급
④ GPT는 영상전압을 공급

상 제7장 이상전압 및 유도장해

31 이상전압의 파고값을 저감시켜 전력사용설비를 보호하기 위하여 설치하는 것은?

① 초호환　　　　② 피뢰기
③ 계전기　　　　④ 접지봉

해설

피뢰기는 선로에 내습하는 이상전압의 파고값을 저감시켜서 기기 및 선로를 보호하기 위한 설비이다.

중 제7장 이상전압 및 유도장해

32 임피던스 Z_1, Z_2 및 Z_3을 그림과 같이 접속한 선로의 A쪽에서 전압파 E가 진행해 왔을 때 접속점 B에서 무반사로 되기 위한 조건은?

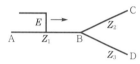

① $Z_1 = Z_2 + Z_3$　　　② $\dfrac{1}{Z_3} = \dfrac{1}{Z_1} + \dfrac{1}{Z_2}$

③ $\dfrac{1}{Z_1} = \dfrac{1}{Z_2} + \dfrac{1}{Z_3}$　　　④ $\dfrac{1}{Z_2} = \dfrac{1}{Z_1} + \dfrac{1}{Z_3}$

해설

반사파 $\lambda = \dfrac{Z_b - Z_a}{Z_a + Z_b} = 0$이 되기 위한 조건은 $Z_a = Z_b$이다.

$\dfrac{1}{Z_a} = \dfrac{1}{Z_1}$, $\dfrac{1}{Z_b} = \dfrac{1}{Z_2} + \dfrac{1}{Z_3}$이므로 $\dfrac{1}{Z_1} = \dfrac{1}{Z_2} + \dfrac{1}{Z_3}$

이 된다.

상 제9장 배전방식

33 저압뱅킹방식에서 저전압의 고장에 의하여 건전한 변압기의 일부 또는 전부가 차단되는 현상은?

① 아킹(arcing)
② 플리커(flicker)
③ 밸런스(balance)
④ 캐스케이딩(cascading)

해설 저압뱅킹방식

부하 밀집도가 높은 지역의 배전선에 2대 이상의 변압기를 저압측에 병렬 접속하여 공급하는 배전방식으로 다음과 같은 특징이 있다.

㉠ 부하 증가에 대해 많은 변압기 전력을 공급할 수 있으므로 탄력성이 있다.
㉡ 전압동요(flicker)현상이 감소된다.
㉢ 캐스케이딩현상 : 저압뱅킹배전방식으로 운전 중 건전한 변압기 일부가 고장이 발생하면 부하가 다른 건전한 변압기에 걸려서 고장이 확대되는 현상이다.

중 제8장 송전선로 보호방식

34 변전소의 가스차단기에 대한 설명으로 틀린 것은?

① 근거리 차단에 유리하지 못하다.
② 불연성이므로 화재의 위험성이 적다.
③ 특고압계통의 차단기로 많이 사용된다.
④ 이상전압의 발생이 적고, 절연회복이 우수하다.

해설 가스차단기의 특징

㉠ 아크소호 특성과 절연 특성이 뛰어난 불활성의 SF₆ 가스를 이용한다.
㉡ 특고압용 차단기로 차단 성능이 뛰어나고 개폐서지가 낮다.
㉢ 완전 밀폐형으로 조작 시 가스를 대기 중에 방출하지 않아 조작 소음이 적고 화재의 위험성이 낮다.
㉣ 보수점검주기가 길고 근거리 고장 등 가혹한 재기전압에 대해서도 우수하다.

상 제2장 전선로

35 켈빈(Kelvin)의 법칙이 적용되는 경우는?

① 전압강하를 감소시키고자 하는 경우
② 부하배분의 균형을 얻고자 하는 경우
③ 전력손실량을 축소시키고자 하는 경우
④ 경제적인 전선의 굵기를 선정하고자 하는 경우

해설 켈빈의 법칙

㉠ 전선의 굵기를 결정하는 방법이다.
㉡ 전선비용은 건설비와 유지비를 같게 설계하였을 때 가장 경제적이다.

상 제8장 송전선로 보호방식

36 보호계전기의 반한시·정한시 특성은?

① 동작전류가 커질수록 동작시간이 짧게 되는 특성
② 최소동작전류 이상의 전류가 흐르면 즉시 동작하는 특성
③ 동작전류의 크기에 관계없이 일정한 시간에 동작하는 특성
④ 동작전류가 커질수록 동작시간이 짧아지며, 어떤 전류 이상이 되면 동작전류

의 크기에 관계없이 일정한 시간에서 동작하는 특성

해설 계전기의 한시 특성에 의한 분류

㉠ 순한시계전기 : 최소동작전류 이상의 전류가 흐르면 즉시 동작하는 것
㉡ 반한시계전기 : 동작전류가 커질수록 동작시간이 짧게 되는 특성을 가진 것
㉢ 정한시계전기 : 동작전류의 크기에 관계없이 일정한 시간에서 동작하는 것
㉣ 반한시·정한시 계전기 : 동작전류가 적은 동안에는 반한시 특성으로 되고 그 이상에서는 정한시 특성이 되는 것

중 제3장 선로정수 및 코로나현상

37 단도체방식과 비교할 때 복도체방식의 특징이 아닌 것은?

① 안정도가 증가된다.
② 인덕턴스가 감소된다.
③ 송전용량이 증가된다.
④ 코로나 임계전압이 감소된다.

해설 복도체나 다도체를 사용할 때 특성

㉠ 인덕턴스는 감소하고 정전용량은 증가한다.
㉡ 같은 단면적의 단도체에 비해 전류용량이 증대된다.
㉢ 안정도가 증가하여 송전용량이 증가한다.
㉣ 등가반경이 커져 코로나 임계전압의 상승으로 코로나현상이 방지된다.

상 제6장 중성점 접지방식

38 1선 지락 시에 지락전류가 가장 작은 송전계통은?

① 비접지식
② 직접접지식
③ 저항접지식
④ 소호리액터접지식

해설 송전계통의 접지방식별 지락사고 시 지락전류의 크기 비교

중성점 접지방식	지락전류의 크기
비접지	작다.
직접접지	최대
저항접지	중간 정도
소호리액터접지	최소

정답 34 ① 35 ④ 36 ④ 37 ④ 38 ④

하 제11장 발전

39 수차의 캐비테이션 방지책으로 틀린 것은?

① 흡출수두를 증대시킨다.

② 과부하운전을 가능한 한 피한다.

③ 수차의 비속도를 너무 크게 잡지 않는다.

④ 침식에 강한 금속재료로 러너를 제작한다.

해설 공동현상(cavitation)

㉠ 공기의 흐름보다 유수의 흐름이 빠르면 유수 중에서 진공이 발생하게 된다. 이 현상을 공동현상 또는 캐비테이션현상이라 한다.

㉡ 영향
　• 수차의 금속부분이 부식
　• 진동과 소음발생
　• 출력과 효율의 저하

㉢ 방지대책
　• 수차의 특유속도(비속도)를 너무 높게 취하지 말 것
　• 흡출관을 사용하지 말 것
　• 침식에 강한 금속재료로 러너를 제작할 것
　• 수차를 과도한 부분부하에서 운전하지 말 것

중 제5장 고장 계산 및 안정도

40 선간전압이 154[kV]이고, 1상당의 임피던스가 $j8$[Ω]인 기기가 있을 때, 기준용량을 100[MVA]로 하면 %임피던스는 약 몇 [%]인가?

① 2.75

② 3.15

③ 3.37

④ 4.25

해설

퍼센트임피던스 $\%Z = \dfrac{P_n Z}{10 V_n^2}$

여기서, V_n : 정격전압[kV]
　　　　P_n : 정격용량[kVA]

임피던스 $Z = 0 + j8$[Ω]에서 $Z = j8$[Ω]이므로

$\%Z = \dfrac{P_n Z}{10 V_n^2}$

$= \dfrac{100000 \times 8}{10 \times 154^2}$

$= 3.37$[%]

제3과목 **전기기기**

하 제2장 동기기

41 3상 비돌극형 동기발전기가 있다. 정격출력 5000[kVA], 정격전압 6000[V], 정격역률 0.8이다. 여자를 정격상태로 유지할 때 이 발전기의 최대출력은 약 몇 [kW]인가? (단, 1상의 동기리액턴스는 0.8[p.u]이며 저항은 무시한다.)

① 7500

② 10000

③ 11500

④ 12500

해설

p.u법에서 정격전압 $V_n = 1.0$

유기기전력 $E = \sqrt{\cos^2\theta + (\sin\theta + X_s[\mathrm{p \cdot u}])^2}$

유기기전력 $E = \sqrt{0.8^2 + (0.6 + 0.8)^2} = 1.61$[p.u]

최대출력 $P_m = \dfrac{EV_n}{X_s} = \dfrac{1.61 \times 1}{0.8} = 2.01$[p.u]

원래의 값으로 환산한 최대출력 $P_m = 2.01 \times 5000$
$= 10062$
$≒ 10000$[kW]

상 제1장 직류기

42 직류기의 손실 중에서 기계손으로 옳은 것은?

① 풍손

② 와류손

③ 표유부하손

④ 브러시의 전기손

해설 직류기의 손실

㉠ 전기적 손실

손실	무부하손	철손＝히스테리시스손＋와류손
		유전체손
		여자전류 저항손
	부하손	동손
		표유부하손

㉡ 기계적 손실에는 마찰손, 풍손 등이 있다.

중 제1장 직류기

43 다음 ( )에 알맞은 것은?

> 직류발전기에서 계자권선이 전기자에 병렬로 연결된 직류기는 (㉠)발전기라 하며, 전기자권선과 계자권선이 직렬로 접속된 직류기는 (㉡)발전기라 한다.

① ㉠ 분권, ㉡ 직권
② ㉠ 직권, ㉡ 분권
③ ㉠ 복권, ㉡ 분권
④ ㉠ 자여자, ㉡ 타여자

해설 직류발전기의 종류

㉠ 타여자기 : 계자권선과 전기자가 별개로 결선된다.
㉡ 분권기 : 계자권선과 전기자가 병렬로 접속된다.
㉢ 직권기 : 계자권선과 전기자가 직렬로 접속된다.
㉣ 복권기 : 직권계자권선과 분권계자권선이 전기자와 직·병렬로 접속된다.

상 제3장 변압기

44 1차 전압 6600[V], 2차 전압 220[V], 주파수 60[Hz], 1차 권수 1200회인 경우 변압기의 최대자속[Wb]은?

① 0.36
② 0.63
③ 0.012
④ 0.021

해설

1차 전압 $E_1 = 4.44fN_1\phi_m$[V]
여기서, E_1 : 1차 전압
f : 주파수
N_1 : 1차 권선수
ϕ_m : 최대자속

최대자속 $\phi_m = \dfrac{E_1}{4.44fN_1} = \dfrac{6600}{4.44 \times 60 \times 1200}$
$= 0.021$[Wb]

중 제1장 직류기

45 직류발전기의 정류 초기에 전류변화가 크며 이때 발생되는 불꽃정류로 옳은 것은?

① 과정류
② 직선정류
③ 부족정류
④ 정현파정류

해설

리액턴스 전압 $e_L = L\dfrac{di}{dt} = L\dfrac{2i_c}{T_c}$[V]이 크게 될 때 정류상태가 불량해지며 시간에 대해 전류의 변화가 클 때 리액턴스 전압이 크다.
㉠ 정현정류곡선 : 일반적인 정류곡선
㉡ 부족정류곡선 : 정류 말기에 나타나는 정류곡선
㉢ 과정류곡선 : 정류 초기에 나타나는 정류곡선
㉣ 직선정류곡선 : 가장 이상적인 정류곡선

상 제4장 유도기

46 3상 유도전동기의 속도제어법으로 틀린 것은?

① 1차 저항법
② 극수제어법
③ 전압제어법
④ 주파수제어법

해설 속도제어법

㉠ 농형 유도전동기 : 극수제어법, 주파수제어법, 1차 전압제어법
㉡ 권선형 유도전동기 : 2차 저항제어법, 2차 여자법, 종속법
유도전동기의 회전속도 $N = (1-s)N_s$
$= (1-s)\dfrac{120f}{p}$[rpm]

하 제3장 변압기

47 60[Hz]의 변압기에 50[Hz]의 동일 전압을 가했을 때의 자속밀도는 60[Hz]일 때와 비교하였을 경우 어떻게 되는가?

① $\dfrac{5}{6}$로 감소
② $\dfrac{6}{5}$으로 증가
③ $\left(\dfrac{5}{6}\right)^{1.6}$으로 감소
④ $\left(\dfrac{6}{5}\right)^2$으로 증가

해설

변압기 유도기전력 $E = 4.44fNB \cdot A$[V]
여기서, $\phi_m = B \cdot A$
자속밀도 $B \propto \dfrac{1}{f}$에서 $B_{60} : B_{50} = \dfrac{1}{60} : \dfrac{1}{50}$
50[Hz]의 자속밀도 $B_{50} = \dfrac{1}{50} \times B_{60} \times 60$
$= \dfrac{60}{50}B_{60}$
$= \dfrac{6}{5}B_{60}$

정답 43 ① 44 ④ 45 ① 46 ① 47 ②

상 제3장 변압기

48 2대의 변압기로 V결선하여 3상 변압하는 경우 변압기 이용률은 약 몇 [%]인가?

① 57.8
② 66.6
③ 86.6
④ 100

해설 이용률

$$\frac{\text{V결선 출력}}{\text{변압기 2대 용량}} = \frac{\sqrt{3}\,VI}{2VI}$$
$$= 0.866$$
$$= 86.6[\%]$$

중 제4장 유도기

49 3상 유도전동기의 기동법 중 전전압기동에 대한 설명으로 틀린 것은?

① 기동 시에 역률이 좋지 않다.
② 소용량으로 기동시간이 길다.
③ 소용량 농형 전동기의 기동법이다.
④ 전동기 단자에 직접 정격전압을 가한다.

해설 농형 유도전동기의 전전압기동 특성

㉠ 5[kW] 이하의 소용량 유도전동기에 사용한다.
㉡ 농형 유도전동기에 직접 정격전압을 인가하여 기동한다.
㉢ 기동전류가 전부하전류의 4~6배 정도로 나타난다.
㉣ 기동시간이 길거나 기동횟수가 빈번한 전동기에는 부적당하다.

중 제2장 동기기

50 동기발전기의 전기자권선법 중 집중권인 경우 매극 매상의 홈(slot)수는?

① 1개 ② 2개
③ 3개 ④ 4개

해설
매극 매상당 슬롯수 $q=1$인 경우

분포권계수가 $K_d = \dfrac{\sin\dfrac{\pi}{2m}}{q\sin\dfrac{\pi}{2mq}} = \dfrac{\sin\dfrac{\pi}{2m}}{1\sin\dfrac{\pi}{2m1}} = 1$이

므로 집중권과 같다.

하 제4장 유도기

51 유도전동기의 속도제어를 인버터방식으로 사용하는 경우 1차 주파수에 비례하여 1차 전압을 공급하는 이유는?

① 역률을 제어하기 위해
② 슬립을 증가시키기 위해
③ 자속을 일정하게 하기 위해
④ 발생토크를 증가시키기 위해

해설
주파수와 전압을 동시에 비례적으로 변화시키며 전동기를 제어하는 방식을 VVVF(가변전압 가변주파수 제어방식) 또는 인버터방식이라 하는데 이를 통해 자속을 일정하게 유지하여 토크 및 속도의 변화를 안정적으로 제어할 수 있다.

중 제4장 유도기

52 3상 유도전압조정기의 원리를 응용한 것은?

① 3상 변압기
② 3상 유도전동기
③ 3상 동기발전기
④ 3상 교류자전동기

해설
3상 유도전압조정기는 3상 유도전동기의 원리를 응용한 것으로 유도전동기를 정지시킨 상태에서 1차 권선과 2차 권선에서 발생하는 유도전압을 변압기처럼 사용하는 전압조정장치이다.

중 제5장 정류기

53 정류회로에서 상의 수를 크게 했을 경우 옳은 것은?

① 맥동주파수와 맥동률이 증가한다.
② 맥동률과 맥동주파수가 감소한다.
③ 맥동주파수는 증가하고 맥동률은 감소한다.
④ 맥동률과 주파수는 감소하나 출력이 증가한다.

해설
1상에서 3상 또는 6상 등으로 상수를 크게 하면 양질의 직류전력이 발생하여 맥동주파수는 증가하고 교류분이 감소하여 맥동률은 감소한다.

정답 48 ③ 49 ② 50 ① 51 ③ 52 ② 53 ③

중 제2장 동기기

54 동기전동기의 위상특성곡선(V곡선)에 대한 설명으로 옳은 것은?

① 출력을 일정하게 유지할 때 부하전류와 전기자전류의 관계를 나타낸 곡선
② 역률을 일정하게 유지할 때 계자전류와 전기자전류의 관계를 나타낸 곡선
③ 계자전류를 일정하게 유지할 때 전기자전류와 출력 사이의 관계를 나타낸 곡선
④ 공급전압 V와 부하가 일정할 때 계자전류의 변화에 대한 전기자전류의 변화를 나타낸 곡선

해설 V곡선(=위상특성곡선)

계자전류(I_f)와 전기자전류(I_a)의 관계곡선으로 횡축에 I_f, 종축에 I_a를 나타내고 여자전류를 변화시키면 전기자전류가 변화하여 부족여자 시 뒤진역률, 과여자 시 앞선역률이 된다. 그리고 V곡선의 최저점이 전기자전류의 최소크기로 역률이 100[%]이다.

상 제4장 유도기

55 유도전동기의 기동 시 공급하는 전압을 단권변압기에 의해서 일시 강하시켜서 기동전류를 제한하는 기동방법은?

① Y–△기동
② 저항기동
③ 직접기동
④ 기동보상기에 의한 기동

해설 기동보상기법

농형 유도전동기에 단권변압기를 직렬로 접속하여 전압강하를 일으켜 전동기 1차측에 전압을 감소시키고 기동전류를 감소시켜 기동하는 방법이다.

하 제5장 정류기

56 그림과 같은 회로에서 V(전원전압의 실효치)=100[V], 점호각 α =30°인 때의 부하 시의 직류전압 $E_{d\alpha}$[V]는 약 얼마인가? (단, 전류가 연속하는 경우이다.)

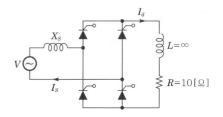

① 90   ② 86
③ 77.9   ④ 100

해설

직류전압 $E_{d\alpha} = \dfrac{2\sqrt{2}}{\pi} E \cdot \cos\alpha$

$\qquad = \dfrac{2\sqrt{2}}{\pi} \times 100 \times \cos 30°$

$\qquad = 77.94$[V]

하 제1장 직류기

57 직류분권전동기가 전기자전류 100[A]일 때 50[kg·m]의 토크를 발생하고 있다. 부하가 증가하여 전기자전류가 120[A]로 되었다면 발생토크[kg·m]는 얼마인가?

① 60   ② 67
③ 88   ④ 160

해설

분권전동기의 특성 $T \propto I_a \propto \dfrac{1}{N}$

$50 : T = 100 : 120$

토크 $T = \dfrac{120}{100} \times 50 = 60$[kg·m]

상 제4장 유도기

58 비례추이와 관계있는 전동기로 옳은 것은?

① 동기전동기
② 농형 유도전동기
③ 단상정류자전동기
④ 권선형 유도전동기

해설

비례추이가 가능한 전동기는 권선형 유도전동기로서 2차 저항의 가감을 통하여 토크 및 속도 등을 변화시킬 수 있다.

정답   54 ④   55 ④   56 ③   57 ①   58 ④

중 제2장 동기기

59 동기발전기의 단락비가 작을 때의 설명으로 옳은 것은?

① 동기임피던스가 크고 전기자반작용이 작다.
② 동기임피던스가 크고 전기자반작용이 크다.
③ 동기임피던스가 작고 전기자반작용이 작다.
④ 동기임피던스가 작고 전기자반작용이 크다.

해설 단락비가 큰 기기의 특징

철의 비율이 높아 철기계라 한다.
㉠ 동기임피던스가 작다.
㉡ 전기자반작용이 작다.
㉢ 전압변동률이 작다.
㉣ 공극이 크다.
㉤ 안정도가 높다.
㉥ 철손이 크다.
㉦ 효율이 낮다.
㉧ 가격이 높다.
㉨ 송전선의 충전용량이 크다.
따라서, 단락비가 작은 동기발전기의 특성은 위의 내용과 반대이므로 동기임피던스가 크고 전기자반작용이 크다.

하 제3장 변압기

60 $\frac{3}{4}$ 부하에서 효율이 최대인 주상변압기의 전부하 시 철손과 동손의 비는?

① 8 : 4
② 4 : 8
③ 9 : 16
④ 16 : 9

해설

최대효율이 되는 조건 $P_i = \left(\frac{1}{m}\right)^2 P_c$

최대효율 시 부하율 $\frac{1}{m} = \sqrt{\frac{P_i}{P_c}} = \frac{3}{4}$ 에서

$\frac{P_i}{P_c} = \left(\frac{3}{4}\right)^2 = \frac{9}{16}$ 이므로

철손과 동손의 비율은 9:16이다.

제4과목 회로이론 및 제어공학

상 제어공학 제2장 전달함수

61 다음의 신호흐름선도를 메이슨의 공식을 이용하여 전달함수를 구하고자 한다. 이 신호흐름선도에서 루프(loop)는 몇 개인가?

① 0
② 1
③ 2
④ 3

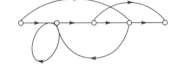

해설

루프는 다음과 같다.

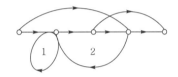

상 제어공학 제5장 안정도 판별법

62 특성방정식 중에서 안정된 시스템인 것은?

① $2s^3 + 3s^2 + 4s + 5 = 0$
② $s^4 + 3s^3 - s^2 + s + 10 = 0$
③ $s^5 + s^3 + 2s^2 + 4s + 3 = 0$
④ $s^4 - 2s^3 - 3s^2 + 4s + 5 = 0$

해설

특성방정식 $F(s) = as^3 + bs^2 + cs + d = 0$ 에서 a, b, c, $d > 0$ 와 $bc > ad$ 를 만족해야 안정된 제어계가 된다.
따라서 이를 만족하는 것은 ①항이 된다.

하 제어공학 제8장 시퀀스회로의 이해

63 타이머에서 입력신호가 주어지면 바로 동작하고, 입력신호가 차단된 후에는 일정 시간이 지난 후에 출력이 소멸되는 동작형태는?

① 한시동작 순시복귀
② 순시동작 순시복귀
③ 한시동작 한시복귀
④ 순시동작 한시복귀

정답 59 ② 60 ③ 61 ③ 62 ① 63 ④

구 분	접 점	동작형태
순시동작 순시복귀 접점	─ ⟊ ─	입력신호가 주어지면 바로 동작하고, 입력신호가 차단되면 바로 복귀하는 접점
순시동작 한시복귀 접점	─ ⟂ ─	입력신호가 주어지면 바로 동작하고, 입력신호가 차단되면 일정시간이 지난 후에 복귀하는 접점

상 제어공학 제5장 안정도 판별법

64 단위궤환 제어시스템의 전향경로 전달함수가 $G(s) = \dfrac{K}{s(s^2+5s+4)}$ 일 때, 이 시스템이 안정하기 위한 K의 범위는?

① $K < -20$　　② $-20 < K < 0$
③ $0 < K < 20$　　④ $20 < K$

해설

㉠ $F(s) = 1 + G(s)H(s)$
$\quad = 1 + \dfrac{K}{s(s^2+5s+4)} = 0$에서

이를 정리하면

$F(s) = as^3 + bs^2 + cs + d$
$\quad = s^3 + 5s^2 + 4s + K = 0$

㉡ a, b, c, $d > 0$와 $bc > ad$를 만족해야 안정된 제어계가 된다.

∴ 안정하기 위한 조건 : $0 < K < 20$

하 제어공학 제7장 상태방정식

65 $R(z) = \dfrac{(1-e^{-aT})z}{(z-1)(z-e^{-aT})}$ 의 역변환은?

① te^{aT}　　② te^{-aT}
③ $1 - e^{-aT}$　　④ $1 + e^{-aT}$

해설

$R(z) = \dfrac{z - ze^{-aT}}{(z-1)(z-e^{-aT})}$
$\quad = \dfrac{z^2 - ze^{-aT} - z^2 + z}{(z-1)(z-e^{-aT})}$
$\quad = \dfrac{z(z-e^{-aT}) - z(z-1)}{(z-1)(z-e^{-aT})}$
$\quad = \dfrac{z}{z-1} - \dfrac{z}{z-e^{-aT}}$

∴ $r(t) = 1 - e^{-aT}$

중 제어공학 제3장 시간영역해석법

66 시간영역에서 자동제어계를 해석할 때 기본 시험입력에 보통 사용되지 않는 입력은?

① 정속도입력　　② 정현파입력
③ 단위계단입력　　④ 정가속도입력

해설

시간영역에서 기본시험입력으로 사용하는 것은 단위계단입력, 정속도입력, 정가속도입력 3종이 있으며, 정현파입력은 주파수영역의 제어해석에 사용되는 주파수응답의 입력에 사용된다.

상 제어공학 제6장 근궤적법

67 $G(s)H(s) = \dfrac{K(s-1)}{s(s+1)(s-4)}$ 에서 점근선의 교차점을 구하면?

① -1　　② 0
③ 1　　④ 2

해설

㉠ 극점 $s_1 = 0$, $s_2 = -1$, $s_3 = 4$에서 극점의 수 $P = 3$개가 되고, 극점의 총합 $\sum P = 3$이 된다.
㉡ 영점 $s_1 = 1$에서 영점의 수 $Z = 1$개가 되고, 영점의 총합 $\sum Z = 1$이 된다.

∴ 점근선의 교차점 $\sigma = \dfrac{\sum P - \sum Z}{P - Z} = \dfrac{3-1}{3-1} = 1$

하 제어공학 제7장 상태방정식

68 n차 선형 시불변시스템의 상태방정식을 $\dfrac{d}{dt}X(t) = AX(t) + Br(t)$로 표시할 때 상태천이행렬 $\Phi(t)(n \times n$행렬)에 관하여 틀린 것은?

① $\Phi(t) = e^{At}$

② $\dfrac{d\Phi(t)}{dt} = A \cdot \Phi(t)$

③ $\Phi(t) = \mathcal{L}^{-1}[(sI-A)^{-1}]$

④ $\Phi(t)$는 시스템의 정상상태응답을 나타낸다.

해설

$\Phi(t)$는 시스템의 영상태응답을 나타낸다.

정답 64 ③　65 ③　66 ②　67 ③　68 ④

상 제어공학 제2장 전달함수

69 다음의 신호흐름선도에서 $\dfrac{C}{R}$ 는?

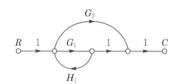

① $\dfrac{G_1 + G_2}{1 - G_1 H_1}$ ② $\dfrac{G_1 G_2}{1 - G_1 H_1}$

③ $\dfrac{G_1 + G_2}{1 + G_1 H_1}$ ④ $\dfrac{G_1 G_2}{1 + G_1 H_1}$

해설 종합전달함수

$$M(s) = \dfrac{C(s)}{R(s)} = \dfrac{\sum 전향경로이득}{1 - \sum 폐루프이득} = \dfrac{G_1 + G_2}{1 - G_1 H_1}$$

상 제어공학 제2장 전달함수

70 PD조절기와 전달함수 $G(s) = 1.2 + 0.02s$ 의 영점은?

① -60 ② -50

③ 50 ④ 60

해설

함수가 0이 되기 위한 s의 해를 영점이라 하므로
$G(s) = 1.2 + 0.02s = 0$에서

$\therefore \ s = -\dfrac{1.2}{0.02} = -60$

상 회로이론 제4장 비정현파 교류회로의 이해

71 $e = 100\sqrt{2} \sin\omega t + 75\sqrt{2}\sin 3\omega t + 20\sqrt{2}\sin 5\omega t$[V]인 전압을 RL직렬회로에 가할 때 제3고조파 전류의 실효값은 몇 [A]인가? (단, $R = 4$[Ω], $\omega L = 1$[Ω]이다.)

① 15 ② $15\sqrt{2}$

③ 20 ④ $20\sqrt{2}$

해설

$$I_{h3} = \dfrac{E_{h3}}{Z_{h3}} = \dfrac{E_{h3}}{\sqrt{R^2 + (3X_L)^2}} = \dfrac{E_{h3}}{\sqrt{R^2 + (3\omega L)^2}}$$

$$= \dfrac{75}{\sqrt{4^2 + 3^2}} = 15[A]$$

상 회로이론 제3장 다상 교류회로의 이해

72 전원과 부하가 △결선된 3상 평형회로가 있다. 전원전압이 200[V], 부하 1상의 임피던스가 $6 + j8$[Ω]일 때 선전류[A]는?

① 20 ② $20\sqrt{3}$

③ $\dfrac{20}{\sqrt{3}}$ ④ $\dfrac{\sqrt{3}}{20}$

해설

㉠ 각 상의 임피던스의 크기 $Z = \sqrt{6^2 + 8^2} = 10$[Ω]
㉡ 전원전압은 선간전압을 의미하고, △결선 시 $V_l = V_P$ 가 된다.
㉢ 상전류(환상전류) $I_P = \dfrac{V_P}{Z} = \dfrac{200}{10} = 20$[A]
$\therefore$ 선전류(부하전류) $I_l = \sqrt{3}\,I_P = 20\sqrt{3}$[A]

중 회로이론 제8장 분포정수회로

73 분포정수선로에서 무왜형 조건이 성립하면 어떻게 되는가?

① 감쇠량이 최소로 된다.
② 전파속도가 최대로 된다.
③ 감쇠량은 주파수에 비례한다.
④ 위상정수가 주파수에 관계없이 일정하다.

해설

감쇠정수 $\alpha = \sqrt{RG}$로 무왜형 조건인 $LG = RC$일 때 최소가 된다.

하 회로이론 제9장 과도현상

74 회로에서 $V = 10$[V], $R = 10$[Ω], $L = 1$[H], $C = 10$[μF] 그리고 $V_C(0) = 0$일 때 스위치 K를 닫은 직후 전류의 변화율 $\dfrac{di}{dt}(0^+)$ 의 값[A/sec]은?

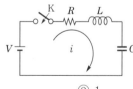

① 0 ② 1

③ 5 ④ 10

전기기사

해설

$t=0$ 에서 L은 개방, C는 단락상태가 되어 회로에 인가되는 모든 전압은 L 양단에 걸리게 된다.

따라서 $V_L(0) = L\dfrac{di}{dt} = 10[\text{V}]$에서 $L=1$이므로

$\dfrac{di}{dt} = 10[\text{A/sec}]$가 된다.

상 회로이론 제10장 라플라스 변환

75 $F(s) = \dfrac{2s+15}{s^3+s^2+3s}$ 일 때 $f(t)$의 최종값은?

① 2   ② 3
③ 5   ④ 15

해설 최종값(정상값=목표값)

$$\lim_{s\to 0} sF(s) = \lim_{s\to 0} s\frac{2s+15}{s(s^2+s+3)} = 5$$

상 회로이론 제3장 다상 교류회로의 이해

76 대칭 5상 교류 성형 결선에서 선간전압과 상전압 간의 위상차는 몇 도인가?

① 27°   ② 36°
③ 54°   ④ 72°

해설 위상차

$$\theta = \frac{\pi}{2} - \frac{\pi}{n} = \frac{\pi}{2}\left(1-\frac{2}{n}\right) = \frac{180}{2}\left(1-\frac{2}{5}\right) = 54°$$

상 회로이론 제2장 단상 교류회로의 이해

77 정현파교류 $V = V_m \sin\omega t$의 전압을 반파 정류하였을 때의 실효값은 몇 [V]인가?

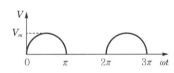

① $\dfrac{V_m}{\sqrt{2}}$ ② $\dfrac{V_m}{2}$
③ $\dfrac{V_m}{2\sqrt{2}}$ ④ $\sqrt{2}\,V_m$

해설

㉠ 반파 정현파의 평균값 : $V_a = \dfrac{V_m}{\pi}$

㉡ 반파 정현파의 실효값 : $V = \dfrac{V_m}{2}$

중 회로이론 제7장 4단자망 회로해석

78 회로망 출력단자 a–b에서 바라본 등가임피던스는? (단, $V_1 = 6[\text{V}]$, $V_2 = 3[\text{V}]$, $I_1 = 10[\text{A}]$, $R_1 = 15[\Omega]$, $R_2 = 10[\Omega]$, $L = 2[\text{H}]$, $j\omega = s$ 이다.)

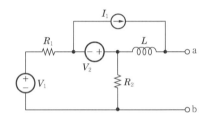

① $s+15$ ② $2s+6$
③ $\dfrac{3}{s+2}$ ④ $\dfrac{1}{s+3}$

해설

등가임피던스를 구할 때 전압은 단락($Z=0$), 전류원은 개방($Z=\infty$)하여 구한다.

$$\therefore\ Z_{ab} = Ls + \frac{R_1 R_2}{R_1 + R_2}$$
$$= 2s + \frac{15\times 10}{15+10}$$
$$= 2s + 6$$

상 회로이론 제4장 비정현파 교류회로의 이해

79 대칭 3상 전압이 a상 V_a, b상 $V_b = a^2 V_a$, c상 $V_c = a V_a$일 때 a상을 기준으로 한 대칭분전압 중 정상분 $V_1[\text{V}]$은 어떻게 표시되는가?

① $\dfrac{1}{3}V_a$ ② V_a
③ aV_a ④ $a^2 V_a$

정답 75 ③   76 ③   77 ②   78 ②   79 ②

해설

㉠ 영상분 $V_0 = \dfrac{1}{3}(V_a + V_b + V_c)$

$= \dfrac{1}{3}(V_a + a^2 V_a + a V_a)$

$= 0$

㉡ 정상분 $V_1 = \dfrac{1}{3}(V_a + a V_b + a^2 V_c)$

$= \dfrac{1}{3}(V_a + a^3 V_a + a^3 V_a)$

$= V_a$

㉢ 역상분 $V_2 = \dfrac{1}{3}(V_a + a^2 V_b + a V_c)$

$= \dfrac{1}{3}(V_a + a^4 V_a + a^2 V_a)$

$= 0$

∴ 대칭 3상의 경우(건전상의 계통) 영상분과 역상분은 0이고 정상분만 존재한다.

상 회로이론 제4장 비정현파 교류회로의 이해

80 다음과 같은 비정현파 기전력 및 전류에 의한 평균전력을 구하면 몇 [W]인가?

$$e = 100\sin \omega t - 50\sin(3\omega t + 30°)$$
$$+ 20\sin(5\omega t + 45°)\,[\text{V}]$$
$$I = 20\sin \omega t + 10\sin(3\omega t - 30°)$$
$$+ 5\sin(5\omega t - 45°)\,[\text{A}]$$

① 825

② 875

③ 925

④ 1175

해설

$P = \dfrac{1}{2} V_{m1} I_{m1} \cos \theta_1 + \dfrac{1}{2} V_{m3} I_{m3} \cos \theta_3$

$\quad + \dfrac{1}{2} V_{m5} I_{m5} \cos \theta_5$

$= \dfrac{1}{2}\left[100 \times 20 \times \cos 0° + (-50) \times 10 \times \cos 60° \right.$

$\quad \left. + 20 \times 5 \times \cos 90° \right]$

$= 875[\text{W}]$

제5과목 전기설비기술기준

※ 전기설비기술기준 과목 기출문제는 법규개정에 따라 문제를 수정·삭제하였으므로 이 점 착오없으시기 바랍니다.

상 제3장 전선로

81 지중전선로의 매설방법이 아닌 것은?

① 관로식   ② 인입식

③ 암거식   ④ 직접 매설식

해설 지중전선로의 시설(KEC 334.1)

지중전선로는 전선에 케이블을 사용하고 또한 관로식·암거식(暗渠式) 또는 직접 매설식에 의하여 시설

상 제4장 발전소, 변전소, 개폐소 및 기계기구 시설보호

82 특고압용 변압기로서 그 내부에 고장이 생긴 경우에 반드시 자동차단되어야 하는 변압기의 뱅크용량은 몇 [kVA] 이상인가?

① 5000   ② 10000

③ 50000   ④ 100000

해설 특고압용 변압기의 보호장치(KEC 351.4)

뱅크용량의 구분	동작조건	장치의 종류
5000[kVA] 이상 10000[kVA] 미만	변압기 내부고장	자동차단장치 또는 경보장치
10000[kVA] 이상	변압기 내부고장	자동차단장치
타냉식 변압기 (변압기의 권선 및 철심을 직접 냉각시키기 위하여 봉입한 냉매를 강제 순환시키는 냉각 방식을 말한다)	냉각장치에 고장이 생긴 경우 또는 변압기의 온도가 현저히 상승한 경우	경보장치

하 제4장 발전소, 변전소, 개폐소 및 기계기구 시설보호

83 전력보안 통신선을 조가할 경우 조가용선은?

① 금속으로 된 단선

② 강심알루미늄연선

③ 아연도강연선

④ 알루미늄으로 된 단선

해설 조가선 시설기준(KEC 362.3)

조가선은 단면적 38[mm²] 이상의 아연도강연선을 사용할 것

정답 80 ② 81 ② 82 ② 83 ③

하 제3장 전선로

84 저·고압 가공전선과 가공약전류전선 등을 동일 지지물에 시설하는 기준으로 틀린 것은?

① 가공전선을 가공약전류전선 등의 위로 하고 별개의 완금류에 시설할 것
② 전선로의 지지물로서 사용하는 목주의 풍압하중에 대한 안전율은 1.5 이상일 것
③ 가공전선과 가공약전류전선 등 사이의 이격거리는 저압과 고압 모두 75[cm] 이상일 것
④ 가공전선이 가공약전류전선에 대하여 유도작용에 의한 통신상의 장해를 줄 우려가 있는 경우에는 가공전선을 적당한 거리에서 연가할 것

해설 고압 가공전선과 가공약전류전선 등의 공용 설치(KEC 332.21)

저압 가공전선 또는 고압 가공전선과 가공약전류전선 등을 동일 지지물에 시설하는 경우
㉠ 전선로의 지지물로서 사용하는 목주의 풍압하중에 대한 안전율은 1.5 이상일 것
㉡ 가공전선을 가공약전류전선 등의 위로 하고 별개의 완금류에 시설할 것
㉢ 가공전선과 가공약전류전선 사이의 이격거리
 • 저압 : 0.75[m] 이상(단, 저압 가공전선이 고압·특고압 절연전선 또는 케이블인 경우 0.3[m] 이상)
 • 고압 : 1.5[m] 이상(단, 고압 가공전선이 케이블인 경우 0.5[m] 이상)
㉣ 가공전선로의 접지도체에 절연전선 또는 케이블을 사용하고 또한 가공전선로의 접지도체 및 접지극과 가공약전류전선로 등의 접지도체 및 접지극과는 각각 별개로 시설할 것

중 제2장 저압설비 및 고압·특고압설비

85 풀용 수중조명등에 사용되는 절연변압기의 2차측 전로의 사용전압이 몇 [V]를 초과하는 경우에는 그 전로에 지락이 생겼을 때에 자동적으로 전로를 차단하는 장치를 하여야 하는가?

① 30   ② 60
③ 150   ④ 300

해설 수중조명등(KEC 234.14)

㉠ 조명등에 전기를 공급하기 위하여는 1차측 전로의 사용전압 및 2차측 전로의 사용전압이 각각 400[V] 이하 및 150[V] 이하인 절연변압기를 사용할 것

㉡ 절연변압기는 다음에 의하여 시설한다.
 • 절연변압기 2차측 전로는 접지하지 아니할 것
 • 절연변압기 2차측 전로의 사용전압이 30[V] 이하인 경우에는 1차 권선과 2차 권선 사이에 금속제의 혼촉방지판을 설치하고 접지공사를 할 것
 • 절연변압기는 교류 5[kV]의 시험전압으로 하나의 권선과 다른 권선, 철심 및 외함 사이에 계속적으로 1분간 가하여 절연내력을 시험할 경우, 이에 견디는 것일 것
㉢ 수중조명등의 절연변압기의 2차측 전로의 사용전압이 30[V]를 초과하는 경우에는 그 전로에 지락이 생겼을 때에 자동적으로 전로를 차단하는 정격감도전류 30[mA] 이하의 누전차단기를 시설할 것
㉣ 수중조명등의 절연변압기의 2차측 전로에는 개폐기 및 과전류차단기를 각 극에 시설할 것
㉤ 절연변압기의 2차측 배선은 금속관공사에 의할 것

상 제2장 저압설비 및 고압·특고압설비

86 석유류를 저장하는 장소의 전등배선에 사용하지 않는 공사방법은?

① 케이블공사   ② 금속관공사
③ 애자사용공사   ④ 합성수지관공사

해설 위험물 등이 존재하는 장소(KEC 242.4)

셀룰로이드·성냥·석유류, 기타 타기 쉬운 위험한 물질을 제조하거나 저장하는 곳에 시설하는 저압 옥내전기설비는 금속관공사, 케이블공사, 합성수지관공사로 시설할 것

중 제3장 전선로

87 사용전압이 154[kV]인 가공송전선의 시설에서 전선과 식물과의 이격거리는 일반적인 경우에 몇 [m] 이상으로 하여야 하는가?

① 2.8   ② 3.2
③ 3.6   ④ 4.2

해설 특고압 가공전선과 식물의 이격거리 (KEC 333.30)

사용전압의 구분	이격거리
60[kV] 이하	2[m] 이상
60[kV] 초과	2[m]에 사용전압이 60[kV]를 초과하는 10[kV] 또는 그 단수마다 0.12[m]를 더한 값 이상

(154[kV] − 60[kV])÷10＝9.4에서 절상하여 단수는 10으로 한다.
식물과의 이격거리＝2 + 10×0.12＝3.2[m]

정답 84 ③ 85 ① 86 ③ 87 ②

중 제3장 전선로

88 농사용 저압 가공전선로의 시설기준으로 틀린 것은?

① 사용전압이 저압일 것
② 전선로의 경간은 40[m] 이하일 것
③ 저압 가공전선의 인장강도는 1.38[kN] 이상일 것
④ 저압 가공전선의 지표상 높이는 3.5[m] 이상일 것

해설 농사용 저압 가공전선로의 시설(KEC 222.22)

㉠ 사용전압이 저압일 것
㉡ 전선의 굵기는 인장강도 1.38[kN] 이상의 것 또는 지름 2[mm] 이상의 경동선일 것
㉢ 지표상 3.5[m] 이상일 것(사람이 쉽게 출입하지 않으면 3[m])
㉣ 목주의 굵기는 말구지름이 0.09[m] 이상일 것
㉤ 경간은 30[m] 이하
㉥ 전용 개폐기 및 과전류차단기를 각 극(과전류차단기는 중성극을 제외)에 시설할 것

하 제4장 발전소, 변전소, 개폐소 및 기계기구 시설보호

89 고압 가공전선로에 시설하는 피뢰기의 접지공사의 접지선이 그 접지공사 전용의 것인 경우에 접지저항값은 몇 [Ω]까지 허용되는가?

① 20 ② 30
③ 50 ④ 75

해설 피뢰기의 접지(KEC 341.14)

고압 및 특고압의 전로에 시설하는 피뢰기 접지저항값은 10[Ω] 이하로 하여야 한다.
[예외] 피뢰기의 접지도체가 그 접지공사 전용의 것인 경우에 그 접지공사의 접지저항값은 30[Ω] 이하로 할 수 있음

하 제3장 전선로

90 고압 옥측전선로에 사용할 수 있는 전선은?

① 케이블
② 나경동선
③ 절연전선
④ 다심형 전선

해설 고압 옥측전선로의 시설(KEC 331.13.1)

㉠ 전선은 케이블일 것
㉡ 케이블은 견고한 관 또는 트라프에 넣거나 사람이 접촉할 우려가 없도록 시설할 것
㉢ 케이블을 조영재의 옆면 또는 아랫면에 따라 붙일 경우에는 케이블의 지지점 간의 거리를 2[m](수직으로 붙일 경우에는 6[m]) 이하로 하고 또한 피복을 손상하지 아니하도록 붙일 것
㉣ 관, 기타의 케이블을 넣는 방호장치의 금속제 부분·금속제의 전선 접속함 및 케이블의 피복에 사용하는 금속제에는 이들의 방식조치를 한 부분 및 대지와의 사이의 전기저항값이 10[Ω] 이하인 부분을 제외하고 접지공사를 할 것

중 제4장 발전소, 변전소, 개폐소 및 기계기구 시설보호

91 발전기를 전로로부터 자동적으로 차단하는 장치를 시설하여야 하는 경우에 해당되지 않는 것은?

① 발전기에 과전류가 생긴 경우
② 용량이 5000[kVA] 이상인 발전기의 내부에 고장이 생긴 경우
③ 용량이 500[kVA] 이상의 발전기를 구동하는 수차의 압유장치의 유압이 현저히 저하한 경우
④ 용량이 100[kVA] 이상의 발전기를 구동하는 풍차의 압유장치의 유압, 압축공기장치의 공기압이 현저히 저하한 경우

해설 발전기 등의 보호장치(KEC 351.3)

다음의 경우 자동적으로 이를 전로로부터 자동차단하는 장치를 하여야 한다.
㉠ 발전기에 과전류나 과전압이 생기는 경우
㉡ 500[kVA] 이상 : 수차의 압유장치의 유압 또는 전동식 제어장치(가이드밴, 니들, 디플렉터 등)의 전원전압이 현저하게 저하한 경우
㉢ 100[kVA] 이상 : 발전기를 구동하는 풍차의 압유장치의 유압, 압축공기장치의 공기압 또는 전동식 블레이드 제어장치의 전원전압이 현저히 저하한 경우
㉣ 2000[kVA] 이상 : 수차발전기의 스러스트 베어링의 온도가 현저하게 상승하는 경우
㉤ 10000[kVA] 이상 : 발전기 내부고장이 생긴 경우
㉥ 출력 10000[kW] 넘는 증기터빈의 스러스트 베어링이 현저하게 마모되거나 온도가 현저히 상승하는 경우

중 제2장 저압설비 및 고압·특고압설비

92 고압 옥내배선이 수관과 접근하여 시설되는 경우에는 몇 [cm] 이상 이격시켜야 하는가?

① 15　　　　② 30
③ 45　　　　④ 60

해설 고압 옥내배선 등의 시설(KEC 342.1)

고압 옥내배선과 수관·가스관이나 이와 유사한 것 사이의 이격거리는 0.15[m](애자사용배선에 의하여 시설하는 저압 옥내전선이 나전선인 경우에는 0.3[m], 가스계량기 및 가스관의 이음부와 전력량계 및 개폐기와는 0.6[m]) 이상이어야 한다.

상 제1장 공통사항

93 최대사용전압이 22900[V]인 3상 4선식 중성선 다중접지식 전로와 대지 사이의 절연내력 시험전압은 몇 [V]인가?

① 32510　　　② 28752
③ 25229　　　④ 21068

해설 전로의 절연저항 및 절연내력(KEC 132)

최대사용전압이 25000[V] 이하, 중성점 다중접지식일 때 시험전압은 최대사용전압의 0.92배를 가해야 한다.
시험전압 $E = 22900 \times 0.92 = 21068[V]$

중 제2장 저압설비 및 고압·특고압설비

94 라이팅덕트공사에 의한 저압 옥내배선공사 시설기준으로 틀린 것은?

① 덕트의 끝부분은 막을 것
② 덕트는 조영재에 견고하게 붙일 것
③ 덕트는 조영재를 관통하여 시설할 것
④ 덕트의 지지점 간의 거리는 2[m] 이하로 할 것

해설 라이팅덕트공사(KEC 232.71)

㉠ 덕트 상호 간 및 전선 상호 간은 견고하게 또한 전기적으로 완전히 접속할 것
㉡ 덕트는 조영재에 견고하게 붙일 것
㉢ 덕트의 지지점 간의 거리는 2[m] 이하로 할 것
㉣ 덕트의 끝부분은 막을 것
㉤ 덕트는 조영재를 관통하여 시설하지 아니할 것
㉥ 덕트를 사람이 용이하게 접촉할 우려가 있는 장소에 시설하는 경우에는 전로에 지락이 생겼을 때에 자동적으로 전로를 차단하는 장치를 시설할 것

상 제2장 저압설비 및 고압·특고압설비

95 금속덕트공사에 의한 저압 옥내배선에서 금속덕트에 넣은 전선의 단면적의 합계는 일반적으로 덕트 내부 단면적의 몇 [%] 이하이어야 하는가? (단, 전광표시장치·출퇴표시등, 기타 이와 유사한 장치 또는 제어회로 등의 배선만을 넣는 경우에는 50 [%]이다.)

① 20　　　　② 30
③ 40　　　　④ 50

해설 금속덕트공사(KEC 232.31)

㉠ 전선은 절연전선일 것(옥외용 비닐절연전선은 제외)
㉡ 금속덕트에 넣은 전선의 단면적(절연피복의 단면적을 포함)의 합계는 덕트의 내부 단면적의 20[%](전광표시장치, 기타 이와 유사한 장치 또는 제어회로 등의 배선만을 넣는 경우에는 50[%]) 이하일 것
㉢ 금속덕트 안에는 전선에 접속점이 없도록 할 것
㉣ 폭이 40[mm] 이상, 두께가 1.2[mm] 이상인 철판 또는 동등 이상의 기계적 강도를 가지는 금속제의 것으로 견고하게 제작한 것일 것
㉤ 안쪽 면은 전선의 피복을 손상시키는 돌기가 없는 것일 것
㉥ 덕트의 지지점 간의 거리는 3[m](취급자 이외의 자가 출입할 수 없도록 설비한 곳에서 수직으로 붙이는 경우에는 6[m]) 이하로 할 것

상 제3장 전선로

96 지중전선로에 사용하는 지중함의 시설기준으로 틀린 것은?

① 조명 및 세척이 가능한 적당한 장치를 시설할 것
② 견고하고 차량, 기타 중량물의 압력에 견디는 구조일 것
③ 그 안의 고인 물을 제거할 수 있는 구조로 되어 있을 것
④ 뚜껑은 시설자 이외의 자가 쉽게 열 수 없도록 시설할 것

해설 지중함의 시설(KEC 334.2)

㉠ 지중함은 견고하고 차량, 기타 중량물의 압력에 견디는 구조일 것
㉡ 지중함은 그 안의 고인 물을 제거할 수 있는 구조로 되어 있을 것

정답 92 ① 93 ④ 94 ③ 95 ① 96 ①

ⓒ 폭발성 또는 연소성의 가스가 침입할 우려가 있는 것에 시설하는 지중함으로서 그 크기가 1[m³] 이상인 것에는 통풍장치, 기타 가스를 방산시키기 위한 적당한 장치를 시설할 것

ⓔ 지중함의 뚜껑은 시설자 이외의 자가 쉽게 열 수 없도록 시설할 것

하 | 제3장 전선로

97 철탑의 강도 계산에 사용하는 이상 시 상정하중을 계산하는 데 사용되는 것은?

① 미진에 의한 요동과 철구조물의 인장하중
② 뇌가 철탑에 가하여졌을 경우의 충격하중
③ 이상전압이 전선로에 내습하였을 때 생기는 충격하중
④ 풍압이 전선로에 직각방향으로 가하여지는 경우의 하중

해설 이상 시 상정하중(KEC 333.14)

철탑의 강도 계산에 사용하는 이상 시 상정하중은 풍압이 전선로에 직각방향으로 가해지는 경우의 하중과 전선로의 방향으로 가해지는 경우의 하중을 전선 및 가섭선의 절단으로 인한 불평균하중을 계산하여 각 부재에 대한 이들의 하중 중 그 부재에 큰 응력이 생기는 쪽의 하중을 채택하는 것으로 한다.

정답 97 ④

제1과목 **전기자기학**

상 제8장 전류의 자기현상

01 진공 중에서 한 변이 a[m]인 정사각형 단일 코일이 있다. 코일에 I[A]의 전류를 흘릴 때 정사각형 중심에서 자계의 세기는 몇 [AT/m]인가?

① $\dfrac{2\sqrt{2}\,I}{\pi a}$ ② $\dfrac{I}{\sqrt{2}\,a}$

③ $\dfrac{I}{2a}$ ④ $\dfrac{4I}{a}$

해설

한 변의 길이가 a[m]인 도체(코일)에 전류를 흘렸을 경우 도체 중심에서의 자계의 세기는 다음과 같다.

도체의 종류	도체 중심에서의 자계의 세기
정사각형 도체	$H=\dfrac{2\sqrt{2}\,I}{\pi a}$[AT/m]
정삼각형 도체	$H=\dfrac{9I}{2\pi a}$[AT/m]
정육각형 도체	$H=\dfrac{\sqrt{3}\,I}{\pi a}$[AT/m]
정n각형 도체	$H=\dfrac{nI}{2\pi R}\tan\dfrac{\pi}{n}$[AT/m]

상 제9장 자성체와 자기회로

02 단면적 S, 길이 l, 투자율 μ인 자성체의 자기회로에 권선을 N회 감아서 I의 전류를 흐르게 할 때 자속은?

① $\dfrac{\mu SI}{Nl}$ ② $\dfrac{\mu NI}{Sl}$

③ $\dfrac{NIl}{\mu S}$ ④ $\dfrac{\mu SNI}{l}$

해설 자기회로의 옴의 법칙

$$\phi=\frac{F}{R_m}=\frac{IN}{\dfrac{l}{\mu S}}=\frac{\mu SNI}{l}\text{[Wb]}$$

여기서, 기자력 $F=IN$[AT]

자기저항 $R_m=\dfrac{l}{\mu S}$[AT/Wb]

상 제8장 전류의 자기현상

03 자속밀도가 0.3[Wb/m^2]인 평등자계 내에 5[A]의 전류가 흐르는 길이 2[m]인 직선도체가 있다. 이 도체를 자계 방향에 대하여 60°의 각도로 놓았을 때 이 도체가 받는 힘은 약 몇 [N]인가?

① 1.3 ② 2.6

③ 4.7 ④ 5.2

해설 플레밍의 왼손법칙

자기장 속에 있는 도선에 전류가 흐르면 도선에는 전자력이 발생된다.

∴ 전자력 $F=IBl\sin\theta$
$=5\times0.3\times2\times\sin60°$
$=2.6$[N]

상 제4장 유전체

04 어떤 대전체가 진공 중에서 전속이 Q[C]이었다. 이 대전체를 비유전율 10인 유전체 속으로 가져갈 경우에 전속[C]은?

① Q ② $10Q$

③ $\dfrac{Q}{10}$ ④ $10\varepsilon_0 Q$

해설

전속=전하량. 전속수는 유전체에 관계가 없이 항상 일정하다.

정답 01 ① 02 ④ 03 ② 04 ①

상 제2장 진공 중의 정전계

05 30[V/m]의 전계 내의 80[V] 되는 점에서 1[C]의 전하를 전계 방향으로 80[cm] 이동한 경우, 그 점의 전위[V]는?

① 9　　　　　② 24

③ 30　　　　　④ 56

해설

㉠ A, B 사이의 전위차 : $V_{AB} = E \cdot d = 30 \times 0.8 = 24$[V]

㉡ 전계는 전위가 높은 점에서 낮은 점으로 향하므로 V_A 에서 A, B 사이의 전위차를 뺀 전위가 V_B가 된다.

∴ $V_B = V_A - V_{AB} = 80 - 24 = 56$[V]

중 제1장 벡터

06 다음 중 스토크스(Stokes)의 정리는?

① $\oint H \cdot ds = \iint_s (\nabla \cdot H) \cdot ds$

② $\int B \cdot ds = \int_s (\nabla \times H) \cdot ds$

③ $\oint_c H \cdot ds = \int (\nabla \cdot H) \cdot dl$

④ $\oint_c H \cdot dl = \int_s (\nabla \times H) \cdot ds$

해설

㉠ $\oint_c H \cdot dl = \int_s (\nabla \times H) \cdot ds$

㉡ $\int_s H \cdot ds = \int_v (\nabla \cdot H) \cdot ds$

상 제8장 전류의 자기현상

07 그림과 같이 평행한 무한장 직선도선에 I[A], $4I$[A]인 전류가 흐른다. 두 선 사이의 점 P에서 자계의 세기가 0이라고 하면 $\dfrac{a}{b}$ 는?

① 2

② 4

③ $\dfrac{1}{2}$

④ $\dfrac{1}{4}$

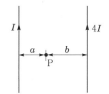

해설

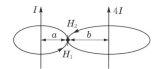

무한장 직선전류에 의한 자계 $H = \dfrac{I}{2\pi r}$ 에서 P점의 자계의 세기가 0이 되기 위해서는 $H_1 = H_2$ 가 성립되어야 하므로,

∴ $\dfrac{I}{2\pi a} = \dfrac{4I}{2\pi b}$ 에서 $\dfrac{a}{b} = \dfrac{1}{4}$

상 제6장 전류

08 정상전류계에서 옴의 법칙에 대한 미분형은? (단, i는 전류밀도, k는 도전율, ρ는 고유저항, E는 전계의 세기이다.)

① $i = kE$　　　　② $i = \dfrac{E}{k}$

③ $i = \rho E$　　　　④ $i = -kE$

해설

㉠ 옴의 법칙 $I = \dfrac{V}{R} = \dfrac{lE}{\dfrac{l}{kS}} = kES$[A]

㉡ 옴의 법칙의 미분형(전류밀도)

$i = \dfrac{dI}{dS} = kE = \dfrac{E}{\rho}$[A/m²]

하 제2장 진공 중의 정전계

09 진공 내의 점 (3, 0, 0)[m]에 4×10^{-9}[C]의 전하가 있다. 이때 점 (6, 4, 0)[m]의 전계의 크기는 약 몇 [V/m]이며, 전계의 방향을 표시하는 단위벡터는 어떻게 표시되는가?

① 전계의 크기 : $\dfrac{36}{25}$

　단위벡터 : $\dfrac{1}{5}(3a_x + 4a_y)$

② 전계의 크기 : $\dfrac{36}{125}$

　단위벡터 : $3a_x + 4a_y$

③ 전계의 크기 : $\dfrac{36}{25}$

　단위벡터 : $a_x + a_y$

④ 전계의 크기 : $\dfrac{36}{125}$

　단위벡터 : $\dfrac{1}{5}(a_x + a_y)$

정답 05 ④　06 ④　07 ④　08 ①　09 ①

해설

ㄱ 변위벡터 : $\vec{r} = (6-3)a_x + (4-0)a_y + (0-0)a_z$
$= 3a_x + 4a_y$[m]

ㄴ 단위벡터 : $\vec{r_0} = \dfrac{\vec{r}}{r} = \dfrac{3a_x + 4a_y}{\sqrt{3^2+4^2}} = \dfrac{3a_x + 4a_y}{5}$

ㄷ 전계의 세기 : $E = \dfrac{Q}{4\pi\varepsilon_0 r^2}$

$= 9\times10^9 \times \dfrac{4\times10^{-9}}{5^2}$

$= \dfrac{36}{25}$[V/m]

여기서, 쿨롱의 상수 $k = \dfrac{1}{4\pi\varepsilon_0} = 9\times10^9$

하 제2장 진공 중의 정전계

10 전속밀도 $D = X^2 i + Y^2 j + Z^2 k$[C/m²]를 발생시키는 점 (1, 2, 3)에서의 체적전하밀도는 몇 [C/m³]인가?

① 12
② 13
③ 14
④ 15

해설

가우스정리 $\operatorname{div} D = \rho$ 에 의해 체적전하밀도를 구할 수 있다.

$\operatorname{div} D = \nabla \cdot D$

$= \left(\dfrac{\partial}{\partial x}i + \dfrac{\partial}{\partial y}j + \dfrac{\partial}{\partial z}k\right) \cdot (X^2 i + Y^2 j + Z^2 k)$

$= \dfrac{\partial}{\partial x}X^2 + \dfrac{\partial}{\partial y}Y^2 + \dfrac{\partial}{\partial z}Z^2$

$= (2X + 2Y + 2Z) \begin{vmatrix} X=1 \\ Y=2 \\ Z=3 \end{vmatrix}$

$= 2\times1 + 2\times2 + 2\times3 = 12$[C/m³]

상 제2장 진공 중의 정전계

11 다음 식 중에서 틀린 것은?

① $E = -\operatorname{grad} V$

② $\displaystyle\int_s E \cdot nds = \dfrac{Q}{\varepsilon_0}$

③ $\operatorname{grad} V = i\dfrac{\partial^2 V}{\partial x^2} + j\dfrac{\partial^2 V}{\partial y^2} + k\dfrac{\partial^2 V}{\partial z^2}$

④ $V = \displaystyle\int_p^\infty E \cdot dl$

해설

ㄱ 전위경도 : $E = -\operatorname{grad} V$

$= -\nabla V$

$= -\left(\dfrac{\partial}{\partial x}i + \dfrac{\partial}{\partial y}j + \dfrac{\partial}{\partial z}k\right)V$

ㄴ 가우스정리 : $\operatorname{div} D = \rho$(미분형)

$\displaystyle\int_s E \cdot n\, ds = \dfrac{Q}{\varepsilon_0}$(적분형)

ㄷ 전위의 정의식 : $V = -\displaystyle\int_\infty^p E \cdot dl$

$= \displaystyle\int_p^\infty E \cdot dl$

하 제6장 전류

12 도전율 σ인 도체에서 전장 E에 의해 전류밀도 J가 흘렀을 때 이 도체에서 소비되는 전력을 표시한 식은?

① $\displaystyle\int_v E \cdot J dv$
② $\displaystyle\int_v E \times J dv$
③ $\dfrac{1}{\sigma}\displaystyle\int_v E \cdot J dv$
④ $\dfrac{1}{\sigma}\displaystyle\int_v E \times J dv$

해설 소비전력(유효전력)

$P = VI = dEJs = EJV = \displaystyle\int_v E \cdot J dv$

여기서, 전위차 $V = dE$[V], 전류 $I = Js$[A]

상 제7장 진공 중의 정자계

13 자극의 세기가 8×10^{-6}[Wb], 길이가 3[cm]인 막대자석을 120[AT/m]의 평등자계 내에 자력선과 30°의 각도로 놓으면 이 막대자석이 받는 회전력은 몇 [N·m]인가?

① 1.44×10^{-4}
② 1.44×10^{-5}
③ 3.02×10^{-4}
④ 3.02×10^{-5}

해설 막대자석이 받는 회전력

$T = mlH\sin\theta$[N·m]

$= 8\times10^{-6} \times 0.03 \times 120 \times \sin30°$

$= 1.44\times10^{-5}$[N·m]

상 제9장 자성체와 자기회로

14 자기회로와 전기회로의 대응으로 틀린 것은?

① 자속 ↔ 전류
② 기자력 ↔ 기전력
③ 투자율 ↔ 유전율
④ 자계의 세기 ↔ 전계의 세기

정답   10 ①   11 ③   12 ①   13 ②   14 ③

해설 전기회로와 자기회로의 대응관계

전기회로	자기회로
기전력 : V[V]	기자력 : $F = IN$[AT]
전기저항 : $R = \dfrac{l}{kS} = \rho\dfrac{l}{S}$[Ω]	자기저항 : $R_m = \dfrac{l}{\mu S} = \dfrac{F}{\phi}$[AT/Wb]
옴의 법칙(전류) : $I = \dfrac{V}{R} = \dfrac{lE}{\dfrac{l}{kS}} = kES$[A]	옴의 법칙(자속) : $\phi = \dfrac{F}{R_m} = \dfrac{\mu SNI}{l}$
전류밀도 : $i = \dfrac{I}{S} = kE = \dfrac{E}{\rho}$[A/m²]	자속밀도 : $B = \dfrac{\phi}{S} = \mu\dfrac{NI}{l}$ $= \mu H$[Wb/m²]

상 제11장 인덕턴스

15 자기인덕턴스의 성질을 옳게 표현한 것은?

① 항상 0이다.
② 항상 정(正)이다.
③ 항상 부(負)이다.
④ 유도되는 기전력에 따라 정(正)도 되고 부(負)도 된다.

해설

인덕턴스 L은 부(負)값이 없다.

상 제12장 전자계

16 진공 중에서 빛의 속도와 일치하는 전자파의 전파속도를 얻기 위한 조건으로 옳은 것은?

① $\varepsilon_r = 0$, $\mu_r = 0$
② $\varepsilon_r = 1$, $\mu_r = 1$
③ $\varepsilon_r = 0$, $\mu_r = 1$
④ $\varepsilon_r = 1$, $\mu_r = 0$

해설

전자파의 속도 $v = \dfrac{1}{\sqrt{\varepsilon\mu}} = \dfrac{3\times10^8}{\sqrt{\varepsilon_r\mu_r}}$[m/s]이므로 전자파의 속도가 빛의 속도와 같기 위해서는 $\varepsilon_r = \mu_r = 1$이 되어야 한다.

상 제11장 인덕턴스

17 4[A] 전류가 흐르는 코일과 쇄교하는 자속수가 4[Wb]이다. 이 전류회로에 축적되어 있는 자기에너지[J]는?

① 4
② 2
③ 8
④ 16

해설 코일에 저장되는 자기에너지

$$W_L = \frac{1}{2}LI^2 = \frac{1}{2}\Phi I\text{[J]}$$

(여기서, 쇄교자속 $\Phi = LI$)

$$\therefore\ W_L = \frac{1}{2}\Phi I = \frac{1}{2}\times4\times4 = 8\text{[J]}$$

하 제6장 전류

18 유전율이 ε, 도전율이 σ, 반경이 r_1, r_2 ($r_1 < r_2$), 길이가 l인 동축케이블에서 저항 R은 얼마인가?

① $\dfrac{2\pi rl}{\ln\dfrac{r_2}{r_1}}$
② $\dfrac{2\pi\varepsilon l}{\dfrac{1}{r_1} - \dfrac{1}{r_2}}$
③ $\dfrac{1}{2\pi\sigma l}\ln\dfrac{r_2}{r_1}$
④ $\dfrac{1}{2\pi rl}\ln\dfrac{r_2}{r_1}$

해설

㉠ 동축케이블의 정전용량

$$C = \frac{Q}{V} = \frac{\lambda l}{V} = \frac{2\pi\varepsilon}{\ln\dfrac{r_2}{r_1}}\text{[F/m]} = \frac{2\pi\varepsilon l}{\ln\dfrac{r_2}{r_1}}\text{[F]}$$

㉡ 동축케이블의 절연저항

$$R = \frac{\rho}{2\pi}\ln\frac{r_2}{r_1} = \frac{1}{2\pi\sigma}\ln\frac{r_2}{r_1}\text{[Ω/m]}$$
$$= \frac{1}{2\pi\sigma l}\ln\frac{r_2}{r_1}\text{[Ω]}$$

상 제11장 인덕턴스

19 어떤 환상솔레노이드의 단면적이 S이고, 자로의 길이가 l, 투자율이 μ라고 한다. 이 철심에 균등하게 코일을 N회 감고 전류를 흘렸을 때 자기인덕턴스에 대한 설명으로 옳은 것은?

① 투자율 μ에 반비례한다.
② 권선수 N^2에 비례한다.
③ 자로의 길이 l에 비례한다.
④ 단면적 S에 반비례한다.

정답　15 ②　16 ②　17 ③　18 ③　19 ②

해설

자기인덕턴스 $L = \dfrac{\mu S N^2}{l}$ [H]이므로 권선수 제곱에 비례한다.

상 제4장 유전체

20 상이한 매질의 경계면에서 전자파가 만족해야 할 조건이 아닌 것은? (단, 경계면은 두 개의 무손실 매질 사이이다.)

① 경계면의 양측에서 전계의 접선성분은 서로 같다.
② 경계면의 양측에서 자계의 접선성분은 서로 같다.
③ 경계면의 양측에서 자속밀도의 접선성분은 서로 같다.
④ 경계면의 양측에서 전속밀도의 법선성분은 서로 같다.

해설 자성체 경계면의 특징

㉠ 자속밀도는 법선성분이 같다($B_1\cos\theta_1 = B_2\cos\theta_2$).
㉡ 자계의 접선성분은 같다($H_1\sin\theta_1 = H_2\sin\theta_2$).
㉢ 자기력선은 투자율이 큰 곳으로 더 크게 굴절한다 $\left(\dfrac{\tan\theta_1}{\tan\theta_2} = \dfrac{\mu_1}{\mu_2}\right)$.
㉣ 양측 경계면상의 두 점 간의 자위차는 같다.
㉤ 자속밀도는 투자율이 큰 곳으로, 자계는 투자율이 작은 곳으로 모인다.

제2과목 **전력공학**

중 제3장 선로정수 및 코로나현상

21 단도체방식과 비교하여 복도체방식의 송전선로를 설명한 것으로 틀린 것은?

① 선로의 송전용량이 증가된다.
② 계통의 안정도를 증진시킨다.
③ 전선의 인덕턴스가 감소하고, 정전용량이 증가된다.
④ 전선 표면의 전위경도가 저감되어 코로나 임계전압을 낮출 수 있다.

해설 복도체나 다도체를 사용할 때 특성

㉠ 인덕턴스는 감소하고 정전용량은 증가한다.
㉡ 같은 단면적의 단도체에 비해 전류용량이 증대된다.
㉢ 안정도가 증가하여 송전용량이 증가한다.
㉣ 등가반경이 커져 코로나 임계전압의 상승으로 코로나 현상이 방지된다.

중 제11장 발전

22 유효낙차 100[m], 최대사용수량 20[m³/s], 수차효율 70[%]인 수력발전소의 연간 발전 전력량은 약 몇 [kWh]인가? (단, 발전기의 효율은 85[%]라고 한다.)

① 2.5×10^7 ② 5×10^7
③ 10×10^7 ④ 20×10^7

해설

수력발전소 출력 $P = 9.8 H Q \eta$[kW]
여기서, H : 유효낙차[m]
　　　　Q : 유량[m³/s]
　　　　η : 효율
$P = 9.8 H Q \eta$
$\quad = 9.8 \times 100 \times 20 \times 0.7 \times \underbrace{0.85 \times 24 \times 365}_{\text{연간 발전전력량}}$
$\quad \fallingdotseq 10 \times 10^7$[kWh]

상 제10장 배전선로 계산

23 부하역률이 $\cos\theta$인 경우 배전선로의 전력손실은 같은 크기의 부하전력으로 역률이 1인 경우의 전력손실에 비하여 어떻게 되는가?

① $\dfrac{1}{\cos\theta}$ ② $\dfrac{1}{\cos^2\theta}$
③ $\cos\theta$ ④ $\cos^2\theta$

해설

선로에 흐르는 전류 $I = \dfrac{P}{\sqrt{3}\,V\cos\theta}$[A]

전력손실 $P_c = 3I^2 r$
$\quad = 3\left(\dfrac{P}{\sqrt{3}\,V\cos\theta}\right)^2 r$
$\quad = \dfrac{P^2}{V^2\cos^2\theta} \times \dfrac{\rho l}{A}$
$\quad = \dfrac{\rho l P^2}{A V^2 \cos^2\theta}$[kW]

∴ 전력손실 $P_c \propto \dfrac{1}{\cos^2\theta}$

정답 **20** ③ **21** ④ **22** ③ **23** ②

중 제8장 송전선로 보호방식

24 선택지락계전기의 용도를 옳게 설명한 것은?

① 단일 회선에서 지락고장회선의 선택 차단
② 단일 회선에서 지락전류의 방향 선택 차단
③ 병행 2회선에서 지락고장회선의 선택 차단
④ 병행 2회선에서 지락고장의 지속시간 선택 차단

해설 선택지락계전기(SGR)

병행 2회선 송전선로에서 지락사고 시 고장회선만을 선택·차단할 수 있게 하는 계전기이다.

중 제1장 전력계통

25 직류송전방식에 관한 설명으로 틀린 것은?

① 교류송전방식보다 안정도가 낮다.
② 직류계통과 연계운전 시 교류계통의 차단용량은 작아진다.
③ 교류송전방식에 비해 절연계급을 낮출 수 있다.
④ 비동기연계가 가능하다.

해설 직류송전방식(HVDC)의 장점

㉠ 비동기연계가 가능하다.
㉡ 리액턴스 강하가 없어 안정도가 높다.
㉢ 절연비가 저감되고 코로나에 유리하다.
㉣ 유전체손이나 연피손이 없다.
㉤ 고장전류가 적어 계통 확충이 가능하다.

하 제11장 발전

26 터빈(turbine)의 임계속도란?

① 비상조속기를 동작시키는 회전수
② 회전자의 고유진동수와 일치하는 위험 회전수
③ 부하를 급히 차단하였을 때의 순간 최대회전수
④ 부하차단 후 자동적으로 정정된 회전수

해설

회전자의 회전 시 발생하는 고유진동수와 회전속도에 따른 진동수가 일치하여 공진이 발생될 수 있는 상태의 회전속도를 임계속도라 한다.

하 제7장 이상전압 및 유도장해

27 변전소, 발전소 등에 설치하는 피뢰기에 대한 설명 중 틀린 것은?

① 방전전류는 뇌충격전류의 파고값으로 표시한다.
② 피뢰기의 직렬갭은 속류를 차단 및 소호하는 역할을 한다.
③ 정격전압은 상용주파수 정현파 전압의 최고한도를 규정한 순시값이다.
④ 속류란 방전현상이 실질적으로 끝난 후에도 전력계통에서 피뢰기에 공급되어 흐르는 전류를 말한다.

해설 피뢰기 정격전압

㉠ 속류를 차단하는 최고의 교류전압
㉡ 선로단자와 접지단자 간에 인가할 수 있는 상용주파 최대허용전압
피뢰기 정격전압 $V_n = \alpha \beta V_m [\mathrm{V}]$
여기서, α : 접지계수
  β : 유도계수
  V_m : 공칭전압

상 제2장 전선로

28 아킹혼(arcing horn)의 설치목적은?

① 이상전압 소멸
② 전선의 진동방지
③ 코로나 손실방지
④ 섬락사고에 대한 애자보호

해설 아킹혼, 아킹링의 사용목적

㉠ 뇌격으로 인한 섬락사고 시 애자련을 보호한다.
㉡ 애자련의 전압분담을 균등화한다.
㉢ 코로나 발생의 억제 및 애자의 열적 파괴를 방지한다.

중 제4장 송전 특성 및 조상설비

29 일반 회로정수가 A, B, C, D이고 송전단 전압이 E_S인 경우 무부하 시 수전단 전압은?

① $\dfrac{E_S}{A}$
② $\dfrac{E_S}{B}$
③ $\dfrac{A}{C}E_S$
④ $\dfrac{C}{A}E_S$

정답 24 ③ 25 ① 26 ② 27 ③ 28 ④ 29 ①

해설

송전선의 무부하 시 수전단전류 $I_R = 0$이므로 송전단전압
$E_S = AE_R + BI_R$에서 $E_S = AE_R + B \times 0 = AE_R$

수전단전압 $E_R = \dfrac{E_S}{A}$

상 제5장 고장 계산 및 안정도

30 10000[kVA] 기준으로 등가 임피던스가 0.4[%]인 발전소에 설치될 차단기의 차단 용량은 몇 [MVA]인가?

① 1000
② 1500
③ 2000
④ 2500

해설

차단용량 $P_s = \dfrac{100}{\%Z} \times P_n$[MVA]

여기서, P_n : 기준용량

차단기 차단용량 $P_s = \dfrac{100}{\%Z} \times P_n$
$= \dfrac{100}{0.4} \times 10000 \times 10^{-3}$
$= 2500$[MVA]

중 제8장 송전선로 보호방식

31 변전소에서 접지를 하는 목적으로 적절하지 않은 것은?

① 기기의 보호
② 근무자의 안전
③ 차단 시 아크의 소호
④ 송전시스템의 중성점 접지

해설 접지공사를 하는 목적

㉠ 인체보호 : 현장 근무자의 감전사고부터 보호한다.
㉡ 기기보호 : 발전기 및 변압기 등의 기기를 보호한다.
㉢ 계통보호 : 중성점 접지방식을 통한 선로 및 기기의 고장을 억제한다.

상 제4장 송전 특성 및 조상설비

32 중거리 송전선로의 T형 회로에서 송전단 전류 I_s는? (단, Z, Y는 선로의 직렬 임피던스와 병렬 어드미턴스이고, E_r은 수전단 전압, I_r은 수전단전류이다.)

① $E_r\left(1 + \dfrac{ZY}{2}\right) + ZI_r$

② $I_r\left(1 + \dfrac{ZY}{2}\right) + E_r Y$

③ $E_r\left(1 + \dfrac{ZY}{2}\right) + ZI_r\left(1 + \dfrac{ZY}{4}\right)$

④ $I_r\left(1 + \dfrac{ZY}{2}\right) + E_r Y\left(1 + \dfrac{ZY}{4}\right)$

해설 중거리 송전선로의 T형 회로

$$\begin{bmatrix} E_s \\ I_s \end{bmatrix} = \begin{bmatrix} 1 + \dfrac{ZY}{2} & Z\left(1 + \dfrac{XY}{4}\right) \\ Y & 1 + \dfrac{ZY}{2} \end{bmatrix} \begin{bmatrix} E_r \\ I_r \end{bmatrix}$$

송전단전압 $E_s = \left(1 + \dfrac{ZY}{2}\right)E_r + Z\left(1 + \dfrac{ZY}{4}\right)I_r$

송전단전류 $I_s = YE_r + \left(1 + \dfrac{ZY}{2}\right)I_r$

중 제10장 배전선로 계산

33 한 대의 주상변압기에 역률(뒤짐) $\cos\theta_1$, 유효전력 P_1[kW]의 부하와 역률(뒤짐) $\cos\theta_2$, 유효전력 P_2[kW]의 부하가 병렬로 접속되어 있을 때 주상변압기 2차측에서 본 부하의 종합역률은 어떻게 되는가?

① $\dfrac{P_1 + P_2}{\dfrac{P_1}{\cos\theta_1} + \dfrac{P_2}{\cos\theta_2}}$

② $\dfrac{P_1 + P_2}{\dfrac{P_1}{\sin\theta_1} + \dfrac{P_2}{\sin\theta_2}}$

③ $\dfrac{P_1 + P_2}{\sqrt{(P_1 + P_2)^2 + (P_1\tan\theta_1 + P_2\tan\theta_2)^2}}$

④ $\dfrac{P_1 + P_2}{\sqrt{(P_1 + P_2)^2 + (P_1\sin\theta_1 + P_2\sin\theta_2)^2}}$

해설

유효전력 $P = P_1 + P_2$[kW]
무효전력 $Q = Q_1 + Q_2 = P_1\tan\theta_1 + P_2\tan\theta_2$[kVA]

종합역률 $= \dfrac{\text{유효전력}}{\text{피상전력}}$

$= \dfrac{\text{유효전력}}{\sqrt{\text{유효전력}^2 + \text{무효전력}^2}}$

$= \dfrac{P_1 + P_2}{\sqrt{(P_1 + P_2)^2 + (P_1\tan\theta_1 + P_2\tan\theta_2)^2}}$

정답 30 ④ 31 ③ 32 ② 33 ③

중 제6장 중성점 접지방식

34 33[kV] 이하의 단거리 송배전선로에 적용되는 비접지방식에서 지락전류는 다음 중 어느 것을 말하는가?

① 누설전류
② 충전전류
③ 뒤진전류
④ 단락전류

해설

비접지방식에서 1선 지락고장 시 지락점에 흐르는 전류는 대지정전용량으로 흐르는 충전전류로서 90Ω 진상전류가 된다.

상 제2장 전선로

35 옥내배선의 전선굵기를 결정할 때 고려해야 할 사항으로 틀린 것은?

① 허용전류
② 전압강하
③ 배선방식
④ 기계적 강도

해설 전선굵기의 결정 시 고려사항

㉠ 허용전류
㉡ 전압강하
㉢ 기계적 강도

하 제9장 배전방식

36 고압 배전선로 구성방식 중 고장 시 자동적으로 고장개소의 분리 및 건전선로에 폐로하여 전력을 공급하는 개폐기를 가지며, 수요 분포에 따라 임의의 분기선으로부터 전력을 공급하는 방식은?

① 환상식
② 망상식
③ 뱅킹식
④ 가지식(수지식)

해설

환상식(루프) 배전은 선로고장 시 자동적으로 고장구간을 구분하여 정전구간을 줄이고 전압변동 및 전력손실이 적어지는 것이 장점이지만 시설비가 많이 들어 부하밀도가 높은 도심지의 번화가나 상가지역에 적당하다.

중 제5장 고장 계산 및 안정도

37 그림과 같은 2기 계통에 있어서 발전기에서 전동기로 전달되는 전력 P는? (단, $X = X_G + X_L + X_M$이고 E_G, E_M은 각각 발전기 및 전동기의 유기기전력, δ는 E_G와 E_M 간의 상차각이다.)

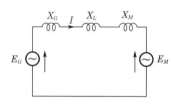

① $P = \dfrac{E_G}{XE_M} \sin\delta$

② $P = \dfrac{E_G E_M}{X} \sin\delta$

③ $P = \dfrac{E_G E_M}{X} \cos\delta$

④ $P = XE_G E_M \cos\delta$

해설

전달전력 $P = \dfrac{E_G E_M}{X} \sin\delta$ [MW]

여기서, E_G : 발전기 기전력[kV]
E_M : 전동기 기전력[kV]
X : 기기 및 선로리액턴스의 합[Ω]
δ : 발전기 및 전동기 기전력의 상차각

중 제1장 전력계통

38 전력계통 연계 시의 특징으로 틀린 것은?

① 단락전류가 감소한다.
② 경제 급전이 용이하다.
③ 공급신뢰도가 향상된다.
④ 사고 시 다른 계통으로의 영향이 파급될 수 있다.

해설 전력계통의 연계 시 특성

㉠ 부하 증가 시 전압 및 주파수의 변화가 적고 양질의 전력 공급이 가능하다.
㉡ 전력의 공급신뢰도가 증가하고 부하율이 향상된다.
㉢ 전력 공급 시 경제적 운용이 가능하다.
㉣ 배후전력이 커서 사고 시 고장전류가 크다.
㉤ 계통의 고장 시 사고범위가 확대될 수 있다.

정답 34 ② 35 ③ 36 ① 37 ② 38 ①

상 제8장 송전선로 보호방식

39 공통 중성선 다중접지방식의 배전선로에서 Recloser(R), Sectionalizer(S), Line Fuse(F)의 보호협조가 가장 적합한 배열은? (단, 보호협조는 변전소를 기준으로 한다.)

① S − F − R
② S − R − F
③ F − S − R
④ R − S − F

해설 가장 합리적인 보호협조

변전소 차단기−리클로저(recloser)−섹셔널라이저(section-alizer)−퓨즈(fuse)

상 제4장 송전 특성 및 조상설비

40 송전선의 특성임피던스와 전파정수는 어떤 시험으로 구할 수 있는가?

① 뇌파시험
② 정격부하시험
③ 절연강도 측정시험
④ 무부하시험과 단락시험

해설

송전선의 특성임피던스 및 전파정수를 구하기 위해 무부하시험과 단락시험을 한다.

제3과목 **전기기기**

상 제3장 변압기

41 단상변압기의 병렬운전 시 요구사항으로 틀린 것은?

① 극성이 같을 것
② 정격출력이 같을 것
③ 정격전압과 권수비가 같을 것
④ 저항과 리액턴스의 비가 같을 것

해설 변압기의 병렬운전조건

㉠ 변압기의 극성이 일치할 것
㉡ 권수비가 같고 1차 및 2차의 정격전압이 같을 것

㉢ 퍼센트 임피던스의 크기가 같을 것
㉣ 퍼센트 저항강하 및 퍼센트 리액턴스강하의 비가 같을 것
㉤ 3상 변압기는 상회전방향 및 각 변위가 같을 것

중 제4장 유도기

42 유도전동기로 동기전동기를 기동하는 경우, 유도전동기의 극수는 동기전동기의 극수보다 2극 적은 것을 사용하는 이유로 옳은 것은? (단, s는 슬립이며 N_s는 동기속도이다.)

① 같은 극수의 유도전동기는 동기속도보다 sN_s만큼 늦으므로
② 같은 극수의 유도전동기는 동기속도보다 sN_s만큼 빠르므로
③ 같은 극수의 유도전동기는 동기속도보다 $(1-s)N_s$만큼 늦으므로
④ 같은 극수의 유도전동기는 동기속도보다 $(1-s)N_s$만큼 빠르므로

해설

동기전동기 기동 시 유도전동기를 이용할 경우 유도전동기가 sN_s만큼 동기전동기보다 늦게 회전하므로 동기전동기보다 2극 적은 유도전동기를 사용하여 기동한다.

중 제2장 동기기

43 동기발전기에 회전계자형을 사용하는 경우에 대한 이유로 틀린 것은?

① 기전력의 파형을 개선한다.
② 전기자가 고정자이므로 고압 대전류용에 좋고, 절연하기 쉽다.
③ 계자가 회전자이지만 저압 소용량의 직류이므로 구조가 간단하다.
④ 전기자보다 계자극을 회전자로 하는 것이 기계적으로 튼튼하다.

해설 동기발전기를 회전계자형으로 하는 이유

㉠ 기계적으로 튼튼하다.
㉡ 직류소요전력이 작고 절연이 용이하다.
㉢ 전기자권선은 Y결선으로 복잡하고 고압을 유기한다.

정답 39 ④ 40 ④ 41 ② 42 ① 43 ①

상 제2장 동기기

44 3상 동기발전기의 매극 매상의 슬롯수를 3이라 할 때, 분포권계수는?

① $6\sin\dfrac{\pi}{18}$ ② $3\sin\dfrac{\pi}{36}$

③ $\dfrac{1}{6\sin\dfrac{\pi}{18}}$ ④ $\dfrac{1}{12\sin\dfrac{\pi}{36}}$

해설

분포권계수 $K_d = \dfrac{\sin\dfrac{\pi}{2m}}{q\sin\dfrac{\pi}{2mq}}$

여기서, m : 상수, q : 매극 매상당 슬롯수, $\pi = 180°$

분포권계수 $K_d = \dfrac{\sin\dfrac{\pi}{2m}}{3q\sin\dfrac{\pi}{2mq}} = \dfrac{\sin\dfrac{\pi}{6}}{3\sin\dfrac{\pi}{2\times9}}$

$= \dfrac{\dfrac{1}{2}}{3\sin\dfrac{\pi}{18}} = \dfrac{1}{6\sin\dfrac{\pi}{18}}$

중 제3장 변압기

45 변압기의 누설리액턴스를 나타낸 것은? (단, N은 권수이다.)

① N에 비례   ② N^2에 반비례

③ N^2에 비례   ④ N에 반비례

해설

인덕턴스 $L = \dfrac{\mu N^2 A}{l}$[H]

누설리액턴스 $X_l = \omega L = 2\pi f \dfrac{\mu N^2 A}{l}$ 이므로 누설리액턴스는 변압기권수의 제곱에 비례한다.

하 제6장 특수기기

46 가정용 재봉틀, 소형 공구, 영사기, 치과의료용, 엔진 등에 사용하고 있으며 교류, 직류 양쪽 모두에 사용되는 만능전동기는?

① 전기동력계
② 3상 유도전동기
③ 차동복권전동기
④ 단상 직권정류자전동기

해설 단상 직권정류자전동기의 특성

㉠ 소형 공구 및 가전제품에 일반적으로 널리 이용되는 전동기이다.
㉡ 교류, 직류 양용으로 사용되는 교직 양용 전동기(universal motor)이다.
㉢ 믹서기, 재봉틀, 진공소제기, 휴대용 드릴, 영사기, 치과의료용 등에 사용한다.

하 제1장 직류기

47 정격전압 220[V], 무부하 단자전압 230[V], 정격출력이 40[kW]인 직류분권발전기의 계자저항이 22[Ω], 전기자반작용에 의한 전압강하가 5[V]라면 전기자회로의 저항[Ω]은 약 얼마인가?

① 0.026   ② 0.028
③ 0.035   ④ 0.042

해설

유기기전력 $E_a = V_n + I_a \cdot r_a + e_a$[V]

여기서, V_n : 정격전압, I_a : 전기자전류, r_a : 전기자저항, e_a : 전압강하

전기자전류 $I_a = I_n + I_f$

$= \dfrac{P}{V_n} + \dfrac{V_n}{r_f}$ (분권발전기의 경우 부하와 계자저항이 병렬이므로)

$= \dfrac{40\times10^3}{220} + \dfrac{220}{22}$

$= 191.82$[A]

무부하전압은 유기기전력과 같은 크기이므로
$V_0 = E_a = 230$[V]

전기자저항 $r_a = \dfrac{E_a - V_n - e_a}{I_a}$

$= \dfrac{230 - 220 - 5}{191.82}$

$= 0.026$[Ω]

중 제3장 변압기

48 전력용 변압기에서 1차에 정현파 전압을 인가하였을 때, 2차에 정현파 전압이 유기되기 위해서는 1차에 흘러들어가는 여자전류는 기본파 전류 외에 주로 몇 고조파 전류가 포함되는가?

① 제2고조파   ② 제3고조파
③ 제4고조파   ④ 제5고조파

정답 44 ③ 45 ③ 46 ④ 47 ① 48 ②

해설

변압기 1차측에 정현파 교류전압을 가하면 여자전류가 흐르고 정현파 자속이 발생한다. 실제 변압기 철심에서 히스테리시스현상으로 인해 자기포화현상으로 비정현파가 발생하는데 그중에 제3고조파가 다수 포함되어 있다.

하 제6장 특수기기

49 스텝각이 2°, 스테핑 주파수(pulse rate)가 1800[pps]인 스테핑 모터의 축속도[rps]는?

① 8
② 10
③ 12
④ 14

해설

스테핑 모터의 속도는 $n_m = \dfrac{1}{NP} n_{\text{pulse}}$에서 한 번의

펄스에 $\dfrac{1}{NP}$ 바퀴만큼 회전한다.

1펄스에 스텝각이 2Ω이고 1초당 1800펄스이므로
1초당 스텝각은 2Ω×1800=3600°

스테핑 모터의 회전속도 $n = \dfrac{3600°}{360°} = 10[\text{rps}]$

상 제3장 변압기

50 변압기에서 사용되는 변압기유의 구비조건으로 틀린 것은?

① 점도가 높을 것
② 응고점이 낮을 것
③ 인화점이 높을 것
④ 절연내력이 클 것

해설 **변압기유**

㉠ 변압기유의 사용목적 : 절연유지, 냉각작용
㉡ 변압기유가 갖추어야 할 조건
　• 절연내력이 높을 것
　• 점도가 낮을 것
　• 인화점이 높고 응고점이 낮을 것
　• 화학작용이 일어나지 않을 것
　• 변질하지 말 것
　• 비열이 커서 냉각효과가 클 것

상 제2장 동기기

51 동기발전기의 병렬운전 중 위상차가 생기면 어떤 현상이 발생하는가?

① 무효횡류가 흐른다.
② 무효전력이 생긴다.
③ 유효횡류가 흐른다.
④ 출력이 요동하고 권선이 가열된다.

해설 동기발전기의 병렬운전조건이 다를 경우 흐르는 전류

㉠ 유도기전력의 위상이 다를 경우 → 유효순환전류 (동기화전류)가 흐름
㉡ 유도기전력의 크기가 다를 경우 → 무효순환전류가 흐름
㉢ 유도기전력의 파형이 다를 경우 → 고조파 무효순환전류가 흐름

하 제4장 유도기

52 단상 유도전동기의 토크에 대한 2차 저항을 어느 정도 이상으로 증가시킬 때 나타나는 현상으로 옳은 것은?

① 역회전 가능
② 최대토크 일정
③ 기동토크 증가
④ 토크는 항상 (+)

해설 단상 유도전동기의 단상 제동

단상 전원을 공급하고 2차 저항을 증가시키면 역방향 토크가 발생하게 되고 이를 이용하여 제동방법으로 사용할 수 있다.

중 제1장 직류기

53 직류기에 관련된 사항으로 잘못 짝지어진 것은?

① 보극 – 리액턴스 전압 감소
② 보상권선 – 전기자반작용 감소
③ 전기자반작용 – 직류전동기 속도 감소
④ 정류기간 – 전기자 코일이 단락되는 기간

해설 **전기자반작용**

전기자권선에 흐르는 전류로 인해 발생하는 누설자속이 계자극의 주자속에게 영향을 미치게 하여 자속의 분포를 변화시키는 현상이다.

하 제4장 유도기

54 그림은 전원전압 및 주파수가 일정할 때의 다상 유도전동기의 특성을 표시하는 곡선이다. 1차 전류를 나타내는 곡선은 몇 번 곡선인가?

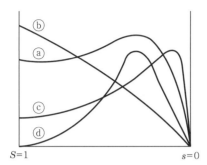

① ⓐ
② ⓑ
③ ⓒ
④ ⓓ

해설

슬립의 변화에 대한 속도특성곡선으로서 1차 전압을 일정하게 하고 슬립 또는 속도의 변화에 의해 각 성분의 변화를 나타낸다.
ⓐ : 토크
ⓑ : 1차 전류
ⓒ : 역률
ⓓ : 출력

중 제1장 직류기

55 직류발전기의 외부특성곡선에서 나타내는 관계로 옳은 것은?

① 계자전류와 단자전압
② 계자전류와 부하전류
③ 부하전류와 단자전압
④ 부하전류와 유기기전력

해설 직류발전기의 특성곡선

㉠ 무부하포화곡선 : 계자전류와 유기기전력(단자전압)과의 관계곡선
㉡ 부하포화곡선 : 계자전류와 단자전압과의 관계곡선
㉢ 외부특성곡선 : 부하전류와 단자전압과의 관계곡선
㉣ 위상특성곡선(V곡선) : 계자전류와 부하전류와의 관계곡선

중 제2장 동기기

56 동기전동기가 무부하운전 중에 부하가 걸리면 동기전동기의 속도는?

① 정지한다.
② 동기속도와 같다.
③ 동기속도보다 빨라진다.
④ 동기속도 이하로 떨어진다.

해설

무부하운전 중인 동기전동기에 일정 부하를 걸어주면 짧은 시간 동안 속도의 증감이 나타난 후 동기속도로 운전한다.

하 제1장 직류기

57 100[V], 10[A], 1500[rpm]인 직류분권발전기의 정격 시 계자전류는 2[A]이다. 이때 계자회로에는 10[Ω]의 외부저항이 삽입되어 있다. 계자권선의 저항[Ω]은?

① 20
② 40
③ 80
④ 100

해설

분권발전기의 경우 계자회로의 전압이 부하전압과 같으므로 $V_f = V_n = 100[V]$
계자권선전압 $V_f = I_f \cdot (r_f + R_f)$
여기서, I_f : 계자전류
$\quad\quad r_f$: 계자저항
$\quad\quad R_f$: 계자측 외부저항
계자권선의 저항 $r_f = \dfrac{V_f}{I_f} - R_f$
$$= \frac{100}{2} - 10$$
$$= 40[Ω]$$

중 제4장 유도기

58 50[Hz]로 설계된 3상 유도전동기를 60[Hz]에 사용하는 경우 단자전압을 110[%]로 높일 때 일어나는 현상으로 틀린 것은?

① 철손 불변
② 여자전류 감소
③ 온도상승 증가
④ 출력이 일정하면 유효전류 감소

정답 54 ② 55 ③ 56 ② 57 ② 58 ③

해설

주파수 50[Hz] → 60[Hz] 및 단자전압 100[%] → 110[%]의 변화 시

① 철손 $P_i \propto \dfrac{V_1^2}{f}$ 에서 $P_i : P_i' = \dfrac{100^2}{50} : \dfrac{110^2}{60}$,

$P_i' = 1.0083 P_i$로 거의 불변이다.

② 여자전류 $I_o = \dfrac{V_1}{\omega L} = \dfrac{V_1}{2\pi f L}$ 에서

$I_0 : I_0' = \dfrac{100}{50} : \dfrac{110}{60}$, $I_0' = 0.917 I_0$로 감소한다.

③ 철손이 거의 일정하므로 온도의 변화도 거의 없다.

④ 주파수가 50[Hz]에서 60[Hz]로 증가 시에 부하의 리액턴스가 증가하여 역률이 감소하므로 출력이 일정할 경우 무효전류가 증가한다.

상 **제1장 직류기**

59 직류기 발전기에서 양호한 정류(整流)를 얻는 조건으로 틀린 것은?

① 정류주기를 크게 할 것
② 리액턴스 전압을 크게 할 것
③ 브러시의 접촉저항을 크게 할 것
④ 전기자 코일의 인덕턴스를 작게 할 것

해설 양호한 정류를 위한 조건

㉠ 리액턴스 전압이 작을 것
㉡ 인덕턴스가 작을 것
㉢ 정류주기가 클 것
㉣ 전압정류 : 보극(리액턴스 전압 보상)
㉤ 저항정류 : 탄소브러시 → 접촉저항이 크다.

하 **제5장 정류기**

60 상전압 200[V]의 3상 반파정류회로의 각 상에 SCR을 사용하여 정류제어 할 때 위상각을 $\dfrac{\pi}{6}$로 하면 순저항부하에서 얻을 수 있는 직류전압[V]은?

① 90
② 180
③ 203
④ 234

해설

직류전압 $E_d = E_o \cos \alpha$
여기서, E_d : 3상 반파정류 시 직류전압
$E_d = 1.17 E \times \cos \alpha$
$= 1.17 \times 200 \times \cos \dfrac{\pi}{6}$
$= 203[V]$

제4과목 **회로이론 및 제어공학**

상 **제어공학 제2장 전달함수**

61 폐루프 전달함수 $\dfrac{G(s)}{1 + G(s)H(s)}$ 의 극의 위치를 개루프 전달함수 $G(s)H(s)$의 이득상수 K의 함수로 나타내는 기법은?

① 근궤적법
② 보드선도법
③ 이득선도법
④ Nyquist 판정법

해설

근궤적법은 특성근을 구하지 않고 복소평면 위에 개루프 전달함수 $G(s)H(s)$의 K를 영부터 무한대까지 변화시켜 K의 값에 따른 특성방정식의 근의 궤적을 그려 시스템을 해석하는 방법이다.

하 **제어공학 제6장 근궤적법**

62 블록선도 변환이 틀린 것은?

①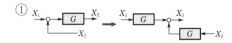

②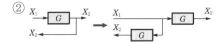

③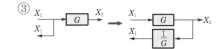

④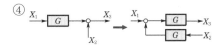

해설 블록선도 변환

변 환	본래의 선도	등가선도
직렬로 된 블록을 합하는 경우	$\xrightarrow{X_1} \boxed{G_1} \xrightarrow{X_2} \boxed{G_2} \xrightarrow{X_3}$	$\xrightarrow{X_1} \boxed{G_1 G_2} \xrightarrow{X_3}$ 또는 $\xrightarrow{X_1} \boxed{G_2 G_1} \xrightarrow{X_3}$
합산점을 블록 앞으로 옮길 경우		
합산점을 블록 뒤로 옮길 경우		

정답 59 ② 60 ③ 61 ① 62 ④

변 환	본래의 선도	등가선도
분기점을 블록 앞으로 옮길 경우	X_1 —G— X_2, X_2	$\frac{X_1}{X_2}$ —G— X_2, X_1 —G—
분기점을 블록 뒤로 옮길 경우	X_1 —G— X_2, X_1	X_1 —G— X_2, X_1 —$\frac{1}{G}$—
피드백 루프를 제거하는 경우	X_1 +$-$ → G → X_2, H	X_1 —$\frac{G}{1\mp GH}$— X_2

상 제어공학 제3장 시간영역해석법

63 다음 회로망에서 입력전압을 $V_1(t)$, 출력 전압을 $V_2(t)$라 할 때, $\dfrac{V_2(s)}{V_1(s)}$ 에 대한 고유 주파수 ω_n 과 제동비 ζ 의 값은? (단, $R = 100[\Omega]$, $L = 2[H]$, $C = 200[\mu F]$ 이고, 모든 초기전하는 0이다.)

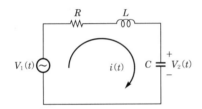

① $\omega_n = 50$, $\zeta = 0.5$

② $\omega_n = 50$, $\zeta = 0.7$

③ $\omega_n = 250$, $\zeta = 0.5$

④ $\omega_n = 250$, $\zeta = 0.7$

해설

㉠ 전달함수 $G(s) = \dfrac{V_2(s)}{V_1(s)}$

$$= \frac{\dfrac{1}{Cs}}{R + Ls + \dfrac{1}{Cs}}$$

$$= \frac{1}{LCs^2 + RCs + 1}$$

$$= \frac{\dfrac{1}{LC}}{s^2 + \dfrac{R}{L}s + \dfrac{1}{LC}}$$

㉡ 특성방정식 $F(s) = s^2 + \dfrac{R}{L}s + \dfrac{1}{LC}$

$$= s^2 + \frac{100}{2}s + \frac{1}{2 \times 200 \times 10^{-6}}$$

$$= s^2 + 50s + 2500$$

$$= s^2 + 2\zeta\omega_n s + \omega_n^2$$

$$= 0$$

㉢ 고유각주파수 $\omega_n = \sqrt{2500} = 50$

㉣ 제동비 $2\zeta\omega_n s = 50s$ 에서

$$\zeta = \frac{50s}{2\omega_n s} = \frac{50}{2\omega_n} = \frac{50}{2 \times 50} = \frac{1}{2} = 0.5$$

상 제어공학 제2장 전달함수

64 다음 신호흐름선도의 일반식은?

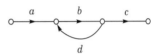

① $G = \dfrac{1 - bd}{abc}$

② $G = \dfrac{1 + bd}{abc}$

③ $G = \dfrac{abc}{1 + bd}$

④ $G = \dfrac{abc}{1 - bd}$

해설

종합전달함수 $G = \dfrac{C(s)}{R(s)}$

$$= \frac{\sum \text{전향경로이득}}{1 - \sum \text{폐루프이득}}$$

$$= \frac{abc}{1 - bd}$$

하 제어공학 제8장 시퀀스회로의 이해

65 다음 중 이진값 신호가 아닌 것은?

① 디지털 신호

② 아날로그 신호

③ 스위치의 On-Off 신호

④ 반도체 소자의 동작·부동작 상태

해설

아날로그 신호는 2진수가 아니다.

중 제어공학 제5장 안정도 판별법

66 보드선도에서 이득여유에 대한 정보를 얻을 수 있는 것은?

① 위상곡선 0°에서의 이득과 0[dB]과의 차이

② 위상곡선 180°에서의 이득과 0[dB]과의 차이

③ 위상곡선 −90°에서의 이득과 0[dB]과의 차이

④ 위상곡선 −180°에서의 이득과 0[dB]과의 차이

해설 개루프 전달함수 $G(j\omega)H(j\omega)$에 따른 안정도 판별법

벡터 궤적	이득여유 g_m 와 위상여유 θ_m	보드선도와 위상선도

$\therefore$ $G(j\omega)H(j\omega)$에 따른 벡터 궤적, 보드선도, 위상선도를 그리면 위와 같고, ㉠은 안정, ㉡은 임계안정(안정한계), ㉢은 불안정이 된다.

하 제어공학 제6장 근궤적법

67 단위궤환제어계의 개루프 전달함수가 $G(s)=\dfrac{K}{s(s+2)}$일 때, K가 $-\infty$로부터 $+\infty$까지 변하는 경우 특성방정식의 근에 대한 설명으로 틀린 것은?

① $-\infty < K < 0$에 대하여 근은 모두 실근이다.

② $0 < K < 1$에 대하여 2개의 근은 모두 음의 실근이다.

③ $K=0$에 대하여 $s_1=0$, $s_2=-2$의 근은 $G(s)$의 극점과 일치한다.

④ $1 < K < \infty$에 대하여 2개의 근은 음의 실수부 중근이다.

해설

㉠ 특성방정식과 특성근

• 개루프 전달함수 : $G(s)H(s)=\dfrac{K}{s(s+2)}$

• 특성방정식 : $F(s)=1+G(s)H(s)$

$$= 1+\frac{K}{s(s+2)}$$
$$= s(s+2)+K$$
$$= s^2+2s+K$$
$$= 0$$

• 특성근 : $s=-1\pm\sqrt{1-K}$

㉡ K영역에 따른 특성근

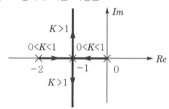

• $K=0$: $s_1=0$, $s_2=-2$

• $0 < K < 1$: 두 개의 서로 다른 음의 실수근

• $K=1$: 음의 실수를 갖는 중근, $s_1=s_2=-1$

• $1 < K < \infty$: 두 개의 음의 실수부를 갖는 공액 복소수근

상 제어공학 제3장 시간영역해석법

68 2차계 과도응답에 대한 특성방정식의 근은 s_1, $s_2=-\zeta\omega_n\pm j\omega_n\sqrt{1-\zeta^2}$ 이다. 감쇠비 ζ가 $0 < \zeta < 1$ 사이에 존재할 때 나타나는 현상은?

① 과제동

② 무제동

③ 부족제동

④ 임계제동

해설 2차 지연요소의 인디셜 응답의 구분

㉠ $0 < \zeta < 1$: 부족제동

㉡ $\zeta=1$: 임계제동

㉢ $\zeta > 1$: 과제동

㉣ $\zeta=0$: 무제동(무한진동, 완전진동)

㉤ $\zeta < 0$: 발산

정답 66 ④ 67 ④ 68 ③

69 그림의 시퀀스회로에서 전자접촉기 X에 의한 A접점(normal open contact)의 사용 목적은?

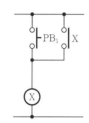

① 자기유지회로
② 지연회로
③ 우선선택회로
④ 인터록(interlock)회로

📝 해설

PB₁을 누르면 릴레이(X)가 여자가 되어 PB₁과 병렬로 접속된 A접점이 폐로된다. 따라서 PB₁을 놓아도 X의 A접점에 의해 여자상태가 지속되게 되는데, 이를 자기유지회로라 한다.

70 다음의 블록선도에서 특성방정식의 근은?

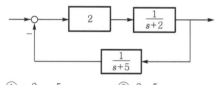

① -2, -5   ② 2, 5
③ -3, -4   ④ 3, 4

📝 해설

㉠ 전달함수 $M(s) = \dfrac{\sum \text{전향경로이득}}{1 - \sum \text{폐루프이득}}$

$$= \dfrac{\dfrac{2}{s+2}}{1 + \dfrac{2}{(s+2)(s+5)}}$$

$$= \dfrac{2(s+5)}{(s+2)(s+5)+2}$$

$$= \dfrac{2(s+5)}{s^2+7s+10+2}$$

$$= \dfrac{2(s+5)}{s^2+7s+12}$$

$$= \dfrac{s+5}{(s+3)(s+4)}$$

㉡ 특성방정식 $F(s) = (s+3)(s+4) = 0$

∴ 특성근 : $s_1 = -3, \ s_2 = -4$

71 평형 3상 3선식 회로에서 부하는 Y결선이고, 선간전압이 $173.2\underline{/0°}$[V]일 때 선전류는 $20\underline{/-120°}$[A]이었다면, Y결선된 부하 한 상의 임피던스는 약 몇 [Ω]인가?

① $5\underline{/60°}$
② $5\underline{/90°}$
③ $5\sqrt{3}\underline{/60°}$
④ $5\sqrt{3}\underline{/90°}$

📝 해설

㉠ 상전압 $V_P = \dfrac{V_L}{\sqrt{3}}\underline{/-30°}$

$$= \dfrac{173.2}{\sqrt{3}}\underline{/-30°}$$

$$= 100\underline{/-30°}$$

㉡ 상전류 $I_P = I_L = 20\underline{/-120°}$

∴ 한 상의 임피던스 $Z = \dfrac{V_P}{I_P} = \dfrac{100\underline{/-30°}}{20\underline{/-120°}} = 5\underline{/90°}$

72 그림과 같은 RC 저역통과 필터회로에 단위임펄스를 입력으로 가했을 때 응답 $h(t)$는?

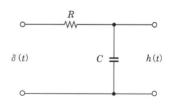

① $h(t) = RCe^{-\frac{t}{RC}}$

② $h(t) = \dfrac{1}{RC}e^{-\frac{t}{RC}}$

③ $h(t) = \dfrac{R}{1+j\omega RC}$

④ $h(t) = \dfrac{1}{RC}e^{-\frac{C}{R}t}$

해설

㉠ 임펄스응답은 전달함수를 역라플라스 변환한 것과 같다.

㉡ 전달함수 $G(s) = \dfrac{\delta(s)}{H(s)} = \dfrac{\dfrac{1}{Cs}}{R + \dfrac{1}{Cs}}$

$= \dfrac{1}{RCs + 1}$

$= \dfrac{\dfrac{1}{RC}}{s + \dfrac{1}{RC}}$

∴ 임펄스응답 $h(t) = \mathcal{L}^{-1}\left[\dfrac{\dfrac{1}{RC}}{s + \dfrac{1}{RC}}\right]$

$= \dfrac{1}{RC} e^{-\frac{1}{RC}t}$

상 회로이론 제3장 다상 교류회로의 이해

73 2전력계법으로 평형 3상 전력을 측정하였더니 한쪽의 지시가 500[W], 다른 한쪽의 지시가 1500[W]이었다. 피상전력은 약 몇 [VA]인가?

① 2000
② 2310
③ 2646
④ 2771

해설

피상전력 $P_a = 2\sqrt{P_1^2 + P_2^2 - P_1 P_2}$
$= 2\sqrt{500^2 + 1500^2 - 500 \times 1500}$
$= 2645.75[\text{VA}]$

상 회로이론 제7장 4단자망 회로해석

74 회로에서 4단자 정수 A, B, C, D의 값은?

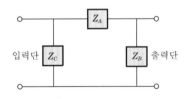

① $A = 1 + \dfrac{Z_A}{Z_B}$, $B = Z_A$,

$C = \dfrac{1}{Z_A}$, $D = 1 + \dfrac{Z_B}{Z_A}$

② $A = 1 + \dfrac{Z_A}{Z_B}$, $B = Z_A$,

$C = \dfrac{1}{Z_B}$, $D = 1 + \dfrac{Z_A}{Z_B}$

③ $A = 1 + \dfrac{Z_A}{Z_B}$, $B = Z_A$,

$C = \dfrac{Z_A + Z_B + Z_C}{Z_B Z_C}$, $D = \dfrac{1}{Z_B Z_C}$

④ $A = 1 + \dfrac{Z_A}{Z_B}$, $B = Z_A$,

$C = \dfrac{Z_A + Z_B + Z_C}{Z_B Z_C}$, $D = 1 + \dfrac{Z_A}{Z_C}$

해설

4단자 회로를 Z만의 회로와 Y만의 회로로 나누어 풀이할 수 있다.

$\begin{bmatrix} 1 & 0 \\ \frac{1}{Z_C} & 1 \end{bmatrix}\begin{bmatrix} 1 & Z_A \\ 0 & 1 \end{bmatrix}\begin{bmatrix} 1 & 0 \\ \frac{1}{Z_B} & 1 \end{bmatrix} = \begin{bmatrix} 1 & Z_A \\ \frac{1}{Z_C} & 1 + \frac{Z_A}{Z_C} \end{bmatrix}\begin{bmatrix} 1 & 0 \\ \frac{1}{Z_B} & 1 \end{bmatrix}$

$= \begin{bmatrix} 1 + \frac{Z_A}{Z_B} & Z_A \\ \frac{1}{Z_C} + \frac{1}{Z_B} + \frac{Z_A}{Z_B Z_C} & 1 + \frac{Z_A}{Z_C} \end{bmatrix}$

∴ $\begin{bmatrix} A & B \\ C & D \end{bmatrix} = \begin{bmatrix} 1 + \frac{Z_A}{Z_B} & Z_A \\ \frac{Z_A + Z_B + Z_C}{Z_B Z_C} & 1 + \frac{Z_A}{Z_C} \end{bmatrix}$

하 회로이론 제1장 직류회로의 이해

75 길이에 따라 비례하는 저항값을 가진 어떤 전열선에 E_0[V]의 전압을 인가하면 P_0[W]의 전력이 소비된다. 이 전열선을 잘라 원래 길이의 $\dfrac{2}{3}$로 만들고 E[V]의 전압을 가한다면 소비전력 P[W]는?

① $P = \dfrac{P_0}{2}\left(\dfrac{E}{E_0}\right)^2$

② $P = \dfrac{3P_0}{2}\left(\dfrac{E}{E_0}\right)^2$

③ $P = \dfrac{2P_0}{3}\left(\dfrac{E}{E_0}\right)^2$

④ $P = \dfrac{\sqrt{3}P_0}{2}\left(\dfrac{E}{E_0}\right)^2$

정답 73 ③ 74 ④ 75 ②

해설

전열선의 전기저항 $R= \rho \dfrac{l}{S}$ 이고, 소비전력 $P= \dfrac{E^2}{R}$

$= \dfrac{E^2 S}{\rho l}$[W]이 되어 길이에 반비례한다.

$P_0 : P= \dfrac{E_0^{\,2} S}{\rho l} : \dfrac{E^2 S}{\rho \times \frac{2}{3}l}$ 에서

$\dfrac{P}{P_0} = \dfrac{3}{2} \times \left(\dfrac{E}{E_0}\right)^2$

$\therefore P= \dfrac{3P_0}{2}\left(\dfrac{E}{E_0}\right)^2$

상 회로이론 제10장 라플라스 변환

76 $f(t) = e^{j\omega t}$의 라플라스 변환은?

① $\dfrac{1}{s-j\omega}$ ② $\dfrac{1}{s+j\omega}$

③ $\dfrac{1}{s^2+\omega^2}$ ④ $\dfrac{\omega}{s^2+\omega^2}$

해설 복소추이의 정리

$\mathcal{L}\left[e^{j\omega t}\right] = \dfrac{1}{s}\Big|_{s=s-j\omega} = \dfrac{1}{s-j\omega}$

상 회로이론 제8장 분포정수회로

77 1[km]당 인덕턴스 25[mH], 정전용량 0.005[μF]의 선로가 있다. 무손실선로라고 가정한 경우 진행파의 위상(전파)속도는 약 몇 [km/s]인가?

① 8.95×10^4 ② 9.95×10^4

③ 89.5×10^4 ④ 99.5×10^4

해설 위상속도

$v= \dfrac{1}{\sqrt{LC}} = \dfrac{1}{\sqrt{25 \times 10^{-3} \times 0.005 \times 10^{-6}}}$

$= 8.95 \times 10^4$[km/s]

중 회로이론 제3장 다상 교류회로의 이해

78 그림과 같은 순저항회로에서 대칭 3상 전압을 가할 때 각 선에 흐르는 전류가 같으려면 R의 값은 몇 [Ω]인가?

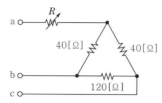

① 8 ② 12

③ 16 ④ 20

해설

$R_{ab} = 40[\Omega]$, $R_{bc} = 120[\Omega]$, $R_{ca} = 40[\Omega]$
△결선을 Y결선으로 등가변환하면 다음과 같다.

㉠ $R_a = \dfrac{R_{ab} \times R_{ca}}{R_{ab} + R_{bc} + R_{ca}}$

$= \dfrac{40 \times 40}{40+120+40} = 8[\Omega]$

㉡ $R_b = \dfrac{R_{ab} \times R_{bc}}{R_{ab} + R_{bc} + R_{ca}}$

$= \dfrac{40 \times 120}{40+120+40} = 24[\Omega]$

㉢ $R_c = \dfrac{R_{bc} \times R_{ca}}{R_{ab} + R_{bc} + R_{ca}}$

$= \dfrac{120 \times 40}{40+120+40} = 24[\Omega]$

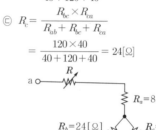
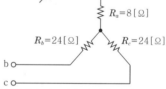

$\therefore$ 각 선전류가 같으려면 각 상의 임피던스가 평형이 되어야 하므로 $R= 16[\Omega]$이 되어야 한다.

상 회로이론 제4장 비정현파 교류회로의 이해

79 전류 $I= 30\sin\omega t + 40\sin(3\omega t+45°)$ [A]의 실효값[A]은?

① 25 ② $25\sqrt{2}$

③ 50 ④ $50\sqrt{2}$

해설

$|I| = \sqrt{|I_0|^2 + |I_1|^2 + |I_2|^2}$

$= \sqrt{\left(\dfrac{30}{\sqrt{2}}\right)^2 + \left(\dfrac{40}{\sqrt{2}}\right)^2}$

$= \sqrt{\dfrac{1}{2}(30^2 + 40^2)}$

$= \dfrac{50}{\sqrt{2}} = \dfrac{50}{\sqrt{2}} \times \dfrac{\sqrt{2}}{\sqrt{2}} = 25\sqrt{2}$[A]

상 회로이론 제2장 단상 교류회로의 이해

80 어떤 콘덴서를 300[V]로 충전하는 데 9[J]의 에너지가 필요하였다. 이 콘덴서의 정전용량은 몇 [μF]인가?

① 100

② 200

③ 300

④ 400

해설

콘덴서에 축적되는 전기에너지 $W_C = \frac{1}{2}CV^2$[J]에서 정전용량은 다음과 같다.

$$C = \frac{2W_C}{V^2}[F]$$
$$= \frac{2W_C}{V^2} \times 10^6[\mu F]$$
$$= \frac{2 \times 9}{300^2} \times 10^6[\mu F]$$
$$= 200[\mu F]$$

제5과목 전기설비기술기준

※ 전기설비기술기준 과목 기출문제는 법규개정에 따라 문제를 수정·삭제하였으므로 이 점 착오없으시기 바랍니다.

하 제4장 발전소, 변전소, 개폐소 및 기계기구 시설보호

81 고압용 기계기구를 시설하여서는 안 되는 경우는?

① 시가지 외로서 지표상 3[m]인 경우

② 발전소, 변전소, 개폐소 또는 이에 준하는 곳에 시설하는 경우

③ 옥내에 설치한 기계기구를 취급자 이외의 사람이 출입할 수 없도록 설치한 곳에 시설하는 경우

④ 공장 등의 구내에서 기계기구의 주위에 사람이 쉽게 접촉할 우려가 없도록 적당한 울타리를 설치하는 경우

해설 고압용 기계기구의 시설(KEC 341.8)

고압용 기계기구를 지표상 4.5[m]의 높이에 시설할 것 (시가지 외에서는 4[m] 이상)

하 제3장 전선로

82 어떤 공장에서 케이블을 사용하는 사용전압이 22[kV]인 가공전선을 건물 옆쪽에서 1차 접근상태로 시설하는 경우, 케이블과 건물의 조영재 이격거리는 몇 [cm] 이상이어야 하는가?

① 50　　② 80

③ 100　　④ 120

해설 특고압 가공전선과 건조물의 접근 (KEC 333.23)

특고압 가공전선이 건조물과 제1차 접근상태로 시설되는 경우에는 다음에 따라 시설할 것

㉠ 특고압 가공전선로는 제3종 특고압 보안공사에 의할 것

㉡ 35[kV] 이하인 특고압 가공전선과 건조물의 조영재 이격거리는 다음의 이상일 것

건조물과 조영재의 구분	전선 종류	접근형태	이격거리
상부 조영재	특고압 절연전선	위쪽	2.5[m]
		옆쪽 또는 아래쪽	1.5[m] (사람의 접촉 우려가 적을 경우 1[m])
	케이블	위쪽	1.2[m]
		옆쪽 또는 아래쪽	0.5[m]
	기타 전선	—	3[m]

상 제2장 저압설비 및 고압·특고압설비

83 옥내에 시설하는 전동기가 소손되는 것을 방지하기 위한 과부하 보호장치를 하지 않아도 되는 것은?

① 정격출력이 7.5[kW] 이상인 경우

② 정격출력이 0.2[kW] 이하인 경우

③ 정격출력이 2.5[kW]이며, 과전류차단기가 없는 경우

④ 전동기출력이 4[kW]이며, 취급자가 감시할 수 없는 경우

해설 저압전로 중의 전동기 보호용 과전류 보호장치의 시설(KEC 212.6.3)

다음의 어느 하나에 해당하는 경우에는 과전류 보호장치의 시설은 생략 가능하다.

㉠ 전동기를 운전 중 상시 취급자가 감시할 수 있는 위치에 시설하는 경우

정답 80 ② 81 ① 82 ① 83 ②

© 전동기의 구조나 부하의 성질로 보아 전동기가 손상될 수 있는 과전류가 생길 우려가 없는 경우

© 단상전동기로서 그 전원측 전로에 시설하는 과전류차단기의 정격전류가 16[A](배선차단기는 20[A]) 이하인 경우

② 전동기의 정격출력이 0.2[kW] 이하인 경우

상 제3장 전선로

84 사용전압 66[kV]의 가공전선로를 시가지에 시설할 경우 전선의 지표상 최소높이는 몇 [m]인가?

① 6.48
② 8.36
③ 10.48
④ 12.36

해설 시가지 등에서 특고압 가공전선로의 시설(KEC 333.1)

전선의 지표상의 높이는 다음에서 정한 값 이상일 것

사용전압의 구분	지표상의 높이
35[kV] 이하	10[m] 이상 (전선이 특고압 절연전선인 경우에는 8[m])
35[kV] 초과	10[m]에 35[kV]를 초과하는 10[kV] 또는 그 단수마다 0.12[m]를 더한 값

35[kV]를 넘는 10[kV] 단수는 (66−35)÷10＝3.1에서 4단수이므로 66[kV] 가공전선의 지표상 높이는 10＋4×0.12＝10.48[m]이다.

상 제3장 전선로

85 차량, 기타 중량물의 압력을 받을 우려가 있는 장소에 지중전선로를 직접 매설식으로 시설하는 경우 매설깊이는 몇 [m] 이상이어야 하는가?

① 0.8
② 1.0
③ 1.2
④ 1.5

해설 지중전선로의 시설(KEC 334.1)

③ 관로식의 경우 케이블 매설깊이
  • 차량, 기타 중량물에 의한 압력을 받을 우려가 있는 장소 : 1.0[m] 이상
  • 기타 장소 : 0.6[m] 이상
© 직접 매설식의 경우 케이블 매설깊이
  • 차량, 기타 중량물에 의한 압력을 받을 우려가 있는 장소 : 1.0[m] 이상
  • 기타 장소 : 0.6[m] 이상

하 제3장 전선로

86 저압 옥상전선로의 시설에 대한 설명으로 틀린 것은?

① 전선은 절연전선을 사용한다.
② 전선은 지름 2.6[mm] 이상의 경동선을 사용한다.
③ 전선은 상시 부는 바람 등에 의하여 식물에 접촉하지 않도록 시설한다.
④ 전선과 옥상전선로를 시설하는 조영재와의 이격거리를 0.5[m]로 한다.

해설 옥상전선로(KEC 221.3)

③ 전선은 인장강도 2.30[kN] 이상의 것 또는 지름 2.6[mm] 이상의 경동선의 것
© 전선은 절연전선일 것(OW 전선을 포함)
© 전선은 조영재에 견고하게 붙인 지지주 또는 지지대에 절연성·난연성 및 내수성이 있는 애자를 사용하여 지지하고 그 지지점 간의 거리는 15[m] 이하일 것
② 조영재와의 이격거리는 2[m](고압 및 특고압 절연전선 또는 케이블인 경우에는 1[m]) 이상일 것

상 제3장 전선로

87 가공전선로의 지지물에 취급자가 오르고 내리는 데 사용하는 발판 볼트 등은 지표상 몇 [m] 미만에 시설하여서는 아니 되는가?

① 1.2
② 1.8
③ 2.2
④ 2.5

해설 가공전선로 지지물의 철탑오름 및 전주오름 방지(KEC 331.4)

가공전선로의 지지물에 취급자가 오르고 내리는 데 사용하는 발판 볼트 등을 지표상 1.8[m] 미만에 시설하여서는 아니 된다.

상 제3장 전선로

88 고압 가공전선로에 사용하는 가공지선으로 나경동선을 사용할 때의 최소굵기[mm]는?

① 3.2
② 3.5
③ 4.0
④ 5.0

해설 고압 가공전선로의 가공지선(KEC 332.6)

고압 가공전선로의 가공지선
→ 4[mm](인장강도 5.26[kN]) 이상의 나경동선

정답 84 ③ 85 ② 86 ④ 87 ② 88 ③

중 제4장 발전소, 변전소, 개폐소 및 기계기구 시설보호

89 특고압용 변압기의 보호장치인 냉각장치에 고장이 생긴 경우 변압기의 온도가 현저하게 상승한 경우에 이를 경보하는 장치를 반드시 하지 않아도 되는 경우는?

① 유입풍냉식
② 유입자냉식
③ 송유풍냉식
④ 송유수냉식

해설 특고압용 변압기의 보호장치(KEC 351.4)

뱅크용량의 구분	동작조건	장치의 종류
5000[kVA] 이상 10000[kVA] 미만	변압기 내부고장	자동차단장치 또는 경보장치
10000[kVA] 이상	변압기 내부고장	자동차단장치
타냉식 변압기 (변압기의 권선 및 철심을 직접 냉각시키기 위하여 봉입한 냉매를 강제 순환시키는 냉각 방식을 말한다)	냉각장치에 고장이 생긴 경우 또는 변압기의 온도가 현저히 상승한 경우	경보장치

중 제3장 전선로

90 빙설의 정도에 따라 풍압하중을 적용하도록 규정하고 있는 내용 중 옳은 것은? (단, 빙설이 많은 지방 중 해안지방, 기타 저온계절에 최대풍압이 생기는 지방은 제외한다.)

① 빙설이 많은 지방에서는 고온계절에는 갑종 풍압하중, 저온계절에는 을종 풍압하중을 적용한다.
② 빙설이 많은 지방에서는 고온계절에는 을종 풍압하중, 저온계절에는 갑종 풍압하중을 적용한다.
③ 빙설이 적은 지방에서는 고온계절에는 갑종 풍압하중, 저온계절에는 을종 풍압하중을 적용한다.
④ 빙설이 적은 지방에서는 고온계절에는 을종 풍압하중, 저온계절에는 갑종 풍압하중을 적용한다.

해설 풍압하중의 종별과 적용(KEC 331.6)

㉠ 빙설이 많은 지방
 • 고온계 : 갑종 풍압하중
 • 저온계 : 을종 풍압하중
㉡ 빙설이 적은 지방
 • 고온계 : 갑종 풍압하중
 • 저온계 : 병종 풍압하중
㉢ 인가가 많이 연접된 장소 : 병종 풍압하중

상 제3장 전선로

91 가공전선로의 지지물에 시설하는 지선의 시설기준으로 옳은 것은?

① 지선의 안전율은 2.2 이상이어야 한다.
② 연선을 사용할 경우에는 소선(素線) 3가닥 이상이어야 한다.
③ 도로를 횡단하여 시설하는 지선의 높이는 지표상 4[m] 이상으로 하여야 한다.
④ 지중부분 및 지표상 20[cm]까지의 부분에는 내식성이 있는 것 또는 아연도금을 한다.

해설 지선의 시설(KEC 331.11)

㉠ 지선의 안전율 : 2.5 이상
㉡ 허용인장하중 : 4.31[kN] 이상
㉢ 소선(素線) 3가닥 이상의 연선일 것
㉣ 소선은 지름 2.6[mm] 이상의 금속선을 사용한 것일 것 또는 소선의 지름이 2[mm] 이상인 아연도강연선으로서, 소선의 인장강도가 0.68[kN/mm²] 이상인 것
㉤ 지중부분 및 지표상 30[cm]까지의 부분에는 내식성이 있는 아연도금철봉을 사용할 것
㉥ 도로를 횡단 시 지선의 높이는 지표상 5[m] 이상
㉦ 지선애자를 사용하여 감전사고방지
㉧ 철탑은 지선을 사용하여 강도의 일부를 분담금지

하 제4장 발전소, 변전소, 개폐소 및 기계기구 시설보호

92 무선용 안테나 등을 지지하는 철탑의 기초안전율은 얼마 이상이어야 하는가?

① 1.0   ② 1.5
③ 2.0   ④ 2.5

해설 무선용 안테나 등을 지지하는 철탑 등의 시설(KEC 364.1)

목주, 철주, 철근콘크리트주, 철탑의 기초 안전율은 1.5 이상으로 한다.

상 제4장 발전소, 변전소, 개폐소 및 기계기구 시설보호

93 조상설비의 조상기(調相機) 내부에 고장이 생긴 경우에 자동적으로 전로로부터 차단하는 장치를 시설해야 하는 뱅크용량[kVA]으로 옳은 것은?

① 1000
② 1500
③ 10000
④ 15000

해설 조상설비의 보호장치(KEC 351.5)

조상설비에는 그 내부에 고장이 생긴 경우에 보호하는 장치를 시설하여야 한다.

설비종별	뱅크용량의 구분	자동적으로 전로로부터 차단하는 장치
전력용 커패시터 및 분로리액터	500[kVA] 초과 15000[kVA] 미만	내부고장 및 과전류 발생 시 보호장치
	15000[kVA] 이상	내부고장 및 과전류·과전압 발생 시 보호장치
조상기	15000[kVA] 이상	내부고장 시 보호장치

상 제3장 전선로

94 특고압 가공전선로의 지지물로 사용하는 B종 철주에서 각도형은 전선로 중 몇 도를 넘는 수평각도를 이루는 곳에 사용되는가?

① 1
② 2
③ 3
④ 5

해설 특고압 가공전선로의 철주·철근콘크리트주 또는 철탑의 종류(KEC 333.11)

특고압 가공전선로의 지지물로 사용하는 B종 철근·B종 콘크리트주 또는 철탑의 종류는 다음과 같다.

㉠ 직선형 : 전선로의 직선부분(수평각도 3° 이하)에 사용하는 것(내장형 및 보강형 제외)
㉡ 각도형 : 전선로 중 3°를 초과하는 수평각도를 이루는 곳에 사용하는 것
㉢ 인류형 : 전가섭선을 인류하는 곳에 사용하는 것
㉣ 내장형 : 전선로의 지지물 양쪽의 경간의 차가 큰 곳에 사용하는 것
㉤ 보강형 : 전선로의 직선부분에 그 보강을 위하여 사용하는 것

제1과목 전기자기학

상 | 제10장 전자유도법칙

01 도전도 $k = 6 \times 10^{17}[\mho/m]$, 투자율 $\mu = \frac{6}{\pi} \times 10^{-7}[H/m]$인 평면도체 표면에 10[kHz]의 전류가 흐를 때, 침투깊이 $\delta[m]$는?

① $\frac{1}{6} \times 10^{-7}$

② $\frac{1}{8.5} \times 10^{-7}$

③ $\frac{36}{\pi} \times 10^{-6}$

④ $\frac{36}{\pi} \times 10^{-10}$

해설 침투깊이(표피두께)

$$\delta = \sqrt{\frac{2\rho}{\omega\mu}} = \frac{1}{\sqrt{\pi f \mu k}}$$

$$= \frac{1}{\sqrt{\pi \times (10 \times 10^3) \times \frac{6}{\pi} \times 10^{-7} \times 6 \times 10^{17}}}$$

$$= \frac{1}{\sqrt{6^2 \times 10^{14}}} = \frac{1}{6 \times 10^7} = \frac{1}{6} \times 10^{-7}[m]$$

상 | 제10장 전자유도법칙

02 강자성체의 세 가지 특성에 포함되지 않는 것은?

① 자기포화 특성
② 와전류 특성
③ 고투자율 특성
④ 히스테리시스 특성

해설

와전류는 전자유도법칙에 의해 발생되는 현상이다.

상 | 제11장 인덕턴스

03 송전선의 전류가 0.01초 사이에 10[kA] 변화될 때 이 송전선에 나란한 통신선에 유도되는 유도전압은 몇 [V]인가? (단, 송전선과 통신선 간의 상호유도계수는 0.3[mH]이다.)

① 30
② 300
③ 3000
④ 30000

해설 통신선에 유도되는 기전력

$$e = -M\frac{di}{dt}$$

$$= -0.3 \times 10^{-3} \times \frac{10 \times 10^3}{0.01} = -3 \times 10^2[V]$$

여기서, $-$는 송전선에 흐르는 전류와 반대방향으로 기전력이 유도된다는 의미이다.

상 | 제9장 자성체와 자기회로

04 단면적 15[cm²]의 자석 근처에 같은 단면적을 가진 철편을 놓을 때 그곳을 통하는 자속이 3×10^{-4}[Wb]이면 철편에 작용하는 흡인력은 약 몇 [N]인가?

① 12.2
② 23.9
③ 36.6
④ 48.8

해설

단위면적당 작용하는 힘

$$f = \frac{1}{2}\mu_0 H^2 = \frac{1}{2}HB = \frac{B^2}{2\mu_0}[N/m^2]에서$$

∴ 철편의 흡인력

$$F = f \cdot S = \frac{B^2}{2\mu_0} \times S = \frac{\phi^2}{2\mu_0 S^2} \times S = \frac{\phi^2}{2\mu_0 S}$$

$$= \frac{(3 \times 10^{-4})^2}{2 \times 4\pi \times 10^{-7} \times 15 \times 10^{-4}}$$

$$= 23.87[N]$$

여기서, B : 자속밀도[Wb/m²]
μ_0 : 진공 중의 투자율[H/m]

정답 01 ① 02 ② 03 ② 04 ②

상 제11장 인덕턴스

05 단면적이 $S[\text{m}^2]$, 단위길이에 대한 권수가 $n[\text{회/m}]$인 무한히 긴 솔레노이드의 단위 길이당 자기 인덕턴스[H/m]는?

① $\mu \cdot S \cdot n$

② $\mu \cdot S \cdot n^2$

③ $\mu \cdot S^2 \cdot n$

④ $\mu \cdot S^2 \cdot n^2$

해설

단위길이(1[m])당 권선수 $n = \dfrac{N}{l}$에서 권선수 $N = nl$

이므로 $N^2 = n^2 l^2$ 이 된다. 따라서

∴ 자기 인덕턴스 $L = \dfrac{\mu S N^2}{l}$

$\qquad = \dfrac{\mu S n^2 l^2}{l}$

$\qquad = \mu S n^2 l \,[\text{H}]$

$\qquad = \mu S n^2 \,[\text{H/m}]$

중 제6장 전류

06 다음 금속 중 저항률이 가장 작은 것은?

① 은   ② 철

③ 백금   ④ 알루미늄

해설 금속의 고유저항과 온도계수

재 료	고유저항(20[℃]에서) $\times 10^2 [\Omega \cdot \text{mm}^2/\text{m}]$	고유저항의 온도계수 20[℃] 부근에 대하여
은(Ag)	1.62	0.0038
구리(Cu)	1.69	0.00393
경동	1.78	–
알루미늄(Al)	2.62	0.0039
금(Au)	2.40	0.0034
백금(Pt)	10.5	0.003
텅스텐(W)	5.48	0.0045
순철(Fe)	10	0.005
주철	75~100	0.0019
규소철	50~60	–
니켈(Ni)	6.9	0.006
탄소(C)	3500~7500	−0.0006~0.0012

상 제8장 전류의 자기현상

07 무한장 직선형 도선에 $I[\text{A}]$의 전류가 흐를 경우 도선으로부터 $R[\text{m}]$ 떨어진 점의 자속밀도 $B[\text{Wb/m}^2]$는?

① $B = \dfrac{\mu I}{2\pi R}$

② $B = \dfrac{I}{2\pi \mu R}$

③ $B = \dfrac{\mu I}{4\pi R}$

④ $B = \dfrac{I}{4\pi \mu R}$

해설

㉠ 무한장 직선전류에 의한 자계 : $H = \dfrac{I}{2\pi R}[\text{AT/m}]$

㉡ 자속밀도 : $B = \mu H = \dfrac{\mu I}{2\pi R}[\text{Wb/m}^2]$

상 제8장 전류의 자기현상

08 전하 $q[\text{C}]$이 진공 중의 자계 $H[\text{AT/m}]$에 수직방향으로 $v[\text{m/s}]$의 속도로 움직일 때 받는 힘은 몇 [N]인가? (단, 진공 중의 투자율은 μ_0이다.)

① qvH ② $\mu_0 qH$

③ πqvH ④ $\mu_0 qvH$

해설

자계 내 전류가 흐르면(전하 또는 전자가 이동) 플레밍 왼손법칙에 의해서 전자력이 발생된다.

∴ $F = IBl \sin\theta = \dfrac{dq}{dt} Bl \sin 90°$

$\qquad = \dfrac{dl}{dt} Bq = vBq = v\mu_0 Hq$

하 제1장 벡터

09 원통 좌표계에서 일반적으로 벡터가 $A = 5r\sin\phi a_z$로 표현될 때 점 $\left(2, \dfrac{\pi}{2}, 0\right)$에서 $\text{curl}\,A$를 구하면?

① $5a_r$ ② $5\pi a_\phi$

③ $-5a_\phi$ ④ $-5\pi a_\phi$

☞ 해설

$$\operatorname{curl}\vec{A}=\operatorname{rot}\vec{A}=\begin{vmatrix} a_r & a_\phi r & a_z \\ \dfrac{\partial}{\partial r} & \dfrac{\partial}{\partial \phi} & \dfrac{\partial}{\partial z} \\ A_r & rA_\phi & A_z \end{vmatrix}$$

$$=\begin{vmatrix} a_r & a_\phi r & a_z \\ \dfrac{\partial}{\partial r} & \dfrac{\partial}{\partial \phi} & \dfrac{\partial}{\partial z} \\ 0 & 0 & 5r\sin\phi \end{vmatrix}$$

$$=a_r\left(\dfrac{\partial}{r\partial\phi}5r\sin\phi\right)+a_\phi\left(-\dfrac{\partial}{\partial r}5r\sin\phi\right)$$

$$=5\cos\phi\,a_r-5\sin\phi\,a_\phi \quad\begin{vmatrix} r=2 \\ \phi=\dfrac{\pi}{2} \end{vmatrix}$$

$$=5\cos\dfrac{\pi}{2}\,a_r-5\sin\dfrac{\pi}{2}\,a_\phi=-5a_\phi$$

상 제6장 전류

10 전기저항에 대한 설명으로 틀린 것은?

① 저항의 단위는 옴(Ω)을 사용한다.
② 저항률(ρ)의 역수를 도전율이라고 한다.
③ 금속선의 저항 R은 길이 l에 반비례한다.
④ 전류가 흐르고 있는 금속선에 있어서 임의의 두 점 간의 전위차는 전류에 비례한다.

☞ 해설

전기저항 $R=\rho\dfrac{l}{S}=\dfrac{l}{kS}[\Omega]$

여기서, ρ : 고유저항, k : 도전율, l : 도체길이, S : 도체 단면적

상 제12장 전자계

11 자계의 벡터 퍼텐셜을 A라 할 때 자계의 시간적 변화에 의하여 생기는 전계의 세기 E는?

① $E=\operatorname{rot}A$
② $\operatorname{rot}E=A$
③ $E=-\dfrac{\partial A}{\partial t}$
④ $\operatorname{rot}E=-\dfrac{\partial A}{\partial t}$

☞ 해설

맥스웰 방정식 $\operatorname{rot}E=-\dfrac{\partial B}{\partial t}$ 에서 $B=\operatorname{rot}A$이므로

대입 정리하면, $\operatorname{rot}E=-\dfrac{\partial}{\partial t}\operatorname{rot}A$

$\therefore E=-\dfrac{\partial A}{\partial t}[\text{V/m}]$

상 제9장 자성체와 자기회로

12 환상철심의 평균 자계의 세기가 3000[AT/m]이고, 비투자율이 600인 철심 중의 자화의 세기는 약 몇 [Wb/m²]인가?

① 0.75
② 2.26
③ 4.52
④ 9.04

☞ 해설

자화의 세기 $J=\mu_0(\mu_s-1)H$

$\qquad\qquad\quad =B-\mu_0H$

$\qquad\qquad\quad =B\left(1-\dfrac{1}{\mu_s}\right)[\text{Wb/m}^2]$

$\therefore J=\mu_0(\mu_s-1)H$

$\qquad =4\pi\times10^{-7}\times(600-1)\times3000$

$\qquad =2.258[\text{Wb/m}^2]$

여기서, 진공 중의 투자율 : $\mu_0=4\pi\times10^{-7}[\text{H/m}]$

하 제4장 유전체

13 평행판 콘덴서의 극간 전압이 일정한 상태에서 극간에 공기가 있을 때의 흡인력을 F_1, 극판 사이에 극판 간격의 $\dfrac{2}{3}$ 두께의 유리판($\varepsilon_r=10$)을 삽입할 때의 흡인력을 F_2라 하면 $\dfrac{F_2}{F_1}$는?

① 0.6
② 0.8
③ 1.5
④ 2.5

☞ 해설

초기 공기콘덴서 용량 : $C_0=\dfrac{\varepsilon_0 S}{d}\propto\dfrac{1}{d}[\mu\text{F}]$

정전응력은 $f=\dfrac{1}{2}\varepsilon E^2[\text{N/m}^2]=\dfrac{1}{2}\varepsilon_0\varepsilon_r\left(\dfrac{V}{d}\right)^2 S[\text{N}]$

$=\dfrac{1}{2d}CV^2[\text{N}]\propto C$이므로 정전흡인력은 정전용량에 비례한다. 따라서 합성정전용량을 구하면

정답 10 ③ 11 ③ 12 ② 13 ④

㉠ 간격 $\dfrac{2}{3}$의 두께에 비유전율 10인 물질로 채워지면

: $C_1 = \dfrac{3}{2}\varepsilon_r\, C_0 = 15\, C_0$

㉡ 나머지 $\dfrac{1}{3}$의 두께에는 공기로 채워져 있으므로 :

$C_2 = 3\, C_0$

㉢ 직렬 합성정전용량 : $C = \dfrac{15C_0 \times 3C_0}{15C_0 + 3C_0} = 2.5\, C_0$

∴ 정전용량이 2.5배 증가하므로 정전흡인력 또한 2.5배 커진다.

하 **제12장 전자계**

14 전자파의 특성에 대한 설명으로 틀린 것은?

① 전자파의 속도는 주파수와 무관하다.

② 전파 E_x를 고유임피던스로 나누면 자파 H_y가 된다.

③ 전파 E_x와 자파 H_y의 진동방향은 진행방향에 수평인 종파이다.

④ 매질이 도전성을 갖지 않으면 전파 E_x와 자파 H_y는 동위상이 된다.

해설

전파와 자파의 진동방향은 진행방향에 수직인 횡파이다.

하 **제2장 진공 중의 정전계**

15 진공 중에서 점 P (1, 2, 3) 및 점 Q (2, 0, 5)에 각각 300[μC], −100[μC]인 점전하가 놓여 있을 때 점전하 −100[μC]에 작용하는 힘은 몇 [N]인가?

① $10i - 20j + 20k$

② $10i + 20j - 20k$

③ $-10i + 20j + 20k$

④ $-10i + 20j - 20k$

해설

P(1, 2, 3)   Q(2, 0, 5)

$+Q$ $\overrightarrow{F}$ $-Q$

+전하와 −전하 사이에서는 흡인력이 작용하므로 Q점에서 작용하는 힘이 P 방향으로 작용한다.

㉠ 변위벡터 : $\vec{r} = (1-2)i + (2-0)j + (3-5)k$

$\qquad\qquad = -i + 2j - 2k$

㉡ 단위벡터 $\vec{r_0} = \dfrac{\vec{r}}{r} = \dfrac{-i + 2j - 2k}{\sqrt{1^2 + 2^2 + 2^2}}$

$\qquad\qquad\quad = \dfrac{-i + 2j - 2k}{3}$

㉢ 쿨롱의 힘 : $F = \dfrac{Q_1 Q_2}{4\pi\varepsilon_0 r^2}$

$\qquad\qquad = 9 \times 10^9 \times \dfrac{300 \times 10^{-6} \times 100 \times 10^{-6}}{3^2}$

$\qquad\qquad = 30[\text{N}]$

∴ $\vec{F} = F\, \vec{r_0} = \dfrac{30}{3}(-i + 2j - 2k)$

$\qquad\quad = -10i + 20j - 20k$

중 **제3장 정전용량**

16 반지름 a[m]의 구 도체에 전하 Q[C]이 주어질 때 구 도체 표면에 작용하는 정전응력은 몇 [N/m²]인가?

① $\dfrac{9Q^2}{16\pi^2\varepsilon_0 a^6}$

② $\dfrac{9Q^2}{32\pi^2\varepsilon_0 a^6}$

③ $\dfrac{Q^2}{16\pi^2\varepsilon_0 a^4}$

④ $\dfrac{Q^2}{32\pi^2\varepsilon_0 a^4}$

해설

정전응력 $f = \dfrac{1}{2}\varepsilon_0 E^2$

$\qquad\qquad = \dfrac{1}{2}\varepsilon_0 \times \left(\dfrac{Q}{4\pi\varepsilon_0 a^2}\right)^2$

$\qquad\qquad = \dfrac{Q^2}{32\pi\varepsilon_0 a^4}[\text{N/m}^2]$

하 **제3장 정전용량**

17 정전용량이 각각 C_1, C_2, 그 사이의 상호유도계수가 M인 절연된 두 도체가 있다. 두 도체를 가는 선으로 연결할 경우, 정전용량은 어떻게 표현되는가?

① $C_1 + C_2 - M$ ② $C_1 + C_2 + M$

③ $C_1 + C_2 + 2M$ ④ $2C_1 + 2C_2 + M$

해설

㉠ 상호유도계수 $M = q_{12} = q_{21}$이며, 두 도체를 도선으로 접속하면 두 도체는 등전위가 된다.

㉡ $Q_1 = q_{11} V_1 + q_{12} V_2 = C_1 V_1 + M V_2$[C]

㉢ $Q_2 = q_{21} V_1 + q_{22} V_2 = M V_1 + C_2 V_2$[C]

정답   14 ③   15 ④   16 ④   17 ③

㉣ 전체 전하 $Q = Q_1 + Q_2$ 이고, $V_1 = V_2 = V$가 되므로

$$\therefore\ C = \frac{Q}{V}$$
$$= \frac{(C_1 + C_2 + 2M)\,V}{V}$$
$$= C_1 + C_2 + 2M\,[\text{F}]$$

하 제4장 유전체

18 길이 l[m]인 동축 원통 도체의 내외원통에 각각 $+\lambda$, $-\lambda$[C/m]의 전하가 분포되어 있다. 내외원통 사이에 유전율 ε인 유전체가 채워져 있을 때, 전계의 세기[V/m]는? (단, V는 내외원통 간의 전위차, D는 전속밀도이고, a, b는 내외원통의 반지름이며, 원통 중심에서의 거리 r은 $a < r < b$인 경우이다.)

① $\dfrac{V}{r \cdot \ln\dfrac{b}{a}}$ ② $\dfrac{V}{\varepsilon \cdot \ln\dfrac{b}{a}}$

③ $\dfrac{D}{r \cdot \ln\dfrac{b}{a}}$ ④ $\dfrac{D}{\varepsilon \cdot \ln\dfrac{b}{a}}$

상 제4장 유전체

19 정전용량이 1[μF]이고 판의 간격이 d인 공기콘덴서가 있다. 두께 $\dfrac{1}{2}d$, 비유전율 $\varepsilon_r = 2$ 유전체를 그 콘덴서의 한 전극면에 접촉하여 넣었을 때 전체의 정전용량 [μF]은?

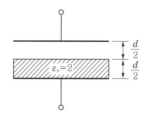

① 2   ② $\dfrac{1}{2}$

③ $\dfrac{4}{3}$ ④ $\dfrac{5}{3}$

해설

$$S(\text{극판면적})$$
$$\varepsilon_0 \quad C_1 \qquad \dfrac{d}{2}$$
$$\varepsilon_r = 2 \quad C_2 \qquad \dfrac{d}{2}$$

㉠ 초기 공기콘덴서 용량 : $C_0 = \dfrac{\varepsilon_0 S}{d} = 1\,[\mu\text{F}]$

㉡ 극판과 평행하게 유전체를 접속하게 되면 그림과 같이 접속하게 된다.

㉢ 공기부분의 정전용량 : $C_1 = \dfrac{\varepsilon_0 S}{\dfrac{d}{2}} = 2\,\dfrac{\varepsilon_0 S}{d} = 2C_0$

㉣ 유전체 내의 정전용량 : $C_2 = \dfrac{\varepsilon_r \varepsilon_0 S}{\dfrac{d}{2}} = 2\varepsilon_r\,\dfrac{\varepsilon_0 S}{d}$
$$= 2\varepsilon_r C_0$$

㉤ C_1과 C_2는 직렬로 접속되어 있으므로

$$\therefore\ C = \frac{C_1 \times C_2}{C_1 + C_2} = \frac{2C_0 \times 2\varepsilon_r C_0}{2C_0 + 2\varepsilon_r C_0}$$
$$= \frac{4\varepsilon_r C_0^{\,2}}{(1+\varepsilon_r)2C_0}$$
$$= \frac{2\varepsilon_r}{1+\varepsilon_r} C_0 = \frac{2\times 2}{1+2} \times 1 = \frac{4}{3}\,[\mu\text{F}]$$

상 제12장 전자계

20 변위전류와 가장 관계가 깊은 것은?

① 도체   ② 반도체
③ 유전체   ④ 자성체

해설

변위전류는 유전체 내의 유극분자(구속전자)의 변위에 의해서 발생되며, 교류전원에서만 발생된다.

제2과목 전력공학

중 제10장 배전선로 계산

21 역률 80[%], 500[kVA]의 부하설비에 100[kVA]의 진상용 콘덴서를 설치하여 역률을 개선하면 수전점에서의 부하는 약 몇 [kVA]가 되는가?

① 400   ② 425
③ 450   ④ 475

정답   18 ①   19 ③   20 ③   21 ③

해설

유효전력 $P = VI\cos\theta = 500 \times 0.8 = 400[\text{kW}]$
무효전력 $Q = VI\sin\theta = 500 \times 0.6 - 100$
$\qquad\qquad\qquad = 200[\text{kVar}]$
변압기에 걸리는 부하$[\text{kVA}] = \sqrt{P^2 + Q^2}$
$\qquad\qquad\qquad\qquad = \sqrt{400^2 + 200^2}$
$\qquad\qquad\qquad\qquad = 447.21$
$\qquad\qquad\qquad\qquad \fallingdotseq 450[\text{kVA}]$

하 **제7장 이상전압 및 유도장해**

22 가공지선에 대한 설명 중 틀린 것은?

① 유도뢰 서지에 대하여도 그 가설구간 전체에 사고방지의 효과가 있다.
② 직격뢰에 대하여 특히 유효하며 탑 상부에 시설하므로 뇌는 주로 가공지선에 내습한다.
③ 송전선의 1선 지락 시 지락전류의 일부가 가공지선에 흘러 차폐작용을 하므로 전자유도장해를 적게 할 수 있다.
④ 가공지선 때문에 송전선로의 대지정전용량이 감소하므로 대지 사이에 방전할 때 유도전압이 특히 커서 차폐효과가 좋다.

해설 가공지선의 설치효과

㉠ 직격뢰로부터 선로 및 기기 차폐
㉡ 유도뢰에 의한 정전차폐효과
㉢ 통신선의 전자유도장해를 경감시킬 수 있는 전자차폐효과

상 **제8장 송전선로 보호방식**

23 부하전류의 차단에 사용되지 않는 것은?

① DS
② ACB
③ OCB
④ VCB

해설 단로기(DS)의 특징

㉠ 부하전류를 개폐할 수 없음
㉡ 무부하 시 회로의 개폐 가능
㉢ 무부하 충전전류 및 변압기 여자전류 차단 가능

중 **제9장 배전방식**

24 플리커 경감을 위한 전력 공급측의 방안이 아닌 것은?

① 공급전압을 낮춘다.
② 전용 변압기로 공급한다.
③ 단독 공급계통을 구성한다.
④ 단락용량이 큰 계통에서 공급한다.

해설 플리커 경감을 위한 전력 공급측에서 실시하는 방법

㉠ 전용 공급계통을 구성한다.
㉡ 단락용량이 큰 계통을 이용해서 전력을 공급한다.
㉢ 부하설비에 전용 변압기를 이용하여 전력을 공급한다.
㉣ 전력 공급 시 공급전압을 승압시켜 전압 강하를 감소시킨다.

상 **제5장 고장 계산 및 안정도**

25 3상 무부하 발전기의 1선 지락 고장 시에 흐르는 지락전류는? (단, E는 접지된 상의 무부하 기전력이고 Z_0, Z_1, Z_2는 발전기의 영상, 정상, 역상 임피던스이다.)

① $\dfrac{E}{Z_0 + Z_1 + Z_2}$
② $\dfrac{\sqrt{3}\,E}{Z_0 + Z_1 + Z_2}$
③ $\dfrac{3E}{Z_0 + Z_1 + Z_2}$
④ $\dfrac{E^2}{Z_0 + Z_1 + Z_2}$

해설

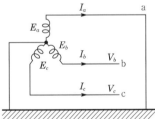

그림과 같이 a상에 지락사고가 발생하고 b와 c상이 개방되었다면
$V_a = 0$
$I_b = I_c = 0$이므로
$I_0 + a^2 I_1 + a I_2 = I_0 + a I_1 + a^2 I_2 = 0$
따라서, $I_0 = I_1 = I_2$
$\therefore$ a상의 지락전류 I_g 는

$$I_g = I_a = I_0 + I_1 + I_2 = 3I_0 = \frac{3E_a}{Z_0 + Z_1 + Z_2}$$

정답 **22** ④ **23** ① **24** ① **25** ③

하 제11장 발전

26 수력발전소의 분류 중 낙차를 얻는 방법에 의한 분류방법이 아닌 것은?

① 댐식 발전소
② 수로식 발전소
③ 양수식 발전소
④ 유역변경식 발전소

해설 **수력발전소의 분류**

㉠ 낙차를 얻는 방법으로 분류
  • 수로식 발전
  • 댐식 발전
  • 댐수로식 발전
  • 유역변경식 발전
㉡ 유량을 사용하는 방법으로 분류
  • 유입식 발전
  • 조정지식 발전
  • 저수지식 발전
  • 양수식 발전
  • 조력 발전

상 제8장 송전선로 보호방식

27 변성기의 정격부담을 표시하는 단위는?

① W   ② S
③ dyne   ④ VA

해설

계기용 변성기의 2차 단자 간에 접속되는 부하가 정격 2차 전류에서 소비하는 피상전력으로 단위 [VA]를 사용한다.

중 제11장 발전

28 원자로에서 중성자가 원자로 외부로 유출되어 인체에 위험을 주는 것을 방지하고 방열의 효과를 주기 위한 것은?

① 제어재   ② 차폐재
③ 반사체   ④ 구조재

해설 **차폐재**

차폐재는 원자력 발전소의 원자로 부근에서 사람을 방사선으로부터 보호하기 위해 노심 주위에 설치되는 것으로 원자로 주변에 두꺼운 콘크리트와 납 또는 강철 등의 금속으로 구성된다.

상 제9장 배전방식

29 연가에 의한 효과가 아닌 것은?

① 직렬공진의 방지
② 대지정전용량의 감소
③ 통신선의 유도장해 감소
④ 선로정수의 평형

해설 **연가의 목적**

㉠ 선로정수 평형
㉡ 근접 통신선에 대한 유도장해 감소
㉢ 소호리액터 접지계통에서 중성점의 잔류전압으로 인한 직렬공진의 방지

중 제1장 전력계통

30 각 전력계통을 연계선으로 상호 연결하였을 때 장점으로 틀린 것은?

① 건설비 및 운전경비를 절감하므로 경제급전이 용이하다.
② 주파수의 변화가 작아진다.
③ 각 전력계통의 신뢰도가 증가된다.
④ 선로 임피던스가 증가되어 단락전류가 감소된다.

해설 **전력계통의 연계 시 특성**

㉠ 부하 증가 시 전압 및 주파수의 변화가 작고 양질의 전력공급이 가능하다.
㉡ 전력의 공급 신뢰도가 증가하고 부하율이 향상된다.
㉢ 전력공급 시 경제적 운용이 가능하다.
㉣ 배후 전력이 커서 사고 시 고장전류가 크다.
㉤ 계통의 고장 시 사고범위가 확대될 수 있다.

하 제8장 송전선로 보호방식

31 전압요소가 필요한 계전기가 아닌 것은?

① 주파수 계전기
② 동기탈조 계전기
③ 지락과전류 계전기
④ 방향성 지락과전류 계전기

해설

지락과전류 계전기(OCGR)는 선로에 지락사고 발생 시 지락전류의 크기에 따라 동작하는 계전기이다.

정답 26 ③ 27 ④ 28 ② 29 ② 30 ④ 31 ③

상 제11장 발전

32 수력발전설비에서 흡출관을 사용하는 목적으로 옳은 것은?

① 압력을 줄이기 위하여
② 유효낙차를 늘리기 위하여
③ 속도변동률을 적게 하기 위하여
④ 물의 유선을 일정하게 하기 위하여

해설

흡출관은 러너출구로부터 방수면까지의 사이를 관으로 연결한 것으로 유효낙차를 늘리기 위한 장치이다. 충동 수차인 펠톤수차에는 사용되지 않는다.

상 제8장 송전선로 보호방식

33 인터록(interlock)의 기능에 대한 설명으로 옳은 것은?

① 조작자의 의중에 따라 개폐되어야 한다.
② 차단기가 열려 있어야 단로기를 닫을 수 있다.
③ 차단기가 닫혀 있어야 단로기를 닫을 수 있다.
④ 차단기와 단로기를 별도로 닫고, 열 수 있어야 한다.

해설 단로기 운용방법

㉠ 차단기의 개방유무를 확인한다.
㉡ 단로기와 차단기 사이에 인터록을 설정하여 차단기의 open 시에만 단로기의 동작이 가능하도록 운용한다.

중 제9장 배전방식

34 같은 선로와 같은 부하에서 교류 단상 3선식은 단상 2선식에 비하여 전압강하와 배전효율이 어떻게 되는가?

① 전압강하는 적고, 배전효율은 높다.
② 전압강하는 크고, 배전효율은 낮다.
③ 전압강하는 적고, 배전효율은 낮다.
④ 전압강하는 크고, 배전효율은 높다.

해설

동일선로 및 동일부하에 전력공급 시 단상 3선식은 단상 2선식에 비해 전력손실 및 전압강하가 감소되고 1선당 공급전력이 크다.

중 제5장 고장 계산 및 안정도

35 전력원선도에서는 알 수 없는 것은?

① 송·수전할 수 있는 최대전력
② 선로손실
③ 수전단 역률
④ 코로나손

해설 전력원선도에서 알 수 있는 사항

㉠ 송·수전단 전력
㉡ 조상설비의 종류 및 조상용량
㉢ 개선된 수전단 역률
㉣ 송전효율 및 선로손실
㉤ 송전단 역률

상 제9장 배전방식

36 가공선 계통은 지중선 계통보다 인덕턴스 및 정전용량이 어떠한가?

① 인덕턴스, 정전용량이 모두 작다.
② 인덕턴스, 정전용량이 모두 크다.
③ 인덕턴스는 크고, 정전용량은 작다.
④ 인덕턴스는 작고, 정전용량은 크다.

해설

가공전선로는 지중전선로에 비해 인덕턴스(L)가 크고 지중전선로에 비해 선간거리가 크게 되므로 정전용량(C)은 작다.

상 제4장 송전 특성 및 조상설비

37 송전선의 특성임피던스는 저항과 누설컨덕턴스를 무시하면 어떻게 표현되는가? (단, L은 선로의 인덕턴스, C는 선로의 정전용량이다.)

① $\sqrt{\dfrac{L}{C}}$ ② $\sqrt{\dfrac{C}{L}}$

③ $\dfrac{L}{C}$ ④ $\dfrac{C}{L}$

해설

특성임피던스 $Z_0 = \sqrt{\dfrac{Z}{Y}}$

$$= \sqrt{\dfrac{R+j\omega L}{g+j\omega C}} \Rightarrow \sqrt{\dfrac{L}{C}} \,[\Omega]$$

$(R = g = 0)$

정답 32 ② 33 ② 34 ① 35 ④ 36 ③ 37 ①

중 제9장 배전방식

38 다음 중 송전선로의 코로나 임계전압이 높아지는 경우가 아닌 것은?

① 날씨가 맑다.
② 기압이 높다.
③ 상대공기밀도가 낮다.
④ 전선의 반지름과 선간거리가 크다.

해설

상대공기밀도는 코로나 임계전압과 비례하므로 상대공기밀도가 낮아질 경우 코로나 임계전압은 감소한다.

코로나 임계전압 $E_0 = 24.3 m_0 m_1 \delta d \log_{10} \dfrac{D}{r}$[kV]

여기서, m_0 : 전선 표면에 정해지는 계수 → 매끈한 전선(1.0), 거친 전선(0.8)
m_1 : 날씨에 관한 계수 → 맑은 날(1.0), 우천시(0.8)
δ : 상대공기밀도
d : 전선의 직경
D : 선간거리
r : 전선의 반지름

상 제10장 배전선로 계산

39 어느 수용가의 부하설비는 전등설비가 500[W], 전열설비가 600[W], 전동기설비가 400[W], 기타 설비가 100[W]이다. 이 수용가의 최대수용전력이 1200[W]이면 수용률은 몇 [%]인가?

① 55   ② 65
③ 75   ④ 85

해설

$$수용률 = \frac{최대수용전력}{설비용량} \times 100[\%]$$
$$= \frac{1200}{500 + 600 + 400 + 100} \times 100$$
$$= \frac{1200}{1600} \times 100$$
$$= 75[\%]$$

중 제10장 배전선로 계산

40 케이블의 전력손실과 관계가 없는 것은?

① 철손
② 유전체손
③ 시스손
④ 도체의 저항손

해설

철손은 전기기기의 철심에서 자기포화에 의해 발생하는 손실이다.

제3과목   전기기기

중 제2장 동기기

41 동기발전기의 돌발 단락 시 발생되는 현상으로 틀린 것은?

① 큰 과도전류가 흘러 권선 소손
② 단락전류는 전기자 저항으로 제한
③ 코일 상호간 큰 전자력에 의한 코일 파손
④ 큰 단락전류 후 점차 감소하여 지속 단락전류 유지

해설

동기발전기의 단자가 단락되면 정격전류의 수배에 해당하는 돌발 단락전류가 흐르는데 수사이클 후 단락전류는 거의 90° 지상전류로 전기자 반작용이 발생하여 감자작용(누설리액턴스)을 하므로 전류가 감소하여 지속 단락전류가 된다.

중 제5장 정류기

42 SCR의 특징으로 틀린 것은?

① 과전압에 약하다.
② 열용량이 적어 고온에 약하다.
③ 전류가 흐르고 있을 때의 양극 전압강하가 크다.
④ 게이트에 신호를 인가할 때부터 도통할 때까지의 시간이 짧다.

해설 SCR의 특징

㉠ 과전압에 약하다.
㉡ 아크가 생기지 않으므로 열의 발생이 적다.
㉢ 게이트에 신호를 인가할 때부터 도통할 때까지의 시간이 짧다.
㉣ 전류가 흐르고 있을 때의 양극 전압강하가 작다.

정답 38 ③   39 ③   40 ①   41 ②   42 ③

하 제2장 동기기

43 터빈발전기의 냉각을 수소냉각방식으로 하는 이유로 틀린 것은?

① 풍손이 공기냉각 시의 약 $\frac{1}{10}$로 줄어든다.

② 열전도율이 좋고 가스냉각기의 크기가 작아진다.

③ 절연물의 산화작용이 없으므로 절연열화가 작아서 수명이 길다.

④ 반폐형으로 하기 때문에 이물질의 침입이 없고 소음이 감소한다.

해설 수소냉각방식의 특성

㉠ 장점
- 수소의 밀도는 공기의 약 $\frac{1}{15}$이므로 풍손이 $\frac{1}{10}$로 감소한다.
- 열전도율은 공기의 약 7배, 비열은 약 14배로 냉각효과가 크므로 공기냉각방식에 비해 25[%]의 출력이 증대한다.
- 수소는 불활성이므로 절연물의 열화가 작아 수명이 증대된다.
- 완전밀폐형으로 소음이 감소한다.

㉡ 단점
- 수소는 공기와 혼합되면 폭발하는 위험이 있으므로 축수, 고정자 등은 기밀하고 방폭구조를 해야 한다.
- 수소가스는 순도와 압력을 항상 일정하게 유지할 필요가 있고, 이 때문에 자동압력제어장치가 필요하여 가격이 증가한다.

중 제4장 유도기

44 단상 유도전동기의 특징을 설명한 것으로 옳은 것은?

① 기동토크가 없으므로 기동장치가 필요하다.

② 기계손이 있어도 무부하속도는 동기속도보다 크다.

③ 권선형은 비례추이가 불가능하며, 최대토크는 불변이다.

④ 슬립은 $0 > s > -1$이고 2보다 작으며 0이 되기 전에 토크가 0이 된다.

해설

단상 유도전동기의 경우 교번자계를 이용하므로 기동토크가 발생되지 않아 기동장치가 필요하다.

중 제3장 변압기

45 몰드변압기의 특징으로 틀린 것은?

① 자기 소화성이 우수하다.

② 소형 경량화가 가능하다.

③ 건식변압기에 비해 소음이 적다.

④ 유입변압기에 비해 절연레벨이 낮다.

해설 몰드변압기의 특징

㉠ 절연유를 사용하지 않으므로 소형화, 경량화가 가능하다.

㉡ 화재 및 연소의 우려가 적어 안정성이 높다.

㉢ 절연에 대한 신뢰성이 높고 보수 및 점검이 용이하다.

㉣ 절연유를 사용하지 않아 절연내력이 작다(서지흡수기 필요).

하 제4장 유도기

46 유도전동기의 회전속도를 N[rpm], 동기속도를 N_s[rpm]이라 하고 순방향 회전자계의 슬립은 s라고 하면, 역방향 회전자계에 대한 회전자 슬립은?

① $s-1$ ② $1-s$

③ $s-2$ ④ $2-s$

해설

정방향 회전 시 슬립 $s = \dfrac{N_s - N}{N_s} = 1 - \dfrac{N}{N_s}$에서

$\dfrac{N}{N_s} = 1 - s$

역방향 회전 시 슬립 $s = \dfrac{N_s - (-N)}{N_s} = 1 + \dfrac{N}{N_s}$

역방향 회전자계에 대한 회전자 슬립

$s = 1 + \dfrac{N}{N_s} = 1 + (1 - s) = 2 - s$

하 제4장 유도기

47 직류발전기에 직결한 3상 유도전동기가 있다. 발전기의 부하 100[kW], 효율 90[%]이며 전동기 단자전압 3300[V], 효율 90[%], 역률 90[%]이다. 전동기에 흘러들어가는 전류는 약 몇 [A]인가?

① 2.4 ② 4.8

③ 19 ④ 24

정답 43 ④ 44 ① 45 ④ 46 ④ 47 ④

[해설]

3상 유도전동기는 직류발전기의 원동기로 이용되므로 직류발전기의 출력을 직류발전기의 입력으로 변환하고 원동기의 기계적 손실을 무시한 상태에서 직류발전기의 입력을 3상 유도전동기의 출력으로 한다. 이를 3상 유도전동기의 입력으로 변환하여 전동기의 입력전류를 산출한다.

직류발전기의 입력 $P = \dfrac{직류발전기의 출력}{효율}$

$= \dfrac{P_0}{\eta} = \dfrac{100}{0.9} = 111.11[\text{kW}]$

3상 유도전동기의 입력 $P = \dfrac{3상 유도전동기의 출력}{효율 \times 역률}$

$= \dfrac{111.11}{0.9 \times 0.9} = 137.17[\text{kVA}]$

3상 유도전동기의 입력(=용량) $P = \sqrt{3}\, V_n I_n [\text{kVA}]$

에서 입력전류 $I_n = \dfrac{P}{\sqrt{3}\, V_n} = \dfrac{137.17}{\sqrt{3} \times 3.3} = 24[\text{A}]$

[하] 제4장 유도기

48 유도발전기의 동작특성에 관한 설명 중 틀린 것은?

① 병렬로 접속된 동기발전기에서 여자를 취해야 한다.
② 효율과 역률이 낮으며 소출력의 자동 수력발전기와 같은 용도에 사용된다.
③ 유도발전기의 주파수를 증가하려면 회전속도를 동기속도 이상으로 회전시켜야 한다.
④ 선로에 단락이 생긴 경우에는 여자가 상실되므로 단락전류는 동기발전기에 비해 적고 지속시간도 짧다.

[해설]

유도발전기는 유도전동기의 회전자가 고정자에서 발생하는 회전자계의 동기속도보다 빠르게 회전하여 전력을 발생시키므로 주파수를 증가시키는 것과는 무관하다.

[상] 제3장 변압기

49 단상 변압기를 병렬 운전하는 경우 각 변압기의 부하분담이 변압기의 용량에 비례하려면 각각의 변압기의 %임피던스는 어느 것에 해당되는가?

① 어떠한 값이라도 좋다.
② 변압기 용량에 비례하여야 한다.

③ 변압기 용량에 반비례하여야 한다.
④ 변압기 용량에 관계없이 같아야 한다.

[해설]

변압기의 병렬운전 시 부하분담의 크기는 변압기의 용량에 비례하고 %임피던스에는 반비례한다.

[참고] 변압기의 병렬운전 조건

㉠ 변압기의 극성이 일치할 것
㉡ 권수비가 같고 1차 및 2차의 정격전압이 같을 것
㉢ 퍼센트 임피던스의 크기가 같을 것
㉣ 퍼센트 저항강하 및 퍼센트 리액턴스강하의 비가 같을 것
㉤ 3상 변압기는 상회전방향 및 각 변위가 같을 것

[상] 제1장 직류기

50 그림은 여러 직류전동기의 속도특성곡선을 나타낸 것이다. ⓐ부터 ⓓ까지 차례로 옳은 것은?

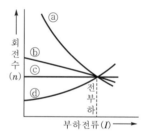

① 차동복권, 분권, 가동복권, 직권
② 직권, 가동복권, 분권, 차동복권
③ 가동복권, 차동복권, 직권, 분권
④ 분권, 직권, 가동복권, 차동복권

[해설]

㉠ 속도변동률 $\varepsilon = \dfrac{N_0 - N_n}{N_n} \times 100[\%]$

㉡ 속도변동이 큰 순서
• 직권 전동기
• 가(화)동복권 전동기
• 분권 전동기
• 차동복권 전동기

[상] 제5장 정류기

51 전력변환기기로 틀린 것은?

① 컨버터　　② 정류기
③ 인버터　　④ 유도전동기

정답 48 ③ 49 ③ 50 ② 51 ④

해설

유도전동기는 전력변환기기가 아닌 전기에너지를 운동
에너지로 변환하는 기기이다.

상 | 제4장 유도기

52 농형 유도전동기에 주로 사용되는 속도제
어법은?

① 극수변환법
② 종속접속법
③ 2차 저항제어법
④ 2차 여자제어법

해설 유도전동기의 속도제어법

㉠ 농형 유도전동기 : 극수변환법, 주파수 제어법, 1차
전압제어법
㉡ 권선형 유도전동기 : 2차 저항제어법, 2차 여자제어법,
종속접속법

중 | 제1장 직류기

53 정격전압 100[V], 정격전류 50[A]인 분권
발전기의 유기기전력은 몇 [V]인가? (단,
전기자저항 0.2[Ω], 계자전류 및 전기자
반작용은 무시한다.)

① 110
② 120
③ 125
④ 127.5

해설

분권발전기 전류관계 $I_a = I_f + I_n$에서 계자전류가 0
이므로 $I_a = I_n$이다.
유기기전력 $E_a = V_n + I_a r_a$
$\qquad = 100 + 50 \times 0.2$
$\qquad = 110[\text{V}]$

상 | 제3장 변압기

54 그림과 같은 변압기 회로에서 부하 R_2에
공급되는 전력이 최대로 되는 변압기의
권수비 a는?

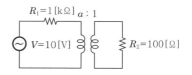

① $\sqrt{5}$
② $\sqrt{10}$
③ 5
④ 10

해설

권수비 $a = \dfrac{N_1}{N_2} = \dfrac{E_1}{E_2} = \dfrac{I_2}{I_1}$, $R_1 = a^2 R_2$에서

$a = \sqrt{\dfrac{R_1}{R_2}} = \sqrt{\dfrac{1000}{100}} = \sqrt{10}$

상 | 제3장 변압기

55 변압기의 백분율 저항강하가 3[%], 백분율
리액턴스 강하가 4[%]일 때 뒤진 역률 80[%]
인 경우의 전압변동률[%]은?

① 2.5
② 3.4
③ 4.8
④ −3.6

해설

전압변동률 $\varepsilon = p\cos\theta + q\sin\theta$
$\qquad\qquad = 3 \times 0.8 + 4 \times 0.6$
$\qquad\qquad = 4.8[\%]$
여기서, p : 백분율 저항강하, q : 백분율 리액턴스강하

하 | 제2장 동기기

56 정류자형 주파수변환기의 회전자에 주파수
f_1의 교류를 가할 때 시계방향으로 회전자
계가 발생하였다. 정류자 위의 브러시 사이
에 나타나는 주파수 f_c를 설명한 것 중 틀
린 것은? (단, n : 회전자의 속도, n_s : 회전
자계의 속도, s : 슬립이다.)

① 회전자를 정지시키면 $f_c = f_1$인 주파수
가 된다.
② 회전자를 반시계방향으로 $n = n_s$의 속
도로 회전시키면, $f_c = 0[\text{Hz}]$가 된다.
③ 회전자를 반시계방향으로 $n < n_s$의 속
도로 회전시키면, $f_c = sf_1[\text{Hz}]$가 된다.
④ 회전자를 시계방향으로 $n < n_s$의 속도
로 회전시키면, $f_c < f_1$인 주파수가 된다.

정답 52 ① 53 ① 54 ② 55 ③ 56 ④

해설

브러시에 나타나는 주파수 $f_c = (n_s - n)\dfrac{P}{2}$

$$= \left(\dfrac{n_s - n}{n_s}\right)\dfrac{P\,n_s}{2}$$

회전자의 속도 n이 $n = n_s$인 경우 주파수 $f_c = 0$

회전자의 속도 n이 $n < n_s$의 경우 주파수 $f_c = sf_1$

중 제2장 동기기

57 동기발전기의 3상 단락곡선에서 단락전류가 계자전류에 비례하여 거의 직선이 되는 이유로 가장 옳은 것은?

① 무부하상태이므로
② 전기자반작용이므로
③ 자기포화가 있으므로
④ 누설리액턴스가 크므로

해설

동기발전기의 단락 시 돌발단락전류가 발생하고 전기자 반작용에 의한 누설리액턴스로 인해 수사이클 이후에 지속단락전류로 변화된다. 이를 계자전류와 단락전류의 곡선으로 표현할 경우 직선으로 나타난다.

하 제3장 변압기

58 1차 전압 V_1, 2차 전압 V_2인 단권변압기를 Y결선했을 때, 등가용량과 부하용량의 비는? (단, $V_1 > V_2$이다.)

① $\dfrac{V_1 - V_2}{\sqrt{3}\,V_1}$ ② $\dfrac{V_1 - V_2}{V_1}$

③ $\dfrac{V_1^2 - V_2^2}{\sqrt{3}\,V_1 V_2}$ ④ $\dfrac{\sqrt{3}\,(V_1 - V_2)}{2\,V_1}$

해설

㉠ Y결선 : $\dfrac{\text{자기용량(등가용량)}}{\text{부하용량}} = \dfrac{V_1 - V_2}{V_1}$

㉡ △결선 : $\dfrac{\text{자기용량}}{\text{부하용량}} = \dfrac{1}{\sqrt{3}} \cdot \dfrac{V_1^2 - V_2^2}{V_1 V_2}$

중 제3장 변압기

59 변압기의 보호에 사용되지 않는 것은?

① 온도계전기

② 과전류계전기
③ 임피던스계전기
④ 비율차동계전기

해설

임피던스계전기는 거리계전기로서 송전선로의 단락 및 지락사고 보호에 이용되고 있다.

하 제4장 유도기

60 E를 전압, r을 1차로 환산한 저항, x를 1차로 환산한 리액턴스라고 할 때 유도전동기의 원선도에서 원의 지름을 나타내는 것은?

① $E \cdot r$ ② $E \cdot x$

③ $\dfrac{E}{x}$ ④ $\dfrac{E}{r}$

해설

유도전동기의 원선도는 1차 부하전류의 변화 궤적으로 $I_1 = \dfrac{E}{x}$를 지름으로 하는 원주로 나타난다.

제4과목 **회로이론 및 제어공학**

중 제어공학 제4장 주파수영역해석법

61 그림의 벡터 궤적을 갖는 계의 주파수 전달함수는?

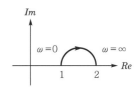

① $\dfrac{1}{j\omega + 1}$ ② $\dfrac{1}{j2\omega + 1}$

③ $\dfrac{j\omega + 1}{j2\omega + 1}$ ④ $\dfrac{j2\omega + 1}{j\omega + 1}$

해설

$\omega = 0$일 때 $|G(j\omega)| = 1$, $\omega = \infty$일 때

$|G(j\omega)| = \dfrac{T_2}{T_1} = 2$이므로 $T_2 > T_1$이고

위상값이 $+$값이 되기 때문에

주파수 전달함수 $G(j\omega) = \dfrac{1 + j2\omega}{1 + j\omega}$가 된다.

정답 57 ② 58 ② 59 ③ 60 ③ 61 ④

상 제어공학 제6장 근궤적법

62 근궤적에 관한 설명으로 틀린 것은?

① 근궤적은 실수축에 대하여 상하 대칭으로 나타난다.

② 근궤적의 출발점은 극점이고 근궤적의 도착점은 영점이다.

③ 근궤적의 가지수는 극점의 수와 영점의 수 중에서 큰 수와 같다.

④ 근궤적이 s 평면의 우반면에 위치하는 K의 범위는 시스템이 안정하기 위한 조건이다.

해설 근궤적의 성질

㉠ 근궤적은 실수축에 대하여 대칭이다.

㉡ 근궤적은 항상 극점에서 출발하여 영점에서 끝난다. 그러나 실수축에 존재하지 않는 극점은 무한 원점으로 발산하고 만다.

㉢ 근궤적의 수는 극점과 영점의 수 중 큰 것 또는 특성방정식의 차수에 의해 결정된다.

상 제어공학 제3장 시간영역해석법

63 제어시스템에서 출력이 얼마나 목표값을 잘 추종하는지를 알아볼 때, 시험용으로 많이 사용되는 신호로 다음 식의 조건을 만족하는 것은?

$$u(t-a) = \begin{cases} 0, t < a \\ 1, t \ge a \end{cases}$$

① 사인함수

② 임펄스함수

③ 램프함수

④ 단위계단함수

해설

문제 조건의 함수를 그림으로 나타내면 아래와 같이 단위계단함수가 된다.

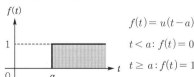

$f(t) = u(t-a)$
$t < a : f(t) = 0$
$t \ge a : f(t) = 1$

상 제어공학 제5장 안정도 판별법

64 특성방정식 $s^2 + Ks + 2K - 1 = 0$인 계가 안정하기 위한 K의 범위는?

① $K > 0$

② $K > \dfrac{1}{2}$

③ $K < \dfrac{1}{2}$

④ $0 < K < \dfrac{1}{2}$

해설

특성방정식 $F(s) = s^2 + Ks + 2K - 1 = 0$ 을 루쓰표로 표현하면 다음과 같다.

s^2	a_0	a_2		s^2	1	$2K-1$
s^1	a_1	a_3	→	s^1	K	0
s^0	b_1	b_2		s^0	b_1	0

㉠ $b_1 = \dfrac{a_0 a_3 - a_1 a_2}{-a_1} = \dfrac{a_0 \times 0 - a_1 a_2}{-a_1} = a_2$

㉡ 루쓰선도에서 제1열(a_0, a_1, b_1)의 부호가 모두 같으면 (+)안정이 되므로

• $K > 0$

• $b_1 = 2K - 1 > 0$에서 $K > \dfrac{1}{2}$

∴ 안정하기 위한 K값 : $K > \dfrac{1}{2}$

하 제어공학 제7장 상태방정식

65 상태공간 표현식 $\dot{x} = Ax + Bu$로 표현되 $y = Cx$

는 선형 시스템에서 $A = \begin{bmatrix} 0 & 1 & 0 \\ 0 & 0 & 1 \\ -2 & -9 & -8 \end{bmatrix}$,

$B = \begin{bmatrix} 0 \\ 0 \\ 5 \end{bmatrix}$, $C = [1\ 0\ 0]$, $D = 0$, $x = \begin{bmatrix} x_1 \\ x_2 \\ x_3 \end{bmatrix}$ 이면 시스템 전달함수 $\dfrac{Y(s)}{U(s)}$는?

① $\dfrac{1}{s^3 + 8s^2 + 9s + 2}$

② $\dfrac{1}{s^3 + 2s^2 + 9s + 8}$

③ $\dfrac{5}{s^3 + 8s^2 + 9s + 2}$

④ $\dfrac{5}{s^3 + 2s^2 + 9s + 8}$

해설

상태방정식을 미분방정식으로 나타낸 다음 라플라스 변환 후 전달함수를 구하면 된다.

㉠ 미분방정식 : $\dfrac{d^3}{dt^3}y(t) + 8\dfrac{d^2}{dt^2}y(t) + 9\dfrac{d}{dt}y(t)$
  $+ 2y(t) = 5u(t)$

㉡ 라플라스 변환 : $s^3 Y(s) + 8s^2 Y(s) + 9s Y(s)$
  $+ 2 = Y(s)(s^3 + 8s^2 + 9s + 2) = 5u(t)$

∴ 전달함수 $G(s) = \dfrac{Y(s)}{U(s)} = \dfrac{5}{s^3 + 8s^2 + 9s + 2}$

상 제어공학 제5장 안정도 판별법

66 Routh-Hurwitz 표에서 제1열의 부호가 변하는 횟수로부터 알 수 있는 것은?

① s-평면의 좌반면에 존재하는 근의 수
② s-평면의 우반면에 존재하는 근의 수
③ s-평면의 허수축에 존재하는 근의 수
④ s-평면의 원점에 존재하는 근의 수

해설

제1열(기준열) 요소의 부호변환은 불안정근의 수를 의미하므로 $s-$평면에서 우반평면에 존재하는 근의 수를 의미한다.

상 제어공학 제2장 전달함수

67 그림의 블록선도에 대한 전달함수 $\dfrac{C}{R}$ 는?

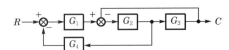

① $\dfrac{G_1 G_2 G_3}{1 + G_1 G_2 + G_1 G_2 G_4}$

② $\dfrac{G_1 G_2 G_4}{1 + G_1 G_2 + G_1 G_2 G_3}$

③ $\dfrac{G_1 G_2 G_3}{1 + G_2 G_3 + G_1 G_2 G_4}$

④ $\dfrac{G_1 G_2 G_4}{1 + G_2 G_3 + G_1 G_2 G_3}$

해설

종합전달함수 : $M(s) = \dfrac{\sum 전향경로이득}{1 - \sum 폐루프이득}$

$= \dfrac{G_1 G_2 G_3}{1 - (-G_1 G_2 G_4 - G_2 G_3)}$

$= \dfrac{G_1 G_2 G_3}{1 + G_1 G_2 G_4 + G_2 G_3}$

상 제어공학 제2장 전달함수

68 신호흐름선도의 전달함수 $T(s) = \dfrac{C(s)}{R(s)}$ 로 옳은 것은?

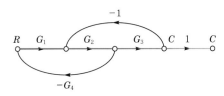

① $\dfrac{G_1 G_2 G_3}{1 - G_2 G_3 + G_1 G_2 G_4}$

② $\dfrac{G_1 G_2 G_3}{1 + G_1 G_2 G_4 + G_2 G_3}$

③ $\dfrac{G_1 G_2 G_3}{1 + G_1 G_3 - G_1 G_2 G_4}$

④ $\dfrac{G_1 G_2 G_3}{1 - G_1 G_3 - G_1 G_2 G_4}$

해설

종합전달함수 : $M(s) = \dfrac{\sum 전향경로이득}{1 - \sum 폐루프이득}$

$= \dfrac{G_1 G_2 G_3}{1 - (-G_1 G_2 G_4 - G_2 G_3)}$

$= \dfrac{G_1 G_2 G_3}{1 + G_1 G_2 G_4 + G_2 G_3}$

상 제어공학 제8장 시퀀스회로의 이해

69 불대수식 중 틀린 것은?

① $A \cdot \overline{A} = 1$　　　② $A + 1 = 1$
③ $A + A = A$　　　④ $A \cdot A = A$

해설 불대수

㉠ $A \cdot A = A$ ㉡ $A \cdot \overline{A} = 0$

㉢ $A \cdot 1 = A$ ㉣ $A \cdot 0 = 0$

㉤ $A + A = A$ ㉥ $A + \overline{A} = 1$

㉦ $A + 1 = 1$ ㉧ $A + 0 = A$

상 제어공학 제7장 상태방정식

70 함수 e^{-at} 의 z 변환으로 옳은 것은?

① $\dfrac{z}{z - e^{-aT}}$ ② $\dfrac{z}{z - a}$

③ $\dfrac{1}{z - e^{-aT}}$ ④ $\dfrac{1}{z - a}$

해설 z 변환과 s 변환의 관계

시간의 함수 $f(t)$	s 변환	z 변환
임펄스함수 : $\delta(t)$	1	1
단위계단함수 : $u(t) = 1$	$\dfrac{1}{s}$	$\dfrac{1}{1 - z^{-1}}$
지수함수 : e^{-at}	$\dfrac{1}{s+a}$	$\dfrac{1}{1 - z^{-1} e^{-at}}$ $= \dfrac{z}{z - e^{-aT}}$
램프함수 : t	$\dfrac{1}{s^2}$	$\dfrac{Tz}{(z-1)^2}$

상 회로이론 제7장 4단자망 회로해석

71 4단자 회로망에서 4단자 정수가 A, B, C, D일 때, 영상임피던스 $\dfrac{Z_{01}}{Z_{02}}$ 은?

① $\dfrac{D}{A}$ ② $\dfrac{B}{C}$

③ $\dfrac{C}{B}$ ④ $\dfrac{A}{D}$

해설

영상임피던스 $Z_{01} = \dfrac{V_1}{I_1} = \sqrt{\dfrac{AB}{CD}}$,

$Z_{02} = \dfrac{V_2}{I_2} = \sqrt{\dfrac{BD}{AC}}$ 가 되므로

$\therefore \dfrac{Z_{01}}{Z_{02}} = \sqrt{\dfrac{AB}{CD}} \Big/ \sqrt{\dfrac{BD}{AC}}$

$= \dfrac{A}{D}$

상 회로이론 제9장 과도현상

72 RL 직렬회로에서 $R = 20[\Omega]$, $L = 40[\text{mH}]$ 일 때, 이 회로의 시정수[sec]는?

① 2×10^3 ② 2×10^{-3}

③ $\dfrac{1}{2} \times 10^3$ ④ $\dfrac{1}{2} \times 10^{-3}$

해설

시정수 $\tau = \dfrac{L}{R} = \dfrac{40 \times 10^{-3}}{20} = 2 \times 10^{-3} [\text{sec}]$

상 회로이론 제4장 비정현파 교류회로의 이해

73 비정현파 전류가 $i(t) = 56\sin\omega t + 20\sin 2\omega t + 30\sin(3\omega t + 30°) + 40\sin(4\omega t + 60°)$ 로 표현될 때, 왜형률은 약 얼마인가?

① 1.0 ② 0.96

③ 0.55 ④ 0.11

해설

$V_{THD} = \dfrac{\text{고조파만의 실효값}}{\text{기본파의 실효값}}$

$= \dfrac{\sqrt{\left(\dfrac{20}{\sqrt{2}}\right)^2 + \left(\dfrac{30}{\sqrt{2}}\right)^2 + \left(\dfrac{40}{\sqrt{2}}\right)^2}}{\dfrac{56}{\sqrt{2}}}$

$= 0.9616$

$= 96.16[\%]$

상 회로이론 제3장 다상 교류회로의 이해

74 대칭 6상 성형(star)결선에서 선간전압 크기와 상전압 크기의 관계로 옳은 것은? (단, V_l : 선간전압 크기, V_p : 상전압 크기)

① $V_l = V_p$ ② $V_l = \sqrt{3}\, V_p$

③ $V_l = \dfrac{1}{\sqrt{3}} V_p$ ④ $V_l = \dfrac{2}{\sqrt{3}} V_p$

해설

성형결선 시 선간전압

$V_l = 2\sin\dfrac{\pi}{n} V_p = 2\sin\dfrac{\pi}{6} V_p = V_p$

∴ 6상 성형결선에서는 상전압과 선간전압이 같고, 환상결선에서는 상전류와 선전류가 같다.

정답 70 ① 71 ④ 72 ② 73 ② 74 ①

상 회로이론 제5장 대칭좌표법

75 3상 불평형 전압 V_a, V_b, V_c가 주어진 다면, 정상분 전압은? (단, $a = e^{\frac{j2\pi}{3}} = 1 / \underline{120°}$ 이다.)

① $V_a + a^2 V_b + a V_c$

② $V_a + a V_b + a^2 V_c$

③ $\frac{1}{3}(V_a + a^2 V_b + a V_c)$

④ $\frac{1}{3}(V_a + a V_b + a^2 V_c)$

해설

대칭분 전압($a = 1 / \underline{120°} = 1 / \underline{-240°}$, $a^2 = 1 / \underline{240°} = 1 / \underline{-120°}$)

㉠ 영상분 : $V_0 = \frac{1}{3}(V_a + V_b + V_c)$

㉡ 정상분 : $V_1 = \frac{1}{3}(V_a + a V_b + a^2 V_c)$

㉢ 역상분 : $V_2 = \frac{1}{3}(V_a + a^2 V_b + a V_c)$

상 회로이론 제8장 분포정수회로

76 송전선로가 무손실선로일 때, $L = 96$[mH] 이고, $C = 0.6[\mu F]$이면 특성임피던스[Ω]는?

① 100

② 200

③ 400

④ 600

해설

특성임피던스 $Z_0 = \sqrt{\frac{L}{C}} = \sqrt{\frac{96 \times 10^{-3}}{0.6 \times 10^{-6}}}$

$= 400[\Omega]$

중 회로이론 제2장 단상 교류회로의 이해

77 커패시터와 인덕터에서 물리적으로 급격히 변화할 수 없는 것은?

① 커패시터와 인덕터에서 모두 전압

② 커패시터와 인덕터에서 모두 전류

③ 커패시터에서 전류, 인덕터에서 전압

④ 커패시터에서 전압, 인덕터에서 전류

해설

㉠ 인덕턴스 단자전압은 $V_L = L\frac{di}{dt}$이므로 전류가 급 변하면 전압이 무한대가 된다. 따라서 인덕턴스 회로 에서 전류가 급변할 수 없다.

㉡ 콘덴서 전류 $i_L = C\frac{dV}{dt}$이므로 전압이 급변하면 전류가 무한대가 된다. 따라서 콘덴서 회로에서 전압이 급변할 수 없다.

상 회로이론 제3장 다상 교류회로의 이해

78 2전력계법을 이용한 평형 3상회로의 전력 이 각각 500[W] 및 300[W]로 측정되었을 때, 부하의 역률은 약 몇 [%]인가?

① 70.7

② 87.7

③ 89.2

④ 91.8

해설

역률 $\cos\theta = \frac{P}{P_a}$

$= \frac{W_1 + W_2}{2\sqrt{W_1^2 + W_2^2 - W_1 W_2}}$

$= \frac{500 + 300}{2\sqrt{500^2 + 300^2 - 500 \times 300}}$

$= 0.9176$

$\fallingdotseq 91.8[\%]$

상 회로이론 제2장 단상 교류회로의 이해

79 인덕턴스가 0.1[H]인 코일에 실효값 100[V], 60[Hz], 위상 30도인 전압을 가했을 때 흐르는 전류의 실효값 크기는 약 몇 [A] 인가?

① 43.7

② 37.7

③ 5.46

④ 2.65

해설

유도성 리액턴스

$X_L = 2\pi f L = 2\pi \times 60 \times 0.1$

$= 37.7[\Omega]$에서

∴ 전류의 실효값 $I = \frac{V}{X_L}$

$= \frac{100}{37.7} = 2.65[A]$

정답 75 ④ 76 ③ 77 ④ 78 ④ 79 ④

상 회로이론 제10장 라플라스 변환

80 $f(t) = \delta(t-T)$의 라플라스변환 $F(s)$는?

① e^{Ts}

② e^{-Ts}

③ $\dfrac{1}{s}e^{Ts}$

④ $\dfrac{1}{s}e^{-Ts}$

해설 시간추이의 정리

$$\delta(t-T) \xrightarrow{\mathcal{L}} e^{-Ts}$$

제5과목 전기설비기술기준

※ 전기설비기술기준 과목 기출문제는 법규개정에 따라 문제를
수정·삭제하였으므로 이 점 착오없으시기 바랍니다.

상 제3장 전선로

81 고압 가공전선로의 지지물로 철탑을 사용한
경우 최대경간은 몇 [m] 이하이어야 하는가?

① 300

② 400

③ 500

④ 600

해설 고압 가공전선로 경간의 제한(KEC 332.9)

고압 가공전선로의 경간은 다음에서 정한 값 이하이어
야 한다.

지지물의 종류	표준경간
목주·A종 철주 또는 A종 철근콘크리트주	150[m]
B종 철주 또는 B종 철근콘크리트주	250[m]
철탑	600[m]

상 제3장 전선로

82 폭발성 또는 연소성의 가스가 침입할 우려
가 있는 것에 시설하는 지중함으로서 그 크
기가 몇 [m³] 이상의 것은 통풍장치, 기타
가스를 방산시키기 위한 적당한 장치를 시
설하여야 하는가?

① 0.9

② 1.0

③ 1.5

④ 2.0

해설 지중함의 시설(KEC 334.2)

㉠ 지중함은 견고하고 차량, 기타 중량물의 압력에 견디
는 구조일 것

㉡ 지중함은 그 안의 고인 물을 제거할 수 있는 구조로

되어 있을 것

㉢ 폭발성 또는 연소성의 가스가 침입할 우려가 있는
것에 시설하는 지중함으로서 그 크기가 1[m³] 이상
인 것에는 통풍장치, 기타 가스를 방산시키기 위한
적당한 장치를 시설할 것

㉣ 지중함의 뚜껑은 시설자 이외의 자가 쉽게 열 수
없도록 시설할 것

중 제4장 발전소, 변전소, 개폐소 및 기계기구 시설보호

83 사용전압 35,000[V]인 기계기구를 옥외에 시
설하는 개폐소의 구내에 취급자 이외의 자가
들어가지 않도록 울타리를 설치할 때 울타리와
특고압의 충전부분이 접근하는 경우에는 울타
리의 높이와 울타리로부터 충전부분까지의 거
리의 합은 최소 몇 [m] 이상이어야 하는가?

① 4

② 5

③ 6

④ 7

해설 발전소 등의 울타리·담 등의 시설
(KEC 351.1)

㉠ 기계기구 주위에 울타리, 담 등을 시설한다.

㉡ 기계기구를 지표상 5[m] 이상의 높이에 시설한다.

사용전압의 구분	울타리·담 등의 높이와 울타리·담 등으로부터 충전부분까지 거리의 합계
35[kV] 이하	5[m]
35[kV] 초과 160[kV] 이하	6[m]
160[kV] 초과	6[m]에 160[kV]를 초과하는 10[kV] 또는 그 단수마다 12[cm]를 더한 값

상 제4장 발전소, 변전소, 개폐소 및 기계기구 시설보호

84 다음의 ㉠, ㉡에 들어갈 내용으로 옳은 것은?

> 과전류차단기로 시설하는 퓨즈 중 고압
> 전로에 사용하는 비포장퓨즈는 정격전
> 류의 (㉠)배의 전류에 견디고 또한 2
> 배의 전류로 (㉡)분 안에 용단되는 것
> 이어야 한다.

① ㉠ 1.1, ㉡ 1

② ㉠ 1.2, ㉡ 1

③ ㉠ 1.25, ㉡ 2

④ ㉠ 1.3, ㉡ 2

정답 80 ② 81 ④ 82 ② 83 ② 84 ③

[해설] 고압 및 특고압 전로 중의 과전류차단기의 시설(KEC 341.10)

㉠ 포장퓨즈는 정격전류의 1.3배에 견디고, 또한 2배의 전류로 120분 안에 용단되어야 한다.
㉡ 비포장퓨즈는 정격전류의 1.25배에 견디고, 또한 2배의 전류로 2분 안에 용단되어야 한다.

[상] 제3장 전선로

85 지중전선로를 직접 매설식에 의하여 시설하는 경우에는 매설깊이를 차량, 기타 중량물의 압력을 받을 우려가 있는 장소에서는 몇 [cm] 이상으로 하면 되는가?

① 40　　② 60
③ 80　　④ 100

[해설] 지중전선로의 시설(KEC 334.1)

㉠ 관로식의 경우 케이블 매설깊이
 • 차량, 기타 중량물에 의한 압력을 받을 우려가 있는 장소 : 1.0[m] 이상
 • 기타 장소 : 0.6[m] 이상
㉡ 직접 매설식의 경우 케이블 매설깊이
 • 차량, 기타 중량물에 의한 압력을 받을 우려가 있는 장소 : 1.0[m] 이상
 • 기타 장소 : 0.6[m] 이상

[하] 제3장 전선로

86 저압 가공전선이 건조물의 상부 조영재 옆쪽으로 접근하는 경우 저압 가공전선과 건조물의 조영재 사이의 이격거리는 몇 [m] 이상이어야 하는가? (단, 전선에 사람이 쉽게 접촉할 우려가 없도록 시설한 경우와 전선이 고압 절연전선, 특고압 절연전선 또는 케이블인 경우는 제외한다.)

① 0.6　　② 0.8
③ 1.2　　④ 2.0

[해설] 저압 가공전선과 건조물의 접근(KEC 222.11)

건조물 조영재의 구분	접근형태	이격거리
상부 조영재 [지붕·챙(차양 : 遮陽)·옷 말리는 곳 기타 사람이 올라갈 우려가 있는 조영재를 말한다. 이하 같다]	위쪽	2[m] (전선이 고압 절연전선, 특고압 절연전선 또는 케이블인 경우는 1[m])
	옆쪽 또는 아래쪽	1.2[m] (전선에 사람이 쉽게 접촉할 우려가 없도록 시설한 경우에는 0.8[m], 고압 절연전선, 특고압 절연전선 또는 케이블인 경우에는 0.4[m])

건조물 조영재의 구분	접근형태	이격거리
기타의 조영재		1.2[m] (전선에 사람이 쉽게 접촉할 우려가 없도록 시설한 경우에는 0.8[m], 고압 절연전선, 특고압 절연전선 또는 케이블인 경우에는 0.4[m])

[상] 제2장 저압설비 및 고압·특고압설비

87 폭연성 분진 또는 화약류의 분말이 존재하는 곳의 저압 옥내배선은 어느 공사에 의하는가?

① 금속관공사
② 애자사용공사
③ 합성수지관공사
④ 캡타이어케이블공사

[해설] 분진 위험장소(KEC 242.2)

㉠ 폭연성 분진(마그네슘·알루미늄·티탄 등)이 발화원이 되어 폭발할 우려가 있는 곳에 시설하는 저압 옥내전기설비 → 금속관공사, 케이블공사(캡타이어케이블은 제외)
㉡ 가연성 분진(소맥분·전분·유황 등)이 발화원이 되어 폭발할 우려가 있는 곳에 시설하는 저압 옥내 전기설비 → 금속관공사, 케이블공사, 합성수지관공사(두께 2[mm] 미만은 제외)

[하] 제2장 저압설비 및 고압·특고압설비

88 저압 옥내전로의 인입구에 가까운 곳으로서 쉽게 개폐할 수 있는 곳에 개폐기를 시설하여야 한다. 그러나 사용전압이 400[V] 이하인 옥내전로로서 다른 옥내전로에 접속하는 길이가 몇 [m] 이하인 경우는 개폐기를 생략할 수 있는가? (단, 정격전류가 16[A] 이하인 과전류차단기 또는 정격전류가 16[A]를 초과하고 20[A] 이하인 배선차단기로 보호되고 있는 것에 한한다.)

① 15　　② 20
③ 25　　④ 30

[해설] 저압 옥내전로 인입구에서의 개폐기의 시설(KEC 212.6.2)

㉠ 저압 옥내전로에는 인입구에 가까운 곳으로서 쉽게 개폐할 수 있는 곳에 개폐기를 각 극에 시설하여야 한다.

[정답] 85 ④　86 ③　87 ①　88 ①

ⓒ 사용전압이 400[V] 이하인 옥내전로로서 다른 옥내
전로(정격전류가 16[A] 이하인 과전류차단기 또는
정격전류가 16[A]를 초과하고 20[A] 이하인 배선차
단기로 보호되고 있는 것)에 접속하는 길이 15[m]
이하의 전로에서 전기의 공급을 받는 것은 개폐기를
생략할 수 있다.

중 제3장 전선로

89 지중전선로는 기설 지중약전류전선로에 대
하여 다음의 어느 것에 의하여 통신상의 장
해를 주지 아니하도록 기설 약전류전선로
로부터 충분히 이격시키는가?

① 충전전류 또는 표피작용
② 충전전류 또는 유도작용
③ 누설전류 또는 표피작용
④ 누설전류 또는 유도작용

해설 지중약전류전선의 유도장해 방지
(KEC 334.5)

지중전선로는 기설 지중약전류전선로에 대하여 누설전
류 또는 유도작용에 의하여 통신상의 장해를 주지 않도
록 기설 약전류전선로로부터 충분히 이격시키거나 기타
적당한 방법으로 시설하여야 한다.

상 제2장 저압설비 및 고압·특고압설비

90 일반주택 및 아파트 각 호실의 현관등은 몇
분 이내에 소등되는 타임스위치를 시설하
여야 하는가?

① 1분   ② 3분
③ 5분   ④ 10분

해설 점멸기의 시설(KEC 234.6)

다음의 경우에는 센서등(타임스위치 포함)을 시설하여
야 한다.
ⓐ 「관광진흥법」과 「공중위생관리법」에 의한 관광숙박
업 또는 숙박업(여인숙업을 제외한다)에 이용되는
객실의 입구등은 1분 이내에 소등되는 것
ⓑ 일반주택 및 아파트 각 호실의 현관등은 3분 이내에
소등되는 것

중 제4장 발전소, 변전소, 개폐소 및 기계기구 시설보호

91 발전소에서 장치를 시설하여 계측하지 않
아도 되는 것은?

① 발전기의 회전자 온도
② 특고압용 변압기의 온도
③ 발전기의 전압 및 전류 또는 전력
④ 주요 변압기의 전압 및 전류 또는 전력

해설 계측장치(KEC 351.6)

ⓐ 발전기, 연료전지 또는 태양전지 모듈의 전압, 전류,
전력
ⓑ 발전기 베어링(수중메탈은 제외) 및 고정자의 온도
ⓒ 정격출력이 10000[kW]를 넘는 증기터빈에 접속된
발전기 진동의 진폭
ⓓ 주요 변압기의 전압, 전류, 전력
ⓔ 특고압용 변압기의 온도

상 제2장 저압설비 및 고압·특고압설비

92 백열전등 또는 방전등에 전기를 공급하는
옥내전로의 대지전압은 몇 [V] 이하이어야
하는가?

① 440   ② 380
③ 300   ④ 100

해설 옥내전로의 대지전압의 제한(KEC 231.6)

백열전등 또는 방전등에 공급하는 옥내전로의 대지전압
은 300[V] 이하이어야 하며 다음에 의하여 시설할 것
(150[V] 이하의 전로인 경우는 예외로 함)
ⓐ 백열전등 또는 방전등 및 이에 부속하는 전선은 사람
이 접촉할 우려가 없도록 시설할 것
ⓑ 백열전등 또는 방전등용 안전기는 저압 옥내배선과
직접 접속하여 시설할 것
ⓒ 전구 소켓은 키나 그 밖의 점멸기구가 없도록 시설
할 것

상 제3장 전선로

93 66000[V] 가공전선과 6000[V] 가공전선을
동일 지지물에 병가하는 경우, 특고압 가공
전선으로 사용하는 경동연선의 굵기는 몇
[mm²] 이상이어야 하는가?

① 22   ② 38
③ 50   ④ 100

해설 특고압 가공전선과 저·고압 가공전선 등의
병행 설치(KEC 333.17)

사용전압이 35[kV]를 초과하고 100[kV] 미만인 특고
압 가공전선과 저압 또는 고압 가공전선을 동일 지지물
에 시설하는 경우

㉠ 특고압 가공전선로는 제2종 특고압 보안공사에 의할 것
㉡ 특고압 가공전선과 저압 또는 고압 가공전선 사이의 이격거리는 2[m] 이상일 것. 다만, 특고압 가공전선이 케이블인 경우에 저압 가공전선이 절연전선 혹은 케이블인 때 또는 고압 가공전선이 절연전선 혹은 케이블인 때에는 1[m]까지 감할 수 있다.
㉢ 특고압 가공전선은 케이블인 경우를 제외하고는 인장강도 21.67[kN] 이상의 연선 또는 단면적이 50[mm²] 이상인 경동연선일 것
㉣ 특고압 가공전선로의 지지물은 철주・철근콘크리트주 또는 철탑일 것

상 제3장 전선로

94 저압 또는 고압의 가공전선로와 기설 가공약전류전선로가 병행할 때 유도작용에 의한 통신상의 장해가 생기지 않도록 전선과 기설 약전류전선 간의 이격거리는 몇 [m] 이상이어야 하는가? (단, 전기철도용 급전선로는 제외한다.)

① 2
② 3
③ 4
④ 6

해설 가공약전류전선로의 유도장해 방지(KEC 332.1)

고・저압 가공전선로가 가공약전류전선과 병행하는 경우 약전류전선과 2[m] 이상 이격시켜야 한다.

상 제3장 전선로

95 가공전선로의 지지물에 하중이 가하여지는 경우에 그 하중을 받는 지지물의 기초 안전율은 특별한 경우를 제외하고 최소 얼마 이상인가?

① 1.5
② 2
③ 2.5
④ 3

해설 가공전선로 지지물의 기초의 안전율 (KEC 331.7)

가공전선로의 지지물에 하중이 가해지는 경우 그 하중을 받는 지지물의 기초 안전율은 2 이상이어야 한다. (이상 시 상정하중에 대한 철탑의 기초에 대하여는 1.33 이상)

제1과목 전기자기학

하 제2장 진공 중의 정전계

01 면적이 매우 넓은 두 개의 도체판을 d[m] 간격으로 수평하게 평행 배치하고, 이 평행 도체판 사이에 놓인 전자가 정지하고 있기 위해서 그 도체판 사이에 가하여야 할 전위차[V]는? (단, g는 중력가속도이고, m은 전자의 질량이고, e는 전자의 전하량이다.)

① $mged$
② $\dfrac{ed}{mg}$
③ $\dfrac{mgd}{e}$
④ $\dfrac{mge}{d}$

해설

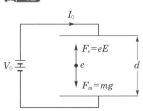

㉠ 전자의 전자력 : $F_e = eE = e\dfrac{V}{d}$[N]
㉡ 중력의 힘 : $F_m = mg$[N]
㉢ 전자가 정지하기 위한 조건 : $F_e = F_m$

∴ 전위차 $V = \dfrac{mgd}{e}$[V]

상 제9장 자성체와 자기회로

02 자기회로에서 자기저항의 크기에 대한 설명으로 옳은 것은?

① 자기회로의 길이에 비례
② 자기회로의 단면적에 비례
③ 자성체의 비투자율에 비례
④ 자성체의 비투자율의 제곱에 비례

해설

자기저항 $R_m = \dfrac{l}{\mu S} = \dfrac{F}{\phi}$[AT/Wb]이므로 자기회로의 길이에 비례한다.

하 제2장 진공 중의 정전계

03 전위함수 $V = x^2 + y^2$[V]일 때 점 (3, 4)[m]에서의 등전위선의 반지름은 몇 [m]이며 전기력선 방정식은 어떻게 되는가?

① 등전위선의 반지름 : 3,
　전기력선 방정식 : $y = \dfrac{3}{4}x$
② 등전위선의 반지름 : 4,
　전기력선 방정식 : $y = \dfrac{4}{3}x$
③ 등전위선의 반지름 : 5,
　전기력선 방정식 : $x = \dfrac{4}{3}y$
④ 등전위선의 반지름 : 5,
　전기력선 방정식 : $x = \dfrac{3}{4}y$

해설

㉠ 전계의 세기 $E = -\operatorname{grad} V = -\nabla V$
$$= -\left(\dfrac{\partial V}{\partial x}i + \dfrac{\partial V}{\partial y}j + \dfrac{\partial V}{\partial z}k\right)$$
$$= -2xi - 2yj$$

㉡ $\dfrac{dx}{2x} = \dfrac{dy}{2y}$의 전기력선 방정식을 풀면

$A = \dfrac{x}{y} = \dfrac{3}{4}$이 되어, $x = Ay = \dfrac{3}{4}y$가 된다.

㉢ 등전위선의 반지름 $r = \sqrt{3^2 + 4^2} = 5$[m]

중 제11장 인덕턴스

04 자기인덕턴스와 상호인덕턴스와의 관계에서 결합계수 k의 범위는?

① $0 \le k \le \dfrac{1}{2}$
② $0 \le k \le 1$
③ $0 \le k \le 2$
④ $0 \le k \le 10$

정답 01 ③　02 ①　03 ④　04 ②

해설

결합계수 $k = \dfrac{M}{\sqrt{L_1 L_2}}$ 에서

㉠ $k = 1$: 자기적인 완전결합

㉡ $k = 0$: 자기적인 비결합

중 제6장 전류

05 10[mm]의 지름을 가진 동선에 50[A]의 전류가 흐르고 있을 때 단위시간 동안 동선의 단면을 통과하는 전자의 수는 약 몇 개인가?

① 7.85×10^{16} ② 20.45×10^{15}

③ 31.21×10^{19} ④ 50×10^{19}

해설

전자의 수는 총 전하량에서 전자 1개가 가지는 전하량의 크기로 나누면 된다.

전자의 수 $N = \dfrac{Q}{e} = \dfrac{It}{e} = \dfrac{50 \times 1}{1.602 \times 10^{-19}}$

$= 31.21 \times 10^{19}$

상 제3장 정전용량

06 면적이 $S[\text{m}^2]$이고, 극간의 거리가 $d[\text{m}]$인 평행판 콘덴서에 비유전율이 ε_r인 유전체를 채울 때 정전용량[F]은? (단, ε_0는 진공의 유전율이다.)

① $\dfrac{2\varepsilon_0 \varepsilon_r S}{d}$ ② $\dfrac{\varepsilon_0 \varepsilon_r S}{\pi d}$

③ $\dfrac{\varepsilon_0 \varepsilon_r S}{d}$ ④ $\dfrac{2\pi \varepsilon_0 \varepsilon_r S}{d}$

해설

평행판 콘덴서의 정전용량

$C = \dfrac{\varepsilon S}{d} = \dfrac{\varepsilon_0 \varepsilon_r S}{d}[\text{F}]$

상 제9장 자성체와 자기회로

07 반자성체의 비투자율(μ_s)값의 범위는?

① $\mu_s = 1$ ② $\mu_s < 1$

③ $\mu_s > 1$ ④ $\mu_s = 0$

해설

㉠ 자회의 세기 : $J = \mu_0 (\mu_s - 1) H$

㉡ 자화율 : $\mu = \mu_0 (\mu_s - 1)$

㉢ 비자화율 : $\mu_{er} = \dfrac{\chi}{\mu_0} = \mu_s - 1$

종 류	자화율	비자화율	비투자율
비자성체	$\chi = 0$	$\chi_{er} = 0$	$\mu_s = 1$
강자성체	$\chi \gg 0$	$\chi_{er} \gg 0$	$\mu_s \gg 1$
상자성체	$\chi > 0$	$\chi_{er} > 0$	$\mu_s > 1$
반자성체	$\chi < 0$	$\chi_{er} < 0$	$\mu_s < 1$

상 제8장 전류의 자기현상

08 반지름 $r[\text{m}]$인 무한장 원통형 도체에 전류가 균일하게 흐를 때 도체 내부에서 자계의 세기[AT/m]는?

① 원통 중심축으로부터 거리에 비례한다.

② 원통 중심축으로부터 거리에 반비례한다.

③ 원통 중심축으로부터 거리의 제곱에 비례한다.

④ 원통 중심축으로부터 거리의 제곱에 반비례한다.

해설 무한장 직선도체에 의한 자계의 세기

㉠ 외부자계 : $H_e = \dfrac{I}{2\pi r} \propto \dfrac{1}{r}$

㉡ 내부자계 : $H_i = \dfrac{xI}{2\pi a} \propto x$

여기서, r : 도체 외부 임의의 거리[m]

x : 도체 내부 임의의 거리[m]

a : 도체의 반지름[m]

상 제4장 유전체

09 비유전율 ε_r이 4인 유전체의 분극률은 진공의 유전율 ε_0의 몇 배인가?

① 1 ② 3

③ 9 ④ 12

해설

분극률 $\chi = \varepsilon_0 (\varepsilon_r - 1) = 3\varepsilon_0$

정답 05 ③ 06 ③ 07 ② 08 ① 09 ②

상 제11장 인덕턴스

10 그림에서 $N=1000$회, $l=100$[cm], $S=10$[cm²]인 환상철심의 자기회로에 전류 $I=10$[A]를 흘렸을 때 축적되는 자계에너지는 몇 [J]인가? (단, 비투자율 $\mu_r=100$이다.)

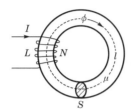

① $2\pi \times 10^{-3}$ ② $2\pi \times 10^{-2}$
③ $2\pi \times 10^{-1}$ ④ 2π

해설

㉠ 자기인덕턴스
$$L = \frac{\mu SN^2}{l} = \frac{\mu_0 \mu_r SN^2}{l}$$
$$= \frac{4\pi \times 10^{-7} \times 100 \times 10 \times 10^{-4} \times 1000^2}{100 \times 10^{-2}}$$
$$= 4\pi \times 10^{-2}[\text{H}]$$

㉡ 코일에 축적되는 에너지
$$W_L = \frac{1}{2}LI^2$$
$$= \frac{1}{2} \times 4\pi \times 10^{-2} \times 10^2$$
$$= 2\pi[\text{J}]$$

중 제2장 진공 중의 정전계

11 정전계 해석에 관한 설명으로 틀린 것은?

① 푸아송 방정식은 가우스정리의 미분형으로 구할 수 있다.
② 도체표면에서의 전계의 세기는 표면에 대해 법선방향을 갖는다.
③ 라플라스 방정식은 전극이나 도체의 형태에 관계없이 체적전하밀도가 0인 모든 점에서 $\nabla^2 V = 0$을 만족한다.
④ 라플라스 방정식은 비선형 방정식이다.

해설

라플라스 방정식은 선형 방정식이다.

하 제12장 전자계

12 자기유도계수 L의 계산 방법이 아닌 것은? (단, N : 권수, ϕ : 자속[Wb], I : 전류[A], A : 벡터 퍼텐셜[Wb/m], i : 전류밀도[A/m²], B : 자속밀도[Wb/m²], H : 자계의 세기 [AT/m]이다.)

① $L = \dfrac{N\phi}{I}$

② $L = \dfrac{\displaystyle\int_v A \cdot i dv}{I^2}$

③ $L = \dfrac{\displaystyle\int_v B \cdot H dv}{I^2}$

④ $L = \dfrac{\displaystyle\int_v A \cdot i dv}{I}$

해설

① 자기인덕턴스 $L = \dfrac{N}{I}\phi$[H]

② $N=1$, $\phi = \displaystyle\int B ds$를 대입하면
$$L = \frac{1}{I}\int_s B ds = \frac{1}{I}\int_s \text{rot} A ds$$
$$= \frac{1}{I}\oint_c A dl = \frac{1}{I^2}\oint_c A I dl$$
$$= \frac{1}{I^2}\int_l \int_s A i ds\, dl = \frac{1}{I^2}\int_v A i dv$$

③ 코일에 축적되는 에너지
$$W = \frac{1}{2}LI^2 = \frac{1}{2}\int_v BH dv [\text{J}]$$에서
$$L = \frac{1}{I^2}\int_v BH dv$$

중 제6장 전류

13 20[℃]에서 저항의 온도계수가 0.002인 니크롬선의 저항이 100[Ω]이다. 온도가 60[℃]로 상승되면 저항은 몇 [Ω]이 되겠는가?

① 108   ② 112
③ 115   ④ 120

정답 10 ④ 11 ④ 12 ④ 13 ①

해설

온도상승 후 저항

$R_T = R_t[1 + \alpha_t(t - t_0)] = 100[1 + 0.002(60 - 20)]$
$= 108[\Omega]$

상 제8장 전류의 자기현상

14 공기 중에 있는 무한히 긴 직선도선에 10[A]의 전류가 흐르고 있을 때 도선으로부터 2[m] 떨어진 점에서의 자속밀도는 몇 [Wb/m²]인가?

① 10^{-5} ② 0.5×10^{-6}

③ 10^{-6} ④ 2×10^{-6}

해설

㉠ 무한장 직선도체에 의힌 자계 : $H - \dfrac{I}{2\pi r}$

㉡ 자속밀도 : $B = \mu_0 H$

$= 4\pi \times 10^{-7} \times \dfrac{10}{2\pi \times 2}$

$= 10^{-6}[\text{Wb/m}^2]$

상 제12장 전자계

15 전계 및 자계의 세기가 각각 $E[\text{V/m}]$, $H[\text{AT/m}]$일 때, 포인팅 벡터 $P[\text{W/m}^2]$의 표현으로 옳은 것은?

① $P = \dfrac{1}{2} E \times H$ ② $P = E\,\mathrm{rot}\,H$

③ $P = E \times H$ ④ $P = H\,\mathrm{rot}\,E$

해설 포인팅 벡터

전자파의 진행방향에 수직한 평면의 단위면적을 단위시간 내에 통과하는 에너지의 크기

$\therefore P = EH[\text{W/m}^2]$

상 제8장 전류의 자기현상

16 평등자계 내에 전자가 수직으로 입사하였을 때 전자의 운동에 대한 설명으로 옳은 것은?

① 원심력은 전자속도에 반비례한다.
② 구심력은 자계의 세기에 반비례한다.
③ 원운동을 하고, 반지름은 자계의 세기에 비례한다.
④ 원운동을 하고, 반지름은 전자의 회전 속도에 비례한다.

해설

㉠ 자계 내에 전자가 원운동하기 위한 조건 : 구심력
$\left(\dfrac{mv^2}{r}\right) = $ 전자력(vBq)

㉡ 구심력(=원심력) : $F = \dfrac{mv^2}{r} \propto v^2$

㉢ 반지름 : $r = \dfrac{mv}{Bq} = \dfrac{mv}{\mu Hq} \propto \dfrac{v}{H}$

상 제2장 진공 중의 정전계

17 진공 중 3[m] 간격으로 두 개의 평행한 무한 평판 도체에 각각 $+4[\text{C/m}^2]$, $-4[\text{C/m}^2]$의 전하를 주었을 때, 두 도체 간의 전위차는 약 몇 [V]인가?

① 1.5×10^{11} ② 1.5×10^{12}

③ 1.36×10^{11} ④ 1.36×10^{12}

해설

㉠ 평행판 도체 사이의 전계 : $E = \dfrac{\sigma}{\varepsilon_0}[\text{V}]$

㉡ 전위차 : $V = dE = \dfrac{d\sigma}{\varepsilon_0} = \dfrac{3 \times 4}{8.855 \times 10^{12}}$

$= 1.36 \times 10^{12}[\text{V}]$

상 제10장 전자유도법칙

18 자속밀도 $B[\text{Wb/m}^2]$의 평등자계 내에서 길이 $l[\text{m}]$인 도체 ab가 속도 $v[\text{m/s}]$로 그림과 같이 도선을 따라서 자계와 수직으로 이동할 때, 도체 ab에 의해 유기된 기전력의 크기 $e[\text{V}]$와 폐회로 abcd 내 저항 R에 흐르는 전류의 방향은? (단, 폐회로 abcd 내 도선 및 도체의 저항은 무시한다.)

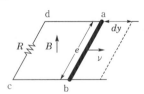

① $e = Blv$, 전류방향 : c → d
② $e = Blv$, 전류방향 : d → c
③ $e = Blv^2$, 전류방향 : c → d
④ $e = Blv^2$, 전류방향 : d → c

정답 14 ③ 15 ③ 16 ④ 17 ④ 18 ①

해설

㉠ 자계 내에 도체가 v[m/s]로 운동하면 도체에는 기전력이 유도된다. 도체의 운동방향과 자속밀도는 수직으로 쇄교하므로 기전력 $e = Blv$가 발생된다.

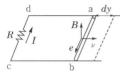

㉡ 방향은 그림과 같이 플레밍의 오른손법칙에 의해 시계방향으로 발생된다(개방된 곳으로는 전류가 흐르지 않는다).

상 제3장 정전용량

19 그림과 같이 내부 도체구 A에 $+Q$[C], 외부 도체구 B에 $-Q$[C]를 부여한 동심 도체구 사이의 정전용량 C[F]는?

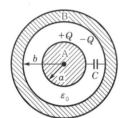

① $4\pi\varepsilon_0(b-a)$

② $\dfrac{4\pi\varepsilon_0 ab}{b-a}$

③ $\dfrac{ab}{4\pi\varepsilon_0(b-a)}$

④ $4\pi\varepsilon_0\left(\dfrac{1}{a}-\dfrac{1}{b}\right)$

해설

동심도체구의 정전용량

$$C = \frac{4\pi\varepsilon_0 ab}{b-a} = \frac{ab}{9\times10^9(b-a)}[\text{F}]$$

상 제4장 유전체

20 유전율이 ε_1, ε_2[F/m]인 유전체 경계면에 단위면적당 작용하는 힘의 크기는 몇 [N/m²]인가? (단, 전계가 경계면에 수직인 경우이며, 두 유전체에서의 전속밀도는 $D_1 = D_2 = D$[C/m²]이다.)

① $2\left(\dfrac{1}{\varepsilon_1}-\dfrac{1}{\varepsilon_2}\right)D^2$

② $2\left(\dfrac{1}{\varepsilon_1}+\dfrac{1}{\varepsilon_2}\right)D^2$

③ $\dfrac{1}{2}\left(\dfrac{1}{\varepsilon_1}+\dfrac{1}{\varepsilon_2}\right)D^2$

④ $\dfrac{1}{2}\left(\dfrac{1}{\varepsilon_2}-\dfrac{1}{\varepsilon_1}\right)D^2$

해설

㉠ 단위면적당 작용하는 힘

$$f = \frac{1}{2}\varepsilon E^2 = \frac{1}{2}DE = \frac{D^2}{2\varepsilon}[\text{N/m}^2]$$

㉡ 전계가 수직 입사한다는 조건에 의해 전속밀도의 법선성분이 연속임을 이용할 수 있다.

㉢ $\varepsilon_1 > \varepsilon_2$이면 $\dfrac{1}{\varepsilon_1} < \dfrac{1}{\varepsilon_2}$ 이므로 $f_2 > f_1$

$$\therefore f = f_2 - f_1 = \frac{1}{2}\left(\frac{1}{\varepsilon_2}-\frac{1}{\varepsilon_1}\right)D^2$$

제2과목 **전력공학**

상 제5장 고장 계산 및 안정도

21 중성점 직접접지방식의 발전기가 있다. 1선 지락사고 시 지락전류는? (단, Z_1, Z_2, Z_0는 각각 정상, 역상, 영상 임피던스이며, E_a는 지락된 상의 무부하기전력이다.)

① $\dfrac{E_a}{Z_0+Z_1+Z_2}$

② $\dfrac{Z_1 E_a}{Z_0+Z_1+Z_2}$

③ $\dfrac{3E_a}{Z_0+Z_1+Z_2}$

④ $\dfrac{Z_0 E_a}{Z_0+Z_1+Z_2}$

해설

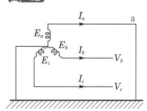

1선 지락사고가 발생하고 b와 c상이 개방되었다면
$V_a = 0$
$I_b = I_c = 0$이므로
$I_0 + a^2 I_1 + a I_2 = I_0 + a I_1 + a^2 I_2 = 0$
$\therefore I_0 = I_1 = I_2$
따라서, a상의 지락전류 I_g는

$$I_g = I_a = I_0 + I_1 + I_2 = 3I_0 = \frac{3E_a}{Z_0+Z_1+Z_2}$$

상 제7장 이상전압 및 유도장해

22 다음 중 송전계통의 절연협조에 있어서 절연레벨이 가장 낮은 기기는?

① 피뢰기 ② 단로기
③ 변압기 ④ 차단기

해설 송전계통의 절연레벨(BIL)

공칭전압	현수애자	단로기	변압기	피뢰기
154[kV]	750[kV]	750[kV]	650[kV]	460[kV]
345[kV]	1370[kV]	1175[kV]	1050[kV]	735[kV]

중 제11장 발전

23 화력발전소에서 절탄기의 용도는?

① 보일러에 공급되는 급수를 예열한다.
② 포화증기를 과열한다.
③ 연소용 공기를 예열한다.
④ 석탄을 건조한다.

해설

절탄기는 배기가스의 여열을 이용해서 보일러에 공급되는 급수를 예열하는 장치이다.

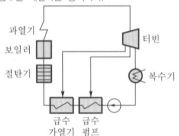

중 제10장 배전선로 계산

24 3상 배전선로의 말단에 역률 60[%](늦음), 60[kW]의 평형 3상 부하가 있다. 부하점에 부하와 병렬로 전력용 콘덴서를 접속하여 선로손실을 최소로 하고자 할 때 콘덴서 용량[kVA]은? (단, 부하의 전압은 일정하다.)

① 40 ② 60
③ 80 ④ 100

해설

선로손실이 최소가 되는 조건은 역률이 100[%]일 때이므로

콘덴서 용량 $Q_c = P \tan\theta_1 = 60 \times \dfrac{0.8}{0.6} = 80[kVA]$

상 제8장 송전선로 보호방식

25 송배전선로에서 선택지락계전기(SGR)의 용도는?

① 다회선에서 접지 고장회선의 선택
② 단일 회선에서 접지전류의 대·소 선택
③ 단일 회선에서 접지전류의 방향 선택
④ 단일 회선에서 접지사고의 지속시간 선택

해설 선택지락계전기(SGR)

병행 2회선 송전선로에서 지락고장 시 고장회선을 선택·차단할 수 있는 계전기

중 제8장 송전선로 보호방식

26 정격전압 7.2[kV], 정격차단용량 100[MVA]인 3상 차단기의 정격차단전류는 약 몇 [kA]인가?

① 4 ② 6
③ 7 ④ 8

해설

차단기의 정격차단용량 $P_s = \sqrt{3} \times$정격전압$\times$정격차단전류

정격차단전류 $I_s = \dfrac{P_s}{\sqrt{3} \, V_n} = \dfrac{100}{\sqrt{3} \times 7.2} = 8[kA]$

여기서, P_s : 차단기의 차단용량
$\quad\quad\;\; V_n$: 차단기 정격전압

상 제8장 송전선로 보호방식

27 고장 즉시 동작하는 특성을 갖는 계전기는?

① 순시계전기
② 정한시계전기
③ 반한시계전기
④ 반한시성 정한시계전기

해설 계전기의 한시 특성에 의한 분류

① 순시(순한시)계전기 : 최소동작전류 이상의 전류가 흐르면 즉시 동작하는 것
② 정한시계전기 : 동작전류의 크기에 관계없이 일정한 시간에서 동작하는 것
③ 반한시계전기 : 동작전류가 커질수록 동작시간이 짧게 되는 특성을 가진 것
④ 반한시성 정한시계전기 : 동작전류가 적은 동안에는 반한시 특성으로 되고 그 이상에서는 정한시 특성이 되는 것

정답 22 ① 23 ① 24 ③ 25 ① 26 ④ 27 ①

상 제1장 전력계통

28 30000[kW]의 전력을 51[km] 떨어진 지점에 송전하는 데 필요한 전압은 약 몇 [kV]인가? (단, Still의 식에 의하여 산정한다.)

① 22
② 33
③ 66
④ 100

해설

경제적인 송전전압 $E = 5.5\sqrt{0.6l + \dfrac{P}{100}}$ [kV]

여기서, l : 송전거리[km], P : 송전전력[kW]

$$E = 5.5\sqrt{0.6l + \frac{P}{100}}$$
$$= 5.5\sqrt{0.6 \times 51 + \frac{30000}{100}} = 100[\text{kV}]$$

중 제11장 발전

29 댐의 부속설비가 아닌 것은?

① 수로
② 수조
③ 취수구
④ 흡출관

해설

흡출관은 반동수차에서 낙차를 늘리기 위한 부분이다.
① 수로 : 취수구로부터 수조 또는 발전기의 수차까지 물이 흐르게 하는 통로
② 수조 : 수로 구조물에서 발생하는 수격압 경감 및 수차의 부하변동을 안정화시키는 역할
③ 취수구 : 취수댐 바로 상류측 하안에 설치하여 물을 취수하는 설비

중 제10장 배전선로 계산

30 3상 3선식에서 전선 한 가닥에 흐르는 전류는 단상 2선식의 경우의 몇 배가 되는가? (단, 송전전력, 부하역률, 송전거리, 전력손실 및 선간전압이 같다.)

① $\dfrac{1}{\sqrt{3}}$
② $\dfrac{2}{3}$
③ $\dfrac{3}{4}$
④ $\dfrac{4}{9}$

해설

$$\frac{3\text{상 }3\text{선식의 }1\text{선당 전류}}{\text{단상 }2\text{선식의 }1\text{선당 전류}} = \frac{I_{3\phi3\text{W}}}{I_{1\phi2\text{W}}}$$
$$= \frac{\dfrac{P_3}{\sqrt{3}\,V\cos\theta}}{\dfrac{P_1}{V\cos\theta}} = \frac{1}{\sqrt{3}}$$

중 제8장 송전선로 보호방식

31 사고, 정전 등의 중대한 영향을 받는 지역에서 정전과 동시에 자동적으로 예비전원용 배전선로로 전환하는 장치는?

① 차단기
② 리클로저(Recloser)
③ 섹셔널라이저(Sectionalizer)
④ 자동부하 전환개폐기(Auto Load Transfer Switch)

해설 자동부하 전환개폐기(ALTS)

중요성이 높은 수용가의 경우 이중전원을 확보하여 사고 및 점검 시 주전원에서 예비전원으로 자동으로 전환하여 무정전으로 부하에 전력을 공급해서 안정도를 높이는 데 사용하는 개폐기이다.

상 제2장 전선로

32 전선의 표피효과에 대한 설명으로 알맞은 것은?

① 전선이 굵을수록, 주파수가 높을수록 커진다.
② 전선이 굵을수록, 주파수가 낮을수록 커진다.
③ 전선이 가늘수록, 주파수가 높을수록 커진다.
④ 전선이 가늘수록, 주파수가 낮을수록 커진다.

해설 표피효과

전선에서 전류의 밀도가 도선의 중심으로 갈수록 작아지고 전선표면에 집중되는 현상으로 주파수 f[Hz], 투자율 μ[H/m], 도전율 σ[Ω/m] 및 전선의 지름이 클수록 커진다.

하 제4장 송전 특성 및 조상설비

33 일반회로정수가 같은 평행 2회선에서 A, B, C, D는 각각 1회선의 경우의 몇 배로 되는가?

① A : 2배, B : 2배, C : $\dfrac{1}{2}$배, D : 1배
② A : 1배, B : 2배, C : $\dfrac{1}{2}$배, D : 1배
③ A : 1배, B : $\dfrac{1}{2}$배, C : 2배, D : 1배
④ A : 1배, B : $\dfrac{1}{2}$배, C : 2배, D : 2배

정답 28 ④ 29 ④ 30 ① 31 ④ 32 ① 33 ③

해설

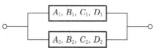

평행 2회선의 경우 합성 4단자 정수 A_0, B_0, C_0, D_0는

$$A_0 = \frac{A_1 B_2 + B_1 A_2}{B_1 + B_2}$$

$$B_0 = \frac{B_1 \cdot B_2}{B_1 + B_2}$$

$$C_0 = C_1 + C_2 + \frac{(A_1 - A_2)(D_2 - D_1)}{B_1 + B_2}$$

$$D_0 = \frac{B_1 D_2 + D_1 B_2}{B_1 + B_2} \text{ 이므로}$$

$A_1 = A_2 = A$, $B_1 = B_2 = B$, $C_1 = C_2 = C$, $D_1 = D_2 = D$라 하면
$A_0 = A$, $B_0 = \frac{1}{2}B$, $C_0 = 2C$, $D_0 = D$이다.

상 제8장 송전선로 보호방식

34 변전소에서 비접지선로의 접지보호용으로 사용되는 계전기에 영상전류를 공급하는 것은?

① CT
② GPT
③ ZCT
④ PT

해설 ZCT(영상변류기)

지락사고 시 영상전류를 검출하여 GR(지락계전기)에 공급
㉠ GPT(접지형 계기용 변압기) : 지락사고 시 영상전압을 검출하여 OVGR(지락과전압계전기)에 공급
㉡ CT는 대전류를 소전류로 변성, PT는 고전압을 저전압으로 변성

중 제8장 송전선로 보호방식

35 단로기에 대한 설명으로 틀린 것은?

① 소호장치가 있어 아크를 소멸시킨다.
② 무부하 및 여자전류의 개폐에 사용된다.
③ 사용회로수에 의해 분류하면 단투형과 쌍투형이 있다.
④ 회로의 분리 또는 계통의 접속 변경 시 사용한다.

해설

단로기는 아크소호장치가 없어서 부하전류나 고장전류는 차단할 수 없고 변압기 여자전류나 무부하 충전전류 등 매우 적은 전류를 개폐할 수 있는 것으로 주로 발·변전소에 회로변경, 보수점검을 위해 설치하며 블레이드 접촉부, 지지애자 및 조작장치로 구성되어 있다.

하 제4장 송전 특성 및 조상설비

36 4단자 정수 $A = 0.9918 + j0.0042$, $B = 34.17 + j50.38$, $C = (-0.006 + j3247) \times 10^{-4}$인 송전선로의 송전단에 66[kV]를 인가하고 수전단을 개방하였을 때 수전단 선간전압은 약 몇 [kV]인가?

① $\dfrac{66.55}{\sqrt{3}}$
② 62.5
③ $\dfrac{62.5}{\sqrt{3}}$
④ 66.55

해설 수전단을 개방할 경우

수전단 전류 $I_R = 0$이므로
송전단 전압 $E_S = AE_R + BI_R$에서
$E_S = AE_R + B \times 0 = AE_R$

수전단 전압 $E_R = \dfrac{E_S}{A} = \dfrac{66}{0.9918 + j0.0042}$
$= 66.54 - j0.28$

$\therefore E_R = \sqrt{66.5445^2 + 0.2818^2}$
$= 66.545 \fallingdotseq 66.55[kV]$

하 제11장 발전

37 증기터빈 출력을 P[kW], 증기량을 W[t/h], 초압 및 배기의 증기엔탈피를 각각 i_0, i_1 [kcal/kg]이라 하면 터빈의 효율 η_T[%]는?

① $\dfrac{860P \times 10^3}{W(i_0 - i_1)} \times 100$

② $\dfrac{860P \times 10^3}{W(i_1 - i_0)} \times 100$

③ $\dfrac{860P}{W(i_0 - i_1) \times 10^3} \times 100$

④ $\dfrac{860P}{W(i_1 - i_0) \times 10^3} \times 100$

해설

터빈의 효율(η_T)
$= \dfrac{\text{발전기 출력}}{\text{터빈입구의 증기엔탈피} - \text{터빈배기 증기엔탈피}}$

$\therefore$ 터빈의 효율 $\eta_T = \dfrac{860P}{W(i_0 - i_1) \times 10^3} \times 100[\%]$

여기서, 증기터빈의 출력이 전력 P[kW]로 표현되었으므로 열량으로 환산하면 $860P$[kcal]
㉠ 터빈 입력 : 초압 증기엔탈피 i_0[kcal/kg]
㉡ 터빈 출력 : 배기 증기엔탈피 i_1[kcal/kg]
㉢ 증기량 W[t/h] = W[ton/h]

정답 34 ③ 35 ① 36 ④ 37 ③

중 | 제7장 이상전압 및 유도장해

38 송전선로에서 가공지선을 설치하는 목적이 아닌 것은?

① 뇌(雷)의 직격을 받을 경우 송전선 보호
② 유도뢰에 의한 송전선의 고전위 방지
③ 통신선에 대한 전자유도장해 경감
④ 철탑의 접지저항 경감

해설 가공지선의 설치효과

㉠ 직격뢰로부터 선로 및 기기 차폐
㉡ 유도뢰에 의한 정전차폐효과
㉢ 통신선의 전자유도장해를 경감시킬 수 있는 전자차폐효과

하 | 제4장 송전 특성 및 조상설비

39 수전단의 전력원 방정식이 $P_r^2 + (Q_r + 400)^2 = 250000$으로 표현되는 전력계통에서 조상설비 없이 전압을 일정하게 유지하면서 공급할 수 있는 부하전력은? (단, 부하는 무유도성이다.)

① 200
② 250
③ 300
④ 350

해설

수전단의 전력원 방정식(=전력원선도)
$P_r^2 + (Q_r + 400)^2 = 250000$
전력계통에서 조상설비 없이 전압을 일정하게 유지하면서 전력을 공급한다는 내용은 조상설비를 이용하여 무효전력을 조정하지 않으면서 부하에 전력을 공급한다는 의미이므로
조상설비 용량 $Q_r = 0$
$P_r^2 + 400^2 = 250000$에서 $P_r = 300$[kW]

상 | 제9장 배전방식

40 전력설비의 수용률을 나타낸 것은?

① 수용률 $= \dfrac{평균전력[kW]}{부하설비용량[kW]} \times 100[\%]$

② 수용률 $= \dfrac{부하설비용량[kW]}{평균전력[kW]} \times 100[\%]$

③ 수용률 $= \dfrac{최대수용전력[kW]}{부하설비용량[kW]} \times 100[\%]$

④ 수용률 $= \dfrac{부하설비용량[kW]}{최대수용전력[kW]} \times 100[\%]$

해설 수용률

임의 기간 중 수용가의 최대수요전력과 사용 전기설비의 정격용량의 합계와의 비를 수용률이라 한다.

$$수용률 = \frac{최대수용전력[kW]}{부하설비용량[kW]} \times 100[\%]$$

제3과목 전기기기

하 | 제5장 정류기

41 전원전압이 100[V]인 단상 전파정류제어에서 점호각이 30°일 때 직류평균전압은 약 몇 [V]인가?

① 54
② 64
③ 84
④ 94

해설

단상 전파제어 시 출력전압
$$E_d = \frac{\sqrt{2}}{\pi} E \times (1 + \cos\alpha)$$
$$= \frac{\sqrt{2}}{\pi} \times 100 \times (1 + \cos 30°)$$
$$= 83.97[\text{V}]$$

하 | 제4장 유도기

42 단상 유도전동기의 기동 시 브러시를 필요로 하는 것은?

① 분상기동형
② 반발기동형
③ 콘덴서분상기동형
④ 셰이딩코일기동형

해설

반발기동형은 기동 시에는 반발전동기로 기동하고 기동 후에는 원심력 개폐기로 정류자를 단락시켜 농형 회전자로 기동하는데, 브러시는 고정자권선과 회전자권선을 단락시킨다.

하 | 제6장 특수기기

43 3선 중 2선의 전원단자를 서로 바꾸어서 결선하면 회전방향이 바뀌는 기기가 아닌 것은?

① 회전변류기
② 유도전동기
③ 동기전동기
④ 정류자형 주파수변환기

정답 38 ④ 39 ③ 40 ③ 41 ③ 42 ② 43 ④

중 제4장 유도기

44 단상 유도전동기의 분상기동형에 대한 설명으로 틀린 것은?

① 보조권선은 높은 저항과 낮은 리액턴스를 갖는다.
② 주권선은 비교적 낮은 저항과 높은 리액턴스를 갖는다.
③ 높은 토크를 발생시키려면 보조권선에 병렬로 저항을 삽입한다.
④ 전동기가 가동하여 속도가 어느 정도 상승하면 보조권선을 전원에서 분리해야 한다.

해설 분상기동형의 특징

㉠ 기동특성의 개선을 위해 주권선(R : 소, X : 대)과 보조권선(R : 대, X : 소)의 저항 및 리액턴스의 크기를 다르게 하여 각 권선 간에 위상차를 만들어 기동한다.
㉡ 회전자가 회전을 시작하여 정격속도의 60~80[%]의 수준에 다다르면 접점이 열려 보조권선을 전원에서 분리한다.

중 제3장 변압기

45 변압기의 %Z가 커지면 단락전류는 어떻게 변화하는가?

① 커진다.
② 변동없다.
③ 작아진다.
④ 무한대로 커진다.

해설

변압기 단락전류 $I_s = \dfrac{100}{\%Z} \times I_n$[A](여기서, I_n : 정격전류)

%Z는 단락전류(I_s)와 반비례이므로 %Z가 증가할 경우 단락전류는 작아진다.

상 제2장 동기기

46 정격전압 6600[V]인 3상 동기발전기가 정격출력(역률=1)으로 운전할 때 전압변동률이 12[%]이었다. 여자전류와 회전수를 조정하지 않은 상태로 무부하운전하는 경우 단자전압[V]은?

① 6433
② 6943
③ 7392
④ 7842

해설

전압변동률 $\varepsilon = \dfrac{V_0 - V_n}{V_n} \times 100 = \left(\dfrac{V_0}{V_n} - 1\right) \times 100$[%]

정격전압을 구하면

무부하 운전 시 단자전압 $V_0 = \left(\dfrac{\varepsilon}{100} + 1\right) \times V_n$

$= \left(\dfrac{12}{100} + 1\right) \times 6600$

$= 7392$[V]

상 제1장 직류기

47 계자권선이 전기자에 병렬로만 연결된 직류기는?

① 분권기
② 직권기
③ 복권기
④ 타여자기

해설 직류발전기의 종류

① 분권기 : 계자권선과 전기자가 병렬로 접속된다.
② 직권기 : 계자권선과 전기자가 직렬로 접속된다.
③ 복권기 : 직권계자권선과 분권계자권선이 전기자와 직·병렬로 접속된다.
④ 타여자기 : 계자권선과 전기자가 별개로 결선된다.

상 제2장 동기기

48 3상 20000[kVA]인 동기발전기가 있다. 이 발전기는 60[Hz]일 때는 200[rpm], 50[Hz]일 때는 약 167[rpm]으로 회전한다. 이 동기발전기의 극수는?

① 18극
② 36극
③ 54극
④ 72극

해설

동기속도 $N_s = \dfrac{120f}{P}$[rpm](여기서, f : 주파수, P : 극수)

주파수가 60[Hz]일 때 극수 $P = \dfrac{120 \times 60}{200} = 36$극

주파수가 50[Hz]일 때 극수 $P = \dfrac{120 \times 50}{167} = 36$극

중 제3장 변압기

49 1차 전압 6600[V], 권수비 30인 단상 변압기로 전등부하에 30[A]를 공급할 때의 입력[kW]은? (단, 변압기의 손실은 무시한다.)

① 4.4
② 5.5
③ 6.6
④ 7.7

해설

1차 전류 $I_1 = \dfrac{I_2}{a} = \dfrac{30}{30} = 1[\text{A}]$

입력 $P = V_1 I_1 \cos\theta = 6600 \times 1 \times 1.0 \times 10^{-3} = 6.6[\text{kW}]$

(전등부하는 순저항으로 하여 $\cos\theta = 1.0$)

하 | 제6장 특수기기

50 스텝모터에 대한 설명으로 틀린 것은?

① 가속과 감속이 용이하다.

② 정·역 및 변속이 용이하다.

③ 위치제어 시 각도 오차가 작다.

④ 브러시 등 부품수가 많아 유지보수 필요성이 크다.

해설 스텝모터의 특징

㉠ 기동, 정지, 정회전, 역회전이 용이하고 신호에 대한 응답성이 좋다.
㉡ 제어가 간단하고 정밀한 동기운전이 가능하며, 오차 각도가 작고 누적되지는 않는다.
㉢ 피드백루프가 필요 없어 오픈루프로 손쉽게 속도 및 위치제어가 가능하다.
㉣ 가·감속 운전과 정·역전 및 변속이 용이하다.
㉤ 모터의 제어가 간단하고 디지털 제어회로와 조합이 용이하다.
㉥ 브러시 등의 접촉부분이 없어 수명이 길고 신뢰성이 높다.

상 | 제1장 직류기

51 출력이 20[kW]인 직류발전기의 효율이 80[%]이면 전 손실은 약 몇 [kW]인가?

① 0.8
② 1.25
③ 5
④ 45

해설

효율 $\eta = \dfrac{\text{출력}}{\text{입력}} \times 100[\%]$

입력 $= \dfrac{\text{출력}}{\text{효율}} = \dfrac{20}{0.8} = 25[\text{kW}]$

전손실 = 입력 − 출력 = 25 − 20 = 5[kW]

중 | 제2장 동기기

52 동기전동기의 공급 전압과 부하를 일정하게 유지하면서 역률을 1로 운전하고 있는 상태에서 여자전류를 증가시키면 전기자전류는?

① 앞선 무효전류가 증가

② 앞선 무효전류가 감소

③ 뒤진 무효전류가 증가

④ 뒤진 무효전류가 감소

해설

무부하 동기전동기를 역률 1.0으로 운전 중에 여자전류를 증가시키면 전기자전류는 진상전류(=앞선 무효전류)로 증가된다.

상 | 제2장 동기기

53 전압변동률이 작은 동기발전기의 특성으로 옳은 것은?

① 단락비가 크다.

② 속도변동률이 크다.

③ 동기리액턴스가 크다.

④ 전기자반작용이 크다.

해설 전압변동률

동기발전기의 여자전류와 정격속도를 일정하게 하고 정격부하에서 무부하로 하였을 때에 단자전압의 변동으로서 전압변동률이 작은 기기는 단락비가 크다.

하 | 제1장 직류기

54 직류발전기에 $P[\text{N}\cdot\text{m/s}]$의 기계적 동력을 주면 전력은 몇 [W]로 변환되는가? (단, 손실은 없으며, i_a는 전기자도체의 전류, e는 전기자도체의 유도기전력, Z는 총 도체수이다.)

① $P = i_a e Z$

② $P = \dfrac{i_a e}{Z}$

③ $P = \dfrac{i_a Z}{e}$

④ $P = \dfrac{e Z}{i_a}$

해설

기계적 동력 $P = \omega T = 2\pi \dfrac{N}{60} T[\text{W}]$

토크 $T = \dfrac{PZ\phi i_a}{2\pi a}[\text{N}\cdot\text{m}]$을 위 식에 대입하여 정리하면

$P = 2\pi \dfrac{N}{60} T = 2\pi \dfrac{N}{60} \dfrac{PZ\phi i_a}{2\pi a}$

$= \dfrac{NPZ\phi i_a}{a60} = \dfrac{PZ\phi}{a} \dfrac{N}{60} i_a$

위 식에서 도체수를 1로 하여 정리하면
도체 1개의 전력은

$P = \dfrac{PZ\phi}{a} \dfrac{N}{60} i_a = \dfrac{P1\phi}{a} \dfrac{N}{60} i_a = e i_a$이 되므로

총 도체수 Z를 고려하여 전력을 구하면

$\therefore P = i_a e Z[\text{W}]$

중 제5장 정류기

55 도통(on)상태에 있는 SCR을 차단(off)상태로 만들기 위해서는 어떻게 하여야 하는가?

① 게이트 펄스전압을 가한다.
② 게이트 전류를 증가시킨다.
③ 게이트 전압이 부(-)가 되도록 한다.
④ 전원전압의 극성이 반대가 되도록 한다.

🔊 해설

SCR의 경우 부하전류가 흐르고 있을 경우 게이트 전압으로 차단을 할 수 없고 애노드 전류가 0 또는 전원의 극성이 반대가 되어야 차단(off)된다.

상 제1장 직류기

56 직류전동기의 워드 레오너드 속도제어방식으로 옳은 것은?

① 전압제어   ② 저항제어
③ 계자제어   ④ 직·병렬제어

🔊 해설 전압제어법(＝워드 레오너드 방식)

㉠ 전동기 전원의 정격전압을 변화시켜 속도를 조정하는 방법
㉡ 광범위한 속도제어가 용이하고 효율이 높은 것이 특징

중 제3장 변압기

57 단권변압기의 설명으로 틀린 것은?

① 분로권선과 직렬권선으로 구분된다.
② 1차 권선과 2차 권선의 일부가 공통으로 사용된다.
③ 3상에는 사용할 수 없고 단상으로만 사용한다.
④ 분로권선에서 누설자속이 없기 때문에 전압변동률이 작다.

🔊 해설

단권변압기를 Y결선, △결선, V결선 등의 방법으로 3상에 사용할 수 있다.

중 제4장 유도기

58 유도전동기를 정격상태로 사용 중, 전압이 10[%] 상승할 때 특성변화로 틀린 것은? (단, 부하는 일정 토크라고 가정한다.)

① 슬립이 작아진다.
② 역률이 떨어진다.

③ 속도가 감소한다.
④ 히스테리시스손과 와류손이 증가한다.

🔊 해설

유도전동기의 특성

$$T = \frac{P_{극수}}{4\pi f}V_1^2 \frac{I_2^2 \frac{r_2}{s}}{\left(r_1 + \frac{r_2}{s}\right)^2 + (x_1 + x_2)^2}[\text{N} \cdot \text{m}]$$

$T \propto P_{극수} \propto \dfrac{1}{f} \propto V_1^2 \propto \dfrac{r_2}{s}$ 이므로 $V_1^2 \propto \dfrac{1}{s}$ 에서 전압이 상승하면 슬립은 감소한다.

슬립이 감소하면 회전속도$\left(N = (1-s)\dfrac{120f}{P}\right)$는 증가한다.

중 제1장 직류기

59 단자전압 110[V], 전기자전류 15[A], 전기자회로의 저항 2[Ω], 정격속도 1800[rpm]으로 전부하에서 운전하고 있는 직류분권전동기의 토크는 약 몇 [N·m]인가?

① 6.0   ② 6.4
③ 10.08   ④ 11.14

🔊 해설

역기전력 $E_c = V_n - I_a \cdot r_a = 110 - 15 \times 2 = 80[\text{V}]$

토크 $T = 0.975 \dfrac{P_0}{N} = 0.975 \dfrac{E_c \cdot I_a}{N}$

$\quad = 0.975 \times \dfrac{80 \times 15}{1800}$

$\quad = 0.65[\text{kg} \cdot \text{m}]$

$1[\text{kg} \cdot \text{m}] = 9.8[\text{N} \cdot \text{m}]$에서

발생토크 $T = 0.65 \times 9.8 = 6.37 \fallingdotseq 6.4[\text{N} \cdot \text{m}]$

중 제3장 변압기

60 용량 1[kVA], 3000/200[V]의 단상 변압기를 단권변압기로 결선해서 3000/3200[V]의 승압기로 사용할 때 그 부하용량[kVA]은?

① $\dfrac{1}{16}$ ② 1

③ 15   ④ 16

🔊 해설

2차측(고압측) 전압 $V_h = V_l\left(1 + \dfrac{1}{a}\right)$

$\quad = 3000\left(1 + \dfrac{1}{\frac{3000}{200}}\right)$

$\quad = 3200[\text{V}]$

정답   55 ④   56 ①   57 ③   58 ③   59 ②   60 ④

단권변압기 2차측에 최대부하용량은

부하용량 $= \dfrac{V_h}{V_h - V_l} \times$ 자기용량

$\qquad = \dfrac{3200}{3200 - 3000} \times 1$

$\qquad = 16[\text{kVA}]$

제4과목　회로이론 및 제어공학

상　제어공학 제5장 안정도 판별법

61 특성방정식이 $s^3 + 2s^2 + Ks + 10 = 0$으로 주어지는 제어시스템이 안정하기 위한 K의 범위는?

① $K > 0$　　　② $K > 5$

③ $K < 0$　　　④ $0 < K < 5$

해설

루쓰표를 작성하면 다음과 같다.

$$
\begin{array}{c|cc}
s^3 & a_0 & a_2 \\
s^2 & a_1 & a_3 \\ \hline
s^1 & b_1 & b_2 \\
s^0 & c_1 & c_2
\end{array}
\;\rightarrow\;
\begin{array}{c|cc}
s^3 & 1 & K \\
s^2 & 2 & 10 \\ \hline
s^1 & b_1 & 0 \\
s^0 & c_1 & 0
\end{array}
$$

㉠ $b_1 = \dfrac{a_0 a_3 - a_1 a_2}{-a_1} = \dfrac{10 - 2K}{-2} = K - 5$

㉡ $c_1 = \dfrac{a_1 b_2 - b_1 a_3}{-b_1} = \dfrac{a_1 \times 0 - b_1 a_3}{-b_1} = a_3 = 10$

㉢ 제1열(a_0, a_1, b_1, c_1)의 부호가 동일부가 되면 안정이 되므로 $K - 5 > 0$ 이 된다.

∴ $K > 5$

중　제어공학 제6장 근궤적법

62 제어시스템의 개루프 전달함수가 다음과 같을 때, 다음 중 $K > 0$인 경우 근궤적의 점근선이 실수축과 이루는 각[°]은?

$$G(s)H(s) = \dfrac{K(s+30)}{s^4 + s^3 + 2s^2 + s + 7}$$

① 20°　　　② 60°

③ 90°　　　④ 120°

해설

점근선이 이루는 각 $\alpha = \dfrac{(2K+1)\pi}{P - Z}$ 에서

여기서, 영점의 수 $Z = 1$개
　　　극점의 수 $P = 4$개

㉠ $K = 1$일 때 $\alpha_1 = \dfrac{3\pi}{4 - 1} = 180°$

㉡ $K = 2$일 때 $\alpha_2 = \dfrac{5\pi}{4 - 1} = 300°$

㉢ $K = 3$ 일 때 $\alpha_3 = \dfrac{7\pi}{4 - 1} = 420\Omega = 60°$

상　제어공학 제7장 상태방정식

63 z 변환된 함수 $F(z) = \dfrac{3z}{(z - e^{-3T})}$ 에 대응되는 라플라스 변환함수는?

① $\dfrac{1}{(s+3)}$　　　② $\dfrac{3}{(s-3)}$

③ $\dfrac{1}{(s-3)}$　　　④ $\dfrac{3}{(s+3)}$

해설　z 변환과 s 변환의 관계

$f(t)$	s 변환	z 변환
$\delta(t)$	1	1
$u(t)$	$\dfrac{1}{s}$	$\dfrac{z}{z-1}$
e^{-at}	$\dfrac{1}{s+a}$	$\dfrac{z}{z-e^{-aT}}$
t	$\dfrac{1}{s^2}$	$\dfrac{Tz}{(z-1)^{2!}}$

∴ $\dfrac{3z}{(z - e^{-3T})} \xrightarrow{z^{-1}} 3e^{-3t} \xrightarrow{\mathcal{L}} \dfrac{3}{(s+3)}$

상　제어공학 제2장 전달함수

64 그림과 같은 제어시스템의 전달함수 $\dfrac{C(s)}{R(s)}$ 는?

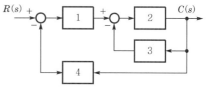

① $\dfrac{1}{15}$　　　② $\dfrac{2}{15}$

③ $\dfrac{3}{15}$　　　④ $\dfrac{4}{15}$

정답　61 ②　62 ②　63 ④　64 ②

✎ 해설

전달함수 $M(s) = \dfrac{\sum 전향경로이득}{1 - \sum 폐루프이득}$

$$= \dfrac{1 \times 2}{1 - (-1 \times 2 \times 4 - 2 \times 3)}$$

$$= \dfrac{2}{15}$$

중 제어공학 제2장 전달함수

65 전달함수가 $G_C(s) = \dfrac{2s+5}{7s}$ 인 제어기가 있다. 이 제어기는 어떤 제어기인가?

① 비례미분제어기
② 적분제어기
③ 비례적분제어기
④ 비례적분미분제어기

✎ 해설

$G_C(s) = \dfrac{2}{7} + \dfrac{7}{5}\dfrac{1}{s}$

$$= k_p + \dfrac{k_i}{s} \text{이므로}$$

비례적분제어기가 된다.

상 제어공학 제3장 시간영역해석법

66 단위 피드백제어계에서 개루프 전달함수 $G(s)$가 다음과 같이 주어졌을 때 단위계단 입력에 대한 정상상태 편차는?

$$G(s) = \dfrac{5}{s(s+1)(s+2)}$$

① 0
② 1
③ 2
④ 3

✎ 해설

정상위치 편차상수 $K_p = \lim_{s \to 0} G(s)H(s) = \infty$

∴ 정상편차 $e_p = \dfrac{1}{1+K_p} = \dfrac{1}{1+\infty} = 0$

상 제어공학 제8장 시퀀스회로의 이해

67 그림과 같은 논리회로의 출력 Y는?

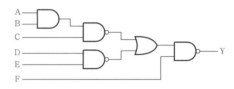

① $ABCDE + \overline{F}$
② $\overline{A}\,\overline{B}\,\overline{C}\,\overline{D}\,\overline{E} + F$
③ $\overline{A} + \overline{B} + \overline{C} + \overline{D} + \overline{E} + F$
④ $A + B + C + D + E + \overline{F}$

✎ 해설

논리식 $Z = \overline{(\overline{ABC} + \overline{DE}) \cdot \overline{F}}$

$$= \overline{(\overline{ABC} + \overline{DE})} + \overline{\overline{F}}$$

$$= ABCDE + \overline{F}$$

상 제어공학 제2장 전달함수

68 그림의 신호흐름선도에서 전달함수 $\dfrac{C(s)}{R(s)}$ 는 어느 것인가?

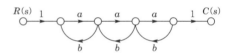

① $\dfrac{a^3}{(1-ab)^3}$

② $\dfrac{a^3}{(1-3ab+a^2b^2)}$

③ $\dfrac{a^3}{1-3ab}$

④ $\dfrac{a^3}{1-3ab+2a^2b^2}$

✎ 해설

㉠ $\sum l_1 = ab + ab + ab = 3ab$

㉡ $\sum l_2 = a^2b^2$

ⓒ $\Delta = 1 - \sum l_1 + \sum l_2 = 1 - 3ab + a^2 b^2$

ⓔ $G_1 = a^3,\ \Delta_1 = 1$

∴ 전달함수 $M(s) = \dfrac{\sum G_K \Delta_K}{\Delta} = \dfrac{G_1 \Delta_1}{\Delta}$

$= \dfrac{a^3}{(1 - 3ab + a^2 b^2)}$

상 제어공학 제7장 상태방정식

69 다음과 같은 미분방정식으로 표현되는 제어시스템의 시스템 행렬 A는?

$$\frac{d^2 c(t)}{dt^2} + 5\frac{dc(t)}{dt} + 3c(t) = r(t)$$

① $\begin{bmatrix} -5 & -3 \\ 0 & 1 \end{bmatrix}$　　② $\begin{bmatrix} -3 & -5 \\ 0 & 1 \end{bmatrix}$

③ $\begin{bmatrix} 0 & 1 \\ -3 & -5 \end{bmatrix}$　　④ $\begin{bmatrix} 0 & 1 \\ -5 & -3 \end{bmatrix}$

해설

ⓐ $c(t) = x_1(t)$

ⓑ $\dfrac{d}{dt}c(t) = \dfrac{d}{dt}x_1(t) = \dot{x}_1(t) = x_2(t)$

ⓒ $\dfrac{d^2}{dt^2}c(t) = \dfrac{d}{dt}x_2(t) = \dot{x}_2(t)$

$= -3x_1(t) - 5x_2(t) + r(t)$

ⓓ $\begin{bmatrix} \dot{x}_1 \\ \dot{x}_2 \end{bmatrix} = \begin{bmatrix} 0 & 1 \\ -3 & -5 \end{bmatrix}\begin{bmatrix} x_1(t) \\ x_2(t) \end{bmatrix} + \begin{bmatrix} 0 \\ 1 \end{bmatrix}r(t)$

∴ $A = \begin{bmatrix} 0 & 1 \\ -3 & -5 \end{bmatrix}$

중 제어공학 제5장 안정도 판별법

70 안정한 제어시스템의 보드선도에서 이득여유는?

① $-20 \sim 20[\text{dB}]$ 사이에 있는 크기[dB] 값이다.

② $0 \sim 20[\text{dB}]$ 사이에 있는 크기 선도의 길이이다.

③ 위상이 0°가 되는 주파수에서 이득의 크기[dB]이다.

④ 위상이 $-180°$가 되는 주파수에서 이득의 크기[dB]이다.

상 회로이론 제5장 대칭좌표법

71 3상 전류가 $I_a = 10 + j3[\text{A}]$, $I_b = -5 - j2[\text{A}]$, $I_c = -3 + j4[\text{A}]$일 때 정상분 전류의 크기는 약 몇 [A]인가?

① 5　　　　② 6.4

③ 10.5　　④ 13.34

해설

정상분 전류

$I_1 = \dfrac{1}{3}(I_a + a I_b + a^2 I_c)$

$= \dfrac{1}{3}\Big[(10 + j3) + \Big(-\dfrac{1}{2} + j\dfrac{\sqrt{3}}{2}\Big)(-5 - j2)$

$+ \Big(-\dfrac{1}{2} - j\dfrac{\sqrt{3}}{2}\Big)(-3 + j4)\Big]$

$= 6.4 + j0.089 = 6.4\underline{/0.8°}[\text{A}]$

하 회로이론 제7장 4단자망 회로해석

72 그림의 회로에서 영상임피던스 Z_{01}이 6[Ω]일 때, 저항 R의 값은 몇 [Ω]인가?

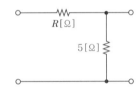

① 2　　　　② 4

③ 6　　　　④ 9

해설

ⓐ 4단자 정수

• $A = 1 + \dfrac{R}{5}$

• $B = R$

• $C = \dfrac{1}{5}$

• $D = 1$

ⓑ 영상임피던스

$$Z_{01} = \sqrt{\frac{AB}{CD}} = \sqrt{\frac{\Big(1 + \dfrac{R}{5}\Big)R}{\dfrac{1}{5}}} = \sqrt{(5 + R)R}$$

$Z_{01}^2 = 5R + R^2$에서 $Z_{01} = 6$이므로

$R^2 + 5R - 36 = 0$이 된다.

정답 69 ③ 70 ④ 71 ② 72 ②

ⓒ $R = \dfrac{-b \pm \sqrt{b^2 - 4ac}}{2a}$

$\qquad = \dfrac{-5 \pm \sqrt{5^2 - 4 \times (-36)}}{2} = 4, \ -9$

∴ $R = 4[\Omega]$ (저항에 $-$는 없다.)

상 회로이론 제3장 다상 교류회로의 이해

73 Y결선의 평형 3상 회로에서 선간전압 V_{ab}와 상전압 V_{an}의 관계로 옳은 것은? (단, $V_{bn} = V_{an}\, e^{-j\left(\frac{2\pi}{3}\right)}$, $V_{cn} = V_{bn}\, e^{-j\left(\frac{2\pi}{3}\right)}$)

① $V_{ab} = \dfrac{1}{\sqrt{3}}\, e^{j\left(\frac{\pi}{6}\right)} V_{an}$

② $V_{ab} = \sqrt{3}\, e^{j\left(\frac{\pi}{6}\right)} V_{an}$

③ $V_{ab} = \dfrac{1}{\sqrt{3}}\, e^{-j\left(\frac{\pi}{6}\right)} V_{an}$

④ $V_{ab} = \sqrt{3}\, e^{-j\left(\frac{\pi}{6}\right)} V_{an}$

🔑 해설

$$V_{ab} = \sqrt{3}\ V_{an}\angle 30° = \sqrt{3}\ V_{an}\ e^{j\left(\frac{\pi}{6}\right)}$$

상 회로이론 제10장 라플라스 변환

74 $f(t) = t^2\, e^{-at}$를 라플라스 변환하면?

① $\dfrac{2}{(s+a)^2}$

② $\dfrac{3}{(s+a)^2}$

③ $\dfrac{2}{(s+a)^3}$

④ $\dfrac{3}{(s+a)^3}$

🔑 해설

$$\mathcal{L}\left[t^2\, e^{-at}\right] = \dfrac{2}{s^3}\bigg|_{s \to s+a} = \dfrac{2}{(s+a)^3}$$

상 회로이론 제8장 분포정수회로

75 선로의 단위길이당 인덕턴스, 저항, 정전용량, 누설컨덕턴스를 각각 L, R, C, G라 하면 전파정수는?

① $\dfrac{\sqrt{(R + j\omega L)}}{(G + j\omega C)}$

② $\sqrt{(R + j\omega L)(G + j\omega C)}$

③ $\sqrt{\dfrac{(R + j\omega L)}{(G + j\omega C)}}$

④ $\sqrt{\dfrac{(G + j\omega C)}{(R + j\omega L)}}$

🔑 해설 전파정수

전압, 전류가 선로의 끝 송전단에서부터 멀어져감에 따라 그 진폭이라든가 위상이 변해가는 특성과 관계된 상수를 말한다.

∴ $\gamma = \sqrt{ZY} = \sqrt{(R + j\omega L)(G + j\omega C)}$

상 회로이론 제6장 회로망 해석

76 회로에서 0.5[Ω] 양단 전압은 약 몇 [V]인가?

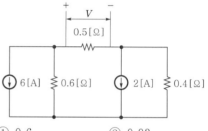

① 0.6　　② 0.93

③ 1.47　　④ 1.5

🔑 해설

중첩의 정리를 이용하여 풀이할 수 있다.

ⓐ 6[A] 해석(2[A] 개방)

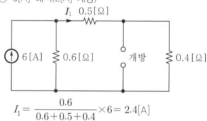

$I_1 = \dfrac{0.6}{0.6 + 0.5 + 0.4} \times 6 = 2.4[\text{A}]$

ⓑ 2[A] 해석(6[A] 개방)

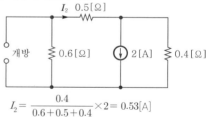

$I_2 = \dfrac{0.4}{0.6 + 0.5 + 0.4} \times 2 = 0.53[\text{A}]$

ⓒ 0.5[Ω] 통과전류

$I = I_1 + I_2 = 2.4 + 0.53 = 2.93[\text{A}]$

∴ $V = RI = 0.5 I = 0.5 \times 2.93 ≒ 1.47[\text{V}]$

정답　**73** ②　**74** ③　**75** ②　**76** ③

상 회로이론 제9장 과도현상

77 RLC 직렬회로의 파라미터가 $R^2 = \dfrac{4L}{C}$ 의 관계를 가진다면, 이 회로에 직류전압을 인가하는 경우 과도응답특성은?

① 무제동 ② 과제동
③ 부족제동 ④ 임계제동

해설 RLC 직렬회로의 과도응답특성

㉠ $R^2 < \dfrac{4L}{C}$: 부족제동(진동적)

㉡ $R^2 = \dfrac{4L}{C}$: 임계제동(임계적)

㉢ $R^2 > \dfrac{4L}{C}$: 과제동(비진동적)

상 회로이론 제4장 비정현파 교류회로의 이해

78 $v(t) = 3 + 5\sqrt{2}\,\sin\omega t + 10\sqrt{2}\,\sin\left(3\omega t - \dfrac{\pi}{3}\right)$[V]

의 실효값 크기는 약 몇 [V]인가?

① 9.6 ② 10.6
③ 11.6 ④ 12.6

해설

비정현파의 실효값 전압
$|V| = \sqrt{3^2 + 5^2 + 10^2} = 11.6$[V]

상 회로이론 제3장 다상 교류회로의 이해

79 그림과 같이 결선된 회로의 단자(a, b, c)에 선간전압이 V[V]인 평형 3상 전압을 인가할 때 상전류 I[A]의 크기는?

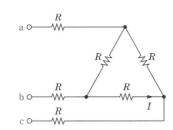

① $\dfrac{V}{4R}$ ② $\dfrac{3V}{4R}$

③ $\dfrac{\sqrt{3}\,V}{4R}$ ④ $\dfrac{V}{4\sqrt{3}\,R}$

해설

㉠ △결선을 Y결선으로 등가해석하면

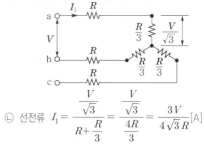

㉡ 선전류 $I_1 = \dfrac{\dfrac{V}{\sqrt{3}}}{R + \dfrac{R}{3}} = \dfrac{\dfrac{V}{\sqrt{3}}}{\dfrac{4R}{3}} = \dfrac{3V}{4\sqrt{3}\,R}$[A]

㉢ 상전류 $I = \dfrac{I_2}{\sqrt{3}} = \dfrac{V}{4R}$[A]

상 회로이론 제2장 단상 교류회로의 이해

80 $8 + j6$[Ω]인 임피던스에 $13 + j20$[V]의 전압을 인가할 때 복소전력은 약 몇 [VA]인가?

① $12.7 + j34.1$ ② $12.7 + j55.5$
③ $45.5 + j34.1$ ④ $45.5 + j55.5$

해설

전류 $I = \dfrac{V}{Z} = \dfrac{13 + j20}{8 + j6} = 2.24 + j0.82$[A]

복소전력 $S = V\bar{I} = (13 + j20)(2.24 - j0.82)$
$\qquad\qquad = 45.5 + j34.1$[VA]

제5과목 전기설비기술기준

※ 전기설비기술기준 과목 기출문제는 법규개정에 따라 문제를 수정·삭제하였으므로 이 점 착오없으시기 바랍니다.

하 제3장 전선로

81 지중전선로를 직접 매설식에 의하여 시설할 때, 중량물의 압력을 받을 우려가 있는 장소에 저압 또는 고압의 지중전선을 견고한 트라프, 기타 방호물에 넣지 않고도 부설할 수 있는 케이블은?

① PVC 외장케이블
② 콤바인덕트케이블
③ 염화비닐 절연케이블
④ 폴리에틸렌 외장케이블

정답 77 ④ 78 ③ 79 ① 80 ③ 81 ②

해설 지중전선로의 시설(KEC 334.1)

㉠ 깊이를 차량, 기타 중량물의 압력을 받을 우려가 있는 장소에는 1.0[m] 이상, 기타 장소에는 0.6[m] 이상으로 하고 또한 지중전선을 견고한 트라프, 기타 방호물에 넣어서 시설

㉡ 케이블을 견고한 트라프, 기타 방호물에 넣지 않아도 되는 경우
- 차량, 기타 중량물의 압력을 받을 우려가 없는 경우에 그 위를 견고한 판 또는 몰드로 덮어 시설하는 경우
- 저압 또는 고압의 지중전선에 콤바인덕트케이블을 사용하여 시설하는 경우
- 지중전선에 파이프형 압력케이블을 사용하고 또한 지중전선의 위를 견고한 판 또는 몰드 등으로 덮어 시설하는 경우
- 지중전선에 파이프형 압력케이블을 사용하거나 최대사용전압이 60[kV]를 초과하는 연피케이블, 알루미늄피케이블 그 밖의 금속피복을 한 특고압 케이블을 사용하고 또한 지중전선의 위를 견고한 판 또는 몰드 등으로 덮어 시설하는 경우

중 제4장 발전소, 변전소, 개폐소 및 기계기구 시설보호

82 수소냉각식 발전기 등의 시설기준으로 틀린 것은?

① 발전기 안 또는 조상기 안의 수소의 온도를 계측하는 장치를 시설할 것
② 발전기축의 밀봉부로부터 수소가 누설될 때 누설된 수소를 외부로 방출하지 않을 것
③ 발전기 안 또는 조상기 안의 수소의 순도가 85[%] 이하로 저하한 경우에 이를 경보하는 장치를 시설할 것
④ 발전기 또는 조상기는 수소가 대기압에서 폭발하는 경우에 생기는 압력에 견디는 강도를 가지는 것일 것

해설 수소냉각식 발전기 등의 시설(KEC 351.10)

㉠ 기밀구조의 것이고 수소가 대기압에서 발생하는 경우 생기는 압력에 견디는 강도를 가지는 것일 것
㉡ 수소의 순도가 85[%] 이하로 저하한 경우 경보하는 장치를 시설할 것
㉢ 수소의 압력 및 온도를 계측하고 현저히 변동하는 경우 경보장치를 할 것

하 제2장 저압설비 및 고압·특고압설비

83 어느 유원지의 어린이 놀이기구인 유희용 전차에 전기를 공급하는 전로의 사용전압은 교류인 경우 몇 [V] 이하이어야 하는가?

① 20　　　　② 40
③ 60　　　　④ 100

해설 유희용 전차(KEC 241.8)

㉠ 유희용 전차에 전기를 공급하는 전로의 사용전압은 직류의 경우 60[V] 이하, 교류의 경우는 40[V] 이하일 것
㉡ 유희용 전차에 전기를 공급하기 위하여 사용하는 접촉선은 제3레일 방식에 의하여 시설할 것
㉢ 변압기·정류기 등과 레일 및 접촉전선을 접속하는 전선 및 접촉전선 상호 간을 접속하는 전선은 케이블 공사에 의하여 시설하는 경우 이외에는 사람이 쉽게 접촉할 우려가 없도록 시설할 것
㉣ 유희용 전차에 전기를 공급하는 전로의 사용전압으로 전기를 변성하기 위하여 사용하는 변압기의 1차 전압의 400[V] 이하일 것
㉤ 유희용 전차 안에 승압용 변압기를 시설하는 경우 변압기는 절연변압기를 사용하고 2차 전압은 150[V] 이하로 할 것
㉥ 유희용 전차에 전기를 공급하는 전로에는 전용 개폐기를 시설한다.
㉦ 접촉전선과 대지 사이의 절연저항은 사용전압에 대한 누설전류가 연장 1[km]마다 100[mA]를 넘지 않도록 유지할 것
㉧ 유희용 전차 안의 전로와 대지 사이의 절연저항은 사용전압에 대한 누설전류가 규정전류의 $\frac{1}{5,000}$ 을 넘지 않도록 유지할 것

중 제1장 공통사항

84 연료전지 및 태양전지 모듈의 절연내력시험을 하는 경우 충전부분과 대지 사이에 인가하는 시험전압은 얼마인가? (단, 연속하여 10분간 가하여 견디는 것이어야 한다.)

① 최대사용전압의 1.25배의 직류전압 또는 1배의 교류전압(500[V] 미만으로 되는 경우에는 500[V])
② 최대사용전압의 1.25배의 직류전압 또는 1.25배의 교류전압(500[V] 미만으로 되는 경우에는 500[V])
③ 최대사용전압의 1.5배의 직류전압 또는 1배의 교류전압(500[V] 미만으로 되는 경우에는 500[V])
④ 최대사용전압의 1.5배의 직류전압 또는 1.25배의 교류전압(500[V] 미만으로 되는 경우에는 500[V])

정답 82 ②　83 ②　84 ③

해설 연료전지 및 태양전지 모듈의 절연내력 (KEC 134)

연료전지 및 태양전지 모듈은 최대사용전압의 1.5배의 직류전압 또는 1배의 교류전압을 충전부분과 대지 사이에 연속하여 10분간 가하여 절연내력을 시험하였을 때에 이에 견디는 것이어야 한다. 단, 시험전압 계산값이 500[V] 미만인 경우 500[V]로 시험한다.

하 제3장 전선로

85 전개된 장소에서 저압 옥상전선로의 시설 기준으로 적합하지 않은 것은?

① 전선은 절연전선을 사용하였다.
② 전선 지지점 간의 거리를 20[m]로 하였다.
③ 전선은 지름 2.6[mm]의 경동선을 사용하였다.
④ 저압 절연전선과 그 저압 옥상전선로를 시설하는 조영재와의 이격거리를 2[m]로 하였다.

해설 옥상전선로(KEC 221.3)

㉠ 전선은 인장강도 2.30[kN] 이상의 것 또는 지름 2.6[mm] 이상의 경동선의 것
㉡ 전선은 절연전선일 것(OW 전선을 포함)
㉢ 전선은 조영재에 견고하게 붙인 지지주 또는 지지대에 절연성·난연성 및 내수성이 있는 애자를 사용하여 지지하고 그 지지점 간의 거리는 15[m] 이하일 것
㉣ 조영재와의 이격거리는 2[m](고압 및 특고압 절연전선 또는 케이블인 경우에는 1[m]) 이상일 것

하 제3장 전선로

86 저압 수상전선로에 사용되는 전선은?

① 옥외 비닐케이블
② 600[V] 비닐절연전선
③ 600[V] 고무절연전선
④ 클로로프렌 캡타이어케이블

해설 수상전선로의 시설(KEC 335.3)

전선은 전선로의 사용전압이 저압인 경우에는 클로로프렌 캡타이어케이블이어야 하며, 고압인 경우에는 캡타이어케이블일 것

중 제2장 저압설비 및 고압·특고압설비

87 케이블트레이공사에 사용하는 케이블트레이에 적합하지 않은 것은?

① 비금속제 케이블트레이는 난연성 재료가 아니어도 된다.
② 금속재의 것은 적절한 방식처리를 한 것이거나 내식성 재료의 것이어야 한다.
③ 금속제 케이블트레이 계통은 기계적 및 전기적으로 완전하게 접속하여야 한다.
④ 케이블트레이가 방화구획의 벽 등을 관통하는 경우에 관통부는 불연성의 물질로 충전하여야 한다.

해설 케이블트레이공사(KEC 232.41)

케이블트레이의 선정
㉠ 케이블트레이의 안전율은 1.5 이상으로 할 것
㉡ 비금속제 케이블트레이는 난연성 재료를 사용할 것
㉢ 금속제 케이블트레이 계통은 기계적 및 전기적으로 완전하게 접속하여야 하며, 금속제 트레이는 접지공사를 할 것
㉣ 케이블트레이가 방화구획의 벽, 마루, 천장 등을 관통하는 경우에 관통부는 불연성의 물질로 충전(充塡)할 것

상 제3장 전선로

88 가공전선로의 지지물의 강도 계산에 적용하는 풍압하중은 빙설이 많은 지방 이외의 지방에서 저온계절에는 어떤 풍압하중을 적용하는가? (단, 인가가 연접되어 있지 않다고 한다.)

① 갑종 풍압하중
② 을종 풍압하중
③ 병종 풍압하중
④ 을종과 병종 풍압하중을 혼용

해설 풍압하중의 종별과 적용(KEC 331.6)

㉠ 빙설이 많은 지방
 • 고온계 : 갑종 풍압하중
 • 저온계 : 을종 풍압하중
㉡ 빙설이 적은 지방
 • 고온계 : 갑종 풍압하중
 • 저온계 : 병종 풍압하중
㉢ 인가가 많이 연접된 장소 : 병종 풍압하중

정답 85 ② 86 ④ 87 ① 88 ③

상 제2장 저압설비 및 고압·특고압설비

89 백열전등 또는 방전등에 전기를 공급하는 옥내전로의 대지전압은 몇 [V] 이하이어야 하는가? (단, 백열전등 또는 방전등 및 이에 부속하는 전선은 사람이 접촉할 우려가 없도록 시설한 경우이다.)

① 60 ② 110
③ 220 ④ 300

해설 옥내전로의 대지전압의 제한(KEC 231.6)

백열전등 또는 방전등에 공급하는 옥내의 전로의 대지전압은 300[V] 이하이어야 하며, 다음에 의하여 시설할 것(150[V] 이하의 전로인 경우는 예외로 함)

㉠ 백열전등 또는 방전등 및 이에 부속하는 전선은 사람이 접촉할 우려가 없도록 시설할 것
㉡ 백열전등 또는 방전등용 안정기는 저압 옥내배선과 직접 접속하여 시설할 것
㉢ 전구소켓은 키나 그 밖의 점멸기구가 없도록 시설할 것

하 제4장 발전소, 변전소, 개폐소 및 기계기구 시설보호

90 특고압 가공전선로의 지지물에 첨가하는 통신선 보안장치에 사용되는 피뢰기의 동작전압은 교류 몇 [V] 이하인가?

① 300 ② 600
③ 1000 ④ 1500

해설 특고압 가공전선로 첨가설치 통신선의 시가지 인입 제한(KEC 362.5)

특고압 가공전선로의 지지물에 시설하는 통신선 또는 이것에 직접 접속하는 통신선인 경우에는 다음의 보안장치일 것

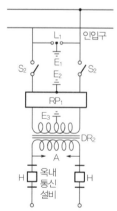

㉠ RP₁ : 교류 300[V] 이하에서 동작하고, 최소감도전류가 3[A] 이하로서 최소감도전류 때의 응동시간이

1사이클 이하이고 또한 전류용량이 50[A], 20초 이상인 자복성(自復性)이 있는 릴레이 보안기
㉡ L₁ : 교류 1[kV] 이하에서 동작하는 피뢰기
㉢ S₂ : 인입용 고압개폐기
㉣ DR₂ : 특고압용 배류 중계 코일(선로측 코일과 옥내측 코일 사이 및 선로측 코일과 대지 사이의 절연내력은 교류 6[kV]의 시험전압으로 시험하였을 때 연속하여 1분간 이에 견디는 것일 것)
㉤ E₁, E₂, E₃ : 접지
㉥ H : 250[mA] 이하에서 동작하는 열코일
㉦ : 교류 300[V] 이하에서 동작하는 방전갭

상 제3장 전선로

91 가공전선로의 지지물에 시설하는 지선으로 연선을 사용할 경우 소선은 최소 몇 가닥 이상이어야 하는가?

① 3 ② 5
③ 7 ④ 9

해설 지선의 시설(KEC 331.11)

가공전선로의 지지물에 시설하는 지선은 다음에 따라야 한다.
㉠ 지선의 안전율 : 2.5 이상(목주·A종 철주, A종 철근콘크리트주 등 1.5 이상)
㉡ 허용인장하중 : 4.31[kN] 이상
㉢ 소선(素線) 3가닥 이상의 연선일 것
㉣ 소선은 지름 2.6[mm] 이상의 금속선을 사용한 것일 것 또는 소선의 지름이 2[mm] 이상인 아연도강연선으로서, 소선의 인장강도가 0.68[kN/mm²] 이상인 것
㉤ 지중부분 및 지표상 0.3[m]까지의 부분에는 내식성이 있는 아연도금철봉 사용

상 제3장 전선로

92 저압 가공전선로 또는 고압 가공전선로와 기설 가공약전류전선로가 병행하는 경우에는 유도작용에 의한 통신상의 장해가 생기지 아니하도록 전선과 기설 약전류전선 간의 이격거리는 몇 [m] 이상이어야 하는가? (단, 전기철도용 급전선로는 제외한다.)

① 2 ② 4
③ 6 ④ 8

해설 가공약전류전선로의 유도장해 방지(KEC 332.1)

고·저압 가공전선로가 가공약전류전선과 병행하는 경우 약전류전선과 2[m] 이상 이격시켜야 한다.

정답 89 ④ 90 ③ 91 ① 92 ①

93 중성점 직접접지식 전로에 접속되는 최대 사용전압 161[kV]인 3상 변압기 권선(성형 결선)의 절연내력시험을 할 때 접지시켜서는 안 되는 것은?

① 철심 및 외함
② 시험되는 변압기의 부싱
③ 시험되는 권선의 중성점 단자
④ 시험되지 않는 각 권선(다른 권선이 2개 이상 있는 경우에는 각 권선)의 임의의 1단자

해설 변압기 전로의 절연내력(KEC 135)

시험방법은 시험되는 권선의 중성점 단자, 다른 권선(다른 권선이 2개 이상 있는 경우에는 각 권선)의 임의의 1단자, 철심 및 외함을 접지하고 시험되는 권선의 중성점 단자 이외의 임의의 1단자와 대지 간에 시험전압을 연속하여 10분간 가한다. 이 경우 중성점에 피뢰기를 시설하는 것에 있어서는 다시 중성점 단자와 대지 간에 최대사용전압의 0.3배의 전압을 연속하여 10분간 가한다.

제1과목 전기자기학

상 제4장 유전체

01 정전용량이 0.03[μF]인 평행판 공기콘덴서의 두 극판 사이에 절반두께의 비유전율 10인 유리판을 극판과 평행하게 넣었다면 이 콘덴서의 정전용량은 약 몇 [μF]이 되는가?

① 1.83   ② 18.3

③ 0.055   ④ 0.55

해설

㉠ 초기 정전용량

$$C_0 = \frac{\varepsilon_0 S}{d} = 0.03[\mu F]$$

㉡ 극판과 평행하게 유리판(유전체)을 삽입하면 그림과 같이 C_1, C_2가 직렬로 접속된 상태와 같게 된다.

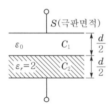

㉢ 공기부분의 정전용량

$$C_1 = \frac{\varepsilon_0 S}{\frac{d}{2}} = 2\frac{\varepsilon_0 S}{d} = 2C_0$$

㉣ 유리판부분의 정전용량

$$C_2 = \frac{\varepsilon_r \varepsilon_0 S}{\frac{d}{2}} = 2\varepsilon_r \frac{\varepsilon_0 S}{d} = 2\varepsilon_r C_0$$

㉤ 전체 정전용량

$$C = \frac{C_1 \times C_2}{C_1 + C_2} = \frac{4\varepsilon_r C_0^2}{(1+\varepsilon_r)2C_0}$$

$$= \frac{2\varepsilon_r}{1+\varepsilon_r} C_0 = \frac{2 \times 10}{1+10} \times 0.03$$

$$= 0.055[\mu F]$$

상 제8장 전류와 자기현상

02 평행도선에 같은 크기의 왕복전류가 흐를 때 두 도선 사이에 작용하는 힘에 대한 설명으로 옳은 것은?

① 흡인력이다.

② 전류의 제곱에 비례한다.

③ 주위 매질의 투자율에 반비례한다.

④ 두 도선 사이 간격의 제곱에 반비례한다.

해설

㉠ 평행도선 사이에 작용하는 힘(전자력)
- 전류의 방향이 동일한 경우 : 흡인력
- 전류의 방향이 서로 다른 경우 : 반발력

㉡ 전자력 : $F = \frac{2I_1 I_2}{d} \times 10^{-7}[\text{N/m}]$

㉢ 평행도선에 왕복전류가 흐를 경우
- 두 도선은 반발력이 작용한다.

- 전자력 : $F = \frac{2I^2}{d} \times 10^{-7}[\text{N/m}] \propto I^2$

(여기서, $I_1 = I_2 = I$)

상 제8장 전류와 자기현상

03 내부장치 또는 공간을 물질로 포위시켜 외부자계의 영향을 차폐시키는 방식을 자기차폐라 한다. 다음 중 자기차폐에 가장 적합한 것은?

① 비투자율이 1보다 작은 역자성체

② 강자성체 중에서 비투자율이 큰 물질

③ 강자성체 중에서 비투자율이 작은 물질

④ 비투자율에 관계없이 물질의 두께에만 관계되므로 되도록 두꺼운 물질

해설

자기차폐는 비투자율이 큰 강자성체로 포위시켜 내부장치를 외부자계에 대하여 영향을 받지 않도록 차폐하는 것을 말한다. 만약 내부장치가 외부자계에 노출되면 유도장해 $\left(e = -N\frac{d\phi}{dt}\right)$를 일으키게 된다.

정답   01 ③   02 ②   03 ②

상 제12장 전자계

04 공기 중에서 2[V/m]의 전계의 세기에 의한 변위전류밀도의 크기를 2[A/m²]로 흐르게 하려면 전계의 주파수는 약 몇 [MHz]가 되어야 하는가?

① 9000 ② 18000
③ 36000 ④ 72000

해설

변위전류밀도 $i_d = \omega \varepsilon_0 E = 2\pi f \varepsilon_0 E$ [A/m²]

∴ 주파수 $f = \dfrac{i_d}{2\pi \varepsilon_0 E} = \dfrac{2}{2\pi \times 8.855 \times 10^{-12} \times 2}$

$= 0.01797 \times 10^{12}$[Hz]

$\fallingdotseq 18000$ [MHz]

상 제4장 유전체

05 압전기현상에서 전기분극이 기계적 응력에 수직한 방향으로 발생하는 현상은?

① 종효과 ② 횡효과
③ 역효과 ④ 직접효과

해설 압전현상(피에조효과)

유전체에 압력이나 인장력을 가하면 전기분극이 발생하는 현상
㉠ 종효과 : 압력이나 인장력이 분극과 같은 방향으로 진행
㉡ 횡효과 : 압력이나 인장력이 분극과 수직방향으로 진행

상 제2장 진공 중의 정전계

06 정전계에서 도체에 정(+)의 전하를 주었을 때의 설명으로 틀린 것은?

① 도체 표면의 곡률 반지름이 작은 곳에 전하가 많이 분포한다.
② 도체 외측의 표면에만 전하가 분포한다.
③ 도체 표면에서 수직으로 전기력선이 출입한다.
④ 도체 내에 있는 공동면에도 전하가 골고루 분포한다.

해설

전하는 도체 표면에만 분포한다.

상 제12장 전자계

07 비유전율 3, 비투자율 3인 매질에서 전자기파의 진행속도 v[m/s]와 진공에서의 속도 v_0[m/s]의 관계는?

① $v = \dfrac{1}{9}v_0$ ② $v = \dfrac{1}{3}v_0$
③ $v = 3v_0$ ④ $v = 9v_0$

해설

㉠ 진공에서 전자파의 속도

$v_0 = \dfrac{1}{\sqrt{\varepsilon_0 \mu_0}}$ [m/s]

㉡ 매질 내 전자파의 속도

$v = \dfrac{1}{\sqrt{\varepsilon_0 \varepsilon_r \mu_0 \mu_r}} = \dfrac{v_0}{\sqrt{\varepsilon_r \mu_r}} = \dfrac{v_0}{3}$ [m/s]

상 제10장 전자유도법칙

08 주파수가 100[MHz]일 때 구리의 표피두께(skin depth)는 약 몇 [mm]인가? (단, 구리의 도전율은 5.9×10^7[℧/m] 이고, 비투자율은 0.99이다.)

① 3.3×10^{-2} ② 6.6×10^{-2}
③ 3.3×10^{-3} ④ 6.6×10^{-3}

해설

침투깊이(표피두께)

$\delta = \sqrt{\dfrac{2\rho}{\omega \mu}} = \dfrac{1}{\sqrt{\pi f \mu \sigma}} = \dfrac{1}{\sqrt{\pi f \mu_0 \mu_s \sigma}}$

$= \dfrac{1}{\sqrt{\pi \times 100 \times 10^6 \times 4\pi \times 10^{-7} \times 0.99 \times 5.9 \times 10^7}}$

$= 6.6 \times 10^{-6}$[m]

$= 6.6 \times 10^{-3}$[mm]

상 제2장 진공 중의 정전계

09 전위경도 V와 전계 E의 관계식은?

① $E = \text{grad } V$ ② $E = \text{div } V$
③ $E = -\text{grad } V$ ④ $E = -\text{div } V$

해설 전위와 전계의 관계식

㉠ 전계의 세기 $E = -\text{grad } V$
㉡ 전위 $V = -\displaystyle\int_{\infty}^{P} E dl$

정답 04 ② 05 ② 06 ④ 07 ② 08 ④ 09 ③

중 제6장 전류

10 구리의 고유저항은 20[℃]에서 1.69×10^{-8} [Ω·m]이고 온도계수는 0.00393이다. 단면적이 2[mm²]이고 100[m]인 구리선의 저항값은 40[℃]에서 약 몇 [Ω]인가?

① 0.91×10^{-3}

② 1.89×10^{-3}

③ 0.91

④ 1.89

해설

㉠ 20[℃]에서 구리의 저항

$$R_0 = \rho \frac{l}{S}$$

$$= 1.69 \times 10^{-8} \times \frac{100}{2 \times 10^{-6}} = 0.845[\Omega]$$

㉡ 40[℃]에서의 구리의 저항

$$R = R_0[1 + \alpha(t - t_0)]$$

여기서, t : 변화한 온도

t_0 : 초기 온도

α : 20[℃]에서의 온도계수

$$R = 0.845[1 + 0.00393(40 - 20)]$$

$$= 0.91[\Omega]$$

상 제6장 전류

11 대지의 고유저항이 ρ [Ω·m] 일 때 반지름이 a [m]인 그림과 같은 반구 접지극의 접지저항[Ω]은?

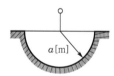

① $\dfrac{\rho}{4\pi a}$

② $\dfrac{\rho}{2\pi a}$

③ $\dfrac{2\pi \rho}{a}$

④ $2\pi \rho a$

해설

㉠ 반구도체 정전용량 : $C = 2\pi \varepsilon a$[F]

㉡ 저항과 정전용량의 관계 : $RC = \varepsilon \rho$

∴ 접지저항 $R = \dfrac{\rho \varepsilon}{C} = \dfrac{\rho}{2\pi a}[\Omega]$

중 제3장 정전용량

12 정전용량이 각각 $C_1 = 1[\mu F]$, $C_2 = 2[\mu F]$ 인 도체에 전하 $Q_1 = -5[\mu C]$, $Q_2 = 2[\mu C]$ 을 각각 주고 각 도체를 가는 철사로 연결하였을 때 C_1에서 C_2로 이동하는 전하 몇 [μC]인가?

① -4

② -3.5

③ -3

④ -1.5

해설

㉠ 두 콘덴서가 보유한 총 전하량

$$Q = Q_1 + Q_2 = -3[\mu C]$$

㉡ C_2측으로 분배되는 진하량

$$Q_2' = \frac{C_2}{C_1 + C_2} \times Q$$

$$= \frac{2}{1 + 2} \times (-3) = -2[\mu C]$$

∴ C_2에 전하량이 $-2[\mu C]$가 되기 위해서는 C_1으로부터 $-4[\mu C]$이 이동하여야 한다.

상 제8장 전류와 자기현상

13 임의의 방향으로 배열되었던 강자성체의 자구가 외부자기장의 힘이 일정치 이상이 되는 순간에 급격히 회전하여 자기장의 방향으로 배열되고 자속밀도가 증가하는 현상을 무엇이라 하는가?

① 자기여효(magnetic after effect)

② 바크하우젠효과(Barkhausen effect)

③ 자기왜현상(magneto-striction effect)

④ 핀치효과(pinch effect)

해설

강자성체에 자계를 가하면 자화가 일어나는데 자화는 자구(磁區)를 형성하고 있는 경계면, 즉 자벽(磁壁)이 단속적으로 이동함으로써 발생한다. 이때 자계의 변화에 대한 자속의 변화는 미시적으로는 불연속으로 이루어지는데, 이것을 바크하우젠효과라고 한다.

정답 10 ③ 11 ② 12 ① 13 ②

하 제8장 전류와 자기현상

14 다음 그림과 같은 직사각형의 평면코일이 $B = \dfrac{0.05}{\sqrt{2}}(a_x + a_y)$[Wb/m²]인 자계에 위치하고 있다. 이 코일에 흐르는 전류가 5[A]일 때 z축에 있는 코일에서의 토크는 약 몇 [N·m]인가?

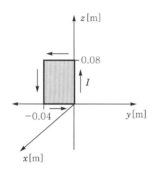

① $2.66 \times 10^{-4} a_x$　② $5.66 \times 10^{-4} a_x$

③ $2.66 \times 10^{-4} a_z$　④ $5.66 \times 10^{-4} a_z$

해설

㉠ 자속의 쇄교면적 $S = 0.04 \times 0.08 = 0.032$

㉡ z축으로 작용하는 회전력은 x방향과 y방향 성분의 외적$(a_x \times a_y)$이므로 z축에서의 토크는 다음과 같다.

$$\therefore T = IBS\sin\theta = (\vec{I} \times \vec{B}) \times S$$
$$= \left(5\,a_x \times \frac{0.05}{\sqrt{2}}\,a_y\right) \times 0.032$$
$$= 5.66 \times 10^{-4}\,a_z\,[\text{N·m}]$$

상 제9장 자성체와 자기회로

15 자성체 내의 자계의 세기가 H[AT/m]이고 자속밀도가 B[Wb/m²]일 때, 자계에너지밀도[J/m³]는?

① HB　　　② $\dfrac{1}{2\mu}H^2$

③ $\dfrac{\mu}{2}B^2$　　④ $\dfrac{1}{2\mu}B^2$

해설

자계의 에너지밀도

$$W_m = \frac{1}{2}\mu H^2 = \frac{1}{2}BH = \frac{B^2}{2\mu}\,[\text{J/m}^3]$$

상 제4장 유전체

16 분극의 세기 P, 전계 E, 전속밀도 D의 관계를 나타낸 것으로 옳은 것은? (단, ε_0는 진공의 유전율이고, ε_r은 유전체의 비유전율이고, ε은 유전체의 유전율이다.)

① $P = \varepsilon_0(\varepsilon + 1)E$　② $E = \dfrac{D + P}{\varepsilon_0}$

③ $P = D - \varepsilon_0 E$　④ $\varepsilon_0 = D - E$

해설 분극의 세기(분극도)와 전계의 관계

$$P = \varepsilon_0(\varepsilon_s - 1)E = D - \varepsilon_0 E = D\left(1 - \frac{1}{\varepsilon_s}\right)[\text{C/m}^2]$$

상 제4장 유전체

17 반지름이 30[cm]인 원판 전극의 평행판 콘덴서가 있다. 전극이 간격이 0.1[cm]이며 전극 사이 유전체의 비유전율이 4.0이라 한다. 이 콘덴서의 정전용량은 약 몇 [μF]인가?

① 0.01　　　② 0.02

③ 0.03　　　④ 0.04

해설 평행판 콘덴서의 정전용량

$$C = \frac{\varepsilon S}{d} = \frac{\varepsilon_0 \varepsilon_r S}{d} = \frac{\varepsilon_0 \varepsilon_r (\pi a^2)}{d}$$
$$= \frac{8.855 \times 10^{-12} \times 4 \times \pi \times 0.3^2}{0.1 \times 10^{-2}}$$
$$= 0.01 \times 10^{-6}[\text{F}] = 0.01[\mu\text{F}]$$

상 제9장 자성체와 자기회로

18 반지름이 5[mm], 길이가 15[mm], 비투자율이 50인 자성체 막대에 코일을 감고 전류를 흘려서 자성체 내의 자속밀도를 50[Wb/m²]로 하였을 때 자성체 내에서의 자계의 세기는 몇 [A/m]인가?

① $\dfrac{10^7}{\pi}$　　　② $\dfrac{10^7}{2\pi}$

③ $\dfrac{10^7}{4\pi}$　　　④ $\dfrac{10^7}{8\pi}$

해설

자속밀도 $B = \mu H = \mu_0 \mu_r H$ [Wb/m²]

$$\therefore H = \frac{B}{\mu_0 \mu_r} = \frac{50}{4\pi \times 10^{-7} \times 50} = \frac{10^7}{4\pi}\,[\text{A/m}]$$

정답 14 ④　15 ④　16 ③　17 ①　18 ③

상 제8장 전류와 자기현상

19 한 변의 길이가 l[m]인 정사각형 도체회로에 전류 I[A]를 흘릴 때 회로의 중심점에서의 자계의 세기는 몇 [AT/m]인가?

① $\dfrac{2I}{\pi l}$ ② $\dfrac{I}{\sqrt{2}\,\pi l}$

③ $\dfrac{\sqrt{2}\,I}{\pi l}$ ④ $\dfrac{2\sqrt{2}\,I}{\pi l}$

해설

한 변의 길이가 l[m]인 도체(코일)에 전류를 흘렸을 경우 도체 중심에서의 자계의 세기는 다음과 같다.

㉠ 정사각형 도체 : $H = \dfrac{2\sqrt{2}\,I}{\pi l}$[AT/m]

㉡ 정삼각형 도체 : $H = \dfrac{9I}{2\pi l}$[AT/m]

㉢ 정육각형 도체 : $H = \dfrac{\sqrt{3}\,I}{\pi l}$[AT/m]

상 제2장 진공 중의 정전계

20 2장의 무한 평판도체를 4[cm]의 간격으로 놓은 후 평판도체 간에 일정한 전계를 인가하였더니 평판도체 표면에 2[μC/m²]의 전하밀도가 생겼다. 이때 평행도체 표면에 작용하는 정전응력은 약 몇 [N/m²]인가?

① 0.057   ② 0.226

③ 0.57   ④ 2.26

해설

단위면적당 작용하는 힘(정전응력)

$$f = \frac{\sigma^2}{2\varepsilon_0} = \frac{(2\times10^{-6})^2}{2\times8.855\times10^{-12}} = 0.226[\text{N/m}^2]$$

제2과목   전력공학

중 제10장 배전선로 계산

21 3상 전원에 접속된 △ 결선의 커패시터를 Y결선으로 바꾸면 진상용량 Q_Y[kVA]는? (단, $Q_\triangle$는 △ 결선된 커패시터의 진상용량이고, Q_Y는 Y결선된 커패시터의 진상용량이다.)

① $Q_Y = \sqrt{3}\,Q_\triangle$ ② $Q_Y = \dfrac{1}{3}Q_\triangle$

③ $Q_Y = 3Q_\triangle$ ④ $Q_Y = \dfrac{1}{\sqrt{3}}Q_\triangle$

해설

Y결선 시 콘덴서(진상)용량

$Q_Y = 2\pi f C V^2 \times 10^{-9}$[kVA]

△결선 시 콘덴서(진상)용량

$Q_\triangle = 6\pi f C V^2 \times 10^{-9}$[kVA]

$\dfrac{Q_Y}{Q_\triangle} = \dfrac{1}{3}$에서 $Q_Y = \dfrac{1}{3}Q_\triangle$[kVA]

상 제10장 배전선로 계산

22 교류 배전선로에서 전압강하 계산식은 $V_d = k(R\cos\theta + X\sin\theta)I$로 표현된다. 3상 3선식 배전선로인 경우에 k는?

① $\sqrt{3}$ ② $\sqrt{2}$

③ 3   ④ 2

해설

전압강하 $V_d = kI(R\cos\theta + X\sin\theta)$[V]

여기서, k : 상계수, R : 선로저항, X : 선로리액턴스

㉠ $k = 2$: 단상 2선식, 직류 2선식

㉡ $k = 1$: 3상 4선식, 단상 3선식

㉢ $k = \sqrt{3}$: 3상 3선식

중 제7장 이상전압 및 유도장해

23 송전선에서 뇌격에 대한 차폐 등을 위해 가선하는 가공지선에 대한 설명으로 옳은 것은?

① 차폐각은 보통 15~30° 정도로 하고 있다.

② 차폐각이 클수록 벼락에 대한 차폐효과가 크다.

③ 가공지선을 2선으로 하면 차폐각이 적어진다.

④ 가공지선으로는 연동선을 주로 사용한다.

해설 가공지선

㉠ 차폐각은 가공지선과 전력선과의 설치각을 말하며 차폐각이 작을수록 차폐효율이 높아지고 정전유도가 감소하므로 보통 45° 이하로 설계한다.

㉡ 가공지선은 2선 이상으로 하면 차폐각이 작아져 차폐효율이 높아진다.

ⓒ 가공지선은 지지물 상부에 시설한 지선으로 강심알
루미늄연선(ACSR)을 사용하였으나 최근에는 광복
합가공지선(OPGW)을 사용하고 있다.
ⓔ 연동선은 기계적 강도가 약해 옥내배선 및 접지선
에 사용한다.

상 제10장 배전선로 계산

24 배전선의 전력손실 경감대책이 아닌 것은?

① 다중접지방식을 채용한다.
② 역률을 개선한다.
③ 배전전압을 높인다.
④ 부하의 불평형을 방지한다.

🔧 해설

ⓐ 배전선로의 전력손실 $P_c = 3I^2 r = \dfrac{\rho W^2 L}{A V^2 \cos^2 \theta}$[W]

여기서, I : 부하전류, r : 선로저항, ρ : 고유저항
W : 부하전력, L : 배전거리
A : 전선의 단면적, V : 수전전압
$\cos \theta$: 부하역률

ⓑ 전력손실 경감대책
• 승압
• 역률 개선
• 전선 교체
• 배전선로 단축
• 불평형 부하 개선
• 단위기기 용량 감소

상 제10장 배전선로 계산

25 그림과 같은 이상변압기에서 2차측에 5[Ω]
의 저항부하를 연결하였을 때 1차측에 흐르
는 전류(I)는 약 몇 [A]인가?

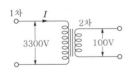

① 0.6
② 1.8
③ 20
④ 660

🔧 해설

변압기의 권수비 $a = \dfrac{E_1}{E_2} = \dfrac{3300}{100} = 33$

2차측에 흐르는 전류 $I_2 = \dfrac{E_2}{R_2} = \dfrac{100}{5} = 20$[A]

1차측에 흐르는 전류 $I_1 = \dfrac{I_2}{a} = \dfrac{20}{33} = 0.6$[A]

중 제10장 배전선로 계산

26 전압과 유효전력이 일정할 경우 부하역률
이 70[%]인 선로에서의 저항손실($P_{70[\%]}$)
은 역률이 90[%]인 선로에서의 저항손실
($P_{90[\%]}$)과 비교하면 약 얼마인가?

① $P_{70[\%]} = 0.6 P_{90[\%]}$
② $P_{70[\%]} = 1.7 P_{90[\%]}$
③ $P_{70[\%]} = 0.3 P_{90[\%]}$
④ $P_{70[\%]} = 2.7 P_{90[\%]}$

🔧 해설

전력손실 $P_c \propto \dfrac{1}{\cos^2 \theta}$이므로 역률 70[%]일 때 저항손
실은 역률 90[%]일 때에 비해 다음과 같다.

$$P_{70[\%]} : P_{90[\%]} = \dfrac{1}{0.7^2} : \dfrac{1}{0.9^2}$$

$$P_{70[\%]} = \dfrac{1}{0.7^2} \times P_{90[\%]} \times 0.9^2$$

$$= \left(\dfrac{0.9}{0.7}\right)^2 \times P_{90[\%]} = 1.65 P_{90[\%]}$$

∴ 역률 70[%]일 때 저항손실은 역률 90[%]일 때에
비해 약 1.7배가 된다.

하 제3장 선로정수 및 코로나현상

27 3상 3선식 송전선에서 L을 작용인덕턴스
라 하고, L_e 및 L_m은 대지를 귀로로 하는
1선의 자기인덕턴스 및 상호인덕턴스라고
할 때 이들 사이의 관계식은?

① $L = L_m - L_e$
② $L = L_e - L_m$
③ $L = L_m + L_e$
④ $L = \dfrac{L_m}{L_e}$

🔧 해설

3상 3선식 송전선 a선, b선, c선에서 임의의 1선(a선)의
작용인덕턴스
작용인덕턴스=자기인덕턴스+상호인덕턴스
$L = I_a$에 의한 $L_e + I_b$에 의한 $L_m + I_c$에 의한 L_m
(여기서, L_e : 자기인덕턴스, L_m : 상호인덕턴스)
위 식의 인덕턴스는 전류에 의해 나타나므로
$\dot{I}_a + \dot{I}_b + \dot{I}_c = 0$에서 $\dot{I}_a = -(\dot{I}_b + \dot{I}_c)$이고, b, c선에 의
한 상호인덕턴스는 a선에서 나타나는 자기인덕턴스와
반대방향이므로 다음과 같이 나타난다.
∴ $L = L_e - L_m$

정답 24 ① 25 ① 26 ② 27 ②

상 제2장 전선로

28 표피효과에 대한 설명으로 옳은 것은?

① 표피효과는 주파수에 비례한다.
② 표피효과는 전선의 단면적에 반비례한다.
③ 표피효과는 전선의 비투자율에 반비례한다.
④ 표피효과는 전선의 도전율에 반비례한다.

해설 표피효과

표피효과는 ㉠ 전선이 굵을수록 ㉡ 도전율 및 투자율이 클수록 ㉢ 주파수가 높을수록 커진다.

상 제10장 배전선로 계산

29 배전선로의 전압을 3[kV]에서 6[kV]로 승압하면 전압강하율(δ)은 어떻게 되는가? (단, $\delta_{3[kV]}$는 전압이 3[kV]일 때 전압강하율이고, $\delta_{6[kV]}$는 전압이 6[kV]일 때 전압강하율이고, 부하는 일정하다고 한다.)

① $\delta_{6[kV]} = \dfrac{1}{2}\delta_{3[kV]}$ ② $\delta_{6[kV]} = \dfrac{1}{4}\delta_{3[kV]}$

③ $\delta_{6[kV]} = 2\delta_{3[kV]}$ ④ $\delta_{6[kV]} = 4\delta_{3[kV]}$

해설

전압강하율 $\%e \propto \dfrac{1}{V^2}$ 이므로 배전선로의 전압을 3[kV]에서 6[kV]로 2배 승압 시 전압강하율은 $\dfrac{1}{4}$ 배로 감소한다.

중 제1장 전력계통

30 계통의 안정도 증진대책이 아닌 것은?

① 발전기나 변압기의 리액턴스를 작게 한다.
② 선로의 회선수를 감소시킨다.
③ 중간조상방식을 채용한다.
④ 고속도 재폐로방식을 채용한다.

해설 안정도 증진대책

㉠ 직렬리액턴스를 작게 한다.
 • 발전기나 변압기 리액턴스를 작게 한다.
 • 선로에 복도체를 사용하거나 병행 회선수를 늘린다.
 • 선로에 직렬콘덴서를 설치한다.
㉡ 전압변동을 적게 한다.
 • 단락비를 크게 한다.
 • 속응여자방식을 채용한다.
㉢ 계통을 연계시킨다.
㉣ 중간조상방식을 채용한다.
㉤ 고장구간을 신속히 차단시키고 재폐로방식을 채택한다.
㉥ 소호리액터 접지방식을 채용한다.
㉦ 고장 시에 발전기 입출력의 불평형을 작게 한다.

중 제6장 중성점 접지방식

31 1상의 대지정전용량이 0.5[μF], 주파수가 60[Hz]인 3상 송전선이 있다. 이 선로에 소호리액터를 설치한다면, 소호리액터의 공진리액턴스는 약 몇 [Ω]이면 되는가?

① 970 ② 1370
③ 1770 ④ 3570

해설

$$\omega L = \frac{1}{3\omega C} - \frac{X_t}{3} = \frac{1}{3 \times 2\pi \times 60 \times 0.5 \times 10^{-6}}$$
$$= 1768 \fallingdotseq 1770[\Omega]$$

중 제8장 송전선로 보호방식

32 배전선로의 고장 또는 보수 점검 시 정전구간을 축소하기 위하여 사용되는 것은?

① 단로기 ② 컷아웃스위치
③ 계자저항기 ④ 구분개폐기

해설

구분개폐기는 고장상태에서 개폐가 불가능하고 정상상태에서 흐르는 부하전류는 개폐가 가능한 기기로서 선로 및 설비의 고장 및 보수 점검 시에 정전구간을 축소할 때 사용한다.

하 제4장 송전 특성 및 조상설비

33 수전단전력 원선도의 전력방정식이 $P_r^2 + (Q_r + 400)^2 = 250000$으로 표현되는 전력계통에서 가능한 최대로 공급할 수 있는 부하전력(P_r)과 이때 전압을 일정하게 유지하는 데 필요한 무효전력(Q_r)은 각각 얼마인가?

① $P_r = 500$, $Q_r = -400$
② $P_r = 400$, $Q_r = 500$
③ $P_r = 300$, $Q_r = 100$
④ $P_r = 200$, $Q_r = -300$

해설

㉠ 전력원선도는 유효전력(가로축)과 무효전력(세로축)으로 표현한다.
㉡ 역률 1.0 → 전력계통 유지 시 최대 전력공급이 가능하다.
∴ $P_r^2 + (Q_r + 400)^2 = 500^2 + (-400 + 400)^2$
$$= 250000$$

정답 28 ① 29 ② 30 ② 31 ③ 32 ④ 33 ①

중 제8장 송전선로 보호방식

34 수전용 변전설비의 1차측 차단기의 차단용량은 주로 어느 것에 의하여 정해지는가?

① 수전 계약용량
② 부하설비의 단락용량
③ 공급측 전원의 단락용량
④ 수전전력의 역률과 부하율

해설

차단기의 차단용량(단락용량) $P_s = \dfrac{100}{\%Z} \times P_n$[kVA]

여기서, $\%Z$: 전원에서 고장점까지의 퍼센트 임피던스
P_n : 공급측의 전원용량(기준용량 또는 변압기용량)

하 제11장 발전

35 프란시스수차의 특유속도[m·kW]의 한계를 나타내는 식은? (단, H[m]는 유효낙차이다.)

① $\dfrac{13000}{H+50}+10$ ② $\dfrac{13000}{H+50}+30$

③ $\dfrac{20000}{H+20}+10$ ④ $\dfrac{20000}{H+20}+30$

해설 수차별 특유속도

㉠ 펠톤 : $12 \le N_s \le 23$

㉡ 프란시스 : $N_s = \dfrac{20000}{H+20}+30 \left(N_s = \dfrac{13000}{H+20}+50 \right)$

㉢ 카플란 : $N_s \le \dfrac{20000}{H+20}+50$

㉣ 프로펠러 : $N_s = \dfrac{20000}{H+20}+50$

하 제6장 중성점 접지방식

36 정격전압 6600[V], Y결선, 3상 발전기의 중성점을 1선 지락 시 지락전류를 100[A]로 제한하는 저항기로 접지하려고 한다. 저항기의 저항값은 약 몇 [Ω]인가?

① 44   ② 41
③ 38   ④ 35

해설

1선 지락전류 $I_g = \dfrac{E}{R}$[A]

여기서, E : 대지전압[V], R : 접지저항[Ω]
Y결선에서 정격전압 6600[V]는 사용전압(선간전압)
이므로 대지전압 $E = \dfrac{V}{\sqrt{3}}$[V]

지락전류를 100[A]로 제한하는 저항기의 저항값은 다음과 같다.

$$R = \dfrac{\dfrac{V}{\sqrt{3}}}{I_g} = \dfrac{\dfrac{6600}{\sqrt{3}}}{100} = 38.11 = 38[\Omega]$$

상 제7장 이상전압 및 유도장해

37 송전 철탑에서 역섬락을 방지하기 위한 대책은?

① 가공지선의 설치
② 탑각 접지저항의 감소
③ 전력선의 연가
④ 아크혼의 설치

해설

역섬락을 방지하기 위해서는 매설지선을 설치하여 탑각 접지저항을 작게 한다.

하 제11장 발전

38 조속기의 폐쇄시간이 짧을수록 나타나는 현상으로 옳은 것은?

① 수격작용은 작아진다.
② 발전기의 전압상승률은 커진다.
③ 수차의 속도변동률은 작아진다.
④ 수압관 내의 수압상승률은 작아진다.

해설

조속기의 폐쇄시간을 짧게 하면 수차의 회전수가 감소하여 속도변동률 및 전압상승률이 감소하고 유속의 변화가 증가하여 수격작용 및 수압상승률이 증가한다.

상 제10장 배전선로 계산

39 주변압기 등에서 발생하는 제5고조파를 줄이는 방법으로 옳은 것은?

① 전력용 콘덴서에 직렬리액터를 연결한다.
② 변압기 2차측에 분로리액터를 연결한다.
③ 모선에 방전코일을 연결한다.
④ 모선에 공심리액터를 연결한다.

해설

직렬리액터는 제5고조파 전류를 제거하기 위해 전력용 콘덴서에 연결한다. 직렬리액터의 용량은 전력용 콘덴서용량의 이론상 4[%] 이상, 실제로는 5~6[%]의 용량을 사용한다.

정답   34 ③   35 ④   36 ③   37 ②   38 ③   39 ①

중 제3장 선로정수 및 코로나현상

40 복도체에서 2본의 전선이 서로 충돌하는 것을 방지하기 위하여 2본의 전선 사이에 적당한 간격을 두어 설치하는 것은?

① 아머로드   ② 댐퍼
③ 아킹혼   ④ 스페이서

해설

복도체 및 다도체 방식으로 전력공급 시 도체 간에 전선의 꼬임현상 및 충돌로 인한 불꽃발생이 일어날 수 있으므로 스페이서를 설치하여 도체 사이의 일정한 간격을 유지한다.

제3과목 **전기기기**

하 제3장 변압기

41 정격전압 120[V], 60[Hz]인 변압기의 무부하입력 80[W], 무부하전류 1.4[A]이다. 이 변압기의 여자리액턴스는 약 몇 [Ω]인가?

① 97.6   ② 103.7
③ 124.7   ④ 180

해설

무부하전류 $\dot{I}_o = \dot{I}_i + \dot{I}_m$[A]
여기서, I_o : 무부하전류, I_i : 철손전류[A]
    I_m : 자화전류[A]
무부하전류 $I_o = 1.4$[A]
철손전류 $I_i = \dfrac{P_i}{V_1} = \dfrac{80}{120} = 0.67$[A]
여기서, P_i : 철손, V_1 : 1차 전압
자화전류 $I_m = \sqrt{I_o^2 - I_i^2}$
    $= \sqrt{1.4^2 - 0.67^2} = 1.23$[A]
자화전류 $I_m = \dfrac{V_1}{x}$
여기서, x : 여자리액턴스[Ω]
여자리액턴스 $x = \dfrac{V_1}{I_m} = \dfrac{120}{1.23} = 97.56 \fallingdotseq 97.6$[Ω]

하 제6장 특수기기

42 서보모터의 특징에 대한 설명으로 틀린 것은?

① 발생토크는 입력신호에 비례하고, 그 비가 클 것

---

② 직류 서보모터에 비하여 교류 서보모터의 시동토크가 매우 클 것
③ 시동토크는 크나 회전부의 관성모멘트가 작고, 전기적 시정수가 짧을 것
④ 빈번한 시동, 정지, 역전 등의 가혹한 상태에 견디도록 견고하고, 큰 돌입전류에 견딜 것

해설 서보모터의 특성

㉠ 시동, 정지가 빈번한 상황에서도 견딜 수 있을 것
㉡ 큰 회전력을 갖을 것
㉢ 회전자(rotor)의 관성모멘트가 작을 것
㉣ 급제동 및 급가속(시동토크가 큼)에 대응할 수 있을 것(시정수가 짧을 것)
㉤ 토크의 크기는 직류 서보모터가 교류 서보모터보다 크다.

하 제3장 변압기

43 3상 변압기 2차측의 E_W상만을 반대로 하고 Y-Y 결선을 한 경우, 2차 상전압이 $E_U = 70$[V], $E_V = 70$[V], $E_W = 70$[V]라면 2차 선간전압은 약 몇 [V]인가?

① $V_{U-V} = 121.2$[V], $V_{V-W} = 70$[V], $V_{W-U} = 70$[V]
② $V_{U-V} = 121.2$[V], $V_{V-W} = 210$[V], $V_{W-U} = 70$[V]
③ $V_{U-V} = 121.2$[V], $V_{V-W} = 121.2$[V], $V_{W-U} = 70$[V]
④ $V_{U-V} = 121.2$[V], $V_{V-W} = 121.2$[V], $V_{W-U} = 121.2$[V]

해설

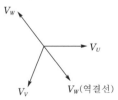

㉠ $V_{U-V} = V_U + (-V_V)$
    $= 70 \times \cos 30° \times 2 = 70\sqrt{3} = 121.2$[V]
㉡ $V_{V-W} = V_V + (-V_W)$
    $= 70 \times \cos 60° \times 2 = 70$[V]
㉢ $V_{W-U} = V_W + (-V_U)$
    $= 70 \times \cos 60° \times 2 = 70$[V]

정답 40 ④ 41 ① 42 ② 43 ①

상 | 제1장 직류기

44 극수 8, 중권직류기의 전기자 총 도체수 960, 매극자속 0.04[Wb], 회전수 400[rpm]이라면 유기기전력은 몇 [V]인가?

① 256 ② 327
③ 425 ④ 625

해설

유기기전력 $E = \dfrac{PZ\phi}{a}\dfrac{N}{60}$[V]

(중권의 경우 병렬회로수 $a = P_{극수}$)

여기서, P : 극수, Z : 총 도체수, ϕ : 매극자속[Wb], N : 분당 회전수[rpm]

유기기전력 $E = \dfrac{PZ\phi}{a}\dfrac{N}{60}$

$= \dfrac{8 \times 960 \times 0.04}{8} \times \dfrac{400}{60} = 256$[V]

상 | 제4장 유도기

45 3상 유도전동기에서 2차측 저항을 2배로 하면 그 최대토크는 어떻게 변하는가?

① 2배로 커진다.
② 3배로 커진다.
③ 변하지 않는다.
④ $\sqrt{2}$ 배로 커진다.

해설

최대토크 $T_m \propto \dfrac{r_2}{s_t} = \dfrac{mr_2}{ms_t}$ 에서 2차측 저항의 증감에 따라 최대토크의 발생 슬립이 비례하여 변화되므로 최대토크는 변하지 않는다.

중 | 제2장 동기기

46 동기전동기에 일정한 부하를 걸고 계자전류를 0[A]에서부터 계속 증가시킬 때 관련 설명으로 옳은 것은? (단, I_a는 전기자전류이다.)

① I_a는 증가하다가 감소한다.
② I_a가 최소일 때 역률이 1이다.
③ I_a가 감소상태일 때 앞선 역률이다.
④ I_a가 증가상태일 때 뒤진 역률이다.

해설

동기전동기의 경우 계자전류(I_f)의 변화를 통해 전기자전류의 크기와 역률을 변화시킬 수 있다. 이때 전기자전류(I_a)의 크기가 최소일 때 역률은 1.0이 된다.

중 | 제3장 변압기

47 3[kVA], 3000/200[V]의 변압기의 단락시험에서 임피던스 전압 120[V], 동손 150[W]라 하면 %저항강하는 몇 [%]인가?

① 1 ② 3
③ 5 ④ 7

해설

%저항강하 $p = \dfrac{I_n \cdot r_2}{V_{2n}} \times 100$[%]

$p = \dfrac{I_n \cdot r_2}{V_{2n}} \times 100 \times \dfrac{I_n}{I_n} = \dfrac{P_c[\mathrm{W}]}{P[\mathrm{VA}]} \times 100$[%]에서

$p = \dfrac{P_c}{P} \times 100 = \dfrac{150}{3 \times 10^3} \times 100 = 5$[%]

상 | 제4장 유도기

48 정격출력 50[kW], 4극 220[V], 60[Hz]인 3상 유도전동기가 전부하슬립 0.04, 효율 90[%]로 운전되고 있을 때 다음 중 틀린 것은?

① 2차 효율=92[%]
② 1차 입력=55.56[kW]
③ 회전자동손=2.08[kW]
④ 회전자입력=52.08[kW]

해설

$P_2 : P_c : P_o = 1 : s : 1-s$

① 2차 효율 : $\eta_2 = (1-s) \times 100$
$= (1-0.04) \times 100 = 96$[%]

② 1차 입력 : $P_1 = \dfrac{출력}{효율} = \dfrac{50}{0.9} = 55.56$[kW]

③ 회전자동손 : $P_c = \dfrac{s}{1-s} P_o$
$= \dfrac{0.04}{1-0.04} \times 50 = 2.08$[kW]

④ 회전자입력 : $P_2 = \dfrac{1}{1-s} P_o$
$= \dfrac{1}{1-0.04} \times 50 = 52.08$[kW]

정답 44 ① 45 ③ 46 ② 47 ③ 48 ①

하 제4장 유도기

49 단상 유도전동기를 2전동기설로 설명하는 경우 정방향 회전자계의 슬립이 0.2이면, 역방향 회전자계의 슬립은 얼마인가?

① 0.2   ② 0.8
③ 1.8   ④ 2.0

해설

단상 유도전동기의 경우 정방향에 회전하는 회전자슬립이 s이면 역방향으로 회전 시의 회전자슬립은 $2-s$로 나타낸다.
∴ 역방향 회전자계의 슬립 = $2-s = 2-0.2 = 1.8$

중 제1장 직류기

50 직류가동복권발전기를 전동기로 사용하면 어느 전동기가 되는가?

① 직류직권전동기
② 직류분권전동기
③ 직류가동복권전동기
④ 직류차동복권전동기

해설

직류가동복권발전기를 전동기로 사용 시 계자권선과 전기자권선 중에 하나의 극성이 바뀌어서 감극성이 되므로 직류차동복권전동기로 사용된다.

상 제2장 동기기

51 동기발전기를 병렬운전하는 데 필요하지 않은 조건은?

① 기전력의 용량이 같을 것
② 기전력의 파형이 같을 것
③ 기전력의 크기가 같을 것
④ 기전력의 주파수가 같을 것

해설 동기발전기의 병렬운전

㉠ 기전력의 크기가 같을 것
㉡ 기전력의 위상이 같을 것
㉢ 기전력의 주파수가 같을 것
㉣ 기전력의 파형이 같을 것
㉤ 기전력의 상회전방향이 같을 것
㉥ 병렬운전 시 달라도 되는 조건 : 용량, 출력, 부하전류, 임피던스

하 제5장 정류기

52 IGBT(Insulated Gate Bipolar Transistor)에 대한 설명으로 틀린 것은?

① MOSFET와 같이 전압제어소자이다.
② GTO 사이리스터와 같이 역방향전압 저지 특성을 갖는다.
③ 게이트와 이미터 사이의 입력임피던스가 매우 낮아 BJT보다 구동하기 쉽다.
④ BJT처럼 On-drop이 전류에 관계없이 낮고 거의 일정하며, MOSFET보다 훨씬 큰 전류를 흘릴 수 있다.

해설 IGBT(Insulated Gate Bipolar Transistor)

대전력 고속 스위칭이 가능한 반도체소자로서 게이트와 이미터 사이에 전압에 의해 On/Off 되는 소자이다. 이때 입력임피던스가 매우 높아 BJT보다 구동하기 쉬워진다. 또한 GTO처럼 역방향 전압 저지 특성을 나타낸다.

중 제4장 유도기

53 유도전동기에서 공급전압의 크기가 일정하고 전원주파수만 낮아질 때 일어나는 현상으로 옳은 것은?

① 철손이 감소한다.
② 온도상승이 커진다.
③ 여자전류가 감소한다.
④ 회전속도가 증가한다.

해설

유도전동기에서 전압은 일정하고 주파수가 낮아질 경우 다음과 같다.

㉠ 철손 $P_i \propto \dfrac{V_1^{\,2}}{f}$에서 $P_i \propto \dfrac{1}{f}$이므로 주파수가 낮아지면 철손은 증가한다.

㉡ 회전속도 $N=(1-s)\dfrac{120f}{P}$에서 $N \propto f$이므로 주파수가 낮아지면 회전속도는 감소한다.

㉢ 여자전류(무부하전류) $I_o = \dfrac{V_1}{\omega L} = \dfrac{V_1}{2\pi f L}$에서 $I_o \propto \dfrac{1}{f}$이므로 주파수가 낮아지면 여자전류는 증가한다.

㉣ 전압은 일정하고 주파수가 낮아질 경우 철손이 증가하여 유도전동기 내부에 발생하는 열이 증가하고, 회전속도가 감소하여 통풍효과가 줄어들고 온도상승이 커진다.

정답 49 ③   50 ④   51 ①   52 ③   53 ②

상 제1장 직류기

54 용접용으로 사용되는 직류발전기의 특성 중에서 가장 중요한 것은?

① 과부하에 견딜 것
② 전압변동률이 적을 것
③ 경부하일 때 효율이 좋을 것
④ 전류에 대한 전압특성이 수하특성일 것

해설

용접을 할 경우 $I^2 \cdot r$로 발생하는 열을 이용하므로 전류(I_n)가 일정하여야 한다. 따라서, 직류발전기를 이용하여 용접을 할 경우 발전기의 운전이 순간적으로 변화하게 되면 발전기의 출력이 짧은 시간에 급변하므로 이때 전류를 일정하게 하기 위해서는 기기의 전압특성이 수하특성이어야 한다.

중 제2장 동기기

55 동기발전기에 설치된 제동권선의 효과로 틀린 것은?

① 난조 방지
② 과부하 내량의 증대
③ 송전선의 불평형 단락 시 이상전압 방지
④ 불평형 부하 시의 전류, 전압파형의 개선

해설 제동권선의 역할

㉠ 동기전동기의 운전 시 발생하는 난조 방지
㉡ 부하의 급변이나 불평형 시 나타나는 전류와 전압파형 개선
㉢ 송전선로의 불평형 부하 또는 단락 시 발생하는 이상전압 방지

하 제3장 변압기

56 3300/220[V] 변압기 A, B의 정격용량이 각각 400[kVA], 300[kVA]이고, %임피던스 강하가 각각 2.4[%]와 3.6[%]일 때 그 2대의 변압기에 걸 수 있는 합성부하용량은 몇 [kVA]인가?

① 550
② 600
③ 650
④ 700

해설

변압기 병렬운전 시 합성부하용량

$$\frac{I_a}{I_b} = \frac{Z_B}{Z_A} = \frac{\dfrac{\%Z_B \cdot 10 \cdot V^2}{P_B}}{\dfrac{\%Z_A \cdot 10 \cdot V^2}{P_A}} = \frac{\%Z_B \cdot P_A}{\%Z_A \cdot P_B}$$

여기서, $\%Z = \dfrac{P \cdot Z}{10 \cdot V^2}$ 에서 $\dfrac{\%Z \cdot 10 \cdot V^2}{P}$

$$\frac{P_a}{P_b} = \frac{\%Z_B \cdot P_A}{\%Z_A \cdot P_B} = \frac{3.6 \times 400}{2.4 \times 300} = 2 \rightarrow P_a = 2 \cdot P_b$$

부하의 합성용량

$P_a = 300[\text{kVA}]$, $P_b = 400[\text{kVA}]$

A변압기 기준으로 계산 $P_{합성용량}$

$$= P_a + P_b = P_a + \frac{1}{2} \cdot P_a$$

$$= \frac{3}{2} \cdot P_a = \frac{3}{2} \times 400 = 600[\text{kVA}]$$

B변압기 기준으로 계산 $P_{합성용량}$

$$= P_a + P_b = 2 \cdot P_b + P_b = 3 \cdot P_b$$

$$= 3 \times 300 = 900[\text{kVA}]$$

따라서, 변압기의 병렬운전 시 변압기의 과부하운전을 방지하기 위해 합성부하용량은 600[kVA]로 운전해야 한다.

하 제5장 정류기

57 동작모드가 그림과 같이 나타나는 혼합브리지는?

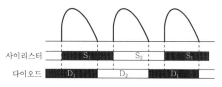

① 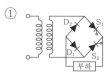 ②

③ 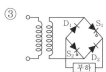 ④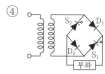

해설

동작모드가 그림과 같이 나타나기 위해서는 사이리스터 (S)와 다이오드(D)의 On 상태를 고려해 보면 된다. 즉, S_1과 D_1이 한 방향으로 나타나고 S_2와 D_2가 한 방향으로 되어야 한다.

중 제2장 동기기

58 동기기의 전기자저항을 r, 전기자반작용 리액턴스를 X_a, 누설리액턴스를 X_l이라고 하면 동기임피던스를 표시하는 식은?

① $\sqrt{r^2 + \left(\dfrac{X_a}{X_l}\right)^2}$

② $\sqrt{r^2 + X_l^2}$

③ $\sqrt{r^2 + X_a^2}$

④ $\sqrt{r^2 + (X_a + X_l)^2}$

해설

동기임피던스 $\dot{Z}_s = \dot{r} + j(X_a + X_l)$[Ω]에서
$|Z_s| = \sqrt{r^2 + (X_a + X_l)^2}$

하 제4장 유도기

59 단상 유도전동기에 대한 설명으로 틀린 것은?

① 반발기동형 : 직류전동기와 같이 정류자와 브러시를 이용하여 기동한다.
② 분상기동형 : 별도의 보조권선을 사용하여 회전자계를 발생시켜 기동한다.
③ 커패시터 기동형 : 기동전류에 비해 기동토크가 크지만, 커패시터를 설치해야 한다.
④ 반발유도형 : 기동 시 농형 권선과 반발전동기의 회전자권선을 함께 이용하나 운전 중에는 농형 권선만을 이용한다.

해설

반발유도형의 경우 회전자에 농형 권선과 반발전동기의 회전자권선을 함께 이용하여 기동하고 운전 시에도 두 권선을 그대로 전기적으로 사용한다.

상 제1장 직류기

60 직류전동기의 속도제어법이 아닌 것은?

① 계자제어법   ② 전력제어법
③ 전압제어법   ④ 저항제어법

해설 직류전동기의 속도제어방법

㉠ 전압제어법
㉡ 계자제어법
㉢ 저항제어법

직류전동기의 회전속도 $n = k\dfrac{V_n - I_a \cdot r_a}{\phi}$

제4과목 **회로이론 및 제어공학**

상 제어공학 제3장 시간영역해석법

61 그림과 같은 피드백제어 시스템에서 입력이 단위계단함수일 때 정상상태 오차상수인 위치상수(K_p)는?

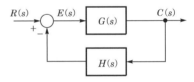

① $K_p = \lim_{s \to 0} G(s)H(s)$

② $K_p = \lim_{s \to 0} \dfrac{G(s)}{H(s)}$

③ $K_p = \lim_{s \to \infty} G(s)H(s)$

④ $K_p = \lim_{s \to \infty} \dfrac{G(s)}{H(s)}$

해설 시험용 시험에 따른 정상편차

구 분	입 력	정상편차	정상편차상수
정상 위치 편차	단위계단함수 $u(t)$	$e_{sp} = \dfrac{1}{1 + K_p}$	$K_p = \lim_{s \to 0} s^0 G$ (0형 제어계)
정상 속도 편차	단위램프함수 t	$e_{sv} = \dfrac{1}{K_v}$	$K_v = \lim_{s \to 0} s^1 G$ (1형 제어계)
정상 가속도 편차	단위포물선함수 $\dfrac{1}{2}t^2$	$e_{sa} = \dfrac{1}{K_a}$	$K_a = \lim_{s \to 0} s^2 G$ (2형 제어계)

여기서, 개루프 전달함수 $G = G(s)H(s)$

정답 **58** ④ **59** ④ **60** ② **61** ①

하 제어공학 제1장 자동제어의 개요

62 적분시간이 4[sec], 비례감도가 4인 비례적분동작을 하는 제어요소에 동작신호 $z(t) = 2t$를 주었을 때 이 제어요소의 조작량은? (단, 조작량의 초기값은 0이다.)

① $t^2 + 8t$ ② $t^2 + 2t$
③ $t^2 - 8t$ ④ $t^2 - 2t$

해설

비례적분제어(PI) 조작량

$$y(t) = K_p\left[z(t) + \frac{1}{T_I}\int z(t)dt\right]$$
$$= 4\left[2t + \frac{1}{4}\int 2t\, dt\right]$$
$$= 8t + t^2$$

하 제어공학 제7장 상태방정식

63 시간함수 $f(t) = \sin\omega t$의 z변환은? (단, T는 샘플링주기이다.)

① $\dfrac{z\sin\omega T}{z^2 + 2z\cos\omega T + 1}$

② $\dfrac{z\sin\omega T}{z^2 - 2z\cos\omega T + 1}$

③ $\dfrac{z\cos\omega T}{z^2 - 2z\sin\omega T + 1}$

④ $\dfrac{z\cos\omega T}{z^2 + 2z\sin\omega T + 1}$

상 제어공학 제2장 전달함수

64 다음과 같은 신호흐름선도에서 $\dfrac{C(s)}{R(s)}$의 값은?

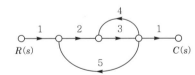

① $-\dfrac{1}{41}$ ② $-\dfrac{3}{41}$
③ $-\dfrac{6}{41}$ ④ $-\dfrac{8}{41}$

해설 종합 전달함수(메이슨 공식)

$$M(s) = \frac{C(s)}{R(s)} = \frac{\sum 전향경로이득}{1 - \sum 폐루프이득}$$
$$= \frac{2\times 3}{1 - (2\times 3\times 5 + 3\times 4)}$$
$$= -\frac{6}{41}$$

상 제어공학 제5장 안정도 판별법

65 Routh-Hurwitz 방법으로 특성방정식이 $s^4 + 2s^3 + s^2 + 4s + 2 = 0$인 시스템의 안정도를 판별하면?

① 안정   ② 불안정
③ 임계안정   ④ 조건부안정

해설

루쓰표 이용하여 판별하면 다음과 같다.

s^4	a_0	a_2	a_4		s^4	1	1	2
s^3	a_1	a_3	a_5		s^3	2	4	0
s^2	b_1	b_2	b_3	$\rightarrow$	s^2	-1	2	0
s^1	c_1	c_2	c_3		s^1	8	0	0
s^0	d_1	d_2	d_3		s^0	2	0	0

㉠ $b_1 = \dfrac{a_0 a_3 - a_1 a_2}{-a_1} = \dfrac{1\times 4 - 2\times 1}{-2} = -1$

㉡ $b_2 = \dfrac{a_0 a_5 - a_1 a_4}{-a_1} = \dfrac{1\times 0 - 2\times 2}{-2} = 2$

㉢ $c_1 = \dfrac{a_1 b_2 - b_1 a_3}{-b_1} = \dfrac{2\times 2 - (-1)\times 4}{1} = 8$

㉣ $c_2 = \dfrac{a_1 b_3 - b_1 a_5}{-b_1} = 0$

㉤ $d_1 = \dfrac{b_1 c_2 - c_1 b_2}{-c_1} = \dfrac{b_1\times 0 - c_1 b_2}{-c_1} = b_2 = 2$

∴ 수열 제1열(a_0, a_1, b_1, c_1, d_1)의 부하가 변했으므로 불안정상태가 되며, 불안정한 근은 2개가 된다.

상 제어공학 제7장 상태방정식

66 제어시스템의 상태방정식이 $\dfrac{dx(t)}{dt} = Ax(t) + Bu(t)$, $A = \begin{bmatrix} 0 & 1 \\ -3 & 4 \end{bmatrix}$, $B = \begin{bmatrix} 1 \\ 1 \end{bmatrix}$일 때, 특성방정식을 구하면?

① $s^2 - 4s - 3 = 0$ ② $s^2 - 4s + 3 = 0$
③ $s^2 + 4s + 3 = 0$ ④ $s^2 + 4s - 3 = 0$

해설

정답 62 ①   63 ②   64 ③   65 ②   66 ②

특성방정식 $F(s) = |sI - A| = 0$

$$\therefore F(s) = \begin{bmatrix} s & 0 \\ 0 & s \end{bmatrix} - \begin{bmatrix} 0 & 1 \\ -3 & 4 \end{bmatrix} = \begin{bmatrix} s & -1 \\ 3s & -4 \end{bmatrix}$$
$$= s(s-4) + 3 = s^2 - 4s + 3 = 0$$

상 제어공학 제5장 안정도 판별법

67 특성방정식의 모든 근이 s 평면(복소평면)의 $j\omega$ 축(허수축)에 있을 때 이 제어시스템의 안정도는?

① 알 수 없다.　　② 안정하다.
③ 불안정하다.　　④ 임계안정이다.

해설 s 평면과 z 평면의 안정도 판별

구 분	안 정	불안정	임계안정 (안정한계)
s 평면	좌반부	우반부	$j\omega$축
z 평면	단위 원 내부에 사상	단위 원 외부에 사상	단위 원주상으로 사상

상 제어공학 제2장 전달함수

68 다음 회로에서 입력전압 $v_1(t)$에 대한 출력전압 $v_2(t)$의 전달함수 $G(s)$는?

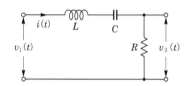

① $\dfrac{RCs}{LCs^2 + RCs + 1}$

② $\dfrac{RCs}{LCs^2 - RCs - 1}$

③ $\dfrac{Cs}{LCs^2 + RCs + 1}$

④ $\dfrac{Cs}{LCs^2 - RCs - 1}$

해설

$$G(s) = \frac{V_2(s)}{V_1(s)} = \frac{I(s)R}{I(s)\left(Ls + \dfrac{1}{Cs} + R\right)}$$
$$= \frac{RCs}{LCs^2 + RCs + 1}$$

상 제어공학 제8장 시퀀스회로의 이해

69 다음 논리식을 간단히 하면?

$$[(AB + A\overline{B}) + AB] + \overline{A}B$$

① $A + B$　　　　　② $\overline{A} + B$
③ $A + \overline{B}$　　　　　④ $A + A \cdot B$

해설

$[(AB + A\overline{B}) + AB] + \overline{A}B$
$= [A(B + \overline{B}) + AB] + \overline{A}B$
$= A + AB + \overline{A}B = A(1 + B) + B(A + \overline{A})$
$= A + B$

하 회로이론 제3장 다상 교류회로의 이해

70 선간전압이 V_{ab} [V] 인 3상 평형 전원에 대칭부하 R [Ω]이 그림과 같이 접속되어 있을 때, a, b 두 상 간에 접속된 전력계의 지시값이 W [W] 라면 c상 전류의 크기 [A]는?

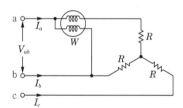

① $\dfrac{W}{3V_{ab}}$　　　　② $\dfrac{2W}{3V_{ab}}$

③ $\dfrac{2W}{\sqrt{3}\,V_{ab}}$　　　　④ $\dfrac{\sqrt{3}\,W}{V_{ab}}$

해설

㉠ 2전력계법에서 유효전력
　$P = W_1 + W_2 = \sqrt{3}\,V_{ab}I_a\cos\theta$ [W]

㉡ 평형 3상의 R만의 부하인 경우
　$W_1 = W_2 = W,\ \cos\theta = 1$

$\therefore$ 선전류 $I_a = \dfrac{W_1 + W_2}{\sqrt{3}\,V_{ab}\cos\theta} = \dfrac{2W}{\sqrt{3}\,V_{ab}}$ [A]

여기서, $I_a = I_b = I_c$

정답 67 ④　68 ①　69 ①　70 ③

중 회로이론 제10장 라플라스 변환

71 RC 직렬회로에 직류전압 V[V]가 인가되었을 때, 전류 $i(t)$에 대한 전압방정식(KVL)이 $V = Ri(t) + \dfrac{1}{C}\displaystyle\int i(t)\,dt$ [V] 이다. 전류 $i(t)$의 라플라스 변환인 $I(s)$는? (단, C에는 초기전하가 없다.)

① $I(s) = \dfrac{V}{R}\dfrac{1}{s - \dfrac{1}{RC}}$

② $I(s) = \dfrac{C}{R}\dfrac{1}{s + \dfrac{1}{RC}}$

③ $I(s) = \dfrac{V}{R}\dfrac{1}{s + \dfrac{1}{RC}}$

④ $I(s) = \dfrac{R}{C}\dfrac{1}{s - \dfrac{1}{RC}}$

해설

㉠ 전압방정식을 라플라스 변환하면 다음과 같다.
$$\frac{V}{s} = RI(s) + \frac{1}{Cs}I(s) = I(s)\left(R + \frac{1}{Cs}\right)$$

㉡ 전류 $I(s)$로 정리하면 다음과 같다.
$$I(s) = \frac{V}{s\left(R + \dfrac{1}{Cs}\right)} = \frac{V}{R}\frac{1}{s + \dfrac{1}{RC}}$$

상 회로이론 제2장 단상 교류회로의 이해

72 어떤 회로의 유효전력이 300[W], 무효전력이 400[Var]이다. 이 회로의 복소전력의 크기[VA]는?

① 350
② 500
③ 600
④ 700

해설

복소전력(피상전력)
$$S = 300 \pm j400 = \sqrt{300^2 + 400^2}\Big/\pm\tan^{-1}\frac{400}{300}$$
$$= 500\big/\pm 53.13°$$
∴ 복소전력의 크기 500[VA]

상 회로이론 제6장 회로망 해석

73 회로에서 20[Ω]의 저항이 소비하는 전력은 몇 [W]인가?

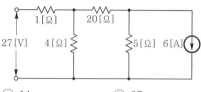

① 14
② 27
③ 40
④ 80

해설

㉠ 전압원과 전류원을 등가변환하면 다음과 같다.

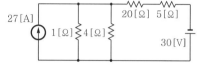

㉡ 1[Ω]과 4[Ω]을 합성하여 정리하면 다음과 같다.
$$\frac{1 \times 4}{1 + 4} = 0.8[\Omega]$$

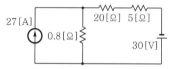

㉢ 27[A]를 전압원으로 등가변환하면 다음과 같다.

㉣ 회로에 흐르는 전류 : $I = \dfrac{21.6 + 30}{0.8 + 20 + 5} = 2[\text{A}]$

∴ 소비전력 $P = I^2 R = 2^2 \times 20 = 80[\text{W}]$

상 제어공학 제6장 근궤적법

74 어떤 제어시스템의 개루프 이득이 다음과 같을 때 이 시스템이 가지는 근궤적의 가지(branch)수는?

$$G(s)H(s) = \frac{K(s+2)}{s(s+1)(s+3)(s+4)}$$

① 1
② 3
③ 4
④ 5

해설

㉠ 근궤적의 가지수는 극점과 영점의 수 중 큰 것에 의해 결정된다. 또는 특성방정식의 차수에 의해 결정된다.

㉡ 영점의 수 : 1개, 극점의 수 : 4개

∴ 근궤적의 가지수 : 4개

중 회로이론 제5장 대칭좌표법

75 불평형 3상 전류가 다음과 같을 때 역상분 전류 I_2 [A]는?

$$I_a = 15 + j2 \,[\text{A}]$$
$$I_b = -20 - j14 \,[\text{A}]$$
$$I_c = -3 + j10 \,[\text{A}]$$

① $1.91 + j6.24$ ② $15.74 - j3.57$

③ $-2.67 - j0.67$ ④ $-8 - j2$

해설

$$I_2 = \frac{1}{3}(I_a + a^2 I_b + a I_c)$$
$$= \frac{1}{3}\left[(15 + j2) + \left(-\frac{1}{2} - j\frac{\sqrt{3}}{2}\right)(-20 - j14)\right.$$
$$\left. + \left(-\frac{1}{2} + j\frac{\sqrt{3}}{2}\right)(-3 + j10)\right]$$
$$= 1.91 + j6.24 \,[\text{A}]$$

상 회로이론 제3장 다상 교류회로의 이해

76 선간전압이 100[V]이고, 역률이 0.6인 평형 3상 부하에서 무효전력이 $Q = 10$[kVar]일 때, 선전류의 크기는 약 몇 [A]인가?

① 57.7 ② 72.2

③ 96.2 ④ 125

해설

㉠ 무효율 : $\sin\theta = \sqrt{1 - \cos^2\theta}$
$$= \sqrt{1 - 0.6^2}$$
$$= 0.8$$

㉡ 3상 무효전력 $Q = \sqrt{3}\,VI\sin\theta$

∴ 선전류 $I = \dfrac{Q}{\sqrt{3}\,V\sin\theta}$

$$= \frac{10 \times 10^3}{\sqrt{3} \times 100 \times 0.8}$$
$$= 72.2 \,[\text{A}]$$

상 회로이론 제7장 4단자망 회로해석

77 그림과 같은 T형 4단자 회로망에서 4단자 정수 A와 C는? $\left(\text{단}, Z_1 = \dfrac{1}{Y_1}, Z_2 = \dfrac{1}{Y_2}, Z_3 = \dfrac{1}{Y_3}\right)$

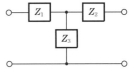

① $A = 1 + \dfrac{Y_3}{Y_1}, \quad C = Y_2$

② $A = 1 + \dfrac{Y_3}{Y_1}, \quad C = \dfrac{1}{Y_3}$

③ $A = 1 + \dfrac{Y_3}{Y_1}, \quad C = Y_3$

④ $A = 1 + \dfrac{Y_1}{Y_3}, \quad C = \left(1 + \dfrac{Y_1}{Y_3}\right)\dfrac{1}{Y_3} + \dfrac{1}{Y_2}$

해설

㉠ $A = 1 + \dfrac{Z_1}{Z_3} = 1 + \dfrac{Y_3}{Y_1}$

㉡ $C = \dfrac{1}{Z_3} = Y_3$

상 회로이론 제4장 비정현파 교류회로의 이해

78 $R = 4\,[\Omega]$, $\omega L = 3\,[\Omega]$의 직렬회로에 $e = 100\sqrt{2}\sin\omega t + 50\sqrt{2}\sin 3\omega t$를 인가할 때 이 회로의 소비전력은 약 몇 [W]인가?

① 1000 ② 1414

③ 1560 ④ 1703

해설

㉠ 기본파전류의 실효값
$$I_1 = \frac{E_1}{\sqrt{R^2 + (\omega L)^2}} = \frac{100}{\sqrt{4^2 + 3^2}} = 20$$

㉡ 제3고조파 전류의 실효값
$$I_3 = \frac{E_3}{\sqrt{R^2 + (3\omega L)^2}} = \frac{50}{\sqrt{4^2 + 9^2}} = 5.07$$

㉢ 전류의 실효값
$$I = \sqrt{{I_1}^2 + {I_3}^2} = \sqrt{20^2 + 5.07^2} = 20.63 \,[\text{A}]$$

∴ 소비전력 $P = I^2 R = 20.63^2 \times 4 ≒ 1703 \,[\text{W}]$

정답   75 ①   76 ②   77 ③   78 ④

<table><tr><td>① 7.28</td><td>② 7.56</td></tr><tr><td>③ 8.28</td><td>④ 8.56</td></tr></table>

해설 특고압 가공전선의 높이(KEC 333.7)

산지의 경우 160[kV] 이하는 5[m] 이상, 160[kV]를 초과하는 경우 10[kV]마다 단수를 적용하여 가산한다.
(345[kV] − 160[kV]) ÷ 10 = 18.5에서 절상하여 단수는 19로 한다.
전선 지표상 높이 = 5 + 0.12 × 19 = 7.28[m]

상 회로이론 제9장 과도현상

79 $t = 0$에서 스위치(S)를 닫았을 때 $t = 0^+$에서의 $i(t)$는 몇 [A]인가? (단, 커패시터에 초기 전하는 없다.)

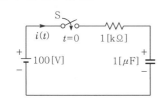

<table><tr><td>① 0.1</td><td>② 0.2</td></tr><tr><td>③ 0.4</td><td>④ 1.0</td></tr></table>

해설

충전전류 $i(t) = \dfrac{E}{R} e^{-\frac{1}{RC}t}$에서 $t = 0^+$

$\therefore\ i(0) = \dfrac{E}{R} e^0 = \dfrac{E}{R} = \dfrac{100}{1000} = 0.1[\text{A}]$

중 제4장 발전소, 변전소, 개폐소 및 기계기구 시설보호

82 변전소에서 오접속을 방지하기 위하여 특고압 전로의 보기 쉬운 곳에 반드시 표시해야 하는 것은?

① 상별 표시　　　② 위험표시
③ 최대전류　　　④ 정격전압

해설 특고압전로의 상 및 접속상태의 표시 (KEC 351.2)

㉠ 발전소 · 변전소 등의 특고압전로에는 그의 보기 쉬운 곳에 상별 표시
㉡ 발전소 · 변전소 등의 특고압전로에 대하여는 접속상태를 모의모선에 의해 사용 표시
㉢ 특고압 전선로의 회선수가 2 이하이고 또한 특고압의 모선이 단일모선인 경우 생략 가능

상 회로이론 제8장 분포정수회로

80 단위길이당 인덕턴스가 L[H/m]이고, 단위길이당 정전용량이 C[F/m]인 무손실선로에서의 진행파속도[m/s]는?

<table><tr><td>① $\sqrt{LC}$</td><td>② $\dfrac{1}{\sqrt{LC}}$</td></tr><tr><td>③ $\sqrt{\dfrac{C}{L}}$</td><td>④ $\sqrt{\dfrac{L}{C}}$</td></tr></table>

해설

전파속도 $v = \dfrac{1}{\sqrt{\varepsilon\mu}} = \dfrac{1}{\sqrt{LC}} = \dfrac{\omega}{\beta}$[m/s]

여기서, 위상정수 $\beta = \omega\sqrt{LC}$

하 제4장 발전소, 변전소, 개폐소 및 기계기구 시설보호

83 전력보안 가공통신선의 시설 높이에 대한 기준으로 옳은 것은?

① 철도의 궤도를 횡단하는 경우에는 레일면상 5[m] 이상
② 횡단보도교 위에 시설하는 경우에는 그 노면상 3[m] 이상
③ 도로(차도와 도로의 구별이 있는 도로는 차도) 위에 시설하는 경우에는 지표상 2[m] 이상
④ 교통에 지장을 줄 우려가 없도록 도로(차도와 도로의 구별이 있는 도로는 차도) 위에 시설하는 경우에는 지표상 2[m]까지로 감할 수 있다.

해설 전력보안통신선의 시설 높이와 이격거리 (KEC 362.2)

전력보안통신선의 지표상 높이는 다음과 같다.

제5과목 전기설비기술기준

※ 전기설비기술기준 과목 기출문제는 법규개정에 따라 문제를 수정 · 삭제하였으므로 이 점 착오없으시기 바랍니다.

중 제3장 전선로

81 345[kV] 송전선을 사람이 쉽게 들어가지 않는 산지에 시설할 때 전선의 지표상 높이는 몇 [m] 이상으로 하여야 하는가?

㉠ 도로 위에 시설하는 경우에는 지표상 5[m] 이상(교통에 지장이 없을 경우 4.5[m] 이상)
㉡ 철노의 궤도를 횡단하는 경우에는 레일면상 6.5[m] 이상
㉢ 횡단보도교 위에 시설하는 경우에는 그 노면상 3[m] 이상
㉣ 위의 사항에 해당하지 않는 일반적인 경우 3.5[m] 이상

중 | 제2장 저압설비 및 고압·특고압설비

84 가반형의 용접 전극을 사용하는 아크용접장치의 용접변압기의 1차측 전로의 대지전압은 몇 [V] 이하이어야 하는가?

① 60
② 150
③ 300
④ 400

해설 아크 용접기(KEC 241.10)

㉠ 용접변압기는 절연변압기일 것
㉡ 용접변압기의 1차측 전로의 대지전압은 300[V] 이하일 것
㉢ 용접변압기의 1차측 전로에는 용접변압기에 가까운 곳에 쉽게 개폐할 수 있는 개폐기를 시설할 것
㉣ 전선은 용접용 케이블을 사용할 것
㉤ 용접기 외함 및 피용접재 또는 이와 전기적으로 접속되는 받침대·정반 등의 금속체는 접지공사를 할 것

상 | 제2장 저압설비 및 고압·특고압설비

85 전기온상용 발열선은 그 온도가 몇 [℃]를 넘지 않도록 시설하여야 하는가?

① 50
② 60
③ 80
④ 100

해설 전기온상 등(KEC 241.5)

전기온상에 발열선은 그 온도가 80[℃]를 넘지 아니하도록 시설할 것

상 | 제3장 전선로

86 사용전압이 154[kV]인 가공전선로를 제1종 특고압 보안공사로 시설할 때 사용되는 경동연선의 단면적은 몇 [mm²] 이상이어야 하는가?

① 55
② 100
③ 150
④ 200

해설 특고압 보안공사(KEC 333.22)

제1종 특고압 보안공사는 다음에 따라 시설함

㉠ 100[kV] 미만 : 인장강도 21.67[kN] 이상, 55[mm²] 이상의 경동연선
㉡ 100[kV] 이상 300[kV] 미만 : 인장강도 58.84[kN] 이상, 150[mm²] 이상의 경동연선
㉢ 300[kV] 이상 : 인장강도 77.47[kN] 이상, 200[mm²] 이상의 경동연선

하 | 제4장 발전소, 변전소, 개폐소 및 기계기구 시설보호

87 고압용 기계기구를 시가지에 시설할 때 지표상 몇 [m] 이상의 높이에 시설하고, 또한 사람이 쉽게 접촉할 우려가 없도록 하여야 하는가?

① 4.0
② 4.5
③ 5.0
④ 5.5

해설 고압용 기계기구의 시설(KEC 341.8)

고압용 기계기구를 지표상 4.5[m]의 높이에 시설할 것(시가지 외에서는 4[m] 이상)

중 | 제1장 공통사항

88 발전기, 전동기, 조상기, 기타 회전기(회전변류기 제외)의 절연내력 시험전압은 어느 곳에 가하는가?

① 권선과 대지 사이
② 외함과 권선 사이
③ 외함과 대지 사이
④ 회전자와 고정자 사이

해설 회전기 및 정류기의 절연내력(KEC 133)

회전기의 절연내력시험을 살펴보면 다음과 같다.

종 류		시험전압	시험방법
회전기	발전기·전동기·조상기·기타 회전기(회전변류기를 제외한다)	최대사용전압 7[kV] 이하	최대사용전압의 1.5배의 전압(500[V] 미만으로 되는 경우에는 500[V])	권선과 대지 사이에 연속하여 10분간 가한다.
		최대사용전압 7[kV] 초과	최대사용전압의 1.25배의 전압(10.5[kV] 미만으로 되는 경우에는 10.5[kV])	
	회전변류기		직류측의 최대사용전압의 1배의 교류전압(500[V] 미만으로 되는 경우에는 500[V])	

정답 84 ③ 85 ③ 86 ③ 87 ② 88 ①

종류		시험전압	시험방법
정류기	최대사용전압 60[kV] 이하	직류측의 최대 사용전압의 1배의 교류전압(500[V] 미만으로 되는 경우에는 500[V])	충전부분과 외함 간에 연속하여 10분간 가한다.
	최대사용전압 60[kV] 초과	교류측의 최대사용전압의 1.1배의 교류전압 또는 직류측의 최대사용전압의 1.1배의 직류전압	교류측 및 직류 고전압측 단자와 대지 사이에 연속하여 10분간 가한다.

중 제3장 전선로

89 특고압 지중전선이 지중약전류전선 등과 접근하거나 교차하는 경우에 상호 간의 이격거리가 몇 [cm] 이하인 때에는 두 전선이 직접 접촉하지 아니하도록 하여야 하는가?

① 15 ② 20
③ 30 ④ 60

해설 지중전선과 지중약전류전선 등 또는 관과의 접근 또는 교차(KEC 334.6)

지중전선이 지중약전류전선 등과 접근하거나 교차하는 경우에 상호 간의 이격거리가 저압 또는 고압의 지중전선은 0.3[m] 이하, 특고압 지중전선은 0.6[m] 이하인 때에는 지중전선과 지중약전류전선 등 사이에 견고한 내화성의 격벽을 설치하는 경우 이외에는 지중전선을 견고한 불연성 또는 난연성의 관에 넣어 그 관이 지중약전류전선 등과 직접 접촉하지 아니하도록 시설할 것

상 제2장 저압설비 및 고압·특고압설비

90 고압 옥내배선의 공사방법으로 틀린 것은?

① 케이블공사
② 합성수지관공사
③ 케이블트레이공사
④ 애자사용공사(건조한 장소로서 전개된 장소에 한한다)

해설 고압 옥내배선 등의 시설(KEC 342.1)

㉠ 고압 옥내배선은 다음에 의하여 시설한다.
  • 애자사용배선(건조한 장소로서 전개된 장소에 한한다)
  • 케이블배선
  • 케이블트레이배선
㉡ 애자사용배선에 의한 고압 옥내배선은 다음에 의한다.
  • 전선은 공칭단면적 6[mm²] 이상의 연동선 또는 이와 동등 이상의 세기 및 굵기의 고압 절연전선이나 특고압 절연전선 또는 인하용 고압 절연전선일 것

• 전선의 지지점 간의 거리는 6[m] 이하일 것. 다만, 전선을 조영재의 면을 따라 붙이는 경우에는 2[m] 이하이어야 한다.
• 전선 상호 간의 간격은 0.08[m] 이상, 전선과 조영재 사이의 이격거리는 0.05[m] 이상일 것

상 제4장 발전소, 변전소, 개폐소 및 기계기구 시설보호

91 조상설비에 내부고장, 과전류 또는 과전압이 생긴 경우 자동적으로 차단되는 장치를 해야 하는 전력용 커패시터의 최소뱅크용량은 몇 [kVA]인가?

① 10000 ② 12000
③ 13000 ④ 15000

해설 조상설비의 보호장치(KEC 351.5)

조상설비에는 그 내부에 고장이 생긴 경우에 보호하는 장치를 시설하여야 한다.

설비 종별	뱅크용량의 구분	자동적으로 전로로부터 차단하는 장치
전력용 커패시터 및 분로리액터	500[kVA] 초과 15000[kVA] 미만	내부고장 및 과전류 발생 시 보호장치
	15000[kVA] 이상	내부고장 및 과전류·과전압 발생 시 보호장치
조상기	15000[kVA] 이상	내부고장 시 보호장치

하 제2장 저압설비 및 고압·특고압설비

92 사용전압이 440[V]인 이동기중기용 접촉전선을 애자사용공사에 의하여 옥내의 전개된 장소에 시설하는 경우 사용하는 전선으로 옳은 것은?

① 인장강도가 3.44[kN] 이상인 것 또는 지름 2.6[mm]의 경동선으로 단면적이 8[mm²] 이상인 것
② 인장강도가 3.44[kN] 이상인 것 또는 지름 3.2[mm]의 경동선으로 단면적이 18[mm²] 이상인 것
③ 인장강도가 11.2[kN] 이상인 것 또는 지름 6[mm]의 경동선으로 단면적이 28[mm²] 이상인 것
④ 인장강도가 11.2[kN] 이상인 것 또는 지름 8[mm]의 경동선으로 단면적이 18[mm²] 이상인 것

정답 89 ④ 90 ② 91 ④ 92 ③

해설 옥내에 시설하는 저압 접촉전선 배선
(KEC 232.81)

전선은 인장강도 11.2[kN] 이상의 것 또는 지름 6[mm]의 경동선으로 단면적이 28[mm²] 이상인 것일 것. 다만, 사용전압이 400[V] 이하인 경우에는 인장강도 3.44[kN] 이상의 것 또는 지름 3.2[mm] 이상의 경동선으로 단면적이 8[mm²] 이상인 것을 사용할 수 있다.

중 제3장 전선로

93 저압 가공전선으로 사용할 수 없는 것은?

① 케이블
② 절연전선
③ 다심형 전선
④ 나동복 강선

해설 저압 가공전선의 굵기 및 종류(KEC 222.5)

㉠ 저압 가공전선은 나전선(중성선 또는 다중접지된 접지측 전선으로 사용하는 전선), 절연전선, 다심형 전선 또는 케이블을 사용할 것
㉡ 사용전압이 400[V] 초과인 저압 가공전선에는 인입용 비닐절연전선을 사용하지 않을 것

상 제3장 전선로

94 가공전선로의 지지물에 시설하는 지선의 시설기준으로 틀린 것은?

① 지선의 안전율을 2.5 이상으로 할 것
② 소선은 최소 5가닥 이상의 강심 알루미늄연선을 사용할 것
③ 도로를 횡단하여 시설하는 지선의 높이는 지표상 5[m] 이상으로 할 것
④ 지중부분 및 지표상 30[cm]까지의 부분에는 내식성이 있는 것을 사용할 것

해설 지선의 시설(KEC 331.11)

㉠ 지선의 안전율 : 2.5 이상
㉡ 허용인장하중 : 4.31[kN] 이상
㉢ 소선(素線) 3가닥 이상의 연선일 것
㉣ 소선은 지름 2.6[mm] 이상의 금속선을 사용한 것일 것 또는 소선의 지름이 2[mm] 이상인 아연도강연선으로서, 소선의 인장강도가 0.68[kN/mm²] 이상인 것
㉤ 지중부분 및 지표상 30[cm]까지의 부분에는 내식성이 있는 아연도금철봉을 사용
㉥ 도로를 횡단 시 지선의 높이는 지표상 5[m] 이상
㉦ 지선애자를 사용하여 감전사고방지
㉧ 철탑은 지선을 사용하여 강도의 일부를 분담금지

상 제3장 전선로

95 특고압 가공전선로 중 지지물로서 직선형의 철탑을 연속하여 10기 이상 사용하는 부분에는 몇 기 이하마다 내장애자장치가 되어 있는 철탑 또는 이와 동등 이상의 강도를 가지는 철탑 1기를 시설하여야 하는가?

① 3
② 5
③ 7
④ 10

해설 특고압 가공전선로의 내장형 등의 지지물 시설
(KEC 333.16)

특고압 가공전선로 중 지지물로서 직선형의 철탑을 연속하여 10기 이상 사용하는 부분에는 10기 이하마다 장력에 견디는 애자장치가 되어 있는 철탑 또는 이와 동등 이상의 강도를 가지는 철탑 1기를 시설하여야 한다.

상 제1장 공통사항

96 접지공사에 사용하는 접지선을 사람이 접촉할 우려가 있는 곳에 시설하는 경우, 「전기용품 및 생활용품 안전관리법」을 적용받는 합성수지관(두께 2[mm] 미만의 합성수지제 전선관 및 난연성이 없는 콤바인덕트관을 제외한다)으로 덮어야 하는 범위로 옳은 것은?

① 접지선의 지하 30[cm]로부터 지표상 1[m]까지의 부분
② 접지선의 지하 50[cm]로부터 지표상 1.2[m]까지의 부분
③ 접지선의 지하 60[cm]로부터 지표상 1.8[m]까지의 부분
④ 접지선의 지하 75[cm]로부터 지표상 2[m]까지의 부분

해설 접지도체(KEC 142.3.1)

접지도체는 지하 0.75[m]부터 지표상 2[m]까지 부분은 합성수지관 또는 몰드로 덮어야 한다(두께 2[mm] 미만의 합성수지제 전선관 및 가연성 콤바인덕트관은 제외).

정답 93 ④ 94 ② 95 ④ 96 ④

상 제3장 전선로

97 사용전압이 400[V] 이하인 저압 가공전선은 케이블인 경우를 제외하고는 지름이 몇 [mm] 이상이어야 하는가? (단, 절연전선은 제외한다.)

① 3.2   ② 3.6

③ 4.0   ④ 5.0

해설 저압 가공전선의 굵기 및 종류(KEC 222.5)

㉠ 저압 가공전선은 나전선(중성선 또는 다중접지된 접지측 전선으로 사용하는 전선), 절연전선, 다심형 전선 또는 케이블을 사용할 것

㉡ 사용전압이 400[V] 이하인 저압 가공전선
  • 지름 3.2[mm] 이상(인장강도 3.43[kN] 이상)
  • 절연전선인 경우는 지름 2.6[mm] 이상(인장강도 2.3[kN] 이상)

㉢ 사용전압이 400[V] 초과인 저압 가공전선
  • 시가지 : 지름 5[mm] 이상(인장강도 8.01[kN] 이상)
  • 시가지 외 : 지름 4[mm] 이상(인장강도 5.26[kN] 이상)

㉣ 사용전압이 400[V] 초과인 저압 가공전선에는 인입용 비닐절연전선을 사용하지 않을 것

정답   97 ①

제1과목 **전기자기학**

상 제8장 전류의 자기현상

01 환상솔레노이드 철심 내부에서 자계의 세기[AT/m]는? (단, N은 코일권선수, r은 환상철심의 평균 반지름, I는 코일에 흐르는 전류이다.)

① NI

② $\dfrac{NI}{2\pi r}$

③ $\dfrac{NI}{2r}$

④ $\dfrac{NI}{4\pi r}$

해설

환상솔레노이드 내 자계의 세기

$H = \dfrac{NI}{2\pi r}$[AT/m]

상 제8장 전류의 자기현상

02 전류 I가 흐르는 무한직선도체가 있다. 이 도체로부터 수직으로 0.1[m] 떨어진 점에서 자계의 세기가 180[AT/m]이다. 도체로부터 수직으로 0.3[m] 떨어진 점에서 자계의 세기[AT/m]는?

① 20

② 60

③ 180

④ 540

해설

㉠ 무한직선도체에 의한 자계의 세기

$H = \dfrac{I}{2\pi r}$[AT/m](거리 r에 반비례)

㉡ 0.1[m] 점에서 자계의 세기가 180[AT/m]이었다면 0.3[m] 점에서 자계의 세기는 3배만큼 줄어들게 된다.

$\therefore\ H_2 = \dfrac{H_1}{3} = \dfrac{180}{3} = 60$[AT/m]

여기서, H_1 : 0.1[m] 점에서 자계의 세기

H_2 : 0.3[m] 점에서 자계의 세기

상 제9장 자성체와 자기회로

03 길이가 l[m], 단면적의 반지름이 a[m]인 원통이 길이방향으로 균일하게 자화되어 자화의 세기가 J[Wb/m²]인 경우, 원통 양 단에서의 자극의 세기 m[Wb]은?

① alJ

② $2\pi alJ$

③ $\pi a^2 J$

④ $\dfrac{J}{\pi a^2}$

해설

자화의 세기 정의 식 $J = \dfrac{m}{S} = \dfrac{M}{V}$[Wb/m²]에서 자극의 세기 m은 $m = S \times J = \pi a^2 J$[Wb]이다.

여기서, S : 자성체의 단면적[m²]

V : 자성체의 체적[m³]

M : 자기 쌍극자 모멘트[Wb·m]

상 제8장 전류의 자기현상

04 임의의 형상의 도선에 전류 I[A]가 흐를 때, 거리 r[m]만큼 떨어진 점에서의 자계의 세기 H[AT/m]를 구하는 비오-사바르의 법칙에서 자계의 세기 H[AT/m]와 거리 r[m]의 관계로 옳은 것은?

① r에 반비례

② r에 비례

③ r^2에 반비례

④ r^2에 비례

해설

비오-사바르의 법칙에 의한 자계의 세기

$H = \dfrac{Il\sin\theta}{4\pi r^2}$[AT/m]

상 제12장 전자계

05 진공 중에서 전자파의 전파속도[m/s]는?

① $C_0 = \dfrac{1}{\sqrt{\varepsilon_0 \mu_0}}$

② $C_0 = \sqrt{\varepsilon_0 \mu_0}$

③ $C_0 = \dfrac{1}{\sqrt{\varepsilon_0}}$

④ $C_0 = \dfrac{1}{\sqrt{\mu_0}}$

정답 01 ② 02 ② 03 ③ 04 ③ 05 ①

해설

진공 중에서 전자파의 전파속도

$$v = \frac{1}{\sqrt{\varepsilon_0 \mu_0}} = 3 \times 10^8 = C_0 [\text{m/s}]$$

여기서, C_0 : 빛의 속도상수

상 제9장 자성체와 자기회로

06 영구자석 재료로 사용하기에 적합한 특성은?

① 잔류자기와 보자력이 모두 큰 것이 적합하다.

② 잔류자기는 크고 보자력은 작은 것이 적합하다.

③ 잔류자기는 작고 보자력은 큰 것이 적합하다.

④ 잔류자기와 보자력이 모두 작은 것이 적합하다.

해설 히스테리시스 곡선의 종류

㉠ 영구자석 : 잔류자기와 보자력이 모두 크다.

㉡ 전자석 : 잔류자기는 크고, 보자력은 작다.

상 제12장 전자계

07 변위전류와 관계가 가장 깊은 것은?

① 도체   ② 반도체

③ 자성체   ④ 유전체

해설

변위전류는 유전체 내 유극분자의 이동에 의해 흐르는 전류이다.

상 제10장 전자유도법칙

08 자속밀도가 10[Wb/m²]인 자계 내에 길이 4[cm]의 도체를 자계와 직각으로 놓고 이 도체를 0.4초 동안 1[m]씩 균일하게 이동하였을 때 발생하는 기전력은 몇 [V]인가?

① 1   ② 2

③ 3   ④ 4

해설

플레밍 오른손법칙에 의한 유도기전력

$$e = vBl \sin\theta = \frac{1}{0.4} \times 10 \times 0.04 \times \sin 90° = 1[\text{V}]$$

상 제4장 유전체

09 내부 원통의 반지름이 a, 외부 원통의 반지름이 b인 동축 원통콘덴서의 내외 원통 사이에 공기를 넣었을 때 정전용량이 C_1이었다. 내외 반지름을 모두 3배로 증가시키고 공기 대신 비유전율이 3인 유전체를 넣었을 경우의 정전용량 C_2는?

① $C_2 = \dfrac{C_1}{9}$ ② $C_2 = \dfrac{C_1}{3}$

③ $C_2 = 3C_1$ ④ $C_2 = 9C_1$

해설

동축 원통 공기콘덴서의 정전용량 $C_1 = \dfrac{2\pi\varepsilon_0}{\ln\dfrac{b}{a}}$[F/m]

일 때 유전체콘덴서의 정전용량은 다음과 같다.

$$C_2 = \frac{2\pi\varepsilon_0\varepsilon_r}{\ln\dfrac{b'}{a'}} = \frac{2\pi\varepsilon_0\varepsilon_r}{\ln\dfrac{3b}{3a}} = \varepsilon_r C_1 = 3C_1$$

상 제2장 진공 중의 정전계

10 다음 정전계에 관한 식 중에서 틀린 것은? (단, D는 전속밀도, V는 전위, ρ는 공간(체적)전하밀도, ε은 유전율이다.)

① 가우스의 정리 : $\text{div} D = \rho$

② 푸아송의 방정식 : $\nabla^2 V = \dfrac{\rho}{\varepsilon}$

③ 라플라스의 방정식 : $\nabla^2 V = 0$

④ 발산의 정리 : $\oint_s D \cdot ds = \int_v \text{div} D dv$

해설

푸아송의 방정식 $\nabla^2 V = -\dfrac{\rho}{\varepsilon}$

하 제2장 진공 중의 정전계

11 질량(m)이 10^{-10}[kg]이고, 전하량(Q)이 10^{-8}[C]인 전하가 전기장에 의해 가속되어 운동하고 있다. 가속도가 $a = 10^2 i + 10^2 j$[m/s²]일 때 전기장의 세기 E[V/m]는?

① $E = 10^4 i + 10^5 j$ ② $E = i + 10j$

③ $E = i + j$ ④ $E = 10^{-6} i + 10^{-4} j$

정답 06 ① 07 ④ 08 ① 09 ③ 10 ② 11 ③

🔎 해설

㉠ 전하에 작용하는 힘

$$F = ma = 10^{-10}(10^2 i + 10^2 j)$$
$$= 10^{-8}(i+j)[\text{N}]$$

㉡ 전계의 세기(=전기장의 세기)

$$E = \frac{F}{Q} = \frac{10^{-8}(i+j)}{10^{-8}} = i + j[\text{V/m}]$$

상 제4장 유전체

12 유전율이 ε_1, ε_2인 유전체 경계면에 수직으로 전계가 작용할 때 단위면적당 수직으로 작용하는 힘[N/m²]은? (단, E는 전계 [V/m]이고, D는 전속밀도[C/m²]이다.)

① $2\left(\dfrac{1}{\varepsilon_2} - \dfrac{1}{\varepsilon_1}\right)E^2$ ② $2\left(\dfrac{1}{\varepsilon_2} - \dfrac{1}{\varepsilon_1}\right)D^2$

③ $\dfrac{1}{2}\left(\dfrac{1}{\varepsilon_2} - \dfrac{1}{\varepsilon_1}\right)E^2$ ④ $\dfrac{1}{2}\left(\dfrac{1}{\varepsilon_2} - \dfrac{1}{\varepsilon_1}\right)D^2$

🔎 해설

㉠ 단위면적당 작용하는 힘

$$f = \frac{1}{2}\varepsilon E^2 = \frac{1}{2}DE = \frac{D^2}{2\varepsilon}[\text{N/m}^2]$$

㉡ 전계가 유전체 경계면에 수직 입사 시 전속밀도는 연속적$(D_1 = D_2 = D)$이다.

㉢ 만약, $\varepsilon_1 > \varepsilon_2$이면 $\dfrac{1}{\varepsilon_1} < \dfrac{1}{\varepsilon_2}$이므로 f_2가 f_1보다 크므로 경계면에 작용하는 힘(단위면적당 수직으로 작용하는 힘)은 다음과 같다.

$$f = f_2 - f_1 = \frac{1}{2}\left(\frac{1}{\varepsilon_2} - \frac{1}{\varepsilon_1}\right)D^2[\text{N/m}^2]$$

상 제8장 전류의 자기현상

13 진공 중에서 2[m] 떨어진 두 개의 무한평행 도선에 단위길이당 10^{-7}[N]의 반발력이 작용할 때 각 도선에 흐르는 전류의 크기와 방향은? (단, 각 도선에 흐르는 전류의 크기는 같다.)

① 각 도선에 2[A]가 반대방향으로 흐른다.
② 각 도선에 2[A]가 같은 방향으로 흐른다.
③ 각 도선에 1[A]가 반대방향으로 흐른다.
④ 각 도선에 1[A]가 같은 방향으로 흐른다.

🔎 해설

㉠ 평행도선 사이에 작용하는 힘(전자력)
- 전류가 동일 방향인 경우 : 흡인력
- 전류가 반대방향인 경우 : 반발력

㉡ 두 도체 사이의 작용하는 힘(전자력)

$$f = \frac{2I_1 I_2}{d} \times 10^{-7} = \frac{2I^2}{d} \times 10^{-7}[\text{N/m}]$$

㉢ 각 도선에 흐르는 전류의 크기

$$\text{전류 } I = \sqrt{\frac{f \times d}{2 \times 10^{-7}}}$$
$$= \sqrt{\frac{10^{-7} \times 2}{2 \times 10^{-7}}} = 1[\text{A}]$$

하 제12장 전자계

14 자기인덕턴스(self inductance) L[H]을 나타낸 식은? (단, N은 권선수, I는 전류[A], ϕ는 자속[Wb], B는 자속밀도[Wb/m²], H는 자계의 세기[AT/m], A는 벡터 퍼텐셜 [Wb/m], J는 전류밀도[A/m²]이다.)

① $L = \dfrac{N\phi}{I^2}$

② $L = \dfrac{1}{2I^2}\displaystyle\int B \cdot H dv$

③ $L = \dfrac{1}{I^2}\displaystyle\int A \cdot J dv$

④ $L = \dfrac{1}{I}\displaystyle\int B \cdot H dv$

🔎 해설

㉠ 자기인덕턴스 $L = \dfrac{N}{I}\phi$[H]

㉡ $N = 1$, $\phi = \displaystyle\int B ds$를 대입하면 다음과 같다.

$$L = \frac{1}{I}\int_s B ds = \frac{1}{I}\int_s \text{rot} A ds$$
$$= \frac{1}{I}\oint_c A dl = \frac{1}{I^2}\oint_c A I dl$$
$$= \frac{1}{I^2}\int_l \int_s A\, i ds dl = \frac{1}{I^2}\int_v A i dv$$

㉢ 코일에 축적되는 에너지

$$W = \frac{1}{2}LI^2 = \frac{1}{2}\int_v BH dv[\text{J}]에서$$
$$L = \frac{1}{I^2}\int_v BH dv$$

정답 12 ④ 13 ③ 14 ③

상 제4장 유전체

15 반지름이 a[m], b[m]인 두 개의 구형상 도체전극이 도전율 k인 매질 속에 거리 r[m]만큼 떨어져 있다. 양 전극 간의 저항[Ω]은? (단, $r \gg a$, $r \gg b$이다.)

① $4\pi k\left(\dfrac{1}{a} + \dfrac{1}{b}\right)$　　② $4\pi k\left(\dfrac{1}{a} - \dfrac{1}{b}\right)$

③ $\dfrac{1}{4\pi k}\left(\dfrac{1}{a} + \dfrac{1}{b}\right)$　　④ $\dfrac{1}{4\pi k}\left(\dfrac{1}{a} - \dfrac{1}{b}\right)$

✏ 해설

㉠ 전위차 : $V = \dfrac{Q}{4\pi\varepsilon}\left(\dfrac{1}{a} + \dfrac{1}{b}\right)$[V]

㉡ 정전용량 : $C = \dfrac{Q}{V} = \dfrac{4\pi\varepsilon}{\dfrac{1}{a} + \dfrac{1}{b}}$[F]

∴ 전기저항(양 전극 간의 저항)

$R = \dfrac{\varepsilon\rho}{C} = \dfrac{\varepsilon}{kC} = \dfrac{1}{4\pi k}\left(\dfrac{1}{a} + \dfrac{1}{b}\right)$[Ω]

상 제2장 진공 중의 정전계

16 정전계 내 도체 표면에서 전계의 세기가 $E = \dfrac{a_x - 2a_y + 2a_z}{\varepsilon_0}$[V/m]일 때 도체 표면상의 전하밀도 ρ_s[C/m²]를 구하면? (단, 자유공간이다.)

① 1　　　　　　② 2

③ 3　　　　　　④ 5

✏ 해설

전하밀도 $\rho_s = \varepsilon_0|E| = \sqrt{1^2 + (-2)^2 + 2^2} = 3$[C/m²]

상 제6장 전류

17 저항의 크기가 1[Ω]인 전선이 있다. 전선의 체적을 동일하게 유지하면서 길이를 2배로 늘였을 때 전선의 저항[Ω]은?

① 0.5　　　　　② 1

③ 2　　　　　　④ 4

✏ 해설

㉠ 체적 $v = S \times l$에서 체적을 동일하게 하면서 길이를 2배 늘리면 단면적 S가 2배 감소한다.

㉡ 저항 $R = \rho\dfrac{l}{S}$에서 전선의 길이가 2배, 단면적이 $\dfrac{1}{2}$배가 되면 저항은 4배 증가한다.

상 제9장 자성체와 자기회로

18 반지름이 3[cm]인 원형 단면을 가지고 있는 환상 연철심에 코일을 감고 여기에 전류를 흘려서 철심 중의 자계세기가 400[AT/m]가 되도록 여자할 때, 철심 중의 자속밀도는 약 몇 [Wb/m²]인가? (단, 철심의 비투자율은 400이라고 한다.)

① 0.2　　　　　② 0.8

③ 1.6　　　　　④ 2.0

✏ 해설

자속밀도 $B = \mu H = \mu_0\mu_s H$

$\qquad = 4\pi \times 10^{-7} \times 400 \times 400$

$\qquad = 0.2$[Wb/m²]

상 제9장 자성체와 자기회로

19 자기회로와 전기회로에 대한 설명으로 틀린 것은?

① 자기저항의 역수를 컨덕턴스라 한다.

② 자기회로의 투자율은 전기회로의 도전율에 대응된다.

③ 전기회로의 전류는 자기회로의 자속에 대응된다.

④ 자기저항의 단위는 [AT/Wb]이다.

✏ 해설

전기저항의 역수를 컨덕턴스라 하고, 자기저항의 역수를 퍼미언스라 한다.

상 제2장 진공 중의 정전계

20 서로 같은 2개의 구 도체에 동일 양의 전하로 대전시킨 후 20[cm] 떨어뜨린 결과 구 도체에 서로 8.6×10^{-4}[N]의 반발력이 작용하였다. 구 도체에 주어진 전하는 약 몇 [C]인가?

① 5.2×10^{-8}

② 6.2×10^{-8}

③ 7.2×10^{-8}

④ 8.2×10^{-8}

정답 15 ③　16 ③　17 ④　18 ①　19 ①　20 ②

해설

두 전하 사이의 작용력 $F = 9 \times 10^9 \times \dfrac{Q^2}{r^2}$ 에서

$\therefore$ 전하의 크기 $Q = \sqrt{\dfrac{Fr^2}{9 \times 10^9}}$

$= \sqrt{\dfrac{8.6 \times 10^{-4} \times 0.2^2}{9 \times 10^9}}$

$= 6.18 \times 10^{-8}$

$\fallingdotseq 6.2 \times 10^{-8}$[C]

제2과목 전력공학

중 제4장 송전 특성 및 조상설비

21 전력원선도에서 구할 수 없는 것은?

① 송·수전할 수 있는 최대 전력
② 필요한 전력을 보내기 위한 송·수전단 전압 간의 상차각
③ 선로손실과 송전효율
④ 과도극한전력

해설 전력원선도

㉠ 전력원선도에서 알 수 있는 사항
- 필요한 전력을 보내기 위한 송·수전단 전압 간의 위상차(상차각)
- 송·수전할 수 있는 최대 전력
- 조상설비의 종류 및 조상용량
- 개선된 수전단 역률
- 송전효율 및 선로손실
㉡ 전력원선도에서 구할 수 없는 것
- 과도극한전력
- 코로나손실

상 제9장 배전방식

22 다음 중 그 값이 항상 1 이상인 것은?

① 부등률
② 부하율
③ 수용률
④ 전압강하율

해설

부등률
$= \dfrac{\text{각 부하의 최대 수용전력의 합}}{\text{각 부하를 종합했을 때의 최대 수용전력}} \geq 1$
최대 전력발생 시각 또는 시기의 분산을 나타내는 지표가 부등률이며 일반적으로 이 값은 1보다 크다.

하 제10장 배전선로 계산

23 송전전력, 송전거리, 전선로의 전력손실이 일정하고, 같은 재료의 전선을 사용한 경우 단상 2선식에 대한 3상 4선식의 1선당 전력비는 약 얼마인가? (단, 중성선은 외선과 같은 굵기이다.)

① 0.7
② 0.87
③ 0.94
④ 1.15

해설 전압 및 전류가 일정한 경우 1선당 전력비

㉠ 단상 2선식 1선당 공급전력 : $\dfrac{1}{2} VI$

㉡ 3상 4선식 1선당 공급전력 : $\dfrac{\sqrt{3}}{4} VI$

$\therefore$ 전선 1선당 전력비 $= \dfrac{\text{3상 4선식}}{\text{단상 2선식}}$

$= \dfrac{\dfrac{\sqrt{3}}{4} VI}{\dfrac{1}{2} VI}$

$= \dfrac{2\sqrt{3}}{4} = 0.866 \fallingdotseq 0.87$

상 제8장 송전선로 보호방식

24 3상용 차단기의 정격차단용량은?

① $\sqrt{3} \times$정격전압$\times$정격차단전류
② $\sqrt{3} \times$정격전압$\times$정격전류
③ $3 \times$정격전압$\times$정격차단전류
④ $3 \times$정격전압$\times$정격전류

해설

3상용 차단기의 정격차단용량
$P_s = \sqrt{3} V_n I_s \times 10^{-6}$[MVA]
여기서, V_n : 회복전압(정격전압)[V]
I_s : 정격차단전류[A]
$\sqrt{3}$: 상계수

중 제8장 송전선로 보호방식

25 개폐서지의 이상전압을 감쇄할 목적으로 설치하는 것은?

① 단로기
② 차단기
③ 리액터
④ 개폐저항기

정답 21 ④ 22 ① 23 ② 24 ① 25 ④

해설

초고압용 차단기는 개폐 시 전류절단현상이 나타나서 높은 이상전압이 발생하므로 개폐 시 이상전압을 억제하기 위해 개폐저항기를 사용한다.

상 **제10장 배전선로 계산**

26 부하의 역률을 개선할 경우 배전선로에 대한 설명으로 틀린 것은? (단, 다른 조건은 동일하다.)

① 설비용량의 여유 증가
② 전압강하의 감소
③ 선로전류의 증가
④ 전력손실의 감소

해설 역률개선의 효과

㉠ 변압기 및 배전선로의 손실 경감
㉡ 전압강하 감소
㉢ 설비 이용률 향상
㉣ 전력요금 경감
㉤ 부하전류(선로전류) $I_n = \dfrac{P}{V_n \cos\theta}$ 에서 역률이 개선되면 부하전류(선로전류)는 감소한다.

하 **제11장 발전**

27 수력발전소의 형식을 취수방법, 운용방법에 따라 분류할 수 있다. 다음 중 취수방법에 따른 분류가 아닌 것은?

① 댐식
② 수로식
③ 조정지식
④ 유역변경식

해설 수력발전소의 분류

㉠ 낙차를 얻는 방법으로 분류
  • 수로식 발전
  • 댐식 발전
  • 댐수로식 발전
  • 유역변경식 발전
㉡ 유량을 사용하는 방법으로 분류
  • 유입식 발전
  • 조정지식 발전
  • 저수지식 발전
  • 양수식 발전
  • 조력발전

상 **제5장 고장 계산 및 안정도**

28 한류리액터를 사용하는 가장 큰 목적은?

① 충전전류의 제한
② 접지전류의 제한
③ 누설전류의 제한
④ 단락전류의 제한

해설 한류리액터

한류리액터는 선로에 직렬로 설치한 리액터로 단락사고 시 발전기에 전기자반작용이 일어나기 전 커다란 돌발 단락전류가 흐르므로 이를 제한하기 위해 설치하는 리액터이다.

하 **제5장 고장 계산 및 안정도**

29 66/22[kV], 2000[kVA] 단상 변압기 3대를 1뱅크로 운전하는 변전소로부터 전력을 공급받는 어떤 수전점에서의 3상 단락전류는 약 몇 [A]인가? (단, 변압기의 %리액턴스는 7이고 선로의 임피던스는 0이다.)

① 750
② 1570
③ 1900
④ 2250

해설

단상 변압기 2000[kVA]를 3대 1뱅크로 운전 시
3상 변압기용량 $P_n = 2000 \times 3 = 6000$[kVA]

정격전류 $I_n = \dfrac{P_n}{\sqrt{3}\,V_n} = \dfrac{6000}{\sqrt{3} \times 22} = 157.46$[A]

합성 %X=변압기 %리액턴스=7[%]
선로임피던스는 0이므로 무시한다.

∴ 3상 단락전류 $I_s = \dfrac{100}{\%X} \times I_n$

$= \dfrac{100}{7} \times 157.46$

$= 2249.41 ≒ 2250$[A]

중 **제3장 선로정수 및 코로나현상**

30 반지름 0.6[cm]인 경동선을 사용하는 3상 1회선 송전선에서 선간거리를 2[m]로 정삼각형 배치할 경우, 각 선의 인덕턴스[mH/km]는 약 얼마인가?

① 0.81
② 1.21
③ 1.51
④ 1.81

정답 26 ③ 27 ③ 28 ④ 29 ④ 30 ②

해설

㉠ 전선의 정삼각형 배치 시 등가선간거리

$$D_n = \sqrt[3]{D \cdot D \cdot D}$$
$$= \sqrt[3]{2 \cdot 2 \cdot 2} = \sqrt[3]{2^3} = 2[\text{m}]$$

㉡ 작용인덕턴스

$$L = 0.05 + 0.4605\log_{10}\frac{D}{r}[\text{mH/km}]$$

$$L = 0.05 + 0.4605\log_{10}\frac{200}{0.6} = 1.21[\text{mH/km}]$$

등가선간거리와 전선의 반지름을 [cm]로 변환하여 단위를 같게 하여 계산한다.

하 | 제7장 이상전압 및 유도장해

31 파동임피던스 $Z_1 = 500[\Omega]$인 선로에 파동임피던스 $Z_2 = 1500[\Omega]$인 변압기가 접속되어 있다. 선로로부터 600[kV]의 전압파가 들어왔을 때, 접속점에서의 투과파 전압[kV]은?

① 300
② 600
③ 900
④ 1200

해설

㉠ 반사계수 : $\lambda = \dfrac{Z_2 - Z_1}{Z_1 + Z_2}$

㉡ 투과계수 : $\nu = \dfrac{2Z_2}{Z_1 + Z_2}$

∴ 투과파전압 $E = \dfrac{2Z_2}{Z_1 + Z_2}e_1$

$$= \frac{2 \times 1500}{500 + 1500} \times 600 = 900[\text{kV}]$$

하 | 제11장 발전

32 원자력발전소에서 비등수형 원자로에 대한 설명으로 틀린 것은?

① 연료로 농축우라늄을 사용한다.
② 냉각재로 경수를 사용한다.
③ 물을 원자로 내에서 직접 비등시킨다.
④ 가압수형 원자로에 비해 노심의 출력밀도가 높다.

해설

비등수형(BWR)의 경우 원자로 내에서 바로 증기를 발생시켜 직접 터빈에 공급하는 방식이므로 열교환기가 필요 없다.

│ 원자력발전의 종류에 따른 구성 │

원자로의 종류		연 료	감속재	냉각재
경수로	비등수형 (BWR)	농축우라늄	경수	경수
	가압수형 (PWR)			

상 | 제5장 고장 계산 및 안정도

33 송·배전선로의 고장전류 계산에서 영상임피던스가 필요한 경우는?

① 3상 단락 계산
② 선간단락 계산
③ 1선 지락 계산
④ 3선 단선 계산

해설 선로의 고장 시 대칭좌표법으로 해석할 경우 필요한 사항

㉠ 1선 지락 : 영상임피던스, 정상임피던스, 역상임피던스
㉡ 선간단락 : 정상임피던스, 역상임피던스
㉢ 3선 단락 : 정상임피던스

중 | 제11장 발전

34 증기사이클에 대한 설명 중 틀린 것은?

① 랭킨사이클의 열효율은 초기 온도 및 초기 압력이 높을수록 효율이 크다.
② 재열사이클은 저압터빈에서 증기가 포화상태에 가까워졌을 때 증기를 다시 가열하여 고압터빈으로 보낸다.
③ 재생사이클은 증기원동기 내에서 증기의 팽창 도중에서 증기를 추출하여 급수를 예열한다.
④ 재열재생사이클은 재생사이클과 재열사이클을 조합하여 병용하는 방식이다.

해설 재열사이클

고압터빈에서 임의의 온도까지 팽창한 증기를 추출하여 보일러로 되돌려 보내서 재열기로 적당한 온도까지 재가열시켜 다시 저압터빈으로 보내는 방식이다.

상 | 제7장 이상전압 및 유도장해

35 다음 중 송전선로의 역섬락을 방지하기 위한 대책으로 가장 알맞은 방법은?

① 가공지선 설치
② 피뢰기 설치
③ 매설지선 설치
④ 소호각 설치

정답 31 ③ 32 ④ 33 ③ 34 ② 35 ③

해설

매설지선은 철탑의 탑각 접지저항을 작게 하기 위한 지선으로 역섬락을 방지하기 위해 사용한다.

중 제8장 송전선로 보호방식

36 전원이 양단에 있는 환상선로의 단락보호에 사용되는 계전기는?

① 방향거리계전기
② 부족전압계전기
③ 선택접지계전기
④ 부족전류계전기

해설

㉠ 방향단락계전방식 : 선로에 전원이 일단에 있는 경우
㉡ 방향거리계전방식 : 선로에 전원이 두 군데 이상 있는 경우

하 제1장 전력계통

37 전력계통을 연계시켜서 얻는 이득이 아닌 것은?

① 배후전력이 커져서 단락용량이 작아진다.
② 부하증가 시 종합첨두부하가 저감된다.
③ 공급예비력이 절감된다.
④ 공급신뢰도가 향상된다.

해설

연계(interconneting system)란 다단자전원망을 병렬화하는 것으로 다음과 같은 장단점이 있어 모든 계통을 연계시키고 있다.
㉠ 장점
 • 각 전력계통이 유무 상통하여 전력의 신뢰도를 증가시킬 수 있으며 첨두부하를 교환하여 부하율을 향상시킨다.
 • 부하증가에 대해 배후전력이 커져서 전압, 주파수 변화가 적고 전력의 질이 좋아진다.
 • 경제급전이 가능해져서 경제적이다.
㉡ 단점
 • 배후전력이 커서 고장전류(단락용량)가 증가하므로 보호방식이 복잡해진다.
 • 많은 계통이 연결되어 있어 한 번 고장이 발생하면 복구가 어렵다.
 • 복잡한 전압조정방식이 필요하다.

상 제6장 중성점 접지방식

38 배전선로에 3상 3선식 비접지방식을 채용할 경우 나타나는 현상은?

① 1선 지락고장 시 고장전류가 크다.
② 1선 지락고장 시 인접통신선의 유도장해가 크다.
③ 고·저압 혼촉고장 시 저압선의 전위상승이 크다.
④ 1선 지락고장 시 건전상의 대지전위 상승이 크다.

해설 비접지방식의 특성

㉠ 비접지방식의 장점
 • 1선 지락고장 시 대지정전용량에 의한 리액턴스가 커서 지락전류가 아주 작다.
 • 근접통신선에 대한 유도장해가 작다.
 • 변압기의 △결선으로 선로에 제3고조파가 나타나지 않는다.
 • 변압기의 1대 고장 시에도 V결선으로 3상 전력의 공급이 가능하다.
㉡ 비접지방식의 단점
 • 1선 지락고장 시 건전상의 대지전압이 $\sqrt{3}$ 배, 이상전압(4~6배)이 나타난다.
 • 계통의 기기 절연레벨을 높여야 한다.

상 제5장 고장 계산 및 안정도

39 선간전압이 V[kV]이고 3상 정격용량이 P[kVA]인 전력계통에서 리액턴스가 X[Ω]이라고 할 때, 이 리액턴스를 %리액턴스로 나타내면?

① $\dfrac{XP}{10V}$ ② $\dfrac{XP}{10V^2}$

③ $\dfrac{XP}{V^2}$ ④ $\dfrac{10V^2}{XP}$

해설

퍼센트리액턴스 $\%X = \dfrac{I_n X}{V} \times 100$

$= \dfrac{PX}{10V^2}$[%]

여기서, I_n : 정격전류[A]
 X : 리액턴스[Ω]
 V : 선간전압(정격전압)[kV]
 P : 정격용량[kVA]

정답 36 ① 37 ① 38 ④ 39 ②

© 코일 끝부분의 길이가 단축되어 기계 전체의 크기가
축소된다.
② 구리의 양이 적게 든다.
⑩ 극간격에 비해 전기자권선의 간격이 작다.

40 전력용 콘덴서를 변전소에 설치할 때 직렬리액터를 설치하고자 한다. 직렬리액터의 용량을 결정하는 계산식은? (단, f_0는 전원의 기본주파수, C는 역률개선용 콘덴서의 용량, L은 직렬리액터의 용량이다.)

① $L = \dfrac{1}{(2\pi f_0)^2 C}$

② $L = \dfrac{1}{(5\pi f_0)^2 C}$

③ $L = \dfrac{1}{(6\pi f_0)^2 C}$

④ $L = \dfrac{1}{(10\pi f_0)^2 C}$

해설

직렬리액터는 제5고조파 제거를 위해 사용한다.

$5\omega_0 L = \dfrac{1}{5\omega_0 C}$ (여기서, $\omega_0 = 2\pi f_0$)

$10\pi f_0 L = \dfrac{1}{10\pi f_0 C}$

$\therefore\ L = \dfrac{1}{(10\pi f_0)^2 C}$

직렬리액터의 용량은 콘덴서용량의 이론상 4[%], 실제로는 5~6[%]를 사용한다.

제3과목 전기기기

41 동기발전기 단절권의 특징이 아닌 것은?

① 코일간격이 극간격보다 작다.
② 전절권에 비해 합성 유기기전력이 증가한다.
③ 전절권에 비해 코일단이 짧게 되므로 재료가 절약된다.
④ 고조파를 제거해서 전절권에 비해 기전력의 파형이 좋아진다.

해설 단절권의 특징

㉠ 전절권에 비해 (합성)유기기전력은 감소된다.
㉡ 고조파를 제거하여 기전력의 파형을 좋게 한다.

42 3상 변압기의 병렬운전조건으로 틀린 것은?

① 각 군의 임피던스가 용량에 비례할 것
② 각 변압기의 백분율 임피던스강하가 같을 것
③ 각 변압기의 권수비가 같고 1차와 2차의 정격전압이 같을 것
④ 각 변압기의 상회전방향 및 1차와 2차 선간전압의 위상변위가 같을 것

해설 변압기의 병렬운전조건

㉠ 변압기의 극성이 일치할 것
㉡ 권수비가 같고 1차 및 2차의 정격전압이 같을 것
㉢ 퍼센트임피던스의 크기가 같을 것
㉣ 퍼센트저항강하 및 퍼센트리액턴스강하의 비가 같을 것
㉤ 3상 변압기는 상회전방향 및 각 변위(위상차)가 같을 것

43 210/105[V]의 변압기를 그림과 같이 결선하고 고압측에 200[V]의 전압을 가하면 전압계의 지시는 몇 [V]인가? (단, 변압기는 가극성이다.)

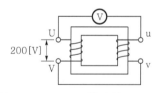

① 100
② 200
③ 300
④ 400

해설

권수비 $a = \dfrac{E_1}{E_2} = \dfrac{210}{105} = 2$

$V_2 = \dfrac{V_1}{a} = \dfrac{200}{2} = 100[V]$

㉠ 가극성일 경우
$\text{Ⓥ} = V_1 + V_2 = 200 + 100 = 300[V]$

㉡ 감극성일 경우
$\text{Ⓥ} = V_1 - V_2 = 200 - 100 = 100[V]$

정답 40 ④ 41 ② 42 ① 43 ③

상 제1장 직류기

44 직류기의 권선을 단중 파권으로 감으면 어떻게 되는가?

① 저압 대전류용 권선이다.
② 균압환을 연결해야 한다.
③ 내부 병렬회로수가 극수만큼 생긴다.
④ 전기자 병렬회로수가 극수에 관계없이 언제나 2이다.

해설 전기자권선법의 중권과 파권 비교

구 분	중 권	파 권
병렬회로수(a)	$P_{극수}$	2
브러시수(b)	$P_{극수}$	2
용도	저전압, 대전류	고전압, 소전류
균압환	사용함	사용 안함

하 제6장 특수기기

45 2상 교류 서보모터를 구동하는 데 필요한 2상 전압을 얻는 방법으로 널리 쓰이는 방법은?

① 2상 전원을 직접 이용하는 방법
② 환상결선 변압기를 이용하는 방법
③ 여자권선에 리액터를 삽입하는 방법
④ 증폭기 내에서 위상을 조정하는 방법

해설

서보모터는 각도 또는 위치의 수치제어에 사용되는 전동기로서 2상 교류 서보모터는 2상 농형 유도전동기와 같은 동작원리를 가지고 있다. 2개의 고정자권선인 여자권선과 제어권선으로 구동을 하는데 제어권선이 증폭기에 연결되어 증폭기의 위상조정을 통해 여자권선과 다른 위상을 형성하여 사용한다.

상 제1장 직류기

46 4극, 중권, 총 도체수 500, 극당 자속이 0.01[Wb]인 직류발전기가 100[V]의 기전력을 발생시키는 데 필요한 회전수는 몇 [rpm]인가?

① 800 ② 1000
③ 1200 ④ 1600

해설

유기기전력 $E = \dfrac{PZ\phi}{a}\dfrac{N}{60}$[V]

중권의 경우 병렬회로수 $a = P_{극수}$

여기서, P : 극수
Z : 총 도체수
ϕ : 극당 자속[Wb]
N : 분당 회전수[rpm]

회전수 $N = \dfrac{Ea60}{PZ\phi} = \dfrac{100 \times 4 \times 60}{4 \times 500 \times 0.01} = 1200$[rpm]

하 제6장 특수기기

47 3상 분권 정류자전동기에 속하는 것은?

① 톰슨전동기
② 데리전동기
③ 시라게전동기
④ 애트킨슨전동기

해설 시라게전동기(schrage motor)

3상 분권 정류자전동기에 속하는 전동기로서 분권특성을 갖고 있으므로 회전속도의 변화가 작아 정속도전동기인 동시에 속도를 가감시킬 수 있는 장점이 있지만, 저역률과 효율이 나쁜 것이 결점이다. 속도제어를 필요로 하는 초지기(paper machine), 회전가마, 선박 등의 송풍기, 압연기, 공작기계, 전기동력계로도 사용되고 있다.

중 제2장 동기기

48 동기기의 안정도를 증진시키는 방법이 아닌 것은?

① 단락비를 크게 할 것
② 속응여자방식을 채용할 것
③ 정상리액턴스를 크게 할 것
④ 영상 및 역상 임피던스를 크게 할 것

해설 안정도를 증진시키는 방법

㉠ 정상 과도리액턴스 또는 동기리액턴스는 작게 하고 단락비를 크게 한다.
㉡ 자동전압조정기의 속응도를 크게 한다(속응여자방식 채용).
㉢ 회전자의 관성력을 크게 한다.
㉣ 영상 및 역상 임피던스를 크게 한다.
㉤ 관성을 크게 하거나 플라이휠효과를 크게 한다.

정답 44 ④ 45 ④ 46 ③ 47 ③ 48 ③

중 제4장 유도기

49 3상 유도전동기의 기계적 출력 P[kW], 회전수 N[rpm]인 전동기의 토크[N·m]는?

① $0.46\dfrac{P}{N}$　　　② $0.855\dfrac{P}{N}$

③ $975\dfrac{P}{N}$　　　④ $9549.3\dfrac{P}{N}$

해설

토크 $T=\dfrac{P}{\omega}=\dfrac{P}{2\pi\dfrac{N}{60}}=\dfrac{60}{2\pi}\cdot\dfrac{P}{N}$

$\quad=9.5493\cdot\dfrac{P}{N}[\text{N}\cdot\text{m}]$

출력이 P[kW]이므로 단위를 고려하면 다음과 같다.

$T=9.5493\cdot\dfrac{P\times10^3}{N}=9549.3\cdot\dfrac{P}{N}[\text{N}\cdot\text{m}]$

하 제2장 동기기

50 취급이 간단하고 기동시간이 짧아서 섬과 같이 전력계통에서 고립된 지역, 선박 등에 사용되는 소용량 전원용 발전기는?

① 터빈발전기　　② 엔진발전기
③ 수차발전기　　④ 초전도발전기

해설 엔진발전기

엔진으로 발전기를 회전시켜 발전하는 방식의 기기로 수차 및 터빈발전기에 비해 좁은 면적에 설치가 가능하여 취급이 용이하고, 선박, 건물지하, 고립된 지역 등에 비상용 발전기 등으로 사용이 가능하다.

하 제5장 정류기

51 평형 6상 반파정류회로에서 297[V]의 직류전압을 얻기 위한 입력측 각 상전압은 약 몇 [V]인가? (단, 부하는 순수저항부하이다.)

① 110　　　② 220
③ 380　　　④ 440

해설

6상 반파 직류전압

$E_d=\dfrac{\sqrt{2}\,E\sin\dfrac{\pi}{m}}{\dfrac{\pi}{m}}=\dfrac{\sqrt{2}\sin30°}{\dfrac{\pi}{6}}E=1.35E$

∴ 직류전압을 얻기 위한 입력측 교류 상전압

$E=\dfrac{E_d}{1.35}=\dfrac{297}{1.35}=220[\text{V}]$

상 제3장 변압기

52 단면적 10[cm²]인 철심에 200회의 권선을 감고, 이 권선에 60[Hz], 60[V]의 교류전압을 인가하였을 때 철심의 최대 자속밀도는 약 몇 [Wb/m²]인가?

① 1.126×10^{-3}　　② 1.126
③ 2.252×10^{-3}　　④ 2.252

해설

1차 전압 $E_1=4.44fN_1\phi_m[\text{V}]$

최대 자속 $\phi_m=\dfrac{60}{4.44\times60\times200}=0.001126[\text{Wb}]$

철심의 최대 자속밀도 $B=\dfrac{\phi_m}{A}=\dfrac{0.001126}{10\times10^{-4}}$

$\quad=1.126[\text{Wb/m}^2]$

하 제4장 유도기

53 전력의 일부를 전원측에 반환할 수 있는 유도전동기의 속도제어법은?

① 극수변환법　　② 크레머방식
③ 2차 저항가감법　④ 세르비우스방식

해설

㉠ 세르비우스방식 : 슬립전력(2차 동손)이 전원으로 반환
㉡ 크레머방식 : 슬립전력(2차 동손)이 전동기의 축방향으로 반환

상 제1장 직류기

54 직류발전기를 병렬운전할 때 균압모선이 필요한 직류기는?

① 직권발전기, 분권발전기
② 복권발전기, 직권발전기
③ 복권발전기, 분권발전기
④ 분권발전기, 단극발전기

해설

직권 및 복권 발전기의 경우 안정된 운전을 위해 균압(모)선을 설치한다.

정답 49 ④　50 ②　51 ②　52 ②　53 ④　54 ②

하 제4장 유도기

55 전부하로 운전하고 있는 50[Hz], 4극의 권선형 유도전동기가 있다. 전부하에서 속도를 1440[rpm]에서 1000[rpm]으로 변화시키자면 2차에 약 몇 [Ω]의 저항을 넣어야 하는가? (단, 2차 저항은 0.02[Ω]이다.)

① 0.147
② 0.18
③ 0.02
④ 0.024

해설

권선형 유도전동기의 경우 슬립을 조정하여 회전속도를 제어할 수 있다.

회전속도 $N = (1-ms)N_s$[rpm]

동기속도 $N_s = \dfrac{120f}{P} = \dfrac{120 \times 50}{4} = 1500$[rpm]

전부하속도 1440[rpm]일 경우의 슬립

$s = \dfrac{N_s - N}{N_s} = \dfrac{1500 - 1440}{1500} = 0.04$

전부하속도 1000[rpm]일 경우의 슬립

$s = \dfrac{N_s - N}{N_s} = \dfrac{1500 - 1000}{1500} = 0.33$

슬립 $s_t = \dfrac{r_2}{x_2}$에서 슬립과 2차 저항은 비례한다.

슬립이 0.04에서 0.33으로 8.25배 증가하였으므로 2차 저항 $r_2 = 0.02$[Ω]을 8.25배 증가시켜 운전하게 되면 회전속도는 1000[rpm]으로 나타난다.

$$\dfrac{0.02}{0.04} = \dfrac{0.02 + R}{0.33}$$

∴ 2차 삽입저항 $R = 0.145 \fallingdotseq 0.147$[Ω]

하 제4장 유도기

56 권선형 유도전동기 2대를 직렬종속으로 운전하는 경우 그 동기속도는 어떤 전동기의 속도와 같은가?

① 두 전동기 중 적은 극수를 갖는 전동기
② 두 전동기 중 많은 극수를 갖는 전동기
③ 두 전동기의 극수의 합과 같은 극수를 갖는 전동기
④ 두 전동기의 극수의 합의 평균과 같은 극수를 갖는 전동기

해설

권선형 유도전동기의 속도제어법의 종속법은 2대 이상의 유도전동기를 속도제어할 때 사용하는 방법으로 한쪽 고정자를 다른 쪽 회전자와 연결하고 기계적으로 축을 연결하여 속도를 제어하는 방법이다.

직렬종속은 $N = \dfrac{120f_1}{P_1 + P_2}$[rpm]으로 회전하므로 두 극수의 합과 같은 극수를 가지는 전동기와 같은 속도가 나타난다.

중 제5장 정류기

57 GTO 사이리스터의 특징으로 틀린 것은?

① 각 단자의 명칭은 SCR 사이리스터와 같다.
② 온(on)상태에서는 양방향 전류특성을 보인다.
③ 온(on)드롭(drop)은 약 2~4[V]가 되어 SCR 사이리스터보다 약간 크다.
④ 오프(off)상태에서는 SCR 사이리스터처럼 양방향 전압저지능력을 갖고 있다.

해설

GTO(Gate Turn Off) 사이리스터는 단방향 3단자 소자로 온(On)상태일 때 전류는 한쪽 방향으로만 흐른다.

중 제1장 직류기

58 포화되지 않은 직류발전기의 회전수가 4배로 증가되었을 때 기전력을 전과 같은 값으로 하려면 자속을 속도변화 전에 비해 얼마로 하여야 하는가?

① $\dfrac{1}{2}$
② $\dfrac{1}{3}$
③ $\dfrac{1}{4}$
④ $\dfrac{1}{8}$

해설

유기기전력은 $E = \dfrac{PZ\phi}{a} \dfrac{N}{60}$에서 $E \propto k\phi n$

㉠ 기전력과 자속 및 회전수와 비례 : $E \propto \phi$, $E \propto n$
㉡ 기전력이 일정할 경우 자속과 회전수는 반비례 :
$E =$ 일정, $\phi \propto \dfrac{1}{n}$
㉢ 회전수가 4배일 경우 자속은 $\phi \propto \dfrac{1}{n} = \dfrac{1}{4}$배로 나타난다.

정답 55 ① 56 ③ 57 ② 58 ③

상 제2장 동기기

59 동기발전기의 단자 부근에서 단락 시 단락전류는?

① 서서히 증가하여 큰 전류가 흐른다.
② 처음부터 일정한 큰 전류가 흐른다.
③ 무시할 정도의 작은 전류가 흐른다.
④ 단락된 순간은 크나, 점차 감소한다.

해설

동기발전기의 단자 부근에서 단락이 일어나면 처음에는 큰 전류가 흐르나 전기자반작용의 누설리액턴스에 의해 점점 작아져 지속단락전류가 흐른다.

중 제3장 변압기

60 단권변압기에서 1차 전압 100[V], 2차 전압 110[V]인 단권변압기의 자기용량과 부하용량의 비는?

① $\dfrac{1}{10}$ ② $\dfrac{1}{11}$
③ 10 ④ 11

해설

$$\dfrac{\text{자기용량}}{\text{부하용량}} = \dfrac{V_h - V_l}{V_h}$$

여기서, V_h : 고압측 전압[V], V_l : 저압측 전압[V]
$V_h = 110$[V], $V_l = 100$[V]이므로

$$\dfrac{\text{자기용량}}{\text{부하용량}} = \dfrac{V_h - V_l}{V_h} = \dfrac{110-100}{110} = \dfrac{10}{110} = \dfrac{1}{11}$$

제4과목 **회로이론 및 제어공학**

상 제어공학 제3장 시간영역해석법

61 그림과 같은 블록선도의 제어시스템에서 속도편차상수 K_v는 얼마인가?

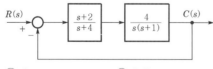

① 0 ② 0.5
③ 2 ④ ∞

해설 속도편차상수

$$K_v = \lim_{s \to 0} s G(s) H(s)$$
$$= \lim_{s \to 0} s \dfrac{4(s+2)}{s(s+1)(s+4)} = 2$$

상 제어공학 제6장 근궤적법

62 근궤적의 성질 중 틀린 것은?

① 근궤적은 실수축을 기준으로 대칭이다.
② 점근선은 허수축상에서 교차한다.
③ 근궤적의 가지수는 특성방정식의 차수와 같다.
④ 근궤적은 개루프 전달함수의 극점으로부터 출발한다.

해설

점근선의 교차점은 실수축에서만 존재한다.

상 제어공학 제5장 안정도 판별법

63 Routh-Hurwitz 안정도 판별법을 이용하여 특성방정식이 $s^3 + 3s^2 + 3s + 1 + K = 0$으로 주어진 제어시스템이 안정하기 위한 K의 범위를 구하면?

① $-1 \le K < 8$
② $-1 < K \le 8$
③ $-1 < K < 8$
④ $K < -1$ 또는 $K > 8$

해설

특성방정식 $F(s) = s^3 + 3s^2 + 3s + 1 + K = 0$ 을 루쓰표로 표현하면 다음과 같다.

s^3	a_0	a_2		s^3	1	3
s^2	a_1	a_3	→	s^2	3	$1+K$
s^1	b_1	b_2		s^1	b_1	0
s^0	c_1	c_2		s^0	c_1	0

㉠ $b_1 = \dfrac{a_0 a_3 - a_1 a_2}{-a_1} = \dfrac{(1+K)-9}{-3} = \dfrac{8-K}{3}$

㉡ $c_1 = \dfrac{a_1 b_2 - b_1 a_3}{-b_1} = \dfrac{a_1 \times 0 - b_1 a_3}{-b_1} = a_3 = 1+K$

㉢ 루쓰선도에서 제1열(a_0, a_1, b_1, c_1)의 부호가 모두 같으면(+) 안정이 된다.

∴ 안정하기 위한 K값 $-1 < K < 8$

정답 59 ④ 60 ② 61 ③ 62 ② 63 ③

중 제어공학 제7장 상태방정식

64 $e(t)$의 z변환을 $E(z)$라고 했을 때 $e(t)$의 초기값 $e(0)$는?

① $\lim_{z \to 1} E(z)$

② $\lim_{z \to \infty} E(z)$

③ $\lim_{z \to 1} (1 - z^{-1}) E(z)$

④ $\lim_{z \to \infty} (1 - z^{-1}) E(z)$

🔍 해설

㉠ 초기값 정리 : $e(0) = \lim_{z \to \infty} E(z)$

㉡ 최종값 정리 : $e(\infty) = \lim_{z \to 1} \left(1 - \dfrac{1}{z} \right) E(z)$

상 제어공학 제2장 전달함수

65 그림의 신호흐름선도에서 $\dfrac{C(s)}{R(s)}$ 는?

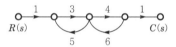

① $-\dfrac{2}{5}$

② $-\dfrac{6}{19}$

③ $-\dfrac{12}{29}$

④ $-\dfrac{12}{37}$

🔍 해설 종합전달함수(메이슨공식)

$$M(s) = \frac{C(s)}{R(s)} = \frac{\sum 전향경로이득}{1 - \sum 폐루프이득}$$

$$= \frac{3 \times 4}{1 - (3 \times 5 + 4 \times 6)} = \frac{12}{-38} = -\frac{6}{19}$$

상 제어공학 제4장 주파수영역해석법

66 전달함수가 $G(s) = \dfrac{10}{s^2 + 3s + 2}$ 으로 표현되는 제어시스템에서 직류이득은 얼마인가?

① 1

② 2

③ 3

④ 5

🔍 해설

직류이득인 경우에는 주파수와 무관한 전달함수 크기를 의미하므로 주파수 전달함수는 다음과 같다.

$$G(j\omega) = \frac{10}{(j\omega)^2 + j3\omega + 2} \bigg|_{\omega = 0} = \frac{10}{2} = 5$$

하 제어공학 제3장 시간영역해석법

67 전달함수가 $\dfrac{C(s)}{R(s)} = \dfrac{25}{s^2 + 6s + 25}$ 인 2차 제어시스템의 감쇠진동주파수(ω_d)는 몇 [rad/s]인가?

① 3

② 4

③ 5

④ 6

🔍 해설

㉠ $F(s) = s^2 + 6s + 25 = s^2 + 2\zeta\omega_n s + \omega_n{}^2 = 0$

고유각 주파수 $\omega_n = 5$

제동비 $\zeta = \dfrac{6}{2\omega_n} = \dfrac{6}{2 \times 5} = \dfrac{3}{5}$

㉡ 2차 제어계의 특성근

$s = -\zeta\omega_n + j\omega_n \sqrt{1 - \zeta^2} = -\alpha \pm j\omega_d$ 에서

$\alpha = \zeta\omega_n$ 를 제동상수, $\omega_d = \omega_n \sqrt{1 - \zeta^2}$ 를 과도 (감쇠)진동주파수라 한다.

$\therefore \omega_d = \omega_n \sqrt{1 - \zeta^2}$

$= 5 \sqrt{1 - \left(\dfrac{3}{5} \right)^2}$

$= 4[\text{rad/s}]$

중 제어공학 제8장 시퀀스회로의 이해

68 다음 논리식을 간단히 한 것은?

$$Y = \overline{A}BC\overline{D} + \overline{A}BCD + \overline{A}\overline{B}C\overline{D} + \overline{A}\overline{B}CD$$

① $Y = \overline{A}C$

② $Y = A\overline{C}$

③ $Y = AB$

④ $Y = BC$

🔍 해설

다음 카르노맵에서 이웃한 부분을 정리하면 $Y = \overline{A}C$ 가 된다.

	$\overline{C}\,\overline{D}$	$\overline{C}\,D$	$C\,D$	$C\,\overline{D}$
$\overline{A}\,\overline{B}$			1	1
$\overline{A}\,B$			1	1
$A\,B$				
$A\,\overline{B}$				

69 폐루프시스템에서 응답의 잔류편차 또는 정상상태오차를 제거하기 위한 제어기법은?

① 비례제어 ② 적분제어
③ 미분제어 ④ On-Off제어

해설

㉠ 비례제어(P제어) : 난조 제거, 잔류편차(off-set) 발생
㉡ 비례적분제어(PI제어) : 잔류편차 또는 정상상태오차 제거
㉢ 비례미분제어(PD제어) : 과도응답의 속응성을 개선
㉣ 비례미적분제어(PID제어) : 속응성 향상, 잔류편차 제거

70 시스템행렬 A 가 다음과 같을 때 상태천이행렬을 구하면?

$$A = \begin{bmatrix} 0 & 1 \\ -2 & -3 \end{bmatrix}$$

① $\begin{bmatrix} 2e^t - e^{2t} & -e^t + e^{2t} \\ 2e^t - 2e^{2t} & -e^t - 2e^{2t} \end{bmatrix}$

② $\begin{bmatrix} 2e^{-t} - e^{-2t} & e^{-t} - e^{-2t} \\ -2e^{-t} + 2e^{-2t} & -e^{-t} - 2e^{-2t} \end{bmatrix}$

③ $\begin{bmatrix} 2e^{-t} - e^{-2t} & -e^{-t} + e^{-2t} \\ 2e^{-t} - 2e^{-2t} & -e^{-t} - 2e^{-2t} \end{bmatrix}$

④ $\begin{bmatrix} 2e^{-t} - e^{-2t} & e^{-t} - e^{-2t} \\ -2e^{-t} + 2e^{-2t} & -e^{-t} + 2e^{-2t} \end{bmatrix}$

해설

㉠ $A = \begin{bmatrix} 0 & 1 \\ -2 & -3 \end{bmatrix}$ 행렬일 경우

상태행렬식은 $\Phi(s) = [sI - A]^{-1}$

㉡ $\Phi(s) = \begin{bmatrix} s & 0 \\ 0 & s \end{bmatrix} - \begin{bmatrix} 0 & 1 \\ -2 & -3 \end{bmatrix}$

$= \begin{bmatrix} s & -1 \\ 2 & s+3 \end{bmatrix}^{-1} = \frac{1}{s(s+3)+2} \begin{bmatrix} s+3 & 1 \\ -2 & s \end{bmatrix}$

$= \begin{bmatrix} \frac{s+3}{(s+1)(s+2)} & \frac{1}{(s+1)(s+2)} \\ \frac{-2}{(s+1)(s+2)} & \frac{s}{(s+1)(s+2)} \end{bmatrix}$

㉢ 상태천이행렬 $\Phi(t) = \mathcal{L}^{-1}\Phi(s)$이므로 각 행렬요소를 라플라스 역변환하면 다음과 같다.

$\Phi(t) = \begin{bmatrix} 2e^{-t} - e^{-2t} & e^{-t} - e^{-2t} \\ -2e^{-t} + 2e^{-2t} & -e^{-t} + 2e^{-2t} \end{bmatrix}$

71 대칭 3상 전압이 공급되는 3상 유도전동기에서 각 계기의 지시는 다음과 같다. 유도전동기의 역률은 약 얼마인가?

- 전력계(W_1) : 2.84[kW]
- 전력계(W_2) : 6.00[kW]
- 전압계(V) : 200[V]
- 전류계(A) : 30[A]

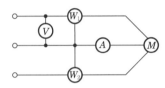

① 0.70 ② 0.75
③ 0.80 ④ 0.85

해설

$\cos\theta = \frac{W_1 + W_2}{2\sqrt{W_1^2 + W_2^2 - W_1 W_2}}$

$= \frac{W_1 + W_2}{\sqrt{3}\, VI}$

$= \frac{2840 + 6000}{\sqrt{3} \times 200 \times 30}$

$= 0.85$

72 불평형 3상 전류 $I_a = 25 + j4$[A], $I_b = -18 - j16$[A], $I_c = 7 + j15$[A]일 때 영상전류 I_0[A]는?

① $2.67 + j$
② $2.67 + j2$
③ $4.67 + j$
④ $4.67 + j2$

해설

$I_0 = \frac{1}{3}(I_a + I_b + I_c)$

$= \frac{1}{3}[(25+j4) + (-18-j16) + (7+j15)]$

$= 4.67 + j$[A]

상 회로이론 제3장 다상 교류회로의 이해

73 △ 결선으로 운전 중인 3상 변압기에서 하나의 변압기 고장에 의해 Ⅴ 결선으로 운전하는 경우, Ⅴ결선으로 공급할 수 있는 전력은 고장 전 △ 결선으로 공급할 수 있는 전력에 비해 약 몇 [%]인가?

① 86.6   ② 75.0

③ 66.7   ④ 57.7

해설

Ⅴ결선 시 출력비

$$p = \frac{\text{고장 후}}{\text{고장 전}} = \frac{P_V}{P_\triangle} = \frac{3P}{\sqrt{3}\,P} = 0.577$$

$$\therefore \ 0.577 \times 100 = 57.7[\%]$$

상 회로이론 제8장 분포정수회로

74 분포정수회로에서 직렬임피던스를 Z, 병렬어드미턴스를 Y라 할 때, 선로의 특성임피던스 Z_0는?

① ZY ② $\sqrt{ZY}$

③ $\sqrt{\dfrac{Y}{Z}}$ ④ $\sqrt{\dfrac{Z}{Y}}$

해설

특성임피던스 Z_0란, 선로를 이동하는 진행파에 대한 전압과 전류의 비로서 그 선로의 고유한 값을 말한다.

$$\therefore \ Z_0 = \sqrt{\frac{Z}{Y}} = \sqrt{\frac{R + j\omega L}{G + j\omega C}}[\Omega]$$

상 회로이론 제7장 4단자망 회로해석

75 4단자 정수 A, B, C, D 중에서 전압이득의 차원을 가진 정수는?

① A ② B

③ C ④ D

해설 4단자 정수의 차원

㉠ $A = \dfrac{V_1}{V_2}$: 전압이득 차원

㉡ $B = \dfrac{V_1}{I_2}$: 임피던스 차원

㉢ $C = \dfrac{I_1}{V_2}$: 어드미턴스 차원

㉣ $D = \dfrac{I_1}{I_2}$: 전류이득 차원

상 회로이론 제7장 4단자망 회로해석

76 그림과 같은 회로의 구동점 임피던스[Ω]는?

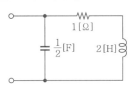

① $\dfrac{2(2s+1)}{2s^2 + s + 2}$

② $\dfrac{2s^2 + s - 2}{-2(2s+1)}$

③ $\dfrac{-2(2s+1)}{2s^2 + s - 2}$

④ $\dfrac{2s^2 + s + 2}{2(2s+1)}$

해설

L과 C를 일반화된 임피던스로 변환하여 합성 임피던스(구동점 임피던스)를 구하면 된다.

㉠ $\dfrac{1}{2}[F] \rightarrow \dfrac{1}{\dfrac{1}{2}s} = \dfrac{2}{s}[\Omega]$

㉡ $2[H] \rightarrow 2s[\Omega]$

$$\therefore \ Z(s) = \frac{\dfrac{2}{s} \times (2s+1)}{\dfrac{2}{s} + (2s+1)} = \frac{2(2s+1)}{2s^2 + s + 2}$$

상 회로이론 제6장 회로망 해석

77 회로의 단자 a와 b 사이에 나타나는 전압 V_{ab}는 몇 [V]인가?

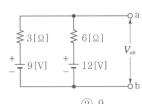

① 3   ② 9

③ 10   ④ 12

해설

밀만의 정리에 의해서 구하면 다음과 같다.

$$V_{ab} = \frac{\dfrac{E_1}{Z_1} + \dfrac{E_2}{Z_2}}{\dfrac{1}{Z_1} + \dfrac{1}{Z_2}} = \frac{\dfrac{9}{3} + \dfrac{12}{6}}{\dfrac{1}{3} + \dfrac{1}{6}} = 10[V]$$

상 회로이론 제4장 비정현파 교류회로의 이해

78 RL 직렬회로에 순시치전압 $v(t) = 20 + 100\sin\omega t + 40\sin(3\omega t + 60°) + 40\sin 5\omega t$[V]를 가할 때 제5고조파 전류의 실효값 크기는 약 몇 [A]인가? (단, $R = 4$[Ω], $\omega L = 1$[Ω]이다.)

① 4.4
② 5.66
③ 6.25
④ 8.0

🔍 해설

제5고조파 전류의 실효값

$$I_5 = \frac{E_5}{Z_5} = \frac{\frac{40}{\sqrt{2}}}{\sqrt{4^2 + 5^2}} = 4.4[A]$$

상 회로이론 제2장 단상 교류회로의 이해

79 그림의 교류 브리지회로가 평형이 되는 조건은?

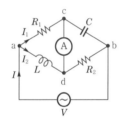

① $L = \dfrac{R_1 R_2}{C}$
② $L = \dfrac{C}{R_1 R_2}$
③ $L = R_1 R_2 C$
④ $L = \dfrac{R_2}{R_1} C$

🔍 해설

휘트스톤브리지 평형 조건을 이용해 구하면 다음과 같다.

$$R_1 R_2 = \frac{j\omega L}{j\omega C} \quad \therefore \ L = R_1 R_2 C$$

상 회로이론 제10장 라플라스 변환

80 $f(t) = t^n$의 라플라스 변환식은?

① $\dfrac{n}{s^n}$
② $\dfrac{n+1}{s^{n+1}}$
③ $\dfrac{n!}{s^{n+1}}$
④ $\dfrac{n+1}{s^{n!}}$

※ 전기설비기술기준 과목 기출문제는 법규개정에 따라 문제를 수정·삭제하였으므로 이 점 착오없으시기 바랍니다.

상 제4장 발전소, 변전소, 개폐소 및 기계기구 시설보호

81 과전류차단기로 시설하는 퓨즈 중 고압전로에 사용하는 비포장퓨즈는 정격전류 2배 전류 시 몇 분 안에 용단되어야 하는가?

① 1분
② 2분
③ 5분
④ 10분

🔍 해설 고압 및 특고압전로 중의 과전류차단기의 시설(KEC 341.10)

㉠ 포장퓨즈는 정격전류의 1.3배에 견디고, 또한 2배의 전로로 120분 안에 용단되어야 한다.
㉡ 비포장퓨즈는 정격전류의 1.25배에 견디고, 또한 2배의 전류로 2분 안에 용단되어야 한다.

상 제2장 저압설비 및 고압·특고압설비

82 옥내에 시설하는 저압전선에 나전선을 사용할 수 있는 경우는?

① 버스덕트공사에 의하여 시설하는 경우
② 금속덕트공사에 의하여 시설하는 경우
③ 합성수지관공사에 의하여 시설하는 경우
④ 후강전선관공사에 의하여 시설하는 경우

🔍 해설 나전선의 사용 제한(KEC 231.4)

다음 내용에서만 나전선을 사용할 수 있다.
㉠ 애자공사에 의하여 전개된 곳에 다음의 전선을 시설하는 경우
 • 전기로용 전선
 • 전선의 피복절연물이 부식하는 장소에 시설하는 전선
 • 취급자 이외의 사람이 출입할 수 없도록 설비한 장소
㉡ 버스덕트공사에 의하여 시설하는 경우
㉢ 라이팅덕트공사에 의하여 시설하는 경우
㉣ 저압 접촉전선 및 유희용 전차를 시설하는 경우

상 제3장 전선로

83 고압 가공전선로에 사용하는 가공지선은 지름 몇 [mm] 이상의 나경동선을 사용하여야 하는가?

① 2.6
② 3.0
③ 4.0
④ 5.0

정답 78 ① 79 ③ 80 ③ 81 ② 82 ① 83 ③

해설 고압 가공전선로의 가공지선(KEC 332.6)

고압 가공전선로의 가공지선
→ 4[mm](인장강도 5.26[kN]) 이상의 나경동선

중 | 제3장 전선로

84 사용전압이 35000[V] 이하인 특고압 가공전선과 가공약전류전선을 동일 지지물에 시설하는 경우, 특고압 가공전선로의 보안공사로 적합한 것은?

① 고압 보안공사
② 제1종 특고압 보안공사
③ 제2종 특고압 보안공사
④ 제3종 특고압 보안공사

해설 특고압 가공전선과 가공약전류전선 등의 공용 설치(KEC 333.19)

㉠ 특고압 가공전선로는 제2종 특고압 보안공사에 의할 것
㉡ 특고압 가공전선은 가공약전류전선 등의 위로 하고 별개의 완금류에 시설할 것
㉢ 특고압 가공전선은 케이블인 경우 이외에는 인장강도 21.67[kN] 이상의 연선 또는 단면적이 50[mm²] 이상인 경동연선일 것
㉣ 특고압 가공전선과 가공약전류전선 등 사이의 이격거리는 2[m] 이상으로 할 것. 다만, 특고압 가공전선이 케이블인 경우에는 0.5[m]까지 감할 수 있다.

하 | 제4장 발전소, 변전소, 개폐소 및 기계기구 시설보호

85 그림은 전력선 반송통신용 결합장치의 보안장치이다. 여기에서 CC는 어떤 커패시터인가?

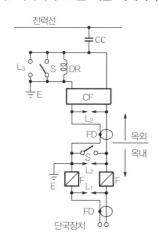

① 결합커패시터
② 전력용 커패시터
③ 정류용 커패시터
④ 축전용 커패시터

해설 전력선 반송통신용 결합장치의 보안장치(KEC 362.11)

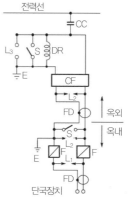

㉠ CC : 결합커패시터(결합 안테나를 포함)
㉡ L_3 : 동작전압이 교류 2[kV]를 초과하고 3[kV] 이하로 조정된 구상 방전갭
㉢ S : 접지용 개폐기
㉣ DR : 전류용량 2[A] 이상의 배류선륜
㉤ CF : 결합필터
㉥ L_2 : 동작전압이 교류 1,300[V]를 초과하고 1,600[V] 이하로 조정된 방전갭
㉦ FD : 동축케이블
◎ F : 정격전류 10[A] 이상의 포장퓨즈
㉧ L_1 : 교류 300[V] 이하에서 동작하는 피뢰기
㉩ E : 접지

중 | 제4장 발전소, 변전소, 개폐소 및 기계기구 시설보호

86 수소냉각식 발전기 및 이에 부속하는 수소냉각장치의 시설에 대한 설명으로 틀린 것은?

① 발전기 안의 수소의 밀도를 계측하는 장치를 시설할 것
② 발전기 안의 수소의 순도가 85[%] 이하로 저하한 경우에 이를 경보하는 장치를 시설할 것
③ 발전기 안의 수소의 압력을 계측하는 장치 및 그 압력이 현저히 변동한 경우에 이를 경보하는 장치를 시설할 것
④ 발전기는 기밀구조의 것이고 또한 수소가 대기압에서 폭발하는 경우에 생기는 압력에 견디는 강도를 가지는 것일 것

정답 84 ③ 85 ① 86 ①

해설 수소냉각식 발전기 등의 시설(KEC 351.10)

㉠ 기밀구조의 것이고 수소가 대기압에서 발생하는 경우 생기는 압력에 견디는 강도를 가지는 것일 것
㉡ 수소의 순도가 85[%] 이하로 저하한 경우 경보하는 장치를 시설할 것
㉢ 수소의 압력 및 온도를 계측하고 현저히 변동하는 경우 경보장치를 할 것

하 | 제3장 전선로

87 제2종 특고압 보안공사 시 지지물로 사용하는 철탑의 경간을 400[m] 초과로 하려면 몇 [mm²] 이상의 경동연선을 사용하여야 하는가?

① 38
② 55
③ 82
④ 95

해설 특고압 보안공사(KEC 333.22)

제2종 특고압 보안공사는 다음에 따라야 한다.
㉠ 특고압 가공전선은 연선일 것
㉡ 지지물로 사용하는 목주의 풍압하중에 대한 안전율은 2 이상일 것
㉢ 경간은 다음 표에서 정한 값 이하일 것

지지물의 종류	경 간
목주 · A종 철주 또는 A종 철근콘크리트주	100[m]
B종 철주 또는 B종 철근콘크리트주	200[m]
철탑	400[m]

[예외] 전선에 인장강도 38.05[kN] 이상의 연선 또는 단면적이 95[mm²] 이상인 경동연선을 사용하고 지지물에 B종 철주 · B종 철근콘크리트주 또는 철탑을 사용하는 경우에는 표준경간을 적용

하 | 제2장 저압설비 및 고압 · 특고압설비

88 목장에서 가축의 탈출을 방지하기 위하여 전기울타리를 시설하는 경우 전선은 인장강도가 몇 [kN] 이상의 것이어야 하는가?

① 1.38
② 2.78
③ 4.43
④ 5.93

해설 전기울타리(KEC 241.1)

㉠ 전기울타리는 사람이 쉽게 출입하지 아니하는 곳에 시설할 것

㉡ 전선은 인장강도 1.38[kN] 이상의 것 또는 지름 2[mm] 이상의 경동선일 것
㉢ 전선과 이를 지지하는 기둥 사이의 이격거리는 25[mm] 이상일 것
㉣ 전선과 다른 시설물(가공전선은 제외) 또는 수목과의 이격거리는 0.3[m] 이상일 것
㉤ 전기울타리를 시설한 곳에는 사람이 보기 쉽도록 적당한 간격으로 위험표시를 할 것
㉥ 전기울타리에 전기를 공급하는 전로에는 쉽게 개폐할 수 있는 곳에 전용 개폐기를 시설할 것
㉦ 전기울타리용 전원장치에 전기를 공급하는 전로의 사용전압의 250[V] 이하일 것

하 | 전기설비기술기준

89 다음 ( )에 들어갈 내용으로 옳은 것은?

전차선로는 무선설비의 기능에 계속적이고 또한 중대한 장해를 주는 ( )가 생길 우려가 있는 경우에는 이를 방지하도록 시설하여야 한다.

① 전파
② 혼촉
③ 단락
④ 정전기

해설 통신장해 방지(기술기준 제18조)

㉠ 전선로 또는 전차선로는 무선설비의 기능에 계속적이고 중대한 장해를 주는 전파를 발생할 우려가 없도록 시설하여야 한다.
㉡ 전선로 또는 전차선로는 약전류전선로에 유도작용으로 인하여 통신상의 장해를 주지 않도록 시설하여야 한다. 다만, 약전류전선로 관리자의 승낙을 받은 경우에는 그러하지 아니하다.

상 | 제1장 공통사항

90 최대사용전압이 7[kV]를 초과하는 회전기의 절연내력시험은 최대사용전압의 몇 배의 전압(10,500[V] 미만으로 되는 경우에는 10,500[V])에서 10분간 견뎌야 하는가?

① 0.92
② 1
③ 1.1
④ 1.25

정답 87 ④ 88 ① 89 ① 90 ④

해설 회전기 및 정류기의 절연내력(KEC 133)

회전기의 절연내력시험을 살펴보면 다음과 같다.

종류		시험전압	시험방법
회전기	발전기·전동기·조상기·기타 회전기(회전변류기를 제외한다)	최대사용전압 7[kV] 이하	최대사용전압의 1.5배의 전압(500[V] 미만으로 되는 경우에는 500[V])	권선과 대지 사이에 연속하여 10분간 가한다.
		최대사용전압 7[kV] 초과	최대사용전압의 1.25배의 전압(10.5[kV] 미만으로 되는 경우에는 10.5[kV])	
	회전변류기		직류측의 최대 사용전압의 1배의 교류전압(500[V] 미만으로 되는 경우에는 500[V])	
정류기	최대사용전압 60[kV] 이하		직류측의 최대 사용전압의 1배의 교류전압(500[V] 미만으로 되는 경우에는 500[V])	충전부분과 외함 간에 연속하여 10분간 가한다.
	최대사용전압 60[kV] 초과		교류측의 최대사용전압의 1.1배의 교류전압 또는 직류측의 최대사용전압의 1.1배의 직류전압	교류측 및 직류 고전압측 단자와 대지 사이에 연속하여 10분간 가한다.

하 제3장 전선로

91 교량의 윗면에 시설하는 고압전선로는 전선의 높이를 교량의 노면상 몇 [m] 이상으로 하여야 하는가?

① 3
② 4
③ 5
④ 6

해설 교량에 시설하는 전선로(KEC 335.6)

교량의 윗면에 시설하는 경우 전선 높이를 교량의 노면상 5[m] 이상으로 하여 시설할 것

상 전기설비기술기준

92 저압의 전로 중 절연부분의 전선과 대지 간의 절연저항은 사용전압에 대한 누설전류가 최대공급전류의 얼마를 넘지 않도록 유지하여야 하는가?

① $\dfrac{1}{1000}$

② $\dfrac{1}{2000}$

③ $\dfrac{1}{3000}$

④ $\dfrac{1}{4000}$

해설 전선로의 전선 및 절연성능(기술기준 제27조)

저압전로 중 절연부분의 전선과 대지 사이 및 전선의 심선 상호 간의 절연저항은 사용전압에 대한 누설전류가 최대공급전류의 $\dfrac{1}{2000}$ 을 넘지 않도록 하여야 한다.

상 제3장 전선로

93 지중전선로에 사용하는 지중함의 시설기준으로 틀린 것은?

① 지중함은 견고하고 차량, 기타 중량물의 압력에 견디는 구조일 것
② 지중함은 그 안의 고인 물을 제거할 수 있는 구조로 되어 있을 것
③ 지중함의 뚜껑은 시설자 이외의 자가 쉽게 열 수 없도록 시설할 것
④ 폭발성의 가스가 침입할 우려가 있는 것에 시설하는 지중함으로서 그 크기가 0.5[m³] 이상인 것에는 통풍장치, 기타 가스를 방산시키기 위한 적당한 장치를 시설할 것

해설 지중함의 시설(KEC 334.2)

㉠ 지중함은 견고하고 차량, 기타 중량물의 압력에 견디는 구조일 것
㉡ 지중함은 그 안의 고인 물을 제거할 수 있는 구조로 되어 있을 것
㉢ 폭발성 또는 연소성의 가스가 침입할 우려가 있는 것에 시설하는 지중함으로서 그 크기가 1[m³] 이상인 것에는 통풍장치, 기타 가스를 방산시키기 위한 적당한 장치를 시설할 것
㉣ 지중함의 뚜껑은 시설자 이외의 자가 쉽게 열 수 없도록 시설할 것

정답 91 ③ 92 ② 93 ④

하 제3장 전선로

94 사람이 상시 통행하는 터널 안의 배선(전기기계기구 안의 배선, 관등회로의 배선, 소세력회로의 전선 및 출퇴표시등 회로의 전선은 제외)의 시설기준에 적합하지 않은 것은? (단, 사용전압이 저압의 것에 한한다.)

① 합성수지관공사로 시설하였다.
② 공칭단면적 2.5[mm²]의 연동선을 사용하였다.
③ 애자사용공사 시 전선의 높이는 노면상 2[m]로 시설하였다.
④ 전로에는 터널의 입구 가까운 곳에 전용 개폐기를 시설하였다.

해설 터널 안 전선로의 시설(KEC 335.1)

㉠ 사람이 상시 통행하는 터널 안의 전선로 사용전압은 저압 또는 고압으로 시설
㉡ 저압전선
• 인장강도 2.30[kN] 이상의 절연전선 또는 지름 2.6[mm] 이상의 경동선의 절연전선을 사용하여 애자사용배선에 의해 시설하고 노면상 2.5[m] 이상의 높이를 유지할 것
• 합성수지관 · 금속관 · 금속제 가요전선관 · 케이블의 규정에 준하는 케이블 배선에 의해 시설할 것
㉢ 고압전선
• 전선은 케이블일 것
• 케이블은 견고한 관 또는 트라프에 넣거나 사람이 접촉할 우려가 없도록 시설할 것

중 제4장 발전소, 변전소, 개폐소 및 기계기구 시설보호

95 발전소에서 계측하는 장치를 시설하여야 하는 사항에 해당하지 않는 것은?

① 특고압용 변압기의 온도
② 발전기의 회전수 및 주파수
③ 발전기의 전압 및 전류 또는 전력
④ 발전기의 베어링(수중메탈을 제외한다) 및 고정자의 온도

해설 계측장치(KEC 351.6)

㉠ 발전기, 연료전지 또는 태양전지 모듈의 전압, 전류, 전력
㉡ 발전기 베어링(수중메탈은 제외) 및 고정자의 온도
㉢ 정격출력이 10000[kW]를 넘는 증기터빈에 접속된 발전기 진동의 진폭
㉣ 주요 변압기의 전압, 전류, 전력
㉤ 특고압용 변압기의 온도

상 제3장 전선로

96 가공전선로의 지지물에 하중이 가하여지는 경우에 그 하중을 받는 지지물의 기초 안전율은 얼마 이상이어야 하는가? (단, 이상 시 상정하중은 무관)

① 1.5
② 2.0
③ 2.5
④ 3.0

해설 가공전선로 지지물의 기초의 안전율 (KEC 331.7)

가공전선로의 지지물에 하중이 가해지는 경우 그 하중을 받는 지지물의 기초 안전율은 2 이상이어야 한다. (이상 시 상정하중에 대한 철탑의 기초에 대하여는 1.33 이상)

중 제2장 저압설비 및 고압·특고압설비

97 케이블트레이공사에 사용하는 케이블트레이에 대한 기준으로 틀린 것은?

① 안전율은 1.5 이상으로 하여야 한다.
② 비금속제 케이블트레이는 수밀성 재료의 것이어야 한다.
③ 금속제 케이블트레이 계통은 기계적 및 전기적으로 완전하게 접속하여야 한다.
④ 금속제 트레이는 접지공사를 하여야 한다.

해설 케이블트레이공사(KEC 232.41)

케이블트레이의 선정
㉠ 케이블트레이의 안전율은 1.5 이상으로 할 것
㉡ 비금속제 케이블트레이는 난연성 재료를 사용할 것
㉢ 금속제 케이블트레이 계통은 기계적 및 전기적으로 완전하게 접속하여야 하며, 금속제 트레이는 접지공사를 할 것
㉣ 케이블트레이가 방화구획의 벽, 마루, 천장 등을 관통하는 경우에 관통부는 불연성의 물질로 충전(充塡)할 것

정답 94 ③ 95 ② 96 ② 97 ②

중 제2장 저압설비 및 고압·특고압설비

98 금속제 외함을 가진 저압의 기계기구로서 사람이 쉽게 접촉될 우려가 있는 곳에 시설하는 경우 전기를 공급받는 전로에 지락이 생겼을 때 자동적으로 전로를 차단하는 장치를 설치하여야 하는 기계기구의 사용전압이 몇 [V]를 초과하는 경우인가?

① 30 ② 50

③ 100 ④ 150

해설 누전차단기의 시설(KEC 211.2.4)

금속제 외함을 가지는 사용전압이 50[V]를 초과하는 저압의 기계기구로서, 사람이 쉽게 접촉할 우려가 있는 곳에 시설하는 것에 전기를 공급하는 전로에는 전로에 지락이 생겼을 때 자동적으로 전로를 차단하는 장치를 하여야 한다.

정답 **98** ②

제1과목 전기자기학

상 제9장 자성체와 자기회로

01 비투자율 $\mu_r = 800$, 원형 단면적이 $S = 10$ [cm²], 평균자로길이 $l = 16\pi \times 10^{-2}$[m]의 환상철심에 600회의 코일을 감고 이 코일에 1[A]의 전류를 흘리면 환상철심 내부의 자속은 몇 [Wb]인가?

① 1.2×10^{-3}
② 1.2×10^{-5}
③ 2.4×10^{-3}
④ 2.4×10^{-5}

해설 철심 내부의 자속

$$\phi = \frac{\mu SNI}{l}$$
$$= \frac{\mu_0 \mu_r SNI}{l}$$
$$= \frac{4\pi \times 10^{-7} \times 800 \times 10 \times 10^{-4} \times 600 \times 1}{16\pi \times 10^{-2}}$$
$$= 1.2 \times 10^{-3}[\text{Wb}]$$

중 제6장 전류

02 정상전류계에서 $\nabla \cdot i = 0$에 대한 설명으로 틀린 것은?

① 도체 내에 흐르는 전류는 연속이다.
② 도체 내에 흐르는 전류는 일정하다.
③ 단위시간당 전하의 변화가 없다.
④ 도체 내에 전류가 흐르지 않는다.

해설

$\nabla \cdot i = 0$은 흐르는 전류의 크기는 변화가 없다는 의미로 전류의 연속성을 나타낸다. 또한 전류의 변화가 없다는 것은 시간적 변화에 따라 전하의 변화가 없다는 것을 의미한다.

상 제6장 전류

03 동일한 금속 도선의 두 점 사이에 온도차를 주고 전류를 흘렸을 때 열의 발생 또는 흡수가 일어나는 현상은?

① 펠티에(Peltier)효과
② 볼타(Volta)효과
③ 제베크(Seebeck)효과
④ 톰슨(Thomson)효과

해설

㉠ 제베크효과 : 두 종류의 금속을 루프상으로 이어서 두 접속점을 다른 온도로 유지하면, 이 회로에 열기전력이 발생되어 열전류가 흐르는 현상
㉡ 펠티에효과 : 두 가지 금속의 접속점을 통하여 전류가 흐를 때 접속점에 줄열 이외의 발열 또는 흡열이 일어나는 현상
㉢ 톰슨효과 : 동일 금속이라도 부분적으로 온도가 다른 금속선에 전류를 흘리면 온도 구배가 있는 부분에 줄열 이외의 발열 또는 흡열이 일어나는 현상

상 제2장 진공 중의 정전계

04 비유전율이 2이고, 비투자율이 2인 매질 내에서의 전자파의 전파속도 v[m/s]와 진공 중의 빛의 속도 v_0[m/s] 사이의 관계는?

① $v = \frac{1}{2}v_0$
② $v = \frac{1}{4}v_0$
③ $v = \frac{1}{6}v_0$
④ $v = \frac{1}{8}v_0$

해설

㉠ 진공 중의 빛의 속도 $v_0 = 3 \times 10^8$[m/s]
㉡ 전자파의 전파속도
$$v = \frac{1}{\sqrt{\varepsilon\mu}} = \frac{1}{\sqrt{\varepsilon_0 \varepsilon_r \mu_0 \mu_r}} = \frac{3 \times 10^8}{\sqrt{\varepsilon_r \mu_r}}[\text{m/s}]$$
$$\therefore v = \frac{v_0}{\sqrt{\varepsilon_r \mu_r}} = \frac{v_0}{\sqrt{2 \times 2}} = \frac{1}{2}v_0$$

정답 01 ① 02 ④ 03 ④ 04 ①

중 제2장 진공 중의 정전계

05 진공 내의 점 (2, 2, 2)에 10^{-9}[C]의 전하가 놓여 있다. 점 (2, 5, 6)에서의 전계 E는 약 몇 [V/m]인가? (단, a_y, a_z는 단위 벡터이다.)

① $0.278a_y + 2.888a_z$

② $0.216a_y + 0.288a_z$

③ $0.288a_y + 0.216a_z$

④ $0.291a_y + 0.288a_z$

해설

㉠ 거리 벡터

$$\vec{r} = (2-2)a_x + (5-2)a_y + (6-2)a_z$$
$$= 3a_y + 4a_z$$

㉡ 단위 벡터

$$\vec{r_0} = \frac{\vec{r}}{r} = \frac{3a_y + 4a_z}{\sqrt{3^2 + 4^2}} = 0.6a_y + 0.8a_z$$

㉢ 전계의 세기(스칼라)

$$E = \frac{Q}{4\pi\varepsilon_0 r^2} = 9 \times 10^9 \times \frac{Q}{r^2}$$
$$= 9 \times 10^9 \times \frac{10^{-9}}{5^2} = 0.36$$

$$\therefore \vec{E} = E\vec{r_0} = 0.36(0.6a_y + 0.8a_z)$$
$$= 0.216a_y + 0.288a_z [\text{V/m}]$$

상 제8장 전류의 자기현상

06 한 변의 길이가 l[m]인 정사각형 도체에 전류 I[A]가 흐르고 있을 때 중심점 P에서의 자계의 세기는 몇 [A/m]인가?

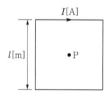

① $16\pi l I$

② $4\pi l I$

③ $\dfrac{\sqrt{3}\pi}{2l}I$

④ $\dfrac{2\sqrt{2}}{\pi l}I$

해설 선도체 중심에서의 자계의 세기

㉠ 정사각형 도체 : $H = \dfrac{2\sqrt{2}I}{\pi l}$

㉡ 정삼각형 도체 : $H = \dfrac{9I}{2\pi l}$

㉢ 정육각형 도체 : $H = \dfrac{\sqrt{3}I}{\pi l}$

여기서, l : 정 n각형 도체 한 변의 길이[m]

중 제3장 정전용량

07 간격이 3[cm]이고 면적이 30[cm^2]인 평판의 공기 콘덴서에 220[V]의 전압을 가하면 두 판 사이에 작용하는 힘은 약 몇 [N]인가?

① 6.3×10^{-6}

② 7.14×10^{-7}

③ 8×10^{-5}

④ 5.75×10^{-4}

해설

㉠ 콘덴서 양극판에서 받아지는 힘(=정전응력)

$$f = \frac{1}{2}\varepsilon_0 E^2 [\text{N/m}^2]$$

㉡ $F = fS = \dfrac{1}{2}\varepsilon_0 E^2 S = \dfrac{1}{2}\varepsilon_0 S \times \left(\dfrac{V}{d}\right)^2$

$$= \frac{1}{2} \times \frac{\varepsilon_0 S}{d} \times \frac{V^2}{d} = \frac{1}{2d}CV^2 [\text{N}]$$

$$\therefore F = \frac{1}{2d} \times \frac{\varepsilon_0 S}{d} \times V^2$$

$$= \frac{8.855 \times 10^{-12} \times 30 \times 10^{-4} \times 220^2}{2 \times 0.03^2}$$

$$= 7.14 \times 10^{-7} [\text{N}]$$

상 제4장 유전체

08 전계 E[V/m], 전속밀도 D[C/m^2], 유전율 $\varepsilon = \varepsilon_0 \varepsilon_r$[F/m], 분극의 세기 P[C/m^2] 사이의 관계를 나타낸 것으로 옳은 것은?

① $P = D + \varepsilon_0 E$

② $P = D - \varepsilon_0 E$

③ $P = \dfrac{D+E}{\varepsilon_0}$

④ $P = \dfrac{D-E}{\varepsilon_0}$

해설 분극의 세기

$$P = \varepsilon_0(\varepsilon_r - 1)E = D - \varepsilon_0 E = D\left(1 - \frac{1}{\varepsilon_r}\right)$$

상 제4장 유전체

09 커패시터를 제조하는 데 4가지(A, B, C, D)의 유전재료가 있다. 커패시터 내의 전계를 일정하게 하였을 때, 단위체적당 가장 큰 에너지밀도를 나타내는 재료부터 순서대로 나열한 것은? (단, 유전재료 A, B, C, D의 비유전율은 각각 $\varepsilon_{rA} = 8$, $\varepsilon_{rB} = 10$, $\varepsilon_{rC} = 2$, $\varepsilon_{rD} = 4$이다.)

① $C > D > A > B$

② $B > A > D > C$

③ $D > A > C > B$

④ $A > B > D > C$

정답 05 ② 06 ④ 07 ② 08 ② 09 ②

해설

단위체적당 에너지밀도 $w_e = \frac{1}{2}\varepsilon_0\varepsilon_r E^2[J/m^3]$에서 전계 E가 일정하면 w_e는 비유전율 ε_r에 비례한다.

∴ B>A>D>C

상 　제6장 전류

10 내구의 반지름이 2[cm], 외구의 반지름이 3[cm]인 동심 구도체 간에 고유저항이 $1.884 \times 10^2[\Omega \cdot m]$인 저항물질로 채워져 있을 때, 내외구 간의 합성저항은 약 몇 [Ω]인가?

① 2.5　　　　② 5.0
③ 250　　　　④ 500

해설

㉠ 동심 구도체의 정전용량 $C = \frac{4\pi\varepsilon ab}{b-a}$

㉡ 절연저항

$$R = \frac{\varepsilon\rho}{C}$$
$$= \frac{\rho(b-a)}{4\pi ab}$$
$$= \frac{1.884 \times 10^2 \times (0.03-0.02)}{4\pi \times 0.03 \times 0.02}$$
$$= 250[\Omega]$$

상 　제9장 자성체와 자기회로

11 영구자석의 재료로 적합한 것은?

① 잔류 자속밀도(B_r)는 크고, 보자력(H_c)은 작아야 한다.
② 잔류 자속밀도(B_r)는 작고, 보자력(H_c)은 커야 한다.
③ 잔류 자속밀도(B_r)와 보자력(H_c) 모두 작아야 한다.
④ 잔류 자속밀도(B_r)와 보자력(H_c) 모두 커야 한다.

해설

㉠ 전자석 : 잔류 자속밀도는 크고, 보자력은 작아야 한다.
㉡ 영구자석 : 잔류 자속밀도와 보자력이 모두 커야 한다.

상 　제4장 유전체

12 평등전계 중에 유전체구에 의한 전속분포가 그림과 같이 되었을 때 ε_1과 ε_2의 크기 관계는?

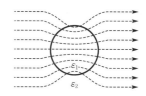

① $\varepsilon_1 > \varepsilon_2$　　　② $\varepsilon_1 < \varepsilon_2$
③ $\varepsilon_1 = \varepsilon_2$　　　④ $\varepsilon_1 \leq \varepsilon_2$

해설

㉠ 전기력선(전계)은 유전율이 작은 곳으로 모이려는 특성이 있다.
㉡ 유전속(전속밀도)은 유전율이 큰 곳으로 모이려는 특성이 있다.

상 　제11장 인덕턴스

13 환상 솔레노이드의 단면적이 S, 평균반지름이 r, 권선수가 N이고 누설자속이 없는 경우 자기인덕턴스의 크기는?

① 권선수 및 단면적에 비례한다.
② 권선수의 제곱 및 단면적에 비례한다.
③ 권선수의 제곱 및 평균반지름에 비례한다.
④ 권선수의 제곱에 비례하고 단면적에 반비례한다.

해설

자기인덕턴스 $L = \frac{\mu S N^2}{l}[H]$

상 　제2장 진공 중의 정전계

14 전하 e[C], 질량 m[kg]인 전자가 전계 E[V/m] 내에 놓여 있을 때 최초에 정지하고 있었다면 t초 후에 전자의 속도[m/s]는?

① $\frac{meE}{t}$　　　② $\frac{me}{E}t$
③ $\frac{mE}{e}t$　　　④ $\frac{Ee}{m}t$

정답　**10** ③　**11** ④　**12** ①　**13** ②　**14** ④

해설

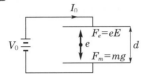

㉠ 전자의 전자력 : $F_e = eE$[N]

㉡ 중력의 힘 : $F_m = mg = m\dfrac{v}{t}$[N]

  ∴ 가속도 $g = \dfrac{v}{t}$

  여기서, v : 속도, t : 시간

㉢ 전자가 정지하기 위한 조건

  : $F_e = F_m \rightarrow m\dfrac{v}{t} = eE$

∴ 전자의 속도 : $v = \dfrac{eE}{m}t$ [m/s]

상 제9장 자성체와 자기회로

15 다음 중 비투자율(μ_r)이 가장 큰 것은?

① 금 　　　　　　② 은

③ 구리 　　　　　④ 니켈

해설

㉠ 금, 은, 구리($\mu_r = 0.999991$)는 반자성체로 비투자율 $\mu_r \doteqdot 1$이다.

㉡ 니켈은 강자성체로 비투자율 $\mu_r = 600$ 정도가 된다.

상 제8장 전류의 자기현상

16 그림과 같은 환상 솔레노이드 내의 철심 중심에서의 자계의 세기 H[AT/m]는? (단, 환상 철심의 평균반지름은 r[m], 코일의 권수는 N회, 코일에 흐르는 전류는 I[A]이다.)

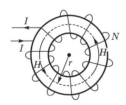

① $\dfrac{NI}{\pi r}$ 　　　　② $\dfrac{NI}{2\pi r}$

③ $\dfrac{NI}{4\pi r}$ 　　　　④ $\dfrac{NI}{2r}$

해설 솔레노이드 내부 자계의 세기 H

㉠ 유한장 솔레노이드 $H = \dfrac{NI}{l}$[AT/m]

㉡ 무한장 솔레노이드 $H = nI$[AT/m]

㉢ 환상 솔레노이드 $H = \dfrac{NI}{2\pi r}$[AT/m]

여기서, l : 자로의 길이[m]

　　　　n : 단위길이당 권선수[T/m]

상 제9장 자성체와 자기회로

17 강자성체가 아닌 것은?

① 코발트 　　　　② 니켈

③ 철 　　　　　　④ 구리

해설

㉠ 강자성체 : 철, 니켈, 코발트

㉡ 상자성체 : 공기, 알루미늄, 망간, 백금

㉢ 반자성체 : 금, 은, 동, 창연, 주석

상 제8장 전류의 자기현상

18 반지름이 a[m]인 원형 도선 2개의 루프가 z축상에 그림과 같이 놓인 경우 I[A]의 전류가 흐를 때 원형 전류 중심축상의 자계 H[A/m]는? (단, a_z, a_ϕ는 단위 벡터이다.)

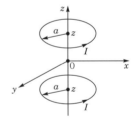

① $H = \dfrac{a^2 I}{(a^2 + z^2)^{\frac{3}{2}}} a_\phi$ 　　② $H = \dfrac{a^2 I}{(a^2 + z^2)^{\frac{3}{2}}} a_z$

③ $H = \dfrac{a^2 I}{2(a^2 + z^2)^{\frac{3}{2}}} a_\phi$ 　④ $H = \dfrac{a^2 I}{2(a^2 + z^2)^{\frac{3}{2}}} a_z$

해설

㉠ 원형 코일(선전류)에 의한 자계의 세기

  $H = \dfrac{a^2 I}{2(a^2 + z^2)^{\frac{3}{2}}}$

㉡ 원형 코일에 흐르는 전류가 시계방향이므로 두 코일에서 발생된 자계는 앙페르 오른나사법칙에 의해 모두 z방향으로 발생된다.

㉢ 즉, 원점에서 받아지는 자계의 세기는 두 코일에서 발생된 자계의 합력으로 구하고, 방향은 a_z가 된다.

∴ $H_0 = 2H = \dfrac{a^2 I}{(a^2 + z^2)^{\frac{3}{2}}} a_z$

정답　15 ④　16 ②　17 ④　18 ②

상 제12장 전자계

19 방송국 안테나 출력이 W[W]이고 이로부터 진공 중에 r[m] 떨어진 점에서 자계의 세기의 실효치는 약 몇 [A/m]인가?

① $\dfrac{1}{r}\sqrt{\dfrac{W}{377\pi}}$ ② $\dfrac{1}{2r}\sqrt{\dfrac{W}{377\pi}}$

③ $\dfrac{1}{2r}\sqrt{\dfrac{W}{188\pi}}$ ④ $\dfrac{1}{r}\sqrt{\dfrac{2W}{377\pi}}$

해설

㉠ 특성임피던스

$$Z_0 = \frac{E}{H} = \sqrt{\frac{\mu_0}{\varepsilon_0}}$$
$$= 120\pi = 377[\Omega]$$

㉡ 방사전력 $W = \displaystyle\int Pds = Ps = EHs$[W]

여기서, P : 포인팅 벡터[W/m²]
$$P = EH$$

㉢ 전계 $E = 377H$이므로 $W = EHs = 377H^2 s$가 된다.

$$\therefore\ H = \sqrt{\frac{W}{377s}}$$
$$= \sqrt{\frac{W}{377 \times 4\pi r^2}}$$
$$= \frac{1}{2r}\sqrt{\frac{W}{377\pi}}\ \text{[A/m]}$$

상 제5장 전기 영상법

20 직교하는 무한 평판도체와 점전하에 의한 영상전하는 몇 개 존재하는가?

① 2   ② 3
③ 4   ④ 5

해설

직교하는 무한 평판도체에는 3개의 영상전하가 발생한다.

제2과목 **전력공학**

상 제11장 발전

21 그림과 같은 유황곡선을 가진 수력지점에서 최대사용수량 0C로 1년간 계속 발전하는 데 필요한 저수지의 용량은?

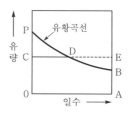

① 면적 0CPBA   ② 면적 0CDBA
③ 면적 DEB   ④ 면적 PCD

해설

적산유량곡선은 댐과 저수지 건설계획 또는 기존 저수지의 저수계획을 수립하는 자료로 사용할 수 있다.
㉠ 0C : 최대사용수량
㉡ 면적 0PBA : 유량
㉢ 면적 DEB : 부족수량
따라서 저수지의 용량은 부족수량인 면적 DEB의 수량만큼 저수해 두면 된다.

중 제7장 이상전압 및 유도장해

22 통신선과 평행인 주파수 60[Hz]의 3상 1회선 송전선이 있다. 1선 지락 때문에 영상전류가 100[A] 흐르고 있다면 통신선에 유도되는 전자유도전압[V]은 약 얼마인가? (단, 영상전류는 전 전선에 걸쳐서 같으며, 송전선과 통신선과의 상호인덕턴스는 0.06[mH/km], 그 평행길이는 40[km]이다.)

① 156.6   ② 162.8
③ 230.2   ④ 271.4

해설

통신선에 유도되는
전자유도전압 $E_n = 2\pi f Ml \times 3I_0 \times 10^{-3}$[V]
여기서, M : 상호인덕턴스
       l : 선로 평행길이, f : 주파수
       I_0 : 영상전류, $\dot{I_a} + \dot{I_b} + \dot{I_c} = 3\dot{I_0}$[A]
$E_n = 2\pi \times 60 \times 0.06 \times 10^{-3} \times 40 \times 3 \times 100$
    $= 271.4$[V]

상 제8장 송전선로 보호방식

23 고장전류의 크기가 커질수록 동작시간이 짧게 되는 특성을 가진 계전기는?

① 순한시계전기
② 정한시계전기
③ 반한시계전기
④ 반한시 정한시계전기

정답 19 ②   20 ②   21 ③   22 ④   23 ③

◀해설 계전기의 한시특성에 의한 분류

㉠ 순한시계전기 : 최소 동작전류 이상의 전류가 흐르면 즉시 동작하는 것
㉡ 반한시계전기 : 동작전류가 커질수록 동작시간이 짧게 되는 특성을 가진 것
㉢ 정한시계전기 : 동작전류의 크기에 관계없이 일정한 시간에서 동작하는 것
㉣ 반한시 정한시계전기 : 동작전류가 적은 동안에는 반한시 특성으로 되고 그 이상에서는 정한시 특성이 되는 것
㉤ 계단식계전기 : 한시치가 다른 계전기와 조합하여 계단적인 한시특성을 가진 것

중 제10장 배전선로 계산

24 3상 3선식 송전선에서 한 선의 저항이 10[Ω], 리액턴스가 20[Ω]이며, 수전단의 선간전압이 60[kV], 부하역률이 0.8인 경우에 전압강하율이 10[%]라 하면 이 송전선로로는 약 몇 [kW]까지 수전할 수 있는가?

① 10000 ② 12000
③ 14400 ④ 18000

◀해설

부하전류 $I_n = \dfrac{e}{\sqrt{3}\,(r\cos\theta + x\sin\theta)}$

$\qquad = \dfrac{60000 \times 0.1}{\sqrt{3}\,(10 \times 0.8 + 20 \times 0.6)}$

$\qquad = 173.21\,[\mathrm{A}]$

수전전력 $P = \sqrt{3}\,V_n I_n \cos\theta$

$\qquad = \sqrt{3} \times 60 \times 173.21 \times 0.8$

$\qquad = 14400.4 \fallingdotseq 14400\,[\mathrm{kW}]$

중 제5장 고장 계산 및 안정도

25 기준 선간전압 23[kV], 기준 3상 용량 5000[kVA], 1선의 유도리액턴스가 15[Ω]일 때 % 리액턴스는?

① 28.36[%] ② 14.18[%]
③ 7.09[%] ④ 3.55[%]

◀해설

퍼센트 리액턴스 $\%X = \dfrac{I_n X}{V} \times 100 = \dfrac{P_n X}{10\,V_n^2}\,[\%]$

여기서, $V_n[\mathrm{kV}]$: 정격전압, $P_n[\mathrm{kVA}]$: 정격용량

$\%X = \dfrac{P_n X}{10\,V_n^2} = \dfrac{5000 \times 15}{10 \times 23^2} = 14.178 \fallingdotseq 14.18\,[\%]$

상 제4장 송전 특성 및 조상설비

26 전력원선도의 가로축과 세로축을 나타내는 것은?

① 전압과 전류
② 전압과 전력
③ 전류와 전력
④ 유효전력과 무효전력

◀해설

전력원선도의 가로축은 유효전력, 세로축은 무효전력,

반경(=반지름)은 $\dfrac{V_S V_R}{Z}$ 이다.

상 제11장 발전

27 화력발전소에서 증기 및 급수가 흐르는 순서는?

① 절탄기 → 보일러 → 과열기 → 터빈 → 복수기
② 보일러 → 절탄기 → 과열기 → 터빈 → 복수기
③ 보일러 → 과열기 → 절탄기 → 터빈 → 복수기
④ 절탄기 → 과열기 → 보일러 → 터빈 → 복수기

◀해설 화력발전소에서 급수 및 증기의 순환과정 (랭킨 사이클)

절탄기 → 보일러 → 과열기 → 터빈 → 복수기 → 급수펌프

하 제11장 발전

28 연료의 발열량이 430[kcal/kg]일 때, 화력발전소의 열효율[%]은? (단, 발전기 출력은 $P_G[\mathrm{kW}]$, 시간당 연료의 소비량은 $B\,[\mathrm{kg/h}]$이다.)

① $\dfrac{P_G}{B} \times 100$

② $\sqrt{2} \times \dfrac{P_G}{B} \times 100$

③ $\sqrt{3} \times \dfrac{P_G}{B} \times 100$

④ $2 \times \dfrac{P_G}{B} \times 100$

정답 24 ③ 25 ② 26 ④ 27 ① 28 ④

해설

화력발전소의 열효율 $\eta = \dfrac{860 \cdot P_G}{B \cdot C} \times 100[\%]$

여기서, P_G : 발전기출력[W]

$\qquad\quad B$: 연료소비량[kg]

$\qquad\quad C$: 발열량[kcal/kg]

$\eta = \dfrac{860 \cdot P_G}{B \cdot C} \times 100 = \dfrac{860 \cdot P_G}{B \cdot 430} \times 100$

$\quad = \dfrac{2 \cdot P_G}{B} \times 100[\%]$

상 제6장 중성점 접지방식

29 송전선로에서 1선 지락 시에 건전상의 전압 상승이 가장 적은 접지방식은?

① 비접지방식

② 직접접지방식

③ 저항접지방식

④ 소호리액터 접지방식

해설

직접접지방식은 1선 지락 고장 시 건전상의 전압상승이 거의 없다.

구 분	비접지방식	직접접지방식	소호리액터 접지방식
1선 지락 시 건전상 전압 상승	$\sqrt{3}$ 배 상승	최소	–
기기 절연 수준	최고	최저(단절연)	중간
1선 지락전류	매우 작음	최대	최소
전자유도장해	매우 작음	최대	최소
과도 안정도	큼	최소	최대

상 제7장 이상전압 및 유도장해

30 접지봉으로 탑각의 접지저항값을 희망하는 접지저항값까지 줄일 수 없을 때 사용하는 것은?

① 가공지선　　② 매설지선

③ 크로스본드선　　④ 차폐선

해설 매설지선

탑각 접지저항이 300[Ω]을 초과하면 철탑 각각에 동복 강연선을 지하 50[cm] 이상의 깊이에 20~80[m] 정도로 방사상으로 포설하여 접지저항값을 감소시켜 역섬락을 방지한다.

중 제8장 송전선로 보호방식

31 전력퓨즈(power fuse)는 고압, 특고압기기의 주로 어떤 전류의 차단을 목적으로 설치하는가?

① 충전전류

② 부하전류

③ 단락전류

④ 영상전류

해설

과전류 차단기에는 차단기(CB)와 퓨즈(fuse)가 있는데 퓨즈는 단락전류를 차단하기 위해 설치한다. 과부하전류나 기동전류와 같은 과도전류 등에는 동작하지 않아야 한다.

하 제10장 배전선로 계산

32 정전용량이 C_1이고, V_1의 전압에서 Q_r의 무효전력을 발생하는 콘덴서가 있다. 정전용량을 변화시켜 2배로 승압된 전압($2V_1$)에서도 동일한 무효전력 Q_r을 발생시키고자 할 때, 필요한 콘덴서의 정전용량 C_2는?

① $C_2 = 4C_1$

② $C_2 = 2C_1$

③ $C_2 = \dfrac{1}{2}C_1$

④ $C_2 = \dfrac{1}{4}C_1$

해설

콘덴서 용량(＝무효전력) $Q_r = \omega CV^2[\text{kVA}]$

콘덴서 용량(Q_r)이 일정한 상태에서 정전용량(C)과 전압(V_1)의 관계는 다음과 같다.

$C \propto \dfrac{1}{V_1^2}$

$C_1 : C_2 = \dfrac{1}{V_1^2} : \dfrac{1}{(2V_1)^2}$ 에서

$C_2 = C_1 \times \dfrac{1}{4V_1^2} \times V_1^2$

$\quad = \dfrac{1}{4}C_1$

$\therefore\ C_2 = \dfrac{1}{4}C_1$

중 제5장 고장 계산 및 안정도

33 송전선로에서의 고장 또는 발전기 탈락과 같은 큰 외란에 대하여 계통에 연결된 각 동기기기가 동기를 유지하면서 계속 안정적으로 운전할 수 있는지를 판별하는 안정도는?

① 동태안정도(dynamic stability)
② 정태안정도(steady-state stability)
③ 전압안정도(voltage stability)
④ 과도안정도(transient stability)

해설 안정도의 종류 및 특성

㉠ 정태안정도 : 정태안정도란 부하가 서서히 증가한 경우 계속해서 송전할 수 있는 능력으로 이때의 전력을 정태안정 극한전력이라 한다.
㉡ 과도안정도 : 계통에 갑자기 부하가 증가하여 급격한 교란상태가 발생하더라도 정전을 일으키지 않고 송전을 계속하기 위한 전력의 최대치를 과도안정도라 한다.
㉢ 동태안정도 : 차단기 또는 조상설비 등을 설치하여 안정도를 높인 것을 동태안정도라 한다.

상 제5장 고장 계산 및 안정도

34 송전선로의 고장전류 계산에 영상임피던스가 필요한 경우는?

① 1선 지락　　② 3상 단락
③ 3선 단선　　④ 선간 단락

해설 선로의 고장 시 대칭좌표법으로 해석할 경우 필요한 사항

㉠ 1선 지락 : 영상임피던스, 정상임피던스, 역상임피던스
㉡ 선간 단락 : 정상임피던스, 역상임피던스
㉢ 3선 단락 : 정상임피던스

하 제10장 배전선로 계산

35 배전선로의 주상변압기에서 고압측 – 저압측에 주로 사용되는 보호장치의 조합으로 적합한 것은?

① 고압측 : 컷아웃스위치, 저압측 : 캐치홀더
② 고압측 : 캐치홀더, 저압측 : 컷아웃스위치
③ 고압측 : 리클로저, 저압측 : 라인퓨즈
④ 고압측 : 라인퓨즈, 저압측 : 리클로저

해설

주상변압기의 고장보호를 위해 1차측이 고압 및 특고압일 경우 컷아웃스위치(COS)를, 2차측이 저압일 경우 캐치홀더(catch holder)를 설치한다.

하 제9장 배전방식

36 용량 20[kVA]인 단상 주상변압기에 걸리는 하루 동안의 부하가 처음 14시간 동안은 20[kW], 다음 10시간 동안은 10[kW]일 때, 이 변압기에 의한 하루 동안의 손실량[Wh]은? (단, 부하의 역률은 1로 가정하고, 변압기의 전부하동손은 300[W], 철손은 100[W]이다.)

① 6850　　② 7200
③ 7350　　④ 7800

해설

1일 손실량 $= 24 \cdot P_i + h \cdot \left(\dfrac{1}{m}\right)^2 \cdot P_c$

여기서, P_i : 철손

$\dfrac{1}{m}$: 부하율

P_c : 전부하동손

역률 1.0으로 하여 부하의 유효전력을 용량으로 환산하면 다음과 같다.

20[kW] → 20[kVA], 10[kW] → 10[kVA]

14시간 부하율 $= \dfrac{\text{부하용량}}{\text{변압기용량}} = \dfrac{20}{20} = 1.0$

10시간 부하율 $= \dfrac{\text{부하용량}}{\text{변압기용량}} = \dfrac{10}{20} = 0.5$

1일 손실량 $= 24 \times 100 + 14 \times 1.0^2 \times 300$
$\qquad\qquad\quad + 10 \times 0.5^2 \times 300$
$\qquad\quad = 7350[\text{Wh}]$

하 제2장 전선로

37 케이블 단선사고에 의한 고장점까지의 거리를 정전용량측정법으로 구하는 경우, 건전상의 정전용량이 C, 고장점까지의 정전용량이 C_x, 케이블의 길이가 l일 때 고장점까지의 거리를 나타내는 식으로 알맞은 것은?

① $\dfrac{C}{C_x} l$　　② $\dfrac{2C_x}{C} l$
③ $\dfrac{C_x}{C} l$　　④ $\dfrac{C_x}{2C} l$

정답 33 ④　34 ①　35 ①　36 ③　37 ③

[해설]

정전용량 $C[\mu F/km]$는 길이 l에 비례하므로 $C\propto l$
$C : C_x = l : l_x$
여기서, C : 건전상의 정전용량
$\quad\quad C_x$: 고장점까지의 정전용량
$\quad\quad l$: 케이블의 길이
$\quad\quad l_x$: 고장점까지의 케이블의 길이

$$l_x = \frac{C_x}{C}l$$

상 | 제9장 배전방식

38 수용가의 수용률을 나타낸 식은?

① $\dfrac{\text{합성 최대수용전력}[kW]}{\text{평균전력}[kW]} \times 100[\%]$

② $\dfrac{\text{평균전력}[kW]}{\text{합성 최대수용전력}[kW]} \times 100[\%]$

③ $\dfrac{\text{부하설비합계}[kW]}{\text{최대수용전력}[kW]} \times 100[\%]$

④ $\dfrac{\text{최대수용전력}[kW]}{\text{부하설비합계}[kW]} \times 100[\%]$

[해설] 수용률

임의 기간 중 수용가의 최대수요전력과 사용 전기설비의 정격용량의 합계와의 비를 수용률이라 한다.

$$\text{수용률} = \frac{\text{최대수용전력}[kW]}{\text{부하설비합계}[kW]} \times 100[\%]$$

중 | 제5장 고장 계산 및 안정도

39 %임피던스에 대한 설명으로 틀린 것은?

① 단위를 갖지 않는다.

② 절대량이 아닌 기준량에 대한 비를 나타낸 것이다.

③ 기기용량의 크기와 관계없이 일정한 범위의 값을 갖는다.

④ 변압기나 동기기의 내부 임피던스에만 사용할 수 있다.

[해설] %임피던스법의 특징

%임피던스법은 전력계통의 선로 및 기기의 전압, 전류, 전력에 백분율[%]을 적용하여 계산하는 방법이다.
① 값이 단위를 가지지 않으므로 계산 도중 단위의 환산이 필요없다.

---

② 계산과정이 간단해진다.
③ 기기 용량의 대소에 관계없이 그 값이 일정한 범위 내에 들어가기 때문에 기억하기 쉽다.

중 | 제10장 배전선로 계산

40 역률 0.8, 출력 320[kW]인 부하에 전력을 공급하는 변전소에 역률 개선을 위해 전력용 콘덴서 140[kVA]를 설치했을 때 합성역률은?

① 0.93 ② 0.95
③ 0.97 ④ 0.99

[해설]

부하역률 $\cos\theta = \dfrac{P}{\sqrt{P^2+Q^2}} \times 100$

$$= \frac{320}{\sqrt{320^2 + \left(\dfrac{320}{0.8} \times 0.6 - 140\right)^2}}$$

$$= 0.954 \fallingdotseq 0.95[\%]$$

제3과목 **전기기기**

상 | 제3장 변압기

41 전류계를 교체하기 위해 우선 변류기 2차측을 단락시켜야 하는 이유는?

① 측정오차 방지

② 2차측 절연보호

③ 2차측 과전류보호

④ 1차측 과전류방지

[해설]

변류기 2차가 개방되면 2차 전류는 0이 되고 1차 부하 전류도 0이 된다. 그러나 1차측은 선로에 연결되어 있어서 2차측의 전류에 관계없이 선로 전류가 흐르고 있고 이는 모두 여자 전류로 되어 철손이 증가하여 많은 열을 발생시켜 과열, 소손될 우려가 있다. 이때 자속은 모두 2차측 기전력을 증가시켜 절연을 파괴할 우려가 있으므로 개방하여서는 안 된다.
㉠ CT(변류기) → 2차측 절연보호(퓨즈 설치 안 됨)
㉡ PT(계기용 변압기) → 선간 단락 사고방지(퓨즈 설치)

하 제5장 정류기

42 BJT에 대한 설명으로 틀린 것은?

① Bipolar Junction Thyristor의 약자이다.
② 베이스 전류로 컬렉터 전류를 제어하는 전류제어스위치이다.
③ MOSFET, IGBT 등의 전압제어스위치 보다 훨씬 큰 구동전력이 필요하다.
④ 회로기호 B, E, C는 각각 베이스(Base), 이미터(Emitter), 컬렉터(Collector)이다.

해설 양극성 접합 트랜지스터(BJT ; Bipolar Junction Transistor)

㉠ p-n-p형의 트랜지스터 또는 n-p-n형의 트랜지스터이다.
㉡ 베이스의 전류 유무에 따라 on, off가 된다.
㉢ BJT의 단자별 명칭 : 베이스(Base), 이미터(Emitter), 컬렉터(Collector)
㉣ 소자특성상 MOSFET, IGBT 등의 전압제어스위치보다 큰 구동전력이 필요하다.

하 제3장 변압기

43 단상 변압기 2대를 병렬운전할 경우, 각 변압기의 부하전류를 I_a, I_b, 1차측으로 환산한 임피던스를 Z_a, Z_b, 백분율 임피던스 강하를 z_a, z_b, 정격용량을 P_{an}, P_{bn} 이라 한다. 이때 부하분담에 대한 관계로 옳은 것은?

① $\dfrac{I_a}{I_b} = \dfrac{Z_a}{Z_b}$ ② $\dfrac{I_a}{I_b} = \dfrac{P_{bn}}{P_{an}}$

③ $\dfrac{I_a}{I_b} = \dfrac{z_b}{z_a} \times \dfrac{P_{an}}{P_{bn}}$ ④ $\dfrac{I_a}{I_b} = \dfrac{Z_a}{Z_b} \times \dfrac{P_{an}}{P_{bn}}$

해설 변압기 병렬운전 시 부하분담

$$\frac{P_a}{P_b} = \frac{VI_a}{VI_b} \rightarrow \frac{I_a}{I_b}$$

여기서, P_a : A변압기 분담용량, P_b : B변압기 분담용량

백분율 임피던스 강하 $z = \dfrac{P \cdot Z}{10 \cdot V_n^2}$

변압기의 임피던스 $Z = \dfrac{z \cdot 10 \cdot V_n^2}{P}$

각 변압기의 분담용량은 변압기의 임피던스에 반비례하므로

$$\frac{I_a}{I_b} = \frac{Z_b}{Z_a} = \frac{\dfrac{z_b \cdot 10 \cdot V_n^2}{P_{bn}}}{\dfrac{z_a \cdot 10 \cdot V_n^2}{P_{an}}} = \frac{z_b}{z_a} \times \frac{P_{an}}{P_{bn}}$$

하 제5장 정류기

44 사이클로 컨버터(cyclo converter)에 대한 설명으로 틀린 것은?

① DC-DC buck 컨버터와 동일한 구조이다.
② 출력주파수가 낮은 영역에서 많은 장점이 있다.
③ 시멘트공장의 분쇄기 등과 같이 대용량 저속 교류전동기 구동에 주로 사용된다.
④ 교류를 교류로 직접변환하면서 전압과 주파수를 동시에 가변하는 전력변환기이다.

해설

사이클로 컨버터는 교류를 교류로 변환시키는 설비이다.

상 제1장 직류기

45 극수 4이며 전기자 권선은 파권, 전기자 도체수가 250인 직류발전기가 있다. 이 발전기가 1200[rpm]으로 회전할 때 600[V]의 기전력을 유기하려면 1극당 자속은 몇 [Wb]인가?

① 0.04
② 0.05
③ 0.06
④ 0.07

해설

유기기전력 $E = \dfrac{PZ\phi}{a}\dfrac{N}{60}[\text{V}]$

(파권의 경우 병렬회로수 $a = 2$)
여기서, P : 극수
Z : 총도체수
ϕ : 극당 자속
a : 병렬회로수
N : 분당 회전수[rpm]

매극당 자속 $\phi = \dfrac{a60E}{PZN}$

$= \dfrac{2 \times 60 \times 600}{4 \times 250 \times 1200}$

$= 0.06[\text{Wb}]$

정답 42 ① 43 ③ 44 ① 45 ③

상 제1장 직류기

46 직류발전기의 전기자 반작용에 대한 설명으로 틀린 것은?

① 전기자 반작용으로 인하여 전기적 중성축을 이동시킨다.

② 정류자 편간 전압이 불균일하게 되어 섬락의 원인이 된다.

③ 전기자 반작용이 생기면 주자속이 왜곡되고 증가하게 된다.

④ 전기자 반작용이란, 전기자 전류에 의하여 생긴 자속이 계자에 의해 발생되는 주자속에 영향을 주는 현상을 말한다.

해설 전기자 반작용

㉠ 전기자 권선에 흐르는 전류로 인해 발생하는 누설자속이 계자극의 주자속에게 영향을 미치게 하여 자속의 분포를 변화시키는 현상이다.

㉡ 전기자 반작용에 의한 문제점 및 대책
• 전기자 반작용으로 인한 문제점
  − 주자속 감소(감자작용)
  − 편자 작용에 의한 중성축 이동
  − 정류자와 브러시 부근에서 불꽃 발생(정류 불량의 원인)
• 전기자 반작용 대책
  − 보극 설치(소극적 대책)
  − 보상권선 설치(적극적 대책)

중 제2장 동기기

47 기전력(1상)이 E_0이고 동기임피던스(1상)가 Z_s인 2대의 3상 동기발전기를 무부하로 병렬운전시킬 때 각 발전기의 기전력 사이에 δ_s의 위상차가 있으면 한쪽 발전기에서 다른쪽 발전기로 공급되는 1상당의 전력[W]은?

① $\dfrac{E_0}{Z_s}\sin\delta_s$ ② $\dfrac{E_0}{Z_s}\cos\delta_s$

③ $\dfrac{E_0{}^2}{2Z_s}\sin\delta_s$ ④ $\dfrac{E_0{}^2}{2Z_s}\cos\delta_s$

해설 수수전력

동기발전기의 병렬운전 중에 위상차가 발생하면 두 발전기 사이에 주고 받는 전력

수수전력(=주고 받는 전력) $P = \dfrac{E_0{}^2}{2Z_s}\sin\delta_s [\text{W}]$

하 제4장 유도기

48 60[Hz], 6극의 3상 권선형 유도전동기가 있다. 이 전동기의 정격부하 시 회전수는 1140[rpm]이다. 이 전동기를 같은 공급전압에서 전부하토크로 기동하기 위한 외부저항은 몇 [Ω]인가? (단, 회전자권선은 Y결선이며 슬립링 간의 저항은 0.1[Ω]이다.)

① 0.5 ② 0.85
③ 0.95 ④ 1

해설

동기속도 $N_s = \dfrac{120f}{P} = \dfrac{120 \times 60}{6} = 1200[\text{rpm}]$

1140[rpm]으로 회전 시

슬립 $s_1 = \dfrac{N_s - N}{N_s} = \dfrac{1200 - 1140}{1200} = 0.05$

전부하토크로 기동하기 위한 슬립은 1.0이므로
$s_2 = 1.0$

회전자권선 각 상의 2차 저항 r_2가 Y결선이므로 슬립링 간에 접속된 회전자저항은 2개이다.

회전자 1상의 저항 $r_2 = \dfrac{\text{슬립링 간의 저항}}{2}$

$\qquad\qquad = \dfrac{0.1}{2} = 0.05[\Omega]$

$T_m \propto \dfrac{r_2}{s_1} = \dfrac{r_2 + R}{s_2}$에서

$R = \dfrac{r_2}{s_1} \times s_2 - r_2$

$\quad = \dfrac{0.05}{0.05} \times 1.0 - 0.05 = 0.95[\Omega]$

중 제2장 동기기

49 발전기 회전자에 유도자를 주로 사용하는 발전기는?

① 수차발전기
② 엔진발전기
③ 터빈발전기
④ 고주파발전기

해설

유도자형 고주파발전기는 계자, 전기자 모두 고정된 상태로 발전을 하는 기기이므로 회전하는 부분과 회전하지 않는 부분을 전기적으로 연결을 하는 슬립링은 사용하지 않는다.

정답 46 ③ 47 ③ 48 ③ 49 ④

상 제4장 유도기

50 3상 권선형 유도전동기 기동 시 2차측에 외부 가변저항을 넣는 이유는?

① 회전수 감소
② 기동전류 증가
③ 기동토크 감소
④ 기동전류 감소와 기동토크 증가

해설

권선형 유도전동기의 2차 저항 기동은 회전자의 외부에 저항을 접속하여 기동전류 감소 및 기동토크를 증가시킬 수 있다.

중 제3장 변압기

51 1차 전압은 3300[V]이고 1차측 무부하전류는 0.15[A], 철손은 330[W]인 단상 변압기의 자화전류는 약 몇 [A]인가?

① 0.112
② 0.145
③ 0.181
④ 0.231

해설

자화전류 $I_m = \sqrt{I_o^2 - I_i^2}$ [A]

여기서, I_m : 자화전류, I_o : 무부하전류, I_i : 철손전류

철손전류 $I_i = \dfrac{P_i}{V_1} = \dfrac{330}{3300} = 0.1$[A]

무부하전류가 $I_o = 0.15$[A]이므로

자화전류 $I_m = \sqrt{I_o^2 - I_i^2}$
$= \sqrt{0.15^2 - 0.1^2} = 0.112$[A]

하 제4장 유도기

52 유도전동기의 안정운전의 조건은? (단, T_m : 전동기토크, T_L : 부하토크, n : 회전수)

① $\dfrac{dT_m}{dn} < \dfrac{dT_L}{dn}$
② $\dfrac{dT_m}{dn} = \dfrac{dT_L^2}{dn}$
③ $\dfrac{dT_m}{dn} > \dfrac{dT_L}{dn}$
④ $\dfrac{dT_m}{dn} \neq \dfrac{dT_L^2}{dn}$

해설

㉠ 유도전동기의 안정운전조건 $\dfrac{dT_m}{dn} < \dfrac{dT_L}{dn}$

㉡ 유도전동기의 불안정조건 $\dfrac{dT_m}{dn} > \dfrac{dT_L}{dn}$

상 제2장 동기기

53 전압이 일정한 모선에 접속되어 역률 1로 운전하고 있는 동기전동기를 동기조상기로 사용하는 경우 여자전류를 증가시키면 이 전동기는 어떻게 되는가?

① 역률은 앞서고, 전기자전류는 증가한다.
② 역률은 앞서고, 전기자전류는 감소한다.
③ 역률은 뒤지고, 전기자전류는 증가한다.
④ 역률은 뒤지고, 전기자전류는 감소한다.

해설

동기조상기로 사용하는 무부하 동기전동기를 역률 1.0으로 운전 중에 여자전류가 증가하면 전기자전류가 진상전류를 취하여 콘덴서 작용으로 역률은 앞서고 전기자전류는 증가한다.

상 제1장 직류기

54 직류기에서 계자자속을 만들기 위하여 전자석의 권선에 전류를 흘리는 것을 무엇이라 하는가?

① 보극
② 여자
③ 보상권선
④ 자화작용

해설 여자

철심에 권선이 감겨져 있는 부분인 계자에 전류를 흘려 자속을 만드는 현상

상 제2장 동기기

55 동기리액턴스 $X_s = 10$[Ω], 전기자권선 저항 $r_a = 0.1$[Ω], 3상 중 1상의 유도기전력 $E = 6400$V, 단자전압 $V = 4000$[V], 부하각 $\delta = 30°$이다. 비철극기인 3상 동기발전기의 출력은 약 몇 [kW]인가?

① 1280
② 3840
③ 5560
④ 6650

정답 50 ④ 51 ① 52 ① 53 ① 54 ② 55 ②

해설

동기임피던스 $|Z_s| = \sqrt{r_a^2 + X_s^2}$
$$= \sqrt{0.1^2 + 10^2} = 10$$

동기발전기의 1상 출력 $P_1 = \dfrac{EV}{|Z_s|} \sin\delta \times 10^{-3}$ [kW]

3상 출력은 1상 출력의 3배이므로

$P = 3P_1 = 3 \times \dfrac{EV}{|Z_s|} \sin\delta \times 10^{-3}$

$\quad = 3 \times \dfrac{6400 \times 4000}{10} \times \sin 30° \times 10^{-3} = 3840$ [kW]

하 제6장 특수기기

56 히스테리시스 전동기에 대한 설명으로 틀린 것은?

① 유도전동기와 거의 같은 고정자이다.
② 회전자 극은 고정자 극에 비하여 항상 각도 δ_h 만큼 앞선다.
③ 회전자가 부드러운 외면을 가지므로 소음이 적으며, 순조롭게 회전시킬 수 있다.
④ 구속 시부터 동기속도만을 제외한 모든 속도범위에서 일정한 히스테리시스 토크를 발생한다.

해설 히스테리시스 전동기

㉠ 고정자는 유도전동기의 고정자와 거의 유사하다.
㉡ 히스테리시스 손실로 인해 유도된 회전자에서 발생하는 자속은 고정자에서 발생하는 자속에 비해 각도 δ_h 만큼 뒤진다.
㉢ 회전자는 매끄러운 원통형으로 권선이 없다.
㉣ 모든 속도에서 일정한 토크가 발생한다.

상 제1장 직류기

57 단자전압 220[V], 부하전류 50[A]인 분권발전기의 유도기전력은 몇 [V]인가? (단, 여기서 전기자저항은 0.2[Ω]이며, 계자전류 및 전기자반작용은 무시한다.)

① 200
② 210
③ 220
④ 230

해설

분권발전기 전류관계 $I_a = I_f + I_n$ 에서 계자전류(I_f)는 무시하므로 $I_a = I_n$ 이다.
유기기전력 $E_a = V_n + I_a \cdot r_a$
$\qquad\qquad = 220 + 50 \times 0.2 = 230$ [V]

중 제4장 유도기

58 단상 유도전압조정기에서 단락권선의 역할은?

① 철손 경감
② 절연보호
③ 전압강하 경감
④ 전압조정 용이

해설

단락권선은 제어각 $\alpha = 90°$ 위치에서 직렬권선의 리액턴스에 의한 전압강하를 방지한다.

중 제4장 유도기

59 3상 유도전동기에서 회전자가 슬립 s 로 회전하고 있을 때 2차 유기전압 E_{2s} 및 2차 주파수 f_{2s} 와 s 와의 관계는? (단, E_2 는 회전자가 정지하고 있을 때 2차 유기기전력이며 f_1 은 1차 주파수이다.)

① $E_{2s} = sE_2, \ f_{2s} = sf_1$

② $E_{2s} = sE_2, \ f_{2s} = \dfrac{f_1}{s}$

③ $E_{2s} = \dfrac{E_2}{s}, \ f_{2s} = \dfrac{f_1}{s}$

④ $E_{2s} = (1-s)E_2, \ f_{2s} = (1-s)f_1$

해설 유도전동기가 슬립 s 로 회전하고 있는 경우

㉠ 회전 시 2차 유도기전력 $E_{2s} = sE_2$
㉡ 회전 시 2차 주파수 $f_{2s} = sf_1$

중 제3장 변압기

60 3300/220[V]의 단상 변압기 3대를 △-Y 결선하고 2차측 선간에 15[kW]의 단상 전열기를 접속하여 사용하고 있다. 결선을 △-△로 변경하는 경우 이 전열기의 소비전력은 몇 [kW]로 되는가?

① 5
② 12
③ 15
④ 21

해설

변압기의 △-Y결선을 △-△로 변경하는 경우 소비전력은 $P \propto V_1^2$ 으로 2차 단자전압은 $\dfrac{1}{\sqrt{3}}$ 배 저하되므로

∴ 전열기 1상의 소비전력 $P = 15 \times \left(\dfrac{1}{\sqrt{3}}\right)^2 = 5$ [kW]

정답 56 ② 57 ④ 58 ③ 59 ① 60 ①

하 제어공학 제7장 상태방정식

61 블록선도와 같은 단위 피드백 제어시스템의 상태방정식은? $\left(\text{단, 상태변수는 } x_1(t) = c(t), \ x_2(t) = \dfrac{d}{dt}c(t)\text{로 한다.}\right)$

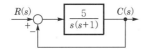

① $\dot{x}_1(t) = x_2(t)$
  $\dot{x}_2(t) = -5x_1(t) - x_2(t) + 5r(t)$

② $\dot{x}_1(t) = x_2(t)$
  $\dot{x}_2(t) = -5x_1(t) - x_2(t) - 5r(t)$

③ $\dot{x}_1(t) = -x_2(t)$
  $\dot{x}_2(t) = 5x_1(t) + x_2(t) - 5r(t)$

④ $\dot{x}_1(t) = -x_2(t)$
  $\dot{x}_2(t) = -5x_1(t) - x_2(t) + 5r(t)$

해설

㉠ 전달함수 $M(s) = \dfrac{C(s)}{R(s)} = \dfrac{\dfrac{5}{s(s+1)}}{1 + \dfrac{5}{s(s+1)}}$

$= \dfrac{5}{s(s+1) + 5}$

$\rightarrow C(s)(s^2 + s + 5) = 5R(s)$

㉡ 전달함수를 미분방정식으로 표시하면

$\dfrac{d^2}{dt^2}c(t) + \dfrac{d}{dt}c(t) + 5c(t) = 5r(t)$

㉢ $c(t) = x_1(t)$

$\dfrac{d}{dt}c(t) = \dfrac{d}{dt}x_1(t) = \dot{x}_1(t) = x_2(t)$

$\dfrac{d^2}{dt^2}c(t) = \dfrac{d}{dt}x_2(t) = \dot{x}_2(t)$

$= -5c(t) - \dfrac{d}{dt}c(t) + 5r(t)$

$= -5x_1(t) - x_2(t) + 5r(t)$

$\therefore \begin{bmatrix} \dot{x}_1 \\ \dot{x}_2 \end{bmatrix} = \begin{bmatrix} 0 & 1 \\ -5 & -1 \end{bmatrix}\begin{bmatrix} x_1(t) \\ x_2(t) \end{bmatrix} + \begin{bmatrix} 0 \\ 5 \end{bmatrix}r(t)$

상 제어공학 제1장 자동제어의 개요

62 적분시간 3[sec], 비례감도가 3인 비례적분 동작을 하는 제어요소가 있다. 이 제어요소에 동작신호 $x(t) = 2t$를 주었을 때 조작량은 얼마인가? (단, 초기 조작량 $y(t)$는 0으로 한다.)

① $t^2 + 2t$ ② $t^2 + 4t$

③ $t^2 + 6t$ ④ $t^2 + 8t$

해설 비례적분제어(PI 제어)

$y(t) = K_P\left[x(t) + \dfrac{1}{T_I}\int x(t)dt\right]$

$= 3\left[2t + \dfrac{1}{3}\int 2t\,dt\right] = 6t + \dfrac{3 \times 2t^2}{6} = t^2 + 6t$

상 제어공학 제3장 시간영역해석법

63 블록선도의 제어시스템은 단위램프 입력에 대한 정상상태오차(정상편차)가 0.01이다. 이 제어시스템의 제어요소인 $G_{C1}(s)$의 k는?

$$G_{C1}(s) = k, \quad G_{C2}(s) = \frac{1 + 0.1s}{1 + 0.2s}$$

$$G_P(s) = \frac{200}{s(s+1)(s+2)}$$

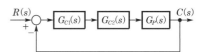

① 0.1 ② 1

③ 10 ④ 100

해설

㉠ 정상속도편차상수

$k_v = \lim_{s \to 0} sG(s)H(s)$

$= \lim_{s \to 0} s \times \dfrac{200k(1 + 0.1s)}{s(s+1)(s+2)(1 + 0.2s)}$

$= \dfrac{200k}{1 \times 2 \times 1} = 100k$

㉡ 정상속도편차 $e_{sv} = \dfrac{1}{k_v} = \dfrac{1}{100k} = 0.01$

$\therefore k = \dfrac{1}{100 \times 0.01} = 1$

상 제어공학 제6장 근궤적법

64
개루프 전달함수 $G(s)H(s)$로부터 근궤적을 작성할 때 실수축에서의 점근선의 교차점은?

$$G(s)H(s) = \frac{K(s-2)(s-3)}{s(s+1)(s+2)(s+4)}$$

① 2 　　　　② 5
③ -4 　　　④ -6

해설

㉠ 개루프 전달함수의 영점의 수
　$Z = 2,\ 3 \to 2$개
㉡ 개루프 전달함수의 극점의 수
　$P = 0,\ -1,\ -2,\ -4 \to 4$개
∴ 점근선의 교차점
$$\sigma = \frac{\sum P - \sum Z}{P - Z} = \frac{-7 - 5}{4 - 2} = -6$$
여기서, $\sum P,\ \sum Z$: 극점과 영점의 총합
　　　　$P,\ Z$: 극점과 영점의 수

상 제어공학 제3장 시간영역해석법

65
2차 제어시스템의 감쇠율(damping ratio, ζ)이 $\zeta < 0$인 경우 제어시스템의 과도응답 특성은?

① 발산 　　　② 무제동
③ 임계제동 　④ 과제동

해설 제동비 ζ범위에 따른 과도응답

㉠ $0 < \zeta < 1$: 부족제동, 감쇠진동, 부족감쇠
㉡ $\zeta = 1$: 임계제동, 임계감쇠, 임계상태
㉢ $\zeta > 1$: 과제동, 과감쇠, 비진동
㉣ $\zeta = 0$: 무제동, 무한진동, 완전진동, 임계안정
㉤ $\zeta < 0$: 발산, 부의 제동

상 제어공학 제5장 안정도 판별법

66
특성방정식이 $2s^4 + 10s^3 + 11s^2 + 5s + K = 0$으로 주어진 제어시스템이 안정하기 위한 조건은?

① $0 < K < 2$ 　　② $0 < K < 5$
③ $0 < K < 6$ 　　④ $0 < K < 10$

해설

루스표를 작성하면 다음과 같다.

㉠ $F(s) = a_0 s^4 + a_1 s^3 + a_2 s^2 + a_3 s + a_0 = 0$

s^4	a_0	a_2	a_4
s^3	a_1	a_3	a_5
s^2	b_1	b_2	b_3
s^1	c_1	c_2	c_3
s^0	d_1	d_2	d_3

㉡ $F(s) = 2s^4 + 10s^3 + 11s^2 + 5s + K = 0$

s^4	2	11	K
s^3	10	5	0
s^2	b_1	K	0
s^1	c_1	0	0
s^0	K	0	0

㉢ $b_1 = \dfrac{\begin{bmatrix} a_0 & a_2 \\ a_1 & a_3 \end{bmatrix}}{-a_1} = \dfrac{a_0 a_3 - a_1 a_2}{-a_1}$

　　$= \dfrac{2 \times 5 - 10 \times 11}{-10} = 10$

㉣ $c_1 = \dfrac{\begin{bmatrix} a_1 & a_3 \\ b_1 & b_2 \end{bmatrix}}{-a_1} = \dfrac{a_1 b_2 - b_1 a_3}{-b_1}$

　　$= \dfrac{10 \times K - 10 \times 5}{-10}$

　　$= 5 - K$

㉤ 루스선도에서 제1열($a_0,\ a_1,\ b_1,\ c_1,\ d_1$)의 부호가 모두 같으면(+) 안정이 된다.
　• $5 - K > 0 \to 5 > K$
　• $K > 0$
∴ 안정하기 위한 K의 범위 : $0 < K < 5$

상 제어공학 제2장 전달함수

67
블록선도의 전달함수$\left(\dfrac{C(s)}{R(s)}\right)$는?

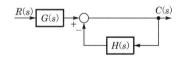

① $\dfrac{G(s)}{1 + H(s)}$ 　　② $\dfrac{G(s)}{1 + G(s)H(s)}$

③ $\dfrac{1}{1 + H(s)}$ 　　④ $\dfrac{1}{1 + G(s)H(s)}$

정답 64 ④　65 ①　66 ②　67 ①

해설 종합 전달함수(메이슨 공식)

$$M(s) = \frac{\sum \text{전향경로 이득}}{1 - \sum \text{폐루프 이득}}$$

$$= \frac{G(s)}{1 - [-H(s)]} = \frac{G(s)}{1 + H(s)}$$

상 제어공학 제2장 전달함수

68 신호흐름선도에서 전달함수 $\left(\dfrac{C(s)}{R(s)}\right)$는?

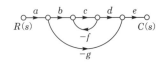

① $\dfrac{abcde}{1 - cg - bcdg}$ ② $\dfrac{abcde}{1 - cf + bcdg}$

③ $\dfrac{abcde}{1 + cf - bcdg}$ ④ $\dfrac{abcde}{1 + cf + bcdg}$

해설 종합 전달함수(메이슨 공식)

$$M(s) = \frac{\sum \text{전향경로 이득}}{1 - \sum \text{폐루프 이득}}$$

$$= \frac{abcde}{1 - (-cf - bcdg)}$$

$$= \frac{abcde}{1 + cf + bcdg}$$

하 제어공학 제7장 상태방정식

69 $e(t)$의 z변환율 $E(z)$라고 했을 때 $e(t)$의 최종값 $e(\infty)$은?

① $\lim\limits_{z \to 1} E(z)$

② $\lim\limits_{z \to \infty} E(z)$

③ $\lim\limits_{z \to 1}(1 - z^{-1})E(z)$

④ $\lim\limits_{z \to \infty}(1 - z^{-1})E(z)$

해설

㉠ 초기값의 정리 $e(0) = \lim\limits_{z \to \infty} E(z)$

㉡ 최종값의 정리 $e(\infty) = \lim\limits_{z \to 1}\left(1 - \dfrac{1}{z}\right)E(z)$

여기서, $\dfrac{1}{z} = z^{-1}$

상 제어공학 제8장 시퀀스회로의 이해

70 $\overline{A} + \overline{B} \cdot \overline{C}$와 등가인 논리식은?

① $\overline{A \cdot (B + C)}$ ② $\overline{A + B \cdot C}$

③ $\overline{A \cdot B + C}$ ④ $\overline{A \cdot B} + C$

해설 드 모르간의 정리

$$\overline{A} + \overline{B} \cdot \overline{C} = \overline{\overline{\overline{A} + \overline{B} \cdot \overline{C}}} = \overline{A \cdot (B + C)}$$

하 회로이론 제10장 라플라스 변환

71 $F(s) = \dfrac{2s^2 + s - 3}{s(s^2 + 4s + 3)}$ 의 라플라스 역변환은?

① $1 - e^{-t} + 2e^{-3t}$

② $1 - e^{-t} - 2e^{-3t}$

③ $-1 - e^{-t} - 2e^{-3t}$

④ $-1 + e^{-t} + 2e^{-3t}$

상 회로이론 제4장 비정현파 교류회로의 이해

72 전압 및 전류가 다음과 같을 때 유효전력[W] 및 역률[%]은 각각 약 얼마인가?

$$v(t) = 100\sin\omega t - 50\sin(3\omega t + 30°)$$
$$+ 20\sin(5\omega t + 45°)\,[\text{V}]$$
$$i(t) = 20\sin(\omega t + 30°)$$
$$+ 10\sin(3\omega t - 30°)$$
$$+ 5\cos 5\omega t\,[\text{A}]$$

① $825[\text{W}], \ 48.6[\%]$

② $776.4[\text{W}], \ 59.7[\%]$

③ $1120[\text{W}], \ 77.4[\%]$

④ $1850[\text{W}], \ 89.6[\%]$

해설

㉠ $P_1 = \dfrac{1}{2} V_{m1} I_{m1} \cos \theta_1$

$$= \dfrac{1}{2} \times 100 \times 20 \times \cos 30° = 866[\text{W}]$$

㉡ $P_3 = \dfrac{1}{2} V_{m3} I_{m3} \cos \theta_3$

$$= \dfrac{1}{2} \times (-50) \times 10 \times \cos 60° = -125[\text{W}]$$

ⓒ $P_5 = \frac{1}{2} V_{m5} I_{m5} \cos \theta_5$

$= \frac{1}{2} \times 20 \times 5 \times \cos 45° = 35.36[W]$

∴ 유효전력 $P = P_1 + P_3 + P_5 = 776.36 = 776.4[W]$

ⓔ 전압의 실효값

$V = \sqrt{\left(\frac{100}{\sqrt{2}}\right)^2 + \left(\frac{-50}{\sqrt{2}}\right)^2 + \left(\frac{20}{\sqrt{2}}\right)^2}$

$= 80.31[V]$

ⓓ 전류의 실효값

$I = \sqrt{\left(\frac{20}{\sqrt{2}}\right)^2 + \left(\frac{10}{\sqrt{2}}\right)^2 + \left(\frac{5}{\sqrt{2}}\right)^2}$

$= 16.2[A]$

∴ 역률 $\cos\theta = \frac{P}{P_a} = \frac{P}{VI} = \frac{776.34}{80.31 \times 16.2}$

$= 0.597 = 59.7[\%]$

하 회로이론 제9장 과도현상

73 회로에서 $t=0$초일 때 닫혀 있는 스위치 S 를 열었다. 이때 $\frac{dv(0^+)}{dt}$ 의 값은? (단, C 의 초기 전압은 0[V]이다.)

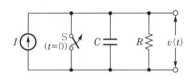

① $\frac{1}{RI}$ ② $\frac{C}{I}$

③ RI ④ $\frac{I}{C}$

해설

콘덴서 C에 흐르는 전류 $i_c(t) = C\frac{dv}{dt}$ 이므로

∴ $\frac{dv(0^+)}{dt} = \frac{i_c(t)}{C}\bigg|_{t=0} = \frac{I}{C}$

중 회로이론 제3장 다상 교류회로의 이해

74 △ 결선된 대칭 3상 부하가 0.5[Ω]인 저항만 의 선로를 통해 평형 3상 전압원에 연결되어 있다. 이 부하의 소비전력이 1800[W]이고 역률이 0.8(지상)일 때, 선로에서 발생하는 손실이 50[W]이면 부하의 단자전압[V]의 크기는?

① 627   ② 525

③ 326   ④ 225

해설

ⓐ 전력손실 $P_l = 3I^2 R$에서 부하전류

$I = \sqrt{\frac{P_l}{3R}} = \sqrt{\frac{50}{3 \times 0.5}} = 5.77[A]$

ⓑ 유효전력 $P = \sqrt{3} VI\cos\theta$에서 단자전압

$V = \frac{P}{\sqrt{3} I\cos\theta} = \frac{1800}{\sqrt{3} \times 5.77 \times 0.8} = 225[V]$

상 회로이론 제3장 다상 교류회로의 이해

75 그림과 같이 △ 회로를 Y회로로 등가변환 하였을 때 임피던스 $Z_a[Ω]$는?

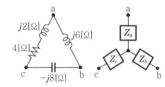

① 12   ② $-3+j6$

③ $4-j8$ ④ $6+j8$

해설

$Z_a = \frac{(4+j2) \times j6}{(4+j2) + j6 - j8}$

$= \frac{-12+j24}{4} = -3+j6[Ω]$

상 회로이론 제7장 4단자망 회로해석

76 그림과 같은 H형의 4단자 회로망에서 4단자 정수(전송 파라미터) A는? (단, V_1은 입력 전압이고, V_2는 출력전압이고, A는 출력 개 방 시 회로망의 전압이득 $\left(\frac{V_1}{V_2}\right)$이다.)

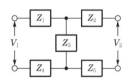

① $\frac{Z_1 + Z_2 + Z_3}{Z_3}$ ② $\frac{Z_1 + Z_3 + Z_4}{Z_3}$

③ $\frac{Z_2 + Z_3 + Z_5}{Z_3}$ ④ $\frac{Z_3 + Z_4 + Z_5}{Z_3}$

해설

$$A = \frac{V_1}{V_2}\bigg|_{I_2=0} = \frac{I_1(Z_1+Z_3+Z_4)}{I_1 Z_3}$$
$$= \frac{Z_1+Z_3+Z_4}{Z_3}$$

하 회로이론 제8장 분포정수회로

77 특성임피던스가 400[Ω]인 회로 말단에 1200[Ω]의 부하가 연결되어 있다. 전원측에 20[kV]의 전압을 인가할 때 반사파의 크기[kV]는? (단, 선로에서의 전압 감쇠는 없는 것으로 간주한다.)

① 3.3   ② 5

③ 10   ④ 33

해설

반사계수 $\Gamma = \dfrac{Z_L - Z_0}{Z_0 + Z_L} = \dfrac{1200-400}{400+1200} = 0.5$

∴ 반사파 전압 $e = \Gamma V = 0.5 \times 20 = 10[\text{kV}]$

상 회로이론 제6장 회로망 해석

78 회로에서 전압 V_{ab}[V]는?

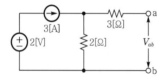

① 2   ② 3

③ 6   ④ 9

해설

중첩의 원리에 의해서 풀이할 수 있다.

㉠ 개방전압 V_{ab} 는 2[Ω]의 단자전압이 된다.

㉡ 2[Ω] 통과전류 I는 전압원에 의한 전류 I_1과 전류원에 의한 전류 I_2의 합으로 구할 수 있다.

㉢ 전압원 2[V]로 해석 시 전류원은 개방을 해야 하므로 $I_1 = 0$이 된다.

㉣ 전류원 3[A]로 해석 시 전압은 단락을 하므로 $I_2 = 3$[A]가 된다.

∴ $V_{ab} = 2I = 2(I_1+I_2)$
$= 2(0+3) = 6[\text{V}]$

상 회로이론 제5장 대칭좌표법

79 △ 결선된 평형 3상 부하로 흐르는 선전류가 I_a, I_b, I_c일 때, 이 부하로 흐르는 영상분전류 I_0[A]는?

① $3I_a$ ② I_a

③ $\dfrac{1}{3}I_a$ ④ 0

해설

㉠ 평형 3상 부하전류의 조건
$$I_a = I, \ I_b = a^2 I, \ I_c = aI$$

㉡ $I_a + I_b + I_c = I(1+a^2+a) = 0$

여기서, $a = 1\underline{/120°} = -\dfrac{1}{2} + j\dfrac{\sqrt{3}}{2}$

$$a^2 = 1\underline{/240°} = -\dfrac{1}{2} - j\dfrac{\sqrt{3}}{2}$$

$$a + a^2 = -1, \ 1 + a^2 + a = 0$$

∴ 영상분전류 $I_0 = \dfrac{1}{3}(I_a + I_b + I_c) = 0[\text{A}]$

중 회로이론 제2장 단상 교류회로의 이해

80 저항 $R = 15$[Ω]과 인덕턴스 $L = 3$[mH]를 병렬로 접속한 회로의 서셉턴스의 크기는 약 몇 [℧]인가? (단, $\omega = 2\pi \times 10^5$)

① 3.2×10^{-2}

② 8.6×10^{-3}

③ 5.3×10^{-4}

④ 4.9×10^{-5}

해설

㉠ 병렬 합성 임피던스
$$Z = \frac{1}{\dfrac{1}{R} + \dfrac{1}{jX_L}}$$

㉡ 병렬 합성 어드미턴스
$$Y = \frac{1}{Z} = \frac{1}{R} + \frac{1}{jX_L} = G - jB_L$$

∴ 유도 서셉턴스
$$B_L = \frac{1}{X_L} = \frac{1}{\omega L}$$
$$= \frac{1}{2\pi \times 10^5 \times 3 \times 10^{-3}}$$
$$= 5.3 \times 10^{-4}[\text{℧}]$$

정답   77 ③   78 ③   79 ④   80 ③

제5과목 전기설비기술기준

상 | 제5장 전기철도

81 전기철도차량에 전력을 공급하는 전차선의 가선방식에 포함되지 않는 것은?

① 가공방식
② 강체방식
③ 제3레일방식
④ 지중조가선방식

> **해설** 전기철도의 용어 정의(KEC 402)
>
> 전기철도차량에 전력을 공급하는 전차선의 가선방식 : 가공방식, 강체방식, 제3레일방식

상 | 제4장 발전소, 변전소, 개폐소 및 기계기구 시설보호

82 수소냉각식 발전기 및 이에 부속하는 수소냉각장치에 대한 시설기준으로 틀린 것은?

① 발전기 내부의 수소의 온도를 계측하는 장치를 시설할 것
② 발전기 내부의 수소의 순도가 70[%] 이하로 저하한 경우에 경보를 하는 장치를 시설할 것
③ 발전기는 기밀구조의 것이고 또한 수소가 대기압에서 폭발하는 경우에 생기는 압력에 견디는 강도를 가지는 것일 것
④ 발전기 내부의 수소의 압력을 계측하는 장치 및 그 압력이 현저히 변동한 경우에 이를 경보하는 장치를 시설할 것

> **해설** 수소냉각식 발전기 등의 시설(KEC 351.10)
>
> ㉠ 기밀구조의 것이고 또한 수소가 대기압에서 폭발하는 경우에 생기는 압력에 견디는 강도를 가지는 것일 것
> ㉡ 발전기 내부 또는 조상기 내부의 수소의 순도가 85[%] 이하로 저하한 경우에 이를 경보하는 장치를 시설할 것
> ㉢ 수소의 압력 및 온도를 계측하고 현저히 변동하는 경우 경보장치를 할 것

상 | 제2장 저압설비 및 고압·특고압설비

83 저압전로의 보호도체 및 중성선의 접속방식에 따른 접지계통의 분류가 아닌 것은?

① IT계통
② TN계통
③ TT계통
④ TC계통

> **해설** 계통접지 구성(KEC 203.1)
>
> 저압전로의 보호도체 및 중성선의 접속방식에 따른 접지계통 구분
> ㉠ TN계통
> ㉡ TT계통
> ㉢ IT계통

중 | 제2장 저압설비 및 고압·특고압설비

84 교통신호등 회로의 사용전압이 몇 [V]를 넘는 경우는 전로에 지락이 생겼을 경우 자동적으로 전로를 차단하는 누전차단기를 시설하는가?

① 60
② 150
③ 300
④ 450

> **해설** 교통신호등의 누전차단기(KEC 234.15.6)
>
> 교통신호등 회로의 사용전압이 150[V]를 넘는 경우는 전로에 지락이 생겼을 경우 자동적으로 전로를 차단하는 누전차단기를 시설할 것

하 | 제3장 전선로

85 터널 안의 전선로의 저압전선이 그 터널 안의 다른 저압전선(관등회로의 배선은 제외한다)·약전류전선 등 또는 수관·가스관이나 이와 유사한 것과 접근하거나 교차하는 경우, 저압전선을 애자공사에 의하여 시설하는 때에는 이격거리가 몇 [cm] 이상이어야 하는가? (단, 전선이 나전선이 아닌 경우이다.)

① 10
② 15
③ 20
④ 25

> **해설** 터널 안 전선로의 전선과 약전류전선 등 또는 관 사이의 이격거리(KEC 335.2)
>
> ㉠ 터널 안의 전선로의 저압전선이 그 터널 안의 다른 저압전선(관등회로의 배선은 제외한다)·약전류전선 등 또는 수관·가스관이나 이와 유사한 것과 접근하거나 교차하는 경우에는 이들 사이의 이격거리는 0.1[m](애자공사에 의하여 시설하는 저압 옥내배선이 나전선인 경우에는 0.3[m]) 이상이어야 한다.
> ㉡ 터널 안의 전선로의 고압전선 또는 특고압전선이 그 터널 안의 저압전선·고압전선(관등회로의 배선은 제외한다)·약전류전선 등 또는 수관·가스관이나 이와 유사한 것과 접근하거나 교차하는 경우에는 이들 사이의 이격거리는 0.15[m] 이상이어야 한다.

정답 | 81 ④ 82 ② 83 ④ 84 ② 85 ①

86 저압 절연전선으로 「전기용품 및 생활용품 안전관리법」의 적용을 받는 것 이외에 KS에 적합한 것으로서 사용할 수 없는 것은?

① 450/750[V] 고무절연전선

② 450/750[V] 비닐절연전선

③ 450/750[V] 알루미늄절연전선

④ 450/750[V] 저독성 난연 폴리올레핀절연전선

해설 절연전선(KEC 122.1)

저압 절연전선은 「전기용품 및 생활용품 안전관리법」의 적용을 받는 것 이외에는 KS에 적합한 것
㉠ 450/750[V] 비닐절연전선
㉡ 450/750[V] 저독성 난연 폴리올레핀절연전선
㉢ 450/750[V] 저독성 난연 가교폴리올레핀절연전선선
㉣ 450/750[V] 고무절연전선

87 사용전압이 154[kV]인 모선에 접속되는 전력용 커패시터에 울타리를 시설하는 경우 울타리의 높이와 울타리로부터 충전부분까지 거리의 합계는 몇 [m] 이상 되어야 하는가?

① 2   ② 3

③ 5   ④ 6

해설 특고압용 기계기구의 시설(KEC 341.4)

㉠ 기계기구를 지표상 5[m] 이상의 높이에 시설할 것
㉡ 특고압용 기계기구 충전부분의 지표상의 높이

사용전압의 구분	울타리의 높이와 울타리로부터 충전부분까지의 거리의 합계 또는 지표상의 높이
35[kV] 이하	5[m]
35[kV] 초과 160[kV] 이하	6[m]
160[kV] 초과	6[m]에 160[kV]를 초과하는 10[kV] 또는 그 단수마다 0.12[m]를 더한 값

88 태양광설비에 시설하여야 하는 계측기의 계측대상에 해당하는 것은?

① 전압과 전류   ② 전력과 역률

③ 전류와 역률   ④ 역률과 주파수

해설 태양광설비의 계측장치(KEC 522.3.6)

태양광설비에는 전압과 전류 또는 전압과 전력을 계측하는 장치를 시설하여야 한다.

89 전선의 단면적이 38[mm^2]인 경동연선을 사용하고 지지물로는 B종 철주 또는 B종 철근콘크리트주를 사용하는 특고압 가공전선로를 제3종 특고압 보안공사에 의하여 시설하는 경우 경간은 몇 [m] 이하이어야 하는가?

① 100

② 150

③ 200

④ 250

해설 특고압 보안공사(KEC 333.22)

제3종 특고압 보안공사 시 경간 제한

지지물의 종류	경 간
목주 · A종 철주 또는 A종 철근콘크리트주	100[m] 이하 (단면적이 38[mm^2] 이상인 경우에는 150[m] 이하)
B종 철주 또는 B종 철근콘크리트주	**200[m] 이하** (단면적이 55[mm^2] 이상인 경우에는 250[m] 이하)
철탑	400[m] 이하 (단면적이 55[mm^2] 이상인 경우에는 600[m] 이하)

90 저압전로에서 정전이 어려운 경우 등 절연저항 측정이 곤란한 경우 저항성분의 누설전류가 몇 [mA] 이하이면 그 전로의 절연성능은 적합한 것으로 보는가?

① 1

② 2

③ 3

④ 4

해설 전로의 절연저항 및 절연내력(KEC 132)

저압전로에서 정전이 어려운 경우 등 절연저항 측정이 곤란한 경우 저항성분의 누설전류가 1[mA] 이하이면 그 전로의 절연성능은 적합한 것으로 본다.

정답   86 ③   87 ④   88 ①   89 ③   90 ①

중 제2장 저압설비 및 고압·특고압설비

91 금속제 가요전선관공사에 의한 저압 옥내배선의 시설기준으로 틀린 것은?

① 가요전선관 안에는 전선에 접속점이 없도록 한다.
② 옥외용 비닐절연전선을 제외한 절연전선을 사용한다.
③ 점검할 수 없는 은폐된 장소에는 1종 가요전선관을 사용할 수 있다.
④ 2종 금속제 가요전선관을 사용하는 경우에 습기 많은 장소에 시설하는 때에는 비닐피복 2종 가요전선관으로 한다.

해설 금속제 가요전선관공사 시설조건(KEC 232.13.1)

㉠ 전선은 절연전선(옥외용 비닐절연전선을 제외한다)일 것
㉡ 전선은 연선일 것. 다만, 단면적 10[mm²](알루미늄선은 단면적 16[mm²]) 이하인 것은 그러하지 아니하다.
㉢ 가요전선관 안에는 전선에 접속점이 없도록 할 것
㉣ 가요전선관은 2종 금속제 가요전선관일 것. 다만, 전개된 장소 또는 **점검할 수 있는 은폐된 장소**(옥내배선의 사용전압이 400[V] 초과인 경우에는 전동기에 접속하는 부분으로서 가요성을 필요로 하는 부분에 사용하는 것에 한한다)에는 1종 가요전선관(습기가 많은 장소 또는 물기가 있는 장소에는 비닐피복 1종 가요전선관에 한한다)을 사용할 수 있다.
㉤ 2종 금속제 가요전선관을 사용하는 경우 습기가 많은 장소 또는 물기가 있는 장소에 시설하는 때에는 비닐피복 2종 가요전선관일 것

중 제1장 공통사항

92 "리플프리(ripple-free) 직류"란 교류를 직류로 변환할 때 리플성분의 실효값이 몇 [%] 이하로 포함된 직류를 말하는가?

① 3
② 5
③ 10
④ 15

해설 용어의 정의(KEC 112)

리플프리(ripple-free)직류 : 교류를 직류로 변환할 때 리플성분의 실효값이 **10[%]** 이하로 포함된 직류

상 제3장 전선로

93 사용전압이 22.9[kV]인 가공전선로를 시가지에 시설하는 경우 전선의 지표상 높이는 몇 [m] 이상인가? (단, 전선은 특고압 절연전선을 사용한다.)

① 6
② 7
③ 8
④ 10

해설 시가지 등에서 특고압 가공전선로의 시설 (KEC 333.1)

시가지 등에서 170[kV] 이하 특고압 가공전선로 높이

사용전압의 구분	지표상의 높이
35[kV] 이하	10[m] 이상(전선이 특고압 절연전선인 경우에는 **8[m]**)
35[kV] 초과	10[m]에 35[kV]를 초과하는 10[kV] 또는 그 단수마다 0.12[m]를 더한 값 이상

상 제3장 전선로

94 가공전선로의 지지물에 시설하는 지선으로 연선을 사용할 경우, 소선(素線)은 몇 가닥 이상이어야 하는가?

① 2
② 3
③ 5
④ 9

해설 지선의 시설(KEC 331.11)

㉠ 지선의 안전율 : 2.5 이상(목주 · A종 철주, A종 철근 콘크리트주 등 1.5 이상)
㉡ 허용 인장하중 : 4.31[kN] 이상
㉢ 소선(素線) **3가닥** 이상의 연선일 것
㉣ 소선은 지름 2.6[mm] 이상의 금속선을 사용한 것일 것 또는 소선의 지름이 2[mm] 이상인 아연도강연선으로서 소선의 인장강도가 0.68[kN/mm²] 이상인 것
㉤ 지중부분 및 지표상 0.3[m]까지의 부분에는 내식성이 있는 아연도금 철봉 사용
㉥ 도로를 횡단 시 지선의 높이는 지표상 5[m] 이상
㉦ 지선애자를 사용하여 감전사고 방지
㉧ 철탑은 지선을 사용하여 강도의 일부를 분담금지

정답 91 ③ 92 ③ 93 ③ 94 ②

상 제3장 전선로

95 다음 (   )에 들어갈 내용으로 옳은 것은?

> 지중전선로는 기설 지중약전류전선로에 대하여 (㉠) 또는 (㉡)에 의하여 통신상의 장해를 주지 않도록 기설 약전류전선로로부터 충분히 이격시키거나 기타 적당한 방법으로 시설하여야 한다.

① ㉠ 누설전류, ㉡ 유도작용
② ㉠ 단락전류, ㉡ 유도작용
③ ㉠ 단락전류, ㉡ 정전작용
④ ㉠ 누설전류, ㉡ 정전작용

해설 지중약전류전선의 유도장해 방지(KEC 334.5)

지중전선로는 기설 지중약전류전선로에 대하여 **누설전류** 또는 **유도작용**에 의하여 통신상의 장해를 주지 않도록 기설 약전류전선로로부터 충분히 이격시키거나 기타 적당한 방법으로 시설하여야 한다.

중 제4장 발전소, 변전소, 개폐소 및 기계기구 시설보호

96 사용전압이 22.9[kV]인 가공전선로의 다중접지한 중성선과 첨가통신선의 이격거리는 몇 [cm] 이상이어야 하는가? (단, 특고압 가공전선로는 중성선 다중접지식의 것으로 전로에 지락이 생긴 경우 2초 이내에 자동적으로 이를 전로로부터 차단하는 장치가 되어 있는 것으로 한다.)

① 60   ② 75
③ 100   ④ 120

해설 전력보안통신선의 시설높이와 이격거리(KEC 362.2)

㉠ 통신선은 가공전선의 아래에 시설할 것
㉡ 통신선과 저압 가공전선 또는 특고압 가공전선로의 다중접지를 한 중성선 사이의 이격거리는 0.6[m] 이상일 것. 다만, 저압 가공전선이 절연전선인 경우에는 0.3[m](저압 가공전선이 인입선이고 또한 통신선이 첨가통신용 제2종 케이블 또는 광섬유 케이블일 경우에는 0.15[m]) 이상
㉢ 통신선과 고압 가공전선 사이의 이격거리는 0.6[m] 이상일 것. 다만, 고압 가공전선이 케이블인 경우에는 0.3[m] 이상

㉣ 통신선과 특고압 가공전선 사이의 이격거리는 1.2[m] (**다중접지 특고압 가공전선은 0.75[m]**) 이상일 것. 다만, 특고압 가공전선이 케이블인 경우에는 0.3[m] 이상

하 제3장 전선로

97 사용전압이 22.9[kV]인 가공전선이 삭도와 제1차 접근상태로 시설되는 경우, 가공전선과 삭도 또는 삭도용 지주 사이의 이격거리는 몇 [m] 이상으로 하여야 하는가? (단, 전선으로는 특고압 절연전선을 사용한다.)

① 0.5   ② 1
③ 2   ④ 2.12

해설 특고압 가공전선과 삭도의 접근 또는 교차(KEC 333.25)

특고압 가공전선이 삭도와 제1차 접근상태로 시설되는 경우
㉠ 특고압 가공전선로는 제3종 특고압 보안공사에 의할 것
㉡ 특고압 가공전선과 삭도 또는 삭도용 지주 사이의 이격거리

사용전압의 구분	이격거리
35[kV] 이하	2[m] 이상 (**특고압 절연전선 : 1[m] 이상**, 케이블 : 0.5[m] 이상)
35[kV] 초과 60[kV] 이하	2[m] 이상
60[kV] 초과	2[m]에 사용전압이 60[kV]를 초과하는 10[kV] 또는 그 단수마다 0.12[m] 더한 값 이상

상 제2장 저압설비 및 고압·특고압설비

98 저압 옥내배선에 사용하는 연동선의 최소굵기는 몇 [mm²]인가?

① 1.5
② 2.5
③ 4.0
④ 6.0

해설 저압 옥내배선의 사용전선(KEC 231.3.1)

저압 옥내배선의 전선은 **단면적 2.5[mm²] 이상**

정답 95 ① 96 ② 97 ② 98 ②

상 제2장 저압설비 및 고압·특고압설비

99 전격살충기의 전격격자는 지표 또는 바닥에서 몇 [m] 이상의 높은 곳에 시설하여야 하는가?

① 1.5　　　　② 2
③ 2.8　　　　④ 3.5

해설 전격살충기의 시설(KEC 241.7.1)

㉠ 전격살충기의 전격격자(電擊格子)는 **지표 또는 바닥에서 3.5[m]** 이상의 높은 곳에 시설할 것
㉡ 전격살충기의 전격격자와 다른 시설물(가공전선은 제외) 또는 식물과의 이격거리는 0.3[m] 이상일 것

하 제5장 전기철도

100 전기철도의 설비를 보호하기 위해 시설하는 피뢰기의 시설기준으로 틀린 것은?

① 피뢰기는 변전소 인입측 및 급전선 인출측에 설치하여야 한다.
② 피뢰기는 가능한 한 보호하는 기기와 가깝게 시설하되 누설전류 측정이 용이하도록 지지대와 절연하여 설치한다.
③ 피뢰기는 개방형을 사용하고 유효보호거리를 증가시키기 위하여 방전개시전압 및 제한전압이 낮은 것을 사용한다.
④ 피뢰기는 가공전선과 직접 접속하는 지중케이블에서 낙뢰에 의해 절연파괴의 우려가 있는 케이블 단말에 설치하여야 한다.

해설 전기철도의 피뢰기 설치장소(KEC 451.3)

㉠ 변전소 인입측 및 급전선 인출측
㉡ 가공전선과 직접 접속하는 지중케이블에서 낙뢰에 의해 절연파괴의 우려가 있는 케이블 단말
㉢ 피뢰기는 가능한 한 보호하는 기기와 가깝게 시설하되 누설전류 측정이 용이하도록 지지대와 절연하여 설치

정답 99 ④ 100 ③

제1과목 전기자기학

상 제4장 유전체

01 두 종류의 유전율(ε_1, ε_2)을 가진 유전체가 서로 접하고 있는 경계면에 진전하가 존재하지 않을 때 성립하는 경계조건으로 옳은 것은? (단, E_1, E_2는 각 유전체에서의 전계이고, D_1, D_2는 각 유전체에서의 전속밀도이고, θ_1, θ_2는 각각 경계면의 법선벡터와 E_1, E_2가 이루는 각이다.)

① $E_1\cos\theta_1 = E_2\cos\theta_2$,

  $D_1\sin\theta_1 = D_2\sin\theta_2$, $\dfrac{\tan\theta_1}{\tan\theta_2} = \dfrac{\varepsilon_2}{\varepsilon_1}$

② $E_1\cos\theta_1 = E_2\cos\theta_2$,

  $D_1\sin\theta_1 = D_2\sin\theta_2$, $\dfrac{\tan\theta_1}{\tan\theta_2} = \dfrac{\varepsilon_1}{\varepsilon_2}$

③ $E_1\sin\theta_1 = E_2\sin\theta_2$,

  $D_1\cos\theta_1 = D_2\cos\theta_2$, $\dfrac{\tan\theta_1}{\tan\theta_2} = \dfrac{\varepsilon_2}{\varepsilon_1}$

④ $E_1\sin\theta_1 = E_2\sin\theta_2$,

  $D_1\cos\theta_1 = D_2\cos\theta_2$, $\dfrac{\tan\theta_1}{\tan\theta_2} = \dfrac{\varepsilon_1}{\varepsilon_2}$

해설 유전체 경계조건

㉠ 전계의 세기는 경계면과 접선성분에 대해서 서로 같다($E_1\sin\theta_1 = E_2\sin\theta_2$).

㉡ 전속밀도는 경계면과 접선성분에 대해서 서로 같다($D_1\cos\theta_1 = D_2\cos\theta_2$).

㉢ 전기장의 굴절 $\left(\dfrac{\tan\theta_1}{\tan\theta_2} = \dfrac{\varepsilon_1}{\varepsilon_2}\right)$

상 제2장 진공 중의 정전계

02 공기 중에서 반지름 0.03[m]의 구도체에 줄 수 있는 최대 전하는 약 몇 [C]인가? (단, 이 구도체의 주위 공기에 대한 절연내력은 5×10⁶[V/m]이다.)

① 5×10^{-7}
② 2×10^{-6}
③ 5×10^{-5}
④ 2×10^{-4}

해설

㉠ 공기의 절연내력이란 공기가 견딜 수 있는 최대 전계강도(=전계의 세기)를 말한다.

㉡ 구도체의 전계의 세기

$$E = \frac{Q}{4\pi\varepsilon_0 r^2} = 9 \times 10^9 \times \frac{Q}{r^2}[\text{V/m}]$$

∴ 최대 전하

$$Q = \frac{E \times r^2}{9 \times 10^9}$$
$$= \frac{5 \times 10^6 \times 0.03^2}{9 \times 10^9} = 5 \times 10^{-7}[\text{C}]$$

하 제9장 자성체와 자기회로

03 진공 중의 평등자계 H_0 중에 반지름이 a[m]이고, 투자율이 μ인 구 자성체가 있다. 이 구 자성체의 감자율은? (단, 구 자성체 내부의 자계는 $H = \dfrac{3\mu_0}{2\mu_0 + \mu}H_0$이다.)

① 1
② $\dfrac{1}{2}$
③ $\dfrac{1}{3}$
④ $\dfrac{1}{4}$

해설 자성체의 감자율

㉠ 환상 철심 : $N = 0$

㉡ 구 자성체 : $N = \dfrac{1}{3}$

상 제4장 유전체

04 유전율 ε, 전계의 세기 E인 유전체의 단위 체적당 축적되는 정전에너지는?

① $\dfrac{E}{2\varepsilon}$
② $\dfrac{\varepsilon E}{2}$
③ $\dfrac{\varepsilon E^2}{2}$
④ $\dfrac{\varepsilon^2 E^2}{2}$

정답 01 ④ 02 ① 03 ③ 04 ③

해설 정전에너지(＝전계에너지 밀도)

$$W = \frac{1}{2}\varepsilon E^2 = \frac{1}{2}ED = \frac{D^2}{2\varepsilon}[\text{J/m}^3]$$

상 제11장 인덕턴스

05 단면적이 균일한 환상철심에 권수 N_A인 A 코일과 권수 N_B인 B코일이 있을 때, B코일의 자기인덕턴스가 L_B[H]라면 두 코일의 상호인덕턴스[H]는? (단, 누설자속은 0 이다.)

① $\dfrac{L_A N_A}{N_B}$ ② $\dfrac{L_A N_B}{N_A}$

③ $\dfrac{N_A}{L_A N_B}$ ④ $\dfrac{N_B}{L_A N_A}$

해설

A코일 자기인덕턴스 $L_A = \dfrac{\mu S N_A^2}{l}$ 에서

$\dfrac{\mu S}{l} = \dfrac{L_A}{N_A^2}$ 이 된다.

∴ 상호인덕턴스 $M = \dfrac{\mu S N_A N_B}{l} = \dfrac{L_A N_B}{N_A}$

상 제9장 자성체와 자기회로

06 비투자율이 350인 환상철심 내부의 평균 자계의 세기가 342[AT/m]일 때 자화의 세기는 약 몇 [Wb/m²]인가?

① 0.12 ② 0.15
③ 0.18 ④ 0.21

해설 자화의 세기

$J = \mu_0(\mu_s - 1)H$
$= 4\pi \times 10^{-7} \times (350-1) \times 342$
$= 0.15[\text{Wb/m}^2]$

상 제2장 진공 중의 정전계

07 진공 중에 놓인 Q[C]의 전하에서 발산되는 전기력선의 수는?

① Q ② ε_0
③ $\dfrac{Q}{\varepsilon_0}$ ④ $\dfrac{\varepsilon_0}{Q}$

해설

㉠ 전기력선의 수 $N = \dfrac{Q}{\varepsilon} = \dfrac{Q}{\varepsilon_0 \varepsilon_s}$

㉡ 자기력선의 수 $N = \dfrac{m}{\mu} = \dfrac{m}{\mu_0 \mu_s}$

여기서, 진공일 때 $\varepsilon_s = \mu_s = 1$이 된다.

상 제9장 자성체와 자기회로

08 비투자율이 50인 환상철심을 이용하여 100[cm] 길이의 자기회로를 구성할 때 자기저항을 2.0×10^7[AT/Wb] 이하로 하기 위해서는 철심의 단면적을 약 몇 [m²] 이상으로 하여야 하는가?

① 3.6×10^{-4}
② 6.4×10^{-4}
③ 8.0×10^{-4}
④ 9.2×10^{-4}

해설

자기저항 $R_m = \dfrac{l}{\mu S} = \dfrac{l}{\mu_0 \mu_s S}$

여기서, l : 자로의 길이[m]
$\quad\quad\quad S$: 단면적[m²]
$\quad\quad\quad \mu_0$: 진공 중의 투자율
$\quad\quad\quad \mu_s$: 비투자율

단면적 $S = \dfrac{l}{\mu_0 \mu_s R_m}$

$\quad\quad = \dfrac{1}{4\pi \times 10^{-7} \times 50 \times 2 \times 10^7}$

$\quad\quad = 8 \times 10^{-4}[\text{m}^2]$

상 제10장 전자유도법칙

09 자속밀도가 10[Wb/m²]인 자계 중에 10[cm] 도체를 자계와 60°의 각도로 30[m/s]로 움직일 때, 이 도체에 유기되는 기전력은 몇 [V]인가?

① 15 ② $15\sqrt{3}$
③ 1500 ④ $1500\sqrt{3}$

해설 플레밍 오른손법칙에 의한 유도기전력

$e = vBl\sin\theta$
$\quad = 30 \times 10 \times 0.1 \times \sin 60°$
$\quad = 15\sqrt{3}[\text{V}]$

정답 05 ② 06 ② 07 ③ 08 ③ 09 ②

상 제2장 진공 중의 정전계

10 다음 중 전기력선의 성질에 대한 설명으로 옳은 것은?

① 전기력선은 등전위면과 평행하다.
② 전기력선은 도체 표면과 직교한다.
③ 전기력선은 도체 내부에 존재할 수 있다.
④ 전기력선은 전위가 낮은 점에서 높은 점으로 향한다.

해설

① 전기력선은 등전위면과 직교한다.
③ 전기력선은 도체 내부에 존재할 수 없다.
④ 전기력선은 전위가 높은 점에서 낮은 점으로 향한다.

상 제8장 전류의 자기현상

11 평등자계와 직각방향으로 일정한 속도로 발사된 전자의 원운동에 관한 설명으로 옳은 것은?

① 플레밍의 오른손법칙에 의한 로렌츠의 힘과 원심력의 평형 원운동이다.
② 원의 반지름은 전자의 발사속도와 전계의 세기의 곱에 반비례한다.
③ 전자의 원운동 주기는 전자의 발사속도와 무관하다.
④ 전자의 원운동 주파수는 전자의 질량에 비례한다.

해설

㉠ 평등자계 내 전자의 원운동 조건

원심력$\left(\dfrac{mv^2}{r}\right)$=전자력$(vBq)$

여기서, m : 전자의 질량[kg]
v : 전자의 운동속도[m/s]
r : 원운동 반경[m]
B : 자속밀도[Wb/m^2]
q : 전자의 전하량[C]

㉡ 각주파수 : $\omega = \dfrac{2\pi}{T} = \dfrac{v}{r} = \dfrac{Bq}{m}$

㉢ 주기 : $T = \dfrac{2\pi m}{Bq}$ [s]

∴ 전자의 원운동 주기는 전자의 발사속도와 무관하다.

중 제4장 유전체

12 전계 E[V/m]가 두 유전체의 경계면에 평행으로 작용하는 경우 경계면에 단위면적당 작용하는 힘의 크기는 몇 [N/m^2]인가? (단, ε_1, ε_2는 각 유전체의 유전율이다.)

① $f = E^2(\varepsilon_1 - \varepsilon_2)$

② $f = \dfrac{1}{E^2}(\varepsilon_1 - \varepsilon_2)$

③ $f = \dfrac{1}{2}E^2(\varepsilon_1 - \varepsilon_2)$

④ $f = \dfrac{1}{2E^2}(\varepsilon_1 - \varepsilon_2)$

해설 유전체 경계면에서 작용하는 힘

㉠ 전계가 경계면에 수직으로 작용하는 경우

$f = \dfrac{1}{2}\left(\dfrac{1}{\varepsilon_2} - \dfrac{1}{\varepsilon_1}\right)D^2$[N/m^2]

㉡ 전계가 경계면에 수평으로 작용하는 경우

$f = \dfrac{1}{2}(\varepsilon_1 - \varepsilon_2)E^2$[N/m^2]

상 제6장 전류

13 공기 중에 있는 반지름 a[m]의 독립 금속구의 정전용량은 몇 [F]인가?

① $2\pi\varepsilon_0 a$ ② $4\pi\varepsilon_0 a$

③ $\dfrac{1}{2\pi\varepsilon_0 a}$ ④ $\dfrac{1}{4\pi\varepsilon_0 a}$

해설

㉠ 구도체의 전위차 $V = \dfrac{Q}{4\pi\varepsilon_0 a}$[V]

㉡ 구도체의 정전용량 $C = \dfrac{Q}{V} = 4\pi\varepsilon_0 a$[F]

하 제10장 전자유도법칙

14 와전류가 이용되고 있는 것은?

① 수중 음파탐지기
② 레이더
③ 자기 브레이크(magnetic brake)
④ 사이클로트론 (cyclotron)

정답 10 ② 11 ③ 12 ③ 13 ② 14 ③

해설 자기 브레이크

자석의 자기력에 의한 와전류 현상에 의해 발생되는 토크를 이용하여 회전축의 속도 감속 및 정지 제어를 할 수 있도록 한 장치

하 제2장 진공 중의 정전계

15 전계 $E = \dfrac{2}{x}\hat{x} + \dfrac{2}{y}\hat{y}$ [V/m]에서 점 $(3, 5)$[m]를 통과하는 전기력선의 방정식은? (단, $\hat{x}$, $\hat{y}$는 단위벡터이다.)

① $x^2 + y^2 = 12$

② $y^2 - x^2 = 12$

③ $x^2 + y^2 = 16$

④ $y^2 - x^2 = 16$

해설

전기력선 방정식 $\dfrac{dx}{E_x} = \dfrac{dy}{E_y} = \dfrac{dz}{E_z}$ 에서

$\displaystyle\int \dfrac{1}{E_x}dx = \int \dfrac{1}{E_y}dy$, $\displaystyle\int \dfrac{x}{2}dx = \int \dfrac{y}{2}dy$

$\dfrac{x^2}{4} + C_1 = \dfrac{y^2}{4} + C_2$

$\dfrac{y^2}{4} - \dfrac{x^2}{4} = k = \dfrac{5^2}{4} - \dfrac{3^2}{4} = 4$

$\dfrac{1}{4}(y^2 - x^2) = 4$

$\therefore y^2 - x^2 = 16$

상 제12장 전자계

16 전계 $E = \sqrt{2}\, E_e \sin\omega\left(t - \dfrac{x}{c}\right)$ [V/m]의 평면 전자파가 있다. 진공 중에서 자계의 실효값은 몇 [A/m]인가?

① $\dfrac{1}{4\pi}E_e$

② $\dfrac{1}{36\pi}E_e$

③ $\dfrac{1}{120\pi}E_e$

④ $\dfrac{1}{360\pi}E_e$

해설

특성임피던스 $Z_0 = \dfrac{E}{H} = \sqrt{\dfrac{\mu_0}{\varepsilon_0}} = 120\pi$에서

자계의 실효값 $H_e = \dfrac{E_e}{120\pi}$ [A/m]

하 제3장 정전용량

17 진공 중에 서로 떨어져 있는 두 도체 A, B가 있다. 도체 A에만 1[C]의 전하를 줄 때, 도체 A, B의 전위가 각각 3[V], 2[V]이었다. 지금 도체 A, B에 각각 1[C]과 2[C]의 전하를 주면 도체 A의 전위는 몇 [V]인가?

① 6

② 7

③ 8

④ 9

해설

㉠ $Q_1 = 1$[C], $Q_2 = 0$[C]의 경우 전위계수

$V_1 = P_{11}Q_1 + P_{12}Q_2 = P_{11} = 3$[V]

$V_2 = P_{21}Q_1 + P_{22}Q_2 = P_{21} = 2$[V]

㉡ $Q_1 = 1$[C], $Q_2 = 2$[C]의 경우 도체 A의 전위

$V_1 = P_{11}Q_1 + P_{12}Q_2 = P_{11} + 2P_{12}$

$\quad = P_{11} + 2P_{21} = 3 + 2 \times 2 = 7$[V]

여기서, $P_{12} = P_{21}$

상 제8장 전류의 자기현상

18 한 변의 길이가 4[m]인 정사각형의 루프에 1[A]의 전류가 흐를 때, 중심점에서의 자속밀도 B는 약 몇 [Wb/m²]인가?

① 2.83×10^{-7}

② 5.65×10^{-7}

③ 11.31×10^{-7}

④ 14.14×10^{-7}

해설

정사각형 도체 중심의 자계 : $H = \dfrac{2\sqrt{2}\, I}{\pi l}$

여기서, l : 정사각형 한 변의 길이[m]

$\therefore$ 자속밀도 $B = \mu_0 H = \dfrac{\mu_0 \times 2\sqrt{2}\, I}{\pi l}$

$\quad = \dfrac{4\pi \times 10^{-7} \times 2\sqrt{2} \times 1}{\pi \times 4}$

$\quad = 2.83 \times 10^{-7}$ [Wb/m²]

중 제1장 벡터

19 원점에 1[μC]의 점전하가 있을 때, 점 P(2, -2, 4)[m]에서의 전계의 세기에 대한 단위벡터는 약 얼마인가?

① $0.41a_x - 0.41a_y + 0.82a_z$

② $-0.33a_x + 0.33a_y - 0.66a_z$

③ $-0.41a_x + 0.41a_y - 0.82a_z$

④ $0.33a_x - 0.33a_y + 0.66a_z$

정답 15 ④ 16 ③ 17 ② 18 ① 19 ①

해설

단위벡터 $\vec{r_0} = \dfrac{\vec{r}}{r}$

$$= \dfrac{2a_x - 2a_y + 4a_z}{\sqrt{2^2 + (-2)^2 + 4^2}}$$

$$= 0.41a_x - 0.41a_y + 0.82a_z$$

상 제12장 전자계

20 공기 중에서 전자기파의 파장이 3[m]라면 그 주파수는 몇 [MHz]인가?

① 100

② 300

③ 1000

④ 3000

해설

파장의 길이 $\lambda = \dfrac{v}{f}$[m]에서

주파수 $f = \dfrac{v}{\lambda} = \dfrac{3 \times 10^8}{3} = 10^8[\text{Hz}] = 100[\text{MHz}]$

제2과목 전력공학

하 제11장 발전

21 비등수형 원자로의 특징에 대한 설명으로 틀린 것은?

① 증기발생기가 필요하다.

② 저농축 우라늄을 연료로 사용한다.

③ 노심에서 비등을 일으킨 증기가 직접 터빈에 공급되는 방식이다.

④ 가압수형 원자로에 비해 출력밀도가 낮다.

해설 비등수형 원자로의 특징

㉠ 연료로 저농축 우라늄을 사용

㉡ 냉각재 및 감속재로 경수를 사용

㉢ 노심에서 비등을 일으킨 증기가 직접 터빈을 구동하는 방식으로 증기발생기(열교환기)는 필요하지 않음

㉣ 방사능을 고려하여 기수분리를 하여 사용

상 제7장 이상전압 및 유도장해

22 전력계통에서 내부 이상전압의 크기가 가장 큰 경우는?

① 유도성 소전류 차단 시

② 수차발전기의 부하 차단 시

③ 무부하선로 충전전류 차단 시

④ 송전선로의 부하차단기 투입 시

해설

송전선로 개폐조작 시 이상전압(재점호)이 가장 큰 경우는 무부하 송전선로의 충전전류(진상전류)를 차단 시 발생한다.

상 제5장 고장계산 및 안정도

23 송전단전압을 V_s, 수전단전압을 V_r, 선로의 리액턴스를 X라 할 때, 정상 시의 최대 송전전력의 개략적인 값은?

① $\dfrac{V_s - V_r}{X}$

② $\dfrac{V_s^2 - V_r^2}{X}$

③ $\dfrac{V_s(V_s - V_r)}{X}$

④ $\dfrac{V_s V_r}{X}$

해설

송전전력 $P = \dfrac{V_s V_r}{X} \sin\delta[\text{MW}]$

여기서, V_s : 송전단전압[kV]

V_r : 수전단전압[kV]

X : 선로의 리액턴스[Ω]

δ : 부하각

최대 송전전력은 부하각(δ)이 90°일 경우에 나타난다.

$\therefore \sin 90° = 1$일 경우 최대 송전전력 $P = \dfrac{V_s V_r}{X}[\text{MW}]$

중 제9장 배전방식

24 다음 중 망상(network)배전방식의 장점이 아닌 것은?

① 전압변동이 작다.

② 인축의 접지사고가 적어진다.

③ 부하의 증가에 대한 융통성이 크다.

④ 무정전 공급이 가능하다.

정답 20 ① 21 ① 22 ③ 23 ④ 24 ②

해설 망상(network)배전방식의 특징

㉠ 무정전 공급이 가능하고 공급의 신뢰도가 높다.
㉡ 부하 증가에 대해 융통성이 좋다.
㉢ 전력손실이나 전압강하가 적고 기기의 이용률이 향상된다.
㉣ 인축에 대한 접지사고가 증가한다.
㉤ 네트워크 변압기나 네트워크 프로텍터 설치에 따른 설비비가 비싸다.
㉥ 대형 빌딩가와 같은 고밀도 부하밀집지역에 적합하다.

상 | 제10장 배전선로 계산

25 500[kVA]의 단상변압기 상용 3대(결선 Δ-Δ), 예비 1대를 갖는 변전소가 있다. 부하의 증가로 인하여 예비변압기까지 동원해서 사용한다면 응할 수 있는 최대부하[kVA]는 약 얼마인가?

① 2000
② 1730
③ 1500
④ 830

해설

변압기 2대를 이용하여 V결선으로 3상 전력을 공급할 경우 $P_V = \sqrt{3} \cdot P_1$[kVA]
V결선의 2뱅크 운전을 하면 $P = 2P_V$이므로
$P = 2P_V = 2 \times \sqrt{3} \times 500 = 1000\sqrt{3} \doteqdot 1732$[kVA]

중 | 제10장 배전선로 계산

26 배전용 변전소의 주변압기로 주로 사용되는 것은?

① 강압변압기
② 체승변압기
③ 단권변압기
④ 3권선변압기

해설

배전용 변전소에서는 초고압에서 배전전압으로 강압시켜 배전선로를 이용하여 수용가에 공급해야 하므로 강압(체강)변압기를 사용한다.

상 | 제8장 송전선로 보호방식

27 3상용 차단기의 정격차단용량은?

① $\sqrt{3} \times$ 정격전압 $\times$ 정격차단전류
② $3\sqrt{3} \times$ 정격전압 $\times$ 정격전류
③ $3 \times$ 정격전압 $\times$ 정격차단전류
④ $\sqrt{3} \times$ 정격전압 $\times$ 정격전류

해설

3상용 차단기의 정격차단용량
$P_s = \sqrt{3} \, V_n I_s \times 10^{-6}$[MVA]
여기서, V_n : 회복전압(=정격전압)
I_s : 정격차단전류
$\sqrt{3}$: 상계수

상 | 제3장 선로정수 및 코로나현상

28 3상 3선식 송전선로에서 각 선의 대지정전용량이 0.5096[μF]이고, 선간정전용량이 0.1295[μF]일 때, 1선의 작용정전용량은 약 몇 [μF]인가?

① 0.6
② 0.9
③ 1.2
④ 1.8

해설

3상 3선식의 1선의 작용정전용량 $C = C_s + 3C_m$[μF]
여기서, C_s : 대지정전용량[μF/km]
C_m : 선간정전용량[μF/km]
$C = C_s + 3C_m$
$= 0.5096 + 3 \times 0.1295 = 0.8981 \doteqdot 0.9$[μF]

중 | 제5장 고장 계산 및 안정도

29 그림과 같은 송전계통에서 S점에 3상 단락사고가 발생했을 때 단락전류[A]는 약 얼마인가? (단, 선로의 길이와 리액턴스는 각각 50[km], 0.6[Ω/km]이다.)

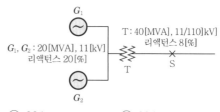

① 224
② 324
③ 454
④ 554

해설

변압기 용량 40[MVA]를 기준용량으로 한다.
선로의 퍼센트 리액턴스
$\%X = \dfrac{PX}{10V^2}$
$= \dfrac{40000 \times 0.6 \times 50}{10 \times 110^2} = 9.92$[%]

정답 25 ② 26 ① 27 ① 28 ② 29 ④

발전기 20[MVA], 20[%]를 40[MVA]의 용량으로 환산하면 %$X \propto P_n$으로 인해 40[%]가 되므로 단락점에서 본 전체 %임피던스

$$\%X = \frac{40}{2} + 8 + 9.92 = 37.92[\%]$$

단락전류 $I_s = \dfrac{100}{\%X} \times I_n = \dfrac{100}{37.92} \times \dfrac{40000}{\sqrt{3} \times 110}$

$$= 553.65 \fallingdotseq 554[A]$$

상 제1장 전력계통

30 전력계통의 전압을 조정하는 가장 보편적인 방법은?

① 발전기의 유효전력 조정
② 부하의 유효전력 조정
③ 계통의 주파수 조정
④ 계통의 무효전력 조정

해설

조상설비를 이용해 무효전력을 조정하여 전압을 조정한다.
㉠ 동기조상기 : 진상·지상 무효전력을 조정하여 역률을 개선하여 전압강하를 감소시키거나 경부하 및 무부하운전 시 페란티현상을 방지한다.
㉡ 전력용 콘덴서 및 분로리액터 : 무효전력을 조정하는 정지로 전력용 콘덴서는 역률을 개선하고, 선로의 충전용량 및 부하변동에 의한 수전단측의 전압조정을 한다.
㉢ 직렬콘덴서 : 선로에 직렬로 접속하여 전달임피던스를 감소시켜 전압강하를 방지한다.

상 제10장 배전선로 계산

31 역률 0.8(지상)의 2800[kW] 부하에 전력용 콘덴서를 병렬로 접속하여 합성역률을 0.9로 개선하고자 할 경우, 필요한 전력용 콘덴서의 용량[kVA]은 약 얼마인가?

① 372
② 558
③ 744
④ 1116

해설

콘덴서 용량 $Q_c = P(\tan\theta_1 - \tan\theta_2)[kVA]$
여기서, P : 수전전력[kW]

$$\tan\theta = \frac{\sin\theta}{\cos\theta}$$

$\cos\theta_1$: 개선 전 역률, $\cos\theta_2$: 개선 후 역률
전력용 콘덴서 용량

$$Q_c = 2800\left(\frac{\sqrt{1-0.8^2}}{0.8} - \frac{\sqrt{1-0.9^2}}{0.9}\right)$$

$$= 743.89 \fallingdotseq 744[kVA]$$

하 제1장 전력계통

32 컴퓨터에 의한 전력조류 계산에서 슬랙(slack)모선의 초기치로 지정하는 값은? (단, 슬랙모선을 기준모선으로 한다.)

① 유효전력과 무효전력
② 전압의 크기와 유효전력
③ 전압의 크기와 위상각
④ 전압의 크기와 무효전력

해설 슬랙모선(스윙모선)

계통의 조류를 계산하는 데 있어 발전기모선, 부하모선에서는 다같이 유효전력이 지정되어 있지만 송전손실이 미지이므로 이들을 모두 지정해 버리면 계산 후 이 송전손실 때문에 계통 전체에서 유효전력에 과부족이 생긴다. 그러므로 발전기모선 중에서 유효전력용 모선으로 남겨서 여기에 유효전력과 전압의 크기를 지정하는 대신 전압의 크기와 그 위상각을 지정하는 모선을 슬랙모선 또는 스윙모선이라고 한다.

상 제7장 이상전압 및 유도장해

33 다음 중 직격뢰에 대한 방호설비로 가장 적당한 것은?

① 복도체
② 가공지선
③ 서지흡수기
④ 정전방전기

해설

가공지선은 직격뢰(뇌해)로부터 전선로 및 기기를 보호하기 위한 차폐선으로 지지물의 상부에 시설한다.

중 제9장 배전방식

34 저압배전선로에 대한 설명으로 틀린 것은?

① 저압뱅킹방식은 전압변동을 경감할 수 있다.
② 밸런서(balancer)는 단상 2선식에 필요하다.
③ 부하율(F)과 손실계수(H) 사이에는 $1 \geq F \geq H \geq F^2 \geq 0$의 관계가 있다.
④ 수용률이란 최대수용전력을 설비용량으로 나눈 값을 퍼센트로 나타낸 것이다.

해설

밸런서는 권선비가 1 : 1인 단권변압기로 단상 3선식 배전선로 말단에 시설하여 전압의 불평형을 방지하고 선로손실을 경감시킬 목적으로 사용한다.

정답 30 ④ 31 ③ 32 ③ 33 ② 34 ②

중 제11장 발전

35 증기터빈 내에서 팽창 도중에 있는 증기를 일부 추기하여 그것이 갖는 열을 급수가열에 이용하는 열사이클은?

① 랭킨사이클　　② 카르노사이클
③ 재생사이클　　④ 재열사이클

해설 재생사이클

재생사이클은 터빈에서 팽창 도중의 증기 일부를 추출하고 그것을 급수가열에 이용하여 효율을 높이는 방식이다.
① 랭킨사이클 : 기력발전소의 기본 사이클로서 2개의 등압변화와 단열변화로 구성되는 방식
② 카르노사이클 : 이상적인 사이클로서 효율이 가장 높은 방식
④ 재열사이클 : 터빈에서 임의의 온도까지 팽창한 증기를 추출하여 보일러로 되돌려 보내서 재열기로 적당한 온도까지 재가열시켜 다시 터빈으로 보내는 방식

중 제10장 배전선로 계산

36 단상 2선식 배전선로의 말단에 지상역률 $\cos\theta$인 부하 $P[\mathrm{kW}]$가 접속되어 있고 선로말단의 전압은 $V[\mathrm{V}]$이다. 선로 한 가닥의 저항을 $R[\Omega]$이라 할 때 송전단의 공급전력[kW]은?

① $P+\dfrac{P^2 R}{V\cos\theta}\times 10^3$　　② $P+\dfrac{2P^2 R}{V\cos\theta}\times 10^3$

③ $P+\dfrac{P^2 R}{V^2\cos^2\theta}\times 10^3$　　④ $P+\dfrac{2P^2 R}{V^2\cos^2\theta}\times 10^3$

해설

단상 2선식의 송전단전력은 수전전력과 선로손실의 합으로 나타난다.

부하전류는 $I=\dfrac{P}{V\cos\theta}[\mathrm{A}]$

송전단전력 $P_s=P+2I^2 R$

$=P+2\times\left(\dfrac{P}{V\cos\theta}\right)^2 R$

$=P+\dfrac{2P^2 R}{V^2\cos^2\theta}\times 10^3$.

참고

$\dfrac{2P^2 R}{V^2\cdot\cos^2\theta}$에서 P의 단위가 [kW]이므로

$(P\times 10^3)^2=P\times 10^6[\mathrm{kW}]$

$\to P\times 10^6\times 10^{-3}=P\times 10^3[\mathrm{kW}]$

상 제6장 중성점 접지방식

37 선로, 기기 등의 절연 수준 저감 및 전력용 변압기의 단절연을 모두 행할 수 있는 중성점 접지방식은?

① 직접접지방식
② 소호리액터접지방식
③ 고저항접지방식
④ 비접지방식

해설 직접접지방식의 특성

㉠ 계통에 접속된 변압기의 중성점을 금속선으로 직접 접지하는 방식이다.
㉡ 1선 지락고장 시 이상전압이 낮다.
㉢ 절연레벨을 낮출 수 있다(저감절연으로 경제적).
㉣ 변압기의 단절연을 할 수 있다.
㉤ 보호계전기의 동작이 확실하다.

중 제9장 배전방식

38 최대수용전력이 3[kW]인 수용가가 3세대, 5[kW]인 수용가가 6세대라고 할 때, 이 수용가군에 전력을 공급할 수 있는 주상변압기의 최소용량[kVA]은? (단, 역률은 1, 수용가 간의 부등률은 1.3이다.)

① 25　　② 30
③ 35　　④ 40

해설

주상변압기 용량

$\mathrm{Tr}=\dfrac{\sum(\text{수용전력}\times\text{수용률})}{\text{부등률}\times\text{역률}}[\mathrm{kVA}]$

위의 식에서 수용전력×수용률은 최대수용전력이므로

주상변압기의 용량 $\mathrm{Tr}=\dfrac{3\times 3+5\times 6}{1.3\times 1.0}=30[\mathrm{kVA}]$

상 제8장 송전선로 보호방식

39 부하전류 차단이 불가능한 전력개폐장치는?

① 진공차단기　　② 유입차단기
③ 단로기　　④ 가스차단기

해설 단로기의 특징

㉠ 부하전류를 개폐할 수 없음
㉡ 무부하 시 회로의 개폐 가능
㉢ 무부하 충전전류 및 변압기 여자전류 차단 가능

정답　35 ③　36 ④　37 ①　38 ②　39 ③

40 가공송전선로에서 총 단면적이 같은 경우 단도체와 비교하여 복도체의 장점이 아닌 것은?

① 안정도를 증대시킬 수 있다.

② 공사비가 저렴하고 시공이 간편하다.

③ 전선표면의 전위경도를 감소시켜 코로나 임계전압이 높아진다.

④ 선로의 인덕턴스가 감소되고 정전용량이 증가해서 송전용량이 증대된다.

해설 복도체나 다도체를 사용할 때 특성

㉠ 인덕턴스는 감소하고 정전용량은 증가한다.
㉡ 같은 단면적의 단도체에 비해 전류용량이 증대된다.
㉢ 안정도가 증가하여 송전용량이 증가한다.
㉣ 전선표면의 전위경도를 감소시켜 코로나 임계전압이 상승해 코로나 현상이 억제된다.

제3과목 전기기기

41 부하전류가 크지 않을 때 직류 직권전동기 발생 토크는? (단, 자기회로가 불포화인 경우이다.)

① 전류에 비례한다.

② 전류에 반비례한다.

③ 전류의 제곱에 비례한다.

④ 전류의 제곱에 반비례한다.

해설

직권전동기의 특성 $T \propto I_a^2 \propto \dfrac{1}{N^2}$

여기서, T: 토크, I_a: 전기자전류, N: 회전수

42 동기전동기에 대한 설명으로 틀린 것은?

① 동기전동기는 주로 회전계자형이다.

② 동기전동기는 무효전력을 공급할 수 있다.

③ 동기전동기는 제동권선을 이용한 기동법이 일반적으로 많이 사용된다.

④ 3상 동기전동기의 회전방향을 바꾸려면 계자권선 전류의 방향을 반대로 한다.

해설

3상 동기전동기의 회전방향을 바꾸기 위해서는 전기자에 공급되는 3상 전력의 상회전방향을 변경하여 회전자계의 방향을 역방향으로 하여야 한다.

43 동기발전기에서 동기속도와 극수와의 관계를 옳게 표시한 것은? (단, N: 동기속도, P: 극수이다.)

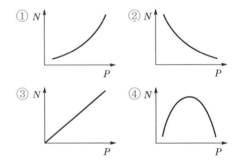

해설

동기속도 $N_s = \dfrac{120f}{P}$[rpm]에서 극수와 회전속도는 반비례이므로 극수(P)가 증가할 경우 회전속도(N)는 감소한다.

44 어떤 직류전동기가 역기전력 200[V], 매분 1200회전으로 토크 158.76[N·m]를 발생하고 있을 때의 전기자전류는 약 몇 [A]인가? (단, 기계손 및 철손은 무시한다.)

① 90 ② 95
③ 100 ④ 105

해설

1[kg·m]=9.8[N·m]에서 158.76[N·m]의 토크 단위를 [kg·m]로 변환하면 다음과 같다.

$$T = 158.76 \times \frac{1}{9.8} = 16.2[kg \cdot m]$$

정답 40 ② 41 ③ 42 ④ 43 ② 44 ③

토크 $T = 0.975 \dfrac{P_o}{N} = 0.975 \dfrac{E_c I_a}{N}$ [kg·m]

$16.2 = 0.975 \times \dfrac{200 \times I_a}{1200}$ [kg·m]

전기자전류 $I_a = 99.69 ≒ 100$[A]

하 제6장 특수기기

45 일반적인 DC 서보모터의 제어에 속하지 않는 것은?

① 역률제어 ② 토크제어
③ 속도제어 ④ 위치제어

🔧 **해설**

DC 서보모터의 제어에는 위치제어, 토크제어, 속도제어가 있다.

상 제1장 직류기

46 극수가 4극이고 전기자권선이 단중 중권인 직류발전기의 전기자전류가 40[A]이면 전기자권선의 각 병렬회로에 흐르는 전류[A]는?

① 4 ② 6
③ 8 ④ 10

🔧 **해설**

중권의 경우 병렬회로수(a)는 극수(P)와 같으므로 병렬회로수는 40이다.

병렬회로에 흐르는 전류 $I = \dfrac{\text{전기자전류}}{\text{병렬회로수}}$

$\therefore\ I = \dfrac{I_a}{a} = \dfrac{40}{4} = 10$[A]

하 제6장 특수기기

47 부스트(boost) 컨버터의 입력전압이 45[V]로 일정하고, 스위칭 주기가 20[kHz], 듀티비(duty ratio)가 0.6, 부하저항이 10[Ω]일 때 출력전압은 몇 [V]인가? (단, 인덕터에는 일정한 전류가 흐르고 커패시터 출력전압의 리플성분은 무시한다.)

① 27 ② 67.5
③ 75 ④ 112.5

🔧 **해설**

출력전압 $V_o = \dfrac{V_i}{1-D} = \dfrac{45}{1-0.6} = 112.5$[V]

여기서, V_i : 입력전압
  D : 듀티비

상 제2장 동기기

48 8극, 900[rpm] 동기발전기와 병렬운전하는 6극 동기발전기의 회전수는 몇 [rpm]인가?

① 900 ② 1000
③ 1200 ④ 1400

🔧 **해설**

동기발전기의 병렬운전조건에 의해 주파수가 같아야 한다.

동기발전기의 회전속도 $N_s = \dfrac{120f}{P}$ [rpm]

8극 발전기 $900 = \dfrac{120f}{8}$ 이므로 주파수 $f = 60$[Hz]

6극 발전기도 $f = 60$[Hz]를 발생시켜야 하므로

$N_s = \dfrac{120f}{P}$

  $= \dfrac{120 \times 60}{6} = 1200$[rpm]

상 제3장 변압기

49 변압기 단락시험에서 변압기의 임피던스 전압이란?

① 1차 전류가 여자전류에 도달했을 때의 2차측 단자전압
② 1차 전류가 정격전류에 도달했을 때의 2차측 단자전압
③ 1차 전류가 정격전류에 도달했을 때의 변압기 내의 전압강하
④ 1차 전류가 2차 단락전류에 도달했을 때의 변압기 내의 전압강하

🔧 **해설** 임피던스 전압

변압기의 특성시험 중 단락시험에서 변압기 2차측을 단락한 상태에서 1차측의 인가전압을 서서히 증가시켜 정격전류가 1차, 2차 권선에 흐르게 되었을 때 전압계의 지시값으로 변압기 내의 전압강하를 나타낸다.

정답 45 ① 46 ④ 47 ④ 48 ③ 49 ③

하 제6장 특수기기

50 단상 정류자전동기의 일종인 단상 반발전동기에 해당되는 것은?

① 시라게전동기
② 반발유도전동기
③ 아트킨손형 전동기
④ 단상 직권 정류자전동기

해설

단상 반발전동기의 종류에는 아트킨손형 전동기, 톰슨형 전동기, 데리형 전동기가 있다.

하 제3장 변압기

51 와전류 손실을 패러데이법칙으로 설명한 과정 중 틀린 것은?

① 와전류가 철심 내에 흘러 발열 발생
② 유도기전력 발생으로 철심에 와전류가 흐름
③ 와전류 에너지 손실량은 전류밀도에 반비례
④ 시변 자속으로 강자성체 철심에 유도기전력 발생

해설

변압기의 철심에는 사인파 모양으로 변하는 교류자기장 (시변자속)으로 유기전압이 발생하여 와전류가 철심에 흘러 와전류 손실이 발생한다.

와류손 $P_e = k_h k_e (t \cdot f \cdot B_m)^2 [\text{W}] \rightarrow P_e \propto V_1^2 \propto t^2$

여기서, k_h, k_e : 재료에 따른 상수
t : 철심의 두께
f : 주파수
V_1 : 1차 전압
B_m : 최대자속밀도

상 제4장 유도기

52 10[kW], 3상, 380[V] 유도전동기의 전부하전류는 약 몇 [A]인가? (단, 전동기의 효율은 85[%], 역률은 85[%]이다.)

① 15
② 21
③ 26
④ 36

해설

3상 유도전동기의 출력 $P_o = \sqrt{3} \, V_n I_n \cos \theta \times \eta [\text{W}]$

여기서, V_n : 정격전압
I_n : 전부하전류
η : 효율
$\cos \theta$: 역률

전부하전류 $I_n = \dfrac{P_o}{\sqrt{3} \, V_n \cos \theta \times \eta}$

$= \dfrac{10 \times 10^3}{\sqrt{3} \times 380 \times 0.85 \times 0.85}$

$= 21.02 \fallingdotseq 21[\text{A}]$

상 제3장 변압기

53 변압기의 주요 시험항목 중 전압변동률 계산에 필요한 수치를 얻기 위한 필수적인 시험은?

① 단락시험
② 내전압시험
③ 변압비시험
④ 온도상승시험

해설 변압기의 등가회로 작성 시 특성 시험

㉠ 무부하시험 : 무부하전류(여자전류), 철손, 여자어드미턴스
㉡ 단락시험 : 임피던스 전압, 임피던스 와트, 동손, 전압변동률
㉢ 권선의 저항측정

하 제4장 유도기

54 2전동기설에 의하여 단상 유도전동기의 가상적 2개의 회전자 중 정방향에 회전하는 회전자 슬립이 s 이면 역방향에 회전하는 가상적 회전자의 슬립은 어떻게 표시되는가?

① $1 + s$
② $1 - s$
③ $2 - s$
④ $3 - s$

해설

단상 유도전동기의 경우 정방향에 회전하는 회전자 슬립이 s이면 역방향으로 회전 시의 회전자 슬립은 $2 - s$로 나타난다.

정답 50 ③ 51 ③ 52 ② 53 ① 54 ③

중 제4장 유도기

55 3상 농형 유도전동기의 전전압 기동토크는 전부하토크의 1.8배이다. 이 전동기에 기동보상기를 사용하여 기동전압을 전전압의 2/3로 낮추어 기동하면, 기동토크는 전부하토크 T와 어떤 관계인가?

① 3.0 T ② 0.8 T
③ 0.6 T ④ 0.3 T

해설

3상 유도전동기의 토크 $T \propto V_1^2$ 이고 전부하 시 토크를 T라 할 때 $1.8T : xT = V_1^2 : \left(\dfrac{2}{3}V_1\right)^2$

토크 $xT = 1.8T \times \dfrac{4}{9}V_1^2 \times \dfrac{1}{V_1^2} = 0.8T$이므로 전부하 때의 $0.8T$가 된다.

상 제3장 변압기

56 변압기에서 생기는 철손 중 와류손(eddy current loss)은 철심의 규소강판 두께와 어떤 관계에 있는가?

① 두께에 비례
② 두께의 2승에 비례
③ 두께의 3승에 비례
④ 두께의 $\dfrac{1}{2}$승에 비례

해설

와류손 $P_e = k_h k_e (t \cdot f \cdot B_m)^2$[W]
여기서, k_h, k_e : 재료에 따른 상수
　　　　t : 철심의 두께
　　　　f : 주파수
　　　　B_m : 최대자속밀도

자속밀도 $B_m \propto \dfrac{1}{f}$이므로 $P_e \propto V^2 \propto t^2$
와류손은 인가전압의 제곱에 비례, 규소강판 두께의 제곱에 비례, 주파수와는 무관계이다.

중 제4장 유도기

57 50[Hz], 12극의 3상 유도전동기가 10[HP]의 정격출력을 내고 있을 때, 회전수는 약 몇 [rpm]인가? (단, 회전자 동손은 350[W]이고, 회전자 입력은 회전자 동손과 정격출력의 합이다.)

① 468   ② 478
③ 488   ④ 500

해설

2차 출력 $P_o = 10 \times 746 = 7460$[kW] (1[HP]=746[W])
2차 입력 $P_2 = P_c + P_o = 350 + 7460 = 7810$[W]

$P_2 : P_c = 1 : s$에서 슬립 $s = \dfrac{P_c}{P_2} = \dfrac{350}{7810} = 0.045$

$N_s = \dfrac{120f}{P}$ 이므로

회전수 $N = (1-s)N_s = (1-0.045) \times \dfrac{120 \times 50}{12}$
　　　　$= 477.6 \fallingdotseq 478$[rpm]

중 제3장 변압기

58 변압기의 권수를 N이라고 할 때, 누설리액턴스는?

① N에 비례한다.
② N^2에 비례한다.
③ N에 반비례한다.
④ N^2에 반비례한다.

해설

인덕턴스 $L = \dfrac{\mu N^2 A}{l}$[H]

누설리액턴스 $X_l = \omega L = 2\pi f \dfrac{\mu N^2 A}{l}$ 이므로 누설리액턴스는 변압기 권수(N)의 제곱에 비례한다.

상 제2장 동기기

59 동기발전기의 병렬운전조건에서 같지 않아도 되는 것은?

① 기전력의 용량
② 기전력의 위상
③ 기전력의 크기
④ 기전력의 주파수

해설 동기발전기의 병렬운전

㉠ 기전력의 크기가 같을 것
㉡ 기전력의 위상이 같을 것
㉢ 기전력의 주파수가 같을 것
㉣ 기전력의 파형이 같을 것
㉤ 기전력의 상회전 방향이 같을 것
⇒ 병렬운전 시 달라도 되는 조건 : 용량, 출력, 부하전류, 임피던스

상 제5장 정류기

60 다이오드를 사용하는 정류회로에서 과대한 부하전류로 인하여 다이오드가 소손될 우려가 있을 때 가장 적절한 조치는 어느 것인가?

① 다이오드를 병렬로 추가한다.
② 다이오드를 직렬로 추가한다.
③ 다이오드 양단에 적당한 값의 저항을 추가한다.
④ 다이오드 양단에 적당한 값의 커패시터를 추가한다.

해설 다이오드 보호방식

㉠ 과전류로부터 다이오드 보호 : 다이오드를 병렬로 추가 접속
㉡ 과전압으로부터 다이오드 보호 : 다이오드를 직렬로 추가 접속

제4과목 회로이론 및 제어공학

상 제어공학 제1장 자동제어의 개요

61 전달함수가 $G_C(s) = \dfrac{s^2 + 3s + 5}{2s}$ 인 제어기가 있다. 이 제어기는 어떤 제어기인가?

① 비례미분제어기
② 적분제어기
③ 비례적분제어기
④ 비례미분적분제어기

해설

ks는 미분제어, k는 비례제어, $\dfrac{k}{s}$는 적분제어이므로 비례미분적분제어기가 된다.

상 제어공학 제8장 시퀀스회로의 이해

62 다음 논리회로의 출력 Y는?

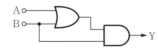

① A
② B
③ A + B
④ A · B

해설

$Y = (A + B) \cdot B = AB + BB$
$\quad = AB + B = B(A + 1) = B$

상 제어공학 제5장 안정도 판별법

63 그림과 같은 제어시스템이 안정하기 위한 k의 범위는?

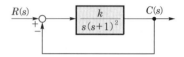

① $k > 0$
② $k > 1$
③ $0 < k < 1$
④ $0 < k < 2$

해설

㉠ 전달함수

$$G(s) = \frac{\sum \text{전향경로이득}}{1 - \sum \text{폐루프이득}}$$

$$= \frac{\dfrac{k}{s(s+1)^2}}{1 + \dfrac{k}{s(s+1)^2}}$$

$$= \frac{k}{s(s+1)^2 + k}$$

㉡ 특성방정식 $F(s) = s(s+1)^2 + k = 0$

㉢ 위 식에서 $F(s) = s^3 + 2s^2 + s + k = 0$으로 정리되며 3차 방정식은 아래의 조건을 만족하면 안정이 된다.

• $F(s) = as^3 + bs^2 + cs + d = 0$에서
• a, b, c, $d > 0$을 만족 → $k > 0$
• $bc > ad$를 만족 → $2 > k$
∴ 안정하기 위한 k의 범위 : $0 < k < 2$

상 제어공학 제7장 상태방정식

64 다음과 같은 상태방정식으로 표현되는 제어시스템의 특성방정식의 근(s_1, s_2)은?

$$\begin{bmatrix} \dot{x_1} \\ \dot{x_2} \end{bmatrix} = \begin{bmatrix} 0 & 1 \\ -2 & -3 \end{bmatrix} \begin{bmatrix} x_1 \\ x_2 \end{bmatrix} + \begin{bmatrix} 1 \\ 0 \end{bmatrix} u$$

① 1, -3
② -1, -2
③ -2, -3
④ -1, -3

정답 60 ① 61 ④ 62 ② 63 ④ 64 ②

해설

㉠ 상태방정식의 특성방정식
$$F(s) = \det|sI - A| = 0$$

㉡ $\det|sI - A| = \begin{bmatrix} s & 0 \\ 0 & s \end{bmatrix} - \begin{bmatrix} 0 & 1 \\ -2 & -3 \end{bmatrix}$

$$= \begin{bmatrix} s & -1 \\ 2 & s+3 \end{bmatrix}$$

$$= s^2 + 3s + 2$$

㉢ $F(s) = s^2 + 3s + 2 = (s+1)(s+2) = 0$

∴ 특성방정식의 근 : $s_1 = -1$, $s_2 = -2$

상 제어공학 제2장 전달함수

65 그림의 블록선도와 같이 표현되는 제어시스템에서 $A=1$, $B=1$일 때, 블록선도의 출력 C는 약 얼마인가?

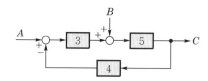

① 0.22
② 0.33
③ 1.22
④ 3.1

해설

$$C = \frac{(A \times 3 \times 5) + (B \times 5)}{1 - (-3 \times 5 \times 4)}$$

$$= \frac{15A + 5B}{1 + 60} = \frac{20}{61} \fallingdotseq 0.33$$

상 제어공학 제1장 자동제어의 개요

66 제어요소가 제어대상에 주는 양은?

① 동작신호
② 조작량
③ 제어량
④ 궤환량

해설 폐루프 제어계의 구성

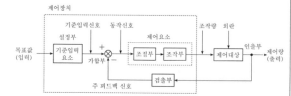

상 제어공학 제3장 시간영역해석법

67 전달함수가 $\dfrac{C(s)}{R(s)} = \dfrac{1}{3s^2 + 4s + 1}$인 제어시스템의 과도응답특성은?

① 무제동
② 부족제동
③ 임계제동
④ 과제동

해설

㉠ 특성방정식
$$F(s) = 3s^2 + 4s + 1 = 0$$

㉡ 2차 제어계의 특성방정식
$$F(s) = s^2 + 2\zeta\omega_n s + \omega_n^2 = 0$$

㉢ 상수항 $\omega_n^2 = 1$에서 고유각주파수는 $\omega_n = 1$이 된다.

㉣ 1차항 $2\zeta\omega_n s = 4s$에서

제동비 $\zeta = \dfrac{4}{2\omega_n} = 2$가 된다.

∴ 제동비 범위가 $\zeta > 1$이므로 과제동이 된다.

상 제어공학 제7장 상태방정식

68 함수 $f(t) = e^{-at}$의 z변환함수 $F(z)$는?

① $\dfrac{2z}{z - e^{aT}}$
② $\dfrac{1}{z + e^{aT}}$
③ $\dfrac{z}{z + e^{-aT}}$
④ $\dfrac{z}{z - e^{-aT}}$

해설

$$e^{-at} \xrightarrow{z} \frac{z}{z - e^{-aT}}$$

상 제어공학 제4장 주파수영역해석법

69 제어시스템의 주파수 전달함수가 $G(j\omega) = j5\omega$이고, 주파수가 $\omega = 0.02$[rad/sec]일 때 이 제어시스템의 이득[dB]은?

① 20
② 10
③ -10
④ -20

해설 주파수 전달함수의 절대값

$|G(j\omega)| = 5\omega = 5 \times 0.02 = 0.1$

∴ 이득 $g = 20\log_{10}|G(j\omega)|$

$$= 20\log_{10} 0.1 = -20\text{[dB]}$$

정답 65 ② 66 ② 67 ④ 68 ④ 69 ④

제어공학 제3장 시간영역해석법

70 그림과 같은 제어시스템의 폐루프 전달함수 $T(s) = \dfrac{C(s)}{R(s)}$ 에 대한 감도 S_K^T는?

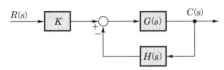

① 0.5

② 1

③ $\dfrac{G}{1+GH}$

④ $\dfrac{-GH}{1+GH}$

해설

전달함수 $T(s) = \dfrac{KG(s)}{1+G(s)H(s)}$

감도 $S_K^T = \dfrac{K}{T} \cdot \dfrac{dT}{dK}$

$\quad = \dfrac{1+G(s)H(s)}{G(s)} \cdot \dfrac{G(s)}{1+G(s)H(s)} = 1$

회로이론 제7장 4단자망 회로해석

71 그림 (a)와 같은 회로에 대한 구동점 임피던스의 극점과 영점이 각각 그림 (b)에 나타낸 것과 같고 $Z(0)=1$일 때, 이 회로에서 $R[\Omega]$, $L[\mathrm{H}]$, $C[\mathrm{F}]$의 값은?

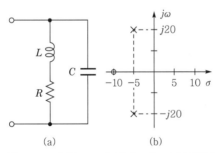

(a)   (b)

① $R=1.0[\Omega]$, $L=0.1[\mathrm{H}]$, $C=0.0235[\mathrm{F}]$

② $R=1.0[\Omega]$, $L=0.2[\mathrm{H}]$, $C=1.0[\mathrm{F}]$

③ $R=2.0[\Omega]$, $L=0.1[\mathrm{H}]$, $C=0.0235[\mathrm{F}]$

④ $R=2.0[\Omega]$, $L=0.2[\mathrm{H}]$, $C=1.0[\mathrm{F}]$

해설

㉠ 그림 (b)에서 영점과 극점을 이용해 임피던스를 구하면 다음과 같다.

$$Z(s) = \dfrac{s+10}{(s+5-j20)(s+5+j20)}$$
$$= \dfrac{s+10}{(s+5)^2+20^2} = \dfrac{s+10}{s^2+10s+425}$$

㉡ 그림 (a)에서 구동점 임피던스를 구하면

$$Z(s) = \dfrac{(R+Ls) \times \dfrac{1}{Cs}}{(R+Ls) + \dfrac{1}{Cs}}$$

$$= \dfrac{Ls+R}{LCs^2 + RCs + 1} = \dfrac{\dfrac{1}{C}s + \dfrac{R}{LC}}{s^2 + \dfrac{R}{L}s + \dfrac{1}{LC}}$$

㉢ 문제에서 $Z(0)=1$이라고 했으므로 ㉡에서 $s=0$을 대입하면 $Z(0) = R = 1$이 된다.

㉣ ㉡에서 $R=1$을 대입하면

$$Z(s) = \dfrac{\dfrac{1}{C}s + \dfrac{R}{LC}}{s^2 + \dfrac{R}{L}s + \dfrac{1}{LC}} = \dfrac{\dfrac{1}{C}\left(s + \dfrac{1}{L}\right)}{s^2 + \dfrac{1}{L}s + \dfrac{1}{LC}}$$

㉤ ㉠과 ㉣을 비교해 L과 C를 구할 수 있다.

• $\dfrac{1}{L} = 10 \rightarrow L = \dfrac{1}{10} = 0.1$

• $\dfrac{1}{LC} = 425 \rightarrow C = \dfrac{1}{0.1 \times 425} = 0.0235$

∴ $R=1.0[\Omega]$, $L=0.1[\mathrm{H}]$, $C=0.0235[\mathrm{F}]$

회로이론 제6장 회로망 해석

72 회로에서 저항 $1[\Omega]$에 흐르는 전류 $I[\mathrm{A}]$는?

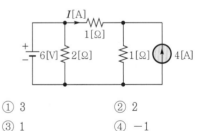

① 3   ② 2

③ 1   ④ -1

해설

중첩의 원리를 이용하여 풀이하면

㉠ 전압원 6[V] 해석(전류원 개방 해석)

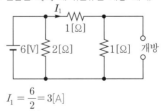

$$I_1 = \dfrac{6}{2} = 3[\mathrm{A}]$$

ⓒ 전류원 4[A] 해석(전압원 단락 해석)

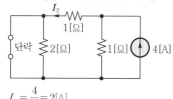

$$I_2 = \frac{4}{2} = 2[A]$$

$$\therefore I = I_1 - I_2 = 3 - 2 = 1[A]$$

상 회로이론 제2장 단상 교류회로의 이해

73 파형이 톱니파인 경우 파형률은 약 얼마인가?

① 1.155　　　　② 1.732

③ 1.414　　　　④ 0.577

해설

ⓐ 구형파의 파형률 : 1
ⓑ 정형파의 파형률 : 1.11
ⓒ 삼각파(톱니파)의 파형률 : 1.155

상 회로이론 제8장 분포정수회로

74 무한장 무손실 전송선로의 임의의 위치에서 전압이 100[V]이었다. 이 선로의 인덕턴스가 7.5[μH/m]이고, 커패시턴스가 0.012[μF/m]일 때 이 위치에서 전류[A]는?

① 2　　　　② 4

③ 6　　　　④ 8

해설 선로의 특성임피던스(=고유임피던스)

$$Z_0 = \sqrt{\frac{L}{C}} = \sqrt{\frac{7.5}{0.012}} = 25[\Omega]$$

$$\therefore \text{전류} \ I = \frac{V}{Z_0} = \frac{100}{25} = 4[A]$$

상 회로이론 제4장 비정현파 교류회로의 이해

75 전압 $v(t) = 14.14\sin\omega t + 7.07\sin\left(3\omega t + \frac{\pi}{6}\right)$[V]의 실효값은 약 몇 [V]인가?

① 3.87　　　　② 11.2

③ 15.8　　　　④ 21.2

해설

$$V = \sqrt{\left(\frac{14.14}{\sqrt{2}}\right)^2 + \left(\frac{7.07}{\sqrt{2}}\right)^2} = 11.2[V]$$

상 회로이론 제3장 다상 교류회로의 이해

76 그림과 같은 평형 3상회로에서 전원 전압이 $V_{ab} = 200$[V]이고 부하 한 상의 임피던스가 $Z = 4 + j3[\Omega]$인 경우 전원과 부하 사이 선전류 I_a는 약 몇 [A]인가?

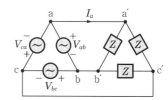

① $40\sqrt{3}\underline{/36.87°}$　　② $40\sqrt{3}\underline{/-36.87°}$

③ $40\sqrt{3}\underline{/66.87°}$　　④ $40\sqrt{3}\underline{/-66.87°}$

해설

ⓐ 부하 한 상의 임피던스

$$Z = 4 + j3 = \sqrt{4^2 + 3^2}\underline{/\tan^{-1}\frac{3}{4}} = 5\underline{/36.87°}$$

ⓑ 부하의 상전류($V_{ab} = V_p$)

$$I_p = \frac{V_p}{Z} = \frac{200}{5\underline{/36.87°}} = 40\underline{/-36.87°}[A]$$

ⓒ 선전류

$$I_l = \sqrt{3}\,I_p\underline{/-30°} = 40\sqrt{3}\underline{/-66.87°}[A]$$

하 회로이론 제9장 과도현상

77 정상상태에서 $t = 0$초인 순간에 스위치 S를 열었다. 이때 흐르는 전류 $i(t)$는?

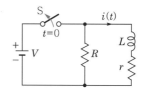

① $\dfrac{V}{R}e^{-\frac{R+r}{L}t}$　　② $\dfrac{V}{r}e^{-\frac{R+r}{L}t}$

③ $\dfrac{V}{R}e^{-\frac{L}{R+r}t}$　　④ $\dfrac{V}{r}e^{-\frac{L}{R+r}t}$

해설

㉠ S를 개방하기 전 정상전류

$$i_s = \frac{V}{r}[\text{A}]$$

㉡ S를 개방했을 때 과도전류

$$i_t = i(t) = \frac{V}{r}e^{-\frac{R+r}{L}t}[\text{A}]$$

상 | 회로이론 제3장 다상 교류회로의 이해

78 선간전압이 150[V], 선전류가 $10\sqrt{3}$ [A], 역률이 80[%]인 평형 3상 유도성 부하로 공급되는 무효전력[Var]은?

① 3600 ② 3000
③ 2700 ④ 1800

해설

무효율 $\sin\theta = \sqrt{1-\cos^2\theta}$
$\qquad = \sqrt{1-0.8^2} = 0.6$

∴ 무효전력 $P_r = \sqrt{3}\,VI\sin\theta$
$\qquad = \sqrt{3}\times150\times10\sqrt{3}\times0.6$
$\qquad = 2700[\text{Var}]$

상 | 회로이론 제10장 라플라스 변환

79 그림과 같은 함수의 라플라스 변환은?

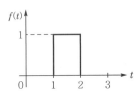

① $\frac{1}{s}(e^s - e^{2s})$

② $\frac{1}{s}(e^{-s} - e^{-2s})$

③ $\frac{1}{s}(e^{-2s} - e^{-s})$

④ $\frac{1}{s}(e^{-s} + e^{-2s})$

해설

㉠ $f(t) = u(t-1) - u(t-2)$

㉡ $F(s) = \frac{1}{s}e^{-s} - \frac{1}{s}e^{-2s} = \frac{1}{s}(e^{-s} - e^{-2s})$

상 | 회로이론 제5장 대칭좌표법

80 상의 순서가 a−b−c인 불평형 3상 전류가 $I_a = 15+j2$[A], $I_b = -20-j14$[A], $I_c = -3+j10$[A]일 때 영상분전류 I_0는 약 몇 [A]인가?

① $2.67+j0.38$ ② $2.02+j6.98$
③ $15.5-j3.56$ ④ $-2.67-j0.67$

해설 영상분전류

$$I_0 = \frac{1}{3}(I_a + I_b + I_c)$$
$$= \frac{1}{3}[(15+j2)+(-20-j14)+(-3+j10)]$$
$$= \frac{1}{3}(-8-j2) = -2.67-j0.67[\text{A}]$$

제5과목 전기설비기술기준

상 | 제3장 전선로

81 지중전선로를 직접매설식에 의하여 차량, 기타 중량물의 압력을 받을 우려가 있는 장소에 시설하는 경우 매설깊이는 몇 [m] 이상으로 하여야 하는가?

① 0.6 ② 1
③ 1.5 ④ 2

해설 지중전선로의 시설(KEC 334.1)

직접매설식의 경우 케이블 매설깊이
㉠ 차량, 기타 중량물에 의한 압력을 받을 우려가 있는 장소 : **1.0[m] 이상**
㉡ 기타 장소 : 0.6[m] 이상

중 | 제1장 공통사항

82 돌침, 수평도체, 메시도체의 요소 중에 한 가지 또는 이를 조합한 형식으로 시설하는 것은?

① 접지극시스템 ② 수뢰부시스템
③ 내부피뢰시스템 ④ 인하도선시스템

해설 수뢰부시스템(KEC 152.1)

수뢰부시스템은 돌침, 수평도체, 메시도체의 요소 중에 한 가지 또는 이를 조합한 형식으로 시설하여야 한다.

정답 78 ③ 79 ② 80 ④ 81 ② 82 ②

상 제3장 전선로

83 지중전선로에 사용하는 지중함의 시설기준으로 틀린 것은?

① 조명 및 세척이 가능한 장치를 하도록 할 것
② 견고하고 차량, 기타 중량물의 압력에 견디는 구조일 것
③ 그 안의 고인 물을 제거할 수 있는 구조로 되어 있을 것
④ 뚜껑은 시설자 이외의 자가 쉽게 열 수 없도록 시설할 것

해설 지중함의 시설(KEC 334.2)

㉠ 지중함은 견고하고 차량, 기타 중량물의 압력에 견디는 구조일 것
㉡ 지중함은 그 안의 고인 물을 제거할 수 있는 구조로 되어 있을 것
㉢ 폭발성 또는 연소성의 가스가 침입할 우려가 있는 것에 시설하는 지중함으로서 그 크기가 1[m³] 이상인 것에는 통풍장치, 기타 가스를 방산시키기 위한 적당한 장치를 시설할 것
㉣ 지중함의 뚜껑은 시설자 이외의 자가 쉽게 열 수 없도록 시설할 것

하 제5장 전기철도

84 전식방지대책에서 매설금속체 측의 누설전류에 의한 전식의 피해가 예상되는 곳에 고려하여야 하는 방법으로 틀린 것은?

① 절연코팅
② 배류장치 설치
③ 변전소 간 간격 축소
④ 저준위 금속체를 접속

해설 전식방지대책(KEC 461.4)

매설금속체 측의 누설전류에 의한 전식의 피해가 예상되는 곳은 다음 방법을 고려하여야 한다.
㉠ 배류장치 설치
㉡ 절연코팅
㉢ 매설금속체 접속부 절연
㉣ 저준위 금속체를 접속
㉤ 궤도와의 이격거리 증대
㉥ 금속판 등의 도체로 차폐

중 제2장 저압설비 및 고압·특고압설비

85 일반주택의 저압 옥내배선을 점검하였더니 다음과 같이 시설되어 있었을 경우 시설기준에 적합하지 않은 것은?

① 합성수지관의 지지점 간의 거리를 2[m]로 하였다.
② 합성수지관 안에서 전선의 접속점이 없도록 하였다.
③ 금속관공사에 옥외용 비닐절연전선을 제외한 절연전선을 사용하였다.
④ 인입구에 가까운 곳으로서 쉽게 개폐할 수 있는 곳에 개폐기를 각 극에 시설하였다.

해설 합성수지관공사(KEC 232.11)

합성수지관의 공사 시 지지점 간의 거리는 1.5[m] 이하일 것

하 제1장 공통사항

86 하나 또는 복합하여 시설하여야 하는 접지극의 방법으로 틀린 것은?

① 지중 금속구조물
② 토양에 매설된 기초 접지극
③ 케이블의 금속외장 및 그 밖에 금속피복
④ 대지에 매설된 강화콘크리트의 용접된 금속 보강재

해설 접지극의 시설 및 접지저항(KEC 142.2)

접지극은 다음의 방법 중 하나 또는 복합하여 시설하여야 한다.
㉠ 콘크리트에 매입된 기초 접지극
㉡ 토양에 매설된 기초 접지극
㉢ 토양에 수직 또는 수평으로 직접매설된 금속전극(봉, 전선, 테이프, 배관, 판 등)
㉣ 케이블의 금속외장 및 그 밖에 금속피복
㉤ 지중 금속구조물(배관 등)
㉥ 대지에 매설된 철근콘크리트의 용접된 금속 보강재 (강화콘크리트는 제외)

중 제3장 전선로

87 사용전압이 154[kV]인 전선로를 제1종 특고압 보안공사로 시설할 때 경동연선의 굵기는 몇 [mm²] 이상이어야 하는가?

① 55
② 100
③ 150
④ 200

해설 특고압 보안공사(KEC 333.22)

제1종 특고압 보안공사는 다음에 따라 시설한다.
㉠ 100[kV] 미만 : 인장강도 21.67[kN] 이상, 55[mm²] 이상의 경동연선
㉡ 100[kV] 이상 300[kV] 미만 : 인장강도 58.84[kN] 이상, **150[mm²]** 이상의 경동연선
㉢ 300[kV] 이상 : 인장강도 77.47[kN] 이상, 200[mm²] 이상의 경동연선

상 제3장 전선로

88 다음 (   )에 들어갈 내용으로 옳은 것은?

> 동일 지지물에 저압 가공전선(다중접지된 중성선은 제외한다)과 고압 가공전선을 시설하는 경우 고압 가공전선을 저압 가공전선의 (㉠)로 하고, 별개의 완금류에 시설해야 하며, 고압 가공전선과 저압 가공전선 사이의 이격거리는 (㉡)[m] 이상으로 한다.

① ㉠ 아래, ㉡ 0.5
② ㉠ 아래, ㉡ 1
③ ㉠ 위, ㉡ 0.5
④ ㉠ 위, ㉡ 1

해설 고압 가공전선 등의 병행설치(KEC 332.8)

저압 가공전선(다중접지된 중성선은 제외)과 고압 가공전선을 동일 지지물에 시설하는 경우
㉠ 저압 가공전선을 고압 가공전선의 **아래**로 하고 별개의 완금류에 시설할 것
㉡ 저압 가공전선과 고압 가공전선 사이의 이격거리는 **0.5[m]** 이상일 것(단, 고압 측이 케이블일 경우 0.3[m] 이상)

하 전기설비기술기준

89 전기설비기술기준에서 정하는 안전원칙에 대한 내용으로 틀린 것은?

① 전기설비는 감전, 화재, 그 밖에 사람에게 위해를 주거나 물건에 손상을 줄 우려가 없도록 시설하여야 한다.
② 전기설비는 다른 전기설비, 그 밖의 물건의 기능에 전기적 또는 자기적인 장해를 주지 않도록 시설하여야 한다.
③ 전기설비는 경쟁과 새로운 기술 및 사업의 도입을 촉진함으로써 전기사업의 건전한 발전을 도모하도록 시설하여야 한다.
④ 전기설비는 사용목적에 적절하고 안전하게 작동하여야 하며, 그 손상으로 인하여 전기공급에 지장을 주지 않도록 시설하여야 한다.

해설 안전원칙(기술기준 제2조)

㉠ 전기설비는 감전, 화재, 그 밖에 사람에게 위해(危害)를 주거나 물건에 손상을 줄 우려가 없도록 시설하여야 한다.
㉡ 전기설비는 사용목적에 적절하고 안전하게 작동하여야 하며, 그 손상으로 인하여 전기공급에 지장을 주지 않도록 시설하여야 한다.
㉢ 전기설비는 다른 전기설비, 그 밖의 물건의 기능에 전기적 또는 자기적인 장해를 주지 않도록 시설하여야 한다.

중 제2장 저압설비 및 고압·특고압설비

90 플로어덕트공사에 의한 저압 옥내배선에서 연선을 사용하지 않아도 되는 전선(동선)의 단면적은 최대 몇 [mm²]인가?

① 2
② 4
③ 6
④ 10

해설 플로어덕트공사(KEC 232.32)

㉠ 전선은 절연전선일 것(옥외용 비닐절연전선은 제외)
㉡ 전선은 연선일 것. 단, 단면적 **10[mm²]**(알루미늄선은 단면적 16[mm²]) 이하인 것은 단선을 사용할 것
㉢ 플로어덕트 안에는 전선에 접속점이 없도록 할 것
㉣ 덕트의 끝부분은 막을 것

정답 87 ③ 88 ③ 89 ③ 90 ④

하 제6장 분산형전원설비

91 풍력터빈에 설비의 손상을 방지하기 위하여 시설하는 운전상태를 계측하는 계측장치로 틀린 것은?

① 조도계 　　　　② 압력계
③ 온도계 　　　　④ 풍속계

해설 계측장치의 시설(KEC 532.3.7)

풍력터빈에는 설비의 손상을 방지하기 위하여 운전상태를 계측하는 다음의 계측장치를 시설하여야 한다.
㉠ 회전속도계
㉡ 나셀(nacelle) 내의 진동을 감지하기 위한 진동계
㉢ 풍속계
㉣ 압력계
㉤ 온도계

상 제1장 공통사항

92 전압의 종별에서 교류 600[V]는 무엇으로 분류하는가?

① 저압 　　　　② 고압
③ 특고압 　　　　④ 초고압

해설 적용범위(KEC 111.1)

전압의 구분은 다음과 같다.

구 분	교류(AC)	직류(DC)
저압	1[kV] 이하	1.5[kV] 이하
고압	저압을 초과하고 7[kV] 이하인 것	
특고압	7[kV]를 초과하는 것	

상 제2장 저압설비 및 고압·특고압설비

93 옥내 배선공사 중 반드시 절연전선을 사용하지 않아도 되는 공사방법은? (단, 옥외용 비닐절연전선은 제외한다.)

① 금속관공사 　　　　② 버스덕트공사
③ 합성수지관공사 　　　　④ 플로어덕트공사

해설 나전선의 사용 제한(KEC 231.4)

다음에서는 나전선을 사용할 수 있다.
㉠ 애자공사에 의하여 전개된 곳에 다음의 전선을 시설하는 경우
　• 전기로용 전선
　• 전선의 피복절연물이 부식하는 장소에 시설하는 전선

　• 취급자 이외의 사람이 출입할 수 없도록 설비한 장소
㉡ 버스덕트공사에 의하여 시설하는 경우
㉢ 라이팅덕트공사에 의하여 시설하는 경우
㉣ 저압 접촉전선 및 유희용 전차를 시설하는 경우

중 제3장 전선로

94 시가지에 시설하는 사용전압 170[kV] 이하인 특고압 가공전선로의 지지물이 철탑이고 전선이 수평으로 2 이상 있는 경우에 전선 상호 간의 간격이 4[m] 미만인 때에는 특고압 가공전선로의 경간은 몇 [m] 이하이어야 하는가?

① 100 　　　　② 150
③ 200 　　　　④ 250

해설 시가지 등에서 특고압 가공전선로의 시설 (KEC 333.1)

시가지에 시설하는 특고압 가공전선로의 경간은 다음 값 이하일 것

지지물의 종류	경 간
A종 철주 또는 A종 철근콘크리트주	75[m]
B종 철주 또는 B종 철근콘크리트주	150[m]
철탑	400[m](단주인 경우에는 300[m]) 단, 전선이 수평으로 2 이상 있는 경우에 전선 상호 간의 간격이 4[m] 미만인 때에는 250[m]

중 제4장 발전소, 변전소, 개폐소 및 기계기구 시설보호

95 사용전압이 170[kV] 이하의 변압기를 시설하는 변전소로서 기술원이 상주하여 감시하지는 않으나 수시로 순회하는 경우, 기술원이 상주하는 장소에 경보장치를 시설하지 않아도 되는 경우는?

① 옥내변전소에 화재가 발생한 경우
② 제어회로의 전압이 현저히 저하한 경우
③ 운전조작에 필요한 차단기가 자동적으로 차단한 후 재폐로한 경우
④ 수소냉각식 조상기는 그 조상기 안의 수소의 순도가 90[%] 이하로 저하한 경우

정답 91 ① 　92 ① 　93 ② 　94 ④ 　95 ③

해설 상주 감시를 하지 아니하는 변전소의 시설 (KEC 351.9)

다음의 경우에는 변전제어소 또는 기술원이 상주하는 장소에 경보장치를 시설할 것

㉠ 운전조작에 필요한 차단기가 자동적으로 차단한 경우(차단기가 재폐로 한 경우를 제외한다)
㉡ 주요 변압기의 전원 측 전로가 무전압으로 된 경우
㉢ 제어회로의 전압이 현저히 저하한 경우
㉣ 옥내변전소에 화재가 발생한 경우
㉤ 출력 3000[kVA]를 초과하는 특고압용 변압기의 온도가 현저히 상승한 경우
㉥ 특고압용 타냉식 변압기의 냉각장치가 고장 난 경우
㉦ 조상기의 내부에 고장이 생긴 경우
㉧ 수소냉각식 조상기는 그 조상기 안의 수소의 순도가 90[%] 이하로 저하한 경우, 수소의 압력이 현저히 변동한 경우 또는 수소의 온도가 현저히 상승한 경우
㉨ 가스절연기기(압력의 저하에 의하여 절연파괴 등이 생길 우려가 없는 경우를 제외한다)의 절연가스의 압력이 현저히 저하한 경우

중 제4장 발전소, 변전소, 개폐소 및 기계기구 시설보호

96 특고압용 타냉식 변압기의 냉각장치에 고장이 생긴 경우를 대비하여 어떤 보호장치를 하여야 하는가?

① 경보장치 ② 속도조정장치
③ 온도시험장치 ④ 냉매흐름장치

해설 특고압용 변압기의 보호장치(KEC 351.4)

뱅크용량의 구분	동작조건	장치의 종류
5000[kVA] 이상 10000[kVA] 미만	변압기 내부고장	자동차단장치 또는 경보장치
10000[kVA] 이상	변압기 내부고장	자동차단장치
타냉식 변압기(변압기의 권선 및 철심을 직접 냉각시키기 위하여 봉입한 냉매를 강제 순환시키는 냉각 방식을 말한다)	냉각장치에 고장이 생긴 경우 또는 변압기의 온도가 현저히 상승한 경우	경보장치

상 제3장 전선로

97 특고압 가공전선로의 지지물로 사용하는 B종 철주, B종 철근콘크리트주 또는 철탑의 종류에서 전선로의 지지물 양쪽의 경간의 차가 큰 곳에 사용하는 것은?

① 각도형 ② 인류형
③ 내장형 ④ 보강형

해설 특고압 가공전선로의 철주·철근 콘크리트 주 또는 철탑의 종류(KEC 333.11)

특고압 가공전선로의 지지물로 사용하는 B종 철근·B종 콘크리트주 또는 철탑의 종류는 다음과 같다.

㉠ 직선형 : 전선로의 직선부분(수평각도 3° 이하)에 사용하는 것(내장형 및 보강형 제외)
㉡ 각도형 : 전선로 중 3°를 초과하는 수평각도를 이루는 곳에 사용하는 것
㉢ 인류형 : 전가섭선을 인류하는 곳에 사용하는 것
㉣ 내장형 : 전선로의 지지물 양쪽의 경간의 차가 큰 곳에 사용하는 것
㉤ 보강형 : 전선로의 직선부분에 그 보강을 위하여 사용하는 것

중 제2장 저압설비 및 고압·특고압설비

98 아파트 세대 욕실에 "비데용 콘센트"를 시설하고자 한다. 다음의 시설방법 중 적합하지 않은 것은?

① 콘센트는 접지극이 없는 것을 사용한다.
② 습기가 많은 장소에 시설하는 콘센트는 방습장치를 하여야 한다.
③ 콘센트를 시설하는 경우에는 절연변압기(정격용량 3[kVA] 이하인 것에 한한다)로 보호된 전로에 접속하여야 한다.
④ 콘센트를 시설하는 경우에는 인체감전보호용 누전차단기(정격감도전류 15[mA] 이하, 동작시간 0.03초 이하의 전류동작형의 것에 한한다)로 보호된 전로에 접속하여야 한다.

해설 콘센트의 시설(KEC 234.5)

욕조나 샤워시설이 있는 욕실 또는 화장실 등 인체가 물에 젖어 있는 상태에서 전기를 사용하는 장소에 콘센트를 시설하는 경우에는 다음에 따라 시설하여야 한다.
㉠ 「전기용품 및 생활용품 안전관리법」의 적용을 받는 인체감전보호용 누전차단기(정격감도전류 15[mA] 이하, 동작시간 0.03초 이하의 전류동작형의 것에 한한다) 또는 절연변압기(정격용량 3[kVA] 이하인 것에 한한다)로 보호된 전로에 접속하거나, 인체감전보호용 누전차단기가 부착된 콘센트를 시설하여야 한다.
㉡ 콘센트는 접지극이 있는 방적형 콘센트를 사용하여 접지하여야 한다.
㉢ 습기가 많은 장소 또는 수분이 있는 장소에 시설하는 콘센트 및 기계기구용 콘센트는 접지용 단자가 있는 것을 사용하여 접지하고 방습장치를 하여야 한다.

정답 96 ① 97 ③ 98 ①

상 제3장 전선로

99 고압 가공전선로의 가공지선에 나경동선을 사용하려면 지름 몇 [mm] 이상의 것을 사용하여야 하는가?

① 2.0 ② 3.0
③ 4.0 ④ 5.0

해설 고압 가공전선로의 가공지선(KEC 332.6)

고압 가공전선로의 가공지선 → 4[mm](인장강도 5.26[kN]) 이상의 나경동선

상 제4장 발전소, 변전소, 개폐소 및 기계기구 시설보호

100 변전소의 주요 변압기에 계측장치를 시설하여 측정하여야 하는 것이 아닌 것은?

① 역률 ② 전압
③ 전력 ④ 전류

해설 계측장치(KEC 351.6)

변전소에 설치하는 계측하는 장치
㉠ 주요 변압기의 **전압 및 전류 또는 전력**
㉡ 특고압용 변압기의 온도

정답 99 ③ 100 ①

제1과목 **전기자기학**

상 제11장 인덕턴스

01 그림과 같이 단면적 $S[m^2]$가 균일한 환상 철심에 권수 N_1인 A코일과 권수 N_2인 B코일이 있을 때, A코일의 자기인덕턴스가 $L_1[H]$라면 두 코일의 상호인덕턴스 $M[H]$는? (단, 누설자속은 0이다.)

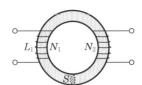

① $\dfrac{L_1 N_2}{N_1}$ ② $\dfrac{N_2}{L_1 N_1}$

③ $\dfrac{L_1 N_1}{N_2}$ ④ $\dfrac{N_1}{L_1 N_2}$

해설

㉠ A코일의 자기인덕턴스

$$L_1 = \frac{\mu S N_1^{\,2}}{l}[H] \rightarrow \frac{\mu S}{l} = \frac{L_1}{N_1^{\,2}}$$

㉡ B코일의 자기인덕턴스

$$L_2 = \frac{\mu S N_2^{\,2}}{l} = \frac{L_1 N_2^{\,2}}{N_1^{\,2}}[H]$$

∴ 상호인덕턴스

$$M = \frac{\mu S N_1 N_2}{l} = \frac{L_1 N_2}{N_1}[H]$$

상 제4장 유전체

02 평행판 커패시터에 어떤 유전체를 넣었을 때 전속밀도가 $4.8 \times 10^{-7}[C/m^2]$이고 단위 체적당 정전에너지가 $5.3 \times 10^{-3}[J/m^3]$이었다. 이 유전체의 유전율은 약 몇 [F/m]인가?

① 1.15×10^{-11} ② 2.17×10^{-11}

③ 3.19×10^{-11} ④ 4.21×10^{-11}

해설 단위체적당 정전에너지

$$w = \frac{1}{2}\varepsilon E^2 = \frac{1}{2}ED = \frac{D^2}{2\varepsilon}[J/m^3]$$

여기서, E : 전계의 세기[V/m]

D : 전속밀도[C/m²]

∴ 유전율 $\varepsilon = \dfrac{D^2}{2w} = \dfrac{(4.8 \times 10^{-7})^2}{2 \times 5.3 \times 10^{-3}}$

$= 2.17 \times 10^{-11}[F/m]$

중 제2장 진공 중의 정전계

03 진공 중에서 점(0, 1)[m]의 위치에 -2×10^{-9} [C]의 점전하가 있을 때, 점(2, 0)[m]에 있는 1[C]의 점전하에 작용하는 힘은 몇 [N]인가? (단, $\hat{x}$, $\hat{y}$는 단위 벡터이다.)

① $-\dfrac{18}{3\sqrt{5}}\hat{x} + \dfrac{36}{3\sqrt{5}}\hat{y}$

② $-\dfrac{36}{5\sqrt{5}}\hat{x} + \dfrac{18}{5\sqrt{5}}\hat{y}$

③ $-\dfrac{36}{3\sqrt{5}}\hat{x} + \dfrac{18}{3\sqrt{5}}\hat{y}$

④ $\dfrac{36}{5\sqrt{5}}\hat{x} + \dfrac{18}{5\sqrt{5}}\hat{y}$

해설

㉠ 거리 벡터 $\vec{r} = (0-2)\hat{x} + (1-0)\hat{y} = -2\hat{x} + \hat{y}$

㉡ 거리 스칼라 $r = \sqrt{(-2)^2 + 1^2} = \sqrt{5}$

㉢ 단위 벡터 $\vec{r_0} = \dfrac{\vec{r}}{r} = \dfrac{-2\hat{x} + \hat{y}}{\sqrt{5}}$

㉣ 두 전하 사이의 작용하는 힘

$$F = \frac{Q_1 Q_2}{4\pi\varepsilon_0 r^2}$$

$$= 9 \times 10^9 \times \frac{Q_1 Q_2}{r^2}$$

$$= 9 \times 10^9 \times \frac{2 \times 10^{-9} \times 1}{(\sqrt{5})^2} = \frac{18}{5}$$

∴ $\vec{F} = F\vec{r_0}$

$$= -\frac{36}{5\sqrt{5}}\hat{x} + \frac{18}{5\sqrt{5}}\hat{y}[N]$$

정답 01 ① 02 ② 03 ②

상 제9장 자성체와 자기회로

04 다음 중 기자력(magnetomotive force)에 대한 설명으로 틀린 것은?

① SI 단위는 암페어[A]이다.
② 전기회로의 기전력에 대응한다.
③ 자기회로의 자기저항과 자속의 곱과 동일하다.
④ 코일에 전류를 흘렸을 때 전류밀도와 코일의 권수의 곱의 크기와 같다.

해설

㉠ 자속 $\phi = \dfrac{F}{R_m}$[Wb] $\rightarrow$ $F = R_m \phi$

㉡ 기자력 $F = IN$[AT] (SI 단위 : [A])

∴ 기자력 F는 전류 I와 권수 N의 곱의 크기와 같다.

상 제2장 진공 중의 정전계

05 쌍극자 모멘트가 M[C·m]인 전기 쌍극자에 의한 임의의 점 P에서의 전계의 크기는 전기 쌍극자의 중심에서 축방향과 점 P를 잇는 선분 사이의 각이 얼마일 때 최대가 되는가?

① 0
② $\dfrac{\pi}{2}$
③ $\dfrac{\pi}{3}$
④ $\dfrac{\pi}{4}$

해설 전기 쌍극자의 전계의 세기

$E = \dfrac{M}{4\pi\varepsilon_0 r^3}\sqrt{1+3\cos\theta}$ [V/m]에서

E는 $\cos\theta$에 비례하므로
㉠ $\theta = 0$: 전계는 최대
㉡ $\theta = 90°$: 전계는 최소

상 제6장 전류

06 정상 전류계에서 J는 전류밀도, σ는 도전율, ρ는 고유저항, E는 전계의 세기일 때, 옴의 법칙의 미분형은?

① $J = \sigma E$
② $J = \dfrac{E}{\sigma}$
③ $J = \rho E$
④ $J = \rho\sigma E$

해설

㉠ 전계의 세기 $E = \dfrac{V}{l}$[V/m]

㉡ 전기저항 $R = \rho\dfrac{l}{S} = \dfrac{l}{\sigma S}$[Ω]

㉢ 옴의 법칙 $I = \dfrac{V}{R} = \dfrac{lE}{\dfrac{l}{\sigma S}} = \sigma ES$[A]

∴ 옴의 법칙의 미분형 $J = \dfrac{dI}{dS} = \sigma E$[A/m²]

상 제4장 유전체

07 그림과 같이 극판의 면적이 S[m²]인 평행판 커패시터에 유전율이 각각 $\varepsilon_1 = 4$, $\varepsilon_2 = 2$인 유전체를 채우고, a, b 양단에 V[V]의 전압을 인가했을 때, ε_1, ε_2인 유전체 내부의 전계의 세기 E_1과 E_2의 관계식은? (단, σ[C/m²]는 면전하밀도이다.)

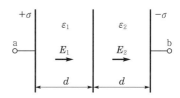

① $E_1 = 2E_2$
② $E_1 = 4E_2$
③ $2E_1 = E_2$
④ $E_1 = E_2$

해설

유전체 경계면에서 경계면의 법선(수직)방향에 대해서 전속밀도는 일정($D_1 = D_2$)하므로

$D_1 = D_2 \rightarrow \varepsilon_1 E_1 = \varepsilon_2 E_e \rightarrow 4E_1 = 2E_2$

∴ $2E_1 = E_2$

상 제8장 전류의 자기현상

08 반지름이 r[m]인 반원형 전류 I[A]에 의한 반원의 중심(O)에서 자계의 세기[AT/m]는?

① $\dfrac{2I}{r}$
② $\dfrac{I}{r}$
③ $\dfrac{I}{2r}$
④ $\dfrac{I}{4r}$

정답 04 ④ 05 ① 06 ① 07 ③ 08 ④

해설

㉠ 원형 선전류 중심의 자계의 세기

$$H = \frac{I}{2r}[\text{AT/m}]$$

㉡ 원형 선전류에서 문제와 같이 전류가 원의 반만 흐르게 되면 자계의 세기도 반이 된다.

$$\therefore H' = \frac{I}{2r} \times \frac{1}{2} = \frac{I}{4r}[\text{AT/m}]$$

상 제8장 전류의 자기현상

09 평균 반지름(r)이 20[cm], 단면적(S)이 6[cm²]인 환상 철심에서 권선수(N)가 500회인 코일에 흐르는 전류(I)가 4[A]일 때 철심 내부에서의 자계의 세기(H)는 약 몇 [AT/m]인가?

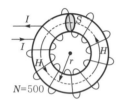

$$N = 500$$

① 1590
② 1700
③ 1870
④ 2120

해설 환상 철심 내의 자계의 세기

$$H = \frac{NI}{2\pi r} = \frac{500 \times 4}{2\pi \times 0.2} ≒ 1590[\text{AT/m}]$$

상 제8장 전류의 자기현상

10 속도 v의 전자가 평등자계 내에 수직으로 들어갈 때, 이 전자에 대한 설명으로 옳은 것은?

① 구면 위에서 회전하고 구의 반지름은 자계의 세기에 비례한다.
② 원운동을 하고 원의 반지름은 자계의 세기에 비례한다.
③ 원운동을 하고 원의 반지름은 자계의 세기에 반비례한다.
④ 원운동을 하고 원의 반지름은 전자의 처음 속도의 제곱에 비례한다.

해설 평등자계 내 전자의 원운동 조건

$$원심력\left(\frac{mv^2}{r}\right) = 전자력(vBq)$$

$$\therefore 원운동 반경 : r = \frac{mv}{Bq} = \frac{mv}{\mu_0 Hq}[\text{m}]$$

여기서, m : 전자의 질량[kg]
v : 전자의 운동속도[m/s]
r : 원운동 반경[m]
B : 자속밀도[Wb/m²]
q : 전자의 전하량[C]
H : 자계의 세기[AT/m]

상 제9장 자성체와 자기회로

11 길이가 10[cm]이고 단면의 반지름이 1[cm]인 원통형 자성체가 길이 방향으로 균일하게 자화되어 있을 때 자화의 세기가 0.5[Wb/m²]라면 이 자성체의 자기 모멘트 [Wb·m]는?

① 1.57×10^{-5}
② 1.57×10^{-4}
③ 1.57×10^{-3}
④ 1.57×10^{-2}

해설

자화의 세기 $J = \frac{m}{S} = \frac{M}{V}[\text{Wb/m}^2]$

여기서, m : 자극의 세기[Wb]
S : 자성체의 단면적[m²]
M : 자기 쌍극자 모멘트[Wb·m]
V : 자성체의 체적[m³]

$$\therefore M = VJ$$
$$= (Sl)J$$
$$= (\pi r^2 l)J$$
$$= (\pi \times 0.01^2 \times 0.1) \times 0.5$$
$$= 1.57 \times 10^{-5}[\text{Wb·m}]$$

상 제11장 인덕턴스

12 자기인덕턴스가 각각 L_1, L_2인 두 코일의 상호인덕턴스가 M일 때 결합계수는?

① $\dfrac{M}{L_1 L_2}$
② $\dfrac{L_1 L_2}{M}$
③ $\dfrac{M}{\sqrt{L_1 L_2}}$
④ $\dfrac{\sqrt{L_1 L_2}}{M}$

해설

결합계수 $K = \dfrac{M}{\sqrt{L_1 L_2}}$

여기서, $K = 0$: 자기적인 비결합
$K = 1$: 자기적인 완전결합

정답 09 ① 10 ③ 11 ① 12 ③

중 제12장 전자계

13 간격 d[m], 면적 S[m²]의 평행판 전극 사이에 유전율이 ε인 유전체가 있다. 전극 간에 $v(t) = V_m \sin\omega t$의 전압을 가했을 때, 유전체 속의 변위전류밀도[A/m²]는?

① $\dfrac{\varepsilon\omega V_m}{d}\cos\omega t$　　② $\dfrac{\varepsilon\omega V_m}{d}\sin\omega t$

③ $\dfrac{\varepsilon V_m}{\omega d}\cos\omega t$　　④ $\dfrac{\varepsilon V_m}{\omega d}\sin\omega t$

해설 변위전류밀도

$$i_d = \frac{\partial D}{\partial t} = \varepsilon\frac{\partial E}{\partial t} = \frac{\varepsilon}{d}\frac{\partial V}{\partial t}$$

$$= \frac{\varepsilon}{d}\frac{\partial}{\partial t}V_m\sin\omega t = \frac{\varepsilon V_m}{d}\frac{\partial}{\partial t}\sin\omega t$$

$$= \frac{\varepsilon\omega V_m}{d}\cos\omega t\,[\text{A/m}^2]$$

여기서, $\dfrac{\partial}{\partial t}\sin\omega t = \omega\cos\omega t$, $D = \varepsilon E$, $E = \dfrac{V}{d}$

상 제2장 진공 중의 정전계

14 그림과 같이 공기 중 2개의 동심 구도체에서 내구(A)에만 전하 Q를 주고 외구(B)를 접지하였을 때 내구(A)의 전위는?

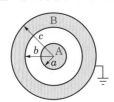

① $\dfrac{Q}{4\pi\varepsilon_0}\left(\dfrac{1}{a} - \dfrac{1}{b} + \dfrac{1}{c}\right)$

② $\dfrac{Q}{4\pi\varepsilon_0}\left(\dfrac{1}{a} - \dfrac{1}{b}\right)$

③ $\dfrac{Q}{4\pi\varepsilon_0}\cdot\dfrac{1}{c}$

④ 0

해설

동심 구도체의 전위 $V = V_a - V_b + V_c$에서 C점을 접지했으므로 $V_c = 0$이 된다.

$$\therefore\ V = \frac{Q}{4\pi\varepsilon_0 a} - \frac{Q}{4\pi\varepsilon_0 b} = \frac{Q}{4\pi\varepsilon_0}\left(\frac{1}{a} - \frac{1}{b}\right)$$

상 제4장 유전체

15 간격이 d[m]이고 면적이 S[m²]인 평행판 커패시터의 전극 사이에 유전율이 ε인 유전체를 넣고 전극 간에 V[V]의 전압을 가했을 때, 이 커패시터의 전극판을 떼어내는 데 필요한 힘의 크기[N]는?

① $\dfrac{1}{2\varepsilon}\dfrac{V^2}{d^2 S}$　　② $\dfrac{1}{2\varepsilon}\dfrac{dV^2}{S}$

③ $\dfrac{1}{2}\varepsilon\dfrac{V}{d}S$　　④ $\dfrac{1}{2}\varepsilon\dfrac{V^2}{d^2}S$

해설 전극판을 떼어내는 데 필요한 힘

$$F = \frac{1}{2}\varepsilon E^2 S = \frac{1}{2}\varepsilon\frac{V^2}{d^2}S\,[\text{N}]$$

여기서, 전계의 세기 $E = \dfrac{V}{d}$[V/m]

중 제4장 유전체

16 패러데이관(Faraday tube)의 성질에 대한 설명으로 틀린 것은?

① 패러데이관 중에 있는 전속 수는 그 관 속에 진전하가 없으면 일정하며 연속적이다.

② 패러데이관의 양단에는 양 또는 음의 단위 진전하가 존재하고 있다.

③ 패러데이관 한 개의 단위 전위차당 보유 에너지는 $\dfrac{1}{2}$[J]이다.

④ 패러데이관의 밀도는 전속밀도와 같지 않다.

해설

패러데이관의 수는 전속 수와 같고, 패러데이관의 밀도는 전속밀도와 같다.

상 제12장 전자계

17 유전율 ε, 투자율 μ인 매질 내에서 전자파의 전파속도는?

① $\sqrt{\dfrac{\mu}{\varepsilon}}$　　② $\sqrt{\mu\varepsilon}$

③ $\sqrt{\dfrac{\varepsilon}{\mu}}$　　④ $\dfrac{1}{\sqrt{\mu\varepsilon}}$

해설 전자파의 속도

$$v = \frac{1}{\sqrt{\varepsilon\mu}} = \frac{1}{\sqrt{\varepsilon_0\varepsilon_s\mu_0\mu_s}}$$

$$= \frac{3 \times 10^8}{\sqrt{\varepsilon_s\mu_s}} \, [\text{m/s}]$$

상 제9장 자성체와 자기회로

18 히스테리시스 곡선에서 히스테리시스 손실에 해당하는 것은?

① 보자력의 크기
② 잔류자기의 크기
③ 보자력과 잔류자기의 곱
④ 히스테리시스 곡선의 면적

해설 히스테리시스 곡선이 이루는 면적의 의미

단위체적당 열에너지(손실)[W/m³]

상 제5장 전기 영상법

19 공기 중 무한 평면 도체의 표면으로부터 2[m] 떨어진 곳에 4[C]의 점전하가 있다. 이 점전하가 받는 힘은 몇 [N]인가?

① $\dfrac{1}{\pi\varepsilon_0}$
② $\dfrac{1}{4\pi\varepsilon_0}$
③ $\dfrac{1}{8\pi\varepsilon_0}$
④ $\dfrac{1}{16\pi\varepsilon_0}$

해설

무한 평면 도체와 점전하는 전기 영상법에 의해서 풀이할 수 있다. 전기력은 다음과 같다.

$$F = \frac{Q \cdot Q'}{4\pi\varepsilon_0(2a)^2} = \frac{4 \times (-4)}{4\pi\varepsilon_0(2 \times 2)^2} = -\frac{1}{4\pi\varepsilon_0}[\text{N}]$$

여기서, (−)부호 : 두 전하 간의 흡인력 표현
Q' : 영상전하($Q' = -Q$[C])

하 제3장 정전용량

20 내압이 2.0[kV]이고 정전용량이 각각 0.01 [μF], 0.02[μF], 0.04[μF]인 3개의 커패시터를 직렬로 연결했을 때 전체 내압은 몇 [V]인가?

① 1750
② 2000
③ 3500
④ 4000

해설

㉠ 커패시터를 직렬로 접속하면 정전용량이 작은 쪽으로 가장 큰 전압이 걸리게 된다.
즉, 0.01[μF] 커패시터의 단자전압(내압)이 2[kV]가 된다.

㉡ 0.02[μF], 0.04[μF] 두 커패시터의 합성정전용량을 C_0라 하면 크기는

$$C_0 = \frac{0.02 \times 0.04}{0.02 + 0.04} = 0.0133[\mu\text{F}]$$

㉢ 회로 전체 전압을 V라 했을 때 $C_1 = 0.01[\mu\text{F}]$의 단자전압은(전압분배법칙)

$$V_1 = \frac{C_0}{C_1 + C_0} \times V[\text{V}]$$

위 ㉢식을 이용해 전체 전압을 구하면

$$\therefore \ V = \frac{C_1 + C_0}{C_0} \times V_1$$

$$= \frac{0.01 + 0.0133}{0.0133} \times 2000 = 3500[\text{V}]$$

제2과목 **전력공학**

중 제8장 송전선로 보호방식

21 환상선로의 단락보호에 주로 사용하는 계전방식은?

① 비율차동계전방식
② 방향거리계전방식
③ 과전류계전방식
④ 선택접지계전방식

해설

환상선로의 단락보호에는 방향단락계전방식, 방향거리계전방식이 있다.

상 제8장 송전선로 보호방식

22 변압기 보호용 비율차동계전기를 사용하여 △−Y 결선의 변압기를 보호하려고 한다. 이때 변압기 1, 2차측에 설치하는 변류기의 결선방식은? (단, 위상 보정기능이 없는 경우이다.)

① △−△
② △−Y
③ Y−△
④ Y−Y

정답 18 ④ 19 ② 20 ③ 21 ② 22 ③

해설

변압기의 결선이 △-Y 결선일 경우 1차와 2차 사이에 30°의 위상차가 발생하여 전압 및 전류에 $\sqrt{3}$ 배의 크기의 차가 발생하므로 변압기 보호용 비율차동계전기를 설치할 때 변압기의 1, 2차에 3대의 CT결선은 역으로 Y-△로 하여 위상차를 보정한다.

상 제4장 송전 특성 및 조상설비

23 전력계통의 전압조정설비에 대한 특징으로 틀린 것은?

① 병렬콘덴서는 진상능력만을 가지며 병렬리액터는 진상능력이 없다.

② 동기조상기는 조정의 단계가 불연속적이나 직렬콘덴서 및 병렬리액터는 연속적이다.

③ 동기조상기는 무효전력의 공급과 흡수가 모두 가능하여 진상 및 지상용량을 갖는다.

④ 병렬리액터는 경부하 시에 계통 전압이 상승하는 것을 억제하기 위하여 초고압 송전선 등에 설치된다.

해설

동기조상기는 무부하상태로 회전하는 동기전동기로서 무효전력을 가감하여 전압을 조정하게 되므로 전압조정이 연속적이다.

중 제6장 중성점 접지방식

24 전력계통의 중성점 다중접지방식의 특징으로 옳은 것은?

① 통신선의 유도장해가 적다.

② 합성접지저항이 매우 높다.

③ 건전상의 전위 상승이 매우 높다.

④ 지락보호계전기의 동작이 확실하다.

해설

중성점 다중접지방식의 경우 여러 개의 접지극이 병렬접속으로 되어 있으므로 합성저항이 작아 지락사고 시 지락전류가 대단히 커서 통신선의 유도장해가 크게 나타나지만 지락보호계전기의 동작이 확실하다.

상 제2장 전선로

25 경간이 200[m]인 가공전선로가 있다. 사용전선의 길이는 경간보다 약 몇 [m] 더 길어야 하는가? (단, 전선의 1[m]당 하중은 2[kg], 인장하중은 4000[kg]이고, 풍압하중은 무시하며, 전선의 안전율은 2이다.)

① 0.33 ② 0.61

③ 1.41 ④ 1.73

해설

전선의 이도 $D = \dfrac{WS^2}{8T} = \dfrac{2 \times 200^2}{8 \times \dfrac{4000}{2.0}} = 5$[m]

$\left(\text{수평장력}(T) = \dfrac{\text{인장하중}}{\text{안전율}} = \dfrac{4000}{2} = 2000[\text{kg}]\right)$

전선의 실제 길이 $L = S + \dfrac{8D^2}{3S}$ 에서 전선의 경간보다

$\dfrac{8D^2}{3S}$ 만큼 더 길어지므로 $\dfrac{8D^2}{3S} = \dfrac{8 \times 5^2}{3 \times 200} = 0.33$[m]

상 제3장 선로정수 및 코로나현상

26 송전선로에 단도체 대신 복도체를 사용하는 경우에 나타나는 현상으로 틀린 것은?

① 전선의 작용인덕턴스를 감소시킨다.

② 선로의 작용정전용량을 증가시킨다.

③ 전선 표면의 전위경도를 저감시킨다.

④ 전선의 코로나 임계전압을 저감시킨다.

해설 복도체나 다도체를 사용할 때 특성

㉠ 인덕턴스는 감소하고 정전용량은 증가한다.

㉡ 같은 단면적의 단도체에 비해 전류용량이 증대된다.

㉢ 안정도가 증가하여 송전용량이 증가한다.

㉣ 등가반경이 커져 코로나 임계전압이 상승하여 코로나 현상이 방지된다.

상 제10장 배전선로 계산

27 옥내배선을 단상 2선식에서 단상 3선식으로 변경하였을 때, 전선 1선당 공급전력은 약 몇 배 증가하는가? [단, 선간전압(단상 3선식의 경우는 중성선과 타선 간의 전압), 선로전류(중성선의 전류 제외) 및 역률은 같다.]

① 0.71 ② 1.33

③ 1.41 ④ 1.73

정답 23 ② 24 ④ 25 ① 26 ④ 27 ②

해설

$$\frac{\text{단상 3선식의 1선당 공급전력}}{\text{단상 2선식의 1선당 공급전력}} = \frac{\frac{2VI}{3}}{\frac{VI}{2}} = \frac{4}{3} ≒ 1.33$$

해설

특성임피던스 $Z_0 = \sqrt{\dfrac{Z}{Y}} = \sqrt{\dfrac{R+j\omega L}{g+j\omega C}} \Rightarrow \sqrt{\dfrac{L}{C}}$ 에서

L[mH/km]이고 C[μF/km]이므로 특성임피던스는 선로의 길이에 관계없이 일정하다.

상 제8장 송전선로 보호방식

28 3상용 차단기의 정격차단용량은 그 차단기의 정격전압과 정격차단전류와의 곱을 몇 배 한 것인가?

① $\dfrac{1}{\sqrt{2}}$ ② $\dfrac{1}{\sqrt{3}}$

③ $\sqrt{2}$ ④ $\sqrt{3}$

해설

차단기의 정격차단용량 $P_s = \sqrt{3}\, V_n I_s \times 10^{-6}$[MVA]
여기서, V_n : 정격전압, I_s : 정격차단전류, $\sqrt{3}$: 상계수

중 제4장 송전 특성 및 조상설비

29 송전선에 직렬콘덴서를 설치하였을 때의 특징으로 틀린 것은?

① 선로 중에서 일어나는 전압강하를 감소시킨다.
② 송전전력의 증가를 꾀할 수 있다.
③ 부하역률이 좋을수록 설치효과가 크다.
④ 단락사고가 발생하는 경우 사고전류에 의하여 과전압이 발생한다.

해설 직렬콘덴서를 설치하였을 경우의 특징

㉠ 선로의 인덕턴스를 보상하여 전압강하 및 전압변동률을 줄인다.
㉡ 안정도가 증가하여 송전전력이 커진다.
㉢ 부하역률이 나쁜 선로일수록 설치효과가 좋다.

상 제4장 송전 특성 및 조상설비

30 송전선의 특성임피던스의 특징으로 옳은 것은?

① 선로의 길이가 길어질수록 값이 커진다.
② 선로의 길이가 길어질수록 값이 작아진다.
③ 선로의 길이에 따라 값이 변하지 않는다.
④ 부하용량에 따라 값이 변한다.

상 제11장 발전

31 어느 화력발전소에서 40000[kWh]를 발전하는 데 발열량 860[kcal/kg]의 석탄이 60톤 사용된다. 이 발전소의 열효율[%]은 약 얼마인가?

① 56.7
② 66.7
③ 76.7
④ 86.7

해설

열효율 $\eta = \dfrac{860P}{WC} \times 100$

$= \dfrac{860 \times 40000}{60 \times 10^3 \times 860} \times 100$

$≒ 66.7$[%]

여기서, P : 전력량[W]
W : 연료소비량[kg]
C : 열량[kcal/kg]

하 제11장 발전

32 유효낙차 100[m], 최대 유량 20[m³/s]의 수차가 있다. 낙차가 81[m]로 감소하면 유량[m³/s]은? (단, 수차에서 발생되는 손실 등은 무시하며 수차효율은 일정하다.)

① 15 ② 18
③ 24 ④ 30

해설

유량과 낙차와의 관계 $\dfrac{Q'}{Q} = \left(\dfrac{H'}{H}\right)^{\frac{1}{2}}$

낙차가 100[m]에서 81[m]로 감소할 경우의 유량은 다음과 같다.

$Q' = Q \times \left(\dfrac{H'}{H}\right)^{\frac{1}{2}}$ 이므로

$Q' = 20 \times \left(\dfrac{81}{100}\right)^{\frac{1}{2}} = 18$[m³/s]

정답 28 ④ 29 ③ 30 ③ 31 ② 32 ②

하 제5장 고장 계산 및 안정도

33 단락용량 3000[MVA]인 모선의 전압이 154[kV]라면 등가 모선 임피던스[Ω]는 약 얼마인가?

① 5.81   ② 6.21
③ 7.91   ④ 8.71

해설

단락용량 $P_s = \sqrt{3}\,V_n I_s$[MVA]

단락전류 $I_s = \dfrac{P_s}{\sqrt{3}\,V_n} = \dfrac{3000 \times 10^3}{\sqrt{3} \times 154} = 11247.08$[A]

등가 모선 임피던스 $Z_s = \dfrac{E}{I_s} = \dfrac{\dfrac{154000}{\sqrt{3}}}{11247.08} \fallingdotseq 7.91$[Ω]

상 제6장 중성점 접지방식

34 중성점 접지방식 중 직접접지 송전방식에 대한 설명으로 틀린 것은?

① 1선 지락사고 시 지락전류는 타접지방식에 비하여 최대로 된다.
② 1선 지락사고 시 지락계전기의 동작이 확실하고 선택차단이 가능하다.
③ 통신선에서의 유도장해는 비접지방식에 비하여 크다.
④ 기기의 절연레벨을 상승시킬 수 있다.

해설 직접접지방식

㉠ 1선 지락 시 건전상의 전위는 평상시와 같아서 기기의 절연을 단절연할 수 있어 변압기 가격이 저렴하다.
㉡ 1선 지락 시 지락전류가 커서 지락계전기의 동작이 확실하고 선택차단이 가능하다.
㉢ 지락전류가 크기 때문에 기기에 주는 충격과 유도장해가 크고 안정도가 나쁘다.

중 제8장 송전선로 보호방식

35 선로고장 발생 시 고장전류를 차단할 수 없어 리클로저와 같이 차단기능이 있는 후비보호장치와 함께 설치되어야 하는 장치는?

① 배선용차단기
② 유입개폐기
③ 컷아웃스위치
④ 섹셔널라이저

해설

리클로저(recloser)와 섹셔널라이저(sectionalizer)는 직렬로 배열되어 22.9[kV] 배전선로에서 적용되고 있는 고속도 재폐로방식에서 이용되고 있다.
㉠ 리클로저 : 선로 차단과 보호계전기능이 있고 재폐로가 가능
㉡ 섹셔널라이저 : 고장 시 보호장치(리클로저)의 동작 횟수를 기억하고 정정된 횟수(3회)가 되면 무전압상태에서 선로를 완전히 개방(고장전류 차단기능 없음)

중 제8장 송전선로 보호방식

36 송전선로의 보호계전방식이 아닌 것은?

① 전류위상비교방식
② 전류차동보호계전방식
③ 방향비교방식
④ 전압균형방식

해설

송전선로의 보호계전방식에는 전류위상비교방식, 전류차동보호계전방식, 방향비교방식이 있다.

상 제3장 선로정수 및 코로나현상

37 가공송전선의 코로나 임계전압에 영향을 미치는 여러 가지 인자에 대한 설명 중 틀린 것은?

① 전선표면이 매끈할수록 임계전압이 낮아진다.
② 날씨가 흐릴수록 임계전압은 낮아진다.
③ 기압이 낮을수록, 온도가 높을수록 임계전압은 낮아진다.
④ 전선의 반지름이 클수록 임계전압은 높아진다.

해설

코로나 임계전압 $E_0 = 24.3 m_0 m_1 \delta d \log_{10} \dfrac{D}{r}$[kV]

여기서, m_0 : 전선 표면에 정해지는 계수 → 매끈한 전선(1.0), 거친 전선(0.8)

m_1 : 날씨에 관한 계수 → 맑은 날(1.0), 우천 시(0.8)

δ : 상대공기밀도
d : 전선의 직경
r : 전선의 반지름

정답   33 ③   34 ④   35 ④   36 ④   37 ①

상 제8장 송전선로 보호방식

38 동작시간에 따른 보호계전기의 분류와 이에 대한 설명으로 틀린 것은?

① 순한시계전기는 설정된 최소동작전류 이상의 전류가 흐르면 즉시 동작한다.

② 반한시계전기는 동작시간이 전류값의 크기에 따라 변하는 것으로 전류값이 클수록 느리게 동작하고 반대로 전류값이 작아질수록 빠르게 동작하는 계전기이다.

③ 정한시계전기는 설정된 값 이상의 전류가 흘렀을 때 동작전류의 크기와는 관계없이 항상 일정한 시간 후에 동작하는 계진기이다.

④ 반한시·정한시 계전기는 어느 전류값까지는 반한시성이지만 그 이상이 되면 정한시로 동작하는 계전기이다.

해설 계전기의 한시 특성에 의한 분류

㉠ 순한시계전기 : 최소동작전류 이상의 전류가 흐르면 즉시 동작하는 것
㉡ 반한시계전기 : 동작전류가 커질수록 동작시간이 짧게 되는 특성을 가진 것
㉢ 정한시계전기 : 동작전류의 크기에 관계없이 일정한 시간에서 동작하는 것
㉣ 정한시·반한시 계전기 : 동작전류가 적은 동안에는 반한시 특성으로 되고 그 이상에서는 정한시 특성이 되는 것

중 제2장 전선로

39 송전선로에서 현수 애자련의 연면섬락과 가장 관계가 먼 것은?

① 댐퍼
② 철탑 접지저항
③ 현수 애자련의 개수
④ 현수 애자련의 소손

해설

㉠ 연면섬락 : 초고압 송전선로에서 애자련의 표면에 전류가 흘러 생기는 섬락
㉡ 연면섬락 방지책
  • 철탑의 접지저항을 작게 한다.
  • 현수 애자 개수를 늘려 애자련을 길게 한다.
  • 현수 애자의 소손을 미연에 방지한다.

상 제11장 발전

40 수압철관의 안지름이 4[m]인 곳에서의 유속이 4[m/s]이다. 안지름이 3.5[m]인 곳에서의 유속[m/s]은 약 얼마인가?

① 4.2
② 5.2
③ 6.2
④ 7.2

해설 연속의 정리

유량 $Q = A_1 V_1 = A_2 V_2$
여기서, A : 수관의 단면적
　　　　　V : 유속
수압관에 임의의 한 지점을 통과하는 유량

$$Q = AV = \pi r^2 V = \pi \left(\frac{D}{2}\right)^2 V = \frac{\pi}{4} D^2 V [\text{m}^3/\text{s}]$$

$$\frac{\pi}{4} \times 4^2 \times 4 = \frac{\pi}{4} \times 3.5^2 \times V \fallingdotseq 5.22 [\text{m/s}]$$

∴ 유속 $V \fallingdotseq 5.2 [\text{m/s}]$

제3과목 전기기기

중 제4장 유도기

41 4극, 60[Hz]인 3상 유도전동기가 있다. 1725[rpm]으로 회전하고 있을 때, 2차 기전력의 주파수[Hz]는?

① 2.5
② 5
③ 7.5
④ 10

해설

동기속도 $N_s = \dfrac{120f}{P} = \dfrac{120 \times 60}{4} = 1800 [\text{rpm}]$

1725[rpm]으로 회전 시

슬립 $s = \dfrac{N_s - N}{N_s} = \dfrac{1800 - 1725}{1800} = 0.0416$

2차 기전력의 주파수 $f_2 = sf_1$
　　　　　　　　　　$= 0.0416 \times 60 = 2.5 [\text{Hz}]$

중 제3장 변압기

42 변압기 내부고장 검출을 위해 사용하는 계전기가 아닌 것은?

① 과전압계전기
② 비율차동계전기
③ 부흐홀츠계전기
④ 충격압력계전기

정답 38 ② 39 ① 40 ② 41 ① 42 ①

해설 변압기의 내부고장 검출을 위해 사용하는 보호장치

㉠ 부흐홀츠계전기
㉡ 비율차동계전기
㉢ 충격압력계전기
㉣ 방압장치

상 제5장 정류기

43 단상 반파정류회로에서 직류전압의 평균값 210[V]를 얻는 데 필요한 변압기 2차 전압의 실효값은 약 몇 [V]인가? (단, 부하는 순저항이고, 정류기의 전압강하 평균값은 15[V]로 한다.)

① 400
② 433
③ 500
④ 566

해설

반파정류회로에서 전압강하 e를 고려하여

변압기 2차 상전압 $E = \dfrac{\pi}{\sqrt{2}}(E_d + e)$

$= \dfrac{\pi}{\sqrt{2}}(210 + 15) = 500[V]$

하 제2장 동기기

44 동기조상기의 구조상 특징으로 틀린 것은?

① 고정자는 수차발전기와 같다.
② 안전 운용용 제동권선이 설치된다.
③ 계자 코일이나 자극이 대단히 크다.
④ 전동기 축은 동력을 전달하는 관계로 비교적 굵다.

해설

동기조상기는 무부하상태로 회전시키는 동기전동기로 전동기의 축에 부하가 없으므로 축을 굵게 할 필요가 없다.

중 제2장 동기기

45 정격출력 10000[kVA], 정격전압 6600[V], 정격역률 0.8인 3상 비돌극 동기발전기가 있다. 여자를 정격상태로 유지할 때 이 발전기의 최대 출력은 약 몇 [kW]인가? (단, 1상의 동기리액턴스를 0.9[pu]라 하고 저항은 무시한다.)

① 17089
② 18889
③ 21259
④ 23619

해설

pu법에서 정격전압 $V_n = 1.0$

유기기전력 $E = \sqrt{\cos^2\theta + (\sin\theta + x_s[\text{pu}])^2}$

$= \sqrt{0.8^2 + (0.6 + 0.9)^2} = 1.7[\text{pu}]$

최대 출력 $P_m = \dfrac{EV_n}{x_s} = \dfrac{1.7 \times 1}{0.9} = 1.8889[\text{pu}]$

정태안정극한 전력＝최대 출력
$= 1.8889 \times 10000$
$= 18889[kW]$

중 제6장 특수기기

46 75[W] 이하의 소출력 단상 직권정류자전동기의 용도로 적합하지 않은 것은?

① 믹서
② 소형 공구
③ 공작기계
④ 치과의료용

해설 단상 직권정류자전동기의 특성

㉠ 소형 공구 및 가전제품에 일반적으로 널리 이용되는 전동기
㉡ 교류 · 직류 양용으로 사용되어 교직 양용 전동기 (universal motor)
㉢ 믹서기, 재봉틀, 진공소제기, 휴대용 드릴, 영사기, 치과의료용 등에 사용

하 제4장 유도기

47 권선형 유도전동기의 2차 여자법 중 2차 단자에서 나오는 전력을 동력으로 바꿔서 직류전동기에 가하는 방식은?

① 회생방식
② 크레머방식
③ 플러깅방식
④ 세르비우스방식

해설 크레머방식

㉠ 2차에 연결한 정류기를 이용하여 직류로 2차 출력을 변환시켜서 직결한 직류기의 전원으로 사용한 방식
㉡ 직류기의 계자전류를 제어하여 속도를 제어하는 방식

정답 **43** ③ **44** ④ **45** ② **46** ③ **47** ②

상 제1장 직류기

48 직류발전기의 특성 곡선에서 각 축에 해당하는 항목으로 틀린 것은?

① 외부특성곡선 : 부하전류와 단자전압
② 부하특성곡선 : 계자전류와 단자전압
③ 내부특성곡선 : 무부하전류와 단자전압
④ 무부하특성곡선 : 계자전류와 유도기전력

해설 직류발전기의 특성 곡선

① 외부특성곡선 : 부하전류와 단자전압과의 관계곡선
② 부하특성곡선 : 계자전류와 단자전압과의 관계곡선
④ 무부하특성곡선 : 계자전류와 유기기전력(단자전압)과의 관계곡선

중 제3장 변압기

49 변압기의 전압변동률에 대한 설명으로 틀린 것은?

① 일반적으로 부하변동에 대하여 2차 단자전압의 변동이 작을수록 좋다.
② 전부하 시와 무부하 시의 2차 단자전압이 서로 다른 정도를 표시하는 것이다.
③ 인가전압이 일정한 상태에서 무부하 2차 단자전압에 반비례한다.
④ 전압변동률은 전등의 광도, 수명, 전동기의 출력 등에 영향을 미친다.

해설

변압기를 정격상태에서 운전 중 무부하상태가 되면 변압기 2차 단자전압이 변화하는데 이를 전압변동률이라 한다.
㉠ 변압기의 저항 및 누설리액턴스, 부하 역률에 영향을 받는다.
㉡ 전등의 광도, 수명 및 전동기의 출력 등에 영향을 미치게 된다.

상 제4장 유도기

50 3상 유도전동기에서 고조파 회전자계가 기본파 회전방향과 역방향인 고조파는?

① 제3고조파
② 제5고조파
③ 제7고조파
④ 제13고조파

해설 고조파의 구분

㉠ 영상분 $3n$(3, 6, 9, …) : 위상차가 발생하지 않는 것으로 회전자계가 발생하지 못한다.
㉡ 정상분 $3n+1$(4, 7, 10, 13, …) : +120°의 위상차가 발생하는 고조파로 기본파와 같은 방향으로 작용하는 회전자계를 발생한다.
㉢ 역상분 $3n-1$(2, 5, 8, 11, …) : −120°의 위상차가 발생하는 고조파로 기본파와 역방향으로 작용하는 회전자계를 발생한다.

하 제1장 직류기

51 직류직권전동기에서 분류저항기를 직권권선에 병렬로 접속해 여자전류를 가감시켜 속도를 제어하는 방법은?

① 저항제어
② 전압제어
③ 계자제어
④ 직·병렬제어

해설

직권전동기의 속도제어법에는 전압제어, 계자제어, 저항제어가 있다. 그 중 계자제어법은 직권계자와 병렬로 분류저항기를 접속하여 저항을 변화시킴으로써 자속의 크기를 조정해 속도제어를 하는 방법이다.

하 제3장 변압기

52 100[kVA], 2300/115[V], 철손 1[kW], 전부하동손 1.25[kW]의 변압기가 있다. 이 변압기는 매일 무부하로 10시간, $\frac{1}{2}$ 정격부하 역률 1에서 8시간, 전부하 역률 0.8(지상)에서 6시간 운전하고 있다면 전일효율은 약 몇 [%]인가?

① 93.3
② 94.3
③ 95.3
④ 96.3

해설

출력 $P_o = P[\text{kVA}] \times$부하율$\times$역률$\times$사용시간
$$= \left(100 \times \frac{1}{2} \times 1.0 \times 8\right) + (100 \times 1.0 \times 0.8 \times 6)$$
$$= 880[\text{kWh}]$$
동손 $P_c =$부하율$^2 \times$전부하동손$\times$사용시간
$$= \left(\frac{50}{100}\right)^2 \times 1.25 \times 8 + \left(\frac{100}{100}\right)^2 \times 1.25 \times 6$$
$$= 10[\text{kWh}]$$
철손 $P_i =$철손$\times 24 = 1 \times 24 = 24[\text{kWh}]$

∴ 전일효율 $\eta = \dfrac{880}{880 + 10 + 24} \times 100 = 96.3[\%]$

정답 48 ③ 49 ③ 50 ② 51 ③ 52 ④

상 제4장 유도기

53 유도전동기의 슬립을 측정하려고 한다. 다음 중 슬립의 측정법이 아닌 것은?

① 수화기법
② 직류밀리볼트계법
③ 스트로보스코프법
④ 프로니브레이크법

해설

㉠ 슬립 측정방법에는 회전계법, 직류밀리볼트계법, 수화기법, 스트로보스코프법이 있다.
㉡ 실부하법은 부하시험에 의해 입력전류, 토크 및 회전수 등을 측정해서 전동기 등의 특성을 구하는 방법으로 전기동력계법, 프로니브레이크법 등이 있다.

상 제2장 동기기

54 60[Hz], 600[rpm]의 동기전동기에 직결된 기동용 유도전동기의 극수는?

① 6
② 8
③ 10
④ 12

해설

동기전동기와 같은 전원에 기동용 전동기로 동기전동기보다 2극 적은 유도전동기를 설치하여 기동하는 방법
㉠ 60[Hz], 600[rpm]의 동기전동기 극수

$$P = \frac{120f}{N_s} = \frac{120 \times 60}{600} = 12\text{극}$$

㉡ 기동용 유도전동기가 같은 극수 및 주파수에서 동기전동기보다 sN_s만큼 늦게 회전하므로 효과적인 기동을 위해 2극 적은 유도전동기를 사용한다.
㉢ 그러므로 극수는 10극이 된다.

중 제2장 동기기

55 1상의 유도기전력이 6000[V]인 동기발전기에서 1분간 회전수를 900[rpm]에서 1800[rpm]으로 하면 유도기전력은 약 몇 [V]인가?

① 6000
② 12000
③ 24000
④ 36000

해설

1분간 회전수인 동기속도가 900[rpm]에서 1800[rpm]으로 2배 증가하게 되면 주파수가 2배로 증가하므로 유도기전력은 2배로 증가하여 12000[V]로 나타난다(극수는 변화 없음).

㉠ 동기속도 $N_s = \frac{120f}{P}$[rpm]

여기서, f : 주파수
P : 극수

㉡ 유도기전력 $E = 4.44K_w fN\phi$[V]

여기서, K_w : 권선계수
f : 주파수
N : 1상당 권수
ϕ : 극당 자속

상 제3장 변압기

56 3상 변압기를 병렬운전하는 조건으로 틀린 것은?

① 각 변압기의 극성이 같을 것
② 각 변압기의 %임피던스 강하가 같을 것
③ 각 변압기의 1차 및 2차 정격전압과 변압비가 같을 것
④ 각 변압기의 1차와 2차 선간전압의 위상변위가 다를 것

해설 변압기의 병렬운전조건

㉠ 변압기의 극성이 일치할 것
㉡ 권수비가 같고 1차 및 2차의 정격전압이 같을 것
㉢ 퍼센트임피던스 강하가 같을 것
㉣ 퍼센트저항강하 및 퍼센트리액턴스 강하의 비가 같을 것
㉤ 3상 변압기는 상회전방향 및 각변위가 같을 것

상 제1장 직류기

57 직류분권전동기의 전압이 일정할 때 부하토크가 2배로 증가하면 부하전류는 약 몇 배가 되는가?

① 1
② 2
③ 3
④ 4

해설

분권전동기의 특성 $T \propto I_a \propto \dfrac{1}{N}$

여기서, T : 토크
I_a : 전기자전류
N : 회전속도

전압이 일정할 경우 계자전류는 변하지 않으므로 부하토크(T)와 부하전류(I_a)는 비례한다. 따라서 부하토크(T)가 2배로 증가하면 부하전류(I_a)도 2배로 증가한다.

정답 53 ④ 54 ③ 55 ② 56 ④ 57 ②

상 　제3장 변압기

58 변압기유에 요구되는 특성으로 틀린 것은?

① 점도가 클 것
② 응고점이 낮을 것
③ 인화점이 높을 것
④ 절연내력이 클 것

해설

㉠ 변압기유의 사용목적 : 절연유지, 냉각작용
㉡ 변압기유가 갖추어야 할 조건
　• 절연내력이 높을 것
　• 점도가 낮을 것
　• 인화점이 높고 응고점이 낮을 것
　• 열화 및 산화작용이 일어나지 않을 것
　• 냉각효과가 클 것

상 　제5장 정류기

59 다이오드를 사용한 정류회로에서 다이오드를 여러 개 직렬로 연결하면 어떻게 되는가?

① 전력공급의 증대
② 출력전압의 맥동률을 감소
③ 다이오드를 과전류로부터 보호
④ 다이오드를 과전압으로부터 보호

해설 다이오드 보호방식

㉠ 과전류로부터 다이오드 보호 : 다이오드를 병렬로 추가접속
㉡ 과전압으로부터 다이오드 보호 : 다이오드를 직렬로 추가접속

중 　제1장 직류기

60 직류분권전동기의 기동 시에 정격전압을 공급하면 전기자전류가 많이 흐르다가 회전속도가 점점 증가함에 따라 전기자전류가 감소하는 원인은?

① 전기자반작용의 증가
② 전기자권선의 저항 증가
③ 브러시의 접촉저항 증가
④ 전동기의 역기전력 상승

해설

전동기의 속도 $N \propto k\dfrac{E_c}{\phi}$

회전속도(N)가 증가하면 역기전력(E_c)이 증가한다.
역기전력 $E_c = V_n - I_a \cdot r_a$

∴ 역기전력(E_c)이 증가할 경우 전기자전류(I_a)는 감소한다.

제4과목 　회로이론 및 제어공학

중 　제어공학 제2장 전달함수

61 블록선도의 전달함수가 $\dfrac{C(s)}{R(s)} = 10$과 같이 되기 위한 조건은?

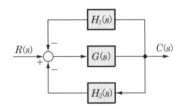

① $G(s) = \dfrac{1}{1 - H_1(s) - H_2(s)}$

② $G(s) = \dfrac{10}{1 - H_1(s) - H_2(s)}$

③ $G(s) = \dfrac{1}{1 - 10H_1(s) - 10H_2(s)}$

④ $G(s) = \dfrac{10}{1 - 10H_1(s) - 10H_2(s)}$

해설 종합전달함수

$$M(s) = \frac{C(s)}{R(s)}$$
$$= \frac{\sum 전향경로이득}{1 - \sum 폐루프이득}$$
$$= \frac{G(s)}{1 + G(s)H_1(s) + G(s)H_2(s)} = 10$$
$$G(s) = 10 + 10G(s)H_1(s) + 10G(s)H_2(s)$$
$$G(s)\left[1 - 10H_1(s) - 10H_2(s)\right] = 10$$
$$\therefore \ G(s) = \frac{10}{1 - 10H_1(s) - 10H_2(s)}$$

제어공학 제5장 안정도 판별법

62 그림의 제어시스템이 안정하기 위한 K의 범위는?

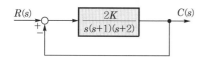

① $0 < K < 3$
② $0 < K < 4$
③ $0 < K < 5$
④ $0 < K < 6$

해설

㉠ 종합전달함수

$$M(s) = \frac{C(s)}{R(s)} = \frac{\sum 전향경로이득}{1 - \sum 폐루프이득}$$

$$= \frac{\dfrac{2K}{s(s+1)(s+2)}}{1 + \dfrac{2K}{s(s+1)(s+2)}}$$

$$= \frac{2K}{s(s+1)(s+2)+2K}$$

㉡ 특성방정식

$$F(s) = s(s+1)(s+2) + 2K = 0$$
$$= s^3 + 3s^2 + 2s + 2K = 0$$

㉢ 위 식에서 $F(s) = s^3 + 3s^2 + 2s + 2K = 0$으로 정리되며 3차 방정식은 아래의 조건을 만족하면 안정이 된다.

$$F(s) = as^3 + bs^2 + cs + d = 0에서$$
$a,\ b,\ c,\ d > 0$을 만족 → $2K > 0$
$bc > ad$를 만족 → $6 > 2K$

∴ 안정하기 위한 K의 범위 : $0 < K < 3$

제어공학 제6장 근궤적법

63 개루프 전달함수가 다음과 같은 제어시스템의 근궤적이 $j\omega$(허수)축과 교차할 때 K는 얼마인가?

$$G(s)H(s) = \frac{K}{s(s+3)(s+4)}$$

① 30
② 48
③ 84
④ 180

해설

㉠ 특성방정식은 $F(s) = 1 + G(s)H(s) = 0$이므로 다음과 같이 정리할 수 있다.
$$F(s) = s(s+3)(s+4) + K = 0$$

㉡ 위 식에서 $F(s) = s^3 + 7s^2 + 12s + K = 0$이 되므

로 이를 루쓰선도로 정리하면

s^3	1	12	0
s^2	7	K	0
s^1	b_1	0	0
s^0	K	0	0

$$b_1 = \frac{\begin{vmatrix} 1 & 12 \\ 7 & K \end{vmatrix}}{-7} = \frac{K-84}{-7} = \frac{84-K}{7}$$

∴ s^1항의 $\dfrac{84-K}{7}$가 0이 되는 K의 값은 84가 된다.

제어공학 제1장 자동제어의 개요

64 제어요소의 표준형식인 적분요소에 대한 전달함수는? (단, K는 상수이다.)

① Ks
② $\dfrac{K}{s}$
③ K
④ $\dfrac{K}{1+Ts}$

해설

㉠ 비례요소 : K
㉡ 미분요소 : Ks
㉢ 적분요소 : $\dfrac{K}{s}$
㉣ 1차 지연요소 : $\dfrac{K}{1+Ts}$

제어공학 제3장 시간영역해석법

65 블록선도의 제어시스템은 단위 램프 입력에 대한 정상상태 오차(정상편차)가 0.01이다. 이 제어시스템의 제어요소인 $G_{C1}(s)$의 k는?

$$G_{C1}(s) = k,\ \ G_{C2}(s) = \frac{1+0.1s}{1+0.2s}$$

$$G_P(s) = \frac{20}{s(s+1)(s+2)}$$

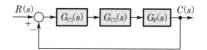

① 0.1
② 1
③ 10
④ 100

해설

㉠ 개루프 전달함수
$$G(s)H(s) = G_{C1}(s)G_{C2}(s)G_{C3}(s)$$
$$= \frac{20k(1+0.1s)}{s(s+1)(s+2)(1+0.2s)}$$

㉡ 정상속도편차상수
$$K_v = \lim_{s \to 0} s\, G(s)H(s)$$
$$= \lim_{s \to 0} \frac{20k(1+0.1s)}{(s+1)(s+2)(1+0.2s)} = 10k$$

㉢ 정상속도편차 $e_v = \dfrac{1}{K_v} = \dfrac{1}{10k} = 0.01$

$$\therefore \ k = \frac{1}{10 \times 0.01} = 10$$

상 제어공학 제2장 전달함수

66 그림과 같은 신호흐름선도에서 $\dfrac{C(s)}{R(s)}$ 는?

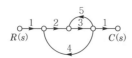

① $-\dfrac{6}{38}$ 　 ② $\dfrac{6}{38}$

③ $-\dfrac{6}{41}$ 　 ④ $\dfrac{6}{41}$

해설 종합전달함수

$$M(s) = \frac{C(s)}{R(s)} = \frac{\sum \text{전향경로이득}}{1 - \sum \text{폐루프이득}}$$
$$= \frac{2 \times 3}{1 - [(2 \times 3 \times 4) + (3 \times 5)]}$$
$$= -\frac{6}{38}$$

상 제어공학 제7장 상태방정식

67 단위계단함수 $u(t)$를 z변환하면?

① $\dfrac{1}{z-1}$

② $\dfrac{z}{z-1}$

③ $\dfrac{1}{Tz-1}$

④ $\dfrac{Tz}{Tz-1}$

해설 z변환과 s변환의 관계

$f(t)$	s변환	z변환
임펄스함수 $\delta(t)$	1	1
단위계단함수 $u(t)=1$	$\dfrac{1}{s}$	$\dfrac{z}{z-1}$
지수함수 e^{-at}	$\dfrac{1}{s+a}$	$\dfrac{z}{z-e^{-at}}$
램프함수 t	$\dfrac{1}{s^2}$	$\dfrac{Tz}{(z-1)^2}$

상 제어공학 제8장 시퀀스회로의 이해

68 그림의 논리회로와 등가인 논리식은?

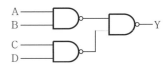

① $Y = A \cdot B \cdot C \cdot D$

② $Y = A \cdot B + C \cdot D$

③ $Y = \overline{A \cdot B} + \overline{C \cdot D}$

④ $Y = (\overline{A} + \overline{B}) \cdot (\overline{C} + \overline{D})$

해설

$$Y = \overline{(\overline{A \cdot B}) \cdot (\overline{C \cdot D})} = A \cdot B + C \cdot D$$

중 제어공학 제7장 상태방정식

69 다음과 같은 상태방정식으로 표현되는 제어 시스템에 대한 특성방정식의 근$(s_1,\, s_2)$은?

$$\begin{bmatrix} \dot{x}_1 \\ \dot{x}_2 \end{bmatrix} = \begin{bmatrix} 0 & -3 \\ 2 & -5 \end{bmatrix} \begin{bmatrix} x_1 \\ x_2 \end{bmatrix} + \begin{bmatrix} 1 \\ 0 \end{bmatrix} u$$

① $1,\ -3$ 　 ② $-1,\ -2$

③ $-2,\ -3$ 　 ④ $-1,\ -3$

해설 상태방정식의 특성방정식

$$F(s) = |sI - A| = \begin{bmatrix} s & 0 \\ 0 & s \end{bmatrix} - \begin{bmatrix} 0 & -3 \\ 2 & -5 \end{bmatrix}$$
$$= \begin{bmatrix} s & 3 \\ -2 & s+5 \end{bmatrix} = s^2 + 5s + 6$$
$$= (s+2)(s+3) = 0$$
$$\therefore \ \text{특성방정식의 근} : s_1 = -2,\ s_2 = -3$$

정답　66 ①　67 ②　68 ②　69 ③

상 제어공학 제4장 주파수영역해석법

70 주파수 전달함수가 $G(j\omega) = \dfrac{1}{j100\omega}$ 인 제어시스템에서 $\omega = 1.0$[rad/s]일 때의 이득[dB]과 위상각[°]은 각각 얼마인가?

① 20[dB], 90[°]
② 40[dB], 90[°]
③ −20[dB], −90[°]
④ −40[dB], −90[°]

해설

㉠ 주파수 전달함수
$$G(j\omega) = \dfrac{1}{j100\omega}\bigg|_{\omega=1.0} = \dfrac{1}{j100}$$
$$= \dfrac{1}{10^2\underline{/90°}} = 10^{-2}\underline{/-90°}$$
㉡ 이득 $g = 20\log_{10}|G(j\omega)|$
$$= 20\log_{10}10^{-2} = -40\text{[dB]}$$
∴ 이득 : −40[dB], 위상각 : −90[°]

중 회로이론 제10장 라플라스 변환

71 그림과 같은 파형의 라플라스 변환은?

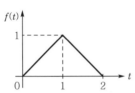

① $\dfrac{1}{s^2}(1-2e^s)$
② $\dfrac{1}{s^2}(1-2e^{-s})$
③ $\dfrac{1}{s^2}(1-2e^s+e^{2s})$
④ $\dfrac{1}{s^2}(1-2e^{-s}+e^{-2s})$

해설

㉠ 시간의 함수 $f(t) = tu(t) - 2(t-1)u(t-1) + (t-2)u(t-2)$
㉡ 라플라스 변환
$$F(s) = \dfrac{1}{s^2} - \dfrac{2}{s^2}e^{-s} + \dfrac{1}{s^2}e^{-2s}$$
$$= \dfrac{1}{s^2}(1-2e^{-s}+e^{-2s})$$

상 회로이론 제8장 분포정수회로

72 단위길이당 인덕턴스 및 커패시턴스가 각각 L 및 C일 때 전송선로의 특성임피던스는? (단, 전송선로는 무손실선로이다.)

① $\sqrt{\dfrac{L}{C}}$ ② $\sqrt{\dfrac{C}{L}}$
③ $\dfrac{L}{C}$ ④ $\dfrac{C}{L}$

해설

㉠ 특성임피던스 $Z = \sqrt{\dfrac{Z}{Y}} = \sqrt{\dfrac{R+j\omega L}{G+j\omega C}}$
㉡ 무손실선로에서는 $R = G = 0$이 되므로
∴ $Z_0 = \sqrt{\dfrac{L}{C}}$

상 회로이론 제4장 비정현파 교류회로의 이해

73 전압 $v(t)$를 RL 직렬회로에 인가했을 때 제3고조파 전류의 실효값[A]의 크기는? (단, $R = 8$[Ω], $\omega L = 2$[Ω], $v(t) = 100\sqrt{2}\sin\omega t + 200\sqrt{2}\sin3\omega t + 50\sqrt{2}\sin5\omega t$[V] 이다.)

① 10 ② 14
③ 20 ④ 28

해설 제3고조파 전류의 실효값
$$I_3 = \dfrac{E_3}{Z_3} = \dfrac{E_3}{\sqrt{R^2+(3\omega L)^2}}$$
$$= \dfrac{200}{\sqrt{8^2+(3\times2)^2}} = 20\text{[A]}$$

중 회로이론 제2장 단상 교류회로의 이해

74 내부 임피던스가 $0.3+j2$[Ω]인 발전기에 임피던스가 $1.1+j3$[Ω]인 선로를 연결하여 어떤 부하에 전력을 공급하고 있다. 이 부하의 임피던스가 몇 [Ω]일 때 발전기로부터 부하로 전달되는 전력이 최대가 되는가?

① $1.4-j5$
② $1.4+j5$
③ 1.4
④ $j5$

해설

부하가 최대 전력을 전달받기 위해서는 부하에서 선원측을 바라보았을 때의 합성임피던스를 공액처리하면 된다.

$$\therefore Z_L = \overline{Z_S} = \overline{(0.3+j2)+(1.1+j3)} = 1.4 - j5[\Omega]$$

하 ▪ 회로이론 제10장 라플라스 변환

75 회로에서 $t=0$초에 전압 $v_1(t) = e^{-4t}$[V]를 인가하였을 때 $v_2(t)$는 몇 [V]인가? (단, $R=2[\Omega]$, $L=1$[H]이다.)

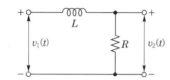

① $e^{-2t} - e^{-4t}$ ② $2e^{-2t} - 2e^{-4t}$

③ $-2e^{-2t} + 2e^{-4t}$ ④ $-2e^{-2t} - 2e^{-4t}$

해설

㉠ 전원전압의 라플라스 변환

$$V_1(s) = \mathcal{L}^{-1}[e^{-4t}] = \frac{1}{s+4}$$

㉡ 회로에 흐르는 전류

$$I(s) = \frac{V_1(s)}{Z(s)} = \frac{\dfrac{1}{s+4}}{Ls+R} = \frac{\dfrac{1}{s+4}}{s+2}$$
$$= \frac{1}{(s+2)(s+4)}$$

㉢ 출력전압의 라플라스 변환

$$V_2(s) = I(s)R = \frac{2}{(s+2)(s+4)}$$

㉣ 출력전압의 라플라스 역변환

$$V_2(s) = \frac{2}{(s+2)(s+4)} = \frac{A}{s+2} + \frac{B}{s+4}$$
$$\xrightarrow{\mathcal{L}^{-1}} Ae^{-2t} + Be^{-4t}$$

㉤ 위 ㉣에서 미지수 A와 B를 구하면

• $A = \lim_{s \to -2}(s+2)F(s)$
$$= \lim_{s \to -2}\frac{2}{s+4} = \frac{2}{-2+4} = 1$$

• $B = \lim_{s \to -4}(s+4)F(s)$
$$= \lim_{s \to -4}\frac{2}{s+2} = \frac{2}{-4+2} = -1$$

$$\therefore v_2(t) = Ae^{-2t} + Be^{-4t}$$
$$= e^{-2t} - e^{-4t}$$

상 ▪ 회로이론 제3장 다상 교류회로의 이해

76 동일한 저항 $R[\Omega]$ 6개를 그림과 같이 결선하고 대칭 3상 전압 V[V]를 가하였을 때 전류 I[A]의 크기는?

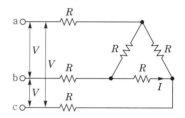

① $\dfrac{V}{R}$ ② $\dfrac{V}{2R}$

③ $\dfrac{V}{4R}$ ④ $\dfrac{V}{5R}$

해설

㉠ △결선을 Y결선으로 등가변환했을 때 각 상의 임피던스

$$Z = R + \frac{R}{3} = \frac{4R}{3}[\Omega]$$

㉡ 선전류(부하전류)

$$I_l = \frac{V_p}{Z} = \frac{\dfrac{V}{\sqrt{3}}}{\dfrac{4R}{3}} = \frac{3V}{4R\sqrt{3}} = \frac{\sqrt{3}\,V}{4R}[A]$$

$$\therefore \text{상전류 } I = \frac{I_l}{\sqrt{3}} = \frac{V}{4R}[A]$$

상 ▪ 회로이론 제5장 대칭좌표법

77 각 상의 전류가 $i_a(t) = 90\sin\omega t$[A], $i_b(t) = 90\sin(\omega t - 90°)$[A], $i_c(t) = 90\sin(\omega t + 90°)$[A]일 때 영상분 전류[A]의 순시치는?

① $30\cos\omega t$ ② $30\sin\omega t$

③ $90\sin\omega t$ ④ $90\cos\omega t$

해설 영상분 전류

$$I_0 = \frac{1}{3}(I_a + I_b + I_c)$$
$$= \frac{1}{3}(90 + 90\underline{/-90°} + 90\underline{/90°})$$
$$= 30\underline{/0°}$$
$$= 30\sin\omega t[A]$$

정답 75 ①   76 ③   77 ②

상 회로이론 제7장 4단자망 회로해석

78 어떤 선형 회로망의 4단자 정수가 $A = 8$, $B = j2$, $D = 1.625 + j$일 때, 이 회로망의 4단자 정수 C는?

① $24 - j14$　　② $8 - j11.5$

③ $4 - j6$　　④ $3 - j4$

해설

$AD - BC = 1$에서

$C = \dfrac{AD - 1}{B} = \dfrac{8(1.625 + j) - 1}{j2} = 4 - j6[\text{℧}]$

상 회로이론 제3장 다상 교류회로의 이해

79 평형 3상 부하에 선간전압의 크기가 200[V]인 평형 3상 전압을 인가했을 때 흐르는 선전류의 크기가 8.6[A]이고 무효전력이 1298[Var]이었다. 이때 이 부하의 역률은 약 얼마인가?

① 0.6　　② 0.7

③ 0.8　　④ 0.9

해설

㉠ 무효전력 $P_r = \sqrt{3}\, VI\sin\theta$에서

무효율 $\sin\theta = \dfrac{P_r}{\sqrt{3}\, VI}$

$= \dfrac{1298}{\sqrt{3} \times 200 \times 8.6} = 0.436$

㉡ 역률 $\cos\theta = \sqrt{1 - \sin^2\theta} = \sqrt{1 - 0.436^2} = 0.9$

중 회로이론 제1장 직류회로의 이해

80 어떤 회로에서 $t = 0$초에 스위치를 닫은 후 $i = 2t + 3t^2$[A]의 전류가 흘렀다. 30초까지 스위치를 통과한 총 전기량[Ah]은?

① 4.25　　② 6.75

③ 7.75　　④ 8.25

해설

전기량 $Q = \displaystyle\int_0^t i(t)\,dt = \int_0^{30} 2t + 3t^2\, dt$

$= \left| \dfrac{2}{2}t^2 + \dfrac{3}{3}t^3 \right|_0^{30} = 30^2 + 30^3 = 27900[\text{As}]$

$\therefore\ Q = \dfrac{27900}{3600} = 7.75[\text{Ah}]$

제5과목 **전기설비기술기준**

상 제4장 발전소, 변전소, 개폐소 및 기계기구 시설보호

81 뱅크용량이 몇 [kVA] 이상인 조상기에는 그 내부에 고장이 생긴 경우에 자동적으로 이를 전로로부터 차단하는 보호장치를 하여야 하는가?

① 10000　　② 15000

③ 20000　　④ 25000

해설 조상설비의 보호장치(KEC 351.5)

용량이 15000[kVA] 이상의 조상기에 내부고장이 발생한 경우 자동적으로 차단하는 장치를 이용하여 보호한다.

중 제3장 전선로

82 시가지에 시설하는 154[kV] 가공전선로를 도로와 제1차 접근상태로 시설하는 경우, 전선과 도로와의 이격거리는 몇 [m] 이상이어야 하는가?

① 4.4　　② 4.8

③ 5.2　　④ 5.6

해설 특고압 가공전선과 도로 등의 접근 또는 교차(KEC 333.24)

특고압 가공전선이 도로·횡단보도교·철도 또는 궤도와 제1차 접근상태로 시설되는 경우

㉠ 특고압 가공전선로는 제3종 특고압 보안공사에 의할 것

㉡ 특고압 가공전선과 도로 등 사이의 이격거리(특고압 절연전선을 사용할 경우 35[kV] 이하에서는 1.2[m] 이상 이격)

사용전압의 구분	이격거리
35[kV] 이하	3[m]
35[kV] 초과	3[m]에 사용전압이 35[kV]를 초과하는 10[kV] 또는 그 단수마다 0.15[m]를 더한 값

→ 154[kV] 가공전선로의 접근교차의 경우 도로와의 이격거리 : $3[\text{m}] + 0.15 \cdot N$

$N = \dfrac{154 - 35}{10} = 11.5$에서 단수 $N = 12$로 하여 계산

$\therefore$ 이격거리 $= 3 + 0.15 \times 12 = 4.8[\text{m}]$

정답 78 ③　79 ④　80 ③　81 ②　82 ②

상 전기설비기술기준

83 가공전선로의 지지물로 볼 수 없는 것은?

① 철주
② 지선
③ 철탑
④ 철근 콘크리트주

해설 정의(기술기준 제3조)

지지물은 **목주 · 철주 · 철근 콘크리트주 및 철탑**과 이와 유사한 시설물로서 전선 · 약전류전선 또는 광섬유케이블을 지지하는 것을 주된 목적으로 하는 것을 말한다.

하 제2장 저압설비 및 고압 · 특고압설비

84 전주외등의 시설 시 사용하는 공사방법으로 틀린 것은?

① 애자공사
② 케이블공사
③ 금속관공사
④ 합성수지관공사

해설 전주외등(KEC 234.10)

㉠ 배선은 단면적 2.5[mm²] 이상의 절연전선 또는 이와 동등 이상의 절연성능이 있는 것을 사용하고 다음 공사방법 중에서 시설하여야 한다.
  • **케이블공사**
  • **합성수지관공사**
  • **금속관공사**
㉡ 배선이 전주에 연한 부분은 1.5[m] 이내마다 새들(saddle) 또는 밴드로 지지할 것

상 제2장 저압설비 및 고압 · 특고압설비

85 점멸기의 시설에서 센서등(타임스위치 포함)을 시설하여야 하는 곳은?

① 공장
② 상점
③ 사무실
④ 아파트 현관

해설 점멸기의 시설(KEC 234.6)

다음의 경우에는 센서등(타임스위치 포함)을 시설하여야 한다.
㉠ 「관광진흥법」과 「공중위생관리법」에 의한 관광숙박업 또는 숙박업(여인숙업을 제외한다)에 이용되는 객실의 입구등은 1분 이내에 소등되는 것
㉡ **일반주택 및 아파트 각 호실의 현관등**은 3분 이내에 소등되는 것

상 제1장 공통사항

86 최대 사용전압이 1차 22000[V], 2차 6600[V]의 권선으로서 중성점 비접지식 전로에 접속하는 변압기의 특고압측 절연내력시험전압은?

① 24000[V]
② 27500[V]
③ 33000[V]
④ 44000[V]

해설 변압기 전로의 절연내력(KEC 135)

최대 사용전압 7[kV] 초과 60[kV] 이하의 권선에 절연내력시험전압은 **최대 사용전압의 1.25배**로 한다(단, 계산된 시험전압이 10.5[kV] 미만으로 되는 경우에는 10.5[kV]를 사용).
∴ 절연내력시험전압=22000×1.25=27500[V]

하 제5장 전기철도

87 순시조건($t \le 0.5$초)에서 교류 전기철도 급전시스템에서의 레일 전위의 최대 허용접촉전압(실효값)으로 옳은 것은?

① 60[V]
② 65[V]
③ 440[V]
④ 670[V]

해설 레일 전위의 위험에 대한 보호(KEC 461.2)

교류 전기철도 급전시스템에서의 레일 전위의 최대 허용접촉전압은 다음 표에서 정한 값 이하이어야 한다.

시간 조건	최대 허용 접촉전압(실효값)
순시조건($t \le 0.5$초)	**670[V]**
일시적 조건(0.5초< $t \le 300$초)	65[V]
영구적 조건($t > 300$초)	60[V]

하 제6장 분산형전원설비

88 전기저장장치의 이차전지에 자동으로 전로로부터 차단하는 장치를 시설하여야 하는 경우로 틀린 것은?

① 과저항이 발생한 경우
② 과전압이 발생한 경우
③ 제어장치에 이상이 발생한 경우
④ 이차전지 모듈의 내부 온도가 급격히 상승할 경우

정답 83 ② 84 ① 85 ④ 86 ② 87 ④ 88 ①

해설 제어 및 보호장치 등(KEC 512.2)

전기저장장치의 이차전지는 다음에 따라 자동으로 전로로부터 차단하는 장치를 시설하여야 한다.
㉠ 과전압 또는 과전류가 발생한 경우
㉡ 제어장치에 이상이 발생한 경우
㉢ 이차전지 모듈의 내부 온도가 급격히 상승할 경우

중 | 제2장 저압설비 및 고압·특고압설비

89 이동형의 용접 전극을 사용하는 아크 용접장치의 시설기준으로 틀린 것은?

① 용접변압기는 절연변압기일 것
② 용접변압기의 1차측 전로의 대지전압은 300[V] 이하일 것
③ 용접변압기의 2차측 전로에는 용접변압기에 가까운 곳에 쉽게 개폐할 수 있는 개폐기를 시설할 것
④ 용접변압기의 2차측 전로 중 용접변압기로부터 용접전극에 이르는 부분의 전로는 용접 시 흐르는 전류를 안전하게 통할 수 있는 것일 것

해설 아크 용접기(KEC 241.10)

㉠ 용접변압기는 절연변압기일 것
㉡ 용접변압기의 1차측 전로의 대지전압은 300[V] 이하일 것
㉢ 용접변압기의 **1차측 전로**에는 용접변압기에 가까운 곳에 쉽게 개폐할 수 있는 개폐기를 시설할 것
㉣ 전선은 용접용 케이블을 사용할 것
㉤ 용접기 외함 및 피용접재 또는 이와 전기적으로 접속되는 받침대·정반 등의 금속체는 접지공사를 할 것

하 | 제5장 전기철도

90 귀선로에 대한 설명으로 틀린 것은?

① 나전선을 적용하여 가공식으로 가설을 원칙으로 한다.
② 사고 및 지락 시에도 충분한 허용전류용량을 갖도록 하여야 한다.
③ 비절연보호도체, 매설접지도체, 레일 등으로 구성하여 단권변압기 중성점과 공통접지에 접속한다.
④ 비절연보호도체의 위치는 통신유도장해 및 레일전위의 상승의 경감을 고려하여 결정하여야 한다.

해설 귀선로(KEC 431.5)

㉠ 귀선로는 비절연보호도체, 매설접지도체, 레일 등으로 구성하여 단권변압기 중성점과 공통접지에 접속한다.
㉡ 비절연보호도체의 위치는 통신유도장해 및 레일전위의 상승의 경감을 고려하여 결정하여야 한다.
㉢ 귀선로는 사고 및 지락 시에도 충분한 허용전류용량을 갖도록 하여야 한다.

상 | 제3장 전선로

91 단면적 55[mm²]인 경동연선을 사용하는 특고압 가공전선로의 지지물로 장력에 견디는 형태의 B종 철근 콘크리트주를 사용하는 경우, 허용 최대 경간은 몇 [m]인가?

① 150 ② 250
③ 300 ④ 500

해설 특고압 가공전선로의 경간 제한(KEC 333.21)

특고압 가공전선의 단면적이 50[mm²](인장강도 21.67[kN]) 이상인 경동연선을 사용하는 경우의 경간
㉠ 목주·A종 철주 또는 A종 철근 콘크리트주를 사용하는 경우 : 300[m] 이하
㉡ B종 철주 또는 B종 철근 콘크리트주를 사용하는 경우 : **500[m] 이하**

하 | 제3장 전선로

92 저압 옥상전선로의 시설기준으로 틀린 것은?

① 전개된 장소에 위험의 우려가 없도록 시설할 것
② 전선은 지름 2.6[mm] 이상의 경동선을 사용할 것
③ 전선은 절연전선(옥외용 비닐절연전선은 제외)을 사용할 것
④ 전선은 상시 부는 바람 등에 의하여 식물에 접촉하지 아니하도록 시설하여야 한다.

해설 옥상전선로(KEC 221.3)

㉠ 전선은 인장강도 2.30[kN] 이상의 것 또는 지름 2.6[mm] 이상의 경동선의 것
㉡ 전선은 절연전선일 것(**옥외용 비닐절연전선을 포함**)
㉢ 전선은 조영재에 견고하게 붙인 지지주 또는 지지대에 절연성·난연성 및 내수성이 있는 애자를 사용하여 지지하고 그 지지점 간의 거리는 15[m] 이하일 것
㉣ 조영재와의 이격거리는 2[m](고압 및 특고압 절연전선 또는 케이블인 경우에는 1[m] 이상일 것

중 제3장 전선로

93 저압 옥측전선로에서 목조의 조영물에 시설할 수 있는 공사방법은?

① 금속관공사
② 버스덕트공사
③ 합성수지관공사
④ 케이블공사(무기물절연(MI) 케이블을 사용하는 경우)

해설 옥측전선로(KEC 221.2)

저압 옥측전선로는 다음에 따라 시설하여야 한다.
㉠ 애자공사(전개된 장소에 한한다)
㉡ **합성수지관공사**
㉢ 금속관공사(목조 이외의 조영물에 시설하는 경우에 한한다)
㉣ 버스덕트공사[목조 이외의 조영물(점검할 수 없는 은폐된 장소를 제외한다)에 시설하는 경우에 한한다]
㉤ 케이블공사(연피 케이블, 알루미늄피 케이블 또는 무기물절연(MI) 케이블을 사용하는 경우에는 목조 이외의 조영물에 시설하는 경우에 한한다)

중 제3장 전선로

94 특고압 가공전선로에서 발생하는 극저주파 전계는 지표상 1[m]에서 몇 [kV/m] 이하이어야 하는가?

① 2.0 ② 2.5
③ 3.0 ④ 3.5

해설 특고압 가공전선과 건조물의 접근(KEC 333.23)

사용전압이 400[kV] 이상의 특고압 가공전선이 건조물과 제2차 접근상태로 있는 경우에는 다음에 따라 시설할 것
㉠ 전선높이가 최저상태일 때 가공전선과 건조물 상부와의 수직거리가 28[m] 이상일 것
㉡ 건조물 최상부에서 전계(**3.5[kV/m]**) 및 자계(83.3[μT])를 초과하지 아니할 것

중 제2장 저압설비 및 고압·특고압설비

95 케이블트레이 공사에 사용할 수 없는 케이블은?

① 연피케이블
② 난연성 케이블
③ 캡타이어케이블
④ 알루미늄피케이블

해설 고압 옥내배선 등의 시설(KEC 342.1)

케이블트레이배선에 의한 고압 옥내배선의 사용전선
㉠ 연피케이블
㉡ 알루미늄피케이블
㉢ 난연성케이블

상 제3장 전선로

96 농사용 저압 가공전선로의 지지점 간 거리는 몇 [m] 이하이어야 하는가?

① 30
② 50
③ 60
④ 100

해설 농사용 저압 가공전선로의 시설(KEC 222.22)

㉠ 사용전압이 저압일 것
㉡ 전선의 굵기는 인장강도 1.38[kN] 이상의 것 또는 지름 2[mm] 이상의 경동선일 것
㉢ 지표상 높이는 3.5[m] 이상일 것(사람이 쉽게 출입하지 않으면 3[m])
㉣ 목주의 굵기는 말구 지름이 0.09[m] 이상일 것
㉤ **경간은 30[m] 이하**
㉥ 전용 개폐기 및 과전류차단기를 각 극(과전류차단기는 중성극을 제외한다)에 시설할 것

상 제4장 발전소, 변전소, 개폐소 및 기계기구 시설보호

97 변전소에 울타리·담 등을 시설할 때, 사용전압이 345[kV]이면 울타리·담 등의 높이와 울타리·담 등으로부터 충전부분까지의 거리의 합계는 몇 [m] 이상으로 하여야 하는가?

① 8.16
② 8.28
③ 8.40
④ 9.72

해설 특고압용 기계기구의 시설(KEC 341.4)

울타리까지 거리와 울타리 높이의 합계는 160[kV]까지는 6[m]이고, 6[m]에 160[kV]를 초과하는 10[kV] 또는 2단수마다 0.12[m]를 더해야 하므로
(345 − 160)÷10 = 18.5 ≒ 19단수
그러므로 울타리까지 거리와 높이의 합계는 다음과 같다.
6 + (19×0.12) = 8.28[m]

정답 93 ③ 94 ④ 95 ③ 96 ① 97 ②

중 제4장 발전소, 변전소, 개폐소 및 기계기구 시설보호

98 전력보안가공통신선을 횡단보도교 위에 시설하는 경우 그 노면상 높이는 몇 [m] 이상인가? (단, 가공전선로의 지지물에 시설하는 통신선 또는 이에 직접 접속하는 가공통신선은 제외한다.)

① 3 ② 4
③ 5 ④ 6

해설 전력보안통신선의 시설 높이와 이격거리 (KEC 362.2)

전력보안가공통신선의 지표상 높이는 다음과 같다.
㉠ 도로 위에 시설하는 경우에는 지표상 5[m] 이상(교통에 지장이 없을 경우 4.5[m] 이상)
㉡ 철도 또는 궤도를 횡단하는 경우에는 레일면상 6.5[m] 이상
㉢ 횡단보도교 위에 시설하는 경우에는 그 노면상 3[m] 이상
㉣ 위의 사항에 해당하지 않는 일반적인 경우 3.5[m] 이상

중 제1장 공통사항

99 큰 고장전류가 구리 소재의 접지도체를 통하여 흐르지 않을 경우 접지도체의 최소 단면적은 몇 [mm²] 이상이어야 하는가? (단, 접지도체에 피뢰시스템이 접속되지 않는 경우이다.)

① 0.75 ② 2.5
③ 6 ④ 16

해설 접지도체(KEC 142.3.1)

㉠ 큰 고장전류가 접지도체를 통하여 흐르지 않을 경우 접지도체의 최소 단면적은 다음과 같다.
 • 구리는 6[mm²] 이상
 • 철제는 50[mm²] 이상
㉡ 접지도체에 피뢰시스템이 접속되는 경우, 접지도체의 단면적은 구리 16[mm²] 또는 철 50[mm²] 이상으로 하여야 한다.

하 제3장 전선로

100 사용전압이 15[kV] 초과 25[kV] 이하인 특고압 가공전선로가 상호 간 접근 또는 교차하는 경우 사용전선이 양쪽 모두 나전선이라면 이격거리는 몇 [m] 이상이어야 하는가? (단, 중성선 다중접지방식의 것으로서 전로에 지락이 생겼을 때에 2초 이내에 자동적으로 이를 전로로부터 차단하는 장치가 되어 있다.)

① 1.0 ② 1.2
③ 1.5 ④ 1.75

해설 25[kV] 이하인 특고압 가공전선로의 시설 (KEC 333.32)

특고압 가공전선로가 상호 간 접근 또는 교차하는 경우에는 다음에 의할 것
㉠ 특고압 가공전선이 다른 특고압 가공전선과 접근 또는 교차하는 경우의 이격거리

사용전선의 종류	이격거리
어느 한쪽 또는 양쪽이 나전선인 경우	1.5[m]
양쪽이 특고압 절연전선인 경우	1.0[m]
한쪽이 케이블이고 다른 한쪽이 케이블이거나 특고압 절연전선인 경우	0.5[m]

㉡ 특고압 가공전선과 다른 특고압 가공전선로를 동일 지지물에 시설 시 이격거리는 1[m](사용전선이 케이블인 경우에는 0.6[m]) 이상일 것

2022년 제1회 기출문제

제1과목　전기자기학

하　제3장 정전용량

01 면적이 0.02[m²], 간격이 0.03[m]이고, 공기로 채워진 평행 평판의 커패시터에 1.0×10^{-6}[C]의 전하를 충전시킬 때, 두 판 사이에 작용하는 힘의 크기는 약 몇 [N]인가?

① 1.13　　　② 1.41
③ 1.89　　　④ 2.83

해설

㉠ 전계의 세기와 전위차의 관계 : $V = dE$

㉡ 콘덴서에 축적된 전하량 : $Q = CV$[C]

㉢ 평행판 콘덴서 정전용량 : $C = \dfrac{\varepsilon_0 S}{d}$ [F]

㉣ 평행판 사이에 작용하는 힘(정전응력)

$$f = \frac{1}{2}\varepsilon_0 E[\text{N/m}^2] = \frac{1}{2}\varepsilon_0 E^2 S[\text{N}]$$

$$= \frac{1}{2}\varepsilon_0 \times \left(\frac{V}{d}\right)^2 \times S = \frac{1}{2d} \times \frac{\varepsilon_0 S}{d} \times V^2$$

$$= \frac{1}{2d} \times CV^2 = \frac{1}{2d} \times C \times \left(\frac{Q}{C}\right)^2$$

$$= \frac{Q^2}{2Cd} = \frac{Q^2}{2\varepsilon_0 S}[\text{N}]$$

$$\therefore F = \frac{(10^{-6})^2}{2 \times 8.855 \times 10^{-12} \times 0.02} = 2.823[\text{N}]$$

중　제7장 진공 중의 정자계

02 자극의 세기가 7.4×10^{-5}[Wb], 길이가 10[cm]인 막대자석이 100[AT/m]의 평등자계 내에 자계의 방향과 30°로 놓여 있을 때 이 자석에 작용하는 회전력[N·m]은?

① 2.5×10^{-3}　　② 3.7×10^{-4}
③ 5.3×10^{-5}　　④ 6.2×10^{-6}

해설

막대자석의 회전력(토크)

$$T = mlH\sin\theta = 7.4 \times 10^{-5} \times 0.1 \times 100 \times \sin 30°$$
$$= 3.7 \times 10^{-4}[\text{N} \cdot \text{m}]$$

중　제12장 전자계

03 유전율이 $\varepsilon = 2\varepsilon_0$이고 투자율이 μ_0인 비도전성 유전체에서 전자파의 전계의 세기가 $E(z, t) = 120\pi\cos(10^9 t - \beta z)\hat{y}$[V/m]일 때, 자계의 세기 H[A/m]는? (단, $\hat{x}$, $\hat{y}$는 단위벡터이다.)

① $-\sqrt{2}\cos(10^9 t - \beta z)\hat{x}$

② $\sqrt{2}\cos(10^9 t - \beta z)\hat{x}$

③ $-2\cos(10^9 t - \beta z)\hat{x}$

④ $2\cos(10^9 t - \beta z)\hat{x}$

해설

㉠ 전계와 자계의 관계 : $\sqrt{\varepsilon}\,E = \sqrt{\mu}\,H$

㉡ 자계의 최대값

$$H_m = \sqrt{\frac{\varepsilon}{\mu}}\,E_m = \sqrt{\frac{\varepsilon_0\varepsilon_s}{\mu_0\mu_s}}\,E_m$$

$$= \frac{E_m}{120\pi}\sqrt{\frac{\varepsilon_s}{\mu_s}} = \frac{120\pi}{120\pi}\sqrt{\frac{2}{1}} = \sqrt{2}$$

㉢ 전자파는 시간적 변화에 따라 z축으로 향하므로 전계가 $\hat{y}$이면 자계는 $-\hat{x}$방향이 된다.

$$\therefore H(z, t) = -\sqrt{2}\cos(10^9 t - \beta z)\,\hat{x}\,[\text{A/m}]$$

상　제9장 자성체와 자기회로

04 자기회로에서 전기회로의 도전율 σ[℧/m]에 대응되는 것은?

① 자속
② 기자력
③ 투자율
④ 자기저항

해설 전기회로와 자기회로의 대응관계

㉠ 기전력 – 기자력
㉡ 전류 – 자속
㉢ 전류밀도 – 자속밀도
㉣ 전기저항 – 자기저항
㉤ 컨덕턴스 – 퍼미언스
㉥ 도전율 – 투자율

정답　01 ④　02 ②　03 ①　04 ③

중 제11장 인덕턴스

05 단면적이 균일한 환상철심에 권수 1000회인 A코일과 권수 N_B회인 B코일이 감겨져 있다. A코일의 자기인덕턴스가 100[mH]이고, 두 코일 사이의 상호인덕턴스가 20[mH]이고, 결합계수가 1일 때, B코일의 권수(N_B)는 몇 회인가?

① 100
② 200
③ 300
④ 400

해설

㉠ A코일의 자기인덕턴스

$$L_A = \frac{\mu S N_A^2}{l} = 100[\text{mH}]$$

㉡ 상호인덕턴스

$$M = \frac{\mu S N_A N_B}{l} = 20[\text{mH}]$$

㉢ M와 L_A의 관계 $M = \frac{N_B}{N_A} \times L_A$에서 B코일의 권수는 다음과 같다.

$$\therefore N_B = \frac{M \times N_A}{L_A} = \frac{20 \times 1000}{100} = 200[\text{mH}]$$

상 제12장 전자계

06 공기 중에서 1[V/m]의 전계의 세기에 의한 변위전류밀도의 크기를 2[A/m²]으로 흐르게 하려면 전계의 주파수는 몇 [MHz]가 되어야 하는가?

① 9000
② 18000
③ 36000
④ 72000

해설

변위전류밀도 $i_d = \omega \varepsilon E = 2\pi f \varepsilon_0 E[\text{A/m}^2]$에서 전계의 주파수

$$f = \frac{i_d}{2\pi \varepsilon_0 E} = \frac{2}{2\pi \times 8.855 \times 10^{-12} \times 1}$$

$$= 0.036 \times 10^{12}[\text{Hz}] = 36000[\text{MHz}]$$

여기서, $1[\text{Hz}] = 10^{-6}[\text{MHz}]$

상 제6장 전류

07 내부 원통도체의 반지름이 a[m], 외부 원통도체의 반지름이 b[m]인 동축 원통도체에서 내외 도체 간 물질의 도전율이 σ[℧/m]일 때 내외 도체 간의 단위길이당 컨덕턴스[℧/m]는?

① $\dfrac{2\pi\sigma}{\ln\dfrac{b}{a}}$

② $\dfrac{2\pi\sigma}{\ln\dfrac{a}{b}}$

③ $\dfrac{4\pi\sigma}{\ln\dfrac{b}{a}}$

④ $\dfrac{4\pi\sigma}{\ln\dfrac{a}{b}}$

해설 동축 원통도체(동축케이블)

㉠ 정전용량 : $C = \dfrac{2\pi\varepsilon}{\ln\dfrac{b}{a}}$ [F/m]

㉡ 저항과 정전용량 관계 : $RC = \varepsilon\rho$

㉢ 절연저항 : $R = \dfrac{\varepsilon\rho}{C} = \dfrac{\rho}{2\pi}\ln\dfrac{b}{a}$ [Ω/m]

여기서, 도전율 $\sigma = \dfrac{1}{\rho}$, ρ : 고유저항

㉣ 컨덕턴스 : $G = \dfrac{1}{R} = \dfrac{2\pi\sigma}{\ln\dfrac{b}{a}}$ [℧/m]

상 제8장 전류의 자기현상

08 z축상에 놓인 길이가 긴 직선도체에 10[A]의 전류가 $+z$방향으로 흐르고 있다. 이 도체 주위의 자속밀도가 $3\hat{x} - 4\hat{y}$[Wb/m²]일 때 도체가 받는 단위길이당 힘[N/m]은? (단, $\hat{x}$, $\hat{y}$는 단위벡터이다.)

① $-40\hat{x} + 30\hat{y}$
② $-30\hat{x} + 40\hat{y}$
③ $30\hat{x} + 40\hat{y}$
④ $40\hat{x} + 30\hat{y}$

해설

㉠ 플레밍의 왼손법칙 : 자계 내의 도체에 전류를 흘리면 도체에는 전자력 F가 발생한다.

㉡ 전자력 : $F = IBl\sin\theta = (\dot{I} \times \dot{B})l$[N]

㉢ 단위길이당 작용하는 힘

$$f = \dot{I} \times \dot{B} = 10\hat{z} \times (3\hat{x} - 4\hat{y})$$

$$= 30\hat{y} + 40\hat{x} = 40\hat{x} + 30\hat{y}[\text{N/m}]$$

정답 05 ② 06 ③ 07 ① 08 ④

중 제2장 진공 중의 정전계

09 진공 중 한 변의 길이가 0.1[m]인 정삼각형의 3정점 A, B, C에 각각 2.0×10^{-6}[C]의 점전하가 있을 때, 점 A의 전하에 작용하는 힘은 몇 [N]인가?

① $1.8\sqrt{2}$

② $1.8\sqrt{3}$

③ $3.6\sqrt{2}$

④ $3.6\sqrt{3}$

해설

정삼각형 A점에서 받아지는 힘은 A, B 사이에 작용하는 힘 F_1와 A, C 사이에 작용하는 힘 F_2를 더하여 구할 수 있다.

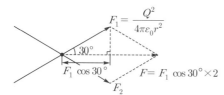

$$F = F_1 + F_2 = F_1 \times \cos 30° \times 2$$

$$= \frac{Q^2}{4\pi\varepsilon_0 r^2} \times \cos 30° \times e$$

$$= 9 \times 10^9 \times \frac{(2 \times 10^{-6})^2}{0.1^2} \times \frac{\sqrt{3}}{2} \times 2$$

$$= 3.6\sqrt{3} \text{ [N]}$$

상 제9장 자성체와 자기회로

10 투자율이 μ[H/m], 자계의 세기가 H[AT/m], 자속밀도가 B[Wb/m^2]인 곳에서의 자계에너지밀도[J/m^3]는?

① $\dfrac{B^2}{2\mu}$

② $\dfrac{H^2}{2\mu}$

③ $\dfrac{1}{2}\mu H$

④ BH

해설

㉠ 전계에너지밀도

$$w_e = \frac{1}{2}\varepsilon E^2 = \frac{1}{2}ED = \frac{D^2}{2\varepsilon} \text{ [J/m}^3\text{]}$$

㉡ 자계에너지밀도

$$w_m = \frac{1}{2}\mu H^2 = \frac{1}{2}HB = \frac{B^2}{2\mu} \text{ [J/m}^3\text{]}$$

하 제2장 진공 중의 정전계

11 진공 내 전위함수가 $V = x^2 + y^2$[V]로 주어졌을 때, $0 \le x \le 1$, $0 \le y \le 1$, $0 \le z \le 1$인 공간에 저장되는 정전에너지[J]는?

① $\dfrac{4}{3}\varepsilon_0$

② $\dfrac{2}{3}\varepsilon_0$

③ $4\varepsilon_0$

④ $2\varepsilon_0$

해설

단위체적당 저축되는 에너지 $w_e = \frac{1}{2}\varepsilon_0 E^2$[J/m^3]에서 체적($v = \int_x \int_y \int_z d_x d_y d_z$)을 곱하여 전체 에너지를 구할 수 있다.

㉠ 전계의 세기

$$E = -\operatorname{grad} V = -\nabla V = -2xi - 2yj$$

㉡ $E^2 = E \cdot E = 4x^2 + 4y^2$

$$\therefore W = \int_0^1 \int_0^1 \int_0^1 \frac{1}{2}\varepsilon_0 E^2 \, dx \, dy \, dz = \frac{4}{3}\varepsilon_0 \text{ [J]}$$

상 제4장 유전체

12 전계가 유리에서 공기로 입사할 때 입사각 θ_1과 굴절각 θ_2의 관계와 유리에서의 전계 E_1과 공기에서의 전계 E_2의 관계는?

① $\theta_1 > \theta_2$, $E_1 > E_2$

② $\theta_1 < \theta_2$, $E_1 > E_2$

③ $\theta_1 > \theta_2$, $E_1 < E_2$

④ $\theta_1 < \theta_2$, $E_1 < E_2$

해설 유전체 경계면의 조건($\varepsilon_1 > \varepsilon_2$의 경우)

㉠ $\dfrac{\varepsilon_2}{\varepsilon_1} = \dfrac{\tan\theta_2}{\tan\theta_1} \rightarrow \theta_1 > \theta_2$

㉡ $E_1 \sin\theta_1 = E_2 \sin\theta_2 \rightarrow E_1 < E_2$

㉢ $D_1 \cos\theta_1 = D_2 \cos\theta_2 \rightarrow D_1 > D_2$

상 제2장 진공 중의 정전계

13 진공 중 4[m] 간격으로 평행한 두 개의 무한 평판도체에 각각 +4[C/m^2], -4[C/m^2]의 전하를 주었을 때, 두 도체 간의 전위차는 약 몇 [V]인가?

① 1.36×10^{11}

② 1.36×10^{12}

③ 1.8×10^{11}

④ 1.8×10^{12}

해설

㉠ 평행판 도체 사이의 전계 : $E = \dfrac{\sigma}{\varepsilon_0}$ [V/m]

㉡ 평행판 도체의 전위차 : $V = dE$ [V]

$\therefore V = \dfrac{\sigma d}{\varepsilon_0} = \dfrac{4 \times 4}{8.855 \times 10^{-12}} = 1.8 \times 10^{12}$ [V]

상 제11장 인덕턴스

14 인덕턴스[H]의 단위를 나타낸 것으로 틀린 것은?

① [$\Omega \cdot s$] ② [Wb/A]

③ [J/A^2] ④ [N/A $\cdot$ m]

해설 인덕턴스 공식

㉠ 단자전압 $V_L = L\dfrac{di}{dt}$ 에서

$L = \dfrac{V_L dt}{di}$ [V $\cdot$ s/A = $\Omega \cdot$ s]

㉡ 쇄교자속 $\Phi = \phi N = LI$ 에서

$L = \dfrac{\Phi}{I}$ [Wb/A]

㉢ 코일에 축적되는 자기에너지 $W_L = \dfrac{1}{2}LI^2$ 에서

$L = \dfrac{2W_L}{I^2}$ [J/A^2]

상 제3장 정전용량

15 진공 중 반지름이 a[m]인 무한길이의 원통도체 2개가 간격 d[m]로 평행하게 배치되어 있다. 두 도체 사이의 정전용량[C]을 나타낸 것으로 옳은 것은?

① $\pi\varepsilon_0 \ln\dfrac{d-a}{a}$ ② $\dfrac{\pi\varepsilon_0}{\ln\dfrac{d-a}{a}}$

③ $\pi\varepsilon_0 \ln\dfrac{a}{d-a}$ ④ $\dfrac{\pi\varepsilon_0}{\ln\dfrac{a}{d-a}}$

해설 각 도체에 따른 정전용량

㉠ 구도체 : $C = 4\pi\varepsilon_0 a$ [F]

㉡ 동심 구도체 : $C = \dfrac{4\pi\varepsilon_0 ab}{b-a}$ [F]

㉢ 동축케이블 : $C = \dfrac{2\pi\varepsilon_0}{\ln\dfrac{b}{a}}$ [F/m]

㉣ 평행도체 : $C = \dfrac{\pi\varepsilon_0}{\ln\dfrac{d-a}{a}}$ [F/m]

㉤ 평행판 도체 : $C = \dfrac{\varepsilon_0 S}{d}$ [F]

상 제8장 전류의 자기현상

16 진공 중에 4[m]의 간격으로 놓여진 평행도선에 같은 크기의 왕복전류가 흐를 때 단위길이당 2.0×10^{-7}[N]의 힘이 작용하였다. 이때 평행도선에 흐르는 전류는 몇 [A]인가?

① 1 ② 2

③ 4 ④ 8

해설

평행 왕복전류 사이에서 작용하는 힘 $f = \dfrac{2I^2}{d} \times 10^{-7}$ [N/m]에서 전류는 다음과 같다.

$\therefore I = \sqrt{\dfrac{fd}{2 \times 10^{-7}}} = \sqrt{\dfrac{2 \times 10^{-7} \times 4}{2 \times 10^{-7}}} = 2$[A]

상 제4장 유전체

17 평행극판 사이 간격이 d[m]이고 정전용량이 0.3[μF]인 공기 커패시터가 있다. 그림과 같이 두 극판 사이에 비유전율이 5인 유전체를 절반 두께만큼 넣었을 때 이 커패시터의 정전용량은 몇 [μF]이 되는가?

① 0.01

② 0.05

③ 0.1

④ 0.5

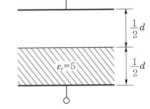

해설

초기 공기콘덴서 $C_0 = \dfrac{\varepsilon_0 S}{d} = 0.3$[$\mu$F]에서 극판간격을 나누어 유전체를 삽입하면

㉠ 공기콘덴서 : $C_1 = 2C_0 = 0.6$[μF]

㉡ 유전체콘덴서 : $C_2 = 2\varepsilon_r C_0 = 3$[$\mu$F]

여기서, 비유전율 : $\varepsilon_r = 5$

㉢ 문제의 그림과 같이 공기콘덴서와 유전체콘덴서가 직렬로 접속되어 있으므로 합성정전용량은 다음과 같다.

$\therefore C = \dfrac{C_1 \times C_2}{C_1 + C_2} = \dfrac{0.6 \times 3}{0.6 + 3} = 0.5$[$\mu$F]

정답 14 ④ 15 ② 16 ② 17 ④

상 제5장 전기 영상법

18 반지름이 a[m]인 접지된 구도체와 구도체의 중심에서 거리 d[m] 떨어진 곳에 점전하가 존재할 때, 점전하에 의한 접지된 구도체에서의 영상전하에 대한 설명으로 틀린 것은?

① 영상전하는 구도체 내부에 존재한다.
② 영상전하는 점전하와 구도체 중심을 이은 직선상에 존재한다.
③ 영상전하의 전하량과 점전하의 전하량은 크기는 같고 부호는 반대이다.
④ 영상전하의 위치는 구도체의 중심과 점전하 사이 거리(d[m])와 구도체의 반지름(a[m])에 의해 결정된다.

해설 접지된 구도체와 점전하

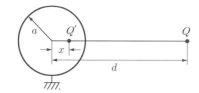

㉠ 영상전하 : $Q' = -\dfrac{a}{d}Q$[C]

㉡ 구도체 내의 영상점 : $x = \dfrac{a^2}{d}$ [m]

상 제4장 유전체

19 평등전계 중에 유전체구에 의한 전계분포가 그림과 같이 되었을 때 ε_1과 ε_2의 크기 관계는?

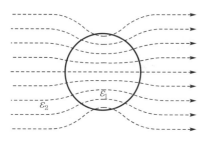

① $\varepsilon_1 > \varepsilon_2$
② $\varepsilon_1 < \varepsilon_2$
③ $\varepsilon_1 = \varepsilon_2$
④ 무관하다.

해설 유전체 내에 전기력선과 유전속(전속선) 관계

㉠ 전기력선은 유전율이 작은 곳으로 모이려는 특성이 있다.
㉡ 유전속(전속선)은 유전율이 큰 곳으로 모이려는 특성이 있다.
∴ 그림에서 전기력선은 ε_1 공간에 모였으므로 $\varepsilon_1 < \varepsilon_2$의 관계를 갖는다.

상 제10장 전자유도법칙

20 어떤 도체에 교류전류가 흐를 때 도체에서 나타나는 표피효과에 대한 설명으로 틀린 것은?

① 도체 중심부보다 도체 표면부에 더 많은 전류가 흐르는 것을 표피효과라 한다.
② 전류의 주파수가 높을수록 표피효과는 작아진다.
③ 도체의 도전율이 클수록 표피효과는 커진다.
④ 도체의 투자율이 클수록 표피효과는 커진다.

해설

표피두께 $\delta = \dfrac{1}{\sqrt{\pi f \mu \sigma}}$[m] 에서 $f\mu\sigma$가 클수록 δ가 작고, δ가 작을수록 표피효과는 크다.
∴ 주파수가 높을수록 표피효과는 커진다.

제2과목 전력공학

상 제6장 중성점 접지방식

21 소호리액터를 송전계통에 사용하면 리액터의 인덕턴스와 선로의 정전용량이 어떤 상태로 되어 지락전류를 소멸시키는가?

① 병렬공진　　　② 직렬공진
③ 고임피던스　　④ 저임피던스

해설

소호리액터 접지방식은 리액터 용량과 대지정전용량의 병렬공진을 이용하여 지락전류를 소멸시킨다.

상 제11장 발전

22 어느 발전소에서 40000[kWh]를 발전하는데 발열량 5000[kcal/kg]의 석탄을 20톤 사용하였다. 이 화력발전소의 열효율[%]은 약 얼마인가?

① 27.5 ② 30.4

③ 34.4 ④ 38.5

해설

열효율 $\eta = \dfrac{860P}{WC} \times 100 [\%]$

여기서, P : 전력량[W]

W : 연료소비량[kg]

C : 열량[kcal/kg]

$\eta = \dfrac{860 \times 40000}{20 \times 10^3 \times 5000} \times 100 = 34.4[\%]$

중 제10장 배전선로 계산

23 송전전력, 선간전압, 부하역률, 전력손실 및 송전거리를 동일하게 하였을 경우 단상 2선식에 대한 3상 3선식의 총 전선량(중량)비는 얼마인가? (단, 전선은 동일한 전선이다.)

① 0.75 ② 0.94

③ 1.15 ④ 1.33

해설

전선의 소요전선량은 단상 2선식을 100[%]로 하였을 때 단상 3선식 : 37.5[%], 3상 3선식 : 75[%], 3상 4선식 : 33.3[%]이다.

상 제5장 고장 계산 및 안정도

24 3상 송전선로가 선간단락(2선 단락)이 되었을 때 나타나는 현상으로 옳은 것은?

① 역상전류만 흐른다.

② 정상전류와 역상전류가 흐른다.

③ 역상전류와 영상전류가 흐른다.

④ 정상전류와 영상전류가 흐른다.

해설 선로의 고장 시 대칭좌표법으로 해석할 경우 필요한 사항

㉠ 1선 지락 : 영상분, 정상분, 역상분

㉡ 선간단락 : 정상분, 역상분

㉢ 3선 단락 : 정상분

따라서 선간단락 시 정상전류와 역상전류가 흐르게 된다.

중 제4장 송전 특성 및 조상설비

25 중거리 송전선로의 4단자 정수가 $A=1.0$, $B=j190$, $D=1.0$일 때 C의 값은 얼마인가?

① 0 ② $-j120$

③ j ④ $j190$

해설

$AD-BC=1$에서

$C = \dfrac{AD-1}{B} = \dfrac{1.0 \times 1.0 - 1}{j190} = 0$

중 제10장 배전선로 계산

26 배전전압을 $\sqrt{2}$ 배로 하였을 때 같은 손실률로 보낼 수 있는 전력은 몇 배가 되는가?

① $\sqrt{2}$ ② $\sqrt{3}$

③ 2 ④ 3

해설

송전전력 $P \propto V^2$

배전전압의 $\sqrt{2}$ 배 상승 시 송전전력은 2배로 된다.

중 제7장 이상전압 및 유도장해

27 다음 중 재점호가 가장 일어나기 쉬운 차단 전류는?

① 동상전류 ② 지상전류

③ 진상전류 ④ 단락전류

해설

송전선로 개폐조작 시 이상전압(재점호)이 가장 큰 경우는 무부하 송전선로의 충전전류(진상전류) 차단 시 발생한다.

상 제2장 전선로

28 현수애자에 대한 설명이 아닌 것은?

① 애자를 연결하는 방법에 따라 클레비스(clevis)형과 볼소켓형이 있다.

② 애자를 표시하는 기호는 P이며 구조는 2~5층의 갓 모양의 자기편을 시멘트로 접착하고 그 자기를 주철재 base로 지지한다.

③ 애자의 연결개수를 가감함으로써 임의의 송전전압에 사용할 수 있다.

④ 큰 하중에 대하여는 2련 또는 3련으로 하여 사용할 수 있다.

정답 22 ③ 23 ① 24 ② 25 ① 26 ③ 27 ③ 28 ②

☜ 해설 현수애자의 특성

㉠ 애자의 연결개수를 가감함으로써 임의의 송전전압에 사용할 수 있다.

㉡ 큰 하중에 대해서는 2연 또는 3연으로 하여 사용할 수 있다.

㉢ 현수애자를 접속하는 방법에 따라 클레비스형과 볼소켓형으로 나눌 수 있다.

하 | 제5장 고장 계산 및 안정도

29 교류발전기의 전압조정장치로 속응여자방식을 채택하는 이유로 틀린 것은?

① 전력계통에 고장이 발생할 때 발전기의 동기화력을 증가시킨다.

② 송전계통의 안정도를 높인다.

③ 여자기의 전압상승률을 크게 한다.

④ 전압조정용 탭의 수동변환을 원활히 하기 위함이다.

☜ 해설

속응여자방식을 사용하면 여자기의 전압상승률을 올릴 수 있고, 고장발생으로 발전기의 전압이 저하하더라도 즉각 응동해서 발전기 전압을 일정 수준까지 유지시킬 수 있으므로 안정도 증진에 기여한다.

상 | 제8장 송전선로 보호방식

30 차단기의 정격차단시간에 대한 설명으로 옳은 것은?

① 고장발생부터 소호까지의 시간

② 트립코일여자로부터 소호까지의 시간

③ 가동접촉자의 개극부터 소호까지의 시간

④ 가동접촉자의 동작시간부터 소호까지의 시간

☜ 해설 차단기의 정격차단시간

정격전압하에서 규정된 표준동작책무 및 동작상태에 따라 차단할 때의 차단시간 한도로서 트립코일여자로부터 아크의 소호까지의 시간(개극시간 + 아크시간)이다.

정격전압[kV]	7.2	25.8	72.5	170	362
정격차단시간[Cycle]	5~8	5	5	3	3

상 | 제3장 선로정수 및 코로나현상

31 3상 1회선 송전선을 정삼각형으로 배치한 3상 선로의 자기인덕턴스를 구하는 식은? (단, D는 전선의 선간거리[m], r은 전선의 반지름[m]이다.)

① $L = 0.5 + 0.4605\log_{10}\dfrac{D}{r}$

② $L = 0.5 + 0.4605\log_{10}\dfrac{D}{r^2}$

③ $L = 0.05 + 0.4605\log_{10}\dfrac{D}{r}$

④ $L = 0.05 + 0.4605\log_{10}\dfrac{D}{r^2}$

☜ 해설

정삼각형 배치인 경우의 등가선간거리

$D = \sqrt[3]{D \times D \times D} = D$[m]

작용인덕턴스 $L = 0.05 + 0.4605\log_{10}\dfrac{D}{r}$[mH/km]

여기서, D : 등가선간거리

r : 전선의 반지름

상 | 제9장 배전방식

32 불평형 부하에서 역률[%]은?

① $\dfrac{유효전력}{각\ 상의\ 피상전력의\ 산술합} \times 100$

② $\dfrac{무효전력}{각\ 상의\ 피상전력의\ 산술합} \times 100$

③ $\dfrac{무효전력}{각\ 상의\ 피상전력의\ 벡터합} \times 100$

④ $\dfrac{유효전력}{각\ 상의\ 피상전력의\ 벡터합} \times 100$

☜ 해설

불평형 부하 시 역률

$\cos\theta = \dfrac{P}{S} = \dfrac{P}{\sqrt{P^2 + Q^2 + H^2}} \times 100$

여기서, S : 피상전력[kVA]

P : 유효전력[kW]

Q : 무효전력[kVar]

H : 고조파전력[kVAH]

하 제8장 송전선로 보호방식

33 다음 중 동작속도가 가장 느린 계전방식은?

① 전류차동보호계전방식
② 거리보호계전방식
③ 전류위상비교보호계전방식
④ 방향비교보호계전방식

해설

거리보호계전방식은 고장 후에도 고장 전의 전압을 잠시 동안 유지하는 특성이 있어 동작시간이 느린 계전방식이다.

중 제4장 송전 특성 및 조상설비

34 부하회로에서 공진현상으로 발생하는 고조파 장해가 있을 경우 공진현상을 회피하기 위하여 설치하는 것은?

① 진상용 콘덴서
② 직렬리액터
③ 방전코일
④ 진공차단기

해설

역률개선을 하기 위해 설치한 전력용 콘덴서와 배전계통의 임피던스가 공진현상이 발생할 수 있고 이로 인해 고조파의 확대현상이 발생할 수 있으므로 이를 억제하기 위해 직렬리액터를 설치해야 한다.

상 제2장 전선로

35 경간이 200[m]인 가공전선로가 있다. 사용전선의 길이는 경간보다 몇 [m] 더 길게 하면 되는가? (단, 사용전선의 1[m]당 무게는 2[kg], 인장하중은 4000[kg], 전선의 안전율은 2로 하고 풍압하중은 무시한다.)

① $\frac{1}{2}$
② $\sqrt{2}$
③ $\frac{1}{3}$
④ $\sqrt{3}$

해설

전선의 이도 $D = \dfrac{WS^2}{8T} = \dfrac{2 \times 200^2}{8 \times 4000/2.0} = 5[m]$

전선의 실제 길이 $L = S + \dfrac{8D^2}{3S}$ 에서 전선의 경간보다

$\dfrac{8D^2}{3S}$ 만큼 더 길어지므로 $\dfrac{8D^2}{3S} = \dfrac{8 \times 5^2}{200} = 0.33[m]$

즉 $\dfrac{1}{3}[m]$ 더 길게 하면 된다.

상 제4장 송전 특성 및 조상설비

36 송전단전압이 100[V], 수전단전압이 90[V]인 단거리 배전선로의 전압강하율[%]은 약 얼마인가?

① 5
② 11
③ 15
④ 20

해설

전압강하율 $\%e = \dfrac{V_S - V_R}{V_R} \times 100[\%]$

여기서, V_S : 송전단전압
V_R : 수전단전압

$\%e = \dfrac{100 - 90}{90} \times 100 = 11.1[\%]$

중 제9장 배전방식

37 다음 중 환상(루프)방식과 비교할 때 방사상 배전선로 구성방식에 해당되는 사항은?

① 전력수요 증가 시 간선이나 분기선을 연장하여 쉽게 공급이 가능하다.
② 전압변동 및 전력손실이 작다.
③ 사고발생 시 다른 간선으로의 전환이 쉽다.
④ 환상방식보다 신뢰도가 높은 방식이다.

해설 방사상 배전선로 특징

㉠ 배전설비가 간단하고 사고 시 정전범위가 넓다.
㉡ 배선선로의 전압강하와 전력손실이 크다.
㉢ 부하밀도가 낮은 농어촌 지역에 적합하다.
㉣ 전력수요 증가 시 선로의 증설 또는 연장이 용이하다.

상 제2장 전선로

38 초호각(arcing horn)의 역할은?

① 풍압을 조절한다.
② 송전효율을 높인다.
③ 선로의 섬락 시 애자의 파손을 방지한다.
④ 고주파수의 섬락전압을 높인다.

해설 초호각(아킹혼), 초호환(아킹링)의 사용목적

㉠ 뇌격으로 인한 섬락사고 시 애자련을 보호
㉡ 애자련의 전압분담 균등화

정답 33 ② 34 ② 35 ③ 36 ② 37 ① 38 ③

하 제11장 발전

39 유효낙차 90[m], 출력 104500[kW], 비속도(특유속도) 210[m·kW]인 수차의 회전속도는 약 몇 [rpm]인가?

① 150 ② 180
③ 210 ④ 240

해설

특유속도 $N_s = \dfrac{NP^{\frac{1}{2}}}{H^{\frac{5}{4}}}$[rpm]

여기서, N : 회전속도[rpm]
H : 유효낙차[m]
P : 출력[kW]

회전속도 $N = \dfrac{N_s \cdot H^{\frac{5}{4}}}{P^{\frac{1}{2}}} = \dfrac{210 \times 90^{\frac{5}{4}}}{104500^{\frac{1}{2}}}$
$= 180.07 ≒ 180$[rpm]

상 제8장 송전선로 보호방식

40 발전기 또는 주변압기의 내부고장보호용으로 가장 널리 쓰이는 것은?

① 거리계전기 ② 과전류계전기
③ 비율차동계전기 ④ 방향단락계전기

해설

비율차동계전기는 고장에 의해 생긴 불평형의 전류차가 평형전류의 설정값 이상이 되었을 때 동작하는 계전기로 기기 및 선로보호에 쓰인다.

제3과목 **전기기기**

하 제5장 정류기

41 SCR을 이용한 단상 전파 위상제어 정류회로에서 전원전압은 실효값이 220[V], 60[Hz]인 정현파이며, 부하는 순저항으로 10[Ω]이다. SCR의 점호각 α를 60°라 할 때 출력전류의 평균값[A]은?

① 7.54 ② 9.73
③ 11.43 ④ 14.86

해설

직류전압 $E_d = 0.9E\left(\dfrac{1+\cos\alpha}{2}\right)$
$= 0.9 \times 220\left(\dfrac{1+\cos 60°}{2}\right) = 148.6$[V]

출력전류(=직류전류) $I_d = \dfrac{E_d}{R} = \dfrac{148.6}{10} = 14.86$[A]

중 제1장 직류기

42 직류발전기가 90[%] 부하에서 최대효율이 된다면 이 발전기의 전부하에 있어서 고정손과 부하손의 비는?

① 0.81 ② 0.9
③ 1.0 ④ 1.1

해설

최대효율이 되는 부하율 $\dfrac{1}{m} = \sqrt{\dfrac{고정손}{부하손}} = \sqrt{\dfrac{P_i}{P_c}}$

$P_i = \left(\dfrac{1}{m}\right)^2 P_c$, $P_i = (0.9)^2 P_c = 0.81 P_c$

고정손과 부하손의 비 $\alpha = \dfrac{P_i}{P_c} = 0.81$

상 제5장 정류기

43 정류기의 직류측 평균전압이 2000[V]이고 리플률이 3[%]일 경우, 리플전압의 실효값[V]은?

① 20 ② 30
③ 50 ④ 60

해설

리플률(=맥동률)$= \dfrac{리플전압의\ 실효값}{직류측\ 평균전압}$

리플전압의 실효값(=교류분 전압)
$V = 리플률 \times 직류측\ 평균전압 = 0.03 \times 2000 = 60$[V]

하 제6장 특수기기

44 단상 직권 정류자전동기에서 보상권선과 저항도선의 작용에 대한 설명으로 틀린 것은?

① 보상권선은 역률을 좋게 한다.
② 보상권선은 변압기의 기전력을 크게 한다.
③ 보상권선은 전기자반작용을 제거해 준다.
④ 저항도선은 변압기 기전력에 의한 단락 전류를 작게 한다.

정답 39 ② 40 ③ 41 ④ 42 ① 43 ④ 44 ②

해설

㉠ 보상권선 : 전기자반작용을 제거해 역률을 개선하고 기전력을 작게 한다.
㉡ 저항도선 : 변압기 기전력에 의한 단락전류를 감소시킨다.

하 | **제2장 동기기**

45 비돌극형 동기발전기 한 상의 단자전압을 V, 유도기전력을 E, 동기리액턴스를 X_s, 부하각이 δ이고, 전기자저항을 무시할 때 한 상의 최대출력[W]은?

① $\dfrac{EV}{X_s}$ ② $\dfrac{3EV}{X_s}$

③ $\dfrac{E^2 V}{X_s}$ ④ $\dfrac{EV^2}{X_s}$

해설 동기발전기의 출력

㉠ 비돌극기의 출력
$$P = \frac{E_a V_n}{X_s}\sin\delta[\mathrm{W}]$$
(최대출력이 부하각 $\delta = 90°$에서 발생)

㉡ 돌극기의 출력
$$P = \frac{E_a V_n}{X_d}\sin\delta - \frac{V_n^2(X_d - X_q)}{2X_d X_q}\sin2\delta\,[\mathrm{W}]$$
(최대출력이 부하각 $\delta = 60°$에서 발생)

상 | **제2장 동기기**

46 3상 동기발전기에서 그림과 같이 1상의 권선을 서로 똑같은 2조로 나누어 그 1조의 권선전압을 $E[\mathrm{V}]$, 각 권선의 전류를 $I[\mathrm{A}]$라 하고 지그재그 Y형(zigzag star)으로 결선하는 경우 선간전압[V], 선전류[A] 및 피상전력[VA]은?

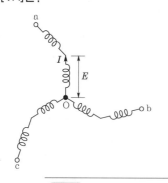

① $3E$, I, $\sqrt{3}\times 3E\times I = 5.2EI$

② $\sqrt{3}\,E$, $2I$,
$\sqrt{3}\times\sqrt{3}\,E\times 2I = 6EI$

③ E, $2\sqrt{3}\,I$,
$\sqrt{3}\times E\times 2\sqrt{3}\,I = 6EI$

④ $\sqrt{3}\,E$, $\sqrt{3}\,I$,
$\sqrt{3}\times\sqrt{3}\,E\times\sqrt{3}\,I = 5.2EI$

해설

㉠ 선간전압 $V_l = 3E$
㉡ 선전류 $I_l = I$
㉢ 피상전력 $= \sqrt{3}\times V_l\times I_l = \sqrt{3}\times 3E\times I$
$\qquad = 5.196 ≒ 5.2EI$

상 | **제4장 유도기**

47 다음 중 비례추이를 하는 전동기는?

① 동기전동기
② 정류자전동기
③ 단상 유도전동기
④ 권선형 유도전동기

해설

비례추이가 가능한 전동기는 권선형 유도전동기로서 2차 저항의 가감을 통하여 토크 및 속도 등을 변화시킬 수 있다.

중 | **제1장 직류기**

48 단자전압 200[V], 계자저항 50[Ω], 부하전류 50[A], 전기자저항 0.15[Ω], 전기자반작용에 의한 전압강하 3[V]인 직류분권발전기가 정격속도로 회전하고 있다. 이때 발전기의 유도기전력은 약 몇 [V]인가?

① 211.1 ② 215.1
③ 225.1 ④ 230.1

해설

계자전류 $I_f = \dfrac{V_n}{r_f} = \dfrac{200}{50} = 4[\mathrm{A}]$

전기자전류 $I_a = I_n + I_f = 50 + 4 = 54[\mathrm{A}]$

유도기전력 $E_a = V_n + I_a\cdot r_a + e$
$\qquad = 200 + 54\times 0.15 + 3$
$\qquad = 211.1[\mathrm{V}]$

정답 45 ① 46 ① 47 ④ 48 ①

상 제2장 동기기

49 동기기의 권선법 중 기전력의 파형을 좋게 하는 권선법은?

① 전절권, 2층권
② 단절권, 집중권
③ 단절권, 분포권
④ 전절권, 집중권

해설

동기기에서 고조파를 제거하여 기전력의 파형을 개선하기 위해 분포권 및 단절권을 사용한다.

중 제3장 변압기

50 변압기에 임피던스 전압을 인가할 때의 입력은?

① 철손
② 와류손
③ 정격용량
④ 임피던스 와트

해설

변압기 2차측을 단락한 상태에서 1차측의 인가전압을 서서히 증가시키면 정격전류가 1차, 2차 권선에 흐르게 되는데, 이때 전압계의 지시값이 임피던스 전압이고 전력계의 지시값이 임피던스 와트(동손)이다.

중 제1장 직류기

51 불꽃 없는 정류를 하기 위해 평균 리액턴스 전압(A)과 브러시 접촉면 전압강하(B) 사이에 필요한 조건은?

① A > B
② A < B
③ A = B
④ A, B에 관계없다.

해설

불꽃 없는 정류를 위해 접촉저항이 큰 탄소브러시를 사용하므로 접촉면에 전압강하가 크게 된다.

하 제4장 유도기

52 유도전동기 1극의 자속 ϕ, 2차 유효전류 $I_2 \cos \theta_2$, 토크 τ의 관계로 옳은 것은?

① $\tau \propto \phi \times I_2 \cos \theta_2$
② $\tau \propto \phi \times (I_2 \cos \theta_2)^2$
③ $\tau \propto \dfrac{1}{\phi \times I_2 \cos \theta_2}$
④ $\tau \propto \dfrac{1}{\phi \times (I_2 \cos \theta_2)^2}$

해설

$T = F \cdot r$ [N·m]에서 힘 $T = BiLr = \dfrac{\phi}{A} iLr$ [m],

토크 $T \propto k \cdot \phi \cdot i$

따라서, 토크(T)는 자속(ϕ)과 2차 전류 유효분($I_2 \cos \theta_2$)의 곱에 비례한다.

하 제4장 유도기

53 회전자가 슬립 s로 회전하고 있을 때 고정자와 회전자의 실효권수비를 α라 하면 고정자 기전력 E_1과 회전자 기전력 E_{2s}의 비는?

① $s\alpha$
② $(1-s)\alpha$
③ $\dfrac{\alpha}{s}$
④ $\dfrac{\alpha}{1-s}$

해설

㉠ 정지 시 : $\alpha = \dfrac{E_1}{E_2} \rightarrow E_2 = \dfrac{1}{\alpha} E_1$

㉡ 운전 시 : $E_{2s} = sE_2 = s \cdot \dfrac{1}{\alpha} E_1 \rightarrow \dfrac{E_1}{E_{2s}} = \dfrac{\alpha}{s}$

상 제1장 직류기

54 직류직권전동기의 발생토크는 전기자전류를 변화시킬 때 어떻게 변하는가? (단, 자기포화는 무시한다.)

① 전류에 비례한다.
② 전류에 반비례한다.
③ 전류의 제곱에 비례한다.
④ 전류의 제곱에 반비례한다.

해설

직권전동기의 특성 $T \propto I_a^2 \propto \dfrac{1}{N^2}$

여기서, T : 토크
I_a : 전기자전류
N : 회전수

정답 49 ③ 50 ④ 51 ② 52 ① 53 ③ 54 ③

제2장 동기기

55 동기발전기의 병렬운전 중 유도기전력의 위상차로 인하여 발생하는 현상으로 옳은 것은?

① 무효전력이 생긴다.

② 동기화전류가 흐른다.

③ 고조파 무효순환전류가 흐른다.

④ 출력이 요동하고 권선이 가열된다.

해설

동기발전기의 병렬운전 중에 유도기전력의 위상이 다를 경우 동기화전류(=유효순환전류)가 흐른다.

상 제4장 유도기

56 3상 유도기의 기계적 출력(P_o)에 대한 변환식으로 옳은 것은? (단, 2차 입력은 P_2, 2차 동손은 P_{2c}, 동기속도는 N_s, 회전자속도는 N, 슬립은 s 이다.)

① $P_o = P_2 + P_{2c} = \dfrac{N}{N_s}P_2 = (2-s)P_2$

② $(1-s)P_2 = \dfrac{N}{N_s}P_2 = P_o - P_{2c}$
$= P_o - sP_2$

③ $P_o = P_2 - P_{2c} = P_2 - sP_2 = \dfrac{N}{N_s}P_2$
$= (1-s)P_2$

④ $P_o = P_2 + P_{2c} = P_2 + sP_2 = \dfrac{N}{N_s}P_2$
$= (1+s)P_2$

해설

출력=2차 입력−2차 동손 → $P_o = P_2 - P_{2c}$
$P_2 : P_{2c} = 1 : s$에서 $P_{2c} = sP_2$ → $P_o = P_2 - sP_2$
$P_2 : P_o = 1 : 1-s$ → $P_o = (1-s)P_2$
$N = (1-s)N_s$에서 $\dfrac{N}{N_s} = (1-s)$ → $P_o = \dfrac{N}{N_s}P_2$

상 제3장 변압기

57 변압기의 등가회로 구성에 필요한 시험이 아닌 것은?

① 단락시험

② 부하시험

③ 무부하시험

④ 권선저항 측정

해설 변압기의 등가회로 작성 시 특성시험

㉠ 무부하시험 : 무부하선류(여자선류), 철손, 여자어드미턴스

㉡ 단락시험 : 임피던스 전압, 임피던스 와트, 동손, 전압변동률

㉢ 권선의 저항측정

중 제3장 변압기

58 단권변압기 두 대를 V결선하여 전압을 2000[V]에서 2200[V]로 승압한 후 200[kVA]의 3상 부하에 전력을 공급하려고 한다. 이때 단권변압기 1대의 용량은 약 몇 [kVA]인가?

① 4.2

② 10.5

③ 18.2

④ 21

해설

단권변압기 V결선

$\dfrac{자기용량}{부하용량} = \dfrac{1}{0.866}\left(\dfrac{V_h - V_l}{V_h}\right)$

V결선 시 자기용량 $= \dfrac{1}{0.866}\left(\dfrac{2200-2000}{2200}\right)\times 200$
$= 20.995[\text{kVA}]$

단권변압기 1대 자기용량 $= 20.995 \div 2 = 10.49$
$\fallingdotseq 10.5[\text{kVA}]$

상 제3장 변압기

59 권수비 $a = \dfrac{6600}{220}$, 주파수 60[Hz], 변압기의 철심 단면적 0.02[m²], 최대자속밀도 1.2 [Wb/m²]일 때 변압기의 1차측 유도기전력은 약 몇 [V]인가?

① 1407

② 3521

③ 42198

④ 49814

해설

변압기 유도기전력 $E = 4.44 f N \phi_m [\text{V}]$
여기서, $\phi_m = B \cdot A$
$E = 4.44 \times 60 \times 6600 \times 1.2 \times 0.02$
$= 42197.76 \fallingdotseq 42198[\text{V}]$

정답 55 ② 56 ③ 57 ② 58 ② 59 ③

하 제4장 유도기

60 회전형 전동기와 선형 전동기(linear motor)를 비교한 설명으로 틀린 것은?

① 선형의 경우 회전형에 비해 공극의 크기가 작다.
② 선형의 경우 직접적으로 직선운동을 얻을 수 있다.
③ 선형의 경우 회전형에 비해 부하관성의 영향이 크다.
④ 선형의 경우 전원의 상 순서를 바꾸어 이동방향을 변경한다.

해설 선형 전동기(Linear Motor)의 특징

㉠ 직선형 구동력을 직접 발생시키기 때문에 기계적인 변환장치가 불필요하므로 효율이 높다.
㉡ 회전형에 비해 공극이 커서 역률 및 효율이 낮다.
㉢ 회전형의 경우와 같이 전원의 상순을 바꾸어서 이동방향에 변화를 준다.
㉣ 부하관성에 영향을 크게 받는다.

제4과목 회로이론 및 제어공학

중 제어공학 제7장 상태방정식

61 $F(z) = \dfrac{(1-e^{-aT})z}{(z-1)(z-e^{-aT})}$ 의 역 z변환은?

① $1-e^{-at}$ ② $1+e^{-at}$
③ $t \cdot e^{-at}$ ④ $t \cdot e^{at}$

해설

$$F(z) = \frac{z-z\,e^{-at}}{(z-1)(z-e^{-at})}$$
$$= \frac{z^2-z\,e^{-at}-z^2+z}{(z-1)(z-e^{-at})}$$
$$= \frac{z(z-e^{-at})-z(z-1)}{(z-1)(z-e^{-at})}$$
$$= \frac{z}{z-1}-\frac{z}{z-e^{-at}}$$
$$\therefore\ f(t)=1-e^{-at}$$

상 제어공학 제5장 안정도 판별법

62 다음의 특성방정식 중 안정한 제어시스템은?

① $s^3+3s^2+4s+5=0$
② $s^4+3s^3-s^2+s+10=0$
③ $s^5+s^3+2s^2+4s+3=0$
④ $s^4-2s^3-3s^2+4s+5=0$

해설 안정조건

㉠ 특성방정식의 모든 차수가 존재할 것
㉡ 모든 차수의 계수의 부호가 동일(+)할 것
∴ 모든 조건을 만족한 것은 ①이다.

중 제어공학 제2장 전달함수

63 다음 중 그림의 신호흐름선도에서 전달함수 $\dfrac{C(s)}{R(s)}$ 는?

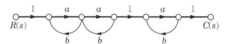

① $\dfrac{a^3}{(1-ab)^3}$
② $\dfrac{a^3}{1-3ab+a^2b^2}$
③ $\dfrac{a^3}{1-3ab}$
④ $\dfrac{a^3}{1-3ab+2a^2b^2}$

해설

메이슨 공식(정식) $M(s)=\dfrac{\sum G_K \Delta_K}{\Delta}$

㉠ $\sum l_1 = ab+ab+ab=3ab$
㉡ $\sum l_2 = a^2b^2+a^2b^2=2a^2b^2$
㉢ $\Delta = 1-\sum l_1 + \sum l_2 = 1-3ab+2a^2b^2$
㉣ $G_1=a^3,\ \Delta_1=1$
∴ 메이슨 공식(정식)
$$M(s)=\frac{\sum G_K\Delta_K}{\Delta}=\frac{G_1\Delta_1}{\Delta}$$
$$=\frac{a^3}{1-3ab+2a^2b^2}$$

상 제어공학 제3장 시간영역해석법

64 그림과 같은 블록선도에서 제어시스템에 단위계단함수가 입력되었을 때 정상상태 오차가 0.01이 되는 α의 값은?

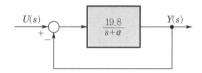

① 0.2 ② 0.6
③ 0.8 ④ 1.0

해설

㉠ 단위계단함수($u(t)$)가 입력으로 주어졌을 때의 정상 편차를 정상위치편차라 한다.

㉡ 정상위치편차상수

$$K_p = \lim_{s \to 0} s^0 G = \lim_{s \to 0} G(s)H(s)$$
$$= \lim_{s \to 0} \frac{19.8}{s+\alpha} = \frac{19.8}{\alpha}$$

㉢ 정상위치편차

$$e_{sp} = \frac{1}{1+K_p} = \frac{1}{1+\frac{19.8}{\alpha}} = 0.01$$

㉣ 위 ㉢항을 정리하여 α를 구할 수 있다.

$$1 = 0.01\left(1+\frac{19.8}{\alpha}\right) \text{에서} \ 100 = 1+\frac{19.8}{\alpha}$$

$$\therefore \ \alpha = \frac{19.8}{100-1} = 0.2$$

상 회로이론 제6장 회로망 해석

65 그림과 같은 보드선도의 이득선도를 갖는 제어시스템의 전달함수는?

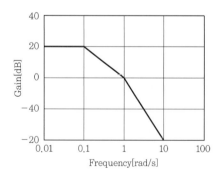

① $G(s) = \dfrac{10}{(s+1)(s+10)}$

② $G(s) = \dfrac{10}{(s+1)(10s+1)}$

③ $G(s) = \dfrac{20}{(s+1)(s+10)}$

④ $G(s) = \dfrac{20}{(s+1)(10s+1)}$

해설

㉠ 절점주파수 $\omega_1 = 0.1$, $\omega_2 = 10$이므로

$$G(j\omega) = \frac{K}{(j\omega+1)(j10\omega+1)}$$ 의 식을 만족하게 된다.

㉡ $\omega = 0.1$일 때, $g = 20\log|G(j\omega)| = 20[\text{dB}]$이 되어야 하므로 $|G(j\omega)| = 10$이 된다.

㉢ $G(j\omega) = \dfrac{K}{(j\omega+1)(j10\omega+1)}\bigg|_{\omega=0.1}$

$$- \frac{K}{(1+j0.1)(1+j)}$$
$$= 0.7K\underline{/-0.88°}$$

㉣ $K = \dfrac{10}{0.7} = 14.28$

$$\therefore \ G(s) = \frac{14.28}{(s+1)(10s+1)}$$

상 제어공학 제2장 전달함수

66 다음 중 그림과 같은 블록선도의 전달함수 $\dfrac{C(s)}{R(s)}$는?

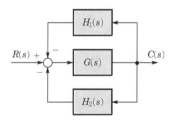

① $\dfrac{G(s)H_1(s)H_2(s)}{1+G(s)H_1(s)H_2(s)}$

② $\dfrac{G(s)}{1+G(s)H_1(s)H_2(s)}$

③ $\dfrac{G(s)}{1-G(s)\left[H_1(s)+H_2(s)\right]}$

④ $\dfrac{G(s)}{1+G(s)\left[H_1(s)+H_2(s)\right]}$

정답 **64** ① **65** 전항 정답 **66** ④

해설 종합전달함수

$$M(s) = \frac{\sum \text{전향경로이득}}{1 - \sum \text{폐루프이득}}$$

$$= \frac{G(s)}{1 - [-G(s)H_1(s) - G(s)H_2(s)]}$$

$$= \frac{G(s)}{1 + G(s)[H_1(s) + H_2(s)]}$$

ⓒ 영점 $s = -3$에서 영점의 수 $Z = 1$개가 되고, 영점의 총합 $\sum Z = -3$이 된다.

∴ 점근선의 교차점

$$\sigma = \frac{\sum P - \sum Z}{P - Z} = \frac{-8 - (-3)}{5 - 1} = -\frac{5}{4}$$

상 제어공학 제8장 시퀀스회로의 이해

67 그림과 같은 논리회로와 등가인 것은?

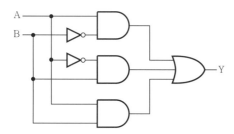

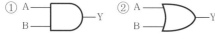

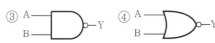

해설

$$Y = A \cdot \overline{B} + \overline{A} \cdot B + A \cdot B$$

$$= A(\overline{B} + B) + B(\overline{A} + A) = A + B$$

상 제어공학 제6장 근궤적법

68 다음의 개루프 전달함수에 대한 근궤적의 점근선이 실수축과 만나는 교차점은?

$$G(s)H(s) = \frac{K(s+3)}{s^2(s+1)(s+3)(s+4)}$$

① $\dfrac{5}{3}$　　　　② $-\dfrac{5}{3}$

③ $\dfrac{5}{4}$　　　　④ $-\dfrac{5}{4}$

해설

ⓒ 극점 $s_1 = 0$(중근), $s_2 = -1$, $s_3 = -3$, $s_4 = -4$에서 극점의 수 $P = 5$개가 되고, 극점의 총합 $\sum P = -8$이 된다.

상 제어공학 제1장 자동제어의 개요

69 블록선도에서 ⓐ에 해당하는 신호는?

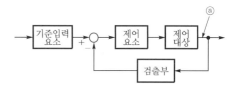

① 조작량　　　　② 제어량
③ 기준입력　　　　④ 동작신호

해설

㉠ 제어대상의 입력 : 조작량
㉡ 제어대상의 출력 : 제어량

상 제어공학 제7장 상태방정식

70 다음의 미분방정식과 같이 표현되는 제어시스템이 있다. 이 제어시스템을 상태방정식 $\dot{x} = Ax + Bu$로 나타내었을 때 시스템 행렬 A는?

$$\frac{d^3 C(t)}{dt^3} + 5\frac{d^2 C(t)}{dt^2} + \frac{dC(t)}{dt} + 2C(t) = r(t)$$

① $\begin{bmatrix} 0 & 1 & 0 \\ 0 & 0 & 1 \\ -2 & -1 & -5 \end{bmatrix}$

② $\begin{bmatrix} 1 & 0 & 0 \\ 0 & 1 & 0 \\ -2 & -1 & -5 \end{bmatrix}$

③ $\begin{bmatrix} 0 & 1 & 0 \\ 0 & 0 & 1 \\ 2 & 1 & 5 \end{bmatrix}$

④ $\begin{bmatrix} 1 & 0 & 0 \\ 0 & 1 & 0 \\ 2 & 1 & 5 \end{bmatrix}$

정답 67 ② 68 ④ 69 ② 70 ①

해설

㉠ $C(t) = x_1(t)$

㉡ $\dfrac{d}{dt} C(t) = \dfrac{d}{dt} x_1(t) = \dot{x}_1(t) = x_2(t)$

㉢ $\dfrac{d^2}{dt^2} C(t) = \dfrac{d}{dt} x_2(t) = \dot{x}_2(t) = x_3(t)$

㉣ $\dfrac{d^3}{dt^3} C(t) = \dfrac{d}{dt} x_3(t) = \dot{x}_3(t)$

$\qquad = -2x_1(t) - x_2(t) - 5x_3(t) + r(t)$

$\therefore \begin{bmatrix} \dot{x}_1 \\ \dot{x}_2 \\ \dot{x}_3 \end{bmatrix} = \begin{bmatrix} 0 & 1 & 0 \\ 0 & 0 & 1 \\ -2 & -1 & -5 \end{bmatrix} \begin{bmatrix} x_1(t) \\ x_2(t) \\ x_3(t) \end{bmatrix} + \begin{bmatrix} 0 \\ 0 \\ 1 \end{bmatrix} r(t)$

하 회로이론 제4장 비정현파 교류회로의 이해

71 $f_e(t)$가 우함수이고 $f_o(t)$가 기함수일 때 주기함수 $f(t) = f_e(t) + f_o(t)$에 대한 다음 식 중 틀린 것은?

① $f_e(t) = f_e(-t)$

② $f_o(t) = -f_o(-t)$

③ $f_o(t) = \dfrac{1}{2}[f(t) - f(-t)]$

④ $f_e(t) = \dfrac{1}{2}[f(t) - f(-t)]$

상 회로이론 제3장 다상 교류회로의 이해

72 3상 평형회로에 Y결선의 부하가 연결되어 있고, 부하에서의 선간전압이 $V_{ab} = 100\sqrt{3}\underline{/0°}$ [V]일 때 선전류가 $I_a = 20\underline{/-60°}$ [A]이었다. 이 부하의 한 상의 임피던스[Ω]는? (단, 3상 전압의 상순은 a−b−c이다.)

① $5\underline{/30°}$　　　　② $5\sqrt{3}\underline{/30°}$

③ $5\underline{/60°}$　　　　④ $5\sqrt{3}\underline{/60°}$

해설

㉠ Y결선의 특징 : $V_l = \sqrt{3}\,V_p\underline{/30°}$

$\qquad\qquad\qquad I_l = I_p\underline{/0°}$

여기서, $I_l = I_a$: 선전류

$\qquad I_p$: 상전류

㉡ 상전압 : $V_p = \dfrac{V_l}{\sqrt{3}}\underline{/-30°} = 100\underline{/-30°}$

여기서, 선간전압 : $V_l = 100\sqrt{3}\underline{/0°}$

∴ 부하 한 상의 임피던스

$Z = \dfrac{V_p}{I_p} = \dfrac{100\underline{/-30°}}{20\underline{/-60°}} = 5\underline{/30°}$

상 회로이론 제6장 회로망 해석

73 그림의 회로에서 120[V]와 30[V]의 전압원(능동소자)에서의 전력은 각각 몇 [W]인가? (단, 전압원(능동소자)에서 공급 또는 발생하는 전력은 양수(+)이고, 소비 또는 흡수하는 전력은 음수(−)이다.)

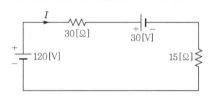

① 240[W], 60[W]

② 240[W], −60[W]

③ −240[W], 60[W]

④ −240[W], −60[W]

해설

㉠ 회로에 흐르는 전류 : $I = \dfrac{V}{R} = \dfrac{120 - 30}{30 + 15} = 2[\text{A}]$

㉡ 전류는 시계방향으로 흐른다.

㉢ +단자에서 전류가 나가면 전력을 발생시키는 소자이고, 전류가 +단자로 들어가면 전력을 소비하는 소자를 의미한다.

㉣ 따라서 120[V]는 전력을 발생시키고, 30[V]는 전력을 소비하게 된다.

∴ 120[V]의 전력 $P = 120 \times 2 = 240[\text{W}]$

　30[V]의 전력 $P = -30 \times 2 = -60[\text{W}]$

하 회로이론 제10장 라플라스 변환

74 정전용량이 C[F]인 커패시터에 단위임펄스의 전류원이 연결되어 있다. 이 커패시터의 전압 $v_C(t)$는? (단, $u(t)$는 단위계단함수이다.)

① $v_C(t) = C$

② $v_C(t) = Cu(t)$

③ $v_C(t) = \dfrac{1}{C}$

④ $v_C(t) = \dfrac{1}{C}u(t)$

정답　71 ④　72 ①　73 ②　74 ④

해설

㉠ 단위임펄스함수 : $\delta(t) = \dfrac{du(t)}{dt}$

㉡ 전류의 정의식 : $i(t) = \dfrac{dq(t)}{dt} = C\dfrac{dv(t)}{dt}$

㉢ 커패시터 단자전압 : $v_C = \dfrac{1}{C}\displaystyle\int i(t)dt$

$$= \dfrac{1}{C}\int \delta(t)dt$$
$$= \dfrac{1}{C}\int \dfrac{du(t)}{dt}dt$$
$$= \dfrac{1}{C}u(t)$$

상 회로이론 제3장 다상 교류회로의 이해

75 각 상의 전압이 다음과 같을 때 영상분 전압[V]의 순시치는? (단, 3상 전압의 상순은 a−b−c이다.)

$$v_a(t) = 40\sin\omega t\,[\text{V}]$$
$$v_b(t) = 40\sin\left(\omega t - \dfrac{\pi}{2}\right)[\text{V}]$$
$$v_c(t) = 40\sin\left(\omega t + \dfrac{\pi}{2}\right)[\text{V}]$$

① $40\sin\omega t$

② $\dfrac{40}{3}\sin\omega t$

③ $\dfrac{40}{3}\sin\left(\omega t - \dfrac{\pi}{2}\right)$

④ $\dfrac{40}{3}\sin\left(\omega t + \dfrac{\pi}{2}\right)$

해설

㉠ 영상분 전압 : $V_0 = \dfrac{1}{3}(V_a + V_b + V_c)$

㉡ 문제에서 V_b와 V_c는 크기는 같고, 위상이 반대가 되므로 $V_b + V_c = 0$이 된다. 따라서 영상분 전압은 $V_0 = \dfrac{1}{3}V_a$가 된다.

∴ $V_0 = \dfrac{40}{3}\sin\omega t\,[\text{V}]$

하 회로이론 제3장 다상 교류회로의 이해

76 그림과 같이 3상 평형의 순저항부하에 단상 전력계를 연결하였을 때 전력계가 $W[\text{W}]$를 지시하였다. 이 3상 부하에서 소모하는 전체 전력[W]은?

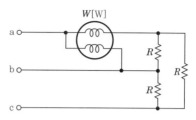

① $2W$

② $3W$

③ $\sqrt{2}\,W$

④ $\sqrt{3}\,W$

해설

R만의 부하에서는 2전력계법으로 3상 전력을 측정할 수 있으며, 이때 측정되는 전력은 $W_1 = W_2 = W$가 되고, 역률은 1이 된다.

∴ 2전력법에서 유효전력 $P = W_1 + W_2 = 2W[\text{W}]$

상 회로이론 제9장 과도현상

77 그림의 회로에서 $t = 0[\text{sec}]$에 스위치(S)를 닫은 후 $t = 1[\text{sec}]$일 때 이 회로에 흐르는 전류는 약 몇 [A]인가?

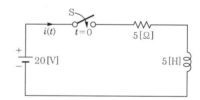

① 2.52

② 3.16

③ 4.21

④ 6.32

해설

$t = 0$에서 스위치를 닫았을 때의 과도전류

$$i(t) = \dfrac{E}{R}\left(1 - e^{-\frac{L}{R}t}\right) = \dfrac{20}{5}(1 - e^{-1})$$
$$= 4 \times 0.632 = 2.528[\text{A}]$$

상 회로이론 제2장 단상 교류회로의 이해

78 순시치전류 $i(t) = I_m\sin(\omega t + \theta_I)[\text{A}]$의 파고율은 약 얼마인가?

① 0.577

② 0.707

③ 1.414

④ 1.732

해설

$$\text{파고율} = \dfrac{\text{최대값}}{\text{실효값}} = \dfrac{I_m}{\dfrac{I_m}{\sqrt{2}}} = \sqrt{2} = 1.414$$

정답　75 ②　76 ①　77 ①　78 ③

상 회로이론 제7장 4단자망 회로해석

79 그림의 회로가 정저항회로로 되기 위한 L [mH]은? (단, $R = 10[\Omega]$, $C = 1000[\mu F]$ 이다.)

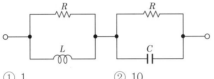

① 1
② 10
③ 100
④ 1000

해설

정저항회로의 조건 $R^2 = Z_1 Z_2 = \dfrac{L}{C}$

$\therefore L = R^2 C = 10^2 \times 1000 \times 10^{-6}$

$\quad = 10^{-1}[H] = 100[mH]$

여기서, $1[H] = 1000[mH]$

상 회로이론 제8장 분포정수회로

80 분포정수회로에 있어서 선로의 단위길이당 저항이 100[Ω/m], 인덕턴스가 200[mH/m], 누설컨덕턴스가 0.5[℧/m]일 때 일그러짐이 없는 조건(무왜형 조건)을 만족하기 위한 단위길이당 커패시턴스는 몇 [μF/m]인가?

① 0.001
② 0.1
③ 10
④ 1000

해설

무왜형 조건 $LG = RC$

$\therefore C = \dfrac{LG}{R} = \dfrac{200 \times 10^{-3} \times 0.5}{100}$

$\quad = 10^{-3}[F/m] = 10^3[\mu F/m]$

여기서, $1[\mu F] = 10^6[\mu\mu F]$

제5과목 **전기설비기술기준**

하 제2장 저압설비 및 고압·특고압설비

81 저압 가공전선이 안테나와 접근상태로 시설될 때 상호 간의 이격거리는 몇 [cm] 이상이어야 하는가? (단, 전선이 고압 절연전선, 특고압 절연전선 또는 케이블이 아닌 경우이다.)

① 60
② 80
③ 100
④ 120

해설 고압 가공전선과 안테나의 접근 또는 교차 (KEC 332.14)

㉠ 고압 가공전선은 고압 보안공사에 의할 것
㉡ 가공전선과 안테나 사이의 수평이격거리
 • 저압 사용 시 0.6[m] 이상(절연전선 케이블인 경우 : 0.3[m] 이상)
 • 고압 사용 시 0.8[m] 이상(케이블인 경우에는 : 0.4[m] 이상)

상 제3장 전선로

82 고압 가공전선으로 사용한 경동선은 안전율이 얼마 이상인 이도로 시설하여야 하는가?

① 2.0
② 2.2
③ 2.5
④ 3.0

해설 고압 가공전선의 안전율(KEC 332.4)

㉠ 경동선 또는 내열 동합금선 : 2.2 이상이 되는 이도로 시설
㉡ 그 밖의 전선(예 : 강심 알루미늄 연선, 알루미늄선) : 2.5 이상이 되는 이도로 시설

중 제5장 전기철도

83 급전선에 대한 설명으로 틀린 것은?

① 급전선은 비절연보호도체, 매설접지도체, 레일 등으로 구성하여 단권변압기 중성점과 공통접지에 접속한다.
② 가공식은 전차선의 높이 이상으로 전차선로 지지물에 병가하며, 나전선의 접속은 직선접속을 원칙으로 한다.
③ 선상승강장, 인도교, 과선교 또는 교량 하부 등에 설치할 때에는 최소 절연이격거리 이상을 확보하여야 한다.
④ 신설 터널 내 급전선을 가공으로 설계할 경우 지지물의 취부는 C찬넬 또는 내입전을 이용하여 고정하여야 한다.

해설

비절연보호도체, 매설접지도체, 레일 등으로 구성하여 단권변압기 중성점과 공통접지에 접속하는 것은 귀선로이다.

정답 79 ③ 80 ④ 81 ① 82 ② 83 ①

하 제3장 전선로

84 사용전압이 22.9[kV]인 특고압 가공전선과 그 지지물 · 완금류 · 지주 또는 지선 사이의 이격거리는 몇 [cm] 이상이어야 하는가?

① 15   ② 20

③ 25   ④ 30

해설 특고압 가공전선과 지지물 등의 이격거리 (KEC 333.5)

특고압 가공전선과 그 지지물 · 완금류 · 지주 또는 지선 사이의 이격거리는 다음 표에서 정한 값 이상이어야 한다. 단, 기술상 부득이한 경우 위험의 우려가 없도록 시설한 때에는 표에서 정한 값의 0.8배까지 감할 수 있다.

사용전압 [kV]	이격거리 [cm]	사용전압 [kV]	이격거리 [cm]
15 미만	15	70 이상 80 미만	45
15 이상 25 미만	20	80 이상 130 미만	65
25 이상 35 미만	25	130 이상 160 미만	90
35 이상 50 미만	30	160 이상 200 미만	110
50 이상 60 미만	35	200 이상 230 미만	130
60 이상 70 미만	40	230 이상	160

상 제2장 저압설비 및 고압 · 특고압설비

85 진열장 내의 배선으로 사용전압 400[V] 이하에 사용하는 코드 또는 캡타이어케이블의 최소 단면적은 몇 [mm²]인가?

① 1.25

② 1.0

③ 0.75

④ 0.5

해설 진열장 또는 이와 유사한 것의 내부 배선 (KEC 234.8)

㉠ 건조한 장소에 시설하고 또한 내부를 건조한 상태로 사용하는 진열장 또는 이와 유사한 것의 내부에 사용전압이 400[V] 이하인 배선을 외부에서 잘 보이는 장소에 한하여 코드 또는 캡타이어케이블로 직접 조영재에 밀착하여 배선할 것
㉡ 전선의 배선은 단면적 0.75[mm²] 이상의 코드 또는 캡타이어케이블일 것

상 제1장 공통사항

86 최대사용전압이 23000[V]인 중성점 비접지식 전로의 절연내력시험전압은 몇 [V]인가?

① 16560

② 21160

③ 25300

④ 28750

해설 전로의 절연저항 및 절연내력(KEC 132)

중성점 비접지식 전로의 절연내력시험은 최대사용전압에 1.25배를 한 시험전압을 10분간 가하여 시행한다.
절연내력시험전압＝23000×1.25＝28750[V]

상 제3장 전선로

87 지중전선로를 직접 매설식에 의하여 시설할 때, 차량 기타 중량물의 압력을 받을 우려가 있는 장소인 경우 매설깊이는 몇 [m] 이상으로 시설하여야 하는가?

① 0.6   ② 1.0

③ 1.2   ④ 1.5

해설 지중전선로의 시설(KEC 334.1)

차량 등 중량을 받을 우려가 있는 장소에서는 1.0[m] 이상, 기타의 장소에는 0.6[m] 이상으로 한다.

상 제2장 저압설비 및 고압 · 특고압설비

88 플로어덕트공사에 의한 저압 옥내배선공사 시 시설기준으로 틀린 것은?

① 덕트의 끝부분은 막을 것
② 옥외용 비닐절연전선을 사용할 것
③ 덕트 안에는 전선에 접속점이 없도록 할 것
④ 덕트 및 박스 기타의 부속품은 물이 고이는 부분이 없도록 시설하여야 한다.

해설 플로어덕트공사(KEC 232.32)

㉠ 전선은 절연전선일 것(옥외용 비닐절연전선은 제외)
㉡ 전선은 연선일 것 단, 단면적 10[mm²](알루미늄선은 단면적 16[mm²]) 이하인 것은 단선을 사용할 수 있음
㉢ 플로어덕트 안에는 전선에 접속점이 없도록 할 것
㉣ 덕트의 끝부분은 막을 것

정답 84 ②   85 ③   86 ④   87 ②   88 ②

중 | 제1장 공통사항

89 중앙급전 전원과 구분되는 것으로서 전력 소비지역 부근에 분산하여 배치 가능한 신·재생에너지 발전설비 등의 전원으로 정의되는 용어는?

① 임시전력원
② 분전반전원
③ 분산형전원
④ 계통연계전원

해설 용어 정의(KEC 112)

분산형전원은 중앙급전 전원과 구분되는 것으로서 전력 소비지역 부근에 분산하여 배치 가능한 전원을 말한다. 상용전원의 정전 시에만 사용하는 비상용 예비전원은 제외하며, 신·재생에너지 발전설비, 전기저장장치 등을 포함한다.

하 | 제2장 저압설비 및 고압·특고압설비

90 애자공사에 의한 저압 옥측전선로는 사람이 쉽게 접촉될 우려가 없도록 시설하고, 전선의 지지점 간의 거리는 몇 [m] 이하이어야 하는가?

① 1
② 1.5
③ 2
④ 3

해설 옥측전선로(KEC 221.2)

애자공사에 의한 저압 옥측전선로는 다음에 의하고 또한 사람이 쉽게 접촉될 우려가 없도록 시설할 것
㉠ 전선은 공칭단면적 4[mm²] 이상의 연동 절연전선 (옥외용 및 인입용 절연전선은 제외)일 것
㉡ 전선의 지지점 간의 거리는 2[m] 이하일 것

하 | 제2장 저압설비 및 고압·특고압설비

91 저압 가공전선로의 지지물이 목주인 경우 풍압하중의 몇 배의 하중에 견디는 강도를 가지는 것이어야 하는가?

① 1.2
② 1.5
③ 2
④ 3

해설 저압 가공전선로의 지지물의 강도(KEC 222.8)

저압 가공전선로의 지지물은 목주인 경우에는 풍압하중의 1.2배의 하중, 기타의 경우에는 풍압하중에 견디는 강도를 가지는 것이어야 한다.

중 | 제5장 전기철도

92 교류 전차선 등 충전부와 식물 사이의 이격거리는 몇 [m] 이상이어야 하는가? (단, 현장여건을 고려한 방호벽 등의 안전조치를 하지 않은 경우이다.)

① 1
② 3
③ 5
④ 10

해설 전차선 등과 식물사이의 이격거리(KEC 431.11)

교류 전차선 등 충전부와 식물 사이의 이격거리는 5[m] 이상이어야 한다. 다만, 5[m] 이상 확보하기 곤란한 경우에는 현장여건을 고려하여 방호벽 등 안전조치를 하여야 한다.

상 | 제3장 전선로

93 조상기에 내부 고장이 생긴 경우, 조상기의 뱅크용량이 몇 [kVA] 이상일 때 전로로부터 자동 차단하는 장치를 시설하여야 하는가?

① 5000
② 10000
③ 15000
④ 20000

해설 조상설비의 보호장치(KEC 351.5)

조상설비에는 그 내부에 고장이 생긴 경우에 보호하는 장치를 시설하여야 한다.

설비종별	뱅크용량의 구분	자동적으로 전로로부터 차단하는 장치
전력용 커패시터 및 분로리액터	500[kVA] 초과 15000[kVA] 미만	내부고장, 과전류 발생 시 보호장치
	15000[kVA] 이상	내부고장 및 과전류·과전압 발생 시 보호장치
조상기	15000[kVA] 이상	내부고장 시 보호장치

중 | 제2장 저압설비 및 고압·특고압설비

94 고장보호에 대한 설명으로 틀린 것은?

① 고장보호는 일반적으로 직접 접촉을 방지하는 것이다.
② 고장보호는 인축의 몸을 통해 고장전류가 흐르는 것을 방지하여야 한다.
③ 고장보호는 인축의 몸에 흐르는 고장전류를 위험하지 않는 값 이하로 제한하여야 한다.
④ 고장보호는 인축의 몸에 흐르는 고장전류의 지속시간을 위험하지 않은 시간까지로 제한하여야 한다.

정답 89 ③ 90 ③ 91 ① 92 ③ 93 ③ 94 ①

해설 감전에 대한 보호(KEC 113.2)

㉠ 고장보호는 일반적으로 기본절연의 고장에 의한 간접 접촉을 방지하는 것이다.
㉡ 고장보호는 다음 중 어느 하나에 적합하여야 한다.
- 인축의 몸을 통해 고장전류가 흐르는 것을 방지
- 인축의 몸에 흐르는 고장전류를 위험하지 않는 값 이하로 제한
- 인축의 몸에 흐르는 고장전류의 지속시간을 위험하지 않은 시간까지로 제한

중 제2장 저압설비 및 고압 · 특고압설비

95 네온방전등의 관등회로의 전선을 애자공사에 의해 자기 또는 유리제 등의 애자로 견고하게 지지하여 조영재의 아랫면 또는 옆면에 부착한 경우 전선 상호 간의 이격거리는 몇 [mm] 이상이어야 하는가?

① 30 　　　　② 60
③ 80 　　　　④ 100

해설 네온방전등(KEC 234.12)

㉠ 사람이 쉽게 접촉할 우려가 없는 곳에 위험의 우려가 없도록 시설할 것
㉡ 배선은 전개된 장소 또는 점검할 수 있는 은폐된 장소에 시설할 것
㉢ 배선은 애자사용공사에 의하여 시설한다.
- 전선은 네온관용 전선을 사용할 것
- 전선지지점 간의 거리는 1[m] 이하로 할 것
- 전선 상호 간의 이격거리는 60[mm] 이상일 것

중 제3장 전선로

96 수소냉각식 발전기에서 사용하는 수소냉각장치에 대한 시설기준으로 틀린 것은?

① 수소를 통하는 관으로 동관을 사용할 수 있다.
② 수소를 통하는 관은 이음매가 있는 강판이어야 한다.
③ 발전기 내부의 수소의 온도를 계측하는 장치를 시설하여야 한다.
④ 발전기 내부의 수소의 순도가 85[%] 이하로 저하한 경우에 이를 경보하는 장치를 시설하여야 한다.

해설 수소냉각식 발전기 등의 시설(KEC 351.10)

㉠ 발전기 내부 또는 조상기 내부의 수소의 순도가 85[%] 이하로 저하한 경우에 이를 경보하는 장치를 시설할 것
㉡ 발전기 내부 또는 조상기 내부의 수소의 온도를 계측하는 장치를 시설할 것
㉢ 수소를 통하는 관은 동관 또는 이음매 없는 강판이어야 하며, 또한 수소가 대기압에서 폭발하는 경우에 생기는 압력에 견디는 강도의 것일 것

상 제3장 전선로

97 전력보안통신설비인 무선통신용 안테나 등을 지지하는 철주의 기초 안전율은 얼마 이상이어야 하는가? (단, 무선용 안테나 등이 전선로의 주위상태를 감시할 목적으로 시설되는 것이 아닌 경우이다.)

① 1.3 　　　　② 1.5
③ 1.8 　　　　④ 2.0

해설 무선용 안테나 등을 지지하는 철탑 등의 시설(KEC 364.1)

목주, 철주, 철근콘크리트주, 철탑의 기초 안전율은 1.5 이상으로 한다.

상 제3장 전선로

98 특고압 가공전선로의 지지물 양측의 경간의 차가 큰 곳에 사용하는 철탑의 종류는?

① 내장형 　　　　② 보강형
③ 직선형 　　　　④ 인류형

해설 특고압 가공전선로의 철주 · 철근콘크리트주 또는 철탑의 종류(KEC 333.11)

특고압 가공전선로의 지지물로 사용하는 B종 철근 · B종 콘크리트주 또는 철탑의 종류는 다음과 같다.
㉠ 직선형 : 전선로의 직선부분(수평각도 3° 이하)에 사용하는 것(내장형 및 보강형 제외)
㉡ 각도형 : 전선로 중 3°를 초과하는 수평각도를 이루는 곳에 사용하는 것
㉢ 인류형 : 전가섭선을 인류하는 곳에 사용하는 것
㉣ 내장형 : 전선로의 지지물 양쪽의 경간의 차가 큰 곳에 사용하는 것
㉤ 보강형 : 전선로의 직선부분에 그 보강을 위하여 사용하는 것

상 제2장 저압설비 및 고압·특고압설비

99 사무실 건물의 조명설비에 사용되는 백열전등 또는 방전등에 전기를 공급하는 옥내전로의 대지전압은 몇 [V] 이하인가?

① 250
② 300
③ 350
④ 400

해설 옥내전로의 대지전압의 제한(KEC 231.6)

백열전등 또는 방전등에 공급하는 옥내의 전로의 대지전압은 300[V] 이하이어야 하며, 다음에 의하여 시설할 것(150[V] 이하의 전로인 경우는 예외로 함)
㉠ 백열전등 또는 방전등 및 이에 부속하는 전선은 사람이 접촉할 우려가 없도록 시설할 것
㉡ 백열전등 또는 방전등용 안전기는 저압 옥내배선과 직접 접속하여 시설할 것
㉢ 전구소켓은 키나 그 밖의 점멸기구가 없도록 시설할 것

중 제6장 분산형전원설비

100 전기저장장치를 전용건물에 시설하는 경우에 대한 설명이다. 다음 (   )에 들어갈 내용으로 옳은 것은?

전기저장장치 시설장소는 주변 시설(도로, 건물, 가연물질 등)로부터 (㉠)[m] 이상 이격하고 다른 건물의 출입구나 피난계단 등 이와 유사한 장소로부터는 (㉡)[m] 이상 이격하여야 한다.

① ㉠ 3, ㉡ 1
② ㉠ 2, ㉡ 1.5
③ ㉠ 1, ㉡ 2
④ ㉠ 1.5, ㉡ 3

해설 특정 기술을 이용한 전기저장장치의 시설 (KEC 515)

전기저장장치 시설장소는 주변 시설(도로, 건물, 가연물질 등)로부터 1.5[m] 이상 이격하고 다른 건물의 출입구나 피난계단 등 이와 유사한 장소로부터는 3[m] 이상 이격하여야 한다.

정답 99 ② 100 ④

제1과목 **전기자기학**

상 제12장 전자계

01 $\varepsilon_r = 81$, $\mu_r = 1$인 매질의 고유임피던스는 약 몇 [Ω]인가? (단, ε_r은 비유전율이고, μ_r은 비투자율이다.)

① 13.9

② 21.9

③ 33.9

④ 41.9

해설

㉠ 진공에서의 고유임피던스

$$Z_0 = \sqrt{\frac{\mu_0}{\varepsilon_0}} = \sqrt{\frac{4\pi \times 10^{-7}}{\frac{1}{36\pi \times 10^9}}} = 120\pi$$

㉡ 매질에서의 고유임피던스

$$Z = \sqrt{\frac{\mu}{\varepsilon}} = \sqrt{\frac{\mu_0 \mu_r}{\varepsilon_0 \varepsilon_r}} = 120\pi\sqrt{\frac{\mu_r}{\varepsilon_r}}$$

$$= 120\pi\sqrt{\frac{1}{81}} = 41.887 = 41.9\,[\Omega]$$

상 제9장 자성체와 자기회로

02 강자성체의 $B-H$ 곡선을 자세히 관찰하면 매끈한 곡선이 아니라 자속밀도가 어느 순간 급격히 계단적으로 증가 또는 감소하는 것을 알 수 있다. 이러한 현상을 무엇이라 하는가?

① 퀴리점(Curie point)

② 자왜현상(magneto-striction)

③ 바크하우젠효과(Barkhausen effect)

④ 자기여자효과(magnetic after effect)

해설

강자성체에 자계를 가하면 자화가 일어나는데 자화는 자구(磁區)를 형성하고 있는 경계면, 즉 자벽(磁壁)이 단속적으로 이동함으로써 발생한다. 이때 자계의 변화에 대한 자속의 변화는 미시적으로는 불연속으로 이루어지는데, 이것을 바크하우젠효과라고 한다.

중 제5장 전기 영상법

03 진공 중에 무한 평면 도체와 d[m]만큼 떨어진 곳에 선전하밀도 λ[C/m]의 무한 직선 도체가 평행하게 놓여 있는 경우 직선 도체의 단위길이당 받는 힘은 몇 [N/m]인가?

① $\dfrac{\lambda^2}{\pi\varepsilon_0 d}$

② $\dfrac{\lambda^2}{2\pi\varepsilon_0 d}$

③ $\dfrac{\lambda^2}{4\pi\varepsilon_0 d}$

④ $\dfrac{\lambda^2}{16\pi\varepsilon_0 d}$

해설 무한 평면 도체와 선도체(전기 영상법)

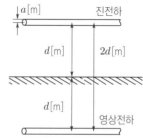

㉠ 영상 선전하 : $\lambda' = -\lambda$

㉡ 두 전하 사이에 작용하는 힘

$$F = QE = \lambda l E[\text{N}] = \lambda E[\text{N/m}]$$

$$= \lambda \times \frac{\lambda}{2\pi\varepsilon_0 r} = \frac{\lambda^2}{2\pi\varepsilon_0 (2d)} = \frac{\lambda^2}{4\pi\varepsilon_0 d}[\text{N/m}]$$

상 제4장 유전체

04 평행 극판 사이에 유전율이 각각 ε_1, ε_2인 유전체를 그림과 같이 채우고, 극판 사이에 일정한 전압을 걸었을 때 두 유전체 사이에 작용하는 힘은? (단, $\varepsilon_1 > \varepsilon_2$)

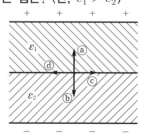

① ⓐ의 방향

② ⓑ의 방향

③ ⓒ의 방향

④ ⓓ의 방향

정답 01 ④ 02 ③ 03 ③ 04 ②

해설

유전체 경계면에서 작용하는 힘은 유전율이 큰 곳에서 작은 곳으로 작용한다.

$\therefore \ \varepsilon_1 > \varepsilon_2$이므로 힘은 ε_1에서 ε_2측으로 작용하는 ⓑ 방향이 된다.

중 **제4장 유전체**

05 정전용량이 $20[\mu F]$인 공기의 평행판 커패시터에 0.1[C]의 전하량을 충전하였다. 두 평행판 사이에 비유전율이 10인 유전체를 채웠을 때 유전체 표면에 나타나는 분극전하량[C]은?

① 0.009 ② 0.01

③ 0.09   ④ 0.1

해설

㉠ 분극의 세기(분극전하밀도)

$$P = \frac{Q'}{S} = D\left(1 - \frac{1}{\varepsilon_r}\right)[C/m^2]$$

여기서, 전속밀도 : $D = \dfrac{Q}{S}[C/m^2]$

㉡ 분극전하량

$$Q' = Q\left(1 - \frac{1}{\varepsilon_r}\right) = 0.1\left(1 - \frac{1}{10}\right) = 0.09[C]$$

하 **제5장 전기 영상법**

06 유전율이 ε_1과 ε_2인 두 유전체가 경계를 이루어 평행하게 접하고 있는 경우 유전율이 ε_1인 영역에 전하 Q가 존재할 때 이 전하와 ε_2인 유전체 사이에 작용하는 힘에 대한 설명으로 옳은 것은?

① $\varepsilon_1 > \varepsilon_2$인 경우 반발력이 작용한다.

② $\varepsilon_1 > \varepsilon_2$인 경우 흡인력이 작용한다.

③ ε_1과 ε_2에 상관없이 반발력이 작용한다.

④ ε_1과 ε_2에 상관없이 흡인력이 작용한다.

해설 유전체와 점전하

㉠ 영상전하 : $Q' = \dfrac{\varepsilon_1 - \varepsilon_2}{\varepsilon_1 + \varepsilon_2}\,Q[C]$

㉡ $\varepsilon_1 > \varepsilon_2$: 반발력 작용

㉢ $\varepsilon_1 < \varepsilon_2$: 흡인력 작용

상 **제11장 인덕턴스**

07 단면적이 균일한 환상철심에 권수 100회인 A코일과 권수 400회인 B코일이 있을 때 A코일의 자기인덕턴스가 4[H]라면 두 코일의 상호인덕턴스는 몇 [H]인가? (단, 누설자속은 0이다.)

① 4

② 8

③ 12

④ 16

해설

㉠ A코일의 자기인덕턴스 : $L_A = \dfrac{\mu S N_A^{\;2}}{l}$

㉡ B코일의 자기인덕턴스 : $L_B = \dfrac{\mu S N_B^{\;2}}{l}$

㉢ 상호인덕턴스 : $M = \dfrac{\mu S N_A N_B}{l}$

여기서, $\dfrac{\mu S}{l} = \dfrac{1}{N_A^{\;2}} \times L_A$

$\therefore \ M = \dfrac{N_B}{N_A} \times L_A = \dfrac{400}{100} \times 4 = 16[H]$

상 **제11장 인덕턴스**

08 평균자로의 길이가 10[cm], 평균단면적이 $2[cm^2]$인 환상 솔레노이드의 자기인덕턴스를 5.4[mH] 정도로 하고자 한다. 이때 필요한 코일의 권선수는 약 몇 회인가? (단, 철심의 비투자율은 15000이다.)

① 6

② 12

③ 24

④ 29

해설 환상 솔레노이드의 자기인덕턴스

$L = \dfrac{\mu S N^2}{l}$에서 권선수는 다음과 같다.

$$\therefore \ N = \sqrt{\frac{Ll}{\mu S}} = \sqrt{\frac{Ll}{\mu_0 \mu_s S}}$$

$$= \sqrt{\frac{5.4 \times 10^{-3} \times 0.1}{4\pi \times 10^{-7} \times 15000 \times 2 \times 10^{-4}}}$$

$$= 11.97 \fallingdotseq 12[T]$$

정답 05 ③ 06 ① 07 ④ 08 ②

상 제9장 자성체와 자기회로

09 투자율이 μ[H/m], 단면적이 S[m²], 길이가 l[m]인 자성체에 권선을 N회 감아서 I[A]의 전류를 흘렸을 때 이 자성체의 단면적 S[m²]를 통과하는 자속[Wb]은?

① $\mu\dfrac{I}{Nl}S$ ② $\mu\dfrac{NI}{Sl}$

③ $\dfrac{NI}{\mu S}l$ ④ $\mu\dfrac{NI}{l}S$

해설

㉠ 기자력 : $F = IN$[AT]

㉡ 자기저항 : $R = \dfrac{l}{\mu S}$ [AT/Wb]

㉢ 자속 : $\phi = \dfrac{F}{R_m} = \dfrac{\mu SNI}{l}$ [Wb]

상 제12장 전자계

10 그림은 커패시터의 유전체 내에 흐르는 변위전류를 보여준다. 커패시터의 전극면적을 S[m²], 전극에 축적된 전하를 q[C], 전극의 표면전하밀도를 σ[C/m²], 전극 사이의 전속밀도를 D[C/m²]라 하면 변위전류밀도 i_d[A/m²]는?

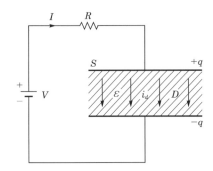

① $\dfrac{\partial D}{\partial t}$ ② $\dfrac{\partial q}{\partial t}$

③ $S\dfrac{\partial D}{\partial t}$ ④ $\dfrac{1}{S}\dfrac{\partial D}{\partial t}$

해설 변위전류밀도

㉠ 정의 : 시간적 변화에 따른 전속밀도의 변화

㉡ 정의 식 : $i_d = \dfrac{\partial D}{\partial t}$ [C/m²]

하 제2장 진공 중의 정전계

11 진공 중에서 점 $(1, 3)$[m]의 위치에 -2×10^{-9}[C]의 점전하가 있을 때 점 $(2, 1)$[m]에 있는 1[C]의 점전하에 작용하는 힘은 몇 [N]인가? (단, $\hat{x}$, $\hat{y}$는 단위벡터이다.)

① $-\dfrac{18}{5\sqrt{5}}\hat{x} + \dfrac{36}{5\sqrt{5}}\hat{y}$

② $-\dfrac{36}{5\sqrt{5}}\hat{x} + \dfrac{18}{5\sqrt{5}}\hat{y}$

③ $-\dfrac{36}{5\sqrt{5}}\hat{x} - \dfrac{18}{5\sqrt{5}}\hat{y}$

④ $\dfrac{18}{5\sqrt{5}}\hat{x} + \dfrac{36}{5\sqrt{5}}\hat{y}$

해설

+전하와 −전하 사이에서는 흡인력이 작용하므로 Q점에서 작용하는 힘은 P방향으로 작용한다.

P(1, 3)   Q(2, 1)

$-Q$ $\overrightarrow{F}$ $+Q$

㉠ 변위벡터

$\overrightarrow{r} = (1-2)\hat{x} + (3-1)\hat{y} = -1\hat{x} + 2\hat{y}$

㉡ 단위벡터

$\overrightarrow{r_0} = \dfrac{\overrightarrow{r}}{r} = \dfrac{-\hat{x} + 2\hat{y}}{\sqrt{(-1)^2 + 2^2}} = \dfrac{-\hat{x} + 2\hat{y}}{\sqrt{5}}$

㉢ 쿨롱의 힘(두 전하 사이에 작용하는 힘)

$F = \dfrac{Q_1 Q_2}{4\pi\varepsilon_0 r^2}$

$= 9 \times 10^9 \times \dfrac{2 \times 10^{-9} \times 1}{(\sqrt{5})^2}$

$= \dfrac{18}{5}$ [N]

$\therefore \overrightarrow{F} = F\overrightarrow{r_0} = \left(-\dfrac{18}{5\sqrt{5}}\hat{x} + \dfrac{36}{5\sqrt{5}}\hat{y}\right)$ [N]

상 제4장 유전체

12 정전용량이 C_0[μF]인 평행판의 공기 커패시터가 있다. 두 극판 사이에 극판과 평행하게 절반을 비유전율이 ε_r인 유전체로 채우면 커패시터의 정전용량[μF]은?

① $\dfrac{C_0}{2\left(1 + \dfrac{1}{\varepsilon_r}\right)}$ ② $\dfrac{C_0}{1 + \dfrac{1}{\varepsilon_r}}$

③ $\dfrac{2C_0}{1 + \dfrac{1}{\varepsilon_r}}$ ④ $\dfrac{4C_0}{1 + \dfrac{1}{\varepsilon_r}}$

정답   09 ④   10 ①   11 ①   12 ③

해설

㉠ 초기 공기콘덴서 용량 : $C_0 = \dfrac{\varepsilon_0 S}{d}$ [μF]

㉡ 극판과 평행하게 유전체를 접속하게 되면 다음 그림과 같다.

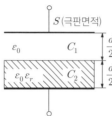

㉢ 공기부분의 정전용량

$$C_1 = \dfrac{\varepsilon_0 S}{\dfrac{d}{2}} = 2\dfrac{\varepsilon_0 S}{d} = 2C_0$$

㉣ 유전체 내의 정전용량

$$C_2 = \dfrac{\varepsilon_r \varepsilon_0 S}{\dfrac{d}{2}} = 2\varepsilon_r \dfrac{\varepsilon_0 S}{d} = 2\varepsilon_r C_0$$

㉤ C_1과 C_2는 직렬로 접속되어 있으므로 다음과 같다.

$$\therefore\ C = \dfrac{1}{\dfrac{1}{C_1} + \dfrac{1}{C_2}} = \dfrac{1}{\dfrac{1}{2C_0} + \dfrac{1}{2\varepsilon_r C_0}}$$

$$= \dfrac{1}{\dfrac{1}{2C_0}\left(1 + \dfrac{1}{\varepsilon_r}\right)} = \dfrac{2C_0}{1 + \dfrac{1}{\varepsilon_r}} [\mu F]$$

중 제3장 정전용량

13 그림과 같이 점 O를 중심으로 반지름이 a [m]인 구도체 1과 안쪽 반지름이 b[m]이고 바깥쪽 반지름이 c[m]인 구도체 2가 있다. 이 도체계에서 전위계수 P_{11}[1/F]에 해당되는 것은?

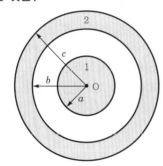

① $\dfrac{1}{4\pi\varepsilon}\dfrac{1}{a}$

② $\dfrac{1}{4\pi\varepsilon}\left(\dfrac{1}{a} - \dfrac{1}{b}\right)$

③ $\dfrac{1}{4\pi\varepsilon}\left(\dfrac{1}{b} - \dfrac{1}{c}\right)$

④ $\dfrac{1}{4\pi\varepsilon}\left(\dfrac{1}{a} - \dfrac{1}{b} + \dfrac{1}{c}\right)$

해설 동심 구도체

㉠ 전위 : $V = \dfrac{Q}{4\pi\varepsilon}\left(\dfrac{1}{a} - \dfrac{1}{b} + \dfrac{1}{c}\right)$[V]

㉡ 전위계수 : $P = \dfrac{1}{C} = \dfrac{V}{Q}$

$$= \dfrac{1}{4\pi\varepsilon}\left(\dfrac{1}{a} - \dfrac{1}{b} + \dfrac{1}{c}\right)[1/F]$$

상 제7장 진공 중의 정자계

14 자계의 세기를 나타내는 단위가 아닌 것은?

① [AT/m]

② [N/Wb]

③ [H · A/m²]

④ [Wb/H · m]

해설

㉠ 자기력 : $F = mH$에서 $H = \dfrac{F}{m}$[N/Wb]

㉡ 자위 : $U = rH$에서 $H = \dfrac{U}{r}$[AT/m]

㉢ 자속밀도 $B = \mu H$에서

$$H = \dfrac{B}{\mu}\left[\dfrac{Wb/m^2}{H/m} = Wb/H \cdot m\right]$$

상 제8장 전류의 자기현상

15 그림과 같이 평행한 무한장 직선의 두 도선에 I[A], $4I$[A]인 전류가 각각 흐른다. 두 도선 사이 점 P에서의 자계의 세기가 0이라면 $\dfrac{a}{b}$는?

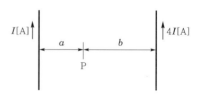

① 2

② 4

③ $\dfrac{1}{2}$

④ $\dfrac{1}{4}$

정답 **13** ④ **14** ③ **15** ④

해설

㉠ I에 의한 자계의 세기 : $H_1 = \dfrac{I}{2\pi a}$

㉡ $4I$에 의한 자계의 세기 : $H_2 = \dfrac{4I}{2\pi b}$

㉢ P점에서 자계의 세기가 0이 되기 위해서는 $H_1 = H_2$가 되어야 한다.

$$\therefore \frac{I}{2\pi a} = \frac{4I}{2\pi b} \rightarrow \frac{a}{b} = \frac{1}{4}$$

상 제3장 정전용량

16 내압 및 정전용량이 각각 1000[V] – 2[μF], 700[V] – 3[μF], 600[V] – 4[μF], 300[V] – 8[μF]인 4개의 커패시터가 있다. 이 커패시터들을 직렬로 연결하여 양단에 전압을 인가한 후 전압을 상승시키면 가장 먼저 절연이 파괴되는 커패시터는? (단, 커패시터의 재질이나 형태는 동일하다.)

① 1000[V] – 2[μF] ② 700[V] – 3[μF]
③ 600[V] – 4[μF] ④ 300[V] – 8[μF]

해설

콘덴서가 축적할 수 있는 전하량($Q = CV$)이 작은 순서로 절연이 파괴된다.

㉠ 2[μF] → $Q = 2 \times 1000 = 2000[\mu C]$
㉡ 3[μF] → $Q = 3 \times 700 = 2100[\mu C]$
㉢ 4[μF] → $Q = 4 \times 600 = 2400[\mu C]$
㉣ 8[μF] → $Q = 8 \times 300 = 2400[\mu C]$

∴ 2[μF]의 커패시터가 가장 먼저 절연이 파괴된다.

상 제4장 유전체

17 반지름이 2[m]이고 권수가 120회인 원형 코일 중심에서의 자계의 세기를 30[AT/m]로 하려면 원형 코일에 몇 [A]의 전류를 흘려야 하는가?

① 1 ② 2
③ 3 ④ 4

해설

원형 코일 중심에서 자계의 세기 $H = \dfrac{NI}{2a}$이므로 전류는 다음과 같다.

$$\therefore I = \frac{2aH}{N} = \frac{2 \times 2 \times 30}{120} = 1[A]$$

상 제3장 정전용량

18 내구의 반지름이 $a = 5$[cm], 외구의 반지름이 $b = 10$[cm]이고, 공기로 채워진 동심구형 커패시터의 정전용량은 약 몇 [pF]인가?

① 11.1 ② 22.2
③ 33.3 ④ 44.4

해설 동심구 도체의 정전용량

$$C = \frac{4\pi\varepsilon_0 ab}{b-a} = \frac{1}{9 \times 10^9} \times \frac{ab}{b-a}$$

$$= \frac{1}{9 \times 10^9} \times \frac{0.05 \times 0.1}{0.1 - 0.05} = 1.11 \times 10^{-11}[F]$$

$$= 11.1[pF] (여기서, \ 1[F] = 10^{12}[pF])$$

상 제9장 자성체와 자기회로

19 자성체의 종류에 대한 설명으로 옳은 것은? (단, χ_m는 자화율이고, μ_r는 비투자율이다.)

① $\chi_m > 0$이면, 역자성체이다.
② $\chi_m < 0$이면, 상자성체이다.
③ $\mu_r > 1$이면, 비자성체이다.
④ $\mu_r < 1$이면, 역자성체이다.

해설

㉠ 자화의 세기 : $J = \mu_0(\mu_r - 1)H[Wb/m^2]$
㉡ 자화율 : $\chi_m = \mu_0(\mu_r - 1)[H/m]$
㉢ 자성체의 종류

종류		자화율	비투자율
비자성체	–	$\chi_m = 0$	$\mu_r = 0$
강자성체	철, 니켈 코발트 등	$\chi_m \gg 0$	$\mu_r \gg 0$
상자성체	공기, 망간, 알루미늄 등	$\chi_m > 0$	$\mu_r > 0$
반자성체	금, 은, 동, 창연 등	$\chi_m < 0$	$\mu_r < 0$

하 제1장 벡터

20 구좌표계에서 $\nabla^2 r$의 값은 얼마인가? (단, $r = \sqrt{x^2 + y^2 + z^2}$)

① $\dfrac{1}{r}$ ② $\dfrac{2}{r}$
③ r ④ $2r$

정답 16 ① 17 ① 18 ① 19 ④ 20 ②

해설

$$\nabla^2 r = \frac{1}{r^2} \frac{\partial}{\partial r}\left(r^2 \frac{\partial r}{\partial r}\right)$$
$$+ \frac{1}{r^2 \sin\theta} \frac{\partial}{\partial \theta}\left(\sin\theta \frac{\partial r}{\partial \theta}\right)$$
$$+ \frac{1}{r^2 \sin^2\theta} \frac{\partial^2 r}{\partial \phi^2}$$
$$= \frac{1}{r^2} \frac{\partial}{\partial r}\left(r^2 \frac{\partial r}{\partial r}\right) = \frac{2}{r}$$

제2과목　전력공학

상　제7장 이상전압과 유도장해

21 피뢰기의 충격방전 개시전압은 무엇으로 표시하는가?

① 직류전압의 크기
② 충격파의 평균치
③ 충격파의 최대치
④ 충격파의 실효치

해설

충격방전 개시전압이란 파형과 극성의 충격파를 피뢰기의 선로단자와 접지단자 간에 인가했을 때 방전전류가 흐르기 이전에 도달할 수 있는 최고 전압을 말한다.

상　제4장 송전 특성 및 조상설비

22 전력용 콘덴서에 비해 동기조상기의 이점으로 옳은 것은?

① 소음이 적다.
② 진상전류 이외에 지상전류를 취할 수 있다.
③ 전력손실이 적다.
④ 유지보수가 쉽다.

해설 동기조상기와 전력용 콘덴서의 특성 비교

동기조상기	전력용 콘덴서
• 진상, 지상전류 모두 공급이 가능하다.	• 진상전류만 공급이 가능하다.
• 전류조정이 연속적이다.	• 전류조정이 계단적이다.
• 대형, 중량으로 값이 비싸고 손실이 크다.	• 소형, 경량으로 값이 싸고 전력손실이 적다.
• 선로의 시송전(=시충전)운전이 가능하다.	• 용량 변경이 쉽고 유지보수가 용이하다.

하　제8장 송전선로 보호방식

23 단락 보호방식에 관한 설명으로 틀린 것은?

① 방사상 선로의 단락 보호방식에서 전원이 양단에 있을 경우 방향단락계전기와 과전류계전기를 조합시켜서 사용한다.
② 전원이 1단에만 있는 방사상 송전선로에서의 고장전류는 모두 발전소로부터 방사상으로 흘러나간다.
③ 환상선로의 단락 보호방식에서 전원이 두 군데 이상 있는 경우에는 방향거리계전기를 사용한다.
④ 환상선로의 단락 보호방식에서 전원이 1단에만 있을 경우 선택단락계전기를 사용한다.

해설 환상선로의 단락 보호방식

㉠ 방향단락계전방식 : 선로에 전원이 1단에 있는 경우
㉡ 방향거리계전방식 : 선로에 전원이 두 군데 이상 있는 경우

상　제9장 배전방식

24 밸런서의 설치가 가장 필요한 배전방식은?

① 단상 2선식
② 단상 3선식
③ 3상 3선식
④ 3상 4선식

해설

밸런스는 단상 3선식 선로의 말단에 전압불평형을 방지하기 위하여 설치하는 설비로 권선비가 1:1인 단권변압기이다.

상　제8장 송전선로 보호방식

25 부하전류가 흐르는 전로는 개폐할 수 없으나 기기의 점검이나 수리를 위하여 회로를 분리하거나, 계통의 접속을 바꾸는데 사용하는 것은?

① 차단기
② 단로기
③ 전력용 퓨즈
④ 부하개폐기

해설

단로기는 부하전류나 고장전류는 차단할 수 없고 변압기 여자전류나 무부하 충전전류 등 매우 작은 전류를 개폐할 수 있는 것으로, 주로 발·변전소에 회로변경, 보수·점검을 위해 설치하며 블레이드 접촉부, 지지애자 및 조작장치로 구성되어 있다.

정답　21 ③　22 ②　23 ④　24 ②　25 ②

중 제4장 송전 특성 및 조상설비

26 정전용량 0.01[μF/km], 길이 173.2[km], 선간전압 60[kV], 주파수 60[Hz]인 3상 송전선로의 충전전류는 약 몇 [A]인가?

① 6.3 ② 12.5
③ 22.6 ④ 37.2

해설

송전선로의 충전전류 $I_c = 2\pi f C \dfrac{V_n}{\sqrt{3}} l \times 10^{-6}$[A]

$$I_c = 2\pi f C \dfrac{V_n}{\sqrt{3}} l \times 10^{-6}$$
$$= 2\pi \times 60 \times 0.01 \times \dfrac{60000}{\sqrt{3}} \times 173.2 \times 10^{-6}$$
$$= 22.6[A]$$

상 제8장 송전선로 보호방식

27 보호계전기의 반한시·정한시 특성은?

① 동작전류가 커질수록 동작시간이 짧게 되는 특성
② 최소 동작전류 이상의 전류가 흐르면 즉시 동작하는 특성
③ 동작전류의 크기에 관계없이 일정한 시간에 동작하는 특성
④ 동작전류가 커질수록 동작시간이 짧아지며, 어떤 전류 이상이 되면 동작전류의 크기에 관계없이 일정한 시간에서 동작하는 특성

해설 계전기의 한시특성에 의한 분류

㉠ 순한시계전기 : 최소 동작전류 이상의 전류가 흐르면 즉시 동작하는 것
㉡ 반한시계전기 : 동작전류가 커질수록 동작시간이 짧게 되는 특성을 가진 것
㉢ 정한시계전기 : 동작전류의 크기에 관계없이 일정한 시간에서 동작하는 것
㉣ 정한시 반한시계전기 : 동작전류가 적은 동안에는 반한시 특성으로 되고 그 이상에서는 정한시 특성이 되는 것

상 제5장 고장 계산 및 안정도

28 전력계통의 안정도에서 안정도의 종류에 해당하지 않는 것은?

① 정태안정도 ② 상태안정도
③ 과도안정도 ④ 동태안정도

해설 안정도의 종류 및 특성

㉠ 정태안정도 : 정태안정도란 부하가 서서히 증가한 경우 계속해서 송전할 수 있는 능력으로 이때의 전력을 정태안정 극한전력이라 한다.
㉡ 과도안정도 : 계통에 갑자기 부하가 증가하여 급격한 교란상태가 발생하더라도 정전을 일으키지 않고 송전을 계속하기 위한 전력의 최대치를 과도안정도라 한다.
㉢ 동태안정도 : 차단기 또는 조상설비 등을 설치하여 안정도를 높인 것을 동태안정도라 한다.

상 제10장 배전선로 계산

29 배전선로의 역률개선에 따른 효과로 적합하지 않은 것은?

① 선로의 전력손실 경감
② 선로의 전압강하의 감소
③ 전원측 설비의 이용률 향상
④ 선로 절연의 비용 절감

해설 역률개선의 효과

㉠ 변압기 및 배전선의 손실 경감
㉡ 전압강하 감소
㉢ 설비이용률 향상(동일부하 시 변압기용량 감소)
㉣ 전력요금 경감

중 제9장 배전방식

30 저압뱅킹 배전방식에서 캐스케이딩현상을 방지하기 위하여 인접 변압기를 연락하는 저압선의 중간에 설치하는 것으로 알맞은 것은?

① 구분퓨즈 ② 리클로저
③ 섹셔널라이저 ④ 구분개폐기

해설

캐스케이딩현상이란 저압뱅킹방식을 적용하는 저압 선로의 일부 구간에서 고장이 일어나면 이 고장으로 인하여 건전한 구간까지 고장이 확대되는 것으로 이를 방지하기 위하여 변압기를 연락하는 저압선 중간에 구분퓨즈를 설치하여야 한다.

중 제10장 배전선로 계산

31 승압기에 의하여 전압 V_e에서 V_h로 승압할 때, 2차 정격전압 e, 자기용량 W인 단상 승압기가 공급할 수 있는 부하용량은?

① $\dfrac{V_h}{e} \times W$ ② $\dfrac{V_e}{e} \times W$
③ $\dfrac{V_e}{V_h - V_e} \times W$ ④ $\dfrac{V_h - V_e}{V_e} \times W$

해설

승압기 용량 $W = \dfrac{e}{V_h} \times W_o$ 이므로 승압기가 공급하는

부하용량 $W_o = \dfrac{V_h}{e} \times W$ [kVA]

상 제11장 발전

32 배기가스의 여열을 이용해서 보일러에 공급되는 급수를 예열함으로써 연료소비량을 줄이거나 증발량을 증가시키기 위해서 설치하는 여열회수 장치는?

① 과열기　　　　② 공기예열기
③ 절탄기　　　　④ 재열기

해설

㉠ 절탄기 : 배기가스의 여열을 이용하여 보일러 급수를 예열하기 위한 설비
㉡ 과열기 : 포화증기를 과열증기로 만들어 증기터빈에 공급하기 위한 설비
㉢ 공기예열기 : 연도가스의 여열을 이용하여 연소할 공기를 예열하는 설비
㉣ 재열기 : 고압터빈 내에서 팽창되어 과열증기가 습증기로 되었을 때 추기하여 재가열하는 설비

상 제4장 송전 특성 및 조상설비

33 직렬콘덴서를 선로에 삽입할 때의 이점이 아닌 것은?

① 선로의 인덕턴스를 보상한다.
② 수전단의 전압강하를 줄인다.
③ 정태안정도를 증가한다.
④ 송전단의 역률을 개선한다.

해설 직렬콘덴서를 설치하였을 경우의 특징

㉠ 선로의 인덕턴스를 보상하여 전압강하 및 전압변동률을 줄인다.
㉡ 안정도가 증가하여 송전전력이 커진다.
㉢ 부하역률이 나쁜 선로일수록 설치효과가 좋다.

중 제10장 배전선로 계산

34 전선의 굵기가 균일하고 부하가 균등하게 분산되어 있는 배전선로의 전력손실은 전체 부하가 선로 말단에 집중되어 있는 경우에 비하여 어느 정도가 되는가?

① $\dfrac{1}{2}$　　　　② $\dfrac{1}{3}$

③ $\dfrac{2}{3}$　　　　④ $\dfrac{3}{4}$

해설 부하모양에 따른 부하계수

부하의 형태		전압강하	전력손실	부하율	분산손실계수
말단에 집중된 경우		1.0	1.0	1.0	1.0
균등 부하분포		$\dfrac{1}{2}$	$\dfrac{1}{3}$	$\dfrac{1}{2}$	$\dfrac{1}{3}$
중앙일수록 큰 부하 분포		$\dfrac{1}{2}$	0.38	$\dfrac{1}{2}$	0.38
말단일수록 큰 부하 분포		$\dfrac{2}{3}$	0.58	$\dfrac{2}{3}$	0.58
송전단일수록 큰 부하 분포		$\dfrac{1}{3}$	$\dfrac{1}{5}$	$\dfrac{1}{3}$	$\dfrac{1}{5}$

상 제4장 송전 특성 및 조상설비

35 송전단전압 161[kV], 수전단전압 154[kV], 상차각 35°, 리액턴스 60[Ω]일 때 선로손실을 무시하면 전송전력[MW]은 약 얼마인가?

① 356　　　　② 307
③ 237　　　　④ 161

해설

송전전력 $P = \dfrac{V_S V_R}{X} \sin\delta$ [MW]

여기서, V_S : 송전단전압[kV]
　　　　V_R : 수전단전압[kV]
　　　　X : 선로의 유도리액턴스[Ω]

송전전력 $P = \dfrac{161 \times 154}{60} \sin 35° = 237.02$ [MW]

상 제6장 중심점 접지방식

36 직접접지방식에 대한 설명으로 틀린 것은?

① 1선 지락사고 시 건전상의 대지전압이 거의 상승하지 않는다.
② 계통의 절연수준이 낮아지므로 경제적이다.
③ 변압기의 단절연이 가능하다.
④ 보호계전기가 신속히 동작하므로 과도안정도가 좋다.

정답　32 ③　33 ④　34 ②　35 ③　36 ④

해설 직접접지방식의 특징

㉠ 1선 지락사고 시 건전상의 전위는 거의 상승하지 않는다.
㉡ 변압기에 단절연 및 저감절연이 가능하여 경제적이다.
㉢ 1선 지락 시 지락전류가 커서 지락보호계전기의 동작이 확실하다.
㉣ 지락전류가 크기 때문에 기기에 주는 충격과 유도장해가 크고 과도안정도가 나쁘다.

상 제2장 전선로

37 그림과 같이 지지점 A, B, C에는 고저차가 없으며, 경간 AB와 BC 사이에 전선이 가설되어 그 이도가 각각 12[cm]이다. 지지점 B에서 전선이 떨어져 전선의 이도가 D로 되었다면 D의 길이[cm]는? (단, 지지점 B는 A와 C의 중점이며 지지점 B에서 전선이 떨어지기 전, 후의 길이는 같다.)

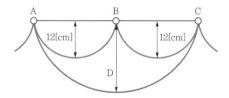

① 17
② 24
③ 30
④ 36

해설 새로운 전선의 이도 D

경간이 같고 전선의 지지점에 고저차가 없는 상태에서 전선이 떨어질 경우
$D = 2D_1 = 2 \times 12 = 24[\text{cm}]$

하 제11장 발전

38 수차의 캐비테이션 방지책으로 틀린 것은?

① 흡출수두를 증대시킨다.
② 과부하운전을 가능한 한 피한다.
③ 수차의 비속도를 너무 크게 잡지 않는다.
④ 침식에 강한 금속재료로 러너를 제작한다.

해설 공동현상(cavitation)

㉠ 공기의 흐름보다 유수의 흐름이 빠르면 유수 중에서 진공이 발생하게 된다. 이 현상을 공동현상 또는 캐비테이션현상이라 한다.
㉡ 영향
  • 수차의 금속부분이 부식
  • 진동과 소음발생
  • 출력과 효율의 저하
㉢ 방지대책
  • 수차의 특유속도(비속도)를 너무 높게 취하지 말 것
  • 흡출관을 사용하지 말 것
  • 침식에 강한 금속재료로 러너를 제작할 것
  • 수차를 과도한 부분부하에서 운전하지 말 것

상 제7장 이상전압 및 유도장해

39 송전선로에 매설지선을 설치하는 목적은?

① 철탑 기초의 강도를 보강하기 위하여
② 직격뇌로부터 송전선을 차폐보호하기 위하여
③ 현수애자 1연의 전압분담을 균일화하기 위하여
④ 철탑으로부터 송전선로의 역섬락을 방지하기 위하여

해설

매설지선은 철탑의 탑각 접지저항을 작게 하기 위한 지선으로, 역섬락을 방지하기 위해 사용한다.

하 제4장 송전 특성 및 조상설비

40 1회선 송전선과 변압기의 조합에서 변압기의 여자 어드미턴스를 무시하였을 경우 송수전단의 관계를 나타내는 4단자 정수 C_0는? (단, $A_0 = A + CZ_{ts}$, $B_0 = B + AZ_{tr} + DZ_{ts} + CZ_{tr}Z_{ts}$, $D_0 = D + CZ_{tr}$, 여기서, Z_{ts}는 송전단변압기의 임피던스이며, Z_{tr}은 수전단변압기의 임피던스이다.)

① C
② $C + DZ_{ts}$
③ $C + AZ_{ts}$
④ $CD + CA$

해설

송전선로의 양단에 송전단변압기 Z_{ts}, 수전단변압기 Z_{tr}의 변압기가 직렬로 접속하므로 다음과 같다.

$$\begin{bmatrix} A_0 & B_0 \\ C_0 & D_0 \end{bmatrix}$$
$$= \begin{bmatrix} 1 & Z_{ts} \\ 0 & 1 \end{bmatrix} \begin{bmatrix} A & B \\ C & D \end{bmatrix} \begin{bmatrix} 1 & Z_{tr} \\ 0 & 1 \end{bmatrix}$$
$$= \begin{bmatrix} A + CZ_{ts} & B + DZ_{ts} \\ C & D \end{bmatrix} \begin{bmatrix} 1 & Z_{tr} \\ 0 & 1 \end{bmatrix}$$
$$= \begin{bmatrix} A + CZ_{ts} & B + AZ_{tr} + DZ_{ts} + CZ_{tr}Z_{ts} \\ C & D + CZ_{tr} \end{bmatrix}$$

제3과목 전기기기

중 제3장 변압기

41 단상 변압기의 무부하상태에서 $V_1 = 200 \sin(\omega t + 30°)$[V]의 전압이 인가되었을 때 $I_o = 3\sin(\omega t + 60°) + 0.7\sin(3\omega t + 180°)$ [A]의 전류가 흘렀다. 이때 무부하손은 약 몇 [W]인가?

① 150 ② 259.8
③ 415.2 ④ 512

해설

주파수가 같은 전압과 전류의 실효값으로 전력계산을 한다.

$$P = E_1 I_1 \cos\theta = \frac{200}{\sqrt{2}} \times \frac{3}{\sqrt{2}} \times \cos(60 - 30)$$
$$= 259.8[\text{W}]$$

하 제6장 특수기기

42 단상 직권 정류자전동기의 전기자권선과 계자권선에 대한 설명으로 틀린 것은?

① 계자권선의 권수를 적게 한다.
② 전기자권선의 권수를 크게 한다.
③ 변압기 기전력을 적게 하여 역률 저하를 방지한다.
④ 브러시로 단락되는 코일 중의 단락전류를 크게 한다.

해설 단상 직권 정류자전동기의 특성

㉠ 전기자, 계자 모두 성층철심을 사용한다.
㉡ 역률 및 토크 감소를 해결하기 위해 계자권선의 권수를 감소하고 전기자권선수를 증가한다.
㉢ 보상권선을 설치하여 전기자반작용을 감소시킨다.
㉣ 브러시와 정류자 사이에서 단락전류가 커져 정류작용이 어려워지므로 고저항의 도선을 전기자코일과 정류자편 사이에 접속하여 단락전류를 억제한다.

중 제1장 직류기

43 전부하 시의 단자전압이 무부하 시의 단자 전압보다 높은 직류발전기는?

① 분권발전기
② 평복권발전기
③ 과복권발전기
④ 차동복권발전기

해설

과복권발전기의 경우 단자전압(V_n)이 무부하 시 전압(V_0)보다 높아서 전압변동률이 '-'로 나타난다.

$$\varepsilon = \frac{V_0 - V_n}{V_n} \times 100[\%]$$

여기서, V_0 : 무부하전압
V_n : 단자전압

㉠ $\varepsilon(+)$: 타여자, 분권, 부족복권, 차동복권
㉡ $\varepsilon(0)$: 평복권
㉢ $\varepsilon(-)$: 과복권, 직권

상 제1장 직류기

44 직류기의 다중 중권 권선법에서 전기자 병렬회로 수 a와 극수 P 사이의 관계로 옳은 것은? (단, m은 다중도이다.)

① $a = 2$
② $a = 2m$
③ $a = P$
④ $a = mP$

해설 중권 권선법

㉠ 단중의 경우 : $a = P$
㉡ 다중도 m의 경우 : $a = mP$
여기서, a : 병렬회로수
P : 극수

중 제4장 유도기

45 슬립 s_t에서 최대 토크를 발생하는 3상 유도전동기에 2차측 한 상의 저항을 r_2라 하면 최대 토크로 기동하기 위한 2차측 한 상에 외부로부터 가해주어야 할 저항[Ω]은?

① $\dfrac{1-s_t}{s_t}r_2$ ② $\dfrac{1+s_t}{s_t}r_2$

③ $\dfrac{r_2}{1-s_t}$ ④ $\dfrac{r_2}{s_t}$

해설

최대 토크 $T_m \propto \dfrac{r_2}{s_t} = \dfrac{mr_2}{ms_t}$

기동토크와 전부하토크(최대 토크로 해석)가 같을 경우의 슬립 $s=1$이므로 $\dfrac{r_2}{s_t} = \dfrac{r_2+R}{1}$

외부에서 가해야 할 저항 $R = \dfrac{1-s_t}{s_t}r_2$[Ω]

상 제3장 변압기

46 단상 변압기를 병렬운전할 경우 부하전류의 분담은?

① 용량에 비례하고 누설임피던스에 비례
② 용량에 비례하고 누설임피던스에 반비례
③ 용량에 반비례하고 누설리액턴스에 비례
④ 용량에 반비례하고 누설리액턴스의 제곱에 비례

해설

변압기의 병렬운전 시 부하전류의 분담은 정격용량에 비례하고 누설임피던스의 크기에 반비례하여 운전된다.

하 제6장 특수기기

47 스텝모터(step motor)의 장점으로 틀린 것은?

① 회전각과 속도는 펄스수에 비례한다.
② 위치제어를 할 때 각도 오차가 적고 누적된다.
③ 가속, 감속이 용이하며 정·역전 및 변속이 쉽다.
④ 피드백 없이 오픈루프로 손쉽게 속도 및 위치제어를 할 수 있다.

해설 스텝모터(step motor)의 특징

㉠ 기동, 정지, 정회전, 역회전이 용이하고 신호에 대한 응답성이 좋다.
㉡ 제어가 간단하고 정밀한 동기운전이 가능하며, 오차도 누적되지는 않는다.
㉢ 피드백루프가 필요없어 오픈루프로 손쉽게 속도 및 위치제어가 가능하다.
㉣ 가·감속 운전과 정·역전 및 변속이 용이하다.
㉤ 모터의 제어가 간단하고 디지털 제어회로와 조합이 용이하다.
㉥ 브러시 등의 접촉부분이 없어 수명이 길고 신뢰성이 높다.
㉦ 회전각도는 입력펄스신호의 수에 비례하고 회전속도는 펄스주파수에 비례한다.

중 제4장 유도기

48 380[V], 60[Hz], 4극, 10[kW]인 3상 유도전동기의 전부하슬립이 4[%]이다. 전원전압을 10[%] 낮추는 경우 전부하슬립은 약 몇 [%]인가?

① 3.3 ② 3.6
③ 4.4 ④ 4.9

해설

슬립과 전압의 관계 $s \propto \dfrac{1}{V_1^2}$

공급전압이 380[V]에서 10[%] 감소 시 공급전압이 342[V]로 되므로

$0.04 : s_2 = \dfrac{1}{380^2} : \dfrac{1}{342^2}$

슬립 $s_2 = 0.04 \times \dfrac{1}{342^2} \times 380^2 = 0.0493$

따라서 슬립은 약 4.9[%]이다.

상 제4장 유도기

49 3상 권선형 유도전동기의 기동 시 2차측 저항을 2배로 하면 최대 토크값은 어떻게 되는가?

① 3배로 된다. ② 2배로 된다.
③ 1/2로 된다. ④ 변하지 않는다.

해설

최대 토크 $T_m \propto \dfrac{r_2}{s_t} = \dfrac{mr_2}{ms_t}$에서 2차측 저항의 증감에 따라 최대 토크의 발생 슬립이 비례하여 변화되므로 최대 토크는 변하지 않는다.

정답 45 ① 46 ② 47 ② 48 ④ 49 ④

상 제1장 직류기

50 직류 분권전동기에서 정출력 가변속도의 용도에 적합한 속도제어법은?

① 계자제어 ② 저항제어
③ 전압제어 ④ 극수제어

해설

전동기 출력 $P_o = \omega T = 2\pi \dfrac{N}{60} \cdot k\phi I_a$[W]

회전수와 자속 관계는 $N \propto \dfrac{1}{\phi}$ 이므로 계자제어(ϕ)는 출력 P_o가 거의 일정하다.

중 제1장 직류기

51 직류 분권전동기의 전기자전류가 10[A]일 때 5[N·m]의 토크가 발생하였다. 이 전동기의 계자의 자속이 80[%]로 감소되고, 전기자전류가 12[A]로 되면 토크는 약 몇 [N·m]인가?

① 3.9 ② 4.3
③ 4.8 ④ 5.2

해설

토크 $T = \dfrac{PZ\phi I_a}{2\pi a}$[N·m]

$T \propto k\phi I_a$

여기서, $k = \dfrac{PZ}{2\pi a}$

전기자전류와 자속이 10[A], 100[%]에서 12[A], 80[%]로 변화되었으므로 $5 : 10 \times 100 = T : 12 \times 80$이다.

토크 $T = 5 \times 12 \times 80 \times \dfrac{1}{10 \times 100} = 4.8$[N·m]

중 제3장 변압기

52 권수비가 a인 단상변압기 3대가 있다. 이것을 1차에 △, 2차에 Y로 결선하여 3상 교류평형회로에 접속할 때 2차측의 단자전압을 V[V], 전류를 I[A]라고 하면 1차측의 단자전압 및 선전류는 얼마인가? (단, 변압기의 저항, 누설리액턴스, 여자전류는 무시한다.)

① $\dfrac{aV}{\sqrt{3}}$[V], $\dfrac{\sqrt{3}I}{a}$[A]

② $\sqrt{3}aV$[V], $\dfrac{I}{\sqrt{3}a}$[A]

③ $\dfrac{\sqrt{3}V}{a}$[V], $\dfrac{aI}{\sqrt{3}}$[A]

④ $\dfrac{V}{\sqrt{3}a}$[V], $\sqrt{3}aI$[A]

해설

변압기 권수비 $a = \dfrac{E_1}{E_2} = \dfrac{N_1}{N_2} = \dfrac{I_2}{I_1}$

㉠ 2차측이 Y결선으로 단자전압(=선간전압)이 V이므로 상전압은 $E_2 = \dfrac{V}{\sqrt{3}}$이고 1차측으로 상전압으로 변환하면 $E_1 = aE_2 = \dfrac{aV}{\sqrt{3}}$으로 된다. 이때 1차측이 △결선으로 상전압과 선간전압이 같으므로 1차 단자전압은 $V_1 = \dfrac{aV}{\sqrt{3}}$으로 된다.

㉡ 2차측이 Y결선으로 선전류와 상전류가 같으므로 상전류는 I가 되고 1차측 상전류로 변환하면 $I_1 = \dfrac{I_2}{a} = \dfrac{I}{a}$로 된다. 이때 △결선 선전류로 변환하면 $\sqrt{3}$배 상승하므로 1차 선전류는 $I_1 = \dfrac{\sqrt{3}I}{a}$으로 된다.

하 제5장 정류기

53 3상 전원전압 220[V]를 3상 반파정류회로의 각 상에 SCR을 사용하여 정류제어할 때 위상각을 60°로 하면 순저항부하에서 얻을 수 있는 출력전압 평균값은 약 몇 [V]인가?

① 128.65
② 148.55
③ 257.3
④ 297.1

상 제2장 동기기

54 유도자형 동기발전기의 설명으로 옳은 것은?

① 전기자만 고정되어 있다.
② 계자극만 고정되어 있다.
③ 회전자가 없는 특수 발전기이다.
④ 계자극과 전기자가 고정되어 있다.

해설

유도자형 발전기는 계자 및 전기자 모두 고정된 상태로 발전이 되는데 실험실 전원 등으로 사용된다.

중 제2장 동기기

55 3상 동기발전기의 여자전류 10[A]에 대한 단자전압이 $1000\sqrt{3}$ [V], 3상 단락전류가 50[A]인 경우 동기임피던스는 몇 [Ω]인가?

① 5
② 11
③ 20
④ 34

해설

동기임피던스 $Z_s = \dfrac{E}{I_s} = \dfrac{\dfrac{V_n}{\sqrt{3}}}{I_s} = \dfrac{\dfrac{1000\sqrt{3}}{\sqrt{3}}}{50} = 20[\Omega]$

여기서, E : 1상의 유기기전력
V_n : 3상 단자전압

하 제2장 동기기

56 동기발전기에서 무부하 정격전압일 때의 여자전류를 I_{f0}, 정격부하 정격전압일 때의 여자전류를 I_{f1}, 3상 단락 정격전류에 대한 여자전류를 I_{fs}라 하면 정격속도에서의 단락비 K는?

① $K = \dfrac{I_{fs}}{I_{f0}}$
② $K = \dfrac{I_{f0}}{I_{fs}}$
③ $K = \dfrac{I_{fs}}{I_{f1}}$
④ $K = \dfrac{I_{f1}}{I_{fs}}$

해설 단락비(K)

정격속도에서 무부하 정격전압 V_n[V]를 발생시키는데 필요한 계자전류 I_{f0}[A]와, 정격전류 I_n[A]와 같은 지속단락전류가 흐르도록 하는데 필요한 계자전류 I_{fs} [A]의 비

중 제3장 변압기

57 변압기의 습기를 제거하여 절연을 향상시키는 건조법이 아닌 것은?

① 열풍법
② 단락법
③ 진공법
④ 건식법

해설

변압기의 권선과 철심을 건조함으로써 습기를 없애고 절연을 향상시킬 수 있는데 건조법에는 열풍법, 단락법, 진공법이 있다.

하 제2장 동기기

58 극수 20, 주파수 60[Hz]인 3상 동기발전기의 전기자권선이 2층 중권, 전기자 전 슬롯수 180, 각 슬롯 내의 도체수 10, 코일피치 7 슬롯인 2중 성형결선으로 되어 있다. 선간전압 3300[V]를 유도하는데 필요한 기본파 유효자속은 약 몇 [Wb]인가? (단, 코일피치와 자극피치의 비 $\beta = \dfrac{7}{9}$ 이다.)

① 0.004
② 0.062
③ 0.053
④ 0.07

해설

1상의 권수 $N = \dfrac{180 \times 10}{2} \times \dfrac{1}{3} \times \dfrac{1}{2} = 150$회

분포계수 3상이므로,
상수 $m = 3$

매극매상당 슬롯수 $q = \dfrac{180}{3 \times 20} = 3$

분포계수 $K_d = \dfrac{\sin \dfrac{n\pi}{2m}}{q \sin \dfrac{n\pi}{2mq}} = \dfrac{\sin \dfrac{\pi}{2 \times 3}}{3 \sin \dfrac{\pi}{2 \times 3 \times 3}} = 0.96$

단절권계수 $K_P = \sin \dfrac{\beta\pi}{2} = \sin \dfrac{\dfrac{7}{9}\pi}{2} = 0.94$

권선계수 $k_w = k_d \cdot k_p = 0.96 \times 0.94 = 0.9$
1상의 유기기전력 $E = 4.44 K_w f N \phi$[V]에서

기본파 유효자속 $\phi = \dfrac{\dfrac{3300}{\sqrt{3}}}{4.44 \times 0.9 \times 60 \times 150}$

$\fallingdotseq 0.053$[Wb]

상 제5장 정류기

59 2방향성 3단자 사이리스터는 어느 것인가?

① SCR
② SSS
③ SCS
④ TRIAC

해설

㉠ TRIAC(트라이액) : 2방향 3단자
㉡ SCR : 단방향 3단자
㉢ SSS : 2방향 2단자
㉣ SCS : 단방향 4단자

중 제4장 유도기

60 일반적인 3상 유도전동기에 대한 설명으로 틀린 것은?

① 불평형 전압으로 운전하는 경우 전류는 증가하나 토크는 감소한다.

② 원선도 작성을 위해서는 무부하시험, 구속시험, 1차 권선저항 측정을 하여야 한다.

③ 농형은 권선형에 비해 구조가 견고하며 권선형에 비해 대형전동기로 널리 사용된다.

④ 권선형 회전자의 3선 중 1선이 단선되면 동기속도의 50[%]에서 더 이상 가속되지 못하는 현상을 게르게스현상이라 한다.

해설

농형 유도전동기의 기동 시 기동전류가 크고 기동토크가 작기 때문에 비례추이를 이용하여 기동전류가 작고 기동토크가 큰 권선형 유도전동기를 대형전동기로 사용할 수 있다.

제4과목 회로이론 및 제어공학

상 제어공학 제2장 전달함수

61 다음 블록선도의 전달함수 $\left(\dfrac{C(s)}{R(s)}\right)$는?

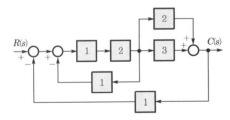

① $\dfrac{10}{9}$ ② $\dfrac{10}{13}$

③ $\dfrac{12}{9}$ ④ $\dfrac{12}{13}$

해설

종합전달함수

$$M(s) = \frac{\sum 전향경로이득}{1 - \sum 폐루프이득}$$
$$= \frac{1 \times 2 \times (2+3)}{1 - (-2-10)} = \frac{10}{13}$$

상 제어공학 제3장 주파수영역해석법

62 전달함수가 $G(s) = \dfrac{1}{0.1s\,(0.01s + 1)}$ 과 같은 제어시스템에서 $\omega = 0.1$[rad/s]일 때의 이득[dB]과 위상각[°]은 약 얼마인가?

① 40[dB], $-90°$

② -40[dB], $90°$

③ 40[dB], $-180°$

④ -40[dB], $-180°$

해설

㉠ 주파수 전달함수

$$G(j\omega) = \frac{1}{j0.1\,\omega(1+j0.01\,\omega)}\Bigg|_{\omega=0.1}$$
$$= \frac{1}{j0.01(1+j0.001)}$$
$$\fallingdotseq 100\underline{/-90°} \ (위상각 : -90°)$$

㉡ 이득 : $g = 20\log|G(j\omega)| = 20\log 10^2$
$$= 40[dB]$$

중 제어공학 제8장 시퀀스회로의 이해

63 다음의 논리식과 등가인 것은?

$$Y = (A+B)(\overline{A}+B)$$

① $Y = A$ ② $Y = B$

③ $Y = \overline{A}$ ④ $Y = \overline{B}$

해설

$Y = (A+B)(\overline{A}+B) = A\overline{A} + AB + \overline{A}B + BB$
$= 0 + AB + \overline{A}B + B = B(A + \overline{A} + 1) = B$

하 제어공학 제7장 근궤적법

64 다음의 개루프 전달함수에 대한 근궤적이 실수축에서 이탈하게 되는 분리점은 약 얼마인가?

$$G(s)H(s) = \frac{K}{s\,(s+3)(s+8)},\ K \geq 0$$

① -0.93 ② -5.74

③ -6.0 ④ -1.33

정답 60 ③ 61 ② 62 ① 63 ② 64 ④

해설

㉠ 특성방정식
$$F(s) = 1 + G(s)H(s)$$
$$= s(s+3)(s+8) + K$$
$$= s^3 + 11s^2 + 24s + K = 0$$

㉡ 전달함수 이득
$$K = -s^3 - 11s^2 - 24s$$

㉢ $\dfrac{dK}{ds} = -3s^2 - 22s - 24 = 0$에서

$$s = \frac{22 \pm \sqrt{22^2 - 4 \times (-3) \times (-24)}}{2 \times (-3)}$$

$$= \frac{22 \pm 14}{-6} \text{이므로}$$

$s_1 = -1.33$, $s_2 = -6$이 된다.

∴ 근궤적의 범위가 $0 \sim -3$, $-8 \sim -\infty$
이므로 분지점은 $s = -1.33$이 된다.

중 제어공학 제7장 상태방정식

65 $F(z) = \dfrac{(1 - e^{-aT})z}{(z-1)(z - e^{-aT})}$의 역 z변

환은?

① $t \cdot e^{-at}$ ② $a^t \cdot e^{-at}$

③ $1 + e^{-at}$ ④ $1 - e^{-at}$

해설

$$F(z) = \frac{z - z e^{-at}}{(z-1)(z - e^{-at})}$$

$$= \frac{z^2 - z e^{-at} - z^2 + z}{(z-1)(z - e^{-at})}$$

$$= \frac{z(z - e^{-at}) - z(z-1)}{(z-1)(z - e^{-at})}$$

$$= \frac{z}{z-1} - \frac{z}{z - e^{-at}}$$

∴ $f(t) = 1 - e^{-at}$

상 제어공학 제2장 전달함수

66 기본 제어요소인 비례요소의 전달함수는?
(단, K는 상수이다.)

① $G(s) = K$

② $G(s) = Ks$

③ $G(s) = \dfrac{K}{s}$

④ $G(s) = \dfrac{K}{s+K}$

해설 제어요소의 전달함수

㉠ 비례요소 : $G(s) = K$

㉡ 미분요소 : $G(s) = Ks$

㉢ 적분요소 : $G(s) = \dfrac{K}{s}$

㉣ 1차 지연요소 : $G(s) = \dfrac{K}{Ts+1}$

㉤ 2차 지연요소 : $G(s) = \dfrac{K \cdot \omega_n^2}{s^2 + 2\zeta\omega_n s + \omega_n^2}$

㉥ 부동작 시간요소 : $G(s) = Ke^{-Ls}$

하 제어공학 제7장 상태방정식

67 다음의 상태방정식으로 표현되는 시스템의
상태천이행렬은?

$$\begin{bmatrix} \dfrac{d}{dt}x_1 \\ \dfrac{d}{dt}x_2 \end{bmatrix} = \begin{bmatrix} 0 & 1 \\ -3 & -4 \end{bmatrix} \begin{bmatrix} x_1 \\ x_2 \end{bmatrix}$$

① $\begin{bmatrix} 1.5e^{-t} - 0.5e^{-3t} & -1.5e^{-t} + 1.5e^{-3t} \\ 0.5e^{-t} - 0.5e^{-3t} & -0.5e^{-t} + 1.5e^{-3t} \end{bmatrix}$

② $\begin{bmatrix} 1.5e^{-t} - 0.5e^{-3t} & 0.5e^{-t} - 0.5e^{-3t} \\ -1.5e^{-t} + 1.5e^{-3t} & -0.5e^{-t} + 1.5e^{-3t} \end{bmatrix}$

③ $\begin{bmatrix} 1.5e^{-t} - 0.5e^{-4t} & 0.5e^{-t} - 0.5e^{-4t} \\ -1.5e^{-t} + 1.5e^{-4t} & -0.5e^{-t} + 1.5e^{-4t} \end{bmatrix}$

④ $\begin{bmatrix} 1.5e^{-t} - 0.5e^{-4t} & -1.5e^{-t} + 1.5e^{-4t} \\ 0.5e^{-t} - 0.5e^{-4t} & -0.5e^{-t} + 1.5e^{-4t} \end{bmatrix}$

해설

㉠ $A = \begin{bmatrix} 0 & 1 \\ -3 & -4 \end{bmatrix}$ 행렬일 경우 상태행렬식은

$\Phi(s) = [sI - A]^{-1}$이다.

㉡ $sI - A = \begin{bmatrix} s & 0 \\ 0 & s \end{bmatrix} - \begin{bmatrix} 0 & 1 \\ -3 & -4 \end{bmatrix} = \begin{bmatrix} s & -1 \\ 3 & s+4 \end{bmatrix}$

㉢ $[sI - A]^{-1} = \dfrac{1}{s(s+4)+3} \begin{bmatrix} s+4 & 1 \\ -3 & s \end{bmatrix}$

$$= \frac{1}{s^2 + 4s + 3} \begin{bmatrix} s+4 & 1 \\ -3 & s \end{bmatrix}$$

$$= \frac{1}{(s+1)(s+3)} \begin{bmatrix} s+4 & 1 \\ -3 & s \end{bmatrix}$$

$$= \begin{bmatrix} \dfrac{s+4}{(s+1)(s+3)} & \dfrac{1}{(s+1)(s+3)} \\ \dfrac{-3}{(s+1)(s+3)} & \dfrac{s}{(s+1)(s+3)} \end{bmatrix}$$

∴ 천이행렬 $\Phi(t) = \mathcal{L}^{-1}\Phi(s)$이므로 각 행렬요소를
라플라스 역변환하면 다음과 같다.

$$\Phi(t) = \begin{bmatrix} 1.5e^{-t} - 0.5e^{-3t} & 0.5e^{-t} - 0.5e^{-3t} \\ -1.5e^{-t} + 1.5e^{-3t} & -0.5e^{-t} + 1.5e^{-3t} \end{bmatrix}$$

상 제어공학 제3장 시간영역해석법

68 제어시스템의 전달함수가 $T(s) = \dfrac{1}{4s^2 + s + 1}$

과 같이 표현될 때 이 시스템의 고유주파수 (ω_n[rad/s])와 감쇠율(ζ)은?

① $\omega_n = 0.25$, $\zeta = 1.0$

② $\omega_n = 0.5$, $\zeta = 0.25$

③ $\omega_n = 0.5$, $\zeta = 0.5$

④ $\omega_n = 1.0$, $\zeta = 0.5$

해설

㉠ 특성방정식 $F(s) = 4s^2 + s + 1 = 0$에서

$F(s) = s^2 + \dfrac{1}{4}s + \dfrac{1}{4} = 0$

㉡ 2차 제어계의 특성방정식

$F(s) = s^2 + 2\zeta\omega_n s + \omega_n^2 = 0$과 비교하여 고유주파수($\omega_n$)와 감쇠율($\zeta$)을 구할 수 있다.

㉢ 상수항에서 $\omega_n^2 = \dfrac{1}{4}$에서

고유주파수 $\omega_n = \dfrac{1}{2} = 0.5$이다.

㉣ 1차항에서 $2\zeta\omega_n s = \dfrac{1}{4}s$에서

감쇠율 $\zeta = \dfrac{1}{4 \times 2\omega_n} = \dfrac{1}{4} = 0.25$이다.

상 제어공학 제2장 전달함수

69 그림의 신호흐름선도를 미분방정식으로 표현한 것으로 옳은 것은? (단, 모든 초기값은 0이다.)

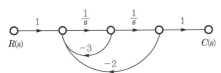

① $\dfrac{d^2 c(t)}{dt^2} + 3\dfrac{dc(t)}{dt} + 2c(t) = r(t)$

② $\dfrac{d^2 c(t)}{dt^2} + 2\dfrac{dc(t)}{dt} + 3c(t) = r(t)$

③ $\dfrac{d^2 c(t)}{dt^2} - 3\dfrac{dc(t)}{dt} - 2c(t) = r(t)$

④ $\dfrac{d^2 c(t)}{dt^2} - 2\dfrac{dc(t)}{dt} - 3c(t) = r(t)$

해설

㉠ 전달함수 : $M(s) = \dfrac{\sum 진향경로}{1 - \sum 폐루프이득}$

$M(s) = \dfrac{\dfrac{1}{s^2}}{1 + \dfrac{3}{s} + \dfrac{2}{s^2}} = \dfrac{1}{s^2 + 3s + 2} = \dfrac{C(s)}{R(s)}$

㉡ $C(s)[s^2 + 3s + 2] = R(s)$에서 라플라스 역변환하면

$\therefore \dfrac{d^2}{dt^2}c(t) + 3\dfrac{d}{dt}c(t) + 2c(t) = r(t)$

상 제어공학 제7장 상태방정식

70 제어시스템의 특성방정식이 $s^4 + s^3 - 3s^2 - s + 2 = 0$와 같을 때, 이 특성방정식에서 s평면의 오른쪽에 위치하는 근은 몇 개인가?

① 0 　　　　② 1

③ 2 　　　　④ 3

해설 제어계의 안정조건

㉠ 특성방정식의 모든 차수가 존재할 것

㉡ 특성방정식의 부호가 모두 동일(+)할 것

㉢ 위 두 조건을 만족하지 못하면 불안정한 제어계가 되며, 불안정한 근(s평면 우반면근)은 2개가 된다.

하 회로이론 제6장 회로망 해석

71 회로에서 6[Ω]에 흐르는 전류[A]는?

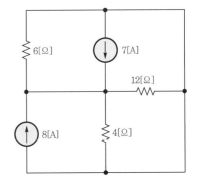

① 2.5

② 5

③ 7.5

④ 10

해설

중첩의 정리로 풀이할 수 있다.

㉠ 8[A]로 해석

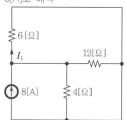

- 12[Ω]과 4[Ω]의 병렬합성저항

$$\frac{12 \times 4}{12 + 4} = 3[\Omega]$$

- $I_1 = \dfrac{3}{6+3} \times 8 = \dfrac{24}{9}[\text{A}]$

㉡ 7[A]로 해석

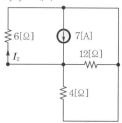

- 12[Ω]과 4[Ω]의 병렬합성저항

$$\frac{12 \times 4}{12 + 4} = 3[\Omega]$$

- $I_2 = \dfrac{3}{6+3} \times 7 = \dfrac{21}{9}[\text{A}]$

㉢ 6[Ω]을 통과하는 전류

$$I = I_1 + I_2 = \frac{45}{9} = 5[\text{A}]$$

상 회로이론 제9장 과도현상

72 RL 직렬회로에서 시정수가 0.03[s], 저항이 14.7[Ω]일 때 이 회로의 인덕턴스[mH]는?

① 441   ② 362

③ 17.6   ④ 2.53

해설

㉠ RL 회로의 시정수 : $\tau = \dfrac{L}{R}[\text{sec}]$

㉡ 인덕턴스 : $L = \tau R = 0.03 \times 14.7$
$$= 0.441[\text{H}] = 441[\text{mH}]$$

상 회로이론 제5장 대칭좌표법

73 상의 순서가 $a - b - c$인 불평형 3상 교류회로에서 각 상의 전류가 $I_a = 7.28 \underline{/15.95^\circ}[\text{A}]$, $I_b = 12.81 \underline{/-128.66^\circ}[\text{A}]$, $I_c = 7.21 \underline{/123.69^\circ}$[A]일 때 역상분 전류는 약 몇 [A]인가?

① $8.95 \underline{/-1.14^\circ}$

② $8.95 \underline{/1.14^\circ}$

③ $2.51 \underline{/-96.55^\circ}$

④ $2.51 \underline{/96.55^\circ}$

해설

역상분 전류

$$I_2 = \frac{1}{3}(I_a + a^2 I_1 + a I_2)$$

$$= \frac{1}{3}[(7.28 \underline{/15.95^\circ})$$
$$+ (1 \underline{/240^\circ}) \times (12.8 \underline{/-128.66^\circ})$$
$$+ (1 \underline{/120^\circ}) \times (7.21 \underline{/123.69^\circ})$$
$$= 2.51 \underline{/96.55^\circ}[\text{A}]$$

상 회로이론 제7장 4단자망 회로해석

74 그림과 같은 T형 4단자 회로의 임피던스 파라미터 Z_{22}는?

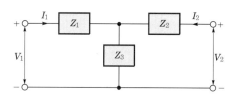

① Z_3

② $Z_1 + Z_2$

③ $Z_1 + Z_3$

④ $Z_2 + Z_3$

해설 임피던스 파라미터

㉠ $Z_{11} = Z_1 + Z_3$

㉡ $Z_{12} = Z_{21} = Z_3$

㉢ $Z_{22} = Z_2 + Z_3$

중 회로이론 제3장 대상 교류회로의 이해

75 그림과 같은 부하에 선간전압이 $V_{ab} = 100 \underline{/30°}$[V]인 평형 3상 전압을 가했을 때 선전류 I_a[A]는?

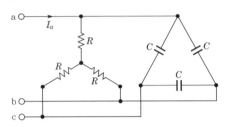

① $\dfrac{100}{\sqrt{3}}\left(\dfrac{1}{R} + j3\omega C\right)$

② $100\left(\dfrac{1}{R} + j\sqrt{3}\,\omega C\right)$

③ $\dfrac{100}{\sqrt{3}}\left(\dfrac{1}{R} + j\omega C\right)$

④ $100\left(\dfrac{1}{R} + j\omega C\right)$

해설

㉠ △결선을 Y결선으로 등가변환하면 다음과 같다. (임피던스 크기를 $\dfrac{1}{3}$로 변환)

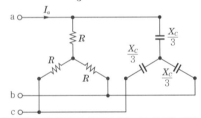

㉡ 저항과 정전용량은 병렬관계이므로 아래와 같이 등가변환시킬 수 있다.

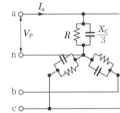

㉢ 합성임피던스

$$Z = \cfrac{1}{\cfrac{1}{R} + \cfrac{1}{\cfrac{-jX_C}{3}}} = \cfrac{1}{\cfrac{1}{R} + j\cfrac{3}{X_C}}$$

$$= \cfrac{1}{\cfrac{1}{R} + j3\omega C}$$

여기서, $X_C = \dfrac{1}{\omega C}$

㉣ 상전압 : $V_P = \dfrac{V_l}{\sqrt{3}}\underline{/-30°} = \dfrac{100}{\sqrt{3}}\underline{/0°}$

㉤ Y결선은 상전류와 선전류가 동일하므로

$$I_a = \frac{V_P}{Z} = \frac{100}{\sqrt{3}}\left(\frac{1}{R} + j3\omega C\right)$$

상 회로이론 제8장 분포정수회로

76 분포정수로 표현된 선로의 단위길이당 저항이 0.5[Ω/km], 인덕턴스가 1[μH/km], 커패시턴스가 6[μF/km]일 때 일그러짐이 없는 조건(무왜형 조건)을 만족하기 위한 단위길이당 컨덕턴스[℧/km]는?

① 1   ② 2

③ 3   ④ 4

해설

무왜형 조건 : $LG = RC$

$\therefore\ G = \dfrac{RC}{L} = \dfrac{0.5 \times 6}{1} = 3\,[\text{℧/km}]$

상 회로이론 제1장 직류회로의 이해

77 그림 (a)의 Y결선회로를 그림 (b)의 △결선회로로 등가변환했을 때 R_{ab}, R_{bc}, R_{ca}는 각각 몇 [Ω]인가? (단, $R_a = 2$[Ω], $R_b = 3$[Ω], $R_c = 4$[Ω])

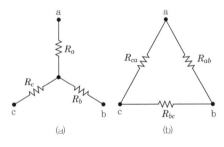

(a)   (b)

① $R_{ab} = \dfrac{6}{9}$, $R_{bc} = \dfrac{12}{9}$, $R_{ca} = \dfrac{8}{9}$

② $R_{ab} = \dfrac{1}{3}$, $R_{bc} = 1$, $R_{ca} = \dfrac{1}{2}$

③ $R_{ab} = \dfrac{13}{2}$, $R_{bc} = 13$, $R_{ca} = \dfrac{26}{3}$

④ $R_{ab} = \dfrac{11}{3}$, $R_{bc} = 11$, $R_{ca} = \dfrac{11}{2}$

정답   75 ①   76 ③   77 ③

해설

Y결선을 △결선으로 등가변환하면

㉠ $R_{ab} = \dfrac{R_a R_b + R_b R_c + R_c R_a}{R_c}$

$= \dfrac{2 \times 3 + 3 \times 4 + 4 \times 2}{4} = \dfrac{13}{2}$

㉡ $R_{bc} = \dfrac{R_a R_b + R_b R_c + R_c R_a}{R_a}$

$= \dfrac{2 \times 3 + 3 \times 4 + 4 \times 2}{2} = 13$

㉢ $R_{ca} = \dfrac{R_a R_b + R_b R_c + R_c R_a}{R_b}$

$= \dfrac{2 \times 3 + 3 \times 4 + 4 \times 2}{3} = \dfrac{26}{3}$

상 회로이론 제4장 비정현파 교류회로의 이해

78 다음과 같은 비정현파 교류전압 $v(t)$와 전류 $i(t)$에 의한 평균전력은 약 몇 [W]인가?

$$v(t) = 200\sin 100\pi t$$
$$+ 80\sin\left(300\pi t - \dfrac{\pi}{2}\right)[\text{V}]$$
$$i(t) = \dfrac{1}{5}\sin\left(100\pi t - \dfrac{\pi}{3}\right)$$
$$+ \dfrac{1}{10}\sin\left(300\pi t - \dfrac{\pi}{4}\right)[\text{A}]$$

① 6.414
② 8.586
③ 12.828
④ 24.212

해설

유효전력(=소비전력=평균전력)

$P = V_0 I_0 + \displaystyle\sum_{i=1}^{n} \dfrac{1}{2}(V_{im} I_{im} \cos\theta_i)$

$= \dfrac{1}{2} \times 200 \times \dfrac{1}{5} \times \cos 60°$

$+ \dfrac{1}{2} \times 80 \times \dfrac{1}{10} \times \cos 45°$

$= 12.828\,[\text{W}]$

하 회로이론 제2장 단상 교류회로의 이해

79 회로에서 $I_1 = 2e^{-j\frac{\pi}{6}}$ [A], $I_2 = 5e^{j\frac{\pi}{6}}$ [A], $I_3 = 5.0$[A], $Z_3 = 1.0$[Ω]일 때 부하(Z_1, Z_2, Z_3) 전체에 대한 복소전력은 약 몇 [VA]인가?

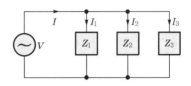

① $55.3 - j7.5$
② $55.3 + j7.5$
③ $45 - j26$
④ $45 + j26$

해설

㉠ 전체 전류
$I = I_1 + I_2 + I_3 = 2\angle{-30°} + 5\angle{30°} + 5$
$= 11.06 + j1.5[\text{A}]$
㉡ 회로 전압 : $V = I_3 Z_3 = 5 \times 1 = 5[\text{V}]$
∴ 복소전력 (* : 공액복소수의 의미)
$P_a = VI^* = 5 \times (11.06 - j1.5)$
$= 55.3 - j7.5[\text{VA}]$

중 회로이론 제10장 라플라스 변환

80 $f(t) = \mathcal{L}^{-1}\left[\dfrac{s^2 + 3s + 2}{s^2 + 2s + 5}\right]$ 는?

① $\delta(t) + e^{-t}(\cos 2t - \sin 2t)$

② $\delta(t) + e^{-t}(\cos 2t + 2\sin 2t)$

③ $\delta(t) + e^{-t}(\cos 2t - 2\sin 2t)$

④ $\delta(t) + e^{-t}(\cos 2t + \sin 2t)$

해설

㉠ $F(s) = \dfrac{s^2 + 3s + 2}{s^2 + 2s + 5} = 1 + \dfrac{s - 3}{s^2 + 2s + 5}$

㉡ $1 \xrightarrow{\mathcal{L}^{-1}} \delta(t)$

㉢ $\dfrac{s - 3}{s^2 + 2s + 5} \xrightarrow{\mathcal{L}^{-1}} \dfrac{s - 3}{(s+1)^2 + 2^2}$

$= \dfrac{s + 1}{(s+1)^2 + 2^2} - 2 \times \dfrac{2}{(s+1)^2 + 2^2}$

$= e^{-t}\cos 2t - 2e^{-t}\sin 2t$

$= e^{-t}(\cos 2t - 2\sin 2t)$

∴ $f(t) = \delta(t) + e^{-t}(\cos 2t - 2\sin 2t)$

정답　78 ③　79 ①　80 ③

전기기사

제5과목 전기설비기술기준

하 제6장 분산형전원설비

81 풍력터빈의 피뢰설비시설기준에 대한 설명으로 틀린 것은?

① 풍력터빈에 설치한 피뢰설비(리셉터, 인하도선 등)의 기능저하로 인해 다른 기능에 영향을 미치지 않을 것
② 풍력터빈 내부의 계측 센서용 케이블은 금속관 또는 차폐케이블 등을 사용하여 뇌유도과전압으로부터 보호할 것
③ 풍력터빈에 설치하는 인하도선은 쉽게 부식되지 않는 금속선으로서 뇌격전류를 안전하게 흘릴 수 있는 충분한 굵기여야 하며, 가능한 직선으로 시설할 것
④ 수뢰부를 풍력터빈 중앙부분에 배치하되 뇌격전류에 의한 발열에 용손(溶損)되지 않도록 재질, 크기, 두께 및 형상 등을 고려할 것

해설 피뢰설비(KEC 532.3.5)

풍력터빈의 피뢰설비는 다음에 따라 시설하여야 한다.
㉠ 수뢰부를 풍력터빈 선단부분 및 가장자리 부분에 배치하되 뇌격전류에 의한 발열에 용손(溶損)되지 않도록 재질, 크기, 두께 및 형상 등을 고려할 것
㉡ 풍력터빈에 설치하는 인하도선은 쉽게 부식되지 않는 금속선으로서 뇌격전류를 안전하게 흘릴 수 있는 충분한 굵기여야 하며, 가능한 직선으로 시설할 것
㉢ 풍력터빈 내부의 계측 센서용 케이블은 금속관 또는 차폐케이블 등을 사용하여 뇌유도과전압으로부터 보호할 것
㉣ 풍력터빈에 설치한 피뢰설비(리셉터, 인하도선 등)의 기능저하로 인해 다른 기능에 영향을 미치지 않을 것

중 제2장 저압설비 및 고압·특고압설비

82 샤워시설이 있는 욕실 등 인체가 물에 젖어있는 상태에서 전기를 사용하는 장소에 콘센트를 시설할 경우 인체감전보호용 누전차단기의 정격감도전류는 몇 [mA] 이하인가?

① 5
② 10
③ 15
④ 30

해설 콘센트의 시설(KEC 234.5)

욕조나 샤워시설이 있는 욕실 또는 화장실 등 인체가 물에 젖어있는 상태에서 전기를 사용하는 장소에 콘센트를 시설하는 경우에는 다음에 따라 시설하여야 한다.
㉠ 「전기용품 및 생활용품 안전관리법」의 적용을 받는 인체감전보호용 누전차단기(정격감도전류 15[mA] 이하, 동작시간 0.03초 이하의 전류동작형의 것에 한한다) 또는 절연변압기(정격용량 3[kVA] 이하인 것에 한한다)로 보호된 전로에 접속하거나, 인체감전보호용 누전차단기가 부착된 콘센트를 시설하여야 한다.
㉡ 콘센트는 접지극이 있는 방적형 콘센트를 사용하여 접지하여야 한다.
㉢ 습기가 많은 장소 또는 수분이 있는 장소에 시설하는 콘센트 및 기계기구용 콘센트는 접지용 단자가 있는 것을 사용하여 접지하고 방습장치를 하여야 한다.

상 제3장 전선로

83 강관으로 구성된 철탑의 갑종 풍압하중은 수직 투영면적 1[m²]에 대한 풍압을 기초로 하여 계산한 값이 몇 [Pa]인가? (단, 단주는 제외한다.)

① 1255
② 1412
③ 1627
④ 2157

해설 풍압하중의 종별과 적용(KEC 331.6)

풍압을 받는 구분			풍압[Pa]
지지물	목주		588
	원형 철주		
	원형 철근콘크리트주		
	철탑	강관으로 구성	1255
		기타	2157

중 제1장 공통사항

84 한국전기설비규정에 따른 용어의 정의에서 감전에 대한 보호 등 안전을 위해 제공되는 도체를 말하는 것은?

① 접지도체
② 보호도체
③ 수평도체
④ 접지극도체

해설 용어 정의(KEC 112)

보호도체(PE, Protective Conductor)
감전에 대한 보호 등 안전을 위해 제공되는 도체를 말한다.

정답 81 ④ 82 ③ 83 ① 84 ②

22-42

중 제5장 전기철도

85 통신상의 유도장해 방지시설에 대한 설명이다. 다음 ( )에 들어갈 내용으로 옳은 것은?

교류식 전기철도용 전차선로는 기설 가공약전류전선로에 대하여 (   )에 의한 통신상의 장해가 생기지 않도록 시설하여야 한다.

① 정전작용
② 유도작용
③ 가열작용
④ 산화작용

해설 통신상의 유도장해 방지시설(KEC 461.7)

교류식 전기철도용 전차선로는 기설 가공약전류전선로에 대하여 유도작용에 의한 통신상의 장해가 생기지 않도록 시설하여야 한다.

중 제6장 분산형전원설비

86 주택의 전기저장장치의 축전지에 접속하는 부하측 옥내배선을 사람이 접촉할 우려가 없도록 케이블배선에 의하여 시설하고 전선에 적당한 방호장치를 시설한 경우 주택의 옥내전로의 대지전압은 직류 몇 [V]까지 적용할 수 있는가? (단, 전로에 지락이 생겼을 때 자동적으로 전로를 차단하는 장치를 시설한 경우이다.)

① 150   ② 300
③ 400   ④ 600

해설 옥내전로의 대지전압 제한(KEC 511.3)

주택의 전기저장장치의 축전지에 접속하는 부하측 옥내배선을 다음에 따라 시설하는 경우에 주택의 옥내전로의 대지전압은 직류 600[V]까지 적용할 수 있다.
㉠ 전로에 지락이 생겼을 때 자동적으로 전로를 차단하는 장치를 시설할 것
㉡ 사람이 접촉할 우려가 없는 은폐된 장소에 합성수지관배선, 금속관배선 및 케이블배선에 의하여 시설하거나, 사람이 접촉할 우려가 없도록 케이블배선에 의하여 시설하고 전선에 적당한 방호장치를 시설할 것

상 제1장 공통사항

87 전압의 구분에 대한 설명으로 옳은 것은?

① 직류에서의 저압은 1000[V] 이하의 전압을 말한다.
② 교류에서의 저압은 1500[V] 이하의 전압을 말한다.
③ 직류에서의 고압은 3500[V]를 초과하고 7000[V] 이하인 전압을 말한다.
④ 특고압은 7000[V]를 초과하는 전압을 말한다.

해설 적용범위(KEC 111.1)

전압의 구분은 다음과 같다.

구분	교류(AC)	직류(DC)
저압	1[kV] 이하	1.5[kV] 이하
고압	저압을 초과하고 7[kV] 이하인 것	
특고압	7[kV]를 초과하는 것	

상 제3장 전선로

88 고압 가공전선로의 가공지선으로 나경동선을 사용할 때의 최소 굵기는 지름 몇 [mm] 이상인가?

① 3.2
② 3.5
③ 4.0
④ 5.0

해설 고압 가공전선로의 가공지선(KEC 332.6)

고압 가공전선로의 가공지선 → 4[mm](인장강도 5.26[kN]) 이상의 나경동선

중 제4장 발전소, 변전소, 개폐소 및 기계기구 시설보호

89 특고압용 변압기의 내부에 고장이 생겼을 경우에 자동차단장치 또는 경보장치를 하여야 하는 최소 뱅크용량은 몇 [kVA]인가?

① 1000
② 3000
③ 5000
④ 10000

정답   85 ② 86 ④ 87 ④ 88 ③ 89 ③

해설 특고압용 변압기의 보호장치(KEC 351.4)

뱅크용량의 구분	동작조건	장치의 종류
5000[kVA] 이상 10000[kVA] 미만	변압기 내부고장	자동차단장치 또는 경보장치
10000[kVA] 이상	변압기 내부고장	자동차단장치
타냉식변압기(변압기의 권선 및 철심을 직접 냉각시키기 위하여 봉입한 냉매를 강제 순환시키는 냉각 방식을 말한다)	냉각장치에 고장이 생긴 경우 또는 변압기의 온도가 현저히 상승한 경우	경보장치

하 제2장 저압설비 및 고압·특고압설비

90 합성수지관 및 부속품의 시설에 대한 설명으로 틀린 것은?

① 관의 지지점 간의 거리는 1.5[m] 이하로 할 것
② 합성수지제 가요전선관 상호 간은 직접 접속할 것
③ 접착제를 사용하여 관 상호 간을 삽입하는 깊이는 관의 바깥지름의 0.8배 이상으로 할 것
④ 접착제를 사용하지 않고 관 상호 간을 삽입하는 깊이는 관의 바깥지름의 1.2배 이상으로 할 것

해설 합성수지관공사(KEC 232.11)

㉠ 전선은 절연전선을 사용(옥외용 비닐절연전선은 사용불가)
㉡ 전선은 연선일 것. 다만, 다음의 것은 적용하지 않음
  • 짧고 가는 합성수지관에 넣은 것
  • 단면적 10[mm²](알루미늄선은 단면적 16[mm²]) 이하의 것
㉢ 전선은 합성수지관 안에서 접속점이 없도록 할 것
㉣ 합성수지관의 지지점 간의 거리는 1.5[m] 이하 일 것
㉤ 관 상호간 및 박스와는 관을 삽입하는 깊이를 관의 바깥지름의 1.2배(접착제를 사용 : 0.8배)로 함
㉥ 합성수지제 가요전선관 상호 간은 직접 접속하지 말 것

상 제3장 전선로

91 사용전압이 22.9[kV]인 가공전선이 **철도**를 횡단하는 경우, 전선의 레일면상의 높이는 몇 [m] 이상인가?

① 5
② 5.5
③ 6
④ 6.5

해설 특고압 가공전선의 높이(KEC 333.7)

사용전압 35[kV] 이하에서 선선 지표상의 높이
㉠ 철도 또는 궤도를 횡단하는 경우에는 6.5[m] 이상
㉡ 도로를 횡단하는 경우에는 6[m] 이상
㉢ 횡단보도교의 위에 시설하는 경우 특고압 절연전선 또는 케이블인 경우에는 4[m] 이상

상 제3장 전선로

92 가공전선로의 지지물에 시설하는 통신선 또는 이에 직접 접속하는 가공통신선이 철도 또는 궤도를 횡단하는 경우 그 높이는 레일면상 몇 [m] 이상으로 하여야 하는가?

① 3
② 3.5
③ 5
④ 6.5

해설 전력보안통신선의 시설높이와 이격거리 (KEC 362.2)

가공전선로의 지지물에 시설하는 통신선 또는 이에 직접 접속하는 가공통신선의 높이
㉠ 도로를 횡단하는 경우에는 지표상 6[m] 이상으로 한다. 단, 저압이나 고압의 가공전선로의 지지물에 시설하는 통신선 또는 이에 직접 접속하는 가공통신선을 시설하는 경우에 교통에 지장을 줄 우려가 없을 때에는 지표상 5[m]까지로 감할 수 있다.
㉡ 철도 또는 궤도를 횡단하는 경우에는 레일면상 6.5[m] 이상으로 한다.
㉢ 횡단보도교의 위에 시설하는 경우에는 그 노면상 5[m] 이상으로 한다(단, 다음 중 하나에 해당하는 경우에는 제외).
  • 저압 또는 고압의 가공전선로의 지지물에 시설하는 통신선 또는 이에 직접 접속하는 가공통신선을 노면상 3.5[m](통신선이 절연전선과 동등 이상의 절연효력이 있는 것인 경우에는 3[m]) 이상으로 하는 경우
  • 특고압 전선로의 지지물에 시설하는 통신선 또는 이에 직접 접속하는 가공통신선으로서 광섬유 케이블을 사용하는 것을 그 노면상 4[m] 이상으로 하는 경우

상 제3장 전선로

93 전력보안통신설비의 조가선은 단면적 몇 [mm²] 이상의 아연도강연선을 사용하여야 하는가?

① 16
② 38
③ 50
④ 55

해설 조가선 시설기준(KEC 362.3)

조가선은 단면적 38[mm²] 이상의 아연도강연선을 사용할 것

정답 90 ② 91 ④ 92 ④ 93 ②

중 제2장 저압설비 및 고압·특고압설비

94 가요전선관 및 부속품의 시설에 대한 내용이다. 다음 (   )에 들어갈 내용으로 옳은 것은?

> 1종 금속제 가요전선관에는 단면적 (   ) [mm²] 이상의 나연동선을 전체 길이에 걸쳐 삽입 또는 첨가하여 그 나연동선과 1종 금속제 가요전선관을 양쪽 끝에서 전기적으로 완전하게 접속할 것 다만, 관의 길이가 4[m] 이하인 것을 시설하는 경우에는 그러하지 아니하다.

① 0.75　　　　　　② 1.5
③ 2.5　　　　　　④ 4

해설 가요전선관 및 부속품의 시설(KEC 232.13.3)

1종 금속제 가요전선관에는 단면적 2.5[mm²] 이상의 나연동선을 전체 길이에 걸쳐 삽입 또는 첨가하여 그 나연동선과 1종 금속제 가요전선관을 양쪽 끝에서 전기적으로 완전하게 접속할 것 다만, 관의 길이가 4[m] 이하인 것을 시설하는 경우에는 그러하지 아니하다.

상 제3장 전선로

95 사용전압이 154[kV]인 전선로를 제1종 특고압 보안공사로 시설할 경우, 여기에 사용되는 경동연선의 단면적은 몇 [mm²] 이상이어야 하는가?

① 100　　　　　　② 125
③ 150　　　　　　④ 200

해설 특고압 보안공사(KEC 333.22)

제1종 특고압 보안공사는 다음에 따라 시설할 것
㉠ 35[kV] 넘는 특고압 가공전선로가 건조물 등과 제2차 접근상태로 시설되는 경우에 적용
㉡ 전선의 굵기
 • 100[kV] 미만 : 인장강도 21.67[kN] 이상, 55[mm²] 이상의 경동연선일 것
 • 100[kV] 이상 300[kV] 미만 : 인장강도 58.84[kN] 이상, 150[mm²] 이상의 경동연선일 것
 • 300[kV] 이상 : 인장강도 77.47[kN] 이상, 200[mm²] 이상의 경동연선일 것

하 제3장 전선로

96 사용전압이 400[V] 이하인 저압 옥측전선로를 애자공사에 의해 시설하는 경우 전선 상호 간의 간격은 몇 [m] 이상이어야 하는가? (단, 비나 이슬에 젖지 않는 장소에 사람이 쉽게 접촉될 우려가 없도록 시설한 경우이다.)

① 0.025　　　　　② 0.045
③ 0.06　　　　　④ 0.12

해설 옥측전선로(KEC 221.2)

전선 상호 간의 간격 및 전선과 그 저압 옥측전선로를 시설하는 조영재 사이의 이격거리

시설장소	전선 상호 간의 간격		전선과 조영재 사이의 이격거리	
	사용전압이 400[V] 이하인 경우	사용전압이 400[V] 초과인 경우	사용전압이 400[V] 이하인 경우	사용전압이 400[V] 초과인 경우
비나 이슬에 젖지 않는 장소	0.06[m]	0.06[m]	0.025[m]	0.025[m]
비나 이슬에 젖는 장소	0.06[m]	0.12[m]	0.025[m]	0.045[m]

상 제3장 전선로

97 지중전선로는 기설 지중약전류전선로에 대하여 통신상의 장해를 주지 않도록 기설 약전류전선로로부터 충분히 이격시키거나 기타 적당한 방법으로 시설하여야 한다. 이때 통신상의 장해가 발생하는 원인으로 옳은 것은?

① 충전전류 또는 표피작용
② 충전전류 또는 유도작용
③ 누설전류 또는 표피작용
④ 누설전류 또는 유도작용

해설 지중약전류전선의 유도장해방지(KEC 334.5)

지중전선로는 기설 지중약전류전선로에 대하여 누설전류 또는 유도작용에 의하여 통신상의 장해를 주지 않도록 기설 약전류전선로로부터 충분히 이격시키거나 기타 적당한 방법으로 시설하여야 한다.

중 제1장 공통사항

98 최대사용전압이 10.5[kV]를 초과하는 교류의 회전기 절연내력을 시험하고자 한다. 이때 시험전압은 최대사용전압의 몇 배의 전압으로 하여야 하는가? (단, 회전변류기는 제외한다.)

① 1　　　　　　② 1.1

③ 1.25　　　　　④ 1.5

해설 회전기 및 정류기의 절연내력(KEC 133)

종류			시험전압	시험방법
회전기	발전기·전동기·조상기·기타 회전기(회전변류기를 제외한다)	최대사용전압 7[kV] 이하	최대사용전압의 1.5배의 전압(500[V] 미만으로 되는 경우에는 500[V])	권선과 대지 사이에 연속하여 10분간 가한다.
회전기	발전기·전동기·조상기·기타 회전기(회전변류기를 제외한다)	최대사용전압 7[kV] 초과	최대사용전압의 1.25배의 전압(10.5[kV] 미만으로 되는 경우에는 10.5[kV])	권선과 대지 사이에 연속하여 10분간 가한다.
정류기	회전변류기		직류측의 최대사용전압의 1배의 교류전압(500[V] 미만으로 되는 경우에는 500[V])	
정류기	최대사용전압 60[kV] 이하		직류측의 최대사용전압의 1배의 교류전압(500[V] 미만으로 되는 경우에는 500[V])	충전부분과 외함 간에 연속하여 10분간 가한다.
정류기	최대사용전압 60[kV] 초과		교류측의 최대사용전압의 1.1배의 교류전압 또는 직류측의 최대사용전압의 1.1배의 직류전압	교류측 및 직류고전압측 단자와 대지 사이에 연속하여 10분간 가한다.

상 제2장 저압설비 및 고압·특고압설비

99 폭연성 분진 또는 화약류의 분말에 전기설비가 발화원이 되어 폭발할 우려가 있는 곳에 시설하는 저압 옥내배선의 공사방법으로 옳은 것은? (단, 사용전압이 400[V] 초과인 방전등을 제외한 경우이다.)

① 금속관공사

② 애자사용공사

③ 합성수지관공사

④ 캡타이어 케이블공사

해설 분진 위험장소(KEC 242.2)

㉠ 폭연성 분진(마그네슘·알루미늄·티탄 등)이 발화원이 되어 폭발할 우려가 있는 곳에 시설하는 저압 옥내 전기설비 → 금속관공사, 케이블공사(캡타이어 케이블은 제외)

㉡ 가연성 분진(소맥분·전분·유황 등)이 발화원이 되어 폭발할 우려가 있는 곳에 시설하는 저압 옥내 전기설비 → 금속관공사, 케이블공사, 합성수지관공사(두께 2[mm] 미만은 제외)

중 제2장 저압설비 및 고압·특고압설비

100 과전류차단기로 저압전로에 사용하는 범용의 퓨즈(「전기용품 및 생활용품 안전관리법」에서 규정하는 것을 제외한다)의 정격전류가 16[A]인 경우 용단전류는 정격전류의 몇 배인가? [단, 퓨즈(gG)인 경우이다.]

① 1.25　　　　　② 1.5

③ 1.6　　　　　　④ 1.9

해설 보호장치의 특성(KEC 212.3.4)

과전류차단기로 저압전로에 사용하는 범용의 퓨즈는 다음 표에 적합한 것이어야 한다.

정격전류의 구분	시간	정격전류의 배수	
		불용단전류	용단전류
4[A] 이하	60분	1.5배	2.1배
4[A] 초과 16[A] 미만	60분	1.5배	1.9배
16[A] 이상 63[A] 이하	60분	1.25배	1.6배
63[A] 초과 160[A] 이하	120분	1.25배	1.6배
160[A] 초과 400[A] 이하	180분	1.25배	1.6배
400[A] 초과	240분	1.25배	1.6배

정답 98 ③ 99 ① 100 ③

제1과목 전기자기학

상 제4장 유전체

01 그림과 같이 평행판 콘덴서의 극판 사이에 유전율이 각각 ε_1, ε_2 인 두 유전체를 반반씩 채우고 극판 사이에 일정한 전압을 걸어줄 때 매질 (1), (2) 내의 전계의 세기 E_1, E_2 사이에 성립하는 관계로 옳은 것은?

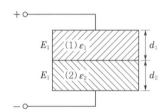

① $E_2 = 4E_1$ 　　② $E_2 = 2E_1$

③ $E_2 = \dfrac{E_1}{4}$ 　　④ $E_2 = E_1$

해설

㉠ 전계가 경계면에 대하여 수직으로 입사할 경우 두 유전체 내의 전속밀도의 크기는 일정하다.

㉡ 즉, $D_1 = D_2$ 에서 $\varepsilon_1 E_1 = \varepsilon_2 E_2$ 이 된다.

∴ $E_2 = \dfrac{\varepsilon_1}{\varepsilon_2} E_1 = \dfrac{\varepsilon_1}{4\varepsilon_1} E_1 = \dfrac{1}{4} E_1$

상 제12장 전자계

02 비유전율 81, 비투자율 1인 물속의 전자파 파동임피던스는 약 몇 [Ω]인가?

① 9[Ω] 　　② 27[Ω]

③ 33[Ω] 　　④ 42[Ω]

해설

특성임피던스(=파동임피던스=고유임피던스)

∴ $Z = \sqrt{\dfrac{\mu}{\varepsilon}} = \sqrt{\dfrac{\mu_0 \mu_s}{\varepsilon_0 \varepsilon_s}} = 120\pi \sqrt{\dfrac{\mu_s}{\varepsilon_s}}$

$= 120\pi \sqrt{\dfrac{1}{81}} = 42[\Omega]$

여기서, $\mu_0 = 4\pi \times 10^{-7}$ [H/m]

$\varepsilon_0 = \dfrac{1}{36\pi \times 10^9}$ [F/m]

$\sqrt{\dfrac{\mu_0}{\varepsilon_0}} = 120\pi \fallingdotseq 377$

상 제2장 진공 중의 정전계

03 점 (0, 1)[m] 되는 곳에 -2×10^{-9}[C]의 점전하가 있다. 점 (2, 0)[m]에 있는 10^{-8}[C]에 작용하는 힘은 몇 [N]인가?

① $\left(-\dfrac{36}{5\sqrt{5}} \overrightarrow{a_x} + \dfrac{18}{5\sqrt{5}} \overrightarrow{a_y} \right) 10^{-8}$

② $\left(-\dfrac{18}{5\sqrt{5}} \overrightarrow{a_x} + \dfrac{36}{5\sqrt{5}} \overrightarrow{a_y} \right) 10^{-8}$

③ $\left(-\dfrac{36}{3\sqrt{5}} \overrightarrow{a_x} + \dfrac{18}{3\sqrt{5}} \overrightarrow{a_y} \right) 10^{-8}$

④ $\left(\dfrac{36}{5\sqrt{5}} \overrightarrow{a_x} - \dfrac{18}{5\sqrt{5}} \overrightarrow{a_y} \right) 10^{-8}$

해설

㉠ +전하와 −전하 사이에는 흡인력이 작용하므로 Q점에서 P점으로 힘이 작용한다.

$P(0, 1)$　　　　　　$Q(2, 0)$

$-Q$　　　$\overrightarrow{F}$　　　$+Q$

㉡ 거리벡터(변위벡터)

$\overrightarrow{r} = (0-2)a_x + (1-0)a_y = -2a_x + a_y$

㉢ 단위벡터

$\overrightarrow{r_0} = \dfrac{\overrightarrow{r}}{r} = \dfrac{-2a_x + a_y}{\sqrt{2^2 + 1^2}} = \dfrac{-2a_x + a_y}{\sqrt{5}}$

㉣ 두 전하 사이의 작용력(쿨롱의 법칙)

$F = \dfrac{Q_1 Q_2}{4\pi\varepsilon_0 r^2} = 9 \times 10^9 \times \dfrac{2 \times 10^{-9} \times 10^{-8}}{(\sqrt{5})^2}$

$= \dfrac{18}{5} \times 10^{-8}$ [N]

∴ $\overrightarrow{F} = F \overrightarrow{r_0} = \left(-\dfrac{36}{5\sqrt{5}} \overrightarrow{a_x} + \dfrac{18}{5\sqrt{5}} \overrightarrow{a_y} \right) 10^{-8}$

정답 01 ③ 02 ④ 03 ①

상 제12장 전자계

04 공기 중에서 1[V/m]의 전계의 세기에 의한 변위전류밀도의 크기를 2[A/m²]으로 흐르게 하려면 전계의 주파수는 몇 [MHz]가 되어야 하는가?

① 18000 ② 72000

③ 9000 ④ 36000

해설

㉠ 변위전류밀도의 크기
$$i_d = \omega \varepsilon_0 E = 2\pi f \varepsilon_0 E \,[\text{A/m}^2]$$
㉡ 주파수
$$f = \frac{i_d}{2\pi \varepsilon_0 E} = \frac{2}{2\pi \times 8.855 \times 10^{-12} \times 1}$$
$$= 36000 \times 10^6 [\text{Hz}] = 36000 [\text{MHz}]$$

상 제2장 진공 중의 정전계

05 그림과 같이 등전위면이 존재하는 경우 전계의 방향은?

① a방향

② b방향

③ c방향

④ d방향

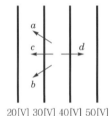

20[V] 30[V] 40[V] 50[V]

해설

전계는 고전위에서 저전위방향으로 향하고, 등전위면에 수직으로 발생한다.

상 제2장 진공 중의 정전계

06 대전도체 표면의 전하밀도를 $\sigma[\text{C/m}^2]$라 할 때 대전도체 표면의 단위면적에 받는 정전응력의 크기[N/m²]와 방향은?

① $\dfrac{\sigma^2}{2\varepsilon_0}$, 도체 내부 방향

② $\dfrac{\sigma^2}{2\varepsilon_0}$, 도체 외부 방향

③ $\dfrac{\sigma^2}{\varepsilon_0}$, 도체 외부 방향

④ $\dfrac{\sigma^2}{\varepsilon_0}$, 도체 내부 방향

해설

정전응력은 양극판(+극판과 −극판) 사이에서 발생한다. (도체 내부 방향)
$$\therefore\ f = \frac{1}{2}\varepsilon_0 E^2 = \frac{1}{2}DE = \frac{1}{2}\sigma E = \frac{\sigma^2}{2\varepsilon_0}[\text{N/m}^2]$$

상 제9장 자성체와 자기회로

07 자기회로에서 전기회로의 도전율 $\sigma[\text{℧}]$에 대응되는 것은?

① 자속

② 자기저항

③ 자기력

④ 투자율

해설 전기회로와 자기회로의 대응관계

㉠ 기전력 ↔ 기자력
㉡ 전기저항 ↔ 자기저항
㉢ 도전율 ↔ 투자율
㉣ 전류 ↔ 자속
㉤ 전류밀도 ↔ 자속밀도

하 제10장 전자유도법칙

08 진공 중에서 유전율 $\varepsilon[\text{F/m}]$의 유전체가 평등자계 $B[\text{Wb/m}^2]$ 내에 속도 $v[\text{m/s}]$로 운동할 때, 유전체에 발생하는 분극의 세기 P는 몇 $[\text{C/m}^2]$인가?

① $(\varepsilon + \varepsilon_0)v \cdot B$

② $(\varepsilon - \varepsilon_0)v \times B$

③ $\varepsilon v \times B$

④ $\varepsilon_0 v \times B$

해설

㉠ 플레밍의 오른손법칙
자계 내에 도체가 운동하면 도체에는 기전력이 발생되며, 유도되는 기전력의 크기는 다음과 같다. (유도기전력)
$$e = V = vBl\sin\theta = (v \times B)l[\text{V}]$$
㉡ 기전력과 전계의 세기의 관계
$$V = lE \text{에서}\ E = \frac{V}{l} = v \times B$$
∴ 분극의 세기
$$P = \varepsilon_0(\varepsilon_s - 1)E = \varepsilon_0(\varepsilon_s - 1)v \times B[\text{C/m}^2]$$

정답 04 ④ 05 ③ 06 ① 07 ④ 08 ②

상 제3장 정전용량

09 두 개의 커패시터를 직렬로 접속하고 직류전압을 인가했을 때에 대한 설명으로 틀린 것은?

① 각 커패시터의 두 전극에 정전유도에 의하여 정·부의 동일한 전하가 나타나고 전하량은 일정하다.

② 합성 정전용량은 각 커패시터의 정전용량의 합과 같다.

③ 합성 정전용량은 각 커패시터의 정전용량보다 작아진다.

④ 정전용량이 작은 커패시터에 전압이 더 많이 걸린다.

해설

커패시터 3개를 직렬로 접속했을 때 합성 정전용량은

$$C = \frac{1}{\frac{1}{C_1} + \frac{1}{C_2} + \frac{1}{C_3}}$$ 이 된다.

상 제2장 진공 중의 정전계

10 진공 중에 한 변의 길이가 0.1[m]인 정삼각형의 3정점 A, B, C에 각각 2.0×10^{-6}[C]의 점전하가 있을 때, 점 A의 전하에 작용하는 힘은 몇 [N]인가?

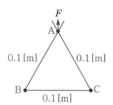

① $1.8\sqrt{2}$ ② $1.8\sqrt{3}$

③ $3.6\sqrt{2}$ ④ $3.6\sqrt{3}$

해설

정삼각형 A점에서 받아지는 힘은 A, B 사이에 작용하는 힘 F_1 와 A, C 사이에 작용하는 힘 F_2 를 더하여 구할 수 있다.

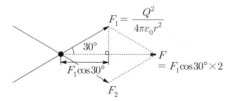

$$F = F_1 + F_2 = F_1 \times \cos 30° \times 2$$
$$= \frac{Q^2}{4\pi\varepsilon_0 r^2} \times \cos 30° \times 2$$
$$= 9 \times 10^9 \times \frac{(2 \times 10^{-6})^2}{0.1^2} \times \frac{\sqrt{3}}{2} \times 2$$
$$= 3.6\sqrt{3} \text{ [N]}$$

상 제11장 인덕턴스

11 그림과 같이 단면적이 균일한 환상철심에 권수 N_1인 코일과 권수 A인 코일이 있을 때 코일의 자기인덕턴스가 L_1[H]라면 두 코일의 상호인덕턴스는 몇 [H]인가? (단, 누설자속은 0이라고 한다.)

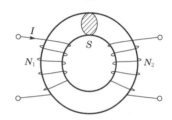

① $\dfrac{L_1 N_1}{N_2}$ ② $\dfrac{N_2}{L_1 L_2}$

③ $\dfrac{N_1}{L_1 N_2}$ ④ $\dfrac{L_1 N_2}{N_1}$

해설

㉠ 1차 코일의 자기인덕턴스

$$L_1 = \frac{\mu S N_1^2}{l} \text{[H]} \rightarrow \frac{\mu S}{l} = \frac{1}{N_1^2} \times L_1$$

㉡ 2차 코일의 자기인덕턴스

$$L_2 = \frac{\mu S N_2^2}{l} = \frac{\mu S}{l} \times N_2^2 = \left(\frac{N_2}{N_1}\right)^2 \times L_1$$

㉢ 상호인덕턴스

$$M = \frac{\mu S N_1 N_2}{l} = \frac{\mu S}{l} \times N_1 N_2 = \frac{N_2}{N_1} \times L_1$$

상 제4장 유전체

12 자화율(magnetic susceptibility) χ는 상자성체에서 일반적으로 어떤 값을 갖는가?

① $\chi = 0$ ② $\chi > 0$

③ $\chi < 0$ ④ $\chi = 1$

정답   09 ②   10 ④   11 ④   12 ②

해설

㉠ 자회의 세기 : $J = \mu_o(\mu_s - 1)H$[Wb/m²]

㉡ 자화율 : $\chi = \mu_0(\mu_s - 1)$[H/m]

㉢ 비자화율 : $\chi_{er} = \mu_s - 1$

㉣ 자성체의 종류별 특징

종류	자화율	비자화율	비투자율
비자성체	$\chi = 0$	$\chi_{er} = 0$	$\mu_s = 1$
강자성체	$\chi \gg 0$	$\chi_{er} \gg 0$	$\mu_s \gg 1$
상자성체	$\chi > 0$	$\chi_{er} > 0$	$\mu_s > 1$
반자성체	$\chi < 0$	$\chi_{er} < 0$	$\mu_s < 1$

중 제6장 전류

13 구리의 저항율은 20[℃]에서 1.69×10^{-8} [Ω·m]이고 온도계수는 0.00390이다. 단면이 2[mm²]인 구리선 200[m]의 50[℃]에서의 저항값은 몇 [Ω]인가?

① 1.69×10^{-3}　② 1.89×10^{-3}
③ 1.69　④ 1.89

해설

㉠ 20[℃]에서 전기저항값

$$R = \rho \frac{l}{S}$$

$$= 1.69 \times 10^{-8} \times \frac{200}{2 \times 10^{-6}}$$

$$= 1.69 [\Omega]$$

여기서, ρ : 20[℃]에서의 고유저항

㉡ 50[℃]로 상승했을 때의 전기저항값

$$R_T = R_t[1 + \alpha_t(T - t)]$$

$$= 1.69 \times [1 + 0.0039(50 - 20)]$$

$$= 1.887[\Omega]$$

여기서, T : 현재 온도
t : 초기 온도
α_t : t[℃]에서의 온도계수

상 제8장 전류의 자기현상

14 z 축상에 놓인 길이가 긴 직선 도체에 10[A]의 전류가 $+z$ 방향으로 흐르고 있다. 이 도체 주위의 자속밀도가 $3\hat{x} - 4\hat{y}$ [Wb/m²]일 때 도체가 받는 단위길이당 힘 [N/m]은? (단, $\hat{x}$, $\hat{y}$ 는 단위벡터이다.)

① $-40\hat{x} + 30\hat{y}$　② $-30\hat{x} + 40\hat{y}$
③ $30\hat{x} + 40\hat{y}$　④ $40\hat{x} + 30\hat{y}$

해설

㉠ 플레밍의 왼손법칙 : 자계 내의 도체에 전류를 흘리면 도체에는 전자력 F 가 발생한다.

㉡ 전자력 : $F = IBl\sin\theta = (\dot{I} \times \dot{B})l$[N]

∴ 단위길이당 작용하는 힘

$$f = \dot{I} \times \dot{B} = 10\hat{z} \times (3\hat{x} - 4\hat{y})$$

$$= 30\hat{y} + 40\hat{x} = 40\hat{x} + 30\hat{y} \text{[N/m]}$$

여기서, $\hat{I} \times \hat{x} = \hat{y}$, $\hat{I} \times -\hat{y} = \hat{x}$

상 제3장 정전용량

15 콘덴서의 내압(耐壓) 및 정전용량이 각각 1000[V]−2[μF], 700[V]−3[μF], 600[V]−4[μF], 300[V]−8[μF]이다. 이 콘덴서를 직렬로 연결할 때 양단에 인가되는 전압을 상승시키면 제일 먼저 절연이 파괴되는 콘덴서는?

① $1000[V] - 2[\mu F]$
② $700[V] - 3[\mu F]$
③ $600[V] - 4[\mu F]$
④ $300[V] - 8[\mu F]$

해설

최대 전하=내압×정전용량의 결과 최대 전하값이 작은 것이 먼저 파괴된다.
① $1000 \times 2 = 2000[\mu C]$
② $700 \times 3 = 2100[\mu C]$
③ $600 \times 4 = 2400[\mu C]$
④ $300 \times 8 = 2400[\mu C]$
∴ 1000[V] − 2[μF]가 먼저 파괴된다.

상 제8장 전류의 자기현상

16 다음 중 무한장 솔레노이드에 전류가 흐를 때에 대한 설명으로 가장 알맞은 것은?

① 내부자계는 위치에 상관없이 일정하다.
② 내부자계와 외부자계는 그 값이 같다.
③ 외부자계는 솔레노이드 근처에서 멀어질수록 그 값이 작아진다.
④ 내부자계의 크기는 0이나.

해설 솔레노이드 자계의 특징

㉠ 솔레노이드의 내부자계는 평등자장이므로 위치에 상관없이 항상 일정하다.
㉡ 외부자계는 0이다.

정답 13 ④　14 ④　15 ①　16 ①

상 제10장 전자유도법칙

17 DC 전압을 가하면 전류는 도선 중심쪽으로 흐르려고 한다. 이러한 현상을 무슨 효과라 하는가?

① Skin효과 　　② Pinch효과
③ 압전기효과 　　④ Peltier효과

🔍 **해설**

① 표피효과(Skin효과) : 교류전압을 가하면 전류가 도선 표면으로 흐르려고 하는 현상
③ 압전기효과(피에조효과) : 전체에 압력이나 인장력을 가하면 전기분극이 발생하는 현상
④ 펠티에효과(Peltier효과) : 두 종류의 금속으로 폐회로를 만들어 전류를 흘리면 양 접속점에서 한쪽은 온도가 올라가고 다른 쪽은 온도가 내려가는 현상

상 제5장 전기영상법

18 비투자율은? (단, μ_0는 진공의 투자율, χ_m은 자화율이다.)

① $1 + \dfrac{\chi_m}{\mu_0}$ 　　② $\mu_0(1+\chi_m)$

③ $\dfrac{1}{1+\chi_m}$ 　　④ $\dfrac{1}{1-\chi_m}$

🔍 **해설**

㉠ 자화의 세기 : $J = \mu_0(\mu_s - 1)H = \chi H\,[\text{Wb/m}^2]$
㉡ 자화율 : $\chi_m = \mu_0(\mu_s - 1) = \mu - \mu_0$
㉢ 비자화율 : $\chi_{er} = \dfrac{\chi_m}{\mu_0} = \mu_s - 1$

∴ 비투자율 : $\mu_s = 1 + \dfrac{\chi_m}{\mu_0}$

중 제8장 전류의 자기현상

19 반지름 25[cm]의 원형 코일을 1[mm] 간격으로 동축상에 평행 배치한 후 각각에 100[A]의 전류가 같은 방향으로 흐를 때 상호 간에 작용하는 인력은 몇 [N]인가?

① 0.0314 　　② 0.314
③ 3.14 　　④ 31.4

🔍 **해설**

㉠ 반지름 25[cm]의 원형 코일의 길이
$l = 2\pi r = 2\pi \times 25 = 50\pi\,[\text{cm}]$
㉡ 두 도선 사이에 작용하는 힘(전자력)

$$F = \frac{2I_1 I_2 l}{d} \times 10^{-7}$$
$$= \frac{2 \times 100^2 \times 50\pi \times 10^{-2}}{10^{-3}} \times 10^{-7}$$
$$= 3.14\,[\text{N}]$$

상 제12장 전자계

20 유전체 내에서 변위전류를 발생하는 것은?

① 분극전하밀도의 시간적 변화
② 전속밀도의 시간적 변화
③ 자속밀도의 시간적 변화
④ 분극전하밀도의 공간적 변화

🔍 **해설**

㉠ 변위전류밀도 : $i_d = \dfrac{\partial D}{\partial t}\,[\text{A/m}^2]$
㉡ 의미 : 시간에 따라 전속밀도의 크기가 변화하면 변위전류가 발생한다.

제2과목　전력공학

상 제6장 중성점 접지방식

21 다음 중 1선 지락전류가 큰 순서대로 배열된 것은?

> ㉠ 직접접지 3상 3선 방식
> ㉡ 저항접지 3상 3선 방식
> ㉢ 리액터(reactor)접지 3상 3선 방식
> ㉣ 비접지 3상 3선 방식

① ㉣ - ㉠ - ㉡ - ㉢
② ㉣ - ㉡ - ㉠ - ㉢
③ ㉠ - ㉡ - ㉢ - ㉣
④ ㉡ - ㉠ - ㉢ - ㉣

🔍 **해설** 송전계통의 접지방식별 지락사고 시 지락전류 크기 비교

중성점 접지방식	비접지	직접접지	저항접지	소호리액터접지
지락전류의 크기	작음	최대	중간	최소

정답 　17 ②　18 ①　19 ③　20 ②　21 ③

중 제6장 중성점 접지방식

22 선로의 길이 60[km]인 3상 3선식 66[kV] 1회선 송전에 적당한 소호리액터용량은 몇 [kVA]인가? (단, 대지정전용량은 1선당 0.0053[μF/km]이다)

① 322 ② 522
③ 1044 ④ 1566

◥「 해설

소호리액터용량 $Q_L = 2\pi f C V^2 l \times 10^{-9}$[kVA]
$Q_L = 2\pi \times 60 \times 0.0053 \times 66000^2 \times 60 \times 10^{-9}$
$= 522.2$[kVA]

하 제5장 고장 계산 및 안정도

23 그림과 같이 전압 11[kV], 용량 15[MVA]의 3상 교류발전기 2대와 용량 33[MVA]의 변압기 1대로 된 계통이 있다. 발전기 1대 및 변압기 %리액턴스가 20[%], 10[%]일 때 차단기 ②의 차단용량[MVA]은?

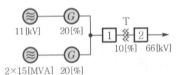

① 80 ② 95
③ 103 ④ 125

◥「 해설

변압기용량 33[MVA]를 기준용량으로 발전기 및 변압기의 %리액턴스를 환산하여 합산하면
$\%X = 10 + \dfrac{20}{2} \times \dfrac{33}{15} = 32$[%]

차단기 ②의 차단용량 $P_s = \dfrac{100}{32} \times 33 = 103$[MVA]

상 제4장 송전 특성 및 조상설비

24 전력원선도의 가로축과 세로축은 각각 어느 것을 나타내는가?

① 최대 전력 – 피상전력
② 유효전력 – 무효전력
③ 조상용량 – 송전효율
④ 송전효율 – 코로나손실

◥「 해설

전력원선도의 가로축은 유효전력, 세로축은 무효전력, 반경(반지름)은 $\dfrac{V_S V_R}{Z}$이다.

중 제4장 송전 특성 및 조상설비

25 동기조상기와 전력용 콘덴서를 비교할 때 전력용 콘덴서의 이점으로 옳은 것은?

① 진상과 지상의 전류 양용이다.
② 단락고장이 일어나도 고장전류가 흐르지 않는다.
③ 송전선의 시송전에 이용 가능하다.
④ 전압조정이 연속적이다.

◥「 해설 전력용 콘덴서의 장점

㉠ 정지기로 회전기인 동기조상기에 비해 전력손실이 작다.
㉡ 부하특성에 따라 콘덴서의 용량을 수시로 변경할 수 있다.
㉢ 단락고장이 일어나도 고장전류가 흐르지 않는다.

상 제5장 고장 계산 및 안정도

26 전력계통의 안정도 향상대책으로 옳지 않은 것은?

① 계통의 직렬리액턴스를 낮게 한다.
② 고속도 재폐로방식을 채용한다.
③ 지락전류를 크게 하기 위하여 직접접지방식을 채용한다.
④ 고속도 차단방식을 채용한다.

◥「 해설

직접접지방식은 1선 지락사고 시 대지로 흐르는 지락전류가 다른 접지방식에 비해 너무 커서 안정도가 가장 낮은 접지방식이다.

중 제11장 발전

27 횡축에 1년 365일을 역일 순으로 취하고, 종축에 유량을 취하여 매일의 측정유량을 나타낸 곡선은?

① 유황곡선 ② 적산유량곡선
③ 유량도 ④ 수위유량곡선

정답 **22** ② **23** ③ **24** ② **25** ② **26** ③ **27** ③

해설 하천의 유량측정

㉠ 유황곡선 : 횡축에 일수를, 종축에 유량을 표시하고 유량이 많은 일수를 차례로 배열하여 이 점들을 연결한 곡선이다.

㉡ 적산유량곡선 : 횡축에 역일을, 종축에 유량을 기입하고 이들의 유량을 매일 적산하여 작성한 곡선으로, 저수지용량 등을 결정하는 데 이용할 수 있다.

㉢ 유량도 : 횡축에 역일을, 종축에 유량을 기입하고 매일의 유량을 표시한 것이다.

㉣ 수위유량곡선 : 횡축에 하천유량을, 종축에 하천의 수위 사이에는 일정한 관계가 있으므로 이들 관계를 곡선으로 표시한 것이다.

하 제10장 배전선로 계산

28 전선의 굵기가 균일하고 부하가 균등하게 분포되어 있는 배전선로의 전력손실은 전체 부하가 송전단으로부터 전체 전선로 길이의 어느 지점에 집중되어 있는 손실과 같은가?

① $\dfrac{3}{4}$ ② $\dfrac{2}{3}$

③ $\dfrac{1}{3}$ ④ $\dfrac{1}{2}$

해설

㉠ 부하가 말단에 집중된 경우 전력손실 $P_l = I_n^2 r[W]$

㉡ 부하가 균등하게 분산 분포된 경우 전력손실

$P_l = \dfrac{1}{3} I_n^2 r[W]$

중 제10장 배전선로 계산

29 고압 배전선로의 중간에 승압기를 설치하는 주목적은?

① 부하의 불평형 방지
② 말단의 전압강하 방지
③ 전력손실의 감소
④ 역률개선

해설

승압의 목적으로는 송전전력의 증가, 전력손실 및 전압강하율의 경감, 단면적을 작게 함으로써 재료절감의 효과 등이 있다.

상 제5장 고장 계산 및 안정도

30 선간단락 고장을 대칭좌표법으로 해석할 경우 필요한 것 모두를 나열한 것은?

① 정상임피던스 및 역상임피던스
② 정상임피던스 및 영상임피던스
③ 역상임피던스 및 영상임피던스
④ 영상임피던스

해설 선로고장 시 대칭좌표법으로 해석할 경우 필요사항

㉠ 1선 지락 : 영상임피던스, 정상임피던스, 역상임피던스
㉡ 선간단락 : 정상임피던스, 역상임피던스
㉢ 3선 단락 : 정상임피던스

상 제7장 이상전압 및 유도장해

31 전선로에서 가공지선을 설치하는 목적이 아닌 것은?

① 뇌(雷)의 직격을 받을 경우 송전선 보호
② 유도뢰에 의한 송전선의 고전위 방지
③ 통신선에 대한 차폐효과 증진
④ 철탑의 접지저항 경감

해설 가공지선의 설치효과

㉠ 직격뢰로부터 선로 및 기기 차폐
㉡ 유도뢰에 의한 정전차폐효과
㉢ 통신선의 전자유도장해를 경감시킬 수 있는 전자차폐효과

상 제1장 전력계통

32 전력계통의 전압을 조정하는 가장 보편적인 방법은?

① 발전기의 유효전력 조정
② 부하의 유효전력 조정
③ 계통의 주파수 조정
④ 계통의 무효전력 조정

해설

조상설비를 이용하여 무효전력을 조정하여 전압을 조정한다.

정답 28 ③ 29 ② 30 ① 31 ② 32 ④

상 제7장 이상전압 및 유도장해

33 계통 내 각 기기, 기구 및 애자 등의 상호 간에 적정한 절연강도를 지니게 함으로서 계통설계를 합리적으로 할 수 있게 한 것을 무엇이라 하는가?

① 기준충격 절연강도
② 보호계전방식
③ 절연계급 선정
④ 절연협조

해설 절연협조의 정의

발·변전소의 기기나 송·배전선로 등의 전력계통 전체의 절연설계를 보호장치와 관련시켜서 합리화를 도모하고 안전성과 경제성을 유지하는 것이다.

상 제4장 송전 특성 및 조상설비

34 송전선로의 정상상태 극한(최대)송전전력은 선로리액턴스와 대략 어떤 관계가 성립하는가?

① 송·수전단 사이의 리액턴스에 반비례한다.
② 송·수전단 사이의 리액턴스에 비례한다.
③ 송·수전단 사이의 리액턴스의 자승에 비례한다.
④ 송·수전단 사이의 리액턴스의 자승에 반비례한다.

해설

송전전력 $P = \dfrac{V_S V_R}{X}\sin\delta\,[\text{MW}]$에서 정상상태 극한(최대)송전전력은 송·수전단 사이 선로의 리액턴스에 반비례한다.

상 제7장 이상전압 및 유도장해

35 송전선로에 근접한 통신선에 유도장해가 발생한다. 정전유도의 원인은?

① 영상전압
② 역상전압
③ 역상전류
④ 정상전류

해설

전력선과 통신선 사이에 발생하는 상호정전용량의 불평형으로, 통신선에 유도되는 정전유도전압으로 인해 정상일 때에도 유도장해가 발생한다.

정전유도전압 $E_n = \dfrac{C_m}{C_s + C_m}E_0\,[\text{V}]$

하 제11장 발전

36 열효율 35[%]의 화력발전소의 평균발열량 6000[kcal/kg]의 석탄을 사용하면 1[kWh]를 발전하는 데 필요한 석탄량은 약 몇 [kg]인가?

① 0.41
② 0.62
③ 0.71
④ 0.82

해설

석탄의 양

$$W = \frac{860P}{C\eta} = \frac{860 \times 1}{6000 \times 0.35} = 0.4095 = 0.41\,[\text{kg}]$$

여기서, P : 발전소출력[kW]
C : 연료의 발열량[kcal/kg]
η : 열효율

중 제10장 배전선로 계산

37 그림과 같은 회로에서 A, B, C, D의 어느 곳에 전원을 접속하면 간선 A-D 간의 전력손실이 최소가 되는가?

① A
② B
③ C
④ D

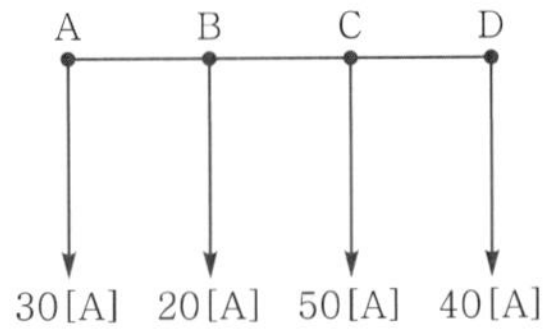

| A | B | C | D |
|30[A]|20[A]|50[A]|40[A]|

해설

각 구간당 저항이 동일하다고 가정하고 각 구간당 저항을 r 이라 하면

• A점에서 하는 급전의 경우 :
$P_{CA} = 110^2 r + 90^2 r + 40^2 r = 21800r$
• B점에서 하는 급전의 경우 :
$P_{CB} = 30^2 r + 90^2 r + 40^2 r = 10600r$
• C점에서 하는 급전의 경우 :
$P_{CC} = 30^2 r + 50^2 r + 40^2 r = 5000r$
• D점에서 하는 급전의 경우 :
$P_{CD} = 30^2 r + 50^2 r + 100^2 r = 13400r$

따라서 C점에서 급전하는 경우 전력손실은 최소가 된다.

중 제8장 송전선로 보호방식

38 여러 회선인 비접지 3상 3선식 배전선로에 방향지락계전기를 사용하여 선택지락보호를 하려고 한다. 필요한 것은?

① CT와 OCR
② CT와 PT
③ 접지변압기와 ZCT
④ 접지변압기와 ZPT

정답 33 ④ 34 ① 35 ① 36 ① 37 ③ 38 ③

해설

방향지락계전기(DGR)는 방향성을 갖는 과전류지락계전기로, 영상전압과 영상전류를 얻어 선택지락보호를 한다.

상 **제8장 송전선로 보호방식**

39 접촉자가 외기(外氣)로부터 격리되어 있어 아크에 의한 화재의 염려가 없고 소형·경량으로 구조가 간단하며 보수가 용이하고 진공 중의 아크소호능력을 이용하는 차단기는?

① 유입차단기   ② 진공차단기
③ 공기차단기   ④ 가스차단기

해설 진공차단기

㉠ 소형·경량으로 제작이 가능하다.
㉡ 아크나 가스의 외부방출이 없어 소음이 작다.
㉢ 아크에 의한 화재나 폭발의 염려가 없다.
㉣ 소호특성이 우수하고, 고속개폐가 가능하다.

중 **제11장 발전**

40 원자력발전소에서 사용하는 감속재에 관한 설명으로 틀린 것은?

① 중성자 흡수단면적이 클 것
② 감속비가 클 것
③ 감속능력이 클 것
④ 경수, 중수, 흑연 등이 사용됨

해설

감속재란 핵분열에 의해 생긴 고속중성자를 열중성자로 감속하기 위하여 사용하는 것이다.
㉠ 원자핵의 질량수가 적을 것
㉡ 중성자의 산란이 크고 흡수가 적을 것

제3과목   전기기기

상 **제1장 직류기**

41 직류발전기에서 회전속도가 빨라지면 정류가 힘든 이유는?

① 리액턴스 전압이 커진다.
② 정류자속이 감소한다.
③ 브러시 접촉저항이 커진다.
④ 정류주기가 길어진다.

해설

리액턴스 전압 $e_L = L\dfrac{2I_c}{T_c}$[V]에서

$T_c \propto \dfrac{1}{v}$ (여기서, T_c : 정류주기, v : 회전속도)

직류기에서 정류 시 회전속도가 증가되면 정류주기가 감소하여 리액턴스 전압이 커지므로 정류가 불량해진다.

하 **제1장 직류기**

42 직류분권발전기의 전기자저항이 0.05[Ω]이다. 단자전압이 200[V], 회전수 1500[rpm]일 때 전기자전류가 100[A]이다. 이것을 전동기로 사용하여 전기자전류와 단자전압이 같을 때 회전속도[rpm]는? (단, 전기자반작용은 무시한다.)

① 1427   ② 1577
③ 1620   ④ 1800

해설

유기기전력
$E_a = V_n + I_a \cdot r_a = 200 + 100 \times 0.05 = 205$[V]
역기전력
$E_c = V_n - I_a \cdot r_a = 200 - 100 \times 0.05 = 195$[V]
전동기로 운전 시 회전수

$N_{전동기} = N_{발전기} \times \dfrac{E_c}{E_a} = 1500 \times \dfrac{195}{205}$

$= 1426.82 \fallingdotseq 1427$[rpm]

중 **제2장 동기기**

43 정격출력 10000[kVA], 정격전압 6600[V], 정격 역률 0.6인 3상 동기발전기가 있다. 동기리액턴스 0.6[p.u]인 경우의 전압변동률[%]을 구하면?

① 21[%]   ② 31[%]
③ 40[%]   ④ 52[%]

해설 단위법(p.u법)

㉠ 무부하전압 $E = V_0 = \sqrt{0.6^2 + (0.6 + 0.8)^2}$
$= 1.523$[pu]

㉡ 정격전압 $V = 1$

㉢ 전압변동율 $\%\varepsilon = \dfrac{(V_0 - V)}{V} \times 100$

$= \dfrac{(1.523 - 1)}{1} \times 100$

$= 52.32$[%]

정답 39 ② 40 ① 41 ① 42 ① 43 ④

44 자동제어장치에 쓰이는 서보모터(servo motor)의 특성을 나타내는 것 중 틀린 것은?

① 빈번한 시동, 정지, 역전 등의 가혹한 상태에 견디도록 견고하고 큰 돌입전류에 견딜 것
② 시동토크는 크나, 회전부의 관성모멘트가 작고 전기적 시정수가 짧을 것
③ 발생토크는 입력신호(入力信號)에 비례하고 그 비가 클 것
④ 직류서보모터에 비하여 교류서보모터의 시동토크가 매우 클 것

해설 서보모터의 특성

㉠ 시동 정지가 빈번한 상황에서도 견딜 수 있을 것
㉡ 큰 회전력을 가질 것
㉢ 회전자(Rotor)의 관성모멘트가 작을 것
㉣ 급제동 및 급가속(시동토크가 크다)에 대응할 수 있을 것(시정수가 짧을 것)
㉤ 토크의 크기는 직류서보모터가 교류서보모터보다 크다.

45 어떤 주상변압기가 $\dfrac{4}{5}$ 부하일 때 최대효율이 된다고 한다. 전부하에 있어서의 철손과 동손의 비 P_c / P_i는?

① 약 1.15   ② 약 1.56
③ 약 1.64   ④ 약 0.64

해설

최대효율이 되는 부하율 $\dfrac{1}{m} = \sqrt{\dfrac{P_i}{P_c}}$

주상변압기의 부하가 $\dfrac{4}{5}$일 때 최대효율이므로

$\dfrac{4}{5} = \sqrt{\dfrac{P_i}{P_c}}$ 에서 $\dfrac{P_c}{P_i} = \dfrac{5^2}{4^2} = 1.56$

46 변압비 10 : 1의 단상변압기 3대를 Y-△로 접속하여 2차측에 200[V], 75[kVA]의 3상 평형부하를 걸었을 때 1차측에 흐르는 전류는 몇 [A]인가?

① 10.5   ② 11.0
③ 12.5   ④ 13.5

해설

2차측 △결선의 상전류에 흐르는 전류

$I_2 = \dfrac{P}{\sqrt{3}\,V_n} \times \dfrac{1}{\sqrt{3}} = \dfrac{75}{\sqrt{3} \times 0.2} \times \dfrac{1}{\sqrt{3}}$
$= 125[\text{A}]$

따라서 1차측에 흐르는 전류

$I_1 = \dfrac{1}{a}I_2 = \dfrac{1}{10} \times 125 = 12.5[\text{A}]$

47 3000/200[V] 변압기의 1차 임피던스가 225[Ω]이면 2차 환산임피던스는 몇 [Ω]인가?

① 1.0   ② 1.5
③ 2.1   ④ 2.8

해설

권수비 $a = \dfrac{V_1}{V_2} = \dfrac{3000}{200} = 15$

2차 환산 임피던스 $Z_2 = \dfrac{Z_1}{a^2} = \dfrac{225}{15^2} = 1[\Omega]$

48 단상 유도전압조정기에서 단락권선의 역할은?

① 철손 경감
② 전압강하 경감
③ 절연보호
④ 전압조정 용이

해설

단락권선은 단상 유도전압조정기에서 나타나는 리액턴스에 의한 전압강하를 감소시킨다.

49 15[kW] 3상 유도전동기의 기계손이 350[W], 전부하 시의 슬립이 3[%]이다. 전부하 시의 2차 동손[W]은?

① 약 475[W]   ② 약 460.5[W]
③ 약 453[W]   ④ 약 439.5[W]

해설

2차 출력 $P_o = P + P_m = 15000 + 350 = 15350[W]$
(여기서, P_m : 기계손)
$P_o : P_c = 1 - s : s$
2차 동손
$P_c = \dfrac{s}{1-s} P_o = \dfrac{0.03}{1-0.03} \times 15350 = 474.74[W]$

상 **제2장 동기기**

50 교류기에서 집중권이란 매극 매상의 슬롯 수가 몇 개임을 말하는가?

① 1/2 　　② 1
③ 2 　　④ 5

해설

매극 매상당 슬롯수 $q = 1$인 경우

분포권계수가 $K_d = \dfrac{\sin\dfrac{\pi}{2m}}{q\sin\dfrac{\pi}{2mq}} = \dfrac{\sin\dfrac{\pi}{2m}}{1\sin\dfrac{\pi}{2m1}} = 1$

이므로 집중권과 같다.

중 **제4장 유도기**

51 단상 유도전동기의 기동 시 브러시를 필요로 하는 것은 다음 중 어느 것인가?

① 분상기동형
② 반발기동형
③ 콘덴서기동형
④ 셰이딩코일기동형

해설

반발기동형은 기동 시에는 반발전동기로 기동하고 기동 후에는 원심력 개폐기로 정류자를 단락시켜 농형 회전자로 기동하는데 브러시는 고정자권선과 회전자권선을 단락시킨다.

중 **제1장 직류기**

52 단자전압 110[V], 전기자전류 15[A], 전기자회로의 저항 2[Ω], 정격속도 1800[rpm]으로 전부하에서 운전하고 있는 직류분권 전동기의 토크[N · m]는?

① 6.0 　　② 6.4
③ 10.08 　　④ 11.14

해설

역기전력 $E_c = V_n - I_a \cdot r_a = 110 - 15 \times 2 = 80[V]$
발생동력 $P_o = E_c \cdot I_a = 80 \times 15 = 1200[V]$

$1[kg \cdot m] = 9.8[N \cdot m]$에서

토크 $T = 0.975 \dfrac{P_o}{N} \times 9.8 = 0.975 \times \dfrac{1200}{1800} \times 9.8$

　　　$= 6.37 ≒ 6.4[N \cdot m]$

상 **제1장 직류기**

53 직류발전기의 무부하포화곡선과 관계되는 것은?

① 부하전류와 계자전류
② 단자전압과 계자전류
③ 단자전압과 부하전류
④ 출력과 부하전류

해설

무부하곡선이란 직류발전기가 정격속도로 회전하는 무부하상태에서 계자전류와 유기기전력(단자전압)과의 관계곡선을 나타낸다.

상 **제2장 동기기**

54 동기발전기에서 앞선 전류가 흐를 때 어떤 작용을 하는가?

① 감자작용
② 증자작용
③ 교차자화작용
④ 아무 작용도 하지 않음

해설 **동기발전기의 전기자반작용**

㉠ 전류와 전압이 동위상 : 교차자화작용(횡축 반작용)
㉡ 전류가 전압보다 90° 뒤질 때(지상전류) : 감자작용 (직축 반작용)
㉢ 전류가 전압보다 90° 앞설 때(진상전류) : 증자(자화) 작용

상 **제3장 변압기**

55 단상변압기의 임피던스 와트(impedance watt)를 구하기 위해서는 다음 중 어느 시험이 필요한가?

① 무부하시험 　　② 단락시험
③ 유도시험 　　④ 반환부하법

해설

단락시험에서 정격전류와 같은 단락전류가 흐를 때의 입력이 임피던스 와트이고, 동손과 크기가 같다.

정답 50 ② 51 ② 52 ② 53 ② 54 ② 55 ②

중 제3장 변압기

56 주파수가 정격보다 3[%] 감소하고 동시에 전압이 정격보다 3[%] 상승된 전원에서 운전되는 변압기가 있다. 철손이 fB_m^2에 비례한다면 이 변압기 철손은 정격상태에 비하여 어떻게 달라지는가? (단, f : 주파수, B_m : 자속밀도 최대치)

① 8.7[%] 증가
② 8.7[%] 감소
③ 9.4[%] 증가
④ 9.4[%] 감소

해설

주파수의 3[%] 감소 시 1 → 0.97
전압의 3[%] 증가 시 1 → 1.03

철손 $P_i \propto \dfrac{V^2}{f} = \dfrac{1.03^2}{0.97} ≒ 1.094$

철손의 변화 $= (1.094 - 1) \times 100 = 9.4[\%]$

상 제5장 정류기

57 단상 반파의 정류효율은?

① $\dfrac{4}{\pi^2} \times 100[\%]$
② $\dfrac{\pi^2}{4} \times 100$
③ $\dfrac{8}{\pi^2} \times 100$
④ $\dfrac{\pi^2}{8} \times 100$

해설 정류효율

㉠ 단상 반파정류 $= \dfrac{4}{\pi^2} \times 100 = 40.6[\%]$

㉡ 단상 전파정류 $= \dfrac{8}{\pi^2} \times 100 = 81.2[\%]$

중 제3장 변압기

58 같은 정격전압에서 변압기의 주파수만 높이면 가장 많이 증가하는 것은?

① 여자전류
② 온도상승
③ 철손
④ %임피던스

해설

정격전압에서 주파수만 증가하면 철손, 여자전류, 온도상승은 주파수에 반비례하여 감소하지만, %임피던스는 주파수에 비례하여 증가한다.

중 제2장 동기기

59 정격전압 6[kV], 정격용량 10000[kVA], 주파수 60[Hz]인 3상 동기발전기의 단락비는? (단, 1상의 동기임피던스는 3[Ω]이다.)

① 12
② 1.2
③ 1.0
④ 0.833

해설

단락비 $K_s = \dfrac{I_s}{I_n} = \dfrac{100}{\%Z} = \dfrac{1}{Z[\text{p.u}]} = \dfrac{10^3 V_n^2}{P Z_s}$

$\qquad = \dfrac{10^3 \times 6^2}{10000 \times 3} = 1.2$

상 제2장 동기기

60 동기발전기 2대를 병렬운전시키는 경우 일치하지 않아도 되는 것은?

① 기전력의 크기
② 기전력의 위상
③ 부하전류
④ 기전력의 주파수

해설

동기발전기의 병렬운전 시 유기기전력의 크기, 위상, 주파수, 파형, 상회전방향은 같아야 하고, 용량, 출력, 부하전류, 임피던스 등은 임의로 운전한다.

제4과목 **회로이론 및 제어공학**

하 제어공학 제2장 전달함수

61 $\dfrac{k}{s + \alpha}$ 인 전달함수를 신호흐름선도로 표시하면?

정답 56 ③ 57 ① 58 ④ 59 ② 60 ③ 61 ③

해설

보기의 전달함수 값은 다음과 같다.

① $M(s) = \dfrac{-ks}{1-s\alpha}$

② $M(s) = \dfrac{ks}{1+k\alpha}$

③ $\dfrac{\dfrac{k}{s}}{1+\dfrac{\alpha}{s}} = \dfrac{k}{s+\alpha}$

④ $\dfrac{-ks}{1-k\alpha}$

상 제어공학 제2장 전달함수

62 적분요소의 전달함수는?

① K　　　　　② $\dfrac{K}{Ts+1}$

③ $\dfrac{1}{Ts}$　　　　④ Ts

해설

① 비례요소
② 1차 지연요소
③ 적분요소
④ 미분요소

상 제어공학 제7장 상태방정식

63 $\dfrac{d^3}{dt^3}c(t) + 8\dfrac{d^2}{dt^2}c(t) + 19\dfrac{d}{dt}c(t) + 12c(t) = 6u(t)$의 미분방정식을 상태방정식 $\dfrac{dx(t)}{dt} = Ax(t) + Bu(t)$로 표현할 때 옳은 것은?

① $A = \begin{bmatrix} 0 & 1 & 0 \\ 0 & 0 & 1 \\ -12 & -19 & -8 \end{bmatrix}$, $B = \begin{bmatrix} 0 \\ 0 \\ 6 \end{bmatrix}$

② $A = \begin{bmatrix} 0 & 1 & 0 \\ 0 & 0 & 1 \\ -8 & -19 & -12 \end{bmatrix}$, $B = \begin{bmatrix} 0 \\ 0 \\ 6 \end{bmatrix}$

③ $A = \begin{bmatrix} 0 & 1 & 0 \\ 0 & 0 & 1 \\ -12 & -19 & -8 \end{bmatrix}$, $B = \begin{bmatrix} 6 \\ 0 \\ 0 \end{bmatrix}$

④ $A = \begin{bmatrix} 0 & 1 & 0 \\ 0 & 0 & 1 \\ -12 & -19 & -8 \end{bmatrix}$, $B = \begin{bmatrix} 6 \\ 0 \\ 1 \end{bmatrix}$

해설

㉠ $c(t) = x_1(t)$

㉡ $\dfrac{d}{dt}c(t) = \dfrac{d}{dt}x_1(t) = \dot{x}_1(t) = x_2(t)$

㉢ $\dfrac{d^2}{dt^2}c(t) = \dfrac{d}{dt}x_2(t) = \dot{x}_2(t) = x_3(t)$

㉣ $\dfrac{d^3}{dt^3}c(t) = \dfrac{d}{dt}x_3(t) = \dot{x}_3(t)$
　　　$= -12x_1(t) - 19x_2(t)$
　　　$\quad - 8x_3(t) + 6u(t)$

$\therefore \begin{bmatrix} \dot{x}_1 \\ \dot{x}_2 \\ \dot{x}_3 \end{bmatrix} = \begin{bmatrix} 0 & 1 & 0 \\ 0 & 0 & 1 \\ -12 & -19 & -8 \end{bmatrix}\begin{bmatrix} x_1(t) \\ x_2(t) \\ x_3(t) \end{bmatrix} + \begin{bmatrix} 0 \\ 0 \\ 6 \end{bmatrix}u(t)$

상 제어공학 제8장 시퀀스회로의 이해

64 논리식 $\overline{A} + \overline{B} \cdot \overline{C}$ 를 간단히 계산한 결과는?

① $\overline{A + BC}$　　　　② $\overline{A \cdot (B+C)}$

③ $\overline{A \cdot B + C}$　　　④ $\overline{A + B + C}$

해설

드 모르간의 정리를 이용하여 논리식을 간략화하면 다음과 같다.

$\therefore \overline{\overline{A + (\overline{B} \cdot \overline{C})}} = \overline{A \cdot (B+C)}$

상 제어공학 제3장 시간영역해석법

65 전달함수 $G(s) = \dfrac{C(s)}{R(s)} = \dfrac{1}{(s+a)^2}$ 인 제어계의 임펄스응답 $c(t)$는?

① e^{-at}　　　　② $1 - e^{-at}$

③ te^{-at}　　　　④ $\dfrac{1}{2}t^2$

해설

㉠ 임펄스함수의 라플라스 변환
　　$\delta(t) \xrightarrow{\mathcal{L}} 1$ (즉, $R(s) = 1$)

㉡ 출력 라플라스 변환
　　$C(s) = R(s)G(s) = G(s) = \dfrac{1}{(s+a)^2}$

㉢ 응답 $c(t) = \mathcal{L}^{-1}\left[\dfrac{1}{(s+a)^2}\right]$
　　　$= \mathcal{L}^{-1}\left[\dfrac{1}{s^2}\Big|_{s \to s+a}\right] = te^{-at}$

정답 62 ③　63 ①　64 ②　65 ③

상 제어공학 제2장 전달함수

66 다음과 같온 블록선도에서 등가 합성전달 함수 $\dfrac{C}{R}$는?

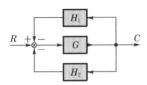

① $\dfrac{H_1 + H_2}{1 + G}$

② $\dfrac{G}{1 - H_3 G - H_2 G}$

③ $\dfrac{H_1}{1 + H_1 H_2 G}$

④ $\dfrac{G}{1 + H_1 G + H_2 G}$

해설

종합전달함수

$$M(s) = \dfrac{\sum 전향경로이득}{1 - \sum 폐루프이득}$$

$$= \dfrac{G}{1 - (-GH_1 - GH_2)}$$

$$= \dfrac{G}{1 + H_1 G + H_2 G}$$

상 제어공학 제4장 주파수영역해석법

67 전달함수 $G(s) = \dfrac{1}{s(s+10)}$ 에 $\omega = 0.1$ 인 정현파 입력을 주었을 때 보드선도의 이득은?

① $-40[\text{dB}]$ ② $-20[\text{dB}]$

③ $0[\text{dB}]$ ④ $20[\text{dB}]$

해설

주파수 전달함수

$$G(j\omega) = \dfrac{1}{j\omega(j\omega + 10)}\Big|_{\omega = 0.1}$$

$$= \dfrac{1}{j0.1(j0.1 + 10)} \fallingdotseq 1\underline{/-90°}$$

∴ 이득 $g = 20\log |G(j\omega)|$

$$= 20\log 1 = 0[\text{dB}]$$

상 제어공학 제6장 근궤적법

68 개루프 전달함수가 $\dfrac{K(s-5)}{s(s-1)^2(s+2)^2}$ 일 때 주어지는 계에서 점근선의 교차점은?

① $-\dfrac{3}{2}$

② $-\dfrac{7}{4}$

③ $\dfrac{5}{3}$

④ $-\dfrac{1}{5}$

해설

㉠ 극점 $s_1 = 0$, $s_2 = 1$(중근), $s_3 = -2$(중근)에서 극점의 수 $P = 5$개가 되고, 극점의 총합 $\sum P = 1 + 1 - 2 - 2 = -2$가 된다.

㉡ 영점 $s_1 = 5$ 에서 영점의 수 $Z = 1$개가 되고, 영점의 총합 $\sum Z = 5$가 된다.

∴ 점근선의 교차점

$$\sigma = \dfrac{\sum P - \sum Z}{P - Z} = \dfrac{-2 - 5}{5 - 1} = -\dfrac{7}{4}$$

상 제어공학 제5장 안정도 판별법

69 $G(j\omega)H(j\omega) = \dfrac{20}{(j\omega + 1)(j\omega + 2)}$ 의 이득여유는?

① $0[\text{dB}]$

② $10[\text{dB}]$

③ $20[\text{dB}]$

④ $-20[\text{dB}]$

해설

㉠ 이득여유는 개루프 전달함수 $G(j\omega)H(j\omega)$의 허수를 0으로 하여 구해야 한다.

㉡ 개루프 전달함수

$$G(j\omega)H(j\omega) = \dfrac{20}{(j\omega + 1)(j\omega + 2)}\Big|_{\omega = 0}$$

$$= \dfrac{20}{2} = 10$$

㉢ 이득여유

$$g_m = 20\log \dfrac{1}{|G(j\omega)H(j\omega)|}$$

$$= 20\log \dfrac{1}{10} = -20[\text{dB}]$$

정답 66 ④ 67 ③ 68 ② 69 ④

상 제어공학 제3장 시간영역해석법

70 2차 제어계의 과도응답에 대한 설명 중 틀린 것은?

① 제동계수가 1보다 작은 경우는 부족제동이라 한다.

② 제동계수가 1보다 큰 경우는 과제동이라 한다.

③ 제동계수가 1일 경우는 적정제동이라 한다.

④ 제동계수가 0일 경우는 무제동이라 한다.

🖐️해설 2차 지연요소의 인디셜 응답의 구분

㉠ $0 < \delta < 1$: 부족제동
㉡ $\delta = 1$: 임계제동
㉢ $\delta > 1$: 과제동
㉣ $\delta = 0$: 무제동(무한진동)
㉤ $\delta < 0$: 발산

∴ 제동계수 δ가 1일 경우 임계제동이라 한다.

상 회로이론 제5장 대칭좌표법

71 상의 순서가 $a - b - c$인 불평형 3상 전압이 아래와 같을 때 역상분 전압은?

$$V_a = 9 + j6[\text{V}]$$
$$V_b = -13 - j15[\text{V}]$$
$$V_c = -3 + j4[\text{V}]$$

① $0.18 + j6.72$

② $-2.33 - j1.67$

③ $11.15 + j0.95$

④ $-7.0 + j5.0$

🖐️해설

역상분 전압

$$V_2 = \frac{1}{3}(V_a + a^2 V_b + a V_c)$$
$$= \frac{1}{3}\left[(9+j6)+\left(-\frac{1}{2}-j\frac{\sqrt{3}}{2}\right)\right.$$
$$\times(-13-j15)+\left(-\frac{1}{2}+j\frac{\sqrt{3}}{2}\right)$$
$$\left.\times(-3+j4)\right]$$
$$= 0.18 + j6.72[\text{V}]$$

상 회로이론 제3장 다상 교류회로의 이해

72 그림과 같은 3상 평형회로에서 전원 전압이 $V_{ab} = 200[\text{V}]$이고, 부하 한 상의 임피던스가 $Z = 3 - j4[\Omega]$인 경우 전원과 부하 간의 선전류 I_a는 약 몇 [A]인가? (단, 3상 전압의 상순은 $a - b - c$이다.)

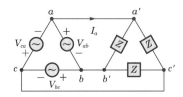

① $69.28 \underline{/23°}$

② $69.28 \underline{/53°}$

③ $40 \underline{/23°}$

④ $40 \underline{/53°}$

🖐️해설

㉠ 부하 한 상의 임피던스 :

$$Z = 3 - j4 = \sqrt{3^2 + 4^2} \angle \tan^{-1}\frac{-4}{3}$$
$$= 5\underline{/-53°}[\Omega]$$

㉡ 부하의 상전류 : $I_p = \dfrac{V_p}{Z} = \dfrac{200}{5\underline{/-53°}} = 40\underline{/53°}[\text{A}]$

㉢ 선전류 : $I_l = I_p\sqrt{3}\underline{/-30°} = 69.28\underline{/23°}$

중 회로이론 제3장 다상 교류회로의 이해

73 그림과 같은 부하에 선간전압이 $V_{ab} = 100\underline{/30°}[\text{V}]$인 평형 3상 전압을 가했을 때 선전류 I_a[A]는?

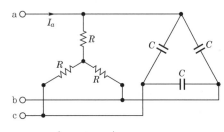

① $\dfrac{100}{\sqrt{3}}\left(\dfrac{1}{R} + j3\omega C\right)$

② $100\left(\dfrac{1}{R} + j\sqrt{3}\,\omega C\right)$

③ $\dfrac{100}{\sqrt{3}}\left(\dfrac{1}{R} + j\omega C\right)$

④ $100\left(\dfrac{1}{R} + j\omega C\right)$

정답 70 ③ 71 ① 72 ① 73 ①

전기기사

해설

㉠ △결선을 Y결선으로 등가변환하면 다음과 같다. (임피던스 크기를 $\frac{1}{3}$로 변환)

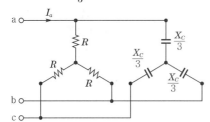

㉡ 저항과 정전용량은 병렬관계이므로 아래와 같이 등가변환시킬 수 있다.

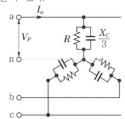

㉢ 합성 임피던스

$$Z = \cfrac{1}{\cfrac{1}{R} + \cfrac{1}{\cfrac{-jX_C}{3}}} = \cfrac{1}{\cfrac{1}{R} + j\cfrac{3}{X_C}}$$

$$= \cfrac{1}{\cfrac{1}{R} + j3\omega C}$$

여기서, $X_C = \frac{1}{\omega C}$

㉣ 상전압 : $V_P = \frac{V_l}{\sqrt{3}} \angle -30° = \frac{100}{\sqrt{3}} \angle 0°$

㉤ Y결선은 상전류와 선전류가 동일하므로

$$I_a = \frac{V_P}{Z} = \frac{100}{\sqrt{3}} \left(\frac{1}{R} + j3\omega C \right)$$

상 회로이론 제9장 과도현상

74 $R = 1[MΩ]$, $C = 1[μF]$의 직렬회로에 직류 100[V]를 가했다. 시정수[sec]와 초기값 전류는 몇 [A]인가?

① $\tau = 5[sec]$, $i(0) = 10^{-4}[A]$
② $\tau = 4[sec]$, $i(0) = 10^{-3}[A]$
③ $\tau = 1[sec]$, $i(0) = 10^{-4}[A]$
④ $\tau = 2[sec]$, $i(0) = 10^{-3}[A]$

해설

㉠ 시정수
$$\tau = RC = 10^6 \times 10^{-6} = 1[sec]$$

㉡ 초기값 전류
$$i(0) = \frac{E}{R} = \frac{100}{10^{-6}} = 10^{-4}[A]$$

상 회로이론 제2장 단상 교류회로의 이해

75 그림과 같은 파형을 가진 맥류의 평균값이 10[A]이라면 전류의 실효값은 얼마인가?

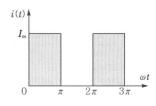

① 10
② 14
③ 20
④ 28

해설 반파구형파의 평균값, 최대값, 실효값

㉠ 평균값 : $I_a = \frac{I_m}{2}$

㉡ 최대값 : $I_m = 2 I_a = 2 \times 10 = 20[A]$

㉢ 실효값 : $I = \frac{I_m}{\sqrt{2}} = \frac{20}{\sqrt{2}} = 14.14[A]$

상 회로이론 제10장 라플라스 변환

76 $I(s) = \dfrac{2(s+1)}{s^2 + 2s + 5}$ 일 때 $I(s)$의 초기값 $i(0^+)$가 바르게 구해진 것은?

① $\frac{2}{5}$
② $\frac{1}{5}$
③ 2
④ -2

해설

초기값
$$\lim_{t \to 0} i(t) = \lim_{s \to \infty} s I(s)$$

$$= \lim_{s \to \infty} \frac{2s^2 + 2s}{s^2 + 2s + 5} = \lim_{s \to \infty} \frac{2 + \frac{2}{s}}{1 + \frac{2}{s} + \frac{5}{s^2}}$$

$$= 2$$

정답 74 ③ 75 ② 76 ③

상 회로이론 제4장 비정현파 교류회로의 이해

77 100[Ω]의 저항에 흐르는 전류가 $i = 5 + 14.14 \sin t + 7.07 \sin 2t$[A]일 때 저항에서 소비하는 평균전력[W]은?

① 20000[W]　　② 15000[W]

③ 10000[W]　　④ 7500[W]

해설

㉠ 전류의 실효값

$$I = \sqrt{I_0^2 + I_1^2 + I_3^2}$$
$$= \sqrt{5^2 + \left(\frac{14.14}{\sqrt{2}}\right)^2 + \left(\frac{7.07}{\sqrt{2}}\right)^2}$$
$$= 12.24[A]$$

㉡ 평균전력(=유효전력=소비전력)

$$P = I^2 R = 12.24^2 \times 100 = 15000[W]$$

상 회로이론 제9장 과도현상

78 RC 직렬회로에 $t = 0$[s]일 때 직류전압 100[V]를 인가하면 0.2초에 흐르는 전류는 몇 [mA]인가? (단, $R = 1000$[Ω], $C = 50[\mu F]$이고, 커패시터의 초기 충전 전하는 없는 것으로 본다.)

① 1.83　　② 2.98

③ 3.25　　④ 1.25

해설

RC 직렬회로에서 과도전류

$$i(t) = \frac{E}{R} e^{-\frac{1}{RC}t}$$
$$= \frac{100}{1000} \times e^{-\frac{1}{1000 \times 50 \times 10^{-6}} \times 0.2}$$
$$= 0.00183[A]$$
$$= 1.83[mA]$$

상 회로이론 제7장 4단자망 회로해석

79 내부 임피던스가 순저항 6[Ω]인 전원과 120[Ω]의 순저항 부하 사이에 임피던스 정합(matching)을 위한 이상변압기의 권선비는?

① $\dfrac{1}{\sqrt{20}}$　　② $\dfrac{1}{\sqrt{2}}$

③ $\dfrac{1}{20}$　　④ $\dfrac{1}{2}$

해설

㉠ 변압기 2차측 임피던스를 1차로 환산
: $Z_1 = a^2 Z_2$[Ω]

㉡ 권수비 : $a = \dfrac{N_1}{N_2} = \dfrac{V_1}{V_2} = \dfrac{I_2}{I_1} = \sqrt{\dfrac{Z_1}{Z_2}}$

$\therefore a = \sqrt{\dfrac{Z_1}{Z_2}} = \sqrt{\dfrac{6}{120}} = \dfrac{1}{\sqrt{20}}$

상 회로이론 제10장 라플라스 변환

80 $F(s) = \dfrac{2s+3}{s^2+3s+2}$ 의 라플라스 역변환은?

① $e^{-t} + e^{-2t}$　　② $e^{-t} - e^{-2t}$

③ $e^t - 2e^{-2t}$　　④ $e^{-t} + 2e^{-2t}$

해설

$$F(s) = \frac{2s+3}{s^2+3s+2} = \frac{2s+3}{(s+1)(s+2)}$$
$$= \frac{A}{s+1} + \frac{B}{s+2}$$
$$\xrightarrow{\mathcal{L}} Ae^{-t} + Be^{-2t}$$

$A = \lim_{s \to -1}(s+1)F(s) = \lim_{s \to -1}\dfrac{2s+3}{s+2} = \dfrac{-2+3}{-1+2} = 1$

$B = \lim_{s \to -2}(s+2)F(s) = \lim_{s \to -2}\dfrac{2s+3}{s+1} = \dfrac{-4+3}{-2+1} = 1$

$\therefore f(t) = Ae^{-t} + Be^{-2t} = e^{-t} + e^{-2t}$

제5과목 전기설비기술기준

중 제6장 분산형전원설비

81 연료전지설비에서 연료전지를 자동적으로 전로에서 차단하고 연료전지에 연료가스 공급을 자동적으로 차단하며, 연료전지 내의 연료가스를 자동적으로 배기하는 장치를 시설해야 하는 경우에 해당되지 않는 것은?

① 연료전지에 저전류가 생긴 경우

② 발전요소(發電要素)의 발전전압에 이상이 생겼을 경우

③ 연료가스 출구에서의 산소농도 또는 공기 출구에서의 연료가스 농도가 현저히 상승한 경우

④ 연료전지의 온도가 현저하게 상승한 경우

정답 77 ② 78 ① 79 ① 80 ① 81 ①

전기기사

해설 연료전지설비의 보호장치(KEC 542.2.1)

연료전지는 다음의 경우에 자동적으로 이를 전로에서 차단하고 연료전지에 연료가스 공급을 자동적으로 차단하며 연료전지 내의 연료가스를 자동적으로 배기하는 장치를 시설할 것

㉠ 연료전지에 과전류가 생긴 경우
㉡ 발전요소의 발전전압에 이상이 생겼을 경우 또는 연료가스 출구에서의 산소농도 또는 공기 출구에서의 연료가스 농도가 현저히 상승한 경우
㉢ 연료전지의 온도가 현저하게 상승한 경우

하 | 제6장 분산형전원설비

82 태양광설비에서 전력변환장치의 시설부분 중 잘못된 것은?

① 옥외에 시설하는 경우 방수등급은 IPX4 이상으로 할 것
② 인버터는 실내 · 실외용을 구분할 것
③ 각 직렬군의 태양전지 개방전압은 인버터 입력전압 범위 이내일 것
④ 태양광설비에는 외부피뢰시스템을 설치하지 않을 것

해설 태양광설비의 전력변환장치의 시설(KEC 522.2.2)

㉠ 인버터는 실내 · 실외용을 구분할 것
㉡ 각 직렬군의 태양전지 개방전압은 인버터 입력전압 범위 이내일 것
㉢ 옥외에 시설하는 경우 방수등급은 IPX4 이상일 것

상 | 제6장 분산형전원설비

83 풍력발전설비의 접지설비에서 고려해야 할 것은?

① 타워기초를 이용한 통합접지공사를 할 것
② 공통접지를 할 것
③ IT접지계통을 적용하여 인체에 감전사고가 없도록 할 것
④ 단독접지를 적용하여 전위차가 없도록 할 것

해설 풍력발전설비의 접지설비(KEC 532.3.4)

접지설비는 풍력발전설비 타워기초를 이용한 통합접지공사를 하여야 하며, 설비 사이의 전위차가 없도록 등전위본딩을 하여야 한다.

상 | 제3장 전선로

84 지중전선로의 시설에서 관로식에 의하여 시설하는 경우 매설깊이는 몇 [m] 이상으로 하여야 하는가? (단, 중량물의 압력을 받을 우려가 있는 경우)

① 0.6
② 1.0
③ 1.2
④ 1.5

해설 지중전선로의 시설(KEC 334.1)

㉠ 관로식의 경우 케이블 매설깊이
  • 차량, 기타 중량물에 의한 압력을 받을 우려가 있는 장소 : 1.0[m] 이상
  • 기타 장소 : 0.6[m] 이상
㉡ 직접 매설식의 경우 케이블 매설깊이
  • 차량, 기타 중량물에 의한 압력을 받을 우려가 있는 장소 : 1.0[m] 이상
  • 기타 장소 : 0.6[m] 이상

하 | 제5장 전기철도

85 전기철도의 변전방식에서 변전소 설비에 대한 내용 중 옳지 않은 것은?

① 급전용 변압기에서 직류 전기철도는 3상 정류기용 변압기로 해야 한다.
② 제어용 교류전원은 상용과 예비의 2계통으로 구성한다.
③ 제어반의 경우 디지털계전기방식을 원칙으로 한다.
④ 제어반의 경우 아날로그계전기방식을 원칙으로 한다.

해설 전기철도의 변전소 설비(KEC 421.4)

㉠ 급전용 변압기는 직류 전기철도의 경우 3상 정류기용 변압기, 교류 전기철도의 경우 3상 스코트결선 변압기의 적용을 원칙으로 하고, 급전계통에 적합하게 선정하여야 한다.
㉡ 제어용 교류전원은 상용과 예비의 2계통으로 구성하여야 한다.
㉢ 제어반의 경우 디지털계전기방식을 원칙으로 하여야 한다.

정답 82 ④ 83 ① 84 ② 85 ④

중 | 제2장. 저압설비 및 고압·특고압설비

86 감전에 대한 보호에서 설비의 각 부분에 하나 이상의 보호대책을 적용하여야 하는 데 이에 속하지 않는 것은?

① 전원의 자동차단
② 단절연 및 저감절연
③ 한 개의 전기사용기기에 전기를 공급하기 위한 전기적 분리
④ SELV와 PELV에 의한 특별저압

해설 감전에 대한 보호대책 일반 요구사항(KEC 211.1.2)

설비의 각 부분에서 하나 이상의 보호대책은 외부영향의 조건을 고려하여 적용하여야 한다.
㉠ 전원의 자동차단
㉡ 이중절연 또는 강화절연
㉢ 한 개의 전기사용기기에 전기를 공급하기 위한 전기적 분리
㉣ SELV와 PELV에 의한 특별저압

하 | 제3장 전선로

87 저압 가공전선이 가공약전류전선과 접근하여 시설될 때 저압 가공전선과 가공약전류전선 사이의 이격거리는 몇 [cm] 이상이어야 하는가?

① 30
② 40
③ 50
④ 60

해설 저압 가공전선과 가공약전류전선 등의 접근 또는 교차(KEC 222.13)

가공전선의 종류	이격거리
저압 가공전선	0.6[m] (절연전선 또는 케이블인 경우에는 0.3[m])
고압 가공전선	0.8[m] (전선이 케이블인 경우에는 0.4[m])

상 | 제1장 공통사항

88 저압전로의 절연성능에서 전로의 사용전압이 500[V] 초과 시 절연저항은 몇 [MΩ] 이상인가?

① 0.1
② 0.2
③ 0.5
④ 1.0

해설 저압전로의 절연성능(기술기준 제52조)

전로의 사용전압[V]	DC시험전압[V]	절연저항[MΩ]
SELV 및 PELV	250	0.5
FELV, 500[V] 이하	500	1.0
500[V] 초과	1000	1.0

상 | 제3장 전선로

89 사용전압이 35[kV] 이하인 특고압 가공전선과 가공약전류전선 등을 동일 지지물에 시설하는 경우, 특고압 가공전선로는 어떤 종류의 보안공사를 하여야 하는가?

① 제1종 특고압 보안공사
② 제2종 특고압 보안공사
③ 제3종 특고압 보안공사
④ 고압 보안공사

해설 특고압 가공전선과 가공약전류전선 등의 공용설치(KEC 333.19)

㉠ 특고압 가공전선로는 제2종 특고압 보안공사에 의할 것
㉡ 특고압 가공전선은 가공약전류전선 등의 위로 하고, 별개의 완금류에 시설할 것
㉢ 특고압 가공전선은 케이블인 경우 이외에는 인장강도 21.67[kN] 이상의 연선 또는 단면적이 50[mm²] 이상인 경동연선일 것
㉣ 특고압 가공전선과 가공약전류전선 등 사이의 이격거리는 2[m] 이상으로 할 것. 다만, 특고압 가공전선이 케이블인 경우에는 0.5[m]까지로 감할 수 있다.

상 | 제4장 발전소, 변전소, 개폐소 및 기계기구 시설보호

90 발전소, 변전소, 개폐소 또는 이에 준하는 곳 이외에 시설하는 특고압 옥외배전용 변압기를 시가지 외에서 옥외에 시설하는 경우 변압기의 1차 전압은 특별한 경우를 제외하고 몇 [V] 이하이어야 하는가?

① 10000
② 25000
③ 35000
④ 50000

해설 특고압 배전용 변압기의 시설(KEC 341.2)

㉠ 변압기의 1차 전압은 35[kV] 이하, 2차 전압은 저압 또는 고압일 것
㉡ 변압기의 특고압측에 개폐기 및 과전류차단기를 시설할 것
㉢ 변압기의 2차측이 고압인 경우에는 개폐기를 시설하고 지상에서 쉽게 개폐할 수 있도록 시설할 것
㉣ 특고압측과 고압측에는 피뢰기를 시설할 것

정답 86 ② 87 ④ 88 ④ 89 ② 90 ③

상 제4장 발전소, 변전소, 개폐소 및 기계기구 시설보호

91 뱅크용량이 20000[kVA]인 전력용 콘덴서에 자동적으로 이를 전로로부터 차단하는 보호장치를 하려고 한다. 다음 중 반드시 시설하여야 할 보호장치가 아닌 것은?

① 내부에 고장이 생긴 경우에 동작하는 장치
② 절연유의 압력이 변화할 때 동작하는 장치
③ 과전류가 생긴 경우에 동작하는 장치
④ 과전압이 생긴 경우에 동작하는 장치

해설 조상설비의 보호장치(KEC 351.5)

조상설비에는 그 내부에 고장이 생긴 경우에 보호하는 징치를 시설하어아 한다.

설비종별	뱅크용량의 구분	자동적으로 전로로부터 차단하는 장치
전력용 커패시터 및 분로리액터	500[kVA] 초과 15000[kVA] 미만	내부고장 및 과전류 발생 시 보호장치
	15000[kVA] 이상	내부고장 및 과전류 · 과전압 발생 시 보호장치
조상기	15000[kVA] 이상	내부고장 시 보호장치

중 제3장 전선로

92 다음 중 이상 시 상정하중에 속하는 것은 어느 것인가?

① 각도주에 있어서의 수평 횡하중
② 전선배치가 비대칭으로 인한 수직편심하중
③ 전선 절단에 의하여 생기는 압력에 의한 하중
④ 전선로에 현저한 수직각도가 있는 경우의 수직하중

해설 이상 시 상정하중(KEC 333.14)

철탑의 강도 계산에 사용하는 이상 시 상정하중은 풍압이 전선로에 직각방향으로 가해지는 경우의 하중과 전선로의 방향으로 가해지는 경우의 하중을 전선 및 가섭선의 절단으로 인한 불평균하중을 계산하여 각 부재에 대한 이들의 하중 중 그 부재에 큰 응력이 생기는 쪽의 하중을 채택하는 것으로 한다.

중 제2장 저압설비 및 고압 · 특고압설비

93 옥내의 네온방전등 공사 방법으로 옳은 것은?

① 방전등용 변압기는 절연변압기일 것
② 관등회로의 배선은 점검할 수 없는 은폐장소에 시설할 것
③ 관등회로의 배선은 애자사용공사에 의할 것
④ 전선의 지지점 간의 거리는 2[m] 이하일 것

해설 네온방전등(KEC 234.12)

㉠ 사람이 쉽게 접촉할 우려가 없는 곳에 위험의 우려가 없도록 시설할 것
㉡ 배선은 전개된 장소 또는 점검할 수 있는 은폐된 장소에 시설할 것
㉢ 배선은 애자사용공사에 의하여 시설한다.
  • 전선은 네온관용 전선을 사용할 것
  • 전선지점 간의 거리는 1[m] 이하로 할 것
  • 전선 상호 간의 이격거리는 60[mm] 이상일 것

상 제2장 저압설비 및 고압 · 특고압설비

94 전기온상의 발열선의 온도는 몇 [℃]를 넘지 아니하도록 시설하여야 하는가?

① 70
② 80
③ 90
④ 100

해설 전기온상 등(KEC 241.5)

전기온상의 발열선은 그 온도가 80[℃]를 넘지 아니하도록 시설할 것

상 제2장 저압설비 및 고압 · 특고압설비

95 호텔 또는 여관의 각 객실의 입구등은 몇 분 이내에 소등되는 타임스위치를 시설하여야 하는가?

① 1
② 2
③ 3
④ 5

해설 점멸기의 시설(KEC 234.6)

다음의 경우에는 센서등(타임스위치 포함)을 시설하여야 한다.
㉠ 「관광진흥법」과 「공중위생관리법」에 의한 관광숙박업 또는 숙박업(여인숙업을 제외한다)에 이용되는 객실의 입구등은 1분 이내에 소등되는 것
㉡ 일반주택 및 아파트 각 호실의 현관등은 3분 이내에 소등되는 것

정답 91 ② 92 ③ 93 ③ 94 ② 95 ①

하 제3장 전선로

96 저압 옥측전선로의 시설로 잘못된 것은?

① 철골조 조영물에 버스덕트공사로 시설
② 목조 조영물에 합성수지관공사로 시설
③ 목조 조영물에 금속관공사로 시설
④ 전개된 장소에 애자사용공사로 시설

해설 옥측전선로(KEC 221.2)

저압 옥측전선로는 다음에 따라 시설하여야 한다.
㉠ 애자사용공사(전개된 장소에 한한다)
㉡ 합성수지관공사
㉢ 금속관공사(목조 이외의 조영물에 시설하는 경우에 한한다)
㉣ 버스덕트공사[목조 이외의 조영물(점검할 수 없는 은폐된 장소를 제외한다)에 시설하는 경우에 한한다]
㉤ 케이블공사(연피케이블, 알루미늄피케이블 또는 무기물절연(MI)케이블을 사용하는 경우에는 목조 이외의 조영물에 시설하는 경우에 한한다)

중 제2장 저압설비 및 고압·특고압설비

97 옥내배선의 사용전압이 400[V] 이하일 때 전광표시장치, 기타 이와 유사한 장치 또는 제어회로 등의 배선에 다심케이블을 시설하는 경우 배선의 단면적은 몇 [mm²] 이상인가?

① 0.75
② 1.5
③ 1
④ 2.5

해설 저압 옥내배선의 사용전선(KEC 231.3.1)

㉠ 연동선 : 2.5[mm²] 이상
㉡ 전광표시장치, 기타 이와 유사한 장치 또는 제어회로 등에 사용하는 배선에 단면적 1.5[mm²] 이상의 연동선을 사용하고 이를 합성수지관공사·금속관공사·금속몰드공사·금속덕트공사·플로어덕트공사 또는 셀룰러덕트공사에 의하여 시설
㉢ 전광표시장치, 기타 이와 유사한 장치 또는 제어회로 등의 배선에 단면적 0.75[mm²] 이상인 다심케이블 또는 다심캡타이어케이블을 사용하고 또한 과전류가 생겼을 때 자동적으로 전로에서 차단하는 장치를 시설

상 제1장 공통사항

98 건축물 및 구조물을 낙뢰로부터 보호하기 위해 피뢰시스템을 지상으로부터 몇 [m] 이상인 곳에 적용해야 하는가?

① 10[m] 이상
② 20[m] 이상
③ 30[m] 이상
④ 40[m] 이상

해설 피뢰시스템의 적용범위 및 구성(KEC 151)

피뢰시스템이 적용되는 시설
㉠ 전기전자설비가 설치된 건축물·구조물로서 낙뢰로부터 보호가 필요한 것 또는 지상으로부터 높이가 20[m] 이상인 것
㉡ 전기설비 및 전자설비 중 낙뢰로부터 보호가 필요한 설비

상 제2장 저압설비 및 고압·특고압설비

99 계통 전체에 대해 중성선과 보호도체의 기능을 동일도체로 겸용한 PEN 도체를 사용하거나, 배전계통에서 PEN 도체를 추가로 접지할 수 있는 접지 계통은?

① IT
② TT
③ TC
④ TN-C

해설 TN 계통(KEC 203.2)

TN-C 계통은 그 계통 전체에 대해 중성선과 보호도체의 기능을 동일도체로 겸용한 PEN 도체를 사용한다. 배전계통에서 PEN 도체를 추가로 접지할 수 있다.

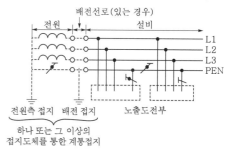

상 제1장 공통사항

100 최대사용전압이 154[kV]인 중성점 직접접지식 전로의 절연내력시험전압은 몇 [V]인가?

① 110880
② 141680
③ 169400
④ 192500

해설 전로의 절연저항 및 절연내력(KEC 132)

60[kV]를 초과하는 중성점 직접접지식일 때 시험전압은 최대사용전압의 0.72배를 가해야 한다.
시험전압 $E = 154000 \times 0.72 = 110880[V]$

정답 96 ③ 97 ① 98 ② 99 ④ 100 ①

제1과목 전기자기학

중 제9장 자성체와 자기회로

01 그림과 같은 자기회로에서 코일에 흐르는 전류가 10[A]이면 $\overline{ACB}$ 구간에 투과하는 자속 ϕ 는 약 몇 [Wb]인가? (단, 코일의 권수 10회, $R_1 = 0.1$[AT/Wb], $R_2 = 0.2$[AT/Wb], $R_3 = 0.3$[AT/Wb]이다.)

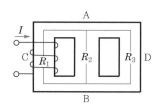

① 2.25×10^2
② 4.55×10^2
③ 6.50×10^2
④ 8.45×10^2

해설

㉠ 합성 자기저항

$$R_m = R_1 + \frac{R_2 \times R_3}{R_2 + R_3}$$

$$= 0.1 + \frac{0.2 \times 0.3}{0.2 + 0.3} = 0.22 [\text{AT/Wb}]$$

㉡ $\overline{ACB}$ 구간에 통과하는 자속(전체 자속)

$$\phi = \frac{F}{R_m} = \frac{IN}{R_m} = \frac{10 \times 10}{0.22} = 4.55 \times 10^2 [\text{Wb}]$$

중 제3장 정전용량

02 평행판 콘덴서의 극간거리를 $\frac{1}{2}$ 로 줄이면 콘덴서 용량은 처음 값에 비해 어떻게 되는가?

① $\frac{1}{2}$ 이 된다.
② $\frac{1}{4}$ 이 된다.
③ 2 배가 된다.
④ 4 배가 된다.

해설

평행판 콘덴서의 정전용량$\left(C = \dfrac{\varepsilon S}{d} \right)$[F]은 극판거리에 반비례하므로 극간거리가 $\dfrac{1}{2}$ 배 되면 정전용량은 2 배로 증가한다.

상 제8장 전류의 자기현상

03 길이 40[cm]의 철선을 정사각형으로 만들고 전류 5[A]를 흘렸을 때 그 중심에서의 자계의 세기는 몇 [A/m]인가?

① 40
② 45
③ 80
④ 85

해설

㉠ 40[cm] 철선으로 정사각형을 만들었을 때 정사각형 한변의 길이 : $l = 10$[cm]

㉡ 정사각형 중심에서의 자계의 세기

$$H = \frac{2\sqrt{2}\,I}{\pi l} = \frac{2\sqrt{2} \times 5}{\pi \times 0.1} = 45 [\text{A/m}]$$

하 제2장 진공 중의 정전계

04 반경이 $a = 10$[cm]인 구의 표면 전하밀도를 $\delta = 10^{-10}$[C/m²]이 되도록 하는 구의 전위[V]는 얼마인가?

① 21.3[V]
② 11.3[V]
③ 2.13[V]
④ 1.13[V]

해설

㉠ 표면 전하밀도

$$\delta = \frac{Q}{4\pi a^2} = 10^{-10} [\text{C/m}^2]$$

㉡ 구도체의 전위

$$V = \frac{Q}{4\pi\varepsilon_0 a} = \frac{Q}{4\pi a^2} \times \frac{a}{\varepsilon_0} = \delta \times \frac{a}{\varepsilon_0}$$

$$= 10^{-10} \times \frac{0.1}{8.855 \times 10^{-12}}$$

$$= 1.13 [\text{V}]$$

정답 01 ② 02 ③ 03 ② 04 ④

상 제10장 전자유도법칙

05 패러데이 법칙에 대한 설명 중 적합한 것은?

① 전자유도에 의한 회로에 발생되는 기전력은 자속 쇄교수의 시간에 대한 증가율에 비례한다.
② 전자유도에 의한 회로에 발생되는 기전력은 자속의 변화를 방해하는 기전력이 유도된다.
③ 전자유도에 의한 회로에 발생되는 기전력은 자속의 변화 방향으로 유도된다.
④ 전자유도에 의한 회로에 발생되는 기전력은 자속 쇄교수의 시간에 대한 감쇄율에 비례한다.

해설

패러데이 법칙$\left(\text{유도기전력} : e = -N\dfrac{d\phi}{dt}\right)$

전자유도에 의해 발생되는 기전력은 자속 쇄교수의 매초 변화율(감쇄율)에 비례한다.

하 제2장 진공 중의 정전계

06 간격 d[m]의 평형판 도체에 V[kV]의 전위차를 주었을 때 음극 도체판을 초기 속도 0으로 출발한 전자 e[C]이 양극 도체판에 도달할 때의 속도는 몇 [m/s]인가? (단, 전자의 질량 $m = 9.107 \times 10^{-31}$[kg], 전자 1개의 전하량 $e = -1.602 \times 10^{-19}$[C])

① $v = 5.95 \times 10^3 \sqrt{V}$
② $v = 5.95 \times 10^5 \sqrt{V}$
③ $v = 9.55 \times 10^3 \sqrt{V}$
④ $v = 9.55 \times 10^5 \sqrt{V}$

해설 전자의 운동 속도

$$v = \sqrt{\frac{2eV}{m}}$$
$$= \sqrt{\frac{2 \times 1.602 \times 19^{-19} \times V}{9.107 \times 10^{-31}}}$$
$$= 5.95 \times 10^5 \times \sqrt{V}\,[\text{m/s}]$$

상 제10장 전자유도법칙

07 다음 중 전동기의 원리에 적용되는 법칙은?

① 렌츠의 법칙
② 플레밍의 오른손 법칙
③ 플레밍의 왼손 법칙
④ 옴의 법칙

해설 플레밍의 왼손 법칙(전동기의 원리)

㉠ 자계 내의 도체에 전류를 흘리면 도체에는 전자력 F가 발생한다.
㉡ 전자력 : $F = IBl\sin\theta$[N]

상 제4장 유전체

08 두 유전체 ①, ②가 유전율 $\varepsilon_1 = 2\sqrt{3}\,\varepsilon_0$, $\varepsilon_2 = 2\,\varepsilon_0$이며, 경계를 이루고 있을 때 그림과 같이 전계 E_1이 입사하여 굴절을 하였다면 유전체 ② 내의 전계의 세기 E_2는 몇 [V/m]인가?

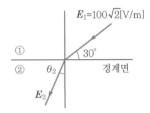

① 95
② 100
③ $100\sqrt{2}$
④ $100\sqrt{3}$

해설

㉠ 유전체 경계조건 $\dfrac{\varepsilon_2}{\varepsilon_1} = \dfrac{\tan\theta_2}{\tan\theta_1}$에서

$\tan\theta_2 = \tan\theta_1 \dfrac{\varepsilon_2}{\varepsilon_1}$ 이므로 굴절각은

$$\theta_2 = \tan^{-1}\left(\tan\theta_1 \frac{\varepsilon_2}{\varepsilon_1}\right)$$
$$= \tan^{-1}\left(\tan 60° \times \frac{2\varepsilon_0}{2\sqrt{3}\,\varepsilon_0}\right) = 45°$$

여기서, 입사각 : $\theta_1 = 90 - 30 = 60°$

㉡ $E_1 \sin\theta_1 = E_2 \sin\theta_2$에서

$$E_2 = E_1 \frac{\sin\theta_1}{\sin\theta_2}$$
$$= 100\sqrt{2} \frac{\sin 60°}{\sin 45°} = 100\sqrt{3}\,[\text{V/m}]$$

정답 05 ④ 06 ② 07 ③ 08 ④

하 제3장 정전용량

09 공기 중에서 5[V], 10[V]로 대전된 반지름 2[cm], 4[cm]의 2개의 구를 가는 철사로 접속했을 때 공통 전위는 몇 [V]인가?

① 6.25
② 7.5
③ 8.33
④ 10

해설 공통 전위

$$V = \frac{C_1 V_1 + C_2 V_2}{C_1 + C_2}$$
$$= \frac{r_1 V_1 + r_2 V_2}{r_1 + r_2}$$
$$= \frac{0.02 \times 5 + 0.04 \times 10}{0.02 + 0.04} = 8.33[V].$$
(여기서, $C_1 = 4\pi\varepsilon_0 r_1$, $C_2 = 4\pi\varepsilon_0 r_2$)

상 제6장 전류

10 다음 중 특성이 다른 것이 하나 있다. 그것은 무엇인가?

① 톰슨 효과(Thomson effect)
② 스트레치 효과(Stretch effect)
③ 핀치 효과(Pinch effect)
④ 홀 효과(Hall effect)

해설

스트레치 효과, 핀치 효과, 홀 효과는 모두 전류와 자계 관계의 현상이고, 톰슨 효과는 열전기 현상이다.

중 제7장 진공 중의 정자계

11 자극의 세기 4[Wb], 자축의 길이 10[cm]의 막대자석이 100[AT/m]의 평등자장 내에서 20[N·m]의 회전력을 받았다면 이때 막대자석과 자장이 이루는 각도는?

① 0°
② 30°
③ 60°
④ 90°

해설

㉠ 막대자석의 회전력 : $T = mlH\sin\theta$
㉡ $\sin\theta = \frac{T}{mlH} = \frac{20}{4 \times 0.1 \times 100} = 0.5$
∴ $\theta = \sin^{-1} 0.5 = 30°$

상 제9장 자성체와 자기회로

12 다음 설명의 (㉠), (㉡)에 들어갈 내용으로 옳은 것은?

> 히스테리시스 곡선은 가로축(횡축)(㉠), 세로축(종축)(㉡)와의 관계를 나타낸다.

① ㉠ 자속밀도, ㉡ 투자율
② ㉠ 자기장의 세기, ㉡ 자속밀도
③ ㉠ 자화의 세기, ㉡ 자기장의 세기
④ ㉠ 자기장의 세기, ㉡ 투자율

해설 히스테리시스 곡선

자성체가 자화되는 특성을 나타낸 곡선으로 외부에서 인가한 자기력에 대한 자성체 내의 자속밀도를 나타낸 곡선

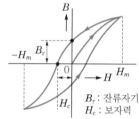

B_r : 잔류자기
H_c : 보자력

㉠ 가로축(횡축) : 자기장의 세기
㉡ 세로축(종축) : 자속밀도

중 제8장 전류의 자기현상

13 전류 I[A]가 반지름 a[m]의 원주를 균일하게 흐를 때 원주 내부의 중심에서 r[m] 떨어진 원주 내부 점의 자계의 세기는 몇 [AT/m]인가?

① $\frac{rI}{2\pi a^2}$
② $\frac{Ir}{2\pi a}$
③ $\frac{Ir}{\pi a^2}$
④ $\frac{Ir}{\pi a}$

해설 전류가 도체 내부에 균일하게 흐를 경우

㉠ 외부 자계 : $H_e = \frac{I}{2\pi r}$[AT/m]

㉡ 표면 자계 : $H_s = \frac{I}{2\pi a}$[AT/m]

㉢ 내부 자계 : $H_e = \frac{rI}{2\pi a^2}$[AT/m]

정답 09 ③ 10 ① 11 ② 12 ② 13 ①

상 제12장 전자계

14 Maxwell의 전자계에 관한 제2기본방정식으로 자속밀도 B와 전계 E의 관계로 옳은 것은?

① $div\ E = \dfrac{\partial B}{\partial t}$

② $div\ B = -\dfrac{\partial E}{\partial t}$

③ $rot\ E = \dfrac{\partial B}{\partial t}$

④ $rot\ E = -\dfrac{\partial B}{\partial t}$

해설 맥스웰 방정식

㉠ $rot\ H = i + \dfrac{\partial D}{\partial t}$

㉡ $rot\ E = -\dfrac{\partial B}{\partial t}$

㉢ $div\ D = \rho$

㉣ $div\ B = 0$

중 제10장 전자유도법칙

15 서울에서 부산 방향으로 향하는 제트기가 있다. 제트기가 대지면과 나란하게 1235[km/h]로 비행할 때, 제트기 날개 사이에 나타나는 전위차[V]는? (단, 지구의 자기장은 대지면에서 수직으로 향하고, 그 크기는 30[A/m]이고, 제트기의 몸체 표면은 도체로 구성되며, 날개 사이의 길이는 65[m]이다.)

① 0.42

② 0.84

③ 1.68

④ 3.03

해설

제트기(도체)가 대지 표면에서 발생되는 자기장을 끊어 나가면 제트기 표면에는 기전력이 유도된다. (플레밍의 오른손 법칙)

∴ 유도기전력

$e = vBl\sin\theta$

$= v\mu_0 Hl\sin\theta$

$= \dfrac{1235}{3600} \times 4\pi \times 10^{-7} \times 30 \times 65 \times \sin 90°$

$= 0.84[V]$

하 제4장 유전체

16 영구 쌍극자 모멘트를 갖고 있는 분자가 외부전계에 의하여 배열함으로서 일어나는 전기분극 현상은?

① 쌍극자 연면분극

② 전자분극

③ 쌍극자 배향분극

④ 이온분극

상 제5장 전기 영상법

17 접지되어 있는 반지름 0.2[m]인 도체구의 중심으로부터 거리가 0.4[m] 떨어진 점 P에 점전하 6×10^{-3}[C]이 있다. 영상전하는 몇 [C]인가?

① -2×10^{-3}

② -3×10^{-3}

③ -4×10^{-3}

④ -6×10^{-3}

해설 접지도체구와 점전하에 의한 전기 영상법

영상전하 $Q_P = -\dfrac{a}{d}Q$

$= -\dfrac{0.2}{0.4} \times 6 \times 10^{-3} = -3 \times 10^{-3}[C]$

상 제12장 전자계

18 10[mW], 20[kHz]의 송신기가 자유공간 내에서 사방으로 균일하게 전파를 발사할 때 송신기로부터 10[km]지점에서의 포인팅 벡터는 약 몇 [W/m²]인가?

① 4×10^{-11}

② 8×10^{-11}

③ 4×10^{-12}

④ 8×10^{-12}

해설

포인팅 벡터는 전자파의 진행방향에 수직한 평면의 단위면적을 단위시간 내에 통과하는 에너지의 크기이므로

$\therefore P = \dfrac{P_s}{S} = \dfrac{P_s}{4\pi r^2} = \dfrac{10 \times 10^{-3}}{4\pi \times (10 \times 10^3)^2}$

$= 8 \times 10^{-12}[W/m^2]$

정답 14 ④ 15 ② 16 ③ 17 ② 18 ④

19 내경의 반지름이 1[mm], 외경의 반지름이 3 [mm]인 동축케이블의 단위길이당 인덕턴스는 약 몇 [μH/m]인가? (단, 이때 μ_r = 1이며, 내부 인덕턴스는 무시한다.)

① 0.1

② 0.2

③ 0.3

④ 0.4

해설 동축케이블의 전체 인덕턴스

$$L = L_i + L_o = \frac{\mu}{8\pi} + \frac{\mu}{2\pi}\ln\frac{b}{a}\,[\text{H/m}]$$

여기서, L_i : 내부 인덕턴스
L_o : 외부 인덕턴스

$$\therefore\ L = \frac{\mu}{2\pi}\ln\frac{b}{a} = \frac{4\pi\times10^{-7}}{2\pi}\ln\frac{3\times10^{-3}}{1\times10^{-3}}$$
$$= 0.2\times10^{-6} = 0.2[\mu\text{H/m}]$$

20 진공 중에서 원점의 점전하 0.3[μC]에 의한 점(1, −2, 2)[m]의 x성분 전계는 몇 [V/m]인가?

① 300

② −200

③ 200

④ 100

해설

㉠ 단위벡터

$$\vec{r_0} = \frac{\vec{r}}{r} = \frac{i-2j+2k}{\sqrt{1^2+2^2+2^2}} = \frac{i-2j+2k}{3}$$

㉡ 전계의 세기(스칼라)

$$E = \frac{Q}{4\pi\varepsilon_0 r^2} = 9\times10^9\times\frac{0.3\times10^{-6}}{3^2}$$
$$= 300[\text{V/m}]$$

$\therefore$ 전계의 세기(벡터)

$$\vec{E} = E\vec{r_0} = 300\times\left(\frac{i-2j+2k}{3}\right)$$
$$= 100i - 200j + 200k[\text{V/m}]$$

21 송배전선로의 도중에 직렬로 삽입하여 선로의 유도성 리액턴스를 보상함으로써 선로정수 그 자체를 변화시켜서 선로의 전압강하를 감소시키는 직렬콘덴서 방식의 득실에 대한 설명으로 옳은 것은?

① 최대송전전력이 감소하고 정태안정도가 감소된다.

② 부하의 변동에 따른 수전단의 전압변동률은 증대된다.

③ 선로의 유도리액턴스를 보상하고 전압강하를 감소한다.

④ 송수 양단의 전달임피던스가 증가하고 안정 극한전력이 감소한다.

해설

전압강하 $e = V_S - V_R$
$$= \sqrt{3}\,I_n\{R\cos\theta + (X_L - X_C)\sin\theta\}$$가
되어 감소된다.

직렬콘덴서는 송전선로와 직렬로 설치하는 전력용 콘덴서로 설치하게 되면 안정도를 증가시키고 선로의 유도성 리액턴스를 보상하여 선로의 전압강하를 감소시킨다. 또한 역률이 나쁜 선로일수록 효과가 양호하다.

22 직경이 5[mm]의 경동선의 전선간격이 1.00[m]로 정삼각형 배치를 한 가공전선의 1선에 1[km]당의 작용 인덕턴스는 몇 [mH/km]인가?

① 1.20　　② 1.25

③ 1.30　　④ 1.35

해설

작용인덕턴스 $L = 0.05 + 0.4605\log_{10}\dfrac{D}{r}\,[\text{mH/km}]$

정삼각형의 등가선간거리
$$D = \sqrt[3]{D_1\cdot D_2\cdot D_3} = \sqrt[3]{1\cdot1\cdot1} = 1[\text{m}]$$

전선의 반경이 2.5[mm]이므로 등가선간거리와 전선의 반지름을 [cm]로 환산한다.

$$L = 0.05 + 0.4605\log_{10}\frac{100}{\frac{0.5}{2}} = 1.25[\text{mH/km}]$$

상 제7장 이상전압 및 유도장해

23 전력선과 통신선 간의 상호정전용량 및 상호인덕턴스에 의해 발생되는 유도장해로 옳은 것은?

① 정전유도장해 및 전자유도장해
② 전력유도장해 및 정전유도장해
③ 정전유도장해 및 고조파유도장해
④ 전자유도장해 및 고조파유도장해

🖐 해설 전력선과 통신선 간의 유도장해

- 정전유도장해 : 전력선과 통신선과의 상호정전용량에 의해 발생
- 전자유도장해 : 전력선과 통신선과의 상호인덕턴스에 의해 발생

상 제10장 배전선로 계산

24 부하가 말단에만 집중되어 있는 3상 배전선로의 선간 전압강하가 866[V], 1선당의 저항이 10[Ω], 리액턴스가 20[Ω], 부하역률이 80[%](지상)인 경우 부하전류(또는 선로전류)의 근사값은?

① 25[A]
② 50[A]
③ 75[A]
④ 125[A]

🖐 해설

전압강하 $e = \sqrt{3}\,I(R\cos\theta + X\sin\theta)[V]$

부하전류 $I = \dfrac{e}{\sqrt{3}\,(R\cos\theta + X\sin\theta)}$

$= \dfrac{866}{\sqrt{3}\times(10\times0.8 + 20\times0.6)}$

$= 25[A]$

중 제3장 선로정수 및 코로나현상

25 22000[V], 60[Hz], 1회선의 3상 지중송전에 대한 무부하 송전용량은 약 몇 [kVA] 정도 되겠는가? (단, 송전선의 길이는 20[km], 1선 1[km]당의 정전용량은 0.5[μF]이다.)

① 1750   ② 1825
③ 1900   ④ 1925

🖐 해설 무부하 송전용량(= 충전용량)

$Q_c = 2\pi f C V_n^2 l \times 10^{-9}[kVA]$

$= 2\pi \times 60 \times 0.5 \times 22000^2 \times 20 \times 10^{-9}$

$= 1824.68[kVA]$

상 제11장 발전

26 원자로의 제어재가 구비하여야 할 조건으로 틀린 것은?

① 중성자 흡수 단면적이 적을 것
② 높은 중성자 속에서 장시간 그 효과를 간직할 것
③ 열과 방사선에 대하여 안정할 것
④ 내식성이 크고 기계적 가공이 용이할 것

🖐 해설

제어재는 중성자의 수를 감소시켜 핵분열 연쇄반응을 제어하는 것으로 중성자 흡수가 큰 것이 요구되므로 카드뮴(cd), 붕소(B), 하프늄(Hf) 등이 이용되고 있다.

상 제10장 배전선로 계산

27 부하전력 및 역률이 같을 때 전압을 n배 승압하면 전압강하와 전력손실은 어떻게 되는가?

① 전압강하 : $\dfrac{1}{n}$, 전력손실 : $\dfrac{1}{n^2}$

② 전압강하 : $\dfrac{1}{n^2}$, 전력손실 : $\dfrac{1}{n}$

③ 전압강하 : $\dfrac{1}{n}$, 전력손실 : $\dfrac{1}{n}$

④ 전압강하 : $\dfrac{1}{n^2}$, 전력손실 : $\dfrac{1}{n^2}$

🖐 해설

전압강하 $e = \sqrt{3}\,I(r\cos\theta + x\sin\theta)$

$= \sqrt{3}\times\dfrac{P}{\sqrt{3}\,V\cos\theta}(r\cos\theta + x\sin\theta)$

$= \dfrac{P}{V}(r + x\tan\theta) \propto \dfrac{1}{V}$

전력손실 $P_c = 3I^2 r = 3\times\left(\dfrac{P}{\sqrt{3}\,V\cos\theta}\right)^2 \times \rho\dfrac{L}{A}$

$= \dfrac{P^2}{V^2\cos^2\theta}\rho\dfrac{l}{A} \propto \dfrac{1}{V^2}$

정답 23 ①   24 ①   25 ②   26 ①   27 ①

하 제4장 송전 특성 및 조상설비

28 수전단의 전력원방정식이 $P_r^2 + (Q_r + 400)^2 = 250000$으로 표현되는 전력계통에서 가능한 최대로 공급할 수 있는 부하전력(P_r)과 이때 전압을 일정하게 유지하는 데 필요한 무효전력(Q_r)은 각각 얼마인가?

① $P_r = 500$, $Q_r = -400$
② $P_r = 400$, $Q_r = 500$
③ $P_r = 300$, $Q_r = 100$
④ $P_r = 200$, $Q_r = -300$

해설

㉠ 전력원선도는 유효전력(가로축)과 무효전력(세로축)으로 표현한다.
㉡ 역률 1.0 → 전력계통 유지 시 최대 전력공급이 가능하다.
∴ $P_r^2 + (Q_r + 400)^2$
$= 500^2 + (-400 + 400)^2 = 250000$

상 제3장 선로정수 및 코로나현상

29 코로나 방지대책으로 적당하지 않은 것은?

① 전선의 외경을 크게 한다.
② 선간거리를 증가시킨다.
③ 복도체 방식을 채용한다.
④ 가선금구를 개량한다.

해설 코로나 방지대책

㉠ 굵은 전선(ACSR)을 사용하여 코로나 임계전압을 높인다.
㉡ 등가반경이 큰 복도체 및 다도체 방식을 채택한다.
㉢ 가선금구류를 개량한다.

상 제10장 배전선로 계산

30 안정권선(△권선)을 가지고 있는 대용량 고전압의 변압기가 있다. 조상기 및 전력용 콘덴서는 주로 어디에 접속되는가?

① 주변압기의 1차
② 주변압기의 2차
③ 주변압기의 3차(안정권선)
④ 주변압기의 1차와 2차

해설 1차 변전소에 설치되어 있는 3권선 변압기의 제3차 권선의 용도

㉠ 제3고조파 제거를 위해 안정권선(△권선) 설치
㉡ 조상설비(동기조상기 및 전력용 콘덴서, 분로리액터) 설치
㉢ 변전소 내에 전원공급

중 제8장 송전선로 보호방식

31 다음 개폐장치 중에서 고장전류의 차단능력이 없는 것은?

① 진공차단기(VCB)
② 유입개폐기(OS)
③ 리클로저(recloser)
④ 전력퓨즈(power fuse)

해설

유입개폐기(OS)는 정격전류 및 부하전류의 개폐가 가능하다.

상 제7장 이상전압 및 유도장해

32 피뢰기의 제한전압이란?

① 상용주파 전압에 대한 피뢰기의 충격방전 개시전압
② 충격파 침입 시 피뢰기의 충격방전 개시전압
③ 피뢰기가 충격파 방전종료 후 언제나 속류를 확실히 차단할 수 있는 상용주파 허용단자전압
④ 충격파전류가 흐르고 있을 때의 피뢰기의 단자전압

해설 피뢰기 제한전압

㉠ 방전으로 저하되어서 피뢰기 단자 간에 남게 되는 충격전압의 파고치
㉡ 방전 중에 피뢰기 단자 간에 걸리는 전압의 최대치(파고값)

상 제8장 송전선로 보호방식

33 차단기의 소호재료가 아닌 것은?

① 기름
② 공기
③ 수소
④ SF_6

해설

㉠ 차단기의 동작 시 아크 소호 매질로 수소가스는 사용하지 않는다.
㉡ 아크 소호재료 : 기름 → 유입차단기, 공기 → 공기차단기, SF₆ → 가스차단기

상 제8장 송전선로 보호방식

34 그림과 같은 특성을 갖는 계전기의 동작시간 특성은?

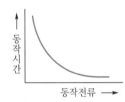

① 반한시 특성
② 정한시 특성
③ 비례한시 특성
④ 반한시 정한시 특성

해설 계전기의 한시 특성에 의한 분류

㉠ 순한시계전기 : 최소동작전류 이상의 전류가 흐르면 즉시 동작하는 것
㉡ 반한시계전기 : 동작전류가 커질수록 동작시간이 짧게 되는 특성을 가진 것
㉢ 정한시계전기 : 동작전류의 크기에 관계없이 일정한 시간에서 동작하는 것
㉣ 정한시 반한시계전기 : 동작전류가 적은 동안에는 반한시 특성으로 되고 그 이상에서는 정한시 특성이 되는 것
㉤ 계단식계전기 : 한시치가 다른 계전기와 조합하여 계단적인 한시 특성을 가진 것

상 제4장 송전 특성 및 조상설비

35 선로의 단위길이당의 분포인덕턴스, 저항, 정전용량 및 누설컨덕턴스를 각각 L, r, C 및 g라 할 때 전파정수는?

① $\sqrt{g + j\dfrac{\omega C}{r}} + j\omega L$

② $\sqrt{r + \dfrac{j\omega L}{g}} + j\omega C$

③ $\sqrt{(r + j\omega L)(g + j\omega C)}$

④ $(r + j\omega L)(g + j\omega C)$

해설

전파정수 $\gamma = \sqrt{ZY} = \sqrt{(r + j\omega L)(g + j\omega C)}$

중 제4장 송전 특성 및 조상설비

36 154[kV], 300[km]의 3상 송전선에서 일반회로 정수는 다음과 같다. $\dot{A} = 0.930$, $\dot{B} = j150$, $\dot{C} = j0.90 \times 10^{-3}$, $\dot{D} = 0.930$ 이 송전선에서 무부하시 송전단에 154[kV]를 가했을 때 수전단전압은 약 몇 [kV]인가?

① 143
② 154
③ 166
④ 171

해설

송전선의 무부하시 수전단전류 $I_R = 0$이므로
송전단전압 $E_S = AE_R + BI_R$에서
$E_S = AE_R + B \times 0 = AE_R$

수전단전압 $E_R = \dfrac{E_S}{A}$

$= \dfrac{154}{0.93} = 165.59 = 166[\text{kV}]$

하 제6장 중성점 접지방식

37 정격전압 13200[V]인 Y결선 발전기의 중성점을 80[Ω]의 저항으로 접지하였다. 발전기 단자에서 1선 지락전류는 약 몇 [A]인가? (단, 기타 정수는 무시한다.)

① 60
② 95
③ 120
④ 165

해설

1선 지락전류 $I_g = \dfrac{V}{R}$

$= \dfrac{13200}{80} = 165[\text{A}]$

여기서, R은 접지저항

정답 34 ① 35 ③ 36 ③ 37 ④

상 제9장 배전방식

38 어느 수용가의 부하설비는 전등설비가 500[W], 전열설비가 600[W], 전동기설비가 400[W], 기타 설비가 100[W]이다. 이 수용가의 최대 수용전력이 1200[W]이면 수용률은 몇 [%]인가?

① 55　　　　　② 65

③ 75　　　　　④ 85

해설

$$수용률 = \frac{최대수용전력}{설비용량} \times 100[\%]$$

$$= \frac{1200}{500+600+400+100} \times 100$$

$$= \frac{1200}{1600} \times 100 = 75[\%]$$

상 제11장 발전

39 다음 중 특유속도가 가장 작은 수차는?

① 프로펠러수차

② 프란시스수차

③ 펠톤수차

④ 카플란수차

해설

각 수차의 특유속도는 다음과 같다.
㉠ 펠톤수차 : $12 \leq N_S \leq 23$

㉡ 프란시스수차 : $N_S \leq \dfrac{13000}{H+20} + 50$

㉢ 프로펠러수차 : $N_S \leq \dfrac{20000}{H+20} + 50$

㉣ 카플란수차 : $N_S \leq \dfrac{20000}{H+20} + 50$

하 제1장 전력계통

40 전자계산기에 의한 전력 조류 계산에서 슬랙(slack)모선의 지정값은? (단, 슬랙모선을 기준모선으로 한다.)

① 유효전력과 무효전력

② 전압크기와 유효전력

③ 전압크기와 무효전력

④ 전압크기와 위상차

해설

계통의 조류를 계산하는 데 있어 발전기모선, 부하모선에서는 다같이 유효전력이 지정되어 있지만 송전손실이 미지이므로 이들을 모두 지정해 버리면 계산 후 이 송전손실 때문에 계통 전체에 유효전력에 과부족이 생기므로 발전기모선 중에서 유효전력용 모선으로 남겨서 여기서 유효전력과 전압의 크기를 지정하는 대신 전압의 크기와 그 위상각을 지정하는 모선을 슬랙모선 또는 스윙모선이라고 한다.

제3과목 전기기기

상 제4장 유도기

41 4[극], 60[Hz]의 3상 유도전동기가 있다. 1725[rpm]으로 회전하고 있을 때 2차 기전력의 주파수는?

① 10[Hz]

② 7.5[Hz]

③ 5[Hz]

④ 2.5[Hz]

해설

동기속도 $N_s = \dfrac{120f}{P} = \dfrac{120 \times 60}{4} = 1800[\text{rpm}]$

1725[rpm]으로 회전 시

슬립 $s = \dfrac{N_s - N}{N_s} = \dfrac{1800-1725}{1800} = 0.0416$

2차 기전력의 주파수 $f_2 = sf_1$

$\qquad\qquad = 0.0416 \times 60 = 2.5[\text{Hz}]$

중 제1장 직류기

42 대형 직류기의 토크 측정법은?

① 전기동력계

② 프로니브레이크

③ 와전류제동기

④ 반환부하법

해설

전기동력계는 전동기의 특성을 파악하기 위한 설비로 토크를 측정할 수 있다.

중 제3장 변압기

43 단상변압기에 있어서 부하역률 80[%]의 지역률에서 전압변동률이 4[%], 부하역률이 100[%]에서 전압변동률이 3[%]라고 한다. 이 변압기의 퍼센트 리액턴스 강하는 몇 [%]인가?

① 2.7
② 3.0
③ 3.3
④ 3.6

해설

역률 100[%]일 때 $\varepsilon = p = 3\,[\%]$
지역률 80[%]일 때 $\varepsilon = p\cos\theta + q\sin\theta$ 에서
$\varepsilon = 3 \times 0.8 + q \times 0.6 = 4$
$\therefore q = \dfrac{4 - 3 \times 0.8}{0.6} = 2.7[\%]$

상 제5장 정류기

44 입력 100[V]의 단상교류를 SCR 4개를 사용하여 브리지 제어 정류한다. 이때 사용할 1개 SCR의 최대 역전압(내압)은 약 몇 [V] 이상이어야 하는가?

① 25
② 100
③ 142
④ 200

해설

최대 역전압 $PIV = \sqrt{2}\,E[\text{V}]$
여기서, 정류소자 2개 → $PIV = 2\sqrt{2}\,E[\text{V}]$,
정류소자 1개, 4개 → $PIV = \sqrt{2}\,E[\text{V}]$
$PIV = \sqrt{2} \times 100 = 141.4 \fallingdotseq 142[\text{V}]$

하 제3장 변압기

45 V결선의 단권변압기를 사용하여, 선로전압 V_1에서 V_2로 변압하여 전력 $P[\text{kVA}]$를 송전하는 경우, 단권변압기의 자기용량 P_s는 얼마인가?

① $\left(1 - \dfrac{V_2}{V_1}\right)P$
② $\dfrac{2}{\sqrt{3}}\left(1 - \dfrac{V_2}{V_1}\right)P$
③ $\dfrac{\sqrt{3}}{2}\left(1 - \dfrac{V_2}{V_1}\right)P$
④ $\dfrac{1}{2}\left(1 - \dfrac{V_2}{V_1}\right)P$

해설 단권변압기의 V결선

$\dfrac{\text{자기용량}}{\text{부하용량}} = \dfrac{1}{0.866}\left(\dfrac{V_1 - V_2}{V_1}\right)$

V결선 시 자기용량
$P_s = \dfrac{1}{0.866}\left(\dfrac{V_1 - V_2}{V_1}\right)P$
$= \dfrac{2}{\sqrt{3}}\left(1 - \dfrac{V_2}{V_1}\right)P$

상 제2장 동기기

46 다음은 유도자형 동기발전기의 설명이다. 옳은 것은?

① 전기자만 고정되어 있다.
② 계자극만 고정되어 있다.
③ 계자극과 전기자가 고정되어 있다.
④ 회전자가 없는 특수 발전기이다.

해설

유도자형 발전기는 계자 및 전기자 모두 고정된 상태로 발전이 되는데 실험실 전원 등으로 사용된다.

상 제1장 직류기

47 직류기의 전기자반작용의 결과가 아닌 것은 어느 것인가?

① 전기적 중성축이 이동한다.
② 주자속이 감소한다.
③ 정류자편 사이의 전압이 불균일하게 된다.
④ 자기여자현상이 생긴다.

해설 전기자반작용에 의한 문제점 및 대책

㉠ 전기자반작용으로 인한 문제점
• 편자작용에 의한 중성축 이동
• 주자속 감소(감자작용)
• 정류자와 브러시 부근에서 불꽃 발생(정류불량의 원인)
㉡ 전기자반작용 대책
• 보극 설치(소극적 대책)
• 보상권선 설치(적극적 대책)

정답 43 ① 44 ③ 45 ② 46 ③ 47 ④

중 제4장 유도기

48 100[kW] 4극, 3300[V], 주파수 60[Hz]의 3상 유도전동기의 효율이 92[%], 역률 90[%]일 때 부하전류가 정격 출력일 때 입력[kVA]은 얼마인가?

① 420.9 ② 220.8
③ 120.8 ④ 326.5

해설 3상 유도전동기의 입력

$$P = \frac{P_o}{\cos\theta \times \eta_M}[\text{kVA}]$$

여기서, P : 입력

P_o : 정격출력

η_M : 전동기효율

입력 $P = \dfrac{P_o}{\cos\theta \times \eta_M} = \dfrac{100}{0.9 \times 0.92}$

$= 120.77 \fallingdotseq 120.8[\text{kVA}]$

상 제2장 동기기

49 동기발전기 1상의 정격전압을 V, 정격출력에서의 무부하로 하였을 때 전압을 V_0라 하고 전압변동률이 ε이라면 각 상의 정격전압 V를 나타내는 식은?

① $V_0(\varepsilon-1)$ ② $V_0(\varepsilon+1)$
③ $\dfrac{V_0}{(\varepsilon+1)}$ ④ $\dfrac{V_0}{(\varepsilon-1)}$

해설

전압변동률 $\varepsilon = \dfrac{V_0 - V_n}{V_n} \times 100 = \left(\dfrac{V_0}{V_n} - 1\right) \times 100$

[%]에서 정격전압을 구하면

정격전압 $V_n = \dfrac{V_0}{\varepsilon+1}$

상 제2장 동기기

50 단락비가 큰 동기기는?

① 전기자반작용이 크다.
② 기계가 소형이다.
③ 전압변동률이 크다.
④ 안정도가 높다.

해설 단락비가 큰 기기의 특징

철의 비율이 높아 철기계라 한다.
㉠ 동기임피던스가 작다. (단락전류가 크다.)
㉡ 전기자반작용이 작다.
㉢ 전압변동률이 작다.
㉣ 공극이 크다.
㉤ 안정도가 높다.
㉥ 철손이 크다.
㉦ 효율이 낮다.
㉧ 가격이 높다.
㉨ 송전선의 충전용량이 크다.

상 제2장 동기기

51 6극 Y결선에서 3상 동기발전기의 극당 자속이 0.16[Wb], 회전수 1200[rpm], 1상의 감긴 수 186, 권선계수 0.96이면 단자전압[V]은?

① 13183 ② 12254
③ 26366 ④ 27456

해설

동기속도 $N_s = \dfrac{120f}{P}[\text{rpm}]$에서

주파수 $f = \dfrac{N_S \times P}{120} = \dfrac{1200 \times 6}{120} = 60[\text{Hz}]$

1상의 유기기전력

$E = 4.44 K_w f N \phi$

$= 4.44 \times 0.96 \times 60 \times 186 \times 0.16$

$= 7610.94[\text{V}]$

Y결선 시 단자전압은 1상의 유기기전력의 $\sqrt{3}$ 배이므로

단자전압 $V_n = \sqrt{3}\,E = \sqrt{3} \times 7610.94$

$= 13182.53 \fallingdotseq 13183[\text{V}]$

하 제6장 특수기기

52 다음 중 서보모터가 갖추어야 할 조건이 아닌 것은?

① 기동토크가 클 것
② 토크속도의 수하특성을 가질 것
③ 회전자를 굵고 짧게 할 것
④ 전압이 0이 되었을 때 신속하게 정지할 것

해설

직류 서보모터는 속응성을 높이기 위해 일반 전동기에 비하여 회전자 축이 가늘고 길며 공극의 자속밀도를 크게 한 것으로 자동제어기기에 사용한다.

정답 48 ③ 49 ③ 50 ④ 51 ① 52 ③

상 제5장 정류기

53 정류방식 중에서 맥동률이 가장 작은 회로는?

① 단상 반파정류회로
② 단상 전파정류회로
③ 3상 반파정류회로
④ 3상 전파정류회로

해설

각 정류방식에 따른 맥동률을 구하면 다음과 같다.
㉠ 단상 반파정류 : 1.21
㉡ 단상 전파정류 : 0.48
㉢ 3상 반파정류 : 0.19
㉣ 3상 전파정류 : 0.042

중 제1장 직류기

54 전기자저항 0.3[Ω], 직권계자권선의 저항 0.7 [Ω]의 직권전동기에 110[V]를 가하였더니 부하전류가 10[A]이었다. 이때 전동기의 속도[rpm]는? (단, 기계정수는 2이다.)

① 1200
② 1500
③ 1800
④ 3600

해설

직권전동기($I_a = I_f = I_n$)이므로
자속 $\phi \propto I_a$이기 때문에 회전속도를 구하면
$$n = k \times \frac{V_n - I_a(r_a + r_f)}{\phi}$$
$$= 2.0 \times \frac{110 - 10 \times (0.3 + 0.7)}{10} = 20[\text{rps}]$$
직권전동기의 회전속도
$N = 60n = 60 \times 20 = 1200[\text{rpm}]$

중 제2장 동기기

55 3상 동기발전기의 1상의 유도기전력 120[V], 반작용 리액턴스 0.2[Ω]이다. 90° 진상전류 20[A]일 때의 발전기 단자전압[V]은? (단, 기타는 무시한다.)

① 116
② 120
③ 124
④ 140

해설 동기발전기의 전류 위상에 따른 전압관계

㉠ 부하전류가 지상전류일 경우
$E_a = V_n + I_n \cdot x_s[\text{V}]$
㉡ 부하전류가 진상전류일 경우
$E_a = V_n - I_n \cdot x_s[\text{V}]$

90° 진상전류가 20[A]일 때 발전기 단자전압
$V_n = E_a + I_n \cdot x_s = 120 + 20 \times 0.2 = 124[\text{V}]$

중 제2장 동기기

56 동기발전기의 병렬운전 중 계자를 변화시키면 어떻게 되는가?

① 무효순환전류가 흐른다.
② 주파수위상이 변한다.
③ 유효순환전류가 흐른다.
④ 속도조정률이 변한다.

해설

병렬운전 중 계자전류가 달라 기전력의 크기가 다를 경우 두 발전기 사이에 무효순환전류가 흐른다.

상 제5장 정류기

57 사이리스터에서의 래칭전류에 관한 설명으로 옳은 것은?

① 게이트를 개방한 상태에서 사이리스터 도통 상태를 유지하기 위한 최소의 순전류
② 게이트 전압을 인가한 후에 급히 제거한 상태에서 도통 상태가 유지되는 최소의 순전류
③ 사이리스터의 게이트를 개방한 상태에서 전압을 상승하면 급히 증가하게 되는 순전류
④ 사이리스터가 턴온하기 시작하는 순전류

해설 사이리스터 전류의 정의

㉠ 래칭전류 : 사이리스터를 Turn on 하는 데 필요한 최소의 Anode 전류
㉡ 유지전류 : 게이트를 개방한 상태에서도 사이리스터가 on 상태를 유지하는 데 필요한 최소의 Anode 전류

중 제4장 유도기

58 유도전동기의 회전속도를 $N[\text{rpm}]$, 동기속도를 $N_s[\text{rpm}]$이라 하고 순방향 회전자계의 슬립을 s라고 하면, 역방향 회전자계에 대한 회전자 슬립은?

① $s - 1$
② $1 - s$
③ $s - 2$
④ $2 - s$

정답 53 ④ 54 ① 55 ③ 56 ① 57 ④ 58 ④

◥해설

정방향 회전 시 슬립

$$s = \frac{N_s - N}{N_s} = 1 - \frac{N}{N_s} \text{에서}$$

$$\frac{N}{N_s} = 1 - s$$

역방향 회전 시 슬립

$$s = \frac{N_s - (-N)}{N_s} = 1 + \frac{N}{N_s}$$

역방향 회전자계에 대한 회전자 슬립

$$s = 1 + \frac{N}{N_s} = 1 + (1 - s) = 2 - s$$

상 제2장 동기기

59 2대의 3상 동기발전기가 무부하로 운전하고 있을 때, 대응하는 기전력 사이의 상차각이 30°이면 한 쪽 발전기에서 다른 쪽 발전기로 공급하는 1상당 전력은 몇 [kW]인가? (단, 여기서 각 발전기의 1상의 기전력은 2000[V], 동기리액턴스 5[Ω]이고, 전기자 저항은 무시한다.)

① 400[kW]

② 300[kW]

③ 200[kW]

④ 100[kW]

◥해설

수수전력(＝주고 받는 전력) $P = \frac{E^2}{2X_s}\sin\delta[kW]$

$$P = \frac{E_1^2}{2X_s}\sin\delta = \frac{(2000)^2}{2 \times 5} \times \sin 30° \times 10^{-3}$$
$$= 200,000[W] = 200[kW]$$

중 제1장 직류기

60 직류발전기의 병렬운전에서는 계자전류를 변화시키면 부하분담은?

① 계자전류를 감소시키면 부하분담이 적어진다.

② 계자전류를 증가시키면 부하분담이 적어진다.

③ 계자전류를 감소시키면 부하분담이 커진다.

④ 계자전류와는 무관하다.

◥해설 직류발전기의 병렬운전 중에 계자전류의 변화 시

㉠ 계자전류 증가하면 기전력이 증가 – 부하분담 증가

㉡ 계자전류 감소하면 기전력이 감소 – 부하분담 감소

제4과목 **회로이론 및 제어공학**

상 제어공학 제1장 자동제어의 개요

61 피드백 제어계에서 제어요소에 대한 설명 중 옳은 것은?

① 목표차에 비례하는 신호를 발생하는 요소이다.

② 조작부와 검출부로 구성되어 있다.

③ 조절부와 검출부로 구성되어 있다.

④ 동작신호를 조작량으로 변환시키는 요소이다.

◥해설 제어요소

㉠ 동작신호에 따라 제어대상을 제어하기 위한 조작량을 만들어 내는 장치

㉡ 조절부와 조작부로 구성

중 제어공학 제2장 전달함수

62 다음 신호흐름선도에서 $\dfrac{C(s)}{R(s)}$ 의 값은?

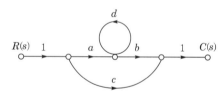

① $\dfrac{ab + c(1-d)}{1-d}$

② $\dfrac{ab + c}{1-d}$

③ $ab + c$

④ $\dfrac{ab + c(1+d)}{1+d}$

◥해설

㉠ $\Delta = 1 - \sum l_1 = 1 - d$

㉡ $G_1 = ab, \ \Delta_1 = 1$

㉢ $G_2 = c, \ \Delta_2 = \Delta = 1 - d$

정답 59 ③ 60 ① 61 ④ 62 ①

∴ 메이슨공식

$$M(s) = \frac{\sum G_K \Delta_K}{\Delta} = \frac{G_1 \Delta_1 + G_2 \Delta_2}{\Delta}$$
$$= \frac{ab + c(1-d)}{1-d}$$

하 제어공학 제8장 시퀀스회로의 이해

63 다음 그림과 같은 회로는 어떤 논리회로인가?

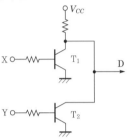

① AND 회로   ② NAND 회로
③ OR 회로   ④ NOR 회로

해설

㉠ 트랜지스터(T_1, T_2)에 입력(X, Y)을 주면 전원(V_{CC})은 모두 접지로 흐르기 때문에 출력(D)은 0이 되어 ㉡과 같이 동작한다.

㉡ 진리표(Truth-table)

NOR 회로		
입력		출력
X	Y	D
0	0	1
0	1	0
1	0	0
1	1	0

중 제어공학 제3장 시간영역해석법

64 단위램프입력에 대하여 정상속도편차 상수가 유한값을 갖는 제어계의 형은?

① 0형 제어계   ② 1형 제어계
③ 2형 제어계   ④ 3형 제어계

해설 제어계의 형별

㉠ 정상위치편차 e_{sp}가 유한한 값이 나오면 0형 제어계라 한다. (입력 : 단위계단함수)
㉡ 정상 속도편차 e_{sv}가 유한한 값이 나오면 1형 제어계라 한다. (입력 : 단위램프함수)

㉢ 정상 가속도편차 e_{sa}가 유한한 값이 나오면 2형 제어계라 한다. (입력 : 단위포물선함수)

상 제어공학 제5장 안정도 판별법

65 계의 특성방정식이 $2s^4 + 4s^2 + 3s + 6 = 0$ 일 때 이 계통은?

① 안정하다.
② 불안정하다.
③ 임계상태이다.
④ 조건부 안정이다.

해설 안정조건

특성방정식의 모든 차수가 존재하면서 차수의 부호가 동일(+)할 것

∴ s^3계수가 0이므로 안정 필요조건에 만족하지 못하므로 불안정한 제어계가 된다.

중 제어공학 제4장 주파수영역해석법

66 $G(s) = e^{-Ls}$에서 $\omega = 100$[rad/sec]일 때 이득 g[dB]은?

① 0[dB]   ② 20[dB]
③ 30[dB]   ④ 40[dB]

해설

㉠ 주파수 전달함수 : $G(j\omega) = e^{-j\omega L} = 1 \underline{/-\omega L^\circ}$
㉡ 이득 : $g = 20 \log |G(j\omega)| = 20 \log 1 = 0$[dB]

상 제어공학 제7장 상태방정식

67 다음 중 z변환함수 $\dfrac{3z}{(z-e^{-3t})}$에 대응되는 라플라스 변환함수는?

① $\dfrac{1}{(s+3)}$ ② $\dfrac{3}{(s-3)}$
③ $\dfrac{1}{(s-3)}$ ④ $\dfrac{3}{(s+3)}$

해설

㉠ z역변환 : $\dfrac{3z}{(z-e^{-3t})} \xrightarrow{z^{-1}} 3e^{-3t}$

㉡ 라플라스 변환 : $3e^{-3t} \xrightarrow{\mathcal{L}} \dfrac{3}{s+3}$

정답 **63** ④ **64** ② **65** ② **66** ① **67** ④

중 제어공학 제6장 근궤적법

68 근궤적 s 평면의 $j\omega$ 축과 교차할 때 폐루프의 제어계는?

① 안정
② 불안정
③ 임계상태
④ 알 수 없다.

해설 특성근 위치에 따른 안정도 판별

㉠ s 평면 좌반부에 위치 : 안정
㉡ s 평면 우반부에 위치 : 불안정
㉢ s 평면 허수축에 위치 : 임계상태(안정한계)

중 제어공학 제2장 전달함수

69 다음의 두 블록선도가 등가인 경우 A 요소의 전달함수는?

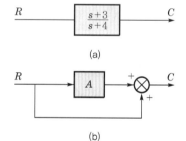

(a)

(b)

① $\dfrac{-1}{s+4}$

② $\dfrac{-2}{s+4}$

③ $\dfrac{-3}{s+4}$

④ $\dfrac{-4}{s+4}$

해설

㉠ (a) 회로의 종합 전달함수
$$M(s)=\frac{\sum \text{전향경로이득}}{\sum \text{폐루프이득}}=\frac{s+3}{s+4}$$
㉡ (b) 회로의 종합 전달함수
$$M(s)=\frac{\sum \text{전향경로이득}}{\sum \text{폐루프이득}}=A+1$$

㉢ (a), (b) 회로가 등가가 되기 위한 A 값은
$$\frac{s+3}{s+4}=A+1\text{에서}$$
$$\therefore A=\frac{s+3}{s+4}-1=\frac{-1}{s+4}$$

상 제어공학 제7장 상태방정식

70 $A=\begin{bmatrix} 0 & 1 \\ -3 & -2 \end{bmatrix}$, $B=\begin{bmatrix} 4 \\ 5 \end{bmatrix}$ 인 상태방정식 $\dfrac{dx}{dt}=Ax+Br$ 에서 제어계의 특성방정식은?

① $s^2+4s+3=0$
② $s^2+3s+2=0$
③ $s^2+3s+4=0$
④ $s^2+2s+3=0$

해설

특성방정식 $F(s)=|sI-A|=0$ 에서
$$\therefore F(s)=\begin{bmatrix} s & 0 \\ 0 & s \end{bmatrix}-\begin{bmatrix} 0 & 1 \\ -3 & -2 \end{bmatrix}$$
$$=\begin{bmatrix} s & -1 \\ 3 & s+2 \end{bmatrix}$$
$$=s(s+2)+3$$
$$=s^2+2s+3=0$$

하 회로이론 제10장 라플라스 변환

71 $\mathcal{L}^{-1}\left[\dfrac{s}{(s+1)^2}\right]$ 는?

① $e^{-t}-t\,e^{-t}$ ② $e^{-t}+2t\,e^{-t}$
③ $e^t-t\,e^{-t}$ ④ $e^{-t}+t\,e^{-t}$

해설

$$\mathcal{L}^{-1}\left[\frac{s}{(s+1)^2}\right]=\mathcal{L}^{-1}\left[\frac{s+1-1}{(s+1)^2}\right]$$
$$=\mathcal{L}^{-1}\left[\frac{s+1}{(s+1)^2}-\frac{1}{(s+1)^2}\right]$$
$$=\mathcal{L}^{-1}\left[\frac{1}{s+1}-\frac{1}{(s+1)^2}\right]$$
$$=\mathcal{L}^{-1}\left[\frac{1}{s+1}-\frac{1}{s^2}\Big|_{s=s+1}\right]$$
$$=e^{-t}-t\,e^{-t}$$

정답 **68** ③ **69** ① **70** ④ **71** ①

72 그림과 같은 부하에 선간전압이 $V_{ab} = 100$ $\underline{/30°}$[V]인 평형 3상 전압을 가했을 때 선전류 I_a[A]는?

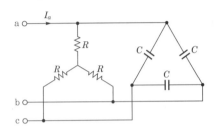

① $\dfrac{100}{\sqrt{3}}\left(\dfrac{1}{R} + j3\omega C\right)$

② $100\left(\dfrac{1}{R} + j\sqrt{3}\,\omega C\right)$

③ $\dfrac{100}{\sqrt{3}}\left(\dfrac{1}{R} + j\omega C\right)$

④ $100\left(\dfrac{1}{R} + j\omega C\right)$

해설

㉠ △결선을 Y결선으로 등가변환하면 다음과 같다. (임피던스 크기를 $\dfrac{1}{3}$로 변환)

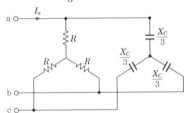

㉡ 저항과 정전용량은 병렬관계이므로 아래와 같이 등가변환시킬 수 있다.

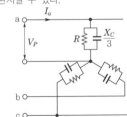

㉢ 합성 임피던스

$$Z = \dfrac{1}{\dfrac{1}{R} + \dfrac{1}{\dfrac{-jX_C}{3}}} = \dfrac{1}{\dfrac{1}{R} + j\dfrac{3}{X_C}}$$

$$= \dfrac{1}{\dfrac{1}{R} + j3\omega C}$$

여기서, 용량 리액턴스 : $X_C = \dfrac{1}{\omega C}$

㉣ 상전압 : $V_P = \dfrac{V_l}{\sqrt{3}}\underline{/-30°}$

$$= \dfrac{100}{\sqrt{3}}\underline{/0°}$$

㉤ Y결선은 상전류와 선전류가 동일하므로

$$I_a = \dfrac{V_P}{Z}$$

$$= \dfrac{100}{\sqrt{3}}\left(\dfrac{1}{R} + j3\omega C\right)$$

73 $R = 100$[Ω], $L = 1$[H]의 직렬회로에 직류전압 $E = 100$[V]를 가했을 때, $t = 0.01$[s] 후의 전류 i_t[A]는 약 얼마인가?

① 0.362[A]

② 0.632[A]

③ 3.62[A]

④ 6.32[A]

해설 과도전류

$$i(t) = \dfrac{E}{R}\left(1 - e^{-\frac{R}{L}t}\right)$$

$$= \dfrac{100}{100}\left(1 - e^{-\frac{100}{1} \times 0.01}\right)$$

$$= 1(1 - e^{-1}) = 0.632[A]$$

74 그림과 같은 회로에서 r_1, r_2에 흐르는 전류의 크기가 1 : 2의 비율이라면 r_1, r_2의 저항은 각각 몇 [Ω]인가?

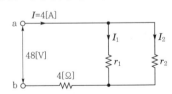

① $r_1 = 16$, $r_2 = 8$

② $r_1 = 24$, $r_2 = 12$

③ $r_1 = 6$, $r_2 = 3$

④ $r_1 = 8$, $r_2 = 4$

정답 **72** ① **73** ② **74** ②

해설

㉠ $I_1 : I_2 = I_1 : 2I_1 = \dfrac{E}{r_1} : \dfrac{E}{r_2}$ 에서

$\dfrac{2EI_1}{r_1} = \dfrac{EI_1}{r_2}$ 이므로 $r_1 = 2r_2$가 된다.

㉡ 합성저항 $R = \dfrac{V}{I} = \dfrac{48}{4} = 12[\Omega]$ 또는

$R = 4 + \dfrac{r_1 \times r_2}{r_1 + r_2} = 4 + \dfrac{2r_2{}^2}{3r_2} = 4 + \dfrac{2}{3}r_2$ 이므로

$R = 12 = 4 + \dfrac{2}{3}r_2$

$\therefore r_2 = \dfrac{3}{2} \times 8 = 12[\Omega]$, $r_1 = 2r_2 = 24[\Omega]$

상 회로이론 제5장 대칭좌표법

75 3상 회로에 있어서 대칭분 전압이 $\dot{V}_0 = -8 + j3[\text{V}]$, $\dot{V}_1 = 6 - j8[\text{V}]$, $\dot{V}_2 = 8 + j12[\text{V}]$일 때 a상의 전압[V]은?

① $6 + j7$
② $-32.3 + j2.73$
③ $2.3 + j0.73$
④ $23 + j0.73$

해설 a상 전압

$V_a = V_0 + V_1 + V_2$
$\quad = (-8 + j3) + (6 - j8) + (8 + j12)$
$\quad = 6 + j7[\text{V}]$

상 회로이론 제3장 다상 교류회로의 이해

76 성형(Y)결선의 부하가 있다. 선간전압 300[V]의 3상 교류를 인가했을 때 선전류가 40[A]이고 역률이 0.8이라면 리액턴스는 약 몇 [Ω]인가?

① $2.6[\Omega]$
② $4.3[\Omega]$
③ $16.6[\Omega]$
④ $35.6[\Omega]$

해설

㉠ 한 상의 임피던스

$Z = \dfrac{V_p}{I_p} = \dfrac{\dfrac{V_l}{\sqrt{3}}}{I_l}$

$\quad = \dfrac{\dfrac{300}{\sqrt{3}}}{40} = 4.33[\Omega]$

㉡ 무효율
$\sin\theta = \sqrt{1 - \cos^2\theta} = \sqrt{1 - 0.8^2} = 0.6$

㉢ 임피던스 삼각형

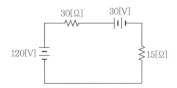

$\therefore$ 리액턴스
$X = Z\sin\theta$
$\quad = 4.33 \times 0.6 = 2.598[\Omega]$

중 회로이론 제6장 회로망 해석

77 다음 회로에서 120[V], 30[V] 전압원의 전력은?

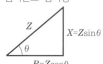

① 240[W], 60[W]
② 240[W], −60[W]
③ −240[W], 60[W]
④ −240[W], −60[W]

해설

㉠ 회로전류
$I = \dfrac{V}{R} = \dfrac{120 - 30}{30 + 15} = 2[\text{A}]$

㉡ 120[V] 전압원의 전력
$P_1 = V_1 I = 120 \times 2 = 240[\text{W}]$

㉢ 30[V] 전압원의 전력
$P_2 = -V_2 I = -30 \times 2 = -60[\text{W}]$

상 회로이론 제4장 비정현파 교류회로의 이해

78 전류가 1[H]의 인덕터를 흐르고 있을 때 인덕터에 축적되는 에너지[J]는 얼마인가?

$$i = 5 + 10\sqrt{2}\sin 100t + 5\sqrt{2}\sin 200t[\text{A}]$$

① 150[J]
② 100[J]
③ 75[J]
④ 50[J]

해설 전류의 실횻값

$$I = \sqrt{5^2 + 10^2 + 5^2} = 12.25[\text{A}]$$

∴ 인덕터에 축척되는 에너지

$$W_L = \frac{1}{2}LI^2 = \frac{1}{2} \times 1 \times 12.25^2 = 75[\text{J}]$$

상 회로이론 제8장 분포정수회로

79 무손실선로가 되기 위한 조건 중 틀린 것은?

① $\dfrac{R}{L} = \dfrac{G}{C}$인 선로를 무왜형(無歪形) 회로라 한다.

② $R = G = 0$인 선로를 무손실회로라 한다.

③ 무손실선로, 무왜선로의 감쇠정수는 $\sqrt{RG}$ 이다.

④ 무손실선로, 무왜회로에서의 위상속도는 $\dfrac{1}{\sqrt{CL}}$ 이다.

해설

① 무왜형 회로 : 송전단에서 보낸 정현파 입력이 수전단에 전혀 일그러짐이 없이 도달되는 회로로, 선로정수가 R, L, C, G 사이에 $\dfrac{R}{L} = \dfrac{G}{C}$의 관계를 무왜 조건이라 한다.

② 무손실선로 : 손실이 없는 선로($R = G = 0$)로 송전전압 및 전류의 크기가 항상 일정하다.

③ 전파정수 $\gamma = \sqrt{ZY} = \sqrt{RG} + j\omega\sqrt{LC} = \alpha + j\beta$ 에서 무손실선로의 경우 $R = G = 0$이므로 감쇠정수는 $\alpha = 0$이 된다.

④ 위상속도(전파속도)

$$v = \frac{1}{\sqrt{\varepsilon\mu}} = \frac{1}{\sqrt{LC}} = \frac{\omega}{\beta}[\text{m/s}]$$

상 회로이론 제6장 회로망 해석

80 임피던스 함수 $Z(s) = \dfrac{4s+2}{s}$ 로 표시되는 2단자 회로망은 다음 중 어느 것인가?

① 4[Ω] 1/2[H]
   o—⟋⟍⟋—⟿⟿—o

② 4[Ω] 1/2[F]
   o—⟋⟍⟋—| |—o

③ 4[Ω] 2[H]
   o—⟋⟍⟋—⟿⟿—o

④ 4[Ω] 2[F]
   o—⟋⟍⟋—| |—o

해설

㉠ RLC 직렬회로의 합성 임피던스는

$$Z(s) = R + Ls + \frac{1}{Cs}$$ 의 형태이다.

㉡ 문제의 임피던스를 정리하면 다음과 같다.

$$Z(s) = \frac{4s+2}{s} = 4 + \frac{2}{s}$$

$$= 4 + \frac{1}{\dfrac{s}{2}} = 4 + \frac{1}{\dfrac{1}{2}s}$$

∴ $R = 4[\Omega]$, $C = \dfrac{1}{2}[\text{F}]$이 직렬로 접속된 회로로 나타낼 수 있다.

제5과목 **전기설비기술기준**

상 제3장 전선로

81 폭발성 또는 연소성의 가스가 침입할 우려가 있는 곳에 시설하는 지중함으로서 그 크기가 최소 몇 $[\text{m}^3]$ 이상인 것에는 통풍장치 기타 가스를 방산시키기 위한 적당한 장치를 시설하여야 하는가?

① 0.5　　② 0.75
③ 1　　　④ 2

해설 지중함의 시설(KEC 334.2)

㉠ 지중함은 견고하고 차량 기타 중량물의 압력에 견디는 구조일 것

㉡ 지중함은 그 안의 고인 물을 제거할 수 있는 구조로 되어 있을 것

㉢ 폭발성 또는 연소성의 가스가 침입할 우려가 있는 것에 시설하는 지중함으로서 그 크기가 $1[\text{m}^3]$ 이상인 것에는 통풍장치 기타 가스를 방산시키기 위한 적당한 장치를 시설할 것

㉣ 지중함의 뚜껑은 시설자 이외의 자가 쉽게 열 수 없도록 시설할 것

중 제1장 공통사항

82 저압 수용가의 인입구 부근에 접지저항치가 얼마 이하의 금속제 수도관로를 접지극으로 사용할 수 있는가?

① 2[Ω] 이하　　② 3[Ω] 이하
③ 5[Ω] 이하　　④ 10[Ω] 이하

정답 79 ③　80 ②　81 ③　82 ②

해설 접지극의 시설 및 접지저항(KEC 142.2)

지중에 매설되어 있고 대지와의 전기저항값이 3[Ω] 이하의 값을 유지하고 있는 금속제 수도관로는 접지극으로 사용이 가능하다.

상 제1장 공통사항

83 전동기의 절연내력시험은 권선과 대지 간에 계속하여 시험전압을 가할 경우 몇 분간은 견디어야 하는가?

① 5   ② 10
③ 20   ④ 30

해설 회전기 및 정류기의 절연내력(KEC 133)

회전기의 절연내력시험을 살펴보면 다음과 같다.

종류		시험전압	시험방법
회전기	발전기·전동기·조상기·기타회전기(회전변류기를 제외한다)	최대사용전압 7[kV] 이하	최대사용전압의 1.5배의 전압(500[V] 미만으로 되는 경우에는 500[V])	권선과 대지 사이에 연속하여 10분간 가한다.
		최대사용전압 7[kV] 초과	최대사용전압의 1.25배의 전압(10.5[kV] 미만으로 되는 경우에는 10.5[kV])	
	회전변류기		직류측의 최대사용전압의 1배의 교류전압(500[V] 미만으로 되는 경우에는 500[V])	

상 제3장 전선로

84 고압 가공전선이 철도를 횡단하는 경우 레일면상의 최소 높이는 얼마인가?

① 5[m]
② 5.5[m]
③ 6[m]
④ 6.5[m]

해설 고압 가공전선의 높이(KEC 332.5)

고압 가공전선의 높이는 다음에 따라야 한다.
㉠ 도로를 횡단하는 경우에는 지표상 6[m] 이상(교통에 지장을 줄 우려가 없는 경우 5[m] 이상)
㉡ 철도 또는 궤도를 횡단하는 경우에는 레일면상 6.5[m] 이상
㉢ 횡단보도교의 위에 시설하는 경우에는 그 노면상 3.5[m] 이상

상 제1장 공통사항

85 부하의 설비용량이 커서 두 개 이상의 전선을 병렬로 사용하여 시설하는 경우 잘못된 것은?

① 병렬로 사용하는 전선에는 각각에 퓨즈를 설치하여야 한다.
② 병렬로 사용하는 각 전선의 굵기는 동선 50[mm²] 이상 또는 알루미늄 70[mm²] 이상으로 하고, 전선은 같은 도체, 같은 재료, 같은 길이 및 같은 굵기의 것을 사용하여야 한다.
③ 같은 극의 각 전선은 동일한 터미널러그에 완전히 접속하여야 한다.
④ 교류회로에서 병렬로 사용하는 전선은 금속관 안에 전자적 불평형이 생기지 않도록 시설하여야 한다.

해설 전선의 접속(KEC 123)

두 개 이상의 전선을 병렬로 사용하는 경우에는 다음에 의하여 시설할 것
㉠ 병렬로 사용하는 각 전선의 굵기는 동선 50[mm²] 이상 또는 알루미늄 70[mm²] 이상으로 하고, 전선은 같은 도체, 같은 재료, 같은 길이 및 같은 굵기의 것을 사용할 것
㉡ 같은 극의 각 전선은 동일한 터미널러그에 완전히 접속할 것
㉢ 같은 극인 각 전선의 터미널러그는 동일한 도체에 2개 이상의 리벳 또는 2개 이상의 나사로 접속할 것
㉣ 병렬로 사용하는 전선에는 각각에 퓨즈를 설치하지 말 것
㉤ 교류회로에서 병렬로 사용하는 전선은 금속관 안에 전자적 불평형이 생기지 않도록 시설할 것

상 제3장 전선로

86 고압 가공전선로의 전선으로 단면적 14[mm²]의 경동연선을 사용할 때 그 지지물이 B종 철주인 경우라면, 경간은 몇 [m]이어야 하는가?

① 150[m]   ② 250[m]
③ 500[m]   ④ 600[m]

해설 고압 가공전선로 경간의 제한(KEC 332.9)

고압 가공전선의 단면적이 22[mm²](인장강도 8.71[kN])인 경동연선의 경우의 경간
㉠ 목주·A종 철주 또는 A종 철근콘크리트주를 사용하는 경우 300[m] 이하

정답 83 ② 84 ④ 85 ① 86 ②

ⓒ B종 철주 또는 B종 철근콘크리트주를 사용하는 경우 500[m] 이하

[참고] 단면적 22[mm²] 이상이어야만 늘릴 수 있으므로 B종의 표준경간을 적용한다.
 • B종 철주의 표준경간 : 250[m] 이하

상 **제2장 저압설비 및 고압·특고압설비**

87 샤워시설이 있는 욕실 등 인체가 물에 젖어 있는 상태에서 전기를 사용하는 장소에 콘센트를 시설할 경우 인체감전보호용 누전차단기의 정격감도전류는 몇 [mA] 이하인가?

① 5
② 10
③ 15
④ 30

✎ 해설 **콘센트의 시설(KEC 234.5)**

욕조나 샤워시설이 있는 욕실 또는 화장실 등 인체가 물에 젖어있는 상태에서 전기를 사용하는 장소에 콘센트를 시설하는 경우에는 다음에 따라 시설하여야 한다.

ⓐ 「전기용품 및 생활용품 안전관리법」의 적용을 받는 인체감전보호용 누전차단기(정격감도전류 15[mA] 이하, 동작시간 0.03초 이하의 전류동작형의 것에 한한다) 또는 절연변압기(정격용량 3[kVA] 이하인 것에 한한다)로 보호된 전로에 접속하거나, 인체감전보호용 누전차단기가 부착된 콘센트를 시설하여야 한다.

ⓑ 콘센트는 접지극이 있는 방적형 콘센트를 사용하여 접지하여야 한다.

ⓒ 습기가 많은 장소 또는 수분이 있는 장소에 시설하는 콘센트 및 기계기구용 콘센트는 접지용 단자가 있는 것을 사용하여 접지하고 방습장치를 하여야 한다.

상 **제2장 저압설비 및 고압·특고압설비**

88 특고압을 옥내에 시설하는 경우 그 사용전압의 최대 한도는 몇 [kV] 이하인가? (단, 케이블트레이공사는 제외)

① 100
② 170
③ 250
④ 345

✎ 해설 특고압 옥내전기설비의 시설(KEC 342.4)

사용전압은 100[kV] 이하일 것(다만, 케이블트레이 배선에 의하여 시설하는 경우에는 35[kV] 이하일 것)

상 **제3장 전선로**

89 지중전선로에 사용되는 전선은?

① 절연전선
② 동복강선
③ 케이블
④ 나경동선

✎ 해설 **지중전선로의 시설(KEC 334.1)**

ⓐ 지중전선로에는 케이블을 사용
ⓑ 지중전선로의 매설방법 : 직접 매설식, 관로식, 암거식
ⓒ 관로식 및 직접 매설식을 시설하는 경우 매설깊이를 차량, 기타 중량물의 압력을 받을 우려가 있는 장소에는 1.0[m] 이상, 기타 장소에는 0.6[m] 이상 시설

중 **제4장 발전소, 변전소, 개폐소 및 기계기구 시설보호**

90 345000[V]의 전압을 변전하는 변전소가 있다. 이 변전소에 울타리를 시설하고자 하는 경우 울타리의 높이는 몇 [m] 이상이어야 하는가?

① 1.6
② 2
③ 2.2
④ 2.4

✎ 해설 **발전소 등의 울타리·담 등의 시설(KEC 351.1)**

ⓐ 울타리·담 등의 높이는 2[m] 이상으로 하고, 지표면과 울타리·담 등의 하단 사이의 간격은 15[cm] 이하로 한다.

ⓑ 울타리·담 등의 높이와 울타리·담 등으로부터 충전부분까지 거리의 합계는 다음 표에서 정한 값 이상으로 한다.

사용전압의 구분	울타리·담 등의 높이와 울타리·담 등으로부터 충전부분까지 거리의 합계
35[kV] 이하	5[m]
35[kV] 초과 160[kV] 이하	6[m]
160[kV] 초과	6[m]에 160[kV]를 초과하는 10[kV] 또는 그 단수마다 12[cm]를 더한 값

상 제2장 저압설비 및 고압·특고압설비

91 전기온상 등의 시설에서 전기온상 등에 전기를 공급하는 전로의 대지전압은 몇 [V] 이하이어야 하는가?

① 500
② 300
③ 600
④ 700

해설 전기온상 등(KEC 241.5)

㉠ 전기온상에 전기를 공급하는 전로의 대지전압은 300[V] 이하일 것
㉡ 발열선 및 발열선에 직접 접속하는 전선은 전기온상선일 것
㉢ 발열선은 그 온도가 80[℃]를 넘지 아니하도록 시설할 것

중 제6장 분산형전원설비

92 분산형 전원계통 연계설비의 시설에서 전력계통으로 언급되지 않는 것은?

① 전력판매사업자의 계통
② 구내계통
③ 구외계통
④ 독립전원계통

해설 계통 연계의 범위(KEC 503.1)

분산형 전원설비 등을 전력계통에 연계하는 경우에 적용하며, 여기서 전력계통이라 함은 전력판매사업자의 계통, 구내계통 및 독립전원계통 모두를 말한다.

상 제2장 저압설비 및 고압·특고압설비

93 금속제 외함을 가진 저압의 기계기구로서 사람이 쉽게 접촉될 우려가 있는 곳에 시설하는 경우 전기를 공급받는 전로에 지락이 생겼을 때 자동적으로 전로를 차단하는 장치를 설치하여야 하는 기계기구의 사용전압은 몇 [V]를 초과하는 경우인가?

① 30
② 50
③ 100
④ 150

해설 누전차단기의 시설(KEC 211.2.4)

금속제 외함을 가지는 사용전압이 50[V]를 초과하는 저압의 기계기구로서, 사람이 쉽게 접촉할 우려가 있는 곳에 시설하는 것에 전기를 공급하는 전로에는 전로에 지락이 생겼을 때 자동적으로 전로를 차단하는 장치를 하여야 한다.

상 제1장 공통사항

94 계통외도전부(Extraneous Conductive Part)에 대한 용어의 정의로 옳은 것은?

① 전력계통에서 돌발적으로 발생하는 이상현상에 대비하여 대지와 계통을 연결하는 것으로, 중성점을 대지에 접속하는 것을 말한다.
② 전기설비의 일부는 아니지만 지면에 전위 등을 전해줄 위험이 있는 도전성 부분을 말한다.
③ 충전부는 아니지만 고장 시에 충전될 위험이 있고, 사람이 쉽게 접촉할 수 있는 기기의 도전성 부분을 말한다.
④ 통상적인 운전상태에서 전압이 걸리도록 되어 있는 도체 또는 도전부를 말한다. 중성선을 포함하나 PEN 도체, PEM 도체 및 PEL 도체는 포함하지 않는다.

해설 용어 정의(KEC 112)

㉠ 계통접지 : 전력계통에서 돌발적으로 발생하는 이상현상에 대비하여 대지와 계통을 연결하는 것으로, 중성점을 대지에 접속하는 것을 말한다.
㉡ 노출도전부 : 충전부는 아니지만 고장 시에 충전될 위험이 있고, 사람이 쉽게 접촉할 수 있는 기기의 도전성 부분을 말한다.
㉢ 충전부 : 통상적인 운전상태에서 전압이 걸리도록 되어 있는 도체 또는 도전부를 말한다. 중성선을 포함하나 PEN 도체, PEM 도체 및 PEL 도체는 포함하지 않는다.

중 제6장 분산형전원설비

95 태양광발전설비에서 주택의 태양전지 모듈에 접속하는 부하측 옥내배선의 대지전압 제한은 직류 몇 [V] 이하여야 하는가?

① 250
② 300
③ 400
④ 600

해설 옥내전로의 대지전압 제한(KEC 511.3)

주택의 태양전지 모듈에 접속하는 부하측 옥내배선의 대지전압 제한은 직류 600[V] 이하이어야 한다.

정답 91 ② 92 ③ 93 ② 94 ② 95 ④

상 제2장 저압설비 및 고압·특고압설비

96 제어회로용 절연전선을 금속덕트공사에 의하여 시설하고자 한다. 절연피복을 포함한 전선의 총단면적은 덕트 내부 단면적의 몇 [%]까지 할 수 있는가?

① 20   ② 30
③ 40   ④ 50

해설 금속덕트공사(KEC 232.31)

금속덕트에 넣은 전선의 단면적(절연피복의 단면적을 포함)의 합계는 덕트의 내부 단면적의 20[%](전광표시장치 기타 이와 유사한 장치 또는 제어회로 등의 배선만을 넣는 경우에는 50[%]) 이하일 것

중 제2장 저압설비 및 고압·특고압설비

97 옥내 저압전선으로 나전선의 사용이 기본적으로 허용되지 않는 것은?

① 애자사용공사의 전기로용 전선
② 유희용 전차에 전기공급을 위한 접촉전선
③ 제분공장의 전선
④ 애자사용공사의 전선의 피복절연물이 부식하는 장소에 시설하는 전선

해설 나전선의 사용제한(KEC 231.4)

다음 내용에서만 나전선을 사용할 수 있다.
㉠ 애자공사에 의하여 전개된 곳에 다음의 전선을 시설하는 경우
  • 전기로용 전선
  • 전선의 피복절연물이 부식하는 장소에 시설하는 전선
  • 취급자 이외의 사람이 출입할 수 없도록 설비한 장소
㉡ 버스덕트공사에 의하여 시설하는 경우
㉢ 라이팅덕트공사에 의하여 시설하는 경우
㉣ 저압 접촉전선 및 유희용 전차를 시설하는 경우

하 제1장 공통사항

98 다음 각 케이블 중 특히 특고압 전선용으로만 사용할 수 있는 것은?

① 용접용 케이블
② MI 케이블
③ CD 케이블
④ 파이프형 압력 케이블

해설 고압 및 특고압케이블(KEC 122.5)

사용전압이 특고압인 전로에 전선으로 사용하는 케이블은 절연체가 부틸 고무혼합물·에틸렌 프로필렌 고무혼합물 또는 폴리에틸렌 혼합물인 케이블로서, 선심 위에 금속제의 전기적 차폐층을 설치한 것이거나 파이프형 압력 케이블·연피 케이블·알루미늄피 케이블 그 밖의 금속피복을 한 케이블을 사용하여야 한다.

하 제6장 분산형전원설비

99 전기저장장치의 이차전지에서 자동으로 전로로부터 차단하는 장치를 시설해야 하는 경우가 아닌 것은?

① 과전압 또는 과전류가 발생한 경우
② 제어장치에 이상이 발생한 경우
③ 전압 및 전류가 낮아지는 경우
④ 이차전지 모듈의 내부 온도가 급격히 상승할 경우

해설 제어 및 보호장치(KEC 512.2.2)

전기저장장치의 이차전지는 다음에 따라 자동으로 전로로부터 차단하는 장치를 시설하여야 한다.
㉠ 과전압 또는 과전류가 발생한 경우
㉡ 제어장치에 이상이 발생한 경우
㉢ 이차전지 모듈의 내부 온도가 급격히 상승할 경우

상 제1장 공통사항

100 고압전로의 1선 지락전류가 20[A]인 경우 이에 결합된 변압기 저압측의 접지저항값은 최대 몇 [Ω]이 되는가? (단, 이 전로는 고·저압 혼촉 시에 저압전로의 대지전압이 150[V]를 넘는 경우에 1초를 넘고 2초 이내에 자동 차단하는 장치가 되어 있다.)

① 7.5   ② 10
③ 15   ④ 30

해설 변압기 중성점 접지(KEC 142.5)

1초 초과 2초 이내에 고압·특고압 전로를 자동으로 차단하는 장치를 설치할 때는 300을 1선 지락전류로 나눈 값 이하로 한다.
변압기의 중성점 접지저항
$$R = \frac{300}{1선 \ 지락전류} = \frac{300}{20} = 15[\Omega]$$

정답   96 ④   97 ③   98 ④   99 ③   100 ③

제1과목 전기자기학

중 제5장 전기 영상법

01 면도체의 표면에서 a[m]인 거리에 점전하 Q [C]가 있다. 이 전하를 무한원점까지 운반하는 데 요하는 일은 몇 [J]인가?

① $\dfrac{Q^2}{4\pi\varepsilon_0 a^2}$ ② $\dfrac{Q^2}{8\pi\varepsilon_0 a}$

③ $\dfrac{Q^2}{16\pi\varepsilon_0 a}$ ④ $\dfrac{Q^2}{16\pi\varepsilon_0 a^2}$

해설

도체 표면과 점전하 사이에 $F = \dfrac{Q^2}{16\pi\varepsilon_0 a^2}$[N]의 힘이 작용하기 때문에 무한원점까지 점전하를 운반할 때 에너지가 필요하다. $a=r$로 하고, a에서 ∞까지 적분하여 계산한다.

$$\therefore W = \int_a^\infty \frac{Q^2}{16\pi\varepsilon_0 r^2}\,dr$$

$$= \frac{Q^2}{16\pi\varepsilon_0}\left(-\frac{1}{r}\right)_a^\infty$$

$$= \frac{Q^2}{16\pi\varepsilon_0 a}\,[\text{J}]$$

하 제2장 진공 중의 정전계

02 $E = 2i + j + 4k$[V/m]로 표시되는 전계가 있다. $0.1[\mu C]$의 전하를 원점으로부터 $r = 4i + j + 2k$[m]로 움직이는 데 필요한 일은 몇 [J]인가?

① 1.7×10^{-4} ② 2.0×10^{-4}

③ 2.4×10^{-4} ④ 2.7×10^{-4}

해설

㉠ 전위차
$$V = \int E\,dl$$
$$= \int_0^2\int_0^1\int_0^3 2i + j + 4k\,dx\,dy\,dz$$

$$= (2\times4)+(1\times1)+(4\times2) = 17[\text{V}]$$

㉡ 전하를 움직이는데 필요한 일
$$W = QV = 10^{-5}\times17 = 1.7\times10^{-4}[\text{J}]$$

상 제8장 전류의 자기현상

03 평행하게 왕복되는 두 선간에 흐르는 전류 간의 전자력은? (단, 두 도선 간의 거리를 r[m]라 한다.)

① $\dfrac{1}{r}$에 비례하며, 반발력이다.

② r에 비례하며, 흡인력이다.

③ $\dfrac{1}{r^2}$에 비례하며, 반발력이다.

④ r^2에 비례하며, 흡인력이다.

해설

㉠ 평행도선 사이에 작용하는 힘(전자력)
$$f = \frac{2I_1I_2}{r}\times10^{-7}[\text{N/m}]$$

㉡ 전류가 동일 방향으로 흐를 경우 : 흡인력
㉢ 전류가 반대 방향으로 흐를 경우 : 반발력
∴ 왕복되는 두 선에 흐르는 전류는 서로 반대 방향으로 흐르므로 반발력이 작용한다.

상 제7장 진공 중의 정자계

04 자속의 연속성을 나타낸 식은?

① $div\,B = \rho$
② $div\,B = 0$
③ $B = \mu H$
④ $div\,B = \mu H$

해설

자극은 항상 N, S극이 쌍으로 존재하여 자력선이 N극에서 나와서 S극으로 들어간다.
즉, 자계는 발산하지 않고 회전한다.
∴ $div\,B = 0\,(\nabla\cdot B = 0)$

하 제3장 정전용량

05 그림과 같이 같은 크기의 정방형 금속으로 된 평행판 콘덴서의 한쪽 전극을 30°만큼 회전시키면 콘덴서의 용량은 양 전극판이 완전히 겹쳤을 때의 대략 몇 [%]가 되는가?

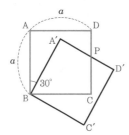

① 62[%]   ② 60[%]
③ 58[%]   ④ 56[%]

해설

㉠ $\overline{CP} = a \times \tan 30° = \dfrac{a}{\sqrt{3}}$[m]

㉡ □BCPA′의 면적(△BCP면적의 2배)

$$S' = \left(\dfrac{1}{2} \times a \times \dfrac{a}{\sqrt{3}}\right) \times 2 = \dfrac{a^2}{\sqrt{3}}[\text{m}^2]$$

㉢ 평행판 콘덴서의 정전용량 : $C = \dfrac{\varepsilon S}{d}$[F]

→ 두 전극이 포개지는 면적 S에 비례한다.

㉣ 전극이 전부 겹쳤을 때 면적
$S = a^2[\text{m}^2]$

㉤ 그림과 같이 전극이 30°회전했을 때 두 전극이 포개지는 부분의 면적

$$S' = \dfrac{a^2}{\sqrt{3}} = \dfrac{S}{\sqrt{3}} = 0.577 S[\text{m}^2]$$

∴ 면적이 0.577배로 감소하여 정전용량 또한 0.577배로 감소한다.

중 제9장 자성체와 자기회로

06 다음 조건들 중 초전도체에 부합되는 것은? (단, μ_r은 비투자율, χ_m은 비자화율, B는 자속밀도이며, 작동온도는 임계온도 이하라 한다.)

① $\chi_m = -1$, $\mu_r = 0$, $B = 0$
② $\chi_m = 0$, $\mu_r = 0$, $B = 0$
③ $\chi_m = 1$, $\mu_r = 0$, $B = 0$
④ $\chi_m = -1$, $\mu_r = 1$, $B = 0$

해설 초전도체의 특징

㉠ 전기저항이 없다.
㉡ 마이스너 효과 : 초전도체 내부로 자기장이 침투하지 못하게 되는 완전비자성 상태($\chi_m = -1$)가 만들어지는 현상이다. 여기서, 내부 자기장이 침투하지 못하게 된다는 것은 비투자율 μ_r과 자속밀도 B가 0이 된다는 것을 의미한다.

중 제6장 전류

07 반지름이 5[mm]인 구리선에 10[A]의 전류가 단위시간에 흐르고 있을 때 구리선의 단면을 통과하는 전자의 개수는 단위시간당 얼마인가? (단, 전자의 전하량은 $e = 1.602 \times 10^{-19}$[C]이다.)

① 6.24×10^{18}
② 6.24×10^{19}
③ 1.28×10^{22}
④ 1.28×10^{23}

해설 전자의 개수

$$N = \dfrac{Q}{e} = \dfrac{It}{e}$$
$$= \dfrac{10 \times 1}{1.602 \times 10^{-19}} = 6.242 \times 10^{19} \text{개}$$

하 제8장 전류의 자기현상

08 자계의 세기 $H = xy\,a_y - xz\,a_z$[A/m]일 때 점(2, 3, 5)에서 전류밀도 J[A/m²]는?

① $5\,a_x + 3\,a_y$
② $3\,a_x + 5\,a_y$
③ $5\,a_y + 2\,a_z$
④ $5\,a_y + 3\,a_z$

해설

앙페르 주회적분의 미분형으로 구할 수 있다.

㉠ 전류밀도

$i = J = rot\,H = \nabla \times H$

$$= \begin{vmatrix} a_x & a_y & a_z \\ \dfrac{\partial}{\partial x} & \dfrac{\partial}{\partial y} & \dfrac{\partial}{\partial z} \\ 0 & xy & -xz \end{vmatrix} = z\,a_y + y\,a_z[\text{A/m}^2]$$

㉡ 여기서, $x = 2$, $y = 3$, $z = 5$를 대입하면

∴ $J = 5\,a_y + 3\,a_z[\text{A/m}^2]$

정답   05 ③   06 ①   07 ②   08 ④

상 제12장 전자계

09 진공 중에서 빛의 속도와 일치하는 전자파의 전반속도를 얻기 위한 조건으로 맞는 것은?

① $\mu_s = 0$, $\varepsilon_s = 0$ ② $\mu_s = 0$, $\varepsilon_s = 1$

③ $\mu_s = 1$, $\varepsilon_s = 0$ ④ $\mu_s = 1$, $\varepsilon_s = 1$

해설

㉠ 전자파의 속도 $v = \dfrac{1}{\sqrt{\varepsilon\mu}} = \dfrac{3\times10^8}{\sqrt{\varepsilon_s\mu_s}}$ [m/s]

㉡ 전자파의 속도가 빛의 속도와 같기 위해서는 $\varepsilon_s = \mu_s = 1$이 되어야 한다.

상 제2장 진공 중의 정전계

10 자유공간 중에서 점 $P(2, -4, 5)$가 도체 면상에 있으며, 이 점에서 전계 $E = 3a_x - 6a_y + 2a_z$ [V/m]이다. 도체면에 법선성분 E_n 및 접선성분 E_t의 크기는 몇 [V/m]인가?

① $E_n = 3$, $E_t = -6$

② $E_n = 7$, $E_t = 0$

③ $E_n = 2$, $E_t = 3$

④ $E_n = -6$, $E_t = 0$

해설

㉠ 전계는 도체표면에 대해서 수직으로만 진출하기 때문에 $E_t = 0$이 된다.

㉡ 전계의 법선성분의 크기
$|E| = E_n = \sqrt{3^2 + (-6)^2 + 2^2} = 7$ [V/m]

상 제4장 유전체

11 내원통의 반지름 a[m], 외원통의 반지름 b[m]인 동축원통콘덴서의 내외 원통 사이에 공기를 넣었을 때 정전용량이 C_0이었다. 내외 반지름을 모두 3배로 하고 공기 대신 비유전율 9인 유전체를 넣었을 경우의 정전용량은?

① $\dfrac{C_0}{9}$ ② $\dfrac{C_0}{3}$

③ C_0 ④ $9C_0$

해설 동축원통도체(동축케이블)

㉠ 정전용량 : $C_0 = \dfrac{2\pi\varepsilon_0 l}{\ln\dfrac{b}{a}}$ [F]

㉡ 내외 반지름을 3배, 공기 대신 비유전율 $\varepsilon_s = 9$를 채웠을 때의 정전용량

$$C = \varepsilon_s C_0 = \dfrac{2\pi\varepsilon_0\varepsilon_s l}{\ln\dfrac{b'}{a'}}$$

$$= \dfrac{2\pi\times9\varepsilon_0 l}{\ln\dfrac{3b}{3a}} = 9\times\dfrac{2\pi\varepsilon_0 l}{\ln\dfrac{b}{a}}$$

$$= 9C_0 \text{ [F]}$$

상 제9장 자성체와 자기회로

12 자기회로에 대한 설명으로 틀린 것은?

① 전기회로의 정전용량에 해당되는 것은 없다.

② 자기저항에는 전기저항의 줄 손실에 해당되는 손실이 있다.

③ 기자력과 자속은 변화가 비직선성을 갖고 있다.

④ 누설자속은 전기회로의 누설전류에 비하여 대체로 많다.

해설

자기회로에는 철손(히스테리스시손, 와류손)이 있고, 줄손실은 발생하지 않는다.

상 제10장 전자유도법칙

13 도전율이 5.8×10^7[℧/m], 비투자율이 1인 구리에 50[Hz]의 주파수를 갖는 전류가 흐를 때, 표피두께는 약 몇 [mm]인가?

① 8.53[mm]   ② 9.35[mm]

③ 11.28[mm]   ④ 13.03[mm]

해설 침투깊이(표피두께)

$$\delta = \sqrt{\dfrac{2}{\omega\mu\sigma}} = \dfrac{1}{\sqrt{\pi f\mu\sigma}}$$

$$= \dfrac{1}{\sqrt{\pi\times50\times4\pi\times10^{-7}\times5.8\times10^7}}$$

$$= 9.35 \text{[mm]}$$

여기서, 각 주파수 $\omega = 2\pi f$

정답   09 ④   10 ②   11 ④   12 ②   13 ②

상 제12장 전자계

14 맥스웰은 전극 간의 유전체를 통하여 흐르는 전류를 (㉠)라 하고, 이것은 (㉡)를 발생한다고 가정하였다. ㉠, ㉡에 알맞는 것은?

① ㉠ 와전류, ㉡ 자계
② ㉠ 변위전류, ㉡ 자계
③ ㉠ 와전류, ㉡ 전류
④ ㉠ 변위전류, ㉡ 전계

해설 맥스웰의 제1전자 방정식

$$rot\, H = i + \frac{\partial D}{\partial t}$$

도선에 흐르는 전도전류 및 유전체를 통하여 흐르는 변위전류는 주위에 회전하는 자계를 발생시킨다.

상 제4장 유전체

15 평행평판 공기콘덴서의 양 극판에 $+\sigma\,[C/m^2]$, $-\sigma\,[C/m^2]$의 전하가 분포되어 있다. 이 두 전극 사이에 유전율 $\varepsilon\,[F/m]$인 유전체를 삽입한 경우의 전계는 몇 [V/m]인가? (단, 유전체의 분극전하밀도를 $+\sigma'\,[C/m^2]$, $-\sigma'$ $[C/m^2]$이라 한다.)

① $\dfrac{\sigma - \sigma'}{\varepsilon_0}$

② $\dfrac{\sigma + \sigma'}{\varepsilon_0}$

③ $\dfrac{\sigma}{\varepsilon_0} - \dfrac{\sigma'}{\varepsilon}$

④ $\dfrac{\sigma'}{\varepsilon_0}$

해설

평행판 공기콘덴서 사이의 전계 $E_0 = \dfrac{\sigma}{\varepsilon_0}$에서 두 전극 사이에 유전체를 삽입하면 유전체에는 분극현상이 발생되어 유전체 내의 전하가 $\sigma - \sigma'$만큼 감소된다.

∴ 유전체 내의 전계의 세기

$$E = \frac{\sigma - \sigma'}{\varepsilon_0}$$

상 제8장 전류의 자기현상

16 단위길이당 권수가 n인 무한장 솔레노이드에 $I\,[A]$의 전류가 흐를 때 다음 설명 중 옳은 것은?

① 솔레노이드 내부는 평등자계이다.
② 외부와 내부의 자계의 세기는 같다.
③ 외부자계의 세기는 $I\,[AT/m]$이다.
④ 내부자계의 세기는 $nI^2\,[AT/m]$이다.

해설

무한장 솔레노이드의 내부자계는 평등자계이고, 외부자계는 0이다.

중 제11장 인덕턴스

17 그림과 같이 반지름 $a\,[m]$인 원형 단면을 가지고 중심 간격이 $d\,[m]$인 평행 왕복도선의 단위길이당 자기 인덕턴스[H/m]는? (단, 도체는 공기 중에 있고 $d \gg a$로 한다.)

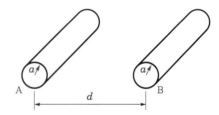

① $L = \dfrac{\mu_0}{\pi}\ln\dfrac{a}{b} + \dfrac{\mu}{4\pi}\,[H/m]$

② $L = \dfrac{\mu_0}{\pi}\ln\dfrac{a}{b} + \dfrac{\mu}{2\pi}\,[H/m]$

③ $L = \dfrac{\mu_0}{\pi}\ln\dfrac{d}{a} + \dfrac{\mu}{4\pi}\,[H/m]$

④ $L = \dfrac{\mu_0}{\pi}\ln\dfrac{d}{a} + \dfrac{\mu}{2\pi}\,[H/m]$

해설

㉠ 동축원통도체(동축케이블)의 인덕턴스

$$L = \frac{\mu}{8\pi} + \frac{\mu_0}{2\pi}\ln\frac{b}{a}\,[H/m]$$

㉡ 두 개의 평형 왕복도선의 인덕턴스

$$L = \frac{\mu}{4\pi} + \frac{\mu_0}{\pi}\ln\frac{d}{a}\,[H/m]$$

정답 14 ② 15 ① 16 ① 17 ③

상 제11장 인덕턴스

18 철심이 들어 있는 환상 코일에서 1차 코일의 권수가 100회일 때 자기 인덕턴스는 0.01[H]이었다. 이 철심에 2차 코일을 200회 감았을 때 2차 코일의 자기 인덕턴스 L_2와 상호 인덕턴스 M은 각각 몇 [H]인가?

① $L_2 = 0.02[H]$, $M = 0.01[H]$
② $L_2 = 0.01[H]$, $M = 0.02[H]$
③ $L_2 = 0.04[H]$, $M = 0.02[H]$
④ $L_2 = 0.02[H]$, $M = 0.04[H]$

해설

㉠ 2차 코일의 자기 인덕턴스
$$L_2 = \left(\frac{N_2}{N_1}\right)^2 \times L_1 = \left(\frac{200}{100}\right)^2 \times 0.01 = 0.04[H]$$
㉡ 상호 인덕턴스
$$M = \frac{N_2}{N_1} \times L_1 = \frac{200}{100} \times 0.01 = 0.02[H]$$

상 제9장 자성체와 자기회로

19 그림과 같이 진공 중에 자극 면적이 2[cm²], 간격이 0.1[cm]인 자성체 내에서 포화 자속밀도가 2[Wb/m²]일 때 두 자극면 사이에 작용하는 힘의 크기는 약 몇 [N]인가?

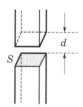

① 53[N]　　② 106[N]
③ 159[N]　　④ 318[N]

해설 단위면적당 작용하는 힘

$$f = \frac{1}{2}\mu H^2 = \frac{1}{2}HB = \frac{B^2}{2\mu}[\text{N/m}^2]$$

∴ 철편의 흡인력
$$F = f \cdot S = \frac{B^2}{2\mu_0} \times S$$
$$= \frac{2^2}{2 \times 4\pi \times 10^{-7}} \times 2 \times 10^{-4}$$
$$= 318.31[\text{N}]$$

중 제12장 전자계

20 방송국 안테나 출력이 W[W]이고 이로부터 진공 중에 r[m] 떨어진 점에서 자계의 세기의 실효치 H는 몇 [A/m]인가?

① $\dfrac{1}{r}\sqrt{\dfrac{W}{377\pi}}$ [A/m]

② $\dfrac{1}{2r}\sqrt{\dfrac{W}{377\pi}}$ [A/m]

③ $\dfrac{1}{2r}\sqrt{\dfrac{W}{188\pi}}$ [A/m]

④ $\dfrac{1}{r}\sqrt{\dfrac{2W}{377\pi}}$ [A/m]

해설 방사전력

$$P_s = W = \int_S P ds$$
$$= PS = EHS = 120\pi H^2 S[\text{W}]에서$$
$$H = \sqrt{\frac{W}{120\pi S}} = \sqrt{\frac{W}{120\pi \times 4\pi r^2}}$$
$$= \sqrt{\frac{W}{377\pi \times (2r)^2}}$$
$$= \frac{1}{2r}\sqrt{\frac{W}{377\pi}} [\text{A/m}]$$

제2과목　전력공학

상 제8장 송전선로 보호방식

21 전력용 퓨즈의 장점으로 틀린 것은?

① 소형으로 큰 차단용량을 갖는다.
② 밀폐형 퓨즈는 차단 시에 소음이 없다.
③ 가격이 싸고 유지·보수가 간단하다.
④ 과도전류에 의해 쉽게 용단되지 않는다.

해설 전력용 퓨즈의 특성

㉠ 소형 경량이며 경제적이다.
㉡ 재투입되지 않는다.
㉢ 소전류에서 동작이 함께 이루어지지 않아 결상되기 쉽다.
㉣ 변압기 여자전류나 전동기 기동전류 등의 과도전류로 인해 용단되기 쉽다.

중 제9장 배전방식

22 배전선의 말단에 단일부하가 있는 경우와, 배전선에 따라 균등한 부하가 분포되어 있는 경우에 배전선 내의 전력손실을 비교하면 전자는 후자의 몇 배인가? (단, 송전단에서의 전류는 동일하다고 가정한다.)

① 3

② 2

③ $\dfrac{1}{3}$

④ $\dfrac{2}{3}$

해설

부하의 형태	전압 강하	전력 손실	부하율	분산손실 계수
말단에 집중된 경우	1.0	1.0	1.0	1.0
평등 부하 분포	$\dfrac{1}{2}$	$\dfrac{1}{3}$	$\dfrac{1}{2}$	$\dfrac{1}{3}$
중앙일수록 큰 부하 분포	$\dfrac{1}{2}$	0.38	$\dfrac{1}{2}$	0.38
말단일수록 큰 부하 분포	$\dfrac{2}{3}$	0.58	$\dfrac{2}{3}$	0.58
송전단일수록 큰 부하 분포	$\dfrac{1}{3}$	$\dfrac{1}{5}$	$\dfrac{1}{3}$	$\dfrac{1}{5}$

상 제8장 송전선로 보호방식

23 동일 모선에 2개 이상의 피더(Feeder)를 가진 비접지배전계통에서 지락사고에 대한 선택지락보호계전기는?

① OCR

② OVR

③ GR

④ SGR

해설

㉠ 선택지락계전기(SGR) : 병행 2회선 송전선로에서 지락고장 시 고장회선을 선택차단할 수 있는 계전기

㉡ 과전류계전기(OCR) : 일정한 크기 이상의 전류가 흐를 경우 동작하는 계전기

㉢ 과전압계전기(OVR) : 일정한 크기 이상의 전압이 걸렸을 경우 동작하는 계전기

㉣ 지락계전기(GR) : 지락사고 시 지락전류가 흘렸을 경우 동작하는 계전기

중 제11장 발전

24 유효낙차 100[m], 최대사용수량 20[m³/s], 설비이용률 70[%]인 수력발전소의 연간 발전전력량은 약 몇 [kWh]가 되는가?

① 30×10^6

② 60×10^6

③ 120×10^6

④ 180×10^6

해설

연간 발전량 $P = 9.8 HQ\eta t$[kWh]에서

$P = 9.8 \times 100 \times 20 \times 0.7 \times 365 \times 24$

$\quad = 120187200 \fallingdotseq 120 \times 10^6$[kWh]

상 제5장 고장 계산 및 안정도

25 3상 동기발전기 단자에서의 고장전류 계산 시 영상전류 I_0와 정상전류 I_1 및 역상전류 I_2가 같은 경우는?

① 1선 지락

② 2선 지락

③ 선간단락

④ 2상 단락

해설

1선 지락고장 시

$I_0 = I_1 = I_2, \ I_g = 3I_0 = \dfrac{3E_a}{Z_0 + Z_1 + Z_2}$[A]

상 제4장 송전 특성 및 조상설비

26 동기조상기에 대한 설명으로 옳은 것은?

① 정지기의 일종이다.

② 연속적인 전압 조정이 불가능하다.

③ 계통의 안정도를 증진시키기가 어렵다.

④ 송전선의 시송전에 이용할 수 있다.

정답 22 ① 23 ④ 24 ③ 25 ① 26 ④

해설 동기조상기 특성

㉠ 진상전류 및 지상전류 이용할 수 있어 광범위로 연속적인 전압 조정을 할 수 있다.
㉡ 시동전동기를 갖는 경우에는 조상기를 발전기로 동작시켜 선로에 충전전류를 흘리고 시송전(= 시충전)에 이용할 수 있다.
㉢ 계통의 안정도를 증진시켜 송전전력을 증가시킬 수 있다.

상 | 제11장 발전

27 유량의 크기를 구분할 때 갈수량이란?

① 하천의 수위 중에서 1년을 통하여 355일간 이보다 내려가지 않는 수위
② 하천의 수위 중에서 1년을 통하여 275일간 이보다 내려가지 않는 수위
③ 하천의 수위 중에서 1년을 통하여 185일간 이보다 내려가지 않는 수위
④ 하천의 수위 중에서 1년을 통하여 95일간 이보다 내려가지 않는 수위

해설

하천의 유량은 계절에 따라 변하므로 유량과 수위는 다음과 같이 구분한다.
㉠ 갈수량 : 1년 365일 중 355일은 이 양 이하로 내려가지 않는 유량
㉡ 저수량 : 1년 365일 중 275일은 이 양 이하로 내려가지 않는 유량
㉢ 평수량 : 1년 365일 중 185일은 이 양 이하로 내려가지 않는 유량
㉣ 풍수량 : 1년 365일 중 95일은 이 양 이하로 내려가지 않는 유량

중 | 제10장 배전선로 계산

28 고압 배전선로의 중간에 승압기를 설치하는 주 목적은?

① 전압변동률의 감소
② 말단의 전압강하 방지
③ 전력손실의 감소
④ 역률 개선

해설

승압의 목적으로는 송전전력의 증가, 전력손실 및 전압강하율의 경감, 단면적을 작게 함으로써 재료절감의 효과 등이 있다.

상 | 제6장 중성점 접지방식

29 다음 표는 리액터의 종류와 그 목적을 나타낸 것이다. 바르게 짝지어진 것은?

종류	목적
㉠ 병렬리액터	ⓐ 지락 아크의 소멸
㉡ 한류리액터	ⓑ 송전손실 경감
㉢ 직렬리액터	ⓒ 차단기의 용량 경감
㉣ 소호리액터	ⓓ 제5고조파 제거

① ㉠ - ⓑ
② ㉡ - ⓓ
③ ㉢ - ⓓ
④ ㉣ - ⓒ

해설 리액터의 종류 및 특성

㉠ 병렬리액터(= 분로리액터) : 페란티현상을 방지한다.
㉡ 한류리액터 : 계통의 사고 시 단락전류의 크기를 억제하여 차단기의 용량을 경감시킨다.
㉢ 직렬리액터 : 콘덴서설비에서 발생하는 제5고조파를 제거한다.
㉣ 소호리액터 : 1선 지락사고 시 지락전류를 억제하여 지락 시 발생하는 아크를 소멸한다.

하 | 제7장 이상전압 및 유도장해

30 통신선과 평행인 주파수 60[Hz]의 3상 1회선 송전선이 있다. 1선 지락 때문에 영상전류가 100[A] 흐르고 있다. 통신선에 유도되는 전자유도전압은 몇 [V]인가? (단, 여기서 영상전류는 전전선에 걸쳐서 같으며, 송전선과 통신선과의 상호인덕턴스는 0.06[mH/km], 그 평행길이는 40[km]이다.)

① 156.6
② 162.8
③ 230.2
④ 271.4

해설 통신선에 유도되는 전자유도전압

$$E_n = 2\pi f M l \times 3I_0 \times 10^{-3}[\text{V}]$$

여기서, M : 상호인덕턴스
l : 선로평행길이
I_0 : 영상전류, $\dot{I}_a + \dot{I}_b + \dot{I}_c = 3\dot{I}_0[\text{A}]$

$$E_n = 2\pi \times 60 \times 0.06 \times 10^{-3} \times 40 \times 3 \times 100$$
$$= 271.4[\text{V}]$$

정답 27 ① 28 ② 29 ③ 30 ④

상 제5장 고장 계산 및 안정도

31 교류 송전에서는 송전거리가 멀어질수록 동일 전압에서의 송전 가능전력이 적어진다. 그 이유는?

① 선로의 어드미턴스가 커지기 때문이다.
② 선로의 유도성 리액턴스가 커지기 때문이다.
③ 코로나손실이 증가하기 때문이다.
④ 저항손실이 커지기 때문이다.

해설

송전전력 $P = \dfrac{V_S V_R}{X} \sin\delta \text{[MW]}$

여기서 V_S : 송전단전압[kV]
$\quad\quad\quad V_R$: 수전단전압[kV]
$\quad\quad\quad X$: 선로의 유도리액턴스[Ω]

따라서 송전거리가 멀어질수록 유도리액턴스 X 가 증가하여 송전전력이 감소한다.

상 제7장 이상전압 및 유도장해

32 3상 송전선로와 통신선이 병행되어 있는 경우에 통신유도장해로서 통신선에 유도되는 정전유도전압은?

① 통신선의 길이에 비례한다
② 통신선의 길이의 자승에 비례한다.
③ 통신선의 길이에 반비례한다.
④ 통신선의 길이와는 관계가 없다.

해설 통신선에 유도되는 정전유도전압

$E_n = \dfrac{3C_m}{C_0 + 3C_m} E_0 \text{[V]}$

정전유도전압은 선로길이와 관계없고 이격거리와 영상전압의 크기에 따라 변화된다.

상 제10장 배전선로 계산

33 역률개선용 콘덴서를 부하와 병렬로 연결하고자 한다. △결선방식과 Y결선방식을 비교하면 콘덴서의 정전용량(단위 : [μF])의 크기는 어떠한가?

① △결선방식과 Y결선방식은 동일하다.
② Y결선방식이 △결선방식의 $\dfrac{1}{2}$ 용량이다.

③ △결선방식이 Y결선방식의 $\dfrac{1}{3}$ 용량이다.
④ Y결선방식이 △결선방식의 $\dfrac{1}{\sqrt{3}}$ 용량이다.

해설

㉠ △결선 시 콘덴서 용량
$\quad Q_\triangle = 6\pi f C V^2 \times 10^{-9} \text{[kVA]}$
㉡ Y결선 시 콘덴서 용량
$\quad Q_Y = 2\pi f C V^2 \times 10^{-9} \text{[kVA]}$

$\dfrac{C_\triangle}{C_Y} = \dfrac{\dfrac{Q}{6\pi f V^2 \times 10^{-9}}}{\dfrac{Q}{2\pi f V^2 \times 10^{-9}}} = \dfrac{1}{3}$ 에서 $C_\triangle = \dfrac{1}{3} C_Y$

중 제5장 고장 계산 및 안정도

34 송전계통의 안정도를 향상시키기 위한 방법이 아닌 것은?

① 계통의 직렬리액턴스를 감소시킨다.
② 속응여자방식을 채용한다.
③ 수 개의 계통으로 계통을 분리시킨다.
④ 중간 조상방식을 채택한다.

해설 송전전력을 증가시키기 위한 안정도 증진대책

㉠ 직렬리액턴스를 작게 한다.
　• 발전기나 변압기 리액턴스를 작게한다.
　• 선로에 복도체를 사용하거나 병행 회선수를 늘린다.
　• 선로에 직렬콘덴서를 설치한다.
㉡ 전압변동을 적게 한다.
　• 단락비를 크게 한다.
　• 속응여자방식을 채용한다.
㉢ 계통을 연계시킨다.
㉣ 중간 조상방식을 채용한다.
㉤ 고장구간을 신속히 차단시키고 재폐로방식을 채택한다.
㉥ 소호리액터 접지방식을 채용한다.
㉦ 고장 시에 발전기 입출력의 불평형을 작게 한다.

중 제4장 송전 특성 및 조상설비

35 중거리 송전선로의 특성은 무슨 회로로 다루어야 하는가?

① RL 집중정수회로
② RLC 집중정수회로
③ 분포정수회로
④ 특성임피던스회로

정답 31 ② 32 ④ 33 ③ 34 ③ 35 ②

해설 송전특성

㉠ 집중정수회로
- 단거리 송전선로 : R, L 적용
- 중거리 송전선로 : R, L, C 적용

㉡ 분포정수회로
- 장거리 송전선로 : R, L, C, g 적용

중 제9장 배전방식

36 전력 수요설비에 있어서 그 값이 높게 되면 경제적으로 불리하게 되는 것은?

① 부하율
② 수용률
③ 부등률
④ 부하밀도

해설

수용률이 높아지면 설비용량이 커져서 변압기 등의 가격이 비싸져서 비경제적이 된다.

상 제6장 중성점 접지방식

37 소호리액터 접지에 대하여 틀린 것은?

① 선택지락계전기의 동작이 용이하다.
② 지락전류가 적다.
③ 지락 중에도 송전이 계속 가능하다.
④ 전자유도장애가 경감한다.

해설

소호리액터 접지방식은 지락사고 시 소호리액터와 대지 정전용량의 병렬공진으로 인해 지락전류가 거의 흐르지 않으므로 고장검출이 어려워 선택지락계전기의 동작이 불확실하다.

하 제7장 이상전압 및 유도장해

38 가공지선에 대한 다음 설명 중 옳은 것은?

① 차폐각은 보통 $15°\sim30°$ 정도로 하고 있다.
② 차폐각이 클수록 벼락에 대한 차폐효과가 크다.
③ 가공지선을 2선으로 하면 차폐각이 적어진다.
④ 가공지선으로는 연동선을 주로 사용한다.

해설 가공지선

㉠ 차폐각은 가공지선과 전력선과의 설치각을 말하며 차폐각이 작을수록 차폐효율이 높아지고 정전유도가 감소하므로 보통 $45°$ 이하로 설계한다.
㉡ 가공지선은 2선 이상으로 하면 차폐각이 작아져 차폐효율이 높아진다.

상 제2장 전선로

39 송전전력, 송전거리 전선의 비중 및 전력손실률이 일정하다고 하면 전선의 단면적 A [mm²]는 다음 어느 것에 비례하는가? (단, 여기서 V는 송전전압이다.)

① V
② V^2
③ $\dfrac{1}{V^2}$
④ $\dfrac{1}{\sqrt{V}}$

해설

부하전력 $P = V_n I_n \cos\theta$[W]

부하전류 $I_n = \dfrac{P}{V_n \cos\theta}$[A]

전력손실 $P_l = I_n{}^2 R = \left(\dfrac{P}{V_n \cos\theta}\right)^2 \times R$

$\qquad\quad = \dfrac{P^2}{V_n{}^2 \cos^2\theta} \rho \dfrac{l}{A}$[W]

전선의 단면적과 전압 관계 $A \propto \dfrac{1}{V^2}$

여기서, P : 송전전력
$\qquad\quad V_n$: 송전전압
$\qquad\quad R$: 선로저항
$\qquad\quad \cos\theta$: 역률
$\qquad\quad A$: 전선굵기

상 제5장 고장 계산 및 안정도

40 단락전류를 제한하기 위하여 사용되는 것은?

① 현수애자
② 사이리스터
③ 한류리액터
④ 직렬콘덴서

해설

한류리액터는 선로에 직렬로 설치한 리액터로 단락사고 시 발전기에 전기자 반작용이 일어나기 전 커다란 돌발 단락전류가 흐르므로 이를 제한하기 위해 설치하는 리액터이다.

정답 36 ② 37 ① 38 ③ 39 ③ 40 ③

제3과목 전기기기

상 제2장 동기기

41 동기기의 전기자권선이 매극 매상당 슬롯수가 4, 상수가 3인 권선의 분포계수는 얼마인가?

① 0.487   ② 0.844
③ 0.866   ④ 0.958

해설

상수 $m=3$, 매극 매상당 슬롯수 $q=4$이므로

분포계수 $K_d = \dfrac{\sin\dfrac{\pi}{2m}}{q\sin\dfrac{\pi}{2mq}} = \dfrac{\sin\dfrac{180°}{2\times3}}{4\sin\dfrac{180°}{2\times3\times4}}$

$\qquad = 0.958$

중 제4장 유도기

42 보통 농형에 비하여 2중 농형 전동기의 특징인 것은?

① 최대토크가 크다.
② 손실이 적다.
③ 기동토크가 크다.
④ 슬립이 크다.

해설

2중 농형 전동기는 보통 농형 전동기의 기동특성을 개선하기 위해 회전자도체를 2중으로 하여 기동전류를 적게 하고 기동토크를 크게 발생한다.

상 제4장 유도기

43 8극과 4극 2대의 유도전동기를 종속법에 의한 직렬종속법으로 속도제어를 할 때, 전원 주파수가 60[Hz]인 경우 무부하속도[rpm]는?

① 600   ② 900
③ 1200   ④ 1800

해설

권선형 유도전동기의 속도제어법의 종속법은 2대 이상의 유도전동기를 속도제어 할 때 사용하는 방법으로 한쪽 고정자를 다른 쪽 회전자와 연결하고 기계적으로 축을 연결하여 속도를 제어하는 방법이다.

직렬종속법 $N = \dfrac{120f_1}{P_1+P_2} = \dfrac{120\times60}{8+4} = 600[\text{rpm}]$

중 제4장 유도기

44 3상 유도전동기의 회전방향은 이 전동기에서 발생되는 회전자계의 회전방향과 어떤 관계가 있는가?

① 아무 관계도 없다.
② 회전자계의 회전방향으로 회전한다.
③ 회전자계의 반대방향으로 회전한다.
④ 부하조건에 따라 정해진다.

해설

3상 유도전동기에서 전동기의 회전자는 회전자계의 유도작용에 의해 약간 늦게 같은 방향으로 회전한다.

중 제4장 유도기

45 3상 유도전동기의 2차 저항을 2배로 하면 2배로 되는 것은?

① 토크
② 전류
③ 역률
④ 슬립

해설

최대 토크를 발생하는 슬립 $s_t \propto \dfrac{r_2}{x_2}$(여기서, x_t는 일정)

최대 토크 $T_m \propto \dfrac{r_2}{s_t} = \dfrac{mr_2}{ms_t}$ 이므로 2차 저항이 2배로 되면 슬립이 2배로 된다.

상 제3장 변압기

46 2차로 환산한 임피던스가 각각 $0.03 + j0.02$ [Ω], $0.02 + j0.03$[Ω]인 단상 변압기 2대를 병렬로 운전시킬 때, 분담전류는?

① 크기는 같으나 위상이 다르다.
② 크기와 위상이 같다.
③ 크기는 다르나 위상이 같다.
④ 크기와 위상이 다르다.

해설

$\sqrt{0.03^2+0.02^2} = \sqrt{0.02^2+0.03^2}$ 으로 변압기 2대의 임피던스 크기가 같으므로 분담전류의 크기가 같지만 저항 및 리액턴스의 비가 다르므로 분담전류의 위상이 다르다.

정답 41 ④ 42 ③ 43 ① 44 ② 45 ④ 46 ①

하 제6장 특수기기

47 75[W] 정도 이하의 소형 공구, 영사기, 치과의료용 등에 사용되고 만능전동기라고도 하는 정류자전동기는?

① 단상 직권 정류자전동기
② 단상 반발 정류자전동기
③ 3상 직권 정류자전동기
④ 단상 분권 정류자전동기

해설 단상 직권 정류자전동기의 특성

㉠ 소형 공구 및 가전제품에 일반적으로 널리 이용되는 전동기
㉡ 교류·직류 양용으로 사용되어 교직양용 전동기 (universal motor)
㉢ 믹서기, 재봉틀, 진공소제기, 휴대용 드릴, 영사기 등에 사용

상 제2장 동기기

48 여자전류 및 단자전압이 일정한 비철극형 동기발전기의 출력과 부하각 δ 와의 관계를 나타낸 것은? (단, 전기자저항은 무시한다.)

① δ에 비례
② δ에 반비례
③ $\cos\delta$에 비례
④ $\sin\delta$에 비례

해설

비철극형 동기발전기의 출력 $P=\dfrac{E_a V_n}{x_s}\sin\delta$[W]

중 제2장 동기기

49 동기전동기의 위상특성곡선은 다음의 어느 것인가? (단, P를 출력, I_f를 계자전류, I를 전기자전류, $\cos\phi$를 역률로 한다.)

① $I_f - I$ 곡선, P는 일정
② $P - I$ 곡선, I_f는 일정
③ $P - I_f$ 곡선, I는 일정
④ $I_f - I$ 곡선, $\cos\phi$는 일정

해설

위상특성곡선은 계자전류와 전기자전류와의 관계곡선으로 부하의 크기가 일정한 상태에서 V곡선으로 나타난다.

중 제4장 유도기

50 220[V], 50[Hz], 8극, 15[kW]의 3상 유도전동기가 있다. 전부하 회전수가 720[rpm]이면 이 전동기의 2차 동손과 2차 효율은 약 얼마인가?

① 425[W], 85[%]
② 537[W], 92[%]
③ 625[W], 96[%]
④ 723[W], 98[%]

해설

동기속도 $N_s = \dfrac{120f}{P}$
$= \dfrac{120\times50}{8} = 750$[rpm]

슬립 $s = \dfrac{N_s - N}{N_s}$
$= \dfrac{750-720}{750} = 0.04$

∴ 2차 동손 $P_{C2} = \dfrac{s}{1-s}P$
$= \dfrac{0.04}{1-0.04}\times15\times10^3$
$= 625$[W]

∴ 2차 효율 $\eta_2 = \dfrac{P}{P_2}$
$= \dfrac{15000}{15625}$
$= 0.96\times100$
$= 96$[%]

상 제2장 동기기

51 3상 동기발전기를 병렬운전시키는 경우 고려하지 않아도 되는 조건은?

① 기전력파형이 같을 것
② 기전력의 주파수가 같을 것
③ 회전수가 같을 것
④ 기전력의 크기가 같을 것

해설

병렬운전 시 정격주파수가 같을 때 극수에 따라 회전수는 달라진다.
(예) 6극, 8극 병렬 운전시 6극 발전기는 1200[rpm], 8극 발전기는 900[rpm])

정답 47 ① 48 ④ 49 ① 50 ③ 51 ③

중 | 제4장 유도기

52 극수 P의 3상 유도전동기가 주파수 f[Hz], 슬립 s, 토크 T[N·m]로 회전하고 있을 때 기계적 출력[W]은?

① $\dfrac{4\pi f}{P} \times T \cdot (1-s)$

② $\dfrac{4Pf}{\pi} \times T \cdot (1-s)$

③ $\dfrac{4\pi f}{P} T \cdot s$

④ $\dfrac{\pi f}{2P} \times T \cdot (1-s)$

해설

토크 $T = \dfrac{P_o}{\omega}$[N·m]에서 $P_o = \omega T$[W]

회전자 속도 $N = (1-s)N_s$

$\qquad = (1-s)\dfrac{120f}{P}$[rpm]

기계적 출력 $P_o = 2\pi \dfrac{N}{60} T$

$\qquad = 2\pi \cdot (1-s)\dfrac{120f}{P} \cdot \dfrac{1}{60} \cdot T$

$\qquad = \dfrac{4\pi f}{P} \times T \cdot (1-s)$[W]

상 | 제2장 동기기

53 동기기에 있어서 동기임피던스와 단락비와의 관계는?

① 동기임피던스[Ω]$=\dfrac{1}{(\text{단락비})^2}$

② 단락비$=\dfrac{\text{동기임피던스[ohm]}}{\text{동기각속도}}$

③ 단락비$=\dfrac{1}{\text{동기임피던스[PU]}}$

④ 동기임피던스[PU]$=$단락비

해설

단락비 $K_S = \dfrac{I_s}{I_n} = \dfrac{100}{\%Z} = \dfrac{1}{Z[\text{PU}]} = \dfrac{10^3 V_n^2}{P Z_s}$

중 | 제3장 변압기

54 변압기의 기름 중 아크 방전에 의하여 생기는 가스 중 가장 많이 발생하는 가스는?

① 수소　　　　　② 일산화탄소
③ 아세틸렌　　　④ 산소

해설

유입변압기에서 아크 방전 등이 발생할 경우 변압기유가 전기분해되어 수소, 메탄 등의 가연성 기체와 슬러지가 발생한다.

중 | 제5장 정류기

55 정류기의 단상 전파정류에 있어서 직류전압 100[V]를 얻는 데 필요한 2차 상전압은 얼마인가? (단, 부하는 순저항으로 하고 변압기 내의 전압강하는 무시하며 전압강하를 15[V]로 한다.)

① 약 94.4[V]　　② 약 128[V]
③ 약 181[V]　　④ 약 255[V]

해설

단상 전파직류전압 $E_d = \dfrac{2\sqrt{2}}{\pi} E - e = 0.9E - e$[V]

직류전압 100[V]를 얻는 데 필요한 2차 상전압은

$E = \dfrac{\pi}{2\sqrt{2}}(E_d + e) = \dfrac{\pi}{2\sqrt{2}}(100 + 15)$

$\quad = 127.68 ≒ 128$[V]

하 | 제1장 직류기

56 직류분권전동기의 기동 시에 정격전압을 공급하면 전기자전류가 많이 흐르다가 회전속도가 점점 증가함에 따라 전기자전류가 감소한다. 그 중요한 이유는?

① 전동기의 역기전력 상승
② 전기자권선의 저항 증가
③ 전기자반작용의 증가
④ 브러시의 접촉저항 증가

해설

전동기의 기동 시에 큰 기동전류가 점차 작아져서 정격전류가 되는 이유는 전기자에서 발생하는 역기전력이 기동전류와 반대 방향으로 증가하기 때문이다.

정답 52 ① 53 ③ 54 ① 55 ② 56 ①

상 제3장 변압기

57 3000[V]의 단상 배전선전압을 3300[V]로 승압하는 단권 변압기의 자기용량[kVA]은? (단, 여기서 부하용량은 100[kVA]이다.)

① 약 2.1
② 약 5.3
③ 약 7.4
④ 약 9.1

해설 자기용량과 부하용량의 비

$$\frac{자기용량}{부하용량} = \frac{V_h - V_l}{V_h}$$

$$자기용량 = \frac{3300-3000}{3300} \times 100 = 9.09 ≒ 9.1[kVA]$$

중 제5장 정류기

58 도통(on)상태에 있는 SCR을 차단(off)상태로 만들기 위해서는 어떻게 하여야 하는가?

① 게이트 펄스전압을 가한다.
② 게이트 전류를 증가시킨다.
③ 게이트 전압이 부(-)가 되도록 한다.
④ 전원전압의 극성이 반대가 되도록 한다.

해설

SCR의 경우 부하전류가 흐르고 있을 경우 게이트 전압으로 차단을 할 수 없고 애노드 전류가 0 또는 전원의 극성이 반대가 되어야 차단(off)된다.

상 제4장 유도기

59 3상 권선형 유도전동기의 2차 회로에 저항을 삽입하는 목적이 아닌 것은?

① 속도를 줄이지만 최대 토크를 크게 하기 위해
② 속도제어를 하기 위하여
③ 기동토크를 크게 하기 위하여
④ 기동전류를 줄이기 위하여

해설

권선형 유도전동기의 2차 저항의 크기변화를 통해 기동전류 감소와 기동토크 증대 및 속도제어를 할 수 있지만 최대 토크는 변하지 않는다.

중 제1장 직류기

60 정격전압 400[V], 정격출력 40[kW]의 직류 분권발전기의 전기자저항 0.15[Ω], 분권계자 저항 100[Ω]이다. 이 발전기의 전압변동률은 몇 [%]인가?

① 4.7 ② 3.9
③ 5.2 ④ 3.0

해설

전기자전류 $I_a = I_n + I_f = \frac{40000}{400} + \frac{400}{100} = 104[A]$
유기기전력 $E_a = V_n + I_a \cdot r_a = 400 + 104 \times 0.15 = 415.6[V]$
전압변동률 $\varepsilon = \frac{V_0 - V_n}{V_n} \times 100 = \frac{415.6-400}{400} \times 100 = 3.9[\%]$

제4과목 **회로이론 및 제어공학**

상 제어공학 제6장 근궤적법

61 특성방정식이 아래와 같을 때 근궤적의 점근선이 실수축과 이루는 각은 각각 몇 도인가? (단, $-\infty < K \le 0$ 이다.)

$$s(s+4)(s^2+3s+3)+K(s+2)=0$$

① 0°, 120°, 240°
② 45°, 135°, 225°
③ 60°, 180°, 300°
④ 90°, 180°, 270°

해설

㉠ 전달함수 : $G(s) = \frac{K(s+2)}{s(s+4)(s^2+3s+3)}$
㉡ 극점의 수 : $P=4$
㉢ 영점의 수 : $Z=1$
㉣ 점근선의 수 : $N=P-Z=3$
∴ 점근선이 이루는 각 : $\alpha = \frac{(2K+1)\pi}{P-Z}$

• $K=0$ 일 때 : $\alpha_0 = \frac{\pi}{4-1} = 60°$
• $K=1$ 일 때 : $\alpha_1 = \frac{3\pi}{4-1} = 180°$
• $K=2$ 일 때 : $\alpha_2 = \frac{5\pi}{4-1} = 300°$

정답 57 ④ 58 ④ 59 ① 60 ② 61 ③

하 제어공학 제8장 시퀀스회로의 이해

62 인버터(─▷○─)의 기능 회로가 아닌 것은?

①
②
③
④

해설

① $\overline{A+\overline{A}} = A \cdot A = A$
② $\overline{A+A} = \overline{A} \cdot \overline{A} = \overline{A}$
③ $\overline{A \cdot \overline{A}} = \overline{A}$
④ $\overline{A+A} = \overline{A} \cdot \overline{A} = \overline{A}$

∴ 인버터는 반전회로이므로 입력에 A를 주었을 때 반전이 되지 않은 ①이 정답이 된다.

상 제어공학 제3장 시간영역해석법

63 제동계수 $\zeta = 1$인 경우 어떠한가?

① 임계진동이다. ② 강제진동이다.
③ 감쇠진동이다. ④ 완전진동이다.

해설 2차 지연요소의 인디셜응답의 구분

㉠ $0 < \zeta < 1$: 부족제동
㉡ $\zeta = 1$: 임계제동(임계진동)
㉢ $\zeta > 1$: 과제동
㉣ $\zeta = 0$: 무제동(무한진동)
㉤ $\zeta < 0$: 발산

중 제어공학 제7장 상태방정식

64 상태방정식 $\dfrac{d}{dt}x(t) = A\,x(t) + B\,r(t)$ 인 제어계의 특성방정식은?

① $|sI - B| = I$ ② $|sI - A| = I$
③ $|sI - B| = 0$ ④ $|sI - A| = 0$

하 제어공학 제1장 자동제어의 개요

65 조작량이 아래와 같이 표시되는 PID동작에 있어서 비례감도, 적분시간, 미분시간을 구하면?

$$y(t) = 4z(t) + 1.6\frac{dz(t)}{dt} + \int z(t)dt$$

① $K_P = 2,\ T_D = 0.1,\ T_I = 2$
② $K_P = 3,\ T_D = 0.2,\ T_I = 4$
③ $K_P = 4,\ T_D = 0.4,\ T_I = 4$
④ $K_P = 5,\ T_D = 0.4,\ T_I = 4$

해설

㉠ 위의 함수를 라플라스 변환하여 전개하면
$$Y(s) = 4\,Z(s) + 1.6\,s\,Z(s) + \frac{1}{s}Z(s)$$
$$= 4\left(1 + 0.4s + \frac{1}{4s}\right)Z(s)$$

㉡ 전달함수
$$Y(s) = \frac{Y(s)}{Z(s)} = K_P\left(1 + T_D s + \frac{1}{T_I s}\right)$$
$$= 4\left(1 + 0.4s + \frac{1}{4s}\right)$$

∴ 비례감도$(K_P) = 4$, 미분시간$(T_D) = 0.4$, 적분시간$(T_I) = 4$

상 제어공학 제2장 전달함수

66 전달함수에 대한 설명으로 틀린 것은?

① 어떤 계의 전달함수는 그 계에 대한 임펄스응답의 라플라스 변환과 같다.
② 전달함수는 $\dfrac{\text{출력 라플라스 변환}}{\text{입력 라플라스 변환}}$ 으로 정의된다.
③ 전달함수가 s가 될 때 적분요소라 한다.
④ 어떤 계의 전달함수의 분모를 0으로 놓으면 이것이 곧 특성방정식이다.

해설

㉠ 미분요소 : $G(s) = s$
㉡ 적분요소 : $G(s) = \dfrac{1}{s}$

상 제어공학 제7장 상태방정식

67 다음 중 라플라스 변환값과 z 변환값이 같은 함수는?

① t^2
② t
③ $u(t)$
④ $\delta(t)$

정답 62 ① 63 ① 64 ④ 65 ③ 66 ③ 67 ④

해설 z변환과 s변환의 관계

$f(t)$	s변환	z변환
임펄스함수 $\delta(t)$	1	1
단위계단함수 $u(t) = 1$	$\dfrac{1}{s}$	$\dfrac{z}{z-1}$
지수함수 e^{-at}	$\dfrac{1}{s+a}$	$\dfrac{z}{z-e^{-at}}$
램프함수 t	$\dfrac{1}{s^2}$	$\dfrac{Tz}{(z-1)^2}$

상 제어공학 제7장 상태방정식

68 다음 중 단위계단입력에 대한 응답특성이 $c(t) = 1 - e^{-\frac{1}{T}t}$ 로 나타나는 제어계는?

① 비례제어계
② 적분제어계
③ 1차 지연제어계
④ 2차 지연제어계

해설

1차 지연요소에 계단함수 $f(t) = Ku(t)$를 넣으면 출력 $c(t) = K\left(1 - e^{-\frac{1}{T}t}\right)$의 형태가 된다.

상 제어공학 제4장 주파수영역해석법

69 전압비 10^7일 때 감쇠량으로 표시하면 몇 [dB]인가?

① 7[dB]
② 70[dB]
③ 100[dB]
④ 140[dB]

해설

이득 $g = 20 \log |G(j\omega)|$
$= 20 \log 10^7 = 140 \log 10$
$= 140[\text{dB}]$

중 제어공학 제5장 안정도 판별법

70 특성방정식이 아래와 같을 때 특성근 중에는 양의 실수부를 갖는 근이 몇 개 있는가?

$$s^4 + 7s^3 + 17s^2 + 17s + 6 = 0$$

① 1
② 2
③ 3
④ 무근

해설

루스표를 작성하면 다음과 같다.

㉠ $F(s) = a_0 s^4 + a_1 s^3 + a_2 s^2 + a_3 s + a_4 = 0$

s^4	a_0	a_2	a_4
s^3	a_1	a_3	a_5
s^2	b_1	b_2	b_3
s^1	c_1	c_2	c_3
s^0	d_1	d_2	d_3

㉡ $F(s) = s^4 + 7s^3 + 17s^2 + 17s + 6 = 0$

s^4	1	17	6
s^3	7	17	0
s^2	b_1	6	0
s^1	c_1	0	0
s^0	6	0	0

㉢ $b_1 = \dfrac{\begin{bmatrix} a_0 & a_2 \\ a_1 & a_3 \end{bmatrix}}{-a_1} = \dfrac{a_0 a_3 - a_1 a_2}{-a_1}$

$= \dfrac{1 \times 17 - 7 \times 17}{-7} = 14.57$

㉣ $c_1 = \dfrac{\begin{bmatrix} a_1 & a_3 \\ b_1 & b_2 \end{bmatrix}}{-a_1} = \dfrac{a_1 b_2 - b_1 a_3}{-b_1}$

$= \dfrac{7 \times 6 - 14.57 \times 17}{-14.57} = 14.11$

∴ 수열 제1열이 모두 동일 부호이므로 안정하고, 불안정한 근(양의 실수부의 근)은 없다.

중 회로이론 제3장 다상 교류회로의 이해

71 대칭 n상에서 선전류와 환상전류 사이의 위상차는 어떻게 되는가?

① $\dfrac{n}{2}\left(1 - \dfrac{\pi}{2}\right)$
② $\dfrac{\pi}{2}\left(1 - \dfrac{n}{2}\right)$
③ $2\left(1 - \dfrac{2}{n}\right)$
④ $\dfrac{\pi}{2}\left(1 - \dfrac{2}{n}\right)$

해설 환상결선에서 선전류와 상전류의 관계

㉠ 선전류 : $I_l = 2 \sin \dfrac{\pi}{n} I_p$

㉡ 위상차 : $\theta = \dfrac{\pi}{2} - \dfrac{\pi}{n} = \dfrac{\pi}{2}\left(1 - \dfrac{2}{n}\right)$

여기서, n : 상수

㉢ 환상결선 시 선간전압과 상전압은 같다.

정답 68 ③ 69 ④ 70 ④ 71 ④

상 회로이론 제1장 직류회로의 이해

72 그림에서 4단자망(two port)의 개방 순방향 전달임피던스 Z_{21}과 단락 순방향 전달 어드미턴스 Y_{21}은?

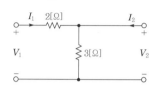

①　$Z_{21} = 3[\Omega],\ \ Y_{21} = -\dfrac{1}{2}[\mho]$

②　$Z_{21} = 3[\Omega],\ \ Y_{21} = \dfrac{1}{3}[\mho]$

③　$Z_{21} = 3[\Omega],\ \ Y_{21} = \dfrac{1}{2}[\mho]$

④　$Z_{21} = 2[\Omega],\ \ Y_{21} = -\dfrac{5}{6}[\mho]$

해설

㉠ $Z_{21} = 3[\Omega]$

㉡ $Y_{21} = \dfrac{-Z_3}{Z_1 Z_2 + Z_2 Z_3 + Z_3 Z_1}$

$\qquad = \dfrac{-3}{0+0+6} = -\dfrac{1}{2}[\mho]$

중 회로이론 제4장 비정현파 교류회로의 이해

73 ωt가 0에서 π까지 $i = 10[A]$, π에서 2π까지는 $i = 0[A]$인 파형을 푸리에 급수로 전개하면 a_0는?

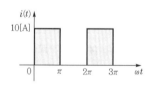

①　14.14　　　　　②　10

③　7.07　　　　　④　5

해설 직류분(교류의 평균값으로 해석)

$a_0 = \dfrac{1}{T}\displaystyle\int_0^T f(t)\,dt$

$\quad = \dfrac{1}{2\pi}\displaystyle\int_0^\pi 10\,d\omega t$

$\quad = \dfrac{10}{2\pi}\big[\omega t\big]_0^\pi = \dfrac{10}{2} = 5[A]$

[별해] 구형반파의 평균값 $I_{av} = \dfrac{I_m}{2} = 5[A]$

상 회로이론 제2장 단상 교류회로의 이해

74 저항 R과 유도리액턴스 X_L이 병렬로 연결된 회로의 역률은?

①　$\dfrac{\sqrt{R^2 + X_L{}^2}}{R}$　　　②　$\dfrac{\sqrt{R^2 + X_L{}^2}}{X_L}$

③　$\dfrac{R}{\sqrt{R^2 + X_L{}^2}}$　　　④　$\dfrac{X_L}{\sqrt{R^2 + X_L{}^2}}$

해설

㉠ 직렬 시 역률 $\cos\theta = \dfrac{R}{\sqrt{R^2 + X_L{}^2}} = \dfrac{V_R}{V}$

㉡ 병렬 시 역률 $\cos\theta = \dfrac{X_L}{\sqrt{R^2 + X_L{}^2}} = \dfrac{I_R}{I}$

여기서, V : 전체 전압

$\qquad V_R$: R의 단자전입

$\qquad I$: 전체 전류

$\qquad I_R$: R의 통과전류

중 회로이론 제6장 회로망 해석

75 그림과 같은 회로망에서 Z_1을 4단자 정수에 의해 표시하면?

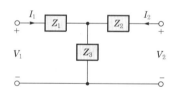

①　$\dfrac{1}{C}$　　　　　②　$\dfrac{D-1}{C}$

③　$\dfrac{B-1}{C}$　　　　④　$\dfrac{A-1}{C}$

해설

㉠ 4단자 정수는 다음과 같다.

$$\begin{bmatrix} A & B \\ C & D \end{bmatrix} = \begin{bmatrix} 1 + \dfrac{Z_1}{Z_3} & Z_1 + Z_2 + \dfrac{Z_1 Z_2}{Z_3} \\ \dfrac{1}{Z_3} & 1 + \dfrac{Z_2}{Z_3} \end{bmatrix}$$

㉡ $A - 1 = \dfrac{Z_1}{Z_3} = Z_1 C$이므로

$\therefore\ Z_1 = \dfrac{A-1}{C}$

하 회로이론 제4장 비정현파 교류회로의 이해

76 그림과 같은 Y결선에서 기본파와 제3고조파 전압만이 존재한다고 할 때 전압계의 눈금이 $V_1 = 150[\text{V}]$, $V_2 = 220[\text{V}]$로 나타낼 때 제3고조파 전압을 구하면 몇 [V]인가?

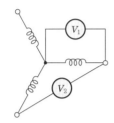

① 약 145.4[V]
② 약 150.4[V]
③ 약 127.2[V]
④ 약 79.9[V]

해설

Y결선에서 선간전압은 제3고조파 성분이 포함되지 않는다. 따라서 전압계 V_2에는 기본파 상전압의 $\sqrt{3}$ 배의 전압($V_2 = \sqrt{3} \, V_p$)이 측정된다.

㉠ 상전압 : $V_p = \dfrac{V_2}{\sqrt{3}} = \dfrac{220}{\sqrt{3}}[\text{V}]$

㉡ 전압계 V_1 측정 전압 $V_1 = \sqrt{V_p{}^2 + V_3{}^2}[\text{V}]$
이므로 제3고조파 전압(V_3)는

$$\therefore V_3 = \sqrt{V_1{}^2 - V_p{}^2}$$
$$= \sqrt{150^2 - \left(\dfrac{220}{\sqrt{3}}\right)^2} = 79.9[\text{V}]$$

상 회로이론 제10장 라플라스 변환

77 함수 $f(t) = \sin t \cos t$의 라플라스 변환 $F(s)$은?

① $\dfrac{1}{s^2 + 4}$

② $\dfrac{1}{s^2 + 2}$

③ $\dfrac{1}{(s+2)^2}$

④ $\dfrac{1}{(s+4)^2}$

해설

㉠ $\sin(t+t) = \sin t \cos t + \cos t \sin t$
㉡ $\sin(t-t) = \sin t \cos t - \cos t \sin t$
㉢ ㉠ + ㉡ $= \sin 2t = 2\sin t \cos t$

$$\therefore \mathcal{L}\left[\frac{1}{2}\sin 2t\right] = \frac{1}{2} \times \frac{2}{s^2 + 2^2} = \frac{1}{s^2 + 4}$$

상 회로이론 제9장 과도현상

78 직류 $R-C$ 직렬회로에서 회로의 시정수값은?

① $\dfrac{R}{C}$

② $\dfrac{E}{R}$

③ $\dfrac{1}{RC}$

④ RC

해설

㉠ $R-L$ 회로의 시정수 : $\tau = \dfrac{L}{R}[\text{sec}]$

㉡ $R-C$ 회로의 시정수 : $\tau = RC[\text{sec}]$

중 회로이론 제6장 회로망 해석

79 그림과 같은 회로에서 미지의 저항 R의 값을 구하면 몇 [Ω]인가?

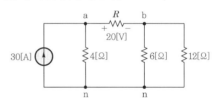

① 2.5[Ω]
② 2[Ω]
③ 1.6[Ω]
④ 1[Ω]

해설

㉠ 전류원을 전압원으로 등가변환

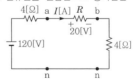

㉡ $V_R = IR = \dfrac{120}{4+4+R} \times R = 20[\text{V}]$에서
$120R = 20(8+R)$
$120R = 160 + 20R$
$100R = 160$

$$\therefore R = \frac{160}{100} = 1.6[\text{Ω}]$$

상 회로이론 제3장 다상 교류회로의 이해

80 그림과 같은 선간전압 200[V]의 3상 전원에 대칭부하를 접속할 때 부하역률은?

(단, $R=9[\Omega]$, $X_C=\dfrac{1}{\omega C}=4[\Omega]$)

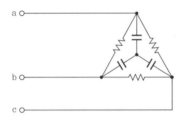

① 0.6　　　　② 0.7
③ 0.8　　　　④ 0.9

해설

△결선으로 접속된 저항 R을 Y결선으로 등가변환하면 그 크기가 $\dfrac{1}{3}$ 배로 줄어든다.

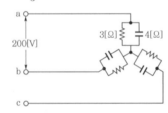

∴ 병렬회로의 역률

$$\cos\theta=\dfrac{X}{\sqrt{R^2+X^2}}=\dfrac{4}{\sqrt{3^2+4^2}}=0.8$$

제5과목 **전기설비기술기준**

상 제4장 발전소, 변전소, 개폐소 및 기계기구 시설보호

81 전력용 콘덴서의 내부에 고장이 생긴 경우 및 과전류 또는 과전압이 생긴 경우에 자동적으로 전로로부터 차단하는 장치가 필요한 뱅크 용량은 몇 [kVA] 이상인가?

① 1000

② 5000

③ 10000

④ 15000

해설 조상설비의 보호장치(KEC 351.5)

조상설비에는 그 내부에 고장이 생긴 경우에 보호하는 장치를 시설하여야 한다.

설비종별	뱅크용량의 구분	자동적으로 전로로부터 차단하는 장치
전력용 커패시터 및 분로리액터	500[kVA] 초과 15000[kVA] 미만	내부고장 및 과전류 발생 시 보호장치
	15000[kVA] 이상	내부고장 및 과전류·과전압 발생 시 보호장치
조상기	15000[kVA] 이상	내부고장 시 보호장치

상 제3장 전선로

82 특고압 가공전선로에 사용되는 B종 철주 중 각도형은 전선로 중 최소 몇 도를 넘는 수평각도를 이루는 곳에 사용되는가?

① 3　　　　② 5
③ 8　　　　④ 10

해설 특고압 가공전선로의 철주·철근콘크리트 주 또는 철탑의 종류(KEC 333.11)

특고압 가공전선로의 지지물로 사용하는 B종 철근·B종 콘크리트주 또는 철탑의 종류는 다음과 같다.
㉠ 직선형 : 전선로의 직선부분(수평각도 3° 이하)에 사용하는 것(내장형 및 보강형 제외)
㉡ 각도형 : 전선로 중 3°를 초과하는 수평각도를 이루는 곳에 사용하는 것
㉢ 인류형 : 전가섭선을 인류하는 곳에 사용하는 것
㉣ 내장형 : 전선로의 지지물 양쪽의 경간의 차가 큰 곳에 사용하는 것
㉤ 보강형 : 전선로의 직선부분에 그 보강을 위하여 사용하는 것

상 제2장 저압설비 및 고압·특고압설비

83 전기온상의 발열선의 온도는 몇 [℃]를 넘지 아니하도록 시설하여야 하는가?

① 70　　　　② 80
③ 90　　　　④ 100

해설 전기온상 등(KEC 241.5)

전기온상의 발열선은 그 온도가 80[℃]를 넘지 아니하도록 시설할 것

상 제3장 전선로

84 중성점접지식 22.9[kV] 특고압 가공전선을 A종 철근콘크리트주를 사용하여 시가지에 시설하는 경우 반드시 지키지 않아도 되는 것은?

① 전선로의 경간은 75[m] 이하로 할 것
② 전선의 단면적은 55[mm²] 경동연선 또는 이와 동등 이상의 세기 및 굵기의 것일 것
③ 전선이 특고압 절연전선인 경우 지표상의 높이는 8[m] 이상일 것
④ 전로에 지기가 생긴 경우 또는 단락한 경우에 1초 안에 자동차단하는 장치를 시설할 것

해설 시가지 등에서 특고압 가공전선로의 시설 (KEC 333.1)

사용전압이 100[kV]를 초과하는 특고압 가공전선에 지락 또는 단락이 생겼을 때에는 1초 이내에 자동적으로 이를 전로로부터 차단하는 장치를 시설할 것

중 제3장 전선로

85 특고압전로와 비접지식 저압전로를 결합하는 변압기로써 그 특고압권선과 저압권선 간에 혼촉방지판이 있는 변압기에 접속하는 저압 옥상전선로의 전선으로 사용할 수 있는 것은?

① 케이블
② 절연전선
③ 경동연선
④ 강심알루미늄선

해설 혼촉방지판이 있는 변압기에 접속하는 저압 옥외전선의 시설 등(KEC 322.2)

㉠ 저압전선은 1구내에만 시설할 것
㉡ 저압 가공전선로 및 옥상전선로의 전선은 케이블일 것
㉢ 저압 가공전선과 고압 또는 특고압의 가공전선을 동일 지지물에 시설하지 아니할 것
[예외] 고압 및 특고압 가공전선이 케이블인 경우

상 제2장 저압설비 및 고압·특고압설비

86 전원의 한 점을 직접 접지하고, 설비의 노출도전성 부분을 전원계통의 접지극과 별도로 전기적으로 독립하여 접지하는 방식은?

① TT 계통
② TN-C 계통
③ TN-S 계통
④ TN-CS 계통

해설 TT 계통(KEC 203.3)

전원의 한 점을 직접 접지하고 설비의 노출도전부는 전원의 접지전극과 전기적으로 독립적인 접지극에 접속시킨다. 배전계통에서 PE 도체를 추가로 접지할 수 있다.

상 제3장 전선로

87 특고압 가공전선로를 시가지에 위험의 우려가 없도록 시설하는 경우, 지지물로 A종 철주를 사용한다면 경간은 최대 몇 [m] 이하이어야 하는가?

① 50
② 75
③ 150
④ 200

해설 시가지 등에서 특고압 가공전선로의 시설 (KEC 333.1)

㉠ 지지물에는 철주, 철근콘크리트주 또는 철탑을 사용한다.
㉡ A종은 75[m] 이하, B종은 150[m] 이하, 철탑은 400[m] (2 이상의 전선이 수평이고 간격이 4[m] 미만인 경우는 250[m]) 이하로 한다.

하 제3장 전선로

88 고압 가공전선과 건조물의 상부 조영재와의 옆쪽 이격거리는 일반적인 경우 최소 몇 [m] 이상이어야 하는가? (단, 전선은 경동연선이라고 한다.)

① 1.5
② 1.2
③ 0.9
④ 0.6

해설 고압 가공전선과 건조물의 접근(KEC 332.11)

건조물 조영재의 구분	접근형태	이격거리
상부 조영재	위쪽	2[m] (전선이 케이블인 경우에는 1[m])
	옆쪽 또는 아래쪽	1.2[m] (전선에 사람이 쉽게 접촉할 우려가 없도록 시설한 경우에는 0.8[m], 케이블인 경우에는 0.4[m])
기타의 조영재		1.2[m] (전선에 사람이 쉽게 접촉할 우려가 없도록 시설한 경우에는 0.8[m], 케이블인 경우에는 0.4[m])

하 제2장 저압설비 및 고압·특고압설비

89 주택의 옥내를 통과하여 그 주택 이외의 장소에 전기를 공급하기 위한 옥내배선을 공사하는 방법이다. 사람이 접촉할 우려가 없는 은폐된 장소에서 시행하는 공사종류가 아닌 것은? (단, 주택의 옥내전로의 대지전압은 300[V]이다.)

① 금속관공사
② 금속덕트공사
③ 케이블공사
④ 합성수지관공사

해설 옥내전로의 대지전압의 제한(KEC 231.6)

주택의 옥내를 통과하여 그 주택 이외의 장소에 전기를 공급하기 위한 옥내배선은 사람이 접촉할 우려가 없는 은폐된 장소에는 합성수지관공사, 금속관공사, 케이블공사에 의하여 시설하여야 한다.

상 제3장 전선로

90 사용전압이 35000[V] 이하인 특고압 가공전선이 건조물과 제2차 접근상태로 시설되는 경우에 특고압 가공전선로는 어떤 보안공사를 하여야 하는가?

① 제1종 특고압 보안공사
② 제2종 특고압 보안공사
③ 제3종 특고압 보안공사
④ 제4종 특고압 보안공사

해설 특고압 가공전선과 건조물의 접근(KEC 333.23)

특고압 보안공사를 구분하면 다음과 같다.
㉠ 제1종 특고압 보안공사 : 35[kV] 넘고, 2차 접근상태인 경우
㉡ 제2종 특고압 보안공사 : 35[kV] 이하이고, 2차 접근상태인 경우
㉢ 제3종 특고압 보안공사 : 특고압 가공전선이 다른 시설물과 1차 접근상태인 경우

상 제1장 공통사항

91 3300[V] 고압 유도전동기의 절연내력 시험전압은 최대사용전압의 몇 배를 10분간 가하는가?

① 1
② 1.25
③ 1.5
④ 2

해설 회전기 및 정류기의 절연내력(KEC 133)

최대사용전압이 7[kV] 이하이므로 최대사용전압의 1.5배의 전압을 10분간 가한다.

중 제2장 저압설비 및 고압·특고압설비

92 의료장소에서의 전기설비시설로 적합하지 않은 것은?

① 그룹 0장소는 TN 또는 TT 접지계통 적용
② 의료 IT 계통의 분전반은 의료장소의 내부 혹은 가까운 외부에 설치
③ 그룹 1 또는 그룹 2 의료장소의 수술등, 내시경 조명등은 정전 시 0.5초 이내 비상전원공급
④ 의료 IT 계통의 누설전류 계측 시 10[mA]에 도달하면 표시 및 경보하도록 시설

해설 의료장소(KEC 242.10)

㉠ 그룹 0 : TT 계통 또는 TN 계통
㉡ 의료 IT 계통의 분전반은 의료장소의 내부 혹은 가까운 외부에 설치할 것
㉢ 그룹 1 또는 그룹 2의 의료장소의 수술등, 내시경, 수술실 테이블, 기타 필수 조명등의 정전 시 절환시간 0.5초 이내에 비상전원을 공급할 것
㉣ 의료 IT 계통의 절연상태를 지속적으로 계측, 감시하는 장치를 하여 절연저항이 50[kΩ]까지 감소하면 표시설비 및 음향설비로 경보를 발하도록 할 것

상 제1장 공통사항

93 대지로부터 반드시 절연하여야 하는 것은?

① 전로의 중성점에 접지공사를 하는 경우의 접지점
② 계기용 변성기 2차측 전로에 접지공사를 하는 경우의 접지점
③ 시험용 변압기
④ 저압 가공전선로 접지측 전선

해설 전로의 절연원칙(KEC 131)

다음 각 부분 이외에는 대지로부터 절연하여야 한다.
㉠ 전로의 중성점에 접지공사를 하는 경우의 접지점
㉡ 계기용 변성기의 2차측 전로에 접지공사를 하는 경우의 접지점
㉢ 저압 가공전선의 특고압 가공전선과 동일 지지물에 시설되는 부분에 접지공사를 하는 경우의 접지점

정답 89 ② 90 ② 91 ③ 92 ④ 93 ④

ⓔ 중성점이 접지된 특고압 가공전선로의 중성선에 다중 접지를 하는 경우의 접지점

ⓜ 저압전로와 사용전압이 300[V] 이하의 저압전로를 결합하는 변압기의 2차측 전로에 접지공사를 하는 경우의 접지점

ⓗ 다음과 같이 절연할 수 없는 부분
 • 시험용 변압기, 전력선 반송용 결합 리액터, 전기울타리용 전원장치, X선 발생장치, 전기부식방지용 양극, 단선식 전기철도의 귀선 등 전로의 일부를 대지로부터 절연하지 않고 전기를 사용하는 것이 부득이한 것
 • 전기욕기·전기로·전기보일러·전해조 등 대지로부터 절연이 기술상 곤란한 것

ⓢ 저압 옥내직류 전기설비의 접지에 의하여 직류계통에 접지공사를 하는 경우의 접지점

중 제2장 저압설비 및 고압·특고압설비

94 진열장 안의 사용전압이 400[V] 미만인 저압 옥내배선으로 외부에서 보기 쉬운 곳에 한하여 시설할 수 있는 전선은? (단, 진열장은 건조한 곳에 시설하고 진열장 내부를 건조한 상태로 사용하는 경우이다.)

① 단면적이 0.75[mm²] 이상인 코드 또는 캡타이어케이블

② 단면적이 0.75[mm²] 이상인 나전선 또는 캡타이어케이블

③ 단면적이 1.25[mm²] 이상인 코드 또는 절연전선

④ 단면적이 1.25[mm²] 이상인 나전선 또는 다심형 전선

해설 진열장 또는 이와 유사한 것의 내부 배선 (KEC 234.8)

㉠ 건조한 장소에 시설하고 또한 내부를 건조한 상태로 사용하는 진열장 또는 이와 유사한 것의 내부에 사용전압이 400[V] 이하의 배선을 외부에서 잘 보이는 장소에 한하여 코드 또는 캡타이어케이블로 직접 조영재에 밀착하여 배선할 것

㉡ 전선의 배선은 단면적 0.75[mm²] 이상의 코드 또는 캡타이어케이블일 것

상 제2장 저압설비 및 고압·특고압설비

95 과전류차단기로 저압전로에 사용하는 산업용 배선차단기의 부동작전류와 동작전류로 적합한 것은?

① 1.0배, 1.2배
② 1.05배, 1.3배
③ 1.25배, 1.6배
④ 1.3배, 1.8배

해설 보호장치의 특성(KEC 212.3.4)

과전류 트립 동작시간 및 특성(산업용 배선차단기)

정격전류의 구분	시간	정격전류의 배수 (모든 극에 통전)	
		부동작전류	동작전류
63[A] 이하	60분	1.05배	1.3배
63[A] 초과	120분	1.05배	1.3배

상 제3장 전선로

96 345[kV]의 송전선을 사람이 쉽게 들어갈 수 없는 산지에 시설하는 경우 전선의 지표상 높이는 최소 몇 [m] 이상이어야 하는가?

① 7.28
② 7.85
③ 8.28
④ 8.85

해설 특고압 가공전선의 높이(KEC 333.7)

산지의 경우 160[kV] 이하는 5[m] 이상, 160[kV]를 초과하는 경우 10[kV]마다 단수를 적용하여 가산한다. (345[kV] − 160[kV]) ÷ 10 = 18.5에서 절상하여 단수는 19로 한다.

∴ 전선 지표상 높이 = 5 + 0.12 × 19 = 7.28[m]

하 제5장 전기철도

97 전기철도의 변전방식에서 변전소설비에 대한 내용 중 해당되지 않는 것은?

① 급전용 변압기에서 직류 전기철도는 3상 정류기용 변압기로 해야 한다.

② 제어용 교류전원은 상용과 예비의 2계통으로 구성한다.

③ 제어반의 경우 디지털계전기방식을 원칙으로 한다.

④ 제어반의 경우 아날로그계전기방식을 원칙으로 한다.

해설 전기철도의 변전소설비(KEC 421.4)

㉠ 급전용 변압기는 직류 전기철도의 경우 3상 정류기용 변압기, 교류 전기철도의 경우 3상 스코트결선 변압기의 적용을 원칙으로 하고, 급전계통에 적합하게 선정하여야 한다.

㉡ 제어용 교류전원은 상용과 예비의 2계통으로 구성하여야 한다.

㉢ 제어반의 경우 디지털계전기방식을 원칙으로 하여야 한다.

정답 94 ① 95 ② 96 ① 97 ④

중 제1장 공통사항

98 다음 중 특고압전로의 다중접지 지중 배전 계통에 사용하는 케이블은?

① 알루미늄피케이블
② 클로로프렌외장케이블
③ 폴리에틸렌외장케이블
④ 동심중성선 전력케이블

해설 고압 및 특고압케이블(KEC 122.5)

특고압전로의 다중접지 지중 배전계통에 사용하는 케이블은 동심중성선 전력케이블로서 최대사용전압은 25.8 [kV] 이하이다.

상 제3장 전선로

99 저압 및 고압 가공전선의 높이는 도로를 횡단하는 경우와 철도를 횡단하는 경우에 각각 몇 [m] 이상이어야 하는가?

① 도로 : 지표상 5, 철도 : 레일면상 6
② 도로 : 지표상 5, 철도 : 레일면상 6.5
③ 도로 : 지표상 6, 철도 : 레일면상 6
④ 도로 : 지표상 6, 철도 : 레일면상 6.5

해설 저압 및 고압 가공전선의 높이(KEC 222.7, 332.5)

㉠ 도로를 횡단하는 경우에는 지표상 6[m] 이상
㉡ 철도 또는 궤도를 횡단하는 경우에는 레일면상 6.5[m] 이상

중 제3장 전선로

100 지중전선로를 직접 매설식에 의하여 시설할 때 중량물의 압력을 받을 우려가 있는 장소에 지중전선을 견고한 트라프, 기타 방호물에 넣지 않고도 부설할 수 있는 케이블은?

① 염화비닐 절연 케이블
② 폴리에틸렌 외장 케이블
③ 콤바인덕트케이블
④ 알루미늄피케이블

해설 지중전선로의 시설(KEC 334.1)

㉠ 깊이를 차량, 기타 중량물의 압력을 받을 우려가 있는 장소에는 1.0[m] 이상, 기타 장소에는 0.6[m] 이상으로 하고 또한 지중전선을 견고한 트라프, 기타 방호물에 넣어서 시설
㉡ 케이블을 견고한 트라프, 기타 방호물에 넣지 않아도 되는 경우
 • 차량, 기타 중량물의 압력을 받을 우려가 없는 경우에 그 위를 견고한 판 또는 몰드로 덮어 시설하는 경우
 • 저압 또는 고압의 지중전선에 콤바인덕트케이블을 사용하여 시설하는 경우
 • 지중전선에 파이프형 압력케이블을 사용하고 또한 지중전선의 위를 견고한 판 또는 몰드 등으로 덮어 시설하는 경우
 • 지중전선에 파이프형 압력케이블을 사용하거나 최대사용전압이 60[kV]를 초과하는 연피케이블, 알루미늄피케이블, 그 밖의 금속피복을 한 특고압 케이블을 사용하고 또한 지중전선의 위를 견고한 판 또는 몰드 등으로 덮어 시설하는 경우

정답 98 ④ 99 ④ 100 ③

제1과목 전기자기학

상 제2장 진공 중의 정전계

01 정전 흡인력에 대한 설명 중 옳은 것은?

① 정전 흡인력은 전압의 제곱에 비례한다.
② 정전 흡인력은 극판 간격에 비례한다.
③ 정전 흡인력은 극판 면적의 제곱에 비례한다.
④ 정전 흡인력은 쿨롱의 법칙으로 직접 계산된다.

해설

㉠ 정전응력(흡인력) $f = \frac{1}{2}\varepsilon E^2$

$$= \frac{1}{2}ED = \frac{D^2}{2\varepsilon}[\text{N/m}^2]$$

㉡ 전위차 : $V = lE[\text{V}]$

∴ 정전응력(흡인력)은 전압의 제곱에 비례한다.

상 제11장 인덕턴스

02 환상 철심의 평균 자로 길이 l[m], 단면적 A [m²], 비투자율 μ_s, 권선수 N_1, N_2인 두 코일의 상호 인덕턴스는?

① $\dfrac{2\pi\mu_s l\,N_1N_2}{A}\times 10^{-7}[\text{H}]$

② $\dfrac{AN_1N_2}{2\pi\mu_s l}\times 10^{-7}[\text{H}]$

③ $\dfrac{4\pi\mu_s AN_1N_2}{l}\times 10^{-7}[\text{H}]$

④ $\dfrac{4\pi^2\mu_s N_1N_2}{Al}\times 10^{-7}[\text{H}]$

해설 상호 인덕턴스(상호 유도계수)

$$M = \frac{\mu_0\mu_s AN_1N_2}{l} = \frac{4\pi\mu_s AN_1N_2}{l}\times 10^{-7}[\text{H}]$$

여기서, 진공의 투자율 $\mu_0 = 4\pi\times 10^{-7}$

중 제11장 인덕턴스

03 그림과 같은 회로에서 인덕턴스 20[H]에 저축되는 에너지는 몇 [J]인가?

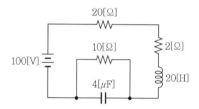

① 1.95
② 19.5
③ 97.7
④ 9,770

해설

㉠ 직류회로에는 주파수가 없으므로 $f = 0$에서 C는 개방, L은 단락상태가 된다.

㉡ 용량 리액턴스($f = 0$)

$$X_C = \frac{1}{\omega C} = \frac{1}{2\pi fC}\bigg|_{f=0} = \infty$$

㉢ 유도 리액턴스($f = 0$)

$$X_L = \omega L = 2\pi fL\big|_{f=0} = 0$$

㉣ 회로에 흐르는 전류

$$I = \frac{100}{20+2+10} = \frac{100}{32}[\text{A}]$$

∴ 코일에 저장되는 자기적 에너지

$$W_L = \frac{1}{2}LI^2 = \frac{1}{2}\times 20\times\left(\frac{100}{32}\right)^2 = 97.656[\text{J}]$$

상 제4장 유전체

04 비유전율이 10인 유전체를 5[V/m]인 전계 내에 놓으면 유전체의 표면 전하밀도는 몇 [C/m²]인가? (단, 유전체의 표면과 전계는 직각이다.)

① $35\varepsilon_0$
② $45\varepsilon_0$
③ $55\varepsilon_0$
④ $65\varepsilon_0$

해설

유전체 표면 전하밀도는 분극전하밀도이므로

∴ $P = \varepsilon_0(\varepsilon_s - 1)E$

$= \varepsilon_0(10-1)\times 5 = 45\varepsilon_0[\text{C/m}^2]$

정답 01 ① 02 ③ 03 ③ 04 ②

상 제7장 진공 중의 정자계

05 자력선의 성질을 설명한 것이다. 옳지 않은 것은?

① 자력선은 서로 교차하지 않는다.

② 자력선은 N극에서 나와 S극으로 향한다.

③ 진공에서 나오는 자력선의 수는 m 개이다.

④ 한 점의 자력선 밀도는 그 점의 자장의 세기를 나타낸다.

해설 가우스의 법칙(주위 매질 : 진공)

㉠ 자기력선 수 $N = \dfrac{m}{\mu_0}$ 개

㉡ 자속선 수 $N = m$ 개

㉢ 1[Wb]의 자극(m[Wb])으로부터 1개의 자속 ϕ [Wb]가 발생한다.

하 제6장 전류

06 200[V], 30[W]인 백열전구와 200[V], 60[W]인 백열전구를 직렬로 접속하고, 200[V]의 전압을 인가하였을 때 어느 전구가 더 어두운가? (단, 전구의 밝기는 소비전력에 비례한다.)

① 둘 다 같다.

② 30[W]전구가 60[W]전구보다 더 어둡다.

③ 60[W]전구가 30[W]전구보다 더 어둡다.

④ 비교할 수 없다.

해설

㉠ 전력 $P = \dfrac{V^2}{R}$[W]에서 $R = \dfrac{V^2}{P}$[Ω]이므로 전력은 저항에 반비례한다. 따라서 전력이 작은 백열전구(30[W]용)의 저항이 더 크다.

㉡ 직렬회로에서 전류의 크기는 일정하고 $P = I^2 R$[W]이므로 백열전구의 소비전력은 저항 크기에 비례하므로 30[W]용 백열전구가 전력은 더 많이 소비한다.

∴ 전구의 밝기는 소비전력에 비례한다고 했으므로 30[W]인 백열전구가 더 밝다.

중 제5장 전기 영상법

07 접지된 무한히 넓은 평면도체로부터 a[m] 떨어져 있는 공간에 Q[C]의 점전하가 놓여 있을 때 그림 P점의 전위는 몇 [V]인가?

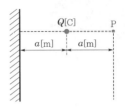

① $\dfrac{Q}{8\pi\varepsilon_0 a}$

② $\dfrac{Q}{6\pi\varepsilon_0 a}$

③ $\dfrac{3Q}{4\pi\varepsilon_0 a}$

④ $\dfrac{Q}{2\pi\varepsilon_0 a}$

해설 영상전하 해석

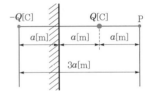

$\therefore V = V_1 + V_2 = \dfrac{Q}{4\pi\varepsilon_0 r_1} + \dfrac{-Q}{4\pi\varepsilon_0 r_2}$

$= \dfrac{Q}{4\pi\varepsilon_0 a} - \dfrac{Q}{4\pi\varepsilon_0 3a} = \dfrac{Q}{4\pi\varepsilon_0}\left(\dfrac{1}{a} - \dfrac{1}{3a}\right)$

$= \dfrac{Q}{6\pi\varepsilon_0 a}$[V]

상 제4장 유전체

08 어떤 종류의 결정을 가열하면 한 면에 정(正), 반대 면에 부(負)의 전기가 나타나 분극을 일으키며 반대로 냉각하면 역(逆)의 분극이 일어나는 것은?

① 파이로(Pyro)전기

② 볼타(Volta)효과

③ 바크하우젠(Barkhausen)법칙

④ 압전기(Piezo-electric)의 역효과

중 제2장 진공 중의 정전계

09 포아송의 방정식 $\nabla^2 V = -\dfrac{\rho}{\varepsilon_0}$ 은 어떤 식에서 유도한 것인가?

① $div\, D = \dfrac{\rho}{\varepsilon_0}$

② $div\, D = -\rho$

③ $div\, E = \dfrac{\rho}{\varepsilon_0}$

④ $div\, E = -\dfrac{\rho}{\varepsilon_0}$

정답 05 ③ 06 ③ 07 ② 08 ① 09 ③

해설

㉠ 가우스 법칙의 미분형 : $div\ E = \dfrac{\rho}{\varepsilon_0}$

㉡ 전위경도 : $E = -grad\ V = -\nabla V$

㉢ $div\ E = \nabla \cdot E = -(\nabla \cdot \nabla V) = -\nabla^2 V$

$\therefore \nabla^2 V = -\dfrac{\rho}{\varepsilon_0}$

중 제2장 진공 중의 정전계

10 반지름 a[m]인 무한히 긴 원통형 도선 A, B가 중심 사이의 거리 d[m]로 평행하게 배치되어 있다. 도선 A, B에 각각 단위길이마다 $+Q$[C/m], $-Q$[C/m]의 전하를 줄 때 두 도선 사이의 전위차는 몇 [V]인가?

① $\dfrac{Q}{2\pi\varepsilon_0} \ln \dfrac{d-a}{a}$

② $\dfrac{Q}{2\pi\varepsilon_0} \ln \dfrac{a}{d-a}$

③ $\dfrac{Q}{\pi\varepsilon_0} \ln \dfrac{d-a}{a}$

④ $\dfrac{Q}{\pi\varepsilon_0} \ln \dfrac{a}{d-a}$

해설

㉠ 도체 A로부터 x[m] 떨어진 곳에서 전계를 보면 그림과 같이 E_1, E_2가 동일 방향이므로 합력이 된다.

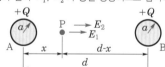

㉡ P점에서의 전계

$E = E_1 + E_2 = \dfrac{Q}{2\pi\varepsilon_0}\left(\dfrac{1}{x} + \dfrac{1}{d-x}\right)$

$\therefore$ 도선 사이의 전위

$V = -\displaystyle\int_{d-a}^{a} \dfrac{Q}{2\pi\varepsilon_0}\left(\dfrac{1}{x} + \dfrac{1}{d-x}\right)dx$

$= \dfrac{Q}{\pi\varepsilon_0} \ln \dfrac{d-a}{a}$[V]

상 제4장 유전체

11 간격 d[m], 면적 S[m²]의 평행판 커패시터 사이에 유전율 ε을 갖는 절연체를 넣고 전극간에 V[V]의 전압을 가할 때 양 전극판을 떼어내는 데 필요한 힘의 크기는 몇 [N]인가?

① $\dfrac{1}{2\varepsilon} \dfrac{V^2}{d^2 S}$

② $\dfrac{1}{2\varepsilon} \dfrac{d V^2}{S}$

③ $\dfrac{1}{2}\varepsilon \dfrac{V}{d} S$

④ $\dfrac{1}{2}\varepsilon \dfrac{V^2}{d^2} S$

해설

㉠ 단위면적당 작용하는 힘은

$f = \dfrac{1}{2}\varepsilon E^2 = \dfrac{1}{2}ED = \dfrac{D^2}{2\varepsilon}$ [N/m²]이므로

㉡ 전극판을 떼어내는데 필요한 힘은

$F = f \cdot S = \dfrac{1}{2}\varepsilon E^2 S$[N]이 된다.

㉢ 여기에 $E = \dfrac{V}{d}$를 대입하면

$\therefore F = \dfrac{1}{2}\varepsilon \left(\dfrac{V}{d}\right)^2 S = \dfrac{1}{2d}\dfrac{\varepsilon S}{d}V^2 = \dfrac{1}{2d}CV^2$[N]

상 제3장 정전용량

12 평행판 전극의 단위면적당 정전용량이 $C = 200$[pF/m²]일 때 두 극판 사이에 전위차 2000[V]를 가하면 이 전극판 사이의 전계의 세기는 약 몇 [V/m]인가?

① 22.6×10^3 ② 45.2×10^3

③ 22.6×10^6 ④ 45.2×10^5

해설

㉠ 단위면적당 정전용량 : $C = \dfrac{\varepsilon_0}{d}$ [F/m²]

㉡ 평행판 도체 간의 간격

$d = \dfrac{\varepsilon_0}{C} = \dfrac{8.855 \times 10^{-12}}{200 \times 10^{-12}} = 0.0442$[m]

$\therefore$ 전계의 세기

$E = \dfrac{V}{d} = \dfrac{2000}{0.0442} = 45.2 \times 10^3$[V/m]

정답 10 ③ 11 ④ 12 ②

상 제11장 인덕턴스

13 감은 횟수 200회의 코일 N_1와 300회의 코일 N_2를 가까이 놓고 N_1에 1[A]의 전류를 흘릴 때 N_2와 쇄교하는 자속이 4×10^{-4}[Wb]이었다면 이들 코일 사이의 상호 인덕턴스는?

① 0.12[H] ② 0.12[mH]
③ 0.08[H] ④ 0.08[mH]

해설 상호 인덕턴스(상호 유도계수)

$$M = \frac{N_2}{I_1}\phi_{21} = \frac{300}{1} \times 4 \times 10^{-4} = 0.12[H]$$

여기서, ϕ_{21} : 1차 전류에 의해 발생된 자속이 2차 권선을 쇄교하는 자속

상 제8장 전류의 자기현상

14 두 개의 길고 직선인 도체가 평행으로 그림과 같이 위치하고 있다. 각 도체에는 10[A]의 전류가 같은 방향으로 흐르고 있으며, 이격거리는 0.2[m]일 때 오른쪽 도체의 단위길이당 힘[N/m]은? (단, a_x, a_z는 단위벡터이다.)

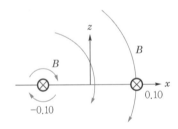

① $10^{-2}(-a_x)$ ② $10^{-4}(-a_x)$
③ $10^{-2}(-a_z)$ ④ $10^{-4}(-a_z)$

해설 평행도선 사이의 작용력

㉠ 전류가 동일 방향으로 흐르면 두 평행도체 사이에는 흡인력이 발생하므로 오른쪽 도체에서 작용하는 힘의 방향은 $-a_x$이 된다.

㉡ 전자력

$$f = \frac{2I^2}{r} \times 10^{-7}$$
$$= \frac{2 \times 10^2 \times 10^{-7}}{0.2} = 10^{-4}[N/m]$$

중 제2장 진공 중의 정전계

15 반경 a이고 Q의 전하를 갖는 절연된 도체구가 있다. 구의 중심에서 거리 r에 따라 변하는 전위 V와 전계의 세기 E를 그림으로 표시하면?

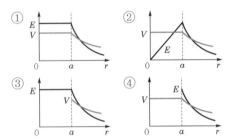

해설 도체 내외부 전계·전위 특징

㉠ 도체 내부 전계는 0이다.
㉡ 도체 표면은 등전위면이고, 표면전위는 내부 전위와 같다.

상 제12장 전자계

16 유전체 내의 전계의 세기가 E, 분극의 세기가 P, 유전율이 $\varepsilon = \varepsilon_0 \varepsilon_s$인 유전체 내의 변위전류밀도는?

① $\varepsilon\dfrac{\partial E}{\partial t} + \dfrac{\partial P}{\partial t}$ ② $\varepsilon_0\dfrac{\partial E}{\partial t} + \dfrac{\partial P}{\partial t}$
③ $\varepsilon_0\left(\dfrac{\partial E}{\partial t} + \dfrac{\partial P}{\partial t}\right)$ ④ $\varepsilon\left(\dfrac{\partial E}{\partial t} + \dfrac{\partial P}{\partial t}\right)$

해설

분극의 세기 $P = D - \varepsilon_0 E$에서
전속밀도는 $D = \varepsilon_0 E + P$이 된다.
∴ 변위전류밀도
$$i_d = \frac{\partial D}{\partial t} = \frac{\partial}{\partial t}(\varepsilon_0 E + P) = \varepsilon_0\frac{\partial E}{\partial t} + \frac{\partial P}{\partial t}$$

하 제10장 전자유도법칙

17 진공 중에서 유전율 ε[F/m]의 유전체가 평등자계 B[Wb/m²] 내에 속도 v[m/s]로 운동할 때, 유전체에 발생하는 분극의 세기 P는 몇 [C/m²]인가?

① $(\varepsilon - \varepsilon_0)v \cdot B$ ② $(\varepsilon - \varepsilon_0)v \times B$
③ $\varepsilon v \times B$ ④ $\varepsilon_0 v \times B$

정답 13 ① 14 ② 15 ④ 16 ② 17 ②

해설

㉠ 플레밍의 오른손 법칙 : 자계 내에 도체가 운동하면 도체에는 기전력이 발생되며, 유도되는 기전력의 크기는 다음과 같다. (유도기전력)
$$e = V = vBl\sin\theta = (v \times B)l[\text{V}]$$

㉡ 기전력과 전계의 세기의 관계
$$V = lE \text{에서 } E = \frac{V}{l} = v \times B$$

∴ 분극의 세기
$$P = \varepsilon_0(\varepsilon_s - 1)E = \varepsilon_0(\varepsilon_s - 1)v \times B$$
$$= (\varepsilon - \varepsilon_0)v \times B[\text{C/m}^2]$$

상 제9장 자성체와 자기회로

18 다음 중 자장의 세기에 대한 설명으로 잘못된 것은?

① 자속밀도에 투자율을 곱한 것과 같다.
② 단위자극에 작용하는 힘과 같다.
③ 단위길이당 기자력과 같다.
④ 수직 단면의 자력선 밀도와 같다.

해설 자장의 세기

㉠ 자속밀도 $B = \mu H[\text{Wb/m}^2]$이므로 $H = \dfrac{B}{\mu}[\text{AT/m}]$이다.

㉡ 자기력 $F = mH[\text{N}]$에서 $H = \dfrac{F}{m}[\text{N/Wb}]$이다.

㉢ 기자력 $F = IN[\text{AT}]$에서 앙페르 법칙에 의한 자계 $H = \dfrac{NI}{l} = \dfrac{F}{l}[\text{AT/m}]$이다.

하 제6장 전류

19 그림과 같은 손실유전체에서 전원의 양극 사이에 채워진 동축케이블의 전력손실은 몇 [W]인가? (단, 모든 단위는 MKS 유리화 단위이며, σ는 매질의 도전율[S/m]이라 한다.)

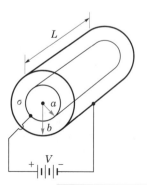

① $\dfrac{\pi\sigma V^2 L}{2\ln\dfrac{b}{a}}$

② $\dfrac{\pi\sigma V^2 L}{\ln\dfrac{b}{a}}$

③ $\dfrac{2\pi\sigma V^2 L}{\ln\dfrac{b}{a}}$

④ $\dfrac{4\pi\sigma V^2 L}{\ln\dfrac{b}{a}}$

해설

㉠ 동축케이블의 정전용량 $C = \dfrac{2\pi\varepsilon L}{\ln\dfrac{b}{a}}[\text{F}]$

㉡ 전기저항 $R = \dfrac{1}{2\pi\sigma L}\ln\dfrac{b}{a}[\Omega]$

∴ 전력손실
$$P_c = \frac{V^2}{R} = \frac{V^2}{\dfrac{1}{2\pi\sigma L}\ln\dfrac{b}{a}} = \frac{2\pi\sigma L V^2}{\ln\dfrac{b}{a}}[\text{W}]$$

중 제9장 자성체와 자기회로

20 전자석에 사용하는 연철(soft iron)의 성질로 옳은 것은?

① 잔류자기, 보자력이 모두 크다.
② 보자력이 크고 히스테리시스 곡선의 면적이 작다.
③ 보자력과 히스테리시스 곡선의 면적이 모두 작다.
④ 보자력이 크고 잔류자기가 작다.

해설 히스테리시스 곡선의 종류

(a) 영구자석　　　　(b) 전자석

㉠ 영구자석 : 잔류자기와 보자력이 크고 히스테리시스 곡선의 면적이 큰 자성체
㉡ 전자석 : 잔류자기는 크나, 보자력과 히스테리시스 곡선의 면적이 모두 작은 자성체

정답 18 ① 19 ③ 20 ③

제2과목 전력공학

중 제10장 배전선로 계산

21 정전용량 C[F]의 콘덴서를 △결선해서 3상 전압 V[V]를 가했을 때의 충전용량과 같은 전원을 Y결선으로 했을 때의 충전용량비(△결선/Y결선)는?

① $\dfrac{1}{\sqrt{3}}$ ② $\dfrac{1}{3}$

③ $\sqrt{3}$ ④ 3

해설

△결선 시 용량 $Q_\triangle = 6\pi f CV^2 \times 10^{-9}$[kVA],
Y결선 시 용량 $Q_Y = 2\pi f CV^2 \times 10^{-9}$[kVA]

$\dfrac{Q_\triangle}{Q_Y} = 3$

상 제10장 배전선로 계산

22 송배전계통의 무효전력 조정으로 모선전압의 적정유지를 위하여 최근 전력용 콘덴서를 설치하고 있다. 이때 무슨 고조파를 제거하기 위해 직렬리액터를 삽입하는가?

① 제3고조파 ② 제5고조파
③ 제6고조파 ④ 제7고조파

해설

직렬리액터는 전력용 콘덴서에 의해 발생된 제5고조파를 제거하기 위해 사용한다.
직렬리액터의 용량 $X_L = 0.04\, X_C$(이론상 4[%], 실제로는 5~6[%]를 적용)

중 제10장 배전선로 계산

23 부하단의 선간전압(단상 3선식의 경우에는 중성선과 기준선 사이의 전압) 및 선로전류가 같을 경우, 단상 2선식과 단상 3선식의 1선당의 공급전력의 비는?

① 100 : 115
② 100 : 133
③ 100 : 75
④ 100 : 87

해설

$\dfrac{단상\ 3선식}{단상\ 2선식} = \dfrac{2\,VI\cos\theta/3}{VI\cos\theta/2} = \dfrac{4}{3} = 1.33$

상 제8장 송전선로 보호방식

24 SF₆ 가스차단기가 공기차단기와 다른 점은?

① 소음이 적다.
② 고속조작에 유리하다.
③ 압축공기로 투입한다.
④ 지지애자를 사용한다.

해설 가스차단기의 특징

㉠ 아크소호 특성과 절연 특성이 뛰어난 불활성의 SF₆ 가스를 이용
㉡ 차단 성능이 뛰어나고 개폐서지가 낮다.
㉢ 완전 밀폐형으로 조작 시 가스를 대기 중에 방출하지 않아 조작 소음이 적다.
㉣ 보수점검주기가 길다.

상 제2장 전선로

25 장거리 경간을 갖는 송전선로에서 전선의 단선을 방지하기 위하여 사용하는 전선은?

① 경알루미늄선
② 경동선
③ 중공전선
④ ACSR

해설 강심알루미늄연선(ACSR)의 특징

㉠ 경동선에 비해 저항률이 높아서 동일 전력을 공급하기 위해서는 전선이 굵어져서 바깥지름이 더 커지게 된다.
㉡ 전선이 굵어져서 코로나현상 방지에 효과적이다.
㉢ 중량이 작아 장경간 선로에 적합하고 온천지역에 적용된다.

중 제8장 송전선로 보호방식

26 다음 중 차단기의 차단능력이 가장 가벼운 것은?

① 중성점 직접접지계통의 지락전류차단
② 중성점 저항접지계통의 지락전류차단
③ 송전선로의 단락사고 시의 단락사고차단
④ 중성점을 소호리액터로 접지한 장거리 송전선로의 지락전류차단

정답 21 ④ 22 ② 23 ② 24 ① 25 ④ 26 ④

해설 송전선로의 지락전류차단

차단기의 차단능력이 가벼운 것은 사고 시의 사고전류가 가장 작을 때이므로 접지방식 중에 소호리액터 접지계통에 지락사고 발생 시 지락전류가 거의 흐르지 못하기 때문에 차단 시 이상전압이 거의 발생하지 않는다.

하 제9장 배전방식

27 3상 4선식 고압선로의 보호에 있어서 중성선 다중접지방식의 특성 중 옳은 것은?

① 합성접지저항이 매우 높다.
② 건전상의 전위 상승이 매우 높다.
③ 통신선에 유도장해를 줄 우려가 있다.
④ 고장 시 고장전류가 매우 작다.

해설

3상 4선식 중성선 다중접지방식에서 1선 지락사고 시 지락전류(영상분 전류)가 매우 커서 근접 통신선에 유도장해가 크게 발생한다.

하 제10장 배전선로 계산

28 송전전력, 송전거리, 전선로의 전력손실이 일정하고, 같은 재료의 전선을 사용한 경우 단상 2선식에 대한 3상 4선식의 1선당 전력비는 약 얼마인가? (단, 중성선은 외선과 같은 굵기이다.)

① 0.7
② 0.87
③ 0.94
④ 1.15

해설 전압 및 전류가 일정한 경우 1선당 전력비

㉠ 단상 2선식 1선당 공급전력 → $\dfrac{1}{2}VI$

㉡ 3상 4선식 1선당 공급전력 → $\dfrac{\sqrt{3}}{4}VI$

∴ 전선 1선당 전력비 $= \dfrac{3상\ 4선식}{단상\ 2선식}$

$$= \dfrac{\dfrac{\sqrt{3}}{4}VI}{\dfrac{1}{2}VI}$$

$$= \dfrac{2\sqrt{3}}{4} = 0.866 ≒ 0.87$$

상 제5장 고장 계산 및 안정도

29 송전선로의 안정도 향상대책과 관계가 없는 것은?

① 속응여자방식 채용
② 재폐로방식의 채용
③ 무효전력의 조정
④ 리액턴스 조정

해설 송전전력을 증가시키기 위한 안정도 증진대책

㉠ 직렬리액턴스를 작게 한다.
  • 발전기나 변압기 리액턴스를 작게 한다.
  • 선로에 복도체를 사용하거나 병행회선수를 늘린다.
  • 선로에 직렬콘덴서를 설치한다.
㉡ 전압변동을 적게 한다.
  • 단락비를 크게 한다.
  • 속응여자방식을 채용한다.
㉢ 계통을 연계시킨다.
㉣ 중간조상방식을 채용한다.
㉤ 고장구간을 신속히 차단시키고 재폐로방식을 채택한다.
㉥ 소호리액터 접지방식을 채용한다.
㉦ 고장 시에 발전기 입·출력의 불평형을 작게 한다.

상 제1장 전력계통

30 직류송전에 대한 설명으로 틀린 것은?

① 직류송전에서는 유효전력과 무효전력을 동시에 보낼 수 있다.
② 역률이 항상 1로 되기 때문에 그 만큼 송전효율이 좋아진다.
③ 직류송전에서는 리액턴스라든지 위상각에 대해서 고려할 필요가 없기 때문에 안정도상의 난점이 없어진다.
④ 직류에 의한 계통연계는 단락용량이 증대하지 않기 때문에 교류계통의 차단용량이 적어도 된다.

해설 직류송전방식(HVDC)의 장점

㉠ 비동기연계가 가능하다
㉡ 리액턴스가 없어서 역률을 1로 운전이 가능하고 안정도가 높다.
㉢ 절연비가 저감, 코로나에 유리하다.
㉣ 유전체손이나 연피손이 없다.
㉤ 고장전류가 적어 계통 확충이 가능하다.

정답 27 ③ 28 ② 29 ③ 30 ①

중 제3장 선로정수 및 코로나현상

31 선간거리가 $2D$[m]이고 선로 도선의 지름이 d[m]인 선로의 단위길이당 정전용량은 몇 [μF/km]인가?

① $\dfrac{0.02413}{\log_{10}\dfrac{4D}{d}}$ ② $\dfrac{0.02413}{\log_{10}\dfrac{2D}{d}}$

③ $\dfrac{0.2413}{\log_{10}\dfrac{D}{d}}$ ④ $\dfrac{0.2413}{\log_{10}\dfrac{4D}{d}}$

해설

정전용량 $C = \dfrac{0.02413}{\log_{10}\dfrac{D}{r}} = \dfrac{0.02413}{\log_{10}\dfrac{2D}{d/2}}$

$= \dfrac{0.02413}{\log_{10}\dfrac{4D}{d}}$ [μF/km]

여기서, d : 도체의 반경[cm]
D : 선간거리[cm]

상 제11장 발전

32 기력발전소의 열사이클 중 가장 기본적인 것으로서 두 등압변화와 두 단열변화로 되는 열사이클은?

① 랭킨사이클
② 재생사이클
③ 재열사이클
④ 재생재열사이클

해설

랭킨사이클은 증기를 작업유체로 사용하는 기력발전소의 기본 사이클로서 2개의 등압변화와 단열변화로 구성된다.

상 제8장 송전선로 보호방식

33 다음 그림에서 *친 부분에 흐르는 전류는?

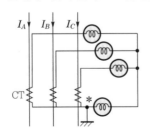

① B상전류
② 정상전류
③ 역상전류
④ 영상전류

해설

*부분에 흐르는 전류 $I_* = I_A + I_B + I_C = 3I_0$
여기서, I_0 : 영상전류

상 제8장 송전선로 보호방식

34 차단기의 고속도 재폐로의 목적은?

① 고장의 신속한 제거
② 안정도 향상
③ 기기의 보호
④ 고장전류 억제

해설 재폐로방식의 특징

재폐로방식은 고장전류를 차단하고 차단기를 일정시간 후 자동적으로 재투입하는 방식으로 3상 재폐로방식과 다상 재폐로방식이 있으며 재폐로방식을 적용하면 다음과 같다.
㉠ 송전계통의 안정도를 향상시킨다.
㉡ 송전용량을 증가시킬 수 있다.
㉢ 계통사고의 자동복구를 할 수 있다.

상 제8장 송전선로 보호방식

35 전압이 정정치 이하로 되었을 때 동작하는 것으로서 단락 고장 검출 등에 사용되는 계전기는?

① 부족전압계전기
② 비율차동계전기
③ 재폐로계전기
④ 선택계전기

해설 보호계전기의 동작기능별 분류

㉠ 부족전압계전기 : 전압이 일정값 이하로 떨어졌을 경우 동작되고 단락 시에 고장검출도 가능한 계전기
㉡ 비율차동계전기 : 총 입력전류와 총 출력전류 간의 차이가 총 입력전류에 대하여 일정 비율 이상으로 되었을 때 동작하는 계전기
㉢ 재폐로계전기 : 차단기에 동작책무를 부여하기 위해 차단기를 재폐로시키기 위한 계전기
㉣ 선택계전기 : 고장회선을 선택 차단할 수 있게 하는 계전기

정답 31 ① 32 ① 33 ④ 34 ② 35 ①

상 제6장 중성점 접지방식

36 송전계통의 중성점 접지방식에서 유효접지라 하는 것은?

① 소호리액터 접지방식
② 1선 접지 시에 건전상의 전압이 상규 대지전압의 1.3배 이하로 중성점 임피던스를 억제시키는 중성점 접지
③ 중성점에 고저항을 접지시켜 1선 지락 시에 이상전압의 상승을 억제시키는 중성점 접지
④ 송전선로에 사용되는 변압기의 중성점을 저리액턴스로 접지시키는 방식

해설 유효접지

1선 지락 고장 시 건전상 전압이 상규 대지전압의 1.3배를 넘지 않는 범위에 들어가도록 중성점 임피던스를 조절해서 접지하는 방식을 유효접지라고 한다.

중 제5장 고장 계산 및 안정도

37 154[kV] 송전선로에서 송전거리가 154[km]라 할 때 송전용량계수법에 의한 송전용량은 몇 [kW]인가? (단, 송전용량계수는 1200으로 한다.)

① 61600
② 92400
③ 123200
④ 184800

해설

송전용량 $P = K \dfrac{V_R^2}{L}$ [kW]

여기서, K : 송전용량계수
V_R : 수전단전압[kV]
L : 송전거리[km]

$P = 1200 \times \dfrac{154^2}{154} = 184800$ [kW]

상 제3장 선로정수 및 코로나현상

38 선로정수를 전체적으로 평형되게 하고 근접 통신선에 대한 유도장해를 줄일 수 있는 방법은?

① 딥(dip)을 준다.
② 연가를 한다.
③ 복도체를 사용한다.
④ 소호리액터 접지를 한다.

해설 연가의 목적

㉠ 선로정수 평형
㉡ 근접 통신선에 대한 유도장해 감소
㉢ 소호리액터 접지계통에서 중성점의 잔류전압으로 인한 직렬공진의 방지

상 제5장 고장 계산 및 안정도

39 그림과 같은 3상 3선식 전선로의 단락점에서 3상 단락전류를 제한하려고 %리액턴스 5[%]의 한류리액터를 시설하였다. 단락전류는 약 몇 [A] 정도 되는가? (단, 66[kV]에 대한 %리액턴스는 5[%] 저항분은 무시한다.)

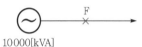

① 880
② 1000
③ 1130
④ 1250

해설

단락전류 $I_s = \dfrac{100}{\%X} \times I_n$ [A]

합성 퍼센트 리액턴스

$\%X_T = \%X_{한류리액터} + \%X_{전원}$
$= 5 + 5 = 10$ [%]

정격전류 $I_n = \dfrac{P}{\sqrt{3}\,V_n} = \dfrac{10000}{\sqrt{3} \times 66} = 87.48$ [A]

단락전류 $I_s = \dfrac{100}{\%X} \times I_n = \dfrac{100}{10} \times 87.48$
$= 874.77 \fallingdotseq 880$ [A]

상 제4장 송전 특성 및 조상설비

40 페란티 현상이 발생하는 원인은?

① 선로의 과도한 저항 때문이다.
② 선로의 정전용량 때문이다.
③ 선로의 인덕턴스 때문이다.
④ 선로의 급격한 전압강하 때문이다.

해설

페란티 현상이란 선로에 충전전류가 흐르면 수전단전압이 송전단전압보다 높아지는 현상으로 그 원인은 선로의 정전용량 때문이다.

제3과목   전기기기

중   제2장 동기기

41 병렬운전하는 두 동기발전기 사이에 그림과 같이 동기검정기가 접속되어 있을 때 상회전 방향이 일치되어 있다면?

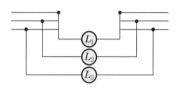

① L_1, L_2, L_3 모두 어둡다.
② L_1, L_2, L_3 모두 밝다.
③ L_1, L_2, L_3 순서대로 명멸한다.
④ L_1, L_2, L_3 모두 점등되지 않는다.

해설

병렬운전하는 두 동기발전기의 상회전방향 및 위상이 일치하는지 시험하기 위해 동기검정기를 사용한다. 그림에서 램프 3개 모두 소등 시 정상적인 운전으로 판단할 수 있다.

상   제3장 변압기

42 권수비 60인 단상 변압기의 전부하 2차 전압 200[V], 전압변동률 3[%]일 때 1차 전압[V]은?

① 1200
② 12180
③ 12360
④ 12720

해설   무부하 단자전압

$$V_{20} = \left(1 + \frac{\%\delta}{100}\right) \times V_{2n} = \left(1 + \frac{3}{100}\right) \times 200 = 206 \text{[V]}$$

∴ 1차 전압 $V_{10} = 206 \times 60 = 12360$[V]

상   제2장 동기기

43 동기발전기에서 극수 4, 1극의 자속수 0.062[Wb], 1분 간의 회전속도를 1800, 코일의 권수를 100이라고 하고 이때 코일의 유기기전력의 실효치[V]를 구하면? (단, 권선계수는 1.0이라 한다.)

① 526[V]
② 1488[V]
③ 1652[V]
④ 2336[V]

해설

동기발전기의 유기기전력 $E = 4.44K_w fN\phi$[V]

여기서, K_w : 권선계수
  f : 주파수
  N : 1상당 권수
  ϕ : 극당 자속

동기속도 $N_s = \frac{120f}{P}$[rpm]에서

$$f = \frac{N_s \times P}{120} = \frac{1800 \times 4}{120} = 60\text{[Hz]}$$

유기기전력 $E = 4.44K_w fN\phi$
$= 4.44 \times 1.0 \times 60 \times 100 \times 0.062$
$= 1652$[V]

상   제3장 변압기

44 변압기 여자전류, 철손을 알 수 있는 시험은?

① 유도시험
② 단락시험
③ 부하시험
④ 무부하시험

해설   변압기의 등가회로 작성 시 특성시험

㉠ 무부하시험 : 무부하전류(여자전류), 철손, 여자어드미턴스
㉡ 단락시험 : 임피던스전압, 임피던스와트, 동손, 전압변동률
㉢ 권선의 저항측정

중   제2장 동기기

45 동기전동기의 진상전류는 어떤 작용을 하는가?

① 증자작용
② 감자작용
③ 교차자화작용
④ 아무 작용도 없다.

해설   동기전동기의 전기자 반작용

㉠ 교차자화작용 : 전기자전류 I_a가 공급전압과 동상일 때(횡축 반작용)
㉡ 감자작용 : 전기자전류 I_a가 공급전압보다 위상이 90° 앞설 때(직축 반작용)
㉢ 증자작용 : 전기자전류 I_a가 공급전압보다 위상이 90° 늦을 때(직축 반작용)

정답   41 ④   42 ③   43 ③   44 ④   45 ②

중 제4장 유도기

46 단상 유도전압조정기의 단락권선의 역할은?

① 철손 경감 ② 전압강하 경감
③ 절연보호 ④ 전압조정 용이

해설

단락권선은 제어각 $\alpha = 90°$ 위치에서 직렬권선의 리액턴스에 의한 전압강하를 방지한다.

상 제3장 변압기

47 3상 변압기를 병렬운전할 경우 조합 불가능한 것은?

① △-△와 △-△
② Y-△와 Y-△
③ △-△와 △-Y
④ △-Y와 Y-△

해설

3상 변압기의 병렬운전 시 △-△와 △-Y, △-Y와 Y-Y의 결선은 위상차가 30° 발생하여 순환전류가 흐르기 때문에 병렬운전이 불가능하다.

상 제1장 직류기

48 직류분권전동기를 무부하로 운전 중 계자회로에 단선이 생겼다. 다음 중 옳은 것은?

① 즉시 정지한다.
② 과속도로 되어 위험하다.
③ 역전한다.
④ 무부하이므로 서서히 정지한다.

해설

분권전동기의 운전 중 계자회로가 단선이 되면 계자전류가 0이 되고, 무여자($\phi = 0$) 상태가 되어 회전수 N이 위험속도가 된다.

상 제4장 유도기

49 유도전동기의 제동방법 중 슬립의 범위를 1~2 사이로 하여 3선 중 2선의 접속을 바꾸어 제동하는 방법은?

① 역상제동 ② 직류제동
③ 단상제동 ④ 회생제동

해설 역상제동

운전 중의 유도전동기에 회전방향과 반대의 회전자계를 부여함에 따라 정지시키는 방법이다. 교류전원의 3선 중 2선을 바꾸면 회전방향과 반대가 되기 때문에 회전자는 강한 제동력을 받아 급속하게 정지한다.

하 제6장 특수기기

50 스테핑모터의 일반적인 특징으로 틀린 것은?

① 기동 · 정지 특성은 나쁘다.
② 회전각은 입력 펄스 수에 비례한다.
③ 회전속도는 입력 펄스 주파수에 비례한다.
④ 고속응답이 좋고, 고출력의 운전이 가능하다.

해설 스테핑모터의 특징

㉠ 회전각도는 입력 펄스 신호의 수에 비례하고 회전속도는 펄스 주파수에 비례
㉡ 모터의 제어가 간단하고 디지털 제어회로와 조합이 용이
㉢ 기동, 정지, 정회전, 역회전이 용이하고 신호에 대한 응답성이 좋음
㉣ 브러시 등의 접촉부분이 없어 수명이 길고 신뢰성이 높음

상 제5장 정류기

51 반도체 소자 중 3단자 사이리스터가 아닌 것은?

① SCR ② GTO
③ TRIAC ④ SCS

해설 SCS(Silicon Controlled Switch)

Gate가 2개인 4단자 1방향성 사이리스터
① SCR(사이리스터) : 단방향 3단자
② GTO(Gate Turn Off 사이리스터) : 단방향 3단자
③ TRIAC(트라이액) : 양방향 3단자

하 제3장 변압기

52 2[kVA], 3000/100[V]의 단상 변압기의 철손이 200[W]이면 1차에 환산한 여자 컨덕턴스[℧]는?

① 약 66.6×10^{-3}[℧]
② 약 22.2×10^{-6}[℧]
③ 약 2×10^{-2}[℧]
④ 약 2×10^{-6}[℧]

해설

$$P = \frac{V_1^{\,2}}{R} \text{에서} \quad g = \frac{1}{R} = \frac{P_i}{V_1^{\,2}}$$

여자 컨덕턴스 $g = \dfrac{P_i}{V_1^{\,2}} = \dfrac{200}{3000^2}$

$$= 22.22 \times 10^{-6} \, [\text{℧}]$$

상 **제1장 직류기**

53 직류 직권전동기에 있어서 회전수 N과 토크 T와의 관계는? (단, 자기포화는 무시한다.)

① $T \propto \dfrac{1}{N}$

② $T \propto \dfrac{1}{N^2}$

③ $T \propto N$

④ $T \propto N^{\frac{3}{2}}$

해설

직권전동기의 특성 $T \propto I_a^{\,2} \propto \dfrac{1}{N^2}$

여기서, T : 토크
I_a : 전기자전류
N : 회전수

중 **제2장 동기기**

54 송전선로에 접속된 동기조상기의 설명 중 가장 옳은 것은?

① 과여자로 해서 운전하면 앞선 전류가 흐르므로 리액터 역할을 한다.

② 과여자로 해서 운전하면 뒤진 전류가 흐르므로 콘덴서 역할을 한다.

③ 부족여자로 해서 운전하면 앞선 전류가 흐르므로 리액터 역할을 한다.

④ 부족여자로 해서 운전하면 송전선로의 자기여자작용에 의한 전압상승을 방지한다.

해설 동기조상기

㉠ 과여자로 해서 운전 : 선로에는 앞선 전류가 흐르고 일종의 콘덴서로 작용하며 부하의 뒤진 전류를 보상해서 송전선로의 역률을 좋게 하고 전압강하를 감소시킴

㉡ 부족여자로 운전 : 뒤진 전류가 흐르므로 일종의 리액터로서 작용하고 무부하의 장거리 송전선로에 발전기를 접속하는 경우 송전선로에 흐르는 앞선 전류에 의하여 자기여자작용으로 일어나는 단자전압의 이상상승을 방지

상 **제1장 직류기**

55 직류기의 권선을 단중 파권으로 감으면?

① 내부 병렬회로수가 극수만큼 생긴다.

② 균압환을 연결해야 한다.

③ 저압 대전류용 권선이다.

④ 내부 병렬회로수가 극수와 관계없이 언제나 2이다.

해설

파권은 어떤 (+)브러시에서 출발하면 전부의 코일변을 차례차례 이어가서 브러시에 이르기 때문에 병렬회로수는 항상 2이고 코일이 모두 직렬로 이어져서 고전압·저전류 기기에 적합하다.

하 **제6장 특수기기**

56 단상 정류자전동기의 종류가 아닌 것은?

① 직권형 ② 아트킨손형

③ 보상직권형 ④ 유도보상직권형

해설

단상 직권전동기의 종류에는 직권형, 보상직권형, 유도보상직권형이 있다. 아트킨손형은 단상 반발전동기의 종류이다.

중 **제2장 동기기**

57 발전기의 부하가 불평형이 되어 발전기의 회전자가 과열 소손되는 것을 방지하기 위하여 설치하는 계전기는?

① 과전압계전기

② 역상 과전류계전기

③ 계자상실계전기

④ 비율차동계전기

해설 역상 과전류계전기

부하의 불평형 시 고조파가 발생하므로 역상분을 검출할 수 있고 기기 과열의 큰 원인인 과전류의 검출이 가능하다.

정답 53 ② 54 ④ 55 ④ 56 ② 57 ②

제1장 직류기

58 전기자권선의 저항 0.06[Ω], 직권계자권선 및 분권계자회로의 저항이 각각 0.05[Ω]와 100[Ω]인 외분권 가동 복권발전기의 부하전류가 18[A]일 때, 그 단자전압이 $V=$ 100[V]라면 유기기전력은 몇 [V]인가? (단, 전기자 반작용과 브러시 접촉저항은 무시한다.)

① 약 102
② 약 105
③ 약 107
④ 약 109

해설

가동 복권발전기의 경우

전기자전류 $I_a = I + I_f = I + \dfrac{V_t}{r_f} = 18 + \dfrac{100}{100} = 19[\text{A}]$

유기기전력 $E_a = V_t + (r_a + r_s)I_a$
$= 100 + (0.06 + 0.05) \times 19$
$= 102.09[\text{V}]$

제4장 유도기

59 단상 유도전동기의 기동에 브러시를 필요로 하는 것은 다음 중 어느 것인가?

① 분상기동형
② 반발기동형
③ 콘덴서 기동형
④ 셰이딩 코일 기동형

해설

반발기동형은 기동 시에는 반발전동기로 기동하고 기동 후에는 원심력 개폐기로 정류자를 단락시켜 농형 회전자로 기동하는 데 브러시는 고정자권선과 회전자권선을 단락시킨다.

제3장 변압기

60 다음은 단권변압기를 설명한 것이다. 틀린 것은?

① 소형에 적합하다.
② 누설자속이 적다.
③ 손실이 적고 효율이 좋다.
④ 재료가 절약되어 경제적이다.

해설 단권변압기의 장점 및 단점

㉠ 장점
• 철심 및 권선을 적게 사용하여 변압기의 소형화, 경량화가 가능하다.
• 철손 및 동손이 적어 효율이 높다.
• 자기용량에 비하여 부하용량이 커지므로 경제적이다.
• 누설자속이 거의 없으므로 전압변동률이 작고 안정도가 높다

㉡ 단점
• 고압측과 저압측이 직접 접촉되어 있으므로 저압측의 절연강도는 고압측과 동일한 크기의 절연이 필요하다.
• 누설자속이 거의 없어 %임피던스가 작기 때문에 사고 시 단락전류가 크다.

제4과목 회로이론 및 제어공학

제어공학 제8장 시퀀스회로의 이해

61 다음 논리식 $[(\text{AB} + \text{A}\overline{\text{B}}) + \text{AB}] + \overline{\text{A}}\text{B}$ 를 간단히 하면?

① $\text{A} + \text{B}$
② $\overline{\text{A}} + \text{B}$
③ $\text{A} + \overline{\text{B}}$
④ $\text{A} + \text{A} \cdot \text{B}$

해설

$[(\text{AB} + \text{A}\overline{\text{B}}) + \text{AB}] + \overline{\text{A}}\text{B}$
$= [\text{A}(\text{B} + \overline{\text{B}}) + \text{AB}] + \overline{\text{A}}\text{B}$
$= \text{A} + \text{AB} + \overline{\text{A}}\text{B}$
$= \text{A} + \text{AB} + \text{AB} + \overline{\text{A}}\text{B}$
$= \text{A}(1 + \text{B}) + \text{B}(\text{A} + \overline{\text{A}})$
$= \text{A} + \text{B}$

제어공학 제3장 시간영역해석법

62 단위 부궤환제어시스템(unit negative feed back control system)의 개루프 전달함수 $G(s) = \dfrac{\omega_n^2}{s(s + 2\zeta\omega_n)}$ 일 때 다음 설명 중 틀린 것은?

① 이 시스템은 $\zeta = 1.2$일 때 과제동된 상태에 있게 된다.
② 이 폐루프시스템의 특성방정식은 $s^2 + 2\zeta\omega_n s + \omega_n^2 = 0$ 이다.
③ ζ 값이 작게 될수록 제동이 많이 걸리게 된다.
④ ζ 값이 음의 값이면 불안정하게 된다.

해설

㉠ $\zeta > 1$: 과제동
㉡ $\zeta = 1$: 임계제동
㉢ $0 < \zeta < 1$: 부족제동
㉣ $\zeta = 0$: 무제동(무한진동)
㉤ $\zeta < 0$: 발산

∴ 제동계수 ζ가 클수록 제동이 많이 걸리게 된다.

중 제어공학 제3장 시간영역해석법

63 전달함수 $G(s) = \dfrac{C(s)}{R(s)} = \dfrac{1}{(s+a)^2}$ 인 제어계의 임펄스응답 $c(t)$는?

① e^{-at}
② $1 - e^{-at}$
③ te^{-at}
④ $\dfrac{1}{2}t^2$

해설

㉠ 임펄스함수의 라플라스 변환

$\delta(t) \xrightarrow{\mathcal{L}} 1$ [즉, $R(s) = 1$]

㉡ 출력 라플라스 변환

$C(s) = R(s)G(s) = G(s) = \dfrac{1}{(s+a)^2}$

∴ 응답(시간영역에서의 출력)

$$c(t) = \mathcal{L}^{-1}\left[\dfrac{1}{(s+a)^2}\right]$$
$$= \mathcal{L}^{-1}\left[\dfrac{1}{s^2}\bigg|_{s \to s+a}\right] = te^{-at}$$

상 제어공학 제7장 상태방정식

64 샘플치(sampled-date) 제어계통이 안정되기 위한 필요충분 조건은?

① 전체(over-all) 전달함수의 모든 극점이 z평면의 원점에 중심을 둔 단위원 내부에 위치해야 한다.
② 전체(over-all) 전달함수의 모든 영점이 z평면의 원점에 중심을 둔 단위원 내부에 위치해야 한다.
③ 전체(over-all) 전달함수의 모든 극점이 z평면 좌반면에 위치해야 한다.
④ 전체(over-all) 전달함수의 모든 영점이 z평면 우반면에 위치해야 한다.

해설 극점의 위치에 따른 안정도 판별

구분	s평면	z평면
안정	좌반부	단위원 내부에 사상
불안정	우반부	단위원 외부에 사상
임계안정 (안정한계)	허수축	단위 원주상 으로 사상

하 제어공학 제2장 전달함수

65 그림과 같은 액면계에서 $q(t)$를 입력, $h(t)$를 출력으로 본 전달함수는?

① $\dfrac{K}{s}$
② Ks
③ $1 + Ks$
④ $\dfrac{K}{1+s}$

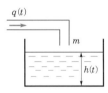

해설

$h(t) = \dfrac{1}{A}\displaystyle\int q(t)dt$에서 이를 라플라스 변환하면

$H(s) = \dfrac{1}{As}\ Q(s) = \dfrac{K}{s}\ Q(s)$

∴ 전달함수 $G(s) = \dfrac{H(s)}{Q(s)} = \dfrac{K}{s}$

상 제어공학 제2장 전달함수

66 그림과 같은 신호흐름선도에서 전달함수 $\dfrac{C(s)}{R(s)}$는?

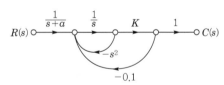

① $\dfrac{C(s)}{R(s)} = \dfrac{K}{(s+a)(s^2+s+0.1K)}$

② $\dfrac{C(s)}{R(s)} = \dfrac{K(s+a)}{(s+a)(s^2+s+0.1K)}$

③ $\dfrac{C(s)}{R(s)} = \dfrac{K}{(s+a)(s^2+s-0.1K)}$

④ $\dfrac{C(s)}{R(s)} = \dfrac{K(s+a)}{(s+a)(-s^2-s+0.1K)}$

[해설] 종합전달함수(메이슨공식)

$$M(s) = \frac{C(s)}{R(s)} = \frac{\sum \text{전향경로이득}}{1 - \sum \text{폐루프이득}}$$

$$= \frac{\dfrac{K}{s(s+a)}}{1 + s + \dfrac{0.1K}{s}}$$

$$= \frac{K}{s(s+a)\left(s + 1 + \dfrac{0.1K}{s}\right)}$$

$$= \frac{K}{(s+a)(s^2 + s + 0.1K)}$$

중 제어공학 제3장 시간영역해석법

67 미분방정식으로 표시되는 2차계가 있다. 진동계수는 얼마인가? (단, y는 출력, x는 입력이다.)

$$\frac{d^2 y}{dt^2} + 5\frac{dy}{dt} + 9y = 9x$$

① 5

② 6

③ $\dfrac{6}{5}$

④ $\dfrac{5}{6}$

[해설]

㉠ 미분방정식을 라플라스 변환하면

$s^2 Y(s) + 5s\,Y(s) + 9\,Y(s) = 9X(s)$

$Y(s)\left(s^2 + 5s + 9\right) = 9X(s)$

㉡ 전달함수

$$M(s) = \frac{Y(s)}{X(s)} = \frac{9}{s^2 + 5s + 9}$$

㉢ 특성방정식

$F(s) = s^2 + 5s + 9 = 0$

㉣ 2차 제어계의 특성방정식

$F(s) = s^2 + 2\zeta\omega_n s + \omega_n^2 = 0$

㉤ 상수항에서 $\omega_n^2 = 9$이므로 고유각 주파수

$\omega_n = 3$

∴ 1차항에서 $2\zeta\omega_n s = 5s$이므로 진동계수는

$$\zeta = \frac{5}{2\omega_n} = \frac{5}{2 \times 3} = \frac{5}{6}$$

상 제어공학 제5장 안정도 판별법

68 $G(j\omega)H(j\omega) = \dfrac{10}{(j\omega + 1)(j\omega + T)}$ 에서 이득여유를 20[dB]보다 크게 하기 위한 T의 범위는?

① $T > 0$

② $T > 10$

③ $T < 0$

④ $T > 100$

[해설]

㉠ 이득여유는 개루프 전달함수 $G(j\omega)H(j\omega)$의 허수를 0으로 하여 구해야 한다.

㉡ 개루프 전달함수

$$G(j\omega)H(j\omega) = \frac{10}{(j\omega + 1)(j\omega + T)}\bigg|_{\omega = 0} = \frac{10}{T}$$

㉢ 이득여유 $g_m = 20\log\dfrac{1}{|G(j\omega)H(j\omega)|}$

$$= 20\log\frac{T}{10}$$

$g_m = 20$[dB]보다 크게 하려면 $\dfrac{T}{10} > 10$이 되어야 한다.

∴ $T > 100$

중 제어공학 제2장 전달함수

69 $G(s) = \dfrac{s + b}{s + a}$ 전달함수를 갖는 회로가 진상 보상회로의 특성을 가지려면 그 조건은 어떠한가?

① $a > b$

② $a < b$

③ $a > 1$

④ $b > 1$

[해설]

㉠ 진상보상기

출력신호의 위상이 입력신호 위상보다 앞서도록 보상하여 안정도와 속응성 개선을 목적으로 한다.

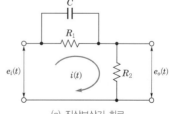

(a) 진상보상기 회로

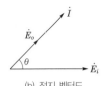

(b) 정지 벡터도

ⓒ 진상보상기의 전달함수

$$G(s) = \frac{E_o(s)}{E_i(s)} = \frac{R_2}{\dfrac{R_1 \times \dfrac{1}{Cs}}{R_1 + \dfrac{1}{Cs}} + R_2}$$

$$= \frac{R_2 + R_1 R_2 Cs}{R_1 + R_2 + R_1 R_2 Cs}$$

$$= \frac{s + \dfrac{R_2}{R_1 R_2 C}}{s + \dfrac{R_1 + R_2}{R_1 R_2 C}} = \frac{s + b}{s + a}$$

∴ 진상보상기의 전달함수는 위와 같으므로,
$a > b$ 의 조건을 갖는다.

하 제어공학 제6장 근궤적법

70 다음 중 어떤 계통의 파라미터가 변할 때 생기는 특성방정식의 근의 움직임으로 시스템의 안정도를 판별하는 방법은?

① 보드선도법
② 나이퀴스트 판별법
③ 근궤적법
④ 루스-후르비츠 판별법

중 회로이론 제6장 회로망 해석

71 그림과 같은 이상변압기 4단자 정수 $AB\,CD$는 어떻게 표시되는가?

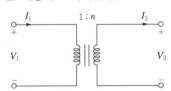

① $n,\ 0,\ 0,\ \dfrac{1}{n}$ ② $\dfrac{1}{n},\ 0,\ 0,\ -n$

③ $\dfrac{1}{n},\ 0,\ 0,\ n$ ④ $n,\ 0,\ 1,\ \dfrac{1}{n}$

해설

㉠ 변압기 권수비 $a = \dfrac{N_1}{N_2} = \dfrac{1}{n}$

ⓒ 4단자 정수 $\begin{bmatrix} A & B \\ C & D \end{bmatrix} = \begin{bmatrix} a & 0 \\ 0 & \dfrac{1}{a} \end{bmatrix}$

∴ $\begin{bmatrix} A & B \\ C & D \end{bmatrix} = \begin{bmatrix} \dfrac{1}{n} & 0 \\ 0 & n \end{bmatrix}$

하 회로이론 제8장 분포정수회로

72 무한장이라고 생각할 수 있는 평행 2회선 선로에 주파수 200[MHz]의 전압을 가하면 전압의 위상은 1[m]에 대해서 얼마나 되는가? (단, 여기서 위상속도는 3×10^8[m/s]로 한다.)

① $\dfrac{4}{3}\pi$ ② $\dfrac{2}{3}\pi$

③ $\dfrac{\pi}{3}$ ④ π

해설 위상정수

$$\beta = \frac{\omega}{v} = \frac{2\pi f}{v} = \frac{2\pi \times 200 \times 10^6}{3 \times 10^8} = \frac{4\pi}{3}\,[\text{rad/m}]$$

상 회로이론 제6장 회로망 해석

73 4단자 회로망에서 출력측을 개방하니 $V_1 = 12$[V], $V_2 = 4$[V], $I_1 = 2$[A]이고, 출력측을 단락하니 $V_1 = 16$[V], $I_1 = 4$[A], $I_2 = 2$[A]이었다. 4단자 정수 A, B, C, D는 얼마인가?

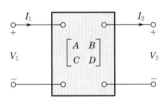

① 3, 8, 0.5, 2
② 8, 0.5, 2, 3
③ 0.5, 2, 3, 8
④ 2, 3, 8, 0.5

해설

4단자 방정식 $\begin{cases} V_1 = A V_2 + B I_2 \\ I_1 = C V_2 + D I_2 \end{cases}$ 에서 출력측을 개방하면 $I_2 = 0$, 단락하면 $V_2 = 0$이 된다.

㉠ $A = \dfrac{V_1}{V_2}\Big|_{I_2=0} = \dfrac{12}{4} = 3$

㉡ $B = \dfrac{V_1}{I_2}\Big|_{V_2=0} = \dfrac{16}{2} = 8$

㉢ $C = \dfrac{I_1}{V_2}\Big|_{I_2=0} = \dfrac{2}{4} = 0.5$

㉣ $D = \dfrac{I_1}{I_2}\Big|_{V_2=0} = \dfrac{4}{2} = 2$

상 　회로이론 제5장 대칭좌표법

74 전류의 대칭분을 I_0, I_1, I_2, 유기기전력 및 단자전압의 대칭분을 E_a, E_b, E_c 및 V_0, V_1, V_2라 할 때 교류발전기의 기본식 중 역상분 V_2값은?

① $-Z_0 I_0$

② $-Z_2 I_2$

③ $E_a - Z_1 I_1$

④ $E_b - Z_2 I_2$

해설 3상 교류발전기 기본식

㉠ 영상분 : $V_0 = -Z_0 I_0$
㉡ 정상분 : $V_1 = E_a - Z_1 I_1$
㉢ 역상분 : $V_2 = -Z_2 I_2$

하 　회로이론 제1장 직류회로의 이해

75 최대 눈금이 50[V]의 직류전압계가 있다. 이 전압계를 써서 150[V]의 전압을 측정하려면 몇 [Ω]의 저항을 배율기로 사용하여야 되는가? (단, 전압계의 내부저항은 5000[Ω]이다.)

① 1000

② 2500

③ 5000

④ 10000

해설

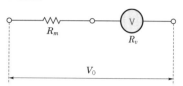

㉠ 전압계 측정전압

$V = \dfrac{R_v}{R_m + R_v} \times V_0$

$\rightarrow \dfrac{V_0}{V} = \dfrac{R_m + R_v}{R_v} = \dfrac{R_m}{R_v} + 1$

㉡ 배율

$m = \dfrac{V_0}{V} = \dfrac{150}{50} = 3$

∴ 배율기 저항

$R_m = \left(\dfrac{V_0}{V} - 1\right) R_v = (m-1)R_v$
$= (3-1) \times 5000 = 10000[\Omega]$

상 　회로이론 제1장 직류회로의 이해

76 그림과 같은 회로에 대칭 3상 전압 220[V]를 가할 때 a, a′ 선이 단선되었다고 하면 선전류는?

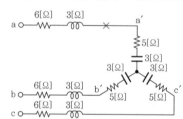

① 5[A]

② 10[A]

③ 15[A]

④ 20[A]

해설

3상에서 a선이 끊어지면 b, c상에 의해 단상 전원이 공급되므로 b, c상에 흐르는 전류는 다음과 같다.

$\therefore I = \dfrac{V_{bc}}{Z_{bc}}$

$= \dfrac{220}{6 + j3 + 5 - j3 - j3 + 5 + j3 + 6}$

$= \dfrac{220}{22} = 10[A]$

정답 　74 ② 75 ④ 76 ②

전기기사

77 그림과 같은 반파 정현파의 라플라스(Laplace) 변환은?

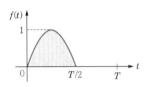

① $\dfrac{s}{s^2+\omega^2}\left(1+e^{-\frac{Ts}{2}}\right)$

② $\dfrac{\omega}{s^2+\omega^2}\left(1+e^{-\frac{Ts}{2}}\right)$

③ $\dfrac{s}{s^2+\omega^2}\left(1+e^{\frac{Ts}{2}}\right)$

④ $\dfrac{\omega}{s^2+\omega^2}\left(1+e^{\frac{Ts}{2}}\right)$

해설

함수 $f(t)=\sin\omega t+\sin\omega\left(t-\dfrac{T}{2}\right)$

$\therefore F(s)=\dfrac{\omega}{s^2+\omega^2}+\dfrac{\omega}{s^2+\omega^2}\,e^{-\frac{Ts}{2}}$

$\qquad =\dfrac{\omega}{s^2+\omega^2}\left(1+e^{-\frac{Ts}{2}}\right)$

78 그림과 같은 정현파 교류를 푸리에 급수로 전개할 때 직류분은?

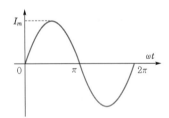

① I_m 　　　　② $\dfrac{I_m}{2}$

③ $\dfrac{I_m}{\sqrt{2}}$ 　　④ $\dfrac{2I_m}{\pi}$

해설 직류분(교류의 평균값으로 해석)

$$a_0=\frac{1}{T}\int_0^T f(t)\,dt=\frac{1}{\pi}\int_0^\pi I_m\sin\omega t=\frac{2I_m}{\pi}$$

79 그림과 같은 회로에서 부하 임피던스 $\dot{Z_L}$을 얼마로 할 때 이에 최대 전력이 공급되는가?

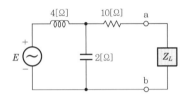

① $10+j1.3$ 　　② $10-j1.3$

③ $10+j4$ 　　④ $10-j4$

해설 전원측 합성 임피던스

$$Z_{ab}=10+\frac{j4\times(-j2)}{j4+(-j2)}$$

$$=10+\frac{8}{j2}$$

$$=10-j4[\Omega]$$

$\therefore$ 최대 전력 전달조건

　$Z_L=\overline{Z_{ab}}=10+j4[\Omega]$

　여기서, Z_{ab} : a, b단자에서 전원측 임피던스$[\Omega]$

80 그림의 회로에서 스위치 S를 닫을 때의 충전전류 $i(t)[A]$는 얼마인가? (단, 콘덴서에 초기 충전전하는 없다.)

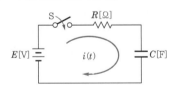

① $\dfrac{E}{R}\,e^{-\frac{1}{CR}t}$ 　　② $\dfrac{E}{R}\,e^{\frac{R}{C}t}$

③ $\dfrac{E}{R}\,e^{-\frac{C}{R}t}$ 　　④ $\dfrac{E}{R}\,e^{\frac{1}{CR}t}$

정답 77 ② 78 ④ 79 ③ 80 ①

해설

㉠ C에 충전된 전하량

$$Q(t) = CE\left(1 - e^{-\frac{1}{RC}t}\right)[C]$$

㉡ 스위치 투입 시 충전전류

$$i(t) = \frac{dQ(t)}{dt} = \frac{E}{R}e^{-\frac{1}{RC}t}[A]$$

㉢ 스위치 개방 시 방전전류

$$i(t) = -\frac{E}{R}e^{-\frac{1}{RC}t}[A]$$

제5과목 전기설비기술기준

상 제2장 저압설비 및 고압·특고압설비

81 흥행장의 저압 전기설비공사로 무대, 무대마루 밑, 오케스트라 박스, 영사실, 기타 사람이나 무대도구가 접촉할 우려가 있는 곳에 시설하는 저압 옥내배선, 전구선 또는 이동전선은 사용전압이 몇 [V] 이하이어야 하는가?

① 100 ② 200
③ 300 ④ 400

해설 전시회, 쇼 및 공연장의 전기설비(KEC 242.6)

무대·무대마루 밑·오케스트라 박스·영사실 기타 사람이나 무대도구가 접촉할 우려가 있는 곳에 시설하는 저압 옥내배선, 전구선 또는 이동전선은 사용전압이 400[V] 이하이어야 한다.

상 제1장 공통사항

82 3상 4선식 22.9[kV] 중성점 다중접지식 가공전선로의 전로와 대지 간의 절연내력 시험전압은?

① 28625[V] ② 22900[V]
③ 21068[V] ④ 16488[V]

해설 전로의 절연저항 및 절연내력(KEC 132)

최대사용전압이 25000[V] 이하, 중성점 다중접지식일 때 시험전압은 최대사용전압의 0.92배를 가해야 한다.
시험전압 $E = 22900 \times 0.92 = 21068[V]$

중 제1장 공통사항

83 주택 등 저압수용장소에서 고정 전기설비에 TN-C-S 접지방식으로 중성선 겸용 보호도체(PEN)를 알루미늄으로 사용할 경우 단면적은 몇 [mm²] 이상이어야 하는가?

① 2.5 ② 6
③ 10 ④ 16

해설 주택 등 저압수용장소 접지(KEC 142.4.2)

저압수용장소에서 계통접지가 TN-C-S 방식인 경우에 보호도체의 시설에서 중성선 겸용 보호도체(PEN)는 고정 전기설비에만 사용할 수 있고, 그 도체의 단면적이 구리는 10[mm²] 이상, 알루미늄은 16[mm²] 이상이어야 하며, 그 계통의 최고전압에 대하여 절연되어야 한다.

상 제3장 전선로

84 철탑의 강도계산에 사용하는 이상 시 상정하중에 대한 철탑의 기초에 대한 안전율은 얼마 이상이어야 되겠는가?

① 1.33 ② 1.83
③ 2.25 ④ 2.75

해설 가공전선로 지지물의 기초안전율(KEC 331.7)

가공전선로의 지지물에 하중이 가하여지는 경우에는 그 하중을 받는 지지물의 기초안전율은 2로 한다. 단, 철탑에 이상 시 상정하중이 가하여 지는 경우에는 1.33으로 한다.

상 제4장 발전소, 변전소, 개폐소 및 기계기구 시설보호

85 피뢰기를 반드시 시설하지 않아도 되는 곳은?

① 고압 전선로에 접속되는 단권변압기의 고압측
② 가공전선로와 지중전선로가 접속되는 곳
③ 고압 가공전선로로부터 공급을 받는 수용장소의 인입구
④ 특고압 가공전선로로부터 공급을 받는 수용장소의 인입구

해설 피뢰기의 시설(KEC 341.13)

고압 및 특고압의 전로 중 피뢰기를 시설하여야 할 곳
㉠ 발전소·변전소 또는 이에 준하는 장소의 가공전선 인입구 및 인출구
㉡ 가공전선로에 접속하는 배전용 변압기의 고압측 및 특고압측

정답 81 ④ 82 ③ 83 ④ 84 ① 85 ①

ⓒ 고압 및 특고압 가공전선로로부터 공급을 받는 수용
장소의 인입구
ⓔ 가공전선로와 지중전선로가 접속되는 곳

상 제2장 저압설비 및 고압·특고압설비

86 옥내에 시설하는 전동기가 소손되는 것을
방지하기 위한 과부하보호장치를 하지 않
아도 되는 것은?

① 전동기출력이 4[kW]이며, 취급자가 감
시할 수 없는 경우
② 정격출력이 0.2[kW] 이하의 경우
③ 과전류차단기가 없는 경우
④ 정격출력이 10[kW] 이상인 경우

해설 저압진로 중의 전동기 보호용 과전류보호장
치의 시설(KEC 212.6.3)

다음의 어느 하나에 해당하는 경우에는 과전류 보호장
치의 시설 생략 가능
㉠ 전동기를 운전 중 상시 취급자가 감시할 수 있는 위
치에 시설하는 경우
㉡ 전동기의 구조나 부하의 성질로 보아 전동기가 손상
될 수 있는 과전류가 생길 우려가 없는 경우
㉢ 단상 전동기로써 그 전원측 전로에 시설하는 과전류
차단기의 정격전류가 16[A](배선차단기는 20[A])
이하인 경우
㉣ 전동기의 정격출력이 0.2[kW] 이하인 경우

하 제6장 분산형전원설비

87 태양전지발전소에 시설하는 태양전지 모듈, 전선
및 개폐기의 시설에 대한 설명으로 틀린 것은?

① 전선은 공칭단면적 2.5[mm²] 이상의
연동선을 사용할 것
② 태양전지 모듈에 접속하는 부하측 전
로에는 개폐기를 시설할 것
③ 태양전지 모듈을 병렬로 접속하는 전
로에는 과전류차단기를 시설할 것
④ 옥측에 시설하는 경우 금속관공사, 합성
수지관공사, 애자사용공사로 배선할 것

해설 태양광발전설비(KEC 520)

㉠ 전선은 2.5[mm²] 이상의 연동선을 사용
㉡ 옥내시설 : 합성수지관공사, 금속관공사, 가요전선
관공사 또는 케이블공사
㉢ 옥측 또는 옥외시설 : 합성수지관공사, 금속관공사,
가요전선관공사 또는 케이블공사

상 제3장 전선로

88 특고압 가공전선로에 사용하는 가공지선에
는 지름 몇 [mm]의 나경동선 또는 이와 동등
이상의 세기 및 굵기의 나선을 사용하여야 하
는가?

① 2.6   ② 3.5
③ 4   ④ 5

해설 특고압 가공전선로의 가공지선(KEC 333.8)

㉠ 지름 5[mm](인장강도 8.01[kN]) 이상의 나경동선
㉡ 아연도강연선 22[mm²] 또는 OPGW(광섬유 복합 가
공지선) 전선을 사용

상 제2장 저압설비 및 고압·특고압설비

89 금속관공사에 의한 저압 옥내배선시설에
대한 설명으로 틀린 것은?

① 인입용 비닐절연전선을 사용했다.
② 옥외용 비닐절연전선을 사용했다.
③ 짧고 가는 금속관에 연선을 사용했다.
④ 단면적 10[mm²] 이하의 전선을 사용했다.

해설 금속관공사(KEC 232.12)

㉠ 전선은 절연전선을 사용(옥외용 비닐절연전선은 사
용불가)
㉡ 전선은 연선일 것. 다만, 다음의 것은 적용하지 않음
• 짧고 가는 금속관에 넣은 것
• 단면적 10[mm²](알루미늄선은 단면적 16[mm²])
이하의 것
㉢ 전선은 금속관 안에서 접속점이 없도록 할 것
㉣ 관 두께는 콘크리트에 매입하는 것은 1.2[mm] 이상,
기타 경우 1[mm] 이상으로 할 것

중 제2장 저압설비 및 고압·특고압설비

90 의료장소에서 인접하는 의료장소와의 바닥
면적 합계가 몇 [m²] 이하인 경우 등전위본
딩바를 공용으로 할 수 있는가?

① 30   ② 50
③ 80   ④ 100

해설 의료장소 내의 접지 설비(KEC 242.10.4)

의료장소마다 그 내부 또는 근처에 등전위본딩 바를 설
치할 것. 다만, 인접하는 의료장소와의 바닥면적 합계가
50[m²] 이하인 경우에는 등전위본딩 바를 공용할 수
있다.

정답 86 ② 87 ④ 88 ④ 89 ② 90 ②

하 제2장 저압설비 및 고압·특고압설비

91 전동기의 과부하보호장치의 시설에서 전원 측 전로에 시설한 배선용 차단기의 정격전류가 몇 [A] 이하의 것이면 이 전로에 접속하는 단상 전동기에는 과부하보호장치를 생략할 수 있는가?

① 15   ② 20

③ 30   ④ 50

해설 저압전로 중의 전동기 보호용 과전류보호장치의 시설(KEC 212.6.3)

㉠ 옥내에 시설하는 전동기(정격출력이 0.2[kW] 이하인 것을 제외)에는 전동기가 손상될 우려가 있는 과전류가 생겼을 때에 자동적으로 이를 저지하거나 이를 경보하는 장치를 하여야 한다.

㉡ 다음의 어느 하나에 해당하는 경우에는 과전류보호장의 시설 생략 가능

• 전동기를 운전 중 상시 취급자가 감시할 수 있는 위치에 시설하는 경우

• 전동기의 구조나 부하의 성질로 보아 전동기가 손상될 수 있는 과전류가 생길 우려가 없는 경우

• 단상 전동기로써 그 전원측 전로에 시설하는 과전류 차단기의 정격전류가 16[A](배선차단기는 20[A]) 이하인 경우

• 전동기의 정격출력이 0.2[kW] 이하인 경우

중 제1장 공통사항

92 공통접지공사 적용 시 선도체의 단면적이 16[mm²]인 경우 보호도체(PE)에 적합한 단면적은? (단, 보호도체의 재질이 선도체와 같은 경우)

① 4   ② 6

③ 10   ④ 16

해설 보호도체(KEC 142.3.2)

선도체의 단면적 S ([mm², 구리)	보호도체의 최소 단면적 ([mm², 구리)	
	보호도체의 재질	
	선도체와 같은 경우	선도체와 다른 경우
$S \leq 16$	S	$(k_1/k_2) \times S$
$16 < S \leq 35$	$16^{(a)}$	$(k_1/k_2) \times 16$
$S > 35$	$S^{(a)}/2$	$(k_1/k_2) \times (S/2)$

상 제3장 전선로

93 사용전압이 22.9[kV]인 특고압 가공전선과 그 지지물·완금류·지주 또는 지선 사이의 이격거리는 몇 [cm] 이상이어야 하는가?

① 15   ② 20

③ 25   ④ 30

해설 특고압 가공전선과 지지물 등의 이격거리 (KEC 333.5)

특고압 가공전선과 그 지지물·완금류·지주 또는 지선 사이의 이격거리는 다음 표에서 정한 값 이상이어야 한다. 단, 기술상 부득이한 경우 위험의 우려가 없도록 시설한 때에는 표에서 정한 값의 0.8배까지 감할 수 있다.

사용전압	이격거리[m]
15[kV] 미만	0.15
15[kV] 이상 25[kV] 미만	0.2
25[kV] 이상 35[kV] 미만	0.25
35[kV] 이상 50[kV] 미만	0.3
50[kV] 이상 60[kV] 미만	0.35
60[kV] 이상 70[kV] 미만	0.4
70[kV] 이상 80[kV] 미만	0.45
80[kV] 이상 130[kV] 미만	0.65
130[kV] 이상 160[kV] 미만	0.9
160[kV] 이상 200[kV] 미만	1.1
200[kV] 이상 230[kV] 미만	1.3
230[kV] 이상	1.6

상 제3장 전선로

94 저압 가공전선으로 케이블을 사용하는 경우 케이블은 조가용선에 행거로 시설하고 이때 사용전압이 고압인 때에는 행거의 간격을 몇 [cm] 이하로 시설하여야 하는가?

① 30

② 50

③ 75

④ 100

해설 가공케이블의 시설(KEC 332.2)

㉠ 케이블은 조가용선에 행거로 시설할 것

• 조가용선에 0.5[m] 이하마다 행거에 의해 시설할 것

• 조가용선에 접촉시키고 금속테이프 등을 0.2[m] 이하 간격으로 나선형으로 감아 붙일 것

• 단면적 22[mm²] 이상의 아연도강연선일 것

㉡ 조가용선 및 케이블 피복에는 접지공사를 할 것

정답 91 ②   92 ④   93 ②   94 ②

중 제1장 공통사항

95 두 개 이상의 전선을 병렬로 사용하는 경우에 동선과 알루미늄선은 각각 얼마 이상의 전선으로 하여야 하는가?

① 동선 : 20[mm²] 이상,
　알루미늄선 : 40[mm²] 이상
② 동선 : 30[mm²] 이상,
　알루미늄선 : 50[mm²] 이상
③ 동선 : 40[mm²] 이상,
　알루미늄선 : 60[mm²] 이상
④ 동선 : 50[mm²] 이상,
　알루미늄선 : 70[mm²] 이상

해설 전선의 접속(KEC 123)

두 개 이상의 전선을 병렬로 사용하는 경우 각 전선의 굵기는 동선 50[mm²] 이상 또는 알루미늄 70[mm²] 이상으로 하고, 전선은 같은 도체, 같은 재료, 같은 길이 및 같은 굵기의 것을 사용하여야 한다.

상 제3장 전선로

96 저압 가공전선 또는 고압 가공전선이 도로를 횡단할 때 지표상의 높이는 몇 [m] 이상으로 하여야 하는가? (단, 농로, 기타 교통이 번잡하지 않은 도로 및 횡단보도교는 제외한다.)

① 4　　　　　② 5
③ 6　　　　　④ 7

해설 저 · 고압 가공전선의 높이(KEC 222.7, 332.5)

㉠ 도로를 횡단하는 경우 지표상 6[m] 이상
㉡ 철도 또는 궤도를 횡단하는 경우에는 레일면상 6.5[m] 이상
㉢ 횡단보도교의 위인 경우에는 저 · 고압 가공전선은 노면상 3.5[m] 이상(절연전선 및 케이블인 경우에는 3[m] 이상)
㉣ 기타(도로를 따라 시설)의 경우 지표상 5[m] 이상

중 제3장 전선로

97 B종 철주를 사용한 고압 가공전선로를 교류 전차선로와 교차해서 시설하는 경우 고압 가공전선로의 경간은 몇 [m] 이하이어야 하는가?

① 60　　　　　② 80
③ 100　　　　④ 120

해설 고압 가공전선과 교류 전차선 등의 접근 또는 교차(KEC 332.15)

고압 및 저압 가공전선이 교류 전차선로 위에서 교차할 때 가공전선로의 경간
㉠ 목주, A종 철주 또는 A종 철근콘크리트주의 경우 60[m] 이하
㉡ B종 철근콘크리트주를 사용하는 경우 120[m] 이하

상 제2장 저압설비 및 고압 · 특고압설비

98 애자사용배선에 의한 고압 옥내배선 등의 시설에서 사용되는 연동선의 공칭단면적은 몇 [mm²] 이상인가?

① 6　　　　　② 10
③ 16　　　　④ 22

해설 고압 옥내배선 등의 시설(KEC 342.1)

㉠ 고압 옥내배선은 다음에 의하여 시설한다.
　• 애자사용배선(건조한 장소로서 전개된 장소에 한한다)
　• 케이블배선
　• 케이블트레이배선
㉡ 애자사용배선에 의한 고압 옥내배선은 다음에 의한다.
　• 전선은 공칭단면적 6[mm²] 이상의 연동선 또는 이와 동등 이상의 세기 및 굵기의 고압 절연전선이나 특고압 절연전선 또는 인하용 고압 절연전선일 것
　• 전선의 지지점 간의 거리는 6[m] 이하일 것. 다만, 전선을 조영재의 면을 따라 붙이는 경우에는 2[m] 이하이어야 한다.
　• 전선 상호 간의 간격은 0.08[m] 이상, 전선과 조영재 사이의 이격거리는 0.05[m] 이상일 것

상 제1장 공통사항

99 저압용 기계기구에 인체에 대한 감전보호용 누전차단기를 시설하면 외함의 접지를 생략할 수 있다. 이 경우의 누전차단기 정격에 대한 기술기준으로 적합한 것은?

① 정격감도전류 30[mA] 이하, 동작시간 0.03[sec] 이하의 전류동작형
② 정격감도전류 30[mA] 이하, 동작시간 0.1[sec] 이하의 전류동작형
③ 정격감도전류 60[mA] 이하, 동작시간 0.03[sec] 이하의 전류동작형
④ 정격감도전류 60[mA] 이하, 동작시간 0.1[sec] 이하의 전류동작형

정답 95 ④ 96 ③ 97 ④ 98 ① 99 ①

해설 기계기구의 철대 및 외함의 접지(KEC 142.7)

저압용의 개별 기계기구에 전기를 공급하는 전로에 인체 감전보호용 누전차단기는 정격감도전류가 30[mA] 이하, 동작시간이 0.03[sec] 이하의 전류동작형의 것을 말한다.

상 제3장 전선로

100 사용전압이 35[kV] 이하인 특고압 가공전선과 가공약전류전선 등을 동일 지지물에 시설하는 경우, 특고압 가공전선로는 어떤 종류의 보안공사를 하여야 하는가?

① 제1종 특고압 보안공사
② 제2종 특고압 보안공사
③ 제3종 특고압 보안공사
④ 고압 보안공사

해설 특고압 가공전선과 가공약전류전선 등의 공용설치(KEC 333.19)

㉠ 특고압 가공전선로는 제2종 특고압 보안공사에 의할 것
㉡ 특고압 가공전선은 가공약전류전선 등의 위로 하고 별개의 완금류에 시설할 것
㉢ 특고압 가공전선은 케이블인 경우 이외에는 인장강도 21.67[kN] 이상의 연선 또는 단면적이 50[mm²] 이상인 경동연선일 것
㉣ 특고압 가공전선과 가공약전류전선 등 사이의 이격거리는 2[m] 이상으로 할 것. 다만, 특고압 가공전선이 케이블인 경우에는 0.5[m]까지로 감할 수 있다.

정답 100 ②

과년도 출제문제

2024년 제1회 CBT 기출복원문제

제1과목 **전기자기학**

중 제2장 진공 중의 정전계

01 점전하 0.5[C]이 전계 $E = 3i + 5j + 8k$ [V/m] 중에서 속도 $v = 4i + 2j + 3k$ [m/s]로 이동할 때 받는 힘은 몇 [N]인가?

① 4.95
② 7.45
③ 9.95
④ 13.7

해설

㉠ 전계의 세기(스칼라)
$$E = \sqrt{3^2 + 5^2 + 8^2} = 9.9[\text{V/m}]$$
㉡ 전계 내에서 전하가 받는 힘(전기력)
$$F = QE = 0.5 \times 9.9 = 4.95[\text{N}]$$

중 제5장 전기 영상법

02 반경이 0.01[m]인 구도체를 접지시키고 중심으로부터 0.1[m]의 거리에 10[μC]의 점전하를 놓았다. 구도체에 유도된 총전하량은 몇 [μC]인가?

① 0
② -1
③ -10
④ +10

해설

$$Q' = -\frac{a}{d} Q$$
$$= -\frac{0.01}{0.1} \times 10 \times 10^{-6}$$
$$= -10^{-6}[\text{C}]$$
$$= -1[\mu\text{C}]$$

중 제9장 자성체와 자기회로

03 비투자율 μ_s인 철심이 든 환상 솔레노이드의 권수가 N회, 평균 지름이 d[m], 철심의 단면적이 A[m²]라 할 때 솔레노이드에 I[A]의 전류가 흐를 경우, 자속[Wb]은?

① $\dfrac{2\pi \times 10^{-7} \mu_s NIA}{d}$

② $\dfrac{4\pi \times 10^{-7} \mu_s NIA}{d}$

③ $\dfrac{2 \times 10^{-7} \mu_s NIA}{d}$

④ $\dfrac{4 \times 10^{-7} \mu_s NIA}{d}$

해설

자속 $\phi = \dfrac{\mu ANI}{l}$

$$= \frac{\mu_0 \mu_s ANI}{2\pi r}$$
$$= \frac{4\pi \times 10^{-7} \mu_s ANI}{\pi d}$$
$$= \frac{4 \times 10^{-7} \mu_s ANI}{d}[\text{Wb}]$$

상 제10장 전자유도법칙

04 그림과 같은 균일한 자계 B[Wb/m²] 내에서 길이 l[m]인 도선 AB가 속도 v[m/s]로 움직일 때 ABCD 내에 유도되는 기전력 e[V]는?

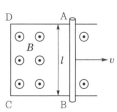

① 시계방향으로 Blv이다.
② 반시계방향으로 Blv이다.
③ 시계방향으로 Blv^2이다.
④ 반시계방향으로 Blv^2이다.

🔑 해설

㉠ 자계 내에 도체가 v[m/s]로 운동하면 도체에는 기전력이 유도된다. 도체의 운동방향과 자속밀도는 수직으로 쇄교하므로 기전력은 $e = Blv$가 발생된다.

㉡ 방향은 아래 그림과 같이 플레밍의 오른손법칙에 의해 시계방향으로 발생된다.

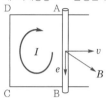

중 제12장 전자계

05 비유전율 $\varepsilon_r = 4$, 비투자율이 $\mu_r = 1$인 매질 내에서 주파수가 1[GHz]인 전자기파의 파장은 몇 [m]인가?

① 0.1[m]　　　　② 0.15[m]

③ 0.25[m]　　　　④ 0.4[m]

🔑 해설

㉠ 매질 중의 전자파의 속도

$$v = \frac{1}{\sqrt{\varepsilon \mu}} = \frac{3 \times 10^8}{\sqrt{\varepsilon_r \mu_r}} = \frac{3 \times 10^8}{\sqrt{4 \times 1}}$$
$$= 1.5 \times 10^8 [\text{m/s}]$$

㉡ 파장의 길이

$$\lambda = \frac{v}{f} = \frac{1.5 \times 10^8}{10^9} = 0.15 [\text{m}]$$

하 제8장 전류의 자기현상

06 그림과 같이 전류가 흐르는 반원형 도선이 평면 $z = 0$상에 놓여 있다. 이 도선이 자속밀도 $B = 0.8a_x - 0.7a_y + a_z$[Wb/m²]인 균일 자계 내에 놓여 있을 때 도선의 직선부분에 작용하는 힘은 몇 [N]인가?

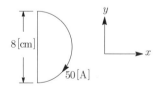

① $4a_x + 3.2a_z$　　② $4a_x - 3.2a_z$

③ $5a_x - 3.5a_z$　　④ $-5a_x + 3.5a_z$

🔑 해설 플레밍의 왼손법칙

자기장 속에 있는 도선에 전류가 흐르면 두선에는 전자력이 발생된다. 이때 도선의 직선부분에서의 전류는 y축 방향으로 흐르므로 전류 $I = 50a_y$가 된다.

$$\therefore \ F = (I \times B)l$$
$$= [50a_y \times (0.8a_x - 0.7a_y + a_z)]0.08$$
$$= (-40a_z + 50a_x)0.08$$
$$= 4a_x - 3.2a_z [\text{N}]$$

중 제2장 진공 중의 정전계

07 진공 내의 점 (3, 0, 0)[m]에 4×10^{-9}[C]의 전하가 놓여 있다. 이때 점 (6, 4, 0)[m]인 전계의 세기 및 전계 방향을 표시하는 단위벡터는?

① $\dfrac{36}{25}$,　$\dfrac{1}{5}(3i + 4j)$

② $\dfrac{36}{125}$,　$\dfrac{1}{5}(3i + 4j)$

③ $\dfrac{36}{25}$,　$\dfrac{1}{5}(i + j)$

④ $\dfrac{36}{125}$,　$\dfrac{1}{5}(i + j)$

🔑 해설

㉠ 변위 벡터

$$\vec{r} = (6-3)i + (4-0)j = 3i + 4j [\text{m}]$$

㉡ 단위 벡터

$$\vec{r_0} = \frac{\vec{r}}{r} = \frac{3i + 4j}{\sqrt{3^2 + 4^2}} = \frac{1}{5}(3i + 4j)$$

㉢ 전계의 세기(스칼라)

$$E = \frac{Q}{4\pi\varepsilon_0 r^2} = 9 \times 10^9 \times \frac{Q}{r^2}$$
$$= 9 \times 10^9 \times \frac{4 \times 10^{-9}}{5^2} = \frac{36}{25} [\text{V/m}]$$

중 제6장 전류

08 지름 1.6[mm]인 동선의 최대 허용전류를 25[A]라 할 때 최대 허용전류에 대한 왕복 전선로의 길이 20[m]에 대한 전압강하는 몇 [V]인가? (단, 동의 저항률은 1.69×10^{-8} [Ω·m]이다.)

① 0.74　　　　② 2.1

③ 4.2　　　　④ 6.3

📝 해설

㉠ 동선의 단면적

$$S = \pi r^2 = \frac{\pi d^2}{4} = \frac{\pi \times (1.6 \times 10^{-3})^2}{4}$$
$$= 2.01 \times 10^{-6} [m^2]$$

㉡ 전기저항

$$R = \rho \frac{l}{S} = 1.69 \times 10^{-8} \times \frac{20}{2.01 \times 10^{-6}}$$
$$= 0.168 [\Omega]$$

∴ 전압강하 : $e = IR = 25 \times 0.168 = 4.2 [V]$

상 제11장 인덕턴스

09 그림과 같이 각 코일의 자기 인덕턴스가 각각 $L_1 = 6[H]$, $L_2 = 2[H]$이고, 두 코일 사이에는 상호 인덕턴스가 $M = 3[H]$라면 전 코일에 저축되는 자기에너지는 몇 [J]인가? (단, $I = 10[A]$이다.)

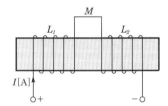

① 50   ② 100
③ 150   ④ 200

📝 해설

㉠ 두 코일은 차동결합 상태이므로
$$L = L_1 + L_2 - 2M = 6 + 2 - 2 \times 3 = 2[H]$$

㉡ 코일에 축적되는 자기적인 에너지
$$W_L = \frac{1}{2} L I^2 = \frac{1}{2} \times 2 \times 10^2 = 100[J]$$

하 제8장 전류의 자기현상

10 그림과 같이 반지름 r [m]인 원의 임의의 2점 a, b (각 θ) 사이에 전류 I [A]가 흐른다. 원의 중심 0의 자계의 세기는 몇 [A/m]인가?

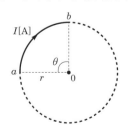

---

① $\dfrac{I\theta}{4\pi r^2}$ ② $\dfrac{I\theta}{4\pi r}$

③ $\dfrac{I\theta}{2\pi r^2}$ ④ $\dfrac{I\theta}{2\pi r}$

📝 해설

원형 코일 중심의 자계 $\dfrac{I}{2r}$[A/m]에서

θ만큼 이동한 비율 값이 $\dfrac{\theta}{2\pi}$ 이므로

∴ $H = \dfrac{I}{2r} \times \dfrac{\theta}{2\pi} = \dfrac{I\theta}{4\pi r}$[A/m]

상 제2장 진공 중의 정전계

11 포아송의 방정식 $\nabla^2 V = -\dfrac{\rho}{\varepsilon_0}$은 어떤 식에서 유도한 것인가?

① $\text{div } D = \dfrac{\rho}{\varepsilon_0}$ ② $\text{div } D = -\rho$

③ $\text{div } E = \dfrac{\rho}{\varepsilon_0}$ ④ $\text{div } E = -\dfrac{\rho}{\varepsilon_0}$

📝 해설

㉠ 가우스 법칙의 미분형 : $\text{div } E = \dfrac{\rho}{\varepsilon_0}$

㉡ 전위경도 : $E = -\text{grad } V = \nabla V$

㉢ $\text{div } E = \nabla \cdot E = -(\nabla \cdot \nabla V) = -\nabla^2 V$

∴ $\nabla^2 V = -\dfrac{\rho}{\varepsilon_0}$

상 제3장 정전용량

12 대전도체 표면의 전하밀도를 $\sigma[C/m^2]$라 할 때 대전도체 표면의 단위면적에 받는 정전응력의 크기[N/m²]와 방향은?

① $\dfrac{\sigma^2}{2\varepsilon_0}$, 도체 내부 방향

② $\dfrac{\sigma^2}{2\varepsilon_0}$, 도체 외부 방향

③ $\dfrac{\sigma^2}{\varepsilon_0}$, 도체 내부 방향

④ $\dfrac{\sigma^2}{\varepsilon_0}$, 도체 외부 방향

정답 09 ②   10 ②   11 ③   12 ①

해설

정전응력 $f = \dfrac{\sigma^2}{2\varepsilon_0}$ 은 양극판(+극판과 −극판) 사이에서 발생한다. (도체 내부 방향)

중 제9장 자성체와 자기회로

13 투자율이 다른 두 자성체가 평면으로 접하고 있는 경계면에서 전류밀도가 0일 때 성립하는 경계조건은?

① $\mu_2 \tan\theta_1 = \mu_1 \tan\theta_2$

② $H_1 \cos\theta_1 = H_2 \cos\theta_2$

③ $B_1 \sin\theta_1 = B_2 \cos\theta_2$

④ $\mu_1 \tan\theta_1 = \mu_2 \tan\theta_2$

해설

경계조건 $\dfrac{\tan\theta_1}{\tan\theta_2} = \dfrac{\mu_1}{\mu_2}$ 에서 $\mu_2 \tan\theta_1 = \mu_1 \tan\theta_2$

하 제12장 전자계

14 전계의 실효치가 377[V/m]인 평면 전자파가 진공 중에 진행하고 있다. 이때 이 전자파에 수직되는 방향으로 설치된 단면적 10[m²]의 센서로 전자파의 전력을 측정하려고 한다. 센서가 1[W]의 전력을 측정했을 때 1[mA]의 전류를 외부로 흘려준다면 전자파의 전력을 측정했을 때 외부로 흘려주는 전류는 몇 [mA]인가?

① 3.77

② 37.7

③ 377

④ 3770

해설

방사전력 $P_s = \displaystyle\int_S P ds = PS = EHS$

$= \dfrac{E^2 S}{120\pi} = \dfrac{377^2 \times 10}{377} = 3770$[W]

∴ 센서가 1[W]의 전력을 측정했을 때 1[mA]의 전류가 발생하므로, 3770[W]의 전력을 측정하면 전류는 3770[mA]이 발생된다.

상 제7장 진공 중의 정자계

15 다음 ( ) 안에 들어갈 내용으로 옳은 것은?

전기 쌍극자에 의해 발생하는 전위의 크기는 전기 쌍극자 중심으로부터 거리의 (ⓐ)에 반비례하고, 자기 쌍극자에 의해 발생하는 자계의 크기는 자기 쌍극자 중심으로부터 거리의 (ⓑ)에 반비례한다.

① ⓐ 제곱   ⓑ 제곱

② ⓐ 제곱   ⓑ 세제곱

③ ⓐ 세제곱   ⓑ 제곱

④ ⓐ 세제곱   ⓑ 세제곱

해설

㉠ 전기 쌍극자에 의한 전위

$V = \dfrac{M\cos\theta}{4\pi\varepsilon_0 r^2} \propto \dfrac{1}{r^2}$

㉡ 자기 쌍극자에 의한 자계의 세기

$|\vec{H}| = \dfrac{M}{4\pi\mu_0 r^3}\sqrt{1+3\cos^2\theta} \propto \dfrac{1}{r^3}$

하 제1장 벡터

16 $A = 2i - 5j + 3k$일 때, $k \times A$를 구하면?

① $-5i + 2j$

② $5iz - 2j$

③ $-5i - 2j$

④ $5i + 2j$

해설

k와 A의 두 벡터의 외적은 다음과 같다.

$k \times A = k \times (2i - 5j + 3k) = 2j + 5i$

여기서, $k \times i = j$, $k \times j = -i$, $k \times k = 0$

중 제11장 인덕턴스

17 균일하게 원형 단면을 흐르는 전류 I[A]에 의한 반지름 a[m], 길이 l[m], 비투자율 μ_s인 원통 도체의 내부 인덕턴스[H]는?

① $\dfrac{1}{2} \times 10^{-7}\mu_s l$

② $\dfrac{1}{2a} \times 10^{-7}\mu_s l$

③ $2 \times 10^{-7}\mu_s l$

④ $10^{-7}\mu_s l$

정답 13 ①   14 ④   15 ②   16 ④   17 ①

해설

도체 내부의 인덕턴스 $L_i = \dfrac{\mu l}{8\pi}$[H]에서

$$\therefore\ L_i = \frac{\mu l}{8\pi} = \frac{\mu_0 \mu_s l}{8\pi}$$
$$= \frac{4\pi \times 10^{-7} \times \mu_s \times l}{8\pi}$$
$$= \frac{1}{2} \times 10^{-7} \times \mu_s l[\text{H}]$$

상 제7장 진공 중의 정자계

18 자극의 세기가 8×10^{-6}[Wb], 길이가 3[cm]인 막대자석을 120[A/m]의 평등자계 내에 자력선과 30°의 각도로 놓으면 이 막대자석이 받는 회전력은 몇 [N · m]인가?

① 1.44×10^{-4} ② 1.44×10^{-5}

③ 3.02×10^{-4} ④ 3.02×10^{-5}

해설

막대자석이 받는 회전력
$$T = \vec{M} \times \vec{H} = MH\sin\theta$$
$$= 8 \times 10^{-6} \times 0.03 \times 120 \times \sin 30°$$
$$= 1.44 \times 10^{-5}[\text{N} \cdot \text{m}]$$

중 제3장 정전용량

19 도체계에서 임의의 도체를 일정 전위의 도체로 완전 포위하면 내외공간의 전계를 완전 차단할 수 있다. 이것을 무엇이라 하는가?

① 전자차폐
② 정전차폐
③ 홀(hall)효과
④ 핀치(pinch)효과

해설

① 전자차폐 : 전자유도현상이 발생되지 않도록 자속을 차폐시키는 것(고투자율 물질 사용)
③ 홀효과 : 자계 내에 놓여있는 반도체에 전류를 흘리면 플레밍의 왼손법칙에 의해서 반도체 양면의 직각 방향으로 기전력이 발생하는 현상
④ 핀치효과 : 액체 상태의 원통상 도선에 직류전압을 인가하면 도체 내부에 자장이 생겨 로렌츠의 힘으로 전류가 원통 중심방향으로 수축하여 흐르는 현상

하 제4장 유전체

20 간격에 비해서 충분히 넓은 평행판 콘덴서의 판 사이에 비유전율 ε_s 인 유전체를 채우고 외부에서 판에 수직방향으로 전계 E_0 를 가할 때, 분극전하에 의한 전계의 세기는 몇 [V/m]인가?

① $\dfrac{\varepsilon_s + 1}{\varepsilon_s} E_0$ ② $\dfrac{\varepsilon_s - 1}{\varepsilon_s} E_0$

③ $\dfrac{\varepsilon_s}{\varepsilon_s - 1} E_0$ ④ $\dfrac{\varepsilon_s}{\varepsilon_s + 1} E_0$

해설

㉠ 분극전하밀도
$$\sigma' = P = D\left(1 - \frac{1}{\varepsilon_s}\right) = \varepsilon_0 E_0\left(1 - \frac{1}{\varepsilon_s}\right)$$

㉡ 분극전하에 의한 전계의 세기
$$E' = \frac{\sigma'}{\varepsilon_0} = E_0\left(\frac{\varepsilon_s - 1}{\varepsilon_s}\right)$$

제2과목 전력공학

상 제4장 송전 특성 및 조상설비

21 전력원선도의 가로축과 세로축을 나타내는 것은?

① 전압과 전류
② 전압과 전력
③ 전류와 전력
④ 유효전력과 무효전력

해설

전력원선도의 가로축은 유효전력, 세로축은 무효전력, 반경(=반지름)은 $\dfrac{V_S V_R}{Z}$ 이다.

중 제8장 송전선로 보호방식

22 전력회로에 사용되는 차단기의 차단용량(Interrupting capacity)을 결정할 때 이용되는 것은?

① 예상 최대단락전류
② 회로에 접속되는 전부하전류
③ 계통의 최고전압
④ 회로를 구성하는 전선의 최대허용전류

정답 18 ② 19 ② 20 ② 21 ④ 22 ①

해설

차단용량 $P_s - \sqrt{3} \times$ 징격진입 $\times$ 징격차단전류[MVA]

상 | 제8장 송전선로 보호방식

23 차단기의 정격차단시간은?

① 가동접촉자의 동작시간부터 소호까지의 시간
② 고장발생부터 소호까지의 시간
③ 가동접촉자의 개극부터 소호까지의 시간
④ 트립코일 여자부터 소호까지의 시간

해설 차단기의 정격차단시간

정격전압 하에서 규정된 표준 동작책무 및 동작상태에 따라 차단할 때의 차단시간한도로서, 트립코일 여자로부터 아크가 소호까지의 시간(개극 시간＋아크 시간)

정격전압[kV]	7.2	25.8	72.5	170	362
정격차단시간[Cycle]	5～8	5	5	3	3

상 | 제6장 중성점 접지방식

24 전력계통의 중성점 다중접지방식의 특징으로 옳은 것은?

① 통신선의 유도장해가 적다.
② 합성접지저항이 매우 높다.
③ 건전상의 전위 상승이 매우 높다.
④ 지락보호계전기의 동작이 확실하다.

해설

중성점 다중접지방식의 경우 여러 개의 접지극이 병렬 접속으로 되어 있으므로 합성저항이 작아 지락사고 시 지락전류가 대단히 커서 통신선의 유도장해가 크게 나타나지만 지락보호계전기의 동작이 확실하다.

하 | 제9장 배전방식

25 고압 배전선로 구성방식 중 고장 시 자동적으로 고장개소의 분리 및 건전선로에 폐로하여 전력을 공급하는 개폐기를 가지며, 수요분포에 따라 임의의 분기선으로부터 전력을 공급하는 방식은?

① 환상식   ② 망상식
③ 뱅킹식   ④ 가지식(수지식)

해설

환상식(루프) 배진은 신로고장 시 자동적으로 고장구간을 구분하여 정전구간을 줄이고 전압변동 및 전력손실이 적어지는 것이 장점이지만 시설비가 많이 들어 부하밀도가 높은 도심지의 번화가나 상가지역에 적당하다.

중 | 제4장 송전 특성 및 조상설비

26 송전선로의 수전단을 단락한 경우 송전단에서 본 임피던스는 300[Ω]이고, 수전단을 개방한 경우에는 1200[Ω]일 때 이 선로의 특성 임피던스는 몇 [Ω]인가?

① 600   ② 50
③ 1000   ④ 1200

해설

특성 임피던스 $Z_o = \sqrt{\dfrac{Z}{Y}} = \sqrt{\dfrac{Z_{SS}}{Y_{SO}}} = \sqrt{\dfrac{300}{1/1200}}$
$= \sqrt{300 \times 1200} = 600[\Omega]$

여기서, Z_{SS} : 수전단 단락 시 송전단에서 본 임피던스
Y_{SO} : 수전단 개방 시 송전단에서 본 어드미턴스

상 | 제5장 고장 계산 및 안정도

27 송전선로에서의 고장 또는 발전기 탈락과 같은 큰 외란에 대하여 계통에 연결된 각 동기기가 동기를 유지하면서 계속 안정적으로 운전할 수 있는지를 판별하는 안정도는?

① 동태안정도(dynamic stability)
② 정태안정도(steady-state stability)
③ 전압안정도(voltage stability)
④ 과도안정도(transient stability)

해설 안정도의 종류 및 특성

㉠ 정태안정도 : 정태안정도란 부하가 서서히 증가한 경우 계속해서 송전할 수 있는 능력으로 이때의 전력을 정태안정 극한전력이라 한다.
㉡ 과도안정도 : 계통에 갑자기 부하가 증가하여 급격한 교란상태가 발생하더라도 정전을 일으키지 않고 송전을 계속하기 위한 전력의 최대치를 과도안정도라 한다.
㉢ 동태안정도 : 차단기 또는 조상설비 등을 설치하여 안정도를 높인 것을 동태안정도라 한다.

정답   23 ④   24 ④   25 ①   26 ①   27 ④

상 | 제7장 이상전압 및 유도장해

28 다음 중 송전선로의 역섬락을 방지하기 위한 대책으로 가장 알맞은 방법은?

① 가공지선 설치 　② 피뢰기 설치
③ 매설지선 설치 　④ 소호각 설치

해설

매설지선은 철탑의 탑각접지저항을 작게 하기 위한 지선으로, 역섬락을 방지하기 위해 사용한다.

상 | 제10장 배전선로 계산

29 3000[kW], 역률 80[%](늦음)의 부하에 전력을 공급하고 있는 변전소의 역률을 90[%]로 향상시키는 데 필요한 전력용 콘덴서의 용량은 약 몇 [kVA]인가?

① 600 　　② 700
③ 800 　　④ 900

해설

콘덴서 용량 $Q_c = P(\tan\theta_1 - \tan\theta_2)$[kVA]
여기서, P : 수전전력[kW]
θ_1 : 개선 전 역률
θ_2 : 개선 후 역률
유효전력 $P = 3000$[kW]이므로
콘덴서 용량

$$Q_c = 3000\left(\frac{\sqrt{1-0.8^2}}{0.8} - \frac{\sqrt{1-0.9^2}}{0.9}\right) = 800\,[\text{kVA}]$$

상 | 제4장 송전 특성 및 조상설비

30 중거리 송전선로의 T형 회로에서 송전단전류 I_S는? (단, Z, Y는 선로의 직렬 임피던스와 병렬 어드미턴스이고, E_R은 수전단전압, I_R은 수전단전류이다.)

① $I_R\left(1 + \dfrac{ZY}{2}\right) + YE_R$

② $E_R\left(1 + \dfrac{ZY}{2}\right) + ZI_R\left(1 + \dfrac{ZY}{4}\right)$

③ $E_R\left(1 + \dfrac{ZY}{2}\right) + ZI_R$

④ $I_R\left(\dfrac{1 + ZY}{2}\right) + E_RY\left(1 + \dfrac{ZY}{4}\right)$

해설

T형 회로는 아래 그림과 같으므로

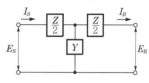

$$\begin{bmatrix} E_S \\ I_S \end{bmatrix} = \begin{bmatrix} 1 & \dfrac{Z}{2} \\ 0 & 1 \end{bmatrix}\begin{bmatrix} 1 & 0 \\ Y & 1 \end{bmatrix}\begin{bmatrix} 1 & \dfrac{Z}{2} \\ 0 & 1 \end{bmatrix}\begin{bmatrix} E_R \\ I_R \end{bmatrix}$$

$$= \begin{bmatrix} 1 + \dfrac{ZY}{2} & Z\left(1 + \dfrac{XY}{4}\right) \\ Y & 1 + \dfrac{ZY}{2} \end{bmatrix}\begin{bmatrix} E_R \\ I_R \end{bmatrix}$$

송전단전압

$$E_S = \left(1 + \frac{ZY}{2}\right)E_R + Z\left(1 + \frac{ZY}{4}\right)I_R$$

송전단전류 $I_S = YE_R + \left(1 + \dfrac{ZY}{2}\right)I_R$

중 | 제11장 발전

31 유량의 크기를 구분할 때 갈수량이란?

① 하천의 수위 중에서 1년을 통하여 355일간 이보다 내려가지 않는 수위

② 하천의 수위 중에서 1년을 통하여 275일간 이보다 내려가지 않는 수위

③ 하천의 수위 중에서 1년을 통하여 185일간 이보다 내려가지 않는 수위

④ 하천의 수위 중에서 1년을 통하여 95일간 이보다 내려가지 않는 수위

해설

하천의 유량은 계절에 따라 변하므로 유량과 수위는 다음과 같이 구분한다.
㉠ 갈수량 : 1년 365일 중 355일은 이 양 이하로 내려가지 않는 유량
㉡ 저수량 : 1년 365일 중 275일은 이 양 이하로 내려가지 않는 유량
㉢ 평수량 : 1년 365일 중 185일은 이 양 이하로 내려가지 않는 유량
㉣ 풍수량 : 1년 365일 중 95일은 이 양 이하로 내려가지 않는 유량

정답　28 ③　29 ③　30 ①　31 ①

상 제8장 송전선로 보호방식

32 변전소에서 비접지선로의 접지보호용으로 사용되는 계전기에 영상전류를 공급하는 것은?

① CT
② GPT
③ ZCT
④ PT

해설

ZCT(영상변류기)는 지락사고 시 영상전류를 검출하여 GR(지락계전기)에 공급
① CT(변류기) : 대전류를 소전류로 변성
② GPT(접지형 계기용 변압기) : 지락사고 시 영상전압을 검출하여 OVGR(지락과전압계전기)에 공급
④ PT(계기용 변압기) : 고전압을 저전압으로 변성

상 제7장 이상전압 및 유도장해

33 송전선로에서 가공지선을 설치하는 목적이 아닌 것은?

① 뇌(雷)의 직격을 받을 경우 송전선 보호
② 유도뢰에 의한 송전선의 고전위 방지
③ 통신선에 대한 전자유도장해 경감
④ 철탑의 접지저항 경감

해설 가공지선의 설치효과

㉠ 직격뢰로부터 선로 및 기기 차폐
㉡ 유도뢰에 의한 정전차폐효과
㉢ 통신선의 전자유도장해를 경감시킬 수 있는 전자차폐효과

중 제11장 발전

34 수력발전소의 형식을 취수방법, 운용방법에 따라 분류할 수 있다. 다음 중 취수방법에 따른 분류가 아닌 것은?

① 댐식
② 수로식
③ 조정지식
④ 유역변경식

해설 수력발전소의 분류

㉠ 낙차를 얻는 방법으로 분류
• 수로식 발전
• 댐식 발전
• 댐수로식 발전
• 유역변경식 발전
㉡ 유량을 사용하는 방법으로 분류
• 유입식 발전
• 조정지식 발전
• 저수지식 발전
• 양수식 발전
• 조력발전

상 제4장 송전 특성 및 조상설비

35 송전선의 특성 임피던스의 특징으로 옳은 것은?

① 선로의 길이가 길어질수록 값이 커진다.
② 선로의 길이가 길어질수록 값이 작아진다.
③ 선로의 길이에 따라 값이 변하지 않는다.
④ 부하용량에 따라 값이 변한다.

해설

특성 임피던스 $Z_o = \sqrt{\dfrac{Z}{Y}} = \sqrt{\dfrac{R+j\omega L}{g+j\omega C}} \Rightarrow \sqrt{\dfrac{L}{C}}$

에서 $L[\text{mH/km}]$이고 $C[\mu\text{F/km}]$이므로 특성 임피던스는 선로의 길이에 관계없이 일정하다.

상 제8장 송전선로 보호방식

36 송전선에서 재폐로방식을 사용하는 목적은 무엇인가?

① 역률개선
② 안정도 증진
③ 유도장해의 경감
④ 코로나 발생방지

해설 재폐로방식

㉠ 고장전류를 차단하고 차단기를 일정 시간 후 자동적으로 재투입하는 방식
㉡ 송전계통의 안정도를 향상시키고 송전용량을 증가
㉢ 계통사고의 자동복구 가능

상 제10장 배전선로 계산

37 3상 3선식 선로에서 일정한 거리에 일정한 전력을 송전할 경우 선로에서의 저항손은?

① 선간전압에 비례한다.
② 선간전압에 반비례한다.
③ 선간전압의 2승에 비례한다.
④ 선간전압의 2승에 반비례한다.

해설

송전선로의 저항손 $P_c = \dfrac{P^2}{V^2 \cos^2\theta}\rho\dfrac{L}{A}[\text{W}]$에서

$P_c \propto \dfrac{1}{V^2}$

정답 32 ③ 33 ④ 34 ③ 35 ③ 36 ② 37 ④

중 제6장 중성점 접지방식

38 1상의 대지정전용량 0.5[μF], 주파수 60[Hz]인 3상 송전선이 있다. 이 선로에 소호리액터를 설치하려 한다. 소호리액터의 공진리액턴스는 약 몇 [Ω]인가?

① 970　　　　　　② 1370

③ 1770　　　　　　④ 3570

해설

소호리액터 $\omega L = \dfrac{1}{3\omega C} - \dfrac{X_t}{3}$ [Ω]

(여기서, X_t : 변압기 1상당 리액턴스)

$\omega L = \dfrac{1}{3\omega C} - \dfrac{X_t}{3} = \dfrac{1}{3 \times 2\pi \times 60 \times 0.5 \times 10^{-6}}$

$= 1768 \fallingdotseq 1770$[$\Omega$]

상 제8장 송전선로 보호방식

39 고장전류의 크기가 커질수록 동작시간이 짧게 되는 특성을 가진 계전기는?

① 순한시계전기

② 정한시계전기

③ 반한시계전기

④ 반한시 정한시계전기

해설 계전기의 한시특성에 의한 분류

㉠ 순한시계전기 : 최소 동작전류 이상의 전류가 흐르면 즉시 동작하는 것
㉡ 반한시계전기 : 동작전류가 커질수록 동작시간이 짧게 되는 특성을 가진 것
㉢ 정한시계전기 : 동작전류의 크기에 관계없이 일정한 시간에서 동작하는 것
㉣ 반한시 정한시계전기 : 동작전류가 적은 동안에는 반한시 특성으로 되고 그 이상에서는 정한시 특성이 되는 것

증 제11장 발전

40 열효율 35[%]의 화력발전소의 평균발열량 6000[kcal/kg]의 석탄을 사용하면 1[kWh]를 발전하는 데 필요한 석탄량은 약 몇 [kg]인가?

① 0.41　　　　　　② 0.62

③ 0.71　　　　　　④ 0.82

해설

석탄의 양 $W = \dfrac{860P}{W\eta}$ [kg]

여기서 P : 발전소출력[kW]
C : 연료의 발열량[kcal/kg]
η : 열효율

석탄량 $W = \dfrac{860 \times 1}{6000 \times 0.35} = 0.4095 = 0.41$[kg]

제3과목 **전기기기**

중 제1장 직류기

41 자극수 4, 슬롯수 40, 슬롯 내부 코일 변수 4인 단중 중권직류기의 정류자편수는?

① 80　　　　　　② 40

③ 20　　　　　　④ 1

해설

정류자편수는 코일수와 같고

총코일수 $= \dfrac{\text{총도체수}}{2}$ 이므로

정류자편수 $K = \dfrac{\text{슬롯수} \times \text{슬롯 내 코일 변수}}{2}$

$= \dfrac{40 \times 4}{2} = 80$개

상 제4장 유도기

42 4극 3상 유도전동기가 있다. 전원전압 200[V]로 전부하를 걸었을 때 전류는 21.5[A]이다. 이 전동기의 출력은 약 몇 [W]인가? (단, 전부하 역률 86[%], 효율 85[%]이다.)

① 5029　　　　　　② 5444

③ 5820　　　　　　④ 6103

해설 유도전동기의 출력

$P_o = \sqrt{3}\, V_n I_n \cos\theta\,\eta$ [W]

(여기서, V_n : 정격전압, I_n : 정격전류, η : 전동기효율)

$P_o = \sqrt{3}\, V_n I_n \cos\theta\,\eta$

$= \sqrt{3} \times 200 \times 21.5 \times 0.86 \times 0.85$

$= 5444$[W]

중 제6장 특수기기

43 직류 및 교류 양용에 사용되는 만능전동기는?

① 복권전동기
② 유도전동기
③ 동기전동기
④ 직권 정류자전동기

해설

직권 정류자전동기는 교류·직류 양용으로 사용되므로 교직양용 전동기(universal motor)라고도 하고 믹서기, 재봉틀, 진공소제기, 휴대용 드릴, 영사기 등에 사용된다.

중 제2장 동기기

44 동기발전기의 병렬운전 중 계자를 변화시키면 어떻게 되는가?

① 무효순환전류가 흐른다.
② 주파수 위상이 변한다.
③ 유효순환전류가 흐른다.
④ 속도조정률이 변한다.

해설

병렬운전 중 계자전류가 달라 기전력의 크기가 다를 경우 두 발전기 사이에 무효순환전류가 흐른다.

상 제3장 변압기

45 변압기의 %Z가 커지면 단락전류는 어떻게 변화하는가?

① 커진다.
② 변동 없다.
③ 작아진다.
④ 무한대로 커진다.

해설

변압기 단락전류 $I_s = \dfrac{100}{\%Z} \times I_n$[A]

(여기서, I_n : 정격전류)

%Z는 단락전류(I_s)와 반비례이므로 %Z가 증가할 경우 단락전류는 작아진다.

상 제6장 특수기기

46 자동제어장치에 쓰이는 서보모터(servo motor)의 특성을 나타내는 것 중 틀린 것은?

① 빈번한 시동, 정지, 역전 등의 가혹한 상태에 견디도록 견고하고 큰 돌입전류에 견딜 것
② 시동 토크는 크나, 회전부의 관성 모멘트가 작고 전기적 시정수가 짧을 것
③ 발생 토크는 입력신호(入力信號)에 비례하고 그 비가 클 것
④ 직류 서보모터에 비하여 교류 서보모터의 시동 토크가 매우 클 것

해설 서보모터의 특성

㉠ 시동정지가 빈번한 상황에서도 견딜 수 있을 것
㉡ 큰 회전력을 갖을 것
㉢ 회전자(Rotor)의 관성 모멘트가 작을 것
㉣ 급제동 및 급가속(시동 토크가 크다)에 대응할 수 있을 것(시정수가 짧을 것)
㉤ 토크의 크기는 직류 서보모터가 교류 서보모터보다 크다.

상 제4장 유도기

47 동기 와트로 표시되는 것은?

① 토크
② 동기속도
③ 출력
④ 1차 입력

해설

동기 와트 $P_2 = 1.026 \cdot T \cdot N_s \times 10^{-3}$[kW]
동기 와트(P_2)는 동기속도에서 토크의 크기를 나타낸다.

상 제3장 변압기

48 변압기에서 권수가 2배가 되면 유도기전력은 몇 배가 되는가?

① 0.5
② 1
③ 2
④ 4

해설

유도기전력 $E = 4.44 f N \phi_m$[V]에서 $E \propto N$이므로 권수가 2배가 되면 유도기전력이 2배가 된다.

정답 43 ④ 44 ① 45 ③ 46 ④ 47 ① 48 ③

상 제4장 유도기

49 유도전동기의 속도제어법 중 저항제어와 관계가 없는 것은?

① 농형 유도전동기
② 비례추이
③ 속도제어가 간단하고 원활함
④ 속도조정범위가 작음

해설 2차 저항제어법(슬립 제어)

㉠ 비례추이의 원리를 이용한 것으로 2차 회로에 저항을 넣어 같은 토크에 대한 슬립 s를 변화시켜 속도를 제어하는 방식
㉡ 장점
 • 구조가 간단하고, 제어조작이 용이하다.
 • 속도제어용 저항기를 기동용으로 사용할 수 있다.
㉢ 단점
 • 저항을 이용하므로 속도변화량에 비례하여 효율이 저하된다.
 • 부하변동에 대한 속도변동이 크다.

상 제5장 정류기

50 사이리스터에서의 래칭(latching)전류에 관한 설명으로 옳은 것은?

① 게이트를 개방한 상태에서 사이리스터 도통상태를 유지하기 위한 최소의 순전류
② 게이트 전압을 인가한 후에 급히 제거한 상태에서 도통상태가 유지되는 최소의 순전류
③ 사이리스터의 게이트를 개방한 상태에서 전압이 상승하면 급히 증가하게 되는 순전류
④ 사이리스터가 턴온하기 시작하는 순전류

해설 사이리스터 전류의 정의

㉠ 래칭전류 : 사이리스터의 Turn on 하는데 필요한 최소의 Anode 전류
㉡ 유지전류 : 게이트를 개방한 상태에서도 사이리스터가 on 상태를 유지하는데 필요한 최소의 Anode 전류

중 제2장 동기기

51 다음은 유도자형 동기발전기에 대한 설명이다. 옳은 것은?

① 전기자만 고정되어 있다.
② 계자극만 고정되어 있다.
③ 계자극과 전기자가 고정되어 있다.
④ 회전자가 없는 특수 발전기이다.

해설

유도자형 발전기는 계자 및 전기자 모두 고정된 상태로 발전이 되며, 실험실 전원 등으로 사용된다.

중 제2장 동기기

52 동기발전기의 부하포화곡선은 발전기를 정격속도로 돌려 이것에 일정 역률, 일정 전류의 부하를 걸었을 때 어느 것의 관계를 표시하는 것인가?

① 부하전류와 계자전류
② 단자전압과 계자전류
③ 단자전압과 부하전류
④ 출력과 부하전류

해설 동기발전기의 특성곡선

㉠ 무부하포화곡선 : 정격속도에서 유기기전력과 계자전류의 관계곡선
㉡ 부하포화곡선 : 정격상태에서 계자전류와 단자전압과의 관계곡선
㉢ 외부특성곡선 : 정격속도에서 부하전류와 단자전압과의 관계곡선
㉣ 위상특성곡선 : 정격속도에서 계자전류와 전기자전류와의 관계곡선

상 제3장 변압기

53 임피던스 전압을 걸 때의 입력은?

① 철손
② 정격용량
③ 임피던스 와트
④ 전부하 시의 전손실

정답 49 ① 50 ④ 51 ③ 52 ② 53 ③

해설

변압기 2차측을 단락한 상태에서 1차측의 인가전압을 서서히 증가시켜 정격전류가 1차, 2차 권선에 흐르게 되는데 이때 전압계의 지시값이 임피던스 전압이고 전력계의 지시값이 임피던스 와트(동손)이다.

중 제3장 변압기

54 변압기의 기름에서 아크 방전에 의하여 생기는 가스 중 가장 많이 발생하는 가스는?

① 수소
② 일산화탄소
③ 아세틸렌
④ 산소

해설

유입변압기에서 아크 방전 등이 발생할 경우 변압기유가 전기분해되어 수소, 메탄 등의 가연성 기체와 슬러지가 발생한다.

상 제2장 동기기

55 전기자전류가 I[A], 역률이 $\cos\theta$인 철극형 동기발전기에서 횡축 반작용을 하는 전류 성분은?

① $\dfrac{I}{\cos\theta}$
② $\dfrac{I}{\sin\theta}$
③ $I\cos\theta$
④ $I\sin\theta$

해설 전기자반작용

㉠ 횡축 반작용 : 유기기전력과 전기자전류가 동상일 경우 발생($I_n\cos\theta$)
㉡ 직축 반작용 : 유기기전력과 ±90°의 위상차가 발생할 경우($I_n\sin\theta$)

중 제4장 유도기

56 3상 유도전동기에 직결된 펌프가 있다. 펌프 출력은 100[HP], 효율 74.6[%], 전동기의 효율과 역률은 각각 94[%]와 90[%]라고 하면 전동기의 입력[kVA]는 얼마인가?

① 95.74[kVA]
② 104.4[kVA]
③ 111.1[kVA]
④ 118.2[kVA]

해설

1[HP] = 746[W]이므로
3상 유도전동기의 입력

$$P = \frac{P_o}{\cos\theta \times \eta_M \times \eta_P} = \frac{100 \times 0.746}{0.94 \times 0.9 \times 0.746}$$

$$= 118.2[kVA]$$

여기서, P : 입력, P_o : 펌프 출력
η_M : 전동기 효율, η_P : 펌프 효율

상 제2장 동기기

57 동기전동기의 기동법으로 옳은 것은?

① 직류 초퍼법, 기동전동기법
② 자기동법, 기동전동기법
③ 자기동법, 직류 초퍼법
④ 계자제어법, 저항제어법

해설 동기전동기의 기동법

㉠ 자(기)기동법 : 제동권선을 이용
㉡ 기동전동기법(=타 전동기법) : 동기전동기보다 2극 적은 유도전동기를 이용하여 기동

중 제3장 변압기

58 6000/200[V], 5[kVA]의 단상변압기를 승압기로 연결하여 1차측에 6000[V]를 가할 때 2차측에 걸을 수 있는 최대 부하용량[kVA]은?

① 165
② 160
③ 155
④ 150

해설

2차측(고압측) 전압
$$V_h = V_l\left(1 + \frac{1}{a}\right) = 6000\left(1 + \frac{1}{\frac{6000}{200}}\right) = 6200[V]$$

단권변압기 2차측의 최대 부하용량

$$부하용량 = \frac{V_h}{V_h - V_l} \times 자기용량$$

$$= \frac{6200}{6200 - 6000} \times 5 = 155[kVA]$$

정답   54 ① 55 ③ 56 ④ 57 ② 58 ③

중 | 제4장 유도기

59 유도전동기에서 크로우링(crawling)현상으로 맞는 것은?

① 기동 시 회전자의 슬롯수 및 권선법이 적당하지 않은 경우 정격속도보다 낮은 속도에서 안정운전이 되는 현상

② 기동 시 회전자의 슬롯수 및 권선법이 적당하지 않은 경우 정격속도보다 높은 속도에서 안정운전이 되는 현상

③ 회전자 3상 중 1상이 단선된 경우 정격속도의 50[%] 속도에서 안정운전이 되는 현상

④ 회전자 3상 중 1상이 단락된 경우 정격속도보다 높은 속도에서 안정운전이 되는 현상

⚡해설 크로우링 현상

㉠ 유도전동기에서 회전자의 슬롯수, 권선법이 적당하지 않을 경우에 발생하는 현상으로서, 유도전동기가 정격속도에 이르지 못하고 정격속도 이전의 낮은 속도에서 안정되어 버리는 현상(소음발생)

㉡ 방지대책 : 사구(Skewed Slot) 채용

하 | 제1장 직류기

60 100[V], 2[kW]의 직류분권전동기의 단자유입전류가 7.5[A]일 때 4[N·m]의 토크가 발생하였다. 부하가 증가해서 단자유입전류가 22.5[A]로 되었을 때의 토크는? (단, 전기자저항과 계자저항은 각각 0.2[Ω]와 40[Ω]이다.)

① 12[N·m]　　② 13[N·m]
③ 15[N·m]　　④ 16[N·m]

⚡해설

분권전동기의 토크 $T \propto I_a \propto \dfrac{1}{N}$

전기자전류 $I_a = I_n - I_f$

계자전류 $I_f = \dfrac{V_n}{r_f} = \dfrac{100}{40} = 2.5$[A]

단자유입전류 7.5[A]일 때 $I_a = 7.5 - 2.5 = 5$[A]

단자유입전류 22.5[A]일 때 $I_a = 22.5 - 2.5 = 20$[A]

$4 : T = 5 : 20$

유입전류 22.5[A]의 토크 $T = 20 \times 4 \times \dfrac{1}{5} = 16$[N·m]

제4과목 **회로이론 및 제어공학**

상 | 제어공학 제2장 전달함수

61 어떤 계의 계단응답이 지수함수적으로 증가하고 일정값으로 된 경우 이 계는 어떤 요소인가?

① 미분요소
② 1차 뒤진요소
③ 부동작요소
④ 지상요소

⚡해설 1차 지연(뒤진)요소

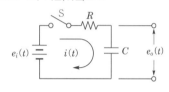

(a)

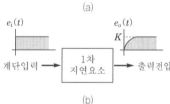

(b)

출력전압 $e_o(t)$는 콘덴서(C)에 충전되는 전압으로 초기에는 지수함수적으로 증가하다 충전이 완료되면 일정전압이 된다.

$$\therefore \ e_o(t) = K\left(1 - e^{-\frac{1}{T}t}\right)[V]$$

중 | 제어공학 제3장 시간영역해석법

62 다음 회로의 임펄스응답은? (단, $t = 0$에서 스위치 K를 닫으면 v_o를 출력으로 본다.)

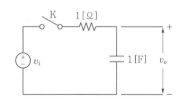

① e^t　　　　② e^{-t}
③ $\dfrac{1}{2}e^{-t}$　　④ $2e^{-t}$

해설

㉠ 종합 전달함수

$$M(s) = \frac{V_o(s)}{V_i(s)} = \frac{\dfrac{1}{Cs}}{R + \dfrac{1}{Cs}}$$

$$= \frac{1}{RCs+1} = \frac{\dfrac{1}{RC}}{s + \dfrac{1}{RC}}$$

㉡ 응답

$$v_o(t) = \mathcal{L}^{-1}[V_o(s)] = \mathcal{L}^{-1}[V_i(s)M(s)]$$

∴ 임펄스응답

$$v_o(t) = \mathcal{L}^{-1}[M(s)] = \mathcal{L}^{-1}\left[\frac{\dfrac{1}{RC}}{s + \dfrac{1}{RC}}\right]$$

$$= \frac{1}{RC}e^{-\frac{1}{RC}t} = e^{-t}$$

상 제어공학 제4장 주파수영역해석법

63 주파수 전달함수 $G(j\omega) = \dfrac{1}{j\,100\,\omega}$ 인 계에서 $\omega = 0.1$[rad/sec]일 때의 이득[dB]과 위상각 θ[deg]는 얼마인가?

① $-20,\ -90°$
② $-40,\ -90°$
③ $20,\ 90°$
④ $40,\ 90°$

해설

㉠ 주파수 전달함수

$$G(j\omega) = \frac{1}{j\,100\,\omega}\bigg|_{\omega=0.1} = \frac{1}{j\,10}$$

$$= \frac{1}{10\,\angle\,90°} = 10^{-1}\,\angle\,{-90°}$$

㉡ 이득

$$g = 20\log|G(j\omega)|$$
$$= 20\log 10^{-1}$$
$$= -20\log 10$$
$$= -20[\text{dB}]$$

하 제어공학 제8장 시퀀스회로의 이해

64 그림과 같은 회로는 어떤 논리회로인가?

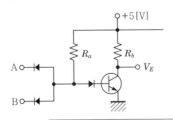

---

① AND 회로
② NAND 회로
③ OR 회로
④ NOR 회로

해설 NOR 회로(참고)

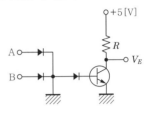

상 제어공학 제7장 상태방정식

65 샘플치(sampled-date) 제어계통이 안정되기 위한 필요충분 조건은?

① 전체(over-all) 전달함수의 모든 극점이 z평면의 원점에 중심을 둔 단위원 내부에 위치해야 한다.
② 전체(over-all) 전달함수의 모든 영점이 z평면의 원점에 중심을 둔 단위원 내부에 위치해야 한다.
③ 전체(over-all) 전달함수의 모든 극점이 z평면 좌반면에 위치해야 한다.
④ 전체(over-all) 전달함수의 모든 영점이 z평면 우반면에 위치해야 한다.

해설 극점의 위치에 따른 안정도 판별

구분	s평면	z평면
안정	좌반부	단위원 내부에 사상
불안정	우반부	단위원 외부에 사상
임계안정 (안정한계)	허수축	단위원 원주상으로 사상

중 제어공학 제8장 시퀀스회로의 이해

66 다음 식 중 De Morgan의 정리를 옳게 나타낸 식은?

① $A + B = B + A$
② $A \cdot (B \cdot C) = (A \cdot B) \cdot C$
③ $\overline{A \cdot B} = \overline{A} \cdot \overline{B}$
④ $\overline{A \cdot B} = \overline{A} + \overline{B}$

정답 63 ① 64 ② 65 ① 66 ④

해설

드 모르간의 정리는 다음과 같다.

㉠ $\overline{A \cdot B} = \overline{A} + \overline{B}$

㉡ $\overline{A + B} = \overline{A} \cdot \overline{B}$

상 제어공학 제6장 근궤적법

67 $G(s)H(s) = \dfrac{K(s-1)}{s(s+1)(s-4)}$ 에서 점근선의 교차점을 구하면?

① -1
② 1
③ -2
④ 2

해설

㉠ 극점 : $s_1 = 0$, $s_2 = -1$, $s_3 = 4$
- 극점의 수 : $P = 3$개
- 극점의 총합 : $\sum P = 3$

㉡ 영점 : $s_1 = 1$
- 영점의 수 : $Z = 1$개
- 영점의 총합 : $\sum Z = 1$

∴ 점근선의 교차점

$$\sigma = \frac{\sum P - \sum Z}{P - Z} = \frac{3-1}{3-1} = 1$$

중 제어공학 제7장 상태방정식

68 선형 시불변시스템의 상태방정식 $\dfrac{d}{dt} x(t)$

$= A x(t) + B u(t)$에서 $A = \begin{bmatrix} 1 & 3 \\ 1 & -2 \end{bmatrix}$,

$B = \begin{bmatrix} 0 \\ 1 \end{bmatrix}$일 때, 특성방정식은?

① $s^2 + s - 5 = 0$
② $s^2 - s - 5 = 0$
③ $s^2 + 3s + 1 = 0$
④ $s^2 - 3s + 1 = 0$

해설

특성방정식 $F(s) = |sI - A| = 0$에서

$F(s) = \begin{bmatrix} s & 0 \\ 0 & s \end{bmatrix} - \begin{bmatrix} 1 & 3 \\ 1 & -2 \end{bmatrix} = \begin{bmatrix} s-1 & -3 \\ -1 & s+2 \end{bmatrix}$

$= (s-1) \times (s+2) - (-3) \times (-1)$

$= s^2 + s - 2 - 3$

$= s^2 + s - 5 = 0$

중 제어공학 제2장 전달함수

69 개루프 전달함수가 $G(s) = \dfrac{s+2}{s(s+1)}$일 때, 폐루프 전달함수는?

① $\dfrac{s+2}{s^2 + s}$
② $\dfrac{s+2}{s^2 + 2s + 2}$
③ $\dfrac{s+2}{s^2 + s + 2}$
④ $\dfrac{s+2}{s^2 + 2s + 4}$

해설

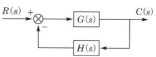

㉠ 종합 전달함수

$$M(s) = \frac{G(s)}{1 + G(s)H(s)}$$

㉡ $G(s)H(s)$를 개루프 전달함수라 하고 $H(s) = 1$인 폐루프시스템을 단위 (부)궤환시스템이라 한다.

$$\therefore M(s) = \frac{G(s)}{1 + G(s)} = \frac{\dfrac{s+2}{s(s+1)}}{1 + \dfrac{s+2}{s(s+1)}}$$

$$= \frac{s+2}{s(s+1) + (s+2)}$$

$$= \frac{s+2}{s^2 + 2s + 2}$$

하 제어공학 제4장 주파수영역해석법

70 $G(j\omega) = \dfrac{K}{1 + j\omega T}$일 때 $|G(j\omega)|$와 $\underline{/G(j\omega)}$는?

① $|G(j\omega)| = \dfrac{K}{\sqrt{1 + (\omega T)^2}}$

  $\underline{/G(j\omega)} = -\tan^{-1}(\omega T)$

② $|G(j\omega)| = -\dfrac{K}{\sqrt{1 + (\omega T)}}$

  $\underline{/G(j\omega)} = -\tan(\omega T)$

③ $|G(j\omega)| = -\dfrac{K}{\sqrt{1 + (\omega T)}}$

  $\underline{/G(j\omega)} = -\tan^{-1}(\omega T)$

④ $|G(j\omega)| = \dfrac{K}{\sqrt{1 + (\omega T)^2}}$

  $\underline{/G(j\omega)} = \tan(\omega T)$

정답 67 ② 68 ① 69 ② 70 ①

해설

㉠ 주파수 전달함수

$$G(j\omega) = \frac{K}{1+j\omega T}$$

$$= \frac{K\big/\,0^\circ}{\sqrt{1^2+(\omega T)^2}\big/\tan^{-1}(\omega T)}$$

$$= \frac{K}{\sqrt{1^2+(\omega T)^2}}\big/-\tan^{-1}(\omega T)$$

㉡ 크기 : $|G(j\omega)| = \dfrac{K}{\sqrt{1+(\omega T)^2}}$

㉢ 위상각 : $\underline{/G(j\omega)} = -\tan^{-1}(\omega T)$

상 회로이론 제7장 4단자망 회로해석

71 그림과 같은 회로의 구동점 임피던스는?

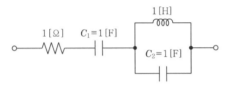

① $1 + \dfrac{1}{s} - \dfrac{1}{\dfrac{s+1}{s}}$ ② $1 + \dfrac{1}{s} + \dfrac{1}{\dfrac{s+1}{s}}$

③ $1 + \dfrac{1}{s} + \dfrac{s}{\dfrac{s+1}{s}}$ ④ $1 - \dfrac{1}{s} + \dfrac{s}{\dfrac{s+1}{s}}$

해설

RLC 회로의 합성 임피던스

$$Z(s) = R + \frac{1}{C_1 s} + \frac{1}{Ls + \dfrac{1}{\dfrac{1}{C_2 s}}} = 1 + \frac{1}{s} + \frac{1}{s + \dfrac{1}{\dfrac{1}{s}}}$$

여기서, $R=1[\Omega]$, $L=1[\text{H}]$, $C_1 = C_2 = 1[\text{F}]$

상 회로이론 제9장 과도현상

72 저항 $R=2[\Omega]$, 인덕턴스 $L=2[\text{H}]$인 직렬 회로에 직류전압 $V=10[\text{V}]$을 인가했을 때 전류[A]는?

① $5(1-e^{-t})$ ② $5(1+e^{-t})$

③ 5 ④ 0

해설

직류회로의 주파수가 0이므로 유도 리액턴스 $X_L = 2\pi f L = 0[\Omega]$이 된다.

∴ 직류전류(정상전류)

$$I = i_s = \frac{V}{R} = \frac{10}{2} = 5[\text{A}]$$

중 회로이론 제8장 분포정수회로

73 1[km]당의 인덕턴스 25[mH], 정전용량 0.005 [μF]의 선로가 있을 때 무손실선로라고 가정 한 경우의 위상속도[km/sec]는?

① 약 5.24×10^4 ② 약 8.95×10^4

③ 약 5.24×10^8 ④ 약 5.24×10^3

해설 위상속도

$$v = \frac{1}{\sqrt{LC}} = \frac{1}{\sqrt{25 \times 10^{-3} \times 0.005 \times 10^{-6}}}$$

$$= 8.95 \times 10^4 [\text{km/sec}]$$

하 회로이론 제9장 과도현상

74 RC 직렬회로에 $t=0$에서 직류전압을 인 가하였다. 시정수 5배에서 커패시터에 충 전된 전하는 약 몇 [%]인가? (단, 초기에 충 전된 전하는 없다고 가정한다.)

① 1 ② 2

③ 93.7 ④ 99.3

해설

㉠ 충전전하 $Q(t) = CE\left(1 - e^{-\frac{1}{RC}t}\right)$

㉡ 정상상태($t = \infty$)에서 충전전하
$Q(\infty) = CE(1 - e^{-\infty}) = CE$

㉢ 시정수 5배 시간($t = 5\tau = 5RC$)에서
충전전하 $Q(5\tau) = CE(1 - e^{-5}) = CE \times 0.9932$

∴ 시정수 5배에서 커패시터에 충전된 전하는 정상상태 의 99.32[%]가 된다.

상 회로이론 제4장 비정현파 교류회로의 이해

75 어떤 회로의 전압이 아래와 같은 경우 실횻 값[V]은?

$$e(t) = 10\sqrt{2} + 10\sqrt{2}\sin\omega t + 10\sqrt{2}\sin 3\omega t[\text{V}]$$

① 10 ② 15

③ 20 ④ 25

해설 전류의 실횻값

$$|E| = \sqrt{E_0^2 + |E_1|^2 + |E_3|^3}$$

$$= \sqrt{(10\sqrt{2})^2 + 10^2 + 10^2}$$

$$= 20[\text{V}]$$

정답 71 ② 72 ③ 73 ② 74 ④ 75 ③

상 회로이론 제3장 다상 교류회로의 이해

76 3상 유도전동기의 출력이 3마력, 전압이 200[V], 효율 80[%], 역률 90[%]일 때 전동기에 유입하는 선전류의 값은 약 몇 [A]인가?

① 7.18[A] ② 9.18[A]

③ 6.84[A] ④ 8.97[A]

해설

유효전력 $P = \sqrt{3}\ VI\cos\theta\eta$[W]

여기서, 효율 $\eta = \dfrac{출력}{입력}$

　　1[HP]=746[W]

∴ 선전류 $I = \dfrac{P}{\sqrt{3}\ V\cos\theta\eta}$

　　　　　 $= \dfrac{3\times746}{\sqrt{3}\times200\times0.9\times0.8}$

　　　　　 $= 8.97$[A]

상 회로이론 제4장 비정현파 교류회로의 이해

77 다음과 같은 비정현파 교류전압과 전류에 의한 평균전력은 약 몇 [W]인가?

$$e(t) = 200\sin 100\pi t + 80\sin\left(300\pi t - \frac{\pi}{2}\right)[\text{V}]$$
$$i(t) = \frac{1}{5}\sin\left(100\pi t - \frac{\pi}{3}\right) + \frac{1}{10}\sin\left(300\pi t - \frac{\pi}{4}\right)[\text{A}]$$

① 6.414 ② 8.586

③ 12.83 ④ 24.21

해설

㉠ 기본파 소비전력

$P_1 = \dfrac{1}{2}V_{m1}I_{m1}\cos\theta_1$

　　$= \dfrac{1}{2}\times200\times\dfrac{1}{5}\times\cos 60^\circ$

　　$= 10$[W]

㉡ 제3고조파 소비전력

$P_3 = \dfrac{1}{2}V_{m3}I_{m3}\cos\theta_3$

　　$= \dfrac{1}{2}\times80\times\dfrac{1}{10}\times\cos 45^\circ$

　　$= 2.83$[W]

∴ $P = P_1 + P_3 = 12.83$[W]

하 회로이론 제5장 대칭좌표법

78 그림과 같이 대칭 3상 교류발전기의 a상이 임피던스 Z를 통하여 지락되었을 때 흐르는 지락전류 I_g는 얼마인가?

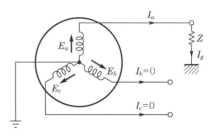

① $\dfrac{3E_a}{Z_0 + Z_1 + Z_2 + Z}$

② $\dfrac{E_a}{Z_0 + Z_1 + Z_2 + Z}$

③ $\dfrac{3E_a}{Z_0 + Z_1 + Z_2 + 3Z}$

④ $\dfrac{E_a}{Z_0 + Z_1 + Z_2 + 3Z}$

해설 Z에 의한 1선 지락사고

㉠ 영상전류 $I_0 = \dfrac{E_a}{Z_0 + Z_1 + Z_2 + 3Z}$

㉡ 지락전류 $I_g = 3I_0 = \dfrac{3E_a}{Z_0 + Z_1 + Z_2 + 3Z}$

중 회로이론 제10장 라플라스 변환

79 다음과 같은 함수 $f(t)$의 라플라스 변환은?

$$t < 2 : f(t) = 0$$
$$2 \le t \le 4 : f(t) = 10$$
$$t > 4 : f(t) = 0$$

① $\dfrac{1}{s}\left(e^{-2s} + e^{-4s}\right)$

② $\dfrac{5}{s}\left(e^{-2s} - e^{-4s}\right)$

③ $\dfrac{10}{s}\left(e^{-2s} - e^{-4s}\right)$

④ $\dfrac{10}{s}\left(e^{-4s} - e^{-2s}\right)$

해설

㉠ 조건을 그림으로 나타내면 다음과 같다.

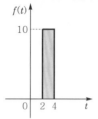

㉡ 함수는 $f(t) = 10u(t-2) - 10u(t-4)$이 되고 이를 라플라스 변환하면

$$F(s) = \frac{1}{s}e^{-2s} - \frac{1}{s}e^{-4s}$$

$$= \frac{1}{s}(e^{-2s} - e^{-4s})$$

$$\therefore \frac{10}{s}(e^{-2s} - e^{-4s})$$

상 회로이론 제6장 회로망 해석

80 그림과 같은 회로에서 5[Ω]에 흐르는 전류는 몇 [A]인가?

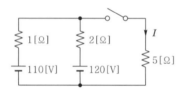

① 30[A]

② 40[A]

③ 20[A]

④ 33.3[A]

해설

밀만의 정리에 의해서 구할 수 있다.
㉠ 개방전압(5[Ω]의 단자전압)

$$V_{ab} = \frac{\sum I}{\sum Y} = \frac{\dfrac{110}{1} + \dfrac{120}{2}}{\dfrac{1}{1} + \dfrac{1}{2} + \dfrac{1}{5}} = 100[V]$$

㉡ 5[Ω]에 흐르는 전류 : $I = \dfrac{100}{5} = 20[A]$

제5과목 **전기설비기술기준**

상 제4장 발전소, 변전소, 개폐소 및 기계기구 시설보호

81 345[kV]의 옥외변전소에 있어서 울타리의 높이와 울타리에서 기기의 충전부분까지 거리의 합계는 최소 몇 [m] 이상인가?

① 6.48

② 8.16

③ 8.28

④ 8.40

해설 특고압용 기계기구의 시설(KEC 341.4)

울타리까지 거리와 울타리 높이의 합계는 160[kV]까지는 6[m]이고, 160[kV] 넘는 10[kV] 단수는 (345 - 160) ÷10=18.5이므로 19단수이다.
그러므로 울타리까지 거리와 높이의 합계는 다음과 같다.
6+(19×0.12)=8.28[m]

상 제6장 분산형전원설비

82 주택의 전로 인입구에 「전기용품 및 생활용품 안전관리법」의 적용을 받는 감전보호용 누전차단기를 시설하는 경우 주택의 옥내전로(전기기계기구 내의 전로를 제외)의 대지전압은 몇 [V] 이하로 하여야 하는가? (단, 대지전압 150[V]를 초과하는 전로이다.)

① 400

② 750

③ 300

④ 600

해설 옥내전로의 대지전압의 제한(KEC 231.6)

주택의 옥내전로(전기기계기구 내의 전로를 제외)의 대지전압은 300[V] 이하이어야 하며 다음에 따라 시설하여야 한다(예외 : 대지전압 150[V] 이하의 전로).
㉠ 사용전압은 400[V] 이하일 것
㉡ 주택의 전로 인입구에는 「전기용품 및 생활용품 안전관리법」에 적용을 받는 감전보호용 누전차단기를 시설할 것(예외 : 정격용량이 3[kVA] 이하인 절연변압기를 사람이 쉽게 접촉할 우려가 없도록 시설하고 또한 그 절연변압기의 부하측 전로를 접지하지 않는 경우)

하 제5장 전기철도

83 전기철도의 설비를 보호하기 위해 시설하는 피뢰기의 시설기준으로 틀린 것은?

① 피뢰기는 변전소 인입측 및 급전선 인출 측에 설치하여야 한다.
② 피뢰기는 가능한 한 보호하는 기기와 가깝게 시설하되 누설전류 측정이 용이하도록 지지대와 절연하여 설치한다.
③ 피뢰기는 개방형을 사용하고 유효보호 거리를 증가시키기 위하여 방전개시전압 및 제한전압이 낮은 것을 사용한다.
④ 피뢰기는 가공전선과 직접 접속하는 지중케이블에서 낙뢰에 의해 절연파괴의 우려가 있는 케이블 단말에 설치하여야 한다.

해설 전기철도의 피뢰기 설치장소(KEC 451.3)

㉠ 변전소 인입측 및 급전선 인출측
㉡ 가공전선과 직접 접속하는 지중케이블에서 낙뢰에 의해 절연파괴의 우려가 있는 케이블 단말
㉢ 피뢰기는 가능한 한 보호하는 기기와 가깝게 시설하되 누설전류 측정이 용이하도록 지지대와 절연하여 설치

상 제2장 저압설비 및 고압·특고압설비

84 조명용 백열전등을 설치할 때 타임스위치를 시설하여야 할 곳은?

① 공장
② 사무실
③ 병원
④ 아파트 현관

해설 점멸기의 시설(KEC 234.6)

다음의 경우에는 센서등(타임스위치 포함)을 시설하여야 한다.
㉠ 「관광진흥법」과 「공중위생관리법」에 의한 관광숙박업 또는 숙박업(여인숙업을 제외한다)에 이용되는 객실의 입구등은 1분 이내에 소등되는 것
㉡ 일반주택 및 아파트 각 호실의 현관등은 3분 이내에 소등되는 것

중 제5장 전기철도

85 전기철도 변전소의 용량에 대한 설명이다. 다음 ( ) 안에 들어갈 내용으로 옳은 것은?

> 변전소의 용량은 급전구간별 정상적인 열차부하조건에서 ( )시간 최대출력 또는 순시최대출력을 기준으로 결정하고, 연장급전 등 부하의 증가를 고려하여야 한다.

① 12
② 5
③ 3
④ 1

해설 변전소의 용량(KEC 421.3)

㉠ 변전소의 용량은 급전구간별 정상적인 열차부하조건에서 1시간 최대출력 또는 순시최대출력을 기준으로 결정하고, 연장급전 등 부하의 증가를 고려하여야 한다.
㉡ 변전소의 용량 산정 시 현재의 부하와 장래의 수송수요 및 고장 등을 고려하여 변압기 뱅크를 구성하여야 한다.

하 제3장 전선로

86 특고압 절연전선을 사용한 22,900[V] 가공전선과 안테나와의 최소 이격거리(간격)는 몇 [m]인가? (단, 중성선 다중접지식의 것으로 전로에 지기가 생겼을 때 2[sec] 이내에 전로로부터 차단하는 장치가 되어 있다.)

① 1.0
② 1.2
③ 1.5
④ 2.0

해설 25[kV] 이하인 특고압 가공전선로의 시설 (KEC 333.32)

15[kV] 초과 25[kV] 이하 특고압 가공전선로 이격거리 (간격)

구분	가공전선의 종류	이격(수평이격) 거리(간격)
가공약전류전선 저압 또는 고압 가공전선·안테나, 저압 또는 고압의 전차선	나전선	2.0[m]
	특고압 절연전선	1.5[m]
	케이블	0.5[m]

정답 83 ③ 84 ④ 85 ④ 86 ③

상 제3장 전선로

87 사용전압이 400[V] 이하인 저압 가공전선은 케이블이나 절연전선인 경우를 제외하고 인장강도가 3.43[kN] 이상인 것 또는 지름 몇 [mm] 이상이어야 하는가?

① 2.0 ② 1.2
③ 3.2 ④ 4.0

해설 저압 가공전선의 굵기 및 종류(KEC 222.5)

㉠ 저압 가공전선은 나전선(중성선 또는 다중접지된 접지측 전선으로 사용하는 전선), 절연전선, 다심형 전선 또는 케이블을 사용할 것
㉡ 사용전압이 400[V] 이하인 저압 가공전선
　• 지름 3.2[mm] 이상(인장강도 3.43[kN] 이상)
　• 절연전선인 경우는 지름 2.6[mm] 이상(인장강도 2.3[kN] 이상)
㉢ 사용전압이 400[V] 초과인 저압 기공전선
　• 시가지 : 지름 5[mm] 이상(인장강도 8.01[kN] 이상)
　• 시가지 외 : 지름 4[mm] 이상(인장강도 5.26[kN] 이상)
㉣ 사용전압이 400[V] 초과인 저압 가공전선에는 인입용 비닐절연전선을 사용하지 않을 것

중 제2장 저압설비 및 고압·특고압설비

88 과전류차단기로 저압전로에 사용하는 산업용 배선차단기의 부동작전류와 동작전류의 배수로 적합한 것은?

① 1.0배, 1.2배 ② 1.05배, 1.3배
③ 1.25배, 1.6배 ④ 1.3배, 1.8배

해설 보호장치의 특성(KEC 212.3.4)

과전류 트립 동작시간 및 특성(산업용 배선차단기)

정격전류의 구분	시 간	정격전류의 배수 (모든 극에 통전)	
		부동작전류	동작전류
63[A] 이하	60분	1.05배	1.3배
63[A] 초과	120분	1.05배	1.3배

상 제2장 저압설비 및 고압·특고압설비

89 건조한 장소로서 전개된 장소에 고압 옥내배선을 할 수 있는 것은?

① 애자사용공사 ② 합성수지관공사
③ 금속관공사 ④ 가요전선관공사

해설 고압 옥내배선 등의 시설(KEC 342.1)

고압 옥내배선은 다음에 의하여 시설한다.
㉠ 애자사용공사(건조한 장소로서 전개된 장소에 한한다)
㉡ 케이블공사
㉢ 케이블트레이공사

하 제4장 발전소, 변전소, 개폐소 및 기계기구 시설보호

90 통신설비의 식별표시에 대한 설명으로 틀린 것은?

① 모든 통신기기에는 식별이 용이하도록 인식용 표찰을 부착하여야 한다.
② 통신사업자의 설비표시명판은 플라스틱 및 금속판 등 견고하고 가벼운 재질로 하고 글씨는 각인하거나 지워지지 않도록 제작된 것을 사용하여야 한다.
③ 배전주에 시설하는 통신설비의 설비표시명판의 경우 분기주, 인류주는 각각의 전주에 시설하여야 한다.
④ 배전주에 시설하는 통신설비의 설비표시명판의 경우 직선주는 전주 10경간(전주 간격)마다 시설한다.

해설 통신설비의 식별표시(KEC 365.1)

통신설비의 식별은 다음에 따라 표시할 것
㉠ 모든 통신기기에는 식별이 용이하도록 인식용 표찰을 부착하여야 한다.
㉡ 통신사업자의 설비표시명판은 플라스틱 및 금속판 등 견고하고 가벼운 재질로 하고 글씨는 각인하거나 지워지지 않도록 제작된 것을 사용하여야 한다.
㉢ 설비표시명판 시설기준
　• 배전주 중 직선주는 전주 5경간(전주 간격)마다 시설할 것
　• 배전주 중 분기주, 인류주는 매 전주에 시설할 것

상 제1장 공통사항

91 최대사용전압이 154[kV]인 중성점 직접 접지식 전로의 절연내력시험전압은 몇 [V]인가?

① 110880 ② 141680
③ 169400 ④ 192500

해설 전로의 절연저항 및 절연내력(KEC 132)

60[kV]를 초과하는 중성점 직접 접지식일 때 시험전압은 최대사용전압의 0.72배를 가해야 한다.
시험전압 $E = 154000 \times 0.72 = 110880$[V]

정답 87 ③ 88 ② 89 ① 90 ④ 91 ①

상 제3장 전선로

92 154[kV] 특고압 가공전선로를 시가지에 경동연선으로 시설할 경우 단면적은 몇 [mm²] 이상을 사용하여야 하는가?

① 100   ② 150
③ 200   ④ 250

해설 시가지 등에서 특고압 가공전선로의 시설 (KEC 333.1)

특고압 가공전선 시가지 시설제한의 전선굵기는 다음과 같다.
㉠ 100[kV] 미만은 55[mm²] 이상의 경동연선 또는 알루미늄이나 절연전선
㉡ 100[kV] 이상은 150[mm²] 이상의 경동연선 또는 알루미늄이나 절연전선

상 제3장 전선로

93 가공전선으로의 지지물에 지선(지지선)을 시설할 때 옳은 방법은?

① 지선(지지선)의 안전율을 2.0으로 하였다.
② 소선은 최소 2가닥 이상의 연선을 사용하였다.
③ 지중의 부분 및 지표상 20[cm]까지의 부분은 아연도금철봉 등 내부식성 재료를 사용하였다.
④ 도로를 횡단하는 곳의 지선(지지선)의 높이는 지표상 5[m]로 하였다.

해설 지선(지지선)의 시설(KEC 331.11)

㉠ 지선(지지선)의 안전율 : 2.5 이상
㉡ 허용인장하중 : 4.31[kN] 이상
㉢ 소선(素線) 3가닥 이상의 연선일 것
㉣ 소선은 지름 2.6[mm] 이상의 금속선을 사용한 것일 것. 또는 소선의 지름이 2[mm] 이상인 아연도강연선으로서, 소선의 인장강도가 0.68[kN/mm²] 이상인 것
㉤ 지중부분 및 지표상 30[cm]까지의 부분에는 내식성이 있는 아연도금철봉을 사용
㉥ 도로를 횡단 시 지선(지지선)의 높이는 지표상 5[m] 이상
㉦ 지선애자를 사용하여 감전사고방지
㉧ 철탑은 지선(지지선)을 사용하여 강도의 일부를 분담금지

상 제3장 전선로

94 저압 가공전선 또는 고압 가공전선이 도로를 횡단할 때 지표상의 높이는 몇 [m] 이상으로 하여야 하는가? (단, 농로, 기타 교통이 번잡하지 않은 도로 및 횡단보도교는 제외한다.)

① 4   ② 5
③ 6   ④ 7

해설 저압 가공전선의 높이(KEC 222.7) 고압 가공전선의 높이(KEC 332.5)

㉠ 도로를 횡단하는 경우 지표상 6[m] 이상
㉡ 철도 또는 궤도를 횡단하는 경우에는 레일면상 6.5[m] 이상
㉢ 횡단보도교의 위인 경우에는 저·고압 가공전선은 노면상 3.5[m] 이상(절연전선 및 케이블인 경우에는 3[m] 이상)
㉣ 기타(도로를 따라 시설)의 경우 지표상 5[m] 이상

상 제3장 전선로

95 고압 보안공사 시 지지물로 A종 철근 콘크리트주를 사용할 경우 경간(지지물 간 거리)은 몇 [m] 이하이어야 하는가?

① 100   ② 200
③ 250   ④ 400

해설 고압 보안공사(KEC 332.10)

㉠ 전선은 케이블인 경우 이외에는 지름 5[mm] 이상의 경동선일 것
㉡ 풍압하중에 대한 안전율은 1.5 이상일 것
㉢ 경간(지지물 간 거리)은 다음에서 정한 값 이하일 것

지지물의 종류	경간(지지물 간 거리)
목주·A종 철주 또는 A종 철근 콘크리트주	100[m]
B종 철주 또는 B종 철근 콘크리트주	150[m]
철탑	400[m]

㉣ 단면적 38[mm²] 이상의 경동연선을 사용하는 경우에는 표준경간을 적용

상 제6장 분산형전원설비

96 전기저장장치를 시설하는 곳에 계측하는 장치를 시설하여 측정하는 대상이 아닌 것은?

① 주요 변압기의 전압
② 이차전지 출력 단자의 전압
③ 이차전지 출력 단자의 주파수
④ 주요 변압기의 전력

해설 계측장치(KEC 511.2.10)

전기저장장치를 시설하는 곳에는 다음의 사항을 계측하는 장치를 시설할 것
㉠ 이차전지 출력 단자의 전압, 전류, 전력 및 충방전 상태
㉡ 주요 변압기의 전압, 전류 및 전력

중 제3장 전선로

97 특고압 지중전선이 가연성이나 유독성의 유체(流體)를 내포하는 관과 접근하기 때문에 상호 간에 견고한 내화성의 격벽을 시설하였다면 상호 간의 이격거리(간격)가 몇 [cm] 이하인 경우인가?

① 30 ② 60
③ 80 ④ 100

해설 지중전선과 지중약전류전선 등 또는 관과의 접근 또는 교차(KEC 334.6)

특고압 지중전선이 가연성이나 유독성의 유체를 내포하는 관과 접근하거나 교차하는 경우에 상호 간의 간격이 1[m] 이하(단, 사용전압이 25[kV] 이하인 다중접지방식 지중전선로인 경우에는 0.5[m] 이하)인 때에는 지중전선과 관 사이에 견고한 내화성의 격벽을 시설하는 경우 이외에는 지중전선을 견고한 불연성 또는 난연성의 관에 넣어 그 관이 가연성이나 유독성의 유체를 내포하는 관과 직접 접촉하지 아니하도록 시설하여야 한다.

상 제2장 저압설비 및 고압·특고압설비

98 라이팅덕트공사에 의한 저압 옥내배선에 대한 설명으로 옳지 않은 것은?

① 덕트는 조영재에 견고하게 붙일 것
② 덕트의 지지점 간의 거리는 3[m] 이상일 것
③ 덕트의 종단부는 폐쇄할 것
④ 덕트는 조영재를 관통하여 시설하지 아니할 것

해설 라이팅덕트공사(KEC 232.71)

㉠ 덕트 상호 간 및 전선 상호 간은 견고하게 또한 전기적으로 완전히 접속할 것
㉡ 덕트는 조영재에 견고하게 붙일 것
㉢ 덕트의 지지점 간의 거리는 2[m] 이하로 할 것
㉣ 덕트의 끝부분은 막을 것
㉤ 덕트를 사람이 용이하게 접촉할 우려가 있는 장소에 시설하는 경우에는 전로에 지락이 생겼을 때에 자동적으로 전로를 차단하는 장치를 시설할 것

상 제3장 전선로

99 지중전선로의 시설에서 관로식에 의하여 시설하는 경우 매설깊이는 몇 [m] 이상으로 하여야 하는가?

① 0.6 ② 1.0
③ 1.2 ④ 1.5

해설 지중전선로의 시설(KEC 334.1)

㉠ 관로식의 경우 케이블 매설깊이
 • 차량, 기타 중량물에 의한 압력을 받을 우려가 있는 장소 : 1.0[m] 이상
 • 기타 장소 : 0.6[m] 이상
㉡ 직접 매설식의 경우 케이블 매설깊이
 • 차량, 기타 중량물에 의한 압력을 받을 우려가 있는 장소 : 1.0[m] 이상
 • 기타 장소 : 0.6[m] 이상

중 제2장 저압설비 및 고압·특고압설비

100 욕탕의 양단에 판상의 전극을 설치하고 그 전극 상호 간에 교류전압을 가하는 전기욕기의 전원변압기 2차 전압은 몇 [V] 이하인 것을 사용하여야 하는가?

① 5 ② 10
③ 12 ④ 15

해설 전기욕기(KEC 241.2)

㉠ 전기욕기용 전원장치(변압기의 2차측 사용전압이 10[V] 이하인 것)를 사용할 것
㉡ 욕탕 안의 전극 간의 거리는 1[m] 이상이어야 한다.
㉢ 욕탕 안의 전극은 사람이 쉽게 접촉할 우려가 없도록 시설한다.
㉣ 전기욕기용 전원장치로부터 욕기 안의 전극까지의 배선은 공칭단면적 2.5[mm²] 이상의 연동선과 이와 동등 이상의 세기 및 굵기의 절연전선(옥외용 비닐절연전선을 제외)이나 케이블 또는 공칭단면적이 1.5[mm²] 이상의 캡타이어케이블을 합성수지관공사, 금속관공사 또는 케이블공사에 의하여 시설하거나 또는 공칭단면적이 1.5[mm²] 이상의 캡타이어 코드를 합성수지관(두께가 2[mm] 미만의 합성수지제 전선관 및 난연성이 없는 콤바인덕트관을 제외)이나 금속관에 넣고 관을 조영재에 견고하게 고정할 것
㉤ 전기욕기용 전원장치로부터 욕기 안의 전극까지의 전선 상호 간 및 전선과 대지 사이의 절연저항은 "KEC 132 전로의 절연저항 및 절연내력"에 따를 것

2024년 제2회 CBT 기출복원문제

제1과목   전기자기학

중 제3장 정전용량

01 콘덴서의 성질에 관한 설명 중 적절하지 못한 것은?

① 용량이 같은 콘덴서를 n개 직렬 연결하면 내압은 n배, 용량은 $\frac{1}{n}$배가 된다.

② 용량이 같은 콘덴서를 n개 병렬 연결하면 내압은 같고, 용량은 n배로 된다.

③ 정전용량이란 도체의 전위를 1[V]로 하는 데 필요한 전하량을 말한다.

④ 콘덴서를 직렬 연결할 때 각 콘덴서에 분포되는 전하량은 콘덴서의 크기에 비례한다.

해설

콘덴서 직렬 접속 시 각 콘덴서에 분포되는 전하량은 모두 일정하다.

중 제1장 벡터

02 두 벡터 $\vec{A} = A_x i + 2j$, $\vec{B} = 3i - 3j - k$ 가 서로 직교하려면 A_x의 값은?

① 0

② 2

③ $\frac{1}{2}$

④ -2

해설

㉠ 수직인 두 벡터($\vec{A} \perp \vec{B}$)의 내적은 0이다.

㉡ $\vec{A} \cdot \vec{B} = (A_x i + 2j) \cdot (3i - 3j - k)$
$= 3A_x - 6 = 0$

∴ ㉡을 정리하면 A_x를 구할 수 있다.

$3A_x = 6$

$A_x = 2$

중 제4장 유전체

03 비유전율이 10인 유전체를 5[V/m]인 전계 내에 놓으면 유전체의 표면 전하밀도는 몇 [C/m²]인가? (단, 유전체의 표면과 전계는 직각이다.)

① $35\varepsilon_0$

② $45\varepsilon_0$

③ $55\varepsilon_0$

④ $65\varepsilon_0$

해설

유전체 표면 전하밀도는 분극 전하밀도이므로
$P = \varepsilon_0(\varepsilon_s - 1)E = \varepsilon_0(10-1) \times 5 = 45\varepsilon_0 [C/m^2]$

중 제9장 지성체와 자기회로

04 자화된 철의 온도를 높일 때 자화가 서서히 감소하다가 급격히 강자성이 상자성으로 변하면서 강자성을 잃어버리는 온도는?

① 켈빈(Kelvin)온도

② 연화온도(Transition)

③ 전이온도

④ 퀴리(Curie)온도

중 제12장 전자계

05 콘크리트($\varepsilon_r = 4$, $\mu_r = 1$) 중에서 전자파의 고유 임피던스는 약 몇 [Ω]인가?

① 35.4[Ω]

② 70.8[Ω]

③ 124.3[Ω]

④ 188.5[Ω]

해설 특성 임피던스

$$Z = \sqrt{\frac{\mu}{\varepsilon}} = \sqrt{\frac{\mu_0 \mu_r}{\varepsilon_0 \varepsilon_r}} = 120\pi \sqrt{\frac{\mu_r}{\varepsilon_r}}$$

$$= 120\pi \sqrt{\frac{1}{4}} = 377 \times \frac{1}{2} = 188.5[\Omega]$$

정답   01 ④   02 ②   03 ②   04 ④   05 ④

중 제2장 진공 중의 정전계

06 기전력 1[V]의 정의는?

① 1[C]의 전기량이 이동할 때 1[J]의 일을 하는 두 점 간의 전위차

② 1[A]의 전류가 이동할 때 1[J]의 일을 하는 두 점 간의 전위차

③ 2[C]의 전기량이 이동할 때 1[J]의 일을 하는 두 점 간의 전위차

④ 2[A]의 전류가 이동할 때 1[J]의 일을 하는 두 점 간의 전위차

해설 전위

㉠ 기전력(전위차)의 정의
1[C]의 단위전하(unit charge)가 특정 a점에서 b점까지 운반될 때 소비되는 에너지로 a와 b지점의 전위의 차를 말한다.

㉡ 전위차의 정의식 : $V = \dfrac{W}{Q}[\text{J/C} = \text{V}]$

∴ 1[C]의 전기량이 이동할 때 1[J]의 일을 하는 두 점 간의 전위차는 1[V]가 된다.

상 제7장 진공 중의 정자계

07 자석의 세기 0.2[Wb], 길이 10[cm]인 막대자석의 중심에서 60°의 각을 가지며 40[cm]만큼 떨어진 점 A의 자위는 몇 [A]인가?

① 1.97×10^3
② 3.96×10^3
③ 7.92×10^3
④ 9.58×10^3

해설 자기 쌍극자의 자위

$U = \dfrac{M\cos\theta}{4\pi\mu_0 r^2} = \dfrac{ml\cos\theta}{4\pi\mu_0 r^2}$

$= 6.33 \times 10^4 \times \dfrac{0.2 \times 0.1 \times \cos 60°}{0.4^2}$

$= 3.956 \times 10^3 [\text{A}]$

중 제11장 인덕턴스

08 그림과 같은 1[m]당 권선수 n, 반지름 a[m]의 무한장 솔레노이드에서 자기 인덕턴스는 n과 a 사이에 어떤 관계가 있는가?

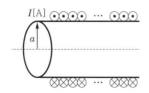

① a와는 상관없고 n^2에 비례한다.

② a와 n의 곱에 비례한다.

③ a^2과 n^2의 곱에 비례한다.

④ a^2에 반비례하고, n^2에 비례한다.

해설

㉠ 단위길이당 권선수 $n = \dfrac{N}{l}$에서

권수 $N = nl$이므로 $N^2 = n^2 l^2$이 된다.

㉡ 자기 인덕턴스

$L = \dfrac{\mu S N^2}{l} = \dfrac{\mu S n^2 l^2}{l}$

$= \mu S n^2 l[\text{H}] = \mu \pi a^2 n^2 [\text{H/m}]$ (여기서, $S = \pi a^2$)

∴ a^2과 n^2의 곱에 비례한다.

중 제6장 전류

09 도체의 고유저항과 관계없는 것은?

① 온도
② 길이
③ 단면적
④ 단면적의 모양

해설

㉠ 전기저항 : $R = \rho \dfrac{l}{S} = \dfrac{l}{kS}[\Omega]$

여기서, l : 도체의 길이[m]
　　　　S : 도체의 단면적[m²]
　　　　k : 도전율(전도율)

㉡ 고유저항(저항율)

$\rho = \dfrac{1}{R} = \dfrac{RS}{l}[\Omega \cdot \text{m}]$

㉢ 금속은 일반적으로 정특성 온도계수(온도 상승에 따라 저항이 증가), 전해액이나 반도체에서는 부특성 온도계수(온도 상승에 따라 저항이 감소)의 특성이 나타난다.

∴ 고유저항과 단면적의 모양과는 관계없다.

중 제9장 자성체와 자기회로

10 길이 l[m], 단면적의 지름 d[m]인 원통이 길이방향으로 균일하게 자화되어 자화의 세기가 J[Wb/m²]인 경우 원통 양단에서의 전자극의 세기 m[Wb]는?

① $\pi d^2 J$
② $\pi d J$
③ $\pi \dfrac{d^2}{4} J$
④ $\dfrac{4J}{\pi} d^2$

정답 06 ① 07 ② 08 ③ 09 ④ 10 ③

해설

자화의 세기 $J = \dfrac{m}{S} = \dfrac{M}{V}$ [Wb/m^2]에서

$\therefore$ 전자극의 세기

$$m = J \times S = J \times \pi r^2 = J \times \dfrac{\pi d^2}{4}\,[\text{Wb}]$$

상 제8장 전류의 자기현상

11 그림과 같은 안반지름 7[cm], 바깥반지름 9[cm]인 환상 철심에 감긴 코일의 기자력이 500[AT]일 때, 이 환상 철심 내단면의 중심부의 자계의 세기는 몇 [AT/m]인가?

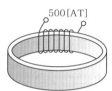
500[AT]

① $\dfrac{2778}{\pi}$ ② $\dfrac{3125}{\pi}$

③ $\dfrac{3571}{\pi}$ ④ $\dfrac{6349}{\pi}$

해설

㉠ 환상 철심의 평균 반지름 (철심 중심부 거리)
$r = 8[\text{cm}] = 0.08[\text{m}]$
㉡ 기자력 $F = IN = 500[\text{AT}]$
$\therefore$ 환상 솔레노이드의 자계의 세기

$$H = \dfrac{IN}{2\pi r} = \dfrac{500}{2\pi \times 0.08} = \dfrac{3125}{\pi}\,[\text{AT/m}]$$

중 제8장 전류의 자기현상

12 그림과 같이 한 변의 길이가 l[m]인 정삼각형회로에 I[A]가 흐르고 있을 때 삼각형 중심에서의 자계의 세기[A/m]는?

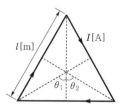
l[m]
I[A]
θ_1 θ_2

① $\dfrac{9I}{2\pi l}$ ② $\dfrac{9I}{\pi l}$

③ $\dfrac{\sqrt{2}\,I}{2\pi l}$ ④ $\dfrac{2\sqrt{2}\,I}{\pi l}$

해설

한 변의 길이가 l[m]인 도체(코일)에 전류를 흘렸을 때 도체 중심에서 자계의 세기

㉠ 정사각형 도체 : $H = \dfrac{2\sqrt{2}\,I}{\pi l}$ [A/m]

㉡ 정삼각형 도체 : $H = \dfrac{9I}{2\pi l}$ [A/m]

㉢ 정육각형 도체 : $H = \dfrac{\sqrt{3}\,I}{\pi l}$ [A/m]

㉣ 정n각형 도체 : $H = \dfrac{nI}{2\pi R}\tan\dfrac{\pi}{n}$ [A/m]

중 제10장 전자유도법칙

13 자속 ϕ[Wb]가 $\phi = \phi_m \cos 2\pi ft$[Wb]로 변화할 때 이 자속과 쇄교하는 권수 N[회]인 코일에 발생하는 기전력은 몇 [V]인가?

① $2\pi fN\phi_m \cos 2\pi ft$

② $-2\pi fN\phi_m \cos 2\pi ft$

③ $2\pi fN\phi_m \sin 2\pi ft$

④ $-2\pi fN\phi_m \sin 2\pi ft$

해설

$$e = -N\dfrac{d\phi}{dt} = -N\dfrac{d}{dt}\phi_m \cos 2\pi ft$$

$$= -N\phi_m\dfrac{d}{dt}\cos 2\pi ft = 2\pi fN\phi_m \sin 2\pi ft\,[\text{V}]$$

상 제4장 유전체

14 어떤 종류의 결정을 가열하면 한 면에 정(正), 반대면에 부(負)의 전기가 나타나 분극을 일으키며 반대로 냉각하면 역(逆)의 분극이 일어나는 것은?

① 파이로(Pyro)전기효과

② 볼타(Volta)효과

③ 바크하우젠(Barkhausen)법칙

④ 압전기(Piezo−electric)의 역효과

해설

㉠ 파이로전기효과(초전효과) : 유전체를 가열 또는 냉각을 시키면 전기분극이 발생하는 효과
㉡ 압전기효과 : 유전체에 압력 또는 인장력을 가하면 전기분극이 발생하는 효과
㉢ 압전기역효과 : 유전체에 전압을 주면 유전체가 변형을 일으키는 현상

정답 11 ② 12 ① 13 ③ 14 ①

상 제5장 전기 영상법

15 그림과 같이 공기 중에서 무한 평면도체의 표면으로부터 2[m]인 곳에 점전하 4[C]이 있다. 전하가 받는 힘은 몇 [N]인가?

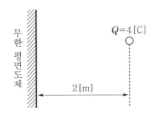

① 3×10^9 ② 9×10^9
③ 1.2×10^{10} ④ 3.6×10^{10}

✎ 해설 전하가 받는 힘(전기력)

$$F = \frac{Q^2}{4\pi\varepsilon_0 r^2} = \frac{-Q^2}{4\pi\varepsilon_0 (2a)^2}$$

$$= \frac{9 \times 10^9}{4} \times \frac{-Q^2}{a^2} = -\frac{9 \times 10^9}{4} \times \frac{4^2}{2^2}$$

$$= -9 \times 10^9 [\text{N}]$$

여기서, '-'는 흡인력을 의미

하 제6장 전류

16 2개의 물체를 마찰하면 마찰전기가 발생한다. 이는 마찰에 의한 일에 의하여 표면에 가까운 무엇이 이동하기 때문인가?

① 전하 ② 양자
③ 구속전자 ④ 자유전자

하 제2장 진공 중의 정전계

17 자유공간 중에서 점 (x_1, y_1, z_1)에 $Q[\text{C}]$인 점전하가 있을 때 점 (x, y, z)의 전계의 세기는 얼마인가?

① $E = \dfrac{Q[(x-x_1)a_x + (y-y_1)a_y + (z-z_1)a_z]}{4\pi\varepsilon_0 [(x-x_1)^2 + (y-y_1)^2 + (z-z_1)^2]^{3/2}}$

② $E = \dfrac{Q[(x_1-x)a_x + (y_1-y)a_y + (z_1-z)a_z]}{4\pi\varepsilon_0 [(x_1-x)^2 + (y_1-y)^2 + (z_1-z)^2]^{2/3}}$

③ $E = \dfrac{Q^2[(x-x_1)a_x + (y-y_1)a_y + (z-z_1)a_z]}{4\pi\varepsilon_0 [(x_1-x) + (y_1-y)^2 + (z_1-z)^2]^{3/2}}$

④ $E = \dfrac{Q^2[(x_1-x)a_x + (y_1-y)a_y + (z_1-z)a_z]}{4\pi\varepsilon_0 [(x-x_1)^2 + (y-y_1)^2 + (z-z_1)^2]^{2/3}}$

✎ 해설

㉠ 범위(거리) 벡터
$$\vec{r} = (x-x_1)a_x + (y-y_1)a_y + (z-z_1)a_z$$

㉡ 변위(거리)
$$r = \sqrt{(x-x_1)^2 + (y-y_1)^2 + (z-z_1)^2}$$
$$= [(x-x_1)^2 + (y-y_1)^2 + (z-z_1)^2]^{1/2}$$

∴ 전계의 세기(벡터)

$$\vec{E} = E\vec{r_0} = \frac{Q}{4\pi\varepsilon_0 r^2} \times \frac{\vec{r}}{r} = \frac{Q\vec{r}}{4\pi\varepsilon_0 r^3}$$

$$= \frac{Q[(x-x_1)a_x + (y-y_1)a_y + (z-z_1)a_z]}{4\pi\varepsilon_0 [(x-x_1)^2 + (y-y_1)^2 + (z-z_1)^2]^{3/2}}$$

여기서, $\vec{r_0}$: 단위 벡터

상 제4장 유전체

18 커패시터를 제조하는데 A, B, C, D와 같은 4가지 유전재료가 있다. 커패시터 내에서 단위체적당 가장 큰 에너지 밀도를 나타내는 재료로부터 순서대로 나열하면? (단, 유전재료 A, B, C, D의 비유전율은 각각 $\varepsilon_{rA}=8$, $\varepsilon_{rB}=10$, $\varepsilon_{rC}=2$, $\varepsilon_{rD}=4$이다.)

① $B > A > D > C$ ② $A > B > D > C$
③ $D > A > C > B$ ④ $C > D > A > B$

✎ 해설

정전에너지 $W = \dfrac{1}{2}\varepsilon E^2 = \dfrac{1}{2}\varepsilon_r \varepsilon_0 E^2 [\text{J/m}^3]$이므로 비유전율에 비례한다.

∴ 따라서 $\varepsilon_{rB} > \varepsilon_{rA} > \varepsilon_{rD} > \varepsilon_{rC}$이므로
$B > A > D > C$가 된다.

상 제5장 전기 영상법

19 점전하와 접지된 유한한 도체구가 존재할 때 점전하에 의한 접지구 도체의 영상전하에 관한 설명 중 틀린 것은?

① 영상전하는 구도체 내부에 존재한다.
② 영상전하는 점전하와 크기는 같고, 부호는 반대이다.
③ 영상전하는 점전하와 도체 중심축을 이은 직선상에 존재한다.
④ 영상전하가 놓인 위치는 도체 중심과 점전하와의 거리와 도체 반지름에 의해 결정된다.

정답 15 ② 16 ④ 17 ① 18 ① 19 ②

해설

접지구 도체 내부에 영상전하가 유도된다.

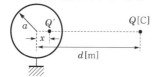

⊙ 영상전하 : $Q' = -\dfrac{a}{d}Q[C]$

⊙ 구도체 내의 영상점 : $x = \dfrac{a^2}{d}[m]$

중 제3장 정전용량

20 두 개의 도체에서 전위 및 전하가 각각 V_1, Q_1 및 V_2, Q_2일 때, 이 도체계가 갖는 에너지는 얼마인가?

① $\dfrac{1}{2}(V_1 Q_1 + V_2 Q_2)[J]$

② $\dfrac{1}{2}(Q_1 + Q_2)(V_1 + V_2)[J]$

③ $V_1 Q_1 + V_2 Q_2[J]$

④ $(V_1 + V_2)(Q_1 + Q_2)[J]$

해설

⊙ 도체가 갖는 에너지

$$W = \frac{1}{2}CV^2 = \frac{1}{2}QV = \frac{Q^2}{2C}[J]$$

⊙ 에너지는 스칼라이므로 도체계의 에너지는 모두 더하면 된다.

$$\therefore \; W = W_1 + W_2 = \frac{1}{2}(V_1 Q_1 + V_2 Q_2)[J]$$

제2과목 전력공학

상 제7장 이상전압 및 유도장해

21 전력계통에서 내부 이상전압의 크기가 가장 큰 경우는?

① 유도성 소전류 차단 시
② 수차발전기의 부하 차단 시
③ 무부하선로 충전전류 차단 시
④ 송전선로의 부하차단기 투입 시

해설 개폐서지

송전선로의 개폐조작에 따른 과도현상 때문에 발생하는 것이 이상전압이다. 송전선로 개폐조작 시 이상전압이 가장 큰 경우는 무부하 송전선로의 충전전류를 차단할 때이다.

상 제5장 고장 계산 및 안정도

22 기준 선간전압 23[kV], 기준 3상 용량 5000[kVA], 1선의 유도리액턴스가 15[Ω]일 때 %리액턴스는?

① 28.36[%]
② 14.18[%]
③ 7.09[%]
④ 3.55[%]

해설

퍼센트 리액턴스 $\%X = \dfrac{I_n X}{V} \times 100 = \dfrac{P_n X}{10 V_n^2}[\%]$

여기서, $V_n[kV]$: 정격전압, $P_n[kVA]$: 정격용량

$$\%X = \frac{P_n X}{10 V_n^2} = \frac{5000 \times 15}{10 \times 23^2} = 14.178 \fallingdotseq 14.18[\%]$$

상 제3장 선로정수 및 코로나현상

23 가공송전선로에서 총 단면적이 같은 경우 단도체와 비교하여 복도체의 장점이 아닌 것은?

① 안정도를 증대시킬 수 있다.
② 공사비가 저렴하고 시공이 간편하다.
③ 전선표면의 전위경도를 감소시켜 코로나 임계전압이 높아진다.
④ 선로의 인덕턴스가 감소되고 정전용량이 증가해서 송전용량이 증대된다.

해설 복도체나 다도체를 사용할 때 특성

⊙ 인덕턴스는 감소하고 정전용량은 증가한다.
⊙ 같은 단면적의 단도체에 비해 전류용량이 증대된다.
⊙ 안정도가 증가하여 송전용량이 증가한다.
⊙ 전선표면의 전위경도를 감소시켜 코로나 임계전압이 상승해 코로나 현상이 억제된다.

상 제5장 고장 계산 및 안정도

24 합성 임피던스 0.25[%]의 개소에 시설해야 할 차단기의 차단용량으로 적당한 것은? (단, 합성 임피던스는 10[MVA]를 기준으로 환산한 값이다.)

① 2500[MVA]

② 3300[MVA]

③ 3700[MVA]

④ 4200[MVA]

🚗 해설

차단용량 $P = \dfrac{100}{\%Z} \times P = \dfrac{100}{0.25} \times 10 = 4000[\text{MVA}]$

차단용량은 4000[MVA]보다 큰 4200[MVA]가 적당하다.

중 제10장 배전선로 계산

25 지상역률 80[%]. 10000[kVA]의 부하를 가진 변전소에 6000[kVA]의 전력용 콘덴서를 설치하여 역률을 개선하면 변압기에 걸리는 부하는 역률 개선 전의 몇 [%]로 되는가?

① 60

② 75

③ 80

④ 85

🚗 해설

유효전력 $P = 10000 \times 0.8 = 8000[\text{kW}]$

무효전력 $Q = 10000 \times 0.6 - 6000 = 0[\text{kVA}]$

이때 변압기에 걸리는 부하는 피상전력이므로

$S = \sqrt{P^2 + Q^2} = \sqrt{8000^2 + 0^2} = 8000[\text{kVA}]$

따라서 변압기에 걸리는 부하는 개선 전의 80[%]가 된다.

하 제7장 이상전압 및 유도장해

26 파동 임피던스 $Z_1 = 500[\Omega]$인 선로에 파동 임피던스 $Z_2 = 1500[\Omega]$인 변압기가 접속되어 있다. 선로로부터 600[kV]의 전압파가 들어왔을 때, 접속점에서의 투과파전압 [kV]은?

① 300

② 600

③ 900

④ 1200

🚗 해설

반사계수 $\lambda = \dfrac{Z_2 - Z_1}{Z_1 + Z_2}$

투과계수 $\nu = \dfrac{2Z_2}{Z_1 + Z_2}$

투과파전압

$E = \dfrac{2Z_2}{Z_1 + Z_2} e_1 = \dfrac{2 \times 1500}{500 + 1500} \times 600 = 900[\text{kV}]$

하 제9장 배전방식

27 저압배전선로에 대한 설명으로 틀린 것은?

① 저압뱅킹방식은 전압변동을 경감할 수 있다.

② 밸런서(balancer)는 단상 2선식에 필요하다.

③ 부하율(F)과 손실계수(H) 사이에는 $1 \geq F \geq H \geq F^2 \geq 0$의 관계가 있다.

④ 수용률이란 최대수용전력을 설비용량으로 나눈 값을 퍼센트로 나타낸 것이다.

🚗 해설

밸런서는 권선비가 1 : 1인 단권변압기로 단상 3선식 배전선로 말단에 시설하여 전압의 불평형을 방지하고 선로손실을 경감시킬 목적으로 사용한다.

상 제8장 송전선로 보호방식

28 단로기에 대한 설명으로 틀린 것은?

① 소호장치가 있어 아크를 소멸시킨다.

② 무부하 및 여자전류의 개폐에 사용된다.

③ 사용회로수에 의해 분류하면 단투형과 쌍투형이 있다.

④ 회로의 분리 또는 계통의 접속 변경 시 사용한다.

🚗 해설

단로기는 아크소호장치가 없어서 부하전류나 고장전류는 차단할 수 없고 변압기 여자전류나 무부하 충전전류 등 매우 적은 전류를 개폐할 수 있는 것으로, 주로 발·변전소에 회로변경, 보수점검을 위해 설치하며 블레이드 접촉부, 지지애자 및 조작장치로 구성되어 있다.

중 제8장 송전선로 보호방식

29 345[kV] 선로용 차단기로 가장 많이 사용되는 것은?

① 진공차단기   ② 기중차단기
③ 자기차단기   ④ 가스차단기

해설

가스차단기(GCB)와 공기차단기(ABB)가 초고압용으로 사용된다.

중 제8장 송전선로 보호방식

30 송전선로의 고속도 재폐로 계전방식의 목적으로 옳은 것은?

① 전압강하 방지
② 일선 지락 순간사고 시의 정전시간 단축
③ 전선로의 보호
④ 단락사고 방지

해설 재폐로 방식

㉠ 재폐로 방식은 고장전류를 차단하고 차단기를 일정 시간 후 자동적으로 재투입하는 방식이다.
㉡ 송전계통의 안정도를 향상시키고 송전용량을 증가시킬 수 있다.
㉢ 계통사고의 자동복구를 할 수 있다.

상 제7장 이상전압 및 유도장해

31 접지봉을 사용하여 희망하는 접지저항치까지 줄일 수 없을 때 사용하는 선은?

① 차폐선   ② 가공지선
③ 크로스본드선   ④ 매설지선

해설 매설지선

탑각 접지저항이 300[Ω]을 초과하면 철탑 각각에 동복강연선을 지하 50[cm] 이상의 깊이에 20~80[m] 정도 방사상으로 포설하여 역섬락을 방지한다.

중 제11장 발전

32 횡축에 1년 365일을 역일 순으로 취하고, 종축에 유량을 취하여 매일의 측정유량을 나타낸 곡선은?

① 유황곡선   ② 적산유량곡선
③ 유량도   ④ 수위유량곡선

해설 하천의 유량측정

㉠ 유황곡선 : 횡축에 일수를, 종축에 유량을 표시하고 유량이 많은 일수를 차례로 배열하여 이 점들을 연결한 곡선이다.
㉡ 적산유량곡선 : 횡축에 역일을, 종축에 유량을 기입하고 이들의 유량을 매일 적산하여 작성한 곡선으로 저수지 용량 등을 결정하는데 이용할 수 있다.
㉢ 유량도 : 횡축에 역일을, 종축에 유량을 기입하고 매일의 유량을 표시한 것이다.
㉣ 수위유량곡선 : 횡축의 하천의 유량과 종축의 하천의 수위 사이에는 일정한 관계가 있으므로 이들 관계를 곡선으로 표시한 것이다.

상 제7장 이상전압 및 유도장해

33 선로정수를 평형되게 하고, 근접 통신선에 대한 유도장해를 줄일 수 있는 방법은?

① 연가를 시행한다.
② 전선으로 복도체를 사용한다.
③ 전선로의 이도를 충분하게 한다.
④ 소호리액터 접지를 하여 중성점 전위를 줄여준다.

해설 연가의 목적

㉠ 선로정수 평형
㉡ 근접 통신선에 대한 유도장해 감소
㉢ 소호리액터 접지계통에서 중성점의 잔류전압으로 인한 직렬공진의 방지

상 제2장 전선로

34 154[kV] 송전선로에 10개의 현수애자가 연결되어 있다. 다음 중 전압부담이 가장 적은 것은?

① 철탑에 가장 가까운 것
② 철탑에서 3번째
③ 전선에서 가장 가까운 것
④ 전선에서 3번째

해설

송전선로에서 현수애자의 전압부담은 전선에서 가까이 있는 것부터 1번째 애자 22[%], 2번째 애자 17[%], 3번째 애자 12[%], 4번째 애자 10[%], 그리고 8번째 애자가 약 6[%], 마지막 애자가 8[%] 정도의 전압을 부담하게 된다

정답   29 ④   30 ②   31 ④   32 ③   33 ①   34 ②

중 제6장 중성점 접지방식

35 비접지식 3상 송배전계통에서 1선 지락고장 시 고장전류를 계산하는 데 사용되는 정전용량은?

① 작용정전용량 ② 대지정전용량
③ 합성정전용량 ④ 선간정전용량

해설

1선 지락고장 시 지락점에 흐르는 지락전류는 대지정전용량으로 흐른다.
비접지식 선로에서 1선 지락사고 시의 지락전류

$$I_g = 2\pi f (3C_s) \frac{V}{\sqrt{3}} l \times 10^{-6} [A]$$

상 제8장 송전선로 보호방식

36 단락전류를 제한하기 위한 것은?

① 동기조상기 ② 분로리액터
③ 전력용 콘덴서 ④ 한류리액터

해설

한류리액터는 선로에 직렬로 설치한 리액터로 단락사고 시 발전기에 전기자 반작용이 일어나기 전 커다란 돌발 단락전류가 흐르므로 이를 제한하기 위해 설치하는 리액터이다.

상 제6장 중성점 접지방식

37 1선 지락 시에 지락전류가 가장 작은 송전계통은?

① 비접지식
② 직접접지식
③ 저항접지식
④ 소호리액터 접지식

해설

송전계통의 접지방식별 지락사고 시 지락전류의 크기 비교

중성점 접지방식	지락전류의 크기
비접지	적음
직접접지	최대
저항접지	중간 정도
소호리액터 접지	최소

상 제6장 중성점 접지방식

38 유효접지는 1선 접지 시에 전선상의 전압이 상규 대지전압의 몇 배를 넘지 않도록 하는 중성점 접지를 말하는가?

① 0.8 ② 1.3
③ 3 ④ 4

해설

1선 지락고장 시 건전상 전압이 상규 대지전압의 1.3배를 넘지 않는 범위에 들어가도록 중성점 임피던스를 조절해서 접지하는 방식을 유효접지라고 한다.

상 제11장 발전

39 어느 화력발전소에서 40000[kWh]를 발전하는 데 발열량 860[kcal/kg]의 석탄이 60톤 사용된다. 이 발전소의 열효율[%]은 약 얼마인가?

① 56.7 ② 66.7
③ 76.7 ④ 86.7

해설 열효율

$$\eta = \frac{860P}{WC} \times 100 = \frac{860 \times 40000}{60 \times 10^3 \times 860} \times 100 = 66.7[\%]$$

여기서, P : 전력량[W]
W : 연료소비량[kg]
C : 열량[kcal/kg]

중 제9장 배전방식

40 고압 배전선로 구성방식 중 고장 시 자동적으로 고장개소의 분리 및 건전선로에 폐로하여 전력을 공급하는 개폐기를 가지며, 수요분포에 따라 임의의 분기선으로부터 전력을 공급하는 방식은?

① 환상식 ② 망상식
③ 뱅킹식 ④ 가지식(수지식)

해설

환상식(루프) 배전은 선로고장 시 자동적으로 고장구간을 구분하여 정전구간을 줄이고 전압변동 및 전력손실이 적어지는 것이 장점이지만 시설비가 많이 들어 부하밀도가 높은 도심지의 변화나 상가지역에 적당하다.

정답 35 ② 36 ④ 37 ④ 38 ② 39 ② 40 ①

제3과목 **전기기기**

상 제2장 동기기

41 여자전류 및 단자전압이 일정한 비철극형 동기발전기의 출력과 부하각 δ와의 관계를 나타낸 것은? (단, 전기자저항은 무시한다.)

① δ에 비례

② δ에 반비례

③ $\cos\delta$에 비례

④ $\sin\delta$에 비례

해설 동기발전기의 출력

• 비돌극기의 출력

$$P = \frac{E_a V_n}{X_s} \sin\delta [W]$$

(최대출력이 부하각 $\delta = 90°$에서 발생)

• 돌극기의 출력

$$P = \frac{E_a V_n}{X_d} \sin\delta - \frac{V_n^2 (X_d - X_q)}{2X_d X_q} \sin 2\delta [W]$$

(최대출력이 부하각 $\delta = 60°$에서 발생)

상 제5장 정류기

42 단상 전파정류회로에서 교류전압 $v = \sqrt{2} V \sin\theta$[V]인 정현파전압에 대하여 직류전압 E_d의 평균값 E_{do}는 몇 [V]인가?

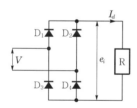

① $E_{do} = 0.45 V$

② $E_{do} = 0.90 V$

③ $E_{do} = 1.17 V$

④ $E_{do} = 1.35 V$

해설

단상 전파의 직류전압 $E_d = \frac{2\sqrt{2}}{\pi} V = 0.9 V$[V]

하 제1장 직류기

43 직류분권발전기에 대하여 적은 것이다. 바른 것은?

① 단자전압이 강하하면 계자전류가 증가한다.

② 타여자발전기의 경우보다 외부특성곡선이 상향으로 된다

③ 분권권선의 접속방법에 관계없이 자기여자로 전압을 올릴 수가 있다.

④ 부하에 의한 전압의 변동이 타여자발전기에 비하여 크다.

해설

부하전력 $P = V_n I_n$[kW], 계자권선전압 $V_f = I_f \cdot r_f$[V]

㉠ 분권발전기 전류 및 전압

• $I_a = I_f + I_n$

• $E_a = V_n + I_a \cdot r_a$[V]

㉡ 분권발전기의 경우 부하변화 시 계자권선의 전압 및 전류도 변화되므로 전기자전류가 타여자발전기에 비해 크게 변화되므로 전압변동도 크다.

상 제3장 변압기

44 1차 전압 6900[V], 1차 권선 3000회, 권수비 20의 변압기를 60[Hz]에 사용할 때 철심의 최대자속[Wb]은?

① 0.86×10^{-4}

② 8.63×10^{-3}

③ 86.3×10^{-3}

④ 863×10^{-3}

해설

1차 전압 $E_1 = 4.44 f N_1 \phi_m$[V]에서 철심의 최대자속 ϕ_m을 구하면

$$\phi_m = \frac{E_1}{4.44 f N_1}$$

$$= \frac{6900}{4.44 \times 60 \times 3000}$$

$$= 8.633 \times 10^{-3}[Wb]$$

상 제2장 동기기

45 6극, 슬롯수 54의 동기기가 있다. 전기자코일은 제1슬롯과 제9슬롯에 연결된다고 할 때 기본파에 대한 단절권계수는?

① 약 0.342

② 약 0.981

③ 약 0.985

④ 약 1.0

정답 41 ④ 42 ② 43 ④ 44 ② 45 ③

해설

$$\beta = \frac{\text{코일간격}}{\text{자극간격}} = \frac{9-1}{54/6} = \frac{8}{9}$$

단절권계수 $K_P = \sin\frac{\beta\pi}{2} = \sin\frac{\frac{8}{9}\pi}{2} = \sin 80°$

$$\fallingdotseq 0.985$$

상 제3장 변압기

46 단상 100[kVA], 13200/200[V] 변압기의 저압측 선전류의 유효분전류[A]는? (단, 역률은 0.8, 지상이다.)

① 300
② 400
③ 500
④ 700

해설

$$I_2 = \frac{P}{V_2} = \frac{100}{0.2} \times (0.8 - j\,0.6) = 400 - j\,300\,[A]$$

따라서 유효분 400[A], 무효분 300[A]가 흐른다.

중 제1장 직류기

47 직류직권전동기의 회전수를 반으로 줄이면 토크는 약 몇 배가 되는가?

① $\frac{1}{4}$
② $\frac{1}{2}$
③ 4
④ 2

해설

직권전동기의 토크와 회전수

$$T \propto \frac{1}{N^2} = \frac{1}{\left(\frac{1}{2}\right)^2} = 4\text{배}$$

상 제4장 유도기

48 동기 와트로 표시되는 것은?

① 토크
② 동기속도
③ 출력
④ 1차 입력

해설

동기 와트 $P_2 = 1.026 \cdot T \cdot N_s \times 10^{-3}\,[kW]$
동기 와트(P_2)는 동기속도에서 토크의 크기를 나타낸다.

상 제1장 직류기

49 직류기의 양호한 정류를 얻는 조건이 아닌 것은?

① 정류주기를 크게 할 것
② 정류 코일의 인덕턴스를 작게 할 것
③ 리액턴스 전압을 작게 할 것
④ 브러시 접촉저항을 작게 할 것

해설 저항정류 : 탄소브러시 이용

탄소브러시는 접촉저항이 커서 정류 중 개방과 단락 시 브러시의 마모 및 파손을 방지하기 위해 사용한다.

상 제2장 동기기

50 무부하포화곡선과 공극선으로 산출할 수 있는 것은?

① 동기 임피던스
② 단락비
③ 전기자반작용
④ 포화율

해설

무부하포화곡선과 공극선을 통해 자속의 포화 정도를 나타내는 포화율을 산출할 수 있다.

상 제4장 유도기

51 3상 유도기에서 출력의 변환식이 맞는 것은?

① $P_o = P_2 - P_{2c} = P_2 - sP_2$
$\quad = \frac{N}{N_s}P_2 = (1-s)P_2$

② $P_o = P_2 + P_{2c} = P_2 + sP_2$
$\quad = \frac{N_s}{N}P_2 = (1+s)P_2$

③ $P_o = P_2 + P_{2c} = \frac{N}{N_s}P_2 = (1-s)P_2$

④ $(1-s)P_2 = \frac{N}{N_s}P_2$
$\quad = P_o - P_{2c} = P_o - sP_2$

해설

출력=2차 입력 - 2차 동손 → $P_o = P_2 - P_{2c}$
$P_2 : P_{2c} = 1 : s$에서
$P_{2c} = sP_2 \rightarrow P_o = P_2 - sP_2$
$P_2 : P_o = 1 : 1-s \rightarrow P_o = (1-s)P_2$
$N = (1-s)N_s$에서
$$\frac{N}{N_s} = (1-s) \rightarrow P_o = \frac{N}{N_s}P_2$$

상 제4장 유도기

52 권선형 3상 유도전동기에서 2차 저항을 변화시켜 속도를 제어하는 경우 최대 토크는?

① 최대 토크가 생기는 점의 슬립에 비례한다.
② 최대 토크가 생기는 점의 슬립에 반비례한다.
③ 2차 저항에만 비례한다.
④ 항상 일정하다.

해설

최대 토크는 $T_m \propto \dfrac{r_2}{S_t} = \dfrac{mr_2}{mS_t}$ 으로 저항의 크기가 변화되어 슬립이 변화되어도 항상 일정하다. 반면에 슬립이 $s_t \to ms_t$로 증가 시 회전속도 $N = (1-ms_t)N_s$로 감소

중 제2장 동기기

53 동기기에 있어서 동기 임피던스와 단락비와의 관계는?

① 동기 임피던스[Ω] $= \dfrac{1}{(단락비)^2}$

② 단락비 $= \dfrac{동기\ 임피던스[\Omega]}{동기각속도}$

③ 단락비 $= \dfrac{1}{동기\ 임피던스[pu]}$

④ 동기 임피던스[pu] = 단락비

해설

단락비 $K_s = \dfrac{I_s}{I_n} = \dfrac{100}{\%Z} = \dfrac{1}{Z[pu]} = \dfrac{10^3 V_n^{\ 2}}{P Z_s}$

중 제6장 특수기기

54 단상 정류자전동기의 종류가 아닌 것은?

① 직권형   ② 아트킨손형
③ 보상직권형   ④ 유도보상직권형

해설

단상 직권전동기의 종류에는 직권형, 보상직권형, 유도보상직권형이 있다. 아트킨손형은 단상 반발전동기의 종류이다.

중 제1장 직류기

55 200[kW], 200[V]의 직류분권발전기가 있다. 전기자권선의 저항이 0.025[Ω]일 때 전압변동률은 몇 [%]인가?

① 6.0
② 12.5
③ 20.5
④ 25.0

해설

부하전류 $I_n = \dfrac{P}{V_n} = \dfrac{200000}{200} = 1000[A]$

$E_a = V_0$ 이므로

$E_a = V_n + I_a r_a = 200 + 1000 \times 0.025 = 225[V]$

전압변동률 $\varepsilon = \dfrac{V_0 - V_n}{V_n} \times 100[\%]$

$\qquad = \dfrac{225 - 200}{200} \times 100$

$\qquad = 12.5[\%]$

하 제6장 특수기기

56 3상 직권 정류자전동기에 중간변압기를 사용하는 이유로 적당하지 않은 것은?

① 중간변압기를 이용하여 속도상승을 억제할 수 있다.
② 회전자전압을 정류작용에 맞는 값으로 선정할 수 있다.
③ 중간변압기를 사용하여 누설 리액턴스를 감소할 수 있다.
④ 중간변압기의 권수비를 바꾸어 전동기 특성을 조정할 수 있다.

해설 중간변압기 사용이유

㉠ 전원전압의 크기에 관계없이 회전자전압을 정류작용에 맞는 값으로 선정
㉡ 중간변압기의 권수비를 바꾸어 전동기의 특성 조정 가능
㉢ 경부하에서는 속도가 현저하게 상승하나 중간변압기를 사용하여 철심을 포화시켜 속도상승을 억제

정답 52 ④ 53 ③ 54 ② 55 ② 56 ③

하 제1장 직류기

57 A, B 두 대의 직류발전기를 병렬운전하여 부하에 100[A]를 공급하고 있다. A발전기의 유기기전력과 내부저항은 110[V]와 0.04[Ω], B발전기의 유기기전력과 내부저항은 112[V]와 0.06[Ω]일 때 A발전기에 흐르는 전류[A]는?

① 4   ② 6
③ 40   ④ 60

✎ 해설

부하전류의 합 $I = I_A + I_B = 100[A]$ ············ ①
단자전압 $V_n = E - I_a r_a$ ······················· ②
병렬운전 시 단자전압은 같으므로 ①과 ②식에서
$110 - 0.04 I_A = 112 - 0.06 I_B$
$110 - 0.04(100 - I_B) = 112 - 0.06 I_B$
위의 식을 정리하면 $I_B = 60[A]$
$\therefore I_A = 100 - 60 = 40[A]$

상 제3장 변압기

58 단상 변압기의 2차측(105[V]단자)에 1[Ω]의 저항을 접속하고 1차측에 1[A]의 전류를 흘렸을 때 1차 단자전압이 900[V]이었다. 1차측 탭전압과 2차 전류는 얼마인가? (단, 변압기는 이상변압기이고, V_r는 1차 탭전압, I_2는 2차 전류를 표시함)

① $V_r = 3150[V]$, $I_2 = 30[A]$
② $V_r = 900[V]$, $I_2 = 30[A]$
③ $V_r = 900[V]$, $I_2 = 1[A]$
④ $V_r = 3150[V]$, $I_2 = 1[A]$

✎ 해설

1차 전류와 2차 저항을 이용하여 권수비를 산출하면
$1 = \dfrac{900}{R_1} = \dfrac{900}{a^2 \times 1}$ 를 정리하면 권수비 $a = 30$이 된다.
$V_1 = a V_2 = 30 \times 105 = 3150[V]$
$I_2 = a I_1 = 30 \times 1 = 30[A]$

상 제4장 유도기

59 슬립 6[%]인 유도전동기의 2차측 효율[%]은?

① 94   ② 84
③ 90   ④ 88

✎ 해설

2차 효율 $\eta_2 = (1 - s) \times 100 = (1 - 0.06) \times 100$
$= 0.94 \times 100$
$= 94[\%]$

중 제5장 정류기

60 사이리스터 2개를 사용한 단상 전파정류회로에서 직류전압 100[V]를 얻으려면 몇 [V]의 교류전압이 필요한가? (단, 정류기 내의 전압강하는 무시한다.)

① 약 111   ② 약 141
③ 약 152   ④ 약 166

✎ 해설

식류평균선압 $E_d = \dfrac{2\sqrt{2} E}{\pi} - e_a [V]$에서
상전압 E를 구하면
$E = \dfrac{\pi}{2\sqrt{2}}(E_d + e_a)$
$= \dfrac{\pi}{2\sqrt{2}} \times 100 = 111[V]$

제4과목 **회로이론 및 제어공학**

중 제어공학 제5장 안정도 판별법

61 $G(s)H(s) = \dfrac{K(1 + s T_2)}{s^2(1 + s T_1)}$ 를 갖는 제어계의 안정조건은? (단, K, T_1, $T_2 > 0$)

① $T_2 = 0$ ② $T_1 > T_2$
③ $T_2 = T_1$ ④ $T_1 < T_2$

✎ 해설

㉠ $F(s) = 1 + G(s)H(s) = 1 + \dfrac{K(1 + s T_2)}{s^2(1 + s T_1)} = 0$
㉡ 위 식을 정리하면 특성방정식은
$F(s) = as^3 + bs^2 + cs + d$
$= s^2(1 + s T_1) + K(1 + s T_2)$
$= T_1 s^3 + s^2 + K T_2 s + K = 0$
㉢ $bc > ad$의 조건을 만족해야 하므로
$K T_2 > K T_1$이 되어야 한다.
$\therefore$ 안정하기 위한 조건 : $T_1 < T_2$

정답 57 ③ 58 ① 59 ① 60 ① 61 ④

중 제어공학 제8장 시퀀스회로의 이해

62 그림과 같은 논리회로에서 A=1, B=1인 입력에 대한 출력 X, Y는 각각 얼마인가?

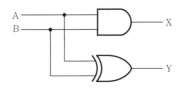

① X=0, Y=0　　② X=0, Y=1

③ X=1, Y=0　　④ X=1, Y=1

해설

㉠ X는 AND 회로, Y는 XOR 회로이고, 진리표는 아래와 같다.

AND 회로			XOR 회로		
입력		출력	입력		출력
A	B	X	A	B	Y
0	0	0	0	0	0
0	1	0	0	1	1
1	0	0	1	0	1
1	1	1	1	1	0

㉡ XOR의 간략화 회로의 논리식

$$Y = A\overline{B} + \overline{A}B = A \oplus B$$

중 제어공학 제4장 주파수영역해석법

63 $G(s) = \dfrac{1}{5s+1}$ 일 때, 보드선도에서 절점 주파수 ω_0는?

① 0.2[rad/sec]　　② 0.5[rad/sec]

③ 2[rad/sec]　　④ 5[rad/sec]

해설

㉠ 1차 제어계 $G(j\omega) = \dfrac{K}{1+j\omega T}$에서 $\omega = \dfrac{1}{T}$인 주파수를 절점주파수(break frequency)라 한다. 즉, 실수부와 허수부의 크기가 같아지는 주파수를 말한다.

㉡ 주파수 전달함수 $G(j\omega) = \dfrac{1}{1+j5\omega}$

∴ 절점주파수 $\omega_0 = \dfrac{1}{5} = 0.2$[rad/sec]

상 제어공학 제7장 상태방정식

64 $\dfrac{d^3}{dt^3}x(t) + 8\dfrac{d^2}{dt^2}x(t) + 19\dfrac{d}{dt}x(t) + 12x(t) = 6u(t)$의 미분방정식을 상태방정식 $\dfrac{dx(t)}{dt} = Ax(t) + Bu(t)$로 표현할 때 옳은 것은?

① $A = \begin{bmatrix} 0 & 1 & 0 \\ 0 & 0 & 1 \\ -12 & -19 & -8 \end{bmatrix}$, $B = \begin{bmatrix} 0 \\ 0 \\ 6 \end{bmatrix}$

② $A = \begin{bmatrix} 0 & 1 & 0 \\ 0 & 0 & 1 \\ -8 & -19 & -12 \end{bmatrix}$, $B = \begin{bmatrix} 0 \\ 0 \\ 6 \end{bmatrix}$

③ $A = \begin{bmatrix} 0 & 1 & 0 \\ 0 & 0 & 1 \\ -12 & -19 & -8 \end{bmatrix}$, $B = \begin{bmatrix} 6 \\ 0 \\ 0 \end{bmatrix}$

④ $A = \begin{bmatrix} 0 & 1 & 0 \\ 0 & 0 & 1 \\ -12 & -19 & -8 \end{bmatrix}$, $B = \begin{bmatrix} 6 \\ 0 \\ 1 \end{bmatrix}$

해설

㉠ $x(t) = x_1(t)$

㉡ $\dfrac{d}{dt}x(t) = \dfrac{d}{dt}x_1(t) = \dot{x}_1(t) = x_2(t)$

㉢ $\dfrac{d^2}{dt^2}x(t) = \dfrac{d}{dt}x_2(t) = \dot{x}_2(t) = x_3(t)$

㉣ $\dfrac{d^3}{dt^3}x(t) = \dfrac{d}{dt}x_3(t) = \dot{x}_3(t)$

∴ $-12x_1(t) - 19x_2(t) - 8x_3(t) + 6u(t)$

$\begin{bmatrix} \dot{x}_1 \\ \dot{x}_2 \\ \dot{x}_3 \end{bmatrix} = \begin{bmatrix} 0 & 1 & 0 \\ 0 & 0 & 1 \\ -12 & -19 & -8 \end{bmatrix} \begin{bmatrix} x_1(t) \\ x_2(t) \\ x_3(t) \end{bmatrix} + \begin{bmatrix} 0 \\ 0 \\ 6 \end{bmatrix} u(t)$

[별해] $\dfrac{d^3}{dt^3}c(t) + K_1\dfrac{d^2}{dt^2}c(t) + K_2\dfrac{d}{dt}c(t) + K_3 c(t) = K_4 u(t)$의 경우 아래와 같이 구성된다.

$\begin{bmatrix} \dot{x}_1 \\ \dot{x}_2 \\ \dot{x}_3 \end{bmatrix} = \begin{bmatrix} 0 & 1 & 0 \\ 0 & 0 & 1 \\ -K_3 & -K_2 & -K_1 \end{bmatrix} \begin{bmatrix} x_1(t) \\ x_2(t) \\ x_3(t) \end{bmatrix} + \begin{bmatrix} 0 \\ 0 \\ K_4 \end{bmatrix} u(t)$

중 제어공학 제1장 자동제어의 개요

65 엘리베이터의 자동제어는 다음 중 어느 제어에 속하는가?

① 추종제어　　② 프로그램제어

③ 정치제어　　④ 비율제어

해설

무인자판기, 엘리베이터, 열차의 무인운전 등은 미리 정해진 입력에 따라 제어를 실시하는 프로그램제어에 속한다.

상 제어공학 제3장 시간영역해석법

66 단위 피드백제어계에서 개루프 전달함수 $G(s)$가 다음과 같이 주어지는 계의 단위 계단입력에 대한 정상편차는?

$$G(s) = \frac{6}{(s+1)(s+3)}$$

① $\dfrac{1}{2}$ ② $\dfrac{1}{3}$

③ $\dfrac{1}{4}$ ④ $\dfrac{1}{6}$

해설

㉠ 정상위치편차 상수

$$K_p = \lim_{s \to 0} s^0 G = \lim_{s \to 0} G(s)H(s)$$
$$= \lim_{s \to 0} \frac{6}{(s+1)(s+3)} = \frac{6}{3} = 2$$

㉡ 정상위치편차

$$e_{sp} = \frac{1}{1+K_p} = \frac{1}{3}$$

하 제어공학 제2장 전달함수

67 다음 연산증폭기의 출력은?

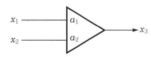

① $x_3 = -a_1 x_1 - a_2 x_2$
② $x_3 = a_1 x_1 + a_2 x_2$
③ $x_3 = (a_1 + a_2)(x_1 + x_2)$
④ $x_3 = -(a_1 - a_2)(x_1 + x_2)$

해설

반전증폭기(OP-AMP)를 이용하여 2입력 가산증폭기의 등가 블록선도는 아래와 같다.

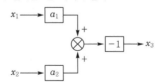

∴ 출력 : $x_3 = -a_1 x_1 - a_2 x_2$

중 제어공학 제6장 근궤적법

68 다음과 같은 특성방정식의 근궤적 가지수는?

$$F(s) = s(s+1)(s+2) + K(s+3) = 0$$

① 6   ② 5
③ 4   ④ 3

해설

근궤적의 수는 극점과 영점의 수 중 큰 것 또는 특성방정식의 차수에 의해 결정된다.
∴ 특성방정식이 3차가 되므로 근궤적의 수도 3개가 된다.

상 제어공학 제2장 전달함수

69 그림과 같은 신호흐름선도에서 전달함수 $\dfrac{C(s)}{R(s)}$는?

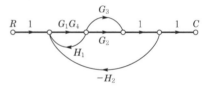

① $\dfrac{G_1 G_4(G_2 + G_3)}{1 + G_1 G_4 H_1 + G_1 G_4(G_3 + G_2)H_2}$

② $\dfrac{G_1 G_4(G_2 + G_3)}{1 - G_1 G_4 H_1 + G_1 G_4(G_3 + G_2)H_2}$

③ $\dfrac{G_1 G_2 - G_3 G_4}{1 + G_1 G_3 G_4 H_2 + G_1 G_2 H_1}$

④ $\dfrac{G_1 G_2 - G_3 G_4}{1 - G_1 G_2 H_1 + G_1 G_3 G_4 H_2}$

해설

$$M(s) = \frac{C(s)}{R(s)} = \frac{\sum \text{전향경로이득}}{1 - \sum \text{폐루프 이득}}$$
$$= \frac{G_1 G_4(G_2 + G_3)}{1 - G_1 G_4 H_1 + G_1 G_4(G_3 + G_2)H_2}$$

중 제어공학 제3장 시간영역해석법

70 어떤 제어계에 입력신호를 가하고 난 후 출력신호가 정상상태에 도달할 때까지의 응답을 무엇이라고 하는가?

① 시간응답   ② 선형응답
③ 정상응답   ④ 과도응답

정답   66 ②   67 ①   68 ④   69 ②   70 ④

해설

과도응답이란 입력을 가한 후 정상상태에 도달할 때까지의 출력을 의미한다.

중 회로이론 제5장 대칭좌표법

71 불평형 3상 전류가 $I_a = 15 + j2$[A], $I_b = -20 - j14$[A], $I_c = -3 + j10$[A]일 때 역상분 전류 I_2는?

① $1.91 + j6.24$[A] ② $15.74 - j3.57$[A]
③ $-2.67 - j0.67$[A] ④ $2.67 - j0.67$[A]

해설 역상분 전류

$$I_2 = \frac{1}{3}(I_a + a^2 I_b + a I_c)$$
$$= \frac{1}{3}\Big[(15 + j2)$$
$$+ \left(-\frac{1}{2} - j\frac{\sqrt{3}}{2}\right)(-20 - j14)$$
$$+ \left(-\frac{1}{2} + j\frac{\sqrt{3}}{2}\right)(-3 + j10)\Big]$$
$$= 1.91 + j6.24[\text{A}]$$

중 회로이론 제7장 4단자망 회로해석

72 4단자 정수 A, B, C, D로 출력측을 개방시켰을 때 입력측에서 본 구동점 임피던스
$$Z_{11} = \frac{V_1}{I_1}\bigg|_{I_2 = 0}$$ 를 표시한 것 중 옳은 것은?

① $Z_{11} = \dfrac{A}{C}$ ② $Z_{11} = \dfrac{B}{D}$
③ $Z_{11} = \dfrac{A}{B}$ ④ $Z_{11} = \dfrac{B}{C}$

해설 4단자 방정식

㉠ $V_1 = AV_2 + BI_2$
㉡ $I_1 = CV_2 + DI_2$
∴ $Z_{11} = \dfrac{V_1}{I_1} = \dfrac{AV_2 + BI_2}{CV_2 + DI_2}\bigg|_{I_2 = 0} = \dfrac{AV_2}{CV_2} = \dfrac{A}{C}$

중 회로이론 제8장 분포정수회로

73 위상정수 $\beta = \dfrac{\pi}{8}$[rad/km]인 선로에 1[MHz]에 대한 전파속도는 몇 [m/s]인가?

① 1.6×10^7 ② 3.2×10^7
③ 5.0×10^7 ④ 8.0×10^7

해설

$$v = \frac{1}{\sqrt{LC}} = \frac{\omega}{\beta}$$
$$= \frac{2\pi f}{\beta} = \frac{2\pi \times 10^6}{\frac{\pi}{8}}$$
$$= 16 \times 10^6 = 1.6 \times 10^7[\text{m/s}]$$
여기서, 위상정수 $\beta = \omega\sqrt{LC}$

중 회로이론 제9장 과도현상

74 인덕턴스 0.5[H], 저항 2[Ω]의 직렬회로에 30[V]의 직류전압을 급히 가했을 때 스위치를 닫은 후 0.1초 후의 전류의 순시값 i[A]와 회로의 시정수 τ[sec]는?

① $i = 4.95$, $\tau = 0.25$
② $i = 12.75$, $\tau = 0.35$
③ $i = 5.95$, $\tau = 0.45$
④ $i = 13.75$, $\tau = 0.25$

해설

㉠ 전류의 순시값
$$i(t) = \frac{E}{R}\left(1 - e^{-\frac{R}{L}t}\right)$$
$$= \frac{30}{2}\left(1 - e^{-\frac{2}{0.5} \times 0.1}\right)$$
$$= 4.95[\text{A}]$$

㉡ 시정수
$$\tau = \frac{L}{R} = \frac{0.5}{2} = 0.25[\text{sec}]$$

중 회로이론 제3장 다상 교류회로의 이해

75 선간전압 V[V]의 평형전원에 대칭부하 R[Ω]이 그림과 같이 접속되어 있을 때 a, b 두 상간에 접속된 전력계의 지시 c상의 전류[A]는?

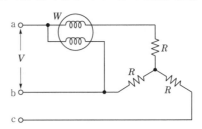

① $\dfrac{W}{3V}$ ② $\dfrac{2W}{3V}$
③ $\dfrac{2W}{\sqrt{3}\,V}$ ④ $\dfrac{\sqrt{3}\,W}{V}$

해설

㉠ 2전력계법에 의한 유효전력
$$P = W_1 + W_2 = \sqrt{3}\, VI\cos\theta [W]$$

㉡ 평형 3상의 R만의 부하인 경우
$W_1 = W_2, \cos\theta = 1$이 된다.

∴ 선전류 $I = \dfrac{W_1 + W_2}{\sqrt{3}\, V\cos\theta} = \dfrac{2W}{\sqrt{3}\, V}[A]$

상 회로이론 제3장 다상 교류회로의 이해

76 전원과 부하가 다같이 △결선(환상결선)된 3상 평형회로가 있다. 전원전압이 200[V], 부하 임피던스가 $Z = 6 + j8[\Omega]$인 경우 부하전류[A]는?

① 20

② $\dfrac{20}{\sqrt{3}}$

③ $20\sqrt{3}$

④ $10\sqrt{3}$

해설

㉠ 각 상의 임피던스의 크기

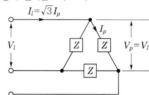

$Z = \sqrt{8^2 + 6^2} = 10[\Omega]$

㉡ 전원전압은 선간전압을 의미하고, △결선 시 상전압과 선간전압의 크기는 같다.

㉢ 상전류(환상전류)
$$I_P = \dfrac{V_P}{Z} = \dfrac{200}{10} = 20[A]$$

∴ 선전류(부하전류)
$$I_l = \sqrt{3}\, I_P = 20\sqrt{3}[A]$$

중 회로이론 제2장 단상 교류회로의 이해

77 그림과 같은 RC 병렬회로에서 양단에 인가된 전원전압이 $e(t) = 3e^{-5t}[V]$인 경우 이 회로의 임피던스[Ω]는?

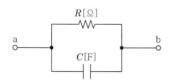

① $\dfrac{1}{R}(1 - j\omega CR)$

② $\dfrac{1}{R}(1 + j\omega CR)$

③ $\dfrac{R}{1 + j\omega CR}$

④ $\dfrac{R}{1 - j\omega CR}$

해설

$$Z = \dfrac{1}{\dfrac{1}{R} + \dfrac{1}{-jX_C}} = \dfrac{1}{\dfrac{1}{R} + j\dfrac{1}{X_C}}$$

$$= \dfrac{1}{\dfrac{1}{R} + j\omega C}$$

$$= \dfrac{R}{1 + j\omega CR}[\Omega]$$

상 회로이론 제10장 라플라스 변환

78 $f(t) = \mathcal{L}^{-1}\left[\dfrac{1}{s^2 + a^2}\right]$ 의 값은 얼마인가?

① $\dfrac{1}{a}\cos at$

② $\dfrac{1}{a}\sin at$

③ $\cos at$

④ $\sin at$

해설

$$\mathcal{L}^{-1}\left[\dfrac{1}{s^2 + a^2}\right] = \mathcal{L}^{-1}\left[\dfrac{1}{a} \times \dfrac{a}{s^2 + a^2}\right] = \dfrac{1}{a}\sin at$$

중 회로이론 제2장 단상 교류회로의 이해

79 두 개의 코일 A, B가 있다. A코일의 저항과 유도 리액턴스가 각각 3[Ω], 5[Ω], B코일은 각각 5[Ω], 1[Ω]이다. 두 코일을 직렬로 접속하여 100[V]의 전압을 인가할 때 흐르는 전류[A]는 어떻게 표현되는가?

① $10\,\underline{/37°}$

② $10\,\underline{/-37°}$

③ $10\,\underline{/57°}$

④ $10\,\underline{/-57°}$

해설

㉠ 합성 임피던스
$$Z = R_1 + jX_{L1} + R_2 + jX_{L2}$$
$$= R_1 + R_2 + j(X_{L1} + X_{L2})$$
$$= 3 + 5 + j(5 + 1) = 8 + j6$$

㉡ 임피던스의 극형식 표현
$$Z = 8 + j6 = \sqrt{8^2 + 6^2}\,\underline{/\tan^{-1}\dfrac{6}{8}} = 10\,\underline{/36.87°}$$

∴ 전류 $I = \dfrac{V}{Z} = \dfrac{100}{10\,\underline{/37°}} = 10\,\underline{/-37°}[A]$

정답 76 ③ 77 ③ 78 ② 79 ②

중 회로이론 제6장 회로망 해석

80 그림과 같은 회로의 a, b 단자 간의 전압[V]은?

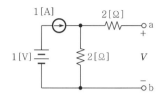

① 2
② −2
③ −4
④ 4

해설

중첩의 정리를 이용하여 풀이할 수 있다.
㉠ 전압원 1[V]만의 회로해석 : $I_1 = 0$[A]

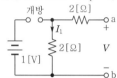

㉡ 전류원 1[A]만의 회로해석 : $I_2 = 1$[A]

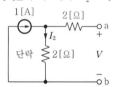

㉢ 2[Ω] 통과전류 : $I = I_1 + I_2 = 1$[A]
∴ 개방전압 $V = 2I = 2 \times 1 = 2$[V]

제5과목 **전기설비기술기준**

상 제3장 전선로

81 특고압 가공전선로를 시가지에서 A종 철주를 사용하여 시설하는 경우 경간(지지물 간 거리)은 최대는 몇 [m]이어야 하는가?

① 50
② 75
③ 150
④ 200

해설 시가지 등에서 특고압 가공전선로의 시설
(KEC 333.1)

㉠ 지지물에는 철주, 철근 콘크리트주 또는 '철탑을 사용한다.
㉡ 지지물 간 거리는 A종은 75[m] 이하, B종은 150[m] 이하, 철탑은 400[m](2 이상의 전선이 수평이고 간격이 4[m] 미만인 경우는 250[m]) 이하로 한다.

하 제6장 분산형전원설비

82 이차전지를 이용한 전기저장장치의 시설기준으로 틀린 것은?

① 전기서장장치를 시설하는 장소는 폭발성 가스의 축적을 방지하기 위한 환기시설을 갖추어야 한다.
② 점검을 용이하게 하기 위해 충전부분이 노출되도록 시설하여야 한다.
③ 침수의 우려가 없도록 시설하여야 한다.
④ 전기저장장치의 이차전지, 제어반, 배전반의 시설은 기기 등을 조작 또는 보수·점검할 수 있는 충분한 공간을 확보하고 조명설비를 설치하여야 한다.

해설 전기저장장치의 시설장소 요구사항(KEC 511.1)

㉠ 전기저장장치의 이차전지, 제어반, 배전반의 시설은 기기 등을 조작 또는 보수·점검할 수 있는 충분한 공간을 확보하고 조명설비를 설치할 것
㉡ 전기저장장치를 시설하는 장소는 폭발성 가스의 축적을 방지하기 위한 환기시설을 갖추고 제조사가 권장하는 온도·습도·수분·먼지 등 적정 운영환경을 상시 유지할 것
㉢ 침수 및 누수의 우려가 없도록 시설할 것
㉣ 외벽 등 확인하기 쉬운 위치에 "전기저장장치 시설장소" 표지를 하고, 일반인의 출입을 통제하기 위한 잠금장치 등을 설치할 것

중 제3장 전선로

83 지중전선로를 직접 매설식에 의하여 시설할 때 중량물의 압력을 받을 우려가 있는 장소에 지중전선을 견고한 트로프, 기타 방호물에 넣지 않고도 부설할 수 있는 케이블은?

① 염화비닐 절연 케이블
② 폴리에틸렌 외장 케이블
③ 콤바인덕트 케이블
④ 알루미늄피 케이블

해설 지중전선로의 시설(KEC 334.1)

직접 매설식에 의하여 시설하는 경우
㉠ 매설 깊이를 차량, 기타 중량물의 압력을 받을 우려가 있는 장소에는 1.0[m] 이상, 기타 장소에는 0.6[m] 이상으로 하고 또한 지중전선을 견고한 트로프, 기타 방호물에 넣어서 시설

ⓛ 케이블을 견고한 트로프, 기타 방호물에 넣지 않아도 되는 경우
- 차량, 기타 중량물의 압력을 받을 우려가 없는 경우에 그 위를 견고한 판 또는 몰드로 덮어 시설하는 경우
- 저압 또는 고압의 지중전선에 콤바인덕트 케이블을 사용하여 시설하는 경우
- 지중전선에 파이프형 압력케이블을 사용하거나 최대사용전압이 60[kV]를 초과하는 연피케이블, 알루미늄피케이블 그 밖의 금속피복을 한 특고압 케이블을 사용하고 또한 지중전선의 위를 견고한 판 또는 몰드 등으로 덮어 시설하는 경우

상 제2장 저압설비 및 고압·특고압설비

84 저압 옥내간선에서 분기하여 전기사용기계기구에 이르는 저압 옥내전로에서 저압 옥내 간선과의 분기점에서 전선의 길이가 몇 [m] 이하인 곳에 개폐기 및 과전류차단기를 설치하여야 하는가?

① 2 　② 3
③ 5 　④ 6

해설 과부하 보호장치의 설치 위치(KEC 212.4.2)

분기회로의 보호장치는 분기회로의 분기점으로부터 3[m]까지 이동하여 설치할 수 있다.

하 제5장 전기철도

85 전차선로의 전기방식에 대한 설명으로 틀린 것은?

① 교류방식에서 최저 비영구 전압은 지속시간이 2분 이하로 예상되는 전압의 최저값으로 한다.
② 직류방식에서 최고 비영구 전압은 지속시간이 3분 이하로 예상되는 전압의 최고값으로 한다.
③ 수전선로의 공칭전압은 교류 3상 22.9[kV], 154[kV], 345[kV]이다.
④ 교류방식의 급전전압 주파수(실효값)는 60[Hz]이다.

해설 전차선로의 전압(KEC 411.2)

직류방식에서 최고 비영구 전압은 지속시간이 5분 이하로 예상되는 전압의 최고값으로 한다.

중 제4장 발전소, 변전소, 개폐소 및 기계기구 시설보호

86 특고압을 직접 저압으로 변성하는 변압기를 시설하여서는 안 되는 것은?

① 발전소·변전소·개폐소 또는 이에 준하는 곳의 소내용 변압기
② 전기로 등 전류가 큰 전기를 소비하기 위한 변압기
③ 사용전압이 35[kV] 이하인 변압기로서 그 특고압측 권선과 저압측 권선이 혼촉한 경우에 자동적으로 변압기를 전로로부터 차단하기 위한 장치를 설치한 것
④ 직류식 전기철도용 신호회로에 전기를 공급하기 위한 변압기

해설 특고압을 직접 저압으로 변성하는 변압기의 시설(KEC 341.3)

ⓐ 전기로 등 전류가 큰 전기를 소비하기 위한 변압기
ⓑ 발전소·변전소·개폐소 또는 이에 준하는 곳의 소내용 변압기
ⓒ 교류식 전기철도용 신호회로에 전기를 공급하기 위한 변압기
ⓓ 사용전압이 35[kV] 이하인 변압기로서, 그 특고압측 권선과 저압측 권선이 혼촉한 경우에 자동적으로 변압기를 전로로부터 차단하기 위한 장치를 설치한 것

상 제3장 전선로

87 가공전선으로의 지지물에 시설하는 지선(지지선)의 시방세목으로 옳은 것은?

① 안전율은 1.2일 것
② 소선은 3조 이상의 연선일 것
③ 소선은 지름 2.0[mm] 이상인 금속선을 사용한 것일 것
④ 허용인장하중의 최저는 3.2[kN]으로 할 것

해설 지선(지지선)의 시설(KEC 331.11)

가공전선로의 지지물에 시설하는 지선(지지선)은 다음에 따라야 한다.
ⓐ 지선(지지선)의 안전율 : 2.5 이상(목주·A종 철주, A종 철근 콘크리트주 등 1.5 이상)
ⓑ 허용인장하중 : 4.31[kN] 이상
ⓒ 소선(素線) 3가닥 이상의 연선일 것
ⓓ 소선은 지름 2.6[mm] 이상의 금속선을 사용한 것일 것 또는 소선의 지름이 2[mm] 이상인 아연도강연선으로서, 소선의 인장강도가 0.68[kN/mm²] 이상인 것
ⓔ 지중부분 및 지표상 0.3[m]까지의 부분에는 내식성이 있는 것 또는 아연도금철봉 사용

정답 84 ② 85 ② 86 ④ 87 ②

88 전기저장장치의 시설기준에 대한 설명으로 틀린 것은?

① 외부터미널과 접속하기 위해 필요한 접점의 압력이 사용기간 동안 유지되어야 한다.
② 단자를 체결 또는 잠글 때 너트나 나사는 풀림방지 기능이 있는 것을 사용하여야 한다.
③ 전선은 2.5[mm²] 이상의 연동선 또는 이와 동등 이상의 세기 및 굵기여야 한다.
④ 전기배선을 옥측 또는 옥외에 시설할 경우 금속관공사, 합성수지관공사, 애자공사의 규정에 준하여 시설한다.

해설 전기저장장치의 시설(KEC 511.2)

㉠ 전선은 2.5[mm²] 이상의 연동선 또는 이와 동등 이상의 세기 및 굵기를 사용한다.
㉡ 단자의 접속은 기계적, 전기적 안전성을 확보하도록 하여야 한다.
㉢ 단자를 체결 또는 잠글 때 너트나 나사는 풀림방지 기능이 있는 것을 사용하여야 한다.
㉣ 옥측 또는 옥외에 시설할 경우에는 합성수지관공사, 금속관공사, 금속제 가요전선관공사, 케이블공사로 시설할 것

89 사용전압이 35[kV] 이하인 특고압 가공전선과 가공약전류전선 등을 동일 지지물에 시설하는 경우, 특고압 가공전선로는 어떤 종류의 보안공사를 하여야 하는가?

① 제1종 특고압 보안공사
② 제2종 특고압 보안공사
③ 제3종 특고압 보안공사
④ 고압 보안공사

해설 특고압 가공전선과 가공약전류전선 등의 공용설치(KEC 333.19)

㉠ 특고압 가공전선로는 제2종 특고압 보안공사에 의할 것
㉡ 특고압 가공전선은 가공약전류전선 등의 위로 하고 별개의 완금류에 시설할 것
㉢ 특고압 가공전선은 케이블인 경우 이외에는 인장강도 21.67[kN] 이상의 연선 또는 단면적이 50[mm²] 이상인 경동연선일 것
㉣ 특고압 가공전선과 가공약전류전선 등 사이의 이격거리(간격)는 2[m] 이상으로 할 것. 다만, 특고압 가공전선이 케이블인 경우에는 0.5[m]까지로 감할 수 있다.

90 가공전선로의 지지물로 사용하는 철주 또는 철근 콘크리트주는 지선(지지선)을 사용하지 않는 상태에서 얼마 이상의 풍압하중에 견디는 강도를 가지는 경우 이외에는 지선(지지선)을 사용하여 그 강도를 분담시켜서는 안 되는가?

① $\frac{1}{2}$ ② $\frac{1}{3}$
③ $\frac{1}{5}$ ④ $\frac{1}{10}$

해설 지선(지지선)의 시설(KEC 331.11)

㉠ 철탑은 지선(지지선)을 사용하여 그 강도를 분담시켜서는 안 된다.
㉡ 지지물로 사용하는 철주 또는 철근 콘크리트주는 지선(지지선)을 사용하지 않는 상태에서 2분의 1 이상의 풍압하중에 견디는 강도를 가지는 경우 이외에는 지선(지지선)을 사용하여 그 강도를 분담시켜서는 안 된다.

91 발전기나 이를 구동시키는 원동기에 사고가 발생하였을 때 발전기를 전로로부터 자동적으로 차단하는 장치를 시설하여야 하는 경우로 옳은 것은?

① 용량이 1,000[kVA]인 수차발전기의 스러스트 베어링의 온도가 현저히 상승한 경우
② 용량이 300[kVA]인 발전기를 구동하는 수차의 압유장치의 유압이 현저히 저하한 경우
③ 용량이 5,000[kVA]인 발전기의 내부에 고장이 생긴 경우
④ 발전기에 과전류나 과전압이 생긴 경우

해설 발전기 등의 보호장치(KEC 351.3)

다음의 경우 자동적으로 이를 전로로부터 자동차단하는 장치를 하여야 한다.
㉠ 발전기에 과전류나 과전압이 생기는 경우
㉡ 500[kVA] 이상 : 수차의 압유장치의 유압 또는 전동식 제어장치(가이드밴, 니들, 디플렉터 등)의 전원전압이 현저하게 저하한 경우
㉢ 100[kVA] 이상 : 발전기를 구동하는 풍차의 압유장치의 유압, 압축공기장치의 공기압 또는 전동식 블레이드 제어장치의 전원전압이 현저히 저하한 경우

정답 88 ④ 89 ② 90 ① 91 ④

ⓔ 2,000[kVA] 이상 : 수차발전기의 스러스트 베어링의 온도가 현저하게 상승하는 경우

ⓜ 10,000[kVA] 이상 : 발전기 내부고장이 생긴 경우

ⓑ 출력 10,000[kW] 넘는 증기터빈의 스러스트 베어링이 현저하게 마모되거나 온도가 현저히 상승하는 경우

상 제1장 공통사항

92 최대사용전압이 69[kV]인 중성점 비접지식 전로의 절연내력시험전압은 몇 [kV]인가?

① 103.5
② 86.25
③ 63.48
④ 75.9

[해설] 전로의 절연저항 및 절연내력(KEC 132)

전로의 종류	시험전압
1. 최대사용전압 7[kV] 이하인 전로	최대사용전압의 1.5배의 전압
2. 최대사용전압 7[kV] 초과 25[kV] 이하인 중성점 접지식 전로(중성선을 가지는 것으로서 그 중성선을 다중접지 하는 것에 한함)	최대사용전압의 0.92배의 전압
3. 최대사용전압 7[kV] 초과 60[kV] 이하인 전로 (2란의 것을 제외)	최대사용전압의 1.25배의 전압 (10.5[kV] 미만으로 되는 경우는 10.5[kV])
4. 최대사용전압 60[kV] 초과 중성점 비접지식 전로 (전위 변성기를 사용하여 접지하는 것을 포함)	최대사용전압의 1.25배의 전압
5. 최대사용전압 60[kV] 초과 중성점 접지식 전로 (전위 변성기를 사용하여 접지하는 것 및 6란과 7란의 것을 제외)	최대사용전압의 1.1배의 전압 (75[kV] 미만으로 되는 경우에는 75[kV])
6. 최대사용전압이 60[kV] 초과 중성점 직접접지식 전로(7란의 것을 제외)	최대사용전압의 0.72배의 전압
7. 최대사용전압이 170[kV] 초과 중성점 직접 접지식 전로로서 그 중성점이 직접 접지되어 있는 발전소 또는 변전소 혹은 이에 준하는 장소에 시설하는 것	최대사용전압의 0.64배의 전압
8. 최대사용전압이 60[kV]를 초과하는 정류기에 접속되고 있는 전로	교류측 및 직류 고전압측에 접속되고 있는 전로는 교류측의 최대사용전압의 1.1배의 직류전압 직류측 중성선 또는 귀선이 되는 전로(이하 이 장에서 "직류 저압측 전로"라 한다)는 규정하는 계산식에 의하여 구한 값

※ 절연내력시험전압
$E = 69000 \times 1.25 = 86250 ≒ 86.25[kV]$

상 제2장 저압설비 및 고압·특고압설비

93 저압 옥내배선 합성수지관공사 시 연선이 아닌 경우 사용할 수 있는 연동선의 최대 단면적은 몇 [mm²]인가?

① 4
② 6
③ 10
④ 16

[해설] 합성수지관공사(KEC 232.11)

㉠ 전선은 절연전선을 사용(옥외용 비닐절연전선은 사용불가)

㉡ 전선은 연선일 것. 다만, 다음의 것은 적용하지 않음
 • 짧고 가는 합성수지관에 넣은 것
 • 단면적 10[mm²](알루미늄선은 단면적 16[mm²]) 이하의 것

㉢ 전선은 합성수지관 안에서 접속점이 없도록 할 것

㉣ 합성수지관의 지지점 간의 거리는 1.5[m] 이하일 것

㉤ 관 상호 간 및 박스와는 관을 삽입하는 깊이를 관의 바깥지름의 1.2배(접착제를 사용 : 0.8배)로 함

하 제2장 저압설비 및 고압·특고압설비

94 저압 옥내 직류전기설비에서 직류 2선식을 다음과 같이 시설하였을 때 접지하지 않아도 되는 경우는?

① 사용전압이 80[V] 이하인 경우
② 접지검출기를 설치하고 전체구역의 산업용 기계기구에 공급하는 경우
③ 최대 40[mA] 이하의 직류화재경보회로를 시설한 경우
④ 절연감시장치 또는 절연고장점검출장치를 설치하여 관리자가 확인할 수 있도록 경보장치를 시설하는 경우

[해설] 저압 옥내 직류전기설비의 접지(KEC 243.1.8)

직류 2선식에서 접지공사를 생략할 수 있는 경우

㉠ 사용전압이 60[V] 이하인 경우

㉡ 접지검출기를 설치하고 특정구역 내의 산업용 기계기구에만 공급하는 경우

㉢ 교류전로로부터 공급을 받는 정류기에서 인출되는 직류계통

㉣ 최대전류 30[mA] 이하의 직류화재경보회로

㉤ 절연감시장치 또는 절연고장점검출장치를 설치하여 관리자가 확인할 수 있도록 경보장치를 시설하는 경우

정답 92 ② 93 ③ 94 ④

상 제2장 저압설비 및 고압·특고압설비

95 일반주택 및 아파트 각 호실의 현관등은 몇 분 이내에 소등되는 타임스위치를 시설하여야 하는가?

① 1분   ② 3분
③ 5분   ④ 10분

해설 점멸기의 시설(KEC 234.6)

다음의 경우에는 센서등(타임스위치 포함)을 시설하여야 한다.
㉠ 「관광진흥법」과 「공중위생관리법」에 의한 관광숙박업 또는 숙박업(여인숙업을 제외)에 이용되는 객실의 입구등은 1분 이내에 소등되는 것
㉡ 일반주택 및 아파트 각 호실의 현관등은 3분 이내에 소등되는 것

상 제3장 전선로

96 22.9[kV]의 특고압 가공전선로를 시가지에 시설할 경우 지표상의 최저높이는 몇 [m] 이어야 하는가? (단, 전선은 특고압 절연전선이다.)

① 6   ② 7
③ 8   ④ 10

해설 시가지 등에서 특고압 가공전선로의 시설 (KEC 333.1)

전선의 지표상의 높이는 다음에서 정한 값 이상일 것

사용전압의 구분	지표상의 높이
35[kV] 이하	10[m] 이상 (전선이 특고압 절연전선인 경우에는 8[m])
35[kV] 초과	10[m]에 35[kV]를 초과하는 10[kV] 또는 그 단수마다 0.12[m]를 더한 값

상 제4장 발전소, 변전소, 개폐소 및 기계기구 시설보호

97 발전소, 변전소 또는 이에 준하는 곳에 특고 압전로의 접속상태를 모의모선(模擬母線)의 사용 또는 기타의 방법으로 표시하여야 하는데 다음 중 표시의 의무가 없는 것은?

① 전선로의 회선수가 3회선 이하로서 복모선
② 전선로의 회선수가 2회선 이하로서 복모선
③ 전선로의 회선수가 3회선 이하로서 단일모선

④ 전선로의 회선수가 2회선 이하로서 단일모선

해설 특고압전로의 상 및 접속상태의 표시 (KEC 351.2)

㉠ 발전소·변전소 등의 특고압전로에는 그의 보기 쉬운 곳에 상별 표시
㉡ 발전소·변전소 등의 특고압전로에 대하여는 접속상태를 모의모선에 의해 사용 표시
㉢ 특고압 전선로의 회선수가 2 이하이고 또한 특고압의 모선이 단일모선인 경우 생략 가능

중 제3장 전선로

98 사용전압이 400[V] 초과인 저압 가공전선에 사용할 수 없는 전선은? (단, 시가지에 시설하는 경우이다.)

① 인입용 비닐절연전선
② 지름 5[mm] 이상의 경동선
③ 케이블
④ 나전선(중성선 또는 다중접지된 접지측 전선으로 사용하는 전선에 한한다.)

해설 저압 가공전선의 굵기 및 종류(KEC 222.5)

㉠ 저압 가공전선은 나전선(중성선 또는 다중접지된 접지측 전선으로 사용하는 전선), 절연전선, 다심형 전선 또는 케이블을 사용할 것
㉡ 사용전압이 400[V] 이하인 저압 가공전선
 • 지름 3.2[mm] 이상(인장강도 3.43[kN] 이상)
 • 절연전선인 경우는 지름 2.6[mm] 이상(인장강도 2.3[kN] 이상)
㉢ 사용전압이 400[V] 초과인 저압 가공전선
 • 시가지 : 지름 5[mm] 이상(인장강도 8.01[kN] 이상)
 • 시가지 외 : 지름 4[mm] 이상(인장강도 5.26[kN] 이상)
㉣ 사용전압이 400[V] 초과인 저압 가공전선에는 인입용 비닐절연전선을 사용하지 않을 것

중 제2장 저압설비 및 고압·특고압설비

99 합성수지관공사에 의한 저압 옥내배선시설 방법에 대한 설명 중 틀린 것은?

① 관의 지지점 간의 거리는 1.2[m] 이하로 할 것
② 박스, 기타의 부속품을 습기가 많은 장소에 시설하는 경우에는 방습장치로 할 것
③ 사용전선은 절연전선일 것
④ 합성수지관 안에는 전선의 접속점이 없도록 할 것

정답 95 ②   96 ③   97 ④   98 ①   99 ①

해설 합성수지관공사(KEC 232.11)

㉠ 전선은 질연진신을 사용(옥외용 비닐절연전선은 사용불가)

㉡ 전선은 연선일 것. 다만, 다음의 것은 적용하지 않음
  • 짧고 가는 합성수지관에 넣은 것
  • 단면적 10[mm²](알루미늄선은 단면적 16[mm²]) 이하의 것

㉢ 전선은 합성수지관 안에서 접속점이 없도록 할 것

㉣ 합성수지관의 지지점 간의 거리는 1.5[m] 이하일 것

㉤ 관 상호 간 및 박스와는 관을 삽입하는 깊이를 관의 바깥지름의 1.2배(접착제를 사용 : 0.8배)로 함

㉥ 습기가 많은 장소 또는 물기가 있는 장소에 시설하는 경우에는 방습장치를 할 것

중 제2장 저압설비 및 고압·특고압설비

100 애자사용공사에 의한 고압 옥내배선을 시설하고자 한다. 다음 중 잘못된 내용은?

① 저압 옥내배선과 쉽게 식별되도록 시설한다.

② 전선은 공칭단면적 6[mm²] 이상의 연동선을 사용한다.

③ 전선 상호 간의 간격은 8[cm] 이상이어야 한다.

④ 전선과 조영재 사이의 이격거리(간격)는 4[cm] 이상이어야 한다.

해설 고압 옥내배선 등의 시설(KEC 342.1)

㉠ 고압 옥내배선은 다음에 의하여 시설한다.
  • 애자사용공사(건조한 장소로서 전개된 장소에 한한다.)
  • 케이블공사
  • 케이블트레이공사

㉡ 애자사용공사에 의한 고압 옥내배선은 다음에 의한다.
  • 전선은 공칭단면적 6[mm²] 이상의 연동선 또는 이와 동등 이상의 세기 및 굵기의 고압 절연전선이나 특고압 절연전선 또는 인하용 고압 절연전선일 것
  • 전선의 지지점 간의 거리는 6[m] 이하일 것. 다만, 전선을 조영재의 면을 따라 붙이는 경우에는 2[m] 이하이어야 한다.
  • 전선 상호 간의 간격은 0.08[m] 이상, 전선과 조영재 사이의 이격거리(간격)는 0.05[m] 이상일 것

정답 100 ④

제1과목 전기자기학

중 제12장 전자계

01 벡터 마그네틱 퍼텐셜 A는? (단, H : 자계의 세기, B : 자속밀도)

① $\nabla \times A = 0$

② $\nabla \cdot A = 0$

③ $H = \nabla \times A$

④ $B = \nabla \times A$

해설

자속밀도 $B = \mathrm{rot}\, A = \nabla \times A$

여기서, A : 자기적인 벡터 퍼텐셜

상 제8장 전류의 자기현상

02 진공 중에 선간거리 1[m]의 평행 왕복도선이 있다. 두 선간에 작용하는 힘이 4×10^{-7}[N/m]이었다면 전선에 흐르는 전류는?

① 1[A]

② $\sqrt{2}$ [A]

③ $\sqrt{3}$ [A]

④ 2[A]

해설 평행도선 사이에 작용하는 힘

$$F = \frac{2I_1 I_2}{r} \times 10^{-7} = \frac{2I^2}{r} \times 10^{-7} [\text{N/m}]$$

$$\therefore I = \sqrt{\frac{Fd}{2 \times 10^{-7}}} = \sqrt{\frac{4 \times 10^{-7} \times 1}{2 \times 10^{-7}}} = \sqrt{2}\,[\text{A}]$$

중 제6장 전류

03 유전율 ε[F/m], 고유저항 ρ[$\Omega \cdot$m]의 유전체로 채운 정전용량 C[F]의 콘덴서에 전압 V[V]를 가할 때의 유전체 중에 발생하는 열량은 시간 t[sec] 간에 몇 [cal]가 되겠는가?

① $0.24 \dfrac{CV^2}{\rho \varepsilon} t$

② $0.24 \dfrac{CV}{\rho \varepsilon} t$

③ $4.2 \dfrac{CV}{\rho \varepsilon} t$

④ $4.2 \dfrac{CV^2}{\rho \varepsilon} t$

해설

㉠ 절연저항 $R = \dfrac{\rho \varepsilon}{C}$

㉡ 누설전류 $I_g = \dfrac{V}{R} = \dfrac{CV}{\rho \varepsilon}$

∴ 발열량 $H = 0.24 \times I_g^2 R t$

$\qquad = 0.24 \times \dfrac{V^2}{R} t$

$\qquad = 0.24 \times \dfrac{CV^2}{\rho \varepsilon} t\,[\text{cal}]$

상 제11장 인덕턴스

04 길이 l, 단면 반지름 $a\,(l \gg a)$, 권수 N_1인 단층 원통형 1차 솔레노이드의 중앙 부근에 권수 N_2인 2차 코일을 밀착되게 감았을 경우 상호 인덕턴스[H]는?

① $\dfrac{\mu \pi a^2}{l} N_1 N_2$

② $\dfrac{\mu \pi a^2}{l} N_1^2 N_2^2$

③ $\dfrac{\mu l}{\pi a^2} N_1 N_2$

④ $\dfrac{\mu l}{\pi a^2} N_1^2 N_2^2$

해설 상호 인덕턴스

$$M = \frac{\mu S N_1 N_2}{l} = \frac{\mu (\pi a^2) N_1 N_2}{l}\,[\text{H}]$$

여기서, 단면적 $S = \pi a^2$

상 제4장 유전체

05 극판 면적이 50[cm²], 간격이 5[cm]인 평행판 콘덴서의 극판 간에 유전율 3인 유전체를 넣은 후 극판 간에 50[V]의 전위차를 가하면 전극판을 떼어내는 데 필요한 힘은 몇 [N]인가?

① -600

② -750

③ -6000

④ -7500

정답 01 ④ 02 ② 03 ① 04 ① 05 ④

해설 전극판을 떼어내는 데 필요한 힘

$$F = \frac{1}{2}\varepsilon E^2 \times S = \frac{1}{2}\varepsilon \left(\frac{V}{d}\right)^2 S$$
$$= \frac{1}{2} \times 3 \times \left(\frac{50}{0.05}\right)^2 \times 50 \times 10^{-4}$$
$$= 7500[\text{N}]$$

∴ 전극판을 떼어내는 힘은 흡인력과 반대방향이므로 $-7500[\text{N}]$이다.

상 제9장 자성체와 자기회로

06 평균 자로의 길이 80[cm]의 환상 철심에 500회의 코일을 감고 여기에 4[A]의 전류를 흘렸을 때 기자력과 자화력(자계의 세기)은?

① 2000[AT], 2500[AT/m]
② 3000[AT], 2500[AT/m]
③ 2000[AT], 3500[AT/m]
④ 3000[AT], 3500[AT/m]

해설

㉠ 기자력
$F = NI = 500 \times 4 = 2000[\text{AT}]$
㉡ 자화력(자계의 세기)
$H = \dfrac{NI}{l} = \dfrac{500 \times 4}{0.8} = 2500[\text{AT/m}]$

상 제5장 전기 영상법

07 그림과 같이 직교 도체 평면상 P점에 Q가 있을 때 P′점의 영상전하는?

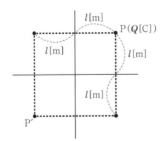

① Q^2
② Q
③ $-Q$
④ 0

해설

P점과 밑으로 대칭점(영상점)에 $-Q$가. 이 $-Q$로부터 $+Q$가 P′에 나타난다.

하 제2장 진공 중의 정전계

08 진공 중에 선전하밀도 ρ[C/m], 반경이 a[m]인 아주 긴 직선 원통 전하가 있다. 원통 중심축으로부터 $\dfrac{a}{2}$[m]인 거리에 있는 점의 전계의 세기는?

① $\dfrac{\rho}{4\pi\varepsilon_0 a}$ [V/m]

② $\dfrac{\rho}{2\pi\varepsilon_0 a}$ [V/m]

③ $\dfrac{\rho}{\pi\varepsilon_0 a^2}$ [V/m]

④ $\dfrac{\rho}{8\pi\varepsilon_0 a}$ [V/m]

해설 전하가 도체 내부에 균일하게 분포된 경우

㉠ 도체 외부 전계 : $E = \dfrac{\lambda}{2\pi\varepsilon_0 r}$[V/m]

㉡ 도체 내부 전계 : $E = \dfrac{r\lambda}{2\pi\varepsilon_0 a^2}$[V/m]

∴ 도체 내부 거리 $r = \dfrac{a}{2}$이므로

$$E = \frac{\lambda}{4\pi\varepsilon_0 a} = \frac{\rho}{4\pi\varepsilon_0 a}[\text{V/m}]$$

중 제9장 자성체와 자기회로

09 비자화율 $\dfrac{\chi}{\mu_0}$이 490이며, 지속밀도 0.05[Wb/m²]인 자성체에서 자계의 세기는 몇 [AT/m]인가?

① $10^4 \pi$
② $50 \times 10^3 \pi$
③ $\dfrac{5 \times 10^4}{2\pi}$
④ $\dfrac{10^4}{4\pi}$

해설

㉠ 자화율 $\chi = \mu_0(\mu_s - 1)$[H/m]

㉡ 비자화율 $\chi_{er} = \dfrac{\chi}{\mu_0} = \mu_s - 1$

㉢ 비투자율 $\mu_s = 1 + \dfrac{\chi}{\mu_0} = 1 + 49 = 50$

㉣ 자속밀도 $B = \mu H = \mu_0 \mu_s H$[Wb/m²]

∴ $H = \dfrac{B}{\mu_0 \mu_s} = \dfrac{0.05}{4\pi \times 10^{-7} \times 50} = \dfrac{10^4}{4\pi}$[AT/m]

정답 06 ① 07 ② 08 ① 09 ④

하 제2장 진공 중의 정전계

10 반경 a이고 Q의 전하를 갖는 절연된 도체 구가 있다. 구의 중심에서 거리 r에 따라 변하는 전위 V와 전계의 세기 E를 그림으로 표시하면?

①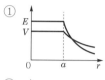

②

③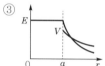

④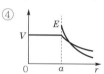

해설 도체 내외부 전계 · 전위 특징

㉠ 도체 내부 전계는 0이다.

㉡ 도체 표면은 등전위면이고, 표면전위는 내부 전위와 같다.

상 제4장 유전체

11 유전체 내의 전속밀도에 관한 설명 중 옳은 것은?

① 진전하만이다.
② 분극전하만이다.
③ 겉보기 전하만이다.
④ 진전하와 분극전하이다.

하 제10장 전자유도법칙

12 고주파를 취급할 경우 큰 단면적을 갖는 한 개의 도선을 사용하지 않고 전체로서는 같은 단면적이라도 가는 선을 모은 도체를 사용하는 주된 이유는?

① 히스테리시스손을 감소시키기 위하여
② 철손을 감소시키기 위하여
③ 과전류에 대한 영향을 감소시키기 위하여
④ 표피효과에 대한 영향을 감소시키기 위하여

해설 표피효과 억제대책

연선, 복도체, 다도체 사용

중 제7장 진공 중의 정자계

13 그림과 같은 반경 a[m]인 원형코일에 I[A]의 전류가 흐르고 있다. 이 도체 중심축상 x[m]인 P점의 자위[A]는?

① $\dfrac{I}{2}\left(1 - \dfrac{x}{\sqrt{a^2 + x^2}}\right)$

② $\dfrac{I}{2}\left(1 - \dfrac{a}{\sqrt{a^2 + x^2}}\right)$

③ $\dfrac{I}{2}\left(1 - \dfrac{x^2}{(a^2 + x^2)^{3/2}}\right)$

④ $\dfrac{I}{2}\left(1 - \dfrac{a^2}{(a^2 + x^2)^{3/2}}\right)$

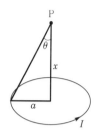

해설 원형 선전류에 의한 자위

$$U = \frac{P\omega}{4\pi\mu_0} = \frac{I\omega}{4\pi}$$

$$= \frac{I}{2}(1 - \cos\theta)$$

$$= \frac{I}{2}\left(1 - \frac{x}{\sqrt{a^2 + x^2}}\right)[A]$$

상 제12장 전자계

14 변위전류밀도를 나타내는 식은?

① $\dfrac{\partial\phi}{\partial t}$

② $\dfrac{\partial D}{\partial t}$

③ $\dfrac{\partial B}{\partial t}$

④ $\dfrac{\partial N\phi}{\partial t}$

해설

㉠ 변위전류밀도

$$i_d = \frac{\partial D}{\partial t} = \varepsilon\frac{\partial E}{\partial t} = j\omega\varepsilon E[A/m^2]$$

㉡ 변위전류는 전계, 자계, 전자파 및 회로에 인가되는 교류전압보다 위상이 90° 앞선다.

상 제10장 전자유도법칙

15 최대 자속밀도 B_m, 주파수 f에서의 유도 기전력을 E_1, 최대 자속밀도가 $2B_m$, 주파수 $2f$에서의 유도기전력을 E_2라 하면, E_1과 E_2의 관계는?

① $E_2 = E_1$
② $E_2 = 2E_1$
③ $E_2 = 4E_1$
④ $E_2 = 0.25E_1$

정답 10 ④ 11 ① 12 ④ 13 ① 14 ② 15 ③

해설

㉠ 최대 유도기전력
$$E_m = \omega N \phi_m = 2\pi f N B_m S [\text{V}]$$
여기서, N : 권선수
S : 단면적

㉡ 최대 유도기전력은 주파수 f와 최대 자속밀도 B_m에 비례하므로 f와 B_m 모두 2배 증가하면 유도기전력은 4배 증가한다.
$$\therefore E_2 = 4E_1$$

상 제4장 유전체

16 유전속의 분포가 그림과 같을 때 ε_1과 ε_2의 관계는?

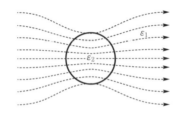

① $\varepsilon_1 = \varepsilon_2$ ② $\varepsilon_1 > \varepsilon_2$

③ $\varepsilon_1 < \varepsilon_2$ ④ $\varepsilon_1 = \varepsilon_2 = 0$

해설

유전속(전속선)은 유전율이 큰 곳으로 모이므로 $\varepsilon_1 < \varepsilon_2$가 된다.

하 제5장 전기 영상법

17 유전율이 ε_1과 ε_2인 두 유전체가 경계를 이루어 접하고 있는 경우 유전율이 ε_1인 영역에 전하 Q가 존재할 때 이 전하에 작용하는 힘에 대한 설명으로 옳은 것은?

① $\varepsilon_1 > \varepsilon_2$인 경우 반발력이 작용한다.

② $\varepsilon_1 > \varepsilon_2$인 경우 흡인력이 작용한다.

③ ε_1과 ε_2값에 상관없이 반발력이 작용한다.

④ ε_1과 ε_2값에 상관없이 흡인력이 작용한다.

해설 유전체 내의 영상전하

$$Q' = -\frac{\varepsilon_2 - \varepsilon_1}{\varepsilon_2 + \varepsilon_1} Q = \frac{\varepsilon_1 - \varepsilon_2}{\varepsilon_1 + \varepsilon_2} Q$$

$\therefore \varepsilon_1 > \varepsilon_2$인 경우 반발력이, $\varepsilon_1 < \varepsilon_2$인 경우 흡인력이 작용한다.

상 제8장 전류의 자기현상

18 다음 중 무한 솔레노이드에 전류가 흐를 때에 대한 설명으로 가장 알맞은 것은?

① 내부자계는 위치에 상관없이 일정하다.

② 내부자계와 외부자계는 그 값이 같다.

③ 외부자계는 솔레노이드 근처에서 멀어질수록 그 값이 작아진다.

④ 내부자계의 크기는 0이다.

해설 솔레노이드의 특징

㉠ 솔레노이드 외부자계는 없다.

㉡ 솔레노이드 내부자계는 평등자계이다.

㉢ 평등자계를 얻는 방법 : 단면적에 비하여 길이를 충분히 길게 한다.

중 제11장 인덕턴스

19 자기 유도계수가 각각 L_1, L_2인 A, B 2개의 코일이 있다. 상호 유도계수 $M = \sqrt{L_1 L_2}$라고 할 때 다음 중 틀린 것은?

① A코일에서 만든 자속은 전부 B코일과 쇄교되어 진다.

② 두 코일이 만드는 자속은 항상 같은 방향이다.

③ A코일에 1초 동안에 1[A]의 전류 변화를 주면 B코일에는 1[V]가 유기된다.

④ L_1, L_2는 부(-)의 값을 가질 수 없다.

해설

㉠ 상호 인덕턴스 $M = k\sqrt{L_1 L_2}$에서 $k = 1$은 자기적인 완전결합을 의미한다. 즉, A코일에서 만든 자속은 전부 B코일과 쇄교된다($\phi_1 = \phi_{21}$, $\phi_{11} = 0$).

㉡ A코일에 시간에 따라 변화하는 전류를 인가하면 B코일에는 $e = -M\dfrac{di_A}{dt}[\text{V}]$의 기전력이 유도된다.

따라서 $\dfrac{di_A}{dt} = 1[\text{A/s}]$를 인가하면 B코일에는 M [V]의 기전력이 유도된다.

중 제7장 진공 중의 정자계

20 자속의 연속성을 나타낸 식은?

① $\text{div} B = \rho$ ② $\text{div} B = 0$

③ $B = \mu H$ ④ $\text{div} B = \mu H$

정답 16 ③ 17 ① 18 ① 19 ③ 20 ②

해설

자극은 항상 N, S극이 쌍으로 존재하여 자력선이 N극에서 나와서 S극으로 들어간다.
즉, 자계는 발산하지 않고 회전한다.
∴ div $B = 0 (\nabla \cdot B = 0)$

제2과목 　**전력공학**

상 | 제10장 배전선로 계산

21 송전선로에서 사용하는 변압기결선에 △결선이 포함되어 있는 이유는?

① 직류분의 제거　② 제3고조파의 제거
③ 제5고조파의 제거　④ 제7고조파의 제거

해설

변압기결선에 △결선을 사용하면 제3고조파(영상분)를 제거하여 근접 통신선에 대한 유도장해를 억제할 수 있다.

중 | 제6장 중성점 접지방식

22 중성점 저항접지방식에서 1선 지락 시의 영상전류를 I_0라고 할 때 저항을 통하는 전류는 어떻게 표현되는가?

① $\dfrac{1}{3}I_0$　　　② $\sqrt{3}\,I_0$
③ $3I_0$　　　④ $6I_0$

해설

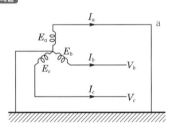

그림과 같이 a상에 지락사고가 발생하고 b와 c상이 개방되었다면
$V_a = 0$, $I_b = I_c = 0$ 이므로
$I_0 + a^2 I_1 + a I_2 = I_0 + a I_1 + a^2 I_2 = 0$
따라서, $I_0 = I_1 = I_2$
따라서 a상의 지락전류 I_g 는
$I_g = I_a = I_0 + I_1 + I_2 = 3I_0$
　 $= \dfrac{3E_a}{Z_0 + Z_1 + Z_2}$

상 | 제6장 중성점 접지방식

23 선로, 기기 등의 절연 수준 저감 및 전력용 변압기의 단절연을 모두 행할 수 있는 중성점 접지방식은?

① 직접접지방식
② 소호리액터접지방식
③ 고저항접지방식
④ 비접지방식

해설 직접접지방식의 특성

㉠ 계통에 접속된 변압기의 중성점을 금속선으로 직접 접지하는 방식이다.
㉡ 1선 지락고장 시 이상전압이 낮다.
㉢ 절연레벨을 낮출 수 있다(저감절연으로 경제적).
㉣ 변압기의 단절연을 할 수 있다.
㉤ 보호계전기의 동작이 확실하다.

상 | 제7장 이상전압 및 유도장해

24 인덕턴스가 1.345[mH/km], 정전용량이 0.00785 [μF/km]인 가공선의 서지 임피던스는 몇 [Ω]인가?

① 320　　　② 370
③ 414　　　④ 483

해설 서지 임피던스(=특성 임피던스)

$$Z_0 = \sqrt{\dfrac{L}{C}} = \sqrt{\dfrac{1.345 \times 10^{-3}}{0.00785 \times 10^{-6}}} = 414[\Omega]$$

중 | 제7장 이상전압 및 유도장해

25 변전소, 발전소 등에 설치하는 피뢰기에 대한 설명 중 옳지 않은 것은?

① 피뢰기의 직렬갭은 일반적으로 저항으로 되어 있다.
② 정격전압은 상용주파 정현파전압의 최고한도를 규정한 순시값이다.
③ 방전전류는 뇌충격전류의 파고값으로 표시한다.
④ 속류란 방전현상이 실질적으로 끝난 후에도 전력계통에서 피뢰기에 공급되어 흐르는 전류를 말한다.

정답 　21 ②　22 ③　23 ①　24 ③　25 ②

해설

피뢰기 정격전압이란 선로단자와 접지단자 간에 인가할 수 있는 상용주파 최대허용전압으로 그 크기는 다음과 같이 구해진다.

피뢰기 정격전압 $V_n = \alpha \beta V_m$ [V]

(여기서, α : 접지계수, β : 유도계수, V_m : 공칭전압)

상 제7장 이상전압 및 유도장해

26 단선식 송전선로와 단선식 통신선로가 근접하고 있는 경우에 두 선간의 정전용량을 C_m [μF], 통신선의 대지정전용량을 C_o [μF]라 하면 전선의 대지전압이 E [V]이고 통신선의 절연이 완전할 경우 통신선에 유도되는 전압은 몇 [V]인가?

① $\dfrac{C_m}{C_m + C_o} E$ ② $\dfrac{C_m + C_o}{C_m} E$

③ $\dfrac{C_o}{C_m} E$ ④ $\dfrac{C_m}{C_o} E$

해설 통신선에 유도되는 전압(＝정전유도전압)

$E_o = \dfrac{C_m}{C_o + C_m} E$ [V]

상 제10장 배전선로 계산

27 500[kVA] 변압기 3대를 △-△결선 운전하는 변전소에서 부하의 증가로 500[kVA] 변압기 1대를 증설하여 2뱅크로 하였다. 최대 몇 [kVA]의 부하에 응할 수 있는가?

① $\dfrac{1000}{\sqrt{3}}$ ② $1000\sqrt{3}$

③ $\dfrac{2000\sqrt{3}}{3}$ ④ $\dfrac{3000\sqrt{3}}{3}$

해설

변압기 2대 V결선으로 3상 전력을 공급할 경우

$P_V = \sqrt{3} \cdot P_1$ [kVA]

V결선의 2뱅크 운전을 하면 $P = 2P_V$ 이므로

$P = 2P_V = 2 \times \sqrt{3} \times 500 = 1000\sqrt{3} = 1732$ [kVA]

상 제8장 송전선로 보호방식

28 초고압용 차단기에서 개폐저항을 사용하는 이유는?

① 차단전류 감소
② 이상전압 감쇄
③ 차단속도 증진
④ 차단전류의 역률 개선

해설

초고압용 차단기는 개폐 시 전류절단현상이 나타나 높은 이상전압이 발생하므로 개폐 시 이상전압을 억제하기 위해 개폐저항기를 사용한다.

상 제9장 베전방식

29 어떤 수용가의 1년간 소비전력량은 100만 [kWh]이고 1년 중 최대전력은 130[kW]라면 부하율은 약 몇 [%]인가?

① 74.2 ② 78.6
③ 82.4 ④ 87.8

해설

1시간당 평균전력 $P = \dfrac{100 \times 10^4}{365 \times 24} = 114.15$ [kW]

부하율 $F = \dfrac{P}{P_m} \times 100 = \dfrac{114.5}{130} \times 100 = 87.8$ [%]

상 제3장 선로정수 및 코로나현상

30 반지름 14[mm]의 ACSR로 구성된 완전 연가된 3상 1회 송전선로가 있다. 각 상간의 등가선간거리가 2800[mm]라고 할 때 이 선로의 [km]당 작용 인덕턴스는 몇 [mH/km]인가?

① 1.11 ② 1.012
③ 0.83 ④ 0.33

해설

작용 인덕턴스 $L = 0.05 + 0.4605 \log_{10} \dfrac{280}{1.4}$

$= 1.11$ [mH/km]

등가선간거리와 전선의 반지름을 [cm]으로 환산한다.

(2800[mm] → 280[cm], 14[mm] → 1.4[cm])

정답 26 ① 27 ② 28 ② 29 ④ 30 ①

상 제8장 송전선로 보호방식

31 전력퓨즈(power fuse)는 고압, 특고압기기의 주로 어떤 전류의 치단을 목적으로 설치하는가?

① 충전전류 　② 부하전류

③ 단락전류 　④ 영상전류

해설

과전류 차단기에는 차단기(CB)와 퓨즈(fuse)가 있는데 퓨즈는 단락전류를 차단하기 위해 설치한다. 과부하전류나 기동전류와 같은 과도전류 등에는 동작하지 않아야 한다.

하 제8장 송전선로 보호방식

32 모선보호용 계전기로 사용하면 가장 유리한 것은?

① 거리방향계전기

② 역상계전기

③ 재페로계전기

④ 과전류계전기

해설

모선보호에 후비보호 계전방식으로서 거리방향계전기를 설치해서 신뢰도를 향상시킨다.

상 제5장 고장 계산 및 안정도

33 3상 송전선로에서 선간단락이 발생하였을 때 다음 중 옳은 것은?

① 역상전류만 흐른다.

② 정상전류와 역상전류가 흐른다.

③ 역상전류와 영상전류가 흐른다.

④ 정상전류와 영상전류가 흐른다.

해설

선간단락고장 시 $I_0 = 0$, $I_1 = -I_2$, $V_1 = V_2$이므로 영상전류는 흐르지 않는다.

여기서, I_0 : 영상전류

I_1 : 정상전류

I_2 : 역상전류

V_1 : 정상전압

V_2 : 역상전압

상 제5장 고장 계산 및 안정도

34 송전선로에서의 고장 또는 발전기 탈락과 같은 큰 외란에 대하여 계통에 연결된 각 동기기가 동기를 유지하면서 계속 안정적으로 운전할 수 있는지를 판별하는 안정도는?

① 동태안정도(dynamic stability)

② 정태안정도(steady-state stability)

③ 전압안정도(voltage stability)

④ 과도안정도(transient stability)

해설 안정도의 종류 및 특성

㉠ 정태안정도 : 정태안정도란 부하가 서서히 증가한 경우 계속해서 송전할 수 있는 능력으로 이때의 전력을 정태안정 극한전력이라 한다.

㉡ 과도안정도 : 계통에 갑자기 부하가 증가하여 급격한 교란상태가 발생하더라도 정전을 일으키지 않고 송전을 계속하기 위한 전력의 최대치를 과도안정도라 한다.

㉢ 동태안정도 : 차단기 또는 조상설비 등을 설치하여 안정도를 높인 것을 동태안정도라 한다.

중 제11장 발전

35 열효율 35[%]의 화력발전소의 평균 발열량 6000[kcal/kg]의 석탄을 사용하면 1[kWh]를 발전하는 데 필요한 석탄량은 약 몇 [kg]인가?

① 0.41 　② 0.62

③ 0.71 　④ 0.82

해설

석탄의 양 $W = \dfrac{860P}{C\eta}$[kg]

여기서 P : 발전소출력[kW]

C : 연료의 발열량[kcal/kg]

η : 열효율

석탄량 $W = \dfrac{860 \times 1}{6000 \times 0.35} = 0.4095 = 0.41$[kg]

상 제5장 고장 계산 및 안정도

36 단락전류를 제한하기 위한 것은?

① 동기조상기 　② 분로리액터

③ 전력용 콘덴서 　④ 한류리액터

🔊 **해설**

한류리액터는 선로에 직렬로 설치한 리액터로, 단락사고 시 발전기에 전기자 반작용이 일어나기 전 커다란 돌발단락전류가 흐르므로 이를 제한하기 위해 설치하는 리액터이다.

중 **제11장 발전**

37 증기사이클에 대한 설명 중 틀린 것은?

① 랭킨사이클의 열효율은 초기 온도 및 초기 압력이 높을수록 효율이 크다.
② 재열사이클은 저압터빈에서 증기가 포화상태에 가까워졌을 때 증기를 다시 가열하여 고압터빈으로 보낸다.
③ 재생사이클은 증기원동기 내에서 증기의 팽창 도중에서 증기를 추출하여 급수를 예열한다.
④ 재열재생사이클은 재생사이클과 재열사이클을 조합하여 병용하는 방식이다.

🔊 **해설** **재열사이클**

고압터빈에서 임의의 온도까지 팽창한 증기를 추출하여 보일러로 되돌려 보내 재열기로 적당한 온도까지 재가열시켜 다시 저압터빈으로 보내는 방식이다.

중 **제9장 배전방식**

38 공장이나 빌딩에 200[V] 전압을 400[V]로 승압하여 배전할 때, 400[V] 배전과 관계 없는 것은?

① 전선 등 재료의 절감
② 전압변동률의 감소
③ 배선의 전력손실 경감
④ 변압기 용량의 절감

🔊 **해설**

배전전압이 200[V]에서 400[V]로 2배 상승하는 경우 배전전압이 상승하면 아래와 같은 특성이 나타나지만 변압기의 용량은 부하의 용량과 관계가 있으므로 변화되지 않는다.

※ 배전전압의 2배 상승 시

㉠ 전선굵기 등 재료는 $A \propto \dfrac{1}{V^2}$ 이므로 $\dfrac{1}{4}$ 배로 된다.

㉡ 전압변동률 $\varepsilon \propto \dfrac{1}{V^2}$ 이므로 $\dfrac{1}{4}$ 배로 된다.

㉢ 전력손실 $P_c \propto \dfrac{1}{V^2}$ 이므로 $\dfrac{1}{4}$ 배로 된다.

하 **제11장 발전**

39 유효낙차 100[m], 최대 유량 20[m³/sec]의 수차에서 낙차가 80[m]로 감소하면 유량은 몇 [m³/sec]가 되겠는가? (단, 수차 안내날개의 열림은 불변이라고 한다.)

① 15   ② 18
③ 24   ④ 30

🔊 **해설**

유량과 낙차와의 관계는 $\dfrac{Q'}{Q} = \left(\dfrac{H'}{H}\right)^{\frac{1}{2}}$ 의 관계가 있으므로 낙차가 100[m]에서 감소하면 이때의 유량

$Q' = Q \times \left(\dfrac{H'}{H}\right)^{\frac{1}{2}}$ 이므로

$Q' = 20 \times \left(\dfrac{80}{100}\right)^{\frac{1}{2}} = 18[\text{m}^3/\text{sec}]$

상 **제5장 고장 계산 및 안정도**

40 송전단전압이 160[kV], 수전단전압이 150[kV], 두 전압 사이의 위상차가 45°, 전체 리액턴스가 50[Ω]이고, 선로손실이 없다면 송전단에서 수전단으로 공급되는 전송전력은 몇 [MW]인가?

① 139.5   ② 239.5
③ 339.5   ④ 439.5

🔊 **해설**

송전전력 $P = \dfrac{V_S V_R}{X} \sin\delta [\text{MW}]$

여기서, V_S : 송전단전압[kV]
      V_R : 수전단전압[kV]
      X : 선로의 유도 리액턴스[Ω]

$P = \dfrac{V_S V_R}{X} \sin\delta$

$= \dfrac{160 \times 150}{50} \times \sin 45°$

$= 339.411 \fallingdotseq 339.5[\text{MW}]$

정답 **37** ② **38** ④ **39** ② **40** ③

제3과목 전기기기

상 제3장 변압기

41 주상변압기의 고압측에는 몇 개의 탭을 내놓는 데 그 이유로 옳은 것은?

① 변압기의 여자전류를 조정하기 위하여
② 부하전류를 조정하기 위하여
③ 예비단자를 확보하기 위하여
④ 수전점의 전압을 조정하기 위하여

🔧 해설

주상변압기 탭 조정장치는 1차측에 약 5[%] 간격 정도의 5개의 탭을 설치한 것으로, 이를 변화시켜 배전선로에서 전압강하에 의해 낮아진 수전점의 전압을 조정하기 위해 사용한다.

중 제4장 유도기

42 60[Hz]의 3상 유도전동기를 동일전압으로 50[Hz]에 사용할 때 ⓐ 무부하전류, ⓑ 온도상승, ⓒ 속도는 어떻게 변하겠는가?

① ⓐ $\frac{60}{50}$으로 증가, ⓑ $\frac{60}{50}$으로 증가, ⓒ $\frac{50}{60}$으로 감소

② ⓐ $\frac{60}{50}$으로 증가, ⓑ $\frac{50}{60}$으로 감소, ⓒ $\frac{50}{60}$으로 감소

③ ⓐ $\frac{50}{60}$으로 감소, ⓑ $\frac{60}{50}$으로 증가, ⓒ $\frac{50}{60}$으로 감소

④ ⓐ $\frac{50}{60}$으로 감소, ⓑ $\frac{60}{50}$으로 증가, ⓒ $\frac{60}{50}$으로 증가

🔧 해설 유도전동기의 주파수변환 시 특성

ⓐ 무부하전류 $I_o = \dfrac{V_1}{\omega L} = \dfrac{V_1}{2\pi f L}$ 에서 $I_{o60} : I_{o50}$
$= \dfrac{1}{60} : \dfrac{1}{50}$ 이므로 $I_{o50} = \dfrac{60}{50} I_{o60}$으로 증가된다.

ⓑ 온도상승은 철손과 비례적으로 나타나므로 철손 $\left(P_i \propto \dfrac{{V_1}^2}{f}\right)$이 주파수에 반비례하므로 $\dfrac{60}{50}$으로 증가된다.

ⓒ 회전속도 $N = (1-s)\dfrac{120f}{P}$ 에서 $N \propto f$이므로 주파수가 감소하면 속도는 $\dfrac{50}{60}$으로 감소한다.

중 제1장 직류기

43 직류발전기가 90[%] 부하에서 최대 효율이 된다면 이 발전기의 전부하에 있어서 고정손과 부하손의 비는 얼마인가?

① 1.1
② 1.0
③ 0.9
④ 0.81

🔧 해설

최대 효율이 되는 부하율 $\dfrac{1}{m} = \sqrt{\dfrac{\text{고정손}}{\text{부하손}}} = \sqrt{\dfrac{P_i}{P_c}}$

$P_i = \left(\dfrac{1}{m}\right)^2 P_c$, $P_i = (0.9)^2 P_c = 0.81 P_c$

고정손과 부하손의 비는 $\alpha = \dfrac{P_i}{P_c} = 0.81$

상 제4장 유도기

44 유도전동기를 정격상태로 사용 중 전압이 10[%] 상승하면 특성의 변화가 나타나는 데 그 내용으로 틀린 것은? (단, 부하는 일정 토크라고 가정한다.)

① 슬립이 작아진다.
② 효율이 떨어진다.
③ 속도가 감소한다.
④ 히스테리시스손과 와류손이 증가한다.

🔧 해설 유도전동기의 특성

$$T = \dfrac{P_{극수}}{4\pi f} {V_1}^2 \dfrac{{I_2}^2 \dfrac{r_2}{s}}{\left(r_1 + \dfrac{r_2}{s}\right)^2 + (x_1 + x_2)^2} [\text{N} \cdot \text{m}]$$

$T \propto P_{극수} \propto \dfrac{1}{f} \propto {V_1}^2 \dfrac{r_2}{s}$ 에서 ${V_1}^2 \propto \dfrac{1}{s}$ 에서 전압이 상승하면 슬립은 감소한다.

슬립이 감소하면 회전속도 $\left(N = (1-s)\dfrac{120f}{P}\right)$는 증가한다.

중 제2장 동기기

45 동기발전기의 안정도를 증진시키기 위하여 설계상 고려할 점으로 틀린 것은?

① 자동전압조정기의 속도를 크게 한다.
② 정상 과도 리액턴스 및 단락비를 작게 한다.
③ 회전자의 관성력을 크게 한다.
④ 영상 및 역상 임피던스를 크게 한다.

해설

안정도를 증진시키기 위해 고려할 사항은 다음과 같다.
㉠ 정상 과도 리액턴스 또는 동기 리액턴스는 작게 하고 단락비를 크게 한다.
㉡ 자동전압조정기의 속응도를 크게 한다(속응여자방식 채용).
㉢ 회전사의 관성력을 크게 한다.
㉣ 영상 및 역상 임피던스를 크게 한다.
㉤ 관성을 크게 하거나 플라이휠 효과를 크게 한다.

상 제3장 변압기

46 비율차동계전기를 사용하는 이유로 옳은 것은?

① 변압기의 고조파 발생 억제
② 변압기의 자기 포하 억제
③ 변압기의 상간 단락 보호
④ 변압기의 여자돌입전류 보호

해설 비율차동계전기

변압기, 발전기, 모선 등의 내부고장 및 단락사고의 보호용으로 사용된다.

상 제5장 정류기

47 단상 반파정류회로인 경우 정류효율은 몇 [%]인가?

① 12.6 ② 40.6
③ 60.6 ④ 81.2

해설 정류효율

㉠ 단상 반파정류 $= \dfrac{4}{\pi^2} \times 100 = 40.6[\%]$

㉡ 단상 전파정류 $= \dfrac{8}{\pi^2} \times 100 = 81.2[\%]$

하 제5장 정류기

48 단상 200[V]의 교류전압을 점호각 60°로 반파정류를 하여 저항부하에 공급할 때의 직류전압[V]은?

① 97.5
② 86.4
③ 75.5
④ 67.5

해설

직류전압 $E_d = 0.45E\left(\dfrac{1+\cos a}{2}\right)$

$= 0.45 \times 200 \left(\dfrac{1+\cos 60°}{2}\right)$

$= 67.5[\text{V}]$

여기서, E_d : 단싱 빈파징류 시 직류전압

상 제1장 직류기

49 직류기에서 전기자반작용을 방지하는 방법 중 적합하지 않은 것은?

① 보상권선 설치
② 보극 설치
③ 보상권선과 보극 설치
④ 부하에 따라 브러시 이동

해설

전기자반작용을 방지하기 위해 보극, 보상권선, 브러시 이동 등의 방법이 있는데 이중 보극 설치를 통한 반작용 방지효과가 가장 적다.

하 제6장 특수기기

50 브러시를 이동하여 회전속도를 제어하는 전동기는?

① 직류직권전동기
② 단상 직권전동기
③ 반발전동기
④ 반발기동형 단상 유도전동기

해설

반발전동기는 브러시의 위치를 변경하여 토크 및 회전속도를 제어할 수 있다.

정답 45 ② 46 ③ 47 ② 48 ④ 49 ② 50 ③

하 제6장 특수기기

51 스테핑 전동기의 스텝각이 3°이고, 스테핑 주파수(pulse rate)가 1200[pps]이다. 이 스테핑 전동기의 회전속도[rps]는?

① 10　　　　② 12
③ 14　　　　④ 16

해설

스테핑모터의 속도는 $\eta_m = \dfrac{1}{NP}\eta_{pulse}$ 에서 1번의 펄스에 $\dfrac{1}{NP}$ 바퀴만큼 회전한다.

1펄스에 스텝각이 3°이므로 1초당 1200펄스이므로
1초당 스텝각 $= 3° \times 1200 = 3600°$

스테핑모터의 회전속도 $n = \dfrac{3600°}{360°} = 10[\text{rps}]$

중 제2장 동기기

52 동기전동기에 관한 다음 기술사항 중 틀린 것은?

① 회전수를 조정할 수 없다.
② 직류여자기가 필요하다.
③ 난조가 일어나기 쉽다.
④ 역률을 조정할 수 없다.

해설

여자전류를 가감하여 역률을 조정할 수 있는 것이 동기기의 가장 큰 장점이다.

상 제1장 직류기

53 자극수 4, 슬롯수 40, 슬롯 내부코일변수 4인 단중 중권 직류기의 정류자편수는?

① 80　　　　② 40
③ 20　　　　④ 1

해설

정류자편수는 코일수와 같고
총코일수 $= \dfrac{\text{총도체수}}{2}$ 이므로

정류자편수 $K = \dfrac{\text{슬롯수} \times \text{슬롯내 코일변수}}{2}$
$= \dfrac{40 \times 4}{2}$
$= 80$개

상 제5장 정류기

54 정류회로에서 상의 수를 크게 했을 경우에 대한 내용으로 옳은 것은?

① 맥동주파수와 맥동률이 증가한다.
② 맥동률과 맥동주파수가 감소한다.
③ 맥동주파수는 증가하고 맥동률은 감소한다.
④ 맥동률과 주파수는 감소하나 출력이 증가한다.

해설

1상에서 3상 또는 6상 등으로 상수를 크게 하면 양질의 직류전력이 발생하여 맥동주파수는 증가하고 교류분이 감소하여 맥동률은 감소한다.

중 제5장 정류기

55 SCR의 특징으로 틀린 것은?

① 과전압에 약하다.
② 열용량이 적어 고온에 약하다.
③ 전류가 흐르고 있을 때의 양극 전압강하가 크다.
④ 게이트에 신호를 인가할 때부터 도통할 때까지의 시간이 짧다.

해설 SCR의 특징

㉠ 과전압에 약하다.
㉡ 아크가 생기지 않으므로 열의 발생이 적다.
㉢ 게이트에 신호를 인가할 때부터 도통할 때까지의 시간이 짧다.
㉣ 전류가 흐르고 있을 때의 양극 전압강하가 작다.

상 제2장 동기기

56 동기발전기의 자기여자현상의 방지법이 아닌 것은?

① 수전단에 리액턴스를 병렬로 접속한다.
② 발전기 2대 또는 3대를 병렬로 모선에 접속한다.
③ 송전선로의 수전단에 변압기를 접속한다.
④ 단락비가 작은 발전기로 충전한다.

정답 51 ① 52 ④ 53 ① 54 ③ 55 ③ 56 ④

해설 자기여자현상의 방지대책

㉠ 수전단에 병렬로 리액터를 설치
㉡ 수전단 부근에 변압기를 설치하여 자화전류를 흘림
㉢ 수전단에 부족여자로 운전하는 동기조상기를 설치하여 지상전류를 흘림
㉣ 발전기를 2대 이상 병렬로 설치
㉤ 단락비가 큰 기계를 사용

상 제2장 동기기

57 2대의 동기발전기가 병렬운전하고 있을 때 동기화전류가 흐르는 경우는?

① 기전력의 크기에 차가 있을 때
② 기전력의 위상에 차가 있을 때
③ 기전력의 파형에 차가 있을 때
④ 부하 분담에 차가 있을 때

해설

유도기전력의 위상이 다를 경우 → 유효순환전류(동기화전류)가 흐름

수수전력(=주고 받는 전력) $P = \dfrac{E^2}{2Z_s}\sin\delta$ [kW]

상 제3장 변압기

58 단상 변압기의 임피던스 와트(impedance watt)를 구하기 위해서는 다음 중 어느 시험이 필요한가?

① 무부하시험   ② 단락시험
③ 유도시험   ④ 반환부하법

해설

단락시험에서 정격전류와 같은 단락전류가 흐를 때의 입력이 임피던스 와트이고, 동손과 크기가 같다.

하 제2장 동기기

59 유도발전기의 동작특성에 관한 설명 중 틀린 것은?

① 병렬로 접속된 동기발전기에서 여자를 취해야 한다.
② 효율과 역률이 낮으며 소출력의 자동수력 발전기와 같은 용도에 사용된다.
③ 유도발전기의 주파수를 증가시키려면 회전속도를 동기속도 이상으로 회전시켜야 한다.

④ 선로에 단락이 생긴 경우에는 여자가 상실되므로 단락전류는 동기발전기에 비해 적고 지속시간도 짧다.

해설

유도발전기는 유도전동기의 회전자가 고정자에서 발생하는 회전자계의 동기속도보다 빠르게 회전하여 전력을 발생시키므로 주파수를 증가시키는 것과는 무관하다.

하 제6장 특수기기

60 단상 정류자전동기의 일종인 단상 반발전동기에 해당되는 것은?

① 시라게전동기
② 반발유도전동기
③ 아트킨손형 전동기
④ 단상 직권 정류자전동기

해설

단상 반발전동기의 종류에는 아트킨손형 전동기, 톰슨형전동기, 데리형 전동기가 있다.

제4과목   회로이론 및 제어공학

하 제어공학 제4장 주파수영역해석법

61 주파수응답에 의한 위치제어계의 설계에서 계통의 안정도척도와 관계가 적은 것은 어느 것인가?

① 공진값
② 고유주파수
③ 위상여유
④ 이득여유

해설 주파수응답에서 안정도의 척도

공진값, 위상여유, 이득여유

상 제어공학 제3장 시간영역해석법

62 2차 시스템의 감쇠율 δ(damping ratio)가 $\delta < 0$이면 어떤 경우인가?

① 비감쇠   ② 과감쇠
③ 부족감쇠   ④ 발산

정답   57 ② 58 ② 59 ③ 60 ③ 61 ② 62 ④

해설 2차 지연요소의 인디셜 응답의 구분

㉠ $\delta > 1$: 과제동(비진동)
㉡ $\delta = 1$: 임계제동(임계상태)
㉢ $0 < \delta < 1$: 부족제동(감쇠진동)
㉣ $\delta = 0$: 무제동(무한진동, 완전진동)
㉤ $\delta < 0$: 발산(부의 제동)

상 제어공학 제8장 시퀀스회로의 이해

63 그림과 같은 논리회로와 등가인 것은?

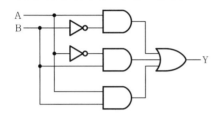

① $\begin{matrix} A \\ B \end{matrix}$ —[AND]— Y
② $\begin{matrix} A \\ B \end{matrix}$ —[OR]— Y
③ $\begin{matrix} A \\ B \end{matrix}$ —[NAND]— Y
④ $\begin{matrix} A \\ B \end{matrix}$ —[NOR]— Y

해설

$Y = A \cdot \overline{B} + \overline{A} \cdot B + A \cdot B$
$\quad = A(\overline{B} + B) + B(\overline{A} + A) = A + B$

상 제어공학 제2장 전달함수

64 그림의 신호흐름선도를 미분방정식으로 표현한 것으로 옳은 것은? (단, 모든 초기값은 0이다.)

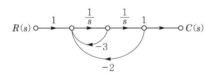

① $\dfrac{d^2 c(t)}{dt^2} + 3\dfrac{dc(t)}{dt} + 2c(t) = r(t)$

② $\dfrac{d^2 c(t)}{dt^2} + 2\dfrac{dc(t)}{dt} + 3c(t) = r(t)$

③ $\dfrac{d^2 c(t)}{dt^2} - 3\dfrac{dc(t)}{dt} - 2c(t) = r(t)$

④ $\dfrac{d^2 c(t)}{dt^2} - 2\dfrac{dc(t)}{dt} - 3c(t) = r(t)$

해설

㉠ 종합 전달함수

$M(s) = \dfrac{C(s)}{R(s)} = \dfrac{\sum 전향경로이득}{1 - \sum 폐루프 이득}$

$\quad = \dfrac{\dfrac{1}{s^2}}{1 + \dfrac{3}{s} + \dfrac{2}{s^2}} = \dfrac{1}{s^2 + 3s + 2}$

㉡ $C(s)[s^2 + 3s + 2] = R(s)$에서 라플라스 역변환하여 미분방정식으로 표현하면

$\therefore \dfrac{d^2}{dt^2} c(t) + 3\dfrac{d}{dt} c(t) + 2c(t) = r(t)$

중 제어공학 제5장 안정도 판별법

65 특정방정식 $2s^3 + 5s^2 + 3s + 1 = 0$로 주어진 계의 안정도를 판정하고 우반평면상의 근을 구하면?

① 임계상태이며 허수측상에 근이 2개 존재한다.
② 안정하고 우반평면에 근이 없다.
③ 불안정하며 우반평면상에 근이 2개이다.
④ 불안정하며 우반평면상에 근이 1개이다.

해설

$F(s) = as^3 + bs^2 + cs + d = 0$에서 $a, b, c, b > 0$
와 $bc > ad$를 만족해야 안정된 제어계가 된다.
$bc = 15, ad = 2$이므로 $bc > ad$를 만족한다.
$\therefore$ 안정하고 불안정한 근도 없다.

상 제어공학 제7장 상태방정식

66 z변환함수 $\dfrac{z}{(z - e^{-at})}$에 대응되는 라플라스 변환과 이에 대응되는 시간함수는?

① $\dfrac{1}{(s+a)^2}$, te^{-at}

② $\dfrac{1}{1 - e^{-ts}}$, $\displaystyle\sum_{n=0}^{\infty} \delta(t - nt)$

③ $\dfrac{a}{s(s+a)}$, $1 - e^{-at}$

④ $\dfrac{1}{s+a}$, e^{-at}

해설

$$\frac{z}{z-e^{-at}} \quad z^{-1}, \quad e^{-at} \quad \mathcal{L}_\rightarrow \quad \frac{1}{s+a}$$

하 | 제어공학 제3장 시간영역해석법

67 그림의 블록선도에서 K에 대한 폐루프 전달함수 $T = \dfrac{C(s)}{R(s)}$ 의 감도 S_K^T 는?

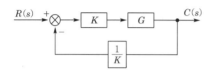

① -1

② -0.5

③ 0.5

④ 1

해설 종합 전달함수

$$M(s) = T = \frac{KG}{1 + \dfrac{1}{G}} = \frac{KG^2}{G+1} \text{에서}$$

$$\therefore \text{감도}: S_K^T = \frac{K}{T} \cdot \frac{dT}{dK}$$

$$= \frac{K}{\dfrac{KG^2}{G+1}} \times \frac{d}{dK}\left(\frac{KG^2}{G+1}\right)$$

$$= \frac{G+1}{G^2} \times \frac{G^2}{G+1} = 1$$

중 | 제어공학 제4장 주파수영역해석법

68 다음 RC 저역여파기 회로의 전달함수 $G(j\omega)$ 에서 $\omega = \dfrac{1}{RC}$ 인 경우 $|G(j\omega)|$ 의 값은?

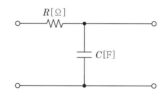

① 1

② 0.5

③ 0.707

④ 0

해설

㉠ 전압비 전달함수

$$G(s) = \frac{\dfrac{1}{Cs}}{R + \dfrac{1}{Cs}} = \frac{1}{RCs+1}$$

㉡ 주파수 전달함수

$$G(j\omega) = \frac{1}{1 + j\omega RC}\bigg|_{\omega = \frac{1}{RC}}$$

$$= \frac{1}{1+j} = \frac{1}{\sqrt{2} \; \underline{/45°}}$$

$$= 0.707 \; \underline{/-45°}$$

상 | 제어공학 제5장 안정도 판별법

69 $G(s)H(s) = \dfrac{2}{(s+1)(s+2)}$ 의 이득여유는?

① $20[\text{dB}]$ ② $-20[\text{dB}]$

③ $0[\text{dB}]$ ④ $\infty[\text{dB}]$

해설

㉠ 이득여유는 개루프 전달함수 $G(j\omega)H(j\omega)$ 의 허수를 0으로 하여 구해야 한다.

㉡ 개루프 전달함수

$$G(j\omega)H(j\omega) = \frac{2}{(j\omega+1)(j\omega+2)}\bigg|_{\omega=0}$$

$$= \frac{2}{2} = 1$$

∴ 이득여유

$$g_m = 20\log\frac{1}{|G(j\omega)H(j\omega)|}$$

$$= 20\log 1 = 0[\text{dB}]$$

상 | 제어공학 제1장 자동제어의 개요

70 인가 직류전압을 변화시켜서 전동기의 회전수를 800[rpm]으로 하고자 한다. 이 경우 회전수는 어느 용어에 해당하는가?

① 목표값   ② 조작량

③ 제어량   ④ 제어대상

해설

㉠ 전압 : 조작량

㉡ 전동기 : 제어대상

㉢ 회전수 : 제어량

㉣ 800[rpm] : 목표값

중 회로이론 제3장 다상 교류회로의 이해

71 그림과 같은 부하에 선간전압이 $V_{ab} = 100$ $\underline{/30°}$ [V]인 평형 3상 전압을 가했을 때 선전류 I_a[A]는?

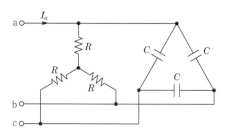

① $\dfrac{100}{\sqrt{3}}\left(\dfrac{1}{R} + j3\omega C\right)$

② $100\left(\dfrac{1}{R} + j\sqrt{3}\,\omega C\right)$

③ $\dfrac{100}{\sqrt{3}}\left(\dfrac{1}{R} + j\omega C\right)$

④ $100\left(\dfrac{1}{R} + j\omega C\right)$

해설

㉠ △결선을 Y결선으로 등가변환하면 다음과 같다.

(임피던스 크기를 $\dfrac{1}{3}$로 변환)

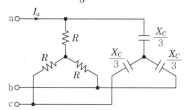

㉡ 저항과 정전용량은 병렬관계이므로 아래와 같이 등가변환시킬 수 있다.

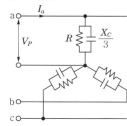

㉢ 합성 임피던스

$$Z = \dfrac{1}{\dfrac{1}{R} + \dfrac{1}{\dfrac{-jX_C}{3}}} = \dfrac{1}{\dfrac{1}{R} + j\dfrac{3}{X_C}}$$

$$= \dfrac{1}{\dfrac{1}{R} + j3\omega C}$$

여기서, 용량 리액턴스 $X_C = \dfrac{1}{\omega C}$

㉣ 상전압 : $V_P = \dfrac{V_\ell}{\sqrt{3}}\ \underline{/-30°} = \dfrac{100}{\sqrt{3}}\ \underline{/0°}$

㉤ Y결선은 상전류와 선전류가 동일하므로

$$I_a = \dfrac{V_P}{Z} = \dfrac{100}{\sqrt{3}}\left(\dfrac{1}{R} + j3\omega C\right)[A]$$

하 회로이론 제2장 단상 교류회로의 이해

72 그림과 같은 회로에서 전압계 3개로 단상전력을 측정하고자 할 때의 유효전력[W]은?

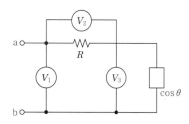

① $\dfrac{1}{2R}(V_1^2 - V_2^2 - V_3^2)$

② $\dfrac{1}{2R}(V_1^2 - V_3^2)$

③ $\dfrac{R}{2}(V_1^2 - V_2^2 - V_3^2)$

④ $\dfrac{R}{2}(V_2^2 - V_1^2 - V_3^2)$

해설

㉠ 역률 : $\cos\theta = \dfrac{V_1^2 - V_2^2 - V_3^2}{2V_2V_3}$

㉡ 유효전력(소비전력)

$$P = VI\cos\theta$$

$$= V_3 \times \dfrac{V_2}{R} \times \dfrac{V_1^2 - V_2^2 - V_3^2}{2V_2V_3}$$

$$= \dfrac{1}{2R}(V_1^2 - V_2^2 - V_3^2)[W]$$

상 회로이론 제5장 대칭좌표법

73 전압대칭분을 각각 V_0, V_1, V_2, 전류의 대칭분을 각각 I_0, I_1, I_2라 할 때 대칭분으로 표시되는 전전력은 얼마인가?

① $V_0 I_1 + V_1 I_2 + V_2 I_0$

② $V_0 I_0 + V_1 I_1 + V_2 I_2$

③ $3V_0 I_1 + 3V_1 I_2 + 3V_2 I_0$

④ $3V_0 I_0 + 3V_1 I_1 + 3V_2 I_2$

정답 71 ① 72 ① 73 ④

$$P_a = P + jP_r$$
$$= \overline{V_a}\,I_a + \overline{V_b}\,I_b + \overline{V_c}\,I_c$$
$$= \left(\overline{V_0} + \overline{V_1} + \overline{V_2}\right)I_a + \left(\overline{V_0} + \overline{a^2}\,\overline{V_1} + \overline{a}\,\overline{V_2}\right)I_b$$
$$\quad + \left(\overline{V_0} + \overline{a}\,\overline{V_1} + \overline{a^2}\,\overline{V_2}\right)I_c$$
$$= \left(\overline{V_0} + \overline{V_1} + \overline{V_2}\right)I_a + \left(\overline{V_0} + a\,\overline{V_1} + a^2\,\overline{V_2}\right)I_b$$
$$\quad + \left(\overline{V_0} + a^2\,\overline{V_1} + a\,\overline{V_2}\right)I_c$$
$$= \overline{V_0}\left(I_a + I_b + I_c\right) + \overline{V_1}\left(I_a + aI_b + a^2 I_c\right)$$
$$\quad + \overline{V_2}\left(I_a + a^2 I_b + aI_c\right)$$
$$= 3\,\overline{V_0}\,I_0 + 3\,\overline{V_1}\,I_1 + 3\,\overline{V_2}\,I_2$$

상 회로이론 제8장 분포정수회로

74 선로의 단위길이당 분포 인덕턴스, 저항, 정전용량, 누설 컨덕턴스를 각각 L, R, G, C라 하면 전파정수는 어떻게 되는가?

① $\dfrac{\sqrt{R+j\omega L}}{G+j\omega C}$

② $\sqrt{(R+j\omega L)(G+j\omega C)}$

③ $\dfrac{R+j\omega L}{G+j\omega C}$

④ $\sqrt{\dfrac{G+j\omega C}{R+j\omega L}}$

해설

전파정수란 전압, 전류가 선로의 끝 송전단에서부터 멀어져감에 따라 그 진폭이라든가 위상이 변해가는 특성과 관계된 상수를 말한다.

∴ 전파정수
$$\gamma = \sqrt{ZY} = \sqrt{(R+j\omega L)(G+j\omega C)}$$
$$= \sqrt{RG} + j\omega\sqrt{LC} = \alpha + j\beta$$

여기서, α : 감쇠정수

β : 위상정수

하 회로이론 제7장 4단자망 회로해석

75 그림과 같은 4단자 회로의 4단자 정수 A, B, C, D에서 A의 값은?

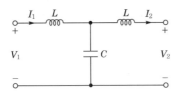

① $1 - j\omega C$

② $1 - \omega^2 LC$

③ $j\omega C$

④ $j\omega L(2 - \omega^2 LC)$

해설

㉠ $A = 1 + \dfrac{j\omega L}{\dfrac{1}{j\omega C}} = 1 + j^2\omega^2 LC = 1 - \omega^2 LC$

㉡ $B = \dfrac{j\omega L \times \dfrac{1}{j\omega} + (j\omega L)^2 + j\omega L \times \dfrac{1}{j\omega}}{\dfrac{1}{j\omega C}}$

$\quad = j\omega LC(2 - \omega^2 LC)$

㉢ $C = \dfrac{1}{\dfrac{1}{j\omega C}} = j\omega C$

㉣ $D = 1 + \dfrac{j\omega L}{\dfrac{1}{j\omega C}} = 1 + j^2\omega^2 LC = 1 - \omega^2 LC$

상 회로이론 제3장 다상 교류회로의 이해

76 그림과 같은 평형 Y형 결선에서 각 상이 8[Ω]의 저항과 6[Ω]의 리액턴스가 직렬로 접속된 부하에 걸린 선간전압이 $100\sqrt{3}$ [V]이다. 이 때 선전류는 몇 [A]인가?

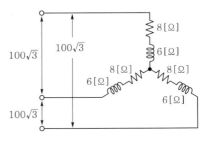

① 5　　　　② 10

③ 15　　　　④ 20

해설

㉠ 각 상의 임피던스의 크기

$Z = \sqrt{8^2 + 6^2} = 10[\Omega]$

㉡ 상전압 $V_P = \dfrac{V_l}{\sqrt{3}} = \dfrac{100\sqrt{3}}{\sqrt{3}} = 100[V]$

∴ 선전류 $I_l = I_P = \dfrac{V_P}{Z} = \dfrac{100}{10} = 10[A]$

정답 74 ②　75 ②　76 ②

하 회로이론 제10장 라플라스 변환

77 그림과 같은 반파 정현파의 라플라스(Laplace) 변환은?

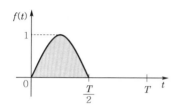

① $\dfrac{s}{s^2+\omega^2}\left(1+e^{-\frac{Ts}{2}}\right)$

② $\dfrac{\omega}{s^2+\omega^2}\left(1+e^{-\frac{Ts}{2}}\right)$

③ $\dfrac{s}{s^2+\omega^2}\left(1+e^{\frac{Ts}{2}}\right)$

④ $\dfrac{\omega}{s^2+\omega^2}\left(1+e^{\frac{Ts}{2}}\right)$

해설

함수 $f(t)=\sin\omega t+\sin\omega\left(t-\dfrac{T}{2}\right)$

$\therefore\ F(s)=\dfrac{\omega}{s^2+\omega^2}+\dfrac{\omega}{s^2+\omega^2}\,e^{-\frac{Ts}{2}}$

$\qquad=\dfrac{\omega}{s^2+\omega^2}\left(1+e^{-\frac{Ts}{2}}\right)$

하 회로이론 제6장 회로망 해석

78 그림과 같은 직류회로에서 저항 $R[\Omega]$의 값은?

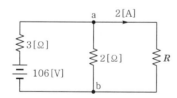

① 10[Ω]　　　② 20[Ω]
③ 30[Ω]　　　④ 40[Ω]

해설 테브난의 등가변환

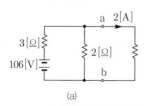

(a)

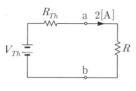

(b)

㉠ 개방전압 : a, b 양단의 단자전압

$V_{Th}=2I=2\times\dfrac{106}{3+2}=42.4[V]$

㉡ 등가저항 : 전압원을 단락시킨 상태에서 a, b에서 바라본 합성저항

$R_{Th}=\dfrac{3\times2}{3+2}=1.2[\Omega]$

㉢ 부하전류 : $I=\dfrac{V_{Th}}{R_{Th}+R}=2[A]$

$\therefore\ R=\dfrac{V_{Th}}{I}-R_{Th}=\dfrac{42.4}{2}-1.2=20[\Omega]$

하 회로이론 제4장 비정현파 교류회로의 이해

79 비정현 주기파 중 고조파의 감소율이 가장 적은 것은?

① 반파정류파
② 삼각파
③ 전파정류파
④ 구형파

해설

고조파 감소율이 작다는 것은 계통에 고조파 함유율이 매우 크다는 것을 의미한다. 따라서 정현파에 무수히 많은 고주파(주파수 성분)가 포함되면 파형은 구형파의 형태가 된다.

상 회로이론 제10장 라플라스 변환

80 자동제어계에서 중량함수(weight function)라고 불려지는 것은?

① 인디셜
② 임펄스
③ 전달함수
④ 램프함수

해설

임펄스(impulse)함수=충격함수=중량함수
　　　　　　　　　　=하중(weight)함수

정답 77 ② 78 ② 79 ④ 80 ②

제5과목 전기설비기술기준

81 사용전압이 400[V] 이하인 경우의 저압 보안공사에 전선으로 경동선을 사용할 경우 몇 [mm] 이상의 것을 사용하여야 하는가?

① 1.2 ② 2.6
③ 3.5 ④ 4.0

해설 저압 보안공사(KEC 222.10)

전선은 인장강도 8.01[kN] 이상의 것 또는 지름 5[mm] 이상의 경동선일 것(사용전압이 400[V] 이하인 경우에는 인장강도 5.26[kN] 이상의 것 또는 지름 4[mm] 이상의 경동선)

82 가공전선로의 지지물로 볼 수 없는 것은?

① 목주
② 지선(지지선)
③ 철탑
④ 철근 콘크리트주

해설 정의(전기설비기술기준 제3조)

지지물이라 함은 목주, 철주, 철근 콘크리트주 및 철탑과 이와 유사한 시설물로서, 전선·약전류전선 또는 광섬유케이블을 지지하는 것을 주된 목적으로 하는 것을 말한다.

83 건축물·구조물과 분리되지 않은 피뢰시스템인 경우, 피뢰시스템 등급이 Ⅰ, Ⅱ등급이라면 병렬 인하도선의 최대 간격은 몇 [m]로 하는가?

① 30 ② 10
③ 20 ④ 15

해설 인하도선시스템(KEC 152.2)

건축물·구조물과 분리되지 않은 피뢰시스템인 경우
㉠ 인하도선의 수는 2가닥 이상으로 한다.
㉡ 병렬 인하도선의 최대 간격은 피뢰시스템 등급에 따라 Ⅰ·Ⅱ등급은 10[m], Ⅲ등급은 15[m], Ⅳ등급은 20[m]로 한다.

84 전기철도의 변전방식에서 변전소 설비에 대한 내용 중 해당되지 않는 것은?

① 급전용 변압기에서 직류 전기철도는 3상 정류기용 변압기로 해야 한다.
② 제어용 교류전원은 상용과 예비의 2계통으로 구성한다.
③ 제어반의 경우 디지털 계전기방식을 원칙으로 한다.
④ 제어반의 경우 아날로그 계전기방식을 원칙으로 한다.

해설 변전소의 설비(KEC 421.4)

㉠ 급전용 변압기는 직류 전기철도의 경우 3상 정류기용 변압기, 교류 전기철도의 경우 3상 스코트결선 변압기의 적용을 원칙으로 하고, 급전계통에 적합하게 선정하여야 한다.
㉡ 제어용 교류전원은 상용과 예비의 2계통으로 구성하여야 한다.
㉢ 제어반의 경우 디지털 계전기방식을 원칙으로 하여야 한다.

85 가공전선로에 사용하는 지지물을 강관으로 구성되는 철탑으로 할 경우 지지물의 강도 계산에 적용하는 병종 풍압하중은 구성재의 수직투영면적 1[m²]에 대한 풍압을 몇 [Pa]로 하여 계산하는가?

① 441 ② 627
③ 706 ④ 1078

해설 풍압하중의 종별과 적용(KEC 331.6)

철탑의 갑종 풍압하중의 크기는 1255[Pa]이나 병종 풍압하중은 갑종 풍압하중의 50[%]를 적용하기 때문에 627[Pa]이다.

86 시가지에 시설하는 특고압 가공전선로의 지지물이 철탑이고, 전선이 수평으로 2 이상 있는 경우에 전선 상호 간의 간격이 4[m] 미만인 때에는 특고압 가공전선로의 경간(지지물 간 거리)은 몇 [m] 이하이어야 하는가?

① 100 ② 150
③ 200 ④ 250

정답 81 ④ 82 ② 83 ② 84 ④ 85 ② 86 ④

해설 시가지 등에서 특고압 가공전선로의 시설 (KEC 333.1)

시가지에 시설하는 특고압 가공전선로의 경간(지지물 간 거리)은 다음 값 이하일 것

지지물의 종류	경간(지지물 간 거리)
A종 철주 또는 A종 철근 콘크리트주	75[m]
B종 철주 또는 B종 철근 콘크리트주	150[m]
철탑	400[m] (단주인 경우에는 300[m]) 단, 전선이 수평으로 2 이상 있는 경우에 전선 상호 간의 간격이 4[m] 미만인 때에는 250[m]

상 제1장 공통사항

87 저압용 기계기구에 인체에 대한 감전보호용 누전차단기를 시설하면 외함의 접지를 생략할 수 있다. 이 경우의 누전차단기 정격에 대한 기술기준으로 적합한 것은?

① 정격감도전류 30[mA] 이하, 동작시간 0.03[sec] 이하의 전류동작형
② 정격감도전류 30[mA] 이하, 동작시간 0.1[sec] 이하의 전류동작형
③ 정격감도전류 60[mA] 이하, 동작시간 0.03[sec] 이하의 전류동작형
④ 정격감도전류 60[mA] 이하, 동작시간 0.1[sec] 이하의 전류동작형

해설 기계기구의 철대 및 외함의 접지(KEC 142.7)

저압용의 개별 기계기구에 전기를 공급하는 전로에 시설하는 인체 감전보호용 누전차단기는 정격감도전류가 30[mA] 이하, 동작시간이 0.03[sec] 이하의 전류동작형의 것을 말한다.

상 제1장 공통사항

88 사용전압 25[kV] 이하인 특고압 가공전선로의 중성점 접지용 접지도체의 공칭단면적은 몇 [mm²] 이상의 연동선이어야 하는가? (단, 중성선 다중접지방식으로 전로에 지락이 생겼을 때 2초 이내에 자동적으로 이를 전로로부터 차단하는 장치가 되어 있다.)

① 16
② 2.5
③ 6
④ 4

해설 접지도체(KEC 142.3.1)

접지도체의 굵기
㉠ 특고압 · 고압 전기설비용은 6[mm²] 이상의 연동선
㉡ 중성점 접지용은 16[mm²] 이상의 연동선
㉢ 7[kV] 이하의 전로 또는 25[kV] 이하인 특고압 가공전선로로 중성점 다중접지방식(지락 시 2초 이내 전로차단)인 경우 6[mm²] 이상의 연동선

상 제2장 저압설비 및 고압 · 특고압설비

89 도로 또는 옥외주차장에 표피전류 가열장치를 시설하는 경우, 발열선에 전기를 공급하는 전로의 대지전압은 교류 몇 [V] 이하이어야 하는가? (단, 주파수가 60[Hz]의 것에 한한다.)

① 400
② 600
③ 300
④ 150

해설 표피전류 가열장치의 시설(KEC 241.12.4)

도로 또는 옥외주차장에 표피전류 가열장치를 시설할 경우
㉠ 발열선에 전기를 공급하는 전로의 대지전압은 교류(주파수가 60[Hz]) 300[V] 이하일 것
㉡ 발열선과 소구경관은 전기적으로 접속하지 아니할 것
㉢ 소구경관은 그 온도가 120[℃]를 넘지 아니하도록 시설할 것

상 제2장 저압설비 및 고압 · 특고압설비

90 옥내에 시설하는 전동기가 소손되는 것을 방지하기 위한 과부하보호장치를 설치하지 않아도 되는 것은?

① 전동기출력이 4[kW]이며, 취급자가 감시할 수 없는 경우
② 정격출력이 0.2[kW] 이하의 경우
③ 과전류차단기가 없는 경우
④ 정격출력이 10[kW] 이상인 경우

해설 저압전로 중의 전동기 보호용 과전류보호장치의 시설(KEC 212.6.3)

다음의 어느 하나에 해당하는 경우에는 과전류보호장치의 시설 생략 가능
㉠ 전동기를 운전 중 상시 취급자가 감시할 수 있는 위치에 시설하는 경우
㉡ 전동기의 구조나 부하의 성질로 보아 전동기가 손상될 수 있는 과전류가 생길 우려가 없는 경우
㉢ 단상 전동기로서 그 전원측 전로에 시설하는 과전류차단기의 정격전류가 16[A](배선차단기는 20[A]) 이하인 경우
㉣ 전동기의 정격출력이 0.2[kW] 이하인 경우

정답 87 ① 88 ③ 89 ③ 90 ②

하 제3장 전선로

91 저압 옥측전선로의 시설로 잘못된 것은?

① 철골주 조영물에 버스덕트공사로 시설
② 합성수지관공사로 시설
③ 목조 조영물에 금속관공사로 시설
④ 전개된 장소에 애자사용공사로 시설

해설 옥측전선로(KEC 221.2)

저압 옥측전선로는 다음에 따라 시설하여야 한다.
㉠ 애자공사(전개된 장소에 한한다)
㉡ 합성수지관공사
㉢ 금속관공사(목조 이외의 조영물에 시설하는 경우에 한한다)
㉣ 버스덕트공사[목조 이외의 조영물(점검할 수 없는 은폐된 장소를 제외)에 시설하는 경우에 한한다]
㉤ 케이블공사[연피케이블, 알루미늄피케이블 또는 무기물절연(MI) 케이블을 사용하는 경우에는 목조 이외의 조영물에 시설하는 경우에 한한다]

중 제3장 전선로

92 도로를 횡단하여 시설하는 지선(지지선)의 높이는 특별한 경우를 제외하고 지표상 몇 [m] 이상으로 하여야 하는가?

① 5
② 5.5
③ 6
④ 6.5

해설 지선(지지선)의 시설(KEC 331.11)

㉠ 도로를 횡단하여 시설하는 지선(지지선)의 높이는 지표상 5[m] 이상
㉡ 교통에 지장을 초래할 우려가 없는 경우에는 지표상 4.5[m] 이상
㉢ 보도의 경우에는 2.5[m] 이상

상 제3장 전선로

93 고압 가공인입선이 케이블 이외의 것으로서 그 아래에 위험표시를 하였다면 전선의 지표상 높이는 몇 [m]까지로 감할 수 있는가?

① 2.5
② 3.5
③ 4.5
④ 5.5

해설 고압 가공인입선의 시설(KEC 331.12.1)

고압 가공인입선의 높이는 지표상 3.5[m]까지 감할 수 있다. 이 경우에 고압 가공인입선이 케이블 이외의 것인 때에는 그 전선의 아래쪽에 위험표시를 하여야 한다.

상 제3장 전선로

94 저압 가공인입선에 사용할 수 없는 전선은?

① 절연전선
② 단심케이블
③ 나전선
④ 다심케이블

해설 저압 인입선의 시설(KEC 221.1.1)

㉠ 전선은 절연전선 또는 케이블일 것
㉡ 전선이 케이블인 경우 이외에는 인장강도 2.30[kN] 이상의 것 또는 지름 2.6[mm] 이상의 인입용 비닐절연전선일 것. 다만, 경간(지지물 간 거리)이 15[m] 이하인 경우는 인장강도 1.25[kN] 이상의 것 또는 지름 2[mm] 이상의 인입용 비닐절연전선일 것
㉢ 전선이 옥외용 비닐절연전선인 경우에는 사람이 접촉할 우려가 없도록 시설하고, 옥외용 비닐절연전선 이외의 절연전선인 경우에는 사람이 쉽게 접촉할 우려가 없도록 시설할 것

상 제4장 발전소, 변전소, 개폐소 및 기계기구 시설보호

95 변전소에서 154[kV], 용량 2100[kVA] 변압기를 옥외에 시설할 때 울타리의 높이와 울타리에서 충전부분까지의 거리의 합계는 몇 [m] 이상이어야 하는가?

① 5
② 5.5
③ 6
④ 6.5

해설 발전소 등의 울타리·담 등의 시설(KEC 351.1)

발전소 등의 울타리·담 등의 시설 시 간격

사용전압의 구분	울타리·담 등의 높이와 울타리·담 등으로부터 충전부분까지의 거리의 합계
35[kV] 이하	5[m]
35[kV] 초과 160[kV] 이하	6[m]
160[kV] 초과	6[m]에 160[kV]를 초과하는 10[kV] 또는 그 단수마다 12[cm]를 더한 값

정답 91 ③ 92 ① 93 ② 94 ③ 95 ③

[중] **제1장 공통사항**

96 연료전지 및 태양전지 모듈은 최대사용전압의 몇 배의 직류전압을 충전부분과 대지 사이에 연속하여 10분간 가하여 절연내력을 시험하였을 때에 이에 견디는 것이어야 하는가?

① 2.5 ② 1
③ 1.5 ④ 3

[해설] 연료전지 및 태양전지 모듈의 절연내력 (KEC 134)

연료전지 및 태양전지 모듈은 최대사용전압의 1.5배의 직류전압 또는 1배의 교류전압을 충전부분과 대지 사이에 연속하여 10분간 가하여 절연내력을 시험하였을 때에 이에 견디는 것이어야 한다. 단, 시험전압 계산값이 500[V] 미만인 경우 500[V]로 시험한다.

[상] **제3장 전선로**

97 다음 중 제1종 특고압 보안공사를 필요로 하는 가공전선로에 지지물로 사용할 수 있는 것은 어느 것인가?

① A종 철근 콘크리트주
② B종 철근 콘크리트주
③ A종 철주
④ 목주

[해설] 특고압 보안공사(KEC 333.22)

제1종 특고압 보안공사 시 전선로의 지지물에는 B종 철주 · B종 철근 콘크리트주 또는 철탑을 사용할 것(지지물의 강도가 약한 A종 지지물과 목주는 사용할 수 없음)

[하] **제5장 전기철도**

98 직류 전기철도 시스템의 누설전류 간섭방지에 대한 설명으로 틀린 것은?

① 누설전류를 최소화하기 위해 귀선전류를 금속귀선으로 외부로만 흐르도록 한다.
② 직류 전기철도 시스템이 매설 배관 또는 케이블과 인접할 경우 누설전류를 피하기 위해 최대한 이격시켜야 하며, 주행레일과 최소 1[m] 이상의 거리를 유지하여야 한다.
③ 귀선시스템의 종방향 전기저항을 낮추기 위해서는 레일 사이에 저저항 레일본드를 접합한다.
④ 레일 사이에 저저항 레일본드를 접속하여 귀선시스템의 전체 종방향 저항이 5[%] 이상 증가하지 않도록 하여야 한다.

[해설] 전기철도 누설전류 간섭에 대한 방지 (KEC 461.5)

㉠ 직류 전기철도 시스템의 누설전류를 최소화하기 위해 귀선전류를 금속귀선로 내부로만 흐르도록 하여야 한다.
㉡ 직류 전기철도 시스템이 매설 배관 또는 케이블과 인접할 경우 누설전류를 피하기 위해 최대한 이격시켜야 하며, 주행레일과 최소 1[m] 이상의 거리를 유지하여야 한다.
㉢ 귀선시스템의 종방향 전기저항을 낮추기 위해서는 레일 사이에 저저항 레일본드를 접합 또는 접속하여 전체 종방향 저항이 5[%] 이상 증가하지 않도록 하여야 한다.

[상] **제2장 저압설비 및 고압 · 특고압설비**

99 2차측 개방전압이 10000[V]인 절연변압기를 사용한 전격살충기는 전격격자가 지표 또는 바닥에서 몇 [m] 이상의 높이에 시설되어야 하는가?

① 2.5 ② 2.8
③ 3.0 ④ 3.5

[해설] 전격살충기(KEC 241.7)

㉠ 전격살충기는 전용개폐기를 전격살충기에서 가까운 곳에 쉽게 개폐할 수 있도록 시설한다.
㉡ 전격격자는 지표 또는 바닥에서 3.5[m] 이상의 높은 곳에 시설할 것. 단, 2차측 개방전압이 7000[V] 이하의 절연변압기를 사용하고 또한 보호격자의 내부에 사람의 손이 들어갔을 경우 또는 보호격자에 사람이 접촉될 경우 절연변압기의 1차측 전로를 자동적으로 차단하는 보호장치를 시설한 것은 지표 또는 바닥에서 1.8[m]까지 감할 수 있다.
㉢ 전격살충기의 전격격자와 다른 시설물(가공전선은 제외) 또는 식물과의 이격거리(간격)는 0.3[m] 이상일 것
㉣ 전격살충기를 시설한 곳에는 위험표시를 할 것

[정답] 96 ③ 97 ② 98 ① 99 ④

상 제3장 전선로

100 중성점접접지식 22.9[kV] 특고압 가공전선을 A종 철근 콘크리트주를 사용하여 시가지에 시설하는 경우 반드시 지키지 않아도 되는 것은?

① 전선로의 경간(지지물 간 거리)은 75[m] 이하로 할 것

② 전선의 단면적은 55[mm^2] 경동연선 또는 이와 동등 이상의 세기 및 굵기의 것일 것

③ 전선이 특고압 절연전선인 경우 지표 상의 높이는 8[m] 이상일 것

④ 전로에 지기가 생긴 경우 또는 단락한 경우에 1초 안에 자동차단하는 장치를 시설할 것

해설 **시가지 등에서 특고압 가공전선로의 시설 (KEC 333.1)**

사용전압이 100[kV]를 초과하는 특고압 가공전선에 지락 또는 단락이 생겼을 때에는 1초 이내에 자동적으로 이를 전로로부터 차단하는 장치를 시설할 것

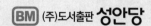

초보자를 위한 **전기기초 입문**

岩本 洋 지음 / 4 · 6배판형 / 232쪽 / 23,000원

이 책은 전자의 행동으로서 전자의 흐름 · 전자와 전위차 · 전기저항 · 전기에너지 · 교류 등을 들어 전자 현상을 물에 비유하여 전기에 입문하는 초보자도 쉽게 이해할 수 있도록 설명하였다.

기초 회로이론

백주기 지음 / 4 · 6배판형 / 428쪽 / 26,000원

본 교재는 기본서로서 수동 소자로 구성된 기초 회로이론을 바탕으로 가장 기본적인 이론을 엮었다. 또한 IT 분야의 자격증 취득을 위해 준비하는 학생들에게 가장 기본이 되는 이론을 소개함으로써 자격시험 대비에 도움이 되도록 하였다.

기초 회로이론 및 실습

백주기 지음 / 4 · 6배판형 / 404쪽 / 26,000원

본 교재는 기본을 중요시하여 수동 소자로 구성된 기초 회로이론을 토대로 가장 기본적인 이론과 실험으로 구성하였다. 또한 사진과 그림을 수록하여 이론을 보다 쉽게 이해할 수 있도록 하였고 각 장마다 예제와 상세한 풀이 과정으로 이론 확인 및 응용이 가능하도록 하였다.

공학도를 위한 전기/전자/제어/통신 **기초회로실험**

백주기 지음 / 4 · 6배판형 / 648쪽 / 30,000원

본 교재는 전기, 전자, 제어, 통신 공학도들에게 가장 기본이 되면서 중요시되는 회로실험을 기초부터 다져 나갈 수 있도록 기본에 중점을 두어 내용을 구성하였으며, 각 실험에서 중심이 되는 기본 회로이론을 자세하게 설명한 후 실험을 진행할 수 있도록 하였다.

기초 전기공학

김갑송 지음 / 4 · 6배판형 / 452쪽 / 24,000원

이 책은 전기란 무엇이고 전기가 어떻게 발생하는지부터 전자의 흐름, 전자와 전위차, 전기저항, 전기에너지, 교류 등을 전기에 입문하는 초보자도 누구나 쉽게 이해할 수 있도록 설명하였다.

기초 전기전자공학

장지근 외 지음 / 4 · 6배판형 / 248쪽 / 23,000원

이 책에서는 필수적이고 기초적인 이론에 중점을 두어 전기, 전자공학 및 이와 관련된 분야의 기초를 습득하고자 하는 사람들이 쉽게 공부할 수 있도록 구성하였다.

쇼핑몰 QR코드 ▶다양한 전문서적을 빠르고 신속하게 만나실 수 있습니다.

경기도 파주시 문발로 112번지 파주 출판 문화도시(제작 및 물류)　　TEL. 031) 950-6300　FAX. 031) 955-0510

서울시 마포구 양화로 127 첨단빌딩 3층(출판기획 R&D센터)　　TEL. 02) 3142-0036

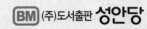
BM (주)도서출판 **성안당**

[참!쉬움] 전기기사

2019. 1. 14. 초 판 1쇄 발행
2025. 1. 8. 6차 개정증보 6판 1쇄 발행

지은이 | 문영철, 오우진
펴낸이 | 이종춘
펴낸곳 | BM (주)도서출판 성안당
주소 | 04032 서울시 마포구 양화로 127 첨단빌딩 3층(출판기획 R&D 센터)
      | 10881 경기도 파주시 문발로 112 파주 출판 문화도시(제작 및 물류)
전화 | 02) 3142-0036
     | 031) 950-6300
팩스 | 031) 955-0510
등록 | 1973. 2. 1. 제406-2005-000046호
출판사 홈페이지 | www.cyber.co.kr
ISBN | 978-89-315-1359-2 (13560)
정가 | 39,800원

이 책을 만든 사람들
기획 | 최옥현
진행 | 박경희
교정·교열 | 김원갑
전산편집 | 이다은
표지 디자인 | 박현정
홍보 | 김계향, 임진성, 김주승, 최정민
국제부 | 이선민, 조혜란
마케팅 | 구본철, 차정욱, 오영일, 나진호, 강호묵
마케팅 지원 | 장상범
제작 | 김유석